水行政综合执法理论与实务
(上册)

刘朝军　焦慧君　刘团结　张希上　主编

黄河水利出版社
·郑州·

图书在版编目(CIP)数据

水行政综合执法理论与实务:上、中、下册/刘朝军等主编.—郑州:黄河水利出版社,2021.7

ISBN 978-7-5509-3048-3

Ⅰ.①水… Ⅱ.①刘… Ⅲ.①水法-行政执法-中国-职业培训-教材 Ⅳ.①D922.66

中国版本图书馆CIP数据核字(2021)第142878号

组稿编辑:贾会珍 电话:0371-66028027 E-mail:110885539@qq.com

出 版 社:黄河水利出版社 网址:www. yrcp.com

地址:河南省郑州市顺河路黄委会综合楼14层 邮政编码:450003

发行单位:黄河水利出版社

发行部电话:0371-66026940、66020550、66028024、66022620(传真)

E-mail:hhslcbs@126. com

承印单位:河南瑞之光印刷股份有限公司

开本:787 mm×1 092 mm 1/16

印张:98.5

字数:2 397 千字

版次:2021年7月第1版 印次:2021年7月第1次印刷

定价:698.00元(全三册)

《水行政综合执法理论与实务》
编委会

从“纸面上的法律”转变为“现实中的法律”

依法治国是社会文明进步的显著标志，是国家长治久安的重要保障，是建设中国特色社会主义经济、政治、文化，构建和谐社会的必然要求。依法行政是依法治国的一个重要方面，而严格依程序办案，规范文书制作，则是依法行政的基础或前提。

《中华人民共和国行政处罚法》（简称《行政处罚法》）第三十八条第二款规定，“违反法定程序构成重大且明显违法的，行政处罚无效”。程序是依法行政的生命，对行政执法机关而言尤为重要。在执法实践中，一些行政执法部门往往只强调实体的合法、合理，而对行政执法程序却不够重视，一定程度上影响了行政相对人的合法权益，也是造成一些被诉案件败诉的重要原因。法律文书是行政机关在依法行政过程中，制作的具有法律效力的文书。法律文书的健全与否直接关系到行政机关行为是否有效及其产生的法律价值。

然而“徒法不足以自行”，只有将“纸面上的法律”转变为“现实中的法律”才能充分实现法律的价值。而要将“纸面上的法律”转变为“现实中的法律”需要以下前后相连的三个步骤。首先，需要“了解法”。即知道我们享用哪些法定权利，以及这些权利受哪些具体法律规范的保护。其次，需要“理解法”。我国对权利的保障，体现在抽象的法律条文之中。有时公民虽然对具体条文有所了解，但仍然无法正确理解和运用有关法律条文保护自身权利，这样的问题同样会出现在水行政管理及执法专业人士面前，这就是法律解释的问题。因此，掌握科学的法律解释方法是正确理解法律的关键。最后需要“运用法”。法律是个实践性很强的领域，权利保障只有在实践中才能得以实现。总之“了解法”“理解法”“运用法”是法律赋予各项权利最终得以实现的必要路径，这不单是普通民众在利用法律维护自身权利时的需要，水行政执法专业人士在维护水法律法规的过程中同样需要。

总的来说，绝大多数水行政管理及执法人员能够正确依法行政，在水行政管理执法过程中，做到了事实清楚、证据确凿、适用依据准确、程序严谨、量罚适当、法律文书规范，树立了水行政执法的权威性，保证了水行政执法的公平、公正，为社会主义市场经济的顺利发展，营造了良好的水利安全环境。但也应当看到，还有个别水行政执法人员，法律素质、业务素质偏低，不重视或不熟悉依法办案，致使出现办案错误，甚至错案。

为适应新形势下水行政工作的需要，提高广大水行政执法人员的执法水平和办案质量，编者结合工作实践，勤于思考，理论联系实际，编写了《水行政综合执法理论与实务》一书。该书从提高广大水行政执法人员依法行政能力出发，具体阐述了制作各种水事违法案件从立案到结案法律文书的要求与注意事项，为广大水行政执法工作者提供了一个值得借签和仿效的范本。同时该书通俗易懂，可读性强，尤其在提高篇部分更具有较强的理论性、针对性和实用性。

这本书很好地将“了解法”“理解法”“运用法”三者有机结合起来，不但“授人以鱼”，更加注重“授人以渔”。相信本书对提高水行政管理及执法人员的水平，起到重要作用。

前 言

依法治水、管水、兴水是贯彻全面依法治国战略的重要组成部分,是推进水治理体系和治理能力现代化的必由之路,是水利事业高质量发展和国家水安全的根本保障。习近平总书记将我国的水问题科学地划分为老问题和新问题,突出强调水资源短缺、水生态损害、水环境污染三大新问题,体现了对我国水安全阶段性特征的准确把握。总书记提出了"节水优先、空间均衡、系统治理、两手发力"的治水思路,提出长江"共抓大保护、不搞大开发"战略导向,发出"让黄河成为造福人民的幸福河"的伟大号召,作出"重在保护,要在治理""把水资源作为最大的刚性约束"等重要论述和战略要求。按照总书记的指示,必须从全局角度寻求新的治理之道,实现从改造自然、征服自然到调整人的行为、纠正人的错误行为转变。党的十八届四中全会对全面推进依法治国作出了新部署,党的十九届四中全会对坚持和完善中国特色社会主义制度、推进国家治理体系和治理能力现代化作出全面部署。党的十九届五中全会坚持新发展理念、着眼推动高质量发展,强调"推动绿色发展,促进人与自然和谐共生",对深入实施可持续发展战略、完善生态文明领域统筹协调机制、加快推动绿色低碳发展等作出重要部署,为推进生态文明建设、共筑美丽中国注入强大动力。习近平总书记的重要论述和中央关于全面依法治国、建设社会主义法治国家的决策部署,是水利法治建设的根本遵循和行动指南。全面依法治国的战略部署,作为推进依法治水管水的总目标、总抓手,为加强水利法治建设提供了根本遵循和行动指南。依法治水、管水是全面依法治国对水利的必然要求,是水利可持续发展的客观需要。随着水资源管理方式的深刻变化,涉水利益格局深刻调整,水利社会管理的难度和挑战不断加大,全面依法治水、管水显得越来越重要。贯彻落实全面依法治国战略,水利法治建设工作必须有新站位、新担当。持续深入学习领会习近平总书记全面依法治国新理念、新思想、新战略的核心要义,以更高站位、更强意志、更大决心,持续推进水利法治建设,切实把水利法治建设各项任务落到实处。水利改革发展总基调的形势和要求:水利部党组坚持以中央治水思路为统领,提出了"水利工程补短板、水利行业强监管"的水利改革发展总基调。其中,水利行业强监管,要求从法制、体制、机制入手,建立一整套务实、高效、管用的监管体系,从根本上改变水利行业不敢管、不会管、管不了、管不好的被动局面。从法制入手,就是要建立和完善水利监管的法律法规、部门规章、标准规范、实施办法等制度体系,明确监管内容、监管人员、监管方式、监管责任、处置措施等,使水利监管工作有法可依、有章可循。从体制入手,就是要明确水利监管的职责机构和人员编制,建立统一领导、全面覆盖、分级负责、协调联动的监管队伍。从机制入手,就是要建立内部良性运行的规章制度,确保监管队伍能够认真履职尽责,顺利开展工作。落实水利改革发展总基调,必须坚持法规制度定规矩、监督执法作保障、政策研究强支撑,走在前列、干在实处。为了满足广大水行政管理及执法人员学习和掌握水行政执法理论与实践的需要,进一步规范执法程序,正确使用法律文书,提高执法水平,真正做到依法行政,维护公民、法人及其他组织的合法权益和水利机构自身的合法权益,编者结合行政执法实践,编写了《水行政综合执法理论与实务》一书。

本书分三篇,基础篇、程序篇、提高篇。基础篇由通用和专业的法律知识构成,以简短的问答题、案例、选择等形式,使水行政管理及执法人员在最短的时间内掌握必备的通用和专业的法律知识,也可以帮助水行政管理及执法人员进行有效的行为预期,取得良好的水利管理、执法等效果,也能更好地规避法律风险,保护自己。程序篇选编 9 例不同性质的违法案卷,涉及住建、环保、文物、烟草、卫生、药品、水利等。旨在解决文书制作不规范和执法程序错误的问题。有部分案卷是实践中发生的真实案卷,目的是让同仁们找出错误和不足,以便举一反三,更好地指导水行政执法实践。提高篇是依据编者的执法经验与实践,对水行政管理执法一线中存在的复杂、疑难的问题进行的法律思考,以便更好地解决实际问题。同时也是综合素质更高的水利行政执法人员学习交流的平台。

该书在编写过程中得到了水利部、河南省水利厅、安阳市水利局相关领导的大力支持。河南省水利厅政策法规处陈德新同志、安阳市水利局付文彬同志对本书的设定和部分内容修改提出了指导意见;在此一并表示衷心的感谢。

鉴于我国目前尚未出版过水利行政执法、指导、征收、许可、处罚、强制、管理等方面的理论专著,很多方面还需要不断地探索和研究。本书在编写过程中,参考了国内同行的一些文章。由于编者的法律知识和对法律理解能力有限,有些问题还需不断地探索和研究。

由于受各种条件所限,加之水平有限,书中难免存在一些疏漏之处,恳请有关专家、学者和广大水行政管理、执法人员批评指正。

编　者

目 录

基 础 篇

导 读

依法治水、管水、兴水是贯彻全面依法治国战略的重要组成部分，是推进水治理体系和治理能力现代化的必由之路，是水利事业高质量发展和国家水安全的根本保障。新时代治水的主要矛盾已经从人民群众对除水害、兴水利的需求与水利工程能力不足的矛盾，转变为人民群众对水资源、水生态、水环境的需求与水利行业监管能力不足的矛盾。时代要求我们在更高水平上大力推进依法治水、管水、兴水，突出制度优势，坚持顶层谋划，充分发挥法治建设规划的引领和推动作用，不断推动水利事业的高质量发展，更好地满足人民群众对美好生活的向往。习近平总书记将我国的水问题科学地划分为老问题和新问题，突出强调水资源短缺、水生态损害、水环境污染三大新问题，体现了对我国水安全阶段性特征的准确把握。总书记提出了“节水优先、空间均衡、系统治理、两手发力”的治水思路，提出长江“共抓大保护、不搞大开发”的战略导向，发出“让黄河成为造福人民的幸福河”的伟大号召，作出“重在保护，要在治理”“把水资源作为最大的刚性约束”等重要论述和战略要求。按照总书记的指示，必须从全局角度寻求新的治理之道，实现从改造自然、征服自然向调整人的行为、纠正人的错误行为转变。党的十八届四中全会对全面推进依法治国作出全面部署，党的十九届四中全会对坚持和完善中国特色社会主义制度、推进国家治理体系和治理能力现代化作出全面部署。党的十九届五中全会坚持新发展理念、着眼推动高质量发展，强调“推动绿色发展，促进人与自然和谐共生”，对深入实施可持续发展战略、完善生态文明领域统筹协调机制、加快推动绿色低碳发展等作出重要部署，为推进生态文明建设、共筑美丽中国注入强大动力。习近平总书记在中央全面依法治国委员会第一次、第二次和第三次会议上分别就全面依法治国、完善法治建设规划、提高立法质量和效率等发表重要讲话。习近平总书记的重要论述和中央关于全面依法治国、建设社会主义法治国家的决策部署，是水利法治建设的根本遵循和行动指南。为了认真学习贯彻习近平总书记治水工作新理念、新思想、新战略，按照中央部署要求，积极深化水利改革，大力推进水利建设，切实加强水利管理，各项工作都取得了巨大成绩，依法治水管水、综合行政执法改革、水行政执法效能持续提升对此都提供了重要支撑。

当前，综合行政执法改革推行时间还不够长，新旧体制仍在磨合之中，水行政综合执法工作还存在很多薄弱环节，部分地方有案不立、立案不查、查案不严等问题还比较突出，综合行政执法改革优势还没有充分发挥，与新时代法治政府建设、水利改革发展要求还不完全相适应。所以，我们要充分认识做好水行政执法工作的重大意义，坚持以习近平新时代中国特色社会主义思想为指导，按照中央和省委决策部署，坚持综合行政执法改革方向、目标不动摇，切实加强领导，不断完善体制机制，勇于担当、认真履职，严格规范公正文明执法，切实维护良好水事秩序,为水利改革发展提供强有力的法治保障。

水行政管理部门是国家在管理水资源时,以流域与行政区划为目标的管理体制,重在对水资源的合理分配和使用,强化水行政综合执法具有必要性。水是生命之源,是维持自然生态中一切生命活动的基本条件,具有不可替代的地位。现阶段,水行政综合执法工作开展的过程中,透露出多种问题,制约着对水资源的管理效率,水行政综合执法改革是必然结果。法律的生命力在于实施,法律的权威也在于实施。

自古以来,治国在政,为政在人,人是行政之本。建设社会主义法治国家,执法是关键;落实科学发展观,建设社会主义和谐社会,实现人水和谐,水行政执法是保障。水政监察队伍是水行政执法的专职队伍,在保障水利工程正常运行、维护水事秩序、促进经济社会发展中的作用越来越重要。加强水行政管理执法工作,水政监察队伍建设是基础。水行政管理执法人员要提高管理执法水平,必须具备"四种能力":学习能力、话语能力、思维能力和适应能力。水行政执法管理人员具备上述"四种能力",对做好水行政执法工作来说,非常重要。"四种能力"中,学习能力是基础,话语能力是途径,思维能力是关键,适应能力是保障。"四种能力"环环相扣,缺一不可。只有加强对这些能力的培养和提高,才能不断提高水行政管理执法人员的素质,也才能确保水行政管理执法工作的落实。卢梭曾经说过:法律既不是铭刻在大理石上,也不是铭刻在铜表上,而是铭刻在公民的内心里。

以职权法定为原则,充分发挥法治正义的力量。法治思维的养成不仅依赖于有法可依,更多地取决于法治理念、法治精神和法治环境。法不授权,则政府无权,水行政机关作为法定的公权部门,必须清楚认识到执法权力来自法律具体而明确的授予,水行政执法活动必须在法治轨道上运行。

以尊重和保障人权为准则,彰显法治公平。科学发展观的核心是以人为本,以人为本的实质就是通过全面发展,全面保障人权,全面保护人民权利。

以依法行政为基点,努力促进法治思维与法律手段良性互动。法治思维支配法律手段。水行政执法者具有法治思维,必然会主动、自觉运用法律手段来执法。法治思维也需要通过法律手段来表现。法治思维虽然是一种思想认识活动和过程,但它必然要外化为法治行为,即通过法律手段来实现。水行政机关一方面要牢固树立社会主义法治理念,善于运用法治思维处理各种复杂水事问题;另一方面要树立依法行政理念,努力把各种水事矛盾和问题的解决纳入法治化轨道,促进法治思维与法律手段良性互动。

无疑,法治的任务不是消灭,也无法消灭社会纷争,而是在于面对纷争提供一个合理有效的解决机制,法治的根本目标就是要在均衡的基础上构建稳定的社会秩序。因此,水行政管理、执法机关要转变过去那种工作思路,学会用动态的稳定观来解决水事矛盾。要通过法治思维、法治方式来化解水事纠纷、水事矛盾。要将群众工作方法与法治理性有机结合,融法、理、情于一体,理顺水事矛盾,化解社会情绪。

至于办案,一些水行政执法人员感到"发怵",不知道怎么去做。实际上,目前复杂的水事违法案件行为很多,案源几乎到处都是。

随着市场经济的发展，经济体制改革推动行政管理体制改革，水行政管理体制也在进行改革，执法重心下移。因此，进行办案的基础培训、提高办案水平就成了当务之急。我们不能观望、等待，错失良机。

水行政处罚、征收、许可等都是通过办案来实现的。作为水行政执法人员，不懂得办案，就像警察不懂得刑侦一样，是一个遗憾。会办案是职业的荣耀。

今后，水行政执法系统的基层人员要分成两大部分，一部分是进行一般性的管理工作，另一部分将走入专业办案队伍。当前我们特别需要培养一大批高素质的办案专家。

办理水行政处罚案件，调查取证最辛苦，分析案情最困难，做出决定最关键，案件调查需要机敏，案情分析需要智慧，做出决定需要水平。

水行政执法要懂法。具体说，懂法至少需要包括以下几个方面：

(1)了解法理学、行政法，例如：什么是法，为什么要实行法治，法的主要概念，法和道德、国家、政策、经济的关系等。深入的学习还应当了解法的演进过程。

(2)熟悉水行政管理的有关法律、法规、规章，知道相关的规范性文件、行政解释和司法解释。其中，特别是要全面掌握、深刻理解与本职职能有关的那一部分。

(3)熟练掌握有关执法程序的规定。例如，水行政处罚程序、水行政许可程序、水行政强制程序等。对此的学习可能有一些困难，因为直到目前行政执法中尚没有一部程序法，行政执法的程序散见于有关法律、法规和规章。

(4)了解相关的法律。例如，《中华人民共和国民法典》(简称《民法典》)，它对大部分水行政管理机关的业务是一个基础性的法律，例如《民法典》关于法人财产权、法人资格的规定等；《中华人民共和国行政诉讼法》(简称《行政诉讼法》)，该法关系到行政机关具体行政行为的诉讼审查标准和方法等；《中华人民共和国民事诉讼法》(简称《民事诉讼法》)，其中一些内容是我们处理行政当事人有关问题的基本原则，例如关于处罚决定书送达时限的规定；《中华人民共和国刑法》(简称《刑法》)，该法关系到司法管辖与行政管辖的分工界限，例如关于经济犯罪的规定，涉及行政办案中的犯罪移交问题等。

办理水行政处罚案件对执法人员有较高的职业要求，例如法律素质、技能素质、程序素质、知识素质、语言素质、写作素质等，应当比违法嫌疑人更聪明，比法官更懂法。此外，水行政执法是行政管理，行政管理要符合经济发展规律，水行政处罚的最高标准是有利于发展。

那么，如何尽快地成为一名合格的水行政执法人员呢？有没有规律可循？一般来讲，学习理论和努力实践是必需的。

就水行政处罚案件的办理来说，办理行政案件是一项实践性很强的业务，这有点像游泳。如果你不下水，则永远不可能学会游泳。所以：

第一，你必须去实践。也就是说你必须去办理案件，在办理案件中掌握办案技巧，在社会生活中也要有法律的思维。如：我们在火车站站前广场上，不小心扔了一张纸。这个时候会有一个带红袖标的老大娘走上来，要你交10元罚款。一个没学法律的人要么迅速但无奈地交钱，要么大声嚷嚷想不交。那么一个学法律的人应该怎么做呢？

首先,我们要弄清楚老大娘要你交罚款是什么行为,性质是什么。这是一种行政处罚行为。行政处罚行为应该遵守《中华人民共和国行政处罚法》(简称《行政处罚法》)的规定。那就让我们严格地按照《行政处罚法》的程序来操作吧。

其次,不能因为一个人带着红袖标你就交纳罚款,带红袖标不能证明该人的身份,你要先要求老大娘出示合法的工作证件,在拿到工作证件后,你要仔细审核。

然后,你应该要求老大娘告知你作出罚款决定的事实是什么。你再要求她告知你,她是凭什么规定来作出处罚的,具体是哪个文件的哪一条。

最后,你再要求她告知你,你现在享有什么权利(这些权利包括了《行政处罚法》上的陈述申辩权。所谓陈述,是陈述客观事实。所谓申辩,是说出该处罚决定不当的理由。而行政机关有充分听取你的意见的义务。你应该陈述你是否扔纸了,你是以什么物理动作扔纸的,你为什么扔纸,你扔纸是否具有一些阻却违法的原因,譬如正当防卫、自力救济、紧急避险等。你应该申辩你是否是未满 14 周岁,可以不予行政处罚,或者未满 18 周岁,应当从轻或减轻处罚。申辩你在违法后已经采取了主动消除或者减轻违法行为危害后果的行为,或者受他人胁迫可以减轻处罚。申辩你违法行为轻微并及时纠正,没有造成危害后果,应该不予处罚等。当然老大娘还要告诉你,你有监督权,申请行政复议、行政诉讼权等)。以上任意一环节老大娘不能告知的话,你就严肃地告诉她:您如果不能告知我的话,那么就违反了《行政处罚法》的法定程序,而根据《行政处罚法》第八十一条的规定,可以对您这个直接责任人员进行行政处分。罚款人反而会被罚。

当然,你有可能遇到了一个绝世老大娘。她耐心安静地听取了你的所有意见,直到你再也说不动了为止,并仍然要求你交纳罚款。这时你可以以自己经济困难为由,要求暂缓或者分期缴纳这 10 元罚款。

最后,你的一切权利救济手段都穷尽了,在法律上说,你已无回旋余地了,你已经充分展现了一个法律人对法律的驾御能力了,你可以交罚款了。但在交纳之后,你要认真审核老大娘出具的单据。核对处罚单位的公章、单据的格式等,以便尽到一个光荣的合法公民的义务,保障这笔罚款流入国库。如果发现有违法(例如没有公章等)的地方,你要当场翻脸,威胁予以检举,绝地反击!

总之,一个法律人要充分享受并争取到法律赋予你的权利。当然,大家不会为了 10 元钱耗费上大半天的时间,但你要知道怎么样实践法律,要知道怎么做才叫依法办事。但是,办案往往涉及行政相对人的权益。你是合理地纠正和惩处违法行为还是侵害行政相对人的合法权益?法制国家,行政相对人的权益主要靠法律规定来保障。也就是要有一个规矩,确定一个标准。这个规矩就是行政处罚的程序,这个标准就是行政处罚的法律依据。知道规矩、懂得标准就需要学习理论。

第二,就是你必须学习,也就是知道法律确定的规矩和标准。如:关于行政处罚法律适用的基本原则是什么?

(1)法律适用应当坚持上位法优于下位法的原则,法律、行政法规另有规定的除外。法律的效力高于行政法规,地方性法规、规章;行政法规的效力高于地方性法规、规章;地方性法规的效力高于本级和下级人民政府的规章。

(2)地方性法规与部门规章之间对同一事项的规定不一致的,一般按照下列情形适用:①法律或者行政法规授权部门规章作出实施性规定的,其规定优先适用;②尚未制定法律、行政法规的,部门规章对于国务院决定、命令授权的事项,或者对于中央宏观调控的事项、需要全国统一的市场活动规则及对外贸易和外商投资等事项作出的规定,应当优先适用;③地方性法规根据法律或者行政法规的授权,根据本行政区域的实际情况作出的具体规定,应当优先适用;④地方性法规对属于地方性事务的事项作出的规定,应当优先适用;⑤尚未制定法律、行政法规的,地方性法规根据本行政区域的具体情况,对需要全国统一规定以外的事项作出的规定,应当优先适用。

(3)部门规章之间、部门规章与地方政府规章之间具有同等效力,在各自的权限范围内施行。部门规章与地方政府规章之间对相同事项的规定不一致的,一般按照下列情形适用:①法律或者行政法规授权部门规章作出实施性规定的,其规定优先适用;②尚未制定法律、行政法规的,部门规章对于国务院决定、命令授权的事项,或者对于中央宏观调控的事项、需要全国统一的市场活动规则及对外贸易和外商投资等事项作出的规定,应当优先适用;③地方政府规章根据法律或者行政法规的授权,根据本行政区域的实际情况作出的具体规定,应当优先适用;④地方政府规章对属于本行政区域的具体行政管理事项作出的规定,应当优先适用。

(4)法律适用应当坚持特别法优于一般法的原则。同一机关制定的法律、行政法规、地方性法规、自治条例和单行条例、规章,特别规定与一般规定不一致的,应当适用特别规定。但是一般规定进行了修订或修改,新的一般规定废止旧的特别规定的,适用新的一般规定。

(5)法律适用应当坚持新法优于旧法的原则。同一机关制定的法律、行政法规、地方性法规、自治条例和单行条例、规章,新的规定与旧的规定不一致的,应当适用新的规定。

(6)法律适用应当坚持从旧兼从轻的原则。法律、行政法规、地方性法规、自治条例和单行条例、规章不溯及既往,但为了更好地保护公民、法人和其他组织的权利和利益而作的特别规定除外。

(7)行政相对人的违法行为在新法律、法规、规章施行以前已经终了,具体行政行为拟在新法律、法规、规章施行以后作出的,执法程序方面适用新的规定,实体方面适用旧的规定,但新的规定减轻或者免除行政相对人行政法律责任的除外。行政相对人的行为跨越新旧规定实施时间,有连续或者继续状态的,一般情形下适用新的规定作出处理。

那么,学习哪些理论呢?至少有三块:

一是实体法。主要是涉及水行政管理的法律、法规和规章,例如《中华人民共和国水法》(简称《水法》)(法律)、《取水许可和水资源费征收管理条例》(法规)、《水行政处罚实施办法》(规章)。学习实体法的目的是明确什么是违法,以及是否能处罚,如何量罚。

二是办案程序。知道了程序就知道了办案的规矩,这就要学习有关法律,具体来说就是学习《行政处罚法》以及部门规章《水行政处罚实施办法》。

三是法理和行政解释、司法解释等。学习的目的是能够分析案件,判断案件性质,正确适用法律,提高办案效率,减少办案成本。

那么水行政执法基层办案人员常见错误问题有那些呢?

一、步骤缺失

(1)向行政相对人表明身份。突出表现在执法人员在对有关场所进行检查、询问当事人、询问证人之前不向当事人表明身份出示执法证件,直接进行现场检查或询问当事人、证人,这样做直接影响到所制作的现场检查笔录、询问笔录的证明能力。此类问题在多个案卷中发生。

(2)复制证据的核对、确认。水行政执法人员在复制证据材料的当场对复制件进行核对,在复制件上标注“经核对与原件无误”等字样。特别注意的是,水行政处罚决定书上不得加有“经核对与原件无误”签章;各种证据材料的复制件必须有提供人的亲笔签名、盖章。

(3)陈述、申辩的复核程序。水行政执法人员对案件不得先入为主,主观认为当事人陈述、申辩只是形式上的东西,不能认为当事人的陈述与申辩是“不老实”“狡辩”,而在实际操作中对当事人的陈述不理睬、不受理,同时也不允许简单地把陈述材料归入案卷而不进行认真复核。

二、顺序颠倒

(1)先调查后立案。水行政执法人员不得在发现案件后即对案件进行调查取证,待案件事实查清、取证结束后才填写立案审批表、行政处罚决定审批表报领导审批。这就导致虽然案件有立案,但此时的立案是在案件调查取证之后进行的,使“立案”失去了原有的法律意义,是不符合法律程序要求的。

(2)先核准后审核。办案机构应当在案件调查终结后写出调查终结报告,并草拟行政处罚决定书,连同案卷交由核审机构进行书面核审。核审机构核审后,由办案机构将整个案卷及核审机构的核审意见报局长批准。基层执法办案突出的问题是:办案机构在办案过程中针对所有具体问题及处罚建议都事先请示局长,经过局长认可后才向核审机构审核,此行为违反法定的程序要求,应当予以禁止。

(3)先签发后告知。在对当事人进行行政处罚告知后,应在法定期限届满后才能签发行政处罚决定书,不得在局长签发行政处罚决定审批表的同时连同处罚决定书一起签发,这将严重违反法律程序。

三、送达方式错误

较为突出的是在送达方式方面错误。法律文书的送达有直接送达、邮寄送达、委托送达、公告送达等几种方式。选择哪种送达方式是有法定条件的,特别是采取公告送达更有严格规定,执法送达时不可有随意性,任意减化程序。

四、期限违法

禁止对当事人的陈述、申辩期限无届满就作出行政处罚决定。应当严格遵守以下几点:

(1)水行政执法人员不得对期间的起止时间计算错误。不允许将期间开始之日(告知书送达、交邮或公告发布之日)计算在期间内;期间届满的最后一日为法定节假日的,应当给予顺延一天。

(2)针对当事人主动要求尽早作出处罚决定,执法人员也不准违反规定作出处罚决定,同时必须在卷宗材料中附相关当事人主动放弃申辩权的书面材料作为证据。

(3)执法人员不得只为加强办案效率,而忽视执法程序的有关规定。

五、有形无实

(1)水行政处罚告知内容错误、不完整。应当严格执行以下几点:

①事实部分告知完整。事实应当包括五要素,即何人、何时、何地、何种违法行为、何种危害后果。告知当事人违法事实时应当详细写清上述几个要素。同时要求注意水行政处罚的具体内容必须少于或等于处罚告知书的具体告知内容,如切实需要增加处罚内容,必须重新下达处罚告知书,以防止告知不全现象的发生,有效地保障行政处罚相对方应享有的权利。

②适用的法律法规依据必须正确。主要是:法律法规名称应当规范,如不得以《中华人民共和国水土保持法》(简称《水土保持法》)、《中华人民共和国防洪法》(简称《防洪法》)等简称书写形式代替法律法规全称。适用的条款要求具体,不得只以"有关规定"等笼统的表述代替;行政处罚决定适用多部法律、多个法律条款规定时,告知时不得仅就其中的部分法律规范、部分条款进行告知,应当就所有处罚依据完整告知。

(2)案件讨论形式化。在案件中突出表现的是对案件的集体讨论记录笼统记录成为"经全体讨论同意"等主要结果,而不详细记录讨论的整个过程和各案件研究人员的具体意见。

(3)调查人员与核审人员合一。个别案卷中出现执法人员与案件核审人员合一,有些案卷从头至尾是一个人签字,明显地存在案卷造假现象。

(4)诉权告知错误。

①告知当事人行使诉权途径错误。如:对属复议选择的,只告知向上级机关申请复议而不告知也可向法院起诉;对属复议前置的,却告知也可向法院起诉。

②告知当事人申请复议的期限错误。如:执法人员习惯性地按照《中华人民共和国行政复议法》(简称《行政复议法》)出台前的写法把期限写成15日;使用《行政复议法》施行前的法律文书没有及时将文书中的15日更正过来。

③告知起诉的期限错误。主要是在单行法对起诉期限有特殊规定时应当适用特殊法的规定得适用《行政诉讼法》六个月的规定;而且不得把六个月写成180天。

④当事人存在多个违法行为。在一份处罚决定中分别依据多部法律法规作出处罚,所依据的不同法律法规对当事人诉权的规定不同时应当分别告知。

六、证据不全

(1)依法向当事人送达行政处罚告知书,应当要求当事人在送达回证上签章,并注明送达时间；对重大复杂案件经过集体讨论后作出的处罚决定，应当有讨论记录作为证据；执法人员进行现场检查前向当事人出示执法证件，表明身份，应当在《现场检查笔录》中体现。

(2)证据是行政处罚作出的主要依据。行政主体在作出行政处罚决定前各类涉案证据必须做到相互印证，以形成完整、充分的证据链条，保证行政处罚的准确性。

(3)案件证据应充分，取证应完整。突出表现在不得把当事人的陈述或询问笔录作为唯一处罚证据，应当收集其他相关证据与此互相支持。

七、依据不准

案评中发生的常见情况如下：

(1)效力层次区别。在作出处罚决定时应严格遵守上位法优于下位法、特别法优于普通法、新法优于旧法的原则，同时严格遵守文件的运用范围，严守红头文件不能作为处罚依据的规定，但应注意可以转致于法律法规上加以运用。

(2)法律、法规更替。办案人员应密切注意新法运用，禁止以已废止的法律、法规、规章作为行政处罚依据，以有效地保障行政执法的正确性。

八、案卷不规范

制卷应当注意的主要问题有如下几点：

(1)案卷装订必须三孔一线。案件装订要求三孔一线，线绳距离长达 18 cm，要求卷宗前部三孔一线不得粘贴而卷宗底部绳结必须粘贴，并在两头加盖公章或骑缝章。

(2)文书格式要求规范。多是指各种执法文书用纸要求用国际标准 A4 型(210 mm×297 mm)；题、字体用二号小标宋体，其余部分用三号仿宋字。

(3)处罚决定书不要求设立案件类型标题，当事人基本情况部分的打印排列要注意美观、整齐、分清层次，落款必须加县(市)水利局公章。

(4)案件卷宗材料应规范。案卷应按照规定的材料顺序整理装订，法律文书禁止用圆珠笔或铅笔书写，应放入副卷的材料不得装进正卷，纸张大小应统一等。

九、其他问题

水利行政执法过程中还有一些重要的事项务必严格遵守：

(1)一事不再罚原则。指在行政处罚中对同一当事人的同一违法行为不能给予两次以上罚款的处罚。同一个违法行为违反多个法律规范应当给予罚款处罚的，按照罚款数额高的规定处罚。

(2)执行罚缴分离不到位。按规定案卷中应有省财政厅统一印制的代收款收据复印件，并且应由代收银行出具，加盖银行业务公章和收款员章。但在不少案卷中或者没有代收款收据(复印件)，或者没有银行、收款员盖章。

(3)行政职权的划分。各个行政执法机关有各自职能，对其他执法机关的工作进行支持，但要注意不能超越职能权限进行执法。

(4)主体确认。对公司的分支机构能否成为处罚主体存在不同意见。在办案中应当客观地看待，主要看它是否独立经营、自负盈亏、自我管理，并依法定程序取得营业执照，否则不能作为行政处罚主体。同时注意没有行政执法资格的非公务员不得作为案件调查人员，在案卷材料中签字。

(5)行政强制措施的运用。必须在具备一定的外部条件下才可以进行，例如：应有一定的证据支持；有明确的法律依据；同时要考虑对其行为制裁的适度。行政执法过程中还应特别注意不能收取保证金。

(6)案件调查终结报告包括事项：①案件调查取证情况；②当事人基本情况；③违法事实；④适用法律规定；⑤处罚建议意见。同时注意案件终结报告与处罚决定书在内容形式等方面有严格的区别，不能简单雷同，相互成为一种翻版。

(7)《行政处罚法》规定的责令当事人改正违法行为不能作为行政处罚的种类实施。

以上是基层水行政执法容易出现的错误，那么如何说话呢？

在水行政执法办案过程中，与当事人交谈是必不可少的环节。恰当运用语言技巧，将有利于相关证据材料的搜集，顺利打破执法过程中的僵局，取得当事人的配合，使执法办案顺利进行下去。作者认为，执法人员应注意以下几点。

(1)巧妙运用语言，营造宽松和谐的氛围。加强沟通，营造轻松愉快的气氛和互相信任的环境，将有利于执法办案顺利进行，现场检查时更是如此。比如，执法人员可以对当事人这样说："你好，我们是水利局行政执法人员，这是我们的执法证件，今天到您这儿进行检查，请您予以配合。"并告知检查的内容、方法和步骤等，同时要求无关人员回避，以维护当事人形象。言谈举止文明、谦和、稳健，使其真切地感受到执法人员在按程序办事，从而愿意配合执法工作。

(2)刚柔并济。执法办案是一个严肃的过程，水行政执法人员在必要时必须敢于动真碰硬，维护法律权威；同时也要适当说理，争取当事人的配合，做到教育与处罚并进，以理服人。

(3)区别对待，有的放矢。对不同身份、不同性格的当事人应采取不同的谈话方式和策略。对态度冷漠、以"不知道"等言语搪塞者，应多用启发式语言，并适时向其出示一些证据；对沉默不语者，要从其愿意谈的话题入手，使其对水行政执法人员产生信任感；对脾气暴躁者，要琢磨其发火的原因，适时发问，使其无意中泄露违法事实；对盛气凌人、无理取闹者，要义正辞严，使其感受到法律的威严；对于能言善辩者，可让其尽情陈述，趁机抓住其中的漏洞反问之，使其不能自圆其说；对撒谎欺骗者，可多用反驳性语言。

(4)引导当事人换位思考。水行政执法人员与当事人所处的位置不同，对同一问题的认识肯定存在差异。对此，执法人员首先要进行换位思考，通过言语和实际行动让当事人感受到水政执法人员是晓之以理、动之以情的，同时可引导当事人站在水政执法人员的角度考虑问题，这样做往往会收到意想不到的效果。

(5)声东击西，欲擒故纵。在办案过程中，水行政执法人员往往会碰到这样一些案例，对一些相当关键的已知物证、书证，在询问时不注意方法，当事人不仅不承认与己有关，反而被其摸到底之后，往往容易被对方反戈一击，实施"反控制"，而使己方陷入被动困窘的局面。这类事例，往往在擅自取水、河道采砂个案中容易碰到。明知道是当事人自己干的，他就是不承认。但若改变问话策略，很可能变被动为主动，使当事人束手无策。具体来讲，对案情做出分析之后，制造假象，引导当事人做出错误判断，使其丧失警惕，思想松懈，然后抓住要害做文章，引出其违法事实。有些个案，办案人员仅在现场即时掌握了违法取水活动的一些证据，这种情况则宜采取以虚掩实、迂回包抄的问话策略。办案人员有意识地先不涉及主要问题，而是隐蔽主攻方向，询问一些似乎与案情无关或关系不大的问题，以分散其防御的注意力，使其无意中说出某些与主要问题有关的细节，或者暴露出矛盾和破绽，使其陷入不得不讲实话的处境。比如：在办案过程中，河道采砂案件中通常对当事人的非法所得感到头痛。因为这是一个敏感问题。若在制作询问笔录时，先避开非法所得这个敏感话题，而是询问他的成本，主要是厂房、设备、水电、人员工资等与经营活动有关的成本支出；再询问当事人的收入，从已知证据入手，主要是日生产、月积累、年收入的情况。待其认可之后，再来一次“回头问”，确定他的经营收入、支出固定值，再除去税费及其他合理支出，就可以得出当事人非法经营的所得情况。这样算出来的结果，当事人一般无话可讲。打开缺口之后，对当事人的抵触心理可以起到瓦解作用。

(6)开门见山，直接问话。这是在办案实践中，对一些违法行为明显、证据充分齐全、定案把握大的简单个案，所采取的通用做法。其特点是抓住个案的关键性违法节点及问题，开门见山，直接向当事人提出，问清是否，并且穷追不舍，直至当事人完全交代。

说话之中又如何办理水事违法案件呢？执法办案是一项严谨且需要谋略的工作。针对当前执法工作中容易出现的一些问题，我认为要想提高水行政执法办案质量，以下 8 点值得注意：

(1)忌先入为主。在执法办案中，一些常犯的毛病就是先给行政相对人扣上某个违法违章的帽子，然后再按此固定模式去办案，这不仅容易损害当事人的合法权益，也严重违背了行政处罚程序。

(2)忌盲目出击。违法分子既然敢从事违法行为，大多做好了一些对付查处的准备，尤其是一些案情重大的案件，这个特点表现得更为明显。很多事例证明，如果仓促出击、草率行事，不仅难有收获，而且很有可能打草惊蛇，影响案件的后续查处工作。因此，基层水利部门在执法办案时，应尽量做好充足的准备，不打无准备之仗。

(3)忌粗枝大叶。执法办案是一项严谨的工作，政策性极强，任何一个小环节的疏漏，都有可能给执法机关、执法人员乃至当事人造成不应有的损失。因此，基层水利执法人员在执法办案过程中必须深入细致，切忌粗枝大叶。调查取证时必须追根溯源，不放过任何一个与案件有关的证据与线索；在行使查封、扣留权时，不能遗漏法定程序，在制作询问笔录时，应文字清楚、书面整洁、简明扼要，尽量避免增、删、涂、改，甚至像标点符号这样的细节也不能忽视，以免节外生枝。

(4)忌久拖不决。很多法律法规对水利行政管理机关执法办案的诸多环节都规定了严格的时效。因此，基层执法人员在执法办案过程中必须树立严格的时效观念，在确保办案质量的前提下尽量缩短办案周期,提高办案效率。要严格遵循立案、查封、扣押、先行登记保存、告知、送达等各个环节的时效规定,避免因时效问题使自己陷于被动。

(5)要让当事人充分辩解,在其辩解过程中找漏洞。我们不能简单地认为当事人在接受询问中的辩解就是不配合调查,就是态度不好。辩解并不可怕,反而一味沉默才难以对付。其实,辩解也是一个发现证据线索的好机会,同时也是一个掌握当事人的思路以及他所依据的证据的好机会。所以,要尽量让当事人辩解并予以记载。如果当事人回答模糊,尽量要让他予以明确。模糊的回答往往是应付意义的,并不能作为证据使用,甚至还可能产生破坏其他证据证明力的反作用。

(6)要封锁当事人在可能发生的行政诉讼中提供证据的机会。根据《最高人民法院关于行政诉讼证据若干问题的规定》的规定:被告在行政程序中依照法定程序要求原告提供证据,原告依法应当提供而拒不提供,在诉讼程序中提供的证据,人民法院一般不予采纳。可见,在提问过程,执法人员应该依照法定程序要求当事人提供与其违法行为相关的证据,如果当事人拒不提供,他就可能在诉讼中承担举证不能的责任。但如果执法人员没有提出上述要求,就等于敞开了当事人出示证据的大门,这样极易把水利机关置于不利的地位。

(7)要尽量把分散的相关证据在询问中串联。我们在办案过程中,除了询问笔录还有其他大量的证据。其他的证据并不是取得就算完成任务了,应当在询问笔录中都加以落实。如果说其他证据是一颗颗珠子,那么询问笔录就是把这些珠子串起来的线,从而使分散的证据形成证据链。

(8)要记录影响处罚的相关因素。在办案过程中,在掌握当事人的违法事实后,也有必要通过询问了解可能影响处罚额度的其他相关因素。如当事人的基本经济情况,是否是残疾人、下岗人员等弱势群体,这些因素可能对最终的处罚(特别是罚款)起到一定的影响。

细节决定成败,办案也是如此。在办案中,大原则、大方向往往容易引起执法人员重视,而一些细节往往容易被忽略。有时,正是一个小细节出现差错,造成程序违法,而导致整个案件被推翻。以下一些细节,希望引起大家重视:

(1)及时立案,做到两个必须。案源实时报告,时间必须在立案审批时间之前;接到投诉、申诉、举报、移送、交办材料的时间必须与案源实时报告的时间相一致,并从此时间起的7日内予以立案。

(2)严谨签字,做到两个必须。凡是涉及执法人员签字的办案文书,必须由执法人员亲自签写,不得由他人代签;凡是涉及办案机构签字的办案文书,“办案机构意见”栏必须由办案机构负责人签写,不得由他人代签。

(3)依法采取强制措施,做到五个必须。采取行政强制措施,必须坚持先审批、后实施的原则;对违法行为采取强制措施,如不能当场交付决定书,必须在实施后24小时内补办决定书并送达当事人;凡是法律、法规规定采取、解除行政强制措施由主要负责人审批的,必须由办案单位法定代表人审批,不得由分管领导代批;被解除行政强制措施的财物返还当事人,即使当事人不领取财物,也必须向当事人下达领取财物通知书;对被解除行政强制措施的财物,必须证明财物的流向。

(4)合法告知,做到五个必须。对拟作出行政处罚的告知,必须告知当事人所依据的法律、法规条文的内容,不能只简单告知某条某款某项;对当事人的陈述和申辩,必须有当事人确认的文字记载;对救济途径的告知,没有复议前置规定的,必须同时告知复议权和诉讼权;告知复议权时,必须告知当事人有权向上一级主管部门或同级人民政府申请复议;对复议期限的告知,必须严格按照法律规定,复议期限为《行政复议法》规定的60日,诉讼期限为相应法律、法规规定的期限,无特别规定的,适用《行政诉讼法》规定的6个月。

(5)规范取证,做到四个必须。所有证据必须由当事人或出证人签字确认;执法人员用文字形成的证据如需改动,必须有当事人或出证人在场并确认;复印、抄录证据时,必须注明出处、制作方法及过程;照片、影像等证据必须附注说明。

(6)合理送达,做到两个必须。公告送达不得滥用,必须在所有送达方式无法实现时,才能采取公告送达方式;填写当事人接收文书的时间必须精确到小时。

凡执法文书的对象是当事人的,都必须填写《送达回证》。在下达执法文书时都必须有《送达回证》。收件人是单位的,单位的办公室人员及其他工作人员都可以签收,但必须加盖公章或收发章。原因一是证明当事人是单位,二是避免以后扯皮。如不加盖公章,违法单位会说没有收到执法文书,当执法人员质证说贵单位有人签收时,违法单位会说这个人不是我们单位的,或者说这个人是临时工等,所以要加盖公章或收发章;收件人是自然人的由本人签收,本人不在,填写"外出"、留置。代收人据实填写。

注:水行政案件受理人必须全面准确地理解立案的条件。《水行政处罚实施办法》(水利部8号令)第二十四条规定:"除依法可以当场作出行政处罚决定的以外,公民、法人或者其他组织有符合下列条件的违法行为的,水行政主管部门应当立案查处:(一)具有违反水法规事实的;(二)依照法律、法规、规章的规定应当给予水行政处罚的;(三)属于行政处罚机关管辖的;(四)违法行为未超过追究失效的。"符合上述4个条件方可立案,不符合上述4个条件则不予立案。受理人可以是填表人,也可以不是填表人,但无论是谁都必须签上姓名及年月日。《行政处罚法》第三十六条规定,"违法行为在二年内未被发现的,不再给予行政处罚。法律另有规定的除外",《水法》《水土保持法》《防洪法》没有另行规定,因此水行政处罚追究时效为二年。应注意以下两点:一是什么时候下达《责令改正通知书》。下达《责令改正通知书》是行政机关的一种具体行政行为,下达它的前提是当事人确实存在违法事实,在调查取证前,甚至在立案前或者在水行政执法巡查时,必须是当事人违法事实清楚,如不及时下达,当事人的违法行为不改正将会对水利工程、防汛等造成更大危害,当事人自身也会造成更大损失。否则,当事人认为这一行政行为侵犯了自身利益,引发行政诉讼,水行政主管部门极有可能败诉并赔偿损失。二是下达《责令改正通知书》不受"一般程序"的限制。行政机关在执法巡查中或接到他人举报,只要发现当事人的违法事实存在必须改正的,就可下达。当事人违法事实存在,下达《责令改正通知书》与否,是关乎行政机关作为不作为的一个法律凭证。如不及时下达,行政机关可能承担不利的后果。下达《责令改正通知

书》可于下达《责令停止违法行为通知书》后进行，也可与其同时下达。

某人经常到一些地方宣讲水法律法规，其实说来说去都是那些东西。一方面是个人的能力不会在短期内显著性地、质变地提高；另一方面也是最重要的，就是法律需要普及，需要时时讲、日日讲、月月讲、年年讲。

某人曾经不止一次接到水行政管理及执法人员的电话，询问某某法律问题的解决方案，很是无奈，因为前几天刚刚在该单位专门就该问题进行了强调和讲解。对方往往说：我当时刚好去洗手间了，没听到。可是我明明看到他就坐在前排，而且边听边记，样子很是认真。后来，我很好地理解了这一点，因为法律需要普及。

尽管很多时候法律人都为此感到无奈，但中国的现实就是这样，多少年的老问题可谓年年讲，但如果要解决，我看尚需时日。

有人为此很悲哀，有人认为普法路径不妥，有人质疑普法的价值，就我看来，我们还没有理解法治。

在水行政执法办案中，细节问题决定着办案质量，隐患细节将导致执法责任事故出现，正所谓“千里之堤，溃于蚁穴”。水行政管理机关查出水事违法案件能否件件办成铁案，影响到水行政管理机关的执法权威和执法形象。因此，在执法办案过程中，水行政执法人员必须审时度势，将执法办案从细节做起，不断规范办案全程，确保案件终结“坚如磐石”。作者分析办案实践中发现的隐患细节，据不完全概括，带有共性的列举如下九个方面。

一、随意减免或从轻处罚的现象较为普遍

主要表现在处罚告知和处罚决定作出的处罚金额不一致，甚至处罚决定书作出的处罚金额与实际入国库的处罚金额不一致。不一致并不一定违法，但没有经分管领导批准和没有任何理由说明不一致的原因，这就是违法。从轻、减轻或者免予处罚必须具备法定的条件，从轻处罚是指行政机关对违法行为人在法定的幅度内选择较轻的处罚方式；减轻处罚是指行政机关在法定的处罚方式和处罚幅度最低限以下对违法行为人的处罚；免予处罚是指行政机关考虑到某些法定情形，对应受行政处罚的当事人不予处罚的情况。根据《行政处罚法》第三十二条，从轻或减轻处罚应具备下列情况之一：一是主动消除或减轻违法行为危害后果的。二是受他人胁迫或者诱骗实施违法行为的。三是主动供述行政机关尚未撑握的违法行为的。四是配合行政机关查处违法行为且有立功表现的（包括检举揭发他人违法行为，主动向行政机关提供材料和线索，积极做有关当事人的工作，使行政机关查处工作进展顺利、效果明显的）。五是法律、法规、规章规定其他应当从轻或者减轻行政处罚的。以上情况必须有证据显示和说明，并经核审机构审查，分管领导签字认可方予实施（重大案件由局长办公会研究决定）。根据《行政处罚法》第三十二条，免予处罚必须同时具备三个条件：第一，违法行为轻微；第二，行为人有及时纠正违法行为的事实；第三，没有造成危害后果。三者缺一不可。提请注意一点，当事人经济困难不是从轻、减轻或免予处罚的法定条件，《行政处罚法》第六十六条明确规定了当事人的经济困难，只能作为延期或者分期缴纳罚款的条件，执行前还必须经行政执法机关批准。

二、行政处罚决定书无证据记载

根据《行政处罚法》第五十九条的规定,行政处罚决定书应当载明:违反法律、法规或者规章的事实和证据。可见,证据记载是行政处罚决定书内容必不可少的组成部分,但在操作中,处罚决定书往往忽略了证据记载。不在处罚决定书中载明证据,很容易造成人为增减证据,破坏执法的准确性和公正性。可以定论,处罚决定书不载明证据属于违反法定程序行为,因此所作出的行政处罚无效。

三、执法人员代签姓名

查办案件"不得少于两人"是法定程序规定,这一规定落实到文书中的表现形式就是执法人员的签名。一个人代签两名,笔迹显示为一人所为,不能佐证查案人员为两人以上。在司法庭审中,原告很容易抓住这一点要求法庭撤销以此作出的具体行政行为。查办案件中执法人员签名确实是很小的问题,但这种小问题却是执法程序中不容忽视的大问题。

四、证据没有查实

调查取证概括分为两个步骤:收集证据和查实证据。在实际的执法办案中,有不少办案人员只注重收集证据而没有用证据查实证据,这就很容易造成证据之间存在矛盾。证据必须具有关联性、合法性、真实性,证据与证据之间必须能够相互佐证,形成证据链后才能达到"证据确凿"的要求。值得一提的是,基层执法办案还存在依据一个询问笔录或现场检查笔录定案的现象,对如何佐证笔录内容属实的证据却没有,如果原告在司法庭审中翻供或称是执法人员伪造、胁迫签字而成的笔录时,那作为被告如何质证?主要看有无其他证据证明笔录属实。因此,单独的证据是没有查实的证据,用没有查实的证据认定事实,处罚就不能成立。

五、现场检查笔录草率马虎

现场检查是水行政执法办案的法定程序,是固定事实、抓取证据的必要手段,而现场检查笔录是水行政机关实施行政处罚的重要证据和优势证据,是对涉嫌违法现场整体情况的客观描述和实录。但在实际检查中许多办案人员制作笔录草率马虎,表述不准,记录不全,最终造成现场检查笔录内容与处罚决定内容不相关,笔录也就成为"废纸",失去了证据效力。因此,现场检查笔录必须符合证据形式要件规定,应做到精确、全面、客观,内容要言简意赅、详略得当,应含有现场检查的事项、方法、过程、结果和现场概貌及当事人的行为,包括当事人拒绝检查或笔录拒绝签名的事实和原因等。此外,现场检查笔录切忌使用"大概""大约""估计""左右"等模糊不定用语和"擅自""违法""非法"等主观判断用语。

六、办案保密不严

水事违法案件的查处敏感性很强。我们有些执法人员刚发现或正在查办一件所谓大案要案,就激动不已,急功近利,到处宣扬,致使案件查处重重受阻,不能顺利终结,就是保密不严所致。

七、文书缺乏校对

行政处罚文书具有法律效力,一定程度上代表了水行政执法形象和执法威信,必须要求咬文嚼字、认真校对,不但要求语句通顺,用语专业,段落分明,每个字、每个标点符号都不能错,因为一旦有错别字或标点符号有错,整个文书的意思都可能发生变化。迄今,全民法律水平在不断提升,且当事人大都聘有法律顾问,加之内部“害群之马”的出谋划策,抓住文字的错词错句,然后申请复议或者起诉,后果不言而喻。如法律常用词语规范不熟悉,下面这些水行政执法人员必须掌握熟悉。

★作出,做出

“作出”多与决定、解释等词语搭配使用。

示例1:农村土地承包仲裁委员会对回避申请应当及时作出决定,以口头或者书面方式通知当事人,并说明理由。(《中华人民共和国农村土地承包经营纠纷调解仲裁法》(简称《农村土地承包经营纠纷调解仲裁法》)第二十九条)

示例2:最高人民法院、最高人民检察院作出的属于审判、检察工作中具体应用法律的解释,应当自公布之日起三十日内报全国人民代表大会常务委员会备案。(《中华人民共和国各级人民代表大会常务委员会监督法》(简称《监督法》)第三十一条)

“做出”多与成绩等名词词语搭配使用。

示例1:对在社会主义建设中做出显著成绩的残疾人,对维护残疾人合法权益、发展残疾人事业、为残疾人服务做出显著成绩的单位和个人,各级人民政府和有关部门给予表彰和奖励。(《中华人民共和国残疾人保障法》(简称《残疾人保障法》)第十三条)

示例2:国务院和沿海地方各级人民政府应当加强对海岛保护的宣传教育工作,增强公民的海岛保护意识,并对在海岛保护以及有关科学研究工作中做出显著成绩的单位和个人予以奖励。(《中华人民共和国海岛保护法》(简称《海岛保护法》)第七条)

★公布,发布,公告

“公布”用于公布法律、行政法规、结果、标准等。

示例1:本法自公布之日起施行。(《中华人民共和国村民委员会组织法》(简称《村民委员会组织法》)第四十一条)

示例2:统计调查项目的审批机关应当对调查项目的必要性、可行性、科学性进行审查,对符合法定条件的,作出予以批准的书面决定,并公布;对不符合法定条件的,作出不予批准的书面决定,并说明理由。(《中华人民共和国统计法》(简称《统计法》)第十三条)

示例3:食品安全国家标准由国务院卫生行政部门负责制定、公布,国务院标准化行政部门提供国家标准编号。(《中华人民共和国食品安全法》(简称《食品安全法》)第二十七条)

“发布”用于公开发出新闻、信息、命令、指示等。

示例1:履行统一领导职责或者组织处置突发事件的人民政府,应当按照有关规定统一、准确、及时发布有关突发事件事态发展和应急处置工作的信息。(《中华人民共和国突发事件应对法》(简称《突发事件应对法》)第五十三条)

示例2:突发事件发生地的其他单位应当服从人民政府发布的决定、命令,配合人民政府采取的应急处置措施,做好本单位的应急救援工作,并积极组织人员参加所在地的应急救

援和处置工作。(《突发事件应对法》第五十六条第二款)

“公告”用于向公众发出告知事项。

示例1:遇有大型群众性活动、大范围施工等情况,需要采取限制交通的措施,或者作出与公众的道路交通活动直接有关的决定,应当提前向社会公告。(《中华人民共和国道路交通安全法》(简称《道路交通安全法》))

示例2:专利复审委员会对宣告专利权无效的请求应当及时审查和作出决定,并通知请求人和专利权人。宣告专利权无效的决定,由国务院专利行政部门登记和公告。(《中华人民共和国专利法》(简称《专利法》)第四十六条)

★违法,非法

“违法”一般用于违反法律强制性规范的行为。

示例1:被检查单位或者个人拒不停止违法行为,造成严重水土流失的,报经水行政主管部门批准,可以查封、扣押实施违法行为的工具及施工机械、设备等。(《水土保持法》第四十四条)

示例2:村民委员会不及时公布应当公布的事项或者公布的事项不真实的,村民有权向乡、民族乡、镇的人民政府或者县级人民政府及其有关主管部门反映,有关人民政府或者主管部门应当负责调查核实,责令依法公布;经查证确有违法行为的,有关人员应当依法承担责任。(《村民委员会组织法》第三十一条)

“非法”通常情况下也是违法,但主要强调缺乏法律依据的行为。

示例1:任何组织和个人不得侵占、挪用义务教育经费,不得向学校非法收取或者摊派费用。(《中华人民共和国义务教育法》(简称《义务教育法》)第四十九条)

示例2:非法占有高度危险物造成他人损害的,由非法占有人承担侵权责任。所有人、管理人不能证明对防止他人非法占有尽到高度注意义务的,与非法占有人承担连带责任。(《中华人民共和国侵权责任法》(简称《侵权责任法》)第七十五条)

★设定,设立

“设定”和“设立”都可以用于权利、义务、条件等的设置。“设立”还可以用于成立或者开办组织、机构、项目等。

示例1:行政机关和法律、法规授权的具有管理公共事务职能的组织不得滥用行政权力,以设定歧视性资质要求、评审标准或者不依法发布信息等方式,排斥或者限制外地经营者参加本地的招标投标活动。(《中华人民共和国反垄断法》(简称《反垄断法》)第三十四条)

示例2:不动产物权的设立、变更、转让和消灭,应当依照法律规定登记。动产物权的设立和转让,应当依照法律规定交付。(《中华人民共和国物权法》(简称《物权法》)第六条)

示例3:国务院设立食品安全委员会,其工作职责由国务院规定。(《食品安全法》第五条)

示例4:国务院和县级以上地方人民政府根据实际需要,设立专项资金,扶持农村地区、

民族地区实施义务教育。(《义务教育法》第四十七条)

★批准,核准

“批准”用于有权机关依据法定权限和法定条件,对当事人提出的申请、呈报的事项等进行审查,并决定是否予以准许。

示例1:进行下列施工作业,施工单位应当向管道所在地县级人民政府主管管道保护工作的部门提出申请:……

县级人民政府主管管道保护工作的部门接到申请后,应当组织施工单位与管道企业协商确定施工作业方案,并签订安全防护协议;协商不成的,主管管道保护工作的部门应当组织进行安全评审,作出是否批准作业的决定。(《中华人民共和国石油天然气管道保护法》(简称《石油天然气管道保护法》)第三十五条)

示例2:从事考古发掘的单位,为了科学研究进行考古发掘,应当提出发掘计划,报国务院文物行政部门批准;对全国重点文物保护单位的考古发掘计划,应当经国务院文物行政部门审核后报国务院批准。(《中华人民共和国文物保护法》(简称《文物保护法》)第二十八条)

“核准”用于有权机关依据法定权限和法定条件进行审核,对符合法定条件的予以准许。

示例1:公开发行证券,必须符合法律、行政法规规定的条件,并依法报经国务院证券监督管理机构或者国务院授权的部门核准;未经依法核准,任何单位和个人不得公开发行证券。(《中华人民共和国证券法》(简称《证券法》)第九条)

示例2:公证机构的负责人应当在有三年以上执业经历的公证员中推选产生,由所在地的司法行政部门核准,报省、自治区、直辖市人民政府司法行政部门备案。(《中华人民共和国公证法》(简称《公证法》)第十条)

★注销,吊销,撤销

“注销”用于因一些法定事实出现而导致的取消登记在册的事项或者已经批准的行政许可等。

示例1:建设用地使用权消灭的,出让人应当及时办理注销登记。(《物权法》第一百五十条)

示例2:有下列情形之一的,行政机关应当依法办理有关行政许可的注销手续:

(一)行政许可有效期届满未延续的;

(二)赋予公民特定资格的行政许可,该公民死亡或者丧失行为能力的;

(三)法人或者其他组织依法终止的;

(四)行政许可依法被撤销、撤回,或者行政许可证件依法被吊销的;

(五)因不可抗力导致行政许可事项无法实施的;

(六)法律、法规规定的应当注销行政许可的其他情形。(《行政许可法》第七十条)

“吊销”作为一种行政处罚,用于有权机关针对违法行为,通过注销证件或者公开废止证件效力的方式,取消违法者先前已经取得的许可证件。

示例1：邮政企业、快递企业不建立或者不执行收件验视制度，或者违反法律、行政法规以及国务院和国务院有关部门关于禁止寄递或者限制寄递物品的规定收寄邮件、快件的，对邮政企业直接负责的主管人员和其他直接责任人员给予处分；对快递企业，邮政管理部门可以责令停业整顿直至吊销其快递业务经营许可证。(《中华人民共和国邮政法》(简称《邮政法》)第七十五条)

示例2：城乡规划编制单位取得资质证书后，不再符合相应的资质条件的，由原发证机关责令限期改正；逾期不改正的，降低资质等级或者吊销资质证书。(《中华人民共和国城乡规划法》(简称《城乡规划法》)第六十三条)

"撤销"用于有权机关取消依法不应颁发的行政许可或者发出的文件、设立的组织机构，也可以用于取消资质、资格等。

示例1：城乡规划主管部门违反本法规定作出行政许可的，上级人民政府城乡规划主管部门有权责令其撤销或者直接撤销该行政许可。(《城乡规划法》第五十七条)

示例2：违反本法规定，食品检验机构、食品检验人员出具虚假检验报告的，由授予其资质的主管部门或者机构撤销该检验机构的检验资格；依法对检验机构直接负责的主管人员和食品检验人员给予撤职或者开除的处分。(《食品安全法》)

★根据，依据

引用宪法、法律作为立法依据时，用"根据"。

示例1：为了加强国防建设，完善国防动员制度，保障国防动员工作的顺利进行，维护国家的主权、统一、领土完整和安全，根据宪法，制定本法。(《中华人民共和国国防动员法》(简称《国防动员法》)第一条)

示例2：省、自治区、直辖市的人民代表大会常务委员会根据本法，结合本行政区域的实际情况，制定实施办法。(《村民委员会组织法》第四十条)

适用其他法律或者本法的其他条款时，用"依据"。

示例1：提供的统计资料不能满足需要时，国防动员委员会办事机构可以依据《中华人民共和国统计法》和国家有关规定组织开展国防动员潜力专项统计调查。(《国防动员法》第十九条)

示例2：对反垄断执法机构依据本法第二十八条、第二十九条作出的决定不服的，可以先依法申请行政复议；对行政复议决定不服的，可以依法提起行政诉讼。(《反垄断法》第五十三条)

★谋取，牟取

"谋取"是中性词，可以谋取合法利益，也可以谋取非法利益。"牟取"是贬义词，表示通过违法行为追求利益。

示例1：学校以向学生推销或者变相推销商品、服务等方式谋取利益的，由县级人民政府教育行政部门给予通报批评；有违法所得的，没收违法所得；对直接负责的主管人员和其他直接责任人员依法给予处分。(《义务教育法》第五十六条第二款)

示例 2:采购代理机构不得以向采购人行贿或者采取其他不正当手段谋取非法利益。(《中华人民共和国政府采购法》(简称《政府采购法》)第二十五条第三款)

示例 3:人民调解员在调解工作中有下列行为之一的,由其所在的人民调解委员会给予批评教育、责令改正,情节严重的,由推选或者聘任单位予以罢免或者解聘:……(三)索取、收受财物或者牟取其他不正当利益的……(《中华人民共和国人民调解法》(简称《人民调解法》)第十五条)

示例 4:国务院证券监督管理机构工作人员应当忠于职守,依法办事,公正廉洁,接受监督,不得利用职务牟取私利。(《中华人民共和国证券投资基金法》(简称《证券投资基金法》))

八、启动处罚决定程序之前缺少当事人陈述、申辩笔录

《行政处罚法》第六十二条规定:行政机关及其执法人员在作出行政处罚决定之前,未依照本法第三十一条、第三十二条的规定向当事人告知给予行政处罚的事实、理由和依据,或者拒绝听取当事人的陈述、申辩,行政处罚决定不能成立。因此,在下达处罚决定前,应当听取当事人的书面或口头陈述。当事人作口头陈述及申辩的,应将陈述或申辩情况作笔录,当事人签字后备入案卷。当事人放弃陈述和申辩权利的,也要将情况制作笔录并让其签字确认后备入案卷。这样,如果进入司法庭审程序,可防当事人辩称其从未享受陈述、申辩权,届时,笔录就是证据。

九、文书送达对象不明确

当事人履行行政处罚决定确定的义务,必须以行政处罚决定文书的送达为前提。因此,处罚文书的送达对象必须明确。法律法规规定应当遵循下列原则:"应当直接送达当事人的,由当事人在送达回证上注明收到日期,并签名或者盖章,当事人在送达回证上的签收日期即为送达日期。当事人是法人、经营单位或者其他组织的,交其收发部门签收;当事人是公民或者个体工商户的,交其本人签收,本人不在的,交其同住的成年家属或所在单位签收;当事人指定代收人的,交代收人签收。"这个问题,也应引起注意。

上述细节看似"小事",但导致败诉就是大事,类似这样的"小事"还有很多,有待执法人员在具体查办案件实践中善于捕捉并加以规范。

水利行政管理及执法人员
法律知识应知应会

1.问:《行政处罚法》“法定期限”是如何规定?

答:1.【工作日的规定】

本法中“二日”“三日”“五日”“七日”的规定是指工作日,不含法定节假日。

《行政处罚法》中的“十五日”“九十日”为自然日,工作中注意区分。

水法律法规、规章条文中对“日”“工作日”的规定与新修订《行政处罚法》相关规定不一致的,根据上位法优于下位法的原则,应优先适用新修订《行政处罚法》关于“工作日”的规定。

2.【行政处罚决定信息撤回的期限】

公开的行政处罚决定被依法变更、撤销、确认违法或者确认无效的,行政机关应当在三日内撤回行政处罚决定信息并公开说明理由。

3.【先行登记保存的期限】

行政机关在收集证据时,可以采取抽样取证的方法,在证据可能灭失或者以后难以取得的情况下,经行政机关负责人批准,可以先行登记保存,并应当在七日内及时作出处理决定,在此期间,当事人或者有关人员不得销毁或者转移证据。

4.【作出行政处罚决定的期限】

行政机关应当自行政处罚案件立案之日起九十日内作出行政处罚决定。法律、法规、规章另有规定的,从其规定。

注意法律另有规定的情形,如,《中华人民共和国治安管理处罚法》(简称《治安管理处罚法》)第九十九条规定:公安机关办理治安案件的期限,自受理之日起不得超过三十日;案情重大、复杂的,经上一级公安机关批准,可以延长三十日。为了查明案情进行鉴定的期间,不计入办理治安案件的期限。

5.【行政处罚决定送达的期限】

行政处罚决定书应当在宣告后当场交付当事人;当事人不在场的,行政机关应当在七日内依照《民事诉讼法》的有关规定,将行政处罚决定书送达当事人。

特别法优于一般法,注意特别法的相关规定,如《治安管理处罚法》第九十七条第一款规定:公安机关应当向被处罚人宣告治安管理处罚决定书,并当场交付被处罚人;无法当场向被处罚人宣告的,应当在二日内送达被处罚人。

6.【当事人申请听证的期限】

当事人要求听证的,应当在行政机关告知后五日内提出。

7.【通知听证时间地点的期限】

行政机关应当在举行听证的七日前,通知当事人及有关人员听证的时间、地点。

8.【当事人缴纳罚款的期限】

当事人应当自收到行政处罚决定书之日起十五日内，到指定的银行或者通过电子支付系统缴纳罚款。银行应当收受罚款，并将罚款直接上缴国库。

9.【执法人员当场收缴罚款的上交期限】

执法人员当场收缴的罚款，应当自收缴罚款之日起二日内，交至行政机关；在水上当场收缴的罚款，应当自抵岸之日起二日内交至行政机关；行政机关应当在二日内将罚款缴付指定的银行。

10.【行政处罚的追究期限】

违法行为在二年内未被发现的，不再给予行政处罚；涉及公民生命健康安全、金融安全且有危害后果的，上述期限延长至五年。法律另有规定的除外。

前款规定的期限，从违法行为发生之日起计算；违法行为有连续或者继续状态的，从行为终了之日起计算。

2.问：2021 年 1 月 22 日第十三届全国人民代表大会常务委员会第二十五次会议修订的《行政处罚法》于 2021 年 7 月 15 日起施行。《行政处罚法》的修改，对水行政执法工作意义重大、影响深远，为了在水行政执法工作中正确理解和适用法律规定，现作以下梳理指引？

答：一、总体方面

（一）明确界定了行政处罚的概念

首次在国家法律层面对行政处罚的概念从内涵上予以界定，对从实体上认定行政处罚、厘清行政处罚与其他行政行为尤其是制裁性行政行为提供了标准。具体从以下四个方面予以理解：

1.行政处罚的实施主体是行政机关。这里的行政机关应当理解为，具有行政处罚权的行政机关以及依照法律法规的授权以自己名义独立行使行政处罚权的其他行政主体。

2.行政处罚针对的是违反行政管理秩序的行为，即违法行为。行政管理秩序是行政法律、法规规章规定的行政机关在行政管理活动中所要维护的秩序，不是私法领域的民事、商事、经济秩序，也不是同为公法领域的刑事法律秩序。

3.行政处罚的方式是减损权益或者增加义务。权益包含权利和利益，权利和义务是法律、法规规章设定的，是法定的，利益可以是法定的也可以是意定的，因此利益具有中立性，既可以是合法利益，也可以是不法利益。对不法利益的减损，比如限期拆除违法建设、没收违法所得、没收非法财物也是行政处罚的方式。

4.行政处罚的属性和首要目的是惩戒。在实施行政处罚过程中要把握好处罚与教育相结合的原则，准确理解和运用教育手段，既要以柔性执法来展示城市管理行政执法的温度，也要通过刚性执法来彰显城市管理行政执法的权威。因此，要正确适用不予处罚、首违不罚、从轻处罚规定，严格执行行政处罚自由裁量权适用规范和标准。

（二）完善了行政处罚的种类

新《行政处罚法》借鉴刑事处罚的分类标准对行政处罚进行了分类，有助于行政执法人员理解、界定和适用行政处罚。

1.声誉罚。具体包括警告、通报批评。

2.财产罚。具体包括罚款、没收违法所得、没收非法财物。

3.行为资格罚。具体包括暂扣许可证件、降低资质等级、吊销许可证件、限制开展生产经营活动、责令停产停业、责令关闭、限制从业。

4.人身自由罚,即行政拘留。其中,新增加的行政处罚种类为:通报批评、降低资质等级、限制开展生产经营活动、责令关闭、限制从业。

(三)管辖权

新《行政处罚法》第二十五条对优先管辖权和管辖权争议作了进一步完善。

1.优先管辖权。在都有管辖权时,由最先立案的行政机关管辖。为预防立案保护、后补立案审批手续等违规违纪行为的出现,以最先立案为判断标准。

2.管辖权争议。发生管辖权争议时,应当协商解决,协商解决应当有正式的协商函或者会议纪要,也可以直接由共同的上一级行政机关指定管辖。直接指定管辖是基于上一级行政机关的业务指导权,权限的边界应当是水行政管理行政处罚权权力清单界定的权力事项。

(四)明确了行政处罚委托的方式和内容

新《行政处罚法》第二十条对行政处罚权的委托行使作了进一步的规范和细化。各级水利行政执法部门、执法机构在实施水利行政处罚权时应当:

1.行政处罚委托应当以书面方式进行;

2.行政处罚委托书应当载明委托的具体事项、权限、期限等内容;

3.行政处罚委托书应当向社会公布;

4.委托机关即各级水行政主管部门应当加强对受委托单位即各级执法机构的监督和考核。

(五)扩大了"不予处罚"的适用范围

新《行政处罚法》第三十条、第三十一条、第三十三条规定了不予处罚的五种情形:

1.不满十四周岁的未成年人实施的违法行为;

2.精神病人、智力残疾人在不能辨认或者不能控制自己行为时实施的违法行为;

3.违法行为轻微并及时改正,没有造成危害后果的;

4.初次违法且危害后果轻微并及时改正;

5.当事人有证据足以证明没有主观过错的。

(1)有证据足以证明的认定。

达到什么程度才能认定为有证据足以证明,并没有一个精确的数字作为判断标准。一般认为,单一的关键性证据,或者是多个相互关联能够相互印证的证据链,在达到优势证据证明力时即可判断为"有证据足以证明"。

(2)主观过错的理解。

首先,确定了行政处罚的过错推定责任原则(法律、行政法规另有规定的除外),即只要有违法行为就推定为有过错,行政执法机关无须另外为主观上有过错举证,当事人如抗辩,需举证证明主观上无过错,方能不予行政处罚;

其次,过错包含故意和过失,不知晓法律、法规、规章等规范性文件的规定,不构成无主观过错;

再次,法律、法规、规章对违法行为作出行政处罚的规定一般分为两类,第一类是直接规定有违法行为即可作出处罚,第二类是规定有过错才可以给予处罚,对第二类违法行为作出处罚的过错举证责任仍然在行政机关。

上述 5 项,第 2 项中的智力残疾人和第 4 项、第 5 项为新增加的不予处罚种类。

二、执法

(一)立案

1.立案标准

新《行政处罚法》第五十四条规定,行政机关经过全面、客观、公正地调查、收集有关证据,对符合立案标准的,应当及时立案。立案标准:

(1)确实存在违法行为或者有确切的违法行为线索的;

(2)在行政处罚时效内;

(3)属于本机关管辖;

(4)不违反一事不再罚原则;

(5)不属于不予处罚情形及首违不罚情形。

各级水行政执法部门应当准确、全面把握立案标准,对符合立案标准的要及时立案查处,对不符合立案标准的要继续查清事实或者终止调查,对已经立案后发现不符合立案标准的要及时撤销立案。

2.追诉时效

新《行政处罚法》第三十六条进一步对行政处罚的追诉时效予以完善。追诉时效期限的计算,原则上以立案为标准,符合以下情形的,也在行政处罚的追诉时效内:

(1)在追诉时效内已经发现违法行为并对违法行为进行了初步的调查取证;

(2)不具有管辖权的行政机关在追诉时效内查处,在追诉时效届满后移送有管辖权的行政机关的;

(3)在追诉时效内群众举报后被认定属实的,根据 2004 年 12 月 24 日《全国人民代表大会常务委员会法制工作委员会关于提请明确对行政处罚追诉时效"二年内未被发现"认定问题的函的研究意见》,以举报时间为准。

(二)查处

1.两人执法

将原《行政处罚法》规定于"一般程序"中的两人执法调整到《行政处罚法》"一般规定"中,即明确了两人执法不仅适用于普通程序,也适用于简易程序。

2.简易程序和当场收缴罚款

新《行政处罚法》第五十一条的规定提高了简易程序适用上限，即对公民处以二百元以下、对法人或者其他组织处以三千元以下罚款的行政处罚，可以当场作出行政处罚决定。

第六十八条规定根据简易程序作出当场处罚决定的，依法给予一百元以下罚款的可以当场收缴罚款。

要注意区别当场收缴罚款和目前正在实施的小微现场执法扫码支付罚款。无论是现金还是微信、支付宝扫码，均属于当场收缴罚款的范畴；而后者是通过技术手段与财政非税系统建立双向对接机制，当事人扫码直接将罚款缴纳至财政，属当事人自行缴纳罚款。

3.回避制度

新《行政处罚法》第四十三条规定了主动回避和申请回避制度。

主动回避制度要求，执法人员与案件有直接利害关系或者有其他关系可能影响公正执法时，执法人员应当主动申请回避。主动回避制度是行政处罚的法定程序，如果未遵守主动回避的规定，在后期发生争议时，将可能因未遵守法定程序而面临不利法律后果。

4.证据登记保存

新《行政处罚法》规定，证据登记保存决定作出后，应当在 7 日内作出处理决定。据此，证据登记保存应为过程性行为，证据登记保存的法律效果被后续的行政处罚决定所吸收，证据登记保存决定不具有可诉性。

但是，如果证据登记保存决定作出后没有或者没有及时作出处理决定，或者以证据登记保存之名行扣押之实，或者证据登记保存明显不当的，证据登记保存决定将直接对当事人产生不利影响，当事人据此可以对证据登记保存决定提起行政复议或行政诉讼。

5.听证

(1)扩大适用范围

新《行政处罚法》第六十三条规定以下行政处罚应当告知当事人听证权利：较大数额罚款；没收较大数额违法所得、没收较大价值非法财物；降低资质等级、吊销许可证件；责令停产停业、责令关闭、限制从业；其他较重的行政处罚。其中，没收较大数额违法所得、没收较大价值非法财物、降低资质等级、责令关闭、限制从业、其他较重的行政处罚为新增加种类。

(2)延长告知期限

根据新《行政处罚法》第六十四条第(一)项的规定，听证告知期限由 3 日延长至 5 日，是正当程序的要求，进一步畅通了公众参与渠道，更有利于保护当事人权利。

各水行政执法部门《行政处罚事先告知书》《行政处罚听证告知书》中对于陈述申辩权利、听证权利的告知期限均应当调整为 5 日。

(3)运用听证笔录

新《行政处罚法》第六十五条规定，听证结束后，行政机关应当根据听证笔录，依照本法第五十七条的规定，作出决定。该规定较原新《行政处罚法》增加了“行政机关应当根据听证笔录作出处罚决定”的要求，各级水行政执法部门在办理涉及听证程序案件时需注意：

第一、经过听证程序的行政处罚案件,应当根据听证程序中提出的事实和证据作出行政处罚决定,听证程序中未发表、未经质证或者未采纳的事实和证据不得作为行政处罚决定的依据;

第二、各级水行政执法部门在组织实施听证时,应当全面、客观、准确地还原、记录执法人员调查取证的过程、证据以及行政相对人的陈述、申辩和质证意见。

(三)行政处罚决定

1.增加了没收违法所得的概括性规定

新《行政处罚法》第二十八条第二款规定,对当事人有违法所得的,除依法应当退赔外,应当予以没收。该条款适用于法律、法规、规章对违法行为已经设定了行政处罚,无论设定的行政处罚是否包含没收违法所得的处罚种类,只要当事人实施的违法行为有违法所得,即可根据新《行政处罚法》的规定依法没收当事人的违法所得。

适用没收违法所得需注意:

(1)有确定的受害人的,应当责令退赔或者返还受害人;

(2)违法所得的计算需扣除已依法缴纳的税款,但当事人投入的投资成本、人力资源成本无须扣除。

2.完善了法律竞合规定

新《行政处罚法》第二十九条,完善了一事不二罚原则,并增加了择一重处罚的规定。除了适用文义解释的方法正确理解字面意思,也要运用体系解释和本意解释的方法避免走入误区:

(1)关于一事不二罚。执法部门已经给予罚款,如根据法律、法规、规章规定其他行政执法部门可以作出其他种类行政处罚,其他行政执法部门应当依法作出其他种类行政处罚;

(2)关于择一重处罚。首先,违反多个法律、规范应当给予罚款处罚的,罚款数额低的罚款下限如果高于罚款数额高的罚款下限,在适用罚款数额高的规定作出处罚时,需注意不能低于罚款数额低的罚款下限作出处罚决定;其次,不适用于特别法和一般法之间。

3.自由裁量

除了在第三十四条明确规定行政机关可以制定自由裁量基准外,另外在第三十二条、第四十九条增加了从轻、减轻、从快从重处罚的情形。

(1)第三十二条第(三)项"主动供述行政机关尚未掌握的违法行为的,应当从轻或者减轻行政处罚"的规定,为主动投案予以从轻或者减轻处罚提供了依据。

(2)第四十九条规定的发生重大传染病疫情等突发事件时,行政机关对违反突发事件应对措施的行为,依法快速、从重处罚。重大传染病疫情等突发事件的认定应当以《中华人民共和国突发事件应对法》《中华人民共和国传染病防治法》为依据,突发事件不仅包含了包括重大传染病疫情等在内的公共卫生事件,也包含自然灾害、事故灾难和社会安全事件,应对措施应当以法定的权威部门发布的通告或决定为准。

4.电子送达

新《行政处罚法》全面采纳并进一步延伸了民事诉讼法及其司法解释有关电子送达的

规定，规定行政处罚决定书也可适用电子送达。

适用电子送达应当注意：

(1)事前签订送达地址、送达方式确认书且同意电子送达；

(2)通过电子送达方式送达行政执法文书后应当电话确认，并鼓励录音录像记录电话确认过程；

(3)鼓励在区块链的可信执行环境下直接生成、保存、发送行政执法文书，完成电子送达。

5.电子支付

新《行政处罚法》第六十七条第三款规定，可以通过电子支付系统缴纳罚款。当事人通过电子支付系统缴纳罚款，属自行缴纳罚款。

(四)办案期限

新《行政处罚法》第六十条规定，行政处罚案件自立案之日起九十日内(包含法定节假日、双休日)作出行政处罚决定，法律、法规、规章另有规定的，从其规定。根据该规定，各级水行政执法部门应当：

1.2021 年 7 月 15 日之后立案的案件，应当在九十日内作出处罚决定；

2.2021 年 7 月 15 日之前立案的案件，到 7 月 15 日已满九十日(含超过九十日)的应当在 7 月 15 日前作出处罚决定；

3.2021 年 7 月 15 日之前立案的案件，到 7 月 15 日未满九十日的案件，应当适用新法的规定，在九十日内作出处罚决定。

三、行政执法三项制度

(一)行政处罚裁量基准的公示

新《行政处罚法》第三十四条授权行政机关制定行政处罚裁量基准，但应当向社会公布。

各级水行政执法部门、执法机构、处罚窗口应当将自由裁量适用规范和标准通过政府网站、电子触摸屏或纸质文本等多种方式向社会公示，供公众查询，在面对当事人或群众的质问、询问时，应当耐心解释、答疑。

(二)电子技术监控设备的公示与审核

在推进非接触性执法的过程中，为充分、规范、有效利用视频监控设备收集、固定违法事实：

1.视频监控设备的设置，在硬件、软件、采购、安装等方面应当符合国家相关技术规范和标准；

2.在设置地点和设置数量上应当合理有序、有明显可供识别的标识标志，在投入使用前应当向社会公示设置地点；

3.对视频监控设备记录的违法事实，应当经过法制和技术双重审核，方可作为定案依据予以使用；

4.在使用过程中应当注意对获取的自然人隐私和个人信息，按照《中华人民共和国民法典》的相关规定予以保密；

5.对视频监控设备获取的违法信息即使不需立案查处的，也应当及时通过信息化手段及其他方式告知当事人，并提供可供查询的方式。

（三）重大处罚决定法制审核

新《行政处罚法》第五十八条规定了应当经过法制审核的四种情形。另外，根据2017年9月1日通过、2018年1月1日起施行的《全国人民代表大会常务委员会关于修改〈中华人民共和国法官法〉等八部法律的决定》：行政机关中初次从事行政处罚决定审核的人员应当通过国家统一法律职业资格考试取得法律职业资格的规定，2018年1月1日后初次从事行政处罚决定法制审核的人员应当取得国家法律职业资格证，尤其对2018年1月1日以后新入职的人员要做到严格把握，否则在发生法律争议时可能因此承担不利法律后果。

3.问：新《行政处罚法》二十七条第二款的规定如何理解？

答：在判断某个违法行为是否符合新《行政处罚法》二十七条第二款的规定时，需要具体判断该违法行为是否同时满足“轻微”“及时纠正”“没有造成危害后果”这三个要件。然而，由于法律规定的抽象性，对这三个要件具体内容的确定需要通过具体的个案加以填充和明确。在司法实践中，在判断何为“轻微”时，通常会涉及数量、主观恶意等方面的因素，实践中还出现将“仅违反程序性规定”视为情节轻微的情形，但在数量这一要素上，究竟达到何种程度算是轻微，因法院的判决具有相当大的随意性而无法得知，在主观要素方面，是否将其纳入考量范围通常取决于所涉法律本身对于行为人的主观要素是否做出规定，也就是需要结合立法目的加以判断；在判断何为“及时纠正”时，司法实践表明，只要在危害后果尚未发生之前进行纠正的均为及时，而纠正是指将被破坏的秩序恢复到违法行为前的状态。此外，这里的纠正并不考虑行为人的主观状态；判断“没有造成危害后果”的关键在于，该后果指向的必须是法律所保护的利益，因此需要将“反射利益”排除在外。然而就上述曹国申等诉中山市国土资源局履行行政处罚法定职责一案而言，已经造成危害后果但是在行政机关作出相关行政决定之前就已自行纠正的，由于被破坏的社会秩序业已恢复加之行为人主观恶性较轻，结合《行政处罚法》处罚与教育相结合的原则对此不予处罚也是说得通的。与此同时，结合上述案例也可以看到，二十七条第二款的三个要件之间并非泾渭分明、非此即彼。如，上述张军凯诉上海市浦东新区市场监督管理局处罚决定案的案例中，法院对于何为“及时纠正”的认定事实上是结合是否造成危害后果进行的。此外，对违法行为人主观要素的考虑也常常贯穿于对“轻微”和“及时”的界定当中。因此，实践中对于某个违法行为能否适用二十七条第二款的规定，应当就整个行为过程、结合三项要件综合进行分析和判断。

4.问：新《行政处罚法》已经于2021年7月15日开始实施。保障新法的正确实施，是法律共同体接下来面临的共同任务。在新法的适用层面，一个有待厘清的问题是，如何准确把握新《行政处罚法》与具体领域行政处罚规范的关系？

答：众所周知，我国的行政处罚规则广泛分布于公安、市场监管、环保等具体领域的行政立法之中。《行政处罚法》的立法初衷之一，在于为这些纷繁复杂的具体处罚规范“建章立制”，提供基本遵循。但与此同时，基于立法机关的有限理性，同时为了照顾不同行政领域的差异，《行政处罚法》又赋予具体领域的处罚规范一定的“自治空间”。由此，在法适用层面就产生了如下疑问：具体领域的行政处罚规范，应当在多大范围和程度上接受《行政处罚法》的调控？应该说，这一问题自1996年旧法实施以来便已存在，但伴随着2021年新法引入的众多制度调整及其实施，对上述关系定位问题的厘清，变得愈加迫切了。

（一）谨防两种认识误区

通过观察行政执法与行政审判实务可知，长期以来，在新《行政处罚法》与具体领域的行政处罚规范的关系定位问题上，存在着如下两种认识误区：

第一种误区是，行政执法人员在作出处罚决定时，将目光拘泥于具体领域的行政处罚规范之上，忽略《行政处罚法》的规范和指引作用。这种认识误区，在引发社会广泛关注的“杭州方林富炒货店案”中表现得淋漓尽致。在该案中，方林富炒货店在广告中使用了绝对化用语，被告杭州市西湖区市场监管局依据《中华人民共和国广告法》（简称《广告法》）（2015年修订）第五十七条设置的“20万元以上100万元以下”的罚款区间，对其作出20万元的罚款。当社会公众普遍质疑该处罚金额过高时，西湖区市场监管局和杭州市市场监管局的同志均回应指出，他们作为执法机关只能在《广告法》第五十七条设置的处罚区间内罚款，无权突破起罚点作出更低金额的罚款。这一观点显然仅将目光停留在具体领域的罚则区间之上，忽略了《行政处罚法》上的减轻处罚、不予处罚等量罚规则以及“过罚相当”等处罚原则对其作出处罚决定的指引作用。

第二种误区是，一概地将具体领域的处罚规范视作特别法，而将《行政处罚法》视作一般法，进而主张前者优于后者适用。这种认识误区，较为典型地体现在有关警察行政执法表明身份的案件之中。《中华人民共和国人民警察法》（简称《人民警察法》）（2012年修订）第二十三条规定：“人民警察必须按照规定着装，佩戴人民警察标志或者持有人民警察证件，保持警容严整，举止端庄。”在实务中，公安机关多依据该条规定，主张在警察行政处罚案件中可以适用着装、佩戴警察标志等方式表明身份，以此替代《行政处罚法》上要求出示证件的规定。对此，法院也多表示赞同。例如在“陈利桂诉胶州市公安局交通警察大队行政处罚案”中，胶州市人民法院指出：“《行政处罚法》与《人民警察法》都是法律，且《人民警察法》是特别法律，所以人民警察执法（表明身份）应适应《人民警察法》的规定。”这种看法虽注意到了具体领域处罚规范与《行政处罚法》之间的体系性关联，但将二者简单地定位为特别法与一般法的关系，并不准确。

（二）正确辨识三种关系

实际上，《行政处罚法》与具体领域处罚规范的关系是多元复杂的，不是用单一的关系范畴就可加以概括。《行政处罚法》上的规定是一个规范集合，其中所包含的不同规范，与具体领域处罚规范所呈现的关系并不相同。具体而言，它们之间在不同情形下，至少会呈现如下三种关系：

1.基本法与单行法关系

所谓基本法,是指《行政处罚法》相对于具体领域处罚规范(单行法)而言,属于“基础规范”,不允许后者对其进行突破。当具体领域处罚规范与《行政处罚法》不一致时,应当优先适用《行政处罚法》的规定。唯有如此,才能实现对具体领域处罚规范施加控制约束、防止其“野蛮生长”之目的,而这正是1996年出台《行政处罚法》的主要目的。从本次修法的情况来看,这一“初心”并未改变。全国人大法工委副主任许安标在2020年6月28日作了《关于〈中华人民共和国行政处罚法(修订草案)〉的说明》,其中在介绍本次修法的基本思路时指出:把握通用性,从行政处罚法是行政处罚领域的通用规范出发……为单行法律、法规设定行政处罚和行政机关实施行政处罚提供基本遵循。这句讲话中所提到的“通用规范”“基本遵循”之表述,即在重申该法作为行政处罚基本法的定位。

从新《行政处罚法》的具体规定来看,不少条文也在强调该法作为处罚基本法的地位。例如,新《行政处罚法》第四条规定:公民、法人或者其他组织违反行政管理秩序的行为,应当给予行政处罚的,依照本法由法律、法规、规章规定,并由行政机关依照本法规定的程序实施。这一条后段特别强调“依照本法规定的程序实施”,意味着在行政处罚的程序问题上,单行法无权做出与其相抵触的规定。因此,在前面提及的警察行政执法表明身份案例中,公安机关和法院所认为的《人民警察法》上的规定应优先于《行政处罚法》适用的观点,是错误的。

此外,《行政处罚法》第二章中有关行政处罚设定的具体规则,其地位相当于是行政处罚领域的“立法法”。因此,这部分规范也属于基本法规则,具体领域处罚规范同样无权作出与之相抵触的规定。

2.总则与分则关系

所谓总则,是指新《行政处罚法》为具体领域处罚规范(分则)提供一种原则性的指导,行政执法机关在办理具体处罚案件时,应同时考虑《行政处罚法》上总则规范的作用。与上一种关系范畴不同的是,在总则与分则关系中,法律适用的要求是总则规范与分则规范一并结合适用,而非二者选其一。《行政处罚法》与具体领域处罚规范之间的这种关系定位,就好比《刑法》中的总则规范之于分则规范的地位。法官在适用刑法分则罪名时,应同时考虑《刑法》总则规范的指导作用。同理,行政执法机关办理行政处罚案件,也应当如此。

新《行政处罚法》中包含着大量总则性质的规范。这集中体现在第四章有关行政处罚适用的具体规则之上。例如,第三十二条关于从轻减轻处罚的规定、第三十三条关于不予处罚的规定,都对具体领域的行政处罚案件办理具有直接的指导作用。就此而论,在前面提及的“杭州方林富炒货店案”中,执法机关主张无权突破《广告法》第五十七条设置的最低20万元罚款规定的观点,显然是错误的。又如,第二十八条第二款新增了“当事人有违法所得,除依法应当退赔的外,应当予以没收”的规定,这意味着即便具体领域的处罚规范中未设置没收违法所得的规定,行政机关也可以依据这一条款进行没收。这同样体现了《行政处罚法》作为总则对具体处罚案件办理的指导作用。

此外，新《行政处罚法》第一章中所规定的行政处罚的定义、行政处罚的基本原则（如处罚与教育相结合原则、过罚相当原则）等，也具有类似的总则性质条款的地位。

3.一般法与特别法关系

所谓一般法，是指《行政处罚法》仅规定有关行政处罚的常规性制度，允许具体领域处罚规范（特别法）结合实际情况，作出与之不同的规定，并按照“特别法优于一般法”的规则，优先适用具体领域处罚规范。

在一般法与特别法的关系范畴之下，具体领域处罚规范可能会有脱逸《行政处罚法》调控的倾向。为了避免《行政处罚法》上的规定被架空，对这一关系范畴的识别，应当从严把握。原则上，应以《行政处罚法》明确授权容许具体领域处罚规范作出特别规定为限。从新《行政处罚法》的规定来看，已有 10 个条文作出了此类明确授权，包括第二十二、二十三条关于处罚案件管辖，第六十条关于处罚案件办理期限，第七十三条关于处罚不停止执行等。

至于在《行政处罚法》中未作明确授权之处，具体领域处罚规范能否被视作特别法，应当结合体系解释、目的解释、历史解释等方法进行谨慎判断。必要时，可提请有权机关作出解释。例如，在原《行政处罚法》施行期间，《道路交通安全法》（2003 年）第一百零七条与原《行政处罚法》第三十三条关于当场处罚程序的适用罚款金额规定不一致，且后者并未有是否容许单行法律作出特别规定的明确授权。但在全国人大法工委组织编写的《〈中华人民共和国道路交通安全法〉释义》一书中，明确将《道路交通安全法》的上述规定作为特别法来看待。最高人民法院在 2009 年作出的一个答复中，也持同样的观点。据此，可证成《道路交通安全法》（2003 年）第一百零七条作为处罚特别法的地位。当然，随着《行政处罚法》的修订施行，第五十一条在规定简易程序的适用情形时，已经增设了“法律另有规定的，从其规定”，以上关于单行法能否创设不同的简易程序适用条件的争议已然消解。但是，在新《行政处罚法》适用过程中，对于其他未作明确授权规定的条文能否容许具体领域的处罚规范作为特别规定优先适用，依然会发生类似的争议，仍须按照上述判断方法谨慎解释。

总之，新《行政处罚法》与具体领域处罚规范的关系是多元复杂的。从理论上讲，除以上所梳理的三种关系外，它们之间还应当有上位法与下位法、新法与旧法等关系范畴。但这些其他关系范畴的识别判断相对简单，本书不赘述。就上面三种关系而言，还应处理它们之间的相互关系问题，即“关系的关系”。对此，一个应该把握的总的方针是，以认定二者构成基本法与单行法关系以及构成总则与分则关系为原则，以认定二者构成一般法与特别法关系为例外，对其作出从严解释。如此方能捍卫《行政处罚法》对具体领域处罚规范的调控作用，确保新《行政处罚法》实现预期效果。

5.问：新《行政处罚法》对申请强制执行的期限如何理解？

答：新《行政处罚法》第七十二条规定：“当事人逾期不履行行政处罚决定的，作出行政处罚决定的行政机关可以采取下列措施：（一）到期不缴纳罚款的，每日按罚款数额的百分之三加处罚款，加处罚款的数额不得超出罚款的数额；（二）根据法律规定，将查封、扣押的财物拍卖、依法处理或者将冻结的存款、汇款划拨抵缴罚款；（三）根据法律规定，采取其他行政强制执行方式;(四)依照《行政强制法》的规定申请人民法院强制执行。行政机关批准延期、分期缴纳罚款的,申请人民法院强制执行的期限,自暂缓或者分期缴纳罚款期限结束之日起计算。”

按照新《行政强制法》第五十三条的规定,当事人在法定期限内不申请行政复议或者提起行政诉讼,又不履行行政决定的,没有行政强制执行权的行政机关可以自期限届满之日起三个月内,依照新《行政强制法》第五章的规定申请人民法院强制执行。其中,法定期限指的是法律规定的当事人可以申请行政复议或者提起行政诉讼的期限;三个月的期间在法律性质上应为除斥期间,行政机关应在一个不变的期间向人民法院申请强制执行,没有中止、中断之说。

没有强制执行权的行政机关向人民法院申请强制执行,应当从当事人申请或提起行政救济期间届满之日的次日算起。

如果某公司因为违反《水法》于2021年4月30日收到行政处罚决定书,其向人民法院提起行政诉讼的6个月期限应从5月1日至10月31日计算。若其在该期间内没有提起行政诉讼,则行政机关申请人民法院强制执行的期间应当从11月1日起算,至2022年1月31日止。

另外,按照新《行政强制法》第五十四条的规定,行政机关申请人民法院强制执行前,应当催告当事人履行义务。催告书送达十日后当事人仍未履行义务的,行政机关可以向所在地有管辖权的人民法院申请强制执行;执行对象是不动产的,向不动产所在地有管辖权的人民法院申请强制执行。

这里面有一个问题,就是这里的“十日”期限与催告书中所列的“履行期限”之间的关系。这里的“十日”可以理解为就是催告书中所列的“履行期限”,也就是说催告书中所列的履行期限不应超过十日。至于期限如何计算,可以在行政复议或者行政诉讼期限届满之日的前十日向当事人发出催告书,如果当事人在此十日内不履行义务,又赶上当事人申请救济的期限届满,则行政机关即可从届满之日起向人民法院申请强制执行。

当然行政机关也可以在当事人申请行政救济的期限届满后向当事人发出催告书,如果这样,则只能是在催告书送达十日后当事人仍未履行义务的情况下,行政机关方可向人民法院申请强制执行。

按照新《行政处罚法》第七十二条第二款的规定,如果是行政机关批准延期、分期缴纳罚款的,期限的起算点是“暂缓或者分期缴纳罚款期限结束之日”。

6.问:新《行政处罚法》撤回行政处罚决定信息的期限如何理解?

答:依据《中华人民共和国政府信息公开条例》(简称《政府信息公开条例》)第二十条第六项,行政机关应当依照本条例第十九条的规定,主动公开实施行政处罚、行政强制的依据、条件、程序以及本行政机关认为具有一定社会影响的行政处罚决定。新《行政处罚法》第四十八条第一款规定,具有一定社会影响的行政处罚决定应当依法公开。这是延续了《政府信息公开条例》的规定,再次确认公开范围,进一步从法律层面对行政处罚公开进行规范和强化。新《行政处罚法》第四十八条第二款规定，公开的行政处罚决定被依法变更、撤销、确认违法或者确认无效的，行政机关应当在三日内撤回行政处罚决定信息并公开说明理由。此规定属于新增规定。

7.问：行政机关拟处罚当事人，必须事先告知当事人拟处罚的内容和陈述、申辩及要求听证等权利。根据《行政处罚法》，如果当事人要求听证的，就应当在行政机关告知后的五日内提出，然后在听证会上发表意见；但如果不适用听证的，当事人应当在什么期限内提出陈述、申辩意见呢？

答：新《行政处罚法》(2021)第四十四条规定："行政机关在作出行政处罚决定之前，应当告知当事人拟作出的行政处罚内容及事实、理由、依据，并告知当事人依法享有的陈述、申辩、要求听证等权利。"这就是对行政处罚事先告知制度的基本规定。根据这一规定，行政机关在正式作出行政处罚决定之前，必须向当事人告知：①拟作出的行政处罚内容；②认定违法行为的事实；③处罚的理由；④所适用的规范依据；⑤当事人依法享有的陈述、申辩、听证等权利。

根据第六十四条规定，当事人要求听证的，应当在行政机关告知后五日内提出，行政机关应当在举行听证的七日前，通知当事人及有关人员听证的时间、地点。当事人在听证会上可以充分发表意见。举行听证会的，当事人的陈述和申辩意见其实在听证会上一并发表了。但是，根据第六十三条的规定，听证只限于6种案件：①较大数额罚款；②没收较大数额违法所得、没收较大价值非法财物；③降低资质等级、吊销许可证件；④责令停产停业、责令关闭、限制从业；⑤其他较重的行政处罚；⑥法律、法规、规章规定的其他情形。

对于不适用听证的案件，就必须充分保障当事人陈述和申辩的权利。那么，当事人必须在什么期限内发表陈述、申辩意见呢？《行政处罚法》本身确实没有规定。在这种情况下，法律、法规和规章有明确规定的，就按法律、法规和规章的规定办，没有规定的，应当按照"处罚公正原则"，由行政机关确定一个合理的时间。现在有不少规定确定当事人提出陈述、申辩意见的期限为"在行政机关告知后的七日内"提出。如国家环境保护总局《关于实施行政处罚时听取陈述申辩时限问题的复函》(环函〔2006〕262号)指出：《中华人民共和国行政处罚法》第三十一条规定："行政机关在作出行政处罚决定之前，应当告知当事人作出行政处罚决定的事实、理由及依据，并告知当事人依法享有的权利。"该法第三十二条规定："行政机关必须充分听取当事人的意见，对当事人提出的事实、理由和证据，应当进行复核；当事人提出的事实、理由或者证据成立的，行政机关应当采纳。"该法第四十一条还规定："行政机关及其执法人员在作出行政处罚决定之前，不依照本法第三十一条、第三十二条的规定向当事人告知给予行政处罚的事实、理由和依据，或者拒绝听取当事人的陈述和申辩，行政处罚决定不能成立。"但《行政处罚法》并未规定统一的陈述和申辩时限。为了规范环保部门的行政处罚行为，保障行政处罚相对人的合法权利和环保部门的行政效率，我局制定了《环境保护行政处罚常用法律文书格式》，将当事人陈述和申辩的时限规定为自接到事先告知书之日起七日。在法律、法规和部门规章没有明确规定当事人陈述和申辩时限的情况下,可按此规定执行。这一批复虽然是针对原《行政处罚法》所作的解答,但这一规定精神今天依然有效。就是说,法律、法规和规章对当事人提供陈述申辩意见的期限有规定的,从其规定;没有规定的,应当合理确定期限,起码不得少于七日(扣除节假日)。

8.问:《水法》与《行政处罚法》的位序问题?

答:《中华人民共和国立法法》(简称《立法法》)第八十三条规定:同一机关制定的法律、行政法规、地方性法规、自治条例和单行条例、规章,特别规定与一般规定不一致的,适用特别规定;新的规定与旧的规定不一致的,适用新的规定。从立法语言表达上看,规定同一机关制定的法律就必然表示着还有不是同一机关制定的法律,否则"同一"二字就是多余的。因为本条文将法律、行政法规、地方性法规、自治条例和单行条例、规章相并列,表示该"法律"为特指全国人大或其常委会制定的法律文件,而不是泛指的包括法律、行政法规、地方性法规、自治条例和单行条例、规章在内的那种"法律"的概念。又因为《立法法》第七十八条至八十二条已经特别对宪法、法律、行政法规、地方性法规、自治条例和单行条例、规章的效力等级和范围做了明确和限定,而法律与法律之间的效力等级问题在其他法律文本和法条中均未曾有过明确的规定,所以用"同一机关"修饰限定"法律",比修饰限定"行政法规、地方性法规、自治条例和单行条例、规章"要更有必要性和针对性。由此可知,《立法法》规定"同一机关制定的法律……,特别规定与一般规定不一致的,适用特别规定;新的规定与旧的规定不一致的,适用新的规定",而不是规定"法律……,特别规定与一般规定不一致的,适用特别规定;新的规定与旧的规定不一致的,适用新的规定",是有其立法表达上的特定含义的。这个特定含义清晰地表达了全国人大与其常委会之间不是同一机关的立法意思。

从我国《宪法》和《立法法》的其他立法语言表达上还可以看出全国人大与常委会之间不仅不是"同一机关"的关系,而且还有着上下位的关系。如《立法法》第七条在规定"全国人民代表大会和全国人民代表大会常务委员会行使国家立法权,全国人民代表大会制定和修改刑事、民事、国家机构的和其他的基本法律,全国人民代表大会常务委员会制定和修改除应当由全国人民代表大会制定的法律以外的其他法律"之后,紧接着规定全国人大常委会"在全国人民代表大会闭会期间,对全国人民代表大会制定的法律进行部分补充和修改,但是不得同该法律的基本原则相抵触"。我国《宪法》第六十七条也规定全国人大常委会"在全国人民代表大会闭会期间,对全国人民代表大会制定的法律进行部分补充和修改,但是不得同该法律的基本原则相抵触"。由此可见,全国人民代表大会与全国人民代表大会的常委会之间不但是两个不同的立法主体,而且两者之间是有上下位之分的。否则的话,如果把他们理解成是"同一机关",那么,依据《立法法》第八十三条,常委会就可以自主自由地"修改"人大的法律而无所谓抵触的问题了。抵触一词鲜明地表示,两者之间有上下大小之分,上者为大,下者为小,小者服从大者,小不合大、下不合上即为抵触。这也才符合《宪法》规定的常务委员会由人民代表大会产生,向人民代表大会报告工作(自然包括修改人大制定的法律的工作),对人大负责的关系。

但是，司法审判中如果协调原告撤诉不成，最终判决则都会无视或回避人民代表大会与常务委员会不是同一机关，即两者之间存在上位法与下位法关系的问题，或者是把同一机关制定的法律的问题偷换成同位阶法律的问题，认为都是国家的法律；从而抹杀人民代表大会制定的基本法律与常委会制定的基本法律以外的其他法律之间的位序关系。

9.问：实施通报批评，需要履行行政处罚程序吗？

答：新《行政处罚法》第九条在第一款就规定，通报批评属于行政处罚。

对被处罚对象来说，通报批评不仅仅是“批评”了。而水行政执法部门，不能再随意通过“红头文件”的形式设置对当事人的通报批评。按照新法，只有法律、法规和规章，可以设定通报批评等行政处罚，其他规范性文件不得设定。实施通报批评，也必须履行相应的行政处罚程序。

10.问：降低资质等级是不是行政处罚？

答：新《行政处罚法》第九条第三款对此有明确规定。降低资质等级多用于信用管理。国办于2020年12月发布的《关于进一步完善失信约束制度构建诚信建设长效机制的指导意见》提出，失信行为记录、严重失信主体名单认定和失信惩戒等事关个人、企业等各类主体切身利益，必须严格在法治轨道内运行。对失信主体采取减损权益或增加义务的惩戒措施，必须基于具体的失信行为事实，直接援引法律、法规或者党中央、国务院政策文件为依据，并实行清单制管理。根据新《行政处罚法》和上述指导意见，水行政主管部门不能在没有上位法依据的情况下滥用信用管理手段。对当事人实施“降低资质等级”，必须要有明确的法律、法规依据，并依照行政处罚的程序进行。

11.问：限制开展生产经营活动、责令关闭、限制从业属于行政处罚吗？

答：这是新《行政处罚法》第九条第四款作出的规定。《中华人民共和国环境保护法》（简称《环境保护法》）、《中华人民共和国大气污染防治法》（简称《大气污染防治法》）等生态环境法律中，有多个条款规定了“限制生产”“停产整治”“责令停业关闭”等措施。在以往的执法实践中，上述行政行为的法律性质一直存在争议。有的部门倾向于将这些行为视为行政命令，不适用行政处罚程序。司法机关的判决有的与有的部门的看法一致，有的则认为上述行为也属于行政处罚，按行政命令的程序实施，构成违法。新法出台，上述行政行为的法律性质之争可以划上句号了。

12.问：委托实施行政处罚，只能委托事业单位吗？

答：受委托组织必须属于符合新《行政处罚法》第二十一条规定条件的组织。新法对受委托组织的条件作了修改，不再限定在事业组织；同时，增加受委托组织需有取得行政执法资格工作人员的规定。受委托组织只能以委托机关的名义实施行政处罚，不能以自己的名义实施，也不得再委托其他组织或者个人实施。受委托组织实施行政处罚的法律后果，要由委托机关承担。

13.问：移送司法机关，必须确定构成犯罪吗？

答：新《行政处罚法》将现行《行政处罚法》中的“构成犯罪”修改为“涉嫌犯罪”，实际上降低了行政机关移送司法机关的门槛。水行政部门只需要认为某一违法行为涉嫌犯罪,即可依法移送。该行为是否构成犯罪,应由司法机关作出判断。

14.问:司法机关可以"以刑代罚"吗?

答:依照新《行政处罚法》,人身自由罚,即刑事领域的拘役、有期徒刑和行政领域的行政拘留,以及财产罚,即刑事领域的罚金和行政领域的罚款,可以折抵,但其他行政处罚,比如吊销许可证等,刑事处罚和行政处罚不存在折抵关系,应当依法分别实施。因此,对行政机关移送的案件,司法机关经审查,发现依法不需要追究刑事责任或者免予刑事处罚,但应当给予行政处罚的,应当及时将案件移送有关行政机关。

国务院2020年8月修订的《行政执法机关移送涉嫌犯罪案件的规定》明确,行政执法机关对公安机关决定不予立案的案件,应当依法作出处理;其中,依照有关法律、法规、规章的规定应当给予行政处罚的,应当依法实施行政处罚。行政执法机关向公安机关移送涉嫌犯罪案件前已经作出的警告,责令停产停业,暂扣或者吊销许可证、暂扣或者吊销执照的行政处罚决定,不停止执行。

15.问:法条竞合时如何处罚?

答:新《行政处罚法》第二十七条维持了原《行政处罚法》关于"一事不再罚"的规定,对当事人的同一个违法行为,不得给予两次以上罚款的行政处罚。同时新增规定法条竞合时的适用规则,即同一个违法行为违反多个法律规范应当给予罚款处罚的,按照罚款数额高的规定处罚。需要注意的是,上述规则仅适用于罚款的行政处罚,不涉及其他处罚种类。法条竞合的情形,在生态环境法律法规中较为常见。以《大气污染防治法》第九十九条为例,排污单位以不正常运行污染防治设施的方式超标排放大气污染物,同时违反了该条第二项和第三项的规定。按照新法的规定,上述情形属于法条竞合,"从一重"处罚即可。

16.问:什么是初次轻微违法?

答:新《行政处罚法》第三十三条关于"初次违法且危害后果轻微并及时改正的,可以不予行政处罚"的规定,是此次修改的亮点之一,被视为"柔性执法"的典型措施。执法实践中,需要把握好以下几点:

一是初次违法的界定。初次违法,原则上是指第一次实施违法行为。这一初次违法,是否要限定在一定的时间范围内,还需进一步研究明确。

二是危害后果轻微并及时改正。后果轻微和及时改正,两个要件要同时满足。具体标准可以通过行政处罚裁量基准予以细化。

三是初次轻微违法的,可以不予处罚,并非一定不能处罚。

17.问:水事违法行为追溯期限可以延长至五年吗?

答:新《行政处罚法》第三十六条将涉及公民生命健康安全、金融安全且有危害后果的处罚追溯期限由二年延长至五年。涉水领域的处罚,是否属于"涉及公民生命健康安全"的处罚,尚不明确。全国人民代表大会常务委员会法工委起草的过程稿中,曾将生态环境和食品安全列举规定为涉及公民生命健康安全的两个领域。最后公布的法律中,没有具体列明。

实践中，水事违法行为直接涉及公民生命健康安全的情况比较少，但在突发环境事件等特定的情形中，也可能直接导致人身伤亡的后果。因此，不排除特定的水事违法行为处罚追溯期限为五年的情形。

18.问：什么是“从旧兼从轻”原则？

答：新《行政处罚法》第三十七条规定：“实施行政处罚，适用违法行为发生时的法律、法规、规章的规定。但是，作出行政处罚决定时，法律、法规、规章已被修改或者废止，且新的规定处罚较轻或者不认为是违法的，适用新的规定。”这是关于行政处罚“从旧兼从轻”原则在法律中的首次规定。“从旧兼从轻”的基本含义是，原则上按旧法执行，只有新法规定处罚较轻的情况下才能适用新法。是否适用“从旧兼从轻”原则，判断的时间节点在于行政处罚决定作出的时间，而不是违法行为发生的时间，也不是立案时间。如何判断处罚较轻，需要根据处罚的种类、要件、罚款的额度等进行综合分析判断，审慎严格掌握。新法规定的“从旧兼从轻”原则，原则上只适用于行政处罚，不涉及行政命令等其他行政行为。

19.问：违法行为的主观过错要件将对水利执法带来什么样的影响？

答：新《行政处罚法》第三十三条规定：“当事人有证据足以证明没有主观过错的，不予行政处罚。”这是法律上首次明确规定了行政处罚的主观过错要件。这一规定将对水行政主管部门的执法带来重大影响。从现行的水法律法规看，除了部分特定的违法行为，比如拒绝、阻挠现场检查，“擅自”取水等，可以从理论上推导出违法行为人具有主观过错外，绝大多数违法行为，没有明确规定要以行为人的主观过错为构成要件。

因此，新《行政处罚法》实质性地加重了水行政部门的取证要求。水行政部门在实施行政处罚时，务必要重视证据的收集，准确理解把握生态环境法律法规的相关规定。

20.问：仅凭自动监测数据就可以处罚吗？

答：新《行政处罚法》第四十一条规定了行政机关利用电子技术监控设备收集、固定违法事实，以及实施处罚的基本要求。水行政执法领域，自动监测数据的法律效力一直存在较大争议。自动监测数据，本质上属于电子数据。尽管原《行政处罚法》没有对行政处罚的证据类型作出规定，但其证据效力并无疑问。经水行政主管部门认定的有效性数据，可以作为认定违法事实的证据。实践中出现的问题，更多的是指在只有自动监测数据，或者说仅靠自动监测数据这一孤证，能否对当事人进行处罚？对此，答案当然是否定的。考虑到自动监测数据的特殊性，仅靠自动监测数据是不能直接实施处罚的，必须经过有效核对，经查证属实，才能作为行政处罚的证据使用。

21.问：什么是新法规定的电子技术监控设备？

答：新《行政处罚法》规定的电子技术监控设备记录，与水利自动监测设备及其监测数据，并不完全对应。

新《行政处罚法》规定的电子技术监控设备仅指行政机关依照法律、行政法规规定设置的，最典型的例子就是公安机关交通管理部门设置的机动车违法抓拍等监测仪器。按照《大气污染防治法》《中华人民共和国水污染防治法》（简称《水污染防治法》）等法律，水利自动监测设备原则上是由企业自行安装运行的。对企业安装运行的自动监测设备,即使该自动监测设备依法应当与水利部门的监控设备联网,也不等于就是行政机关安装的电子技术监控设备。此外,新法规定电子技术监控设备需要经过技术和法制审核,这在水利监测领域暂无对应的要求,还需要进一步明确。

22.问:"违法所得"需要核减成本支出吗?

答:水行政主管部门在执法实践中,如果按照"收益"来界定"违法所得",就要核减违法行为人必要合理的正常成本支出。如何计算其成本?如何核减?这给执法部门的执法带来了较大影响。一些极端的案件,比如要按照违法所得的倍数来处罚的情况下,如果违法行为人没有明显的获利,处罚就论为空谈。

新《行政处罚法》第二十八条规定,违法所得是指实施违法行为所取得的款项。这项规定明确了非常重要的一点,违法所得不是违法行为人获得的收益,而是实施违法行为所取得的款项,原则上不需要核减其成本支出。

有违法所得的,除依法应当退赔的外,均应予以没收。据此,没收违法所得与责令当事人改正或者限期改正违法行为一样,在实施行政处罚时应当同步考虑。

23.问:关于行政处罚的证据规则和程序有哪些要求?

答:新《行政处罚法》第四十六条确立了行政处罚领域的"非法证据排除规则",水利部门执法时,务必要以合法的手段来收集和固定证据,否则将直接影响案件事实的认定。

依据新《行政处罚法》第四十条规定,证据不足的,不得给予行政处罚。水利部门务必充分收集固定证据,形成完整证据链后,再作出处罚决定。依据新《行政处罚法》第四十四条之规定,水利部门作出行政处罚事先告知书时,不能简单描述为"拟作出行政处罚",必须告知处罚的内容。同时,还要告知当事人陈述、申辩等权利,符合听证条件的要告知听证权利。按照新《行政处罚法》第五十四条规定,符合立案标准的,行政机关应当及时立案。不履行立案程序,将可能影响处罚决定的效力。一般的处罚程序瑕疵或违法,虽然不构成处罚无效,但仍有可能被法院撤销处罚决定或确认其违法。

24.问:行政处罚决定都需要公开吗?

答:新《行政处罚法》第四十八条规定,具有一定社会影响的行政处罚决定应当依法公开。

据此,行政处罚决定的公开要求,仅限于具有一定社会影响的行政处罚决定,不要求所有的行政处罚决定都必须公开。

25.问:行政处罚的期限是多少天?

答:此次《行政处罚法》修订,对行政处罚的期限作了明确规定,行政机关应当自行政处罚案件立案之日起90日内作出行政处罚决定。水利部门,应当严格按照上述规定执行。

26.问:行政处罚的罚没款项,可以与相关机关和工作人员考核、考评挂钩吗?

答:新《行政处罚法》第七十四条规定,罚款、没收的违法所得或者没收非法财物拍卖的款项,不得同作出行政处罚决定的行政机关及其工作人员的考核、考评直接或者变相挂钩。

这是对行政机关抑制执法冲动,滥用行政处罚权的限制性规定。

近年来,为加大对违法行为的打击力度,水法律法规中规定的罚款数额大幅度增长。各级水利部门务必要严格依法履职,不得滥用行政处罚,更不能将罚款作为“创收”手段,确保行政处罚在法治的轨道上运行,实现依法治水。

27.问:如何理解新《行政处罚法》第三十三条?

答:新《行政处罚法》第三十三条规定“违法行为轻微并及时改正,没有造成危害后果的,不予行政处罚。初次违法且危害后果轻微并及时改正的,可以不予行政处罚。当事人有证据足以证明没有主观过错的,不予行政处罚。法律、行政法规另有规定的,从其规定。对当事人的违法行为依法不予行政处罚的,行政机关应当对当事人进行教育。”该条内容丰富,规定了应当不予行政处罚和可以不予行政处罚两种处理措施,体现了处罚与教育相结合原则和过罚相当原则,贯彻落实了优化营商环境和包容审慎监管的精神要求。那么,在实际工作中,执法人员应当怎样准确地理解,恰当地运用,实现新《行政处罚法》的立法意图呢?作者愿在此作一探析,供同仁们参考。

一、关于应当不予行政处罚之规定的理解运用

新《行政处罚法》第三十三条规定了两种应当不予行政处罚的情形。第一种是,违法行为轻微并及时改正,没有造成危害后果的,不予行政处罚。第二种是,当事人有证据足以证明没有主观过错的,不予行政处罚。其中,第二种情形里又有例外规定,即遇法律或行政法规另有规定的要从其规定。

1.关于“违法行为轻微并及时改正,没有造成危害后果的,不予行政处罚”之规定的理解运用

首先,无论当事人是否初次违法,只要同时符合以下三个条件,都应不予行政处罚:违法行为轻微、及时改正、没有造成危害后果。

其次,“改正”,可以是当事人主动改正,也可以是在执法部门责令限期改正下的被动按期改正。

至于什么情形属违法行为轻微,什么时效属及时改正,有些已被法律条款明确规定,有些已在全国各地行政机关发布的免罚清单中被明确,但更多情形还需执法部门和执法人员在具体案件办理中具体判断。比方说,《食品安全法》第一百二十五条第二款“生产经营的食品、食品添加剂的标签、说明书存在瑕疵但不影响食品安全且不会对消费者造成误导的,由县级以上人民政府食品安全监督管理部门责令改正;拒不改正的,处二千元以下罚款。”就是以法律的形式,对食品及食品添加剂的标签、说明书瑕疵这种轻微违法行为,在没有造成影响食品安全和误导消费者的危害后果时,只要违法当事人在监管部门责令改正的期限内及时改正的,就应不予行政处罚。当然,还有更多的情形需要执法部门、执法人员在具体案件办理中作出具体的判断。比方说,职业举报人张某向 A 市场监管局投诉称在 B 超市购买到 2 袋超过保质期 5 日的香肠,并将该 2 袋过期香肠作为证据提交市监局。但 B 超市获知后立即下架了余下的 5 袋过期香肠,且 A 市场监管局执法人员到 B 超市现场检查未发现

售出其他过期食品及其他违法食品。像这种违法食品过期时间短,未被食用,当事人及时下架处理的情形,作者认为,可以判定为违法行为轻微,并及时改正没有造成危害后果,应当不予行政处罚。但对于生产经营违法产品的,在依法不予行政处罚的同时,作者认为,执法部门应当责令当事人采取自行销毁或无害化处置、补救等有效措施消除隐患。

2.关于"当事人有证据足以证明没有主观过错的,不予行政处罚。法律、行政法规另有规定的,从其规定。"之规定的理解运用。

首先,当事人要同时符合三个条件,一是对违法行为没有主观过错;二是能举出证据证明(举证责任在当事人方);三是证据要充分,要达到合理合法,达到让正常心智的普通人能够相信的程度。其中,"没有主观过错",是指当事人既没有主观故意,也没有主观过失。主观故意,是当事人明知行为将违法仍然实施,比如,为牟取暴利故意生产销售有毒有害的食品,还比如明知所持有的药品生产许可证已到期失效,在未取得新证的情形下仍然组织药品生产。主观过失,是当事人作为特定行业的生产经营者应当履行专门法律规定的义务,却因疏忽大意或者不熟悉法律等而未履行。比如,依据《食品安全法》规定,食品经营者负有进货查验和索证索票的法律义务。餐饮店老板王某在不熟知该法律义务的情形下未履行进货查验和索证索票的法律义务,就属于有违法的主观过失。其次,对当事人虽有证据足以证明自身没有主观过错的,但法律或行政法规在行政处罚上有其他规定的,仍要从其他规定。像《食品安全法》《中华人民共和国药品管理法实施条例》(简称《药品管理法实施条例》)、《中华人民共和国医疗器械监督管理条例》(简称《医疗器械监督管理条例》)及《中华人民共和国化妆品监督管理条例》(简称《化妆品监督管理条例》)基于"四个最严"要求,就对当事人无主观过错情形下的行政处罚作出了其他规定。

例如,《食品安全法》第一百三十六条"食品经营者履行了本法规定的进货查验等义务,有充分证据证明其不知道所采购的食品不符合食品安全标准,并能如实说明其进货来源的,可以免予处罚,但应当依法没收其不符合食品安全标准的食品;造成人身、财产或者其他损害的,依法承担赔偿责任。"比新《行政处罚法》规定得严苛,食品经营者不但要能证明没有主观故意(不知道所采购的食品不符合食品安全标准)和没有主观过失(履行了《食品安全法》规定的进货查验等义务、能如实说明其进货来源),而且未被免予全部行政处罚,仍要给予没收不符合食品安全标准的食品这项处罚。且鉴于该第一百三十六条未将食品生产者纳入免罚范畴,根据举轻以明重的法律原则,食品生产者既不适用《食品安全法》第一百三十六条,也不适用新《行政处罚法》的"当事人有证据足以证明没有主观过错的,不予行政处罚。"之规定,不过在作出具体处罚时,其无过错的情节应作为处罚裁量因素重点考量。

二、关于可以不予行政处罚之规定的理解运用。

新《行政处罚法》还新增规定可以不予行政处罚的情形,对已造成危害后果的违法行为,符合以下三个条件的,可以免予处罚:初次违法、危害后果轻微、及时改正。

其中关于"初次违法"的判定,不能单凭当事人自述,执法人员还应结合监管档案、监管资料来判定是否为初次违法,这需要在执法部门中推广建立电子监管档案,以方便对过往的监管情况追溯和检索。其中关于“危害后果轻微”的判定，要结合违法时间持续长短、违法行为涉及金额大小、违法行为性质轻重等因素综合考量，而不是对其中一项因素考量。比如甲超市和乙超市，同有采购时未履行进货查验义务的过失，同有售出不合格水产品的违法行为，甲超市售出的多宝鱼被检出兽药恩诺沙星超出食品安全国家标准限量，乙超市售出的多宝鱼被检出违禁物质孔雀石绿，在同为违法时间持续短、违法货值金额小的情形下，作者认为，甲超市可以免予处罚，但乙超市不宜免予处罚，因为乙超市被查出的是对人体健康有严重危害的违禁指标，不适宜判定为危害后果轻微。更多关于危害后果轻微的判定，还有待各地行政机关在出台的免罚清单或者制定的行政处罚裁量权规定中进行明确，以及需要执法部门、执法人员在实际办案过程中根据具体情况作具体判定。其中关于“可以”不予行政处罚，意味着一般情形下执法部门对符合条件的当事人要免予行政处罚，但是在特别情形下也可以予以行政处罚。比如说，虽然当事人李某存在初次违法、危害后果轻微且及时改正的情形，但由于李某还有调查过程中拒不配合的情节，那么，作者认为执法部门可以对李某作出行政处罚。

三、关于不予行政处罚的实施程序

首先，一般情况下应当立案调查，适用普通程序办理，通过调查取证查明是否符合应当不予行政处罚或者可以不予行政处罚的情形。

其次，立案调查后，行政执法部门负责人经对案件调查终结报告、审核意见、当事人陈述和申辩意见或者听证报告等进行审查，根据不同情况，分别作出以下决定：（二）确有违法行为，但有依法不予行政处罚情形的，不予行政处罚；”执法部门对不予行政处罚的，应当书面制作《不予行政处罚决定》并送达当事人。

最后，执法部门还应当通过下达责令改正通知书、行政指导书，或者约谈告诫等方式对当事人进行教育。

28.问：新《行政处罚法》50个基本问题？

答：一、行政处罚的定义是什么？

行政处罚是指行政机关依法对违反行政管理秩序的公民、法人或者其他组织，以减损权益或者增加义务的方式予以惩戒的行为。新《行政处罚法》第二条对此作了规定，至此行政处罚有了明确的定义。

二、行政处罚的对象包括哪些？

除第四条规定中的公民、法人和其他组织以外，在第八十四条中明确对外国人、无国籍人、外国组织在中华人民共和国领域内有违法行为也适用《行政处罚法》。

三、行政处罚的实施主体是否可以集中行使？

国家在城市管理、市场监管、生态环境、文化市场、交通运输、应急管理、农业等领域推行建立综合行政执法制度，相对集中行政处罚权。明确了综合行政执法的法律地位和范围。

四、限制人身自由的处罚权是否只能由公安机关来行使？

关于限制人身自由的行政处罚权只能由公安机关和法律规定的其他机关行使。增加了法律规定的其他机关行使,使法律更严谨且符合实际。

五、行政处罚种类有哪些变化?

除原有的警告、罚款、没收违法所得、没收非法财物、责令停产停业、暂扣许可证证件、吊销许可证件、行政拘留、法律行政法规规定的其他行政处罚,增加了通报批评、降低资质等级、不得申请行政许可、限制开展生产经营活动、责令关闭、限制从业等行政处罚种类;同时删除了暂扣或者吊销执照。

六、行政法规、地方性法规可以设定行政处罚吗?

根据新《行政处罚法》第十一条、十二条,对于法律、行政法规对违法行为没有做出处罚规定的,行政法规和地方性法规可以补充设定行政处罚。

七、行政处罚的管辖权是如何规定的?

行政处罚由违法行为发生地的行政机关管辖。法律、行政法规、部门规章另有规定的,从其规定。行政处罚由县级以上地方人民政府具有行政处罚权的行政机关管辖。法律、行政法规另有规定的,从其规定。

八、乡镇人民政府、街道办事处是否可以行使行政处罚权?

省、自治区、直辖市根据当地实际情况,可以决定将基层管理迫切需要的县级人民政府部门的行政处罚权交由能够有效承接的乡镇人民政府、街道办事处行使,并定期组织评估。决定应当公布。即省、自治区、直辖市可以按照规定决定基层政府行使行政处罚权。

九、行政处罚管辖区重叠或者发生争议时应如何处理?

两个以上行政机关都有管辖权的,由最先立案的行政机关管辖。对管辖发生争议的,应当协商解决,协商不成的,报请共同的上一级行政机关指定管辖;也可以直接由共同的上一级行政机关指定管辖。

十、行政机关是否可以请求其他行政机关协助?

行政机关因实施行政处罚的需要,可以向有关机关提出协助请求。

十一、对于其他行政机关的协助请求是否有协助的义务?

协助事项属于被请求机关职权范围内的,应当依法予以协助。

十二、司法机关对于行政机关移送的涉刑案件,如不能追刑但应处罚的是否需要退回?

对依法不需要追究刑事责任或者免予刑事处罚,但应当给予行政处罚的,司法机关应当及时将案件移送有关行政机关。

十三、行政处罚中当事人的违法所得是否需要没收?

当事人有违法所得,除依法应当退赔的外,应当予以没收。

十四、行政处罚中当事人的违法所得是如何计算的?

除法律、行政法规、部门规章对违法所得的计算另有规定的,从其规定之外,违法所得是指实施违法行为所取得的款项。即实施违法行为的全部收入,并不需要扣除成本等。

十五、对于同一违法行为违反多个法律规范,罚款时如何适用?

同一个违法行为违反多个法律规范应当给予罚款处罚的,按照罚款数额高的规定处罚。

即同一违法行为违反多个法律规范的，罚款择重处罚的原则。

十六、哪些违法处罚对象不予处罚？

不满十四周岁的未成年人有违法行为的，不予行政处罚。精神病人、智力残疾人在不能辨认或者不能控制自己行为时有违法行为的，不予行政处罚。

十七、哪些违法处罚对象应当从轻或者减轻处罚？

已满十四周岁不满十八周岁的未成年人有违法行为的，应当从轻或者减轻行政处罚。

十八、哪些违法处罚对象可以从轻或者减轻处罚？

尚未完全丧失辨认或者控制自己行为能力的精神病人、智力残疾人有违法行为的，可以从轻或者减轻行政处罚。

十九、哪些违法行为不予处罚？

违法行为轻微并及时改正，没有造成危害后果的，不予行政处罚；当事人有证据足以证明没有主观过错的，不予行政处罚。

二十、哪些违法行为应当减轻或者从轻处罚？

主动消除或者减轻违法行为危害后果的；受他人胁迫或者诱骗实施违法行为的；主动供述行政机关尚未掌握的违法行为的；配合行政机关查处违法行为有立功表现的；法律、法规、规章规定其他应当从轻或者减轻行政处罚的。

二十一、哪些违法行为应从重处罚？

发生重大传染病疫情等突发事件，为了控制、减轻和消除突发事件引起的社会危害，行政机关对违反突发事件应对措施的行为，依法快速、从重处罚。

二十二、行政处罚的追溯期限是多久？

违法行为在二年内未被发现的，不再给予行政处罚；涉及公民生命健康安全、金融安全且有危害后果的，上述期限延长至五年。法律另有规定的除外。期限从违法行为发生之日起计算；违法行为有连续或者继续状态的，从行为终了之日起计算。

二十三、实施行政处罚法律、法规、规章的适用原则是什么？

实施行政处罚，适用违法行为发生时的法律、法规、规章的规定。但是，作出行政处罚决定时，法律、法规、规章已被修改或者废止，且新的规定处罚较轻或者不认为是违法的，适用新的规定。

二十四、哪些行政处罚无效？

行政处罚没有依据或者实施主体不具有行政主体资格的，行政处罚无效。违反法定程序构成重大且明显违法的，行政处罚无效。

二十五、行政机关应当让公众知晓的行政处罚相关信息有哪些？

行政处罚的实施机关、立案依据、实施程序和救济渠道等信息应当公示。行政机关依照法律、行政法规规定利用电子技术监控设备收集、固定违法事实的，设置地点应当向社会公布。具有一定社会影响的行政处罚决定应当依法公开。

二十六、行政处罚非现场执法有哪些规定？

行政机关依照法律、行政法规规定利用电子技术监控设备收集、固定违法事实的，应当经过法制和技术审核，确保电子技术监控设备符合标准、设置合理、标志明显，设置地点应当向社会公布。

电子技术监控设备记录违法事实应当真实、清晰、完整、准确。行政机关应当审核记录内容是否符合要求；未经审核或者经审核不符合要求的，不得作为行政处罚的证据。

行政机关应当及时告知当事人违法事实，并采取信息化手段或者其他措施，为当事人查询、陈述和申辩提供便利。不得限制或者变相限制当事人享有的陈述权、申辩权。

二十七、行政处罚中执法人员回避的规定有哪些？

执法人员与案件有直接利害关系或者有其他关系可能影响公正执法的，应当回避。当事人认为执法人员与案件有直接利害关系或者有其他关系可能影响公正执法的，有权申请回避。当事人提出回避申请的，行政机关应当依法审查，由行政机关负责人决定。决定作出之前，不停止调查。

二十八、作出行政处罚决定前，行政机关应告知当事人哪些处罚相关信息？

行政机关在作出行政处罚决定之前，应当告知当事人拟作出的行政处罚内容及事实、理由、依据，并告知当事人依法享有的陈述、申辩、要求听证等权利。

二十九、行政处罚证据种类有哪些？

书证；物证；视听资料；电子数据；证人证言；当事人的陈述；鉴定意见；勘验笔录、现场笔录。

三十、行政处罚事实认定证据的要求是什么？

证据必须经查证属实，方可作为认定案件事实的根据。以非法手段取得的证据，不得作为认定案件事实的根据。

三十一、行政处罚对于办案过程记录的要求是什么？

行政机关应当依法以文字、音像等形式，对行政处罚的启动、调查取证、审核、决定、送达、执行等进行全过程记录，归档保存。

三十二、已经公开的行政处罚决定状态有变化的应如何处理？

公开的行政处罚决定被依法变更、撤销、确认违法或者确认无效的，行政机关应当在三日内撤回行政处罚决定信息并公开说明理由。

三十三、哪些情况下可以当场作出处罚决定？

违法事实确凿并有法定依据，对公民处以二百元以下、对法人或者其他组织处以三千元以下罚款或者警告的行政处罚的，可以当场作出行政处罚决定。法律另有规定的，从其规定。

三十四、当事人拒收当场处罚决定书如何处理？

当事人拒绝签收的，应当在行政处罚决定书上注明。

三十五、行政处罚案件是否需要立案程序？

符合立案标准的，行政机关应当及时立案。

三十六、应立案不立案会产生什么后果?

行政机关对符合立案标准的案件不及时立案的,由上级行政机关或者有关机关责令改正,对直接负责的主管人员和其他直接责任人员依法给予处分。

三十七、在调查取证过程中,执法人员是否需要主动出示执法证件?

执法人员在调查或者进行检查时,应当主动向当事人或者有关人员出示执法证件。当事人或者有关人员有权要求执法人员出示执法证件。

三十八、执法人员不出示执法证件的,当事人或者人员是否可以拒绝?

执法人员不出示执法证件的,当事人或者有关人员有权拒绝接受调查或者检查。

三十九、在调查取证过程中当事人或者有关人员有哪些义务?

当事人或者有关人员应当如实回答询问,并协助调查或者检查,不得拒绝或者阻挠。询问或者检查应当制作笔录。

四十、哪些行政处罚决定作出前必需经法制审核?

涉及重大公共利益的;直接关系当事人或者第三人重大权益,经过听证程序的;案件情况疑难复杂、涉及多个法律关系的;法律、法规规定应当进行法制审核的其他情形。

四十一、行政机关办理行政处罚案件期限是多久?

行政机关应当自行政处罚案件立案之日起九十日内作出行政处罚决定。法律、法规、规章另有规定的,从其规定。

四十二、行政机关能否通过电子邮件等方式送达处罚决定书?

当事人同意并签订确认书的,行政机关可以采用传真、电子邮件等方式,将行政处罚决定书等送达当事人。

四十三、哪些行政处罚决定作出前当事人有要求听证的权利?

较大数额罚款;没收较大数额违法所得、没收较大价值非法财物;降低资质等级、吊销许可证件;责令停产停业、责令关闭、限制从业;其他较重的行政处罚;法律、法规、规章规定的其他情形。

四十四、当事人提出听证要求的时限是几日?

当事人要求听证的,应当在行政机关告知后五日内提出。

四十五、行政机关应提前几日通知当事人举行听证的相关信息?

行政机关应当在举行听证的七日前,通知当事人及有关人员听证的时间、地点。

四十六、当事人确有经济困难,难以按照规定时限缴纳罚款的怎么办?

当事人确有经济困难,需要延期或者分期缴纳罚款的,经当事人申请和行政机关批准,可以暂缓或者分期缴纳。

四十七、当事人可以通过哪些方式缴纳罚款?

当事人应当自收到行政处罚决定书之日起十五日内,到指定的银行或者通过电子支付系统缴纳罚款。

四十八、哪些情况执法人员可以当场收缴罚款?

依法给予一百元以下罚款的;不当场收缴事后难以执行的。在边远、水上、交通不便地区,当事人到指定的银行或者通过电子支付系统缴纳罚款确有困难,经当事人提出,行政机关及其执法人员可以当场收缴罚款。

四十九、加处罚款是否有上限?

加处罚款的数额不得超出罚款的数额。

五十、行政处罚法中的“日”是指工作日还是自然日?

“二日”“三日”“五日”“七日”的规定是指工作日,不含法定节假日。

29.问:新《行政处罚法》第三十七条规定:“实施行政处罚,适用违法行为发生时的法律、法规、规章的规定。但是,作出行政处罚决定时,法律、法规、规章已被修改或者废止,且新的规定处罚较轻或者不认为是违法的,适用新的规定。”在该条理解中,有人认为违法行为发生时的理解,对于违法行为持续或者连续状态的,应从违法行为终了之日起计算。特别是生态环境执法过程中,生态环境部还专门出台了这样一个解释(《关于“未验先投”违法行为行政处罚新旧法律规范衔接适用问题的意见(环法规函〔2019〕121号)》。但是我的理解是,就是违法行为发生时的法律,不能扩大解释。理由是,该法第三十六条,在追溯期限时,特别说明了违法行为有持续状态的,从行为终了时计算。但是第三十七条没有此说明。由此可以推断,关于适用法律的问题,就仅仅指违法行为发生时。而且第三十七条本身也解释的很清楚。以上理解,不知妥否?

答:涉及在行政处罚中,当新旧法律发生交替时,如何确定当事人违法行为的“时点”(法律适用的时间点)问题。

行政处罚是行政机关针对当事人违法行为(违反行政管理秩序的行为)作了制裁,所以,原则上必须适用该违法行为“发生时”的法律。违法行为“发生时”的“时点”如何确定,应当区分三种情况:

一是,违法行为是“一次性行为”的,如驾车违法闯红灯,就按该行为发生时间为“时点”,即以驾车“闯红灯”的时间为时点;

二是,违法行为是“连续行为”的,如张三在一年内“私自开拆他人信件”50多次,那就应当按照“连续行为”的“终了之日”计算,即以最后一次“私自开拆他人信件”的时间为“时点”;

三是,违法行为是“继续行为”的,如没有出租车牌照而进行出租车营运,那就应当按照“继续行为”的“终了之日”计算,即以当事人自我停止营运,或被执法机关查获的时间为“时点”。

当事人的违法行为发生之后,行政机关查处需要有个过程。这样,当事人违法行为的“时点”与行政机关作出处罚决定的“时点”不可能是同一个“时点”(当场处罚的才有可能是同一个时点)。如果两个“时点”中法律发生变化,那就按照《行政处罚法》第三十七条规定,按有利于当事人原则处理,即哪个“时点”的法律对当事人有利就适用哪一个。

生态环境部《关于“未验先投”违法行为行政处罚新旧法律规范衔接适用问题的意见(环法规函〔2019〕121号)》,对“未验先投”违法行为的“时点”认定以及新旧法律交替时的法律适用的解释，并无不妥，它符合我国关于违法行为时点的认定规则和法律适用规则。另，《行政处罚法》第三十七条没有规定“连续行为”和“继续行为”，并不意味第三十七条的法律适用规则不适用“连续行为”和“继续行为”，也不是对“连续行为”和“继续行为”的“行为终了之日”计算方法的否定。相反，从法律条文的逻辑关系看，《行政处罚法》第三十六条所规定的违法行为的内容是约束第三十七条的。两个条文是基于同一个“违法行为”概念所作出的规定。

30.问：《行政处罚法》与其他法律法规规定不一致时如何适用？

答：在回答这一问题之前，首先需要对《行政处罚法》本身作一定性和定位，认知它是一个什么样的法，在法律体系中处于什么样的地位。

首先，《行政处罚法》属于“法律”。我国的法律位阶是：最高层次是《宪法》，它是国家的根本法，具有最高的法律效力；其次是由全国人民代表大会及其常务委员会制定的“法律”，它的法律效力仅低于《宪法》，但高于一切法规和规章；再次是国务院制定的“行政法规”，它的效力低于《宪法》和法律，但高于地方性法规和规章；再其次是“地方性法规”，它由地方省级人民代表大会及其常务委员会和设区市以上的人民代表大会及其常务委员会制定，其效力在行政法规以下、地方政府规章之上；最后就是政府规章，包括国务院部委制定的部门规章和地方省级政府、设区市政府和自治州政府制定的地方政府规章。其法律效力位阶处于最低一级。《行政处罚法》于 1996 年 3 月 17 日由第八届全国人民代表大会第四次会议通过，后于 2009 年、2017 年、2021 年由全国人民代表大会常务委员会依次修订。它处于“法律”位阶，其效力等级低于《宪法》，但高于任何法规和规章。

其次，《行政处罚法》属于行政处罚领域的“基本法”。它在我国所有行政处罚的法律规范中，属于基础性法律，相当于一个总则。其他法律法规和它的关系，相当于总则和分则的关系：总则统率分则，分则的规定不得违反总则的精神。《行政处罚法》第三条规定：行政处罚的设定和实施，适用本法。这就反映了它在法律适用上的地位：我国对于行政处罚的设定和实施，都必须适用《行政处罚法》，除非它本身有例外规定。

再次，《行政处罚法》属于“程序法”。从《行政处罚法》所规定的内容来看，该法实际上是一个“程序法”，而不是“实体法”。《行政处罚法》只是设立了行政处罚的指导思想、基本原则，并为处罚主体、处罚行为、处罚程序设立了最基本的普遍性要求。至于当事人的什么行为构成可处罚的违法行为，以及应当给予什么样的处罚，不是由《行政处罚法》本身规定的，恰恰是由其他法律、法规和规章规定的。这就意味着：关于行政处罚的实体问题主要适用其他实体法，而行政处罚的程序问题主要适用《行政处罚法》。

由于以上的定位，一般而言，其他法律、法规规章和《行政处罚法》的规定之间不会发生抵触或不一致。但是如果发生了抵触或不一致，该如何处理呢？应当区分以下两种情况：

第一，行政法规、地方性法规和规章与《行政处罚法》规定不一致的，根据“高法优于低法”原则，一律适用《行政处罚法》，除非《行政处罚法》本身有“例外”规定。

第二，其他法律与《行政处罚法》规定不一致的，也必须优先适用《行政处罚法》。因为如前所述,《行政处罚法》属于适用所有行政处罚设定和实施的基本法。除非《行政处罚法》有“例外”规定,或者其他法律有“优先”规定的,才适用其他法律。如《行政处罚法》与《治安管理处罚法》之间的关系,由于《治安管理处罚法》第三条明确规定:“治安管理处罚的程序,适用本法的规定;本法没有规定的,适用《中华人民共和国行政处罚法》的有关规定。”所以在程序上优先适用《治安管理处罚法》。而《行政处罚法》与《道路交通安全法》之间,由于《道路交通安全法》无此“优先”规定,故在处罚程序上必须优先适用《行政处罚法》,除非《行政处罚法》本身有“例外”规定。处理《行政处罚法》与其他涉及处罚的法律之间的关系,不能机械地适用“特别法优先一般法”原则,否则任何“基本法”都会因此被架空。

《行政处罚法》的“例外”规定共有9处。归结如下:

条款	规定内容	例外法
第二十二条	行政处罚由违法行为发生地的行政机关管辖。法律、行政法规、部门规章另有规定的,从其规定	法律、行政法规、部门规章
第二十三条	行政处罚由县级以上地方人民政府具有行政处罚权的行政机关管辖,法律,行政法规另有规定的,从其规定	法律、行政法规
第二十八条第二款	当事人有违法所得,除依法应当退赔的外,应当予以没收,违法所得.是指实施违法行为所取得的款项。法律、行政法规、部门规章对违法所得的计算另有规定的,从其规定	法律、行政法规、部门规章
第三十三条第二款	当事人有证据足以证明没有主观过错的,不予行政处罚。法律、行政法规另有规定的,从其规定	法律、行政法规
第三十六条第一款	违法行为在二年内未被发现的,不再给予行政处罚;涉及公民生命健康安全,金融安全且有危害后果的,上述期限延长至五年。法律另有规定的除外	法律
第四十二条第一款	行政处罚应当由具有行政执法资格的执法人员实施,执法人员不得少于两人,法律另有规定的除外	法律
第五十一条	违法事实确凿并有法定依据,对公民处以二百元以下、对法人或者其他组织处以三千元以下罚款或者警告的行政处罚的,可以当场作出行政处罚决定。法律另有规定的,从其规定	法律
第六十条	行政机关应当自行政处罚案件立案之日起九十日内作出行政处罚决定。法律、法规、规章另有规定的,从其规定	法律、法规、规章
第八十四条	外国人、无国籍人、外国组织在中华人民共和国领域内有违法行为,应当给予行政处罚的,适用本法,法律另有规定的除外	法律

31.问:新《行政处罚法》第二十七条行刑移送实践中如何操作?

答:2021 年新修订的《行政处罚法》有多个重大变化,行刑移送是其中一个。案件移送,从过去强调行政机关向司法机关单向移送义务,改为强调行政机关与公检法等司法机关的双向移送义务,意味着以后,司法机关向行政机关移送案件会逐渐常态化。

一、移送规定新旧对比

2017 版《行政处罚法》第二十二条规定,违法行为构成犯罪的,行政机关必须将案件移送司法机关,依法追究刑事责任。主要强调,行政机关向司法机关移送涉刑案件的单向义务。

新《行政处罚法》第二十七条,除了规定违法行为涉嫌犯罪的,行政机关应当及时将案件移送司法机关,依法追究刑事责任。还规定,对依法不需要追究刑事责任或者免予刑事处罚,但应当给予行政处罚的,司法机关应当及时将案件移送有关行政机关。这是把行政处罚案件移送与涉刑案件移送相提并论。强调行刑衔接中,行政机关和司法机关负有双向移送案件的义务。

二、怎样理解移送新规定

过去,关于司法机关向行政机关移送案件的规定,散见在其他法律、法规中。《刑事诉讼法》第一百七十七条第三款规定,对被不起诉人需要给予行政处罚、处分或者需要没收其违法所得的,人民检察院应当提出检察意见,移送有关主管机关处理。有关主管机关应当将处理结果及时通知人民检察院。《行政执法机关移送涉嫌犯罪案件的规定》第十三条规定,公安机关对发现的违法行为,经审查,没有犯罪事实,或者立案侦查后认为犯罪事实显著轻微,不需要追究刑事责任,但依法应当追究行政责任的,应当及时将案件移送同级行政执法机关,有关行政执法机关应当依法作出处理。

现在,新《行政处罚法》第二十七条第一款,统一规定,应当给予行政处罚的案件,公检法等司法机关要及时向行政机关移送。具体说,就是公安机关自己发现线索后初查不予立案的,公安机关立案后撤销案件的,检察机关作出不起诉决定的,法院作出无罪判决或者免予刑事处罚的,如果违法事实清楚、证据确凿,应给予行政处罚,上述司法机关就应及时将案件移送有处罚管辖权的行政机关。

新《行政处罚法》第二十七条第二款,是就移送工作怎样协调配合,作出的概括性规定,行政处罚实施机关与司法机关之间应当加强协调配合,建立健全案件移送制度,加强证据材料移交、接收衔接,完善案件处理信息通报机制。

三、对新规定的思考和建议

关于司法机关向行政机关移送案件,新《行政处罚法》第二十七条言简意赅,是原则性、概括性规定。为了保证实际工作中司法机关移送案件依法、高效进行,作者建议有关立法机关出台相关法规,就应当给予行政处罚的案件在移送标准、移送步骤、移送期限等方面制定具体规定。

在相关法规尚未出台的情形下,作者建议,各级司法机关、行政机关,可以参考《行政执法机关移送涉嫌犯罪案件的规定》中行政执法机关向公安机关移送涉嫌犯罪案件的具体作法,建立健全实际移送中的有关制度,对有关情况,可以作如下处理:

一是应当给予行政处罚的案件移送标准。新《行政处罚法》第二十七条对涉刑案件移送和行政处罚案件移送两者标准是有区别的。第二十七条规定涉嫌犯罪的,行政机关应当及时移送司法机关。因此,行政机关移送涉刑案件的标准是涉嫌犯罪,而不是构成犯罪。但是,关于行政处罚案件移送,第二十七条规定是应当给予行政处罚的,司法机关应及时移送有关行政机关。这意味着,司法机关移送给行政机关的,是违法事实清楚、证据确凿的案件,而不是涉嫌违法尚需行政机关进一步调查取证的案件。另外,由于《行政处罚法》第四十条规定违法事实不清、证据不足的,不得给予行政处罚。所以,如果司法机关移送的案件违法事实不清,证据不足,受移送行政机关可以以不符合《行政处罚法》第二十七条规定,退回移送的司法机关。

二是司法机关向行政机关移送的材料。参考《行政执法机关移送涉嫌犯罪案件的规定》第六条,司法机关向行政机关移送案件时,除了移送书外,一般需附以下材料:不追究刑事责任或者免予刑事处罚的法律文书、应当给予行政处罚的案情报告、涉案物品清单、有关检验报告或者鉴定结论、其他有关的材料。

三是行政机关接收步骤。对司法机关移送的案件材料,行政机关在移送书回执上签字后,要依据《行政处罚法》以及本部门业务法律法规等,对移送材料及时开展审查。认为违法事实清楚、证据确凿,依法应当做出行政处罚的,行政机关及时作出立案决定并书面通知移送的司法机关;认为证据不足、违法事实不清的,或者属其他依法不予处罚情形的,应当书面通知移送案件的司法机关,说明不予处罚的法定理由,并退回所移送材料。

四是对行政机关退回案件材料的处理。司法机关认为依法应当由受移送行政机关作出行政处罚的,可以建议检察院开展监督。司法机关认为行政机关退回确有理由的,司法机关应当对案件及时依法作出处理,比如,解除被扣押物品,退还当事人。

五是对行政机关决定立案的处理。司法机关应当自接到行政机关的立案通知书之日起,及时将涉案物品以及与案件有关的其他材料移交行政机关,办结交接手续。行政机关在作出行政处罚决定后,也应当将行政处罚决定内容及时书面通知移送的司法机关。

32.问:行政处罚决定的公开及其限度实践中如何把握?

答:“公开公正”是依法行政和法治政府建设的基本原则,也是《行政处罚法》的基本原则,该原则贯穿行政处罚的设定、实施和监督全流程。例如,《行政处罚法》第五条第一款规定“行政处罚遵循公正、公开的原则”;第三十九条规定了行政处罚的实施机关、立案依据、实施程序和救济渠道等信息应当公示;第四十八条规定:“具有一定社会影响的行政处罚决定应当依法公开。公开的行政处罚决定被依法变更、撤销、确认违法或者确认无效的,行政机关应当在三日内撤回行政处罚决定信息并公开说明理由。”值得注意的是,行政处罚决定公开,是本次《行政处罚法》修订所增加的一项重要规定,体现了行政处罚全流程公开的要求。但是,该原则在实践中的落实,也会对受行政处罚的公民、法人或其他组织的权益带来影响。例如,处罚决定信息的公开,对自然人的名誉、人格权会造成一定的负面影响;对法人的声誉、商誉可能造成减损后果。处罚决定公开,还涉及个人信息保护等相关法律问题。因此,行政处罚决定的公开,蕴含着通过公开保障公众知情权、监督权等公共利益,但同时也可能对公民、法人或其他组织的合法权益带来不利影响。在行政处罚实施中,对处罚决定的公开,应处理好多种利益的竞争甚至冲突关系,避免"一刀切"等简单化处理。2018 年 11 月,中央深改组第五次会议审议通过了《国务院办公厅关于全面推进行政执法公示制度执法全过程记录制度重大执法决定法制审核制度的指导意见》(简称《指导意见》)。根据该《指导意见》中关于"全面推行行政执法公示制度"的规定,行政执法公示的目的是保障相对人和社会公众的知情权、参与权、表达权、监督权。行政机关应当按照"谁执法谁公示"原则进行执法信息的公示,建立统一的执法信息公示平台。执法公示涉及行政执法事前公开、事中公示、事后公开。《指导意见》对行政执法事后公开的要求作出明确规定:"各级行政执法机关要在执法决定作出之日起 20 个工作日内,向社会公布执法机关、执法对象、执法类别、执法结论等信息,接受社会监督;行政许可、行政处罚的执法信息要在执法决定作出之日起 7 个工作日内公开,但法律、行政法规另有规定的除外。"可见,《行政处罚法》关于行政处罚决定公开的规定,也是对行政执法公示制度改革措施的立法确认。不过,本次《行政处罚法》的修订,在对行政执法公示的规则进行原则性吸纳的同时,对处罚决定公开也采取了比较谨慎的处理,具体表现在三个方面:第一,对行政处罚决定信息公开的期限,《行政处罚法》没有明确要求在作出处罚决定之日起 7 个工作日内公开。第二,对处罚决定公开的范围做了限缩,加上了"具有一定社会影响的"限定前缀。也就是说,并非所有的行政处罚决定都要公开。第三,对处罚决定公开,《行政处罚法》规定了"依法公开",也就是说,具体如何公开,包括公开的程序、时限、方式、内容等,应当"依法"。相较于《指导意见》中关于行政处罚信息公开的要求,《行政处罚法》对处罚决定公开的规定,限缩了需要公开的范围,表现出立法者对这一问题的审慎立场,在一定程度上,这种审慎立场是对行政处罚决定公开"一刀切"做法的纠偏。行政执法公示和公开的主要目的是便于公众对行政执法活动的知情、参与、表达和监督。但行政处罚决定的公开,不仅涉及行政机关依法行政的基本信息,也可能涉及行政处罚相对人的个人信息、名誉、声誉等合法权益,因此一项本来旨在监督行政机关依法行政的制度,不应误伤相对人合法权益,更不应异化为"合法"伤害相对人权益的手段。随着行政执法"三项制度"的推进,实践中行政机关公示违法信息及处罚决定,已经是一种比较普遍的做法。公示制度一方面促进了公众知情权、监督权的行使,但另一方面可能影响甚至侵害相对人合法权益。特别是"一刀切"的公开模式,表面上看严格、公平、稳定,但实质上偏离了处罚决定公开的制度理性。从行政处罚针对的违法行为类型来看,可将违法信息大致分为三类:第一类是监管类违法信息。例如,食品安全违法信息、产品质量违法信息、环境违法信息、安全生产违法信息、税收违法信息等。第二类是社会管理类违法信息。包括交通违章处罚信息、治安管理处罚信息等。第三类是失信信息。主要包括失信主体名单、失信等级等信息。这三类违法信息之间存在明显区别。监管类违法信息的违法主体主要是企业,违法行为及后果常常具有社会性,影响到市场活动的交易安全;社会管理类违法信息的主体主要是自然人,违法行为后果往往并不具有很强的社会性;失信主体信息公示,则主要属于社会信用体系建设的内容,本身自成一体。在执法信息公示制度实践中,不少地方对这三类行政违法信息未进行区分,也没有考虑公示的“目的—手段”相匹配原则,而是“一刀切”地进行公开,这可能导致违法信息公开背离该制度的目标,也存在违反比例原则之嫌。例如,有的地方对所有的相对人受处罚决定信息做到“百分之百公示”,似乎是将公示本身当作了目的,而忽略了公示作为手段应当与管理目的相匹配的规制理性。处罚决定公开,目的何在?一是为了实现公众知情权和监督权;二是为了通过信息公开,发挥信息作为监管工具的作用。这里需要注意的是,公众知情权和监督权的行使,主要是在处罚决定和违法信息涉及公众利益的场景;并非所有的违法和处罚信息都与公众利益密切相关。例如,食品安全违法和处罚信息、产品质量违法和处罚信息等,与公众利益存在密切联系,故应当予以公开,这有助于公众知晓并作出选择,用脚投票、防范风险。因此,在这些情况下,违法和处罚信息公开,主要目的并非对违法行为人进行声誉制裁,而是为了发挥信息监管与公共警示的作用,以信息公开引导市场和社会主体的行动。但在社会管理领域的处罚情形中,违法和处罚决定信息一般并不涉及公众利益。例如,个人因交通违章受处罚的信息,并不直接涉及公众利益,对此类处罚决定予以公开,更多是对个人声誉的影响,其中所蕴含的公共管理目标到底是什么,并不清晰,正当性基础尚有待明确。从“手段—目的”合比例性的要求考虑,行政处罚决定信息公开,主要应当适用于那些与公众利益和社会公共利益密切相关的行政监管领域的处罚决定,而不是“一刀切”地对所有的行政处罚决定进行公开。这既符合知情权和监督权的目的,也符合比例原则的要求。至于失信主体的信息公开,现阶段属于社会信用体系建设的内容,其中大量的法律问题是否属于行政处罚法调整,目前尚缺乏明确的规则表述。从既有实践上来看,一部分通过公共信用信息平台、企业信用信息公示系统直接发布的企业失信信息,如食品安全违法信息、环境保护违法信息,主要起到了风险提示的作用,属于行政监管措施与信息管理工具的范畴。此时,违法信息虽在专门的信用信息平台上公布,但并非监管者对违法行为人施加法定处罚之外的不利负担。不过,此类信用监管方式与既有的主要通过政府网站专门公开的行政处罚决定之间形成了制度上的重叠关系。这种针对同类型信息的多平台、不同渠道的公开是否理性、必要,需要更强的理由检视与规范依据支撑,避免徒增管理成本与违法行为人的社会压力,造成信息监管工具的碎片化与重复化。而现实中更加普遍的情形是,失信信息的公开并不只是违法事实的简单公布,而是附加了监管者对相对人既往表现的否定性评价——如“严重失信”“严重违法失信”等负面标签(即失信惩戒制度中俗称的“黑名单”)。这类信息的公开具备持续性声誉制裁的效果,具有威慑和惩戒相对人的目的,属于监管者有意执行、明确谴责的产物;并且,这部分标签化失信信息的公布直接绑定了联动惩戒的后续措施,将自动导致失信主体的一系列资格受限与义务增加。这种直接和间接的制裁性也意味着以“黑名单”为代表的失信信息的公布属于行政处罚的范畴,应当直接受到《行政处罚法》的框架调整,在设定权限、实施程序、救济途径等方面进行法治完善。行政处罚决定的公开,是行政机关的一项重要职权,如前所述,《行政处罚法》对处罚决定公开的规定,赋予了行政机关比较大的裁量权,如何防止这种权力的滥用,也是实践中必须注意的问题。为此,在《行政处罚法》实施中,有必要对"具有一定社会影响的行政处罚决定"这一概念进行具体化,防止裁量权的滥用。同时,对处罚决定公开的异议、撤回与修复应规定相应机制,增强程序理性;对处罚决定公开权的滥用,应明确相应的救济途径、法律后果及追责机制。

33.问:不予处罚、可以不予处罚、免予处罚在行政执法实践中如何理解适用?

答:已于2021年7月15日正式实施,其中第三十三条规定:违法行为轻微并及时改正,没有造成危害后果的,不予行政处罚。初次违法且危害后果轻微并及时改正的,可以不予行政处罚。新修订的《行政处罚法》在"不予行政处罚"的基础上,明确提出了"可以不予行政处罚"的适用情形。因此,探讨不予行政处罚、可以不予行政处罚、免予行政处罚的区别和联系,对于执法人员把握三者的关系、行使行政处罚自由裁量权具有重要意义。作者近期研读学习了《行政处罚法释义》(袁雪石著),其中就不予行政处罚的性质,袁雪石认为:不予行政处罚的前提是不构成应受行政处罚行为,违法行为轻微、及时改正、没有造成危害后果,三个条件缺一不可。因此,行为虽违法,但未达到行政处罚标准、不应受行政处罚的,则不予行政处罚。对于"可以不予行政处罚"的理解,袁雪石提出:可以不予行政处罚实为免予行政处罚,适用可以不予行政处罚的原因,是构成应受行政处罚行为,前提是初次违法且危害后果轻微并及时改正,在此情形下,行政机关对是否予以处罚有裁量权。因此,结合袁雪石的观点,对于不予处罚和可以不予处罚的区别,可以这样理解:不予行政处罚涵射的是不构成行政违法、不应当予以行政处罚的行为。可以不予行政处罚涵射的是构成行政违法但未给予法律制裁的行为,其实质是免予行政处罚。

34.问:违法行为发生在新修订的《行政处罚法》施行前,行政行为作出在新修订的《行政处罚法》施行后,如何适用法律?

答:最高人民法院《关于审理行政案件适用法律规范问题的座谈会纪要》第三部分"关于新旧法律规范的适用规则"明确,根据行政审判中的普遍认识和做法,行政相对人的行为发生在新修订的《行政处罚法》施行以前,具体行政行为作出在新修订的《行政处罚法》施行以后,人民法院审查具体行政行为的合法性时,实体问题适用旧法规定,程序问题适用新法规定,但下列情形除外:(一)法律、法规或规章另有规定的;(二)适用新法对保护行政相对人的合法权益更为有利的;(三)按照具体行政行为的性质应当适用新法的实体规定的。根据上述规定,行政机关作出行政行为"实体从旧,程序从新",是其法律适用的基本原则。

35.问:如何确认违法行为连续或继续状态?

答:国务院法制办公室对湖北省人民政府法制办公室《关于如何确认违法行为连续或继续状态的请示》的复函(国法函〔2005〕442号)中明确了旧《中华人民共和国行政处罚法》第二十九条中规定的违法行为的连续状态,是指当事人基于同一个违法故意,连续实施数个独立的行政违法行为,并触犯同一个行政处罚规定的情形。

36.问：新《行政处罚法》第九条（处罚种类）实践中如何理解？

答：第九条行政处罚的种类：（一）警告、通报批评；（二）罚款、没收违法所得、没收非法财物；（三）暂扣许可证件、降低资质等级、吊销许可证件；（四）限制开展生产经营活动、责令停产停业、责令关闭、限制从业；（五）行政拘留；（六）法律、行政法规规定的其他行政处罚。

立法演变：一审稿将现行单行法律、法规中已经明确规定，行政执法实践中常用的行政处罚种类纳入本法，增加规定通报批评、降低资质等级、不得申请行政许可、限制开展生产经营活动、限制从业、责令停止行为、责令作出行为等行政处罚种类，合并了财产罚，作为一项。

责令停止行为指责令停止建设、责令停止活动、责令停止招生、责令停考、责令停止联网、责令停止传输、责令停止使用、责令不得举办涉外电影节（展）、责令停止试验、停航、停飞、责令停止设计、责令不得申购等。责令作出行为指责令赔礼道歉、责令拆除、责令拆毁、责令搬迁、责令撤换、责令补种、责令消除影响、责令退出、责令变更登记、责令限期改进、责令改组管理组织、责令限期出境、责令承担所邀外国人的出境费用、责令协助劝导交通等。从文义来看，“责令停止行为、责令作出行为”与责令改正不好区分，这里表达的其实是责令作出新的“行为”（包括作为和不作为），如果是作出新的“行为”，则体现了制裁性。当然，我国台湾地区张剑寒等曾认为，“禁止为一定行为之处罚”“停止为一定行为之处罚”为单独的行政处罚类型。

二审时，有意见提出，有些常用的行政处罚种类尚未纳入，有些行政处罚种类与其他行政管理措施的边界不够清晰，建议进一步完善行政处罚种类的规定。全国人民代表大会宪法和法律委员会经研究，建议适当调整行政处罚种类：一是增加“责令关闭”的行政处罚种类；二是删去“不得申请行政许可”“责令停止行为”“责令作出行为”的行政处罚种类。

三审稿无变化，但最终表决通过稿依据处罚程度的轻重调整了第四项限制开展生产经营活动和责令关闭的顺序。

条文释义：一、规范意旨

本条是为了规范法律、行政法规、地方性法规、规章设定行政处罚。从整体上来看，本条规定的行政处罚是由轻到重逐级递增排列的。这次修订增加了行政处罚的类型，但这些类型是单行法早已经规定过的，本次只是把使用较多的类型加以汇总，以控制和规范行政处罚的设定与实施。同时，本条规定的行政处罚类型与当事人的权利具有一定程度对应关系，体现了民事权利对公权力的拘束效力。

没有列入本条的，未必不是行政处罚。如，“不得申请行政许可”“列入黑名单”等虽没有列入本条，但根据本法第二条，仍可以判断其构成行政处罚。

列入本条的，也并不必然是行政处罚。如，警告、通报批评也可能是一种纪律处分；没收非法财物与刑法上的没收财产不容易区分，没收财产是附加刑的一种；《刑法》第三十七条之一规定的禁业与限制从业也是近似的制裁措施；在大气受到严重污染，发生或者可能发生危害人体健康和安全的紧急情况下，有关地方政府可以启动应急预案，实施相应的应急措施，如责令有关企业停产或者限产、限制部分机动车行驶、禁止燃放烟花爆竹、停止工地土石方作业和建筑拆除施工、停止露天烧烤、停止幼儿园和学校户外体育课等。

2020年底，最高人民法院发布了最新行政案由，明确行政处罚案由包括警告、通报批评、罚款、没收违法所得、没收非法财物、暂扣许可证件、吊销许可证件、降低资质等级、责令关闭、责令停产停业、限制开展生产经营活动、限制从业、行政拘留、不得申请行政许可、责令限期拆除。其中，责令限期拆除与《中华人民共和国土地管理法》（简称《土地管理法》）第八十三条“对责令限期拆除的行政处罚决定”的规定保持了一致，但与本法关于责令改正以及该司法解释“行政处理”部分的规定不尽一致，应作限缩解释。

长久以来，行政领域面临监管措施不足的问题，在行政处罚等领域探索提高违法成本。如，《国务院关于加强和规范事中事后监管的指导意见》（国发〔2019〕18号）规定：“建立完善违法严惩制度、惩罚性赔偿和巨额罚款制度、终身禁入机制，让严重违法者付出高昂成本。”可以预见的是，随着新型行政违法行为的出现，行政处罚的类型会有所增多。

关于行政处罚的类型在实施中的转换，本次修订没有作出规定。有的国家规定了易科罚。易科罚是指受罚款处罚的受罚人无力缴纳罚款时，以拘留代之即易科拘留。易科拘留时间一般不超过两个星期，且受罚人仍可通过缴纳罚锾来代替易科拘留的执行。实践中，对于无力承担罚款的当事人，是否可以以从事公益劳动、协助劝导交通、宣传法律法规等方式替代，值得探索。

二、警告

警告即警示和告诫，属申诫罚的一种，指行政机关对公民、法人或者其他组织违反行政管理法律规范的行为的谴责和警示，其目的是通过对违法行为人一种精神上的惩戒，以申明其有违法行为，并使其以后不再违法。在不考虑行政处罚结果公示的前提下，警告是行政处罚措施中最轻的一种。警告可以单独适用，也可以与罚款等处罚类型合并适用，警告往往与责令改正同时适用。经警告后仍拒不改正的行为，则可能构成累犯，在裁量方面，需要依法从重处罚。

（一）口头警告是不是行政处罚

警告属于要式的行政行为，根据本法第五十二条、第五十七条等规定，警告必须有书面处罚决定书，并将其送交当事人本人。如果是口头警告，则属于一般的批评教育，不具有强制力，不属于行政处罚行为。

公安部交通管理局曾就警告处罚如何适用，作出专门答复：警告是行政主体对某些有轻微违法行为人的一种训诫，以促使被警告人提起应有的注意和警惕，以后不再重犯。在所有行政处罚种类中，警告是最轻的一种。在实际工作中，警告多为口头进行，也可以用书面形式，例如制作处罚裁决书或填发违章通知书。所谓“记证式”警告处罚，是一些公安交通管理机关自己的做法，不属于普遍意义上的警告。该规定目前已失效。

（二）记分是不是行政处罚

1.实务见解

《道路交通安全法》第二十四条，《道路交通安全法实施条例》第十一条、第二十三条至

第二十六条、第二十八条,《道路交通安全违法行为处理程序规定》第二十九条、第六十二条等有详细规定。其中,《机动车驾驶证申领和使用规定》第六十五条规定:“道路交通安全违法行为累积记分周期(即记分周期)为12个月,满分为12分,从机动车驾驶证初次领取之日起计算。依据道路交通安全违法行为的严重程度,一次记分的分值为:12分、6分、3分、2分、1分五种(附件4)。”第六十八条第一款规定:“机动车驾驶人在一个记分周期内累积记分达到12分的,公安机关交通管理部门应当扣留其机动车驾驶证。”

据此,累积记分是衡量是否扣留驾驶证行政处罚的具体标尺,从这个意义上,累积记分达到12分,行政机关必须作出扣留驾驶证的行政处罚。有观点认为,这种行为管制是一种动态的、持续式的接触监管,因为其是在一个监管周期内伴随行政处罚持续进行的,是一种实时更新的“结算式”监管。记分制度包含了警告罚和风险罚(累积性资格罚)的性质,应将其视为行政处罚。

2.学术见解

1992年,马怀德教授就提出建立警告登记累积制度,申诫类处罚应建立警告登记和累积转罚制度,对多次受过申诫罚的违法人应转换适用更重一类的处罚。我国台湾地区“行政罚法”提出,记点、记次为警告性处分,“道路交通管理处罚条例”第六十三条等规定,汽车驾驶人在六个月内,违规记点共达六点以上者,吊扣驾驶执照一个月;一年内经吊扣驾驶执照二次,再违反第一项各款所列条款之一者,吊销其驾驶执照。汽车依本条例规定记违规记录于三个月内共达三次以上者,吊扣其汽车牌照一个月。同时,已受吊扣或吊销驾驶执照处分者,不予记点。

作者认为,累积记分具有明确的警告意味,可以作为警告的特殊形式,在满12分等情形下扣证或者降级换证,则是不含裁量权的资格罚。这种处罚方式将定量和定性有机结合起来,有助于充分将教育和处罚相结合,发挥预防和惩戒的作用,值得广泛推广。

三、通报批评

(一)立法背景

在立法过程中,曾经讨论过是否将通报批评作为申诫罚的类型,最初没有规定的主要原因是,对通报批评性质的看法不一,有观点认为,通报批评不是行政处罚,是机关内部指出错误的方法。如,《义务教育法》第五十三条规定,县级以上人民政府或者其教育行政部门有一定情形的,由上级人民政府或者其教育行政部门责令限期改正、通报批评;情节严重的,对直接负责的主管人员和其他直接责任人员依法给予行政处分。

(二)警告和通报批评的关系

警告和通报批评的区别主要是后者告知的范围较为广泛,不限于告知行为人自己,还包括告知与行为有关的公民、法人和其他组织,即通报批评的侵益性更强。当然,在行政处罚决定公示的背景下,这种区别的意义越来越小。

(三)单行法规定

不少单行法规定了作为行政处罚的通报批评。如《中华人民共和国化妆品监督管理条例》第七十二条规定:“化妆品技术审评机构、化妆品不良反应监测机构和负责化妆品安全风险监测的机构未依照本条例规定履行职责,致使技术审评、不良反应监测、安全风险监测工作出现重大失误的,由负责药品监督管理的部门责令改正,给予警告,通报批评;造成严重后果的,对其法定代表人或者主要负责人、直接负责的主管人员和其他直接责任人员,依法给予或者责令给予降低岗位等级、撤职或者开除的处分。”

四、罚款

罚款是行政机关依法强制违反行政管理法规的行为人(包括法人及其他组织)在一定期限内缴纳一定数量货币的处罚行为。罚款是行政机关最常用的行政处罚类型,可以是警示性的,也可以是经济性的,截至 2020 年 7 月,共有 153 部现行有效的法律设定了行政罚款,涉及 907 个条款;共有 329 部行政法规设定了行政罚款,涉及 1 277 个条款。与其他行政处罚种类相比,行政罚款使用范围最广、适用频率最高。罚款的法律效果是产生金钱之债,当事人要依据行政处罚决定缴纳罚款。如果当事人不及时缴纳,执行方式则会转变为强制执行。

(一)罚款如何设定

设定罚款应当根据违法行为人的主观恶性,违法行为造成的损失、社会危害程度确定。以罚款数值是否需要计算为标准,可分为概括式、数值式和倍率式;以罚款数值是否具有裁量空间为标准,则可分为概括式、定额罚和区间罚;两种标准相结合,共有概括式、定额数值式、定额倍率式、区间数值式和区间倍率式五种规定方式。除了较大数额的罚款,一般罚款对当事人的影响力并不大,因此,按照比例原则,设定各类行政处罚,一般先设定警告、罚款等较轻的行政处罚,根据违法行为和危害后果等因素逐级增加行为罚、资格罚。具体来讲,罚款立法需要注意以下几点。

一是罚款规定一般应明确罚款的数额或者幅度。当然,有的法律没有规定罚款的具体数额、倍率等,仅仅规定了罚款。如,2019 年修订的《土地管理法》第七十五条规定:“违反本法规定,占用耕地建窑、建坟或者擅自在耕地上建房、挖砂、采石、采矿、取土等,破坏种植条件的,或者因开发土地造成土地荒漠化、盐渍化的,由县级以上人民政府自然资源主管部门、农业农村主管部门等按照职责责令限期改正或者治理,可以并处罚款;构成犯罪的,依法追究刑事责任。”从解释上,下位法可以在此范围内作出具体规定。在没有配套规定时,行政机关是否可以依据法律结合案情直接作出罚款,值得研究。

二是对违法行为能够以违法数额、违法所得数额、造成的实际损失等作为参考系数确定罚款数额的,可以使用处以该系数的倍数或者比例罚款的表述。对违法行为难以用违法数额、违法所得数额、造成的实际损失等作为参考系数确定罚款数额的,可以使用确定数额以内或者一定幅度以内罚款的表述。

三是在规定处以一定幅度的数额罚款时,最低数额与最高数额之间一般不超过十倍。

四是规定罚款数额上限不规定下限的,表述为:可以处 ××元以下罚款。规定确定罚款数额或者数额幅度的,“处”之前不加“可以”。

五是罚款对经济行政违法行为的治理效果更好。我国台湾地区规定罚款的立法理由称：裁处罚锾，除督促行为人注意行政法上义务外，尚有惩戒贪婪之作用，此对于经济及财税行为，尤其重要。从实践来看，在以非营利为目的的社会领域，经济制裁的确可能面临治理失灵的危险，当事人追求的是经济以外的目的，因而对罚款不敏感。因此，行为罚、资格罚可能更适合社会领域的规制。

（二）按日计罚是不是行政处罚

按日计罚是近年来环保领域新引入的一类监管措施。《环境保护法》第五十九条规定："企业事业单位和其他生产经营者违法排放污染物，受到罚款处罚，被责令改正，拒不改正的，依法作出处罚决定的行政机关可以自责令改正之日的次日起，按照原处罚数额按日连续处罚。前款规定的罚款处罚，依照有关法律法规按照防治污染设施的运行成本、违法行为造成的直接损失或者违法所得等因素确定的规定执行。地方性法规可以根据环境保护的实际需要，增加第一款规定的按日连续处罚的违法行为的种类。"《大气污染防治法》第一百二十三条等也规定了按日计罚。根据该条，违反本法规定，企业事业单位和其他生产经营者有未依法取得排污许可证排放大气污染物等行为的，受到罚款处罚，被责令改正，拒不改正的，依法作出处罚决定的行政机关可以自责令改正之日的次日起，按照原处罚数额按日连续处罚。

据此，"自责令改正之日的次日"可以认定为"罚款决定之日的次日"，按日连续处罚也就具有了当事人"怠于履行"罚款处罚决定的适用前提，即后续的处罚发生的基础是行政相对人不履行执行行政处罚决定书的作为义务，而罚款处罚决定发生的基础是行政相对人违反了行政管理义务。

原《行政处罚法》第七十条规定了执行罚，即当事人到期不缴纳罚款的，作出行政处罚决定的行政机关可以每日按罚款数额的百分之三加处罚款。从法条表述来看，本条规定的加处罚款与环保领域按日计罚，都是针对拒不改正的持续性违法行为，只不过按日计罚的加处罚款数额较高，提高了违法成本，体现了国家对污染环境行为的"零容忍"，性质上宜认定为行政强制。

（三）规章设定罚款时只能设定"一定数额的罚款"

1996 年，国务院规定：国务院各部门制定的规章对非经营活动中的违法行为设定罚款不得超过 1 000 元；对经营活动中的违法行为，有违法所得的，设定罚款不得超过违法所得的 3 倍，但是最高不得超过 30 000 元，没有违法所得的，设定罚款不得超过 10 000 元；超过上述限额的，应当报国务院批准。地方政府规章设定罚款的限额，由省、自治区、直辖市人大常委会规定，可以不受上述规定的限制。实践中，绝大多数部门规章设定的罚款数额低于三万元，但也有部门规章设定罚款的数额高于三万元，这类规章需要经过国务院批准。时过境迁，上述规定需要予以调整。

（四）罚款不一定是最好的行政处罚方式

随着经济的发展，在早期设定的罚款数额没有修改的背景下，罚款的监管效果越来越差。对于被监管者而言，罚款可能变成违法行为的许可费用；对于监管者而言，罚款可能成为部分地方政府的重要非税收入来源。

在新时代的背景下,罚款的制度设计必须重新调整,以发挥其纠正和预防等作用。一是确定罚款与其他处罚方式的并用。在美国联邦立法中设置行政罚款条款时往往注重与其他执法工具的组合,突出其弹性灵活的优点,使其成为刑罚、吊销许可证等制裁方式的重要补充。二是可否明确罚款计算公式,不设定罚款数额或者上限。我国现行有效的法律和行政法规中关于行政罚款的设定方式主要有概括式、区间数值式、区间倍率式三种。其中,区间数值式使用频率最高,其次为区间倍率式。在罚款金额的确定上,美国联邦法律和行政规则往往明确规定执法机关确定罚款金额的公式和调整系数。行政机关在评估确定罚款金额时,往往同时考虑违法收益和违法程度,以求实现最佳的威慑效果。

(五)如何计算罚款数额才合理

当前,我国行政罚款的基本立足点仍然是惩戒违法行为以恢复公共秩序,并不针对特定的利益损失。与其如此,不如将罚款与个案造成的公共利益损失作为计算标准,打破以往罚款计算依据的模糊性,将罚款的数额大致对应于公共秩序的破坏程度已经不合时宜,应当以精确的公共利益损失计量为基础重建罚款的标准,这样就能实现个案精准惩戒,而不是模糊的区间式、倍率式等方式确定罚款数额,也就是说,罚款数额的确定更多地要直接以违法成本、造成公共利益的损失为计算基础。

此外,鉴定、保管等费用通常价格不菲,有的情况下还大于行政机关罚款的数额,等于所有社会成员分担了其违法成本。因此,从充分发挥矫正、预防功能的角度来看,可以在罚款之外,探索当事人承担鉴定、保管等费用的做法。

五、没收违法所得、没收非法财物

没收违法所得、没收非法财物是指国家行政机关根据行政管理法律、法规,将行为人违法所获得的财物或非法财物强制无偿收归国有的一项行政处罚措施。这里没有区分行为人是否是涉案财物的合法权益人。从立法过程来看,将没收违法所得作为行政处罚,是在总结国内实践的基础上,参考了德国"没收违法所得"、日本"课征金"的立法例。本法第六十三条将没收较大数额违法所得、没收较大价值非法财物纳入听证范围。

(一)何为违法所得

根据本法第二十八条,违法所得是指实施违法行为所取得的款项。法律、行政法规、部门规章对违法所得的计算另有规定的,从其规定。实践中,不同的部门对于违法所得的界定有所不同,有的为营收说,有的为利润说。

1.营收说

营收说的好处是行政机关便于操作。某部曾建议明确种子生产、经营中的"违法所得",是指从事种子生产、经营活动所取得的销售收入,即指种子经营者销售产品时取得的收入,包括成本和利润。对此,全国人民代表大会常务委员会法制工作委员会认为,依照1981年全国人民代表大会常务委员会关于加强法律解释工作的决议第三项的规定办理(即不属于审判和检察工作中的其他法律、法令如何具体应用的问题,由国务院及主管部门进行解释)。《卫生部法监司关于对〈关于对非法经营预防用生物制品实施行政处罚中有关问题的紧急请示〉的复函》规定:"《预防用生物制品生产供应管理办法》第二十七条中非法所得是指违法活动中获取的包括成本和利润在内的全部收入。"原国家食品药品监督管理局答复:一般情况下,《中华人民共和国药品管理法》(简称《药品管理法》)、《药品管理法实施条例》中的"违法所得",是指"实施违法行为的全部经营收入"。《药品管理法》第八十二条、第八十七条规定的"违法所得"是指"实施违法行为中收取的费用"。《药品管理法实施条例》第八十一条规定的"违法所得"是指"售出价格与购入价格的差价"。在具体执法过程中应结合案件认定的事实与证据,按照行政处罚的基本原则依法处理。此外,《导弹及相关物项和技术出口管制条例》中的"违法所得"也是指从事违法行为的全部实际收入。

但是,营收说可能会对当事人产生较大影响,需要用合理原则加以限制。如,原《土地管理法》第七十四条规定,买卖或者以其他形式非法转让土地的,没收非法所得。对此,全国人民代表大会常务委员会法制工作委员会认为,"没收非法所得"不能解释为包含没收土地。对这一案件的非法出卖自留地的农民,在给予没收非法所得和罚款的处罚后,可以不收回该自留地的使用权;同时,农村集体经济组织也可以对该自留地的使用权作出处理。《德国刑法典》第七十三条 C 第一项规定"如果追缴对承受者来说是过分严厉的,就不予命令。在命令时获得物的价值不再现存于承受者的财产中时或者如果获得物只具有轻微的价值时,可以不作出这种命令。"

2.利润说

利润说的核心是要扣除合理成本,难点在于是合理成本的范围,通常计算繁复,影响行政效率。利润说有毛利润和纯利润之分,根据本法第二条,纯利润说不具有惩戒性,似不符合行政处罚的定义。全国人民代表大会常务委员会法制工作委员会认为,《中华人民共和国固体废物污染环境防治法》(简称《固体废物污染环境防治法》)第七十七条对无经营许可证或者不按照经营许可证规定从事收集、贮存、利用、处置危险废物经营活动规定的"没收违法所得",是指没收违法行为人违法收集、贮存、利用、处置危险废物所获得的收益。《工商行政管理机关行政处罚案件违法所得认定办法》规定:"工商行政管理机关认定违法所得的基本原则是:以当事人违法生产、销售商品或者提供服务所获得的全部收入扣除当事人直接用于经营活动的适当的合理支出,为违法所得。"《中华人民共和国环境行政处罚办法》(简称《环境行政处罚办法》)第七十七条第一款规定:"当事人违法所获得的全部收入扣除当事人直接用于经营活动的合理支出,为违法所得。"

此外,刑事领域也有采用利润说的,如全国人民代表大会常务委员会《关于惩治生产、销售伪劣商品犯罪的决定》规定的"违法所得数额",是指生产、销售伪劣产品获利的数额。

(二)没收违法所得在何种意义上是行政处罚

违法所得不应是纯利润。从最初立法开始,没收违法所得是否是行政处罚就有争议。反对说认为,对违法所得的没收,本质上是一种追缴,而不是违法行为人因实施违法行为所付出的代价。客观来讲,如将违法所得界定为纯利润的话,则没收违法所得不具有惩戒性,因为这些利润本身就不是违法行为人的。经过二十多年的实践后，本次修订也不可能贸然改变其性质界定。因此，从解释上有必要明确违法所得至少为毛利润，只有这样才能与第二条行政处罚的定义保持逻辑上的周延。对于采纳净利润的规章是否要修改，是否符合本法第二条及第二十八条的规定，需要研究。

（三）违法所得在作出行政处罚决定时必须归属于违法行为人

1.违法所得可以是已经消费的收益。

如，凡是非法占有公共财物，能够确定侵占时该财物新旧程度的，“非法所得”应当按侵占时该财物的新旧程度和检查时重新购置该财物的价格计算。无法确定侵占时该财物新旧程度的，则按《违反财政法规处罚的暂行规定施行细则》第二十六条第二款的规定“按检查时物品的新旧程度和重新购置该物品的价格折算。”由于非法占有而造成该财物有所损失的，应当在追还被占用财物的同时，由责任人赔偿相应的损失。违法建设工程不能拆除的，应当没收实物或者违法收入。没收的违法收入应当与应依法没收的实物价值相当。

2.违法所得原则上要归属于当事人

违法所得其实就是不当得利，而任何人都不能从违法行为获利。受损失人可依据《民法典》第九百八十五条等要求当事人返还不当得利。这些财产利益直接被行政机关没收，对受损失的人是不合理的，因此本法第二十八条增加了责令退赔。在操作层面，可以依据《民法典》第一百八十七条、本法第七十四条等，受损失人的财产不足以承担责任时，优先承担民事责任。违法所得应基于违法行为，当事人基于合法行为取得的收入应当予以扣除。

3.对于恶意受损失人的债权不予保护

我国台湾地区不保护以恶意规避行政处罚责任为目的的民事行为。“行政罚法”第二十三条规定：得没入之物，受处罚者或前条物之所有人于受裁处没入前，予以处分、使用或以他法致不能裁处没入者，得裁处没入其物之价额；其致物之价值减损者，得裁处没入其物及减损之差额。得没入之物，受处罚者或前条物之所有人于受裁处没入后，予以处分、使用或以他法致不能执行没入者，得追征其物之价额；其致物之价值减损者，得另追征其减损之差额。前项追征，由为裁处之主管机关以行政处分为之。在遇到该种情形时，应注意与《民法典》善意取得制度相衔接。

4.共有物如何没收

没收其共有财物的份额，然后将份额依法转让，转让价金收入国库。当事人愿意自行处置的，也可以由其依法处置。

由于交易形式的多样性，在让与担保、所有权保留、融资租赁、保理等情况下，谁是物的真正所有权人，需要结合具体情况判断。如，在动产让与担保的情形下，标的物因为担保而实现了所有权的转移，但买受人购买标的物的目的只是担保，当担保目的达到后，买受人将标的物卖给出卖人。在担保期间，出卖人、买受人的行政违法行为就与民事担保形成了法律关系的竞合。再如，融资租赁合同是出租人根据承租人对出卖人、租赁物的选择，向出卖人购买租赁物，提供给承租人使用，承租人支付租金的合同。

(四)没收非法财物

非法财物可以分为违反行政义务行为所用之物、所得之物和违禁物。其中,违禁物可以是所用之物,也可以是所得之物。

1.如何判定财产

判断财产的权利归属要依据《民法典》。何为财产,《民法典》没有给出十分明确的答案,但从解释上来看,财产不限于所有权。物权、债权是典型的财产权,知识产权具有人身性和财产性的二元特点。不动产、特殊的动产和知识产权通常通过登记的方式明确权利人。对于债权如何没收,实务中需要细化,比如对于未履行或者正在履行的债权,是否可以终止债权债务关系;对于已经履行的债权,应根据具体情况决定返还或者没收;对于高速公路收费权等物权化的债权,如何没收,需要研究与既有债务之间的顺位等问题。《民法典》承认了人格权的财产利益,如,第九百九十三条规定:"民事主体可以将自己的姓名、名称、肖像等许可他人使用,但是依照法律规定或者根据其性质不得许可的除外。"

当然,还有一个难点在于新型财产。有的财产具有公法属性。政府通过行政规制权力创设的新的财产形态,不同于人权法上的财产权利(主要是指宪法及宪法性法律设定的财产权利),也不同于民商法上的财产权利。如,政府补贴、政府特许。有的财产具有人格属性。如,受精卵、精液、卵子、人奶、家宅、结婚戒指、相册、日记、宠物、骨灰和墓地等。在人工生殖领域案件中,如受精卵已经在代孕母腹中孕育,则没收这类非法财产,需要考虑与人身权益保护的问题。

2.非法财物的类型

非法财物可以分为涉案原材料、制品、收益、孳息、涉案工具等。前者如侵权制品、非法开采的煤炭产品,假学历证书、学位证书及其他学业证书;后者如主要用于制作侵权制品的材料、运输车辆等工具设备。

何谓作案工具,界限需要结合单行法掌握,应根据比例原则作目的限缩。如,对于非法捕鱼行为,渔船是否算是作案工具?我国法律对此做了不同情形的区分。根据《中华人民共和国渔业法》(简称《渔业法》)第四十六条,外国人、外国渔船违反本法规定,擅自进入中华人民共和国管辖水域从事渔业生产和渔业资源调查活动的,可以责令其离开或者将其驱逐,可以没收渔获物、渔具,并处五十万元以下的罚款。对于情节严重的,可以没收渔船。也就是说,渔船可以作为作案工具,但根据违法行为与法律后果相适应原则,只有在情节严重的情况下,才没收渔船。类似的情况,如禁放爆竹的地区运载爆竹的汽车,不应视为从事非法活动使用的工具予以没收。再如,《海关行政处罚实施条例》第九条规定没收的对象是"专门用于走私的运输工具或者用于掩护走私的货物、物品,二年内三次以上用于走私的运输工具或者用于掩护走私的货物、物品",作了一定限制。同时,违禁物品,不论是否属于违法行为人,都可以直接没收或者收缴。对于其他作案工具,如果违法行为事实清楚,但作案工具的当事人无法查清,行政机关有两种选择:一是根据动产占有即所有的规则,直接依法予以没收;二是发布公告查找当事人,公告期满无人申领的,根据有关规定予以收缴。

可以分割的物品,如何认定哪些是非法财物。如一种原料同时用于生产真药和假药,《药品管理法》第一百一十八条第二款规定:"对生产者专门用于生产假药、劣药的原料、辅料、包装材料、生产设备予以没收。"据此,应该按照生产规模和数量适度区分,按比例没收"专门"生产假药、劣药的原料。

六、暂扣许可证件、降低资质等级、吊销许可证件

行政许可是国家管理经济社会的重要方式。行政许可,是指行政机关根据公民、法人或者其他组织的申请,经依法审查,准予其从事特定活动的行为。通过行政许可,行政相对人获得了更强的民事行为能力,在竞争中会处于优势地位,但"上了车"的人往往不希望别人"再上车",行政许可运用不当,也可能变为一种反竞争措施。从经济社会发展来看,行政许可的数量会逐渐变少,《行政许可法》本身也是行政审批制度改革的产物,国外也长期推进"放松规制"的改革。《行政许可法》第十二条规定了五类可以设定行政许可的领域,第十三条也规定了可以不设行政许可的情况。

本条规定的三项措施为剥夺或者降低资质的资格罚,从 1996 年立法说明来看,资格罚是从原有的行为罚中发展出来的新类型。本法第六十三条将降低资质等级、吊销许可证件纳入听证范围,但并没有将暂扣许可证件纳入听证范围。

(一)暂扣许可证件

按照最初立法者的解释,"暂扣或者吊销许可证、暂扣或者吊销执照"是指国家行政机关对违反行政管理法规的公民、法人或其他组织依法实行暂时扣留其许可证或执照,剥夺其从事某项生产或经营活动权利的行政处罚,是一种比责令停产停业更为严厉的行为能力罚。暂扣和吊销许可证件是两个行政处罚,前者是暂时性中止行政许可,在效果上接近于责令停产停业,后者是永久性终止行政许可;两者的共同之处在于,当事人的经营范围被限缩,相当于从完全民事行为能力人变为限制民事行为能力人。

本条删除原来的"暂扣或者吊销许可证、暂扣或者吊销执照"中"执照"的表述,可以理解为将"执照"并入"许可证件"。主要考虑是《行政许可法》第三十九条"许可证、执照或者其他许可证书"的规定,明确了"执照"为许可的一种类型,除了许可证、执照,还有注册、签注等其他类型的许可。同时,《行政许可法》第十二条规定,企业或者其他组织的设立等,需要确定主体资格的事项可以设定行政许可。这也表明"企业或者其他组织的设立"也可以不是行政许可。营业执照还有一个特点,就是它是市场主体的"身份证",如果营业执照被吊销了,则主体资格消灭。

但是,删除"营业执照"的表述,也可能面临实践发展的挑战。随着"放管服"改革的深入,"企业或者其他组织的设立"越来越向行政确认转变,一般企业登记都可以在 3 个工作日内完成。某些地区也在尝试将营业执照登记转为行政确认,如行政机关需要吊销"营业执照",则本条没有提供直接对应的处罚类型。

当然,本法第十二条第一款规定"地方性法规可以设定除限制人身自由、吊销营业执照以外的行政处罚",如果将来营业执照登记由行政许可改为行政确认,吊销营业执照也可以

作为单独的行政处罚种类,但在解释上需要归入本条第六项“法律、行政法规规定的其他行政处罚”。

(二)降低资质等级

公安交通、住建、卫生等领域的行政许可分为甲级、乙级等,不同级别的资质,具有不同的经营范围。如,《机动车驾驶证申领和使用规定》第九条规定:“机动车驾驶人准予驾驶的车型顺序依次分为:大型客车、牵引车、城市公交车、中型客车、大型货车、小型汽车、小型自动挡汽车、低速载货汽车、三轮汽车、残疾人专用小型自动挡载客汽车、普通三轮摩托车、普通二轮摩托车、轻便摩托车、轮式自行机械车、无轨电车和有轨电车。”

降低资质等级就是限制了当事人的经营范围,对其有重大不利影响,本法第六十三条将其纳入听证范围。《机动车驾驶证申领和使用规定》第七十八条规定:“持有大型客车、牵引车、城市公交车、中型客车、大型货车驾驶证的驾驶人有下列情形之一的,车辆管理所应当注销其最高准驾车型驾驶资格,并通知机动车驾驶人在三十日内办理降级换证业务:(一)发生交通事故造成人员死亡,承担同等以上责任,未构成犯罪的;(二)在一个记分周期内有记满12分记录的;(三)连续三个记分周期不参加审验的。机动车驾驶人在规定时间内未办理降级换证业务的,车辆管理所应当公告注销的准驾车型驾驶资格作废。机动车驾驶人办理降级换证业务后,申请增加被注销的准驾车型的,应当在本记分周期和申请前最近一个记分周期没有记满12分记录,且没有发生造成人员死亡承担同等以上责任的交通事故。”

(三)吊销许可证件

吊销行政许可适用于被许可人取得行政许可后有严重违法行为的情形。适用前提是被许可人取得行政许可后有严重违法行为。吊销行政许可证件,只能由法律、法规设定。鉴于吊销许可证件对当事人的权益影响较大,本法第六十三条将其纳入听证范围。行政机关作出吊销行政许可证件决定前,应当告知被处罚人有要求听证的权利,被处罚人要求听证的,行政机关应当组织听证。

1.能否吊销部分许可内容

在医疗领域,存在此类情况。由于部分涉案医疗机构或者其规模较大,为二、三级医疗机构,承担的日常医疗任务十分繁重;或者其承担了社区基本医疗和预防保健服务的功能。如果依据现行法规规定,实施吊销这些医疗机构“医疗机构执业许可证”的行政处罚,不仅会影响人民群众的正常就医,造成新的“看病难”;同时还可能引发其他一系列社会稳定问题。对此,卫生健康主管部门曾作出批复,根据《医疗机构管理条例》第四十七条、第四十八条的规定,对医疗机构诊疗活动超出登记范围或者使用非卫生技术人员从事医疗卫生技术工作情节严重的,卫生行政部门可以根据实际情况吊销医疗机构相关诊疗科目的执业许可。

2.当事人无醉驾时所驾驶车型的机动车驾驶证,可否吊销其所持有的其他准驾车型的机动车驾驶证。

吊销机动车驾驶证的法律后果是剥夺持证人驾驶机动车上道路行驶的资格,而非仅剥夺持证人驾驶某一准驾车型的资格。驾驶人醉酒驾车,即使无醉酒所驾车型的机动车驾驶证，也应吊销其所持有的其他准驾车型的机动车驾驶证。

3.谁是作出吊销许可证书决定的主体

基本规则是“谁盖章，谁对外负责”。实践中存在要求作出处罚的意思表示和实际作出处罚的意思表示的主体相分离的情况。如，《国家食品药品监督管理局关于吊销齐齐哈尔第二制药有限公司〈药品生产许可证〉的通知》要求：“责成你局立即依法对齐齐哈尔第二制药有限公司的违法行为予以查处，吊销其《药品生产许可证》，收回其《药品 GMP 证书》，并请你局积极配合有关部门做好相关善后工作。”

此外，有的行政主体会建议市场监管局吊销营业执照。如，证监会对无锡国泰期货经纪有限公司不予颁发《期货经纪业务许可证》，取消其从事期货经纪业务的资格，并建议国家工商行政管理局根据有关规定吊销其营业执照。

（四）撤销、注销、撤回行政许可是否是行政处罚

1.撤销原则上不是行政处罚

撤销行政许可适用于行政机关纠正违法事实行政许可的情形。适用前提是行政机关违法作出行政许可决定或者行政相对人违法取得行政许可。撤销行政许可属于行政命令，原则上不是行政处罚，撤销的行政行为，自始不发生法律效力。

《行政许可法》对撤销行政许可作了明确规定，第六十九条规定：“有下列情形之一的，作出行政许可决定的行政机关或者其上级行政机关，根据利害关系人的请求或者依据职权，可以撤销行政许可：（一）行政机关工作人员滥用职权、玩忽职守作出准予行政许可决定的；（二）超越法定职权作出准予行政许可决定的；（三）违反法定程序作出准予行政许可决定的；（四）对不具备申请资格或者不符合法定条件的申请人准予行政许可的；（五）依法可以撤销行政许可的其他情形。被许可人以欺骗、贿赂等不正当手段取得行政许可的，应当予以撤销。依照前两款的规定撤销行政许可，可能对公共利益造成重大损害的，不予撤销。依照本条第一款的规定撤销行政许可，被许可人的合法权益受到损害的，行政机关应当依法给予赔偿。依照本条第二款的规定撤销行政许可的，被许可人基于行政许可取得的利益不受保护。”单行法也规定了撤销行政许可。《娱乐场所管理条例》第四十二条规定：“违反本条例规定，以欺骗等不正当手段取得娱乐经营许可证的，由原发证机关撤销娱乐经营许可证。”

《全国人民代表大会常务委员会法制工作委员会关于公司法第一百九十八条“撤销公司登记”法律性质问题的答复意见》（法工委复〔2017〕2 号）明确：行政许可法第六章监督检查第六十九条第一款对行政机关违法履行职责而准予行政许可的撤销作了规定，第二款对被许可人以欺骗、贿赂等不正当手段取得行政许可的撤销作了规定。第七章法律责任第七十九条规定，被许可人以欺骗、贿赂等不正当手段取得行政许可的，行政机关应当依法给予行政处罚。依照行政许可法的上述规定，撤销被许可人以欺骗等不正当手段取得的行政许可，是对违法行为的纠正，不属于行政处罚。

撤销行政许可，行政机关应当作出书面决定，告知撤销行政许可的法律依据或者事实基础。因非基于当事人的原因而撤销，且损害了被许可人的合法权益的，行政机关应当依法给

予赔偿。

但是,有的撤销实际是“吊销”,是一种处罚。如,《证券法》第二百零九条规定,证券公司违反禁止接受客户的全权委托买卖证券的,情节严重的,并处撤销相关业务许可。《民办非企业单位登记管理暂行条例》第二十五条规定,民办非企业单位有违法情形之一的,由登记管理机关予以警告,责令改正,可以限期停止活动;情节严重的,予以撤销登记。本书认为,这里的撤销并不是针对行政许可过程中的不真实意思表示,而是针对违反强制性行政管理规定的制裁措施,是一种新的不利处分,实为“吊销”的行政处罚,只是在表述上表达为“撤销”。因此,包括撤销在内的行政监管措施性质的判定,应该具体情况具体分析。

2.撤回行政许可原则上不是行政处罚

撤回行政许可适用于基于公共利益的需要收回已经颁发的行政许可的情形。根据《行政许可法》第八条,行政机关不得擅自改变已经生效的行政许可。撤回的理由必须是基于公共利益需要,具体有两种情形:一是行政许可所依据的法律、法规、规章修改或者废止,二是准予行政许可所依据的客观情况发生重大变化。在这两种情形下,按照比例原则,能够变更的,原则上应首先变更,变更反而会损害当事人权益的,可以撤回行政许可。

变更或者撤回行政许可,行政机关应当作出书面决定,说明撤回行政许可的法律依据或者事实基础。变更或者撤回行政许可给当事人造成财产损失的,行政机关应当依法给予补偿。从国际投资法上来看,国际投资争端解决中心倾向于将此种撤回认定为广义的征收。

实践中,有的撤回行为,可能是吊销行政许可。如,有决定书提出,经核查,你单位注册人员数量及缴纳社会基本养老保险情况不满足工程造价咨询企业甲级资质标准要求。在责令你单位限期整改,整改期满后你单位仍未满足资质标准要求,依据《工程造价咨询企业管理办法》(建设部令第149号)第三十一条规定,决定撤回你单位的工程造价咨询企业甲级资质。如不满足许可条件是因为其在取得许可后实施违法行为,则撤回就是吊销。

3.注销不是行政处罚

注销行政许可适用于特定客观事实的出现、行政许可失效的情形。适用前提是特定客观事实的出现,与被许可人取得行政许可是否合法无关。吊销、撤销许可证或者营业执照是一个行政行为,其引发的后果是履行注销手续,且注销的原因不限于此,根据《行政许可法》第七十条,注销的原因还包括行政许可有效期届满未延续的;赋予公民特定资格的行政许可,该公民死亡或者丧失行为能力的;法人或者其他组织依法终止的;行政许可依法被撤回,因不可抗力导致行政许可事项无法实施的;等等。注销行政许可,行政机关应当说明理由,收回行政许可证件或者予以公告。

七、限制开展生产经营活动、责令停产停业、责令关闭、限制从业

以上四种处罚都是限制或禁止行为的处罚,除了责令停产停业之外,都是新增的处罚类型,原则上是责令当事人不作为。本法第六十三条将责令停产停业、责令关闭、限制从业纳入听证范围,但并没有直接将限制开展生产经营活动纳入听证范围。

(一)限制开展生产经营活动

对于不具有许可资格的,或者应当备案而没有备案的,或者不需要采取资格罚的,或者尚未从事生产经营活动的,行政机关可以限制其从事或扩大生产经营活动。限制开展生产经营活动可以表现为不得申请行政许可,也可以表现为直接限制开展生产经营的业务范围、经营区域、经营期限等,但这种限制不能达到使当事人停止停业的程度,否则就是责令停产停业了。这种行为罚是对营业权的限制,属于重大行政处罚。

单行法已经规定了该行政处罚。如,《中华人民共和国保险法》第一百三十八条规定,对偿付能力不足的保险公司,国务院保险监督管理机构应当将其列为重点监管对象,并可以根据具体情况采取限制业务范围措施、限制增设分支机构、限制商业性广告等措施。除此之外,国务院文件列举了多种限制开展生产经营活动的措施,如限制新增项目审批、核准,限制股票发行上市融资或发行债券,限制在全国股份转让系统挂牌、融资,限制发起设立或参股金融机构以及小额贷款公司、融资担保公司、创业投资公司、互联网融资平台等机构,限制从事互联网信息服务、限制参与有关公共资源交易活动,限制参与基础设施和公用事业特许经营。

(二)责令停产停业

责令停产停业指国家行政机关对违反行政管理法规的工商企业或个体经营户,依法在一定期限内剥夺其从事某项生产或经营活动的行政处罚,具有防止和扩大违法行为危害后果的效果。在名称表达上,《中华人民共和国种子法》(简称《种子法》)、《中华人民共和国安全生产法》(简称《安全生产法》)、《中华人民共和国疫苗管理法》(简称《疫苗管理法》)、《药品管理法》、《中华人民共和国教育法》等规定了“责令停产停业整顿”“责令停止建设”“责令停止施工”“责令停止招生”“责令停止办学”等。

1.责令停产停业是否有期限

责令停产停业需要明确期限,停产停业不能是永久性的,也不能是一万年,否则就是责令关闭。《娱乐场所管理条例》第四十六条规定:“娱乐场所指使、纵容从业人员侵害消费者人身权利的,应当依法承担民事责任,并由县级公安部门责令停业整顿 1 个月至 3 个月;造成严重后果的,由原发证机关吊销娱乐经营许可证。”法律规范中没有规定责令停产停业期限的,行政主体在实施责令停产停业时,应明确一定期限。

2.责令停产停业与其他处罚方式的并用

责令停产停业,一般要在决定之前或者决定的同时责令改正,并可以警告、通报批评、罚款等方式并处,但一般情节更严重的才适用吊销许可证书。

3.责令停产停业的法律后果

行政机关作出责令停产停业的决定后,当事人拒不履行的,行政机关可以申请法院强制执行,自己具有强制执行权的,可以直接强制执行。同时,该行政处罚决定也设定《刑法》上的义务。《刑法》第一百三十四条之一规定,在生产、作业中违反有关安全管理的规定,因存在重大事故隐患被依法责令停产停业、停止施工、停止使用有关设备、设施、场所或者立即采取排除危险的整改措施,而拒不执行的,具有发生重大伤亡事故或者其他严重后果的现实危险的,处一年以下有期徒刑、拘役或者管制。

4.责令停产停业期间经常性费用开支

《中华人民共和国国家赔偿法》(简称《国家赔偿法》)第三十六条第六项规定,吊销许可证和执照、责令停产停业的,赔偿停产停业期间必要的经营性费用开支。所谓“停产停业期间必要的经营性费用开支”,是指维系企业被停产停业期间生存所需的基本开支,包括职工基本工资、税金、水电费等费用。

5.责令停产停业不同于责令改正

责令停止违法行为属于责令改正。如,《图书、期刊、音像制品、电子出版物重大选题备案办法》第十四条规定:“出版单位违反本办法,未经备案出版涉及重大选题范围出版物的,由国家新闻出版署或省级出版管理部门责成其主管单位对出版单位的主要负责人员给予行政处分;停止出版、发行该出版物;违反《出版管理条例》和有关规定的,依照有关规定处罚。”这里的“停止出版、发行该出版物”即为责令停止违法行为,不属于行政处罚。但是,如果规定的是“责令停止其出版业务”则为责令停产停业的表现形式,是行政处罚。

(三)责令关闭

《水污染防治法》《中华人民共和国未成年人保护法》(简称《未成年人保护法》)、《中华人民共和国网络安全法》(简称《网络安全法》)等25件法律,《人力资源市场暂行条例》《实验动物管理条例》等16件行政法规规定了责令关闭企业、场所、职业中介机构、公共图书馆、建设项目、网站等行政处罚。

对于责令关闭的性质,原环保总局曾答复:《环境保护法》第二十九条、第三十九条规定,对造成环境污染的企业事业单位,限期治理由直接管辖的人民政府决定。对经限期治理逾期未完成治理任务的企业事业单位责令停业、关闭,由作出限期治理决定的人民政府决定。地方人民政府对逾期未完成限期治理任务的企业事业单位作出停业、关闭的行政处罚,应按照《行政处罚法》规定的有关程序执行,当事人要求听证的,人民政府应当组织听证,听证后由人民政府作出决定。另据《环境噪声污染防治法》第十七条第三款,对逾期未完成限期治理任务的小型企业事业单位实施停业、关闭处罚的,可以依法由政府授权的环保部门组织听证并作出决定。

(四)限制从业

限制从业是行政机关依法对违反行政管理秩序的当事人在时间和领域等方面实施经济和社会方面的职业限制。宋华琳认为,禁入是行政主体为实现特定行政任务,维护行政管理秩序,依据行政法律规范,令违反行政法上特定义务的特定行政相对人,在一定期限内直至终身不得从事特定业务或活动,或剥夺其某种任职资格,既是资格罚,也是声誉罚。限制从业是较重的处罚,等于宣布当事人在经济或者社会领域上休克或者死亡,因此本法第六十三条将其纳入听证范围。

从时间方面限制的,当事人在此期限可能变为“无专业行为能力”。《食品安全法》、《药品管理法》、《中华人民共和国环境影响评价法》(简称《环境影响评价法》)、《网络安全法》等规定了终身禁入。《证券法》《中华人民共和国电子签名法》(简称《电子签名法》)、《中华人民共和国金融违法行为处罚办法》(简称《金融违法行为处罚办法》)等规定了一定期限内禁入。

从领域方面限制的,当事人的专业能力由宽到窄。如,《保险法》第一百六十一条规定:“保险公司有本法第一百一十六条规定行为之一的,由保险监督管理机构责令改正,处五万元以上三十万元以下的罚款;情节严重的,限制其业务范围、责令停止接受新业务或者吊销业务许可证。”

八、行政拘留

行政拘留是公安机关对违反治安管理法律法规的公民,在短期内限制其人身自由的一种处罚措施,也是治安管理处罚措施中最严厉的一种。该行为属于人身自由罚,对应的民事权利是人身自由权。本法第六十三条将“其他较重的行政处罚”纳入听证范围,行政拘留似属于“其他较重的行政处罚”。本法没有对行政拘留等限制人身自由的行政处罚规定最长限制时间。

1.人身自由权

人身自由权是重要的人格权类型。《民法典》多个条款对其作出了规定。第一百零九条规定:“自然人的人身自由、人格尊严受法律保护。”第九百九十条规定:“人格权是民事主体享有的生命权、身体权、健康权、姓名权、名称权、肖像权、名誉权、荣誉权、隐私权等权利。除前款规定的人格权外,自然人享有基于人身自由、人格尊严产生的其他人格权益。”第一千零一十一条规定:“以非法拘禁等方式剥夺、限制他人的行动自由,或者非法搜查他人身体的,受害人有权依法请求行为人承担民事责任。”第一千一百七十七条第一款规定:“合法权益受到侵害,情况紧迫且不能及时获得国家机关保护,不立即采取措施将使其合法权益受到难以弥补的损害的,受害人可以在保护自己合法权益的必要范围内采取扣留侵权人的财物等合理措施;但是,应当立即请求有关国家机关处理。”从比较法来看,不少国家同时规定了“扣留侵权人的财物”和“限制他人人身自由”的合理措施,这里的“等”在解释上可以包括后者,当然也可以包括限制生产经营活动等,但立法对此采取了审慎的态度,没有直接讲“限制他人人身自由”,背后的意图恐怕是避免自助行为滥用,造成较多侵害他人合理权益的情况。

2.行政拘留的实施机关有哪些

一是公安机关拥有行政拘留的行政处罚权。根据《治安管理处罚法》第十条等,公安机关拥有行政拘留的行政处罚权。本法第十八条也确认了公安机关行使限制人身自由的处罚权。

二是安全机关、海警机关拥有行政拘留的行政处罚权。《中华人民共和国反间谍法》(简称《反间谍法》)第三十一条规定:“泄露有关反间谍工作的国家秘密的,由国家安全机关处十五日以下行政拘留;构成犯罪的,依法追究刑事责任。”《中华人民共和国海警法》(简称

《海警法》)第二十三条第一款规定:"海警机构对违反海上治安、海关、海洋资源开发利用、海洋生态环境保护、海洋渔业管理等法律、法规、规章的组织和个人,依法实施包括限制人身自由在内的行政处罚、行政强制或者法律、法规规定的其他措施。"

三是其他行政机关的行政拘留移送权。《环境保护法》《食品安全法》《药品管理法》等法律规定了非治安类案件的行政拘留移送权。如,《食品安全法实施条例》第七十七条规定:"县级以上地方人民政府食品安全监督管理等部门对有食品安全法第一百二十三条规定的违法情形且情节严重,可能需要行政拘留的,应当及时将案件及有关材料移送同级公安机关。公安机关认为需要补充材料的,食品安全监督管理等部门应当及时提供。公安机关经审查认为不符合行政拘留条件的,应当及时将案件及有关材料退回移送的食品安全监督管理等部门。"这实际上增加了其他行政机关给予行政拘留的建议权,与此前立法模式大有不同,此前的立法一般由公安机关统一行使行政拘留的处罚权,如,根据《种子法》第八十八条,构成违反治安管理行为的,由公安机关依法给予治安管理处罚。

3.限制人身自由的其他行政处罚

行政拘留只是限制人身自由的一种行政处罚形式,除此之外还有其他处罚类型。如,住宅禁足,《奥地利行政罚法》第十三条规定:"被判处住宅禁足者,应宣誓保证勿离开其住宅,违反誓言时应就其禁足期间执行拘留。"下面重点讨论驱逐出境、禁止出入境、限期离境。作者认为,驱逐出境、禁止出入境、限期离境是对人身自由权的限制,与拒绝签证等有所不同,原则上可以构成行政处罚。

《治安管理处罚法》第十条规定了治安管理处罚的种类,其第二款明确,对违反治安管理的外国人,可以附加适用限期出境或者驱逐出境。《出境入境管理法》第八十一条规定:"外国人从事与停留居留事由不相符的活动,或者有其他违反中国法律、法规规定,不适宜在中国境内继续停留居留情形的,可以处限期出境。外国人违反本法规定,情节严重,尚不构成犯罪的,公安部可以处驱逐出境。公安部的处罚决定为最终决定。被驱逐出境的外国人,自被驱逐出境之日起十年内不准入境。"

当然,限制出境可以构成行政强制措施。根据《行政强制法》第九条,限制人身自由可以是行政强制措施。《证券法》第一百四十四条规定,在证券公司被责令停业整顿、被依法指定托管、接管或者清算期间,或者出现重大风险时,经国务院证券监督管理机构批准,可以对该证券公司直接负责的董事、监事、高级管理人员和其他直接责任人员通知出境入境管理机关依法阻止其出境。据此,该条款规定的阻止出境服务于"责令停业整顿、被依法指定托管、接管或者清算",具有依附性、暂时性等行政强制措施的特点,不应被认为是行政处罚。

责令立即离开擅自进入限制外国人进入的区域,是否是行政处罚?外国人进入原本禁止进入的区域,对其而言,是获取了非法利益,因此要求其"立即离开",并没有对其合法权益构成损害,反而是责令恢复原状的一种表现形式。

九、法律、行政法规规定的其他行政处罚

本法在行政处罚类型设定上仍然采取严格的统一多层次立法思路，地方立法机关无权创设新型行政处罚种类，即使是地方事权也不行，体现了中央保留的特点。

（一）什么是法律、行政法规

1.名称中包含“条例”的，是否都是法规

从我国立法实践来看，尚无法从法律规范名称直接推断出法律规范的类型。我国台湾地区“中央法规标准法”第三条规定：各机关发布之命令，得依其性质，称规程、规则、细则、办法、纲要、标准或准则。如果能从名称上区分法律、行政法规、地方性法规、规章，则无疑益处多多。这方面可借鉴符号学理论。

一是“条例”可以是法律。据统计，现行法中，以“条例”命名的法律还有近10件，这些法律的制定时间都比较早，如，《中华人民共和国学位条例》，1980年2月12日通过，2004年修正。再如，《中华人民共和国户口登记条例》是1958年全国人民代表大会常务委员会通过的。

二是行政法规可以不是“条例”。《行政法规制定程序条例》第五条规定：“行政法规的名称一般称‘条例’，也可以称‘规定’、‘办法’等。国务院根据全国人民代表大会及其常务委员会的授权决定制定的行政法规，称‘暂行条例’或者‘暂行规定’。国务院各部门和地方人民政府制定的规章不得称‘条例’。”

三是“条例”还可以是自治条例、单行条例。

2.经国务院批准、部门发布的法律规范是否是行政法规

这取决于该法律规范的发布时间，以《立法法》生效为截止点。《立法法》生效之前，国务院批准、部门发布的法律规范，为行政法规。《国务院办公厅关于开展现行行政法规清理工作的通知》（国办发〔2000〕5号）明确这类行政法规有《外商投资产业指导目录》（1997年12月29日国务院批准，1997年12月31日国家计划委员会、国家经济贸易委员会、对外贸易经济合作部修订发布），《国务院关于企业财务检查中处理财务问题的若干规定》（财政部制定，1982年5月3日国务院批转）等。

此外，国务院与中央军委联合发布的法律规范，也被认定为行政法规，如《武器装备质量管理条例》（2010年9月30日中华人民共和国国务院、中华人民共和国中央军事委员会令第582号公布）。

（二）“不得申请行政许可”是否是行政处罚

不得申请行政许可，是指在行政许可撤销或者吊销后一定期限内不得申请行政许可的行政处罚。《行政许可法》等12件法律、《工业产品生产许可证管理条例》等17件行政法规、《黑龙江省公共安全技术防范条例》等53件地方性法规规定了“不得申请行政许可”。《最高人民法院印发〈关于行政案件案由的暂行规定〉的通知》明确“不得申请行政许可”为行政处罚。作者认为，这种措施客观上构成对行为人从事一定行为的限制，是一种新的不利处分，原则上属于“限制从业”的行政处罚。

1.针对申请行政许可过程违法行为的处罚

作者认为,《行政许可法》概括性地设定了“不得申请该行政许可”的行政处罚,其他规章、规范性文件可以细化规定。《行政许可法》针对欺骗、贿赂、隐瞒等情形取得行政许可的,设定了不得申请该行政许可的行政处罚。《行政许可法》第七十八条规定:“行政许可申请人隐瞒有关情况或者提供虚假材料申请行政许可的,行政机关不予受理或者不予行政许可,并给予警告;行政许可申请属于直接关系公共安全、人身健康、生命财产安全事项的,申请人在一年内不得再次申请该行政许可。”第七十九条规定:“被许可人以欺骗、贿赂等不正当手段取得行政许可的,行政机关应当依法给予行政处罚;取得的行政许可属于直接关系公共安全、人身健康、生命财产安全事项的,申请人在三年内不得再次申请该行政许可;构成犯罪的,依法追究刑事责任。”

行政给付领域也有类似情况。如,根据《城市居民最低生活保障条例》第十四条,享受城市居民最低生活保障待遇的城市居民采取虚报、隐瞒、伪造等手段,骗取享受城市居民最低生活保障待遇的,由县级人民政府民政部门给予批评教育或者警告,追回其冒领的城市居民最低生活保障款物;情节恶劣的,处冒领金额一倍以上三倍以下的罚款。本条没有规定不得在一定期限内申请行政给付,根据《行政处罚法》的规定,下位法不得设定该行政处罚。

2.针对基于行政违法行为被吊销行政许可的处罚

对于因行政违法行为而被吊销行政许可证件的,有的法律规范规定了不得申请行政许可的处罚。如,《工业产品生产许可证管理条例》第五十五条规定:“企业被吊销生产许可证的,在3年内不得再次申请同一列入目录产品的生产许可证。”

3.不得申请行政许可不同于申请行政许可的负面条件

行政许可条件可以分为正面条件和负面条件。有的负面条件是事实认定,是针对不特定相对人的,是“标准款”,不是行政处罚,如《律师法》第七条规定,无民事行为能力或者限制民事行为能力,不予颁发律师执业证书;《公司法》第一百四十六条规定,个人所负数额较大的债务到期未清偿,不得担任公司的董事、监事、高级管理人员。而不得申请行政许可是针对特定当事人的,是对其特别的权利义务限制,是“定制款”,可以构成资格罚。

(三)取缔是否是行政处罚

1.取缔的性质

《现代汉语词典》对“取缔”的解释是:明令取消或禁止。据统计,自1949年以来,我国规定“取缔”的法律、法规、规章、规范性文件有2万余件,内容涉及各个领域。不少单行法规定了取缔,如《娱乐场所管理条例》第四十一条规定:“违反本条例规定,擅自从事娱乐场所经营活动的,由文化主管部门依法予以取缔;公安部门在查处治安、刑事案件时,发现擅自从事娱乐场所经营活动的,应当依法予以取缔。”

取缔是否是行政处罚,有不同观点,作者认为,取缔可能构成行政处罚,也可能构成行政强制,但不同的法律规定不同,因此要具体情况具体分析。取缔可以是行政处罚,当当事人不履行取缔决定时,行政机关有权依法强制取缔,这时的取缔又具有行政强制执行的性质。

根据《行政强制法》第二条,行政强制措施是实施暂时性控制的行为。由于取缔不具有暂时性的特点,取缔并不是行政强制措施。同时,行政强制执行具有终局性,适用的前提是行政相对人不履行行政决定,不能在没有行政决定的情况下直接适用,而强制取缔是有先行行政决定,因此其符合行政强制的基本特征。

2.取缔包括哪些行政处罚类型

取缔的目的是明令取消或禁止,从法条表述来看,其对象是活动和主体。从处罚类型来看,资格罚、行为罚、财产罚、名誉罚都可以是取缔。

一是取缔可以是吊销证照等资格罚。如,《传销管理办法》第三十条第一项中规定的"取缔",包括吊销营业执照。在执法中,应区别具体情况实施行政处罚,对情节轻微的,可制止其违法行为;对情节严重的,可吊销其营业执照。

二是取缔可以是责令停产停业、责令关闭等行为罚。如,《非法金融机构和非法金融业务活动取缔办法》(已失效)第十二条规定:"对非法金融机构和非法金融业务活动,经中国人民银行调查认定后,作出取缔决定,宣布该金融机构和金融业务活动为非法,责令停止一切业务活动,并予公告。"

三是取缔可以是没收非法财物、没收违法所得等财产罚。如果行政机关仅作出依法取缔的决定,而不没收非法财物,当事人仍然可以进行非法活动。没收非法财物实际是取缔了非法组织。如,《海关法》第八十八条规定:"未经海关注册登记从事报关业务的,由海关予以取缔,没收违法所得,可以并处罚款。"

四是取缔可以是通报批评等名誉罚。如,《公安机关办理行政案件程序规定》第二百三十五条规定:"作出取缔决定的,可以采取在经营场所张贴公告等方式予以公告,责令被取缔者立即停止经营活动;有违法所得的,依法予以没收或者追缴。拒不停止经营活动的,公安机关可以依法没收或者收缴其专门用于从事非法经营活动的工具、设备。已经取得营业执照的,公安机关应当通知工商行政管理部门依法撤销其营业执照。"

3.完善取缔立法的建议

考虑到取缔立法含义的模糊性,将来的立法有必要结合《行政处罚法》《行政强制法》等规定进一步明确其性质,能以责令关闭、吊销许可证件等方式明确的,原则上不再单独使用取缔,确需使用的,可以考虑在法律条文、立法说明或者备案报告中明确其性质;已经采取该表述的,通过答复、案例指导等方式明确其含义和法律适用,以减少基层行政执法人员的困惑,增强法律适用的确定性。

(四)收缴是否是行政处罚

收缴原则上不属于行政处罚,是行政机关对违法行为依法不予行政处罚的情形下采取的处置措施。收缴不以责任能力、责任条件为条件。

1. 收缴的具体适用条件

收缴是一种行政命令,具体适用条件包括:一是适用对象是行为人的行为违法,如违法携带违禁书刊入境;二是适用前提是行政机关依法不予行政处罚,如行为人不具有责任能力;三是性质具有处分性,不是行政强制措施;四是具有独立性,不存在现行行政决定,不是行政强制执行;五是不产生补偿的法律后果,不是行政征收。

2.规定收缴的法律法规较多

《出境入境管理法》第七十七条第一款规定:"外国人未经批准,擅自进入限制外国人进入的区域,责令立即离开;情节严重的,处五日以上十日以下拘留。对外国人非法获取的文字记录、音像资料、电子数据和其他物品,予以收缴或者销毁,所用工具予以收缴。"《反恐怖主义法》第二十八条第二款规定:"公安机关发现极端主义活动的,应当责令立即停止,将有关人员强行带离现场并登记身份信息,对有关物品、资料予以收缴,对非法活动场所予以查封。"《动物防疫法》第七十六条第一款第三项规定,县级以上地方人民政府农业农村主管部门执行监督检查任务,可以对依法应当检疫而未经检疫的动物和动物产品,具备补检条件的实施补检,不具备补检条件的予以收缴销毁。《治安管理处罚法》第十一条第一款、《道路交通安全法》第九十六条和第九十七条、《公安机关办理行政案件程序规定》第一百八十六条等,也规定了收缴。当然,有的收缴是行政处罚。如,《税收征收管理法》第七十二条规定:"从事生产、经营的纳税人、扣缴义务人有本法规定的税收违法行为,拒不接受税务机关处理的,税务机关可以收缴其发票或者停止向其发售发票。"

(五)本次修订没有规定也没有排除劳务罚

劳务罚是指对违法者科处公益性劳动,以教育和惩罚违法者。在 1996 年《行政处罚法》制定时,马怀德曾建议增加劳役罚内容,通过恢复原状等劳役措施教育违法人。考虑到虽然劳务罚具有教育违法者的积极意义,但限定了公民一定的人身自由,强迫公民履行一定的义务,对其性质有不同看法,因此未规定劳务罚。从效果来看,劳务罚具有明显的人身属性,不可替代,能补充财产罚等的不足,本次修订虽然没有增加劳务罚,但是也没有禁止劳务罚,未来可以在单行法中探索规定。

(六)训诫是否是行政处罚

训诫在我国多部法律法规中都有规定,在行政领域的实施主体主要是公安机关。从《治安管理处罚法》《公安机关办理行政案件程序规定》等来看,训诫并不是行政处罚,可以将其认定为行政机关履行教育义务的具体形式。但也有学者认为,训诫本质上是一种书面形式的警告,应当认定为一种行政处罚的种类,属于声誉罚或者精神罚。与此同时,训诫在刑事领域应用颇多,行使主体是公安机关、法院、检察院、司法局。《未成年人保护法》第一百一十八条第二款 公安机关接到报告或者公安机关、人民检察院、人民法院在办理案件过程中发现未成年人的父母或者其他监护人存在上述情形的,应当予以训诫,并可以责令其接受家庭教育指导。

《中华人民共和国社区矫正法》(简称《社区矫正法》)第二十八条第一款　社区矫正机构根据社区矫正对象的表现,依照有关规定对其实施考核奖惩。社区矫正对象认罪悔罪、遵守法律法规、服从监督管理、接受教育表现突出的,应当给予表扬。社区矫正对象违反法律法规或者监督管理规定的,应当视情节依法给予训诫、警告、提请公安机关予以治安管理处罚,或者依法提请撤销缓刑、撤销假释、对暂予监外执行的收监执行。

《刑法》第三十七条 对于犯罪情节轻微不需要判处刑罚的,可以免予刑事处罚,但是可以根据案件的不同情况,予以训诫或者责令具结悔过、赔礼道歉、赔偿损失,或者由主管部门予以行政处罚或者行政处分。

《中华人民共和国反家庭暴力法》(简称《反家庭暴力法》)第三十四条 被申请人违反人身安全保护令,构成犯罪的,依法追究刑事责任;尚不构成犯罪的,人民法院应当给予训诫,可以根据情节轻重处以一千元以下罚款、十五日以下拘留。

《刑事诉讼法》第一百九十三条 经人民法院通知,证人没有正当理由不出庭作证的,人民法院可以强制其到庭,但是被告人的配偶、父母、子女除外。证人没有正当理由拒绝出庭或者出庭后拒绝作证的,予以训诫,情节严重的,经院长批准,处以十日以下的拘留。被处罚人对拘留决定不服的,可以向上一级人民法院申请复议。复议期间不停止执行。

在诉讼程序中的训诫,实施主体是法院,性质是诉讼保障手段。如,《民事诉讼法》第一百一十条第二款规定:“人民法院对违反法庭规则的人,可以予以训诫,责令退出法庭或者予以罚款、拘留。”

(七)收回土地使用权是否是行政处罚

收回土地使用权是人民政府及其土地管理部门一项重要的行政行为,主要采取行政处理决定和行政处罚决定两种方式进行,二者的核心区别在于是否是对行政违法行为的惩戒。

“一是依照原《土地管理法》第十九条的规定,对用地单位已经撤销或者迁移的;未经原批准机关同意,连续二年未使用的;不按批准的用途使用的;公路、铁路、机场、矿场等经核准报废的,土地管理部门报县级以上人民政府批准,依法收回用地单位的国有划拨土地使用权,属于行政处理决定。人民政府依照该法第十九条的规定收回国有划拨土地使用权,其批准权限应与征用土地的批准权限相同。

“二是依照原《土地管理法》第三十三条的规定临时使用土地,期满不归还的,或者依照该法第十九条的规定土地使用权被收回,拒不交出土地的,土地管理部门责令交还土地,并处罚款的行为,属于行政处罚决定。

“三是依照原《城市房地产管理法》第十九条和原《城镇国有土地使用权出让和转让暂行条例》第四十二条的规定,在特殊情况下,根据社会公共利益的需要,人民政府或者土地管理部门依照法律程序提前收回出让的国有土地使用权,属于行政处理决定。

“四是依照原《城市房地产管理法》第二十一条第二款和原《城镇国有土地使用权出让和转让暂行条例》第四十条的规定,土地使用权出让合同约定的使用年限届满,土地使用者未申请续期或者虽申请续期依照法律有关规定未获批准的,由人民政府或者土地管理部门依法无偿收回出让的国有土地使用权,属于行政处理决定。

“五是依照原《城市房地产管理法》第二十五条的规定,超过出让合同约定的动工开发日期满二年未动工开发的,人民政府或者土地管理部门依法无偿收回出让的国有土地使用权,属于行政处罚决定。

“六是依照原《城镇国有土地使用权出让和转让暂行条例》第十七条的规定，土地使用者未按出让合同规定的期限和条件开发、利用土地的，市、县人民政府土地管理部门无偿收回出让的国有土地使用权，属于行政处罚决定。

“七是依照原《城镇国有土地使用权出让和转让暂行条例》第四十七条第一款的规定，因迁移、解散、撤销、矿产或者其他原则而停止使用土地，需要依法收回国有划拨土地使用权的，属于行政处理决定。依照该条例第四十七条第二款的规定，根据城市建设发展需要和城市规划的要求，市、县人民政府无偿收回国有划拨土地使用权的，也应属于行政处理决定。

“八是依照原《基本农田保护条例》第二十一条的规定，已办理审批手续的开发区和其他非农业建设占用的基本农田保护区内的耕地，未经原批准机关同意，连续二年未使用的，由县级人民政府土地管理部门报本级人民政府批准，收回用地单位土地使用权的，属于行政处理决定。

“九是依照原《土地复垦规定》第十七条的规定，根据规划设计企业不需要使用的土地或者未经当地土地管理部门同意，复垦后连续二年以上不使用的土地，因当地县级以上人民政府统筹安排则需要收回土地使用权，人民政府或者土地管理部门收回土地使用权的，属于行政处理决定。”

（八）责令赔偿、责令恢复原状是否是行政处罚

责令赔偿、责令恢复原状不是行政处罚，主要是因为排除妨碍、损害赔偿并没有增加违法行为人“新”的不利义务，而只是要求其恢复原状到违法行为没有发生的状态，不具有制裁性，不是行政处罚。

（九）责令停止违法行为是否是行政处罚

责令停止违法行为在很多法律法规中都有规定。如，《烟花爆竹安全管理条例》第三十八条第一款规定：“从事烟花爆竹批发的企业向从事烟花爆竹零售的经营者供应非法生产、经营的烟花爆竹，或者供应按照国家标准规定应由专业燃放人员燃放的烟花爆竹的，由安全生产监督管理部门责令停止违法行为，处二万元以上十万元以下的罚款，并没收非法经营的物品及违法所得；情节严重的，吊销烟花爆竹经营许可证。”

作者认为，责令停止违法行为属于预防性不利处分，不具有制裁性，是责令改正的一种表现形式。一是责令停止违法行为并不是对行为人新的不利处分，只是要求其停止侵害，不具有制裁性。二是从相对人的角度来看，前者科加的义务更低些，只要行为人不作为即可，后者还需要行为人实施积极的消除损害后果的行为。三是后者实施的前提是能够认定行为人有违法行为，其实施后果也当然涵盖了前者；但是前者的实施后果，并不必然包括后者。四是前者并不一定与行政处罚并用，如《自然灾害救助条例》第三十一条规定：“抢夺或者聚众哄抢自然灾害救助款物或者捐赠款物的，由县级以上人民政府应急管理部门责令停止违法行为；构成违反治安管理行为的，由公安机关依法给予治安管理处罚；构成犯罪的，依法追究刑事责任。”

责令停止违法行为与责令停产停业的关系。一是后者的适用范围主要是经济领域，前

者的适用范围既可以是经济领域,也可以是社会领域。二是后者对行为人的影响更大,前者只是要求行为人停止某一行为,这一行为一般涉及其经营范围的一部分。三是前者是行政命令,后者是行政处罚。需要注意的是,责令停止违法行为不同于责令停止行为,责令停止行为可能增加当事人的额外负担,有可能构成责令停产停业等行政处罚。

(十)行政接管是否是行政处罚

行政接管是指行政机关的接收和管理,一般指行政主体为了维护社会公共利益,在具备法定情形时对某一特定的对象采取的强制性接收和管理行为。但立法对行政接管性质的界定较为模糊。《证券法》第一百四十三条规定:"证券公司违法经营或者出现重大风险,严重危害证券市场秩序、损害投资者利益的,国务院证券监督管理机构可以对该证券公司采取责令停业整顿、指定其他机构托管、接管或者撤销等监管措施。"

应松年认为,行政接管不是行政处罚。行政接管具有行政性、有限强制性、非处分性和临时性。行政性是行政接管的首要性质,"高权强制"的特征使其与民事接管相区别。有限强制性决定了其与行政强制措施强制针对对象和客体的差异。非处分性决定了其不产生所有权转移的法律效果,异于行政征收、行政没收。临时性是有限强制性的必要延伸,使得行政接管异于行政强制执行。

(十一)列入黑名单是否是行政处罚

黑名单最初来源于地中海商业贸易活动,是商人之间的一种信用评价。行政机关实施的列入黑名单,会造成行政相对人的社会信用评价降低,具有行政性、制裁性、处分性等特点,应该被作为行政处罚。具体需要注意以下几点:

一是实施主体必须是有权行政机关。法院根据有关司法解释开展的信用惩戒不是行政处罚。企业自行实施的列入黑名单,也不是行政处罚。

二是列入黑名单不等于信用惩戒。信用监管是新型监管方式,但并不是所有的信用监管措施都是行政处罚。如,《药品管理法》第一百零五条规定,对有不良信用记录的,增加监督检查频次,并可以按照国家规定实施联合惩戒。这里的增加检查频次、联合惩戒,也属于信用惩戒的范畴,并不是行政处罚。按照对失信人的约束程度,失信惩戒措施可以分为惩罚类措施、禁止类措施、限制类措施、加强监管类措施、公示类措施、参考类措施等,其中,加强监管类措施、公示类措施、参考类措施原则上不属于行政处罚。失信惩戒措施的实施主体为市场主体、行业协会、社会团体等时,不宜认定为行政处罚。

三是失信联合惩戒必须有法定依据。联合惩戒是一个违法行为产生多个法律后果,因此,联合惩戒必须在扩张法律后果时遵循《行政处罚法》关于处罚类型的设定权限,规范性文件不能作为联合惩戒的设定依据,否则,既违反《立法法》《行政处罚法》等法律规定,也违背处罚法定原则、不当联结禁止原则。

2020年12月,国务院强调进一步完善失信约束制度,要把握好以下重要原则:一是严格依法依规,失信行为记录、严重失信主体名单认定和失信惩戒等事关个人、企业等各类主体切身利益,必须严格在法治轨道内运行。二是准确界定范围,准确界定信用信息和严重失信主体名单认定范围,合理把握失信惩戒措施,坚决防止不当使用甚至滥用。三是确保过惩相当,按照失信行为发生的领域、情节轻重、影响程度等,严格依法分别实施不同类型、不同力度的惩戒措施,切实保护信用主体合法权益。四是借鉴国际经验,既立足我国国情,又充分参考国际惯例,在社会关注度高、认识尚不统一的领域慎重推进信用体系建设,推动相关措施与国际接轨。此外,还要严格履行严重失信主体名单认定程序。行政机关在作出认定严重失信主体名单决定前,应当告知当事人作出决定的事由、依据和当事人依法享有的权利;当事人提出异议的,应当予以核实并在规定时限内反馈结果。将市场主体列入严重失信主体名单,应当由认定部门依托相应的行政决定文书,载明事由、依据、失信惩戒措施提示、移出条件和程序以及救济措施等,必要时也可由认定部门单独制作认定严重失信主体名单的决定文书。

(十二)公布姓名或者名称、公布肖像是否是行政处罚

行政机关因当事人的行政违法行为而公布姓名或者名称、公布肖像会对当事人的名誉产生不利影响,造成其社会评价降低,应为名誉罚的一种表现形式。我国台湾地区“行政罚法”第二条规定,公布姓名或名称、公布照片或其他相类似之处分,影响名誉之处分。因此,行政机关因当事人的行政违法行为而公布姓名或者名称、公布肖像,必须按照本法规定的程序作出,保障当事人的陈述申辩等权利。

(十三)开除学籍是否是行政处罚

《教育法》第二十二条规定:“国家实行学业证书制度。经国家批准设立或者认可的学校及其他教育机构按照国家有关规定,颁发学历证书或者其他学业证书。”但是,学校在学籍、学位、学历等“三学”方面是否是法律法规授权的主体,开除学籍是否是行政处罚,还存在一定争议。

教育法律一般将其认定为纪律处分。《教育法》第二十八条规定,学校及其他教育机构对受教育者进行学籍管理,实施奖励或者处分。《高等教育法》第四十一条规定,高等学校的校长全面负责本学校的教学、科学研究和其他行政管理工作,行使对学生进行学籍管理并实施奖励或者处分等职权。教育部的规章没有将其作为行政处罚。《普通高等学校学生管理规定》第五十一条将开除学籍作为纪律处分,并明确了适用纪律处分的情形,第五十二条还列举了适用纪律处分的具体情形。

司法实践将开除学籍比照行政处罚的规定予以保护,最高人民法院指导案例明确了若干规则。一是具有学位授予权的高等学校,有权对学位申请人提出的学位授予申请进行审查并决定是否授予其学位。二是申请人对高等学校不授予其学位的决定不服提起行政诉讼的,人民法院应当依法受理。三是高等学校对受教育者因违反校规、校纪而拒绝颁发学历证书、学位证书,受教育者不服的,可以依法提起行政诉讼。高等学校依据违背国家法律、行政法规或规章的校规、校纪,对受教育者作出退学处理等决定的,人民法院不予支持。四是高等学校对因违反校规、校纪的受教育者作出影响其基本权利的决定时,应当允许其申辩并在决定作出后及时送达,否则视为违反法定程序。

甘某不服暨南大学开除学籍决定案判决书指出，在对违纪学生作出开除学籍等直接影响其受教育权的处分时，应当坚持处分与教育相结合原则，做到育人为本、罚当其责，并使违纪学生得到公平对待。违纪学生针对高等学校作出的开除学籍等严重影响其受教育权的处分决定提起诉讼的，人民法院应当予以受理。人民法院在审理此类案件时，应依据法律法规、参照规章，并可参考高等学校不违反上位法且已经正式公布的校纪校规。

37.问：非法开采的矿产品价值如何确定？如何基于数额量刑？

答：《非法采矿解释》第十三条第一款规定"非法开采的矿产品价值，根据销赃数额认定；无销赃数额，销赃数额难以查证，或者根据销赃数额认定明显不合理的，根据矿产品价格和数量认定。"第三条第一款第一项规定实施非法采矿行为，"开采的矿产品价值或者造成矿产资源破坏的价值在十万元至三十万元以上的"应当认定为《刑法》第三百四十三条第一款规定的"情节严重"。上述规定明确了实施非法采矿行为所开采的矿产品价值或造成矿产资源破坏的价值是对非法采矿行为定罪量刑的标准。对非法开采的矿产品价值的认定应当首先根据销赃数额认定，如无销赃数额，销赃数额难以查证，或根据销赃数额认定明显不合理的，则应当根据矿产品价格和数量认定非法开采的矿产品价值，从而依照《刑法》第三百四十三条第一款规定定罪量刑。

38.问：行政复议和行政诉讼期间加处罚款是否计算？

答：《行政处罚法》第七十三条第三款规定：当事人申请行政复议或者提起行政诉讼的，加处罚款的数额在行政复议或者行政诉讼期间不予计算。

39.问：延期、分期缴纳罚款的，申请法院强制执行的期限如何计算？

答：《行政处罚法》第七十二条第二款规定：行政机关批准延期、分期缴纳罚款的，申请人民法院强制执行的期限，自暂缓或者分期缴纳罚款期限结束之日起计算。

第一部分 行政执法“三项制度”概述

1.问：什么是行政执法“三项制度”？

答：行政执法公示制度、执法全过程记录制度、重大执法决定法制审核制度，统称为行政执法“三项制度”。

2.问：行政执法“三项制度”是何时提出来的？

答：推行行政执法“三项制度”是党的十八届四中全会部署的重要改革任务，全会通过的《中共中央关于全面推进依法治国若干重大问题的决定》提出：完善执法程序，建立执法全过程记录制度。严格执行重大执法决定法制审核制度。推行行政执法公示制度。中共中央、国务院印发的《法治政府建设实施纲要（2015—2020年）》提出：建立执法全过程记录制度，制定行政执法程序规范，明确具体操作流程，重点规范行政许可、行政处罚、行政强制、行政征收、行政收费、行政检查等执法行为。严格执行重大行政执法决定法制审核制度，未经法制审核或者审核未通过的，不得作出决定。推行行政执法公示制度。2016年12月30日，中央全面深化改革领导小组第三十一次会议审议通过了推行行政执法“三项制度”试点工作方案。2017年1月，国务院办公厅印发通知，在全国32个地方和部门开展试点。2018年11月14日，中央全面深化改革委员会第五次会议审议通过《关于全面推行行政执法公示制度执法全过程记录制度重大执法决定法制审核制度的指导意见》，国务院办公厅于12月5日出台国办发〔2018〕118号文件，部署全面推行行政执法“三项制度”。2019年4月15日，河南省人民政府办公厅印发《河南省全面推行行政执法公示制度执法全过程记录制度重大执法决定法制审核制度实施方案》。

3.问：全面推行行政执法“三项制度”的指导思想是什么？

答：以习近平新时代中国特色社会主义思想为指导，全面贯彻党的十九大和十九届二中、三中全会精神，着力推进行政执法透明、规范、合法、公正，不断健全执法制度、完善执法程序、创新执法方式、加强执法监督，全面提高执法效能，推动形成权责统一、权威高效的行政执法体系和职责明确、依法行政的政府治理体系，确保行政机关依法履行法定职责，切实维护人民群众的合法权益，为落实全面依法治国基本方略、推进法治政府建设奠定坚实基础。

4.问：全面推行行政执法“三项制度”的基本原则是什么？

答：一是坚持依法规范。全面履行法定职责，规范办事流程，明确岗位责任，确保法律法规规章严格实施，保障公民、法人和其他组织依法行使权利，不得违法增加办事的条件、环节等负担，防止执法不作为、乱作为。二是坚持执法为民。牢固树立以人民为中心的发展思想，贴近群众、服务群众，方便群众及时获取执法信息、便捷办理各种手续、有效监督执法活动，防止执法扰民、执法不公。三是坚持务实高效。聚焦基层执法实践需要，着力解决实际问题，注重措施的有效性和针对性，便于执法人员操作，切实提高执法效率，防止程序烦琐、不切实际。四是坚持改革创新。在确保统一、规范的基础上,鼓励、支持、指导各地区、各部门因地制宜、更新理念、大胆实践,不断探索创新工作机制,更好服务保障经济社会发展,防止因循守旧、照搬照抄。五是坚持统筹协调。统筹推进行政执法各项制度建设,加强资源整合、信息共享,做到各项制度有机衔接、高度融合,防止各行其是、重复建设。

5.问:河南省推行行政执法“三项制度”的总体要求是什么?

答:以习近平新时代中国特色社会主义思想为指导,全面贯彻党的十九大和十九届二中、三中全会精神,坚持依法规范、执法为民、务实高效、改革创新、统筹协调基本原则,着力推进行政执法透明、规范、合法、公正,不断健全执法制度、完善执法程序、创新执法方式、加强执法监督,全面提高执法效能,推动形成权责统一、权威高效的行政执法体系和职责明确、依法行政的政府治理体系,确保行政机关依法履行法定职责,切实维护人民群众合法权益,为推进全省经济社会高质量发展、让中原更加出彩提供坚实法治保障。

6.问:河南省推行行政执法“三项制度”的工作目标是什么?

答:行政执法“三项制度”在全省各级行政执法机关全面推行,实现执法信息公开透明、执法全过程留痕、执法决定合法有效,促进行政处罚、行政强制、行政检查、行政征收征用、行政许可等行为得到有效规范,行政执法能力和水平整体大幅提升,行政执法行为被纠错率明显下降,行政执法社会满意度显著提高。

7.问:行政执法“三项制度”在哪些执法领域推行?

答:目前重点在行政处罚、行政强制、行政检查、行政征收征用、行政许可等执法领域全面推行,逐步向行政确认、行政给付等其他行政执法领域拓展,实现对所有行政执法领域的全覆盖。

8.问:河南省全面推行行政执法“三项制度”有哪些制度保障?

答:《河南省行政执法条例》《河南省全面推行行政执法公示制度执法全过程记录制度重大执法决定法制审核制度实施方案》《河南省行政执法公示办法》《河南省执法全过程记录办法》《河南省重大执法决定法制审核办法》《河南省行政执法音像记录设备配备办法》。

第二部分　行政执法公示制度

9.问:什么是行政执法公示?

答:行政执法公示是指行政执法机关通过一定载体和方式,将行政执法主体、人员、职责、权限、依据、程序、结果、救济渠道、监督方式等行政执法信息,主动向社会公开的行为。

10.问:行政执法公示的原则是什么?

答:合法准确、全面及时、主动便民。

11.问:行政执法机关如何对拟公开的行政执法信息进行审查?

答:行政执法机关应当建立健全行政执法信息公开保密审查机制,明确审查的程序和责任,对拟公开的行政执法信息依照《中华人民共和国保守国家秘密法》(简称《保守国家秘密法》)、《政府信息公开条例》等法律、法规和《河南省行政执法公示办法》的有关规定进行审查。

涉及国家秘密、商业秘密、个人隐私等不宜公开的信息,依法确需公开的,要作适当处理后公开。

12.问:河南省统一的行政执法公示载体是什么?

答:县级以上人民政府司法行政部门门户网站是本级行政执法机关统一的执法信息公示平台。司法行政部门没有门户网站的,县级以上人民政府门户网站是本级行政执法机关统一的执法信息公示平台。

13.问:除在统一的执法信息公示平台公示外,行政执法信息还可以采用哪些方式公示?

答:(一)本单位网站;(二)政务新媒体;(三)办事大厅公示栏或者电子显示屏;(四)服务窗口;(五)其他方便当事人和社会公众监督的方式。

14.问:行政执法信息事前公开的主要内容是什么?

答:(一)行政执法主体清单;(二)行政执法人员信息;(三)行政执法权责清单;(四)随机抽查事项清单;(五)行政裁量标准;(六)服务指南;(七)执法流程图;(八)救济渠道;(九)监督方式;(十)行政执法机关依法委托执法的,应当公示委托执法相关信息;(十一)其他依法应当事前公开的行政执法信息。

15.问:行政执法主体资格如何确认?

答:各级人民政府应当依法确认本级行政执法机关的行政执法主体资格,编制并公开《行政执法主体清单》。

16.问:行政执法权责清单如何编制?

答:行政执法机关应当编制并公开《行政执法权责清单》,明确职权类别、职权名称、实施依据、责任事项、办理期限、收费情况等。

17.问:《随机抽查事项清单》如何编制?

答:行政执法机关应当编制并公开《随机抽查事项清单》,明确抽查事项名称、抽查依据、抽查主体、抽查对象、抽查比例、抽查频次、抽查方式、抽查内容等。

18.问:行政执法人员信息公开的事项有哪些?

答:执法人员的姓名、职务、执法证号、执法区域等信息。

19.问:行政执法机关服务指南、执法流程图如何编制?

答:行政执法机关应当编制并公开服务指南、执法流程图,明确执法事项名称、执法程序、受理机构、审批机构、受理条件、办理时限等。

20.问:行政裁量标准如何制定?

答:省级行政执法部门应当结合执法实际,制定、修订并公开本系统适用法律、法规、规章的行政裁量标准。有立法权的设区的市制定的地方性法规、规章涉及行政裁量权的,由设区的市有关行政执法部门制定、修订并公开行政裁量标准。

21.问:行政执法人员在哪些行政执法活动中必须佩戴并主动出示执法证件?

答:行政执法人员在进行监督检查、调查取证、采取强制措施和强制执行、送达执法文书等执法活动时，必须佩戴执法证件并主动出示，向当事人和相关人员表明身份，执法全程公示执法身份。

22. 问：行政执法人员在执法过程中，应当告知当事人哪些内容？

答：行政执法人员在执法过程中，应当出具行政执法文书，主动告知当事人执法事由、执法依据、权利义务等内容。

23. 问：在执法过程中，如何着执法服装、佩戴执法标识？

答：在执法过程中，国家规定统一着执法服装、佩戴执法标识的，执法时应当按照规定着装、佩戴标识。

24. 问：行政执法机关政务服务窗口应当公示哪些内容？

答：行政执法机关应当在政务服务窗口设置岗位信息公示牌，明示工作人员岗位职责、申请材料示范文本、办理进度查询、咨询服务、投诉举报等信息。

25. 问：行政执法信息事后公开的主要内容有哪些？

答：（一）行政执法决定信息；（二）"双随机、一公开"抽查结果；（三）其他依法应当事后公开的行政执法信息。

26. 问：公示的行政执法决定信息包括哪些内容？

答：公示的行政执法决定信息应当包括执法主体、执法人员、执法对象、执法类别、违法事实、法律依据、执法决定、救济途径等内容。依法应当制作行政执法决定文书的，应当全文公开行政执法决定文书。

27. 问：行政执法决定信息公开时应当隐去哪些信息？

答：（一）自然人的家庭住址、身份证号码、通信方式、银行账号、动产或者不动产权属证书编号、财产状况、健康状况等信息；（二）法人或者其他组织的银行账号、动产或者不动产权属证书编号、财产状况、商业秘密等信息；（三）其他依法应当隐去的信息。

28. 问：行政执法统计年报制度应当如何落实？

答：行政执法机关应当建立行政执法统计年报制度，每年 1 月 31 日前公开本机关上年度行政执法总体情况有关数据，并报本级人民政府司法行政部门和上级主管部门。

29. 问：行政执法统计数据信息如何运用？

答：司法行政部门和上级主管部门应当依据行政执法数据信息，对行政执法机关、执法人员履行法定职责情况，违法行为的类别、频次和集中发生的地点、时段等进行综合分析，为领导决策、执法力量配备、执法问题预警等提供重要参考。

30. 问：行政执法决定信息公布时限是如何规定的？

答：行政执法机关应当在执法决定作出之日起 20 个工作日内，向社会公布执法决定信息，接受社会监督；行政许可、行政处罚的执法决定信息应当在执法决定作出之日起 7 个工作日内公开，但法律、法规、规章另有规定的除外。

31. 问：行政执法信息公开动态调整机制是如何规定的？

答：法律、法规、规章及机构职能变化或执法人员变动的，应当在 20 个工作日内更新相关行政执法信息;已公开的行政执法决定被依法撤销、确认违法或者要求重新作出的,应当在20个工作日内撤下原行政执法决定信息;发现已公开的行政执法信息内容不准确的,应当在20个工作日内更正相关行政执法信息。

第三部分 行政执法全过程记录制度

32.问:什么是行政执法全过程记录?

答:行政执法全过程记录是指行政执法机关通过文字、音像等记录形式,对行政执法的启动、调查取证、审核决定、送达执行等全部过程进行记录,并全面系统归档保存的活动。

33.问:行政执法全过程记录的方式有哪些?

答:行政执法全过程记录的方式包括文字记录和音像记录。

34.问:行政执法全过程记录的原则是什么?

答:合法规范、客观公正、全面准确、及时可回溯。

35.问:什么是文字记录?

答:文字记录是以纸质文件或者电子文件形式对行政执法活动进行全过程记录的方式。采取文字记录方式,应当使用执法规范用语。

36.问:如何规范文字记录?

答:各级行政执法机关要规范使用行政执法文书,在司法部制定发布统一的行政执法文书基本格式标准前,按照《河南省行政执法案卷评查办法》《河南省行政许可案卷评查标准》和《河南省行政处罚案卷评查标准》,规范制作行政执法案卷,做到文字记录合法规范、客观全面、及时准确。文字记录应当使用执法规范用语。

37.问:行政执法的程序启动应当对哪些事项进行文字记录?

答:(一)依职权启动行政执法程序的,应当记录案件来源和立案等情况;(二)依申请启动行政执法程序的,应当记录申请、受理等情况;(三)其他应当记录的事项。

38.问:行政执法的调查取证应当对哪些事项进行文字记录?

答:(一)行政执法人员姓名、执法证号及出示执法证件情况;(二)询问当事人等有关人员情况;(三)现场检查(勘验)情况;(四)调取书证、物证及其他证据情况;(五)抽样取证情况;(六)检验、检测、检疫、技术鉴定情况;(七)先行登记保存证据情况;(八)实施行政强制措施情况;(九)告知当事人申请回避、陈述申辩、申请听证等权利及当事人行使上述权利情况;(十)举行听证情况;(十一)专家评审情况;(十二)其他应当记录的事项。

39.问:行政执法的审核决定应当对哪些事项进行文字记录?

答:(一)案件主要事实、法律法规规章依据、运用行政裁量标准及承办人办理意见等情况;(二)承办机构意见;(三)重大行政执法决定和其他适用一般程序的行政处罚决定的法制审核意见;(四)行政执法机关负责人意见或者集体讨论意见;(五)作出行政执法决定情况。

40. 问：行政执法的送达执行应当对哪些事项进行文字记录？

答：（一）行政执法文书送达情况；（二）当事人改正违法行为情况；（三）履行行政执法决定情况；（四）实施行政强制执行情况。

41. 问：什么是音像记录？

答：音像记录是指通过照相机、录音机、摄像机、执法记录仪、视频监控等记录设备，实时对行政执法过程进行记录的方式。

42. 问：什么是音像记录设备？

答：音像记录设备是指行政执法机关及其执法人员，在行政执法中进行音像记录所使用的照相机、录音机、摄像机、执法记录仪、手持执法终端、视频监控等记录设备和相关音像资料采集存储设备。

43. 问：行政执法音像记录管理制度应当明确哪些要求？

答：各级行政执法机关应当根据《河南省行政执法音像记录设备配备办法》和执法工作实际，制定本单位行政执法音像记录管理制度，明确执法音像记录的设备配备、使用规范、记录要素、存储应用、监督管理等要求。

44. 问：音像记录设备配备的原则是什么？

答：厉行节约、保障需要、科学配置、兼顾长远。

45. 问：执法记录仪或者手持执法终端的配备标准是如何规定的？

答：各级行政执法机关配备执法记录仪或者手持执法终端，应当符合以下配备比例要求：

一类配备标准：适用于执法人员、执法任务和音像记录执法环节多的行政执法机关，原则上不少于 3 名执法人员 1 台；

二类配备标准：适用于执法人员、执法任务和音像记录执法环节较多的行政执法机关，原则上不少于 5 名执法人员 1 台；

三类配备标准：适用于执法人员、执法任务和音像记录执法环节较少的行政执法机关，根据执法需要合理确定配备数量。

照相机、录音机、摄像机、视频监控等其他音像记录设备配备标准根据执法实际需要合理确定。

46. 问：行政执法机关配备的执法记录仪或者手持执法终端的技术性能要求是什么？

答：（一）性能稳定，电池容量及存储内存较大，能够较长时间持续录音录像；（二）具备高清分辨率及较高像素，能够清晰、准确记录执法过程；（三）具备一定的防水、防尘、防摔功能，能够满足户外条件使用；（四）具备数据防篡改功能，保证音像记录资料真实准确。

有特殊执法需要的，应当具备防爆、红外夜视、卫星定位、数据无线实时上传、数据加密等其他功能。

47. 问：是否所有行政执法行为及其执法流程的各个环节都需要进行音像记录？

答：不是。文字记录与音像记录可以同时使用，也可以分别使用。对文字记录能够全面有效记录执法行为的,可以不进行音像记录,但必须进行音像记录的除外。

48.问:哪些执法活动应当进行全程音像记录?

答:行政执法机关对查封扣押财产、强制拆除等直接涉及人身自由、生命健康、重大财产权益的现场执法活动和执法办案场所,应当进行全程音像记录。

49.问:哪些执法活动应当根据实际情况进行音像记录?

答:行政执法机关对现场执法、调查取证、举行听证、留置送达和公告送达等容易引发争议的行政执法过程,应当根据实际情况进行音像记录。

50.问:音像记录过程中哪些事项需要进行语音说明?

答:音像记录过程中,行政执法人员应当使用执法行为用语对现场执法活动的时间、地点、执法人员、执法行为和音像记录的摄录重点等进行语音说明,并告知当事人及现场其他有关人员正在进行音像记录。

51.问:如何编制音像记录事项清单?

答:上级行政执法机关应当对下一级行政执法机关音像记录事项清单编制工作加强指导,明确应当进行音像记录的执法环节、记录方式以及应当进行全程音像记录的现场执法活动等。

52.问:音像记录应当重点记录的事项有哪些?

答:(一)执法现场的环境;(二)当事人等现场有关人员的体貌特征和言行举止;(三)重要涉案物品等相关证据及其主要特征;(四)对有关人员、财物采取措施的情况;(五)送达执法文书的情况;(六)其他应当记录的事项。

53.问:因特殊情况音像记录中止的应该如何处理?

答:音像记录过程中,因设备故障、损坏或者电量不足、存储空间不足、天气情况恶劣、现场有关人员阻挠等客观原因而中止记录的,重新开始记录时应当对中止原因进行语音说明;确实无法继续记录的,应当书面说明情况。

54.问:音像记录资料的管理要求是什么?

答:(一)行政执法机关应当明确专门人员负责文字和音像资料的归档、保存、管理,以及音像记录设备的存放、维护、管理。(二)文字记录和音像记录的保存期限按照相关档案管理规定执行。(三)涉及国家秘密、商业秘密和个人隐私的行政执法记录信息,应当严格按照保密规定进行保存、管理、使用。(四)禁止损毁、剪接、删改原始现场执法音视频资料。未经批准,不得擅自对外提供或者通过互联网等传播渠道发布现场执法音视频资料。(五)确有必要调阅、复制行政执法记录信息的,应当经行政执法机关负责人批准。

55.问:音像记录资料立卷归档的要求是什么?

答:行政执法机关应当在执法行为终结之日起20个工作日内,将文字记录制作成行政执法案卷,并按照档案管理规定归档、保存。音像记录作为证据使用的,应当按规定复制后附卷归档,并制作文字说明材料,注明取证人员、取证时间、取证地点等信息。

56.问:音像记录完成后如何储存?

答:行政执法人员在当天执法活动结束后,应当将音像记录按规定储存,不得自行保存。

在边远、水上、交通不便地区执法或者异地执法、连续执法，确实无法及时按规定储存的，行政执法人员应当在返回单位后24小时以内予以储存。

57.问：执法规范用语和执法行为用语指引由谁制定？

答：省级行政执法部门要研究制定本系统执法规范用语和执法行为用语指引。

第四部分　重大行政执法决定法制审核制度

58.问：什么是重大行政执法决定法制审核？

答：重大行政执法决定法制审核是指行政执法机关在作出重大行政执法决定前，必须由本机关负责法制审核工作的机构进行法制审核。未经法制审核或者审核未通过的，不得作出决定。

59.问：法制审核人员配置比例是如何规定的？

答：行政执法机关原则上法制审核人员的配置不少于本单位执法人员总数的5%，且不少于1人。

60.问：哪些行政执法决定属于重大行政执法决定，需要进行法制审核？

答：（一）涉及重大公共利益的；（二）可能造成重大社会影响或者引发社会风险的；（三）直接关系行政相对人或者第三人重大权益的；（四）经过听证程序作出行政执法决定的；（五）案件情况疑难复杂、涉及多个法律关系的；（六）其他依法应当进行法制审核的。

61.问：法制审核是重大行政执法决定作出的必经程序吗？

答：是，行政执法机关作出重大行政执法决定之前，应当进行法制审核，未经法制审核或者审核未通过的，不得作出决定。

62.问：如何编制重大行政执法决定法制审核目录清单？

答：行政执法机关应当根据重大执法决定范围，结合本机关行政执法行为的类别、执法层级、所属领域、涉案金额等因素，制定重大执法决定法制审核目录清单。

上级行政执法机关应当对下一级行政执法机关重大执法决定法制审核目录清单编制工作加强指导，明确重大执法决定事项的标准。

63.问：承办机构应当将哪些材料送交法制审核机构？

答：行政执法机关作出重大行政执法决定前，行政执法承办机构应当及时将下列材料送交法制审核机构：（一）拟作出的行政执法决定；（二）调查（审查）终结报告；（三）调查取证相关材料；（四）经过鉴定、评估等的，应当提交鉴定报告、评估报告等相关材料；（五）其他需要提交的材料。

调查（审查）终结报告包括：基本事实，适用法律、法规、规章等情况，运用行政裁量基准情况，调查取证情况，听证、评估、鉴定等情况，以及其他需要说明的情况。

64.问：法制审核机构法制审核的内容有哪些？

答：法制审核机构对拟作出的重大行政执法决定从以下几个方面进行审核：（一）行政

执法主体是否合法,行政执法人员是否具备执法资格;(二)行政执法程序是否合法;(三)案件事实是否清楚,证据是否合法充分;(四)适用法律、法规、规章是否准确,裁量基准运用是否适当;(五)是否超越法定权限;(六)行政执法文书是否规范、完备;(七)违法行为是否涉嫌犯罪、需要移送司法机关;(八)其他应当审核的内容。

65.问:法制审核机构在进行审核时,可以采取哪些措施?

答:法制审核机构在进行审核时,认为必要的,可以采取以下措施,有关单位和人员应当予以配合,不得拒绝或者阻挠:(一)查阅、复制、调取有关材料;(二)要求承办机构及其执法人员说明有关情况;(三)组织召开座谈会、专家论证会。

66.问:法制审核机构对拟作出的重大行政执法决定不予审核通过的情形有哪些?

答:法制审核机构对拟作出的重大行政执法决定进行审核后,认定有下列情形之一的,不予审核通过,提出具体审核意见并说明理由,退回承办机构:(一)行政执法主体不合法,行政执法人员不具备执法资格的;(二)违反法定程序的;(三)主要事实不清,证据不足的;(四)法律、法规、规章适用错误的;(五)裁量基准运用不当的;(六)超越法定权限的;(七)行政执法文书不规范、不完备的;(八)涉嫌犯罪需要移送司法机关的。

67.问:法制审核时限是如何规定的?

答:法制审核机构收到重大行政执法决定送审材料后,应当在5个工作日内审核完毕。案件复杂的,经行政执法机关负责人批准可以延长5个工作日。

68.问:谁是推动落实重大执法决定法制审核制度的第一责任人?

答:行政执法机关主要负责人是推动落实本机关重大执法决定法制审核制度的第一责任人,对本机关作出的行政执法决定负责。

69.问:执法承办机构在法制审核过程中的责任是什么?

答:执法承办机构对送审材料的真实性、准确性、完整性,以及执法的事实、证据、法律适用、程序的合法性负责。

70.问:法制审核机构在法制审核过程中的责任是什么?

答:法制审核机构对重大执法决定的法制审核意见负责。

71.问:承办机构对法制审核机构审核意见有异议的如何处理?

答:承办机构对法制审核机构审核意见有异议的,应当与法制审核机构协商沟通,经沟通未达成一致意见的,及时提请行政执法机关负责人集体讨论决定。

第五部分 如何推进行政执法“三项制度”

72.问:谁是推行行政执法“三项制度”的第一责任人?

答:各级政府及其部门的主要负责同志是本地、本部门全面推行“三项制度”的第一责任人。

73.问:第一责任人如何加强推行"三项制度"的组织领导?

答:全面推行"三项制度"的第一责任人,要切实加强对本地、本部门行政执法工作的领导,做好"三项制度"组织实施工作,定期听取有关工作情况汇报,及时研究解决工作中的重大问题,确保工作有方案、部署有进度、推进有标准、结果有考核。

74.问:如何加强工作协调,保障行政执法"三项制度"落实到位?

答:县级以上政府要建立司法行政、机构编制、公务员管理、信息公开、电子政务、发展改革、财政、市场监管等单位参加的全面推行"三项制度"工作协调机制,指导协调、督促检查工作推进情况,确保行政执法"三项制度"各项工作任务全面落实。

75.问:司法行政机关在全面推行行政执法"三项制度"中的任务是什么?

答:(一)指导本级行政执法"三项制度"推行工作,制定完善全面推行行政执法"三项制度"相关配套制度和工作标准。(二)推动建立行政执法"三项制度"工作协调机制,组织协调、研究解决推行工作中的重大问题。(三)督促、检查本级执法机关和下级政府行政执法"三项制度"落实情况。(四)培养推行"三项制度"的典型,做好行政执法"三项制度"宣传、培训、总结、经验推广等工作。

76.问:如何建立健全科学合理的行政执法"三项制度"体系?

答:加强和完善行政执法案例指导、行政执法裁量基准、行政执法案卷管理和评查、行政执法投诉举报以及行政执法考核监督等制度建设,积极做好相关制度衔接工作,形成统筹行政执法各个环节的制度体系。

77.问:如何对行政执法"三项制度"推进情况进行考核评价?

答:各级政府把"三项制度"推进情况纳入法治政府建设考评指标体系。省政府将推行"三项制度"列入河南省依法行政示范单位创建内容。

78.问:如何提高全面推行行政执法"三项制度"的社会知晓度和影响力?

答:各地、各部门要开展"三项制度"专题学习培训,加强业务交流。认真落实"谁执法谁普法"普法责任制的要求,通过政府网站、新闻发布会以及报刊、广播、电视、网络、新媒体等方式,宣传全面推行"三项制度"的重要意义、主要做法、典型经验和实施效果,为全面推行"三项制度"营造良好的社会氛围。

79.问:如何加强推行行政执法"三项制度"的经费保障?

答:各地、各部门要建立责任明确、管理规范、投入稳定的执法经费保障机制,保障行政执法机关依法履职所需的执法装备、经费,严禁将收费、罚没收入同部门利益直接或变相挂钩。各级行政执法机关要结合执法实际,将执法装备配备需求报本级政府列入财政预算。

第六部分　与水行政综合执法相关的公共法律知识、水法律知识

80.问:听证后作出的行政处罚达到法定听证的条件,是否需要再次告知当事人听证的权利?

答:目前,《行政处罚法》以及其他法律没有规定是否举行二次听证,实践中,根据具体

情况而定：一是如果听证后发回重新取证，办案机构根据新的事实和证据作出了新的处罚决定，并达到听证标准的，应当告知当事人有听证的权利；二是如果听证后根据原有的事实和证据作出从轻或减轻的处罚决定，并达到听证标准的，不必再告知当事人听证的权利；三是如果听证前违反了法定程序，听证会后走法定程序的，原事实和证据不变，不必再告知当事人听证的权利。

81.问：《行政处罚法》中规定的听证范围中的“等”以及法规条文中规定的“其他”等用语，是否属于不完全列举的例示性规定？

答：是。参照最高人民法院《关于审理行政案件适用法律规范问题的座谈会纪要》的规定，以“等”或“其他”等概括性用语表示的事项，均为明文列举的事项以外的事项，且其所概括的情形应为与列举事项类似的事项。

82.问：行政相对人的行为发生在新法实施前，具体行政行为作出在新法实施后，适用旧法还是新法？

答：参照最高人民法院《关于审理行政案件适用法律规范问题的座谈会纪要》的规定，行政相对人的行为发生在新法实施前，具体行政行为的作出在新法实施后的法律适用原则是：程序问题适用新法规定，实体问题适用旧法规定。但有下列情形除外：一是法定原则，即法律、法规或规章另有规定的；二是从新兼从轻原则，即适用新法对保护行政相对人的合法权益更为有利的；三是从新原则，即按照具体行政行为的性质应当适用新法的实体规定。

83.问：责令改正是否是行政处罚的种类？是否所有对当事人作出行政处罚时都应当一并责令当事人改正或者限期改正违法行为？

答：第一个问题，否。《行政处罚法》第九条未将责令改正列为行政处罚的种类，且在第二十八条将其规定为行政处罚的配套处理行为。

第二个问题，是。实施行政处罚时，如果具体的法律、法规和规章有责令改正的规定的，直接引用其规定；如没有，则引用《行政处罚法》第二十八条的规定。

84.问：“责令停产停业”的性质是什么？

答：“责令停产停业”是《行政处罚法》第九条规定的一项行政处罚种类，其内涵是指具有合法的经营资格（已取得营业执照）的当事人实施了严重的违法行为后，被行政机关处以一项较严厉的行政处罚。当事人被“责令停产停业”后，被剥夺一切经营活动，包括违法经营和合法的经营活动。因此，实施这种行政处罚之前，必须根据《行政处罚法》第六十三条的规定告知当事人有申请举行听证的权利。

85.问：如何理解《行政处罚法》中的减轻处罚、从轻处罚和不予处罚？适用时应当注意什么内容？

答：从轻处罚，是指行政机关在法定的处罚种类和处罚幅度内，对违法行为人在几种可能的处罚种类中选择较轻的处罚种类或者在一种处罚种类的法定幅度内选择较低限进行处罚；减轻处罚，是指行政机关在法定的处罚种类以下和处罚幅度的最低限以下，对违法行为人适用行政处罚；不予处罚，是指行政机关依照法律、法规的规定，因为有法定事由存在，对本应给予处罚的违法行为人免除对其适用行政处罚。适用时，应当将从轻、减轻或不予处罚的情节在处罚决定书中的事实部分表述，并将《行政处罚法》第三十二条作为处罚的法律依据。

86. 问：在调查取证过程中，当事人拒绝到场、签名，或者无法找到当事人的，如何固定笔录或者其他材料的证据效力？

答：根据《最高人民法院关于行政诉讼证据若干问题的规定》第十五条的规定，在调查取证过程中，当事人拒绝到场、签名，或者无法找到当事人的，办案人员应当在笔录或者其他材料上注明原因，有当事人的高级管理人员或员工等其他人在现场的，可由其他人签名见证。

87. 问：水利执法风险主要有几类？

答：水利执法风险主要有四类：一是人身安全风险；二是渎职犯罪风险；三是贪污受贿犯罪风险；四是利用职权实施侵犯公民人身权利、财产权利犯罪风险。

88. 问：按照《行政许可法》的规定，公司登记机关可以撤销登记，但在实践中撤销登记如何操作？

答：根据《行政许可法》第六十九条和《公司法》《公司登记管理条例》的有关规定，公司登记机关可以撤销公司登记，包括撤销设立登记和撤销变更登记两种情况，前者的法律后果是企业的经营主体资格归于消灭；后者的法律后果是恢复到变更登记以前的登记状态。在实际操作中，撤销登记的性质有三种，针对不同的性质应当适用不同的行政程序。第一种是根据《行政许可法》第六十九条第二款、《公司法》第一百一十九条及《公司登记管理条例》第六十八、六十九条之规定，因申请人采取欺骗手段等过错导致行政许可违法或不当，需要撤销的，其性质属于行政处罚，按照行政处罚的一般程序办理，且在作出撤销登记前，应当告知当事人有要求举行听证的权利；第二种是根据《行政许可法》第六十九条第一款之规定，因行政许可工作人员的过错导致许可违法或不当，需要撤销的，其性质属于执法监督中的纠错行为，应当按执法监督程序办理，且在作出撤销登记前，应当听取当事人的意见，决定撤销登记的，应当作出书面决定，并说明理由和告知当事人救济途径；第三种是根据《公司法》第二十二条规定，公司股东会或者股东大会、董事会的决议内容违反法律、行政法规，股东会或者股东大会、董事会的会议召集程序、表决方式违反法律、行政法规或者公司章程，或者决议内容违反公司章程，被人民法院宣告该决议无效或者撤销决议，而公司根据上述决议已办理变更登记的，公司向登记机关申请撤销变更登记，属于行政许可，应当适用行政许可程序。

执法实际中还要注意的是：按照《行政许可法》第八条规定的“信赖保护原则”和第六十九条第三款、第四款的规定，撤销登记应当妥善处理公共利益和被许可人利益。

89. 问：某县人民政府在行政复议时，违法撤销了县水利局的行政处罚决定书，县水利局如何行使救济权利？

答：《行政复议法》第一条明确规定其立法宗旨在于“……保护公民、法人和其他组织的合法权益，保障和监督行政机关依法行使职权……”，即行政复议就是国家建立的对行政权进行监督和对公民合法权益予以救济的机制，因此《行政复议法》未赋予行政机关的救济途径。如果被申请人有证据证明行政复议机关工作人员在行政复议活动中徇私舞弊，或者有其他渎职、失职行为的，可依据《行政复议法》第三十五条和行政执法责任追究办法的相关规定请求对复议机关有监督权的监察、人教、法制机构予以处理。

90. 问：《行政复议法实施条例》第四十条规定了“和解制度”，第五十条规定了“调解制度”，如果行政相对人和行政机关达成了和解协议，事后，行政相对人又不履行和解协议，问：(1) 行政机关在申请人民法院强制执行时，是按照原处罚决定书确定的金额，还是按和

解协议金额申请强制执行？(2)如果行政相对人按照和解协议履行了，又如何理解行政处罚决定书的法律效力(行政处罚决定书的确定力、执行力、公定力等法律效力)？是否需要再完善有关法律手续(如填写有关事项审批表等)？(3)如何理解“行政复议调解书的法律效力”？行政复议调解书何时生效？(4)和解、调解的时间是否计算在60日的行政复议决定时间内？即如果和解、调解时间过长，是否会导致复议机关无法审理复议案件？

答：如果复议申请人在复议期间与被申请人依据《行政复议法实施条例》第四十条的规定达成和解协议，并经复议机关审查同意终止行政复议后，申请人又不履行和解协议的，被申请人在申请人民法院执行原行政处罚决定时，执行的额度应以和解协议的额度为基数。理由：一是和解协议书是申请人与被申请人在平等、自愿、合法的原则下达成的协议，在申请人和被申请人之间具有法律效力，任何一方都应当执行；二是和解是行政复议的一种结案方式，如果申请人不履行，可以参照《行政复议法》第三十三条不履行行政复议决定的规定来处理，由被申请人依法强制执行，或者申请人民法院强制执行；三是和解协议只涉及原处罚决定的部分内容，不能单独作为强制执行的依据。所谓行政处罚决定书的确定力、公定力、执行力等是以处罚决定书的合法性为前提的，并不意味着行政处罚决定的不可撤销、不可变更。《行政处罚法》在规范行政机关处罚程序的同时，赋予了行政相对人的复议、诉讼权，也规定了行政机关发现行政处罚有错误的应当主动纠正。行政复议和解制度是建立在双方自愿基础上的，被申请人愿意与申请人达成和解，就说明其原行政处罚决定的自由裁量存在问题，与申请人的和解协议是对原处罚决定书的自由裁量部分内容的变更，意味着原处罚决定书中该部分不再具有法律效力。另外，行政复议和解制度规定，可以和解应当是裁量性具体行政行为，不包括羁束性具体行政行为，目的就在于维护原行政处罚决定的公信力。行政相对人履行和解协议，实施行政处罚的行政机关无须再办理其他审批手续。内部审批手续应当在达成和解协议之前即已完成。和解、调解的时间都应当计算在行政复议审理期限内，行政复议期限一般是60日，特殊情况下可以延长1个月。因此，行政复议审理期限内当事人之间达不成和解协议的，或者行政复议机关居中调解不成的，行政复议机关应当及时作出行政复议决定。

91.问：按现行行政和解制度的立法精神，水利部门下达行政处罚决定书后，行政复议前，若当事人提出减少罚款数额的和解请求，水利部门能否就罚款数额的减少与当事人达成和解协议？

答：依据《行政复议法实施条例》第四十条的规定，和解制度仅适用于行政复议阶段(复议机关受理后，作出复议决定前)，并不适用于“行政复议前”。根据《行政处罚法》第五十二条的规定，当事人在行政处罚决定书下达后行政复议前可以提出延期或者分期缴纳罚款的申请，但不能直接申请减少罚款数额。行政机关经审查发现的确处罚过重，与违法行为的事实、性质、情节、社会危害程度不相适应的，可通过执法监督程序自我纠正。

92.问：法院认为撤销行政许可会给公共利益带来损失，故法院判决未予撤销，而是确认行政许可违法，但对此水行政机关该如何操作？

答：如果法院作出的是一审判决，行政机关不服，可以在收到判决书之日起15日内向上级人民法院提起上诉；如果法院作出的是终审判决，或者虽是一审判决但行政机关认为判决正确，不需要上诉的，行政机关应当严格执行法院的生效判决。法院作出确认具体行政行为违法的判决时，责令被诉行政机关采取相应的补救措施，或者判决行政机关承担赔偿责任的,行政机关应当采取相应的补救措施或者承担赔偿责任;承担赔偿责任后,可以依法向有关责任人员追偿;即使法院只判决确认具体行政行为违法,行政机关也应当按照执法监督程序追究相关责任人员的执法责任。

93.问:水利部门在实施行政强制措施时,向当事人送达了查封、扣押通知书,后发现适用法律错误,应如何纠正?可否自行纠正错误?

答:行政强制措施是水行政机关的一种具体行政行为,属于自我监督、主动纠正的范围。水行政机关在已送达的强制措施尚未引起复议、诉讼之前,发现查封、扣押通知书存在适用法律错误的,无论行政相对人是否提出质疑,都应通过下发补正通知等方式及时依法予以纠正;水行政机关在已送达的强制措施引起复议、诉讼后才发现法律适用错误的,应当主动予以撤销。水行政机关撤销强制措施后,当事人不撤回复议申请,或者不撤诉的,复议机关或者法院则仍以原通知书所载内容为审查对象,作出确认违法的行政复议决定或者行政判决。

94.问:案件移送分别在案件调查、审核、决定阶段提到,执法实践中,究竟应在何阶段移交?能否在处罚后移送?

答:根据《行政处罚法》的规定,水行政机关一旦发现案件涉嫌犯罪的,应当立即移送司法机关,原则上不能先处罚后移送。从行政处罚和刑罚的关系看,二者都是国家强制权的行使,且行政责任通常可以被刑事责任吸收,区别仅在于针对的违法程度不同,从节约行政成本的角度讲,不应当有两个机关同时对一个违法行为展开调查。从行政调查手段和刑事侦查手段的关系看,后者能够更加及时、有效地查明案件事实,防止犯罪嫌疑人转移、隐匿、销毁证据,确保有效地追究其刑事责任。之所以在案件调查、核审、决定等阶段均提到案件移送,是考虑到有些违法行为罪与非罪的标准不太明确,而且对案件性质的判断是建立在调查取证的基础上,有一个认识的过程,其本意就是在哪个环节发现涉嫌犯罪,就应当在该环节作出移送的决定。如果水行政机关在调查、核审、决定阶段都没有发现案件涉嫌犯罪,作出行政处罚决定后又通过其他途径发现的,水行政执法机关应当依相关规定及时移送司法机关。

95.问:"负责人"是否包括分管法制工作的副局长?"主要负责人"如何理解?

答:严格地讲,这个问题属于规章解释的范畴。结合河南省的实际情况,"负责人"应当包括正职负责人和副职负责人,其中副职负责人主要是指分管行政处罚案件的局领导,也包括经行政首长授权,履行立案审批、强制措施审批或者案件审批职责的其他局领导(含分管法制的局领导)。

96.问:"留置送达",实务中能否适用该送达方式?

答:留置送达是指在向受送达人或者有资格接受送达的人送交需送达的诉讼文书、法律文书时,受送达人或者有资格接受送达的人拒绝签收,送达人依法将诉讼文书、法律文书留放在受送达人住所的送达方式。留置送达时,送达人应当邀请有关基层组织或者受送达人所在单位的代表到场作为见证人,送达人应当向见证人说明情况,在送达回证上记明受送达人拒收的事由和送达的日期,由送达人、见证人在送达回证上签名或者盖章。见证人不愿在送达回证上签名或者盖章的,由送达人在送达回证上记明情况,把诉讼文书、法律文书留在受送达人的住所,即产生送达的法律后果。

依据《行政处罚法》第六十一条的规定,水行政机关可以采用留置送达的方式送达行政处罚决定。但应该注意"留置送达"方式,原因是留置送达举证难,而直接送达、邮寄送达、公告送达更容易举证。

97.问:何为邮寄送达?如何取得邮寄送达回执?其是否类似于司法邮寄送达回证?

答:邮寄送达是指送达机关在直接送达有困难的情况下,通过邮局以挂号信等方式将需送达的法律文书邮寄受送达人的送达方式,是行政执法、民事审判通用的一种送达方式。根据最高人民法院的有关司法解释,邮寄送达应当附有送达回证。挂号信回执上注明的收件日期与送达回证上注明的收件日期不一致的,或者送达回证没有寄回的,以挂号信回执上注明的收件日期为送达日期。采用邮寄送达方式的,应当以挂号信或者特快专递送达,并且应当妥善保管挂号信回执或者国内特快专递邮件详情单。

98.问:同一个当事人违反多个法律法规的,处罚时如何引用法律法规?

答:对同一当事人违反多个法律法规的行为,应视情况分别处理。如果多个违法行为相互独立,满足各自的构成要素,对同一当事人的不同违法行为应当分别量罚,合并执行。在处罚决定书中,应当先写明其主要的违法行为、处罚依据及应给予的行政处罚,再写明其他次要的违法行为及相关事项。如果多个违法行为之间具有关联性或者因果关系,例如手段与目的关系、原因与后果关系等,在学理上称作"法条竞合",则由其中一个较重的违法行为吸收其他较轻的违法行为,仅对一个较重的违法行为予以定性处罚。

99.问:调查终结报告中如何陈述自由裁量权的行使?

答:应该说,案件调查终结报告中都必须写明自由裁量理由,以便于领导审批案件时参考,每个案件自由裁量内容不同,不便于用简短的语言概括,但基本思路应该是:在事实清楚、证据确凿的基础上,依次写明是否给予行政处罚及其理由,给予何种行政处罚及其理由,涉及罚款的要写罚多罚少及其理由。自由裁量的理由应当是法律、法规、规章及相关规范性文件规定的不予处罚、免于处罚、减轻从轻处罚、从重加重处罚情节,而不是调查人的主观臆断,更不能随当事人的经济状况、主观态度起伏变化。自由裁量的理由应当与事实及证据相符。

100.问:处罚决定书引用法律条文是否必须写全原条文?在实际操作中,有的法规将违法行为和处罚方式或处罚幅度写在同一条款中,适用时写明原文非常拗口且很难看懂,而此时仅写明法规条款较容易理解,这么处理是否合法合理?

答:行政处罚决定书应当载明的事项应当严格依照《行政处罚法》的规定。具体到法律条文的引用上,既要写明违法依据,又要写明处罚依据;至于是否必须写全法律条文,目前并无明文要求,因为作为行政处罚依据的法律、法规、规章都必须公开发布方能生效,相对人应当知晓或方便查阅,所以只要写明所适用的法律、法规或规章的名称及具体的条、款、项即可,无须写全法律条文。

101.问:注销公告期满能否视为对所有利害关系人告知?

答:应视为对所有利害关系人的告知。公告的目的在于将公告所载内容公开告知社会大众,公告期满时,公告载明的事项即对包括所有利害关系人在内的全体社会成员产生相应的法定效力。

102.问:法律适用应当遵循哪些基本原则?

答:根据《立法法》的相关规定,法律适用应当遵循如下五个基本原则:一是上位法优于下位法原则;二是自治条例和单行条例、经济特区法规在本自治地方、本经济特区优先适用原则;三是特别规定优于一般规定原则;四是新的规定优于旧的规定原则;五是法律转致适用原则。

103.问:实施行政处罚应当遵循哪些基本原则?

答:根据《行政处罚法》的相关规定,行政处罚应当遵循如下五项基本原则:一是职权法定原则;二是公正、公开原则;三是处罚与教育相结合原则;四是陈述、申辩原则;五是行政救济原则。

104.问:法律法规关于设置入河排污口是如何规定的?

答:(1)《水法》第三十四条规定:禁止在饮用水水源保护区内设置排污口。在江河、湖泊新建、改建或者扩大排污口,应当经过有管辖权的水行政主管部门或者流域管理机构同意,由环境保护行政主管部门负责对该建设项目的环境影响报告书进行审批。

第六十七条规定在饮用水水源保护区内设置排污口的,由县级以上地方人民政府责令限期拆除、恢复原状;逾期不拆除、不恢复原状的,强行拆除、恢复原状,并处五万元以上十万元以下的罚款。

未经水行政主管部门或者流域管理机构审查同意,擅自在江河、湖泊新建、改建或者扩大排污口的,由县级以上人民政府水行政主管部门或者流域管理机构依据职权,责令停止违法行为,限期恢复原状,处五万元以上十万元以下的罚款。

(2)《水污染防治法》第六十四条规定:在饮用水水源保护区内设置排污口的,由县级以上地方人民政府责令限期拆除,处十万元以上五十万元以下的罚款;逾期不拆除的,强制拆除,所需费用由违法者承担,处五十万元以上一百万元以下的罚款,并可以责令停产整顿。

除前款规定外,违反法律、行政法规和国务院环境保护主管部门的规定设置排污口或者私设暗管的,由县级以上地方人民政府环境保护主管部门责令限期拆除,处二万元以上十万元以下的罚款;逾期不拆除的,强制拆除,所需费用由违法者承担,处十万元以上五十万元以下的罚款;私设暗管或者有其他严重情节的,县级以上地方人民政府环境保护主管部门可以提请县级以上地方人民政府责令停产整顿。

未经水行政主管部门或者流域管理机构同意,在江河、湖泊新建、改建、扩建排污口的,由县级以上人民政府水行政主管部门或者流域管理机构依据职权,依照前款规定采取措施、给予处罚。

结合法律法规对设置排污口的规定,水利部门在对排污口的设置进行审查时,应当重点根据水资源管理及保护、堤防及防洪安全、取水许可及水功能区划的要求等进行审查,提出同意与否的意见,至于建设项目水质是否能够达标排放,污水如何处理,主要是环保部门在对该建设项目的环境影响报告书进行审批时重点审查的内容。

105.问:先行登记保存证据措施是否属于行政强制措施?

答:否。先行登记保存证据措施是《行政处罚法》第五十六条规定的一项行政措施。其与行政强制措施最大的区别为:行政强制措施是特定的法律、法规赋予特定机关对涉嫌特定的违法行为的特定当事人的特定物品进行暂时性控制的措施,先行登记保存证据措施则是在所有的行政处罚案件收集证据过程中均可适用的措施。

106.问:证据复制(提取)单上照片显示的时间与执法人员的签名时间、当事人的签名确认时间是否要一致?

答:照片显示的时间与执法人员签名的时间应当一致;而照片的冲洗过程需要一定的时间,因此当事人在照片上签名确认的时间可在照片显示的时间之后。实践中,法院认可该照片的证据效力。当事人确认时,要将照片显示的内容表述情楚,即包括照片提取的时间、照片反映的场所、照片上的物品名称及种类、现场检查的水利机关名称等。

107.问：当事人接到告知听证通知后马上表示放弃要求听证的权利，但在3天内又反悔提出听证要求，水行政机关是否应当受理其听证申请？

答：是。只要当事人在接到告知听证的通知之日起3日内以书面或者口头的形式提出听证申请的，水行政机关均应当受理。

108.问：鉴定结论的形式要求是什么？

答：参照《最高人民法院关于行政诉讼证据若干问题的规定》第十四条的规定，鉴定结论的形式要求包括：一是委托人和委托鉴定的事项；二是向鉴定部门提交的相关材料；三是鉴定的依据和使用的科学技术手段；四是鉴定部门和鉴定人鉴定资格的说明；五是有鉴定人的签名和鉴定部门的盖章；六是通过分析获得的鉴定结论，应当说明分析过程。

109.问：水行政机关是否应当审查鉴定部门的鉴定结论？

答：是。参照《最高人民法院关于行政诉讼证据若干问题的规定》第六十二条的规定，水行政机关应当对鉴定结论尽到必要的注意义务，审查以下内容：一是鉴定人是否具备鉴定资格；二是鉴定程序是否严重违法；三是鉴定结论是否错误、不明确或内容不完整。

110.问：法规规定罚款的幅度使用了"以上""以下""以内""超过"等用语，是否包括本数？

答：参照《民法典》《刑法》等法律的规定，使用"以上""以下""以内"的用语时，一般包括本数，法规明确规定不包括的除外。"超过"则不包括本数。

111.问：哪些情形下水行政机关应当对已立案的行政处罚案件进行销案处理？

答：两种情形的案件应当销案：一是违法事实不成立，二是已超过追责期限。

112.问：水行政执法人员在调查取证过程中，当事人拒绝到场、签名，或者无法找到当事人的，如何固定笔录或者其他材料的证据效力？

答：根据《最高人民法院关于行政诉讼证据若干问题的规定》第十五条的规定，在调查取证过程中，当事人拒绝到场、签名，或者无法找到当事人的，办案人员应当在笔录或者其他材料上注明原因，有当事人的高级管理人员或员工等其他人在现场的，可由其他人签名见证。

113.问：如何体现水行政机关对当事人在告知后提出的陈述、申辩事实、理由和证据进行复核？

答：办案机构在对当事人在告知后提出的陈述、申辩事实、理由和证据进行复核后，应当出具复核报告，作为证据，与其他案卷材料一并保存。

114.问：体现水行政机关采纳当事人在告知后提出的成立的陈述、申辩事实、理由和证据？

答：当事人在告知后提出的陈述、申辩事实、理由和证据成立的，水行政机关应当在行政处罚决定书中陈述其采纳当事人陈述、申辩的情况及理由。

115.问：行政机关仅因违反法定程序的行政处罚决定被上级机关（复议机关）撤销的，是否可以依照法定程序对当事人作出与原具体行政行为相同或者基本相同的具体行政行为？

答：是。仅因违反法定程序，被申请人的具体行政行为被行政复议机关撤销并被责令重新作出具体行政行为的，重新作出具体行政行为时，依照法定程序可以对当事人作出与原具体行政行为相同或者基本相同的具体行政行为。

116. 问：行政复议与行政诉讼有什么关系？

答：《行政复议法》第十六条规定了行政复议与行政诉讼的两个关系：一是法律、法规规定复议前置的，必须先复议后诉讼；二是人民法院已经受理行政诉讼的，申请人不得申请行政复议。

117. 问：请人既申请行政复议又提起行政诉讼的，应当如何处理？

答：根据《行政复议法》《行政诉讼法》的有关规定，分两种情况处理：一是人民法院已受理的，复议机关不予受理行政复议。人民法院的受案通知是必要证据。二是人民法院尚未受理，或复议受理后发现申请人又向法院起诉且人民法院已受理的，应当给申请人一个选择的机会，如果选择复议，则要求其提交法院裁定撤回起诉的文书；如果申请人选择诉讼，则提出撤回复议的请求，复议机关终止复议。

118. 问：行政复议与信访有什么关系？

答：《信访条例》第十四条第二款规定，对依法应当通过诉讼、仲裁、行政复议等法定途径解决的投诉请求，信访人应当依照有关法律、行政法规规定的程序向有关机关提出。因此，应当通过行政复议解决的事项，不作为信访事项处理，通过转送复议机构依照行政复议途径处理；信访的处理意见，一般不属于行政复议的范围。

119. 问：如何确定经上级批准作出的具体行政行为的被申请人？

答：《行政复议法实施条例》第十三条规定，下级行政机关依照法律、法规、规章的规定，经上级行政机关批准作出具体行政行为的，批准机关为被申请人。

120. 问：申请人提出行政复议申请的方式主要有哪几种？

答：根据《行政复议法实施条例》第十八条的规定以及《行政许可法》第二十九条的规定，申请人提出行政复议申请的方式有如下三种：一是当面提交；二是邮寄方式；三是通过电报、电传、传真、电子数据交换和电子邮件等方式提出。

121. 问：行政复议中对被申请人提交的证据有何要求？

答：行政复议中对被申请人提交的证据有四点要求：其一，《行政复议法》第二十三条规定，被申请人提交的所有证据均在该具体行政行为作出之前取得，并在法定期限内向复议机关提交；其二，《行政复议法》第二十四条规定，行政复议过程中，被申请人不得自行向申请人和其他有关组织或者个人收集证据；其三，参照最高人民法院关于执行〈中华人民共和国行政诉讼法〉若干问题的解释》（简称《若干问题的解释》）第二十八条的规定，经复议机关准许，被申请人可以补充如下两项证据：一是在作出具体行政行为时已经收集证据，但因不可抗力等正当事由不能提供的；二是申请人或第三人在复议过程中，提出了其在被申请人实施行政行为过程中没有提出的反驳理由或者证据的。

122. 问：信访人对信访事项的处理意见不服的，怎么办？

答：根据《信访条例》第三十五条的规定，信访人对信访事项的处理意见不服的，可以向一级行政机关申请复查；对复查意见不服的，可以向复查机关的上一级行政申请复核。

123. 问：信访人对哪些信访事项的处理意见可以提起行政复议或行政诉讼？

答：一般来说，信访事项的处理意见对信访人的权利义务产生实际影响的，如果信访人不服，可以提起行政复议或行政诉讼。

124. 问：对于书面信访事项，行政机关是否应当书面答复信访人？

答：是。《信访条例》第三十二条的规定，行政机关应当依据有关法律、法规、规章及其他有关规定作出处理,并书面答复信访人。

125.问:水行政执法管理部门对不予立案如何处理?

答:“对于不予立案的投诉、举报、申诉,经水行政管理机关负责人批准后,由办案机构将结果告知具名的投诉人、申诉人、举报人。水行政管理机关应当将不予立案的相关情况作书面记录留存。”这是关于不予立案的处理规定,包括告知和留档两项内容。

其中,不予立案告知的情形仅适用于投诉、举报、申诉场合。如果对其他机关移送的案件材料决定不予立案,应予退回;如果对上级交办的案件材料决定不予立案,应予报告,并等待上级决定。规定不予立案的告知,有两个理由:

第一,投诉、举报、申诉是法律赋予公民的权利。该权利不仅包括公民依法作为的权利,还包括公民依法获知其行为结果的权利。对于立案的,考虑到行政效率和行政成本问题,不必单行告知,只要在行政处罚决定作出时告知结果即可。而对于不予立案的,则需在作出不予立案决定后告知具名的投诉人、申诉人、举报人。

第二,在实践中,已有投诉人、申诉人、举报人以水行政管理机关不作为为由,提起行政复议或行政诉讼,要求对其投诉、申诉、举报行为作出反应并说明理由。在部分行政诉讼案件中,水行政管理机关败诉。因此,需要在程序制度中加以明确。

需要注意的是,法律没有规定告知的方式、时间等。在这种情况下,可以由办案机构根据实际情况决定。一般来讲,当事人要求有书面答复的,应予书面告知;无此要求的,可以口头告知。同时,告知应在不予立案决定作出后尽快进行;告知的内容应简明扼要,只要说明立案的理由不足或违法行为不成立即可。

126.问:与水事违法案件立案制度有关的两个问题。

问题一:水行政处罚一般程序从立案开始,那么,调查取证工作是否只有在立案之后进行才合法,才符合法定程序?

答:在这里,要区分立案前后的执法活动和工作。在立案之前,水行政管理机关依法行使监督检查权,制止和纠正轻微的违法行为,发现涉嫌违法案件的线索并决定是否立案处理。这一过程,必然与调查取证相联系。不过,我们在这种场合不使用调查取证这一术语,习惯上只是将其与立案后的案件办理结合起来,而称之为执法检查。在立案之后,需要继续进行的,按行政处罚的一般程序进行的执法检查,就是调查取证。因此,并非在立案之后水行政管理机关才能调查取证。在立案之前,水行政管理机关在市场监督检查中,同样可以依法行使调查取证权。

问题二:在立案之前所获的证据材料是否可以作为案件事实认定的依据?

答:这实际上是一个证据效力问题。在行政执法中,立案并不是调查程序的启动程序。在立案之前的调查可称之为初步调查阶段,在立案之后的调查为正式调查阶段。初步调查阶段完成的任务是证明涉嫌违法行为可能存在,需要通过正式立案以便进一步调查核实;立案后的调查,则必须以充分证据证明违法事实是否存在、证明是否需要实施行政处罚。立案的作用主要体现在督促水行政管理机关及时开展调查,并将不具备立案条件的案件排除在一般程序之外。

所以,只要在立案之前取得的证据符合法律的要求,且能够对所调查的事实起到证明作用,就可以作为最终认定案件事实的依据。

127.问：证据的概念及特点。

答：证据，是指具有法定职权的人员依照法定的程序收集并审查核实，能够证明案件真实情况的依据。

证据的基本特点有：

①客观性：证据事实必须是伴随着案件的发生、发展的过程，而遗留下来的、不以人们的主观意志为转移而存在的事实。②关联性：证据必须同案件事实存在某种联系，并因此对证明案情具有实际意义。③合法性：收集证据的主体要合法，每个证据来源的程序要合法，证据具有合法形式。

128.问：水行政复议机关在什么情况下可以决定撤销、变更或者确认水行政具体行政行为违法？

答：①主要事实不清、证据不足的；②适用依据错误的；③违反法定程序的；④超越或者滥用职权的；⑤具体行政行为明显不当的；⑥被申请人在收到申请书副本或者申请笔录复印件之日起十日内，没有提出书面答复，并提交当初作出具体行政行为的证据、依据和其他有关材料的，视为该具体行政行为没有证据、依据，可以撤销该具体行政行为。

129.问：行政机关违反信息公开条例规定的哪些行为应当追究责任？

答：行政机关违反本条例的规定，有下列情形之一的，由监察机关、上一级行政机关责令改正；情节严重的，对行政机关直接负责的主管人员和其他直接责任人员依法给予处分；构成犯罪的，依法追究刑事责任：

(一)不依法履行政府信息公开义务的；

(二)不及时更新公开的政府信息内容、政府信息公开指南和政府信息公开目录的；

(三)违反规定收取费用的；

(四)通过其他组织、个人以有偿服务方式提供政府信息的；

(五)公开不应当公开的政府信息的；

(六)违反本条例规定的其他行为。

130.问：行政处罚简易程序的适用范围有哪些？

答：违法事实确凿并有法定依据，对公民处以 50 元以下、对法人或者其他组织处以 1 000元以下罚款或者警告的行政处罚的，可以当场作出行政处罚决定。

131.问：根据《〈河南省行政机关执法条例〉实施办法》的规定，河南省政府规定的“较大数额罚款”是指哪些？当事人要求举行听证的，行政机关要不要举行听证？

答：下列情形之一的罚款为较大数额罚款：①对非经营活动中的违法行为实施罚款一次达到或者超过 1 000 元的；②对无违法所得的经营性违法行为实施罚款一次达到或者超过 10 000 元的；③对有违法所得的经营性违法行为实施罚款一次达到或者超过 30 000 元的。

根据第十九条规定，当事人要求听证的，行政机关应当组织听证，指定本机关非参与本案调查的法制机构工作人员主持；法制机构工作人员是本案调查人员的，指定本机关其他非本案调查人员主持。

132.问：根据《河南省行政执法责任追究试行办法》，行政执法机关的工作人员承担行政执法责任的形式有哪些？

答：①戒勉谈话、批评教育或者写出书面检查；②通报批评或者离岗培训；③收回河南省行政执法证；④调离执法岗位或者取消执法资格。

133.问:什么情况下可注销行政许可?

答:有下列情形之一的,行政机关应当依法办理有关行政许可的注销手续:①行政许可有效期届满未延续的;②赋予公民特定资格的行政许可,该公民死亡或者丧失行为能力的;③法人或者其他组织依法终止的;④行政许可依法被撤销、撤回,或者行政许可证件依法被吊销的;⑤因不可抗力导致行政许可事项无法实施的;法律、法规规定的应当注销行政许可的其他情形。

134.问:行政机关对申请人提出的行政许可申请,应当如何处理?

答:行政机关对申请人提出的行政许可申请,应当根据下列情况分别作出处理:①申请事项依法不需要取得行政许可的,应当即时告知申请人不受理;②申请事项依法不属于本行政机关职权范围的,应当即时作出不予受理的决定,并告知申请人向有关行政机关申请;③申请材料存在可以当场更正的错误的,应当允许申请人当场更正;④申请材料不齐全或者不符合法定形式的,应当当场或者在五日内一次告知申请人需要补正的全部内容,逾期不告知的,自收到申请材料之日起即为受理;⑤申请事项属于本行政机关职权范围,申请材料齐全、符合法定形式,或者申请人按照本行政机关的要求提交全部补正申请材料的,应当受理行政许可申请。

135.问:行政机关对行政许可申请进行审查后,应当如何作出决定?

答:申请人的申请符合法定条件、标准的,行政机关应当依法作出准予行政许可的书面决定。行政机关依法作出不予行政许可的书面决定的,应当说明理由,并告知申请人享有依法申请行政复议或者提起行政诉讼的权利。

136.问:根据《行政许可法》,哪些国家机关有权设定行政许可?

答:全国人大及其常委会,国务院,省、自治区、直辖市人大及其常委会,省、自治区、直辖市人民政府,依照《行政许可法》规定的权限可以设定行政许可。

137.问:被许可人有哪些行为,行政机关应当依法给予行政处罚;构成犯罪的,依法追究刑事责任?

答:①涂改、倒卖、出租、出借行政许可证件,或者以其他形式非法转让行政许可的;②超越行政许可范围进行活动的;③向负责监督检查的行政机关隐瞒有关情况、提供虚假材料或者拒绝提供反映其活动情况的真实材料的;④法律、法规、规章规定的其他违法行为。

138.问:哪些证据材料不能作为定案依据?

答:①严重违反法定程序收集的证据材料;②以偷拍、偷录、窃听等手段获取侵害他人合法权益的证据材料;③以利诱、欺诈、胁迫、暴力等不正当手段获取的证据材料;④当事人无正当事由超出举证期限提供的证据材料;⑤在中华人民共和国领域以外或者在中华人民共和国香港特别行政区、澳门特别行政区、台湾地区形成的未办理法定证明手续的证据材料;⑥当事人无正当理由拒不提供原件、原物,又无其他证据印证,且对方当事人不予认可的证据的复制件或者复制品;⑦被当事人或者他人进行技术处理而无法辨明真伪的证据材料;⑧不能正确表达意志的证人提供的证言;⑨不具备合法性和真实性的其他证据材料。

139.问:《行政复议法》《行政诉讼法》为什么确立被申请人、被告负举证责任原则?

答:被告负举证责任是由于:①行政机关有调查取证的主动权,在证据的收集和提供方面明显处于优势。②具体行政行为大都基于行政机关的单方面的意思表示而成立,相对人难以提供足以证明行政机关具体行政行为违法的各种证据。③可以促进行政机关严格依法行政,以尽可能减少行政争议及行政案件的数量,提高执法水平。

140.问:请结合行政处罚工作实际,谈谈在实施行政处罚工作中如何遵守"保障当事人权利的原则。

答:处罚相对人权利保障原则是指设定与实施行政处罚应当保障被处罚相对人的合法权益,不得剥夺、限制或侵犯相对人的合法权益,行政处罚应当在充分保障相对人行使这些权利的前提条件下作出和实施。充分保证当事人的陈述、申辩权。

141.问:请结合行政处罚工作实际,谈谈如何贯彻执行对行政处罚进行监督制约的原则。

答:①要严格执行执法责任制和执法过错追究制。②在办案中要公开、透明,接受社会监督,聘请社会监督员对执法行为进行监督。③所有案件集体讨论,杜绝"人情案""关系案"这一"顽症"。④加强对"八小时"外的监督,延伸监督工作的时效性。

142.问:请结合《河南省行政执法人员文明执法规范》和工作实际,谈谈执法人员实施行政执法行为应当注意哪些问题。

答:执法人员实施行政执法行为,应当遵守下列要求:

(1)在法定职责范围内实施,不越权执法、滥用职权。

(2)依照法定时限和要求实施,不推诿、拖延或者变相拖延。

(3)清正廉洁,不徇私枉法、以权谋私、利用职权吃拿卡要和私分财物。

(4)不以各种名义索取或者接受请托人、中间人的宴请、礼品、礼金、礼券以及消费性的娱乐活动。

(5)不酒后执法、野蛮执法及刁难、报复行政相对人。

(6)不得以利诱、欺诈、胁迫、暴力等不正当手段收集证据,不得指派无行政执法资格的人员进行调查取证。

(7)不参与涉黄、涉赌、涉毒和封建迷信活动。

(8)没有法律明确授权并经法定程序,不得搜查、检查公民的身体和物品,不得进入公民住宅进行搜查、检查。

(9)依法接受监督,认真纠正违法或者不适当的行政行为。

143.问:论述错案责任的划分及如何预防错案的发生。

答:错案划分:①行政执法人员当场作出的具体行政行为构成错案的,追究该执法人员的责任。②经审核、批准作出的具体行政行为,由于案件承办人的过错导致审核人、批准人失误发生错案的,追究承办人的责任;由于审核人的过错导致批准人失误发生错案的,追究审核人的责任;由于批准人的过错发生错案的,追究批准人的责任;承办人、审核人、批准人均有过错发生的错案,同时追究承办人、审核人、批准人的责任。③经集体讨论作出具体行政行为发生错案的,作出决定的行政机关负责人负主要责任,主张错误意见的其他人员负次要责任,主张正确意见的人员不负责任。④因非法干预导致错案发生的,追究干预者的责任。

预防错案:①强化人权保障意识。②严格按照办案程序办案,确保程序公正。③严把证据关,重视相关证据的收集。

144.问:公民王某在非经营活动中有违法行为,两个区属执法机关都认为自己对王某的违法行为有权处罚,两个部门为了争处罚权,在王某不知的情况下分别作出罚款 2 000 元和 1 000元的处罚决定。两个执法机关的行为是否合法?为什么?

答:不合法。《行政处罚法》规定:①对管辖发生争议的,报请共同的上一级行政机关指定管辖。②对当事人的同一个违法行为,不得给予两次以上罚款的行政处罚。③行政机关在作出行政处罚决定之前,应当告知当事人作出行政处罚决定的事实、理由及依据,并告知当事人依法享有的权利。

145.问:某单位在研究行政处罚案件时,办案人员甲故意隐瞒部分证据,造成事实不清。其他负责人建议进一步调查后再作处理。该单位主要领导人乙,认为根据当前工作实际,这类违法现象比较严重,给予一定的行政处罚估计不会错。这时,上级业务领导部门的丙打来电话,要求该案从严处罚。因此,该案给予了较重的处罚。最后经过复查发现该案是一个错案,国家依法给予了赔偿。你认为该案应如何追究错案责任?

答:根据《河南省行政机关行政执法条例》实施办法的规定,该案应当追究以下责任人的责任:①追究案件承办人甲的责任。甲故意隐瞒部分证据,造成事实不清。由于案件承办人的过错导致审核人、批准人失误发生错案的,追究承办人的责任。②追究主要领导人乙的责任。乙没有听取其他负责人进一步调查后再作处理的建议。由于批准人的过错发生错案的,追究批准人的责任。③追究上级业务领导部门丙的责任。因非法干预导致错案发生的,追究干预者的责任。

146.问:某行政执法部门怀疑张某院内有违禁物品,于是派一个年轻的执法人员在深夜翻墙进入张某院内,把张某物品作为证据搬走。时间过了一个月,某行政执法部门既不退回物品也不做处理决定。某行政执法部门执法程序是否合法,为什么?

答:不合法。1.行政机关在调查或者进行检查时,执法人员不得少于 2 人,并应当向当事人或者有关人员出示证件。2.在证据可能灭失或者以后难以取得的情况下,经行政机关负责人批准,可以先行登记保存,并应当在七日内及时作出处理决定,在此期间,当事人或者有关人员不得销毁或者转移证据。

147.问:某县城管部门执法人员赵某,认为公民李某有违法行为,要罚款 50 元,并开据了当场行政处罚决定书,要求李某当场缴纳罚款。李某不服,要求赵某出示执法证件并说明罚款的理由。赵某说我有执法证件就是不让你看,你告到哪儿今天都得罚你,并拒绝听取李某的申辩。李某又提出要罚款单据。赵某说给你罚款单据也不能报销,你把 50 元钱给我算了。李某只好交了 50 元罚款离去。执法人员的执法行为是否合法,为什么?

答:不合法。①行政机关在调查或者进行检查时,执法人员不得少于 2 人,并应当向当事人或者有关人员出示证件。②当场作出行政处罚决定,有下列情形之一的,执法人员可以当场收缴罚款:(一)依法给予 20 元以下的罚款的;③当事人有权进行陈述和申辩。行政机关必须充分听取当事人的意见,对当事人提出的事实、理由和证据,应当进行复核。④行政处罚决定书应当在宣告后当场交付当事人;当事人不在场的,行政机关应当在七日内依照民事诉讼法的有关规定,将行政处罚决定书送达当事人。⑤要文明执法。

148.问:在查处擅自打井取水违法案件中,在调查取证时,根据《水行政处罚实施办法》,一般采取对当事人违法打井设备进行异地保存。但《水行政处罚实施办法》第二十八条规定,水行政处罚机关对先行登记保存的证据,必须在七日内作出处理决定。对违法打井设备

一般不需要进行检验或鉴定，如果退还当事人，可能会引起当事人继续实施违法行为。为有利于案件的处理，需要扣押、查封违法设备，依法作出扣押、查封的处理决定，而《行政处罚法》《水行政处罚实施办法》《水法》又未明确规定扣押、查封程序，针对这种情况，对违法设备进行扣押、查封的程序如何操作？由哪个部门作出决定？扣押查封的违法设备可以抵缴罚款吗？

答：(1)《行政处罚法》第五十六条规定"行政机关在收集证据时，可以采取抽样取证的方法；在证据可能灭失或者以后难以取得的情况下，经行政机关负责人批准，可以先行登记保存，并应当在七日内及时作出处理决定，在此期间，当事人或者有关人员不得销毁或者转移证据"，《水行政处罚实施办法》第二十八条也作了相应规定。法律和水利部规章规定的都是"在证据可能灭失或者以后难以取得的情况下，经行政机关负责人批准，可以先行登记保存"，当事人擅自打井取水违法事实清楚，不存在"证据可能灭失或者以后难以取得"的情况，所以不必采取先行登记保存的措施。这里要特别注意，《行政处罚法》规定的是"先行登记保存"，不是扣押、查封。

(2)扣押、查封都是行政强制措施，对当事人违法打井的设备，《水法》没有做出扣押、查封规定，水利部门没有这项职权。《取水许可和水资源费征收管理条例》第四十九条规定：未取得取水申请批准文件擅自建设取水工程或者设施的，责令停止违法行为，限期补办有关手续；逾期不补办或者补办未被批准的，责令限期拆除或者封闭其取水工程或者设施，逾期不拆除或者不封闭其取水工程或者设施的，由县级以上地方人民政府水行政主管部门或者流域管理机构组织拆除或者封闭，所需费用由违法行为人承担，可以处5万元以下罚款。本条规定可以封闭取水工程或者设施，这里的设施，指的是取水工程设施，而不是指打井的设备。所以，水行政主管部门无权对当事人的打井设备实施扣押、查封，否则就是违法行政。水行政执法人员询问的"对违法设备进行扣押、查封的程序如何操作，由哪个部门作出决定"等问题就不存在。

(3)"扣押查封的违法设备可以抵缴罚款吗"？前面说到不能扣押查封。我们假定可以扣押、查封，那能否抵缴罚款呢？也是不可以的。这里存在一个概念问题，扣押、查封是行政强制措施，不是行政处罚。也就是说，不能把扣押、查封等同于没收。所以，扣押查封的违法设备是不能抵缴罚款的。

149.问：《防洪法》对河道、湖泊管理范围内作了哪些禁止性规定？

答：责令停止违法行为，排除阻碍或采取其他补救措施，可以处5万元以下罚款。

150.问：水行政执法人员问：我们以前查处的河道内的违法采砂案件，都是适用的《河道管理条例》第二十五条、第四十四条。在给当事人下《听证告知书》时，其中拟给予的内容写的是：①限期采取补救措施；②罚款2万元。这样写可以不？或者不加"限期"二字，直接这样写：①采取补救措施；②罚款2万元。亦或者写与下面告知的期限一致：①限三日内采取补救措施；②罚款2万元。哪种写法好一些？

答：(1)听证告知书是水行政机关对当事人给予较重处罚时下达的文书。根据《水行政处罚实施办法》(水利部令第8号)第三十四条规定，对公民处以五千元以上罚款、对法人或其他组织处以五万元以上罚款才适用听证程序。来函中没有说明当事人是公民还是法人，如果是法人，罚款2万元就不适用听证程序。

(2)本案如果当事人是公民，必须适用听证程序。拟处罚的内容就只写罚款二万元，也就是说,准备给予什么处罚就写什么处罚内容。

(3)采取补救措施是水利部门对当事人的另一个具体行政行为,需下达《责令采取补救措施通知书》,《河道管理条例》第四十四条中没有"限期"二字,最好与法规表述一致。执法实践中,很多执法人员把所有的行政行为都写进某一个文书中是不妥的。

151.问:《行政处罚法》规定,违法行为在两年内未被发现的,不再给予行政处罚,法律另有规定的除外。前款规定的期限,从违法行为发生之日起计算;违法行为有连续或者继续状态的,从行为终了之日起计算。这是行政处罚法关于时效的规定,应如何理解?

答:《行政处罚法》中规定的时效是指,对违法行为人的违反行政管理秩序的行为追究行政责任、给予行政处罚的有效期限。这一规定包括以下几层含义:

(1)在该违法行为发生后的两年内,对该违法行为有处罚权的行政机关未发现这一违反行政管理秩序的事实,在规定的两年超过后,无论在何时发现了这一违法事实,对当时的违法行为人不再给予行政处罚。

(2)如果违反行政管理秩序的行为在行为发生的两年内已被行政机关发现,但违法行为人在两年内未被查获或者违法行为人逃避处罚,在两年后行政机关将其查获,仍应当依法给予行政处罚。

(3)时效的规定期限是从违法行为发生之日起就开始计算的。"违法行为发生之日"是指违法行为完成或者停止之日。如,运输违禁品,在路途上用了五天时间,应当以最后一天将违禁品转交他人起开始计算追诉期限。

(4)对于违法行为有连续或者继续状态的,从行为终了之日起计算。这里的"连续"状态是指违法行为人连续实施同一种违法行为,基于同一个违法故意,连续实施了数个独立的行政违法行为,这些违法行为触犯的是同一个行政处罚法规定。如某违法行为人连续多次出售损害人体健康的豆猪肉,这一出售豆猪肉的行为违反了《食品卫生法》的有关规定,由于多次出售,这一违法行为就是处于"连续"状态的,对于这种违法行为的追诉时效,就要从其最后一个违法行为实施完毕时计算,也就是从最后一次出售豆猪肉的时间计算,对这一连续性的违法行为合并处罚。

(5)对于大多数行政处罚案件来说,《行政处罚法》规定了追诉时效为两年,同时也明确规定在行政处罚时效问题上"法律另有规定的除外"。这是由于考虑到违反行政管理秩序的违法行为十分复杂,行政违法案件又千差万别,作出这样灵活的规定有利于行政处罚的有效执行。

《行政处罚法》关于时效的规定,有很积极的现实意义,一方面是对于未过追诉时效的违反行政管理秩序的行为必须依法追究其行政责任,给予行政处罚,体现了执法的严肃性。另一方面是对于违法行为已经过了追诉时效期限的,不应再追究其行政责任,不再给予行政处罚。如果在调查中发现违法行为人的违法行为已超过了追诉时效,应采取相应的措施,终止调查,撤销案件或者作出不予行政处罚的决定,体现了行政处罚的教育与处罚相结合的原则。

152.问:从重处罚是指行政机关在法定的处罚方式和幅度内,对行政违法行为人在数种处罚方式中选择较严厉的处罚方式或者在某一处罚方式允许的幅度内选择上限或者接近于上限进行的处罚。如何理解?

答:《行政处罚法》没有对行政处罚的从重情节作出明确规定,是考虑到行政违法达到一定的严重程度往往触犯了刑律,会受到刑事法律的制裁,而且在实践中,违法情节严重需要从重给予行政处罚还是构成犯罪需要给予刑事处罚的情况比较复杂,因此暂未作规定。由行政执法机关在实践中,根据违法事实的具体情节和构成要件的不同,认定是行政违法,还是犯罪,适当考虑运用行政处罚或者移送司法机关进行刑事处罚。

153.问:免予处罚是指行政机关依照法律、法规的规定,考虑到有法定的特殊情况存在,对本应给予处罚的违法行为人免除对其适用行政处罚。它与不予处罚的规定有本质的区别。如何理解?

答:不予处罚是针对违法事实不构成行政处罚意义的违法,本不应该处罚而不对行为人进行处罚的情况;而免予处罚是针对违法事实已构成行政违法而只是由于考虑到有特殊情况存在,如情节显著轻微等,不再科处行政处罚的情况。我们在适用行政处罚时,应当认真区分免予处罚和不予处罚,才能准确地运用好这两种手段。

从轻处罚,是指行政机关在法定的处罚方式和处罚幅度内,对行政违法行为人在几种可能的处罚方式内选择较低的处罚方式,或者在一种处罚方式下在允许的幅度内选择幅度的较低限进行处罚。当然,从轻处罚也不是绝对要适用最轻的处罚方式,更不是一定要在幅度最低限进行处罚,行政机关要综合考虑其违法情节,同时针对违法者的具体情况,如:是否属于未成年人,是否有受他人胁迫实施违法行为的因素,违法后是否有主动消除、减轻违法行为危害后果或者配合行政机关查处违法行为有立功表现等,作出如何从轻处罚的具体决定。

减轻处罚,是指行政机关在法定的处罚方式和处罚幅度最低限以下,对违法行为人适用行政处罚。在处罚的程度上,它介于从轻处罚和免除处罚之间。具体地说,减轻处罚有两种情况,一种情况是行政机关在法定的处罚方式以下对违法者实施处罚,另一种情况是行政机关在法定的处罚幅度最低限以下实施处罚。如根据《反不正当竞争法》的规定,投标者串通投标,抬高标价或者压低标价,投标者和招标者相互勾结,以排挤竞争对手公平竞争的,其中标无效。监督检查部门可以根据情节处以一万元以上二十万元以下的罚款。对于触犯这一规定,又有减轻处罚情节的违法者,行政执法部门可以对其处以一万元以下的罚款,这种减轻处罚,是在法定的"一万元以上二十万元以下"的罚款幅度最低限以下给予的处罚。

当然必须指出,实施行政处罚有一个基本的前提,即以过罚相当为原则,即行政处罚要与违法行为的事实、性质、情节以及社会危害程度相当。因此,在运用从轻、减轻处罚的手段时,要注意综合考虑违法者违法行为的具体情况以及悔罪情节,对于有些法定只能从轻处罚而不能减轻处罚的,不能给予减轻处罚,更不能免除处罚。

对违法行为人给予行政处罚是行政机关执行贯彻法律的一个重要手段,为了维护行政管理秩序,对少数违法者依法实施行政处罚是十分必要的。但处罚不是目的,是为了纠正违法行为,在处罚的同时对违法者进行教育。基于这一考虑,《行政处罚法》规定了对于违反行政管理秩序的行为在几种情况下行政机关可以依法给予从轻处罚或者减轻处罚。

154.问:《行政处罚法》规定,行政处罚决定书应当在宣告后当场交付当事人;当事人不在场的,行政机关应当在七日内依照《民事诉讼法》的有关规定,将行政处罚书送达当事人。如何理解?

答:行政机关作出行政处罚决定后,应当向当事人当场宣布。当场可以是行政机关派人到当事人的所在单位向当事人宣告行政处罚决定;也可以通知当事人到行政机关,听取行政机关宣告行政处罚决定。行政机关到当事人所在单位宣告行政处罚决定时当事人不在场的,或者经通知当事人拒不到行政机关的,行政机关可以将行政处罚决定书送达当事人。关于送达方式,《行政处罚法》规定,依照《民事诉讼法》有关规定执行。同时规定行政机关应当在七日内将行政处罚决定书送达当事人。

《民事诉讼法》规定的送达方式可以归纳为以下6种,即直接送达、留置送达、转交送达、委托送达、邮寄送达和公告送达。

直接送达也称交付送达,是指送达机关派专人将应送达的文书直接交付给受送达人。送达机关,在民事诉讼中是人民法院,而在行政处罚时是行政机关。送达机关直接送达时,如遇受送达人不在,可以交付给和他同住的成年家属签收。如果受送达人已向送达机关指定代收人的,交代收人签收,同样视为直接送达。

留置送达是指受送达人无正当理由而拒绝接收送达文书的,送达机关可以依照《民事诉讼法》规定,邀请有关基层组织或者所在单位的代表到场,说明情况,在送达回证上记明拒收事由和日期,由送达人、见证人签名或者盖章,把送达文书留在受送达人的住所,即视为已经送达。

委托送达是指直接送达确有困难的,如受送达人不居住在送达机关的辖区内,送达机关可以委托受送达人居住地的机关代为送达。

转交送达是指如果受送达人是军人,可以通过其部队的政治机关转交;如果受送达人是被监禁的,可以通过其所在的监狱转交。代为转交的机关单位收到送达文书后,必须立即交受送达人签收,以在送达回证上的签收日期为送达日期。

邮寄送达即通过邮寄方式将送达文书送达受送达人的一种方式。依照《民事诉讼法》的规定,直接送达确有困难的,可以邮寄送达。送达机关如通过邮寄送达,应当将送达文书交邮局以挂号信寄出,挂号的回执为送达凭证,回执上收件人的签收日期,即为送达日期。

公告送达是将送达文书公诸于世的一种送达方式。此种送达方式适用于受送达人下落不明或者用其他方式无法送达的。其方法有张贴广告、登报、广播等。《民事诉讼法》规定,自发出公告之日起,经过60日,即视为送达。公告送达,还应当在案卷中记明原因和经过。

155.问:行政机关在审查、批准当事人要求暂缓履行或者分期履行罚款的处罚决定时,应当严格把握哪两点?

答:(1)当事人的申请一定要严格审查。对当事人当前的财产状况及是否有履行能力一定要调查清楚,否则放纵违法行为将会严重影响行政机关执法的严肃性。这是因为,如果当事人事实上没有什么经济困难,有履行罚款决定的能力,却想利用《行政处罚法》的这一规定,逃避交纳罚款的义务而提出延期或分期履行罚款的申请,此时如果行政机关不作严格审查就批准其申请的话,势必会损害行政处罚决定的严肃性,客观上也放纵了违法行为,使当事人觉得有空子可钻,从而逃避交纳罚款的义务。反之,如果当事人确有经济困难,无力履行罚款决定,向行政机关提出暂缓或分期履行罚款的申请,而行政机关不作仔细调查,就驳回了当事人的申请,这也侵害了当事人的合法权益,使他们觉得行政机关不讲情理,影响行政机关的形象。所以,行政机关必须对当事人的申请作出严格审查,在调查研究的基础上作出是否批准申请的决定。

(2)暂缓履行或分期履行并不等于不履行。对确有经济困难的当事人,经行政机关批准,可以暂缓或分期履行罚款的义务。一旦当事人有了履行能力,就应当按照行政处罚决定的要求,履行罚款义务。行政机关也应当督促当事人在有履行能力的情况下,及时履行交纳罚款的义务,否则就会影响行政机关执法的严肃性。《行政处罚法》没有规定行政机关可以撤销已经作出的罚款决定的行政处罚,这是因为行政处罚具有的确定性,行政处罚依法作出后,非经法律规定的程序不得随意变更与撤销。

156.问:《水土保持法》中的水政监督检查与"水政"有何关系?

答:新《水土保持法》第四十四条、第四十五条中的水政监督检查人员是水行政监督检查人员的简称。在全国人大常委会审议期间,法律委、法工委为规范用词起见,将新法中水行政简称水政,但与我们常说的"水政"(水政监察)不是一回事。

157.问:部门规章和规范性文件有何共同点和不同点?在实际工作中如何把握?

答:部门规章和规范性文件有以下共同特征:一是内容具有强制性。规章和规范性文件是法律、法规和国务院决定、命令的具体化,是保证法律法规和国务院决定、命令得以贯彻实施而采取的一种重要手段,管理相对人违反了有关规定将导致一定的法律责任或者法律后果,具有强制性。二是效力具有从属性。规章和规范性文件规定的事项均属于执行法律、法规或者国务院决定、命令的事项,都必须与法律、法规和国务院决定、命令相一致,不可与之相抵触。三是形式具有规范性,规章和规范性文件所设定或规定的行为规则都是不针对特定对象,可以反复适用,具有普遍约束力的行为规范。

部门规章和规范性文件的不同在于:一是制定主体不同。《立法法》明确规定具有部门规章制定权的为国务院各部委、中国人民银行、审计署和具有行政职能的直属机构。也就是说,水利部可以制定规章和规范性文件,流域管理机构只能制定规范性文件。二是制定程序不同。规章制定要执行《规章制定程序条例》,严格按照立项、起草、审查、决定和公布、解释和备案等程序制定。目前,法律、法规还没有对规范性文件的制定程序和备案审查作出统一规定。三是权限不同。规章可以在立法权限范围内对管理相对人的违法行为设定行政处罚,而规范性文件不得设定行政处罚。严格地说,规章是我国法律体系的有机组成部分,规范性文件则不是。

在实际工作中,为贯彻执行法律、法规需要对水行政管理事项作出具体规定,是制定规章还是制定规范性文件,最重要的是把握:行政处罚只能由法律、法规或者规章设定,规范性文件不得设定行政处罚。规章可以在法律、法规规定的给予行政处罚的行为、种类和幅度范围内作出具体规定,尚未制定法律、法规的,规章也可以对违反水行政管理的行为设定警告和一定数量的罚款。

因此,为加强水行政管理,需要对法律、法规或国务院的决定、命令作出具体化规定的,如果其内容不涉及具体的行政处罚,可以制定规范性文件;否则,应当由水利部制定规章。

158.问:2019年6月18日,我局接群众举报:某公司未经县水行政主管部门批准,擅自在县城某河段建设房屋。接举报后,我局经过立案调查和集体会办,决定按照《水法》第六十五条第二款进行查处。但在具体操作中遇到一些问题:①根据第二款内容,如当事人在我局规定时间内办理有关审批手续,是否需要并处一万元以上十万元以下的罚款?如果补办手续后不并处罚款,那么,在其他河道上建设有关项目,是否可以等水行政主管部门发现后再补办手续?②如当事人逾期不补办手续或者补办未被批准,水行政主管部门该怎样操作?③当事人逾期不拆除,水行政主管部门又该如何操作?

答:根据《水法》第六十五条的规定,把在河道管理范围内违章建设工程的行为分为两个层次:一是妨碍行洪危害堤防安全的建筑,处理办法是限期拆除,恢复原状;逾期不拆除的强行拆除并处罚款。二是未经主管部门批准同意擅自修建工程的，处理办法是限期补办有关手续，逾期不补办或者补办未被批准的，限期拆除，逾期不拆的，强行拆除，并处罚款。两个层次的区别在于第一款规定违章工程必须拆除，不留余地；第二款规定的工程可拆可不拆，取决于补办有关手续能否获批准。其共同点是对于逾期不拆除的，授予水行政主管部门强制执行权进行强行拆除。

现在具体分析第二款的规定，行政机关在执行这一条款时，要作出三种具体行政行为：

第一，行政处理，包括审批涉河工程的行政许可和责令停止违法行为，限期补办有关手续。行政处理的具体行政行为对违法行为人具有拘束力和执行力，但是不具有惩罚性，责令停止违法行为是行政机关在实施行政处罚过程中对违法行为人发出的一种作为命令。

第二，行政强制执行，在这一款的规定中，法律给县以上人民政府水行政主管部门和流域管理机构授予了强制执行权。强制执行分两个阶段：一是通知告诫阶段。在强制执行前，要给违法行为人一次主动改正违法行为的机会，并告知限定的期限，对于逾期不补办或者补办未被批准的责令限期拆除。这里的限期拆除对于违法行为人纠正违法行为是一种补救而不是处罚。二是实施阶段。本款规定的行政强制措施是强行拆除，是一种代执行，又称为间接强制执行，其前提是违法行为人不履行其应该履行的法定义务，强制执行的执法主体是县以上人民政府水行政主管部门和流域管理机构。

第三，行政处罚，本款规定的是罚款，是对违法行为的制裁措施，其目的是通过惩戒促使违法行为人不再违反行政管理秩序。罚款的幅度是一万元以上十万元以下，这给予了行政机关较大的自由裁量权。执法者可以按照违法行为及其违法后果的轻微与严重，以及当地经济社会发展的具体情况来决定处罚的额度。

在执行过程中，行政机关首先要对违法行为进行立案调查，查清违法事实后发出《责令停止违法行为通知书》，说明违法者的何种行为违反了哪条法律法规的规定，要求违法者停止违法行为，听候处理。在进一步核实违法事实的基础上，行政机关发出《责令改正违法行为通知书》，说明改正的内容和拟采取的处罚措施，并交代诉权。如果违法行为较为严重或者处罚额度较大，要向违法者发出《陈述申辩告知书》和《听证告知书》。最后发出《行政处罚决定书》。

需要说明的是，罚款是针对法律规定的违法行为而言，并不因补办手续获批准和限期拆除和强行拆除而免除。

如果违法行为人在规定的时间内没有自行拆除违章建筑，行政机关应当组织水政监察队伍强行拆除。拆除前要发出公告，并做好说服教育工作，督促违法行为人依法自行拆除，只有在说服教育后，违法行为人仍不履行法定义务时才对其采取强制措施。在进行强制拆除之前，行政机关应当与当地的公安机关等有关部门联系，当出现妨碍执行公务和暴力抗法的现象时由公安部门出面处理，以保证强制拆除的顺利进行。

159.问：《水法》第三十八条第一款规定：在河道管理范围内建设桥梁、码头和其他拦河、跨河、临河建筑物、构筑物，铺设跨河管道、电缆，应当符合国家规定的防洪标准和其他有关的技术要求，工程建设方案应当依照《防洪法》的有关规定报经有关水行政主管部门审查同意。同时在第六十五条第二款中对违反上述规定者设定了相应的法律责任。

从以上条文可知，只有在管理范围内擅自修建水工程等，才能适用此条文来处罚。但在执法实践中，如我们所处的河南省城市河湖，管理范围一般只有3~5米，在管理范围外围还

有河道的保护范围,很多建筑物都同时处于管理范围和保护范围内。如我们这里新近发生的一个案件就是这种情况。当事人擅自建设围墙圈占草地,其中约面积的三分之一处于河道管理范围之内,三分之二在管理范围之外、保护范围之内。当事人拒不到水行政主管部门补办有关手续,在水政监察员发《责令限期改正通知书》后,当事人拒不拆除违法构筑物。若想依据《水法》第六十五条第二款来强行拆除,能否依据《水法》全部拆除此围墙并进行处罚?

答:对于保护范围内出现违章建筑如何处罚的问题,首先需要分清楚什么是保护范围,什么是管理范围。

为加强对水利工程的管理,确保工程设施的安全完整和综合效益的充分发挥,各类水利工程均应根据管理和安全的需要,结合自然地理条件,划定工程管理范围和安全保护范围。管理范围是指水利工程设施本身占地、有关管理和观测设施占地、管理单位本身建设占地的总面积。安全保护范围是指为了确保水利工程正常运行,需要禁止其他单位和个人进行有碍工程设施安全的活动所必要的限制范围。

对于在安全保护范围内违法的法律责任,《水法》第四十三条第四款明确规定:在水利工程保护范围内,禁止从事影响水工程运行和危害水工程安全的爆破、打井、采石、取土等活动。该款是采用列举立法方式规定的,也就是说,在保护范围从事上述活动或者类似上述活动,才能适用新《水法》第七十二条的法律责任。当然,对于在管理范围内,违反《水法》第三十八条规定的行为,如你所说,可以适用第六十五条之法律责任,即责令停止违法行为,限期拆除、恢复原状;逾期不拆除、不恢复原状的,按照法律程序强制拆除。

简言之,根据行政执法的权限法定原则和行政法律责任法定原则,处于保护范围的建筑物不适用《水法》第三十八条的规定。

160.问:怎样处理水事纠纷?

答:省辖市、县(市、区)之间发生水事纠纷,应本着互让互谅、团结协作的原则,通过协商或调解解决,协商、调解不成的,由共同的上一级人民政府或其水行政主管部门处理。

161.问:单位和个人如何取得取水权?

答:直接从河道、水库或者地下取用水资源的单位和个人,必须按照国家和本省有关规定,向水行政主管部门申请领取取水许可证,并缴纳水资源费,取得取水权,家庭生活和零星散养、圈养畜禽饮用等少量取水的除外。

162.问:防洪规划如何定义?

答:防洪规划是指为防治某一流域、河段或者区域的洪涝灾害而制定的总体部署,包括国家确定的重要江河、湖泊的流域防洪规划,其他江河、河段、湖泊的防洪规划以及区域防洪规划。

163.问:水行政主管部门及其执法人员进行监督检查时,有权采取那些措施?

答:(1)要求被检查单位提供有关文件、证照、资料;

(2)要求被检查单位就执行本办法的有关问题作出说明;

(3)进入被检查单位的生产场所进行调查;

(4)责令被检查单位停止违反本办法的行为,履行法定义务。

164.问:在地下水限制开采区内,确需取用地下水的,须经什么部门批准?

答:须经省水行政主管部门批准。

165.问:在河道管理范围内进行采砂活动的,须向什么部门申请办理采砂许可证?

答:在河道管理范围内进行采砂活动的,必须按照国家有关规定向有管辖权的水行政主管部门申请办理采砂许可证。

166.问:防洪工作应当遵循的原则是什么?

答:防洪工作实行全面规划、统筹兼顾、预防为主、综合治理、局部利益服从全局利益的原则。

167.问:在什么情况下,有关县级以上人民政府防汛指挥机构可以宣布进入紧急防汛期?

答:当江河、湖泊的水情接近保证水位或者安全流量,水库水位接近设计洪水位,或者防洪工程设施发生重大险情时。

168.问:对河道、湖泊范围内阻碍行洪的障碍物,按照什么原则进行清除?

答:按照谁设障、谁清除的原则。

169.问:有堤防的河道、湖泊,其管理范围是什么?

答:有堤防的河道、湖泊,其管理范围为两岸堤防之间的水域、沙洲、滩地、行洪区和堤防及护堤地。

170.问:哪些对象应列为防洪重点?

答:大中城市,重要的铁路、公路干线,大型骨干企业,应当列为防洪重点。

171.问:发生洪涝灾害后,有关人民政府应当做好那些工作?

答:发生洪涝灾害后,有关人民政府应当组织有关部门、单位做好灾区的生活供给、卫生防疫、救灾物资供应、治安管理、学校复课、恢复生产和重建家园等救灾工作以及所管辖地区的各项水毁工程设施修复工作。

172.问:哪些情形不需要申请领取取水许可证?

答:(1)农村集体经济组织及其成员使用本集体经济组织的水塘、水库中的水的;

(2)家庭生活和零星散养、圈养畜禽饮用等少量取水的;

(3)为保障矿井等地下工程施工安全和生产安全必须进行临时应急取(排)水的;

(4)为消除对公共安全或者公共利益的危害临时应急取水的;

(5)为农业抗旱和维护生态与环境必须临时应急取水的。

173.问:我是安阳市殷都区的农民,我想在自家田地人工打井用作浇灌田地允许吗?需要什么条件吗?有什么相关政策吗?

答:按照《水法》的有关规定,水资源属于国家所有,由国务院代表国家行使所有权,凡是直接从江河、湖泊或者地下取水的单位和个人,都应该按照国务院的规定,申请领取取水许可证,并向国家缴纳水资源费,才能取得取水权。颁发取水许可证和征收水资源费,是国家作为公共管理者和资源所有人,对有限自然资源开发利用进行调节的一种行政管理措施,任何单位和个人都必须自觉遵守和执行。

按照有关规定并结合咨询情况,《河南省取水许可和水资源费征收管理办法》第六条明确了不需要领取取水许可证和缴纳水资源的几种例外情况:(一)农村集体经济组织及其成员使用本集体经济组织的水塘、水库中的水的;(二)为家庭生活和零星散养、圈养畜禽饮用年取水1 000立方米以下的;(三)为保障矿井等地下工程施工安全和生产安全必须临时应急取(排)水的(矿井日常疏干排水除外);(四)为消除对公共安全或者公共利益的危害临时应急取水的；(五)为农业抗旱和维护生态与环境必须临时应急取水的。前款第(三)项、第(四)项规定的取水，应当及时报县级以上水行政主管部门备案；第(五)项规定的取水，应当经县级以上水行政主管部门同意。除此以外，其他利用取水工程或者设施直接从江河、湖泊或者地下取用水资源的，都必须申请取水许可证，并依法缴纳水资源费。

依照法规政策规定，允许农民在自家田地人工打井用作浇灌田地，但必须到县级以上水行政主管部门办理相关取水许可手续，办理取水许可证后方可打井取水灌溉。目前，河南省暂未出台相关农业取水缴纳水资源费的政策规定，可暂不缴纳水资源费。

依据相关法律法规规定，申办取水许可证需提交以下材料：

(1)申请书。

(2)属于备案项目的，提供有关备案材料。

(3)国务院水行政主管部门规定的其他材料：①取水单位或者个人的法定身份证明文件(营业执照复印件、法人代表身份证复印件各二份)；②有利害关系第三者的承诺书或者其他文件；③建设项目水资源论证报告书的审查意见；④不需要编制建设项目水资源论证报告书的，应当提交建设项目水资源论证表；⑤利用已批准的入河排污口退水的，应当出具具有管辖权的县级以上地方人民政府水行政主管部门或者流域管理机构的同意文件。

(4)建设项目需要取水的，申请人还应当提交由具备建设项目水资源论证资质的单位编制的建设项目水资源论证报告书。论证报告书应当包括取水水源、用水合理性以及对生态与环境的影响等内容。

(5)由代理人来办理取水许可的，由本单位出具委托代理书，代理人身份证明文件(身份证复印件一份)。

(6)土地证明材料。

(7)材料真实性保证书。

(8)所有复印件必须单位盖公章。

174.原告某特钢厂位于某镇东北部，按河道水系划分，属某河主要支流泓清河的支流小铜孔河(现在该河已成为宽1.5~2米的水沟)流域。离该厂北部约0.5千米的小铜孔村中有2座蓄水量约15 000立方米的塘坝(当地老百姓称弯或大坑)，二级分干工程从原告的厂区和宿舍区内穿过约1.72千米。根据有关部门提供的统计资料，原告2017年度产值为41 196.60万元。2018年4月被告某市水利水产局根据该厂去年产值的1%征收河道工程维护管理费411.96万元。某特钢厂认为市水利局的行政征收行为属于无法律规定的乱收费，遂向法院提起行政诉讼。

问：某市水利水产局对维护管理费的征收是否属于乱收费？

答：所谓行政征收，是指“行政主体凭借国家行政权，根据国家和社会公共利益的需要，依法向行政相对人强制地、无偿地征集一定数额金钱或实物的行政行为”。合法的行政征收应符合以下条件：①行政征收的目的、原则是合法的；②行政授权的设定是合法的；③行政征收的内容及范围是合法的；④行政征收的主题是合法的；⑤行政征收的运作(如征收额度的计算方式)是合法的等。因而要判断上述案例中某市水利水产局对维护管理费征收是否属乱收费，应参照合法行政征收的条件，并依据法律的具体规定作出判断。

行政征收是行政机关依职权行使的行政行为，其特征主要包括以下几个方面：①行政征收的主体是特定的，只有行政机关和法律、法规授权的组织才有权实施行政征收行为，而且行政相对人必须是负有行政法上缴纳义务的公民、法人和其他组织;②无偿取得,行政征收的本质在于行政机关以强制方式无偿取得行政相对人的金钱和财物;③单方的行政行为,行政征收是行政机关针对公民、法人和其他组织行使的单方行政行为。由于行政征收是国家以强制力无偿地参与公民、法人和其他组织的收入分配,取得财政收入,其宗旨是增加国家国库收入,以维持国家对社会公共事业和重点建设项目的投入,因而行政征收的征收依据、种类、数额由行政法律规范具体规定,行政相对人必须配合和服从行政机关的征收行为。

《河道管理条例》第三十九条规定:受益范围明确的堤防、护岸、水闸和排涝工程,河道主管机关可以向受益的工商企业等单位和农户收取河道工程修建维护管理费、其标准应当根据工程修建和维护管理费确定。收费的具体标准和计算办法由省政府另行规定。上述法规和规章,对收取河道工程修建维护管理费作了原则规定和授权,应认定该种收费是有法律依据的,而不是市水利水产局自行设定的不合理收费。某省人民政府制定的《某省河道工程维护管理费征收和使用管理办法》第四条规定:河道防洪工程体系受益保护范围,由市人民政府(地区行署)根据河道防洪、排水现状或设计标准确立,并报省人民政府备案。该办法第十三条规定:各市人民政府(地区行署)可依据办法结合所辖河道(包括中、小型河道)的具体情况制定实施细则。根据上述规定,某市人民政府制定了《某市实施〈某省河道工程维护管理费征收和使用管理办法〉细则》,该细则第五条规定:维护管理费征收标准为工商企业和经济组织及个体工商户按上报数据为准。第六条规定:中央、省、市属工商企业和其他经济组织应交纳的维护管理费,由市水利局负责征收。该办法第二条第三款还规定:本细则划定的受益保护范围内的乡镇(办事处)中,某些企业或行政村明显不受益的,所在县市区水利行政主管部门要根据实际情况测定,并报县市区政府批准。

上述行政法规和规章及有关规范性文件和事实均表明:第一,征收河道工程维护管理费是有法律明确规定的,并非无法可依或市水利水产局自行设立的收费项目;第二,某市人民政府根据省人民政府的授权,有权划定受益范围和标准;第三,某市人民政府制定的细则中关于收费标准,没有超出省政府的有关规定(省政府规定是按上年产值或者上年经营业务收入的2%或者2.7%征收)且低于省政府的规定;第四,某市水利水产局是某市河道主管机关,有依法征收河道工程维护管理费的职权,市水利水产局征收河道工程维护管理费主体资格适格且依据充分;第五,市水利水产局管理的二级干渠从某特钢厂厂区和宿舍区通过,该水渠对于蓄洪、滞洪和排洪起到了明显的作用,某特钢厂受益是明显的。因此,某市水利水产局对维护管理费的征收不属于乱收费,人民法院应维持市水利水产局的行政征收行为。

175.问:如何判别某个规范性文件是属于行政法规还是属于部门规章问题?

答:当前的水行政执法办案工作中,除法律外,还会经常适用到行政法规和国务院部门规章。依照《立法法》的规定,行政法规的效力高于部门规章。因此,正确判别某个规范性文件是属于行政法规还是属于部门规章,对于水行政管理机关依法行政而言至关重要。但是一些执法人员在这方面存在认识上的误区。

《立法法》第六十九条规定:行政法规由总理签署国务院令公布。第八十五条第一款规定:部门规章由部门首长签署命令予以公布。于是,一些执法人员得出这样的结论:以国务院令公布的才是行政法规,以部门令公布的都是部门规章。实际上,行政法规的类型不仅仅只有国务院令这一种,以部门令公布的规范性文件有时属于行政法规,这涉及我国立法程序的沿革问题。具体地说,《立法法》施行以前(2000年7月1日以前),我国行政法规的制定和公布均遵循《行政法规制定程序暂行条例》(2002年1月1日后被国务院令第321号公布的《行政法规制定程序条例》代替)。该暂行条例规定:经国务院常务会议审议通过或者经国务院总理审定的行政法规,由国务院发布,或者由国务院批准、国务院主管部门发布。因此,当时的行政法规实行双轨制。2004年5月18日,《最高人民法院关于审理行政案件适用法律规范问题的座谈会纪要》(法〔2004〕96号,简称《纪要》)也明确提出:考虑中华人民共和国成立后我国立法程序的沿革情况,现行有效的行政法规有以下三种类型:一是国务院制定并公布的行政法规;二是立法法施行以前,按照当时有效的行政法规制定程序,经国务院批准、由国务院部门公布的行政法规,但在立法法施行以后,经国务院批准、由国务院部门公布的规范性文件,不再属于行政法规;三是在清理行政法规时由国务院确认的其他行政法规。

176.问:在紧急防汛期,防汛指挥机构根据防汛抗洪的需要,有权在其管辖范围内做好哪些工作?

答:在紧急防汛期,防汛指挥机构根据防汛抗洪的需要,有权在其管辖范围内调用物资、设备、交通运输工具和人力,决定采取取土占地、砍伐林木、清除阻水障碍物和其他必要的紧急措施;必要时,公安、交通等有关部门按照防汛指挥机构的决定,依法实施陆地和水面交通管制。

177.问:适用法律、法规、规章,应当遵循哪些原则?

答:(1)上位法优于下位法。

(2)同一机关制定的法律、行政法规、地方性法规、规章,特别规定与一般规定不一致的,适用特别规定。

(3)同一机关制定的法律、行政法规、地方性法规、规章,新的规定与旧的规定不一致的,适用新的规定。

(4)法律、法规、规章规定的其他原则。

178.问:法律、法规、规章规定可以单处也可以并处时,如何使用?

答:法律、法规、规章规定可以单处也可以并处的,违法行为事实、性质、情节和社会危害程度较轻的适用单处,违法行为事实、性质、情节和社会危害程度较重的适用并处。

179.问:申请取水应当提交哪些材料?

答:(1)申请书;

(2)与第三者利害关系的相关说明;

(3)属于备案项目的,提供有关备案材料;

(4)国务院水行政主管部门规定的其他材料。

180.问:制定水资源费征收标准,应当遵循哪些原则?

答:(1)促进水资源的合理开发、利用、节约和保护;

(2)与当地水资源条件和经济社会发展水平相适应;

(3)统筹地表水和地下水的合理开发利用,防止地下水过量开采;

(4)充分考虑不同产业和行业的差别。

181.问:建设项目中取水事项有哪些变更情形的,建设单位应当重新进行建设项目水资源论证,并重新申请取水?

答:(一)取水量或者取水用途发生较大改变的;

（二）取水水源或者取水地点发生较大改变的；

（三）退水地点、退水量或者退水方式发生改变的；

（四）退水中所含主要污染物及污水处理措施发生变化的。

182.问：行政强制分哪两大类？

答：行政强制可分为行政强制措施和行政强制执行。

行政强制措施是指行政机关在行政管理过程中，为制止违法行为、防止证据损毁、避免危害发生、控制危险扩大等情形，依法对公民的人身自由实施暂时性限制，或者对公民、法人或者其他组织的财产实施暂时性控制的行为。

行政强制执行是指行政机关或者行政机关申请人民法院，对不履行行政决定的公民、法人或者其他组织，依法强制履行义务的行为。

183.案情简介：某市因创建国家卫生城市，集贸市场工作格外繁忙，一天晚6时，市工商行政管理局工作人员张某加班整治市场秩序。在巡查过程中，发现一经营户许某在摊外设点经营，遂责令其改正，但等他转了一圈回来，发现该经营户照样乱堆乱放，张某遂叫协管员王某拿来一本简易程序处罚决定书和现场笔录，对其处以100元罚款，张某、王某、许某分别在上面签了名。处理完这件事后，张某与协管员王某继续巡查市场，发现许某仍在摊外设点经营，妨碍交通，张某上前再次劝阻，许某竟对其污言秽语，张某遂上前将其营业执照予以收缴，许某不肯，双方发生厮打。这时王某喊来其他协管员，将许某架走，张某派人将许某关在办公室里，不许其走动，直至深夜大家结束工作才放其回去吃晚饭。许某以市工商局实施行政处罚程序违法并非法限制人身自由为由，向人民法院提起行政诉讼。

该案首先涉及几个实体法上的问题。第一，市工商局工作人员张某对许某实施的罚款和收缴营业执照的处罚行为是否违反了《行政处罚法》中的一事不再罚原则？一种意见认为不违反一事不再罚原则。因为《行政处罚法》规定，对当事人的同一个违法行为，不得给予两次以上罚款的行政处罚。本案第一个行政处罚是罚款，第二个行政处罚是收缴营业执照，不违反《行政处罚法》的规定。另一种意见认为，行政处罚法中一事不再罚原则并不限于对同一违法行为，不得给予两次以上的罚款处罚，而且也应及于其他形式的处罚。也就是说，对同一行为，只可以给予一个处罚，而不能再给予其他形式的处罚。第二，工商行政管理机关有无限制公民人身自由的权力？对此问题，大家没有争议。工商行政管理机关没有限制人身自由的权力。我们在这里重点要讨论的是本案涉及的程序问题。

问：本案中，工商行政管理机关作出的两个处罚行为，都是以简易程序作出的，对此两种处罚行为，是否可以适用简易程序？

答：本案涉及行政处罚中简易程序和一般程序的适用问题。根据《行政处罚法》第五十一条的规定，适用简易程序必须符合一定的条件：①违法事实确凿；②有法定依据；③较小数额罚款或者警告的行政处罚。这里所指的较少数额罚款，是指对公民处以50元以下，对法人或者其他组织处以1 000元以下罚款。只有在满足上述条件的情况下，行政机关才可以适用简易程序对违法的相对人实施行政处罚，即行政机关执法人员不必适用调查取证程序，也不必更换时间和地点，可以立即当场予以处罚。对不符合简易程序适用条件的行政处罚案件，行政机关只能按照一般程序进行处罚。一般程序的步骤包括：①立案。行政机关对于属于本机关管辖范围内并在追究时效内的行政违法行为或重大违法嫌疑情况，行政机关认为有调查处理必要的，应当正式立案。②调查。行政机关在立案后，应当对案件进行全面调查,对主要事实、情节和证据进行查对核实,取得必要证据,并查证有关应依据的行政法律规范。③决定。行政机关在案件调查终结后,应当由承办人员填写《案件处理意见申报表》,向有裁决权的行政机关汇报案件情况和有关处理意见,送行政机关首长审批。④制作处罚决定书。行政机关负责人经过对调查结果的审查,作出给予行政处罚的决定的,应拟制盖有作出行政处罚决定的行政机关印章的行政处罚决定书。⑤说明理由并告知权利。行政机关在作出行政处罚决定之前,应当告知当事人作出行政处罚决定的事实、理由及依据,并告知当事人依法享有的权利。⑥当事人陈述和申辩。行政机关必须充分听取当事人的意见,对当事人提出的事实、理由和证据,应当进行复核。当事人提出的事实、理由和证据成立的,行政机关应当采纳,不得因当事人申辩而加重处罚。⑦正式裁决。调查终结后,行政机关负责人经审查,认定违法嫌疑人违法事实成立,即作出处罚决定。⑧行政处罚决定书的送达。行政机关作出行政处罚决定书后,应当依照《民事诉讼法》的有关规定,将决定书送达当事人。

以上是《行政处罚法》规定的行政处罚的一般程序。在此程序中,如果行政机关作出责令停产停业、吊销许可证或者执照、较大数额罚款等行政处罚,根据该法第四十二条的规定,还可以适用听证程序。

具体到本案看,第一,对许某处以100元罚款适用简易程序是错误的。因为根据《行政处罚法》的规定,对公民处以50元以下罚款才适用简易程序;此案应适用一般程序来处理,执法人员应有2人以上,王某系协管员,没有执法资格。因此,此案实际上仅有张某一个工商机关工作人员执法,这是不符合法定程序的。张某在处理此案时让王某在笔录和处罚决定书上作为执法人员签字也是错误的。第二,收缴营业执照作为一种严厉的行政处罚,必须适用严格的程序,王某在没有法定依据的情况下适用简易程序收缴经营户的营业执照是严重违反处罚程序的行为。据此,我们认为,法院应判决撤销市工商行政管理局作出的对许某处以100元罚款的行为和收缴其营业执照的行为。

184.问:被告未提供做出具体行政行为时的证据,该具体行政行为是否有效力?

答:行政诉讼举证责任,是指当事人对法律规定的事项或者当事人自己提出的主张,应当举出证据加以证明,否则将承担败诉的风险及不利法律后果的制度。根据《行政诉讼法》的规定,在行政诉讼中,对具体行政行为的合法性由被告承担举证责任;对具体行政行为合法性以外的问题,实行"谁主张,谁举证"。

行政诉讼中举证责任制度具有以下特点:①举证责任的主体是行政机关。《行政诉讼法》第三十四条规定:被告对作出的行政行为负有举证责任,应当提供作出该行政行为的证据和所依据的规范性文件。《行政诉讼法》之所以这样规定,原因在于:行政机关应当先取证后裁决,以证据证明具体行政行为的事实,以法律为依据作出处理决定,而不能在没有证据的情况下,对相对人作出具体行政行为。而且,在行政法律关系中,行政机关处于主动地位,其实施行为时一般无须征得公民、法人或者其他组织的同意,具有主动执法的权力,根据权利义务平等的原则,行政机关应当负有举证的义务,这样才能体现双方当事人平等的法律地位。②行政诉讼中行政机关举证责任的内容包括:被告作为或不作为的事实根据;被告作出具体行政行为的法律法规等规范性文件;行政机关在作出具体行政行为时必须遵守以事实为根据,以法律为准绳,按照先取证后裁判的行政程序来行使职权的程序和证据。③被告进行举证有时效的限制。《最高人民法院关于执行〈中华人民共和国行政诉讼法〉若干问题的解释》规定:被告应当在收到起诉状副本之日起10日内提交答辩状,并提出具体行政行为时的证据、依据。被告在二审过程中向法庭提交在一审过程中没有提交的证据，不能作为二审法院撤销或者变更一审裁判的根据。

人民法院在行政审判中审查认定行政机关具体行政行为是否合法的条件是：事实是否清楚、证据是否确凿，是否符合法定程序。根据《行政诉讼法》第五十二条的规定，人民法院审理行政案件，首先，要审查行政机关据以作出具体行政行为的事实是否清楚；其次，审查其作出具体行政行为的法律依据是否恰当。

185.问：延期、分期缴纳罚款在具体实践中如何操作？

答：当事人确有经济困难，需要延期或者分期缴纳罚款的，应当提出书面申请。经水行政管理机关负责人批准后，由办案机构以办案机关的名义，书面告知当事人延期或者分期的期限。这是依据《行政处罚法》作出的。《行政处罚法》规定：当事人确有经济困难，需要延期或者分期缴纳罚款的，经当事人申请和行政机关批准，可以暂缓或者分期缴纳。

(1)规定延期、分期缴纳罚款的意义。

在正常的罚款收缴程序之外，可能出现当事人因特定情形无法按时履行缴纳罚款义务的情况。例如，当事人遭受火灾、水灾等突发灾害，希望能够延期或者分期缴纳罚款。在这种情况下，当事人不是主观上拒绝接受处罚、不履行缴纳罚款义务，而是客观上存在实际困难，无法按时履行缴纳罚款的义务。

鉴于此，行政机关应当将这种情形与当事人故意拒绝或者拖延履行义务的行为加以区分，允许确有经济困难的当事人暂缓或者分期履行缴纳罚款义务。对于当事人有履行能力却不履行缴纳罚款义务的行为，行政机关应当依法采取强制执行措施，迫使当事人履行法定义务，以达到行政处罚的目的。

允许确有经济困难的当事人延期或者分期缴纳罚款，充分体现《行政处罚法》坚持处罚与教育相结合，教育公民、法人或者其他组织自觉守法的原则与精神，也彰显坚持“实事求是，一切从实际出发”的原则和精神。对于确有经济困难的当事人，如果轻率采取强制执行措施，不仅没有可执行标的，执行措施无法落实，还很容易扩大应予执行的标的。这样的结果不仅损害行政处罚的权威性和有效性，也不利于和谐社会的建立和发展。

(2)延期、分期缴纳罚款的申请和批准。

①申请。

当事人申请延期或者分期缴纳罚款应向作出行政处罚决定的水行政管理机关提交书面申请，载明不能按时缴纳罚款的原因，附以必要的证明材料，同时提出具体的延期或者分期缴纳罚款要求。

②审查、批准。

水行政管理机关审查当事人的申请，除应对书面文字材料认真审查外，还必须合理判断当事人是否具有履行缴纳罚款义务的能力。必要时，水行政管理机关应进行实际调查，既要实施好《行政处罚法》，又要防止当事人利用法律、法规逃避及时履行缴纳罚款的义务。

水行政管理机关经过审查，如果认为当事人申请延期或者分期缴纳罚款的理由不成立，应予驳回；如果认为当事人的申请理由成立，应作出批准予以延期或者分期缴纳罚款的决定。批准决定应以决定书的形式，经水行政管理机关负责人批准后，由办案机构以办案机关的名义作出，送达当事人及收款银行。收款银行应依照行政机关作出的决定书收缴罚款。

需要强调的是，法律、法规及规章所规定的暂缓履行或分期履行缴纳罚款义务是有条件的。所以，当事人一旦有了履行能力，就应当按照行政机关的决定缴纳罚款。行政机关发现当事人有履行能力却故意拖延履行，违反行政机关作出的延期或分期履行缴纳罚款决定的，可以依法采取强制执行措施。

186.问：在水行政执法实践中容易混淆的法律概念解析？

答：在行政执法实践中，经常需要制作各类法律文书，这就要求执法人员准确把握法律概念，正确使用相关的表述用语，以避免混淆概念或者词不达意。

(1)“法律”与“法规”。

“法律”与“法规”之间的关系是从属关系，即大与小和谁产生谁的关系。“法规”包括行政法规、地方性法规，本书仅以行政法规(简称“法规”)为例，进行对比分析。总的来说，“法律”与“法规”的区别有3点。

一是制定和发布的机关不同。“法律”是由全国人民代表大会及其常务委员会根据宪法精神制定并发布的法律文件，带有战略性与全局性的特点，具有普遍指导意义。“法规”是经全国人民代表大会授权，由国务院依据相关法律精神，根据经济社会发展实际制定，并报请全国人民代表大会备案后所发布的。

二是制定的依据不同。制定“法律”的依据是《宪法》。制定“法规”的依据是“法律”。

三是审核通过的机关不同。“法律”是由全国人民代表大会及其常委会审核通过的，“法规”是由国务院法制机构审核通过的。

(2)“规定”与“约定”

“规定”是法律和法规中的共用词，“约定”是合同中使用的词。二者的区别有4点。

一是出处不同。“规定”出自由权力机关或权力机关的执行机关颁布的法律、法规，而“约定”则出自当事人双方签订的合同。

二是适用对象不同。“规定”适用于所有当事人，而“约定”则仅仅适用于签订合同的当事人。

三是效力不同。“规定”具有普遍约束力和强制执行力，不能变通、协商。在“约定”方面，根据《合同法》的规定，签订合同的当事人无法达成一致意见时，对于合同中所约定的事项可以协商解决，予以变通执行。

四是有效期限不同。法律、法规中所说的“规定”，非经宣布废除，则永远有效，具有反复使用性。而合同中的“约定”，在完全履行合同约定内容后会自行失效，不具有反复使用性。

(3)“根据”与“依据”。

“根据”是原原本本对照法律条款，对违法行为予以明确界定。“依据”是综合多部法律对同一违法行为的原则性规定，在充分考虑案件具体情况后，适用其中的部分规定，对违法行为予以定性。二者的区别有3点。

一是适用法律的单一程度不同。“根据”一般适用于一部法律、法规或者一个条文；而“依据”则适用于多部法律、法规中的多个条文，或者适用于同一部法律、法规中的多个条文，适用法律的单一程度低于“根据”情形中的单一程度。

二是自由裁量的范围不同。“根据”一般适用于考虑因素不多，自由裁量的范围或者幅度不大，甚至不涉及自由裁量事项的案件处理。“依据”则适用于考虑因素较多、自由裁量的范围或者幅度较大的案件处理。

三是内涵和外延不同。“根据”突出了所适用法律、法规中的条文的内涵特征，即法律条文自身的内在规定性、实质性、指向性、单一性。“依据”突出了所适用法律、法规中的条文的外延特征，即该条文与其他条文的外在联系性、相关性、协调性、合成性。弄清“根据”与“依据”的区别，对于准确适用法律、法规中的条文，针对违法行为的社会危害程度、持续时间、违法行为人的认错态度等因素，进行准确定性量罚至关重要。

(4)“处罚告知”与“处罚决定告知”。

“处罚告知”与“处罚决定告知”同属案件处理的最后阶段。二者的区别有4点。

一是告知的先后顺序不同。“处罚告知”在前，“处罚决定告知”在后。

二是告知针对的内容不同。“处罚告知”在处罚建议审批后履行，告知针对的是处罚建议的审批内容。而“处罚决定告知”在正式的行政处罚决定审批后履行，告知针对的是正式的行政处罚决定。

三是告知内容的可改变性不同。“处罚告知”的内容可以改变，而“处罚决定告知”的内容则不能改变。

四是当事人的权利行使情况不同。“处罚告知”旨在充分听取当事人对拟处罚内容的陈述意见，若当事人的陈述意见合法、合理、合情，则“处罚告知”的内容可作适当调整。“处罚决定告知”则意味着已履行了处罚告知程序，充分听取了当事人的陈述意见，其中包含了是否采纳当事人的陈述意见等内容，因此具有不再听取当事人原有陈述意见或者其他陈述意见的明确特征。

187.问：什么叫行政强制？

答：行政强制是指对违反行政法律规范或者不履行生效的行政决定的行政管理相对人的人身权、财产权和其他权利予以限制或者处分，直接执行或者迫使当事人履行由具体行政行为所确定的法律上的义务。

188.问：对《行政强制法》的适用是怎样规定的？

答：《行政强制法》第三条规定：行政强制的设定和实施，适用本法。也就是说，对行政强制措施和行政强制执行的设定和实施，都要依据《行政强制法》。

但同时有两个例外：①发生或者即将发生自然灾害、事故灾难、公共卫生事件或者社会安全事件等突发事件，行政机关采取应急措施或者临时措施，依照有关法律、行政法规的规定执行。②行政机关采取金融业审慎监管措施、进出境货物强制性技术监控措施，依照有关法律、行政法规的规定执行。

189.问：行政机关对违法行为可以不采取行政强制措施的前提条件是什么？

答：违法行为情节显著轻微或者没有明显社会危害的，可以不采取行政强制措施。

190.问：行政机关实施行政强制措施应当遵守哪些程序性规定？

答：行政机关实施行政强制措施应当遵守下列规定：①实施前须向行政机关负责人报告并经批准；②由两名以上行政执法人员实施；③出示执法身份证件；④通知当事人到场；⑤当场告知当事人采取行政强制措施的理由、依据以及当事人依法享有的权利、救济途径；⑥听取当事人的陈述和申辩；⑦制作现场笔录，现场笔录由当事人和行政执法人员签名或者盖章，当事人拒绝的，在笔录中予以注明；⑧当事人不到场的，邀请见证人到场，由见证人和行政执法人员在现场笔录上签名或者盖章；⑨法律、法规规定的其他程序。

依照法律规定实施限制公民人身自由的行政强制措施，除应当履行上述规定的程序外，还应当遵守下列规定:①当场告知或者实施行政强制措施后立即通知当事人家属实施行政强制措施的行政机关、地点和期限;②在紧急情况下当场实施行政强制措施的,在返回行政机关后,立即向行政机关负责人报告并补办批准手续;③法律规定的其他程序。

191.问:查封、扣押由哪个行政机关实施?

答:查封、扣押应当由法律、法规规定的行政机关实施,其他任何行政机关或者组织不得实施。

192.问:实施查封、扣押的行政强制措施时有哪些限制性规定?

答:查封、扣押限于涉案的场所、设施或者财物,不得查封、扣押与违法行为无关的场所、设施或者财物;不得查封、扣押公民个人及其所扶养家属的生活必需品。

当事人的场所、设施或者财物已被其他国家机关依法查封的,不得重复查封。

193.问:对查封、扣押财产的期限是怎样规定的?

答:查封、扣押的期限不得超过三十日;情况复杂的,经行政机关负责人批准,可以延长,但是延长期限不得超过三十日。法律、行政法规另有规定的除外。

对物品需要进行检测、检验、检疫或者技术鉴定的,查封、扣押的期间不包括检测、检验、检疫或者技术鉴定的期间。

194.问:行政机关对查封、扣押的场所、设施或财产的保管责任是怎样规定的?

答:①对查封、扣押的场所、设施或者财物,行政机关应当妥善保管,不得使用或者损毁;造成损失的,应当承担赔偿责任。②对查封的场所、设施或者财物,行政机关可以委托第三人保管,第三人不得损毁或者擅自转移、处置。因第三人的原因造成的损失,行政机关先行赔付后,有权向第三人追偿。③因查封、扣押发生的保管费用由行政机关承担。

195.问:在哪些情形下,行政机关应当及时作出解除查封、扣押决定?

答:有下列情形之一的,行政机关应当及时作出解除查封、扣押决定:①当事人没有违法行为;②查封、扣押的场所、设施或者财物与违法行为无关;③行政机关对违法行为已经作出处理决定,不再需要查封、扣押;④查封、扣押期限已经届满;⑤其他不再需要采取查封、扣押措施的情形。

解除查封、扣押应当立即退还财物;已将鲜活物品或者其他不易保管的财物拍卖或者变卖的,退还拍卖或者变卖所得款项。变卖价格明显低于市场价格,给当事人造成损失的,应当给予补偿。

196.问:行政机关在作出强制执行决定前,应当做好哪些工作?

答:①行政机关作出强制执行决定前,应当事先以书面形式催告当事人履行义务。催告书上应当载明当事人履行义务的期限、方式,以及当事人依法享有的陈述权和申辩权。催告书应当直接送达当事人。当事人拒绝接收或者无法直接送达当事人的,应当依照《民事诉讼法》的有关规定送达。②当事人收到催告书后有权进行陈述和申辩。行政机关应当充分听取当事人的意见,对当事人提出的事实、理由和证据,应当进行记录、复核。当事人提出的事实、理由或者证据成立的,行政机关应当采纳。

197.问:在什么情况下行政机关可以强制执行?

答:①行政机关依法作出行政决定后,当事人在行政机关决定的期限内不履行义务的,具有行政强制执行权的行政机关可以依照《行政强制法》的规定强制执行。②经催告,当事人逾期仍不履行行政决定,且无正当理由的,行政机关可以作出强制执行决定。③在催告期间,对有证据证明有转移或者隐匿财物迹象的,行政机关可以作出立即强制执行决定。

198.问:行政强制执行在什么情形下要终结执行?

答:行政强制执行有下列情形之一的,终结执行:①公民死亡,无遗产可供执行,又无义务承受人的;②法人或者其他组织终止,无财产可供执行,又无义务承受人的;③执行标的灭失的;④据以执行的行政决定被撤销的;⑤行政机关认为需要终结执行的其他情形。

199.问:在强制执行中或执行完毕后,据以执行的行政决定被撤销、变更或者错误的,应如何处理?

答:在执行中或执行完毕后,据以执行的行政决定被撤销、变更、或者执行错误的,应当恢复原状或者退还财物;不能恢复原状或者退还财物的,依法给予赔偿。

200.问:在什么情况下行政机关可以与当事人达成执行协议?

答:实施行政强制执行,行政机关可以在不损害公共利益和他人合法权益的情况下,与当事人达成执行协议。执行协议可以约定分阶段履行;当事人采取补救措施的,可以减免加处的罚款或者滞纳金。

执行协议应当履行。当事人不履行执行协议的,行政机关应当恢复强制执行。

201.问:对行政机关的行政强制执行有哪些禁止性规定?

答:①行政机关不得在夜间或者法定节假日实施行政强制执行。但是,情况紧急的除外。②行政机关不得对居民生活采取停止供水、供电、供热、供燃气等方式迫使当事人履行相关行政决定。

202.问:对违法的建筑物、构筑物、设施等应当如何处理?

答:对违法的建筑物、构筑物、设施等需要强制拆除的,应当由行政机关予以公告,限期当事人自行拆除。当事人在法定期限内不申请行政复议或者提起行政诉讼,又不拆除的,行政机关可以依法强制拆除。

203.问:行政机关在什么情况下可以加处罚金或滞纳金?

答:①行政机关依法作出金钱给付义务的行政决定,当事人逾期不履行的,行政机关可以依法加处罚款或者滞纳金。加处罚款或者滞纳金的数额不得超出金钱给付义务的数额。②行政机关依法实施加处罚款或者滞纳金超过三十日,经催告当事人仍不履行的,具有行政强制执行权的行政机关可以强制执行。

204.问:没有行政强制执行权的行政机关在什么情况下可以将查封、扣押的财物依法拍卖抵缴罚款。

答:没有行政强制执行权的行政机关应当申请人民法院强制执行。但是,当事人在法定期限内不申请行政复议或者提起行政诉讼,经催告仍不履行的,在实施行政管理过程中已经采取查封、扣押措施的行政机关,可以将查封、扣押的财物依法拍卖抵缴罚款。

205.问:什么情况下适用代履行?

答:代履行是指义务人逾期不履行行政法义务,由他人代为履行可以达到相同目的的,行政机关可以自己代为履行或者委托第三人代为履行,向义务人征收代履行费用的强制执行制度。

代履行主要适用于该行政法义务属于可以由他人代替履行的作为义务,例如排除障碍、强制拆除等。对于不能够由他人替代的义务和不作为义务,特别是与人身有关的义务,不适用代履行。

206. 问：代履行应当遵守哪些规定？

答：代履行应当遵守下列规定：①代履行前送达决定书，代履行决定书应当载明当事人的姓名或者名称、地址，代履行的理由和依据、方式和时间、标的、费用预算以及代履行人；②代履行三日前，催告当事人履行，当事人履行的，停止代履行；③代履行时，作出决定的行政机关应当派员到场监督；④代履行完毕，行政机关到场监督的工作人员、代履行人和当事人或者见证人应当在执行文书上签名或者盖章；⑤代履行不得采用暴力、胁迫以及其他非法方式。

207. 问：代履行的费用由谁承担？

答：代履行的费用按照成本合理确定，由当事人承担。但是，法律另有规定的除外。

208. 问：在什么情况下，行政机关可以立即实施代履行？

答：需要立即清除道路、河道、航道或者公共场所的遗洒物、障碍物或者污染物，当事人不能清除的，行政机关可以决定立即实施代履行；当事人不在场的，行政机关应当在事后立即通知当事人，并依法作出处理。

209. 问：没有行政强制执行权的行政机关在什么情况下可以申请人民法院强制执行？

答：当事人在法定期限内不申请行政复议或者提起行政诉讼，又不履行行政决定的，没有行政强制执行权的行政机关可以自期限届满之日起三个月内，依法向人民法院申请强制执行。

行政机关申请人民法院强制执行前，应当催告当事人履行义务。催告书送达十日后当事人仍未履行义务的，行政机关可以向所在地有管辖权的人民法院申请强制执行；执行对象是不动产的，向不动产所在地有管辖权的人民法院申请强制执行。

210. 问：人民法院在受理和裁定行政机关强制执行申请时要遵循哪些规定？

答：①人民法院接到行政机关强制执行的申请，应当在五日内受理。②人民法院对行政机关强制执行的申请进行书面审查，对符合《行政强制法》第五十五条的规定，且行政决定具备法定执行效力的，除《行政强制法》第五十八条规定的情形外，人民法院应当自受理之日起七日内作出执行裁定。③人民法院应当自受理之日起三十日内作出是否执行的裁定。裁定不予执行的，应当说明理由，并在五日内将不予执行的裁定送达行政机关。

211. 问：行政机关对人民法院不予受理或不予执行的裁定有异议的怎么办？

答：行政机关对人民法院不予受理的裁定有异议的，可以在十五日内向上一级人民法院申请复议，上一级人民法院应当自收到复议申请之日起十五日内作出是否受理的裁定。

行政机关对人民法院不予执行的裁定有异议的，可以自收到裁定之日起十五日内向上一级人民法院申请复议，上一级人民法院应当自收到复议申请之日起三十日内作出是否执行的裁定。

212. 问：在什么情形下，人民法院作出裁定前可以听取被执行人和行政机关的意见？

答：人民法院发现有下列情形之一的，在作出裁定前可以听取被执行人和行政机关的意见：①明显缺乏事实根据的；②明显缺乏法律、法规依据的；③其他明显违法并损害被执行人合法权益的。

213. 问：在什么情况下行政机关可以申请人民法院立即执行？

答：因情况紧急，为保障公共安全，行政机关可以申请人民法院立即执行。经人民法院院长批准，人民法院应当自作出执行裁定之日起五日内执行。

214.问:行政机关向人民法院申请强制执行的费用由谁承担?

答:行政机关申请人民法院强制执行,不缴纳申请费。强制执行的费用由被执行人承担。

人民法院以划拨、拍卖方式强制执行的,可以在划拨、拍卖后将强制执行的费用扣除。

215.问:行政机关实施行政强制有哪些情形之一的,要依法追究责任?

答:行政机关实施行政强制,有下列情形之一的,由上级行政机关或者有关部门责令改正,对直接负责的主管人员和其他直接责任人员依法给予处分,违法行为构成犯罪的,依法追究刑事责任:①没有法律、法规依据的;②改变行政强制对象、条件、方式的;③违反法定程序实施行政强制的;④违反《行政强制法》的规定,在夜间或者法定节假日实施行政强制执行的;⑤对居民生活采取停止供水、供电、供热、供燃气等方式迫使当事人履行相关行政决定的;⑥有其他违法实施行政强制情形的。

216.问:对行政机关违反《行政强制法》的哪些行为要依法追究责任?

答:违反《行政强制法》的规定,行政机关有下列情形之一的,由上级行政机关或者有关部门责令改正,对直接负责的主管人员和其他直接责任人员依法给予处分,违法行为构成犯罪的,依法追究刑事责任:①扩大查封、扣押、冻结范围的;②使用或者损毁查封、扣押场所、设施或者财物的;③在查封、扣押法定期间不作出处理决定或者未依法及时解除查封、扣押的;④在冻结存款、汇款法定期间不作出处理决定或者未依法及时解除冻结的。

217.问:根据《水法》,开发、利用水资源,应当坚持什么原则?

答:开发、利用水资源,应当坚持兴利与除害相结合,兼顾上下游、左右岸和有关地区之间的利益,充分发挥水资源的综合效益,并服从防洪的总体安排。

218.问:水事违法案件处理程序包括哪些内容?

答:①受理;②立案;③调查;④告知(听证);⑤处理(处罚);⑥执行;⑦结案。

219.问:《防洪法》对河道、湖泊管理范围内作了哪些禁止性规定?

答:在河道、湖泊管理范围内禁止建设妨碍行洪的建筑物、构筑物,倾倒垃圾、渣土,从事影响河势稳定、危害河岸堤防安全和其他妨碍河道行洪的活动。禁止在行洪河道内种植阻碍行洪的林木和高秆作物。

220.问:未经批准擅自取水或者未依照批准的取水许可规定条件取水的,应该怎么处理?

答:由县级以上人民政府水行政主管部门或者流域管理机构依据职权,责令停止违法行为,限期采取补救措施,处二万元以上十万元以下的罚款;情节严重的,吊销其取水许可证。

221.问:防汛的工作方针是什么?

答:安全第一,常备不懈,以防为主,全力抢险。

222.问:防洪法和对河道、湖泊管理范围及其界定是如何规定的?

答:有堤防的河道、湖泊,其管理范围为两岸堤防之间的水域、沙洲、滩地、行洪区和堤防及护堤地;无堤防的河道、湖泊,其管理范围为历史最高洪水位或者设计洪水位之间的水域、沙洲、滩地和行洪区。

223.问:我国河道管理主体对河道管理的内容有哪些?

答:禁止在河道管护范围内从事乱开发建设、乱挖滥采砂石、乱占管护范围内的土地、乱倒垃圾、乱排污水的“五乱”现象。其核心内容是河道内从事建设和生产的各项活动都必须符合防洪规划的要求,不得影响河势稳定,危害堤防安全,妨碍行洪和输水,不得影响水质和破坏生态环境,同时不得影响第三者利益。

224.问:在洪泛区、蓄滞洪区建设非防洪建设项目,《防洪法》作了哪些规定?

答:在洪泛区、蓄滞洪区内建设非防洪建设项目,应当就洪水对建设项目可能产生的影响和建设项目对防洪可能产生的影响作出评价,编制洪水影响评价报告,提出防御措施。建设项目可行性研究报告按照国家规定的基本建设程序报请批准时,应当附具有关水行政主管部门审查批准的洪水影响评价报告。

在蓄滞洪区内建设的油田、铁路、公路、矿山、电厂、电信设施和管道,其洪水影响评价报告应当包括建设单位自行安排的防洪避洪方案。建设项目投入生产或者使用时,其防洪工程设施应当经水行政主管部门验收。

在蓄滞洪区内建造房屋应当采用平顶式结构。

225.问:什么是防洪区?

答:防洪区是指洪水泛滥可能淹及的地区,分为洪泛区、蓄滞洪区和防洪保护区。

226.问:什么是水工程?

答:水工程是指在江河、湖泊和地下水源上开发、利用、控制、调配和保护水资源的各类工程。

227.案情简介:2018年8月23日,河南省安阳市水利局接到举报:境内安阳河河道里有大量垃圾。安阳市水利局立即派水政监察员赶往现场调查取证,经现场勘验,弃渣量为860立方米。安阳市水利局认为当事人的河道弃渣行为已经违反了《防洪法》第二十二条第二款的规定。垃圾是谁倒在河里的呢?这要从2017年初说起。安阳某陶瓷有限公司为清理生产过程中产生的废渣料和生活垃圾,与某村委会协商签订了垃圾占地协议。协议约定由该村委会指定倒渣地点,安阳某陶瓷有限公司支付垃圾占地款10 000元,期限为一年。随后,该公司与村民燕某签订了垃圾清运协议,要求其将废渣、生活垃圾运至规定地点,并每月支付清运费3 300元。从2017年5月起,燕某每天负责将陶瓷有限公司的废渣、垃圾运出并倒在村委会指定的安阳河河西该村段。针对违法事实,安阳市水利局根据《防洪法》第五十六条第二项的规定,分别作出对安阳某陶瓷有限公司处以40 000元罚款、对燕某处以8 000元罚款、责令限期清除弃渣的行政处罚决定。处罚决定作出后,燕某不服,随即向安阳市人民政府申请行政复议。理由是:安阳某陶瓷有限公司雇他为其拉运废渣及垃圾,地点也是指定好的,并不是他私拉乱倒,所以不应该承担责任。

对此,安阳市水利局认为,燕某受雇于安阳某陶瓷有限公司清运垃圾,将860立方米垃圾在汛期倾倒在河道中。虽弃渣地点为安阳某陶瓷有限公司认定,但燕某是直接行为人,且与安阳某陶瓷有限公司均为独立主体,根据《防洪法》,对倾倒垃圾者进行处罚并无不当。依据《防洪法》等法律、法规的规定,复议机关维持了安阳市水利局作出的处罚决定。燕某在法定期限内没有提起行政诉讼,也不履行处罚决定,安阳市水利局申请法院强制执行。在燕某清除了倾倒于河道内的废渣、垃圾,并交纳罚款后,此案结案。

法条链接:《防洪法》第二十二条第二款:禁止在河道、湖泊管理范围内建设妨碍行洪的建筑物、构筑物,倾倒垃圾、渣土,从事影响河势稳定、危害河岸堤防安全和其他妨碍河道行洪的活动。第五十六条规定:在河道、湖泊管理范围内倾倒垃圾、渣土,从事影响河势稳定、危害河岸堤防安全和其他妨碍河道行洪的活动的,责令停止违法行为,排除阻碍或者采取其他补救措施，可以处五万元以下的罚款。

问：（一）您认为安阳市水利局对燕某作出的行政处罚决定是否合适及理由？

答：对燕某的处罚是正确的，因为燕某是违法行为的直接实施人。他的行为违反了《防洪法》第二十二条第二款“禁止在河道、湖泊管理范围内建设妨碍行洪的建筑物、构筑物，倾倒垃圾、渣土，从事影响河势稳定、危害河岸堤防安全和其他妨碍河道行洪的活动”的规定，按照《防洪法》第五十六条第二项的规定，应对其处以罚款。

问：（二）在本案中，安阳某陶瓷有限公司有无责任及理由？

答：对安阳某陶瓷有限公司所作出的处罚值得商榷。因为虽然渣土是安阳某陶瓷有限公司在生产过程中产生的，但是安阳某陶瓷有限公司与某村签订了垃圾占地协议书，并由该村指定了倒渣地点。安阳某陶瓷有限公司为处理生产中产生的渣土，只是与村委会签订了渣土占地协议，并没有直接实施违法行为，且渣土倾倒地点是由村委会指定的，故因地点选取而造成的违法事实，不应当由安阳某陶瓷有限公司承担相应责任。所以说应对燕某进行处罚，不应对安阳某陶瓷有限公司处罚。

问：（三）怎样才能避免此类案件的发生？

答：从此案中可以看出，加大水法律、法规的宣传力度是一项非常重要的工作，做好普法工作更是当务之急。要使人民群众更多地了解和掌握水法律、法规，知道哪些行为是被禁止的，哪些行为属于违法行为，并树立起自觉守法的意识，此类案件才可能避免发生。

228. 某县进行水利执法大检查，该县水利局执法人员发现甲未经批准擅自取水，对甲口头作出罚款100元的处罚，并要求甲当场缴纳罚款。甲向执法人员询问处罚的理由和依据，执法人员说理由和依据可以在缴纳罚款后到水利局去问，并不再听取甲的申辩。

问：该行政处罚在程序上存在哪些不合法之处？

答：（1）两名执法人员不应当口头作出罚款决定。

（2）在本案中，执法人员不能适用简易程序当场作出罚款100元的决定。

（3）执法人员不能当场向当事人收缴罚款。

（4）甲向执法人员询问处罚的理由和依据，执法人员不应不告知。

（5）执法人员不应不听取当事人的申辩。

229.问：我国的基本国情水情是什么？

答：人多水少，水资源时空分布不均。

230.问：《水法》所称水资源是指什么？

答：地表水和地下水。

231.问：实施最严格的水资源管理制度应确立的“三条红线”是什么？

答：（1）水资源开发利用控制红线；

（2）用水效率控制红线；

（3）水功能区限制纳污红线。

232.问：《水法》规定，国家对水资源依法实行什么制度？

答：取水许可和水资源有偿使用制度。

233.问：《水法》规定，国家对水资源实行什么管理体制？

答：流域管理与行政区域管理相结合的管理体制。

234.问:有堤防的河道,其管理范围如何确定?

答:有堤防的河道,其管理范围为两岸堤防之间的水域、沙洲、滩地(包括可耕地)、行洪区,两岸堤防及护堤地。

235.问:在防洪工程设施保护范围内,禁止进行哪些危害防洪工程设施安全的活动?

答:爆破、打井、采石、取土。

236.问:对河道、湖泊范围内阻碍行洪的障碍物,由防汛指挥机构按照什么原则责令限期清除?

答:谁设障、谁清除的原则。

237.问:因生产、经营需要,确需占用河道堤防工程的单位和个人,必须经河道主管机关批准,并应当缴纳什么费?

答:河道堤防工程占用补偿费。

238.问:哪些对象应列为防洪重点?

答:大中城市,重要的铁路、公路干线,大型骨干企业,应当列为防洪重点。

239.问:无堤防的河道,其管理范围根据什么确定?

答:无堤防的河道,其管理范围根据历史最高洪水位或者设计洪水位确定。

240.问:《取水许可和水资源费征收管理条例》所称取水是指什么?

答:利用取水工程或者设施直接从江河、湖泊或者地下取用水资源。

241.问:《取水许可和水资源费征收管理条例》规定,取水许可证有效期限一般为几年?最长不超过几年?

答:一般为五年,最长不超过十年。

242.问:地区之间在防汛抗洪方面发生的水事纠纷,由什么部门处理?

答:由发生纠纷地区共同的上一级人民政府或其授权的主管部门处理。

243.问:国家对河道管理实行什么原则?

答:按水系统一管理和分级管理相结合的原则。

244.问:在河道管理范围内,水域和土地的利用应当符合什么要求?

答:江河行洪、输水和航运的要求。

245.问:筹集防洪费用的原则是什么?

答:政府投入同受益者合理承担相结合的原则。

246.问:水土保持法指的四荒是什么?

答:荒山、荒沟、荒丘、荒滩。

247.问:中央明确支持的山丘区"五小水利工程"是什么?

答:小水窖、小水池、小塘坝、小泵站、小水渠。

248.问:需要直接从江河、湖泊或者地下取用水资源的单位和个人,怎样取得取水权?

答:应向水行政主管部门或者流域管理机构申领取水许可证,并缴纳水资源费,取得取水权。

249.问:《水法》第四十七条规定,国家对用水实行什么制度?

答:国家对用水实行总量控制和定额管理相结合的制度。

250.问:《水行政处罚实施办法》规定,制作调查笔录中,被调查人拒绝签名或者盖章的,水政监察人员应当怎么办?

答:应当有两名以上水政监察人员在笔录上注明情况并签名。

251.问:水行政处罚的种类有哪些?

答:警告、罚款、吊销许可证、没收非法所得以及法律、法规规定的其他水行政处罚。

252.问:当事人要求听证的,应当怎么办?

答:当事人要求听证的,可以在听证告知书的送达回证上签署意见,也可以在收到告知书三日内以其他书面方式向水行政处罚机关提出听证要求。

253.问:《取水许可和水资源费征收管理条例》规定的申请取水应当提交哪些材料?

答:①申请书;②与第三者利害关系的相关说明;③属于备案项目的,提供有关备案材料;④国务院水行政主管部门规定的其他材料。

254.问:单位之间、个人之间、单位与个人之间发生水事纠纷,如当事人不愿协商或者协商不成,该怎么办?

答:如当事人不愿协商或者协商不成,可以申请县级以上地方人民政府或者其授权的部门调解,也可以直接向人民法院提起民事诉讼。县级以上地方人民政府或者其授权的部门调解不成的,当事人可以向人民法院提起民事诉讼。在水事纠纷解决前,当事人不得单方面改变现状。

255.问:哪些情形下水行政机关应当对已立案的行政处罚案件进行销案处理?

答:两种情形的案件应当销案:一是违法事实不成立,二是已超过追责期限。

256.问:在地下水限制开采区内,确需取用地下水的,须经哪个部门批准?

答:须经省级水行政主管部门批准。

257.问:在河道管理范围内进行采砂活动的,需向什么部门申请办理采砂许可证?

答:在河道管理范围内进行采砂活动的,必须按照国家有关规定向有管辖权的水行政主管部门申请办理采砂许可证。

258.问:水行政处罚决定书送达的方式有哪几种?

答:①直接送达;②留置送达;③委托送达;④邮寄送达;⑤公告送达;⑥转交送达。

259.问:我国法制宣传日是哪一天?

答:每年的 12 月 4 日

260.问:“世界水日”和“中国水周”的时间分别是哪天?

答:每年 3 月 22 日是“世界水日”,3 月 22 日至 28 日为“中国水周”。

261.问:《水法》制定的目的是什么?

答:为了合理开发、利用、节约和保护水资源,防治水害,实现水资源的可持续利用,适应国民经济和社会发展的需要,制定水法。

262.问:国家对河道采砂实行什么制度?

答:河道采砂许可制度。

263.问:对河道、湖泊管理范围内阻碍行洪的障碍物,责令限期清除而逾期不清除的,依法如何处理?

答:由防汛指挥机构组织强行清除,所需费用由设障者承担。

264.问:《水法》对水资源的所有权是如何规定的?

答:水资源属于国家所有。水资源的所有权由国务院代表国家行使。农村集体经济组织的水塘和由农村集体经济组织修建管理的水库中的水,归各该农村集体经济组织使用。

265.问:《水法》中的水工程定义是什么?

答:水法所称水工程,是指在江河、湖泊和地下水源上开发、利用、控制、调配和保护水资源的各类工程。

266.问:对可能出现垮坝的水库,大坝主管部门应当组织有关单位事先制订什么方案?

答:应急抢险和居民临时撤离方案。

267.问:水资源紧缺地区应当限制哪些产业?

答:耗水量高的工业、农业和服务业。

268.问:堤防防汛水位分哪三级?

答:设防水位、警戒水位、保证水位。

269.问:河道采砂准采证是否可跨年使用?

答:河道采砂准采证一年一审批,不得跨年使用。

270.问:洪水等级划分标准有哪些?

答:①一般洪水;②较大洪水;③大洪水;④特大洪水。

271.问:《水法》规定,开发、利用水资源,应当坚持什么原则?

答:开发、利用水资源,应当坚持兴利与除害相结合,兼顾上下游、左右岸和有关地区之间的利益,充分发挥水资源的综合效益,并服从防洪的总体安排。

272.问:《水法》规定,拒不缴纳、拖延缴纳或者拖欠水资源费的,应承担什么法律责任?

答:拒不缴纳、拖延缴纳或者拖欠水资源费的,由县级以上人民政府水行政主管部门或者流域管理机构依据职权,责令限期缴纳;逾期不缴纳的,从滞纳之日起按日加收滞纳部分千分之二的滞纳金,并处应缴或者补缴水资源费一倍以上五倍以下的罚款。

273.问:未经批准擅自取水或者未依照批准的取水许可规定条件取水的,应该怎么处理?

答:由县级以上人民政府水行政主管部门或者流域管理机构依据职权,责令停止违法行为,限期采取补救措施,处二万元以上十万元以下的罚款;情节严重的,吊销其取水许可证。

274.问:《水法》的适用范围是什么?

答:在中华人民共和国领域内开发、利用、节约、保护、管理水资源,防治水害,适用本法。

275.问:农村集体经济组织修建水库应当经哪个部门批准?

答:应当经县级以上地方人民政府水行政主管部门批准。

276.问:造成水土流失应负什么责任?

答:造成水土流失危害的,有责任排除危害,并对直接受到损害的单位和个人赔偿损失。

277.问:在什么情况下,县级以上人民政府防汛指挥机构可以宣布进入紧急防汛期?

答:当江河、湖泊的水情接近保证水位或者安全流量,水库水位接近设计洪水位,或者防洪工程设施发生重大险情时。

278.问:矿山企业把尾矿垃圾排入行洪河道内,造成该河道淤积、堵塞,应当怎么处理?

答:水行政主管部门应责令其停止违法行为,限期清除所排尾矿垃圾,并可处5万元以下罚款。

279.问:什么是水功能区?

答:水功能区是指为满足水资源合理开发、利用、节约和保护的需求,根据水资源的自然条件和开发利用现状,按照流域综合规划、水资源保护和经济社会发展要求,依其主导功能划定范围并执行相应水环境质量标准的水域。

280.问:计划用水单位增加用水计划应当同时符合哪些条件?

答:①生产经营发展需要;②已采取相应的节水措施;③水的重复利用率、用水定额达到规定的行业标准。

281.问:计划用水单位应当在每年的什么时候申报下一年度的用水计划?

答:每年的10月31日前。

282.问:城市居民水费是由哪几项构成?

答:水费、城市附加费、污水处理费、水资源费。

283.问:我国对水实行什么样的制度?

答:我国对水实行总量控制和定额管理相结合的制度。

284.问:什么是节水"三同时"制度?

答:节水"三同时"是指新建、扩建、改建建设项目,应当制订节水措施方案,配套建设节水设施。节水设施应当与主体工程同时设计、同时施工、同时投入使用。

285.问:为什么要开展水平衡测试工作?

答:水平衡测试是对用水单位进行科学管理的有效方法,也是进一步做好城市节约用水工作的基础。任何一个用水单位都存在着水量平衡关系,通过对用水单位的实际测试,确定各种用水,如取水、用水、重复利用水、耗水、排水、漏水等参数的水量值,根据其平衡关系分析用水合理程度,称之为水平衡测试。

为了在城市节水管理工作中推广应用这一科学的管理方法,1990年全国能源基础与管理标准委员会发布国家标准《企业水平衡与测试通则》(GB/T 12452—90)。于2004年9月1日起实施的《河南省节约用水管理条例》也在第二十条明确规定:达到国家规定标准的用水单位,应当按有关规定进行水平衡测试,水平衡测试的结果应当报送有关水行政主管部门和其他有关部门。用水单位按规定进行水平衡测试已经成为法定义务。

286.问:水平衡测试的目的是什么?

答:水平衡测试是用水单位加强用水科学管理,最大限度地节约用水和合理用水的一项基础工作。它涉及用水单位管理的各个方面,同时也表现出较强的综合性、技术性。通过水平衡测试应达到以下目的:

(1)掌握单位用水现状,用水总量和各用水单元之间的定量关系。

(2)为制订科学合理的用水定额和年度用水计划指标提供了较准确的基础。

(3)建立健全用水单位用水档案,提高单位管理人员的节水意识和节水管理水平。

(4)通过合理化分析,找出节水潜力,根据实际条件,制定切实可行的节水技术、管理措施和合理用水规划。

(5)促使用水单位节水、节支,为城市可持续发展做出贡献。

287.问:"世界水日"和"中国水周"的来历?

答:1993年1月18日,第四十七届联合国大会作出决议,确定每年的3月22日为"世界水日"。决议的主要内容如下:

大会回顾联合国环境与发展大会通过的《21世纪议程》第十八章的有关条款,考虑到虽然一切社会和经济活动都极大地依赖于淡水的供应量和质量,但人们并未普遍认识到水资源开发对提高经济生产力、改善社会福利所起的作用;还考虑到随着人口增长和经济的发展，许多国家将很快陷入缺水的困境，经济发展将受到限制；进一步考虑到推动水的保护和持续性管理需要地方一级、全国一级、地区间、国际间的公众意识。

(1)根据《21 世纪议程》第十八章所提出的建议，从1993年开始，确定每年的 3 月 22 日为“世界水日”。

(2)请各国根据各自的国情，在这一天就水资源保护与开发和实施《21 世纪议程》所提出的建议，开展一些具体的活动，如出版、散发宣传品、举行会议、圆桌会议、研讨会、展览会等，以提高公众意识。

(3)请秘书长就联合国秘书处尽目前条件之可能，且在不影响现行活动的情况下，以任何方式与方法帮助各国组织“世界水日”活动，提出建议，集中在一个与水资源保护有关的特定主题，做出必要的部署，并保证活动的成功。

(4)建议可持续发展委员会在执行其任务时把实施《21 世纪议程》第十八章放在优先地位。

1988 年《水法》颁布后，水利部即确定每年的 7 月 1 日至 7 日为“中国水周”，考虑到“世界水日”与“中国水周”的主旨和内容基本相同，故从1994年开始，把“中国水周”的时间改为每年的 3 月 22 日至 28 日，时间的重合，使宣传活动更加突出“世界水日”的主题。

288.问：水土保持“三同时”制度是指什么？

答：《水土保持法》规定，生产建设项目中的水土保持设施，应当与主体工程同时设计、同时施工、同时投产使用。

289.问：开办生产建设项目或者从事其他生产建设活动造成水土流失，不进行治理的，如何处理？

答：由县级以上人民政府水行政主管部门责令限期治理；逾期仍不治理的，县级以上人民政府水行政主管部门可以指定有治理能力的单位代为治理，所需费用由违法行为人承担。

290.问：如何界定水土保持方案应该编报告书还是报告表？

答：《水土保持法》第二十五条规定：

在山区、丘陵区、风沙区以及水土保持规划确定的容易发生水土流失的其他区域开办可能造成水土流失的生产建设项目，生产建设单位应当编制水土保持方案，报县级以上人民政府水行政主管部门审批，并按照经批准的水土保持方案，采取水土流失预防和治理措施。没有能力编制水土保持方案的，应当委托具备相应技术条件的机构编制。

可见，《水土保持法》明确了应当编制水土保持方案的情形，那么在确定要编制水土保持方案后，如何界定水土保持方案到底应该编报告书还是报告表？

首先我们来看《开发建设项目水土保持方案编报审批管理规定》(水利部第 5 号令)第四条

水土保持方案分为“水土保持方案报告书”和“水土保持方案报告表”。

凡征占地面积在 1 公顷以上或者挖填土石方总量在 1 万立方米以上的开发建设项目，应当编报水土保持方案报告书；其他开发建设项目应当编报水土保持方案报告表。

再看《水利部关于进一步深化“放管服”改革全面加强水土保持监管的意见》(水保〔2019〕160 号)征占地面积在 5 公顷以上或者挖填土石方总量在 5 万立方米以上的生产建设项目，应当编制水土保持方案报告书；征占地面积在0.5公顷以上 5 公顷以下或者挖填土石方总量在 1 000 立方米以上 5 万立方米以下的项目，编制水土保持方案报告表。征占地面积不足0.5公顷且挖填土石方总量不足 1 000 立方米的项目,不再办理水土保持方案审批手续,生产建设单位和个人应当依法做好水土流失防治工作。

从法的形式来看,水利部第 5 号令为部门规章,属于法律位阶;水保〔2019〕160 号文为其他规范性文件,不属于法律位阶。因此,从法的效力来看,水利部第 5 号令效力高于水保〔2019〕160 号文。那是不是应该按水利部第 5 号令的规定来执行呢?

继续来看《立法法》第九十二条:同一机关制定的法律、行政法规、地方性法规、自治条例和单行条例、规章,特别规定与一般规定不一致的,适用特别规定;新的规定与旧的规定不一致的,适用新的规定。由于水利部第 5 号令和水保〔2019〕160 号文均由水利部制定,根据《立法法》的规定,同一机关制定的规定不一致时,应该执行新的规定,因此不管是水土保持方案编报告书还是报告表应按水保〔2019〕160 号文执行。

291.问:水土保持行政许可是怎么来的?

答:1991 年《水土保持法》颁布,首次提出在山区、丘陵区、风沙区修建铁路、公路、水工程,开办矿山企业、电力企业和其他大中型工业企业,在建设项目环境影响报告书中,必须有水行政主管部门同意的水土保持方案。彼时,这些建设项目基本属于独立选址,在农村地区建设,尚未大规模进入城市。

近二十年来,全国城镇化进程加速,许多建设项目造成的水土流失影响逐渐显现。同时,不仅山区、丘陵区和风沙区,平原区生产建设活动造成的水土流失问题越来越突出。2011 年,修订的《水土保持法》正式施行,对水土保持方案编报范围重新划定,明确规定水土保持方案编制范围不仅包括山区、丘陵区、风沙区,还包括水土保持规划确定的容易发生水土流失的其他区域。在项目类别上,只要是上述区域开办可能造成水土流失的生产建设项目,生产建设单位均应当编制水土保持方案。之后,各省、自治区、直辖市结合地方实际,陆续出台本行政辖区《水土保持法》实施办法、水土保持条例、水土保持管理办法,对生产建设项目水土流失防治要求也进一步细化。根据法律要求,建设单位在实施相关工程项目时,应根据国家及地方水土保持法律、法规及部门规章,办理水土保持行政许可审批手续。因此,建设单位在日常工作中,需要主动了解水土保持相关法律法规要求及水土保持行政许可手续办理关键环节,做好水土保持工作,为项目顺利投入使用打好基础。

292.问:水土保持方案报批,立项前和开工前办理有何不同?

答:1.水土保持行政许可事项:根据《水土保持法》第二十五条,在山区、丘陵区、风沙区以及水土保持规划确定的容易发生水土流失的其他区域开办可能造成水土流失的生产建设项目,生产建设单位应当编制水土保持方案,报县级以上人民政府水行政主管部门审批,并按照经批准的水土保持方案,采取水土流失预防和治理措施。根据法律设置的水土保持行政许可事项原本有 2 项,分别为水土保持方案审批和水土保持设施验收审批。2017 年 9 月 22 日,《国务院关于取消一批行政许可事项的决定》(国发〔2017〕46 号)取消了各级水行政主管部门实施的生产建设项目水土保持设施验收审批行政许可事项,转为生产建设单位按照有关要求自主开展水土保持设施验收。那么,涉及水土保持的行政许可,仅剩生产建设项目水土保持方案审批 1 项。经过长期实践,水土保持方案审批作为项目建设的要件,被大多建设单位所重视,而后续水土保持方案的落实、水土保持监测、水土保持设施验收则容易被忽视,从而导致建设单位违法行为的产生,承担相应违法后果。当水土保持监督执法查处项目时,建设单位往往才发现自己还有相关手续未办理。因此,建设单位在办理水土保持行政许可手续时要知道生产建设项目水土保持是全过程管理，不仅需要办理行政许可，而且涉及法律要求的监测、验收工作也需要完成。

2.水土保持方案编报审批：根据《水土保持法》第二十六条，依法应当编制水土保持方案的生产建设项目，生产建设单位未编制水土保持方案或者水土保持方案未经水行政主管部门批准的，生产建设项目不得开工建设。

该款明确了水土保持方案是项目开工建设的必要条件。根据现行《开发建设项目水土保持方案编报审批管理规定》(1995年5月30日水利部令第5号发布，2005年7月8日水利部令第24号修改，2017年12月22日水利部令第49号修改)，审批制项目，在报送可行性研究报告前完成水土保持方案报批手续；核准制项目，在提交项目申请报告前完成水土保持方案报批手续；备案制项目，在办理备案手续后、项目开工前完成水土保持方案报批手续。而立项前与开工前办理水土保持方案对建设单位要求却是不一样的。

(1)立项前办理。

该类项目水土保持投资一般能够保障，特别是独立费用中的监测、验收等费用，为后续水土保持工作的开展提供了条件。但是会出现因部分建设项目可行性研究报告深度不够，导致按照可研编制的水土保持方案深度不够，在后期工程建设中，会根据主体设计内容的变化而重新调整。

根据现行法律法规，如果主体工程建设内容调整而导致工程水土流失防治责任范围、水土保持防治措施及措施布置发生重大变化，则需要重新报原审批机关批准，无疑会给建设单位增加办理环节，进而影响工程进度。

这就要求建设单位在筛选水土保持咨询服务机构时，要选择经验丰富并在方案编制阶段能够熟练掌握项目建设内容及水土流失环节，具备提供优秀水土保持方案的能力，规避重新编报方案的风险。

(2)开工前办理。

该类项目水土保持方案编制一般在工程初步设计阶段介入，此时工程变化一般不会太大，编制的水土保持方案基本不突破方案重新编报的限额要求。但缺点是项目立项阶段没有考虑水土保持工程落实的相关独立费用，包括监测、验收等费用。

监督执法实践中常见的就是，项目在立项阶段没有考虑相关费用，在实施过程中没有经费开展水土保持监测，不具备验收条件，进而因违法而受罚。

这种情况，就要求建设单位学法懂法，在开展项目前期工作时，及早引进水土保持咨询服务机构，在立项阶段给出大致的投资匡算，待项目进入初步设计阶段再行编制水土保持方案，以避免后续出现因无相应项目经费不能验收而影响工程投入运行。

3.为什么要开展水土保持后续设计：根据《水土保持法》第二十七条，依法应当编制水土保持方案的生产建设项目中的水土保持设施，应当与主体工程同时设计、同时施工、同时投产使用。

在实践中，除了一些大型开发建设项目配套水土保持工程有专项设计外，许多水土保持后续设计往往纳入主体工程设计。但是由于主体设计单位重点考虑的是项目自身功能，加之对水土保持法律、法规理解不够深入，多会因为外在功能表现、投资成本控制等方面，忽视水土保持措施设计，或者随意变更水土保持措施设计。这也是后续水土保持设施验收不能顺利开展的原因之一。

另外，由于水土保持措施中一大类措施是绿化措施，项目实践中绿化方案一般交由园林设计公司负责,虽然外在表现都是绿地,但是水土保持设计侧重水土保持功能,而园林设计则更在意园林景观效果。因此,项目实施过程中,水土保持服务机构如未有效介入,会导致一些绿地建设并没有发挥出应用的水土保持效果。这就要求,建设单位对园林设计单位与水土保持咨询服务机构合作提出约束,在项目实施过程中水土保持咨询服务单位可辅助园林设计或景观设计部门开展工作,确保不会造成水土流失后果。

4.水土保持监理开展的必要条件有哪些:水土保持监理是保障水土保持工程建设质量的重要手段,其监理报告是后期水土保持设施验收的重要依据。《水利工程建设监理规定》(2006 年 12 月 18 日水利部令第 28 号发布,2017 年 12 月 22 日水利部令第 49 号修改),要求总投资 200 万元以上且符合下列条件之一的水利工程建设项目,必须实行建设监理:

(1)关系社会公共利益或者公共安全的;

(2)使用国有资金投资或者国家融资的;

(3)使用外国政府或者国际组织贷款、援助资金的。铁路、公路、城镇建设、矿山、电力、石油天然气、建材等开发建设项目的配套水土保持工程,符合前款规定条件的,应当按照规定开展水土保持工程施工监理。

《水利工程建设监理单位资质管理办法》(2006 年 12 月 18 日水利部令第 29 号发布,2010 年 5 月 14 日水利部令第 40 号修改,2015 年 12 月 16 日水利部令第 47 号修改,2017 年 12 月 22 日水利部令第 49 号修改)要求,从事水利工程建设监理业务的单位,应当取得资质,并在资质等级许可的范围内承揽水利工程建设监理业务。因此,符合上述条件的开发建设项目水土保持工程须请有相应水土保持监理资质的单位开展监理工作。其他项目水土保持工程可由主体工程建设监理单位负责监理工作,但应配备相应的水土保持监理工程师。

5.为什么说寻找一家优秀的监测单位很重要:根据《水土保持法》第四十一条,对可能造成水土流失的大中型生产建设项目,生产建设单位应当自行或者委托水土保持监测资质的机构,对生产建设活动造成的水土流失进行监测,并将监测情况定期上报当地水行政主管部门。目前,各地方政府结合地区实际,出台更加严格的水土保持法实施办法或者水土保持条例,生产建设项目监测工作不再局限于大中型建设项目,如《北京市水土保持条例》规定所有依法编制水土保持方案的生产建设项目均需要开展水土保持监测工作。

另外,由于《生产建设项目水土保持监测资质管理办法》的废除,监测工作的开展仅具备相应能力的监测单位即可开展。由于水土保持监测专业性、技术性较强,监测结果不仅服务于建设单位完善水土流失防治措施以及后续验收工作,而且服务于水土保持监督管理部门用于日常监管,因此如何筛选具备监测能力的中介服务机构是做好监测工作的重中之重。监测数据的获取来自于日常调查、定期观测和数据分析,是一项琐碎而烦琐、考验智力与体力的技术活动。监测报告与设计方案的最大不同在于,监测数据是不可复制和修改的,因此选择一个专业靠谱的服务机构至关重要。虽然监测工作可以委托服务机构,但是监测的责任主体依然是建设单位。如果服务机构数据造假,则建设单位将最终承担与此相关的法律责任。

6.水土保持验收最新要求是什么:根据《水土保持法》第二十七条,生产建设项目竣工验收,应当验收水土保持设施;水土保持设施未经验收或者验收不合格的,生产建设项目不得投产使用。目前,生产建设项目水土保持设施验收由生产建设单位按照有关要求自主开展。

为规范生产建设项目水土保持设施自主验收的程序和标准,2017 年 11 月 13 日,水利部印发《水利部关于加强事中事后监管规范生产建设项目水土保持设施自主验收的通知》(水保〔2017〕365号),要求生产建设单位自主验收水土保持设施,要严格执行水土保持标准、规范、规程确定的验收标准和条件。

存在下列情形之一的,不得通过水土保持设施验收。

(1)存在未依法依规履行水土保持方案及重大变更的编报审批程序的;

(2)未依法依规开展水土保持监测的;

(3)废弃土石渣未堆放在经批准的水土保持方案确定的专门存放地的;

(4)水土保持措施体系、等级和标准未按经批准的水土保持方案要求落实的;

(5)水土流失防治指标未达到经批准的水土保持方案要求的;

(6)水土保持分部工程和单位工程未经验收或验收不合格的;

(7)水土保持设施验收报告、水土保持监测总结报告等材料弄虚作假或存在重大技术问题的;

(8)未依法依规缴纳水土保持补偿费的;

(9)存在其他不符合相关法律法规规定情形的。

验收工作最终是与水土保持方案、水土保持设计、施工以及监理、监测相呼应,是全过程管理的最终把关,实践中许多建设单位往往在验收时才发现一些措施未按要求落实、一些水土保持工作未能及时开展,进而导致验收不能通过,不能投产使用。以上提到的水土保持方案编报审批、水土保持监测、水土保持设施验收均有相应罚则,罚款额度在五万至五十万元不等。同时,根据生产建设单位水土保持信用评价机制建设要求,今后国家将充分发挥信用记录在监管中的作用,监督信息纵横连接、共享使用,与企业信用挂钩,一处受罚,处处受限。因此,从长远来看,生产建设项目违法成本将大大提高。对建设单位而言,按照《水土保持法》落实项目建设过程中的水土流失防治责任,必须予以重视。

附:有关省、自治区、直辖市需办理水土保持行政许可的项目范围

北京:可能造成水土流失的生产建设项目,包括房屋建设类、交通及其附属设施类、公共服务类、农林及生态环境类项目(详见《北京市建设项目水影响评价分类管理规定》,北京市水土保持方案、洪水影响评价、水资源论证行政审批程序合并为北京市建设项目水影响评价行政审批)。

河北:山区、丘陵区、风沙区及水土保持规划确定的容易发生水土流失的其他区域可能造成水土流失的生产建设项目。

山东:山区、丘陵区、风沙区及水土保持规划确定的容易发生水土流失的其他区域,开办扰动地表、损坏植被、挖填土石方等可能造成水土流失的生产建设项目。

河南:山区、丘陵区、平原沙土区及水土保持规划确定的容易发生水土流失的其他区域开办可能造成水土流失的下列生产建设项目:

(1)铁路、公路、机场、码头、桥梁、隧道、通信、市政、水工程等基础设施项目;

(2)煤炭、电力、石油、天然气等能源设施项目;

(3)采矿、采石、冶炼等工业项目;

(4)城镇新区、开发区、产业集聚区、各类工业园区等建设项目;

(5)房地产开发、旅游区开发等土地开发项目;

(6)其他可能造成水土流失的生产建设项目。

293.问:近年来,环境保护行政诉讼案和公益诉讼案越来越多,而水土流失诉讼案件却较少。2017 年,发生在水土保持行业的两个案件引发了广泛关注和热烈讨论,一是贵州首例水土流失环境公益诉讼案,二是云南省水利厅水土保持行政诉讼案,目前距案件审理完已过去数月,这两个案件又给我们带来哪些启示,在未来水土保持工作中能提供哪些参考和借鉴?

答:下面对 2017 年发生的两个水保案件进行点评和分析,从专业角度分析案件及其意义。

案件一:聚焦贵州首例水土流失环境公益诉讼案

2017 年 3 月 17 日,贵州省遵义市中级人民法院立案受理原告贵州省青年法学会与被告深圳市博达煤电开发有限公司、遵义桂冠风力发电有限公司生态破坏公益诉讼一案。同年 9 月 5 日,该法院公开开庭审理此案。据悉,这是贵州省首例因水土流失造成生态破坏而受理的环境民事公益诉讼案件。该案件主要围绕三个问题进行了辩论:一是期间为何增加千吨水土流失量,二是是否严格执行“三同时”制度,三是验收合格是否等同于过程合法。

1.期间为何增加千吨水土流失量

2017 年 5 月 15 日,原告贵州省青年法学会因二被告开发建设的遵义洪关太阳坪风电场水土保持设施已进入竣工验收阶段,为此,特根据《民事诉讼法》等法律法规及司法解释的规定,请求人民法院变更诉讼请求为:依法判令二被告按贵州省水利厅 2017 年 1 月 19 日竣工验收意见进行整改,消除生态损害危险;对未按规定在施工期间采取水土保持临时措施、未足额投资造成的期间生态功能损失(自应当采取水土保持临时措施之日起至行政主管部门对水土保持设施验收合格之日止)进行赔偿(赔偿金额以鉴定评估意见为准,款项用于当地生态环境治理)。据了解,二被告投资建设的贵州遵义洪关太阳平风电场位于贵州省遵义市遵义县(现更名为播州区)与毕节市织金县交界处,该工程拟开发风电面积约 24 平方千米,安装 24 台风机。根据该项目的水土保持方案报告书载明,项目所在地位于贵州省生态功能区划中的中部湿润亚热带喀斯特脆弱生态区,土壤侵蚀类型以水土侵蚀为主,属于乌江赤水河上中游国家级水土流失重点治理区、贵州省人民政府公告的省级重点治理区。同时,作者在被告提交的贵州省水利厅《水土保持方案的批复》中发现,项目可能造成新增水土流失量1 743.7吨。而在《水土保持监测调查总结报告》中发现,项目建设造成水土流失较大的时间段主要在施工期,造成水土流失量2 784.09吨。显而易见,被告的施工建设新增水土流失量 1 000 余吨。

庭审过程中,被告代理律师给出的解释是,“施工期间,我方严格按照‘三同时’制度(水土保持措施应当与主体工程同时设计、同时施工、同时投入生产使用)施工,水土保持验收报告上的各项指标符合水土保持方案批复的规定,项目水土保持设施已通过贵州省水利厅验收。”

2.是否严格执行“三同时”制度

庭审当日,原告代理律师首先宣读了《环境民事公益诉讼起诉状》,陈述了诉讼请求、案件事实和理由,又代表中国政法大学环境资源法研究和服务中心(又称污染受害者法律帮助中心)宣读了《支持原告起诉的意见书》。根据《水土保持法》第二十七条:“三同时”制度是指,依法应当编制水土保持方案的生产建设项目中的水土保持设施,应当与主体工程同时设计、同时施工、同时投产使用;生产建设项目竣工验收,应当验收水土保持设施;水土保持设施未经验收或者验收不合格的,生产建设项目不得投产使用。

原告代理律师指出,被告在施工过程中野蛮施工,未严格按照“三同时”制度采取有效的水土保持防治措施,加剧了项目所在地的水土流失,易造成泥石流和山体滑坡等生态破坏;建设区土层浅薄,被告未对表层植被、草皮及表土资源进行剥离,加大了后期水土流失治理的难度,降低了生态系统的服务功能,严重破坏了当地的生态环境。为此被告应当承担限期治理水土流失,恢复生态环境的法律责任。

对此,被告律师则认为,建设单位已经按照水利厅的批复完成水土保持投资,且实际投资已超过估算投资,项目现已通过水土保持设施竣工验收。以此理由否认己方野蛮施工,未严格执行“三同时”制度的行为。

3.验收合格是否等同于过程合法

双方辩论中,被告代理律师强调建设单位委托贵州新发展水保生态工程咨询有限公司编制该风电场水土保持方案报告书。贵州省水利厅于同年 12 月 28 日批复同意此水土保持方案和技术审查意见。

在水土保持设施设计、施工、监测、监理及验收环节,被告代理律师辩称已切实落实水土保持“三同时”制度,各项指标全部达到并超过《开发建设项目水土流失防治标准》中的建设类一级标准目标值。

此外,为顺利通过水土保持设施竣工验收,被告桂冠公司委托贵州晟泰工程咨询有限公司进行水土保持技术评估。该评估结论显示,该风电场可以组织竣工验收。

面对以上答辩,原告代理律师认为,首先,贵州晟泰工程咨询有限公司持有编制水土保持方案的资质证书,并不具备对水土保持设施生态环境影响的评估资质;其次,被告上述答辩只能证明其在建设后期弥补了部分水土保持设施,该风电场水土保持设施通过验收并不能证明在施工过程中违反“三同时”制度施工;最后,在该风电场在施工期间新增的千余吨水土流失量,足以证明被告的违法行为客观上造成生态环境破坏、生态系统服务功能下降的事实。经过长达 4 个多小时的庭审,对簿双方最终表示愿意通过法庭主持调解,审判长落下了宣告休庭的法槌。

案件二:云南省水利厅水土保持行政诉讼终审胜诉

云南楚雄某公司要求撤销云南省水利厅作出的不予行政许可决定以及重新作出行政许可决定的行政诉讼案,云南省昆明市中级人民法院作出了终审判决“驳回上诉,维持原判”。2015 年 4 月楚雄某公司向云南省水利厅提出某铁矿新建工程水土保持方案审批的申请,云南省水利厅根据《行政许可法》第三十八条第二款、《云南省水土保持条例》第十四条第一款第(二)项及第十七条第一款第(三)项的规定,作出了《不予行政许可决定书》。该公司不服云南省水利厅作出的《不予行政许可决定书》,向云南省人民政府提出行政复议,经云南省人民政府审理,维持了云南省水利厅作出的《不予行政许可决定书》。

2015 年 11 月该公司不服,向昆明市五华区人民法院提起诉讼,昆明市五华区人民法院受理后,开庭审理了该案并作出判决,驳回该公司的全部诉讼请求。

2016 年 8 月该公司不服昆明市五华区人民法院行政判决,向昆明市中级人民法院上诉,昆明市中级人民法院受理后,依法审理了该案,认为云南省水利厅的行政行为系有权主体作出,程序合法,有相应事实依据,适用法律正确,并作出了终审判决。该案是云南省水利厅根据《水土保持法》及有关规定,依法履行水土保持职能,实施行政许可权力,被申请人提起行政诉讼的第一案。同时,也是《云南省水土保持条例》2014 年 10 月 1 日实施以来,云南省水利厅为预防水土流失、保护重要水源地,运用地方性法规否决生产建设项目水土保持方案引起行政诉讼的第一案。该案将为全省各级水行政主管部门运用《云南省水土保持条例》,预防和治理水土流失,保护和合理利用水土资源,改善生态环境提供案例借鉴。

为什么环境公诉案多,水土流失诉讼案少?

近年来,涉及环境保护的行政诉讼及环境公益诉讼案例越来越多,各省市都有涉及大气污染、水污染、土地污染等的案例,但涉及水土流失的案例确实比较少,主要是水土流失造成的生态环境破坏并不直观,具有一定程度的隐蔽性,不易察觉,但与之隐蔽性相反的是其造成危害性却是巨大的,比如山洪泥石流的爆发、干旱等自然灾害的发生,当然水土流失案例中证据的取得也存在诸多障碍。

两个水土流失诉讼案件的意义何在?

作者在法制网上看到了贵州首例水土流失环境公益诉讼案件的报道以及中国水土保持学会官网上关于《云南省水利厅水土保持行政诉讼终审胜诉》的报道,有点小感慨,上述两个案例充分说明了目前政府部门对于环境资源保护的重视性,云南省的行政诉讼案例是通过国家立法和地方性法规保护水土资源,否决生产建设项目的行政诉讼第一例,更加体现了政府在发展经济的同时更加重视环境保护,保护环境资源的决心。

贵州水土流失环境公诉案还有哪些疑点?

作者注意到,贵州省水土流失环境公益诉讼案件的原告在起诉时提交了中国政法大学环境资源法研究和服务中心的《支持原告起诉的意见书》,那么此份意见书是作为原告陈述意见还是属于专家意见,法院将会对此做如何定性?出具意见书的专家是否需要出庭发表意见以及以何身份发表意见,都是值得探讨的。

《最高人民法院关于审理环境民事公益诉讼案件适用法律若干问题的解释》第十五条规定,当事人申请通知有专门知识的人出庭,就鉴定人作出的鉴定意见或者就因果关系、生态环境修复方式、生态环境修复费用以及生态环境受到损害至恢复原状期间服务功能的损失等专门性问题提出意见的,人民法院可以准许。前款规定的专家意见经质证,可以作为认定事实的根据。因此,个人认为该案可以考虑在庭审过程中引入专家进行辅助诉讼,对于案件关键性事实的认定可以起到推动作用。另外,该案判决或调解之后,如果产生生态环境修复费用,那么该案的生态环境修复费用将会如何监管和使用呢?

目前结合实践中法院判例,作者归纳了一下,主要有以下几种方式:

(1)环境损害赔偿金支付至环境保护公益金专项账户。

(2)环境损害赔偿金存放政府财政或上缴国库。

(3)针对受损害地区设立生态修复基金。

(4)环境损害赔偿金交由环保部门、水利部门。

根据受污染的环境不同各个法院做法也不相同,相对来说损害赔偿金的去向最多的就是环境保护公益金专项账户,但是令人遗憾的是,实践中公益金资金专项账户在开设中就存在诸多障碍,上缴国库又将会让公众对于资金的具体使用产生疑虑。

江苏省人民政府、江苏省环保联合会诉某染料有限公司环境污染民事公益诉讼案中,由于是水资源受到污染,又涉及多个市,将生态环境修复费用缴纳至环保部门,让环保部门整体管理和使用此笔费用,将相关费用用于环保工作,达到修复生态环境的基本用意。作者认为这是比较合理合情的做法，对于本案，作者比较期待贵州省法院在此方面是否有更好的措施。

以上观点仅是编者个人对这两案的简要评析。

294. 问：水保验收审批取消，是坏事儿吗？

答：首先，验收审批的取消，可以改变过去审批部门被动接收建设单位申报验收的局面。过去审批部门的精力主要花在组织验收审批上，结果是一些建设单位不主动申报验收，导致工程未经过验收就投入运行的违法行为屡屡出现。而现在是政府把验收审批取消了，审批部门把主要精力放在事中事后监管上，加之利用信息化手段提高监管效能，违法必究，使违法项目无处藏身。

这样能督促建设单位主动开展项目验收工作。对中介服务机构而言，将有更多的机会提供专业化服务。

其次，验收审批的取消，对生产建设项目水土保持设施验收工作要求不是松了，而是紧了。过去，建设单位把验收的责任交给审批部门，其搞好水土保持工作是被动的，只要能通过验收就行了，对后续水土保持设施运行管护并不关心。这中间就出现一些低价质次服务的现象，一些中介服务机构把心思花在怎么制作一份能通过验收的报告上，而不是把心思花在如何通过落实好水土保持工作而通过验收审批。

而现在是政府加强监管，按照相应规定和标准检查验收工作是否落实，不再是通过一个验收会议的形式来考核生产建设项目水土保持工作是否到位，而是通过全过程的监督检查来考核生产建设项目水土保持工作。这就要求建设单位在选择中介服务机构时，更多的重视服务质量而不是服务价格。从这点上来说，市场将更加有序，对中介服务机构是好事，而不是坏事。

从大的方面看，设施验收审批取消后，审批部门的监管责任更加强化，切实维护公平公正的市场秩序，对水土保持事业的发展也是个好事。

第三，对市场中现存的一些不重视水土保持工作、只重视钱多钱少、服务不规范的中介机构则是个坏消息。因为其已习惯于为了编报告而编报告，甚至不知道生产建设项目水土保持工作的根本是什么，在知识和技能上不能适应水土保持事业的发展，如果继续在原有轨道上走下去，被市场所淘汰是必然的。当然，对于那些热爱水土保持事业、重视终身学习和专业技术的中介服务机构绝对是个好消息，随着大浪淘沙，其必然会脱颖而出，越走越好。

295. 问：已经竣工投产的生产建设项目没有办理水土保持方案审批手续，生产建设单位是否需要补办水土保持方案审批手续？

答：生产建设项目出现“未批先建”违法行为，如项目投产使用已达两年以上，水行政主管部门可不再要求生产建设单位补办水土保持方案审批手续。如完建在两年以内，水行政主管部门应当按照《水土保持法》第五十三条的有关规定，责令停止违法行为并限期补办水土保持方案编报审批手续，对于逾期不补办手续的，水行政主管部门应当实施处罚。

296. 问：某项目地点和规模没有发生重大变化，但开挖填筑土石方总量增加 30% 以上，需要编写水土保持方案变更报告吗？

答：开挖填筑土石方总量增加 30% 以上的情形，即属生产建设项目规模发生重大变化，应当进行水土保持方案变更。

297.问:项目水土保持方案批复后,建设单位长期不开工,是否需要重新编制方案?

答:已经取得水土保持方案批复的项目,如不涉及新立项,不需要重新履行水土保持方案编报审批手续。

298.问:水土保持方案允许分期编制、分期验收吗?

答:生产建设项目在发展改革等部门如果是分期立项,则属于分期建设项目,可以根据分期立项情况分期编制水土保持方案、分期开展水土保持设施验收。

299.问:房地产开发项目产生的弃土委托第三方渣土公司清运至渣土消纳场地(城管部门划定)堆放,弃土占地是否属于项目防治责任范围?

答:堆放在渣土消纳场的弃土占地如果不属于项目征占用土地范围,不应当纳入生产建设项目的水土流失防治责任范围。

300.问:开发区统一编报了水土保持区域评估报告,开发区内的项目是否还要编水土保持方案?

答:开发区管理机构在开发区"五通一平"之前编制水土保持区域评估报告的情况下,开发区内的项目还需编制水土保持方案。开发区内项目的水土保持方案报告表,是在水土保持区域评估报告的基础上,根据开发区入驻项目的实际情况,对水土流失防治任务的细化及责任主体的进一步明确。

301.问:在水土保持方案确定的弃渣场外新设弃渣场的,新设弃渣场占地面积不足1公顷且最大堆渣高度不高于10米的,是否需要编制水土保持方案送审批部门审批?

答:生产建设单位可先征得所在地县级人民政府水行政主管部门同意,并纳入验收管理。此种情况下,生产建设单位不需履行水土保持方案编报审批手续。

302.问:如何编制水土保持方案变更报告书?

答:生产建设项目的水土保持方案经批准后,如果项目地点、规模发生重大变化,生产建设单位应当补充或者修改水土保持方案,报审批部门审批。水土保持方案变更报告书的具体章节编排及附图附件等,可参考《生产建设项目水土保持技术标准》(GB 50433—2018)B.1的有关规定,同时应当对照水利部相关规定,重点分析说明变更缘由、变更情形、变更的水土保持措施及投资估算等重点内容。

303.问:同一建设单位开发的房地产项目,分期建设,分别立项,可以编制1个水土保持方案吗?

答:根据有关规定,1个生产建设项目编制1个水土保持方案,如果立项文件是两个,则需要分别编制水土保持方案。

304.问:某养牛场项目计划建设9个牛场,立项文件只有1个,水土保持方案应编制9个还是1个?

答:水土保持方案编制对应生产建设项目,即1个生产建设项目编制一个水土保持方案。养牛场项目如果立项文件只有1个,是可以编制1个水土保持方案的。

305.问:平原地区开建的房地产项目是否需要编制水土保持方案?

答:平原地区的房地产开发项目是否需要编制水土保持方案的问题,应该以地区是否属于山区、丘陵区、风沙区以及经批准的水土保持规划确定的容易发生水土流失的区域来确定。

306. 问：没有水土保持方案编制单位水平评价证书（星级评价）的单位是否可以编制生产建设项目水土保持方案？

答：根据国发〔2015〕58号等文件的规定，生产建设单位可按要求自行编制水土保持方案，也可委托有关机构编制，审批部门不得以任何形式要求申请人必须委托特定中介机构提供服务。因此，没有星级的单位可以编制水土保持方案。

307. 问：1个立项中1个水土保持方案，分3个地块建设，可以分别验收吗？

答：可以分开实施水土保持设施自主验收。有关报告的内容按照《水利部关于加强事中事后监管规范生产建设项目水土保持设施自主验收的通知》（水保〔2017〕365号）及《生产建设项目水土保持设施自主验收规程（试行）》（办水保〔2018〕133号）等的相关规定编制。

308. 问：建筑垃圾消纳场无发展改革部门立项的相关手续，是否需要编报水土保持方案？

答：根据规定，需要编报水土保持方案的应是生产建设项目，是否属于生产建设项目应根据其在发展改革等部门的立项（实行审批制、核准制和备案制的项目）情况来定。因此，无立项要求的建筑垃圾消纳场不属于生产建设项目，无须编报水土保持方案。由于在建设期间和运行期间需要挖填土石方、扰动地表植被和排弃建筑垃圾等废弃土石渣，因此经营管理单位在建筑垃圾消纳场的建设期间和运行期间应采取预防和治理措施，防止产生新的水土流失。

309. 问：生产建设项目采取了水土保持措施，将生产建设过程中的水土流失控制在项目建设区防治责任范围内，是否可以理解为该项目没有造成水土流失危害？

答：生产建设项目是否造成水土流失危害不仅要看项目区本身的土石方是否控制在范围内，还要看其外排水的含沙量是否造成淤积、冲刷等，施工扬尘是否完全得到控制，而且还要考虑项目建设后对地形、地表改变后水流改变（方向、大小等）对周边区域是否造成影响和危害。

310. 问：生产建设项目因工程规模变化，造成工程占地等减少较大，其表土剥离量和植物措施总面积等水土保持措施量减少量超过了30%以上，是否需要办理水土保持方案变更审批手续？

答：根据有关规定，在生产建设项目规模和占地未发生明显变化的情况下，表土剥离量和植物措施总面积减少30%以上，水土保持重要单位工程措施体系发生变化，可能导致水土保持功能显著降低或丧失的，建设单位需要补充或者修改水土保持方案，报原审批机关审批。因生产建设项目规模减小而引起工程占地减少，导致表土剥离量和植物措施面积减少的部分，不计入变更计算。这里需要注意的是，在项目实际占地范围内，水土保持措施在不计入因占地减少而减少的部分外，仍发生需要变更的情形的，建设单位则需要补充或者修改水土保持方案，报原审批机关审批。

311. 问：水土保持监测是否还需要资质或者评价证书？

答：组织开展生产建设项目水土保持监测，申请人可按要求自行编制，也可委托有关机构编制。水土保持监测工作对于资质或者评价证书无相关要求。

312. 问：项目建设期间没有开展水土保持监测，投产后开展水土保持设施验收工作，如何补充开展监测工作？

答：补充开展水土保持监测的情况，生产建设单位应当采用历史遥感影像分析、人工模拟试验、现场调查、资料查阅等方法,对未开展水土保持监测期间的水土流失及水土保持状况进行分析评价,补充水土保持监测季报及监测总结报告,并报备有关流域管理机构及地方有关水行政主管部门。

313. 问:在经过现场调查和查阅工程设计资料后,如果水土保持监测人员认为批复的水土保持方案有不足之处,是否可以在水土保持监测实施方案中添加对水土保持措施的补充?

答:根据《生产建设项目水土保持监测规程》的有关规定,在经过现场调查和查阅工程设计资料后,如果水土保持监测人员认为经批复的水土保持方案有不足之处,应当按照附录F 填写生产建设项目水土保持监测意见书,对水土保持措施提出补充意见,并及时告知建设单位,由建设单位按照有关规定组织设计单位进行完善。

314. 问:哪些生产建设项目需要开展水土保持监理?

答:主体工程开展监理工作的项目,应当按照水土保持监理标准和规范开展水土保持工程施工监理。其中,征占地面积在 20 公顷以上或者挖填土石方总量在 20 万立方米以上的项目,应当配备具有水土保持专业监理资格的工程师;征占地面积在 200 公顷以上或者挖填土石方总量在 200 万立方米以上的项目,应当由具有水土保持工程施工监理专业资质的单位承担监理任务。

315. 问:水土保持方案编制单位、水土保持监测单位、水土保持监理单位与水土保持设施验收报告编制单位是否可以为同一家单位?

答:水土保持方案编制单位、水土保持监测单位和水土保持监理单位,作为同一项目的第三方技术服务机构承担水土保持设施验收报告编制,水利部没有禁止性规定。

316. 问:水土保持验收公示时间有具体规定吗?

答:除按照国家规定需要保密的情形外,生产建设单位应当在水土保持设施验收合格后,通过其官方网站或者其他便于公众知悉的方式向社会公开水土保持设施验收鉴定书、水土保持设施验收报告和水土保持监测总结报告(验收材料应公示至少 20 个工作日,即验收材料需保持公开状态)。对于公众反映的主要问题和意见,生产建设单位应当及时给予处理或者回应。

317. 问:水保〔2017〕365 号中明确项目水土保持验收报备资料为鉴定书、水保验收报告和水保监测总结报告,而办水保〔2018〕133 号文件中有规定验收材料包括鉴定书、水保验收报告和水保监测总结报告、监理总结报告,那么监理总结报告在现行的水土保持自主验收时是否为必须的材料?

答:根据《生产建设项目水土保持设施自主验收规程(试行)》(办水保〔2018〕133),水土保持监理总结报告是生产建设项目水土保持设施自主验收需要制备的资料,开展验收工作是必须的。而根据《水利部关于加强事中事后监管规范生产建设项目水土保持设施自主验收的通知》(水保〔2017〕365 号),生产建设单位需要向水土保持方案审批机关报备的水土保持设施验收材料则只有水土保持设施验收鉴定书、水土保持设施验收报告和水土保持监测总结报告。

318. 问:生产建设单位可以作为编制水土保持设施验收报告的单位吗?

答:《水利部关于加强事中事后监管规范生产建设项目水土保持设施自主验收的通知》(水保〔2017〕365 号)明确,依法编制水土保持方案报告书的生产建设项目投产使用前,生产建设单位应当根据水土保持方案及其审批决定等,组织第三方机构编制水土保持设施验收报告。

《生产建设项目水土保持设施自主验收规程(试行)》(办水保〔2018〕133 号)附则第二条明确,第三方是相对水行政主管部门和生产建设单位而言,具有独立承担民事责任能力和相应水土保持技术条件,并从事水土保持技术服务的企业法人、事业单位法人或其他组织。因此,生产建设单位不能作为第三方编制水土保持设施验收报告。

319.问:生产建设项目水土保持设施验收必须由第三方机构编制验收报告,第三方机构是否有资质要求?

答:水利部没有对第三方机构提出相关资质要求。《关于加强事中事后监管规范生产建设项目水土保持设施自主验收的通知》(水保〔2017〕365 号)对第三方机构的要求是"具有独立承担民事责任能力且具有相应水土保持技术条件的企业法人、事业单位法人或其他组织"。其中"具有相应的水土保持技术条件"是指作为从事水土保持设施验收的技术服务单位,应当具有从事水土保持及相关专业背景的技术人员、工作业绩等。

320.问:生产建设项目水土保持设施验收以后是否需要监管?

答:生产建设项目水土保持设施验收以后,生产建设项目应当加强水土保持设施的运行管护,如果产生新的地表扰动和水土流失,应该继续履行防治义务,接受水行政主管部门监管。

321.问:生产建设项目水土保持设施验收程序是什么?

答:一般包括编制验收报告、组织竣工验收、公开验收情况、报备验收材料。(1)编制水土保持方案报告书的生产建设项目,其生产建设单位应当组织第三方机构编制水土保持设施验收报告。水土保持设施验收报告结论为具备验收条件的,生产建设单位组织开展水土保持设施竣工验收,形成的水土保持设施验收鉴定书应当明确水土保持设施验收合格与否的结论。(2)编制水土保持方案报告表的生产建设项目,不需要编制水土保持设施验收报告。生产建设单位组织开展水土保持设施竣工验收时,验收组应当有至少一名省级水行政主管部门水土保持方案专家库专家参加并签署意见,形成的水土保持设施验收鉴定书应当明确水土保持设施验收合格与否的结论。

322.问:哪些情况下生产建设项目水土保持设施验收不通过?

答:(1)未依法依规履行水土保持方案及重大变更的编报审批程序;(2)未依法依规开展水土保持监测的;(3)未依法依规开展水土保持监理的;(4)废弃土石渣未堆放在经批准的水土保持方案确定的专门存放地的;(5)水土保持措施体系、等级和标准未按经批准的水土保持方案要求落实的;(6)重要防护对象无安全稳定结论或者结论为不稳定的;(7)水土保持分部工程和单位工程未经验收或验收不合格的;(8)水土保持设施验收报告、监测总结报告和监理总结报告等材料弄虚作假或者存在重大技术问题的;(9)未依法依规缴纳水土保持补偿费的。

323.问:废弃矿山生态环境治理工程是否可以免征补偿费?

答:废弃矿山生态环境治理工程一般不免征水土保持补偿费,如有面向社会公众提供公共服务的园林绿化设施建设内容,该部分可免征水土保持补偿费。

324.问:开办一般性生产建设项目,水土保持补偿费按照征占用土地面积计征,征占地面积包括哪些方面?

答:征占用土地面积指的是征占用土地的全部面积,不是其中项目建设占用的土地面积。

325.问:水土保持补偿费缴纳时间如何界定?

答:开办一般性生产建设项目的,缴纳义务人应当在项目开工前一次性缴纳水土保持补偿费。开采矿产资源处于建设期的,缴纳义务人应当在建设活动开始前一次性缴纳水土保持补偿费;处于开采期的,缴纳义务人应当按季度缴纳水土保持补偿费。从事其他生产建设活动的,缴纳水土保持补偿费的时限由县级水行政主管部门确定。

326.问:哪些情形可以免征水土保持补偿费?

答:(一)建设学校、幼儿园、医院、养老服务设施、孤儿院、福利院等公益性工程项目的;

(二)农民依法利用农村集体土地新建、翻建自用住房的;

(三)按照相关规划开展小型农田水利建设、田间土地整治建设和农村集中供水工程建设的;

(四)建设保障性安居工程、市政生态环境保护基础设施项目的;

(五)建设军事设施的;

(六)按照水土保持规划开展水土流失治理活动的;

(七)法律、行政法规和国务院规定免征水土保持补偿费的其他情形。

这是穷尽式列举,仅包括所列的七种情形,不在上述列举情形的均不能免征。

327.问:棚户区改造工程中既有商业地产又有保障性安居工程,如何征收水土保持补偿费?

答:保障性安居工程免征水土保持补偿费。保障性安居工程主要是指公共租赁住房、经济适用住房和限价商品住房、棚户区改造和农村危房改造等。

328.问:河道清淤项目是否需要缴纳水土保持补偿费?

答:河道清淤等在河道范围内开展的生产建设活动,如不涉及损坏水土保持设施和地貌植被,不计征水土保持补偿费。

329.问:有公园绿地、社会停车场用地、公共交通场站用地和排水用地的综合性项目,水土保持补偿费如何减免?

答:市政生态环境保护基础设施项目范围包括面向城市及社会公众提供公共服务的市政供水、排水与污水处理、黑臭水体整治、城市生活垃圾处理、园林绿化设施等相关基础设施。因此,综合性项目中的公园绿地部分免征水土保持补偿费。

330.问:乡(镇)污水处理设施建设及运营 PPP 项目需要缴纳水土保持补偿费吗?

答:乡(镇)污水处理设施建设及运营 PPP 项目属于市政生态环境保护基础设施项目,免征水土保持补偿费。

331.问:扶贫项目包括承包荒山、种植养殖类,需要缴纳水土保持补偿费吗?

答:脱贫攻坚扶贫项目承包的荒山,如果地处水土保持规划区域,采取了水土保持规划确定的措施,并符合相关规范标准的要求,免征水土保持补偿费。否则,应当依法依规缴纳水土保持补偿费。

332.问:煤矿在运行期已按吨煤缴纳水土保持补偿费,运行期新设立的这个排渣场如何缴纳水土保持补偿费?

答:进入运行期的露天煤矿在井田范围之外新设立排渣场的,按照新设立排渣场的征占用土地面积计征水土保持补偿费。

333. 问：服务对象为工业园区的污水处理厂是否属于免征水土保持补偿费的情形？

答：服务对象为工业园区的污水处理厂属于市政生态环境保护基础设施项目中面向城市及社会公众提供公共服务的污水处理等相关基础设施，免征水土保持补偿费。

334. 问：设施农业项目需要缴纳水土保持补偿费吗？

答：设施农业项目不属于免征情形，应当依法依规缴纳水土保持补偿费。

335. 问：河道整治工程需要缴纳水土保持补偿费吗？

答：河道整治工程建设中，在河道范围内开展的建设活动，如不涉及损坏水土保持设施和地貌植被，不计征水土保持补偿费。对于新开河道及新建泵站工程，不属免征情形，应当依法依规缴纳水土保持补偿费。

336. 问：固体废物处置中心项目主要从事危险废物进行收集、贮存、处置活动，是否需要缴纳水土保持补偿费？

答：固体废物处置中心项目属建设市政生态环境保护基础设施项目的情形，属于免征情形，免征水土保持补偿费。

337. 问：流域综合治理和生态修复工程具有准公益项目特点，是否免征水土保持补偿费？

答：流域综合治理和生态修复工程，在河道范围内开展的工程建设部分，如不涉及损坏水土保持设施和地貌植被，不计征水土保持补偿费。

338. 问：旅游项目中的水域部分是否需要缴纳水土保持补偿费？

答：旅游项目中的水域部分，属于项目征占用土地面积，应当依法依规缴纳水土保持补偿费。

339. 问：乡（镇）文体活动中心建设项目是否需要缴纳水土保持补偿费？

答：建设学校、幼儿园、医院、养老服务设施、孤儿院、福利院等公益性工程项目的免征水土保持补偿费。如果文体活动中心项目建设内容中有属于上述免征情形的，该部分可以免征水土保持补偿费。

340. 问：光伏发电项目水土保持补偿费是按光伏租赁范围收取还是按实际扰动地表面积计取？

答：光伏发电项目属一般性生产建设项目，水土保持补偿费应当按照征占用土地面积计征。

341. 问：砂石厂、露天矿的矿区划定矿区面积远远大于实际开采面积，在计算补偿费时，不扰动的矿区面积是否应该计入补偿费计算范围。

答：砂石厂、露天开采矿山，属于开采矿产资源的情形。水土保持补偿费在建设期间，按照征占用土地面积计征（征占用土地面积指的是征占用土地的全部面积，不是仅指扰动矿区的面积）；在开采期间，按照开采量计征。

342. 问：特色旅游小镇建设项目配套有医院、小学、幼儿园、农业学院，哪些是可以免征水土保持补偿费的？

答：根据有关规定，建设学校、幼儿园、医院、养老服务设施、孤儿院、福利院等公益性工程项目免征水土保持补偿费。因此，特色旅游小镇建设项目中的医院和幼儿园属于免征情形，免征水土保持补偿费；在计征水土保持补偿费时，可以将其占地面积从计征总面积中扣除。同时，小学和农业院校如果属公办学校或非营利性民办学校，属于免征情形，免征水土保持补偿费。

343.问:民办的小学、中学、大学是否征收水土保持补偿费?

答:建设学校等公益性工程项目(包括各级各类公办学校和非营利性民办学校,以及营利性民办学校学历教育建设的教育教学设施)的免征水土保持补偿费。民办的小学、中学、大学如果属于上述范围,免征水土保持补偿费。否则,应当依法依规缴纳水土保持补偿费。

344.问:因建设大型水库对村庄、企事业单位拆迁安置,拆迁安置的居民点是否免征水土保持补偿费?

答:免征水土保持补偿费的保障性安居工程主要是指公共租赁住房、经济适用住房和限价商品住房、棚户区改造和农村危房改造等。此拆迁安置的居民点不属保障性安居工程,应当依法依规缴纳水土保持补偿费。

345.问:平原地区的绿化建设工程是否属于水土保持补偿费免征情形?

答:绿化建设工程不属于其中免征情形,应当依法依规缴纳水土保持补偿费。

346.问:人民医院景观环境工程是否免征水土保持补偿费?

答:景观环境工程如果属于医院的建设内容,则作为医院的组成部分,免征水土保持补偿费;如果属于另外立项的项目,应当依法依规缴纳水土保持补偿费。

347.问:森林绿道建设项目是否免征水土保持补偿费?

答:森林绿道不属免征情形,应当依法依规缴纳水土保持补偿费。

348.问:工业园区实行水土保持区域评估,水土保持补偿费由谁缴纳?

答:按照"谁损坏谁补偿"的原则,工业园区的水土保持补偿费由入驻的生产建设单位缴纳。

349.问:水电水利工程建设项目(主要指以发电为主的非公益项目)水库淹没区是否在水土保持补偿费计征范围之内?

答:根据有关规定,水电水利工程建设项目,其水库淹没区不在水土保持补偿费计征范围之内。

350.问:城市生活垃圾焚烧热电厂和生活垃圾填埋场是否免征水土保持补偿费?

答:城市生活垃圾焚烧热电厂和生活垃圾填埋场属于面向城市及社会公众提供公共服务的城市生活垃圾处理设施,免征水土保持补偿费。

351.问:住宅小区内建设的养老服务用房是否缴纳水土保持补偿费?

答:住宅小区内建设的养老服务用房符合免征情形,免征水土保持补偿费。

352.问:城市排涝泵站工程项目可以免征水土保持补偿费吗?

答:城市排涝泵站工程是面向城市及社会公众提供公共服务的市政排水基础设施,免征水土保持补偿费?

353.问:弃渣场实际布设数量超出批复水土保持方案的(建设单位在开工前已一次性缴纳水土保持补偿费),是否对新增弃渣场征收水土保持补偿费?

答:新增弃渣场,应当在其使用前征收水土保持补偿费。

354.问:体育馆项目是否减免水土保持补偿费?

答:体育馆项目不属免征情形,应当依法依规缴纳水土保持补偿费。

355.问:公路项目以桥梁方式跨越河流的,水域面积是否征收水土保持补偿费?

答:项目涉及水域面积的水土保持补偿费应当按照征占用水域面积计征。

356.问：水环境治理项目建设内容包括水系整治、雨污水管网建设、市政道路新建和改造，其中的市政道路新建和改造工程是否征收水土保持补偿费？

答：水环境治理项目中的市政雨污水管网建设属于免征情形，免征水土保持补偿费；水系整治、市政道路新建和改造不属于免征情形，应当依法依规缴纳水土保持补偿费。

357.问：补办水土保持方案的，水土保持补偿费按哪个标准征收？

答：补办水土保持方案的项目应当以项目开工前的标准计征水土保持补偿费。

358.问：某风电项目立项后在建设过程中，项目分期进行实施，是否可以分期缴纳补偿费？

答：根据有关规定，开办一般性生产建设项目的，缴纳义务人应当在项目开工前一次性缴纳水土保持补偿费。因此，分期缴纳水土保持补偿费是不可行的。

359.问：旅游风景区建设，是按整个景区占地，还是按旅游设施占地征收水土保持补偿费？

答：旅游风景区开展旅游设施建设，水土保持补偿费应当按照建设旅游设施征占用土地的全部面积计征。

360.问：建设遗址公园，大部分是绿化，还配套停车场、广场、建筑物，是否免征水土保持补偿费？

答：遗址公园中属于面向城市及社会公众提供公共服务的园林绿化设施，符合免征情形，免征水土保持补偿费。

361.问：项目代征用地（包括代征代建和代征不代建）水土保持补偿费如何缴纳？

答：根据有关规定，生产建设项目水土流失防治责任范围应包括项目永久征地、临时占地（含租赁土地）以及其他使用与管辖区域。因此，代征用地应纳入水土流失防治责任范围，应当依法依规缴纳水土保持补偿费。后续代征用地上的绿地和道路建设单位实施相应工程时无须再次缴纳水土保持补偿费。

362.问：生产建设项目"未批先建"违法行为结束超过两年的，水土保持补偿费需要补交吗？

答：根据《行政处罚法》第三十六条的规定，未缴纳水土保持补偿费的违法行为一直处于连续或者继续状态，水行政主管部门要依法责令限期生产建设单位缴纳水土保持补偿费。逾期不缴纳的，自滞纳之日起按日加收滞纳部分万分之五的滞纳金，可以处应缴水土保持补偿费三倍以下的罚款。

363.问：项目建设内容从山丘区水库到城区水厂供水的管道铺设，包括一些水工程建筑物，是否可以免征水土保持补偿费？

答：山丘区水库到城市水厂的供水管道项目不属于免征范围，应当依法依规缴纳水土保持补偿费。如有占用河道等水域面积，应列入计征范围。

364.问：一生产建设项目已按水保方案批复的原标准缴纳了水土保持补偿费，并对扰动面积进行了防治；现在该区域进行二次扰动建设新的项目，并编制了水保方案，二次扰动是否需要再缴纳水保补偿费？

答：在已治理的占地范围内建设新的生产建设项目扰动地表的，应依法依规缴纳水土保持补偿费，征收标准按现行标准执行。

365.问:生产建设项目的临时施工道路,如果是在原有乡村道路上临时加宽,原有的乡村道路占地面积需要缴纳水土保持补偿费吗?

答:开办一般性生产建设项目的,按照征占用土地面积计征。征占用土地包括永久征地和临时占地。临时施工道路在原有乡村道路上临时加宽,原有乡村道路占地面积是否需要缴纳水土保持补偿费的问题,应根据原有乡村道路占地面积是否计入该项目征占用土地面积来确定。

366.问:防潮堤工程、防波堤工程是否需要缴纳水土保持补偿费?

答:防潮堤工程和防波堤工程,如征占用土地面积的需要缴纳水土保持补偿费,占用海域面积的无须缴纳水土保持补偿费。

367.问:矿山企业尾矿库占地按占地面积收取水土保持补偿费后,开采矿石期间还能不能按开采量收费?

答:开办一般性生产建设项目的,按照征占用土地面积计征。开采矿产资源的,在建设期间按照征占用土地面积计征;在开采期间,对石油、天然气以外的矿产资源按照开采量计征,对石油、天然气按照油气生产井占地面积每年计征。排放废弃土、石、渣的,按照排放量计征。对缴纳义务人已按照前三种方式计征水土保持补偿费的,其排放废弃土、石、渣,不再按照排放量重复计征。

368.问:小型水库工程建设项目(小(1)型、小(2)型)需要征收水土保持补偿费吗?

答:根据有关规定,按照相关规划开展小型农田水利建设、田间土地整治建设和农村集中供水工程建设的,免征水土保持补偿费。小型农田水利设施具体是指灌溉面积1万亩、除涝面积3万亩、库容10万立方米、渠道流量每秒1立方米以下的水利工程和农村供水工程,包括小型水源(含抗旱水源)工程、渠道及其配套建筑物、小型泵站以及直接为农田灌溉排水服务的小型河道治理等工程。而小型水库工程(小(1)型、小(2)型),根据《水利水电工程等级划分及洪水标准》(SL 252—2017),库容均在10万立方米以上,不属于免征情形,应当缴纳水土保持补偿费。

369.问:项目不占用土地资源,全部征用海域,但是在建设过程中,会通过吹沙填海的方式形成陆域,并在形成的陆域上进行基础建设,形成的陆域部分是否需要缴纳水土保持补偿费?

答:工程填海造地,由于原属海域部分不存在"损坏水土保持设施、地貌植被,不能恢复原有水土保持功能的"情形,所以对于新形成的陆域部分不需要缴纳水土保持补偿费。

370.问:水土保持补偿费按征占地面积计征,可是《水土保持法》里规定的是按照不能恢复原有水土保持功能的部分进行征收,二者是否矛盾?

答:《水土保持法》第三十二条规定:损坏水土保持设施、地貌植被,不能恢复原有水土保持功能的,应当缴纳水土保持补偿费,专项用于水土流失预防和治理。鉴于功能计算的复杂性和不确定性,在充分考虑征收手续的简便、可操作和全国统一规范等因素的基础上,国务院财政部门、国务院价格主管部门会同国务院水行政主管部门制定水土保持补偿费的收取使用管理办法时简化了水土保持补偿费计征方式,明确了收费标准,符合《水土保持法》的规定。

371.问:《水法》规定,水政监督检查人员在履行监督检查职责时,有权采取什么措施?

答:(1)要求被检查单位提供有关文件、证照、资料;

(2)要求被检查单位对执行水法的有关问题作出说明;

(3)进入被检查单位的生产场所进行调查;

(4)责令被检查单位停止违反水法的行为,履行法定义务。

372.问:《行政强制法》规定,在什么情况下行政机关可以强制执行?

答:(1)行政机关依法作出行政决定后,当事人在行政机关决定的期限内不履行义务的,具有行政强制执行权的行政机关可以依照《行政强制法》的规定强制执行。(2)经催告,当事人逾期仍不履行行政决定,且无正当理由的,行政机关可以作出强制执行决定。(3)在催告期间,对有证据证明有转移或者隐匿财物迹象的,行政机关可以作出立即强制执行决定。

373.问:《水法》规定,吊销取水许可证的行政处罚由谁实施?

答:吊销取水许可证的行政处罚由县级以上人民政府水行政主管部门或流域管理机构实施。

374.问:擅自在饮用水水源保护区内设置排污口的可处多少罚款?

答:擅自在饮用水水源保护区内设置排污口的可以处五万元以上十万元以下的罚款。

375.问:在洪泛区、蓄滞洪区内建设非防洪建设项目,未编制洪水影响评价报告的,给予什么处罚?

答:责令限期改正;逾期不改正的,处五万元以下罚款。

376.问:国家工作人员拒不执行防御洪水方案、防汛抢险指令或者蓄洪方案、措施、汛期调度运用计划等防汛调度方案的,给予什么处罚?

答:构成犯罪的,依法追究刑事责任;尚不构成犯罪的,给予行政处分。

377.问:根据《水法》,在饮用水水源保护区内设置排污口的,应承担什么法律责任?

答:在饮用水水源保护区内设置排污口的,由县级以上地方人民政府责令限期拆除、恢复原状;逾期不拆除、不恢复原状的,强行拆除、恢复原状,并处五万元以上十万元以下的罚款。

378.问:在不同行政区域边界的河流上建设水资源开发、利用项目,应该由谁批准?

答:由有关县级以上地方人民政府报共同的上一级人民政府水行政主管部门或流域管理机构批准。

379.问:生产、销售或者在生产经营中使用国家明令淘汰的落后的、耗水量高的工艺、设备和产品的,应该怎样处理?

答:由县级以上地方人民政府经济综合主管部门责令停止生产、销售或者使用,处二万元以上十万元以下的罚款。

380.问:使用水工程供应的水,应当按照国家规定向供水单位缴纳水费。供水价格怎么确定?

答:应当按照补偿成本、合理收益、优质优价、公平负担的原则确定。

381.问:当事人对水行政处罚不服的,有哪些救济途径?

答:当事人可以向作出处罚决定的上一级机关申请行政复议,或者直接向人民法院提起行政诉讼。

382.问:在紧急防汛期,哪个部门有权在管辖范围内调用物资、设备、交通运输工具和人力?

答:只有防汛指挥机构有权调用。

383.问:实行水行政处罚,纠正违法行为,应当坚持什么原则?

答:应当坚持处罚与教育相结合,教育公民、法人或者其他组织自觉守法的原则。

384.问:请问违反《水土保持法》第五十三条规定的哪些行为,由县级以上人民政府水行政主管部门责令停止违法行为,限期补办手续;逾期不补办手续的,处五万元以上五十万元以下的罚款;对生产建设单位直接负责的主管人员和其他直接责任人员依法给予处分。

答:(1)依法应当编制水土保持方案的生产建设项目,未编制水土保持方案或者编制的水土保持方案未经批准而开工建设的;

(2)生产建设项目的地点、规模发生重大变化,未补充、修改水土保持方案或者补充、修改的水土保持方案未经原审批机关批准的;

(3)水土保持方案实施过程中,未经原审批机关批准,对水土保持措施作出重大变更的。

385.问:从事防洪活动,《水法》和《防洪法》都有规定的,如何适用?

答:依照《防洪法》的规定执行。

386.某房地产开发公司未经水行政主管部门批准擅自取用地下水,既未安装计量设施,也未缴纳水资源费,水行政执法人员依法对其进行查处。

问:(1)对上述违法行为水行政执法人员应该如何处理?

答:水行政执法人员应该责令某房地产开发公司停止违法取用地下水行为,限期采取补救措施,处二万元以上十万元以下的罚款。

(2)如该房地产开发公司想要取用地下水,需办理哪些手续?

答:某房地产开发公司应当办理取水许可手续;安装取水计量设施;足额缴纳水资源费。

387.随着城镇化建设的加快,城市居住人口不断增加,经济活动不断繁荣,但是由此也产生了很多的建筑和生活垃圾,个别建设单位和居民无视有关规定,在河道管理范围内建设妨碍行洪的建筑物,堆放或倾倒垃圾、渣土等阻碍行洪物体;还有的擅自在河道管理范围内从事工程设施建设活动。

问:根据《防洪法》,上述行为如何处理?

答:(1)建设妨碍行洪的建筑物,堆放或倾倒垃圾、渣土等阻碍行洪物体的,责令停止违法行为,排除阻碍或者采取其他补救措施,可以处五万元以下的罚款。

(2)擅自在河道管理范围内从事工程设施建设活动的,责令停止违法行为,补办审查同意或者审查批准手续;工程设施建设严重影响防洪的,责令限期拆除,逾期不拆除的,强行拆除,所需费用由建设单位承担;影响行洪但尚可采取补救措施的,责令限期采取补救措施,可以处一万元以上十万元以下的罚款。

388.问:行政处罚当事人要求听证的,应当怎么办?

答:当事人要求听证的,可以在听证告知书的送达回证上签署意见,也可以在收到告知书三日内以其他书面方式向水行政处罚机关提出听证要求。

389.问:建设项目的节水设施没有建成或者没有达到国家规定的要求,擅自投入使用的,应怎样处罚?

答:建设项目的节水设施没有建成或者没有达到国家规定的要求,擅自投入使用的,由县级以上人民政府有关部门或者流域管理机构依据职权,责令停止使用,限期改正,处五万元以上十万元以下的罚款。

390.问:行政机关进行行政处罚时没有法定依据或者不遵守法定程序的法律后果是什么?

答:没有法定依据或者不遵守法定程序的行政处罚无效。

391.问:实施行政处罚受委托组织必须符合什么条件?

答:受委托组织必须符合以下条件:

(1)依法成立的管理公共事务的事业组织;

(2)具有熟悉有关法律、法规、规章和业务的工作人员;

(3)对违法行为需要进行技术检查或者技术鉴定的,应当有条件组织进行相应的技术检查或者技术鉴定。

392.问:对当事人的同一个违法行为,不得给予几次以上罚款的行政处罚?

答:对当事人的同一个违法行为,不得给予两次以上罚款的行政处罚。

393.问:当事人在什么情形下,应当依法从轻或者减轻行政处罚?

答:当事人有下列情形之一的,应当依法从轻或者减轻行政处罚:

(1)主动消除或者减轻违法行为危害后果的;

(2)受他人胁迫有违法行为的;

(3)配合行政机关查处违法行为有立功表现的;

(4)其他依法从轻或者减轻行政处罚的。

394.问:行政机关在收集证据时,可以采取抽样取证的方法;在证据可能灭失或者以后难以取得的情况下,经行政机关负责人批准,可以先行采取什么措施,并应当在几日内及时作出处理决定?

答:可以先行登记保存。在七日内及时作出处理决定。

395.案情简介:某市水利局收到群众举报,姜某在某水库养鱼,要求水利局处理。某市水利局根据群众举报进行立案调查,知悉该水库是饮用水水源地,姜某养鱼已造成水体污染。遂以姜某在水库养鱼造成水体污染为由,作出吊销其养殖许可证的行政处罚决定。姜某不服,向法院提起行政诉讼。

问:1.某市水利局作出处罚决定是否合法有效? 2.基层水利部门出现的执法主体错误主要表现在哪些方面?

答:(1)《水法》《水污染防治法》并没有赋予水行政主管部门查处水体污染的职责权限,查处水体污染的职责部门是环保部门。《行政处罚法》第十七条规定:行政处罚由具有行政处罚权的行政机关在法定职权范围内实施。这是法律关于执法主体的规定。执法主体是检验行政机关是否依法行政的首要条件,执法主体错了,不管执法程序如何正确,证据如何充分,处罚如何适当,行政处罚还是违法的。

(2)在实践中,基层水利部门出现的执法主体错误主要变现在:①超越法定职权范围执法(职能违法)。像前面案例讲到的代替环保部门进行执法,甚至代替渔业部门进行渔业执法。②跨地域执法(地域违法),《行政处罚法》第二十三条规定:行政处罚由违法行为发生地的县级以上地方人民政府具有行政处罚权的行政机关管辖。法律、行政法规另有规定的除外。也就是说,违法行为发生地的县级以上水行政主管部门是本地域范围内水事违法案件的执法主体。但现实中,也常见因 A 在 B 地,A 地水行政主管部门实施行政处罚的现象。③被委托的水管单位不以委托机关的名义执法,而以本单位的名义执法(名义违法)。《行政处罚法》第十八条第三款规定：受委托组织在委托范围内，以委托行政机关名义实施行政处罚；不得再委托其他任何组织或者个人实施行政处罚。

396.案情简介：某羽绒制品公司计划在厂区内凿170米深井1口。2017年1月2日由一打井队开始施工。经群众举报，当地水利局执法人员于1月9日到现场调查，发现已凿140米深，井口径为6厘米。1月1日发出《责令停止违法行为通知书》。1月30日向该司发出行政处罚告知书，4月2日下达处罚决定，水利局依据《取水许可和水资源费征收管理条例》第四十九条的规定，责令该公司20日内封闭违法水源井，并处以罚款五千元的行政处罚。该公司在规定期限内自行封闭了该井，并缴纳了罚款。

问：(一)《取水许可和水资源费征收管理条例》第四十九条如何适用？其法定程序如何？(二)水利局对该案的处罚是否正确？(三)处罚对象问题，某羽绒制品公司和打井队应该处罚其中一个还是都处罚？

答：(一)关于《取水许可和水资源费征收管理条例》第四十九条如何适用及递进式法定程序问题。《取水许可和水资源费征收管理条例》第四十九条：未取得取水申请批准文件自建设取水工程或者设施的，责令停止违法行为，限期补办有关手续；逾期不补办或者补办未被批准的，责令限期拆除或者封闭其取水工程或者设施；逾期不拆除或者不封闭其取水工程或者设施的，由县级以上地方人民政府水行政主管部门或者流域管理机构组织拆除或者查封，所需费用由违法行为人承担，可以处5万元以下罚款。本条文暗含了对这种违法行为法定的递进式的处理程序，只有在前面一个程序完成的情况下才能完成下一个处理决定。注意“可以处”与“并处”的区别。

(二)当地水利局对该公司的处理是否符合法律规定。本案中，当地水利局将第二步骤中的补救措施与第三个步骤中的罚款合并进行处罚，是违背《取水许可和水资源费征收管理条例》第四十九条规定的。如果违法行为人在规定期限内自行拆除，则不应当再罚款。

(三)处罚对象问题，羽绒公司和打井队应该处罚其中一个还是都处罚？可以作为共同违法行为人都处罚。

397.案情简介：2019年11月，某市水政监察人员巡查时发现，市民崔某有未经批准、违法取水的嫌疑，遂迅速进行详细调查。经查，2019年6月崔某与该村村委签订了《打井供水协议》。协议中，崔某向村委交纳一定的土地使用费后，村委向崔某提供取水水源土地660平方米，崔某在租用土地上进行打井和供水基本设施建设，村委负责为其办理取水相关手续和处理行政事务等事宜；9月，所有取水、供水设施完工，崔某开始正式向周边企业和村庄供水，累计供水3万多立方米，非法获利2万余元。经调查取证，水行政主管部门依据《水法》第六十五条第二款、第六十九条第一款，给予崔某处罚如下：停止违法取水；擅自修建水工程罚款1万元，擅自取用地下水罚款4万元的行政处罚。

问：(一)此案中违法当事人的认定是否正确？应该处罚村委还是崔某？(二)处罚是否准确？对未经许可擅自修建水工程和未经许可擅自取水行为是分项进行处罚还是适用法律的吸收原则进行处罚？(三)《水法》第六十九条与《取水许可和水资源费征收管理条例》第四十九条在执法实践中如何区别适用？

答：(一)关于违法当事人的认定，被处罚对象究竟应当是崔某还是村委？依据《水法》第四十八条之规定，需要办理取水许可手续的，应当是“直接从江河、湖泊或者地下取用水资源的单位和个人”。本案中崔某是实施取水行为的直接当事人，因此行政机关最终认定应当由崔某承担法律责任。同时,崔某与村委关于责任分工的纠纷,建议崔某可以提起民事诉讼,另行解决。

(二)处罚是否准确？未经许可擅自修建水工程和未经许可擅自取水行为是分项进行处罚还是适用法律的吸收原则进行处罚？本案中,水行政机关依据《水法》第六十五条第二款、第六十九条第一款对崔某擅自修建水工程罚款 1 万元,擅自取用地下水罚款 4 万元的行政处罚。

《水法》中多次提到的"水工程含义并不完全一致。《水法》第六十五条第二款所指的水工程应该是在河道上建设的水工程。因此,本案采用《水法》第六十五条第二款作为处罚依据对违法修建取水工程设施进行处罚并不恰当,办案机关对崔某以未经许可擅自修建水工程和未经许可擅自取水的违法行为分别实施处罚。这种处理方式有待商榷。

对取用地下水资源的行为,一般应当包括两个阶段:一是修建取水工程(即凿井)阶段,二是取水阶段,第一个阶段是取水的准备和前期工作,第二个阶段才是当事人的目的所在。在案件查处实践中,应区别对待:如果是在第一个阶段案发,认定为违法打井案件,按照未经批准擅自修建取水工程设施的有关规定处罚;如果是在第二个阶段案发,要看凿井行为是否满两年。

(三)《水法》第六十九条与《取水许可和水资源费征收管理条例》第四十九条在执法实践中如何区别适用？是否已经开始取水是关键。如果存在违法打井行为但还未开始取水,则应适用国务院令第 460 号第四十七条进行处罚;如已开始取水,建议按《水法》第六十九条进行处罚。

398. 案情简介:2018 年 3 月 21 日,山东省泰安第三中学取水许可证到期,未在法定期限内提出延续申请,泰安市水利和渔业局于 2018 年 5 月 9 日向山东省泰安第三中学送达了注销取水许可通知书。6 月 6 日,泰安市水利和渔业局水政监察支队执法人员到山东省泰安第三中学检查取用水情况,发现仍在使用自备井,且远程监控计量设施已经不能正常运行。泰安市水利局按违法取水,适用《水法》第六十九条对该单位处以封停自备井并处二万元罚款。

问:(一)因失效而注销《取水许可证》,失效日期应如何计算？(二)自备井是该单位唯一水源,责令其限期封停自备井处罚措施是否适当？(三)无证取水且无计量设施取水,水资源税如何计征？

答:(一)根据《取水许可和水资源费征收使用管理条例》第二十五条:取水许可证有效期限一般为 5 年,最长不超过 10 年。有效期届满,需要延续的,取水单位或者个人应当在有效期届满 45 日前向原审批机关提出申请,原审批机关应当在有效期届满前,作出是否延续的决定《行政许可法》第七十条有下列情形之一的,行政机关应当依法办理有关行政许可的注销手续:行政许可有效期届满未延续的;该单位取水许可 3 月 21 日到期,应提前 45 日提出延续申请,水行政主管部门在 3 月 21 日前做出是否延续的决定。该单位未提出延续申请,取水许可自行失效,属于因失效而注销。取水许可失效日期是 3 月 22 日,而不是注销日期 5 月 6 日。这一点很重要,因为这涉及以后的违法取水处罚和水资源税计征问题。

(二)封停自备井的处罚措施是否适当？《水法》第六十九条有下列行为之一的,由县级以上人民政府水行政主管部门或者流域管理机构依据职权,责令停止违法行为,限期采取补救措施,处二万元以上十万元以下的罚款;情节严重的,吊销其取水许可证:①未经批准擅自取水的;②未依照批准的取水许可规定条件取水的。此处采取措施,有两种选择,一是封停自备井,二是生产生活需要,可以令其限期补办手续,予以取水许可。本案中,在相对人无其他替代水源的情况下,责令其封停自备井,显然不合适。另外,这里还存在一个违法行为,计量设施不能正常运行,是否应按照《取水许可和水资源费征收管理条例》(国务院令第460号)第五十三条进行行政处罚呢?《取水许可和水资源费征收管理条例》第五十三条第二款计量设施不合格或者运行不正常的,责令限期更换或者修复;逾期不更换或者不修复的,按照日最大取水能力计算的取水量和水资源费征收标准计征水资源费,可以处1万元以下罚款;情节严重的,吊销取水许可证。个人理解,该条款适用于有取水许可证,计量设施不合格或者不能正常运行的情况,对于无证取水的,还是应适用《水法》第六十九条。

至于其水资源税计征问题,应按照《山东省水资源税征收管理办法(试行)》规定无取水许可证取水的,按水资源税额标准的3倍计征。

399.案情简介:2019年上半年,肥城安临站镇赵家村村民多次向省厅举报本村村民赵信奎在肥城市小型水库胡桥水库内非法取士、非法种植高秆作物,在本村私自打井取水。肥城市水利局收到省厅转办单后,高度重视,立即安排执法人员前去调查处理。经查,事实如下:(一)关于非法打井取水。安临站镇赵家村村民委员会于1994年左右在赵家村新村西,因农业灌溉需要,开挖水井,直径约8米,深约3米,出水很少。该村委缺乏资金,2001年左右,时任村干部让赵信奎继续在原井的基础上下挖,约定双方都受益,赵信奎下挖4米后,基本无水放弃下挖。从现场勘验情况来看,所谓水井,类似废弃的深坑,仅是少量渗水,目前主要靠拦雨水用于抗旱浇地。

(二)关于胡桥水库坝体及水库溢洪道内栽种林木。赵信于2011年与赵家村村民委员会签订租赁合同,合同中约定"泵房附近的部分土地由赵信奎耕种"(其泵房设于水库溢洪道内)。赵信奎于2012年在胡桥水库坝体及水库溢洪道内栽种林木约300棵,按照上级清河行动的要求,已于2019年5月6日至7日,将水库坝体及水库溢洪道内的树木全部清除。

(三)关于在胡桥水库非法取土赵信奎于2013年至2015年在胡桥水库边私挖库土,其范围约为宽3米、深15米、长135米。清理出的土都覆在了水库西岸坡上。

(四)关于在胡桥水库西岸坡种树。赵信奎分别于2013年、2014年在水库西岸坡上栽种林木,占地约3亩。2018年9月9日,该案件依法经调查取证、处罚告知听证告知、集体讨论各环节后,肥城市水利局作出如下行政处罚决定:

1.关于赵信奎在赵家村新村西南小山坡地私挖水井取水的行为:不给予行政处罚。

2.关于赵信奎在安临站镇胡桥水库内违法取土行为:因已超过法定时限,不予处罚。

3.关于赵信奎在安临站镇胡桥水库西岸坡违法种树的行为:①责令停止违法行为;②限期采取补措施,清除水库西岸坡违法所种树木,并就西岸坡进行加固处理;③处一万一千元人民币的罚款。

4.关于赵信奎在安临站镇胡桥水库坝体及溢洪道内种树的行为:①责令停止违法行为;②限期采取补救措施,清除水库坝顶及溢洪道内的树根并恢复原貌;③处五千元人民币的罚款。

问:水行政处罚时限?一事不再罚?

答:《行政处罚法》第三十六条规定:违法行为在二年内未被发现的,不再给予行政处罚。法律另有规定的除外。前款规定的期限,从违法行为发生之日起计算;违法行为有连续或者继续状态的，从行为终了之日起计算。所谓一事不再罚，是指对违法行为人的同一个违法行为，不得以同一事实和同一依据给予两次以上的行政处罚。不能依罚代刑。

《行政处罚法》第二十九条规定：对当事人的同一违法行为，不得给予两次以上罚款的行政处罚。该案中，违法行为人分别于 2011 年和 2013 年至 2014 年在水库溢洪道及西岸坡种树，虽都为种树行为，但考虑到一是种树时间不同；二是种树地点不同，在溢洪道种树和在岸坡种树对水库行洪造成的危害程度也不同，因此不能认定为“一事”，应作为两种违法行为分别处罚。

400. 案情简介：2019 年 5 月 19 日，执法人员在执法巡查时发现王某某在大汶河内非法采砂，经调查询问并现场勘验，确定非法采砂方量为 400 立方米，经第三方价格评估，确定非法采砂价值为37 350元。依据《山东省实施〈河道管理条例〉办法》第二十五条的规定，作出责令停止违法行为，没收违法所得37 350元，并处以37 350的罚款，合计74 700元。违法行为人自动履行了行政处罚决定。

问：（一）非法采砂法条适用（是否影响水利工程安全运行）；（二）正确使用“没收违法所得”行政处罚？（三）非法采砂入刑相关问题？

答：（一）非法取土、采砂活动影响水利工程安全运行，适用《水法》第七条；《山东省实施〈防洪法〉办法》第四十四条规定予以处罚。未经批准或不按规定，在河道管理范围内取土、采砂违法行为的法条适用：①《山东省实施〈河道管理条例〉办法》第二十四条：未取得采砂许可证在河道管理范围内采砂、取土、淘金的，由县级以上河道主管机关责令其停止违法行为，采取补救措施，可以并处警告、没收违法所得和处以相当于违法所得 2 倍的罚款。②《山东省水资源条例》第六十六条：违反本条例规定，未经批准擅自在河道、湖泊、水库、人工水道、蓄滞洪区等管理范内采砂、取土、淘金或者未按照批准的范围和方式作业的，由设区的市、县（市、区）人民政府有关主管部门责令停止违法行为，没收违法所得，并处违法所得三倍以上五倍以下罚款；没有违法所得的，处一千元以上一万元以下罚款。建议，适用《山东省水资源条例》，新法优于旧法，新法效力较高。

水库管理范围内采砂的法条适用水库管理范围内采砂的法条适用如下：

（1）《山东省实施〈水库大坝安全管理条例〉法》第三十一条规定：在大坝管理范围内进行爆破、打井、采石、采矿、取土、挖砂、筑坟等危害大坝安全活动的，对个人处以 200 元至5 000元罚款，对单位处以 100 元至 1 万元罚款；在大坝保护范围内进行爆破、打井、采石、采矿、取土、挖砂、筑坟等危害大坝安全活动的，对个人处以 100 元至2 000元罚款，对单位处以 500 元至5 000元罚款。

（2）《山东省小型水库管理办法》第二十五条规定：在小型水库管理和保护范围内，从事影响水库安全运行的爆破、钻探、采石、打井、采砂、取土、修坟等活动的，处 1 万元以上 5 万元以下的罚款。

（二）关于没收违法所得

1.关于违法所得的认定

2.价值的认定（最好由价格评估部门作出）

3.没收后的处理（水河湖〔2019〕58 号）由人民政府统一管理；《河道采砂管理条例》（征求意见稿）

（三）非法采砂入刑相关问题

两高《司法解释》第三条实施非法采矿行为，具有下列情形之一的，应当认定为刑法第三百四十三条第一款规定的“情节严重”：

1.开采的矿产品价值或者造成矿产资源破坏的价值在十万元至三十万元以上的；

2.在国家规划矿区、对国民经济具有重要价值的矿区采矿，开采国家规定实行保护性开采的特定矿种，或者在禁采区、禁采期内采矿，开采的矿产品价值或者造成矿产资源破坏的价值在五万元至十五万元以上的；

3.二年内曾因非法采矿受过两次以上行政处罚，又实施非法采矿行为的；

4.造成生态环境严重损害的；

5.其他情节严重的情形。

实施非法采矿行为，具有下列情形之一的，应当认定为《刑法》第三百四十三条第一款规定的“情节特别严重”：

1.数额达到前款第一项、第二项规定标准五倍以上的；

2.造成生态环境特别严重损害的；

3.其他情节特别严重的情形。

401.案情简介：某河道内有30家采砂户，其中绝大部分采砂业主规定办理了河道采砂许可证，并且按照批准的范围和作业方式采砂。但也有部分采砂业主，在未办理河道采砂许可证的情况下，私采滥挖，影响河砂秩序和河势稳定，当地政府要求河道主管机关采取专项行动，打击各类违法采砂行为，市级河道主管机关为此专门召开所辖几个县（市、区）一把手及相关职能部门、科室负责人参加的采砂专项整治会议，会议上作出了“在上级有关采砂新规定出台之前，停止所有采砂场采砂行为”的会议纪要。会后，各县（市、区）局及有关部门立即行动起来，全面贯彻市局会议纪要精神，关停了所有砂场。

问：会议纪要能否作为行政法的渊源，有无法律效力？

答：行政法渊源包括法律、行政法规、地方性法规、部门规章及地方规章。会议纪要虽不能作为行政执法依据，但不排除具有法律效力。执法人员有条件判断而不判断造成执法错误的由执法人员承担责任，如果领导变更执法人员正常的判断造成执法错误的由领导承担责任。

《公务员法》第五十四条规定，公务员执行公务时，认为上级的决定或者命令有错误的，可以向上级提出撤销或者改正该决定或命令的意见，上级不改变该决定和命令的，或者要求立即执行的，公务员应当执行该决定和命令，执行的后果由上级负责，该公务员不承担责任。

402.案情简介：2017年5月17日，监察员通过生产建设项目“天地一体化”监管遥感影像，发现北京某汽车公司所负责的地块涉嫌动土开工建设。经查，该项目于2016年6月正式开工建设，但开工前未编制水土保持方案，即属于“未批先建”。根据新《水土保持法》第二十六条“依法应当编制水土保持方案的生产建设项目，生产建设单位未编制水土保持方案，或者水土保持方案未经水行政主管部门批准的生产建设项目不得开工建设”的规定，该行为属违法行为。同时，还发现该项目涉嫌存在未验收即投产使用的违法行为，属未验先投。

执法人员经询问，制作了《询问笔录》；对现场进行了勘验，制作《现场勘验笔录》；同时，收集相关证据材料后，向其送达了《责令限期改正通知书》，要求当事人在规定时间补办水土保持方案等相关手续。2017年7月18日，执法人员现场复查，当事人已按《责令限期改正通知书》要求完成了改正内容。本案具有从轻处罚的情节。

问：(一)“未批先建”执法程序？(二)执法时限问题？

答：(一)《水土保持法》第五十三条规定：违反本法规定，有下列行为之一的，由县级以上人民政府水行政主管部门责令停止违法行为，限期补办手续；逾期不补办手续的，处五万元以上五十万元以下的罚款；对生产建设单位直接负责的主管人员和其他直接责任人员依法给予处分：①依法应当编制水土保持方案的生产建设项目，未编制水土保持方案或者编制的水土保持方案未经批准而开工建设的；②生产建设项目的地点、规模发生重大变化，未补充、修改水土保持方案或者补充、修改的水土保持方案未经原审批机关批准的；③……

递进式执法程序，限期补办手续，逾期不补办的，予以处罚。

(二)关于未批先建并已投入使用的建设项目，投入使用超过两年的，不再编制水土保持方案。

依据《水利部网站公众咨询典型问题解答汇编》第11项。

403.案情简介：2019年3月11日，淄博市甲县水政大队接县河长办移交线索，有人在东干排东岸河湖管理范围内弃土场上违法取土，执法人员随即立案展开调查。经现场勘验，开挖堤防面积11 470平方米，土方12 617立方米。通过走访了解，执法人员对乙村书记(主任)、村委会法人冯某进行了调查询问，其承认联系辛某实施了开挖取土行为，但称取土外运为了清淤，方便村民灌溉，并提供了村两委签字同意的村级议事会议记录。后询问辛某证实是冯某负责此事。

由于堤防遭到破坏，且冯某承认其具体负责挖土事项，因此县水利局依据《水法》第四十一条、第四十三条和第七十二条，向冯某下达了责令改正通知书，责令限期恢复原状。经县水利局集体研究并按照程序审批，对冯某下达了《处罚事先告知书》和《处罚听证告知书》，拟作出：①限期恢复堤防原貌；②罚款5万元的行政处罚。对冯某恢复的堤防经验收不合格的情况，下达了责令限期整改通知书，责令其继续恢复。

冯某不服拟处罚的内容，递交了《听证申请书》，提出了两点理由：①处罚主体错误；②清淤是为了村集体村民灌溉。县水利局经过研究，认为具体行政行为适用主体确有不当，作出撤销对冯某下达的各类法律文书的决定，并依法送达，案件重新进行立案处理。县水利局执法人员根据前期调查的证据，以乙村村民委员会为管理相对人，依据《防洪法》第三十七条、第六十条，依法下达了《处罚事先告知书》《处罚听证告知书》和《限期整改通知书》等法律文书，乙村村民委员会提出听证申请，县水利局依法举行了听证会。

听证会上，村委会代理人提出陈述申辩：①适用《防洪法》法条错误；②清淤为集体利益且有利于防洪；③有利于防洪和水利建设的处分行为，不属于必须依法报批的项目。办案人员逐一作出说明：①本案县水利局引用的是2016年修正版的《防洪法》第六十条(现行有效)，当事人查找引用的法律应该是2015年4月24日第二次修正以前的第六十条；②代理人混淆了清淤、灌溉、防洪与违法取土的概念，取土破坏堤防属违法行为；③东干排属县管河道，村集体无权私自清理，应提请镇政府，由镇政府提请县水利局进行治理。根据听证会召开情况，经机关主要负责人审批，依法下达了《水行政处罚决定书》，当事人在法定期限内不复议不诉讼的情况下，依法送达《履行行政决定催告书》之后，依法申请县人民法院强制执行，经过庭前和解，达成行政调解协议，县水利局撤诉，村民委员会分期缴纳罚款，并按照要求恢复河道堤防原貌，案件结案。

问:作为水行政执法人员从本案中得到哪些体会?

答:1.有关主体合法问题,行政相对人的认定问题。实施行政处罚的主体具备法定资格,行政主体在法定职权内实施行政处罚,被处罚主体认定准确。本案县水利局为行政执法机关即行政主体,涉嫌违法当事人乙村村民委员会为管理相对人,第三人辛某作为义务人参与违法活动。行政相对人的认定一定要准确。

2.有关行政法律适用。实施行政处罚要有明确有效的依据;使用法律正确,条、款、项、目准确完整;种类幅度符合裁量基准。①行政案件的审判依据;②法律规范适用规则;③新旧法律规范的适用规则;④法律规范具体应用解释。

3.河道执法常见概念。①河道管理范围、河道保护范围;②河道确权划界、历史最高洪水位;③河道采砂取土、河道违章建筑物、构筑物;④围湖造地、围垦河道;⑤涉河建设行为;⑥种植行为等。

404.问:未经批准利用河道、国有水库从事养殖、旅游、餐饮等活动的,给予什么处罚?

答:责令限期改正;逾期不改正的,处以一百元以上五百元以下罚款。情节严重,造成严重后果的,处以五百元以上五千元以下罚款。

405.问:南水北调中线工程在河南省经过哪些地市?

答:南阳、平顶山、许昌、郑州、焦作、新乡、鹤壁、安阳等八个地市。

406.问:不同行政区域之间发生水事纠纷,发生哪些行为的,负有责任的主管人员和其他直接责任人员将受到行政处分?

答:(1)拒不执行水量分配方案和水量调度预案的;

(2)拒不服从水量统一调度的;

(3)拒不执行上一级人民政府的裁决的;

(4)在水事纠纷解决前,未经各方达成协议或者上一级人民政府批准,单方面违反《水法》规定改变水的现状的。

407.问:"世界水日"的宗旨是什么?

答:解决与饮用水供应有关的问题;增进公众对保护水资源和饮用水供应的重要性的认识;通过组织"世界水日"活动,加强各国政府、国际组织、非政府机构和私营部门的参与和合作。

408.问:《取水许可和水资源费征收管理条例》对未安装计量设施的取水情况怎么处理?

答:《取水许可和水资源费征收管理条例》第五十三条规定,未安装计量设施的,责令限期安装,并按照日最大取水能力计算的取水量和水资源费征收标准计征水资源费,处5 000元以上2万元以下罚款;情节严重的,吊销取水许可证。

409.问:在地下水严重超采区,经哪个部门批准,可以划定地下水禁止开采或者限制开采区?

答:经省、自治区、直辖市人民政府批准,可以划定禁止或者限制开采区。

410.问:国家厉行节约用水,大力推行节约用水,具体有哪些措施?

答:具体措施有推广节约用水新技术、新工艺,发展节水型工业、农业、服务业,建立节水型社会。

411.问:以水为主要原料生产饮料、纯净水等产品的企业应当采取节水措施,提高水的利用率。生产后的什么应当回收利用,不得直接排放?

答:尾水。

412. 问：我国政府走向法治化的前提和基础是什么？

答：政府职能转变和行政管理体制改革。

413. 问：依法行政的基本要求是什么？

答：①合法行政；②合理行政；③程序正当；④高效便民；⑤诚实守信；⑥权责统一。

414. 问：行政机关举行听证后，应当根据什么作出行政许可决定？

答：听证笔录。

415. 问：依法行政的基本内容是什么？

答：①行政主体合法；②行政权的取得和行使合法；③行使行政权必须承担相应的责任，权责统一。

416. 问：《全面推进依法行政实施纲要》提出转变政府职能，深化行政管理体制改革的任务是什么？

答：①依法界定和规范政府职能；②合理划分和依法规范行政机关的职能和权限；③完善依法行政的财政保障机制；④改革行政管理方式；⑤推进政府信息公开。

417. 问：推进政府信息公开的要求是什么？

答：(1)行政机关应当为公众查阅政府信息提供便利条件；

(2)对公开的政府信息，公众有权查阅；

(3)涉及国家秘密和依法受到保护的商业秘密、个人隐私的信息不公开。

418. 问：合理行政的要求是什么？

答：(1)行政机关实施行政管理，应当遵循公平、公正原则，平等对待行政管理相对人，不偏私、不歧视；

(2)行政机关行使自由裁量权应当符合法律目的；

(3)行政机关行使自由裁量权采取的措施和手段应当必要、适当；

(4)行政机关实施行政管理可以采用多种方式实现行政目的的，应当避免采用损害当事人权益的方式。

419. 问：取水为什么要缴纳水资源费？

答：我国《宪法》第九条、《水法》第三条都规定，水资源属于国家所有。既然属于国家所有，国家就必须运用行政手段对水资源进行调控和配置，保障有关社会主体使用和经营。而运用行政手段的一种方式就是建立水资源有偿使用制度，因为这样不仅可以体现水资源的国家所有权，而且可以促进合理高效地使用水资源，避免浪费。水资源有偿使用制度是《水法》确立的一项基本管理制度。征收水资源费对国家而言，是对水资源配置进行行政干预，是用经济手段调节水资源分配和使用，是水资源所有权的价值体现，也是实现政府职能的一种手段。对取水户而言，向取水单位和个人收取水资源费，就要授予取水人特定的权力，并且这种权力要受到国家保障，同时还可以有效地促进水资源的节约和保护。

420. 问：处罚无证取水是否应当追缴水资源费？

答：在具体的执法实践中，无证取水是一种常见的水行政违法行为，这种违法行为常常伴随着违法行为人没有缴纳水资源费的情形。据了解，绝大多数水行政机关在查处此类行政案件时，仅仅只对无证取水行为加以处罚，未追缴行为人的水资源费，并且在是否应当追缴水资源费问题上存在很大争议。

其中，认为不应当追缴水资源费的有三种不同的意见：一种为同一违法行为说；另一种为重违法行为吸收轻违法行为说;还有一种为水资源费纳费主体说。

(1)同一违法行为说的同志认为,无证取水行为人只实施了一个违法行为,即取水行为,无论有证无证,缴费未缴费,均因这一个违法行为而起。依据《行政处罚法》第二十四条所确定的一事不再罚原则,水行政机关不应当再追缴水资源费。

(2)持重违法行为吸收轻违法行为说的同志认为,在查处无证取水案件中,无证取水是一种重的违法行为,而未缴水资源费则是相对较轻的违法行为,故根据法律中的吸收原则,应当忽略轻违法行为,无须再追缴水资源费。

(3)持水资源费纳费主体说的同志认为,水资源费的纳费主体只能是有取水许可证的取水户,水资源费的征收也只能针对持证主体进行。对无证取水用户征费,与《水法》第四十八条明文规定的合法取水相悖,有收费即为许可的嫌疑,处罚其无证取水行为时,存在违反行政处罚合理性原则的障碍;对无证取水者追缴水资源费,岂不是追认其无证取水行为合法?故不应追缴水资源费。

作者认为,上述三种观点均有失偏颇,未能正确把握法律,处罚无证取水,应当依法追缴水资源费。

第一,追缴水资源费,不违反一事不再罚原则。追缴水资源费,是一种行政征收行为,是水行政机关依法无偿和强制地向公民、法人或其他组织征收钱物的具体行为,不是行政处罚,何来违反一事不再罚原则?

第二,追缴水资源费,不违反法律的吸收原则。法律的吸收原则,是指在某个违法事实中,存在两个以上违法行为,这两个以上违法行为之间有吸收关系,即前行为是后行为发展的所经阶段,后行为是前行为发展的当然结果。适用法律吸收原则的重要前提是违法事实构成中的两个以上违法行为,都是同一违法行为人,且行为都应受到法律制裁。在处罚无证取水后,追缴水资源费,不违反吸收原则。因无证取水行为主体,在未接到水资源费缴纳通知单之前,未缴纳水资源费的行为不是违法行为。因国务院令第460号《取水许可和水资源费征收管理条例》第三十三条明文规定:取水审批机关确定水资源费缴纳数额后,应当向取水单位或者个人送达水资源费缴纳通知单,取水单位或者个人应当自收到缴纳通知单之日起7日内办理缴纳手续。

第三,无证取水主体也是取水主体,依法应当缴纳水资源费。①从《水法》第四十八条"直接从江河、湖泊或者地下取用水资源的单位和个人,应当按照国家取水许可制度和水资源有偿使用制度的规定,向水行政主管部门或者流域管理机构申请领取取水许可证,并缴纳水资源费,取得取水权。但是,家庭生活和零星散养、圈养畜禽饮用等少量取水的除外"叙述中,依据"水资源有偿使用制度"字面意思,应认为在实践中,不区分有证无证情形,只要使用水资源,就应有偿,就应缴费。②依据国务院令第460号《取水许可和水资源费征收管理条例》第二十八条第一款"取水单位或者个人应当缴纳水资源费",无证取水主体也是取水主体,当然应当缴纳水资源费。

第四,对无证取水违法行为人实施行政处罚后,追缴水资源费不构成对无证取水这一违法行为的合法性追认。因处罚行为已经确认了无证取水的违法性,并且依法制裁了行为当事人。同时,作者赞同主体说的另一个观点,在未依法确认无证取水行为违法之前,收取水资源费,是一种错误的行为,有程序上的违法性,存在收费即为许可的嫌疑。

第五,不对无证取水主体追缴水资源费,只收持证取水主体水资源费,直接违反了国务院令第460号《取水许可和水资源费征收管理条例》第八条“取水许可和水资源费征收管理制度的实施应当遵循公开、公平、公正、高效和便民的原则”的规定,这对持证合法取水主体而言绝对是不公平的。

第六,不对无证取水主体追缴水资源费,可能会出现取水单位或个人恶意违法现象,对违法取水主体的行政处罚行为不能起到制裁作用。目前,对无证取水行为处罚的最高限额,依《水法》规定为十万元。而现实中,年交水资源费十万元以上的取水主体比比皆是,若不对无证取水主体追缴水资源费,可能出现有的取水主体以自愿承受十万元罚款的代价,换取免交十万元以上的水资源费的利益,那我们的管理体制岂不乱套?

综上,作者认为,水行政机关在处罚无证取水时,应当向违法行为人追缴水资源费。

421.问:关于《行政强制法》几个具体实践问题的思考?

(一)行政强制法律文书送达问题

答:按照《行政强制法》,行政机关实施行政强制措施程序前,要通知当事人到场,告知当事人理由、依据、权利、救济途径,听取当事人陈述和申辩,现场笔录由当事人签名;行政机关催告当事人履行义务前,要求当事人陈述申辩,并听取当事人的意见;强制执行决定送达当事人,要按照《民事诉讼法》的有关规定进行送达。

从目前行政强制的实践来看,要按照上述规定,由当事人到场配合行政机关开展强制措施或者接受法律文书送达比较困难。因为强制措施或者强制执行对当事人不利,当事人避而不见的现象时有发生。在这样的情况下,由于行政强制的决定无法送达给当事人,该行政强制决定也就不能生效,法律规定的程序也就不能启动。如果按照《民事诉讼法》的规定进行公告送达,则公告送达具有较长的期限(60天),这对于注重效率、需要及时处理的违反行为来说,显然过于漫长。

作者建议:对行政强制法律文书送达情形进行细化和明确。

(二)关于行政强制执行问题。

答:(1)强制执行难问题。《行政强制法》第十三条规定,行政强制执行由法律设定,法律没有规定行政机关强制执行的,作出行政决定的行政机关应当申请人民法院强制执行。因此,《行政强制法》实施后,大量行政强制决定将由行政机关申请人民法院强制执行,人民法院强制执行的案件越来越多,难度越来越大。很多行政机关申请法院执行的案件,事实上处在没有执行或者无法执行的状态。

作者建议:人民法院作为行政强制执行主体时,应当由人民法院组织执行。但是,鉴于人民法院的执行力量有限,对确需行政机关配合执行的,可以采用由人民法院牵头、行政机关参加的执行模式,执行的后果由人民法院承担。

(2)代履行问题。《行政强制法》对行政强制执行的限制非常严格,规定只有法律才能设定行政强制执行,法律没有规定行政机关强制执行的,作出行政决定的行政机关应当申请人民法院强制执行。但同时,《行政强制法》也给这个严格的规定开了一个小小的“口子”,即代履行。行政机关依法作出要求当事人履行排除妨碍、恢复原状等义务的行政决定,当事人逾期不履行,经催告仍不履行,其后果已经或者将危害交通安全、造成环境污染或者破坏自然资源的,行政机关可以代履行,或者委托没有利害关系的第三人代履行。这意味着,行政机关采用代履行方法强制执行,无须法律再赋权。但如何界定违法行为后果“已经或者将危害交通安全、造成环境污染或者破坏自然资源”,即代履行认定的“度”在行政执法实践中难以把握，现在已经出现部分行政机关为了实施强制执行而把代履行作为一个“筐”，只要发生类似情况均认定为代履行，进而强制执行。

作者建议：在清理过程中重点强化了两个基本点：一是细化其后果已经或者将危害交通安全、造成环境污染或者破坏自然资源的各种具体情形，防止行政机关和执法人员任意解释甚至是曲解法定情形。二是同市中级人民法院沟通衔接，具体确认代履行的适用情形，明确代履行的相关主体及权限。

(3)加处罚款执行问题。行政机关因行政相对人的违法行为对其处以罚款，行政相对人在法定期限内未申请复议，也未提起诉讼，到期又未自觉履行，行政机关根据《行政处罚法》第五十一条第一项的规定可以加处罚款。加处罚款作为行政强制执行措施，在没有其他强制措施相辅助的情况下，无法迫使相对人履行义务。

作者建议：制定统一的行政强制执行方面的规定，落实相应配套制度，规范行政强制执行的程序、措施，完善行政强制执行的法律责任和救济途径等。

422.问：关于水行政处罚案件结案标准的问题。

答：由于大多数案件水利部门都无强制执行权，所以对当事人不能按期履行处罚决定书内容的案件，在复议、诉讼和催告履行期届满后，均应及时向有管辖权的法院申请强制执行，但由于法院担心案件执行率问题，常常不出具案件受理通知书，致使水行政处罚案卷中缺少法院受理的书面凭证，行政权向司法权移交的书证缺失。办案人员对结案标准的认识存在分歧，一种意见认为只有法院将行政处罚(处理)决定书载明的内容全部执行完，该案件才能结案；另一种意见认为，只要行政机关按期向法院申请强制执行，法院受理，行政权向司法权移交，就认为可以结案。

423.问：根据水利部关于整顿和规范取水许可的文件，某市水行政主管部门按照市政府的部署，将该市180个取水许可压缩到80个，这一行为是否属于撤回行政许可？水行政主管部门是按照先来后到的原则还是按取水许可条件的优劣决定哪些单位或个人予以保留？不予保留的，是否给予补偿？

答：对依法取得取水行政许可的单位或个人，行政机关不得擅自撤销行政许可。根据公共利益的需要，行政机关依法撤回没有违法行为的被许可人取得的行政许可的，对被许可人因此受到的财产损失应当依法给予补偿。

424.某省道路交通管理部门在解决机动车超载的执法检查活动中，个别行政执法人员，让运煤的车主先交一个月的超载罚款，理由是，免得天天停车检查、交罚款费事，当地群众称之为“罚款买月票”。

问：这种做法是否合法？为什么？

答：这是违法行为。《行政处罚法》规定，行政机关实施行政处罚时，应当责令当事人改正或者限期改正。纠正、预防行政违法，维护良好的社会管理秩序，是实施行政处罚的目的，如果当事人交了罚款，可以“买到违法权”，就背离实施行政处罚的根本目的。

325.某商品批发市场管理处的人员接到举报，反映徐某经营的摊位销售假冒伪劣商品。市场管理处人员经过调查，发现徐某销售的商品质量低劣，遂根据《某省商品批发市场管理条例》的有关规定扣押了徐某尚未销售的商品，并处以500元的罚款。

问：(1)本案中涉及几种行政行为？

(2)根据我国现有法律规定，本案中查封的行为应遵守哪些程序规定？

答:(1)涉及两种行政行为:行政强制中的行政强制措施和行政处罚。

(2)根据《行政强制法》的规定,查封的行为应遵守的程序有:①实施前须向行政机关负责人报告并经批准;②由两名以上行政执法人员实施;③出示执法身份证件;④通知当事人到场;⑤当场告知当事人采取行政强制措施的理由、依据以及当事人依法享有的权利、救济途径;⑥听取当事人的陈述和申辩;⑦制作现场笔录;⑧现场笔录由当事人和行政执法人员签名或者盖章,当事人拒绝的,在笔录中予以注明;⑨当事人不到场的,邀请见证人到场,由见证人和行政执法人员在现场笔录上签名或者盖章;⑩制作并当场交付扣押决定书和清单,扣押清单一式二份,由当事人和行政机关分别保存。

326.郭甲是运煤司机,一日运煤经过309国道某交通检查站时,执勤人员宋丙(身着交通警察制服,佩戴执勤袖章)向郭甲走过来,递给了郭甲一张处罚决定书,说:"交20块钱再走。"郭甲接过处罚决定书,见上面印的全部内容是:根据有关规定,罚款20元。决定书印着某省某市交通大队的印章。郭甲对宋丙说:"为什么要罚我?"宋丙说:"你超载。"郭甲辩称:"我只拉半车煤,怎么就超载?"宋丙不耐烦地说:"让你交你就交,啰嗦什么。"郭甲说:"不说清楚,我就不交。"这时,宋丙又递过一张处罚决定书,并说:"就你这态度,再罚20块。"郭甲怕争辩下去,又要罚款,只好交了40元钱离去,宋丙未出具收据。

问:本案中的行政处罚行为哪些地方违反《行政处罚法》的规定?

答:本案中交通检查站执勤人员宋丙对司机郭甲所实施的罚款的行政处罚违反了行政处罚法的规定,具体体现在以下几个方面:

(1)罚款决定没有事实根据。行政机关实施行政处罚,是以当事人确实存在违法行为为前提的,违法行为的构成又以存在违法事实为条件。因此,作出行政处罚,必须首先查明当事人是否有违法事实。《行政处罚法》第四十条明确规定,对于违反行政管理秩序的行为,依法应当给予行政处罚的,行政机关必须查明事实;违法事实不清、证据不足的,不得给予行政处罚。本案中宋丙对郭甲所实施的罚款行为,没有对事实进行查实,是在没有事实依据的情况下作出的处罚。

(2)未向当事人郭甲说明理由和告知权利,直接给予处罚。《行政处罚法》第四十四条规定,行政机关在作出行政处罚决定之前,应当告知当事人拟作出什么行政处罚内容及事实、理由、依据,并告知当事人依法享有的陈述、申辩、要求、听证等的权利。本案中宋丙未对郭甲说明任何事项,就直接交付了罚款决定书。

(3)不听取郭甲的陈述和申辩。根据《行政处罚法》第六条和第四十五条的规定,当事人有权进行陈述和申辩。行政机关必须充分听取当事人的意见,对当事人提出的事实、理由和证据,应当进行复核;当事人提出的事实、理由或者证据成立的,行政机关应当采纳;行政机关不得因为当事人申辩而加重处罚。本案中宋丙不仅不听取郭甲的申辩,反而因郭甲的申辩对其加罚20元。

(4)处罚决定书的内容不符合《行政处罚法》的规定。《行政处罚法》第五十二条第二款对当场处罚的行政处罚决定书应载明的事项作了具体规定,当场处罚的行政处罚决定书应当载明当事人的违法行为、行政处罚依据、罚款数额、时间、地点以及行政机关名称,并由执法人员签名或者盖章。本案适用简易程序,即按当场处罚程序进行的罚款,其处罚决定书只有罚款数额和行政机关印章两项,其他事项没有载明;决定书中"根据有关规定"字样不能作为处罚依据,处罚依据应明确具体,写明根据哪部法律、法规的哪一条款。

(5)实施处罚没有告知当事人复议与诉讼的权利对行政处罚不服,当事人有权申请复议或者起诉。在处罚过程中,执法人员应告知当事人申请复议和起诉的权利,以及申请复议或者提起诉讼的期限。《行政处罚法》第五十九条规定,行政处罚决定书中应载明不服行政处罚决定,申请复议或者提起行政诉讼的途径和期限。本案中行政处罚决定书中没有载明此项内容,宋丙也未口头告知郭甲。

(6)当场收缴罚款未向当事人郭甲出具收据。《行政处罚法》第七十条规定,行政机关及其执法人员当场收缴罚款的,必须向当事人出具国务院财政部门或省、自治区、直辖市人民财政部门统一制发的专用票据;不出具财政部门统一制发的专用票据的,当事人有权拒绝缴纳罚款。本案中宋丙收缴了郭甲当场缴纳的40元罚款后,未向郭甲出具省级财政部门统一制发的收据。

427.问:如何认定水事违法主体?

答:快速准确地认定水事违法主体,是水事违法案件调查取证的主线之一,也是行政处罚阶段及执行阶段的主要依据。对违法主体的认定,直接影响行政案件处理是否正确、合法,意义重大。

《水行政处罚实施办法》第二条规定,公民、法人或者其他组织违反水行政管理秩序的行为,依法应当给予水行政处罚。由此看出,水事违法行为的主体包括公民个人、法人及其他组织,在特殊情况下,还包含其他主体。作者结合工作实际,总结梳理出快速准确认定违法主体的经验。

1.对公民、个体工商户和法人的认定。

水利部门发现公民个人实施违反水事管理秩序行为后,需进行两个认定:一是姓名认定;二是责任能力认定,涉及公民年龄、精神状态两个方面。年龄上,根据《行政处罚法》第三十条的规定,不满十四周岁有违法行为的,不予行政处罚,责令监护人加以管教;已满十四周岁不满十八周岁有违法行为的,从轻或者减轻行政处罚。精神状态方面,根据《行政处罚法》第三十一条规定,精神病人因不能辨认或不能控制自己行为的,违反水事管理秩序,可以不予处罚。行政相对人的精神状态可通过走访调查、专业机构鉴定等形式予以确定。

关于涉及水事违法行为的个体工商户,最高人民法院《关于适用〈中华人民共和国民事诉讼法〉若干问题的意见》规定:在诉讼中,个体工商户以营业执照上登记的业主为当事人。有字号的,应在法律文书中注明登记的字号。营业执照上登记的业主与实际经营者不一致的,以业主和实际经营者为共同诉讼人。参照这一规定,例如,王某经营一家煤矸石销售站,未经批准擅自在洙赵新河管理范围内建设永久性建筑物,水行政监察人员下达执法文书时,应以王某为违法当事人,并注明某煤矸石销售站的字号。若实际经营者不是王某,还应将其两人列为共同违法当事人。

在我国,法人主要有企业法人和非企业法人之分。企业法人作为违反水事管理秩序的主体,可通过查看工商行政管理部门颁发的企业营业执照,或到工商行政管理部门查询企业登记信息进行认定。非企业法人,分为机关事业单位法人和社会团体法人两类,前者认定可到机构编制部门查看机构登记名称、法定代表人等信息,后者可到民政部门社会组织登记处查看团体名称、法定代表人、批准成立文件等。

2.对其他组织的认定

《行政诉讼法》中目前没有对"其他组织"作出规定,根据最高人民法院《关于贯彻执行

〈中华人民共和国行政诉讼法〉若干问题的意见(试行)》的规定:人民法院审理行政案件,除依照行政诉讼法的规定外,对本规定没有规定的,可以参照民事诉讼的有关规定。

据此规定,其他组织是指合法成立,有一定的组织机构和财产,但又不具备法人资格的组织。

因此,在水事违法主体中,可能涉及其他组织的主要有:依法登记领取营业执照的私营独资企业、合伙组织;依法登记领取营业执照的合伙型联营企业;依法登记领取我国营业执照的中外合作经营企业、外资企业;经民政部门核准登记领取社会团体登记证的非法人社会团体;法人依法设立并领取营业执照的分支机构;中国人民银行、各专业银行设在各地的分支机构;中国人民保险公司设在各地的分支机构;经核准登记领取营业执照的乡镇、街道、村办企业等。其他组织相对于公民或者个人、法人等其他主体而言,比较复杂,应当要求被处罚主体提供营业执照、批准文件、登记证书等证明其主体地位的材料,认真审查,作出正确判断。

3.对特殊主体的认定

水事违法案件中还存在一些特殊主体,如工程建设指挥部、筹备中的机构、企业挂靠承包、无照经营行政相对人等。近年查处的水事违法案件中,这一类的水事违法主体出现的次数最多,相较公民、法人及其他组织认定也更复杂。

对特殊主体的认定,其一是工程建设指挥部。梳理近几年的水事违法案件发现,一些政府工程涉及违法水事管理秩序,成为查处的一大难题。一方面水行政执法人员经常受到各种行政干预、请托说情困扰;另一方面,这类机构多是地方政府为加强项目建设管理,抽调相关部门工作人员组建的临时性机构,违法主体的认定存在较大困难。

并非所有的指挥部都适合作为水行政处罚的对象,处罚主体的选择主要取决于工程建设指挥部的法律地位。行政机关或项目法人依法设立,并登记注册领取营业执照的指挥部,有自己的名字,具有独立承担责任的主体资格和能力,可以直接对其进行处罚。但还有一些工程指挥部是由行政机关或项目法人非法设立,或虽依法设立,但未领取营业执照。这类情况下,应以设立该分支机构的法人为当事人,而工程建设指挥部由于不具有独立的主体地位,不能成为行政法律关系的主体,应以设立工程建设指挥部的项目法人或行政机关为处罚对象。

其二,对于筹备中的机构,未经成立就开始运行的,即使存在固定的场所,有具体的职能,但其权限职责仅限定在与筹备工作有关的范围,没有履行法定的设立程序,也就没有取得实施筹备工作以外事项的资格,不具有独立承担法律责任的能力,对其实施违法行为应由该筹备机构的上级部门承担法律责任。

其三,企业挂靠、承包的特殊主体,挂靠人和承包人如若出现违反水行政管理秩序的行为,在进行行政处罚时应当将被挂靠、承包企业作为处罚的对象。

其四,对无照经营者,水行政执法人员应以实际经营者作为处罚相对人,依照有关水法律法规予以处罚,同时还应就其无照经营行为移送工商行政管理部门查处。

水事违法行为主体的认定比较复杂,水行政执法人员应遵循法律规范有关主体的界定标准,将工作做细、做实,多调查,多询问,准确认定违法行为主体,做到依法行政。

428.问:水行政强制实施如何执行?

答:《行政强制法》在一定程度上约束了行政机关的行政行为,保护了行政相对人的合法权益。目前,我国水法规中也规定了几种行政强制措施和行政强制执行,作者结合《行政强制法》,梳理了水法规中行政强制的有关规定,归纳总结了实施水行政强制的程序及实施所需注意的问题。

1.水行政强制的实施程序

【查封、扣押】

《水土保持法》第四十四条规定:被检查单位或者个人拒不停止违法行为,造成严重水土流失的,报经水行政主管部门批准,可以查封、扣押实施违法行为的工具及施工机械、设备等。查封、扣押属于同一类行政强制措施,查封一般指对财物就地封存,扣押则是将财物转移至异地封存。

查封、扣押措施应严格按照《行政强制法》规定的程序实施。第一,在实施前应向行政机关负责人报告并经批准。第二,要制作查封、扣押决定书和清单,当场交由当事人,由当事人和行政机关分别保存。第三,通知当事人到场,将查封、扣押决定书当场送达当事人,并当场告知当事人采取行政强制措施的理由、依据以及当事人依法享有的权利、救济途径。第四,听取当事人陈述和申辩,并制作现场笔录。第五,将查封、扣押场所、设施或者财物予以妥善保管,也可委托第三方负责保管。

【排除妨碍、恢复原状】

《水法》第六十五条、第六十七条,《防洪法》第四十二条、第五十八条分别就排除妨碍、恢复原状做出了具体的规定。这一行政强制执行方式在水利法律法规上,基本上表现为"强制拆除"。其程序如下:首先,水行政主管部门发现水事违法行为后,依据《水法》《防洪法》的有关规定,责令当事人停止违法行为,排除妨碍、恢复原状。其次,水行政主管部门在做出行政强制执行的决定前,应当事先催告当事人履行义务,告知当事人权利,并充分听取当事人的意见。最后,经催告,当事人仍逾期不履行行政决定,且无正当理由的,可以作出行政强制执行的决定。

需要注意的是,对违法建筑物、构筑物、设施进行拆除的,还应当在催告之前由水行政主管部门作出公告,限期当事人自行拆除,并给予充分的救济权利,才可依法强制拆除。

【代履行】

《防洪法》第五十七条、《水土保持法》第五十五条规定了代履行制度。代履行是指行政相对人逾期不履行行政决定所确定的义务,而该义务由他人代为履行也可达到相同目的的,水行政主管部门可以自己代为履行或者委托第三方代为履行,并由行政相对人承担履行义务所需费用的强制执行方式。

根据《行政强制法》,代履行应当遵守 4 个程序和步骤:首先,作出并送达代履行决定书。其次,代履行 3 日前催告当事人履行。再次,实施代履行,并由作出决定的行政机关指派工作人员到场监督。最后,制作代履行执行文书。

同时,对于需要立即清除河道内的遗撒物、障碍物或污染物,行政相对人不具备履行能力或者由于不在场的情况而不能履行,为了立即应对出现的紧急情况或危险状态,水行政主管部门可以当即决定实施代履行。

【加处罚款、滞纳金】

《水法》第七十条、《水土保持法》第五十七条规定了加处罚款和滞纳金的制度。其程序是:首先,水行政主管部门作出缴纳水资源费或水土保持设施补偿费的行政决定。当事人逾期不履行的，可以收取滞纳金，并加处罚款。其次，水行政主管部门实施加处罚款、滞纳金超过30日，催告当事人履行法定义务。再次，催告后，当事人仍不履行的，水行政主管部门可以申请人民法院强制执行，包括应该缴纳的水资源费或水土保持补偿费、滞纳金以及加处的罚款。

2.水行政强制应注意的问题

【行政强制主体】

《行政强制法》第十七条规定：行政强制措施应当由行政机关具备资格的行政执法人员实施，其他人员不得实施。本条对行政强制措施的实施主体从两个方面进行了严格规范：一是行政机关是实施行政强制措施的唯一主体，不得委托给其他组织或个人。目前，各地水政监察大队多属事业单位性质，受水行政机关委托行使处罚权，但不能行使行政强制权力。二是代表行政机关实施行政强制措施的，必须是具备行政执法资格的行政执法人员，其他人员不得实施。因此，水行政强制措施应由取得执法资格的水政监察人员实施。

【查封、扣押与先行登记保存的关系】

《行政处罚法》第五十六条对"先行登记保存"证据的规定，与《水土保持法》第四十四条有关查封、扣押的规定相似，容易被混为一谈。但其实二者有很大区别。

首先，两者性质不同。"先行登记保存"是一种证据保全措施，而"查封、扣押"则是一种行政强制措施。前者不但在水土保持行政执法中大量存在，还在河道、水利工程、水资源行政执法中大量存在，是水行政处罚中收集、固定证据的一种方式。后者是水行政主管部门为防治水土流失，依据《水土保持法》对行政相对人的财产采取的强制措施。

其次，两者目的不同。"先行登记保存"的目的是保全证据。"查封、扣押"的目的是制止可能存在的违法事实、行为和潜在危害的扩大，保证水行政执法的顺利实现。

最后，两者法律后果不同。"查封、扣押"是行政强制措施，是一个独立的具体行政行为，因可能产生严重的法律后果而属于可诉行为。"先行登记保存"只是具体行政行为的一个环节，当事人对"先行登记保存"的异议只能向执法机关提出申辩。

429.问：河道管理者的责任与义务是什么？

答：每年全国河道内都会发生大量的人员溺水死亡事故。这不仅给家庭带来了灾难，也给河道管理者带来了相应的法律风险与经济损失。事故发生后，受害人家属多以河道管理者未尽到必要安全保障义务提起诉讼，要求其承担侵权责任。为了避免不该出现的损失，河道管理者应认真对待安全保障义务，清楚所管理河道的实际情况，从而做好相应的风险防范。

1.管理者应分清承担义务的河道

什么是安全保障义务？《侵权责任法》第三十七条规定，宾馆、商场、银行、车站、娱乐场所等公共场所的管理人或者群众性活动的组织者，未尽到安全保障义务，造成他人损害的，应当承担侵权责任。因第三人的行为造成他人损害的，由第三人承担侵权责任；管理人或者组织者未尽到安全保障义务的，承担相应的补充责任。根据该规定，安全保障义务指的是行为人基于诚实信用原则产生的对与其有一定的"社会接触"的不特定的社会公众的人身和财产安全，所负担的保护和关照的法定义务。

河道管理者是否应当承担安全保障义务不能一概而论，而是应该具体情况具体分析。《侵权责任法》要求承担安全保障义务的管理者应是公共场所的管理人。对于河道是否是公共场所,《河道管理条例》没有作出明确规定,《侵权责任法》也未给予界定。

广东省东莞市第一人民法院法官黄薇在《从溺水案件谈侵权责任法中的安全保障义务》中提出,侵权责任法中的公共场所可以理解为对外开放、允许社会公众自由进出,并可在其内参加或从事与该公共场所宗旨有关的活动的场所。同时,她认为一个区域能否成为公共场所,要看是否符合对外性、管理性和地域特定性三个基本特征。

我国范围内的河道大都符合对外性、管理性的特征,关于地域特定性要具体情况具体分析。如果河道处于位置偏僻、人迹罕至的地方,且人流量较小,那么就不符合地域特定性的特征,不属于公共服务场所。水利部《关于对黄河主河道是否为公共场所等问题的批复》支持了这个观点。该批复指出,《河道管理条例》第二条规定,本条例适用于中华人民共和国领域内的河道(包括湖泊、人工水道、行洪区、蓄洪区、滞洪区)。其中,行洪区和人工河道是属于作为行洪输水通道的河道,其功能是行洪输水,不是供行人使用的通道,也不同于通常意义上的车站、码头、民用航空站等供公众活动和集散的公共场所。黄河治导线范围内的区域是黄河主河道,是行洪输水通道。河道主管机关在主河道内从事挖河疏浚工作,是为了保证行洪的通畅,没有设置明显标志和采取安全措施防止他人受到损害的义务。因此,包括黄河主河道在内的河道不宜认定为公共场所。

从案例分析,多地人民法院在判决中也认为位置偏僻、人迹罕至且人流量较小的河道不属于公共场所。2002年10月9日,河南省洛阳市中级人民法院在〔2002〕洛民终字第1367号民事判决书中认定,黄河主河道的功能是为了河流的行洪输水,不是供公众活动和集散的公共场所。2004年12月1日,河南省焦作市中级人民法院在〔2004〕焦民终字第884号民事判决书中指出,事故发生的地点在沁河河道范围内,而河道的功能是为了河流的行洪输水,不是供公众活动和集散的公共场所。在此情形下,要求河道管理者承担与公共场所管理者相同的保障义务,没有法律依据。

2.管理者应结合实际做好防范工作

如果河道位于人群密集、人流量较大的地方,就符合地域特定性的特征,属于公共场所。同时,法律不禁止公众对河道在一定范围内有利用和通行等行为,这就要求河道管理者对进入河道活动的人员有责任依法进行管理。此时,河道管理者基于河道对不特定的人群构成了安全威胁,而需要承担相应的保障责任,做好风险防范工作。

一是消除河道自然风险的责任。河道管理者对河道设施的管理是法定义务,对有缺陷的设施应及时维修,不能及时维修的,应设立相应的警示标志,提示设施因缺陷而存在的风险。由于设施缺陷的风险属当事人难以预见的内容,如果河道管理者不设警示标志,对当事人因该风险受到的伤害应承担相应的赔偿责任。

二是消除河道人为风险的责任。人类活动造成河道自然状况发生变化,产生不确定的风险。受经济利益的驱使,人们开发利用河道的活动越来越多,主要包括挖砂、淘金、修建养殖设施或码头等活动。河道管理者应依法管理涉河开发利用建设活动,对产生风险的,应及时要求有关责任主体消除风险。如果因河道管理者管理疏忽,或处理不及时,未在合理期限内消除河道中的人为风险,对当事人因该风险受到的伤害应承担相应的民事赔偿责任。

三是实施告知行为的责任。对于成为公共场所的河道而言,管理者应当提示告知存在的潜在危险和危险因素(如告知水深不要靠近)。

如果没有尽到上述三种管理责任和注意义务,造成损害结果的,要依其过错程度承担相应的民事责任。

综上所述，无论是否承担安全保障义务，从加强河道管理的角度来看，河道管理者都要进一步明确河道、水库和水塘的所有人、使用人和管理人，明确管理的权利、义务和责任，保证河道、水库和水塘正常的维护和管理；要在危险的河道、水库和水塘周边，加装能够足以防止少年儿童不慎落水的防护栏杆、危险标志牌等；对存在溺水安全隐患的河道、水库和水塘周边要安排人员经常开展巡查，采取有效措施防止危险的发生；要结合水法宣传、学校暑期安全教育等形式，积极开展宣传、教育活动，提高沿河群众对该问题的重视程度。

430.问：关于地下水的范围；关于临时应急排水的界定；关于取水事项变更手续的办理。

答：水利部办公厅关于《取水许可和水资源费征收管理条例》有关规定的意见办政法函〔2006〕441号国务院法制办秘书行政司：

你办转来的辽宁省政府法制办《关于对〈取水许可和水资源费征收管理条例〉有关规定的请示》收悉。经研究，提出如下意见，请予以考虑：

一、关于地下水的范围。《取水许可和水资源费征收管理条例》（简称《取水条例》）第二条中的"地下水"包括矿泉水和地热水。水资源包括地表水和地下水，均由水量、水质、水温和水能四个要素组成，具有多种用途和功能。矿泉水和地热水是地下水的组成部分，只是所含成分和温度不同而已，其开发利用主要遵循地下水的规律。

关于地热水和矿泉水的属性及法律适用问题，国务院法制局经国务院领导同意，曾以《关于矿泉水属性和适用法律问题的复函》（国法函〔1994〕67号）、《关于地下热水属性和适用法律问题的复函》（国法函〔1995〕60号）分别答复过福建省政府法制局和天津市政府法制办，明确地热水和矿泉水具有水资源和矿产资源的双重属性。《矿产资源法实施细则》第四十四条规定：地下水资源具有水资源和矿产资源的双重属性。地下水资源的勘查，适用《矿产资源法》和本细则；地下水资源的开发、利用、保护和管理，适用《水法》和有关的行政法规。

《水法》第二条规定：本法所称水资源，包括地表水和地下水。第四十八条规定：直接从江河、湖泊或者地下取用水资源的单位和个人，应当按照国家取水许可制度和水资源有偿使用制度的规定，向水行政主管部门或者流域管理机构申请领取取水许可证，并缴纳水资源费，取得取水权。而《取水条例》是规范和调整水资源开发、利用、保护和管理的与《水法》配套实施的重要的行政法规。据此，地热水和矿泉水属于地下水，应当按照《水法》和《取水条例》的规定，依法实施取水许可制度和水资源有偿使用制度。

二、关于临时应急排水的界定。《取水条例》第四条第三项中的"临时应急取（排）水"是相对于"长期正常取（排）水"而言的，例如当发生矿井透水事故等突发事件时，为保障安全而紧急加大排水量或改变排水方式的，即属于"临时应急取（排）水"，不需要申请领取取水许可证。按照矿井开采或地下工程施工设计，为降低水位，保障矿井等地下工程施工安全和生产安全而必须进行的疏干排水，属于正常排水，应当申请领取取水许可证。对于煤矿、建筑等生产企业发生的无法加以利用的疏干排水，应当从上述两个方面来判断其是否属于"临时应急排水"。

三、关于取水事项变更手续的办理。《取水条例》第二十六条中的"取水许可证载明事项"，应当为《取水条例》第二十四条规定的内容，包括取水单位或者个人的名称（姓名），取水期限，取水量和取水用途，水源类型，取水、退水地点及退水方式、退水量。除取水单位或者个人的名称(姓名)的变更外,其他事项的变更实质上是取水条件、取水方式的变更,属于取水行为的"实质变更"。一般来讲,在取水有效期内,取水人名称或其法定代理人变动,其他事项无变动的,不需要重新申请取水,可以直接办理变更手续。而如果其他事项(包括变更水源类型、取退水地点及方式等)发生重大变化的,则需重新申请取水许可;对于建设项目中取水事项有较大变更的,还需按照《取水条例》第二十二条的规定,重新进行水资源论证。

431.问:为什么要征收水利工程水费

答:水是人类生存的基础性资源,是实现经济社会可持续发展的重要物质基础。目前,河南省一部分地区水资源短缺和水资源严重浪费、污染的问题并存,节水减排、节水减污是河南省经济社会发展的必然选择。党中央、国务院一直高度重视水资源的节约与保护,强调水是基础性的自然资源和战略性的经济资源,把建设节水型社会作为解决我国干旱缺水问题最根本的战略举措。2002年10月实施的《水法》明确规定:使用水工程供应的水,应当按照国家规定向供水单位缴纳水费。2004年4月,国务院办公厅出台了《关于推进水价改革促进节约用水保护水资源的通知》(国办发〔2004〕36号),要求各地要充分发挥市场机制和价格杠杆在水资源配置、水需求调节和水污染防治等方面的作用,推进水价改革,促进节约用水,提高用水效率,努力建设节水型社会,促进水资源可持续利用。节约保护水资源,需要通过经济杠杆,增强全社会的节水意识,促进水资源的合理利用,提高水资源的利用效率,减少对水资源的污染,实现经济社会与水资源环境的可持续发展。河南省现在农业水资源利用效率还很低,与发达国家存在很大差距。在这种情况下取消农业水费会导致农业用水严重浪费和水资源污染严重的问题难以改变,影响农村经济社会的健康发展。

同时,水是农业生产不可或缺的资源要素,与种子、化肥、农药一样,是农业生产的重要资料,水费是农业必需的生产性支出。国家发改委和水利部于2003年出台了《水利工程供水价格管理办法》,进一步明确了水利工程供水的商品属性,从法规制度层面将水利工程供水价格纳入了商品价格范畴,明确了水费作为经营性收费的政策性质。

根据国家对水资源节约保护的基本政策和水利工程供水的基本成本,水利工程水费作为经营性收费的政策还不能取消。但借鉴发达国家的做法,政府可以对种田农户给予适当的农业水费补贴。农业水费补贴符合多予、少取、放活的方针,但实行这项政策需要各级政府根据财力状况进行决策,水利部门将会积极推动并做好相关工作。

432.问:什么是"两部制水价"?

答:"两部制水价"是根据当前水利工程供水现状提出来的,目的是保证水利工程正常运转。国家发展和改革委员会、水利部在2003年7月3日发布的《水利工程供水价格管理办法》(部长令第4号)中规定,水利工程供水应逐步推行基本水价和计量水价相结合的两部制水价。根据这一定义,"两部制水价"是指水利工程供水中的基本水价和计量水价。在部长令中规定,基本水价按补偿供水直接工资、管理费用和50%的折旧费、修理费的原则制定。基本水价确定之后,收取基本水费按多年平均用水量乘以基本水价而得到,它反映的是水利工程单位向用水户应收取的最低费用,用来维持水利工程单位最基本的正常运转。计量水价按补偿基本水价以外的水资源费、材料费等其他成本、费用以及计入规定利润和税金的原则核定。计量水费按实际供水量乘以计量水价而得到。它反映的是实际供水量的货币形式,实行的是多用水多交钱、少用水少交钱的基本原则,有利于用水户节约用水。

433.问：节约用水和节水型社会建设有什么区别？

答：节约用水，指通过行政、技术、经济等管理手段加强用水管理，调整用水结构，改进用水，实行计划用水，杜绝用水浪费，运用先进的科学技术建立科学的用水体系，有效地使用水资源，保护水资源，适应经济社会可持续发展的需要。

节水型社会和通常讲的节水，既互相联系，又有很大区别。无论是传统的节水，还是节水型社会建设，都是为了提高水资源的利用效率和效益，这是它们的共同点。但要看到，传统的节水，更偏重于节水的工程、设施、器具和技术等措施，偏重于发展节水生产力，主要通过行政手段来推动。而节水型社会的节水，主要通过制度建设，注重对生产关系的变革，形成以经济手段为主的节水机制。通过生产关系的变革进一步推动经济增长方式的转变，推动整个社会走上资源节约和环境友好的道路。

434.问：什么是水权？什么是水权制度？

答：水权是指水资源的所有权以及从所有权中分设出的用益权。水资源的所有权是对水资源占有、使用、收益和处置的权利，所有权具有全面性、整体性和恒久性的特点。我国《水法》明确规定，水资源属于国家所有，水资源的所有权由国务院代表国家行使。农村集体经济组织修建管理的水库中的水，归该农村集体经济使用。为适应不同的使用目的，可以在使用权的基础上，着眼于水资源的使用价值，将其各项权能分开，创设使用权、用水权、开发权等。其中，最重要的是水资源的使用权。国家鼓励单位和个人依法开发、利用水资源，并保护其合法性。

水权制度就是通过明晰水权，建立对水资源所有、使用、收益和处置的权利，形成一种与市场经济体制相适应的水资源权属管理制度，这种制度就是水权制度。水权制度体系由水资源所有制度、水资源使用制度和水权转让制度组成。水资源所有制度主要实现国家对水资源的所有权。地方水权制度建设，主要是使用制度和转让制度建设。一般情况下，水权获取者必须由水行政主管部门颁发取水许可证并向国家缴纳水资源费。

435.问：水库特征水位与库容的几个基本概念你知道吗？

答：水库工程为完成不同任务、不同时期和各种水文情况下，需控制达到或允许消落的各种库水位称为水库特征水位。相应于水库特征水位以下或两特征水位之间的水库容积称为水库特征库容。《水利水电工程水利动能设计规范》中，规定水库特征水位主要有正常蓄水位、死水位、防洪限制水位、防洪高水位、设计洪水位、校核洪水位等；主要特征库容有兴利库容（调节库容）、死库容、重叠库容、防洪库容、调洪库容、总库容等。

（1）正常蓄水位与兴利库容。水库在正常运用情况下，为满足兴利要求在开始供水时应蓄到的水位，称正常蓄水位，又称正常高水位、兴利水位，或设计蓄水位。正常蓄水位至死水位之间的水库容积称为兴利库容，即调节库容，用以调节径流，提供水库的供水量。

（2）死水位与死库容。水库在正常运用情况下，允许消落到的最低水位，称死水位，又称设计低水位。死水位以下的库容称为死库容，也叫垫底库容。死库容的水量除遇到特殊的情况外（如特大干旱年），不直接用于调节径流。

（3）防洪限制水位与重叠库容。水库在汛期允许兴利蓄水的上限水位，也是水库在汛期防洪运用时的起调水位，称防洪限制水位。正常蓄水位至防洪限制水位之间的水库容积称为重叠库容，也叫共用库容。此库容在汛期腾空，作为防洪库容或调洪库容的一部分。

（4）防洪高水位与防洪库容。水库遇到下游防护对象的设计标准洪水时，在坝前达到的最高水位，称防洪高水位。只有当水库承担下游防洪任务时，才需确定这一水位。此水位可采用相应下游防洪标准的各种典型洪水，按拟定的防洪调度方式，自防洪限制水位开始进行水库调洪计算求得。防洪高水位至防洪限制水位之间的水库容积称为防洪库容。它用以控制洪水，满足水库下游防护对象的防洪要求。

(5)设计洪水位。水库遇到大坝的设计洪水时，在坝前达到的最高水位，称设计洪水位。它是水库在正常运用情况下允许达到的最高洪水位，也是挡水建筑物稳定计算的主要依据。可采用相应大坝设计标准的各种典型洪水，按拟定的调度方式，自防洪限制水位开始进行调洪计算求得。

(6)校核洪水位与调洪库容。水库遇到大坝的校核洪水时，在坝前达到的最高水位，称校核洪水位。它是水库在非常运用情况下，允许临时达到的最高洪水位，是确定大坝顶高及进行大坝安全校核的主要依据。此水位可采用相应大坝校核标准的各种典型洪水，按拟定的调洪方式，自防洪限制水位开始进行调洪计算求得。校核洪水位至防洪限制水位之间的水库容积称为调洪库容。它用以拦蓄洪水，在满足水库下游防洪要求的前提下保证大坝安全。

(7)总库容。校核洪水位以下的水库容积称为总库容。它是一项表示水库工程规模的代表性指标，可作为划分水库等级、确定工程安全标准的重要依据。

436.问：什么是阶梯式水价？

答：所谓阶梯式水价，就是将水价分为不同的阶梯，在不同的定额范围内，执行不同的价格。如果使用的水量在基本定额之内，则采用基准水价；如果使用的水量超过基本定额，则超出的部分采取另一阶梯的水价标准收费。阶梯式水价可以分为增阶梯式和降阶梯式两种。增阶梯式水价指随着用水量的增多，水价越高；降阶梯式水价则相反，用水量越大，水价越低。

在我国，通常所说的阶梯式水价是指增阶梯式水价，以限制用户用水量，减少水资源使用量。阶梯水价可以设置多个阶梯，但一般以三个阶梯为常见。例如，某市居民户用水定额分为三个层次，第一阶梯为 12 立方米/(户·月)以下，第二阶梯为 12~16 立方米/(户·月)，第三阶梯为 16 立方米/(户·月)以上，如果阶梯比例为 1∶2∶5，基准价为2.5元/立方米，用户用了 20 立方米的水，其交纳的水费应该为：$12\times2.5+4\times5+4\times12.5=100$(元)。

自来水水价主要由以下几个部分组成：一是水厂进水时的费用，该部分包括水资源费；二是自来水公司成本(含税金)和利润等；三是污水处理费。

437.问：什么是农业用水和农业节水？

答：农业用水主要是指种植业灌溉、林业、牧业、渔业以及农村人畜饮水等方面的用水，其中种植业灌溉占农业用水量的 90%以上。农业用水的水源主要包括降水、地表水、地下水、土壤水以及经过处理符合水质标准的回归水、微咸水和再生水等。

农业节水是指通过充分利用农业用水水源，采取水利和农艺等方面的措施，提高灌溉水的利用率和水分生产率。

目前，基于学科来源和所强调重点的不同，有“农业节水”(强调的是节水)、“节水农业”(强调的是农业)和“节水灌溉”等概念，它们实质上均为同一概念。为避免概念交叉重叠所引起的混乱问题，这些概念应统一到 2006 年发布实施的国家标准《节水灌溉工程技术规范》(GB/T 50363—2006)中的有关定义上，该标准对“节水灌溉”的定义为：根据作物需水规律和当地供水条件，高效利用降水和灌溉水，以取得农业最佳经济效益、社会效益和环境效益的综合措施。

438.问：水库管理方对擅入游泳者无法定安全保障义务？

【案情】蔡群某（17岁）与其哥哥蔡龙某（19岁）等六人相约，于某日到塔里木卡拉水库游泳。游泳过程中，蔡群某不慎在深水区溺水，其他人虽积极施救，但未成功。经新疆乌鲁克垦区公安局尸检，蔡群某系意外溺水死亡。蔡群某的父母诉至法院，要求塔里木卡拉水库管理方赔偿。

【分歧】

塔里木卡拉水库管理方是否应承担赔偿责任？

一种意见认为，应当承担赔偿责任。公共场所的管理人未尽到安全保障义务，造成他人损害的，应当承担侵权责任。塔里木卡拉水库属于公共场所。

第二种意见认为，不应当承担赔偿责任。塔里木卡拉水库是提供农田灌溉和生活饮用水的水利设施，不属于对公众开放的公共场所，且其已尽到了合理范围内的管理之责。

【评析】

作者赞同第二种意见，理由如下：

1.监护人对未成年子女负有法定的监督和保护责任

监护人是对无民事行为能力和限制民事行为能力人的人身、财产和其他合法权益负有监督和保护责任的人，监护权依法律规定产生。未成年人与监护人的监护关系是最基础的法律关系，但在侵权纠纷中最容易被忽视的也是这一基础的监督和保护责任，因而本案的关键是明确原告作为监护人对其子游泳溺水身亡这一事故负有主要责任，然后再考虑被告塔里木卡拉水库管理方和共同游泳者是否应当承担赔偿责任。

本案中，蔡群某明知到水库游泳具有危险性，仍进入库区游泳的行为，系自身的冒险行为，应自行承担直接责任。其父母作为监护人对其子疏于管理，没有尽到监护责任，存在重大过错，应自行承担主要责任。

2.塔里木卡拉水库管理方并无法定的安全保障义务

违反安全保障义务侵权责任是指，依照法律规定或者约定对他人负有安全保障义务的人违反该义务，因而直接或者间接地造成他人人身或者财产权益损害，应当承担损害赔偿责任。如车站、宾馆等公共场所的管理人未尽到安全保障义务，造成他人损害的，应当承担侵权责任。违反安全保障义务致使他人受到人身或财产损害的，行为人仅在有过错的情况下承担责任，没有过错则不承担责任。《侵权责任法》第三十七条对安保义务规定了过错责任，而不实行无过错责任，主要是为了平衡社会利益。

根据《小型水库安全管理办法》及《水库大坝安全管理条例》的规定，水库安全管理单位的法定职责为保障水库的安全运行，预防水库出现险情危及下游居民生命财产安全，对水库正常运行期间进入库区的不特定人员不具有法定的安全保障义务。

本案中，卡拉水库系农田水利灌溉设施，远离居民生活区，水库并不属于安全保障义务中规定的公共活动场所，其管理方对进入该水库内游泳的人不负有法定的安全保障义务。卡拉水库并非高度危险活动区域，水库建有防护墙，可以有效地避免行人跌落水库内。库区设有一座电动门，电动门边上设有一扇供人出入的小门及警卫室，但小门及警卫室是供平时水库的维护、调节灌溉用水之用；警卫室门前设置了“外单位车辆未经许可禁止入内”的警示标语，这些足以认定水库管理方已经尽到了合理范围内的安全保障义务，对蔡群某死亡的后果并无过错。法院最终判决塔里木卡拉水库管理方对溺亡者不承担赔偿责任。

3.对未成年人的监管做到无缝对接，需要家庭和学校共同参与、协同配合

为避免学生假期野泳溺亡事故的发生，社会、学校、家长都要尽到教育管理责任。每当夏天游泳季节来临，学校班主任老师和家长都应强化野外游泳知识教育，增强学生安全防范意识，让孩子们珍爱生命，预防溺水事故发生。政府有关部门应尽可能给学生提供多样化、健康的娱乐场所。为满足盛夏孩子们的戏水需求，相关部门应担负起建设公益性游泳场所、设施的责任，并时刻提醒未成年人勿到危险水域戏水。

439.【案情】孙某与村委会达成在该村采砂的协议，期限为5年。孙某向甲市乙县国土资源局申请采矿许可，该局向孙某发放采矿许可证，载明采矿的有效期为2年，至2015年10月20日止。

2015年10月15日，乙县国土资源局通知孙某，根据甲市国土资源局日前发布的《严禁在自然保护区采砂的规定》，采矿许可证到期后不再延续，被许可人应立即停止采砂行为，撤回采砂设施和设备。

孙某以与村委会协议未到期、投资未收回为由继续开采，并于2015年10月28日向乙县国土资源局申请延续采矿许可证的有效期。该局通知其许可证已失效，无法续期。

2015年11月20日，乙县国土资源局接到举报，得知孙某仍在采砂，以孙某未经批准非法采砂，违反《矿产资源法》为由，发出《责令停止违法行为通知书》，要求其停止违法行为。孙某向法院起诉请求撤销通知书，一并请求对《严禁在自然保护区采砂的规定》进行审查。

孙某为了解《严禁在自然保护区采砂的规定》内容，向甲市国土资源局提出政府信息公开申请。

材料二：涉及公民、法人或其他组织权利和义务的规范性文件，按照政府信息公开要求和程序予以公布。推行行政执法公示制度。推进政务公开信息化，加强互联网政务信息数据服务平台和便民服务平台建设。（摘自《中共中央关于全面推进依法治国若干重大问题的决定》）

问题：

结合材料一回答以下问题：

（一）《行政许可法》对被许可人申请延续行政许可有效期有何要求？行政许可机关接到申请后应如何处理？

（二）孙某一并审查的请求是否符合要求？根据有关规定，原告在行政诉讼中提出一并请求审查行政规范性文件的具体要求是什么？

（三）行政诉讼中，如法院经审查认为规范性文件不合法，应如何处理？

（四）对《责令停止违法行为通知书》的性质作出判断，并简要比较行政处罚与行政强制措施的不同点。

答：（1）《行政许可法》第五十条规定，被许可人需要延续依法取得的行政许可的有效期的，应在该许可有效期届满30日前向作出许可决定的行政机关提出申请。但法律、法规、规章另有规定的，从其规定。行政机关应根据被许可人的申请，在该许可有效期届满前作出是否准予延续的决定；逾期未作出决定的，视为准予延续。

（2）本案中，因《严禁在自然保护区采砂的规定》并非被诉行政行为《责令停止违法行为

通知》作出的依据,孙某的请求不成立。根据《行政诉讼法》第五十三条和司法解释的规定,原告在行政诉讼中一并请求审查规范性文件需要符合下列要求:一是该规范性文件为国务院部门和地方政府及其部门制定的规范性文件,但不含规章;二是该规范性文件是被诉行政行为作出的依据;三是应在第一审开庭审理前提出,有正当理由的,也可以在法庭调查中提出。

(3)法院不作为认定被诉行政行为合法的依据,并在裁判理由中予以阐明。作出生效裁判的法院应当向规范性文件的制定机关提出处理建议,并可以抄送制定机关的同级政府或上一级行政机关。

(4)本案中,《责令停止违法行为通知书》在于制止孙某的违法行为,不具有制裁性质,归于行政强制措施更为恰当。行政处罚和行政强制措施的不同主要体现在下列方面:一是目的不同。行政处罚的目的是制裁性,给予违法者制裁是本质特征;行政强制措施的主要目的在于制止性和预防性,即在行政管理中制止违法行为、防止证据损毁、避免危害发生、控制危险扩大等。二是阶段性不同。行政处罚是对违法行为查处作出的处理决定,常发生在行政程序终了之时;行政强制措施是对人身自由、财物等实施的暂时性限制、控制措施,常发生在行政程序前端。三是表现形式不同。行政处罚主要有警告、罚款、没收违法所得、责令停产停业、暂扣或吊销许可证、执照、行政拘留等;行政强制措施主要有限制公民自由、查封、扣押、冻结等。

440.案情简介:2003年12月26日,河南省博爱县工商行政管理局为陈某(2014年亡故)颁发个体工商户营业执照,名为博爱县馒头山风平石料厂(简称风平石料厂),从事石料开采加工。2004年2月15日,原告卢某与陈某签订合伙协议,共同经营风平石料厂。2004年4月22日,被告博爱县国土资源局为陈某颁发采矿许可证,有效期限为一年。2004年11月20日,焦作市岩鑫水泥有限责任公司(简称岩鑫公司)与风平石料厂签订采矿权合并协议。2006年3月28日,岩鑫公司取得河南省国土资源厅颁发的采矿许可证,有效期限为三十年。2015年12月5日,卢某向博爱县国土资源局递交申请,要求其为风平石料厂换颁新的采矿许可证,被告拒绝颁发。为此,卢某提起行政诉讼。

【分歧】本案存在两种不同意见。

第一种意见认为,因为原告卢某作为风平石料厂的实际合伙人,与被告的不作为行为有利害关系,原告卢某具备原告诉讼主体资格。

第二种意见认为,原告卢某不具备诉讼主体资格。

【评析】作者同意第二种意见。理由如下:

(1)个体工商户的经营资格不能转让、继承。

风平石料厂营业执照登记性质为个体工商户,经营者为陈某。《个体工商户条例》第二条规定:“有经营能力的公民,依照本条例规定经工商行政管理部门登记,从事工商业经营的,为个体工商户。个体工商户可以个人经营,也可以家庭经营。”个体工商户与其经营者及财产之间具有紧密联系,个体工商户经营资格不可转让、继承。个体工商户需要变更经营者的,依据《个体工商户条例》第十条第二款规定“应当在办理注销登记后,由新的经营者重新申请办理注册登记”办理。本案中,陈某作为风平石料厂营业执照登记的个体经营者,在其本人已经死亡的情况下,其个体经营户经营资格已经废止。

(2)采矿许可权也不可转让、继承。

《行政许可法》第七十条第(二)项规定:有下列情形之一的,行政机关应当依法办理有关行政许可的注销手续:……(二)赋予公民特定资格的行政许可,该公民死亡或者丧失行为能力的。而个体采矿权在法律性质上应为赋予公民特定资格的行政许可,此种行政许可亦不可转让、继承。本案中,陈某作为采矿许可证登记的个体采矿权人,在其本人已经死亡的情况下,其采矿权已经废止。

(3)原告不具备行政诉讼主体资格。

本案中,陈某作为风平石料厂营业执照登记的个体经营者和采矿许可证登记的个体采矿权人,如认为被告博爱县国土资源局的不作为行为侵犯了其采矿权,可以自己的名义提起行政诉讼。如认为该行为侵犯其作为登记经营者的个体工商户风平石料厂的其他权利,也可以自己名义或以风平石料厂为当事人并同时列明自己的方式向法院提起诉讼。而在其本人已经死亡的情况下,其个体经营户经营资格及采矿权均已废止。此时他人以风平石料厂名义向法院提起行政诉讼,显然不具备诉讼主体资格。

441.问:法律法规对相关概念界定不同情况下水行政处罚的如何适用?

答:水法律法规体系虽已基本形成,但仅经历20多年的发展过程,仍然是不成熟的专业法规体系;水事法律法规的不统一、不完善使行政处罚适用的规范性难以实现,同一种违法行为因法律法规对相关概念的定性不同,行政处罚因而存在差异。在此以擅自凿井违法行为为例进行分析。

擅自凿井是违反水资源统一管理行为的主要表现形式之一。擅自凿井违法行为可以定性为擅自修建水工程、擅自修建取水工程、擅自凿井,这3种性质的违法行为在《水法》《取水许可和水资源费征收管理条例》中有不同的处罚措施。定性不同,处罚依据不同,处罚幅度也不同。

1.关于《水法》

《水法》第六十五条第二款规定了擅自修建水工程的处罚措施。《水法》第七十九条规定:本法所称水工程,是指在江河、湖泊和地下水源上开发、利用、控制、调配和保护水资源的各类工程。单从本条看,凿井工程是水工程的一种。但是这一条文只是规定了本法中"水工程"的基本含义。除以上的条文外,《水法》的许多条文中也多次提到了"水工程"一词,这些"水工程"的含义并不完全一致,有些水工程只是指地表水工程,有些则是指水坝和堤防。因此,适用《水法》第六十五条时,应当根据这些条文在法律体系中的地位,按照不同的语境或上下文的法意,具体阐明法律条文规范的意旨,这在法理学中称为法律体系解释。根据这一法律解释方法,从《水法》第六十五条第一款、第三款的内容可以看出,该条第二款所说的水工程主要是指对行洪产生影响的水工程。因此,采用《水法》第六十五条作为处罚擅自凿井行为的依据并不十分恰当。

2.《取水许可和水资源费征收管理条例》

《取水许可和水资源费征收管理条例》第四十九条,对于未取得取水申请批准文件擅自建设取水工程或者设施的违法行为作出了明确的处罚规定:责令停止违法行为,限期补办有关手续;逾期不补办或者补办未被批准的,责令限期拆除或者封闭其取水工程或者设施;逾期不拆除或者不封闭其取水工程或者设施的,由县级以上地方人民政府水行政主管部门或者流域管理机构组织拆除或封闭,所需费用由违法单位或者个人负担,可以处以5万元以下罚款。擅自凿井是擅自建设取水工程的一种形式,用《取水许可和水资源费征收管理条例》第四十九条处理是适合的。

3.与地方性法规的结合适用

相对于《取水许可和水资源费征收管理条例》而言，处罚额度不大，对于未经批准在建凿井工程，尚未取水、造成影响不大的违法凿井行为，建议依据地方性法规进行处罚。

442.问：取缔的概念如何理解？

答：1.取缔的主体

主要是具有行政处罚权的国家行政机关，如工商、公安、民政、出版等部门。特定条件下也包括司法机关，如"……构成犯罪的，依法追究刑事责任""……行政机关申请人民法院强制执行。"

2.取缔的对象

未经许可擅自从事某项活动的行为或违反法律禁止性规定从事某项活动的行为，即非法主体的活动或者合法主体的非法活动。

3.取缔的前提

行政管理相对人从事违法活动扰乱行政管理秩序，行政机关出于维护行政管理秩序和保护社会公共利益的需要。

4.取缔的手段

包括行政指导、行政命令、行政强制、行政处罚、司法制裁等手段。比如：①对轻微违法行为批评教育，使违法当事人认识到错误，主动停止和纠正违法行为，办理相关证照变成合法经营；②责令当事人停止违法行为，责令当事人改正错误；③扣留经营工具，查封、扣押财物、账册、合同等；④查封经营场所；⑤捣毁生产设施；⑥没收工具、设备、原材料、产品、违法所得等；⑦收缴非法财物、违禁物品；⑧通知有关单位断水、断电、断信号、收回出租场地等；⑨强制当事人消除影响、恢复原状；⑩其他法律规定的措施。

443.问：法制机构如何协同办案机构提高案件质量？

答：办案机构和法制机构的工作是否协调和谐，是影响工商部门案件质量的一个重要因素。虽然一个是办案，一个是审案，从表面上看是相互制约和相互监督的，但办案机构和法制机构的工作目标是一致的，都是为了履行职责、依法行政、维护工商部门的形象和权威，只是分工不同而已。办案机构和法制机构应发挥各自的职能优势，在协作中互补，在交流中提高。

1.加强沟通配合

办案机构和法制机构应该正确认识自己的工作职责，在统一思想、达成共识的基础上加强沟通和配合。

首先，办案机构不能认为法制机构的严格审核是跟自己过不去，故意找麻烦，因而产生消极、对立情绪。若法制机构一味强调执法监督而忽略服务和沟通，不从办案机构的立场来换位思考，认为我就是给你办案机构挑刺的，对非原则性的问题也寸步不让，那样就无法统一思想、达成共识，更谈不上沟通和配合，甚至还会产生感情摩擦和工作矛盾。

其次，遇到重大疑难案件，办案人员在取证阶段对案件的定性、处罚不明确时，就应该主动和法制机构沟通，大家一起出主意、想办法。等到案件调查终结送法制机构核审时，双方已经在案件定性和证据取舍上基本达成共识，就不易产生矛盾，从而也有利于加快案件核审的速度，尽快结案。

从案件审核角度来看，法制机构在工作中发现办案机构对案件的定性、适用法律、证据取舍方面存在较大缺陷时，应该主动先和办案人员沟通，大家共同讨论，以期达成共识。不要轻易以一句“事实不清、证据不足或定性不准”就随便退回办案机构了事，甚至将情况反映到领导那里，这样不但会影响同志之间的团结，也会给以后工作的正常开展埋下隐患。

此外，对当事人的陈述和申辩，无论当事人找到办案机构人员还是法制机构人员，都要认真听取，对当事人反映的情况加强沟通。尤其是当事人与办案机构对案情的认识不一致、有误解或摩擦时，法制机构要多做解释、说服工作，化解当事人和办案机构的矛盾，使当事人消除疑虑，心悦诚服。

2.法制机构要树立服务意识

法制机构虽然是执法监督机构，但也要树立服务意识，为办案机构提供法律服务，为依法行政工作服务，当好领导的参谋、助手。

例如，工商业务涉及的法律法规较多，而且更新很快，某局法制机构通过内网设立了“新法规速递”栏目及时将新法规挂在网上，方便大家查阅和学习。为了使办案文书的使用更加规范，某局法制机构对现场笔录、询问笔录等文书统一制作成格式文本、对文书首部、出示执法证、当事人的权利义务告知等内容统一作了规范。为了使书证的形式更加符合《行政诉讼证据规定》的要求，又制作了证据提取单。针对在调查取证中当事人拒不提供证据的情形，为减少诉讼不利因素，设计制作了《责令提供证据通知书》。法制机构的主动服务，不但减少了办案机构的对立情绪，而且提高了案件质量。

因此，办案机构和法制机构应携起手来，为促进依法行政、提高案件质量、树立水利执法形象作出自己的努力。

444.问：水事纠纷调解的法律依据是什么？

答：《水法》第五十六条规定，不同行政区域之间发生水事纠纷的，应当协商处理；协商不成的，由上一级人民政府裁决，有关各方必须遵照执行。在水事纠纷解决前，未经各方达成协议或者共同的上一级人民政府批准，在行政区域交界线两侧一定范围内，任何一方不得修建排水、阻水、取水和截（蓄）水工程，不得单方面改变水的现状。

《水法》第五十七条规定，单位之间、个人之间、单位与个人之间发生的水事纠纷，应当协商解决；当事人不愿协商或者协商不成的，可以申请县级以上地方人民政府或者其授权的部门调解，也可以直接向人民法院提起民事诉讼。县级以上地方人民政府或者其授权的部门调解不成的，当事人可以向人民法院提起民事诉讼。

《水土保持法》第四十六条规定，不同行政区域之间发生水土流失纠纷应当协商解决；协商不成的，由共同的上一级人民政府裁决。

445.问：什么是水质监测？

答：水质自动监测传感器（也称在线式水质传感器）按测量方式分为电极法和分析法，分析法有人工分析法和自动分析法。自动监测传感器的出现，为水环境的监测自动化提供了必要的基础，使水环境监测自动化得以实现。与国外相比，中国国产水质在线自动监测仪器研究起步较晚，在线的水质传感器主要监测水温、pH、电导、溶解氧和浊度等五项常规指标，与先进国家的差距甚大。

446.问：为什么要针对南水北调这项工程制定一部条例？

答：南水北调工程是缓解我国北方水资源严重短缺局面的重大战略性基础设施，工程于2002年分线、分期启动建设，其中东线一期工程已于2013年11月正式通水，中线一期工程也正式通水。为了加强工程的供用水管理，充分发挥南水北调工程的经济效益、社会效益和生态效益，有必要制定一部行政法规，对工程的水量调度、水质保障、用水管理和工程保护等进行全面规范。对这种大型水利工程进行专门立法，国务院已有先例，如2001年针对长江三峡工程的移民工作制定了《长江三峡工程建设移民条例》，此次根据南水北调工程供用水管理的实践需要，国务院制定了本条例。

447.问：作为大型水利工程，工程设施的保护非常重要，条例规定了哪些措施？

答：南水北调工程是世界上最大的跨流域调水工程，线长、点多，情况复杂，加强工程设施的保护尤为重要，为此，《南水北调工程管理条例》作了以下规定：一是规定省级人民政府或者水利部商省级人民政府组织划定管理和保护范围，工程管理单位要设置保护标志和安全隔离设施。二是禁止在管理和保护区域内实施爆破、采砂等危害工程安全和供水安全的行为。三是规定工程管理单位要建立健全安全生产责任制，加强维修养护。四是规定在工程管理和保护范围内建设其他工程设施应当征求南水北调工程管理单位的意见，不得影响南水北调工程运行安全。五是规定工程重要水域、重要设施根据需要可以由中国人民武装警察部队守卫。

448.问：对工程供用水管理中的违法行为，《南水北调工程管理条例》规定了哪些法律责任？

答：为了使各项制度措施得到落实，条例明确列举了各种违法情形以及相应的行政、民事、刑事责任，并强化追责机制，加大处罚力度。行政机关和工程管理单位的工作人员不按照规定履行职责的，依法追究行政责任和刑事责任；违法排污或者在地下水禁采区取用地下水的，依照《水污染防治法》《水法》的规定给予处罚；运输危险废物、危险化学品的船舶进入有关水域的，予以扣押、卸载，所需费用由违法者承担；危害工程和供水安全的，责令停止违法行为、限期采取补救措施、承担民事赔偿责任、给予治安管理处罚直至追究刑事责任；对水污染防治不力的行政区域，实行建设项目环境影响评价区域限批。

449.问：在水利行政执法实践中如何理解代履行？

答：代履行是指义务人逾期不履行行政法义务，由他人代为履行可以达到相同目的的，行政机关可以自己代为履行或者委托第三人代为履行，向义务人征收代履行费用的强制执行制度。

法律依据：《行政强制法》

第五十条　行政机关依法作出要求当事人履行排除妨碍、恢复原状等义务的行政决定，当事人逾期不履行，经催告仍不履行，其后果已经或者将危害交通安全、造成环境污染或者破坏自然资源的，行政机关可以代履行，或者委托没有利害关系的第三人代履行。

第五十一条　代履行应当遵守下列规定：

（一）代履行前送达决定书，代履行决定书应当载明当事人的姓名或者名称、地址，代履行的理由和依据、方式和时间、标的、费用预算以及代履行人；

（二）代履行三日前，催告当事人履行，当事人履行的，停止代履行；

（三）代履行时，作出决定的行政机关应当派员到场监督；

（四）代履行完毕，行政机关到场监督的工作人员、代履行人和当事人或者见证人应当在执行文书上签名或者盖章。

代履行的费用按照成本合理确定，由当事人承担。但是，法律另有规定的除外。

代履行不得采用暴力、胁迫以及其他非法方式。

第五十二条　需要立即清除道路、河道、航道或者公共场所的遗洒物、障碍物或者污染物,当事人不能清除的,行政机关可以决定立即实施代履行;当事人不在场的,行政机关应当在事后立即通知当事人,并依法作出处理。

1.代履行的适用范围

代履行只能针对当事人的可以代为履行的义务。这类可以代为履行的义务的主要特点是:通常是作为义务,他人代为履行能够达到与当事人履行同样的法律效果,代履行义务可以转化为金钱给付义务。如果行政决定赋予当事人的义务系不可代为履行的义务,例如,金钱给付义务,只能由当事人从自己的合法财产中支付,如由他人代为履行金钱给付义务,那是对他人合法权益的侵害,这种义务只能由当事人自己履行或者强制当事人履行,不可代履行。又如,人身自由的强制执行,公安机关对当事人作出行政拘留处罚,当事人不履行,同样也不能由第三人代为在拘留所呆几天,只能由当事人自己,或者公安机关采取直接强制手段强制当事人到拘留所接受限制人身自由的行政处罚。可以代为履行的义务,通常是行政决定要求当事人作出一定行为的义务,例如,行政决定要求当事人排除妨碍、恢复原状,责令当事人补种树苗,限期采取治理措施消除污染等。代履行的结果是:由他人代为履行当事人本应履行的义务,而由当事人承担代履行所产生的合理费用。

2.代履行的实施要件

代履行要具备如下法定要件:一是依照法律作出的具体行政行为,要求义务人履行排除妨碍、恢复原状等义务。只有依照法律作出的具体行政行为可以要求义务人履行排除妨碍、恢复原状等义务,法律本身要求义务人履行排除妨碍、恢复原状等义务不在此列。因为法律要求的义务是抽象的,无法执行,即使可以执行也属即时强制范畴。二是已经以具体决定书限定期间履行,当事人逾期不履行,经催告仍不履行。本规定即属所谓的“催告”主要是指决定书外另以书面限定相当期间催告其履行的情形,在其所定期限届满仍不履行。三是其后果已经或者将危害交通安全、造成环境污染或者破坏自然资源。

3.代履行的实施程序、费用、方式的规定

(1)代履行的实施程序。

行政机关可以采取代履行方式进行强制执行。代履行应当遵守下列规定:①代履行前送达决定书。代履行决定书应当送达当事人。具体送达的规则,按照《行政强制法》第三十八条规定执行,直接送达优先,当事人拒绝接收或者无法直接送达的,依照《民事诉讼法》的规定送达。②代履行决定书内容。代履行决定书应当载明当事人的姓名或者名称、地址,代履行的理由和依据、方式和时间、标的、费用预算以及代履行人。③催告。代履行的催告时间不同于行政强制执行,代履行是在代履行前 3 日进行催告,而一般的行政强制执行是在作出行政强制执行决定前进行催告,催告得更早。催告当事人履行,当事人履行的,停止代履行。④代履行时,作出决定的行政机关应当派员到场监督。监督的主要内容为第三人是否按照委托合同代为履行义务,在代为履行义务过程中有无违法行为,包括是否在夜间或者法定节假日实施行政强制执行等,但是,紧急情况除外。此外,不得对居民生活采取停止供水、供电、供热、供燃气等方式迫使当事人履行相关行政决定。⑤代履行完毕,行政机关到场监督的工作人员、代履行人和当事人或者见证人应当在执行文书上签名或者盖章。

(2)代履行的费用。

由于代履行有时是由行政机关请第三者代为履行的,第三者履行前或者履行完毕后存在代履行的费用收缴问题。代履行的程序一般由告诫、代履行和收取费用三个阶段构成。代履行的费用是事先征收还是事后征收,各国的规定不一。事先征收,会给义务人造成心理压力,促其履行义务,这就起到了类似于执行罚的作用;事后征收,便于结算,避免因事先预收而多退少补。我国对此无统一规定。由于这两种方式各有利弊,因此究竟采取何种征收方式应视具体个案灵活决定。那么,行政机关自己代履行时可否向义务人征收费用?既然是代履行,行政机关有权向相对人征收费用。有种观点认为,行政权的行使是建立在国家财政税收基础上的,因此行政机关就不应当再向相对人征收费用。但是作者认为,严格地讲,从行政强制执行的对象是被执行人应履行的义务来看,不管是间接强制还是直接强制,行政机关或第三者均是代替被执行人履行义务,其中所付费用均应由被执行人承担,否则会出现全民为不履行法定义务者买单的不公平现象。从这角度来看,行政机关自己代履行所需费用应由被执行人承担。

那么,代履行的费用如何计算?代履行的费用按照成本合理确定,由当事人承担。但是,法律另有规定的除外。法律另有规定的,如《道路交通安全法》规定交警拖车不得收取费用。

(3)代履行的方式。

目前,我国单行法中只规定可以代履行,没有规定具体实施手段。而本法也未规定具体实施手段,但其明确规定了代履行性质不是代执行,规定代履行不得采取暴力、胁迫以及其他非法手段。

450.问:非诉行政执行案件中执行和解的如何适用和认定?

答:执行和解是指在法院执行过程中,双方当事人经过自愿协商,达成协议,结束执行程序的活动。执行和解具有化解执行难、方便解决矛盾、节约司法资源等优点,在民商事案件执行过程中执行和解的情况时有发生。但非诉行政执行案件能否进行执行和解的问题,现行法律没有明确规定。

法律依据:《行政诉讼法》(2014 年修正)

第九十七条　公民、法人或者其他组织对行政行为在法定期限内不提起诉讼又不履行的,行政机关可以申请人民法院强制执行,或者依法强制执行。

第一百零一条　人民法院审理行政案件,关于期间、送达、财产保全、开庭审理、调解、中止诉讼、终结诉讼、简易程序、执行等,以及人民检察院对行政案件受理、审理、裁判、执行的监督,本法没有规定的,适用《民事诉讼法》的相关规定。

《最高人民法院关于人民法院执行工作若干问题的规定(试行)》:

在执行中,双方当事人可以自愿达成和解协议,变更生效法律文书确定的履行义务主体、标的物及其数额、履行期限和履行方式。

和解协议一般应当采取书面形式。执行人员应将和解协议副本附卷。无书面协议的,执行人员应将和解协议的内容记入笔录,并由双方当事人签名或盖章。

当事人之间达成的和解协议合法有效并已履行完毕的,人民法院作执行结案处理。

1.对强制行政执行能否和解的认定

执行和解在民事强制执行中时有发生,亦为法律所允许。而在行政强制执行中,能否和

解,却有分歧。分歧的理由主要是《行政诉讼法》没明文规定,《最高法院的司法解释》也无明确态度。主张可和解的理由如下:

(1)行政强制执行是从民事强制执行脱胎而来的,民事强制执行允许双方当事人和解,行政强制执行也不应禁止当事人在执行中和解。

(2)行政机关既然有权对管理相对人进行处罚处理,也有权收回其处罚处理决定。假如法院受理了行政机关申请强制执行后,行政机关又要求与被执行人和解,法院不准许其和解(实为法律不准许)时,行政机关也可撤销该决定,使法院的执行无根据而只好终结执行。行政机关通过这种方式仍然达到了与对方和解的目的。

主张不能和解的理由有:法律不允许。《行政诉讼法》第五十条明文确定,行政诉讼不适用调解的特有原则。行政强制执行是由《行政诉讼法》赋予的司法执行权,理应受到行政诉讼不适用调解原则的拘束。

作者赞同行政执行不能和解的观点。理由如下:

首先,行政机关作出的具体行政行为,是法律、法规授予的职权,是代表国家进行行政管理的一种方式,不能随意处分或放弃,因行政法属于公法的范畴。其次,这是由行政法律关系的性质决定的。行政法律关系的主体是行政机关和行政管理相对人,是管理者与被管理者的关系,法律地位不平等,不宜援引适用于平等主体的调解原则。再次,行政强制执行的目的所不允许。法院依法办理非诉行政执行案件的目的之一,是强制相对人履行义务或达到与义务履行相同的状态,如果允许在行政强制执行中双方当事人和解,那就会削弱行政机关的行政管理职能,使公共秩序和公共利益受到损害,无法实现行政法的义务。因此,法院在办理行政强制执行中,也就不能主持申请执行人和被申请执行人和解。如在行政机关要求和解不被法院准许的情况下,行政机关以撤销或变更具体行政行为,致法院无执行依据而终结执行,从而达到其和解的目的时,法院可向该行政机关的上一级行政机关或者监察、人事机关提出司法建议。

2.对行政强制执行和解的合法性审查的内容

(1)对和解协议主体的合法性审查,审查执行和解的主体是否适格。行政主体取得行使执行和解的权力必须有法律依据;没有法律依据的行政权从根本上说是一种非法的权力。也就是说,行政主体行使执行和解的权力必须由法律设定或依法授予,否则权力来源就没有法律依据。

(2)执行和解协议的内容必须是合法的,不得出现违反法律强制性、禁止性规定或损害国家利益、公共利益或第三人合法权益的内容,这是对行政强制执行和解的基本要求。这就要求,行政机关行使执行和解的行政职权不仅要依据法定的权限,还要依据法定的程序:在实体方面,行政机关不得越权,如果越权则不具有法律效力;在程序方面,进行和解时必须遵守法定的程序,和解的申请、和解的进行过程、救济等都必须符合法律的规定。

(3)着重进行反规避执行审查,审查被执行人有无其他执行案件,和解当事人放弃权力(权利)是否损害了其他利害关系人的合法权益。行政强制执行和解的具体适用在实践中千差万别,往往涉及公共利益与行政相对人利益的权衡,容易出现为解决问题却损害公共利益或第三人合法权益的违法行为。因此,我们必须明确,行政强制执行运用和解的方式解决行政纠纷,必须是在法律允许的情况下,并且不损害国家利益、公共利益和第三人合法权益。对于涉及公共利益的,应当通过公告的形式,向社会公布执行和解方案,人民法院应对具有代表性的建议或异议进行审查和回应，并邀请公民代表作为第三人参与司法审查的整个过程，从而避免公共利益受到侵害。对于涉及第三人合法权益的，要将相关和解事宜通知具有利害关系的第三人，并赋予第三人参与协商和申请听证的权利。

3.行政强制执行和解司法审查的标准

(1)审查行政强制执行和解的达成是否符合法定的目的。法律授予行政机关一定限度的行政裁量权，是基于社会管理的需要，最终目的是更好地实现政府的管理职能和服务职能。这要求行政强制执行和解的达成只能是为了实现法律授予该权力的目的，不能与授权法相冲突。了解到这个基本原理，我们对行政裁量权进行审查时，首先要明确授权法的本意，查明行政机关在行使裁量权时有没有违背原本的法定目的。有时法律的规定并不是非常明确的，在这种情况下，需要法院在审查时根据具体情况，运用司法的能动性，通过对法律的解释来确定。这种对法律目的的解释和认定实际上也是法院对行政裁量权进行审查时的一种司法裁量。

(2)审查行政强制执行和解的达成是否符合公平正义。法律授权行政机关进行行政强制执行和解的目的是希望行政机关在行使管理权的同时，能根据具体情况、具体对象的不同，灵活地作出相对公正合理的选择和判断，而不是让行政机关在授权的范围内随意而为。公平正义还要求行政机关在达成和解时应遵循比例原则，要适当地权衡比较行政目的与可能对行政相对人造成的损害结果之间的利益。此外，行政机关在行使裁量权时，不能违反行政诚信原则，出现明显损害行政相对人信赖利益的行为。

(3)审查行政裁量行为是否存在任意扩大或缩小解释。这里所说的裁量行为，是一种非确定的行政行为。例如，近年来出现争议较多的公共利益。什么是公共利益？哪些情形属于公共利益需要？我国现行的法律没有明确界定，也未对所有情形进行规定。国务院最新颁布的《国有土地上房屋征收与补偿条例》第八条则列举了公共利益的几种情形。这是目前对公共利益最为详细的概括列举，但仍不能穷尽，留有弹性条款，给行政机关的裁量权以充分的解释空间。所以，对于行政行为是否属于公共利益需要，行政机关会有扩大解释和任意解释的裁量权。这种裁量权是否合法，法院通过司法审查可以根据具体情况予以判定。但是，在司法审查的过程中，我们应当确立一种严格的标准，来限制行政机关裁量权的滥用。

451.问：行政执法文书中为什么要慎用“或”与“和”？

答：“或”与“和”仅一字之差，含义却大不相同，在行政执法文书中用之不妥可能会引起不必要的麻烦，甚至会影响到执法部门是否履行告知义务，进而关系到整个行政处罚行为是否符合法定程序的大问题。

有单位对安阳市水利局《行政处罚告知书》固定制式内容提出了异议，认为“你有陈述、申辩或要求听证的权利”的表述，将当事人同时享有的陈述、申辩权和听证请求权变更为只能选择其中一项，剥夺了相对人应当享有的权利。为此，作者通过对“和”与“或”词义分析，结合《行政处罚法》的相关规定，进行了深入分析研究。

《行政处罚法》第七条规定：公民、法人或者其他组织对行政机关所给予的行政处罚，享有陈述权、申辩权。第四十四条规定：行政机关在作出行政处罚决定之前，应当告知当事人拟作出的行政处罚内容及事实、理由、依据，并告知当事人依法享有的陈述、申辩、要求、听证等权利。第四十五条规定：当事人有权进行陈述和申辩。第六十二条规定：行政机关及其执法人员在作出行政处罚决定之前，未依照本法第四十四条、第四十五条的规定向当事人告知拟作出的行政处罚内容及事实、理由、依据,或者拒绝听取当事人的陈述、申辩,不得作出行政处罚决定。

可见,《行政处罚法》对陈述权、申辩权的告知是作为保障当事人权利的基本原则规定的。无论是何种处罚及处罚幅度有何不同,行政机关作出决定前都必须履行告知义务。而对责令停产停业,吊销许可证或者执照、较大数额罚款等处罚,《行政处罚法》第六十三条规定:行政机关拟作出下列行政处罚决定,应当告知当事人有要求听证的权利。这是我国法律中第一次规定听证程序,原因就是责令停产停业、吊销许可证等处罚涉及当事人利益比较大,如果出现错误对当事人权利损害比较严重。所以为了事先预防,《行政处罚法》将其作为一项重要程序加以规定。

听证权与告知陈述、申辩权在目的上一样,但适用的条件对象却明显不同。根据法律规定,所有的行政处罚当事人都享有陈述、申辩权,只有对责令停产停业、吊销许可证等几类行政处罚相对人还同时享有听证申请权。

而且,从词义上分析,"或""或者"作为连词,在汉语中表示选择关系,前者文书中的表述应是选择或者"陈述申辩"或者"要求听证"的意思,两者只能居其一,不能同时选择。而根据规定,达到规定数额的罚款不需要听证,只有陈述、申辩权,没有选择的可能。而责令停产停业、吊销许可证或数额较大的罚款这两类权利应同时都有,可以陈述、申辩,也可以同时要求听证,是"和"的关系。作为权利人,当事人当然可以选择一项或者两者都选,但作为告知义务人行政机关则必须同时告知,不能只选择一项,或者两项只允许选择一项,否则不符合法律的规定。

通过以上分析,作者认为,目前制式的《行政处罚告知书》的"陈述、申辩或要求听证"的表述不符合《行政处罚法》的有关规定,应做必要的修改,具体的修改办法建议如下:

一是对当事人符合听证条件的,相关表述改为"你有陈述、申辩和要求听证的权利",将原有的"或"改为"和";二是对当事人不符合听证条件的,相关表述改为"你有陈述、申辩的权利",将"或要求听证的权利"删除。

一字之差,将有可能影响到整个案件的成败,因此执法人员在具体执法过程中,必须牢固树立法制意识,用语要规范,定性要准确,严防随意性或马虎大意。

452.问:常见的水资源违法行为有哪些?

答:为未取得取水许可批准文件的单位和个人开凿取水井。未经批准擅自取水。为未取得取水许可批准文件擅自建设取水工程或者设施。未安装计量设施或计量设施运转不正常。超计划用水或者超许可用水。

453.问:水资源违法行为发生时水行政执法人员需要重点检查哪些内容?

答:取水量、水源及地点、取水方式、取水许可时限、退水地点和处理措施等;计量方式、计量监控安装运行情况等;取水户节水评估与水平衡测试、节水措施;计划用水执行情况。

454.问:水行政执法人员在水土保持监督检查时重点检查哪些内容?

答:(1)水土保持工作组织管理情况。是否成立项目水土保持管理机构?是否制定水土保持相关规章、制度?水土保持组织管理是否发挥了应有作用等。

(2)水土保持方案变更情况。项目所在地点、规模是否发生重大变更,水土保持措施重大变更审批,水土保持后续设计情况等。

(3)表土剥离、保存和利用情况。对等生产建设项目所占用土地的地表土是否进行了剥离、保存、利用,表土剥离、保存、利用是否规范到位。

(4)取(弃)土(包括渣、石、砂、矸石、尾矿等)场选址与防护情况。是否按照批复水土保持方案的要求设置取(弃)土场,是否按照“先拦后弃”的要求进行堆弃,取(弃)土场的各类水土保持措施是否及时到位;弃渣工艺是否合理,是否做到逐级堆弃、分层碾压;是否存在高陡边坡堆存等。

(5)水土保持措施落实情况。水土流失防治责任范围及防治标准与批复是否一致。已完工项目水土保持措施总面积与方案设计相比是否存在减少,是否存在水土保持重要单位工程措施体系发生变化,是否导致水土保持功能显著降低或丧失的情况;必要时可利用信息化等手段现场测量水土保持措施落实情况,并与方案实施对比。

(6)水土保持补偿费缴纳情况。水土保持补偿费是否及时缴纳,查验缴费凭证。

(7)水土保持监理、监测工作落实情况。监理资质要求:征占地面积在20公顷以下且挖填土石方总量在20万立方米以下的项目,可由主体工程监理一并开展水土保持监理;征占地面积在20公顷以上或者挖填土石方总量在20万立方米以上的项目,应当配备具有水土保持专业监理资格的工程师;征占地面积200公顷以上或者挖填土石方总量在200万立方米以上的项目,应当由具有水土保持工程施工监理专业资质的单位承担监理任务。

根据国家及行业政策,对照生产建设项目水土保持监理规范、规程及相关指导性意见,对照生产建设项目水土保持监测与评价标准规范、规程及相关指导性意见,查看水土保持监理、监测工作落实情况。

(8)水行政主管部门历次监督检查整改落实情况。现场索要历次生产建设项目水土保持监督检查意见资料,检查是否整改落实等。

(9)水土保持设施单位工程验收、报备情况。通过现场提供资料、有关网站查询水土保持设施单位工程验收、报备情况

(10)按有关文件及要求需要检查的其他内容。

455.问:水工程执法重点检查哪些内容?

答:河道管理范围内的有关活动。包括涉河建设项目在河道管理范围内修建的闸坝、桥梁、码头和其他拦河、跨河、临河、穿河的建设项目。工程管理方面,重点检查水工程管理范围和保护范围,内有无危害水工程安全的活动。其他监管方面,河道管理范围内建设项目工程建设方案审查监管,洪水影响评价(类)审批监管,利用堤顶、戗台兼作公路监管等。

456.案情简介:记者2020年5月15日从河南省叶县纪委监委获悉,该县纪委监委对之前群众反映“县水利局水政监察大队大队长马某某违规扣押车辆、超期扣车、私自动用被扣押车辆”等问题进行了初核,发现问题基本属实,并对县水利局党组书记、局长任某,县水利局副主任科员刘某某,县水政监察大队大队长马某某三人进行立案审查调查。

5月9日,河南省平顶山市叶县纪委监委收到群众实名举报,反映县水利局水政监察大队未出具手续查扣22辆涉嫌盗采河砂的卡车、擅自使用扣押车辆并处置暂扣砂砾石等问题。该县纪委监委高度重视,第一时间成立核查组,对所反映问题进行初步核实。

叶县纪委监委调查人员介绍,该县水政监察大队是县水利局二级机构,无独立执法权,经县水利局委托后才能执法,一个案件授权一次。主要职责为依据相关法律维护正常的水事秩序,对公民、法人或其他组织违反水行政法规的行为实施行政处罚或采取其他行政措施等。

调查发现,马某某、刘某某、任某存在违反工作纪律问题,在行政执法工作中不正确履行职责。1月16日叶县水利局相关领导接到群众举报,安排马某某前往叶县夏李乡山头陈村查处非法盗采砂砾石案件。查处过程中,水政监察大队在未接受水利局书面委托书、没有制作扣押决定书和清单情况下,违规扣押涉案的22辆货车和1辆钩机。其后,水政监察大队未能及时查清事实,致使县水利局未在规定期限内作出行政处罚,涉案车辆一直处于违规扣押状态。5月7日,马某某安排水政监察大队工作人员用3辆扣押货车装载暂扣砂砾石从常村镇返回单位,拟用于修缮单位地面。

叶县纪委监委相关负责人表示,水政监察大队违规扣押涉案车辆,擅自使用扣押车辆并处置暂扣砂砾石,马某某作为大队长,对此应负直接责任;刘某某作为分管领导,对水政监察大队的行政执法工作疏于监管、失职失察,对此应负主要领导责任;县水利局作为主管机关,未在规定期限内对水政监察大队办理案件作出行政处罚,未对水政监察大队进行有效管理,致使行政执法工作出现种种违规行为。任某作为局长,对此应负重要领导责任。

问:行政强制在水利行政法律法规中有哪些具体规定?当前水行政执法主要风险点?从这个案件中给我们水行政执法人员哪些体会与启示?

答:根据《行政强制法》第二条本法所称行政强制,包括行政强制措施和行政强制执行。第九条:行政强制措施的种类:(一)限制公民人身自由;(二)查封场所、设施或者财物;(三)扣押财物;(四)冻结存款、汇款;(五)其他行政强制措施。第六十一条:行政机关实施行政强制,有下列情形之一的,由上级行政机关或者有关部门责令改正,对直接负责的主管人员和其他直接责任人员依法给予处分:(一)没有法律、法规依据的;(二)改变行政强制对象、条件、方式的;(三)违反法定程序实施行政强制的;(四)违反本法规定,在夜间或者法定节假日实施行政强制执行的;(五)对居民生活采取停止供水、供电、供热、供燃气等方式迫使当事人履行相关行政决定的;(六)有其他违法实施行政强制情形的。

第六十二条:违反本法规定,行政机关有下列情形之一的,由上级行政机关或者有关部门责令改正,对直接负责的主管人员和其他直接责任人员依法给予处分:(一)扩大查封、扣押、冻结范围的;(二)使用或者损毁查封、扣押场所、设施或者财物的;(三)在查封、扣押法定期间不作出处理决定或者未依法及时解除查封、扣押的;(四)在冻结存款、汇款法定期间不作出处理决定或者未依法及时解除冻结的。

行政强制措施是指行政机关在行政管理过程中,为制止违法行为、防止证据损毁、避免危害发生、控制危险扩大等情形,依法对公民的人身自由实施暂时性限制,或者对公民、法人或者其他组织的财物实施暂时性控制的行为。

一、《水土保持法》第四十四条 水政监督检查人员依法履行监督检查职责时,有权采取下列措施:(一)要求被检查单位或者个人提供有关文件、证照、资料;(二)要求被检查单位或者个人就预防和治理水土流失的有关情况作出说明;(三)进入现场进行调查、取证。被检查单位或者个人拒不停止违法行为,造成严重水土流失的,报经水行政主管部门批准,可以查封、扣押实施违法行为的工具及施工机械、设备等。

1.实施"查封、扣押"强制措施的程序

内部程序:实施前须向行政机关负责人报告并经批准

外部程序:①由两名以上行政执法人员实施,出示执法身份证件;②通知当事人到场,当场告知当事人采取行政强制措施的理由、依据以及当事人依法享有的权利、救济途径(复议、诉讼),听取当事人的陈述和申辩(文字通知);③制作现场笔录,现场笔录由当事人和行政执法人员签名或者盖章,当事人拒绝的,在笔录中予以注明;当事人不到场的,邀请见证人到场,由见证人和行政执法人员在现场笔录上签名或者盖章。

特殊程序:(1)查封、扣押对象:查封、扣押限于涉案的场所、设施或者财物,不得查封、扣押与违法行为无关的场所、设施或者财物;不得查封、扣押公民个人及其所扶养家属的生活必需品。

当事人的场所、设施或者财物已被其他国家机关依法查封的,不得重复查封。

(2)查封、扣押决定书和清单:制作并当场交付查封、扣押决定书和清单,一式两份。

(3)查封、扣押的期限:30 日,负责人批准后可延长 30 日。法律、行政法规另有规定的除外。

延长查封、扣押的决定应当及时书面告知当事人,并说明理由。

检测、检验、检疫或者技术鉴定的时间不算。检测、检验、检疫或者技术鉴定的期间应当明确,并书面告知当事人。费用由行政机关承担。

(4)查封、扣押对象的保管:妥善保管,不得使用,损坏赔偿。可以委托第三人保管,保管费用由行政机关承担。

(5)查封、扣押后处理:行政机关采取查封、扣押措施后,应当及时查清事实,在本法第二十五条规定的期限内作出处理决定。对违法事实清楚,依法应当没收的非法财物予以没收;法律、行政法规规定应当销毁的,依法销毁;应当解除查封、扣押的,作出解除查封、扣押的决定。

(6)查封、扣押的解除,有下列情形之一:

当事人没有违法行为;查封、扣押的场所、设施或者财物与违法行为无关;行政机关对违法行为已经作出处理决定不再需要采取查封;扣押期限已经届满;其他不再需要采取查封、扣押措施的情形。

行政机关对违法行为已经作出处理决定,不再需要查封、扣押。《水土保持法》第四十八至五十六条的处罚决定送达;解除查封、扣押应当立即退还财物。

法律文书:①查封(扣押)及相关事项内部审批表;②查封(扣押)通知书(县水利局);③查封(扣押)现场笔录 3-1、陈述(申辩)笔录 3-2、查封(扣押)物品清单;④查封(扣押)决定书(县水利局)4-1、重大行政强制决定法制审核意见书;⑤延长查封(扣押)期限决定书;⑥检测、检验、检疫、技术鉴定期限告知。

二、行政强制执行是指行政机关或者行政机关申请人民法院,对不履行行政决定的公民、法人或者其他组织,依法强制履行义务的行为。

《行政强制法》第十二条:行政强制执行的方式:(一)加处罚款或者滞纳金;(二)划拨存款、汇款;(三)拍卖或者依法处理查封、扣押的场所、设施或者财物;(四)排除妨碍、恢复原状;(五)代履行;(六)其他强制执行方式。

在河南省现行水利法律法规中明确了 23 项行政强制执行权力(其中水行政主管部门 14 项,防汛指挥机构 9 项):《水法》明确了 4 项;《防洪法》明确了 9 项;《水土保持法》明确了 4 项;《中华人民共和国抗旱条例》(简称《抗旱条例》)明确了 2 项;《取水许可和水资源费征收管理条例》明确了 1 项;《农田水利条例》明确了 1 项;《河南省实施〈中华人民共和国防洪法〉办法》明确了 1 项。

《中华人民共和国水文条例》(简称《水文条例》)明确了1项

(一)《水法》

第五十八条　县级以上人民政府或者其授权的部门在处理水事纠纷时,有权采取临时处置措施,有关各方或者当事人必须服从。

第六十五条第一款　在河道管理范围内建设妨碍行洪的建筑物、构筑物,或者从事影响河势稳定、危害河岸堤防安全和其他妨碍河道行洪的活动的,由县级以上人民政府水行政主管部门或者流域管理机构依据职权,责令停止违法行为,限期拆除违法建筑物、构筑物,恢复原状;逾期不拆除、不恢复原状的,强行拆除,所需费用由违法单位或者个人负担,并处一万元以上十万元以下的罚款。第二款　未经水行政主管部门或者流域管理机构同意,擅自修建水工程,或者建设桥梁、码头和其他拦河、跨河、临河建筑物、构筑物,铺设跨河管道、电缆,且《防洪法》未作规定的,由县级以上人民政府水行政主管部门或者流域管理机构依据职权,责令停止违法行为,限期补办有关手续;逾期不补办或者补办未被批准的,责令限期拆除违法建筑物、构筑物;逾期不拆除的,强行拆除,所需费用由违法单位或者个人负担,并处一万元以上十万元以下的罚款。

第六十七条　在饮用水水源保护区内设置排污口的,由县级以上地方人民政府责令限期拆除、恢复原状;逾期不拆除、不恢复原状的,强行拆除、恢复原状,并处五万元以上十万元以下的罚款。

未经水行政主管部门或者流域管理机构审查同意,擅自在江河、湖泊新建、改建或者扩大排污口的,由县级以上人民政府水行政主管部门或者流域管理机构依据职权,责令停止违法行为,限期恢复原状,处五万元以上十万元以下的罚款。

(二)《防洪法》

第四十二条　对河道、湖泊范围内阻碍行洪的障碍物,按照谁设障、谁清除的原则,由防汛指挥机构责令限期清除;逾期不清除的,由防汛指挥机构组织强行清除,所需费用由设障者承担。

在紧急防汛期,国家防汛指挥机构或者其授权的流域、省、自治区、直辖市防汛指挥机构有权对壅水、阻水严重的桥梁、引道、码头和其他跨河工程设施作出紧急处置。

第四十五条　在紧急防汛期,防汛指挥机构根据防汛抗洪的需要,有权在其管辖范围内调用物资、设备、交通运输工具和人力,决定采取取土占地、砍伐林木、清除阻水障碍物和其他必要的紧急措施;必要时,公安、交通等有关部门按照防汛指挥机构的决定,依法实施陆地和水面交通管制。

第五十三条　违反本法第十七条规定,未经水行政主管部门签署规划同意书,擅自在江河、湖泊上建设防洪工程和其他水工程、水电站的,责令停止违法行为,补办规划同意书手续;违反规划同意书的要求,严重影响防洪的,责令限期拆除;违反规划同意书的要求,影响防洪但尚可采取补救措施的,责令限期采取补救措施,可以处一万元以上十万元以下的罚款。

第十七条　在江河、湖泊上建设防洪工程和其他水工程、水电站等,应当符合防洪规划的要求;水库应当按照防洪规划的要求留足防洪库容。

前款规定的防洪工程和其他水工程、水电站未取得有关水行政主管部门签署的符合防洪规划要求的规划同意书的,建设单位不得开工建设。

第五十四条　违反本法第十九条规定，未按照规划治导线整治河道和修建控制引导河水流向、保护堤岸等工程，影响防洪的，责令停止违法行为，恢复原状或者采取其他补救措施，可以处一万元以上十万元以下的罚款。

第十九条　整治河道和修建控制引导河水流向、保护堤岸等工程，应当兼顾上下游、左右岸的关系，按照规划治导线实施，不得任意改变河水流向。

国家确定的重要江河的规划治导线由流域管理机构拟定，报国务院水行政主管部门批准。

其他江河、河段的规划治导线由县级以上地方人民政府水行政主管部门拟定，报本级人民政府批准；跨省、自治区、直辖市的江河、河段和省、自治区、直辖市之间的省界河道的规划治导线由有关流域管理机构组织江河、河段所在地的省、自治区、直辖市人民政府水行政主管部门拟定，经有关省、自治区、直辖市人民政府审查提出意见后，报国务院水行政主管部门批准。

第五十五条　违反本法第二十二条第二款、第三款规定，有下列行为之一的，责令停止违法行为，排除阻碍或者采取其他补救措施，可以处五万元以下的罚款：（一）在河道、湖泊管理范围内建设妨碍行洪的建筑物、构筑物的；（二）在河道、湖泊管理范围内倾倒垃圾、渣土，从事影响河势稳定、危害河岸堤防安全和其他妨碍河道行洪的活动的；（三）在行洪河道内种植阻碍行洪的林木和高秆作物的。

第二十二条　……禁止在河道、湖泊管理范围内建设妨碍行洪的建筑物、构筑物，倾倒垃圾、渣土，从事影响河势稳定、危害河岸堤防安全和其他妨碍河道行洪的活动。

禁止在行洪河道内种植阻碍行洪的林木和高秆作物。在船舶航行可能危及堤岸安全的河段，应当限定航速。

第五十六条　违反本法第十五条第二款、第二十三条规定，围海造地、围湖造地、围垦河道的，责令停止违法行为，恢复原状或者采取其他补救措施，可以处五万元以下的罚款；既不恢复原状也不采取其他补救措施的，代为恢复原状或者采取其他补救措施，所需费用由违法者承担。

第十五条　国务院水行政主管部门应当会同有关部门和省、自治区、直辖市人民政府制定长江、黄河、珠江、辽河、淮河、海河入海河口的整治规划。

在前款入海河口围海造地，应当符合河口整治规划。

第二十三条　禁止围湖造地。已经围垦的，应当按照国家规定的防洪标准进行治理，有计划地退地还湖。

禁止围垦河道。确需围垦的，应当进行科学论证，经水行政主管部门确认不妨碍行洪、输水后，报省级以上人民政府批准。

第五十七条　违反本法第二十七条规定，未经水行政主管部门对其工程建设方案审查同意或者未按照有关水行政主管部门审查批准的位置、界限，在河道、湖泊管理范围内从事工程设施建设活动的，责令停止违法行为，补办审查同意或者审查批准手续；工程设施建设严重影响防洪的，责令限期拆除，逾期不拆除的，强行拆除，所需费用由建设单位承担；影响行洪但尚可采取补救措施的，责令限期采取补救措施，可以处一万元以上十万元以下的罚款。

第二十七条　建设跨河、穿河、穿堤、临河的桥梁、码头、道路、渡口、管道、缆线、取水、排水等工程设施,应当符合防洪标准、岸线规划、航运要求和其他技术要求,不得危害堤防安全,影响河势稳定、妨碍行洪畅通;其工程建设方案未经有关水行政主管部门根据前述防洪要求审查同意的,建设单位不得开工建设。

前款工程设施需要占用河道、湖泊管理范围内土地,跨越河道、湖泊空间或者穿越河床的,建设单位应当经有关水行政主管部门对该工程设施建设的位置和界限审查批准后,方可依法办理开工手续;安排施工时,应当按照水行政主管部门审查批准的位置和界限进行。

第六十条 违反本法第三十四条规定,因城市建设擅自填堵原有河道沟汊、贮水湖塘洼淀和废除原有防洪围堤的,城市人民政府应当责令停止违法行为,限期恢复原状或者采取其他补救措施。

第三十四条 大中城市,重要的铁路、公路干线,大型骨干企业,应当列为防洪重点,确保安全。受洪水威胁的城市、经济开发区、工矿区和国家重要的农业生产基地等,应当重点保护,建设必要的防洪工程设施。城市建设不得擅自填堵原有河道沟汊、贮水湖塘洼淀和废除原有防洪围堤;确需填堵或者废除的,应当经水行政主管部门审查同意,并报城市人民政府批准。

(三)《水土保持法》

第五十五条 违反本法规定,在水土保持方案确定的专门存放地以外的区域倾倒砂、石、土、矸石、尾矿、废渣等的,由县级以上地方人民政府水行政主管部门责令停止违法行为,限期清理,按照倾倒数量处每立方米十元以上二十元以下的罚款;逾期仍不清理的,县级以上地方人民政府水行政主管部门可以指定有清理能力的单位代为清理,所需费用由违法行为人承担。

第五十六条 违反本法规定,开办生产建设项目或者从事其他生产建设活动造成水土流失,不进行治理的,由县级以上人民政府水行政主管部门责令限期治理;逾期仍不治理的,县级以上人民政府水行政主管部门可以指定有治理能力的单位代为治理,所需费用由违法行为人承担。

第五十七条 违反本法规定,拒不缴纳水土保持补偿费的,由县级以上人民政府水行政主管部门责令限期缴纳;逾期不缴纳的,自滞纳之日起按日加收滞纳部分万分之五的滞纳金,可以处应缴水土保持补偿费三倍以下的罚款。

第三十四条 发生轻度干旱和中度干旱,县级以上地方人民政府防汛抗旱指挥机构应当按照抗旱预案的规定,采取下列措施:(一)启用应急备用水源或者应急打井、挖泉;(二)设置临时抽水泵站,开挖输水渠道或者临时在江河沟渠内截水;(三)使用再生水、微咸水、海水等非常规水源,组织实施人工增雨;(四)组织向人畜饮水困难地区送水。

(四)《抗旱条例》

第四十七条 在紧急抗旱期,有关地方人民政府防汛抗旱指挥机构根据抗旱工作的需要,有权在其管辖范围内征用物资、设备、交通运输工具。

(五)《取水许可和水资源费征收管理条例》

第四十九条 未取得取水申请批准文件擅自建设取水工程或者设施的,责令停止违法行为,限期补办有关手续;逾期不补办或者补办未被批准的,责令限期拆除或者封闭其取水工程或者设施;逾期不拆除或者不封闭其取水工程或者设施的,由县级以上地方人民政府水行政主管部门或者流域管理机构组织拆除或者封闭,所需费用由违法行为人承担,可以处五万元以下罚款。

(六)《农田水利条例》

第四十三条　违反本条例规定,有下列行为之一的,由县级以上地方人民政府水行政主管部门责令停止违法行为,限期恢复原状或者采取补救措施;逾期不恢复原状或者采取补救措施的,依法强制执行;造成损失的,依法承担民事责任;构成违反治安管理行为的,依法给予治安管理处罚;构成犯罪的,依法追究刑事责任:(一)堆放阻碍农田水利工程设施蓄水、输水、排水的物体;(二)建设妨碍农田水利工程设施蓄水、输水、排水的建筑物和构筑物;(三)擅自占用农业灌溉水源、农田水利工程设施。

(七)《河南省实施〈中华人民共和国防洪法〉办法》

第四十二条　违反本办法第十六条第三款规定,建设单位不承担清淤责任的,责令限期清除,逾期不清除的,由水行政主管部门组织清除,费用由建设单位承担,处以三万元以下罚款。

第十六条第三款　因施工造成河道淤积或者对河道堤防等水利工程设施造成损害的,由建设单位或施工单位承担清淤和赔偿责任;跨汛期施工的建设项目,应制定安全度汛措施,并事先报有关水行政主管部门审查同意。

(八)《水文条例》第三十七条　未经批准擅自设立水文测站或者未经同意擅自在国家基本水文测站上下游建设影响水文监测的工程的,责令停止违法行为,限期采取补救措施,补办有关手续;无法采取补救措施、逾期不补办或者补办未被批准的,责令限期拆除违法建筑物;逾期不拆除的,强行拆除,所需费用由违法单位或者个人承担。

第四十二条　违反本条例规定,从事本条例第三十二条所列活动的,责令停止违法行为,限期恢复原状或者采取其他补救措施,可以处一万元以下罚款;构成违反治安管理行为的,依法给予治安管理处罚;构成犯罪的,依法追究刑事责任。

(九)强制执行程序行政机关依法作出行政决定后,当事人在行政机关决定的期限内不履行义务的,具有行政强制执行权的行政机关自己强制执行。

1.一般规定

催告:行政机关作出强制执行决定前,应当事先催告当事人履行义务。催告应当以书面形式作出,并载明下列事项:履行义务的期限;履行义务的方式;涉及金钱给付的,应当有明确的金额和给付方式;当事人依法享有的陈述权和申辩权。

陈述、申辩:当事人收到催告书后有权进行陈述和申辩。行政机关应当充分听取当事人的意见,对当事人提出的事实、理由和证据,应当进行记录、复核。当事人提出的事实、理由或者证据成立的,行政机关应当采纳。

文明执行:不得在夜间或者法定节假日实施行政强制执行。但是,情况紧急的除外。

执行与和解:实施行政强制执行,行政机关可以在不损害公共利益和他人合法权益的情况下,与当事人达成执行协议。执行协议可以约定分阶段履行;当事人采取补救措施的,可以减免加处的罚款或者滞纳金。

执行协议应当履行。当事人不履行执行协议的,行政机关应当恢复强制执行。

中止执行:当事人履行行政决定确有困难或者暂无履行能力的;第三人对执行标的主张权利,确有理由的;执行可能造成难以弥补的损失,且中止执行不损害公共利益的;行政机关认为需要中止执行的其他情形。

中止执行的情形消失后,行政机关应当恢复执行。对没有明显社会危害,当事人确无能力履行,中止执行满三年未恢复执行的,行政机关不再执行。

终结执行:公民死亡,无遗产可供执行,又无义务承受人的;法人或者其他组织终止,无财产可供执行,又无义务承受人的;执行标的灭失的;据以执行的行政决定被撤销的;行政机关认为需要终结执行的其他情形。

2.拆除河道违法建筑物、构筑物程序

公告:对违法的建筑物、构筑物、设施等需要强制拆除的,应当由行政机关予以公告,限期当事人自行拆除。当事人在法定期限内不申请行政复议或者提起行政诉讼,又不拆除的,行政机关可以依法强制拆除。

3.代履行

行政机关依法作出要求当事人履行排除妨碍、恢复原状等义务的行政决定,当事人逾期不履行,经催告仍不履行,其后果已经或者将危害交通安全、造成环境污染或者破坏自然资源的,行政机关可以代履行,或者委托没有利害关系的第三人代履行。

代履行程序:要求当事人履行排除妨碍、恢复原状等义务的行政决定。经催告当事人仍不履行,其后果已经或者将危害交通安全、造成环境污染或者破坏自然资源的。

送达决定书:代履行前送达决定书,代履行决定书应当载明当事人的姓名或者名称、地址,代履行的理由和依据、方式和时间、标的、费用预算以及代履行人。

催告:代履行三日前,催告当事人履行,当事人经催告仍不履行文明代履行:代履行时,作出决定的行政机关应当派员到场监督;代履行不得采用暴力、胁迫以及其他非法方式。

代履行完毕,行政机关到场监督的工作人员、代履行人和当事人或者见证人应当在执行文书上签名或者盖章。

代履行的费用按照成本合理确定,由当事人承担。但是,法律另有规定的除外。紧急时代履行,不需要经过催告程序,也不能签订执行协议分阶段履行:需要立即清除道路、河道、航道或者公共场所的遗撒物、障碍物或污染物,当事人不能清除的,行政机关可以决定立即实施代履行;当事人不在场的,行政机关应当在事后立即通知当事人,并依法作出处理。

4.金钱给付义务执行程序

行政机关依法作出金钱给付义务的行政决定。当事人逾期不履行的,行政机关加处罚款或者滞纳金,标准应当告知当事人。

注意:加处数额不得超出金钱给付义务的数额。

加处罚款或者滞纳金超过30日,催告:经催告当事人仍不履行的,具有行政强制执行权的行政机关可以强制执行(公安、国安、海关、税务)。

(1)法律规定的行政机关书面通知金融机构划拨存款、汇款。

(2)委托拍卖机构依《拍卖法》拍卖查封、扣押财物。

注:没有行政强制执行权的行政机关应当申请人民法院强制执行。但是,当事人在法定期限内不申请行政复议或者提起行政诉讼,经催告仍不履行的,在实施行政管理过程中已经采取查封、扣押措施的行政机关,可以将查封、扣押的财物依法拍卖抵缴罚款。

当事人在法定期限内不申请行政复议或者提起行政诉讼,又不履行行政决定的,没有行政强制执行权的行政机关可以自期限届满之日起3个月内(6+3个月),逾期除正当理由外法院不受理。

申请条件:①行政行为依法可以由法院执行;②行政行为已生效并具有可执行内容;③被申请人是该行政行为所确定的义务人;④申请人在法定期限内提出申请;⑤被申请的行政案件属于受理执行申请的法院管辖。⑥申请人是作出该行政行为的行政机关或法律、法规、规章授权的组织。

催告:行政机关申请人民法院强制执行十日前,应当催告当事人履行义务。

行政机关可以向所在地有管辖权的人民法院申请强制执行;执行对象是不动产的,向不动产所在地有管辖权的人民法院申请强制执行。基层法院认为执行确有困难的可以报请上级法院执行。上级法院执行可以决定由其执行,也可以决定由下级法院执行。

递交材料:行政机关向人民法院申请强制执行,应当提供下列材料:①强制执行申请书;②行政决定书及作出决定的事实、理由和依据;③当事人的意见及行政机关催告情况;④申请强制执行标的情况;⑤法律、行政法规规定的其他材料。

强制执行申请书应当由行政机关负责人签名,加盖行政机关的印章,并注明日期。

受理与审查:人民法院接到行政机关强制执行的申请,应当在 5 日内受理,进行书面审查,并在 7 日内作出裁定。如发现明显违法损害被执行人合法权益,应听取双方意见,30 日内作出裁定。有以下三种情形则应在作出裁定前听取被执行人和行政机关的意见,30 日内作出裁定:明显缺乏事实根据的,明显缺乏法律、法规依据的,明显违法并损害被执行人合法权益的。

其他规定:立即执行:因情况紧急,为保障公共安全,行政机关可以申请人民法院立即执行。经人民法院院长批准,人民法院应当自作出执行裁定之日起五日内执行。

费用承担:强制执行的费用由被执行人承担。

5.法律文书。

①催告书;②陈述(申辩)笔录;③行政强制拆除公告;④行政强制执行及相关事项内部审批;⑤行政强制执行决定书;⑥代履行决定书;⑦立即代履行事后通知;⑧行政强制执行现场笔录;⑨中止强制执行决定书;⑩终结强制执行决定书;⑪恢复强制执行通知书;⑫执行协议;⑬强制执行申请书;⑭送达回证

三、当前水行政执法主要风险点

(1)应当处罚案件“应立未立”“已立未查”情况、以行政措施代替行政处罚情况。

(2)对情节复杂或者重大违法行为给予较重的行政处罚,行政机关的负责人应当集体讨论决定(第三十八条)。

(3)依法应当追究治安管理处罚、刑事处罚的,未及时移交公安、司法机关。

四、体会与启示?

1.提高依法行政的意识

依法行政是依法治国的关键和核心,要求既严格依照实体法要求办事,又严格依照程序法要求办事,两者缺一不可。只有实体和程序都符合法律的本质要求,才能从根本上达到依法行政的目的。树立四种思维:①规则至上思维;②程序优先思维;③权利本位思维;④权力控制思维。牢固树立依法行政意识,提高自身法治思维、法治素养和依法行政能力。

2.规范行政执法的程序

要充分认清程序违法可能承担的不利的法律后果。建立执法全过程记录和行政执法公示制度,实现执法过程、结果有据可查。细化执法流程,明确执法环节,完善行政执法调查取证、告知、听证、集体讨论决定等制度。

3.加强对行政执法工作的监督

加强对办理、复核、审定等重要节点的执法监督。强化对执法案件的合法性、合理性审查。建立常态化的责任追究机制，强化执法过错责任追究，完善行政执法社会监督。各级政府、执法部门建立行政执法体制机制，配齐行政执法监督力量。建立“以政府层级监督为基础、网络实时监督为支撑、社会监督为补充”的监督体系。

4.树立执法风险防范意识

行政执法风险的类型：党纪政纪责任风险、行政赔偿责任风险、刑事责任风险。监察委、公益诉讼、自然资源审计等对行使公权力的监督制约。要从思想上高度重视，加强廉政自律意识，充分认识到执法风险的客观存在性，时刻绷紧执法风险防范这根弦，树立执法风险防范意识，提高“自我保护意识”，避免执法行为中的“不作为”“乱作为”和“不当作为”等现象发生。

457.案情简介：吴敏、胡永刚原系大方县核桃乡营光村坡头组村民，后随胡永刚的父亲胡德志（已故）搬到大方县东关乡××中××组居住。水源地位于大方县东关乡××中××组村民安天顺名为“岩洞门口”的承包地内。2006年，胡德志为解决吃水问题，经与安天顺商量，用两瓶酒和100元现金作为代价给付安天顺，此后即在有水源的承包地内修建水池蓄水使用。2007年，胡永刚向安天顺另支付300元，在有水源的承包地内另修建一个蓄水池，并一直管理使用上述水池内所蓄之水。2013年1月16日，安天顺将有水源的承包地又转让给案外人周小军（安天顺与周小军系亲戚关系），2014年4月7日，周小军将受让所得并包含有水源的承包地与龙舌潭山泉公司入伙办水厂，并在该承包地上又修建了水池和建筑物。2014年4月8日，龙舌潭山泉公司的原法定代表人陈生伦向大方县水务局提交书面申请办理案涉水源的取水许可，其申请书载明“该水源目前未有村民饮用及农业灌溉。东关乡人民政府和半冲村新中××组周小军及村民委员会同意我公司利用该水源加工桶装泉水，无水源纠纷……”字样。下方有东关乡人民政府及半冲村委会签署的同意意见并加盖公章。此后，龙舌潭山泉公司又陆续向大方县水务局提交了大方县发改局关于龙舌潭山泉水厂建设项目的备案文件、贵州省水环境监测中心的《检测报告》、毕节市水文水资源局的《大方县龙舌潭山泉水厂建设项目水资源论证报告表》（报批稿）、《大方县龙舌潭山泉水厂水资源论证报告表专家组评审意见》等资料，并于同年4月10日在大方县东关乡政府、半冲村委会、周小军住地进行取水（预）许可公示，公示期为7日，期满未有人提出异议。2014年6月4日，大方县水务局根据《大方县龙舌潭山泉水厂水资源论证报告表专家组评审意见》作出批复，同意龙舌潭山泉公司报批的建设项目水资源论证报告。同日，龙舌潭山泉公司向大方县水务局填报了《取水许可申请书》，大方县水务局组织人员对龙舌潭山泉公司的建设项目取水设施进行验收后，于2014年6月5日向龙舌潭山泉公司颁发了取水（方水资）字〔2014〕第06号取水许可证。

问：大方县水务局于2014年6月5日向龙舌潭山泉公司颁发了取水（方水资）字〔2014〕第06号取水许可证是否合法？

答：大方县水务局系县级政府的水行政主管部门，依法受理从地下取用水资源的单位和个人的取水许可申请并有权作出是否许可的决定，故是作出该行政行为的适格主体。大方县水务局向龙舌潭山泉公司颁发取水许可证，应当依照《水法》《取水许可和水资源费征收管理条例》(简称《取水条例》)、《取水许可管理办法》(简称《取水办法》)办理。本案龙舌潭山泉公司向大方县水务局申请办证时提交的申请书虽载明该水源无纠纷字样、发改部门的备案文件、建设项目水资源论证报告书等资料,但根据本案查明的事实,案外人周小军作为龙舌潭山泉公司的合伙人,在提供包括案涉水源及承包地与龙舌潭山泉公司合伙办水厂时,龙舌潭山泉公司应当知道周小军与吴敏、胡永刚之间存在取水使用权纠纷的事实,龙舌潭山泉公司所提交的书面申请上关于案涉水源无纠纷的记载并不属实,吴敏、胡永刚对此并不知情,作为与被诉行政行为有利害关系的第三者,吴敏、胡永刚也未对此作出书面承诺或签署同意办证意见,根据《取水条例》第十一条"申请取水应当提交下列材料:(一)申请书;(二)与第三者利害关系的相关说明;(三)属于本案项目的,提供有关本案资料;(四)国务院水行政主管部门规定的其他材料……";"《取水条例》第十一条第一款第四项所称的国务院水行政主管部门规定的其他材料包括……(二)有利害关系第三者的承诺书或者其他文件;"之规定,龙舌潭山泉公司提交申请时并没有吴敏、胡永刚的书面承诺或同意意见,也未在后来予以完善,故该申请材料并不齐全。同时,根据《取水条例》第十八条"……取水涉及申请人与他人之间重大利害关系的,审批机关在作出是否批准取水申请的决定前,应当告知申请人、利害关系人。申请人、利害关系人要求听证的,审批机关应当组织听证。因取水申请引起争议或者诉讼的审批机关应当书面通知申请人中止审批程序;争议解决或者诉讼终止后,恢复审批程序。"的规定,吴敏、胡永刚作为与取水许可有关的利害关系人,大方县水务局在作出是否批准龙舌潭山泉公司的取水申请决定前,并未依法告知吴敏、胡永刚有要求听证的权利并组织听证,仅在短期公示(公示期 7 日)后即作出审批决定,故办证程序也不合法。综上,大方县水务局对龙舌潭山泉公司作出行政许可行为事实不清、证据不足,并违反法定程序,损害了作为利害关系人的吴敏、胡永刚的知情权、听证权等权利,依法应予撤销。在行政许可过程中水行政工作人员一定要注意申请人、利害关系人要求,调查清楚做出决定。

458.问:如果 2016 年 11 月和 2014 年 3 月水利部门两次通过集体讨论研究的方式就特定事项进行的协调或工作安排,不直接对外产生法律效力,也没有直接为当事人设定权利义务的,是否具有可诉性?

答:根据当时有效的《最高人民法院关于执行〈中华人民共和国行政诉讼法〉若干问题的解释》第一条第二款的规定:"公民、法人或者其他组织对下列行为不服提起诉讼的,不属于人民法院行政诉讼的受案范围:……(六)对公民、法人或者其他组织权利义务不产生实际影响的行为。"现行的《最高人民法院关于适用〈中华人民共和国行政诉讼法〉的解释》第一条第二款规定:"下列行为不属于人民法院行政诉讼的受案范围:……(十)对公民、法人或者其他组织权利义务不产生实际影响的行为。"据此,可诉的行政行为应当具备直接对外发生法律效果的特点,即行政行为的作出必须直接导致行政相对人及利害关系人权利义务的变动。如果行政机关某一行为的内容需要借助另一行政行为的作出才能对外发生效力,则该行为因不具备外部法律效力,对公民、法人或者其他组织的权利义务不产生实际影响,不属于人民法院行政诉讼的受案范围。

459.问:如果会议纪要属于行政机关通过集体讨论研究的方式就特定事项进行的协调或工作安排,不直接对外产生法律效力,也没有直接为当事人设定权利义务,不具有可诉性,不属于人民法院行政诉讼的受案范围。

答:如果水利部门的会议纪要形成时间分别是 2016 年 11 月和 2014 年 3 月。根据《行政诉讼法》不溯及既往的原则，两份会议纪要是否具有可诉性适用不同的司法解释。2016年11月的会议纪要适用《最高人民法院关于适用〈中华人民共和国行政诉讼法〉的解释》第一条第二款规定。2014年3月的会议纪要适用《最高人民法院关于执行〈中华人民共和国行政诉讼法〉若干问题的解释》第一条第二款的规定。上述司法解释均规定公民、法人或者其他组织对公民、法人或者其他组织权利义务不产生实际影响的行政行为不服提起诉讼的，不属于人民法院行政诉讼的受案范围。

如果两份会议纪要均为行政机关通过集体讨论研究的方式就特定事项进行的相关工作协调与部署，不直接对外产生法律效力，皆属于对公民、法人或者其他组织权利义务不产生实际影响的行为，就不属于人民法院行政诉讼的受案范围。

460.案情简介：南县厂窖国友水厂的取水许可证和个体工商户营业执照已分别于2008年8月26日和2012年3月4日失效。此后，南县厂窖国友水厂未继续领取取水许可证及办理个体工商户营业执照登记。南县水利局于2014年4月5日至7日挖取国友水厂的水管，不让其取水，而南县厂窖国友水厂于2016年7月才起诉。

问：作为水行政执法人员，你认为，南县厂窖国友水厂起诉是否属于行政诉讼的受案范围？南县厂窖国友水厂的起诉是否已超过法定的起诉期限？

答：根据《个体工商户条例》第二条，有经营能力的公民，依照本条例规定经工商行政管理部门登记，从事工商业经营的，为个体工商户。同时，根据《取水许可和水资源费征收管理条例》第二条第二款规定，取用水资源的单位和个人，除本条例第四条规定的情形外，都应当申请领取取水许可证，并缴纳水资源费。南县厂窖国友水厂其经营主体资格现已终止，没有取得《行政诉讼法》第十二条第一款第（七）项所称的经营自主权，不是《行政诉讼法》第二十五条规定的法人或者其他组织资格，不符合《行政诉讼法》第四十九条第一款之规定，不具备提起诉讼的主体资格，故不属于行政诉讼的受案范围。

南县厂窖国友水厂的起诉是否已超过法定的起诉期限。根据《最高人民法院关于执行〈中华人民共和国行政诉讼法〉若干问题的解释》第四十一条规定“行政机关作出具体行政行为时，未告知公民、法人或者其他组织诉权或起诉期限的，起诉期限从公民、法人或者其他组织知道或者应当知道诉权或者起诉期限之日起计算，但知道或者应当知道具体行政行为内容之日起不得超过两年。”案例中，南县水利局于2014年4月5日至7日挖取国友水厂的水管，不让其取水，而南县厂窖国友水厂于2016年7月才起诉，南县厂窖国友水厂对该行为提起行政诉讼时已经超过法定的起诉期限

461.案情简介：2015年9月15日，赣州市伟丰怡电力资源开发有限公司以会昌县水利局为被告，向会昌县人民法院提起行政诉讼，判令会昌县水利局返还其违法征收的127.2万元水资源费并赔偿利息损失193.29万元，判令会昌县水利局赔偿因滥用职权违法指令其水电站空库186天不准发电造成的经济损失163.8万元。

问：作为水行政执法人员你认为，会昌县人民法院会支持赣州市伟丰怡电力资源开发有限公司的诉讼请求吗？

答：按照《最高人民法院〈关于审理行政赔偿案件若干问题的规定〉》第二十一条、第二十三条的规定，赔偿请求权人既可以单独提起行政赔偿诉讼，也可以在提起行政诉讼的同时一并提出行政赔偿请求；单独提起行政赔偿诉讼的前提，应是加害行为的行政行为已被确认为违法，赣州市伟丰怡电力资源开发有限公司诉讼中没有明确要求确认两个行政行为的违

法性,亦未提供证据证明征收开发水资源费的行为及要求水电站实行空库通知的行为已被确认为违法。因此,再审申请人提起的诉讼不符合提起单独行政赔偿诉讼的立案条件,人民法院应不予受理。

462.案情简介:2000年3月10日,刘德才与呼图壁县农场管理办公室签订承包经营期限为30年的《呼图壁县国有土地开发经营合同书》,约定由刘德才在该县33.33公顷(500亩)的土地上从事土地开发及农业种植活动。2015年4月,呼图壁县人民政府为进一步推动呼图壁县农业水权水价综合改革,落实井电双控控制取用地下水等工作,作出《通告》,规定了呼图壁县二轮承包土地用水的水资源费、水资源补偿费征收标准,"井电双控"取用地下水办理流程及水资源费、水资源补偿费缴纳等相关事宜。2015年10月14日,呼图壁县"井电双控"管理秩序专项行动领导小组办公室向刘德才送达了《水资源费和水资源补偿费责令限期缴纳通知书》,要求其缴纳2015年水资源费,逾期不缴纳的,将加收滞纳金及罚款,并根据"井电双控"管理的相关规定,将对其采取停止供水供电。刘德才认为其依法取得取水许可,在新疆维吾尔自治区发展和改革委员会未改变水资源费收取标准的情况下,呼图壁县人民政府下发《通告》擅自提高水资源费征收标准并加征水资源补偿费,侵犯了其合法权益。为此,将呼图壁县人民政府诉至呼图壁县人民法院,请求法院依法撤销该《通告》。法院以该《通告》可以反复适用且并不针对刘德才个人作出、属于规范性文件为由认定该《通告》不属于人民法院行政诉讼受案范围,并裁定对刘德才的起诉不予立案。

问:作为水行政执法人员你认为该法院裁定是否合理?

答:具体行政行为是指行政机关基于法律、法规的授权,针对特定的人或事作出具体处理决定,并对其权利义务产生实际影响的行为。呼图壁县人民政府发出《通告》的行为属于具体行政行为,从《通告》的内容来看,该《通告》不仅明确规定了水资源费和水资源补偿费的征收标准,而且明确规定了对承包土地者如何收取上述费用,以及承包土地者在何时及何地缴纳水资源费和水资源补偿费,如果不按期缴纳的后果等,上述内容显然对承包土地者的权利构成实质性影响;从《通告》适用的对象来看,该《通告》是专门针对土地承包者作出的,针对的对象是特定的,而法院认为《通告》对呼图壁县辖区具有普遍约束力的认识显然是错误的。2015年新疆维吾尔自治区发展和改革委员会已依法调整了水资源费征收标准,新标准于2016年1月1日起执行,因此该《通告》仅能针对2015年水资源费进行征收,并不具有反复适用性;依据《行政诉讼法》的规定,只有行政法规、规章或者行政机关制定、发布的具有普遍约束力的决定、命令等才属于抽象行政行为。该《通告》并不属于《行政诉讼法》规定的任何一种规范性文件。

《行政诉讼法》第十三条规定:"人民法院不受理公民、法人或者其他组织对下列事项提起的诉讼:(一)国防、外交等国家行为;(二)行政法规、规章或者行政机关制定、发布的具有普遍约束力的决定、命令;(三)行政机关对行政机关工作人员的奖惩、任免等决定;(四)法律规定由行政机关最终裁决的行政行为"。《最高人民法院关于执行〈中华人民共和国行政诉讼法〉若干问题的解释》第三条规定:行政诉讼法第十二条第(二)项规定的"具有普遍约束力的决定、命令",是指行政机关针对不特定对象发布的能反复适用的行政规范性文件。呼图壁县人民政府于2015年4月作出的《通告》,针对的对象是呼图壁县的二轮承包土地,而二轮承包土地的数量和具体的承包经营户都是可以确定的,即针对的对象是特定的;《通告》的内容主要是水资源费、水资源补偿费的征收标准和缴纳事宜,即针对的事项是特定的;《通告》规定自4月13日开始缴费业务,4月23日截止,逾期未办理者后果自负,可见《通告》的实施效力并不是长期反复适用的。综上,该《通告》不符合“针对不特定对象发布的能反复适用的行政规范性文件”的特征。刘德才作为呼图壁县土地承包经营户,其权利义务已经受到了该《通告》的影响,刘德才的起诉符合《行政诉讼法》第四十九条规定的提起行政诉讼应当符合的条件。因此,法院以该《通告》可以反复适用且并不针对刘德才个人作出,属于规范性文件为由认定该《通告》不属于人民法院行政诉讼受案范围,并裁定对刘德才的起诉不予立案属适用法律错误。

463.案情简介:黄骅市水务局于2019年3月12日接到黄骅市水资源管理办公室关于移交该市无证取水单位及超计划用水单位的通知后,于2019年3月13日经审批立案,案由为:未经批准开凿取水井取用水资源。遂组织执法人员对沧州市高速公路建设管理局沿海高速公路运营管理处,住所地沧州市渤海新区中疏港路。在沿海高速岐口主线收费站、沿海高速渤海新区北收费站、沿海高速渤海新区服务区开凿三眼取水井进行调查取证,经对沧州市高速公路建设管理局沿海高速公路运营管理处工作人员询问、现场勘验、下达责令停止水事违法行为通知书并送达、内部审批、作出水行政处罚事先告知书并送达、案件处理内部审批、作出并送达水行政处罚听证告知书、作出未经批准开凿取水井取用水资源行为的调查终结报告、经重大案件集体讨论、案件处理内部审批、作出水行政处罚决定书,认定沧州市高速公路建设管理局沿海高速公路运营管理处在沿海高速岐口主线收费站、沿海高速渤海新区北收费站、沿海高速渤海新区服务区未经批准开凿取水井取用水资源的行为,违反了《水法》第四十八条规定,其中沿海高速岐口主线收费站、沿海高速渤海新区北收费站在2017年和2018年两年共计取水量为31 283.94立方米,沿海高速渤海新区服务区(现由黄骅市兴达高速公路服务有限公司经营管理)在2017年和2018年两年内共计取水量为65 743立方米,三处取水井在2017年和2018年两年内取水总量为97 026.94立方米,日均取水量为132.91立方米。遂依据《行政处罚法》第三十一条、《水法》第六十九条第一项、《河北省水行政处罚裁量权执行标准》第二条的规定,对上诉人作出罚款人民币九万元的行政处罚。

沧州市高速公路建设管理局沿海高速公路运营管理处工作人员在询问笔录中认可涉案三眼取水井的临时取水许可证已超期,但称手续正在办理中。河北省水利厅于2019年5月23日为上诉人颁发涉案三眼井的取水许可证,有效期限:自2019年5月23日至2022年5月23日。沧州市高速公路建设管理局沿海高速公路运营管理处提交的取用水量核定信息中,水源编号为130983002702的取水户名称为黄骅市兴达高速公路服务有限公司。被告黄骅市水务局经调查取证于2019年3月28日对原告沧州市高速公路建设管理局沿海高速公路运营管理处作出黄水井罚决字〔2019〕第3号水行政处罚决定书。对原告作出九万元的罚款处罚。原告于2019年4月9日全额缴纳罚款。沧州市高速公路建设管理局沿海高速公路运营管理处不服向法院提起行政诉讼。法院认为,《水法》第六十九条规定,有下列行为之一的,由县级以上人民政府水行政主管部门或者流域管理机构依据职权,责令停止违法行为,限期采取补救措施,处二万元以上十万元以下的罚款,情节严重的,吊销其取水许可证:(一)未经批准擅自取水的。根据以上规定被告黄骅市水务局对本辖区内违法取水的行为具有行政处罚的职权。《取水许可和水资源费征收管理条例》第二十五条规定:取水许可证有效期限一般为五年,最长不超十年。有效期届满,需要延续的,取水单位或者个人应当在届满45日前向原审批机关提出申请,原审批机关应当在有效期届满前,作出是否延续的决定。沧州高速管理处在未办理延续取水许可的情况下，擅自取水应受到处罚。《河北省水行政处罚裁量权执行标准》第二条执行标准三规定：未在限期内停止违法行为、采取补救措施，或日取地表水一千立方米以上二千立方米以下、地下水一百立方米以上二百立方米以下的，或者在地下水限采区取水的，处六万元以上九万元以下罚款。本案原告 2017 年、2018 年日均取水量132.91立方米，在以上规定的二百立方米以下。原告于 2019 年 5 月 23 日取得了取水许可证，被告对原告处以顶格九万元的处罚，明显不当。依法应予以变更。

该法院遂判决，变更被告黄骅市水务局作出的黄水井罚决字(2019)第 3 号水行政处罚决定书中罚款人民币九万元，改为罚款人民币七万元(被告黄骅市水务局于本判决生效后十日内退还原告罚款人民币二万元)。

问：作为水行政执法人员，你认为法院判决的合理吗？

答：《取水许可和水资源费征收管理条例》第二十五条规定：取水许可证有效期限一般为五年，最长不超十年。有效期届满，需要延续的，取水单位或者个人应当在届满 45 日前向原审批机关提出申请，原审批机关应当在有效期届满前，作出是否延续的决定。《水法》第六十九条规定："有下列行为之一的，由县级以上人民政府水行政主管部门或者流域管理机构依据职权，责令停止违法行为，限期采取补救措施，处二万元以上十万元以下的罚款；情节严重，吊销其取水许可证：(一)未经批准擅自取水的；(二)未依照批准的取水许可规定条件取水的。"该条第(一)项是针对未经批准擅自取水的违法行为，第(二)项是针对已取得取水许可证而未依照批准的取水许可规定条件取水的违法行为。本案诉人开凿的涉案三眼取水井，在取水许可证超期后，未办理取水许可延续手续的情况下，于 2017 年、2018 年仍继续取水，应予处罚。

一、《河北省水行政处罚裁量权执行标准》第二条规定：违法行为：未经批准擅自取水的。

1.认定依据

(1)《水法》第四十八条：直接从江、湖泊或者地下取用水资源的单位和个人，应当按照国家取水许可制度和水资源有偿使用制度的规定，向水行政主管部门或者流域管理机构申请领取取水许可证，并缴纳水资源费，取得取水权。

(2)《取水许可和水资源费征收管理条例》第二条第二款取用水资源的单位和个人，除本条例第四条规定的情形外，都应当申请领取取水许可证，并缴纳水资源费。

(3)《河北省实施〈中华人民共和国水法〉办法》第三十七条第一款，除法律、法规规定外，直接从河道、湖泊或者地下取用水资源的单位和个人，应当按照国家取水许可制度的规定，向县级以上人民政府水行政主管部门申请领取取水许可证。

(4)《河北省取水许可制度管理办法》第三条，在本省行政区域内取用水的单位和个人，必须依照有关规定申请取水许可证，并依照规定取水。法律、法规和本办法另有规定的除外。

2.处罚依据

《水法》第六十九条第(一)项，未经批准擅自取水的，由县级以上人民政府水行政主管部门或者流域管理机构依据职权，责令停止违法行为，限期采取补救措施，处二万元以上十万元以下罚款。该条款规定是针对未依法取得取水许可证、缴纳水资源费而擅自取用水资源的行为的认定及处罚标准。

二、《河北省水行政处罚裁量权执行标准》第十三条规定:违法行为:未经批准开凿取水井取水的。

1.认定依据

《河北省实施〈中华人民共和国水法〉办法》第二十三条第三款、第四款在地下水禁止开采区内,不得开凿新的取水井。对已有的取水井,应当统一规划建设替代水源,调整取水布局,缩减取水量,逐步关闭取水井。在地下水限制开采区内,一般不得开凿取水井。确需取用地下水的,水行政主管部门应当统筹安排,通过核减其他取水单位的地下水开采量和年度用水计划,进行合理配置。

2.处罚依据

《河北省实施〈中华人民共和国水法〉办法》第六十一条,未经批准开凿取水井取水的,由县级以上人民政府水行政主管部门按照下列规定予以罚款,对已开凿的取水井责令限期封闭;逾期不封闭的,由县级以上人民政府水行政主管部门组织封闭,所需费用由原使用者承担,法律、法规规定不需要申请领取取水许可证的除外:一、在地下水禁止开采区开凿取水井取水的,处五万元以上十万元以下的罚款;二、在地下水限制开采区开凿取水井取水的,处三万元以上八万元以下的罚款;三、在其他区域开凿取水井取水的,处二万元以上五万元以下的罚款。

上述规定是对未经批准开凿取水井取水行为的认定及处罚标准。根据上述相关规定,未经批准擅自取水与未经批准开凿取水井取水系两种违法行为,对该两种违法行为的认定依据及处罚依据均不同。本案中,黄骅市水务局认定沿海高速管理处未经批准开凿取水井取水的行为违法,却适用《水法》第六十九条第一项、《河北省水行政处罚裁量权执行标准》第二条的规定以沧州市高速公路建设管理局沿海高速公路运营管理处未经批准擅自取水为由作出罚款九万元的水行政处罚,其认定事实与适用法律不一致。

464.案情简介:蔡志军从刘安成等人合伙开办的船厂转让取得部分厂房,位于宿迁市湖滨新区××镇中运河沿线,开办了宿迁市蔡五船舶修造厂,厂内有机械设备。2017 年 12 月 26 日,江苏省河长制办公室下发《省级领导担任河长的河湖主要违法行为问题清单的通知》要求宿迁市河长办将该问题清单作为全省河湖“三乱”专项整治的重点内容并附宿迁市河湖主要违法行为调查统计表,其中整治的重点内容包含刘安成船厂。2017 年 12 月 28 日,宿迁市河长制办公室下发宿河办〔2017〕26 号《关于印发〈宿迁市河湖“三乱”专项整治行动方案〉的通知》,明确包含中运河等河流作为重点整治对象并附江苏省干河道名录。后,宿迁市河长制办公室又下发宿河办〔2018〕1 号《关于落实河湖“三乱”专项整治的通知》并附整改计划表。2019 年 2 月 20 日,宿迁市湖滨新区防汛防旱指挥部办公室向被告××镇政府下发《关于加快中运河沿线影响行洪障碍物拆除工作的通知》(宿滨防办〔2019〕2 号),认为××镇中运河沿线影响行洪障碍物拆除工作缓慢,仍有蔡志军等部分砂、船厂未拆除到位,该砂、船厂均未经水行政许可,属于违法建设,督促皂河镇政府责令设障主体于 3 月 11 日前完成中运河影响行洪障碍物的清除工作;逾期不清除的,由皂河镇防汛指挥机构组织强行拆除,所需费用由设障者承担。××镇政府下设××镇防指于 2019 年 2 月 22 日向原告蔡志军作出《告知书》,责令其限期拆除船厂。因蔡志军未在规定期限内拆除船厂,××镇政府于 2019 年 3 月 26 日组织人员拆除了原告的船厂。

问:1.蔡志军如果起诉该起诉谁? 2.皂河镇政府实施的拆除行为是否合法?

答:《行政诉讼法》第二十五条规定:行政行为的相对人以及其他与行政行为有利害关

系的公民、法人或者其他组织，有权提起诉讼。本案例中，根据事实可知，在拆除前××镇政府下设的××镇防指曾向原告下达《告知书》，责令蔡志军限期拆除船厂。所以，蔡志军如果起诉应该起诉××镇政府。

《防洪法》第二十二条第二款规定，禁止在河道、湖泊管理范围内建设妨碍行洪的建筑物、构筑物，倾倒垃圾、渣土，从事影响河势稳定、危害河岸堤防安全和其他妨碍河道行洪的活动。《河道管理条例》第二十五条第（三）项规定，在河道滩地存放物料、修建厂房或者其他建筑设施，必须报经河道主管机关批准；涉及其他部门的，由河道主管机关会同有关部门批准。本案例中，蔡志军认可在宿迁市湖滨新区××河镇中运河沿线开办的“宿迁市蔡五船舶修造厂”系从刘安成等人合伙开办的船厂转让取得，且并未经河道主管机关批准，亦未取得合法手续。蔡志军在中运河沿线内违法开办船厂，影响行蓄洪安全和防汛抢险。

《防洪法》第三十九条规定，有防汛抗洪任务的县级以上地方人民政府设立由有关部门、当地驻军、人民武装部负责人组成的防汛指挥机构，在上级防汛指挥机构和本级人民政府的领导下，指挥本地区的防汛抗洪工作。《防洪法》第四十二条规定，对河道、湖泊范围内阻碍行洪的障碍物，按照谁设障、谁清除的原则，由防汛指挥机构责令限期清除；逾期不清除的，由防汛指挥机构组织强行清除，所需费用由设障者承担。本案中，对中运河沿线水域范围内阻碍行洪安全的障碍物下达限期清除指令，并组织强制清除的职权机构为县级以上人民政府设立的防汛指挥机构。××镇政府以蔡志军船厂影响行蓄洪安全和防汛抢险为由，组织人员将原告的船厂强行拆除，无职权依据，是违法行为。

465. 案情简介：广州市增城方记预制构件厂经营场所位于广州市增城市石滩镇郑田村高埔洋（土名）。2019 年 1 月 23 日，广州市增城区水务局向广州市增城方记预制构件厂作出穗水责改〔2019〕增 12 号《责令限期改正通知书》，通知：你（单位）涉嫌在石滩镇增江河郑田村段河道管理范围内设置铁棚、堆放建筑材料，违反了《水法》第三十七条第二款的规定，现根据《行政处罚法》第二十三条和《水法》第六十五条第一款的规定，责令立即停止违法行为，并在 2019 年 2 月 6 日前自行拆除违建铁棚、清理堆放建筑垃圾、恢复河道原貌。2019 年 3 月 19 日，被告到增城区石滩镇郑田村进行现场检查并制作了《水行政案件现场检查笔录》和《询问笔录》。2019 年 5 月 22 日，广州市增城区水务局实施了强制拆除广州市增城方记预制构件厂经营者位于广州市增城区郑田村高埔洋内铁棚、简易厂房的行政行为。原告不服，起诉到法院。

问：广州市增城区水务局于 2019 年 5 月 22 日强制拆除广州市增城方记预制构件厂经营者位于广州市增城区郑田村高埔洋内铁棚、简易厂房的行政行为是否违法？如果广州市增城区水务局提出的非诉行政执行申请，人民法院是否应当受理？广州市增城区水务局在送达法律文书时应该注意什么？广州市增城区水务局下达强制法律文书时又应该注意些什么？

答：《水法》第十二条第四款规定，县级以上地方人民政府水行政主管部门按照规定的权限，负责本行政区域内水资源的统一管理和监督工作。第六十五条第一款、第二款规定：在河道管理范围内建设妨碍行洪的建筑物、构筑物，或者从事影响河势稳定、危害河岸堤防安全和其他妨碍河道行洪的活动的，由县级以上人民政府水行政主管部门或者流域管理机构依据职权，责令停止违法行为，限期拆除违法建筑物、构筑物，恢复原状；逾期不拆除、不恢复原状的，强行拆除，所需费用由违法单位或者个人负担，并处一万元以上十万元以下的罚款。未经水行政主管部门或者流域管理机构同意，擅自修建水工程，或者建设桥梁、码头和其他拦河、跨河、临河建筑物、构筑物，铺设跨河管道、电缆，且防洪法未作规定的，由县级以上人民政府水行政主管部门或者流域管理机构依据职权，责令停止违法行为，限期补办有关手续；逾期不补办或者补办未被批准的，责令限期拆除违法建筑物、构筑物；逾期不拆除的，强行拆除，所需费用由违法单位或者个人负担，并处一万元以上十万元以下的罚款。

从上述法律规定可知，广州市增城区水务局对辖区河道管理范围内建筑物、构筑物具有查处及强制拆除的职权，广州市增城区水务局主体资格适格。

《行政强制法》第三十四条规定：行政机关依法作出行政决定后，当事人在行政机关决定的期限内不履行义务的，具有行政强制执行权的行政机关依照本章规定强制执行。

第三十五条规定：行政机关作出强制执行决定前，应当事先催告当事人履行义务。催告应当以书面形式作出，并载明下列事项：（一）履行义务的期限；（二）履行义务的方式；（三）涉及金钱给付的，应当有明确的金额和给付方式；（四）当事人依法享有的陈述权和申辩权。第三十六条规定：当事人收到催告书后有权进行陈述和申辩。行政机关应当充分听取当事人的意见，对当事人提出的事实、理由和证据，应当进行记录、复核。当事人提出的事实、理由或者证据成立的，行政机关应当采纳。第三十七条规定：经催告，当事人逾期仍不履行行政决定，且无正当理由的，行政机关可以作出强制执行决定。强制执行决定应当以书面形式作出……。第三十八条规定：催告书、行政强制执行决定书应当直接送达当事人。当事人拒绝接收或者无法直接送达当事人的，应当依照《民事诉讼法》的有关规定送达。第四十四条规定：对违法的建筑物、构筑物、设施等需要强制拆除的，应当由行政机关予以公告，限期当事人自行拆除。当事人在法定期限内不申请行政复议或者提起行政诉讼，又不拆除的，行政机关可以依法强制拆除。行政强制执行机关在实施强制拆除前应按照上述规定履行程序，包括作出行政决定、催告、作出强制执行决定等。本案中，广州市增城区水务局对涉案铁棚、简易厂房实施强制拆除前，没有对涉案铁棚、简易厂房是否属于妨碍行洪的建筑物、构筑物，或者原告是否从事影响河势稳定、危害河岸堤防安全和其他妨碍河道行洪的活动的情形进行认定，而且没有书面作出强制执行决定，没有向广州市增城方记预制构件厂经营者作出任何书面文件，说明强制拆除的理由，也没有对广州市增城方记预制构件厂经营者进行书面公告、催告并告知给予合理的履行期限及享有陈述、申辩权等，故广州市增城区水务局于2019年5月22日对涉案铁棚、简易厂房进行强制拆除行为违法。

《行政强制法》第四十四条规定：对违法的建筑物、构筑物、设施等需要强制拆除的，应当由行政机关予以公告，限期当事人自行拆除。当事人在法定期限内不申请行政复议或者提起行政诉讼，又不拆除的，行政机关可以依法强制拆除。第五十三条规定：当事人在法定期限内不申请行政复议或者提起行政诉讼，又不履行行政决定的，没有行政强制执行权的行政机关可以自限期届满之日起三个月内，依照本章规定申请人民法院强制执行。《水法》第六十五条第二款规定；未经水行政主管部门或者流域管理机构同意，擅自修建水工程，或者建设桥梁、码头和其他拦河、跨河、临河建筑物、构筑物，铺设跨河管道、电缆，且防洪法未作规定的，由县级以上人民政府水行政主管部门或者流域管理机构依据职权，责令停止违法行为，限期补办有关手续；逾期不补办或者补办未被批准的，责令限期拆除违法建筑物、构筑物；逾期不拆除的，强行拆除，所需费用由违法单位或者个人负担，并处一万元以上十万元以下的罚款。《最高人民法院关于违法的建筑物、构筑物、设施等强制拆除问题的批复》（法释〔2013〕5号）规定根据行政强制法和城乡规划法有关规定精神，对涉及违反城乡规划法的建筑物、构筑物、设施等的强制拆除，法律已经授予行政机关强制执行权，人民法院不受理行政机关提出的非诉行政执行申请。从以上规定可以看出，关于违法的建筑物、构筑物、设施等的强制拆除，《行政强制法》和《水法》已经授予了行政机关强制执行权，向人民法院申请非诉行政执行的强制执行的，应当是没有行政强制执行权的行政执行。最高人民法院也以批复的形式对上述问题进行了明确。如果广州市增城区水务局提出的非诉行政执行申请，人民法院应当不予受理。

根据《民事诉讼法》第八十五条，法人或其他组织有资格接收法律文书的主体是法定代表人、其他组织的主要负责人或者该法人、组织负责收件的人。同时，根据该法第八十六条之规定，上述有资格接收法律文书的主体拒绝接收相关法律文书的情况下，才可将相关文书留在受送达人的住所，并采用拍照、录像等方式记录送达过程后，视为送达。《行政强制法》第五十五条第二款规定：强制执行申请书应当由行政机关负责人签名，加盖行政机关印章，并注明日期。如果水行政主管部门出具的强制执行申请书缺少行政机关负责人签名，是不符合法定形式的。

466.问：在水行政执法过程中法律条文准确引用问题？

答：2000年3月九届人大三次会议通过，7月1日实施。根据2015年3月十二届人大三次会议《关于修改〈中华人民共和国立法法的决定〉修正》第六十一条：法律根据内容需要，可以分编、章、节、条、款、项、目。编、章、节、条的序号用中文数字依次表述，款不编序号，项的序号用中文数字加括号依次表述，目的序号用阿拉伯数字依次表述。

法律规范的“条”，是组成法律规范的基本单位。关于条的数目的书写应使用中文，如《立法法》第十条。不能使用阿拉伯数字，不能写成《立法法》第十条。至少在2000年《立法法》施行以后不能使用。“款”是“条”的组成部分。“款”的表现形式为条中的自然段。每个自然段为一款。“款”的适用。款一般可以独立适用。关于引用款时的书写一般应当使用中文，不用阿拉伯数字。如《立法法》第五十四条第二款，不写作《立法法》第五十四条第二款。一般来讲，“项”是以列举的形式对前段文字的说明。如《立法法》第八条规定：下列事项只能制定法律：(一)国家主权的事项；(二)各级人民代表大会、人民政府、人民法院和人民检察院的产生、组织和职权；(三)……该条中的(一)、(二)、(三)……(十)等就是该条的十个项。该十项是对前段文字中“下列事项”的说明。所以，含有项的法条，其前段文字中一般都有“下列”二字或相应的文字表述。“项”前冠以数字以对列举的内容进行排列。如上所述，各项前都冠以(一)、(二)、(三)、(四)等数字，而且这些数字只能以中文数字加括号的形式出现。“目”隶属于项，是法律规范中最小的单位。如89年版《行政诉讼法》第五十四条第(二)项规定，具体行政行为有下列情形之一的，判决撤销或者部分撤销，并可以判决被告重新作出具体行政行为：

1.主要证据不足的；2.适用法律、法规错误的；3.违反法定程序的；4.超越职权的；5.滥用职权的。这五种情形，就是该项的五个目。

“目”的特性与作用与“项”相似，不同的是项对条或款的列举式说明，而“目”是对项的列举式说明。项的前面冠以中文数字加括号，而“目”的前面则冠以阿拉伯数字，并在阿拉伯数字后加点(在具体引用法条的目时，只注明阿拉伯数字，无须加点)。“目”的适用。如果某个法条或款的内容有“项”，而“项”下还有“目”的，在适用法律时就应当适用到“目”。

467.问:全宗号、目录号、案卷号含义及保管期限?

答:2008 年国家质监检验检疫总局《文书档案案卷格式》(GB/T 9705—2008)中3.1.3.8档号的编制,封面档号由全宗号、目录号、案卷号组成。

1.全宗号:档案馆指定给立档单位的编号。

2.目录号:全宗内所属目录的编号,在同一个全宗内不允许出现重复的案卷目录号。

3.案卷号:目录内案卷的顺序编号,在同一个案卷目录内不允许出现重复的案卷号。

4.保管期限:国家档案局第 8 号令《机关文件材料归档范围和文书档案保管期限规定》2006 年 9 月通过公布施行。第六条:机关文书保管期限定为永久、定期两种。定期一般分为 30 年、10 年。

附件:文书档案保管期限表

8.7 行政管理执法活动中形成的文件材料

8.7.5 行政处罚、处分、复议、国家赔偿等工作中形成的文件材料。

8.7.5.1 重要的永久;

8.7.5.2 一般的 30 年。

468.问:行政机关负责人的构成问题?

答:2015 年 5 月 1 日施行的《行政诉讼法》第三条确立了我国行政机关负责人应当出庭应诉的法律制度。2018 年 2 月 8 日施行的《最高人民法院关于适用〈中华人民共和国行政诉讼法〉的解释》(简称《行诉解释》),对行政机关负责人范围进行了明确。《行诉解释》第一百二十八条规定行政机关负责人,包括行政机关的正职、副职负责人以及其他参与分管的负责人。这一规定适度扩大了行政机关负责人的范围,符合行政机关的工作实际,有利于提高行政机关的工作效率。

469.问:河南省行政诉讼中的管辖法院问题?

答:行政案件管辖制度改革的目的,在于防止和排除不正当干预,使人民法院能够独立公正的受理和审理行政案件。实行行政案件跨区域异地管辖,对减少行政审判工作的外部干扰,确保人民法院依法独立公正审理行政案件有促进作用。根据《行政诉讼法》和《最高人民法院关于行政案件管辖若干问题的规定》等法律和司法解释的规定,各基层人民法院不再受理本辖区的一审行政案件,统一由市中级人民法院指定管辖法院。2019 年 8 月 13 日河南省高级人民法院《关于调整行政诉讼案件管辖若干问题的意见》为落实行政诉讼关于管辖的规定,进一步推动河南省行政审判工作发展,促进行政案件依法公正高效审理,保障公民、法人和其他组织合法权益,监督行政机关依法行政,充分发挥行政审判实质性化解行政争议功能,解决河南省行政诉讼案件分布不均、质效不高、级别管辖数量倒挂等问题,根据《行政诉讼法》和相关司法解释的规定,制定本意见。

一、各中级人民法院、基层人民法院管辖的一审行政诉讼案件不再实行“转圈式”异地交叉管辖制度。

二、各中级人民法院、基层人民法院对一审行政诉讼案件的管辖,按照《行政诉讼法》关于地域管辖的规定执行。

470.问:行政机关逾期向法院举证,行政行为是否应被撤销?

答:根据《最高人民法院关于适用〈中华人民共和国行政诉讼法〉的解释》第三十四条规定,行政机关没有法定事由,逾期举证的,应视为被诉行政行为没有相应的证据,应该撤销该行政行为。虽然行政机关逾期举证的理由各式各样，但只要行政机关未在法定期限内向法院提出延期举证申请并经法院批准，按照法律规定一律撤销行政行为。一般情况下行政机关逾期举证，行政行为会被法院撤销，只有行政机关在举证期限内提出延期举证申请并经法院同意，才会不影响案件审理。在这里提示行政机关在收到行政诉讼的起诉状后，一定要认真对待，积极准备应诉材料，如果不能在举证期限内举证，一定要及时向法院延期举证，说明事由，经过法院同意后再逾期举证，而对于原告而言，如果发现行政机关存在逾期举证的行为，一定要抓住机会，据理力争，要求法院依法撤销行政行为。

471. 案情简介：安阳市水利局于2019年5月11日作出1号处罚决定，对张三罚款人民币2万元。经重新调查后认为对张三处罚过轻，先是以安阳市水利局的名义撤销了1号处罚决定，后于同年12月15日作出2号处罚决定，对张三罚款人民币4万元。安阳市水利局的两次处罚均在法定幅度内作出，相比1号处罚决定，2号处罚决定认定张三河道采砂的数量均少于1号处罚决定认定的事实情节。

问：作为水行政执法人员，你认为安阳市水利局作出2号处罚决定是否合适？

答：根据《行政诉讼法》第七十七条第一款关于“行政处罚明显不当，或者其他行政行为涉及对款额的确定、认定确有错误的，人民法院可以判决变更”的规定，人民法院在对行政处罚行为坚持合法性审查的同时，还应当进行合理性审查。根据行政合理性原则，行政法律法规虽然赋予了行政机关较大的自由裁量权，但同一行政机关在对同类型案件、同种类违法行为作出处罚时，幅度应当保持相对一致。

安阳市水利局的两次处罚虽然均在法定幅度内作出，但作为同一处罚程序中针对同类违法行为作出的处罚决定，应当符合《行政处罚法》第三十二条关于“行政机关不得因当事人申辩而加重处罚”的规定。结合《行政处罚法》第四条第二款关于“过罚相当”的规定，在同一处罚程序中，对于违法情节明显减轻的情况，处罚结果未相应减轻，实质上亦属于加重处罚，不符合行政合理性原则。

472. 问：规章以下规范性文件有无行政强制措施规定权？

答：关于行政强制措施的设定权，《行政强制法》第十条至第十一条的基本规定是：行政强制措施由法律设定。尚未制定法律的，行政法规不可以设定限制人身自由、冻结存款汇款和其他专属于法律设定的行政强制措施。尚未制定法律、行政法规的，地方性法规可以设定含有查封场所设施或者财物、扣押财物的行政强制措施。法律、法规以外的其他规范性文件不得设定行政强制措施。法律对行政强制措施的对象、条件、种类作了规定的，行政法规、地方性法规不得作出扩大规定。

在语义上，“设定”这一术语指称立法的原创权力；“规定”这一术语则是指在上位法之下的细化性质的立法活动。何种法律形式可以设定行政强制措施，历来受到严格限制，行政法规、地方性法规被严禁无权或者越权创制行政强制措施，否则该法律规范被视为违法。例如，1998年最高人民法院《对〈关于杨祖军诉保康县交通局暂扣车辆一案应如何适用法律问题的请示〉的答复》（法〔1998〕156号）中认为：《湖北省公路规费征收管理条例》有关“征稽机构可以暂扣车辆”的规定，创设了新的行政强制措施，缺乏法律、行政法规依据。在《关于对人民法院审理公路交通行政案件如何适用法律问题的答复》（〔1999〕行他字第29号）中认为“人民法院审理公路交通行政案件涉及地方性法规对交通部门暂扣运输车辆的规定与《公路法》有关规定不一致的，应当适用《公路法》的有关规定。”

但是,《行政强制法》对何种法律形式有权“规定”行政强制措施,与《行政处罚法》和《行政许可法》中同类条款的立法思路似乎不同。《行政处罚法》允许行政规章可以在法律、法规规定的给予行政处罚的行为、种类和幅度的范围内作出具体规定。《行政许可法》则允许行政规章在上位法设定的行政许可事项范围内,对实施该行政许可作出具体规定。根据《国务院关于贯彻实施〈中华人民共和国行政强制法〉的通知》、全国人大常委会法制工作委员会《关于做好地方性法规中有关行政强制规定清理工作的通知》,行政规章、规范性文件是否存在设定行政强制措施,是否存在对法律、法规规定的行政强制措施的对象、条件、种类作扩大规定等情形,是法规专项清理的重点之一。

实际上,从法律保留理念、不抵触立法原则、法院适用法律规范的一系列规则和原则上看,下位法应该有对立法的“规定权”。行政规章以下规范性文件虽无行政强制措施“设定权”,但是它们仍然有“规定权”,可以依据上位法来规定行政强制措施,这样也有利于行政执法活动的展开。

473.问:法律以下法律形式可否规定行政强制执行?

答:《行政强制法》规定行政强制执行的主体和方式均由法律设定。行政强制执行的方式包括加处罚款或者滞纳金;划拨存款、汇款;拍卖或者依法处理查封、扣押的场所、设施或者财物;排除妨碍、恢复原状;代履行;其他强制执行方式。这些方式及其执行机关,被认为只能由法律设定。也就是说,关于行政强制执行方式和机关,《行政强制法》并没有明确赋予法规和其他规范以“规定权”。例如,法律没有规定行政机关强制执行的,做出行政决定的行政机关应当申请人民法院强制执行。这意味着其他法律规范形式不能设定行政执行权的主体。

《行政强制法》未规定下位法是否对行政强制执行方式有“规定权”,但是,按照一般法理,加处罚款、加收滞纳金、代履行这三种行政强制执行方式,被认为是《行政强制法》的普遍授权,不再需要单行法来逐个地进行具体授权。根据这些普遍授权条款,行政强制执行方式可以由法律、法规来规定,也可以由规章及其以下的规范性文件来规定,其原始权限来源于《行政强制法》的普遍授权。

474.问:《行政强制法》是否允许行政强制行为并用?

答:《行政处罚法》第二十九条规定:对当事人的同一个违法行为,不得给予两次以上罚款的行政处罚。也就是说,针对一个违法行为,不能给予两次以上罚款,但是不同类型的行政处罚可以并处。在《行政强制法》的实施中,实务界也提出了同样的问题:行政强制措施之间或行政强制执行的不同方式之间,可否并用?答案是肯定的,可以并用。理由有二:一是虽然《行政强制法》本身并没有规定和提及行政强制的并用问题,但是根据权力法定原则和法无明文禁止即可适用的原则,行政强制可以并用;二是每一种行政强制方式和手段都是针对不同的主体和事项而做出的,因此需要不同的行政强制行为方式才能达到立法目的的实现。因此,在实践中,不同的行政强制方式、手段是存在并用的客观基础和必要的。《行政强制法》中规定的行政强制措施种类有:限制公民人身自由;查封场所、设施或者财物;扣押财物;冻结存款、汇款;其他行政强制措施。它们之间,除了查封与扣押不能并用外,其他措施可以并用。《行政强制法》中规定的行政强制执行的方式种类中(包括加处罚款或者滞纳金;划拨存款、汇款;拍卖或者依法处理查封、扣押的场所、设施或者财物;排除妨碍、恢复原状;代履行;其他强制执行方式),属于直接强制和间接强制的执行方式可以并用,因为它们针对的是不同的违法行为。但是,加处罚款或滞纳金之间、变卖和拍卖财物之间,不能并用。

475.问:同类性质的行政强制方式能不能并用?

答:《行政强制法》禁止重复查封和重复冻结(《行政强制法》第二十三条第二款规定:当事人的场所、设施或者财物已被其他国家机关依法查封的,不得重复查封。第二十九条第二款规定:冻结存款、汇款的数额应当与违法行为涉及的金额相当;已被其他国家机关依法冻结的,不得重复冻结。"),这是针对一种违法行为不能被同一机关或者不同的国家机关两次以上采取同一种的行政强制方式。

实践中,有些执法者追问:查封与扣押这两种行政强制措施可否并用?他们认为,如果这两者可以并用,就不用担忧因为行政强制措施的时间不够长而被迫解除强制的问题了(《行政强制法》第二十五条规定"查封、扣押的期限不得超过三十日;情况复杂的,经行政机关负责人批准,可以延长,但是延长期限不得超过三十日。法律、行政法规另有规定的除外。"),执法者可以次第适用查封和扣押,从而达到延长行政强制措施时限又不违法的目的。

查封与扣押所针对的客体是不同的,前者一般针对的是不动产,后者一般针对的是动产。但是,所针对物的客体不同,并非两者之间的本质区别。恰恰在性质上,查封和扣押是性质相同的行政强制措施,因此应该不允许并用。同样的问题,加处罚款和加收滞纳金,也不能被并用,因为二者是同一性质的行政强制执行方式。虽然加处罚款针对的是行政处罚之罚款的不履行,滞纳金一般是针对的税费之缴纳的不履行,但都属于公法上金钱债务的执行方式而已,性质和功能都是相同的,不能被并用。

476.问:加处罚款或滞纳金与申请法院行政强制执行的并用问题?

答:《行政处罚法》第五十一条规定,当事人逾期不履行行政处罚决定的,作出行政处罚决定的行政机关可以采取下列措施:(一)到期不缴纳罚款的,每日按罚款数额的百分之三加处罚款;(二)根据法律规定,将查封、扣押的财物拍卖、依法处理或者将冻结的存款、汇款划拨抵缴罚款;(三)根据法律规定,采取其他行政强制执行方式;(四)依照《行政强制法》的规定申请人民法院强制执行。

类似的规定还有,《道路交通安全法》(2011 年修订)第一百零九条规定,当事人逾期不履行行政处罚决定的,作出行政处罚决定的行政机关可以采取下列措施:(一)到期不缴纳罚款的,每日按罚款数额的百分之三加处罚款;(二)申请人民法院强制执行。

从字面含义解释来看,"加处罚款"是指当事人逾期不缴纳罚款的,在其原罚款金额的基础上每日增加百分之三的罚款,并且可以重复计算至当事人缴纳罚款时止。加处罚款或加收滞纳金与申请法院行政强制执行,是否是并用关系?是一个重要的行政执法和司法实践问题。"加处罚款"的目的是督促当事人自觉履行缴纳罚款的义务,但问题是:当事人一直不缴纳罚款,没有强制执行权的行政机关申请法院执行时,法院能否一并执行加处罚款或滞纳金?对此,各地法院的理解和做法各异,现行法律、司法解释也没有做出明确的规定。如何理解加处罚款、拍卖变卖或存款划拨、申请法院强制执行在法律适用时的顺位关系?实际上,三者之间并非简单的排斥关系,加处罚款、拍卖变卖、存款划拨都属于行政处理方式,只要其中一种能实现强制的目的,其他方式就不应该被并用。而加处罚款与申请法院执行并非两种执行方式的并列关系,因此是可以并用的。有些行政机关是没有强制执行权的,即使有权加处罚款也无法自我实现。显然,立法者不可能排除法院强制执行的职权和义务的,申请法院强制执行与加处罚款不存在不能并用的矛盾关系。概言之,《行政处罚法》第七十二条中的上述三个款项并非意味着排斥使用,除了性质相同的行政强制类型如加处罚款和加收滞纳金、查封和扣押之间的等同性,加处罚款与拍卖变卖、存款划拨之间具有功能冲突性,不能并用。而法院或者行政机关自身强制执行并非是一个执行方式问题,而仅仅是一个主体问题。

477.问:执行罚与行政处罚能否并用?

答:在传统行政法学理论中,执行罚与行政处罚可否并科,存在争议。从行政强制措施和行政强制执行的基本涵义上理解,行政处罚与执行罚分别针对的是处于不同阶段的违法行为,强制措施一般是在行政处罚决定作出之前,强制执行方式是在行政处罚决定作出之后的履行阶段发生。因此,从时间上看,行政强制与行政处罚并非存在并用关系,而是针对一种违法行为次第地运用了不同的行政权力。执行罚是行政强制执行的方式,主要包括加处罚款或者滞纳金,它们都是对行政处罚决定不履行之后才采取的行政手段。严格地说,行政处罚中的罚款和加处罚款不存在并用的问题,因为二者针对的是同一违法主体但却是不同阶段和性质的违法行为,其中的两种罚款也不属于"一事不再罚"原则的禁止适用对象。

478.问:执行罚和代履行费如何实现?

答:加收罚款或滞纳金总称"执行罚",与划拨存汇款、代履行费的缴纳,共同构成公法上金钱债务的实现问题。行政机关在自行强制执行中,也可能不予执行加处罚款。这些都是一种错误的思维和做法。

(一)加处罚款或滞纳金应被一并强制执行

加处罚款或滞纳金,作为一项合法生效的具体行政行为的附属部分,是有可执行的内容的。在行政处罚决定书中,它们是必须告知相对人"加处罚款"的事项,而且须依照程序进行催缴。此后,在申请执行书中,还应明确除了申请执行行政处罚外,还应明确申请执行加处罚款的内容。

没有强制执行权的行政机关有权申请法院强制执行,法院有义务强制执行,此为立法者的本意。法院应该对"加处罚款"进行审核,对符合法律规定的,应予执行,以维护行政行为的权威性。从已经实施的有关行政强制的立法来看,在《行政强制法》规定加处罚款或滞纳金如何执行之前,无论是具有强制执行权的行政机关还是人民法院,实际上有权强制实现这两种公法上的金钱债务。加处罚款和滞纳金作为执行罚,是一种间接强制方式,一方面其所涵盖的公法上金钱给付义务应该履行;另一方面还可以采取直接强制手段促使加收罚款或滞纳金得以实现。

(二)罚款是实现公法上金钱给付义务的新途径

公法上的税费缴纳,即公法上的金钱给付义务如何实现,在国外亦是一个学术研究和制度规定的重要问题。

例如,《社会保险法》(2010年)第八十六条规定:限期缴纳或社会保险费不足的,自欠缴之日起按日加收万分之五的滞纳金,逾期仍不缴纳的,由有关行政部门处以1~3倍以下的罚款。上述法律条文中的罚款,是对不予执行滞纳金的执行方式,也是一种强制执行方式。实际上,这里的罚款类似于"强制征收",而不是《行政处罚法》意义上的罚款形式。

(三)代履行费的实现

《行政强制法》虽然规定了代履行费用由违法者承担,但是,如果行政相对人拒绝缴纳代履行费的,如何处理未予说明。其他单行法比照前述加处罚款或滞纳金缴付存在的现实问题,立法亟须明确:代履行费的不缴纳可以采取直接强制行政手段予以实现。公法上金钱给付义务,也是一种债权债务,行政机关要求行政相对人解缴所欠税款、规费、罚款、违法所得和非法财物、滞纳金和代履行费时,如果遇行政强制执行中的被执行人资不抵债,不同债权冲突不仅必然而且亟须立法明确。目前,在代履行所适用的"危害交通安全、造成环境污染或者破坏自然资源"等领域里,法律法规并未规定代为治理的费用缴付和执行问题。

479.案情简介:2011 年 9 月,湖北省某县村民肖某未经许可,擅自在某水库库区(河道)管理范围内 316 国道某大桥下建房(房基)5 间,占地面积289.8平方米。2011 年 11 月 3 日,某县水利局根据《水法》第六十五条作出《行政处罚决定书》,要求肖某立即停止在桥下建房的违法行为,限 7 日内拆除所建房屋,恢复原貌;罚款 5 万元;并告知肖某不服处罚决定申请复议和提起诉讼的期限,注明期满不申请复议、不起诉又不履行处罚决定,将依法申请人民法院强制执行。肖某在规定的期限内未履行该处罚决定,亦未申请复议或提起行政诉讼。2012 年 3 月 29 日,县水利局向法院申请强制执行。2012 年 4 月 23 日,县人民法院作出行政裁定书,裁定准予执行行政处罚决定,责令肖某履行处罚决定书确定的义务。但肖某未停止违法建设,截至 2017 年 4 月,肖某已在河道区域违法建成四层房屋,建筑面积约 520 平方米。【检察机关监督情况】线索发现:县人民检察院于 2017 年 4 月通过某日报《"踢皮球"执法现象何时休?》的报道发现案件线索,依职权启动监督程序。检察机关经调查发现,肖某在河道内违法建设的行为持续多年,违反了国家河道管理规定,违法建筑物严重影响行洪、防洪安全。水利局和法院对违法建筑物未被强制拆除的原因则各执一词。法院认为,对违反《水法》的建筑物,水利局是法律明确授予强制执行权的行政机关,法院不能作为该案强制执行主体。但水利局认为,其没有强制执行手段,应当由法院强制执行。

问:作为水行政执法人员你认为检察机关应该提出哪些监督意见?

答:法律没有赋予水利局采取查封、扣押、冻结、划拨财产等强制执行措施的权力,对于不缴纳罚款的,水利局可以向法院申请强制执行;但根据《行政强制法》和《水法》等的相关规定,水利局对于河道违法建筑物具有强行拆除的权力,不应当向法院申请强制执行。因此,水利局向法院申请执行行政处罚决定中的拆除违法建筑物部分,法院不应当受理而受理并裁定准予执行,违反法律规定。

县人民检察院应在第一时间向县水利局提出检察建议,建议其依法强制拆除违法建筑物;向县人民法院提出检察建议,建议其依法履职、规范行政非诉执行案件受理等工作。

人民检察院办理行政非诉执行监督案件,应当依法查明行政机关对相关事项是否具有直接强制执行权。《行政强制法》规定的行政强制执行,包括行政机关直接强制执行和行政机关申请人民法院强制执行两种类型。法律赋予某些行政机关以直接强制执行权的主要目的是提高行政效率,及时执行行政决定。如果行政机关有直接强制执行权,又向人民法院申请执行,不但浪费司法资源,而且容易引起相互推诿,降低行政效率。人民检察院办理行政非诉执行监督案件,应当查明行政机关是否具有直接强制执行权,对具有直接强制执行权的行政机关向人民法院申请强制执行,人民法院不应当受理而受理的,应当依法进行监督。根据《水法》第六十五条第一款,对河道管理范围内妨碍行洪的建筑物、构筑物,水行政主管部门具有直接强行拆除的权力。但在本案中,水利局本应直接强制执行,却向人民法院申请执行,人民法院不应当受理而受理、不应当裁定准予执行而裁定准予执行,致使两个单位相互推诿,河道安全隐患长期得不到消除,人民检察院依法提出检察建议,促进了问题的解决。

人民检察院在履行行政非诉执行监督职责中,发现行政机关的行政行为存在违法或不当履职情形的,可以向行政机关提出检察建议。《人民检察院检察建议工作规定》第十一条规定:人民检察院在办理案件中发现社会治理工作存在下列情形之一的,可以向有关单位和部门提出改进工作、完善治理的检察建议:……(四)相关单位或者部门不依法及时履行职责,致使个人或者组织合法权益受到损害或者存在损害危险,需要及时整改消除的;……根据上述规定,检察机关发现行政机关向人民法院提出强制执行申请存在不当,怠于履行法定职责的,应当向行政机关提出检察建议。对行政机关违法行为致使损害持续存在甚至继续扩大的,应当更加重视,优先快速办理,促进行政执行效率提高,及时消除损害、减少损失,维护人民群众的合法权益。本案中,检察机关针对水利局怠于履职行为,依法提出检察建议,促使河道违法建筑物被拆除,保障了行洪、泄洪安全,保护了当地人民群众的生命财产安全。

480.案情简介:2018年9月6日,淄博市临淄区人民检察院向淄博市临淄区水利局发出临检行公〔2018〕37030500002号《检察建议书》,"现查明:淄河临××区××镇段,在河道管理范围内建有游乐园一处……根据临淄区淄河河道的相关资料显示,淄河河道管理范围为红线内范围,而玫瑰谷游乐园即在该红线范围以内……玫瑰谷游乐园建在淄河河道管理范围以内,破坏了河道的生态环境,影响河道的正常行洪功能,侵害了社会公共利益。你单位作为我区水利行政主管部门,应当依法履行监管职责……现向你单位提出如下建议:依法履行监管职责,拆除玫瑰谷游乐园有关建筑物,恢复河道的正常行洪功能。请于收到本检察建议书后两个月内依法办理,并将办理情况书面回复本院"。被告淄博市临淄区水利局收到淄博市临淄区人民检察院的《检察建议书》后,以临水字〔2018〕89号文件《关于对淄博市临淄区人民检察院检察建议书整改建议采纳情况的回复》的形式向淄博市临淄区人民检察院作了回复"……经调查,基本情况如下:皇城镇玫瑰谷游乐园系2008年由皇城镇堐付村民委员会向临淄区水务局书面提出初步申请,拟建设九宫阁文化产业创意园,2011年1月办理了建设项目环境报告书,共占地100亩,为新增建设用地(有国土资源局证明),于2011年4月由皇城镇政府、皇城镇堐付村民委员会共同出具了规划证明,临淄区水务局同时为其向临淄区规划局出具了关于同意建设淄博九宫阁文化产业创意园项目函,要求该段防洪标准不得低于20年一遇,建设必须控制在蓝线外20米。但在建设过程中经我们河道巡查人员发现九宫格文化产业创意园建设范围已超越蓝线进入红线之内,因淄河属市管河道,所有建设项目由市局审批,且发现九宫格文化产业创意园并未取得河道管理范围内建设项目施工许可证,我局随即向淄博市水政监察支队反映该违法行为,并配合支队于2015年8月14日对玫瑰谷水上乐园展开调查,2015年12月淄博市水利工程管理局对淄博玫瑰谷旅游开发公司下达了关于淄博市玫瑰谷旅游开发公司开发皇城玫瑰谷水上乐园项目有关问题的函,接下来在调查过程中,2016年6月发现淄博市国土资源局下达的行政处罚决定书,属未经批准,擅自占用内陆滩涂18 916平方米,已责令退还非法占用的土地,并罚款283 740元,由于一事不再罚的原则,淄博市水政监察支队终止水事案件程序,临淄区水务局于2017年7月17日对玫瑰谷水上乐园下达了临淄区人民政府防汛抗旱指挥部限期清障通知书,责令收到通知书后15日内清除行洪障碍物,恢复河道原貌。但至今,仍未拆除。"之后,检察机关又到实地查看,涉案建筑仍未拆除,诉讼中,被告也认可涉案建筑仍未拆除。淄博市人民检察院于2018年11月19日以淄检行公指辖〔2018〕1-2号《指定管辖通知书》指定山东省淄博高新技术产业开发区人民检察院管辖并提起诉讼。

问:作为水行政执法人员你认为法院该如何判决呢?做为水行政主管部门如何规避不作为的风险呢?值得深思。

答:《水法》第六十五条规定"在河道管理范围内建设妨碍行洪的建筑物、构筑物,或者从事影响河势稳定、危害河岸堤防安全和其他妨碍河道行洪的活动的,由县级以上人民政府水行政主管部门或者流域管理机构依据职权,责令停止违法行为,限期拆除违法建筑物、构筑物,恢复原状;逾期不拆除、不恢复原状的,强行拆除,所需费用由违法单位或者个人负担,并处一万元以上十万元以下的罚款。未经水行政主管部门或者流域管理机构同意,擅自修建水工程,或者建设桥梁、码头和其他拦河、跨河、临河建筑物、构筑物,铺设跨河管道、电缆,且《防洪法》未作规定的,由县级以上人民政府水行政主管部门或者流域管理机构依据职权,责令停止违法行为,限期补办有关手续;逾期不补办或者补办未被批准的,责令限期拆除违法建筑物、构筑物;逾期不拆除的,强行拆除,所需费用由违法单位或者个人负担,并处一万元以上十万元以下的罚款。虽经水行政主管部门或者流域管理机构同意,但未按照要求修建前款所列工程设施的,由县级以上人民政府水行政主管部门或者流域管理机构依据职权,责令限期改正,按照情节轻重,处一万元以上十万元以下的罚款。"由此看来,对淄河临淄段河道管理范围内违建物的拆除是被告的法定职责。《淄博市河道管理办法》第三条规定"市、区县水行政主管部门是本行政区内河道的主管机关,其职责是:(一)负责河道工程建设管理;(二)编制、实施河道治理规划;(三)监督检查河道法规、规章执行情况;(四)依法查处河道违法行为、调处河道纠纷;(五)处罚违反河道法规、规章的单位或个人;(六)征收河道工程维护管理费。"第四条第一款规定"本市行政区内的河道实行按流域统一管理和分级管理相结合的制度。孝妇河、淄河、东猪龙河、乌河以及小清河、沂河、支脉河、北支新河淄博段,由市水行政主管部门统一管理,流经区县河段以及市管以外其他河道由所属区县水行政主管部门实施具体管理。有关规划、治理、防汛、河道管理范围内的工程建设以及涉及区县边界河道的纠纷,必须报水行政主管部门批准和调处。"由此看,淄博市临淄区水利局作为临淄区的水行政主管机关,对淄河临淄段具有实施具体管理的职责,既可监督检查河道法规、规章执行情况,依法查处河道违法行为、调处河道纠纷,又可处罚违反河道法规、规章的单位或个人,故对淄河临淄段河道管理范围内违建物的拆除是淄博市临淄区水利局的法定职责。淄博市临淄区水利局陈述的其处罚权依据《临淄区综合行政执法体制改革工作的实施意见》已移交区综合行政执法机构,从而不能履行拆除涉案建筑物是对法律的错误理解,依据《临淄区综合行政执法体制改革工作的实施意见》,淄博市临淄区水利局向综合行政执法机构移交的是行政处罚权,并未移交被告依法监督检查河道法规、规章执行情况,依法查处河道违法行为、调处河道纠纷等行政强制的职权。从《淄博市河道管理办法》中"……淄河……,由市水行政主管部门统一管理,流经区县河段以及市管以外其他河道由所属区县水行政主管部门实施具体管理"看,对淄河临淄段河道违法行为的查处仍是淄博市临淄区水利局的职责。本案从淄博市临淄区水利局回复检察机关的临水字〔2018〕89号文件看,淄博市临淄区水利局知道涉案建筑已超越蓝线进入红线以内,其在检察机关发出检察建议后在限定期限内未履行查处职责,显然怠于行使职权。淄博市临淄区水利局辩称就涉案建筑国土部门已作出处罚,其不能进行二次处罚,这是对《行政处罚法》第二十四条的错误理解,所谓"一事不再罚"是指行政主体对当事人的同一违法行为,不得给予两次以上同类(罚款)的行政处罚,也就是说,行为人的一个行为无论是违反一个规范还是数个规范,受一个行政主体管辖还是受数个行政主体管辖,可以给予两次以上的行政处罚,但如果是罚款,则只能一次,并不限制其他行政处罚种类的第二次或多次适用。从淄博市临淄区水利局提交的淄国土罚字〔2016〕第7231号《国土资源行政处罚决定书》看,其处罚内容为:责令退还非法占用的18 916平方米土地,罚款人民币283 740元,并不妨碍淄博市临淄区水利局在河道管理范围内行使执法权,何况行政处罚与行政强制的种类、方式、性质、目的、法律后果均有区别,国土部门的处罚是对违法行为的一种惩诫,而淄博市临淄区水利局是依据水法的规定清除河道管理范围内的违建,确保河道行洪安全,故淄博市临淄区水利局以国土部门已作处罚而推卸自己履行职责的理由是不成立的。最后,法院依据《最高人民法院 最高人民检察院关于检察公益诉讼案件适用法律若干问题的解释》第二十五条第一款第(三)项之规定,责令被告淄博市临淄区水利局于本判决生效后一百八十日内将淄河临淄段玫瑰谷水上乐园建筑所占河道管理范围内的部分予以拆除,恢复河道原状。

这起公益诉讼难道不能引起水行政主管部门的深刻反思吗?在基层,水法律法规赋予水行政主管部门的职责如何落实好、落实到位是一个复杂的问题。

481.案情简介:2018 年 1 月 8 日,江都区水务局执法巡查发现,谈卫娟在扬州市××区××镇××社区新通扬运河北岸河道管理范围内建设钢结构混凝土平台。该平台顺堤东西长 22 米,南北宽8.6米,占用堤防工程面积189.2平方米。因未能提供水务部门的建设批准手续,江都区水务局当日对谈卫娟的建设行为立案查处,并于当日向谈卫娟送达了扬江水改〔2018〕1 号《责令限期改正水事违法行为通知书》,后于 2018 年 3 月 16 日向谈卫娟送达了扬江水拆〔2018〕2 号《责令限期拆除通知书》,2018 年 3 月 30 日向谈卫娟送达扬江水罚告〔2018〕7 号《行政处罚告知书》。谈卫娟提出了听证申请后,2018 年 5 月 24 日江都区水务局举行了听证会。根据听证意见,江都区水务局于 2018 年 10 月 29 日撤回了作出的扬江水拆〔2018〕2 号《责令限期拆除通知书》、扬江水罚告〔2018〕7 号《行政处罚告知书》,并于同日向谈卫娟送达了扬江水改〔2018〕85 号《责令限期改正水事违法行为通知书》,要求谈卫娟在规定时间内办理相关涉河建设审批手续,谈卫娟未按要求办理。2018 年 11 月 12 日,江都区水务局向谈卫娟送达了扬江水拆〔2018〕29 号《责令限期拆除通知书》,要求谈卫娟在规定时间内拆除建设的平台设施,谈卫娟未按要求整改。同时,谈卫娟又在平台上下建设了房屋,平台南侧建设水池(23.5 米×3 米=70.5平方米),平台西北侧建设挡土墙34.5米,平台东侧建设房屋(3.8 米×5 米=19 平方米)。2018 年 12 月 26 日江都区水务局作出扬江水罚告〔2018〕23 号《行政处罚告知书》并送达谈卫娟,谈卫娟提出听证要求,江都区水务局于 2019 年 1 月 25 日举行听证会。后经江都区水务局负责人集体讨论后审批,于 2019 年 3 月 7 日作出扬江水罚〔2019〕1 号《行政处罚决定书》,决定:"本机关现责令你(单位)在接到本决定书之日起十日内,自行拆除上述地点河道管理范围内所建的占用面积共计278.7平方米的钢结构混凝土平台、在混凝土平台上方建设的彩钢结构房屋、在平台下方建设的钢混结构房屋、在平台下方东侧建设的砖混结构房屋、在平台下方南侧建设的水池、在平台西北侧建设的挡土墙等建设设施,恢复场地原状。并处罚款人民币五万元整。"并于同日将该决定书送达谈卫娟。谈卫娟不服,于 2019 年 5 月 21 日向江都区政府提起行政复议申请,请求依法撤销江都区水务局作出的扬江水罚〔2019〕1 号《行政处罚决定书》。江都区政府于 2019 年 8 月 19 日作出〔2019〕扬江行复第 13 号《行政复议决定书》,决定维持江都区水务局的行政处罚决定。

问：江都区水务局作出的行政处罚决定是否合法？江都区政府作出的行政复议决定是否合法？

答：根据《水法》第十二条第四款、第五十九条第一款之规定，江都区水务局作为县级水行政主管部门，有依法对谈卫娟涉河违法建设进行查处并罚款行政行为的主体资格。关于行政处罚决定认定的事实。谈卫娟在新通扬运河北岸、××区××镇××社区新西组段河道堤防管理范围内建设平台、房屋、水池等建筑物、构筑物，未取得水务部门及其他部门同意其在上述堤防建设的相关批准手续。江都区水务局认定谈卫娟的建设行为违法，属于未经批准擅自建设于法有据。江都区水务局下属管理单位江都区河道管理处向谈卫娟收取河道堤防工程占用补偿费于法有据，该收费不是对谈卫娟占用堤防建设行为合法或非法的认定，只要形成事实占用就可以向占用单位收取，同时收费行为也不是行政许可。假如谈卫娟认为其所建筑的水池属于埋藏物，不属于《水法》第六十五条第二款"临河建筑物、构筑物"的调整范围。那么构筑物一般指房屋以外的工程建筑如水井、水坝、围墙等。谈卫娟认为其所建筑的水池属于埋藏物的理解也是明显不当的。关于行政处罚决定的法律适用。《水法》作为上位法，在效力上高于地方法规，江都区水务局依据《水法》第六十五条第二款并可以参照地方标准。关于行政处罚决定的程序。江都区水务局在作出行政处罚决定前经过了立案、调查、勘查、告知、听证、集体讨论决定等程序，作出的行政处罚决定程序合法。所以，江都区政府作出的行政复议决定也是合法的。

482. 案情简介：张志权与四会市江谷镇人民政府于2009年期间协商一致，约定四会市江谷镇人民政府将龙江河江谷圩镇河段东岸自四清公路以下至江谷电站出口河堤段（自来水厂对出河段）共长215米的防洪堤坝工程交由张志权建设，并约定该防洪堤坝工程由江谷镇人民政府验收。四会市江谷镇人民政府同时同意张志权在建造好的防洪堤岸上可自资建设商住两层半楼房，商住楼房所有权归张志权。上述工程投入建设前，四会市水利水电勘测设计院出具的《四会市江谷镇沿江东路河堤工程可行性研究报告》显示，江谷镇沿江东路河堤加固工程位于旧四清公路上的江谷桥与江谷镇委镇政府门前左侧大桥之间的龙江河江谷河段左侧河边，为江谷围的组成部分，属四会市江谷镇管辖范围，该河堤工程建设符合四会市江河流域总体规划。张志权于2010年12月完成对案涉防洪堤坝工程及堤坝地面上的路面、楼房等工程的建设，并于2012年11月5日补办取得四会市江谷镇村镇规划建设办公室对案涉楼房工程的建设工程开工证。四会市水务局发现张志权的案涉建设行为涉嫌违反《水法》相关规定，并对该事件展开调查。四会市水务局于2016年期间通过向张志权进行调查询问、现场实地走访拍照、向相关行政部门的调查取证等方式，查明张志权建设的案涉堤园工程未经过有关水行政主管部门的审批同意。四会市水务局于2016年10月14日作出四水行〔2016〕停第06号《责令停止违法行为通知书》，认为张志权未经水行政主管部门审查同意擅自建设堤园工程，违反了《水法》第三十八条的规定，责令张志权立即停止违法行为。四会市水务局于2016年10月18日内部讨论一致决定对张志权在河道管理范围违法建设作出行政处罚。四会市水务局于2016年10月20日作出四水行告字〔2016〕第05号《水行政处罚告知书》、四水行听告字〔2016〕第05号《水行政处罚听证告知书》，该两份告知书主要内容为告知张志权对案涉工程建设的调查结果、拟给予行政处罚的事实、理由和依据以及听证的权利。因没证据显示张志权对拟受到的行政处罚提出陈述、申辩，四会市水务局于2016年10月31日作出四水行罚字〔2016〕第05号《水行政处罚决定书》，认为张志权未经水行政主管部门批准同意擅自进行堤园工程建设行为违法，根据《水法》第六十五条第二款的规定，对张志权作出如下行政处罚：1.责令停止违法行为；2.处罚款人民币壹拾万元整（￥100 000.00）；3.限期一个月内补办有关手续，逾期不补办或补办未被批准的，责令限期拆除。

问：作为行政相对人张志权如何维权？四会市水务局所作的案涉行政处罚依据的事实和法律、法规是否清楚、正确，程序是否合法？

答：根据当时的《行政处罚法》第二十九条“违法行为在二年内未被发现的，不再给予行政处罚。法律另有规定的除外。前款规定的期限，从违法行为发生之日起计算；违法行为有连续或者继续状态的，从行为终了之日起计算。”的规定，因张志权的案涉违法建设行为违反相关水法、防洪法等规定的事实始终存在，该违法行为一直处于继续状态，故四会市水务局对其进行查处并未超过二年的处罚期限。

根据当时的《行政处罚法》第二十条“行政处罚由违法行为发生地的县级以上地方人民政府具有行政处罚权的行政机关管辖。”《水法》第十二条第四款“县级以上地方人民政府水行政主管部门按照规定的权限，负责本行政区域内水资源的统一管理和监督工作。”的规定，四会市水务局作为四会市水行政主管部门，依法有权查处本行政区域河道管理范围内的水事违法行为。根据本案查明事实，张志权的案涉建设行为并未根据《水法》的相关规定经有关水行政主管部门审查同意，该事实清楚。根据当时的《行政处罚法》第三十一条“行政机关在作出行政处罚决定之前，应当告知当事人作出行政处罚决定的事实、理由及依据，并告知当事人依法享有的权利。”及第三十二条第一款“当事人有权进行陈述和申辩。行政机关必须充分听取当事人的意见，对当事人提出的事实、理由和证据，应当进行复核；当事人提出的事实、理由或者证据成立的，行政机关应当采纳。”及第四十一条“行政机关及其执法人员在作出行政处罚决定之前，不依照本法第三十一条、第三十二条的规定向当事人告知给予行政处罚的事实、理由和依据，或者拒绝听取当事人的陈述、申辩，行政处罚决定不能成立；当事人放弃陈述或者申辩权利的除外。”的规定，四会市水务局作出案涉行政处罚决定前应按上述法律规定向张志权进行告知相关事宜，但四会市水务局没有证据证实已向原告张志权依法送达《水行政处罚告知书》《水行政处罚听证告知书》，且张志权并不确认四会市水务局已向其送达上述文书的事实，故四会市水务局该行政处罚行为程序严重违法，那么所作的案涉行政处罚决定依法就不能成立。

那么四会市水务局所作的行政处罚决定的处罚内容为“1.责令停止违法行为；2.处罚款人民币壹拾万元整（￥100 000.00）；3.限期一个月内补办有关手续，逾期不补办或补办未被批准的，责令限期拆除。”。是否合法呢？

根据《水法》第六十五条第二款“未经水行政主管部门或者流域管理机构同意，擅自修建水工程，或者建设桥梁、码头和其他拦河、跨河、临河建筑物、构筑物，铺设跨河管道、电缆，且防洪法未作规定的，由县级以上人民政府水行政主管部门或者流域管理机构依据职权，责令停止违法行为，限期补办有关手续；逾期不补办或者补办未被批准的，责令限期拆除违法建筑物、构筑物；逾期不拆除的，强行拆除，所需费用由违法单位或者个人负担，并处一万元以上十万元以下的罚款。”的规定，上述法律条款中“责令停止违法行为，限期补办有关手续；责令限期拆除违法建筑物、构筑物；强行拆除，并处一万元以上十万元以下的罚款”等的规定并非并列的关系，而是具有明显的先后顺序的关系，在处理适用时应严格按上述法律规定的处罚条款予以区分。四会市水务局所作的案涉处罚决定适用上述法律规定未作区分处理，而作出一并处罚的处理明显不当的。

483.案情简介：邓州市水利局于2016年5月26日作出邓水罚字〔2016〕第23号行政处罚决定，认定：小飞于2016年3月29日在我市湍河左岸罗庄镇肖营村河道管理范围内未经批准擅自非法采矿，违反了《河南省实施〈中华人民共和国水法〉办法》第二十八条第一款："在河道管理范围内进行采矿活动的，必须按照国家有关规定定向有管辖权的水行政主管部门申请办理采矿许可证"。根据《河南省水行政处罚裁量标准》，未经批准擅自非法采矿，既未停止违法行为和撤离采砂设备，也未恢复河道原貌，你的违法行为情节属于特别严重。根据《河南省实施〈中华人民共和国水法〉办法》第四十三条第一款第六项的规定，对被执行人作如下处罚：1.恢复河道原貌或采取其他补救措施（做到底平坡顺，不影响行洪）；2.并处三万元的罚款。逾期不缴纳的，每日按罚款数额的3%加处罚款。小飞收到行政处罚决定书后，既未申请行政复议也未提起行政诉讼，经邓州市水利局催告小飞仍未自觉履行行政处罚决定，故申请人民法院强制执行。

问：作为水行政执法人员，你认为法院会支持邓州市水利局的行政处罚决定吗？

答：《水法》第六十五条规定："在河道管理范围内建设妨碍行洪的建筑物、构筑物，或者从事影响河势稳定、危害河岸堤防安全和其他妨碍河道行洪的活动的，由县级以上人民政府水行政主管部门或者流域管理机构依据职权，责令停止违法行为，限期拆除违法建筑物、构筑物，恢复原状；逾期不拆除、不恢复原状的，强行拆除，所需费用由违法单位或者个人负担，并处一万元以上十万元以下的罚款。

未经水行政主管部门或者流域管理机构同意，擅自修建水工程，或者建设桥梁、码头和其他拦河、跨河、临河建筑物、构筑物，铺设跨河管道、电缆，且防洪法未作规定的，由县级以上人民政府水行政主管部门或者流域管理机构依据职权，责令停止违法行为，限期补办有关手续；逾期不补办或者补办未被批准的，责令限期拆除违法建筑物、构筑物；逾期不拆除的，强行拆除，所需费用由违法单位或者个人负担，并处一万元以上十万元以下的罚款。……"据此，邓州市水利局如果申请执行第1项内容，由于邓州市水利局本身享有强制执行的职权，法院应该不予执行；处罚决定第2项内容，即罚款三万元，符合法律规定，应该准予执行

484.案情简介：2010年3月23日，柘城联通公司与柘城县大件乡沟流庙村民朱俊光签订《通信基站用地租赁协议》，柘城联通公司租赁朱俊光土地建设通信基站。2014年10月13日，柘城县水利局对柘城联通公司建设通信基站立案调查，2014年10月13日柘城县水利局对通信基站现场勘查，基站距永安沟口11米。2014年10月13日，柘城县水利局作出（柘）水停字〔2014〕第59号《责令停止水事违法行为通知书》，责令柘城联通公司停止违法行为，听候处理。2014年10月14日，柘城县水利局经过集体讨论，以柘城联通公司在接到《责令停止水事违法行为通知书》后，未履行法定义务，原告违法证据确凿，拟对柘城联通公司限七日内补办手续，罚款人民币九万元。2014年10月15日，水利局作出柘水罚先告字〔2014〕第59号《水行政处罚事先告知书》，拟限柘城联通公司七日内补办手续，罚款人民币九万元。2014年10月22日，水利局作出柘水罚听告字〔2014〕第59号《水行政处罚听证告知书》，拟对柘城联通公司限七日内补办手续，罚款人民币九万元。2014年11月4日，水利局根据柘城联通公司的申请召开了听证会。2014年12月30日，水利局作出（柘）水限改字

〔2014〕第 59 号《限期整改通知书》,限柘城联通公司七日内补办有关手续,逾期不补办或者未被批准,责令限期拆除违法建筑。2015 年 1 月 14 日,水利局作出(柘)水罚决字〔2014〕第 59 号《水行政处罚决定书》,对柘城联通公司如下处罚:1.限期拆除;2.罚款人民币九万元。柘城联通公司不服,向柘城县人民政府申请行政复议,柘城县人民政府于 2015 年 8 月 3 日作出柘政复决〔2015〕2 号《行政复议决定书》,维持了(柘)水罚决字〔2014〕第 59 号《水行政处罚决定书》。

问:柘城联通公司如果向法院提起行政诉讼,法院会支持柘城县水利局的处罚决定吗?

答:根据《河道管理条例》第二十条:无堤防的河道,其管理范围根据历史最高洪水位或者设计洪水位确定。河道的具体管理范围,由县级以上地方人民政府负责划定。本案中,柘城县水利局没有证据证明永安沟的河道管理范围。在柘城联通公司向柘城县人民政府申请行政复议中柘城县水利局称,柘城县防汛抗旱办公室证明永安沟的最高洪水位高程为45.1米,即认为河道管理范围为45.1米。那柘城县防汛抗旱办公室的证明是否有效?证明力又如何?法院会采信吗?

根据《水法》第六十五条第二款,未经水行政主管部门或者流域管理机构同意,擅自修建水工程,或者建设桥梁、码头和其他拦河、跨河、临河建筑物、构筑物,铺设跨河管道、电缆,且防洪法未作规定的,由县级以上人民政府水行政主管部门或者流域管理机构依据职权,责令停止违法行为,限期补办有关手续;逾期不补办或者补办未被批准的,责令限期拆除违法建筑物、构筑物;逾期不拆除的,强行拆除,所需费用由违法单位或者个人负担,并处一万元以上十万元以下的罚款。本案中,柘城县水利局对柘城联通公司行政处罚为:1.限期拆除;2.罚款人民币九万元。法律规定是对逾期不拆除的,强行拆除,并处罚款。本案处罚为限期拆除,并处罚款,属适用法律错误。做为水行政执法人员尤其需要把法律条款吃透、用准,否则一定败诉。

485.案情简介:竹溪县某某电站于 2014 年 9 月 11 日取得取水(鄂·溪)字〔2007〕第00006号取水许可证,取水地点位于竹溪县××乡××村,取水量为 108 万 m^3/年,取水用途为发电用水,水源类型为地表水,有效期自 2014 年 9 月 11 日至 2019 年 9 月 10 日。2018 年 2 月 8 日,某某电站向竹溪县水务局申请办理取水许可,同年 3 月 13 日竹溪县水务局向某某电站核发了取水(鄂·溪)字〔2018〕第00001号取水许可证,取水地点同样位于竹溪县××乡××村,取水量为29.5万 m^3/年,取水用途为矿泉水生产,水源类型为浅层地下水,有效期自 2018 年 3 月 13 日至2023年 3 月 12 日。2016 年 5 月 25 日,某某电站的开发项目通过了竹溪县环境保护局的环境评审。同年 8 月 10 日,竹溪县桃源乡人民政府出具了关于××矿泉水项目水源地取水对周边居民用水无影响证明,载明:“某某(湖北)饮品有限公司位于竹溪县××乡××村,该项目生产取水点位于两河口村,其水源取水对周边居民生活用水及农业灌溉用水等其他用水无影响。”2017 年 3 月 31 日,某某的开发项目在湖北省发展和改革委员会进行了备案。同年 9 月 7 日,某某的场平工程水土保持方案获得十堰市水利水电局的批复。2018 年 2 月 12 日,竹溪县水务局组织召开了《竹溪丹霞山高端矿泉水开发项目取水水资源论证报告书》审查会,对论证报告书进行审查,并提出了相应的修改意见。2018 年 3 月,十堰市水文水资源勘测局(资质证书:建设项目水论证乙字第420216093号)出具了《竹溪丹霞山高端矿泉水开发项目取水水资源论证报告书(报批版)》,其中关于对第三者的影响部分载明:“在距离丹霞山泉水取水口下游 1 km 处的香铺沟河道上建有瓦沧电站的拦水坝,根据竹溪县水务局提供的《取水许可申请书》(鄂·溪)申字〔2007〕第00006号,瓦沧电站装机容量200 kW(125 kW+75 kW),年取水量108万 m^3,取水许可中没有对取水量进行年内分配。拦水坝处可取用的地表水资源量为142万 m^3/a。由于泉水出露,形成地表水,取用泉水会造成地表水资源量的减少,故拦水坝处可取用的地表水资源量应扣除××矿泉水的取用水量29.5万 m^3(没有考虑泉水的汇流损失),拦水坝处可取用的地表水资源量为112.5万 m^3,大于瓦沧电站取水许可的年取水量108万 m^3,可以满足电站的取水需求。"2018年3月1日,某某向竹溪县水务局提出取水许可验收申请,同年3月7日,某某电站的取水设施通过验收。2018年3月12日,竹溪县水务局溪水字〔2018〕32号文件同意某某电站取水申请并发放取水许可证,取水许可证编号为:取水(鄂·溪)字〔2018〕第00001号。溪县桃源乡人民政府出具的《关于华彬芙丝矿泉水项目水资源地取水对周边居民用水无影响证明》和十堰市水文水资源勘测局出具的《竹溪丹霞山高端矿泉水开发项目取水水资源论证报告书(报批版)》,均表示第三人的取水行为对竹溪县某某电站的用水没有影响,即竹溪县某某电站与竹溪县水利和湖泊局许可第三人的取水没有重大利益关系,竹溪县水利和湖泊局向第三人核发取水许可证前没有必要向竹溪县某某电站履行告知和听证的义务。

问:作为水行政执法人员,你认为竹溪县某某电站能申请法院撤销竹溪县水利和湖泊局向第三人核发取水许可证吗?

答:依据《行政许可法》第三十六条、第四十七条之规定,行政机关对行政许可申请进行审查时,发现行政许可事项直接关系他人重大利益的,应当告知利害关系人申请人、利害关系人有权进行陈述和申辩。行政许可直接涉及申请人与他人之间重大利益关系的,行政机关在作出行政许可决定前,应当告知申请人、利害关系人享有要求听证的权利。由此可知,行政机关在作出行政许可前履行告知和听证义务的前提是行政许可直接关系他人重大利益。

根据国务院《取水许可和水资源费征收管理条例》(简称《取水条例》)第十一条的规定,申请取水应当提交下列材料:(一)申请书;(二)与第三者利害关系的相关说明;(三)属于备案项目的,提供有关备案材料;(四)国务院水行政主管部门规定的其他材料。建设项目需要取水的,申请人还应当提交由具备建设项目水资源论证资质的单位编制的建设项目水资源论证报告书。第十七条规定,审批机关受理取水申请后,应当对取水申请材料进行全面审查,并综合考虑取水可能对水资源的节约保护和经济社会发展带来的影响,决定是否批准取水申请。第十八条规定,审批机关认为取水涉及社会公共利益需要听证的,应当向社会公告,并举行听证。取水涉及申请人与他人之间重大利害关系的,审批机关在作出是否批准取水申请的决定前,应当告知申请人、利害关系人。申请人、利害关系人要求听证的,审批机关应当组织听证。因取水申请引起争议或者诉讼的,审批机关应当书面通知申请人中止审批程序;争议解决或者诉讼终止后,恢复审批程序。第二十一条规定,取水申请经审批机关批准,申请人方可兴建取水工程或者设施。第二十三条规定,取水工程或者设施竣工后,申请人应当按照国务院水行政主管部门的规定,向取水审批机关报送取水工程或者设施试运行情况等相关材料;经验收合格的,由审批机关核发取水许可证。水利部根据上述条例制定了《取水许可管理办法》用来规范取水的申请、审批和监督管理。该办法第九条规定,县级以上人民政府水行政主管部门或者流域管理机构应当组织有关专家对建设项目水资源论证报告书进行审查,并提出书面审查意见,作为审批取水申请的技术依据。第十条规定,《取水条例》第十一条第一款第四项所称的国务院水行政主管部门规定的其他材料包括：(一)取水单位或者个人的法定身份证明文件；(二)有利害关系第三者的承诺书或者其他文件；(三)建设项目水资源论证报告书；(四)不需要编制建设项目水资源论证报告书的，应当提交建设项目水资源论证表；(五)利用已批准的入河排污口退水的，应当出具具有管辖权的县级以上地方人民政府水行政主管部门或者流域管理机构的同意文件。第十七条规定，取水审批机关审批的取水总量，不得超过本流域或者本行政区域的取水许可总量控制指标。在审批的取水总量已经达到取水许可总量控制指标的流域和行政区域，不得再审批新增取水。第二十二条规定，取水工程或者设施建成并试运行满30日的，申请人应当向取水审批机关报送以下材料，申请核发取水许可证：(一)建设项目的批准或者核准文件；(二)取水申请批准文件；(三)取水工程或者设施的建设和试运行情况；(四)取水计量设施的计量认证情况；(五)节水设施的建设和试运行情况；(六)污水处理措施落实情况；(七)试运行期间的取水、退水监测结果。第二十三条规定，取水审批机关应当自收到前条规定的有关材料后20日内，对取水工程或者设施进行现场核验，出具验收意见；对验收合格的，应当核发取水许可证。本案中，十堰市水文资源勘测局对某某电站的取水项目编制了《水资源认证报告书》，竹溪县水务局组织专业对该报告进行了审查，提出了书面审查意见，可以作为审批取水许可的技术依据，某某电站取水设施竣工后，申请取水许可设施验收，竹溪县水务局成立验收组现场核查认为本工程取水设施自投入运行至今，对第三方影响较小，未产生相应的取用水矛盾，依法通过了验收。后某某电站提供了办理取水许可的所有材料，竹溪县水务局经审查，认为材料齐全，取水设施验收合格，依法为其颁发取水许可证，符合法律规定。竹溪县某某电站认为竹溪县水务局为某某电站办理取水许可证时，未告知其听证和听取其意见的权利，关健看取水许可是否涉及竹溪县某某电站的重大利益，所谓重大利益就是取水许可直接影响竹溪县某某电站实际取水量少于已经获得的取水许可量。但《水资源认证报告书》中对第三人的影响一节中，认为许可某某电站取水量后，竹溪县某某电站处可取用的地表水资源为112.5万 m^3，可以满足电站的取水需求，该工程建成后，不会产生受影响的用水户第三者。《水资源论证报告》作为有资质的机构作出的专业性技术报告，是竹溪县水务局作为审批取水申请的主要技术依据，且经过了专家组的审批同意，故该《水资源论证报告》中对第三人的影响一节中，可以作为取水许可是否涉及他人重大利益的依据。竹溪县水务局在对某某电站作出取水许可时，未告知其听证和听取其意见的权利并无不当。所以，水行政许可过程中一定要注意法律法规的规定，充分听取第三人的要求和利益。

486. 案情简介：2007年7月9日，平果县那马供水有限责任公司根据平果县水利局的平水函〔2007〕1号《关于同意那马供水有限责任公司对外承包经营管理的批复》，与隆安佳宁供水有限公司签订了《平果县那马供水项目租赁经营合同书》，双方约定由隆安佳宁供水有限公司租用平果县那马供水有限责任公司的供水设施、设备，并自行成立具备法人资格的供水公司独立经营。为此，隆安佳宁供水有限公司在租赁经营后成立了“平果佳宁供水有限公司”。2007年11月1日，平果县水利局向平果县那马供水有限责任公司颁发取水(桂平果)字〔2007〕第00005号取水许可证，该证有效期限自2007年11月1日至2012年10月31日。2007年11月14日，平果县那马供水有限责任公司向平果县水利局提交申请书，请求该局批准同意租赁方平果佳宁供水有限公司按其公司原来办理取得的取水许可证的许可范围取水。同日，平果县水利局批复同意平果县那马供水有限责任公司的申请。取水期限届满后，平果县水利局于2012年11月1日又向平果县那马供水有限公司颁发了取水（桂平果）字〔2012〕第00002号取水许可证，有效期限自2012年11月1日至2013年10月31日。期间，平果县水利局分别于2012年10月31日、2013年6月13日出具证明，同意平果佳宁供水有限公司使用平果县那马供水有限责任公司的取水许可证取水。在租赁经营期间，平果佳宁供水有限公司曾于2012年5月9日、5月28日、10月9日分别向平果县水利局提交《关于请求变更〈取水许可证〉的请示报告》和《请求变更〈取水许可证〉的报告》，平果县水利局均未批复同意其变更请求。取水（桂平果）字〔2012〕第00002号取水许可证的有效期限届满后，平果县水利局未再向平果县那马供水有限责任公司颁发取水许可证，也未审批同意平果佳宁供水有限公司延续取水。由于平果佳宁供水有限公司在未取得新的取水许可证和延续取水审批手续的情况下仍然继续取水，平果县水利局于2015年12月1日向平果佳宁供水有限公司作出平水停字〔2015〕第7号《责令停止在那马水库取水通知书》，责令其在2015年12月4日12时停止取水，但其未按通知履行。为此平果县水利局对取水管道阀门进行关闭，但因设备方面的原因当天未能关闭。2016年1月17日，平果县水利局对那马水库放水闸采取了封闸的强制措施。平果佳宁供水有限公司不服，遂向法院提起行政诉讼。法院经审理认为，平果县水利局作出的《责令停止在那马水库取水通知书》以及在采取行政强制停水措施时，没有依法告知平果佳宁供水有限公司享有陈述权和申辩权，违反了《行政强制法》第三十五条"行政机关作出强制执行决定前，应当事先催告当事人履行义务。催告应当以书面形式作出，并载明下列事项：（一）履行义务的期限；（二）履行义务的方式；（三）涉及金钱给付的，应当有明确的金额和给付方式；（四）当事人依法享有的陈述权和申辩权"的规定，程序违法，故遂作出〔2016〕桂1023行初3号行政判决，确认平果县水利局对平果佳宁供水有限公司采取强制停水措施的行政行为违法，撤销该局作出的平水停字〔2015〕第7号《责令停止在那马水库取水通知书》，由其重新作出是否准许平果佳宁供水有限公司在那马水库恢复取水的具体行政行为。该案判决后，当事人在法定期限内未提起上诉。2018年5月24日，平果佳宁供水有限公司向平果县水利局邮寄《行政赔偿申请书》。同年6月8日，平果县水利局作出《不予赔偿决定书》，平果佳宁供水有限公司对该决定不服，向法院提起行政诉讼。

问：平果县水利局是否应当承担赔偿责任？平果佳宁供水有限公司的赔偿请求是否超过起诉期限？

答：根据《水法》，平果县水利局作为县级以上地方人民政府水行政主管部门，按照法律规定的权限，对本行政区域内水资源的统一管理和监督，是其法定职责。《国家赔偿法》第二条规定：国家机关和国家机关工作人员行使职权，有本法规定的侵犯公民、法人和其他组织合法权益的情形，造成损害的，受害人有依照本法取得国家赔偿的权利。该法第四条还规定：行政机关及其工作人员在行使行政职权时有下列侵犯财产权情形之一的，受害人有取得赔偿的权利：（二）违法对财产采取查封、扣押、冻结等行政强制措施的。根据前述法律规定，行政机关的行政行为违法，且给行政相对人造成实际损失的，行政机关应当承担赔偿责任。《水法》第三条和第七条规定，水资源属于国家所有，国家对水资源依法实行取水许可制度和有偿使用制度。本案中，平果佳宁供水有限公司是基于隆安佳宁供水有限公司与平果县那马供水有限责任公司签订租赁经营合同后设立的公司，根据双方的租赁合同记载，该公司系租用平果县那马供水有限责任公司现有的供水设施、设备从事取水业务，依法取水是法定义务,其业务应当受到《水法》的调整。虽然平果佳宁供水有限公司的取水业务经过平果县水利局审批同意在平果县那马供水有限责任公司取水许可证的取水范围进行的,但该审批行为并不等同于平果佳宁供水有限公司就必然对国家的水资源享有了财产所有权。2013 年 10 月 31 日,平果县那马供水有限责任公司取得的取水权期限届满后,平果县水利局未再向其颁发取水许可证,也未准许平果佳宁供水有限公司继续取水,平果佳宁供水有限公司从此时起也就丧失了合法的取水权。平果佳宁供水有限公司在未依法获得取水许可的情况下仍然从事取水业务,且该行为长达两年之久,其行为违反了法律规定。水资源属于国家财产,平果县水利局为了制止不合法的取水行为,保护国家水资源不受侵害,防止国家财产流失,依职权对平果佳宁供水有限公司采取行政强制停水措施,并未侵犯平果佳宁供水有限公司的财产权。虽然该局在采取行政强制措施时未依法告知平果佳宁供水有限公司享有陈述申辩权,程序存在违法,但该程序违法行为并未造成平果佳宁供水有限公司的财产损失,故该局不应承担赔偿责任。

平果佳宁供水有限公司的赔偿请求是否超过起诉期限?

《国家赔偿法》第三十九条第一款规定,赔偿请求人请求国家赔偿的时效为两年,自其知道或者应当知道国家机关及其工作人员行使职权时的行为侵犯其人身权、财产权之日起计算。平果佳宁供水有限公司在平果县水利局采取行政强制措施之后即向本院提起诉讼请求确认该行政行为违法,法院于 2016 年 2 月 16 日受理。其依据法院生效的〔2016〕桂1023行初 3 号行政判决向平果佳宁供水有限公司提出赔偿申请,并未超过申请赔偿的期限。

附:本案适用的相关法律依据

《水法》

第三条　水资源属于国家所有。水资源的所有权由国务院代表国家行使。农村集体经济组织的水塘和由农村集体经济组织修建管理的水库中的水,归各该农村集体经济组织使用。

第七条　国家对水资源依法实行取水许可制度和有偿使用制度。但是,农村集体经济组织及其成员使用本集体经济组织的水塘、水库中的水的除外。国务院水行政主管部门负责全国取水许可制度和水资源有偿使用制度的组织实施。

第十二条　国家对水资源实行流域管理与行政区域管理相结合的管理体制。

国务院水行政主管部门负责全国水资源的统一管理和监督工作。

国务院水行政主管部门在国家确定的重要江河、湖泊设立的流域管理机构(简称流域管理机构),在所管辖的范围内行使法律、行政法规规定的和国务院水行政主管部门授予的水资源管理和监督职责。

县级以上地方人民政府水行政主管部门按照规定的权限,负责本行政区域内水资源的统一管理和监督工作。

《国家赔偿法》

第二条　国家机关和国家机关工作人员行使职权,有本法规定的侵犯公民、法人和其他组织合法权益的情形,造成损害的,受害人有依照本法取得国家赔偿的权利。

本法规定的赔偿义务机关,应当依照本法及时履行赔偿义务。

第四条行政机关及其工作人员在行使行政职权时有下列侵犯财产权情形之一的,受害人有取得赔偿的权利:

（二）违法对财产采取查封、扣押、冻结等行政强制措施的；

第三十九条第一款　赔偿请求人请求国家赔偿的时效为两年，自其知道或者应当知道国家机关及其工作人员行使职权时的行为侵犯其人身权、财产权之日起计算，但被羁押等限制人身自由期间不计算在内。在申请行政复议或者提起行政诉讼时一并提出赔偿请求的，适用行政复议法、行政诉讼法有关时效的规定。

《行政诉讼法》

第六十九条　行政行为证据确凿，适用法律、法规正确，符合法定程序的，或者原告申请被告履行法定职责或者给付义务理由不成立的，人民法院判决驳回原告的诉讼请求。

《最高人民法院关于审理行政赔偿案件若干问题的规定》

第二十九条　人民法院审理行政赔偿案件，就当事人之间的行政赔偿争议进行审理与裁判。

第三十三条　被告的具体行政行为违法但尚未对原告合法权益造成损害的，或者原告的请求没有事实根据或法律根据的，人民法院应当判决驳回原告的赔偿请求。

《最高人民法院关于适用〈中华人民共和国行政诉讼法〉的解释》

第七十九条第二款　第三人经传票传唤无正当理由拒不到庭，或者未经法庭许可中途退庭的，不发生阻止案件审理的效果。

487. 案情简介：2016 年 6 月 28 日，小埠公司向北湖区水务局申请办理小埠莲湖生态园取水许可证。2016 年 7 月 15 日，小埠公司再次向北湖区水务局申请办理小埠莲湖生态园取水许可证用于灌溉。2016 年 7 月 15 日，北湖区水务局作出取水（北湖）字〔2016〕第 A 0098号取水许可证，准许小埠公司通过引水方式取地表水用于灌溉，取水量为 20 万立方米。2017 年 11 月 29 日，北湖区水务局作出（北）水规费字〔2017〕39 号水资源费征缴通知书（简称 39 号水费征缴通知），该通知载明：小埠公司在北湖区郴州小埠莲湖生态园内取用地表水用于高尔夫人工草坪及人工森林浇灌，2016 年 1～12 月取水量约为 20 万立方米，根据相关规定向小埠公司征收水资源费四万元整。小埠公司不服，于 2017 年 12 月 1 日向北湖区政府申请行政复议。北湖区政府于 2017 年 12 月 5 日受理并送达复议申请书，于次日向北湖区水务局送达行政复议答复通知书。北湖区水务局于 2017 年 12 月 15 日向北湖区政府递交答辩状及相关证据材料。2018 年 1 月 4 日，北湖区政府作出郴北政行复决字〔2017〕第 11 号行政复议决定（简称 11 号复议决定），决定维持 39 号水费征缴通知，并于 2018 年 1 月 10 日送达小埠公司、北湖区水务局。小埠公司认为 39 号水费征缴通知认定事实不清、证据不足，缺乏相应法律依据，向人民法院提起行政诉讼，请求：撤销 39 号水费征缴通知。经一审法院释明，小埠公司不同意追加复议机关北湖区政府为共同被告，一审法院根据《最高人民法院关于适用〈中华人民共和国行政诉讼法〉的解释》第一百三十四条第一款的规定，依法将复议机关北湖区政府列为本案共同被告。另查明，小埠公司莲湖生态园内取用水的莲花塘由郴州市北湖区保和乡小埠村村民集体使用，所灌溉的土地是小埠公司承包经营的郴州市北湖区保和乡小埠村第一村民小组集体所有的旱地和林地。

一审法院认为，本案争议的焦点是：一、小埠公司在小埠莲湖生态园内取水是否属于水资源费收费范围；二、39 号水费征缴通知是否合法。针对争议焦点一，《水法》第四十八条第一款规定，直接从江河、湖泊或者地下取用水资源的单位和个人，应当按照国家取水许可制度和水资源有偿使用制度的规定，向水行政主管部门或者流域管理机构申请领取取水许可证,并缴纳水资源费,取得取水权。该法没有规定使用农村集体使用的水塘中的水,用于灌溉承包经营该农村集体所有的旱地和林地,由用水单位和个人申请领取取水许可证并由国家收取水资源费。本案中,小埠公司从自然形成的莲花水塘以及南岭生态城小区回用水,而莲花水塘中的水系由郴州市北湖区保和乡小埠村村民集体使用,法律未明确规定山塘水属于收取水资源费的法定范围。北湖区水务局向小埠公司收取水资源费属于扩大水资源费收取的法定范围,对此不予支持。针对争议焦点二,《湖南省取水许可和水资源费征收管理办法》第十三条规定,水行政主管部门应当按季向持证人送达湖南省水资源费缴款通知书。本案中,北湖区水务局向小埠投资公司送达水资源费征缴通知书所载明的期间是2016年1月至2016年12月,违反了上述办法的规定。另,39号水费征缴通知仅列明所引用的法律、法规名称,未明确的具体条款,根据《行政诉讼法》第七十条第一款第(二)项的规定,属于适用法律、法规错误,依法应予撤销。根据《行政诉讼法》第七十九条的规定,北湖区政府作出的11号复议决定应予一并撤销。综上所述,根据《行政诉讼法》第七十条第一款第(二)项、第七十九条的规定,一审判决:"一、撤销被告郴州市北湖区水务局作出的(北)水规费字〔2017〕39号《水资源费征缴通知书》;二、撤销郴州市北湖区人民政府作出的郴北政行复决字〔2017〕第11号《行政复议决定书》。本案案件受理费50元,由被告郴州市北湖区水务局负担。"这是一审判决结果。

问:作为水行政执法人员你认为北湖区水务局如何维护自己的合法权益呢?39号水费征缴通知认定事实是否清楚?39号水费征缴通知适用法律、法规是否正确,程序是否合法?

答:《水法》第二条第二款规定,本法所称水资源,包括地表水和地下水。第七条规定,国家对水资源依法实行取水许可制度和有偿使用制度。农村集体经济组织及其成员使用本集体经济组织的水塘、水库中的水的除外。《取水许可和水资源费征收管理条例》第二十八条第一款规定,取水单位或者个人应当缴纳水资源费。本案中,小埠公司承包小埠村各村民小组的集体土地用于经营,并从莲花水塘中取水用于高尔夫球场的灌溉,不应认定为农村集体经济组织及其成员使用本集体经济组织的水塘、水库中的水,该行为属于利用水资源(地表水)的行为,依法应当缴纳水资源费。北湖区水务局向小埠公司征收水资源费并无不当。

法律、法规对于不同的情形规定了不同的条款项,行政行为援引不同的条款项,将会导致行为定性和处理结果的截然不同。本案中,39号水费征缴通知向小埠公司征收四万元的水资源费,但没有载明计算出该费用的法律依据,且仅笼统地适用《水法》《取水许可和水资源费征收管理条例》第二条和湖南省物价局 湖南省财政厅 湖南省水利厅《关于调整水资源征收标准的通知》的规定,没有援引到具体的条款项,属适用法律、法规错误,依法应予撤销。北湖区政府作出的11号复议维持39号水费征缴通知不当,依法应予撤销。另,《湖南省取水许可和水资源费征收管理办法》第十三条规定,行政主管部门应当按季向持证人送达《湖南省水资源费缴款通知书》。本案北湖区水务局按年向小埠公司送达水费征缴通知程序也有问题。

附相关法律条文:

《行政诉讼法》第八十九条人民法院审理上诉案件,按照下列情形,分别处理:

(一)原判决、裁定认定事实清楚,适用法律、法规正确的,判决或者裁定驳回上诉,维持原判决、裁定;

(二)原判决、裁定认定事实错误或者适用法律、法规错误的,依法改判、撤销或者变更;

（三）原判决认定基本事实不清、证据不足的，发回原审人民法院重审，或者查清事实后改判；

（四）原判决遗漏当事人或者违法缺席判决等严重违反法定程序的，裁定撤销原判决，发回原审人民法院重审。

原审人民法院对发回重审的案件作出判决后，当事人提起上诉的，第二审人民法院不得再次发回重审。

人民法院审理上诉案件，需要改变原审判决的，应当同时对被诉行政行为作出判决。

488.案情简介：扬帆供水公司是集中式供水公司。阳西县水务局于 2015 年 1 月 16 日向扬帆供水公司发出《关于追收水资源费票据的通知》，通知内容为：扬帆供水公司：我局计财股于 2015 年 1 月 7 日开具给你公司的水资源费票据，收取你公司 2013 年 9 月至 2014 年 12 月水资源费367 462.19元，供水量为14 698 487立方米，单价为0.025元；由于工作人员失误，误以单价为0.025元收取，而根据收取水资源费文件精神，单价应为0.12元；希你公司接到通知后将水资源费票据退回我局，我局将重新开具票据收取。2015 年 1 月 19 日，阳西县水务局将该《关于追收水资源费票据的通知》送达给扬帆供水公司。2015 年 1 月 27 日，阳西县水务局以扬帆供水公司尚欠 2013 年 9 月至 2014 年 12 月的部分水资源费为由作出（西水）水责缴字〔2015〕第 001 号《责令限期缴纳水资源费的通知书》，通知内容如下：扬帆供水公司：你公司从 2013 年 9 月至 2014 年 12 月的取水总量为18 011 375立方米，根据（粤价〔2009〕62 号）文的规定，水资源费按每立方米0.12元的标准收取，你公司在上述时间段需缴纳的水资源费共2 161 365元。目前，你公司已缴纳了水资源费共367 462.19元，尚欠1 793 902.81元。根据《水法》第七十条的规定，现责令你公司在收到本通知书之日起 10 天内到阳西县水务局办理余额水资源费缴纳手续，逾期不缴纳则从滞纳之日起至缴纳水资源费之前一日止，每日加收滞纳部分水资源费千分之二的滞纳金，并处应缴或者补缴水资源费一倍以上五倍以下的罚款。同年 1 月 28 日，阳西县水务局将《责令限期缴纳水资源费的通知书》送达给扬帆供水公司。由于扬帆供水公司未按（西水）水责缴字〔2015〕第 001 号《责令限期缴纳水资源费的通知书》的期限补交水资源费，阳西县水务局于 2015 年 6 月 15 日作出西水强催告字〔2015〕第 001 号《阳西县水务局行政强制执行催告书》，要求扬帆供水公司于 2015 年 6 月 19 日前缴纳尚欠的1 793 902.81元水资源费。

问：扬帆供水公司如何维护自己的权利？阳西县水务局作出（西水）水责缴字〔2015〕第 001 号《责令限期缴纳水资源费的通知书》和西水强催告字〔2015〕第 001 号《阳西县水务局行政强制执行催告书》是否合法？

答：根据国务院《取水许可和水资源费征收管理条例》第三十三条及《广东省水资源费征收使用管理办法》第三条“从水库等水利（含供水）工程取水的，水资源费应当纳入水利工程供水水价，并由工程管理单位向取水户收取后，统一向取水许可审批机关缴纳”的规定，扬帆供水公司生产用水取自陂底水库，已按水利工程供水水价足额向被扬帆供水公司下属单位陂底水库管理处缴纳了水费。因此，扬帆供水公司不是阳西县水务局征收水资源费的直接对象，阳西县水务局直接向扬帆供水公司征收水资源费的行政行为不合法。

虽然扬帆供水公司不是阳西县水务局征收水资源费的直接对象，但扬帆供水公司在不明白水资源费征收法律法规的情况下，仍然按以往的贯例和缴费标准，依据阳西县水务局的缴费通知，足额向阳西县水务局缴交了水资源费，从未拒缴、欠缴，阳西县水务局也从没有提出过异议。因此,阳西县水务局作出《责令限期缴纳水资源费的通知书》,重复向扬帆供水公司征收水资源费的行政行为严重侵害了上诉人的合法权益。

提高水资源费征收标准,涉及千千万万群众的切身利益,阳西县水利局作为阳西县政府的职能部门,在粤价〔2009〕62 号文发布后,理应就如何执行实施文件精神向县政府报告,经县政府批准后向社会公布,但阳西县水利局至今都没有向社会公布实施粤价〔2009〕62 号文的办法。阳西县的取水企业不只上诉人一家,还有许多取用县城地下水的工厂、酒店等企业,然而阳西县水利局只向扬帆供水公司及扬帆供水公司的最终用水户征收水资源费,从未向其他取水企业征收水资源费。阳西县水利局是选择性执法,明显不当,显失公正。

粤价〔2009〕62 号文明确提高水资源费征收标准的目的是“为了进一步加强水资源保护和开发利用,促进水资源的优化配置,充分发挥价格调节水资源供需的杠杆作用,促进节水型社会建设”。上诉人不是水资源的最终使用者,只不过是水资源的搬运工,广大群众、用水户才是水资源的最终使用者。水是生命的必需品,上诉人不能采用少供水或不供水的方式来实现节约用水,否则会危及人的生命,造成社会动荡。因此,只有广大群众、用水户节约用水,才能真正实现节约水资源。节约用水的途径之一就是提高用水成本,只有水资源的最终使用者广大群众、用水户感觉到用水成本(水价)增加了,才有可能去节约用水。而水价属政府定价范畴,上诉人无权提高水价,不像其他资源性产品如汽油、香烟、酒等,政府提高消费税后,经营企业立即可将产品销售价格提高,由最终使用者承担增加的税费。水资源费征收标准大幅度提高后(占居民水价的 10%),若不跟着提高自来水售价,那么所增加的水资源费将全部由扬帆供水公司承担,这是极不合理的,扬帆供水公司也无法承担,甚至破产。这也与省政府提高水资源费征收标准,促进节约用水的目的不相符。为了执行新的水资源费征收标准,扬帆供水公司在 2009 年已及时依法向县政府价格主管部门申请调整水价,并按调价程序举行了听证会,听证会上听证代表一致赞成调整水价,县政府价格主管部门随后将调整水价方案和听证结果上报县政府审批。但县政府至今没有批准价格主管部门上报的调整水价方案,也就是没有批准提高水资源费征收标准。扬帆供水公司现行的水价是2001年定的,至今 14 年没有调整。按照谁过错谁担责的原则,扬帆供水公司已及时依法向县政府价格主管部门申请调整水价,执行新的水资源费征收标准,但县政府至今未批准,也未说明原因,扬帆供水公司只能按2001年县政府批准的水价和水资源费征收标准,向水资源的最终使用者广大群众、用水户收水费,从而出现了阳西县水务局所述的巨额欠缴水资源费。造成这一结果的责任,不在扬帆供水公司,而是由于阳西县水务局和阳西县政府不作为引起的后果,责任理应由阳西县水务局和阳西县政府承担。

根据《水法》第十二条第三款和《取水许可和水资源费征收管理条例》第三条第一款、第三款的规定,阳西县水务局负责阳西县行政区域内水资源费的征收、管理和监督工作。扬帆供水公司作为取水单位在阳西县行政区域范围内,阳西县水务局根据该公司的取水申请,已向其颁发取水许可证。根据《取水许可和水资源费征收管理条例》第三十一条“水资源费由取水审批机关负责征收;其中,流域管理机构审批的,水资源费由取水口所在地省、自治区、直辖市人民政府水行政主管部门代为征收。”的规定,阳西县水务局行使行政职权向其征收水资源费具有法律依据。

关于阳西县水务局对扬帆供水公司取水数量的事实认定问题。根据《取水许可和水资源费征收管理条例》第三十二条第一款“水资源费缴纳数额根据取水口所在地水资源费征收标准和实际取水量确定。”的规定，征收水资源费应按取水单位实际取水量确定。本案当中，阳西县水务局在扬帆供水公司已向其缴交 2013 年 9 月至 2014 年 12 月间取水的水资源费的情况下，其在 2015 年 1 月 16 日又向扬帆供水公司发出《关于追收水资源费票据的通知》，该通知明确注明扬帆供水公司在该时段的水资源费367 462.19元，供水量为14 698 487立方米，单价为0.025元，但其在随后作出的《责令限期缴纳水资源费的通知书》中认定扬帆供水公司在 2013 年 9 月至 2014 年 12 月的取水量是18 011 375立方米，比之前认定扬帆供水公司的取水量大很多，并且没有提供证据证实。而扬帆供水公司对此予以否认，认为取水量为14 698 487立方米，并已缴清水资源费。因此，阳西县水务局作出的《责令限期缴纳水资源费的通知书》认定事实证据不足，根据《行政诉讼法》第七十条第（一）项的规定，行政行为主要证据不足的，人民法院判决撤销或者部分撤销。同时，由于《阳西县水务局行政强制执行催告书》是根据《责令限期缴纳水资源费的通知书》认定的事实而作出的，故该《阳西县水务局行政强制执行催告书》认定的事实证据不足，亦应予申请法院撤销。但是，由于阳西县水务局在本案当中并没有提供证据证实扬帆供水公司尚欠 2013 年 9 月至 2014 年 12 月间取水的水资源费，并且扬帆供水公司主张已缴清该时段的水资源费，不存在拖欠水资源费的行为。

489. 案情简介：自 2016 年 5 月中旬开始，阜康农产品物流有限公司未安装取水计量设施，使用水泵抽取地下水。2017 年 10 月 26 日，界首市水务局对阜康农产品物流有限公司擅自取水进行调查，界首市水务局根据阜康农产品物流有限公司的陈述，认定阜康农产品物流有限公司在未安装计量设施的情况下连续取水 254 天，每小时取水 20 m^3，每日取水量 480 m^3，254 天累计取水121 920 m^3。界首市水务局根据《水法》第四十八条、国务院第 460 号令《取水许可和水资源费征收管理条例》第二条、第二十八条、《安徽省实施〈中华人民共和国水法〉办法》第二十九条、《安徽省取水许可和水资源费征收管理实施办法》第十九条的规定，对阜康农产品物流有限公司作出界水费决字〔2017〕第 27 号限期缴纳水利规费决定。决定阜康农产品物流有限公司应缴纳水资源费85 344元。

问：界首市水务局对阜康农产品物流有限公司做出的限期缴纳水利规费决定是否合法？

答：《行政诉讼法》第三十四条第一款规定，被告对作出的被诉行政行为负有举证责任，应当提供作出该行政行为的证据和所依据的规范性文件。《安徽省取水许可和水资源费征收管理实施办法》第二十九条规定，取水单位或者个人有下列情形之一的，按照取水计量设施日最大取水能力计算取水量：（一）未安装计量设施的；（二）计量设施不合格或者运行不正常的；（三）拒不提供或者提供虚假数据的。本案中，界首市水务局在对阜康农产品物流有限公司作出《限期缴纳水利规费决定书》前，应全面客观地对阜康农产品物流有限公司使用地下水的取水时间、取水数量进行调查。界首市水务局在未对阜康农产品物流有限公司的水泵出水量进行实地勘察测量，也未使用相关仪器或者最简单的水表等计量设施，结合抽水泵功率进行计量测算原告使用抽水泵日最大取水量的情况下，仅根据阜康农产品物流有限公司的调查笔录的陈述计算其日最大取水量，对阜康农产品物流有限公司作出的界水费决字〔2017〕第 27 号限期缴纳水利规费决定应属于事实不清，主要证据不足的行政行为；界首市水务局未立案的情况下，对阜康农产品物流有限公司进行调查处理，显系程序违法。

所以界首市水务局对阜康农产品物流有限公司作出的界水费决字〔2017〕第 27 号《限期缴纳水利规费决定书》违法。

490.案情简介:刘三于 2019 年 11 月 19 日在安阳市高新区水利局作出的安高水清字(2019)第1001号《高兴河河道整治清障通知书》(简称《通知书》)的送达回证上签字。刘三系张三丈夫,张三提出《通知书》送达回证上其丈夫“刘三”的签字系伪造,张三于 2020 年 5 月 8 日针对《通知书》向高新区政府提出复议申请,超过了法定申请复议期限。高新区政府作出了的《不予受理决定书》。张三随后向法院起诉称安阳市高新区水利局作出的《通知书》)侵害其合法权利,其有权提起行政复议。张三称安阳市高新区水利局提供的送达回证中“刘三”的签字系伪造,并有证据证明。

问:张三申请行政复议是否超过法定期限?

答:《行政复议法》第九条规定:“公民、法人或者其他组织认为具体行政行为侵犯其合法权益的,可以自知道该具体行政行为之日起六十日内提出行政复议申请;但是法律规定的申请期限超过六十日的除外。因不可抗力或者其他正当理由耽误法定申请期限的,申请期限自障碍消除之日起继续计算。”本案中,张三提出《通知书》送达回证上其丈夫“刘三”的签字系伪造,且能提供证据证明其主张,所以没有超过法定申请复议期限。高新区政府作出的《不予受理决定书》是错误的。

491.案情简介:泉州市丰泽区农林水局(简称林水局)于 2016 年 3 月 3 日向泉州滨海欢乐岛水上乐园投资有限公司(简称岛公司)发出(泉丰农)水止字〔2016〕第 3 号《责令停止水事违法行为通知书》,认定未经水行政主管部门许可,擅自在晋江下游河道丰泽泉秀段河滩地江滨体育公园内违法建设阻碍行洪的建筑物、构筑物及设施、设备进行经营性活动,严重阻碍河道行洪。违反了《水法》第三十七条第二款和《防洪法》第二十二条第一款的规定。根据《行政处罚法》第二十三条的规定,现责令原告立即停止违法行为,并于 2016 年 3 月 13 日前自行清除完毕,恢复河道滩地原貌。逾期不清除的,将依法实施强制清理。所产生的费用和法律后果将由原告承担。该通知书于当日送达给岛公司。林水局发出的(泉丰农)水止字〔2016〕第 3 号《责令停止水事违法行为通知书》中认定岛公司违法建设的建筑物、构筑物及设施、设备是指室外游泳池配套设施(包括一楼售票厅、休闲吧、厨房、二楼门厅、办公场所、男女更衣室等封闭性构筑物)、非架空人工景观(石头景观)、漂流沟(游泳池旁边)、热水泵、储水罐等。

2016 年 9 月 27 日,海滨公司向泉州市丰泽区农林水局出具说明,自认涉案的室外游泳池及其配套设施均由海滨公司建设。2013 年 3 月 28 日,岛公司与海滨公司签订经营责任合同,承租海滨公司游泳馆及服务中心。

问:林水局向岛公司发出(泉丰农)水止字〔2016〕第 3 号《责令停止水事违法行为通知书》的行为是否属于行政诉讼的受案范围?如若属于受案范围,林水局作出(泉丰农)水止字〔2016〕第 3 号《责令停止水事违法行为通知书》是否做到事实认定清楚、证据确实充分、程序合法、适用法律法规正确?

答:林水局作出的《责令停止水事违法行为通知书》系具体行政行为,且对岛公司的权利义务产生具体影响,具备可诉性。林水局称涉案的通知书是行政命令而非行政强制或行政处罚,因而没有对岛公司的人身自由或财产实施控制,也不对岛公司的人身和财产产生实质影响,不具可诉性。从该份通知书的内容来看,泉州市丰泽区农林水局要求岛公司停止违法行为,并责令原告限期拆除违法建设。该份通知书系林水局对岛公司行为合法性的判断,且对岛公司提出具体行为要求,改变了岛公司法律上的权利义务,必然对岛公司的权利义务产生具体影响,符合行政行为的要件,具备可诉性。此外,林水局在该份通知书中适用《行政处罚法》第二十三条对岛公司作出义务性要求,即行政机关实施行政处罚时,应当责令当事人改正或者限期改正违法行为,故林水局以通知书的形式责令岛公司停止水事违法行为,实际上是对岛公司的一种行政处罚。行政处罚当然属于行政诉讼法的受案范围。

行政机关作出行政行为,应做到事实认定清楚、证据确实充分、程序合法正当、适用法律正确。案涉的欢乐岛水上世界系海滨公司建设而后承租给岛公司经营,因岛公司并非相关违法建筑的建设单位,林水局认定岛公司违法建设阻碍行洪的建筑物、构筑物及设施、设备,而向岛公司发出《责令停止水事违法行为通知书》属对象错误;林水局作为行政机关,在向行政相对人发出通知书要求行政相对人改正违法行为时,应尽到明确告知违法行为的义务。本案中,林水局发出的通知书在未能阐明违法建设的建筑物、构筑物及设施、设备的具体指向的情况下,要求岛公司自行改正不符合执法规范;此外,林水局无证据可证实其在作出《责令停止水事违法通知书》前履行必要的调查程序且已听取了岛公司的陈述申辩,属程序违法。

492. 案情简介:2019 年 9 月 16 日,歙县水利局的工作人员在歙县××乡大洲××河段大川河口巡查时发现有水上建设浮筏,用于水上垂钓、休闲和居住,且无排污设施,影响新安江水质。遂对张三进行了询问调查,并告知其享有陈述、申辩和申请回避的权利。张三承认该浮筏为其所有,并陈述该浮筏为 30 年前大队所造,用于渔民买卖鱼苗等所用的交易平台,原为木质结构;张三于 2015 年从刘三处购买而来,又进行了改装,现为铁皮结构;用于经营水上垂钓和食宿,未办理任何许可证和营业执照。歙县水利局遂于当日通知张三自行拆除,恢复河道原状。次日,歙县水利局单位的水利专家对张三所有的水上浮筏进行了鉴定,认为该水上浮筏改装后用于水上垂钓、住宿和餐饮场所,长期停留在近岸河道管理范围内的水面上,属于妨碍行洪的构筑物。2019 年 9 月 17 日,歙县水利局对张三位于大川口河段的水上浮筏进行了立案处理,并于 2019 年 9 月 20 日作出了歙水拆决字〔2019〕第 01 号限期拆除水上构筑物决定并送达张三。2019 年 9 月 30 日,歙县水利局就张三的水上浮筏进行了补充调查,查明了该水上浮筏的长为11.2米、宽为24.4米,该浮筏中间是一个简易房,两头还建有简易房并拍了照片。期间,歙县水利局通知张三自行拆除后,张三也知其无任何行政审批手续,自行拆除了该浮筏上的部分简易房。歙县水利局另查明,张三位于大川河口的水上浮筏是由多只水泥船舶拼接成“回”字型,并在上面用“三角铁”及铁皮连接,四周上建有过道和房屋,长期采用抛锚固定在水面上,面积约为 270 平方米。张三将其用于垂钓休闲场所并提供食宿。原告为加大浮力,还增加了泡沫,张三也无该水上浮筏的船舶证书。

问:张三位于大川河口的水上浮筏是否属于歙县水利局的职权管理范围?歙县水利局提供的鉴定意见能否作为处理本案的依据?张三涉案的水上浮筏是否应当拆除?

答:水利工程的管理范围应由县级以上人民政府按照相应标准划定,根据《河道管理条例》的相关条款“……无堤防的河道,其管理范围为历史最高洪水位或设计洪水位以内的区域。”的规定,依据案情事实,张三位于大川河口的水上浮筏建造在歙县水利局管理范围内河道的水面上,无论其为建筑物或构筑物,客观上均增加了阻水面积,并起到阻水作用,属于阻水障碍物的范畴,故歙县水利局对该水上浮筏具有行政管理职能。

根据《水法》第三十七条“禁止在河道管理范围内建设妨碍行洪的建筑物、构筑物以及从事影响河势稳定、危害河岸堤防安全和其他妨碍河道行洪的活动。”的规定,张三未取得任何行政审批手续，在河道范围内修建水上浮筏，并将其改建成铁皮结构及在其上修建房屋，用于经营垂钓和食宿，还增加了水上泡沫，其阻水能力明显增加。歙县水利局在行政执法过程中，由本单位具有水利工程管理专业知识的专业技术人员共同会商后，论证原告该水上浮筏是否具有阻水、妨碍行洪的作用，并出具妨碍行洪鉴定意见，属于行政执法机关的内部控制程序，故可以作为行政执法的依据。

根据《水法》第六十五条“在河道管理范围内建设妨碍行洪的建筑物、构筑物，或者从事影响河势稳定、危害河岸堤防安全和其他妨碍河道行洪的活动的，由县级以上人民政府水行政主管部门或者流域管理机构依据职权，责令停止违法行为，限期拆除违法建筑物、构筑物，恢复原状；逾期不拆除、不恢复原状的，强行拆除，所需费用由违法单位或者个人负担，并处一万元以上十万元以下的罚款。”的规定，其目的是排除妨碍行洪的安全问题，与《防洪法》的立法目的是维护人民的生命和财产安全相吻合。据此，张三该水上浮筏依上述已构成妨碍行洪的鉴定意见，应当予以拆除。另，为了督促当事人更好、更快地达到排除妨碍行洪的目的，该法条的“限期拆除违法建筑物、构筑物”应当为行政强制措施。同时，本案中，歙县水利局在作出决定前的调查笔录中已告知张三享有陈述和申辩权利，其要求听证的权利对其实际利益也无实质影响。在歙县水利局通知张三自行拆除后，张三也知其无任何行政审批手续，并自行拆除了该浮筏上的部分设施。另外，张三将该水上浮筏进行改装后，用于垂钓休闲场所和住宿餐饮，系公共服务行业，明显改变了其原有的使用功能，未获得任何环境卫生等许可，同时对新安江水质也会产生影响，故张三该水上浮筏提供垂钓等服务为不合法利益，歙县水利局的拆除决定对张三的合法利益未产生影响。

493.案情简介：2016 年 2 月 23 日，陈伟与大泽镇第六经合社签订租赁合同，约定陈伟承包大泽镇第六经合社的涉案土地，用于种植果树。2016 年 1 月起，陈伟在大泽镇种植花木，在堤防管理范围内擅自搭建约 200 多平方米的建筑。2018 年 9 月 27 日，大泽镇政府向陈伟作出《水事违法行为现场改正通知书》。2018 年 10 月陈伟自行将该堤段的堤防恢复原状，但未拆除建筑物。2019 年 3 月 29 日，大泽镇政府作出《水事违法行为现场改正通知书》，责令陈伟自行拆涉案建筑物，通知书中载明：“经现场检查发现，你(单位)存在以下违反水行政管理秩序的行为：你(单位)未经水行政主管部门批准，擅自在田金河右岸牛勒沙嘴堤段搭建简易房。根据水行政相关法律、法规的规定，现要求你(单位)作出以下改正：限你(单位)收到本通知 10 天内，自行清拆搭建在田金河右岸牛勒沙嘴堤段搭建的简易房。若拒不履行改正，水行政主管部门将严格依法处理。”2019 年 4 月 23 日，大泽镇政府开展清违整治行动，对陈伟的涉案建筑物进行拆除。大泽镇政府在拆除前通过村委会的工作人员电话告知陈伟到场，但陈伟拒绝到场。另外，2019 年 4 月 1 日，大泽镇政府与江门市新会区水利局签订《水行政执法委托书》。上述委托书载明江门市新会区水利局委托大泽镇政府行使的职责包括：“一、依法对水事活动进行监督检查，配合区水监察机构对违反水法规的行为需立案查处的进行调查、取证，并提出处理意见和建议。二、口头或书面责令有违反水法规行为的单位或个人停止违法行为，必要时，可上报上级水行政主管部门查处。”

问：大泽镇政府作出的行政强制执行行为是否合法？

答：关于执法主体的问题。首先，《水法》第十二条第四款规定：县级以上地方人民政府水行政主管部门按照规定的权限，负责本行政区域内水资源的统一管理和监督工作。第六十五条第一款规定：在河道管理范围内建设妨碍行洪的建筑物、构筑物，或者从事影响河势稳定、危害河岸堤防安全和其他妨碍河道行洪的活动的，由县级以上人民政府水行政主管部门或者流域管理机构依据职权，责令停止违法行为，限期拆除违法建筑物、构筑物，恢复原状；逾期不拆除、不恢复原状的，强行拆除，所需费用由违法单位或者个人负担，并处一万元以上十万元以下的罚款。由此可见，未经审批在河道管理范围内建设建筑物的，由县级以上人民政府水行政主管部门决定是否责令停止违法行为、限期拆除违法建筑物恢复原状、强行拆除。本案中，江门市新会区水利局委托大泽镇政府的权限包含了立案查处、提出处理意见和建议、口头或书面责令停止违法行为，但没有包含限期拆除违法建筑物、恢复原状、强行拆除。

其次，《行政强制法》第三十四条规定：行政机关依法作出行政决定后，当事人在行政机关决定的期限内不履行义务的，具有强制执行权的行政机关依照本章规定强制执行。《城乡规划法》第六十五条规定：在乡、村庄规划区内未依法取得乡村建设规划许可证或者未按照乡村建设规划许可证的规定进行建设的，由乡、镇人民政府责令停止建设、限期改正；逾期不改正的，可以拆除。由此可见，在乡、村庄规划区内未依法取得乡村建设规划许可证或者未按照乡村建设规划许可证的规定进行建设的，镇级人民政府可以责令停止建设、限期改正；逾期不改正的，可以拆除。

综上，大泽镇政府对陈伟的涉案建筑物有权以其违反城乡规划的规定为由决定是否拆除；但是江门市新会区水利局没有把违反《水法》的行为决定是否限期拆除违法建筑物、恢复原状、强行拆除的权限委托给大泽镇政府，况且根据《行政强制法》的规定行政强制权也不能委托。而本案中大泽镇政府恰恰以陈伟违反了水行政管理秩序为由，决定拆除涉案建筑物。据此，大泽镇政府拆除陈伟的涉案建筑物属于超越职权。

关于执法程序问题。《行政强制法》第三十四条规定：行政机关依法作出行政决定后，当事人在行政机关决定的期限内不履行义务的，具有行政强制执行权的行政机关依照本章规定强制执行。第三十五条规定：行政机关作出强制执行决定前，应当事先催告当事人履行义务。催告应当以书面形式作出，并载明下列事项：(一)履行义务的期限；(二)履行义务的方式；(三)涉及金钱给付的，应当有明确的金额和给付方式；(四)当事人依法享有的陈述权和申辩权。第三十六条规定：当事人收到催告书后有权进行陈述和申辩。行政机关应当充分听取当事人的意见，对当事人提出的事实、理由和证据，应当进行记录、复核。当事人提出的事实、理由或者证据成立的，行政机关应当采纳。第三十七条第一款规定：经催告，当事人逾期仍不履行行政决定，且无正当理由的，行政机关可以作出强制执行决定。第四十四条规定：对违法的建筑物、构筑物、设施等需要强制拆除的，应当由行政机关予以公告，限期当事人自行拆除。当事人在法定期限内不申请行政复议或者提起行政诉讼，又不拆除的，行政机关可以依法强制拆除。《行政诉讼法》第三十四条规定：被告对作出的行政行为负有举证责任，应当提供作出该行政行为的证据和所依据的规范性文件。被告不提供或者无正当理由逾期提供证据，视为没有相应证据。但是，被诉行政行为涉及第三人合法权益，第三人提供证据的除外。由此可见，具有行政强制执行权的行政机关强制执行的前提是，对涉嫌违法的建筑作出了相应的行政决定，依法进行催告、公告，告知并听取相对人的陈述、申辩权。同时，为了保障拆除公平、合法性，行政机关在拆除前还应告知相对人具体的拆除时间、方式，并通知其到场，并在拆除过程中清点建筑物内的财物，以清单、笔录等方式保存。本案中，大泽镇政府进行强制执行的依据是 2019 年 3 月 29 日作出《水事违法行为现场改正通知书》，没有证据可以显示大泽镇政府依法进行了催告、公告程序，告知并听取相对人的陈述、申辩权，也没有证据显示其有通知当事人到场、清点建筑物内财物。据此，大泽镇政府拆除程序违反了《行政强制法》关于行政强制程序的规定，构成程序违法。

494.案情简介：2019 年 10 月 9 日，张三通过 EMS 快递向沭阳县水利局邮寄了一份土地确权申请书及证据等材料，要求沭阳县水利局将位于沭阳县××伊湖镇××村境内黄泥蔷薇河堆南侧、东西水沟北侧、一条田路东侧的2.5亩左右的土地确权给张三。沭阳县水利局于 2019 年 10 月 12 日收到该申请。至今没有答复。现张三认为沭阳县水利局未在法定期限内作出处理，随向法院提起诉讼请求。

问：作为水行政执法人员你认为法院会支持张三的诉讼请求吗？

答：行政机关的法定职责，是指法律、法规明确规定行政机关及其工作人员在行政管理活动中负有处理某类事务的责任。公民、法人或者其他组织请求行政机关履行法定职责，须以被申请的行政机关具有该项法定职责为基础。《土地权属争议调查处理办法》第四条规定：县级以上国土资源行政主管部门负责土地权属争议案件的调查和调解工作；对需要依法作出处理决定的，拟定处理意见，报同级人民政府作出处理决定。县级以上国土资源行政主管部门可以指定专门机构或者人员负责办理争议案件有关事宜。第五条规定：个人之间、个人与单位之间、单位与单位之间发生的争议案件，由争议土地所在地的县级国土资源行政主管部门调查处理。前款规定的个人之间、个人与单位之间发生的争议案件，可以根据当事人的申请，由乡级人民政府受理和处理。《最高人民法院关于适用〈中华人民共和国行政诉讼法〉的解释》第九十三条第二款规定：人民法院经审理后认为原告所请求履行的法定职责或者给付义务明显不属于行政机关权限范围的，可以裁定驳回起诉。本案中，张三要求沭阳县水利局对案涉土地进行确权，履行处理土地权属争议的法定职责，但根据上述规定，沭阳县水利局不具有处理土地权属争议的法定职责。张三的诉讼请求事项明显不属于沭阳县水利局法定职责权限范围，其起诉不符合法定的起诉条件，法院应当裁定驳回起诉。

495.案情简介：申请执行人惠东县水利局在执法检查过程中，查实被申请执行人官运财未经水行政主管部门批准，擅自在惠东县公背水库管理范围内占用开挖库区滩地、挖筑堤坡，从事围库造地的活动，围库造地作业点面积共9 479.2平方米，违反了《广东省水利工程管理条例》第二十二条第(二)项的规定，以上事实有现场照片、现场勘验照片、水行政责令违法行为通知书、水行政执法现场勘验笔录、水行政执法调查笔录、惠东县小型水利工程权属证书、惠东县水利水电工程勘测设计室测量图及惠东县水务局工程建设管理股情况说明等证据证实，申请执行人依据《广东省水利工程管理条例》第三十四条的规定，对被申请执行人作出如下行政处理决定：1.限被申请执行人在收到决定书后 15 日内拆除在稔某镇公背水库管理范围内违法挖筑的堤坡，恢复水库原状；2.行政处罚款50 000元，逾期不交的，每日按罚款数额的 3%加处罚款。申请执行人已书面向被申请执行人告知了权利和义务，并于 2018 年 4 月 25 日将《水行政处理决定书》送达给被申请执行人。被申请执行人在法定期限内未申请行政复议或向人民法院提起行政诉讼。2018 年 5 月 17 日，申请执行人将缴款催告书送达给被申请执行人，被申请执行人至今仍未履行该行政处罚决定确定的法定义务。申请执行人申请本院强制执行以下项目：依法强制执行《水行政处理决定书》(惠东水务〔2018〕行罚第 009 号)第二项罚款人民币50 000元及逾期不按规定缴纳罚款的每日按罚款数额的 3%加处罚款50 000元的行政处罚事项。

问：申请执行人于 2019 年 7 月 8 日向法院申请强制执行，是否超过法定期限？

答：申请执行人于 2018 年 4 月 25 日向被申请执行人送达《水行政处理决定书》，根据《行政强制法》第五十三条“当事人在法定期限内不申请行政复议或者提起行政诉讼，又不履行行政决定的，没有行政强制执行权的行政机关可以自期限届满之日起三个月内，依照本章规定申请人民法院强制执行”的规定，申请执行人应当在被申请执行人申请行政复议或提起行政诉讼期限届满之日起三个月内即于 2019 年 1 月 25 日前向本院申请强制执行，现申请执行人于 2019 年 7 月 8 日向法院申请强制执行，已超过法定期限，不符合法律规定，法院应予驳回。

496.案情简介：2017 年 10 月 12 日，因郾城区孟庙镇黄果树浴池（简称黄果树浴池）未依法安装取水计量设施，漯河市郾城区水利局水资源收费管理人员向其送达了安装取水计量设施通知书，通知其在 7 日内安装取水计量设施。后黄果树浴池未在期限内安装取水计量设施、未依法缴纳水资源费，漯河市郾城区水利局执法人员于 2018 年 4 月对黄果树浴池水费缴纳、取水计量设施安装等情况进行了询问、检查，并制作了询问笔录。因黄果树浴池未按期缴纳水资源费，后水资源费收费管理部门将该案件转入水政监察部门建议立案查处。通过前期调查及相关资料核对，水政监察部门依法确认了郾城区孟庙镇黄果树浴池未安装取水计量设施，在 2015~2017 年的经营期间未缴纳水费，按照《河南省实施〈中华人民共和国水法〉办法》第三十四条第三款计算取水量的规定，应按照其最大取水能力核定其取水量并计收水资源费362 880.00元的事实。2018 年 5 月 3 日，漯河市郾城区水利局就黄果树浴池拖欠水资源费一案进行行政处罚案件立案，立案后依法制作了豫（漯）郾水责字〔2018〕第 19 号《责令限期缴纳水资源费决定书》并于 2018 年 5 月 4 日向黄果树浴池进行了送达，告知黄果树浴池应在接到决定书后 7 日内缴纳 2017 年 11 月 1 日至 30 日地下水资源费362 880.00元，逾期不缴纳的，从滞纳之日起按日加收滞纳部分千分之二的滞纳金，并处应缴或者补缴水资源费一倍以上五倍以下的罚款。2018 年 5 月 15 日，因黄果树浴池未按期缴纳水资源费，漯河市郾城区水利局按照《水法》及《河南省水行政处罚裁量标准》相关规定对黄果树浴池处以缴纳水资源费及应缴水资源费四倍罚款的行政处罚，并向黄果树浴池送达了豫（漯）水郾罚听告字〔2018〕第 19 号《水行政处罚听证告知书》，告知拟对其作出行政处罚的事实、理由、依据及黄果树浴池的听证权利。2018 年 5 月 21 日，黄果树浴池未在告知书期限内申请听证，漯河市郾城区水利局依法作出了豫（漯）郾水罚决字〔2018〕第 19 号《水行政处罚决定书》：1.罚款1 451 520.00元；2.缴纳 2017 年 11 月 1 日至 30 日地下水资源费362 880.00元。

问：漯河市郾城区水利局作出的豫（漯）郾水罚决字〔2018〕第 19 号《漯河市郾城区水利局水行政处罚决定书》是否正确？

答：《取水许可和水资源费征收管理条例》第三十一条规定：水资源费由取水审批机关负责征收；第三十三条规定：取水审批机关确定水资源费缴纳数额后，应当向取水单位或个人送达水资源费缴纳通知书。《河南省取水许可和水资源费征收管理办法》第十七条规定：本办法第十六条规定以外的下列取水，由取水口所在地省辖市水行政主管部门审批、发放取水许可证：（二）在省辖市城市规划区内取用地下水及在省辖市水行政主管部门管理的水库取水的。漯河市人民政府漯政〔2016〕38 号《漯河市水资源管理办法》第十七条规定：下列情形取水许可证的核发由市水行政主管部门负责：（二）在省辖市城市规划区内取用地下水的。依据以上规定,我市城市规划区内取用地下水的单位和个人的取水许可证由市水行政主管部门负责审批发放,相应取水单位和个人的水资源费应当由市水行政主管部门确定水资源费缴纳数额并负责征收。本案中,据以作出水行政处罚的水资源费缴纳通知书是由漯河市郾城区水利局确定水资源费缴纳数额并进行征收,加盖的是漯河市郾城区水利局的印章,而浴池位于我市城市规划区内,其水资源费缴纳数额的确定及征收依法应当由市水行政主管部门负责。虽然《漯河市水资源管理办法》第十条第三款规定:郾城区水行政主管部门按行政区划具体负责本辖区内水资源的管理工作,但《漯河市水资源管理办法》属于一般规范性文件,其规定只能视为是一种行政委托,不属于法律规定的行政授权,漯河市郾城区水利局无权以自己名义确定市水行政主管部门职责范围内的取水单位的水资源费缴纳数额并进行征收,该具体行政行为的作出属超越职权,漯河市郾城区水利局根据超越职权的具体行政行为所作出的行政处罚决定不具有合法性,应当予以撤销。

497.案情简介:2015 年 12 月 10 日,南宁市人民政府办公厅印发《南宁市邕江船只专项清理工作方案》的通知(南府办函〔2015〕333 号),南宁市水利局根据该通知要求,负责对邕江船只专项清理河段内滞留、停泊的采砂船进行清理和在汛期内对邕江船只专项清理工作中各种妨碍行洪的障碍物(包括船只、排筏、漂浮物等)进行清障等工作。2016 年 2 月 24 日,南宁市水利局与南宁市农业委员会、南宁市交通运输局、南宁海事局、南宁航道管理局联合发布《关于对邕江宋村三江口至六××大桥河段(××大桥至××河口河段)船舶、浮动设施、水产养殖设施开展专项清理的通告》(南水告字〔2016〕1 号),对相关水域范围内各类船舶、浮动设施、水产养殖设施进行专项清理。2016 年 12 月 20 日,南宁市水利局对梁某作出南水停〔2016〕50 号《责令停止水事违法行为通知书》,认定梁某所停泊在南宁市邕江××至××大桥河段(××大桥至××河口河段)的船舶,未在依法公布的码头、泊位或者锚地、停泊区、作业区停泊,影响河势稳定、危害河岸堤防安全和妨碍河道行洪,责令其立即停止该违法行为。

问:梁某如果不服,向法院提起行政诉讼,法院应该受理?

答:《责令停止水事违法行为通知书》仅是行政处罚程序中的一个预备行为,并不是最后对原告合法权益产生实际影响的行政行为,法院一般是驳回梁某起诉。

《行政诉讼法》第二条第一款规定:公民、法人或者其他组织认为行政机关和行政机关工作人员的行政行为侵犯其合法权益,有权依照本法向人民法院提起诉讼。本案中南宁市水利局作出的南水停〔2016〕50 号《责令停止水事违法行为通知书》,其主要内容系责令梁某立即停止将船舶停泊在南宁市邕江××至××大桥河段(××大桥至××河口河段)的违法行为;南宁市水利局在庭审中亦明确表示通知书中“责令立即停止违法行为”即要求梁某将船只拖离停泊地。可见,该通知书作为南宁市水利局在行政管理过程中对梁某作出的行政意思表示,目的是要发生一定的法律后果,其内容明显对梁某的权利义务产生实际影响,梁某对该通知不服,依法有权向人民法院提起行政诉讼。可见,南宁市水利局称该通知书只是行政处罚程序中的一个预备行为,并非最后对梁某合法权益产生实际影响的行政行为,法院应依法裁定驳回梁某起诉的主张不能成立。

498.案情简介:张某驾驶其所有的陕 AG××××号车拉砂时被西咸新区沣西新城综合执法局工作人员发现,该局于 2016 年 5 月 26 日对原告所有的陕 AG××××号车予以登记保存并出具了先行登记保存书(暂扣单)。2016 年 6 月 3 日,西咸新区沣西新城综合执法局依据职权管理权限将该案移送至咸阳市秦都区水利局。依据《行政处罚法》第三十七条在证据可能灭失或以后难以取得的情况下，业经行政机关负责人批准，当日咸阳市秦都区水利局作出对原告车辆的证据保全措施，并依法出具了先行登记保存通知书及“秦水登字〔2016〕第7号登记保存清单”，对陕AG××××号车依法先行登记保存。

2016年6月9日，咸阳市秦都区水利局向核工业二〇三研究所出具委托鉴定函，委托该所对秦都区新河桥附近渭河河道内违法采砂点的采砂现场及存砂量进行鉴定并出具非法采砂现场矿产资源破坏价值的鉴定。2016年6月26日核工业二〇三研究所出具了鉴定报告。依据该鉴定报告，2016年6月27日咸阳市秦都区水利局向秦都公安分局作出《关于移送处理渭河非法采砂案件的函》，主要内容为“我局水政执法人员于2016年6月3日于沣西新城执法局，向违法车辆下发了先行登记保存通知书并按照相关规定进行了立案处理，并委托二〇三研究所……，此案已涉嫌刑事犯罪，依据……，现将此案移送贵局要求立案查处”，该函附件中明确注明有被告的先行登记保存通知书7份及违法车辆7台、装载机1台，现保存于沣西新城综合执法局院内。2016年8月5日秦都公安分局依据被告秦都区水利局违法犯罪移送函件确定“非法采矿案”的犯罪嫌疑人白某，遂对白某以非法采矿案立案侦查。2016年9月20日，秦都公安分局治安大队工作人员对张某进行了询问，后张某于2016年10月10日将车取回。秦都区水利局为水行政执法主体，应在法定职责内依法行使法定职责，在对张某货车扣押后，违反《行政处罚法》的相关规定，长期拒不依法行政处理，后又以案件移送为由，致使原告车辆被扣押长达一百多天，给张某造成重大损失。

问：张某如果起诉到法院确认秦都区水利局扣押张某营运车行政行为违法，法院会支持吗？

答：秦都区水利局在证据先行登记保存的期限内按照水利部《水行政处罚实施办法》的规定进行鉴定，并根据鉴定结果依照国务院《行政执法机关移送涉嫌犯罪案件的规定》向公安机关移送涉嫌犯罪案件的全部材料及证据先行登记保存的车辆并无不妥，符合《行政执法机关移送涉嫌犯罪案件的规定》。在公安机关关于白某非法采砂一案的刑事案卷首页即为被告秦都区水利局的《关于移送处理渭河非法采砂案件的函》，该函附件中注明了有被告先行登记保存通知书以及包含原告车辆在内的违法车辆、保存地址等相关线索、证据，公安机关予以接收后，该行政执法的法律关系转化为公安机关进行刑事侦查的刑事法律关系，且公安机关对白某非法采砂案立案侦查后，司法机关已作出了相应的刑事判决，因此本案并非行政法律关系调整的范围，原告向法院提起行政诉讼没有法律依据，张某的起诉依法应予驳回。

根据《行政诉讼法》第二条，公民、法人或者其他组织认为行政机关和行政机关工作人员的行政行为侵犯其合法权益，有权依照本法向人民法院提起诉讼。本案张某请求确认秦都区水利局扣押上诉人车辆行政行为违法，在本案中秦都区水利局根据沣西综合执法局的移送，依据《行政处罚法》对张某的车辆进行证据先行登记保存，该行为系行政执法过程中的取证手段，是行政执法机关行政处罚的一个环节，不构成独立的行政行为，不具有可诉性；秦都区水利局经对秦都区新河桥附近渭河河道内违法采砂点采砂现场及存砂量进行鉴定，白某采砂行为已涉嫌犯罪，秦都区水利局依据《行政执法机关移送涉嫌犯罪案件的规定》将案件全部资料及证据包括先行登记保存的车辆移送公安机关，根据《最高人民法院关于适用〈中华人民共和国行政诉讼〉的解释》的规定，公安、国家安全等机关依照《刑事诉讼法》明确授权实施的行为不属于人民法院行政诉讼的受案范围。本案中秦都区水利局依照法律规定将涉嫌非法采砂案件及全部材料包括先行登记保存的车辆移送公安机关,并已被公安机关立案侦查,属于公安机关依照刑事诉讼法的明确授权实施的行为,已不属于行政诉讼受案范围。

附法律条文:

《行政诉讼法》

第十二条　人民法院受理公民、法人或者其他组织提起的下列诉讼:(一)对行政拘留、暂扣或者吊销许可证和执照、责令停产停业、没收违法所得、没收非法财物、罚款、警告等行政处罚不服的;(二)对限制人身自由或者对财产的查封、扣押、冻结等行政强制措施和行政强制执行不服的;(三)申请行政许可,行政机关拒绝或者在法定期限内不予答复,或者对行政机关作出的有关行政许可的其他决定不服的;(四)对行政机关作出的关于确认土地、矿藏、水流、森林、山岭、草原、荒地、滩涂、海域等自然资源的所有权或者使用权的决定不服的;(五)对征收、征用决定及其补偿决定不服的;(六)申请行政机关履行保护人身权、财产权等合法权益的法定职责,行政机关拒绝履行或者不予答复的;(七)认为行政机关侵犯其经营自主权或者农村土地承包经营权、农村土地经营权的;(八)认为行政机关滥用行政权力排除或者限制竞争的;(九)认为行政机关违法集资、摊派费用或者违法要求履行其他义务的;(十)认为行政机关没有依法支付抚恤金、最低生活保障待遇或者社会保险待遇的;(十一)认为行政机关不依法履行、未按照约定履行或者违法变更、解除政府特许经营协议、土地房屋征收补偿协议等协议的;(十二)认为行政机关侵犯其他人身权、财产权等合法权益的。除前款规定外,人民法院受理法律、法规规定可以提起诉讼的其他行政案件。

第四十九条　提起诉讼应当符合下列条件:(一)原告是符合本法第二十五条规定的公民、法人或者其他组织;(二)有明确的被告;(三)有具体的诉讼请求和事实根据;(四)属于人民法院受案范围和受诉人民法院管辖。

《最高人民法院关于适用〈中华人民共和国行政诉讼法〉若干问题的解释》

第三条　有下列情形之一,已经立案的,应当裁定驳回起诉:

(一)不符合行政诉讼法第四十九条规定的;

(二)超过法定起诉期限且无正当理由的;

(三)错列被告且拒绝变更的;

(四)未按照法律规定由法定代理人、指定代理人、代表人为诉讼行为的;

(五)未按照法律、法规规定先向行政机关申请复议的;

(六)重复起诉的;

(七)撤回起诉后无正当理由再行起诉的;

(八)行政行为对其合法权益明显不产生实际影响的;

(九)诉讼标的已为生效裁判所羁束的;

(十)不符合其他法定起诉条件的。

人民法院经过阅卷、调查和询问当事人,认为不需要开庭审理的,可以迳行裁定驳回起诉。

499.案情简介:2015 年 3 月 16 日,商丘市梁园区水利局(被告)对商丘联通公司(原告)在康林沟河道(梁园区谢集镇郭武庄村)河段,未经水行政主管部门批准,擅自在河道管理范围内建设通信基站(建筑物、构筑物),扰乱河道管理秩序,立案进行了调查。被告经过调查，按照法定程序于同年 4 月 22 日作出商梁水罚决字〔2015〕第 3 号水行政处罚决定书：1.限原告三日内补办有关河道管理范围内审批手续或者恢复河道管理范围内河道原状；2.对原告罚款人民币八万元整。被告将原告“中国联合网络通信有限公司商丘市分公司”写为“中国联合通信有限公司商丘市分公司”。第5.6“网络”二字省略了，原告认为被告做出的处罚决定书的被处罚主体并非原告，该处罚决定书对原告不发生法律效力。原告于 2015 年 8 月 10 日向法院提起行政诉讼，要求撤销被告作出的商梁水罚决字〔2015〕第 3 号水行政处罚决定书。

问：商丘市梁园区水利局作出商梁水罚决字〔2015〕第 3 号水行政处罚决定书有效？

答：原告认为被告方明确知道我们单位的全称，所有的材料都是全称，在最后处罚书上显示的是中国联合通信有限公司商丘分公司，所以其证据材料不能成为其行政处罚的有效证据，因为连名称都不一致，如果是笔误，那就不是简称，二者不可同时并存，且行政处罚行为是一种法律行为，既不允许简称也不允许笔误。被告认为将原告“中国联合网络通信有限公司商丘市分公司”写为“中国联合通信有限公司商丘市分公司”。第5.6“网络”二字省略了，认为被告的处罚决定书的被处罚主体并非原告，该处罚决定书对原告不发生法律效力。原告的这一起诉理由是欠妥当的。理由如下：一、单位名称使用简称或者笔误并不能成为撤销该行政处罚的理由。无论是名称的简称，还是文字处理的笔误，并没有明确的法律规定可以撤销该行政处罚的实体决定。从将该水行政处罚决定书被送达的主体看，被告是将各种需送达的处罚文书直接送达给了原告的，在送达的公证书中也明确显示被送达人是原告中国联合网络通信有限公司商丘市分公司。如果有理由认为该处罚主体不是原告，原告就不可能提出撤销诉讼，既然原告提出了撤销诉讼，原告就不应当以该理由提出撤销该处罚决定书。

被告商丘市水利局作为水行政主管部门，有权对流经本辖区的河道依法进行管理，其执法主体适格。被告对原告作出的具体行政行为认定事实清楚，适用法律法规正确，符合法定程序。原告以被告的处罚决定书处罚主体并非原告，该处罚决定对原告不发生法律效力，且被告的处罚没有事实和法律依据，应依法撤销的诉请，因原告没有提供相关合法证据支持其观点，且又没有提供相关合法证据证实被告所作出的处罚决定书不是针对其单位所作出的处罚，被告对原告所作出的处罚决定书虽对原告单位名称忽略“网络”两个字，且该单位名称在本辖区不存在第二个相同的单位，不影响该处罚决定书的法律效力，被告所作出的处罚主体应认定为原告，原告以此为理由请求撤销被告对原告所作出的处罚决定书无法律依据，最终法院判决对原告诉请依法不予支持。

500.案情简介：某公司实施违法建设行为，但得到了某县政府及其相关职能部门的审批、许可。某县政府及其相关职能部门发现审批行为与天河水库扩建工程的规划不符后，为了公共利益的需要，不再继续为某公司补办相关手续，事实上是撤回了先前的审批行为，由此给某公司造成了前期投入损失。

问：某公司造成的前期投入损失可以获得补偿？

答：根据《行政许可法》第八条规定的信赖利益保护原则，应当承担相应的行政补偿责任。《行政许可法》第八条规定，公民、法人或者其他组织依法取得的行政许可受法律保护，行政机关不得擅自改变已经生效的行政许可。行政许可所依据的法律、法规、规章修改或者废止，或者准予行政许可所依据的客观情况发生重大变化的，为了公共利益的需要，行政机关可以依法变更或者撤回已经生效的行政许可。由此给公民、法人或者其他组织造成财产损失的,行政机关应当依法给予补偿。

501.案情简介:某市人民政府将某公司委托某省水利水电勘测设计研究总院编制的《天河水库扩建工程技施设计阶段建设征地移民安置实施规划设计报告(审定本)》上报某省政府审批,经某省水库移民开发管理局评审后,某省政府作出的同意该报告的内部审批文件。

问:某省政府作出的同意该报告的内部审批文件是否具有可诉性?

答:某省政府作出的同意该报告的内部审批文件并未对外发生法律效力,对包括某公司在内的当事人权利义务并不产生实际影响,属于不可诉的行政机关内部程序性行为。

《最高人民法院关于执行〈中华人民共和国行政诉讼法〉若干问题的解释》第一条第二款第(六)项规定,对公民、法人或者其他组织权利义务不产生实际影响的行为,不属于行政诉讼的受案范围。第十九条规定,当事人不服经上级行政机关批准的行政行为,向人民法院提起诉讼的,应当以在对外发生法律效力的文书上署名的机关为被告。

502.问:某公司在河道管理保护范围内的建筑物,被水行政机关违法强拆,那么某公司损失如何确定?

答:《国家赔偿法》第二条第一款规定:国家机关和国家机关工作人员行使职权,有本法规定的侵犯公民、法人和其他组织合法权益的情形,造成损害的,受害人有依照本法取得国家赔偿的权利。第十一条规定:赔偿请求人根据受到的不同损害,可以同时提出数项赔偿要求。第三十二条规定:国家赔偿以支付赔偿金为主要方式。第三十六条规定:侵犯公民、法人和其他组织的财产权造成损害的,按照下列规定处理:……(八)对财产权造成其他损害的,按照直接损失给予赔偿。《行政诉讼法》第三十八条第二款规定:在行政赔偿、补偿的案件中,原告应当对行政行为造成的损害提供证据。因被告的原因导致原告无法举证的,由被告承担举证责任。《最高人民法院关于审理行政赔偿案件若干问题的规定》(法发〔1997〕10号)第三十二条规定:原告在行政赔偿诉讼中对自己的主张承担举证责任。被告有权提供不予赔偿或者减少赔偿数额方面的证据。第三十三条规定:被告的具体行政行为违法但尚未对原告合法权益造成损害的,或者原告的请求没有事实根据或法律根据的,人民法院应当判决驳回原告的赔偿请求。《最高人民法院关于适用〈中华人民共和国行政诉讼法〉的解释》(法释〔2018〕1号)第四十七条规定:根据行政诉讼法第三十八条第二款的规定,在行政赔偿、补偿案件中,因被告的原因导致原告无法就损害情况举证的,应当由被告就该损害情况承担举证责任。对于各方主张损失的价值无法认定的,应当由负有举证责任的一方当事人申请鉴定,但法律、法规、规章规定行政机关在作出行政行为时依法应当评估或者鉴定的除外;负有举证责任的当事人拒绝申请鉴定的,由其承担不利的法律后果。当事人的损失因客观原因无法鉴定的,人民法院应当结合当事人的主张和在案证据,遵循法官职业道德,运用逻辑推理和生活经验、生活常识等,酌情确定赔偿数额。据此可知,行政机关违法造成当事人损失的,当事人可以主张赔偿,赔偿范围应是当事人所主张的合法权益并提供证据予以证明。

503.案情简介:河北省某市某企业开凿了三眼取水井,在取水许可证超期后,未办理取水许可延续手续的情况下,于2017年、2018年仍继续取水,应予处罚。某市水利局认定某企业未经批准开凿取水井取水的行为违法,适用了《水法》第六十九条第一项、《河北省水行政处罚裁量权执行标准》第二条之规定以某企业未经批准擅自取水为由作出罚款九万元的水行政处罚。

问:作为河北省的水行政执法人员你认为适用《水法》第六十九条第一项、《河北省水行政处罚裁量权执行标准》第二条之规定以上诉人未经批准擅自取水为由作出罚款九万元的水行政处罚是否适当?

答:《取水许可和水资源费征收管理条例》第二十五条规定:取水许可证有效期限一般为五年,最长不超十年。有效期届满,需要延续的,取水单位或者个人应当在届满45日前向原审批机关提出申请,原审批机关应当在有效期届满前,作出是否延续的决定。《水法》第六十九条规定:有下列行为之一的,由县级以上人民政府水行政主管部门或者流域管理机构依据职权,责令停止违法行为,限期采取补救措施,处二万元以上十万元以下的罚款;情节严重的,吊销其取水许可证:(一)未经批准擅自取水的;(二)未依照批准的取水许可规定条件取水的。该条第(一)项是针对未经批准擅自取水的违法行为,第(二)项是针对已取得取水许可证而未依照批准的取水许可规定条件取水的违法行为。本案某企业开凿的涉案三眼取水井,在取水许可证超期后,未办理取水许可延续手续的情况下,于2017年、2018年仍继续取水,应予处罚。

《河北省水行政处罚裁量权执行标准》第二条规定:违法行为:未经批准擅自取水的。认定依据:一、《水法》第四十八条:直接从江河、湖泊或者地下取用水资源的单位和个人,应当按照国家取水许可制度和水资源有偿使用制度的规定,向水行政主管部门或者流域管理机构申请领取取水许可证,并缴纳水资源费,取得取水权;二、《取水许可和水资源费征收管理条例》第二条第二款取用水资源的单位和个人,除本条例第四条规定的情形外,都应当申请领取取水许可证,并缴纳水资源费;三、《河北省实施〈中华人民共和国水法〉办法》第三十七条第一款 除法律、法规规定外,直接从河道、湖泊或者地下取用水资源的单位和个人,应当按照国家取水许可制度的规定,向县级以上人民政府水行政主管部门申请领取取水许可证。四、《河北省取水许可制度管理办法》第三条 在本省行政区域内取用水的单位和个人,必须依照有关规定申请取水许可证,并依照规定取水。法律、法规和本办法另有规定的除外。处罚依据:《水法》第六十九条第(一)项,未经批准擅自取水的,由县级以上人民政府水行政主管部门或者流域管理机构依据职权,责令停止违法行为,限期采取补救措施,处二万元以上十万元以下罚款。该条款规定是针对未依法取得取水许可证、缴纳水资源费而擅自取用水资源的行为的认定及处罚标准。《河北省水行政处罚裁量权执行标准》第十三条规定:违法行为:未经批准开凿取水井取水的。认定依据:《河北省实施〈中华人民共和国水法〉办法》第二十三条第三款、第四款在地下水禁止开采区内,不得开凿新的取水井。对已有的取水井,应当统一规划建设替代水源,调整取水布局,缩减取水量,逐步关闭取水井。在地下水限制开采区内,一般不得开凿取水井。确需取用地下水的,水行政主管部门应当统筹安排,通过核减其他取水单位的地下水开采量和年度用水计划,进行合理配置。处罚依据:《河北省实施〈中华人民共和国水法〉办法》第六十一条 未经批准开凿取水井取水的,由县级以上人民政府水行政主管部门按照下列规定予以罚款,对已开凿的取水井责令限期封闭;逾期不封闭的,由县级以上人民政府水行政主管部门组织封闭,所需费用由原使用者承担,法律、法规规定不需要申请领取取水许可证的除外:一、在地下水禁止开采区开凿取水井取水的,处五万以上十万以下的罚款;二、在地下水限制开采区开凿取水井取水的,处三万元以上八万元以下的罚款;三、在其他区域开凿取水井取水的,处二万元以上五万元以下的罚款。

上述规定是对未经批准开凿取水井取水行为的认定及处罚标准。根据上述相关规定，未经批准擅自取水与未经批准开凿取水井取水系两种违法行为，对该两种违法行为的认定依据及处罚依据均不同。本案中，某水务局认定某企业未经批准开凿取水井取水的行为违法，却适用《水法》第六十九条第一项、《河北省水行政处罚裁量权执行标准》第二条之规定以某企业未经批准擅自取水为由作出罚款九万元的水行政处罚，其认定事实与适用法律不一致。

504.案情简介：南阳市水利局认定南阳市第二完全学校幼儿园"在南阳市城市规划区，白河大道与雪枫路口往南（南阳市第二完全学校幼儿园）在建工地中有自备井正在取水，未经水行政主管部门批准擅自取用地下水，未办理相关手续。上述行为违反了《水法》第四十八条、《河南省取水许可和水资源费征收管理办法》第六条的规定，已构成违法。"根据《水法》第六十九条"有下列行为之一的，由县级以上人民政府水行政主管部门或者流域管理机构依据职权，责令停止违法行为，限期采取补救措施，处二万元以上十万元以下的罚款；情节严重的，吊销其取水许可证：（一）未经批准擅自取水的；……的规定，"对南阳市第二完全学校幼儿园作出的处罚为："1.立即停止违法行为，采取补救措施；2.处以人民币贰万玖仟元罚款（￥29 000元）。

案件事实是南阳市第二完全学校幼儿园的建设单位为宛城区2017年15年制完全学校，有独立的法人资格。在询问笔录上签字的刘某是宛城区2017年15年制完全学校的工作人员。南阳市第二完全学校幼儿园与建设单位不是同一个单位，南阳市第二完全学校幼儿园是学校建好后才入驻的，直接取用自来水。第二完全学校幼儿园称责令停止违法行为通知不是第二完全学校幼儿园的门卫签收的，幼儿园的门卫是9月入驻的。送达处罚决定时，根本就找不到南阳市水利局所称的自备井在何处。

问：如果南阳市水利局申请人民法院强制执行，法院如何判决？

答：《最高人民法院关于适用〈中华人民共和国行政诉讼法〉的解释》第一百六十一条"被申请执行的行政行为有下列情形之一的，人民法院应当裁定不准予执行：（二）明显缺乏事实根据的。"本案中，南阳市水利局称擅自取用地下水的自备井是在第二完全学校幼儿园的施工地，自备井的使用单位就是第二完全学校幼儿园，并非第二完全学校幼儿园所称的建设单位宛城区2017年15年制完全学校。第二完全学校幼儿园提供了从9月起缴纳水资源税的票据以及本幼儿园和宛城区2017年15年制完全学校的事业单位法人证书。可以证实建设单位与被执行人是两个不同的主体，故违法擅自取用地下水的主体是施工单位即宛城区2017年15年制完全学校，该主体有独立法人资格，南阳市水利局应针对违法主体进行处罚，而不是针对南阳市第二完全学校幼儿园进行处罚，申请人处罚主体错误，行政处罚决定认定南阳市第二完全学校幼儿园违法明显缺乏事实根据，应当裁定不准予执行。所以水行政执法人员对违法主体一定要搞清楚，否则所做的具体行政行为得不到法院的支持。

505.案情简介：刘某的1号井和2号井均办理了取水许可证。刘某以改动1号机井电线的方式，抽取地下水资源供他人农业灌溉使用。2号机井虽未安装水表，但已办理取水许可证，且刘某未对该机井实施改线行为，也是抽取地下水资源供他人农业灌溉使用。经鉴定数额巨大，价值223 445元。

问：刘某是否构成盗窃罪？

答：刘某对1号机井以私自接线不通过水表计量的方式，在2号机井未安装水表的情况下，违法使用两眼机井抽取地下水资源，价值223 445元，数额巨大，刘某的行为已构成盗窃罪。

506.案情简介：安仁县水利局于 2015 年 8 月 31 日对扶某作出水责停字〔2015〕09 号《责令停止水事违法行为通知书》，通知：1.停止非法采砂行为，平整河道尾堆弃石，保护两岸河堤；2.按程序办理河道采砂手续。扶某不服，向安仁县人民政府申请行政复议，安仁县人民政府经复议作出安政行复决字〔2015〕05 号复议决定，以扶某的申请超过申请复议期限为由，驳回扶某的行政复议申请。扶某仍不服，于 2016 年 1 月 12 日把安仁县水利局、安仁县人民政府所作的具体行政行为诉至安仁县人民法院。

问：安仁县水利局和复议机关安仁县人民政府能否成为共同被告？

答：一个行政案件中应当审理一个诉，针对多个行政行为提起的诉讼实际上是多个诉。本案中，扶某的起诉涉及两个行政行为，即诉安仁县水利局作出的《责令停止水事违法行为通知书》；诉安仁县人民政府以不符合受理条件为由作出的复议决定。扶某在一个起诉之中针对两个行政行为提起的诉讼实际上是两个诉。本案复议机关决定不是维持原行政行为的，作出原行政行为的安仁县水利局和复议机关安仁县人民政府不是共同被告。

507.案情简介：刘某诉安阳市某某区政府行政复议不作为案中，安阳市某某区政府作出的行政复议决定书，属于国家机关公文，应当严格按照法定要求和法定途径送达，但其违背《邮政法》等相关法律、法规规定，采用顺丰快递方式送达政府机关公文，明显违背了国家法律的禁止性规定，具体行政行为明显不当，故法院同时确认其以顺丰方式邮寄行政复议延期通知书和行政复议决定书的行为违法。本案既从程序正义或程序审查上，确认了行政机关不能在法定期限作出行政行为，构成程序违法，也进一步确认了行政复议决定书等国家公文必须通过邮政专营企业合法的法定途径进行送达的必要性。

问：使用顺丰快递寄公文是否属于违法，必须使用邮政 EMS？

答：《邮政法》第五十五条规定："快递企业不得经营由邮政企业专营的信件寄递业务，不得寄递国家机关公文"，这是法律的"红线"！国家机关包括中国共产党和民主党派的各级机关、人大机关、行政机关、政协机关、审判机关、检察机关、军事机关，以及工会、共青团、妇联等人民团体和参照公务员法管理的事业单位。

"国家机关公文"是国家机关基于公务活动而制作的具有特定文体和格式，并加盖了国家机关公章的书面材料，它不仅指国家机关内部、上下级之间和国家机关相互之间传递的正式公文，还包含因处理诉讼、行政复议、政务公开申请、举报、申诉等活动制作的需要送达当事人的。

为切实保障国家机关公文的通信安全、保障公众及私人的信息安全，明确由寄递企业的"国家队"——中国邮政独家承担国家机关公文寄递。

根据《邮政法》：带有邮政专用标志的邮政车船和邮政工作人员进出港口、通过渡口时，应当优先放行；带有邮政专用标志的邮政车辆需要通过禁行路线或者禁止停车段停车的，由有关主管部门核准通行、停车。邮政快递的这一优先特权更有效地确保了邮件的及时送达。

508.案情简介：被告人姬某 2004 年 11 月至 2009 年 11 月担任襄垣县水利局副局长，分管和负责全县水资源管理工作；被告人张某2010年 3 月至今任襄垣县水资源管理委员会办公室（简称水资办）副主任，负责水资办日常工作。

诚丰电厂和容海电厂的水资源费征收工作属于县级以上人民政府水行政主管部门的工作范围。诚丰电厂是襄矿集团所属的以煤矸石、中煤等为燃料的火力发电企业，其发电机组的冷却方式采用直接空冷系统，未采用贯流式冷却方式，工业用水由后湾水库和襄垣县防汛抗旱服务队提供。后湾水库设立下峪水库提水站，并由襄矿集团安装三台提水泵(两用一备)，每台水泵的额定取水能力为146 m^3/h，水泵提水流经襄矿集团的人工湖净化后直接供给诚丰电厂使用，诚丰电厂在取用水端均未安装计量设施。另外，襄垣县防汛抗旱服务队在2004年4月和襄矿集团协商成立襄垣县防汛抗旱服务队供水站，钻水源井14眼，通过输水管道向诚丰电厂提供工业用水，并在主输送管道安装水表，作为计算水量的依据，每月底由诚丰电厂和抗旱服务队共同派人进行抄表记录。2009~2011年诚丰电厂未缴纳水资源费。

容海电厂是山西省潞安集团所属的以中煤和煤矸石为燃料的综合利用型火力发电企业，其发电机组的冷却方式采用直接密封式空冷，未采用贯流式冷却，工业用水由后湾水库提供。后湾水库设立下峪水库提水站，并由容海电厂安装四台提水泵(两用两备)，每台水泵的额定取水能力为80 m^3/h，取水经输水管道直接供容海电厂两台锅炉及生产系统用水，安装两台超声波流量计，其中一台流量计为损坏状态，且均无抄表记录。2009~2011年，容海电厂和水资办采取双方协商方式收取水资源费，未按表计量收费。

2014年6月4日，容海电厂向襄垣县水资办缴纳水资源费119.56万元。当月27日，诚丰电厂向襄垣县水资办缴纳水资源费50万元，同年7月21日，诚丰电厂向襄垣县水资办缴纳水资源费607.763万元。容海电厂和诚丰电厂共补缴水资源费777.323万元，其中被告人张某催缴557.623万元，被告人姬某催缴219.7万元。

后湾水库的取水许可证审批机关为山西省水利厅，襄垣县防汛抗旱服务队的取水许可证审批机关为襄垣县水利局。公诉机关指控姬某涉案金额324.82万元，包括后湾水库151.72万元，襄垣县防汛抗旱服务队173.1万元；张某涉案金额776.793万元，包括后湾水库293.712万元，襄垣县防汛抗旱服务队483.081万元。

姬某大概1993年开始到水资办工作，1998年至2009年12月底担任水资办副主任，期间在2002年开始担任水利局副局长兼水资办副主任；对全县辖区内各取水户水资源费的征收属于水资办的工作职责，姬某担任水资办副主任期间的职责是负责水资办的全面工作；水资办征收水资源费的法律依据是晋价商字〔2008〕406号文件及《水法》《山西省水资源管理条例》；水资办按照相关文件的规定按计量收取水资源费；水资源费包括工业用水、城市生活用水、煤矿排水、水利工程供水；姬某担任水资办副主任期间征收水资源费时极少部分取水户无水表，2008年后对于没有水表的取水户，水资办按照晋政办发〔2008〕1号文件规定的标准收取水资源费；容海电厂2008年的水资源费是由姬某征收的；2008~2009年期间，因容海电厂对计量设施显示的数据有异议，并称企业亏损，最终容海电厂提出并先交了一部分水资源费，剩余水资源费未明确具体缴纳时间，姬某未对容海电厂下达过书面追缴文书，姬某在任期间容海电厂未缴清欠费；诚丰电厂没有取水许可证，诚丰电厂用水是用抗旱服务队的水利工程供水，姬某在职期间未对诚丰电厂征收过水资源费；水资办有对取水户监督检查的职责，但因诚丰电厂阻挠水资办的执法，水资办无法对诚丰电厂履行职责，对诚丰电厂的阻挠执法水资办未采取任何措施；抗旱服务队给诚丰电厂供水收的水费价格为每立方米0.3元，其中应该不包括水资源费；姬某在对诚丰电厂取水进行监督管理时尽心了，但未尽职；诚丰电厂拒不缴纳水资源费，按照规定水资办应当先下达催缴通知，如果用水户仍不缴纳应该申请法院执行。

张某于2004年6月调入襄垣县水利局水资办工作，2010年3月7日至今担任水资办副主任,主要负责全县辖区内水资源费征收工作及取水户取水的监督管理工作;水资办负责全县辖区内各取水户(不含煤矿排水)的水资源费征收工作,并负责全县各取水户取水的监督管理工作;张某担任副主任后水资办由张某、郝某、韩某、翟某负责对容海电厂的水资源费征收工作;容海电厂的自备井有在市水利局办的取水许可证,2013 年该电厂的取水许可证到期,由张某、韩某负责换证工作;张某担任水资办副主任后至 2011 年底,对容海电厂按照取水计量征收水资源费,但有协商的成分;按照《取水许可和水资源费征收管理条例》的规定,水资办应该要求取水单位填报取水统计表,但容海电厂没有填报,水资办对容海电厂进行了抄表,但最终收取的水资源费数额是与容海电厂协商决定的;由于襄矿集团每年只缴纳 16 万元,且襄矿集团不让安装取水计量设施,襄矿集团诚丰电厂未安装取水计量设施,2009 年、2010 年、2011 年均收取襄矿集团水资源费 16 万元(襄矿集团每年只为包括诚丰电厂在内的所有下属企业缴纳 16 万元水资源费);水资办发现诚丰电厂未按照规定安装取水计量设施,应当按照《取水许可和水资源费征收管理条例》第五十三条的规定处罚,张某未按照上述条例执行过;水资办征收水资源费的标准和依据是按照晋价商字〔2008〕406 号文件的规定,对计量设施运转正常的用水企业按计量收取,对计量设施运转不正常的用水企业按照《山西省用水定额》核定取水量;容海电厂的工业用水来自后湾水库调节库,生活用水来自自备井;对容海电厂未缴清水资源费的问题张某未向相关领导或上级部门正式反映过;由于人员少、任务大,张某未对襄矿集团下属企业的用水情况进行监督检查。

关于襄垣县水资办与襄垣县水利局的关系,《山西省水资源管理条例》第四条规定:县级以上人民政府水资源管理委员会负责协调本行政区域内有关水资源重大事宜,其办事机构设在同级水行政主管部门,负责处理日常工作。依照该条例规定,襄垣县水资源管理委员会的办事机构即襄垣县水资办设在襄垣县水利局。襄垣县水资办虽具有独立的法人资格,属于全额事业编制单位,但该条例中的“设在”并不能简单的理解为襄垣县水资办的办公室设在襄垣县水利局,而是指襄垣县水利局属于襄垣县水资办的主管部门(襄垣县机构编制委员会办公室颁发的事业机构编制管理证上明确载明)。长治市机构编制委员会长编办发〔2007〕78 号关于成立长治市水资源管理委员会办公室的通知中也明确水资办为市水务局下属全额预算事业单位,能够证明水资办与水利主管部门的关系。

关于襄垣县水资办的职能,依据《山西省水资源管理条例》第四条的规定,襄垣县水资办负责处理襄垣县水资源管理委员会的日常工作。公诉机关认为襄垣县水资办具有征收水资源费的职能,《水法》第四十八条规定:直接从江河、湖泊或者地下取用水资源的单位和个人,应当按照国家取水许可制度和水资源有偿使用制度的规定,向水行政主管部门或者流域管理机构申请领取取水许可证,并缴纳水资源费,取得取水权。但是,家庭生活和零星散养、圈养畜禽饮用等少量取水的除外。实施取水许可制度和征收管理水资源费的具体办法,由国务院规定。《取水许可和水资源费征收管理条例》第三条第三款规定:“县级以上人民政府水行政主管部门、财政部门和价格主管部门依照本条例规定和管理权限,负责水资源费的征收、管理和监督。”第三十一条规定:“水资源费由取水审批机关负责征收;其中,流域管理机关审批的,水资源费由取水口所在地省、自治区、直辖市人民政府水行政主管部门代为征收。”《山西省水资源费管理条例》第三十三条规定:“县级以上人民政府水行政主管部门负责征收水资源费并上缴财政。水资源费主要用于水资源的节约、保护和管理,也可以用于水资源的合理开发。”从以上法律、法规及规章可知,水资源费的征收系水行政主管部门的职能,各级水资源管理委员会办公室并无收取水资源费的法律依据。

水法律法规相关规定:《水法》,证明国家对水资源实行流域管理与行政区域管理相结合的管理体制。国务院水行政主管部门负责全国水资源的统一管理和监督工作。国务院水行政主管部门在国家确定的重要江河、湖泊设立的流域管理机构(简称流域管理机构),在所管辖的范围内行使法律、行政法规规定的和国务院水行政主管部门授予的水资源管理和监督职责。县级以上地方人民政府水行政主管部门按照规定的权限,负责本行政区域内水资源的统一管理和监督工作;直接从江河、湖泊或者地下取用水资源的单位和个人,应当按照国家取水许可制度和水资源有偿使用制度的规定,向水行政主管部门或者流域管理机构申请领取取水许可证,并缴纳水资源费,取得取水权。但是,家庭生活和零星散养、圈养畜禽饮用等少量取水的除外;使用水工程供应的水,应当按照国家规定向供水单位缴纳水费。供水价格应当按照补偿成本、合理收益、优质优价、公平负担的原则确定。具体办法由省级以上人民政府价格主管部门会同同级水行政主管部门或者其他供水行政主管部门依据职权制定;水行政主管部门或者其他有关部门以及水工程管理单位及其工作人员,利用职务上的便利收取他人财物、其他好处或者玩忽职守,对不符合法定条件的单位或者个人核发许可证、签署审查同意意见,不按照水量分配方案分配水量,不按照国家有关规定收取水资源费,不履行监督职责,或者发现违法行为不予查处,造成严重后果,构成犯罪的,对负有责任的主管人员和其他直接责任人员依照刑法的有关规定追究刑事责任;尚不够刑事处罚的,依法给予行政处分;拒不缴纳、拖延缴纳或者拖欠水资源费的,由县级以上人民政府水行政主管部门或者流域管理机构依据职权,责令限期缴纳;逾期不缴纳的,从滞纳之日起按日加收滞纳部分千分之二的滞纳金,并处应缴或者补缴水资源费一倍以上五倍以下的罚款。

《取水许可和水资源费征收管理条例》,证明本条例所称取水,是指利用取水工程或者设施直接从江河、湖泊或者地下取用水资源。取用水资源的单位和个人,应当申请领取取水许可证,并缴纳水资源费。取水工程或者设施,是指闸、坝、渠道、人工河道、虹吸管、水泵、水井以及水电站等;县级以上人民政府水行政主管部门按照分级管理权限,负责取水许可制度的组织实施和监督管理。国务院水行政主管部门简称流域管理机构,依照本条例规定和国务院水行政主管部门授权,负责所管辖范围内取水许可制度的组织实施和监督管理。县级以上人民政府水行政主管部门、财政部门和价格主管部门依照本条例规定和管理权限,负责水资源费的征收、管理和监督;取水申请经审批机关批准,申请人方可兴建取水工程或者设施;取水单位或者个人应当缴纳水资源费;水资源费由取水审批机关负责征收;水资源费缴纳数额根据取水口所在地水资源费征收标准和实际取水量确定。水力发电用水和火力发电贯流式冷却用水可以根据取水口所在地水资源费征收标准和实际发电量确定缴纳数额;取水审批机关确定水资源费缴纳数额后,应当向取水单位或者个人送达水资源费缴纳通知单,取水单位或者个人应当自收到缴纳通知单之日起 7 日内办理缴纳手续;取水单位或者个人因特殊困难不能按期缴纳水资源费的,可以自收到水资源费缴纳通知单之日起 7 日内向发出缴纳通知单的水行政主管部门申请缓缴;发出缴纳通知单的水行政主管部门应当自收到缓缴申请之日起 5 个工作日内作出书面决定并通知申请人,期满未作决定的,视为同意。水资源费的缓缴期限最长不得超过 90 日;任何单位和个人不得截留、侵占或者挪用水资源费;取水单位或者个人应当依照国家技术标准安装计量设施,保证计量设施正常运行,并按照规定填报取水统计报表;县级以上地方人民政府水行政主管部门、流域管理机构或者其他有关部门及其工作人员,有不按照规定征收水资源费,或者对不符合缓缴条件而批准缓缴水资源费行为的,由其上级行政机关或者监察机关责令改正;情节严重的,对直接负责的主管人员和其他直接责任人员依法给予行政处分;构成犯罪的,依法追究刑事责任;未安装计量设施的,责令限期安装,并按照日最大取水能力计算的取水量和水资源费征收标准计征水资源费,处5 000元以上 2 万元以下罚款;情节严重的,吊销取水许可。计量设施不合格或者运行不正常的,责令限期更换或者修复;逾期不更换或者不修复的,按照日最大取水能力计算的取水量和水资源费征收标准计征水资源费,可以处 1 万元以下罚款;情节严重的,吊销取水许可证;本条例自 2006 年 4 月 15 日起施行,1993年 8 月 1 日国务院发布的《取水许可制度实施办法》同时废止。

一审法院认为:被告人姬某、张某身为襄垣县水资源管理委员会办公室与负责全县各取水户监督管理工作的直接主管人员,在履职期间不认真履行工作职责,未完全尽到负责协调本行政区域内有关水资源重大事宜和负责处理日常工作的法定义务,在具体针对诚丰电厂用水监管过程中,没有对取用水情况进行有效监督与管理,致诚丰电厂长期拖欠水资源费,使国家利益遭受重大损失,二被告人的行为均已构成玩忽职守罪。

关于二被告人在本案中应承担何责任的问题,襄垣县机构编制委员会办公室颁发的事业机构编制管理证载明襄垣县水资办的第二名称为襄垣县水资源征费稽查队,主要职责为:……;5.负责全县各取水户取水、节水的监督管理工作;6.负责全县辖区内各取水户(含煤矿排水)水资源费的征收工作。该第 6 条的规定与相关法律、法规及规章规定水资源费应由各级水行政主管部门征收的规定相冲突,没有法律依据,故襄垣县水资办不具有该第 6 条规定的职责。对于襄垣县水利局能否委托襄垣县水资办征收水资源费,《水资源费征收使用管理办法》第七条规定:上级水行政主管部门可以委托下级水行政主管部门征收水资源费。委托应当以书面形式授权。流域管理机构审批取水并由省、自治区、直辖市水行政主管部门代为征收水资源费的,不得再委托下级水行政主管部门征收。从该规定可知,上级水行政主管部门可以书面委托下级水行政主管部门征收水资源费,但并未规定水行政主管部门可以委托其他单位或所属事业单位征收水资源费,故襄垣县水利局无权委托襄垣县水资办代为征收水资源费。水利部 2008 年公布施行的《取水许可管理办法》第三十二条第二款规定:县级以上地方人民政府水行政主管部门审批的取水,可以委托其所属具有管理公共事务职能的单位或者下级地方人民政府水行政主管部门实施日常监督管理。依据该规定,襄垣县水利局是可以委托襄垣县水资办负责对于该局审批的取水户取水、节水的监督管理工作。故该第五条规定的职责仍然有效,襄垣县水资办具有负责襄垣县水利局审批的各取水户取水、节水的监督管理工作的职责。襄垣县水资办虽在工作中实际承担了水资源费的征收工作,但其既不是水行政主管部门,又没有取水审批权限,没有法定的职权,依法不能成为水资源费的征收主体,而且也没有经过法律、法规及规章的授权,又不能依照《水资源费征收使用管理办法》第七条的规定接受委托,故二人姬某、张某作为襄垣县水资办的直接主管人员,其承担的是对襄垣县水利局审批的防汛抗旱服务队取得取水许可后监管职责不到位的责任,而非未征收到水资源费的失职责任,故对二人不征、少征水资源费,造成国家水资源费大量流失,情节特别严重的依法不予认可。

关于二被告人涉案金额的问题,因二被告人承担的是对襄垣县水利局审批的防汛抗旱服务队取得取水许可后监管职责不到位的责任,对于山西省水利厅审批的后湾水库无监管职责,故姬某涉案金额为173.1万元,张某涉案金额为483.081万元。二被告人的辩护人认为诚丰电厂、容海电厂均承担着居民冬季供热取暖的任务,属于间接供居民生活用水,依照相关规定,间接供居民生活用水、取水的,暂缓征收水资源费,应核减冬季取暖期间的水资源费数额,本院认为,依据相关规定,对于间接供居民生活用水、取水的,确可暂缓征收水资源费,诚丰电厂、容海电厂也均承担着居民冬季供热取暖的任务,属于间接供居民生活用水。经查,诚丰电厂在冬季取暖期间的取水主要用于电厂发电,而非居民取暖,从诚丰电厂提交的有关防汛抗旱服务队取水抄表情况表也可以看出非取暖季与取暖季的用水量并没有太大的变化,但冬季取暖确要损耗一定的水量,这是一个客观存在的事实。因公诉机关及辩护人均未提交证据证明冬季取暖季用于居民取暖的具体用水量,故对于涉案金额的认定时予以综合考虑该事实。

对于渎职犯罪,《最高人民法院 最高人民检察院关于办理渎职刑事案件适用法律若干问题的解释(一)》(简称《解释》)第一条第二款第二项规定“造成经济损失150万元以上的”属于“情节特别严重”,本案二被告人的涉案金额均超过了150万元,在前述数额范围之列。本《解释》实施时间为2013年1月9日,实施以前仅对玩忽职守犯罪的立案标准作有具体规定,而对于“情节特别严重”的数额标准没有规定,本案二被告人的行为发生在《解释》实施以前的2009~2011年,对被告人的处理应适用“从旧兼从轻”原则。依据罪责刑相一致的原则,二被告人应承担的是与其罪责相适应的刑罚,且案发后二被告人认罪悔罪,积极催促诚丰电厂与容海电厂缴纳水资源费共计777.323万元上缴各级财政,除公诉机关指控的由抗旱服务队供诚丰电厂工业用水所应缴纳的水资源费657.763万元已全部缴清外,还督促容海电厂缴纳水资源费119.56万元,积极挽回了国家损失。结合被告人的犯罪事实、性质、悔罪表现及造成的社会危害程度,一审依照《水法》第六十四条,《刑法》第三百九十七条第一款、第六十一条、第七十二条、第七十三条之规定判决:1.被告人姬某犯玩忽职守罪,判处有期徒刑一年,缓刑一年;2.被告人张某犯玩忽职守罪,判处有期徒刑二年,缓刑二年。

一审判后,襄垣县人民检察院提出抗诉,抗诉理由如下:1.被告人姬某、张某均造成国家经济损失150万以上,属情节特别严重,应在三年以上七年以下有期徒刑幅度内对二人量刑。根据《刑法》第三百九十七条之规定:国家机关工作人员滥用职权或者玩忽职守,致使公共财产、国家和人民利益遭受重大损失的,处三年以下有期徒刑或者拘役;情节特别严重的,处三年以上七年以下有期徒刑。根据《最高人民法院 最高人民检察院关于办理渎职刑事案件适用法律问题若干问题的解释(一)》第一条之规定:具有下列情形之一的,应当认定为刑法第三百九十七条规定的“情节特别严重”;(二)造成经济损失150万元以上的之规定,一审判决认定被告人姬某涉案金额为173.1万元,被告人张某涉案金额为483.081万元,应在三年以上七年以下有期徒刑幅度内对二人量刑。因此,原判决判处被告人姬某犯玩忽职守罪,判处有期徒刑一年,缓刑一年,被告人张某犯玩忽职守罪,判处有期徒刑二年,缓刑二年,属适用法律错误,导致量刑不当。2.根据《最高人民法院最高人民检察院关于适用刑事司法解释时间效力问题的规定》第二条之规定:对于司法解释实施前发生的行为,行为时没有相关司法解释,司法解释施行后尚未处理或者正在处理的案件。依照司法解释的规定办理。故本案应当适用《最高人民法院 最高人民检察院关于办理渎职刑事案件适用法律若干问题的解释(一)》“造成经济损失150万元以上的”属于“情节特别严重”之规定,应在三年以上七年以下有期徒刑幅度内对二人量刑。

一审被告人姬某提出上诉，其主要上诉理由是：1.襄垣县水资办的主管部门只能是水资源管理委员会，与其襄垣县水利局无隶属关系，襄垣县水利局不是襄垣县水资办的主管部门。2.原审判决认为襄垣县水资办具有负责襄垣县水利局审批的各取水户取水、节水的监督管理工作的职责，无任何证据。原审判决依据《取水许可管理办法》第三十二条第二款规定，将"可以委托其所属具有管理公共事务职能的单位"的规定，在没有依《水资源费征收使用管理办法》第七条规定的"委托应当以书面形式授权"的情况下，在无任何事实依据的情况下，把负责襄垣县水利局审批的监督管理工作的职责强加在襄垣县水资办头上是显然错误的，据此上诉人对襄垣县水利局审批的防汛抗旱服务队取得取水证后监管不到位承担责任是站不住脚的。需要指出的是，襄垣县水利局审批并颁发给防汛抗旱服务队的取水许可证本身就是违背山西省水利厅晋水办〔2004〕266号文件规定的"电厂用水不论取水量大小，均应报省水利厅审批"，对一个本就属于违规的取水许可，上诉人如何行使监管职责？事实上，防汛抗旱服务队作为襄垣县水利局的下属单位，经襄垣县水利局批准同意，在2005年1月至2014年12月签订了与诚丰电厂供水合同约定，诚丰电厂缴纳的水费中包含水资源费，这才是明确无误的书面委托，才是《取水许可管理办法》第三十二条第二款规定的委托，上诉人不应承担与已无关的罪责。3.退一步讲，即使上诉人具有监管职责，但没有造成《最高人民法院　最高人民检察院关于办理渎职刑事案件适用法律若干问题的解释(一)》所规定的情形。

原审被告人张某提出上诉，其主要上诉理由是：1.襄垣县水资源管理委员会办公室其主管部门只是唯一的襄垣县水资源管理委员会，与其襄垣县水利局无隶属关系，襄垣县水利局不是襄垣县水资办的主管部门。2.原审判决认为襄垣县水资办具有负责襄垣县水利局审批的各取水户取水、节水的监督管理工作的职责，无任何证据。3.2004年调入水资办工作，2010年3月后只负责水资办日常工作，并无其他职责。2005~2014年抗旱服务队与诚丰电厂签订两份五年合同，收取水费包括水资源费，这是经水利局批准同意的，抗旱服务队也在实施抄表收费等日常监管。2010~2011年与水利局相关人员去诚丰电厂普查收费时，副经理给我们看了该合同，说水资源费已缴纳抗旱服务队、企业不能出双份为由拒绝缴纳。4.外部环境干扰，对重点企业保护、市县政府出台优化经济发展环境政策、限制减免征收等问题直接影响监管落实。其积极督促应由水利局负责征收，实际由水利局带领负责征回等。

二原审被告人的辩护人主要辩护意见是：水资源的监督主体不是"水资办"。县级以上水行政主管部门才是水资源的监督主体。原审认为襄垣县水资办具有"负责襄垣县水利局审批的各取水户取水、节水的监督管理工作职责"属适用法律和认定事实错误。(1)法律适用错误。《水法》已明确规定水资源的监督主体为水行政主管部门，未规定可以委托授权其他机构代为负责监督，行政执法权"法无明文规定不可为"，一审法院不顾上位法的规定，将与《水法》相冲突的部门规章《取水许可管理办法》用到本案中，违反了《立法法》对法律效力层级冲突的规定，是错误的。(2)事实认定错误。水资办与襄垣县水利局不存在所属关系。由《山西省事业机构编制管理证》，并结合《山西省水资源管理条例》说明襄垣县水资办是事业单位法人，与襄垣县水利局不存在所属关系。故，即使适用水利部《取水许可管理办法》的规定，因不满足其要求的所属关系，而不能成立。

上诉人的行为没有造成两高《最高人民法院　最高人民检察院关于办理渎职刑事案件适用法律若干问题的解释(一)》所规定的情形。一审判决已认定上诉人"积极挽回了国家损失”，那么就不属于“造成经济损失150万元以上的”情节特别严重的情形，不能依此量刑。

其他相关问题如下：

(1)水资源费的征收主体问题，即：“水资办”不是水资源费的征收主体。《水法》第十二条、第四十八条；国务院制定的《取水许可和水资源费征收管理条例》(2006年4月15日施行)第三条、第十四条；《山西省水资源管理条例》(2008年3月1日起施行)第三条、第二十七条；《水资源费征收使用管理办法》第五条等，可以确定：“县级以上水行政主管部门”是水资源费的征收主体。水资源管理委员会办公室(水资办)是一个事业法人，其并非行政执法主体，没有行政执法权。起诉书对水资源费征收主体的认定是错误的。

(2)后湾水库供水水资源的征收问题。国务院颁发的《取水许可和水资源费征收管理条例》第三十一条规定：水资源费由取水审批机关负责征收。《水资源费征收使用管理办法》第五条规定：水资源费由县级以上的地方水行政主管部门按照取水审批权限负责征收。第七条规定：上级水行政主管部门可以委托下级水行政主管部门征收水资源费。委托征收应当以书面形式授权。晋价商〔2008〕406号文第三条规定水利工程供水企业水资源费、在最终供水环节采用价外附加的方式征收。襄垣县后湾水库灌区管理局取水许可的审批机关是山西省水利厅，依前述《条例》第三十一条、《水资源费征收使用管理办法》第五条的规定，后湾水库供水的水资源费应当由审批机关山西省水利厅负责征收。只有在山西省水利厅依《办法》第七条的规定，书面委托授权襄垣县水利局征收的时侯，襄垣县水利局才能受委托对后湾水库征收水资源费。具此所述，后湾水库供水水资源费的征收职权在其取水许可证审批机关山西省水利厅，在没有出现书面授权委托的情况下，下级水行政主管部门无权向其征收水资源费。二上诉人所在的单位不是水资源费征收的主体就没有职权征收，也不存在受委托授权征收的情况。因此，按照相关文件规定上诉人就没有收取诚丰、容海二电厂从后湾管理局的供水取水中收取水资源费的职责，更谈不上“在工作中严重不负责、未认真举行职责”触犯刑律的问题。

(3)抗旱服务队供水的水资源费的征收问题。

庭审查明的事证表明：抗旱服务队14眼水井，确实是在专门地域打井专为诚丰电厂供水、全部取水都供给诚丰电厂。

该供水工程在2004年经省、市批复开始筹建，该供水工程方案经省市批复，并与用水单位主体企业襄矿集团签订了供水合同。按照山西省水利《取水许可申请审批程序规定修改于补充意见》的通知“电厂用水不论取水量大小，均应报省水利厅审批”的规定。该14眼由诚丰电厂用水的水井的筹建与取供水都应当由省水利厅审批，而事实上也是按照这样的程序规定办理的申报与审批。按照国务院《取水许可和水资源费征收管理条例》第三十一条“水资源费由取水审批机关负责征收”的规定，襄垣县水利局既无审批权就不具有征收权，不论过去收费多少都属理解有错、执法有误情况，无论征收多与少均不构成犯罪。

在起诉书中，却将抗旱服务队这14眼专门供诚丰电厂供水的水资源费的征收职权、征收主体错误地认定为属于被告人张某、姬某所任职的水资办所具有，并以“没有依据襄垣县防汛抗旱服务队的水表读数计量收取水资源费”为由，认定二人在工作中严重不负责任，未认真按照规定履行职责，作为认定其构成玩忽职守罪的理由之一。显然，这种认定与指控是与相关法律法规与政策相脱节的，同样属于事实不清、认定错误的问题。

(4)关于诚丰电厂与容海电厂的供热用水问题。

由庭审中辩护人提供的襄垣县发改委《关于襄垣县城乡建设局新建县城主城区集中供热一期工程的批复》《诚丰电厂供热情况说明》《容海电厂供热用水情况说明》等证据材料所载明的内容表明:容海电厂与诚丰电厂均为热电联产机组,分别承担着后堡社区、襄垣县县城居民供热取暖任务,具有具体负责这两处居民冬季供热取暖职责。城镇居民的冬季供热取暖用水确属间接供居民生活用水的情况,按照晋价商字〔2008〕406号文件第一条第一款规定,“城镇公共供水企业及水利工程供水企业直接或间接供居民生活用水、取水的,暂缓征收水资源费”。但起诉书在对待这一客观存在的事实上,同样出现了未认、漏认的问题,在此,显然存在着脱离客观事实的主观臆断问题。

(5)抗旱服务队与诚丰电厂的供水合同问题。

由庭审查证属实的事证表明:在2005~2009年、2009~2014年期间,抗旱服务队与诚丰电厂签订有两个供水合同,且在这两合同中明确约定:诚丰电厂向抗旱服务队缴纳“水资源费”,也就是说以此两份合同之约定,在2009~2014年期间,诚丰电厂所用的抗旱服务队所供水的水资源费均由抗旱服务队征收,且二份合同均得到了县水利局的认可。

抗旱服务队属于水利局下设的单位,水资办属于水资源管理委员会在水利局特设的一个办事机构,既然水利局已委托其下属单位抗旱服务队通过与用水户签订合同的方式,代收水资源费,在这种情况下,本身既无职权又未接受委托的水资办凭什么又依何职权再向用水单位征收水资源费呢?

由证人证明证实的情况表明,在向诚丰电厂收费过程中,诚丰电厂确以与抗旱服务队签订的供水合同中包括水资源费为由,提出已经缴纳不能再出双份水资源费的抗辩理由而拒绝缴费。

(6)诚丰电厂、容海电厂计量设施安装存在问题,起诉核定水表有误。外部环境干扰对收费。①外部环境影响:设定重点保护企业,限制进企业检查收费次数,规定时间进企业检查收费,可以减少收费数额等条件。②由于环境所致,企业管理人员抗拒现象严重,可以对全县执法收费的兄弟单位的工作人员进行全面调查,看是否属实。

(7)姬某、张某在工作中受到过长治市水利局水资源管理先进工作者、个人二等功等荣誉称号。目前已追缴金额777.323万元,其中姬某名下追缴219.7万元,张某名下557.623万元

(8)诚丰电厂、容海电厂实际损失不应以最大取水量计算。特别是诚丰电厂核定用水量与同类机组相比超出4~5倍,为此,我们聘请山西省水文水资源勘测局、长治市水文水资源勘测分局,对诚丰电厂年总取水量编制了《水资源论证报告》,电厂生产取水年以600小时(每年250天)计算,论证结果年总取水量为103.06万立方米。诚丰电厂核定最大用水量,与资质单位编制的《水资源论证报告》相比,《水资源论证报告》的年总取水量更接近实际用水量。因为根据容海电厂、诚丰电厂《初设报告》《可研报告》设计,年运行时间为5 500~6 000小时(229~250天);《水资源论证报告》以设计最高年运行时间6 000小时计算,也就是电厂实际最大取水量,故年总取水103.06万立方米更接近实际,同时应减去每年实际给居民供热时间5个月的水资源费,更符合事实。

综上所述,起诉书对被告人姬某、张某的指控,确实存在着事实不清、证据不足、认定有误的问题,且因上述问题的存在,其指控不能成立。

长治市人民检察院出庭检察员出庭意见是:一审没有认定征收的职责而是认定是管理

的职责,对监督管理的问题的论述是认可的。一审认定数额没有争议,没有法定减轻情节,原审判决错误;被告人与一审判决的争议焦点,襄垣县政府与水利局确实没有及时调整自己的职责,一审认定水利局在委托水资办,这是水利局的违法,受委托的只能是针对委托的事项来进行,不能中断之间的委托,上诉人在这个观点上的认识上是有偏差的,上级机关的违法问题与已经履行的委托事项没有关系。一审判决是有矛盾之处,应予以纠正,由于此类案件不只这一起,对本案当中充分考虑使用法律的统一性和被告人的认罪态度,操作层面的冲突问题,要充分考虑最后损失的追回问题,损失到目前是不存在的了,参照我市同类案件量刑情况对被告人作出量刑相适应的判决。

问:作为水行政执法人员,你认为二审人民法院如何认定和审理更为合理呢?

答:关于襄垣县水资源管理委员会办公室(水资办)与襄垣县水利局的关系。《山西省水资源管理条例》第四条规定:县级以上人民政府水资源管理委员会负责协调本行政区域内有关水资源重大事宜,其办事机构设在同级水行政主管部门,负责处理日常工作。依照该条例规定,襄垣县水资源管理委员会的办事机构即襄垣县水资办设在襄垣县水利局,但不能就此简单理解为二者不存在所属关系,这由襄垣县机构编制委员会办公室颁发的事业机构编制管理证、长治市机构编制委员会长编办发〔2007〕78 号关于成立长治市水资源管理委员会办公室的通知及襄垣县水资办实际运行等情况,能够证明水资办与水利主管部门的关系。

关于本案涉及单位的征收、监督职能问题。1982年实施及1994年修改的《山西省水资源管理条例》规定水资源费由指定的水资源管理部门征收,征收的水资源费上交财政,可知水资源管理委员会作为水资源管理部门在当时依法是有水资源费征收权限的。2002年修改的《水法》第四十八条规定:直接从江河、湖泊或者地下取用水资源的单位和个人,应当按照国家取水许可制度和水资源有偿使用制度的规定,向水行政主管部门或者流域管理机构申请领取取水许可证,并缴纳水资源费,取得取水权。实施取水许可制度和征收管理水资源费的具体办法,由国务院规定。2006 年国务院颁布的《取水许可和水资源费征收管理条例》第三条第三款规定:县级以上人民政府水行政主管部门、财政部门和价格主管部门依照本条例规定和管理权限,负责水资源费的征收、管理和监督。第三十一条规定:水资源费由取水审批机关负责征收;其中,流域管理机关审批的,水资源费由取水口所在地省、自治区、直辖市人民政府水行政主管部门代为征收。2007年山西省修订《山西省水资源管理条例》时依法修改为"县级以上人民政府水行政主管部门负责征收水资源费并上缴财政。"

从以上法律、法规及规章可知,水资源费的征收是水行政主管部门的职能,襄垣县水资源管理委员会办公室作为独立的事业单位法人,已不具备征收水资源费的职权,而其工作职责之一"负责全县辖区内各取水户水资源费的征收工作"已无法律依据。但依据水利部2008 年公布施行的《取水许可管理办法》"县级以上地方人民政府水行政主管部门审批的取水,可以委托其所属具有管理公共事务职能的单位实施日常监督管理"的规定,襄垣县机构编制委员会办公室为水资办设置的负责全县各取水户取水、节水的监督管理工作的职责仍然有效,故对二被告人及其辩护人认为自己没有监督管理职责,不构成犯罪的辩护理由法院应该不予采纳。

关于二上诉人涉案金额的问题,依据相关规定,对于间接供居民生活用水、取水的,确可暂缓征收水资源费,诚丰电厂、容海电厂均承担着居民冬季供热取暖的任务,属于间接供居民生活用水。诚丰电厂在冬季取暖期间的取水主要用于了电厂发电而非居民取暖,但毕竟要损耗一定的水量，因公诉机关及辩护人均未提交证据证明冬季取暖季用于居民取暖的具体用水量，以及考虑襄垣县水利局下属的抗旱服务队与诚丰电厂签订两个供水合同中包括水资源费等问题，故法院对于涉案金额认定时会予以综合考虑。

关于二上诉人如何承担责任问题。本案中，襄垣县水资办虽曾在工作中实际承担了水资源的征收工作，但其既不是水行政主管部门，又没有取水审批权限，没有法定的职权依法不能成为水资源费的征收主体，而且也没有经过法律、法规及规章的授权，又不能依照《水资源费征收使用管理办法》第七条的规定(上级水行政主管部门可以委托下级水行政主管部门征收水资源费，委托征收应当以书面形式授权)，以书面形式接受委托，故二被告人姬某、张某作为水资办的直接主管人员，其承担的是对本区划内水资源重大事宜协调不力与襄垣县水利局审批防汛抗旱服务队取得取水许可后监管职责不到位的责任，而非未征收到水资源费的失职责任，故对二被告人不征、少征水资源费造成国家水资源费大量流失，情节特别严重的应该不予支持。且在 2004 年 5 月 24 日山西省水利厅下发的晋水办〔2004〕266 号《取水许可申请审批程序规定修改与补充意见》及山西省政府网站关于取水许可审批的公示中，已经明确规定电厂用水不论取水量大小，均需报省水利厅审批，但二被告人还是对诚丰电厂进行了征费，由于抗旱服务队属于水利局的下属机构，且与诚丰电厂签订的供水合同经过了水利局的认可，在合同中约定诚丰电厂缴纳的水费中包含了水资源费，故二审法院对二被告人难以征收的辩解应该予以认可，对二上诉人及其辩护人与法有据的辩论观点予以采纳。

二上诉人(原审被告人)姬某、张某身为襄垣县水资源管理委员会办公室与负责全县各取水户监督管理工作的直接主管人员，履职期间不认真履行工作职责，未完全尽到负责协调本行政区域内有关水资源重大事宜和负责处理日常工作的法定义务，未在实际工作中对诚丰电厂取用水情况进行有效监督与管理，致诚丰电厂长期拖欠水资源费，使国家利益遭受重大损失，二被告人的行为均已构成玩忽职守罪。对二上诉人的辩护人所提起诉书指控不能成立的辩护意见不予支持，其余与法律事实相符的辩护意见予以采纳。本案造成的损失属于多因一果，依据罪责刑相一致的原则，二被告人应承担的是与其罪责相适应的刑罚，且案发后二被告人认罪悔罪，积极催促诚丰电厂与容海电厂缴纳水资源费上缴各级财政，除公诉机关指控的由抗旱服务队供诚丰电厂工业用水所应缴纳的水资源费已全部缴清外，还促使容海电厂缴纳水资源费，积极挽回国家损失，综合考虑被告人的犯罪事实、性质及造成的社会危害程度，二被告人的犯罪情节轻微，依法可以免予刑事处罚。

这个案例比较复杂，希望各位水行政执法人员认真研究，防范风险。以下几个问题是需要深入研究的：1.根据《水法》第十二条第三款、《取水许可和水资源费征收管理条例》第三款第一款规定：水资源的统一管理和监督、取水许可制度组织实施和监督管理责任都属于行政执法行为，依法当由县级以上人民政府水行政主管部门行使，而与襄垣县水资源管理委员会办公室无关？2.水利部《取水许可管理办法》第三条第三款明确规定取水许可监管主体为县级以上地方人民政府水行政主管部门，判决认定襄垣县水资源管理委员会办公室对征收水资源费有监管责任确属错误。水资办是独立法人事业单位，与水利局有无隶属关系？协调本行政区域内有关水资源的重大事宜是水行政主管部门的法定职责；3.根据山西水利厅〔2004〕266 号文件及政府网站关于取水许可审批的规定“电厂用水不论取水量大小，均应到省水利厅审批”，无论哪级水行政主管部门审批，其征费和取水许可监管等责任与二被告人到底有无关系？

509.案情简介：揭阳南宇投资开发有限公司于2011年12月16日取得河道采砂许可证，许可区域为长240米、宽95米的榕江南河揭西县棉湖镇考溪河段，采砂数量为13 680立方米/年，采砂期限自2011年12月16日起至2012年12月16日止。此后，该公司安排其属下“南宇砂场”负责在该河段采售河砂。刘某于2012年7月开始到揭西县水务局工作，并于同年8~11月兼任揭西县水利水政监察大队大队长，负责揭西县辖区内河道采砂管理等工作，期间，刘某工作严重不负责任，未按照相关法律和文件的规定认真履行对“南宇砂场”的监管工作，未及时核查“南宇砂场”超量采砂的行为，也未采取有效措施进行制止或向有关领导汇报情况，使揭西县水利水政监察大队对“南宇砂场”的监管工作流于形式，致使“南宇砂场”在上述河段超量开采河砂。经核算，2012年10~11月，“南宇砂场”超量开采河砂共计31 435立方米，涉案金额达人民币1 728 925元。2016年8月12日，刘某主动到揭西县人民检察院投案，并如实供述指控事实。公诉机关指控认为，刘某兼任揭西县水务局水利水政监察大队大队长期间，严重不负责任，不认真履行职责，致使国家利益遭受重大损失，情节特别严重，其行为已触犯《刑法》第三百九十七条之规定，犯罪事实清楚，证据确实、充分，应当以玩忽职守罪追究其刑事责任。被告人陈利民案发后主动投案，并如实供述其罪行，属自首，依法可以从轻或者减轻处罚。提请法院依法判处。

问：作为水行政执法人员，如果你是刘某该如何为自己辩护？刘某是否构成玩忽职守罪？

答：刘某应从下面三点为自己辩护：一是任职期间有严格履行职责，编办对水政监察大队的批复来证明自己的职责；二是没有接到反映或举报砂场存在超范围采砂的问题；三是对超量采砂3万多立方米的数量、价格有异议，且河道管理还有其他职能部门的责任。

刘某无视国家法律，身为揭西县水利水政监察大队的负责人，负有监管揭西县辖区内河道采砂管理的工作职责，在履行本职工作的过程中严重不负责任，不正确履行职责，致使国家公共财产遭受重大损失，情节特别严重，其行为已构成玩忽职守罪，应依法惩处。鉴于案发后刘某能主动到检察机关投案，并如实供述犯罪事实，其行为属自首，依法予以减轻处罚。综合考虑刘某的犯罪事实、犯罪情节、认罪态度及社会危害性，可对刘某适用缓刑。

510.案情简介：桂林市节约用水办公室（简称市节水办）于1996年调整为桂林市市政公用事业管理局管理（同时列为全民所有制事业单位），2010年调整为桂林市水利电力局主管（2011年5月9日，市节水办参照《公务员法》管理）。

2010年11月2日，桂林市机构编制委员会以市编〔2010〕18号“桂林市机构编制委员会关于桂林市节约用水计划用水办公室机构编制事项的批复”明确了市节水办的工作职责，其中有负责市辖区范围内的水资源费征收工作。

2011年4月20日，桂林市水利局授权市节水办以桂林市水利局的名义，由市节水办在桂林市行政辖区内依法征收水资源费。

甘某某于2005年10月调到市节水办工作，2009年12月30日被任命为该办主任，主持市节水办全面工作到2013年12月底止。经上诉人甘某某同意，市节水办在对中化橡胶桂林有限公司、桂林集琦药业有限公司计征水资源费时，没有依照相关的规定计征，而擅自采取商议计征方式收取水资源费。其中，对中化橡胶桂林公司2010~2012年每年实际征收水资源费分别为216 000元、120 000元、72 000元，三年合计408 000元；对桂林集琦药业有限公司2010~2013年期间实际征收水资源费分别为21 500元、18 000元、26 360元、36 720元，四年合计102 580元。上述事实，有相关证据证实。

问：1.关于甘某某是否存在滥用职权行为的问题？2.关于按日最大取水量及按取水许可证规定的取水量计算的水资源费损失能否作为滥用职权造成经济损失的问题？3.关于甘某某滥用职权行为是否致使公共财产、国家和人民利益遭受重大损失的问题？

答：1.关于甘某某是否存在滥用职权行为的问题。桂林市节水办受桂林市水行政主管部门的委托，在桂林市行政辖区内依法征收水资源费。甘某某身为桂林市节水办主任，系在国家机关委托职权的组织中从事公务的人员，明知国务院《取水许可和水资源费征收管理条例》第三十二条"水资源费缴纳数额根据取水口所在地水资源费征收标准和实际取水量确定"之规定，故意违反规定，在每年征收取水单位中化橡胶桂林有限公司、桂林集琦药业有限公司水资源费时，擅自采取协商的方式计征水资源费，其行为违反法律法规规定和委托机关授权范围，属滥用职权行为。桂林市水利局责改字〔2011〕第14号责令改正通知书中追缴的水资源费数据系节水办上报产生的，不能证明上级单位同意其采取协商的方式征收水资源费，陈某某等证人证实，其只知道中化橡胶桂林有限公司拖欠水资源费的情况，但并不知道更没认可采用协商的方式收取相关单位的水资源费，且上级领导是否知道其采用协商的方式征收水资源及前任节水办主任采取协商收取水资源费，亦不能改变上诉人滥用职权的事实。

2.关于按日最大取水量及按取水许可证规定的取水量计算的水资源费损失能否作为滥用职权造成经济损失的问题。根据国务院《取水许可和水资源费征收管理条例》第三十二条，水资源费缴纳数额根据取水口所在地水资源费征收标准和实际取水量确定。《最高人民法院 最高人民检察院〈关于办理渎职刑事案件适用法律若干问题的解释(一)〉》第八条规定，滥用职权造成的经济损失，是指渎职犯罪与渎职犯罪相关联的犯罪立案时已经实际造成的财产损失，包括为挽回渎职犯罪造成损失而支付的各种开支、费用等。具体就本案而言，甘某某滥用职权，违反规定采取协商方式收取涉案企业的水资源费，给国家造成的经济损失应为根据《取水许可和水资源费征收管理条例》第三十二条"水资源费缴纳数额根据取水口所在地水资源费征收标准和实际取水量确定"，计算出的水资源费与协商收费之差额。一审判决认定按日最大取水量计算的水资源费数额，系根据该条例第五十三条"未安装计量设施的，责令限期安装，并按照日最大取水能力计算的取水量和水资源费征收标准计征水资源费，处5 000元以上2万元以下罚款；情节严重的吊销取水许可证。计量设施不合格或运行不正常的，责令限期更换或者修复；逾期不更换或者不修复的，按照日最大取水能力计算的取水量和水资源费征收标准计征水资源费，可以处1万元以下罚款；情节严重的吊销取水许可证"的规定，计算得出水资源费用，该费用系带有惩罚性规定的行政收费，该收费与实际损失数额属于不同性质的费用。故按日最大取水能力计算得出的水资源费，不能作为滥用职权造成经济损失的依据。

3.关于甘某某滥用职权行为是否致使公共财产、国家和人民利益遭受重大损失的问题。根据《最高人民法院 最高人民检察院〈关于办理渎职刑事案件适用法律若干问题的解释(一)〉》第一条的规定，国家机关工作人员滥用职权或者玩忽职守，具有下列情形之一的，应当认定为刑法第三百九十七条规定的"致使公共财产、国家和人民利益遭受重大损失"，可对其以滥用职权罪定罪处罚。甘某某对涉案企业采取协商收费的方式，征收水资源费，系滥用职权行为,前有所述,不再赘述。本案焦点在于,甘某某滥用职权的行为,是否致使公共财产、国家和人民利益遭受重大损失,是否属于《最高人民法院 最高人民检察院〈关于办理渎职刑事案件适用法律若干问题的解释(一)〉》第一条规定的四种情形之一。水资源对国家经济、社会发展极其重要。国家重视保护水资源,先后制定《水法》《取水许可和水资源费征收管理条例》等法律法规保护水资源,水资源的有偿使用,征收水资源费,是保护水资源及上述法律法规得以落实的重要手段之一。甘某某采取与取水单位协商的方式计征水资源费,导致《取水许可和水资源费征收管理条例》第三十二条规定不能依法执行;同时,对于涉案企业在未安装取水计量设施的情况下,本应根据该条例第五十三条规定征收水资源费而未征收。根据《取水许可和水资源费征收管理条例》第五十三条规定计算的损失虽不作为其滥用职权造成直接损失的依据,但该损失系国家可通过惩罚性的行政征收规定依法征收的水资源费。故甘某某在其任桂林市节水办主任期间,故意违反国家法律、行政法规定的权限和程序,在涉案三年期间,长期未依法正确履行职责,采取与取水单位协商的方式计征水资源费,损害了国家的利益,其行为属于《最高人民法院 最高人民检察院〈关于办理渎职刑事案件适用法律若干问题的解释(一)〉》第一条第(三)项规定的"造成恶劣社会影响的"的情形。

甘某某身为国家机关委托职权的组织中从事公务的人员,明知国家在征收水资源费上有明确的相关规定,故意违反国家法律、行政法规定的权限和程序,在涉案三年期间,长期未依法正确履行职责,采取与取水单位协商的方式计征水资源费,损害了国家的利益,造成恶劣社会影响,其行为触犯《刑法》第三百九十七条第一款之规定,构成滥用职权罪,依法应处三年以下有期徒刑或者拘役。

511.案情简介:2000年6月绥阳县机构编制委员会同意成立"绥阳县水土保持监督执法站"与"水土保持站"两块牌子,一套人员,职责为依法保护和管理水土保持设施,负责审批生产建设单位和个人的水土保持方案,依法对有关部门、厂矿、企事业单位及个人进行监督检查,对违反水土保持法规的行为依法作出行政处理、行政处罚或采取其他行政措施,负责本辖区内水土流失防治纠纷的调解工作及防治费的收缴和管理等。2001年3月,绥阳县水土保持监督执法站获事业单位法人资格,法定代表人毛某某。2009年6月1日《贵州省水土保持设施补偿费征收管理办法》实施,明确对从事采矿、采石等生产经营活动的企业,应当征收水土保持设施补偿费,由县级以上人民政府水行政主管部门或者水土保持机构按照分级管理权限,负责水土保持设施补偿费的征收和管理工作。被告人毛某某明知应按照该办法的规定对我县的水土保持设施补偿费进行征收,但认为金额太小,放任不收,并将此情况给时任分管副局长童某某汇报,童某某也认为征收的费用少,对此项工作放任不管,致使对采石、采砂场应当征收的水土保持设施补偿费从2009年6月1日至2013年12月31日一直没有征收,经遵义市水务局、绥阳县水利局、绥阳县水土保持监督执法站计算,造成国家经济损失共计373 072元。截至2014年第三季度,已清理、追缴全县砂石场水土保持补偿费39.98万元。

问:毛某某的行为是否构成玩忽职守罪?

答:毛某某身为国家机关工作人员,在工作中不履行职责,致使公共财产、国家和人民利益遭受重大损失,其行为已触犯刑律,构成玩忽职守罪。

512.案情简介:2015年9月至2016年9月,被告人周某某利用担任水利监察大队中队长的职务便利向管理对象收取水土保持费、施工押金、罚款费用共计21.26万元，未及时上缴单位财务，挪作个人使用。

案发后，周某某将被挪用款项全部归还西峡县水利局水政监察大队。

问：周某某其行为是否已构成挪用公款罪？

答：周某某利用职务上的便利，多次挪用公款计21.26万元归个人使用，数额较大，超过三个月未还，其行为已构成挪用公款罪。希望水行政执法人员加强各方面法律知识的学习，避免犯罪行为的发生。

附：《刑法》相关法律

《刑法》

第三百八十四条　国家工作人员利用职务上的便利，挪用公款归个人使用，进行非法活动的，或者挪用公款数额较大、进行营利活动的，或者挪用公款数额较大、超过三个月未还的，是挪用公款罪，处五年以下有期徒刑或者拘役；情节严重的，处五年以上有期徒刑。挪用公款数额巨大不退还的，处十年以上有期徒刑或者无期徒刑。

挪用用于救灾、抢险、防汛、优抚、扶贫、移民、救济款物归个人使用的，从重处罚。

最高人民法院《关于审理挪用公款案件具体应用法律若干问题的解释》

第四条　多次挪用公款不还，挪用公款数额累计计算；多次挪用公款，并以后次挪用的公款归还前次挪用的公款，挪用公款数额以案发时未还的实际数额认定。

《最高人民法院　最高人民检察院〈关于办理贪污贿赂刑事案件适用法律若干问题〉的解释》

第六条　挪用公款归个人使用，进行营利活动或者超过三个月未还，数额在五万元以上的，应当认定为《刑法》第三百八十四条第一款规定的“数额较大”；数额在五百万元以上的，应当认定为刑法第三百八十四条第一款规定的“数额巨大”。具有下列情形之一的，应当认定为刑法第三百八十四条第一款规定的“情节严重”：

（一）挪用公款数额在二百万元以上的；

（二）挪用救灾、抢险、防汛、优抚、扶贫移民、救济特定款物，数额在一百万元以上不满二百万元的；

（三）挪用公款不退还，数额在一百万元以上不满二百万元的；

（四）其他严重的情节。

513. 案情简介：2018年12月22日，昌宁县人民政府组织联合执法组，到湾甸乡大城村某某河禁采区河段对原告罗从保非法经营的采砂机具进行拆除。当日16时许，工作人员将采砂场拆卸下来的采砂船等机具运送到原大城部队连营房，准备卸载的时候，罗从保阻碍工作人员卸载采砂船等机具，经执法人员多次劝阻，但其不听劝阻，反而强行冲撞闯公安机关设置的警戒带、警戒区，致使警戒带脱落，后被公安民警控制并带离现场。2018年12月22日，被告昌宁县公安局受案，按法定程序作出昌公（治）行罚决字〔2018〕第1023号《行政处罚决定书》，向原告宣告并送达，罗从保拒绝签收。23日，被告将原告罗从保移送昌宁县拘留所进行行政拘留；28日因原告罗从保突发疾病，昌宁县拘留所作出《昌宁县拘留所建议停止执行拘留通知书》，同日被告昌宁县公安局经批示后作出《建议停止执行拘留复函》，昌宁县拘留所作出《昌宁县拘留所解除拘留证明书》，后将罗从保释放。昌宁县公安局于同日将原告罗从保送回昌宁县湾甸乡大城村。2019年5月，罗从保到昌宁县公安局信访时签收了该《行政处罚决定书》。同年9月28日罗从保对《行政处罚决定书》不服,向法院提起行政诉讼,请求人民法院依法撤销昌宁县公安局作出的昌公(治)行罚决字〔2018〕第1023号《行政处罚决定书》,并判令昌宁县公安局赔偿罗从保侵犯人身自由赔偿金1 404.83元、精神损害抚慰金10 000元、医疗费8 288.58元、误工费1 000元、护理费1 000元、住院伙食补助费600元,合计22 293.41元,判令昌宁县公安局为罗从保消除影响、恢复名誉、赔礼道歉。

问:罗从保的诉讼请求法院会支持吗?

答:依据《治安管理处罚法》第七条"县级以上地方各级人民政府公安机关负责本行政区域内的治安工作"的规定,昌宁县公安局依法具有对辖区内违反治安管理的行为进行行政处罚的职权。本案证人证言及视听资料证明,罗从保在昌宁县人民政府组织的联合执法组对其在大城村某某河禁采区非法采砂的采砂机具拆除,后进行卸载时不听工作人员劝阻,冲撞被上诉人设置的警戒带,其行为已违反《治安管理处罚法》第五十条第一款(四)项的规定,属违法行为。昌宁县公安局根据罗从保的违法事实,依照法律规定对罗从保作出昌公(治)行罚决字〔2018〕第1023号《行政处罚决定书》的行政行为程序合法,适用法律正确、处罚得当,罗从保称并未冲撞被上诉人设置的警戒带、警戒区的理由无事实依据,法院不予以支持。另,罗从保未能提交其被拘留5日后突发疾病需住院治疗的事实产生的原因系昌宁县公安局执行行政处罚所致的证据,故罗从保要求昌宁县公安局赔偿侵犯人身自由赔偿金1 404.83元、精神损害抚慰金10 000元、医疗费8 288.58元、误工费1 000元、护理费1 000元、住院伙食补助费600元,合计22 293.41元及要求昌宁县公安局为其消除影响、恢复名誉、赔礼道歉的请求无事实和法律依据,法院亦不予支持。

514.案情简介:张三自2018年4月起至2019年1月14日止未经批准擅自在木兰溪鲤南平原河段城西大桥下游河床内采砂。2019年1月14日下午,水利执法人员在巡查时,发现张三采用型号为SK330LC-8的全液压挖掘机在木兰溪鲤南平原河段城西大桥下游的河床内开挖砂石料。当日,仙游县水务局对张三作出(仙水)责字〔2019〕第004号《责令停止水事违法行为通知书》,责令原告立即停止违法行为,听候处理,并对型号为SK330LC-8的全液压挖掘机先行登记保存。张三自2018年4月起至2019年1月14日止,共计非法采砂192车,每车售出价值300元,总价值57 600元。2019年1月23日,仙游县水务局向张三送达《行政处罚事先告知书》和《行政处罚听证告知书》,告知拟对张三作出处罚决定的事实、理由及依据,并告知张三依法享有陈述、申辩和要求听证的权利。2019年1月26日,张三向仙游县水务局提交《挖掘机租赁合同》及相关复印件,并提出关于型号为SK330LC-8的全液压挖掘机是其向福建省南靖县靖城镇大房新村村民黄育平租赁的,其未经水行政主管部门批准在木兰溪开采砂石料的行为是不对的,但没有影响河道防洪安全,仙游县水务局不能对该挖掘机进行没收的陈述、申辩。仙游县水务局认为其拟作出的行政处罚正确,对原告的陈述、申辩不予采纳。仙游县水务局经集体讨论后,于2019年2月10日作出仙水罚〔2019〕1号《行政处罚决定书》。

问:仙游县水务局没收的型号为SK330LC-8的全液压挖掘机是用于采砂的机具是否错误?

答:《河道管理条例》第四十四条第(四)项规定:未经批准或者不按照河道管理机关的规定在河道管理范围内采砂、取土、淘金、弃置砂石或者淤泥、爆破、钻探、挖筑鱼塘的,县级以上人民政府河道管理机关除责令其纠正违法行为,采取补救措施外,可以并处警告、罚款、没收违法所得。且根据《行政处罚法》第十一条第二款“法律、行政法规对违法行为已经作出行政处罚规定,地方性法规需要作出具体规定的,必须在法律、行政法规规定的给予行政处罚的行为、种类和幅度的范围内规定”。本案上位法没有规定没收。仙游县水务局作出没收非法采砂机具型号为SK330LC-8的全液压挖掘机一台的处罚内容缺乏法律依据,依法应予撤销。

515.问:行政处罚应当遵循过罚相当原则,在水行政处罚实践过程中如何操作才能避免被法院撤销?

答:《行政处罚法》是规范行政处罚的种类、设定及实施的基本法律,《水法》是规范水资源管理的基本法律。在处罚水事违法行为方面,二者之间是一般法与特别法的关系,即通常应优先适用《水法》,但在水法没有明确规定时,可以适用《行政处罚法》。

行政处罚应遵循过罚相当原则,行政处罚所适用的处罚种类和处罚幅度要与违法行为的性质、情节及社会危害程度相适应。行政处罚兼具惩罚和教育的双重功能,通过处罚既应达到纠正违法行为的目的,也应起到教育违法者及其他公民自觉守法的作用。对违法行为施以适度的处罚,既能纠正违法行为,又能使违法者自我反省,同时还能教育其他公民自觉守法。如果处罚过度,则非但起不到教育的作用,反而会使被处罚者产生抵触心理,甚至采取各种手段拖延或抗拒执行处罚,无形中增加了行政机关的执法成本,也不利于树立行政处罚的公信力。

举例:依法应当编制水土保持方案的生产建设项目,未编制水土保持方案或者编制的水土保持方案未经批准而开工建设的处罚。(1.首次违法;2.主动或按要求停止违法行为,在规定期限内补办手续;3.违法行为轻微,没有造成危害后果)

依据:1.《行政处罚法》第三十二条、第三十三条:违法行为轻微并及时纠正,没有造成危害后果的,不予行政处罚。2.《水土保持法》第五十三条:责令停止违法行为,限期补办手续;逾期不补办手续的,处五万元以上五十万元以下的罚款。如果你对首次违法的企业罚款20万元,是否违背这一原则呢?

关于处罚幅度是否适当的问题,《行政处罚法》是规范行政处罚的种类、设定及实施的基本法律,《水法》是规范水资源管理的基本法律。在处罚水事违法行为方面,二者之间是一般法与特别法的关系,即通常应优先适用《水法》,但在《水法》没有明确规定时,可以适用《行政处罚法》。

《行政处罚法》第五条第二款规定,“设定和实施行政处罚必须以事实为依据,与违法行为的事实、性质、情节以及社会危害程度相当”。《行政处罚法》第五条规定,“实施行政处罚,纠正违法行为,应当坚持处罚与教育相结合,教育公民、法人或者其他组织自觉守法”。行政处罚应遵循过罚相当原则,行政处罚所适用的处罚种类和处罚幅度要与违法行为的性质、情节及社会危害程度相适应。行政处罚兼具惩罚和教育的双重功能,通过处罚既应达到纠正违法行为的目的,也应起到教育违法者及其他公民自觉守法的作用。对违法行为施以适度的处罚,既能纠正违法行为,又能使违法者自我反省,同时还能教育其他公民自觉守法。如果处罚过度,则非但起不到教育的作用,反而会使被处罚者产生抵触心理,甚至采取各种手段拖延或抗拒执行处罚,无形中增加了行政机关的执法成本,也不利于树立行政处罚的公信力。

《行政处罚法》第三十二条第一款规定,“当事人有下列情形之一的,应当依法从轻或者减轻行政处罚:(一)主动消除或者减轻违法行为危害后果的;(二)受他人胁迫有违法行为的;(三)配合行政机关查处违法行为有立功表现的;(四)其他依法从轻或者减轻行政处罚的”。违法行为轻微并及时纠正,没有造成危害后果的,不予行政处罚。其中,“从轻处罚”是指在法定幅度内选择较低限度予以处罚,“减轻处罚”是指在法定幅度最低限以下予以处罚。

《水土保持法》五十三条:违反本法规定,有下列行为之一的,由县级以上人民政府水行政主管部门责令停止违法行为,限期补办手续;逾期不补办手续的,处五万元以上五十万元以下的罚款;对生产建设单位直接负责的主管人员和其他直接责任人员依法给予处分:(一)依法应当编制水土保持方案的生产建设项目,未编制水土保持方案或者编制的水土保持方案未经批准而开工建设的;(二)生产建设项目的地点、规模发生重大变化,未补充、修改水土保持方案或者补充、修改的水土保持方案未经原审批机关批准的;(三)水土保持方案实施过程中,未经原审批机关批准,对水土保持措施作出重大变更的。

516.案情简介:2017 年 6 月 8 日,韵渠公司成立,并办理工商营业执照。营业执照载明的经营范围为旅游景区开发、建设、管理服务,休闲农庄服务,餐饮、住宿服务,水上游乐运动、水产品养殖及销售、河道垃圾清理等,同时明确:依法须经批准的项目,经相关部门批准后方可开展经营活动。“朗江鱼庄”(水上餐饮船舶平台)系韵渠公司的水上经营项目,主要从事餐饮和休闲垂钓服务。该项目平台位于渠水河朗江××库区水面,未取得相关部门检验、许可。

2017 年 9 月 24 日,湖南省会同县地方海事处,向韵渠公司下达《水上交通安全隐患督查检查整改意见书》,认定韵渠公司餐饮船舶离电站不足 500 米的安全距离,排筏船员无任何证书,船舶无合格证书,责令韵渠公司于 30 个工作日将餐饮船舶搬离 500 米以外的安全距离,为船舶及驾驶员办理相关证件。2017 年 12 月 29 日,怀化市船舶安全专项整治工作领导小组办公室(简称怀化船舶整治办)下发怀化船舶整治办〔2017〕2 号《怀化市“僵尸船”清理整治工作方案》,明确整治对象为在河道水域长期停泊不用、无人管理的各类船舶(俗称“僵尸船”),包括客船、渡船、货船、趸船、采砂船、餐饮船、渔船、旅游船(艇)、排筏、运砂船及相关水上浮动设施等。同日,怀化船舶整治办下发怀化船舶整治办〔2017〕3 号《关于开展船舶安全专项整治行动具体实施意见》,要求对各类水上餐饮、娱乐船舶及设施(水上餐饮平台)依法予以取缔。2018 年 5 月 9 日,会同县地方海事处向韵渠公司下达《水上交通安全隐患督查检查整改意见书》,认定韵渠公司违反《湖南省水上交通安全条例》第二十七条的规定,责令韵渠公司立即停止运营。2018 年 5 月 10 日,怀化船舶整治办下发《关于开展全市水上餐饮船舶(平台)专项整治工作的紧急通知》,要求重点整治存在安全隐患、污染水体、无证无照的水上餐饮船舶(平台)场所,并在 6 月 20 日前一律依法予以取缔或拆解。2018 年 6 月 14 日,湖南省会同县防汛抗旱指挥部(简称指挥部)向韵渠公司下达第 2 号清障令,责令韵渠公司在 6 月 18 日前将餐饮船舶等相关船只(平台)清除到位。2018 年 6 月 15 日,怀化市人民政府督查室下发《关于开展河道采砂、水上餐饮船舶(平台)、船只安全度汛及网箱养殖专项整治工作督查情况的通报》,对会同县等 5 个县(市、区)未在规定的时间节点内,对水上餐饮船舶(平台)采取“双停”措施情况予以通报,并将渠水“朗江鱼庄餐饮船未落实‘双停’措施,且该船距朗江电站大坝约 200 米,存在安全隐患”列入督查问题清单予以明确。2018 年 6 月 22 日,会同县总河长下达《关于开展水上餐饮船专项整治的决定》第 2

号令，主要内容：为确保渠水河道水域防洪、航运、水生态安全，消除朗江电站大坝安全隐患和河道水岸污染隐患。根据指挥部第 2 号清障令，决定在 2018 年 6 月 28 日前对朗江电站库区内“朗江鱼庄水上餐饮船及相关船只(平台)开展专项整治行动。”经查实，“朗江鱼庄”餐饮船及相关船只(平台)在渠水河朗江电站大坝上游安全管理范围内，妨碍河道行洪，危及朗江电站大坝安全。根据《防洪法》等有关规定，依法对该餐饮船及相关船只(平台)设施清除出渠水水域，以确保市人民政府督办的我县餐饮船整治工作全面完成。2018 年 6 月 26 日，指挥部向韵渠公司下达第 3 号清障令，决定对韵渠公司水上非法餐饮船舶(平台)进行全面清除，并明确告知申请行政复议和提起行政诉讼的权利和期限。2018 年 6 月 29 日，指挥部组织所属成员单位和相关部门，对韵渠公司“朗江鱼庄”水上餐饮船舶(平台)从水面上予以强制清除，拆除后的浮动设施移至岸边，屋内物品移至唐兴发房屋，交由其保管。

2018 年 8 月 22 日，指挥部作出《关于对会同县韵渠旅游开发有限公司信访事项答复意见书》，告知信访人韵渠公司和唐兴发、梁四梅，如认为合法权益受到行政执法部门的不法侵害，可以依法申请行政复议或提起行政诉讼。2018 年 9 月 29 日，会同县政府作出《信访事项复查申请不予受理告知书》，以被申请人指挥部不属行政机关为由，决定不予受理唐兴发、梁四梅的复查申请。2018 年 10 月 22 日，韵渠公司提起本案行政诉讼，请求确认会同县政府强制清除“朗江鱼庄”水上乐园设施的行为违法。

怀化市中级人民法院〔2018〕湘 12 行初 76 号行政判决认为，指挥部是会同县政府依法设立的防汛抗旱工作机构，韵渠公司不服指挥部作出的行政强制行为，以会同县政府为被告提起行政诉讼，符合法律规定。韵渠公司建造的“朗江鱼庄”餐饮船舶(平台)设施和在该场所从事经营的行为，未办理相应的行政许可手续，韵渠公司的建设、经营行为违法。指挥部未告知韵渠公司享有陈述、申辩权，违反正当程序规定，且指挥部的强制清除行为已执行完毕，不具有可撤销内容。依照《行政诉讼法》第七十四条第二款第一项规定，判决确认会同县政府(指挥部)强制清除韵渠公司“朗江鱼庄”水上乐园设施的行为违法。会同县政府不服，提起上诉。

湖南省高级人民法院〔2019〕湘行终 143 号行政判决认为，指挥部实施的强制清除行为属于行政强制执行行为，应受《行政强制法》的调整。指挥部作出强制执行决定前未履行催告程序，未保障当事人陈述和申辩的权利，强制执行决定未载明强制执行的方式和时间，违反《行政强制法》的相关规定。鉴于在第 2 号清障令责令韵渠公司自行清除期满后的第八天，指挥部才作出强制执行决定(第 3 号清障令)，在此期间韵渠公司实际上有陈述、申辩的机会，故被诉强制清除行为程序上的瑕疵属程序轻微违法，对韵渠公司的权利不产生实际影响。依照《行政诉讼法》第七十四条第一款第二项、第八十九条第一款第二项，判决撤销一审判决，确认会同县政府(指挥部)行政强制清除韵渠公司“朗江鱼庄”水上乐园设施的行为程序轻微违法。

问：作为水行政执法人员，你认为怀化市中级人民法院〔2018〕湘 12 行初 76 号行政判决合理？湖南省高级人民法院〔2019〕湘行终 143 号行政判决合理？或者都不合理？强制清除河道、湖泊内障碍物是不是属行政强制措施，如果是行政强制措施那么在我们的水行政执法实践中如何操作？这个案例是基层水行政执法人员必须厘清的法律问题，只有把这个问题研究清楚了才能更好地指导我们的实践，避免违法行为的发生。

答：根据《防洪法》第二十二条第二款，禁止在河道、湖泊管理范围内建设妨碍行洪的建筑物、构筑物，从事影响河势稳定、危害河岸堤防安全和其他妨碍河道行洪的活动。第三十九条第三款规定，有防汛抗洪任务的县级以上地方人民政府设立由有关部门、当地驻军、人民武装部负责人等组成的防汛指挥机构，在上级防汛指挥机构和本级人民政府的领导下，指挥本地区的防汛抗洪工作，其办事机构设在同级水行政主管部门。第四十二条第一款规定，对河道、湖泊范围内阻碍行洪的障碍物，按照谁设障、谁清除的原则，由防汛指挥机构责令限期清除；逾期不清除的，由防汛指挥机构组织强行清除，所需费用由设障者承担。《行政强制法》第二条第二款规定，行政强制措施是指行政机关在行政管理过程中，为制止违法行为、防止证据损毁、避免危害发生、控制危险扩大等情形，依法对公民、法人或者其他组织的财物实施暂时性控制的行为。第十八条规定，行政机关实施行政强制措施应当遵守下列规定：(一)实施前须向行政机关负责人报告并经批准；(二)由两名以上行政执法人员实施；(三)出示执法身份证件；(四)通知当事人到场；(五)当场告知当事人采取行政强制措施的理由、依据以及当事人依法享有的权利、救济途径；(六)听取当事人的陈述和申辩；(七)制作现场笔录；(八)现场笔录由当事人和行政执法人员签名或者盖章，当事人拒绝的，在笔录中予以注明；(九)当事人不到场的，邀请见证人到场，由见证人和行政执法人员在现场笔录上签名或者盖章；(十)法律、法规规定的其他程序。《行政诉讼法》第七十四条第二款第一项规定，行政行为违法，但不具有可撤销内容的，人民法院判决确认违法。根据上述规定，县级以上人民政府设立的防汛指挥机构，对河道、湖泊范围内阻碍行洪的障碍物，有权责令限期清除；逾期不清除的，由防汛指挥机构组织强行清除。强制清除阻碍行洪的障碍物，目的在于排除危险、保障汛期行洪通畅，是为制止违法行为、避免危害发生，而对公民、法人或者其他组织的财物实施的暂时性控制行为，属于行政强制措施，不是行政强制执行。行政机关依照法律、法规授权，实施行政强制措施行为，应当遵守相应的法定程序。行政强制措施行为程序违法，但如果该违法行政行为系事实行为、不具有可撤销内容，人民法院应当依法判决确认违法。

本案中，指挥部作为会同县政府组建的负责防汛工作的指挥机构，依法有权对阻碍行洪的障碍物进行清除。指挥部作为会同县政府设立的不具有独立承担法律责任能力的临时机构，当事人不服其以自己名义作出的行政行为提起行政诉讼的，依照《最高人民法院关于适用〈中华人民共和国行政诉讼法〉的解释》第二十条第一款，应当以组建该机构的会同县政府为被告。韵渠公司“朗江鱼庄”水上设施距朗江电站大坝仅200余米，对防汛、水上交通安全和电站大坝安全度汛构成重大隐患，指挥部有权责令其限期清除；逾期不清除的，依法强制清除。但是，在实施清除行政强制措施行为时，应当依法告知当事人采取行政强制措施的理由、依据以及当事人依法享有的权利、救济途径，听取当事人的陈述和申辩。指挥部实施强制清除行为，未履行告知义务，未听取韵渠公司的陈述、申辩，行政强制措施行为违反法定程序。

517.案情简介：临漳县工商局在作出对中石油邯郸分公司三加油站的行政处罚决定书并向临漳县人民法院提出强制执行的申请后，又以召开局长办公会的形式决定向法院撤回该申请，由时任该局法制科科长刘某做会议记录。会后，该局局长王某某指派时任该局邺城分局副分局长马某作为委托代理人到临漳县人民法院申请撤回强制执行申请，由刘某陪同前往。马某提出在会议记录上补记与其无关的相关文字，刘某在王某某同意下进行了补记，与马某到临漳县人民法院办理了相关撤回强制执行申请的手续。临漳县人民法院遂裁定终结对三份相关行政处罚决定书的执行。截至申请执行时效期间届满，涉案行政处罚决定书确定的罚款321 242元和应加处罚款321 242元，除中石油邯郸分公司向临漳县工商局交纳5万元外，余款未能执行。

上述事实清楚，有相关会议记录、委托书、处罚决定书、行政裁定书、执行裁定书、执行通知书、撤回申请、转账记录及罚款收据复印件等书证、证人、证言及刘某和马某的供述等证据予以证实。

问：该局法制科科长刘某是否构成犯罪？

答：刘某系临漳县工商局法制科科长，具有对该局相关业务及法律文书合法性审查的职权，根据《最高人民法院　最高人民检察院关于办理渎职刑事案件适用法律若干问题的解释(一)》的相关规定，以"集体研究"形式实施的渎职犯罪，对于具体执行人员，应当在综合认定其行为性质、是否提出反对意见、危害结果大小等情节的基础上决定是否追究刑事责任和应当判处刑罚。刘某身为国家机关工作人员，滥用职权，不正确履行职责，给国家财产造成重大损失，刘某的行为已构成滥用职权罪。

518.问：代履行在水行政执法实践中如何理解和适用？

答：代履行。指义务人不履行可由第三人代为履行的义务时，由第三人代为履行并向义务人征收必要费用的强制执行措施。如拆除违章建筑时，行政机关可先请人代为拆除，再由义务人支付费用。

代履行需要具备以下条件：

(1)代履行的义务一般是作为义务，如拆除违章建筑。对不作为义务，如责令停产停业处罚的执行，就不能适用代履行。另外，该作为义务还必须可由他人代为履行，有些针对特定人的不能由他人代为履行的义务则不能适用代履行，如行政拘留、服兵役等。

(2)义务人在法定期限内故意不履行义务。对于有正当原因不能履行的，不能适用行政强制执行。

(3)代履行的他人既可以是执行机关和相对人以外的第三人，也可以是执行机关自身。如《水法》第六十五条规定："在河道管理范围内建设妨碍行洪的建筑物、构筑物，或者从事影响河势稳定、危害河岸堤防安全和其他妨碍河道行洪的活动的，由县级以上人民政府水行政主管部门或者流域管理机构依据职权，责令停止违法行为，限期拆除违法建筑物、构筑物，恢复原状；逾期不拆除、不恢复原状的，强行拆除，所需费用由违法单位或者个人负担，并处一万元以上十万元以下的罚款。"这里第六十五条的第一款和第二款规定了两个代履行的间接强制执行权。

代履行的程序一般包括三个阶段：催告、代履行、征收费用。催告以书面的形式作出，为义务人履行义务再次设定期限。只有在催告所设定的期限内，义务人没有履行义务，并且具有主观上的故意而不是实际不能履行时，始得代履行。代履行完毕后，由执行机关向义务人收取执行费用，执行费用以执行的实际支出为限。

由于代履行的强制程度较弱，《行政强制法》第五十条采用了普遍授权的规定：行政机关依法作出要求当事人履行排除妨碍、恢复原状等义务的行政决定，当事人逾期不履行，经催告仍不履行，其后果已经或者将危害交通安全、造成环境污染或者破坏自然资源的，行政机关可以代履行，或者委托没有利害关系的第三人代履行。这是少有的在《行政强制法》中授予行政机关强制执行权的条款。

第六十七条　在饮用水水源保护区内设置排污口的，由县级以上地方人民政府责令限期拆除、恢复原状；逾期不拆除、不恢复原状的，强行拆除、恢复原状，并处五万元以上十万元以下的罚款。

未经水行政主管部门或者流域管理机构审查同意，擅自在江河、湖泊新建、改建或者扩大排污口的，由县级以上人民政府水行政主管部门或者流域管理机构依据职权，责令停止违法行为，限期恢复原状，处五万元以上十万元以下的罚款。

本条是关于在饮用水水源保护区内设置排污口以及擅自在江河、湖泊新建、改建或者扩大排污口的行为所应承担的法律责任的规定。

一、在饮用水水源保护区内设置排污口应当承担的法律责任。

《水法》第三十四条第一款规定：禁止在饮用水水源保护区内设置排污口。《水污染防治法》已规定禁止向生活饮用水地表水源一级保护区排放污水，而《水法》规定禁止在饮用水水源保护区内设置排污口，即不论饮用水水源保护区等级，均禁止设置排污口，这实际上扩大了禁止的范围。因此，只要当事人在饮用水水源保护区内设置排污口，即构成违法，应当承担本条第一款规定的法律责任。依照本款的规定，由县级以上地方人民政府对违法行为人给予行政处罚，处罚的方式有以下几种：

(1)责令限期拆除、恢复原状。即由县级以上地方人民政府向违法行为人发出处罚通知，责令违法行为人在一定的期限内拆除排污口，恢复设置排污口之前的状态。违法行为人在接到责令限期拆除、恢复原状的行政处罚后，应当在规定的期限内拆除排污口，恢复饮用水水源保护区原状。

(2)逾期不拆除、不恢复原状的，强行拆除、恢复原状。即县级以上地方人民政府在违法行为人未在规定的期限内拆除排污口，恢复饮用水水源保护区原状的情况下，可以强行拆除排污口，恢复饮用水水源保护区原状。

(3)罚款。即由县级以上地方人民政府强制在饮用水水源保护区内设置排污口的违法行为人交纳一定数量货币的行政处罚。根据本款规定，只能在违法行为人未在规定的期限内拆除排污口、恢复饮用水水源保护区原状的情况下，才能够对违法行为人处以罚款。本款规定的罚款幅度是五万元以上十万元以下，罚款的具体数额由县级以上地方人民政府根据当事人违法行为的具体情况决定。

二、未经水行政主管部门或者流域管理机构审查同意，擅自在江河、湖泊新建、改建或者扩大排污口所应承担的法律责任。

《水法》第三十四条第二款规定：在江河、湖泊新建、改建或者扩大排污口，应当经过有管辖权的水行政主管部门或者流域管理机构同意，由环境保护行政主管部门负责对该建设项目的环境影响报告书进行审批。

依照本款的规定，未经水行政主管部门或者流域管理机构审查同意，擅自在江河、湖泊新建、改建或者扩大排污口的，即构成违法，就应当承担本款规定的法律责任。本款规定，由县级以上人民政府水行政主管部门或者流域管理机构依据职权对违法行为人给予行政处罚，处罚的方式有以下几种：

(1)责令停止违法行为。即县级以上人民政府水行政主管部门或者流域管理机构在行政执法中，发现并确认违法行为人未经水行政主管部门或者流域管理机构审查同意即擅自在江河、湖泊新建、改建或者扩大排污口的行为后，责令违法行为人停止正在进行的违法行为。

(2)限期恢复原状。即由县级以上人民政府水行政主管部门或者流域管理机构责令违法行为人在一定的期限内恢复新建、改建或者扩大排污口之前的状态。违法行为人在接到限期恢复原状的行政处罚后,应当在规定的期限内恢复原状。

(3)罚款。即由县级以上人民政府水行政主管部门或者流域管理机构强制在饮用水水源保护区内设置排污口的违法行为人交纳一定数量货币的行政处罚。根据本款规定,可以对违法行为人单处罚款。本款规定的罚款幅度是五万元以上十万元以下,罚款的具体数额由县级以上人民政府水行政主管部门或者流域管理机构根据当事人违法行为的具体情况决定。

519.问:在水行政执法实践中,“责令恢复原状”该如何操作?

答:一、“责令恢复原状”是行政命令

“行政命令”是行政主体依法要求相对人进行一定的作为或不作为的意思表示。这是一种基于法定职权的单方意思表示,不同于行政处罚的惩戒和制裁性,行政命令更在于制止违法行为后果的扩大。从法律条文上看,《行政处罚法》第二十三条规定:行政机关实施行政处罚时,应当责令改正或者限期改正违法行为。因此,对照《水行政处罚办法》的相关规定,“责令恢复原状”应属于“法律、法规或者规章设定的责令改正或者限期改正违法行为的行政命令的其他具体形式”。

二、“责令恢复原状”的适用条件

“责令恢复原状”是一个执法裁量环节,可责令也可以不责令。

三、“责令恢复原状”的实施程序

一是调查研判。违法情节和危害后果是现场执法调查重点。无法评价水事违法活动危害的可以委托第三方机构或者相关专家进行审核,根据审核结论,征询审批机构的意见,对项目的建设可行性做正确的研判。在此过程中,现场执法人员切不可以“不是自己能力范围无法认定”等的理由,忽略对建设项目违法性的纠正,致使危害扩大,造成履职风险。

二是做出决定。根据最高人民法院关于行政行为种类和规范行政案件案由的规定,行政命令不属行政处罚,因此“责令恢复原状”不适用行政处罚程序的规定,从理论上讲,水利部门可以根据查实的证据,直接制作并送达“责令恢复原状”决定书。

值得注意的是,单独下达“责令恢复原状”决定书,即便不需要正式告知程序,但从行政执法合理性角度上讲,调查中应当告知相对人违法行为的后果,听取相对人的陈述申辩,并通过执法视频、询问笔录、现场告知等方式记录在案。“为精简文书,责令改正的具体内容也可以写在《行政处罚决定书》中,不再单独做出《责令改正违法行为决定书》”的情况,“责令恢复原状”写在行政处罚决定书中的,则不能将其列为行政处罚的一项内容。

三是执行到位。《行政强制法》第五十条规定:行政机关依法做出要求当事人履行排除妨碍、恢复原状等义务的行政决定,当事人逾期不履行,经催告仍不履行,其后果已经或者将危害交通安全、造成环境污染或者破坏自然资源的,行政机关可以代履行,或者委托没有利害关系的第三人代履行。即“责令恢复原状”行政命令做出后,行政相对人不履行的,水利部门可以根据《行政强制法》代履行。

代履行需严格按照《行政强制法》规定的法定程序进行。一是要制作并送达代履行决定书,代履行决定书应当载明当事人的姓名或者名称、地址,代履行的理由和依据、方式和时

间、标的、费用预算以及代履行人。二是代履行3日前,催告当事人履行,当事人履行的,停止代履行;三是代履行时,做出决定的行政机关应当派员到场监督;四是代履行完毕,行政机关到场监督的工作人员、代履行人和当事人或者见证人应当在执行文书上签名或者盖章。

综上,水法律法规中"责令恢复原状"的行政命令要结合《行政强制法》中"代履行",依照法定程序方可予以实现。

520.问:非法采砂在水行政执法实践中如何具体认定?

答:近年来,非法采砂屡禁不止,社会危害严重,亟须刑事规制。《最高人民法院 最高人民检察院关于办理非法采矿、破坏性采矿刑事案件适用法律若干问题的解释》(简称《解释》)明确对非法采砂行为适用非法采矿罪,并对定罪量刑标准及有关法律适用问题做了规定。可以说,《解释》为困扰多年的非法采砂案件刑事规制和争执不休的定性问题画上了圆满的句号。

一、"违反矿产资源法的规定"的涵义

根据《刑法》第三百四十三条的规定,非法采矿罪的前提是"违反矿产资源法的规定"。经研究认为,为避免法律适用漏洞,对于"违反矿产资源法的规定",不宜限缩为违反《矿产资源法》的规定,而应当包括违反《水法》等其他法律、法规中关于矿产资源开发、利用、保护和管理规定的情形。基于此,《解释》第一条明确规定,违反《矿产资源法》《水法》等法律、行政法规有关矿产资源开发、利用、保护和管理的规定的,"应当认定为《刑法》第三百四十三条规定的'违反矿产资源法的规定'。"

二、非法采矿罪行为的定性

《矿产资源法实施条例》第二条第一款规定:"矿产资源是指由地质作用形成的,具有利用价值的,呈固态、液态、气态的自然资源。"砂属于矿产资源,可以成为非法采矿罪的对象。而且,《水法》第三十九条第一款规定"国家实行采砂许可制度";《河道管理条例》第二十五条规定,在河道管理范围内进行采砂活动,必须报经河道主管机关批准,涉及其他部门的,由河道管理机关会同有关部门批准。因此,对于未取得许可证非法采砂的行为,实质上是"未取得采矿许可证擅自采矿",应当适用非法采矿罪。

三、"未取得采矿许可证"的认定

从实践来看,对非法采砂适用非法采矿罪,可能适用的客观行为方式主要为"未取得采矿许可证擅自采矿"。为避免法律适用的漏洞,《解释》第四条第一款、第五条第一款对《刑法》第三百四十三条第一款规定的"采矿许可证"作了扩大解释,将开采河砂需要申请的采矿许可证、河道采砂许可证和开采海砂需要申请的采矿许可证、海砂开采海域使用权证均涵括在内。

由之带来的问题是,如何准确认定"未取得采矿许可证擅自采矿"。对于实行一证管理的区域,这一问题并不存在。但对于实行"两证"管理的区域,由于两证之间没有先后之分,取得其中一个证并非申领另一个证的前置程序,且实践中经常会出现取得其中一个证但无法取得另一个证的情形。例如,行为人已申领海域开采使用权证,并缴纳了海域使用金,但是申领采矿许可证未被批准。经研究认为,这一现象与现行的采砂管理体制不无关系,如果统一许可证发放或者明确两证之间的衔接关系,完全可以避免上述现象。此种情况下对行为人开采海砂的行为以非法采矿罪追究刑事责任,并不合适。对类似情形不宜认定为"未取得采矿许可证擅自采矿",不应以非法采矿罪论处。

基于上述考虑,《解释》第四条第一款规定:在河道管理范围内采砂,具有下列情形之一,符合刑法第三百四十三条第一款和本解释第二条、第三条规定的,以非法采矿罪定罪处罚:(一)依据相关规定应当办理河道采砂许可证,未取得河道采砂许可证的;(二)依据相关规定应当办理河道采砂许可证和采矿许可证,既未取得河道采砂许可证,又未取得采矿许可证的。第五条第一款规定:未取得海砂开采海域使用权证,且未取得采矿许可证,采挖海砂,符合《刑法》第三百四十三条第一款和本解释第二条、第三条规定的,以非法采矿罪定罪处罚。总而言之,对于实行一证管理的区域,以是否取得该许可证为认定非法采矿的标准;对于实行两证管理的区域,只要取得一个许可证,即不能认定为非法采矿,不宜以非法采矿罪论处。

四、非法采砂犯罪的定罪量刑标准

1.非法采砂犯罪的一般定罪量刑标准

《解释》第四条第一款、第五条第一款明确规定,对非法采砂的定罪量刑适用第三条关于非法采矿罪的定罪量刑标准。具体而言:

(1)非法采砂价值在10万元至30万元以上的。非法采砂的价值是衡量非法采砂行为社会危害性的基础因素,也是认定“情节严重”的基本标准。因此,适用非法采矿罪入罪的一般标准,非法采砂价值在10万元至30万元以上的,应当认定为“情节严重”。

(2)在禁采区、禁采期内非法采砂,价值在5万元至15万元以上的。在禁采区、禁采期内非法采砂社会危害性更大,入罪门槛宜适当低于一般的非法采挖行为,故《解释》第三条第一款第二项针对禁采区、禁采期内非法采砂行为降低入罪门槛,设置为“矿产品价值在5万元至15万元以上”。

(3)两年内曾因非法采矿(采砂)受过两次以上行政处罚,又实施非法采砂行为的。这种行为主观恶性和客观社会危害性远超过实施一次违法行为,应当加以刑事规制。而且,将非法采矿受过的行政处罚次数作入罪考量情节,也是基于对实践中取证困难的回应。“两年内”宜以第一次违法行为受到行政处罚的生效之日与又实施相应行为之日的时间间隔计算确定。此外,“两次以上行政处罚”不限于水行政部门的行政处罚,有关部门依法对非法采砂给予的行政处罚即可。

(4)其他情节严重的情形。对于这种情况,司法实践中应当根据案件具体情况审慎确定,妥善适用兜底项的规定。

此外,《解释》第三条第二款明确了“情节特别严重”的认定标准。通常情况下,“情节特别严重”和“情节严重”之间为5倍的倍数关系。据此,实施非法采砂行为,价值在50万元至150万元以上,或者在禁采区、禁采期内非法采砂,价值在25万元至75万元以上的,应当认定为“情节特别严重”,以非法采矿罪处3年以上7年以下有期徒刑,并处罚金。

2.非法采砂犯罪的特殊定罪量刑标准

严格规范河砂开采的目的,不仅仅是维护其经济价值,更重要的是维护防洪安全和生态安全等公共利益。因此,不应单纯以矿产品价值作为非法采砂的入罪标准,还应当考虑非法采砂行为对防洪安全的危害。基于上述考虑,《解释》第四条第二款规定:实施前款规定行为,虽不具有本解释第三条第一款规定的情形,但严重影响河势稳定,危害防洪安全的,应当认定为《刑法》第三百四十三条第一款规定的“情节严重”。

同理,非法采挖海砂不仅破坏矿产资源,还可能严重破坏海岸线。特别是在入海口、滨海湿地、海岛、红树林、濒危海洋栖息地等典型、敏感海域开采海砂，极易造成海岸线改变。为此，《解释》第五条第二款规定：实施前款规定行为，虽不具有本解释第三条第一款规定的情形，但造成海岸线严重破坏的，应当认定为《刑法》第三百四十三条第一款规定的“情节严重”。

五、非法采砂犯罪利益链条的惩治

近年来，非法采砂已形成了采、运、储、销一条龙的分工合作模式，构成了利益链条。因此，严惩非法采砂犯罪，必须斩断利益链条。《解释》第七条规定：“明知是犯罪所得的矿产品及其产生的收益，而予以窝藏、转移、收购、代为销售或者以其他方法掩饰、隐瞒的，依照《刑法》第三百一十二条的规定，以掩饰、隐瞒犯罪所得、犯罪所得收益罪定罪处罚。”“实施前款规定的犯罪行为，事前通谋的，以共同犯罪论处。”司法实践中，应当充分运用上述规定，有效斩断非法采砂犯罪的利益链条，系统规制非法采砂上下游作业，构建全方位的打击非法采砂犯罪的刑事惩治机制。

六、非法采砂犯罪惩治的宽严相济

《解释》第十条规定：实施非法采矿犯罪，不属于‘情节特别严重’，或者实施破坏性采矿犯罪，行为人系初犯，全部退赃退赔，积极修复环境，并确有悔改表现的，可以认定为犯罪情节轻微，不起诉或者免予刑事处罚。第十一条规定：对受雇用为非法采矿、破坏性采矿犯罪提供劳务的人员，除参与利润分成或者领取高额固定工资的外，一般不以犯罪论处，但曾因非法采矿、破坏性采矿受过处罚的除外。根据这两条规定，办理非法采砂案件应当贯彻宽严相济的刑事政策，根据案件具体情况，实行区别对待，突出惩治重点。

1.贯彻认罪认罚从宽制度

根据《矿产资源犯罪解释》第十条规定，对于实施非法采砂行为，虽已达到应当追究刑事责任的标准，但行为人系初犯，全部退赃退赔，积极修复环境，并确有悔改表现的，应当按照“认罪认罚从宽”原则处理，即可认定为犯罪情节轻微，不起诉或者免予刑事处罚。

2.实行区别对待原则

非法采砂犯罪案件往往具有聚众性的特征。根据《解释》第十一条的规定，应当重点打击出资者、组织者、经营者。对于其他成员，应当根据其在共同犯罪中的作用，综合考虑参与时间长短、案发后的表现等情况区别对待。对于为阻止执法部门查处实施妨害公务、暴力抗法等行为的，应当依法追究刑事责任。

附：河南省高级人民法院的具体规定，河南省依据《最高人民法院、最高人民检察院关于办理非法采矿、破坏性采矿刑事案件适用法律若干问题的解释》（法释〔2016〕25号）的授权，结合河南省实际情况，现将河南省执行法释〔2016〕25号第三条第一款第（一）项、第（二）项的标准分别确定为二十万元、十万元；执行第六条的标准分别确定为七十万元、三十五万元。《河南省高级人民法院关于确定我省非法采矿、破坏性采矿刑事案件定罪量刑数额标准的通知》（豫高法〔2003〕152号）的规定不再适用。

521.案情简介：2018年1月6日，水利部淮委沂沭泗水利管理局沂局水政资〔2018〕1号文件对2018年度、2019年度沂沭河（山东段）河道采砂实施方案进行了批复。其方案内容之一即针对邳苍分洪道禁采区域内非法采砂活动已严重影响河道行洪安全和威胁防洪工程安全情况依法进行整顿治理。2018年12月10日，由沂沭河水利局、郯城县人民政府召开联席会议，会议决定按照《规范全县河道采砂秩序实施方案》，由上述二单位成立联合执法组,与郯城县其他机关部门一起严厉打击该区域内的非法采砂行为。期间通过张贴通知的形式进行了告知。2019 年 1 月 25 日、28 日,水政巡查人员在郯城县李庄镇西唐庄、大唐庄村西邳苍分洪道禁采区域内发现均有采砂船采砂,执法人员责令其停止采砂并将采砂船只吊离河道,恢复河道工程原样。1 月 29 日上午,执法人员再次到达现场时发现采砂船仍在,遂强行将刘某停在此处的两艘采砂船击毁。

问:刘某如果起诉以谁为适格的被告?如果执法行为被法院确认违法,那么刘某如果申请国家赔偿?赔偿数额如何确定?

答:郯城县人民政府与沂沭河水利局共同制定了《规范全县河道采砂秩序实施方案》,联合成立了领导小组和监管执法大队,执法经费由县财政负担,共同召开了规范整治河道采砂秩序座谈会并形成了会议纪要,县政府组成部门工作人员参加了现场执法。因此,认定郯城县人民政府与沂沭河水利局为本案适格被告符合法律规定。

郯城县人民政府与沂沭河水利局执法人员砸坏刘某船只的行为虽然执法的目的具有正当性,但该强制行为方式没有法律依据,法院一般会确认其违法正确。本案的焦点问题是刘某提出的赔偿问题。郯城县人民政府与沂沭河水利局执法人员砸坏刘某船只配置的柴油机等设备的行为直接造成了刘某的财产损失,根据《国家赔偿法》第四条第二项的规定,违法对财产采取查封、扣押、冻结等行政强制措施的,受害人有取得赔偿的权利。因此,刘某赔偿损失的诉讼请求符合法律规定。

关于赔偿数额的确定应严格适用国家赔偿法的规定。《国家赔偿法》第三十二条规定,国家赔偿以支付赔偿金为主要方式,能够返还财产或者恢复原状的,予以返还财产或者恢复原状。刘某的船只因保管不善丢失,返还财产或者恢复原状不具备可行性,对相应损失应支付赔偿金。

根据《国家赔偿法》第三十六条第八项的规定,对刘某有关损失的赔偿应限定在直接损失范围内。联合执法过程中如果砸坏了刘某的船只配置的柴油机,并没有将船体砸坏击沉。执法人员砸船后离开现场,并没有控制船只,刘某雇人看管船只,是其船只的实际掌控人,其应对被砸船只的丢失承担责任。联合执法过程中如果砸坏了刘某的整艘船只,将船体砸坏击沉,那要全赔。如果刘某主张的个人借款损失、误工损失、车辆停运损失、养殖损失、种植损失、上访损失、精神损害抚慰金等,因不符合《赔国家偿法》的规定,没有法律依据,法院肯定不予支持。

522. 案情简介:襄汾县热力公司(简称热力公司)与襄汾县政府于 2014 年 9 月 10 日签订了《襄汾县集中供热特许经营协议书》。襄汾县水利局(简称水利局)认定热力公司在 2014 年 11 月 15 日至 2015 年 3 月 15 日用水213 662立方米,应缴纳水资源费213 662元。2015 年 4 月 28 日,水利局向热力公司发出襄水征字〔2015〕第 005 号水资源费缴纳通知书。2015 年 5 月 15 日,水利局向热力公司发出襄水听告字〔2015〕第 007 号水行政处罚听证告知书,并进行了听证程序。2015 年 6 月 2 日水利局对热力公司作出襄水罚字〔2015〕第 001 号行政处罚决定书,处罚内容为:1.缴纳水资源费213 662元。2.从滞纳之日起按日加收滞纳部分千分之二的滞纳金,并处应缴水资源费 1 倍的罚款计213 662元。热力公司不服该行政处罚决定,于 2015 年 6 月 8 日向县政府申请复议。县政府于 2016 年 9 月 1 日作出襄复决字〔2015〕3 号行政复议决定书,维持襄水罚字〔2015〕001 号水行政处罚决定书。热力公司所用水源均来自襄汾县自来水公司,未直接从江河、湖泊或者地下取用水资源。襄汾县自来水公司2014年11月至2015年3月15日共用水213 662立方米,并按照临汾市物价局临市价字〔2012〕115号文件规定的非居民用水价格每立方米2.75元足额缴纳了水费587 570.5元,除此之外未缴纳过其他费用,也未办理过取水许可证。

问:热力公司是否是水资源费的征收对象?应否缴纳水资源费?

答:第一种观点认为,根据《水法》第十二条第四款、国务院《取水许可和水资源费征收管理条例》第三条第一款、第三款规定,水利局具有行政执法主体资格。《水法》《取水许可和水资源费征收管理条例》《水资源费征收使用管理办法》《山西省水资源管理条例》均明确规定,水资源费的征收对象为直接从江河、湖泊或者地下取用水资源的单位和个人。本案中,热力公司所有用水均来自自来水公司供水,并未直接从江河、湖泊或者地下取用水资源,也未办理取水许可证。由此可以认定,热力公司不属于水行政管理部门征收水资源费的行政管理相对人,不应缴纳水资源费。

第二种观点认为,根据《水法》《取水许可和水资源费征收管理条例》,国家对水资源实行取水许可制度和有偿使用制度,水资源费的缴纳主体不仅包括取水单位和个人,还包括用水单位和个人。水法规定的取用水,包含取水和用水,水利局将热力公司的用水行为认定为“取用水”并无不当。热力公司虽不是直接从江河、湖泊或地下取水,但其接受城市公共供水企业的供水,属于城市供水企业取用水的终端用户,不属于居民生活用水的范畴,是水资源费的缴纳主体,应当缴纳水资源费。水资源费在最终供水环节采用价外附加的方式征收,水利局向热力公司征收水资源费并无不妥。作者认为第二种观点是合法合理的。

523.问:复议机关自行撤销不予受理复议决定后的复议期限应如何计算?重新启动的行政复议程序中可否要求申请人补正材料?

答:一、关于复议机关自行撤销不予受理复议决定后的复议期限计算问题。行政行为一经作出并依法送达即具有确定力,但对于违法或不当的行政行为以及由于事实和法律变迁而不宜存续的行政行为,行政机关具有自行纠正的权力和职责。《行政诉讼法》第六十二条规定,人民法院对行政案件宣告判决或者裁定前,原告申请撤诉的,或者被告改变其所作的行政行为,原告同意并申请撤诉的,是否准许,由人民法院裁定。《最高人民法院关于适用〈中华人民共和国行政诉讼法〉的解释》第八十一条第一款规定,被告在一审期间改变被诉行政行为的,应当书面告知人民法院。上述规定明确了行政机关在诉讼过程中具有对被诉行政行为进行改变和纠错的权力。如若被诉行政行为终结了行政程序,则自撤销决定作出后发生行政程序重启的效果。虽然现行的行政复议法及其实施条例并未对重启后的复议程序及期限作出明确规定,但是按照行政法的一般理论,行政行为应当遵循法定程序,重启的复议程序亦应如此。《行政复议法实施条例》第二十九条规定,行政复议申请材料不齐全或者表述不清楚的,行政复议机构可以自收到该行政复议申请之日起5日内书面通知申请人补正;补正通知应当载明需要补正的事项和合理的补正期限;补正申请材料所用时间不计入行政复议审理期限。

针对不予受理复议决定的审理过程中,复议机关自行撤销不予受理复议决定、重启复议程序,人民法院根据原告的要求继续对不予受理复议决定作出确认违法判决,此时重启的复议期限起算点应如何确定。《最高人民法院关于适用〈中华人民共和国行政诉讼法〉的解释》第八十一条第二、三款规定,原告或者第三人对改变后的行政行为不服提起诉讼的,人民法院应当就改变后的行政行为进行审理;被告改变原违法行政行为,原告仍要求确认原行政行为违法的，人民法院应当依法作出确认判决。据此，被告在一审期间改变原行政行为，原告可以申请撤诉，也可以选择要求法院对原行政行为或者改变后的行政行为的合法性作出裁判。之所以允许原告要求人民法院对被撤销的原行政行为继续作出裁判，是因为在某些情况下原告仍然存在确认之诉的利益，比如确认原行政行为违法有利于当事人后续主张国家赔偿等权利，或对原行政行为涉及法律问题的继续厘清。但这种情形下对原行政行为的继续审查与直接针对生效行政行为的合法性审查侧重点有所不同，此时的继续确认之诉实质系对原行政行为法律效果的司法评价，而不再是针对原行政行为适法性的效力审查。

二、关于重新启动的行政复议程序中可否要求申请人补正材料的问题。根据《行政复议法实施条例》第二十九条的规定，行政复议申请材料不齐全或者表述不清楚的，行政复议机构可以书面通知申请人补正，补正申请材料所用时间不计入行政复议审理期限。

524.案情简介：2005 年 4 月巴东县兴业房地产开发有限责任公司通过招拍挂取得滨江花园临江侧土地，总占地面积11 436.7平方米，四界明确，权属清楚，东至原港务局，南至沿江大道，西至现旅游码头，北至 175 米水位线。2008 年 4 月巴东县兴业房地产开发有限责任公司取得巴国用〔2008〕第 294 号土地使用权证。2011 年 4 月 2 日，巴东县发展和改革局作出巴发改基字〔2011〕37 号《关于核准巴东县兴业房地产开发有限责任公司滨江花园公寓楼第三期建设项目的通知》，同意巴东县兴业房地产开发有限责任公司第三期公寓楼项目建设，规划新建房屋四栋（A、B、C、D 四栋）。2011 年 7 月 11 日，巴东县兴业房地产开发有限责任公司取得巴建地字第〔2011〕126 号建设用地规划许可证。2011 年 7 月 18 日，巴东县兴业房地产开发有限责任公司取得巴建工字〔2011〕084 号建设工程规划许可证及 2011-032 号建筑工程施工许可证。规划建筑总面积9 654平方米，建筑层数 A、B、D 栋地上 3 层，C 栋地上 3 层，地下 1 层。

2011 年 1 月巴东县兴业房地产开发有限责任公司在未进行防洪影响评价、未对工程建设方案报批取得临河建设许可的情况下，占用三峡库区 175 米以下河道范围（175 米为巴东三峡库容最高水位线），修建滨江花园三期工程，该活动持续至 2013 年 11 月。2011 年 11 月 18 日，巴东县水利水产局经调查核实，分别于 2011 年 12 月 2 日、2013 年 11 月 6 日向巴东县兴业房地产开发有限责任公司作出 2 份《责令停止违法行为通知书》。2014 年 1 月 20 日，巴东县水利水产局向巴东县兴业房地产开发有限责任公司作出巴水政（告知）〔2014〕001 号《行政处罚告知书》。2014 年 4 月 16 日，巴东县水利水产局对巴东县兴业房地产开发有限责任公司作出巴水利执〔2014〕002 号《行政处罚决定书》，责令巴东县兴业房地产开发有限责任公司限期 10 日内拆除滨江花园三期工程 C 栋房屋建筑和弧形观景平台。巴东县兴业房地产开发有限责任公司不服，向巴东县人民政府申请行政复议。2014 年 7 月 24 日，巴东县人民政府作出巴政行复〔2014〕13 号《行政复议决定书》，维持巴东县水利水产局作出的行政行为，另查明，滨江花园三期 C 栋房屋建筑现已由巴东县兴业房地产开发有限责任公司自行拆除。

问：巴东县水利水产局是否是本案的有权处理机关？巴东县水利水产局作出的水利行政处罚、巴东县人民政府作出的行政复议决定是否合法？

答：一、关于原巴东县水利水产局是否是本案的有权处理机关的问题

《水法》第十二条第四款规定：县级以上地方人民政府水行政主管部门按照规定的权限，负责本行政区域内水资源的统一管理和监督工作。《水法》第六十五条第二款规定：未

经水行政主管部门或者流域管理机构同意,擅自修建水工程,或者建设桥梁、码头和其他拦河、跨河、临河建筑物、构筑物,铺设跨河管道、电缆,且防洪法未作规定的,由县级以上人民政府水行政主管部门或者流域管理机构依据职权,责令停止违法行为,限期补办有关手续;逾期不补办或者补办未被批准的,责令限期拆除违法建筑物、构筑物;逾期不拆除的,强行拆除,所需费用由违法单位或者个人负担,并处一万元以上十万元以下的罚款。中华人民共和国水利部令第8号《水行政处罚实施办法》第十八条规定:除法律、行政法规另有规定的外,水行政处罚由违法行为发生地的县级以上地方人民政府水行政主管部门管辖。上级水行政主管部门有权管辖下级水行政主管部门管辖的水行政处罚。下一级水行政主管部门对其管辖的水行政处罚,认为需要由上一级水行政主管部门管辖的,可以报请上一级水行政主管部门决定。对管辖发生争议的,应当协商解决或者报请共同的上一级水行政主管部门指定管辖。水行政处罚原则上由违法行为发生地的县级以上地方人民政府水行政主管部门管辖,相关部门对管辖权发生争议协商不成时才由其共同的上一级水行政主管部门指定管辖,就本案而言,并没有发生管辖权争议,巴东县水利水产局作为违法行为发生地的县级水行政主管部门,有权负责本行政区域内水资源的统一管理和监督工作。

二、关于巴东县水利水产局的水利行政处罚、巴东县人民政府的行政复议决定是否合法的问题,存在争议。

第一种观点认为:《防洪法》第二十七条规定:建设跨河、穿河、穿堤、临河的桥梁、码头、道路、渡口、管道、缆线、取水、排水等工程设施,应当符合防洪标准、岸线规划、航运要求和其他技术要求,不得危害堤防安全、影响河势稳定、妨碍行洪畅通;其工程建设方案未经有关水行政主管部门根据前述防洪要求审查同意的,建设单位不得开工建设。前款工程设施需要占用河道、湖泊管理范围内土地,跨越河道、湖泊空间或者穿越河床的,建设单位应当经有关水行政主管部门对该工程设施建设的位置和界限审查批准后,方可依法办理开工手续;安排施工时,应当按照水行政主管部门审查批准的位置和界限进行。《防洪法》第五十七条规定:违反本法第二十七条规定,未经水行政主管部门对其工程建设方案审查同意或者未按照有关水行政主管部门审查批准的位置、界限,在河道、湖泊管理范围内从事工程设施建设活动的,责令停止违法行为,补办审查同意或者审查批准手续;工程设施建设严重影响防洪的,责令限期拆除,逾期不拆除的,强行拆除,所需费用由建设单位承担;影响行洪但尚可采取补救措施的,责令限期采取补救措施,可以处一万元以上十万元以下的罚款。中华人民共和国水利部令第35号《三峡水库调度和库区水资源与河道管理办法》第二十九条规定:在三峡水库管理范围内建设桥梁、码头、道路、渡口、管道、缆线、取水、排水等工程设施,应当符合国家规定的防洪标准、三峡水库岸线利用管理规划、航运要求和其他有关的技术要求,其工程建设方案应当按照河道管理范围内建设项目管理的有关规定,报经有关县级以上地方人民政府水行政主管部门或者长江水利委员会审查同意。国三峡委发办字〔2011〕10号《关于加强三峡后续工作阶段水库消落区管理的通知》规定:三峡水库消落区是指坝前正常蓄水位175米和防洪限制水位145米之间的区域,以及新增淤积陆地和孤岛。消落区是三峡水库重要生态环境敏感区,消落区保护和管理是三峡水库综合管理的重要内容……任何单位和个人未经批准,不得擅自占用消落区土地。在消落区开展临时性生产经营活动,须经省级三峡水库综合管理部门同意,并由项目业主与区(县)三峡水库综合管理部门签订消落区土地临时使用协议。临时性生产经营活动不得建设永久性建筑物,不得占用水库库容,不得影响水库防洪、航运和生态环境。巴东县兴业房地产开发有限责任公司在未进行防洪影响评价,也未将工程建设方案报批取得临河建设许可的前提下在三峡库区 175 米水位线以下河道范围内修建永久性临河建筑,明显违反了相关法律、法规及部门规章的规定,巴东县水利水产局据此作出责令期限拆除违法建筑的行政处罚决定,认定事实清楚,适用法律正确。

2014 年 1 月 20 日,巴东县水利水产局向巴东县兴业房地产开发有限责任公司作出巴水政(告知)〔2014〕001 号《行政处罚告知书》,限令巴东县兴业房地产开发有限责任公司在三个月内补办防洪影响评价报告和涉河建设方案审查批准手续,在巴东县兴业房地产开发有限责任公司整改期限还未届满的情况下,巴东县水利水产局提前六天作出巴水利执〔2014〕002 号《行政处罚决定书》,程序存在瑕疵,但该行政行为并未影响巴东县兴业房地产开发有限责任公司的实体权利,巴东县水利水产局在作出行政处罚前已依法告知巴东县兴业房地产开发有限责任公司陈述、申辩及听证的权利,巴东县兴业房地产开发有限责任公司申请复议及提起诉讼的权利亦依法实现,该瑕疵未影响到被诉行政行为整体合法性。巴东县人民政府在收到巴东县兴业房地产开发有限责任公司的复议申请后,在对基本事实审查清楚的情况下,作出巴政行复〔2014〕13 号行政复议决定,维持原巴东县水利水产局作出的行政行为,该复议决定认定事实清楚,程序合法,适用法律、法规正确。

第二种观点认为,根据本案相关证据,证实涉案的滨江花园三期工程,是巴东县旅游码头规划项目,系旅游码头的景观工程和服务设施。巴东县兴业房地产开发有限责任公司建设滨江花园三期工程,先后获得土地使用权、发改委立项、用地规划许可、工程规划许可、消防设计备案、防雷设计备案和环境影响评价、通航安全暨航道影响评价等审批手续,但未经过原巴东县水利水产局同意、批准。原《防洪法》第五十八条规定:违反本法第二十七条规定,未经水行政主管部门对其工程建设方案审查同意或者未按照有关水行政主管部门审查批准的位置、界限,在河道、湖泊管理范围内从事工程设施建设活动的,责令停止违法行为,补办审查同意或者审查批准手续;工程设施建设严重影响防洪的,责令限期拆除,逾期不拆除的,强行拆除,所需费用由建设单位承担;影响行洪但尚可采取补救措施的,责令限期采取补救措施,可以处一万元以上十万元以下的罚款。《水法》第六十五条第二款规定:未经水行政主管部门或者流域管理机构同意,擅自修建水工程,或者建设桥梁、码头和其他拦河、跨河、临河建筑物、构筑物,铺设跨河管道、电缆,且防洪法未作规定的,由县级以上人民政府水行政主管部门或者流域管理机构依据职权,责令停止违法行为,限期补办有关手续;逾期不补办或者补办未被批准的,责令限期拆除违法建筑物、构筑物;逾期不拆除的,强行拆除,所需费用由违法单位或者个人负担,并处一万元以上十万元以下的罚款。根据上述法条的规定,未取得水行政部门的同意或者批准的工程建设活动,水行政部门应当责令停止违法行为,补办手续。滨江花园三期工程是临河建筑,应取得水行政部门工程建设同意、批准。巴东县水利水产局在对巴东县兴业房地产开发有限责任公司建设滨江花园三期工程违反上述法律的行为进行相应处理的过程中,即涉案工程于 2011~2013 年施工过程中作出责令停止违法行为通知时,未要求其补办同意或者批准手续;责令限期整改时,指定的整改期限尚未届满即作出处罚决定,认定事实不清,适用法律错误,违反法定程序。《防洪法》明确规定,工程设施建设严重影响防洪的,责令限期拆除,逾期不拆除的,强行拆除,所需费用由建设单位承担;影响行洪但尚可采取补救措施的,责令限期采取补救措施。巴东县水利水产局对巴东县兴业房地产开发有限责任公司建设滨江花园三期工程是否严重影响防洪没有作出认定,对是否可以采取补救措施没有作出答复,径直作出拆除的处罚决定,主要证据不足。因该处罚决定已经实际执行,不具有撤销内容,故不需撤销,且撤销会给国家利益、社会公共利益造成重大损害,亦不宜撤销。综上,应确认巴东县水利水产局作出的巴水利执〔2014〕002号行政处罚决定违法。巴东县人民政府维持该行政处罚决定,显然不当,应该撤销。作者认为第二种观点更加符合法律规定,合法、合理。

525.问:水行政主管部门对于河道违法建筑物是否具有强行拆除的权力,能否向法院申请强制执行?

答:我国行政强制法规定的行政强制执行,包括行政机关直接强制执行和行政机关申请人民法院强制执行两种类型。法律赋予某些行政机关以直接强制执行权的主要目的是提高行政效率,及时执行行政决定。如果行政机关有直接强制执行权,又向人民法院申请执行,不但浪费司法资源,而且容易引起相互推诿,降低行政效率。

《水法》第六十五条第一款规定:在河道管理范围内建设妨碍行洪的建筑物、构筑物,或者从事影响河势稳定、危害河岸堤防安全和其他妨碍河道行洪的活动的,由县级以上人民政府水行政主管部门或者流域管理机构依据职权,责令停止违法行为,限期拆除违法建筑物、构筑物,恢复原状;逾期不拆除、不恢复原状的,强行拆除……。根据上述规定,对河道管理范围内妨碍行洪的建筑物、构筑物,水行政主管部门具有直接强行拆除的权力。

根据行政强制法和水法等相关规定,水行政主管部门对于河道违法建筑物具有强行拆除的权力,不应当向法院申请强制执行。因此,水行政主管部门向法院申请执行行政处罚决定中的拆除违法建筑物部分,法院不应当受理。

526.问:水行政处罚加处罚款能否减免?

答:《行政强制法》第四十二条第一款规定:实施行政强制执行,行政机关可以在不损害公共利益和他人合法权益的情况下,与当事人达成执行协议。执行协议可以约定分阶段履行;当事人采取补救措施的,可以减免加处的罚款或者滞纳金。该规定中"实施行政强制执行"包括行政机关自行强制执行,也包括行政机关申请法院强制执行。人民法院受理行政强制执行申请后,行政机关不宜减免加处的罚款。

527.问:先行登记保存是否属行政强制措施?先行登记保存是否属行政强制措施?

答:《行政处罚法》第三十七条第二款规定:行政机关在收集证据时,可以采取抽样取证的方法;在证据可能灭失或者以后难以取得的情况下,经行政机关负责人批准,可以先行登记保存,并应当在7日内及时作出处理决定,在此期间,当事人或者有关人员不得销毁或者转移证据。自《行政处罚法》生效以来,先行登记保存措施对保证行政机关依法开展调查取证,防范当事人转移或销毁证据起到重要作用。不过,对于先行登记保存措施是何法律属性、是否属行政强制措施问题,实务中一直存在争议。

但比较权威的观点是先行登记保存措施具有一定的强制性,是行政机关在行政调查和处罚过程中,为防止证据毁损灭失而对当事人财物实施的暂时性控制措施,完全符合《行政强制法》有关行政强制措施的定义,应当按行政强制措施进行规范。

其实,从《行政处罚法》和《行政强制法》立法参与者的观点来看,其立法本义应当是认为先行登记保存措施属于行政强制措施的。全国人民代表大会官方网站中国人大网"法律问答之行政处罚法问答"栏目,就"行政机关应当如何实施抽样取证和登记保存措施?"的回答是,"登记保存措施是一种带有强制性的行政措施,……直接关系到当事人的权益,对社会的影响也很大，必须慎重对待，严格依法进行。”全国人大常委会法工委 2011 年 7 月编著的《行政强制法释义》第 34 页明确提出，《行政处罚法》第三十七条规定的“登记保存”，属于《行政强制法》第九条第（五）项规定的“其他行政强制措施”。

《行政处罚法》第三十七条第二款规定的先行登记保存措施，是行政机关在行政监管和处罚过程中，为防止证据损毁灭失，而对行政相对人控制的可能作为证据的相关物品，予以最长不超过 7 日的暂时性控制（登记保存）。先行登记保存措施，虽然强制性相对弱于查封扣押，期限也相对较短，但已经独立地给行政相对人设定了法律义务，独立地影响了行政相对人的权益，影响了行政相对人对登记保存物品的处置、控制甚至使用权，属于行政行为而非未成熟行为，具有可诉性。先行登记保存措施较低的适用条件（登记保存的物品与被调查的涉嫌违法行为相关，且可能用作行政处罚证据），及其最长不超过 7 日的暂时性控制期限，均非否定其成熟性、可诉性的理由。相反，其暂时性控制完全可能影响行政相对人的权益，有必要充分保障行政相对人行政救济权利，从而有效地抑制行政机关滥用职权登记保存与涉嫌违法行为无关的物品、无须用作行政处罚证据的物品，有效督促行政机关在第一时间解除不应当或者不需要继续登记保存的措施。因此，先行登记保存措施具有行政性、服从性、依附性、暂时性和物理性的特性，完全符合《行政强制法》有关行政强制措施的定义。行政机关实施先行登记保存措施时，不仅要遵循《行政处罚法》第三十七条第二款的规定，而且要遵循《行政强制法》第三章第一节规定的制作现场笔录、通知当事人到场、当场告知相关事项、听取当事人陈述申辩等法定程序。

528. 案情简介：2019 年 3 月 25 日，任丘市水务局对任丘市长兴石油化工有限公司未依照批准的取水许可规定条件取水一案立案。同日，任丘市水务局对殷海祥进行询问，并向殷海祥送达了《责令停止水事违法行为通知书》《责令限期改正水事违法行为通知书》，询问中殷海祥自称是任丘市长兴石油化工有限公司的主管。2019 年 6 月 10 日，任丘市水务局向殷海祥送达了处罚事先告知书、听证告知书。2019 年 6 月 14 日，任丘市水务局作出任水处罚字〔2019〕第 6 号水行政处罚决定书，载明被处罚人任丘市长兴石油化工有限公司负责人殷海祥，经查该公司未依照批准的取水许可规定条件在该公司院内取用地下水，上述事实有对该公司负责人殷海祥的询问笔录为证，其行为违反了《水法》第六十九条第（二）项、《河北省取水许可管理办法》第二十一条之规定，根据《水法》第六十九条第（二）项、《河北省水行政处罚裁量权执行标准》第三条第（二）项之规定，决定对任丘市长兴石油化工有限公司罚款三万二千元，并告知了履行方式、期限及申请行政复议、提起行政诉讼的途径和期限等。同日，任丘市水务局向殷海祥送达了该处罚决定书。任丘市长兴石油化工有限公司在上述处罚决定规定的期限内缴纳了罚款。

2018 年 6 月 21 日任丘市长兴石油化工有限公司营业执照载明该公司法定代表人是张宝有。责令停止水事违法行为通知书、责令限期改正水事违法行为通知书、处罚事先告知书、听证告知书及处罚决定书等文书系对任丘市长兴石油化工有限公司作出，但送达回证中受送达人处填写的均为殷海祥。任丘市水务局在处罚卷宗中无任丘市长兴石油化工有限公司对殷海祥的授权委托手续。

问：作为水行政执法人员，你认为任丘市水务局向殷海祥下达的处罚决定书是否正确？

答：有的水行政执法人员认为，根据《河北省实施〈中华人民共和国水法〉办法》第三十七条规定：除法律、法规规定外，直接从江河、湖泊或者地下取用水资源的单位和个人，应当按照国家取水许可制度的规定,向县级以上人民政府水行政主管部门申请领取取水许可证。取得取水许可证的单位和个人,应当按照批准的年度取水计划取水并缴纳水资源费。《水法》第六十九条第(二)项规定:有下列行为之一的,由县级以上人民政府水行政主管部门或者流域管理机构依据职权,责令停止违法行为,限期采取补救措施,处二万元以上十万元以下的罚款,情节严重的,吊销其取水许可证:……(二)未依照批准的取水许可规定条件取水的。任丘市水务局提供的对殷海祥的询问笔录及四个季度的河北省水资源税纳税人取用水量核定书相互佐证证实任丘市长兴石油化工有限公司未依照批准的取水许可规定条件取水,故作出的水行政处罚决定认定事实清楚。任丘市水务局在履行立案、询问、陈述与申辩、听证、处罚告知、送达等法定程序后作出水行政处罚决定程序合法。任丘市水务局依据《水法》第六十九条第(二)项、《河北省水行政处罚裁量权执行标准》第三条第(二)项的规定作出水行政处罚决定适用法律正确。

有的水行政执法人员却是相反的观点。根据《行政处罚法》第三十一条,行政机关在作出行政处罚决定之前,应当告知当事人作出行政处罚决定的事实、理由及依据,并告知当事人依法享有的权利。第四十二条规定,行政机关作出责令停产停业、吊销许可证或者执照、较大数额罚款等行政处罚决定之前,应告知当事人有要求举行听证的权利;当事人要求听证的,行政机关应当组织听证。本案中,水行政处罚案件立案及处罚决定认定的处罚人均为任丘市长兴石油化工有限公司,处罚事先告知书及听证告知书等相关文书对应的被处罚人也是任丘市长兴石油化工有限公司,任丘市水务局作出上述文书后应向该公司送达。但任丘市水务局在处罚卷宗中显示,任丘市水务局作出上述文书后是向殷海祥送达的,殷海祥不是任丘市长兴石油化工有限公司的法定代表人,也没有该公司对殷海祥的授权委托手续,应当认定相关文书没有合法送达被处罚人任丘市长兴石油化工有限公司。任丘市水务局作出水行政处罚决定时剥夺了被处罚人任丘市长兴石油化工有限公司的陈述、申辩权及听证权等重要权利,程序严重违法,其作出的处罚决定应予撤销。任丘市长兴石油化工有限公司履行处罚决定的行为并不能改变处罚决定的违法性。

作者也认为任丘市水务局作出水行政处罚决定时剥夺了被处罚人任丘市长兴石油化工有限公司的陈述、申辩权及听证权等重要权利,程序严重违法,其作出的处罚决定应予撤销。

529.案情简介:双飞温泉系石油部门 20 世纪 80 年代初在开江县新宁镇与讲治镇交界的双飞梁钻探而成的温泉井。后由开江县农业局、林业局、畜牧局联合开发作为育秧、育鸡场地。为利用资源,把该温泉开发成为开江县旅游景点。1992年,根据县委县政府要求,其被转让给开江县公交旅游公司经营,建有浴室、浸泡室等基本设施。由于缺乏投入,整体效益不能得到应有发挥,开江县人民政府于1997年 3 月决定将该温泉转让开发。双飞公司于当年通过转让方式取得双飞温泉经营权,《水资源费征收使用情况表》显示2002年 12 月 25 日其已领取取水许可证,并先后于 2004 年 5 月 12 日以开江温泉宾馆的名义、2008 年 1 月 22 日及 2013 年 11 月 8 日以开江双飞温泉有限责任公司的名义取得延续取水许可。2013 年 11 月 8 日办理的取水(开江申)字〔2013〕第 06 号取水许可证,有效期为 2013 年 11 月 8 日至 2018 年 11 月 7 日,取水地点为开江县新宁镇桥亭村。2018 年 9 月 14 日,双飞公司向开江县水务局申请办理延续取水许可,其提交了《延续取水申请书》、取水(开江申)字〔2013〕第 06 号取水许可证、营业执照、开江飞云医疗热矿水延续取水评估报告专家审查意见表、开江县双飞温泉有限责任公司延续取水评估报告专家审查意见、排放污染物许可证、能源矿完税证明、开江县水资源税纳税人取水许可取用水量申报及核定书、开江县环境监测站《监测报告》、开江县疾病预防控制中心《检验报告书》、国土资源部成都矿产资源监督检测中心《检测报告》等材料。经审查，被告(应为开江县水务局)批准延续，于2018年9月20日向双飞公司核发取水(开江申)字〔2018〕第14号取水许可证。开江县水务局明知卓来公司与双飞公司存在水事权益争议的情况下，在办理双飞公司延续取水许可过程中，既没有组织听证，也没有征求卓来公司的意见，违反了《取水许可和水资源费征收管理条例》第十八条及《四川省取水许可和水资源费征收管理办法》第二十七条的规定，以卓来公司程序违法为由向达州市水务局提出行政复议申请，请求撤销开江县水务局为双飞公司办理的延续取水许可证。达州市水务局受理复议申请后，认为双飞公司能否合法地取得延续取水许可将会对卓来公司能否在该区域取得取水许可造成影响，因此卓来公司与开江县水务局作出准予双飞公司延续取水许可的行政行为有利害关系。同时认为，开江县水务局在双飞公司向其申请延续取水许可时未提交原取水申请批准文件的情况下作出延续取水许可的决定，显属事实不清；在双飞公司提交延续取水申请后未再对其原批准的取水量、实际取水量等进行评估，而是采用了双飞公司提出延续取水许可申请前的专家审查意见，显属程序违法。因此，其于2018年12月25日作出达市水务复决〔2018〕01号行政复议决定，撤销开江县水务局作出的准予双飞公司延续取水许可决定的具体行政行为。

本案同时查明以下事实，一、2018年8月至2019年2月，四川省水利厅、达州市水务局、开江县水务局对外公示申请延续取水许可时，提交的材料为：取水许可申请书、延续取水评估报告、取水单位(个人)法定身份证明文件。二、双飞公司于2018年7月25日向开江县水务局提交《关于对开江双飞温泉有限责任公司延续取水评估报告技术审查的申请》，该局于2018年7月27日组织召开了对延续取水评估报告的技术评审会议，该局所属高级工程师、工程师三人作为评审专家参会，并于2018年8月30日作出《开江县双飞温泉有限责任公司延续取水评估报告专家审查意见》，结论为：双飞公司取地下水，水量和水质满足要求；取水方案可靠；外排水不会影响河道水质。取水和退水对其他取用水户基本无影响，根据取水口的地下水补给和可开采量并结合供水区实际生产发展情况，本次评估确定年取水总量42万立方米。三、四川省国土资源厅(甲方)于2009年1月15日与双飞公司(乙方)签订《四川省开江县飞云地热普查探矿权挂牌出让合同书》，将飞云地热普查探矿权出让给双飞公司，双飞公司办理了矿产资源勘查许可证。2013年，卓来公司通过四川省凯贝生态旅游公司转让取得大天地热详查探矿权，并取得四川省国土厅颁发的T5132009040427540号探矿权证。其地热井位于开江县新宁镇竹山村，与双飞公司取水地点相距2.2千米，其地热水来源于同一热储层。重庆市地勘局南江水文地质工程地质队2017年3月所做的《勘查开采影响评价报告》显示，两井存在连通，且相互影响明显。2017年6月1日，卓来公司向达州市水务局提出四川省开江县明月湖温泉旅游项目大天地热取水许可申请。同日，双飞公司亦向该局提交《关于请求不予受理大天地热井取水许可的请示》，并提交了前述评价报告等资料并申请听证。该局作出《关于中止大天地热取水许可申请审批程序的函》后，卓来公司申请行政复议。达州市人民政府于2017年9月11日作出达市府复决〔2017〕8号行政复议决定，撤销该中止审批程序函。因两地热井互有影响、卓来公司未获得双飞公司同意其取得取水许可的承诺书等原因，达州市水务局于2017年9月28日作出达市水审函〔2017〕59号《不予水行政许可决定书》，卓来公司未取得取水许可。四、达州市水务局于2019年4月12日向一审法院提交开江县水务局根据达州市水务局《关于提供开江县双飞温泉有限责任公司原取水申请批准文件及相关档案资料的通知》，于2019年4月10日向其呈送的情况报告，载明："一、据调查，开江县双飞温泉有限责任公司已于2002年前办理取水许可证，因时间跨度长，目前无法查实当年办理取水许可的档案，无法证明当年有无取水申请批准文件。二、《建设项目水资源论证管理办法》于2002年5月1日实施，开江县双飞温泉有限责任公司已于2002年办理取水许可证，当年未要求办理取水申请时需做水资源论证，也无规定取水许可部门发放取水申请批准文件。"五、2002年12月25日及此前，初次申请取水许可，行政机关决定批准后，申请人方能获得取水行政许可。

问：卓来公司申请行政复议主体是否适格的问题？开江县水务局作出取水延续许可决定是否事实不清的问题？开江县水务局取水延续许可是否程序违法的问题？

答：首先，关于卓来公司申请行政复议主体是否适格的问题。《行政复议法实施条例》第二十八条第（二）项规定，申请行政复议应当符合的规定之一是申请人与具体行政行为有利害关系。双飞公司的取水地点为开江县新宁镇桥亭村，卓来公司的地热井与双飞公司的取水地点相距仅2.2千米，两井存在连通且相互影响明显。卓来公司申请取水许可后，因双飞公司作为利害关系人未予同意等原因，未取得取水许可。双飞公司能否取得延续取水许可将会对卓来公司能否在该区域取得取水许可造成影响。因此，卓来公司与开江县水务局作出准予双飞公司延续取水许可的行政行为有利害关系，其申请行政复议主体适格。其次，关于开江县水务局作出取水延续许可决定是否事实不清的问题。《取水许可管理办法》第二十六条第一款规定，按照《取水条例》第二十五条规定，取水单位或者个人向原取水审批机关提出延续取水申请时应当提交下列材料：（一）延续取水申请书；（二）原取水申请批准文件和取水许可证。此次双飞公司向开江县水务局申请延续取水许可时仅提交了延续取水申请书、原取水许可证、营业执照、开江飞云医疗热矿水延续取水评估报告专家审查意见表、开江县双飞温泉有限责任公司延续取水评估报告专家审查意见等材料。虽然四川省水利厅、达州市水务局、开江县水务局对外公示的申请延续取水许可应提交的材料中均不包括原取水申请批准文件，双飞公司基于对行政机关的信赖，所提交的材料中不包括该批准文件，但开江县水务局在审批时应当审查双飞公司原是否获得该文件。开江县水务局是在未确定双飞公司是否具有原取水申请批准文件的情况下作出延续取水许可决定，因此达州市水务局认定该局作出的许可决定事实不清并无不当。第三，关于开江县水务局取水延续许可是否程序违法的问题。《取水许可管理办法》第二十六条第二款规定，取水审批机关应当对原批准的取水量、实际取水量、节水水平和退水水质状况以及取水单位或者个人所在行业的平均用水水平、当地水资源供需状况等进行全面评估，在取水许可届满前决定是否批准延续。因此，申请人提交延续取水许可申请，审批机关应当在收到申请之后按照上述规定进行全面评估。而开江县水务局在双飞公司提交延续取水申请后未再对其原批准的取水量、实际取水量等进行评估，而是采用双飞公司提出延续取水许可申请前的专家审查意见，因此，开江县水务局作出的许可决定程序违法。故，达州市水务局根据《行政复议法》第二十八条"行政复议机关负责法制工作的机构应当对被申请人作出的具体行政行为进行审查，提出意见，经行政复议机关的负责人同意或者集体讨论通过后，按照下列规定作出行政复议决定：……（三）具体行政行为有下列情形之一的，决定撤销、变更或者确认该具体行政行为违法；决定撤销或者确认该具体行政行为违法的，可以责令被申请人在一定期限内重新作出具体行政行为:1.主要事实不清、证据不足的;2.违反法定程序的……”的规定,作出被诉复议决定,认定事实清楚,适用法律正确。

双飞公司持有飞云地热探矿权证,地热井位于开江县新宁镇。卓来公司持有大天地热探矿权证,地热井亦位于开江县新宁镇。两井地理位置距离较近,其地热水来源于同一热储层。重庆市地勘局南江水文地质工程地质队 2017 年 3 月作出的《勘查开采影响评价报告》显示,两井存在连通,且相互影响明显。2017 年卓来公司向达州市水务局申请取水许可时,双飞公司即以利害关系人身份向达州市水务局请求对卓来公司的取水申请不予许可,并向达州市水务局提交重庆市地勘局南江水文地质工程地质队作出的《勘查开采影响评价报告》以证明双方相互影响明显。经达州市水务局审查认定,卓来公司申请的取水许可与双飞公司存在争议,故决定不予水行政许可。同样,双飞公司能否取得延续取水许可也将会对卓来公司能否在该区域取得取水许可造成影响。因此,认定卓来公司与开江县水务局作出的准予双飞公司延续取水许可的行政行为具有利害关系是正确的。

水利部《取水许可管理办法》第二十六条第一款规定:按照《取水条例》第二十五条,取水单位或者个人向原取水审批机关提出延续取水申请时应当提交下列材料:(一)延续取水申请书;(二)原取水申请批准文件和取水许可证。2018 年 9 月双飞公司向开江县水务局申请延续取水许可时,并未提交原取水申请审批文件。开江县水务局在双飞公司未按规定提交原取水申请审批文件的情况下即作出延续取水许可属事实认定不清。

《取水许可管理办法》第二十六条第二款规定:取水审批机关应当对原批准的取水量、实际取水量、节水水平和退水水质状况以及取水单位或者个人所在行业的平均用水水平、当地水资源供需状况等进行全面评估,在取水许可届满前决定是否批准延续。因此,申请人先提交延续取水许可申请,审批机关应当在收到申请之后按照上述规定进行全面评估。《行政许可法》所规定的行政许可的实施程序也是申请受理,再审查决定。开江县水务局 2018 年 8 月 30 日作出《开江县双飞温泉有限责任公司延续取水评估报告专家审查意见》时,双飞公司尚未申请延续取水许可。双飞公司同年 9 月提交延续取水申请后,开江县水务局未再对其原批准的取水量、实际取水量等进行评估,而是采用双飞公司提出延续取水许可申请前所出具的专家审查意见即作出准予延续取水许可的行政行为。开江县水务局作出的该行政行为不符合《行政许可法》规定的实施程序,达州市水务局认定其程序违法并无不当。

《四川省水利厅取水许可延续审批办事指南》及《达州市水务局取水许可延续审批办事指南》是为方便群众办事所发布的指导性资料,并不是行政机关按照法定程序制定公布的具有普遍约束力并反复适用的规范性文件。

以上是对本案客观全面的分析,希望水行政许可人员一定要加强自身的学习,把《行政许可法》及相应的水行政许可法律、法规、规章研究透,才能避免许可过程中的被动。本案还有一个重要问题、地热水谁主管,本书其他部分有专门论述,本处不在解释。

530.案情简介:2019 年 4 月 1 日,中侨公司向平谷区水务局提出延续取水申请,并提交了申请书、营业执照复印件、原取水许可证正副本、原取水许可批准文件复印件、缴纳水资源税凭证复印件等申请材料。中侨公司的原取水许可证系由平谷区水务局核发,有效期限为 2016 年 4 月 23 日至 2019 年 4 月 23 日。2019 年 4 月 3 日,平谷区水务局受理中侨公司的申请,并向中侨公司送达受理决定书。后,平谷区水务局于 2019 年 4 月 3 日受理后,于 2019 年 4 月 17 日对中侨公司作出京平水行许字〔2019〕第×号行政许可事项决定书(简称被诉许可决定),内容如下:你单位在平谷区水务局申请的取水许可行政许可事项,经我局研究认为符合《水法》《北京市实施〈中华人民共和国水法〉办法》《取水许可和水资源费征收管理条例》等法规的规定,并且申报材料齐全,现予以批准。一、同意你单位取水许可延续,利用1眼水源井供平谷镇金海小区生活用水,年取水量3.73万立方米。取水地点们于平谷区平谷镇金海小区。二、水源井必须安装计量设施,依法缴纳水资源税,并接受平谷区节约用水办公室监督管理。三、本取水许可有效期三年,取水许可证号:取水(京平)字〔2016〕第×号。在有效期内,具备公共供水管网接入条件时,你单位应按要求实施水资源置换工作。如对本决定有异议,你单位可以在接到本决定书六十日内向北京市平谷区人民政府或北京市水务局申请复议,也可以在六个月内向北京市平谷区人民法院提起诉讼。当日,平谷区水务局向中侨公司送达行政许可事项决定书,并为其核发取水许可证。

问:如果中侨公司诉至法院,请求依法撤销被诉许可决定第三条中第二句话的内容为:"在有效期内,具备公共供水管网接入条件时,你单位应按要求实施水源置换工作。"(简称"该句话内容")。作为水行政许可人员,你认为法院会支持?

答:《水法》第七条规定:国家对水资源依法实行取水许可制度和有偿使用制度。第十二条第四款规定:县级以上地方人民政府水行政主管部门按照规定的权限,负责本行政区域内水资源的统一管理和监督工作。《取水许可和水资源费征收管理条例》第三条第一款规定:县级以上人民政府水行政主管部门按照分级管理权限,负责取水许可制度的组织实施和监督管理。第十四条规定:取水许可实行分级审批。下列取水由流域管理机构审批:……。其他取水由县级以上地方人民政府水行政主管部门按照省、自治区、直辖市人民政府规定的审批权限审批。《北京市实施〈中华人民共和国水法〉办法》第六条第二款规定:区、县人民政府水行政主管部门按照规定的权限负责本行政区域内水资源的统一管理和监督工作。依据上述规定,平谷区水务局作为平谷区的水行政主管部门,具有实施取水许可的法定职责。另外,《行政许可法》第五十条第一款规定:被许可人需要延续依法取得的行政许可的有效期的,应当在该行政许可有效期届满三十日前向作出行政许可决定的行政机关提出申请。但是,法律、法规、规章另有规定的,依照其规定。《取水许可和水资源费征收管理条例》第二十五条规定:取水许可证有效期限一般为5年,最长不超过10年。有效期届满,需要延续的,取水单位或者个人应当在有效期届满45日前向原审批机关提出申请,原审批机关应当在有效期届满前,作出是否延续的决定。据此,平谷区水务局作为中侨公司取水许可的原审批机关,具有受理中侨公司延续取水申请并作出延续决定的职权。

《取水许可和水资源费征收管理条例》第二十五条、《取水许可管理办法》第二十六条规定了申请人提出申请、应提交的申请材料及审批机关对申请的受理、审查和作出决定的内容。本案中,平谷区水务局在2019年4月1日收到中侨公司提交的延续取水申请材料后,经审查认为申请材料齐全,符合法定形式,于同年4月3日作出受理决定,后经全面审查、对延续取水许可进行评估,于同年4月17日作出准予延续取水许可决定,并向中侨公司送达行政许可事项决定书,为其核发取水许可证,故平谷区水务局作出准予延续取水许可决定的行为并无不当。同时,为深入贯彻中央关于"以水定城、以水定地、以水定人、以水定产"的工作要求,全面落实最严格水资源管理制度,平谷区水务局依据北京市水务局等联合印发的《关于划定北京市平原区地下水禁采区和限采区范围的通知》规定,在作出被诉许可决定的同时,在决定书中一并告知中侨公司"在有效期内,具备公共供水管网接入条件时,你单位应按要求实施水源置换工作”符合中央精神、北京市政府的要求及上述规范性文件的规定。同时,“该句话内容”具有对中侨公司进行预先告知的性质,并未对其权利义务产生实际影响,中侨公司的诉讼请求缺乏事实和法律依据。

531.案情简介:2018 年 5 月 9 日下午,濮阳市水利局和有关部门工作人员到濮阳市大浪淘沙酒店服务有限公司检查用水时,发现濮阳市大浪淘沙酒店服务有限公司从孔子候馆自备井取水的事实。经调查,孔子候馆和濮阳市大浪淘沙酒店服务有限公司工作人员承认濮阳市大浪淘沙酒店服务有限公司于 2017 年 10 月与孔子候馆协商从孔子候馆自备井水取水,但一直没有使用,直到 2018 年 5 月 7 日其自备井坏了才使用孔子候馆的自备井取水。2018 年 8 月 10 日,濮阳市水利局向濮阳市大浪淘沙酒店服务有限公司送达了计征水资源费(税)通知书,认定濮阳市大浪淘沙酒店服务有限公司 2017 年 11 月 1 日至 11 月 30 日共计 30 天,按照日最大取水量核算,金额为 30 天×24 小时×20 立方米/小时×10.4元/立方米=149 760元;2017 年 12 月 1 日至 2018 年 5 月 9 日共计 160 天,按照日最大取水量核算,金额为 160 天×24 小时×20 立方米/小时×12 元/立方米=921 600元。对濮阳市大浪淘沙酒店服务有限公司应计征水资源费(税)共计149 760元+921 600元=1 071 360元。并告知濮阳市大浪淘沙酒店服务有限公司接到通知后,7 日内将水资源费(税)缴纳。如对本通知不服,可在 3 日内向其提出申辩。濮阳市大浪淘沙酒店服务有限公司于 2018 年 8 月 12 日向濮阳市水利局提出申辩,濮阳市水利局于 2018 年 8 月 20 日向濮阳市大浪淘沙酒店服务有限公司对其申辩进行回复,并告知濮阳市大浪淘沙酒店服务有限公司对回复持有异议,可申请具有资质的第三方机构对用水情况进行评估。当日,濮阳市大浪淘沙酒店服务有限公司向濮阳市水利局提出评估申请,并提交延期交费(税)申请书。2018 年 8 月 21 日,濮阳市水利局通知濮阳市大浪淘沙酒店服务有限公司同意申请具有资质的第三方机构对用水情况进行评估。2018 年 8 月 21 日,濮阳市水利局向濮阳市大浪淘沙酒店服务有限公司送达限期缴纳水资源费(税)通知书,责令濮阳市大浪淘沙酒店服务有限公司 3 日内将水资源费(税)共计 1 071 360元缴至指定账户。2018 年 9 月 4 日,濮阳市水利局向濮阳市大浪淘沙酒店服务有限公司送达了行政处罚事先告知书和听证告知书。濮阳市大浪淘沙酒店服务有限公司提出听证申请,濮阳市水利局(简称被告)于 2018 年 9 月 13 日举行了听证。2018 年 9 月 13 日,被告向濮阳市大浪淘沙酒店服务有限公司(简称原告)送达了濮水罚决字〔2018〕第 6 号行政处罚决定书。随后,原告向法院起诉请求撤销濮水罚决字〔2018〕第 6 号行政处罚决定书。

原告诉称:2018 年 9 月 13 日,被告以其自 2017 年 11 月 1 日至 2018 年 5 月 9 日,未经批准使用孔子候馆自备井取用地下水为由,对其作出濮水罚决字〔2018〕第 6 号行政处罚决定。依据《水法》第七十条对其进行 4 倍罚款。被告作出上述处罚决定存在如下问题:一、被告处罚决定依据的事实不清。处罚决定认定其自 2017 年 11 月 1 日至 2018 年 5 月 9 日持续性地从孔子候馆自备井取水,认定的事实与实际取水时间不符。实际情况是其仅是在自己的取水井损坏期间使用过该自备井,不存在连续取水的事实,应当依据实际的用水量计征水资源费。被告作出处罚适用的法律不当。被告对其作出处罚决定依据的是其逾期未依照“计征水资源费(税)通知书”向被告缴纳水资源费,并依据《水法》第七十条向其作出 4 倍罚款。其收到被告作出的“计征水资源费(税)通知书”后,及时提出申辩,并向被告递交“延期交费(税)通知书”,因此不存在逾期缴纳的事实,行政处罚不当。另外,该“计征水资源费(税)通知书”中水资源费的计征,无法律依据且用水量计算错误。该通知书依据《取水许可和水资源费征收管理条例》第五十三条第一款,直接对其按照日最大取水量进行计征费用。但对其计征水资源应当依据该条第二款,计量设施不合格,应先责令更换或修复,逾期不更换或修复才按日最大取水量计征水资源费。对其计征水资源费应当依据《取水许可和水资源费征收管理条例》第三十二条,按照实际取水量确定计征水资源费标准。且其向被告提交评估申请书后,被告向其出具书面回复,同意其申请具有资质的第三方机构对用水情况进行评估,其委托有资质的第三方对其用水量进行评测,应当依据该测试报告数据确定实际用水量。综上,被告作出的行政处罚所依据的事实不清,适用法律不当,以至于作出错误的处罚决定,请求本院依法撤销被告作出的行政处罚决定。

被告濮阳市水利局辩称:一、原告未经许可擅自使用孔子候馆自备井取用地下水事实清楚。原告后勤管理人员曹爱国、孔子候馆宋书豪在执法人员询问时均明确认可,原告未经许可擅自使用孔子候馆自备井取用地下水;2017 年 10 月就接通了水井管道,直至 2018 年 6 月 9 日被发现后才停止。执法人员现场勘验并制图、拍照取得了原告擅自用水的现场的设备、场所。其认定的未经许可擅自取水及取水时间合情合理、证据充分。二、其作出的处罚决定书适用法律正确。《水法》第七十条规定:拒不缴纳、拖延缴纳或者拖欠水资源费的,由县级以上人民政府水行政主管部门或者流域管理机构依据职权,责令限期缴纳;逾期不缴纳的,从滞纳之日起按日加收滞纳部分千分之二的滞纳金,并处应缴或者补缴水资源费一倍以上五倍以下的罚款。其发现原告未经许可擅自使用孔子候馆自备井取水后不仅制止,同时依据《国务院取水许可和水资源费征收管理条例》《河南省取水许可和水资源费征收管理办法》的规定给原告下发了计征水资源费通知书,原告未积极缴纳,其再次下发限期缴纳通知,原告仍没有缴纳,其依据《水法》《行政处罚法》的规定有权对原告予以处罚,虽然原告进行了申辩,提出了延期缴纳申请,但是其并未准许延期缴纳,其仍应该按期缴纳,未予缴纳即具备处罚的条件。截至 2018 年 9 月 25 日才缴纳 10 万元水资源费,更进一步印证其处罚及时合理合法。其作出的濮水罚决字〔2018〕第 6 号处罚决定事实清楚、证据确凿、适用法律正确,请求本院依法驳回原告的诉讼请求。

问:作为水行政执法人员,你认为被告濮阳市水利局于 2018 年 9 月 13 日作出的濮水罚决字〔2018〕第 6 号行政处罚决定是否合法?

答:2017 年 11 月 24 日,财政部、国家税务总局、水利部联合发布《扩大水资源税改革试点实施办法》,自 2017 年 12 月 1 日起在包括河南省在内的 9 个省(自治区、直辖市)扩大水资源税改革试点,该《办法》第十六条规定:水资源税由税务机关依照《税收征收管理法》和本办法有关规定征收管理。河南省人民政府 2017 年 12 月 1 日实施的《河南省水资源税改革试点实施办法》第十五条规定:水资源税由地方税务机关负责征收。该办法第二十五条规定:水资源税的征收管理,依照《税收征收管理法》《河南省税收保障办法》(省政府令第 174 号)及本办法的规定执行。被告濮阳市水利局于 2018 年 9 月 13 日作出濮水罚决字〔2018〕第 6 号行政处罚决定,对于水资源税的征收,仍适用《水法》第七十条规定:拒不缴纳、拖延缴纳或者拖欠水资源费的,由县级以上人民政府水行政主管部门或者流域管理机构依据职权,责令限期缴纳;逾期不缴纳的,从滞纳之日起按日加收滞纳部分千分之二的滞纳金,并处应缴或者补缴水资源费一倍以上五倍以下的罚款。明显不当。

532. 案情简介：某区水利局执法人员对刘某的违法采砂车辆，采取证据先行登记保存措施后，发现刘某涉嫌刑事犯罪，根据相关规定将保存的物品随同案件一并移送公安机关。

问：刘某认为，行政执法中的"证据先行登记保存"属于在履行行政管理职能过程中作出的行政行为，必然产生相应的法律约束力和法律后果，扣车对刘某的权利义务产生了实际影响，某区水利局执法人员将违法行为涉案犯罪查封、冻结的财物一并移送没有书面告知当事人，属于程序严重违法，损害了刘某的合法权益，刘某如果据此提起的行政诉讼是否属于行政案件受案范围，法院是否应当依法受理？

答：《行政处罚法》第三十七条第二款规定：行政机关在收集证据时，可以采取抽样取证的方法；在证据可能灭失或者以后难以取得的情况下，经行政机关负责人批准，可以先行登记保存，并应当在七日内及时作出处理决定，在此期间，当事人或者有关人员不得销毁或者转移证据。本案中刘某请求确认某区水利局扣押其车辆的行为违法，其所诉扣押行为实际是行政处罚程序中行政机关在调查收集证据时对证据的先行登记保存行为，系行政机关收集证据的一种方式，是一种取证手段，先行登记的目的是为最终做出行政处罚提供事实的证明材料，从而为行政执法机关查明案件事实，正确、合法、及时地作出行政处罚决定提供保障，它只是行政行为的一个环节，而非独立的行政行为，不具有可诉性，且某区水利局采取证据先行登记保存措施后，已根据相关规定将保存的物品随同案件一并移送公安机关，根据《最高人民法院关于适用〈中华人民共和国行政诉讼法〉的解释》第一条第二款第（一）项之规定，公安、国家安全等机关依照刑事诉讼法的明确授权实施的行为，亦不属于人民法院行政诉讼受案范围。

533. 案情简介：2017 年 9 月 3 日，案外人王祥铭租赁孙庆国所有的挖掘机在赣榆区××××段回填土方，赣榆区水利局水利综合执法大队至该地段行政执法巡查时当场扣押了现场作业的挖掘机，因案外人王祥铭不在施工现场，赣榆区水利局遂向在场的挖掘机驾驶员仲崇志送达《连云港市赣榆区水利局扣押（暂扣）通知书》（赣水扣〔2017〕50 号）。2017 年 9 月 5 日该局决定对案外人王祥铭违法施工行为立案查处。2017 年 9 月 28 日，赣榆区水利局依据《江苏省水利工程管理条例》第三十条第一款第一项的规定，对案外人王祥铭作出赣水罚〔2017〕17 号行政处罚决定书，决定书处罚内容为：一、立即停止违法行为，恢复水利工程原状；二、罚款人民币20 000元。2018 年 9 月 30 日，赣榆区水利局返还挖掘机给案外人王祥铭。同日，王祥铭缴纳了上述20 000元罚款。

问：如果孙庆国向法院起诉连云港市赣榆区水利局（简称赣榆区水利局），那么孙庆国是否具有提起本案行政诉讼的原告主体资格？

答：有的水行政执法人员认为：孙庆国与被诉行政行为之间无法律上的利害关系，不是本案适格原告。理由如下：第一，孙庆国并非涉案行政处罚行为的相对人，涉案行政处罚的相对人是案外人王祥铭，而且王祥铭已缴纳行政处罚的款项，愿意接受行政处罚。第二，孙庆国与被诉行政行为没有直接的利害关系。赣榆区水利局为制止案外人的违法施工行为，在现场查处过程中，为防止违法证据毁损，对实施违法行为的工具即孙庆国租赁给违法施工人的挖掘机采取扣押行为是其法定职责，虽扣押行为客观上对孙庆国产生一定影响，但并非由被诉行政行为直接造成，且未提供其因挖掘机被扣押而受损的任何证据予以证实。第三，行政诉讼不仅涉及个人利益，还与行政管理秩序、社会管理秩序有密切关系。为维护社会公共管理关系的稳定性以及合理利用司法资源，有必要对启动行政诉讼的条件加以适当限制，如孙庆国认为其合法权益受损,可以通过与案外人王祥铭之间的租赁关系救济。

也有的水行政执法人员认为:《行政诉讼法》第二十五条规定,行政行为的相对人以及其他与行政行为有利害关系的公民、法人或者其他组织,有权提起诉讼。所谓利害关系即合法权益受到行政行为法律意义上的不利影响或者不法侵害。本案中,孙庆国系案涉挖掘机的所有权人,赣榆区水利局实施扣押其挖掘机的行政强制措施,客观上影响了孙庆国的利益。故孙庆国系该行政强制行为的利害关系人,具有提起本案行政诉讼的原告主体资格。作者赞同这个观点。

534.案情简介:2011 年 10 月 28 日,被告威海市水利局与威海市公安局组成的联合执法工作组,在未取得河道采砂许可证的文登黄垒河小观镇许家村入海口处河道,发现刘某(原告)雇用的司机王龙江驾驶原告鲁××××××斯太尔车往外运砂,被告扣押了原告鲁××××××斯太尔车,作出了威水封(扣)字〔2011〕第 17 号查封(扣押)决定书。原告司机王龙江在该决定书当事人签名栏处签名,但该决定书首部未载明当事人姓名,尾部未载明作出决定书的时间,执法人员未在决定书执法人员签名栏处签名。被告向法院提供的水事现场勘验笔录和对××砂场场主何经广作出的水事违法案件调查笔录均系扣押行为发生后于 2011 年 11 月 1 日形成的。被告庭审时提交的被告留存的查封(扣押)决定书首部载明当事人姓名和尾部当事人签名均为“王龙江”。2012 年 1 月 31 日,原告诉至本院,要求依法确认被告威海市水利局扣押原告鲁××××××车辆行为违法,判令被告赔偿原告损失50 000元。2012 年 4 月 24 日,原告向本院提出鉴定申请,申请对被扣押车辆停放期间的损失予以评估,本院依法委托威海市价格认证中心进行鉴定。威海市价格认证中心于 2012 年 6 月 18 日作出鉴定结论书,鉴定鲁××××××货车在停放期间的直接损失为4 200元。

问:1.被告威海市水利局扣押原告鲁××××××车辆行为是否违法?2.被告是否应该赔偿原告直接损失4 200元?

答:被告作为人民政府水利行政主管部门,依法有权对本行政区域水资源进行统一管理和监督,对违法采砂行为进行处理。根据《山东省实施〈中华人民共和国水法〉办法》相关规定,未取得河道采砂许可证采砂的,对危害防洪安全、公共安全、破坏环境资源的,水行政主管部门可以查封、扣押专用于采砂的机具。(一)被告作出的扣押行为程序违法。首先,原告司机王龙江驾驶工程车从砂场向外运砂,其工程车属于采砂机具。原告在未取得河道采砂许可证的河道内实施的运砂行为,危害了防洪安全、公共安全,破坏了环境资源,被告有权对原告车辆进行查封扣押。但根据相关法律规定,被告不能以作出具体行政行为后自行收集的证据作为证明其行政行为合法的依据。本案中,被告作出的水事现场勘验笔录和对××砂场场主何经广作出的水事违法案件调查笔录均系扣押行为发生后于 2011 年 11 月 1 日形成的,违反了行政程序的“先取证、后裁决”原则,存在程序违法。其次,被告作出的查封(扣押)决定书中当事人处是原告司机签名,不能认定该决定书是对原告作出的。被告扣押原告车辆未对原告作出扣押决定书即扣押其车辆,违反了相关法律规定,属于程序违法。综上,被告实施的扣押车辆行为有法律依据,但在对车辆实施扣押行为的行政强制过程中,违反相关程序性规定,因此原告要求确认被告扣押原告鲁××××××车辆违法的诉讼请求于法有据。(二)被告超期扣押原告车辆行为违法。法律不溯及既往原则是我国的基本法律原则之一,该原则适用上采取的是从旧兼从轻原则,即新法原则上不溯及既往,但新法对保护行政相对人的合法权益更为有利,对相对人处罚较轻时,适用新法。本案中被告扣押行为发生在 2011 年 10 月 28 日，扣押行为发生之时，对于查封扣押的期限法律并无明确规定。《行政强制法》于 2012 年 1 月 1 日实施，其第二十五条规定：查封、扣押的期限不得超过三十日；情况复杂的，经行政机关负责人批准，可以延长，但是延长期限不得超过三十日。法律、行政法规另有规定的除外。按照《行政强制法》的规定，根据从旧兼从轻的原则，本案中被告的扣押行为超过了法定期限，属于超期扣押，超期扣押行为违法。（三）被告应当赔偿原告的损失。根据《国家赔偿法》第二条、第四条第（二）项，行政机关及其工作人员在行使行政职权时违法对财产采取查封、扣押、冻结等行政强制措施或者实施其他违法行为，侵犯公民、法人或者其他组织财产权造成损害的，受害人有取得赔偿的权利。根据《国家赔偿法》第三十六条，国家机关和国家机关工作人员违法行使职权侵犯公民、法人和其他组织财产权造成损害的，应按照直接损失给予赔偿。本案中，被告查封扣押行为违法，应当解除扣押。对于扣押行为给原告造成的直接损失，被告应当承担赔偿责任，对于扣押行为给原告造成的其他损失包括车船使用费、强险保费及利润损失，被告不予赔偿。根据威海市价格认证中心作出的的山东省涉案物品价格鉴定（认证）结论书，法院应该确定被告因超期扣押原告车辆赔偿原告直接损失4 200元。

总之，水行政执法人员对违法采砂行为的当事人采取行政强制措施时，应当遵守《行政强制法》第十八条、第十九条、第二十二条、第二十三条、第二十四条、第二十五条、第二十六条、第二十七条、第二十八条的规定。如果水行政主管部门扣押行政相对人的非法采砂船舶及机具没有报经行政机关负责人批准、没有通知当事人到场、没有制作现场笔录、没有制作扣押决定书和清单、没有在规定的期限内作出处理决定、没有及时解除扣押、扣押期限超期等，其行政行为违反法定程序。如果行政相对人要求水行政主管部门给予经济赔偿的诉讼请求，行政相对人一定要按照《行政诉讼法》第三十八条第二款、《国家赔偿法》第十五条第一款、《最高人民法院关于审理行政赔偿案件若干问题的规定》第三十二条、《最高人民法院关于行政诉讼证据若干问题的规定》第五条、第七条的规定在开庭审理前或法庭调查中提供证据，不能举证证实其财物损坏、灭失及其他直接损失以及损害事实与被诉行政行为的因果关系的行政相对人的赔偿请求不会得到法院的支持。

如果水行政主管部门的《扣押单》未告知行政相对人的诉权或起诉期限，根据《行政诉讼法》第四十六条的规定，公民、法人或者其他组织直接向人民法院提起诉讼的，应当自知道或者应当知道作出行政行为之日起六个月内提出，法律另有规定的除外。因不动产提起诉讼的案件自行政行为作出之日起超过二十年，其他案件自行政行为作出之日起超过五年提起诉讼的，人民法院不予受理。《最高人民法院关于执行〈中华人民共和国行政诉讼法〉若干问题的解释》第四十一条，行政机关作出具体行政行为时，未告知公民、法人或者其他组织诉权或者起诉期限的，起诉期限从公民、法人或者其他组织知道或者应当知道诉权或者起诉期限之日起计算，但从知道或者应当知道具体行政行为内容之日起最长不得超过 2 年。以上延伸的相关规定，水行政执法人员一定要加强学习，深刻把握，以便更好地指导水行政执法实践。

535. 案情简介：2017 年 8 月 12 日，海口市美兰区环境保护督察工作协调联络组向海口市美兰区水务局转来中央第四环境保护督察组交办的任务。2017 年 8 月 16 日，海口市美兰区水务局对金水门公司存在在河道管理范围内涉嫌建设妨碍行洪的建筑物、构筑物的情况进行立案调查，并于同年 9 月 2 日对金水门公司法定代表人陈孝聪的委托人陈海建就金水门公司经营的金水门银河酒楼的建设、申报、排污及酒楼的组成部分等问题进行了询问并制作询问笔录。2017 年 9 月 9 日，海口市美兰区水务局对金水门公司营业场所进行现场勘查并制作现场检查（勘验）笔录，现场勘验情况如下：金水门银河酒楼目前处于停业状态，已将两艘船（黄龙号、黄龙二号）撤走，连接船的栈桥（两座）已拆除。目前在河道内的建筑物、构筑物为大厅的一部分及大厅外一走廊，大厅跨入河道内的部分宽8.4米、长 40 米，走廊宽4.5米、长 60 米。走廊面板已拆除。污水收集池在大厅东北方向 20 米停车场内，长约12.5米，宽约4.5米。金水门银河酒楼经营场地主要包括一座大厅、一间厨房、紧靠大厅的过道和大厅东南方向露天用餐区。2017 年 9 月 13 日，海口市美兰区水务局出具美水结报字〔2017〕第 3 号案件调查终结报告书，调查结果及处理意见为：海南金水门银河丰豪餐饮有限公司建设妨碍行洪的建筑物、构筑物，事实清楚，银河酒楼占用河道建筑物、构筑物面积约为 606 平方米，此行为违反了《水法》第三十七条第二款的规定。根据《水法》第六十五条第一款的规定，拟决定责令限期 15 日内拆除占用河道的建筑物、构筑物，逾期不拆除的，强行拆除。同日，海口市美兰区水务局案审小组对该案进行了集体讨论并决定：海南金水门银河丰豪餐饮有限公司的行为违反了《水法》第三十七条的规定，作出以下处理：责令限期 15 日内拆除占用河道部分的建筑物、构筑物，逾期不拆除的，强行拆除。2017 年 9 月 22 日，海口市美兰区水务局作出并向金水门公司直接送达了美水责拆告字〔2017〕第 3 号《责令限期拆除事先告知书》，告知金水门公司，海口市美兰区水务局拟对金水门公司作出责令限期拆除占用河道部分的建筑物、构筑物决定，如金水门公司有异议，可于 9 月 27 日前到海口市美兰区水务局进行陈述和申辩。金水门公司于 2017 年 9 月 26 日向海口市美兰区水务局提交了陈述书，表明金水门公司在当时是响应政府号召建立，并在一定程度上解决了就业问题，为社会做出了重大贡献，希望政府及相关部门考虑历史遗留问题，科学指导与扶持。2017 年 9 月 28 日，海口市美兰区水务局针对金水门公司提交的陈述书进行了集体讨论并决定维持原决定。2017 年 9 月 29 日，海口市美兰区水务局对金水门公司作出美水责拆决字〔2017〕第 3 号《责令限期拆除决定书》，认为金水门公司在横沟河新埠桥段河道内建设妨碍行洪的建筑物、构筑物（包括占用河道的水上栈桥和酒楼部分建筑）的行为，违反了《水法》第三十七条第二款的规定，依据《水法》第六十五条第一款的规定，责令金水门公司于 2017 年 10 月 15 日前拆除占用河道建设的建筑物、构筑物。逾期不拆除，被告将强行拆除，所需费用由金水门公司承担。同时，该《责令限期拆除决定书》告知金水门公司，如不服本决定，可以在接到本决定之日起 60 日内依法向美兰区人民政府或海口市水务局申请行政复议，也可以在 6 个月内直接向海口市美兰区人民法院提起行政诉讼。该《责令限期拆除决定书》于 2017 年 9 月 29 日留置送达给金水门公司。2017 年 11 月 11 日，海口市美兰区水务局对金水门公司作出并直接送达美水催字〔2017〕第 2 号《履行行政决定催告书》，催告金水门公司自收到本催告书之日起 10 日内拆除上述建筑物、构筑物。逾期不拆除，海口市美兰区水务局将强行拆除，所需费用由金水门公司承担。

问：金水门公司的经营场所所占水域是否属于河道管理范围的问题？海口市美兰区水务局作出的美水责拆决字〔2017〕第 3 号《责令限期拆除决定书》，认定事实是否清楚、证据是否确凿、适用法律法规是否正确的问题？海口市美兰区水务局作出的美水责拆决字〔2017〕第 3 号《责令限期拆除决定书》程序是否合法的问题？

答：一、关于金水门公司的经营场所所占水域是否属于河道管理范围的问题？金水门公司的部分营业场所位于横沟河河道新埠桥两岸之间的水域,横沟河河道新埠桥两岸皆有堤防,故该水域属于有堤防的河道。根据《河道管理条例》第二十条第一款"有堤防的河道,其管理范围为两岸堤防之间的水域、沙洲、滩地(包括可耕地)、行洪区,两岸堤防及护堤地"的规定,横沟河河道新埠桥两岸之间的水域属于两岸堤防之间的水域,属于河道管理范围,故金水门公司的经营场所所占水域属于河道管理范围。

二、关于海口市美兰区水务局作出的美水责拆决字〔2017〕第3号《责令限期拆除决定书》,认定事实是否清楚、证据是否确凿、适用法律法规是否正确的问题。本案金水门公司的经营场所所占水域属于河道管理范围,海口市美兰区水务局作为县级以上地方人民政府水行政主管部门,依照《水法》的规定有权对金水门公司在河道管理范围之内的建筑物、构筑物进行监督和管理。海口市美兰区水务局对金水门公司立案调查后,对金水门公司委托人进行了询问并对金水门公司营业场所进行了现场勘查,查明金水门公司营业场所建设在河道内的建筑物、构筑物面积约为606平方米,且金水门公司建设在横沟河内的建筑物、构筑物未经过相关主管部门审批。至此,海口市美兰区水务局对金水门公司建设在河道管理范围之内的违法建筑物、构筑物立案调查,并通过询问当事人及现场勘查后,依职权认定金水门公司建设在横沟河内的违法建筑物、构筑物妨碍行洪,并无不当。另,《水法》第六十五条第一款规定:在河道管理范围内建设妨碍行洪的建筑物、构筑物,或者从事影响河势稳定、危害河岸堤防安全和其他妨碍河道行洪的活动的,由县级以上人民政府水行政主管部门或者流域管理机构依据职权,责令停止违法行为,限期拆除违法建筑物、构筑物,恢复原状;逾期不拆除、不恢复原状的,强行拆除,所需费用由违法单位或者个人负担,并处一万元以上十万元以下的罚款。海口市美兰区水务局对原告妨碍行洪的违法建筑物、构筑物进行查处并依法作出拆除决定,符合法律规定。综上所述,海口市美兰区水务局对金水门公司作出的美水责拆决字〔2017〕第3号《责令限期拆除决定书》,认定事实清楚、证据确凿、适用法律法规正确。

三、关于海口市美兰区水务局作出的美水责拆决字〔2017〕第3号《责令限期拆除决定书》程序是否合法的问题。金水门公司在收到海口市美兰区水务局发出的《责令限期拆除事先告知书》后,在规定的期限内向海口市美兰区水务局书面提出申辩意见,海口市美兰区水务局对金水门公司的申辩意见进行了集体讨论并作出维持原限期拆除决定,符合《行政处罚法》第三十二条"当事人有权进行陈述和申辩。行政机关必须充分听取当事人的意见,对当事人提出的事实、理由和证据,应当进行复核"的规定。

536. 案情简介:2003年1月11日,陈秋美(原告)与惠东梁化镇马安岭村新壹生产小组签订《承包山地合同书》,新壹生产小组将集体所有的洋蹄坑至渡头、耙头山顶、江陶窝、见练坑、旱窝、青山子等约600亩山地给原告承包经营,四至范围为:东至陈屋人山相连见为界,南至陈屋山为界,西至梁化新村山相连见为界,北至水库边洋蹄坑山为界,承包期限为30年。原告承包上述山地后于2003年在洋蹄坑处建设房屋,用于山地管理和工人居住,其中一层钢筋结构楼房284平方米,一栋铁皮房280平方米。原告建设该房屋未取得相关审批手续。2018年1月13日,惠东县水利局(被告)到涉案房屋现场进行拍照及勘验,并制作现场勘验笔录,该笔录显示原告建设的房屋斜长距离水库原正常水位35.3米,面积206.16平方米。原告未到勘验现场,该现场勘验笔录无原告的签名。同日被告对原告进行调查并制作《水行政执法调查笔录》。2018年3月19日被告作出《水行政处理告知书》,并于同日向原告送达。2018 年 3 月 21 日,被告作出惠东水罚听告字〔2018〕第 013 号《水行政处理听证告知书》,并于次日向原告送达,后被告于 2018 年 4 月 4 日组织进行了听证。2018 年 4 月 11 日,被告作出惠东水行罚字〔2018〕第 011 号《水行政处理决定书》,认为陈秋美未经水行政主管部门批准,在惠东梁化镇练坑山所建的房屋建筑物及附属设施,距离水库原正常水位斜距长35.3米,位于花树下水库(北纬 23°06′04″,东经 114°44′06″)管理范围内,侵占花树下水库管理范围内的土地,影响了水库工程安全及正常运行,限原告在收到决定书后 5 日内拆除其在花树下水库管理范围内违法所建的一座房屋建筑物及附属设施。同日被告向原告送达该决定书。水库于 2014 年被规划为饮用水源保护区,在此之前,惠东县水利局、惠东县人民政府并未划定水库的管理范围和保护范围并向社会公示。2018 年 4 月 12 日,惠东县人民政府主持召开花树下水库"两违"整治工作协调会议,被告、梁化镇政府等单位参加了会议,会议决定由被告牵头负责该10 处遗留建筑物的清理整改工作等。2018 年4 月13 日,由被告负责人带队和被告单位工作人员二十多名到现场实施拆除涉案房屋及附属设施,监督维护秩序。另查明,惠东县人民政府于 1988 年 3 月 14 日发布的《惠东水利工程划定山权地界的规定》第三条规定,水库库容正常水位以上,山坡斜距 100 米内,为造林植草保护水土区,属管理单位造林,也可由有关乡村向管理单位承包造林。1993年,惠东县人民政府向梁化镇花树下水库管养处颁发国有土地使用证[证号:惠东府国用字(93)第 13230400796号],用地总面积为7 958亩,均为水域。庭审时被告陈述水库现场边界没有埋设永久界桩。原告主张被告在听证前对原告进行调解,并对房屋价值作出评估,提供一份价格明细表作为证据,该明细表显示涉案房屋价值683 707元。梁化镇人民政府于 2017 年 12 月 21 日询问原告是否同意按照上述评估价格对涉案房屋进行拆除,原告认为该评估价格过低。庭审中,被告确认上述价格明细表系其委托第三方评估公司评估制作的。原告请求被告赔偿房屋损失及屋内物品损失 100 万元,房屋价值以价格认定683 707元为参考,其余差额为屋内物品损失。屋内物品包括自动清洗机、自动灌装机、臭氧机、大班桌、大班椅、上下实木床等,原告为此提供照片予以证明。被告在庭审中陈述拆除时有对屋内物品进行清点及保全,但未能提供证据予以证明。

法院认为,关于被告作出的水行政处理决定书是否应撤销的问题。《广东省水利工程管理条例》第十八条及第二十条规定,县级以上人民政府对已征用或已划拨的水利工程管理范围内的土地,应当依法办理确权发证手续。已划定管理范围并已办理确权发证手续的,不再变更;尚未确权发证的,应当按照第十五条规定的标准依法办理征用或划拨土地手续。水利工程管理单位应当在水利工程管理范围和保护范围的边界埋设永久界桩,任何单位和个人不得移动和破坏所设界桩。本案中,被告提交的1993年颁发的国有土地使用证中载明的用地面积均为水域面积,被告也没有在水库管理和保护范围内埋设永久界桩,被告作出的现场勘验笔录亦没有当事人签名确认,根据《广东省水利工程管理条例》第十五条及第十六条的规定,被告主张涉案房屋斜长距离水库原正常水位35.3米,位于花树下水库管理范围内,没有充分证据予以证实,因此被告对原告作出行政处罚,主要证据不足,依法应予撤销。关于被告拆除原告所建房屋及附属设施的行为是否合法的问题。被告是作出涉案行政处理决定的行政机关,且根据原告提交的《惠东开展花树下水库库区 10 处违法违规建筑清拆工作方案》、被告提交的《关于中央环保督查交办案件花树下水库"两违"整治工作协调会议的纪要》及被告在庭审中的陈述确由其局长带队参与清拆行动,可以认定系被告组织实施涉案强制拆除行为，被告辩称该行为的组织实施机关系惠东县人民政府，具体实施拆除行为的行政主体为梁化镇人民政府，未提供充分证据予以证明，故对其认为其单位系参与实施本次拆除行为，不应作为本案被告的主张，法院不予采纳。根据《行政强制法》第三十五条“行政机关作出强制执行决定前，应当事先催告当事人履行义务”及第四十四条“对违法的建筑物、构筑物、设施等需要强制拆除的，应当由行政机关予以公告，限期当事人自行拆除。当事人在法律规定期限内不申请行政复议或者提起行政诉讼，又不拆除的，行政机关可以依法强制拆除”。被告于 2018 年 4 月 11 日作出行政处理决定，限原告在收到决定书后 5 日内拆除其在花树下水库管理范围内违法所建的一座房屋建筑物及附属设施，但被告却在 2018 年 4 月 13 日对涉案房屋及附属设施进行强行拆除，被告在作出强制执行决定前未催告当事人，也未进行拆除公告，亦未遵守相关执行期间的规定，违反了上述法律规定的程序。因此，被告的强行拆除行为违法。关于原告提出的赔偿请求能否支持的问题。《国家赔偿法》第二条第一款规定：国家机关和国家机关工作人员行使职权，有本法规定的侵犯公民、法人和其他组织合法权益的情形，造成损害的，受害人有依照本法取得国家赔偿的权利。《最高人民法院关于审理行政赔偿案件若干问题的规定》第三十三条规定：被告的具体行政行为违法但尚未对原告合法权益造成损害的，或者原告的请求没有事实根据或法律根据的，人民法院应当判决驳回原告的赔偿请求。原告在未取得用地规划批准和建设规划批准的情况下，擅自建设房屋，属违法建筑，不属于合法权益，故其请求被告赔偿房屋的损失，本院不予支持。涉案建筑虽未取得用地和建设规划许可，但违法建筑物、构筑物中的建筑材料，属于当事人的合法财产。本案中，被告在作出强制拆除决定前应履行法定程序，其中包括向原告发出有关部门认定其所建造的建(构)筑物属违章建筑的通知、向原告发出责令改正、限期拆除的通知，以及说明原告逾期不改正的法律后果以及被告将采取的措施。以上法定程序可以保证原告对自己的财产及时作出处理，如自行拆除、转移室内财物等，以避免不必要的损失。由于被告强制拆除行为违法，未给予原告合理时间转移房内财产，导致原告对有关物品等不能及时搬出，也不能对建(构)筑物自行拆除，导致其中一些可以回收的建筑材料损毁，必然导致原告合法财产的损失，且原告已初步举证提供照片证明其房屋内的物品，故对拆除过程中导致的建筑材料及屋内物品的损失，被告应承担赔偿责任。关于如何赔偿数额如何确定的问题。根据《最高人民法院关于适用〈中华人民共和国行政诉讼法〉的解释》第四十七条，在行政赔偿、补偿案件中，因被告的原因导致原告无法就损害情况举证的，应当由被告就该损害情况承担举证责任；对于各方主张损失的价值无法认定的，应当由负有举证责任的一方当事人申请鉴定，但法律、法规、规章规定行政机关在作出行政行为时依法应当评估或者鉴定的除外；负有举证责任的当事人拒绝申请鉴定的，由其承担不利的法律后果。当事人的损失因客观原因无法鉴定的，人民法院应当结合当事人的主张和在案证据，遵循法官职业道德，运用逻辑推理和生活经验、生活常识等，酌情确定赔偿数额。本案中对于原告主张的损失，原则上应由原告举证证明，但在强制拆除建筑时，被告对建筑物及建筑物内的合法财产，负有采取登记、摄像或公证等适当方式保全证据的义务，因被告在实施强制拆除前未履行证据保全义务，导致原告难以举证的，应适当降低原告的证明标准，现本院根据原告的房屋建筑结构、面积、拆除时房屋的现状，及参照同行业建筑材料的市场价格对涉案建筑中建筑材料的损失作出酌情认定，并结合本案原告初步所举证据，且考虑到 2017 年被告已委托评估机构对涉案房屋的价值进行评估、梁化镇政府工作人员依旧按照评估价拆除房屋对原告进行询问的情形,原告在此之后未采取合理措施对屋内物品进行转移,自身也存在一定过错,本院酌情支持原告经济损失8万元,对原告请求的过高损失部分,没有依据,原审法院不予支持。综上所述,依照《行政诉讼法》第三十八条、第七十条、第七十四条第二款第(一)项、第七十六条,《国家赔偿法》第二条第一款、第三十二条,《最高人民法院关于审理行政赔偿案件若干问题的规定》第三十三条,《最高人民法院关于适用〈中华人民共和国行政诉讼法〉的解释》第四十七条的规定,判决:一、撤销被告惠东水务局2018年4月11日作出的惠东水行罚字〔2018〕第011号水行政处理决定;二、确认被告惠东水务局2018年4月13日强行拆除原告陈秋美位于惠东县梁化镇××村新壹小组洋蹄坑的房屋及附属设施的行政行为违法;三、限被告惠东水务局于本判决生效之日起30日内赔偿原告陈秋美80 000元。四、驳回原告陈秋美其他诉讼请求。案件受理费50元,由被告承担。这是法院判决的结果,作为水行政执法人员你认为法院的判决合理吗?想把这起案件搞清楚必须厘清下面三个问题?

问:一是惠东水利局于2018年4月11日作出的惠东水行罚字〔2018〕第011号《水行政处理决定书》认定事实是否清楚、适用法律是否正确以及程序是否合法?二是惠东水利局于2018年4月13日强制拆除涉案房屋及附属设施的行政行为是否合法?三是惠东水利局是否应当赔偿因强制拆除行为给陈秋美造成的经济损失?

答:关于惠东水利局于2018年4月11日作出的惠东水行罚字〔2018〕第011号《水行政处理决定书》认定事实是否清楚、适用法律是否正确、程序是否合法的问题。《广东省水利工程管理条例》第十五条规定:县级以上人民政府应当按照下列标准划定国家所有的水利工程管理范围:(一)水库。工程区:挡水、泄水、引水建筑物及电站厂房的占地范围及其周边,大型及重要中型水库五十至一百米,主、副坝下游坝脚线外二百至三百米;中型水库三十至五十米,主、副坝下游坝脚线外一百至二百米。库区:水库坝址上游坝顶高程线或土地征用线以下的土地和水域。……。其他水利工程的管理范围,由县或乡镇人民政府参照上述标准划定。第十六条规定:县级以上人民政府应当按照下列标准在水利工程管理范围边界外延划定水利工程保护范围:……。其他水利工程的保护范围,由县或乡镇人民政府参照上述标准划定。本案中,涉案花树下水库于2014年被规划为饮用水源保护区,在此之前,惠东县水利局、惠东县人民政府并未划定水库的管理范围和保护范围并向社会公示,从而确定水库管理、保护范围的用地边界界线。并且,涉案房屋及附属设施从建设开始直至被惠东水利局调查期间,间隔时间长达十余年,期间从来没有任何政府部门或者个人提出异议,主张侵犯了其依法享有的土地使用权。本案中,惠东水利局仅根据其下属机构惠东花树下水库养护所持有的国有土地使用证和联合第三方机构对涉案建筑物进行现场测量测定作出的房屋位置斜距示意图,从而认为该证已划定涉案水库的管理范围,进而认定陈秋美的涉案建筑物位于涉案水库管理范围内,属于证据不足,本院对此不予采纳。另,惠东水利局作出的被诉处理决定是基于涉案建筑属于违章建筑,还是基于涉案建筑影响了水库工程安全与正常运行,惠东水利局对此也未提供充足的证据予以证明,属于事实认定不清,法院对此是不予采信的。故法院据此作出撤销被诉《水行政处理决定书》是正确的。

关于惠东水利局于2018年4月13日强制拆除涉案房屋及附属设施的行政行为是否合法的问题。《行政强制法》第八条第一款规定:公民、法人或者其他组织对行政机关实施行政强制,享有陈述权、申辩权;有权依法申请行政复议或者提起行政诉讼;因行政机关违法实施行政强制受到损害的,有权依法要求赔偿。第三十五条规定:行政机关作出强制执行决定前,应当事先催告当事人履行义务。催告应当以书面形式作出,并载明下列事项:(一)履行义务的期限;(二)履行义务的方式;(三)涉及金钱给付的,应当有明确的金额和给付方式;(四)当事人依法享有的陈述权和申辩权。第三十七条第一款规定:经催告,当事人逾期仍不履行行政决定,且无正当理由的,行政机关可以作出强制执行决定。本案中,惠东水利局在实施强制拆除行为之前,没有向陈秋美发出书面催告通知书,催告陈秋美履行义务,没有听取陈秋美的陈述和申辩,也没有依法作出行政强制执行决定,因此惠东水利局实施的强制拆除行为,严重违反法定的行政强制程序,惠东水利局应当对陈秋美由此遭受的损失承担赔偿责任。法院判决确认涉案强制拆除行为违法,理由正当。

关于惠东水利局是否应当赔偿因强制拆除行为给陈秋美造成的经济损失问题。《国家赔偿法》第二条第一款规定:国家机关和国家机关工作人员行使职权,有本法规定的侵犯公民、法人和其他组织合法权益的情形,造成损害的,受害人有依照本法取得国家赔偿的权利。《行政诉讼法》第三十八条第二款规定:在行政赔偿、补偿的案件中,原告应当对行政行为造成的损害提供证据。因被告的原因导致原告无法举证的,由被告承担举证责任。《国家赔偿法》第三十六条规定:侵犯公民、法人和其他组织的财产权造成损害的,按照下列规定处理:……(八)对财产权造成其他损害的,按照直接损失给予赔偿。本案中,涉案房屋及附属设施修建的时间在前,花树下水库规划为饮用水源保护区的时间在后,在涉案房屋及附属设施修建之后的十余年时间里,惠东水利局并未将其认定为违法建筑,惠东水利局基于保护饮用水源保护区的目的要求陈秋美自行拆除涉案房屋及附属设施,必须对陈秋美因此遭受的经济损失进行补偿。且惠东水利局如依照合法程序并采取必要合理方式拆除涉案房屋及附属设施,陈秋美可以自行对有关建筑材料予以利用或者及时作出处理,现因惠东水利局实施的强制拆除行为,导致陈秋美无法及时处理该部分财产,对陈秋美因此遭受的经济损失,惠东水利局应当予以赔偿。惠东水利局在实施强制拆除行为之前,已经通过惠东花树下水库养护所委托第三方惠东价格认证中心对涉案房屋及附属设施的价格进行了评估,并作出了《价格认定结论书》。该价格认定结论系依据惠东花树下水库养护所提供的资料,并按照惠东地区同期同类建(构)筑物重置价格以及结合涉案房屋及附属设施的实际情况作出的,可以作为对陈秋美因此遭受的损失进行补偿的依据。法院没有依法调取并采纳该评估报告内容,属于事实认定不清。惠东水利局应赔偿陈秋美683 707元,较为合理。

附:相关法律、司法解释等条文

《中华人民共和国行政诉讼法》

第三十八条　在起诉被告不履行法定职责的案件中,原告应当提供其向被告提出申请的证据。但有下列情形之一的除外:

(一)被告应当依职权主动履行法定职责的;

(二)原告因正当理由不能提供证据的。

在行政赔偿、补偿的案件中,原告应当对行政行为造成的损害提供证据。因被告的原因导致原告无法举证的,由被告承担举证责任。

第八十九条　人民法院审理上诉案件,按照下列情形,分别处理:

(一)原判决、裁定认定事实清楚,适用法律、法规正确的,判决或者裁定驳回上诉,维持原判决、裁定;

(二)原判决、裁定认定事实错误或者适用法律、法规错误的,依法改判、撤销或者变更;

（三）原判决认定基本事实不清、证据不足的，发回原审人民法院重审，或者查清事实后改判；

（四）原判决遗漏当事人或者违法缺席判决等严重违反法定程序的，裁定撤销原判决，发回原审人民法院重审。

原审人民法院对发回重审的案件作出判决后，当事人提起上诉的，第二审人民法院不得再次发回重审。

人民法院审理上诉案件，需要改变原审判决的，应当同时对被诉行政行为作出判决。

《中华人民共和国行政强制法》

第八条 公民、法人或者其他组织对行政机关实施行政强制，享有陈述权、申辩权；有权依法申请行政复议或者提起行政诉讼；因行政机关违法实施行政强制受到损害的，有权依法要求赔偿。

公民、法人或者其他组织因人民法院在强制执行中有违法行为或者扩大强制执行范围受到损害的，有权依法要求赔偿。

第三十五条 行政机关作出强制执行决定前，应当事先催告当事人履行义务。催告应当以书面形式作出，并载明下列事项：

（一）履行义务的期限；

（二）履行义务的方式；

（三）涉及金钱给付的，应当有明确的金额和给付方式；

（四）当事人依法享有的陈述权和申辩权。

第三十七条 经催告，当事人逾期仍不履行行政决定，且无正当理由的，行政机关可以作出强制执行决定。

强制执行决定应当以书面形式作出，并载明下列事项：

（一）当事人的姓名或者名称、地址；

（二）强制执行的理由和依据；

（三）强制执行的方式和时间；

（四）申请行政复议或者提起行政诉讼的途径和期限；

（五）行政机关的名称、印章和日期。

在催告期间，对有证据证明有转移或者隐匿财物迹象的，行政机关可以作出立即强制执行决定。

《中华人民共和国国家赔偿法》

第二条 国家机关和国家机关工作人员行使职权，有本法规定的侵犯公民、法人和其他组织合法权益的情形，造成损害的，受害人有依照本法取得国家赔偿的权利。

本法规定的赔偿义务机关，应当依照本法及时履行赔偿义务。

第三十六条 侵犯公民、法人和其他组织的财产权造成损害的，按照下列规定处理：

（一）处罚款、罚金、追缴、没收财产或者违法征收、征用财产的，返还财产；

（二）查封、扣押、冻结财产的，解除对财产的查封、扣押、冻结，造成财产损坏或者灭失的，依照本条第三项、第四项的规定赔偿；

（三）应当返还的财产损坏的，能够恢复原状的恢复原状，不能恢复原状的，按照损害程度给付相应的赔偿金；

（四）应当返还的财产灭失的，给付相应的赔偿金；

（五）财产已经拍卖或者变卖的，给付拍卖或者变卖所得的价款；变卖的价款明显低于财产价值的，应当支付相应的赔偿金；

（六）吊销许可证和执照、责令停产停业的，赔偿停产停业期间必要的经常性费用开支；

（七）返还执行的罚款或者罚金、追缴或者没收的金钱，解除冻结的存款或者汇款的，应当支付银行同期存款利息；

（八）对财产权造成其他损害的，按照直接损失给予赔偿。

《广东省水利工程管理条例》

第十五条　县级以上人民政府应当按照下列标准划定国家所有的水利工程管理范围：

（一）水库。工程区：挡水、泄水、引水建筑物及电站厂房的占地范围及其周边，大型及重要中型水库五十至一百米，主、副坝下游坝脚线外二百至三百米；中型水库三十至五十米，主、副坝下游坝脚线外一百至二百米。库区：水库坝址上游坝顶高程线或土地征用线以下的土地和水域。

（二）堤防。工程区：主要建筑物占地范围及其周边：西江、北江、东江、韩江干流的堤防和捍卫重要城镇或五万亩以上农田的其他江海堤防，从内、外坡堤脚算起每侧三十至五十米；捍卫一万亩至五万亩农田的堤防，从内、外坡堤脚算起每侧二十至三十米。

（三）水闸。工程区：水闸工程各组成部分（包括上游引水渠、闸室、下游消能防冲工程和两岸联接建筑物等）的覆盖范围以及水闸上、下游、两侧的宽度，大型水闸上、下游宽度三百至一千米，两侧宽度五十至二百米；中型水闸上、下游五十至三百米，两侧宽度三十至五十米。

（四）灌区。主要建筑物占地范围及周边：大型工程五十至一百米，中型工程三十至五十米；渠道：左、右外边坡脚线之间用地范围。

（五）生产、生活区（包括生产及管理用房、职工住宅及其他文化、福利设施等）。按照不少于房屋建筑面积的三倍计算。

其他水利工程的管理范围，由县或乡镇人民政府参照上述标准划定。

537.问：河道的管理部门怎么做才能规避诉讼中败诉风险？如何做好防范工作？

答：如果河道位于人群密集、人流量较大的地方，就符合地域特定性的特征，属于公共场所。同时，法律不禁止公众对河道在一定范围内有利用和通行等行为，这就要求河道管理者对进入河道活动的人员有责任依法进行管理。此时，河道管理者基于河道对不特定的人群构成了安全威胁，而需要承担相应的保障责任，做好风险防范工作。

一是消除河道自然风险的责任。河道管理者对河道设施的管理是法定义务，对有缺陷的设施应及时维修，不能及时维修的，应设立相应的警示标志，提示设施因缺陷而存在的风险。由于设施缺陷的风险属当事人难以预见的内容，如果河道管理者不设警示标志，对当事人因该风险受到的伤害应承担相应的赔偿责任。

二是消除河道人为风险的责任。人类活动造成河道自然状况发生变化，产生不确定的风险。受经济利益的驱使，人们开发利用河道的活动越来越多，主要包括挖砂、淘金、修建养殖设施或码头等活动。河道管理者应依法管理涉河开发利用建设活动，对产生风险的，应及时要求有关责任主体消除风险。如果因河道管理者管理疏忽，或处理不及时，未在合理期限内消除河道中的人为风险，对当事人因该风险受到的伤害应承担相应的民事赔偿责任。

三是实施告知行为的责任。对于成为公共场所的河道而言,管理者应当提示告知存在的潜在危险和危险因素(如告知水深不要靠近)。如果没有尽到上述三种管理责任和注意义务,造成损害结果的,要依其过错程度承担相应的民事责任。

综上所述,无论是否承担安全保障义务,从加强河道管理的角度来看,河道管理者都要进一步明确河道、水库和水塘的所有人、使用人和管理人,明确管理的权利、义务和责任,保证河道、水库和水塘正常的维护和管理;要在危险的河道、水库和水塘周边,加装能够足以防止少年儿童不慎落水的防护栏杆、危险标志牌等;对存在溺水安全隐患的河道、水库和水塘周边要安排人员经常开展巡查,采取有效措施防止危险的发生;要结合水法宣传、学校暑期安全教育等形式,积极开展宣传、教育活动,提高沿河群众对该问题的重视程度。

河道管理者在河道事件引发的人身损害赔偿案件中的责任分担,目前仍是争议问题。上述通过对一起真实的河道诉讼案件的分析,认为河道虽然不能认定为公共场所,但其仍具有一定的开放性,并因此提出河道管理者承担民事赔偿责任的依据,指出河道管理者在河道管理中具有一定的警示义务,负有管理者责任,进而围绕河道管理者的警示义务,提出了判处河道管理者承担赔偿责任时的法律适用原则,这些法律适用原则,在保护受害人权益的同时,充分兼顾了河道管理者的权益,既有利于保护河道管理者依法履行管理职权不受外来干扰,减轻诉讼负担,又有利于督促河道管理者充分履行管理职责,保护人民群众的生命和财产安全。

538.案情简介:2013 年 1 月,第三人黄世芳未经水利、安监、国土等部门批准,擅自租用当地群众约11.5亩的农田修库建坝,危及下游。2013 年 7 月 26 日,那坡县弄内林场铁皮石斛种植农业专业合作社向那坡县水利局举报并递交了检举信,那坡县水利局于 2013 年 7 月 31 日派人进行核实后,认为举报情况属实,于当年 8 月 8 日对第三人黄世芳下达了那水停〔2013〕03 号《那坡县水利局责令停止水事违法行为通知书》,责令第三人黄世芳立即停止违法行为,听候处理。那坡县水利局于同年 9 月 2 日向那坡县人民政府上报,县人民政府主管领导签署批示,要求水利、安监等部门查处。但那坡县水利局没有及时组织人员对第三人黄世芳修建的库坝进行拆除,拖延不作为,那坡县人民政府亦未督促下属部门及时拆除。2014 年 6 月 7 日,那坡县普降暴雨,同年 6 月 9 日该水库溃坝,致使位于下游的那坡县弄内林场铁皮石斛种植农业专业合作社铁皮石斛基地3.57亩石斛被冲毁,造成那坡县弄内林场铁皮石斛种植农业专业合作社经济损失。事故发生后,2014 年 7 月 22 日,那坡县人民政府成立了那坡县汤达沟水库“6·9”漫坝事故调查组对事故原因进行调查,2014 年 11 月 18 日作出了《那坡县汤达沟鱼塘“6·9”溃坝事故调查报告》,认定事故发生的直接原因是“极端天气引发。2014 年 6 月 7 日 19 时至 6 月 9 日 6 时,我县城区至弄内片区普降暴雨,当事人黄世芳违法拦河建坝的鱼塘刚好在暴雨区域,持续降雨致使水位上涨,水流量剧增……。3 时 43 分 40 秒时洪水来势凶猛,前后不到 1 分钟时间铁皮石斛全部被洪水冲走。这显然不是降雨造成的,而是水位上涨漫过了黄世芳擅自拦河建筑的鱼塘坝首,强大的水流量长时间激烈地冲刷着鱼塘右侧低矮的坝体,导致鱼塘坝体溃坝使鱼塘里的几万立方米水倾泻而下致使洪水瞬间暴涨造成的”,第三人黄世芳未经有关部门批准,擅自修建鱼塘拦水坝,坝体达不到蓄水标准和规范要求,导致事故发生。因此,第三人黄世芳对事故的发生负有不可推卸的责任。那坡县水利局副局长陈某在水利局工作期间协助局长分管水行政执法和水资源管理工作,在水事违法查处过程中,落实领导批示意见不到位,未认真履行职责,对水政水资源办工作人员未认真履行职责失察;指导检查分管股室业务工作不力,对事故发生负有领导责任。2015 年 4 月 16 日中共那坡县纪委作出决定给予陈某党内警告处分。那坡县水利局水政水资源股股长黄某某,负责水政监察和水行政执法工作,对水事违法行为执法不到位,未认真履行工作职责,对事故发生负有责任,那坡县监察局决定给予黄某某行政警告处分。事后,那坡县公安局委托百色市价格认证中心对那坡县弄内林场铁皮石斛种植农业专业合作社的铁皮石斛种植场、耕地(水田)、粮食作物、经济作物损失的价格进行鉴定,2015 年 2 月 28 日百色市价格认证中心作出了鉴定结果,认定那坡县弄内林场铁皮石斛种植农业专业合作社的铁皮石斛种植场经济损失为661 312.27元,2016 年 2 月 2 日,那坡县人民政府召集双方当事人进行调解,因第三人黄世芳不愿赔偿,调解未果。

问:作为水行政执法人员,你如何处理此类问题?那坡县弄内林场铁皮石斛种植农业专业合作社的损失如何获得赔偿?要想搞清楚这些问题必须厘清三个问题:一、那坡县人民政府能否作为本案适格的被告?二、那坡县水利局是否存在未履行法定职责而导致那坡县弄内林场铁皮石斛种植农业专业合作社的经济损失;三、那坡县弄内林场铁皮石斛种植农业专业合作社请求那坡县人民政府、那坡县水利局及第三人连带责任赔偿是否有事实和法律依据?四、那坡县弄内林场铁皮石斛种植农业专业合作社对百色市价格认证中心作出的鉴定结果不服,如何救济?

答:根据《水利法》第十二条第四款:县级以上地方人民政府水行政主管部门按照规定权限,负责本行政区域内水资源的统一管理和监督工作。那坡县水利局依法对本行政区域内水资源享有统一管理和监督工作。

一、关于那坡县人民政府作为本案被告是否适格问题。

那坡弄内铁皮石斛种植合作社(简称合作社)于 2013 年 1 月,发现第三人黄世芳未经水利、安监、国土等部门批准,擅自租用当地群众约11.5亩的农田修库建坝,危及其下游的铁皮石斛种植的财产安全。于 2013 年 7 月,向那坡县水利局举报,那坡县水利局于 2013 年 7 月 31 日派人进行核实后,认为举报情况属实,于当年 8 月 8 日对第三人黄世芳下达了那水停〔2013〕03 号《那坡县水利局责令停止水事违法行为通知书》,责令第三人黄世芳立即停止违法行为,听候处理。那坡县水利局于同年 9 月 2 日向那坡县人民政府上报,县人民政府主管领导签署批示,要求水利、安监等部门查处。但那坡县水利局下达了那水停〔2013〕03 号《那坡县水利局责令停止水事违法行为通知书》后,没有及时组织人员对第三人黄世芳修建的库坝进行拆除,拖延不作为,直到 2014 年 6 月 7 日,那坡县普降暴雨,同年 6 月 9 日该水库溃坝,致使位于下游的原告铁皮石斛基地3.57亩石斛被冲毁,造成合作社经济损失。对此,责任在那坡县水利局,合作社有权主张那坡县水利局作为本案被告进行赔偿。但是作为那坡县人民政府,其仅是那坡县水利局的上级主管单位,其对本行政区域内水资源没有管理和监督职权,那坡县水利局对本行政区域内水资源才享有统一管理和监督工作,而且那坡县人民政府在接到那坡县水利局的报告后,分管领导已经及时批示要求那坡县水利局等部门查处。因此,如果合作社以那坡县人民政府作为本案的被告是不适格的。

二、关于本案那坡县水利局是否存在未履行法定职责而导致合作社的经济损失的问题。

合作社于 2013 年初发现第三人黄世芳未经水利、安监、国土等部门批准,擅自租用当地群众约11.5亩的农田修库建坝,危及其下游的铁皮石斛种植场的财产安全后。于同年的 7 月 26 日向那坡县水利局递交了举报信,要求政府部门及那坡县水利局及时拆除第三人黄世芳违建的水坝,消除安全隐患,那坡县水利局接到合作社的举报信后,向政府部门进行了汇报，县政府分管领导签署了“建议安监、水利、国土和城厢镇人民政府等联合执法，责令当事人自行拆除违法建筑的鱼塘，排除安全隐患”的意见，那坡县水利局收到县领导的批示后，虽然下达了《那坡县水利局责令停止水事违法行为通知书》安排副局长陈某和黄某某股长负责此项工作，但陈副局长和黄股长仅仅去通知第三人黄世芳自行拆除，第三人黄世芳当场表态没钱拆除后，那坡县水利局的工作人员未认真履行职责，事后没有跟踪管理，没有组织人员拆除，也没有及时向县领导汇报，放任事态的发生，导致了“6·9”溃坝事故的发生，为此，那坡县纪律委员会和那坡县监察局分别对那坡县水利局的工作人员作出了《中共那坡县纪律检查委员会关于给予陈某同志党内警告处分的决定》及那坡县监察局《关于给予黄某某行政警告处分的决定》处理，那坡县水利局，存在未完全履行职责，没有能排除安全隐患，导致事故的发生，对此负有不可推卸的责任，因此如果合作社起诉主张那坡县水利局存在不完全作为，应承担赔偿责任是有事实和法律依据的，但合作社主张那坡县水利局承担全部赔偿责任也是没有法律依据的，根据那坡县水利局在本案中不履行法定职责的行为与损害发生结果中所起的作用等因素考虑，确定那坡县水利局在此次事故中承担40%赔偿责任，较为合理。

三、如果合作社提起行政诉讼，合作社在行政诉讼中请求那坡县水利局和第三人承担连带赔偿责任是否有法律依据的问题。

那坡县水利局行政不作为，导致合作社经济损失，合作社依据行政法规请求确认那坡县水利局行政不作为违法，并承担行政赔偿责任。第三人黄世芳未经水利、安监、国土等部门批准，擅自租用当地群众约11.5亩的农田违法修建水坝，而且那坡县水利局下达了《那坡县水利局责令停止水事违法行为通知书》后，没有拆除违法修建的水坝，导致“6·9”溃坝事故的发生，造成原告经济损失，第三人黄世芳的侵权行为是属于民事侵权行为，合作社应该依法另案提起民事诉讼，如果合作社在行政诉讼案中一并起诉第三人要求民事赔偿并要求那坡县水利局和第三人承担连带赔偿责任是没有法律依据的。

四、那坡县弄内林场铁皮石斛种植农业专业合作社对百色市价格认证中心作出的鉴定结果不服，如何救济。

那坡县弄内林场铁皮石斛种植农业专业合作社对百色市价格认证中心作出的鉴定结果不服，可以在向法院提起诉讼后申请法院委托第三方机构评估鉴定。

539.案情简介：刘某某、侯某某作为邢台县水务局邢昔线的具体执法人员，李某某作为邢台县水务局河道管理处主任及邢昔线的负责人，负责对邢昔线白某河河道范围内的私搭乱建及往河道弃置淤泥等违法行为进行查处。吴某洗砂场位于邢台县皇寺镇郭村村东、白某河西岸河道内，无任何批准手续，属于在河道内私搭乱建的违法行为，应予取缔；李某洗砂场位于邢台县皇寺镇潭村，无任何批准手续，虽然没有位于河道内，但往河道内弃置淤泥，应予制止。刘某某、侯某某、李某某三人或者对发现的问题没有督促整改到位，或者没有及时发现问题，致使二砂场继续违法生产，分别于2017年4月27日、2016年10月30日发生安全事故，造成二人死亡。有人认为刘某某、侯某某、李某某作为行政执法人员，未认真履行职责，致使公共财产、国家和人民利益遭受重大损失，其行为均已构成玩忽职守罪。

问：作为水行政执法人员，你如何看待这个问题？刘某某、侯某某、李某某其行为是否构成玩忽职守罪？

答：李某洗砂场未占用河道经营，刘某某、侯某某、李某某仅有对该洗砂场向河道弃置淤泥行为进行行政处罚的职权,对该企业的生产经营权无权干涉。李某洗砂场发生安全生产事故,与三人的行政执法行为正确与否,没有法律上的因果关系。吴某未经水行政主管部门批准,擅自在白某河河道内架设洗砂设备设置洗砂点并向河道内弃置淤泥,影响河势稳定的行为,刘某某、侯某某作为水行政部门的执法人员,虽已下达《限期改正通知书》,责令其限期改正,但在该通知书确定的期限届满、行为人吴某并未实际履行整改义务的情况下,不继续督促整改到位,致使该洗砂场发生安全事故,刘某某、侯某某应负直接责任。李某某作为河道管理处主任及邢昔线的执法负责人,未尽到监管职责,对事故的发生应负领导责任。吴某洗砂场虽无证照,却能持续违法生产,其他多个职能部门均没有采取任何监管措施,客观上放纵违法企业的生产经营,加重了水行政执法部门的执法成本,也应负一定的责任。根据罪责刑相适应的原则,三人仅应承担执法部门监管不力的责任。鉴于本案事故的发生,属于多因一果造成的。作者认为,刘某某、侯某某、李某某已构成玩忽职守罪,但犯罪情节轻微不需要判处刑罚,可以免予刑事处罚。

540.案情简介:曹月辉因非法采矿的行为,涉及对其"永红 1 号"采砂船的扣押有关执法部门有两个扣押行为,一是沅江市水务局在对曹月辉水事违法行政案件的查处过程中,于 2016 年 4 月 13 日作出了扣押"永红 1 号"采砂船的扣押决定,该扣押决定书作出后未实际执行,即未实际对扣押决定书中的标的物"永红 1 号"采砂船实施扣押,2016 年 5 月 11 日,沅江市水务局解除了该扣押决定。二是沅江市公安局对曹月辉涉嫌非法采矿一案立案侦查后,于 2016 年 5 月 23 日作出沅公扣字〔2016〕0118号扣押决定书,决定扣押曹月辉"永红 1 号"采砂船。该决定作出后,于 2016 年 8 月 19 日沅江市公安局会同沅江市水务局及海事等部门对曹月辉"永红 1 号"采砂船实施了扣押,扣押后沅江市公安局交由本案沅江市水务局保管,由沅江市水务局请专人看守,代为保管。于是,曹月辉向人民法院起诉沅江市公安局的扣押行为违法。

问:作为水行政执法人员,你认为人民法院会受理吗?

答:本案中,公安机关在办理刑事案件过程中,对曹月辉"永红 1 号"采砂船的扣押,是依据《中华人民共和国刑事诉讼法》(简称《刑事诉讼法》)第一百三十九条的规定作出的,是依照《刑事诉讼法》的明确授权实施的行为,根据《最高人民法院关于适用〈中华人民共和国行政诉讼法〉的解释》第一条第二款第(一)项的规定,不属于人民法院行政诉讼的受案范围。关于沅江市水务局对扣押船舶代为保管的行为,系公安机关委托行为,沅江市水务局受公安机关委托而实施的保管行为,不是可诉的行政行为,受委托实施的行为产生的法律后果,依法应当由委托人承担。综上所述,曹月辉起诉的扣押行为,系公安机关根据《刑事诉讼法》明确授权而实施的行为,不是本案沅江市水务局实施的行政行为,沅江市水务局参与扣押是协助公安机关扣押的行为,代为保管扣押的标的物是受委托而实施的行为,故本案曹月辉起诉不属于人民法院行政诉讼案件的受案范围,依法应驳回曹月辉的起诉。曹月辉如果认为涉案扣押行为侵犯其合法权益,可以根据《国家赔偿法》有关刑事赔偿的规定予以救济。

541.案情简介:刘某是桂 A××××× 重型自卸货车的所有人,该车挂靠在广西顺大物流有限公司名下经营。2019 年 3 月 28 日,刘某驾驶上述车辆运输砂石从宁明县寨安乡往爱店镇方向行使,途径寨安乡检查站时,被宁明县水利局以运输没有合法来源证明的砂石为由扣押了车辆,但宁明县水利局未制作扣押决定书和扣押清单。2019 年 3 月 28 日,宁明县水利局针对刘某运输没有合法来源证明的砂石行为进行立案查处。2019 年 6 月 11 日，宁明县水利局作出宁水罚〔2019〕17 号《行政处罚决定书》，该决定书认为刘某在河道管理范围内运输砂石未持有砂石合法来源证明，属于运输非法开采砂石的行为，对刘某作出责令停止违法行为，没收车上所载非法开采的河砂 28 立方米，罚款五万元整的行政处罚。2019 年 7 月 31 日，宁明县水利局作出解除扣押(暂扣)通知书并送达给刘某，刘某于 2019 年 8 月 9 日将车辆开回保管。

问：作为水行政执法人员，你认为刘某如何保护自己的权利？宁明县水利局是否具有扣押本案涉案车辆的职权？宁明县水利局扣押刘某辆是否合法？

答：《行政强制法》第二条规定，行政强制措施是指行政机关在行政管理过程中，为制止违法行为、防止证据损毁、避免危害发生、控制危险扩大等情形，依法对公民的人身自由实施暂时性的限制，或者对公民、法人和其他组织的财物实施暂时性控制的行为。根据《广西壮族自治区河道采砂管理条例》第四条、第五条的规定，县级以水行政主管部门负责河道采砂的统一管理和监督检查工作，县级以上人民政府可以根据河道采砂执法的实际，组织水利、公安、国土资源、环境保护、交通运输等部门联合执法，依法查处违法采砂行为。宁明县水利局系宁明县的水行政主管部门，有权对宁明县行政区域内的河道采砂、运砂行使监督管理职责，有权为制止违法行为、防止证据损毁而采取行政强制措施，暂扣涉案车辆，故宁明县水利局具有扣押本案涉案车辆的职权。

关于宁明县水利局扣押罗扩车辆是否合法的问题。《行政强制法》第十八条规定，行政机关实施行政强制措施应当遵守下列规定：(一)实施前须向行政机关负责人报告并经批准；(二)由两名以上行政执法人员实施；(三)出示执法身份证件；……(五)当场告知当事人采取行政强制措施的理由、依据以及当事人依法享有的权利、救济途径；(六)听取当事人的陈述和申辩。《行政强制法》第十九条规定，情况紧急，需要当场实施行政强制措施的，行政执法人员应当在二十四小时内向行政机关负责人报告，并补办批准手续。行政机关负责人认为不应当采取行政强制措施的，应当立即解除。第二十四条第一款规定，行政机关决定实施查封、扣押的，应当履行本法第十八条规定的程序，制作并当场交付查封、扣押决定书和清单。第二十五条规定，查封、扣押期限不超过三十日；情况复杂的，经行政机关负责人批准，可以延长，但是延长期限不得超过三十日。本案中，宁明县水利局在决定实施行政强制措施扣押原告车辆过程中，未制作扣押决定书和扣押清单并送达刘某，也未告知刘某享有陈述、申辩权利以及救济途径，也未有证据证明在实施扣押前已向本机关负责人报告并经批准或在实施扣押后二十四小时内向本机关负责人报告并补办批准手续，且扣押时间超过法律的期限，程序违法。

关于宁明县水利局是否应赔偿刘某经济损失的问题。《行政诉讼法》第三十八条第二款规定，在行政赔偿、补偿的案件中，刘某应当对行政行为造成的损害提供证据。《国家赔偿法》第三十六条第八项规定，侵犯公民、法人和其他组织的财产权造成损害的，按照直接损失给予赔偿。本案中，刘某如果要求宁明县水利局按照从事交通运输业人员的收入赔偿其经济损失，其主张的损失是一种可期待收入，具有不确定因素，属于间接损失，并非刘某因涉案车辆被暂扣后所造成的实际损失，依法不属于国家赔偿范围。

542. 案情简介：公益诉讼起诉人蛟河市人民检察院认为被告蛟河市水利局不履行法定职责一案，于 2020 年 2 月 19 日向法院提起行政公益诉讼。

公益诉讼起诉人蛟河市人民检察院诉称，蛟河市人民检察院在履行公益诉讼监督职责中发现，蛟河市润辉房地产开发有限公司在蛟河市拉法河常家村段修建阻水建筑物，对拉法河行洪安全造成危害。2014 年，蛟河市润辉房地产开发有限公司在蛟河市××村内河中间偏南的位置建成船型水泥建筑物。蛟河市水利局证实，该建筑物未经水行政主管部门审查批准，妨碍行洪，属于阻水建筑物。蛟河市水利局对于此阻水建筑物在建成五年时间里，没有对该建筑物进行过调查，更未依法履行监管之责，致使该建筑物至今仍然存在，对蛟河市拉法河行洪安全构成严重危害。2019 年 4 月初，蛟河市人民检察院对此案件介入调查后，蛟河市水利局才于 4 月 22 日对蛟河市润辉房地产开发有限公司下达了《责令限期改正通知书》，责令其于 5 月 13 日前，拆除河道内建筑物，并接受复查。同日又下达了《行政处罚告知书》，对其罚款人民币 5 万元整。于 4 月 26 日，下达了《行政处罚决定书》。责令拆除期限过后，蛟河市人民检察院实地踏查发现，该违法阻水建筑物依旧存在。蛟河市人民检察院于 7 月 30 日向蛟河市水利局发出了《检察建议》，督促该局依法履行河道监管职责，保证行洪安全。同年 8 月 15 日，蛟河市水利局书面回函称："经该局工作人员询问蛟河市润辉房地产开发有限公司(民俗村开发单位)部门经理吴明群得知，此建筑物是蛟河市润辉房地产开发有限公司在 2014 年所建。该局相关部门查阅档案，此处建筑物无任何水利部门的审批手续，属违法阻水建筑物。该局已于 2019 年 4 月 26 日对该单位下达了处罚决定书，该公司收到处罚决定书后拒绝签收，由蛟河市拉法街道工作人员刘余环现场证明该文书已送达。待复议、诉讼期间过后，该局将按司法程序申请蛟河市人民法院强制执行。"2019 年 11 月 1 日，蛟河市水利局向蛟河市润辉房地产开发有限公司发出履行行政处罚决定催告书，催告该公司履行行政处罚决定。因蛟河市润辉房地产开发有限公司未履行行政处罚决定，2020 年 1 月 7 日，蛟河市水利局向蛟河市人民法院申请强制执行拆除违法建筑、罚款人民币五万元整的处罚决定，2020 年 1 月 9 日法院立案。到目前为止，此违法阻水建筑物仍然存在。

被告蛟河市水利局辩称，对行政公益诉讼起诉人起诉的事实没有异议。截止目前，蛟河市水利局已向本院执行部门申请对蛟河市润辉房地产开发有限公司罚款 5 万元的事项予以强制执行。对于拆除违法建筑物的事项按照"裁执分离"原则，蛟河市水利局也已经申请蛟河市人民政府组织实施，现蛟河市人民政府正在协同相关部门组织实施中，蛟河市润辉房地产开发有限公司也表示积极配合拆除工作。蛟河市水利局在行政处罚起诉期限届满后，之所以向本院申请强制执行，主要是考虑到违法建筑物系蛟河市润辉房地产开发有限公司在蛟河市拉法河上建设的取水泵房，为多户小区居民提供生活用水，如果由防汛指挥机构组织强行清除的话，会影响居民的基本生活权利。对于这一点，本院向蛟河市水利局下发了《司法建议书》，建议避免拆除建筑物而影响居民的生活用水，从而引发不良社会事件。为此，蛟河市水利局会积极组织单位人员加强学习，使每位工作人员积极改变工作作风，结合开展清理工作和打击涉河违法行为专项整治，积极配合公安、政法等相关部门，确保取得积极成效。强化线索排查，结合河道管理的行业特点，全方位开展集中排查、滚动排查，做到底数清、情况明。要切实加强对业务范围内的涉河违法行为的总体情况、表现形式及成因等进行全面排查分析，加强对近年来处罚过的案件和信访案件的排查梳理，及时移交政法机关，全力配合好政法机关的查处工作。

问：公益诉讼起诉人提起本案诉讼是否符合法定起诉条件？蛟河市水利局未能采取有效措施，清除河道内的阻水障碍物，其怠于履行法定职责的违法事实是否存在？蛟河市水利

局对蛟河市润辉房地产开发有限公司在蛟河市拉法河常家村段修建阻水建筑物，对拉法河行洪安全造成危害所做出的行政处罚使用的法律法规是否准确？

答：公益诉讼起诉人提起本案诉讼符合《行政诉讼法》第二十五条、《最高人民法院、最高人民检察院关于检察公益诉讼案件适用法律若干问题的解释》第二十一条规定的行政公益诉讼受案范围，符合法定起诉条件。依据《防洪法》《水法》《河道管理条例》《吉林省河道管理条例》的规定，蛟河市水利局作为辖区内水行政主管机关，对蛟河市拉法河常家村段河道内建筑物妨碍行洪行为赋有监管之责。到目前为止，蛟河市润辉房地产开发有限公司在河道内修建的阻水建筑物仍未拆除完毕，严重危害了行洪安全，如不及时处置，可能会给人民群众的生产生活带来潜在危险，蛟河市水利局未能采取有效措施，清除河道内的阻水障碍物，其怠于履行法定职责的违法事实存在。蛟河市水利局应继续履行法定职责，立即消除对人民群众、国家利益和公共安全方面潜在的危害，确保行洪安全。

《防洪法》(2016 修正)第八条规定：国务院水行政主管部门在国务院的领导下，负责全国防洪的组织、协调、监督、指导等日常工作。《河道管理条例》第五条规定：国家对河道实行按水系统一管理和分级管理相结合的原则。其他河道由省、自治区、直辖市或者市、县的河道主管机关实施管理，2019 年 3 月 27 日中共蛟河市委办公室和政府办公室印发《蛟河市水利局职能配置、内设机构和人员编制规定》，规定中第三条第二款“实施水资源的统一监督管理。”第十二款“负责重大涉水违法事件的查处，协调跨区域水事纠纷，指导水政监察和水行政执法。指导水利建设市场的监督管理，组织实施水利工程建设的监督。”第四条第六款“河湖管理科。组织指导河湖水域及其岸线的管理、保护。指导河湖水生态保护与修复。指导、监督河道采砂工作。组织实施河道管理范围内工程建设方案审查制度。贯彻落实上级关于全面推行河长制的方针政策和决策部署，负责调度和监督全市推行河长制工作情况。”据此，蛟河市水利局作为辖区内水行政主管机关，对蛟河市拉法河常家村段河道内建筑物妨碍行洪行为赋有监管之责。蛟河市润辉房地产开发有限公司未经水行政主管部门批准，在蛟河市××村擅自修建违法阻水建筑物，影响行水安全，对河流下游的国家和人民群众的人身、财产安全造成严重威胁，侵害了国家和社会公共利益。然而，蛟河市水利局在长达 5 年时间里，对辖区河道内违法建成的阻水建筑物，视而不见，怠于监管之责，显而易见。自蛟河市人民检察院 2019 年 4 月初介入此事调查后，该局才于 4 月 22 日进行行政执法，在责令该公司拆除所设的阻水建筑物期限过后，仍未及早按照行政法规赋予的职责采取有效措施，消除对人民群众、国家利益和公共安全潜在的危害。甚至到了 7 月底，该局在收到检察机关发出的检察建议后，至今仍然无动于衷，无所作为，阻水建筑物依旧存在。根据《河道管理条例》第三十六条：对河道管理范围内的阻水障碍物，按照“谁设障，谁清除”的原则，由河道主管机关提出清障计划和实施方案，由防汛指挥部责令设障者在规定的期限内清除。逾期不清除的，由防汛指挥部组织强行清除，并由设障者负担全部清障费用。《防洪法》第四十二条规定：对河道、湖泊范围内阻碍行洪的障碍物，按照谁设障、谁清除的原则，由防汛指挥机构责令限期清除；逾期不清除的，由防汛指挥机构组织强行清除，所需费用由设障者承担。《吉林省河道管理条例》第三十条：河道清障实行“谁设障，谁清除”的原则。第三十一条：对河道管理范围内的阻水障碍物，由河道主管机关提出清障计划和实施方案，由防汛指挥部责令设障者在规定的期限内清除。逾期不清除的，由防汛指挥部组织强行清除，并由设障者负担全部清障费用。《水法》第六十五条第一款：在河道管理范围内建设妨碍行洪的建筑物、构筑物,或者从事影响河势稳定、危害河岸堤防安全和其他妨碍河道行洪的活动的,由县级以上人民政府水行政主管部门或者流域管理机构依据职权,责令停止违法行为,限期拆除违法建筑物、构筑物,恢复原状;逾期不拆除、不恢复原状的,强行拆除,所需费用由违法单位或者个人负担,并处一万元以上十万元以下的罚款。根据上述法律规定,蛟河市水利局理应在责令设障者拆除期限过后,及时向当地防汛指挥部提出清障计划和实施方案,由防汛指挥部组织拆除。对于此违法行为,行政法规已明确规定了相关的行政机关有强行拆除的权力。《行政强制法》第五十三条规定:当事人在法定期限内不申请行政复议或者提起行政诉讼,又不履行行政决定的,没有行政强制执行权的行政机关可以自期限届满之日起三个月内,依照本章规定申请人民法院强制执行。依据上述法律规定,蛟河市水利局在诉讼期限届满后,申请人民法院强制执行,明显适用法律错误,行政执法行为不当。

543. 案情简介:巴彦淖尔市临河区双河镇幸福砖厂(原进步砖厂,简称双河镇幸福砖厂)始建于20世纪90年代,原系乡镇村办企业,占地面积488亩,其中龙窑占地5.5亩,砖厂用房占地4.7亩,堆积粉煤灰占地44亩。该厂位于黄河堤防桩57千米南侧(地标:东经107°19′20.60″,北纬40°40′2.56″),系黄河临河段行洪区域,属于黄河河道管理范围内。1996年~2011年期间,巴彦淖尔市临河区双河镇进步村民委员会、丰河村民委员会、富河村民委员会将双河镇幸福砖厂承包给辛建强经营。2007年6月29日,辛建强曾在临河区市场监督管理局双河管理所办理工商注册登记,后于2010年11月25日办理注销登记。2011年11月之后,进步村民委员会、丰河村民委员会、富河村民委员会又将双河镇幸福砖厂承包给李云、魏贵新经营。2014年8月25日,巴彦淖尔市临河区人民政府作出临政发〔2014〕14号《关于取缔无证经营黏土砖瓦窑企业的决定》,对该砖厂依法予以关停取缔,直至2016年10月该砖厂停止生产经营。但该砖厂修建的砖窑、厂房并未自行拆除,堆放的砖块、粉煤灰也未自行清除,存在影响黄河行洪、泄洪的风险,可能使国家利益和社会公共利益受到侵害。人大代表刘某于2018年8月3日,实名向临河区水利局进行举报。

问:作为水行政执法人员,你如何处理?对违法行为人又如何处罚?

答:临河区水利局在接到群众举报后,应该第一时间作出初步调查、研究案情,在规定期限内采取实质性的处理措施,责令该砖厂停止违法行为,限期拆除违法建筑物,恢复原状或者采取其他补救措施,对该砖厂进行行政处罚。

《水法》第十二条第四款规定:县级以上地方人民政府水行政主管部门按照规定的权限,负责本行政区域内水资源的统一管理和监督工作。第五十九条规定:县级以上人民政府水行政主管部门和流域管理机构应当对违反本法的行为加强监督检查并依法进行查处。第六十五条第一款规定:在河道管理范围内建设妨碍行洪的建筑物、构筑物,或者从事影响河势稳定、危害河岸堤防安全和其他妨碍河道行洪的活动的,由县级以上人民政府水行政主管部门或者流域管理机构依据职权,责令停止违法行为,限期拆除违法建筑物、构筑物,恢复原状;逾期不拆除、不恢复原状的,强行拆除,所需费用由违法单位或者个人负担,并处一万元以上十万元以下的罚款。《防洪法》第八条第三款规定:县级以上地方人民政府水行政主管部门在本级人民政府的领导下,负责本行政区域内防洪的组织、协调、监督、指导等日常工作。第五十五条规定:违反本法第二十二条第二款、第三款规定,有下列行为之一的,责令停止违法行为,排除阻碍或者采取其他补救措施,可以处五万元以下的罚款:(一)在河道、湖泊管理范围内建设妨碍行洪的建筑物、构筑物的;(二)在河道、湖泊管理范围内倾倒垃圾、渣土,从事影响河势稳定、危害河岸堤防安全和其他妨碍河道行洪的……临河区水利局作为县级人民政府水行政主管部门,负责本行政区域内水资源的统一管理和监督工作,对本行政区域内发生的危害河道行洪安全和水资源保护的违法行为具有监督管理的行政职权和负有进行处理处置的行政职责。

544. 案情简介:原告胡本付起诉称:2000年,原告依法取得了怀远县马城镇规划建设管理所颁发的马城镇防汛储备码头工程项目的建设工程规划许可证,在位于马城镇上的淮河约16 000平方米的滩涂承包地上先后投资1 200多万元修建了15间房子,购买了吊机、装载机等设备用于发展码头事业以供来往船只使用。2013年秋,在未给予任何补偿的情况下,马城镇政府违法强拆了其中13间房屋。2015年10月15日,被告蚌埠市禹会区人民政府组织包括城管、公安、消防、医护、拍照摄像人员等近300人对上述码头实施强拆,由于双方发生冲突,本次强拆未果。2015年11月20日,在未经任何法定程序,被告再次组织近百名工作人员(包括消防、公安、城管等)对上述码头实施了强拆。原告认为,本案码头有合法证照,相关部门称要对该码头"集中整治"无任何事实依据,亦无任何法律依据。1.本案码头未经依法征收,被告直接对该码头实施强拆严重违法;2.被告作为行政机关实施强拆行为严重违反了禁止行政机关强制拆迁的规定;3.被告组织公安民警参与本次拆迁严重违反了公安部关于严禁公安民警参与征地拆迁等非警务活动的明文规定;4.即使本案码头证照手续不全,需要拆除,行政机关也应履行法定的强制拆除程序,本次强拆主体、程序均严重违法。故诉至本院,请求:依法确认被告于2015年11月20日对原告依法经营的马城镇防汛储备码头实施的强拆等强制行为违法,本案诉讼费用由被告共同承担。

禹会区政府答辩称:一、原告主体不是适格。马城镇防汛储运码头系怀远县淮河河道管理局于1997年经省水利厅、省淮河河道管理局、市淮河河道管理局审批后由怀远县淮河河道管理局马城堤防管理段和马城镇政府共同出资兴建的临时性简易码头,并不归属原告。原告不是案涉拆除行为的行政相对人或利害关系人,无权就案涉拆除行为提起行政诉讼。二、禹会区政府没有实施拆除行为,不是本案适格被告。1.因行政区划调整,案涉码头在被告管辖区域内。蚌埠市禹会区农林水利委员会(简称禹会区农林水委)系案涉码头所在的淮河沿岸马城段的河道主管部门和水行政执法部门。禹会区农林水委有权依据法律、法规的规定和市政府创建全国文明城市的要求,以及市政府关于河湖沿线环境集中整治方案和市委、市政府关于开展"三线三边"环境集中整治工作的实施意见等,根据河道管理、防汛、行洪等工作需要对河道管理范围内妨碍防汛、行洪的建筑物、构筑物等要求并进行拆除。2.禹会区农林水委和马城镇政府已经在拆除前发布了通告,且由于禹会区农林水委和马城镇政府的人员不足,经协调,禹会区农林水委和马城镇政府在其他部门的受托配合下一起进行了2015年10~11月的合法拆除行为。禹会区政府并不是案涉拆除行为的实施者。据此,请求人民法院驳回原告起诉。

问:作为水行政执法人员,你认为原被告主体是否适格?禹会区政府是否系本案适格的被告?拆除涉案码头的程序是否合法?涉案码头的权属争议是否系本案审查范围?

答:关于原告主体是否适格问题。《行政诉讼法》第二十五条第一款规定,行政行为的相对人以及其他与行政行为有利害关系的公民、法人或者其他组织,有权提起诉讼。原告作为涉案码头的经营者与被诉强拆行为有利害关系,是本案的适格原告。

禹会区政府是否系本案适格的被告?胡本付提供的证据是禹会区政府2015年9月13

日作出的《关于淮河马城段沿岸环境整治专题会议纪要》及蚌埠市公安局禹会分局对相关人员所作的讯问笔录等系列材料能证明禹会区政府组织相关职能部门对涉案码头实施了拆除行为,胡本付提供的拆除现场的照片、音视频资料显示,在拆除涉案码头的现场确有行政执法车、警车、120救护车、挖掘机以及大量行政执法人员、警察等。禹会区政府虽提供了蚌埠市委市政府等单位开展"三线三边"环境集中整治工作有关文件、张贴照片等材料,以此证明禹会区农林水利委是实施主体,但其提供的证据仅能证明蚌埠市委市政府等单位对河湖沿线环境集中整治工作进行部署以及禹会区农林水利委、马城镇政府通知有关单位、人员自行拆除非法塔吊、码头的事实。因此,禹会区政府是本案适格的被告。

拆除涉案码头的程序是否合法?根据《行政强制法》第四条的规定,行政强制的实施,应当依照法定的权限、范围、条件和程序。关于违法建筑物、构筑物的行政强制拆除程序,除了应当遵循《行政强制法》关于行政强制执行的一般程序规定,即催告、听取陈述和申辩、作出强制执行决定书等,还应当履行该法第四十四条规定的特殊程序,即实施强制拆除必须满足当事人在法定期限内不申请行政复议或者提起行政诉讼、实施强制拆除前应当进行公告。本案中,在禹会区农林水利委、马城镇政府2015年8月8日作出责令限期拆除淮河右岸马城段非法塔吊、码头的通知,胡本付未在通知规定的期限内自行拆除涉案码头后,禹会区政府即直接组织相关部门工作人员对涉案码头进行强制拆除,明显不符合《行政强制法》关于行政机关强制执行程序的规定。因此,禹会区政府拆除涉案码头的程序违法。

涉案码头的权属争议是否系本案审查范围?对涉案码头的权属,胡本付称其享有使用权、经营权和所有权;禹会区政府则称该码头位于国有土地上,不可能归属胡本付,禹会区农林水利委享有管理权,双方存有争议,但对于涉案强拆行为实施时该码头由胡本付实际使用并无异议,故胡本付具备原告资格。本案的被诉行政行为及审查对象系强制拆除涉案码头的行为,故应系围绕该行政强制拆除行为的合法性进行审查,至于该码头土地所有权及其使用权、建筑物及设施设备所有权等权属争议,均属民事争议,依法不属于行政审判权限范围,争议双方应当通过民事诉讼等途径另行解决。

545.案情简介:原告张云虎诉被告当阳市人民政府水利行政强制及行政赔偿一案。被诉行政行为:2017年8月15日,当阳防汛抗旱指挥部对原告作出《行政强制执行决定书》,认定原告在沮河××草坝段违法设置网箱从事养殖,且未履行清除阻碍行洪障碍物的义务,依据《防洪法》第四十二条、《行政强制法》第四十四条、第五十二条之规定,决定对原告设置的网箱进行强制拆除。当日,当阳防汛抗旱指挥部予以强制执行。

原告诉称:自2009年以来,原告及同村村民即在沮河干流上的××草坝水库从事网箱养鱼,截至2011年已经开发养殖面积1万多亩。2013年5月,在被告的大力支持下,当阳玉泉白虎水产品养殖专业合作社(简称白虎水产品养殖合作社)注册成立,合作社现有成员18户,原告为其中一户。为响应国家环保政策,合作社各成员均按照"人放天养"原则投放鱼苗,对环境、防洪等均无任何影响。

2017年8月14日21时许,当阳玉泉办事处领导以与原告协商网箱拆除补偿事宜为由,将原告约至当阳水利局办公室,水利、农业、公安等部门干部与原告进行了商谈,商谈未果。22时20分左右,执法人员将原告带至玉泉派出所,再度与原告谈话。8月15日凌晨5时,在场干部向原告送达当阳防汛抗旱指挥部2017年8月11日作出的《代履行催告书》、2017年8月15日作出的《行政强制执行决定书》各一份。8月15日上午,在被告的组织下,当阳防汛抗旱指挥部各组成部门将原告位于××草坝水库的网箱19口(面积2 650平方米)燃烧拆散沉底。之后,原告向政府各部门申请处理相关事宜,但无果。

当阳防汛抗旱指挥部系被告组建的机构,其实施的上述行政行为均违反国家的相关法律法规,严重侵害了原告的合法权益。现原告依法提起行政诉讼,请求:1.确认被告2017年8月15日作出的《行政强制执行决定书》违法;2.确认被告2017年8月15日将原告位于当阳××草坝水库的网箱烧毁、沉底的行政行为违法;3.判令被告赔偿原告因违法行政行为产生的损失150万元;4.由被告承担本案诉讼费用。

被告辩称:1.原告起诉的被告主体资格不适格。当阳防汛抗旱指挥部是依据《防洪法》第三十九条依法设立的行政机构,负责指挥当阳的防汛抗洪工作。本案《行政强制执行决定书》是当阳防汛抗旱指挥部依法作出的强制决定,执行工作也是当阳防汛抗旱指挥部代为履行,因此本案被告主体资格不适格。2.2017年8月8日,当阳防汛抗旱指挥部依法对原告作出并送达《关于限期清除阻碍行洪障碍物的通知书》,责令原告2017年8月10日前清除违法设置的网箱。2017年8月11日,当阳防汛抗旱指挥部向原告送达《代履行催告书》,告知将于2017年8月15日对原告违法设置的网箱代履行强行清除,并告知了陈述、申辩的权利。2017年8月15日,在原告拒不履行义务的情况下,当阳防汛抗旱指挥部对其作出《行政强制执行决定书》,并予以强制执行。因此,当阳防汛抗旱指挥部作出《行政强制执行决定书》及强制执行,均符合相关法定程序。3.原告网箱养殖行为违反法律规定。原告在沮河河道内建设网箱进行养殖,妨碍行洪、排涝、水文测报和水工程正常运用,违反《防洪法》第二十二条、《湖北省实施〈中华人民共和国防洪法〉办法》第十三条的规定,其违法事实清楚,证据确实充分,依法应当强制拆除网箱。4.当阳防汛抗旱指挥部在代履行过程中,本着实事求是的态度,对网箱中的鱼进行了转移养殖,最大限度减少损失,执法方式合情合理。请求依法驳回原告的起诉。

本案的被诉行政行为是当阳防汛抗旱指挥部2017年8月15日作出的《行政强制执行决定书》,以及该指挥部当日实施的执行行为。

问:作为水行政执法人员,你认为被告主体资格是否适格?被告当阳市人民政府2017年8月15日对原告张云虎作出的《行政强制执行决定书》是否违法?被告当阳市人民政府2017年8月15日强制拆除原告张云虎位于当阳市××草坝水库的网箱的行政行为是否违法?若被告行政行为违法,其是否应对原告承担行政赔偿责任?

答:1.被告主体资格是否适格。

《最高人民法院关于执行〈中华人民共和国行政诉讼法〉若干问题的解释》第二十条第一款规定:行政机关组建并赋予行政管理职能但不具有独立承担法律责任能力的机构,以自己的名义作出具体行政行为,当事人不服提起诉讼的,应当以组建该机构的行政机关为被告。根据被告提交的证据,当阳防汛抗旱指挥部是被告组建的非常设机构,依据《防洪法》第三十九条第三款的规定,指挥当阳的防汛抗洪工作。当阳防汛抗旱指挥部具有行政管理职能,但不具有独立承担法律责任的能力,被告应对当阳防汛抗旱指挥部的行政行为承担相应的法律责任。原告以当阳市人民政府为被告提起本案行政诉讼,被告主体资格适格。

2.被告2017年8月15日作出的《行政强制执行决定书》及当日的执行行为是否合法。

(1)被告2017年8月15日作出的《行政强制执行决定书》是否合法。

依据《行政强制法》第三十五条之规定,被告作出《行政强制执行决定书》前,应先催告原告履行义务。本案中，被告向本院提交了当阳防汛抗旱指挥部2017年8月11日对原告作出的《代履行催告书》、2017年8月15日对原告作出的《行政强制执行决定书》，但原告主张上述两份文书均系8月15日凌晨5时送达。根据被告向本院提交的2017年8月11日的《代履行催告书》，该《催告书》未附《送达回证》，仅有送达人、见证人在《催告书》上签名，也未注明送达情况及送达日期。《行政强制法》第三十八条规定：催告书、行政强制执行决定书应当直接送达当事人。当事人拒绝接收或者无法直接送达当事人的，应当依照《民事诉讼法》的有关规定送达。被告提交的证据，无法证明向原告送达《代履行催告书》符合《民事诉讼法》第八十四条、第八十五条、第八十六条的规定。在此情况下，不能认定被告作出《行政强制执行决定书》前，已先催告原告履行义务。

被告作出的《行政强制执行决定书》属于法律文书，其应当在该法律文书中对强制执行原告网箱的数量、面积、规格等进行明确认定，以确定双方当事人行政法上的权利义务关系。但《行政强制执行决定书》只笼统的决定对原告设置的网箱进行强制拆除，缺乏一份法律文书应具备的基本要素。同时，相关工作人员2017年8月15日向原告送达《行政强制执行决定书》时，未附具《送达回证》，也未注明送达情况及送达日期，不符合前述法律规定的要求。

被告对原告作出的《行政强制执行决定书》载明：依据《防洪法》第四十二条、《行政强制法》第四十四条、第五十二条的规定，决定对原告违法设置的网箱进行强制拆除。《行政强制法》第四十四条规定：对违法的建筑物、构筑物、设施等需要强制拆除的，应当由行政机关予以公告，限期当事人自行拆除。当事人在法定期限内不申请行政复议或者提起行政诉讼，又不拆除的，行政机关可以依法强制拆除。被告提交的证据，不能证明本案可适用该条款。综上，被告作出《行政强制执行决定书》，违反法定程序，认定事实不清，适用法律错误。

(2)被告2017年8月15日的执行行为是否合法。

根据被告向本院提交的《代履行催告书》及本案强制执行的性质，被告2017年8月15日的执行行为属于代履行。《行政强制法》第五十一条第一款规定：代履行应当遵守下列规定：……(四)代履行完毕，行政机关到场监督的工作人员、代履行人和当事人或者见证人应当在执行文书上签名或者盖章。2017年8月15日，被告组织相关执法部门工作人员，对原告等人在××草坝水库设置的网箱进行强制拆除。在拆除过程中，执法部门工作人员未制作执行文书或现场笔录，也无证据证实已通知原告等人到场，造成当日强制拆除的网箱数量、面积、规格等无法确定。尽管被告向本院提交了光盘1张及一些现场照片，但也无法确定当日强制拆除的网箱数量、面积、规格。当阳公证处根据被告的安排、当阳司法局的指派，派出一名公证员到达现场，但根据安排，公证人员只是对网箱内打捞出的鱼的数量进行监督，当阳公证处出具的《向家草坝网箱鱼捕捞现场情况》并不涉及网箱的相关情况。因此，被告2017年8月15日的强制执行行为违反法定程序，认定事实不清。

3.被告是否应对原告承担行政赔偿责任。

如前所述，被告2017年8月15日作出的《行政强制执行决定书》违法，其当日的执行行为违法。依据《国家赔偿法》第二条、第四条第(四)项之规定，被告应对原告承担行政赔偿责任。依据《最高人民法院关于审理行政赔偿案件若干问题的规定》第四条第一款之规定，原告在提起本案行政诉讼的同时，可一并提出行政赔偿请求。

(1)关于本案的行政赔偿范围和赔偿方式。

对行政行为造成行政相对人财产权损害的赔偿范围和赔偿方式，《国家赔偿法》第三十二条、第三十六条作出了相应的规定,被告应据此对原告承担行政赔偿责任。

被告认为,原告的网箱养殖行为违反《防洪法》第二十二条、《湖北省实施〈中华人民共和国防洪法〉办法》第十三条的规定,网箱依法应当强制拆除。《防洪法》第二十二条第二、三款规定:禁止在河道、湖泊管理范围内建设妨碍行洪的建筑物、构筑物,倾倒垃圾、渣土,从事影响河势稳定、危害河岸堤防安全和其他妨碍河道行洪的活动。禁止在行洪河道内种植阻碍行洪的林木和高秆作物。《湖北省实施〈中华人民共和国防洪法〉办法》第十三条第二、三款作出了类似的规定。依据被告主张的上述法律条款,不能否定涉案网箱属于原告的合法财产。

(2)关于本案原告损失的举证责任。

假如庭审过程中,原告认为被告的行政行为严重违法,造成原告的损失无法计算,应由被告提供证据证明原告的损失。被告认为原告就其损失未提交相关证据,原告主张的赔偿数额缺乏依据。

《行政诉讼法》第三十八条第二款规定:在行政赔偿、补偿的案件中,原告应当对行政行为造成的损害提供证据。因被告的原因导致原告无法举证的,由被告承担举证责任。本案中,被告作出的《行政强制执行决定书》未对原告网箱的数量、面积、规格等进行明确认定。在拆除网箱过程中,被告组织的执法部门工作人员未制作执行文书或现场笔录,也无证据证实已通知原告等人到场,造成 2017 年 8 月 15 日强制拆除的网箱数量、面积、规格等无法确定。由于网箱已全部拆除,原告庭审过程中对其网箱数量、面积作出了陈述,在此情况下,不能再苛求原告就其损失提交证据。

(3)本案不宜直接确定赔偿数额和赔偿方式。

如前所述,被告应对原告承担行政赔偿责任,原告的损失也客观存在。由于原告提起的行政赔偿请求属于给付之诉,给付之诉得到支持的前提是赔偿数额、赔偿方式已经明确。而在本案中,原告请求判令被告赔偿其经济损失 150 万元,但一方面其提交的证据根本无法支持该赔偿请求,其 150 万元的赔偿主张也明显不合常理,法院不能根据原告的主张全额支持其赔偿请求;另一方面,被告完全否认原告的赔偿请求,其提交的现场录像等证据并不能确定原告合法合理的财产损失。因此,鉴于本案的特殊性,以及考虑到被告的行政首次判断权,法院不宜直接确定被告对原告应承担的赔偿数额和赔偿方式,对原告在本次诉讼中提出的行政赔偿请求不予支持。

最后要说的是,为保护原告的合法权益,待一审判决生效后,原告可依法向被告提出行政赔偿申请。被告收到后,应依据《国家赔偿法》等法律法规的相关规定,充分听取原告的意见,并与原告进行协商,被告还应履行鉴定、评估程序,并在此基础上确定案件的赔偿方式、赔偿项目和赔偿数额。双方当事人若协商不能达成一致,被告应依法作出赔偿决定。原告不服被告作出的赔偿决定,仍可依法主张其合法权利。

546.案情简介:某村境内有条河穿村而过,且无堤防,当地水务局亦未明确记载河道宽度。1999年以来,该村村民不断在河道内植树造林,河道几乎全部被侵占。2019 年 10 月,该县按照上级要求,为确保汛期安全,要求对该河道治理清障。水务局防汛指挥机构及行政监察大队工作人员负责此项工作,但村民拒绝配合。后水务局防汛指挥机构及行政监察大队工作人员在未办理采伐许可证的情况下对河道内林木采伐清障,林木由所属村民自行售卖处理,采伐许可证事后亦未及时办理。

问:水务局防汛指挥机构及行政监察大队工作人员行为如何定性?

答:本案定性主要存在如下四种意见:

第一种意见认为,水务局防汛指挥机构及行政监察大队工作人员未办理采伐许可证即清理河道内林木,数量较大,违反了《森林法》第二十八条及《刑法》第三百四十五条第二款的规定,构成滥伐林木罪。

第二种意见认为,上述机构、人员没有办理采伐许可证即采伐林木,属于违反规定处理公务,并致国家森林资源遭受重大损失,构成滥用职权罪。

第三种意见认为,上述机构、人员构成滥伐林木罪和滥用职权罪数罪。

第四种意见认为,上述机构、人员未办理采伐许可证即清理河道内林木的行为不构成犯罪。根据《防洪法》第二十二条、第四十二条、第四十五条的规定,禁止在行洪河道内种植阻碍行洪的林木和高秆作物,水务局水政监察大队对在河道范围内阻碍行洪障碍物有强行清除权力,并在紧急防汛期有取土占地、砍伐林木、清除阻水障碍物等紧急处置之权,相关手续可事后补办。

作者同意第四种意见。具体理由有两点:

一、源于《防洪法》对水行政部门的合法授权

《防洪法》第三章规定了水行政主管部门治理与防护责任,其中第二十二条第三款规定,禁止在行洪河道内种植阻碍行洪的林木和高秆作物。第四章规定了对防洪区和防洪工程设施的管理责任,其中第四十二条第一款规定,对河道、湖泊范围内阻碍行洪的障碍物,按照谁设障、谁清除的原则,由防汛指挥机构责令限期清除;逾期不清除的,由防汛指挥机构组织强行清除,所需费用由设障者承担。第四十五条规定,在紧急防汛期,防汛指挥机构根据防汛抗洪的需要,有权决定采取取土占地、砍伐林木、清除阻水障碍物和其他必要的紧急措施,取土占地、砍伐林木的,在汛期结束后依法向有关部门补办手续。这些条款充分说明了国家对防汛防洪安全的重视,并从制度上为水行政部门清除行洪河道内阻水障碍提供了法律依据。具体到本案,基于《防洪法》的合法授权,故不能将水务局防汛指挥机构及行政监察大队工作人员在未办理采伐许可证的情况下即对河道内林木采伐清障的行为评价为违反《森林法》的行政行为,甚至是违反《刑法》有关滥伐林木罪条款的刑事违法行为。事后未及时办理采伐许可证应评价为存在执法瑕疵而非执法违法行为。

二、系法益与价值衡量下的合乎情理的结果

司法实践中,在效力位阶上处于同等级的部门法在适用时常会遇到多个法的价值或数个法益复数并存且相冲突的情况,在法的适用上就会面临两难选择。如本案,《森林法》第三条第三款规定了森林、林木、林地的所有者和使用者对于森林、林木、林地不受侵犯的合法权益;《防洪法》第一条规定了水行政管理部门防治洪水,防御、减轻洪涝灾害及维护人民的生命和财产安全的责任。两法分别规定了对林木资源与人民群众生命财产安全的保护。在《森林法》和《防洪法》适用过程中便发生了林木资源与人民群众生命财产安全两个价值的冲突。如何选择适用,实践中通常从法的价值位阶和法益衡量方面做出取舍:价值位阶原则是指在不同位阶的法的价值发生冲突时,在先的价值优于在后的价值。在法益衡量中,首先必须考虑“于此涉及的一种法益较其他法益是否有明显的价值优越性(拉伦兹)”,并一般抽象地认为生命法益重于身体法益、身体法益重于财产利益。通过价值位阶原则和法益衡量说,我们不难判断后者的价值或法益是明显优于前者的,应在实践中优先予以适用(况本案

中村民违法种植林木是否能够获得《森林法》及《刑法》保护，相关法益是否存在尚存疑问）。当然，无论是价值位阶原则抑或法益衡量说并非主张只考虑行为的结果、法益的价值，而是主张也考虑事态的紧迫性、行为的必要性、手段的适当性等，《防洪法》赋予水行政部门在紧急防汛期取土占地、砍伐林木、清除阻水障碍物等紧急处置之权恰恰契合了上述要求。因此，本案水务局防汛指挥机构及行政监察大队工作人员在汛期即将到来之时紧急砍伐林木并让村民自行售卖的行为在时间节点上、情势紧急程度上以及手段适当性上都是毫无疑议的。

综上，从《防洪法》的授权及法的价值位阶原则及法益衡量上分析，水务局防汛指挥机构及行政监察大队工作人员未办理采伐许可证即清理河道内林木的行为属合法合理行政行为，并不构成滥伐林木罪、滥用职权罪。

547. 案情简介：2013 年 3 月 26 日，被告单位屈西村委会召开“三委”扩大会，时任屈西村委会主任的被告人田生提议以屈西村委会的名义在其村附近的沁河河道采砂，并安排田稳定负责采砂场的管理，刘某负责开票、收取款项，村会计杨某负责砂款的收支。此后在没有办理河道采砂许可证的情况下屈西村委会开始在沁河河道管理范围内采砂。经鉴定，2013 年 3~10 月，屈西村委会单独在河道内采砂期间，取得采砂收入176 975元。2013 年 11 月至 2015 年 11 月，经屈西村委会决定和同村村民田红星、田雷生以四六分成的方式合伙采砂。经鉴定，此期间屈西村委会取得采砂分成151 445元。2015 年 12 月至 2016 年 6 月，屈西村委会以每车 10 元的标准收取采砂的田红星滩地资源开发费20 000元。综上，自 2013 年 3 月至 2016 年 6 月，屈西村委会非法采砂收入共计348 420元。上述款项，在屈西村委会“账外账”列支，用于采砂期间的相关费用及部分村务开支。2016 年 3 月 24 日，豫西黄河河务局济源黄河河务局（简称济源河务局）作出（济）黄停通字〔2016〕第 07 号《责令停止水事违法行为通知书》、（济）黄改通字〔2016〕第 07 号《责令改正通知书》，责令屈西村委会立即停止违法行为，将非法采砂设备移出河道管理范围，并恢复河道原貌。2016 年 5 月 5 日，济源河务局作出（济）黄罚决字〔2016〕第 07 号《水行政处罚决定书》，认为屈西村委会于 2016 年 3 月 24 日至 4 月 22 日在沁河河道内擅自开挖砂石料，决定给予屈西村委会停止违法行为，恢复河道原貌，罚款人民币1 000元的行政处罚。

问：屈西村委会作为单位违反《矿产资源法》的规定，未取得采矿许可证擅自在沁河河道内采砂，其行为是否构成非法采矿罪？田生在屈西村委会非法采矿期间，作为屈西村委会的法定代表人，提议并组织实施非法采矿行为，是直接负责的主管人员，是否亦构成非法采矿罪？

答：屈西村委会违反《矿产资源法》《水法》的规定，未取得采矿许可证、河道采砂许可证擅自在沁河河道内采砂，情节严重，其行为已构成非法采矿罪。田生时任屈西村委会的法定代表人，提议并组织实施非法采矿行为，是直接负责的主管人员，亦构成非法采矿罪。采矿是以屈西村委会名义实施的，且违法所得用于采砂相关费用和部分村务开支，符合单位犯罪的特征，依法应当认定为单位犯罪。

548. 案情简介：株洲县人民政府决定将湘江沿岸株洲县段砂石场经营权通过公开拍卖方式出让。2015 年 8 月 10 日，株洲县人民政府作出了“关于同意由县水利局作为砂石场经营权公开出让主体单位的批复”（株县政复〔2015〕7 号），授权株洲县水利局为湘江沿岸株洲县段砂石场经营权公开出让的主体单位。株洲县水利局收到株洲县人民政府批复后，依法组织开展了砂石场经营权的公开出让工作。株洲县水利局委托湖南金格拍卖有限责任公司公开拍卖湘江沿岸株洲县段砂石场经营权。湖南金格拍卖有限责任公司根据株洲县水利局的委托，制作了拍卖文件，并通过报纸、网络公开发布了拍卖公告，组织湘江沿岸株洲县段砂石场经营权的拍卖工作。刘辉汉报名参与竞拍，并缴纳了相应的竞拍保证金。2018 年 9 月 18 日，刘辉汉，以请求确认株洲县水利局出让砂石厂经营权违法为由，向法院提起行政诉讼。

问：株洲县水利局出让湘江河道株洲县段沿岸砂石码场经营权的行政行为是否合法？

答：《行政许可法》第十一条规定：设定行政许可，应当遵循经济和社会发展规律，有利于发挥公民、法人或者其他组织的积极性、主动性，维护公共利益和社会秩序，促进经济、社会和生态环境协调发展。第十二条规定：下列事项可以设定行政许可：（一）直接涉及国家安全、公共安全、经济宏观调控、生态环境保护以及直接关系人身健康、生命财产安全等特定活动，需要按照法定条件予以批准的事项；（二）有限自然资源开发利用、公共资源配置以及直接关系公共利益的特定行业的市场准入等，需要赋予特定权利的事项；（三）提供公众服务并且直接关系公共利益的职业、行业，需要确定具备特殊信誉、特殊条件或者特殊技能等资格、资质的事项……。根据上述规定，湘江沿岸株洲县段砂石场经营权属于对有限自然资源的开发利用，需要设定行政许可。《行政许可法》第五条“设定和实施行政许可，应当遵循公开、公平、公正的原则”之规定，株洲县水利局根据株洲县人民政府的授权，通过拍卖公司采用公开拍卖方式来确定湘江沿岸株洲县段砂石场经营权的市场准入资格，其行政行为是合法的。本案中的砂石场经营权，是一种市场准入资格。竞买者通过公开竞拍获得市场准入资格后，再申请办理砂石码场行政许可的相关手续。株洲县水利局根据株洲县人民政府的授权，对株洲县河段砂石码场经营权出让进行了规划、国土、环保、海事、水利五部门审批和依规进行了上报，得到了省、市两级的批准，并进行了公开拍卖，符合湖南省人民政府关于《湖南省河道采砂管理试行办法》的相关规定。其出让湘江河道株洲县段沿岸砂石码场经营权的行政行为合法。

549. 案情简介：沅江市政府与岳沅公司于 2013 年 9 月 10 日签订了草尾河尾闾石坝嘴采区采砂期限为三年的《沅江市河道砂石采矿权出让及经营管理补充合同》。沅江市水务局于 2016 年 8 月 31 日向岳沅公司发出《沅江市水务局关于草尾河尾闾石坝咀段采区合同到期停止采挖的通知》（简称《通知》），要求岳沅公司于 2016 年 9 月 9 日结束开采砂石，交回采砂许可证并终止合同，按合同规定于 2016 年 9 月 9 日前缴纳剩余价款。2016 年 10 月 18 日，岳沅公司以沅江市水务局为被申请人向沅江市政府提出行政复议申请，请求撤销沅江水务局发出的《通知》，并请求被申请人赔偿停采期间的全部经济损失。沅江市政府于 2016 年 10 月 24 日作出《不予受理行政复议申请决定书》，认为《通知》不是具体行政行为，不属于《行政复议法》第六条规定的受案范围，根据该法第十七条第一款的规定，决定不予受理。岳沅公司不服该不予受理行政复议申请决定，向法院提起行政诉讼。

问：该《通知》是否具有可诉性？属于行政复议的受案范围？

答：根据《行政复议法》第六条，有下列情形之一的，公民、法人或者其他组织可以依照本法申请行政复议：（一）对行政机关作出的警告、罚款、没收违法所得、没收非法财物、责令停产停业、暂扣或者吊销许可证、暂扣或者吊销执照、行政拘留等行政处罚决定不服的；（二）对行政机关作出的限制人身自由或者查封、扣押、冻结财产等行政强制措施决定不服的;(三)对行政机关作出的有关许可证、执照、资质证、资格证等证书变更、中止、撤销的决定不服的;(四)对行政机关作出的关于确认土地、矿藏、水流、森林、山岭、草原、荒地、滩涂、海域等自然资源的所有权或者使用权的决定不服的;(五)认为行政机关侵犯合法的经营自主权的;(六)认为行政机关变更或者废止农业承包合同,侵犯其合法权益的;(七)认为行政机关违法集资、征收财物、摊派费用或者违法要求履行其他义务的;(八)认为符合法定条件,申请行政机关颁发许可证、执照、资质证、资格证等证书,或者申请行政机关审批、登记有关事项,行政机关没有依法办理的;(九)申请行政机关履行保护人身权利、财产权利、受教育权利的法定职责,行政机关没有依法履行的;(十)申请行政机关依法发放抚恤金、社会保险金或者最低生活保障费,行政机关没有依法发放的;(十一)认为行政机关的其他具体行政行为侵犯其合法权益的。本案中,岳沅公司针对沅江市水务局作出的《通知》向沅江市政府申请行政复议,但该《通知》既未认定违法事实,也未对继续开采或不缴纳剩余价款的行为明确法律后果。该《通知》具有告知性质,未改变双方签订的合同内容,对岳沅公司的权利义务不产生实际影响,不具有可诉性,不属于行政复议的受案范围。因此,《通知》并未改变双方签订的合同内容,亦未对岳沅公司的权利义务产生实际影响,不具有可诉性。《通知》不符合《行政复议法》第六条规定的情形,沅江市政府据此对行政复议申请不予受理并无不当。

550.案情简介:2004 年 10 月 28 日,朱劲松取得霍山县衡山镇六士砂场的河道采砂批准证,证载有效期至 2005 年 10 月 28 日;2005 年 8 月,朱劲松取得该砂场的采砂许可证,证载有效期至2007年 8 月,后延期至 2009 年 5 月 20 日。2004 年 7 月 7 日,陈锡洲取得霍山县建安砂场的河道采砂批准证,证载有效期至 2005 年 7 月 7 日;2004 年 7 月,陈锡洲取得该砂场的采矿许可证,证载有效期至 2005 年 7 月,后延期至 2009 年 5 月 11 日。2013 年 9 月 11 日,霍山县国土资源局作出霍国土资矿管字〔2013〕04 号责令停止违法通知书,认定霍山县衡山镇六士砂场和霍山县建安砂场违反《矿产资源法》第三条的规定,责令其停止违法行为。2014 年 3 月 26 日,霍山县水务局作出霍水责通字〔2014〕016.17号、责令停止水事违法行为通知书,责令朱劲松、陈锡洲立即停止非法采砂行为,并于 2014 年 4 月 15 日前自行拆除采砂设备、清运上岸。

2014 年 7 月 15 日,霍山县人民政府发布《关于开展东淠河非法采砂集中整治的通告》,主要内容如下:一、整治范围:东淠河河道佛子岭水库坝下至下符桥团山嘴县界。二、本通告发布后,所有在整治范围内未依法取得审批手续或超过审批许可期限的采砂单位和个人,应当立即停止一切非法采砂、采石、生产、加工、经营等行为,在 2014 年 8 月 5 日前自行拆除并清理一切用于采砂、运砂、碎石的机械、船只、杆线等设备设施,清除一切砂堆、道路、桥涵等阻水建筑。三、非法采砂的单位和个人逾期不拆除、撤出的,县政府将组织水务、国土、公安等有关部门依法拆除、托运上岸,并由公安机关对其非法采砂行为立案查处,依法从重处罚,构成犯罪的,将依法追究刑事责任。涉案两砂场自行拆除后,郁治国领取了 10 万元的砂场搬迁补助款。后郁治国认为霍山县人民政府发布通告行为违法,提起行政诉讼。

问:霍山县人民政府发布通告是否有法定职权?是否属于行政诉讼受案范围?

答:根据《矿产资源法》第三条、《河道管理条例》第二十五条的规定,河道采砂实行许可制度。参照《安徽省河道采砂管理办法》第五条“县级以上地方人民政府应当组织水务、公安、交通运输等行政主管部门进行联合执法,加强对本行政区域内河道采砂的监督检查,依法查处违法采砂活动”之规定,作为县级人民政府,具有组织相关职能部门对本行政区域内河道采砂行为进行监督检查之职权,发布通告要求整治范围内未取得许可的采砂单位和个人限期拆除、撤出,应视为其联合执法行为的公告,符合相关法律、规章、政策规定。

通告系向公众发布的,针对的对象是特定的,不仅明确了整治范围限于“东淠河河道佛子岭水库坝下至下符桥团山嘴县界”,还明确了具体时间,要求整治范围内未取得许可的采砂单位和个人于2014年8月5日前自行拆除相关设备,对这些采砂单位和个人的利益产生了实际影响,故通告行为是具体行政行为,属于行政诉讼受案范围。

551.案情简介:2019年1月1日,宜城市水务局对李明军、李荣在汉江河道种植阻碍行洪的林木及高秆作物的行为立案调查。同日对李明军作出宜水执字〔2018〕515号《责令停止违法行为通知书》,责令李明军停止违法行为。2019年1月27日对李荣作出宜水执字〔2019〕10号《责令停止违法行为通知书》,责令李荣停止违法行为。2019年1月24日和1月30日,对李明军、李荣分别作出宜水执字〔2018〕560号和〔2019〕11号行政处理决定书,限二人自行清除阻碍行洪的林木及高秆作物,恢复原状。并告知提起行政复议和行政诉讼的期限和途径。因李明军、李荣未履行,宜城市水务局于2019年1月30日和2月3日分别作出宜水执字〔2019〕12号、13号履行行政决定催告书,催告李明军、李荣履行行政决定并告知陈述申辩权利。因李明军、李荣仍未履行,宜城市水务局于2019年2月3日和2月14日分别作出宜水执字〔2019〕14号、15号行政强制执行决定书。决定于2019年2月20日开始强制执行清除河道管理范围内的林木及高秆作物。2019年3月1日,中共宜城市委印发《中共宜城市委、宜城市人民政府关于宜城市市级机构改革的实施意见》,将宜城市水务局变更名称为宜城市水利局。

另查明,宜城市人民政府为了建成汉江两岸绿色长廊,防沙固沙的生态屏障,于2002年11月29日印发宜政发〔2002〕45号文件,成立了汉江治沙和开发工作领导小组,明确由宜城市林业局统一行使宜城境内汉江滩涂的经营管理权,进行植树造林治沙。2004年2月21日,宜城市林业局与杨佶、朱志敬(合同乙方)签订滩涂承包合同,约定杨佶、朱志敬承包位于北至南营办事处安脑村南端,南至流水雅口北端,东至老河濂下边缘,西至石坝西端河濂,套滩群中的一部分荒滩,有权种植、养殖、经营管理和收益,期限为30年。同年2月23日,经宜城市林业局同意,杨佶、朱志敬与刘德富签订滩涂转包合同,将承包合同的权利义务转让给刘德富,刘德富栽植了部分杨树。2005年12月8日,经宜城市林业局同意,刘德富与李明军签订滩涂承包转让合同,将原承包合同的权利义务及栽植的部分树木转让给李明军。2006年1月11日,宜城市林业局为刘德富办理了宜政林证字〔2006〕第002141号林权证,同日变更登记为李明军,登记的面积为1 410亩。由于汉江连年涨水,李明军受让的滩涂地形、面积及高度发生变化,宜城市林业局与李明军2008年5月20日签订国有滩涂承包经营补充协议,约定原承包合同期限不变,宜城市林业局根据李明军的申请为其办理855亩,期限10年的林权证。同日,宜城市林业局为李明军办理宜政林证字〔2008〕第000041号林权证,使用期限为10年,登记的面积为855亩。2008年5月26日,李明军与李荣签订林木所有权和林地使用权股权转让合同,约定双方各占50%股份。宜城市林业局根据申请将宜政林证字〔2006〕第002141号及宜政林证字〔2008〕第000041号林权证变更登记为李明军、李荣共有。在李明军单独经营和李明军与李荣共同经营期间,因汉江年年涨水,每年都补栽树木。

还查明,宜城市林业局于2019年1月9日和1月24日两次书面催告李明军、李荣,855

亩10年期林权证期限届满,应清除承包地上的林木。2019年1月10日,宜城市林业局作出宜林决字〔2018〕002号解除滩涂承包合同的决定,决定解除与李明军、李荣受让的国有滩涂承包经营合同及协议书,并向李明军、李荣发出书面通知。2019年1月24日和1月26日,宜城市林业局对李明军、李荣分别作出宜林决字〔2019〕001号、002号撤销宜政林证字〔2008〕第000041号林权证的决定,以及宜林公〔2019〕001号、002号撤销林权证的公告。2019年1月26日对李明军、李荣作出宜林决字〔2019〕003号撤销宜政林证字〔2006〕第002141号林权证的决定及宜林公〔2019〕003号撤销林权证的公告。

问:作为水行政执法人员,你认为宜城市水务局作出的宜水执字〔2019〕14号、15号《行政强制执行决定书》是否合法?

答:《水法》第三十七条第一款和《防洪法》第二十二条第三款均明确规定,禁止在江河、湖泊、水库、运河、渠道行洪河道内种植阻碍行洪的林木和高秆作物。目的是有效保护行洪安全和人民生命财产安全。汉江作为长江流域的重要支流和自然生态系统的重要组成部分,在调蓄洪水、提供水源、美化景观、提供生物栖息地、维护生态多样性、调节气候等方面发挥着不可替代的作用。保护汉江河道行洪安全,对保护汉江沿岸及长江中下游地区人民生命财产安全尤为重要。原告李明军、李荣受让案外人承包合同,持续不断的在汉江河道行洪区内补种树木,明显违反法律禁止性规定,严重影响汉江行洪安全,且违法行为持续至今。宜城市水务局作为水行政主管部门,对本区域内汉江河道防洪及水资源保护负有法定监督和管理职责,其根据《水法》的相关规定,向李明军、李荣下达责令停止违法行为通知书,责令停止违法行为,作出行政处理决定,限期清除障碍或者采取其他补救措施,恢复河道原状,经书面催告,李明军、李荣至今未履行行政决定。

《行政强制法》第三十七条第一款规定:经催告,当事人逾期仍不履行行政决定,且无正当理由的,行政机关可以作出强制执行决定。宜城市水务局根据上述规定依法作出强制执行决定送达李明军、李荣,告知了提起行政复议和行政诉讼的期限和途径。

根据《水法》第三十七条第一款(禁止在江河、湖泊、水库、运河、渠道内弃置、堆放阻碍行洪的物体和种植阻碍行洪的林木及高秆作物)《防洪法》第二十二条第三款(禁止在行洪河道内种植阻碍行洪的林木和高秆作物)之规定,李荣、李明军在汉江流域河道中间的滩涂地种植林木显然妨碍河道行洪,违反了上述规定。李荣、李明军称其种植的林木没有阻碍行洪安全,但汉江因连年涨水导致上李荣、李明军种植林木的滩涂地地形、面积及高度发生变化,且为此年年补种林木的事实,恰好证实其种植的林木对汉江行洪是有阻碍的。李荣、李明军宜城市水利局在依据《行政强制法》的相关规定,先后对李荣、李明军作出责令停止违法行为通知书,要求李荣、李明军停止违法行为;作出行政处理决定及履行行政决定催告,要求李荣、李明军自行清除行洪障碍物并告知相应陈述、申辩的权利,在李荣、李明军拒不履行后,根据《水法》第六十五条第一款的规定,对李荣、李明军分别作出宜水执字〔2019〕14号、15号行政强制执行决定,决定强行执行清除河道管理范围内的林木和高秆作物并无不当。

552. 案情简介:2017年1月17日,靖江市港口管理局巡查中发现靖江市新宇建设有限公司(简称新宇公司)在向长江中打桩,遂致函靖江市水利局。靖江市水利局执法人员同日对新宇公司经营场所进行现场检查,拍摄了现场照片,于2017年1月21日向新宇公司作出靖水停字〔2017〕第01号《责令停止水事违法行为通知书》,主要内容为:经查,你公司未经水行政主管部门批准,擅自在双龙港口下游堤外打桩建设的行为违反了《水法》第三十八条第一款的规定,现依据水法第六十五条第二款的规定,责令立即停止违法行为,听候处理。

2017 年 6 月 30 日,靖江市港口管理局巡查中发现新宇公司在新桥镇双龙港下口长江大堤迎水坡外的滩涂边缘,使用水泥涵管打桩方式稳固非法建设区域,遂将该情况函告靖江市水利局。靖江市水利局于 2017 年 7 月 4 日再次向新宇公司作出靖水停字〔2017〕第 14 号《责令停止水事违法行为通知书》,主要内容为:“经查,你公司未经水行政主管部门批准,擅自在双龙港涵洞下口长江大堤迎水坡河道管理范围内打桩建设的行为违反了《防洪法》第二十二条第二款的规定,现依据《防洪法》第五十五条第二款的规定,责令立即停止违法行为,听候处理”,新宇公司于 2017 年 8 月 14 日收到上述通知书。

2017 年 11 月 13 日,靖江市水利局制作巡查记录表,主要内容为:“巡查地点:蟛蜞港;巡查情况:当天下午,执法人员发现新宇公司违法行为现场临江边有水泥桩 20 余根,江边停靠 5 条采砂船”。次日,靖江市水利局对新宇公司建设行为现场进行拍照。2017 年 11 月 15 日,靖江市水利局再次向新宇公司作出靖水停字〔2017〕第 18 号《责令停止水事违法行为通知书》,主要内容为:“经查,你公司未经水行政主管部门批准,擅自在双龙港涵洞下游长江大堤外侧临江面河道管理范围内打桩建设的行为违反了《水法》第三十八条第一款的规定,现依据《水法》第六十五条第一款的规定,责令立即停止违法行为,听候处理”。2017 年 11 月 27 日,靖江市××××监察大队向新宇公司致函,告知上述情况,并告知其在河道管理范围内的应补办所需材料及违法建设的相关法律后果。

2017 年 12 月 5 日,靖江市水利局向新宇公司邮寄送达调查通知书,要求就其在双龙港涵洞下游长江大堤外侧临江面河道管理范围内打桩及铺设水泥涵管的情况,于 2017 年 12 月 7 日至靖江市××××监察大队进行情况说明,并携带相关材料。

2018 年 1 月 17 日,水利部长江水利委员会向江苏省水利厅发出长水政监〔2018〕26 号关于长江干流江苏省河段综合执法检查有关情况的通报,载明在本次检查 2 个项目中,新宇公司项目不仅未整改,并且又有新的违规行为,要求江苏省水利厅责成相关水行政主管部门加大执法力度,对新宇公司项目依法予以查处,并落实整改责任人和整改时间节点,加强督办落实,确保今年汛前全部整改落实到位。

2018 年 3 月 9 日,江苏省水利厅向靖江市水利局发出苏水政监〔2018〕4 号《省水利厅关于严肃查处新宇公司非法围垦长江河道并建设砂石市场行为的通知》,要求靖江市水利局依法严肃查处新宇公司的违法行为,确保于今年汛前查处并整改到位,保证长江河道防洪安全,查处情况及时报省水利厅。

2018 年 3 月 9 日,靖江市水利局执法人员与新宇公司所在地新合村村支书徐月兰制作调查笔录,徐月兰反映:“其在新合村担任党委书记,该村从未将新桥取水口西侧至新宇公司租赁场地东侧滩地租赁给新宇公司”。

2018 年 3 月 12 日,靖江市水利局对新宇公司实施违法建设一案进行立案处理,于 3 月 13 日、15 日要求徐月兰联系新宇公司法定代表人李章纪、实际负责人孙文中,但新宇公司相关负责人拒绝配合调查。

2018 年 3 月 19 日,靖江市水利局作出《责令限期改正水事违法行为通知书》并邮寄送达新宇公司,主要内容为:“你公司未经水行政主管部门批准,擅自在本市双龙港涵洞下游长江大堤外侧河道管理范围内建设建筑物、构筑物,围垦长江河道的行为,违反了《水法》第三十八条第一款、第四十条第二款的规定。根据《行政处罚法》第二十三条、《水法》第六十五条第一款、第六十六条第二项之规定，责令你公司于2018年3月25日前改正。改正内容如下：1.停止违法行为；2.自行拆除位于新桥镇双龙港涵洞以东、长江大堤防洪墙以南、高鑫隆物资中转站西墙以西、长江河道以北的河道管理范围内建设的围墙（防洪墙上）、房屋（门卫）、搭建的水泥框架场地上堆（存）放的物料和其他附属物（构筑物）、围垦的长江河道（围填的砂石）及在围垦区周边所打的铁管桩、水泥杆管桩”。

因新宇公司未在上述期限内履行义务，靖江市水利局于2018年3月28日作出靖水强催字〔2018〕2号行政强制执行催告书，催告新宇公司履行相关义务及享有陈述、申辩权利。2018年4月8日，新宇公司委托靖江市城北法律服务所法律工作者马俊明至靖江市水利局，靖江市水利局制作了接待记录。2018年4月10日，靖江市水利局作出行政强制决定，于当日向新宇公司邮寄送达，次日在靖江日报刊登行政强制执行公告。4月12日，靖江市水利局与徐月兰制作调查笔录，徐月兰反映：“靖江市水利局于4月11日在村委会大门处张贴强制执行公告后，其当天下午与孙文中电话联系，告知公告内容，孙文中表示已知晓相关情况”。

另查明，靖江市水利局于2016年2月3日作出靖水罚字〔2016〕01号行政处罚决定，主要内容为：“新宇公司未经水行政主管部门批准，擅自在堤外驳运江砂围垦河道，违反了《水法》第四十条第二款的规定，根据《水法》第六十六条规定，责令新宇公司于2016年3月4日前清除围垦区域、恢复原状，并处罚款人民币5万元”，案件调查报告显示新宇公司围垦区域面积7 300平方米左右。靖江市人民法院于2016年8月15日作出〔2016〕苏1282行审44号行政裁定，准予执行上述行政处罚决定；靖江市水利局制作的勘验图显示，2017年8月20日确定清除区域121米×40米；2017年8月31日，靖江市水利局向靖江市人民法院出具结案申请，主要内容为：“新宇公司已经按照行政处罚决定书要求，将围垦区域清除完毕、恢复原状，请予结案”，靖江市人民法院于同日作出〔2016〕苏1282执2192号结案通知书，告知靖江市水利局关于其向本院申请执行的〔2016〕苏1282行审44号行政裁定书已全部执行完毕。

再查明，2012年3月10日，新宇公司与新合村19组签订合作协议，约定新合村19组提供位于新合村自来水厂吸水口西侧至双龙港新宇公司码头的东侧江边滩涂生态养殖区域，由新宇公司投入资金100万元，进行现代农业养殖、深加工以及物流使用。靖江市人民法院于2012年9月12日在〔2012〕泰靖民初字第1292号民事裁定书中查明以下事实：靖江市人民政府于2008年10月21日下发靖政发〔2008〕150号文件，明确靖江市长江沿线滩涂属于国家所有。靖江市江滩管理处曾经将双龙滩地承包给新桥镇新合村，2010年12月31日到期后未再与任何单位或组织签订协议。

一审法院认为，公民、法人或者其他组织认为行政机关和行政机关工作人员的行政行为侵犯其合法权益，有权向人民法院提起诉讼。

《水法》第十二条规定：国家对水资源实行流域管理与行政区域管理相结合的管理体制。国务院水行政主管部门负责全国水资源的统一管理和监督工作。国务院水行政主管部门在国家确定的重要江河、湖泊设立的流域管理机构（简称流域管理机构），在所管辖的范围内行使法律、行政法规规定的和国务院水行政主管部门授予的水资源管理和监督职责。县级以上地方人民政府水行政主管部门按照规定的权限，负责本行政区域内水资源的统一管理和监督工作。《河道管理条例》第四条规定：国务院水利行政主管部门是全国河道的主管机关。各省、自治区、直辖市的水利行政主管部门是该行政区域的河道主管机关；第五条规定:国家对河道实行按水系统一管理和分级管理相结合的原则。长江、黄河、淮河、海河、珠江、松花江、辽河等大江大河的主要河段,跨省、自治区、直辖市的重要河段,省、自治区、直辖市之间的边界河道以及国境边界河道,由国家授权的江河流域管理机构实施管理,或者由上述江河所在省、自治区、直辖市的河道主管机关根据流域统一规划实施管理。其他河道由省、自治区、直辖市或者市、县的河道主管机关实施管理。靖江市水利局作为水利行政主管部门,对靖江市行政区域内破坏水资源和违反河道管理规定违法行为有进行查处的职权。《河道管理条例》第二十条第一款规定:有堤防的河道,其管理范围为两岸堤防之间的水域、沙洲、滩地(包括可耕地)、行洪区,两岸堤防及护堤地。新宇公司未经水行政主管部门批准,擅自在靖江市双龙港涵洞下游长江大堤外侧河道管理范围内建设建筑物、构筑物和阻水障碍物,围垦长江河道的行为属于靖江市水利局的管辖范围。

《河道管理条例》第四十四条规定:违反本条例规定,有下列行为之一的,县级以上地方人民政府河道主管机关除责令其纠正违法行为、采取补救措施外,可以并处警告、罚款、没收非法所得;对有关责任人员,由其所在单位或者上级主管机关给予行政处分;构成犯罪的,依法追究刑事责任:(一)在河道管理范围内弃置、堆放阻碍行洪物体的;种植阻碍行洪的林木或者高秆植物的;修建围堤、阻水渠道、阻水道路的;……(六)违反本条例第二十七条的规定,围垦湖泊、河流的;……;第四十六条规定:当事人对行政处罚决定不服的,可以在接到处罚通知之日起十五日内,向作出处罚决定的机关的上一级机关申请复议,对复议决定不服的,可以在接到复议决定之日起十五日内,向人民法院起诉。当事人也可以在接到处罚通知之日起十五日内,直接向人民法院起诉。当事人逾期不申请复议或者不向人民法院起诉又不履行处罚决定的,由作出处罚决定的机关申请人民法院强制执行。对治安管理处罚不服的,按照《治安管理处罚条例》的规定办理。《行政强制法》第三十四条规定:行政机关依法作出行政决定后,当事人在行政机关决定的期限内不履行义务的,具有行政强制执行权的行政机关依照本章规定强制执行;第三十五条第一款规定:行政机关作出强制执行决定前,应当事先催告当事人履行义务……;第三十六条规定:当事人收到催告书后有权进行陈述和申辩。行政机关应当充分听取当事人的意见,对当事人提出的事实、理由和证据,应当进行记录、复核。当事人提出的事实、理由或者证据成立的,行政机关应当采纳;第三十七条第一款规定:经催告,当事人逾期仍不履行行政决定,且无正当理由的,行政机关可以作出强制执行决定。根据上述规定,河道主管部门对于在河道范围内建设建筑物、构筑物和阻水障碍物围垦长江河道的违法行为应依法作出行政处罚决定,违法行为人未在期限内申请行政复议、提起行政诉讼且未按照行政处罚决定的要求纠正违法行为的,靖江市水利局可依据《行政强制法》第三十五条、第三十六条、第三十七条、第四十四条规定作出行政强制决定,并向人民法院申请强制执行。

本案中,靖水罚字〔2016〕01号行政处罚决定书所附调查报告显示拆除新宇公司围垦面积7 300平方米左右,在法院执行阶段仅实际拆除4 840平方米,故本案行政强制决定确定的拆除范围中包含有上述近3 000平方米未拆除围垦区域应认定为重复处理,行政强制决定认定事实不清。靖江市水利局针对新宇公司违法行为作出责令限期改正水事违法行为通知书,该通知书尾部载明新宇公司逾期不改正的情况下靖江市水利局将依法采取其他行政措施或实施行政处罚,故该通知书仅为行政处罚程序中的阶段性行为,并非行政法意义上的行政决定。靖江市水利局针对新宇公司违法行为未作出行政决定,径行依据行政强制法规定作出行政强制决定，且未举证证明本案属于《防洪法》第四十五条的情形，故符合《行政诉讼法》第七十五条及《最高人民法院关于适用〈中华人民共和国行政诉讼法〉若干问题的解释》第九十九条有关行政行为无效的规定。据此，一审法院遂依照《行政诉讼法》第七十五条、《最高人民法院关于适用〈中华人民共和国行政诉讼法〉若干问题的解释》第九十九条第四项之规定，判决：确认靖江市水利局于2018年4月10日作出的靖水强执字〔2018〕1号行政强制决定无效。案件受理费50元，由靖江市水利局负担。

问：作为水行政执法人员，你认为靖江市水利局于2018年4月10日作出的靖水强执字〔2018〕01号行政强制决定是否无效？

答：《水法》第六十五条规定，在河道管理范围内建设妨碍行洪的建筑物、构筑物，或者从事影响河势稳定、危害河岸堤防安全和其他妨碍河道行洪的活动的，由县级以上人民政府水行政主管部门或者流域管理机构依据职权，责令停止违法行为，限期拆除违法建筑物、构筑物，恢复原状；逾期不拆除、不恢复原状的，强行拆除，所需费用由违法单位或者个人负担，并处一万元以上十万元以下的罚款。未经水行政主管部门或者流域管理机构同意，擅自修建水工程，或者建设桥梁、码头和其他拦河、跨河、临河建筑物、构筑物，铺设跨河管道、电缆，且《防洪法》未作规定的，由县级以上人民政府水行政主管部门或者流域管理机构依据职权，责令停止违法行为，限期补办有关手续；逾期不补办或者补办未被批准的，责令限期拆除违法建筑物、构筑物；逾期不拆除的，强行拆除，所需费用由违法单位或者个人负担，并处一万元以上十万元以下的罚款。虽经水行政主管部门或者流域管理机构同意，但未按照要求修建前款所列工程设施的，由县级以上人民政府水行政主管部门或者流域管理机构依据职权，责令限期改正，按照情节轻重，处一万元以上十万元以下的罚款。上述规定可以看出，对于发生在河道范围的违法建筑物、构筑物，或者从事影响河势稳定、危害河岸堤防安全和其他妨碍河道行洪的违法活动的处理，有别于其他违法建筑物的处理程序，可以由有关职能部门责令停止违法行为，限期拆除违法建筑物、构筑物，恢复原状；逾期不拆除、不恢复原状的，直接强行拆除，所需费用由违法单位或者个人负担，并处一万元以上十万元以下的罚款，而无需行政机关作出处罚决定，并等待违法行为人行使行政复议权或行政诉讼权利。《水法》之所以作出这样的特别规定，是因为如果不及时清除影响行洪的违法建筑物，一旦发生水患，会严重威胁河道沿岸的广大人民群众的生命财产安全，严重影响社会稳定，经济社会损失不可估量。因此，具有河道管理职权的行政机关，一旦发现有水法及其他河道管理法律、法规规定的影响行洪的违法行为，都应当及时责令违法行为人限期拆除，逾期不拆除的，可以直接强制拆除，并由违法行为人承担拆除费用，并处一定数额的罚款。

靖江市水利局作为具有长江河道管理职权的行政机关，并未能准确理解执行《水法》的上述规定，在发现新宇公司在长江河道的违法建筑严重影响长江安全的情况下，在近一年的时间内，仅多次向新宇公司发出《责令停止水事违法行为通知书》《责令限期改正水势违法行为通知书》《行政强制执行催告书》及《行政强制执行决定书》等法律文书，而不及时采取强制拆除措施，且所发责令限期改正水事违法行为通知书适用法律及程序均存在不当、混乱之处，正如一审判决所述，在靖江市水利局向新宇公司所发的靖水改〔2018〕03号责令限期改正水事违法行为通知书中，载明“逾期不改正的，本机关将依法采取其他行政措施或实施行政处罚。”“其他行政措施”是什么行政措施，内容不明确，后又未作出行政处罚决定，之后直接《依据行政强制法》第三十五条的规定作出行政强制执行催告书及涉案行政强制执行决定书、行政强制执行公告,更未依法给予新宇公司相应的罚款处罚,程序严重违法,且适用法律不当,符合行政诉讼法第七十五条规定的无效情形,所以一审判决结果正确。

553. 案情简介:张志权与四会市江谷镇人民政府(简称“江谷镇府”)于2009年期间协商一致,约定江谷镇××江河江谷圩镇河段东岸自四清公路以下至江谷电站出口河堤段(自来水厂对出河段)防洪堤坝工程交由张志权建设,并约定该防洪堤坝工程由江谷镇府验收。江谷镇府同时同意张志权在建造好的防洪堤岸上可自资建设商住两层半楼房,商住楼房所有权归张志权。上述工程投入建设前,四会市水利水电勘测设计院出具的《四会市江谷镇沿江东路河堤工程可行性研究报告》显示,江谷镇沿江东路河堤加固工程位于旧四清公路上的江谷桥与江谷镇委镇政府门前左侧大桥之间的龙江河江谷河段左侧河边,为江谷围的组成部分,属四会市江谷镇管辖范围,该河堤工程建设符合四会市江河流域总体规划。张志权于2010年12月完成对案涉防洪堤坝工程及堤坝地面上的路面、楼房等工程的建设,并于2012年11月5日补办取得四会市江谷镇村镇规划建设办公室对案涉楼房工程的建设工程开工证,该建设工程开工证显示涉案建设工程的基底面积为1 751.34平方米。四会市水利局发现张志权的涉案建设行为涉嫌违反《水法》的相关规定,并对该事件展开调查,于2016年期间通过向张志权进行调查询问、现场实地走访拍照、向相关行政部门进行调查取证等方式,查明张志权建设的涉案堤园工程未经过有关水行政主管部门的审批同意。随后,四会市水利局先后作出四水行〔2016〕停第06号《责令停止违法行为通知书》、四水行告字〔2016〕第05号《水行政处罚告知书》、四水行听告字〔2016〕第05号《水行政处罚听证告知书》,在未收到张志权任何回应的情况下,于2016年10月31日作出四水行罚字〔2016〕第05号《水行政处罚决定书》,认为张志权未经水行政主管部门批准同意擅自进行堤园工程建设行为违法,根据《水法》第六十五条第二款的规定,对张志权作出如下行政处罚:1.责令停止违法行为;2.处罚款100 000元;3.限期一个月内补办有关手续,逾期不补办或补办未被批准的,责令限期拆除。张志权对上述行政处罚不服,向肇庆市鼎湖区人民法院提起行政诉讼,肇庆市鼎湖区人民法院于2017年6月21日作出〔2017〕粤1203行初85号《行政判决书》,判决撤销四会市水利局作出的四水行罚字〔2016〕第05号《水行政处罚决定书》。判决后双方均没有上诉。上述《水行政处罚决定书》被撤销后,四会市水利局对张志权上述涉嫌违法的行为重新进行查处。2018年1月18日,四会市水利局向张志权作出四水行〔2018〕停第02号《责令停止违法行为通知书》,认为张志权未经水行政主管部门审查同意擅自在河道管理范围内进行堤园工程建设,违反了《水法》第三十八条第一款的规定,根据该法第六十五条第二款的规定,责令张志权立即停止违法行为,限期一个月内补办有关手续,并通过邮寄于2018年2月3日向张志权送达。到期后,张志权没有按该通知要求补办有关手续。2018年4月20日,四会市水利局向张志权作出四水罚告字〔2018〕第02号《水行政处罚告知书》,告知违法事实、处罚依据、拟处罚内容及五个工作日内提出陈述、申辩和申请听证的权利,并通过邮寄于2018年4月25日向张志权送达。到期后,张志权没有提出陈述、申辩意见及申请听证。2018年5月11日,四会市水利局向张志权作出四水行罚字〔2018〕第02号《水行政处理决定书》,责令张志权在一个月内拆除涉案堤园工程,并通过邮寄于2018年5月17日向张志权送达。2018年7月16日,四会市水利局经现场走访发现张志权未在规定期限内对涉案堤园工程进行拆除。2018年7月19日,四会市水利局向张志权作出四水罚告字〔2018〕第03号《水行政处罚告知书》,告知违法事实、处罚依据、拟处罚内容及三个工作日内提出陈述、申辩和申请听证的权利，并通过邮寄于2018年7月23日向张志权送达。到期后，张志权没有提出陈述、申辩意见及申请听证。2018年8月7日，四会市水利局向张志权作出四水行罚字〔2018〕第03号《水行政处罚决定书》，决定强行拆除张志权违法建设的堤园工程，所需费用由张志权个人承担，并处罚款100 000元，并通过邮寄于2018年8月11日向张志权送达。又查明，根据2019年中共四会市委、四会市人民政府印发的《四会市机构改革方案》，四会市水务局更名为四会市水利局。

一审法院认为，根据《水法》第十二条第四款的规定，县级以上地方人民政府水行政主管部门按照规定的权限，负责本行政区域内水资源的统一管理和监督工作。四会市水利局作为四会市人民政府水行政主管部门，具有对四会市区内水资源管理和监督的法定职责，是本案的适格被告。四会市水利局根据相关证据，认定张志权于2009年12月至2010年12月期间，在未将工程建设方案报经四会市水利局审查同意的情况下，擅自在江谷镇沿××龙江河××河段东岸河道防洪堤坝管理范围内进行堤园工程建设，并于2010年12月完工投入使用至今，违反了《水法》第三十八条第一款的规定，该事实认定清楚，证据充分。张志权的违法行为，应当受到相应的处罚。基于以上事实，四会市水利局根据《水法》第六十五条第二款的规定，向张志权作出《责令停止违法行为通知书》，责令原告立即停止违法行为，限期一个月内补办有关手续；在张志权逾期不补办后，向张志权发出《水行政处罚告知书》后作出《行政处理决定书》，限期拆除违法建筑物；在张志权逾期不拆除后，又向张志权发出《水行政处罚告知书》，保障了张志权陈述、申辩和申请听证的权利，在张志权放弃陈述、申辩和听证权利后，作出涉案《行政处罚决定书》并向张志权送达，适用法律正确，程序合法。张志权的诉讼请求缺乏事实和法律依据，不予支持。综上，依照《行政诉讼法》第六十九条的规定，判决驳回原告张志权请求法院撤销四会市水利局作出的四水行罚字〔2018〕第03号《水行政处罚决定书》的诉讼请求。

张志权认为：一审法院认定事实不清，法律适用错误。第一，张志权从来没有收到四会市水利局的《水行政处罚告知书》。四会市水利局于2018年8月7日对张志权作出四水行罚字〔2018〕第03号《水行政处罚决定书》，但在收到此决定书之前，张志权并没有收到告知书，也没有任何形式的通知。一审法院认定"遂于2018年7月19日向原告作出四水行罚字〔2018〕第03号《水行政处罚告知书》，告知违法事实、处罚依据、拟处罚内容及三个工作日内提出陈述、申辩和申请听证的权利"没有依据。第二，四会市水利局的《水行政处罚决定书》罔顾民生、违反法律规定。江谷镇堤防工程是一项在地方影响较大的建设工程，承建上述堤防工程时四会市水利局一直没有出现及向张志权提过任何异议，张志权的所有施工工程均是按照政府及规划部门的要求而进行建设，在全部工程建设完成5年之后才对张志权作出处罚，2016年10月四会市水利局向张志权发出〔2016〕四水行罚字第05号《水行政处罚决定书》，强行处罚张志权10万元人民币，该处罚决定书被鼎湖区人民法院〔2017〕粤1203行初85号行政判决书所撤销，本案在河道两旁均建成了一排新的房屋，为何河道两旁其他人的建筑物不需要拆除，反而要拆除防洪能力最强、规划建设最好的堤防工程？根据《行政处罚法》第二十九条"违法行为在二年内未被发现的，不再给予行政处罚……"的规定，本案已过二年的处罚期，该工程于2010年12月已经完工，不存在一直处于继续状态，江谷镇沿河两岸均建设了大量的居民建筑，试问哪间向四会市水利局依《防洪法》的规定办理报批手续。根据《防洪法》第四十九条的规定，原告所建的民心工程属于"防洪自保工程"依法应该予以褒奖。根据《防洪法》第一条"为了防治洪水,防御、减轻洪涝灾害,维护人民的生命和财产安全,保障社会主义现代化建设顺利进行,制定本法"的规定,江谷镇委、镇政府为了防治洪水,防御、减轻洪涝灾害,维护人民的生命和财产安全,在不动用地方财政、百姓出资的前提下,引资兴建了江谷镇堤防工程,解决了老百姓世世代代受洪涝灾害侵扰的痛苦,这实在是为民办了一件大好事,江谷镇委、镇政府致力于为人民谋幸福,而四会市水利局却致力于破坏江谷镇人民政府已办成的人民福祉。综上,张志权兴建的工程是一项利国、利民,集防洪、商住一体化的亮丽工程,已成为江谷镇一条亮丽的样板街道,该工程的水电管理部门已经依法向张志权发出了《缴纳水费卡》和《电费交费簿》,这就等于承认了工程的合法化。2018 年 8 月 13 日四会市水利局再次向张志权发出四水行罚字〔2018〕第 03 号《水行政处罚决定书》,该决定书与 2016 年的处罚决定书几乎如出一辙。四会市水利局在没有告知张志权的前提下违法作出四水行罚字〔2018〕第 03 号《水行政处罚决定书》,该行为严重违反《行政诉讼法》及《广东省行政处罚听证程序实施办法》第五条规定。请求二审法院撤销一审判决。

四会市水利局辩称:一、涉案工程属于违法建设,张志权称其是为了造福一方百姓而兴建涉案工程,但出发点再好,不等于可以违反法律法规,反而更应该遵纪守法,才能保障广大人民群众的生命财产安全,无论其建设涉案工程的是否如上诉所称是为了造福一方,都不能成为其违法建设的借口。二、张志权称其没有收到《水行政处罚告知书》不符合事实,四会市水利局就张志权违法建设一事,前后共不下五次通过邮政 EMS 快递的方式向其送达相关文书材料,而每一次的快递回执均显示为本人签收,即使不是其本人签收,也应该属于是其同住家属签收,而根据法律规定,同住家属的签收同样具有法律效力;四会市水利局前后多次寄送相关文书都是同一个地址,联系电话也都是张志权本人电话,该地址也是张志权在起诉状和上诉状中所留地址,说明该地址和电话均是张志权的有效联系地址,张志权承认收到寄往该地址的《水行政处罚决定书》,却不承认收到之前寄送的《水行政处罚告知书》,显然不合常理;邮政的 EMS 快递送达是《邮政法》规定的法定送达方式,在送达回执显示为张志权本人签收的情况下,除非张志权能提供相反证据证明其本人或家属确实没有收到《水行政处罚决定书》,否则四会市水利局有足够的理由相信其已收取《水行政处罚告知书》。三、张志权认为四会市水利局的《水行政处罚决定书》罔顾民生、违反法律规定,没有任何依据,张志权所建设的涉案工程,没有依据《水法》的相关规定向四会市水利局报批相关手续,这是客观事实,而四会市水利局对其进行相应的行政处罚也是严格依据《水法》和《行政处罚法》的相关规定作出,依法有据,至于张志权提到的河道两旁其他建筑物的问题和本案无关,不能成为其拒拆违法建设的理由;涉案违法工程自建设至今,从未履行报批手续,说明其违法行为一直持续至今,并没有超过两年的处罚期;张志权的违法建设并非其所称的民心工程或民生工程,只是一种商业行为而已,即使是民生工程,同样也要严格履行相关报批手续,否则仍然属于违法建设,同样应该予以行政处罚;涉案工程领取了《缴纳水费卡》《电费缴费簿》,不等于承认工程的合法化,水电部门并没有确认涉案工程是否合法的职权。综上,四会市水利局对张志权做出的行政处罚依法有据、程序得当,一审法院所做出的判决事实清楚,适用法律正确,依法应予以维持。请求二审法院依法驳回张志权上诉,并维持一审判决。

张志权提交《鉴定意见书》,其委托广东通济司法鉴定中心对四水罚告字〔2018〕第 03 号《水行政处罚告知书》EMS 快递回执单上收件人签名进行笔迹鉴定,鉴定意见为快递回执单上收件人签名“张志权”字迹不是出自张志权的笔迹。

问:作为水行政执法人员,你认为二审该如何审理?四会市水利局作出的四水行罚字〔2018〕第03号《水行政处罚决定书》程序、认定事实及处理结果是否合法?

答:关于四水行罚字〔2018〕第03号《水行政处罚决定书》的程序。根据EMS全球邮政特快专递单,反映四会市水利局于2018年7月19日向张志权作出的四水罚告字〔2018〕第03号《水行政处罚告知书》,已于2018年7月23日由张志权本人签收。张志权提交广东通济司法鉴定中心出具的《鉴定意见书》,拟证明上述EMS快递回执单上收件人签名“张志权”字迹不是出自张志权的笔迹,该证据不予采信,理由有:第一,自2018年1月18日起,四会市水利局通过EMS全球邮政特快专递多次向张志权送达相关文书,送达的地址及电话均为张志权的住址四会市江××镇江××号和电话137××××8111,且均由张志权本人签名确认签收;第二,根据张志权庭审陈述,其位于四会市江××镇江××号的住址由其父母居住,在其收到EMS全球邮政特快专递的快递员电话后,其就让公司员工到该住址代其签名确认签收,即张志权确认其有让公司员工代其签收快递的行为,张志权委托同住成年家属或其他人员代为签收,应视为其已经收到四水罚告字〔2018〕第03号《水行政处罚告知书》;故广东通济司法鉴定中心出具的《鉴定意见书》不予采信。虽然四会市水利局已通过EMS全球邮政特快专递向张志权送达《水行政处罚告知书》,但是根据《行政处罚法》第四十条的规定“行政处罚决定书应当在宣告后当场交付当事人;当事人不在场的,行政机关应当在七日内依照《民事诉讼法》的有关规定,将行政处罚决定书送达当事人。”四会市水利局应参照《民事诉讼法》有关送达的规定,将其作出的行政处罚决定文书直接送达张志权,而四会市水利局直接采用邮寄方式送达,程序不当。综上,四会市水利局作出的四水行罚字〔2018〕第03号《水行政处罚决定书》程序不合法。

关于四水行罚字〔2018〕第03号《水行政处罚决定书》认定事实及处理结果。根据四会市水利局(原四会市水务局)于2016年8月31日的调查笔录,张志权反映“不清楚(涉案项目)须报经水行政主管部门审批,所以未经过水行政主管部门的审批,主要是与江谷镇人民政府衔接”。在诉讼过程中,张志权没有向法院提交涉案项目报经水行政主管部门审批的相关证据。因此,可以认定涉案项目没有经过水行政主管部门的审批。根据《水法》第六十五条第二款的规定,未经水行政主管部门或者流域管理机构同意,擅自修建水工程,或者建设桥梁、码头和其他拦河、跨河、临河建筑物、构筑物,铺设跨河管道、电缆,且未作规定的,由县级以上人民政府水行政主管部门或者流域管理机构依据职权,责令停止违法行为,限期补办有关手续;逾期不补办或者补办未被批准的,责令限期拆除违法建筑物、构筑物;逾期不拆除的,强行拆除,所需费用由违法单位或者个人负担,并处一万元以上十万元以下的罚款。四会市水利局作为县级以上人民政府水行政主管部门,有权对未经审批同意的涉案项目进行强行拆除,故四会市水利局作出的四水行罚字〔2018〕第03号《水行政处罚决定书》适用法律法规正确。但是,四水行罚字〔2018〕第03号《水行政处罚决定书》的处理结果第一项,仅表述为“强行拆除江谷镇沿××龙江河××河段东岸河道防洪堤坝管理范围内违法建设的堤园工程”,没有明确强行拆除的范围,处理结果不明确。

综上所述,四会市水利局作出的四水行罚字〔2018〕第03号《水行政处罚决定书》,程序不合法,处理结果不明确,二审法院应依法予以撤销。责令四会市水利局在法定期限内重新作出行政行为。

554.案情简介:随县人民检察院在履行职责过程中发现随县水利局不依法履行法定职责,致使国家和社会公共利益遭受侵害。2015年12月开始,随县草店镇雨濛村村民朱更新未经水行政主管部门许可,长期在游源河河道非法无序采砂,致游源河东湾河道河岸大面积崩塌,朱更新为方便拖砂运砂在游源河主河道两岸之间及主河道和小河沟汇合处用大石块构筑了两条便道,严重影响了河势稳定,危害河岸堤防安全,妨碍了河道行洪,严重破坏当地生态环境。随县水利局作为本区域水行政主管部门,应依照法律规定,在行政相对人不履行义务时,责令其限期拆除违法构筑物,恢复原状,行政相对人不拆除不恢复原状的,强行拆除,但随县水利局两次作出行政处罚决定要求朱更新恢复河道原貌后,在朱更新不履行义务时,没有依法履行职责,致国家和社会公共利益持续遭受侵害。随县人民检察院于2017年11月30日向随县水利局送达了随县检行公建〔2017〕7号检察建议书,督促其依法履行职责。2018年2月2日,随县水利局作出的书面回复中称,已将朱更新非法采砂一案移送至随县公安局立案侦查。但随县水利局仍未按照法律规定执行随县水罚字〔2017〕43号行政处罚决定,督促朱更新恢复河道原貌。朱更新非法采砂行为严重影响行洪、防洪安全,河流生态和河岸景观,为维护社会公共利益,2018年7月9日,随县人民检察院再次向随县水利局发出随县检行公建〔2018〕9号检察建议书,建议随县水利局依法拆除朱更新构筑的两条便道,对崩塌的河岸予以修复。2018年8月1日,随县水利局作出的书面回复中称,经现场查看小河沟,现状与检察建议描述一致,已对两条便道予以拆除,对河道中堆放砂堆就地平整,对河岸崩塌部位进行了回填加固。但随县人民检察院经回访复查,认为被告仍未全面、有效的依法履行职责,河中的便道仍未拆除,河岸崩塌未见处理痕迹,社会公共利益仍处于受侵害的状态。由此成诉。行政公益诉讼起诉人随县人民检察院诉被告随县水利局不履行河道行政管理法定职责一案,于2018年10月17日向法院提起行政公益诉讼。

问:随县人民检察院具有行政公益诉讼起诉人的诉讼主体资格?随县水利局是否依法履行了职责?

答:最高人民法院、最高人民检察院《关于检察公益诉讼案件适用法律若干问题的解释》第二十一条规定,人民检察院在履行职责中发现生态环境和资源保护、食品药品安全、国有财产保护、国有土地使用权出让等领域负有监督管理职责的行政机关违法行使职权或者不作为,致使国家利益或者社会公共利益受到侵害的,应当向行政机关提出检察建议,督促其履行职责。行政机关不依法履行职责的,人民检察院依法向人民法院提起诉讼。本案中,随县人民检察院具有行政公益诉讼起诉人的诉讼主体资格。

根据《防洪法》第二十二条第二款的规定"禁止在河道、湖泊管理范围内建设妨碍行洪的建筑物、构筑物,倾倒垃圾、渣土,从事影响河势稳定、危害河岸堤防安全和其他妨碍河道行洪的活动";《水法》第三十七条第二款规定:"禁止在河道管理范围内建设妨碍行洪的建筑物、构筑物以及从事影响河势稳定、危害河岸堤防安全和其他妨碍河道行洪的活动";第六十五条第一款规定"在河道管理范围内建设妨碍行洪的建筑物、构筑物,或者从事影响河势稳定、危害河岸堤防安全和其他妨碍河道行洪的活动的,由县级以上人民政府水行政主管部门或者流域管理机构依据职权,责令停止违法行为,限期拆除违法建筑物、构筑物,恢复原状;逾期不拆除、不恢复原状的,强行拆除,所需费用由违法单位或者个人负担,并处一万元以上十万元以下的罚款";第六十五条第二款规定"未经水行政主管部门或者流域管理机构同意,擅自修建水工程,或者建设桥梁、码头和其他拦河、跨河、临河建筑物、构筑物,铺设跨河管道、电缆，且防洪法未作规定的，由县级以上人民政府水行政主管部门或者流域管理机构依据职权，责令停止违法行为，限期补办有关手续；逾期不补办或者补办未被批准的，责令限期拆除违法建筑物、构筑物；逾期不拆除的，强行拆除，所需费用由违法单位或者个人负担，并处一万元以上十万元以下的罚款”，以及《行政强制法》第五十条规定“行政机关依法作出要求当事人履行排除妨碍、恢复原状等义务的行政决定，当事人逾期不履行，经催告仍不履行，其后果已经或者将危害交通安全、造成环境污染或者破坏自然资源的，行政机关可以代履行，或者委托没有利害关系的第三人代履行”。朱更新未经水行政主管部门许可，长期在游源河河道非法无序采砂，致游源河东湾河道河岸大面积崩塌，朱更新为方便拖砂运砂在游源河主河道两岸之间及主河道和小河沟汇合处用大石块构筑了两条便道，严重影响了河势稳定，危害河岸堤防安全，妨碍了河道行洪，严重破坏当地生态环境。随县水利局作为本区域水行政主管部门，依照法律规定，在行政相对人不履行义务时，随县水利局应责令限期拆除违法构筑物，恢复原状，行政相对人不拆除不恢复原状的，强行拆除，但随县水利局两次作出行政处罚决定要求朱更新恢复河道原貌后，在朱更新不履行义务时，没有依法履行职责，致国家和社会公共利益持续遭受侵害。在公益诉讼起诉人两次向随县水利局提出检察建议之后，随县水利局仍未采取有效措施，全面履行检察建议意见，致使社会公共利益仍然受到侵害，构成违法履职行为。依照《行政诉讼法》第七十四条第二款第(一)项“行政行为有下列情形之一，不需要撤销或者判决履行的，人民法院判决确认违法：(一)行政行为违法，但不具有可撤销内容的”的规定，行政公益诉讼起诉人诉请确认随县水利局未依法履行职责违法具有事实和法律依据。随县水利局在收到随县人民检察院的检察建议后至本案诉讼过程中，结合全县打击非法采砂专项行动，以水利局牵头组成的打击处理第一小组为专班，会同草店镇人民政府、草店镇水利服务中心相关人员到东湾小河沟现场督导；委托随州市水利水电规划勘测设计院对恢复草店镇××村河道原貌、防止河岸继续崩塌制定实施方案，采取补救措施；在规定的期限内，对检察建议及时予以书面回复。但随县水利局仍未依法、全面、有效采取措施恢复河道原貌，影响了周边居民生产、生活，致使国家利益和社会公共利益仍处于持续受侵害的状态。同时，随县水利局亦未提供充分证据证明其已依法履行了检察建议意见，拆除朱更新构筑的两条便道，对崩塌河岸予以修复。根据《行政诉讼法》第七十二条“人民法院经过审理，查明被告不履行法定职责的，判决被告在一定期限内履行”的规定，行政公益诉讼起诉人随县人民检察院请求判令随县水利局继续履行对涉案河道的监督和管理职责，限期拆除游源河东湾河段中违法构筑物，恢复河岸原状的诉讼请求亦符合法律规定。随县水利局作为河道行政主管部门，应当对辖区的河道实施监督管理工作，其对朱更新非法采沙、破坏河道的行为拖延履行职责，致使河道至今处于被侵害状态，属于怠于履行职责，放纵了违法当事人的违法行为，损害了国家利益和社会公共利益。

555.案情简介：朱国才系某村朱园某组村民。2016年9月18日案外人举报朱国才有围河打坝行为，水政监察大队经核查认为情况属实，兴化市水务局遂于次日立案，随后进行核查、现场勘验、向朱国才调查，朱国才承认其房屋南侧河道中的“坝头”系其所打，其“打坝头”“没有手续”。2016年9月23日，兴化市水务局于作出兴水拆〔2016〕2号《限期拆除通知书》并于同日向朱国才送达，通知书查明：朱国才未经水行政主管部门许可，擅自在自家房前河道中打坝，违反《防洪法》第二十二条第二款之规定。根据《防洪法》第五十五条之规定，限朱国才于2016年9月30日前自行拆除所打“坝头”，恢复河道原状，逾期不拆除的，兴化市水务局将依法强制执行。2016 年 9 月 30 日，兴化市水务局与朱国才的儿媳张某某谈话并制作笔录，张某某在笔录中表示同意拆除“坝头”。张某某在内容为“渔塘西侧坝头 10 月 10 日前自行拆除，如不执行，由水务部门强制执行，费用自行承担”的承诺书中捺印。此后朱国才未拆除上述“坝头”，2016 年 12 月 2 日、8 日兴化市水务局两次组织人员进行拆除。朱国才遂提起诉讼，主张确认兴化市水务局拆除其 30 年前围坝的强制执行行为违法并要求判令兴化市水务局恢复原状。

问：作为水行政执法人员你认为兴化市水务局对围坝进行拆除的行为如何定性、是否合法？朱国才要求恢复原状是否具有法律依据？

答：《行政诉讼法》第六条规定，人民法院审理行政案件，对行政行为是否合法进行审查。《水法》第十二条第四款规定，县级以上地方人民政府水行政主管部门按照规定的权限，负责本行政区域内水资源的统一管理和监督工作。第五十九条第一款规定，县级以上人民政府水行政主管部门和流域管理机构应当对违反本法的行为加强监督检查并依法进行查处。兴化市水务局作为兴化市区域范围内的水行政主管部门，具有管理监督本行政区域内水资源的行政职权。

兴化市水务局的行为是朱国才自行拆除中的帮助行为，还是兴化市水务局的强制拆除行为。兴化市水务局主张帮助拆除主要基于以下理由：朱国才儿媳张某某在被告处表示同意拆除且张某某在承诺书中捺手印；2016 年 12 月 2 日朱国才同意由村里帮助拆除；2016 年 12 月 8 日兴化市水务局和村里帮助扫尾工作在坝头上开口子，拆除过程双方并无纷争。从本案案情分析，首先，张某某向被告表示“同意”拆除围坝，事前未提供朱国才本人签署的授权委托书，事后亦未得到朱国才的追认，即并无证据证明张某某同意拆除的行为系基于朱国才的授权且系朱国才本人的真实意思表示；其次，从承诺书内容看，承诺书虽写明 2016 年 10 月 10 日前自行拆除，但同时也注明如不执行，由“水务部门强制执行”，即该承诺书并无要求兴化市水务局帮助拆除的内容；第三，兴化市水务局主张原告同意由村(委会)帮助拆除；第四，兴化市水务局认为 2016 年 12 月 8 日兴化市水务局和村里帮助做拆除的扫尾工作，双方并无纷争，但现有证据并不能证明朱国才本人在现场并主动提出要求兴化市水务局帮助拆除，且双方有无纠纷各执一词；此外，即使双方没有发生纠纷，亦不能证明朱国才已认可兴化市水务局的行为是应朱国才所求的帮助行为。应认定兴化市水务局的行为系强制拆除的行为。《水法》第六十五条第二款规定，未经水行政主管部门或者流域管理机构同意，擅自修建水工程，或者建设桥梁、码头和其他拦河、跨河、临河建筑物、构筑物，铺设跨河管道、电缆，且防洪法未作规定的，由县级以上人民政府水行政主管部门或者流域管理机构依据职权，责令停止违法行为，限期补办有关手续；逾期不补办或者补办未被批准的，责令限期拆除违法建筑物、构筑物……。《行政强制法》第三十四条规定，行政机关依法作出行政决定后，当事人在行政机关决定的期限内不履行义务的，具有行政强制执行权的行政机关依照本章规定强制执行。第四十四条规定，对违法的建筑物、构筑物、设施等需要强制拆除的，应当由行政机关予以公告，限期当事人自行拆除。当事人在法定期限内不申请行政复议或者提起行政诉讼，又不拆除的，行政机关可以依法强制拆除。本案中，对于强制拆除朱国才的围坝，兴化市水务局未提供有效证据证明其作出行政决定并依法履行了相应程序，故依法应确认被诉行政强制行为程序违法。

兴化市水务局是否应当恢复围坝原状。《国家赔偿法》第二条第一款规定，国家机关和国家机关工作人员行使职权,有本法规定的侵犯公民、法人和其他组织合法权益的情形,造成损害的,受害人有依照本法取得国家赔偿的权利。《国家赔偿法》第四条规定,行政机关及其工作人员在行使行政职权时,有造成财产损害的违法行为,受害人有权获得赔偿。第三十二条规定,国家赔偿以支付赔偿金为主要方式。能够返还财产或者恢复原状的,予以返还财产或者恢复原状。《最高人民法院关于审理行政赔偿案件若干问题的规定》第三十三条规定,被告的具体行政行为违法但尚未对原告合法权益造成损害的,或者原告的请求没有事实根据或法律根据的,人民法院应当判决驳回原告的赔偿请求。从上述条文内容可知,行政机关承担赔偿责任的必备条件是违法行为侵犯了公民、法人和其他组织合法权益。本案中,朱国才并未提交任何证据证明其围河打坝经过审批或领取了合法手续,兴化市水务局拆除围坝的目的是消除违法状态,故朱国才主张恢复原状,没有法律依据。

556.案情简介:2008 年金磊公司迁至高新区三岗村东湾组租地从事奶牛等养殖业务。2018 年 6 月 26 日,因引××工程(××)已开工项目施工准备工程已完成,该项目的建设单位安徽省引江济淮集团有限公司向有关部门申请开工备案。2018 年 7 月 10 日、8 月 13 日、8 月 21 日、9 月 5 日,安徽省发展和改革委员会、水利部淮河水利委员会、水利部长江水利委员会、中华人民共和国水利部先后在引××工程(××)开工备案表上签署"同意备案"并加盖公章。2018 年 11 月 8 日,金磊公司同时向安徽省水利厅及合肥市水务局邮寄送达《投诉书——履行法定职责申请书》,要求:一、对金磊公司反映的水利开发公司未取得建筑工程施工许可证即在高新区三岗村以引江济淮工程名义施工的行为依法进行调查;二、如情况属实,请求责令安徽水利开发公司立即停止施工,并按照法律规定予以处罚;三、就调查及处理情况向金磊公司出具书面调查材料。投诉书同时陈述了事实与理由。其后,金磊公司被告知其投诉事项不属于行政机关职责范围。金磊公司以案涉水利工程"未取得建筑工程施工许可证"为由请求安徽省水利厅及合肥市水务局履行法定职责。

问:作为水行政执法人员你认为金磊公司投诉事项的理由是否成立?安徽省水利厅及合肥市水务局有无法定职责对案涉水利工程予以开工批准?

答:《最高人民法院关于适用〈中华人民共和国行政诉讼法〉的解释》第九十一条规定,"原告请求被告履行法定职责的理由成立,被告违法拒绝履行或者无正当理由逾期不予答复的,人民法院可以根据行政诉讼法第七十二条的规定,判决被告在一定期限内依法履行原告请求的法定职责"。

金磊公司于 2018 年 11 月 8 日向安徽省水利厅及合肥市水务局邮寄案涉《投诉书——履行法定职责申请书》,该书面投诉书明确载明,"就金磊公司反映的安徽水利开发股份有限公司未取得建筑工程施工许可证即在高新区三岗村以引江济淮工程名义实施施工的行为依法进行调查"。金磊公司的投诉的理由为案涉水利工程未取得建设许可审批。

1998 年 1 月 7 日印发的《水利工程建设程序管理暂行规定》(水建〔1998〕16 号)第八条规定,"2.项目法人或其代理机构必须按审批权限,向主管部门提出主体工程开工申请报告,经批准后,主体工程方能正式开工",但国务院于 2013 年 5 月 15 日发布《国务院关于取消和下放一批行政审批项目等事项的决定》将水利工程开工审批取消。水利部遂于 2014 年 8 月 19 日发布《关于废止和修改部分规章的决定》(水利部令第 46 号),将上述水利主体工程开工申请批准程序予以删除,改为"项目法人或者建设单位应当自工程开工之日起 15 个工作日内,将开工情况的书面报告报项目主管单位和上一级主管单位备案"。

如上所述，目前水利工程的开工实行的是备案制，而非审批制并无不当。结合引××工程（××）开工备案表载明的事实，案涉水利工程的开工和备案均发生在上述《关于废止和修改部分规章的决定》（水利部令第46号）之后，因此安徽省水利厅及合肥市水务局无法定职责对案涉水利工程予以开工批准，该水利工程也无需取得水行政主管部门的施工许可。

557. 案情简介：2010年原告胡仲成在大理市××镇庆洞村委会阳溪河北投资建设成珍三文鱼养殖基地，经营三文鱼养殖及销售。2017年4月11日被告大理市水务局收到《大理市××镇人民政府关于请求依法整治阳溪成珍三文鱼养殖基地无序取水行为的请示》，次日被告对喜洲镇成珍三文鱼养殖基地涉嫌擅自取水案立案调查。查实原告在未获得水行政管理部门取水许可的情况下，擅自在阳溪河境内建设2个取水口，取用阳溪河水。2017年5月5日，被告作出《行政处罚事先告知书》以及《行政处罚听证告知书》，5月26日被告根据原告的申请举行听证，同时原告提出陈述和申辩意见。2017年5月31日，被告向原告发出《通知》，请原告在3日内提出办理取水许可证申请，逾期不申请将不予受理，将按行政执法程序的要求进行处罚。2017年6月2日原告向被告提出办理取水许可申请，2017年6月13日被告批复对原告办理取水许可的申请决定不予批准。2017年6月19日，被告作出大市水罚决字〔2017〕01号《行政处罚决定书》，认定原告于2010年至今未经水行政主管部门许可，擅自在阳溪河箐内建设取水设施，取用地表水，其行为违反《取水许可和水资源费征收管理条例》第二条第二款和第二十一条的规定，构成未取得取水许可擅自取水及擅自建设取水设施的违法行为，依据《取水许可和水资源费征收管理条例》第四十九条的规定，对原告予以处罚：1.责令停止违法取水行为；2.责令七日内拆除其取水工程或者设施；逾期不拆除其取水工程或者设施的，由县级以上地方人民政府水行政主管部门拆除，所需费用由违法行为人承担；3.并处五万元罚款，当天向原告送达《行政处罚决定书》。2017年6月26日，被告作出《履行行政处罚决定催告书》，催告原告自收到催告书之日起三日内履行1.停止违法取水行为；2.拆除取水工程或者设施；3.按期缴纳五万元罚款。2017年6月30日，被告发布《行政强制拆除公告》，限原告于2017年7月10日前自行拆除取水设施，逾期仍不拆除的，被告将于2017年7月11日依法实施强制拆除。2017年7月5日至7日，原告自行拆除取水设施。2017年7月7日原告向被告提出免予处罚申请。2017年12月8日，被告再次作出《履行行政处罚决定催告书》，向原告催告自收到催告书之日起三日内履行缴纳五万元罚款的义务。2017年12月18日原告向法院起诉。

一审法院认为，国务院发布的《取水许可和水资源费征收管理条例》第二条第二款规定，取用水资源的单位和个人，除本条例第四条规定的情形外，都应当申请领取取水许可证，并缴纳水资源费。第二十一条规定，取水申请经审批机关批准，申请人方可兴建取水工程或设施。第四十九条规定，未取得取水申请批准文件擅自建设取水工程或者设施的，责令停止违法行为，限期补办有关手续；逾期不补办或者补办未被批准的，责令限期拆除或者封闭其取水工程或者设施；逾期不拆除或者不封闭其取水工程或者设施的，由县级以上地方人民政府水行政主管部门或者流域管理机构组织拆除或者封闭，所需费用由违法行为人承担，可以处五万元以下罚款。本案中，原告在未取得取水许可的情况下，擅自在阳溪河箐内建设2个取水口，取用阳溪河水，用于三文鱼养殖，其行为违反上述法律法规第二条第二款和第二十一条的规定，被告作为大理市水行政主管部门应当按照上述法律法规第四十九条的规定，责令原告停止违法行为，限期补办有关手续；原告逾期不补办或者补办未被批准的，责令原告限期拆除其取水设施;原告逾期不拆除其取水设施的,由被告组织拆除,并处五万元以下罚款。在被告作出处罚决定前,由于原告向被告提出的办理取水许可申请未被批准,原告应当按照被告规定的期限内拆除其取水设施,但原告未按照被告规定的期限内拆除其取水设施,被告应当组织拆除,并处罚款。因此,被诉行政行为认定事实清楚,适用法律、法规正确。被告作出行政处罚决定前,向原告告知作出行政处罚决定的事实、理由及依据,并按法定程序履行了陈述、申辩权等告知义务,且根据原告的申请举行听证。因此,被诉行政行为符合法定程序。同时,按照上述法律法规规定,被告应当先告知原告补办取水许可证,在原告逾期不申请或者申请未被批准以及在限期内其未拆除取水设施的情况下,被告按行政处罚程序向原告告知作出行政处罚决定的事实、理由及依据,但本案中被告先行向原告告知作出行政处罚决定的事实、理由及依据,然后告知原告补办取水许可证,属于行政程序存在瑕疵,并非违反法定程序,而且不足以导致被诉行政行为的撤销。综上所述,被诉行政行为认定事实清楚,适用法律、法规正确,符合法定程序,原告要求撤销被诉行政行为的诉讼请求,本院不予支持。《国家赔偿法》第二条规定,国家机关和国家机关工作人员行使职权,有本法规定的侵犯公民、法人和其他组织合法权益的情形,造成损害的,受害人有依照本法取得国家赔偿的权利。本案,原告自行拆除的取水设施属于违法建筑,并非合法权益,原告要求被告赔偿经济损失人民币383万元的诉讼请求,不符合国家赔偿的规定,本院不予支持。至于原告主张被告故意选择性执法、针对性执法的事实,因无有效证据加以证实,本院不予确认。依照《行政诉讼法》第六十九条和《国家赔偿法》第二条的规定,判决:一、驳回原告胡仲成要求撤销被告大理市水务局于2017年6月19日作出的大市水罚决字〔2017〕01号《行政处罚决定书》的诉讼请求;二、驳回原告胡仲成的其他诉讼请求。

问:根据以上案情,作为水行政执法人员你如何看待这份判决?

答:一、根据《水法》第十二条第四款规定"县级以上地方人民政府水行政主管部门按照规定的权限,负责本行政区域内水资源的统一管理和监督工作"、第六十条规定"水政监督检查人员履行本法规定的监督检查职责时,有权采取下列措施:(一)要求被检查单位提供有关文件、证照、资料;(二)要求被检查单位就执行本法的有关问题作出说明;(三)进入被检查单位的生产场所进行调查;(四)责令被检查单位停止违反本法的行为,履行法定义务。"本案被大理市水务局作为大理市行政区域内对水资源取水许可制度和有偿使用制度管理和监督的适格主体,其履行管理监督职责并从中发现违反水资源取水许可制度和有偿使用制度的案件线索,虽然与上级交办、其他部门移送和群众举报等不存在法律法规层面的区别或禁止性规定,但大理市水务局于2017年4月5日形成的《大理市水政执法调查询问笔录》《水行政处罚事先告知书》《责令停止违法行为通知书》,与2017年4月11日大理市水务局根据《大理市××镇人民政府关于请求依法整治阳溪成珍三文鱼养殖基地无序取水行为的请示》进行查处后对原告作出的行政处罚,在客观事实的形式上有联系,但法律实质层面分属于两个独立的行政行为。二、《行政处罚法》第三条规定"公民、法人或者其他组织违反行政管理秩序的行为,应当给予行政处罚的,依照本法由法律、法规或者规章规定,并由行政机关依照本法规定的程序实施"、国务院《取水许可和水资源费征收管理条例》第四十九条规定"未取得取水申请批准文件擅自建设取水工程或者设施的,责令停止违法行为,限期补办有关手续;逾期不补办或者补办未被批准的,责令限期拆除或者封闭其取水工程或者设施;逾期不拆除或者不封闭其取水工程或者设施的,由县级以上地方人民政府水行政主管部门或者流域管理机构组织拆除或者封闭,所需费用由违法行为人承担,可以处5万元以下罚款”。本案中,大理市水务局针对2017年4月5日、11日前后发现、查实胡仲成存在未经许可擅自建设取水口取水养殖等情况,在责令上诉人停止违法行为的同时应当限期补办有关手续,出现逾期不补办或者补办未被批准的,才能责令限期拆除或者封闭其取水工程或者设施,逾期不拆除或者不封闭其取水工程或者设施的,再依法组织拆除、封闭、处以罚款等,大理市水务局在履行“限期补办有关手续”时不符合法定程序,属于程序轻微违法;法院认定“属于行政程序存在瑕疵”不当。三、最高人民法院《关于适用〈中华人民共和国行政诉讼法〉的解释》第九十六条规定有下列情形之一,且对原告依法享有的听证、陈述、申辩等重要程序性权利不产生实质损害的,属于行政诉讼法第七十四条第一款第二项规定的“程序轻微违法”:(一)处理期限轻微违法;(二)通知、送达等程序轻微违法;(三)其他程序轻微违法的情形。本案中,大理市水务局具有行政主体资格,在水务行政管理监督过程中依法保障了胡仲成享有的听证、陈述、申辩等重要程序性权利,于2017年6月19日作出“大市水罚决字〔2017〕01号”行政处罚决定书前对胡仲成的补办申请进行了审查、决定。四、《国家赔偿法》第二条规定国家机关和国家机关工作人员行使职权,有本法规定的侵犯公民、法人和其他组织合法权益的情形,造成损害的,受害人有依照本法取得国家赔偿的权利;第四条规定行政机关及其工作人员在行使行政职权时有下列侵犯财产权情形之一的,受害人有取得赔偿的权利:(一)违法实施罚款、吊销许可证和执照、责令停产停业、没收财物等行政处罚的;(二)违法对财产采取查封、扣押、冻结等行政强制措施的;(三)违法征收、征用财产的;(四)造成财产损害的其他违法行为。第五条第(二)项明确因公民、法人和其他组织自己的行为致使损害发生的,国家不承担赔偿责任。本案中,胡仲成在大理市××镇庆洞村委会阳溪河取水从事水产品养殖,应当严格执行《水法》第七条国家关于对水资源依法实行取水许可制度和有偿使用制度的规定,自觉、主动向水务行政管理监督机关提出申请,经依法审查取得许可,才能建设取水工程或者设施取水,但2010年至2017年原告未经申请、许可擅自在阳溪河箐内建设2个取水口,取用阳溪河水从事水产品养殖业,实质即追求违法利益的最大化,其赔偿请求不属于《国家赔偿法》所保护的合法权益,因此缺乏取得国家赔偿的前提、基础,国家不承担赔偿责任;另外,大理市水务局及其工作人员在行使行政职权时不存在《国家赔偿法》第四条规定的侵犯其财产权情形,缺乏取得国家赔偿的事实、法律依据;最后,依法责令限期拆除或者封闭违法取水工程或者设施,与胡仲成“不能养殖”“高价低卖水产品”之间不具有法律上的因果关系,因此法院判决驳回其赔偿请求正确。

558.案情简介:济源市水利局因修建蟒河口水库于2007年开始办理土地征用手续,同年12月完成了用地预申请,2011年5月13日获得了河南省政府批复(以豫政土〔2011〕360号文件作出),共征地59.489公顷。该水库占地实际分三期征用,其中2007年5月济源市水利局分别与济源市蟒河林场、克井镇政府、白涧村委会签订了第一期征地补偿协议,2009年6月济源市水利局分别与蟒河林场和白涧村委会签订了二、三期征地补偿协议。2012年12月,济源市水利局又分别与蟒河林场、克井镇政府、白涧村签订了一、二期项目用地增补协议。

由于济源市水利局修建蟒河口水库时淹没了白涧村委会等村民出入济源市克井镇白涧村泗坪组居住地的唯一道路,致使白涧村委会和全组居民无法在原住所地居住生活,均搬迁至外地。

问:白涧村委会是否有权提起行政诉讼?济源市水利局因修建水库淹没、阻断了白涧村委会等人出入住所的道路,导致白涧村委会从原居住地外迁,济源市水利局是否应当对白涧村委会等人造成的房屋、树木等附着物损失进行补偿?

答:《行政诉讼法》第十二条第一款第(十一)项规定,行政机关不履行行政协议的,公民、法人和其他组织有权提起行政诉讼。所以白涧村委会有权提起行政诉讼。本案中,济源市水利局因修建水库淹没、阻断了白涧村委会等人出入住所的道路,导致白涧村委会从原居住地外迁,济源市水利局应当对白涧村委会等人造成的房屋、树木等附着物损失进行补偿。

559.案情简介:2017 年 8 月 2 日,江阴水利局水政监察执法人员巡查发现有人擅自侵占位于江阴市×××的长江滩地,认为该行为涉嫌违反《防洪法》相关规定,于同日立案。执法人员于同日上午到现场进行勘验,制作的勘验(检查)笔录、勘验图载明:周正冬经营的砂场位于长江滩地,属长江防洪工程管理范围,东侧为新河港口水道,北侧为长江,西侧为华西码头,南侧长江大堤及蔡国正砂场。砂场南北长 103 米,东西长 52 米,占用面积3 600平方。执法人员还向周正冬进行询问并制作了笔录,送达了责令停止水事违法行为通知书。

2017 年 8 月 15 日,江阴水利局向周正冬送达责令限期改正水事违法行为通知书;同年 9 月 6 日,又向周正冬送达行政处罚事先告知书和听证告知书。同年 9 月 19 日,江阴水利局作出限期清除决定书,并于同日送达周正冬。2004 年 3 月 18 日,江阴水利局向璜土镇天生港村作出澄水管〔2004〕26 号《关于同意璜土镇天生港村在桃花港河口西侧建设临时中转码头的批复》,主要内容为:同意天生港村在桃花港河口西侧新建临时中转码头一座,共占用江滩面积1 200平方米(40 米×30 米)。在施工前应至市江港堤闸管理处办理临时占用手续,按规定缴纳河道堤防占用补偿费。该临时中转站使用期为两年(2004 年 3 月 18 日至 2006 年 3 月 17 日)。2006 年 4 月至 2010 年 5 月,江阴水利局向璜土镇天生港村(后调整更名为花苑港村)先后 3 次作出延期占用上述江滩的批复,期限至 2012 年 3 月 17 日止。上述 4 份批复中均明确"若遇国家及政府项目、河道整治等需要利用该块江滩,应无条件拆除,不作任何赔偿"。

2010 年 9 月 30 日,天生港沙场从江阴市港口管理局领取港口经营许可证,准予从事码头和其他港口设施服务,货物装卸、仓储服务;有效期至 2013 年 9 月 29 日;2014 年 1 月 27 日,天生港沙场又申领了许可证,有效期至 2017 年 1 月 26 日。

2014~2016 年,周正冬以江阴市花苑港村(周某)名义向江阴市江港堤闸管理处缴纳河道堤防工程占用补偿费11 500元/年,合计34 500元。

问:江阴水利局对本行政区域内侵占长江堤防的违法行为是否具有监管职责?周正冬有无非法侵占长江滩地的违法事实?关于江阴水利局作出限期清除决定书程序是否有问题?

答:《防洪法》第八条第三款规定:"县级以上地方人民政府水行政主管部门在本级人民政府的领导下,负责本行政区域内防洪的组织、协调、监督、指导等日常工作。……"《防洪法》第三十七条规定:"任何单位和个人不得破坏、侵占、毁损水库大坝、堤防、水闸、护岸、抽水站、排水渠系等防洪工程和水文、通信设施以及防汛备用的器材、物料等。"江阴水利局对本行政区域内侵占长江堤防的违法行为具有监管职责。

周正冬临时占用涉案长江滩地经水利行政部门许可设置的期限至 2012 年 3 月 17 日止,从事港口经营业务经港口管理部门许可设置的期限至 2017 年 1 月 26 日止,逾期后未经延续许可期限即不再具备合法占用该长江滩地和从事相关港口业务的条件。根据勘验(检查)笔录、勘验图、现场照片以及周正冬询问(调查)笔录等证据,能够证明2017年8月2日水利执法人员查处时,周正冬存在未经水行政主管部门批准擅自占用长江滩地用于货物装卸的违法事实。

根据《江苏省河道堤防工程占用补偿费征收使用管理办法》及补充规定的相关规定,因生产、建设、经营需要,确需占用河道及其配套工程管理范围,必须经有管辖权的河道主管部门批准,领取《河道工程占用证》,并按规定缴纳河道堤防工程占用补偿费;未经批准擅自占用的,水行政主管部门应当依法查处,对已造成占用事实的仍按照实际占用面积向其征收河道堤防工程占用补偿费。因此,周正冬缴纳2014~2016年河道堤防工程占用补偿费的行为,并不能证明其事后未经批准擅自占用长江滩地具有合法性。根据《防洪法》第六十条规定:"违反本法规定,破坏、侵占、毁损堤防、水闸、护岸、抽水站、排水渠系等防洪工程和水文、通信设施以及防汛备用的器材、物料的,责令停止违法行为,采取补救措施,可以处五万元以下的罚款;……"江阴水利局认定周正冬非法占用长江滩地,对其作出限期退出侵占的长江滩地,并自行清除建筑物、设备等物料的行政决定,并无不当。

限期清除决定在法律属性上属于行政命令而不属于行政处罚,听证程序并非作出行政命令的前置程序。本案中,江阴水利局在拟作出罚款和限期清除的行政决定前,一并告知周正冬拟作行政决定的事实、理由及依据,并告知其有权要求听证。因此,江阴水利局在作出责令清除决定前,应当根据周正冬的要求举行听证,但周正冬并未在期限内提出听证要求。应视为周正冬在行政程序中对其听证权利的放弃。

《防洪法》第六十条规定:"违反本法规定,破坏、侵占、毁损堤防、水闸、护岸、抽水站、排水渠系等防洪工程和水文、通信设施以及防汛备用的器材、物料的,责令停止违法行为,采取补救措施,可以处五万元以下的罚款;……"本案中,周正冬前期占有涉案长江滩地虽经合法许可,但至江阴水利局查处时,其占用行为已超出行政许可期限,故已构成未经批准擅自占用涉案长江滩地的违法事实,江阴水利局对其作出限期退出侵占的长江滩地,并自行清除建筑物、设备等物料的行政决定,认定事实清楚,适用法律正确。江阴水利局在立案后,依法履行了勘验、询问、处罚前告知,后作出限期清除决定书并送达,符合法定程序。

560. 案情简介:济源市五龙口温泉度假有限公司(简称温泉公司)于2011年6月13日获得河南省国土资源局颁发的采矿许可证,开采矿种为地热,有效期限为五年,即自2011年6月至2016年6月,在此期间,温泉公司一直向济源市国土资源局缴纳矿产资源补偿费,而未缴纳水资源费。2016年5月18日,温泉公司最后一次缴纳了矿产资源补尝费9 840元。2016年9月,温泉公司办理了取水许可证,水源类型为地热水,有效期限为2016年9月1日至2021年8月3日。济源市水利局按月对温泉公司的取用水抄表计量。2016年11月7日、12月7日,济源市水利局分别通知温泉公司缴纳2016年9月23日至2016年11月28日的水资源费共计101 680元,温泉公司未缴纳。济源市水利局于2017年5月4日向温泉公司作出《限期缴纳水资源费决定书》,温泉公司不服,于2017年6月26日向被告河南省水利厅提出行政复议。河南省水利厅于2017年9月27日作出行政复议决定书,维持了济源市水利局作出的《限期缴纳水资源费决定书》。

问:济源市五龙口温泉度假有限公司认为其应当按照《矿产资源法》缴纳矿产资源补偿费,不应再缴纳水资源费的问题,作为水行政执法人员你认为是否合法?

答:济源市水利局负责本行政区域内水资源的统一管理和监督工作。地表水和地下水均属于水资源,水资源属于国家所有,国家对水资源依法实行取水许可制度和有偿使用制度。济源市五龙口温泉度假有限公司为了经营直接从地下取用水资源,应当按照国家取水许可制度和水资源有偿使用制度的规定,向济源市水利局缴纳水资源费,对原告拖欠水资源费的行为,济源市水利局有权责令其限期缴纳。

根据《矿产资源法实施细则》第四十四条规定,温泉公司办理了地热水的取水许可证,其应当依照《水法》相关规定缴纳水资源费。参照中央机构编制委员会办公室在1998年12月16日下发的《关于矿泉水、地热水管理职责分工问题的通知》(中编办发〔1998〕14号)规定:"企事业单位开采矿泉水、地热水的采矿权使用费和矿产资源补偿费,由地质矿产行政主管部门征收,并及时全额上缴财政。企事业单位已经缴纳矿泉水、地热水采矿权使用费和矿产资源补偿费的,不再缴纳水资源费。"该通知并未明确开采地热水只需缴纳矿产资源补偿费,且温泉公司的采矿许可证已于2016年6月到期,济源市水利局决定限期温泉公司缴纳2016年9月23日至2016年11月28日水资源费,在此期间温泉公司亦未向地质矿产行政主管部门缴纳矿产资源补偿费,因此温泉公司不能以愿意缴纳矿产资源补偿费而抗辩不缴纳水资源费。

《水法》第二条第二款规定,水资源包括地表水和地下水。第四十八条规定,直接从江河、湖泊或者地下取用水资源的单位和个人,应当按照国家取水许可制度和水资源有偿使用制度的规定,向水行政主管部门或者流域管理机构申请领取取水许可证,并缴纳水资源费,取得取水权。《矿产资源法实施细则》第四十四条规定,地下水资源具有水资源和矿产资源的双重属性。地下水资源的勘查,适用《矿产资源法》和本细则;地下水资源的开发、利用、保护和管理,适用《水法》和有关的行政法规。本案中,济源市五龙口温泉度假有限公司直接从地下取用水资源用于商业经营,属于对地下水资源开发利用的范畴,适用上述法律法规的规定,温泉公司办理了取水许可证,并实际取水,应依法缴纳水资源费。温泉公司的采矿许可证2016年6月到期后,温泉公司没有再取得采矿许可证,更没有实际缴纳涉案期限的矿泉水、地热水采矿权使用费和矿产资源补偿费,温泉公司不缴纳涉案水资源费不符合中编办发〔1998〕14号《关于矿泉水、地热水管理职责分工问题的通知》规定的不再缴纳水资源费的情形。

以上理由估计还不能让温泉公司信服,那么作为基层水行政执法人员要对这个问题深入研究,找准法律依据,才能更好地指导水行政执法实践。作者认为:根据《矿产资源法实施细则》第四十四条的规定,地下水资源具有水资源和矿产资源的双重属性,应当适用《矿产资源法》和《水法》及其相关的行政法规、规范性文件的规定。2006年4月15日施行的国务院令第460号《取水许可和水资源费征收管理条例》之前,我国未颁布和施行征收水资源费的行政法规,一度适用了中编办发〔1998〕14号《关于矿泉水地热水管理职责分工问题的通知》等规范性文件,即"企事业单位的采矿权使用费和矿产资源补偿费由地质矿产行政主管部门征收""企事业单位已经缴纳矿泉水地热水的采矿权使用费和矿产资源补偿费的,不再缴纳水资源费"的政策。根据《立法法》的相关规定,国务院令第460号《取水许可和水资源费征收管理条例》系行政法规,该条例公布施行后,中编办发〔1998〕14号《关于矿泉水地热水管理职责分工问题的通知》这一规范性文件的政策规定与之相抵触的不再适用。

依照国务院令第460号《取水许可和水资源费征收管理条例》第三条第一款"县级以上人民政府水行政主管部门按照分级管理权限,负责取水许可制度的组织实施和监督管理。”、第三款“县级以上人民政府水行政主管部门、财政部门和价格主管部门依照本条例规定和管理权限，负责水资源费的征收、管理和监督。”的规定，济源市水利局作为水行政主管部门，对温泉公司征收水资源费具有法定职责。根据国务院令第460号《取水许可和水资源费征收管理条例》第二十八条“取水单位或者个人应当缴纳水资源费。取水单位或者个人应当按照经批准的年度取水计划取水。超计划或者超定额取水的，对超计划或者超定额部分累进收取水资源费。水资源费征收标准由省、自治区、直辖市人民政府价格主管部门会同同级财政部门、水行政主管部门制定，报本级人民政府批准，并报国务院价格主管部门、财政部门和水行政主管部门备案。其中，由流域管理机构审批取水的中央直属和跨省、自治区、直辖市水利工程的水资源费征收标准，由国务院价格主管部门会同国务院财政部门、水行政主管部门制定。”济源市水利局依据国务院令〔第460号〕《取水许可和水资源费征收管理条例》第二十八条、第三十一条、第三十二条第一款的规定，对温泉公司征收水资源费决定才能更让温泉公司信服。

561.案情简介：2010年9月14日，民乐县利新建材经营部经祁连县政府常务会议研究批复同意在八宝河流域开办砂石厂。2011年8月25日，设立利新公司。同年10月24日，该公司通过青海省国土资源厅矿业权交易中心挂牌拍卖取得祁连县峨堡地区八宝河流域黑沟河段沙石矿采矿权。10月26日祁连县国土局向其颁发证号为×××的采矿许可证，有效期限三年(自2011年10月26日至2014年10月26日)。后因越界开采、非法采金及无证开采等违法行为，祁连县国土局根据《矿产资源法》及《青海省矿产资源管理条例》等相关法律规定，对利新公司分别于2013年5月27日、9月2日、2014年8月18日三次进行了行政处罚，于2014年8月14日、2015年8月22日、2016年6月7日、2016年8月23日四次下达了《责令停止违法行为通知书》。同时，祁连县生态保护与环境治理领导小组办公室根据青海省委、省政府要求，针对其存在生态恢复治理问题，于2015年8月25日向其下发祁政环治〔2015〕81号《关于限期完成生态恢复治理工作的通知》；于2016年6月2日下发祁政环治〔2016〕13号《关于祁连县利新砂石料场生态恢复治理工作的整改通知》。由于利新公司一直没有完成生态恢复治理整改内容及以上事实，祁连县国土局、祁连县环保局、祁连县水利局、祁连县农牧局联合下发了祁水利发〔2016〕54号《关于祁连县利新砂石料场生态恢复治理问题整改的通知》(简称《通知》)，以‘利新砂石料场供砂主体兰新铁路、峨祁公路均已完工；利新砂石料场未按生态恢复治理方案完成治理任务；采矿许可证已到期’等理由，决定取缔利新砂石料场。利新公司组织机构代码证、营业执照企业名称、采矿许可证企业名称及公司印章均为”祁连利新沙石料加工有限公司”，行政机关作出的《通知》等处出现的砂石料场系指该企业。

问：根据以上事实作为水行政执法人员你认为利新公司要求撤销《通知》的请求能否成立？要求祁连县国土局办理采矿许可证延续的请求能否实现？如果利新公司即要求撤销《通知》又要求祁连县国土局办理采矿许可证延续的请求，是否属于一案两诉的问题？

答：根据利新公司在青海省矿产权交易中心签订的出让人为祁连县国土局的采矿权挂牌交易成交确认书约定，“采矿权出让期满后，采矿权自然收归国家所有”，并未赋予申请延续的权利。青海省国土资源厅下发规范性文件也规定“在严禁区域内已设置砂石土类采矿权的，采矿权出让期满后一律予以注销，不得办理延续登记手续”。期间相关行政机关虽然拟同意原告采矿许可证延续，但后因原告的违法开采和生态恢复治理等问题，结合采矿权挂牌交易成交确认书约定等,行政登记机关依法未予以延续,应认定为无证开采。祁连县国土局等基于以上理由作出祁水利发〔2016〕54 号《通知》,其行政行为事实清楚,证据充分,程序合法。虽然在通知中未列写所适用的法律法规及规范性文件,但从本案的客观事实及行政机关所出示的规范性文件等证据综合分析,其行政行为合法。因此,利新公司要求撤销《通知》的请求不成立。

根据《矿产资源法》第三条第三款勘查、开采矿产资源,必须依法分别申请、经批准取得探矿权、采矿权,并办理登记及《河道管理条例》第二十五条(在河道管理范围内进行下列活动,必须报经河道主管机关批准;涉及其他部门的,由河道主管机关会同有关部门批准:(一)采砂、取土、淘金、弃置砂石或者淤泥的规定,在河道内开采矿产资源必须依法向河道主管机关和地质开采主管部门申请批准,经有权机关批准方取得开采权。《矿产资源法》第十六条第四款"开采第一款、第二款和第三款规定以外的矿产资源的管理办法,由省、自治区、直辖市人民代表大会常务委员会依法制定"和《青海省矿产资源管理条例》第二十五条第三款"县地质矿产主管部门审批登记前二款规定以外的其它可供开采的矿产储量规模为小型、零星分散的矿产资源和只能用作普通建筑材料的砂、石、黏土"以及《青海省河道管理实施办法》第四条"规定由省或州管理的河道采砂许可证,除省或州(地、市)河道主管机关另有规定外,由该河段所在地县(市)的河道主管机关负责审批发放"规定,对普通建筑材料的砂、石的开采审批登记,由县级地质开采主管部门和河道主管部门负责。本案中,2014 年 10 月之前利新公司在青海省××县河段开采砂石,向祁连县国土局和祁连县水利局申请批准并取得采矿许可证和采砂许可证,属于合法开采。2014 年 10 月以后在两证不全的情况下开采砂石,属于擅自开采。对未经批准擅自开采砂石的行为,按照《无照经营查处取缔办法》第十七条"许可审批部门查处本办法第四条第一款第(一)项、第(五)项规定的违法行为,应当依照相关法律、法规的规定处罚;相关法律、法规对违法行为的处罚没有规定的,许可审批部门应当依照本办法第十四条、第十五条、第十六条的规定处罚"的规定,许可审批部门可以取缔。上述规定说明,除经批准获得采矿的单位和个人外,任何单位或者个人的采矿行为都是法律禁止的,相关许可审批部门有权予以查处。四部门执法目的在于加强对矿产资源和祁连山自然保护区生态环境的监督管理和保护,对其执法目的的合法性应予以确认。

从取缔制度设立初衷看,取缔是行政机关对依法未获得批准、许可的无证经营者采取的管理措施,其实质是促使违法者恢复守法状态和纠正违法行为,履行既有的法定义务,不是对其法定权利的剥夺或者限制,并不对相对人增加新的义务,不损害相对人的权益,不具有行政处罚的制裁性。而责令停产停业适用于已获得批准、许可前提下的违法生产与经营活动,其实质是对相对人经营资格的暂时剥夺,具有惩戒性。本案中,四部门作出的通知是取缔利新公司未被许可的违法采砂行为,不具有行政处罚的制裁性,不属于责令停产停业的行政处罚,依法无需履行听证程序。故,利新公司"取缔属于责令停产停业,应按行政处罚法的规定组织听证"的主张,缺乏法律依据。从查明的事实看,利新公司依法取得的采矿许可证和采砂许可证均于 2014 年 10 月到期,采砂许可证到期后,利新公司未提出延续申请,祁连县国土局作出的三份《责令停止违法行为通知书》内容也证实了采砂许可证到期后,利新公司无采砂许可证采砂的事实。虽然从利新公司提交的祁连县国土局政府常务会议议题征求意见单内容可以推定在《采矿许可证》有效期届满前 3 个月,该公司向祁连县国土局提出了采矿权延续的申请，祁连县国土局一直未作出是否延续决定。但利新公司取得的明确约定了开采期限和目的的采矿许可证到期后是否能够申请延期，祁连县国土局逾期未作出决定能否适用《行政许可法》第五十条第二款的规定视为延续，以及生态恢复治理整改是否达标等事实的认定，不能改变利新公司无采砂许可证进行违法采砂的事实。四部门虽在履行其法定职责的过程中存在瑕疵，但该瑕疵并不必然导致其履责行为被撤销。

另外，关于本案是否属于一案两诉的问题，利新公司提出的两项诉求所涉及的行政主体、类别和内容均不同，属于不同的行政行为，应分别向有管辖权的法院提起诉讼。对第二个诉讼请求，利新公司可以另行提起行政诉讼，由管辖法院审查是否符合受理条件。

562.问：结合水行政执法实践对《最高人民法院、最高人民检察院关于办理非法采矿、破坏性采矿刑事案件适用法律若干问题的解释》（简称《解释》）解读？

答：近年来，非法采砂屡禁不止，社会危害严重，亟须刑事规制。2016 年 12 月 1 日起施行的《解释》明确对非法采砂行为适用非法采矿罪，并对定罪量刑标准及有关法律适用问题作了规定。可以说，《解释》为困扰多年的非法采砂案件刑事规制和争执不休的定性问题画上了圆满的句号。

一、“违反矿产资源法的规定”的涵义

根据《刑法》第三百四十三条的规定，非法采矿罪的前提是“违反矿产资源法的规定”。经研究认为，为避免法律适用漏洞，对于“违反矿产资源法的规定”，不宜限缩为违反《矿产资源法》的规定，而应当包括违反《水法》等其他法律、法规中关于矿产资源开发、利用、保护和管理规定的情形。基于此，《解释》第一条明确规定，违反《矿产资源法》《水法》等法律、行政法规有关矿产资源开发、利用、保护和管理的规定的，“应当认定为刑法第三百四十三条规定的‘违反矿产资源法的规定’”。

二、非法采矿罪行为的定性

《矿产资源法实施条例》第二条第一款规定：“矿产资源是指由地质作用形成的，具有利用价值的，呈固态、液态、气态的自然资源。”砂属于矿产资源，可以成为非法采矿罪的对象。而且，《水法》第三十九条第一款规定“国家实行采砂许可制度”；《河道管理条例》第二十五条规定，在河道管理范围内进行采砂活动，必须报经河道主管机关批准，涉及其他部门的，由河道管理机关会同有关部门批准。因此，对于未取得许可证非法采砂的行为，实质上是“未取得采矿许可证擅自采矿”，应当适用非法采矿罪。

三、“未取得采矿许可证”的认定

从实践来看，对非法采砂适用非法采矿罪，可能适用的客观行为方式主要为“未取得采矿许可证擅自采矿”。为避免法律适用的漏洞，《解释》第四条第一款、第五条第一款对《刑法》第三百四十三条第一款规定的“采矿许可证”作了扩大解释，将开采河砂需要申请的采矿许可证、河道采砂许可证和开采海砂需要申请的采矿许可证、海砂开采海域使用权证均涵括在内。

由之带来的问题是，如何准确认定“未取得采矿许可证擅自采矿”。对于实行一证管理的区域，这一问题并不存在。但对于实行“两证”管理的区域，由于两证之间没有先后之分，取得其中一个证并非申领另一个证的前置程序，且实践中经常会出现取得其中一个证但无法取得另一个证的情形。例如，行为人已申领海域开采使用权证，并缴纳了海域使用金，但是申领采矿许可证未被批准。经研究认为，这一现象与现行的采砂管理体制不无关系，如果统一许可证发放或者明确两证之间的衔接关系,完全可以避免上述现象。此种情况下对行为人开采海砂的行为以非法采矿罪追究刑事责任,并不合适。对类似情形不宜认定为"未取得采矿许可证擅自采矿",不应以非法采矿罪论处。

基于上述考虑,《解释》第四条第一款规定:"在河道管理范围内采砂,具有下列情形之一,符合《刑法》第三百四十三条第一款和本解释第二条、第三条规定的,以非法采矿罪定罪处罚:(一)依据相关规定应当办理河道采砂许可证,未取得河道采砂许可证的;(二)依据相关规定应当办理河道采砂许可证和采矿许可证,既未取得河道采砂许可证,又未取得采矿许可证的。"第五条第一款规定:"未取得海砂开采海域使用权证,且未取得采矿许可证,采挖海砂,符合《刑法》第三百四十三条第一款和本解释第二条、第三条规定的,以非法采矿罪定罪处罚。"总而言之,对于实行一证管理的区域,以是否取得该许可证为认定非法采矿的标准;对于实行两证管理的区域,只要取得一个许可证的,即不能认定为非法采矿,不宜以非法采矿罪论处。

四、非法采砂犯罪的定罪量刑标准

(1)非法采砂犯罪的一般定罪量刑标准。《解释》第四条第一款、第五条第一款明确规定,对非法采砂的定罪量刑适用第三条关于非法采矿罪的定罪量刑标准。具体而言:①非法采砂价值在10万元至30万元以上的。非法采砂的价值是衡量非法采砂行为社会危害性的基础因素,也是认定"情节严重"的基本标准。因此,适用非法采矿罪入罪的一般标准,非法采砂价值在10万元至30万元以上的,应当认定为"情节严重"。②在禁采区、禁采期内非法采砂,价值在5万元至15万元以上的。在禁采区、禁采期内非法采砂社会危害性更大,入罪门槛宜适当低于一般的非法采挖行为,故《解释》第三条第一款第二项针对禁采区、禁采期内非法采砂行为降低入罪门槛,设置为"矿产品价值在5万元至15万元以上"。③两年内曾因非法采矿(采砂)受过两次以上行政处罚,又实施非法采砂行为的。这种行为主观恶性和客观社会危害性远超过实施一次违法行为,应当加以刑事规制。而且,将非法采矿受过的行政处罚次数作入罪考量情节,也是基于对实践中取证困难的回应。"两年内"宜以第一次违法行为受到行政处罚的生效之日与又实施相应行为之日的时间间隔计算确定。此外,"两次以上行政处罚"不限于水行政部门的行政处罚,有关部门依法对非法采砂给予的行政处罚即可。④其他情节严重的情形。对于这种情况,司法实践中应当根据案件具体情况审慎确定,妥善适用兜底项的规定。

此外,《解释》第三条第二款明确了"情节特别严重"的认定标准。通常情况下,"情节特别严重"和"情节严重"之间为5倍的倍数关系。据此,实施非法采砂行为,价值在50万元至150万元以上,或者在禁采区、禁采期内非法采砂,价值在25万元至75万元以上的,应当认定为"情节特别严重",以非法采矿罪处3年以上7年以下有期徒刑,并处罚金。

(2)非法采砂犯罪的特殊定罪量刑标准。严格规范河砂开采的目的,不仅仅是维护其经济价值,更重要的是维护防洪安全和生态安全等公共利益。因此,不应单纯以矿产品价值作为非法采砂的入罪标准,同时还应当考虑非法采砂行为对防洪安全的危害。基于上述考虑,《解释》第四条第二款规定:"实施前款规定行为,虽不具有本解释第三条第一款规定的情形,但严重影响河势稳定,危害防洪安全的,应当认定为《刑法》第三百四十三条第一款规定的'情节严重'。"

同理,非法采挖海砂不仅破坏矿产资源,还可能严重破坏海岸线。特别是在入海口、滨海湿地、海岛、红树林、濒危海洋栖息地等典型、敏感海域开采海砂，极易造成海岸线改变。为此，《解释》第五条第二款规定："实施前款规定行为，虽不具有本解释第三条第一款规定的情形，但造成海岸线严重破坏的，应当认定为《刑法》第三百四十三条第一款规定的'情节严重'。"

五、非法采砂犯罪利益链条的惩治

近年来，非法采砂已形成了采、运、储、销一条龙的分工合作模式，构成了利益链条。因此，严惩非法采砂犯罪，必须斩断利益链条。《解释》第七条规定："明知是犯罪所得的矿产品及其产生的收益，而予以窝藏、转移、收购、代为销售或者以其他方法掩饰、隐瞒的，依照《刑法》第三百一十二条的规定，以掩饰、隐瞒犯罪所得、犯罪所得收益罪定罪处罚。""实施前款规定的犯罪行为，事前通谋的，以共同犯罪论处。"司法实践中，应当充分运用上述规定，有效斩断非法采砂犯罪的利益链条，系统规制非法采砂上下游作业，构建全方位的打击非法采砂犯罪的刑事惩治机制。

六、非法采砂犯罪惩治的宽严相济

《解释》第十条规定："实施非法采矿犯罪，不属于'情节特别严重'，或者实施破坏性采矿犯罪，行为人系初犯，全部退赃退赔，积极修复环境，并确有悔改表现的，可以认定为犯罪情节轻微，不起诉或者免予刑事处罚。"第十一条规定："对受雇佣为非法采矿、破坏性采矿犯罪提供劳务的人员，除参与利润分成或者领取高额固定工资的外，一般不以犯罪论处，但曾因非法采矿、破坏性采矿受过处罚的除外。"根据这两条规定，办理非法采砂案件应当贯彻宽严相济的刑事政策，根据案件具体情况，实行区别对待，突出惩治重点。

(1)贯彻认罪认罚从宽制度。根据《矿产资源犯罪解释》第十条规定，对于实施非法采砂行为，虽已达到应当追究刑事责任的标准，但行为人系初犯，全部退赃退赔，积极修复环境，并确有悔改表现的，应当按照"认罪认罚从宽"原则处理，即可认定为犯罪情节轻微，不起诉或者免予刑事处罚。

(2)实行区别对待原则。非法采砂犯罪案件往往具有聚众性的特征。根据《解释》第十一条的规定，应当重点打击出资者、组织者、经营者。对于其他成员，应当根据其在共同犯罪中的作用，综合考虑参与时间长短、案发后的表现等情况区别对待。对于为阻止执法部门查处实施妨害公务、暴力抗法等行为的，应当依法追究刑事责任。

563.问：水行政主管部门对于河道违法建筑物是否具有强行拆除的权力，能否向法院申请强制执行？

答：我国行政强制法规定的行政强制执行，包括行政机关直接强制执行和行政机关申请人民法院强制执行两种类型。法律赋予某些行政机关以直接强制执行权的主要目的是提高行政效率，及时执行行政决定。如果行政机关有直接强制执行权，又向人民法院申请执行，不但浪费司法资源，而且容易引起相互推诿，降低行政效率。

《水法》第六十五条第一款规定，"在河道管理范围内建设妨碍行洪的建筑物、构筑物，或者从事影响河势稳定、危害河岸堤防安全和其他妨碍河道行洪的活动的，由县级以上人民政府水行政主管部门或者流域管理机构依据职权，责令停止违法行为，限期拆除违法建筑物、构筑物，恢复原状；逾期不拆除、不恢复原状的，强行拆除……"根据上述规定，对河道管理范围内妨碍行洪的建筑物、构筑物，水行政主管部门具有直接强行拆除的权力。

根据《行政强制法》和《水法》等相关规定，水行政主管部门对于河道违法建筑物具有强行拆除的权力，不应当向法院申请强制执行。因此，水行政主管部门向法院申请执行行政处罚决定中的拆除违法建筑物部分,法院不应当受理。

564.问:行政处罚中加处罚款能否减免?

答:《行政强制法》第四十二条第一款规定:实施行政强制执行,行政机关可以在不损害公共利益和他人合法权益的情况下,与当事人达成执行协议。执行协议可以约定分阶段履行;当事人采取补救措施的,可以减免加处的罚款或者滞纳金。该规定中"实施行政强制执行"包括行政机关自行强制执行,也包括行政机关申请法院强制执行。人民法院受理行政强制执行申请后,行政机关不宜减免加处的罚款。

565.问:先行登记保存是否属行政强制措施?

答:《行政处罚法》第五十六条第二款规定:"行政机关在收集证据时,可以采取抽样取证的方法;在证据可能灭失或者以后难以取得的情况下,经行政机关负责人批准,可以先行登记保存,并应当在七日内及时作出处理决定,在此期间,当事人或者有关人员不得销毁或者转移证据。"自《行政处罚法》生效以来,先行登记保存措施对保证行政机关依法开展调查取证,防范当事人转移或销毁证据起到重要作用。不过,对于先行登记保存措施是何法律属性、是否属行政强制措施问题,实务中一直存在争议。

但比较权威的观点是先行登记保存措施具有一定的强制性,是行政机关在行政调查和处罚过程中,为防止证据毁损灭失而对当事人财物实施的暂时性控制措施,完全符合《行政强制法》有关行政强制措施的定义,应当按行政强制措施进行规范。

其实,从《行政处罚法》和《行政强制法》立法参与者的观点来看,其立法本义应当是认为先行登记保存措施属于行政强制措施的。全国人民代表大会官方网站中国人大网"法律问答之行政处罚法问答"栏目,就"行政机关应当如何实施抽样取证和登记保存措施?"的回答是,"登记保存措施是一种带有强制性的行政措施,……直接关系到当事人的权益,对社会的影响也很大,必须慎重对待,严格依法进行。"全国人大常委会法工委 2011 年 7 月编著的《行政强制法释义》第 34 页明确提出,行政处罚法第五十六条规定的"登记保存",属于《行政强制法》第九条第(五)项规定的"其他行政强制措施"。

《行政处罚法》第五十六条规定的先行登记保存措施,是行政机关在行政监管和处罚过程中,为防止证据损毁灭失,而对行政相对人控制的可能作为证据的相关物品,予以最长不超过七日的暂时性控制(登记保存)。先行登记保存措施,虽然强制性相对弱于查封扣押,期限也相对较短,但已经独立地给行政相对人设定了法律义务,独立地影响了行政相对人的权益,影响了行政相对人对登记保存物品的处置、控制甚至使用权,属于行政行为而非未成熟行为,具有可诉性。先行登记保存措施较低的适用条件(登记保存的物品与被调查的涉嫌违法行为相关,且可能用作行政处罚证据即可),及其最长不超过 7 日的暂时性控制期限,均非否定其成熟性、可诉性的理由。相反,其暂时性控制完全可能影响行政相对人的权益,有必要充分保障行政相对人行政救济权利,从而有效抑制行政机关滥用职权登记保存与涉嫌违法行为无关的物品、无需用作行政处罚证据的物品,有效督促行政机关在第一时间解除不应当或者不需要继续登记保存的措施。因此,先行登记保存措施具有行政性、服从性、依附性、暂时性和物理性的特性,完全符合《行政强制法》有关行政强制措施的定义。行政机关实施先行登记保存措施时,不仅要遵循《行政处罚法》第五十六条的规定,而且要遵循《行政强制法》第三章第一节规定的制作现场笔录、通知当事人到场、当场告知相关事项、听取当事人陈述申辩等法定程序。

566. 案情简介:三明市梅列区曼陀山“翡翠城”房地产项目由永达公司开发建设,该项目建设备案起止年限 2010~2014 年,占地面积96 632.6平方米,主要建筑物面积28.6万平方米,自 2010 年开工建设。

2011 年 3 月 3 日,梅列农林水利局向永达公司作出《整改通知》整改主要内容:立即停止违法行为;编制水土保持方案,报县级以上人民政府水行政主管部门审批,并按照经批准的水土保持方案,采取水土保持预防和治理措施。2017 年 4 月 11 日,梅列农林水利局向永达公司作出《关于要求申报生产建设项目水土保持方案的通知》,该通知的主要内容:“我局于 2011 年 3 月 3 日作出整改通知,要求你公司编制水土保持方案,至今你公司仍未至水行政部门申报水土保持方案审批手续,现要求你单位在 30 个工作日内提供水土保持方案报告书及相关材料”。2017 年 4 月 17 日,梅列区人民检察院向梅列农林水利局作出检察建议书,建议如下:及时依法采取有效措施,督促永达公司翡翠城房地产建设项目方提交《三明翡翠城项目水土保持方案报告书》;敦促永达公司翡翠城房地产建设项目方履行缴纳水土保持补偿费义务;对永达公司开发翡翠城房地产建设项目方依法进行处罚。

2017 年 5 月 12 日,梅列农林水利局以永达公司涉嫌未编报水土保持方案予以立案,同日,向永达公司送达了《要求提供材料的通知书》,要求其在 5 月 14 日前提供相关材料。5 月 15 日,向永达公司送达《水土保持调查通知书》,要求其在 5 月 16 日到指定地点协助调查。6 月 9 日,作出调查报告,建议根据《水土保持法》(以下简称《水土保持法》)第五十三条规定,处以 45 万元罚款,并责令补报水土保持方案,缴纳水土保持费。6 月 10 日进行了集体讨论,6 月 12 日作出处罚告知书,6 月 30 日举行听证,10 月 12 日作出《水土保持行政处罚决定书》,11 月 9 日送达永达公司。永达公司不服处罚决定,向梅列区政府申请复议。梅列区政府于 2017 年 12 月 7 日受理永达公司的复议申请,2018 年 1 月 30 日作出维持的复议决定。

问:作为水行政执法人员,你认为梅列农林水利局 10 月 12 日向永达公司作出的《水土保持行政处罚决定书》是否合法?

第一种观点认为:行政机关作出的行政行为必须符合法律规定。依据《水土保持法》第五条和《梅列区政府办公室关于印发梅列农林水利局主要职责内设机构和人员编制规定的通知》的规定,梅列农林水利局对其辖区内的水土保持工作具有依法进行管理和监督的职责。修订前的《水土保持法》对房地产建设项目是否需要编报水土保持方案没有明确规定。2005 年 7 月 8 日水利部修改的《开发建设项目水土保持方案编报审批管理规定》第四条规定“水土保持方案分为水土保持方案报告书和水土保持方案报告表。凡征占地面积在一公顷以上或者挖填土石方总量在一万立方米以上的开发建设项目,应当编报水土保持方案报告书;其他开发建设项目应当编报水土保持方案报告表……”。水利部《关于开展全国水土保持监督管理能力建设的通知》(水保〔2009〕294 号)规定:“完善水土保持方案审批规定。进一步推进公路、铁路、水利、矿山、水电、开发建设、城镇建设、房地产开发、开山采石、大规模经济林果开发等建设项目水土保持方案制度的落实。”根据上述规定,作为建设单位的永达公司,其于 2010 年开工建设的曼陀山“翡翠城”房地产项目,占地面积96 632.6平方米,应当依法编制和向水行政部门申报水土保持方案。水利部《开发建设项目水土保持方案编报审批管理规定》第十三条“水土保持方案未经审批擅自开工建设或者进行施工准备的,由县级以上人民政府水行政主管部门责令停止违法行为,采取补救措施。当事人从事非经营活动的,可以处一千元以下罚款;当事人从事经营活动,有违法所得的,可以处违法所得三倍以下罚款,但是最高不得超过三万元,没有违法所得的,可以处一万元以下罚款,法律、法规另有规定的除外。”该规定明确了未报批水土保持方案是一种违法行为,可处3万以下罚款。修订后的《水土保持法》第二十五条第1款“在山区、丘陵区、风沙区以及水土保持规划确定的容易发生水土流失的其他区域开办可能造成水土流失的生产建设项目,生产建设单位应当编制水土保持方案,报县级以上人民政府水行政主管部门审批,并按照经批准的水土保持方案,采取水土流失预防和治理措施。没有能力编制水土保持方案的,应当委托具备相应技术条件的机构编制”,第二十六条“依法应当编制水土保持方案的生产建设项目,生产建设单位未编制水土保持方案或者水土保持方案未经水行政主管部门批准的,生产建设项目不得开工建设”。第五十三条“违反本法规定,有下列行为之一的,由县级以上人民政府水行政主管部门责令停止违法行为,限期补办手续;逾期不补办手续的,处五万元以上五十万元以下的罚款;对生产建设单位直接负责的主管人员和其他直接责任人员依法给予处分:(一)依法应当编制水土保持方案的生产建设项目,未编制水土保持方案或者编制的水土保持方案未经批准而开工建设的”。上述法律规定,进一步明确了生产建设单位对其生产建设项目不仅应当编制水土保持方案,而且应当向水行政主管部门报批水土保持方案,还应当经水行政主管部门批准,才能开工建设。编制和申报水土保持方案是生产建设单位的法定义务。如果生产建设单位不履行该项法定义务,就是一种违法行为,无论生产建设单位是否已采取水土保持措施,均不影响这一违法行为的成立,更不能免除行政处罚。本案中,梅列农林水利局认定永达公司未编报“翡翠城”房地产项目水土保持方案的违法事实清楚,证据充分。梅列农林水利局对永达公司实施行政处罚时,处罚前已责令永达公司限期改正违法行为,其行政程序合法。梅列农林水利局以永达公司涉嫌未编制水土保持方案依法进行立案、调查、集体研究、听证、作出处罚决定,告知救济的途径并已送达,其作出的行政处罚程序符合规定。关于法律的适用问题。永达公司未编制和申报水土保持方案的违法行为处于持续状态,跨越了《水土保持法》修订前后,梅列农林水利局立案是在《水土保持法》修订实施后。针对永达公司的违法行为,梅列农林水利局适用修订后的《水土保持法》并无不妥,其对永达公司作出的处罚亦在法律规定的幅度内,处罚适当。

第二种观点认为:依据《水土保持法》第五条和《梅列区政府办公室关于印发梅列农林水利局主要职责内设机构和人员编制规定的通知》的规定,被上诉人梅列农林水利局对其辖区内的水土保持工作具有依法进行管理和监督的职责。本案事实表明,永达公司开发建设三明市梅列区曼陀山“翡翠城”房地产项目,该项目建设备案起止年限2010年至2014年,自2010年开工建设。梅列区农林水利局于2017年5月12日以永达公司涉嫌未编报水土保持方案予以立案,进而作出《水土保持行政处罚决定书》。该处罚决定书认定永达公司违反了2011年3月1日起实施的《水土保持法》第二十五规定:“在山区、丘陵区、风沙区以及水土保持规划确定的容易发生水土流失的其他区域开办可能造成水土流失的生产建设项目,生产建设单位应当编制水土保持方案,报县级以上人民政府水行政主管部门审批,并按照经批准的水土保持方案,采取水土流失预防和治理措施。没有能力编制水土保持方案的,应当委托具备相应技术条件的机构编制。”第二十六条规定:“依法应当编制水土保持方案的生产建设项目,生产建设单位未编制水土保持方案或者水土保持方案未经水行政主管部门批准的,生产建设项目不得开工建设。”上述法条确立了水土保持方案在生产建设项目审批立项和开工建设中的前置地位，即水土保持方案编制需前置的规定适用 2011 年 3 月 1 日之后审批立项开工建设之项目。修订前的《水土保持法》对房地产建设项目没有要求编报水土保持方案，2005 年 7 月 8 日水利部修改的《开发建设项目水土保持方案编报审批管理规定》第四条"水土保持方案分为水土保持方案报告书和水土保持方案报告表。凡征占地面积在一公顷以上或者挖填土石方总量在一万立方米以上的开发建设项目，应当编报水土保持方案报告书；其他开发建设项目应当编报水土保持方案报告表。……"系对修订前的《水土保持法》规章解释，不能超出修订前的《水土保持法》的规定，且《水土保持法》第二十五条规定的应当编制水土保持方案的项目必须是在山区、丘陵区、风沙区以及水土保持规划确定的容易发生水土流失的其他区域开办可能造成水土流失的生产建设项目，梅列农林水利局认定适用本案房地产建设项目没有证据支持。梅列农林水利局认定永达公司 2010 年开工建设的项目违反 2011 年 3 月 1 日起实施的《水土保持法》第二十五条、第二十六条规定，适用《水土保持法》第五十三条且没有引用具体的项予以处罚，于法无据，适用法律错误。行政机关应在法定期限或合理期限内履行法定职责。本案中，梅列农林水利局针对永达公司未编报水土保持方案这一行为，于 2011 年 3 月发出《整改通知》，于 2017 年 10 月作出《水土保持行政处罚决定书》，在发现相应行为的 6 年多之后才作出行政处罚，超出了行政机关履职的合理期限。即使以 2017 年 5 月立案时作为发现"违法行为"的时间，梅列农林水利局对该行为何时发生，何时终了，是否超过二年未被发现等均未予以查明。所以梅列区农林水利局作出的（梅）水保罚字〔2017〕1 号《水土保持行政处罚决定书》是不合法的。作者赞同该观点。

567. 案情简介：2016 年 3 月 16 日，A 区水利局局执法人员对 B 科技有限公司（以下简称 B 公司）进行现场检查，发现 B 公司未办理河道采砂许可手续，擅自在河道内采砂。经鉴定采砂数额 50 余万元。B 公司涉嫌刑事犯罪，A 区水利局根据相关司法解释的规定，将此案移送至 A 区公安分局。公安机关立案后，2016 年 4 月 3 日对 B 公司的法定代表人刑事拘留，后于 2016 年 4 月 27 日改为取保候审，于 2017 年 4 月 21 日解除取保候审。

B 公司 2017 年 4 月 24 日向人民法院提起行政诉讼，要求确认 A 区水利局将 B 公司移送公安机关立案侦查的行为违法。

问：对本案水利行政机关移送涉嫌犯罪案件的行为是否属于行政诉讼的受案范围？

答：对本案水利行政机关移送涉嫌犯罪案件的行为是否属于行政诉讼的受案范围，存在以下两种观点：

第一种观点认为，行政机关移送涉嫌犯罪案件的行为是一种行政行为，属于行政诉讼的受案范围。该行为的主体是行政机关，依据为《行政处罚法》第二十二条"违法行为构成犯罪的，行政机关必须将案件移送司法机关，依法追究刑事责任"的规定。刑事侦查机关接受案件后一般会立刑事案件，并可能会对行政相对人采取刑事强制措施，人民法院甚至会追究行政相对人的刑事责任。可见行政机关移送涉嫌犯罪案件的行为影响到行政相对人的权益，是一种具体行政行为，应当赋予行政相对人行政诉讼的权利。若是人民法院不对移送涉嫌犯罪案件的行为进行司法审查，行政机关可能会滥用这种权力，导致行政相对人权益处于危险状态。

第二种观点认为，行政机关移送涉嫌犯罪案件行为不属于行政诉讼的受案范围。《最高人民法院关于执行〈中华人民共和国行政诉讼法〉若干问题的解释》第一条第二款第六项规定,公民、法人或者其他组织权利义务不产生实际影响的行为不属于人民法院行政诉讼的受案范围。刑事侦查机关对于是否刑事立案追诉有独立判断权,行政机关移送涉嫌犯罪的案件并不对行政相对人的权利义务产生实际影响,故该行为不属于行政诉讼的受案范围。

作者同意第二种观点。

为什么作者同意第二种观点?

(1)移送涉嫌犯罪案件行为对行政相对人的权利义务不产生实际影响,对其产生影响的是刑事司法行为。

依据《行政处罚法》第二十二条及国务院《行政执法机关移送涉嫌犯罪案件的规定》第三条等规定,行政执法机关在查处违法行为过程中,发现违法行为根据刑法、司法解释以及最高人民检察院、公安部制定的追诉标准等规定,涉嫌构成犯罪,依法需要追究刑事责任的,必须向司法机关移送。刑事侦查机关除通过上述方式从行政执法机关获取犯罪线索外,还可以通过控告、举报、自首或办案发现犯罪线索,决定是否刑事立案。

国务院《行政执法机关移送涉嫌犯罪案件的规定》第八条规定,公安机关应当自接受行政执法机关移送的涉嫌犯罪案件之日起3日内,依照刑法、刑事诉讼法以及最高人民法院、最高人民检察院关于立案标准和公安部关于公安机关办理刑事案件程序的规定,对所移送的案件进行审查,决定是否立案并书面通知行政执法机关。

最高人民检察院《人民检察院办理行政执法机关移送涉嫌犯罪案件的规定》第二条规定,人民检察院控告检察部门审查行政执法机关移送的涉嫌犯罪案件,应当根据不同情况,提出移送有关部门的处理意见,三日内报主管副检察长或者检察长批准,并通知移送的行政执法机关。

可见,行政执法机关移送涉嫌犯罪案件仅仅是向刑事侦查机关提供犯罪线索,刑事侦查机关对于是否立案有独立审查判断权。行政执法机关移送涉嫌犯罪案件的行为在本质上和人民群众的举报、控告或报案是一样,并没有对犯罪嫌疑人的权益产生实际影响。

按照《行政执法机关移送涉嫌犯罪案件的规定》第八条及《人民检察院办理行政执法机关移送涉嫌犯罪案件的规定》第二条的规定,刑事侦查机关一般应自接受案件之日起3日内作出是否立案的决定。这个期限很短且不在行政办案期限中扣除,行政办案期限不会因此而延长,故行政执法机关移送涉嫌犯罪案件的行为也不会影响行政相对人的程序权利。

(2)对移送涉嫌犯罪案件行为免于司法审查,有利于调动行政机关协助刑事司法机关惩治犯罪的积极性,及时发现和惩治犯罪。

行政执法机关移送涉嫌犯罪案件有利于行政执法机关和刑事司法机关的协同配合,有利于及时发现和打击犯罪,维护社会秩序和保护社会公共利益。

但在实践中,有些行政机关为了部门利益或个人私利,将应当移送刑事司法机关处理的案件不移交,以罚代刑,放纵了罪犯,损害了法律的权威。为此,《行政处罚法》和《行政执法机关移送涉嫌犯罪案件的规定》等法律法规规定,违法行为构成犯罪的,行政机关必须将案件移送司法机关,依法追究刑事责任。

若是人民法院将移送涉嫌犯罪案件的行为纳入行政诉讼的受案范围,行政执法机关就会对是否移送案件产生顾虑,担心承担行政诉讼败诉的风险。出于避险本能,行政执法机关就可能会能不移送的就不移送,以罚代刑,从而影响行政执法和刑事司法的配合,不利于及时发现和打击犯罪。

另外,法律要求刑事侦查机关必须按照刑法及相关的立案追诉标准进行审查,决定是否立案,但对于行政执法机关移送涉嫌犯罪案件的标准要求很低,规定行政执法机关认为可能涉嫌犯罪且需要追究刑事责任就可以将案件移送刑事侦查机关。若是将移送涉嫌犯罪案件行为纳入行政诉讼受案范围,因为移送行为没有确定的标准,主要出于行政执法机关的主观认识,人民法院在司法实践中很难对该行为进行审查。

综上,行政机关移送涉嫌犯罪案件的行为对行政相对人的权益不产生实际影响,不是具体行政行为,不宜纳入行政诉讼的受案范围。本案中 A 区人民法院应当依法裁定驳回 B 公司对 A 区水利局的起诉。B 公司若是对刑事立案行为不服,可以依照《刑事诉讼法》的相关规定行使权利。若是对行政处罚不服,可以依法行使行政复议和诉讼的权利。

568. 问:如何理解水法律法规中的代履行?

答:代履行指义务人不履行可由第三人代为履行的义务时,由第三人代为履行并向义务人征收必要费用的强制执行措施。如拆除违章建筑时,行政机关可先请人代为拆除,再由义务人支付费用。

代履行需要具备以下条件:①代履行的义务一般是作为义务,如拆除违章建筑。对不作为义务,如责令停产停业处罚的执行,就不能适用代履行。另外,该作为义务还必须可由他人代为履行,有些针对特定人的不能由他人代为履行的义务则不能适用代履行,如行政拘留、服兵役等。②义务人在法定期限内故意不履行义务。对于有正当原因不能履行的,不能适用行政强制执行。③代履行的他人既可是执行机关和相对人以外的第三人,也可以是执行机关自身。如《森林虫害防治条例》第二十三条规定:“被责令期限根除病虫害者不除治的,森林主管部门或者其授权的单位可以代为除治,由被责令限期除治者承担全部费用。”

如《水法》第六十五条规定:“在河道管理范围内建设妨碍行洪的建筑物、构筑物,或者从事影响河势稳定、危害河岸堤防安全和其他妨碍河道行洪的活动的,由县级以上人民政府水行政主管部门或者流域管理机构依据职权,责令停止违法行为,限期拆除违法建筑物、构筑物,恢复原状;逾期不拆除、不恢复原状的,强行拆除,所需费用由违法单位或者个人负担,并处一万元以上十万元以下的罚款。”这里第六十五条的第一款和第二款规定了两个代履行的间接强制执行权。

代履行的程序一般包括三个阶段:催告、代履行、征收费用。催告以书面的形式作出,为义务人履行义务再次设定期限。只有在催告所设定的期限内,义务人没有履行义务,并且具有主观上的故意而不是实际不能履行时,始得代履行。代履行完毕后,由执行机关向义务人收取执行费用,执行费用以执行的实际支出为限。

由于代履行的强制程度较弱,《行政强制法》第五十条采用了普遍授权的规定:“行政机关依法作出要求当事人履行排除妨碍、恢复原状等义务的行政决定,当事人逾期不履行,经催告仍不履行,其后果已经或者将危害交通安全、造成环境污染或者破坏自然资源的,行政机关可以代履行,或者委托没有利害关系的第三人代履行。”这是少有的在《行政强制法》中授予行政机关强制执行权的条款。

第六十七条　在饮用水水源保护区内设置排污口的,由县级以上地方人民政府责令限期拆除、恢复原状;逾期不拆除、不恢复原状的,强行拆除、恢复原状,并处 5 万元以上 10 万元以下的罚款。

未经水行政主管部门或者流域管理机构审查同意,擅自在江河、湖泊新建、改建或者扩大排污口的，由县级以上人民政府水行政主管部门或者流域管理机构依据职权，责令停止违法行为，限期恢复原状，处5万元以上10万元以下的罚款。

【释义】本条是关于在饮用水水源保护区内设置排污口以及擅自在江河、湖泊新建、改建或者扩大排污口的行为所应承担的法律责任的规定。

一、在饮用水水源保护区内设置排污口应当承担的法律责任。

《水法》第三十四条第一款规定："禁止在饮用水水源保护区内设置排污口。"

《水污染防治法》已规定禁止向生活饮用水地表水源一级保护区排放污水，而本法规定禁止在饮用水水源保护区内设置排污口，即不论饮用水水源保护区等级，均禁止设置排污口，这实际上扩大了禁止的范围。因此，只要当事人在饮用水水源保护区内设置排污口，即构成违法，应当承担本条第一款规定的法律责任。依照本款的规定，由县级以上地方人民政府对违法行为人给予行政处罚，处罚的方式有以下几种：

(1)责令限期拆除、恢复原状。即由县级以上地方人民政府向违法行为人发出处罚通知，责令违法行为人在一定的期限内拆除排污口，恢复设置排污口之前的状态。违法行为人在接到责令限期拆除、恢复原状的行政处罚后，应当在规定的期限内拆除排污口，恢复饮用水水源保护区原状。

(2)逾期不拆除、不恢复原状的，强行拆除、恢复原状。即县级以上地方人民政府在违法行为人未在规定的期限内拆除排污口，恢复饮用水水源保护区原状的情况下，可以强行拆除排污口，恢复饮用水水源保护区原状。

(3)罚款。即由县级以上地方人民政府强制在饮用水水源保护区内设置排污口的违法行为人缴纳一定数量货币的行政处罚。根据本款规定，只能在违法行为人未在规定的期限内拆除排污口、恢复饮用水水源保护区原状的情况下，才能够对违法行为人处以罚款。本款规定的罚款幅度是5万元以上10万元以下，罚款的具体数额由县级以上地方人民政府根据当事人违法行为的具体情况决定。

二、未经水行政主管部门或者流域管理机构审查同意，擅自在江河、湖泊新建、改建或者扩大排污口所应承担的法律责任。

《水法》第三十四条第二款规定："在江河、湖泊新建、改建或者扩大排污口，应当经过有管辖权的水行政主管部门或者流域管理机构同意，由环境保护行政主管部门负责对该建设项目的环境影响报告书进行审批。"

依照本款的规定，未经水行政主管部门或者流域管理机构审查同意，擅自在江河、湖泊新建、改建或者扩大排污口的，即构成违法，就应当承担本款规定的法律责任。本款规定，由县级以上人民政府水行政主管部门或者流域管理机构依据职权对违法行为人给予行政处罚，处罚的方式有以下几种：

(1)责令停止违法行为。即县级以上人民政府水行政主管部门或者流域管理机构在行政执法中，发现并确认违法行为人未经水行政主管部门或者流域管理机构审查同意即擅自在江河、湖泊新建、改建或者扩大排污口的行为后，责令违法行为人停止正在进行的违法行为。

(2)限期恢复原状。即由县级以上人民政府水行政主管部门或者流域管理机构责令违法行为人在一定的期限内恢复新建、改建或者扩大排污口之前的状态。违法行为人在接到限期恢复原状的行政处罚后，应当在规定的期限内恢复原状。

(3)罚款。即由县级以上人民政府水行政主管部门或者流域管理机构强制在饮用水水源保护区内设置排污口的违法行为人缴纳一定数量货币的行政处罚。根据本款规定,可以对违法行为人单处罚款。本款规定的罚款幅度是5万元以上10万元以下,罚款的具体数额由县级以上人民政府水行政主管部门或者流域管理机构根据当事人违法行为的具体情况决定。

569.问:在水行政执法实践中,"责令恢复原状"该如何操作?

答:一、"责令恢复原状"是行政命令

"行政命令"是行政主体依法要求相对人进行一定的作为或不作为的意思表示。这是一种基于法定职权的单方意思表示,不同于行政处罚的惩戒和制裁性,行政命令更在于制止违法行为后果的扩大。从法律条文上看,《行政处罚法》第二十三条"行政机关实施行政处罚时,应当责令改正或者限期改正违法行为"。因此,对照《水行政处罚办法》的相关规定,"责令恢复原状"应属于"法律、法规或者规章设定的责令改正或者限期改正违法行为的行政命令的其他具体形式"。

二、"责令恢复原状"的适用条件

"责令恢复原状"是一个执法裁量环节,可责令也可以不责令。要做出正确裁量决定,必须考量未批项目的建设可行性。

三、"责令恢复原状"的实施程序

一是调查研判。违法情节和危害后果是现场执法调查重点。在此过程中,现场执法人员切不可以"不是自己能力范围无法认定"等的理由,忽略对建设项目违法性的纠正,致使违法后果扩大,造成履职风险。

二是做出决定。根据最高人民法院关于行政行为种类和规范行政案件案由的规定,行政命令不属于行政处罚,因此"责令恢复原状"不适用行政处罚程序的规定,从理论上讲,环保部门可以根据查实的证据,直接制作并送达"责令恢复原状"决定书。

值得注意的是,单独下达"责令恢复原状"决定书,即便不需要正式告知程序,但从行政执法合理性角度上讲,调查中应当告知相对人违法行为的后果,听取相对人的陈述申辩,并通过执法视频、询问笔录、现场告知等方式记录在案。如果按照《责令改正违法行为决定书制作指南》中,"为精简文书,责令改正的具体内容也可以写在《行政处罚决定书》中,不再单独做出《责令改正违法行为决定书》"的情况,"责令恢复原状"写在行政处罚决定书中的,则不能将其列为行政处罚的一项内容。

"责令恢复原状"而不是"责令限期恢复原状",从这点上看"责令恢复原状"行政命令是不能对"恢复原状"进行期限裁量的。

三是执行到位。根据《行政强制法》第五十条规定"行政机关依法做出要求当事人履行排除妨碍、恢复原状等义务的行政决定,当事人逾期不履行,经催告仍不履行,其后果已经或者将危害、破坏自然资源的,行政机关可以代履行,或者委托没有利害关系的第三人代履行"。即"责令恢复原状"行政命令做出后,行政相对人不履行的,水利部门可以根据《行政强制法》代履行。

570.案情简介:2013年12月22日,昌宁县人民政府组织联合执法组,到湾甸乡大城村某某河禁采区河段对原告罗从保非法经营的采砂机具进行拆除。当日16时许,工作人员将采砂场拆卸下来的采砂船等机具运送到原大城部队连营房,准备卸载的时候,罗从保阻碍工作人员卸载采砂船等机具,经执法人员多次劝阻,但其不听劝阻,反而强行冲闯公安机关设置的警戒带、警戒区、致使警戒带脱落,后被公安民警控制并带离现场。2013年12月22

日,被告昌宁县公安局受案,按法定程序作出昌公(治)行罚决字〔2013〕第1023号《行政处罚决定书》,向原告宣告并送达,罗从保拒绝签收。23日,被告将原告罗从保移送昌宁县拘留所进行行政拘留;28日因原告罗从保突发疾病,昌宁县拘留所作出《昌宁县拘留所建议停止执行拘留通知书》,同日被告昌宁县公安局经批示后作出《建议停止执行拘留复函》,昌宁县拘留所作出《昌宁县拘留所解除拘留证明书》,后将罗从保释放。昌宁县公安局于同日将原告罗从保送回昌宁县湾甸乡大城村。2014年5月,罗从保到昌宁县公安局信访时签收了该《行政处罚决定书》。同年9月28日罗从保对《行政处罚决定书》不服,向法院提起行政诉讼,请求人民法院依法撤销昌宁县公安局作出的昌公(治)行罚决字〔2013〕第1023号《行政处罚决定书》,并判令昌宁县公安局赔偿罗从保侵犯人身自由赔偿金1 404.83元、精神损害抚慰金10 000元、医疗费8 288.58元、误工费1 000元、护理费1 000元、住院伙食补助费600元,合计22 293.41元,判令昌宁县公安局为罗从保消除影响、恢复名誉、赔礼道歉。

问:罗从保要求昌宁县公安局赔偿侵犯人身自由赔偿金1 404.83元、精神损害抚慰金10 000元、医疗费8 288.58元、误工费1 000元、护理费1 000元、住院伙食补助费600元,合计22 293.41元及要求昌宁县公安局为其消除影响、恢复名誉、赔礼道歉的请求,法院会支持吗?

答:依据《治安管理处罚法》第七条"县级以上地方各级人民政府公安机关负责本行政区域内的治安工作"的规定,昌宁县公安局依法具有对辖区内违反治安管理的行为进行行政处罚的职权。本案证人证言及视听资料证明,罗从保在昌宁县人民政府组织的联合执法组对其在大城村某某河禁采区非法采砂的采砂机具拆除,后进行卸载时不听工作人员劝阻,冲闯被上诉人设置的警戒带,其行为已违反《治安管理处罚法》第五十条第一款(四)项的规定,属违法行为。昌宁县公安局根据罗从保的违法事实,依照法律规定对罗从保作出昌公(治)行罚决字〔2013〕第1023号《行政处罚决定书》的行政行为程序合法,适用法律正确、处罚得当,罗从保称并未冲闯被上诉人设置的警戒带、警戒区的理由无事实依据,法院不予以支持。另,罗从保未能提交其被拘留5日后突发疾病需住院治疗的事实产生的原因系昌宁县公安局执行行政处罚所致的证据,故罗从保要求昌宁县公安局赔偿侵犯人身自由赔偿金1 404.83元、精神损害抚慰金10 000元、医疗费8 288.58元、误工费1 000元、护理费1 000元、住院伙食补助费600元,合计22 293.41元及要求昌宁县公安局为其消除影响、恢复名誉、赔礼道歉的请求无事实和法律依据,法院亦不予支持。

571.案情简介:桥发公司成立于1991年11月2日,经营范围为非金属矿物制品业。桥发公司于2014年1月1日取得的取水(粤穗番)字〔2014〕第00015号取水许可证载明取水量为1.2万m^3/年,有效期至2015年12月31日。2015年7月14日,桥发公司向番禺水务局提交《取水许可申请书》,同时提交《关于申请办理延续取水许可证的函》,以及《广东省建设项目水资源论证表》等材料。在《取水许可申请书》中载明"年申请取水量(万m^3)"为"12"。番禺水务局对该申请未作审批意见。桥发公司在2016年1月至11月22日仍正常取水并缴纳水资源费。番禺水务局于2016年11月21日作出番水函〔2016〕1685号《通知》,以桥发公司未能按《取水许可和水资源费征收管理条例》第三章第二十五条规定,在取水许可证(取水(粤穗番)字〔2014〕第00015号)有效期届满45日前向原审批机关提出申请并完成取水许可的续证办理,且取水许可证已于2015年12月31日到期为由,根据《取水许可和水资源费征收管理条例》第六章第四十九条的规定,通知桥发公司将于12月30日前对桥发公司公司的取水设施实施封闭。2016 年 12 月 16 日，番禺水务局向桥发公司送达该《通知》并对桥发公司的取水设施进行封闭。

问：广州市番禺区水务局于 2016 年 11 月 21 日作出的番水函〔2016〕1685号《关于对广州市番禺桥发混凝土有限公司取水设施实施封闭的通知》是否合法？

答：《取水许可和水资源费征收管理条例》第三条第一款规定："县级以上人民政府水行政主管部门按照分级管理权限，负责取水许可制度的组织实施和监督管理。"番禺水务局具有对桥发公司是否违反取水许可制度进行监督管理的职权。

《取水许可和水资源费征收管理条例》第二十五条规定："取水许可证有效期限一般为 5 年，最长不超过 10 年。有效期届满，需要延续的，取水单位或者个人应当在有效期届满 45 日前向原审批机关提出申请，原审批机关应当在有效期届满前，作出是否延续的决定。"《取水许可管理办法》第二十九条规定："在取水许可证有效期限内出现下列情形之一的，取水单位或者个人应当重新提出取水申请：（一）取水量或者取水用途发生改变的（因取水权转让引起的取水量改变的情形除外）……"。桥发公司原取水许可证记载的取水量为1.2万 m^3/年，但实际年最大用水量为 12 万 m^3/年。根据上述规定，桥发公司应重新提出取水申请，而非续证申请。

《行政诉讼法》第三十四条规定："被告对作出的行政行为负有举证责任，应当提供作出该行政行为的证据和所依据的规范性文件。"番禺水务局在其作出的番水函〔2016〕1685号《通知》中，认定桥发公司的违法事实为"未能按《取水许可和水资源费征收管理条例》第三章第二十五条规定，在取水许可证（取（粤穗番）字〔2014〕第00015号）有效期届满 45 日前向原审批机关提出申请并完成取水许可的续证办理，且取水许可证已于 2015 年 12 月 31 日到期。"番禺水务局主张桥发公司的违法事实为未能按照《取水许可管理办法》第二十九条的规定依法重新提出取水申请。因此，番禺水务局作出的番水函〔2016〕1685号《通知》所认定的违法事实与适用的法律法规不正确。

《取水许可和水资源费征收管理条例》第四十九条规定："未取得取水申请批准文件擅自建设取水工程或者设施的，责令停止违法行为，限期补办有关手续；逾期不补办或者补办未被批准的，责令限期拆除或者封闭其取水工程或者设施；逾期不拆除或者不封闭其取水工程或者设施的，由县级以上地方人民政府水行政主管部门或者流域管理机构组织拆除或者封闭，所需费用由违法行为人承担，可以处 5 万元以下罚款。"番禺水务局没有责令原告停止违法行为、限期补办手续、责令限期拆除或封闭取水设施，直接作出番水函〔2016〕1685号《通知》，决定对桥发公司的取水设施实施封闭，不符合上述法定程序的规定。

572. 案情简介：2010 年 8 月 11 日，罗某以 12 万元价格从东紫房地产开发有限公司购得东紫砂石厂，后又购买装载机、振动筛、进料斗、输送机等设备修建机械筛砂台。2010 年 8 月 31 日，陇县水利局水政监察大队向罗某发出警告书，称罗某"在河道管理范围内原砂台上继续安装分筛机械设备，未经水行政主管部门批准，现有场地不具备机械砂场采砂，该段水利局确定为 2010 年临时禁采区"。2010 年 9 月 3 日，陇县水利局又向罗某发出《责令停止违法行为通知书》，称罗某在旧砂台修建机械筛砂台，严重侵占河道，威胁河道行洪及堤防安全，责令罗某立即停止违法行为，于 9 月 10 日前拆除违法建筑物、构筑物。2010 年 9 月 7 日陇县水利局再次给罗某谈话，告诫其不得施工。2011 年 9 月 15 日，罗某向陇县水利局提出采砂申请，2011 年 9 月 28 日，陇县水利局对其作出《不予受理通知书》，对罗某的申请不予批准。但在此期间,2010 年 10 月 18 日,陇县水利局下属水政监察大队又与罗某签订《河道采运砂石责任书》,允许罗某在 2010 年 10 月 18 日至 2011 年 9 月 30 日采砂。2012 年 7 月,再次与罗某签订《河道采运砂石责任书》,允许采砂期限从 2012 年 2 月 29 日至 2013 年 2 月 28 日。在罗某采砂期间,罗某一直按陇县水利局要求向其缴纳砂石清障保证金、砂石资源费和水资源费等相关费用。

2013 年陇县开展河道采砂专项整治活动,陇县水利局在 2013 年 6 月 24 日作出的《现存砂场分类处理方案》中指出罗某砂石厂存在以下问题:1.砂台、办公区等建在河道内,弃料占用河道。2.弃料堆放高出河床,取料点有砂坑、砂堆未覆平。3.该沙场建在河道保护范围内。并提出了整改要求,整改验收时间为 2013 年 8 月 10 日。2013 年 7 月 7 日,罗某参加 2013 年汛期河道专项整治和限期拆除会议,会后并未按要求整改拆除。2014 年 2 月 25 日陇县水利局对罗某砂场进行现场勘验,3 月 1 日作出陇水拆字〔2014〕第 01 号《河道限期拆除通知书》,并于当日送达原告,要求罗某自收到通知之日起三日内,自行拆除砂台、输电线路,清除河道内堆放物料。逾期不清除将组织强行清除。后陇县水利局又多次找罗某谈话,要求其拆除砂台,清除堆放物,罗某对占用河道事实并无异议,但一直以租地有困难为由推脱,拒绝履行。2014 年 3 月 25 日,陇县水利局向罗某送达陇水拆字〔2014〕第 01 号《限期清除决定书》,要求罗某自收到决定书之日起二日内(2014 年 3 月 27 日前)拆除违法采砂设备(筛砂台、输电线路等),逾期不拆将组织强行拆除。3 月 26 日,罗某向陇县水利局递交《我的反映信》,希望陇县水利局能考虑其实际情况,妥善处理。2014 年 3 月 27 日,陇县水利局召开会议听取罗某的陈述意见。3 月 28 日,陇县水利局向罗某送达陇水催字〔2014〕第 01 号《限期清除催告书》。2014 年 4 月 2 日,陇县水利局在工商、税务、公安等部门的配合下,前往罗某的东紫砂石厂,向罗某宣读陇水执字〔2014〕第 01 号《强制执行决定书》后,组织相关人员对罗某砂台、筛砂设备等实施了强制拆除。

1991 年 10 月 28 日,陇县人民政府办公室陇政办发〔1991〕98 号文件转发县水利水保局、土地管理局《关于对河道管理范围内土地确权划界发证工作有关问题的报告的通知》,报告对拟申报的千河河床面积、堤基占地、护堤地等作出具体说明。1992年 11 月,陇县人民政府为陇县河道管理站颁发千河国有土地使用证。1992年 5 月 19 日,陇县水利水保局与陇县东风镇西沟村签订《陇县千河国有土地同相邻集体土地地界协议书》,协议书载明:“一、千河 62-63 桩号段西东走向共长3 000米按规划治导线,河床宽度2 300米,右岸堤基宽度 10 米、右岸护堤地宽度 10 米,总面积40 500平方米,权属归河道国有土地。二、依照法规和文件规定,对治理河道新增的河滩地和河床地、护堤地均属国有土地”。2004 年 2 月 6 日,陇县人民政府发布《关于加强河道“五乱”整顿治理的通告》,明确千河河道堤防护堤地、护岸地的范围:千河临河 20 米、背河 20 米。对在河道管理范围内禁止的行为予以明确。2009 年 8 月 18 日,陇县人民政府办公室陇政办法(2009)53 号文件印发《陇县河道管理办法(试行)》,对千河河道堤防护堤地、护岸地的范围规定千河临河 20 米、背河 20 米。

问:陇县水利局作出的《强制执行决定书》是否违法?强制拆除行为是否违法?

答:第一种观点认为:《水法》第十二条第四款规定“县级以上地方人民政府水行政主管部门按照规定的权限,负责本行政区域内水资源的统一管理和监督工作”,故被告陇县水利局对原告诉讼所涉千河河道具有行政管理权。《河道管理条例》第二十五条规定,在河道管理范围内进行采砂、取土、淘金、弃掷砂石或者淤泥,以及在河道滩地存放物料、修建厂房或者其他建筑设施等活动,必须报经河道主管机关批准。《陕西省河道管理条例》第二十三条规定,“在河道管理范围内采运砂、石、土料以及淘金等,必须报经水行政主管部门批准,按照指定范围和要求作业,并按规定向水行政主管部门缴纳管理费。”

针对罗某的违法采砂行为,陇县水利局在向罗某发出《河道限期清除通知书》《限期清除决定书》《限期清除催告书》后,罗某仍未自行拆除的情况下,2014 年 4 月 2 日作出《强制执行决定书》,并于当日向罗某宣读后实施了强制执行。根据《行政强制法》第四十四条规定:“对违法的建筑物、构筑物、设施等需要强行拆除的,应当由行政机关予以公告,限期当事人自行拆除。当事人在法定期限内不申请行政复议或者提起行政诉讼,又不自行拆除的,行政机关可以依法强制拆除。”陇县水利局作出《强制执行决定书》后没有进行公告,且在行政复议、行政诉讼期限尚未届满便实施强制执行行为,违反了《行政强制法》第四十四条的规定。该《强制执行决定书》认为复议、诉讼期间不停止具体行政行为的执行,属于适用法律错误,故强制执行行为违法。

第二种观点认为:根据《行政强制法》第三十七条第一款、第二款规定:“经催告,当事人逾期仍不履行行政决定,且无正当理由的,行政机关可以作出强制执行决定。强制执行决定应当以书面形式作出,并载明下列事项:(一)当事人的姓名或者名称、地址;(二)强制执行的理由和依据;(三)强制执行的方式和时间;(四)申请行政复议或者提起行政诉讼的途径和期限;(五)行政机关的名称、印章和日期。”本案中,因罗某在河道保护范围内建设妨碍行洪的构筑物,陇县水利局依据《水法》第六十五条、《陕西省河道管理条例》第三十六条作出《限期清除决定书》,限罗某于 2014 年 3 月 27 日前拆除违法采沙设施(筛沙台、输电线路等)。罗某在上述期限内并未履行拆除义务。陇县水利局遂向罗某作出《限期清除催告书》,经催告,罗某仍未履行拆除义务,且无正当理由,陇县水利局作出《强制执行决定书》,符合《行政强制法》第三十七条第一款、第二款的规定。

根据《水法》第六十五条第一款的规定,在行政相对人不履行拆除义务的情况下,陇县水利局作为水行政主管部门具有强行拆除河道管理范围内妨碍行洪构筑物的职权。陇县水利局作出《强制执行决定书》后,实施了强制执行行为。第一种观点认为,根据《行政强制法》第四十四条的规定,强制执行应等到行政复议或行政诉讼期满。但是,《行政强制法》第五十二条规定:“需要立即清除道路、河道、航道或者公共场所的遗洒物、障碍物或者污染物,当事人不能清除的,行政机关可以决定立即实施代履行;当事人不在场的,行政机关应当在事后立即通知当事人,并依法作出处理”。该条相对于《行政强制法》第四十四条属于特别规定。本案中,强行拆除时间是 2014 年 4 月 2 日,此时夏季即将来临,陇县水利局为了河道行洪的安全,决定立即清除河道障碍物符合五十二条的规定。因此,本案陇县水利局强制执行拆除行为不必等到复议或者诉讼期限届满。但是,《行政强制法》第五十一条:“代履行应当遵守下列规定:(一)代履行前送达决定书,代履行决定书应当载明当事人的姓名或者名称、地址,代履行的理由和依据、方式和时间、标的、费用预算以及代履行人;(二)代履行三日前,催告当事人履行,当事人履行的,停止代履行;(三)代履行时,作出决定的行政机关应当派员到场监督;(四)代履行完毕,行政机关到场监督的工作人员、代履行人和当事人或者见证人应当在执行文书上签名或者盖章”。而陇县水利局在实施强行拆除行为时,并未遵守上述程序规定,属于程序违法。陇县水利局强行拆除的行为违法。

《行政诉讼法》第七十四条第二款规定:“行政行为有下列情形之一,不需要撤销或者判决履行的,人民法院判决确认违法:(一)行政行为违法,但不具有可撤销内容的。”陇县水利局的强行拆除行为系行政事实行为,已经实施完毕,如果罗某申请撤销,法院不会支持只能确认其违法。

作者赞同第二种观点。

573.案情简介:2013年1月6日,水利部珠江水利委员会收到第三人广东育茗实业发展有限公司报送的《关于办理东江龙潭水电站工程项目水规划许可证的请示》等相关材料,申请办理稔坑水电站建设项目水规划许可证书。

2013年1月28日,珠江水利委员会经对建设单位广东育茗实业发展有限公司申报材料进行审核,作出涉案珠水规计函〔2013〕51号《关于发送广东省龙川县龙潭水电站工程建设规划同意书的函》,主要内容为:“广东省龙川县育茗实业发展有限公司:你公司《关于办理东江龙潭水电站工程项目水规划许可证的请示》收悉,经研究,函复如下:一、根据《水法》《防洪法》的规定,在国家确定的重要江河、湖泊和跨省、自治区、直辖市的江河、湖泊上建设水工程,其工程可行性研究报告报请批准前,应经有关流域管理机构对水工程的建设是否符合流域综合规划进行审查并浅述规划意见,龙潭水电站位于东江干流枫树坝至龙川河段,未经我委签署规划意见书,主体工程已于2005年开工建设,属未批先建项目,违反了国家相关法律、法规的规定。二、根据《水工程建设规划同意书制度管理办法(试行)》(水利部第31号令)及《水利部珠江水利委员会水工程建设规划同意书制度管理办法实施细则》的有关规定,你公司向我委申请补办龙潭水电站工程建设规划同意书。经对申报材料进行审核,龙潭水电工程任务以发电为主,兼顾航运,正常蓄水位为90.5米,水库总库容为3 300万立方米,装机总容量为14兆瓦。工程任务及建设规模基本符合《珠江流域综合规划》的要求,同意你公司补办该工程建设规划同意书手续,并出具《广东省龙川县龙潭水电站工程建设规划同意书》(珠江水建规字〔2013〕2号)。三、你公司在工程日常运行管理过程中,应依法接受水行政主管部门的监督检查。工程运行方式应服从流域防汛调度和水资源统一调度的要求,确保流域防洪安全,并保证下游河道生态基本流量的需求。四、工程运行过程对第三者合法权益有影响的,由你公司负责协调并承担相应责任。”

问:水利部珠江水利委员会作出的珠水规计函〔2013〕51号《关于发送广东省龙川县龙潭水电站工程建设规划同意书的函》是否合法?

答:《水法》(2002修订)第十二条第三款规定:“国务院水行政主管部门在国家确定的重要江河、湖泊设立的流域管理机构(以下简称流域管理机构),在所管辖的范围内行使法律、行政法规规定的和国务院水行政主管部门授予的水资源管理和监督职责。”第十九条规定:“建设水工程,必须符合流域综合规划。在国家确定的重要江河、湖泊和跨省、自治区、直辖市的江河、湖泊上建设水工程,其工程可行性研究报告报请批准前,有关流域管理机构应当对水工程的建设是否符合流域综合规划进行审查并签署意见;在其他江河、湖泊上建设水工程,其工程可行性研究报告报请批准前,县级以上地方人民政府水行政主管部门应当按照管理权限对水工程的建设是否符合流域综合规划进行审查并签署意见。水工程建设涉及防洪的,依照防洪法的有关规定执行;涉及其他地区和行业的,建设单位应当事先征求有关地区和部门的意见。”《水工程建设规划同意书制度管理办法(试行)》第三条规定:“水利部负责水工程建设规划同意书制度实施的监督管理。水利部所属流域管理机构(以下简称流域管理机构)和县级以上地方人民政府水行政主管部门按照分级管理权限,具体负责水工程建设规划同意书制度的实施和监督管理。”根据上述法律和部门规章的规定,被告水利部珠江水利委员会作为水利部派出的流域管理机构,在珠江流域内依法行使水行政管理职责,具有对涉案稔坑水电站的水工程建设规划同意书予以审查并签署的行政职权。

《水法》(2002修订)第六十五条第二款规定:“未经水行政主管部门或者流域管理机构同意,擅自修建水工程,或者建设桥梁、码头和其他拦河、跨河、临河建筑物、构筑物,铺设跨河管道、电缆,且防洪法未作规定的,由县级以上人民政府水行政主管部门或者流域管理机构依据职权,责令停止违法行为,限期补办有关手续;……”《防洪法》第五十四条规定:“违反本法第十七条规定,未经水行政主管部门签署规划同意书,擅自在江河、湖泊上建设防洪工程和其他水工程、水电站的,责令停止违法行为,补办规划同意书手续;违反规划同意书的要求,严重影响防洪的,责令限期拆除;违反规划同意书的要求,影响防洪但尚可采取补救措施的,责令限期采取补救措施,可以处一万元以上十万元以下的罚款。”《水工程建设规划同意书制度管理办法(试行)》第八条规定:“审查签署机关对受理的水工程建设规划同意书申请,应当依据有关法律、法规以及流域综合规划和防洪规划进行审查;对符合下列条件的,作出批准的决定,并签署水工程建设规划同意书:(一)水工程建设规模、任务符合流域综合规划和防洪规划的总体要求;(二)建设规模等级(别)和标准符合《防洪标准》及其他有关技术和管理规定的要求;(三)不影响其他水工程,或者有消除影响的补救措施。水工程建设不符合前款规定条件之一的,审查签署机关应当作出不予批准的决定,并下达水工程建设规划同意书不予签署通知书。水工程建设规划同意书可以对水工程的设计方案和管理措施提出有关要求。……”本案中,建设单位广东育茗实业集团有限公司向水利部珠江水利委员会申请补办龙潭水电站工程建设规划同意书,并提交相关材料。水利部珠江水利委员会认为其符合受理条件受理了其申请,经审查,龙潭水电站工程建设规模、任务符合珠江流域综合规划的总体要求,符合上述部门规章规定的要求。同时,龙潭水电站工程补办建设规划同意书手续时已建成,并已进入了正常的生产运行阶段,其建设规模、任务等符合流域规划要求。水利部珠江水利委员会遂根据上述法律的规定,从完善基本建设程序的角度,作出的函对龙潭水电站工程补办了规划同意手续并无不当,是合法的。

574. 案情简介:谈卫娟因水行政处罚及行政复议一案,不服高邮市人民法院作出的〔2019〕苏1084行初153号行政判决,向江苏省扬州市中级人民法院提起上诉。

原审判决认定:2018年1月8日,扬州市江都区水务局(简称江都水务局)执法巡查发现谈卫娟在扬州市××区仙女镇砖桥社区××、新通扬运河北岸河道管理范围内建设钢结构混凝土平台。该平台顺堤东西长22米,南北宽8.6米,占用堤防工程面积189.2平方米。因未能提供水务部门的建设批准手续,江都水务局当日对谈卫娟的建设行为立案查处,并于当日向谈卫娟送达了扬江水改〔2018〕1号《责令限期改正水事违法行为通知书》(简称1号《责令改正通知书》),后于2018年3月16日向谈卫娟送达了扬江水拆〔2018〕2号《责令限期拆除通知书》(简称2号《责令拆除通知书》),于2018年3月30日向谈卫娟送达了扬江水罚告〔2018〕7号《行政处罚告知书》(简称7号《处罚告知书》)。在谈卫娟提出听证申请后,江都水务局于2018年5月24日举行了听证会。根据听证意见,江都水务局于2018年10月29日撤回了作出的2号《责令拆除通知书》、7号《处罚告知书》,并于同日向谈卫娟送达了扬江水改〔2018〕85号《责令限期改正水事违法行为通知书》(简称85号《责令改正通知书》),要求谈卫娟在规定时间内办理相关涉河建设审批手续,谈卫娟未按要求办理。2018年11

月12日，江都水务局向谈卫娟送达了扬江水拆〔2018〕29号《责令限期拆除通知书》（简称29号《责令拆除通知书》），要求谈卫娟在规定时间内拆除建设的平台设施，谈卫娟未按要求整改。同时，谈卫娟又在平台上下建设了房屋，平台南侧建设水池（23.5×3＝70.5平方米），平台西北侧建设挡土墙34.5米，平台东侧建设房屋（3.8×5＝19平方米）。2018年12月26日，江都水务局作出扬江水罚告〔2018〕23号《行政处罚告知书》（简称23号《处罚告知书》）并送达谈卫娟，谈卫娟提出听证要求，江都水务局于2019年1月25日举行听证会。后经江都水务局负责人集体讨论后审批，于2019年3月5日作出扬江水罚〔2019〕1号《行政处罚决定书》（简称1号处罚决定），决定："本机关现责令你（单位）在接到本决定书之日起十日内，自行拆除上述地点河道管理范围内所建的占用面积共计278.7平方米的钢结构混凝土平台、在混凝土平台上方建设的彩钢结构房屋、在平台下方建设的钢混结构房屋、在平台下方东侧建设的砖混结构房屋、在平台下方南侧建设的水池、在平台西北侧建设的挡土墙等建设设施，恢复场地原状。并处罚款人民币伍万元整。"并于同日将该决定书送达谈卫娟。谈卫娟不服，于2019年5月21日向扬州市江都区人民政府（简称江都区政府）提起行政复议申请，请求依法撤销江都水务局作出的1号处罚决定。江都区政府于2019年8月19日作出〔2019〕扬江行复第13号《行政复议决定书》（简称13号复议决定），决定维持江都水务局的1号处罚决定。谈卫娟对决定仍不服，遂提起诉讼。

原审法院认为：第一，根据《水法》第十二条第四款、第五十九条第一款的规定，江都水务局作为县级水行政主管部门，有依法对谈卫娟涉河违法建设进行查处并罚款行政行为的主体资格。第二，关于行政处罚决定认定的事实。谈卫娟在新通扬运河北岸、江都区仙女镇砖桥社区新西组段河道堤防管理范围内建设平台、房屋、水池等建筑物、构筑物，未取得水务部门及其他部门同意其在上述堤防建设的相关批准手续。江都水务局认定谈卫娟的建设行为违法，属于未经批准擅自建设于法有据。江都水务局的下属管理单位江都区河道管理处向谈卫娟收取河道堤防工程占用补偿费于法有据，该收费不是对谈卫娟占用堤防建设行为合法或非法的认定，只要形成事实占用就可以向占用单位收取，同时收费行为也不是行政许可。谈卫娟认为其所建筑的水池属于埋藏物，不属于《水法》第六十五条第二款"临河建筑物、构筑物"的调整范围。对此，构筑物一般指房屋以外的工程建筑如水井、水坝、围墙等。谈卫娟认为其所建筑的水池属于埋藏物的理解明显不当，应当不予采信。第三，关于行政处罚决定的法律适用。《水法》作为上位法，在效力上高于江苏省制定的地方法规，江都水务局依据《水法》第六十五条第二款并参照《江苏省水行政处罚自由裁量权参照执行标准》"占用面积在200平方米以上400平方米以下，强行拆除，并处五万元以上七万元以下的罚款"的规定，对谈卫娟作出的处罚标准在上述裁量幅度范围内。同时，谈卫娟也没有《行政处罚法》（简称《行政处罚法》）第二十七条规定的从轻或减轻处罚的情节。因此，江都水务局作出五万元的罚款符合规定。对于谈卫娟认为其擅自在河道管理范围内搭建违法建筑的行为，属于事实简单、性质一般的轻微违法行为的观点，依法不予支持。第四，关于行政处罚决定的程序。江都水务局在作出1号处罚决定前经过了立案、调查、勘查、告知、听证、集体讨论决定等程序，符合法定程序。综上，江都水务局作出的1号处罚决定，认定事实清楚，程序合法、适用法律、法规正确。江都区政府作出的13号复议决定程序合法。依照《行政诉讼法》第六十九条的规定，判决驳回谈卫娟的诉讼请求。案件受理费50元由谈卫娟承担。

上诉人谈卫娟上诉称：首先，最高人民法院有关会议纪要明确，行政法规为了贯彻执行法律，地方性法规为了贯彻执行法律、行政法规，就同一问题作出更具体、更详细规定的，应当优先适用。在实施性规定与上位法不抵触时，下位法可以优先适用和援引。本案中，《水法》《防洪法》《江苏省河道管理条例》《江苏省水利工程管理条例》《江苏省河道管理实施办法》等都属于《水行政处罚裁量标准》明确的可以作为水行政处罚的法律依据。且《江苏省河道管理条例》于 2018 年 1 月 1 日生效施行，对照该条例第二条规定，案涉建筑物位于扬州市××区仙女镇新通扬运河北岸，而新通扬运河就是该条例第二条所提及的人工河道。上诉人户籍所在地属江苏省，违法行为发生地属江苏省，违法行为发生在该条例生效之后，被上诉人江都水务局的查处时间亦在该条例施行期间，故应当优先适用该条例。对照《江苏省河道管理条例》，上诉人的建设行为与该条例第四十九条规定有关，但上诉人向原审法院出具的一组照片足以证明案涉建筑是住房而非混凝土钢制平台，故江都水务局认定的189.2平方米混凝土钢制平台不属于该条款适用的房屋。其次，《水法》第六十五条第二款规定，未经水行政主管部门或者流域管理机构同意，擅自修建水工程，或者建设桥梁、码头和其他拦河、跨河、临河建筑物、构筑物，铺设跨河管道、电缆，且防洪法未作规定的，由县级以上人民政府水行政主管部门或者流域管理机构依据职权，责令停止违法行为，限期补办有关手续；逾期不补办或者补办未被批准的，责令限期拆除违法建筑物、构筑物；逾期不拆除的，强行拆除，所需费用由违法单位或者个人负担，并处一万元以上十万元以下的罚款。适用上述条款的前提是“防洪法未作规定”，若《防洪法》有明确规定，就不可以适用此条款。假设上诉人对江都水务局认定的违法面积无异议，而《防洪法》的量化标准更细化、更精准，故应该优先适用。原审法院未对江都水务局坚持适用《水法》是否准确作出评价。最后，上诉人擅自在河道管理范围内搭建的违法建筑的行为，是历史遗留与现实生产、生活需要及江都水务局仅收费而不监管等多因素叠加所致，属于事实简单、性质一般的轻微违法行为，且江都水务局未能举证上诉人属于“性质恶劣、情节严重、社会危害程度大”的相关证据。上诉人作为普通群众，对水利方面的专业法律、法规欠缺相应的基本认知，且属初犯，在江都水务局查处时，积极配合调查，认错态度很好，主动消除并积极减轻违法行为的后果，属于《江苏省水行政处罚自由裁量权实施办法》第七条第一款规定的其他依法可以从轻或减轻处罚的范畴。综上，请求二审法院撤销原审判决，改判支持上诉人的一审诉讼请求。

被上诉人江都水务局辩称：

首先，依照《水法》第十二条第四款、第五十九条第一款规定，我局作为县级水行政主管部门，有依法对上诉人谈卫娟涉河违法建设进行查处的行政职权。

其次，我局作出的 1 号处罚决定认定事实清楚。上诉人谈卫娟在新通扬运河北岸、扬州市××区仙女镇砖桥社区××段河道堤防管理范围内建设平台、房屋、水池等建筑物、构筑物，且未取得水务部门的相关批准手续。在调查过程中，上诉人也未向我局提供其他部门同意其在上述堤防建设的相关手续。因此，我局根据《水法》第三十八条第一款认定上诉人的建设行为违法，属于未经批准，擅自建设。对于上诉人提出的异议，我局认为，第一，我局下属管理单位江都区河道管理处向上诉人收取河道堤防工程占用补偿费于法有据。根据《关于江苏省河道堤防工程占用补偿费征收使用管理办法补充规定》第一条规定，未经批准擅自占用河道及其配套工程管理范围的，水行政主管部门应当依法查处。对已造成占用事实的，缴费责任不予免除，仍按照实际占用面积向其征收河道堤防工程占用补偿费，不得以收费代替查处或行政许可。因此，向上诉人收取事实存在的占用堤防的河道堤防占用补偿费有相应依据。但该收费不是对上诉人占用建设行为合法或非法的认定,只要形成事实占用就可以向占用单位收取,同时,收费行为也不是行政许可。第二,我局认定上诉人违法占用面积正确。上诉人在2018年初建设了占地面积189.2平方米的结构混凝土平台,在2018年底又在平台的上下方建设房屋等建筑物。我局以平台的水平投影面积认定占用堤防面积与事实相符;在查处过程中,上诉人建设与地面相平的70.5平方米水池也是建设占用行为,不因材质不同或建设在地面以下而不认定为违法建设。同时,上诉人又在混凝土平台东侧增加建设19平方米房屋也是违法建设。因此,我局认定上诉人的违法建设面积为278.7平方米(189.2+70.5+19)的事实是清楚的。

再次,我局作出1号处罚决定适用法律正确。第一,在立案时,我局以《江苏省水利工程管理条例》的相关条款立案查处。在调查过程中,我局于2018年5月24日举行听证会,根据听证会结果和调查事实,我局认为上诉人的行为违反了《水法》的相关规定。为保障上诉人权益,我局撤回了之前发出的相关法律文书,并以《水法》的相关规定对其进行查处。同时,《水法》作为上位法,在效力上高于江苏省制定的地方法规。我局适用《水法》符合法律规定。第二,我局认定上诉人违法建设占用堤防面积278.7平方米,依据《水法》第六十五条第二款并参照《水行政处罚裁量标准》有关"占用面积在200平方米以上400平方米以下,强行拆除,并处五万元以上七万元以下的罚款"的规定,作出的五万元处罚裁量在规定的幅度范围内。同时,上诉人也没有《行政处罚法》第二十七条规定的从轻或减轻处罚的情节。

最后,我局作出1号处罚决定程序正当。第一,我局对上诉人谈卫娟的建设占用行为,依法调查取证。我局采取现场检查、询问当事人、拍照等方式进行取证,其中调查询问笔录2份、勘验笔录3份、现场照片10张。上述证据证明了上诉人未经批准擅自建设的事实及占用面积。同时,上诉人在调查过程中一直未能提供水务部门堤防占用的相关批准手续。第二,我局于2018年1月8日向上诉人送达了1号《责令改正通知书》,于2018年3月16日向上诉人送达了2号《责令拆除通知书》,于2018年3月30日将7号《处罚告知书》送达上诉人。因上诉人提出听证申请,我局于2018年5月24日举行了听证会。为保障上诉人合法权益,根据听证结果,我局于2018年10月29日撤回了2号《责令拆除通知书》和7号《处罚告知书》。2018年10月29日,我局向上诉人送达了85号《责令改正通知书》,要求上诉人在规定的时间内办理相关涉河建设审批手续,但上诉人未按要求办理,又于2018年11月12日向上诉人送达了29号《责令拆除通知书》,要求上诉人在规定时间内拆除建设的平台设施,但上诉人仍未按要求整改。同时,上诉人又在平台的上下建设了房屋,平台南侧建设水池(23.5×3=70.5平方米),平台西北侧建设挡土墙34.5米,平台东侧建设房屋(3.8×5=19平方米)。根据上述已查明的事实和证据,我局于2018年12月26日依据《行政处罚法》第四十二条第一款的规定,向上诉人送达了23号《处罚告知书》,告知上诉人享有的权利。因上诉人申请听证,我局于2019年1月25日举行听证会。经我局负责人集体讨论后并经审批,我局于2019年3月5日作出1号处罚决定,并于3月7日送达上诉人。我局作出1号处罚决定的上述程序符合法律规定。

综上所述,请求二审法院依法判决驳回上诉人谈卫娟的上诉,维持原判。

被上诉人江都区政府辩称:

首先,我单位作出的13号复议决定认定事实清楚,证据确凿。2018年1月8日,被上诉人江都水务局执法人员在巡查时发现上诉人谈卫娟在扬州市××区仙女镇砖桥社区××组,新通扬运河北岸河道管理范围内建设钢结构混凝土平台长22米、宽8.6米，占河道堤防面积189.2平方米，因上诉人未能提供水务部门的相关批准手续。当日，经审批，江都水务局决定对其进行立案查处。在现场检查过程中，通过对上诉人做调查笔录，制作现场勘验笔录，绘制勘验图等方式，初步检查了现场情况，以上笔录均经上诉人签字确认。根据检查结果，向上诉人当场下发了1号《责令改正通知书》。2018年3月16日，江都水务局向上诉人送达了2号《责令拆除通知书》。同年3月30日，经集体讨论，江都水务局作出7号《处罚告知书》并送达上诉人。后根据上诉人申请，江都水务局于2018年5月24日召开听证会，听取其陈述和申辩。根据听证结果，江都水务局经过又一次集体讨论后，决定撤回前述2号《责令拆除通知书》及7号《处罚告知书》。2018年10月29日，江都水务局向上诉人送达了85号《责令改正通知书》，要求其在规定的时间内办理相关涉河建设的审批手续，但上诉人未按要求办理。2018年11月12日，江都水务局向上诉人送达了29号《责令拆除通知书》，要求其在规定期限内拆除建设的平台设施，但上诉人未按要求整改。2018年11月28日，经现场执法检查发现，上诉人在原有违法建筑的基础上，又新建了19平方米的房屋及长23.5米、宽3米、深1.6米的砖混结构的水池。江都水务局执法人员又分别于2018年12月12日、12月21日进行了现场勘验，并制作勘验笔录和现场调查笔录。2018年12月24日，案件调查终结，经集体讨论，江都水务局依据《行政处罚法》的规定，作出23号《处罚告知书》，并送达上诉人。依上诉人申请，江都水务局于2019年1月25日召开听证会。结合听证会听证结果以及集体讨论意见，经审批，最终作出1号处罚决定，于2019年3月7日送达上诉人。在行政执法过程中，执法人员对上诉人进行了两次现场检查，并现场制作了勘验笔录、调查笔录，也有相应的执法照片、勘验图等记录在案，且上述文书上诉人均签字认可。江都水务局在第一次检查时发现上诉人建设了长22米、宽8.6米的混凝土平台。上诉人未及时拆除违法建筑。2018年12月12日，江都水务局现场检查时，又发现上诉人在平台上方建设彩钢结构房屋、平台下方建设钢混结构房屋、平台下方东侧建设砖混结构房屋、平台下方南侧建设混凝土结构的池子等设施。新增违法建设为长3.8米、宽5米的房屋以及长23.5米、宽3米的地下砖混鱼池，违法建设总面积达278.7平方米。

其次，被上诉人江都水务局作出的1号处罚决定适用法律正确。《水法》第六十五条第二款规定，未经水行政主管部门或者流域管理机构同意，擅自修建水工程，或者建设桥梁、码头和其他拦河、跨河、临河建筑物、构筑物，铺设跨河管道、电缆，且防洪法未作规定的，由县级以上人民政府水行政主管部门或者流域管理机构依据职权，责令停止违法行为，限期补办有关手续；逾期不补办或者补办未被批准的，责令限期拆除违法建筑物、构筑物；逾期不拆除的，强行拆除，所需费用由违法单位或者个人负担，并处一万元以上十万元以下的罚款。《江苏省河道管理实施办法》(2012年修正)第十一条规定，确需在河道管理范围内新建、扩建、改建的各类工程建设项目，包括开发水利(水电)、防治水害、整治河道的各类工程，跨河、穿河、穿堤、临河的桥梁、码头、道路、渡口、管道、缆线、取水口、排水口等建筑物及设施，厂房、仓库、工业和民用建筑以及其他公共设施，建设单位在按照基本建设程序履行审批手续前，必须先经河道主管机关审查同意。建设单位占用的水利工程，其土地使用权属不变。该办法第二十二条第二款规定，违反第十一条规定，建设项目未经河道主管机关审查同意，或者未按照审查同意的方案建设，由县级以上人民政府河道主管机关，责令停止违法行为，限期补办有关手续，逾期不补办或者补办未被批准的，责令限期拆除违法建筑物、构筑物，逾期不拆除的，强行拆除，所需费用由违法单位或者个人负责，并处一万元以上十万元以下的罚款。《水法》第六十五条第二款的规定与《江苏省河道管理实施办法》(2012 年修正)第二十二条第二款的规定并不矛盾。上诉人谈卫娟的行为应当按照上述规定进行查处。

再次，被上诉人江都水务局作出的 1 号处罚决定裁量适当。《行政处罚法》规定行政处罚遵循公正、公开的原则，设定和实施行政处罚必须以事实为依据，与违法行为的事实、性质、情节以及社会危害程度相当。参照《水行政处罚裁量标准》“占用面积在 200 平方米以上 400 平方米以下，强行拆除，并处五万元以上七万元以下的罚款”的规定，本案中，江都水务局对上诉人谈卫娟处以五万元的罚款并无不当。

最后，我单位作出 13 号复议决定的程序符合法律规定。上诉人谈卫娟于 2019 年 5 月 21 日向我单位申请行政复议，请求依法撤销江都水务局作出的 1 号处罚决定。我单位依法受理后，向江都水务局送达了行政复议申请书副本及行政复议答复通知书，江都水务局在法定期限内提交了答复书和相关证据材料。经审查，我单位于 2019 年 8 月 1 日作出 13 号复议决定并送达各方当事人。

综上所述，请求二审法院依法判决驳回上诉人谈卫娟的上诉，维持原判。

问：结合案情作为水行政执法人员假如你是二审法官你会如何处理？

答：本案的争议焦点在于：被上诉人江都水务局作出的 1 号处罚决定以及被上诉人江都区政府作出的 13 号复议决定，是否有相应的事实及法律依据，是否符合法定程序。

首先，《水法》第五十九条第一款规定，县级以上人民政府水行政主管部门和流域管理机构应当对违反本法的行为加强监督检查并依法进行查处。《行政复议法》第十二条第一款规定，对县级以上地方各级人民政府工作部门的具体行政行为不服的，由申请人选择，可以向该部门的本级人民政府申请行政复议，也可以向上一级主管部门申请行政复议。本案中，被上诉人江都水务局作为江都区政府水行政主管部门，具有对江都行政区划内违反《水法》的违法行为，依法进行查处的法定职权。而作为江都水务局的本级人民政府，被上诉人江都区政府有权受理上诉人谈卫娟就江都水务局作出的 1 号处罚决定提出的行政复议申请，并作出 13 号复议决定。

其次，《水法》第六十五条第二款规定，未经水行政主管部门或者流域管理机构同意，擅自修建水工程，或者建设桥梁、码头和其他拦河、跨河、临河建筑物、构筑物，铺设跨河管道、电缆，且防洪法未作规定的，由县级以上人民政府水行政主管部门或者流域管理机构依据职权，责令停止违法行为，限期补办有关手续；逾期不补办或者补办未被批准的，责令限期拆除违法建筑物、构筑物；逾期不拆除的，强行拆除，所需费用由违法单位或者个人负担，并处一万元以上十万元以下的罚款。本案中，上诉人谈卫娟未经水行政主管部门或者流域管理机构同意，在扬州市××区仙女镇砖桥社区××、新通扬运河北岸河道管理范围内，建设钢结构混凝土平台、房屋、水池等违法建筑物、构筑物，且在被上诉人江都水务局向其发出 85 号《责令改正通知书》责令其限期补办有关手续后，逾期未办理，又在江都水务局向其发出 29 号《责令拆除通知书》责令限期拆除上述违法建筑物、构筑物后，逾期不拆除，应当依照《水法》的上述规定依法予以处罚。上述事实，有江都水务局制作的《调查笔录》《勘验(检查)笔录》《勘验图》《听证笔录》《责令改正通知书》《责令拆除通知书》以及拍摄的行政执法照片等证据予以证实。因此，江都水务局对上诉人作出的 1 号处罚决定认定事实清楚，于法有据。江都区政府作出 13 号复议决定，维持上述 1 号处罚决定，亦属正确。

上诉人谈卫娟认为,适用《水法》第六十五条第二款规定的前提是《防洪法》未作规定,而《防洪法》恰对上诉人实施的相关建设行为有相应规定,故被上诉人江都水务局援引《水法》作出1号处罚决定存在适用法律不当。对此,《防洪法》第二十二条第二款规定,禁止在河道、湖泊管理范围内建设妨碍行洪的建筑物、构筑物,倾倒垃圾、渣土,从事影响河势稳定、危害河岸堤防安全和其他妨碍河道行洪的活动。该法第五十五条规定,违反本法第二十二条第二款、第三款规定,有下列行为之一的,责令停止违法行为,排除阻碍或者采取其他补救措施,可以处五万元以下的罚款:(一)在河道、湖泊管理范围内建设妨碍行洪的建筑物、构筑物的;……。对比上述规定以及《水法》第六十五条第二款,《防洪法》的上述条款对于在河道、湖泊管理范围内建设建筑物、构筑物的查处是基于相关建筑物、构筑物妨碍行洪,而《水法》第六十五条第二款的规定则是对于未经批准在河道、湖泊管理范围内建设建筑物、构筑物,但尚不符合《防洪法》的前述条款适用条件的违法行为予以规制。两法互为补充、相互衔接。本案中,上诉人所实施的违法行为是在新通扬运河北岸河道管理范围内,建设钢结构混凝土平台、房屋、水池等违法建筑物、构筑物,并未占用水面,且暂无证据表明存在妨碍行洪的风险。在此情况下,江都水务局适用《水法》上述规定作出1号处罚决定并无不当。因此,本院对上诉人的上述主张不予采纳。当然,对于在河道、湖泊管理范围内建设建筑物、构筑物,妨碍行洪的,江都水务局应当依照《防洪法》第五十五条规定予以查处。

再次,《水行政处罚裁量标准》规定"逾期未拆除擅自修建的水工程或者桥梁、码头和拦河、跨河、临河建筑物、构筑物,铺设跨河管道、电缆,且防洪法未作规定的","占用面积在200平方米以上400平方米以下,或者投资额在二十万元以上四十万元以下的,或者铺设跨河、临河管道、电缆占用河道管理范围长度300米以上400米以下的,强行拆除,并处五万元以上七万元以下的罚款"。本案中,被上诉人江都水务局认定上诉人谈卫娟建设的违法建筑物、构筑物面积为278.7平方米,有《调查笔录》《勘验(检查)笔录》《勘验图》等证据予以证实,则依照上述裁量标准,处以罚款的处罚的,应当在五万元以上七万元以下作出裁量。因此,江都水务局作出1号处罚决定,在责令上诉人限期拆除上述违法建筑物、构筑物并恢复原状的同时,给予上诉人罚款五万元的处罚,符合上述裁量标准的规定。

上诉人谈卫娟认为,上诉人存在依法可以从轻或减轻处罚的情节,但被上诉人江都水务局未予以考虑,处罚裁量失当。对此,根据相关《调查笔录》《勘验(检查)笔录》,上诉人在水行政主管部门立案查处并责令其限期整改、限期拆除后,仍逾期未补办手续、拒不自行拆除违法建筑物、构筑物,甚至在水行政主管部门查处期间仍继续从事违法建设活动,并不存在主动消除或者减轻违法行为危害后果,依法应当从轻或者减轻行政处罚的情节。同时,上诉人主张曾向江都水务局缴纳所谓河道堤防工程占用补偿费,但相关缴费、收费行为不能等同于申请或取得相应建设审批。因此,本院对上诉人的上述主张不予采纳。

最后,《水行政处罚实施办法》《江苏省水行政处罚程序规定》等规范性文件对于水行政处罚的程序予以了具体规定。《行政复议法》《行政复议法实施条例》对于复议机关办理行政复议案件的程序予以了明确。本案中,一方面,根据被上诉人江都水务局的举证,该局作出1号处罚决定,履行了立案、调查、告知被处罚人陈述申辩权利、听证、集体评议、制发执法文书、送达等法定程序;另一方面,根据被上诉人江都区政府的举证,该单位在受理上诉人谈卫娟就1号处罚决定提出的行政复议申请后,依法通知江都水务局提出答复,办理延长复议期限审批手续,后经调查作出13号复议决定,并向双方当事人予以送达,符合法定程序要求。

需要指出的是,行政执法应当遵循相应履职期限要求。法律、法规或规章对履职期限有具体规定的,行政机关应当按期履职;法律、法规或规章没有规定的,通常应当参照《行政诉讼法》第四十七条规定,在收到相对人或利害关系人申请之日起两个月内及时履职,或在依职权启动执法程序后两个月内履职完毕。当然,法律、法规或规章规定可以延长履职期限的,应当以经批准延长后的履职期限为准。存在依法需要听证、招标、拍卖、检验、检测、检疫、鉴定、专家评审和公示等事项的,所费时间亦可以依照《江苏省行政程序规定》第六十五条规定,从履职期限内予以扣除。同时,依照《最高人民法院关于适用〈中华人民共和国行政诉讼法〉的解释》第九十六条规定,处理期限轻微违法属于《行政诉讼法》第七十四条第一款第二项规定"程序轻微违法"的情形之一,可因此而判决确认被诉行政行为违法。本案中,被上诉人江都水务局于2018年1月8日决定对上诉人相关违法建设行为立案查处,但直至2019年3月5日才做出被诉1号处罚决定,存在办案超期的情形。但考虑到,一方面,《水行政处罚实施办法》《江苏省水行政处罚程序规定》等规范性文件本身既未设定水行政处罚的具体办案期限,亦无延长办案期限的规定;另一方面,上诉人谈卫娟在江都水务局对其立案查处后仍继续从事违法建设活动,其违法行为一直处于持续状态。此外,还存在江都水务局曾对相关执法过程性行为主动纠错的因素。因此,中院在本案中不因江都水务局办案超期而改判确认1号处罚决定违法。希望江都水务局在经后的执法工作中有针对性的加以改善。所以,二审应该驳回上诉,维持原判。

附案件适用法律条文:

《水法》

第三十八条第一款　在河道管理范围内建设桥梁、码头和其他拦河、跨河、临河建筑物、构筑物,铺设跨河管道、电缆,应当符合国家规定的防洪标准和其他有关的技术要求,工程建设方案应当依照防洪法的有关规定报经有关水行政主管部门审查同意。

第五十九条第一款　县级以上人民政府水行政主管部门和流域管理机构应当对违反本法的行为加强监督检查并依法进行查处。

第六十五条第二款　未经水行政主管部门或者流域管理机构同意,擅自修建水工程,或者建设桥梁、码头和其他拦河、跨河、临河建筑物、构筑物,铺设跨河管道、电缆,且防洪法未作规定的,由县级以上人民政府水行政主管部门或者流域管理机构依据职权,责令停止违法行为,限期补办有关手续;逾期不补办或者补办未被批准的,责令限期拆除违法建筑物、构筑物;逾期不拆除的,强行拆除,所需费用由违法单位或者个人负担,并处一万元以上十万元以下的罚款。

《防洪法》

第二十二条第二款　禁止在河道、湖泊管理范围内建设妨碍行洪的建筑物、构筑物,倾倒垃圾、渣土,从事影响河势稳定、危害河岸堤防安全和其他妨碍河道行洪的活动。

第五十五条　违反本法第二十二条第二款、第三款规定,有下列行为之一的,责令停止违法行为,排除阻碍或者采取其他补救措施,可以处五万元以下的罚款:(一)在河道、湖泊管理范围内建设妨碍行洪的建筑物、构筑物的;……。

《江苏省行政程序规定》

第六十五条　行政机关作出行政执法决定,依法需要听证、招标、拍卖、检验、检测、检疫、鉴定、专家评审和公示的,所需时间不计算在规定的期限内。

《行政复议法》

第十二条第一款　对县级以上地方各级人民政府工作部门的具体行政行为不服的,由申请人选择,可以向该部门的本级人民政府申请行政复议,也可以向上一级主管部门申请行政复议。

《行政诉讼法》

第四十七条第一款　公民、法人或者其他组织申请行政机关履行保护其人身权、财产权等合法权益的法定职责,行政机关在接到申请之日起两个月内不履行的,公民、法人或者其他组织可以向人民法院提起诉讼。法律、法规对行政机关履行职责的期限另有规定的,从其规定。

第八十九条第一款　人民法院审理上诉案件,按照下列情形,分别处理:(一)原判决、裁定认定事实清楚,适用法律、法规正确的,判决或者裁定驳回上诉,维持原判决、裁定;……。

575.问:在实践中对共同违法行为人如何适用水行政处罚?

答:(1)法律法规对某一特定违法行为规定了罚款数额,但并没有明确规定该特定违法行为是否为多名行为人共同实施的,该法律法规规定应当理解为该罚款数额是对所有共同行为人分别罚款的总额。在这种情况下对多名共同违法行为人的罚款总额超过法律规定的罚款数额的,属于超越职权。

(2)对实施同一行政违法行为的多人的罚款总额较大,依法应当赋予受处罚人听证权的,行政机关仅以每个违法行为人被科处的罚款数额较小为由不赋予被处罚人听证权,属于违反法定程序。

共同违法行为人在水行政执法实践中经常遇到,行政相对人问题如果水行政执法人员不研究清楚,那么对于执法后果是很严重的。下面重点分析,以便水行政执法人员全面了解,深入领会:

一、从行政处罚对象来看,对共同违法人分别处罚符合法律规定。

《行政处罚法》第四条规定:"公民、法人或者其他组织违反行政管理秩序的行为,应当给予行政处罚的,依照本法由法律、法规或者规章规定,并由行政机关依照本法规定的程序实施。没有法定依据或者不遵守法定程序的,行政处罚无效。"该条明文规定,行政处罚的对象是违反行政管理秩序、应当给予行政处罚的"公民、法人或者其他组织"。由此可以看出,行政处罚对象并不是我们通常理解意义上的违法行为人,即具有承担违法责任能力的所有自然人。譬如,法人或者其他组织的若干成员受单位(组织)命令,实施了某违法行为,其行政处罚对象就不是具体实施违法行为的单个成员,而是发出命令的法人或者其他组织。明白了这点,再对违法行为进行处罚,我们就不会简单地以实施违法行为的自然人来论,而会考虑到行政处罚对象的法定化。与此相对应,我们所论的共同违法行为人,是指法定化的"法律人",而非自然人。不过,为讨论方便,以下所论的共同违法行为人,特指法定意义上的公民。当然,解决了"公民"问题,"法人或者其他组织"也皆同此理。

我们通常所说的共同违法行为人是法定化行政处罚对象的哪一种呢?显然不是法人。

那么是不是“其他组织”呢？也不是。这里的“其他组织”是与“法人”相对应的一个概念，是指“法人”之外的组织，是法律规定或认可的组织，而不是非法组织。为实施共同违法行为而结成的所谓组织不是该法条规定的“其他组织”。既然共同违法行为人不能以“法人或者其他组织”的身份作为行政处罚对象，那么就只能以“公民”的身份接受行政处罚。不言而喻，以“公民”的身份接受行政处罚，就意味着共同违法行为人必须单个接受行政处罚，而不能捆绑在一起，作为一个行政处罚对象。

二、从违法行为数量来看，共同违法人实施违法行为的数量具有相对性。

也许有人会说，行政处罚是对“违反行政管理秩序的行为”处罚，其处罚对象是“违法行为”而不是“违法行为人”。这就是说，多个违法行为人共同实施了一个违法行为，也只能针对该违法行为实施一次行政处罚。该观点貌似正确，实质上是没有辩证地分析问题。我们说，违法行为与违法行为人从本质上来讲，应该是统一的，二者具有不可分割的关系。一定的违法行为必然是一定的违法行为人实施的，一定的违法行为人必然对应有一定的违法行为，不可能只有违法行为，而没有违法行为人，也不可能只有违法行为人，而没有违法行为。如果辩证地看待违法行为和违法行为人，则违法行为与违法行为人必定是一一对应关系。有些人认为共同违法行为人实施的是“一个”违法行为，这里的“一个”应该是针对共同违法行为人这个“集合体”而言的；如果就共同违法行为人“个体”而言，则他们是每人都实施了一个违法行为，只不过他们每人的违法行为“集合”在一起，成为了另一个相对意义上的违法行为。而且，与“个体”相对应的违法行为和与“集合体”相对应的违法行为在内涵与外延上均不是一回事情。共同违法行为人在共同违法行为中所具体实施的行为以及所起的作用往往是不很相同的，因而对他们的处罚也会有所不同；可如果把他们的违法行为看作是一个违法行为，则一个违法行为只能有一个结果，是不会出现前面所讲的“有所不同”结果的，而这显然不符合法理和执法实践。

既然从相对的角度讲，共同违法行为人所实施的违法行为可以被看作是一个违法行为，也可以被看作是数个违法行为，那么，在行政处罚中，到底应该认定为“一个”违法行为还是“数个”违法行为呢？这就又回到了我们前面所论问题上来了：法律是如何确定违法行为人的？如前所述，《行政处罚法》第四条确认的违法行为人是“公民、法人或者其他组织”，并不包括共同违法人这个“集合体”。因此，我们必须从共同违法人“个体”（公民）的角度去分析和认定违法行为的数量：数个违法行为；而不是从共同违法人“集合体”的角度去判定：一个违法行为。其实，无论行政处罚的对象是“违法行为”也好，是“违法行为人”也好，最终的落脚点必定是对“违法行为人”的处罚，而不可能是没有确定违法行为人的“违法行为”。如此，我们从法定的被处罚当事人范围来分析，对共同违法行为人实施的违法行为不能作为“一个”违法行为来处理，而应该视为多个违法当事人的多个违法行为，分别进行处罚。

三、从行政处罚原则来看，对共同违法行为人分别处罚并不违反“一事不再罚”原则。

《行政处罚法》第二十九条规定：“对当事人的同一个违法行为，不得给予两次以上罚款的行政处罚。”该条通常被看作是对行政处罚“一事不再罚”原则的规定，这也成为一些人否定对共同违法行为人分别进行处罚的所谓法定依据。那么，究竟应该如何理解这一行政处罚原则呢？

“一事不再罚”原则是指对违法当事人的同一个违法行为，不得以同一事实和同一理由给予两次以上的行政处罚。同一事实是指同一个违法行为，同一理由是指同一法律依据。

同一事实和同一理由是“一事不再罚”原则的共同要件，二者缺一不可。坚持“一事不再罚”原则，关键在三点：一是同一行政机关对某一违法行为已经实施行政处罚，就不能对该违法行为再进行处罚。二是不同行政机关不得以同一事实和同一理由对同一违法行为实施行政处罚。三是对某一违法行为不再罚，是针对行政罚款而言的，而对于其他行政处罚形式，则不受此限，不同行政机关可以根据不同的法律依据，作出除罚款之外的其他行政处罚。坚持一事不再罚原则，既不能重复处罚、多头处罚，又不能对这一原则进行扩大解释，使违法者逃脱应受的处罚。

那么，对共同违法行为人分别进行处罚，是否违反“一事不再罚”原则呢？不违反。其根本点就在于这里的“共同违法行为”对“单个的违法行为人”而言，并非“一事”，而是“数事”。一些人所认为的“一事”，只不过是习惯和表象而已，而非法律意义上的概念。如此，对共同违法行为人分别处罚就是“数事数罚”，而不是“一事再罚”。

值得一提的是，有学者提出，对共同违法行为人进行处罚应适用“一事各罚原则”，即两个以上的违法行为人共同实施同一违法行为，应根据各个违法行为人违法情节的轻重，在法定的处罚方式和幅度内，分别对其给予行政处罚。但反对者并不认可这个所谓的行政处罚原则，他们认为此原则是一些人凭空臆断的，并无法律依据。应该说，一些学者提出的对共同违法行为人“一事各罚”，从处罚的方式方法上来讲无疑是正确的，但将这种处罚的方式方法概括为“一事各罚原则”就值得商榷了。如前所述，数个违法行为人实施的“共同违法行为”，从法律意义上讲是“数事”而非“一事”，如硬要将其概括为“一事”，则既不严谨，也不太符合“一事不再罚”逻辑。如此，被反对者驳斥和攻击也就在所难免了。

四、从行政处罚性质来看，行政处罚属于公权范畴，违法行为人的责任应由行政处罚机关认定。

有些人认为，对共同违法行为人应以一个处罚决定书合并处罚，并由当事人负连带责任。其理由是：《最高人民法院关于执行〈中华人民共和国行政诉讼法〉若干问题的解释》第九十七条规定：“人民法院审理行政案件，除依照行政诉讼法和本解释外，可以参照民事诉讼的有关规定。”《行政处罚法》与《行政诉讼法》没有对“共同违法”作出明确规定，所以，对此问题的处理，应参照民事诉讼原则。《民法通则》第一百三十条规定：“二人以上共同侵权造成他人损害的，应当承担连带责任。”《最高人民法院关于执行〈中华人民共和国行政诉讼法〉若干问题的解释》第二十四条规定：“行政机关的同一具体行政行为涉及两个以上利害关系人时，其中一部分利害关系人对具体行政行为不提起诉讼，人民法院应当通知没有起诉的其他利害关系人作为第三人参加诉讼。”这说明司法实践不仅承认共同违法行为的存在，而且认为共同违法行为人存在连带责任关系。故此，对共同违法行为人只能作出一个行政处罚决定，并注明他们之间承担连带责任。但是，这种观点至少存在以下三个致命弱点：

一是混淆了处罚规则与诉讼规则。行政处罚与行政诉讼是两种不同性质的法律，一个是实体法，一个是程序法，其立法目的、立法规则或者说所要体现的法律精神是大不相同的。行政诉讼规则可以参照民事诉讼规则，并不等于行政处罚承担方式也可以参照民事侵权责任承担方式。比如，行政处罚不适用于调解，而民事侵权调解则是一项十分重要和普遍的内容与方式。

二是混淆了公权适用与私权适用。行政处罚是国家行政权的一种，属于公权范畴，对违法行为人的处罚只能由法定的行政机关作出，而且处罚的轻重也只能由行政机关根据各违法行为人的违法性质、情节、危害结果等因素自主决定，违法行为人既不能自愿承担，也不能与行政机关及其他人协商解决。这就是说共同违法行为人承担的责任是由公权评价和分配的，不受私权的影响和干预。但是，民事责任的履行，法律是允许甚至在某些方面是鼓励私权自行解决的。因此，共同违法行为人承担的行政责任，不能由行政机关对该“共同违法集体”作出行政处罚决定后，再由各违法行为人按照民事责任规则进行“二次分配”。否则，既有违行政处罚的性质，也有损行政机关的权威。

三是混淆了行政责任与民事责任。行政违法责任是一种惩罚性质的责任，其着眼点在于惩戒违法行为人，从而达到教育和警示的目的。国家既不需要也不必要通过连带责任来实现处罚利益，尤其是经济利益，也就是说，行政处罚本身是手段而不是目的。而民事侵权责任是一种补偿（赔偿）性质的责任，其着眼点在于维护社会公平，法律规定共同侵权人承担连带责任是为了更好地追偿受害人的合法权益，有效地补偿（赔偿）本身就是民事责任所要实现的直接目的。因此，共同侵权人承担民事责任的连带机制，并不适用于共同违法行为人履行行政责任。

五、从行政处罚的合理性来看，对共同违法行为人分别进行处罚符合“过罚相当”原则。

一些对共同违法行为人分别进行处罚持否定意见的人认为：该处罚方式加重了对违法行为人的处罚，违反了行政处罚“过罚相当”原则。如滥伐林木案中，违法行为是单个人实施的，则最高可处滥伐林木价值5倍的罚款；而违法行为是数人共同实施的，如分别进行处罚，则罚款总额可能是滥伐林木价值的数个5倍。滥伐林木数量一定，而罚款可能出现几个倍数，这岂不是过与罚不相当吗？我们该如何看待这一问题呢？

首先，必须辩证地看待违法之“过”，不能将其简单化和片面化。《行政处罚法》第四条规定：“行政处罚遵循公正、公开原则。设定和实施行政处罚必须以事实为依据，与违法行为的事实、性质、情节以及社会危害程度相当。”这就是说，行政处罚“过罚相当”原则里的“过”，是与“违法行为的事实、性质、情节以及社会危害程度”相联系的。而很显然，数人实施的共同违法行为与单个人实施的违法行为不是同一个事实，性质与情节也有不同；当然，这里所指的社会危害也不只是我们平常肉眼所见的物体损害结果，它还包括对社会秩序和社会制度的破坏。一个人滥伐林木和数个人共同滥伐同样数量的林木，看起来对客观事物的损害是一定的，但实际上对社会的危害是大不相同的。数人实施的共同违法行为比单个人实施的违法行为一般具有更大的社会危害性。自然，其“过”也大。

其次，各违法行为人与共同违法行为的危害结果之间存在着法律上的因果关系，理应承担相应责任。对于共同违法行为人来说，无论其分工如何，参与程度如何，其行为都是共同违法行为的一个有机组成部分，在这些行为的“合力”作用下，就造成了共同违法行为的危害结果。因此，各违法行为人必须对这种危害结果承担相应的责任。虽然有的只是承担部分责任，而非全部责任，但这并不能否认每个违法行为人均有其“过”，这也成为行政机关对违法行为人分别进行处罚的基础和事实依据。

再者，对共同违法行为人分别处罚是根据其“个人之过”，而非笼统的“集体之过”。即根据各违法行为人在共同违法行为中所具体实施的行为、所起的作用以及其行为造成的危害结果等因素综合决定，或者通俗地说，各违法行为人只对自己的行为负责，共同违法行为中与自己行为没有直接因果关系的部分，不予承担责任。如受雇参与滥伐林木的违法行为人，如果其不是策划和组织者，而只是具体实施采伐林木的人，则其只对自己滥伐的那部分林木负责，而不是对数人滥伐林木之和承担责任。可如果是策划和组织者，因整个滥伐林木与其行为有直接因果关系，所以应对整个滥伐林木行为负全部责任。这样，各违法行为人所受之“罚”与其“过”是相当的，并不存在于法律规定之外加重处罚的问题。

六、从有关法律规定来看，对共同违法行为人分别进行处罚已成为法定原则。

虽然现行林业行政管理法律、法规和规章没有对共同违法行为处理作出专门规定，但其他有关行政管理法律、法规和规章对此有明确规定。如《治安管理处罚法》第十七条第一款规定：“共同违反治安管理的，根据违反治安管理行为人在违反治安管理行为中所起的作用，分别处罚。”国家工商管理总局《关于禁止串通招标投标行为的暂行规定》第六条规定：“串通招标投标行为是共同违法行为，对参与串通招标投标的各个违法行为人，应当根据情节，分别按照本规定第五条规定的幅度予以行政处罚。”《水行政处罚实施办法》第六条第二款规定：“两个以上当事人共同实施违法行为的，应当根据各自的违法情节，分别给予处罚。”这些都说明，立法者在对共同违法行为的处罚上，参照了刑法学上的共同犯罪处罚原则，认为应该分别进行处罚。

综上所述，对共同违法行为人分别进行处罚于法有据，于理通顺，且逐渐成为立法和执法实践的一般选择。反观以上案例，其审判、评析和提示的主要错误在于：一是没有认识到行政处罚对象的法定问题，将共同违法行为人“集体”作为了行政处罚对象。二是没有辩证地看待共同违法行为的“一事”与“多事”，将对数个违法行为人的数个处罚当成了“一事多罚”。三是没有注意每个行政处罚与其罚款数额的对应关系，将数个行政处罚的罚款总额计算成一个行政处罚的罚款数额。四是没有正确理解行政处罚听证权利告知的适用范围，将本应针对法定处罚对象并在一定条件下适用的听证权利告知程序，用移花接木的方法创造了一个似乎充分而且必要的听证权利告知条件，强加于非法定处罚对象的“共同违法行为人集合体”。五是没有从法理上把握行政处罚的原则，将法律规定不很具体和明确的东西，以表象的理解牵强附会。由此，造成了该案审判、评析和提示的似是而非。

576.问：信息公开案件的起诉人与申请信息之间是否应具有利害关系？

答：《行政诉讼法》第二十五条第一款规定，行政行为的相对人以及其他与行政行为有利害关系的公民、法人或者其他组织，有权提起诉讼。所谓“有利害关系”，是指被诉行政行为有可能对原告的合法权益造成区别于其他人的、特别的不利影响或者侵害。如果被诉行政行为根本不可能对起诉人的合法权益造成区别于其他人的特别损害或不利影响，起诉人不具有原告资格。政府信息公开案件中，起诉人如果不能初步证明与申请的政府信息有利害关系，行政机关无论是否公开相关政府信息或者以何种方式公开，均不会对其权利义务产生实际影响；且作为普通公民申请政府信息公开，其知情权与其他公民并无实质区别，被诉政府信息公开行为对其知情权并不会造成区别于其他人的特别损害或不利影响。因此，政府信息公开案件中，起诉人与被申请的政府信息没有利害关系的，不具有原告资格。起诉人应当举证初步证明其与申请的政府信息有利害关系。

应当指出的是，《行政诉讼法》第四十九条第三项规定，提起诉讼应当有具体的诉讼请求。该项规定的核心是指，起诉要有明确的被诉行政行为。对于原告提出的多项相互关联的诉讼请求，人民法院应当分别对其各项诉讼请求进行分析判断，是否符合起诉条件。不能简单以提起多项诉讼请求即属于诉讼请求不明为由，裁定驳回起诉。

（一）取缔

我国同样有几十种法律和法规规定了“取缔”，而且“取缔”的行为性质一直有争议。我们发现，有的“取缔”是个抽象概念，不能作为一个具体行为来对待，如《煤炭法》（2011）第三十六条第二款规定：“国家采取措施取缔土法炼焦。禁止新建土法炼焦窑炉；现有的土法炼焦限期改造。”但大量的法律法规所规定的“取缔”，都表现为行政机关对违法行为效力上的一种宣示性否定。例如：《药品管理法》（2001）第七十三条规定：“未取得《药品生产许可证》《药品经营许可证》或者《医疗机构制剂许可证》生产药品、经营药品的，依法予以取缔，没收违法生产、销售的药品和违法所得，并处违法生产、销售的药品（包括已售出的和未售出的药品，下同）货值金额二倍以上五倍以下的罚款；构成犯罪的，依法追究刑事责任。”《银行业监督管理法》（2006）第四十三条规定：“擅自设立银行业金融机构或者非法从事银行业金融机构的业务活动的，由国务院银行业监督管理机构予以取缔……”。

这些规定中的“取缔”与吊销证照非常接近，都是取消违法者从事特定行为的能力。所不同的是，吊销证照适用“持证者”，而“取缔”适用“无证者”。“取缔”以当事人的违法为前提，是对违法者的制裁；它是一种最终处理行为而不是保障性的中间行为；“取缔”本身是个意思行为，表现为一个有关“取缔”的制裁性行政决定，而不具有物理性、实力性；再则，大量法律法规都将“取缔”放置于“法律责任”或者“罚则”的章节内进行规定。鉴此，我们的结论是：“取缔”是一个行政处罚决定。最高人民法院的专家法官的主流观点也与此相同。

（二）责令纠正违法或者停止违法行为

在中国现行法律和法规中，存在着大量的行政机关责令当事人纠正违法行为（针对已完成的违法行为）或者责令当事人停止违法行为（针对继续着的违法行为）的规定，如“责令限期治理”“责令停止生产、销售”等。关于这类行政机关“责令纠正违法或者停止违法”的行为是否属于行政处罚，实践中和理论界有两种不同的意见：一种意见主张是行政处罚，因为它是要求违法行为人承担不利后果（纠正违法义务）；另一种观点主张不是行政处罚，它是一种补救性措施。最高人民法院专家法官的主流观点是倾向于前一种。

作者认为，行政机关责令当事人纠正违法或者停止违法，是否属于行政处罚，不能一概而论，需作具体分析。通过对现行立法和执法实践的考察，这类责令行为主要有下列几种行为性质：

一是命令型。它表现为要求当事人进行一定的作为或不作为。前者如“责令改正”（包括“责令公开更正”“责令限期治理”“责令该学校招收”“责令消除安全隐患”“责令行为人排除妨碍”等），后者如“责令停止违法行为”（包括“责令停止开采”“责令停止生产、销售”“责令停止使用”“责令停止发布广告”等）。这类行为既不是行政处罚，也不是行政强制措施，而是行政命令。因为它是个意思行为而不是物理行为。行政命令从行政法理论上讲，有时作为一种程序行为被后续的行政行为所吸收，有时可以作为一种独立的行政行为。

二是处罚型。有的行为虽然用“责令”形式来表达，但它实质上属于行政处罚行为。例如“责令停产停业”，本身就是《行政处罚法》第九条规定的处罚种类。此外，还有一些属于由法律、行政法规设定的“其他行政处罚”，如“责令停业整顿”“责令停止招生”“责令停止接受新业务”等。之所以将这些“责令”行为归入“行政处罚”，是因为它们都以当事人的违法为前提并对违法者的一种制裁。

三是执行型。还有一些责令行为也不是行政处罚，同时也不是行政强制措施，而是属于行政强制执行。如“责令限期拆除”，它属于行政强制执行中的“期待当事人自我履行”的“催告”程序环节。因为这些责令行为的特征是命令当事人履行前一个行政决定，因而属于行政强制执行中的一部分。

（三）责令限期拆除

责令限期拆除往往适用针对违法建筑的处理。但是，关于责令限期拆除决定的本身，它大多属于在实施行政强制执行过程中的一个程序上的“催告”，它是程序性质的行政命令。但是，作为实施强制拆除这一执行行为的基础行为，即关于“责令限期拆除”的决定，到底属于什么，已有法律将它定义为“行政处罚”。如《土地管理法》〔2004〕第八十三条规定：“依照本法规定，责令限期拆除在非法占用的土地上新建的建筑物和其他设施的，建设单位或者个人必须立即停止施工，自行拆除；对继续施工的，作出处罚决定的机关有权制止。建设单位或者个人对责令限期拆除的行政处罚决定不服的，可以在接到责令限期拆除决定之日起十五日内，向人民法院起诉；期满不起诉又不自行拆除的，由作出处罚决定的机关依法申请人民法院强制执行，费用由违法者承担。”因此在现实法律制度中，我们不妨还是将“责令限期拆除”的基础决定按行政处罚决定对待。

但是作者以为，从理论上说，“责令限期拆除”应当属于以“纠正违法”“恢复原状”为特征的“行政命令”行为。它不具有惩罚性，而是要求纠正或者停止违法的一种命令。这种行为存在的法理基础是：任何违法行为者不仅要接受行政处罚，而且必须履行纠正违法的义务，我们不得用行政处罚责任来代替纠正违法的法定义务。

（四）责令补种盗伐株数 10 倍的树木

根据《森林法实施条例》〔2000〕第三十八条规定，县级以上人民政府林业主管部门可以责令盗伐森林或者其他林木的当事人补种盗伐株数 10 倍的树木。这里，“责令补种盗伐株数 10 倍的树木”是否属于“其他行政处罚”，这也是值得讨论的。

作者以为，“责令补种盗伐株数 10 倍的树木”应当属于行政处罚。理由是：①它以当事人行为的违法（盗伐树木）为前提；②“责令补种盗伐株数 10 倍的树木”并不是一种等价修复，而具有惩罚性，补种盗伐株数 10 倍的树木本身就反映了一种“非对价性”。正因为这样，假如行政机关责令当事人不是“补种盗伐株数 10 倍的树木”，而是责令当事人“补种盗伐株数相等的树木”，那便不是行政处罚，而是属于责任纠正违法的行政命令行为。

（五）收回土地使用权

国家土地使用权经出让或者转让使公民、法人或者其他组织获得土地使用权的，事后行政主管部门“收回土地使用权”，这种情况时有发生。行政主管部门事后向公民、法人或者其他组织“收回土地使用权”，主要发生在三种情况下：

第一种情况，原给予当事人土地使用权不合法（当事人骗取批准或者行政机关违反法律规定），“收回土地使用权”属于纠错行为，它属于行政行为的“撤回”范畴。

第二种情况，原给予当事人土地使用权合法，现为了公共利益的需要而提前收回。这时，“收回土地使用权”其实是“行政征收决定”，应当依法给予补偿。

第三种情况，是根据《土地管理法》〔2004〕第三十七条、《城市房地产管理法》〔2007〕第二十六条和《城镇国有土地使用权出让和转让暂行条例》〔1990〕第十七条规定，当事人受让国有土地使用权后，“未经原批准机关同意，连续二年未使用的”，土地管理部门有权收回土地使用权。这种情况下“收回土地使用权”，属于行政处罚。理由是：

（1）它以当事人的行为违法（未经原批准机关同意，连续2年未使用）为前提，土地主管部门“收回土地使用权”是对当事人违法行为的一种惩罚，具有制裁性。

（2）法规和有关部门已经解释了这种行为的性质。《城镇国有土地使用权出让和转让暂行条例》〔1990〕第十七条和1994年国家土地管理局对辽宁省土地管理局的请求答复中已经表明：这种情况下的“收回土地使用权”属于行政处罚。最高人民法院也持同一态度。见“烟台长城科工贸（集团）公司诉烟台市国土资源局土地行政处罚决定案”（最高人民法院判决书，（2001）行终字第10号，法公布〔2002〕第79号）；“武汉兴松房地产开发有限公司诉武汉市国土资源局案”（最高人民法院行政判决书〔2002〕行终字第7号，法公布〔2003〕第47号）。

（六）限制业务和市场禁入

我国有关法律和法规规定，行政机关可以对金融违法行为人作出“限制业务和市场禁入”方面的决定。例如：《证券法》〔2005〕第二百三十三条规定：“违反法律、行政法规或者国务院证券监督管理机构的有关规定，情节严重的，国务院证券监督管理机构可以对有关责任人员采取证券市场禁入的措施。前款所称证券市场禁入是指在一定期限内直至终身不得从事证券业务或者不得担任上市公司董事、监事、高级管理人员的制度。”《保险法》〔2009〕第一百六十二条：“保险公司有本法第一百一十六条规定行为之一的，由保险监督管理机构责令改正，处五万元以上三十万元以下的罚款；情节严重的，限制其业务范围、责令停止接受新业务或者吊销业务许可证。”

行政机关对当事人作出“限制业务范围”和“市场禁入”方面的行政决定，是否属于“其他行政处罚”？我们的答案是肯定的。因为这种行为完全符合行政处罚的法律特征。

（七）缩短外国人停留的期限、取消居留资格、限期出境或者驱逐出境

我国有关法律规定了公安机关对外国人可以作出缩短外国人停留的期限、取消居留资格、限期出境或者驱逐出境等方面的行政决定。例如：

——《出境入境管理法》〔2012〕第八十一条规定：“外国人从事与停留居留事由不相符的活动，或者有其他违反中国法律、法规规定，不适宜在中国境内继续停留居留情形的，可以处限期出境。外国人违反本法规定，情节严重，尚不构成犯罪的，公安部可以处驱逐出境。公安部的处罚决定为最终决定。被驱逐出境的外国人，自被驱逐出境之日起十年内不准入境。”

——《治安管理处罚法》〔2013〕第十条规定：“治安管理处罚的种类分为：（一）警告；（二）罚款；（三）行政拘留；（四）吊销公安机关发放的许可证。对违反治安管理的外国人，可以附加适用限期出境或者驱逐出境。”

——《防震减灾法》〔1997〕第八十六条规定：“违反本法规定，外国的组织或者个人未经批准，在中华人民共和国领域和中华人民共和国管辖的其他海域从事地震监测活动的，由国务院地震工作主管部门责令停止违法行为，没收监测成果和监测设施，并处一万元以上十万元以下的罚款；情节严重的，并处十万元以上五十万元以下的罚款。外国人有前款规定行为的，除依照前款规定处罚外，还应当依照外国人入境出境管理法律的规定缩短其在中华人民共和国停留的期限或者取消其在中华人民共和国居留的资格；情节严重的，限期出境或者驱逐出境。”

这类行为是否属于“其他行政处罚”同样值得讨论。我们的答案是肯定的，理由是：行政机关对违反我国法律的有关外国人作出“缩短外国人停留的期限、取消居留资格、限期出

境或者驱逐出境”等方面的行政决定，完全符合行政处罚的法律特征；再则，我国有关法律（出境入境管理法）已明文表明了这一行为的。

577. 问：行政主体做出行政行为“案卷”外证据可在行政行为作出后搜集和提出吗？

答：《行政诉讼法》第四十条规定：人民法院“不得为证明行政行为的合法性调取被告作出行政行为时未收集的证据”。这一规定既是案卷主义的要求，也是中立原则的要求。根据行政诉讼法的规定，行政行为合法性举证责任由被告承担。受“先取证，后裁决”规则的约束，被告提供的旨在证明行政行为合法性的证据只能限于其在作出行政行为时已经收集的证据。人民法院在审查被诉行政行为合法性时，同样受案卷主义的约束，既不能接受被告在作出行政行为时未收集的证据，也不能为了证明行政行为的合法性调取被告作出行政行为时未收集的证据。如果被诉行政行为是在没有证据或者证据不足的情况下作出的，该行政行为就已经构成违法。但是，行政诉讼的证明对象具有多样性，行政诉讼证据也绝不仅仅限于证明行政行为合法性的证据，那些行政行为“案卷”以外的证据就可以在行政行为作出后搜集和提出，包括起诉条件在内的那些诉讼程序事实，人民法院就可以依职权调取。

578. 问：最高法关于行政机关申请人民法院强制执行前催告当事人履行义务的时间问题是如何规定的？

答：即当事人在行政决定所确定的履行期限届满后仍未履行义务的，行政机关即可催告当事人履行义务。行政机关既可以在行政复议和行政诉讼期限届满后实施催告，也可以在行政复议和行政诉讼期限届满之前实施催告。

579. 问：复议前置案件经过复议程序实体处理才能视为经过复议吗？

答：根据前述批复，《行政复议法》第三十条第一款规定的需要复议前置的案件，仅限于政府对自然资源权属纠纷作出确权处理决定的行政裁决案件，不包括颁发自然资源权属证书的案件，也不包括对自然资源所有权、使用权作出行政处罚、行政强制措施、行政强制执行等行为的案件。《最高人民法院关于适用〈中华人民共和国行政诉讼法〉的解释》第五十六条第一款规定，法律、法规规定应当先申请复议，公民、法人或者其他组织未申请复议直接提起诉讼的，人民法院裁定不予立案。复议前置案件经过复议程序实体处理，才能视为经过复议。复议机关对复议申请不予答复，或作出程序性驳回复议申请的决定，不能视为已经经过复议，未经复议当然不能直接对原行政行为提起行政诉讼。行政复议前置案件，复议机关不予答复、作出程序性驳回复议申请决定，当事人只能对复议机关的不予答复、不予受理行为依法提起行政诉讼，无权直接起诉原行政行为。

580. 问：行政协议争议属不属于行政复议的受理范围？

答：根据《行政复议法》有关受理范围的相关规定，行政协议目前尚未纳入行政复议的受理范围。《行政复议法》第二条规定：“公民、法人或者其他组织认为具体行政行为侵犯其合法权益，向行政机关提出行政复议申请，行政机关受理行政复议申请、作出行政复议决定，适用本法。”据此，公民、法人或者其他组织认为具体行政行为侵犯其合法权益，有权向行政机关提出行政复议申请。从行政复议与行政诉讼衔接关系来看，一般情况下，属于行政诉讼受案范围的行政争议，均属于行政复议受理范围。虽然《行政复议法》和《行政复议法实施条例》均未明确规定行政协议争议属于行政复议受理范围，但《行政复议法》第六条第十一项对行政复议的受案范围作出了兜底规定：“有下列情形之一的，公民、法人或者他组织可以依照本法申请行政复议：……（十一）认为行政机关的其他具体行政行为侵犯其合法权益的。”

581.问:复议机关不作为时如何起诉?

答:复议机关的不作为行为既包括逾期未作出复议决定的消极不作为,也包括以明示方式不予受理的积极不作为。在复议机关不予受理复议申请的情况下,当事人有两种法律救济手段可以选择,一是直接起诉原行政行为,二是起诉复议机关不作为。但该两种救济手段不能同时进行,而应选择其一。这是因为,直接起诉原行政行为,目的是要求人民法院对原行政行为的合法性作出认定和处理;起诉复议机关不作为,直接的诉求虽然是要求人民法院撤销不予受理复议申请的决定,但撤销不予受理复议申请决定的效果,则必然导致复议机关同样要对原行政行为的合法性作出认定和处理。如果同时起诉原行政行为和复议机关不作为,就会违反一事不再理原则,造成人民法院和复议机关的重复劳动。更为重要的是,这样做还违反了司法最终原则。该原则决定了行政复议和行政诉讼应当是一种先后关系,而不能针对同一个争议同时进行这两种法律程序。因此《最高人民法院关于适用〈中华人民共和国行政诉讼法〉的解释》第五十七条规定:"法律法规未规定行政复议为提起行政诉讼必经程序,公民、法人或者其他组织既提起诉讼又申请行政复议的,由先立案的机关管辖;同时立案的,由公民、法人或者其他组织选择。公民、法人或者其他组织已经申请行政复议,在法定复议期限内又向人民法院提起诉讼的,人民法院裁定不予立案。"当事人同时起诉不予受理复议决定和原行政行为的,受诉人民法院应当引导当事人起诉原行政行为。因为可能对当事人合法权益造成侵害的,实质上仍是原行政机关的行政行为或者不作为,并且直接起诉原行政行为还有利于从根本上解决行政争议。

582.问:责令限期拆除属于行政命令行为?

答:第一,我们认为,限期拆除决定既不是行政强制,也不是行政处罚,而应当属于行政命令范畴。首先,《行政强制法》第二条第二款规定:"行政强制措施是指行政机关在行政管理过程中,为制止违法行为、防止证据损毁、避免危害发生、控制危险扩大等情形,依法对公民的人身自由实施暂时性限制,或者对公民、法人或者其他组织的财物实施暂时性控制的行为。"根据该规定,可知《城乡规划法》上的"责令限期拆除"不是对违法建筑实施的"暂时性控制"的中间行为,而是可以发生强制执行的终局性行政行为,不符合行政强制措施的法律特征。《行政强制法》第二条第三款规定,行政强制执行,是指行政机关或者行政机关申请人民法院,对不履行行政决定的公民、法人或者其他组织,依法强制履行义务的行为。由于《行政强制法》第四十四条规定的强制拆除违法建筑针对的是当事人在法定期限内不申请复议或者提起行政诉讼又不拆除的情况,因此,强制拆除行为对应的基础行为应当是责令限期拆除决定,强制执行决定必须依据行政决定作出,所以责令限期拆除与强制执行之间是基础行政行为与执行行为的关系,责令限期拆除决定不是行政强制执行。第二,责令限期拆除也不是行政处罚,惩罚性是行政处罚的典型特点之一,是通过给违法相对人合法的权利或者权益造成损害来达到惩罚的目的。但责令限期拆除是限期恢复到违法前的状态,本身并不具有惩戒性。行政机关责令当事人限期拆除违法建筑物或者构筑物,目的是恢复城市规划管理至原有的合法状态,行政相对人并未在人身或者财产方面受到任何制裁,该责任形式属于公法上的恢复原状,不具有行政处罚惩罚性的特征,故责令限期拆除不属于行政处罚。最后,责令限期拆除的法律属性应当是行政命令,《环境行政处罚办法》第十二条的规定,根据环境保护法律、行政法规和部门规章,责令改正或者限期改正违法行为的行政命令的具体形式有:……(六)责令限期拆除。该条第二款同时规定,根据最高人民法院关于行政行为种类和规范行政案件案由的规定,行政命令不属行政处罚。行政命令不适用行政处罚程序的规定。责令类行政行为以行政命令的形式体现,不具有制裁性。违法建筑物只有在符合法律规定并采取补救措施的情况下才能合法化,否则违法状态始终存在,消除违法状态本身不是一种惩戒,而是恢复原有的法律秩序,责令限期拆除的目的恰恰不是为了惩戒行为人,而是对违法建筑物的一种处置,这种处置是通过向相对人发出一定的行政命令实现的。据此,责令限期拆除应界定为行政命令行为。

583.问:责令改正与行政处罚有什么区别?

答:第一,行政处罚是行政主体对违反行政管理秩序的行为依法定程序所给予的法律制裁;而责令改正或限期改正违法行为是指行政机关在实施行政处罚的过程中对违法行为人发出的一种作为命令。第二,两者性质、内容不同。行政处罚是法律制裁,是对违法行为人的人身自由、财产权利的限制和剥夺,是对违法行为人精神和声誉造成损害的惩戒;而责令改正或者限期改正违法行为,其本身并不是制裁,只是要求违法行为人履行法定义务,停止违法行为,消除不良后果,恢复原状。第三,两者的规制角度不同。行政处罚是从惩戒的角度,对行政相对人科处新的义务,以告诫违法行为人不得再违法,否则将受罚;而责令改正或者限期改正则是命令违法行为人履行既有的法定义务,纠正违法,恢复原状。第四,两者形式不同。行政处罚法第八条规定了行政处罚的具体种类,具体有:警告,罚款,没收违法所得、非法财物,责令停产停业,暂扣或者吊销许可证、执照和行政拘留等;而责令改正或者限期改正违法行为,因各种具体违法行为不同而分别表现为停止违法行为、责令退还、责令赔偿、责令改正、限期拆除等形式。

584.问:行政法中的没收违法所得如何理解?

答:没收违法所得是我国《行政处罚法》所规定的处罚种类之一,其功能在于剥夺非法收益。从行政处罚的功能是“惩戒”这一角度出发,没收违法所得不具有惩戒功能,因而不应认定为行政处罚,而是独立的具体行政行为类型。在没收违法所得与行政处罚的关系上,应构建以罚款为主的行政处罚制度,而将没收违法所得作为行政处罚制度的补充。在违法所得的认定标准上,应当坚持违法所得是非法收益这一标准,扣除合理的支出或成本。此外,没收违法所得的适用对象应广于行政处罚,在程序上,没收违法所得应遵守说明理由制度和听取意见制度,且在一定条件下也可以适用简易程序。

没收违法所得,是一个被公众广泛知晓的法律术语。《行政处罚法》第九条将“没收违法所得”明确为行政处罚的种类之一。在学理上,“没收违法所得”和“没收非法财物”统称为“没收”,没收和罚款均属于“财产罚”的范畴。作为追究违法行为人的一种法律手段,没收违法所得在立法上频繁出现。

(一)没收违法所得的适用对象

就没收违法所得的适用对象而言,主要存在着两个方面的争议:

一是违法行为人有违法所得,但违法行为人依法应当不予处罚的,违法所得是否应当没收。根据《行政处罚法》的规定,不满十四周岁的人有违法行为,以及精神病人在不能辨认或者不能控制自己行为时有违法行为的,不予行政处罚。那么,依法应当不予行政处罚的人有违法行为且有违法所得的,该违法所得是否应当予以没收呢?

二是没收的“违法所得”所属主体是否仅限于违法行为人。换言之,如果违法行为人导致他人获益的,他人所得是否属于“违法所得”?是否也应没收呢?我们以证券市场中常见的违法行为为例。证券从业人员赵某违规为顾某操作，为顾某获益30余万元，赵某未收取报酬。对于顾某所获得的收益，是否应当认定为“违法所得”以及是否应当没收呢？

（二）没收违法所得的程序

对于没收违法所得的程序，也存在着广泛的争议，并集中体现为以下两点：

一是没收违法所得是否可以适用简易程序？对于这一问题，单就法律规定来看，是非常清楚的。根据《行政处罚法》的规定，只有在同时符合两个条件时，才可以“当场作出行政处罚决定”，即适用简易程序。这两个条件分别是“违法事实确凿并有法定依据”和“对公民处以五十元以下、对法人或者其他组织处以一千元以下罚款或者警告的行政处罚”。其中，条件二明确了适用简易程序的处罚种类只能是“罚款或警告”。法律规定虽然十分清晰，但争议在于，当违法所得金额非常小时，如果不能适用简易程序，则将明显提高行政执法成本和降低执法效率，其正当性值得商榷。

二是违法所得是否可以适用“听证”程序？这一争议涉及我国法律上一直悬而未决的问题，即立法条文中经常出现的“等”的含义应当作何理解——所谓“等内等”和“等外等”的问题。《行政处罚法》规定行政机关应当告知当事人享有听证权的范围是“责令停产停业、吊销许可证或者执照、较大数额罚款等行政处罚”，而其他对于当事人存在着较大影响的行政处罚案件是否适用听证程序，则莫衷一是。实务中的大多数案件均是按照“等内等”来执行，即对于明确列举之外的其他类型的行政处罚案件，不适用听证程序。

（三）违法所得的认定标准

《行政处罚法》未规定“违法所得”的确定标准，亦未对“违法所得”进行界定。由此导致的后果就是，“由于确定标准不一、违法行为社会危害程度各异，加之不同行政管理领域管理惯例不同等原因，不同行政机关对违法所得的认定存在明显差异。”而在实践中，违法所得的认定标准问题更是争议不断。如在“湖北吴都银河农资有限公司诉鄂州市农业委员会行政处罚案”中，原告认为“违法所得数额是指生产、销售伪劣产品获利的数额”，而被告则主张，根据农业部《关于认定违法所得问题的复函》的规定，“种子案件的‘违法所得’，是指违反《种子法》的规定，从事种子生产、经营活动取得的销售收入”。类似的争议在其他领域也广泛存在。

585.问：关于当事人在起诉期限届满后另行提起不履行法定职责之诉能否受理问题？

答：人民法院在行政审判中一般不宜直接认定民事合同的效力，当事人认为行政行为依据的民事合同无效或者应当撤销的，应当通过民事诉讼途径解决；符合《行政诉讼法》第六十一条规定条件的，当事人也可以申请人民法院一并解决相关民事争议。

公民、法人和其他组织在起诉期限届满后，又以行政机关拒绝改变原行政行为为由，起诉行政机关不履行法定职责的，人民法院一般不予受理。但法律规范明确规定行政机关在出现新的证据等法定事由后应当改变原行政行为的除外。

586.问：为防洪而强拆房屋可不适用强制法的相关规定吗？

答：《行政强制法》第三条第二款已明确行政机关在应对突发事件时采取应急措施或者临时措施，依照有关法律、行政法规的规定执行，故水行政主管部门适用《防洪法》第四十五条第一款规定强制拆除涉案房屋，而不适用《行政强制法》第十八条、第十九条等关于行政强制实施程序的一般规定，具有合理性。另，《防洪法》第四十五条第二款规定：依照前款规定调用的物资、设备、交通运输工具等，在汛期结束后应当及时归还；造成损坏或者无法归还的，按照国务院有关规定给予适当补偿或者作其他处理。

587. 问：处罚决定笔误纠错需不需完成所有的行政程序？

答：行政机关重新作出处罚决定时不需完成所有的行政程序。

588. 问：行政处罚加处罚款能否减免问题？

答：《行政强制法》第四十二条第一款规定：实施行政强制执行，行政机关可以在不损害公共利益和他人合法权益的情况下，与当事人达成执行协议。执行协议可以约定分阶段履行；当事人采取补救措施的，可以减免加处的罚款或者滞纳金。该规定中"实施行政强制执行"，包括行政机关自行强制执行，也包括行政机关申请法院强制执行。人民法院受理行政强制执行申请后，行政机关不宜减免加处的罚款。

589. 问：实施《行政强制法》应当注意的十个问题？

答：《行政强制法》是继《行政处罚法》《行政许可法》之后又一部规范行政权的重要法律。它的制定和实施，是中国特色社会主义法律体系的重大完善，对保护公民、法人和其他组织合法权益，促进行政机关依法行政和法治政府建设，具有十分重要的意义。这部法律较好地实现了公民权利保护和行政管理效率的平衡、行政权与司法权的平衡，规范了行政机关强制执行的种类和程序，并且对行政机关申请人民法院强制执行的申请期限、审查原则、审查期限、催告程序等问题作了新的规定。审判实践中，对该法与原有相关法律规范的衔接问题仍有不少模糊之处，需要进一步予以明确。

（1）《行政强制法》生效前行政决定的申请期限问题。

根据《行政强制法》第五十三条规定，行政机关申请人民法院强制执行的期限为行政决定起诉期限届满之日起 3 个月内；而最高人民法院《关于执行〈中华人民共和国行政诉讼法〉若干问题的解释》（简称《若干问题解释》）第八十八条规定，行政机关申请人民法院强制执行其具体行政行为，应当自被执行人的法定起诉期限届满之日起 180 日内提出。逾期申请的，除有正当理由外，人民法院不予受理。因此，在 2012 年 1 月 1 日后，行政机关申请人民法院强制执行的期限，应当按照《行政强制法》所规定的 3 个月期限执行。但对行政机关在 2012 年 1 月 1 日前生效的行政决定的申请期限问题，究竟是应当按 180 日的期限执行，还是按 3 个月的期限执行，存有不同意见。第一种意见认为，根据法不溯及既往原则，对于 2012 年 1 月 1 日前生效的行政决定，且行政机关在 2012 年 1 月 1 日之后向人民法院申请强制执行的，都应当适用《若干问题解释》中 180 天的规定。第二种意见认为，行政机关申请人民法院强制执行是一个程序问题，因此应当本着"实体从旧、程序从新"的原则适用行政强制法的规定，一律按 3 个月期限来确定。第三种意见认为，应将 2012 年 1 月 1 日前生效的行政决定区分不同情况：对于行政决定的申请期限在 2012 年 1 月 1 日前开始计算的，应当适用 180 天的规定；对于 2012 年 1 月 1 日后开始计算的，应当适用 3 个月的规定。作者认为，行政机关申请人民法院强制执行的前提，是行政管理相对人在法定期限内不申请行政复议或者提起行政诉讼；在此期限届满后，行政机关方取得申请权，此时才产生申请期限问题。因此，应当以《行政强制法》施行的时间点来进行判断。如果行政管理相对人申请复议或者提起诉讼的期限在 2012 年 1 月 1 日前已经届满，应当认为行政机关已经取得申请权，也就相应地依照《若干问题解释》的规定取得了 180 日的申请期限。即使行政机关是在 2012 年 1 月 1 日后才提出强制执行申请，也应当认可 180 日的申请期限。但如果行政管理相对人申请复议或者提起诉讼的期限在 2012 年 1 月 1 日前仍未届满，行政机关尚未取得申请权,则是在行政强制法生效后才取得申请权,而由于此时《若干问题解释》规定的180日期限已经不能再继续执行,只能按照《行政强制法》的规定确定行政机关具有3个月的申请期限。同时,从权利形成的角度来看,行政机关的申请执行权并不宜简单认定为是程序性问题,更多是实体问题而衍生出的实体法律问题,因此不能简单套用"实体从旧、程序从新"的法律适用原则。当然如果进一步细化,还可以再进一步规定:被执行人的法定期限在2012年1月1日前届满的,行政机关可以依据《若干问题解释》第八十八条的规定自被执行人的法定期限届满之日起180日内申请人民法院强制执行。但在2012年1月1日后180日的期限尚剩余时间超过3个月的,按3个月计。剩余时间不超过3个月的,按实际剩余天数计算。但作者认为,为便于执行,不宜再作如此复杂的规定。

(2)3个月申请期限的性质问题。

《若干问题解释》第八十八条的规定,实际上承认了对行政机关有正当理由的逾期申请,人民法院仍应受理。这一例外规定,有利于确保生效行政决定的强制执行,也受到不少行政机关的欢迎。但在《行政强制法》制定过程中,有人认为,与民事权利主体申请人民法院强制执行不同,行政决定是代表国家作出的,具有公权力性质。行政决定作出后,当事人不主动履行且行政机关也无强制执行权的,该行政机关就应当尽快申请法院强制执行。这既有助于提高行政管理效率,尽快稳定行政法律关系,也是行政机关履行自身职责的一个重要标志。因此,为了给行政机关增加压力,提高其行政管理效率和水平,督促其尽快履行申请法院强制执行的职责,维护公共利益,防止久拖不决,甚至是故意拖延申请强制执行,行政机关应在一个不变的期间内向法院申请强制执行,不应当给其逾期申请的机会。因此,《行政强制法》第五十三条规定的3个月期限即为除斥期间,没有中止、中断之说。即从起算点算起,行政机关必须在3个月内提出申请,逾期提出申请的,人民法院均应不予受理。作者认为,《行政强制法》将3个月期限确定为不可变期间固然有其积极意义,但此规定是否过于激进、是否符合当前行政管理的国情,尚有待实践去回答。

(3)权利人的申请资格问题。

行政机关不申请强制执行,生效行政决定所确定的权利人能否代替行政机关作出申请,《行政强制法》没有作出明确规定。《若干问题解释》第九十条规定,行政机关根据法律的授权对平等主体之间的民事争议作出裁决后,当事人在法定期限内不起诉又不履行,作出裁决的行政机关在申请执行的期限内未申请人民法院强制执行的,生效具体行政行为确定的权利人或者其继承人、权利承受人在90日内可以申请人民法院强制执行。享有权利的公民、法人或者其他组织申请人民法院强制执行具体行政行为,参照行政机关申请人民法院强制执行具体行政行为的规定。司法解释的上述规定,实际上赋予了权利人直接申请人民法院强制执行的权利,目的即在于防止行政机关消极怠工,或因各种原因故意不申请执行,而导致权利人合法权益无法落实。比如,拆迁人与被拆迁人因安置补偿金额问题发生争议,拆迁人申请建设行政主管部门裁决,后建设行政主管部门作出了拆迁安置补偿裁决,决定拆迁人依法支付一定金额的安置和补偿费用,同时要求被拆迁人将房屋拆除,逾期将申请人民法院强制拆迁。拆迁人依法支付了安置补偿费用后,被拆迁人仍拒绝搬迁。而建设行政主管部门因各种原因也不申请人民法院强制执行。根据上述司法解释的规定,拆迁人作为拆迁裁决所确定的权利人在行政机关不依法申请执行的前提下,可以在一定期限内自行申请人民法院强制执行。法院依法受理后也可以作出准予强制执行的裁定。但这样的制度设计存在以下问题：一是在行政诉讼法没有规定的情况下，最高法院的司法解释是否适宜突破并创设新的机制？二是这样的制度设计表面上保护了权利人的权利，但却又有纵容行政机关放弃职守之嫌。行政机关的权力既是其职责，更是其义务。申请人民法院强制执行权是行政机关的一项重要职权和职责，更是其应尽的义务。若制度设计认可行政机关放弃职守而不承担责任，而转由权利人行使本属行政机关的申请权，实际上默许了行政机关放弃职责。三是人民法院认可权利人的申请权并受理此类案件，将在审查中存在不少操作困难。比如证据材料的收集、行政机关的配合、被执行人异议的处理。因此，作者认为，行政机关代表国家作出行政决定之后，也必须保证行政决定得到实施。在《行政强制法》实施后，行政机关应当是能够申请人民法院强制执行的唯一主体，人民法院似乎不宜再继续受理权利人直接申请的执行。从《行政强制法》将 3 个月申请期限定性为除斥期间这一点上看，《行政强制法》的立法本意正是在于强化对行政机关申请权的监督和督促。当然，为了更好地保护生效行政决定所确定的权利人的利益得以实现，权利人可以在申请期限内要求、督促行政机关履行申请执行的义务。如果因行政机关不申请而导致行政决定无法得到实施，则权利人可以另行起诉行政机关不依法履行法定职责。行政机关怠于行使申请权或者因其过错未及时申请给权利人造成损失的，则应当依法承担相应的赔偿责任。行政机关的上级机关或者监察机关，还应对不履行申请职责的负责人或主要责任人依法追究行政责任或者追偿责任。我们有理由相信，只要真正落实现已存在的严密的责任体系，就可以较好地解决行政机关不申请执行生效决定的问题。

(4)法院对强制执行申请的审查原则问题。

人民法院对行政机关强制执行的申请究竟应当是形式审查还是实质审查，一直存有较大的争议。所谓形式审查，通常理解为，申请执行人对所提交的材料的真实性负责，人民法院只是对申请人提交的材料是否齐全、是否符合法律规定的形式进行审查。只要符合了这两个条件，人民法院就应裁定执行。而所谓实质审查，是指人民法院对行政机关强制执行申请是否具备法定条件，提交的材料是否真实、有效、合法、完整，是否符合国家法律、法规和政策规定等进行全面审查。坚持形式审查原则的观点认为，行政机关申请人民法院强制执行的前提，通常是行政管理相对人已经放弃了申请复议权和起诉权，行政决定已经发生了实质上的确定力和不可争力，此时人民法院仅仅是一个执行机关，对于行政机关的申请进行审查时，只要简单地走一个过场，直接裁定准予执行即可。因此，人民法院只需要从形式看行政机关的申请是否符合条件、申请材料是否齐全即可。而坚持实质审查的观点认为，确立人民法院受理行政机关强制执行申请的本意，一方面是为了限制行政机关直接行使行政强制权，另一方面也是为借助于人民法院中立、客观的地位对行政决定的合法性进行审查和监督。目前，总体而言，不论是行政机关的执法水平还是相对人的法律素养都仍有较大提升空间，有相当一部分已经生效的行政决定仍存在违法之处；且相对人不申请复议或者提起诉讼，有的不是因为接受这样的行政决定，而是其他各种复杂的原因造成的。因此，人民法院对行政机关的非诉强制执行申请应当进行实质性审查；对行政决定的合法性进行全面审查，即使相对人没有提出，行政决定只要有违法之处就应一律裁定不予执行。行政强制法最终确定的非诉强制执行的审查原则是书面审查原则。所谓书面审查，是指人民法院对于行政机关强制执行的申请能否成立、是否应当裁定准予执行，仅针对行政机关提供的书面材料进行审查。如行政机关提供的书面材料能够证明其申请强制执行符合法定条件，能够证明申请执行的行政决定合法,则人民法院应当及时作出执行裁定。但如果行政机关提供的书面材料不能证明其申请符合条件或者不能证明申请执行的行政决定合法,则人民法院就可能裁定不予强制执行,或者进一步通过《行政强制法》第五十八条规定的程序,听取被执行人和行政机关的意见。作者认为,《行政强制法》所确立的书面审查,既不是形式审查,也不是实质审查,而是介于形式审查和实质审查之间的一种审查。书面审查与形式审查的区别在于,形式审查只是从材料的形式上进行审查,看是否具备相应的材料,对于材料所记载内容的真实性、合法性和关联性不作进一步判断,而是推定为真实的、合法的且已经完全能够证明行政机关的主张;而书面审查除了审查是否具备法定的形式要件、是否从形式上满足了《行政强制法》的相关规定,更重要的是,还必须审查行政机关提供的书面材料是否真实、合法,所记载的内容能否证明行政机关的主张,行政机关认定的事实、适用的法律依据表面上能否成立。书面审查与实质审查的区别在于,后者通常是按照诉讼程序进行的,要全面审查行政机关是否有法定职权、行政决定认定的事实能否成立、证据是否充分、行政决定程序是否合法、引用法律规范是否全面准确、行政决定是否正当、是否构成滥用自由裁量权等;而书面审查通常一般限于是否有法定职权、事实是否成立等方面;对是否严格遵守了行政程序、行政决定是否适当、是否全面准确地引用了法律规范等由于相对人放弃的复议和诉讼的权利,视为已经接受,一般不作审查或者只作简单的审查。一般认为,书面审查中只有在出现了案卷表面错误的情况时,才会进一步进行全面的审查。如没有案卷表面错误则可以裁定予以执行。所谓案卷表面错误,按英美法系的理解,是指行政机关作出行政行为时的各种材料、文件、有关证据和理由说明及相对人提出的申请书、有关陈述和说明(统称行政案卷),显示出明显的法律错误和使行政决定或裁决不能成立的事实错误。《行政强制法》第五十七条规定,人民法院对行政机关的执行申请只进行书面审查,但在书面审查过程中,发现行政决定明显缺乏事实根据,或者明显缺乏法律、法规依据,以及其他明显违法并损害被执行人合法权益的,在作出裁定前可以听取被执行人和行政机关的意见。听取意见后,如果认定行政决定不构成明显缺乏事实根据,明显缺乏法律、法规依据或者其他明显违法并损害被执行人合法权益的情形的,应当在三十日内作出执行裁定;如果认定行政决定明显缺乏事实根据,明显缺乏法律、法规依据或者其他明显违法并损害被执行人合法权益的,应当在三十日内作出不予执行的裁定,并加附理由,在裁定作出后五日内送达行政机关。从以上规定可以看出,人民法院对行政机关的执行申请除进行书面审查外,还可以主动地进行实质审查。

(5)法院受理后的审查期限问题。

《行政强制法》第五十七条规定,法院对行政机关强制执行的申请进行书面审查,并自受理之日起七个工作日内作出执行裁定。实践中,不少法院认为七个工作日的审查期限过短。对于一些人员众多、涉及面广、情况复杂、矛盾激烈的案件,特别是拆迁类案件,如仓促作出结论极易影响社会和谐稳定;且要求人民法院在七日的审查期限内就作出决定,既不利于法院作协调化解工作,也不符合法院审查实践。因而不少法院主张,对于重大、复杂、可能影响社会稳定的案件,法院的审查期限可以比照第五十八条的规定延长至三十日。同时,协调化解等工作的时间应当从三十日内扣除。作者认为,人民法院对非诉行政强制执行申请的审查期限与人民法院的审查模式直接相关。如果人民法院只是形式审查,那么审查期限就可以规定很短;如果不仅仅是形式审查,那么就不宜简单地规定一个很短的且不能延长的期限。人民法院在审查时,也可以依法灵活采取不计算审查期限、延长审查期限的措施。比如最高人民法院《关于审理涉及农村集体土地行政案件若干问题的规定》第十三条规定,在审理土地行政案件中,人民法院经当事人同意进行协调的期间,不计算在审理期限内。当事人不同意继续协商的,人民法院应当及时审理,并恢复计算审理期限。《最高人民法院关于办理申请人民法院强制执行国有土地上房屋征收补偿决定案件若干问题的规定》第四条规定,人民法院应当自立案之日起三十日内作出是否准予执行的裁定;有特殊情况需要延长审查期限的,由高级人民法院批准。这些司法解释,实际上都是参考《行政诉讼法》有关审理期限的规定。《行政强制法》虽然对审查期限规定了较为严格的期限,但在法律没有禁止延长审查期限规定的情况下,人民法院在非诉审查时都可以参考。法院在审查和执行时,可以根据实际需要,不计算审查期限或者延长审查期限。法院在根据《行政强制法》第五十七条规定进行书面审查时,如认为案件疑难复杂,行政决定可能存在明显缺乏事实根据或者明显缺乏法律、法规依据,以及其他明显违法并损害被执行人合法权益的,应当依据第五十八条的规定进行审查,并可自受理之日起三十日内作出是否执行的裁定。当事人均同意就执行问题进行协商和解的期间,也可不计算在审查期限内。特殊情况需要延长审查期限的,办理相关批准手续即可。

(6)催告程序的适用问题。

《行政强制法》新增加了催告程序。催告程序,是指义务人在行政决定所确定的履行义务期限届满后仍不自动履行义务时,行政机关书面通知义务人应立即履行义务,并告之如义务人仍不履行义务将面临的不利后果和强制执行的方式。催告书是否仍然应当为义务人重新设定一个自动履行的期限,《行政强制法》没有作出明确规定。作者认为,行政机关有权根据义务的性质及强制执行的紧迫程度,自行决定是否还需要另行确定催告履行期限。需要说明的是,对催告书应当何时送达、催告书送达日期与相对人提起复议和诉讼的期限是何种关系,《行政强制法》并没有明确规定。一般认为,只要在行政决定所确定的履行期限届满后,相对人仍未履行义务的,行政机关就可以催告自动履行。也就是说,催告书送达时间与法定的复议或诉讼期限没有关系。行政机关既可以在法定的复议或起诉期限届满后申请强制执行,也可以在后两者未届满之前实施催告程序,送达催告书。这就与法定的复议和起诉期限可能存在以下两种关系:一是催告书送达时,相对人申请复议或者提起诉讼的期限仍未届满。催告书届满时,如相对人申请复议或者提起行政诉讼的期限仍未届满,行政机关则应等后者期限届满后才能申请强制执行;如催告书期限届满,相对人申请复议或者提起行政诉讼的期限也已届满,则行政机关可以立即申请强制执行。由于行政机关在复议或者提起诉讼的期限届满后 3 个月内必须申请人民法院强制执行,逾期申请即使有正当理由,人民法院将不予执行,因此催告程序完全实施完毕必须在此 3 个月之内;换言之,催告书至少必须在 3 个月期限届满前的 10 日前向义务人送达。对行政机关申请执行行政强制法生效前的行政决定,是否需要遵守催告程序也存在两种不同意见。一种意见认为,如行政机关申请执行行政强制法实施前生效的行政决定,且行政机关在该法实施后向人民法院申请强制执行的,应适用《若干问题解释》的有关规定。因此不应适用行政强制法中关于催告程序的规定。作者认为,行政强制法实施后,根据实体从旧、程序从新的原则,行政机关在 2012 年 1 月 1 日后申请执行其在行政强制法实施前生效的行政决定的,应当按照《行政强制法》第五十四条的规定先行催告,未经先行催告程序即申请人民法院强制执行的,人民法院不予受理。

(7)申请费与强制执行费用问题。

一般而言,诉讼费用包括案件受理费和在案件审理中所实际支出的费用。而强制执行的费用,是指在强制执行活动中,当事人应向人民法院交纳和支付的费用。就我国现状而言,执行费用主要包括申请执行费和实际执行费。执行费用与诉讼费用有着本质的不同。从法律性质上来说,民商事诉讼费用依据“受益者负担说”,具有补偿国家财政支出的性质;而执行费用的征收则具有惩罚不自觉履行法律文书的被执行人的性质。这种“惩罚说”决定了执行费用既不能由国家财政进行补偿,也不能完全由国家财政负担,而采取当事人自力承担的方式更具有合理性,具体来说,应该由拒不履行法律文书确定义务的被执行人承担。由于《行政强制法》已经明确取消了申请费。这也意味着被执行人(义务人)无须承担申请费,而只需承担强制执行的费用。行政机关在 2012 年 1 月 1 日后申请执行其在《行政强制法》实施前生效的行政决定,也不缴纳申请费,但强制执行的费用仍应由被执行人承担。一般来说,强制执行费用是人民法院在强制执行过程中所实际支付的费用。比如由人民法院或人民法院委托其他单位或个人进行的与本案执行有关的勘验、鉴定、评估、拍卖、变卖、仓储、保管、运输等实际支出的费用,以及法院采取强制执行措施所额外支出的费用等。

(8)已经司法判决支持的行政决定的申请执行问题。

行政相对人对生效行政决定不服,在法定期限内提起行政诉讼,经法院司法审查后,生效行政判决已经认定被诉行政决定合法,或者判决维持或者驳回原告的诉讼请求的,如果行政相对人仍然不履行行政决定所确定的义务,那么行政机关则可以申请法院强制执行。有争议的问题是,此时行政机关应当申请人民法院强制执行已经生效的行政判决,还是申请人民法院强制执行被认定合法的行政决定?传统行政行为理论认为,行政行为一经作出即产生法律效力,即具有公定力、确定力和执行力。可以说,法院的司法审查只是对行政行为合法性的再次确认,行政行为的效力本身并不依附于其后的司法审查,只要法院的行政判决没有否定行政行为的效力,没有撤销或者变更原具体行政行为,行政行为自身即具有强制执行力,应当得到法院或行政机关的执行。一个合法的行政行为的执行力本身是不需要借助法院判决的。因此,一个有效的、依法成立的行政行为在诉讼前、诉讼中以及诉讼后都应当具备强制执行力,可以依法定程序得到强制执行。总之,除非人民法院的行政判决撤销、变更了原具体行政行为的内容,只要人民法院的判决没有否定原行政行为的内容和效力,原具体行政行为就自始具有并继续具有强制执行力,这种执行力也不必要通过执行法院裁判的方式来实现。此种见解在德国和我国台湾地区已经有立法例及司法实践。如在我国台湾地区的行政诉讼制度中:(如为)驳回撤销诉讼之判决,性质上乃系争行政处分合法且可执行之确认判决,行政机关应即依行政执行法为行政执行,其执行名义,为经行政法院判决确认之行政处分,而非行政法院判决。旧法(指台湾地区旧行政诉讼法)第三十二条规定:“行政诉讼判决之执行,由‘行政法院’报请‘司法院’转‘有关机关执行’,应系指驳回撤销诉讼之判决,行政机关应即以经行政法院判决确认合法之行政处分执行名义,依‘行政执行法’为‘行政执行’,或行政处分已执行者为合法之确认而言。法条用语所谓‘行政诉讼判决之执行’,实易引起误会”。而台湾地区的林三钦教授则进一步认为,有关人民不服课税处分,提起撤销诉讼被驳回后,仍不缴纳税款时,应该是由原处分机关,以被法院维持的课税处分作为执行名义,来发动行政执行(而非由法院来进行司法上的强制执行)。之所以如此,系因为“驳回撤销诉讼”的判决并未创设任何执行名义;此类判决一方面驳回原告的撤销诉求,另一方面确认系争行政处分并未违法。因此,此类事件的执行,仅存在唯一的执行名义:被维持的原处分。唯有当法院的行政案件判决创设执行名义时(例如给付判决或撤销原处分之判决),才有可能以该判决作为执行名义,发动司法上的强制执行。因此,针对仅就驳回诉讼请求判决的强制执行问题,最高人民法院〔2008〕行他字第 24 号《关于判决驳回原告诉讼请求行政案件执行问题的答复》认为,被诉具体行政行为具有可执行内容的,人民法院作出驳回原告诉讼请求判决生效后,行政机关申请执行被诉具体行政行为的,人民法院应依法裁定准予执行,并明确执行的具体内容。由此可知,生效的行政决定在被人民法院支持后,相对人仍不自动履行义务的,行政机关应当申请人民法院强制执行生效行政决定,而不是申请执行生效裁判。鉴于该生效行政决定的合法性已经经过司法确认,人民法院原则上不再进行书面审查或者是听取当事人意见,而应直接裁定准予执行。显然,此时仍存在行政机关申请执行期限如何确定问题。作者认为,参考行政诉讼法和行政强制法的相关规定,应当认为行政机关申请强制执行权实际上是自生效的行政判决之日起的次日才开始计算,具体期限仍应按行政强制法第五十三条所确定的 3 个月申请期限为宜。

(9)立即执行问题。

《行政强制法》第五十九条规定了紧急情况下申请人民法院立即执行问题,即因情况紧急,为保障公共安全,行政机关可以申请人民法院立即执行。经人民法院院长批准,人民法院应当自作出执行裁定之日起五日内执行。这样的规定,主要是解决在紧急情况下,为保障公共完全,如何在尽量短的时间内强制执行的问题。因为根据《行政强制法》第五十六条、第五十七条、第五十八条的规定,从行政机关申请人民法院强制执行到法院裁定准予执行,可能要经过一两个月的时间;而从人民法院裁定准予执行到人民法院实际采取强制执行措施,法律则没有作出规定。这样的制度设计虽然有利于最大限度地维护相对人的合法权益,体现了强制权慎重行使的指导思想,但也使得极少数需要立即得到执行的行政决定难以实现。那么,紧急情况下的立即申请执行,应当受到具备什么样的条件、受到哪些限制呢?首先,相对人的申请复议权和提起行政诉讼的权利,是行政强制法明确规定的,不能受到侵犯。从立法本意和上下文的规定来看,即使是情况紧急,行政机关也仍然要在法定的申请复议或者提起行政诉讼的期限届满后才能申请立即执行;行政机关也仍然应当按《行政强制法》第五十五条的规定提供材料。其次,存在着应予执行的紧急情况。一般而言,如果行政管理领域十分特殊,生效行政决定需要立即得到执行,法律往往会通过授权行政机关自行采取强制执行手段来实现。因此,申请人民法院强制执行的行政管理领域,一般都不是特别具有紧迫性的管理领域。但是,在一些极为特殊的情况下,行政决定如果不能立即得到强制执行,可能会损害公共利益、国家利益,并会给公共安全造成无法弥补的损失。再次,立即执行是为了保障公共安全,因而立即执行方式就应当不是一种常态,人民法院采取立即执行措施的情况应当比较罕见。经济建设、政府项目和开发商的地产开发等需要,都不是申请立即执行的理由;只有在行政决定涉及公共案件,且情况紧急的情况下,才能申请立即执行。当然,如果因自然灾害、事故灾难、公共卫生事件或者社会安全事件等突发事件,则可依《行政强制法》第三条的相关规定执行。

行政机关在申请强制执行的同时应当以书面形式申请立即执行,并说明不立即执行可能带来的严重后果。人民法院收到行政机关的立即执行申请后,应及时进行书面审查。重点审查是否符合受理条件、申请材料是否齐全、是否有管辖权、申请是否逾期等。如果行政机关的申请不存在以上问题,同时,人民法院也认可行政机关的申请属于情况紧急的情形,经人民法院院长批准,人民法院应当及时受理并作出执行裁定,并自作出执行裁定之日起五日内开始执行。当然,人民法院对行政机关申请的理由既可能予以采纳,也可能不予采纳。行政机关不能以自己的判断代替人民法院的判断,如果人民法院认为不采取立即执行措施而通过保全等方式也能够避免危险的发生,也可以采取其他措施来保证行政决定的实施。需要注意的是,此条只是规定了五日内执行,并未规定五日内必须执行完毕。在司法实践中,法院采取强制执行手段后,能否及时执行完毕取决于诸多十分复杂的因素,不能要求人民法院在五日内必须执行完毕。需要说明的是,《行政强制法》只对行政机关申请法院执行的程序和法院的审查方式作了规定,而并没有规定人民法院的执行方式和程序。由于此问题的复杂性,《行政诉讼法》也没有相关规定。一般来说,人民法院在具体采取措施执行生效的行政决定时,可以按照《民事诉讼法》第十九章、第二十章和第二十一章对人民法院的执行措施、程序的有关规定执行。而一些规定和地方实践,已经开始采用“法院审查、行政机关执行”的模式,个别法院甚至开始试行“执行令状”制度。

(10)诉讼期间的先予执行问题。

《行政诉讼法》第五十六条规定:诉讼期间,不停止具体行政行为的执行。这就是说,即使行政行为处于法院司法审查阶段,它仍然具有执行力,仍然可以通过相对人自动履行、行政机关自我强制执行得以实现;甚至法院也可以裁定先予执行。根据《若干问题解释》第九十四条的规定:在诉讼过程中,被告申请人民法院强制执行被诉具体行政行为,人民法院不予执行,但不及时执行可能给国家利益、公共利益或者他人合法权益造成不可弥补的损失的,人民法院可以先予执行。这就确立了人民法院在特定情形下,可以在诉讼过程中先予执行的制度。但现行行政诉讼法所确立的究竟是“起诉停止执行原则”还是“起诉不停止执行原则”,也是一个见仁见智的问题。《行政诉讼法》第五十六条和第九十七条的规定似也存在冲突,因为既然第五十六条已经规定了“诉讼期间,不停止具体行政行为的执行”,但第九十七条又规定:公民、法人或者其他组织对具体行政行为在法定期限内不提起诉讼又不履行的,行政机关可以申请人民法院强制执行,或者依法强制执行。同时,为了既保证生效决定的最终有效执行,又尽可能减少立即执行或者先予执行容易带来的矛盾激化,行政机关在必要时也可以申请采取财产保全措施。《若干问题解释》第四十八条、第九十九条对此作了规定,即人民法院对于因一方当事人的行为或者其他原因,可能使具体行政行为不能或者难以执行的案件,可以根据申请作出财产保全的裁定;当事人没有提出申请的,人民法院在必要时也可以依法采取财产保全措施。行政机关申请人民法院强制执行前,有充分理由认为被执行人可能逃避执行的,可以申请人民法院采取财产保全措施。总之,行政机关的行政决定在不符合立即申请执行条件的情况下,但行政决定不履行可能造成难以弥补损失的,可以通过申请先予执行或者财产保全的方式来保证行政决定的实现。

590.问:一行为违反数法条如何实施行政处罚?

答:对一行为违反数法条实施行政处罚时,不能以“从一断处”原则为主,而应以“分别适用但同种处罚不重复”原则为主。即分别适用该行为所违反的所有法条,指出其违法性并实施行政处罚,但同种处罚不得重复作出,若数法条由同一个机关主管,同种处罚适用法定幅度最重的法条;若数机关均有管辖权,同种处罚由在先处理的机关依法作出,发生争议的由共同的上一级机关指定。当然,在法条重合情况下,目前仍以“特别规定优于一般规定从一断处”的原则为主。

另外,一行为违反数法条均由同一个机关主管的,该机关对该行为只能同时适用相关法条作出一次处罚且同种处罚不重复,不能分别作出数次处罚,否则有违依法行政的诚实守信原则和信赖保护原则,确有必要改变原处罚的应当依法撤销原处罚再重新处罚。

具体来讲:对于想象竞合、牵连违法和吸收违法,除法条本身明确规定“从一处罚”或对牵连违法按数个违法行为处罚的外,一般情况下,应实行“分别适用但同种处罚不重复”原则。

对于法条竞合,则要复杂一些。

(1)法条交叉的,很难区分谁是特别规定谁是一般规定。①若相关法条本身对适用法律有明确规定的,则从其规定。②在一般情况下,法条交叉的实行“分别适用但同种处罚不重复”原则。

(2)法条重合且行政执法主体相同的,法条本身对适用法律有明确规定的,从其规定;无明确规定的,按立法法规定的上位法优于下位法、后法优于前法以及特别法优于一般法等规则,从一断处。如,《标准化法》第二十条包含了《产品质量法》第四十九条的调整对象,对生产销售不符合保障人体健康、人身财产安全的国家标准、行业标准的产品的,就应按《产品质量法》第四十九条实施行政处罚。

(3)法条重合但规定了不同的行政执法主体的,法条本身对适用法律有明确规定的,从其规定;无明确规定且相关行政执法主体都有管辖权的,实行“分别适用但同种处罚不重复”原则。

591.问:认定是否违法建筑的行为系行政行为是否具有可诉性?

答:对建筑物是否违法的认定和强制拆除行为虽然具有因果关系,但却是作出程序截然不同的两个行政行为。根据行政诉讼一案一诉的原则,如认为有关部门建筑认定为违法的行为不服,可另案提起诉讼寻求救济。

592.案情简介:2016年6月24日,桐城市城市管理行政执法局(简称桐城市城管局)向伍某某下达桐城管停字〔2016〕第004号责令停止违法行为通知,认定其在桐城市光明巷11号无规划许可擅自搭建钢构,违反了《城乡规划法》第六十四条的规定,责令其限期改正违法行为并停止建设,补办规划许可手续,同时告知其逾期不停止违法行为或不补办手续的,该局将依法给予行政处罚。伍某某不服,于2016年6月29日向桐城市人民政府申请行政复议。桐城市人民政府认为,责令停止违法行为通知不是最终行政决定,只是具体行政行为作出前的一项程序,不属于行政复议范围。遂于2017年3月3日作出行政复议决定,驳回伍某某的行政复议申请。伍某某不服该复议决定,遂提起行政诉讼,请求撤销桐城市人民政府该行政复议决定,判令桐城市人民政府对其复议申请事项作出实体处理决定。

裁判结果:安庆市中级人民法院审理认为,责令停止违法行为本质上属于行政命令中的禁令,一经作出便为行政相对人设定了义务,是行政执法过程中的一种独立的行政行为。如果行政相对人实施的合法行为被行政主体错误实施了责令停止的命令,将会导致相对人的合法权益受到侵害。因此,为保障行政命令功能的正确行使,应赋予行政相对人法律救济的途径。本案中,桐城市城管局作出的责令停止违法行为通知,为伍某某这一特定相对人设定了停止建设并限期改正的义务,对伍某某的权利义务产生了实际影响。因此,该通知属于行政复议范围,复议机关应对其合法性进行审查。故判决撤销桐城市人民政府该行政复议决定,责令其于判决生效后的法定期限内对伍某某提出的行政复议申请重新作出复议决定。

一审宣判后,双方当事人均未提起上诉。

问:责令停止违法行为是行政命令?

答:公民认为行政机关的行政行为侵犯其合法权益,有权申请行政复议或者提起行政诉讼。责令停止违法行为是让违法行为停滞于查获时的状态,是行政管理过程中的一种手段,实际上属于责令改正的范畴,其性质应是行政命令。《行政处罚法》第二十三条规定:行政机关实施行政处罚时,应当责令当事人改正或者限期改正违法行为。由此可以看出,责令改正是与行政处罚不同的行政行为。责令停止违法行为亦属于责令改正的一种,并不属于行政处罚过程中的程序性和过程性的行政行为,如果行政相对人认为该行政行为损害了其合法权益,可以申请行政复议和提起行政诉讼。本案中,安庆市中级人民法院认为责令停止违法行为属于行政命令,应纳入行政诉讼和行政复议受案范围,并作出相应判决,对于认定责令停止违法行为的性质和保护当事人的诉权具有典型意义。

593.问:行政协议的性质?

答:行政协议是政府职能转变的重要体现,实现了高权行政向平权行政的转变。一般情况下,基于诚实信用、平等自愿原则,协议一经签订,各方当事人必须严格遵守协议的约定。但因行政协议具有行政性、协议性双重属性,行政机关可因公共利益需要或者其他法定理由,单方变更行政协议。从尊重行政协议的契约精神出发,严格审查了行政机关的变更行为是否确属因公共利益需要或其他法定事由,一方面有效维护了公共利益,另一方面不过分强调行政协议中行政机关的优益权。

594.问:行政机关对违法建筑的拆除,是否可以适用代履行?

答:《行政强制法》第五十条直接赋予行政机关对于依法作出的要求当事人履行排除妨碍、恢复原状等义务的行政决定,当事人拒不履行时,实施代履行的权力。现行政机关责令当事人拆除违法建筑,当事人拒不履行,我们是否可以直接实施代履行?作者认为,《行政强制法》第五十条确实赋予行政机关对于依法作出的要求当事人履行排除妨碍、恢复原状等义务的行政决定,当事人逾期不履行的,实施代履行的权力。而且这是一项直接而普遍的授权,即所有行政机关直接依据《行政强制法》第五十条就拥有了代履行的权力,不再需要通过其他法律的转换来获取这一权力。

责令当事人拆除违法建筑,属于履行恢复原状的义务,而且也属于《行政强制法》第五十条所规定的领域范围,属于对自然资源的保护。从这些方面看来,行政机关对于当事人拒不履行拆除违法建筑的,实施代履行,似乎是可以的。但问题在于,《行政强制法》设立第四章的第三节,专门规定代履行制度,是为了区别行政机关所实施的直接强制和代执行。代履行被严格限制在三个领域(交通、环境和自然资源),并且必须是"帮助性""做好事"的行为,而不是"破坏性""对抗性"行为。如当事人驾车撞坏交通灯,他有修复的义务,他也愿意花钱修复所撞坏的交通灯,但他不熟悉这方面的修理部门。这时,由行政机关找修理部门修复,并由当事人付费,这件"难事"就帮他解决了。所以,代履行不适用对当事人的强制拆迁和强制拆违,因为这具有"破坏性"和"对抗性"。

所以,行政机关对于违法建筑的拆除不适用代履行。违法建筑的拆除,应当按照《行政强制法》第四十四条规定办理。

595.问:"一行为一诉"立案原则的法理基础是什么?

答:人民法院通过审理被诉行政行为的合法性来监督行政机关依法行使职权,而被诉行政行为作为合法性的审查对象，亦决定了人民法院审理和裁判的范围。在行政诉讼之中，“有具体的诉讼请求”是法定起诉条件之一，通常认为“有具体的诉讼请求”主要是指要有确切具体的被诉行政行为。在一个行政案件中，被诉行政行为一般是指行政机关作出的一个行政行为，或两个及两个以上的行政机关作出的同一个行政行为。若公民、法人或其他组织对被诉行政行为不服提起行政诉讼的，应以作出被诉行政行为或者共同作出被诉行政行为的行政机关为被告。尽管公民、法人或其他组织在起诉时可以提出多项具有事实关联或内在逻辑牵连的诉讼请求，但作为诉讼请求基础的被诉行政行为却须只有一个。此即所谓的“一行为一诉”的行政诉讼立案受理原则。因为不同行政行为的作出主体不同，所依据的行政实体和程序法律存在差别，所基于的事实有异，人民法院进行合法性审查的范围、内容、强度等亦不完全一致。若在一个行政案件中同时对两个或两个以上的行政行为提出起诉，则不仅不利于行政机关有效应诉，而且势必对人民法院聚焦被诉行政行为，归纳争议焦点，组织举证质证，认定案件事实，安排法庭辩论，准确适用法律，作出清晰明确的裁判等诉讼活动的有序开展产生阻碍，进而影响到行政案件的公正、及时审理及保护公民、法人和其他组织合法权益、监督行政机关依法行使职权的审判职能作用发挥，还无益于有针对性地促进行政争议的实质性化解。故“一行为一诉”原则实为行政诉讼规律所使然。因此，在无法律规定的情况下，除非存在关联事实等特殊情况及出于诉讼经济的便宜考虑，一般不得在一个行政案件中将两个或两个以上的行政行为列为被诉行政行为。在复议机关维持原行政行为的情形中，原行政行为作出机关与复议机关为共同被告的规定，便是法律规定的例外情况；实际上对当事人权利义务产生实际影响和拘束力的仍是原行政行为，而非维持该行政行为的复议决定。复议机关只是对原行政机关的意志加以肯定而已，并没有对当事人附加任何不利；故《最高人民法院关于适用〈中华人民共和国行政诉讼法〉的解释》第一百三十五条第一款规定，原行政行为的合法性仍是审查的重心，复议决定的合法性只是一并予以审查。因此，“一行为一诉”是人民法院行政诉讼立案的基本原则。

根据《行政诉讼法》第六条规定：人民法院审理行政案件，对行政行为是否合法进行审查。第四十九条规定：提起诉讼应当符合下列条件：(三)有具体的诉讼请求和事实根据；……根据上述法律规定，人民法院通过审理被诉行政行为的合法性来监督行政机关依法行使职权，而被诉行政行为作为合法性的审查对象，亦决定了人民法院审理和裁判的范围。在行政诉讼之中，“有具体的诉讼请求”是法定起诉条件之一，通常认为“有具体的诉讼请求”主要是指要有确切具体的被诉行政行为。在一个行政案件中，被诉行政行为一般是指行政机关作出的一个行政行为，或两个及两个以上的行政机关作出的同一个行政行为。若公民、法人或其他组织对被诉行政行为不服提起行政诉讼的，应以作出被诉行政行为或者共同作出被诉行政行为的行政机关为被告。尽管公民、法人或其他组织在起诉时可以提出多项具有事实关联或内在逻辑牵连的诉讼请求，但作为诉讼请求基础的被诉行政行为却须只有一个。此即所谓的“一行为一诉”的行政诉讼立案受理原则。因为不同行政行为的作出主体不同，所依据的行政实体和程序法律存在差别，所基于的事实有异，人民法院进行合法性审查的范围、内容、强度等亦不完全一致。若在一个行政案件中同时对两个或两个以上的行政行为提出起诉，则不仅不利于行政机关有效应诉，而且势必对人民法院聚焦被诉行政行为，归纳争议焦点，组织举证质证，认定案件事实，安排法庭辩论，准确适用法律，作出清晰明确的裁判等诉讼活动的有序开展产生阻碍，进而影响到行政案件的公正、及时审理及保护公民、法人和其他组织合法权益、监督行政机关依法行使职权的审判职能作用发挥,还无益于有针对性地促进行政争议的实质性化解,故"一行为一诉"原则实为行政诉讼规律所使然。因此,在无法律规定的情况下,除非存在关联事实等特殊情况及出于诉讼经济的便宜考虑,一般不得在一个行政案件中将两个或两个以上的行政行为列为被诉行政行为。在复议机关维持原行政行为的情形中,原行政行为作出机关与复议机关为共同被告的规定,便是法律规定的例外情况;实际上对当事人权利义务产生实际影响和拘束力的仍是原行政行为,而非维持该行政行为的复议决定。复议机关只是对原行政机关的意志加以肯定而已,并没有对当事人附加任何不利益;故《最高人民法院关于适用〈中华人民共和国行政诉讼法〉的解释》第一百三十五条第一款规定,原行政行为的合法性仍是审查的重心,复议决定的合法性只是一并予以审查。因此,"一行为一诉"是人民法院行政诉讼立案的基本原则。

但是,在司法实践之中,当事人及其委托诉讼代理人对《行政诉讼法》相关规定欠缺足够的了解和认识,同时起诉数个存在事实关联及内在逻辑牵连的行政行为,违背了"一行为一诉"原则。依照《行政诉讼法》第五十一条第三款、《最高人民法院关于适用〈中华人民共和国行政诉讼法〉的解释》第六十八条第三款规定,人民法院应当进行必要的指导和释明,以便协助诉讼能力不足的公民、法人或其他组织在一个行政案件中恰当确定一个被诉行政行为。人民法院应当予以释明,当事人拒绝按照释明内容修改起诉状的,法院不宜以起诉多个行政行为违背"一行为一诉"原则为由不予受理或驳回起诉;可根据案情分别对被诉行政行为是否符合起诉条件逐一进行审查,对于符合立案受理条件的被诉行政行为应当予以受理。以促公正、及时和实质化解行政争议,减少当事人诉累,避免程序空转。

596.案情简介:桑植县水利局依据湖南省水利厅和桑植县人民政府的相关批复,委托拍卖机构对张家界市桑植县澧水干流、南、中、北源等河流河道砂石开采权进行公开拍卖。其间,张家界大鲵国家级自然保护区管理处(简称大鲵自然保护区管理处)函告桑植县水利局在自然保护区河段采砂行为涉嫌违法,要求终止对相关河段采砂权的拍卖。通过竞标,杨某先竞得刘家河花兰电站库区,在缴清100万元成交价及5万元拍卖佣金后,与桑植县水利局签订了《张家界市桑植县刘家河花兰电站库区河段河道砂石开采权出让合同》(简称《出让合同》)。杨某先为履行合同修建公路一条,造采砂船两套(四艘),先后向银行贷款两笔。杨某先向桑植县水利局申请发放河道采砂许可证,桑植县水利局以杨某先未按要求提交资料为由未予办理。

裁判理由及结果:桑植县人民法院一审和张家界市中级人民法院二审均认为,争议行政协议项下的采砂河段在实施拍卖和签订出让协议时已是国家级自然保护区范围,属于禁止采砂区域,大鲵自然保护区管理处在发现桑植县水利局的拍卖行为后,按照职责要求终止拍卖,桑植县水利局在未取得自然保护区主管部门批准的情况下不能继续实施出让行为。该河道采砂权有偿出让行为未经国务院授权的有关主管部门同意,桑植县水利局违反禁止性规定,实施拍卖出让,所签订的《出让合同》无效。双方当事人在签订《出让合同》后对采砂许可证的颁发产生误解,最终杨某先因不能提交完整申请材料、不符合颁证条件而未取得采砂许可证,《出让合同》没有实际履行与桑植县水利局在实施行政许可过程中未尽到公示告知职责有一定的关系。桑植县水利局的上述违法行为致使行政协议未能实际履行,造成的经济损失客观存在,应承担赔偿责任。故一、二审法院均判决确认涉案《出让合同》无效,桑植县水利局返还杨某先出让款并赔偿相关损失。

问：从以上案例来看作为水行政主管部门应注意什么？

答：作为水行政主管部门应加强法律知识的学习。行政机关具有对自身有瑕疵的行政行为予以纠错的权力和职责，但行政行为的瑕疵对行政相对人权利义务不产生实际影响的，行政机关不应以撤销的方式进行纠错，只有在行政行为违反法定程序且影响到实体权利义务，无法补正的情况下，行政机关才能以撤销的方式行使纠错职权。本案对在自然保护区签订的采矿权出让合同效力给予否定性评价，由出让人返还相对人出让款并赔偿损失，既是对相对人合法财产权利的保护，也是对行政机关、社会公众的一种政策宣示和行为引导，符合绿色发展和保障自然保护区生态文明安全的理念和要求。

597.案情简介：2018年7月12日，横琴综执局执法人员经检查发现，三源社投资公司在横琴新区某某北路北侧、某某水道东侧，未经城乡规划主管部门批准擅自搭建临时板房、透水性钢架码头设施。经调查取证，横琴综执局于2018年11月20日作出珠横新综罚决〔2018〕管021号《行政处罚决定书》（简称021号行政处罚决定），认定三源社投资公司擅自在横琴新区某某北路北侧、某某水道东侧擅自搭建临时板房、透水性钢架码头设施，违反了《城乡规划法》第四十四条第一款的规定。根据《城乡规划法》第六十六条第（一）项的规定，决定对三源社投资公司作出如下行政处罚：责令自收到该行政处罚决定书之日起十五日内自行拆除搭建的临时板房、透水性钢架码头设施；逾期不拆除的，横琴综执局将依法采取强制拆除措施。

2018年12月26日，横琴综执局作出021号行政处罚决定并送达三源社投资公司。该催告书催告三源社投资公司于本催告书送达之日起10日内履行珠横新综罚决〔2018〕管021号《行政处罚决定书》确定的义务，如对履行该义务有陈述、申辩意见，请在该期限内向横琴综执局提出，如无正当理由，逾期仍不履行该义务的，横琴综执局将依法强制拆除。

2019年5月24日，横琴综执局作出珠横新综执决〔2018〕021号《行政强制执行决定书》，并送达三源社投资公司。该决定书决定于2019年6月17日对三源社投资公司未经批准搭建的临时板房、透水性钢架码头设施进行强制拆除，并将依法向三源社投资公司追缴强制拆除费用，请三源社投资公司自收到决定书之日起十日内取走上述违法建筑内的财物（前述行政行为简称被诉行政强制执行决定）。三源社投资公司不服，于2019年6月17日向市政府申请行政复议。市政府于2019年9月10日作出珠府行复〔2019〕449号《行政复议决定书》，维持被诉行政强制执行决定（该行政行为简称被诉行政复议决定）

2019年6月3日，横琴综执局发出《强制拆除公告》并送达三源社投资公司。该公告限三源社投资公司在公告发布之日起十日内自行拆除在横琴新区某某北路北侧、某某水道东侧擅自搭建临时板房、透水性钢架码头设施；如三源社投资公司在规定期限内不履行拆除义务，横琴综执局将依法予以强制拆除。6月13日，横琴综执局向三源社投资公司发出《关于配合强制拆除工作的通知》并送达三源社投资公司，通知三源社投资公司于2019年6月17日对其未经批准在横琴新区某某北路北侧、某某水道东侧擅自搭建临时板房、透水性钢架码头设施进行强制拆除。6月17日，横琴综执局强制拆除三源社投资公司在横琴新区某某北路北侧、某某水道东侧搭建的临时板房、透水性钢架码头设施。

一审法院另查明，三源社投资公司不服横琴综执局作出的珠横新综罚决〔2018〕管021号《行政处罚决定书》，向金湾区法院提起行政诉讼。金湾区法院于2019年5月15日作出〔2019〕粤0404行初58号行政判决，判决驳回三源社投资公司的诉讼请求。三源社投资公司不服,向市中级法院提起上诉。市中级法院于2019年9月30日作出〔2019〕粤04行终112号行政判决,判决驳回上诉,维持原判。

三源社投资公司一审的诉讼请求为:一、撤销被诉行政强制执行决定和被诉行政复议决定;二、确认横琴综执局强制拆除三源社投资公司板房、透水性钢架码头的行为违法。

法院判案理由及结果:法院认为,根据《行政强制法》第三十四条、第三十五条、第三十六条、第三十七条、第三十八条的规定,行政机关依法作出行政决定后,当事人在行政机关决定的期限内不履行义务的,具有行政强制执行权的行政机关依照本章规定强制执行;行政机关作出强制执行决定前,应当事先催告当事人履行义务,催告应当以书面形式作出,并载明履行义务的期限、履行义务的方式,当事人依法享有陈述权和申辩权,当事人收到催告书后有权进行陈述和申辩,行政机关应当充分听取当事人的意见,对当事人提出的事实、理由和证据,应当进行记录、复核,当事人提出的事实、理由或者证据成立的,行政机关应当采纳;经催告,当事人逾期仍不履行行政决定且无正当理由的,行政机关可以作出强制执行决定。强制执行决定应当以书面形式作出,并载明当事人的姓名或者名称、地址、强制执行的理由和依据、强制执行的方式和时间、申请行政复议或者提起行政诉讼的途径和期限;催告书、行政强制执行决定书应当直接送达当事人,当事人拒绝接收或者无法直接送达当事人的,应当依照《民事诉讼法》的有关规定送达。

本案中,021号行政处罚决定责令三源社投资公司自收到该行政处罚决定书之日起十五日内自行拆除搭建的临时板房、透水性钢架码头设施;逾期不拆除的,横琴综执局将依法采取强制拆除措施。2018年12月26日,横琴综执局作出《行政处罚决定催告书》,催告三源社投资公司于本催告书送达之日起十日内履行上述义务,并告知三源社投资公司陈述和申辩的权利。2019年5月24日,横琴综执局作出被诉行政强制执行决定,告知三源社投资公司强制执行的理由和依据、时间和方式,并告知三源社投资公司相应的救济权利,上述决定书及催告书均送达三源社投资公司。故被诉行政强制执行决定程序合法,符合法律规定。

《行政强制法》第四十四条规定:对违法的建筑物、构筑物、设施等需要强制拆除的,应当由行政机关予以公告,限期当事人自行拆除。当事人在法定期限内不申请行政复议或者提起行政诉讼,又不拆除的,行政机关可以依法强制拆除。本案中,横琴综执局于2019年5月24日作出被诉行政强制执行决定,于2019年5月28日送达三源社投资公司。三源社投资公司于2019年6月17日向市政府申请行政复议,在此情况下,横琴综执局强制拆除三源社投资公司涉案违法建筑,不符合法律规定。

据上,被诉行政强制执行决定职权依据充分,认定事实清楚,适用法律正确,程序合法;被诉行政复议决定认定事实清楚、程序合法;横琴综执局强制拆除涉案违法建筑程序违法。一审法院依照《行政诉讼法》第六十九条、第七十四条第二款第(一)项、第七十九条的规定,判决如下:①确认横琴综执局于2019年6月17日强制拆除三源社投资公司在横琴新区某某北路北侧、某某水道东侧搭建的临时板房、透水性钢架码头设施的行政行为违法;②驳回三源社投资公司的其他诉讼请求。一审案件受理费人民币50元,由横琴综执局负担。

问:作为水行政执法人员,你认为法院审理是否正确?

答:(1)三源社投资公司提起撤销之诉和确认之诉,法院未分别立案,不符合"一行为一诉"的行政诉讼立案原则,属于立案不当。撤销之诉针对被诉行政强制执行决定与被诉行政复议决定,属于必须共同进行的诉讼;确认之诉针对横琴综执局强拆行为,鉴于该行为迥异于被诉行政强制执行决定与被诉行政复议决定，且未经行政复议，不属于必须共同进行的诉讼，应当另行立案。与此相应，尽管法院将撤销之诉和确认之诉合并审理并无不当，但遗漏对被诉强拆行为实体审查，亦即未予审查被诉强拆行为之依据、范围、过程等实体问题。

（2）关于行政强拆的特别程序，行政机关应当遵循。判断被诉强拆行为程序是否合法，既要厘清《行政强制法》第三十四条和第四十四条两规定的关系，也要正确理解相关法定期限，还须精准理解行政复议与行政诉讼不停止执行原则之例外。《行政强制法》第三十四条规定：行政机关依法作出行政决定后，当事人在行政机关决定的期限内不履行义务的，具有行政强制执行权的行政机关依照本章规定强制执行。这是关于有行政强制执行权的行政机关基于行政决定具有执行力和确定力，可以强制执行的一般规定，亦即行政决定一经作出，当事人就应按照行政决定要求的期限内履行；即使对行政决定不服而申请行政复议或者提起行政诉讼，通常也不停止执行。《行政强制法》第四十四条规定：对违法的建筑物、构筑物、设施等需要强制拆除的，应当由行政机关予以公告，限期当事人自行拆除。当事人在法定期限内不申请行政复议或者提起行政诉讼，又不拆除的，行政机关可以依法强制拆除。这是针对涉及相对人重要权益、作为强拆特别对象的建筑物、构筑物、设施所设置的特定程序；如果当事人在法定期限针对限期拆除的行政决定申请行政复议或者提起行政诉讼，行政机关必须停止执行。这是关于行政机关强制执行一般规定的例外，亦即行政复议与行政诉讼不停止执行原则的例外，旨在防止尚有争议未得到行政或司法救济的强拆得以实施。尽管行政机关严格执行《行政强制法》第四十四条规定的期限，可能迟延行政强拆时间，进而增加强拆成本，但它目前仍然有效，人民法院应当据以审查。

《行政诉讼法》第七十四条第二款第一项规定：行政行为有下列情形之一，不需要撤销或者判决履行的，人民法院判决确认违法：（一）行政行为违法，但不具有可撤销内容的……本案中，被诉行政强拆行为，不具有撤销的内容，而且只是实施时间违法，依照前述规定，应当判决确认其违法；被诉行政强制执行决定，是行政强拆的前置程序，它依附于其后的被诉强拆行为，而且只是启动时间违法，无须判决撤销，但仍应确认其违法。

（3）被诉行政强拆行为尽管程序违法，但未损害相对人合法权益。其一，被诉强拆行为有事后被确认合法的执行依据，也未超越执行依据所指范围。三源社投资公司关于强拆其水域上透水性钢架码头违法等观点，与生效判决认定不符。被本院〔2019〕粤04行终112号行政判决确认的021号行政处罚决定，是被诉强拆行为依据；该决定所指对象为“临时板房、透水性钢架码头设施”。案件事实显示，该对象所指范围不局限于陆上构筑物，诸如被切割的、构筑于海底的69根管桩；本案中，横琴综执局提交的证据，也足以证明被诉强拆行为符合执行依据所指范围。其二，被诉强拆行为的准备，不仅审慎，也履行了相应的告知义务。强拆前，横琴综执局向三源社投资公司发出强拆公告与通知，继之通知三源社投资公司配合清点、确认、领取涉案物品和清拆物料，并告知相应法律后果。随后，还依规确定专业拆迁队伍。其三，被诉强拆行为之实施，不仅公开透明，也严谨规范。强拆历经14天，既有相关单位人员到场，也有公证员参与；既有现场摄像，也有强拆现场记录。其四，强拆后物品之处置，不仅公开公正，也有效地保障了相对人的合法权益。强拆后，横琴综执局先行通知三源社投资公司到现场领取涉案物品或物料，因相对人未及时配合，即将通过网络竞价方式变现的资金及时转入三源社投资公司账户。

所以法院判决认定基本事实清楚，确认被诉强拆行为程序违法正确，但遗漏审查其实体问题;一、确认被诉行政强制执行决定与被诉行政复议决定合法,适用法律有误;维持广东省珠海市金湾区人民法院〔2019〕粤0404行初395号行政判决第一项,即确认珠海市横琴新区管理委员会综合执法局于2019年6月17日强制拆除三源社投资公司在横琴新区某某北路北侧、某某水道东侧搭建的临时板房、透水性钢架码头设施的行政行为违法;二、撤销广东省珠海市金湾区人民法院〔2019〕粤0404行初395号行政判决第二项,即撤销“驳回珠海三源社投资发展有限公司的其他诉讼请求”;三、确认珠海市横琴新区管理委员会综合执法局作出的珠横新综执决〔2018〕021号《行政强制执行决定书》违法;四、撤销珠海市人民政府作出的珠府行复〔2019〕449号《行政复议决定书》;五、驳回珠海市横琴新区管理委员会综合执法局上诉。

598.问:《民法典》对行政执法有哪些新要求?

答:我国《民法典》对行政组织、行政立法、行政执法、行政责任等方面提出了一系列新要求。行政机关要贯彻好民法典,必须坚持依法行政、私法自治原则,尊重和保障民事权利。

一、行政执法人员要有权利意识

《民法典》是权利宣言书,规定了物权、人格权、债权(合同、侵权、不当得利、无因管理之债等)、继承权等。行政执法人员不能只盯着行政法,要用《民法典》来“照镜子”,处理好职权法定与民事权利的关系,以权利意识深化对职权法定原则的理解,把握好侵益性行政行为的界限,维护私法自治原则。公法中的权力和私法中的权利具有一定程度的对应关系。如警告和通报批评对应的是名誉权,罚款、没收违法所得、没收非法财物对应的是财产权,行政拘留对应的是人身自由权,而责令停产停业、限制开展生产经营活动、暂扣许可证件、降低资质等级、吊销许可证件、不得申请行政许可等,对应的实际是营业权,也属于广义的财产权范畴。《民法典》划出了行政行为的界限。《民法典》第三条规定:民事主体的人身权利、财产权利以及其他合法权益受法律保护,任何组织或者个人不得侵犯。从立法过程来看,行政机关包含在“任何组织和个人”中。据统计,《民法典》中“任何组织或者个人”共有23处,涉及物权平等保护等诸多条款。例如,《民法典》第九百九十一条规定:民事主体的人格权受法律保护,任何组织或者个人不得侵害。其中,“任何组织和个人不得侵犯”可以理解为“任何组织和个人不得非法侵犯”。行政执法必须坚持职权法定原则,以行政处罚为例:一是对象法定,必须是对于“公民、法人或者其他组织违反行政管理秩序的行为”;二是行使主体法定,必须是依法具有管辖权的行政机关、法律法规授权组织等;三是种类法定,必须是《行政处罚法》第八条以及其他法律、行政法规规定的处罚种类;四是设定依据法定,法律、行政法规、地方性法规和规章都必须按照各自权限设定;五是处罚程序法定,《行政处罚法(修订草案)》规定,不遵守法定程序构成重大且明显违法的,行政处罚无效;六是决定执行法定,行为人拒不履行处罚决定的,行政执法主体也不能任意为之,其处理的方式、措施都必须按照法律规定,否则可能面临国家赔偿。行政执法人员要树立区隔意识,让民事的归民事、行政的归行政。如《民法典》第三百三十四条规定:土地承包经营权人依照法律规定,有权将土地承包经营权互换、转让。未经依法批准,不得将承包地用于非农建设。同时,根据《民法典》第三百四十三条,国有农用地的承包也需要批准,这里的批准不是行政许可,而是机关法人以财产所有人身份行使民事权利,与行政管理的身份无关或者不具有直接因果关系。这时候,行政执法人员不能动辄使用行政权,应当在民事活动中坚持平等原则,避免身份混同。否则,将民事合同定性为行政合同,行政合同的优益权可能会使市场主体信心受到影响,也不利于发挥市场在资源配置中的决定性作用。在规范层面,则需要关注《民法典》第九十七条机关法人、第二百四十六至二百五十九条国家所有权方面的规定。

二、《民法典》是行政执法的依据

《民法典》规定了许可、确认、征收、征用、收费、备案、救助、奖励、检查、赔偿等行政行为。其中,有的条文是行政执法的直接依据,如《民法典》第一百一十七条、第二百一十九条、第二百四十三条等6个条款规定了征收,众所周知,我国没有征收方面的统一立法,只是在《中华人民共和国森林法》等中有个别规定,《民法典》的上述规定,行政机关可以直接适用。此外,行政裁决、行政调解需要直接适用《民法典》。有的条文作了衔接规定,如物权编规定的不动产登记既涉及合同效力、物权变动,又涉及行政确认、收费、赔偿。对于这类衔接规定,总的处理原则是坚持从技术上区分民事法律关系和行政法律关系,在行政机关履行行政职权时,适用依法行政原则;在行政机关参与民事活动时,适用私法自治原则。

(一)行政许可

行政许可对民事主体、民事权利、民事行为等都具有实质性影响,体现了国家对于社会生活较高强度的干预。《民法典》关于行政许可的表述,有许可、登记、批准等,但有的登记是确认或备案。《民法典》第一千零八条第一款规定:为研制新药、医疗器械或者发展新的预防和治疗方法,需要进行临床试验的,应当依法经相关主管部门批准并经伦理委员会审查同意,向受试者或者受试者的监护人告知试验目的、用途和可能产生的风险等详细情况,并经其书面同意。《药品管理法》第十九条第二款规定:开展药物临床试验,应当按照国务院药品监督管理部门的规定如实报送研制方法、质量指标、药理及毒理试验结果等有关数据、资料和样品,经国务院药品监督管理部门批准。根据《医疗器械监督管理条例》第十八条、第十九条,医疗器械领域的人体试验,可以经备案,也可以经许可。但是,新的预防和治疗方法尚无现行法依据,本条实际创设了一项行政许可,实施主体可能涉及卫生健康、药品等部门。在适用时,临床试验的批准适用行政法,其他内容适用民法。

(二)行政确认

行政确认是国家信用平台的产物,具有证明、公示等方面的作用,体现了国家中等强度的干预。《民法典》中的确认各有不同,如离婚冷静期确认和不动产登记确认,行政执法机关要遵循不同的操作规则。下面以姓名和名称登记为例阐述。《民法典》第一千零一十六条第一款规定:自然人决定、变更姓名,或者法人、非法人组织决定、变更、转让名称的,应当依法向有关机关办理登记手续,但是法律另有规定的除外。姓名登记和名称登记表现为不同的法律性质。姓名登记为行政确认,只要不违反姓名登记的禁止性规定,则公安机关无权拒绝申请人的姓名登记。从理论上来看,姓名登记应采取登记对抗主义,非经登记的,不得对抗善意第三人。在社会生活中,户口本、身份证解决的是姓名登记的问题,二者都能起到证明民事主体身份的作用。如果自然人使用的是非经登记的笔名、化名,比如阿里巴巴集团员工使用了“令狐冲”“张无忌”等公司内部员工“花名”从事民事活动,则就不能对抗善意第三人,仅能在他人知悉事实的情况下产生相应的拘束力。除公法人外,民事主体的名称登记为行政许可,单行法作了详细规定。如《企业名称登记管理规定》第二十三条:企业名称可以随企业或者企业的一部分一并转让。企业名称只能转让给一户企业。企业名称的转让方与受让方应当签订书面合同或者协议,报原登记主管机关核准。企业名称转让后,转让方不得继续使用已转让的企业名称。此前,国务院已经决定将企业登记改为行政确认。我国对名称实行严格的管制，采取登记生效主义，非经登记的，不产生法律效力。如《企业名称登记管理规定》第三条规定：企业名称在企业申请登记时，由企业名称的登记主管机关核定。企业名称经核准登记注册后方可使用，在规定的范围内享有专用权。但是，民事主体名称的简称，对方当事人知悉的，可以产生法律拘束力。此外，主体性质不同，名称登记机关也不同。《国务院行政机构设置和编制管理条例》《事业单位登记管理暂行条例》《基金会管理条例》《社会团体登记管理条例》《企业法人登记管理条例》等规定了不同类型组织体的名称等行政管理制度。

（三）行政赔偿

《民法典》虽删除了《民法通则》关于国家机关侵权的规定，但在法理层面，《国家赔偿法》没有规定的，《民法典》可以参照补充适用。《民法典》第二百二十二条规定：当事人提供虚假材料申请登记，造成他人损害的，应当承担赔偿责任。因登记错误，造成他人损害的，登记机构应当承担赔偿责任。登记机构赔偿后，可以向造成登记错误的人追偿。据此，虚假登记的赔偿顺位是虚假申请人、登记机构，分别对应的是民事责任、行政责任，归责原则分别是过错原则、无过错原则，总体来看是补充责任的法律构造。在法律适用上，行政机关已经尽到了勤勉、忠实审查的义务，也不能免除其赔偿责任；如果行政机关工作人员为故意或者重大过失，可以解释为“造成登记错误的人”，根据其与虚假申请人是否存在意思联络及过错程度，再细化共同侵权的责任形态以及相应的责任份额。综合来看，虚假登记错误的赔偿责任涉及《民法典》、不动产登记特别法（包括法规规章）及《国家赔偿法》等，片面强调民法或者行政法都不能解决实际问题。

三、《民法典》新设了行政执法机关的义务

《民法典》规定了行政执法机关的义务，如登记机关的公示义务、主管机关的申请清算法人义务等，这些义务是行政机关积极作为的法定依据，如果行政执法人员不作为，将承担相应的法律后果。

（一）救助义务

《民法典》第一千零五条规定：自然人的生命权、身体权、健康权受到侵害或者处于其他危难情形的，负有法定救助义务的组织或者个人应当及时施救。根据《人民警察法》第二十一条、《人民武装警察法》第二十八条、《消防法》第四十四条等规定，人民警察、武装警察、消防队具有法定的救助义务。从法条的表述来看，警察的义务是“应当立即救助”，武装警察的义务是“应当及时救助”，消防队的义务是“必须立即赶赴火灾现场，救助遇险人员，排除险情，扑灭火灾”。以上救助义务完全基于法定，而非基于合同行为。从法律责任角度来看，未履行法定救助义务或者履行义务不到位，要承担相应的侵权责任。对于警察和消防队来说，由于其归属于国家机关，首先适用的法律依据是《国家赔偿法》。

（二）保护义务

《民法典》第一千零一十条第二款规定：机关、企业、学校等单位应当采取合理的预防、受理投诉、调查处置等措施，防止和制止利用职权、从属关系等实施性骚扰。本款规定的是安全保障义务的子类型，即单位对劳动者或者学生等性利益的安全保障义务，违反该规定的，应适用第一千一百九十八条。具体来讲，适用需要把握以下几点。一是机关等单位对劳动者或者学生等性利益具有安全保障义务。军队、福利院等都属于本条意义上的单位。联合国《消除对妇女的暴力行为宣言》第2条第一款将“在工作场所、教育机构和其他场所的性骚扰”列入对妇女的暴力行为。二是预防措施,包括制定相关防范规则、安装监控设备等。如中国农业银行制定的《中国农业银行女员工权益保障(暂行)办法》第二十五条规定:禁止对女员工进行性骚扰。各级行均有义务防止工作场所的性骚扰,制定适当的调查性骚扰指控的制度,建立反对性别歧视的良好工作环境。三是补救措施,包括受理投诉、制止违法行为、调查处置、报警、保护隐私、积极处理赔偿等。四是单位承担补充责任。实施性骚扰的侵权人利用职权、从属关系等侵犯他人性利益,造成他人损害的,由其承担侵权责任,发生侵权人逃跑、死亡等情形的,单位在承担赔偿责任后,可以向侵权人追偿。

(三)保密义务

《民法典》第一千零三十九条规定:国家机关、承担行政职能的法定机构及其工作人员对于履行职责过程中知悉的自然人的隐私和个人信息,应当予以保密,不得泄露或者向他人非法提供。本条来源于《网络安全法》第四十五条。

1.保密义务的要求

机关法人及其工作人员履行保密义务的前提是“在履行职责过程中知悉自然人的隐私和个人信息”,与职务行为无关的保密义务,不适用本条规定。如国家机关中的医务人员,在旅游过程中营救他人知悉的隐私和个人信息,此时的保密义务仅仅与其个人相关。同时,“他人”也包括其他行政执法机关,其他机关请求分享隐私和个人信息(含个人信用)等没有依据的,有关机关应拒绝提供。机关法人履行保密义务时要采取一些防范措施,例如,对工作人员的防范措施,发生泄露个人信息时的补救措施预案等,未采取防范措施的,将承担不利后果。

2.违反保密义务的法律后果

当发生自然人的隐私和个人信息泄露等情形时,机关法人的法律责任应按照《国家赔偿法》予以认定。当机关法人工作人员履行职责时与“外鬼”里应外合窃取、出售自然人的隐私和个人信息,构成共同侵权,承担连带责任;机关法人工作人员履行职责时与“外鬼”虽无意识联络,但其行为共同导致隐私和个人信息泄露等,也可以构成共同侵权,可以分别依据《国家赔偿法》和《民法典》确定按份责任,难以确定责任大小的,按照《民法典》第一千一百七十二条的规定,应平均承担责任。《国家赔偿法》第三条规定了机关法人及其工作人员侵犯人身权的损害赔偿问题,但隐私和个人信息并不在这两条范围内,《国家赔偿法》第二条第一款还规定:国家机关和国家机关工作人员行使职权,有本法规定的侵犯公民、法人和其他组织合法权益的情形,造成损害的,受害人有依照本法取得国家赔偿的权利。在解释层面,《民法典》第一千零三十九条属于机关法人及其工作人员侵犯他人隐私和个人信息的特别规定,为《国家赔偿法》的特别条款,在侵权责任判定上可以参照《国家赔偿法》《行政处罚法》《行政许可法》及《民法典》等。

四、结语

国学者拉德布鲁赫讲道:行政法是社会的法律,在将来社会主义的福利国家中,如我们所料,民法可能会完全融合在行政法之中。这并不适用于我国《民法典》,但公私协力是一个发展方向。我国《民法典》开启了一个公私法融合的时代,《民法典》实施后,行政执法离不开《民法典》,行政执法人员不仅要熟练掌握《民法典》中的行政法条款,而且还要熟悉掌握纯粹的民事条款,毕竟实践不是按照理论和立法上区分的民事和行政“生长”的,更多的是二者的交叉、融合。需要提醒的是,《民法典》只是民事制度的一部分,《民法典》之外还有大量的特别法,《民法典》提供了找法寻据的便利,但它不是民法的全部。

599.案情简介:申请人方××、张××、黄××通过行政服务中心提交了申请设立旅行社的材料,经营业务范围为:境内旅游业务、入境旅游业务。行政服务中心当场向三人出具收件凭证。广东省某市旅游局以其名义在法定期限内作出《关于批准设立××国际旅行社有限公司的批复》,批准三人设立旅行社的申请。

问:作为行政许可人员,你认为本案例存在哪些问题?

答:(1)执法主体不适格。根据广东省政府令第142号,该事项属于委托事项,应当以委托机关的名义作出行政许可决定。根据《旅行社条例》第七条:"申请设立旅行社,经营国内旅游业务和入境旅游业务的,应当向所在地省、自治区、直辖市旅游行政管理部门或者其委托的设区的市级旅游行政管理部门提出申请、《广东省人民政府第四轮行政审批事项调整目录》(广东省人民政府令第142号)"委托管理的行政审批事项27经营国内和入境旅游业务旅行社设立审批"由省旅游局委托给各地级以上市政府实施。即本案中,该市旅游局是受省文旅厅委托行使该职权,依据《行政许可法》第二十四条第三款"受委托行政机关在委托范围内,以委托行政机关名义实施行政许可"规定,该市旅游局应当以省文旅厅名义作出行政许可决定,而非以市旅游局名义作出行政许可决定。

(2)未依法出具许可受理的书面凭证。根据《行政许可法》第三十二条第五款"行政机关受理或者不予受理行政许可申请,应当出具加盖本行政机关专用印章和注明日期的书面凭证"的规定,行政机关对申请人提出的许可申请应当出具书面凭证,该市旅游局未依法出具许可受理决定书。

600 案情简介:××饲料有限公司于2019年11月28日向××市农业农村局提交饲料生产延续申请,该局收到申请后于当日出具《行政许可通知书》,告知申请人,准予许可,受理单位为该市农业农村局。该局于2019年12月16日向该公司送达饲料生产许可证。(案卷材料中未附上原饲料生产许可证)

问:作为行政许可人员,你认为本案例存在哪些问题?

答:(1)执法主体不适格。该市农业农村局为委托执法,应当以委托机关的名义对外出具《行政许可通知书》。根据《饲料和饲料添加剂管理条例》第十五条:申请从事饲料、饲料添加剂生产的企业,申请人应当向省、自治区、直辖市人民政府饲料管理部门提出申请。《广东省人民政府关于将一批省级行政职权事项调整由各地级以上市实施的决定》(广东省人民政府令第248号)"42饲料生产许可证核发""43饲料添加剂、添加剂预混合饲料产品批准文号核准委托地级以上市饲料管理部门实施",该局为委托执法,应当以委托机关的名义出具许可通知书。

(2)送达许可证的时间超过法定期间。该局11月28日作出准予续展,12月16日送达许可证件,违反了《行政许可法》第四十四条"行政机关作出准予行政许可的决定,应当自作出决定之日起十日内向申请人颁发、送达行政许可证件,或者加贴标签、加盖检验、检测、检疫印章"的规定,送达许可证超过法定期限。

(3)归档不规范。根据《饲料和饲料添加剂管理条例》第十五条第二款"生产许可证有效期为5年。生产许可证有效期满需要继续生产饲料、饲料添加剂的,应当在有效期届满6个月前申请续展",案卷材料中未附上原饲料生产许可证,无法判断是否在有效期届满六个月前申请。

601. 案情简介:××砂浆搅拌有限公司依法向其所在市环境保护局设立在该区的分局提交了其公司年产 20 万立方米预拌砂浆建设项目环境影响报告的审批材料。该分局收到申请后,向该公司出具了《关于××砂浆搅拌有限公司年产 20 万立方米预拌砂浆项目环境影响报告表审批意见的函》,同意该公司办理环保审批手续,并加盖该分局印章。

问:作为行政许可人员,你认为本案例存在哪些问题?

答:(1)执法主体不适格。该分局为市环境保护局的派出机构,不是独立执法主体。

(2)未依法向申请人出具受理通知书,无法判断是否在法定期限内作出许可决定。

(3)案卷材料中无相关送达证明材料。

602. 案情简介:徐××向××市市场监督管理局投诉称其身份信息被人盗用注册广告公司。经××市市场监督管理局执法人员前往该广告公司注册地址调查,发现注册地并无该公司,也未发现该公司有实际经营。因无法确认投诉人被冒用身份信息办理营业执照的事实,××市市场监督管理局遂以该广告公司涉嫌构成提交虚假材料取得公司登记的行为进行立案调查。

经调查,该广告公司并未在注册地址营业,也未发现该广告公司有其他实际经营地址。××市市场监督管理局向该公司法定代表人(投诉人)发函要求其前往该局接受调查询问。并向该广告公司设立时办理网银盾的银行发函要求协助调查。因该公司法定代表人并不在当地,遂未前往接受调查,也未提供其被冒用身份信息办理营业执照的证据。银行未回函。后该市市场监督管理局以该广告公司提交虚假材料取得公司登记的行为,认定该广告公司违反《公司法》第一百九十八条规定,因当事人拒不配合调查,构成情节严重,据此作出吊销××广告公司营业执照的行政处罚决定。

问:作为行政执法人员,你认为本案例存在哪些问题?

答:(1)事实不清、证据不足。本案立案案由为××广告公司提交虚假材料取得公司登记。但根据案卷材料,该公司法定代表人,也即本案的投诉人,主张其是被他人冒用身份信息办理营业执照。××市市场监督管理局在未调查清楚该事实的情况下,认定该广告公司提交虚假材料,据此对该广告公司作出吊销执照的行政处罚,属于事实认定不清、证据不足。

(2)未正确适用法律,处罚显失公平。旧《行政处罚法》第四条第二款规定,设定和实施行政处罚必须以事实为依据,与违法行为的事实、性质、情节以及社会危害程度相当。第五条规定,实施行政处罚,纠正违法行为,应当坚持处罚与教育相结合,教育公民、法人或者其他组织自觉守法。根据《公司法》第一百九十八条规定,对提交虚假材料取得公司登记的,作出吊销公司执照行政处罚的,应当达到情节严重的程度。××市市场监督管理局以当事人不配合调查(当事人在外省),认定构成情节严重,处罚适用法律不当,量罚也明显失当。

603. 案情简介:2019 年 10 月 29 日,投诉人陈××向××文化广电旅游体育局投诉称:李××未经许可,擅自复制发行其享有著作权的美术作品。接到投诉后,该局于当日进行立案,并前往李××处进行现场检查。现场检查发现李××处存放有投诉人所称的侵权投诉产品。经该局负责人批准,对上述产品进行先行登记保存,并向李××送达《证据先行登记保存通知书》,制作《证据先行登记保存物品清单》。先行登记保存期限为 2019 年 10 月 29 日至 11 月 5 日。2019 年 11 月 5 日,该局向李××送达了《证据先行登记保存处理通知书》,通知李××,因案件调查需要,拟对涉案产品进行没收。2019 年 12 月 13 日,该局作出《行政处罚决定书》,决定没收并销毁上述侵权作品。

问：作为行政执法人员，你认为本案例存在哪些问题？

答：程序违法。根据《行政处罚法》第五十六条的规定：行政机关在收集证据时，可以采取抽样取证的方法；在证据可能灭失或者以后难以取得的情况下，经行政机关负责人批准，可以先行登记保存，并应当在七日内及时作出处理决定，在此期间，当事人或者有关人员不得销毁或者转移证据，先行登记保存的最长期限为7日。本案中，该局虽然在7日内作出处理决定，但处理决定为：拟对先行登记保存产品予以没收，该决定并未对先行登记保存物品作出处理。拟没收并非没收。因此，该处理决定并非法定意义上的处理决定。该局于2019年12月13日，作出《行政处罚决定书》，决定没收先行登记保存的物品，属于超期登记保存物品，违反法定程序。

604.案情简介：××市市场监督管理局接到大量消费者投诉举报，反映由××文化传播有限公司主办的某场演唱会中，存在虚假广告宣传。××市市场监督管理局对该公司涉嫌发布虚假广告的违法行为进行立案调查。经查，该场演出中，××文化传播有限公司发布广告所称的演出时长、歌手演唱歌曲数量与实际不符，存在虚假广告宣传的行为。该公司广告费用与门票代理销售费用一起打包计算，未单独计算。××市市场监督管理局在综合考虑该公司的违法事实、性质、情节和社会危害性等因素后，拟对该公司作出罚款人民币20万元的行政处罚决定，依法向该公司送达《行政处罚告知书》《行政处罚听证告知书》。该公司在法定期限内未提出听证的申请。××市市场监督管理局在作出行政处罚决定前，进行了行政处罚决定审批，流程单上载明“经办单位意见：同意拟处罚意见，请法规科核审”“核审意见：已核审，建议提交案件审议委员会审议”，经案件审议委员会讨论通过后，该市市场监督管理局对××文化传播有限公司作出罚款20万元的行政处罚决定。

问：作为行政执法人员你认为本案例存在哪些问题？

答：法制审核不规范。《国务院办公厅关于全面推行行政执法公示制度执法全过程记录制度重大执法决定法制审核制度的指导意见》（国办发〔2018〕118号）第十三点，以及《广东省重大行政执法决定法制审核办法（试行）》第十六条“重大行政执法决定的法制审核内容主要包括：（一）执法主体资格及行政执法人员资格；（二）认定的事实、证据；（三）法律依据及行政裁量权的行使；（四）执法程序；（五）法律、法规、规章规定的其他内容”。该市场监督管理局仅在案件审批表中载明法规科“已核审”，一是无法判断是否为法制审核；二是审核内容过于简单，要素不齐全。应当参照全省统一的执法文书格式逐项表明是否合法。

605.案情简介：××市文化广电旅游体育局根据群众投诉，对刘××开设的网吧进行检查。检查发现，该网吧未办理营业执照、网络文化经营许可证。网吧内共有电脑主机32台、显示屏32台、键盘32个，该局依法进行扣押。调查完毕后，该局向刘××发出行政处罚告知书，拟对刘××作出没收扣押物品的行政处罚。刘××未提出陈述、申辩意见。之后，该局作出上述行政处罚决定。

问：作为行政执法人员，你认为本案例存在哪些问题？

答：1.事实不清。（1）行政处罚仅对刘××从事违法经营活动的工具、设备（电脑及其相关设备）予以没收，未查明没收物品的价值。根据常识判断，上述物品价值超过5 000元。参照《最高人民法院关于没收财产是否应进行听证及没收经营药品行为等有关法律问题的答复》（〔2004〕行他字第1号）的规定，为确保行政处罚符合法定程序，避免因程序违法导致行政处罚无效，行政机关作出没收较大数额财产的行政处罚决定前，应告知当事人有权要求举行听证。(2)根据《互联网上网服务营业场所管理条例》第二十八条“违反本条例的规定，擅自从事互联网上网服务经营活动的……违法经营额1万元以上的，并处违法经营额5倍以上10倍以下的罚款；违法经营额不足1万元的，并处1万元以上5万元以下的罚款”的规定，该局未依法查明违法所得。

2.执法不严格。根据《公司法》第六条、《个体工商户条例》第二条，刘××经营的网吧不管是以公司的形式还是以个体工商户的形式，其都应当向主管机关申请登记。刘××既未办理营业执照又未办理网络文化经营许可证，其两个违法行为分别触犯两个不同的法律规范，应当分别依法予以处罚。对于刘××未办理营业执照的违法行为，该局未依法移交有管辖权的行政机关进行处理。

606.案情简介：黄××为59067渔船所有权人，该船已办理《渔业捕捞许可证》，许可证载明作业类型/方式为刺网/漂流。某日黄××驾驶59067渔船在南海附近海域进行拖螺作业，被省渔政总队××大队查获。省渔政总队××大队拟作出罚款人民币1 000元的行政处罚。向当事人送达《行政处罚事先告知书》之后，该大队作出上述行政处罚决定，其中处罚决定书载明复议机关为××区农业农村局或省渔政总队××支队。

问：作为行政执法人员，你认为本案例存在哪些问题？

答：1.事实不清。该局未依照《渔业法》第四十二条“违反捕捞许可证关于作业类型、场所、时限和渔具数量的规定进行捕捞的，没收渔获物和违法所得，可以并处五万元以下的罚款；情节严重的，并可以没收渔具，吊销捕捞许可证”的规定查明违法所得，对渔获物未依法予以没收。

2.无送达回证。根据《行政处罚法》第六十一条规定，行政处罚决定书应送达当事人，案件材料未见行政处罚决定书的送达回证。

3.复议机关告知错误。根据《行政复议法》第十二条第一款、《广东省人民政府关于开展海洋综合执法工作的公告》，行政复议机关为××区人民政府。

607.案情简介：××镇政府经调查发现，叶××在未经城乡规划部门和当地政府批准的情况下，在其宅基地旁擅自搭建猪舍，该镇政府于2019年5月9日作出《责令限期自行拆除通知书》，责令叶××于5月12日前自行拆除上述违章建筑，并于当日向叶××送达。叶××拒签，该镇政府执法人员予以留置送达。期满后，叶××未自行拆除。5月15日，该镇政府进行强制拆除，并制作现场图片。

问：作为行政执法人员，你认为本案例存在哪些问题？

答：程序违法。该镇政府在作出责令限期拆除通知后，未依法进行公告。在进行强制拆除前，未依法进行书面催告，未以书面的形式作出强制执行决定。强制执行时应当制作现场笔录。

608.案情简介：天涯区环境局2019年5月24日作出12号《处罚决定》对中皓公司作出限期一个月内改正违法行为并罚款24.15万元的行政处罚决定，中皓公司于2019年6月24日在工商行政主管部门办理注销登记。根据天涯区环境局提供的中皓公司工商注销档案资料，中皓公司没有解散股东会的决议，也没有该公司在注销前已进行清算的任何资料。

问：注销公司逃避执行处罚决定的义务承担人如何确定？

答：关于有限责任公司被注销后权利、义务的承担问题。根据《最高人民法院关于适用〈中华人民共和国民事诉讼法〉的解释》第六十四条的规定，一是经合法清算后，由取得公司清算财产的股东在取回财产的范围内承担责任;二是未经合法清算的,由有限责任公司的股东承担责任。中皓公司已于2019年6月24日在工商行政主管部门办理注销登记,天涯区环境局于2020年1月8日向三亚市城郊人民法院申请强制执行12号《处罚决定》时,仍把中皓公司列为被执行人不当,但一审法院应根据中皓公司是否已经合法清算的事实,履行释明职责,以便申请人及时变更被执行对象。

609.问:行政机关可以实施代履行的,法院是不是不受理其强制执行申请?

答:对法律已经授予行政机关强制执行权的行政决定,行政机关不能再申请强制执行,只有法律没有授予行政机关强制执行权的,行政机关才能申请人民法院强制执行。根据《行政强制法》第五十条的规定,行政机关依法作出要求当事人履行排除妨碍、恢复原状等义务的行政决定,当事人逾期不履行,经催告仍不履行,其后果已经或者将危害交通安全、造成环境污染或者破坏自然资源的,行政机关可以代履行,或者委托没有利害关系的第三人代履行。上述法律规定的代履行是指行政机关或者第三人代替义务人履行法定义务,并向义务人征收必要费用的强制执行制度,《行政强制法》第五十条至第五十二条对代履行的适用条件、主体、程序、方式以及即刻代履行等均作出了明确规定。依照前述规定,若当事人对行政机关依法作出的要求其履行排除妨碍、恢复原状等义务的行政决定不自动履行时,行政机关或其委托的适格第三人均可代履行,从而实现行政管理目标。在此情形下,行政机关因当事人不履行其行政决定确定的排除妨碍、恢复原状等义务时,申请人民法院强制执行于法无据。在《行政强制法》有明确授权的情况下,行政机关不应再申请人民法院强制执行。

根据上述规定,如果水行政机关在法定期限内向法院申请强制执行,在法院审查过程中和被执行人达成和解协议后撤回执行申请,此后被执行人在其申请暂缓缴纳罚款的期限内未履行义务,可以在被执行人承诺的缴纳罚款期限届满之日起三个月内再次申请法院强制执行。此时虽然超过了法定起诉期限届满之日起三个月的申请期限,但因为存在达成执行和解协议和被执行人申请缓缴等,属于不应当归责为申请执行人责任的正当理由。

610.问:行政主体作出行政处罚时是否应当兼顾个案特殊情况遵循比例原则进行裁量?

答:《行政处罚法》第四条第二款规定,设定和实施行政处罚必须以事实为依据,与违法行为的事实、性质、情节以及社会危害程度相当。据此,行政机关设定和实施行政处罚应当与违法行为的事实、性质、情节以及社会危害程度相当,符合比例原则。行政合法性原则和合理性原则是行政法的基本原则,比例原则是行政合理性原则的重要内容。具体而言,比例原则要求行政机关在作出行政处罚时,应当坚持过罚相当,即行政处罚应当"与违法行为的事实、性质、情节以及社会危害程度相当"。

《行政处罚法》第三十二条规定,当事人有下列情形之一的,应当从轻或者减轻行政处罚:(一)主动消除或者减轻违法行为危害后果的;(二)受他人胁迫或者诱骗实施违法行为的;(三)主动供述行政机关尚未掌握的违法行为的;(四)配合行政机关查处违法行为有立功表现的;(五)法律、法规、规章规定后其他应当从轻或者减轻行政处罚的。第二条规定,行政处罚的设定和实施,适用本法。据此,《行政处罚法》是全国人民代表大会专门针对行政处罚领域颁布的法律。行政机关监管执法应当符合政策发展导向、尊重既有事实、考虑公众合理的饮食习惯和需求,在作出行政处罚决定时,应当兼顾个案特殊情况,在适用《水法》的相关规定将导致行政处罚明显不当时,可以根据《行政处罚法》的相关规定并遵守比例原则进行裁量,充分体现柔性执法和执法温度,依法保护产权和企业家合法权益,激发企业家创业热情，积极营造稳定公平透明、可预期的营商环境。《行政处罚法》第五条规定，实施行政处罚，纠正违法行为，应当坚持处罚与教育相结合，教育公民、法人或者其他组织自觉守法。据此，行政处罚应当是行政机关进行行政管理的手段而不是目的。

611.问：税款滞纳金不受《行政强制法》第四十五条的限制可超本金？

答：有关税款滞纳金，《税收征收管理法》第三十二条规定：纳税人未按照规定期限缴纳税款的，扣缴义务人未按照规定期限解缴税款的，税务机关除责令限期缴纳外，从滞纳税款之日起，按日加收滞纳税款万分之五的滞纳金。《税收征收管理法实施细则》第七十五条进一步明文规定：税收征管法第三十二条规定的加收滞纳金的起止时间，为法律、行政法规规定或者税务机关依照法律、行政法规的规定确定的税款缴纳期限届满次日起至纳税人、扣缴义务人实际缴纳或者解缴税款之日止。上述法条对税款滞纳金的数额、起止时间作了明确规定。《税收征收管理法》是税收征管领域特别法，其实施细则为行政法规。被上诉人依据上述规定对上诉人作出强制执行决定，扣缴滞纳金数额超过税款数额，并不违反法律规定。

612.问：水库水资源费如何征收？

答：目前水库分为设计有供水功能的水库和没有供水功能的水库。前者水资源费一般应当由水库管理单位向水利行政主管部门缴纳，后者一般由用水单位直接向水利行政主管部门缴纳。根据有关征收水资源费的法律规范的规定，水资源费不得重复征收。最高人民法院行政审判庭于 2005 年 4 月 25 日作出〔2004〕行他字第 24 号《关于用水单位从水库取水应否缴纳水资源费问题的答复》中明确指出：目前我国水库分为设计有供水功能的水库和没有供水功能的水库。有供水功能的水库，且水库管理单位已向水行政主管部门申请取水许可证并缴纳水资源费的，用水户仅需按用水量和水利工程供水价格向水库管理单位支付水利工程水费，无需再向国家缴纳水资源费；没有供水功能的水库，则用水单位应当直接向水行政主管部门申请取水许可并缴纳水资源费。

613.问：水利征收中是否存在行政委托关系的认定？

答：《最高人民法院关于适用〈中华人民共和国行政诉讼法〉的解释》第二十条第三款规定，没有法律、法规或者规章规定，行政机关授权其内设机构、派出机构或者其他组织行使行政职权的，属于《行政诉讼法》第二十六条规定的委托。当事人不服提起诉讼的，应当以委托的行政机关为被告。审判实践中，人民法院认定是否存在行政委托关系，一是要看行为的内容是否具有履行行政管理职责的性质；二是要看受益主体是否惠及社会公众，具有公共利益的性质，两者同时具备即属于行政委托，而不是说只有行政机关以书面或口头明确表示委托的，才存在行政委托关系。

614.问：国务院制定的规范性文件与地方性法规、规章不一致时如何适用？

答：我国《行政诉讼法》第六十三条规定，人民法院审理行政案件，以法律和行政法规、地方性法规为依据，参照规章。那么，其他规范性文件在行政诉讼中处于何种地位呢？（为什么这里要使用其他规范性文件这个名称？因为法律法规、规章都属于规范性文件，其他规范性文件，只是用以指代法律渊源以外的规范性文件）

最高人民法院关于印发《关于审理行政案件适用法律规范问题的座谈会纪要》的通知（法〔2004〕第 96 号）指出：行政审判实践中，经常涉及有关部门为指导法律执行或者实施行政措施而作出的具体应用解释和制定的其他规范性文件，主要是：国务院部门以及省、市、自治区和较大的市的人民政府或其主管部门对于具体应用法律、法规或规章作出的解释；县级以上人民政府及其主管部门制定发布的具有普遍约束力的决定、命令或其他规范性文件。行政机关往往将这些具体应用解释和其他规范性文件作为具体行政行为的直接依据。这些具体应用解释和规范性文件不是正式的法律渊源,对人民法院不具有法律规范意义上的约束力。但是,人民法院经审查认为被诉具体行政行为依据的具体应用解释和其他规范性文件合法、有效并合理、适当的,在认定被诉具体行政行为合法性时应承认其效力;人民法院可以在裁判理由中对具体应用解释和其他规范性文件是否合法、有效、合理或适当进行评述。

《最高人民法院关于裁判文书引用法律、法规等规范性法律文件的规定》(法释〔2009〕14号)第六条规定:对于本规定第三条、第四条、第五条规定之外的规范性文件,根据审理案件的需要,经审查认定为合法有效的,可以作为裁判说理的依据。

从上述纪要和规定来看,其他规范性文件在行政诉讼中,人民法院经审查合法有效的,可以作为裁判说理的依据。这一点,从《行政诉讼法》第五十三条、第六十四条的规定中也可以通过反对解释得出结论。《最高人民法院关于适用〈中华人民共和国行政诉讼法〉的解释(2018)》第一百四十九条更是明确规定:人民法院经审查认为行政行为所依据的规范性文件合法的,应当作为认定行政行为合法的依据;经审查认为规范性文件不合法的,不作为人民法院认定行政行为合法的依据,并在裁判理由中予以阐明。

那么,行政诉讼中面对的其他规范性文件的范围如何界定?

我国《行政诉讼法》第五十三条的规定:公民、法人或者其他组织认为行政行为所依据的国务院部门和地方人民政府及其部门制定的规范性文件不合法,在对行政行为提起诉讼时,可以一并请求对该规范性文件进行审查。是否意味着其他规范性文件仅指"国务院部门和地方人民政府及其部门制定的规范性文件"?显然不能这样理解。此处只是明确纳入附带审查的规范性文件的范围而已。

《行政诉讼法》第五十三条中的规范性文件,按照国务院办公厅《关于加强行政规范性文件制定和监督管理工作的通知》(国办发〔2018〕37号)的定义,是指行政规范性文件——是除国务院的行政法规、决定、命令以及部门规章和地方政府规章外,由行政机关或者经法律、法规授权的具有管理公共事务职能的组织(统称行政机关)依照法定权限、程序制定并公开发布,涉及公民、法人和其他组织权利义务,具有普遍约束力,在一定期限内反复适用的公文。

需要指出的是,任何定义只有在一定的语境中才能被理解,也就是说(国办发〔2018〕37号)对行政规范性文件的定义应放在该通知的语境中理解,并不能得出国务院制定的决定、命令等便不是规范性文件。当然,过去习惯称为法规性文件。

我们经常会看到一些国发、国办发文号的决定、通知、意见、规定、办法。这些不是行政法规,但只要决定、通知、意见、规定、办法符合《党政机关公文处理工作条例》(中共中央办公厅国务院办公厅中办发〔2012〕14号)的规定,涉及公民、法人和其他组织权利义务,具有普遍约束力,在一定期限内反复适用的公文,就应当界定为国务院制定的其他规范性文件。

作者之所以将国办发文号也界定为国务院制定的其他规范性文件,是因为根据《国务院关于机构设置的通知》(国发〔2008〕11号),国务院办公厅是协助国务院领导同志处理国务院日常工作的机构。职责之一是协助国务院领导同志组织起草或审核以国务院、国务院办公厅名义发布的公文。《国务院办公厅关于贯彻落实国务院常务会议精神有关事项的通知》(国办函〔2015〕31号)规定:一、国务院常务会议讨论通过的拟以国务院或国务院办公厅名义印发的文件,须在会议结束后7个工作日内印发;有重大修改意见需要协调的,须在

10个工作日内印发……。四、以国务院或国务院办公厅名义印发的可以公开的文件，原则上要于印发当日在中国政府网公开……。国办发文号的，经国务院总理、副总理批准或同意制发的公文是代表国务院的。

行政诉讼中，如果国务院制定的规范性文件，与地方性法规、规章冲突，该如何适用？这是一个不得不面对的问题，也是一个不得不回应的问题。

蔡小雪大法官在解读最高人民法院《关于审理水行政征收案件应适用国办发〔1995〕27号文件请示的答复》时曾撰文提出一个观点：经国务院同意，国务院办公厅下发的具有普遍约束力的规范性文件是国务院制定行政措施、发布行政决定及命令的公文载体。其效力虽然不能完全等同于行政法规的效力，但只要不与上位法的规定相抵触，其效力应当高于地方性法规和规章。

作者以为，应当区别对待。

我国《立法法》第八十条规定：国务院各部、委员会、中国人民银行、审计署和具有行政管理职能的直属机构，可以根据法律和国务院的行政法规、决定、命令，在本部门的权限范围内，制定规章。部门规章规定的事项应当属于执行法律或者国务院的行政法规、决定、命令的事项。没有法律或者国务院的行政法规、决定、命令的依据，部门规章不得设定减损公民、法人和其他组织权利或者增加其义务的规范，不得增加本部门的权力或者减少本部门的法定职责。该条规定表明，国务院的决定、命令是部门规章制定的依据。换言之，部门规章是不能抵触制定依据的，效力高低立见。

众所周知，部门规章与政府规章是同位法，根据《立法法》的规定，国务院有权改变或者撤销不适当的部门规章和地方政府规章。当部门规章与政府规章不一致时，由国务院进行裁决。《地方各级人民代表大会和地方各级人民政府组织法》第五十九条规定：县级以上的地方各级人民政府行使下列职权：(一)执行本级人民代表大会及其常务委员会的决议，以及上级国家行政机关的决定和命令，规定行政措施，发布决定和命令。从逻辑上讲，政府规章的效力低于国务院规范性文件是自然而然的事情。

规章如此，却并不意味着地方性法规也如此。我国实行人民代表大会制度，中央与地方的关系应该放在宪法与组织法的范围内考察。国务院没有权力改变和撤销地方人大及其常委会的地方性法规。部门规章与地方性法规不一致时，《立法法》明确规定：地方性法规与部门规章之间对同一事项的规定不一致，不能确定如何适用时，由国务院提出意见，国务院认为应当适用地方性法规的，应当决定在该地方适用地方性法规的规定；认为应当适用部门规章的，应当提请全国人民代表大会常务委员会裁决。由此可见，国务院的规范性文件的效力并不必然高于地方性法规。当然，法律明确授权国务院作出规定或决定的，地方性法规肯定要给国务院的规范性文件让路。其他情形则需要区分中央事务还是地方事务，以及法律、行政法规的规定等进行识别判断。

615.问：违法行为人虽然被追究刑事责任，但行政违法状态没有得到恢复的，行政机关是否可以依法作出行政处罚？

答：一种观点认为，根据《行政执法机关移送涉嫌犯罪案件的规定》第三条、第五条、第八条、第十一条的规定，行政执法机关在依法查处违法行为的过程中，发现违法事实涉嫌构成犯罪，依法需要追究刑事责任的，必须依法向公安机关移送，行政执法机关对应当向公安机关移送的涉嫌犯罪案件，不得以行政处罚代替移送。所以，行政机关依据行政处罚法的规定,在向公安机关移送涉嫌犯罪案件之前,已经给予当事人罚款的,人民法院判处罚金时,应当折抵相应罚金,但在人民法院已经追究当事人刑事责任后,根据举重以明轻的法律适用原则,行政机关不得作出该违法行为不得作出行政处罚。

另一种观点认为,对同一违法行为,刑事处罚并不必然排除行政机关的处罚权。刑事处罚和行政处罚都是法律对违法行为采取的惩戒措施,刑事处罚的目的是打击犯罪,行政处罚除打击违反行政管理法律的行为外还承担恢复行政管理秩序的功能,所以在打击违法行为、对违法行为予以法律惩罚这一点上,违法行为人已经受到刑事处罚的,行政机关不得再予以处罚;但对于尚未恢复的行政管理秩序或者行政法律关系,因刑事处罚不具有对法律秩序的"复原"功能和职责,故对已经构成犯罪且经过刑罚处罚的违法行为,不必然排除行政机关行使行政管理职责。

对于人民法院已经做出刑事处罚的,行政机关不得做出与刑事处罚性质相同的行政处罚。理由是:从惩罚违法犯罪行为的角度,违法行为人已经因违法行为承担了较重的刑罚惩罚,法律惩戒的目的已经实现,不需要再通过较轻的行政处罚彰显法律的惩戒功能。

616.问:不具有明确上位法依据之规范性文件的法律效力?

答:没有法律法规、规章等上位法依据,减损行政相对人的合法权益,且违背相关法律原则与立法目的,这样的规范性文件不合法,不能作为认定行政行为合法的依据。

根据《行政诉讼法》第六十四条的规定:人民法院在审理行政案件中,经审查认为本法第五十三条规定的规范性文件不合法的,不作为认定行政行为合法的依据,并向制定机关提出处理建议。这里将规范性文件审查的标准定位为合法性审查,与"总则"部分确立的合法性审查原则保持一致。那么,对规范性文件的合法性审查主要从哪些方面着手呢?一般认为,对规范性文件进行合法性审查具体包括职权、内容以及程序三个方面:一是职权的合法性,主要审查规范性文件的制定主体是否适格,所制定的规范性文件是否属于其职权范围。也有学者将职权的合法性审查区分为主体和权限两个方面。二是内容的合法性审查,主要审查规范性文件是否存在与上位法(包括法律法规、规章以及上级行政机关的规范性文件)的规定相抵触的内容。三是程序的合法性审查,主要审查规范性文件的制定程序是否符合"立法活动的一般要求"和"行政活动的特点"。理论上说,以上某一方面合法性要件的缺失都可能导致规范性文件不合法,但司法审查实践中三方面所扮演的角色存在较大差异——职权的合法性具有决定性的影响,某一部规范性文件如果其制定主体根本不具有行政主体资格或者属于超越法定的职权范围,这样的规范性文件属于重大且明显违法,但实践中此类情形比较少见;内容的合法性审查在多数案件中都是审查工作的重点与难点;至于程序合法性在审查标准和审查深度等方面尚存在争议,有些案件尚未将其纳入审查范围。

617.问:国务院下属部门规范性文件的法律效力如何判断?

答:经国务院同意,国务院办公厅下发的具有普遍约束力的规范性文件是国务院制定行政措施、发布行政决定、命令的公文载体。其效力虽然不能完全等同于行政法规的效力,但只要不与上位法的规定相抵触,其效力应当高于地方性法规和规章。

618.问:纳入违法建设"黑名单"的行为是否具有可诉性?

答:纳入违法建设"黑名单"的行为并未对行政相对人的权利义务产生实际影响,不属于行政诉讼的受案范围。

619.问:不依约履行行政协议,公民如果起诉行政机关会被判继续履行?

答:行政机关在法定职权范围内与公民协商订立具有行政法上的权利义务内容的协议属于行政协议。在行政协议合法有效的情况下,行政机关未按照约定履行行政协议的,人民法院应判决行政机关继续履行协议。

620.问:行政机关行使法定自由裁量权的案件可以进行调解?

答:人民法院审理行政案件,原则上不适用调解。但对行政赔偿、补偿以及行政机关行使法律法规规定的自由裁量权的案件,依照《行政诉讼法》第六十条的规定,可以调解。

621.问:行政机关查处违法建筑的程序及注意义务是什么?

答:程序合法是行政法的基本原则之一,行政机关作出任何行政行为,均应按照相应的法定程序进行,即使行政相对人违法在先,行政机关纠正违法行为也应当严格按照法定程序履行职责。根据《行政强制法》第五条的规定,行政强制的实施应当适当,该法第四章对行政机关实施强制拆除行为应当遵循的法定程序做了明确、具体的规定,行政机关拆除违法建筑应当严格依照相关规定进行。强制拆除的对象是违法建筑本身,但组成建筑物的建筑材料及建筑内的物品,则属于当事人的合法财产。当事人因违法建筑所负的法律责任,不应当涉及其合法的私有财产。虽然《城乡规划法》《行政强制法》均未对行政强制执行的具体实施程序作出明确规定,但是参照《行政强制法》第三章关于行政强制措施实施程序的规定,结合《行政诉讼法》第三十八条第二款关于行政赔偿案件中因被告原因导致原告无法举证时由被告承担举证责任的精神,行政机关对违法建筑实施强制拆除的,手段、方式必须科学、适中,不得以野蛮方式实施强制拆除。对于建筑物内的物品,行政机关应当采用公证、见证等方式,进行清点造册、制作现场笔录、妥善保管并及时移交。如行政机关未依法履行上述程序,造成当事人合法财产损失的,则该强制拆除行为应予确认违法。在强制拆除过程中,行政机关应依法妥善处置并保全证据,以证明其在强制拆除过程中已尽慎重、妥善之注意义务,对违法建筑物中的合法财产已予清空并妥善处理。

622.问:被区、县政府责令实施强拆的部门具有独立的强制执行权?

答:区、县政府依照《城乡规划法》的规定责成有关部门强拆违法建筑的行为,应视为区县政府确定强制拆除部门的工作指令,而被指令部门是经《城乡规划法》授权由区、县政府确定的实施强制拆除的部门,依法享有独立的城乡规划行政强制执行权,对于强制拆除行为的法律后果应由被指令部门独立承担,区县政府依法不属于强制拆除行为的适格被告。

623.问:处罚决定书当事人姓名错误是否属程序违法?

答:假如涉案处罚决定虽然存在笔误,但该笔误对案件处理结果并未产生实质影响。如果涉案处罚决定程序正当,并未违反法律规定,虽存在笔误,但是对案件的处理并未造成实质影响,也应当予以维持。

624.问:行政处罚的加处罚款在诉讼期间应不应计算?

答:行政机关对行政处罚相对人加处的罚款在行政诉讼期间应否计算的问题,存在两种不同意见:

一种意见认为,行政处罚的加处罚款在诉讼期间应当计算。具体理由是,《行政诉讼法》第六十六条规定:诉讼期间,不停止具体行政行为的执行。《行政处罚法》第六十六条规定:行政处罚决定依法作出后,当事人应当在行政处罚决定书载明的期限内,予以履行。《行政处罚法》第七十二条规定:当事人到期不缴纳罚款的,每日按罚款数额的百分之三加处罚款,加处罚款的数额不得超出罚款的数额;根据上述规定,履行罚款决定,是被处罚人的义务,不履行义务产生的后果应当由其承担。在行政处罚决定所确定的期限内不履行行政处罚决定应缴纳的罚款,每日按罚款数额的3%加处的罚款应当全部执行,在行政诉讼期间也不能停止执行。据此,行政处罚的加处罚款,在行政诉讼期间应当计算在内。

另一种意见认为,在行政诉讼期间,当事人不履行行政处罚决定,对逾期缴纳罚款所加处的罚款的执行应区别不同情况作不同处理。理由如下:第一,《行政诉讼法》第四十四条虽然规定:诉讼期间,不停止具体行政行为的执行。但具体行政行为不因复议或诉讼而停止执行原则是基于国家意志先定力原理推导出来的,在有权机关作出最后决定之前,推定其为合法,而具体行政行为是否合法,要由有权机关作出决定。《行政诉讼法》第五条规定人民法院审理行政案件,是对具体行政行为是否合法进行审查。而当行政处罚的相对人不服行政处罚决定,向人民法院提起行政诉讼后,行政处罚决定是否合法,只有在人民法院作出终审判决之后,才能得出结论。行政处罚相对人因不服行政处罚决定提起行政诉讼后,对该行政处罚司法审查的时间和结果是由人民法院的司法行为所决定,并非行政诉讼当事人能把握。本着公平合理的原则,对行政诉讼期间相对人不履行行政处罚决定所确定缴纳罚款义务的,不应计算加处罚款,加处罚款的时间应从行政终审判决书生效后起算。第二,虽然《行政诉讼法》第四十四条规定了行政诉讼期间不停止具体行政行为的执行,但行政诉讼法此条规定的立法本意是制止那些行政处罚决定作出后行政处罚相对人仍继续为违法和对社会有危害的行为,而非因提起行政诉讼而拒不履行行政罚款的行为。行政处罚决定作出后,行政相对人已停止了违法行为,其不履行行政处罚决定所确定缴纳罚款的义务并非是违法行为的继续,仅仅是对罚款有异议而提起行政诉讼并拒绝履行。这与既不提起行政诉讼又不履行生效行政处罚决定且继续为违法行为的情况有本质的区别,而且对社会公共利益的损害和对社会的危害性也不相同。据此认为,应对行政处罚相对人在处罚决定作出后的这两种拒绝履行行为区别对待,对加处罚款有异议而提出行政诉讼的,诉讼期间应停止执行。基于这些认识,建议对行政诉讼期间不停止执行原则作相应的修改或用司法解释加以弥补。第三,任何一种处罚的设定都要适度和适当,相对人所受到的处罚与其违法行为的违法程度应当相对应,即处罚的幅度与违法行为所造成的危害程度应相当。因为行政处罚的目的是制裁行政相对人的违法行为,行政相对人所受处罚应当与其所实施的违法行为的违法程度相一致。假如从行政处罚决定生效包括行政诉讼期间在内一直计算到当事人缴纳其加处的罚款,如果一审用时3个月,当事人缴纳的滞纳金将是罚款的近3倍;如果经过二审,滞纳金将会更高。这对行政相对人是不公平的。而执行罚款也不应视为具体行政行为的内容,在行政诉讼期间停止执行也不危害社会公共利益;相反,若如数执行,难显公平,在法律效果和社会效果方面也难以统一。

作者赞同第二种观点。《行政诉讼法》第四十四条规定确立了诉讼期间不停止执行的原则,第六十六条又将不具有强制执行权的行政机关作出的具体行政行为排除在起诉不停止执行的原则之外。按照特别规定优于一般规定的原则,在处理具体案件中应适用第六十六条的规定。设立行政处罚的目的是预防和减少违法行为的发生,《行政诉讼法》所追求的目的是保护公民、法人和其他组织的合法权益,包括诉讼权利。因此,行政机关对行政处罚相对人加处罚款,在行政诉讼期间不应计算。

625.案情简介:原告乐康公司接受供电公司委托清理威胁线路安全运行的树木,遂与第三人张某签订车辆租用协议,租用张某小型货车运输作业人员及工具。2016年6月17日,原告工作人员在道路上进行树木修剪作业时,南通市通州区公路管理站执法人员认定原告乐康公司未经批准非法砍伐公路设施,遂将原告公司作业使用的小型货车拖走,并出具一份证据登记保存清单,将小型货车扣押。6月28日,被告向张某发出《行政案件接受处理催告通知书》,通知其接通知书后3日内速来接受处理,并领回被登记保存的证据。7月12日,被告又向张某发出《交通运输行政强制措施决定书》决定对小型货车实施暂扣的行政强制措施,自7月12日起期限为30日。原告乐康公司遂向如皋市人民法院起诉,要求确认通州区公路管理站对小型货车证据登记保全行为违法。

问:被告通州区公路管理站对小型货车证据保全扣押的行为是否合法?

答:一种观点认为根据《行政处罚法》三十七条规定,证据登记保存是指在证据可能灭失或者难以取得的情况下采取的措施,案涉扣押的小型货车作为原告运输砍伐的树木及砍伐树木的工具,是证明原告非法破坏公路设施的重要证据,如不及时扣押,原告或者第三人有随时转移的可能,符合当时紧急情况,遂采取保全措施并无不当,本案应驳回原告诉讼请求。另一种观点认为,案涉车辆不是易腐、易毁灭的物品,不存在证据可能灭失难以取得的情况,不构成证据保全对象,被告通州区公路管理站的证据保全对象错误,应确认其先行登记保存行为违法。作者同意第二种观点。本案是一起因行政机关在执法过程中适用《行政处罚法》第三十七条第二款证据先行登记保存行政强制措施而引发的纠纷,本行政诉讼就该条规定的证据保全对象、期限等方面值得进一步探讨。

先行登记保存是指行政机关在执法过程中,在证据可能灭失或难以取得的情况下,经行政机关负责人批准,对需要保全的证据登记造册,暂时先予以封存固定,并不得转移、毁损或者隐藏,等待行政机关的进一步的调查和作出处理决定。简单地说,就是行政机关在行政执法过程中,为防止证据灭失而采取的一种法定保存证据的方式。《行政处罚法》第三十七条规定,行政机关收集证据时,在证据可能灭失或者以后难以取得的情况下,经行政机关负责人批准,可以先行登记保存,并应当在七日内及时作出处理决定。

(1)先行登记保存是一种行政强制措施,具有可诉性。行政强制措施是指行政主体在行政管理中为制止违法行为、防止证据毁损、避免危害发生,依法对公民的人身自由实施暂时性限制,或者对公民、法人或者其他组织的财物实施暂时性控制的行为。"先行登记保存"是一种行政强制措施,目的是实现防止证据毁损的行政管理目的,实施暂时性控制,符合行政强制措施特点的规定。同时,证据先行登记保存由《行政处罚法》规定,符合行政强制措施的发源要求,其法律属性是《行政强制法》第九条第五项规定的"其他行政强制措施",其是一种独立的行政行为,最终行为作出与否并不影响行政强制措施的可诉性。根据《最高人民法院关于执行〈中华人民共和国行政诉讼法〉若干问题的解释》第一条的规定,判断行政行为是否属于行政诉讼的受案范围,其标准是行为是否对公民、法人或者其他组织的权利义务产生实际影响。证据现行登记保存的对象是相对人的特定财物,为相对人设定了一定期限内不得转移、毁损的法定义务,实际影响了相对人的生产、经营或其他权益,因此是可诉的具体行政行为。

(2)就被告通州区公路管理站作出的对小型货车证据保全行为是否合法问题。

虽然《行政处罚法》第三十七条第二款对证据先行登记保存作出了规定。但先行登记保存的物品必须是与违法行为有直接必然关联的物品，必须具有证据客观性、关联性和合法性的基本特征。且证据先行登记保存是行政执法人员收集证据时，在证据可能灭失或者以后难以取得的情况下采取的。证据保存的手段应同证据保存的任务相适应，应选择适当的保存手段。需要利用涉案物品的实质性特征作为证据，而又不能用其他取证手段代替时，才可进行证据先行登记保存。如果可采取调查笔录、视听资料、勘验笔录等其他形式收集证明和认定行为人违法事实的证据，就不得采取先行登记保存这一方法。

本案中涉案小型货车与树障清除作业的违法事实认定不具有直接必然关联，该车辆对违法事实不具有直接的证明作用，且即便具有一定的关联性，该车辆本身也不存在可能灭失或者以后难以取得的情况，完全可以以勘验笔录等其他形式替代取证。被告通州公路管理站对小型货车进行先行登记保存对象错误，方法明显不当。据此应确认被告对小型货车先行登记保存行为违法。

（3）如何理解《行政处罚法》第三十七条第二款规定的先行登记保存应当在七日内及时作出处理决定。从法条来看，先行登记保存只有七日，法律并未设置延长期限的情形，且这里的七日应当理解为七个自然日，因为虽然《行政处罚法》并未进行明确的规定，但考虑到《行政许可法》第八十二条规定行政机关实施行政许可的期限以工作日计算，不含法定节假日，《行政强制法》第六十九条规定：本法中十日以内期限的规定是指工作日，不含法定节假日。另《行政复议法》第四十条规定：本法关于行政复议期间有关“五日”“七日”的规定是指工作日，不含节假日。按照上述法律的立法技术，如果是工作日应当会在立法中进一步进行明确说明，在未明确说明的情况下，本着对行政当事人有利的原则理解为自然日更为妥当。

《行政处罚法》明确规定采取了先行登记保存措施后，应当在七日内及时作出处理决定，但此处的处理决定是针对保存证据的行为而言的，这种处理仅限于对登记保存的证据的处理，即对不符合条件的应立即解除，如果需要查封、扣押，必须按照查封扣押的权限和程序办理有关手续，而不应理解为对整个行政处罚作出决定，同时法条中没有对先行登记保存设置延期规定。换句话说，先行登记保存的期限不具有可延性，这就进一步要求行政机关对现行登记保存的证据要及时作出相应的处理。

本案被告通州公路管理站2016年6月17日向张某出具《证据登记保存清单》一份，将小型货车予以扣押，直到6月28日才向张某发出《行政案件接受处理催告通知书》，通知其接本通知书后3日内速来接受处理，并领回被登记保存的证据。该行为明显违反了《行政处罚法》第三十七条第二款先行登记保存应当在七日内及时作出处理决定的规定，虽然被告通州公路管理站辩称，在七日内处理应当有张某的配合，在其不配合的情况下发送通知书不违法，但法院审理认为该七日时限并不因当事人不配合调查而有所例外，据此可以认定被告对原告的小型货车登记保存超过法定期限，登记保存行为违法。

另外，需要说明的是在《行政强制法》实施后，行政强制措施概念中的防止证据毁损与《行政处罚法》规定的证据登记保存有了相同的法律属性。可以说证据登记保存在某种程度上被行政强制措施吸收了，行政机关在执法过程中遇到“证据保存”这类情况应尽量按照《行政强制法》规定的强制措施种类和程序进行。

626.问：水行政主管部门责令停止违法行为是否具有可诉性？

答：我国法律法规及规章中规定了许多责令性行政行为，如责令停止违法行为、责令限期治理、责令限期整改、责令拆除违章建筑等。在日常行政执法活动中,行政机关会作出《责令停止违法行为通知书》的行为也很常见,由此引发的行政争议也较为普遍,而责令停止违法行为是否具有可诉性在理论上与实践中均存在争议。

责令停止违法行为指行政主体为预防或制止正在发生或可能发生的违法行为、危险状态及不利后果,要求违法行为人履行法定义务,停止违法行为,消除不良后果或恢复原状等具有强制性命令性的行政行为。我国《行政处罚法》第二十三条规定:行政机关实施行政处罚时,应当责令当事人改正或者限期改正违法行为。由此可以看出,责令停止违法行为是实施行政处罚程序中的行政行为。这种行政行为本质上属于行政命令中的禁令,即行政机关依法要求行政相对人不为一定行为的意思表示。该行为的作出仅使行政相对人的行为受到限制,并未赋予相对人权利。责令停止违法行为一经作出便为行政相对人设定了义务,无论该行政命令是否合法,若行政相对人不执行行政主体的命令,就会受到行政处罚或行政强制执行的后果。因此,责令停止违法行为是行政执法过程中的一种独立的行政行为。如果行政相对人实施的合法行为被行政主体错误实施了责令停止的命令,就会导致行政相对人的合法权益受到侵害。因此,为保障行政命令功能的正确行使,应赋予行政相对人法律救济的途径。如果行政相对人认为该行政命令将使其合法权益受到损害的,可以提起行政诉讼。

627.案情简介:2016 年 8 月,某县国土局发现赵某在没有办理用地审批手续的情况下占用耕地建设厂房,且由于该县在 2015 年对土地利用整体规划作出了调整,该宗土地已经不符合调整后的土地利用整体规划,故某县国土局根据《土地管理法》第七十六条的规定"……对违反土地利用总体规划擅自将农用地改为建设用地的,限期拆除在非法占用的土地上新建的建筑物和其他设施,恢复土地原状……",对赵某作出"限期三个月自行拆除地上新建建筑物"的处罚决定。因赵某在法定期限内没有申请复议或者提起行政诉讼,又不履行处罚决定,故申请法院强制执行。

问:对国土局的强制执行申请是否应当受理?

答:对国土局的强制执行申请是否应当受理,有两种不同意见:

第一种意见认为,《行政强制法》第四十四条规定:对违法的建筑物、构筑物、设施等需要强制拆除的,应当由行政机关予以公告,限期当事人自行拆除。当事人在法定期限内不申请行政复议或者提起行政诉讼,又不拆除的,行政机关可以依法强制拆除。《行政强制法》已经赋予了行政机关对违法建筑的强制执行权,故人民法院不应再受理其提出的非诉行政执行申请。

第二种意见认为,《行政强制法》第四十四条所指的违法建筑物、构筑物、设施,指的是违反《城乡规划法》的违法建筑,本案中,某县国土局对赵某作出行政处罚决定依据的是《土地管理法》,不属于《行政强制法》第四十四条规定的"违法建筑物",某县国土局无权自行强制执行,人民法院应当受理该强制执行申请。

作者同意第二种意见,理由如下:

《行政强制法》第五十三条规定:当事人在法定期限内不申请行政复议或者提起行政诉讼,又不履行行政决定的,没有行政强制执行权的行政机关可以自期限届满之日起三个月内,依照本章规定申请人民法院强制执行。根据《行政强制法》的立法精神,一旦法律授予了行政机关强制执行权,该行政机关就应当积极履行职权,以达到提高行政效率、迅速实现行政决定的目的,而不能主动放弃强制执行权,转而申请人民法院强制执行。因此,本案的争议焦点在于某县国土局对其作出的限期拆除违法建筑的行政处罚决定是否具有强制执行权。

本案中某县国土局申请法院强制执行的是对违法建筑物的拆除决定,《行政强制法》第四十四条对违法建筑物、构筑物、设施的强制拆除作出了专门规定,该条规定位于《行政强制法》第四章行政机关强制执行程序中,可见对于符合该条规定的违法建筑,行政机关可以依据《行政强制法》的规定自行强制执行,因此本案的关键在于赵某所建厂房是否属于《行政强制法》第四十四条所规定的"违法建筑物"。

一、对违法建筑物、构筑物、设施的认定

在我国现行法律规定中,《城乡规划法》对国有土地上建设建筑物的行为进行了规范,《土地管理法》则规范了在集体土地上的建设行为,这两部法律都有对违法建筑的相应处罚规定。故所谓违法建筑,是指违反《城乡规划法》《土地管理法》等相关法律、法规,非法占用土地、未取得建设工程规划许可证、临时建设工程规划许可证等法定建设许可,或者未按照建设工程规划许可证、临时建设工程规划许可证的规定,擅自建筑的建筑物、构筑物、设施。

二、对《行政强制法》第四十四条的理解

《城乡规划法》第六十八条规定:城乡规划主管部门作出责令停止建设或者限期拆除的决定后,当事人不停止建设或者逾期不拆除的,建设工程所在地县级以上人民政府可以责成有关部门采取查封施工现场、强制拆除等措施。而《土地管理法》第八十三条规定:依照本法规定,责令限期拆除在非法占用的土地上新建的建筑物和其他设施的,建设单位或者个人必须立即停止施工,自行拆除;对继续施工的,作出处罚决定的机关有权制止。建设单位或者个人对责令限期拆除的行政处罚决定不服的,可以在接到责令限期拆除决定之日起十五日内,向人民法院起诉;期满不起诉又不自行拆除的,由作出处罚决定的机关依法申请人民法院强制执行,费用由违法者承担。由此可见,县级以上人民政府可以依据《城乡规划法》实施行政强制执行权,而对违反《土地管理法》的违法建筑,作出行政处罚决定的行政机关应当申请人民法院强制执行。这一点在《最高人民法院关于违法的建筑物、构筑物、设施等强制拆除问题的批复》中也有所体现。该批复规定:根据《行政强制法》和《城乡规划法》有关规定精神,对涉及违反城乡规划法的违法建筑物、构筑物、设施等的强制拆除,法律已经授予行政机关强制执行权,人民法院不受理行政机关提出的非诉行政执行申请。

具体到本案中,赵某违法建设的厂房虽说是不符合土地利用整体规划,但是对赵某的处罚决定是县国土局依据《土地管理法》而作出的。因此,结合《行政强制法》第四十四条和《土地管理法》第八十三条规定的精神,县国土局无权自行强制执行其作出的限期拆除决定,依照《土地管理法》第八十三条和《行政强制法》第五十三条的规定,人民法院应当受理县国土局提出的强制执行申请。

这起案件需要水行政执法人员结合水法律法规认真研究,领会贯通。

628.问:《行政处罚法》第五十七条第二款规定的"对情节复杂或者重大违法行为给予较重的行政处罚",行政机关负责人应当集体讨论决定。行政处罚决定未经集体讨论而作出,属严重程序违法,人民法院应予撤销。作为水行政执法人员,如何理解?

答:《行政处罚法》第五十七条第二款对情节复杂或者重大违法行为给予较重的行政处罚,行政机关的负责人应当集体讨论决定。作者仅选择涉案处罚决定未经过"行政机关负责人集体讨论"的程序问题展开探讨。

一、“情节复杂或者重大违法行为给予较重的行政处罚”的范畴界定

《行政处罚法》在第五十七条规定的基础上，并没有对何谓“情节复杂或者重大违法行为给予较重的行政处罚”作出解释，也没有相关立法或者司法解释对此进行准确界定。因此，在执法和司法实践中，对该条款的理解和具体法律适用就产生了不同的观点和认识。

（一）“情节复杂或者重大违法行为给予较重的行政处罚”的字义解释

关于如何理解“情节复杂或者重大违法行为给予较重的行政处罚”，存在两种不同观点。第一种观点认为，该规定应理解为情节复杂给予较重的行政处罚和重大违法行为给予较重的行政处罚两种情形，“情节复杂”与“重大违法行为”是并列关系，而较重的行政处罚是情节复杂与重大违法行为的共同落脚点。第二种观点认为，“情节复杂”和“重大违法行为给予较重”是并列关系，较重行政处罚的定语仅仅是“重大违法行为”，并不包括“情节复杂”。就第二种观点而言，其较第一种观点所涉及的范围更广，包含了情节复杂但并未给予较重行政处罚的情形。

作者赞同第二种观点，理由是：一是从《行政处罚法》第五十七条的立法目的来看，就特定的行政处罚进行“集体讨论”程序，主要是促使行政机关以审慎的态度进行决策，保证处罚结果的公平、公正。上文已提及，情节复杂之案件，由于违法事实、法律关系的胶着难辨，故需集体讨论以达处罚之明；重大违法行为给予较重行政处罚之案件，由于对行政相对人权益影响甚巨，故需集体讨论以防决定恣意。由此分析，两种情形均需要进行集体讨论，出发点并不完全相同，第二种观点更贴近立法意旨。二是从国务院部委和各省市贯彻《行政处罚法》的规范性文件来看，一般是将“情节复杂”和“重大违法行为给予较重行政处罚”予以并列。比如《工商行政管理机关行政处罚程序规定》第五十五条第一款规定：工商行政管理机关对重大、复杂案件，或者重大违法行为给予较重处罚的案件，应当提交工商行政管理机关有关会议集体讨论决定。《吉林省实施〈中华人民共和国行政处罚法〉若干规定》第九条分别列举规定了情节复杂案件、重大违法行为和较重行政处罚的具体情形。

（二）哪些处罚情形属于较重的行政处罚

较重的行政处罚属于相对概念，并非某种具体的处罚幅度或者种类。通常情况下，国务院工商、税务、食药、质监等执法机关的部委规章，一般对较重行政处罚情形的列举会授权省市人民政府或省级行政执法机关自行作出规定。比如《工商行政管理机关行政处罚程序规定》第五十五条第二款规定：重大、复杂案件，或者重大违法行为给予较重处罚的案件范围，由省级工商行政管理机关确定。以江苏省和吉林省为例，较重处罚主要包括责令停产停业、吊销许可证或者执照、较大数额的罚款。其中，对经营活动中违法行为的较大数额罚款，吉林省以1万元为起算点，江苏省为2万元。其他省（市、区）除在罚款数额上有所区别外，其他方面大同小异。作者认为，虽然对较重行政处罚的界定不宜采取“一刀切”，但对达成共识的处罚种类仍可予以归纳和提炼，具体可参照《行政处罚法》第四十二条关于听证程序的规定，以“责令停产停业、吊销许可证或者执照、较大数额罚款”作为较重行政处罚的基本参照，而较大数额的罚款则由各省（市、区）、省级执法机关根据当地的经济、社会、法治发展水平自主确定。

二、未经过集体讨论的处罚决定是否应予撤销

集体讨论是“情节复杂或者重大违法行为较重行政处罚”作出的法定程序要求，但对未经过集体讨论的处罚决定是否应予撤销，存在两种不同观点：第一种观点认为，程序轻微违

法，确认违法但不撤销。公安机关肩负保护群众生命财产安全的任务，对违法行为处以拘留处罚属高频适用的罚种，只要拘留就要进行集体讨论，公安机关难免其扰，会影响行政执法的高效、快捷。并且，集体讨论属行政机关决定的内部程序，对相对人权利并不产生实际影响。按照《行政诉讼法》第七十四条第一款第（二）项规定，判决确认违法但不撤销处罚决定。第二种观点认为，程序严重违法，应予撤销。从《行政处罚法》的相关规定来看，集体讨论作为较重行政处罚尤其是行政拘留的法定必经程序，不仅可以保障处罚决定实体的公平、公正，而且是对行政执法权的合理约束和限制，本身即具有独立的程序价值。

作者同意第二种观点，即应经而未经负责人集体讨论的处罚决定，属程序严重违法，应予撤销。具体理由如下：

一是程序正当的必然要求。程序是具有独立价值的要素，行政处罚的程序是行政处罚的重要组成部分。随着经济的发展和社会的进步，法律程序观念逐步深入人心。遵守法律和正当程序是行政机关依法行政的基本要求，行政机关办理行政处罚案件必须遵循合法和正当程序原则。按照《行政处罚法》的规定，行政处罚程序一般包括立案、调查、审查、告知、决定和执行等程序。其中行政处罚的决定程序则包括简易程序、一般程序和听证程序，除适用简易程序由执法人员当场作出行政处罚决定外，对于适用一般程序和听证程序的行政处罚案件，一般案件应由执法人员调查终结后，行政机关负责人对调查结果进行审查并单独决定；重大行政处罚案件往往在听证程序后，由行政机关负责人集体讨论决定。因此，集体讨论是行政机关作出行政处罚的重要程序，具有独特的程序价值和重要意义。

二是集体讨论的功能定位。《行政处罚法》为何针对"情节复杂或者重大违法行为给予较重的行政处罚"设定集体讨论制度？作者认为，一则对情节复杂的案件，要么法律关系错综复杂存在法律适用的困扰，要么人数众多彼此违法事实难以完全厘清，要么案件证据难以搜集需要延长办案期限等。鉴于上述种种情形，承办案件的执法人员就很难顺利得出处罚结论而直接报请行政机关负责人作出决定，发挥"集体讨论"的群体智慧优势当属最佳选择。二则对重大违法行为给予较重行政处罚的案件。此类案件因违法行为重大、处罚程度较重，往往涉及营业资格的丧失、大额金钱的罚没、人身自由的限制，较其他处罚会对相对人的权益产生较大影响，对此行政机关负责人在作出决策时应采取慎重态度，对其自由裁量权加以限制，通过广泛听取各负责人的意见，可以充分发挥民主，防止决策恣意。因此，集体讨论是较重行政处罚决定公正合理的制度和程序性保障。

三是首长负责制的有益补充。《行政处罚法》中的集体讨论制与行政机关首长负责制并不矛盾和冲突，相反是首长负责制的补充。作者认为，集体讨论只是部分行政处罚过程中的必备程序，讨论结论仅作出行政处罚决定的重要参考和依据。集体讨论作出决定，并非就如何处罚予以表决，行政机关首长仍然可以对各种不同意见作出决定。换言之，集体讨论决定并非行政机关负责人的集体决定，集体讨论的运作过程体现的是民主集中制原则，其并不实行少数服从多数的会议表决制。在集体讨论的基础上，如何进行行政处罚最终还是要由行政首长作出决定。这与按照《宪法》确定的行政机关首长负责制相契合，并非在行政首长负责制之外另行创设"集体负责制"。实践也证明，在行政首长负责制的前提下，经过集体讨论的行政决定可避免行政首长的恣意和专横，最大限度地凝聚共识，保障行政处罚的实体公正。

三、适用本条时还应注意的是行政处罚审批表并非证明"集体讨论"的合适载体

实践中，部分行政执法机关曾提出，行政处罚审批表经过层层审批，负责人签字并加盖

公章，足以证明已经经过"集体讨论"。作者认为，行政处罚经过层层审批乃行政机关的内部程序，倘若将"层层审批"等同于"集体讨论"，就几乎不会存在未经集体讨论的案件，集体讨论的程序价值和意义也会荡然无存。集体讨论的证明载体应当是该机关正式的会议纪要或者讨论记录等，内容应当包含时间、地点、参加人员、主持人、讨论内容和意见等。其中，讨论内容还应包括处罚的调查程序是否合法、违法事实的认定是否清楚、证据是否充分、定性是否准确等，记录完毕后参加人员最后应当签名确认。司法实践中，单纯提交行政处罚审批表以代替集体讨论记录的，人民法院应不予认可。

629. 问：行政处罚决定不符合法定送达方式能不能视为送达？

答：行政机关未按照法律的规定送达行政处罚事先告知书与行政处罚决定书，行政相对人陈述、申辩的权利被剥夺，行政处罚决定也未生效，属于重大且明显违法的行政行为，应适用确认无效判决。

630. 问：市水利局以张贴方式送达水行政法律文书是否是有效的行政行为？

答：以张贴方式送达行政法律文书不符合法律的规定。市水利局对行政处罚事先告知书与行政处罚决定书采用张贴的送达方式是否符合法律规定的送达方式。根据《行政处罚法》的规定，行政处罚决定书应当在宣告后当场交付当事人；当事人不在场的，行政机关应当在 7 日内依照民事诉讼法的有关规定，将行政处罚决定书送达当事人。从法条的角度进行分析：①从留置送达的规定看，根据《民事诉讼法》第七十九条的规定，受送达人或者他的同住成年家属拒绝接收诉讼文书的，送达人应当邀请有关基层组织或者所在单位的代表到场，说明情况，在送达回证上记明拒收事由和日期，由送达人、见证人签名或者盖章，把诉讼文书留在受送达人的住所，即视为送达。留置送达需要存在拒绝签收的情况，本案中是否存在行政相对人拒绝接受的情况，从相关证据材料看无法查明，虽有当地街道工作人员予以见证，但以张贴的方式仍不符合留置送达的形式要求。②从公告送达的规定看，根据《民事诉讼法》第八十四条的规定，受送达人下落不明，或者用本节规定的其他方式无法送达的，采用公告送达。从公告送达的前提来看，必须是受送达人下落不明或是其他方式无法送达。

631. 问：无效行政行为与可撤销行政行为的区别？

答：(1)无效行政行为是指行政机关作出的具体行政行为具有重大且明显的违法，因而该行为自始无效的情况。无效行政行为的法律特征：一是无效行政行为不具有公定力；二是无效行政行为是重大且明显违法的行政行为；三是无效行政行为在效力上是自始、当然、确定无效的；四是无效行政行为引起权利义务的回复性，即被宣告无效后应尽最大可能恢复到行政行为执行前的状态。

(2)可撤销的行政行为是指具有一定的违法情形，但尚未达到重大且明显的程度的行政行为。可撤销的行政行为的法律特征：一是可撤销的行政行为具有一定的违法性，可能是作出行政行为的事实依据不足、适用法律错误、违反法定程序、超越或滥用职权；二是违法程度尚未达到重大且明显的程度；三是可撤销的行政行为在未被法院等权威机构撤销之前被推定为有效，公民必须依从。

(3)无效行政行为与可撤销的行政行为主要区别在于是否属于重大且明显违法情形。行政行为违法的情形已重大且明显到任何有理智的人均能够判断的程度，因而其没有公定力，不必经法院等权威机构确认，公民可以根据自己的判断而不服从。

632.问:未送达行政法律文书且无证据证明行政相对人收到文书情形已达到重大且明显违法的程度,是否应属无效的行政行为?

答:无效行政行为与可撤销的行政行为虽然在违法程度上可以作出区分,《行政处罚法》也规定了没有法律依据或者不遵守法定程序的行政处罚无效,但是到底该如何判断未遵守法定程序是否到了重大且明显的程度,依然需要慎重审查。市水利局是以张贴方式进行了所谓的送达,因不符合《民事诉讼法》关于送达的规定而事实上未向被处罚人有效送达行政处罚事先告知书,且不能提供证据证明市水利局已向被处罚人告知给予行政处罚的事实、理由和依据及告知原告有权要求陈述和申辩,根据《行政处罚法》第四十一条的规定,行政机关及其执法人员在其作出行政处罚决定之前,不依照本法第三十一条、第三十二条的规定向当事人告知给予行政处罚的事实、理由和依据,或者拒绝听取当事人的陈述、申辩,行政处罚决定不能成立;当事人放弃陈述或者申辩权利的除外。上述规定中的"行政处罚决定不能成立"并非指行政处罚事实上没有成立,而是指行政处罚因严重违反法定程序和正当程序因而在法律上视为不成立。另外,行政处罚决定书也是采取了张贴的方式,行政处罚决定书对行政相对人也未生效。现有法律法规虽然没有明确规定重大且明显的标准,但将现有法律法规的规定结合具体案情综合分析,假如在实践中市水利局因行政处罚事先告知书和行政处罚决定书均未送达,行政相对人陈述、申辩的权利在事实上被剥夺,行政处罚的必经程序缺失,而陈述、申辩权是行政处罚法赋予行政相对人最基本的权利,同时行政处罚决定书也未实际送达,对行政相对人未生效,行政行为的违法程度较为严重,普通公民即能够作出判断。因此,市水利局的行政处罚行为从实体和程序上都达到了重大且明显的程度,应属无效行政行为。

633.问:确认无效判决、撤销判决与确认违法判决都适用于违法的行政行为,但实践中如何对其进行区分和把握?

答:(1)判决所适用的情形不同。确认无效判决主要适用于行政行为存在重大且明显违法的情形;撤销判决适用于主要证据不足、适用法律法规错误、一般违反法定程序、超越职权、滥用职权的情形;确认违法判决主要适用于行政机关不履行法定职责,但判决其履行已无实际意义,或是具体行政行为违法,但不具有可撤销的内容。

(2)对具体行政行为的效力评判不同。确认无效判决意味着具体行政行为自始就没有公定力,行政相对人可以进行对抗;撤销判决则是认为具体行政行为只有被法院判决之后才没有效力,但在判决之前行政相对人必须服从该行为;确认违法判决则认为行政行为虽然存在违法情形,但由于其本身不具有可撤销性,依然承认其效力存在。因此,就对具体行政行为予以评判的影响程度而言,确认无效判决最重,撤销判决其次,确认违法判决仅作为撤销判决的补充形式而存在。

(3)作出判决之后采取的救济措施不同。确认无效判决作出之后,因行政行为自始就没有效力,被宣告无效后应尽最大可能恢复到行政行为执行前的状态;撤销判决作出之后,法官可以责令行政机关重新作出具体行政行为用于弥补行政行为被撤销之后所产生的影响;确认违法判决作出之后,行政相对人可以将此项判决结果作为申请行政赔偿的前提条件。

634.问:市民热线、1235政务热线、市长信箱、信访信箱……产品质量举报投诉、环境污染举报投诉、违法建筑举报投诉、虚假广告举报投诉、非法行医举报投诉……对投诉举报的

处理已成为行政机关的重要工作之一，特别是新修订的《行政诉讼法》实施以来，举报投诉不作为案件纳入了行政诉讼的范围，对举报投诉的处理更加困扰各级行政机关。举报投诉到底是信访还是申请履行法定职责？举报投诉人对举报投诉的处理行为是否可以申请行政复议？行政机关处理举报投诉的败诉风险在哪里？

答：一、基本概念

举报：为公共利益或者公平正义实施的行为，举报人与举报事项之间不存在法律上的利害关系。

投诉：投诉人与投诉的事项之间存在法律上的利害关系。

检举：向司法机关或其他有关国家机关和组织揭发违法、犯罪行为。

区分：举报人与举报事项之间没有利害关系，投诉人与投诉事项之间必须有利害关系，检举偏重向司法机关、执法机关揭发违法犯罪行为。

二、法律法规、规章规定举报投诉的梳理及例证

(1)仅规定有权提出“举报投诉”，但未明确处理部门、管辖级别、处理程序和对处理结果不服是否可以提起行政复议的。《义务教育法》第九条规定：任何社会组织或者个人有权对违反本法的行为向有关国家机关提出检举或者控告。《水土保持法》第八条规定：任何单位和个人都有保护水土资源、预防和治理水土流失的义务，并有权对破坏水土资源、造成水土流失的行为进行举报。

(2)明确了处理部门，但未明确管辖级别、处理程序。《环境保护法》第五十七条规定：公民、法人和其他组织发现任何单位和个人有污染环境和破坏生态行为的，有权向环境保护主管部门或者其他负有环境保护监督管理职责的部门举报。《中华人民共和国电力法》(简称《电力法》)第二十九条第二款规定：用户对供电企业中断供电有异议的，可以向电力管理部门投诉；受理投诉的电力管理部门应当依法处理。

(3)明确了处理部门、管辖级别、处理程序，但未明确对处理结果不服是否可以提起行政复议的。《中华人民共和国招标投标法》(简称《招标投标法》)第六十五条规定：投标人和其他利害关系人认为招标投标活动不符合本法有关规定的，有权向招标人提出异议或者依法向有关行政监督部门投诉。与之相对应的部门规章《工程建设项目招投标活动处理办法》对投诉处理部门、处理程序作了详细规定，对此类投诉举报是否可以提起行政复议未做规定。

(4)明确了处理部门、管辖级别、处理程序和对处理结果不服可以提起行政复议。《政府采购法》第五十八条规定：投诉人对政府采购监督管理部门的投诉处理决定不服或者政府采购监督管理部门逾期未作处理的，可以依法申请行政复议或者向人民法院提起行政诉讼。

三、对举报投诉的处理规则

(一)法律、法规、规章有下列情形之一的，应当认定行政机关具有处理举报投诉的职责：

(1)行政机关应当处理举报投诉的。

(2)明确了具体处理举报投诉行政机关的。

(3)行政机关应当书面答复举报投诉的。

(4)明确了处理举报投诉的程序、期限的。

法律法规、规章规定行政机关具有处理举报投诉职责，公民、法人或者其他组织向行政机关举报投诉的，行政机关应当依法处理。

（二）具有处理举报投诉职责的行政机关，对举报投诉不予答复、不予处理或作出其他处理，与处理举报投诉行为有利害关系的举报投诉人申请行政复议的，行政复议机关应当受理；与处理举报投诉行为无利害关系的举报投诉人申请行政复议的，行政复议机关应当不予受理。

（三）法律法规、规章未规定行政机关具有处理举报投诉的职责，公民、法人或者其他组织向行政机关举报投诉，行政机关不予答复或者不予处理的，举报投诉人申请行政复议的，行政复议机关可按《行政复议法实施条例》第四十八条第一款驳回行政复议申请。

四、举报投诉答复与信访答复的异同。

《信访条例》第二条第一款规定：本条例所称信访，是指公民、法人或者其他组织采用书信、电子邮件、传真、电话、走访等形式，向各级人民政府、县级以上人民政府工作部门反映情况，提出建议、意见或者投诉请求，依法由有关行政机关处理的活动。根据上述规定，申请人按法律、法规、规章等规定提出的举报投诉亦符合《信访条例》对信访行为的界定。实践中，大部分行政机关在收到行政管理人提出的举报投诉后绝大部分都按信访件进行了处理，此时是否可以认定行政机关已经履行了对投诉举报的处理，要分情况对待，形式并不重要，只要信访答复符合举报投诉处理的程序、内容要求，亦可认定行政机关履行了处理的法定职责。实践中，往往仅作信访答复，无法满足履职要求，势必导致了行政机关的大量败诉。

如果你是行政机关收发室，傻傻分不清到底是信访还是具有法定职责的举报投诉，那就一定好好梳理单位的三定方案或者本条线的法律法规、规章，只要是法律法规、规章规定了处理举报投诉职责的，要细细研读下处理程序、规则，切不可眉毛胡子一把抓，直接扔给信访。

五、行政复议机关责令行政机关履行处理举报投诉职责的条件。

（1）申请人有正确的履职申请，比如书面申请，提交成功等。

（2）行政机关按照法律、法规、规章规定有相关的处理职责（什么是职责详见前文）。

（3）申请人的举报投诉事项与自身的利益相关，而不是仅仅是公益举报（公益性举报，行政机关有处理举报投诉的职责，但举报投诉人没有申请行政复议的资格）。

（4）举报投诉事项必须是行政机关履行行政管理职责的，而不是向行政机关举报行政机关或者其工作人员（此类举报投诉属于行政机关内部监督行为，行政机关有处理的内部监督职责，但处理与否不属于行政复议范围）。

（5）行政机关在法定期限内没有处理（有法定期限的按法定期限计算，没有法定期限的以 60 日为履行期限）。

635.问：根据《行政处罚法》第三十六条规定：违法行为在二年内未被发现的，不再给予行政处罚；涉及公民生命健康安全、金融安全且有危害后果的，上述期限延长五年。法律另有规定的除外。在对违法违纪律师行政处罚中，一些地方司法行政机关对该条款中“二年内未被发现”的认定问题存在不同理解？

答：《行政处罚法》第三十六条规定的发现违法违纪行为的主体是处罚机关或有权处罚的机关，公安、检察、法院、纪检监察部门和司法行政机关都是行使社会公权力的机关，对律师违法违纪行为的发现都应该具有《行政处罚法》规定的法律效力。因此，上述任何一个机关对律师违法违纪行为只要启动调查、取证和立案程序,均可视为“发现”;群众举报后被认定属实的,发现时效以举报时间为准。

636. 问:给予行政相对人较重的行政处罚,行政机关没有提供负责人集体讨论的证据,那么这个处罚决定是因程序违法被撤销还是按照程序瑕疵确认违法?

答:根据《行政处罚法》第五十七条第二款:对情节复杂或者重大违法行为给予较重的行政处罚,行政机关的负责人应当集体讨论决定。较重的行政处罚,行政机关负责人的集体讨论应属于法定程序,但同时行政机关负责人的集体讨论又属于行政机关的内部程序。较重行政处罚,行政机关负责人没有进行集体讨论属于程序违法,应予以撤销。行政机关虽然举行行政机关负责人集体讨论,但不符合法律规定,仍属程序违法。如果是较重的行政处罚没有负责人集体讨论的程序,属于违反行政处罚的法定程序,应予以撤销。

但在水行政执法实践过程中发现了另外一个问题,就是行政机关负责人集体讨论的证明标准。行政机关提供下属职能部门负责人讨论以及仅有一名副局长组织的讨论都会被认定程序违法。接下来我们看一下法定的行政机关负责人集体讨论的证明标准:

(1)行政机关负责人包括哪些人。

《最高人民法院关于适用〈中华人民共和国行政诉讼法〉的解释》第一百二十八条规定:《行政诉讼法》第三条第三款规定的行政机关负责人,包括行政机关的正职、副职负责人以及其他参与分管的负责人。一般执法单位包括局长、副局长、分管工作的党组成员等,是政府的话包括市长、副市长、政府党组成员以及秘书长等。在这提示一下,就法制科的科长、执法队的队长、派出机构的负责人等这些不属于行政机关的负责人。

(2)对行政机关负责人参加集体讨论的人数限制。

既然叫行政机关负责人集体讨论,如果只有一个行政机关负责人组织会议,其他工作人员参与讨论这种情况是不符合法律规定的,现实中也有这样的案例被认定程序违法。从文义解释来看,既然是集体讨论至少得有两名以上的行政机关负责人参与。具体的人数要求,作者查了大量的案例和法律规定,都没有明确的规定,作者认为,至少两名行政机关负责人参加集体讨论,法院不应认定程序违法,当然是参与讨论的行政机关负责人越多越好,但要结合实际工作情况以及领导的时间安排。

(3)对行政机关负责人集体讨论的举证要求。

一般情况下行政机关提供行政处罚案件单位负责人集体讨论笔录、会议纪要及《重大事项集体会审(签)表》等书面证据都可以证明,但一定要注意参与集体讨论的领导要与下面领导签字相对应,在实践中就发生过参与讨论的领导是张三,而到签字时却变成了李四,这种证据存在造假的嫌疑。

综上所述,希望各位读者在行政执法、法制审核及代理案件等过程中要加强对行政执法程序的审查。向单位的负责人讲明参与集体讨论的重要性,通过发挥领导干部这个关键少数的作用,重点讨论违法事实认定、法律依据适用、行政处罚幅度等问题。从而实现严格执法、执法为公、服务为民的目标。

637. 问:行政执法人员是否也需要通过法律执业资格考试?

答:根据《行政处罚法》第五十二条、第五十五条的规定,执法人员在当场作出行政处罚决定或者行政机关在调查或者进行检查时,应当向当事人或者有关人员出示执法证件。说明执法人员只有具备合法有效的执法证件,才能进行执法活动。

638.问：如果执法人员没有具备合法有效的执法证件，那么由该执法人员作出的行政处罚决定，复议机关或者法院会如何进行处理？

答：(1)因执法人员不具有行政执法资格，行政处罚决定被撤销或者确认违法。

(2)虽然具有执法资格证但在调查询问时未出示，属于执法程序不规范。

(3)因客观原因导致执法人员没有及时取得或者更换执法证，执法程序仍合法。

实践中会出现这样一种情况，执法人员通过了执法资格考试，但是机构改革、发证推迟等客观原因导致执法证过期或者没有及时取得执法证，由执法证办理单位出具证明。可以证实执法人员具备了相应的执法资格，只是因为客观原因，没有及时拿到证，不影响执法工作的进行。法院不应因此认定执法程序违法。

大家需要区分一下，执法人员没有执法证，不具备执法资格与行政行为实施主体不具有行政主体资格这两个概念。比如说学校对学生进行罚款、医院对违停的车进行处罚等行为。因为学校与医院本身不具有实施行政处罚的行政主体资格，他们作出的行政处罚行为是无效的，其违法程度要比被撤销的行政行为更为严重。

最后提醒各位行政执法队员朋友，有执法证，才有执法资格，才能进行执法。现场作出行政处罚决定或者行政机关在调查或者进行检查时，应当向当事人或者有关人员出示执法证件。行政执法不容易，程序合法很重要。

639.问：行政处罚决定法制审核的人员未取得国家法律执业资格，审核程序是否合法？

答：《行政处罚法》第五十七条第二款明确规定在行政机关负责人作出决定之前，应当由从事行政处罚决定审核的人员进行审核，现在从事执法单位的行政处罚审核工作，但没有取得法律执业资格，是不是就不能从事这份工作，或者审查的行政处罚决定是否程序违法。为了更好地解答这个问题，作者区分情况进行解答。

《行政处罚法》第五十七条第二款的规定，关于行政处罚决定审核的人员是否必须取得国家法律执业资格，按照"新人新办法，老人老办法"的原则。2018 年 1 月 1 日之后初次从事行政处罚决定审核工作的人员，应当通过国家统一法律职业资格考试取得法律职业资格，否则经过其审核的行政处罚决定属于程序违法。而在 2018 年 1 月 1 日之前已经从事行政处罚决定审核的人员是不需要通过国家法律执业资格。

如果在行政诉讼或者行政复议过程中遇到原告提出处罚决定法制审核人员资格的问题，行政机关需要提供证据进行答辩，证据主要包括：2018 年 1 月 1 日之前的行政处罚决定审核表、人事任免表、《案件处理呈批表》、《当事人书面申辩材料处理呈批表》等证据，用来证明处罚决定审核人员是在 2018 年 1 月 1 日前从事该项工作。

640.问：责令停止违法行为是否属于行政复议范围？

答：责令停止违法行为本质上属于行政命令中的禁令，即行政机关依法要求行政相对人不为一定行为的意思表示。责令停止违法行为一经作出便为行政相对人设定了义务，不论该行政命令是否合法，若行政相对人不执行行政机关的命令，就会受到行政处罚或者行政强制执行的后果。因此，责令停止违法行为是行政执法过程中的一种独立的行政行为。如果行政相对人实施的合法行为被行政主体错误实施了责令停止的命令，就会导致相对人的合法权益受到侵害。因此，为保障行政命令功能的正确行使，应赋予行政相对人法律救济的途径。

641.问：信访处理过程中形成的信息是否属于政府信息？

答：《政府信息公开条例》第二条规定：本条例所称政府信息，是指行政机关在履行职能过程中制作或者获取的,以一定形式记录、保存的信息。《信访条例》第三条第一款规定:各级人民政府、县级以上人民政府工作部门应当做好信访工作,认真处理来信、接待来访,倾听人民群众的意见、建议和要求,接受人民群众的监督,努力为人民群众服务。第三十二条规定:对信访事项有权处理的行政机关经调查核实,应当依照有关法律、法规、规章及其他有关规定,分别作出以下处理,并书面答复信访人。据此,信访程序中记录或者保存的信息是行政机关在履行信访处理职责过程中制作或获取的,并以一定形式记录、保存的信息,符合政府信息的构成要件。

642.问:信访处理过程中形成的信息能否通过申请政府信息公开的途径获取?

答:《政府信息公开条例》第十七条规定:行政机关制作的政府信息,由制作该政府信息的行政机关负责公开;行政机关从公民、法人或者其他组织获取的政府信息,由保存该政府信息的行政机关负责公开。法律、法规对政府信息公开的权限另有规定的,从其规定。根据该条规定,在法律、法规对政府信息公开的权限作出特别规定的情况下,应当优先适用特别法的规定。《信访条例》第十二条明确规定了信访人对信访事项处理过程中相关信息的查询方式。因此,公民、法人或者其他组织申请获取行政机关在信访处理过程中的相关信息,应当按照作为调整信访领域相关行为的特别法——《信访条例》的相关规定办理。

643.问:公民因举报行为而当然享有原告主体资格?

答:我国法律赋予了公民、法人和其他组织向有关行政机关举报违法行为的权利,举报权是公民普遍享有的权利。但举报权转化为起诉权,则必须受到《行政诉讼法》关于原告主体资格规定的限制,公民并不因举报行为而当然享有原告主体资格。

《行政诉讼法》第二十五条规定,行政行为的相对人以及其他与行政行为有利害关系的公民、法人或者其他组织,有权提起诉讼。对利害关系的理解,通常需要考虑以下两个因素:一是应当限于法律上的利害关系。只有公民、法人或者其他组织主张的权利是受法律保护的权利或利益,才可能与被诉行政行为建立利害关系,不能理解为所有直接或间接与被诉行政行为有联系的当事人都是利害关系人。二是当事人主张的这种法律上的权利或利益存在受被诉行政行为侵犯的可能性。

644.问:责令改正或限期改正违法行为是否属于行政处罚?

答:第一,责令改正(或者限期改正)与行政处罚概念有别。行政处罚是行政主体对违反行政管理秩序的行为依法定程序所给予的法律制裁;而责令改正或限期改正违法行为是指行政机关在实施行政处罚的过程中对违法行为人发出的一种作为命令。第二,两者性质、内容不同。行政处罚是法律制裁,是对违法行为人的人身自由、财产权利的限制和剥夺,是对违法行为人精神和声誉造成损害的惩戒;而责令改正或者限期改正违法行为,其本身并不是制裁,只是要求违法行为人履行法定义务,停止违法行为,消除不良后果,恢复原状。第三,两者的规制角度不同。行政处罚是从惩戒的角度,对行政相对人科处新的义务,以告诫违法行为人不得再违法,否则将受罚;而责令改正或者限期改正则是命令违法行为人履行既有的法定义务,纠正违法,恢复原状。第四,两者形式不同。《行政处罚法》第九条规定了行政处罚的具体种类,有:警告、通报批评;罚款、没收违法所得、没收非法财物;暂扣许可证件、降低资质等级、吊销许可证件;限制开展生产经营活动、责令停产停业、责令关闭、限制从业;行政拘留;法律、行政法规规定的其他行政处罚等;而责令改正或者限期改正违法行为,因各种具体违法行为不同而分别表现为停止违法行为、责令退还、责令赔偿、责令改正、限期拆除等形式。

责令改正或限期改正违法行为是否属于行政处罚。首先,行政处罚是行政主体对违反行政管理秩序的行为依法定程序所给予的行政制裁;而责令改正或限期改正违法行为是指行政主体为维持法定秩序而责令违法行为人履行既有的法定义务或停止、纠正违法行为的行政行为。行政处罚科以相对人新的义务,具有惩罚性;而责令改正或限期改正违法行为则是命令相对人履行既有的法定义务,无惩罚性。其次,《行政处罚法》第九条规定:行政处罚的种类:(一)警告、通报批评;(二)罚款没收违法所得、没收非法财物;(三)暂扣许可证件、降低资质等级吊销许可证;(四)责令停产停业,责令关闭、限制从业;(五)行政拘留;(六)法律、行政法规规定的其他行政处罚。"责令限期改正并不属于上述规定列举的行政处罚的种类。综上,责令改正或限期改正违法行为是不同于行政处罚的行政行为,亦不存在包含或隶属关系。

综上,责令改正或限期改正违法行为是与行政处罚相不同的一种行政行为,不属于行政处罚。

645.问:原告的权利是否必然回到被撤销的行政行为作出之前的状态?

答:《行政诉讼法》第七十条规定,行政行为主要证据不足,适用法律、法规错误,违反法定程序的,人民法院应当判决撤销或部分撤销该行政行为,并可以判决被告重新作出行政行为。从该条规定可以看出,人民法院判决撤销被诉行政行为后,原告的权利是否必然回到被撤销的行政行为作出之前的状态,要根据案件的具体情况确定,可能存在两种不同的情形:一是生效行政判决彻底否定被诉行政行为认定的事实,认为被诉行政行为完全没有事实根据或法律依据,撤销被诉行政为意味着原告的合法权利恢复到被诉行政行为作出之前的状态。二是生效行政判决撤销被诉行政行为,理由是行政行为认定的主要事实不清、证据不足,或者是作出被诉行政行为的程序违法、适用法律错误、超越职权等,判决在实体上只是对被诉行政行为的合法性作出判断,并未对原告主张的权利是否合法作出判断,且判决作出后仍需要行政机关依法重新作出处理。这种情况下,原告主张的权利并不能当然地回到被诉行政行为作出之前的状态。也正是因为如此,《行政诉讼法》第七十条明确规定,行政行为被撤销的同时,人民法院可以判决被告重新作出行政行为。即便人民法院没有同时作出限期重作判项,作为享有相应处理权限的行政机关对存疑事项也有重新进行调查、作出处理的法定职责义务。

646.问:起诉行政事实行为,需提供初步的证据证明行政机关实施了该事实行为?

答:根据《行政诉讼法》第四十九条规定,提起诉讼应当有具体的诉讼请求和事实根据。所谓有事实根据,是指诉讼标的能够固定,且能够被特定化或者被识别所需的最低限度的事实。一般情况下,起诉人要明确指出行政机关作出的行政行为,如果是针对行政机关作出的书面行政决定等行政行为,应当提供该书面决定,如果是针对行政机关的事实行为,则需要提供初步的证据证明行政机关实施了该事实行为。

647.问:不具有诉的利益有那几种情形?

答:所谓诉的利益,是指当事人提起的诉应当具有的法院对诉讼请求进行审判的必要性和实效性。简而言之,利用诉讼制度的利益。

不具有诉的利益的六种情形:

(1)无效率的权利保护:原告可以用其他符合事实需要(较简便、较完整、较迅速或较便宜的)途径,达到请求保护的目的,或者原告请求的目的已实现者,属于无效率的权益保护。

(2)无用的权利保护:即使原告起诉,亦不能改善其法律地位,因为根本不存在一项不利益,或者存在一项不可能再以法律救济方法排除的不利益。如果原告即使胜诉,于事实或法律上的原因,其法律地位亦无改善,或胜诉的结果毫无实益时,诉讼的一般权利保护必要亦被排除。

(3)权利滥用之禁止:原告起诉显然属于权利滥用,尤其在原告根本不可能享有任何利益的情形或者其诉讼的目的,完全在于损害相对人(造成机关困扰),或增加法院的工作负担,即构成权利滥用或"恶意强辩之禁止";此一类型的主要作用在于禁止诉权滥用,也就是禁止原告起诉,不以实现自己的权利,而以损害他人为目的。

(4)不适时的权利保护:原告过早向法院请求保护,原则上其将因欠缺权利保护必要而不合法。

(5)诉讼程序上权利失效:过于迟延地申请复议或诉讼,不利于行政法律关系的稳定,有违诚实信用原则,对于当事人及时保护自身权利也无益处。

(6)权利保护之抛弃:单方向法院表示、单方向诉讼他造当事人表示以及法律关系当事人之间,以实体法上之法律行为达成合意(如信访和解协议)的方式放弃了相关权利。

648.问:街道办事处是否具有行政诉讼主体资格

答:根据《地方各级人民代表大会和地方各级人民政府组织法》第六十八条的规定,市辖区、不设区的市的人民政府,经上一级人民政府批准,可以设立若干街道办事处,作为它的派出机关。依照上述规定,街道办事处是依法享有行政职权并能够独立对外承担法律责任的行政主体。

649.问:内部行为是否具有具有可诉性?

答:从《行政诉讼法》第十二条关于行政诉讼受案范围的列举规定看,可诉的行政行为通常应当是具有外部性特征,即该行为系针对公民、法人或其他组织作出,或对公民、法人或其他组织的权利义务有直接影响。据此,行政机关对存在行政隶属关系的组织和个人就内部事项所作的行为,或虽针对外部事项但属于启动行政行为或行政行为过程中的内部程序,均不属于行政行为,不在行政诉讼受案范围之内。仅有的例外情况是,上述内部行为在某些特定条件下无须借助行政行为即可直接作用于公民、法人或其他组织并对其权利义务产生影响。此时,内部行为的实质效果等同于行政行为,从《行政诉讼法》保护公民、法人或其他组织合法权益的立法目的出发,应纳入行政诉讼受案范围。

650.问:上级行政机关对下级行政机关的行政执法过错责任的调查和处理是否属于人民法院的受案范围?

答:《行政诉讼法》第二条第一款规定,公民、法人或者其他组织认为行政机关和行政机关工作人员的行政行为侵犯其合法权益,有权依照本法向人民法院提起诉讼。一般认为,可诉的行政行为应当是行政机关直接设定行政管理相对人权利义务或者对相对人权利义务直接产生影响的管理行为,并不包括行政机关基于上下级监督关系而形成的内部监督管理行为,亦即上级行政机关基于组织法和上下级之间的管理与被管理关系而对下级行政机关所作的行为,不属于人民法院行政诉讼受案范围。行政管理相对人可以直接针对对其权利义务产生影响的对外发生法律效力的行为,以在对外发生法律效力的文书上署名的行政机关为被告,提起行政诉讼。而上级行政机关对下级行政机关的执法过错行为的调查及追责,既是行政机关上下级之间的内部管理行为,也是行政机关上下级之间的内部监督行为。不论内部监督行为的结果如何，都不对申请人的权利义务产生直接影响。因此，针对下级行政机关的执法过错行为，不论上级行政机关是否立案调查，是否做出相应决定，当事人对相关决定是否接受，均不属于人民法院司法监督范畴，也非行政诉讼受案范围。

651. 问：行政机关作出行政处罚决定，必须先履行法定告知义务。告知程序的设定目的是处罚公开和保护当事人的合法权益，使当事人充分行使陈述权和申辩权，体现行政处罚公平公正。如果行政机关未履行告知程序即作出行政处罚的决定，该行政处罚能不能成立？

答：行政处罚是行政执法机关对社会秩序进行管理的一项重要手段，是日常执法中运用频率最高、处罚范围最广也是最有可能侵犯当事人合法权益的行政举措。由于当事人在行政处罚过程中与行政机关相比处于不平等、相对弱小的地位，故行政处罚须严格按照程序进行，以保护当事人的合法权益。

行政处罚告知制度是指行政机关在作出行政处罚决定之前，将其掌握的有关违法行为人的违法事实、证据材料、拟作出行政处罚决定的理由和法律依据以及当事人所享有的有关权利告诉当事人，使其知晓的法律制度。当事人有被告知的权利，水利机关在行政执法中如不履行告知程序，则行政处罚无效。按照法律规定，行政机关作出行政处罚决定必须先履行法定告知义务，其重要意义在于给当事人以针对事实、理由和依据进行陈述申辩的机会，保证这一告知程序的有效运作，有利于相对人在处罚实施的过程中享有的权利得到充分的保障，这是确定行政处罚的公开性、公正性、合法性的前提和基础，也是实现实体合法的一个根本保证。遵循法定的程序进行行政处罚，能有效防止行政主体在实施处罚过程中滥用职权行为的发生。

我国《行政处罚法》第四十四条规定：行政机关在作出行政处罚决定之前，应当告知当事人拟作出的行政处罚内容及事实、理由、依据，并告知当事人依法享有的陈述、申辩、要求听证等权利。第四十五条规定：当事人有权进行陈述和申辩。第六十二条规定：行政机关及其执法人员在作出行政处罚决定之前，不依照本法第四十四条、第四十五条的规定向当事人告知拟作出的行政处罚内容及事实、理由、依据，或者拒绝听取当事人的陈述、申辩，不得作出行政处罚决定；当事人明确放弃陈述或者申辩权利的除外。在实践中，一些执法部门对违反法定程序的行政处罚是一种无效行为，其对违法行为的认识还比较模糊，由此也可看出轻告知程序的陈旧观念还有一定的"市场"。告知是行政处罚中的一个重要前置程序，必须在作出处罚决定前履行，否则行政处罚无效。

告知是行政处罚程序的一个重要环节。《行政处罚法》设立行政处罚告知程序，其主要目的就是规范和制约行政权，从而保护当事人的合法权益不受行政机关的侵害。在实施行政处罚时行政机关履行告知义务不是为了走过场，也不仅是为了在形式上满足程序合法的要求，而应该把保障当事人充分行使陈述、申辩权作为履行告知程序的目的。行政处罚告知程序必须在办案人员调查结束并提出拟处罚意见之后，行政处罚决定做出之前进行，这样才能充分保障当事人的合法权利。

652. 问：公安机关前行政行为承办人在后续行政处罚程序中应回避？

答：行政相对人因妨碍执行公务被行政处罚，被妨碍执行公务的民警为体现公正，应当主动回避，不能参加行政处罚过程中询问、调查等活动；若未回避，该行政处罚行为违反法定程序。

行政程序中的回避是指行政机关工作人员在行使职权过程中，因其与所处理的事务有利害关系,为保证程序进展和实体结果的公正性,有权机关根据当事人的申请或行政机关工作人员的请求,依法终止其职务行为并由其他执法人员处理该事务的制度。回避制度要求与处理的行政事务有利害关系的人不得参与相关行政活动,其主要价值在于防止偏私,保障公正,是行政程序的一项基本制度。在适用回避制度时,对利害关系的判断显得尤为重要。《治安管理处罚法》第八十一条第一款规定中所列举的利害关系的依据是该利害关系可能影响案件公正处理,而这也是我们判断是否存在利害关系之根本标准。

程序正义要求"任何人不能做自己案件的法官"。

在司法实践中,以是否影响相对人合法权益为中心,将程序违法区分为两种:一是违反法定程序。如在行政程序中应当回避而未回避,容易引发合理怀疑的;顺序颠倒和步骤欠缺的,违反听证权相关程序的,等等。二是程序瑕疵。行政行为程序轻微违法,但对当事人权利义务不产生实际影响,如超过合理期限送达的、超期办理的、未在文书中列明相对人应当享有的救济权利的等。我国无专门的行政程序法,新修改的《行政诉讼法》也取消了行政程序瑕疵这一概念,这就要求行政机关严格执行相关法律、法规、规章中关于行政程序的规定,程序与实体并重,避免因程序违法造成具体行政行为被撤销的情况出现。另,撤销是程序违法的法律后果的主要形式,司法实践中,要结合具体案情进行利益衡量,区分不同的情形进行处理:①如果侵益行政行为违法,损害了相对人的合法权益,应以撤销为原则,但是撤销该行政行为会给公共利益或他人的合法权益带来更大的损害,就不宜撤销。同时,应给遭受损害的相对人行政赔偿。②如果授益行政行为违法,基于信赖利益保护原则的考虑,则以不撤销为原则。但如果受益人对程序违法的授益有过错,或者撤销的必要性超过信赖保护的必要性,就应撤销。同时,应赔偿相对人所受的损害。

653.问:先行登记保存行为是否属于行政诉讼的受案范围?

答:《行政处罚法》第五十六条规定:行政机关在收集证据时,可以采取抽样取证的方法;在证据可能灭失或者以后难以取得的情况下,经行政机关负责人批准,可以先行登记保存,并应当在七日内及时作出处理决定,在此期间,当事人或者有关人员不得销毁或者转移证据。据此,先行登记保存属于证据收集和保全行为,而非行政强制措施,其是一种执法手段,是行政行为中的一个环节,不是最终的处理结果,通常不具有可诉性。但法定的先行登记保存期限是七日,七日内行政机关就应当作出处理。结合行政案件查处的一般程序和案件实际情况,这种处理可能是予以返还,送交检验、检测、检疫、鉴定,也可能是采取查封、扣押措施,作出处罚没收违法物品,或者是解除先行登记保全措施。

654.问:防汛抗旱指挥部是否具有行政诉讼主体资格?

答:根据《行政诉讼法》第二条第二款的规定,法律、法规授权的组织可以作为行政诉讼独立被告。《防洪法》第三十九条第三款规定:有防汛抗洪任务的县级以上地方人民政府设立由有关部门、当地驻军、人民武装部负责人等组成的防汛指挥机构,在上级防汛指挥机构和本级人民政府的领导下,指挥本地区的防汛抗洪工作……,该法第四十二条第一款规定:对河道、湖泊范围内阻碍行洪的障碍物,按照谁设障、谁清除的原则,由防汛指挥机构责令限期清除;逾期不清除的,由防汛指挥机构组织强行清除,所需费用由设障者承担。虽然防汛抗旱指挥部作为市政府防汛抗旱指挥机构依照《防洪法》的规定,对相对人作出涉案清障决定,但其并不具备独立法人主体资格,且没有固定人员和独立核算经费,不具有独立承担法律责任能力,相对人不服防汛抗旱指挥部限期清障决定,以组建该指挥部的市政府为被告提起诉讼,符合法律规定。

655.问:行政法律文书的留置送达地点须为受送达人的住所?

答:根据程序正当原则,行政机关在作出影响上诉人权利义务的行政行为之前应当告知当事人作出行政决定的事实、理由及依据,并听取当事人陈述和申辩;行政机关及其执法人员在作出行政决定之前,不依法向当事人告知给予行政行为的事实、理由和依据,或者拒绝听取当事人的陈述、申辩,行政行为不能成立;当事人放弃陈述或者申辩权利的除外。另,行政法律文书的送达应当适用《民事诉讼法》的相关规定。《民事诉讼法》第八十六条规定:受送达人或者他的同住成年家属拒绝接收诉讼文书的,送达人可以邀请有关基层组织或者所在单位的代表到场,说明情况,在送达回证上记明拒收事由和日期,由送达人、见证人签名或者盖章,把诉讼文书留在受送达人的住所;也可以把诉讼文书留在受送达人的住所,并采用拍照、录像等方式记录送达过程,即视为送达。根据上述规定,行政机关以法律文书的形式向当事人告知给予行政决定的事实、理由和依据的,应当按照《民事诉讼法》的规定送达该法律文书,以留置送达方式进行送达的要求受送达人在场并拒绝接收、留置送达地点为受送达人的住所。

656.问:强制拆除阻碍行洪障碍物的的性质?

答:根据《防洪法》第二十二条第二款的规定,禁止在河道、湖泊管理范围内建设妨碍行洪的建筑物、构筑物,从事影响河势稳定、危害河岸堤防安全和其他妨碍河道行洪的活动。第三十九条第三款规定,有防汛抗洪任务的县级以上地方人民政府设立由有关部门、当地驻军、人民武装部负责人等组成的防汛指挥机构,在上级防汛指挥机构和本级人民政府的领导下,指挥本地区的防汛抗洪工作,其办事机构设在同级水行政主管部门。第四十二条第一款规定,对河道、湖泊范围内阻碍行洪的障碍物,按照谁设障、谁清除的原则,由防汛指挥机构责令限期清除;逾期不清除的,由防汛指挥机构组织强行清除,所需费用由设障者承担。《行政强制法》第二条第二款规定,行政强制措施,是指行政机关在行政管理过程中,为制止违法行为、防止证据损毁、避免危害发生、控制危险扩大等情形,依法对公民、法人或者其他组织的财物实施暂时性控制的行为。第十八条规定,行政机关实施行政强制措施应当遵守下列规定:(一)实施前须向行政机关负责人报告并经批准;(二)由两名以上行政执法人员实施;(三)出示执法身份证件;(四)通知当事人到场;(五)当场告知当事人采取行政强制措施的理由、依据以及当事人依法享有的权利、救济途径;(六)听取当事人的陈述和申辩;(七)制作现场笔录;(八)现场笔录由当事人和行政执法人员签名或者盖章,当事人拒绝的,在笔录中予以注明;(九)当事人不到场的,邀请见证人到场,由见证人和行政执法人员在现场笔录上签名或者盖章;(十)法律法规规定的其他程序。《行政诉讼法》第七十四条第二款第一项规定,行政行为违法,但不具有可撤销内容的,人民法院判决确认违法。根据上述规定,县级以上人民政府设立的防汛指挥机构,对河道、湖泊范围内阻碍行洪的障碍物,有权责令限期清除;逾期不清除的,由防汛指挥机构组织强行清除。强制清除阻碍行洪的障碍物,目的在于排除危险、保障汛期行洪通畅,是为制止违法行为、避免危害发生而对公民、法人或者其他组织的财物实施的暂时性控制行为,属于行政强制措施,不是行政强制执行。行政机关依照法律、法规授权,实施行政强制措施行为,应当遵守相应的法定程序。

657.问:行政诉讼的第一要务是要明确被诉行政行为?

答:《行政诉讼法》第四十九条第三项规定,提起行政诉讼,应当要有具体的诉讼请求。

《最高人民法院关于适用〈中华人民共和国行政诉讼法〉的解释》第六十九条第一款第一项规定,起诉不符合《行政诉讼法》第四十九条的规定,已经立案的,应当裁定驳回起诉。所谓“具体的诉讼请求”,就是要有明确的被诉行政行为。行政诉讼的起诉条件中,受案范围是对当事人权利义务产生实际影响的可诉“行政行为”,原告资格是起诉人要与被诉“行政行为”有利害关系,适格被告是作出“行政行为”的行政机关,起诉期限是从知道或者应当知道“行政行为”之日起计算;进入实体审理后,行政诉讼的审理对象是被诉行政行为,没有明确的被诉行政行为,人民法院无法对被诉行政行为的合法性进行审查。因此,行政诉讼中,诉讼请求不明确,就是行政行为不具体、不明确。行政诉讼的第一要务是要明确被诉行政行为。被诉行政行为不明确,不符合法定起诉条件。

658.问:违法建筑的投诉举报人能否就其投诉举报事项提起履责之诉?

答:公民、法人或者其他组织发现违法建筑行为,可以向建设行政主管部门进行投诉和举报,建设行政主管部门根据投诉和举报进行调查和处理。如果所投诉、举报的违法行为是为了保障举报人自身的合法权益,行政机关对于相关的投诉、举报不予受理或者不履行依法纠正、查处的法定职责,投诉人、举报人则可以依法提起履行职责之诉。如果所投诉、举报的违法行为并非直接保障投诉人、举报人自身的合法权益,主要是为行政机关查处违反法律、法规或者规章的行为提供线索或者证据,因此其规范的目的在于维护公共利益,而非保障投诉人、举报人自身的合法权益。虽然相关行政部门应当履行“受理对违反建设管理法律、法规或者规章的行为的举报、投诉”的职责,但行政机关对于投诉、举报所作的处理,包括答复或者不答复,均与投诉人、举报人自身合法权益没有直接关系,由此投诉人、举报人也就不具备提起行政诉讼的原告主体资格。

659.问:无法与原件核对的复制件都不能作为定案依据吗?

答:根据《最高人民法院关于行政诉讼证据若干问题的规定》第四十条和第七十一条第五项的规定,无法与原件核对的复制件只是不能单独作为定案依据,并非完全没有证明效力。对此,可结合其他事实和证据认定该复议件能否作为定案依据。

660.问:重开行政程序应不应持谨慎态度?

答:行政机关启动程序撤销已经作出的行政行为,属于行政程序的重开。行政行为一经作出即产生法律效力,无论是从维护行政行为的确定性,还是基于保护行政相对人信赖利益的考虑,行政机关对重开行政程序均应持谨慎态度,一般是在行政行为依据的基本事实错误时,才宜启动撤销程序纠错。

661.问:行政机关在拆除违法建筑时的法定注意义务是什么?

答:根据正当法律程序和比例原则的要求,行政机关在履行职务过程中可能给公民、法人或者其他组织造成损害的,应选择对相对人权益最小侵害的方式进行。在行政机关拆除违法建筑时,首先,在实施强制拆除行为之前,应当依照《行政强制法》的相关规定,书面催告、公告相对人在合理期限内自行拆除违法建筑,改正违法行为;逾期仍不改正的,依法实施强制拆除,最大限度以最少成本修复被损害的社会法律关系。其次,在依法实施强制拆除行为时,亦应尊重当事人合法的财产权利,负有对被拆除违法建筑内的合法财产,承担清点登记及妥善保管、移交的义务,否则即应承担相应的赔偿责任。

662.问:法院判决撤销被诉行政行为的法律后果是什么?

答:人民法院判决撤销被诉行政行为后,原告的权利是否必然回到被撤销的行政行为作出之前的状态,要根据案件的具体情况确定,可能存在两种不同的情形:一是生效行政判决彻底否定被诉行政行为认定的事实,认为被诉行政行为完全没有事实根据或法律依据,撤销被诉行政为意味着原告的合法权利恢复到被诉行政行为作出之前的状态。二是生效行政判决撤销被诉行政行为,理由是行政行为认定的主要事实不清、证据不足,或者是作出被诉行政行为的程序违法、适用法律错误、超越职权等,判决在实体上只是对被诉行政行为的合法性作出判断,并未对原告主张的权利是否合法作出判断,且判决作出后仍需要行政机关依法重新作出处理。这种情况下,原告主张的权利并不能当然地回到被诉行政行为作出之前的状态。也正是因为如此,《行政诉讼法》第七十条明确规定,行政行为被撤销的同时,人民法院可以判决被告重新作出行政行为。即便人民法院没有同时作出限期重作判项,作为享有相应处理权限的行政机关对存疑事项也有重新进行调查、作出处理的法定职责义务。

663.问:行政机关工作人员轮换频繁是否是逾期举证的正当理由?

答:《行政诉讼法》第三十四条第二款规定,被告不提供或者无正当理由逾期提供证据,视为没有相应证据。本案系再审审查程序,再审审查的对象是生效裁判。审判监督程序设置的目的,是救济权利义务严重失衡、严重背离社会公平正义准则的错误裁判,在保障当事人合法权益的同时,也要考虑裁判既判力和司法成本。在逾期举证正当理由的标准上,要体现督促行政机关在一、二审程序中及时举证、将诉讼权利用尽的原则。在行政诉讼中,人民法院对于行政机关的行为合法性审查应根据行政案卷中的事实和依据来判断,不允许行政机关以案卷中没有记载的事实和证据作为证明行政行为合法性的理由。《最高人民法院关于行政诉讼证据若干问题的规定》第五十一条规定,按照审判监督程序审理的案件,对当事人依法提供的新的证据,法庭应当进行质证;第五十二条规定,第五十一条中的“新的证据”是指以下证据:(一)在一审程序中应当准予延期提供而未获准许的证据;(二)当事人在一审程序中依法申请调取而未获准许或者未取得,人民法院在二审程序中调取的证据;(三)原告或者第三人提供的在举证期限届满后发现的证据。可见行政诉讼中对行政机关逾期举证的条件有严格限制,行政机关因自身主观原因在原一、二审中未能提交证据,不构成逾期举证的正当理由。工作人员轮换频繁并非逾期举证的正当理由。

664.问:强拆案件中“错列被告”的如何审查处理?

答:(1)强制拆除房屋的行为系事实行为。在法律属性上,该种行为系以影响或改变事实状态为目的而实施,不具有设立、变更或终止行政法律关系的法律效果。依照《行政诉讼法》第四十九条第三项的规定,提起诉讼需有事实根据。通常认为,该项规定主要是要求存在被诉行政行为。一般而言,若被诉行政行为确实存在,则该行政行为对公民、法人或其他组织合法权益的影响、行为主体等行政行为的内容亦可随之确定。此即意味着,若被诉行政行为存在,则行为实施主体亦已明确。为实质救济提起诉讼的公民、法人或其他组织的合法权益,避免启动无益的诉讼程序,根本化解行政争议,受诉人民法院不宜止步于《行政诉讼法》第四十九条第二项关于有明确的被告的起诉条件的规定,而需更进一步,依照《行政诉讼法》第二十六条的规定,对于被诉行政行为的作出主体明确,但提起诉讼的公民、法人或其他组织因诉讼能力不足而错列被告的情况,告知正确的被告,并作出相应处理。《最高人民法院关于适用〈中华人民共和国行政诉讼法〉的解释》第二十六条第一款规定:原告所起诉的被告不适格,人民法院应当告知原告变更被告;原告不同意变更的,裁定驳回起诉。《最高人民法院关于适用〈中华人民共和国行政诉讼法〉的解释》第六十九条第一款第三项规定:有下列情形之一,已经立案的,应当裁定驳回起诉:……(三)错列被告且拒绝变更的。若经告知而变更为正确的被告的,则依照《行政诉讼法》第二十二条、第二十四条第一款等条款的规定,受诉人民法院可移送有管辖权的法院,亦可自行审理。

(2)对于涉及无行政主体认领强制拆除行为的案件,适用《行政诉讼法》第四十九条第三项关于提起诉讼需有事实根据的规定较为特殊。在此种场合,主张合法权益受到侵害的公民、法人或其他组织往往只是知道或应当知道强制拆除行为本身,无从准确知晓强制拆除行为的实施主体。对于此种情形,若在公民、法人或其他组织起诉时即要求其列正确的行为主体为被告,则无疑是强人所难。在立案环节,依照《最高人民法院关于行政诉讼证据若干问题的规定》第四条第一款的规定审查是否符合法定起诉条件时,若已符合有明确的被告的要求,则对于是否有事实根据的审查,应重点审查相关证据材料能否证明存在被诉的强制拆除行为及所列被告是否在法律上或事实上具有较大可能作出被诉的强制拆除行为,不宜强求所列被告确为行为实施主体。至于所列被告是否确为行为实施主体,则在人民法院立案庭依照《最高人民法院关于人民法院登记立案若干问题的规定》第十二条的规定将案件移送审判庭审理后,由审判庭经审理确定。在审理中,可通过综合审查、追加被告、通知第三人参加、举证责任分配等方式认定或推定行为实施主体。若经审理,所列被告确非行为实施主体,则此时不宜再认定错列被告,仍应以起诉缺乏事实根据为由裁定驳回起诉。经审理后,不宜未确定行为实施主体便裁定驳回起诉。

665.问:如何做到对行政处罚行为的合理性审查?

答:对行政处罚行为的合理性审查。根据《行政诉讼法》第七十七条第一款关于"行政处罚明显不当,或者其他行政行为涉及对款额的确定、认定确有错误的,人民法院可以判决变更"的规定,人民法院在对行政处罚行为坚持合法性审查的同时,还应当进行合理性审查。根据行政合理性原则,行政法律法规虽然赋予了行政机关较大的自由裁量权,但同一行政机关在对同类型案件、同种类违法行为作出处罚时,幅度应当保持相对一致。结合《行政处罚法》第五条第二款关于"过罚相当"的规定,在同一处罚程序中,对于违法情节明显减轻的情况,处罚结果未相应减轻,实质上亦属于加重处罚,不符合行政合理性原则。根据《行政处罚法》第六条关于"实施行政处罚,纠正违法行为,应当坚持处罚与教育相结合"的规定,行政处罚的目的并不在于罚款本身,而是通过惩戒性的措施教育公民、法人或者其他组织自觉守法。

666.问:双被告情况下复议机关自行撤销复议决定后如何处理?

答:根据依法行政原则,行政机关在发现自己作出的行政行为存在错误时,可以依法自行撤销或改变行政行为。允许行政机关自行纠错,有利于保障行政相对人合法权益、减少行政成本、重塑行政公信力。复议行为是复议机关依法履行复议权的行政行为,与原行政行为具有相对独立性,复议机关确有正当理由撤销复议决定的,应当予以支持。《行政诉讼法》关于复议机关作为共同被告的规定,是针对复议机关维持原行政行为的情形所做的制度设计。行政相对人将原行政机关和复议机关作为共同被告提起诉讼后,复议机关自行撤销复议决定,且行政相对人未要求复议机关重新作出复议决定的,应当以原行政机关为被告,不再将复议机关列为被告。

667.问:社区、单位推荐的公民代理人的范围?

答:当事人所在社区、单位推荐的公民代理诉讼,是为了保护与之有密切联系的当事人的合法权益。所推荐的公民主要应是该社区、单位的人。因为只有社区、单位内的人才能互相了解,方便代理及提供法律服务。如果允许其推荐本社区、单位以外的人作为本社区、单位当事人的代理人,则不能实现前述公民代理的立法目的,且可能影响正常的法律服务市场。

668.问:行政复议的最长申请期限?

答:行政复议申请期限的立法目的是促使行政复议当事人尽快申请行政复议,借以通过行政复议机关履行行政复议职责获得救济,维护自身合法权益;同时,有助于行政机关及时发现和纠正问题,提高行政效率,实现公共利益,保障社会公共秩序和法律关系的稳定性,使公平正义及时获得实现。虽然《行政复议法》及《中华人民共和国行政复议法实施条例》未直接规定受理行政复议申请的最长期限,但若不参照《行政诉讼法》及其司法解释的规定加以限制,当事人在不能通过诉讼途径请求撤销行政行为或确认行为效力时,可能转而请求行政机关进入复议程序,进而对复议决定和原行政行为一并提起诉讼,通过申请复议达到规避起诉期限的目的。因此,基于行政诉讼与行政复议之间的衔接关系和稳定行政法律关系的需要,有必要参照《行政诉讼法》及相关司法解释的规定对行政复议最长申请期限进行必要的限制。据此,参照《行政诉讼法》第四十六条第二款"因不动产提起诉讼的案件自行政行为作出之日起超过二十年,其他案件自行政行为作出之日起超过五年提起诉讼的,人民法院不予受理"的规定,因不动产申请行政复议的,自行政行为作出之日起超过二十年,行政机关应决定不予受理。

669.问:行政机关对某些轻微违法行为在量罚时需保持必要克制吗?

答:对于某些违法行为,行政机关依法依规的刚性执法固然重要,但执法"温度"也必不可少,对一些轻微违法行为在量罚时需保持必要克制,坚持过罚相当的原则精神,这种执法担当非但不会降低或有损,反而会提高和增强行政机关的执法公定力和公信力,符合当前优化营商环境的价值导向。当然,这并不代表着行政相对人就可以不依法从事经营活动,轻微违法也是违法,法律不容"任性",在全社会大力优化营商环境,支持中小企业发展的大环境下,行政相对人特别是企业法人更需珍惜机会,把握机遇,服从监管,依法依规开展经营活动。

670.问:行政行为"案卷"以外的证据可以在行政行为作出后搜集和提出吗?

答:《行政诉讼法》第四十条规定:人民法院"不得为证明行政行为的合法性调取被告作出行政行为时未收集的证据"。这一规定既是案卷主义的要求,又是中立原则的要求。根据《行政诉讼法》的规定,行政行为合法性举证责任由被告承担。受"先取证,后裁决"规则的约束,被告提供的旨在证明行政行为合法性的证据只能限于其在作出行政行为时已经收集的证据。人民法院在审查被诉行政行为合法性时,同样受案卷主义的约束,既不能接受被告在作出行政行为时未收集的证据,也不能为了证明行政行为的合法性调取被告作出行政行为时未收集的证据。如果被诉行政行为是在没有证据或者证据不足的情况下作出的,该行政行为就已经构成违法。但是,行政诉讼的证明对象具有多样性,行政诉讼证据也绝不仅仅限于证明行政行为合法性的证据,那些行政行为"案卷"以外的证据就可以在行政行为作出后搜集和提出,包括起诉条件在内的那些诉讼程序事实,人民法院就可以依职权调取。

671.问:对行政负责人参加庭审、"参照规章"审查行政行为、以"新证据"申请再审的理解?

答:(1)行政机关负责人出庭应诉是作为被告的行政机关应尽的法定义务,人民法院审理行政案件,行政机关的正职或者副职负责人以及其他参与分管的负责人应当出庭。确实有正当理由不能出庭的,应当说明理由,并委托行政机关工作人员参加庭审活动,不得只委托律师参加庭审。据此,行政负责人参加庭审并非绝对。

(2)人民法院审理行政案件,可以"参照规章"。"参照规章"是指人民法院在审理行政案件的过程中,对于行政机关据以作出被诉行政行为的规章具有选择适用权。经审查认为合法有效的规章,可以作为判断被诉行政行为合法与否的根据,并在裁判文书中予以引用;认为与上位法相抵触的规章不能作为判断被诉行政行为合法与否的根据,人民法院应当根据上位法规定对被诉行政行为的合法性作出判断。但是,人民法院在行政诉讼中无权宣布规章无效。

(3)以"新证据"为由申请再审,只有在"新证据"足以推翻生效判决、裁定的情况下,才可以进入再审程序;如果再审申请人提供的"新证据"与生效判决、裁定没有关联性,或者不能否定原生效判决、裁定的合法性,则不应再审。

672.问:何谓行政诉讼中的"新证据?

答:《最高人民法院关于行政诉讼证据若干问题的规定》第五十二条对当事人在二审程序中和审判监督程序中依法提供的新证据作了规定。通常认为,该条第三项规定的"原告或者第三人提供的在举证期限届满后发现的证据",系指原告或者第三人在举证期限届满之前无法取得或者还没有出现的证据,即基于不可归责于原告或者第三人的原因在举证期限届满后才发现的证据。

673.问:以公告方式送达行政处罚告知的合法性审查问题?

答:行政机关在已经获取相对人的联系方式、地址的情况下,且尚无有效证据证明其在无法履行告知义务的情况下,迳行以公告方式送达行政处罚告知;同时,在公告中告知相对人陈述权和申辩权,该权利告知未能通过更有效送达方式让相对人知晓,致使相对人不能及时行使陈述权和申辩权,不利于对行政被处罚人合法权益的保护。据此,被诉处罚决定不符合法定程序,应予撤销。

674.问:对行政不作为申请行政复议的期限?

答:行政机关履行法定职责通常需要一个过程。按照成熟原则,行政程序必须发展到适宜申请行政复议的阶段才算成熟。根据《中华人民共和国行政复议法实施条例》第十六条第一款的规定,公民、法人或者其他组织对行政机关不履行法定职责申请行政复议的期限有二种情况:一是有履行期限规定的,自履行期限届满之日起计算;二是没有履行期限规定的,自行政机关收到申请满六十日起计算。也就是说,如果行政机关超过上述期限未履行职责,公民、法人或者其他组织即可以申请行政复议;反之,如果上述期限未届满就申请行政复议,则属于复议时机不成熟,复议机关不予受理。当然,如果行政机关在上述期限之内作出拒绝决定,则不受履行职责期限的限制,公民、法人或者其他组织可以即时针对拒绝决定申请行政复议(自知道具体行政行为之日起六十日内)。

675.问:行政机关能否以行为人已受到刑事处罚为由不予追究其行政责任?

答:刑事责任和行政责任均是公法上的责任,但其性质不同,现行法律、法规均未规定对于同一违反行政法上义务的违法行为在追究刑事责任后,不得再承担行政责任。对于此种情形下行政责任与刑事责任的具体适用,应当区别对待,即当行政责任内容与刑事责任内容具有相同的法效果时,因刑事责任是最严厉的制裁措施,如行政责任已先行承担,则在刑事责任中应予以折抵；如刑事责任已先行承担，则刑事责任吸收行政责任。当行政责任内容的法效果与刑事责任内容的法效果不同时，行政责任与刑事责任应分别适用。

当事人因同一破坏生态环境和资源行为需要承担刑事责任与行政责任时，行政机关不能以行为人已受到刑事处罚为由怠于追究其行政责任，致使国家利益或者社会公共利益受损害状态持续存在。

676.问：行政许可过程中行政机关尽到审查义务，作出的行政行为并不违法(行政行为被撤销的原因分析)？

答：行政行为被撤销可以归结为两种原因：一种是该行政行为违法，包括行政行为的主要证据不足、适用法律法规错误、违反法定程序、超越职权、滥用职权等；另一种是行政行为的内容明显超出合理限度，即明显不当。

行政机关依据虚假材料为第三人办理了颁证行为，当事人起诉要求撤销该颁证行为。人民法院解决的是被诉颁证行为的合法性问题，即使行政机关尽到了合理的审查义务，也不能否定依据虚假材料作出的行政行为违法的性质。事实上，是否尽到了合理的审查义务，只是判断行政机关是否应当承担赔偿责任的标准之一。人民法院经审理判决撤销颁证行为，已经包含了对该行为的违法性评价。

677.案情简介：原告吴滨。被告东营市垦利区综合行政执法局。原告吴滨诉称：原告在吴杨村北二路南侧拥有私有房屋。2017 年 12 月 29 日，被告向原告送达本案诉争的强制执行决定书，决定对原告的房屋进行强制拆除。被告作出的《强制执行决定书》，程序不当，实体违法，损害了原告合法权益，依法应当予以撤销。请求依法撤销被告作出的《强制执行决定书》。被告垦利区执法局辩称：一、原告房屋未取得建设规划批准，其房屋属于违法建筑的事实清楚。垦利区综合行政执法局依据《村庄和集镇规划建设管理条例》第十八条规定对原告作出《责令限期拆除违法建筑行政决定书》(简称《行政决定书》)，之后对其进行催告并送达相关文书，经催告原告仍未履行，被告遂作出《强制执行决定书》，符合《行政强制法》第三十七条规定。二、原告诉请撤销《强制执行决定书》实属重复诉讼，应裁定驳回。对原告违法建筑拆除经历了三个阶段，第一阶段是作出《行政决定书》，第二阶段是作出《强制执行决定书》，第三阶段是实施拆除。原告分别对《行政决定书》和《强制执行决定书》及强制拆除的事实行为提起诉讼，是滥用诉权的重复起诉行为。本案应裁定驳回原告起诉。经审理查明：2003年左右，吴滨在垦利区郝家镇北二路南侧建设了一层五间主房和院内西侧偏房。2014 年 1 月，吴滨在上述房屋基础上加盖了二层五间主房和院内东侧和南侧偏房。2017 年 12 月 8 日，垦利区执法局认为吴滨建设的上述建筑未办理规划审批手续，属违法建筑，对吴滨作出行政决定，限期吴滨自行拆除涉案建筑。吴滨对该行政决定不服，提起行政诉讼，请求撤销垦利区执法局作出的行政决定。一审法院经审理认为，垦利区执法局作出的行政决定认定事实清楚，适用法律正确，程序合法，判决驳回了吴滨的诉讼请求。吴滨不服提出上诉后，东营市中级人民作出〔2018〕鲁 05 行终 48 号行政判决，驳回上诉，维持一审判决。

2017 年 12 月 14 日，垦利区执法局制作了催告通知书并向吴滨送达，限期吴滨应自接到催告通知之日起 10 个工作日履行行政决定书确定的拆除义务；逾期无正当理由的，垦利区执法局将强制执行；并告知吴滨收到通知书之日起 3 个工作日内，可提出陈述和申辩意见。18 日，垦利区执法局对吴滨提出的申辩意见进行了复核。同日向东营市垦利区人民政府提出关于吴滨案件强制拆除违法建筑申请书。29 日,东营市垦利区人民政府作出批复,同意垦利区执法局对吴滨的涉案违法建筑予以强制拆除。同日,垦利区执法局作出《强制执行决定书》,并向吴滨送达。垦利区执法局同时制作了“强制拆除违法建筑公告”并张贴,并对房屋实施拆除。

东营市垦利区人民法院作出一审判决:驳回吴滨的诉讼请求。

吴滨不服,上诉至东营市中级人民法院。

东营市中级人民法院认为:本案被诉行政行为是垦利区综合行政执法局作出的强制执行决定,该行为系作为强制执行基础行为的行政决定作出后,因吴滨在行政决定确定的期限内不履行义务,垦利区综合行政执法局行使的行政强制执行行为。垦利区综合行政执法局就涉案房屋作出的行政决定的合法性已经人民法院生效判决作出认定,因此关于行政决定所认定事实、适用法律及程序等问题不属本案审理范围。

关于强制执行决定是否存在超标的、超范围的问题。本案中,垦利区执法局作出的强制执行决定必须以行政决定为依据,强制执行决定确定的拆除范围不应超过行政决定所确定的范围。经审查,垦利区综合行政执法局作出的强制执行决定是依据行政决定作出,强制执行决定与行政决定指向的是同宗建筑,不存在超标、超范围的情形。

关于强制执行决定作出程序及适用法律的合法性问题。垦利区综合行政执法局于 2017 年 12 月 8 日作出行政决定,对该行政决定的执行,应当在诉讼、复议期限届满或诉讼、复议程序终结之后实施。在吴滨对该行政决定提起了行政诉讼后,垦利区综合行政执法局应当在行政诉讼程序终结后,依据人民法院裁判结果决定是否进入强制执行程序。而垦利区综合行政执法局作出行政强制执行决定的时间是 2017 年 12 月 29 日,违反了《行政强制法》第四十四条的规定,应认定程序违法。

经审查,垦利区综合行政执法局作出强制执行行为之前,依法履行了催告、告知陈述申辩权利、听取陈述申辩意见、复核、作出强制执行决定等法定程序,相关法律文书送达过程中,均邀请了见证人员,执法人员和见证人员均在送达回证上签字,文书送达亦符合法律规定。垦利区综合行政执法局作出的行政决定经人民法院审理后,生效判决已对其合法性予以确认。应认定强制执行决定的该程序违法情形对吴滨的实体权利并未产生实际影响。因此,本院依法确认强制执行行为违法,但保留强制执行决定的效力。

据此,东营市中级人民法院依照《行政诉讼法》第八十九条第一款第二项、第七十四条第一款第二项的规定,判决如下:一、撤销东营市垦利区人民法院〔2018〕鲁0521行初 1 号行政判决;二、确认垦利区综合行政执法局作出的强制执行决定违法。一、二审案件受理费各 50 元,均由东营市垦利区综合行政执法局负担。

问:反思本案,作为水行政执法人员你认为关于行政相对人在强制拆违行为中的司法救济权如何行使?行政强制执行决定的审查范围是怎么规定的?强制执行决定应当在行政决定的复议、起诉期限届满或复议、起诉程序终结后作出吗?

答:一、关于行政相对人在强制拆违行为中的司法救济权

强制拆违行为是指行政相对人不履行生效拆违决定确定的拆除违法建筑的法定义务,区县人民政府发布通告责成拆违实施部门强制拆除违法建筑的行为。《城乡规划法》第六十八条规定:城乡规划主管部门作出责令停止建设或者限期拆除的决定后,当事人不停止建设或者逾期不拆除的,建设工程所在地县级以上地方人民政府可以责成有关部门采取查封

施工现场、强制拆除等措施。《行政强制法》第三十四条规定:行政机关依法作出行政决定后,当事人在行政机关决定的期限内不履行义务的,具有行政强制执行权的行政机关依照本章规定强制执行。第三十五条规定:行政机关作出强制执行决定前,应当事先催告当事人履行义务。第三十七条规定:经催告,当事人逾期仍不履行行政决定,且无正当理由的,行政机关可以作出强制执行决定。据此,强制拆违行为系由作为基础行政行为的行政决定、强制执行决定、具体实施强制的"事实行为"三部分组成。其中:①行政决定,系强制拆违行为的基础。行政决定所明确的违法建筑的所有权人、认定建筑物违法的事实及依据、违法建筑的所有人或搭建人负有拆除违法建筑的义务等内容,即为强制拆违行为的执行依据。②强制执行决定,必须以当事人在行政决定确定的拆除期限内无正当理由逾期未履行拆除义务为前提,同时强制执行决定又是拆违实施行为的前置行为,强制执行决定一经作出,即具有强制力和执行力。③事实行为,拆违实施部门对强制执行决定的具体执行和实施行为。行政相对人在此过程中,认为该三个阶段的行政行为有侵害其合法权益情形的,均具有获得司法救济的权利。

二、关于行政强制执行决定的审查范围

强制执行决定系作为强制拆违基础行为的行政决定作出后,因相对人在行政决定确定的期限内不履行义务,行政机关在实施强制拆除行为之前的行政强制执行行为。行政强制执行决定作为对行政决定的执行决定,其合法性审查应避免重复行政决定的审查内容,关于涉案房屋能否认定是违法建筑以及行政决定的适用法律和执法程序问题均不属强制执行决定的审理范围。对强制执行决定的审查除对主体及权限等的审查外,应重点审查以下两个方面:一是强制执行决定较之行政决定是否存在超标的、超范围的问题。重点审查强制执行决定确定的拆除内容与范围是否在行政决定的确定范围内。二是强制执行决定作出的程序及适用法律的合法性问题,程序问题包括事先催告程序是否完备、合法,是否听取了当事人的陈述、申辩意见,对当事人提出的事实、理由和证据进行复核、采纳的情况、文书的送达是否符合《行政强制法》及《民事诉讼法》关于送达的规定等。

三、强制执行决定应当在行政决定的复议、起诉期限届满或复议、起诉程序终结后作出

《城乡规划法》第六十八条规定:城乡规划主管部门作出责令停止建设或者限期拆除的决定后,当事人不停止建设或者逾期不拆除的,建设工程所在地县级以上地方人民政府可以责成有关部门采取查封施工现场、强制拆除等措施。《行政强制法》第四十四条规定:对违法的建筑物、构筑物、设施等需要强制拆除的,应当由行政机关予以公告,限期当事人自行拆除;当事人在法定期限内不申请行政复议或者提起行政诉讼,又不拆除的,行政机关可以依法强制拆除。综上,关于强制执行行为应当在行政决定的复议、起诉期限届满后作出,这是行政强制法给行政机关实施违法建筑强制拆除行为设定的特别程序,强制拆违行为不适用行政诉讼、复议不停止执行原则。行政诉讼、复议不停止执行原则,是《行政复议法》和《行政诉讼法》规定的基本原则,也是行政行为效力先定理论在复议、诉讼方面的具体体现。因此,在通常情况下,行政机关依法享有自行强制执行权的,并不因为当事人申请行政复议、提起行政诉讼而停止行政行为的执行,行政机关有权在复议和诉讼期间继续强制执行,除非行政机关自行决定,或者行政复议机关决定、人民法院裁定可以中止执行。但是,在违法建筑强制拆除过程中,在复议、起诉期限未届满,或者复议、起诉程序中,行政机关不得实施强制执行。

用尽全部救济手段,才能进入强制执行。对于建筑物、构筑物的拆除,一般涉及行政相对人的重大权益,容易发生矛盾激化。而且,实践中,有的违法建筑已经存在相当长的时间,拆除违法建筑并非需要立即执行的紧急事项。因此,把事情查清楚,依法慎重认定违法事实,让被拆除的违法建筑的相关当事人对强制拆除行为有所理解和认识应是设定这一制度的意义所在。复议和诉讼既是进一步认定事实的查证过程,也是一种缓解紧张关系、防止矛盾激化的教育过程。

另外,此处复议和诉讼的对象应当是指行政决定而非强制执行决定,即强制执行决定的作出如果在行政决定的复议、起诉期限届满前或者复议、起诉程序中,则对强制执行决定应判决撤销或确认违法。而强制执行决定一经作出即具有强制力和执行力,行政机关可以在强制执行决定确定的期限内依法实施强制拆除行为,不受复议、起诉期限的限制。即使当事人对强制执行决定申请行政复议或提起行政诉讼的,除非复议机关决定或者人民法院裁定中止执行,行政机关可以继续实施强制执行。

678. 案情简介:公益诉讼人松滋市人民检察院因认为被告松滋市水利局不正确履行水行政监管法定职责,于2016年12月28日向本院提起行政公益诉讼。本院于2017年1月3日立案后,次日向被告送达了起诉书副本及《应诉通知书》。本院依法组成合议庭,于2017年5月16日公开开庭进行了审理。公益诉讼人松滋市人民检察院指派检察长王中华,检察员卢榕春、杨小芹出席法庭,被告松滋市水利局法定代表人张青,分管负责人周家宏,委托诉讼代理人许泽达、鄢斌到庭参加诉讼。本案现已审理终结。

公益诉讼人松滋市人民检察院诉称,我院在履行控告申诉职责中发现本案线索,经审查后依法作出行政公益诉讼立案决定,并调查终结。经调查查明,2015年4月,冯勇未经许可在松滋市新江口镇同心桥村松西河右岸河道滩地(堤防桩号31+650)修建钢构板房一栋从事餐饮服务,建筑面积630平方米。松滋市水利局于2015年10月13日对冯勇的违法行为立案,同日,发出松水停字〔2015〕11号责令停止违法行为通知书,责令其立即停止建设妨碍行洪的构筑物的违法行为。2016年9月23日,松滋市水利局作出松水利执〔2016〕76号行政处罚决定书,载明:冯勇未办理任何手续,擅自在河道管理范围内建设妨碍行洪的建筑物、构筑物,违反了《防洪法》第二十二条第二款的规定,根据《防洪法》第五十五条第一项之规定,作出如下行政处罚:①责令停止违法行为;②自收到处罚决定书之日起15日内清除违法建筑,恢复原貌。逾期不履行该处罚决定,根据《行政处罚法》第四十五条、第五十一条的规定,将采取以下措施:申请人民法院强制执行。如不服该决定,可在接到处罚决定书之日起60日内依法向松滋市人民政府或荆州市水利局申请行政复议,或6个月内向松滋市人民法院起诉。2016年11月7日,松滋市人民检察院向松滋市水利局发出鄂松检行公建〔2016〕3号检察建议书,建议松滋市水利局严格依法履行监督管理职责,并要求在一个月内书面回复办理情况。

2016年11月8日,松滋市水利局向冯勇发出松水利执〔2016〕83号行政决定履行催告书,要求其在10日内清除违建钢构板房,恢复堤防、河道滩地原状。11月25日,松滋市水利局向松滋市人民法院提交松水字〔2016〕82号行政处罚强制执行申请书,申请强制执行。截至起诉前,冯勇建设的违法建筑物仍未被清除,松滋市水利局仍未依法履行法定职责。

公益诉讼人认为,根据《水法》第十二条、《防洪法》第八条第三款和松滋市人民政府办公室文件(松政办发〔2010〕44号)的规定,松滋市水利局对本区域内河道、堤防等水利和防洪工作及水资源保护有管理和监督职责。松滋市水利局对冯勇在松西河右岸违法建设建筑物的行为应依法履行监督管理职责。《水法》第六十五条规定,在河道管理范围内建设妨碍行洪的建筑物、构筑物,或者从事影响河势稳定、危害河岸堤防安全和其他妨碍河道行洪的活动的,由县级以上人民政府水行政主管部门或者流域管理机构依据职权,责令停止违法行为,限期拆除违法建筑物、构筑物,恢复原状;逾期不拆除、不恢复原状的,强行拆除,所需费用由违法单位或者个人负担,并处一万元以上十万元以下罚款。松滋市水利局在发现冯勇在河道管理范围内违法建设建筑物后,虽责令其立即停止建设妨碍行洪的建筑物,作出限期清除违法建筑、恢复原状的行政处罚,但针对冯勇未在规定期限内清除违法建筑的行为,未依法正确履行监管职责,导致冯勇建设的违法建筑物至今仍未被清除,持续损害河流生态资源及河岸景观,影响河道行洪、防洪安全,使国家和社会公共利益持续处于受侵害状态。

综上所述,为督促松滋市水利局依法履行职责,保护河流生态资源及河道行洪防洪安全,维护国家和社会公共利益。现根据《全国人民代表大会常务委员会关于授权最高人民检察院在部分地区开展公益诉讼试点工作的决定》《人民检察院提起公益诉讼试点工作实施办法》第四十一条的规定提起行政公益诉讼,请求:(一)确认松滋市水利局对冯勇违法在河道管理范围内建设建筑物的行为不正确履行监管职责违法,具体表现为:①松滋市水利局在行政处罚决定书中告知冯勇,“逾期不履行本处罚决定,根据《行政处罚法》第四十五条、第五十一条之规定,我局将采取以下措施:申请人民法院强制执行”违法;②冯勇在行政机关决定的期限内不履行义务,松滋市水利局未按照《行政强制法》第四章的规定强制执行违法。(二)判令松滋市水利局对冯勇违法在河道管理范围内建设建筑物的行为,依法正确履职。公益诉讼人为证明其诉请,向法院提交了证据、依据。

被告松滋市水利局辩称,一、被告已依法履行法定职责,对违法行为人作出了行政处罚决定。冯勇未经许可,在松西河右岸滩地修建630平方米钢构板房,从事餐饮经营服务(名称清水湾),该建设行为违反了《防洪法》第二十二条第二款“禁止在河道、湖泊管理范围内建设妨碍行洪的建筑物、构筑物,倾倒垃圾、渣土,从事影响河势稳定、危害河岸堤防安全和其他妨碍河道行洪的活动”的规定。为履行监管职责,被告已立案查处,并根据《防洪法》第五十五条规定,于2016年9月23日作出了松水利执〔2016〕76号行政处罚决定:责令停止违法行为;至收到本决定书起15日内清除违法建筑,恢复原貌。该行政处罚决定书已于当日送达生效。

对冯勇的违法行为进行行政处罚,应当适用《防洪法》的相关规定,而不应适用《水法》的有关规定,被告适用法律正确。

公益诉讼人在本案诉讼中并不否定被告所作出的行政处罚决定的合法性,但却根据《水法》第十二条关于国家对水资源管理体制和职责的规定,以及第六十五条第一款关于在河道管理范围内建设妨碍行洪的建筑物、构筑物,或者从事影响河势稳定、危害河岸堤防安全和其他妨碍河道行洪的活动的,由县级以上人民政府水行政主管部门或者流域管理机构依据职权进行行政处罚的罚则规定,认为被告作为水资源管理部门,虽责令行政相对人冯勇立即停止建设妨碍行洪的建筑物,作出限期清除违法建筑、恢复原貌的行政处罚,但针对冯勇未在规定期限内清除违法建筑的行为,未依法正确履行监管职责,导致冯勇建设的违法建筑物至今仍未被清除,持续损害河流生态资源及河岸景观,影响河道行洪、防洪安全,使国家和社会公共利益持续处于受侵害状态。可被告认为,《防洪法》第一条规定该法的立法宗旨是,“为了防治洪水,防御、减轻洪涝灾害,维护人民的生命和财产安全,保障社会主义现代化建设顺利进行”,而《水法》第一条规定该法的立法宗旨是,“为了合理开发、利用、节约和保护水资源,防治水害,实现水资源的可持续利用,适应国民经济和社会发展的需要”。显然,两部法律所规范和保护的财产利益和秩序并不相同。

《防洪法》第五十五条规定:在河道、湖泊管理范围内建设妨碍行洪的建筑物、构筑物的,责令停止违法行为,排除阻碍或者采取其他补救措施,可以处五万元以下的罚款;而《水法》第六十五条规定:在河道管理范围内建设妨碍行洪的建筑物、构筑物,或者从事影响河势稳定、危害河岸堤防安全和其他妨碍河道行洪的活动的,由县级以上人民政府水行政主管部门或者流域管理机构依据职权,责令停止违法行为,限期拆除违法建筑物、构筑物,恢复原状;逾期不拆除、不恢复原状的,强行拆除,所需费用由违法单位或者个人负担,并处一万元以上十万元以下的罚款。这两部法律对在河道管理范围内建设妨碍行洪的建筑物、构筑物的行为的法律责任均作出了规定,但《水法》第八十一条明确规定:从事防洪活动,依照防洪法的规定执行,可见,《水法》对在河道管理范围内建设妨碍行洪的建筑物、构筑物的处理是一般法律规定,而《防洪法》对在河道管理范围内建设妨碍行洪的建筑物、构筑物的处理则是特别法律规定。基于特别法优于一般法的适用原则,从事防洪活动,应依照《防洪法》的规定执行。

被告发现冯勇的违法行为及对其作出行政处罚决定时,均正值防汛期间,且冯勇在河道滩地修建违法构筑物的危害后果是妨碍行洪,公益诉讼人提交的专家咨询意见也确认在堤内(近水侧)的违章建筑影响的也是行洪、防洪安全,故冯勇的行为违反了《防洪法》第二十二条第二款规定,被告应根据《防洪法》第五十五条规定,对违法行为人冯勇作出行政处罚决定。被告在本案中所适用的法律是正确的,公益诉讼人根据《水法》的规定,认为被告未正确履行法定职责的理由不能成立。

三、对冯勇违法建筑物的拆除,被告不具有行政强制执行权,应由被告申请人民法院依法强制执行。即使被告具有行政强制执行权,本案行政公益诉讼因不具备起诉条件而不能成立,也应予驳回。

《水法》第六十五条规定,对在河道管理范围内建设妨碍行洪的建筑物、构筑物的,由县级以上人民政府水行政主管部门或者流域管理机构依据职权,责令停止违法行为,限期拆除违法建筑物、构筑物,恢复原状;逾期不拆除、不恢复原状的,强行拆除。而《防洪法》第五十五条却并未赋予水行政主管部门强制执行权。鉴于冯勇未自觉履行行政处罚决定,根据《行政强制法》第五十四条的规定,被告于2016年11月8日向冯勇发出了松水利执〔2016〕83号行政决定履行催告书,要求其在10日内清除违建钢构板房,恢复堤防、河道滩地原状。在冯勇逾期仍未自觉履行的情况下,被告根据《行政处罚法》第四十五条规定,即“当事人对行政处罚决定不服申请行政复议或者提起行政诉讼的,行政处罚不停止执行,法律另有规定的除外”,第五十一条第三项规定,即“当事人逾期不履行行政处罚决定的,作出行政处罚决定的行政机关可以申请人民法院强制执行”,以及《行政强制法》第十三条规定,即“行政强制执行由法律设定。法律没有规定行政机关强制执行的,作出行政决定的行政机关应当申请人民法院强制执行”,第五十三条规定,即“当事人在法定期限内不申请行政复议或者提起行政诉讼,又不履行行政决定的,没有行政强制执行权的行政机关可以自期限届满之日起三个月内,依照本章规定申请人民法院强制执行”。由此可见,被告依法应当申请人民法院强制执行,遂于2016年11月25日向松滋市人民法院提交了松水文字〔2016〕82号行政处罚强制执行申请书,申请了强制执行。在本案行政处罚决定的执行上,被告根据《行政强制法》第五章的规定是积极履行法定职责的。因而,公益诉讼人要求确认“被告行政处罚决定书告知冯勇,逾期不履行本处罚决定,根据《行政处罚法》第四十五条、第五十一条之规定,我局将采取以下措施:申请人民法院强制执行违法”,以及“冯勇在行政机关决定的期限内不履行义务,被告未按照《行政强制法》第四章的规定强制执行违法”的诉讼请求,和要求“判令被告对冯勇在行政处罚决定确定的期限内不履行义务的行为,依照行政强制法第四章的规定正确履职”的诉讼请求均不能成立,应予驳回。

即使被告具有行政强制执行权,但该行政处罚决定作出的时间是2016年9月23日,而被告在2017年1月4日就收到了本案行政公益诉讼起诉书。根据《行政强制法》第四十四条“对违法的建筑物、构筑物、设施等需要强制拆除的,应当由行政机关予以公告,限期当事人自行拆除。当事人在法定期限内不申请行政复议或者提起行政诉讼,又不拆除的,行政机关可以依法强制拆除”的规定,被告如果能以行政强制执行权拆除本案违法建筑物,也应在2017年3月23日以后才能实施强制拆除。也就是说,公益诉讼人提起本案行政公益诉讼时,诉称“冯勇在行政机关决定的期限内不履行义务,被告未按照《行政强制法》第四章的规定强制执行违法”,系被告不正确履行水行政监管法定职责的行为尚不成立,强制执行还有待具备法定条件后方可进行。针对条件尚未成就的行政行为提起诉讼,该诉讼当然是不能成立的,也应依法驳回。

四、针对本案行政处罚决定,被告已申请松滋市人民法院强制执行,在人民法院就该行政处罚决定的强制执行进行审查立案过程中,公益诉讼人又就该行政处罚决定提起本案行政公益诉讼,其诉讼请求应予驳回。

就本案松水利执〔2016〕76号行政处罚决定,在公益诉讼人提起本案行政公益诉讼前,被告已于2016年11月25日向松滋市人民法院申请强制执行,并提交了相关材料。

《行政强制法》第五十六条规定:人民法院接到行政机关强制执行的申请,应当在五日内受理。行政机关对人民法院不予受理的裁定有异议的,可以在十五日内向上一级人民法院申请复议,上一级人民法院应当自收到复议申请之日起十五日内作出是否受理的裁定。第五十七条规定:人民法院对行政机关强制执行的申请进行书面审查,对符合本法第五十五条规定,且行政决定具备法定执行效力的,除本法第五十八条规定的情形外,人民法院应当自受理之日起七日内作出执行裁定。第五十八条规定:人民法院发现有下列情形之一的,在作出裁定前可以听取被执行人和行政机关的意见:(一)明显缺乏事实根据的;(二)明显缺乏法律、法规依据的;(三)其他明显违法并损害被执行人合法权益的。人民法院应当自受理之日起三十日内作出是否执行的裁定。裁定不予执行的,应当说明理由,并在五日内将不予执行的裁定送达行政机关。行政机关对人民法院不予执行的裁定有异议的,可以自收到裁定之日起十五日内向上一级人民法院申请复议,上一级人民法院应当自收到复议申请之日起三十日内作出是否执行的裁定。

根据上述法律规定,人民法院应对行政处罚决定及作出决定的事实、理由和依据、是否具备法定执行效力等进行全面审查。虽然松滋市人民法院至今尚未作出受理裁定,但本案强制执行申请至今仍然处于人民法院的立案审查中。在人民法院对申请强制执行的本案行政处罚决定依法完成司法审查和作出裁定前,公益诉讼人不应就同一行政处罚决定另行提起行政诉讼,人民法院也不应就同一行政处罚决定书同时进行两次司法审查。本次行政公益诉讼显然加重了讼累,有违司法公正和效率的法律价值目标追求。本案行政公益诉讼应予驳回。

综上所述,冯勇建设的违法建筑物仍未被清除,不应认为是被告不正确履行水行政监管法定职责。公益诉讼人的诉讼请求不能成立,依法应予驳回。

被告为支持其辩解,向法院提交了证据、依据。

经法院审理查明,2015 年 4 月,当事人冯勇未经许可在松滋市新江口镇同心桥村松西河右岸(堤防桩号 31+650)河道滩地修建钢构板房一栋,建筑面积 630 平方米,用于从事餐饮服务,并取名“清水湾美食城”。同年 10 月 13 日,松滋市水利局对冯勇的违法行为予以立案,并于当日发出松水停字〔2015〕11 号责令停止违法行为通知书,责令其立即停止建设妨碍行洪的构筑物的违法行为。2016 年 9 月 23 日,松滋市水利局作出松水利执〔2016〕76 号行政处罚决定书,载明:冯勇未办理任何手续,擅自在河道管理范围内建设妨碍行洪的建筑物、构筑物,违反了《防洪法》第二十二条第二款之规定,根据《防洪法》第五十五条第一项之规定,作出如下行政处罚:①责令停止违法行为;②自收到处罚决定书起 15 日内清除违法建筑,恢复原貌。逾期不履行该处罚决定,根据《行政处罚法》第四十五条、第五十一条之规定,将采取以下措施:申请人民法院强制执行。如不服该决定,可在接到处罚决定书之日起 60 日内依法向松滋市人民政府或向荆州市水利局申请行政复议,或六个月内向松滋市人民法院起诉。

2016 年 10 月 11 日,松滋市人民检察院接到举报,称该违法建筑物仍然存在。11 月 7 日,松滋市人民检察院向松滋市水利局发出鄂松检行公建〔2016〕3 号检察建议书,建议松滋市水利局严格依法履行监督管理职责,在一个月内书面回复办理情况。

2016 年 11 月 8 日,松滋市水利局向冯勇发出松水利执〔2016〕83 号行政决定履行催告书,要求其在 10 日内清除违建钢构板房,恢复堤防、河道滩地原状。11 月 25 日,松滋市水利局作出松水字〔2016〕82 号行政处罚强制执行申请书,拟向松滋市人民法院申请强制执行。

2016 年 12 月 28 日,公益诉讼人松滋市人民检察院认为,因被告松滋市水利局未依法正确履行监管职责,导致冯勇建设的违法建筑物至今仍未被清除,持续损害河流生态资源及河岸景观,影响河道行洪、防洪安全,使国家和社会公共利益持续处于受侵害状态,遂向本院提起行政公益诉讼,请求:

(一)确认被告对冯勇违法在河道管理范围内建设建筑物的行为不正确履行监管职责违法。庭审中,公益诉讼人将此具体明确为二点:①被告在行政处罚决定书中告知冯勇,“逾期不履行本处罚决定,根据《行政处罚法》第四十五条、第五十一条之规定,我局将采取以下措施:申请人民法院强制执行”违法;②冯勇在行政机关决定的期限内不履行义务,被告未按照《行政强制法》第四章的规定强制执行违法。

(二)判令被告对冯勇违法在河道管理范围内建设建筑物的行为,依法正确履职,即判令被告对冯勇在行政处罚决定确定的期限内不履行义务的行为,依照《行政强制法》第四章的规定正确履职。冯勇建设的违法建筑物在庭审前仍未被清除。被告称已向本院申请强制执行其作出的松水利执〔2016〕76 号行政处罚决定,但经查无该案的立案记录或其他相关受理资料。

问:作为水行政主管部门的法制审核人员你如何处理?作出处理前一定要厘清下面3个问题。一是被告作出的行政处罚决定是否合法?二是被告对本案所涉河道内的违法构筑物有无行政强制执行权?三是被告是否已正确履职以及应如何履职?

答:一、关于被告作出的行政处罚决定是否合法及其对本案所涉违法构筑物有无行政强制执行权的问题。

首先,《行政处罚法》第三十九条规定:行政处罚决定书应当载明下列事项:(一)当事人的姓名或者名称、地址;(二)违反法律法规或者规章的事实和证据;(三)行政处罚的种类和依据;(四)行政处罚的履行方式和期限;(五)不服行政处罚决定,申请行政复议或者提起行政诉讼的途径和期限;(六)作出行政处罚决定的行政机关名称和作出决定的日期。因此,本案审查的具体行政行为是,被告作出的松水利执〔2016〕76号行政处罚决定:"冯勇未办理任何手续,擅自在河道管理范围内建设妨碍行洪的建筑物、构筑物,违反了《防洪法》第二十二条第二款之规定,根据《防洪法》第五十五条第一项之规定,作出如下行政处罚:①责令停止违法行为;②自收到处罚决定书起15日内清除违法建筑,恢复原貌。逾期不履行本处罚决定,根据《行政处罚法》第四十五条、第五十一条之规定,将采取以下措施:申请人民法院强制执行。如不服该决定,可在接到处罚决定书之日起60日内依法向松滋市人民政府或荆州市水利局申请行政复议,或六个月内向松滋市人民法院起诉。"

其次,该行政处罚决定关于"冯勇未办理任何手续,擅自在河道管理范围内建设妨碍行洪的建筑物、构筑物,违反了《防洪法》第二十二条第二款之规定,根据《防洪法》第五十五条第一项之规定,作出如下行政处罚:①责令停止违法行为;②自收到处罚决定书起15日内清除违法建筑,恢复原貌。如不服该决定,可在接到处罚决定书之日起60日内依法向松滋市人民政府或荆州市水利局申请行政复议,或六个月内向松滋市人民法院起诉"之内容合法有效。因为被告认定,冯勇未经许可在松滋市新江口镇同心桥村松西河右岸河道滩地(堤防桩号31+650)修建钢构板房的事实清楚,证据充分,适用法律正确,处罚决定适当,且公益诉讼人对此亦无异议,虽有超期办案情形,但这一程序瑕疵,对该行政处罚决定的正当性及效力不产生影响,法院应该依法予以确认。

最后,该行政处罚决定关于"逾期不履行该处罚决定,根据《行政处罚法》第四十五条、第五十一条之规定,将采取以下措施:申请人民法院强制执行"之内容违法。理由是:

行政处罚行为与行政强制执行行为是两个不同的概念。从性质上看,行政处罚是在行政管理相对人违反法律的规定、拒不履行法定义务的情况下,行政机关为其设定新的义务或进行权利限制,本质上是一种惩罚性的、制裁性的法律责任形式。而行政强制执行本质上不对当事人科以新的义务,是保证行政决定的实施而采取的执行行为。从目的上看,行政处罚的目的是制裁行政管理相对人违反法律规定的义务的行为,其着眼点在于对"过去"违法行为的惩罚;行政强制执行的目的在于敦促义务人履行义务或实现与义务相同的状态,其着眼点在于"将来"义务的实现。被告松滋市水利局辩称,《防洪法》第一条规定其立法宗旨是"为了防治洪水,防御、减轻洪涝灾害,维护人民的生命和财产安全,保障社会主义现代化建设顺利进行",《水法》第一条规定其立法宗旨是"为了合理开发、利用、节约和保护水资源,防治水害,实现水资源的可持续利用,适应国民经济和社会发展的需要"。两部法律所规范和保护的财产利益和秩序并不相同。行政相对人冯勇在河道滩地修建钢构板房屋违法行为的危害后果是妨碍行洪,违反了《防洪法》第二十二条第二款规定,根据该法第五十五条规定，答辩人已对行政相对人依法作出行政处罚。且根据《水法》第八十一条规定“从事防洪活动，依照防洪法的规定执行”。答辩人对本案适用法律是正确的，本案应该适用《防洪法》规定进行处罚。本院认为，正因为上述两部法律的立法宗旨不同，保护的法益不同，《防洪法》《水法》授予县级以上人民政府水行政主管部门职权时进行了区分，前者授予其行政处罚权，后者授予其行政处罚权和行政强制执行权。行政相对人冯勇在河道滩地修建钢构板房违法行为的危害后果不仅仅是妨碍行洪，同时侵害了“合理开发、利用、节约和保护水资源，防治水害，实现水资源的可持续利用”之法益。为了防止此类违法行为对多重法益的侵害，上述两部法律均作出了“禁止在河道、湖泊管理范围内建设妨碍行洪的建筑物、构筑物”的规定。被告松滋市水利局辩称已依法履行法定职责，对违法行为人作出了行政处罚，并称公益诉讼人松滋市人民检察院根据水法规定认为答辩人未正确履行法定职责的理由不能成立，是混淆了行政处罚行为与行政强制执行行为的区别，把依法履行行政处罚一项职权与依法履行行政处罚、依法履行行政强制执行两项职权混同，是不全面履行法定职权的表现。

行政处罚行为合法，并不表明行政强制执行行为合法。在我国，行政强制执行的主体有两类，一是行政机关，二是人民法院。《行政诉讼法》第九十七条规定：公民、法人或者其他组织对行政行为在法定期间不提起诉讼又不履行的，行政机关可以申请人民法院强制执行，或者依法强制执行。这就是说，我国的行政强制执行，法律、法规规定由行政机关强制执行的，由行政机关强制执行；法律法规没有规定的，由行政机关申请人民法院强制执行。被告松滋市水利局申请人民法院强制执行是否合法，在于法律法规对被告有无行政强制执行权是否作出了规定。如果法律法规规定被告有行政强制执行权，被告又不履行该法定职责而向人民法院申请强制执行，则构成违法。

《水法》第六十五条规定：在河道管理范围内建设妨碍行洪的建筑物、构筑物，或者从事影响河势稳定、危害河岸堤防安全和其他妨碍河道行洪的活动的，由县级以上人民政府水行政主管部门或者流域管理机构依据职权，责令停止违法行为，限期拆除违法建筑物、构筑物，恢复原状；逾期不拆除、不恢复原状的，强行拆除，所需费用由违法单位或者个人负担，并处一万元以上十万元以下的罚款。……且防洪法未作规定的，由县级以上人民政府水行政主管部门依据职权……强行拆除，所需费用由违法单位或者个人负担……。上述法律同一条文明确授予县级以上人民政府水行政主管部门两项不同的强行拆除权。授予强行拆除权时有前置条件，即必须是《防洪法》未作规定，而第一款授权时没有作此规定，也就是说，这是特别规定，无论《防洪法》作出规定或者不作规定，水行政主管部门对建设妨碍行洪的建筑物、构筑物都有强行拆除权，这是法定职权。

对冯勇建设的违法建筑物的拆除，被告松滋市水利局辩称：《防洪法》没有赋予答辩人对本案所涉行政处罚决定的强制执行权，应由其申请人民法院依法强制执行，是对《水法》第六十五条授权规定的错误理解，即将“无论防洪法作出规定或者不作规定，水行政主管部门对建设妨碍行洪的建筑物、构筑物都有强行拆除权”理解为“对建设妨碍行洪的建筑物、构筑物的强行拆除权，《防洪法》要有明确授权，如果《防洪法》没有明确授权，则县级以上人民政府水行政主管部门应申请人民法院强制执行”；也是对《行政强制法》第十三条规定行政强制执行由法律设定的错误理解，该法律不仅可以是一部法律，也可以是多部、分散的法律，不能因为一部法律设定了行政强制执行权，另一部法律没有设定，就理解为没有授予其强制执行权。

简言之,被告松滋市水利局作出的行政处罚行为合法,但因其具有法定的行政强制执行权,而告知“逾期不履行本处罚决定,根据《行政处罚法》第四十五条、第五十一条的规定,我局将采取以下措施:申请人民法院强制执行”之内容违法。

二、关于被告是否已正确履职以及应如何履职问题。

对冯勇未经许可擅自在河道管理范围内建设妨碍行洪的建筑物的违法行为,被告根据《防洪法》的规定作出的行政处罚决定虽合法有效,但因其具有行政强制执行权,而仍然告知冯勇“逾期不履行本处罚决定,根据《行政处罚法》第四十五条、第五十一条的规定,我局将采取以下措施:申请人民法院强制执行”,此系不正确履职。被告称已向本院申请强制执行该行政处罚决定,虽然本院至今无该案登记,但是即使被告该说法成立,也因其具有行政强制执行权而系不正确履职。

关于被告辩称的《水法》对在河道管理范围内建设妨碍行洪的建筑物、构筑物的处理是一般法律规定,而《防洪法》对在河道管理范围内建设妨碍行洪的建筑物、构筑物的处理则是特别法律规定,基于特别法优于一般法的适用原则,从事防洪活动,应依照《防洪法》的规定执行之问题。《水法》《防洪法》都是全国人大常委会制定的法律,属于同一位阶。《水法》第八十一条规定:从事防洪活动,依照《防洪法》的规定执行说明关于防洪活动,《防洪法》是特别规定,特别规定与一般规定不一致的,应适用特别规定。本案的关键是对河道管理范围内妨碍行洪的建筑物、构筑物的行政强制执行权,《防洪法》没有规定,也就没有区分一般规定与特别规定之说。相反,对河道管理范围内妨碍行洪的建筑物、构筑物的行政强制执行权,在《防洪法》没有规定的情形下,《水法》第六十五条第一款作出了明确规定,说明《水法》是特别规定,法定授权应适用。关于行政强制执行权,被告辩称适用《防洪法》之特别规定,于法无据,不会获得法院的支持。

由于被告对在河道管理范围内所建设的妨碍行洪的建筑物、构筑物具有行政强制执行权,因此在行政处罚决定书中,其应当依照《水法》第五十六条第一款规定告知:逾期不拆除、不恢复原状的,强行拆除,所需费用由违法单位或者个人负担,并处一万元以上十万元以下的罚款。同时,当冯勇在行政机关决定的期限内不自觉履行义务时,被告应当按照《水法》和《行政强制法》的相关规定继续履职。现被告未能正确履职,依法应当确认其行为违法。

关于被告辩称的即使其具有行政强制执行权,因该行政处罚决定书是 2016 年 9 月 23 日作出并送达,应待当事人行政复议、行政诉讼期满,即 2017 年 3 月 23 日以后才可以依法强制拆除,且其在 2017 年 1 月 4 日就收到了行政公益诉讼起诉书,本案行政强制执行以及提起行政公益诉讼的条件尚不具备之问题。本院认为,《水法》第六十五条第一款规定:“在河道管理范围内建设妨碍行洪的建筑物、构筑物,或者从事影响河势稳定、危害河岸堤防安全和其他妨碍河道行洪的活动的,由县级以上人民政府水行政主管部门或者流域管理机构依据职权,责令停止违法行为,限期拆除违法建筑物、构筑物,恢复原状;逾期不拆除、不恢复原状的,强行拆除,所需费用由违法单位或者个人负担,并处一万元以上十万元以下的罚款”。该法条明确规定,水行政主管部门对上述违法行为应依据职权责令停止违法行为,并限期(一般期限为 15 日)拆除违法建筑物、构筑物,恢复原状,如逾期不拆除、不恢复原状的,强行拆除。这里的“逾期”应是“限期”的期限,而非被告认为的行政复议或者行政诉讼期间。再即使行政相对人提起行政诉讼或申请复议,也不应停止对生效行政行为的执行。

因此,被告辩称的即使其具有行政强制执行权,本案行政强制执行以及提起行政公益诉讼的条件尚不具备的观点不能成立。

综上,被告松滋市水利局作为水行政主管部门对“冯勇未办理任何手续,擅自在河道管理范围内建设妨碍行洪的建筑物”之违法行为,既要依照《防洪法》履行其行政处罚之法定职权,又要依照《水法》《行政强制法》履行其行政强制执行之法定职权,这是全面依法行政的必然要求,法定授权必须为。

故公益诉讼人要求确认被告不正确履行监管职责违法及判令依法正确履职的诉讼请求合理合法,法院依法予以支持。依照《水法》第六十五条第一款、《行政强制法》第三十四条、《行政诉讼法》第七十二条、第七十四条第二款第一项的规定,确认被告松滋市水利局在其作出的松水利执〔2016〕76号行政处罚决定书中,告知“逾期不履行本处罚决定,根据《行政处罚法》第四十五条、第五十一条之规定,我局将采取以下措施:申请人民法院强制执行”的内容违法;确认被告松滋市水利局在冯勇不自觉履行义务的情况下,未依照《水法》和《行政强制法》的相关规定履职违法;责令被告松滋市水利局在本判决生效后依照《水法》和《行政强制法》的相关规定履职。

679.问:撤回行政许可的法定程序和救济措施

答:《行政许可法》第七条规定,公民、法人或者其他组织对行政机关实施行政许可,享有陈述权、申辩权;有权依法申请行政复议或者提起行政诉讼;其合法权益因行政机关违法实施行政许可受到损害的,有权依法要求赔偿。该法第八条规定:……准予行政许可所依据的客观情况发生重大变化的,为了公共利益的需要,行政机关可以依法撤回已经生效的行政许可。由此给公民、法人或者其他组织造成财产损失的,行政机关应当依法给予补偿。由此可见,行政机关在设定和撤回行政许可过程中,均应当遵守一定正当程序,因违法实施行为损害行政相对人合法权益的,应当承担赔偿责任;出于维护公共利益的需要,行政机关可以依法撤回行政许可,但给行政相对人造成财产损失的应当依法给予补偿。行政机关在设定和撤回行政许可过程中,均应当遵守一定正当程序,因违法实施行为损害行政相对人合法权益的,应当承担赔偿责任;出于维护公共利益的需要,行政机关可以依法撤回行政许可,但给行政相对人造成财产损失的应当依法给予补偿。

680.问:强制清除河道、湖泊内障碍物属于行政强制措施?

答:县级以上人民政府设立的防汛指挥机构,对河道、湖泊范围内阻碍行洪的障碍物,有权责令限期清除;逾期不清除的,由防汛指挥机构组织强行清除。强制清除阻碍行洪的障碍物,目的在于排除危险、保障汛期行洪通畅,是为制止违法行为、避免危害发生,而对公民、法人或者其他组织的财物实施的暂时性控制行为,属于行政强制措施,不是行政强制执行。行政机关依照法律、法规授权,实施行政强制措施行为,应当遵守相应的法定程序。行政强制措施行为程序违法,但如果该违法行政行为系事实行为、不具有可撤销内容的,人民法院应当依法判决确认违法。

681.问:行政强制措施与行政强制执行如何区分?

答:行政强制措施是指在行政处罚决定作出前,行政机关采取的强制手段,通常是为了迅速查处违法行为而作出的临时性处置;而行政强制执行是在行政处罚决定作出后,为执行该行政处罚所采取的强制手段,二者具有显著区别。

682.问:人民法院如何审查行政行为的合法性?

答:人民法院在审查行政行为的合法性时,不仅需要审查行政行为是否符合程序要件,包括行政机关是否具备法定的职责权限、是否遵循法定程序;同时还需要审查行政行为是否符合实体要件,包括作出的行政行为所依据的事实是否清楚、证据是否充分、内容是否合法适当等。关于本案涉及的行政行为的程序问题。

683.问:《责令改正通知书》可诉性分析?

答:针对《责令改正通知书》是否可诉目前各地法院做法不一,主要判断标准为该行为是过程性行为、对当事人合法权益明显不产生实际影响的行政行为,从而认定其不可诉。另外,以上标准过于简略、粗泛,易造成概不受理、一律裁驳的"一刀切"的境地,忽略了强制拆除行为现实复杂性。对相对人行为进行定性的《责令改正通知书》、通知行为后续走向的是既定的强制拆除决定及强制拆除行为、不能被最终行为吸收覆盖的通知行为等,应认定该《责令改正通知书》为可诉行政行为,且法院应根据强制拆除行政行为发展的不同阶段进行司法审查。《责令改正通知书》一般出现在行政机关对违法建筑、构筑物强制拆除的行为过程中,为责令相对人于某一限定期限内或某一时间节点前自行将违法建筑予以拆除的通知。对于该通知书是否属于行政诉讼的受案范围目前各地法院的做法仍存在分歧。

一、责令改正通知书是否可诉尚存争议

2017年6月20日,某区管理行政执法局(简称某区城管局)作出〔2017〕第0065号《责令改正通知书》,主要内容为:经查,朱某某于2017年6月20日在某村十三组未经规划许可,进行违法搭建的行为,已违反《城乡规划法》第四十条第一款、《某省城乡规划条例》第三十八条的规定,责令朱某某自接到本通知之日起按下列要求改正:1.立即停止上述行为;2.限于2017年7月1日前自行拆除。逾期未改正的,某区城管局将依法予以行政处罚。朱某某不服而提起诉讼,诉至某区人民法院,请求法院判决撤销某城管局作出的《责令改正通知书》。

某区人民法院作出行政裁定,驳回原告朱某某起诉,裁判理由为该《责令改正通知书》对其合法权益明显不产生实际影响。朱某某上诉至某市中院,2017年11月28日该院作出裁定,驳回上诉,维持原裁定。该二级法院从行政诉讼法意义上的行政行为作为起点,裁定适用条款为,"有下列情形之一,已经立案的,应当裁定驳回起诉:……(八)行政行为对其合法权益明显不产生实际影响的;……"原审以及二审法院均以此为法律依据认定涉案《责令改正通知书》是某城管局实施的阶段性行为,是整个行政处理行为的一个环节并未对朱某某的合法权益产生实际影响。且运用了行政行为的成熟原则,认为对于行政程序中的对相对人权利义务未产生实际影响的过程性、阶段性行政行为,司法权不应过早介入进行司法审查,以免破坏行政权行使的独立性、完整性,认定朱某某起诉时机尚不成熟。该裁判文书一经作出即引发争议,拆违拆临中《责令改正通知书》是否可诉尚存在实务及理论争议。一方面法律条款的适用是否正确;另一方面行政行为成熟原则是否适用本案,均尚存争议。具体而言,《责令改正通知书》是否为过程性行政行为、是否对当事人的合法权益产生实际影响,作为该行为是否可诉的争议起点,引发学界及实务界的源头探讨。

二、《责令改正通知书》是否可诉实证分析

(一)拆违拆临中《责令改正通知书》是否可诉群案分析

拆违拆临中责令改正通知书主要表现为《责令限期拆除通知书》的形式,在中国裁判文书网输入"责令限期拆除通知书"后进行搜索,获取的行政案由案件共计501件,其中多数涉及的关键词为催告、行政赔偿、违法行为、驳回、行政强制执行、建设工程等。

涉及"责令限期拆除通知书"可诉性的行政案件中，受案法院大致有以下几种观点：一、认为《责令限期拆除通知书》对相对人的权利义务并不产生实际影响，属于不可诉的行政行为；二、认为对相对人的权利产生实际影响，具有法律上的拘束力，因而具有可诉性；三、并未探讨《责令限期拆除通知书》是否可诉，直接进入行政机关作出的《责令限期拆除通知书》是否合法的审理，变相认定其可诉。结合搜寻到的案例整体数据而言，认为《责令限期拆除通知书》具有可诉性的占主流，认定为不可诉的占少数。

（二）可诉性与否的观点分析

人民法院认定《责令限期拆除通知书》不可诉的情形主要有：

（1）根据《最高人民法院关于适用〈中华人民共和国行政诉讼法〉的解释》第一条第二款"下列行为不属于人民法院行政诉讼的受案范围：（六）行政机关为作出行政行为而实施的准备、论证、研究、层报、咨询等过程性行为"的规定，直接认定《责令限期拆除通知书》系行政机关为作出强制拆除决定、强制拆除行为而实施的过程性、阶段性行政行为，此时行政处理程序尚未结束，不产生独立的、最终的行政法律效力，对当事人的合法权益不产生实际影响，故不可诉。

（2）在相对人已经就行政机关强制拆除行为提起诉讼、获得赔偿、补偿或者该强制拆除行为被撤销的情况下认定《责令限期拆除通知书》对相对人权利义务不产生实际影响，故而认定其不可诉。

认定《责令限期拆除通知书》不可诉的理由除明确的法律规定外，还出于提高行政效率、避免司法资源浪费的考量。在行政机关整个的强制拆除行为中，一般包括前期的《责令限期拆除通知书》或者《责令限期拆除决定》、后续的《强制拆除决定》、强制拆除实施行为。若将整个强制拆除行为的中的每一个组成行为都纳入行政诉讼的受案范围，不仅会增加司法负累，也会给行政机关造成掣肘，且可能达不到实质化解争议的目的。行政机关在作出《责令限期拆除通知书》时一般还会告知相对人有陈述申辩的权利，在这个阶段相对人可进行权利救济。故《责令限期拆除通知书》不应单独起诉，可作为强制拆除行为的一个环节进行审查。

人民法院认定《责令限期拆除通知书》可诉的情形主要有：

（1）《责令限期拆除通知书》对当事人施加了一定的义务，虽然是对当事人作出的责令其限期拆除的通知行为，但实为责令行政行为的载体，其责令当事人为或者不为一定的行为，即已对当事人施加了一定的义务，系具有实质行政处理内容的行政行为故可诉。

（2）《责令限期拆除通知书》虽然是以通知书的形式作出，但从内容上看，该行政行为要求相对人在某一时间节点前拆除违法建设，具有特定的具体内容，在没有证据证明还存在其他责令限期拆除决定的情况下，该通知书实质是责令限期拆除决定，对被上诉人的权利产生实际影响，具有法律上的拘束力，因而具有可诉性。针对《责令限期拆除通知书》是否具有可诉性的案例查询，可以看出，近些年法院多将其视为具有可诉性的行政行为，但是具体应该适用法律法规目前仍有争议，这主要根源在于传统行政行为理论下，对行政机关作出《责令限期拆除通知书》的行为无法将其精准地定性为某一种行政行为。一般在行为性质认定上存在分歧，有的将责令限期拆除通知界定为行政处罚；有的认定为行政强制执行，还有的认定为行政命令；甚至还有的并未明确将其界定为某行政行为而是适用类似行政程序规定或者其他法律、法规进行规制。拆违拆临中《责令限期拆除通知书》一般出现在城乡规划及国土资源管理等行政管理领域。其中,《城乡规划法》第六十四条、第六十五条、第六十六条、第六十八条均有所涉及,《土地管理法》第八十三条、《行政强制法》第四十四条、《行政处罚法》第二十三条等相关法律、法规中均对此有所规定。在《责令限期拆除通知书》性质问题上,作者认为除《土地管理法》中的责令限期拆除属于行政处罚外,其余的责令限期拆除依然属于行政命令的一种;且在《土地管理法》中明确载明了对于行政机关作出的责令限期拆除决定为可诉、可复议的行为。但在法院审理者视角下并不一定对其进行精准定性,只需要审查作出该行为的事实、理由、适用法律依据及程序是否合法即可。

三、《责令改正通知书》是否可诉的法理分析

目前,学界与理论界已达成一致意见,程序性、过程性行政行为不应被纳入行政诉讼的受案范围。但法院在实际审理中,并不能一概认为但凡遇到起诉《责令限期改正通知书》的都一律认定为程序性、过程性行政行为,对相对人权利义务不产生实际影响,从而驳回起诉。

行政行为的成熟原则固然为法院对行政行为进行司法审查提供了一个标准,但该原则仅要求案件必须发展到能够起诉的阶段,才能提出控诉,否则法院不予受理。对行政行为是否成熟的判断标准问题,美国联邦最高法院强调:成熟问题应从两个方面来看,一是争议问题是否适宜于司法裁判,二是推迟法院审查是否对当事人造成困难。作者以为,在我国行政诉讼中,该如何判断该行为是否已成熟,是否对当事人的权利义务产生实际影响,其可诉性则体现在以下几个方面。

(一)对相对人行为进行定性的《责令改正通知书》可诉

行政机关作出责令改正通知书的前提,都是其已经调查认定当事人行为构成违法,才会下达该通知书责令当事人改正。该行为本身已经是对当事人的行为作出实体的认定与处理,是对当事人行为从法律上给予了负面评价,本身便对其权利义务产生了实质性的不利影响。这种不利影响的构成,并不以行政机关已经实施行政处罚为要件。《责令限期拆除通知书》中一般会涉及对涉案建筑物、构筑物的定性,将其定性为违法或者违章建筑,则实际上该定性行为已对相对人的财产权产生了实际影响,应认定为可诉。如上述案例中被诉的《责令改正通知书》,直接责令当事人朱某某"限于2017年7月1日前自行拆除",实质上已认定当事人朱某某涉案建筑属"无法采取改正措施消除影响的"情形,对当事人朱某某而言是更为不利的事实认定与行政处理。

(二)当通知行为后续走向的是既定的强制拆除决定或者强制拆除行为时可诉

并非一定到等到行政行为终了、确定时才判定为可诉,责令通知书如未载明救济权利,其行为走向的是既定的方向即强制拆除决定及强制拆除实施行为,出于保护相对人合法权益的立法目的,司法权在此时介入,判定其可诉有利于保护相对人,法院应选择适当时机进行审查,也可以在最早的时机将违法行政行为予以纠正。如本案中,朱某某对本案《责令改正通知书》直接提起行政诉讼,直接要求法院进行司法审查确认或者撤销该《责令改正通知书》,而非等到行政机关作出进一步的强制拆除决定或者行政处罚决定才起诉,对于朱某某的权益救济来说,显然前者更为经济、更为有效、更为便利。某市两级法院不予受理本案,不符合行政诉讼法最大限度满足当事人权利救济需求的立法目的。

(三)不能被最终行为吸收、覆盖的《责令改正通知书》可诉

若《责令限期拆除通知书》作出后,行政机关后续又作出《责令限期拆除决定》及实施强

制拆除行为，此时涉案建筑物、构筑物已经被强制拆除，当事人对该《责令限期拆除通知书》不服，因其被后续的行为所吸收，当事人对该通知书不服起诉时，应告知其针对整个强制拆除行为不服提起诉讼，在审查该强制拆除行为的过程中，将该通知书作为程序性的行为进行审查。但若《责令限期拆除通知书》作出后，行政机关后续并未作出其他的与通知行为相衔接的行政行为或者后续的行政行为对当事人新增设义务、行为性质认定等不同于通知书的内容，因为此时其已是一个独立的行政行为，当事人对该通知书起诉时，法院应认定为可诉，并对其进行审查。如前述朱某某案例中，若责改通知是责拆决定作出过程中的先行通知行为，即继责改通知之后又作出责拆决定，那么虽然通知内容事实上起到了对当事人违法行为的确认作用，并增设了拆除义务，但其行为尚未发展到足以影响当事人权益的成熟程度，其内容和法律效果会被责拆决定所吸收和覆盖，不宜过早裁判，不可诉。若被诉城管局在责改通知后合理期间内迟迟未作出后续处理决定，也即责改通知并未被后续的行政行为吸收、覆盖，当事人无法针对相关的实体性行政行为提起诉讼获得救济，理应可诉。若责改通知作出后，行政机关即实施强制拆迁行为，则该责改通知即实际称为强制拆除实施行为的依据，应认定为可诉。

四、责令改正通知书的司法审查机制

（一）认定《责令改正通知书》不可诉的司法审查机制

科学的强制拆除行为是由多个行政行为组成的整体行为，具体包括《责令改正通知书、决定书》《强制拆除决定》及强制拆除实施行为。当行政机关仅作出《责令改正通知书》后，当事人对该通知书不服，法院认定其为过程性、阶段性行为，对当事人合法权益不产生实际影响，不属于人民法院受案范围，裁定驳回其起诉；当行政机关作出《责令改正通知书》及《强制拆除决定书》后，当事人对通知书不服，则以相同理由裁定驳回起诉，并告知其对强制拆除决定提起诉讼，并将《责令改正通知书》作为程序行为进行审查；当行政机关作出《责令改正通知书》《强制拆除决定书》及强制拆除实施行为后，当事人对通知书不服，则以相同理由裁定驳回起诉，并告知其对强制拆除行为提起诉讼，并将强制拆除行为作为整体行为进行审查。但是当行政机关在作出《责令改正通知书》后直接实施强制拆除行为，当事人对通知书不服，因该通知书事实上已成为行政机关作出强制拆除实施行为的依据，已对当事人合法权益产生实际影响，应认定为可诉；但又因该通知书的作出若无重大且明显违法则认定其合法，判决驳回诉讼请求。若当事人对强制拆除行为起诉，则应判决行政机关的强制拆除行为违反法定程序。通过以上可以看出，坚持《责令改正通知书》不可诉的审查机制中在强制拆除行为的各个阶段中对该通知书均界定为不可诉，除非该行为缺少《强制拆除决定》时才认定其为可诉，但也仅仅作形式审查而非实质审查。既增加了当事人的讼累，又不利于行政争议的实质化解。

（二）认定《责令改正通知书》部分可诉的司法审查机制

作者以为在强制拆除行为中，《责令改正通知书》只要具备了上述可诉的三个标准之一，即应纳入受案范围，对其进行实体性审查。如行政机关仅作出《责令改正通知书》，则法院对作出该通知书的行为合法性进行审查；若行政机关作出《责令改正通知书》《强制拆除决定书》，当事人对通知书不服，应将该二行为视为整体行政行为进行审查，除对通知书进行审查外，还应对《强制拆除决定》一并进行审查；若行政机关已实施完整个强制拆除行为，当事人对《责令改正通知书》不服，则将该强制拆除行为一并进行审查作出认定。

《责令改正通知书》的可诉性与否不应简单地一概而论,还应针对具体案情判定,文章上述提出的判断标准仅为目前遇到的几种情形,尚不能涵盖所有情形,存在不周延之处。作者认为,面对该问题,还应把握住“实际影响”原则来进行个案研判。

684.问:河道范围内地上附着物的清理及补偿,是否属于土地征收补偿行为?

答:《确定土地所有权和使用权的若干规定》第十一条规定:河道堤防内的土地和堤防外的护堤地,无堤防河道历史最高洪水位或者设计洪水位以下的土地,除土改时已将所有权分配给农民,国家未征用,且迄今仍归农民集体使用的外,属于国家所有。当事人占用河道管理范围内的土地从事种植经营,但其不足以证明涉案土地为农民集体所有的土地,其在涉案土地上种植经营行为违反了《河道管理条例》第二十四条有关禁止在河道范围内种植高秆农作物、树木的规定,依照《行政强制法》《河道管理条例》等规定,其种植的农作物应当是依法清除的对象。鉴于当事人长期利用河堤内土地从事生产经营的现状,参照组织实施征收农村集体土地的方式对涉案土地及附着物予以补偿,并未侵害其合法权益。当事人诉请征收土地行为违法,缺少事实根据和法律依据。

685.案情简介:某区人民政府因高铁建设,需拆除燕某拥有所有权的住宅,该住宅建筑面积是106.78平方米。2013 年 1 月 15 日,燕某与该区房地产管理局签订了《房屋征收安置补偿协议》,约定了搬家费、临时安置补助、其他附属物款等数额为36 897.50元,回迁面积为130 平方米等。而后,该房管局分别于 2013 年 3 月、2014 年 3 月向燕某支付了30 490、6 406元的过渡安置补偿费,对之后的过渡安置补偿费未按约定履行,并且在 2013 年 4 月拆迁后至今 4 年多的时间迟迟未动工修建安置回迁房。燕某通过多种途径与该房管局多次沟通均未果,且承诺的回迁时间无限期推迟,燕某遂诉至法院。法院一审判决,该区房地产管理局赔偿燕某房屋拆迁补偿款336 395元,过渡安置补偿款24 559.4元。

问:作为水行政执法人员,你认为对该区房地产管理局的行为如何定性?

答:存在两种不同意见。第一种意见认为,行政机关与当事人签订《房屋征收安置补偿协议》后,既没有按照协议按时支付过渡安置补偿费,也没有对当事人进行房屋安置,行政机关的管理缺失凸显出了其不作为、不担当、存在违约的过错,对此,法院应依法判决其履行货币补偿义务。第二种意见认为,行政机关未按照协议履行相应的义务,拆迁后至今 4 年多的时间迟迟未动工修建安置回迁房,明显对原告构成了违约行为,法院应判决其限期履行约定的义务。作者同意第一种意见,理由如下:行政中的不作为行为一般基于公民、法人或其他组织的符合条件的申请,行政机关依法应该实施某种行为或履行某种法定职责,而无正当理由却拒绝作为的行政违法行为,亦称不作为违法或消极违法行为。行政不作为的表现形式大致有拒绝履行、不予答复、拖延履行等,它与行政中乱作为一样,都将可能侵犯或损害行政相对人的合法权益。在审判实践中,要科学把握该罪的行为内容和适用范围,必须正确理解和把握几个方面的内容。

一、行政不作为的界定条件

一是须以行政主体具有法定义务为前提要件。该法定义务是法律上的行政作为义务,不是其他义务,来源于法律的明确规定,各行政机关都有法定职责,同时也有要求行政机关在履行法定职责时遵守法定程序的义务。一般而言,在实体上的行政义务,主要是要求行政机关对行政相对人应尽到保护的职责;在程序上的义务,主要散见于各单行法律、行政法规及行政规章中,如《行政处罚法》中规定的行政机关在实施行政处罚过程中的表明身份的义务、告知的义务、听取申辩和陈述的义务等。二是应以行政主体没有履行法定作为义务为必要要件。具体表现为,行政主体没有作出任何意思表示,或不予接受、迟延办理。如在公民、法人或者其他组织面临人身权、财产权遭受侵害时,具有相应法定职责的行政机关予以拒绝或不予答复。再如行政机关对行政相对方提出的保护人身权和财产权的申请明确表示不履行或虽然未明确表示不履行但超过法定期限仍不履行,即在法定期限内,既不表示履行也不表示不履行。这里的"不履行"不是行政主体意志以外的原因,而是有履行能力却故意未履行、延迟履行。

本案中,行政机关以与当事人之间签订的《房屋征收安置补偿协议》中的法定义务为前提要件,但并未履行协议约定的时间支付过渡安置补偿费等费用,明显存在不履行的行为,损害了行政相对人的合法权益,该行为不适当。

二、对行政不作为侵权责任构成要件的认识

根据我国法律规定,行政不作为的侵权责任的构成要件包括:一是由于行政不作为是消极不作出某一行为,是法律上所拟制的一种行为形态,不具有具体的可感性和具象性,因而对于行政不作为只有法律上的价值判断,不存在客观形态的事实判断,只有行政不作为的违法侵权,而不存在行政不作为的不当侵权。二是行政不作为已经造成了对行政相对方的权益损害。这一损害只要是行政不作为引起的,即可要求行政赔偿,而不论这一损害是否可能获得其他方面救济。同行政作为一样,行政不作为的行政赔偿也不应采用损益相抵的原则。行政相对方权益的损害程度决定着行政赔偿的数额,并考虑该不履行法定职责的行为在损害发生的过程中和结果中所起的作用等因素。三是行政不作为与行政相对方的权益损害的事实之间具有因果关系。行政不作为是由于行政主体不履行对相对人所负的作为义务而构成行政侵权的,因此它与损害事实之间的因果关系,实质上是行政主体与相对人之间的权利义务关系。只要行政主体违背了对权利人所承担的特定义务并因此导致其损害,就可以认为存在行政侵权的因果关系。另外,在依法治国的进程中,以更加柔和、富有弹性的行政协议方式代替以命令强制为特征的高权行为,是行政管理的一个发展趋势。如何通过行政协议的方式在约束行政权的随意性与维护行政权的机动性之间建立平衡,如何将行政协议置于依法行政理念支配之下是加强法治政府建设面临的重要课题之一。在房屋强制性拆迁补偿过程中,行政机关不仅要做到实体合法,也必须做到程序正当。本案中,人民法院结合被诉强制性补偿决定的形成过程,分析了该区房地产管理局在补偿过程中存在违约行为,强调了被征收人享有的应受法律保障的程序与实体权利,有力地发挥了司法监督作用,对于维护公共利益具有示范意义。

本案涉及安置补偿问题,被告某区房管局与原告燕某签订了《房屋征收安置补偿协议》,但并未按照协议按时过渡安置补偿费,且给原告安置的房屋一直无法动工建设,至今也没有给原告进行房屋安置。该区房地产管理局管理缺失体现了不作为、不担当,对此,法院应依法判决其履行强制性拆迁补偿义务。

686.问:违章建筑的拆除和赔偿若干问题?

答:(1)违章建筑的拆除程序。行政机关依法作出行政决定后,当事人在行政机关决定的期限内不履行义务的,依法享有行政强制执行权的行政机关实施行政强制执行行为之前,应当以书面形式催告当事人履行义务,并给予当事人陈述和申辩的权利;经催告当事人无正当理由逾期仍不履行的,行政机关应当作出书面强制执行决定送达当事人。对违法建筑物、构筑物、设施等强制拆除的,应当予以公告,并应当在当事人于法定期限内不申请行政复议,或者提起行政诉讼,又不拆除的情形下,才可以实施强制拆除。

(2)违章建筑的赔偿范围(赔偿数额的酌定依据)。通常情况下,行政机关违反法律规定强制拆除违法建筑物,原告请求国家赔偿,没有合法权益受损的事实,人民法院不予支持。行政赔偿案件中,根据逻辑推理和生活经验,原告的损失确实存在,需人民法院酌定损失时,亦应当结合原告的诉讼请求和案件的客观事实,有理有据、相对客观地酌定损失数额,绝对不能完全凭法官的主观感知任意地酌定损失数额。拆除违法建筑,钢筋、水泥、砖瓦等建筑垃圾,不具有可回收利用的价值,通常不应予以行政赔偿。只有存在可回收利用的钢架结构等特殊材料,因行政机关未妥善保管造成无法回收利用的,方可予以行政赔偿。

(3)政府"责成"行为的可诉性。根据《城乡规划法》第六十八条规定,城乡规划主管部门作出责令停止建设或者限期拆除的决定后,当事人不停止建设或者逾期不拆除的,建设工程所在地县级以上地方人民政府可以责成有关部门采取查封施工现场、强制拆除等措施。县级以上地方人民政府责成行为是依法对行政强制执行权的分配,对当事人的权利义务不产生实际影响,不属于行政诉讼的受案范围,亦不得以政府"责成"行为将其列为强制拆除行为的共同被告。

687.问:会议纪要是否可诉的判断标准是什么?

答:会议纪要作为行政机关用于记载和传达有关会议情况和议定事项的内部公文,属于内部行政行为,通常不对外发生法律效力,也不对行政相对人的权利和义务产生直接影响。会议纪要对外发生法律效力应满足两个条件:一是会议纪要的内容直接涉及公民、法人或其他组织的具体权利义务;二是会议纪要通过一定方式外化。外化方式包括行政机关将会议纪要作为行政决定送达或告知当事人,或行政机关将会议纪要直接予以执行,当事人在执行过程中知晓会议纪要内容等,否则会议纪要不发生外化效果。

会议纪要外化的途径应当限于正当途径,如果通过私人告知等非正常途径知晓会议纪要内容的,不属于以法定途径的正式发布,会议纪要没有对外产生法律效力,也不具有强制执行力,不属于行政诉讼受案范围。

会议纪要如果转化为其他对外发生法律效力的行政行为,当事人可对其他发生法律效力的行政行为起诉,会议纪要对当事人不直接产生权利义务影响。

688.问:如何理解行政行为"直接""对外"发生法律效力

答:可诉的行政行为必须具有法效性,即行为直接对外发生法律效果。所谓"直接",是指法律效果必须直接对相对人发生,导致法律关系的发生、变更或消灭。所谓"对外",是指行政行为对于行政主体之外的人发生法律效果。行政机关之间或行政机关内部的请示报告等内部行为因欠缺对外性而不具有可诉性。换言之,如果行政行为的效力仅停留在行政内部领域,并未对公民、法人或者其他组织的权利义务产生直接影响,则不具有可诉性。

689.问:如何理解行政程序的重开?

答:行政行为是行政机关行使行政职权、进行行政管理的行为。根据行政法一般原理,行政行为一经成立,即产生行政法律效果,具有公定力、确定力、拘束力和执行力。虽然行政行为的作出是单方面的,但约束力却是双方面的。对于当事人而言,一旦寻求法律救济的期限届满、自我放弃法律救济手段,或者因其他情形导致法律救济途径穷尽,行政行为即具备不可撤销性。行政行为在其存续期间,对于行政机关同样具有约束力,这是由行政行为的处理性特征所决定的，过于随意的处理是不理智和没有意义的。从法的安定性角度考量，亦不允许行政机关非因法定事由并经法定程序恣意撤销或废止已经作出的行政行为。但通常认为，行政行为的约束力只存在于行政行为的存续期间。行政机关虽然受行政行为的约束，但在特定条件下可以在法律救济程序之外自行撤销或者废止行政行为。当事人虽因法律救济期限届满等原因，不能再通过诉讼途径请求撤销或者废止行政行为，但却可以请求行政机关重开行政程序，对行政行为自行撤销或者废止。不过，行政程序的重开应当受到严格的条件限制。这些条件包括，作为行政行为根据的事实或法律状态发生变化，行政行为作出后出现足以推翻行政行为的新的证据。如果当事人仅仅是沿袭之前的主张，行政机关作出的拒绝答复或者不予答复在性质上即系驳回当事人对行政行为提起申诉的重复处理行为，不属于行政诉讼的受案范围。

690.问：法院对于行政机关违法不作为的裁判方式有哪些？

答：确认违法通常只针对作为类行政行为，对于行政机关的违法不作为，人民法院根据当事人的请求，责令行政机关履行相应的法定职责，更能彻底地实现当事人的权利保护要求。责令履行法定职责，本身就包含了对于行政机关不作为违法性的评价，只有在责令履行法定职责已经没有实际意义或者实际条件不能成就的情况下，才转而确认不作为违法。

691.问：行政授权与行政委托的区别？

答：行政授权是指法律、法规、规章直接将某行政职权授予其他组织，或行政主体依据法律、法规、规章的规定将自己拥有的行政职权授予其他组织，由被授权的组织独立行使职权并承担相应责任的法律行为。《最高人民法院关于适用〈中华人民共和国行政诉讼法〉的解释》第二十条第三款规定：没有法律、法规或者规章规定，行政机关授权其内设机构、派出机构或者其他组织行使行政职权的，属于行政诉讼法第二十六条规定的委托。当事人不服提起诉讼的，应当以该行政机关为被告。据此可反证，如有法律、法规或规章规定，行政机关授权其内设机构、派出机构或者其他组织行使行政职权的，属于行政授权，应以行政机关内设机构、派出机构或者其他组织为被告。国家级经济技术开发区管理委员会系人民政府的派出机构，有独立明确的管理权限和范围，有独立的财政预算和行政编制，具有行政主体资格，能够独立承担法律责任。关于第一个问题，行政授权是指法律、法规、规章直接将某行政职权授予其他组织，或行政主体依据法律、法规、规章的规定将自己拥有的行政职权授予其他组织，由被授权的组织独立行使职权并承担相应责任的法律行为。《行政诉讼法》第二条规定：公民、法人或者其他组织认为行政机关和行政机关工作人员的行政行为侵犯其合法权益，有权依照本法向人民法院提起诉讼。前款所称行政行为，包括法律、法规、规章授权的组织作出的行政行为。

692.问：人民法院撤销被诉行政行为后如何执行生效判决？

答：行政诉讼中，人民法院判决撤销被诉行政行为后，是否意味着应当将当事人的权利义务恢复到撤销之前的状态，行政机关作出将当事人权利义务恢复到撤销前状态的行政行为，是否属于执行人民法院生效判决的行为，应当根据生效判决认定的事实和作出撤销判决的理由具体判断。如果生效行政判决彻底否定据以作出被诉行政行为的事实认定或法律适用，从根本上否定被诉行政行为存在的合法性，则当事人的权利义务应当恢复到撤销前的状态，行政机关根据该生效行政判决，作出将当事人权利义务恢复到撤销前状态的行政行为，属于执行人民法院生效判决的行为；如果生效行政判决撤销被诉行政行为的理由，仅仅是认为被诉行政行为认定事实不清，主要证据不足，或者认为行政行为适用法律、法规错误，违反法定程序，超越职权等，需要有权的行政机关重新作出行政行为的，则不能认为生效判决已经确认当事人的权利义务需要恢复到撤销前的状态，即便是撤销判决未在判决主文中作出责令被告重新作出行政行为的判项，也是需要行政机关依职权重新进行处理。在此情形下，行政机关作出行政行为，将当事人的权利义务恢复到撤销之前的状态，与生效行政判决内容不一致，是行政机关自行判断作出的新的行政行为，不属于执行人民法院生效判决的行政行为。

693.问：行政相对人撤回起诉后能否重新起诉？

答：撤回起诉后能否重新起诉，各国立法并不统一。有的国家和地区规定，“诉经撤回者，视同未起诉”。因此，在起诉期限届满之前，还可以重新提起诉讼。但在我国行政诉讼中，对于撤回起诉后重新起诉采用比较严格的标准。《最高人民法院关于适用〈中华人民共和国行政诉讼法〉的解释》第六十条第一款规定：人民法院裁定准许原告撤诉后，原告以同一事实和理由重新起诉的，人民法院不予立案。第六十九条第一款第七项规定：撤回起诉后无正当理由再行起诉的，已经立案的，应当裁定驳回起诉。由此可知，在行政诉讼中，对于撤回起诉后重新起诉，以不允许为原则，以允许为例外。例外的情形主要包括：第一，重新起诉时有新的事实和理由，且仍在法定期限内的；第二，原告因未按规定预交案件受理费而按自动撤诉处理后，在法定期限内再次起诉，并依法解决诉讼费预交问题的。

《行政诉讼法》及其司法解释并未规定当事人申请撤诉时人民法院对由此带来的法律后果负有释明义务。对于撤诉的法律后果，当时有效的《最高人民法院关于适用〈中华人民共和国行政诉讼法〉若干问题的解释》第三条第一款第七项、《最高人民法院关于执行〈中华人民共和国行政诉讼法〉若干问题的解释》第三十六条已作出明确规定，作为诉讼参加人，应当知晓相应的法律规定并对自己的诉讼行为负责。此外，即使当事人认为撤诉并非其真实意思表示，准予撤诉的裁定确有错误，也应依照《最高人民法院关于适用〈中华人民共和国行政诉讼法〉的解释》第六十条第二款关于“准予撤诉的裁定确有错误，原告申请再审的，人民法院应当通过审判监督程序撤销原准予撤诉的裁定，重新对案件进行审理”的规定，通过审判监督程序申请撤销原准予撤诉的裁定，而非针对后诉驳回起诉的裁定申请再审。

694.问：行政强制执行是否必须由法律设定？

答：《行政强制法》第十三条规定：行政强制执行由法律设定。法律没有规定行政机关强制执行的，作出行政决定的行政机关应当申请人民法院强制执行。换言之，只有法律才能设定行政强制执行，行政法规、地方性法规和规章及规章以下的规范性文件均不得设定行政强制执行。

695.问：会议纪要议定事项能否转化为行政机关的法定职责？

答：《行政诉讼法》第十二条规定，人民法院受理公民、法人或者其他组织提起的下列诉讼……（六）申请行政机关履行保护人身权、财产权等合法权益的法定职责，行政机关拒绝履行或者不予答复的。第七十二条规定：人民法院经过审理，查明被告不履行法定职责的，判决被告在一定期限内履行。显然，此处的“法定职责”的渊源甚广，既包括法律、法规、规章规定的行政机关职责，也包括上级和本级规范性文件以及“三定方案”确定的职责，还包括行政机关本不具有的但基于行政机关的先行行为、行政允诺、行政协议而形成的职责。

会议纪要是行政机关常用的公文格式。原《国家行政机关公文处理办法》第二条规定，行政机关的公文,是行政机关在行政管理过程中形成的具有法定效力和规范体式的文书,是依法行政和进行公务活动的重要工具。第九条第十三项规定,会议纪要适用于记载、传达会议情况和议定事项。《党政机关公文处理工作条例》第八条第十五项规定,纪要适用于记载会议主要情况和议定事项。可见,会议纪要已经议定的事项,具有法定效力,非依法定程序不得否定其效力,无论是行政机关还是相对人均应遵照执行。会议纪要议定的行政机关职责,亦因此而转化为该行政机关的法定职责。

696. 问:行政诉讼和行政复议如何衔接?

答:行政诉讼和行政复议,其上位概念都是行政争议,它们的共同目标都是对行政行为的合法性进行审查并解决行政争议。两者的根本区别在于纷争解决的机关不同以及依据的程序不同。行政复议与行政诉讼如何衔接问题,《行政诉讼法》第四十四条这样规定:对属于人民法院受案范围的行政案件,公民、法人或者其他组织可以先向行政机关申请复议,对复议决定不服的,再向人民法院提起诉讼;也可以直接向人民法院提起诉讼。法律、法规规定应当先向行政机关申请复议,对复议决定不服再向人民法院提起诉讼的,依照法律、法规的规定。从本条规定可知,在行政复议与行政诉讼的关系方面,我国采取的是一种"原告选择为原则,复议前置为例外"的模式。也就是说,除非法律法规作出特别规定,行政复议并非提起行政诉讼之前的必经程序。而在原告选择方面,既可以选择先申请复议,再提起诉讼,也可以选择不申请复议,直接提起诉讼。如果同时选择了复议和诉讼,则应复议在先、诉讼在后,而不能在诉讼之后再申请复议,更不能复议和诉讼两种程序同时进行。

697. 问:行政机关负责人不出庭应诉是否属于行政复议和行政诉讼的受案范围?

答:通常认为,《行政复议法》第六条规定的行政机关履行法定职责,一般应当是请求行政机关履行法定行政管理职责对外作出行政行为,直接保护公民、法人或其他组织的合法权益。依照《行政诉讼法》第三条第三款"被诉行政机关负责人应当出庭应诉。不能出庭的,应当委托行政机关相应的工作人员出庭"的规定,被诉行政机关负责人出庭应诉是我国的一种基本行政诉讼制度。被诉行政机关负责人虽有法定义务参与行政诉讼活动,但该义务的履行不以公民、法人或其他组织的申请为前提,亦不以直接保护公民、法人或其他组织的合法权益为目的。设立该制度的基本立法本意是,被诉行政机关负责人通过出庭应诉,参与行政诉讼活动,直接面对公民、法人或其他组织,了解本行政机关的执法情况,有效解决行政争议,有利于全面推进依法行政,加强法治政府建设。被诉行政机关负责人不能出庭的,应当委托相应的工作人员出庭。如果被诉行政机关负责人不出庭应诉也不委托相应的工作人员出庭,需要就此追究有关人员责任的,应当通过《公务员法》《行政监察法》等规定的内部追责程序加以解决,而不属于行政复议和行政诉讼的受案范围。

698. 问:批示行为是否具有可诉性?

答:批示行为在性质上属于行政机关之间的内部指令,并不直接对外发生法律效果,不属于可诉的行政行为。即使批示内容向公民、法人或者其他组织进行了送达,对外直接发生法律效果的行为也是后续的行政行为。

699. 案情简介:申请执行人潍坊市环境保护局。被执行人潍坊建工混凝土有限公司。本案系申请执行人潍坊市环境保护局申请强制执行对被执行人潍坊建工混凝土有限公司行政处罚案。

申请执行人潍坊市环境保护局以被执行人潍坊建工混凝土有限公司混凝土搅拌项目需

要配套建设的除尘、噪声处理等环境保护设施未建成、未验收并投产，该行为违反了《建设项目环境保护管理条例》第十六条、第二十条、第二十三条之规定为由，根据《建设项目环境保护管理条例》第二十八条之规定，于2014年12月16日作出潍环罚字〔2014〕第GX015号行政处罚决定书，对潍坊建工混凝土有限公司作出如下行政处罚：一、责令停止生产；二、罚款人民币壹拾万元整。上述罚款限于接到本决定书之日起十五日内持此决定书将罚款缴至中国建设银行股份有限公司高新支行。逾期不缴纳罚款的，每日按罚款数额的百分之三加处罚款。潍坊建工混凝土有限公司不服该行政处罚决定书，向潍坊市人民政府申请复议，潍坊市人民政府于2015年2月10日作出潍政复决字〔2015〕25号行政复议决定书，决定维持潍坊市环境保护局作出的潍环罚字〔2014〕第GX015号行政处罚决定。潍坊建工混凝土有限公司不服潍环罚字〔2014〕第GX015号行政处罚决定向本院提起行政诉讼。诉讼中，本院依法追加潍坊市人民政府为共同被告参加诉讼。本院于2015年8月11日作出〔2015〕开行初字第14号行政判决书，判决驳回潍坊建工混凝土有限公司的诉讼请求。潍坊建工混凝土有限公司对判决不服，提出上诉，潍坊市中级人民法院作出〔2015〕潍行终字第213号行政判决书，判决驳回上诉，维持原判。潍坊市中级人民法院于2015年12月7日向被执行人潍坊建工混凝土有限公司送达了〔2015〕潍行终字第213号行政判决书。被执行人潍坊建工混凝土有限公司于2015年12月11日向潍坊市环境保护局高新技术产业开发区分局缴纳了罚款100 000元。申请执行人潍坊市环境保护局以被执行人潍坊建工混凝土有限公司仍不履行部分处罚决定为由，根据《行政处罚法》第五十一条及相关法律规定，申请法院依法强制执行如下事项：逾期加处罚款人民币壹拾万元整。

裁判：潍坊高新区人民法院经审查认为，本案争议焦点为，行政机关作出行政处罚决定后，行政相对人对该处罚决定不服提起行政诉讼后，当事人是否可以停止履行缴纳罚款义务。申请执行人潍坊市环境保护局作出的潍环罚字〔2014〕第GX015号行政处罚决定书，认定事实清楚，证据充分，适用法律法规正确，符合法定程序，在行政主体、行政权限方面合法。本案中，被执行人潍坊建工混凝土有限公司收到申请执行人潍坊市环境保护局作出的行政处罚决定后，依法申请复议并提起行政诉讼，在法定的起诉期限及诉讼期间，被执行人潍坊建工混凝土有限公司没有缴纳罚款的义务。在被执行人提起行政诉讼的情况下，行政处罚决定中"十五日内"缴纳罚款的期限限制应顺延至被执行人收到行政终审判决后的"十五日内"缴纳罚款。被执行人在收到法院作出的行政终审判决后的第四天即缴纳了罚款100 000元，依法不具有缴纳加处罚款的义务。申请执行人潍坊市环境保护局申请本院强制执行逾期加处罚款壹拾万元，于法无据，不予准许。故裁定对潍坊市环境保护局于2014年12月16日作出的潍环罚字〔2014〕第GX015号行政处罚决定的逾期加处罚款壹拾万元，不准予强制执行。

问：行政诉讼期间是否应当停止加处罚款的执行？

答：司法实践中行政机关申请人民法院强制执行行政行为，人民法院依法裁定准予强制执行的情况较为多见，但人民法院依法裁定不准予强制执行的情况较少。本案中潍坊高新区人民法院对潍坊市环境保护局的强制执行申请依法进行了审查，根据《最高人民法院关于执行〈中华人民共和国行政诉讼法〉若干问题的解释》第九十四条的规定，行政机关在诉讼中申请法院强制执行，法院一般不予执行，就说明行政机关在诉讼中是没有执行权的，行政相对人也没有执行义务。对罚款有异议而提起行政诉讼并拒绝履行，与既不提起行政诉讼又不履行生效行政处罚决定且继续为违法行为的情况有本质的区别，而且对社会公共利益的损害和对社会的危害性也不相同，应对行政处罚相对人在处罚决定作出后的这两种拒绝履行行为区别对待，对加处罚款有异议而提起行政诉讼的，诉讼期间应停止执行。本着公平合理的原则，对行政诉讼期间相对人不履行行政处罚决定所确定缴纳罚款义务的，不应计算加处罚款，加处罚款的时间应从行政终审判决生效后起算，故依法裁定不予强制执行。可以说该案明确提出对加处罚款有异议而提起行政诉讼的，诉讼期间应停止执行，这样既有利于充分保障行政相对人的合法权益，又有效的监督行政机关依法行政。

700. 问：针对“告知送达”等程序行为能不能单独起诉？

答：行政行为作成后的“告知送达”，是一种重要的行政程序。一方面，是为了使当事人知悉行政行为的内容；另一方面，亦为行政行为的生效要件，书面的行政行为自送达相对人及已知的利害关系人时才对其发生效力。未予告知送达的行政行为属于无效的行政行为，但是，针对不予告知送达这类程序行为本身，却不能单独提起诉讼。这是因为，法律尚无针对程序行为设置单独的法律保护，针对程序行为的法律救济手段，只能在针对最终的实体决定提起诉讼时同时采用，除非这个程序行为再也不能纳入实体决定的整体之中一并得到解决。

701. 案情简介：李某与某村签订《土地租赁流转合同书》，租赁该村土地进行种鸡建设项目。李某按规定申请审批设施农用地并填写《设施农用地申报表》，该表经乡政府和区林委审核同意，但未经区国土资源部门和区政府审核同意。在设施农用地未经审核情况下，李某进行了家禽养殖所需的生产建设并进行了经营。某市国土资源局某分局在日常土地巡查中发现李某存在土地违法行为，便以自己名义向李某下达了《责令停止土地违法行为通知书》，认为其从事建房和地面固化行为违反了法律规定，责令其停止土地违法行为。李某向某市国土资源局申请复议，复议机关维持了该通知书。李某遂向法院提起行政诉讼要求撤销。诉讼中，被告某市国土资源局某分局辩称其作出的《责令停止土地违法行为通知书》是告知性行政行为，不具有独立的意义，不构成独立的具体行政行为，因而不具有可诉性，请求驳回原告起诉。

问：本案主要涉及行政机关作出责令停止违法行为的可诉性问题？

答：关于本案的处理意见有两种：

第一种意见认为，被告所作《责令停止土地违法行为通知书》不具有可诉性，应裁定驳回原告起诉。理由为：责令停止土地违法行为是行政机关作出行政处罚的阶段性行为，行政机关作出责令停止违法行为后，还要履行听证告知程序，然后才做出行政处罚。因此，责令停止违法行为只是行政处罚程序的一个环节，并非行政处罚程序的终结。允许当事人对其中一个环节不服提起诉讼则意味着对行政处罚的其他环节也可提起诉讼，如此做法有滥用诉权之嫌，既浪费司法资源，又增加当事人的诉讼成本。行政相对人可以等最终行政处罚决定作出后再提起诉讼。

第二种意见认为，本案被告作出的责令停止土地违法行为具有可诉性，但被告作出该行为超越了法定授权范围，应予撤销。理由为：《行政诉讼法》第二条规定：公民、法人或其他组织认为行政机关和行政机关工作人员的具体行政行为侵犯其合法权益，有权依据本法向人民法院提起诉讼。被告的《责令停止土地违法行为通知书》是针对李某这一特定行政相对人作出，是一种具体行政行为，并对李某的权利义务产生了实际影响，李某如果认为该具体行政行为侵犯自己合法权益依法可以提起行政诉讼。但根据相关法律法规，被告在发现土地违法行为后,应上报某市国土资源局,由某市国土资源局行使责令李某停止违法行为的职权。某分局代行职权超越了法定授权范围,依法应予撤销。

作者同意第二种意见。我国法律、法规及规章中规定了许多责令性行政行为,如责令停止违法行为、责令限期治理、责令限期整改、责令拆除违章建筑等。在日常行政执法活动中,行政机关会作出《责令停止违法行为通知书》的行为也很常见,由此引发的行政争议也较为普遍,而责令停止违法行为是否具有可诉性在理论上与实践中均存在争议。

责令停止违法行为指行政主体为预防或制止正在发生或可能发生的违法行为、危险状态及不利后果,要求违法行为人履行法定义务,停止违法行为,消除不良后果或恢复原状等具有强制性命令性的行政行为。责令停止违法行为本质上属于行政命令,具有约束力,一经作出便为行政相对人设定了义务,无论该行政命令是否合法,若行政相对人不执行行政主体的命令,就会受到行政处罚或行政强制执行的后果。《行政处罚法》第二十三条规定:行政机关实施行政处罚时,应当责令当事人改正或限期改正违法行为。由此可以看出,责令停止违法行为是实施行政处罚程序中的行政行为。这种行政行为本质上属于行政命令中的禁令,即行政机关依法要求行政相对人不为一定行为的意思表示。该行为的作出仅使行政相对人的行为受到限制,并未赋予相对人权利。责令停止违法行为一经作出便为行政相对人设定了义务,无论该行政命令是否合法,若行政相对人不执行行政主体的命令,就会受到行政处罚或行政强制执行的后果。因此,责令停止违法行为是行政执法过程中的一种独立的具体行政行为。如果行政相对人实施的合法行为被行政主体错误实施了责令停止的命令,就会导致行政相对人的合法权益受到侵害。因此,为保障行政命令功能的正确行使,应赋予行政相对人法律救济的途径。如果行政相对人认为该行政命令将使其合法权益受到损害的,可以提起行政诉讼。具体到上述案例,被告某市国土资源局某分局向李某下达《责令停止土地违法行为通知书》,客观上会妨碍李某正常的经营行为,对李某造成经济方面的损失,对其权利产生实质性的影响,李某完全可以提起诉讼。而如果行政相对人的行为已被确认是违法的,行政主体针对该违法行为作出责令停止行为,则不属于侵害当事人合法权益的情形,法院不应予以受理。另如果行政主体的责令停止违法行为对当事人的权利义务不会产生实质影响或损害,法院亦应不予受理。

702.问:不具有明确上位法依据之规范性文件如何司法审查?

答:没有法律、法规、规章等上位法依据,减损行政相对人的合法权益,且违背相关法律原则与立法目的,这样的规范性文件不合法,不能作为认定行政行为合法的依据。对于不具有明确上位法依据之规范性文件,一律认可或者否认其效力都是不可取的,为了得到令人信服的审查结论,我们应当立基于相关法律规则、原则和行政法原理,尽可能寻找具有权威性、能够体现行政法本质与核心价值的审查依据;更要立足个案具体情况,充分发挥法官的智慧加以衡量,既要在具体案件中实现对相对人合法权益的维护,也要考虑社会秩序及公共利益。

703.问:强拆决定作出后并未实际组织实施强制拆除行为,当事人以此主张损害赔偿有无事实和法律依据?

答:行政机关作出强拆决定后并未实际组织和实施强制拆除行为,故行政相对人基于行政机关违法作出强拆决定主张损害赔偿并无事实和法律依据。

704.问:行政机关拆除决定拆除房屋的范围不能超出之前行政处罚决定责令拆除房屋的范围吗?

答:(1)一般来说,强制拆除行为的内容,应该包括房屋被拆除的事实和实施拆除行为的主体,如果仅是知道房屋被拆除的事实,缺乏明确的行为主体,无法提起诉讼。由于在案涉房屋被强制拆除之前,当事人没有收到被诉行政机关的任何告知,强制拆除时当事人也不在现场,当事人主张其不知道案涉房屋为谁所拆,直到从其他案件的判决书中才确切知道案涉房屋系被诉行政机关强制拆除,是合乎情理的。自当事人知道为谁所拆之日起算,没有超过起诉期限。

(2)被诉行政机关作出的行政处罚决定中明确,部分房屋涉及法院裁定、判决及房屋产权证超出该局职权范围,不作处理,剩余房屋的建设行为属于违法建设行为,责令限期予以拆除。但联合拆除决定,要求将涉及法院裁定、判决的房屋也进行拆除,该联合拆除决定拆除房屋的范围超出了之前行政处罚决定责令拆除房屋的范围。

705.问:强拆行为中"委托实施"如何认定?

答:审判实践中,人民法院认定是否存在行政委托关系,一是要看行为的内容是否具有履行行政管理职责的性质;二是要看受益主体是否惠及社会公众,具有公共利益的性质,两者同时具备即属于行政委托,而不是说只有行政机关以书面或口头明确表示委托的,才存在行政委托关系。如:在政府主导下,为改善城市环境、提升城市品位、促进城市经济社会发展进行的城中村拆迁改造工程项目,内容上具有行政管理的性质;村委会实施的强制拆除行为,虽然确实可以改善被拆迁村民的居住条件,但更多的是改善了拆迁范围及周边普通民众的生活环境,且旧村改造拆迁整合后腾挪出来的集体空地,很快被依法征收,受益的直接主体为行政机关。行政机关在进行集体土地征收之前,以旧村改造为名实施预征收,规避集体土地征收程序,违背土地管理法的立法目的,同时强制拆除房屋行为超越职权、违反行政强制法有关程序规定。

706.案情简介:原告张某某因认为被告融水苗族自治县水利局(简称水利局)、融水苗族自治县水电开发领导小组办公室(简称水电办)不履行法定职责一案,于2015年6月8日向本院提起行政诉讼。本院于2015年6月8日立案后,于2015年6月9日向被告送达了起诉状副本《应诉通知书及举证通知书》被告于同日签收。本院依法组成合议庭,于2015年6月30日公开开庭审理了本案。原告张某某及其委托代理人韦某,被告融水苗族自治县水利局的委托代理人骆某某、邓某某,被告融水苗族自治县水电开发领导小组办公室的委托代理人孔某,第三人融水苗族自治县毛坪水电有限公司的委托代理人李广钊到庭参加诉讼。本案现已审理终结。

原告诉称:向荣水电站项目为融水县香粉河梯级开发的第一级电站、第二级电站是毛坪电站项目,第三级是已经建成的卜令电站,毛坪电站项目与卜令电站的业主均为第三人融水苗族自治县毛坪水电有限公司;原告张某某系向荣水电站项目的业主。2010年8月原告发现第三人的毛坪电站1号坝坝址上移,即取水点上移,取水高程随之超高,原告即向被告报告要求处理,未果。2010年12月22日原告再次向被告提交《关于请予协调毛坪水电站擅自提高取水高程有关问题的报告》,对原设计及核查高程的情况进行详细的说明,请求被告水利局尽快给予协调。2011年8月18日原告分别向被告水利局及被告水电办提交《关于请求组织测量毛坪电站取水高程事项的意见》,要求选取第三方进行测绘。2011年9月原告按照被告要求委托广西国联测绘工程有限公司对相关高程进行测绘,依据测量结果,毛坪电站引水点高程比规划高程高了13.589米。得到测绘结果后,原告已于2011年10月8日分别向被告及县水电开发办提交《关于请求协调处理的意见》,附上广西国联测绘工程有限公司测绘成果报告,并请求被告水利局、水电办进行协调、处理,但是至今未果。经原告多次催促,被告于2012年组织人员审查认为测量结果不准确。后原告又多次要求被告核查处理,被告口头表示同意另行组织核查,但是无实际行动。原告认为,被告水利局系辖区内水利电力的行政主管部门,有查处水利电力项目建设违规行为的义务。原告要求被告履行法定职责,查处第三人擅自改变毛坪电站压力前池施工地点、擅自提高取水高程的行为,被告拒绝履行法定职责,于法无据。为了维护原告的合法权益,保障融水县水利电力建设的正常秩序,请法院依法判决被告履行职责,查处第三人擅自改变毛坪电站压力前池施工地点、擅自提高取水高程的行为。

原告在起诉时向本院提供如下证据:①水利局融利〔2005〕29号文、融水县政府融政函〔2005〕64号文、融水县发改委融发改登字〔2005〕1号文、水利局融利〔2008〕15号文、林业局使用林地审核意见书,证明向荣水电站项目合法;②融水县香粉河上游河段开发项目规划方案,证明规划方案情况;③卜令电站施工建设和生产经营合同书,证明卜令电站情况;④向荣电站、毛坪电站整合开发的方案意见书,关于要求对向荣、毛坪水电站整合、整改方案进行审批的请示,证明申请整合及整合方案;⑤水利局关于建设项目水电资源及旅游现场勘察纪要备忘录,证明现场勘察的单位人员;⑥水利局关于向荣、毛坪水电站整合开发问题的答复,证明被告不同意整合;⑦原告关于向荣水电站厂房移址的请示、向荣水电站厂房移址方案意见书,证明原告申请移址及移址方案;⑧水利局关于向荣水电站厂址方案变更问题的意见、关于向荣水电站厂址方案变更问题的答复,证明被告不同意移址;⑨紧急情况报告,关于请予协调毛坪水电站擅自提高取水高程有关问题的报告(请示水电办),关于请予协调毛坪水电站擅自提高取水高程有关问题的报告(请示水利局)、报告(请示水电办)、报告(请示水利局),关于请求协调处理的意见(请示水电办),关于请求协调处理的意见(请示水利局),又再次请求依法处理毛坪电站取水高程超高的投诉意见,再次请求毛坪电站建设超高纠纷问题的意见,又再次请求处理毛坪电站擅自改变施工地点取水高程超高问题的意见,证明原告向被告投诉第三人违规及请求处理纠纷;⑩关于请求组织测量毛坪水电站取水高程事项的意见,证明原告请求测量;⑪测绘成果报告,证明第三人取水高程超高;⑫申请向荣水电站更换水利水电建设工程施工许可证的报告、关于请求尽快更换开工施工许可证的意见,证明原告请求更换施工证;⑬水利局融利信复〔2012〕1号文件,证明原告请求处理第三人取水高程超高;⑭毛坪屯村民证明,证明毛坪水电站擅自改变施工点;⑮向荣、毛坪水电站相关高程测量报告审查会签到表、水利局融利〔2012〕26号文,证明被告不查处第三人的违规行为;⑯水利局融水电施许〔2008〕1号水利水电建设工程施工许可证,证明施工情况;⑰向荣水电站拟建设毛坪三友瀑布上200米处建设经营水电站协议,证明向荣水电站与毛坪屯签订协议书;⑱香粉乡中坪村毛坪屯三友瀑布景区的开发意向书,证明毛坪屯要求确保三友瀑布景区的意向书。

被告水利局辩称:向荣、毛坪水电站取水高程纠纷问题。毛坪水电站认为是按批复的高程进行施工,但向荣水电站认为毛坪水电站引水点高程比规划高程高了10多米。被告已多次召集向荣、毛坪水电站进行协调处理,向荣水电站委托广西国联测绘有限公司进行了实地测量,毛坪水电站也提交了相关证明材料,证明毛坪水电站没有改变取水高程。实地测量后国联公司先后两次编制完成了两份向荣水电站测绘成果报告,被告组织有关专家对测绘成果报告进行了审查。向荣、毛坪水电站取水高程纠纷问题,被告已多次协调处理,履行了法定职责。

被告水利局于2015年6月24日向本院提交了以下证据、依据:①水利局融利〔2012〕26号《关于向荣水电站测绘成果报告的审查意见》,证明被告已经答复了原告,履行了法定职责;②水利局2014年7月3日《关于及时确定设计单位进行测量复核的通知》,证明被告已经履行法定职责拟定5家设计单位,由原告与第三人选定1家;③水利局2015年6月29日《关于确定设计单位进行测量复核的通知》,证明被告作为行政部门,已经告知当事人了履行了法定职责,但是一直没有结果是原告与第三人不配合导致的。

被告水电办辩称:第一,被告融水县水电开发领导小组不具备行政主体资格。融水苗族自治县水电开发领导小组办公室性质上属自治县派出的临时机构,不具备独立的法人资格,不具备行政主体资格。第二,被告融水县水电开发领导小组没有查处权限。原告要求被告融水县水电开发领导小组与自治县水利局共同履行职责,查处第三人融水县毛坪水电有限公司擅自改变毛坪电站压力前池施工地点,擅自提高取水高程行为,不属于被告融水县水电开发领导小组的职责,被告融水县水电开发领导小组的职责为协调全县在建水电站施工当中出现的问题和困难涉及的县直相关部门。第三,被告融水县水电开发领导小组已经履行自身职责。原告的行政诉状中认可被告融水县水电开发领导小组多次在其提交的相关材料上签署意见并转办,实质上属被告已经履行协调职责,不存在不履职行为。

被告水电办于2015年6月24日向本院提交了以下证据、依据:融水苗族自治县水电开发办工作职责,证明被告的办公职责主要是指行政审批方面,组织与协调相关部门。

第三人融水苗族自治县毛坪水电有限公司陈述称,毛坪电站是按照计划施工,没有超出许可范围。原告提供的材料存在错误。

第三人融水苗族自治县毛坪水电有限公司没有提交书面意见和证据。

经庭审质证,本院对本案证据作如下确认:原告提供的证据⑨、⑩,即报告及意见,证明原告向被告申请作出具体行政行为,被告也收到了原告的申请,对此各方当事人均无异议,本院予以确认;证据⑪,即测绘成果报告,证明第三人取水高程超高,被告和第三人虽然对其结果提出异议,但没有提供相应的证据足以反驳,所以本院予以确认;证据①、②、③、④、⑤、⑥、⑦、⑧、⑫、⑬、⑭、⑮、⑯、⑰、⑱与本案无关联性,本院不予确认。被告水利局提供的证据②、③各方当事人均无异议,本院予以确认;证据①融利〔2012〕26号文,被告认为是证明了其已经履行法定职责,而原告对证明事实有异议,认为被告没有更加权威的测量报告就否定了原告的测量报告,不能作为被告已经履行法定职责的依据。本院认为,专家组意见仅仅是对测量报告的一种评判,被告应依据评判和测量报告对原告和第三人的纠纷作出进一步的处理,被告以融利〔2012〕26号文主张履行了法定职责的意见,本院不予采纳。被告水电办提供的证据符合证据的合法性、真实性、关联性,且各方当事人均无异议,本院予以确认。经审理查明:原告发现第三人的毛坪电站1号坝坝址取水高程明显上移,于2010年8月20日向被告水利局提交"紧急情况报告",提出请求被告水利局组织进行核查。2010年12月22日,原告又分别向被告水利局、被告水电办提交《关于请予协调毛坪水电站擅自提高取水高程有关问题的报告》,要求被告尽快组织专家进行核实,并作出决定给予处理解决。2011年

8月18日，原告再向被告水电办、被告水利局提交《关于请求组织测量毛坪电站取水高程事项的意见》，请求组织测量机构对毛坪电站的取水高程进行测量，并建议选取广西国联测绘工程有限公司进行测绘。2011年9月19日，原告分别向被告水电办、被告水利局提交报告，说明广西国联测绘工程有限公司定于2011年9月20日进行现场勘察对向荣电站高程、发电厂基础高程的设计数据的设计资料进行校对，南宁桂澜水电设计有限公司决定安排专业技术员对向荣水电站的发电厂房基础高程及尾水高程与取水高程的指点，负责对向荣电站设计及相关资料解释，请求被告安排专家及相关人员进行监督、认可工作。2011年10月8日，原告分别向被告水电办、被告水利局提交《关于请求协调处理的意见》，依据广西国联测绘工程有限公司的测量，毛坪电站引水点高程比规划高程高了13.589米，请求被告予以协调、处理(附测绘成果报告)。2012年6月26日，原告向被告水利局提交《又再次请求依法处理毛坪电站取水高程超高的投诉意见》，请求被告依法处理毛坪电站取水高程超过规划高度问题，责令毛坪电站将取水高程恢复至规划高度。2012年7月31日，原告向被告水利局提交《再次请求毛坪电站建设超高纠纷问题的意见》，请求被告拿出最佳的解决方案。

被告水利局于2012年9月21日对原告作出融利〔2012〕26号《关于向荣水电站测绘成果报告的审查意见》，认为原告提交的测绘成果报告结果不准确，要求原告提供准确的测绘成果报告。2012年10月15日，原告向被告提交《又再次请求处理毛坪电站擅自改变施工地点取水高程超高问题的意见》，请求被告实地调查，依据调查情况处理毛坪电站擅自改变施工方案、取水工程超高问题。2014年7月3日，被告水利局向原告及第三人发出《关于及时确定设计单位进行测量复核的通知》，被告拟定了5家设计单位，请双方共同从5家设计单位中选择1家设计单位进行测量复核。2014年7月7日，原告方由杜某某、第三人方由廖某某签收。但通知发出后没有结果。2015年6月8日，原告向本院提起行政诉讼，请求判决被告水利局履行法定职责。

综上所述，被告水利局对水利工程依法负有监督、管理和指导的法定职责，原告请求被告履行监督职责，有法可依，应当予以支持。被告水利局对原告和第三人的水利工程纠纷虽然积极在做通知、协调等相关工作，但一直没有明确的处理结果，因此被告并未完全履行法定义务，其应继续履行监督之责。依照《行政诉讼法》第七十二条、《最高人民法院关于执行〈中华人民共和国行政诉讼法〉若干问题的解释》第六十条第二款的规定，判决如下：责令被告融水苗族自治县水利局于本判决生效之日起三个月内依法履行法定职责作出是否查处第三人融水苗族自治县毛坪水电有限公司擅自改变毛坪电站压力前池施工地点、擅自提高取水高程的处理决定。

附：相关法律条文

《水利工程质量监督管理规定》第二条：水行政主管部门主管水利工程质量监督工作。水利工程质量监督机构是水行政主管部门对水利工程质量进行监督管理的专职机构，对水利工程质量进行强制性的监督管理。第二十三条第(四)项：工程质量监督的主要内容为：(四)监督检查技术规程、规范和质量标准的执行情况。第二十四条第(三)项：工程质量监督权限如下：(三)对违反技术规程、规范、质量标准或设计文件的施工单位，通知建设、监理单位采取纠正措施。

问：一是融水苗族自治县水电开发领导小组办公室是否是本案适格的被告？二是原告请求被告履行法定职责的请求能否成立？三是被告是否履行了相应的法定职责，作出了调

处原告与第三人工程纠纷的具体行政行为？

答：（一）关于融水苗族自治县水电开发领导小组办公室是否是本案适格的被告的问题

《最高人民法院关于执行〈中华人民共和国行政诉讼法〉若干问题的解释》第二十一条规定：行政机关在没有法律、法规或者规章规定的情况下，授权其内设机构、派出机构或者其他组织行使行政职权的，应当视为委托。当事人不服提起诉讼的，应当以该行政机关为被告，融水苗族自治县水电开发领导小组办公室属于融水苗族自治县人民政府设立的议事协调机构，因此其不具备独立的行政主体资格，不是适格的被告。

（二）关于原告请求被告履行法定职责的请求能否成立的问题

《行政诉讼法》第三十八条规定：在起诉被告不履行法定职责的案件中，原告应当提供其向被告提出申请的证据，本案中原告向法庭提供了相关报告材料，要求被告及时处理其与第三人的纠纷，对此被告亦表示认可。据此，原告请求被告履行法定职责的请求应当成立。

（三）关于被告是否履行了相应的法定职责，作出了调处原告与第三人工程纠纷的具体行政行为的问题。

首先，依据《广西壮族自治区水利工程管理条例》第五条第一款：县级以上人民政府水行政主管部门负责本行政区域内水利工程监督、管理和指导工作，所以被告水利局对本案原告与第三人的水利工程纠纷负有监督、管理和指导的法定职责。

其次，按照《行政诉讼法》第三十四条：被告对作出的行政行为负有举证责任，应当提供作出该行政行为的证据和所依据的规范性文件。被告不提供或者无正当理由逾期提供证据，视为没有相应证据。但是，被诉行政行为涉及第三人合法权益，第三人提供证据的除外。被告水利局提供融利〔2012〕26号文作为其已经答复原告履行了法定职责的证据，但该证据关联性与证明效力都不足，法院不予采信。另外，被告水利局提供的向原告和第三人发出的确定设计单位进行测量复核的通知，被告认为证明了其已经履行职责，而原告认为是证明了被告在做相关工作，但是没有得到结果，不算履行了法定职责，原告需要得到一个确切的处理结果。根据《水利工程质量监督管理规定》第二条：水行政主管部门主管水利工程质量监督工作。水利工程质量监督机构是水行政主管部门对水利工程质量进行监督管理的专职机构，对水利工程质量进行强制性的监督管理。第二十三条第（四）项：工程质量监督的主要内容为：（四）监督检查技术规程、规范和质量标准的执行情况。第二十四条第（三）项：工程质量监督权限如下：（三）对违反技术规程、规范、质量标准或设计文件的施工单位，通知建设、监理单位采取纠正措施。问题严重时，可向水行政主管部门提出整顿的建议。法院采信了原告的说法，被告水利局虽然一直在作相关工作，但对本案原告与第三人的工程纠纷，被告水利局尚未作出最终处理，属于没有完全充分履行法定职责，还需要继续履行，回应原告的诉求，就第三人是否擅自改变毛坪电站压力前池施工地点、擅自提高取水高程予以认定，进而对其是否进行查处予以明确。

最后，针对被告水利局辩称的要解决向荣、毛坪水电站取水高程纠纷，原告需要提供结果准确的测绘成果报告。依照《最高人民法院关于行政诉讼证据若干问题的规定》第三十一条，"对需要鉴定的事项负有举证责任的当事人，在举证期限内无正当理由不提出鉴定申请、不预交鉴定费用或者拒不提供相关材料，致使对案件争议的事实无法通过鉴定结论予以认定的，应当对该事实承担举证不能的法律后果，本案中，原告委托有资质的测绘机构出具了规范的《测绘成果报告》，并且原告委托测绘的程序也是合宜的。原告在建议选取广西国联测绘工程有限公司进行测绘时,原告于2011年8月8日向被告水电办及水利局提交了《关于请求组织测量毛坪电站取水高程事项的意见》予以说明;在测绘机构要进行现场勘察时,原告于2011年9月19日提前向被告水电办、水利局提交了报告,并得到了被告水利局的批示",请向荣电站自行测量,最后提交测量报告,后由水利局组织相关人员作出审查意见交向荣电站,因此本案中原告一方已经完成了其举证责任,被告和第三人虽然对其鉴定结论有异议,但是并没有申请重新鉴定,也没有提供相应的权威报告予以反驳,应当承担举证不能的法律后果。对此,要解决向荣、毛坪水电站取水高程纠纷,原告已经提供了权威规范的测绘成果报告,被告的辩称不能成立。

707.问:行政机关未安排负责人出庭应诉,程序是否合法?

答:行政机关负责人出庭应诉,有利于维护司法权威,和谐官民关系,促进行政争议的顺利解决。《行政诉讼法》第三条第三款虽然确立了"被诉行政机关负责人应当出庭应诉"的原则,但同时也允许有"不能出庭"的例外。据此可知,法律并非要求每一起案件都要由行政机关负责人出庭应诉。根据《最高人民法院关于适用〈中华人民共和国行政诉讼法〉的解释》第一百二十九条第一款的规定:涉及重大公共利益、社会高度关注或者可能引发群体性事件等案件以及人民法院书面建议行政机关负责人出庭的案件,被诉行政机关负责人应当出庭。除上列情形外,行政机关负责人未出庭应诉的,不构成违反法定程序。即使行政机关负责人应当出庭应诉而不出庭应诉,人民法院所应采取的处理方式也是《最高人民法院关于适用〈中华人民共和国行政诉讼法〉的解释》第一百三十二条规定的"记录在案和在裁判文书中载明,并可以建议有关机关依法作出处理"。如果案件裁判结果正确,不能仅以行政机关负责人未出庭应诉发回重审或者提起再审。

此外,《最高人民法院关于适用〈中华人民共和国行政诉讼法〉的解释》第一百二十八条第二款规定:行政机关负责人出庭应诉的,可以另行委托一至二名诉讼代理人。行政机关负责人不能出庭的,应当委托行政机关相应的工作人员出庭,不得仅委托律师出庭。这里的"委托",属于诉讼代理范畴,委托诉讼代理人的当事人是被诉行政机关,而非行政机关负责人。对此,《最高人民法院关于适用〈中华人民共和国行政诉讼法〉的解释》第一百三十一条第二款所规定的"行政机关委托相应的工作人员出庭应诉的,应当向人民法院提交加盖行政机关印章的授权委托书"。另外,在行政机关负责人不能出庭应诉时,受行政机关委托出庭应诉的人员,无论是《行政诉讼法》第三条第三款,还是《最高人民法院关于适用〈中华人民共和国行政诉讼法〉的解释》第一百二十八条第二款,均规定为"相应的工作人员",并没有要求必须是"职能部门负责人"。

708.问:《行政诉讼法》第四十四条规定:对属于人民法院受案范围的行政案件,公民、法人或者其他组织可以先向行政机关申请复议,对复议决定不服的,再向人民法院提起诉讼;也可以直接向人民法院提起诉讼。法律、法规规定应当先向行政机关申请复议,对复议决定不服再向人民法院提起诉讼的,依照法律、法规的规定。在实践中对此条规定具体怎样理解?

答:依照本条规定,在法律、法规并没有规定复议前置的情况下,对于行政复议和行政诉讼实行自由选择主义。所谓自由选择,是指公民、法人或者其他组织可以先向行政机关申请复议,对复议决定不服的,再向人民法院提起诉讼;也可以不经复议直接向人民法院提起诉讼。但是,自由选择并不意味着可以同时选择复议和诉讼,因为复议和诉讼这两种救济机制不能同时进行。根据《最高人民法院关于适用〈中华人民共和国行政诉讼法〉的解释》第五十七条的规定：法律、法规未规定行政复议为提起行政诉讼必经程序，公民、法人或者其他组织既提起诉讼又申请行政复议的，由先立案的机关管辖；同时立案的，由公民、法人或者其他组织选择。公民、法人或者其他组织已经申请行政复议，在法定复议期间内又向人民法院提起诉讼的，人民法院裁定不予立案。自由选择也不能违背司法最终处理原则，在已经选择直接向人民法院提起诉讼的情况下，不能转而申请行政复议。所谓已经选择直接向人民法院提起诉讼，包括提起诉讼之后的任何阶段，既包括人民法院已经作出裁判，也包括人民法院已经立案尚未作出裁判。只要案件已经系属于人民法院，就不允许再就同一争议申请行政复议。

709.问：行政复议审理期限如何计算，是以签收日期还是以工作人员收到时为计算起点？

答：根据《行政复议法》第十七条的规定，对于行政复议的受理，可以分为三种情形处理：行政复议机关收到行政复议申请后，对不符合该法规定的行政复议申请，应当在五日内进行审查并作出不予受理决定后书面告知申请人；对符合规定但是不属于该机关受理的行政复议申请，应当告知申请人向有关行政复议机关提出；除两种情形外，行政复议申请自行政复议机关负责法制工作的机构收到之日起即为受理。也就是说，行政复议机关经审查后决定受理并作出相应行政复议决定的，对是否符合复议申请情形的审查时间包含在法定的复议决定期限内，不应单独予以扣除。例如：申请人通过邮寄方式向安阳市人民政府提出行政复议申请，邮局回执显示 2016 年 4 月 5 日由收发室签收，市人民政府受理后于 2016 年 6 月 5 日作出青政复决字〔2016〕98 号行政复议决定。据此，行政复议决定的受理之日应为安阳市人民政府收到复议申请的时间，即 2016 年 4 月 5 日。根据《行政复议法》第三十一条第一款的规定，行政复议机关应当自受理申请之日起六十日内作出行政复议决定。同时根据《民事诉讼法》第八十二条第三款的规定，期间届满的最后一日是节假日的，以节假日后的第一日为期间届满的日期。2016 年 6 月 4 日为周六，则期间届满日期应为 2016 年 6 月 6 日。

710.问：复议机关不受理复议申请，能否同时起诉不予受理决定和原行政行为？

答：复议机关作出行政复议不予受理决定的，当事人既可直接起诉原行政行为，也可直接起诉不予受理决定。但两种救济不能同时进行，只能择一而为。当事人直接起诉原行政行为的目的是要求人民法院对原行政行为的合法性作出认定和处理，而起诉复议机关不予受理决定的直接诉求是要求人民法院撤销不予受理决定，但撤销不予受理决定的效果必然导致复议机关要对原行政行为的合法性作出认定和处理。如果同时起诉原行政行为和不予受理决定，有违一事不再理原则，也会造成人民法院和复议机关的重复劳动。

711.问：在当事人难以举证且强拆行为无人认领的情况下，强拆行为实施主体如何确定？

答：强拆行为系行政事实行为，在该行为作出时行为主体即已确定，但起诉该事实行为的当事人即使当时在强拆现场，一般也很难提供直接证据证明该行为的实施主体。在当事人难以举证且强拆行为无人认领的情况下，人民法院可以结合强拆行为的产生背景及目的性等情况，确定具有优势举证能力的行政机关承担证明房屋被拆除与其无关的举证责任。在行政机关不予举证或拒绝举证的情况下，其实施强拆行为具有高度的盖然性。

712.问:给付之诉原告诉讼主体资格如何认定?

答:依照《行政诉讼法》第二条第一款“公民、法人或者其他组织认为行政机关和行政机关工作人员的行政行为侵犯其合法权益,有权依照本法向人民法院提起诉讼”,第十二条第一款第三项、第六项、第十项、第十二项“人民法院受理公民、法人或者其他组织提起的下列诉讼:……(三)申请行政许可,行政机关拒绝或者在法定期限内不予答复,或者对行政机关作出的有关行政许可的其他决定不服的……(六)申请行政机关履行保护人身权、财产权等合法权益的法定职责,行政机关拒绝履行或者不予答复的……(十)认为行政机关没有依法支付抚恤金、最低生活保障待遇或者社会保险待遇的……(十二)认为行政机关侵犯其他人身权、财产权等合法权益的”之规定,公民、法人或其他组织系认为行政机关未依其申请作出特定行政行为致使其合法权益受到侵犯而提起给付之诉。在目前的行政诉讼实践中,给付之诉可被视为宽泛意义上的履行法定职责之诉。该种诉讼之所以被提起,是因公民、法人或其他组织基于在起诉之前的行政程序中发生的特定事实,主张其合法权益由于行政机关未作出特定行政行为而受到了侵犯。这种诉讼主张决定了给付之诉审理和裁判的对象,包括对法定起诉条件的审理和裁判,与对诉讼请求在实体上是否应予支持的审理和裁判。在此前的行政程序中,申请行政机关作出的特定行政行为既可以是具有权利义务调整内容的行政行为,又可以是这种产生法律效果的行政行为之外的其他行政行为。行政机关未做出特定行政行为可以表现为行政机关明示拒绝了申请,也可以表现为行政机关逾期未做处理,还可以表现为行政机关作出的行政行为未达到预期。公民、法人或其他组织提起该种诉讼的根本目的是请求判决行政机关作出其所申请的行政行为。此即反映在给付之诉的诉讼请求上。《最高人民法院关于适用〈中华人民共和国行政诉讼法〉的解释》第六十八条第一款第二项规定:行政诉讼法第四十九条第三项规定的“有具体的诉讼请求”是指:……(二)请求判决行政机关履行特定法定职责或者给付义务。此亦体现在给付之诉的判决方式上。《行政诉讼法》第六十九条规定:“……原告申请被告履行法定职责或者给付义务理由不成立的,人民法院判决驳回原告的诉讼请求”;第七十二条规定:人民法院经过审理,查明被告不履行法定职责的,判决被告在一定期限内履行;第七十三条规定:人民法院经过审理,查明被告依法负有给付义务的,判决被告履行给付义务;第七十四条第二款第三项规定:行政行为有下列情形之一,不需要撤销或者判决履行的,人民法院判决确认违法:……(三)被告不履行或者拖延履行法定职责,判决履行没有意义的。《最高人民法院关于适用〈中华人民共和国行政诉讼法〉的解释》第九十一条规定:原告请求被告履行法定职责的理由成立,被告违法拒绝履行或者无正当理由逾期不予答复的,人民法院可以根据行政诉讼法第七十二条的规定,判决被告在一定期限内依法履行原告请求的法定职责;尚需被告调查或者裁量的,应当判决被告针对原告的请求重新作出处理;第九十二条规定:原告申请被告依法履行支付抚恤金、最低生活保障待遇或者社会保险待遇等给付义务的理由成立,被告依法负有给付义务而拒绝或者拖延履行义务的,人民法院可以根据行政诉讼法第七十三条的规定,判决被告在一定期限内履行相应的给付义务。给付之诉原告诉讼主体资格的认定,主要是依照《行政诉讼法》第二十五条第一款、第四十九条第一项的规定进行。以上文述及的《行政诉讼法》及《最高人民法院关于适用〈中华人民共和国行政诉讼法〉的解释》相关规定为体系背景,给付之诉案件原告诉讼主体资格中利害关系的判断应着眼于公民、法人或其他组织与行政机关未作出其所申请的行政行为有无利害关系,而非与行政机关的其他行为有无利害关系。因袭司法实践积累,可将给付之诉案件原告诉讼主体资格中利害关系的判断进一步析分为三个要件:一是合法权益范围要件,即提起诉讼的公民、法人或其他组织主张的属于一种合法权益。公民、法人或其他组织可以相关法律、行政法规,行政规范性文件,行政机关的承诺等为据主张行政机关应作出特定行政行为。若欠缺相关的请求权基础,则不满足该要件。二是合法权益个别化要件,即提起诉讼的公民、法人或其他组织可能享有这种合法权益。由于提起诉讼的公民、法人或其他组织在给付之诉中主张其享有合法权益的请求权基础和对行政机关是否应作出其所申请的行政行为的审查依据是重合的,此处仅是法定起诉条件的审查,不宜触及在实体上是否应对判令行政机关作出特定行政行为的诉讼请求予以支持的问题,故只要证据材料能够证明可能享有这种合法权益即可。若提起诉讼的公民、法人或其他组织根本不可能享有这种合法权益,则不满足该要件。三是合法权益受侵犯要件,即假定提起诉讼的公民、法人或其他组织享有这种合法权益,行政机关不作出其所申请的行政行为致使其享有的这种合法权益受到或将会受到侵犯。概括而言,第一个要件要求确定性,即确定地属于一种合法权益;第二个、第三个要件则仅要求可能性,即可能享有这种合法权益、可能受到行政机关未作出特定行政行为的侵犯。

713.问:水行政主管部门按身份证地址邮寄诉讼文书由近亲属签收,能否视为送达成功?

答:水行政主管部门按照受送达人居民身份证上所载住址向其邮寄送达相关法律文书,受送达人的近亲属在不知邮件内系水行政主管部门所作的法律文书时予以签收,但其对水行政主管部门之后邮寄的法律文书以受送达人无法联系而予以拒收。在该近亲属未提供进一步证据证明受送达人下落不明,确系无法联系的情况下,应视为受送达人已收到水行政主管部门的法律文书材料。

714.问:起诉阶段,是否需要起诉人提供确切证据证明确实存在合法权益以及合法权益被侵犯?

答:起诉人提起行政诉讼时有义务举证证明其与被诉行为有利害关系。但此种证明责任仅应是初步的、表面成立的;无需起诉人在起诉阶段即要提供确切证据证明确实存在合法权益以及合法权益被侵犯,更不能以起诉人的权益可能并不合法等实体理由否定起诉人提起诉讼的权利,起诉人是否与被诉行政行为存在利害关系,或者说是否存在某项权益在立案阶段难以判断的,可以登记立案待案件审理阶段再作判断,法院而不应迳行裁定不予立案或驳回起诉。

715.问:地方政府的直属事业单位是否可以作为行政复议程序的被申请人?

答:《行政复议法实施条例》第十四条规定,行政机关设立的派出机构、内设机构或者其他组织,未经法律、法规授权,对外以自己名义作出具体行政行为的,该行政机关为被申请人。据此,当事人对地方政府的直属事业单位作出的信息公开答复行为不服提起行政复议申请的,以该政府为被申请人,并无不当。

716.问:被执行人认为行政机关申请人民法院强制执行不合法,如何进行救济?

答:申请人认为行政机关申请人民法院强制执行不合法,可以有以下两种救济途径:一是在行政机关申请人民法院强制执行的非诉审查程序中提出异议。人民法院在审查期间,可以听取当事人的意见。当事人在此期间亦可依法提出异议。二是对人民法院强制执行不服的可以提出申诉。当事人如认为人民法院违法受理和审查行政机关强制执行的申请并裁定执行的,可以向人民法院提出申诉,人民法院可以作为申诉案件进行审查并根据情况作出处理。

717.问:行政相对人能否在诉讼中申请法院对行政人员涉嫌的违法违纪行为进行处理?

答:我国《行政诉讼法》第六十六条第一款还规定:人民法院在审理行政案件中,认为行政机关的主管人员、直接责任人员违法违纪的,应当将有关材料移送监察机关、该行政机关或者其上一级行政机关;认为有犯罪行为的,应当将有关材料移送公安、检察机关。但是,该条所规定的移送并非诉讼程序范畴。是否启动移送程序属于人民法院依职权判断决定的事项,法律既没有赋予当事人申请移送的权利,也没有赋予当事人通过诉讼程序质疑人民法院所作处理的权利。另外,行政行为是否违法与行政机关的主管人员、直接责任人员是否违法违纪或者是否有犯罪行为属于两个不同层面的问题,即使被诉行政行为被确认违法,也并不必然意味着行政机关的主管人员、直接责任人员违法违纪或者有犯罪行为。依照《行政诉讼法》第一条的规定,行政诉讼除具有保护公民、法人和其他组织合法权益的功能外,还具有监督行政机关依法行使职权的功能。但是,人民法院对行政机关依法行使职权的监督,主要通过公正、及时审理行政案件,解决行政争议来完成。《行政诉讼法》第六十六条第一款还规定:人民法院在审理行政案件中,认为行政机关的主管人员、直接责任人员违法违纪的,应当将有关材料移送监察机关、该行政机关或者其上一级行政机关;认为有犯罪行为的,应当将有关材料移送公安、检察机关。作出这一规定的主要考虑是:第一,人民法院在对被诉行政行为进行审查中,比较容易发现行政机关的主管人员、直接责任人员违法违纪或者犯罪的线索。第二,人民法院无权对涉嫌违法违纪或者犯罪的问题自己直接处理,但有义务将有关材料移送有权机关处理。但是,该条所规定的移送并非诉讼程序范畴。是否启动移送程序属于人民法院依职权判断决定的事项,法律既没有赋予当事人申请移送的权利,也没有赋予当事人通过诉讼程序质疑人民法院所作处理的权利。另外,行政行为是否违法与行政机关的主管人员、直接责任人员是否违法违纪或者是否有犯罪行为属于两个不同层面的问题,即使被诉行政行为被确认违法,也并不必然意味着行政机关的主管人员、直接责任人员违法违纪或者有犯罪行为。

718.问:行政机关逾期举证的法律后果?

答:《行政诉讼法》第三十四条第二款规定:被告不提供或者无正当理由逾期提供证据,视为没有相应证据。这是因为,被告对作出的行政行为负有举证责任,应当在法定期限内向人民法院提供作出该行政行为的证据,不提供或者无正当理由逾期提供证据,甚至不出庭应诉,则会导致证据失权,承担“视为没有相应证据”的法律后果。这一后果相当严重,因为根据《行政诉讼法》第七十条第一项的规定,行政行为“主要证据不足的”,将会被判决撤销或者部分撤销。但在行政行为涉及第三人合法权益的情况下,简单适用这一规则,则是将不利后果转嫁到第三人的头上。正因如此,《行政诉讼法》第三十四条第二款特别规定:但是,被诉行政行为涉及第三人合法权益,第三人提供证据的除外。这一特别规定还表明,行政诉讼的证据并非只应由行政机关提供,凡是能够证明案件事实的合法证据,都能成为行政诉讼的定案依据。

719.问:违反正当程序注销行政许可的,法院可判决撤销该注销行为?

答:行政机关设定和实施行政许可,应当遵循公开、公平、公正的原则。虽然现行法律对行政许可注销行为的程序没有具体规定,但行政机关在注销行政许可时仍应遵循程序正当原则,向行政相对人说明行政行为的依据、理由,以充分保障当事人的知情权和陈述申辩权。行政机关在注销行政许可前未告知行政相对人,未听取行政相对人的陈述申辩,违反了程序正当原则,在作出注销决定后又未依法送达行政相对人,行政相对人要求撤销行政机关行政许可注销行为的,人民法院应予支持。

720.问:瑕疵行政行为是否具有事后补正的可能性?

答:行政行为一旦作出,即具有确定力及执行力。但是对于违法或不当的行政行为以及由于事实和法律变迁而不宜存续的行政行为,行政机关具有自我纠错的权力和职责。自我纠错的价值在于减少或者避免行政争议的产生,尽早结束行政行为效力的不确定状态,维护行政法律关系的稳定,增强公众对行政机关的认同和信赖。

在目前缺少法律明确规定的情况下,行政机关可以采取的自我纠错方式主要有撤销、补正、改变原行政行为、确认违法等方式。从严格依法行政的角度而言,对于所有有瑕疵的行政行为,都可以通过撤销的方式予以纠正。但是从行政效率和效益的角度考虑,基于保护行政相对人的信赖利益和减少行政争议产生的考量,行政机关应当采取足够审慎的态度,只有在该行政行为的瑕疵足以影响到实质处理结果时,才采用撤销的方式进行纠错。对于行为仅存在轻微瑕疵但并不影响实质处理结果且对利害关系人权利不产生实际影响的,或者通过补正等事后补救方式可以"治愈"的瑕疵,或者撤销行政行为可能会给国家利益、社会公共利益造成重大损失的,则应当考虑采取其他方式进行纠错。

721.问:作出限制供电行政强制措施必须要有法律、行政法规的授权依据?

答:《行政强制法》第十条规定,行政强制措施由法律设定。尚未制定法律,且属于国务院行政管理职权事项的,行政法规可以设定除本法第九条第(一)项、第(四)项和应当由法律规定的行政强制措施以外的其他行政强制措施。尚未制定法律、行政法规,且属于地方性事务的,地方性法规可以设定本法第九条第(二)项、第(三)项的行政强制措施。法律、法规以外的其他规范性文件不得设定行政强制措施。限制供电行政强制措施,不属于行政强制法第十条第三款规定的地方性法规有权设定的查封、扣押措施,只能由法律或者行政法规设定。因此,行政机关作出限制供电行政强制措施,必须要有法律、行政法规的授权依据。

722.问:被执行人认为行政机关申请人民法院强制执行不合法,如何进行救济?

答:申请人认为行政机关申请人民法院强制执行不合法,可以有以下两种救济途径:一是在行政机关申请人民法院强制执行的非诉审查程序中提出异议。人民法院在审查期间,可以听取当事人的意见。当事人在此期间亦可依法提出异议。二是对人民法院强制执行不服的可以提出申诉。当事人如认为人民法院违法受理和审查行政机关强制执行的申请并裁定执行的,可以向人民法院提出申诉,人民法院可以作为申诉案件进行审查并根据情况作出处理。

723.问:违法行为人虽然被追究刑事责任,但行政违法状态没有得到恢复的,行政机关是否可以依法作出行政处罚?

答:首先是关于行政机关的行政处罚权问题,一种观点认为,根据《行政执法机关移送涉嫌犯罪案件的规定》第三条、第五条、第八条、第十一条的规定,行政执法机关在依法查处违法行为的过程中,发现违法事实涉嫌构成犯罪,依法需要追究刑事责任的,必须依法向公安机关移送,行政执法机关对应当向公安机关移送的涉嫌犯罪案件,不得以行政处罚代替移送。所以,行政机关依据行政处罚法的规定,在向公安机关移送涉嫌犯罪案件之前,已经给予当事人罚款的,人民法院判处罚金时,应当折抵相应罚金,但在人民法院已经追究当事人刑事责任后,根据举重以明轻的法律适用原则,行政机关不得作出该违法行为不得作出行政处罚。另一种观点认为,对同一违法行为,刑事处罚并不当然排除行政机关的处罚权。刑事处罚和行政处罚都是法律对违法行为采取的惩戒措施,刑事处罚的目的是打击犯罪,行政处罚除打击违反行政管理法律的行为外,还承担恢复行政管理秩序的功能,所以,在打击违法行为、对违法行为予以法律惩罚这一点上,违法行为人已经受到刑事处罚的,行政机关不得再予以处罚;但对于尚未恢复的行政管理秩序或者行政法律关系,因刑事处罚不具有对法律秩序的"复原"功能和职责,故对已经构成犯罪且经过刑罚处罚的违法行为,不必然排除行政机关行使行政管理职责。编者倾向这种观点。关于行政机关能否作出罚款的处罚问题,对于人民法院已经做出刑事处罚的,行政机关不得做出与刑事处罚性质相同的行政处罚,理由是:从惩罚违法犯罪行为的角度,违法行为人已经因违法行为承担了较重的刑罚惩罚,法律惩戒的目的已经实现,不需要再通过较轻的行政处罚彰显法律的惩戒功能。刑事处罚和行政处罚都是法律对违法行为采取的惩戒措施,刑事处罚重在对违法犯罪行为的打击,行政处罚除打击违反行政管理法律的行为外,还承担恢复行政管理秩序的功能,所以,对已经构成犯罪且经过刑罚处罚的违法行为,不排除行政机关行使行政管理职责。

724.问:河南省水利厅能否与行政相对人以协议方式解决河道管理、保护范围内违法建筑的拆除问题?这种协议是否属于行政诉讼受案范围的问题?如果能协议的具体内容是否合法有效?

答:关于协议是否属于行政诉讼受案范围的问题,《行政诉讼法》第十二条第一款第(十一)项规定,人民法院受理公民、法人或者其他组织认为行政机关不依法履行、未按照约定履行或者违法变更、解除政府特许经营协议、土地房屋征收补偿协议等协议提起的行政诉讼。《最高人民法院关于适用〈中华人民共和国行政诉讼法〉若干问题的解释》第十一条规定,行政机关为实现公共利益或者行政管理目标,在法定职责范围内,与公民、法人或者其他组织协商订立的具有行政法上权利义务内容的协议,属于行政诉讼法第十二条第一款第(十一)项规定的行政协议。根据上述规定,行政协议通常具有三个方面的主要特征:协议一方始终是行政主体,即行政机关或者法律、法规、规章授予行使行政职权的组织;订立协议的目的是实现公共利益或者特定的行政管理目标;协议双方因协议而建立行政法律关系,协议内容体现的是行政法上的权利义务关系。关于这种协议是否合法有效的问题,现行法律规范对行政协议的司法审查并没有提供完善的法律依据,但并不妨碍司法审查的举步向前。由于行政协议兼具单方意思与协商一致的双重属性,对行政协议的效力审查自然应当包含合法性和合约性两个方面。具体是指:行政主体是否具有行政协议所涉行政法律关系的管理职权、双方意思表示是否真实、协议内容是否合法,以及是否具有《合同法》第五十二条、第五十四条规定的法定无效、变更、撤销情形等。根据《最高人民法院关于适用〈中华人民共和国行政诉讼法〉若干问题的解释》第十四条的规定,人民法院审查行政机关是否依法履行、按照约定履行协议或者单方变更、解除协议是否合法,在适用行政法律规范的同时,可以适用不违反行政法和行政诉讼法强制性规定的民事法律规范。就这种协议而言,现行行政法律规范对其合法性、有效性并未作出明确的指引和规范。因此,对这种协议的合法性及有效性只能依照行政法的基本原则及合同法的相关规定进行综合评判。

725. 问：不具有明确上位法依据之规范性文件司法机关如何审查？

答：没有法律、法规、规章等上位法依据，减损行政相对人的合法权益，且违背相关法律原则与立法目的，这样的规范性文件不合法，不能作为认定行政行为合法的依据。对不具有明确上位法依据之规范性文件进行司法审查的问题。2014 年《行政诉讼法》修正时对规章以下规范性文件的附带审查制度作出明确规定，是此次修法的亮点之一。法律规范的应然效力与实然效力之差异性不但困扰着行政执法实践，也不可避免地对行政审判造成影响——应然层面上，法律、法规和规章的效力层级较高，它们本应是作出执法行为、履行执法程序的主要依据，也是法院审理行政案件之“依据”“参照”；然而在法律实效层面，大量红头文件尽管层级低且可能存在种种问题，却具备很强的执行力，在很多时候甚至取代上位法而成为行政机关直接适用的执法依据，也是被诉行政机关提供给法院的规范性文件依据。新《行政诉讼法》关于规范性文件附带审查制度的规定要求法院在解决个案的同时一并处理执法依据方面存在的“不合法”问题，这一制度创新涉及坚持依法行政、维护法律权威、推进良法之治等行政法治深层次问题，具有重大的研究价值和实践意义。

726. 案情简介：织女渠始建于1939年，年总引水量4 000多万立方米，现实灌溉面积1.5万多亩，是米脂、绥德两县重要的农业灌溉工程。织女渠米脂县城郊镇姬家峁村至官庄村段沿渠居民长期向织女渠排放生活污水，倾倒生活垃圾。2016 年 10 月 16 日，公益诉讼人米脂县人民检察院向被告米脂县水务局作出检察建议，并于 11 月 2 日送达，建议米脂县水务局积极履职，加大监管力度，确保国家、社会公共利益不受侵害。2016 年 11 月 14 日，米脂县水务局书面回复称：我局下属事业单位织女渠管理处作为渠道管理部门，曾多次进行过制止，但因人员少、战线长，屡清屡弃，形成恶性循环。截至目前，已投资 80 多万元清淤 4 千米，清运淤泥、垃圾2 300多立方米。织女渠沿岸排污系统已由城建部门落实，垃圾收集点由环卫部门管理，建议县政府协调有关部门解决。米脂县人民检察院对回复情况进行了实地核实，发现非法排放污水、倾倒垃圾现象仍然存在。2016 年 12 月，公益诉讼人米脂县人民检察院委托陕西中检检测技术有限公司对织女渠内的水质和无定河水质进行了检测，检测结果无定河河水中粪大肠菌群、全盐量含量未超标，而无定河河水流经织女渠米脂县城郊镇姬家峁村至官庄村段后粪大肠菌群、全盐量含量超出国家《农田灌溉水质标准》(GB 5084—2005)。公益诉讼人米脂县人民检察院认为被告不依据相关规定严格执法，致使违法行为持续存在，侵害了国家和社会公共利益，依据《全国人民代表大会常务委员会关于授权最高人民检察院在部分地区开展公益诉讼试点工作的决定》《人民检察院提起公益诉讼试点工作实施办法》第四十一条的规定，向法院提起了公益诉讼，请求确认米脂县水务局对织女渠米脂县城郊镇姬家峁村至官庄村段非法排放污水、倾倒垃圾的行为不依法履行监管职责的行为违法，判令米脂县水务局依法履行监管职责，切实保护水资源。

问：作为水行政主管部门的管理人员，你认为：一，米脂县水务局对织女渠米脂县城郊镇姬家峁村至官庄村段是否负有法定的水行政管理监管职责？二，米脂县水务局在米脂县人民检察院发出检查建议前是否依法履行了对织女渠的保护、监管法定职责？三，米脂县水务局收到米脂县人民检察院发出的检察建议后，履职是否到位。

答：关于米脂县水务局对织女渠米脂县城郊镇姬家峁村至官庄村段是否负有法定的水行政管理监管职责的问题。《水法》第十二条第四款和《陕西省实施〈水法〉办法》第四条第二款均规定了县级以上地方人民政府水行政主管部门按照规定的权限，负责本行政区域内水资源的统一管理和监督工作。《陕西省水工程管理条例》第五条规定了省、设区的市、县(市、区)水行政主管部门负责本行政区域内水工程的管理和保护工作,其中第十九条第九项和第二十七条规定向水工程的水域内排放不符合水质标准的废水、污水,倾倒废弃物的由水行政主管部门或省属国有水工程管理单位责令停止违法行为,并处罚款。可见,织女渠米脂县城郊镇姬家峁村至官庄村段为流经本县的农业灌溉水工程,米脂县水务局作为本县水行政主管部门自然负有法定的保护、监管职责。

关于米脂县水务局在米脂县人民检察院发出检查建议前是否依法履行了对织女渠的保护、监管法定职责的问题。公益诉讼人米脂县人民检察院向法庭提举的现场勘验照片可以证实织女渠在停水期间可谓污水横流、垃圾遍布。而米脂县水务局向法庭提举的证据均是米脂县人民检察院向其发出检察建议后所形成的整改措施,时至本案证据交换时被告仍未能向法庭提举证实其曾履行保护、监管职责的相关证据,故米脂县水务局的行为已经构成怠于履行水行政管理职责的不作为行为,依法应被确认为违法。

关于米脂县水务局收到米脂县人民检察院发出的检察建议后,履职是否到位的问题。米脂县水务局向法庭提举的几组照片可以证实被告在收到检察建议后,张贴了宣传标语,对织女渠周边居民向织女渠内排放污水、倾倒垃圾的行为进行了劝阻,在织女渠沿岸修建了垃圾坑,并对河道垃圾、淤泥进行了一定的清理,故可以认定被告对织女渠周边居民向织女渠倾倒垃圾的行为及河道清理进行了积极的履职,并取得了一定的效果。但织女渠周边居民的生活污水管道出口现仍在织女渠内,每天大量向织女渠排放污水,且据公益诉讼人米脂县人民检察院向法庭提举的陕西中检检测技术有限公司中检(水)字〔2016〕第279号、281号、282号检验报告可以证实无定河河水中的粪大肠菌群、全盐量含量不超标,而无定河河水流经织女渠米脂县城郊镇姬家峁村至官庄村段后两项含量均超国家《农田灌溉水质标准》(GB 5084—2005),可见因生活污水的排放影响到了织女渠下游广大农田灌溉水质,使社会公共利益处于不法侵害状态。由此可以推断,作为负有保护、监管职责的被告对织女渠米脂县城郊镇姬家峁村至官庄村段居民将生活污水排入织女渠仍未履职到位,应依法责令其履行监管职责。

织女渠米脂县城郊镇姬家峁村至官庄村段周边居民长期向织女渠内抛掷杂物、倾倒垃圾、排放生活污水,米脂县水务局未严格依照法律规定履行监管职责,构成怠于履行水行政管理职责。公益诉讼人米脂县人民检察院向被告发出检察建议后,被告能够积极治理居民向织女渠抛掷杂物、倾倒垃圾的行为,并对河道垃圾、淤泥进行了清理,取得了一定成效,但居民向织女渠排放生活污水的行为仍未得到有效根治。米脂县水务局应积极作为,承担起水行政管理的法定职责和环保的社会责任,向米脂县人民政府及上级主管部门专题报告,争取支持,按照《水污染防治法》中"城镇污水应当集中处理"的基本要求,建成污水集中处理设施和配套管网,综合治理,及时封堵织女渠内的排污管道,还织女渠下游广大居民1.5万多亩农田一个优质的灌溉水源,使国家、社会公共利益免受不法侵害。

727.问:行政机关撤销授益性行政许可如何进行司法审查?

答:依据《行政许可法》第八条规定,公民、法人或者其他组织依法取得的行政许可受法律保护,行政机关不得擅自改变已经生效的行政许可。此为信赖保护原则在行政许可领域的具体体现,亦即按照行政行为效力原理,行政许可一经作出即具有公定力、确定力,对于行政机关和行政相对人均具有约束力。虽然有错必纠原则亦为一项重要法律原则,但对具有授益性的行政许可而言，信赖保护原则在一定程度上应优于有错必纠原则。因此，尽管行政机关撤销已作出的行政许可其本质属于自我纠错，但该行为亦应受到严格限制并在进行合法性审查时应采取严格标准。尤其在行政许可行为违法的原因不可归责于被许可人的情形下，行政机关在行使行政许可撤销权时，更应首先立足于考虑被许可人的权益、行政许可行为违法的原因、是否存在确需撤销行政许可的法定情形等，审慎裁量行政许可应否撤销、相应的法律适用以及一旦撤销所应采取的处理手段等。同时，该行政许可撤销权的行使，还应遵循国发〔2004〕10 号《国务院关于印发全面推进依法行政实施纲要的通知》精神和要求，即行政机关实施行政管理要严格遵循法定程序，依法保障行政管理相对人、利害关系人的知情权、参与权和救济权；非因法定事由并经法定程序，行政机关不得撤销、变更已经生效的行政决定；因国家利益、公共利益或者其他法定事由需要撤回或者变更行政决定的，应当依照法定权限和程序进行，并对行政管理相对人因此而受到的财产损失依法予以补偿。

728. 问：判断行政许可的标准有哪些？

答：判断一个行为是否属于行政许可，按照《行政许可法》第二条、第三条、第十二条的规定，要注意把握以下几点：一是，行政许可是行政机关对经济和社会事务的管理行为，不包括对民事权利、民事关系的确认。因此，植物新品种权的授予，组织机构代码、商品条码的注册，产权登记，机动车登记，婚姻登记，户籍登记，抵押登记等，不是行政许可；而城市规划管理中选址意见书的批准，土地管理中对国有土地使用权出让的批准，是行政许可。二是，行政许可是行政机关的外部行政管理行为。外交部门对地方政府外事办公室、有外事审批权的国务院部门颁发因公护照权、护照签证自办权等的审批，不是外部行政管理行为，不是行政许可；而公安机关对公民申请因私出国护照的审批，是外部行政管理行为，是行政许可。三是，行政许可是行政机关对公民、法人或者其他组织的申请经审查后决定其可以从事有关活动的行为。因此，行政机关采用检验、检测等手段对市场产品的日常监管不是行政许可。

729. 问：《行政许可法》第五条规定，行政许可的实施应当公开。这里的"公开"具体指什么？

答：行政许可实施过程的"公开"，是指行政机关实施行政许可的活动，除涉及国家秘密、商业秘密和个人隐私的外，都要公开。根据行政许可法的规定，实施行政许可的公开包括：①实施行政许可的主体以及统一受理行政许可申请、统一送达行政许可决定的机构名称要公开；②有关行政许可事项、依据、条件、数量、程序、期限的规定以及需要申请人提交的全部材料的目录和申请书示范文本要公开；③行政机关在审查行政许可申请过程中听取利害关系人意见以及举行听证、招标、拍卖、考试、考核、检验、检测、检疫，要公开进行；④行政机关作出的准予行政许可的决定要予以公开，公众有权查阅。

730. 问：小煤矿的关闭、各种营运车辆的取缔是否适用信赖保护原则？

答：对依法取得采矿许可的小煤矿、依法取得营运许可的车辆，如果行政机关实施行政许可依据的法律、法规、规章或者被许可人取得行政许可所依据的客观情况发生重大变化，为了公共利益的需要，可以依法撤回小煤矿的采矿许可证、车辆的营运证。由此对被许可人造成财产损失的，作出撤回决定的行政机关应当依法给予补偿。

731. 问：根据国务院关于整顿文化娱乐场所的文件，某市文化市场办按照市政府的部署，将该市 130 个娱乐游艺场所压缩到 80 个，这一行为是否属于撤回行政许可？文化部门是按照先来后到的原则还按经营条件的优劣决定哪些娱乐游艺场所予以保留？不予保留

的,是否给予补偿?

答:对依法取得行政许可的娱乐游艺场所,行政机关不得擅自撤销行政许可。根据公共利益的需要,行政机关依法撤回没有违法行为的被许可人取得的行政许可的,对被许可人因此受到的财产损失应当依法给予补偿。

732.问:法律的隐含性规定,如《种子法》第四十五条规定,种子检验员应经省级以上农业、林业行政主管部门考核合格,是否可以视为设定了行政许可?

答:这要看种子检验员是否为行政机关工作人员。如果种子检验员是行政机关工作人员,则不是行政许可;如果种子检验员不是行政机关工作人员,且未经考核合格,个人不得从事有关种子检验服务,则属于行政许可。

733.问:现行部门规章、规范性文件设立的行政许可确需保留,但一时又难以制定法律、行政法规的,如何处理?

答:对国务院部门规章、规范性文件设定的行政许可事项,属于《行政许可法》第十二条规定的事项并且确需保留的,国务院部门应当提出意见报国务院行政审批制度改革工作领导小组办公室,经审核后确定予以保留的,按照规定程序由国务院发布决定予以设定。

734.问:提请国务院发布决定设定行政许可的事项是否应当包括实施机关、条件、程序、期限等内容?

答:根据《行政许可法》的规定,设定行政许可应当规定行政许可的实施机关、条件、程序、期限。原则上,提请国务院发布决定设定行政许可,国务院决定中应当包括行政许可的实施机关、条件、程序、期限。部门规章可以对有关条件、程序、期限等作具体规定。

735.问:对现行依据带密级的文件实施的行政许可如何处理?

答:属于行政许可事项的,均应按照国务院的规定进行清理。清理后确定不再保留的行政许可事项,对设定该行政许可的有关文件予以修改、废止;清理后确定保留的行政许可事项,应当制定法律、行政法规,或者由国务院发布决定予以设定。其中,清理后确定应予保留的行政许可事项,如果其依据的法律文件因涉及国家安全等不宜公开的,可以改变管理方式,通过其他行政管理方式实现管理目的。

736.问:《行政许可法》第十五条规定,地方不得设定企业或者其他组织的设立登记及其前置性行政许可。这一规定是否意味着地方可以要求从事特定生产活动的企业在取得企业法人营业执照后取得行政许可?

答:根据《行政许可法》第十五条的规定,对《行政许可法》第十二条所列可以设定行政许可的事项,尚未制定法律、行政法规的,地方性法规可以设定行政许可,省级人民政府规章可以设定临时性的行政许可。

地方性法规和省级人民政府规章可以在行政许可法规定的权限范围内依法设定行政许可,不得设定应当由国家统一确定的公民、法人或者其他组织的资格、资质的行政许可;不得设定企业或者其他组织的设立登记及其前置性行政许可。其设定的行政许可,不得限制其他地区的个人或者企业到本地区从事生产经营和提供服务,不得限制其他地区的商品进入本地区市场。

737.问:现行省级政府规章设定的行政许可项目,如确需保留,是否必须在2004年7月1日前制定相应的地方性法规?

答:根据《行政许可法》的规定,对《行政许可法》第十二条所列可以设定行政许可的事项，尚未制定法律、行政法规和地方性法规的，因行政管理的需要，确需实施行政许可的，省级人民政府现行规章设定的相应行政许可可以视为《行政许可法》第十五条规定的临时性行政许可。

738. 问：省级人民政府规章设定的临时性行政许可，实施满一年后仍需继续实施的，在相应的地方性法规出台前的效力如何认定？

答：根据《行政许可法》的规定，省级人民政府规章设定的临时性行政许可，实施满一年后需要继续实施的，应当提请本级人民代表大会及其常务委员会制定地方性法规。省级人民代表大会及其常务委员会认为不需要制定地方性法规，或者制定了地方性法规但未设定行政许可的，省级人民政府规章设定的行政许可停止实施。

739. 问：《行政许可法》第十四条、第十五条中规定的“尚未制定法律”“尚未制定法律、行政法规”以及“尚未制定法律、行政法规和地方性法规”是指具体事项范畴，还是指整个领域？

答：《行政许可法》第十四条、第十五条中规定的“尚未制定法律”“尚未制定法律、行政法规”以及“尚未制定法律、行政法规和地方性法规”的事项限于《行政许可法》第十二条规定可以设定行政许可的事项。

“尚未制定法律”“尚未制定法律、行政法规”以及“尚未制定法律、行政法规和地方性法规”有两种情况：一是，对某一事项是否设定行政许可，上位法立法时没有考虑到这个问题，下位法可以根据实际情况，在不违反《行政许可法》有关规定的前提下，设定行政许可；二是，对某一事项是否设定行政许可，上位法立法时已经考虑，其立法精神、立法原则要求对该事项不设定行政许可的，则下位法不得设定行政许可。

740. 问：《行政许可法》颁布前制定的法律、法规没有具体规定行政许可条件、程序和期限的，如何理解下位法的行政许可规定权？

答：2004 年 7 月 1 日以后，设定行政许可，应当规定行政许可的实施机关、条件、程序、期限。此前发布的法律、法规，设定了行政许可但未规定行政许可的条件、程序、期限的，规章可以对有关行政许可条件、程序、期限作出规定，修订法律、法规时应当补充有关行政许可条件、程序、期限的规定。

741. 问：《行政许可法》第三十八条规定，申请人的申请符合法定条件、标准的，行政机关应当依法作出准予行政许可的书面决定。法定条件、标准是否包括部门规章中的条件？

答：根据《行政许可法》第十六条的规定，部门规章可以在法律、行政法规设定的行政许可事项范围内，对实施该行政许可作出具体规定。部门规章对行政许可条件作出的规定未超出法律、行政法规的授权范围，或者没有在法律、行政法规规定以外增设其他条件的，部门规章规定的条件可以作为行政许可决定的法定条件。

742. 问：法律、行政法规没有明确规定某一事项实行行政许可制度，只规定：“×方面的管理办法、制度由国务院×部门制定。”部门规章可否就某方面的管理设定行政许可事项？

答：法律、行政法规只授权部门制定有关管理办法、制度的，不能视为法律、行政法规授权部门规章设定行政许可。

743. 问：法律、行政法规明确规定：“某一事项由×部门审批”。该部门可否将行政许可事项部分委托其下级行政机关实施，即由下级行政机关初审、再由该部门终审？

答：法律、行政法规设定了一道行政许可，部门将初审权委托给下级行政机关，同时保留最终决定权，实际上是增加了一道行政许可，不符合《行政许可法》的规定。

744.问：规范性文件对上位法设定的行政许可是否有规定权？

答：规范性文件可以在上位法设定的行政许可事项范围内，对实施该行政许可作出具体规定。但是，规范性文件对实施上位法作出的具体规定，不得增设行政许可；对行政许可条件作出的具体规定，不得增设违反上位法的其他条件。

745.问：如果法律、行政法规设定行政许可所依据的客观情况发生变化，可否由部门规章在原上位法设定行政许可事项的基础上增设行政许可事项？

答：根据《行政许可法》第十六条的规定，部门规章可以在法律、行政法规设定的行政许可事项范围内，对实施该行政许可作出具体规定。法律、行政法规设定行政许可所依据的客观情况发生变化，确需增设行政许可的，应当依照法定程序修改法律、行政法规。

746.问：目前，行政许可实施主体中的事业单位，如果没有法律、法规的明确授权，应当如何处理？

答：根据《行政许可法》第二十三条的规定，行政许可可以由法律、法规授权的具有管理公共事务职能的组织在法定授权范围内实施。没有法律、法规授权，事业单位不得以自己的名义实施行政许可。

747.问：根据《行政许可法》第二十四条的规定，是否所有的规章都可以规定委托实施行政许可？

答：《行政许可法》第二十四条规定，行政机关依照法律、法规、规章的规定，可以委托其他行政机关实施行政许可。这里的“规章”包括部门规章与地方人民政府规章。

748.问：《行政许可法》第二十四条第一款中有关委托实施行政许可公告的具体要求和形式是什么？

答：根据《行政许可法》第二十四条的规定，委托实施行政许可的，委托行政机关应当发布公告。公告应当包括下列内容：一是，委托行政机关的名称、地址、联系方式；二是，受委托实施行政许可的行政机关的名称、地址、联系方式；三是，委托实施的行政许可的具体事项。

749.问：《行政许可法》第二十八条规定，对直接关系公共安全、人身健康、生命财产安全的设备、设施、产品、物品的检验、检测、检疫，除法律、行政法规规定由行政机关实施的外，应当逐步由符合法定条件的专业技术组织实施。行政机关的直属事业单位实施的检测，是行政机关的检测，还是法定条件的专业技术组织的检测？

答：对某一事项需要通过检验、检测、检疫的方式决定是否予以行政许可的，只能由法律、行政法规规定的主体实施行政许可；法律、行政法规未规定由事业单位实施检验、检验、检测的，只能由行政机关实施。

750.问：《行政许可法》第三十八条第二款规定，行政机关依法作出不予行政许可的书面决定的，应当说明理由。行政机关能否口头说明理由？

答：根据《行政许可法》第三十八条第二款的规定，行政机关依法作出不予行政许可的书面决定的，应当在书面决定中说明理由。

751.问：变更行政许可事项的审查期限应为多长？

答：《行政许可法》第四十九条对此未作明确规定。对行政机关审查被许可人变更行政许可申请的期限，单行法律、法规有规定的，按照单行法律、法规的规定办理；单行法律、法规没有规定的，适用行政机关对初次行政许可申请审查期限的规定。

752.问:质检所、药检所、农药检验所检验有关产品、物品的时间是否属于第四十五条规定的不计算在审查期限内的情形?

答:行政机关实施行政许可,依法需要根据检验、检测、检疫的结果作出行政许可决定的,除应当在检验、检测、检疫后当场作出行政许可决定的外,有关检验、检测、检疫的时间不计算在法定的审查期间内。

753.问:《行政许可法》第五十八条的规定是否意味着国务院决定、地方性法规、省级人民政府规章创设的行政许可都不能收费?

答:《行政许可法》第五十八条规定,行政机关实施许可和对行政许可事项进行监督检查,不得收取任何费用。但是,法律、行政法规另有规定,依照其规定。据此,国务院决定、地方性法规和省级人民政府规章设定的行政许可能否收费,要看有没有法律、行政法规的依据。

754.问:《行政许可法》颁布实施后还能不能搞年检?

答:根据《行政许可法》第六十七条的规定,行政机关不能对所有的事项进行年检。行政机关可以根据法律、行政法规的规定,对直接关系公共安全、人身健康、生命财产安全的重要设备、设施进行定期检验。

755.问:《行政许可法》第五十五条二款规定,行政机关实施检验、检测、检疫,应当指派两名以上工作人员进行。工作人员是否包括行政机关委托的技术专家等非行政机关在编人员?

答:《行政许可法》规定的工作人员是指行政机关工作人员。

756.问:行业组织能否剥夺由行政机关赋予的资格、资质?

答:对资格、资质的剥夺,是一种行政处罚。根据《行政处罚法》第十七条的规定,法律、法规授权或者行政机关依法委托的组织可以依法实施行政处罚。

757.问:实施行政许可和对行政许可事项进行监督检查的收费项目,是否属于行政许可规定的清理范围?

答:根据《行政许可法》和《国务院关于贯彻实施〈行政许可法〉的通知》的有关规定,有关行政许可的规定,包括有关实施行政许可的费用、对行政许可事项监督检查的费用有关的规定都必须进行清理。

758.问:部门作为企业、事业单位的行政主管部门根据其他部门(业务主管部门)的规章对企业、事业单位的行政许可,如交通部根据质量技术监督局的规章对交通计量鉴定站的审批,如何清理?

答:行政许可事项是否保留,由实施部门提出意见,报国务院行政审批制度改革工作领导小组办公室,按规定程序报批。在国务院行政审批制度改革工作领导小组办公室对有关行政许可事项审核处理的基础上,按照“谁制定,谁清理”的原则对有关行政许可规定进行清理。

759.问:建设工程在开工前要经过规划、施工、消防等部门的许可。工程完成后,要经过相关部门验收合格后方可投入使用。事前许可和事后验收是两个不同的许可,还是事前许可属于行政许可,事后验收是对事前许可的监督措施?

答:工程验收是独立于规划、施工等的一项许可,相对于工程是否可以投入使用,它仍然是事前的控制手段,即工程未经验收,不能使用。

760.问:关于涉及国家安全、商业秘密的许可事项应当由哪个部门确认?

答:根据《行政许可法》的规定,有关行政许可的规定应当公布;未经公布的,不得作为实施行政许可的依据。行政许可的实施和结果,除涉及国家秘密、商业秘密或者个人隐私的外,应当公开。判断某一事项是否涉及国家安全、商业秘密按照国家有关法律执行。

761.问:行政许可条件应当具体到什么程度,能否规定得原则一点(例如,如果投资项目的审批属于行政许可,能否将其许可条件规定为:符合国家法律法规、产业政策、发展建设规划、行业准入标准、环保标准、安全标准、能耗水耗标准和产品技术、质量标准等有关规定,并择优确定)?

答:《行政许可法》规定,设定行政许可,应当明确规定行政许可的条件。这样规定的目的是,减少行政机关在实施行政许可过程中的自由裁量权和随意性过大的问题,以确保行政机关实施行政许可的公平、公正。因此,行政许可的条件作为行政许可制度的重要内容,应当尽可能明确、具体,符合行政许可公平、公正原则的要求。

762.问:(关于分级审查)如果法律明确规定国务院部门是审批主体,那么,在其部门规章中能否规定事先向省级部门报送申请材料,由省级部门初审后将审查意见和材料报国务院部门审批?这是否符合《行政许可法》第三十五条的规定?

答:如果法律明确规定国务院部门是审批主体,那么,为了上级机关审查和申请人申请的便利,其部门规章可以规定,申请人事先向省级部门报送申请材料,由省级部门初审后将初步审查意见(同意或者不同意)和申请人的全部申请材料报国务院部门审批,不需要申请人重新提出申请。但是,不能规定:未经省级部门初审同意,申请材料就不能上报给国务院部门。

763.问:初审时间是否计入最终作出行政许可决定的实施机关的期限内?

答:依法未经初审部门同意,申请人的申请就不能向上级行政机关报送的,初审构成一项独立的行政许可,初审时间适用《行政许可法》第四十二条有关期限的规定。无论初审部门是否同意,初审部门依法都有义务将初步审查意见和申请人的全部申请材料报送上级行政机关,申请人无需重新提出申请,初审时间适用《行政许可法》第四十三条有关期限的规定。

764.问:会签其他部门时如何计算行政许可期限?

答:在实施行政许可过程中,会签其他部门属于行政机关之间的内部工作程序。对申请人来说,行政许可的期限仍然适用《行政许可法》有关期限的规定。按照《国务院关于克服官僚主义进一步转变工作作风提高办事效率有关问题的通报》(国发〔1999〕9号)的要求,各部门之间征求意见或者会签文件时,协办部门必须在7个工作日内予以答复,否则视为失职。

765.问:咨询评估、评审的时间是否计入许可期限内?

答:根据《行政许可法》第四十五条的规定,行政机关作出行政许可决定,如果依法需要进行咨询评估、评审的,咨询评估、评审所需时间可以不计算在《行政许可法》第四章第三节规定的期限内,但行政机关应当将所需时间书面告知申请人。

766.问:打捆上报项目的许可期限如何计算?

答:根据《行政许可法》的立法精神,无论行政许可申请的方式如何(单独提出申请,还是打捆提出申请),行政机关实施行政许可的期限都适用《行政许可法》有关期限的规定。

767.问:定期检验(包括年检)是否属于行政许可?能否对人、对机构进行定期检验?

答:根据《行政许可法》的规定,定期检验(包括年检)是行政机关对被许可人是否依法从事有关行政许可事项活动的监督检查手段,不是行政许可。在实施年检中,要防止把年检转为或者变相转为行政许可。

对过去实践中名为“年检”实为“许可”的管理手段(比如规定,未申请年检或者未通过年检,当事人就不能从事相关活动),要按照《行政许可法》有关行政许可的规定进行规范。

2004年7月1日《行政许可法》正式施行后,行政机关实施定期检验(包括年检)必须有法律、行政法规的规定,且定期检验(包括年检)的对象限于直接关系公共安全、人身健康、生命财产安全的重要设备、设施。

768.问:行政许可决定由一个行政机关作出,但执行及监督检查在其他部门,如何界定各方监督责任?

答:行政机关对行政许可事项的后续监管工作,应当按照法律、法规规定的职责范围,履行监督管理职责。同时,被许可人在作出行政许可决定的行政机关管辖区域外违法从事行政许可事项活动的,违法行为发生地的行政机关应当依法将被许可人的违法事实、处理结果抄告作出行政许可决定的行政机关。

此外,对国务院部门实施的行政许可,法律、行政法规没有明确规定实施监督的机关的,国务院部门可以在职责范围内就上下级之间的监督职责作出划分。

769.问:关于撤回行政许可的使用规则问题?关于撤销行政许可的使用规则问题?关于吊销行政许可的适用规则问题?

答:撤回行政许可适用于行政机关基于公共利益的需要收回已经颁发的行政许可情形。适用前提是相对人取得的行政许可合法。适用情形包括:(一)行政许可依据的法律、法规、规章修改或者废止;(二)行政许可依据的客观情况发生重大变化。

撤回行政许可,行政机关应当作出书面决定,说明撤回行政许可的法律依据或事实基础。撤回行政许可对公民、法人或者其他组织造成财产损失的,作出撤回《行政许可法》定的行政机关应当依法予以补偿。

撤销行政许可适用于行政机关纠正违法事实行政许可的情形。适用前提是行政机关违法作出行政许可决定或者相对人违法取得行政许可。使用情形包括:(一)行政机关工作人员滥用职权、玩忽职守作出准予行政许可决定;(二)行政机关及其工作人员超越法定职权作出准予行政许可决定;(三)行政机关违反法定程序作出准予行政许可决定;(四)申请人不具备申请资格或者不符合法定条件;(五)申请人以欺骗、贿赂等不正当手段取得行政许可;(六)依法可以撤销行政许可的其他情形。

撤销行政许可,行政机关应当作出书面决定,并告知被许可人撤销行政许可的法律依据和实施基础。撤销行政许可可能对公共利益造成巨大损失的,行政机关不得撤销;撤销行政许可损害被许可人的合法权益,除被许可人以欺骗、贿赂等不正当手段取得行政许可的外,行政机关应当依法给予赔偿。

吊销行政许可适用于被许可人取得行政许可后有严重违法行为的情形,适用前提是被许可人取得行政许可后有严重违法行为。

吊销行政许可,只能由法律、法规设定。行政机关作出吊销行政许可的决定前,应当告知被处罚人有要求听证的权利,被处罚人提出听证要求的,行政机关应当组织听证。

770.问：信访制度是不是与行政复议、行政诉讼制度相互独立、相互分离的权利救济制度？

答：《最高人民法院关于适用〈中华人民共和国行政诉讼法〉的解释》第一条第二款第（九）项规定，行政机关针对信访事项作出的登记、受理、交办、转送、复查、复核意见等行为，不属于行政诉讼受案范围。根据《信访条例》第二条第一款规定，信访是指公民、法人或者其他组织采用书信、电子邮件、传真、电话、走访等形式，向各级人民政府、县级以上人民政府工作部门反映情况，提出建议、意见或者投诉请求，依法由有关行政机关处理的活动。因涉及行政机关处理信访事项行为，不属于行政复议受案范围，也不属于人民法院行政诉讼受案范围。《最高人民法院关于适用〈中华人民共和国行政诉讼法〉的解释》第一条第二款第（八）项规定，上级行政机关基于内部层级监督关系对下级行政机关作出的听取报告、执法检查、督促履责等行为，不属于人民法院行政诉讼的受案范围。信访制度是与行政复议和行政诉讼制度相互独立、相互分离的权利救济制度。《信访条例》第三十四条、第三十五条对不服信访答复意见规定了复查、复核等救济途径，并未赋予信访人提起复议、诉讼的权利。

771.问：撤回行政许可的补偿主体一般应为撤回行政许可的行政机关吗？

答：《行政许可法》第八条第二款规定：行政许可所依据的法律、法规、规章修改或者废止，或者准予行政许可所依据的客观情况发生重大变化的，为了公共利益的需要，行政机关可以依法变更或者撤回已经生效的行政许可。由此给公民、法人或者其他组织造成财产损失的，行政机关应当依法给予补偿。《最高人民法院关于审理行政许可案件若干问题的规定》第十四条规定：行政机关依据《行政许可法》第八条第二款规定变更或者撤回已经生效的行政许可，公民、法人或者其他组织仅主张行政补偿的，应当先向行政机关提出申请；行政机关在法定期限或者合理期限内不予答复或者对行政机关作出的补偿决定不服的，可以依法提起行政诉讼。据此，在没有其他明确法律法规规定的情况下，撤回行政许可的补偿主体，一般应认定为撤回行政许可的行政机关。

772.问：何为程序性行为？

答：《最高人民法院关于适用〈中华人民共和国行政诉讼法〉的解释》第一条第二款第（六）项之规定，行政机关为作出行政行为而实施的准备、论证、研究、层报、咨询等过程性行为不属于人民法院行政诉讼的受案范围。所谓程序性行为，是指行政机关在作出行政行为之前，一般需要进行准备、论证、研究、层报、咨询等行为。这些行为尚不具备最终的、对外的法律效力，其效力通常为终局的行政行为所吸收、覆盖。当事人对程序性行为有异议，可以在对终局行政行为的起诉中获得救济，因此司法解释将程序性行政行为确定为不可诉行为。理论上关于程序性行为虽然有界定，但在实践中程序性行为与可诉的具体行政行为并不好区分。但从有利于及时保护行政相对人权益的角度考虑，应尽可以地将某些行为认定为可诉的具体行政行为。

773.问：行政许可被撤销时如何补偿？

答：行政许可所依据的法律、法规、规章修改或者废止，或者准予行政许可所依据的客观情况发生重大变化的，为了公共利益的需要，行政机关可以依法变更或者撤回已经生效的行政许可。由此给公民、法人或者其他组织造成财产损失的，行政机关应当依法给予补偿。

774.问：行政机关不履行法定职责之诉的起诉的条件是什么？

答：根据我国行政诉讼规定，提起一个行政机关不履行法定职责的诉讼，一般要满足以下条件：行政机关负有某项职责；存在一项权利；该权利属于原告；行政机关对于履行职责申请的拒绝导致权利侵害的可能性。行政机关不履行法定职责之诉系针对行政机关不作为行为提起的诉讼，其除要满足一般的起诉条件外，还另外要求：原告能初步证明行政机关负有某项法定职责；行政机关不履行该职责对原告的权利产生了现实的不利影响；行政机关客观上能履行该职责等特定条件。

775.问：在作出规划许可时，未告知利害关系人听证权利的属于重大违反法定程序情形？

答：行政机关在作出工程规划许可决定前，应当查明该行政许可是否直接涉及他人重大利益关系。有重大利益关系的，应当依法告知相关利害关系人享有要求听证的权利。利害关系人在法定期限内提出听证申请的，行政机关应当依法组织听证。未告知利害关系人享有听证权利，未依法举行听证的行政许可，属于重大违反法定程序的行政行为。未依法举行听证对许可申请人或利害关系人的实体合法权益具有重要影响。

776.问：单一与共同之诉如何识别？

答：我国《行政诉讼法》规定的单一之诉是指针对单一行政行为，一个原告就一个被告提起的行政诉讼。共同之诉系在单一之诉的基础上基于诉讼便利、节约司法资源、裁判统一等原则或追求进而衍生出诉讼形式，其主要包括两种类型：一种是因同一行政行为发生的行政案件，在此情形下，既有可能是由数个行政机关共同作出一个行政行为，也有可能是一个行政行为针对数个相对人作出，如果案件必须合一确定，则可将数个原告或数个被告视为一体，一同起诉或一同被诉；另一种情形是因同类行政行为发生的行政案件，法律之所以允许合并审理，并非必须合一确定，而是为了诉讼经济以及防止裁判发生矛盾。但对于同类行政行为，本应分别提起诉讼，只有当人民法院认为有必要时，再将数个起诉合并审理。识别一个诉讼系单一之诉，还是共同之诉，应以被诉的行政行为个数和类型为识别基准。若仅有一个行政行为，涉及的行政相对人和行政机关均单一，则为单一行政诉讼；若仅有一个行政行为，涉及的行政相对人和行政机关非单一，则为共同之诉；若为多个行政行为，且不具有类似性，则为多个单一之诉，而非共同之诉；若为多个行政行为，且具有类似性，则为共同之诉。

777.问：移送涉嫌犯罪案件的行为是否可诉？

答：《行政执法机关移送涉嫌犯罪案件的规定》规定行政机关在执法过程中发现涉嫌刑事犯罪的，可以依法移送侦查机关立案查办。目前，在我国的行政司法实践中，移送涉嫌犯罪案件的行为一般被认定为行政机关之间的内部函告行为，未对行政相对人的权利义务产生实际影响，故不能提起行政复议或行政诉讼。行政机关移送涉嫌犯罪案件的行为被认定为行政机关内部未对行政相对人的合法权益产生实际影响的函告行为，虽有一定的合理性，但又有一定的不妥。第一，公安机关并非完全意义上的行政机关，认定内部或有牵强；第二，移送行为具有行政确认的成分，涉嫌对行政相对人的合法权益产生现实或极大可能的不利影响；第三，移送行为不可复议或诉讼，将会造成行政相对人的合法权利没有有效的途径得到及时救济。

778.问：上级行政机关不履行对下级行政机关的监督职责是否可诉？

答：我国现行《行政诉讼法》及司法解释规定，上级行政机关不履行对下级行政机关一般意义上的监督职责不可诉；但不排除行政特别法明确规定的上级行政机关不履行对下级行政机关的监督职责行为可诉。行政相对人对下级行政机关的行为不服，申请上级行政机关进行监督，属于信访行为，受信访条例的规制。现行法律规定，行政机关内部层级监督不可诉，主要是基于内部层级监督行为不具有诉的必要性，即行政相对人完全可以针对下级行政机关的行为提起行政诉讼，以维护自身合法权益，而没有必要针对上级行政机关的监督行为提起诉讼。如若内部层级监督行为可诉，则相对上级的行政机关必将陷入大量诉讼纠纷之中，扰乱正常的行政活动。但根据行政特别法规定，行政相对人不能针对下级行政机关的行为提起行为诉讼时，则行政相对人对上级行政机关不履行特别法上非层级监督职责的行为具有了诉的必要性。在此情况下，行政相对人可以对上级行政机关不履行非层级监督职责的行为提起行政诉讼。

779.问：行政诉讼请求不明确是指行政行为不具体、不明确吗？

答：《行政诉讼法》第四十九条第三项规定，提起行政诉讼，应当要有具体的诉讼请求。《最高人民法院关于适用〈中华人民共和国行政诉讼法〉的解释》第六十九条第一款第一项规定，起诉不符合行政诉讼法第四十九条规定，已经立案的，应当裁定驳回起诉。所谓"具体的诉讼请求"，就是要有明确的被诉行政行为。行政诉讼的起诉条件中，受案范围是对当事人权利义务产生实际影响的可诉"行政行为"，原告资格是起诉人要与被诉"行政行为"有利害关系，适格被告是作出"行政行为"的行政机关，起诉期限是从知道或者应当知道"行政行为"之日起计算；进入实体审理后，行政诉讼的审理对象是被诉行政行为，没有明确的被诉行政行为，人民法院无法对被诉行政行为的合法性进行审查。因此，行政诉讼中，诉讼请求不明确，就是行政行为不具体、不明确。行政诉讼的第一要务是要明确被诉行政行为。被诉行政行为不明确，不符合法定起诉条件。

780.问：行政机关联合执法如何确定责任主体？

答：联合执法是指两个或两个以上行政执法机关，按照各自的职责范围，在实施行政执法时进行的联合行动。联合执法在于克服行政执法机关在执法权限单一的缺点，有利于解决特殊执法活动中执法环境多重性困难的问题，以提高执法效果。但因联合执法涉及多个行政机关的配合，超出单一行政机关的职责范围，因此联合执法需要经本级人民政府的批准，联合执法产生的法律责任应由批准实施联合执法的人民政府承担。

781.问：不履行法定职责案件的起诉期限？

答：《行政诉讼法》第三十八条第一款规定：在起诉被告不履行法定职责的案件中，原告应当提供其向被告提出申请的证据。但有下列情形之一的除外：(一)被告应当依职权主动履行法定职责的；(二)原告因正当理由不能提供证据的。第四十六条规定：公民、法人或者其他组织直接向人民法院提起诉讼的，应当自知道或者应当知道作出行政行为之日起六个月内提出。法律另有规定的除外。第四十七条第一款规定：公民、法人或者其他组织申请行政机关履行保护其人身权、财产权等合法权益的法定职责，行政机关在接到申请之日起两个月内不履行的，公民、法人或者其他组织可以向人民法院提起诉讼。法律、法规对行政机关履行职责的期限另有规定的，从其规定。根据上述规定，公民、法人或者其他组织起诉行政机关不履行法定职责，应当向法院提供其已经向行政机关提出申请的证据。同时，公民、法人或者其他组织向行政机关提出履行法定职责的申请后，除法律另有规定的外，如在2个月内未得到行政机关处理即可以向法院起诉，并且自2个月履行期限届满之日起开始计算起诉期限，起诉期限为6个月。

782. 问：人民法院能否对行政行为的合理性进行审查？

答：《行政诉讼法》第六条规定，人民法院审理行政案件，对行政行为是否合法进行审查。因此，人民法院在行政诉讼以合法性审查为基本原则。但是《行政诉讼法》第七十条又规定，行政行为滥用职权或明显不当的，人民法院判决撤销或部分撤销。据此，人民法院在行政诉讼中并未排斥对行政行为的合理性审查，合法性审查原则一定程度上包涵了合理性审查的内容。因此，人民法院在行政诉讼中以合法性审查为基本原则，可以对“滥用职权或明显不当的”行政行为予以一定限度的合理性审查。

783. 问：行政复议对行政诉讼权利有哪些影响？

答：行政复议与行政诉讼都是法定的解决行政争议的救济方式，其目的都是监督行政机关依法行政，保护公民、法人和其他组织的合法权益，生效的行政复议决定和行政裁判都具有法律羁束力和执行力。除非在有法律、法规规定行政复议前置的情形下，行政相对人对行政复议和行政诉讼有自由选择权。如果选择了行政复议，对复议决定不服的，还可再提起行政诉讼，这也体现了司法的最终救济价值。但是，此种情形下的司法救济有一定的起诉期限限制，当事人必须在法定的起诉期限内提起诉讼，人民法院才予受理。否则，不能再行提起诉讼；即使原告提起了诉讼，也依法不属于人民法院的受案范围。《行政诉讼法》第四十五条规定，公民、法人或者其他组织不服复议决定的，可以在收到复议决定书之日起十五日内向人民法院提起诉讼。根据该规定，行政复议决定送达后，当事人应当在十五日内提起诉讼，如在该期限内未提起诉讼，复议决定书即发生法律效力，并对行政机关和公民、法人或者其他组织均具有法律拘束力，在此情形下，作为公民、法人或者其他的行政相对人不得再对原行政行为和复议决定提起诉讼，亦即丧失了诉权。

784. 问：行政程序的重开应当受到哪些条件限制？

答：行政行为是行政机关行使行政职权、进行行政管理的行为。根据行政法一般原理，行政行为一经成立，即产生行政法律效果，具有公定力、确定力、拘束力和执行力。虽然行政行为的作出是单方面的，但约束力却是双方面的。对于当事人而言，一旦寻求法律救济的期限届满、自我放弃法律救济手段，或者因其他情形导致法律救济途径穷尽，行政行为即具备不可撤销性。行政行为在其存续期间，对于行政机关同样具有约束力，这是由行政行为的处理性特征所决定的，过于随意的处理是不理智的和没有意义的。从法的安定性角度考量，亦不允许行政机关非因法定事由并经法定程序恣意撤销或废止已经作出的行政行为。但通说认为，行政行为的约束力只存在于行政行为的存续期间。行政机关虽然受行政行为的约束，但在特定条件下可以在法律救济程序之外自行撤销或者废止行政行为。当事人虽因法律救济期限届满等原因，不能再通过诉讼途径请求撤销或者废止行政行为，但却可以请求行政机关重开行政程序，对行政行为自行撤销或者废止。不过，行政程序的重开应当受到严格的条件限制。这些条件包括，作为行政行为根据的事实或法律状态发生变化，行政行为作出后出现足以推翻行政行为的新的证据。如果当事人仅仅是沿袭之前的主张，行政机关作出的拒绝答复或者不予答复在性质上即系驳回当事人对行政行为提起申诉的重复处理行为，不属于行政诉讼的受案范围。

785. 问：行政机关针对信访事项作出的登记、受理、交办、转送、复查、复核意见等行为是否属于行政诉讼受案范围？

答：《行政诉讼法》第四十九条规定：提起诉讼应当符合下列条件：……（四）属于人民法

院受案范围和受诉人民法院管辖。《最高人民法院关于运用〈中华人民共和国行政诉讼法〉的解释》第一条第二款第九项规定：下列行为不属于人民法院行政诉讼的受案范围：……（九）行政机关针对信访事项作出的登记、受理、交办、转送、复查、复核意见等行为。

786.问：行政许可的撤回是否需要补偿？

答：《行政许可法》第七条规定，公民、法人或者其他组织对行政机关实施行政许可，享有陈述权、申辩权；有权依法申请行政复议或者提起行政诉讼；其合法权益因行政机关违法实施行政许可受到损害的，有权依法要求赔偿。该法第八条第二款规定，准予行政许可所依据的客观情况发生重大变化，为了公共利益的需要，行政机关可以依法撤回已经生效的行政许可。由此给公民、法人或者其他组织造成财产损失的，行政机关应当依法给予补偿。由此可见，行政机关在设定和撤回行政许可过程中，均应当遵行一定正当程序，因违法实施行为损害行政相对人合法权益的，应当承担赔偿责任；出于维护公共利益的需要，行政机关可以依法撤回行政许可，但给行政相对人造成财产损失的应当依法给予补偿。

787.问：违反正当程序注销行政许可的，法院可判决撤销该注销行为？

答：行政机关设定和实施行政许可，应当遵循公开、公平、公正的原则。虽然现行法律对行政许可注销行为的程序没有具体规定，但行政机关在注销行政许可时仍应遵循程序正当原则，向行政相对人说明行政行为的依据、理由，以充分保障当事人的知情权和陈述申辩权。行政机关在注销行政许可前未告知行政相对人，未听取行政相对人的陈述申辩，违反了程序正当原则，在作出注销决定后又未依法送达行政相对人，行政相对人要求撤销行政机关行政许可注销行为的，人民法院应予支持。

788.问：行政机关逾期举证的法律后果？

答：《行政诉讼法》第三十四条第二款规定：被告不提供或者无正当理由逾期提供证据，视为没有相应证据。这是因为，被告对作出的行政行为负有举证责任，应当在法定期限内向人民法院提供作出该行政行为的证据，不提供或者无正当理由逾期提供证据，甚至不出庭应诉，则会导致证据失权，承担“视为没有相应证据”的法律后果。这一后果相当严重，因为根据《行政诉讼法》第七十条第一项的规定，行政行为“主要证据不足的”，将会被判决撤销或者部分撤销。但在行政行为涉及第三人合法权益的情况下，简单适用这一规则，则是将不利后果转嫁到第三人的头上。正因如此，《行政诉讼法》第三十四条第二款特别规定：但是，被诉行政行为涉及第三人合法权益，第三人提供证据的除外。这一特别规定还表明，行政诉讼的证据并非只应由行政机关提供，凡是能够证明案件事实的合法证据，都能成为行政诉讼的定案依据。

789.案情简介：南京钛能公司取得高新技术企业证书和水文、水资源调查评价资质证书。2016年10月，招标人发布尚志市幸福沟水库工程第三标段招标公告，要求投标人应具备乙级以上水文、水资源调查评价资质及高新技术企业证书。南京钛能公司、宏电公司等多家公司参与投标。南京钛能公司在投标过程中提交了取得的高新技术企业证书和水文、水资源调查评价资质证书等文件。2016年11月10日，招标人在黑龙江省水利网对水库工程中标情况予以公示，中标人为南京钛能公司，公示中告知如有异议可向黑龙江省哈尔滨市水务局（简称水务局）投诉。次日，宏电公司向水务局投诉，请求撤销南京钛能公司的中标候选人资格。随后，水务局组织原评标委员会对投诉事项进行复审，复审决议维持原评审结果。2016年12月，水务局作出处理决定，维持原评标结果。宏电公司不服，向黑龙江省哈尔滨市人民政府(简称哈尔滨市政府)申请行政复议。哈尔滨市政府认定南京钛能公司的投标文件不符合招标文件规定的资格,撤销了水务局作出的处理决定,责令其依法重新作出处理决定。南京钛能公司不服,提起本案诉讼,请求撤销哈尔滨市政府作出的行政复议决定。黑龙江省大庆市中级人民法院一审认为,南京钛能公司在投标文件中提交的资质证书不符合招标文件的要求,且水务局未依法对宏电公司投诉前是否向招标人提出异议进行审查,作出维持原评审结果的投诉处理决定,违反法定程序。哈尔滨市政府撤销水务局的处理决定并责令其依法重新作出处理决定,并无不当,判决驳回南京钛能公司的诉讼请求。南京钛能公司不服,提起上诉。黑龙江省高级人民法院二审认为,根据《招标投标法实施条例》《工程建设项目招标投标活动投诉处理办法》的相关规定,投标人或其他利害关系人对评标结果有异议的,向招标人提出异议是前置程序,故水务局对宏电公司的投诉未进行审查即予受理不当,哈尔滨市政府责令水务局重新作出处理决定无法律依据,遂撤销一审判决,维持哈尔滨市政府行政复议决定中撤销水务局作出的处理决定部分,撤销责令水务局依法重新作出处理决定部分。

问:在行政执法活动中,行政机关是否应当恪守程序正当的法治原则?

答:本案中,根据《中华人民共和国招标投标法实施条例》第五十四条,宏电公司就南京钛能公司在参加投标过程中是否符合招标文件规定的资格条件进行投诉的,应当先向招标人提出异议。宏电公司直接向水务局投诉,不符合向招标人提出异议的前置程序要求。此案判决明确了行政权力在行政审查中的范围和边界,督促行政机关增强行政程序意识,依法最大限度地保护外来企业的合法权益,对充分发挥司法的规范引领作用,努力打造公平竞争的发展环境具有促进作用。在行政执法活动中,行政机关应当恪守程序正当的法治原则。

790.问:不得以同一事实和理由作出相同的行政行为,如何认定同一事实和理由?

答:《行政诉讼法》第七十一条规定,人民法院判决被告重新作出行政行为的,被告不得以同一事实和理由作出与原行政行为基本相同的行政行为。所谓"同一事实和理由"是指行政机关重新作出的行政行为依据的主要证据、事实和理由,与被撤销的行政行为所依据的主要证据、事实和理由基本相同,从而造成重新作出的行政行为直接与人民法院的生效判决认定的事实和理由相抵触的情形。如果生效判决仅仅是以事实不清、主要证据不足为由撤销原行政行为,行政机关重新作出行政行为时,依据新的证据,补充认定相关事实,完善决定理由,重新作出与原行政行为处理结果相同的行政行为,不属于以"同一事实和理由"作出与原行政行为基本相同行政行为的情形。

791.问:水行政主管部门责令行政相对人自行拆除河道管理范围内的违法建筑物属于行政强制?

答:水行政主管部门下达的《责令改正通知书》属于程序性、过程性的行政行为,并非独立、完整、成熟的行政行为,作出通知书的作用是劝告行政相对人自觉履行法定义务,是一种柔性的行政指导行为,并没有侵害行政相对人的任何合法权益。责令改正是行政机关在实施行政处罚的过程中对违法行为人发出的一种作为命令,其本身并不是制裁,而是要求违法行为人履行法定义务,停止违法行为,消除不良后果,恢复原状。而行政强制措施是指行政机关在行政管理过程中,为制止违法行为、防止证据毁损、避免危害发生、控制危险扩大等情形,依法对公民的人身自由实施暂时性限制,或者对公民、法人或者其他组织的财物实施暂时性控制的行为。

792.问:具有行政处罚和行政强制权的行政主体是否具有相应的行政命令权力?

答:行政处罚和行政强制是行政管理中较为常见的行政行为,行政机关查处违法行为需要进行调查取证、询问、通知等,这些行为是查明事实必须的过程性行为,在此基础上,向行政相对人发出的行政命令,是行政处罚前行为。因此,具有行政处罚和行政强制权的行政主体当然具有相应的行政命令权力。目前,我国关于行政命令的立法存在极大的空缺,致使在司法实践中,对行政命令行为的识别、程序规划以及权利救济等适用法律有一定的困难。在此情形下,在没有充分的法律根据的情形下,不易轻易将类似行政命令的行为归属为行政命令。

793.问:提起行政诉讼应当有具体的事实根据,所谓有事实根据指的是什么?

答:根据《行政诉讼法》第四十九条,提起诉讼应当有具体的诉讼请求和事实根据。所谓有事实根据,是指诉讼标的能够固定,且能够被特定化或者被识别所需的最低限度的事实。一般情况下,起诉人要明确指出行政机关作出的行政行为,如果是针对行政机关作出的书面行政决定等行政行为,应当提供该书面决定,如果是针对行政机关的事实行为,则需要提供初步的证据证明行政机关实施了该事实行为。

最高法案例:会议纪要的可诉性及会议纪要议定的事项能否成为行政机关的法定职责?

794.问:行政机关所作的会议纪要什么情况下具有可诉性?会议纪要议定的事项能否成为行政机关的法定职责?

答:判断行政行为是否可诉的标准是行政行为是否侵犯相对人的合法权益,即对相对人权利义务产生实际影响的行为属于行政诉讼的受案范围,具有可诉性。

会议纪要已经议定的事项,具有法定效力,非依法定程序不得否定其效力,无论是行政机关还是相对人均应遵照执行。会议纪要议定的行政机关职责,亦因此而转化为该行政机关的法定职责。

795.问:两个以上行政相对人共同违法,如何处罚?

答:在行政执法中遇到两个以上行政相对人共同违法的情况很多,其表现形式也很多,这里仅对两种常见的情况进行探讨。

1.数个行为人分工协作,分别实施违法行为。这种情况的处理比较简单,应当根据各自的情节分别给予相应的行政处罚。

2.数个行为人出于同一的故意,共同实施某一违法行为,这种情况的处理,相对比较复杂。理论上说,应当由行为人对违法行为产生的后果承担连带责任,即执法部门可以将所有的行为人共同列为行政相对人,在行政处罚的执行过程中,执法部门可以要求其中任何一个行为人履行全部的行政处罚,而不需要分别确认每个行为人应承担的处罚比例。至于承担了全部行政处罚的行为人,则有权向其他行为人追偿,其比例的分担,由行为人协商或者诉诸法律解决。《民法典》第一百七十八条第三款规定:连带责任,由法律规定或者当事人约定。就行政法律责任来说,行使追偿权的时候,可以参照民事法律的相关规定,由法律作出规定或者明确可以依当事人的约定。建议在《行政处罚法》后续修订时,将共同违法行为人承担连带责任以及追偿的内容写入其中,以填补法律规定的空白,提高行政执法的有效性。

796.问:新修订《行政处罚法》有什么变化?

答:现行《行政处罚法》是1996年颁发的,2007年和2019年有过小范围修订,今年刚通过的《行政处罚法》较旧版新增22条,其中对行政处罚的概念、行政处罚的种类、听证范围、法制审核范围、办案期限等做了较大的修订，作为水行政执法人员很有必要学习一下。

一、明确“行政处罚”的概念。

该法第二条：“行政处罚是指行政机关依法对违反行政管理秩序的公民、法人或者其他组织，以减损权益或者增加义务的方式予以惩戒的行为。随着行政执法新的领域和新的违法情形不断变化，固定某几种处罚种类都不能穷尽将来可能发生的违法情形，因此明确行政处罚的概念，为以后在行政执法、行政诉讼等诸多案件中如何厘清行政处罚与其他行政行为提供了法律支持，只要该行政行为具有减损行政相对人权益或者增加行政相对人义务性质的，即可认定该行政行为为行政处罚行为，并无必要拘泥于行政行为的名称。

二、新增行政处罚种类。

1.通报批评，该处罚种类与“警告”并列。警告多为“点对点”对行政相对人的违法行为予以警告，提醒其下不为例；而通报批评多为“点对面”，有一定的公开性。

2.降低资质等级。比如驾驶证扣分“降照”；施工一级资质降为二级，虽然为资格罚，实际上限制了行政相对人的某种行为。

3.限制开展生产经营活动、限制从业。就是在一定区域和时间内限制或禁止行政相对人从事某种活动。比如“终身禁驾”，建设领域的“失信黑名单”等。

三、赋予“乡、镇、街道办事处”一定程度上行政处罚权。

该法第二十四条：省、自治区、直辖市根据当地实际情况，可以决定将基层管理迫切需要的县级人民政府部门的行政处罚权交由能够有效承接的乡镇人民政府、街道办事处行使，并定期组织评估。决定应当公布。

乡、镇、街道办事处是最基层的政府机关，往往是最早发现违法行为的机关，但现行《行政处罚法》将行政处罚的权利确定为“县级以上人民政府具有行政处罚权的行政机关”，如今新法修订解决了乡、镇、街道办事处“看得见、管不着”的现状，为最基层政府机关行政执法提供了法律依据。

四、特殊案件延长了行政执法时效。

该法第三十六条：违法行为在二年内未被发现的，不再给予行政处罚；涉及公民生命健康安全、金融安全且有危害后果的，上述期限延长至五年。法律另有规定的除外。一般情况下，行政处罚的执法时效为两年，但涉及公民生命健康安全、金融安全且有危害后果的为五年。除法律另有规定除外，比如《治安处罚法》规定的执法时效为六个月。

五、增加“听证范围”，重新规定听证程序的时间。

1.该法第六十三条新增行政范围为：没收较大数额违法所得、没收较大价值非法财物；降低资质等级。因为新增的两种行政处罚种类对行政相对人的权利义务有重大影响，因此有必要纳入听证范围，从而增加新的权利救济途径。

2.申请听证的时间从“三天内”改为“五天内”，同时明确五天为工作日而非日历天。

六、明确法制审核范围。

该法第五十八条有下列情形之一作出处罚决定之前的法制审核程序，否则不得作出处罚决定。①涉及重大公共利益的；②直接关系当事人或者第三人重大权益，经过听证程序的；③案件情况疑难复杂、涉及多个法律关系的；④法律、法规规定应当进行法制审核的其他情形。

首先明确了法制审核范围，不是所有的行政处罚都需要法治审核；其次“无审核不处罚”,法制审核成了前置必须程序,;最后行政机关赶紧招聘通过法考的人员,是的法制审核“有编有人”同时也扩大法律人才就业。

七、增加当场处罚(简易程序)和当场收缴罚款数额。

当场处罚个人从50元增加到200元;单位从1 000元到3 000元;当场收缴从20元到100元。

八、明确行政处罚案件办案期限。

该法第六十条:行政机关应当自行政处罚案件立案之日起90日内作出行政处罚决定。法律、法规、规章另有规定的,从其规定。一改“60日”惯例,新增30天,为行政机关调查取证、听证、法制审核给了必要的时间。

九、明确电子送达文书、电子支付缴纳罚款等。

该法第六十一条明确电子邮件等网络形式送达处罚决定,方便法律文书送达;该法第六十七条第三款明确了电子支付系统缴纳罚款。

十、确定重大行政处罚公示制度;疫情期间从重、快速处理制度;电子技术监控设备法治、技术审核制度。

797.问:新《行政处罚法》有哪些亮点?

答:2021年1月22日,十三届全国人大常委会第二十五次会议审议通过修订后的《行政处罚法》,自2021年7月15日起施行。这是《行政处罚法》实施24年后的首次大修,对适应新时代要求,推进严格规范公正文明执法,切实保护行政管理相对人的合法权益具有重要意义。新《行政处罚法》的亮点值得每一位执法人员学习。

各级水行政主管部门作为行政执法部门,享有法律、行政法规赋予的多项行政处罚权。贯彻落实好《行政处罚法》,是各级水行政主管部门的重要职责。要认真做好新《行政处罚法》的学习宣传工作,掌握基本精神和核心内容,要加强制度建设,规范行政处罚程序,确保行政处罚在法治轨道上运行,不断提升水行政管理的法治化水平。

亮点一:首次明确行政处罚的概念

1996年颁布实施的《行政处罚法》,对什么是行政处罚,一直缺乏从法律上下的定义,这不能不说是《行政处罚法》一个较大缺陷。《行政处罚法》作为调整整个行政处罚领域的基本法,没有对行政处罚的内涵和外延作出明确的界定,不利于整个行政处罚领域法治的统一。同时,国家立法机关在制定行政处罚单行法和行政立法机关在制定行政处罚单行法规时,对处罚对象和处罚范围的确定也没有严格的遵循标准。这次修订《行政处罚法》要为“行政处罚”下一个定义,已成为各方面的共识。新修订的《行政处罚法》第二条明确规定:行政处罚是指行政机关依法对违反行政管理秩序的公民、法人或者其他组织,以减损权益或者增加义务的方式予以惩戒的行为。这一规定明确了行政处罚的主体是行政机关,行政处罚的对象是违反行政管理秩序的公民、法人或者其他组织,行政处罚的内容是以减损权益或者增加义务的方式予以惩戒,较为全面地反映了行政处罚的内涵和外延,也有利于将行政处罚与其他行政行为区别开来。

亮点二:完善行政处罚的种类

现行《行政处罚法》规定的行政处罚种类包括警告,罚款,没收违法所得、非法财物,责令停产停业,暂扣或者吊销许可证,暂扣或者吊销执照,行政拘留,法律、行政法规规定的其他行政处罚。长期以来,社会各界普遍认为这一规定对行政处罚的形式不包容、不周延,遗漏了很多应属于行政处罚范畴的行为,如责令拆除违法建筑,取消或限制从业资格等。新修订的《行政处罚法》对行政处罚的种类进行了调整,第九条明确行政处罚的种类包括:警告、通报批评;罚款、没收违法所得、没收非法财物;暂扣许可证件、降低资质等级、吊销许可证件;限制开展生产经营活动、责令停产停业、责令关闭、限制从业;行政拘留;法律、行政法规规定的其他行政处罚。这一规定进一步体现了行政处罚的基本种类,即财产罚、行为资格罚、人身自由罚和声誉罚,使行政处罚的分类更加科学。

亮点三:扩大行政处罚的设定权限

根据现行《行政处罚法》的规定,行政法规可以设定除限制人身自由以外的行政处罚。地方性法规可以设定除限制人身自由、吊销企业营业执照以外的行政处罚。法律、行政法规对违法行为已经作出行政处罚规定,地方性法规需要作出具体规定的,必须在法律、行政法规规定的给予行政处罚的行为、种类和幅度的范围内作出规定。这一规定主要是限制地方性法规随意设定行政处罚,侵犯公民、法人或者其他组织的合法权益。但是《行政处罚法》实施20多年来,地方在实施中普遍感觉这一规定对地方性法规的限制过于严格,不利于发挥地方性法规在地方治理中的作用。为此,这次新修订的《行政处罚法》赋予行政法规和地方性法规行政处罚的设定权,在第十条增加规定:法律对违法行为未作出行政处罚规定,行政法规为实施法律,可以补充设定行政处罚。在第十二条增加一款,规定:法律、行政法规对违法行为未作出行政处罚规定,地方性法规为实施法律、行政法规,可以补充设定行政处罚。但为了防止行政法规和地方性法规超越职权滥设行政处罚侵害行政管理相对人的合法权益,新修订的《行政处罚法》还规定:拟补充设定行政处罚的,应当通过听证会、论证会等形式广泛听取意见,并向制定机关作出书面说明。行政法规、地方性法规报送备案时,应当说明补充设定行政处罚的情况。

亮点四:行政处罚实施权向基层延伸

现行《行政处罚法》第二十条规定:行政处罚由违法行为发生地的县级以上地方人民政府具有行政处罚权的行政机关管辖。法律、行政法规另有规定的除外。据此,乡镇人民政府和街道办事处一般不享有行政处罚的实施权。之所以将行政处罚的实施权只授予县级以上地方人民政府及主管部门行使,而不授予乡镇人民政府和街道办事处行使,主要是因为县级以上人民政府及主管部门具有专业人员、专门知识和专业技能,也具有较完善的执法设备和技术条件。为了有效解决行政执法实践中存在的“管得着的看不见,看得见的管不着”等突出问题,新修订的《行政处罚法》增加第二十四条,规定:省、自治区、直辖市根据当地实际情况,可以决定将基层管理迫切需要的县级人民政府部门的行政处罚权交由能够有效承接的乡镇人民政府、街道办事处行使,并定期组织评估。决定应当公布。承接行政处罚权的乡镇人民政府、街道办事处应当加强执法能力建设,按照规定范围、依照法定程序实施行政处罚。有关地方人民政府及其部门应当加强组织协调、业务指导、执法监督,建立健全行政处罚协调配合机制,完善评议、考核制度。这一规定有利于将行政处罚实施权向乡镇人民政府及街道办事处延伸,提高执法效能。但县级人民政府应当加强监督,完善行政处罚的评议、考核制度,发现问题,及时纠正,确保行政管理相对人的合法权益不受侵害。

亮点五:细化行刑衔接制度

行刑衔接就是行政执法与刑事司法程序的衔接,通常发生在行政违法与刑事违法竞合的场合。现行《行政处罚法》第二十二条只对行刑衔接作了原则性规定,明确:违法行为构成犯罪的,行政机关必须将案件移送司法机关,依法追究刑事责任。这一规定明确了行刑衔接中“刑事优先”的基本原则,即行政执法机关发现行政相对人的行政违法行为涉嫌构成犯罪的,应当中止行政执法程序,将案件立即移送给司法机关追究刑事责任。也就是说在违法行为既需要进行行政处罚也需要进行刑事处罚的情况下,行政执法机关应当将案件移送司法机关,优先进行刑事处罚。但对经过司法机关刑事审判后依法不需要追究刑事责任或者免予刑事处罚的,是否还要交回行政机关给予行政处罚呢?针对这一问题,新修订的《行政处罚法》第二十七条增加规定:对依法不需要追究刑事责任或者免予刑事处罚,但应当给予行政处罚的,司法机关应当及时将案件移送有关行政机关。也就是说在刑事程序之后还需要行政处罚的,司法机关要将案件移送有关行政机关。同时,新修订的《行政处罚法》还要求行政处罚实施机关与司法机关之间应当加强协调配合,建立健全案件移送制度,加强证据材料移交、接收衔接,完善案件处理信息通报机制。

亮点六:完善“一事不再罚”原则

“一事不再罚”是行政法治的基本原则。现行《行政处罚法》第二十四条一定程度地体现了这一原则,规定:对当事人的同一个违法行为,不得给予两次以上罚款的行政处罚。在《行政处罚法》修改的过程中,一些专家学者提出:对同一个人的同一个违法行为,仅规定不得给予两次以上罚款,难道就可以给予两次以上行政拘留、给予两次以上吊销证照、给予两次以上取消或限制从业资格的处罚吗?但考虑到一些行政处罚只能由特定的行政机关行使,如行政拘留只能由公安机关行使,吊销营业执照只能由发证机关行使,规定当事人的一个违法行为只能由一个机关处罚还有难度,但对于当事人的同一个违法行为,不同法律、法规均规定了罚款的行政处罚,应当按照重吸轻的方式来解决竞合问题。新修订的《行政处罚法》第二十九条增加规定:同一个违法行为违反多个法律规范应当给予罚款处罚的,按照罚款数额高的规定处罚。

亮点七:修改行政处罚时效制度

所谓行政处罚时效制度,就是指行政机关对违反行政管理秩序的公民、法人或者其他组织追究行政责任、给予行政处罚的有效期限。行政机关超过法律规定的期限未发现违法行为的,对当时的违法行为人不再给予行政处罚。现行《行政处罚法》关于行政处罚时效的规定是:违法行为在二年内未被发现的,不再给予行政处罚。法律另有规定的除外。前款规定的期限,从违法行为发生之日起计算;违法行为有连续或者继续状态的,从行为终了之日起计算。这一规定在实施中存在的主要问题是对违法行为不加区分,无论违法行为的性质和危害性如何,都是二年时效,导致对某些严重的违法行为因为时效已过而不能处罚,不利于打击违法。新修订的《行政处罚法》第三十六条对行政处罚的时效制度进行了完善,明确:违法行为在二年内未被发现的,不再给予行政处罚;涉及公民生命健康安全、金融安全且有危害后果的,上述期限延长至五年。法律另有规定的除外。也就是说根据新修订的《行政处罚法》,行政处罚的时效一般是二年,但如果违法行为涉及公民生命健康、金融安全且有危害后果的,行政处罚的时效可以延长到五年,这样的规定更科学合理。

亮点八:确立行政执法“三项制度”的法律地位

所谓行政执法“三项制度”,是指行政执法公示制度、执法全过程记录制度、重大执法决定法制审核制度。“三项制度”聚焦行政执法的源头、过程和结果三个关键环节,是提高政府治理效能的重要抓手,对切实保障人民群众合法权益、推进国家治理体系和治理能力现代化具有重要意义。按照党中央、国务院的部署,“三项制度”在试点的基础上已全面推开,对有效解决执法不严格、不规范、不文明、不透明等突出问题意义重大。行政处罚是行政执法的核心和重点,新修订的《行政处罚法》将“三项制度”上升为法律规定。其中,第三十九条对行政处罚公示制度作出规定,明确:行政处罚的实施机关、立案依据、实施程序和救济渠道等信息应当公示。第四十七条对行政处罚全过程记录制度作出规定,明确:行政机关应当依法以文字、音像等形式,对行政处罚的启动、调查取证、审核、决定、送达、执行等进行全过程记录,归档保存。第五十八条对行政处罚的法制审核制度作出规定,明确:对涉及重大公共利益;直接关系当事人或者第三人重大权益经过听证程序;案件情况疑难复杂、涉及多个法律关系的,在行政机关负责人作出行政处罚的决定之前,应当由从事行政处罚决定法制审核的人员进行法制审核;未经法制审核或者审核未通过的,不得作出决定。行政机关中初次从事行政处罚决定法制审核的人员,应当通过国家统一法律职业资格考试取得法律职业资格。

亮点九:完善行政处罚听证制度

听证制度是现代行政程序法的核心制度。1996 年颁布实施的《行政处罚法》首次从立法上确立了行政处罚的听证制度,具有划时代的重要意义。随着国家法治化进程的不断推进,听证制度已在多个领域广泛应用,在推进法治政府建设中发挥了十分重要的作用。新修订的《行政处罚法》针对行政处罚听证中存在的突出问题,对行政处罚听证制度进行了三个方面的完善:一是扩大行政处罚听证的范围,同现行《行政处罚法》相比,将没收较大数额违法所得、没收较大价值非法财物,降低资质等级,责令关闭、限制从业和其他较重的行政处罚都纳入可以申请听证的事项范围;二是延长当事人申请听证的时间,将现行《行政处罚法》规定的申请听证的时间由三天修改为五天;三是对听证笔录的效力作出明确规定。现行《行政处罚法》第四十二条在规定行政处罚听证程序时对于听证笔录的效力没有作任何规定。这意味着,行政机关在拟对行政相对人作出行政处罚决定前为之举行的听证及各方经听证提交、出示、质证的证据,对行政机关作出正式处罚决定没有任何拘束力,听证在很大程度上只是一种形式,没有或者很少有实质作用。为了解决这一问题,新修订的《行政处罚法》第六十五条对听证笔录的效力作出了专门规定,明确:听证结束后,行政机关应当根据听证笔录,依照本法第五十七条的规定,作出决定。行政机关既然为正确作出行政处罚决定组织了听证,就应当以听证笔录为处罚根据,这对解决听证“走过场”具有重要意义。

亮点十:强化行政处罚的正当程序

正当程序是行政法的基本原则。正当程序的基本要求是任何人不能做自己案件的法官,应当中立、公正、不偏不倚;作出行政决定时,应当允许受决定影响的公民提供证据,陈述和申辩,行政机关必须听取公民的意见。新修订的《行政处罚法》在正当程序方面有了明显的进步:一是完善行政处罚回避制度。现行《行政处罚法》仅在第三十七条第三款对回避制度作出简单规定,明确:执法人员与当事人有直接利害关系的,应当回避。这次新修订的《行政处罚法》将之扩充为一条三款,在第四十三条规定:执法人员与案件有直接利害关系或者有其他关系可能影响公正执法的,应当回避。当事人认为执法人员与案件有直接利害关系或者有其他关系可能影响公正执法的,有权申请回避。当事人提出回避申请的,行政机关应当依法审查,由行政机关负责人决定。决定作出之前,不停止调查。二是增加行政处罚的证据规定。行政处罚决定必须以事实为根据,法律为准绳,对当事人违法事实的认定必须建立在证据的基础上。而现行《行政处罚法》对行政处罚的证据基本没有规定,不能不说是一个较大的缺陷。新修订的《行政处罚法》专门增加第四十六条对行政处罚的证据种类作出规定，明确了证据包括：书证、物证、视听资料、电子数据、证人证言、当事人的陈述、鉴定意见、勘验笔录和现场笔录。证据必须经查证属实，方可作为认定案件事实的根据。以非法手段取得的证据，不得作为认定案件事实的根据。三是切实保障当事人的陈述、申辩权。现行《行政处罚法》第三十一条仅规定：行政机关在作出行政处罚决定之前，应当告知当事人作出行政处罚决定的事实、理由及依据，并告知当事人依法享有的权利。但当事人依法享有的权利包括什么内容？当事人享有哪些权利？这些都是不明确的。新修订的《行政处罚法》第四十四条明确：行政机关在作出行政处罚决定之前，应当告知当事人拟作出的行政处罚内容及事实、理由、依据，并告知当事人依法享有的陈述、申辩、要求听证等权利。同时，针对行政机关利用电子设备收集、固定违法事实，并对当事人进行行政处罚的情形，如交管部门根据电子眼对交通违法行为给予行政处罚的情形，新修订的《行政处罚法》增加规定：行政机关应当及时告知当事人违法事实，并采取信息化手段或者其他措施，为当事人查询、陈述和申辩提供便利。不得限制或者变相限制当事人享有的陈述权、申辩权。

798.问："首违可不罚"，对水利行政处罚有什么影响？

答：新修订的《行政处罚法》为强化处罚与教育相结合原则，提高社会对行政处罚的认可度，增加了"首违可不罚"等规定。这一规定将对水行政执法产生深刻影响。新《行政处罚法》第三十三条第一款规定：违法行为轻微并及时改正，没有造成危害后果的，不予行政处罚。初次违法且危害后果轻微并及时改正的，可以不予行政处罚。这一条款的第二句被称为"首违可不罚"，引发诸多关注。《行政处罚法》规定，实施行政处罚，纠正违法行为，应当坚持处罚与教育相结合，教育公民、法人或者其他组织自觉守法。

"首违可不罚"，也是"处罚与教育相结合"原则的体现。对当事人的违法行为依法不予行政处罚的，行政机关应当对当事人进行教育。当事人初次违法且危害后果轻微并及时改正的，可以不予行政处罚，扩充了不予处罚的范畴，在风险可控的前提下，充分体现了执法的温度。

"首违可不罚"兼顾了行政处罚的合法性和合理性，也为实践中的包容审慎监管、行政和解等实践做法提供了法律依据。

"首违可不罚"，直接衔接在原有的"违法行为轻微并及时纠正，没有造成危害后果的，不予行政处罚"规定之后，与其共同构成新的一款。

从法律条文表述来看，其中点明了三个条件：①初次违法；②危害后果轻微；③及时改正。以上三个条件应当同时具备，才可以不予处罚。以下就"首违可不罚"的适用条件，作进一步分析。

"初次违法"即当事人第一次违法，这里应当是指同一主体第一次违反了同一法律规定的行为。这里的"违法"应限定于一定范围，是对某一法律规定的违反，不宜过于宽泛。"危害后果轻微"，这与"违法行为轻微"相比，更侧重于违法行为实际造成的后果。按照该条款的文字表述，这是与前一句的"没有造成危害后果"相对应的。也就是说，"危害后果轻微"并不考虑违法行为是否轻微，仅是以行为结果的严重程度为判断准则。"及时改正"，同样要考虑到纠正行为的"主动性""时效性"和纠正的效果。通常理解，"及时改正"是一种主动的纠正，而且其实施时间应早于行政机关送达行政处罚告知等有关法律文书前纠正，改正应达到一定效果，能够减少、消除违法行为造成的后果。

还需要注意的是,"违法行为轻微并及时改正,没有造成危害后果"是"不予行政处罚"。而此次修订新增加的"初次违法且危害后果轻微并及时改正"是"可以不予行政处罚"。具体哪些情形是可以不予行政处罚,水行政处罚要遵循和落实新修订的《行政处罚法》,在法律规范的修改、具体行政处罚执法实践中进一步细化落实。"首违可不罚"是《行政处罚法》全新的规定,是执法理念的大变化,会对执法造成哪些影响,还有待后续实践。

以下试结合水行政执法实践中三个典型案例,分析"首违可不罚"在执法中可能会遇到的几个问题,也为"首违可不罚"实际落地提供参考。

案例一:某水利局在检查过程中,发现某公司未经批准擅自取水。经查,该公司尚未取得取水许可证从事取水活动,从事洗浴经营。依法对当事人罚款 20 000 元。

假设,该案的当事人某公司是初次无证取水,在水利局作出行政处罚前,依法申请取得了取水许可,那么是否可以适用"首违可不罚"。这个案例符合了"初次违法""及时改正"的要件,但如何理解"危害后果轻微"存在一定的争议。

一种理解是,虽然该公司未取得取水许可证从事洗浴经营活动,并未造成危害后果,因此属于危害后果轻微。但也有另一种理解是,对无证经营的行为,其侵犯的是许可制度所维护的社会经济秩序,并不必然是人身财产的损失。因而,危害后果没有轻微与否。这一案例说明了,如何判断"危害后果轻微"需要根据不同违法类型明确细化。

即使这个案例符合了"危害后果轻微""及时改正"的要件,又该如何理解"初次违法"。该公司被查到的违法行为违反了《水法》《水土保持法》等多部法律规定,即使是同一部《水法》中,也违反了不同条款,是否属于"初次违法"。当事人初次"违法"应限定于一定范围,具体是哪些范围,对于实际执法办案至关重要。对同时违反了多部法律的行为,"首违可不罚"是否能适用。水行政主管部门执行的法律法规众多,涉及的领域复杂,因此此类情况将直接关系到"首违可不罚"的实际运用。

本案的"初次违法"的"初次"如何理解,是由当事人举证还是执法人员查证,都未明确。

可以预见,随着新《行政处罚法》正式实施,"首违可不罚"将成为行政处罚中需要充分考虑的原则,也将成为行政相对人对行政处罚决定的重要抗辩理由。"徒法不能以自行",要发挥"首违可不罚"预防和减少违法行为的功能,推进严格规范公正文明执法、保障行政执法既有力度又有温度,迫切需要在新《行政处罚法》正式实施前,通过完善水利监管领域对"首违可不罚"的相关适用规则加以细化,持续推进执法的规范化和法治化。

799.问:仅有 1 名负责人参加的"集体讨论"是否属于程序违法?先集体讨论再听证是否属于程序违法?

答:行政机关负责人集体讨论,应当有 2 名以上负责人参加。仅有 1 名负责人参加案件讨论,意即该案并未经行政机关的负责人集体讨论决定,属于程序严重违法。依法应当进行听证和集体讨论决定的行政处罚案件,应当在听证结束后集体讨论决定。如果先集体讨论决定后再进行听证,则剥夺当事人的听证权利,违反行政处罚法规定的先听证后处罚的法定程序,属于严重违反法定程序。

800.问:行政机关能否委托另一行政机关行使职权?

答:行政机关作出行政行为应当具有法定职权,此既为依法行政的基本要求,亦属法律的明确规定。各行政机关均应在其法定职权范围内行事,此即法谚"法无授权不可为"之内涵。法定职权显然不包括受其他主体委托从事某一行为的权力。行政机关作出行政行为是行使国家公权力的表现,只有在有法律(广义之法律)明文规定前提下方可实施。如若允许某一行政机关任意接受其他行政机关委托行事而不承担后果,将造成行政机关之间职责混乱等严重后果。我国现行行政法律明确规定了职权法定,当然不允许行政机关委托另一行政机关行使职权。否则,将可能造成行政机关职权混乱,影响行政效率,混淆行政责任。行政机关作出的行政行为,均由其自身承担法律后果,而不能以受另一行政机关委托进行抗辩。

801.问:责令限期拆除是行政处罚?

答:2021 年新年伊始,《行政处罚法》完成全新修订,然而责令限期拆除行为并没有被直接列举为行政处罚行为之一,这就给责令限期拆除行为的定性带来一定的困难。近年来,因城镇化的发展,土地征收带来的利益,使得农村村民违规加建住房、未经批准突击建房、批少建多或者未经批准将原合法建筑拆除扩建、或在农用地上擅自新建住房等情况屡见不鲜。《城乡规划法》规定了违反规划的建筑,主管部门可以责令限期拆除。实践中,对责令限期拆除行为的法律性质认识不一。至少存在着行政处罚说、行政强制说、行政强制执行前的告知程序说、行政命令说等多种观点,作者认为,违反规划的"责令限期拆除"应当属于行政处罚。

(一)概念上,行政处罚是指行政机关依法对违反行政管理秩序的公民、法人或者其他组织,以减损权益或者增加义务的方式予以惩戒的行为。行政强制是指行政主体为实现行政目的,对相对人的财产、身体等予以强制而采取的临时性措施。行政强制具有暂时性,此后可能还有具体的行政处罚;行政处罚具有终局性,对于相对人的权利影响是最终的。从概念上看,责令限期拆除是行政机关对行政相对人的财产上的最终制裁,属于行政处罚。接在责令限期拆除决定后面的,依法只能是行政强制执行或者申请法院强制执行,责令限拆本身不属于行政强制。

(二)目的上,行政强制是为了制止违法行为、防止证据损毁、避免危害发生、控制危险扩大,如责令改正等。行政处罚的目的是通过设定新的义务、通过影响相对人的实体权利达到行政管理秩序回归正常的目的。责令限期拆除是为了纠正违法行为、恢复违法行为发生前的原始形态。所以从目的上,责令限期拆除应属于行政处罚。

(三)立法上,虽然《城乡规划法》尚未明确违反规划时的"责令限期拆除"的法律属性,但从《土地管理法》第七十八条、第八十三条的规定来看(其中有"行政处罚"等表述),"责令限期拆除"属于行政处罚。从本质上,违反用地规划和违法用地,很多地方存在行为与结果上的重叠,违反用地规划导致的限期拆除和违法用地导致的限期拆除的处罚性质并无区别。

(四)司法解释上,根据最高人民法院最新发布的法发〔2020〕44 号(最高人民法院印发《关于行政案件案由的暂行规定》的通知),《暂行规定》规定一级案由为行政行为,在二级案由"行政处罚"项中的三级案由第 15 项即为"责令限期拆除"。由此可见,最高法在司法实践中将责令限期拆除行为归于行政处罚。综上,从《土地管理法》角度或《城乡规划法》角度,虽然所依据的法律不同,作出责令限期拆除决定的本质并无不同。有必要尽快统一责令限期拆除的法律属性,明确责令限期拆除属于行政处罚。那么街道办事处、乡镇政府、自然资源和规划主管部门等在作出责令限期拆除决定时,就有了据以审查判断其合法性的明确程序依据,即是否依据《行政处罚法》的规定保障了当事人陈述、申辩、听证、复议诉讼等权利。

802.问：新《行政处罚法》将对水行政执法产生哪些重大影响？

答：修订后的《行政处罚法》将于2021年7月15日起施行。作为行政处罚的基础性法律，新法的颁布实施，将对水行政执法带来重大影响，各级水行政主管部门应当高度关注。

关注一：审慎从严把握行政处罚的核心要件

现行《行政处罚法》没有规定行政处罚的定义。新法第2条新增规定：行政处罚是指行政机关依法对违反行政管理秩序的公民、法人或者其他组织，以减损权益或者增加义务的方式予以惩戒的行为。据此，判断某一行政行为是否属于行政处罚，关键要看该行为是否以减损权益或增加义务的方式对当事人进行惩戒。

现行的水法律法规中规定了部分法律性质不是很清楚的行政行为，比如，责令停止违法行为、责令限期采取补救措施等，司法机关对这些行为的性质也有不同的看法。新法的规定，有助于平息很多法律性质之争。

当然，新法规定的“减损权益”“增加义务”，理论上应如何解释？还可以进一步研究。但对水行政主管部门而言，最重要的是在水行政执法时，遵循审慎的原则，从严把握各项带有惩戒性质的行政行为的实体和程序要求，以规避可能的法律风险。法律性质部分不明，不再是不履行相应执法程序要求的理由和借口。

关注二：严格依法实施新的行政处罚种类

新法第九条对行政处罚种类做了重大调整，主要涉及以下几个方面：

一是明确“通报批评”为行政处罚。

水行政主管部门不能再随意通过“红头文件”的形式设置对当事人的通报批评。按照新法，只有法律、法规和规章，可以设定通报批评等行政处罚，其他规范性文件不得设定。实施通报批评，也必须履行相应的行政处罚程序。

二是增加“降低资质等级”为行政处罚。

降低资质等级多用于信用管理。国办于2020年12月发布的《关于进一步完善失信约束制度构建诚信建设长效机制的指导意见》提出，失信行为记录、严重失信主体名单认定和失信惩戒等事关个人、企业等各类主体切身利益，必须严格在法治轨道内运行。对失信主体采取减损权益或增加义务的惩戒措施，必须基于具体的失信行为事实，直接援引法律、法规或者党中央、国务院政策文件为依据，并实行清单制管理。

根据新法和上述指导意见，水行政主管部门不能在没有上位法依据的情况下滥用信用管理手段。对当事人实施“降低资质等级”，必须有明确的法律、法规依据，并依照行政处罚的程序进行。

三是增加“限制开展生产经营活动”“责令关闭”“限制从业”为行政处罚。

在以往的执法实践中，上述行政行为的法律性质一直存在争议。水行政主管部门倾向于将这些行为视为行政命令，不适用行政处罚程序。

司法机关的判决有的与水行政主管部门的看法一致，有的则认为上述行为也属于行政处罚，按行政命令的程序实施，构成违法。新法出台，上述行政行为的法律性质之争可以划上句号了。

关注三：相对集中开展水行政综合行政执法

新法第十八条规定，国家在城市管理、市场监管、生态环境、文化市场、交通运输、应急管理、农业等领域推行建立综合行政执法制度，相对集中行政处罚权。据此，水利领域综合行政执法还没有明确的法律依据。

关注四：规范准确委托实施行政处罚

新法第二十条和第二十一条规定了行政处罚的委托实施。水行政执法实践中，委托实施行政处罚的情况比较常见，也引发了很多争议。相当一部分水行政主管部门对“委托”一词没有准确理解，往往想当然地认为委托就是交给受委托单位去干，跟我无关了。因此，实践中对委托处罚，要注意把握好以下几点：

1.委托机关只能在法定权限内委托实施行政处罚。超越法定权限的委托行为无效。换言之，不能把依法不属于自己的职责，委托给其他组织实施。

2.受委托组织必须属于符合新法第二十一条规定条件的组织。新法对受委托组织的条件做了修改，不再限定在事业组织。同时增加受委托组织需有取得行政执法资格工作人员的规定。尽管第二十一条没有明确具体人数，但从第四十二条“执法人员不得少于两人”的规定看，受委托组织取得行政执法资格工作人员原则上也应不少于两人。

3.委托实施行政处罚的，应当出具书面委托书，载明委托的具体事项、权限、期限等内容。委托行政机关和受委托组织应当将委托书向社会公布。

4.受委托组织只能以委托机关的名义实施行政处罚，不能以自己的名义实施，也不得再委托其他组织或者个人实施。

5.委托机关对受委托组织实施行政处罚的行为的后果承担法律责任。

关注五：进一步加强行政处罚与刑事司法衔接配合

新法第二十七条规定，违法行为涉嫌犯罪的，行政机关应当及时将案件移送司法机关，依法追究刑事责任。上述规定的核心，在于确立了行政执法与刑事司法衔接中“刑事优先”原则。水行政主管部门在执法过程中，如果发现违法行为涉嫌犯罪，就应当及时移送司法机关，依法追究刑事责任，不得以行政处罚代替移送。新法也规定，行政机关与司法机关之间应当加强协调配合，建立健全案件移送制度，加强证据材料移交、接收衔接，完善案件处理信息通报机制。

需要注意的有几点：

1.新法将现行《行政处罚法》中的“构成犯罪”修改为“涉嫌犯罪”，实际上降低了行政机关移送司法机关的门槛。水行政主管部门只需要认为某一违法行为涉嫌犯罪，即可依法移送。该行为是否构成犯罪，应由司法机关作出判断。

2.行政机关“以罚代刑”是不合法的，同样，司法机关也不得“以刑代罚”。新法规定，司法机关经审查，发现依法不需要追究刑事责任或者免予刑事处罚，但应当给予行政处罚的，应当及时将案件移送有关行政机关。依照新法，人身自由罚，即刑事领域的拘役、有期徒刑和行政领域的行政拘留，以及财产罚，即刑事领域的罚金和行政领域的罚款，可以折抵，但其他行政处罚，比如吊销许可证等，刑事处罚和行政处罚不存在折抵关系，应当依法分别实施。

3.“刑事优先”不等于行政机关可以不履行行政处罚职责。国务院2020年8月修订的《行政执法机关移送涉嫌犯罪案件的规定》明确，行政执法机关对公安机关决定不予立案的案件，应当依法作出处理；其中，依照有关法律、法规、规章的规定应当给予行政处罚的，应当依法实施行政处罚。行政执法机关向公安机关移送涉嫌犯罪案件前已经作出的警告，责令停产停业，暂扣或者吊销许可证、暂扣或者吊销执照的行政处罚决定，不停止执行。

关注六:严格遵循行政处罚基本规则

第一,“一事不再罚”与法条竞合时的处罚规则

新法第二十九条维持了现行《行政处罚法》关于“一事不再罚”的规定,对当事人的同一个违法行为,不得给予两次以上罚款的行政处罚。同时新增规定法条竞合时的适用规则,即同一个违法行为违反多个法律规范应当给予罚款处罚的,按照罚款数额高的规定处罚。需要注意的是,上述规则仅适用于罚款的行政处罚,不涉及其他处罚种类。

第二,初次轻微违法可以不予处罚

新法第三十三条关于“初次违法且危害后果轻微并及时改正的,可以不予行政处罚”的规定,是此次修改的亮点之一,被视为“柔性执法”的典型措施。执法实践中,需要把握好以下几点:

一是初次违法的界定。初次违法,原则上是指第一次实施违法行为。这一初次违法,是否要限定在一定的时间范围内,还需进一步研究明确。

二是危害后果轻微并及时改正。后果轻微和及时改正,两个要件要同时满足。具体标准可以通过行政处罚裁量基准予以细化。

三是初次轻微违法的,可以不予处罚,并非一定不能处罚。水行政主管部门可以基于案件的具体情况自由裁量。

第三,违法行为追溯期限

新法第三十六条将涉及公民生命健康安全、金融安全且有危害后果的处罚追溯期限由二年延长至五年。水行政领域的处罚,是否属于“涉及公民生命健康安全”的处罚,尚不明确。全国人大常委会法工委起草的过程稿中,曾将生态环境和食品安全列举规定为涉及公民生命健康安全的两个领域。最后公布的法律中,没有具体列明。

实践中,水行政违法行为直接涉及公民生命健康安全的情况比较少,但在突发水利事件等特定的情形中,也可能直接导致人身伤亡的后果。因此,不排除特定的水行政违法行为处罚追溯期限为五年的情形。

第四,“从旧兼从轻”原则

新法第三十七条规定:实施行政处罚,适用违法行为发生时的法律、法规、规章的规定。但是,作出行政处罚决定时,法律、法规、规章已被修改或者废止,且新的规定处罚较轻或者不认为是违法的,适用新的规定。这是关于行政处罚“从旧兼从轻”原则在法律中的首次规定。

法不溯及既往,即法律不适用于其生效之前的行为,这本是法治国家的一般原则。“从旧兼从轻”原则,则来源于《刑法》,是为了解决《刑法》溯及力问题,对《刑法》适用作出的特别规定。但行政处罚是否适用这一原则,一直没有明确。

最高人民法院于2004年5月印发的《关于审理行政案件适用法律规范问题的座谈会纪要》(法〔2004〕96号)提出:行政相对人的行为发生在新法施行以前,具体行政行为作出在新法施行以后,人民法院审查具体行政行为的合法性时,实体问题适用旧法规定,程序问题适用新法规定,但下列情形除外:(一)法律、法规或规章另有规定的;(二)适用新法对保护行政相对人的合法权益更为有利的;(三)按照具体行政行为的性质应当适用新法的实体规定的。

需要说明的有几点:一是“从旧兼从轻”,核心是解决新旧法律选择适用的问题,实践中

可能会有比较复杂的情形，尤其是对有连续性或持续性的违法行为，不能简单下结论，需要审慎判断。二是“从旧兼从轻”，基本含义是原则上按旧法执行，只有新法规定处罚较轻的情况下，才能适用新法的规定。三是是否适用“从旧兼从轻”原则，判断的时间节点在于行政处罚决定作出的时间，而不是违法行为发生的时间，也不是立案时间。四是如何判断处罚较轻，需要根据处罚的种类、要件、罚款的额度等进行综合分析判断，审慎严格掌握。五是新法规定的“从旧兼从轻”原则，原则上只适用于行政处罚，不涉及行政命令等其他行政行为。

第五，违法行为的主观过错要件

新法第三十三条规定：当事人有证据足以证明没有主观过错的，不予行政处罚。这是法律上首次明确规定了行政处罚的主观过错要件。

这一规定将对水行政主管部门的执法带来重大影响。从现行的水法律法规看，除部分特定的违法行为，比如拒绝接受监督检查，擅自取水等，可以从理论上推导出违法行为人具有主观过错外，绝大多数违法行为，没有明确规定要以行为人的主观过错为构成要件。

因此，新法实质性地加重了水行政主管部门的取证要求。水行政主管部门在实施行政处罚时，务必要重视证据的收集，准确理解把握水法律法规的相关规定。新法也明确“法律、行政法规另有规定的，从其规定。”这就需要在相关水法律法规制修订过程中，对违法行为的构成要件作出更明确的界定了。

关注七：依法规范以自动监测数据为证据的行政处罚

新法第四十六条规定了行政处罚的证据包括书证、物证、视听资料、电子数据、证人证言、当事人的陈述、鉴定意见、勘验笔录和现场笔录等。第四十一条规定了行政机关利用电子技术监控设备收集、固定违法事实，以及实施处罚的基本要求。

实践中出现的问题，更多地是指在只有自动监测数据，或者说仅靠自动监测数据这一孤证，能否对当事人进行处罚？对此，答案当然是否定的。考虑到自动监测数据的特殊性，仅靠自动监测数据是不能直接实施处罚的，必须经过有效核对，经查证属实，才能作为行政处罚的证据使用。

新法也规定，证据必须经查证属实，方可作为认定案件事实的根据。

那么，新法生效后，是否就此解决了自动监测数据的法律效力问题呢？恐怕不尽然。

关注八：全面准确依法设定实施行政处罚

第一、部门规章的行政处罚设定权限

部门规章是生态环境部门实施行政处罚的依据，依照新法，其设定权限如下：

1.可以在法律、行政法规规定的给予行政处罚的行为、种类和幅度范围内，对行政处罚作出具体规定。

2.尚未制定法律、行政法规的，可以设定警告、通报批评或一定数额罚款的行政处罚。根据国务院1996年4月发布的《关于贯彻实施〈中华人民共和国行政处罚法〉的通知》(国发〔1996〕13号)，部门规章对非经营活动中的违法行为，设定罚款不得超过1 000元；经营活动中的违法行为，有违法所得的，设定罚款不得超过违法所得的3倍，但最高不得超过3万元，没有违法所得的，设定罚款不得超过1万元。超过上述限额的，应报国务院批准。

3.可以通过部门规章，在生态环境部门法定权限内书面委托符合条件的组织实施行政处罚。

4.行政处罚由违法行为发生地的行政机关管辖。部门规章可以另行规定管辖机关。

5.违法所得是指实施违法行为所取得的款项。部门规章可以另行规定对违法所得的计算方式。

6.部门规章可以在新法第三十二条或第六十三条范围外,规定其他应当从轻或者减轻行政处罚的情形,或者应当组织听证的情形。

7.水行政主管部门应当自行政处罚案件立案之日起 90 日内作出行政处罚决定。部门规章可以另行规定处罚期限。

第二、"没收违法所得"的含义

水法律法规中,"没收违法所得"是不常见的处罚措施。但如何界定"违法所得",历来存在不同看法。水行政主管部门在执法实践中,基本上是按照上述法工委的解释来把握。问题是,如果按照"收益"来界定"违法所得",就要核减违法行为人必要合理的正常成本支出。如何计算其成本?如何核减?这给水行政主管部门的执法带来了较大影响。一些极端的案件,比如要按照违法所得的倍数来处罚的情况下,如果违法行为人没有明显的获利,处罚就沦为空谈。

新法第二十八条规定:违法所得是指实施违法行为所取得的款项。法律、行政法规、部门规章对违法所得的计算另有规定的,从其规定。这一规定明确了以下几点:

1.违法所得不是违法行为人获得的收益,而是实施违法行为所取得的款项,原则上不需要核减其成本支出。

2.法律法规和部门规章可以对违法所得的计算另行规定。现行的水法律法规和部门规章中,尚无违法所得计算的例外规定。

3.有违法所得的,除依法应当退赔的外,均应予以没收。据此,没收违法所得与责令当事人改正或者限期改正违法行为一样,成为实施行政处罚时应当同步考虑的。当然,由于"没收违法所得"属于独立的行政处罚,生态环境部门执法时,仍应按照相关法律法规的规定作出处罚决定。

第三、行政处罚的主体资格

新法第三十八条规定,行政处罚没有依据或者实施主体不具有行政主体资格的,行政处罚无效。据此,水行政主管部门实施行政处罚,必须要行政主体适格。不具有主体资格的内设机构、派出机构、受委托实施处罚的组织等,不得以自己的名义实施行政处罚,否则行政处罚无效。

第四、行政处罚的证据规则和程序要求

新法在处罚的证据规则和保障程序公正方面作了很多新的规定。对生态环境部门而言,以下几点需要重点关注:

1.新法第四十六条确立了行政处罚领域的"非法证据排除规则",以非法手段取得的证据,不得作为认定案件事实的根据。水行政主管部门执法时,务必要以合法的手段来收集和固定证据,否则将直接影响案件事实的认定。

2.新法第四十条规定,证据不足的,不得给予行政处罚。水行政主管部门实施行政处罚,务必充分收集固定证据,形成完整的证据链,方可作出处罚决定。

3.新法第四十四条规定,行政机关在作出行政处罚决定之前,应当告知当事人拟作出的行政处罚内容及事实、理由、依据,并告知当事人依法享有的陈述、申辩、要求听证等权利。特别要注意的是,告知当事人行政处罚的内容是新增的。据此,水行政主管部门作出行政处罚事先告知书时,不能简单描述为“拟作出行政处罚”,必须告知处罚的内容。同时,还要告知当事人陈述、申辩等权利,符合听证条件的要告知听证权利。

4.新法第五十四条规定,符合立案标准的,行政机关应当及时立案。实践中,有的水行政主管部门不重视立案程序,甚至有不立案而直接作出处罚决定的情形。新法生效后,不履行立案程序,可能影响处罚决定的效力。

5.新法第三十八条规定,违反法定程序构成重大且明显违法的,行政处罚无效。据此,对导致行政处罚无效的程序违法,需构成重大且明显违法。但新法的这一规定,并不意味着处罚程序可以存在瑕疵。一般的处罚程序瑕疵或违法,虽然不构成处罚无效,但仍有可能被法院撤销处罚决定或确认其违法。

第五、行政处罚“三项制度”

1.公示制度。新法第三十九条规定:“行政处罚的实施机关、立案依据、实施程序和救济渠道等信息应当公示。”不公示的,可能涉嫌不履行法定职责。

2.全过程记录制度。新法第四十七条规定:“行政机关应当依法以文字、音像等形式,对行政处罚的启动、调查取证、审核、决定、送达、执行等进行全过程记录,归档保存。”

3.重大处罚决定法制审核制度。新法第五十八条规定了处罚决定应当进行法制审核的四种情形,包括涉及重大公共利益的;直接关系当事人或者第三人重大权益,经过听证程序的;案件情况疑难复杂、涉及多个法律关系的;以及法律、法规规定应当进行法制审核的其他情形。未经法制审核或者审核未通过的,不得作出决定,否则可能构成程序违法。

第六、行政处罚决定的公开要求

新法第四十八条规定:具有一定社会影响的行政处罚决定应当依法公开。据此,行政处罚决定的公开要求,仅限于具有一定社会影响的行政处罚决定,不要求所有的行政处罚决定都必须公开。

第七、行政处罚的期限

此次《行政处罚法》的修订,对行政处罚的期限作了明确规定,行政机关应当自行政处罚案件立案之日起90日内作出行政处罚决定。水行政主管部门,应当严格按照上述规定执行。

第八、处罚不得与考核、考评挂钩

新法第七十四条规定,罚款、没收的违法所得或者没收非法财物拍卖的款项,不得同作出行政处罚决定的行政机关及其工作人员的考核、考评直接或者变相挂钩。这是对行政机关抑制执法冲动,滥用行政处罚权的限制性规定。近年来,为加大对违法行为的打击力度,水法律法规中规定的罚款数额大幅度增长。各级水行政主管部门务必要严格依法履职,不得滥用行政处罚,更不能将罚款作为“创收”手段,确保行政处罚在法治的轨道上运行,实现依法治污。

803.问:两个以上行政相对人共同违法,如何处罚?

答:在行政执法中遇到两个以上行政相对人共同违法的情况很多,其表现形式也很多,这里仅对两种常见的情况进行探讨。

1.数个行为人分工协作,分别实施违法行为。这种情况的处理比较简单,应当根据各自的情节分别给予相应的行政处罚。比如在制售假冒伪劣产品的案件中,有的行为人负责生产、加工环节,有的负责运输,还有的负责销售,此时应适用法律的对应条款追究其行政法律责任。

2.数个行为人出于同一的故意,共同实施某一违法行为,比如在制售假冒伪劣产品案件中,行为人分别出资;或者有的负责原材料采购,有的负责技术保障,有的负责寻找门路推销产品。这种情况的处理,相对比较复杂。理论上说,应当由行为人对违法行为产生的后果承担连带责任,即执法部门可以将所有的行为人共同列为行政相对人,在行政处罚的执行过程中,执法部门可以要求其中任何一个行为人履行全部的行政处罚,而不需要分别确认每个行为人应承担的处罚比例。至于承担了全部行政处罚的行为人,则有权向其他行为人追偿,其比例的分担,由行为人协商或者诉诸法律解决。

804.问:两高最新答复法律法规、司法解释中“等”字的规范使用?

答:最高人民检察院对十三届全国人大三次会议第1808号建议的答复如下:

刘华代表:您好!您提出的《关于在法律法规、司法解释中进一步规范使用“等”字的建议》收悉。感谢您对这项工作的重视!您的建议由我院与其他有关单位分别办理。我院高度重视,经认真研究,现答复如下。最高人民检察院对检察工作中具体应用法律的问题制定司法解释,是保障检察机关统一法律适用标准的重要举措,对维护国家法律统一正确实施、促进司法公正具有重要意义。制定检察工作司法解释时,需要遵循立法目的、原则和原意,对检察机关如何具体应用法律作出可操作性的规定,用以指导司法实践。因此,司法解释用语应当规范严谨,表意准确,避免由于语义不明而引发认识分歧。关于“等”字的使用,司法解释中一般有两种情形,一是表示列举后煞尾,即“等内等”;二是表示列举未尽,即“等外等”。最高人民检察院以往制定的司法解释中,“等”字多数是在第二种情况中使用,表示列举未尽。您提出的建议指出了当前制定法律和司法解释中使用“等”字的不规范问题,并提出了解决方案,对制定检察工作司法解释时正确使用“等”字具有重要的参考意义,我们将在今后的工作中予以吸收借鉴。结合您的建议,我们在制定检察工作司法解释时,将从以下几个方面规范“等”字的使用。

第一,能够通过列举方式予以确定的,应当尽量列举齐全,尽可能在司法解释中减少“等”字的使用。例如,《人民检察院刑事诉讼规则》(高检发释字〔2019〕4号)第三十七条“本规则关于回避的规定,适用于书记员、司法警察和人民检察院聘请或者指派的翻译人员、鉴定人”的规定,就采取了全面列举的方式,对需要回避的检察人员以外的其他人员范围予以明确。

第二,确实无法列举完全,需要使用“等”字兜底的,通过前置增列法或后缀增补法的方式,尽可能明确“等”字指代内容的内涵和外延,避免适用时产生歧义。例如,《人民检察院民事诉讼监督规则(试行)》(高检发释字〔2013〕3号)第二十七条第一款第一项“本规则第二十五条规定的身份证明包括:(一)自然人的居民身份证、军官证、士兵证、护照等能够证明本人身份的有效证件”和第六十四条第二款“对哄闹、冲击听证场所,侮辱、诽谤、威胁、殴打检察人员等严重扰乱听证秩序的,依法追究责任”的规定,就是通过前置增列和后缀增补两种方式,明确了“等”字指代内容的准确含义,保证司法实践中统一正确适用。

第三,制定司法解释过程中,进一步加强与最高人民法院的沟通协调,注重听取和吸收最高人民法院的意见,避免“两高”司法解释之间出现不协调不一致的现象。

第四,司法解释制定后,通过撰写文章、编写书籍、业务培训等方式,对司法解释中含有“等”字条文的理解与适用进行详细解读,并针对司法解释施行后对含有“等”字条文适用中出现的问题加强指导，确保司法解释相关内容得到正确贯彻实施。

最高人民检察院办公厅

2020 年 9 月 30 日

最高人民法院对十三届全国人大三次会议第 1808 号建议的答复：

您提出的《关于在法律法规、司法解释中进一步规范使用“等”字的建议》收悉，现答复如下：在司法解释及规范性文件中规范使用“等”字，对减少或消除法律理解适用上的分歧，统一法律适用标准，维护法律权威具有重要作用。您提出的相关建议基本符合当前司法实践和司法解释工作的实际，具有积极明显的参考指引价值。

一、关于司法机关对法律中“等”字理解不一，可能引发个案上的检法冲突问题您提出，“两高”关于刑事诉讼法第五十四条的司法解释对法律规定理解不一。针对 2012 年刑事诉讼法第五十四条（2018 年修改后的刑事诉讼法第五十六条）规定的“刑讯逼供等非法方法”，《最高人民法院关于适用〈中华人民共和国刑事诉讼法〉的解释》第九十五条第一款规定：“使用肉刑或者变相肉刑，或者采用其他使被告人在肉体上或者精神上遭受剧烈疼痛或者痛苦的方法，迫使被告人违背意愿供述的，应当认定为刑事诉讼法第五十四条规定的‘刑讯逼供等非法方法’。”《人民检察院刑事诉讼规则（试行）》第六十五条第二款、第三款规定：“刑讯逼供是指使用肉刑或者变相使用肉刑，使犯罪嫌疑人在肉体或者精神上遭受剧烈疼痛或者痛苦以逼取供述的行为。”“其他非法方法是指违法程度和对犯罪嫌疑人的强迫程度与刑讯逼供或者暴力、威胁相当而迫使其违背意愿供述的方法。”“两高”对“刑讯逼供等非法方法”的解释在表述上有所不同，实质内容是一致的。《最高人民法院、最高人民检察院、公安部、国家安全部、司法部关于办理刑事案件严格排除非法证据若干问题的规定》第二条规定：“采取殴打、违法使用戒具等暴力方法或者变相肉刑的恶劣手段，使犯罪嫌疑人、被告人遭受难以忍受的痛苦而违背意愿作出的供述，应当予以排除。”这一表述已为《人民法院办理刑事案件排除非法证据规程（试行）》第一条和《人民检察院刑事诉讼规则（2019）》第六十七条所吸收，统一了“两高”关于“刑讯逼供等非法方法”的把握。

二、关于司法解释中“等”字含义不明，引发实践中认识分歧问题。您提出，最高人民法院《关于处理自首和立功若干具体问题的意见》对“协助司法机关抓捕其他犯罪嫌疑人”列举了四种主要情形，并附有“等”字的表述，不易理解。从立法本意和实际情况出发，这里的“等”字应当作等外解释。考虑到司法实践中情况复杂，为处理明确列举以外情形应留有一定裁量空间，但是同时对所涉情形要具体斟酌，准确判断是否与所明确列举的将犯罪嫌疑人约至指定地点、当场指认犯罪嫌疑人、带领侦查人员抓捕犯罪嫌疑人、提供司法机关尚未掌握的其他案件犯罪嫌疑人的重要信息等四项行为具有大致相当性，以确保对相关案件“协助抓捕其他犯罪嫌疑人”的认定符合法律、切合实际。

三、今后工作中对建议方案的参考和处理我们赞同建议提出的解决问题的方案。首先，目前在刑事司法解释起草中，“两高”加强了沟通协调工作，相关司法解释都互相征求对方意见，并征求全国人大法工委意见，多数司法解释由“两高”联合发布，解决了司法解释统一性的问题。其次，最高人民法院不断加强和完善司法解释管理工作，明确起草技术要精细化，尽量明确列举以减少不必要的“等”字使用，对于必须使用“等”字的，要明确“等”字语义或限制条件。再次，在司法解释起草过程中加强调研、充分沟通、广泛征求意见，以避免产生分歧、引发争议。最后，对于司法解释中因为“等”字使用引起认识分歧的，及时通过司法解释的清理、修订或发布指导性案例等形式，进一步明确相关用语含义。感谢您对人民法院工作的关心和支持。

2020 年 8 月 21 日

805.问：行政处罚案件听证后为何不可补充调查？

答：作者认为，不仅举行听证后不可补充调查，即便一般陈述、申辩复核后，亦不得补充调查。甚或更进一步，一旦行政机关作出行政处罚告知行为后，即丧失了继续进行案件调查的权力。理由是，此时行政机关拟将作出行政处罚决定的事实证据都已被固定，只可“减”不可“增”。因而即使发现拟作出的行政处罚存在违法事实不清、证据不足情形的，都不可进行补充调查，哪怕通过补充调查能够查清违法事实，亦不得据此给予当事人行政处罚。

第一，行政处罚案件的听证，属于当事人陈述、申辩权行使的高级形态，与一般的陈述、申辩权利行使无本质差别。

第二，对听证后发现事实证据不足，能否进行补充调查，法律本身未作出明确的界定，组织听证频率较高的原工商机关对此的认识也有个过程。

《行政处罚法》（1996 年版）第四十三条规定：听证结束后，行政机关依照本法第三十八条的规定，做出决定。而第三十八条则规定：调查终结，行政机关负责人应当对调查结果进行审查，根据不同情况，分别做出如下决定：……那么这个“调查终结”的“调查”是否包括“补充调查”在内呢？

第三，听证后不得进行补充调查的法理是什么？换言之，为什么不能补充调查？

《行政处罚法》第三十二条第二款规定：行政机关不得因当事人申辩而加重处罚。这就是法学理论上的“禁止不利变更原则”，被称为法律赋予当事人的程序特权，目的在于“弥补相对人在实体上所处的劣势”。当然这里也要解决与“违法必究”原则的平衡问题，故也不宜一概而论，一律禁绝。如若当事人的违法行为，不予行政处罚将导致危害后果无法消除或者阻止其蔓延的，行政机关自应当履行法定职责，对涉案事实进行全面调查，并依法对当事人实施行政处罚，这从公平正义的角度并不为过。不过操作上不是前案延续的“补充调查”，而是另起炉灶的重新立案调查。

806.问：如何区分行政处罚中的资格罚与行为罚？

答：《行政处罚法》于 1996 年制定，经过 2009 年和 2017 年两次“小修”（技术上的修正）后，于 2021 年迎来了一次“大修”（全面的修订，改动内容较大）。

这次《行政处罚法》修订的亮点有十几处之多，其中一个亮点是：增加了行政处罚的手段并和行政处罚的种类作了有机结合。

旧《行政处罚法》没有很好地区分行政处罚的“手段”和“种类”，更没有作很好地结合。以前的立法和理论将“手段”混同“种类”。

其实警告、罚款、没收、拘留等是处罚“手段”，不是处罚“种类”。对这些手段按一定标准进行归类，才形成“种类”。

从理论上说，行政处罚“种类”可分为：人身罚—财产罚—资格罚—行为罚—申诫罚。

修订后的《行政处罚法》第九条规定：行政处罚的种类：（一）警告、通报批评；（二）罚款、没收违法所得、没收非法财物；（三）暂扣许可证件、降低资质等级、吊销许可证件；（四）责令关闭、责令停产停业、限制开展生产经营活动、限制从业；（五）行政拘留；（六）法律、行政法规规定的其他行政处罚。

这一规定，不仅增加了一些新的处罚手段和形式，如通报批评、降低资质等级、责令关闭、限制开展生产经营活动、限制从业等，而且和行政处罚的分类相对应：

（一）警告、通报批评，属于申诫罚；

（二）罚款、没收违法所得、没收非法财物，属于财产罚；

（三）暂扣许可证件、降低资质等级、吊销许可证件，属于资格罚；

（四）责令关闭、责令停产停业、限制开展生产经营活动、限制从业，属于行为罚；

（五）行政拘留，属于人身罚；

（六）法律、行政法规规定的其他行政处罚，属于其他罚。

在上述分类及分类所形成的种类中，最难区分的是"资格罚"与"行为罚"的关系。因为"行为"与"资格"是不可分的。行为以资格为前提，任何资格的剥夺或限制均意味着其基于资格所从事的行为被禁止。吊销你的经营许可证，你就不得经营；收回你的土地使用权证，就禁止了你使用该土地的行为；吊销驾照，你就不能从事驾车行为；吊销律师证，就意味着禁止了你的律师从业；取消了教师资格证，你就无法做教师……。正因为如此，有的国家的行政处罚立法和理论不对"资格罚"与"行为罚"加以区分，而是把"资格罚"与"行为罚"合称为"行为罚"，这不是说没有道理。

把"资格罚"与"行为罚"区分开来，是一种精细化的操作，并且在理论上是可以区分的和应该区分的。

公民、法人或者其他组织取得某种资格才能从事对应的行为，这就是行政许可制度。中国的《行政许可法》并没有对公民、法人或者其他组织的所有行为实施许可证制度。这样，当事人的行为就分为两类：一类是基于行政许可所从事的行为，当事人没有取得许可证就不得从事该行为；另一类是不实施行政许可的行为，当事人无须取得许可证就可实施该行为。行政处罚要禁止前一类行为的，就适用资格罚；行政处罚要禁止后一类行为的，就适用行为罚。

807.问：《行政处罚法》未规定"上黑名单"，"上黑名单"属于行政处罚么？

答：对所谓的"不文明行为人"或者"违法者"上"黑名单"，是否属于行政处罚？这一问题近几年一直有争议。否定者认为，上"黑名单"不属于行政处罚。理由主要有两条：一是，行政处罚是针对违法行为作出的，而上"黑名单"是针对"不文明"行为"或者"失信"行为作出的；二是，在《行政处罚法》中没有上"黑名单"这种处罚形式。所以，"黑名单"制度不是"行政处罚"制度，上"黑名单"应当不受《行政处罚法》的约束。肯定者认为，上"黑名单"都以当事人有违法行为（大量被标注"不文明行为"或"失信行为"的，实际上也是"违法"行为）为前提，上了"黑名单"，当事人的一系列权利被连锁剥夺或限制。这种后果实为对当事人的一种惩罚。上"黑名单"不仅是行政处罚，而且是比一般行政处罚更为严厉的行政处罚。试想一下：你愿意被罚款2 000元，还是愿意被上"黑名单"？

这次《行政处罚法》的修订，在行政处罚种类（第九条）中没有规定上"黑名单"这种处罚手段，因而它是否属于行政处罚，这一问题再次被提起。

在现实中上"黑名单"这种情况很复杂，性质也各不相同，需要作具体分析而确定。在《行政处罚法》修订后的今天，表明了三点：

一是，这次《行政处罚法》修订没有对上"黑名单"作出规定，既不意味着肯定上"黑名单"属于行政处罚，也不意味着否定上"黑名单"属于行政处罚。主要是考虑上"黑名单"的情况很复杂,不能一概而论。

二是,对行政处罚行为的认定,要以实质认定为主,形式认定为辅。新修订的《行政处罚法》第九条规定:行政处罚的种类:(一)警告、通报批评;(二)罚款、没收违法所得、没收非法财物;(三)暂扣许可证件、降低资质等级、吊销许可证件;(四)限制开展生产经营活动、责令停产停业、责令关闭、限制从业;(五)行政拘留;(六)法律、行政法规规定的其他行政处罚。这里虽然没有把上"黑名单"列入行政处罚的种类之中,但新法第二条首次表明了行政处罚的定义:行政处罚是指行政机关依法对违反行政管理秩序的公民、法人或者其他组织,以减损权益或者增加义务的方式予以惩戒的行为。这就为实质认定"行政处罚"提供了标准。不管名称上是否冠之于"行政处罚",只要以当事人作出违法(违反行政管理秩序)为前提,针对它的违法而作出一种对应性的制裁,通过减损权益或者增加义务强制当事人承受一种不利后果,这就是行政处罚。

三是,如果某种上"黑名单"行为具有行政处罚性质,那么,它属于哪一类处罚,应当根据这种"黑名单"的具体性质和实际后果归入《行政处罚法》第九条第(一)至(五)项中的任何一项(申诫罚、财产罚、资格罚、行为罚、人身罚)。如果这五项都无法归入,就应当归入第(六)项,即"其他罚"。如果归入第(六)项,我们就必须要求它由法律或行政法规设定。

上"黑名单"如果属于行政处罚,那么就按《行政处罚法》规定的程序处理;如果属于司法执行措施,那么就按司法程序办理。如果都不是,那就应当按照国务院办公厅《关于进一步完善失信约束制度,构建诚信建设长效机制的指导意见》(国办发〔2020〕49 号)办理。

808.问:如何理解行政处罚?

答:2021 年 1 月 22 日,第十三届全国人大常务委员会第二十五次会议通过了《行政处罚法》(修订草案),修订后的《行政处罚法》将于 2021 年 7 月 15 日实施。下面讨论如何理解行政处罚。

一、行政处罚的定义

现行《行政处罚法》没有对行政处罚作出界定,全国人大常委会和最高人民法院在相关文件中也没有直接对行政处罚作出立法解释和司法解释。修订后的《行政处罚法》第二条规定:行政处罚是指行政机关依法对违反行政管理秩序的公民、法人或者其他组织,以减损权益或者增加义务的方式予以惩戒的行为。行政处罚的这一定义,为准确理解行政处罚提供了基本法律依据。

行政处罚适用于"违反行政管理秩序"的行为(主体)。与行政管理秩序无关的(违法)行为,不涉及行政处罚。如,在法律法规没有授权的情况下,村民违反村规民约、会员违反社团章程,不属于违反行政管理秩序,因此被村民委员会、社团予以惩戒,不是行政处罚。目前推行的严重违法失信联合惩戒制度,考虑到被列入严重违法失信记录的基础事实本身类型多样,往往不限于行政违法事实,有的包括刑事违法事实和不履行生效民事裁判文书确定的民事义务的事实,而且,联合惩戒的依据是社会主体守法的信用评价要求,而非行政管理秩序,所以,这类惩戒难以归入行政处罚范畴。

不具有惩戒性的行政行为不是行政处罚。现行《行政处罚法》第二十三条和修订后的《行政处罚法》第二十八条第一款都规定:行政机关实施行政处罚时,应当责令当事人改正或者限期改正违法行为。这里的"责令改正"和"限期改正",在于制止违法行为、消除违法状态(后果)、恢复合法秩序,不具有惩戒性。责令改正在不同的单行法中可能体现为不同的表述,如"责令退还非法占用的土地""责令限期拆除""责令关闭排污口";对于不同的违法行为,责令改正的具体要求也有所不同,处罚机关应在责令改正通知书中指出。同理,《行政许可法》第六十九条第二款规定的"撤销行政许可",也不是行政处罚。综合《行政许可法》第八十一条"公民、法人或者其他组织未经行政许可,擅自从事依法应当取得行政许可的活动的,行政机关应当依法采取措施予以制止,并依法给予行政处罚;构成犯罪的,依法追究刑事责任"的规定和行政处罚的定义,不少法律和行政法规中规定的"取缔"属于制止违法活动的措施,不具有惩戒性,不是行政处罚。

二、行政处罚的种类法定与行政处罚的实施

法律和行政法规设定行政处罚时,可按照行政处罚的定义确定行政处罚的种类。行政机关实施行政处罚,是将既有的行政处罚规定适用于具体事实。判断行政机关的执法活动是否属于实施行政处罚,还要考虑行政处罚种类法定的限制。

修订后的《行政处罚法》第九条规定:行政处罚的种类:(一)警告、通报批评;(二)罚款、没收违法所得、没收非法财物;(三)暂扣许可证件、降低资质等级、吊销许可证件;(四)限制开展生产经营活动、责令停产停业、责令关闭、限制从业;(五)行政拘留;(六)法律、行政法规规定的其他行政处罚。该条体现了行政处罚种类的法定性。

行政执法实践中,行政机关适用法定的行政处罚种类时,无论过程和结果是合法还是违法,其性质自然属于行政处罚的实施。但行政机关适用的惩戒措施不属于行政处罚法定种类时,该行政执法活动的性质如何理解?是(没有法律依据的)行政处罚,还是一般行政执法?综合修订后的《行政处罚法》第三条"行政处罚的设定和实施,适用本法"和第九条行政处罚种类的规定,行政机关适用的惩戒措施不属于行政处罚法定种类的,因该措施不是行政处罚,该执法活动属于一般行政执法而非行政处罚。例如,某地对于行人通过路口或者横穿道路未按规定通行的交通违法行为,规定由当事人协助交警维持交通秩序,免去罚款。依据上述理解,要求违法行人协助交警维持交通秩序的措施未在法律、行政法规中规定,适用该措施不是行政处罚的实施。因适用非法定行政处罚种类的惩戒措施引发的行政案件,就被诉行为的性质而言,宜选择行政处理作为案由,即使选择行政处罚为案由在实务中更有利于原告。

809.问:对新《行政处罚法》重点修改条文解读?

答:2021年1月22日,全国人大常委会通过了新修订的《行政处罚法》,并以七十号主席令发布,将于2021年7月15日施行。修订后的《行政处罚法》与原法相比,条文由64个增加到86个。其中,新增18个条文,修改51个条文,删除2个条文。《行政处罚法》与《行政诉讼法》《行政复议法》《行政强制法》《行政许可法》是行政法领域的基本程序法,《行政处罚法》的修订无论对作为执法主体的行政机关还是对作为当事人的公民、法人和其他组织均具有重大影响,正确的理解和适用《行政处罚法》,对规制权力、救济权利均具有重要意义。现就作者认为本次修订重要的条文解读如下,供大家参考,不足之处,还请指正。

一、关于行政处罚的定义

修订后的《行政处罚法》在第二条新增了行政处罚的定义。根据该条规定:行政处罚是指行政机关依法对违反行政管理秩序的公民、法人或者其他组织,以减损权益或者增加义务的方式予以惩戒的行为。一般认为,行政处罚具有制裁性(减损权益或增加义务)、处分性(直接性、实质性地影响当事人的权利义务)、不利性(非授益性或中性)、法定性(只能依据法律、法规、规章设定和实施)。规定行政处罚定义的意义在于,在法律、法规、规章等没有明确某类行政行为是否属于行政处罚的情况下,对行为的性质作出判断,进而确定是否适用《行政处罚法》的规定。由于《行政处罚法》特别是修订后的《行政处罚法》对行政机关实施行政处罚的程序作出了较为明确的规定,在某一行政行为被认定为是行政处罚的情况下,将适用该法的规定,更有利于保护当事人的合法权益。而如果该行为不能认定为行政处罚,则程序上仅能适用正当程序原则,合法性审查的强度和力度一般比对行政处罚的审查弱。

这里需要注意的是,行政处罚与《行政处罚法》第二十八条(原法第二十三条)第一款所规定的责令改正的区别。《国务院法制办公室对陕西省人民政府法制办公室〈关于"责令限期拆除"是否属于行政处罚行为的请示〉的复函》(国法秘研函〔2012〕665号)认为,根据《行政处罚法》第二十三条关于"行政机关实施行政处罚时,应当责令改正或者限期改正违法行为"的规定,责令改正或者限期改正违法行为与行政处罚是不同的行政行为。因此,《城乡规划法》第六十四条规定的"限期拆除",第六十八条规定的"责令限期拆除"不应当理解为行政处罚行为。一般认为,责令改正,除法律、法规、规章明确规定为行政处罚的外,属于行政命令,与行政处罚一样可以申请复议和提起诉讼,但程序审查上不适用《行政处罚法》的规定。

二、关于行政处罚的设定

修订后的《行政处罚法》第十一条、第十二条对法规(行政法规和地方法规)设定行政处罚增加了听取意见的程序性规定。根据该两条规定,法规拟"补充设定行政处罚的,应当通过听证会、论证会等形式广泛听取意见,并向制定机关作出书面说明。行政法规报送备案时,应当说明补充设定行政处罚的情况。"法规违反上述规定,不能提起规范性文件附带审查,但可以向有机关申请改变和撤销。

根据《行政复议法》第七条、《行政诉讼法》第五十三条规定,当事人认为行政处罚所依据的国务院部门和地方人民政府及其部门制定的规章以下规范性文件不合法,在申请复议或提起诉讼时,可以一并请求对该规范性文件进行审查。法规不属于附带审查的范围。

根据《立法法》第九十九条的规定,社会团体、企业事业组织以及公民认为行政法规、地方性法规、自治条例和单行条例同宪法或者法律相抵触的,可以向全国人民代表大会常务委员会书面提出进行审查的建议,由常务委员会工作机构进行研究,必要时,送有关的专门委员会进行审查、提出意见。第九十六条规定,法律、行政法规、地方性法规、自治条例和单行条例、规章有下列情形之一的,由有关机关依照本法第九十七条规定的权限予以改变或者撤销:(一)超越权限的;(二)下位法违反上位法规定的;(三)规章之间对同一事项的规定不一致,经裁决应当改变或者撤销一方的规定的;(四)规章的规定被认为不适当,应当予以改变或者撤销的;(五)违背法定程序的。

三、关于授权基层执法

修订后的《行政处罚法》第二十三条规定,行政处罚由县级以上地方人民政府具有行政处罚权的行政机关管辖。法律、行政法规另有规定的,从其规定。第二十四条第一款规定,省、自治区、直辖市根据当地实际情况,可以决定将基层管理迫切需要的县级人民政府部门的行政处罚权交由能够有效承接的乡镇人民政府、街道办事处行使,并定期组织评估。决定应当公布。第二十四条为省授予基层行使执法权提供了法律层面的依据。本条并未明确省、自治区、直接市授权是由省级人民政府决定还是由省级人民代表大会及其常务委员会决定,亦未明确授权后县级政府部门是否还保留相应的执法权,以及如果保留的话地域管辖权的划分问题。

与《行政处罚法》第二十条规定的委托执法需以受托行政机关名义实施行政处罚不同,被授权的基层单位应当以自己的名义实施行政处罚,并以该基层单位为行政复议被申请人和行政诉讼的被告。根据《行政复议法》第十五条的规定,对法律、法规授权的组织的具体行政行为不服的,分别向直接管理该组织的地方人民政府、地方人民政府工作部门或者国务院部门申请行政复议。《最高人民法院关于适用〈中华人民共和国行政诉讼法〉的解释》(法释〔2018〕1号,简称《行政诉讼法解释》)第二十条规定,法律、法规或者规章授权行使行政职权的行政机关内设机构、派出机构或者其他组织,超出法定授权范围实施行政行为,当事人不服提起诉讼的,应当以实施该行为的机构或者组织为被告。没有法律、法规或者规章规定,行政机关授权其内设机构、派出机构或者其他组织行使行政职权的,属于《行政诉讼法》第二十六条规定的委托。当事人不服提起诉讼的,应当以该行政机关为被告。第二十四条规定,当事人对村民委员会或者居民委员会依据法律、法规、规章的授权履行行政管理职责的行为不服提起诉讼的,以村民委员会或者居民委员会为被告。当事人对村民委员会、居民委员会受行政机关委托作出的行为不服提起诉讼的,以委托的行政机关为被告。

四、关于违法所得的计算

修订后的《行政处罚法》第二十八条第二款新增了违法所得的定义。根据该条规定,当事人有违法所得,除依法应当退赔的外,应当予以没收。违法所得是指实施违法行为所取得的款项。法律、行政法规、部门规章对违法所得的计算另有规定的,从其规定。从文字上看,违法所得仅指金钱或货币所得,非货币性收益似被排除在外,有欠周延;而"所取得的款项"似乎又指所得的全部货币性收入,不扣除合法的成本和税费又有欠公允。实践中,违法所得有按全部收入计算的,有按毛收入计算的,有按净利润计算的,等等不一。例如:《国务院法制办公室对商务部关于请明确〈中华人民共和国导弹及相关物项和技术出口管制条例〉等行政法规中"违法所得"的函的复函》(国法函〔2003〕240号)认为,《中华人民共和国导弹及相关物项和技术出口管制条例》中的"违法所得"是指从事违法行为的全部实际收入。《国家食品药品监督管理局关于〈药品管理法〉、〈药品管理法实施条例〉"违法所得"问题的批复》(国食药监法〔2007〕74号)认为,《药品管理法实施条例》第八十一条规定的"违法所得"是指"售出价格与购入价格的差价"。《国家质量监督检验检疫总局关于实施〈中华人民共和国产品质量法〉若干问题的意见》(国质检法〔2011〕83号)认为,本法所称违法所得是指获取的利润。

五、关于法条竞合

修订后的《行政处罚法》第二十九条规定,对当事人的同一个违法行为,不得给予两次以上罚款的行政处罚。同一个违法行为违反多个法律规范应当给予罚款处罚的,按照罚款数额高的规定处罚。本条第二句为新增加的关于法条竞合如何处理的规定,确立了行政处罚领域法条竞合从一重处罚的原则,但法律另有规定的除外。例如,根据反不正当竞争法的规定,虚假宣传构成虚假广告的,应当依照广告法的规定进行处罚。这里需要注意的是,本条并不适用于连续违法行为的处罚。连续违法行为是数个独立且相同的行为触犯了同一法条或多个法条的情形。这种情况,由于缺乏法律规定,实践中相对混乱。

六、关于主观过错

主观过错是否为行政处罚的构成要件一直存在争议。修订后的《行政处罚法》第三十三条第二款规定，当事人有证据足以证明没有主观过错的，不予行政处罚。法律、行政法规另有规定的，从其规定。该条对过错作为行政处罚的主观要件给予了肯定，但采取了过错推定的方式。违法行为构成要件中的主观条件是指行为人对新实施的违法行为所抱的心理态度，包括故意、过失以及实施违法行为的动机和目的。为什么在行政处罚中应当适用过错推定方式？主要有以下几点理由：第一，过错推定实际上是通过推定行为有过错的方式将举证责任转移给义务违反者，之所以要作这种转移，是因为从实践来看，义务违反者如果真无过错，一般说来比较易于举证，而要求行政机关单方面弄清楚是否有过错则比较困难。即是说，这种证明方式更易于接近客观真实。第二，行政机关已经发现行为人违反了行政法上的义务，理所当然地应当由义务违反者解释这是"怎么一回事儿"。这个过程本身就是一种过错推定过程。也就是说，过错推定符合行政处罚的逻辑过程。第三，采用过错推定制度，有利于行政机关提高行政效率，维护行政管理秩序。当然，也应当指出，采用和不采用过错推定制度的效果是不完全相同的，它在事实上加重了义务违反者的举证负担，并在一定程度上（尽管很有限）加大了义务违反者承受处罚责任的风险。但从整个社会来说，与它带来的积极效果相比，还是利大于弊。

另外，本条第一款新增一句，规定了首违不罚的原则。即"初次违法且危害后果轻微并及时改正的，可以不予行政处罚。"适用本条所面临主要困难是，如何应对行政机关的机械执法。例如，某企业在其官方网站第4级页面上使用了"形成了全国最完善的供销链条"字样对其某类货物贸易进行了描述，被举报。市场监督管理部门拟依据《广告法》第五十七条规定，对上述行为作出罚款20万元的处罚。如果企业及时删除了该页面，是否可以适用上述规定，还是有法必依，按照《广告法》的规定给予最低法定罚款数额20万元的罚款？考验执法机关的执法水平。

七、关于追诉时效

修订后的《行政处罚法》第三十六条在原法第二十九条规定的基础上增加了一句，规定"涉及公民生命健康安全、金融安全且有危害后果的，上述期限延长至五年。"即在一般追诉时效二年的基础上，在个别领域将追诉时效延长至五年。适用本句的主要问题是如何掌握"涉及公民生命健康安全、金融安全"的范围，在公民生命健康安全方面，食品、药品、农产品、医疗器械、特种设备、高速运输工具、危险化学品、民用爆炸物、疾病诊疗、保育、危险动物、传染病防治、动植物防疫、环境保护、建设工程、核安全，等等均可能涉及；金融安全方面，银行、保险、证券、信托、资产管理、基金、期货、外汇、支付结算、第三方支付、民间借贷等等也可能涉及。可以预见，本句将成为行政处罚争议又一焦点。

追诉时效的另一个问题是，期限的起算时点。根据该条第二款规定：前款规定的期限，从违法行为发生之日起计算；违法行为有连续或者继续状态的，从行为终了之日起计算。实践中，该条文义已被突破，主要是将行为结果未消除解释为违法行为存在继续状态。例如，原建设部《关于转发全国人大常委会法工委办公室〈对关于违反规划许可、工程建设强制性标准建设、设计违法行为追诉时效有关问题的意见〉的通知》（建法〔2012〕43号）明确，违法建设行为因其带来的建设工程质量安全隐患和违反城乡规划的事实始终存在，应当认定其行为有继续状态，行政处罚时效应当自行为终了之日起计算，即在违法事实存续期间和纠正违法行为之日起二年内发现的,应当对违法行为进行处罚。

八、关于行政处罚无效

修订后的《行政处罚法》参照《行政诉讼法》的规定完善了原法第三条第二款关于行政处罚无效的规定。该条规定:政处罚没有依据或者实施主体不具有行政主体资格的,行政处罚无效。违反法定程序构成重大且明显违法的,行政处罚无效。根据本条,行政处罚无效有以下三种情形:(一)没有依据;(二)实施主体不具有行政主体资格;(三)违反法定程序构成重大且明显违法。“没有依据”应理解为没有法律依据,没有事实依据属证据不足或事实不清的可撤销行为。“实施主体不具有行政主体资格”属于广义上的滥用职权,主要包括没有得到法律、法规、规章授权的组织实施行政处罚,行政主体被撤销后仍然以原主体名义实施行政处罚等情形,但不包括超越事务管辖权(甲主体行使了乙主体的职权)、超越地域管辖权(甲地主体行使了乙地主体的职权)、超越级别管辖权(下级行使了上级的职权)等超越职权的行为,越权和滥用职权属于可撤销行政行为。程序违法亦属于可撤销行政行为,程序违法达到重大且明显违法的程度行政处罚无效。根据修订后的《行政处罚法》,行政机关实施行政处罚应当履行立案、调查、告知、听取陈述和申辩、听证、法制审核、集体讨论、作出决定、送达、执行等程序,未履行其中一项或多项的则行为可撤销,完全未履行或有其他重大且明显违法情形的,应当确认行为无效。

对于当事人而言,行政处罚无效或可撤销结果并无太大区别,其重要意义在于,请求确认行政处罚无效不受行政复议申请期间(知道或应当知道行政处罚之日起60日)、起诉期限(自知道或者应当知道作出行政行为之日起6个月)的限制。从法理上讲,确认无效诉讼应当不受起诉期限的限制,可以随时提出。重大且明显违法的行政行为即无效行政行为自始、绝对无效,不因时间的推移而具有合法效力,当事人可以随时对无效行政行为提起行政诉讼。因此,当事人针对新《行政诉讼法》实施之后作出的行政行为提起确认无效请求的,不受起诉期限的限制。为避免当事人滥用确认无效请求以规避起诉期限制度,原告一方应当对行政行为符合无效的情形承担举证责任,被告一方亦可提出证据否定对方主张。人民法院应当审查行政行为是否属于无效情形,认为行政行为属于无效情形的,则不受起诉期限的限制;认为行政行为不属于无效情形的,人民法院应当向原告一方予以释明。原告请求撤销行政行为的,应当继续审理并依法作出相应判决;原告请求撤销行政行为但超过法定起诉期限的,裁定驳回起诉;原告拒绝变更诉讼请求的,判决驳回其诉讼请求。

九、关于法制审核

修订后的《行政处罚法》第五十八条完善了原法所规定的审核制度,在第一款规定:“有下列情形之一,在行政机关负责人作出行政处罚的决定之前,应当由从事行政处罚决定法制审核的人员进行法制审核;未经法制审核或者审核未通过的,不得作出决定:(一)涉及重大公共利益的;(二)直接关系当事人或者第三人重大权益,经过听证程序的;(三)案件情况疑难复杂、涉及多个法律关系的;(四)法律、法规规定应当进行法制审核的其他情形。”从而确立了行政处罚领域的重大执法决定法制审核制度。

2018年12月5日《国务院办公厅关于全面推行行政执法公示制度执法全过程记录制度重大执法决定法制审核制度的指导意见》(国办发〔2018〕118号)要求全面推行重大执法决定法制审核制度等三项制度。指出重大执法决定法制审核是确保行政执法机关作出的重大执法决定合法有效的关键环节。行政执法机关作出重大执法决定前,要严格进行法制审核,未经法制审核或者审核未通过的,不得作出决定。明确(审核范围)凡涉及重大公共利益,可能造成重大社会影响或引发社会风险,直接关系行政相对人或第三人重大权益,经过听证程序作出行政执法决定,以及案件情况疑难复杂、涉及多个法律关系的,都要进行法制审核。各级行政执法机关要结合本机关行政执法行为的类别、执法层级、所属领域、涉案金额等因素,制定重大执法决定法制审核目录清单。(审核内容)要严格审核行政执法主体是否合法,行政执法人员是否具备执法资格;行政执法程序是否合法;案件事实是否清楚,证据是否合法充分;适用法律、法规、规章是否准确,裁量基准运用是否适当;执法是否超越执法机关法定权限;行政执法文书是否完备、规范;违法行为是否涉嫌犯罪、需要移送司法机关等。

行政机关作为执法主体应当依法判断行政处罚决定是否属于重大执法决定并需要进行法制审核,但由于立法技术的原因可能造成本条款的适用存在较大的不确定性。一是修订后的《行政处罚法》没有对公共利益作出明确规定,有较大的弹性空间,本项可能被闲置。二是本款第二项相对比较刚性,但表述本身却存在一定的问题,因为法律、法规、规章规定需要听证本身即意味着处罚决定"直接关系当事人或者第三人重大权益"。而在"直接关系当事人或者第三人重大权益"、相关法律、法规、规章却没有规定需要听证或行政机关对不"直接关系当事人或者第三人重大权益"举行了听证的情况下,则不需要进行重大执法决定法制审核,不仅给了行政机关不进行法制审核的抗辩理由,且可能激励行政机关减少给予当事人以听证的机会。三是本款第三项将疑难复杂案件限定在了涉及多个法律关系的情形,反而比原法限缩法制审核的范围。

未经法制审核或审核未通过的行政处罚,属于因程序违法而可撤销行政行为。

十、关于办案期限

修订后的《行政处罚法》为防止案件久拖不决,新增了关于办案期限的规定。根据该法第六十条的规定,行政机关应当自行政处罚案件立案之日起九十日内作出行政处罚决定。法律、法规、规章另有规定的,从其规定。但并未规定超过期限的法律后果。实践中,无论是行政处罚的办案期限、行政复议的复议期限、人民法院审理案件的审限,原则上均不构成严重的程序违法,以此为由主张撤销处罚决定、复议决定或申请再审基本得不到支持。另外,办案期限的计算一般应当扣除公告、鉴定、调解、处理管辖争议、依法中止调查等所占用的时间。

十一、关于加处罚款

修订后的《行政处罚法》第七十二条第一款第一项规定,当事人逾期不履行罚款决定的,作出行政处罚决定的行政机关可以每日按罚款数额的3%加处罚款,并强调加处罚款的数额不得超出罚款的数额。第七十三条第三款规定,当事人申请行政复议或者提起行政诉讼的,加处罚款的数额在行政复议或者行政诉讼期间不予计算。加处罚款不得超出罚款的数额在2012年施行的行政强制法第四十五条已作规定,复议和诉讼期限不计算加处罚款的法律依据是《最高人民法院行政审判庭关于行政处罚的加处罚款在诉讼期间应否计算问题的答复》([2005]行他字第29号)。根据该答复及《中华人民共和国行政诉讼法》的有关规定,对于不履行行政处罚决定所加处罚款属于执行罚,在诉讼期间不应计算。

按日加处3%的罚款对当事人影响巨大,一个月出头即可翻倍。复议诉讼期间不计算加处罚款,其当然解释是,当事人如果申请复议或提起诉讼,已经经过的复议申请期限或起诉期限亦不应计算,但实践中却有不同解释。例如,广州铁路运输中级法院(2020)粤 71 行申 3 号行政裁定书认为,因加处罚款已在当事人提起行政诉讼之前计算完毕,因而并不影响加处罚款的计算。也就是说法院认为,当事人只有在行政处罚决定书确定的履行期限内申请复议或提起诉讼才能避免加处罚款的计算,未申请复议或提起诉讼的,加处罚款将从履行期限届满次日计算至提起诉讼或申请复议并被受理之日或封顶之日。

十二、关于非法证据排除

修订后的《行政处罚法》在第四十六条第三款增加了非法证据排除的规定,该款规定:以非法手段取得的证据,不得作为认定案件事实的根据。该规定与《行政诉讼法》第四十三条第三款的规定一致。《行政诉讼法解释》第四十三条明确,有下列情形之一的,属于《行政诉讼法》第四十三条第三款规定的"以非法手段取得的证据":(一)严重违反法定程序收集的证据材料;(二)以违反法律强制性规定的手段获取且侵害他人合法权益的证据材料;(三)以利诱、欺诈、胁迫、暴力等手段获取的证据材料。一般认为,"严重违反法定程序"是指违反了最基本的正当程序收集的证据,实践中主要包括以下情形:①在作出裁决后收集的证据;②只有一名执法人员收集的证据;③执法人员未取得相应执法资格;④执法人员应当回避而未回避;⑤刑讯逼供取得的证据;⑥收集证据时未依法告知相对人相关权利;⑦未全面、客观、公正地调查收集证据;⑧非法搜查;⑨引诱式钓鱼取证;⑩应当在听证程序中接受相对人申辩和质证但未经申辩、质证的证据;⑪采取利诱、欺诈、胁迫、暴力等不正当手段;⑫其他严重违反法定程序。实践中,常见的轻微违反法定程序收集的证据,主要有:①证人证言未附有证人的居民身份证复印件证明证人身份的文件;②检查询问时未出示证件表明身份;③登记保存证据的手续不齐全但不影响证据真实性;④证据复印件漏掉原件持有人的签名盖章;⑤检查笔录没有见证人签名;⑥询问笔录漏掉询问人或记录人签名;⑦其他轻微违法取得的不丧失真实性和关联性的证据。

810.问:注销公司逃避处罚,行政机关难以申请法院强制执行,该如何处理?

答:司法实践中,有的企业在受到行政处罚、行政机关申请强制执行前,部分股东通过注销公司逃避行政处罚,导致生效行政法律文书执行难。检察机关如果在履职中发现此类情况,应当立足法律监督定位,主动担当作为,及时发出检察建议,督促相关机关依法履职,维护国家利益和社会公共利益。

根据《行政诉讼法》,人民检察院在履行职责中发现生态环境和资源保护、国有财产保护等领域负有监管职责的行政机关违法行使职权或不作为,致使国家利益或社会公共利益受到侵害的,应当向行政机关提出检察建议,督促其依法履行职责。面对上述情形,检察机关应当立足法律监督定位,主动担当作为,及时发出检察建议,督促相关机关依法履职,维护国家利益和社会公共利益。作者同意这种意见,理由如下:

一、公司被注销后,在行政执行中可否直接变更股东为被执行人没有具体明确的法律规定。根据《最高人民法院对关于非诉执行案件中作为被执行人的法人终止,人民法院是否可以直接裁定变更被执行人的请示的答复》,人民法院在办理行政机关申请人民法院强制执行其具体行政行为的案件过程中,作为被执行人的法人出现分立、合并、兼并、合营等情况,原具体行政行为仍应执行的,人民法院应当通知申请机关变更被执行人。对变更后的被执行人,人民法院应当依法进行审查。可见,行政机关在申请强制执行行政处罚时,可以变更作为行政相对人的被执行人。但对于作为被执行人的公司注销后,能否直接变更股东为被执行人,行政诉讼法及其司法解释均未予明确。尽管《最高人民法院关于民事执行中变更、追加当事人若干问题的规定》中有类似规定,但是其适用范围限于民事执行。

二,建议有关机关撤销注销决定,恢复公司主体地位,并追加恶意股东为被执行人具有充足法律依据,并能取得较好办案效果。第一,作为被执行人的公司虚假承诺无债务,行政机关受欺骗作出注销公司的决定,意思表示不真实,该行政行为在内容方面存有明显瑕疵。对在成立时具有违法或者瑕疵的具体行政行为,可予以撤销。根据法律规定,被撤销的行政决定自始不具有法律效力,公司的权利义务关系恢复到注销之前的状态。本案中,现有证据足以证明公司注销前存在被行政处罚且尚未履行处罚义务的事实,故行政机关不应准予其注销。检察机关可以发送检察建议书,建议市场监管局撤销注销的决定,恢复公司的法律主体地位。第二,股东滥用公司法人独立地位,逃避债务,损害公共利益的,应当对公司债务承担连带责任。公司法明确要求股东不得滥用公司法人独立人格,否则应对公司债务承担连带责任。基于学理解释,滥用独立人格和股东有限责任表现主要有四种:一是人格混同,二是财产混同,三是虚拟股东,四是不正当控制。本案中,部分股东在公司被行政处罚且尚未履行义务之时,向市场监管局作虚假陈述,注销公司,以此免除公司债务,显属不正当控制公司。此时公司已不再具有独立的意思和独立的利益,被股东恶意操作,成为其谋取个人利益的工具。为维护公共利益,保障行政处罚款的及时有效收缴,依法严惩恶意股东的注销行为,根据公司法第 20 条关于股东禁止行为的规定,可以建议生态环境局申请追加恶意股东为被执行人,要求恶意股东对行政处罚债务承担连带责任。

综上,可以建议有关机关撤销注销决定,恢复公司主体地位,进而继续申请法院强制执行,并追加恶意股东为被执行人,充分考虑案件复杂性,提出的解决方案具有充足法律依据,既可以有效督促行政机关依法履职,又可以依法打击不诚信的公司、股东,能够确保取得较好办案效果。

811. 问:《行政处罚法》修订后,行政处罚决定书的送达有何新变化?

答:根据现行《行政处罚法》的相关规定,行政处罚决定书的类型主要分为当场行政处罚决定书和一般行政处罚决定书,其中当场行政处罚决定书只可用于简易程序的处罚,采用的是直接送达。一般行政处罚决定书则应用于一般的案件,送达方式有可能会采用多种送达方式。行政处罚决定书的送达方式主要包括直接送达、留置送达、邮寄送达、委托送达、公告送达等。

新修订的《行政处罚法》第六十一条中增加了“当事人同意并签订确认书的,行政机关可以采用传真、电子邮件等方式,将行政处罚决定书等送达当事人”,这一表述,我们视为电子送达。新法明确了执法人员可以采用传真、电子邮件等方式送达行政处罚决定书,方便了法律文书的送达,简化了案件办理的流程,同时起到高效便民的作用,电子送达必将在行政执法中发挥愈来愈重要的作用。

一、提出电子送达,便民高效

明确行政处罚决定书可以电子送达,一方面对于当事人可以无须到场签收就能及时知晓文书内容,为当事人提供了便利。在实际办案过程中,当事人可能因为各种原因,无法现场签收文书,导致送达困难,而采用电子送达的方式,解决了当事人的困难,同时履行了送达程序,让当事人及时知晓文书内容,维护自己的合法权益。另一方面对于行政机关简化了办案流程,提高了办案效率。传统文书送达,一般都会因为相关文书的寄送和签收等而造成一定的延迟性,相关信息很难做到即时获取。而运用现代通讯技术手段的电子送达则可以最大化地突破时间和空间的约束,实现即时送达。而在实际情况中,也存在受送达人不愿意在送达回执上签名或者盖章或者因其他原因无法及时到场签字确认的情况,给文书送达带来了困难,增加了行政执法机关的后续工作量,影响了办案的进程,采取电子送达的方式,可以避免以上情况的发生,同时也降低行政机关有限的行政资源成本,解决送达难的执法现状。

二、明确电子送达,简化流程

新修订的《行政处罚法》规定"当事人同意并签订确认书的,行政机关可以采用传真、电子邮件等方式,将行政处罚决定书等送达当事人",这句话是否可以理解为,行政机关可以直接采用传真、电子邮件的方式将行政处罚决定书送达当事人,而无须采用直接送达、邮寄送达、留置送达等方式后方才可以采用电子送达。我们认为,送达从法律的文字解释即"送到"的意思。其根本目的在于全面保障当事人及委托人的合法权利。行政机关将相关法律文书通过一定方式交与当事人,告之其违法事实理由及其享有的权利义务,便于当事人实现其知情权,全面维护自身利益。因此,电子送达也是直接送达的一种,既然新法增加了这一规定,只要经过当事人同意,完全可以不经过邮寄等方式直接进行。

三、执行电子送达,注意事项

在看到电子送达便利性的同时,我们也要注意到电子送达依赖于相关通信技术手段的客观情况,决定了电子送达中的诸多难点问题。一是,行政处罚决定书实际接收情况难以确定。行政执法文书和行政诉讼文书一样,均采用送达生效,因此行政机关和法院都会让受送达人在送达回证上签字,以此证明相关文书已由其签收并确保知悉。虽然《民事诉讼法》明确采用了电子送达方式的,以传真、电子邮件等到达受送达人特定系统的日期为送达日期。但是,如何确定受送达人实际接收到相关执法文书仍是一大问题。二是,受送达人实际阅看情况不明。电子送达的行政执法文书即使明确、安全地进入了受送达人提供的接收地址,也无法保证文件的实际阅看人即为受送达人,以及文件在传送过程中不会发生无法识别或无法阅读等问题。三是,有引发争议的可能性。如果行政机关按受送达人指定的电子送达途径向其作了送达,但后者确因网络系统或者其他无法归咎于其自身的原因而未能实际阅看相关文书时,行政执法文书的送达是否有效,容易引发争议。

鉴于以上的难点及有可能引发的争议,在保证受送达人合法权益的前提下,采取相应措施保障执法文书电子送达的有效性。一是在确认书上应清晰明确的表述告知相对人相应的权利义务,并确保确认书的签字程序合法,真实有效。二是在采取电子送达行政处罚决定书的时候,可采取一定确认机制来确保受送达人接收到文书,并知晓其内容。比如:行政执法人员通过电子邮件发送行政处罚决定书的,记录电子邮件发送和接收邮箱、发送时间,并打印、截屏或者拍照保存电子邮件发送成功的网页;通过邮件发送完之后,可以通过电话或短信通知的方式,告知受送达人,提示其知晓并阅看。

综上,新修订的行政处罚法增加了行政处罚决定书的电子送达,顺应信息化时代的要求,同时也起到高效便民的作用,虽然有难点,但可以想办法克服。基于其低成本与便捷高效,电子送达必将在行政执法中发挥愈来愈重要的作用。

812.问:案件符合听证条件,下达行政处罚听证告知书还需要下达行政处罚告知书吗?因为行政处罚听证告知书中已经注明拟作出行政处罚的事实、理由、依据及处罚内容。案件符合听证条件,下达行政处罚听证告知书还需要下达行政处罚告知书吗?水行政处罚文书

格式范本中标注：当事人对拟作出的行政处罚决定享有听证权的，应当制作《行政处罚听证告知书》，告知当事人享有陈述、申辩权利及要求举行听证权利。其余情形，应当制作《行政处罚告知书》，告知当事人享有陈述、申辩权利。其中“其余情形”的意思是即使案件符合听证条件《行政处罚告知书》和《行政处罚听证告知书》不需要两者都下达的意思吗？

答：作者认为对符合听证条件的行政处罚，水行政主管部门只需制作《行政处罚听证告知书》，一并告知当事人依法享有陈述权、申辩权和有要求举行听证的权利。但在执法实践中也有不同意见。

813.问：国家粮食储备库建设项目是否属于社会事业公益类项目？是否免征水土保持补偿费？

答：《水土保持补偿费征收使用管理办法》（财综〔2014〕8号）第十一条规定了免征水土保持补偿费的七种情形，您所说项目不符合免征情形。针对具体情况，请您进一步了解项目所在省、自治区、直辖市的有关规定或向当地相关部门咨询。

814.问：城市供水厂、污水厂、供水管网建设项目属于水土保持补偿费免征范围吗？

答：根据《水土保持补偿费征收使用管理办法》（财综〔2014〕8号）第十一条第四款规定，建设市政生态环境保护基础设施项目的，可免征水土保持补偿费。根据住房和城乡建设部意见，市政生态环境保护基础设施项目的范围，包括面向城市及社会公众提供公共服务的市政供水、排水与污水处理、黑臭水体整治、城市生活垃圾处理、园林绿化设施等相关基础设施。请对照上述意见，结合项目建设内容，确认其是否符合免征水土保持补偿费的情形。

针对具体情况，请您进一步了解项目所在省、自治区、直辖市的有关规定或向当地水行政主管部门咨询。

815.问：按照《水土保持补偿费征收使用管理办法》（财综〔2014〕8号）第十一条规定，保障性安居工程属于免征情形，免征水土保持补偿费。在往期的答疑中也看到部里根据国务院相关文件明确“保障性安居工程主要是指公共租赁住房、经济适用住房和限价商品住房、棚户区改造和农村危房改造等”，但是很多城中村改造项目并未明确是“棚户区改造”，对此有的专家说只要是城改都是指棚户区改造，属于免征情形；有的专家提出必须证明是棚户区的才属于免征情形；也有的专家提出如果城中村改造后用于回迁安置的话则予以免征，如果用于商业住宅的话则不免。对此，希望部里给予明确的界定。

答：一、《水土保持补偿费征收使用管理办法》（财综〔2014〕8号）第十一条规定，建设保障性安居工程的，免征水土保持补偿费。根据《国务院关于解决城市低收入家庭住房困难的若干意见》（国发〔2007〕24号）、《国务院办公厅关于保障性安居工程建设和管理的指导意见》（国办发〔2011〕45号）等文件，保障性安居工程主要是指公共租赁住房、经济适用住房和限价商品住房、棚户区改造和农村危房改造等。针对具体项目情形，可进一步向立项部门或相关主管部门咨询。

二、《水土保持补偿费征收使用管理办法》（财综〔2014〕8号）第三十条明确规定，办法由财政部商国家发展改革委、水利部、中国人民银行负责解释。我部对于有关问题的答复，只是针对具体问题的理解、分析和解释，执行中应当以具体条文作为依据。

针对具体情况，请您进一步了解项目所在省（自治区、直辖市）的有关规定或向当地相关部门咨询。

816.问:您好,煤矿项目还没有完工验收,在建设期间开采的原煤已销售,该不该征收水土保持补偿费?

答:《水土保持补偿费征收使用管理办法》(财综〔2014〕8号)第七条第二款规定,开采矿产资源的,在建设期间按照征占用土地面积计征;在开采期间,对石油、天然气以外的矿产资源按照开采量计征。您提到的情形,在建设期应按照征占用地面积计征水土保持补偿费。针对具体情况,请您进一步了解项目所在省(自治区、直辖市)的有关规定或向当地水行政主管部门咨询。

817.问:目前,全国都开始了城镇老旧小区改造工作,改善居民居住环境,完善小区配套和市政基础设施。请问一下,城镇老旧小区改造绝大部分内容为改造工程,需要办理水土保持方案吗?需要缴纳水土保持补偿费吗?

答:一、《水土保持法》第二十五条规定:在山区、丘陵区、风沙区和水土保持规划确定的容易发生水土流失的区域开办可能造成水土流失的生产建设项目,生产建设单位应当编制水土保持方案。《水利部关于进一步深化"放管服"改革全面加强水土保持监管工作的意见》(水保〔2019〕160号)第一条第一款进一步规定,征占地面积在0.5公顷以上或者挖填土石方总量在1千立方米以上的项目,应当编制水土保持方案(报告书或报告表),并在开工前报水行政主管部门(或其他有水土保持方案审批权的部门)审批。如您提到的项目属在发展改革或者其他部门立项(实行审批、核准或备案制管理),且满足上述条件,则应当依法编报水土保持方案,并在开工前取得批复。

二、《水土保持补偿费征收使用管理办法》(财综〔2014〕8号)第五条规定了水土保持补偿费缴纳义务人的范围、第七条规定了水土保持补偿费的计征方式、第十一条规定了免征水土保持补偿费的七种情形。请根据上述规定,结合项目具体立项建设内容,确定水土保持补偿费缴纳事宜。

针对具体情况,请您进一步了解项目所在省、自治区、直辖市的有关规定或向当地有审批权的部门咨询。

818.问:您好,市政桥梁工程,包含桥梁、桥梁跨河段上下游河道滩地景观绿化和景观路、市政道路(连接桥梁)三部分占地。请问桥梁桥台两侧绿化护坡、桥梁跨河段上下游河道滩地景观绿化和景观路、市政道路两侧的绿化带占地是否需要缴纳水土保持补偿费?

答:《水土保持补偿费征收使用管理办法》(财综〔2014〕8号)第十一条规定,建设市政生态环境保护基础设施项目的免征水土保持补偿费。经商住房和城乡建设部,依据《中共中央国务院关于全面加强生态环境保护坚决打好污染防治攻坚战的意见》、《国民经济行业分类》(GB/T 4754—2017)、《城镇排水与污水处理条例》、《固体废物污染环境防治法》等,市政生态环境保护基础设施项目的范围,包括面向城市及社会公众提供公共服务的市政供水、排水与污水处理、黑臭水体整治、城市生活垃圾处理、园林绿化设施等相关基础设施。您提到的景观绿化和景观路、市政道路两侧的绿化如属面向城市及社会公众提供公共服务的园林绿化设施范围,可免征水土保持补偿费。

针对具体情况,请您进一步了解项目所在省、自治区、直辖市的有关规定或向当地水行政主管部门咨询。

819.问:您好!城市备用水源输水管线建设工程水土保持补偿费是否属于免征范围?

答:《水土保持补偿费征收使用管理办法》(财综〔2014〕8号)第十一条规定了免征水土

保持补偿费的七种情形,其中明确市政生态环境保护基础设施项目可免征水土保持补偿费。根据住房和城乡建设部意见,市政生态环境保护基础设施项目范围包括面向城市及社会公众提供公共服务的市政供水、排水与污水处理、黑臭水体整治、城市生活垃圾处理、园林绿化设施等相关基础设施。您提到的城市备用水源输水管线工程如属于面向城市及社会公众提供公共服务的市政供水设施范围,可免征水土保持补偿费。

针对具体情况,请您进一步了解项目所在省(自治区、直辖市)的有关规定或向当地水行政主管部门咨询。

820.问:水库建设的临时设施布置在水库淹没区,该临时设施占地是否征收水土保持补偿费?

答:2014年,国家发改委、财政部、水利部印发的《关于水土保持补偿费收费标准(试行)的通知》(发改价格〔2014〕886号),明确对水利水电工程建设项目,水库淹没区不在水土保持补偿费计征范围之内。水库建设中如在淹没区布置临时设施,该临时设施占地可不计征水土保持补偿费,但建设及使用过程中应做好水土流失防治工作。

针对具体情况,请您进一步了解项目所在省、自治区、直辖市的有关规定或向当地水行政主管部门咨询。

821.问:您好!现接触一个补做的水保方案,项目2007年立项,建设期2007~2019年,项目分两期实施,一期开工时间为2007年(现已完工),二期开工时间为2019年(正在建设),现补缴水土保持补偿费,按照《水土保持补偿费征收使用管理办法》(财综〔2014〕8号)第九条规定,缴纳义务人应当在项目开工前一次性缴纳水土保持补偿费。我省补偿费从2007年至2019年期间先后调整三次,因此对于该补做方案的项目,补偿费征收是根据一期2007年开工建设前的标准一次缴纳,还是根据一期、二期开工建设前执行的补偿标准分别缴纳?

答:《水土保持补偿费征收使用管理办法》(财综〔2014〕8号)第九条规定,开办一般性生产建设项目,缴纳义务人应当在项目开工前一次性缴纳水土保持补偿费。2014年,国家发改委、财政部、水利部印发的《关于水土保持补偿费收费标准(试行)的通知》(发改价格〔2014〕886号),明确了水土保持补偿费的收费标准。2017年,国家发改委、财政部印发的《关于降低电信网码号资源占用费等部分行政事业性收费标准的通知》(发改价格〔2017〕1186号),规定自2017年7月1日起,降低水土保持补偿费标准,并明确对2017年7月1日前应交未交的行政事业性收费,补交时应按照原标准征收。

您提到的情况,应按上述文件精神及项目所在省份具体规定执行。具体情况,请您进一步了解项目所在省、自治区、直辖市的有关规定或向当地水行政主管部门咨询。

822.问:问符合免征情况的学校围墙外(代征不代建)代征道路和代征绿地需不需要交纳水土保持补偿费?我这说的代征不代建是指:代征学校用地,道路由市政建设。

答:《水土保持补偿费征收使用管理办法》(财综〔2014〕8号)第十一条的规定,建设学校等公益性项目的,免征水土保持补偿费。您提到的代征不代建部分如不属于学校建设内容,则应缴纳水土保持补偿费。针对具体情况,请您进一步了解项目所在省(自治区、直辖市)的有关规定或向当地水行政主管部门咨询。

823.问:改扩建项目重新立项,之前项目已做过水土保持方案并缴纳水土保持补偿费用,现改扩建占地范围还为原有占地面积,仅在占地范围内进行建构筑物推倒重建或者重新

布局,是否需要再次缴纳水土保持补偿费?谢谢!

答:按照水土保持法和《水土保持补偿费征收使用管理办法》(财综〔2014〕8号)有关的规定,您提到的改扩建项目重新立项的情况,需要再次缴纳水土保持补偿费。

824.问:戈壁农业日光温室大棚需不需要征收水土保持补偿费?农村人饮供水站给工业园区修建的供水工程是否免征水土保持补偿费?

答:问题一:根据《水土保持补偿费征收使用管理办法》(财综〔2014〕8号)第十一条,您提到的温室大棚不属免征情形,应当依法依规缴纳水土保持补偿费。

问题二:根据《水土保持补偿费征收使用管理办法》(财综〔2014〕8号)第十一条,您提到的供水工程如果属于按照相关规划开展农村集中供水工程建设的情形,则符合免征情形,免征水土保持补偿费。

825.问:请问如果是代征道路和公共绿化面积,不是红线范围,也不是临时占地,需要交纳水土保持补偿费吗?有没有什么相关文件?

答:根据《生产建设项目水土保持技术标准》第4.4.1的规定,生产建设项目水土流失防治责任范围应包括项目永久征地、临时占地(含租赁土地)以及其他使用与管辖区域。因此,您提到的代征道路和公共绿化面积属于水土流失防治责任范围,应当依法依规缴纳水土保持补偿费。

826.问:为向全市人民提供公共体育设施服务,我市建设了奥体中心项目,建设内容为体育场、体育馆、游泳馆、配套设施及周边休闲绿地,请问水土保持补偿费是否可以扣除属于公共绿地的面积。

答:《水土保持补偿费征收使用管理办法》(财综〔2014〕8号)第十一条规定,建设市政生态环境保护基础设施项目的免征水土保持补偿费。根据住房和城乡建设部意见,市政生态环境保护基础设施项目范围包括面向城市及社会公众提供公共服务的市政供水、排水与污水处理、黑臭水体整治、城市生活垃圾处理、园林绿化设施等相关基础设施。因此,我们认为,您提到奥体中心项目的建设内容中,面向社会公众提供公共服务的园林绿化设施部分属于免征情形,免征水土保持补偿费。

827.问:一个旅游项目中,有流转的林地,林地不开发建设只需要建设看护人员的房屋,这部分需要编制水土保持方案吗?如果编制了需要缴纳水土保持补偿费吗?

答:问题一:按照《水土保持法》《开发建设项目水土保持方案编报审批管理规定》的有关规定,您提到的旅游项目(含流转的林地等所有建设内容)应当依法编报水土保持方案。

问题二:按照《水土保持补偿费征收使用管理办法》(财综〔2014〕8号)第七条第二款规定,开办一般性生产建设项目的,水土保持补偿费按照征占用土地面积计征。因此,您提到的旅游项目应当按照征占用土地面积计征水土保持补偿费。征占用土地面积指的是征占用土地的全部面积,不是其中项目建设占用的土地面积。

828.问:科左中旗有一家煤矿,2006年获得上级水利部门水土保持方案报告书的批复,2013年水利部门按照其占地面积收取了20万元水土保持补偿费。该煤矿从2013年9月正式开始生产,但从开始生产到2016年3月未交纳水土保持费。理由为2016年3月,内蒙古自治区财政、发改、水务、人民银行等部门联合发布《内蒙古自治区水土保持补偿费征收使用实施办法》之前不应该收费。从2016年3月开始收取了水土保持补偿费。现在想咨询,该煤矿从2013年9月生产到2016年3月期间,是否应该缴纳水土保持补偿

费？谢谢！

答：按照《水土保持补偿费征收使用管理办法》（财综〔2014〕8号）第七条的规定，您提到的煤矿开采属于开采矿产资源的情形，水土保持补偿费在建设期间按照征占用土地面积计征，在开采期间按照开采量计征。同时，您提到的《内蒙古自治区水土保持补偿费征收使用实施办法》（内财非税规〔2015〕18号）的第七条第二款也有同样规定。因此，您提到的煤矿应当按照开采量，依法依规补缴2013年9月至2016年3月期间的水土保持补偿费。

829. 问：请问水土保持方案中橡胶坝工程建设的占地面积怎么计算？坝前铺盖、坝后消力池、护坦、海漫、防冲槽等在施工结束后，都淹没在水下，这部分是否计列占地面积？是否计列水土保持补偿费？谢谢！

答：问题一：您提到的水土保持方案中橡胶坝工程建设的占地面积，应当根据橡胶坝主体工程相关设计文件确定。

问题二：您提到的坝前铺盖、坝后消力池、护坦、海漫、防冲槽等涉及淹没的建筑物均应计入占地面积。

问题三：按照《关于水土保持补偿费收费标准（试行）的通知》（发改价格〔2014〕886号）、《关于降低电信网码号资源占用费等部分行政事业性收费标准的通知》（发改价格〔2017〕1186号）、《关于降低水土保持补偿费收费标准的通知》（鲁价费发〔2017〕58号）等有关规定，对水利水电工程建设项目，水库淹没区不在水土保持补偿费计征范围之内。因此，我们认为您提到橡胶坝工程的水下淹没部分，不计征水土保持补偿费。

830. 问：铬污染场地综合治理项目是否可以免征水土保持补偿费？

答：《水土保持补偿费征收使用管理办法》（财综〔2014〕8号）第十一条规定，建设市政生态环境保护基础设施项目的免征水土保持补偿费。根据住房和城乡建设部意见，市政生态环境保护基础设施项目范围包括面向城市及社会公众提供公共服务的市政供水、排水与污水处理、黑臭水体整治、城市生活垃圾处理、园林绿化设施等相关基础设施。我们认为，您提到的铬污染场地综合治理项目属于免征情形，免征水土保持补偿费。

831. 问：县住房和城乡建设局建设的污水处理厂及配套管网工程，2019年8月取得水保方案的批复，是否需要缴纳水土保持设施补偿费？有何依据？

答：《水土保持补偿费征收使用管理办法》（财综〔2014〕8号）第十一条规定，建设市政生态环境保护基础设施项目的免征水土保持补偿费。根据住房和城乡建设部意见，市政生态环境保护基础设施项目范围包括面向城市及社会公众提供公共服务的市政供水、排水与污水处理、黑臭水体整治、城市生活垃圾处理、园林绿化设施等相关基础设施。因此，您提到的城市污水处理厂及配套管网工程属于面向城市及社会公众提供公共服务的排水与污水处理设施，符合免征情形，免征水土保持补偿费。

832. 问：老师您好，农牧联合养殖项目（养猪场）征占用土地面积里面包含养殖区和基本农田，基本农田部分该不该征收水土保持补偿费？

答：根据水土保持法及《水土保持补偿费征收使用管理办法》（财综〔2014〕8号）的有关规定，您提到的农牧联合养殖项目属开办一般性生产建设项目的情形，水土保持补偿费按照征占用土地面积计征，征占用土地面积指的是征占用土地的全部面积，因此，您提到的养殖区和基本农田都应当依法依规缴纳水土保持补偿费。

833.问:你好!请问水土保持司,为妥善解决长城管护的问题,明确保护范围,减少人为的干扰和破坏,对实施保护的明长城两侧架设围栏,修建巡查道路等,配套环境整治及附属设施的长城保护利用设施项目是否免征水土保持补偿费?

答:根据《水土保持补偿费征收使用管理办法》(财综〔2014〕8号)第十一条规定,您提到的长城保护利用设施项目不属免征情形,应当依法依规缴纳水土保持补偿费。

834.问:以下疑问,望释疑为谢!一是辖范围内的一工业园区在规划阶段(2011年)编制了园区的水土保持规划,并得到水行政主管部门批复,按当时水土保持补偿费缴纳标准缴纳了水土保持补偿费。目前,根据国家部委相关规定,该园区现需要编制区域水土保持评价。该园区在开展区域水土保持评价时,水土保持补偿费是否再需要以现行标准重新计费进行征收?如需要征收的话,如何进行计算征收(该园区在2011年规划阶段已缴纳了水土保持补偿费)。二是如果园区编制区域水土保持评价后,缴纳了水土保持补偿费。园区里入住的企业或者房地产开发商修建地产项目只需要编制备案表进行备案,那么这些企业或者房地产开发商需要再进行缴纳水土保持补偿费吗?

答:问题一:按照不重复计征的原则,您提到工业园区项目如果不属新立项(即业经发展改革或其他有关部门审批或者核准、备案),不需重新缴纳水土保持补偿费。

问题二:园区管理机构如果已经缴纳水土保持补偿费,入驻园区的企业或者房地产开发商,不需再次缴纳水土保持补偿费。

835.问:我们职业培训学院是在区社会组织管理局登记的民办非企业单位,学院新建项目征用土地还需要缴纳水土保持费吗?

答:《水土保持补偿费征收使用管理办法》(财综〔2014〕8号)第十一条明确规定,建设学校等公益性工程项目的免征水土保持补偿费。根据教育部意见,学校公益性工程项目的范围包括各级各类公办学校和非营利性民办学校,以及营利性民办学校学历教育建设的教育教学设施。因此,您提到的民办职业培训学校如果属于非营利性民办学校,则符合免征情形,免征水土保持补偿费。否则,应当依法依规缴纳水土保持补偿费。

836.问:县住房和城乡建设局建设的污水处理厂及配套管网工程,2019年8月取得水保方案的批复,是否需要缴纳水土保持设施补偿费?有何依据?

答:按照《水土保持补偿费征收使用管理办法》(财综〔2014〕8号)第十一条规定,建设市政生态环境保护基础设施项目的免征水土保持补偿费。根据住房和城乡建设部意见,市政生态环境保护基础设施项目范围包括面向城市及社会公众提供公共服务的市政供水、排水与污水处理、黑臭水体整治、城市生活垃圾处理、园林绿化设施等相关基础设施。因此,您提到的城市污水处理厂及配套管网工程属于面向城市及社会公众提供公共服务的排水与污水处理设施范围,符合免征情形,免征水土保持补偿费。

837.问:水土保持补偿费按照征占用土地面积计征(包括永久占地和临时占地),永久占地是指土地证上面积,还是指项目选址意见书中的面积?

答:根据水土保持法及《水土保持补偿费征收使用管理办法》(财综〔2014〕8号)有关规定,对于开办一般性生产建设项目的,水土保持补偿费按照征占用土地面积计征。征占用土地面积指的是征占用土地的全部面积,包括永久征地和临时占地,不仅是其中项目建设占用的土地面积。

838.问：我们是一家水泥生产企业，于2003年、2004年建设的水泥生产线及配套开采的石灰石矿山，现已生产运行十几年了，主管部门要求我们补做水土保持方案，并交纳水土保持补偿费，《水土保持法》是于2011年3月实施的，我们是在水土保持法实施之前建设的，距2011年水土保持法实施时，早已建成运行多年，我们的水土保持补偿费是否还需要再补交，如果需要补交，按什么标准交纳，谢谢！

答：按照新水土保持法和《水土保持补偿费征收使用管理办法》（财综〔2014〕8号）第七条规定，开采矿产资源的，水土保持补偿费在建设期间按照征占用土地面积计征，在开采期间按照开采量计征。因此，您提到的水泥生产线及配套开采石灰石矿山项目，应当补缴运行期的水土保持补偿费。具体标准请参考《关于水土保持补偿费收费标准（试行）的通知》（发改价格〔2014〕886号）、《关于降低电信网码号资源占用费等部分行政事业性收费标准的通知》（发改价格〔2017〕1186号）等有关规定。

839.问：我是一名基层水利工作者，想咨询一下水保补偿费减免的问题：一是建设私立医院是否属于公益性工程项目，是否免征水土保持补偿费？二是《水土保持法》第三十二条规定"损坏水土保持设施、地貌植被，不能恢复原有水土保持功能的，应当缴纳水土保持补偿费"，改建项目如交通建设项目，原址重建道路后恢复了原有水土保持功能，是原址的不缴纳水土保持补偿费，新增的部分才按照征占地面积缴纳水土保持补偿费，还是全部按照征占地面积缴纳水土保持补偿费？

答：问题一：按照《水土保持补偿费征收使用管理办法》（财综〔2014〕8号）第十一条的规定，建设医院等公益性工程项目的，免征水土保持补偿费。因此，您提到的私立医院属于免征情形，免征水土保持补偿费。

问题二：按照水土保持法及《水土保持补偿费征收使用管理办法》（财综〔2014〕8号）有关的规定，开办一般性生产建设项目的，水土保持补偿费应当按照征占用土地面积计征。需要注意的是，征占用土地面积指的是征占用土地的全部面积，不是其中建设占用的土地面积。

840.问：新建水库水土保持补偿费应如何缴纳？您好，我是一名水土保持基层工作者。根据2019年4月水利部网站答疑，河道治理工程属于一般性生产建设项目，补偿费征收不应扣除水域面积。假如新建水库，水库淹没区是否需要计征水土保持补偿费，谢谢！发改立项蔬菜基地等项目是否需要编制水土保持方案？目前很多地方正在建设蔬菜基地、果树基地等类似项目，列入发改部门项目库，此类项目是否需要编制水土保持方案？还有根据财综〔2014〕8号，田间土地整治建设项目、开展水土流失治理活动的免征水土保持补偿费，是不是国土部门的土地整治和发改部门的石漠化治理工程，需要编制水土保持方案？

答：问题一：按照《关于水土保持补偿费收费标准（试行）的通知》（发改价格〔2014〕886号）有关规定，对水利水电工程建设项目，水库淹没区不在水土保持补偿费计征范围之内。

问题二：根据水土保持法第二十五条和《开发建设项目水土保持方案编报审批管理规定》有关规定，您提到的蔬菜基地项目如果属在发展改革等部门立项管理（即审批、核准或备案）的，则应当依法编报水土保持方案。土地整治、石漠化治理工程不需编制水土保持方案。

841.问：砖厂和石厂开挖料（页岩、水泥配料用砂岩）有国土部门的采矿许可证，开挖料属于矿产资源。水土保持补偿费征收同时满足水土保持补偿费征收使用管理办法第七条规

定(二)(三)。请问可按照(三)取土、挖砂、采石以及烧制砖、瓦、瓷、石灰的,按照取土、挖砂、采石量计征水土保持补偿费吗?

答:根据《水土保持补偿费征收使用管理办法》(财综〔2014〕8号)第七条的规定,您提到的情况属开采矿产资源的情形。水土保持补偿费在建设期间,按照征占用土地面积计征;在开采期间,按照开采量计征。

842.在实际监督管理中,砖厂企业已办理采矿许可证,主要存在以下情况:1.砖厂在其划定的矿区范围未实施开采活动,其生产的页岩多孔砖主要原材料页岩转由市政渣土转运单位提供,主要为在建项目弃方,辅料由市场采购,因此在生产期未对矿区发生扰动或破坏水土保持设施;2.提供页岩渣土的在建项目一般均已办理水土保持审批手续并缴纳水土保持补偿费,通过市政渣土转运单位转运至制砖厂企业仓库等待生产消纳。

问:针对上述情形,是否还应计征砖厂生产期水土保持补偿费?如计征,则应该采取何种标准以及依据?

答:根据《水土保持补偿费征收使用管理办法》(财综〔2014〕8号)第九条规定,开采矿产资源的,水土保持补偿费在开采期间按照开采量计征。因此,您提到的砖厂在生产期如不实施开采活动,不计征水土保持补偿费。

843.问:一个输水管道的水土保持验收。该项目批复的水土保持防治责任范围与实际的防治范围有出入(实际的较大),请问:1.水土保持验收时以实际的计入,多出的部分是否需要重新缴纳多出的水土保持补偿;2.防治责任范围面积出入多少,对原水土保持方案批复是否有影响,需不需要重新出具水土保持方案批复希望回复,为谢。

答:问题一:按照《水土保持补偿费征收使用管理办法》(财综〔2014〕8号)有关规定,您提到的水土流失防治责任范围面积增加的情况,应当依法补缴水土保持补偿费。

问题二:按照《生产建设项目水土保持方案变更管理规定(试行)》(办水保〔2016〕65号)第三条规定,水土流失防治责任范围增加以上的,生产建设单位应当补充或修改水土保持方案,报原审批部门审批。

844.问:本项目是一个综合性项目,工可批复绿地面积约4.6公顷,工可批复后,方案进行深化优化,初步设计批复的绿地面积为5.87公顷。请问,水土保持补偿费免征面积是5.87公顷还是4.6公顷?

答:《水土保持补偿费征收使用管理办法》(财综〔2014〕8号)第十一条明确了免征水土保持补偿费的七种情形。您提到的综合性项目如不属免征情形,应当依法依规缴纳水土保持补偿费。

845.问:您好,现在工作中遇到一个农光互补光伏项目业主提出的问题:该项目有别于其他普通光伏项目,发改部门备案证中建设内容:新建60 MWP光伏发电系统,逆变器及相关配套设施等,光伏大棚下拟种植生姜、食用菌等蔬菜和铁皮石斛等中药材。在建设的光伏大棚下种植南瓜约800亩、沃柑约150亩、蔬果及药材约500亩、蔬菜待种约240亩、水塘约260亩,共1 950亩。业主提出要对1 950亩地的水土保持补偿费进行减免,只缴纳涉及水土保持的土地面积(光伏支架基础、电缆沟井、箱变基础、塔基、场区内道路)约150亩计算。现在是按征占面积约2 100亩计算还是按约150亩计算征收水土保持补偿费?请给予回复,谢谢!

答:按照水土保持法和《水土保持补偿费征收使用管理办法》(财综〔2014〕8号)有关

规定，您提到的农光互补光伏项目，水土保持补偿费按照项目涉及水土保持的土地面积约150亩缴纳。

846.问：建设单位开工前缴纳水土保持补偿费，由于地方出台新政策，对缴费标准进行了调整，请问建设单位是按照新政策标准缴纳还是按照水土保持方案批复中的标准缴纳。

答：按照《水土保持补偿费征收使用管理办法》(财综〔2014〕8号)第九条的规定，开办一般性生产建设项目的，缴纳义务人应当在项目开工前一次性缴纳水土保持补偿费。因此，地方出台新政策的时间如果是在您提到的生产建设项目开工之前，水土保持补偿费应当按照新政策缴纳。否则，应当按照经批复水土保持方案中的标准缴纳。

847.问：有个公益性医院项目，他是2013年8月出的批复，水土保持补偿费征收使用管理办法财综〔2014〕8号文写着本办法于2014年5月1日开始执行，然后项目是2014年7月才开工，我咨询下这种情况建设单位能申请免征补偿费吗？这个时间是按照批复的时间还是按照项目开工的时间来算？

答：根据《水土保持补偿费征收使用管理办法》(财综〔2014〕8号)第九条规定，开办一般性生产建设项目的，缴纳义务人应当在项目开工前一次性缴纳水土保持补偿费。因此，提到的公益性医院项目能申请免征水土保持补偿费。

848.问：我县建了几个大型养猪场，征占面积中大部分是林区隔离带没有扰动，请问在征收水土保持补偿费时是按征占面积还是扰动面积？若按征占面积业主认为：1.没扰动不能征收补偿费，只能按实际扰动的征收；2.按征占面积征收费用太大企业也负担不起。我们只有询问一下部领导如何处理，谢谢！

答：根据水土保持法及《水土保持补偿费征收使用管理办法》(财综〔2014〕8号)有关规定，对于您所提到的养猪场，属开办一般性生产建设项目的情形，水土保持补偿费按照征占用土地面积计征。征占用土地面积指的是征占用土地的全部面积，不仅是其中项目建设活动占用的土地面积。

849.问：原有废弃多年的矿山，根据《××省矿山生态环境保护与治理规划》(2016—2020)属于治理范围，但是本项目作为矿山生态环境治理工程，但财综〔2014〕8号文中规定为市政生态环境基础设施可免征补偿费，矿山生态环境治理工程不能作为市政基础设施定义，那么是否可以免征补偿费？如果可以免征那么依据是什么？

答：《水土保持补偿费征收使用管理办法》(财综〔2014〕8号)第十一条规定，建设市政生态环境保护基础设施项目的免征水土保持补偿费。根据住房和城乡建设部意见，您提到的废弃矿山生态环境治理工程中，如有属面向社会公众提供公共服务的园林绿化设施建设内容，该部分属于免征情形，可免征水土保持补偿费。

850.问：您好，请问在河道内采砂按规定不需编报水土保持报告书，但河道采砂后将砂石材料堆放于河道河滩地，又未在发改部门进行立项审批，像这类项目是否需编报水土保持报告书？是否按占地面积缴纳水土保持补偿费？谢谢！

答：按照水土保持法和《开发建设项目水土保持方案编报审批管理规定》有关规定，您提到的河道采砂情况，不需编报水土保持方案。同时，按照《水土保持补偿费征收使用管理办法》(财综〔2014〕8号)第五条规定，河道采砂不计征水土保持补偿费。

851.问：您好，根据陕西省人民政府关于进一步加快全省公路建设的决定(陕政发〔2011〕50号)文件中国省干线公路建设以各级政府投入为主，坚持公益属性。那G242甘

其毛都至钦州公路洛南至商州段二级公路改扩建工程是否可以免征水土保持补偿费?

答:《水土保持补偿费征收使用管理办法》(财综〔2014〕8号)第十一条明确了免征水土保持补偿费的情形。您提到的G242甘其毛都至钦州公路洛南至商州段二级公路改扩建工程不属于免征情形,不适用该条款进行免征,应当依法依规缴纳水土保持补偿费。

852.问:最近做了一个戒毒所的项目,项目是省里面立项的,在省厅里面审查,针对是否征收水土保持补偿费的问题。省厅里面的专家意见不统一,讨论了很久。请问戒毒所是否属于军事设施或者公益性项目。该不该征收补偿费?

答:《水土保持补偿费征收使用管理办法》(财综〔2014〕8号)第十一条明确了免征水土保持补偿费的情形。我们认为,该条款为穷尽式列举,仅包括所列的七种情形。因此,您提到的戒毒所不属于免征情形,不适用该条款进行免征,应当依法依规缴纳水土保持补偿费。

853.问:生产建设单位申请的项目所在位置范围在以前完成的项目范围之内,缴纳水土保持补偿费是否要再交?

答:根据水土保持法和《水土保持补偿费征收使用管理办法》(财综〔2014〕8号)有关规定,您提到的同一位置范围虽涉及以前完成的项目,仍应依法缴纳水土保持补偿费。

854.在征收水土保持补偿费的过程中,我们遇到了这样的问题:××企业建于2003年,占地面积120亩,自建厂以来至2006年,该厂分三次向县水土保持监督站缴纳水土保持防治费和水保设施补偿费共计2.4万元,其中水土保持防治费1.5万元,水土保持设施补偿费0.9万元。今年6月我们再次深入该企业征收未缴纳的水土保持补偿费,该企业以《水土保持补偿费征收使用管理办法》规定"第九条:开办一般性生产建设项目的,缴纳义务人应当在项目开工前一次性缴纳水土保持补偿费"为借口,拒绝缴纳。

问:我们还能征收未缴齐的水土保持补偿费吗?

答:对于您提到的企业自2003年建厂至2006年已经分期缴纳水土流失防治费的情况。如果存在未缴齐的情况,应当追缴。计征标准按照有利于生产建设单位的原则确定,即如现行标准低于原标准,则按现行标准计征。

855.问:在现在的水土保持执法过程中发现,特别是园区及矿山项目,在规划时把面积放得太大,在编制水土保持方案时治理面积也是按规划面积来计算水土保持补偿费。在征收水土保持补偿费时,企业业主又以实施面积还没有这么多,就提出要分期支付水土保持补偿费。不知这种提法是否可行?是否有法律依据?

答:根据水土保持法及《水土保持补偿费征收使用管理办法》(财综〔2014〕8号)的有关规定,您提到的园区属开办一般性生产建设项目的情形,水土保持补偿费按照征占用土地面积计征。征占用土地面积指的是征占用土地的全部面积,不是其中项目建设占用的土地面积。同时,按照《水土保持补偿费征收使用管理办法》(财综〔2014〕8号)第九条规定,开办一般性生产建设项目的,缴纳义务人应当在项目开工前一次性缴纳水土保持补偿费。

您提到的矿山项目属开采矿产资源的情形,处于建设期的,缴纳义务人应当在建设活动开始前一次性缴纳水土保持补偿费;处于开采期的,缴纳义务人应当按季度缴纳水土保持补偿费。

856.问:请问河道清淤项目需不需编制水土保持方案报告书?如需编制,请问需不需缴纳水土保持补偿费?补偿费标准及计列面积怎样算?

答:按照《水土保持补偿费征收使用管理办法》(财综〔2014〕8号)第七条规定,您提到河道清淤等在河道范围内开展的生产建设活动，如不涉及损坏水土保持设施和地貌植被，不计征水土保持补偿费。

857. 问：新津水环境综合整治（一期）——白鹤滩湿地建设项目、明珠公园（原银杏公园）工程建设、四川农业博览园基础设施及配套工程，都属于政府投资建设的市政生态环境保护基础设施项目，这些项目可以免交水土保持补偿费吗？

答：按照《水土保持补偿费征收使用管理办法》（财综〔2014〕8号）第十一条的规定，建设市政生态环境保护基础设施项目的免征水土保持补偿费。根据住房和城乡建设部意见，您提到的新津水环境整治（一期）——白鹤滩湿地建设项目属于免征情形，免征水土保持补偿费。明珠公园工程建设中的园林绿化设施部分免征水土保持补偿费。四川农业博览园基础设施及配套工程不属于免征情形，应当依法依规缴纳水土保持补偿费。

858. 问：本项目在已完工项目上进行覆绿（种草、种树等），请问本项目是否可以减免水土保持补偿费？

答：《水土保持补偿费征收使用管理办法》（财综〔2014〕8号）第十一条明确了免征水土保持补偿费的情形。您提到的在完工项目上进行覆绿不属于免征情形，不适用该条款进行免征，因此，您提到的项目应当依法依规缴纳水土保持补偿费。

859. 问：本项目是一个综合性项目，总用地面积约 12.93 公顷，用地性质为公园绿地、社会停车场用地、公共交通场站用地和排水用地。其中，公园绿地面积约 4.6 公顷，该部分是否能减免水土保持补偿费？

答：按照《水土保持补偿费征收使用管理办法》（财综〔2014〕8号）第十一条的规定，建设市政生态环境保护基础设施项目的免征水土保持补偿费。根据住房和城乡建设部意见，市政生态环境保护基础设施项目范围包括面向城市及社会公众提供公共服务的市政供水、排水与污水处理、黑臭水体整治、城市生活垃圾处理、园林绿化设施等相关基础设施。因此，您提到综合性项目中的公园绿地部分属于免征情形，免征水土保持补偿费。

860. 问：现阶段部分砂石料、黏土矿、石灰岩矿等采矿证确定面积为总面积，矿的服务年限较长，有些为数十年，但采矿证为三年一换，则方案编制时扰动面积如何确定，也不太可能按照总面积确定补偿费、措施量等相关内容，否则需要矿的服务年限到期后验收；但现阶段又不提方案服务期的内容。

答：按照《生产建设项目水土保持技术标准》第 4.4.1 规定，生产建设项目水土流失防治责任范围应包括项目永久征地、临时占地（含租赁土地）以及其他使用与管辖区域。因此，您提到矿山开采项目在整个服务周期内征占用土地的全部面积都应当纳入征占用土地面积。同时，按照《水土保持补偿费征收使用管理办法》（财综〔2014〕8号）第七条，您提到的矿山开采项目属于开采矿产资源的情形，水土保持补偿费在建设期间应当按照征占用土地面积计征，在开采期间应当按照开采量计征。

861. 问：生产建设单位提出国土部门确定的项目红线面积（征地面积）远小于水土保持方案确定的红线面积，不同意按水土保持方案确定的金额缴纳水土保持补偿费，请求按照国土部门确定的红线面积缴纳水土保持补偿费，请问该项目水土保持补偿费如何确定？

答：根据水土保持法及《水土保持补偿费征收使用管理办法》（财综〔2014〕8号）的有关规定，开办一般性生产建设项目的，水土保持补偿费按照征占用土地面积计征。征占用土地面积指的是征占用土地的全部面积，不是其中项目建设占用的土地面积。因此，应当按照经批复水土保持方案确定的征占用土地面积计征水土保持补偿费。

862.问:鉴于以往咨询的公墓项目都未提到公益性公墓,因此单独提出此项咨询。根据国家和地方关于免征水土保持补偿费的项目最后,都均有提到“等公益性工程项目”字眼,此次咨询问题主要为:农村公益性公墓是否属于免征文件中“等公益性工程项目”的范围内。谢谢!

答:《水土保持补偿费征收使用管理办法》(财综〔2014〕8号)第十一条明确了免征水土保持补偿费的情形。我们认为,该条款为穷尽式列举,仅包括所列的七种情形。因此,您提到的公墓不属于以上免征情形,不适用该条款进行免征,应当依法依规缴纳水土保持补偿费。

863.问:本次工程治理范围为永定河固安段,治理起点为固安与涿州交界处,治理终点梁各庄。主河槽清淤22.3 km,右堤工程自固安与涿州交界处至廊涿高速,治理长度20 km。工程主要治理内容包括:(一)防洪工程,(二)生态修复工程及对北村闸工作桥进行除险改造,现状右堤沥青路面修复工程,智慧水,务建设。问题是这个工程是公益性工程吗?能不缴纳水土保持补偿费?

答:按照《水土保持补偿费征收使用管理办法》(财综〔2014〕8号)第七条,对于您提到的河北省廊坊市永定河综合整治工程,在主河槽清淤等在河道范围内开展的生产建设活动,如不涉及损坏水土保持设施和地貌植被,不计征水土保持补偿费。对于右堤工程,不属免征情形,应当依法依规缴纳水土保持补偿费。

864.问:按照财综〔2014〕8号文,水土保持补偿费免征情形第一条,学校等公益项目免征水土保持补偿费,请问“党校”是否属于免征情形?

答:《水土保持补偿费征收使用管理办法》(财综〔2014〕8号)第十一条明确了免征水土保持补偿费的情形。因此,您提到的党校项目建设不属于免征情形,不适用该条款进行免征,应当依法依规缴纳水土保持补偿费。

865.问:请问乡镇污水处理设施建设及运营PPP项目属于市政生态环境保护基础设施项目吗?是属于免征情形还是要缴纳水土保持补偿费?

答:《水土保持补偿费征收使用管理办法》(财综〔2014〕8号)第十一条规定,建设市政生态环境保护基础设施项目的免征水土保持补偿费。根据住房和城乡建设部意见,市政生态环境保护基础设施项目范围包括面向城市及社会公众提供公共服务的市政供水、排水与污水处理、黑臭水体整治、城市生活垃圾处理、园林绿化设施等相关基础设施。因此,您提到的乡镇污水处理设施建设及运营PPP项目属于免征情形,免征水土保持补偿费。

866.问:根据筑国资报〔2017〕49号文件精神,贵阳北部农产品电商物流园是由贵阳市委市政府主导建设的公益性农产品批发市场,请问贵阳北部农产品电商物流园是否属于免征水土保持补偿费的范畴?谢谢!

答:《贵州省水土保持补偿费征收管理办法》(2015年2月25日贵州省人民政府第51次常务会议通过,2015年3月13日贵州省人民政府令第163号公布)第五条明确,修建学校、幼儿园、医院、儿童福利院、社会福利院、敬老院、老年公寓、公共文化体育场所等公益性工程项目的,免交水土保持补偿费。您提到的贵阳北部农产品电商物流园是否适用该办法免征水土保持补偿费,请向贵州省水利厅等有关部门进行咨询。

867.问：不收费的公园建设，可否免缴纳水土保持补偿费？

答：《水土保持补偿费征收使用管理办法》（财综〔2014〕8 号）第十一条规定，建设市政生态环境保护基础设施项目的免征水土保持补偿费。根据住房和城乡建设部意见，如果您提到的公园属面向城市及社会公众提供公共服务的园林绿化设施范围，则符合免征情形，免征水土保持补偿费。

868.问：原有废弃多年的矿山，根据《××省矿山生态环境保护与治理规划》（2016—2020）属于治理范围，但是本项目作为矿山生态环境治理工程，但财综〔2014〕8 号文中规定为市政生态环境基础设施工程可免征，请问本项目是否可以免征水保补偿费？

答：按照《水土保持补偿费征收使用管理办法》（财综〔2014〕8 号）第十一条，建设市政生态环境保护基础设施项目的免征水土保持补偿费。根据住房和城乡建设部意见，市政生态环境保护基础设施项目范围包括面向城市及社会公众提供公共服务的市政供水、排水与污水处理、黑臭水体整治、城市生活垃圾处理、园林绿化设施等相关基础设施。因此，您提到的废弃矿山生态环境治理工程不属于免征情形，应当依法依规缴纳水土保持补偿费。

869.问：请问，《水土保持补偿费征收使用管理办法》第十一条“建设学校、幼儿园、医院、养老服务设施、孤儿院、福利院等公益性工程项目的”中的“等”具体指哪些内容，建设市民服务中心楼包不包括在公益性工程项目中？

答：《水土保持补偿费征收使用管理办法》（财综〔2014〕8 号）第十一条明确了免征水土保持补偿费的情形。我们认为，该条款为穷尽式列举，仅包括所列的七种情形。因此，您提到的建设市民中心楼不属于免征情形，不适用该条款进行免征，应当依法依规缴纳水土保持补偿费。

870.问：您好，有个美丽乡村项目，建设内容包括“给水工程、道路工程、绿化改造提升、建筑外墙粉刷及文化墙建设、环境卫生设施建设、架空弱电线路入地、照明工程、公共浴室建设、污水入户管道等”，请问这种项目是否可以免缴水土保持补偿费？

答：《水土保持补偿费征收使用管理办法》（财综〔2014〕8 号）第十一条规定，按照相关规划开展小型农田水利建设、田间土地整治建设和农村集中供水工程建设的免征水土保持补偿费。因此，您提到美丽乡村项目中的给水工程属于免征情形，免征水土保持补偿费。

871.问：您好，我区现受理一件养老地产项目，占地 80 公顷，其中涉及老年公寓用地、商业用地、商住混合用地、娱乐康体用地、幼托用地、基层社区中心、小学用地、医卫慈善用地、二类居住用地（学校用地为划拨，其余为出让）。现咨询养老地产项目配建的企业自持民营专科医院和企业自持的老年公寓，水土保持补偿费是否适用水土保持补偿费征收使用管理办法第十一条第一款予以免征，是否符合《财政部、国家发改委关于减免养老和医疗机构行政事业性收费有关问题的通知》（财税〔2014〕77 号）文件，涉及养老和医疗机构需要进行减免或减半收取？望予以回复，为感！

答：《水土保持补偿费征收使用管理办法》（财综〔2014〕8 号）第十一条明确了免征水土保持补偿费的情形，其中第一种免征情形为“建设学校、幼儿园、医院、养老服务设施、孤儿院、福利院等公益性工程项目的”。因此，您提到的养老地产项目中，属医院、养老服务设施的部分，符合免征情形，免征水土保持补偿费。

872.问：基层工作中遇到两个问题，第一，贵部在 2019 年 4 月 2 日答复的问题，脱贫攻坚扶贫项目鼓励建档立卡贫困户承包荒山，种植养殖类，这种行为到底属不属于按照水土保

持规划开展水土流失治理活动的，属于符合免征情形吗？按照水土保持规划开展水土流失治理活动怎么理解，我个人理解是小流域治理，返还治理这些项目才算。脱贫攻坚承包荒山种植不属于，还需要交纳补偿费吗？第二，有个沙漠治理项目，面积挺大，主要是绿化，栽植葡萄，总投资 900 万元，征占地面积算下来水土保持补偿费 4 亿元，这类型需要交纳水土保持补偿费吗？

答：问题一：《水土保持补偿费征收使用管理办法》（财综〔2014〕8 号）第十一条规定，按照水土保持规划开展水土流失治理活动的，免征水土保持补偿费。因此，您提到脱贫攻坚扶贫项目承包的荒山，如果地处水土保持规划区域，采取了水土保持规划确定的措施，并符合相关规范标准的要求，免征水土保持补偿费。否则，应当依法依规缴纳水土保持补偿费。

问题二：您提到的项目不属于《水土保持补偿费征收使用管理办法》（财综〔2014〕8 号）规定的免征情形。因此，应当按照项目征占用土地面积依法依规缴纳水土保持补偿费。

873. 问：您好，进入运行期的露天煤矿需要新设立排渣场，新设立的排渣场在煤矿井田范围之外。请问：煤矿在运行期已按吨煤缴纳水土保持补偿费，运行期新设立的这个排渣场是否按征占地面积征收水土保持补偿费？

答：根据水土保持法、《水土保持补偿费征收使用管理办法》（财综〔2014〕8 号）、《关于降低电信网码号资源占用费等部分行政事业性收费标准的通知》（发改价格〔2017〕1186 号）有关规定，您提到进入运行期的露天煤矿在井田范围之外新设立排渣场的情况，对新设立排渣场应当征收水土保持补偿费，按照新设立排渣场的征占用土地面积计征。

874. 问：某地要建设一个奶牛养殖场，属设施农业项目。请问，编制此项目的水土保持方案，需要缴纳水土保持补偿费吗？如果需要缴纳，依据是什么。谢谢！

答：《水土保持补偿费征收使用管理办法》（财综〔2014〕8 号）第十一条明确了免征水土保持补偿费的情形，您提到的设施农业项目不属于免征情形，应当依法依规缴纳水土保持补偿费。

875. 问：第二条水土保持补偿费是水行政主管部门对损坏水土保持设施和地貌植被、不能恢复原有水土保持功能的生产建设单位和个人征收并专项用于水土流失预防治理的资金。第五条在山区、丘陵区、风沙区以及水土保持规划确定的容易发生水土流失的其他区域开办生产建设项目或者从事其他生产建设活动，损坏水土保持设施、地貌植被，不能恢复原有水土保持功能的单位和个人（简称缴纳义务人），应当缴纳水土保持补偿费。而第七条，开办一般性生产建设项目的，按照征占用土地面积计征。是否矛盾，很多人理解为按征占地总面积计征。

答：根据水土保持法及《水土保持补偿费征收使用管理办法》（财综〔2014〕8 号）的有关规定，对于您所提到开办一般性生产建设项目的，水土保持补偿费按照征占用土地面积计征。征占用土地面积指的是征占用土地的全部面积，不是其中项目建设占用的土地面积。因此，您的理解是正确的。

876. 问：您好，我在南京市做了个河道整治工程的水保报告，这个工程包括新开河道和现有河道整治及一座泵站工程。现在想了解下这个项目是否需要征收水土保持补偿费。江苏省物价局、江苏省财政厅《转发国家发展改革委财政部关于降低电信网码号资源占用费等部分行政事业性收费标准的通知》（苏价服〔2017〕115 号），其中提到“对水利水电工程建设项目，水库淹没区不在水土保持补偿费计征范围之内”。请问这个工程可以不缴纳水土

保持补偿费吗？望回复，谢谢！

答：您好！感谢您的留言。现答复如下：按照《水土保持补偿费征收使用管理办法》（财综〔2014〕8 号）第七条，对于您提到河道整治工程建设内容中的，在河道范围内开展的生产建设活动，如不涉及损坏水土保持设施和地貌植被，不计征水土保持补偿费。对于新开河道及新建泵站工程，不属免征情形，应当依法依规缴纳水土保持补偿费。

877. 问：潍坊市固体废物处置中心项目主要从事危险废物进行收集、贮存、处置活动，属于国家鼓励类特殊行业——环保行业，是潍坊市、寒亭区政府重点项目。此项目用地属于公用设施用地大类中的"环境设施用地"，我公司已取得土地证，土地性质——公用设施用地。此项目是否符合《山东省水土保持保持费征收使用管理办法》第十一条第四款中的市政生态环境保护基础设施项目。

答：按照《水土保持补偿费征收使用管理办法》（财综〔2014〕8 号）第十一条规定，您提到的潍坊市固体废物处置中心项目属建设市政生态环境保护基础设施项目的情形，属于免征情形，免征水土保持补偿费。

878. 问：您好，永定河流域综合治理和生态修复工程被界定为具有准公益项目特点，在做水土保持方案的时可否免征水土保持补偿费，依据是什么？

答：按照《水土保持补偿费征收使用管理办法》（财综〔2014〕8 号）第七条，对于您提到的永定河流域综合治理和生态修复工程，在永定河河道范围内开展的工程建设部分，如不涉及损坏水土保持设施和地貌植被，不计征水土保持补偿费。

879. 问：根据《水土保持补偿费征收使用管理办法》财综〔2014〕8 号文件及其他文件规定水库淹没区不在水土保持补偿费计征范围之内，请问大型旅游项目中的水域部分（水域面积占地 10 公顷左右）是否不需要缴纳水土保持补偿费呢？

答：按照《水土保持补偿费征收使用管理办法》（财综〔2014〕8 号）第七条，开办一般性生产建设项目的，按照征占用土地面积计征水土保持补偿费。您提到大型旅游项目中的水域部分，属于项目征占用土地面积，因此应当依法依规缴纳水土保持补偿费。

880. 问：最近有一个疑惑麻烦解答，如果一个业主拿到了一块地（一个土地证）准备建设一个学校，在发改委进行了立项，与此同时，政府要求其在学校操场下面建设一个人防基地，也在发改委进行了立项，但是这两个项目是一个施工单位一起建设，请问需要编报几个水土保持方案？可以只编报一个吗？后期需要征收水土保持补偿费吗？

答：根据水土保持法和《开发建设项目水土保持方案编报审批管理规定》有关规定，水土保持方案编制对应生产建设项目，即一个生产建设项目编制一个水土保持方案。因此，您提到的学校和学校操场下面建设人防工程的情况，如果是两个立项项目，应当分别编制水土保持方案。同时，根据《水土保持补偿费征收使用管理办法》（财综〔2014〕8 号）第十一条免征水土保持补偿费情形的相关规定，如果学校操场下面建设的人防工程属学校组成部分，属于免征情况，免征水土保持补偿费。否则，应当依法依规缴纳水土保持补偿费。

881. 问：我们单位编制了一个水保项目名称：东坡区悦兴镇文体活动中心建设。请问各位领导这种类型项目是否属于免征收水土保持补偿费中的：建设学校、幼儿园、医院、养老服务设施、孤儿院、福利院等公益性工程项目。本项目是否可以免征收水土保持补偿费？

答：《水土保持补偿费征收使用管理办法》（财综〔2014〕8 号）第十一条明确了免征水土保持补偿费的情形，其中第一种免征情形为"建设学校、幼儿园、医院、养老服务设施、孤儿院、福利院等公益性工程项目的”。因此,您提到东坡区悦兴镇文体活动中心项目的建设内容中,如有属于上述免征情形的,该部分可以免征水土保持补偿费。

882.问:湖北省武汉市东湖水环境提升工程位于国家5A级旅游景区——东湖生态旅游风景区,属于新建项目。建设内容包括外源污染控制工程、内源污染控制工程、水生态修复工程和水质监测工程,项目总占地面积约2207万 m^2(包括清淤与生态修复湖区面积)。本工程实施将不仅改善东湖水环境现状,同时也起到美化湖泊水体景观,改善人居环境的作用。根据财综〔2014〕8号文第十一条第(四)款,市政生态环境保护基础设施项目可免征水土保持补偿费。请问本项目是否符合免征水土保持补偿费条件?

答:《水土保持补偿费征收使用管理办法》(财综〔2014〕8号)第十一条规定,建设市政生态环境保护基础设施项目的免征水土保持补偿费。根据住房和城乡建设部意见,市政生态环境保护基础设施项目范围包括面向城市及社会公众提供公共服务的市政供水、排水与污水处理、黑臭水体整治、城市生活垃圾处理、园林绿化设施等相关基础设施。因此,您提到的东湖水环境提升工程属于免征情形,免征水土保持补偿费。

883.问:我看了不少咨询关于一般生产建设项目水土保持补偿费面积的计算方式的,恢复都是按照征占地总面积,但是跟水保法第三十二条“……开办生产建设项目或者从事其他生产建设活动,损坏水土保持设施、地貌植被,不能恢复原有水土保持功能的,应当缴纳水土保持补偿费”是否矛盾,跟《补偿费管理办法》(财综〔2014〕8号)第二条“开办生产建设项目或者从事其他生产建设活动,损坏水土保持设施、地貌植被,不能恢复原有水土保持功能的,应当缴纳水土保持补偿费”及第五条是否矛盾。请说明。

答:经过进一步沟通,确定了您留言咨询的问题。水土保持法第三十二条和《水土保持补偿费征收使用管理办法》(财综〔2014〕8号)第二条是水土保持补偿费征收的原则性规定,而水土保持补偿费征收使用管理办法第五条和第七条是具体操作性规定。因此,该办法第七条征占用土地面积指的是征占用土地的全部面积,这与前述条款并不存在矛盾。

884.问:您好!请问光伏发电项目水土保持补偿费是按光伏租赁范围收取还是按实际扰动地表面积计取?

答:根据水土保持法及《水土保持补偿费征收使用管理办法》(财综〔2014〕8号)的有关规定,您提到的光伏发电项目属一般性生产建设项目,水土保持补偿费应当按照征占用土地面积计征。需要注意的是,征占用土地面积指的是征占用土地的全部面积,而不仅指其中建设占用的土地面积。

885.问:我辖区内以前年度油田建设道路项目做了区域水保方案(涵盖井场、道路、管线等项目内容),也征收了水保补偿费,现在对部分道路重新进行改扩建,加宽道路宽度,水保方案也将纳入区域水保方案内容之中,请问道路改扩建水保补偿费按新增面积(本次新增的征占地面积)征收还是按扰动面积(含原来的道路征占地面积)征收?谢谢!

答:按照不重复计征的原则,对您提到油田建设项目的道路改扩建,如不涉及新增征占用土地,不应当再次计征水土保持补偿费。

886.问:房地产项目位于城市区域,项目征地时会代征一部分市政道路用地和绿化用地,有代征代建和代征不代建两种情况。代征不代建的代征用地不属于项目组成和建设内容,请问代征不代建的代征用地是否纳入项目水土流失防治责任范围,该部分代征用地是否需要交纳水土保持补偿费。

答:根据《生产建设项目水土保持技术标准》第4.4.1规定,生产建设项目水土流失防治责任范围应包括项目永久征地、临时占地(含租赁土地)以及其他使用与管辖区域。因此,您提到的代征用地(含代建及不代建)应当纳入水土流失防治责任范围,应当依法依规缴纳水土保持补偿费。

887问:《水利部关于进一步深化“放管服”改革全面加强水土保持监管的意见》水保号已于2019年5月31日在水利部官网发布,规定“征占地面积不足0.5公顷且挖填土方不足1千立方米”的项目,不再办理水土保持方案审批手续,那么请问这类型项目征收补偿费不?

答:《水土保持补偿费征收使用管理办法》(财综〔2014〕8号)第十一条明确了免征水土保持补偿费的情形。您提到的生产建设项目如不属于免征情形,应当依法依规缴纳水土保持补偿费。

888.问:根据文件规定,建设学校、幼儿园、医院、养老服务设施、孤儿院、福利院等公益性工程项目的可免征水土保持补偿费,请问疾控中心迁建工程可免征补偿费吗?

答:《水土保持补偿费征收使用管理办法》(财综〔2014〕8号)第十一条明确了免征水土保持补偿费的情形。因此,您提到的疾控中心迁建工程不属于免征情形,应当依法依规缴纳水土保持补偿费。

889.问:你好,请问在县级区域内铺设施工天然气管道及调压站等配套设施,是否属于市政生态环境保护基础设施项目范围中的燃气类设施,上述项目是否免征水土保持补偿费用?

答:按照《水土保持补偿费征收使用管理办法》(财综〔2014〕8号)第十一条,建设市政生态环境保护基础设施项目的免征水土保持补偿费。根据住房和城乡建设部意见,市政生态环境保护基础设施项目范围包括面向城市及社会公众提供公共服务的市政供水、排水与污水处理、黑臭水体整治、城市生活垃圾处理、园林绿化设施等相关基础设施。因此,您提到的县级区域内铺设天然气管道及建设调压站等配套设施不属于免征情形,应当依法依规缴纳水土保持补偿费。

890.问:砂石厂、露天矿的矿区划定矿区面积远远大于实际开采面积,在计算补偿费时,不扰动的矿区面积是否应该计入补偿费计算范围。

答:根据《水土保持法》、《水土保持补偿费征收使用管理办法》(财综〔2014〕8号)、《关于降低电信网码号资源占用费等部分行政事业性收费标准的通知》(发改价格〔2017〕1186号)的有关规定,对于您提到的砂石厂、露天开采矿山,属于开采矿产资源的情形。因此,水土保持补偿费在建设期间,按照征占用土地面积计征;在开采期间,按照开采量计征。征占用土地面积指的是征占用土地的全部面积,不是仅指扰动矿区的面积。

891.问:城市内修建供热管线及配套设施需要缴纳水土保持补偿费吗?

答:《水土保持补偿费征收使用管理办法》(财综〔2014〕8号)第十一条明确了免征水土保持补偿费的情形。因此,您提到的城市内修建的供热管线及配套设施不属于免征情形,应当依法依规缴纳水土保持补偿费。

892.问:尊敬的领导您好,本市目前有一个特色旅游小镇建设项目,在这个项目内配套有医院、小学、幼儿园、农业学院。根据《水土保持补偿费征收使用管理办法》(财综〔2014〕8号),计算水土保持补偿费时,是否可以将(医院、小学、幼儿园、农业学院)占地面积从计征总面积中扣除。谢谢!

答：按照《水土保持补偿费征收使用管理办法》（财综〔2014〕8 号）第十一条规定，建设学校、幼儿园、医院、养老服务设施、孤儿院、福利院等公益性工程项目的免征水土保持补偿费。因此，您提到特色旅游小镇建设项目中的医院和幼儿园属于免征情形，免征水土保持补偿费；在计征水土保持补偿费时，可以将其占地面积从计征总面积中扣除。同时，根据教育部意见，您提到的小学和农业院校如果属公办学校或非营利性民办学校，属于免征情形，免征水土保持补偿费。

893.问：市政生态环境保护基础设施项目的范围，具体包括什么项目？

答：《水土保持补偿费征收使用管理办法》（财综〔2014〕8 号）第十一条规定，建设市政生态环境保护基础设施项目的免征水土保持补偿费。根据住房和城乡建设部意见，市政生态环境保护基础设施项目范围包括面向城市及社会公众提供公共服务的市政供水、排水与污水处理、黑臭水体整治、城市生活垃圾处理、园林绿化设施等相关基础设施。

894.问：项目名称围滩河防洪排涝及生态修复工程，位于潍坊滨海经济技术开发区西部，已经立项，现正在建设，想咨询水土保持补偿费是否免征或者部分征收。

答：《水土保持补偿费征收使用管理办法》（财综〔2014〕8 号）第十一条明确了免征水土保持补偿费的情形。因此，您提到的围滩河防洪排涝及生态修复工程不属于其中免征情形，不适用该条款进行免征，应当依法依规缴纳水土保持补偿费。

895.问：1.5 月 31 日以后，征占地面积 0.5 公顷以下项目不用办理水土保持方案审批手续，水土保持补偿费是否征收？2.以前按老标准审批的报告书和报告表，完工后自主验收时如何执行？按新的还是按老的执行。

答：问题一：您提到征占地面积 0.5 公顷以下项目的水土保持补偿费计征，仍然按照《水土保持补偿费征收使用管理办法》（财综〔2014〕8 号）有关规定执行。

问题二：您提到按照老标准审批的水土保持方案报告书和报告表的项目，水土保持设施自主验收报备按照水利部"放管服"意见有关规定执行。

896.问：您好，《湖北省水土保持补偿费征收使用管理实施办法》规定建设学校等公益性工程项目的免征水土保持补偿费。那么请问，民办的小学、中学、大学是否征收水土保持补偿费，是否按照一般性建设类项目征收？

答：按照《水土保持补偿费征收使用管理办法》（财综〔2014〕8 号）第十一条，建设学校等公益性工程项目的免征水土保持补偿费。根据教育部意见，学校中公益性工程项目的范围包括各级各类公办学校和非营利性民办学校，以及营利性民办学校学历教育建设的教育教学设施。因此，您提到的民办的小学、中学、大学如果属于上述范围，属于免征情形，免征水土保持补偿费。否则，应当依法依规缴纳水土保持补偿费。

897.问：旅游项目水域部分面积需要缴纳水土保持补偿费？

答：按照《水土保持补偿费征收使用管理办法》（财综〔2014〕8 号）第七条，开办一般性生产建设项目的，水土保持补偿费应当按照征占用土地面积计征。因此，您提到的旅游项目，水域部分面积如果不纳入征占用土地面积的，不需缴纳水土保持补偿费。

898.问：当地新建大型水库，有部分村庄、企事业单位及公墓等需要进行拆迁安置，拆迁安置的居民点是否属于保障性安居工程而免征水土保持补偿费？供水供电通讯墓地等专项设施重建是否属于免征项目

答：按照《关于水土保持补偿费收费标准（试行）的通知》（发改价格〔2014〕886 号）、

《关于降低电信网码号资源占用费等部分行政事业性收费标准的通知》(发改价格〔2017〕1186号)等有关规定,您提到的新建大型水库项目,除其水库淹没区不在水土保持补偿费计征范围之内外,其他都不属免征情形,应当依法依规缴纳水土保持补偿费。同时,根据《国务院关于解决城市低收入家庭住房困难的若干意见》(国发〔2007〕24号)、《国务院办公厅关于保障性安居工程建设和管理的指导意见》(国办发〔2011〕45号)等有关规定,保障性安居工程主要是指公共租赁住房、经济适用住房和限价商品住房、棚户区改造和农村危房改造等。因此,您提到的拆迁安置的居民点不属保障性安居工程,应当依法依规缴纳水土保持补偿费。

899.问:您好,我们目前遇到很多高速公路护网之内的和平原地区的绿化建设工程,该类工程占地面积较大,单个工程达到数十至数百公顷,工程实施对推动国土绿化高质量发展具有积极意义,同时也对水土保持具有积极作用,请问该类工程是否属于水土保持补偿费免征情形,盼回!

答:《水土保持补偿费征收使用管理办法》(财综〔2014〕8号)第十一条明确了免征水土保持补偿费的情形。因此,您提到的绿化建设工程不属于其中免征情形,不适用该条款进行免征,应当依法依规缴纳水土保持补偿费。

900.问:您好!有一个4级河道,历史上此河道也治理过,治导线明确。本次河道综合治理与生态修复工程实施方案已批复,部分堤防需要加固,部分无堤防段需要新建,河道内进行清淤和主槽以外的滩地植草,主体工程设计的占地面积只计列了新增的占地面积,未考虑原河道占地面积。审查水土保持方案报告书时,专家对占地面积和水土保持补偿费的计费面积有不同的看法。请问:1.占地面积应如何计算,是否应包括原河道占地面积;2.两河堤之间的原河道占地需要收取补偿费吗?如果不征收补偿费的依据是什么?谢谢!

答:按照《水土保持补偿费征收使用管理办法》(财综〔2014〕8号)第七条,您提到河道综合治理与生态修复工程中的河道清淤等在河道范围内开展生产建设的活动,如不涉及损坏水土保持设施和地貌植被,不计征水土保持补偿费。对于您提到的原河道占地,如果在经批复的实施方案中没有计列入征占用土地面积,不计征水土保持补偿费。

901.问:您好,咨询一下,乐至县人民医院景观环境工程是否符合财综〔2014〕8号《关于印发的通知》第十一条"(一)建设学校、幼儿园、医院、养老服务设施、孤儿院、福利院等公益性工程项目的"免征水土保持补偿费这一条。

答:您提到的景观环境工程如果属于医院的建设内容,则作为医院的组成部分,免征水土保持补偿费;如果属于另外立项的项目,应当依法依规缴纳水土保持补偿费。

902.问:山上修建森林绿道,绿道采用架空栈道的方式,同时在栈道两侧进行景观绿化。我想问下,这样的项目免征水土保持补偿费不?

答:《水土保持补偿费征收使用管理办法》(财综〔2014〕8号)第十一条明确了免征水土保持补偿费的七种情形。因此,您提到的森林绿道不属免征情形,应当依法依规缴纳水土保持补偿费。

903.问:您好!我们有个长江支流综合整治工程,主要建设内容有:河道整治工程(对现有河道进行疏挖,河道边坡防护)、新建堤防工程、新建穿堤建筑物(包括涵闸和泵站)、景观工程(主要是河道与堤防之间的滩地绿化景观)等。我想咨询一下,我们这个项目是否符合水土保持补偿费免征条件?是否可以申请免征补偿费?

答：根据《水土保持补偿费征收使用管理办法》（财综〔2014〕8号）的有关规定，您提到的长江支流综合防治工程，在河道内开展疏挖等活动，如不涉及损坏水土保持设施和地貌植被，不计征水土保持补偿费。否则，应当依法依规缴纳水土保持补偿费。

904. 问：尊敬的领导您好！本人于2019年5月30日咨询了关于小镇建设项目内单项工程水土保持补偿费征收问题。现想对该问题进行一些补充。关于我市规划建设的汇源绿色农创特色小镇内配套有农业学院、医院、小学幼儿园、市政公园、河道水景观建设和部分防护绿地。请问该部分建设内容中的农业学院、医院、小学幼儿园是否属于免征范围。市政公园、河道水景观建设和部分防护绿地是否属于免征条款中的市政生态环境保护基础设施项目，是否可以免征水土保持补偿费。谢谢！

答：按照《水土保持补偿费征收使用管理办法》（财综〔2014〕8号）第十一条规定，建设学校、幼儿园、医院、养老服务设施、孤儿院、福利院等公益性工程项目的免征水土保持补偿费。因此，您提到特色旅游小镇建设项目中的医院和幼儿园属于免征情形，免征水土保持补偿费；在计征水土保持补偿费时，可以将其占地面积从计征总面积中扣除。同时，根据教育部意见，您提到的小学和农业院校如果属公办学校或非营利性民办学校，属于免征情形，免征水土保持补偿费。

根据《水土保持补偿费征收使用管理办法》（财综〔2014〕8号）第十一条规定、住房和城乡建设部意见，您提到的市政公园、河道水景观建设和防护绿地，属市政生态环境保护基础设施项目中的园林绿化设施等相关基础设施，属于免征情形，免征水土保持补偿费。

905. 问：按照（水保〔2019〕160号）水利部关于进一步深化"放管服"改革全面加强水土保持监管的意见，开发区建设推行水土保持区域评估，请问工业园区实行水土保持区域评估，水土保持补偿费怎么征收？有谁缴纳？

答：按照"谁损坏谁补偿"原则，您提到工业园区的水土保持补偿费，由入驻的生产建设单位缴纳。

906. 问：我区中等专业学校于2010年9月开工，2015年11月完工投入使用。现在准备在原来停车场位置建设风雨操场项目，占地面积不足一万平米，准备在市发改委立项。有两个疑问想请教：1.该学校已于3年前建成投入使用，是否不需要再进行补办水土保持方案？仅对本次立项的风雨操场项目进行编报水土保持方案表即可吗？2.根据财综〔2014〕8号文，该项目现属于免征水土保持补偿费，那么已建成的区域是否需要补交水土保持补偿费？

答：问题一：根据行政处罚法第二十九条规定，您提到中等专业学校投入使用已达两年以上，水行政主管部门可不要求其补办水土保持方案编报审批手续。同时，按照《开发建设项目水土保持方案编报审批管理规定》第四条规定，您提到风雨操场项目占地面积不足一万平米的情况，应当编报水土保持方案报告表。

问题二：《水土保持补偿费征收使用管理办法》（财综〔2014〕8号）第十一条明确，建设学校等公益性工程项目的免征水土保持补偿费。同时，根据教育部意见，属于学校公益性工程项目的范围包括各级各类公办学校和非营利性民办学校，以及营利性民办学校学历教育建设的教育教学设施。因此，您提到的中等专业学校项目如果属于上述范围，则符合免征情形，免征水土保持补偿费；同时，已建设的教育教学设施不需补交水土保持补偿费。

907. 问：如何理解和适用新《行政处罚法》执行措施条款（第七十二条）？

答：第七十二条【执行措施】当事人逾期不履行行政处罚决定的，作出行政处罚决定的行政机关可以采取下列措施：

（一）到期不缴纳罚款的，每日按罚款数额的百分之三加处罚款，加处罚款的数额不得超出罚款的数额；

（二）根据法律规定，将查封、扣押的财物拍卖、依法处理或者将冻结的存款、汇款划拨抵缴罚款；

（三）根据法律规定，采取其他行政强制执行方式；

（四）依照《中华人民共和国行政强制法》的规定申请人民法院强制执行。

行政机关批准延期、分期缴纳罚款的，申请人民法院强制执行的期限，自暂缓或者分期缴纳罚款期限结束之日起计算。

【条文主旨】本条是关于当事人逾期不履行行政处罚决定采取措施的规定。

【立法背景】本次修订后本条新增内容有两个特点：一是与 2011 年制定的行政强制法以及其他法律的衔接一致，如"加处罚款的数额不得超出罚款的数额""依法处理""汇款""依照《中华人民共和国行政强制法》的规定"等表述；二是行政处罚执行的逻辑严密，内容完整，强制力逐渐递增，是行政强制适当性原则的运用，即选择最小侵害手段实现行政处罚目的，如果当事人依然不按期履行义务则逐步递增强制措施力度。

【条文释义】

一、当事人逾期不履行行政处罚决定

（一）行政处罚决定的效力

根据行政行为的效力理论，行政处罚决定作出后，就具有了公定力、确定力、拘束力和执行力。

首先，是公定力，即行政处罚决定一旦成立，除具有重大且明显的瑕疵外，原则上合法有效，在被上级行政机关或者法院予以撤销或者变更前，无论是当事人还是第三人、国家机关都将其作为合法有效的行为予以尊重。

其次，是确定力，指行政处罚作出后，非依法律不得随意变更和撤销，它分为形式上的确定力和实质上的确定力。形式上的确定力是指行政处罚决定作出后，当事人未申请复议也未提起行政诉讼，法定期间经过后行政处罚决定合法确定生效，不能变动，当事人不得就该行政行为提起争议请求撤销或者变更；实质上的确定力是指行政处罚决定生效后作出行政处罚决定的机关不能对同一违法行为再次给予行政处罚，当事人也不能就同一事项请求变更。

再次，是拘束力，即行政处罚具有法律规定的法律效果，作出行政处罚决定的行政机关和当事人都必须对这种法律效果予以尊重，一方面，行政处罚决定机关以及其上级机关在行政处罚决定未被法律变更或者撤销前，都要受到拘束；另一方面，当事人负有服从的义务，按期履行行政处罚决定。

最后，是执行力，即当事人逾期不履行行政处罚决定，依照法律规定，行政处罚决定机关具有采取一定手段使处罚决定得以完全实现的效力，可以强制当事人履行义务，这种强制执行有些是行政机关自行执行。如果行政机关没有强制执行权力可以申请法院强制执行，强制当事人履行义务。行政处罚决定确定的减损权益或者增加义务的状态，如果当事人未按期自动履行，尚未实现作出行政处罚追求的状态，也未实现作出行政处罚所依据的法律对社会关系的调整，那么就需要强制执行。与当事人自动履行义务相比，强制执行的损害要比当事人自动履行的伤害严重，这是因为强制执行是为了维持公共秩序、维护公共利益，行政机关依法采取强制措施迫使当事人履行义务实现公共秩序、公共利益追求的状态。

（二）当事人逾期不履行行政处罚决定

对于行政处罚课加的义务，当事人应当自觉在规定的期限内履行。如对罚款决定，新修订的行政处罚法第六十七条第三款明确规定“当事人应当自收到行政处罚决定书之日起十五日内，到指定的银行或者通过电子支付系统缴纳罚款”。一般而言，即使立法明确规定的履行期间，也应当由行政机关在行政处罚决定书中予以明确。新修订的行政处罚法第五十九条规定，行政处罚决定书应当载明行政处罚的履行方式和期限；第六十六条规定行政处罚决定依法作出后，当事人应当在行政处罚决定书载明的期限内，予以履行。当事人确有经济困难，需要延期或者分期缴纳罚款的，经当事人申请和行政机关批准，可以暂缓或者分期缴纳。

一旦当事人在规定的期限内不履行或拒绝履行相应的义务，即可能产生更不利的后果，甚至最终由行政机关或法院依法进行直接的强制执行。如，当事人到期不缴纳罚款的，每日按罚款数额的3%加处罚款，这一措施即是针对逾期缴纳罚款的间接强制执行措施。不过，并非所有情形下，当事人逾期不履行行政处罚决定，就会产生强制执行，尤其是直接强制执行。对于依法享有执行权的行政机关，在进行直接强制执行前要事先进行催告，督促当事人自行履行行政处罚所确定的义务。对于无强制执行权的行政机关，若申请法院强制执行，还需要符合其他条件。如行政强制法第五十三条规定，当事人在法定期限内不申请行政复议或者提起行政诉讼，又不履行行政决定的，没有行政强制执行权的行政机关可以自期限届满之日起三个月内，依法申请法院强制执行。

二、逾期不履行行政处罚决定的措施

（一）可以采取措施的机关

当事人逾期不履行行政处罚决定的，由作出行政处罚决定的机关采取措施。作出行政处罚决定的机关根据是否具有强制执行权，分为可以依法自行强制执行和申请人民法院强制执行。可以依法自行强制执行的行政机关需要满足两个条件：一是强制执行的机关是依法作出行政处罚决定的机关；二是法律明确授予行政机关强制执行权。行政强制法第十三条规定，行政强制执行由法律设定，这里的“法律”仅指全国人大及其常委会制定的法律。目前，可以由行政机关自己强制执行的机关主要是公安、海关、税务等。申请人民法院强制执行的行政机关也需要满足两个条件：一是按照行政强制法的规定，法律没有授予行政机关强制执行权；二是作出行政处罚决定的行政机关依照行政强制法的规定申请人民法院强制执行。

（二）“可以采取的措施”是行政强制执行还是行政强制措施

本条“可以采取的措施”到底是行政强制执行还是行政强制措施有不同的看法，其实“可以采取的措施”是行政强制执行和行政强制措施的上位概念，其意指行政处罚决定实现的各种手段、方法。

1.“可以采取的措施”是行政强制执行

行政强制法立法目的是保障和监督行政机关依法履行职责，维护公共利益和社会秩序，保护公民、法人或者其他组织的合法权益。行政强制法第二条规定，行政强制包括行政强制措施和行政强制执行。行政强制措施，是指行政机关在行政管理过程中，为制止违法行为、防止证据损毁、避免危害发生、控制危险扩大等情形,依法对公民的人身自由实施暂时性限制,或者对公民、法人或者其他组织的财物实施暂时性控制的行为。行政强制执行,是指行政机关或者行政机关申请人民法院,对不履行行政决定的公民、法人或者其他组织,依法强制履行义务的行为。通过定义可以得出,行政强制措施是对人身自由和财产的暂时性控制行为,行政强制执行则是对当事人人身自由和财产的剥夺。厘清二者界限,很容易理解行政强制措施种类和行政强制执行种类的差异。行政强制法第九条规定的行政强制措施的种类有"限制公民人身自由;查封场所、设施或者财物;扣押财物;冻结存款、汇款;其他行政强制措施",第十二条规定行政强制执行的方式为"加处罚款或者滞纳金;划拨存款、汇款;拍卖或者依法处理查封、扣押的场所、设施或者财物;排除妨碍、恢复原状;代履行;其他强制执行方式"。通过以上规定比对本条,"加处罚款""划拨存款、汇款""拍卖或者依法处理查封、扣押的场所、设施或者财物""依照法律规定,采取其他行政强制执行方式"等"可以采取的措施"是行政强制执行。

2."可以采取的措施"包括申请法院强制执行的方式

法律没有授予作出行政处罚决定的行政机关以强制执行权,这就需要申请人民法院强制执行。申请人民法院强制执行按照行政强制概念属于行政强制执行,但是执行主体是法院而非行政机关,法院的非诉行政执行可以从行政处罚法律效果实现的角度认为实现了行政处罚决定追求的状态。但是法院的强制执行活动属于司法活动,《国家税务总局关于人民法院强制执行被执行人财产有关税收问题的复函》也明确指出人民法院的强制执行活动属司法活动。行政机关申请人民法院强制执行是通过司法活动实现义务履行的状态的一种措施。

3."可以采取的措施"是法律规定的其他行政强制执行方式

督促当事人履行义务或者达到与履行义务相同的状态的强制方式并非一成不变,实践中的许多做法,如"黑名单"或"失信惩戒"等也是强制当事人履行义务的方式,目前虽然未纳入法律范畴,但是启示立法者以开放的立场设定实现行政处罚决定的强制方式,而非局限在行政强制执行或者行政强制措施等。同时从保护当事人合法权益角度考虑,必须遵循行政强制执行由法律设定的规定。

4."可以采取的措施"是涵盖行政强制执行各种情况的上位概念

"可以采取的措施"是此条各款的概括性表述,必须涵盖以上三种情况,即必须能包容行政强制执行和申请人民法院强制执行,同时还能包容行政强制的全过程。所以"可以采取的措施"是涵盖各种能以强制的方式督促当事人履行行政处罚决定义务或者达到与履行义务相同状态的措施。

三、加处罚款

加处罚款是指行政机关对逾期不履行行政罚款义务,对当事人采取的通过加重金钱给付义务负担督促当事人自觉履行行政处罚决定的措施。

(一)加处罚款的限制

加处罚款这一强制执行方式有四个条件:第一,加处罚款是对罚款强制执行;第二,适用前提是当事人到期不缴纳罚款;第三,加处罚款的标准是每日按罚款数额的3%加处;第四,加处罚款的数额不得超出罚款的数额,这一点是新增加的内容,与行政强制法规定保持一致。加处罚款的数额不得超出罚款的数额是对加处罚款数额的限制,实践中因为行政机关的不催告,当事人长期不履行缴纳罚款义务,造成"巨额加处罚款"的现象,加重当事人的负担,明显不合理且难以执行。

加处罚款能否适用于当事人不履行其他种类的行政处罚?加处罚款也称为执行罚,在实现行政处罚决定的诸多方式中是一种督促当事人自动履行义务的方式,要优于直接强制执行。由于加处罚款的标准以确定的基数为前提,在诸多行政处罚的方式中,只有罚款是确定的,其他类型的行政处罚如果有可以量化的标准未尝不可。

(二)加处罚款的性质

根据行政强制法第十二条规定的行政强制执行方式,加处罚款显然属于行政强制执行。既然属于行政强制执行,那么加处罚款的设定只能是全国人大及其常委会制定的法律,如果法律未授予行政机关行政强制执行权,行政机关则不得以加处罚款的方式督促当事人履行缴纳行政罚款的义务。(比如在食品安全法中未设定相关行政机关加处罚款的行政强制执行权限,所以市场监督管理局申请人民法院强制执行对当事人加处罚款4500元,无法律依据。参见湖北省郧西县人民法院(2020)鄂0322行审20号行政裁定书)

(三)加处罚款是间接强制执行

对当事人行政处罚决定的强制执行有直接强制和间接强制。直接强制是指直接运用强制力作用于当事人实现行政处罚义务的履行,间接强制是通过行政机关采用新的金钱给付义务督促当事人履行行政罚款义务的间接方式。加处罚款就是一种间接强制执行,通过给当事人增加新的金钱压力和心理压力,促使当事人自动履行行政处罚义务,因为在行政处罚决定的实现方面,当事人的自动履行优于有权机关的强制执行。作为间接强制执行方式,其适用主体只能是法律授权可以采取强制执行的行政机关,作为具有强制执行权的人民法院则无加处罚款的权力。

(四)加处罚款的金钱给付义务的执行

加处罚款是通过科处当事人新的金钱给付义务促使当事人履行行政罚款义务的一种方式。加处罚款并不是无限期直到当事人履行行政罚款义务后终止。加处罚款在满足以下两个条件,当事人依然未履行行政罚款和加处罚款的义务后才由间接强制执行转为直接强制执行:一是时间要求,根据行政强制法第四十六条的规定实施加处罚款超过30日,经催告当事人仍不履行的,具有强制执行权的行政机关可以强制执行;二是总额要求,加处罚款的数额不得超出金钱给付义务的数额。在以上两种条件下,由具有行政强制执行权的行政机关强制执行。具有行政强制执行权的行政机关强制执行行政罚款和加处罚款的情况,存在两种可能性:一是在强制执行前,已对当事人的财产查封、扣押、冻结措施,这时可以根据法律规定拍卖、依法处理或者将冻结存款、汇款划拨抵缴罚款;二是在强制执行前,未对当事人财产采取强制措施的,需要采取查封、扣押、冻结措施,依据《行政强制法》第四十六条及其第三章行政强制措施实施程序办理。

(五)加处罚款能否减免

依据《行政强制法》第四十二条的规定,具有强制执行权的行政机关,在不损害公共利益和他人合法权益的情况下,当事人采取补救措施的,可以减免加处的罚款。因此,行政机关在当事人采取补救措施后可以减免加处的罚款,不过人民法院受理行政机关提出的行政强制执行申请后,行政机关不宜减免加处的罚款(参见《全国人大常委会法工委对行政处罚加处罚款能否减免问题的意见》)。故加处罚款是可以执行和解的,但需要满足下列条件:

一是主体为行政机关,法院无权决定减免;二是不损害公共利益和他人合法权益;三是当事人采取补救措施。只有同时满足以上三个条件,行政处罚作出机关才可以就加处罚款部分执行和解,作为基础行为的行政罚款,按照法律效力理论不得和解。

四、将查封、扣押财物拍卖、依法处理或者将冻结存款、汇款划拨抵缴罚款

当事人逾期不履行行政处罚决定的,作出行政处罚决定的行政机关可以根据法律规定将查封、扣押的财物拍卖、依法处理或者将冻结的存款、汇款划拨抵缴罚款。相较前款加处罚款,将查封、扣押财物拍卖、依法处理或者将冻结存款、汇款划拨都是直接对当事人财产的处分行为,属于直接强制,直接实现行政处罚效果的方式。本条在诸多强制方式中以逐渐递增强制力方式排列,体现着行政强制法的适当原则。在适用本款时,通常认为是当事人逾期不履行行政处罚,行政机关采用加处罚款的间接方式不能达到目的或者在紧急情况下来不及采用间接强制执行的时候,对当事人财产直接强制执行的方式。直接强制执行的以上方式都是对当事人财物的实力控制,有严格的条件和程序控制,按照行政强制法的要求严格依法进行。

(一)根据法律,将查封、扣押的财物拍卖、依法处理

本次修订在本项新增加的内容是"依法处理"。根据行政强制法第十二条第三款的规定,查封和扣押是当事人拥有场所、设施或者财物,对以上财物查封和扣押是行政强制措施。在当事人逾期不履行行政处罚决定,经催告后仍不履行的,就需要对查封和扣押的财物进行强制执行,达到与行政处罚决定追求相同的状态。在对查封和扣押财物的强制执行方式上必须依照法律的规定处理,目前已有的强制执行方式有拍卖,根据行政强制法第四十八条的规定,"依法拍卖财物,由行政机关委托拍卖机构依照《中华人民共和国拍卖法》的规定办理"。同时行政强制法第二十七条规定了查封、扣押后的处理,"对违法事实清楚,依法应当没收的非法财物予以没收;法律、行政法规规定应当销毁的,依法销毁",对鲜活物品或者不易保管的财物变卖,以上都是"依法处理"查封和扣押物品的强制执行方式。

(二)根据法律规定,将冻结的存款、汇款划拨抵缴罚款

新增加"汇款"内容。这与行政强制法第十二条规定的行政强制执行相一致。行政强制法第四十七条第一款规定:"划拨存款、汇款应当由法律规定定的行政机关决定,并书面通知金融机构。金融机构接到行政机关依法作出划拨存款、汇款的决定后,应当立即划拨。"在 1988 年《中国人民银行关于银行协助扣划市政罚款问题的批复》(已失效)也有要求,即"市政罚款系市政管理部门的职责,应由市政管理部门通过加强管理来执行。按照《中华人民共和国银行管理暂行条例》和中国人民银行结算制度的规定,银行应维护存款人自主支配使用其存款的权利,不能协助市政管理部门扣划市政罚款"。其实早在 1983 年最高人民法院、中国人民银行《关于查询、冻结和扣划企业事业单位、机关、团体的银行存款的联合通知》(已失效)的规定,就指出:"根据经济合同法第五十二条第三款和民事诉讼法(试行)第一百六十四条、第一百七十九条的规定,银行有义务按照人民法院的通知,协助扣划企业事业单位、机关、团体的银行存款。人民法院需要银行协助扣划单位存款,应向银行发出协助执行通知书(附判决书、裁定书或调解书的副本),银行收到协助执行通知书后,应当积极协助执行,不得妨碍执行。"2002 年中国人民银行发布的《金融机构协助查询、冻结、扣划工作管理规定》规定了金融机构协助有权机关查询、冻结和扣划单位、个人在金融机构存款的行为。

五、其他行政强制执行方式

新增"根据法律规定，采取其他行政强制执行方式"一款，是行政强制法第十二条行政强制执行方式的兜底条款，是在法律稳定性和适应性之间平衡的立法技术，为未来理论研究和实践经验成熟后突破明文规定的行政强制执行方式留出空间。其他行政强制执行方式除遵守行政强制法的立法目的和基本原则外，还应该与已示明的行政强制执行方式遵守相同程度的标准、范围。"其他行政强制执行方式"要以"保障和监督行政机关依法履行职责，维护公共利益和社会秩序，保护公民、法人或者其他组织的合法权益"为目的，遵守行政强制的合法性原则，依照法定的权限、范围、条件和程序设定和实施，遵守适当性原则，采用非强制手段可以达到行政管理目的的，不得设定和实施行政强制。

"其他行政强制执行方式"满足基本条件标准，首先，是对先行存在已生效基础行为的强制执行；其次，"其他行政强制执行方式"，是由法律设定；最后，强制程度与有强制执行措施程度相当。"其他行政强制执行方式"的范围包括间接强制执行，也包括直接强制执行。随着经济社会变迁以及法治精神、法治价值和法治文化的沉淀，人们珍视的利益和价值处在动态变化中，在信息科学技术助力下，借助强制力实现行政处罚决定确定的状态的方式也处在变动中。因此，行政强制法第十五条规定，对行政强制执行由设定机关定期进行评价，并对不适当的行政强制及时予以修改或者废止；行政强制的实施机关将实施情况和存在的必要性适时评价；公民、法人或者其他组织可以向设定和实施行政强制的机关提出意见和建议。

六、申请法院强制执行

行政强制执行的方式有两种，一种是当事人逾期不履行行政处罚决定的由作出行政处罚决定的行政机关自行强制执行，主要是公安机关、海关、税务机关等。另一种是作出行政处罚决定的行政机关，当事人在法定期限内不履行义务，既不申请复议也不提起诉讼的，而是申请人民法院强制执行。行政强制法第十三条第二款规定："法律没有规定行政机关强制执行的，作出行政决定的行政机关应当申请人民法院强制执行。"在这两种方式中"以申请法院强制执行为原则，以行政机关强制执行为例外"。（应松年主编：《行政处罚法教程》，法律出版社 2012 年版，第 222 页）

（一）申请人民法院强制执行的前提条件

行政诉讼法第九十七条规定："公民、法人或者其他组织对行政行为在法定期限内不提起诉讼又不履行的，行政机关可以申请人民法院强制执行，或者依法强制执行。"据此，申请人民法院强制执行条件有：

一是当事人逾期不履行行政决定。

二是当事人在法定的期限内不提起诉讼也不申请行政复议。行政诉讼法第四十六条第一款规定："公民、法人或者其他组织直接向人民法院提起诉讼的，应当自知道或者应当知道作出行政行为之日起六个月内提出。法律另有规定的除外。"行政复议法第九条第一款规定："公民、法人或者其他组织认为具体行政行为侵犯其合法权益的，可以自知道该具体行政行为之日起六十日内提出行政复议申请；但是法律规定的申请期限超过六十日的除外。"

三是行政机关无行政强制执行权。

（二）人民法院对非诉行政执行审查的形式

根据行政强制法第五十五条对行政机关申请法院强制执行提供的材料的规定，人民法院对行政机关强制执行申请进行书面审查，主要是形式审查，审查内容包括：一是行政机关的强制执行申请是否在法定期限内；二是行政机关强制执行的资料是否齐全。在审查中发现明显缺乏事实根据、明显缺乏法律法规依据和其他明显违法并损害被执行人的合法权益的，则进行实质审查，在作出裁定前可以听取被执行人和行政机关的意见。

（三）延期、分期缴纳罚款申请人民法院强制执行的期限

“行政机关批准延期、分期缴纳罚款的，申请人民法院强制执行的期限，自暂缓或者分期缴纳罚款期限结束之日起计算”，当事人逾期不履行行政处罚决定的义务有两种情况，一种是不按照行政处罚决定书载明的日期履行处罚决定的义务；另一种是当事人向行政机关申请延期和分期而超过法律规定的履行时间。在行政处罚强制执行阶段，就需要针对当事人申请延期和分期情形下的申请法院强制执行的期限予以明确。

《行政强制法》第五十三条规定，没有强制执行权的行政机关可以自期限届满之日起3个月内，申请人民法院强制执行。

908.问：对“《行政许可法》第三十四条行政机关应当对申请人提交的申请材料进行审查。申请人提交的申请材料齐全、符合法定形式，行政机关能够当场作出决定的，应当当场作出书面的行政许可决定。根据法定条件和程序，需要对申请材料的实质内容进行核实的，行政机关应当指派两名以上工作人员进行核查”的解读。

答：本条是对行政机关对申请予以审查的规定。行政机关受理申请以后，行政程序进入审查阶段。根据法律、法规的规定，行政机关对申请材料的审查，包括形式审查和实质性审查。

1.形式审查所谓形式审查，是指行政机关仅对申请材料的形式要件是否具备进行的审查，即审查其申请材料是否齐全，是否符合法定形式。对于申请材料的真实性、合法性不作审查。

例如，民办教育促进法第十八条规定：“民办学校取得办学许可证，并依照有关的法律、行政法规进行登记，登记机关应当按照有关规定即时予以办理。”根据这一规定，民办学校的登记机关，不需要对民办学校的设立是否符合条件作实质审查，即不需要对民办学校办学的资金来源是否真实、教师是否具备资格、场地和校舍是否符合国家的有关规定等进行审查，因为这些内容已经由民办学校的审批机关如教育行政部门或者劳动部门等进行过审查。民办学校登记，目的仅是确立其法人资格，因此，只要取得了审批机关颁发的办学许可证，登记机关就应当即时予以登记。由于形式审查不对申请材料的内容进行审查，因此，本法规定，对于能够当场作出决定的，行政机关应当当场作出决定，以方便申请人，提高行政效率。

2.实质审查所谓实质审查，是指行政机关不仅要对申请材料的要件是否具备进行审查，还要对申请材料的实质内容是否符合条件进行审查。对于申请的实质审查，有的可以采取书面审查的方式，即通过申请材料的陈述了解有关情况，进行审查，但有的实质审查还需要进行实地核查，才能确认真实情况。例如，食品卫生法规定，食品卫生监督机构对食品生产经营企业和食品摊贩的申请材料进行初审后，应在规定的期限内委派食品卫生监督员深入现场进行卫生审查，对不符合卫生要求的环节，提出意见，给予指导，待改正后再进行审查，直至符合国家规定的卫生要求。又如，液化气体铁路罐车（罐体）运输许可证发证规则第七

条规定："在对液化气体铁路罐车办理审查发证或复审过程中，必要时可实地核查液化气体铁路罐车。"对于需要采取实地核查的，行政机关应当指派两名以上工作人员进行核查。行政机关工作人员在进行实地核查时，应当向当事人或其他有关人员出示执法身份证件，以表明自己正代表国家执行公务，否则当事人可以拒绝接受核查。例如，无公害农产品认证程序第九条规定："申请材料符合要求的，但需要对产地进行现场检查的，中心应当在10个工作日内作出现场检查计划并组织有资质的检查员组成检查组，同时通知申请人并请申请人予以确认。检查组在检查计划规定的时间内完成现场检查工作。"要求行政机关派两名以上工作人员进行核查，主要是为了保证核查工作的公正性。

对于情况复杂的或者重大的行政许可，行政机关应当采取极为慎重的态度，行政机关的负责人应当集体讨论决定。情况复杂的或者重大的行政许可，一般是指涉及公共利益或者利害关系人的重大利益，对于这类行政许可，除了适用一般审查程序，给申请人或利害关系人以陈述和申辩的机会，对符合听证条件的，应当按照听证程序举行听证。在作出行政许可决定前，行政机关的负责人应当集体讨论，对于审查过程中的情况进行深入分析、研究，再作出行政许可决定，从行政程序上最大限度地保障公民和组织的合法权益。

909.问：立法过程的修订与修正有何不同？

答：修正一般是小修小补的个别条款或文字调整，修订是对法律规定进行较大调整变化，行政处罚法自1996年制定后，2009年、2017年两次修正，本次属于修订。

910.问：新《行政处罚法》为何增加行政处罚定义？

答：避免在立法过程中，在列举的处罚种类之外通过变换词语等方式乱设处罚，有利于整个行政处罚领域法治的统一。

911.问：责令改正是不是行政处罚？

答：尽管责令改正也需要以行为违法为前提，但以恢复正常秩序为目的的责令改正不具有制裁性，且大多是过程性行为，不符合行政处罚的概念，原国务院法制办的答复和最高人民法院的相关判例也支持了该观点。

912.问："撤销公司登记"是行政处罚吗？

答：行政许可法第六章监督检查第六十九条第一款对行政机关违法履行职责而准予行政许可的撤销作了规定，撤销被许可人以欺骗等不正当手段取得的行政许可，是对违法行为的纠正，不具有制裁性，不属于行政处罚。

913.问：如何理解新《行政处罚法》第四条中的两个"依照本法"？

答：第一个"依照本法"是指在实体方面，是否处罚、处罚的种类和幅度由法律、法规、规章规定，但这些法律、法规、规章在设定和规定行政处罚时应该"依照本法"有关要求来规定，不能突破；第二个"依照本法"是指在程序方面，行政机关要"依照本法"规定的程序实施，不能出现抵触。

914.问：新《行政处罚法》第四条将"法律、法规或者规章规定"修改为"法律、法规、规章规定"有何意义？

答：尽管原表述也符合立法技术规范的要求，且法律、法规、规章存在效力等级问题，但三者同样是需要遵守的法律规范，这种修改从文字上体现规章与法律、法规作为法律依据的平等性，避免规章功能弱化。

915.问：吊销营业执照是行政处罚吗？

答：新法为衔接行政许可法第三十九条，取消了“吊销执照”和“吊销许可证”的表述，并不是二者不再属于行政处罚，而是将其整合为“吊销许可证件”，且较原法范围更广，所以吊销营业执照归入了“吊销许可证件”，仍然属于行政处罚。

916.问：新《行政处罚法》将行政处罚种类的六项顺序进行了重新排列，有何意义？

答：新法按照理论上的申诫罚、财产罚、资格罚、行为罚、人身罚的相对从轻到重顺序进行了排列，显得更有层次，采用了概括+列举的模式列举了13项行政处罚措施，能突破这13种的，只能由法律、行政法规规定。

917.问：地方性法规能否设定新《行政处罚法》中13种处罚措施之外的行政处罚？

答：考虑到行政法的复杂性，在第九条第六项做了兜底性规定，但为尽量维护处罚种类的统一性，没有表述为“其他法律、法规规定的行政处罚。”，排除了地方性法规、地方政府规章、部门规章以及规范性文件，故地方性法规不能设定13种处罚手段之外的行政处罚。

918.问：通报批评处罚措施的适用应注意哪些问题？

答：通报批评也是行政处罚，立法时争议也比较大，主要是考虑其比一对一的警告更具有惩戒性，但今后行政管理中要注意不能随意通过发文件、网上通报等方式对行政管理相对人进行通报批评，应该考虑履行必要的处罚程序。

919.问：规范性文件能否规定对检查不符合要求的企业通报批评？

答：如果没有法律、法规、规章的规定，普通规范性文件或检查通知等不得设定包括通报批评在内的行政处罚，否则会面临败诉风险，就此新《行政处罚法》第十六条已经明确规定，当然其前提是要属于结果性行政行为的行政处罚。

920问：新《行政处罚法》第十八条第三款中“限制人身自由的行政处罚权只能由公安机关和法律规定的其他机关行使”中的“法律规定的其他机关”是指哪些机关？

答：目前指的是根据《反间谍法》和《国家情报法》的规定，国家安全机关也可以行使限制人身自由的行政处罚权，不排除今后立法会有增加，但只能由法律规定。

921.问：新《行政处罚法》第十一条和第十二条规定的“补充设定行政处罚”如何理解？

答：“补充设定行政处罚”实际是有条件的有限扩权，仅指上位法规定了某行为违法，但上位法“对违法行为未作出行政处罚规定”，指没有设定法律责任的情形，而不是说可以对上位法规定的违法行为变更设定为不违法。

922.问：委托行使行政处罚权只能以书面形式委托？

答：按照新《行政处罚法》第二十条，只能书面委托，且委托行政机关和受委托组织应当将委托书向社会公布。

923.问：为何新《行政处罚法》有多处将“法律、法规另有规定的除外”修改为“法律、法规另有规定的，从其规定”，有的条款又保留了原文？

答：修改为“法律、法规另有规定的，从其规定”，意味着“主动”状态，意味着，可以根据法律、法规作出新的规定；“法律、法规另有规定的除外”是一种“被动”状态。

924.问：没收违法所得和没收非法财物，并没有减损权益或增加义务，为何也列为行政处罚措施？

答：没收尽管是对非法财产的剥夺，但减损“权益”包括权利和利益，非法利益也是利益,剥夺其占有权也是减损权益,且“货币”和财物本身是中性词,没收是对其利益的剥夺,一样具有制裁性,应该列入行政处罚措施。

925.问:“取缔”是否属于行政处罚?

答:新法没有对“取缔”予以明确规定,实践中争议较大,但目前的立法基本取消了“取缔”这一表述,比如《药品管理法》已经修改为“责令关闭”,“责令关闭”已经列为行政处罚措施。

926.问:为何2018年党中央国务院关于机构改革决定中的市场监管、生态环境、文化市场、交通运输、农业五支执法队伍在第十八条增加了城市管理和应急管理?

答:2018年之前,城市管理综合执法已经施行多年,2020年9月27日,中办、国办又印发了深化应急管理综合执法改革意见,为巩固改革成果进行了列举,且考虑今后可能还会有调整或增加,所以在部门名称最后加了“等”。

927.问:为何将新《行政处罚法》中行政处罚无效的规定由第二条调整到第三十八条?

答:为衔接《行政诉讼法》第七十五条的规定,取消了行政处罚“不成立”的规定,将构成“重大且明显”程序违法的情形才列为无效情形,解决了办案时限、现行登记保存超期等非“重大且明显”程序违法一律判决无效的尴尬。

928.问:如何理解新《行政处罚法》第二十四条“省、自治区、直辖市根据当地实际情况,可以决定将基层管理迫切需要的县级人民政府部门的行政处罚权交由能够有效承接的乡镇人民政府、街道办事处行使”中的“省、自治区、直辖市”?

答:立法过程中有意见曾提出建议明确为省级人民政府或者人大常委会,最后没有明确,是给未来留下操作空间,有观点认为应根据组织法规定由人大或常委会作出决定授权,本人理解为可根据涉及领域和处罚种类具体情形处理,二者均可,但不能扩大到省级政府部门。

929.问:实体法没有规定没收,能否依据新《行政处罚法》作出没收处罚决定?

答:本规定设定依据是“任何人不能因为违法而获利”,应理解为是普遍性规定,排除了其他实体法另外的规定,所以《食品安全法》第一百三十六条、新修订的《医疗器械监督管理条例》第八十六条等未规定没收违法所的的情形应该进行填补。但考虑执法实践的复杂性,也不排除会出现其他权威解释,理由:一是本条规定在“行政处罚的适用”一章而不是“行政处罚的设定”一章;二是语句没有加上“依法”,表述为“应当依法予以没收”,从而引入实体法规定;三是本款最后的“法律、行政法规、部门规章对违法所得的计算另有规定的,从其规定”,没有表述为“法律、行政法规、部门规章另有规定的,从其规定”,所以应该理解为是一种普遍性规定。

930.问:新《行政处罚法》哪些条目规定了“法律、行政法规、部门规章另有规定的,从其规定”?

答:一是在第二十二条关于违法行为发生地管辖方面,明确法律、行政法规、部门规章可以对管辖权作出例外规定,没有授权地方性法规和地方政府规章做出例外规定是为了从中央层面保证管辖权统一;二是第二十八条第二款关于违法所得的计算,明确法律、行政法规、部门规章可以对管辖权作出例外规定,也是为了从公正角度保证在全国范围内违法所得计算一致。

931.问:新《行政处罚法》"另有规定的除外"的表述体现在哪些条款?

答:新法"另有规定的除外"含义是原则上不鼓励进行例外规定,但规定了的也认可,且严格控制在"法律"的例外规定,相关表述共有四处:一是第三十五条关于追罚时效,"法律"另有规定的除外;二是第四十二条执法人员不得少于两人,"法律"另有规定的除外;三是第七十三条当事人申请行政复议或者提起行政诉讼的,行政处罚不停止执行,"法律"另有规定的除外;四是第八十四条关于外国人、无国籍人、外国组织违法行为适用,"法律"另有规定的除外。

932.问:当事人书面放弃陈述申辩,可以在陈述申辩期限内作出处罚决定吗?

答:新《行政处罚法》第六十二条规定,未告知或者拒绝听取当事人的陈述、申辩,不得作出行政处罚决定,当事人放弃权力的除外;反过来理解就是,如果当事人明确放弃陈述或者申辩权利的,可以作出行政处罚决定。

933.问:关于新行政处罚法规定的处罚种类如何解读?

答:第二章 行政处罚的种类和设定

第九条 行政处罚的种类:

(一)警告、通报批评;

(二)罚款、没收违法所得、没收非法财物;

(三)暂扣许可证件、降低资质等级、吊销许可证件;

(四)限制开展生产经营活动、责令停产停业、责令关闭、限制从业;

(五)行政拘留;

(六)法律、行政法规规定的其他行政处罚。

解读:本条采用列举的方式规定了行政处罚的种类,应结合第二条行政处罚的定义来理解,构成了概括+列举的模式。在旧法基础上增加了通报批评、降低资质等级、限制开展生产经营活动、责令关闭、限制从业的处罚措施,将旧法"暂扣或者吊销许可证、暂扣或者吊销执照"调整表述为"暂扣许可证件、吊销许可证件",并按照理论上的申诫罚、财产罚、资格罚、行为罚、人身罚的顺序进行了排列。一般要结合其他单行法律、法规、规章规定的条件具体适用。本条尽管用了"行政处罚的种类"作为句首,但并不是说"警告""行政拘留"等就是一个单独的行政处罚种类,这是行政处罚的"措施"(也有学者称为"手段"),而不是"种类"。本条所说的"行政处罚的种类"是指每一项为一个种类,分别对应申诫罚、财产罚、资格罚、行为罚、人身罚的顺序。考虑行政处罚的定义对行政处罚的范围做了规制,且本条对行政处罚的措施有所增加,各地、各部门发布的有关法规、规章、规范性文件、权力清单应当根据第二条和本条及时调整。

(一)申诫罚:包括警告、通报批评。警告,指行政机关对有违法行为人提出告诫,使其认识所应负责任的一种处罚。一般适用于违法行为较轻微、对社会危害程度不大的行为。需要注意的,一是除法律、法规、规章另有规定外,一般警告也是要式行政行为,一般应以书面形式作出;二是就警告的处罚也可以提起行政诉讼或行政复议;三是不能通过《责令改正通知书》《现场笔录》等文书代替《行政处罚决定书》作出警告的处罚决定。通报批评,是指行政机关对有违法行为人通过发布公告、发文件通报、会议通报等方式提出批评,使其认识错误、积极整改,教育违法者,同时广泛教育他人的处罚措施。其与警告的最主要区别是,警告一般是点对点进行，而通报批评是点对面的形式，具有公开性，相比警告而言，对被处罚者的影响更大。立法过程中，针对通报批评是行政管理措施还是应该列入行政处罚措施，争议较大，但考虑其对当事人造成的实际影响要大于警告，最终还是列入了行政处罚措施。这就需要行政机关及时清理有关涉及通报批评的规范性文件，同时在今后对行政管理相对人进行通报批评时，要遵守本法有关处罚程序。实践中，“通报批评”的表现形式可能多种多样，比如原《药品流通监督管理办法》(国家食品药品监督管理局令第 26 号)第四十一条规定：“违反本办法第二十三条至第二十七条的，责令限期改正，情节严重的，给予通报。”这里的“通报”是否就是本条规定的“通报批评”？还有《药品管理法》第九十九条第三款规定的“告诫”是否属于“通报批评”？按照“三项制度”的规定，公布的当事人存在违法行为的检查结果，是否属于“通报批评”？还需要在实践中进一步探讨。作者认为，判断标准应根据本法关于行政处罚的定义来进行判断，考虑对当事人造成的实际影响，是否具有制裁目的，以及是否以当事人是否有违法行为为前提，是否属于结果性行政行为来综合判定。新法实施后，“通报批评”属于法定用语，具有特定法律含义，属于行政处罚，在行政管理或执法过程中，在处罚决定书中、询问笔录中、公示公告等其他行政机公文中都要谨慎使用“通报批评”一词。

(二)财产罚：包括罚款、没收违法所得、没收非法财物。罚款，是行政机关责令违法行为人在一定期限内缴纳一定数额的货币，是为了惩戒违法行为人的违法行为，对当事人合法财产的剥夺。没收违法所得，尽管也需要违法行为人缴纳一定数额的货币，与罚款具有相似性，但其是对非法财产的剥夺，也就是说“这笔钱本来就不属于他的”。立法中也据此有观点认为，没收违法所得和没收非法财物不应属于行政处罚，应该直接收缴。另一种观点认为，“货币”表现的违法所得具有中立性，不存在合法“货币”和非法“货币”，违法所得也是当事人控制的“利益”，没收是对其利益的剥夺，一样具有制裁性，应该列入行政处罚措施。立法采纳了后一种观点。没收非法财物，与没收违法所得的区别在于，其一般是指金钱以外的财产。

(三)资格罚：包括暂扣许可证件、降低资质等级、吊销许可证件。新法为衔接《行政许可法》，取消了“暂扣或吊销执照”和“暂扣或吊销许可证”的表述，但并不意味着吊销营业执照、吊销许可证、暂扣营业执照、暂扣许可证不再是行政处罚，而是将其整合为“吊销许可证件”和“暂扣许可证件”，这里的“证件”包括但不限于“执照”和“许可证”。按照《行政许可法》第三十九条第一款规定，行政机关作出准予行政许可的决定，需要颁发行政许可证件的，应当向申请人颁发加盖本行政机关印章的下列行政许可证件：(一)许可证、执照或者其他许可证书；(二)资格证、资质证或者其他合格证书；(三)行政机关的批准文件或者证明文件；(四)法律、法规规定的其他行政许可证件。暂扣许可证件是指暂时扣留许可证件，以暂时剥夺其从事某项生产或经营活动权利的行政处罚。吊销许可证件是剥夺被处罚人已经取得的许可权利或资格，使其丧失继续从事许可行为的资格。

降低资质等级的处罚主要是针对开展相应的生产经营或者执业活动需要取得一定的资质条件，并且不同的资质等级所允许从事的活动范围不同的情形。根据从事的行业和项目，按照具备的资格以及与此资格相对应的质量等级，即为企业的资质，一般可按照甲乙丙丁或一二三等进行分级。降低资质等级后，意味着当事人资质的质量等级降低，会直接影响其从业范围和能力。比如《建筑法》第七十四条就作出了对施工中存在偷工减料等违法行为人，情节严重的降低资质等级的规定。

(四)行为罚:包括限制开展生产经营活动、责令停产停业、责令关闭、限制从业。限制开展生产经营活动、责令关闭、限制从业是本次修法新增加的措施，都具有对违法行为人的惩戒性，符合行政处罚的概念。限制开展生产经营活动，是在原生产经营范围、规模基础上加以控制或缩减，但并不停产停业。在环境保护领域比较多见，比如《环境保护主管部门实施限制生产、停产整治办法》(环境保护部令第30号)第五条规定，排污者超过污染物排放标准或者超过重点污染物日最高允许排放总量控制指标的，环境保护主管部门可以责令其采取限制生产措施。本次修法前，一度被理解为是行政管理措施。责令关闭，是要求违法者永久关闭其生产经营场所，不得继续从事相关生产经营活动，针对的是生产经营的事实状态。在环境保护和安全生产等领域的单行法中比较多见，2019年修订后的《药品管理法》在第一百一十五条对未取得药品生产许可证、药品经营许可证或者医疗机构制剂许可证生产、销售药品的违法行为，也做出了“责令关闭”的规定，替代了原“取缔”的规定。《公司法》第二百一十二条规定，擅自在中国境内设立分支机构的，由公司登记机关责令改正或者关闭。按照《公司法》第一百八十条第四项规定，与被吊销营业执照或者被撤销一样，公司会因被责令关闭而解散。第一百四十六条规定，担任因违法被吊销营业执照、责令关闭的公司、企业的法定代表人，并负有个人责任的，自该公司、企业被吊销营业执照之日起未逾三年的，不得担任公司的董事、监事、高级管理人员。限制从业，一般针对需要取得许可的特定领域，剥夺违法者在一定期限内从事相关业务的权利。例如，《食品安全法》第一百三十五条规定，被吊销许可证的食品生产经营者及其法定代表人、直接负责的主管人员和其他直接责任人员自处罚决定作出之日起五年内不得申请食品生产经营许可，或者从事食品生产经营管理工作、担任食品生产经营企业食品安全管理人员。因食品安全犯罪被判处有期徒刑以上刑罚的，终身不得从事食品生产经营管理工作，也不得担任食品生产经营企业食品安全管理人员。《药品管理法》第一百一十八条规定，生产、销售假药，或者生产、销售劣药且情节严重的，对法定代表人、主要负责人、直接负责的主管人员和其他责任人员，终身禁止从事药品生产经营活动规定。

(五)人身罚:特指“行政拘留”。只有公安机关、国家安全机关依据法律规定行使，市场监管部门无此权利，故此不展开论述。

(六)法律、行政法规规定的其他行政处罚。此项为兜底性条款，一方面是考虑到行政管理的复杂性，前五项13种处罚措施，可能难以涵盖众多的单行法的规定;另一方面又需要维护法治的统一。所以将13种处罚措施之外的设定权仅仅赋予了法律和行政法规，而不包括地方性法规、地方政府规章、部门规章、其他规范性文件。

934.问:修订后《行政处罚法》对先行登记保存期限是否延长?

答:一、修订前的有关规定

第三十七条　行政机关在调查或者进行检查时，执法人员不得少于两人，并应当向当事人或者有关人员出示证件。当事人或者有关人员应当如实回答询问，并协助调查或者检查，不得阻挠。询问或者检查应当制作笔录。

行政机关在收集证据时，可以采取抽样取证的方法;在证据可能灭失或者以后难以取得的情况下，经行政机关负责人批准，可以先行登记保存，并应当在七日内及时作出处理决定，在此期间，当事人或者有关人员不得销毁或者转移证据。

执法人员与当事人有直接利害关系的，应当回避。

二、修订后的有关规定

第五十六条 行政机关在收集证据时，可以采取抽样取证的方法；在证据可能灭失或者以后难以取得的情况下，经行政机关负责人批准，可以先行登记保存，并应当在七日内及时作出处理决定，在此期间，当事人或者有关人员不得销毁或者转移证据。

第八十五条 本法中“二日”“三日”“五日”“七日”的规定是指工作日，不含法定节假日。

作者认为，从上述修订后的规定可以看出，行政机关在实体操作对先行登记保存的期限得到实质性延长，从最长期限7日自然日，已延长到7个工作日，以上变化值得法律人注意。

935.问：行政许可形式审查是否不包括真实性、合法性审查？

答：第三十四条 行政机关应当对申请人提交的申请材料进行审查。

申请人提交的申请材料齐全、符合法定形式，行政机关能够当场作出决定的，应当当场作出书面的行政许可决定。

根据法定条件和程序，需要对申请材料的实质内容进行核实的，行政机关应当指派两名以上工作人员进行核查。

【释义】本条是对行政机关对申请予以审查的规定。

行政机关受理申请以后，行政程序进入审查阶段。根据法律、法规的规定，行政机关对申请材料的审查，包括形式审查和实质性审查。

1.形式审查

所谓形式审查，是指行政机关仅对申请材料的形式要件是否具备进行的审查，即审查其申请材料是否齐全，是否符合法定形式。对于申请材料的真实性、合法性不作审查。

例如，民办教育促进法第十八条规定：“民办学校取得办学许可证，并依照有关的法律、行政法规进行登记，登记机关应当按照有关规定即时予以办理。”

根据这一规定，民办学校的登记机关，不需要对民办学校的设立是否符合条件作实质审查，即不需要对民办学校办学的资金来源是否真实、教师是否具备资格、场地和校舍是否符合国家的有关规定等进行审查，因为这些内容已经由民办学校的审批机关如教育行政部门或者劳动部门等进行过审查。民办学校登记，目的仅是确立其法人资格，因此，只要取得了审批机关颁发的办学许可证，登记机关就应当即时予以登记。由于形式审查不对申请材料的内容进行审查，因此，本法规定，对于能够当场作出决定的，行政机关应当当场作出决定，以方便申请人，提高行政效率。

2.实质审查

所谓实质审查，是指行政机关不仅要对申请材料的要件是否具备进行审查，还要对申请材料的实质内容是否符合条件进行审查。对于申请的实质审查，有的可以采取书面审查的方式，即通过申请材料的陈述了解有关情况，进行审查，但有的实质审查还需要进行实地核查，才能确认真实情况。例如，食品卫生法规定，食品卫生监督机构对食品生产经营企业和食品摊贩的申请材料进行初审后，应在规定的期限内委派食品卫生监督员深入现场进行卫生审查,对不符合卫生要求的环节,提出意见,给予指导,待改正后再进行审查,直至符合国家规定的卫生要求。又如,液化气体铁路罐车(罐体)运输许可证发证规则第七条规定:“在对液化气体铁路罐车办理审查发证或复审过程中,必要时可实地核查液化气体铁路罐车。”

对于需要采取实地核查的,行政机关应当指派两名以上工作人员进行核查。行政机关工作人员在进行实地核查时,应当向当事人或其他有关人员出示执法身份证件,以表明自己正代表国家执行公务,否则当事人可以拒绝接受核查。例如,无公害农产品认证程序第九条规定:“申请材料符合要求的,但需要对产地进行现场检查的,中心应当在10个工作日内作出现场检查计划并组织有资质的检查员组成检查组,同时通知申请人并请申请人予以确认。检查组在检查计划规定的时间内完成现场检查工作。”要求行政机关派两名以上工作人员进行核查,主要是为了保证核查工作的公正性。

对于情况复杂的或者重大的行政许可,行政机关应当采取极为慎重的态度,行政机关的负责人应当集体讨论决定。情况复杂的或者重大的行政许可,一般是指涉及公共利益或者利害关系人的重大利益,对于这类行政许可,除了适用一般审查程序,给申请人或利害关系人以陈述和申辩的机会,对符合听证条件的,应当按照听证程序举行听证。在作出行政许可决定前,行政机关的负责人应当集体讨论,对于审查过程中的情况进行深入分析、研究,再作出行政许可决定,从行政程序上最大限度地保障公民和组织的合法权益。

936.问:对“首违免罚”的理解?

答:“我支持‘首违免罚’的方法和手段,因为这是处罚与教育相结合原则的具体体现,是坚持和促进公正文明执法的具体举措,也是法治中国建设的重要内容之一。坚持‘首违免罚’的制度,既能体现城管执法的人文关怀,也有利于教育公民自觉遵守法律,提高公民参与城市治理的自觉性,实现城市治理的共建共享。”

“首违免罚”是指行为人初次违反行政法律法规的轻微行为,行政执法机关不给予行政处罚。新修订的《行政处罚法》第33条规定,“初次违法且危害后果轻微并及时改正的,可以不予行政处罚。”在法律上确认了“首违不罚”的行政执法手段和方法,是我国行政法治的进步与发展。“首违免罚”是一种柔性执法手段,是教育与处罚相结合、过罚相当原则的具体体现,也是包容审慎监管的必然要求,使得行政执法既有力度又有温度。当然,“首违免罚”不等于放任不管,虽然免除其处罚,但要对当事人进行警示教育,免罚不等于免责,当事人必须要及时改正违法行为,执法机关也要及时进行教育引导。

“‘首违免罚’不是对水行政管理中的初次违法行为一律不处罚,而是有条件的‘免罚’。其适用要满足三个条件:一是初次违法,二是危害后果轻微,三是及时改正,三个条件必须同时具备才可以不予处罚。”王毅提到。

初次违法是指当事人第一次实施违法行为,一般是指当事人对同类违法行为的第一次违法行为。关于危害后果轻微,行政处罚通常不以损害结果的发生作为构成要件,但危害后果能够反映社会危害性的大小,后果轻微说明危害性较小。处罚法规定的“后果轻微”这种不确定性法律概念,赋予执法机关更大的灵活性和裁量权,但裁量权的行使应当规范,是否免罚、是否认定危害后果轻微,需要在执法实践中通过裁量基准、免罚清单等方式进一步明确和细化。同时,在水行政执法实践中应当重点关注和了解新修订的《行政处罚法》规定的两种不法情形:“违法行为轻微并及时改正,没有造成危害后果的,不予行政处罚。初次违法且危害后果轻微并及时改正的,可以不予行政处罚。”前者是对违法行为轻微、无危害后果并及时改正的,法定不罚;后者是初次违法、后果轻微、及时改正的酌定不罚,举轻以明重,危害后果轻微隐含了违法行为轻微的前置要件,只有违法行为轻微才可能是危害后果轻微。“及时改正”的认定。水行政执法实践中对于轻微违法行为的及时改正,按照简易程序要求,一般要有对违法当事人责令改正的程序,并给予当事人改正的合理期限。及时改正既包括了当事人对违法行为发生后在悔悟心态主导下的主动改正,也应该包括在水行政执法人员要求下的被动改正。实际上,不论当事人改正时的主观状态,只要及时改正(包括在执法机关发现前主动改正的),就符合“首违免罚”的要求。

“‘首违免罚’的意义在于深化以人为本、文明执法的理念,扩充了不予处罚的种类,解决了以往执法实践中执法人员机械裁量、不敢在裁量基准之下实施处罚的弊端,是优化营商环境的重要体现或者出现较重的违法行为受到较轻处罚、导致执法不公的风险。

937.问:对逾期缴纳罚款就要交“滞纳金”问题的深入解读?

答:2021年1月22日,我国《行政处罚法》修订后颁布,将于2021年7月15日起施行。此次修订回应了此前实践操作中的很多问题,对于被处罚人来说,此次修法的最大福利应该是《行政处罚法》第七十三条第三款规定的复议或者诉讼期间加处罚款数额不予计算。

关于诉讼期间是否应当计算加处罚款的问题,最高人民法院于2007年4月27日作出的《最高人民法院行政审判庭关于行政处罚的加处罚款在诉讼期间应否计算问题的答复》(〔2005〕行他字第29号)中明确,“根据《中华人民共和国行政诉讼法》的有关规定,对于不履行行政处罚决定所加处罚款属于执行罚,在诉讼期间不应计算。”此次《行政处罚法》第七十三条第三款规定正式将该答复精神以法律的形式予以确定。

所谓执行罚,即当事人不及时履行他人不能代为履行的义务时,行政机关可以采用课以财产上新的给付义务的办法,促使其履行义务。《行政处罚法》第七十二条执行措施第一项规定“(当事人)到期不缴纳罚款的,每日按罚款数额的百分之三加处罚款,加处罚款的数额不得超出罚款的数额”。此处每日百分之三的罚款并非一种新的行政处罚,而是一种间接强制执行,属于行政强制行为。

每日百分之三的加处罚款只需三十四天就能让罚款数额翻倍,力度是很惊人的,所以此次修法纳入了《行政强制法》第四十五条第二款规定的“加处罚款或者滞纳金的数额不得超出金钱给付义务的数额”,将加处罚款的上限在《行政处罚法》中进行了明确。即便如此,加处罚款仍是行政处罚决定作出后悬在被处罚人头顶的达摩克里斯之剑。因此,加处罚款的条件及起算点、复议和诉讼期间是否停止计算以及加处罚款的决定是否需要另行作出等均是关系被处罚人切身利益的问题,需要重点关注。

首先要研究加处罚款的起算点问题。行政机关在作出罚款的《行政处罚决定书》中会载明罚款的缴纳期限及缴纳方式,惯常采取的表述为“上述罚款限于接到本处罚决定之日起十五日内缴至某某银行,逾期不缴纳罚款的,我局将每日按罚款数额的3%加处罚款”。因此,被处罚人若对行政处罚决定不服,不缴纳罚款又不希望产生逾期缴款的“滞纳金”的,应当在行政机关告知的缴款期限届满前按照法律规定以及处罚决定书中载明的权利救济途径申请行政复议或者提起行政诉讼。不申请复议或者提起行政诉讼,且不缴纳相应罚款的,行政机关将在缴款期限届满的次日开始加处罚款。

如广州铁路运输中级法院作出的(2020)粤71行申3号再审审查裁定书中,被处罚人广州某土石方公司在收到行政处罚决定后六个月起诉期限即将届满时才向法院提起诉讼,此前该案行政机关某综合执法局已于罚款缴纳期限届满后向该公司送达了催告书,告知其限期缴纳罚款30万及加处罚款30万,公司不服,认为不应当加处罚款,法院认为"本案某综合执法局在作出处罚决定中已经包含了加处罚款的起算时间和计算标准,并于当日现场送达至广州某土石方公司……从涉案处罚决定送达至催告书作出时,公司并未就涉案行政处罚决定提出行政复议或行政诉讼。鉴于从涉案行政处罚决定规定的履行期限届满之日至涉案催告作出之前,按照该行政处罚决定规定的标准、起算日期来计算的加处罚款已经达到了30万元……因此,不存在行政诉讼期间仍旧继续计算加处罚款的情形。"

实践中,关于行政处罚加处罚款的起算点问题存在分歧,除前文所述常见操作外,还存在自人民法院向被处罚人送达执行通知书之日起算(福建省南平市延平区人民法院(2020)闽0702行审23号)、自被处罚人收到行政裁定书后的十五日后起算(河北省安新县人民法院(2020)冀0632行审1号)、自法定起诉期限六个月届满时起算(江苏省苏州市吴江区人民法院(原江苏省吴江市人民法院)(2021)苏0509行审48号)等操作,起算点的确定问题还有待进一步的规定予以明确。

总体来说,为了防止不必要的损失扩大,被处罚人应当及时在《行政处罚决定书》确定的缴纳罚款的期限内申请复议或者提起行政诉讼,而不是拖到起诉期限即将届满时才匆匆起诉。

其次要研究复议或诉讼期间停止计算加处罚款的理由。行政机关对被处罚人逾期缴纳罚款加处罚款属于行政强制,与此前的行政处罚属于不同类型的行政行为,不存在相互包含或者吸收的关系。因此,《行政处罚法》第七十三条第一款规定的"当事人对行政处罚决定不服,申请行政复议或者提起行政诉讼的,行政处罚不停止执行"针对的是行政机关已经做出的行政处罚,而非后续加处的罚款。

再者,行政复议以及行政诉讼作为被处罚人对行政处罚不服的救济手段一旦开启,就将行政处罚决定的法律效力置于一个不确定的状态,故此时的行政处罚决定不具备强制执行的条件。如浙江省嵊州市人民法院作出的(2018)浙0683行审122号非诉执行审查行政裁定认为"申请执行人于2018年3月5日作出本案行政处罚决定后,被执行人即于2018年3月12日就撤销该处罚决定提起了行政诉讼,由此所致的相关诉讼活动一直迁延至2018年10月18日绍兴市中级人民法院作出终审判决且该判决为当事人签收之日止。前述期间,双方讼争的本案行政处罚决定的合法性尚未被法院裁判所明确,故所涉加处罚款的计算应中断。"另外,若在被处罚人因为不服行政处罚而启动行政复议和行政诉讼,期间不停止计算加处罚款,则无异于使被处罚人因为采取救济而加重了负担,这将完全违背救济的本旨。

在新《行政处罚法》将复议和诉讼期间停止计算加处罚款进行立法性确认之前,对此问题其实理论和实践操作中均有共识,本质上,处罚不是最终的目的,行政机关与被处罚人并非完全对立冲突的主体,二者应当在管理与被管理的关系中寻求平衡,这个平衡需要完备的行政程序予以保障,因此本次修法对该问题的确认着实也是一大进步。

最后要研究加处罚款决定是否需要另行作出。加处罚款的决定是否需要另行作出的问题,行政执法实践中存在较大的分歧,比较普遍的做法是行政机关在《行政处罚决定书》中告知了逾期缴纳罚款将加处罚款的不利后果以及加处罚款的标准,在被处罚人未在规定期限内履行义务又不申请复议或者提起诉讼,或者人民法院判决生效后,行政机关不再另行作出加处罚款的决定而直接连同罚款处罚一并申请法院强制执行。此种做法细究起来存在较大的程序瑕疵。

如前所述,加处罚款因按日计算,在行政处罚罚款金额本身较大的情况下会产生惊人的后果,对于被处罚人会产生重大的实质性影响,且作为一项具体行政行为,其作出应当遵循必要的程序,否则也可能面临被认定违法的风险。

关于这个问题,其实《行政强制法》已经给出了答案,该法第三十五条规定"行政机关作出强制执行决定前,应当事先催告当事人履行义务。催告应当以书面形式作出,并载明下列事项:(一)履行义务的期限;(二)履行义务的方式;(三)涉及金钱给付的,应当有明确的金额和给付方式;(四)当事人依法享有的陈述权和申辩权。"第三十七条规定"经催告,当事人逾期仍不履行行政决定,且无正当理由的,行政机关可以作出强制执行决定。强制执行决定应当以书面形式作出,并载明下列事项:(一)当事人的姓名或者名称、地址;(二)强制执行的理由和依据;(三)强制执行的方式和时间;(四)申请行政复议或者提起行政诉讼的途径和期限;(五)行政机关的名称、印章和日期。在催告期间,对有证据证明有转移或者隐匿财物迹象的,行政机关可以作出立即强制执行决定。"

因此,行政机关加处罚款的,应当向被处罚人送达催告书,经催告仍不履行的,行政机关应当单独就加处罚款作出强制执行决定,并告知其理由和依据以及权利救济途径。这是很多行政机关忽略的细节,法院在审查此类案件中也存在较大差别。

要求另行制作加处罚款决定并送达被处罚人,有利于进一步促进行政行为的规范化,防止行政权的滥用,充分保障被处罚人的陈述权、申辩权,从而确保行政行为的合法性。因此,人民法院在审查行政机关的执行申请中涉及加处罚款的执行时,应当要求行政机关提交与加处罚款相关的催告书、决定书以及相应送达证据,把好最后一道关。

新的《行政处罚法》实施后,被处罚人如果在《处罚决定书》确定的缴纳罚款期限届满前申请复议或者提起诉讼的,即使逾期缴纳罚款,也不会被加处罚款,即通常所说的不需要交"滞纳金"。

938.问:实施通报批评,需要履行行政处罚程序吗?

答:新的《行政处罚法》第九条在第一款就规定,通报批评属于行政处罚。

对被处罚对象来说,通报批评不仅仅是"批评"了。而水利部门,不能再随意通过"红头文件"的形式设置对当事人的通报批评。按照新法,只有法律、法规和规章,可以设定通报批评等行政处罚,其他规范性文件不得设定。实施通报批评,也必须履行相应的行政处罚程序。

939.问:降低资质等级是不是行政处罚?

答:新的《行政处罚法》第九条第三款对此有明确规定。

降低资质等级多用于信用管理。国办于 2020 年 12 月发布的《关于进一步完善失信约束制度构建诚信建设长效机制的指导意见》提出,失信行为记录、严重失信主体名单认定和失信惩戒等事关个人、企业等各类主体切身利益,必须严格在法治轨道内运行。对失信主体采取减损权益或增加义务的惩戒措施,必须基于具体的失信行为事实,直接援引法律、法规或者党中央、国务院政策文件为依据，并实行清单制管理。根据新法和上述指导意见，生态环境部门不能在没有上位法依据的情况下滥用信用管理手段。对当事人实施“降低资质等级”，必须要有明确的法律、法规依据，并依照行政处罚的程序进行。

940.问：委托实施行政处罚，只能委托事业单位吗？

受委托组织必须属于符合新法第21条规定条件的组织。新法对受委托组织的条件作了修改，不再限定在事业组织；同时，增加受委托组织需有取得行政执法资格工作人员的规定。

受委托组织只能以委托机关的名义实施行政处罚，不能以自己的名义实施，也不得再委托其他组织或者个人实施。受委托组织实施行政处罚的法律后果，要由委托机关承担。

941.问：移送司法机关，必须确定构成犯罪吗？

答：新法将现行《行政处罚法》中的“构成犯罪”修改为“涉嫌犯罪”，实际上降低了行政机关移送司法机关的门槛。水利部门只需要认为某一违法行为涉嫌犯罪，即可依法移送。该行为是否构成犯罪，应由司法机关作出判断。

942.问：司法机关可以“以刑代罚”吗？

答：依照新的《行政处罚法》，人身自由罚，即刑事领域的拘役、有期徒刑和行政领域的行政拘留，以及财产罚，即刑事领域的罚金和行政领域的罚款，可以折抵，但其他行政处罚，比如吊销许可证等，刑事处罚和行政处罚不存在折抵关系，应当依法分别实施。因此，对行政机关移送的案件，司法机关经审查，发现依法不需要追究刑事责任或者免予刑事处罚，但应当给予行政处罚的，应当及时将案件移送有关行政机关。

国务院2020年8月修订的《行政执法机关移送涉嫌犯罪案件的规定》明确，行政执法机关对公安机关决定不予立案的案件，应当依法作出处理；其中，依照有关法律、法规、规章的规定应当给予行政处罚的，应当依法实施行政处罚。行政执法机关向公安机关移送涉嫌犯罪案件前已经作出的警告，责令停产停业，暂扣或者吊销许可证、暂扣或者吊销执照的行政处罚决定，不停止执行。

943.问：法条竞合时如何处罚？

答：新的《行政处罚法》第二十九条维持了现行《行政处罚法》关于“一事不再罚”的规定，对当事人的同一个违法行为，不得给予两次以上罚款的行政处罚。同时新增规定法条竞合时的适用规则，即同一个违法行为违反多个法律规范应当给予罚款处罚的，按照罚款数额高的规定处罚。需要注意的是，上述规则仅适用于罚款的行政处罚，不涉及其他处罚种类。按照新法的规定，上述情形属于法条竞合，“从一重”处罚即可。

944.问：行政处罚决定都需要公开吗？

答：新的《行政处罚法》第四十八条规定，具有一定社会影响的行政处罚决定应当依法公开。

据此，行政处罚决定的公开要求，仅限于具有一定社会影响的行政处罚决定，不要求所有的行政处罚决定都必须公开。

945.问：行政处罚的罚没款项，可以与相关机关和工作人员考核、考评挂钩吗？

答：新的《行政处罚法》第七十四条规定，罚款、没收的违法所得或者没收非法财物拍卖的款项，不得同作出行政处罚决定的行政机关及其工作人员的考核、考评直接或者变相挂钩。这是对行政机关抑制执法冲动,滥用行政处罚权的限制性规定。

946.问:加处罚款与原处罚能否一并申请强制执行?

案例:某机械公司(简称机械公司)因未经水行政主管部门批准擅自取用地下水,市水利局对其作出罚款3万元的行政处罚,并在2020年3月5日送达了行政处罚决定书。处罚决定书告知机械公司应自收到处罚决定书之日起十五日内缴纳罚款,到期不缴纳罚款的,市水利局可以每日按罚款数额的百分之三加处罚款。机械公司在法定期限内未申请行政复议或提起行政诉讼,亦未履行行政处罚决定。2020年9月14日,市水利局向其发出行政处罚决定履行催告书。机械公司仍未履行。2020年9月30日,市水利局向人民法院申请强制执行罚款3万元和加处罚款3万元。

问题一:是否可以申请人民法院将加处罚款与原处罚一并执行?

加处罚款属于执行罚无疑。理由:1.《行政强制法》第十二条规定了行政强制执行的方式:(一)加处罚款或者滞纳金;……2.最高人民法院为规范人民法院行政立案、审批、执行工作,正确适用法律,统一确定行政案件案由,根据《中华人民共和国行政诉讼法》及相关法律法规和司法解释的规定,结合行政审判工作实际,印发了《关于行政案件案由的暂行规定的通知》[法发(2020)44号],确定了准确理解行政案件案由的确定规则,规定了三级案由“罚款”是从属与二级案由“行政处罚”,三级案由“加处罚款或者滞纳金”是从属于二级案由“行政强制执行”。显然,无论是从法律规定上还是司法实务上,加处罚款是有别于原处罚的执行罚。

“加处罚款”是行政强制,属于执行罚,是行政机关对逾期不履行行政法律文书所确定义务的行政相对人课以新的金钱给付义务的一种强制执行方式,行政相对人不服加处罚款的行政强制执行行为,有权提起行政诉讼。因此,加处罚款不能与原处罚一并申请人民法院强制执行,应当另行先作出加处罚款决定。

经查询中国裁判文书网,不少人民法院均认为,对“加处罚款”不能与原处罚一并进行强制执行,只是做法略有不同。如(2020)鄂0322行审20号,不准予强制执行加处罚款;如(2018)甘1124行审2号,强制执行加处罚款申请不予支持;如(2021)豫1728行审8号,直接不予受理加处罚款的申请。

问题二:加处罚款该如何计算?

情形1:回到本案,假设机械公司在2020年3月20日提起行政诉讼,且未缴纳罚款。机械公司在2020年9月20日收到人民法院作出生效判决,判决机械公司败诉。机械公司随即在次日向市水利局缴纳了罚款,市水利局能否对机械公司加处罚款呢?

作者认为,不能。因为根据《最高人民法院行政审判庭关于行政处罚的加处罚款在诉讼期间应否计算问题的答复》有关“对于不履行行政处罚决定所加处罚款属于执行罚,在诉讼期间不应计算”的规定,对于行政相对人逾期不履行行政处罚决定的行为,可以加处罚款,但因加处罚款属于行政强制,在诉讼期间不应计算,而应于终审判决生效后、行政处罚决定所规定的履行期限届满的次日起计算。

情形2:回到本案,假设机械公司在2020年4月20日提起行政诉讼,且未缴纳罚款。机械公司同样在2020年9月20日收到人民法院作出生效判决,判决机械公司败诉。机械公司在2020年9月26日才向市水利局缴纳了罚款,市水利局能否对机械公司加处罚款呢?

作者认为,可以。具体计算时间为2020年3月21日至2020年4月19日,以及2020年9月21日至2020年9月25日,每日3%,不超过原处罚的3万元,理由是:根据前述最高人民法院的司法解释,诉讼期间不应计算加处罚,那么从机械公司逾期缴纳罚款的次日即2020年3月21日起,计算至其提起诉讼前的一天即2020年4月19日。机械公司收到败诉的判决后,表明诉讼已经结束,其应该在次日缴纳罚款,否则自从该次日起,至其实际缴纳之日止,继续计算该加处罚,但最多不能超过原处罚的3万元。

问题三:"加处罚款"能否写在行政处罚决定书中?

有观点认为:加处罚款是为执行罚,在行政处罚决定书载明,给人行政机关事先放弃裁量权的感觉,似有不妥。

《行政处罚法》第五十一条:"当事人逾期不履行行政处罚决定的,作出行政处罚决定的行政机关可以采取下列措施:(一)到期不缴纳罚款的,每日按罚款数额的百分之三加处罚款;(二)根据法律规定,将查封、扣押的财物拍卖或者将冻结的存款划拨抵缴罚款;(三)申请人民法院强制执行。"

《行政强制法》第四十五条:"行政机关依法作出金钱给付义务的行政决定,当事人逾期不履行的,行政机关可以依法加处罚款或者滞纳金。加处罚款或者滞纳金的标准应当告知当事人。"

可见,《行政处罚法》和《行政强制法》均赋予行政机关可以加处罚款的职权。加处罚款是行政相对人怠于履行行政处罚决定而面临的法律后果。因此,在行政处罚决定书中载明加处罚款的标准,视为告知行政相对人不履行行政处罚决定,可能要承受的法律后果,合法合理合情。

由此可见,在行政处罚决定书中事先告知"加处罚款"是适当的。

947.问:如何识别行政处罚行为?

答:新修订的《中华人民共和国行政处罚法》于2021年7月15日起施行。这部法律首次为"行政处罚"概念进行了界定,为从实质上识别行政处罚提供了法律依据。

正确识别行政处罚行为,回答"什么是行政处罚、什么不是行政处罚",这是适用行政处罚法的前提,是执法人员和司法人员必须掌握的一项硬功夫。同时,识别行政处罚并非是件易事。长期以来,实践中存在的针对交通违法的"罚岗"和"扣分"、特别领域的"强制参加学习班",以及越来越多领域普遍推广的"黑名单",还有"违法行为的曝光"等做法,到底是否属于"行政处罚",还存在着不少追问和争论,这也反映了对行政处罚行为的识别有待形成共识。

在过去行政处罚法未对"行政处罚"明确定义的背景下,人们往往按照行政处罚的形式手段和种类去辨别某种行为是否属于行政处罚,只把"警告""罚款""没收""扣证""吊证""行政拘留"等这类符合法定处罚形式的行为才看成是"处罚",而大量的这些法定形式以外的其他处罚不被作为行政处罚看待,而使许多其他形式的行政处罚行为游离于行政处罚法之外。

新修订的行政处罚法首次为"行政处罚"增设定义,为我们从形式认定转向实质认定行政处罚创造了条件。新修订的行政处罚法第2条规定,行政处罚是指行政机关依法对违反行政管理秩序的公民、法人或者其他组织,以减损权益或者增加义务的方式予以惩戒的行为。这涵盖了“行政处罚”法律概念的4个元素:处罚主体是国家行政机关和法律法规授权的其他组织,其他主体作出的制裁行为就不是行政处罚;处罚对象是作出违法行为的公民、法人或者其他组织,即违法当事人;被处罚行为是指违反行政管理秩序的行为;处罚内容是行政机关以减损权益或者增加义务的方式予惩戒违法当事人。只要符合这4个元素的行为就是行政处罚行为,不论它是否在名称上有“处罚”二字。

《行政处罚法》所增设的此项定义,在很大程度上有助于对“行政处罚”的识别,但它可能还无法解决行政处罚“识别”中的全部问题。因为法律概念是法律特征的反映,但它无法反映和囊括所有的特征。为此,我们需要在行政处罚法关于“行政处罚”定义的基础上,为行政处罚补充或强调几个法律特征,以更有利于准确识别行政处罚行为。

决意性。行政行为有意思行为与物理行为之分。行政处罚是一个基础性的行政决定,是一种意思表达。对生效行政处罚决定的强制执行属于物理行为,不能作为行政处罚而只能作为行政强制执行对待。为此需要强调两点:一是行政处罚其实是指行政处罚决定,不能把对生效行政处罚决定的强制执行视作为行政处罚;二是不能将一个行政处罚决定与对处罚决定的强制执行笼统地合称为行政处罚行为。行政处罚决定与对行政处罚决定的强制执行属于两个不同的行政行为,因而分别受行政处罚法和行政强制法的调整。

封闭性。行政行为是一个过程,它多少都会经历程序启动(立案等)、有关措施、调查取证、研究讨论,到最终形成一个处理决定。为此在理论上存在“过程行为与结果行为”的区分。过程行为也称中间行为,它仅构成对某一事项处理过程中的一个环节,并未对该事项作出最终处理,不具有封闭性。它是为结果行为服务的一种临时性的行为,如查封、扣押。结果行为指对某事的最终处理完毕,有了最终的处理结论,程序上达到了封闭。所以,结果行为也可称为最终行为或封闭行为。行政处罚是一种结果行为,具有封闭性。

制裁性。行政处罚是行政主体针对违反行政管理秩序的行为人所实施的行政制裁,具有很强的惩罚性。制裁性是行政处罚所有法律特征中最为核心和关键的特征,是行政处罚之所以称之为行政处罚的核心要义。行政处罚的制裁性表现在:一是以当事人违法为前提。行政处罚是一种行政制裁,而制裁是针对当事人违法行为作出的。制裁的起因和目的都是针对当事人的违法行为。所以,如果不以当事人的违法并以制裁当事人的违法为目的就不是行政处罚。比如,当事人殴打他人,违反治安管理,公安机关对他拘留14天,限制他14天的人身自由,这是行政处罚;但是,如果当事人被怀疑携带传染病毒,政府防疫部门对他强制隔离14天,这14天他的人身自由同样受到限制,但这不是行政处罚,而是行政防疫措施。因为强制隔离的前提不是因为当事人违法,目的也不是为了惩罚当事人,而是为了预防传染病的传播。二是它强制当事人承受一种不利后果。制裁的内容是强制当事人承受一种不利后果,即对当事人“减损权益或者增加义务”。由于处罚的种类包括人身罚、财产罚、行为罚、资格罚和申诫罚,其不利的后果所涉载体也就具有广泛性,包括当事人有形和无形的权利和义务、权利和利益,等等。三是不利后果与当事人违法之间“对价”而不“等价”。当事人承受不利后果是为其违法行为付出的一种“代价”。违法行为越严重,承受的不利后果也就越大。这就是说,不利后果与当事人的违法行为是一种“对价”关系。而且,行政处罚作为一种制裁,必须让当事人承担“额外”的付出。如果当事人是对违法行为的“等价”付出,仅仅是一种利益上的“垫平”,那就谈不上制裁。这就是为什么纠正违法不属于处罚的道理。

在对行政处罚的识别中,最容易混淆的是以下几种关系,要特别注意它们之间的区别。

行政处罚与行政强制措施。虽然行政处罚与行政强制措施都是让当事人承受一种不利后果,但行政处罚以制裁为目的,行政强制措施以保障后续的法律程序为目的;行政处罚是具有封闭性的结果行为,而行政强制措施是一种临时性的中间行为或称过程行为。例如,同样是交警对当事人的扣证(驾照)行为,如果交警依据道路交通安全法有关规定,认为应当对道路交通违法行为人给予暂扣或者吊销机动车驾驶证处罚的,可以先予扣留机动车驾驶证,并在24小时内将案件移交公安机关交通管理部门处理。这里的"先予扣留机动车驾驶证",不属于行政处罚,而属于行政强制措施;如果当事人饮酒后驾驶机动车的,交警部门依法对当事人作出"暂扣六个月机动车驾驶证"的决定,这一扣证决定就属于行政处罚了。

行政处罚与行政强制执行。行政处罚是一种基础性的行政决定,而行政机关对这一处罚决定的强制执行,则属于行政强制执行行为,而不是行政处罚行为。如行政处罚法规定,当事人逾期不缴纳罚款的,行政机关可以对他每日按罚款数额的3%加处罚款。这里出现了两个"罚款"。如何定性?第一个"罚款"属于行政处罚,第二个"罚款"则属于行政强制执行。再如,公安机关依照治安管理处罚法对外国人作出一个"驱逐出境"的决定,属于"行政处罚决定",接着由警察强制押送当事人登上出境飞机,或押送到边界把当事人逐出国门,这属于对"驱逐出境处罚决定"的强制执行。

行政处罚与责令纠正违法。行政处罚和责令纠正违法,都是针对当事人的违法行为而发动,但这两者是有区别的:一方面,行政处罚属于"处分"行为,它是对当事人权利和利益的一种处分(包括取消和限制),而责令当事人纠正违法是一种"命令"行为;另一方面,行政处罚,是让当事人承受一种"额外"的付出,而纠正违法仅仅是恢复原状,让违法状态回复到原始的合法状态。例如,当事人毁坏一株棵苗,政府管理部门责令他补种一株棵苗,这因不具有惩罚性而不是行政处罚,是对违法状态的"等价"修复;但如果政府责令他补种10倍甚至百倍的棵苗,这就具有惩罚性,当事人承受了"额外"的付出。又如,当事人开车违章撞坏了公路隔离栏,如果仅仅责令当事人修复被他撞坏的公路隔离栏,这属于"等价赔偿",不属处罚。如果除了修复,还要对他罚款1 000元,这就是处罚。因为修复公路隔离栏,是等价赔偿的一种方式,不是一种额外的付出。在修复之外,还要罚款,这就是额外的付出。

948.问:受委托执法的水行政监察大队有无权力独立实施集体讨论程序?

答:从机构建制的角度来说,根据行政处罚法第十八条、第十九条,《水行政处罚实施办法》第十条第一款、第十一条的规定,县级以上人民政府水行政主管部门可以在其法定权限内委托符合条件的水政监察专职执法队伍实施水行政处罚,故区水务局与区水政监察大队在作出行政处罚的过程中系委托与被委托的关系,区水务局是水行政主管部门,区水政监察大队则系依法成立的管理水利事务的事业组织,即使是在此种委托与被委托的关系之下,行政机关所属事业单位的负责人也当然不能替代行政机关的负责人在行政处罚的过程中进行集体讨论。

949.问:行政处罚案件公示工作由谁牵头负责?

答:依据《企业信息公示暂行条例》第七条规定:"市场监督管理部门以外的其他政府部门(简称其他政府部门)应当公示其在履行职责过程中产生的下列企业信息:(一)行政许可

准予、变更、延续信息；（二）行政处罚信息；（三）其他依法应当公示的信息。其他政府部门可以通过企业信用信息公示系统，也可以通过其他系统公示前款规定的企业信息。市场监督管理部门和其他政府部门应当按照国家社会信用信息平台建设的总体要求，实现企业信息的互联共享。”

依据《工商行政管理行政处罚信息公示暂行规定》第九条规定："市场监督管理部门对依法注册登记的各类企业、个体工商户、农民专业合作社等适用一般程序作出行政处罚决定的相关信息应当通过企业信用信息公示系统向社会公示。”依据第十七条规定："市场监督管理部门应当严格履行行政处罚信息公示职责，按照‘谁办案、谁录入、谁负责’的原则建立健全行政处罚信息公示内部审核和管理制度。办案机构应当及时准确录入行政处罚信息。负责企业信用信息公示工作的机构应当加强行政处罚信息公示的日常管理和协调工作。”

水行政综合执法理论与实务
（中册）

刘朝军　焦慧君　刘团结　张希上　主编

黄河水利出版社
·郑州·

目 录

程 序 篇

导 读

水行政执法人员具体实施行政处罚时，常常会因为主体、实体、程序、文书格式等问题导致具体行政行为实施和执法卷宗评查中出现失误，为进一步完善水行政执法部门的行政处罚、行政许可等案卷，规范水行政执法行为，提高水行政执法部门办理行政处罚案件的质量和水平，根据《行政处罚法》《行政强制法》《河南省行政执法条例》及其《实施办法》等有关规定，为认真宣传贯彻《国务院关于印发全面推进依法行政实施纲要的通知》和《河南省人民政府关于规范行政处罚裁量权的若干意见》精神，推进行政处罚案件主办人制度和行政处罚案例指导制度的落实，增强水行政执法人员依法行政观念，提高办案能力和水平，借鉴和整编了该篇。该篇选编了 9 例行政执法案卷，涉及行政机关重要的执法部门。每个案卷都按照案卷目录和从立案到结案的办案流程，规范制作了各类法律文书，力争做到程序严谨，语言简洁，切实增强其实用性和操作性。以便水行政执法人员更好地借鉴和学习，以期对提高水利行政执法人员的执法能力有所帮助。

水行政处罚案件一般程序的办理流程及文书规范

行政处罚案件一般程序分为受理立案、调查取证、审查决定、送达执行四个阶段，每个阶段有相对应的法律文书。法制部门在规定卷宗编制顺序时规定了两种顺序，在具体的执法工作中主要采用执法文书时间顺序的方法进行卷宗制作。

一、受理立案阶段

水行政处罚机关对上级交办、其他部门移送、公民、法人或者其他组织举报、控告的以及自己检查中发现的水事违法案件，均予以受理。除依法可以当场作出水行政处罚的外，符合《水行政处罚实施办法》第二十四条规定条件的，予以立案查处。对不符合立案条件的不予立案，对无管辖权的移交有关部门进行管辖。

对应入卷文书及顺序：行政处罚委托书、举报投诉案件登记表、调查（询问）通知书、行政处罚案件立案审批表、执法人员执法证复印件等。

（一）根据《行政处罚法》的规定，具有行政处罚权的行政机关或法律法规授权的具有管理公共事务职能的组织可以在法定职权范围或法定授权范围内实施行政处罚。但行政机关依照法律、法规或规章的规定委托符合规定条件的组织实施行政处罚，卷宗应首先附有行政处罚委托书复印件。行政机关只能将行政处罚权委托给符合《行政处罚法》规定条件的组织，行政机关不得委托其他组织或者个人实施行政处罚。《行政处罚法》规定：受委托组织必须符合以下条件：（一）依法成立的管理公共事务的事业组织；（二）熟悉有关法律、法规、规章和业务的工作人员；（三）对违法行为需要进行技术检查或者技术鉴定的，应当有条件组织进行相应的技术检查或者技术鉴定。行政机关进行委托必须有法律、法规或规章的明文规定。受委托实施行政处罚的组织在委托范围内，以委托的行政机关名义实施行政处罚，委托行政机关对受委托的组织实施行政处罚的行为应当负责监督，并对该行为的后果承担法律责任。需要特别说明的是，受委托的组织不得再委托其他任何组织或者个人实施行政处罚。

（二）除含举报内容的受理件需保密外，对上级交办、其他部门移送的案件，应制作举报投诉案件登记表，交办单和移送文书应一并入卷。举报投诉案件登记表内容包括案由、案件来源、举报人及被举报人的基本情况、记录人及记录时间、举报情况等。

（三）现场初步调查后，需要当事人提供有关手续或作出关于违法行为的解释、说明的，需要下达调查（询问）通知书。调查（询问）通知书内容包括当事人名称、询问时间、询问事由、需携带的材料或手续和行政机关负责案件办理的联系人及联系电话等。执法文书制作要求文书不得使用格式文书，但是考虑到执法工作的实际需要，不会在第一时间等待调查（询问）通知书制作完成后再对违法行为进行处理，因此在实际工作中，采用了填写式的文书。

（四）经过初步调查核实，案件办理人员认为需要立案查处的，应制作行政处罚案件立案审批表。

1.有当事人基本情况。包括单位名称和法定代表人姓名或个人姓名、地址(住址)等。

2.有案由及案件来源。应注明案件来源是自查、举报、交办或移送等。

3.有案件简要情况记载,填写时必须有立案依据,即引用适用的法律、法规、规章全称,并注明具体条、款、项等。

4.有承办人和承办机构的意见和签名。承办机构意见需要承办机构负责人写明具体意见,而不是只签批同意,而且承办机构负责人应指派具体的主办人和协办人。

5.有行政机关负责人审批意见及签名。

6.有立案时间。包括申请立案和批准立案的时间。

7.执法人员执法证复印件。

案件办理要求执法人员为两人以上,行政机关负责人指派了办案人员后,在卷宗制作时在立案审批表后应该附执法人员执法证复印件。复印件要求单人单张,同时我们认为,除主办人、协办人之外,凡是在该案件办理过程中出现的执法人员同样应附上执法证复印件。

二、调查取证阶段

调查取证阶段是立案后到调查结束出具调查终结报告的阶段,也是执法过程中具体行政行为合法性和合理性的重要表现阶段。

除《行政处罚法》中规定的可以当场作出的行政处罚外,行政机关发现公民、法人或者其他组织有依法应当给予行政处罚的行为的,必须全面、客观、公正地调查,收集有关证据;必要时,依照法律、法规的规定进行检查。这里的事实,包括行为人的行为违法的事实,以及其违法行为的性质、情节和社会危害程度等方面的事实。调查的目的,就是查清这些违法事实,获得有关证据。在调查程序中行政机关可以采取的执法手段,包括以下几种:

1.进行调查、了解、询问,以掌握有关事实。

2.依法进行检查。检查,是查明事实和获取有关证据所需要的执法手段。

3.抽样取证。对于与产品质量有关的行政处罚案件,抽样取证是比较适当的调查执法手段。

4.登记保存证据。在证据有灭失的可能或者以后难以取得的情况下,行政机关可以对该证据进行登记,并保存于一定地点,任何人不得予以销毁或者转移。登记保存证据,必须经行政机关负责人批准,并应于七日内作出处理决定。

另外,在调查程序中执法人员、当事人或者有关人员应当履行的相应义务,对于行政机关而言,包括两人以上、回避及保守国家机密、商业秘密等制度。

基于上述手段,调查取证阶段对应的入卷文书及顺序:询问笔录、现场检查笔录、勘验笔录、责令停止水事违法行为通知书、责令限期改正通知书、抽样取证文书、先行登记保存证据文书、调查终结报告、证据。

(一)询问笔录

1.有调查询问的时间及具体地点。

2.有当事人或被询问人的基本情况。

3.询问笔录的完整内容包括表明身份、说明执法依据、注明或询问违法事实与情节及裁量内容等。

4.笔录中被询问人和询问人员应当逐页签字确认,拒绝签字的,注明拒签事由并有两名以上执法人员签名并予以说明。

5.被询问人按要求注明“笔录上述内容,记录属实”,调查笔录中有涂改之处,应有被调查人摁手印、盖章或签名。

主要内容记载翔实,包括“七何”:何人、何时、何地、何事、何情节、何故、何果,另外要载有表明身份、说明执法依据、检查人员或询问人员签名等内容;笔录要有被检查人或被询问人签名,如当事人拒绝签名,应有两名以上执法人员签名并予以说明;调查笔录的启封和涂改之处,应有被调查人摁手印、盖章或签名。在讯问笔录首页须填写的被询问单位、被询问人两项指的是单位和自然人,应分别填写,而不该将被询问人一项填为被询问单位的委托人。需重点说明的是,根据《河南省人民政府“两转两提”工作领导小组关于印发7个专项工作实施意见的通知》(豫转提发〔2009〕1号):在询问笔录、现场检查笔录、案件调查终结报告、行政处罚听证告知书、行政处罚事先告知书和行政处罚决定书中,体现裁量的根据和内容,因此询问笔录中应有相关内容的记录。

按照《河南省人民政府关于规范行政处罚裁量权的若干意见》,裁量标准登记划分为:涉及情况较为简单的划分为轻微、较重、严重三个等级;涉及情况复杂的划分为轻微、一般、严重、特别严重四个等级;必要时可划分为轻微、一般、较重、严重和特别严重五个等级。

(二)现场检查笔录(勘验)文书

1.有现场检查(勘验)的起止时间、场所记载;

2.有被检查人的基本情况;

3.现场检查(勘验)情况记录准确、客观、全面,内容清楚;

4.有被检查人对情况记录的意见及签名(被检查人不在现场或拒绝签名的,应有见证人或两名以上执法人员签名并说明原因)。

现场检查笔录(勘验)文书应附现场图,内容包括画图、位置方向、主要道路、建筑物名称,同时要有执法人员及被检查人的签名。

检查,是查明事实和获取有关证据所需要的执法手段。依照法律、法规关于执法主体、职责权限、检查程序、权利义务的规定,行政机关才可以进行检查。也就是说,只有法律、法规授予其行政检查权的行政机关才可以依法采取检查手段。

(三)强制保障文书

责令当事人改正或者限期改正违法行为,是指行政机关要求违法当事人作为或不作为,使其中止违法行为,令违法当事人履行其应当履行的义务,或者以其他方式达到与履行义务相当的状态。其目的是着眼于行为人的未来行为,并不只是已存在的违法行为。违法行为涉及的法律依据罚则条款中有“责令停止违法行为”“责令限期改正”等要求的,应制作《责令停止违法行为通知书》《责令限期改正通知书》,并填写送达回证入卷。依据《行政强制法》,对于不履行“行政决定”的,可以依法强制其履行义务,这里的“行政决定”并不仅限于行政处罚决定,当然包括责令停止违法行为、责令履行法定义务、责令改正违法行为等。因此,如果当事人拒不履行,可以申请法院强制执行。

1.当事人名称准确;

2.载明经查明的违法事实和违反水法规情况;

3.明确表明法律依据,包括《行政处罚法》水法规依据;

4.处理方式准确,要注明是责令立即改正违法行为还是限期改正,若责令限期改正,所限期限要合理;

5.有水行政处罚机关名称和印章以及文书作出日期;

6.送达回证,是确定文书送达的重要方式,入卷顺序应在下达的文书后,要求抬头加盖行政机关公章,被送达人、送达时间、送达地点、送达文书及编号、送达人(两名执法人员)、接收人等内容填写翔实,接收人为非法定代表人或委托人的,在备注栏内注明接收人姓名、工作部门及具体职务。

1.送达文书名称、文号;

2.受送达人名称或姓名;

3.送达地点;

4.受送达人(签字或盖章);

5.代收人(签字)及代收人与被送达人关系;

6.送达日期和方式;

7.拒收原因及见证人签字;

8.送达人签字(两人以上)。

关于送达方式,《民事诉讼法》具体规定了以下几种:

1.直接送达。送达诉讼文书,应当直接送交受送达人。受送达人是公民的,本人不在交他的同住成年家属签收;受送达人是法人或者其他组织的,应当由法人的法定代表人、其他组织的主要负责人或者该法人、组织负责收件的人签收;受送达人有诉讼代理人的,可以送交其代理人签收;受送达人已向人民法院指定代收人的,送交代收人签收。受送达人、受送达人的同住成年家属、法人的法定代表人、其他组织的主要负责人、法人或者其他组织的负责收件的人、诉讼代理人或者代收入在送达回证上的签收日期为送达日期。

2.留置送达。受送达人或者他的同住成年家属拒绝接收诉讼文书的,送达人应当邀请有关基层组织或者所在单位的代表到场,说明情况,在送达回证上记明拒收事由和日期,由送达人、见证人签名或者盖章,把诉讼文书留在受送达人的住所,即视为送达。

3.委托送达。直接送达诉讼文书有困难的,可以委托其他人民法院代为送达。

4.邮寄送达。直接送达诉讼文书有困难的,可以邮寄送达,以回执上注明的收件日期为送达日期。

5.转交送达。受送达人是军人的,通过其所在部队团以上单位的政治机关转交。受送达人是被监禁的,通过其所在监所或者劳动改造单位转交。受送达人是被劳动教养的,通过其所在劳动教养单位转交。

6.公告送达。受送达人下落不明,或者通过其他方式无法送达的,公告送达。自发出公告之日起,经过六十日,即视为送达。

以上《民事诉讼法》规定的送达方式,在送达行政处罚决定书时均可适用。在实际执法活动中,常用的方法是联系公证人员作为旁证人进行留置送达,也可以依照《民事诉讼法》规定的其他方式进行送达。

(四)调取与保存证据及处理文书

行政机关在收集证据时,可以采取抽样取证的方法;在证据可能灭失或者以后难以取得的情况下,经行政机关负责人批准,可以先行登记保存,并应当在七日内及时作出处理决定,在此期间，当事人或者有关人员不得销毁或者转移证据。文书内容包括：

1.有被取证当事人的基本情况；

2.有取证事由和依据；

3.有取证的具体时间、地点；

4.有物品清单和性状描述（主要包括物品的名称、数量、品级、规格、型号、形态等）；

5.有物品保存期限和地点；

6.有机关负责人审批记载；

7.有被取证的单位或个人签名或盖章（当事人拒签的，应当予以注明）；

8.有记载物品处理决定和处理结果的文书，并加盖行政机关公章。

查封、扣押的行政强制措施在水行政执法过程中不常使用，但是我们可以充分利用《行政强制法》《行政处罚法》关于证据的相关规定，通过“证据先行登记保存”的措施来达到制止、查处违法行为的目的。根据《行政强制法》，为防止证据毁损，对公民、法人或其他组织的财物实施暂时性控制是一种行政强制措施，因此证据先行登记保存可以视为《行政强制法》规定的“其他行政强制措施”。

行政机关实施行政强制措施应当遵守下列必要程序：

1.实施前须向行政机关负责人报告并经批准；

2.由两名以上行政执法人员实施；

3.出示执法身份证件；

4.通知当事人到场；

5.当场告知当事人采取行政强制措施的理由、依据以及当事人依法享有的权利、救济途径；

6.听取当事人的陈述和申辩；

7.制作现场笔录；

8.现场笔录由当事人和行政执法人员签名或者盖章，当事人拒绝的，在笔录中予以注明；

9.当事人不到场的，邀请见证人到场，由见证人和行政执法人员在现场笔录上签名或者盖章；

10.法律、法规规定的其他程序。

（五）调查终结报告

在违法事实调查、证据采集、案件性质确定、处理文书下达工作完成后，应制作调查终结报告。

1.当事人基本情况；

2.调查时间；

3.案件承办人签字；

4.主要内容包括当事人违法的事实和证据，违反的法律依据名称及条、款、项具体内容；根据违法事实、性质、情节和社会危害程度，参照《河南省水行政处罚裁量标准》，确定违法行为适用的水行政处罚裁量等次；拟处罚的法律依据及行政处罚建议；

5.行政机关签章及日期。

（六）附卷证据

在实际制作处罚案件卷宗时，一般把当事人主体资料、法定代表人或负责人身份证据、授权委托书、违法证据（包括照片、视听资料、证明材料、票据）等按照顺序列入卷宗，照片或视听资料应注明拍摄人、时间和地点，标题均为“证据粘贴单”。提供证据的具体要求参照《最高人民法院关于行政诉讼证据若干问题的规定》执行。证据种类包括：

1.书证

（1）提供书证的原件，原本、正本和副本均属于书证的原件。提供原件确有困难的，可以提供与原件核对无误的复印件、照片、节录本。

（2）提供由有关部门保管的书证原件的复制件、影印件或者抄录件的，应当注明出处，经该部门核对无异后加盖其印章。

（3）提供报表、图纸、会计账册、专业技术资料、科技文献等书证的，应当附有说明材料。

（4）被告提供的被诉具体行政行为所依据的询问、陈述、谈话类笔录，应当有行政执法人员、被询问人、陈述人、谈话人签名或者盖章。

2.物证

（1）提供原物。提供原物确有困难的，可以提供与原物核对无误的复制件或者证明该物证的照片、录像等其他证据。

（2）原物为数量较多的种类物的，提供其中一部分。

3.视听资料

（1）提供有关资料的原始载体。提供原始载体确有困难的，可以提供复制件。

（2）注明制作方法、制作时间、制作人和证明对象。

（3）声音资料应当附有该声音内容的文字记录。

4.鉴定结论

应当载明委托人和委托鉴定的事项、向鉴定部门提交的相关材料、鉴定的依据和使用的科学技术手段、鉴定部门和鉴定人鉴定资格的说明，并应有鉴定人的签名和鉴定部门的盖章。通过分析获得的鉴定结论，应当说明分析过程。

三、审查决定阶段

在行政处罚的一般程序中，行政处罚决定的作出还必须经过审查程序。这也是一般程序与简易程序的不同之处。一般程序适用于违法情节比较复杂、处罚幅度较重的行政处罚案件，对于这类行政处罚决定的作出，必须严格审查和把关，不能轻率作出。调查结束后，执法人员将调查结果和处理意见送交行政机关负责人进行审查。行政机关负责人或者其负责人集体对调查结果进行充分、认真的审查后，根据不同情况，分别作出如下决定：

1.确有应受行政处罚的违法行为的，根据情节轻重及具体情况，作出行政处罚决定；

2.违法行为轻微，依法可以不予行政处罚的，不予行政处罚；

3.违法事实不能成立的，不得给予行政处罚；

4.违法行为已构成犯罪的，移送司法机关。对情节复杂或者重大违法行为给予较重的行政处罚，行政机关的负责人应当集体讨论决定。

对应文书及顺序：行政处罚案件集体讨论笔录、重大复杂案件集体讨论笔录、行政处罚审批表、行政处罚事先告知书、行政处罚听证告知书、听证程序文书、案件移送函及涉案物品清单、行政处罚决定审批表、(不予)行政处罚决定书、行政处罚决定书。

(一)水事违法案件集体讨论笔录

行政处罚案件集体讨论笔录不同于重大复杂案件集体讨论笔录,它是指案件办理人员内部讨论内容的记录,在《行政处罚法》《安阳市行政执法案卷评查办法》及省厅2016版文书中均无明确要求入卷,但我们认为集体讨论笔录作为一般行政处罚案件的确定和审核程序应该保留下来。当然,集体讨论笔录有时并不局限于一份,视集体讨论情况也可有多份。记录内容应包括讨论时间、地点、主持人、记录人、讨论内容、讨论结果及参加人签名等。

(二)重大案件集体讨论笔录

《行政处罚法》规定,对于情节复杂或者重大的违法行为给予较重的行政处罚,应当由行政机关的负责人集体讨论决定。重大案件集体讨论笔录的适用范围在新《行政处罚法》有明确规定,行政机关拟作出下列行政处罚决定,应当先告知当事人有要求听证的权利,当事人有要求听证的,行政机关应当组织听证:(一)较大数额罚款;(二)没收较大数额违法所得,没收较大价值非法财物;(三)降低资质等级、吊销许可证件;(四)责令停产停业、责令关闭、限制从业;(五)其他较重的行政处罚;(六)法律、法规、规章规定的其他情形。当事人不承担行政机关组织听证的费用。重大案件集体讨论笔录内容包括:

1.案件名称;

2.讨论时间和地点;

3.案件讨论原因;

4.主持人及职务、记录人及职务;

5.参加人员、列席人员;

6.案件承办人汇报案件情况;

7.听证主持人汇报听证情况;

8.参加讨论人员意见和理由;

9.结论性意见;

10.出席人员签名等。

(三)行政处罚审批表

在新版文书中,行政处罚审批表取代了行政处罚案件法律审核意见表,这是一个明显的改变。行政处罚案件法律审核意见表原来是作为水行政机关法制机构预审核程序列入案件卷宗内容,在《行政执法案卷评查指导办法》中并无明确要求入卷。现在我们可以理解为,行政处罚审批表是法制机构预审核制度的实际应用和延伸,其主要内容包括:

1.当事人基本情况;

2.当事人违法的主要事实;

3.承办人员处罚意见;

4.承办机构审查意见;

5.法制机构审核意见;

6.水行政主管部门负责人审批意见。

在这里需要强调的是,承办人员处罚意见应该明确表明具体的处罚意见及依据条款的具体内容,承办机构审查意见、法制机构审核意见、水行政主管部门负责人审批意见应该根据案件情况,从证据、程序、法律依据等方面给予具体的意见。

（四）行政处罚事先告知书

行政处罚事先告知书也称权利告知文书，是全面保障案件当事人在行政处罚中的合法权益产生的文书。行政机关在作出行政处罚决定之前，应当告知当事人作出行政处罚决定的事实、理由及依据，并告知当事人依法享有的权利。告知程序是行政处罚的必经程序。“告知”，对于当事人来说，是其法定的权利；而对于行政机关来说，则是其法定的义务。实施行政处罚，无论是适用简易程序，还是适用一般程序，如果行政机关未依法履行告知程序即作出行政处罚的决定，就违反了本法规定。行政机关履行告知义务，必须是在作出行政处罚决定之前，这是保障当事人享有告知权利的需要。

1.当事人名称准确；

2.行政机关调查时间及案由；

3.陈述违法事实。载明违法行为发生的时间、地点、情节、构成要件、危害后果等内容；

4.列举证据形式，阐述证据所要证明的内容；

5.参照河南省水行政处罚裁量标准的定性；

6.拟处罚意见；

7.明确告知当事人行使陈述权、申辩权的期限；

8.水行政处罚机关的印章、日期完整。

在当事人未明确表示放弃此项权利的情况下，未经当事人陈述和申辩，行政机关不应给予当事人任何种类的行政处罚。在实际案件办理过程中，我们一般要求当事人出具书面证明明确表示放弃该项权利，书面证明附在告知书后面。当事人提出的事实、理由和证据，包括其没有违法的行为，不应受到行政处罚的事实、理由和证据，也包括其违法行为情节较轻，应受较轻的处罚的事实、理由和证据，这点需要行政机关充分考虑。

（五）行政处罚听证告知书及听证程序文书

符合《行政处罚法》第六十四条要求的，应当告知当事人听证权利，下达听证告知书，填写送达回证。当事人要求听证的，行政机关应当组织听证。记录内容为：

1.当事人名称准确；

2.行政机关调查时间及案由；

3.陈述违法事实。载明违法行为发生的时间、地点、情节、构成要件、危害后果等内容；

4.列举证据形式，阐述证据所要证明的内容；

5.参照河南省水行政处罚裁量标准的定性；

6.拟处罚意见；

7.明确告知当事人提出听证的期限；

8.水行政机关的印章、日期完整。

这里需要注意的有两点，第一，哪些行政处罚可以组织听证程序。本条明确规定，对于责令停产停业、吊销许可证或者执照、较大数额罚款等行政处罚，可以组织听证程序。较大数额罚款可以参照《〈河南省行政机关执法条例〉实施办法》：①对非经营活动中的违法行为实施罚款一次达到或者超过 1 000 元的；②对无违法所得的经营性违法行为实施罚款一次达到或者超过 10 000 元的；③对有违法所得的经营性违法行为实施罚款一次达到或者超过 30 000 元的以及吊销许可证等的规定。结合水行政执法工作实际，认为对公民处以超过 1 000 元、对法人或者其他组织处以超过 10 000 元罚款以及吊销许可证等水行政处罚为重大行政处罚案件；第二，因当事人放弃听证权利而未举行听证的，应有书面记载。在实际工作中，要求单位应出具书面说明并加盖公章，自然人在书面说明上签章。如当事人拒不配合，则在送达回证上注明并由两名执法人员签字。

听证程序，是指行政机关在作出行政处罚决定之前听取当事人的陈述和申辩，由听证程序参加人就有关问题相互进行质问、辩论和反驳，从而查明事实的过程。听证程序赋予了当事人为自己辩护的权利，为当事人充分维护和保障自己的权益，提供了程序上的条件。

1.行政处罚听证申请书

(1)申请人或申请单位基本情况；

(2)申请人或申请单位与本案的关系；

(3)当事人的委托代理人参加听证的，填写委托代理人基本情况；

(4)申请听证的目的和要求；

(5)申请听证的事实和理由；

(6)申请人和委托代理人签章、日期完整。

2.听证通知书

(1)举行听证的时间、地点具体、准确；

(2)明确告知听证主持人单位、职务、姓名和记录人的姓名；

(3)注明当事人有要求主持人回避和申请延期举行的权利，告知当事人无故不按时参加听证视为放弃听证权；

(4)听证注意事项；

(5)水行政处罚机关的印章、日期完整；

(6)行政处罚听证申请人或委托代理人签章。

3.听证笔录

(1)准确记载举行听证的起止时间、地点；

(2)载明听证主持人、记录人、当事人、委托代理人、案件调查人员的基本情况；

(3)载明调查人员提出当事人违法的事实、证据、行政处罚建议和当事人对案件涉及的事实、证据、依据方面的陈述和申辩的内容；

(4)有当事人的签名。

听证申请人、记录人应当逐页签字确认，拒绝签字的，注明拒签事由。

4.听证报告

(1)载明案由；

(2)载明听证的时间、地点、参加人情况；

(3)当事人针对行政处罚认定的违法事实、情节、适用法律等提出的理由和依据及从轻、减轻或不予行政处罚的要求及依据；

(4)载明听证结论。

关于听证程序，《行政处罚法》还作了如下一些具体规定：

(1)当事人要求听证的期限。当事人应当在行政机关告知后的五日内，向行政机关提出要求听证的请求。这里“五日内”是一个固定期限，本法没有作出可以延长的规定。

(2)行政机关在听证的七日前，应当通知当事人举行听证的时间、地点。在行政组织听证之前，应当给当事人以必要的准备期限，《行政处罚法》将这一期限规定为七日。行政机关必须履行在听证的七日前将举行听证的时间和地点通知当事人的义务。

(3)一般情况下,听证程序应当公开举行。但是,《行政处罚法》也规定了几种例外情况,即出于保守国家秘密、商业秘密和个人隐私的需要,凡是涉及国家秘密、商业秘密或者个人隐私的听证程序,不公开举行,不予公告,不允许无关人员旁听,也不允许新闻工作者进行采访报道。国家秘密,是指关系国家安全和利益,依照法定程序规定,在一定时间内只限一定范围人员知悉的事项。商业秘密,是指不为公众所知悉、能为权利人带来经济利益、具有实用性并经权利人采取保密措施的技术信息和经营信息。个人隐私,是指公民个人不愿公开的、与其人身权密切相关的隐秘事件或者事实。

(4)听证由行政机关指定的非本案调查人员主持。为确保听证程序的公正性,《行政处罚法》规定,听证由行政机关指定的、该行政机关内熟悉相关业务的、非本案调查人员的工作人员主持。如果当事人对主持人有异议,那么他有权申请该主持人回避。如果行政机关认为当事人的异议申请成立,则应该另行指定听证程序的主持人。

(5)当事人可以亲自参加听证程序,也可以委托他人参加听证程序。参加听证是当事人的权利,当事人可以自己行使这一权利,亲自参加听证程序,自己进行陈述、辩解、反驳和辩论;也可以委托他人代理自己去行使这一权利,由他人代理自己参加听证程序。当事人如果委托他人代理,则需履行法定的委托手续;代理人代理他人参加听证,则需有委托人的明确授权,也就是说,听证程序中当事人的代理人必须有合法的代理权。关于代理人的人数,本法规定限于一至二人。

(6)举行听证时,当事人有权与调查人员进行辩论和质证。在听证程序中,针对调查人员提出的当事人违法的事实、证据以及作出相应行政处罚的建议,当事人有权提出对自己有利的证据,反驳对自己不利的证据;有权提出自己的意见和主张;有权与调查人员进行辩论、质问和对证。

(7)对于整个听证程序,笔录应当准确无误。行政机关工作人员应当将笔录交予当事人进行审核,如果当事人认为笔录中关于其陈述、申辩和反驳等内容的记载,与其自己所述的内容不符,应当向行政机关提出,行政机关应当予以更正。当事人经审核笔录认为无误,应当在笔录上签字或者盖章。

(8)听证程序因当事人要求而举行。对于行政机关因组织听证而支出的相关费用,当事人不予承担。

(六)案件移送函及移送案件涉案物品清单

根据省水利厅新版行政处罚文书格式范本,移送文书及移送清单排在了听证程序之后,即《行政处罚法》规定,行政机关负责人或者其负责人集体对调查结果进行充分、认真的审查后,违法行为已构成犯罪或应由其他行政机关管理的,移送相关部门依法处理。在这里对具体内容不再细讲,制作文书时参照后面的规范格式就行了。另外,在立案受理阶段对无管辖权的案件移交有关部门进行管辖时,同样可以使用该文书。

(七)行政处罚决定审批表

新版文书中将老版的"处罚审批表"更名为"行政处罚决定审批表",但其作用和性质是一致的。根据《行政处罚法》第三十八条第一款,调查终结后行政机关负责人应当对调查结果进行审查,对确有应受行政处罚的违法行为,根据情节轻重及具体情况,作出行政处罚决定。行政处罚决定审批表内容包括:

1.当事人基本情况；
2.当事人违法的主要事实和建议作出行政处罚决定的理由、依据及内容；
3.陈述申辩及听证情况；
4.当事人陈述申辩或听证意见复核及采纳情况；
5.承办机构审查意见；
6.法制机构审核意见；
7.水行政主管部门负责人审批意见。

(八)不予行政处罚决定书

《行政处罚法》第五十七条规定，行政机关负责人或者其负责人集体对调查结果进行充分、认真的审查后，认为违法行为轻微，依法可以不予行政处罚的，不予行政处罚。和案件移送函一样，本书对其具体内容不再细讲，制作文书时参照后面的规范格式就行了。

(九)行政处罚决定书

1.当事人名称准确，基本情况真实。
2.行政机关调查时间及案由。
3.陈述违法事实。载明违法行为发生的时间、地点、情节、构成要件、危害后果等内容。
4.列举证据形式，阐述证据所要证明的内容。
5.参照河南省水行政处罚裁量标准的定性。
6.行政处罚内容。
7.明确告知当事人申请复议、诉讼的方式和期限，注明行政机关强制执行内容。
8.水行政处罚机关的印章、日期完整。

四、履行结案和执行阶段

行政处罚决定依法作出后，当事人应当在规定的限期内予以履行。当事人在限期内自觉履行的，填写结案审批表和结案报告；当事人在法定期限内不申请行政复议或者提起行政诉讼，又不履行行政决定的，具有行政强制权的行政机关依照《行政强制法》的相关规定强制执行；没有行政强制执行权的行政机关可以自期限届满之日起六个月内，依照规定申请人民法院强制执行。对应文书及顺序：行政处罚案件结案审批表、罚没款票据、执行程序文书。

(一)行政处罚案件结案审批表

1.案由及立案日期。
2.决定书文号及处罚日期。
3.案件简要情况。
4.行政处罚内容。
5.行政处罚执行情况和行政复议、行政诉讼情况。
6.承办人及承办机构意见。
7.水行政主管部门负责人审批意见。

(二)罚没款或缴费票据

罚没款或缴费票据附卷时应规范，粘贴于A4纸上入卷。另外，罚款收缴及开具票据应遵守相关规定，如除法律规定可以由行政机关当场收缴的除外，处罚机关应当和罚款收缴机关分离。应使用合法罚没票据且票据填写规范、准确。

（三）执行程序文书

行政决定执行难是个长期困扰我国的问题，主要原因有：申请人民法院执行，执行效率低；法院审查过多，程序不规范；执行的期限过长，影响行政效率；申请法院执行，行政机关要向法院交执行费。针对上述问题，《行政强制法》对行政机关的强制执行和申请人民法院强制执行分别作出了详细规定。行政机关自己有权执行的公安、税务、海关、国家安全机关、水利、质监、工商、专利等。《行政强制法》规定的执行方式有：（一）加处罚款或者滞纳金，这是间接强制的执行方式，属于执行罚，比如行政处罚法规定，行政相对人到期不交罚款，每日按罚款数额的百分之三加处罚款；（二）划拨存款、汇款；（三）拍卖或者依法处理查封、扣押的场所、设施或者财物；（四）排除妨碍、恢复原状，比如《道路交通安全法》第一百零四条、《水法》第六十五条、《气象法》第三十五条规定了此执行方式；（五）代履行，这是指行政机关依法作出要求当事人履行排除妨碍、恢复原状等义务的行政决定，当事人逾期不履行，经催告仍不履行，其后果已经或者将危害交通安全、造成环境污染或者破坏自然资源的，行政机关可以代履行，或者委托没有利害关系的第三人代履行，费用除法律另有规定外一般由当事人承担；（六）其他强制执行方式。

1.催告文书

行政机关作出强制执行决定前，应当事先催告当事人履行义务。催告应当以书面形式作出，并载明下列事项：（一）履行义务的期限；（二）履行义务的方式；（三）涉及金钱给付的，应当有明确的金额和给付方式；（四）当事人依法享有的陈述权和申辩权。新版行政强制文书还增加了行政决定的内容，包括做出决定的理由、依据以及行政决定书的名称、文号等。

2.强制执行决定书

经催告，当事人逾期仍不履行行政决定，且无正当理由的，行政机关可以作出强制执行决定。强制执行决定应当以书面形式作出，并载明下列事项：（一）当事人的姓名或者名称、地址；（二）强制执行的理由和依据；（三）强制执行的方式和时间；（四）申请行政复议或者提起行政诉讼的途径和期限；（五）行政机关的名称、印章和日期。送达方式参照《民事诉讼法》的相关规定。其期限应当明确，不能含糊不清，一般以不超过三个月为宜。执行协议应当履行。当事人不履行执行协议的，行政机关应当恢复强制执行。

3.金钱给付义务的执行

行政机关依法作出金钱给付义务的行政决定，当事人逾期不履行的，行政机关可以依法加处罚款或者滞纳金。加处罚款或者滞纳金的标准应当告知当事人。针对现实中因为行政机关未及时通知、催告当事人履行缴纳罚款或者有关税费的义务，出现“滚雪球”式罚单，导致滞纳金远高出罚款数额的情况，加处罚款或者滞纳金的数额不得超出金钱给付义务的数额。行政机关依照《行政强制法》第四十六条的规定实施加处罚款或者滞纳金超过三十日，经催告当事人仍不履行的，具有行政强制执行权的行政机关可以强制执行。没有行政强制执行权的行政机关应当申请人民法院强制执行。行政机关实施强制执行前，需要采取查封、扣押、冻结措施的，依照《行政强制法》中强制措施的规定办理。划拨、拍卖不再详细说明。

代履行：代履行是在当事人不履行相关义务的情况下，行政机关为维护公共利益而代为履行的一种执行方式。行政机关依法作出要求当事人履行排除妨碍、恢复原状等义务的行政决定，当事人逾期不履行，经催告仍不履行，其后果已经或者将危害交通安全、造成环境污染或者破坏自然资源的，行政机关可以代履行，或者委托没有利害关系的第三人代履行。

代履行应当遵守下列规定：（一）代履行前送达决定书，代履行决定书应当载明当事人的姓名或者名称、地址，代履行的理由和依据、方式和时间、标的、费用预算以及代履行人；（二）代履行三日前，催告当事人履行，当事人履行的，停止代履行；（三）代履行时，作出决定的行政机关应当派员到场监督；（四）代履行完毕，行政机关到场监督的工作人员、代履行人和当事人或者见证人应当在执行文书上签名或者盖章。代履行决定书"送达方式"应注明送具体使用直接、委托、留置、公告、邮寄等。采用邮寄的应当将挂号回执和邮寄凭证粘贴在备注栏内，并用文字说明。

申请人民法院强制执行：当事人在法定期限内不申请行政复议或者提起行政诉讼，又不履行行政决定的，没有行政强制执行权的行政机关可以自期限届满之日起三个月内，依照本章规定申请人民法院强制执行。行政机关申请人民法院强制执行前，应当催告当事人履行义务。催告书送达十日后当事人仍未履行义务的，行政机关可以向所在地有管辖权的人民法院申请强制执行；执行对象是不动产的，向不动产所在地有管辖权的人民法院申请强制执行。

行政机关向人民法院申请强制执行，应当提供下列材料：（一）强制执行申请书；（二）行政决定书及作出决定的事实、理由和依据；（三）当事人的意见及行政机关催告情况；（四）申请强制执行标的情况；（五）法律、行政法规规定的其他材料。

当事人对行政处罚决定不服申请行政复议或者提起行政诉讼的，行政处罚不停止执行，法律另有规定的除外。当事人申请行政复议或者提起行政诉讼后，行政处罚原则上不停止执行。行政处罚决定一经作出，就具有了法律效力，即公定力、拘束力、执行力。公定力，是指对行政处罚决定原则上推定为合法，在未依法予以撤销或者变更之前，任何人都不能否定其效力。拘束力，是指行政处罚决定在被依法撤销或者变更之前，行政机关和当事人都应当承认该决定有效并受该决定约束。执行力，是指当事人对依法作出的行政处罚决定负有自觉履行和按期履行的义务。行政法最重要的原则之一，即公务连续性原则。具体到行政处罚决定的执行问题上，本条规定，行政处罚不因当事人申请行政复议或者提起行政诉讼而停止执行，但是法律另有规定的除外。对于这一例外规定。可以参照行政复议条例和《行政诉讼法》的有关规定。实施行政强制执行，行政机关可以在不损害公共利益和他人合法权益的情况下，与当事人达成执行协议。执行协议可以约定分阶段履行；当事人采取补救措施的，可以减免加处的罚款或者滞纳金。需要注意的是，在行政强制执行过程中搞"夜袭"、节假日强制执行，或采取断水、断电等方式"由上级行政机关或者有关部门责令改正，对直接负责的主管人员和其他直接责任人员依法给予处分。还有《行政强制法》第四十四条规定，对违法的建筑物、构筑物、设施等需要强制拆除的，应当由行政机关予以公告，限期当事人自行拆除。当事人在法定期限内不申请行政复议或者提起行政诉讼，又不拆除的，行政机关可以依法强制拆除。未经公告，不得强制执行。

五、案卷归档

（一）立卷归档符合档案管理的规定

（1）一案一卷。

（2）使用统一规范的卷皮。

(3)封面和卷内目录填写规范。

(4)卷内材料排列有序。原则上按办案过程顺序排列文书,也可将处罚决定书和结案报告放在卷首。

(5)卷内材料有页号(采用阿拉伯数字逐页编写页码,正页在右上角、反页在左上角)。

(6)装订整齐,无金属物(特殊材料除外)。

(7)纸张无破损(破损文书应修补或复制),文书大小规格统一(文书过小的衬纸粘帖,文书过大的应折叠整齐)。

(8)卷内文字应当使用钢笔、签字笔或毛笔(当事人提供的材料使用铅笔或圆珠笔的,不扣分);案卷中不得涂改,如确需涂改,必须在涂改处摁手印。

(二)文书制作规范要求

文书标题为方正小标宋二号字,正文一级标题为二号宋体加粗,二级标题为三号黑体,三级标题为三号仿宋加粗,正文均使用三号仿宋。行间距一般设置为“固定值”28 磅,字间距不作要求。

(三)卷宗装订要求

文书用纸一般采用 A4,卷宗应自左侧、下边对齐装订,大型纸张如图纸等应向内折叠成 A4 大小,如票据等小型纸张应粘贴在 A4 纸上进行装订。卷宗封面与文书装订整齐,不脱落,封底平整。装订线位于卷宗上下各四分之一处,与卷宗背脊间距 3~5 mm。

行政执法流程图示范文本

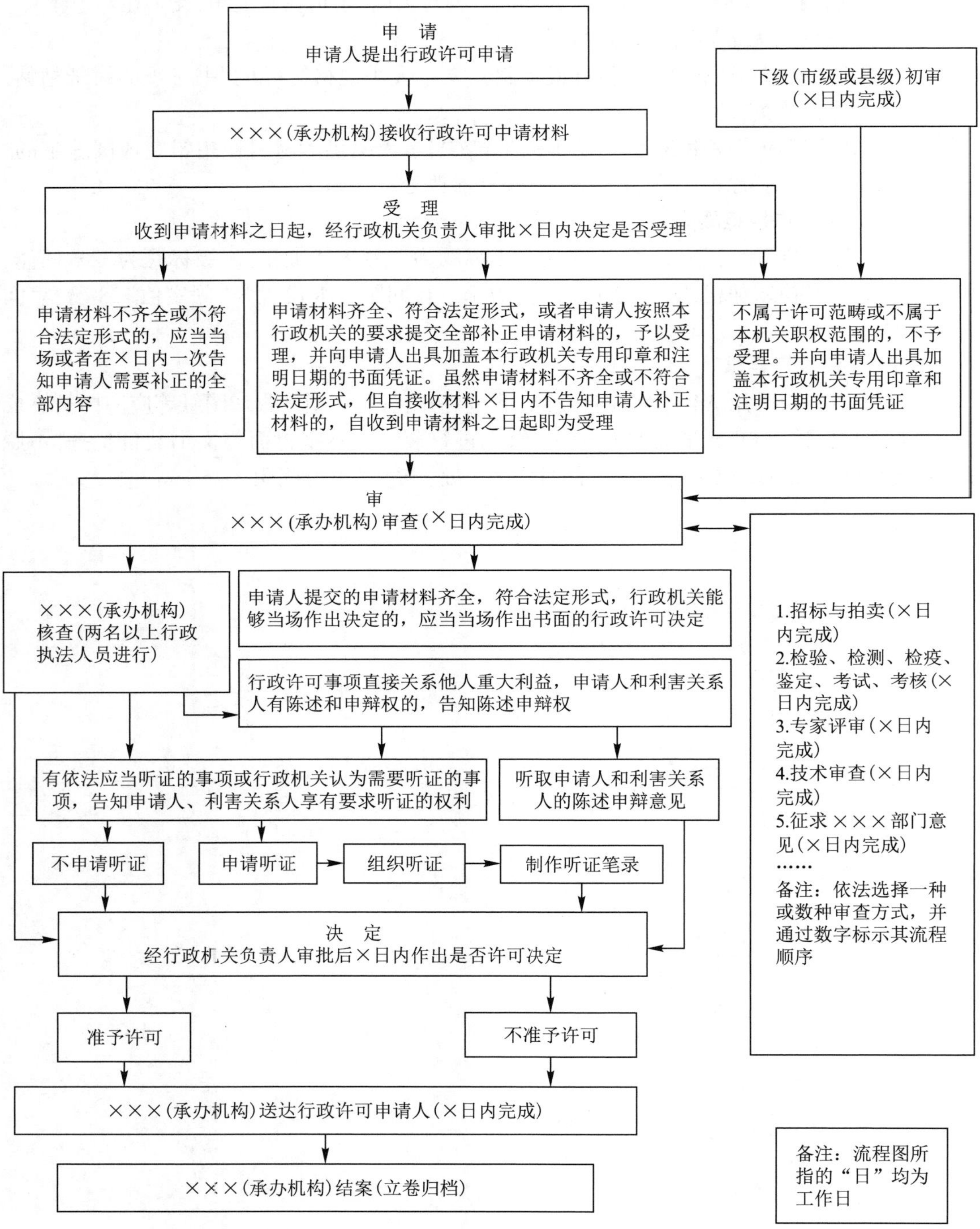

行政许可类流程图

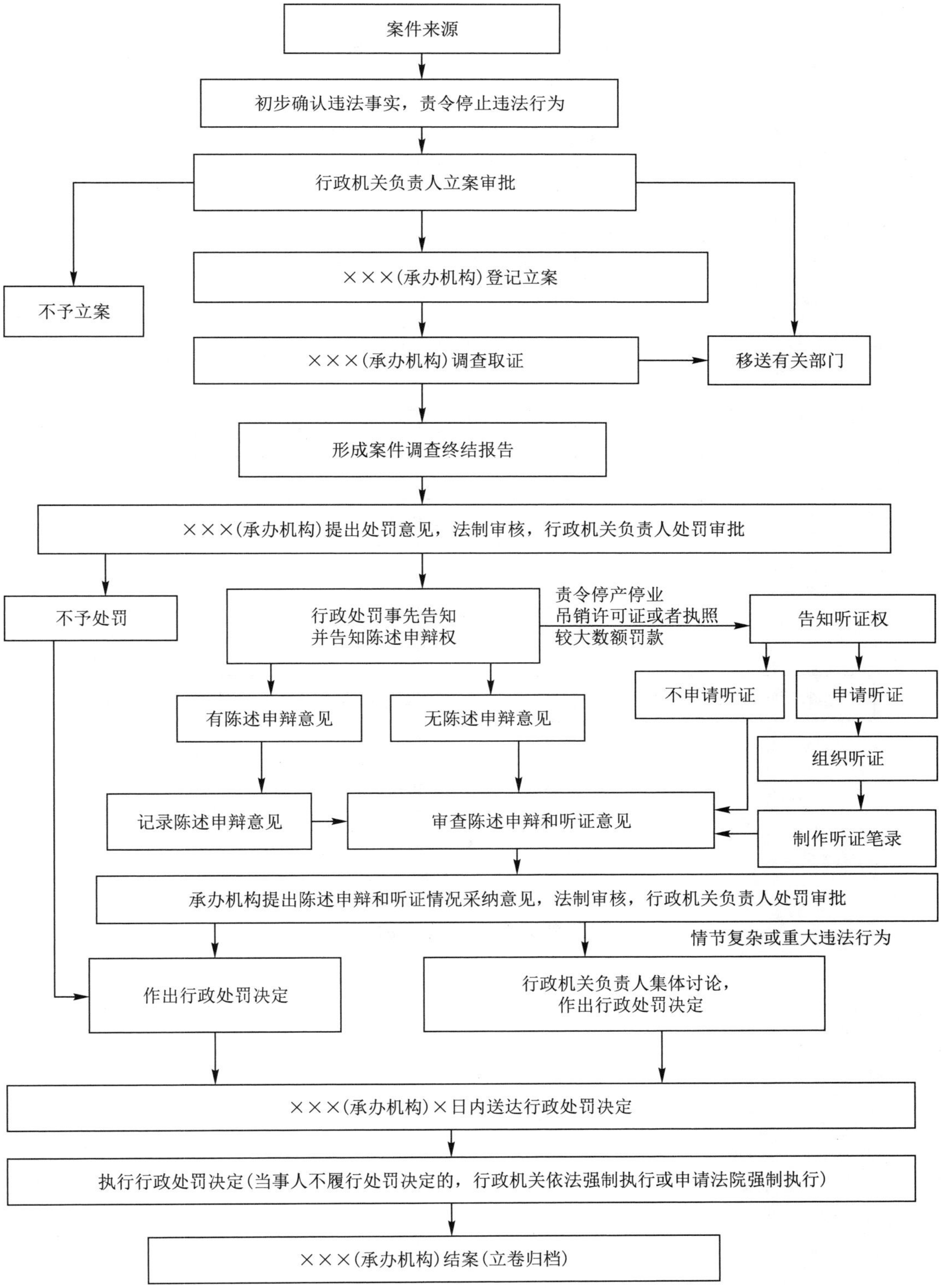

行政处罚类一般程序流程图

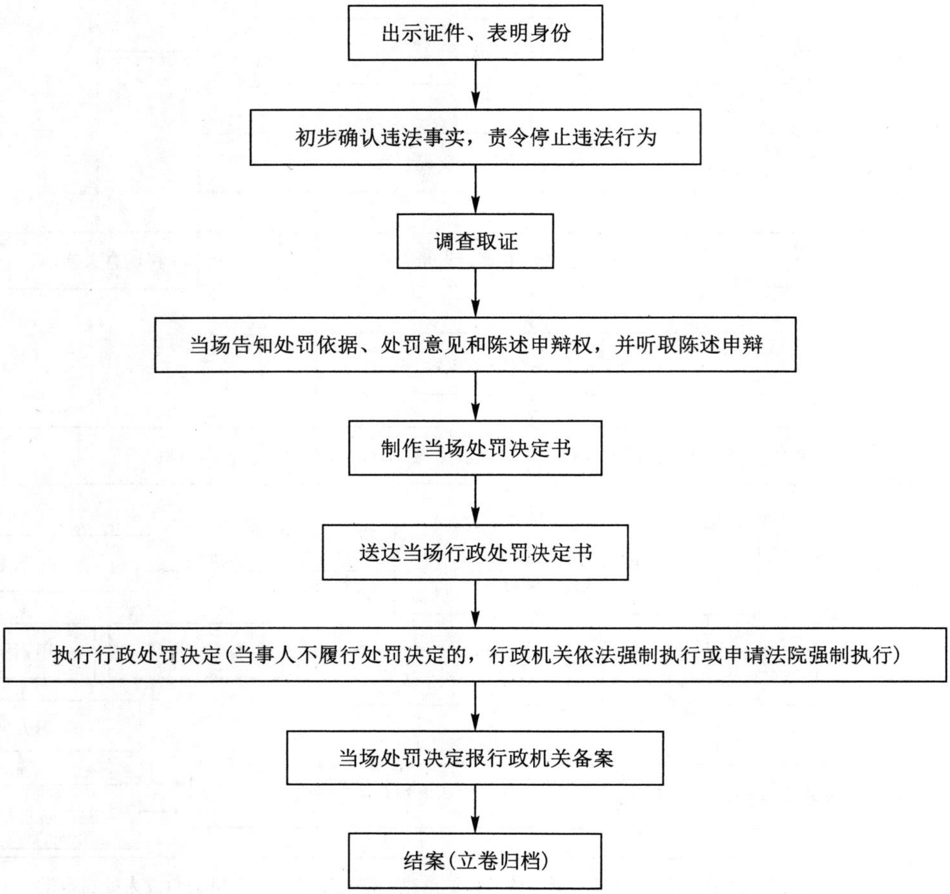

行政处罚类简易程序流程图

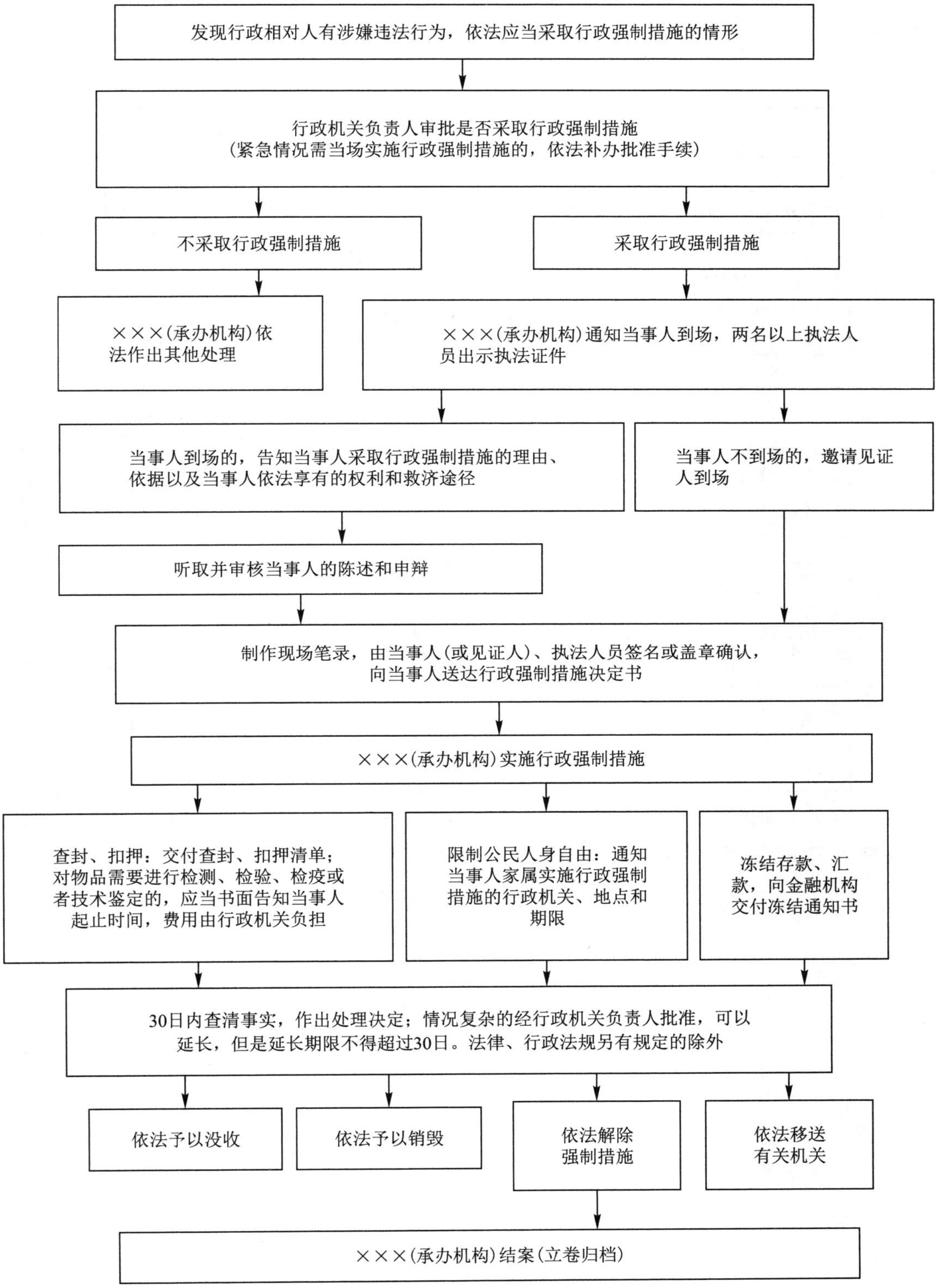
发现行政相对人有涉嫌违法行为，依法应当采取行政强制措施的情形
行政机关负责人审批是否采取行政强制措施
（紧急情况需当场实施行政强制措施的，依法补办批准手续）
不采取行政强制措施
采取行政强制措施
×××（承办机构）依法作出其他处理
×××（承办机构）通知当事人到场，两名以上执法人员出示执法证件
当事人到场的，告知当事人采取行政强制措施的理由、依据以及当事人依法享有的权利和救济途径
当事人不到场的，邀请见证人到场
听取并审核当事人的陈述和申辩
制作现场笔录，由当事人（或见证人）、执法人员签名或盖章确认，向当事人送达行政强制措施决定书
×××（承办机构）实施行政强制措施
查封、扣押：交付查封、扣押清单；对物品需要进行检测、检验、检疫或者技术鉴定的，应当书面告知当事人起止时间，费用由行政机关负担
限制公民人身自由：通知当事人家属实施行政强制措施的行政机关、地点和期限
冻结存款、汇款，向金融机构交付冻结通知书
30日内查清事实，作出处理决定；情况复杂的经行政机关负责人批准，可以延长，但是延长期限不得超过30日。法律、行政法规另有规定的除外
依法予以没收
依法予以销毁
依法解除强制措施
依法移送有关机关
×××（承办机构）结案（立卷归档）

行政强制措施类流程图

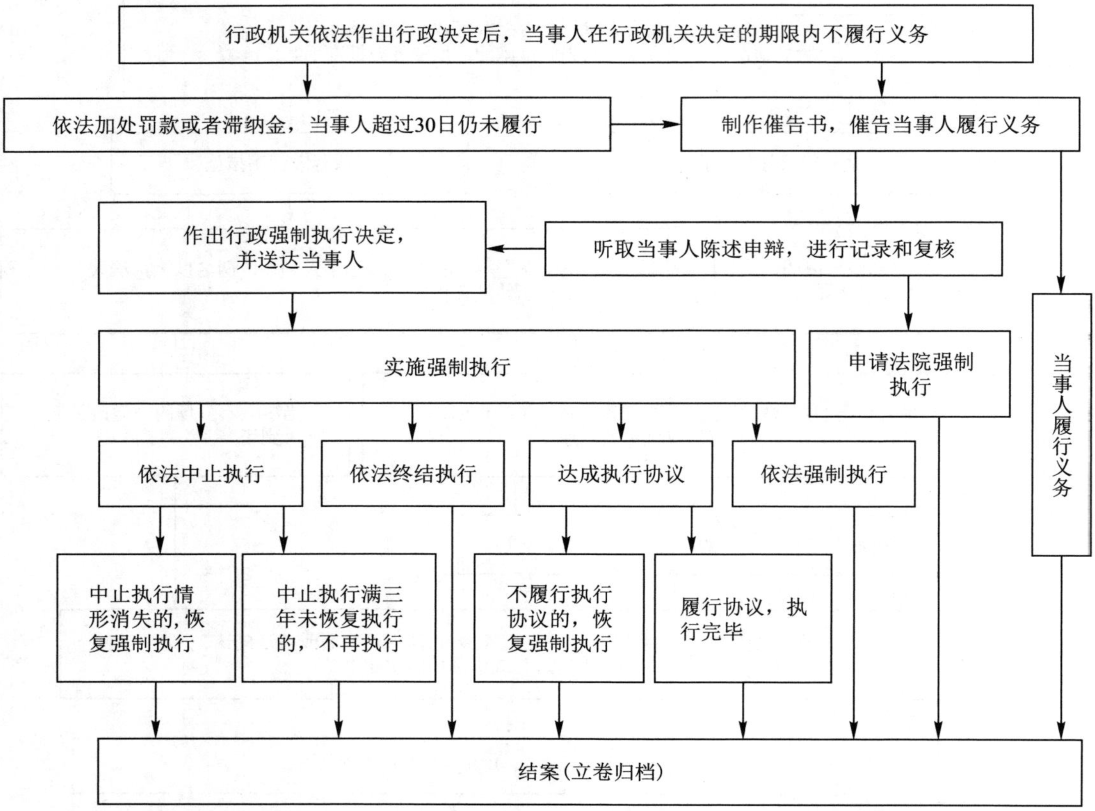

注：有行政强制执行权的行政机关，应当按照《行政强制法》和相关法律、法规的规定对“实施强制执行”项进行流程细化(报法制部门审定时，应当附相关法律依据)。

行政强制执行类流程图

先行登记保存证据审批表

<table>
<tr><td rowspan="5">被先行登记保存证据人</td><td>单位名称</td><td></td><td>法定代表人</td><td></td></tr>
<tr><td>住址</td><td></td><td>电话</td><td></td></tr>
<tr><td>个人姓名</td><td></td><td>性别</td><td></td></tr>
<tr><td>所在单位</td><td></td><td>电话</td><td></td></tr>
<tr><td>身份证号码</td><td></td><td>个人住址</td><td></td></tr>
<tr><td>拟先行登记保存证据地点</td><td colspan="2"></td><td>拟先行登记保存证据期限</td><td></td></tr>
<tr><td>案由</td><td colspan="4"></td></tr>
<tr><td>先行登记保存证据的理由、法律依据和内容</td><td colspan="4"></td></tr>
<tr><td>承办人意见</td><td colspan="4">承办人签名　　　　年　月　日</td></tr>
<tr><td>承办机构审核意见</td><td colspan="4">负责人签名　　　　年　月　日</td></tr>
<tr><td>行政机关负责人审批意见</td><td colspan="4">负责人签名　　　　年　月　日</td></tr>
</table>

先行登记保存证据审批表制作要求及注意事项

一、制作要求

（一）准确填写当事人的基本情况、拟先行登记保存地点和期限。

（二）“先行登记保存证据的理由、法律依据和内容”栏，应载明违法行为发生的时间、地点、情节等简要情况；申请作出该决定的理由、法律依据和拟作出决定的具体内容。

例如：本机关执法人员于××××年××月××日××时××分对位于××路×号的××公司营业点例行检查时，发现其正在生产（或经营）的××产品（或商品），存在××问题，涉嫌违反《××条例》第×条×款的规定。为防止证据灭失，依据《中华人民共和国行政处罚法》第三十二条第二款、《××条例》第×条第×款的规定，决定对××等产品（或商品）实行证据先行登记保存。保存期限为××××年××月××日起至××××年××月××日止。具体物品名称、数量、规格等详见《先行登记保存证据物品清单》。

（三）承办人意见：承办人处理建议、签名及日期。

（四）承办机构审核意见：应有承办机构负责人同意或不同意的意见、签名及日期。

（五）行政机关负责人审批意见：应有行政执法机关负责人同意或不同意的意见、签名及日期。

二、注意事项

填写的内容应当准确、清楚，审核、审批意见应当明确，不能模棱两可。

（行政机关名称）先行登记保存证据通知书

________罚登存通字〔 〕第 号

__________：

你（单位）因____________________行为，违反了__（法律依据名称及条、款、项具体内容）__的规定。依照《中华人民共和国行政处罚法》第三十七条第二款的规定，本机关决定对你（单位）的下列物品（见先行登记保存证据物品清单）予以先行登记保存。先行登记保存证据物品自________年____月____日至________年____月____日，以________________方式，存放于____________。在此期间，当事人或者有关人员不得销毁或转移证据。

附：先行登记保存证据物品清单

名称	数量	品级	规格	型号	形态	备注

被先行登记保存证据人：________ 年 月 日

行政执法人员：________ 执法证号________________

________ 执法证号________________ 年 月 日

行政机关印章

年 月 日

注：本文书一式两份。一份送达被先行登记保存证据人，一份行政机关存档。

先行登记保存证据通知书制作要求及注意事项

一、制作要求

（一）有相应文号和被先行登记保存证据人名称或姓名。

（二）有先行登记保存证据的事由和理由。

（三）有先行登记保存证据的法律、法规、规章依据。

（四）有先行登记保存证据的期限、方式和地点。

（五）有当事人签名或盖章及日期，行政执法人员签名、执法证号及日期。

（六）对采取先行登记保存的物品，必须当场清点，详细填写物品的名称、数量、品级、规格、型号、形态等，由执法人员及当事人签名。当场清点确有困难的，可以在适当的场所清点，并告知当事人及时到场校对并签章确认。

（七）加盖行政执法机关的印章，标明日期。

二、注意事项

（一）采取先行登记保存措施的前提条件是“证据有可能灭失或以后难以取得”的情况，并经过行政机关负责人批准。

（二）先行登记保存证据物品应当在七日内依法作出处理。

（三）对于先行登记保存的证据，采取就地保存的，由当事人负责保存，在向当事人送达先行登记保存证据通知书的同时，在证据物品上加贴行政执法机关的封条，交代有关情况及应遵守的义务；异地保存的，要注明保存地点。

（行政机关名称）
先行登记保存证据物品处理通知书

________罚登处通字〔 〕第 号

____________：

本机关于________年____月____日向你（单位）作出《（行政机关名称）先行登记保存证据通知书》（________罚登存通字〔 〕第 号），对__________________等物品先行登记保存证据。本机关于________年____月____日至________年____月____日，对先行登记保存证据物品以保存方式，存放于________________________。现根据（法律依据名称及条、款、项具体内容）的规定，对被先行登记保存证据的物品作出以下处理（见先行登记保存证据物品处理清单）。

附：先行登记保存证据物品处理清单

名称	数量	品级	规格	型号	形态	处理意见

被先行登记保存证据人：________ 年 月 日

行政执法人员：________ 执法证号________________

________ 执法证号________________ 年 月 日

行政机关印章

年 月 日

注：本文书一式两份。一份送达被先行登记保存证据人，一份行政机关存档。

先行登记保存证据物品处理通知书制作要求及注意事项

一、制作要求

(一)有相应的文号和被先行登记保存证据人名称或姓名。

(二)有对先行登记保存证据物品处理的事由。

(三)说明先行登记保存证据物品处理的法律、法规、规章依据和处理结果。

(四)标明被处理物品的名称、数量、品级、规格、型号、形态等。

(五)有当事人签名或盖章及日期,行政执法人员签名、执法证号及日期。

(六)加盖行政执法机关的印章,标明日期。

二、注意事项

先行登记保存的证据应当在7日内及时作出处理决定,在此期间,当事人或者有关人员不得销毁或者转移证据。

重大复杂案件集体讨论笔录

案件名称：____________________

时　　间：______年___月___日___时___分至___时___分

地　　点：____________________

集体讨论原因：____________________

主持人：________ 职务：________ 记录人：________ 职务：________

参加人及职务：____________________

列席人及职务：____________________

案件承办人汇报案件情况：____________________

听证主持人汇报听证情况：____________________

参加讨论人员意见和理由：____________________

结论性意见：要将集体讨论的最终决定明确写出

出席人员签名：____________________

年　　月　　日

第　页　共　页

重大复杂案件集体讨论笔录制作要求及注意事项

一、制作要求

(一)有集体讨论的案件名称和讨论的时间、地点。

(二)有集体讨论的原因,写明集体讨论的案件反映的主要问题。

(三)有主持人、记录人、参加人、列席人的姓名及职务。

(四)有案件承办人汇报案件情况及采集的主要证据说明,应汇报违法行为发生的时间、地点、情节、后果等;案件涉及的法律、法规、规章等;承办人阐述的意见和理由。

(五)举行听证的案件,听证主持人应汇报听证情况、听证各方的意见和理由,听证主持人的意见和理由。

(六)有参加讨论人员的主要意见和理由。

(七)有结论性意见。

(八)有出席人员签名。

二、注意事项

(一)对情节复杂或者重大违法行为给予较重的行政处罚的,行政机关的负责人应当集体讨论决定。

(二)讨论内容应当针对案件事实是否调查清楚,证据是否确凿、充分,定性是否准确,当事人主体地位是否适格,应处理的单位和个人有否遗漏,适用法律法规是否正确,处罚裁量是否得当,办案程序是否合法等。

(三)讨论记录应当详细记载讨论过程中每个人发言的主要内容。

(四)针对讨论的问题应当有结论性意见。如罚与不罚、罚多少或停产停业整顿多久、吊销什么证照等,必须明确、具体。

(五)出席人员签名。凡参加会议人员均要亲自签名,确保讨论记录的真实性。

案件调查终结报告

当事人：________________法定代表人（负责人）：________________性别：______
工作单位：__________________职务或职业：________身份证号：__________________
住址：______________________________________邮编：________电话：____________
调查时间：________年____月____日至____月____日
案件承办人：________________、________________
内容：
一、当事人违法的事实和证据，违反的法律依据名称及条、款、项具体内容；
二、根据违法事实、性质、情节和社会危害程度，参照《××法（条例、办法）行政处罚裁量标准》，确定违法行为适用的行政处罚裁量等次；
三、拟处罚的法律依据及行政处罚建议。

年　　月　　日

案件调查终结报告制作要求及注意事项

一、制作要求

（一）准确填写当事人的基本情况、调查起止时间。
（二）准确填写案件承办人。
（三）写明违法行为发生的时间、地点、情节等情况，调查取证情况，违反的法律依据名称及条、款、项具体内容。
（四）适用裁量情况。
（五）建议作出行政处罚的法律依据和拟作出处罚决定的具体内容。

二、注意事项

当事人若有从轻、从重、减轻等情节，要在适用裁量情况中说明事实、理由和法律依据。

(　　　　　)行政处罚事先告知书

罚先告字〔　〕第　号

____________：

本机关于______年____月____日对___(案由)________立案调查。经调查，你(单位)__(陈述违法事实。载明违法行为发生的时间、地点、情节、构成要件、危害后果等内容)__。上述行为违反了__(法律依据名称及条、款、项具体内容)__的规定，已构成违法。__(列举证据形式，阐述证据所要证明的内容)__。根据你(单位)违法行为的事实、性质、情节、社会危害程度和相关证据，参照《××法(条例、办法)行政处罚裁量标准》，你(单位)的违法行为为__轻微__(一般、严重或者特别严重)__。

根据__(法律依据名称及条、款、项具体内容)__的规定，本机关拟对你(单位)作出_______________________的行政处罚。

依据《中华人民共和国行政处罚法》第四十四条、第四十五条的规定，你(单位)可在收到本告知书之日起5日内提出书面陈述、申辩意见，或到__×××(地点)__进行陈述、申辩。逾期不陈述、申辩的，视为你(单位)放弃陈述、申辩权利。

行政机关印章

年　　月　　日

行政机关地址：________________________ 邮政编码：__________

行政机关联系人：______________________ 联系电话：__________

行政处罚事先告知书制作要求及注意事项

一、制作要求

（一）有相应文号和当事人单位名称（或者个人姓名）。

（二）有认定违法行为的事实、理由和依据。主要包括：违法行为发生的时间、地点、情节、后果及证据，其违反的相关法律、法规、规章的条、款、项内容；有说理性内容。

（三）适用裁量情况。

（四）有拟作出行政处罚的法律、法规、规章依据和拟作出行政处罚的种类、数额、期限等处罚内容。

（五）应告知当事人陈述、申辩的权利及陈述、申辩的时间、地点；如符合听证条件，应一并告知当事人有要求听证的权利和期限。

（六）有行政执法机关的联系人（案件承办人）、电话、地址、邮编等。

（七）有行政执法机关名称、印章及日期。

二、注意事项

（一）行政处罚事先告知是作出行政处罚决定之前必须履行的一项法定程序，如果行政机关下达行政处罚决定前没有履行告知义务，则属于违反法定程序，其行政处罚无效。

（二）行政处罚事先告知书应当采用阐述式，有说理性的内容，不宜用填空式。

（三）告知之前必须填写《行政处罚审批表》报行政执法机关负责人批准。

（四）应当采取书面形式告知，并有当事人签字的《送达回证》。

(行政机关名称)行政处罚决定书

罚决字〔 〕第 号

当事人：

(个人)姓名：____________________

身份证(其他有效证件)号码：____________________

(单位)名称：____________________

法定代表人(负责人)：____________________

住所(地址)：____________________

本机关于______年____月____日对______(案由)______案调查。经调查，你(单位)______(陈述违法事实。载明违法行为发生的时间、地点、情节、构成要件、危害后果等内容)______。上述行为违反了______(法律依据名称及条、款、项具体内容)______的规定，已构成违法。______(列举证据形式，阐述证据所要证明的内容)______。根据你(单位)违法行为的事实、性质、情节、社会危害程度和相关证据，参照《××法(条例、办法)行政处罚裁量标准》，你(单位)的违法行为为______轻微(一般、严重或者特别严重)______。

根据______(法律依据名称及条、款、项具体内容)______的规定，本机关决定对你(单位)作出如下行政处罚：

1.×××；

2.×××(其中为罚款处罚的，罚款数额应大写)。

你(单位)应当自收到本决定书之日起15日内将罚款缴至____________银行(账号：____________)。到期不缴纳罚款的，每日按罚款数额的3%加处罚款。

你(单位)如不服本决定，可以自收到本决定书之日起六十日内向______××人民政府______或者______××厅(局)______申请行政复议，也可以自收到本决定书之日起六个月内依法直接向人民法院提起行政诉讼。逾期不申请行政复议，也不提起行政诉讼，又不履行本处罚决定的，本机关将依法申请______人民法院强制执行(依法有强制执行权的，可以写“强制执行”)。______

行政机关印章

年 月 日

行政处罚决定书制作要求及注意事项

一、制作要求

（一）文头有作出行政处罚决定书的行政机关名称和相应的文号。

（二）有当事人的基本情况。当事人是公民的，要记载其姓名、身份证号码等；当事人是法人或其他组织的，要记载其法定名称、法定代表人或负责人姓名、地址或住所等。

（三）陈述案件事实部分，应载明查明的违法行为发生的时间、地点、情节、构成要件、危害后果等内容；对违法行为定性时，要指出其所违反的法律、法规、规章名称，并准确完整引用到条、款、项、目的具体规定。说明适用裁量情况。

（四）实施行政处罚适用的法律、法规、规章依据名称要用全称，并准确引用到条、款、项、目，以及行政处罚的种类、数额或者期限。

（五）有行政处罚的履行方式和期限。

（六）采集和使用的证据应合法、有效。常见的证据主要有现场检查笔录、调查询问笔录、身份证明、营业执照、现场照片、销售单据、抽样检验结论等书证物证。

（七）应准确告知当事人不服行政处罚决定申请行政复议、提起行政诉讼的权利以及受理机关的具体名称和期限。

（八）有作出行政处罚决定的印章和日期。

（九）行政处罚决定书应有说理性内容，说明事理、情理和法理。主要包括：

1.对违法行为的构成要件、因果关系和违法事实的认定过程等陈述清楚；

2.阐述证据形式和证据所要证明的内容；

3.适用法律依据时应当完整地引用定性依据和处罚依据；

4.对当事人陈述申辩理由、证据或听证的过程、结论和行政机关是否采纳意见的理由、依据，应当详细阐述，当事人放弃陈述申辩或听证的也应予以说明；

5.作出从重、从轻、减轻或其他有裁量幅度的行政处罚的，应当在行政处罚决定书中说明事实、理由和依据。

二、注意事项

（一）事实和证据部分，填写时必须以违法行为的构成要件即违法主体、客体、主客观方面为指导，抓住案件发生时间、地点、人物、手段、经过和结果等事实要素，阐明整个违法事实情况。

（二）行政处罚决定一经作出，任何人不得擅自变更或者撤销。

（三）行政处罚决定作出后，应在法定期限内以法定方式送达当事人，并提取送达回证。

送达回证

送达文书名称、文号	
受送达人	
送达地点	
受送达人(签字或盖章)	
代收人(签字)	
代收人与受送达人关系	
送达日期	年　月　日
送达方式	
拒收原因	
见证人(签字)	年　月　日
送达人(签字)	年　月　日
备注	

送达回证制作要求及注意事项

一、制作要求

(1)有送达文书的名称和相应的文号。

(2)有受送达人名称或姓名。受送达人为法人或其他组织的,应使用全称;受送达人名称或姓名,应与案件当事人一致。

(3)有送达日期和送达地点。

(4)注明送达方式。委托送达、留置送达的应在备注中注明;公告送达应将公告文书归档入卷;邮寄送达的可以将挂号信回执粘贴于备注中。

(5)收件人签名或盖章并注明收件日期。收件人当事人以外的其他人代收的,应注明与受送达人的关系。被送达人拒收的,送达人应在备注栏注明拒收的理由,并请见证人签名或盖章。

(6)送达人签名。

二、注意事项

(1)对重要的文书,如行政处罚决定书、行政处罚事先告知书、强制执行通知书等,使用本文书。对其他知照性文书可使用本文书,也可以要求当事人在复式法律文书的签字栏签字后留作收件凭证。

(2)由代收人签收的,应在签收栏或备注栏内注明代收人与被送达人的关系。

近期参加评卷,看到不少行政执法部门的执法案卷有"病",那么他们"病"在何处?"病"因是什么?如何医治?

一、行政执法案卷"病"情

(一)行政许可案卷"病"情

1.基本程序缺失

一是主体不合法。一些行政机关内设机构在实施许可时,以自己的名义对管理相对人制发法律文书。实施许可的人员无行政执法证。二是不具备行政许可法定条件实施了许可。如涉及人身安全活动的准入行政许可,法律要求申请人必须提供安全生产措施和确保安全合格工具的法定资格证件。当事人却提供的是服务承诺和自己出示的确保人身安全的工具是合格的证明。行政机关对此竟视而不见,就批准了许可。三是不按规定时限受理行政许可,使《行政许可法》所规定的便民原则成了空谈。《行政许可法》规定行政许可应在规定时间内受理,并要向当事人送达受理通知书。但实际上有的根本没有在法定时限内受理,就没有受理通知书。或为了对付上级检查,弄个假受理通知书放在卷内应付评查,此类情况在表现形式上,是卷内虽有受理通知书,但没有受理通知书送达回证。四是受理许可时不依法及时告知申请人及时补正材料。《行政许可法》规定行政机关在受理行政许可时要当时进行审查,如果材料齐全要及时受理,材料不全的要在五日内一次性告知当事人补正相关材料。逾期不告知的,以受理申请书当日为受理时间。这就要求行政机关在受理行政许可时要及时。但有些行政机关并未及时告知申请人补正行政许可材料,随意延长告知补正时间。五是《行政许可法》规定应当进行实地核查的必须由两名以上行政执法人员到现场核查,但在实施时,行政机关执法人员根本未到现场核查,就签字同意。六是未体现行政执法人员依法审查申请材料,亮证执法制度未得到落实。《行政许可法》第三十四条规定,行政机关应当对申请人提交的申请材料进行审查。《河南省人民政府关于实行持证上岗亮证执法的通告》明确要求行政执法人员在行使行政执法权时必须要持证上岗亮证执法。但在实施行政许可时,发现多数行政机关在实施行政许可时,没有体现落实以上制度。其表现在审查行政许可申请材料时,未在审查的材料上签字,并注明行政执法的号码。七是缺少行政许可审批材料。行政许可是一项具体行政行为,应该由本部门负责人批准实施,依照《河南省行政机关执法条例》的规定,还应该经本部门法制机构复核,以保证行政许可的正确性。但在实际情况下,有的是根本没有行政许可审批表,更谈不上有法制机构审核;有的是在审批上签字但不签具体意见;还有的是盖章,没有具体人签字。八是需要下级行政机关审查的行政许可程序不规范。《行政许可法》规定,依法应当先经下级行政机关审查后报上级行政机关决定的行政许可,下级行政机关应当在法定期限内将初步审查意见和全部申请材料直接报送上级行政机关。法律同时还规定,依法应当先经下级行政机关审查后报上级行政机关决定的行政许可,下级行政机关应当自其受理行政许可申请之日起二十日内审查完毕。据此,依法应当先经下级行政机关审查后报上级行政机关决定的行政许可的审查及上报时限是二十个工作日。但实践中不少单位超过法律规定。有的下级行政机关审查完毕后,长达三个多月,才上报上级部门。九是未依法送达行政许可决定。《行政许可法》规定,行政机关在实施行政许可时,应当遵循便民的原则,提高办事效率,提供优质服务。应当在法定期限内按照规定程序作出行政许可决定。还应当自作出决定之日起十日内向申请人颁发、送达行政许可证件。但有的行政机关在实施行政许可时并没有执行这些规定。表现在:有的未在法定时限内作出行政许可决定;有的虽作出了决定,但未颁发相应的行政许可证件。

2.行政许可文书不规范

一是行政许可对象错误。随意更改被许可人名称,申请人是张三,许可决定上的许可对象却是李四。二是材料审查不规范。法律规定行政机关对申请人提交其保管的复印件、影印件或者抄录件的,应当注明出版,经该部门核对无异后加盖其印章,行政机关在审查时,也要在相关材料上签名。但实践中行政机关并没有按以上要求进行审查,造成行政许可材料不具备法律效力。三是文书格式不规范。省政府对行政许可文书早已有明确规范,但在实际执行中,行政许可文书各不相同,没有全面体现行政许可法的基本精神。如有的受理通知书上,没有注明收到申请人材料件数、内容;依法需要听证、招标、拍卖、检验、检测、检疫、鉴定和专家评审的时间没有告知申请人;依法应在多长时间内,作出许可;有的行政许可决定上没有注明何时收到当事人申请,不能说明是在法定时限内作出了行政许可决定。四是案卷装订不规范。小页的材料没有粘贴在A4纸上;案卷未编写页码;材料纸上铁钉未去除;案卷材料没有按照前后顺序或重要程度装订;有的案卷未按三孔一线的规定进行装订,仍用铁钉进行装订,有的甚至是片卷。五是送达不规范。有的送达回证上签名是打印的,没有执法人员和当事人签字;有的送达对象是申请人,却是执法人员签字;有的干脆无送达回证。

3.适用法律不当

一是适用法律未用全称。如《中华人民共和国公路法》,在行政许可决定上简称为《公路法》。二是适用法律未全面引用。三是适用法律未具体到款条。如适用法律只引用名称,而不具体到条;或引用法律条,但不具体到项,容易让人产生歧义。

(二)行政处罚案卷“病”情

1.主体不合法

不具备行政执法主体资格,却行使行政执法权。个别不具备行政执法主体资格的厅局属机构以自己的名义下达告知通知书等法律文书。

2.立案不规范

一般处罚程序的启动必须从立案开始,可有的行政机关一般程序的处罚未经立案程序,便开始调查立案;还有的行政处罚立案表上既无相对人违法时间,也无具体的违法事实,法律依据也不明确,就立案查处。

3.未体现案件主办人制度

全省实施行政处罚自由裁量基本制度之一是行政处罚案件主办人制度,该制度要求在办理行政处罚案件时,要明确一名行政执法人员担任案件主办人,负责案件全过程的办理,并承担相应的责任。评查中发现,个别单位在办理行政处罚案件时没有明确案件主办人。

4.事实不清

一是卷内无被处罚人身份证明材料,导致处罚对象不准。如对彭某某的行政处罚事先告知书上,向彭某某告知拟对王某某实施处罚,令当事人哭笑不得;二是被处罚人委托接受执法调查的人员无委托手续,导致所提供的证言无法律效力;三是行政处罚决定书所认定的事实无时间、地点、主体、过程、结果等基本要素,无法确定违法事实。如认定挪用专用款项违法事实时,只笼统地认定挪用专用款项金额,但未认定何时、何地、挪用多少专用款项,购买何物,责任人是谁,造成何后果,等等;四是应当提取的证据未提取。如证明违法事实的票据、登记本,违法行为造成后果,当事人的供述等相关证据未提取;五是证据之间不能相互印证,缺乏关联性;六是应当鉴定的未进行鉴定,违法事实认定缺少依据。

5.调查方式方法不规范

一是询问笔录制作不规范。询问时没有按照《行政处罚法》和行政诉讼证据规定的要求将当事人姓名、年龄、性别、单位职务、住址等基本情况记录在笔录中;没有告知当事人有提出执法人员回避的权利;无被询问人签字确认;执法人员也未分别签字;笔录应有的行政违法行为发生的时间、地点、主体、过程、结果等要素未全面体现;在询问时,直接对违法事实进行定性;有的还先入为主,指供诱供。二是提取的书证无提供人和提取人签字,证据效力不足。三是先行登记保存未经批准。四是现场勘验时无当事人和见证人参加,违反调查规则。五是个别单位执法人员亮证执法不规范,或未全部亮证,或只告知姓名,未告知执法证号。六是照片、录像无文字说明,证明内容不清,起不到证据的效果。

6.行政处罚裁量制度落实不到位

如对出具不合格审计意见,造成经济损失达20万的应认定为严重违法层次,给予较重的处罚。在某执法案卷中未对出具不合格审计意见是否造成损失,损失额度是多少作出认定,就直接认定为轻微违法,给予处罚。有的实际上适用了裁量标准,但未在向当事人出具的法律文书上体现,当事人对是否按照裁量标准实施处罚根本不知晓,仍是雾里看花。根本起不到合理执法、公开公平公正执法的效果。

7.程序违法

一是不亮证执法。《行政处罚法》要求行政执法人员在开展执法检查活动时必须是两人以上,持有行政执法证件。《河南省行政执法证件持证上岗亮证执法通告》规定,行政执法人员在进行执法活动时必须先亮证,不亮证执法视为程序违法,在行政复议和诉讼中被撤销。而且此项制度已实施了十多年,但一些部门仍未真正落实。有的是在执法时,不全部亮证;有的干脆就不亮证,理由是无证件;行政执法的核心是合法行政,如果没有执法证,就意味着无行政执法资格,不能从事行政执法工作。二是委托鉴定不规范。《最高人民法院关于行政诉讼证据若干问题的规定》规定行政机关在行政程序中采用的鉴定结论,应当载明委托人和委托鉴定的事项、向鉴定部门提交的相关材料、鉴定的依据和使用的科学技术手段、鉴定部门和鉴定人鉴定资格的说明,并应有鉴定人的签名和鉴定部门的盖章。通过分析获得的鉴定结论,应当说明分析过程。但有的行政机关在委托鉴定时,没有委托手续;或无鉴定部门和鉴定人资格的说明;通过分析获得的结论,没有说明分析过程。三是听取陈述、申辩不规范。听取当事人陈述、申辩是《行政处罚法》基本原则之一,是保障当事人合法权益原则的具体体现,要求行政机关在作出正式行政处罚决定之前,要告知当事人作出行政处罚决定的事实理由和依据。但有的部门在进行这一程序时,没有规范动作。有的虽然告知,但告知的事实模糊,或告知适用的法律依据不具体、拟作出的处罚标的不明确;有的听取陈述申辩,没有记录,无法证明是否听取过陈述申辩。《行政处罚法》规定行政机关不听取陈述申辩,行政处罚不能成立。四是经过合议的案件,笔录无参加合议的相关人员的具体意见,有形无实。五是未经法制审核。《河南省行政执法条例》明确规定具体行政行为应该经本部门法制机构审核,各部门也相应制定了行政处罚预先审核制度。但在评卷中发现有的部位虽有法制机构,但未对行政处罚案件进行审核。六是行政处罚决定程序缺失。《行政处罚法》规定,对行政处罚案件调查终结,行政机关负责人应当对调查结果进行审查,根据不同情况,分别作出处罚、不予处罚、撤销处罚、移送等决定。据此规定,行政机关执法人员有调查的权利,决定权在行政机关负责人。可有的行政机关负责人并未在审批表上签字,用微机打印代替签字。无法证明其履行了决定职权。六是告知复议、诉讼不规范。《行政处罚法》的立法目的是保障当事人合法权益,那么规范告知当事人申请行政复议权和提起行政诉讼权是保障当事人合法权益的基本要求。但有的机关在告知上述权利时,告知机关错误,将上级行政机关的法制机构作为复议机关错误告知当事人;告知当事人向法院提起诉讼时,不告知具体的法院名称,只告知向人民法院提起行政诉讼。不能有效地保障当事人的申请行政复议权和提起行政诉讼权。

8.适用法律不当

一是案卷中未注明适用法律、法规、规章依据;或者引用法律、法规、规章不具体,未具体到条、款、项、目。二是引用法律条款错误。三是随意将法律名称简化。四是适用法律错误。某当事人自立项目违法收费,依照国务院法规和省裁量标准,应没收违法所得并处罚款;某地方性法规规定对此没收违法所得,可处罚款。而某行政机关却依据违背《立法法》关于下位法与上位法规定不一致时,下位法要服从上位法的规定,直接适用某地方性法规,决定处以没收违法所得,免予罚款。

9.送达不规范

一是存在一人送达现象,部分案卷送达回证中无送达人签字;二是送达回证上未注明所送达的法律文件名称;三是未明确送达时间、送达方式,代收人签收未说明理由。

二、"病"因分析

从行政执法案卷评查和平时行政执法考核的情况看,我认为个别行政执法案卷质量不高的"病'因有以下几个方面:

(1)个别行政执法部门的领导及执法人员对依法行政的认识水平还有待提高。依法行政说起来重要,做起来不重视。会上讲一切要依法办事,但实际做起来,仍是我行我素,凭经验办事。行政执法责任制的相关制度落实不够,如行政处罚自由裁量制度,行政处罚案件主办人制度,行政处罚事先告知制度,具体行政行为法制审核制度,行政执法案例指导制度、重大行政处罚备案制度等未落实或落实不到位。

(2)部分行政机关对行政执法案卷评查结果不重视。对上一年度行政执法案卷评查中所指出的问题没有引起重视,也未进行整改,以致老问题未改进,新问题又产生。

(3)评查结果没有与相关责任挂钩,不能刺痛相关神经。每年案卷评查是以文件形式反馈,对案件办理差的有关单位并没有实施责任追究,对好的办案单位没有奖励,导致案卷评查结果不能引起足够重视。直至案件办好办坏一个样,办与不办一个样。

(4)政府法制机构及行政执法人员的责任意识及业务水平有待提高。从案卷评查情况看,有的案件虽经过政府法制机构的法制审核,但仍然问题成堆,这说明法制干部的业务能力还不强,没有发现问题和指导解决问题的能力。这里面既有能力差的原因,也有与近年机构改革部分单位新设立法制机构,法制干部面临人员新、业务不熟悉的问题。有的行政执法人员办案基本技能不高,急需培训"充电"。

三、为"病"情开方

行政执法案卷评查所暴露出来的问题,既有客观方面的原因,也有主观方面的原因。为解决好行政执法案卷中质量不高的问题,规范行政执法行为,应当加强从以下几个方面的工作入手,下药、治病:

(1)提高认识。行政执法案卷评查工作是《国务院全面推进依法行政实施纲要》《国务院关于加强市县政府依法行政的决定》中确定的一项重要法律制度。所以,相关地方和部门要充分重视行政执法案卷评查工作,建立依法行政的长效机制,把规范执法行为、提高办案质量、规避行政执法风险、提升行政执法水平当成一项长期工作认真抓紧抓好。设立专门的法制机构或专职人员,切实负起责任,把好法制审核关,提高案卷质量。

(2)落实制度,规范程序。要认真落实已有的各项依法行政工作制度,并结合本次案卷评查结果,围绕行政执法过程中容易出现程序违法的环节,分析原因,查找不足,提出整改意见和具体措施。加强业务指导,建立本地本系统的行政执法文书示范文本制度,统一规范行政执法行为。

(3)加强培训,提高素质。各地各部门要在制定年度学法计划时,把培训行政执法人员办案技能作为重要内容进行安排。加强对行政执法人员的法律知识培训,学用结合,学以致用。有关部门要举办培训班,进行有针对性的授课,提高依法行政的能力和案卷制作水平。

(4)严格考核,奖惩挂钩。要落实依法行政责任制,建立健全行政执法人员内部考核评议制度,凡当年办理的行政执法案卷不合格的,不得参加当年行政执法评先活动。对评卷中发现的原则问题,要向监察部门或检察机关移送,追究行政或刑事责任;把行政执法案卷质量高低作为衡量一个单位依法行政能力和执法人员业务水平的重要标准,列入年度考核的重要内容;同时要开展优秀办案单位和办案能手等活动,对先进单位和个人予以表彰,激励广大行政执法人员的积极性。

河南省水事违法案件卷宗
模 版

河南省水利厅制

二〇二〇年十一月

河南省水事违法案件卷宗

<table>
<tr><td colspan="5">×水罚决字〔2020〕第××号</td></tr>
<tr><td>案由</td><td colspan="4">××××××有限公司违法取水案</td></tr>
<tr><td rowspan="2">当事人</td><td>名称</td><td colspan="3">××××置业有限公司</td></tr>
<tr><td>地址</td><td colspan="3">×××××××××南路与××街交叉口东南角</td></tr>
<tr><td>立案日期</td><td colspan="2">2020年8月4日</td><td>结案日期</td><td>2020年10月13日</td></tr>
<tr><td>处罚（理）决定</td><td colspan="4">罚款五万元已按时缴纳</td></tr>
<tr><td>复议决定</td><td colspan="4">无</td></tr>
<tr><td>法院判决（裁定）</td><td colspan="4">无</td></tr>
<tr><td>归档日期</td><td>2020年10月13日</td><td>归档编号</td><td colspan="2">202008</td></tr>
<tr><td>保存年限</td><td>永久</td><td>承办人</td><td colspan="2">卢××　胡××</td></tr>
<tr><td colspan="2">本卷内的文书共计　　张</td><td>立卷人</td><td colspan="2">卢××</td></tr>
</table>

郑州市水利局卷宗目录

序号	文书名称	文号	页数	页号
1	郑州市水利局行政处罚决定书及送达回证	郑水罚决字（2020）第5[illegible]号	3	1-3
2	郑州市水利局行政处罚委托书		1	4
3	郑州市水利局立案审批表		1	5
4	举报受理登记表	编2020[illegible]2号	1	6
5	郑州市水利局现场检查（勘验）笔录及现场勘验图		2	7-8
6	郑州市水利局证据复制（提取）单		3	9-12
7	郑州市水利局调查（询问）通知书及送达回证	郑水调字（2020）第[illegible]号	2	13-14
8	询问笔录		2	15-16
9	委托书		1	17

10	当事人资料		4	18-21
11	紫[illegible]项目大区景观绿化工程施工合同复印件		2	22-23
12	建设工程施工合同		2	24-25
13	自来水发票复印件		6	26-31
14	取水情况说明		1	32
15	郑州市水利局责令停止水事违法行为通知书及送达回证	郑水罚责停（2020）第[illegible]号	2	33-34
16	郑州市水利局现场检查（勘验）笔录及证据复制（提取）单		4	35-38
17	郑州市水利局责令（限期）改正通知书及送达回证	郑水罚责改（2020）第[illegible]号	2	39-40
18	郑州市水利局现场检查（勘验）笔录及证据复制（提取）单		4	41-44
19	当事人承诺书		1	45
20	案件调查终结报告		4	46-49
21	重大复杂案件集体讨论笔录		5	50-54

22	郑州市水利局行政处罚审批表		1	55
23	委托书及新委托人身份证复印件		2	56-57
24	郑州市水利局行政处罚事先告知书及送达回证	郑水罚先告字（2020）第 [illegible] 号	3	58-60
25	郑州市水利局行政处罚听证告知书及送达回证	郑水罚听告字（2020）第 [illegible] 号	3	61-63
26	郑州市水利局行政处罚决定审批表		1	64
27	河南省政府非税收入票据缴款通知书		1	65
28	郑州市水利局行政处罚案件结案审批表		1	66
29	郑州市水利局行政执法回访意见表		1	67
30	郑州市水政监察支队行政执法建议函	郑水建议（2020）[illegible] 号	1	68
31	河南省行政执法证复印件		6	69-74

郑州市水利局行政处罚决定书

郑水罚决字〔2020〕第[redacted]号

单位名称：郑州[redacted]置业有限公司

法定代表人：祁[redacted]

地址：郑州市郑东新区[redacted]南路与[redacted]街交叉口东南角紫[redacted]宫

本机关于2020年8月4日对你公司未经水行政主管部门批准擅自取水一事立案调查。经调查，你公司在郑州市郑东新区象湖南路与永嘉街交叉口东南角紫[redacted]项目工地内取用地下水，违反了《中华人民共和国水法》第四十八条第一款“直接从江河、湖泊或者地下取用水资源的单位和个人，应当按照国家取水许可制度和水资源有偿使用制度的规定，向水行政主管部门或者流域管理机构申请领取取水许可证，并缴纳水资源费，取得取水权。但是，家庭生活和零星散养、圈养畜禽饮用等少量取水的除外。”之规定，已构成违法。在我执法人员讲明相关法律法规并下达《郑州市水利局责令停止违法行为通知书》（郑水罚责停〔2020〕第[redacted]号）、《郑州市水利局责令（限期）改正通知书》（郑水罚责改〔2020〕第[redacted]号）后，你公司立即停止违法行为，并在规定期限内采取了补救措施。2020年9月18日我局对你公司下达了《郑州市水利局行政处罚事先告知书》（郑水罚先告字〔2020〕第[redacted]号）、《郑州市水利局行政处罚听证告知书》（郑水罚听告字〔2020〕第[redacted]号），你公司在期限内未到我局进行陈述、申辩和提出听证申请。你公司违法证据：1. 郑州高晟置业有限公司营业执照复印件、法定代表人身份证复印件、委托书、受委托人身份证复印件；2. 现场勘验笔录、现场照片；

3．取水情况说明；4．询问笔录；5．自来水缴费票据复印件；6．施工合同复印件；7．承诺书。根据你公司违法行为的事实、性质、情节、社会危害程度和相关证据，参照《河南省水行政处罚裁量标准》"未经批准擅自取水的1．轻微违法行为的表现情形和处罚标准：立即停止违法行为，在规定期限内采取补救措施的，处2万元以上5万元以下罚款。"之规定，确定你公司的违法行为为轻微违法行为。

根据《中华人民共和国水法》第六十九条第一项"有下列行为之一的，由县级以上人民政府水行政主管部门或者流域管理机构依据职权，责令停止违法行为，限期采取补救措施，处二万元以上十万元以下的罚款；情节严重的，吊销其取水许可证：（一）未经批准擅自取水的；"，本机关决定对你公司作出如下行政处罚：处五万元罚款。

你公司应当自收到本决定书之日起15日内将罚款缴至郑州银行（账号：92305201090×××××)。到期不缴纳罚款的，每日按罚款数额的3%加处罚款。

你公司如不服本决定，可以自收到本决定书之日起六十日内向郑州市人民政府或者河南省水利厅申请行政复议，也可以自收到本决定书之日起六个月内依法直接向人民法院提起行政诉讼。逾期不申请行政复议，也不提起行政诉讼，又不履行本处罚决定的，本机关将依法申请人民法院强制执行。

郑州市水利局

2020年9月28日

（本文书一式贰份）

郑州市水利局行政处罚文书送达回证

送达文书名称、文号	郑州市水利局行政处罚决定书 郑水罚决字[2020]第[redacted]号
受送达人	郑州[redacted]道业有限公司
送达地点	郑州市水政监察支队办公室
受送达人（签字或盖章）	魏[redacted]　2020.9.28
代收人（签字）	
代收人与受送达人关系	
送达日期	2020年9月28日
送达方式	直接送达
拒收原因	
见证人（签字）	年　月　日
送达人（签字）	白[redacted] 胡[redacted]　2020年9月28日
备　　注	项目负责人 ＊1773[redacted]

郑州市水利局行政处罚委托书

委托机关：郑州市水利局　　法定代表人：张[redacted]

职务：局长　　单位地址：郑州市颍河路 110 号

受委托单位：郑州市水政监察支队　　法定代表人：葛[redacted]

职务：支队长　　单位地址：郑州市颍河路 110 号

根据《中华人民共和国行政处罚法》第十八条、第十九条、《水行政处罚实施办法》第十条、第十一条、《河南省行政执法条例》第十四条、《郑州市行政机关委托实施行政许可行政处罚办法》（郑州市人民政府令第 173 号）等有关法律、法规、规章的规定，委托机关决定委托受委托单位行使以下职权：

法定由委托机关履行的行政处罚。受委托单位对委托机关管理范围内的水事活动进行监督检查；维护正常的水事秩序；对公民、法人或其它组织违反水法律、法规的行为实施立案、调查取证、行政处罚。

其他受委托机关委托实施行政处罚的单位负责各自受委托权限内的行政处罚．遇特殊情况由郑州市水政监察支队牵头执法时，郑州市水政监察支队应与相关单位建立协调、通报机制，避免出现双重执法、重复执法情况。

委托期限自 2020 年 8 月 1 日起至 2021 年 7 月 31 日止。

委托期间，受委托单位必须以委托机关的名义，在委托范围内实施行政处罚，并接受委托机关的监督；由此产生的法律后果，由委托机关承担。受委托单位不得将委托事项再委托。

本委托书一式三份，一份交受委托单位，一份报郑州市政府备案，一份由委托单位存档。

委托机关（印章）　　受委托单位（印章）

法定代表人签名：[redacted]　　法定代表人签名：[redacted]

2020年8月1[redacted]　　[redacted]8月1日

行政处罚案件立案审批表

<table>
<tr><td rowspan="2">当事人</td><td>单位名称</td><td>郑州[redacted]置业有限公司</td><td>法定代表人</td><td>祁[redacted]</td></tr>
<tr><td>地　址</td><td>郑州市郑东新区[redacted]南路与[redacted]街交叉口东南角</td><td>电　　话</td><td>1367[redacted]00</td></tr>
<tr><td>案　由</td><td colspan="2">郑州[redacted]置业有限公司违法取水案</td><td>案件来源</td><td>举报</td></tr>
<tr><td>案件简要情况</td><td colspan="4">2020 年 8 月 4 日上午，郑州市水政监察支队接举报称：郑东新区[redacted]南路与[redacted]街交叉口东南角建筑工地取用地下水。支队立即指派监察员卢[redacted]、胡[redacted]对举报地点用水情况进行检查，监察员于 8 月 4 日 10 时在郑州[redacted]置业有限公司项目副经理马[redacted]陪同下对现场用水情况进行勘验，结果为：现场有水井 1 眼，井位坐标为北纬 34° 46′ 22″ 东经 113° 50′ 31″，井口内直径为 300 毫米，取水管内直径为 80 毫米，正在取用地下水，未安装计量设施，无取水许可手续。该行为违反了《中华人民共和国水法》第四十八条第一款“直接从江河、湖泊或者地下取用水资源的单位和个人，应当按照国家取水许可制度和水资源有偿使用制度的规定，向水行政主管部门或者流域管理机构申请领取取水许可证，并缴纳水资源费，取得取水权。但是，家庭生活和零星散养、圈养畜禽饮用等少量取水的除外。”之规定，符合立案条件，建议立案查处。</td></tr>
<tr><td>承办人意见</td><td colspan="4">符合立案标准，建议立案查处

承办人签名 卢[redacted] 胡[redacted]　　2020年 8月 4日</td></tr>
<tr><td>承办机构审核意见</td><td colspan="4">同意立案　主办人：卢[redacted]　协办人：胡[redacted]

负责人签名 [redacted]　　2020年 8月 4日</td></tr>
<tr><td>行政机关负责人审批意见</td><td colspan="4">同意立案

负责人签名 [redacted]　　2020年 8月 4日</td></tr>
</table>

举报受理登记表

编 2020[redacted]2 号

举报人	管[redacted]	联系电话	19937[redacted]969
移送单位		受理人	袁[redacted]
其 他		时 间	2020 年 8 月 4 日 9:30
事 由	取水		
当事人 单位名称		法人代表	
当事人 个人姓名		个人情况	
举报内容	郑东新区[redacted]南路与[redacted]街交叉口东南角建筑工地取用地下水。		
领导批示	请温支队长负责安排依法查处 [redacted] 2020 年 8 月 4 日		
主管领导意见	请执法三科经理于2020年8月7日前向上报处理情况 温[redacted] 2020 年 8 月 4 日		
承办科室意见（注明承办人、协办人姓名）	主办人：卢[redacted] 协办人：古[redacted] 古[redacted] 2020 年 8 月 4 日		
备 注			

郑州市水利局现场检查（勘验）笔录

检查（勘验）时间：2020 年 8 月 4 日 10 时 25 分至 4 日 12 时 5 分

检查（勘验）地点：郑州市郑东新区[redacted]南路与[redacted]路交叉口东南角

被检查（勘验）人单位名称：郑州[redacted]置业有限公司

法定代表人（负责人）：祁[redacted]

被检查（勘验）人姓名：马[redacted] 性别：男 职业：项目副经理

身份证号码：410122198[redacted]2030 工作单位：郑州[redacted]置业有限公司

电话：136769[redacted]00 住址：中牟县[redacted]镇五厅楼村 邮编：4500[redacted]

检查（勘验）人姓名：卢[redacted] 执法证件号：豫A01－971[redacted]9

检查（勘验）人姓名：胡[redacted] 执法证件号：豫A01－85[redacted]6

记录人姓名：卢[redacted] 执法证件号：豫A01－97[redacted]9

见证人姓名：无 身份证号码：无

检查（勘验）记录：2020年8月4日上午郑州市水政监察支队执法人员卢[redacted]、胡[redacted]到达郑州市郑东新区[redacted]南路与[redacted]街交叉口东南角正新奥[redacted]项目工地，会同该项目负责人马[redacted]对现场用水情况进行勘验，结果如下：

1. 在该项目工地9号楼西侧有水井1眼，取水设施齐全，无计量设备，无取水许可手续，正在取水，井位坐标为北纬34°46′22″东经113°50′31″，井口内直径300毫米，取水管口直径80毫米。

被检查（勘验）人：以上内容看过，情况属实。马[redacted] 2020年 8月 4日

检查（勘验）人：卢[redacted] 胡[redacted] 2020年 8月 4日

见证人：无

记录人：卢[redacted] 2020年 8月4日

第1页 共2页

郑州市水利局现场勘验图

名 称：郑州[redacted]置业有限公司取水井位简图

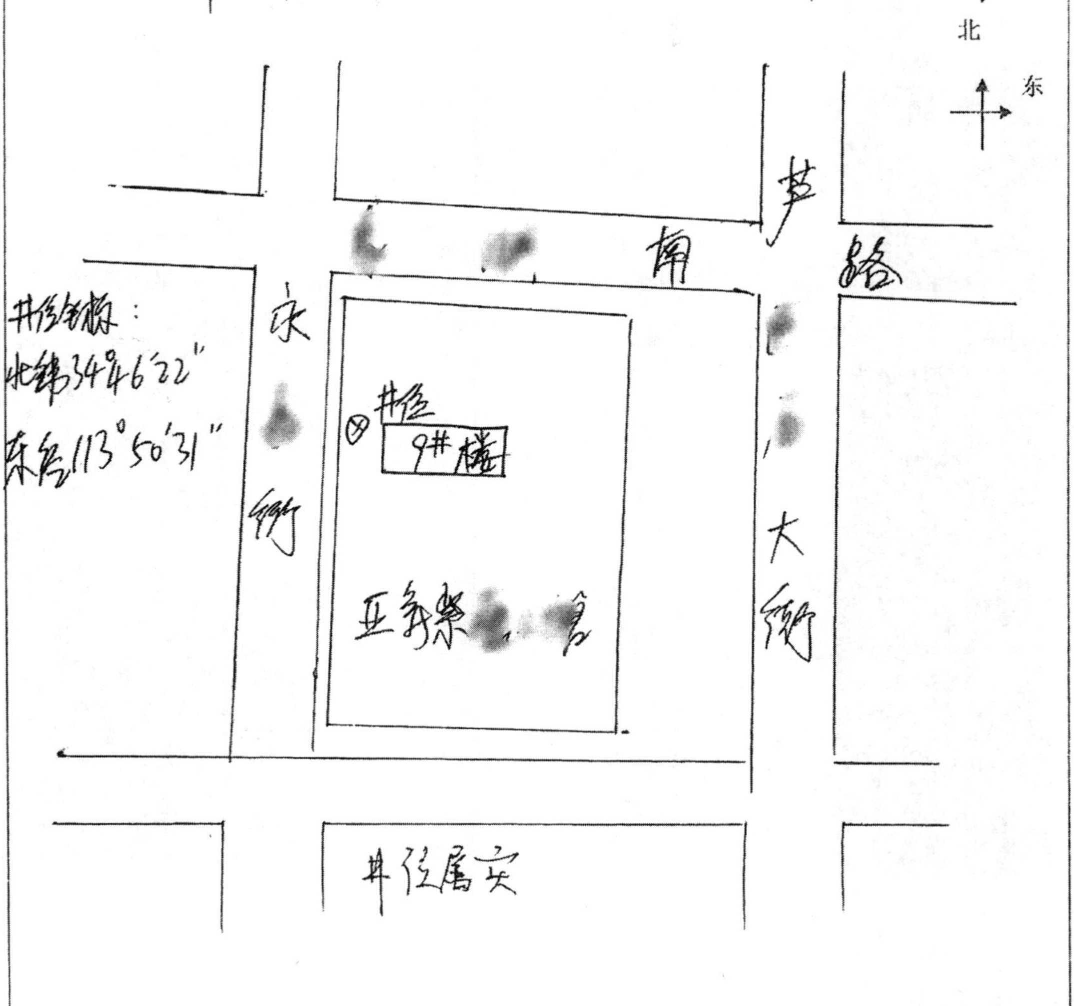

当事人签字：[redacted] 2020年 8 月 4 日

勘验（检查）人员：[redacted]

时间： 2020 年 8 月 4 日 10 时 25 分至 12 时 5 分

地点：郑州市郑东新区[redacted]南路与[redacted]路交叉口东南角

第 2 页 共 2 页

郑州市水利局
证据复制（提取）单

说明事项	郑州[redacted]置业有限公司违法取水现场照片		
证据来源	胡[redacted]使用佳能 SX520HS 拍摄	证据种类	视听资料
提取人（签名）	卢[redacted]　行政执法证件号：豫 A01-971[redacted]9 胡[redacted]　行政执法证件号：豫 A01-855[redacted]6		
提取时间	2020年8月4日10时25分至12时5分		
提取地点	郑州市郑东新区[redacted]南路与[redacted]街交叉口东南角		

郑州市水利局
证据复制（提取）单

说明事项	郑州[redacted]置业有限公司违法取水现场照片		
证据来源	胡[redacted]使用佳能SX520HS拍摄	证据种类	视听资料
提取人（签名）	卢[redacted] 行政执法证件号：豫A01-971[redacted]9 胡[redacted] 行政执法证件号：豫A01-855[redacted]6		
提取时间	2020年8月4日10时25分至12时5分		
提取地点	郑州市郑东新区[redacted]南路与[redacted]街交叉口东南角		

郑州市水利局
证据复制（提取）单

说明事项	郑州[redacted]置业有限公司违法取水现场照片		
证据来源	胡[redacted]使用佳能 SX520HS 拍摄	证据种类	视听资料
提取人（签名）	卢[redacted]　行政执法证件号：豫 A01-971[redacted]9 胡[redacted]　行政执法证件号：豫 A01-855[redacted]6		
提取时间	2020年8月4日10时25分至12时5分		
提取地点	郑州市郑东新区[redacted]南路与[redacted]街交叉口东南角		

郑州市水利局
证据复制（提取）单

说明事项	郑州[redacted]置业有限公司违法取水现场照片		
证据来源	胡[redacted]使用佳能SX520HS拍摄	证据种类	视听资料
提取人（签名）	卢[redacted] 行政执法证件号：豫A01-971[redacted]9 胡[redacted] 行政执法证件号：豫A01-855[redacted]6		
提取时间	2020年8月4日10时25分至12时5分		
提取地点	郑州市郑东新区[redacted]南路与[redacted]街交叉口东南角		

郑州市水利局调查（询问）通知书

郑水调字〔2020〕第　号

郑州[redacted]置业有限公司：

你单位应于2020年8月11日17时前到郑州市水政监察支队就你单位在郑州市郑东新区[redacted]南路与[redacted]街交叉口东南角紫[redacted]项目工地用水情况接受调查（询问），逾期不到的，郑州市水利局将依法进行处理。

携带材料：1．营业执照；

2．法人身份证明（或个人身份证）；

3．委托书；

4．受委托人身份证；

5．行政许可手续；

6．取水缴费票据；

7．自来水缴费票据；

8．施工合同复印件；

9．取水情况说明。

联系人：卢[redacted]　胡[redacted]

联系电话：0371－67721[redacted]0

执法监督电话：0371-67721[redacted]9

地　址：郑州市中原区[redacted]路110号水利大厦一楼水政监察支队

郑州市水利局

2020年8月7日

（本文书一式贰份）

郑州市水利局行政处罚文书送达回证

送达文书名称、文号	郑州市水利局调查(询问)通知书 郑水调字〔2020〕第 号
受送达人	郑州[redacted]置业有限公司
送 达 地 点	郑州市郑东新区[redacted]南路与[redacted]街交叉口东南角[redacted]馆项目工地办公室
受送达人(签字或盖章)	孙[illegible] 2020.8.7
代收人(签字)	
代收人与受送达人关系	
送 达 日 期	2020 年 8月 7日
送 达 方 式	直接送达
拒收原因	
见证人(签字)	年 月 日
送达人(签字)	卢[redacted] 胡[redacted] 2020 年 8月 7日
备 注	郑州[redacted]置业有限公司. 项目副经理：孙[redacted] 13676[redacted]00

询 问 笔 录

询问时间：2020 年 8 月 12 日 14 时 50 分至 12 日 15 时 30 分

询问地点：郑州市水政监察支队办公室

询问人：卢[redacted] 执法证件号：豫 A01-971[redacted]9

记录人：胡[redacted] 执法证件号：豫 A01-855[redacted]6

被询问人：潘[redacted] 性别：男 年龄：36 民族：汉族

身份证号码：4101221984[redacted]718 与本案关系：受委托人

工作单位：郑州[redacted]置业有限公司

电话：18703[redacted]78

住址：河南省中[redacted]县白[redacted]镇李[redacted]桥 2[redacted]号

邮编：4500[redacted]0

询问内容：

我们是郑州市水利局的执法人员卢[redacted]、胡[redacted]，这是我们的执法证件，请你确认。现依法向你询问，请如实回答所问问题，执法人员与你有直接利害关系的，你可以申请回避。

问：请问你是否申请回避？

答：不申请。

问：请您介绍一下你的基本情况？

答：我叫潘[redacted]，是郑州[redacted]置业有限公司的紫[redacted]项目负责人，今天受郑州[redacted]置业有限公司的委托前来说明一下我们公司位于郑州市郑东新区[redacted]南路与[redacted]街交叉口东南角紫[redacted]项目工地的用水情况。

问：请您简单的介绍一下你们公司的情况？

答：我们公司名称是郑州[redacted]置业有限公司，法定代表人是祁

被询问人签字：以上看过情况属实 潘[redacted] 年 2020.8月 12 日

询问人：卢[redacted] 胡[redacted] 记录人：胡[redacted] 2020年 8月 12日

第1页 共2页

[redacted]，成立日期是2016年7月15日，营业期限为长期。公司地址在河南自贸试验区郑州片区（郑东）[redacted]街[redacted]号2单元17层1[redacted]号。经营范围是：房地产开发与销售；房屋租赁；室内外装饰装修工程设计与施工。

问：请你讲一下你们[redacted]公馆项目工地用水情况？

答：该项目2018年5开始，今年9月份交付使用。我们公司现在这个项目使用的取水井是以前的村民灌溉遗留井。2018年进场之后我们就接通了临时自来水。2020年3月因为景观绿化需要，我们启用了这眼水井。

问：你们这个项目工地还有没有别的取水井？

答：没有了。

问：请问您知道井深多少吗？

答：这个我不太清楚。

问：你们使用地下水有取水许可手续吗？缴纳水资源税了吗？

答：没有取水许可手续，也没有缴纳水资源税。

问：未经批准擅自使用地下水已经构成了违法取水行为，请问你是否明白？

答：当时使用的时候也不懂，现在知道了。

问：请问你是否还有其他陈述或者补充的？下步有什么打算？

答：下一步积极配合执法人员进行调查处理，积极整改，早日接通自来水。

问：请你看一下以上记录是否属实？

答：以上看过了情况属实

被询问人签字：清[redacted] 2020年8月12日

询问人：卢[redacted] 胡[redacted]

记录人：胡[redacted] 2020年8月12日

第2页 共2页

委　托　书

郑州市水利局：

兹委托我司员工[redacted]，身份证号：41012219840[redacted]18，去贵处办理我公司取水一事相关事宜，其代理权限包括：

1．接受调查；

2．行使陈述、申辩权；

3．申请、行使听证权；

4．签收法律文书；

委托时限：2020 年 8月 4日至 2020年 12月 4日

附件：被委托人身份证复印件

郑州[redacted]置业有限公司（盖章）

2020 年 8月 4日

2019年10月14日补发

统一社会信用代码

91410100MA[redacted]901N

营业执照

（副　本）(1—1)

扫描二维码登录'国家企业信用信息公示系统'了解更多登记、备案、许可、监管信息。

名　　称	郑州[redacted]置业有限公司	注册资本	伍仟万圆整
类　　型	其他有限责任公司	成立日期	2016年07月15日
法定代表人	祁[redacted]	营业期限	长期
经营范围	房地产开发与销售（凭有效资质证经营）；房屋租赁；室内外装饰装修工程设计与施工。（依法须经批准的项目，经相关部门批准后方可开展经营活动）	住　　所	河南自贸试验区郑州片区（郑东）康宁街96号2单元17层1705号

登记机关

2019年10月14日

国家企业信用信息公示系统网址：http://www.gsxt.gov.cn

市场主体应当于每年1月1日至6月30日通过国家企业信用信息公示系统报送公示年度报告

国家市场监督管理总局监制

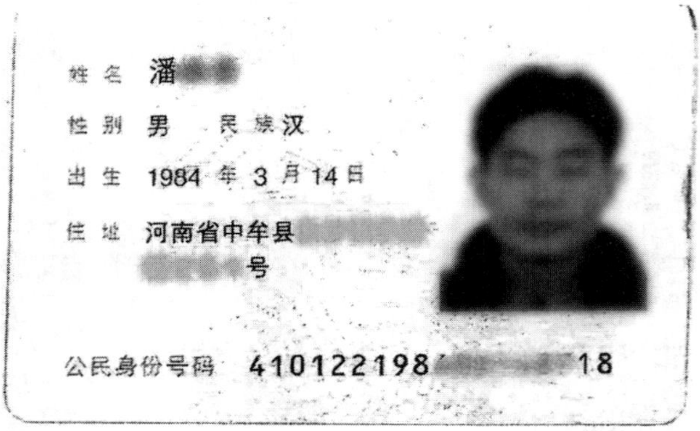

姓名 潘
性别 男 民族 汉
出生 1984 年 3 月 14 日
住址 河南省中牟县
号
公民身份号码 410122198 18

置业有限公司
4101

中华人民共和国
居民身份证
签发机关 中 县公安局
有效期限 2014.12.30-2034.12.30

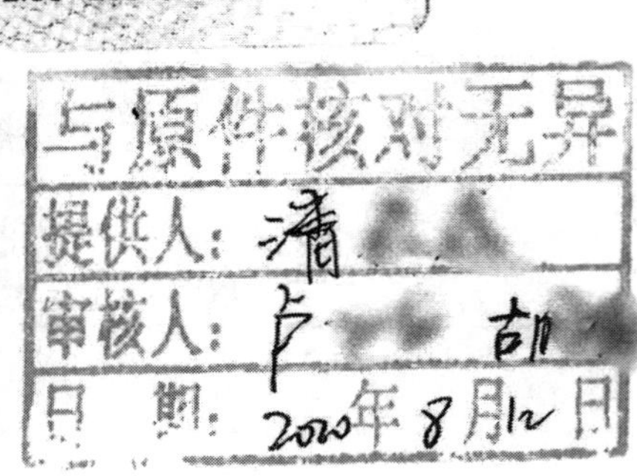

与原件核对无异
提供人：
审核人：
日 期：2020年8月12日

姓名 祁

性别 男　民族 汉

出生 1972 年 5 月 6 日

住址 郑州市二七区桃园路

公民身份号码 410222197　　070

件核对无异

：潘

：户　邮

：2020 年 8月12日

中华人民共和国

居民身份证

签发机关　郑州市公安局二七分局

有效期限　2014.05.20-2034.05.20

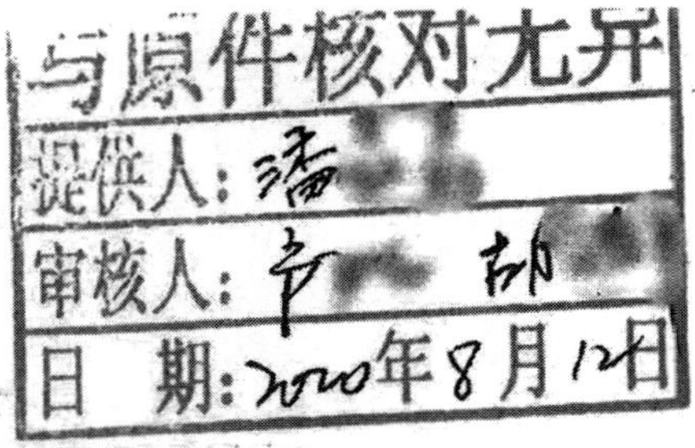
与原件核对无异
提供人：
审核人：
日 期：2020年8月12日

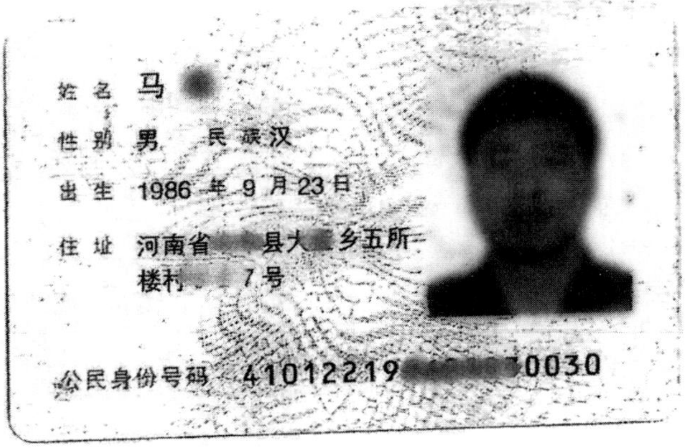
姓名 马
性别 男 民族 汉
出生 1986 年 9 月 23 日
住址 河南省 县 乡五所
楼村 7号
公民身份号码 41012219 0030

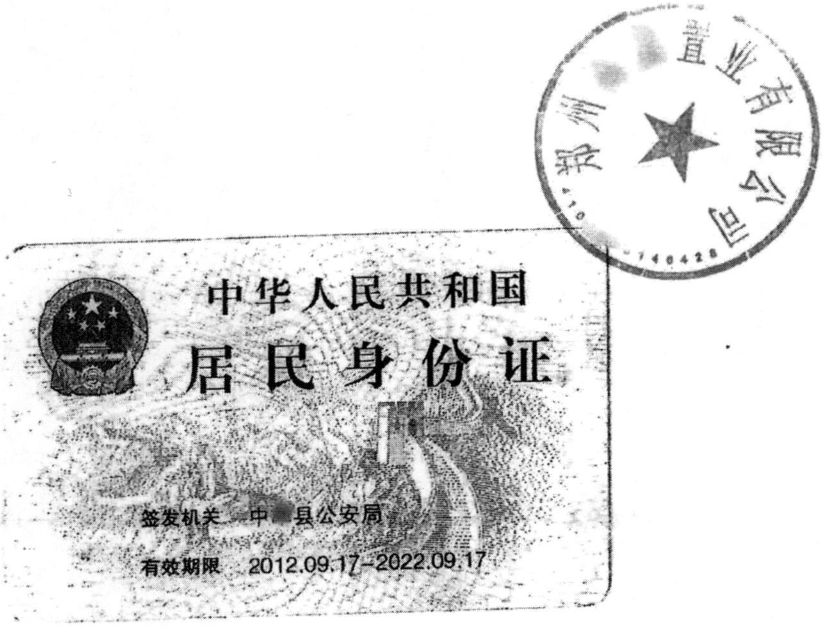
中华人民共和国
居民身份证
签发机关 中 县公安局
有效期限 2012.09.17-2022.09.17

紫[redacted]项目大区景观绿化工程

施工合同

与原件核对无异
提供人：[redacted]
审核人：[redacted]
日 期：2020年8月[illegible]日

发包方：郑州[redacted]置业有限公司

承包方：北京[redacted]林股份有限公司

25

土覆盖、喷淋、降尘降噪设施等）、临时围挡的搬运、赶工、材料波动、反季节栽植等总价影响因素，后期不再额外增加费用；

（11）示范区新增项：雕塑、软装坐垫包含在总价范围内。

（12）图纸幼儿园区域内景观绿化工程，甲方图纸出具后，乙方须配合甲方进行图纸优化，并确保幼儿园部分结算价格在750元/m²限价范围内。幼儿园围墙部分已经包含在本合同总价中，不在幼儿园区域景观范围内。

与原件核对无异
核对人：潘[redacted]
经办人：[redacted]
日期：2020年8月[redacted]日

2．不包含在本次总价范围内的承包界面：

（1）雨污水工程不在本次承包范围内。

（2）儿童游乐设施采购及安装不在本次承包范围内；

（3）垃圾桶、指示系统、次入口门禁、警亭不在本次总价范围内。

（4）车库出入口排水由总包进行施工，不在本次总价范围内。

（5）小区围墙基础已经进行单独分包，不在本次总价范围内；

（6）聚苯板换填不含在本次总价范围内。

（7）规划核实期间产生的临时草坪、透水砖铺装以及拆改，后期依据现场实际发生情况按照变更签证记取；

3．施工样板要求

（1）材料样板以招标方样板为准，施工前按照样板要求进行封样。

（2）乙方在批量进场施工前，需按照甲方要求制作样板段，经甲方及小业主认可后，按照小样板标准进行大批量施工。<u>此样板段作为甲乙双方共同认可的效果进行把控。</u>

（3）本项目对标项目为：北京泰康-燕园，乙方须确保园建铺装排版、苗木树[redacted]、苗木组团、景观呈现效果满足不低于对标项目

备注：①材料样板确定：乙方于施工反交底当天需提供材料样板进行确认；乙方提供的材料样板应与双方确认的样板一致，如乙方在十五个日历天内提供样板超过三次（含三次）均不合格，甲方有权指定材料供应品牌，相关费用由乙方承担。

（4）场地移交、进场交底：

1）场地移交：甲方负责施工范围内场地回填，交接场地范围内实测N（具体个数双方可协商确定）个标高点位取其平均值，与约定移交高程偏差在±15cm以内，视为符合移交要求场地；场地交接时乙方可对回填情况进行复核，对场地有异议的需24小时内以书面形式反馈至甲方，如乙方逾期无反馈视为乙方对场地无异议。临时用水用电由甲方指定位置，乙方自行安装使用，费用由乙方承担。

2）进场交底：总包单位对现场管理要求标准进行交底；监理对现场管理、质量管理标准交底。

4．甲方提供交接场地标高为绝对高程，此高程为经甲方、施工方、监理共同确认的高程，乙方后

建 设 工 程 施 工 合 同

（GF-2013-[redacted]01）

与原件核对无异
提供人：[redacted]
审核人：[redacted]
日 期：2020年8月12日

住 房 和 城 乡 建 设 部

国家工商行政管理总局　　制定

与原件核对无异
提供人：潘[redacted]
审核人：[redacted]
日　期：2020年8月12日

第一部分　合同协议书

发包人（全称）：郑州[redacted]置业有限公司

承包人（全称）：上海[redacted]（集团）有限公司

根据《中华人民共和国合同法》、《中华人民共和国建筑法》及有关法律规定，遵循平等、自愿、公平和诚实信用的原则，双方就紫[redacted]施工总包（第一标段）工程施工及有关事项协商一致，共同达成如下协议：

一、工程概况

1. 工程名称：紫[redacted]7#.16#
2. 工程地点：桑[redacted]东路东[redacted]凤园路南
3. 工程立项批准文号：豫郑郑东房地（2016）1[redacted]
4. 资金来源：自筹
5. 工程内容：招标文件约定施工图内所有内容

群体工程应附《承包人承揽工程项目一览表》（附件1）。

6. 工程承包范围：

包括但不限于土建工程、安装工程、装饰工程、材料设备采购

二、合同工期

计划开工日期：20[redacted]年4月20日。

计划竣工日期：20[redacted]年5月9日。

工期总日历天数：250天。工期总日历天数与根据前述计划开竣工日期计算的工期天数不一致的，以工期总日历天数为准。

三、质量标准

工程质量符合合格标准。

四、签约合同价与合同价格形式

1. 签约合同价为：玖佰肆拾肆万肆仟叁佰伍拾陆元陆角捌分

人民币（大写）＿＿＿＿＿＿（¥ 9444356.68 元）；

其中：

（1）安全文明施工费：贰拾伍万贰仟伍佰贰拾叁元叁角壹分

人民币（大写）＿＿＿＿＿＿（¥ 252523.31 元）；

（2）材料和工程设备暂估价金额：

人民币（大写）＿＿＿＿＿＿（¥＿＿＿＿＿＿元）；

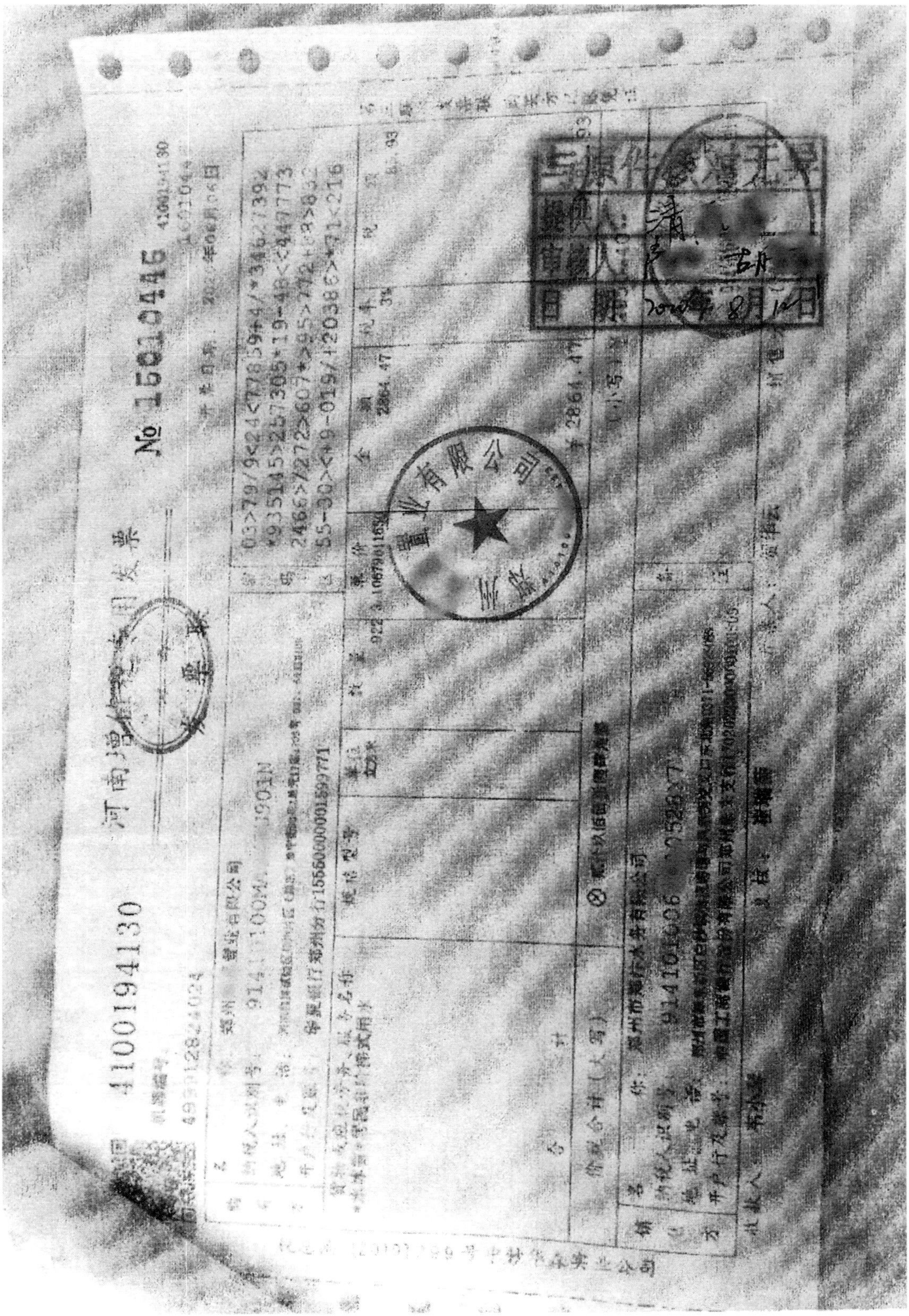
4100194130
河南增值税专用发票
发票联
No 15610446
郑州[redacted]置业有限公司
金额
2864.47
价税合计（大写）
郑州市港汇水务有限公司
收款人：
复核：
开票人：
销售方：（章）

托收号： 131

单位名称： 郑州[illegible]置业有限公司

帐务月份： 2020.07

打印日期： 2020/07/07 09:15:47

用户号	备注	上次抄表日	上次读数	本次抄表日	本次读数	用水量	用水性质	金额(元)
800344	总表1 紫[illegible]项目	2020/06/01	1	2020/06/30	1	0	居民非阶梯[4.500	0
800345	总表2 紫[illegible]项目	2020/05/29	2	2020/06/30	2	0	居民非阶梯[4.500	0
800346	总表3 紫[illegible]项目	2020/05/29	241	2020/06/30	1021	780	居民非阶梯[4.500	3510
800347	总表4 紫[illegible]项目	2020/05/29	693	2020/06/30	1247	554	居民非阶梯[4.500	2493
合计:						1334		6003

[2019] 299号

与原件核对无异

2020年8月12日

¥4144.47

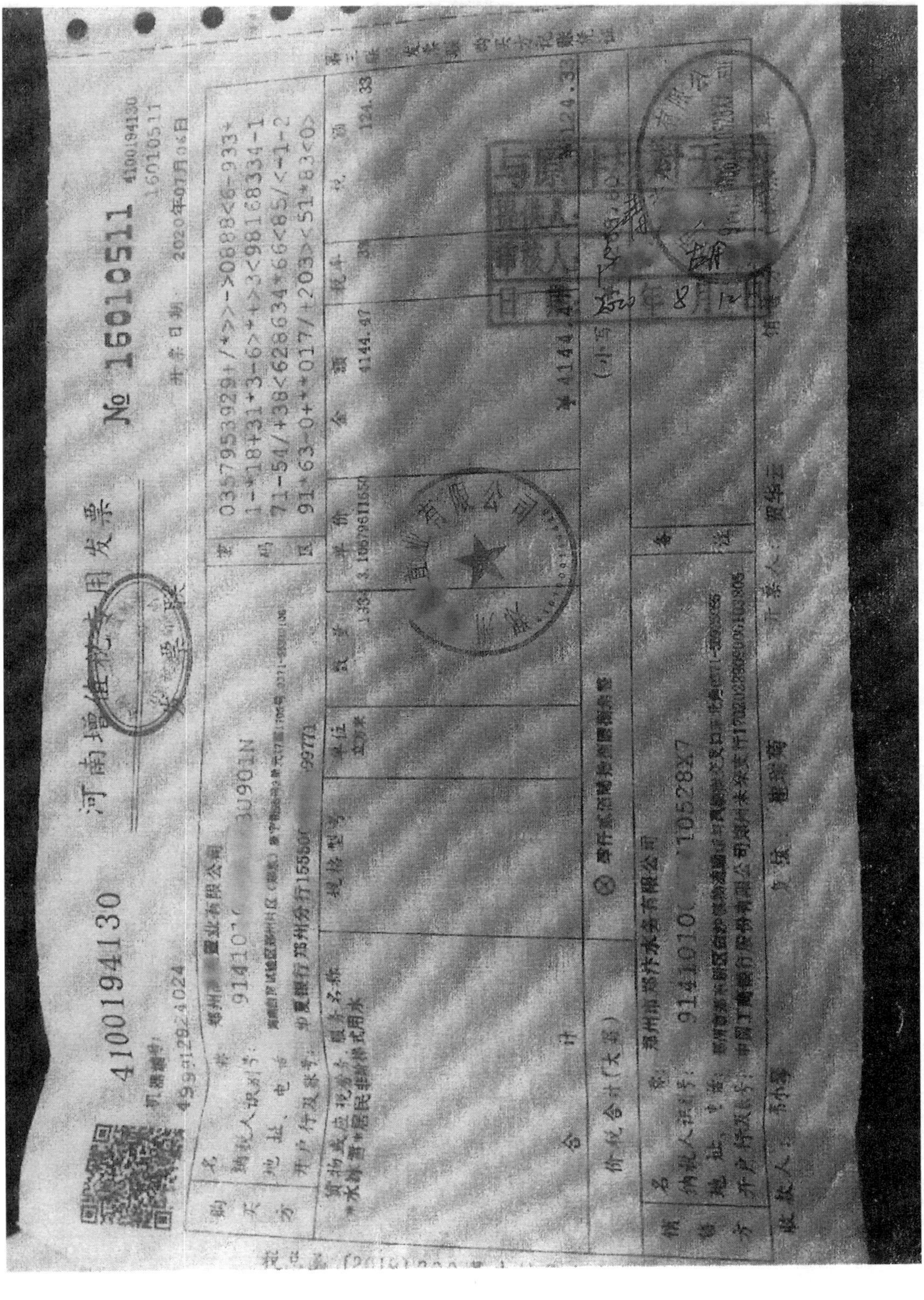

4100194130　　河南增值税专用发票　　№ 16010511　4100194130 16010511

机器编号：499912924024　　发票联　　开票日期：2020年07月06日

购买方	名　称：郑州　置业有限公司 纳税人识别号：91410　3U901N 地址、电话： 开户行及账号：华夏银行郑州分行15550　99771			密码区	0357953929+/*>>->0888<6-933* 1-*18+31*3-6>*+>3<98168334-1 71-54/+38<628634*66<85/<-1-2 91*63-0+**017/+203><51*83<0>		
货物或应税劳务、服务名称	规格型号	单位	数量	单价	金额	税率	税额
*水冰雪*居民非饮用式用水		立方米	1334	3.106796I1650	4144.47	3%	124.33
合　计					¥4144.47		¥124.33
价税合计（大写）	⊗ 肆仟贰佰陆拾捌圆捌角整				（小写）		
销售方	名　称：郑州市郑详水务有限公司 纳税人识别号：91410100　10528X7 地址、电话： 开户行及账号：中国工商银行股份有限公司郑州未来支行1702022309000103805			备注			

收款人：韦小琴　　复核：崔瑞菊　　开票人：贺华云　　销售方：（章）

第三联：发票联　购买方记账凭证

与原件核对无异
提供人：
审核人：
日 期： 2020 8月12日
河南增值税专用发票
No 37822131

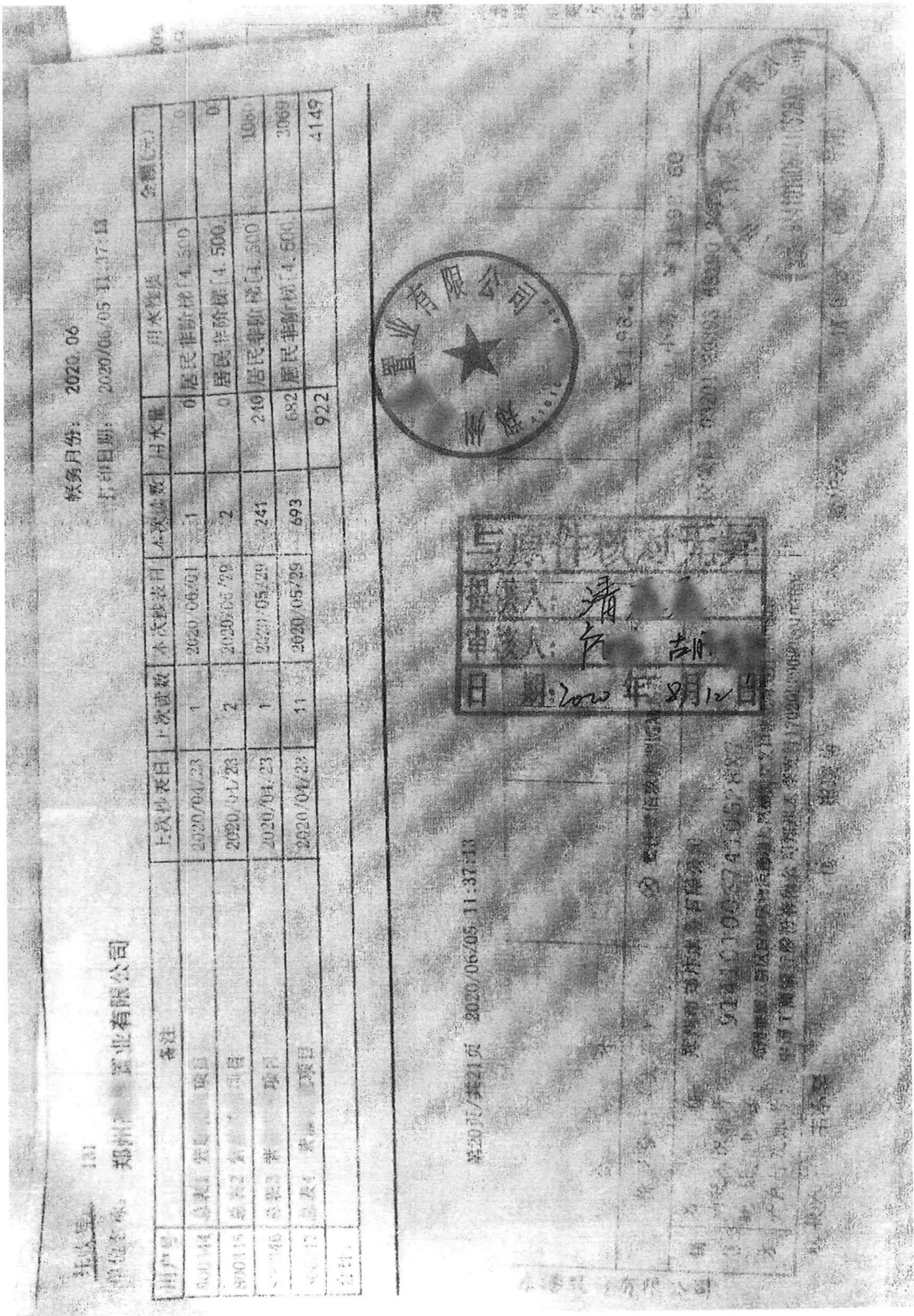
抄表号： 131　　　　账务月份： 2020.06

单位名称： 郑州　置业有限公司　　　　打印日期： 2020/06/05 11:37:13

用户号	备注	上次抄表日	上次读数	本次抄表日	本次读数	用水量	用水性质	金额(元)
800344	总表1 紫　项目	2020/04/23	1	2020/06/01	1	0	居民非阶梯[4.500	0
800345	总表2 紫　项目	2020/04/23	2	2020/06/29	2	0	居民非阶梯[4.500	0
800346	总表3 紫　项目	2020/04/23	1	2020/05/29	241	240	居民非阶梯[4.500	1080
800347	总表4 紫　项目	2020/04/23	11	2020/05/29	693	682	居民非阶梯[4.500	3069
合计						922		4149

第20页/共21页 2020/06/05 11:37:13

与原件核对无异

提供人：清

审核人：卢　胡

日　期：2020年8月12日

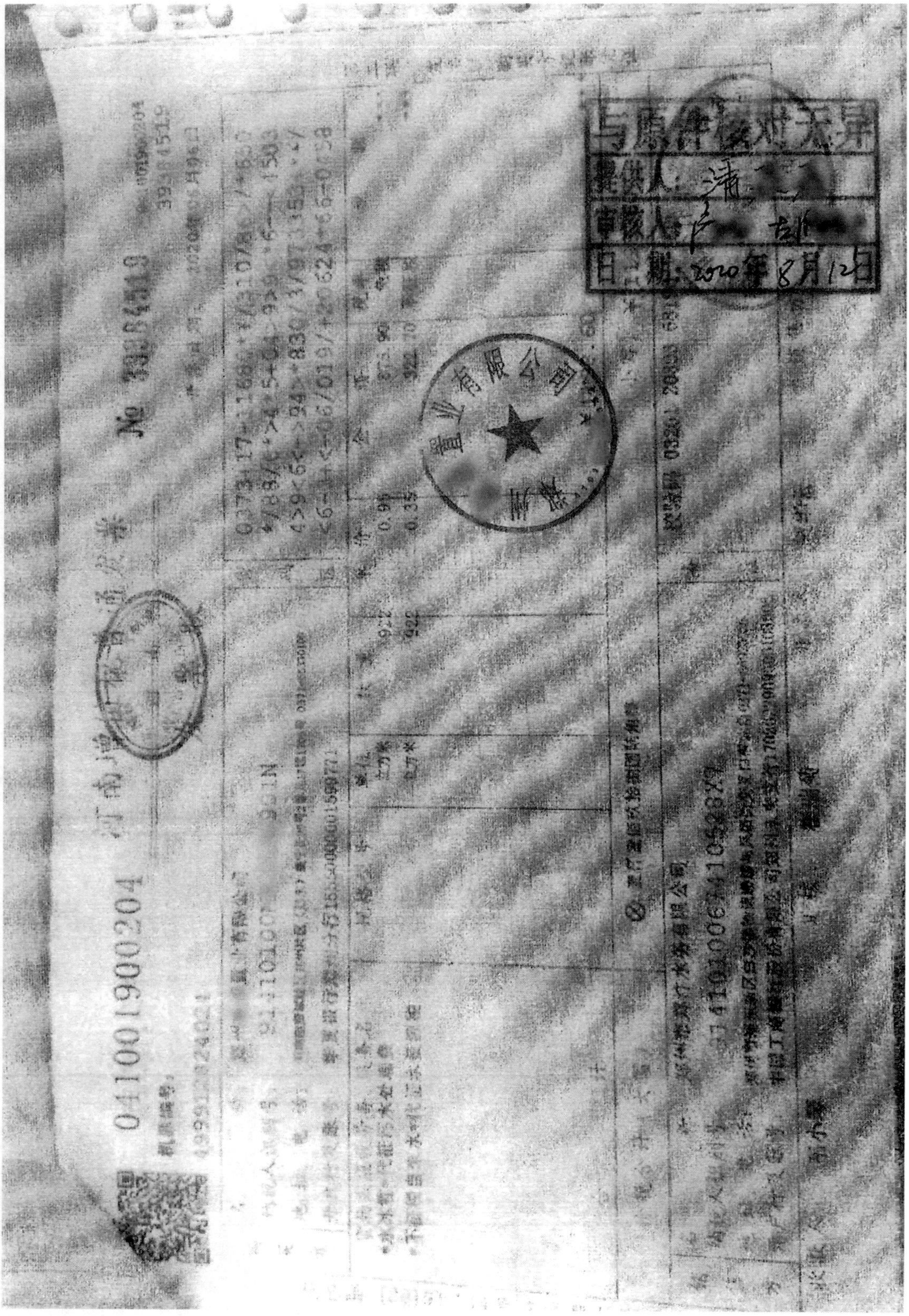
0410019900204
No
与原件核对无异
提供人：
审核人：
日期：2020年8月12日

关于紫[redacted]项目水井事宜的情况说明

我司承建的紫[redacted]项目内水井为之前土地遗留废弃机井，于2021年 4月，项目进行绿化施工，启用了该井。特此说明 ！

郑州[redacted]置业有限公司

2020年8月13日

郑州市水利局
责令停止水事违法行为通知书

郑水罚责停〔2020〕第　　号

郑州[redacted]置业有限公司：

经查，你公司未经水行政主管部门批准，擅自在郑州市郑东新区[redacted]南路与[redacted]街交叉口东南角[redacted]公馆项目工地内取用地下水，违反了《中华人民共和国水法》第四十八条第一款“直接从江河、湖泊或者地下取用水资源的单位和个人，应当按照国家取水许可制度和水资源有偿使用制度的规定，向水行政主管部门或者流域管理机构申请领取取水许可证，并缴纳水资源费，取得取水权。但是，家庭生活和零星散养、圈养畜禽饮用等少量取水的除外”之规定，根据《中华人民共和国水法》第六十九条第一项“有下列行为之一的，由县级以上人民政府水行政主管部门或者流域管理机构依据职权，责令停止违法行为，限期采取补救措施，处二万元以上十万元以下的罚款；情节严重的，吊销其取水许可证：（一）未经批准擅自取水的；”之规定，依据《中华人民共和国水法》第六十条第四项、《河南省水政监察规定》第十五条第二款之规定，现责令立即停止违法行为，听候处理。否则，依法追究法律责任。

联系人：卢[redacted]　胡[redacted]

联系电话：0371-67721[redacted]0

执法监督电话：0371-67721[redacted]9

地址：郑州市中原区颍河路110号水利大厦一楼水政监察支队

郑州市水利局

2020年8月14日

被责令停止人签名：潘[redacted]　　2020年8月14日

（本文书一式贰份）

郑州市水利局行政处罚文书送达回证

送达文书名称、文号	郑州市水利局责令停止水事违法行为通知书 郑水罚责停〔2020〕第[redacted]号
受送达人	郑州[redacted]置业有限公司
送达地点	郑东新区[redacted]南路与[redacted]街交叉口紫[redacted]公馆项目工地办公室
受送达人（签字或盖章）	潘[redacted] 2020.8.14
代收人（签字）	
代收人与受送达人关系	
送达日期	2020年8月14日
送达方式	直接送达
拒收原因	
见证人（签字）	年 月 日
送达人（签字）	卢[redacted] 胡[redacted] 2020年8月14日
备注	项目经理 18703[redacted]878

郑州市水利局现场检查（勘验）笔录

检查（勘验）时间：2020 年 8 月 14 日 15 时 35 分至 14 日 17 时 20 分

检查（勘验）地点：郑州市郑东新区[redacted]南路与[redacted]街交叉口东南角

被检查（勘验）人单位名称：郑州[redacted]置业有限公司

法定代表人（负责人）：祁[redacted]

被检查（勘验）人姓名：潘[redacted]　性别：男　职业：项目负责人

身份证号码：4101221984[redacted]8　工作单位：郑州[redacted]置业有限公司

电话：1870[redacted]8　住址：河南省中[redacted]县[redacted]桥26号　邮编：450000

检查（勘验）人姓名：卢[redacted]　执法证件号：豫A01-971[redacted]9

检查（勘验）人姓名：胡[redacted]　执法证件号：豫A01-8[redacted]6

记录人姓名：卢[redacted]　执法证件号：豫A01-97[redacted]9

见证人姓名：无　身份证号码：无

检查（勘验）记录：2020年8月14日下午，郑州市水政监察支队执法人员卢[redacted]、胡[redacted]到达郑州市郑东新区[redacted]南路与[redacted]街交叉口东南角紫[redacted]项目工地会同该项目负责人潘[redacted]对现场用水情况进行二次勘验，结果如下：

1.该公司组织人员断开取水管、断开电源、搬出水泵；

2.井位坐标为北纬34°46′22″东经113°50′31″。

以上看过，情况属实

（可续页）

被检查（勘验）人：潘[redacted]　2020.8.14

检查（勘验）人：卢[redacted]　胡[redacted]

见证人：无

记录人：卢[redacted]　2020 年 8 月 14 日

第 1 页　共 1 页

郑州市水利局
证据复制（提取）单

说明事项	郑州[redacted]置业有限公司停止违法取水现场照片		
证据来源	卢[redacted]使用佳能SX520HS拍摄	证据种类	视听资料
提取人（签名）	卢[redacted] 行政执法证件号：豫A01-971[redacted]9 胡[redacted] 行政执法证件号：豫A01-855[redacted]6		
提取时间	2020年8月14日15时35分至17时20分		
提取地点	郑州市郑东新区[redacted]南路与[redacted]街交叉口东南角		

郑州市水利局
证据复制（提取）单

说明事项	郑州[redacted]置业有限公司停止违法取水现场照片		
证据来源	卢[redacted]使用佳能 SX520HS 拍摄	证据种类	视听资料
提取人（签名）	卢[redacted] 行政执法证件号：豫 A01-971[redacted]9 胡[redacted] 行政执法证件号：豫 A01-855[redacted]6		
提取时间	2020年8月14日15时35分至17时20分		
提取地点	郑州市郑东新区[redacted]南路与[redacted]街交叉口东南角		

郑州市水利局
证据复制（提取）单

说明事项	郑州[redacted]置业有限公司停止违法取水现场照片		
证据来源	卢[redacted]使用佳能SX520HS拍摄	证据种类	视听资料
提取人（签名）	卢[redacted] 行政执法证件号：豫A01-971[redacted]9 胡[redacted] 行政执法证件号：豫A01-855[redacted]6		
提取时间	2020年8月14日15时35分至17时20分		
提取地点	郑州市郑东新区[redacted]南路与[redacted]街交叉口东南角		

郑州市水利局责令（限期）改正通知书

郑水罚责改〔2020〕第[redacted]号

郑州[redacted]置业有限公司：

经调查，你公司存在下列违法事实：经查，你公司未经水行政主管部门批准，擅自在郑州市郑东新区[redacted]南路与[redacted]街交叉口东南角紫[redacted]项目工地内取用地下水，违反了《中华人民共和国水法》第四十八条第一款“直接从江河、湖泊或者地下取用水资源的单位和个人，应当按照国家取水许可制度和水资源有偿使用制度的规定，向水行政主管部门或者流域管理机构申请领取取水许可证，并缴纳水资源费，取得取水权。但是，家庭生活和零星散养、圈养畜禽饮用等少量取水的除外”之规定。根据《中华人民共和国水法》第六十九条第一项“有下列行为之一的，由县级以上人民政府水行政主管部门或者流域管理机构依据职权，责令停止违法行为，限期采取补救措施，处二万元以上十万元以下的罚款；情节严重的，吊销其取水许可证：（一）未经批准擅自取水的；”的规定，现责令你公司立即改正违法行为。改正内容和要求如下：限你单位于 2020 年 8 月 21 日前采取补救措施。

联系人：卢[redacted]　姜[redacted]

联系电话：0371-67721[redacted]0

执法监督电话：0371-67721[redacted]9

地址：郑州市中原区颍河路 110 号水利大厦一楼水政监察支队

郑州市水利局

2020 年 8 月 14 日

被责令改正人签名：[redacted]　2020年8月14日

（本文书一式贰份）

郑州市水利局行政处罚文书送达回证

送达文书名称、文号	郑州市水利局责令(限期)改正通知书 郑水罚责改〔2020〕第[redacted]号
受送达人	郑州[redacted]置业有限公司
送达地点	郑东新区[redacted]南路与[redacted]街交叉口东[redacted] [redacted]项目工地办公室
受送达人(签字或盖章)	清[redacted] 2020.8.14
代收人(签字)	
代收人与受送达人关系	
送达日期	2020年8月14日
送达方式	直接送达
拒收原因	
见证人(签字)	年 月 日
送达人(签字)	卢[redacted] 胡[redacted] 2020年8月14日
备 注	项目经理 1870[redacted]78

郑州市水利局现场检查（勘验）笔录

检查（勘验）时间：2020年8月14日17时20分至14日18时05分

检查（勘验）地点：郑州市郑东新区[redacted]南路与[redacted]街交叉口东南角。

被检查（勘验）人单位名称：郑州[redacted]置业有限公司

法定代表人（负责人）：祁[redacted]

被检查（勘验）人姓名：潘[redacted] 性别：男 职业：项目负责人

身份证号码：4101221984[redacted]0718 工作单位：郑州[redacted]置业有限公司

电话：1870[redacted]78 住址：河南省中[redacted]县白[redacted]镇李[redacted]桥[redacted] 邮编：450[redacted]

检查（勘验）人姓名：卢[redacted] 执法证件号：豫A01-971[redacted]9

检查（勘验）人姓名：胡[redacted] 执法证件号：豫A01-855[redacted]6

记录人姓名：卢[redacted] 执法证件号：豫A01-971[redacted]9

见证人姓名：无 身份证号码：无

检查（勘验）记录：2020年8月14日下午，郑州市水政监察支队执法人员卢[redacted]、胡[redacted]到达郑州市郑东新区[redacted]南路与[redacted]街交叉口东南角紫[redacted]项目工地会同该项目负责人潘[redacted]对现场用水情况进行三次勘验，结果如下：

1.该公司组织人员使用水泥大沙封填了水井；

2.井位坐标为北纬34°46′22″东经113°50′31″。

以上看过，情况属实 （可续页）

被检查（勘验）人：潘[redacted] 2020.8.14

检查（勘验）人：卢[redacted] 胡[redacted]

见证人：无

记录人：卢[redacted] 2020年8月14日

第1页 共1页

郑州市水利局
证据复制（提取）单

说明事项	郑州[redacted]置业有限公司封填取水井现场照片		
证据来源	卢[redacted]使用佳能SX520HS拍摄	证据种类	视听资料
提取人（签名）	卢[redacted] 行政执法证件号：豫A01-971[redacted]9 胡[redacted] 行政执法证件号：豫A01-855[redacted]6		
提取时间	2020年8月14日17时20分至18时05分		
提取地点	郑州市郑东新区[redacted]南路与[redacted]街交叉口东南角		

郑州市水利局
证据复制（提取）单

说明事项	郑州[redacted]置业有限公司封填取水井现场照片		
证据来源	卢[redacted]使用佳能SX520HS拍摄	证据种类	视听资料
提取人（签名）	卢[redacted] 行政执法证件号：豫A01-97[redacted]9 胡[redacted] 行政执法证件号：豫A01-85[redacted]6		
提取时间	2020年8月14日17时20分至18时05分		
提取地点	郑州市郑东新区[redacted]南路与[redacted]街交叉口东南角		

郑州市水利局
证据复制（提取）单

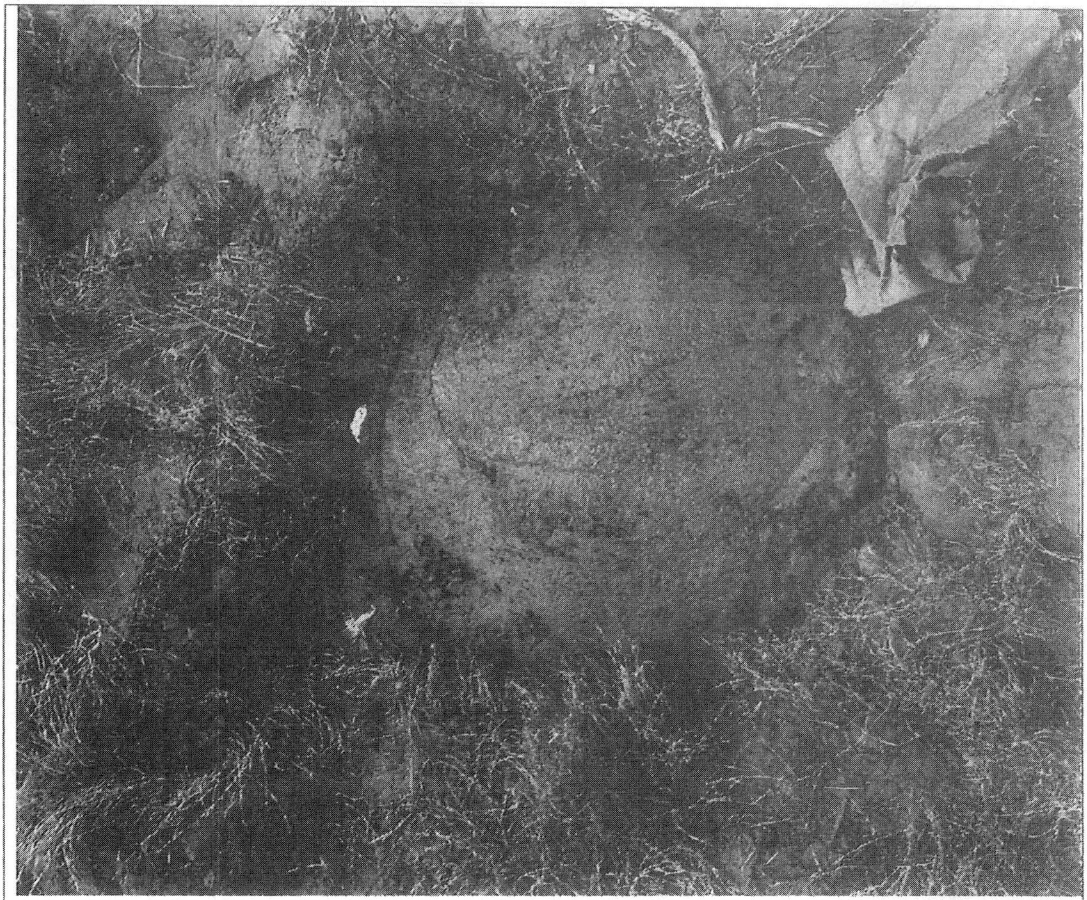

说明事项	郑州[redacted]置业有限公司封填取水井现场照片		
证据来源	卢[redacted]使用佳能SX520HS拍摄	证据种类	视听资料
提取人（签名）	卢[redacted] 行政执法证件号：豫A01-971[redacted]9 胡[redacted] 行政执法证件号：豫A01-855[redacted]6		
提取时间	2020年8月14日17时20分至18时05分		
提取地点	郑州市郑东新区[redacted]南路与[redacted]街交叉口东南角		

承 诺 书

郑州市水利局：

我公司是郑州[redacted]置业有限公司，在位于郑东新区[redacted]南路与[redacted]街交叉口东南角紫[redacted]项目工地内使用一口遗留井取水，在接到郑州市水利局通知书后严格按照要求整改，并积极采取补救措施，在执法人员的监督下自行封填了取水井。我公司保证在水井封填后，已无其他取水井，下一步积极配合政府规定，依法用水，并承诺以后不违反相关的水法律、法规，不擅自打井和取用地下水。如有违反，愿意承担相应法律责任。

郑州[redacted]置业有限公司

2020年8月14日

郑州市水利局案件调查终结报告

当事人：郑州[redacted]置业有限公司

法定代表人：祁[redacted] 性别：男

受委托人：潘[redacted] 电话：18703[redacted]78

身份证号码：41012219[redacted]18

地址：河南自贸试验区郑州片区（郑东）[redacted]街 96 号[redacted]单元 1[redacted]层 1[redacted]号

调查时间：2020 年 8 月 4 日至 2020 年 8 月 14 日

案件承办人：卢[redacted]、胡[redacted]

案件调查内容：

2020 年 8 月 4 日上午，郑州市水政监察支队接举报称：郑东新区[redacted]南路与[redacted]街交叉口东南角建筑工地取用地下水。支队立即指派监察员卢[redacted]、胡[redacted]对举报地点用水情况进行检查，监察员于 8 月 4 日 10 时在郑州[redacted]置业有限公司项目副经理马[redacted]陪同下对现场用水情况进行勘验，结果为：现场有水井 1 眼，井位坐标为北纬 34° 46′ [redacted]2″ 东经 113° 5[redacted]′ [redacted]1″，井口内直径为 300 毫米，取水管内直径为 80 毫米，正在取用地下水，未安装计量设施，无取水许可手续。该行为违反了《中华人民共和国水法》第四十八条第一款“直接从江河、湖泊或者地下取用水资源的单位和个人，应当按照国家取水许可制度和水资源有偿使用制度的规定，向水行政主管部门或者流域管理机构申请领取取水许可证，并缴纳水资源费，取得取水权。但是，家庭生活和零星散养、圈养畜禽饮用等少量取水的除外。”之规定，涉嫌违法。2020 年 8 月 4 日，郑州市水利局批准了对该公司违法行为的立案调查。

2020 年 8 月 7 日，因郑州[redacted]置业有限公司逾期未到郑州市水政监察支队接受调查询问，向该公司下达了《郑州市水利局调查（询问）通知书》（郑水调字〔2020〕第 1 号），要求该公司于 8 月 11 日 17 时前到郑州市水政监察支队接受调查询问，由该公司紫[redacted]项目副经理马[redacted]接收通知书。2020 年 8 月 12 日郑州[redacted]置业有限公司委托紫[redacted]项目负责人潘[redacted]到郑州市水政监察支队接受调查，执法人员按照程序进行了调查询问。该公司成立日期是 2016 年 7 月 15 日，营业期限为长期。公司地址在河南自贸试验区郑州片区（郑东）[redacted]街[redacted]号[redacted]单元1[redacted]层1[redacted]5 号。经营范围是：房地产开发与销售；房屋租赁；室内外装饰装修工程设计与施工。该公司自称紫[redacted]项目 2018 年 5 月开始施工时已接通临时水，一直使用临时水施工，现已接通自来水，2020 年 3 月因景观绿化需要，才启用了此眼遗留井水保障施工用水。同日，该公司受委托人潘[redacted]向执法人员提供了营业执照复印件、委托书、法定代表人身份证复印件、受委托人身份证复印件、取水情况说明、自来水缴费票据等资料，但未能提供 2018 年接通临时用水，缴纳水费等相关证明材料。

2020 年 8 月 14 日，执法人员向该公司下达《郑州市水利局责令停止水事违法行为通知书》（郑水罚责停〔2020〕第[redacted]号）

第 2 页 共 4 页

并对现场进行了第二次勘验：该公司在收到通知书后立即断开电源，断开取水管，拔出水泵，停止取水。同日，执法人员下达《郑州市水利局责令（限期）改正通知书》（郑水罚责改〔2020〕第[redacted]号），限该公司于2020年8月21日前采取补救措施。该公司在市水利局执法人员和东区执法人员的监督下组织人员使用水泥大沙封填了该水井。

郑州[redacted]置业有限公司在郑州市郑东新区[redacted]南路与[redacted]街交叉口东南角紫[redacted]项目工地违法取水的证据有：

1．郑州[redacted]置业有限公司营业执照复印件、法定代表人身份证复印件、委托书、受委托人身份证复印件；

2．现场勘验笔录、现场照片；

3．取水情况说明；

4．询问笔录；

5．自来水缴费票据；

6．建设工程施工合同复印件；

7．景观绿化工程施工合同复印件；

8．承诺书。

综上所述，鉴于郑州[redacted]置业有限公司能立即停止违法行为，在规定期限内采取补救措施。但是该公司在接到《郑州市水利局调查（询问）通知书》后未能按照规定时间接受调查询问，在调查期间未能提供相关资料证明其水井使用时间和自来水使用情况。该公司的行为违反了《中华人民共和国水法》第四十八条第一款“直接从江河、湖泊或者地下取用水资源的单位和个人，应当按照国家取水许可制度和水资源有偿使用制度的规定，向水行政主管部门或者流域管理机构申请领取取水许可证，并缴纳水

行政主管部门或者流域管理机构申请领取取水许可证，并缴纳水资源费，取得取水权。但是，家庭生活和零星散养、圈养畜禽饮用等少量取水的除外。”之规定，根据《中华人民共和国水法》第六十九条第一项“有下列行为之一的，由县级以上人民政府水行政主管部门或者流域管理机构依据职权，责令停止违法行为，限期采取补救措施，处二万元以上十万元以下的罚款；情节严重的，吊销其取水许可证：（一）未经批准擅自取水的；”参照《河南省水行政处罚裁量标准》“未经批准擅自取水的 1. 轻微违法行为的表现情形和处罚标准：立即停止违法行为，在规定期限内采取补救措施的，处 2 万元以上 5 万元以下罚款。”之规定，根据当事人的违法事实、性质、情节和社会危害程度及相关证据，确定当事人的违法行为为轻微违法行为的表现情形。

建议：

1. 对郑州[redacted]置业有限公司处五万元罚款；

2. 郑州市郑东新区管理委员会水务局对位于郑东新区[redacted]南路与[redacted]街交叉口东南角紫[redacted]项目工地用水进行重点监管。

2020 年 8 月 17 日

第 4 页共 4 页

郑州市水利局重大复杂案件集体讨论笔录

案件名称： 郑州[redacted]置业有限公司违法取水案

时　　间： 2020年9月18日15时45分至16时20分

地　　点： 郑州市水利局三楼会议室

集体讨论原因： 案件重大复杂

主持人： 张[redacted] 职务：局长、书记 **记录人：** 李[redacted] 职务：科员

参加人及职务： 郑州市水利局党组书记、局长、一级调研员张[redacted]，郑州市水利局党组副书记武[redacted]，郑州市水利局党组成员、副局长、一级调研员刘[redacted]，郑州市水利局党组成员、副局长胡[redacted]，郑州市水利局党组成员、副局长刘[redacted]，郑州市水利局党组成员、二级调研员周[redacted]，郑州市水利局党组成员、副局长王[redacted]，郑州市水利局党组成员、二级调研员陈[redacted]，郑州市水利局总工程师袁[redacted]。

列席人及职务： 郑州市水利局监督和法规处处长史[redacted]，郑州市水政监察支队支队长葛[redacted]

案件承办人汇报案件情况： 2020年8月4日上午，郑州市水政监察支队接举报称：郑东新区[redacted]南路与[redacted]街交叉口东南角建筑工地取用地下水。支队立即指派监察员卢[redacted]、胡[redacted]对举报地点用水情况进行检查，监察员于8月4日10时在郑州[redacted]置业有限公司项目副经理马[redacted]陪同下对现场用水情况进行勘验，结果为：现场有水井1眼，井位坐标为北纬34° 46′ 22″ 东经113° 50′ 31″，井口内直径为300毫米，取水管内直径为80毫米，正在取用地下

水，未安装计量设施，无取水许可手续。该行为违反了《中华人民共和国水法》第四十八条第一款“直接从江河、湖泊或者地下取用水资源的单位和个人，应当按照国家取水许可制度和水资源有偿使用制度的规定，向水行政主管部门或者流域管理机构申请领取取水许可证，并缴纳水资源费，取得取水权。但是，家庭生活和零星散养、圈养畜禽饮用等少量取水的除外。”之规定，符合立案条件，同日经批准后对该案件立案调查。

2020 年 8 月 7 日，因郑州[redacted]置业有限公司逾期未到市水政监察支队接受调查询问，向该公司下达了《郑州市水利局调查（询问）通知书》（郑水调字〔2020〕第 1 号），要求该公司于 8 月 11 日 17 时前到郑州市水政监察支队接受调查询问，由该公司紫[redacted]项目副经理马[redacted]接收通知书。2020 年 8 月 12 日郑州[redacted]置业有限公司委托紫[redacted]项目负责人潘[redacted]到郑州市水政监察支队接受调查，执法人员按照程序进行了调查询问。该公司成立日期是 2016 年 7 月 15 日，营业期限为长期。公司地址在河南自贸试验区郑州片区（郑东）[redacted]街 9[redacted]号 2 单元 1[redacted]层 1[redacted]5 号。经营范围是：房地产开发与销售；房屋租赁；室内外装饰装修工程设计与施工。该公司自称紫[redacted]项目 2018 年 5 月开始施工时已接通临时水，一直使用临时水施工，现已接通自来水，2020 年 3 月因景观绿化需要，才启用了此眼遗留井水保障施工用水。同日，该公司受委托人潘[redacted]向执法人员提供了营业执照复印件、委托书、法定代表人身份证复印件、受委托人身份证复印件、取水情况说明、自来水缴费票据等资料，但未能提供 2018 年接通临时用水，缴纳水费等相关证明材料。

2020 年 8 月 14 日，支队向该公司下达《郑州市水利局责令停止水事违法行为通知书》（郑水罚责停〔2020〕第 [redacted] 号）并对现场进行了第二次勘验：该公司在收到通知书后立即断开电源，断开取水管，拔出水泵，停止取水。同日，执法人员下达《郑州市水利局责令（限期）改正通知书》（郑水罚责改〔2020〕第 [redacted] 号），限该公司于 2020 年 8 月 21 日前采取补救措施。该公司在市水利局执法人员和东区水务局执法人员的监督下组织人员使用水泥大沙封填了该水井。

综上，根据《中华人民共和国水法》第六十九条第一项“有下列行为之一的，由县级以上人民政府水行政主管部门或者流域管理机构依据职权，责令停止违法行为，限期采取补救措施，处二万元以上十万元以下的罚款；情节严重的，吊销其取水许可证：（一）未经批准擅自取水的；”参照《河南省水行政处罚裁量标准》“未经批准擅自取水的 1. 轻微违法行为的表现情形和处罚标准：立即停止违法行为，在规定期限内采取补救措施的，处 2 万元以上 5 万元以下罚款。”之规定。鉴于郑州 [redacted] 置业有限公司能够立即停止违法行为，并在规定期限内采取补救措施，但是该公司在接到《郑州市水利局调查（询问）通知书》后未能按照规定时间接受调查询问，在调查期间未能提供相关资料证明其水井使用时间和自来水使用情况。根据当事人的违法事实、性质、情节和社会危害程度及相关证据，确定当事人的违法行为为轻微违法行为。

建议：1. 对郑州[redacted]置业有限公司处五万元罚款；2. 郑州市郑东新区管理委员会水务局对位于郑州市郑东新区[redacted]南路与[redacted]街交叉口东南角紫[redacted]项目用水进行重点监管。

参加讨论人员意见和理由：

刘[redacted]：同意办案人员的意见。

周[redacted]：事实清楚，执法程序规范，适用法律合理，同意办案人员的处罚建议。

刘[redacted]：基本同意主办人员意见。

胡[redacted]：基本同意主办人员意见。

王[redacted]：同意处罚五万元。

陈[redacted]：同意办案人员的意见。

袁[redacted]：同意对该单位的处罚建议。

武[redacted]：同意办案人员的意见。

张[redacted]：首先此案件违法取水事实清楚，其次该案件材料全面，证据充分，并且执法人员执法细致严谨，工作扎实，量刑适度，同意处罚。

结论性意见：1.对郑州[redacted]置业有限公司处五万元罚款。2.郑州经济技术开发区农村经济委员会对位于郑州经济技术开发区

第 4 页　共 5 页

[redacted]路与[redacted]东路交叉口[redacted]园二期第一标段项目用水进行重点监管。

出席人员签名：

郑州市水利局行政处罚审批表

<table>
<tr><td rowspan="2">当事人基本情况</td><td>单位名称</td><td>郑州[redacted]置业有限公司</td><td>法定代表人</td><td>祁[redacted]</td></tr>
<tr><td>案发地址</td><td>郑州市郑东新区[redacted]南路与[redacted]街交叉口东南角</td><td>电　话</td><td>1870369××××</td></tr>
<tr><td>当事人违法的主要事实</td><td colspan="4">2020 年 8 月 4 日上午，郑州市水政监察支队接举报称：郑东新区[redacted]南路与[redacted]街交叉口东南角建筑工地取用地下水。支队立即指派监察员卢[redacted]、胡[redacted]对举报地点用水情况进行检查，监察员于 8 月 4 日 10 时在郑州[redacted]置业有限公司项目副经理马[redacted]陪同下对现场用水情况进行勘验，结果为：现场有水井 1 眼，井位坐标为北纬 34° 46′ 22″ 东经 113° 50′ 31″，井口内直径为 300 毫米，取水管内直径为 80 毫米，正在取用地下水，未安装计量设施，无取水许可手续。该行为违反了《中华人民共和国水法》第四十八条第一款“直接从江河、湖泊或者地下取用水资源的单位和个人，应当按照国家取水许可制度和水资源有偿使用制度的规定，向水行政主管部门或者流域管理机构申请领取取水许可证，并缴纳水资源费，取得取水权。但是，家庭生活和零星散养、圈养畜禽饮用等少量取水的除外。”之规定，根据《中华人民共和国水法》第六十九条第一项“有下列行为之一的，由县级以上人民政府水行政主管部门或者流域管理机构依据职权，责令停止违法行为，限期采取补救措施，处二万元以上十万元以下的罚款；情节严重的，吊销其取水许可证：（一）未经批准擅自取水的；”。2020 年 8 月 4 日郑州市水利局批准立案，8 月 14 日依法向该公司下达《郑州市水利局责令停止水事违法行为通知书》《郑州市水利局责令（限期）改正通知书》，该公司能立即停止违法行为，在规定期限内采取补救措施。参照《河南省水行政处罚裁量标准》“未经批准擅自取水的 1. 轻微违法行为的表现情形和处罚标准：立即停止违法行为，在规定期限内采取补救措施的，处 2 万元以上 5 万元以下罚款。”之规定，该公司的违法行为为轻微违法行为。建议：对郑州[redacted]置业有限公司处五万元罚款。</td></tr>
<tr><td>承办人员处罚意见</td><td colspan="4">建议对郑州[redacted]置业有限公司处五万元罚款。
主办人：卢[redacted]　协办人：胡[redacted]　2020 年 9 月 18 日</td></tr>
<tr><td>承办机构审查意见</td><td colspan="4">同意下发
负责人签名 [redacted]　2020 年 9 月 18 日</td></tr>
<tr><td>法制机构审核意见</td><td colspan="4">同意下发。
负责人签名 [redacted]　2020 年 9 月 18 日</td></tr>
<tr><td>行政机关负责人审批意见</td><td colspan="4">同意下发
负责人签名 [redacted]　2020 年 9 月 18 日</td></tr>
</table>

委托书

郑州市水利局：

因我公司原受委托人潘[redacted]离职原因不能继续委托，现委托我司员工韩[redacted]，身份证号：4108821988[redacted]7038，去贵处办理我公司取水一事相关事宜，其代理权限包括：

1．接收调查；

2．行使陈述、申辩权；

3．申请、行使听证权

4．签收法律文书；

委托时限：2020年9月18日至2021年3月17日

附件：被委托人身份证复印件

郑州[redacted]置业有限公司（盖章）

月

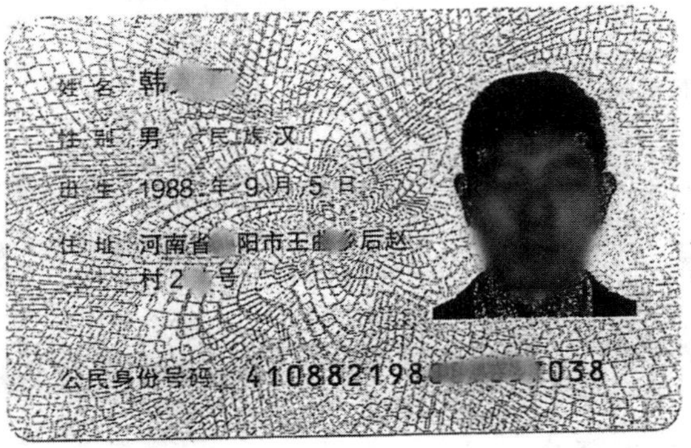
姓名 韩
性别 男 民族 汉
出生 1988 年 9 月 5 日
住址 河南省 阳市王 乡后赵
村2 号
公民身份号码 41088219８ 038

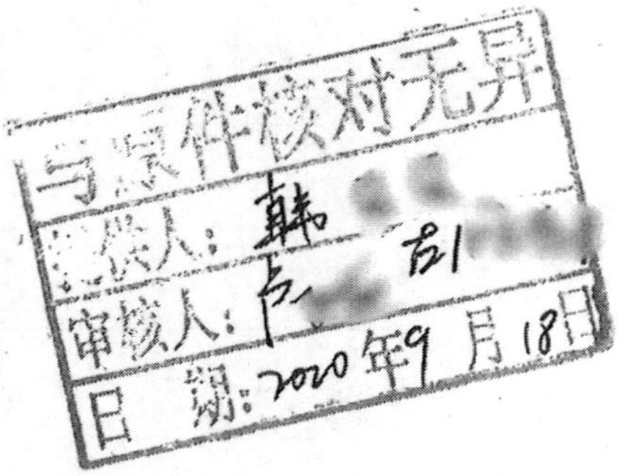
与原件核对无异
提供人：韩
审核人：卢
日 期：2020年9月18日

州 置业有限公司

中华人民共和国
居民身份证
签发机关：沁阳市公安局
有效期限：2016.08.26-2036.08.26

郑州市水利局行政处罚事先告知书

郑水罚先告字〔2020〕第[redacted]号

郑州[redacted]置业有限公司：

本机关于2020年8月4日对你公司未经水行政主管部门批准擅自取水一事立案调查。经调查，你公司在郑州市郑东新区[redacted]南路与[redacted]街交叉口东南角紫[redacted]项目工地内取用地下水，违反了《中华人民共和国水法》第四十八条第一款“直接从江河、湖泊或者地下取用水资源的单位和个人，应当按照国家取水许可制度和水资源有偿使用制度的规定，向水行政主管部门或者流域管理机构申请领取取水许可证，并缴纳水资源费，取得取水权。但是，家庭生活和零星散养、圈养畜禽饮用等少量取水的除外。”之规定，已构成违法。在我执法人员讲明相关法律法规并下达《责令停止水事违法行为通知书》（郑水罚责停〔2020〕第[redacted]号）和《郑州市水利局责令（限期）改正通知书》（郑水罚责改〔2020〕第[redacted]号）后，你公司立即停止违法行为，在规定期限内采取补救措施。你公司的违法证据：1. 郑州[redacted]置业有限公司营业执照复印件、法定代表人身份证复印件、委托书、受委托人身份证复印件；2. 现场勘验笔录、现场照片；3. 取水情况说明；4. 询问笔录；5. 自来水缴费票据复印件；6. 施工合同复印件；7. 承诺书。根据你公司违法行为的事实、性质、情节、社会危害程度和相关证据，参照《河南省水行政处罚裁量标准》未经批准擅自取水的“1. 轻微违法行为的表现情形和处罚标准：立即停止违法行为，在规定期限内采取补救措施的，处2万元以上5万元以下罚款。”之规定。

第 1 页 共 2 页

你公司的违法行为为轻微违法行为。

根据《中华人民共和国水法》第六十九条第一项“有下列行为之一的，由县级以上人民政府水行政主管部门或者流域管理机构依据职权，责令停止违法行为，限期采取补救措施，处二万元以上十万元以下的罚款；情节严重的，吊销其取水许可证：（一）未经批准擅自取水的；”之规定，本机关拟对你公司作出五万元罚款的行政处罚。

依据《中华人民共和国行政处罚法》第三十一条、第三十二条的规定，你公司可在收到本告知书之日起3日内提出书面陈述、申辩意见，或到郑州市水政监察支队进行陈述、申辩。逾期不陈述、申辩的，视为你公司放弃陈述、申辩权利。

郑州市水利局

2020年9月1[illegible]日

地　址：郑州市中原区颍河路1[redacted]号　　邮政编码：450[redacted]0

联系人：卢[redacted]　胡[redacted]　　联系电话：0371-67721[redacted]0

（本文书一式贰份）

郑州市水利局行政处罚文书送达回证

送达文书名称、文号	郑州市水利局行政处罚事先告知书 郑水罚先告[2020]第[redacted]号
受送达人	郑州[redacted]置业有限公司
送 达 地 点	郑州市水政监察支队办公室、
受送达人（签字或盖章）	韩[redacted] 2020.9.18
代收人（签字）	
代收人与受送达人关系	
送 达 日 期	2020年 9月 18日
送 达 方 式	直接送达
拒收原因	
见证人（签字）	年 月 日
送达人（签字）	尹[redacted] 胡[redacted] 2020年 9月 18日
备 注	项目负责人 173[redacted]0

郑州市水利局行政处罚听证告知书

郑水罚听告字〔2020〕第[redacted]号

郑州[redacted]置业有限公司：

本机关于2020年8月4日对你公司未经水行政主管部门批准擅自取水一事立案调查。经调查，你公司在郑州市郑东新区[redacted]南路与[redacted]街交叉口东南角紫[redacted]项目工地内取用地下水，违反了《中华人民共和国水法》第四十八条第一款“直接从江河、湖泊或者地下取用水资源的单位和个人，应当按照国家取水许可制度和水资源有偿使用制度的规定，向水行政主管部门或者流域管理机构申请领取取水许可证，并缴纳水资源费，取得取水权。但是，家庭生活和零星散养、圈养畜禽饮用等少量取水的除外。”之规定，已构成违法。在我执法人员讲明相关法律法规并下达《责令停止水事违法行为通知书》郑水罚责停〔2020〕第51号；《郑州市水利局责令（限期）改正通知书》郑水罚责改〔2020〕第51号后，你公司能够积极主动配合执法人员调查，立即停止违法行为，在限期内采取补救施。参照《河南省水行政处罚裁量标准》未经批准擅自取水的“1. 轻微违法行为的表现情形和处罚标准：立即停止了违法行为，在规定期限内采取补救措施的，处2万元以上5万元以下罚款。”之规定。你公司的违法行为为轻微违法行为。

根据《中华人民共和国水法》第六十九条第一项“有下列

第1页 共2页

行为之一的，由县级以上人民政府水行政主管部门或者流域管理机构依据职权，责令停止违法行为，限期采取补救措施，处二万元以上十万元以下的罚款；情节严重的，吊销其取水许可证：（一）未经批准擅自取水的；”之规定，本机关拟对你公司作出五万元罚款的行政处罚。

依据《中华人民共和国行政处罚法》第四十二条第一款规定，你公司有权要求举行听证。如你公司要求听证，应当自收到本告知书之日起3日内向本机关提出申请。逾期不申请听证的，视为你公司放弃听证权利。

郑州市水利局

2020年9月18日

地　址：郑州市中原区颍河路1[redacted]号　　邮政编码：450[redacted]0

联系人：　卢[redacted]　胡[redacted]　　　　联系电话：0371-67721[redacted]0

（本文书一式贰份）

第2页 共2页

郑州市水利局行政处罚文书送达回证

送达文书名称、文号	郑州市水利局行政处罚听证告知书 郑水罚听告字[2020]第[redacted]号
受送达人	郑州[redacted]置业有限公司
送达地点	郑州市水政监察支队办公室
受送达人(签字或盖章)	韩[redacted] 2020.9.18
代收人(签字)	
代收人与受送达人关系	
送达日期	2020年9月18日
送达方式	直接送达
拒收原因	
见证人(签字)	年 月 日
送达人(签字)	[redacted] 年 月 日
备　　注	项目负责人 17737[redacted]20

郑州市水利局行政处罚决定审批表

<table>
<tr><td rowspan="2">当事人基本情况</td><td>单位名称</td><td>郑州[redacted]置业有限公司</td><td>法定代表人</td><td>祁[redacted]</td></tr>
<tr><td>案发地址</td><td>郑州市郑东新区[redacted]南路与[redacted]街交叉口东南角</td><td>电 话</td><td>187[redacted]78</td></tr>
<tr><td>当事人违法的主要事实和建议作出行政处罚决定的理由、依据及内容</td><td colspan="4">2020年8月4日上午，郑州市水政监察支队接举报称：郑东新区[redacted]南路与[redacted]街交叉口东南角建筑工地取用地下水。支队立即指派监察员卢[redacted]、胡[redacted]对举报地点用水情况进行检查，监察员于8月4日10时在郑州[redacted]置业有限公司项目副经理马[redacted]陪同下对现场用水情况进行勘验，结果为：现场有水井1眼，井位坐标为北纬34° 46′ 22″ 东经113° 50′ 31″，井口内直径为300毫米，取水管内直径为80毫米，正在取用地下水，未安装计量设施，无取水许可手续。该行为违反了《中华人民共和国水法》第四十八条第一款“直接从江河、湖泊或者地下取用水资源的单位和个人，应当按照国家取水许可制度和水资源有偿使用制度的规定，向水行政主管部门或者流域管理机构申请领取取水许可证，并缴纳水资源费，取得取水权。但是，家庭生活和零星散养、圈养畜禽饮用等少量取水的除外。”之规定，根据《中华人民共和国水法》第六十九条第一项“有下列行为之一的，由县级以上人民政府水行政主管部门或者流域管理机构依据职权，责令停止违法行为，限期采取补救措施，处二万元以上十万元以下的罚款；情节严重的，吊销其取水许可证：（一）未经批准擅自取水的；”。2020年8月4日郑州市水利局批准立案、8月14日依法向该公司下达《郑州市水利局责令停止水事违法行为通知书》《郑州市水利局责令（限期）改正通知书》，该公司能立即停止违法行为，在规定期限内采取补救措施。参照《河南省水行政处罚裁量标准》“未经批准擅自取水的1．轻微违法行为的表现情形和处罚标准：立即停止违法行为，在规定期限内采取补救措施的，处2万元以上5万元以下罚款。”之规定，该公司的违法行为为轻微违法行为。2020年9月18日郑州市水利局对该公司下达《郑州市水利局行政处罚事先告知书》、《郑州市水利局行政处罚听证告知书》，该公司在期限内未提出陈述申辩和听证申请。建议：对郑州[redacted]置业有限公司处五万元罚款。</td></tr>
<tr><td>陈述申辩及听证情况</td><td colspan="4">当事人在期限内未提出陈述申辩和听证申请。</td></tr>
<tr><td>当事人陈述申辩或听证意见复核及采纳情况</td><td colspan="4">当事人在期限内未提出陈述申辩和听证申请，建议对郑州[redacted]置业有限公司处五万元罚款。
主办人：[redacted] 协办人：[redacted] 2020年9月28日</td></tr>
<tr><td>承办机构审查意见</td><td colspan="4">同意报
负责人签名 [redacted] 2020年9月28日</td></tr>
<tr><td>法制机构审核意见</td><td colspan="4">同意下发。
负责人签名 [redacted] 2020年9月28日</td></tr>
<tr><td>行政机关负责人审批意见</td><td colspan="4">同意下发
负责人签名 [redacted] 2020年9月28</td></tr>
</table>

河　南　省
政府非税收入专用缴款通知书

流水号№：
记账日期：20电子缴款码：收款0100200000[redacted]31876c
票据代码：豫财票0694 028[redacted]
记账流水：00321[redacted]
票据批次：OD[2018]
执收单位：　校验码：0414　　年　月　日　　№ 0287678

缴款人	郑州市水利局机关		收款人	10　13	
账号	郑州[redacted]置业有限公司		账号	923052郑州市财政局收款专户 郑州市财政局收款专户	
开户银行	99095080		开户银行		
项目编码	项目名称		数量	标准	金额
800099008	水利罚没收入			1.0000	50000.00
合计	人民币（大写）：				50000.00
执收单位（盖章）：		伍万元整	代收银行签章：		
复核：		经办：	复核：	记账：	07136

第三联　此联系收款人开户银行在款项收妥后给收款人的收账通知

备注：　管鑫　管鑫

（印章：郑州市水利局；郑州银行股份有限公司伊河路支行 业务专用章 2020.10.13）

河南省政府非税收入财政票据

№ 0010428457
141010120
票据代码：141010[redacted]0
票据号码：0010428[redacted]
电子票据代码：
校验码：9446
交款人统一社会信用代码：
开票日期：202[redacted]
交款人：郑州[redacted]置业有限公司

项目编码	项目名称	单位	数量	标准	金额（元）	备注
800099008	水利罚没收入	元	1	50000	50000.00	
金额合计（大写）	伍万元			（小写）	50000.00	
其他信息						

第三联　存根

收款单位（章）：　复核人：管鑫　收款人：管鑫

（印章：郑州市水利局）

郑州市水利局行政处罚案件结案审批表

案　　由	郑州[redacted]置业有限公司 违法取水案	立案日期	2020年8月4日
行政处罚决定书文号	郑水罚决字〔2020〕第[redacted]号	处罚日期	2020年9月28日
案件简要情况	2020年8月4日上午，郑州市水政监察支队接举报称：郑东新区[redacted]南路与[redacted]街交叉口东南角建筑工地取用地下水。支队立即指派监察员卢[redacted]、胡[redacted]对举报地点用水情况进行检查，监察员于8月4日10时在郑州[redacted]置业有限公司项目副经理马[redacted]陪同下对现场用水情况进行勘验，结果为：现场有水井1眼，井位坐标为北纬34°46′22″东经113°50′31″，井口内直径为300毫米，取水管内直径为80毫米，正在取用地下水，未安装计量设施，无取水许可手续。该行为违反了《中华人民共和国水法》第四十八条第一款“直接从江河、湖泊或者地下取用水资源的单位和个人，应当按照国家取水许可制度和水资源有偿使用制度的规定，向水行政主管部门或者流域管理机构申请领取取水许可证，并缴纳水资源费，取得取水权。但是，家庭生活和零星散养、圈养畜禽饮用等少量取水的除外。”之规定，根据《中华人民共和国水法》第六十九条第一项“有下列行为之一的，由县级以上人民政府水行政主管部门或者流域管理机构依据职权，责令停止违法行为，限期采取补救措施，处二万元以上十万元以下的罚款；情节严重的，吊销其取水许可证：（一）未经批准擅自取水的；”。2020年8月4日郑州市水利局批准立案，8月14日依法向该公司下达《郑州市水利局责令停止水事违法行为通知书》《郑州市水利局责令（限期）改正通知书》，该公司能立即停止违法行为，在规定期限内采取补救措施。参照《河南省水行政处罚裁量标准》“未经批准擅自取水的1.轻微违法行为的表现情形和处罚标准：立即停止违法行为，在规定期限内采取补救措施的，处2万元以上5万元以下罚款。”之规定，该公司的违法行为为轻微违法行为。2020年9月18日郑州市水利局对该公司下达《郑州市水利局行政处罚事先告知书》、《郑州市水利局行政处罚听证告知书》，该公司在期限内未提出陈述申辩和听证申请。2020年9月28日郑州市水利局向该公司下达《郑州市水利局行政处罚决定书》。当事人在期限内缴纳了罚款，建议结案。		
行政处罚内容	对郑州[redacted]置业有限公司处五万元罚款		
行政处罚执行情况和行政复议、行政诉讼情况	郑州[redacted]置业有限公司罚款已按时缴款到位，未申请行政复议和行政诉讼。		
承办人意见	建议结案 主办人：[redacted]　协办人：[redacted]　2020年10月13日		
承办机构审核意见	同意结案 负责人签名 [redacted]　2020年10月13日		
行政机关负责人审批意见	同意结案 负责人签名 [redacted]　2020年10月13日		

郑州市水利局行政执法回访意见表

<table>
<tr><td>案由</td><td colspan="4">郑州[redacted]置业有限公司违法取水案</td></tr>
<tr><td>承办单位</td><td colspan="2">郑州市水政监察支队</td><td>承办科室</td><td>监察[redacted]科</td></tr>
<tr><td>主办人（证号）</td><td colspan="2">卢[redacted] 豫A01-971[redacted]9</td><td>协办人（证号）</td><td>胡首都 豫A01-855[redacted]6</td></tr>
<tr><td rowspan="2">当事人情况</td><td>单位名称</td><td>郑州[redacted]置业有限公司</td><td>法定代表人</td><td>祁[redacted]</td></tr>
<tr><td>地　　址</td><td colspan="3">郑州市郑东新区[redacted]南路与[redacted]街交叉口东南角</td></tr>
<tr><td>回访地点</td><td colspan="4">郑州市水政监察支队办公室</td></tr>
<tr><td>被回访人</td><td colspan="2">韩贝贝</td><td>回访单位</td><td>郑州[redacted]置业有限公司</td></tr>
<tr><td rowspan="10">回访内容</td><td>1</td><td colspan="2">行政执法人员是否两人以上亮证执法</td><td>是:☑ 否:□</td></tr>
<tr><td>2</td><td colspan="2">是否认真听取您的陈述和申辩</td><td>是:☑ 否:□</td></tr>
<tr><td>3</td><td colspan="2">是否遵循法定程序</td><td>是:☑ 否:□</td></tr>
<tr><td>4</td><td colspan="2">是否告知您应有的权利和义务</td><td>是:☑ 否:□</td></tr>
<tr><td>5</td><td colspan="2">是否体现处罚和教育相结合的原则</td><td>是:☑ 否:□</td></tr>
<tr><td>6</td><td colspan="2">是否存在吃、拿、卡、要现象</td><td>是:□ 否:☑</td></tr>
<tr><td>7</td><td colspan="2">是否因您的陈述申辩而加重处罚</td><td>是:□ 否:☑</td></tr>
<tr><td>8</td><td colspan="2">是否超越法定职权擅自处罚</td><td>是:□ 否:☑</td></tr>
<tr><td>9</td><td colspan="2">是否有行政不作为或推诿扯皮现象</td><td>是:□ 否:☑</td></tr>
<tr><td colspan="4">**信用修复告知：**一般失信行为信用修复可在公示期 3 个月之后向失信认定单位申请信用修复。咨询电话：0371-67721997

被回访人签名：韩[redacted]　　　　2020 年 10 月 13 日</td></tr>
</table>

郑州市水政监察支队行政执法建议函

郑水建议（2020）[redacted]号

郑州市郑东新区管理委员会水务局：

我单位于2020年8月4日在你区[redacted]南路于[redacted]街交叉口东南角紫[redacted]项目工地内查处郑州[redacted]置业有限公司违法取用地下水，已对其进行行政处罚，并责令当事人停止违法行为和改正违法行为，当事人已于2020年8月14日封填取水井。

请你单位对该项目工地已封填的取水井依法进行监督管理。

接收单位（盖章）　　　　　　　　郑州市水政监察支队

年　月　日　　　　　　　　2020年10月13日

（本文书一式两份，一份送监管部门，一份存档）

河南省行政执法监督证

陈[redacted]

单　位：郑州市水务局

监督范围：郑州市

证　号：豫A01-821[redacted]1

有效期至：2020-12-31

河南省行政执法监督证

姓名	陈[redacted]	职务	调研员
性别	男	出生年月	1971-12
发证日期	2019-02-25		

河南省人民政府 行政执法监督专用章

与原件核对无异

提供人：[illegible]

审核人：[redacted]

日　期：2020年8月4

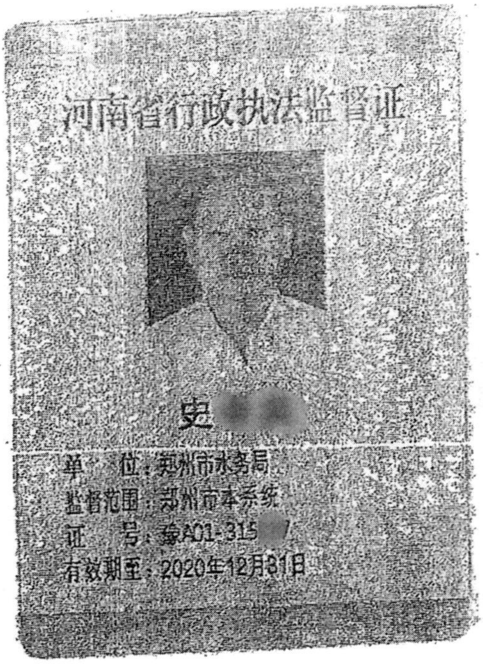

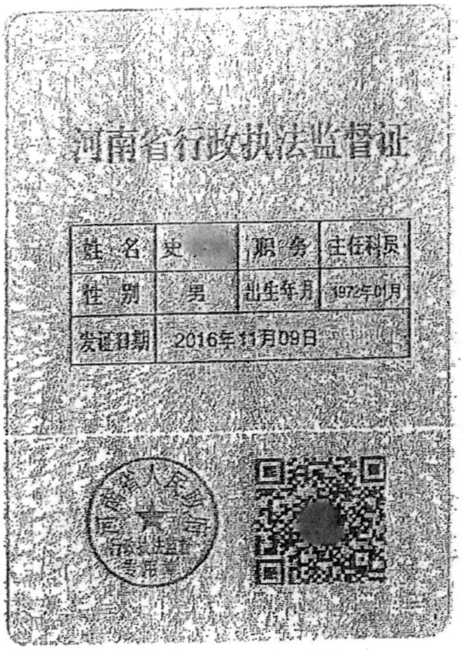

与原件核对无异
提供人：当事人提供
审核人：
日 期：2020年8月4日

河南省行政执法证

葛[redacted]

单　　位：郑州市水政监察支队

证　　号：豫A01-627[redacted]1

有效期至：2020年12月31日

与原件核对无异

提供人：由本人提供

核对人：卢[redacted]　胡[redacted]

日　期：2020年8月4日

河南省行政执法证

姓　名	葛[redacted]	职　务	主任科员
性　别	男	出生年月	1965年10月
执法区域	郑州市		
发证日期	2016年01月01日		

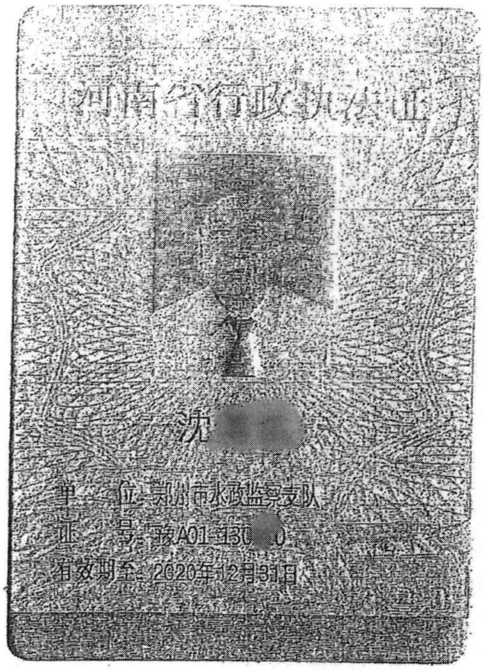

与原件核对无异
提供人: 当事人提供
审核人:
日 期: 2020年8月4日

河南省行政执法证

胡[redacted]

单 位：郑州市水政监察支队

证 号：豫A01-855[redacted]6

有效期至：2020-12-31

与原件核对无异

提供人：胡晗郁

审核人：[redacted]

日 期：2020年8月4日

河南省行政执法证

姓 名	胡[redacted]	职 务	科员
性 别	男	出生年月	1983-10
执法区域	郑州市		
发证日期	2019-02-25		

河南省人民政府 行政执法专用章

与原件核对无异
提供人：卢[redacted]
核对人：古[redacted]
日 期：2020年8月4日

立卷、验卷情况记载

本案卷于 2020 年 10 月 13 日立卷

本册连面带底共计 79 页，附证物袋 1 个，

内装 光盘1 件

立卷人 ______

本案

执法影像资料

现场视频

河 南 省 环 境 保 护 厅

行政执法案件卷宗

2017年度豫环罚决字〔2017〕第01号

违法当事人：	××有限责任公司
案由：	××有限责任公司违反建设项目“三同时”制度案
执行情况：	罚款已经缴纳，违法行为已经纠正到位
立卷人：	王××
办案人：	毛××、郑××、赵××、董××
承办单位：	河南省环境监察总队、河南省环境保护厅政策法规处
实施机关：	河南省环境保护厅

豫环罚决字〔2017〕第01号给予当事人：1．责令改正环境违法行为；2．给予罚款五万元的行政处罚。

复议决定	无	法院判决	无
立案日期	2017年3月10日	结案日期	2017年5月4日
类别	环境保护	归档日期	2017年6月2日
档案号	01	保管期限	永久

本卷共1卷 47页

河南省环境保护厅行政处罚案卷目录

序号	文号	文件名称	页码
1	豫环罚决字〔2017〕第1号	行政处罚决定书	1-4
2	/	行政处罚决定书送达回证	5
3		现场检查（勘察）笔录	6-8
4		当事人营业执照复印件	9
5		当事人组织机构代码证复印件	10
6		当事人授权委托书	11
7		当事人委托人身份证复印件	12
8		现场勘察示意图	13
9		现场照片	14-18
10		当事人#1、2号机组运行记录复印件	19
11	环审〔2011〕×号	当事人环境影响评价批复复印件	20
12	豫环审〔2016〕×××号	当事人变更环境影响评价批复复印件	21
13		当事人1号机组脱硫设施先期验收意见复印件	22
14		调查询问笔录	23-26
15		案件立案审批表	27

16		案件调查终结报告	28-29
17		行政处罚事先（听证）告知审批表	30
18	豫环罚先告字〔2017〕第1号	事先（听证）告知书	31-34
19		送达回证	35
20		当事人陈述申辩材料	36
21		行政处罚决定审批表	37
22		行政处罚公示截图	38
23		环境行政处罚案件办理信息系统处罚信息录入截图	39
24		粘贴票据笺	40
25		后督察情况表及照片证据	41-42
26		结案审批表	43
27		执法人员行政执法证复印件	44

河南省环境保护厅
行政处罚决定书

豫环罚决字〔2017〕第1号

××有限责任公司：

营业执照注册号：41122100001××××

组织机构代码：39959××××

地址：××县××路东段　　法定代表人：李××

本机关于2017年3月13日对单位涉嫌违反“三同时”制度的行为立案调查。经调查，你单位变更环评批复于2016年3月28日经我单位批复同意，在没有按照变更环境批复的要求建设封闭型煤场的情况下主体工程于2016年12月即投入运行，违法时间段较长，且你单位露天煤场也未按照《中华人民共和国大气污染防治法》的规定采取有效覆盖等防尘抑尘措施避免或者减少扬尘污染。上述行为违反了《建设项目环境保护管理条例》第十六条“建设项目需要配套建设的环境保护设施，必须与主体工程同时设计、同时施工、同时投产使用”之规定，已构成违法。

违法事实证据如下：

证据一：1. 调查询问笔录1份共计4页。证明本机关对你单位进行了调查询问。

证据二：1. 现场勘察笔录1份共计2页；2. 现场勘察示意图；3. 现场照片共计5张；证明本机关执法检查现场和你单位未按照环评要求建设封闭型煤场，煤炭露天堆放未采取有效的防尘抑尘措施。

证据三：1. 你单位授权委托书；2. 你单位授权委托人身份证复印件。证明：你单位委托人员接受本机关调查询问并参与现场检查。

证据四：1. 你单位组织机构代码证复印件；2. 你单位营业执照复印件。证明你单位主体身份。

证据五：1. 你单位2×300MW热电联产工程环境影响报告书的批复（环审〔2011〕××号）复印件；2. 你单位2×300MW热电联产工程环境影响变更分析报告的批复（豫环审〔2016〕××号）复印件；证明你单位环评的煤场三同时建设要求。

证据六：1. 你单位2×350MW热电联产工程1号机组脱硫脱硝除尘设施先期验收意见及验收组名单复印件；2. 你单位2017年2月1日至20日#1、2机组运行记录复印件。证明你单位环境守法情况。

证据七：1. 本机关现场调查人员执法证复印件。证明我单位现场检查人员具有执法资格。

你单位在收到我厅行政处罚事先（听证）告知书后向我厅提出申辩意见如下：1. 企业工程投产，封闭型煤场没有同步投产使用的背景；2. 企业积极响应政府要求，主动增加投资，搬挪煤场，改汽运为铁路运煤方式；3. 企业迅速行动，坚决完成省环境监察总队现场检查整改要求，目前已经采取密闭运输、喷淋冲洗洒扫、防尘网覆盖等方式抑制扬尘；4. 企业勇于担当，履行央企社会责任，为大气攻坚作出应有贡献。经我厅复核，你单位申辩理由不影响对违法行为的认定，决定不采纳你单位的陈述申辩请求。

我厅认为你单位在没有按照变更环境批复的要求建设封闭型煤场的情况下主体工程于2016年12月即投入运行，违法时间段较长，且你单位露天煤场也未按照《中华人民共和国大气污染防治法》的规定采取有效覆盖等防尘抑尘措施，避免或者减少扬尘污染。根据你单位上述违法行为的事实、性质、情节、社会危害程度和证据，参照《河南省环境行政处罚裁量标准》，确定你单位的违法行为属于严重行为。

根据《建设项目环境保护管理条例》第二十八条“违反本条例规定，建设项目需要配套建设的环境保护设施未建成、未经验收或者经验收不合格，主体工程正式投入生产或者使用的，由审批该建设项目环境影响报告书、环境影响报告表或者环境影响登记表的环境保护行政主管部门责令停止生产或者使用，可以处 10 万元以下的罚款”之规定，经本单位研究，我厅对你单位上述环境违法行为作出以下处理：

1．责令改正环境违法行为；

2．给予罚款五万元的行政处罚。

你（单位）应当自收到本决定书之日起 15 日内将罚款缴纳至河南省财政厅指定的非税收入财政专户（开户名称：河南省财政厅非税收入财政专户；银行账号：8970516010005071；代办银行：广发银行郑州经三路支行）。款项缴清后，请持银行受理回单到我厅规划财务处索取罚款收据，并将缴款凭据复印件报送我厅政策法规处备案。（逾期不缴纳罚款的，按日加处 3%罚款。）

你单位如不服本决定，可以自收到本决定书之日起六十日内向河南省人民政府或者中华人民共和国环境保护部申请行政复议，也可以自收到本决定书之日起六个月内依法直接向人民法院提起行政诉讼。逾期不申请行政复议，也不提起行政诉讼，又不履行本处罚决定的，本机关将依法申请人民法院强制执行。

河南省环境保护厅

2017 年 4 月 18 日

行政处罚文书送达回证

送达文书名称、文号	行政处罚决定书 豫环罚决字〔2017〕第1号
受送达人	××有限责任公司
送 达 地 点	环保厅302室
受送达人（签字或盖章）	/
代收人（签字）	王××
代收人与受送达人关系	公司员工（安环部长）
送 达 日 期	2017.4.21
送 达 方 式	直接送达
拒收原因	/
见证人（签字）	无
送达人（签字）	毛××　郑×× 2017.4.21
备　注	

河南省环境保护厅现场检查（勘察）笔录

检查（勘验）时间：2017年3月3日14时30分至3日16时0分

检查（勘验）地点：XX有限责任公司厂区

被检查（勘验）单位名称：XX有限责任公司

法定代表人（负责人）：李XX 被检查（勘验）人姓名：王XX

性别：男 职业：XX有限责任公司生产部副主任

身份证号码41030519780219XXXX 工作单位：XX有限责任公司

电话：1803926XXXX 住址：洛阳市涧西区 邮编：472XXX

检查(勘验)人姓名：赵XX 执法证件号：豫O-114XXX

检查（勘验）人姓名：董XX 执法证件号：豫O-651XXX

记录人姓名：董XX 执法证件号：豫O-651XXX

见证人姓名：无 身份证号码：无

告知事项：我们是河南省环境保护厅（局）的行政执法人员，这是我们的执法证件（执法证编号：豫O-114XXX、豫O-651XXX。请过目确认：已确认

今天我们依法进行检查并了解有关情况，你应当配合调查，如实提供材料，不得拒绝、阻碍、隐瞒或者提供虚假情况。如果你认为检查人与本案有利害关系，可能影响公正办案，可以申请回避，并说明理由。请确认：我配合调查，不申请回避

现场勘察情况：

1.环评、验收手续

该公司2×300MW机组项目环评审批手续2011年1月10日由环保部审批，审批文号为环审〔2011〕X号，变更环评审批手续2016

被检查（勘察）人：王XX 2017年3月3日

检查（勘察）人：赵XX 2017年3月3日

记录人：董XX 2017年3月3日 第1页共3页

参加人（见证人）：无 2017年3月3日

年3月28日由河南省环保厅审批，审批文号为环审〔2016〕×××号；目前，1号机组已通过先期现场验收，2号机组已做完先期验收现场监测，整体验收暂未通过。

2.生产情况：

现场检查时，两台机组均在运行。

3.污染防治设施建设情况：

两台机组均建设高效除尘器、烟气湿法脱硫装置、ＳＣＲ脱硝装置及废水治理设施。废气排放配套建设自动在线监控装置，并与省市环保部门联网运行。

4.污染防治设施运行情况：

现场检查时，两台机组配套的污染防治设施正在运行，煤场封闭项目正在施工，施工场地地面未硬化，开挖土方未及时履盖。煤场内部分燃煤采取简单覆盖，大部分露天堆放。

1号机组二氧化硫排放浓度为0.8mg/m^3、氮氧化物排放浓度为8.2mg/m^3,烟尘排放浓度为1.2mg/m^3；2号机组二氧化硫排放浓度为0.6mg/m^3、氮氧化物排放浓度为22.2mg/m^3、烟尘排放浓度为1.3mg/m^3 。

5.周围敏感点情况：

无。

6.纸质和电子凭证情况：

对当事人营业执照、被检查（勘察）人身份证、项目环评批复文件、生产报表等相关资料进行复印。

7.现场进行拍照、取证

现场对企业污染设施建设运行情况、煤场建设及堆存情况等处进

被检查（勘察）人：[redacted] 2017年3月3日

检查（勘察）人：赵×× 2017年3月3日

记录人：董×× 2017年3月3日 第2页共3页

参加人（见证人）：无 2017年3月3日

行了检查，对企业厂名、生产设备、污染防治设施等重点现场检查（勘察）部位、环节进行拍照取证。

8.制作现场勘察示意图一份。

9.被检查（勘察）人在检查过程中配合检查。

（以下是笔录尾页） 以下空白

笔录上述内容，记录属实。

王××

2017.3.3

被检查（勘察）人：王×× 2017年3月3日

检查（勘察）人：赵×× 2017年3月3日

记录人：董×× 2017年3月3日 第3页共3页

参加人（见证人）：无 2017年3月3日

此处为××有限责任公司营业执照复印件

取证人：袁×× 董××	出证人：王××
取证时间：2017年3月3日	出证时间：2017年3月3日
本件与原件核对无误	原件现存地点：厂内
签名：王×× 2017年3月3日	

此处为××有限责任公司组织机构代码证复印件

取证人：袁×× 董××	出证人：王××
取证时间：2017年3月3日	出证时间：2017年3月3日
本件与原件核对无误	原件现存地点：厂内
签名：王×× 2017年3月3日	

此处为××有限责任公司授权委托书复印件

取证人：袁×× 董××	出证人：王××
取证时间：2017年3月3日	出证时间：2017年3月3日
本件与原件核对无误	原件现存地点：厂内

此处为××有限责任公司授权委托的被检查人员身份证复印件

取证人：袁×× 董××	出证人：王××
取证时间：2017年3月3日	出证时间：2017年3月3日
本件与原件核对无误	原件现存地点：本人
签名：王×× 2017年3月3日	

现场勘查示意图

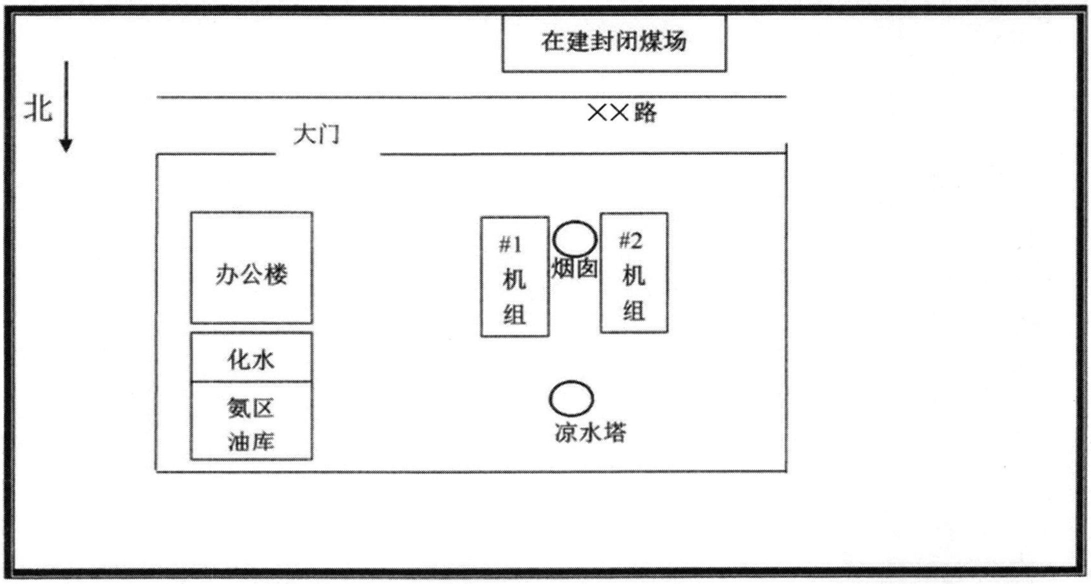

勘查人：赵××

绘图人：董××

绘图时间：2017.3.3

当事人签字：王××

拒签理由：

见证人：无

现场照片（图片、影像资料）证据

此处为行政执法取证照片

<table>
<tr><td>证明对象：　　　××有限责任公司</td><td rowspan="6">证物袋
（存底片、光盘等）</td></tr>
<tr><td>拍摄时间：　　　2017 年 3 月 3 日 14 时 30 分</td></tr>
<tr><td>拍摄地点：　　　厂区厂名</td></tr>
<tr><td>拍 摄 人：　董××</td></tr>
<tr><td>当事人、见证人：董××</td></tr>
<tr><td>执法人员（签名）：赵××　董××
执法证号：豫0-114×××　豫0-651×××</td></tr>
</table>

15

现场照片（图片、影像资料）证据

此处为行政执法取证照片

证明对象：	××有限责任公司	证物袋 （存底片、光盘等）
拍摄时间：	2017年3月3日14时40分	
拍摄地点：	脱硫设施、烟囱	
拍 摄 人：	董××	
当事人、见证人：	王××	
执法人员（签名）：赵×× 董×× 执法证号：豫0-114××× 豫0-651×××		

现场照片（图片、影像资料）证据

此处为行政执法取证照片

<table>
<tr><td>证明对象：××有限责任公司</td><td rowspan="6">证物袋
（存底片、光盘等）</td></tr>
<tr><td>拍摄时间：2017 年 3 月 3 日 14 时 50 分</td></tr>
<tr><td>拍摄地点：机组、凉水塔</td></tr>
<tr><td>拍 摄 人：董XX</td></tr>
<tr><td>当事人、见证人：王XX</td></tr>
<tr><td>执法人员（签名）：赵XX 董XX
执法证号：豫0-114XXX 豫0-651XXX</td></tr>
</table>

现场照片（图片、影像资料）证据

此处为行政执法取证照片

<table>
<tr><td>证明对象：　　××有限责任公司</td><td rowspan="6">证物袋
（存底片、光盘等）</td></tr>
<tr><td>拍摄时间：　　2017 年 3 月 3 日 15 时 00 分</td></tr>
<tr><td>拍摄地点：　　封闭煤场施工现场</td></tr>
<tr><td>拍 摄 人：　董XX</td></tr>
<tr><td>当事人、见证人：王XX</td></tr>
<tr><td>执法人员（签名）：赵XX　董XX
执法证号：豫0-114XXX　豫0-651XXX</td></tr>
</table>

现场照片（图片、影像资料）证据

此处为行政执法取证照片

<table>
<tr><td>证明对象：××有限责任公司</td><td rowspan="6">证物袋
（存底片、光盘等）</td></tr>
<tr><td>拍摄时间：2017年3月3日15时20分</td></tr>
<tr><td>拍摄地点：燃煤露天堆放</td></tr>
<tr><td>拍 摄 人：董××</td></tr>
<tr><td>当事人、见证人：王××</td></tr>
<tr><td>执法人员（签名）：赵××　董××
执法证号：豫0-114×××　豫0-651×××</td></tr>
</table>

此处为××有限责任公司2017年2月1日至2月20日#1、2机组运行记录复印件

取证人：赵×× 袁××	出证人：王××
取证时间：2017年3月3日	出证时间：2017年3月3日
本件与原件核对无误	出证地点：厂内
签名：王×× 2017年3月3日	

此处为《关于××有限责任公司热电联产工程环境影响报告书的批复》(环审〔2011〕×号）复印件

取证人：袁×× 董××	出证人：王××
取证时间：2017年3月3日	出证时间：2017年3月3日
本件与原件核对无误	原件现存地点：丁内
签名：王×× 2017年3月3日	

此处为河南省环境保护厅《关于××有限责任公司热电联产工程环境影响变更分析报告的批复》(豫环审〔2016〕×××号)复印件

取证人：袁xx 董xx	[illegible]人：王xx
[illegible]：2017年3月3日	[illegible] 2017年3月3日
[illegible]	[illegible]：丁昀
签名：王xx 2017 3 3	

此处为××有限责任公司热电联产工程#1 机组脱硫脱硝除尘设施先期验收意见复印件

取证人：赵×× 董××	出证人：王××
取证时间：2017年3月3日	出证时间：2017年3月3日
本件与原件核对无误	原件现存地点：厂内
签名：王×× 2017年3月3日	

河南省环境保护厅调查询问笔录

询问时间：2017年3月3日16时30分至3日17时30分

询问地点：××有限责任公司会议室

询问人：赵×× 执法证件号：豫O-114×××

记录人：董×× 执法证件号：豫O-651×××

被询问人：王×× 性别：男 年龄：39 民族：汉

被询问单位：××有限责任公司 法定代表人：李××

电话：0398-2318××× 身份证号码：41030519780219××××

工作单位：××有限责任公司 职务或职业：生产部副主任

住址：洛阳市涧西区 电话：1803926××××

邮编：472××× 与本案关系：现任××有限责任公司生产部副主任

询问内容：

我们是河南省环境保护厅的执法人员赵××、董××，这是我们的执法证件，号码分别是：豫O-114×××、豫O-651×××，请你确认。现依法向你询问，请如实回答所问问题，执法人员与你有利害关系的，你可以申请回避。

答：已确认。我不申请回避。

问：请问你的姓名、年龄、工作单位及职务、具体负责哪些工作、身份证号及个人联系方式？

答：我叫王××，男，1978年2月出生，现年39岁，家住洛阳市涧西区，身份证号码是：41030519780219××××，是××有限责任

被询问人：王×× 2017年3月3日

询问人：赵×× 2017年3月3日

记录人：董×× 2017年3月3日 第1页共4页

参加人（见证人）：无 2017年3月3日

公司合同制职工，现任生产部副主任，手机1803926××××。

问：你与被调查单位是什么关系？

答：我与××有限责任公司是劳动合同关系，现任生产部副主任。

问：被调查单位名称？法定代表人姓名？生产经营范围？

答：我单位名称是××有限责任公司，法人代表李××，营业执照注册号41122100001××××（1-1），组织机构代码3995××××-×，生产经营范围是建设、经营管理火电厂及其相关工程；电力、热力生产经营；电力、热力附属品销售。

问：被调查单位通信地址？邮编？联系方式？

答：我厂通信地址是××县××路东段，邮编是472×××，联系电话：0398－2318×××。

问：你单位有无环评批复和验收文件？是何时由哪一级环保部门批复和发放的？文号是什么？

答：我单位2×300MW机组项目环评审批手续2011年1月10日由环保部审批，审批文号为环审〔2011〕×号，变更环评审批手续2016年3月28日由河南省环保厅审批，审批文号为环审〔2016〕×××号；1号机组已通过先期现场验收，2号机组已做完先期验收现场监测，整体验收暂未通过。

问：你单位产能有多大？你单位的产品、原辅料有哪些？建设投产情况？

答：我单位现装机容量合计为700MW，主要产品为电能、热力，原料是煤，辅料有石灰石等，两台机组均于2016年12月建成投运。

被询问人：王×× 2017年3月3日

询问人：赵×× 2017年3月3日

记录人：董×× 2017年3月3日 第2页共4页

参加人（见证人）：无 2017年3月3日

问：主要设备有哪些？

答：主要设备有燃煤锅炉、发电机组、汽轮机等。

问：主要产污环节和污染因子有哪些？

答：主要产物环节是锅炉燃烧环节产生废气，废气污染物包括烟尘、二氧化硫、氮氧化物，废水污染物包括化学需氧量、氨氮等。

问：你单位建有哪些污染防治设施？

答：我单位两台机组均建设高效除尘器、烟气湿法脱硫装置、ＳＣＲ脱硝装置及废水治理设施。目前，1号机组已通过先期现场验收，2号机组已做完先期验收监测。废气排放配套建设自动在线监控装置，并与省市环保部门联网运行。

问：你单位执行哪个主要污染物排放标准？

答：我单位废气排放执行《火电厂大气污染物排放标准》（GB13223-2011），其中，二氧化硫为200mg/m^3，氮氧化物为100mg/m^3，烟尘为30mg/m^3。

问：你单位近期生产情况？

答：现两台机组均在运行。

问：你单位近期污染防治设施（包括自动监控设施）运行情况如何？

答：污染防治设施均在运行。

问：现场检查发现你公司未按变更环评要求建设封闭性煤场，是什么情况？

答：我公司前期环评仅要求建设防风抑尘网，后期我公司为减少

被询问人：王××　　2017年3月3日

询问人：赵××　　2017年3月3日

记录人：董××　　2017年3月3日　　第3页共4页

参加人（见证人）：无　　2017年3月3日

燃煤运输及贮存粉尘无组织排放，主动将燃煤运输方式由汽运变更为火车运输，燃煤贮存由防风抑尘网变更为封闭煤棚，由于变更环评批复过程比较长，煤场建设位置发生变更需要征地等原因导致煤场开工较晚。

问：近三年你单位是否被环保部门处理过？何时何违法行为由哪个环保部门作何种处理？履行情况？

答：没有。

问：有无其他要反映的情况？有无其他资料要提供？

答：无。

（以下是询问笔录尾页）　　　　　　以下空白

笔录上述内容，记录属实。

王××

2017.3.3

被询问人：王××　　　　2017年3月3日

询问人：赵××　　　　2017年3月3日

记录人：董××　　　　2017年3月3日　　　　第4页共4页

参加人（见证人）：无　　　　2017年3月3日

河南省环境保护厅
行政处罚案件立案审批表

<table>
<tr><td rowspan="5">当事人</td><td>名称（姓名）</td><td colspan="3">××有限责任公司</td></tr>
<tr><td>地址（住址）</td><td>××县××路东段</td><td>邮政编码</td><td>472×××</td></tr>
<tr><td>营业执照注册号（公民身份证号）</td><td>41122100001××××</td><td>组织机构代码证（行业）</td><td>3995××××-×</td></tr>
<tr><td>统一社会信用代码</td><td colspan="3"></td></tr>
<tr><td>法定代表人（负责人）</td><td>李××</td><td>职务</td><td>董事长</td></tr>
<tr><td>案 由</td><td colspan="2">××有限责任公司违反建设项目“三同时”制度案</td><td>案件来源</td><td>现场检查</td></tr>
<tr><td>案件简要情况</td><td colspan="4">××有限责任公司未按变更环评要求完成封闭性煤场建设，主体工程于2016年12月投入运行，违反了建设项目“三同时”制度。</td></tr>
<tr><td>承办人意见</td><td colspan="4">该公司上述违法行为违反了《建设项目环境保护管理条例》第十六条规定，依据《建设项目环境保护管理条例》第二十八条规定，建议立案处罚。
承办人签名：赵×× 董×× 2017年3月10日</td></tr>
<tr><td>承办机构审核意见</td><td colspan="4">经审核，建议立案。建议该案件主办人是赵××，协办人是董××。
负责人签名：王× 2017年3月10日</td></tr>
<tr><td>行政机关负责人审批意见</td><td colspan="4">请王处长阅示。毛×× 2017.3.10
同意立案，请师厅长阅示。王×× 2017.3.10
同意立案
负责人签名：师× 2017年3月10日</td></tr>
</table>

28

河南省环境保护厅案件调查终结报告

当事人：××有限责任公司

案件调查终结时间：2017年3月14日

检查（勘察）人员签名：赵××、董××

当事人的基本情况和违法事实：××有限责任公司位于××县××路东段，法定代表人李××，生产经营范围为建设、经营管理火电厂及其相关工程；电力、热力生产经营；电力、热力附属品销售。主要产品为电能、热能，生产规模为700MW，目前#1、2号机组均在运行。河南省环境监察总队执法人员2017年3月3日现场检查发现，该公司未按变更环评要求完成封闭性煤场建设，主体工程于2016年12月投入运行，该行为违反了《建设项目环境保护管理条例》第十六条的规定。

当事人违法的证据：

1. 立案登记表；
2. 现场检查（勘察）记录；
3. 调查询问笔录；
4. 现场照片（封闭煤场建设情况等）；
5. 现场检测报告；
6. #1、2机组热电联产工程环评及环境影响变更批复；
7. #1机组先期验收意见；
8. #1、2机组2017年2月1日至2月20日运行记录。

违法行为等次：列入报告书类的建设项目，环境保护设施已

29

动工建设尚未建成的

应当受到处罚的依据和种类:《建设项目环境保护管理条例》第二十八条规定:“违反本条例规定,建设项目需要配套建设的环境保护设施未建成、未经验收或者经验收不合格,主体工程正式投入生产或者使用的,由审批该建设项目环境影响报告书、环境影响报告表或者环境影响登记表的环境保护行政主管部门责令停止生产或者使用,可以处10万元以下的罚款。”种类:罚款,其他。

行政处罚建议:

1.责令该企业停止生产或者使用;

2.依据《河南省环境行政处罚裁量标准》,列入报告书类的建设项目,环境保护设施已动工建设尚未建成的,处5万元罚款。

办案人员(签名):赵××　董××

办案单位(盖章)

2017年3月14日

30

行政处罚事先（听证）告知审批表

<table>
<tr><td rowspan="4">当事人基本情况</td><td>名称（姓名）</td><td colspan="3">××有限责任公司</td></tr>
<tr><td>住址（地址）</td><td>××县××路东段</td><td>邮政编码</td><td>××××</td></tr>
<tr><td>营业执照注册号（公民身份证号）</td><td>41122100001××</td><td>组织机构代码（行业）</td><td>39959××××</td></tr>
<tr><td>法定代表人（负责人）</td><td>李××</td><td>职务</td><td>总经理</td></tr>
<tr><td>当事人违法事实和处罚依据</td><td colspan="4">省环境监察总队执法人员2017年3月3日对××有限责任公司进行了现场检查。经调查，该单位变更环评批复于2016年3月28日经我厅批复同意，但该单位在没有按照变更环境批复的要求建设封闭型煤场的情况下主体工程于2016年12月投入运行，违反了《建设项目环境保护管理条例》第十六条“建设项目需要配套建设的环境保护设施，必须与主体工程同时设计、同时施工、同时投产使用”的规定。</td></tr>
<tr><td>法制机构意见</td><td colspan="4">建议对该公司下达行政处罚事先（听证）告知书，拟作出以下处理：
1.责令停止生产；
2.给予罚款五万元的行政处罚。 毛×× 2017.3.20
同意。。 负责人签名：王×× 2017.3.20</td></tr>
<tr><td>行政机关负责人审批意见</td><td colspan="4">同意法制机构意见。
负责人签名：师× 2017.3.20</td></tr>
</table>

31

河南省环境保护厅
行政处罚事先（听证）告知书

豫环罚先告字〔2017〕第1号

××有限责任公司：

营业执照注册号：41122100001××××

组织机构代码：39959××××

地址：××县××路东段　　法定代表人：李××

本机关于2017年3月13日对单位涉嫌违反“三同时”制度的行为立案调查。经调查，你单位变更环评批复于2016年3月28日经我单位批复同意，在没有按照变更环境批复的要求建设封闭型煤场的情况下主体工程于2016年12月即投入运行，违法时间段较长，且你单位露天煤场也未按照《中华人民共和国大气污染防治法》的规定采取有效覆盖等防尘抑尘措施避免或者减少扬尘污染。根据你单位违法行为的事实、性质、情节、社会危害程度和证据，参照《河南省环境行政处罚裁量标准》，确定你单位的违法行为属于严重行为。上述行为违反了《建设项目环境保护管理条例》第十六条“建设项目需要配套建设的环境保护设施，必须与主体工程同时设计、同时施工、同时投产使用”之规定，已构成违法。

违法事实证据如下：

32

证据一：1. 调查询问笔录1份共计4页。证明本机关对你单位进行了调查询问。

证据二：1. 现场勘察笔录1份共计2页；2. 现场勘察示意图；3. 现场照片共计5张，证明本机关执法检查现场和你单位未按照环评要求建设封闭型煤场，煤炭露天堆放未采取有效的防尘抑尘措施。

证据三：1. 你单位授权委托书；2. 你单位授权委托人身份证复印件。证明：你单位委托人员接受本机关调查询问并参与现场检查。

证据四：1. 你单位组织机构代码证复印件；2. 你单位营业执照复印件。证明你单位主体身份。

证据五：1. 你单位2×300MW热电联产工程环境影响报告书的批复（环审〔2011〕××号）复印件；2. 你单位2×300MW热电联产工程环境影响变更分析报告的批复（豫环审〔2016〕××号）复印件；证明你单位环评的煤场三同时建设要求。

证据六：1. 你单位2×350MW热电联产工程1号机组脱硫脱硝除尘设施先期验收意见及验收组名单复印件；2. 你单位2017年2月1日至20日#1、2机组运行记录复印件。证明你单位环境守法情况。

证据七：1. 本机关现场调查人员执法证复印件。证明

33

我单位现场检查人员具有执法资格。

根据《建设项目环境保护管理条例》第二十八条“违反本条例规定，建设项目需要配套建设的环境保护设施未建成、未经验收或者经验收不合格，主体工程正式投入生产或者使用的，由审批该建设项目环境影响报告书、环境影响报告表或者环境影响登记表的环境保护行政主管部门责令停止生产或者使用，可以处 10 万元以下的罚款”之规定，经本单位研究，我厅对你单位上述环境违法行为拟作出以下处理：

1. 责令停止生产；

2. 给予罚款五万元的行政处罚。

依据《中华人民共和国行政处罚法》第三十一条“行政机关在作出行政处罚决定之前，应当告知当事人作出行政处罚决定的事实、理由及依据，并告知当事人依法享有的权利”、第三十二条第一款“当事人有权进行陈述和申辩。行政机关必须充分听取当事人的意见，对当事人提出的事实、理由和证据，应当进行复核；当事人提出的事实、理由或者证据成立的，行政机关应当采纳”的规定，你单位可在收到本告知书之日起 3 日内提出书面陈述、申辩意见，或到本机关政策法规处 304 室进行陈述、申辩。逾期不陈述、申辩的，视为你单位放弃陈述、申辩权利。

34

依据《中华人民共和国行政处罚法》第四十二条第一款“行政机关作出责令停产停业、吊销许可证或者执照、较大数额罚款等行政处罚决定之前，应当告知当事人有要求举行听证的权利；当事人要求听证的，行政机关应当组织听证。当事人不承担行政机关组织听证的费用。听证依照以下程序组织：（一）当事人要求听证的，应当在行政机关告知后三日内提出……”规定，你单位有权要求举行听证。如你单位要求听证，应当自收到本告知书之日起3日内向本机关提出申请。逾期不申请听证的，视为你单位放弃听证权利。

河南省环境保护厅

2017年3月20日

行政机关地址：郑州市顺河路1号　　邮政编码：450004

行政机关联系人：郑××　　联系电话：0371-663090××

35

行政处罚文书送达回证

送达文书名称、文号	行政处罚事先（听证）告知书 豫环罚先告字〔2017〕第1号
受送达人	××有限责任公司
送 达 地 点	环保厅302室
受送达人（签字或盖章）	/
代收人（签字）	王 ××
代收人与受送达人关系	公司员工（安环部长）
送 达 日 期	2017.3.21
送 达 方 式	直接送达
拒收原因	/
见证人（签字）	无
送达人（签字）	毛×× 郑×× 2017.3.21
备 注	

36

××有限责任公司

陈述申辩材料（原件）

37

行政处罚决定审批表

<table>
<tr><td rowspan="4">当事人基本情况</td><td>名称（姓名）</td><td colspan="3">××有限责任公司</td></tr>
<tr><td>住址（地址）</td><td>××县××路东段</td><td>邮政编码</td><td>××××</td></tr>
<tr><td>营业执照注册号（公民身份证号）</td><td>41122100001××</td><td>组织机构代码（行业）</td><td>39959××××</td></tr>
<tr><td>法定代表人（负责人）</td><td>李××</td><td>职务</td><td>总经理</td></tr>
<tr><td>当事人违法事实和处罚依据</td><td colspan="4">省环境监察总队执法人员 2017 年 3 月 3 日对××有限责任公司进行了现场检查。经调查，该单位变更环评批复于 2016 年 3 月 28 日经我厅批复同意，但该单位在没有按照变更环境批复的要求建设封闭型煤场的情况下主体工程于 2016 年 12 月投入运行，违反了《建设项目环境保护管理条例》第十六条“建设项目需要配套建设的环境保护设施，必须与主体工程同时设计、同时施工、同时投产使用”的规定。</td></tr>
<tr><td>陈 述申辩及听证情况</td><td colspan="4">1. 企业工程投产，封闭型煤场没有同步投产使用的背景；2. 企业积极响应政府要求，主动增加投资，搬挪煤场，改汽运为铁路运煤方式；3. 企业迅速行动，坚决完成省环境监察总队现场检查整改要求，目前已经采取密闭运输、喷淋冲洗洒扫、防尘网覆盖等方式抑制扬尘；4. 企业用于担当，履行央企社会责任，为大气攻坚作出应有贡献。
综合申辩意见：要求不予处罚。未提出听证请求。</td></tr>
<tr><td>当事人陈述申辩或听证意见复核及采纳情况</td><td colspan="4">经复核，企业申辩理由不影响对违法行为的认定，决定不采纳企业的申辩请求。
承办人签名：郑××
2017.4.18</td></tr>
<tr><td>法制机构意见</td><td colspan="4">按照告知书下达处罚决定。毛×× 2017.4.18
同意
负责人签名：王×× 2017.4.18</td></tr>
<tr><td>行政机关负责人审批意见</td><td colspan="4">同意法规处意见，按照告知书下达处罚决定。
负责人签名：师×× 2017.4.18</td></tr>
</table>

38

行政处罚公示截图

39

环境行政处罚案件办理信息系统
处罚信息录入截图

40

粘 贴 票 据 笺

河南省政府非税收入票据

（原件：备查联）

银行缴费回执单

（复印件）

41

附表 2

河南省环境保护厅后督察情况表

案　由	××有限责任公司违反建设项目“三同时”制度案件		
当事人名称或姓名	××有限责任公司	地址	××县××路东段
法定代表人（负责人）	李××	职务	董事长
处理文书名称及文号	豫环罚决字〔2017〕第 1 号		
后督察现场调查情况	1. 经现场核实，该单位按照变更环评批复要求完成封闭型煤场建设； 2. 五万元罚款已经足额缴纳。		
被调查企业意见	以上整改情况属实。 负责人：王××　　2017年 4月 28日		
调查人员意见	以上整改情况属实。 签名：赵×× 董××　　2017年 4月 28日		
调查机关意见	罚款已缴纳到位，违法行为已纠正到位，建议结案。 负责人：王××　　2017年 4月 28日		
备注			

42

现场照片（图片、影像资料）证据

此处为行政执法取证照片

证明对象：封闭型煤场建设情况	证物袋 （存底片、光盘）
拍摄时间：2017 年 4 月 28 日	
拍摄地点：××有限责任公司封闭煤场外	
拍摄人：董××	
当事人、见证人：王××	
执法人员签名：赵××　董×× 执法证号：豫0-114×××　豫0-651×××	

43

行政处罚案件结案审批表

案 由	××有限责任公司违反建设项目“三同时”制度案件	立案日期	2017年3月13日
行政处罚决定书文号	豫环罚决字〔2017〕第1号	处罚日期	2017年4月18日
案件简要情况	省环境监察总队执法人员2017年3月3日对××有限责任公司进行了现场检查。经调查，该单位变更环评批复于2016年3月28日经我厅批复同意，但该单位在没有按照变更环境批复的要求建设封闭型煤场的情况下主体工程于2016年12月投入运行，违反了《建设项目环境保护管理条例》第十六条“建设项目需要配套建设的环境保护设施，必须与主体工程同时设计、同时施工、同时投产使用”的规定。		
行政处罚内容	根据《建设项目环境保护管理条例》第二十八条“违反本条例规定，建设项目需要配套建设的环境保护设施未建成、未经验收或者经验收不合格，主体工程正式投入生产或者使用的，由审批该建设项目环境影响报告书、环境影响报告表或者环境影响登记表的环境保护行政主管部门责令停止生产或者使用，可以处10万元以下的罚款”的规定，给予该单位罚款五万元的处罚。		
行政处罚执行情况和行政复议、行政诉讼情况	五万元罚款已经足额缴纳，违法行为已经纠正到位，该公司未申请行政复议也未提起行政诉讼。		
承办人意见	同意结案 承办人签名：毛×× 郑×× 2017.5.5		
承办机构审核意见	同意结案 负责人签名：王×× 2017.5.5		
行政机关负责人审批意见	同意结案 负责人签名：师×× 2017.5.5		

44

此处为执法人员行政执法证复印件

灵宝市烟草专卖局
卷 宗

灵烟处〔2017〕第002号

<table>
<tr><td>案 由</td><td colspan="3">李××未在当地烟草专卖批发企业进货案</td></tr>
<tr><td>当事人</td><td colspan="3">李××</td></tr>
<tr><td>承办人</td><td colspan="3">主办人：樊××　　协办人：宁××</td></tr>
<tr><td>处理结果</td><td colspan="3">罚款已上缴灵宝市财政局非税收入（罚没收入）专户，已执行完毕。
2017年2月6日返还证据先行登记保存的卷烟84mm云烟（紫）壹拾叁条，并返还壹条鉴别检验损耗费：捌拾柒元玖角捌分（87.98元）。</td></tr>
<tr><td>立案日期</td><td>2017年1月1日</td><td>结案日期</td><td>2017年2月15日</td></tr>
<tr><td>归档日期</td><td>2017年2月19日</td><td>保存期限</td><td>永久</td></tr>
<tr><td>负责人</td><td colspan="3">邢××</td></tr>
</table>

此卷共计49页

卷 宗 目 录

文书名称	页 次	文书名称	页次
行政处罚决定书	1-3	卷烟鉴别检验样品留样、损耗费用审批表	34
送达回证	4		
举报(投诉)记录表	5	案件处理审批表	35-36
检查（勘验）笔录	6	行政处罚事先告知书	37-38
当事人权利义务告知书	7	送达回证	39
立案报告表	8	涉案物品返还清单	40
证据先行登记保存审批表	9	缴款通知书	41
证据先行登记保存通知书	10	政府非税收入票据	42
抽样取证审批表	11	责令改正复查记录	43
抽样取证通知书	12	结案报告表	44-45
证据复制（提取）单	13-14	卷内备考表	46
询问通知书	15		
询问笔录	16-19		
证据复制（提取）单	20-23		
先行登记保存证据处理通知书	24		
卷烟产品鉴别检验报告	25-29		
鉴别检验结果告知书	30		
涉案烟草专卖品核价表	31		
案件调查终结报告	32-33		
备注			

本卷连面带底共计 49 页，附证物 / 袋

灵宝市烟草专卖局
行政处罚决定书

灵烟处〔2017〕第002号

当事人：（个人）姓名:李×× 性别:男 年龄:48岁
身份证号码:14272319××××××3313
住所（地址）：山西省芮城县风陵渡镇××村后巷××号

本机关于2017年1月1日对李××未在当地烟草专卖批发企业进货一案进行调查。经调查，2017年1月1日，我局执法人员接到群众举报称“灵宝市豫灵镇东街××超市卖违法卷烟”，接到举报后我局执法人员樊××（执法证号豫MY-101×××）、宁××（执法证号豫MY-102×××）于2017年1月1日上午10时10分到达灵宝市豫灵镇东街“××超市”，执法人员说明来意并出示执法证件后对该店进行检查，现场制作了检查（勘验）笔录。该店悬挂有工商营业执照和烟草专卖零售许可证，核定经营者为李××。执法人员在该店卷烟柜台下发现李××销售的卷烟：84mm云烟（紫）壹拾肆条，条码与规定的条码不符，并且当事人无法提供合法有效的供货票据，涉嫌构成未在当地烟草专卖批发企业进货行为。

我局调查提取了以下证据：

1. 李××的《工商营业执照》，证明李××具备承担行政法律责任能力；

2. 李××的《烟草专卖零售许可证》，证明李××具备经营售卷烟的资格，应当接受灵宝市烟草专卖局的监督管理；

3. 李××的身份证复印件，证明李××的基本情况；

4. 对李××的《检查（勘验）笔录》、《询问笔录》以及《卷

2

烟产品鉴别检验报告》，证实了李 ×× 未在当地烟草专卖批发企业进货的事实；

5.《涉案烟草专卖品核价表》，证明了李 ×× 未在当地烟草专卖批发企业进货的违法进货总额。

当事人李 ×× 的行为违反了《中华人民共和国烟草专卖法实施条例》第二十三条第二款“取得烟草专卖零售许可证的企业或者个人，应当在当地的烟草专卖批发企业进货，并接受烟草专卖许可证发证机关的监督管理”的规定，已构成违法。

同时查明，李 ×× 属于第一次违法，没有违法所得，能配合执法，及时纠正违法行为，违法金额为 1231.72 元，社会危害程度一般。根据你违法行为的事实、性质、情节、社会危害程度和相关证据，参照《河南省烟草专卖行政处罚裁量标准》，李 ×× 违法行为属于较重违法行为。

根据《中华人民共和国烟草专卖法实施条例》第五十六条“取得烟草专卖零售许可证的企业或者个人违反本条例第二十三条第二款的规定，未在当地烟草专卖批发企业进货的，由烟草专卖行政主管部门没收违法所得，可处以进货总额 5%以上 10%以下的罚款”和《行政处罚法》第二十三条“行政机关实施行政处罚时，应当责令当事人改正或者限期改正违法行为”之规定，本机关决定对你作出如下处罚决定：处以进货总额壹仟贰佰叁拾壹元柒角贰分（1231.72 元）7%的罚款，计人民币：捌拾陆元贰角贰分（86.22 元）的行政处罚。

责令停止并立即改正未在当地烟草专卖批发企业进货的违法行为。

3

返还证据先行登记保存的卷烟84mm云烟（紫）壹拾叁条、壹条云烟（紫）鉴别检验损耗费：捌拾柒元玖角捌分（87.98元）。

请你在接到本处罚决定之日起15日内将罚款交到灵宝市金城大道邮政储蓄银行账号：100217187××××10001。逾期不缴纳罚款的，我局将每日按罚款数额的3%加处罚款。

你如不服本决定，可以自收到本决定书之日起六十日内向灵宝市人民政府或者三门峡市烟草专卖局申请行政复议，也可以自收到本决定书之日起15日内依法直接向灵宝市人民法院提起行政诉讼。行政复议或者行政诉讼期间本处罚决定不停止执行。

逾期不申请行政复议，也不提起行政诉讼，又不履行本处罚决定的，本机关将依法申请灵宝市人民法院强制执行。

灵宝市烟草专卖局（印章）

2017年2月6日

4

灵宝市烟草专卖局
送 达 回 证

灵烟送〔2017〕第 002-2 号

送达文书名　　称	行政处罚决定书	送达文书文　　号	灵　烟　处〔2017〕第002号
受送达人	李××		
送达地点	灵宝市豫灵镇东街"××超市"		
送达方式	直接送达		
收件人签名或盖章	李××		
签收日期	2017年2月6日		
代收人注明代 收 理 由			
见证人签名或盖章			
送达人签名	棋××. 宁××　　2017年2月6日		
拒收理由及日期			

灵宝市烟草专卖局

2017 年 2 月 6 日

5

灵宝市烟草专卖局
举报(投诉)记录表

<table>
<tr><td>举报
（投诉）
时间</td><td>2017 年 1 月 1 日 8 时 15 分</td><td>举报
（投诉）
形式</td><td>电话</td><td>记录人</td><td colspan="2">樊 XX</td></tr>
<tr><td>举报人
（投诉人）
有关情况</td><td colspan="6">当事人要求保密</td></tr>
<tr><td rowspan="4">被举报人
（被投诉人）
有关情况</td><td>单位名称</td><td colspan="2"></td><td>法定代表人</td><td colspan="2"></td></tr>
<tr><td>单位住址</td><td colspan="2"></td><td>电话</td><td colspan="2"></td></tr>
<tr><td>个人姓名</td><td colspan="2">李××</td><td>个人住址</td><td colspan="2">灵宝市豫灵镇</td></tr>
<tr><td>所在单位</td><td colspan="2"></td><td>电话</td><td colspan="2"></td></tr>
<tr><td>举报（投诉）
内容</td><td colspan="6">灵宝市豫灵镇东街××超市卖违法烟</td></tr>
<tr><td>接待人
意见</td><td colspan="6">请示领导后立即前往现场检查
接待人：樊××　　2017年1月1日</td></tr>
<tr><td>承办部门
负责人
意见</td><td colspan="6">同意立即现场检查
负责人：刘××　　2017年1月1日</td></tr>
<tr><td>备注</td><td colspan="6">**此表格建议手工填写**</td></tr>
</table>

6

灵宝市烟草专卖局
检查（勘验）笔录

检查（勘验）时间：2017 年 1 月 1 日 10 时 10 分至 2017 年 1 月 1 日 10 时 50 分检查（勘验）地点：灵宝市豫灵镇东街“××”超市

被检查（勘验）人名称：---------法定代表人（负责人）：--------------

被检查(勘验)人姓名：李×× 性别：男 证件类型及号码：身份证14272319××××××3313

住址：山西省芮城县风陵渡镇××村后巷××号 联系电话：150××××××××

烟草专卖许可证号码：41128210××××

现场负责人：------ 性别：----- 证件类型及号码：-----------

与被检查（勘验）人关系：------------------

告知事项：已出示执法证件情况，并已告知当事人有申请回避的权利和如实陈述相关情况、提供证据、不得阻挠的义务。

现场情况：2017 年 1 月 1 日接群众举报，我局执法人员樊××（执法证号码：豫 MY-101×××）、宁 ××（执法证号码：豫 MY-102×××）亮证后依法对灵宝市豫灵镇东街××超市进行检查。该店负责人李××在现场，我局执法人员告知其有申请回避的权利和如实陈述相关情况、提供证据、不得阻挠的义务，并经现场负责人李 ×× 同意后进行检查，该店位于灵宝市豫灵镇东街十字路口南，坐南朝北，门口悬挂有“××超市”的牌匾，烟草零售许可证悬挂在该店进门右侧柜台上方，执法人员在该店柜台内发现卷烟：84mm云烟（紫）壹拾肆条，共计一个品种，壹拾肆条卷烟，卷烟 32 位码见附页，该批卷烟 32 位码与该店规定不符，且当事人未能提供购进该批卷烟的合法有效票据，经我局执法人员初步鉴为未在当地烟草专卖批发企业进货卷烟，我局执法人员现场依法对该批卷烟拍照取证。向当事人李 ×× 开具了《证据先行登记保存通知书》，现场对涉嫌违法卷烟抽取样品。

我局执法人员在检查过程中，未对当事人及其店内财物造成任何损害。

情况属实

被检查（勘验）人或现场负责人（签名）：李×× 2017年 1月 1 日

见证人（签名）：——、—— 年 月 日

检查（勘验）人（签名）：樊×× 执法证号：豫MY-101××× 2017年 1月 1 日

宁×× 执法证号：豫MY-102××× 2017年 1月 1 日

第 1 页共 1 页

7

灵宝市烟草专卖局
当事人权利义务告知书

根据《中华人民共和国行政处罚法》的规定，在烟草专卖行政主管部门对案件进行查办期间，当事人有如下权利和义务：

一、对于烟草部门及其执法人员不亮执法证件进行检查或采取暴力手段进行检查，侵犯你合法权益的行为，有权提出控告。

二、对于执法人员、鉴定人、记录人有下列情形之一的，有权申请他们回避：（一）是本案的当事人或者是当事人的近亲属的；（二）本人或者他的近亲属与本案有利害关系的；（三）担任过本案证人、鉴定人的；（四）与本案当事人有其他关系的，可能影响公正处理案件的。对于驳回申请回避的决定，可以申请复议一次。

三、有权陈述申辩，在接受烟草部门询问时有权陈述理由，为自己申辩。

四、有权聘请律师提供法律帮助。

五、当事人及其法定代理人、近亲属、聘请的律师对于被采取强制措施的产品超过法定期限的，有权要求解除强制措施。

六、对于执法人员的提问，应当如实回答，但是对与本案无关的问题，有拒绝回答的权利。

七、有核对询问笔录的权利，如果当事人没有阅读能力，执法人员应当向其宣读；如果询问笔录记载有遗漏或者差错，可以提出补充或者改正，对询问笔录、现场检查（勘验）笔录、先行登记保存物品以及送达的各种法律文书确认无误后，应当签名或者盖章。

八、有义务接受和配合烟草部门对涉嫌从事违反国家烟草法律法规生产、销售、仓储等经营场所实施的现场检查。

九、有义务接受和配合烟草部门对涉嫌从事违反国家烟草法律法规生产、销售、仓储等活动的调查、询问，如实提供违法生产、销售、仓储的情况。

十、有义务如实提供相关的合同，发票、账簿以及其他有关资料。

十一、有义务接受物品先行登记保存、鉴定、查封等行政措施。

当事人或有关人员签字（盖章）：李××

2017年1月1日

灵宝市烟草专卖局
立案报告表

灵烟立〔2017〕第002号

案　　由	涉嫌未在当地烟草专卖批发企业进货		
案件来源	举报投诉		
发案时间	2017年1月1日10时10分	发案地点	灵宝市豫灵镇东街"××超市"
当 事 人	李××	证件类型及号码	身份证 14272319××××××3313
地　　址	山西省芮城县风陵渡镇××村后巷××号		
案情摘要	2017年1月1日，我局执法人员接到群众举报称"灵宝市豫灵镇东街××超市卖违法卷烟"，接到举报后我局执法人员樊××（执法证号豫MY-101×××）、宁××（执法证号豫MY-102×××）于2017年1月1日上午10时10分到达灵宝市豫灵镇东街"××超市"，执法人员说明来意并出示执法证件后对该店进行检查。执法人员在该店卷烟柜台下发现李××销售的卷烟：84mm云烟（紫）壹拾肆条，条码与规定的条码不符，并且当事人无法提供合法有效的供货票据，涉嫌构成未在当地烟草专卖批发企业进货行为。当事人李××的行为，涉嫌违反了《中华人民共和国烟草专卖法实施条例》第二十三条第二款的规定。		
承办人意见	根据《烟草专卖行政处罚程序规定》第十六条第二款、第十七条的规定，建议立案调查，请领导审批。 承办人：樊××、宁××　　2017年1月1日		
承办部门意见	同意立案调查，指定樊××为案件主办人，宁××为协办人，呈领导批准。 负责人：刘××　　2017年1月1日		
负责人意见	同意立案调查 负责人：邢××　　2017年1月1日		

9

灵宝市烟草专卖局
证据先行登记保存审批表

因李××涉嫌未在当地烟草专卖批发企业进货，违反《中华人民共和国烟草专卖法》及其实施条例的有关规定，根据《中华人民共和国行政处罚法》第三十七条第二款的规定，现拟对下列证据予以先行登记保存：

品种规格	单位	数量	品种规格	单位	数量
84mm云烟（紫）	条	14			
共计：（品种） 壹个			总计：（数量） 壹拾肆条		
拟先行登记保存证据地点：灵宝市烟草专卖局罚没仓库					
承办人意见	建议对涉案卷烟先行登记保存 承办人：樊×× 宁×× 2017年1月1日				
承办机构审核意见	同意对涉案卷烟先行登记保存，呈领导批准。 负责人：刘×× 2017年1月1日				
行政机关负责人审批意见	同意先行登记保存 负责人：郝×× 2017年1月1日				
备注					

登记保存证据的保存期限为七日。

10

NO. 128200010

灵宝市烟草专卖局
证据先行登记保存通知书

灵烟存通字〔2017〕第002号

李XX：

因你（单位）涉嫌未在当地烟草专卖批发企业进货的行为，违反《中华人民共和国烟草专卖法》及实施条例的有关规定，根据《中华人民共和国行政处罚法》第三十七条第二款的规定，本局决定对下列证据予以先行登记保存。

品种规格	单位	数量	品种规格	单位	数量
84mm云烟（人字）	条	壹拾玖条			
共计：（品种）壹种			总计：（数量）壹拾玖条		
存放地点	灵宝市烟草专卖局罚没仓库				

先行登记保存的期限为七日。在此期间内，任何人不得销毁或转移先行登记保存的证据。

当事人（签名）：李XX　　　　见证人（签名）：

2017年1月1日　　　　　　年　月　日

承办人（签名）：　　　　　执法证号：

宁XX　　　　　　　　　　执法证号：豫XXX·XXXX

（印章）

2017年1月1日

本文书一式肆份，用于入卷归档、仓库保管、送达当事人、存根。

11

灵宝市烟草专卖局
抽样取证审批表

被抽样取证人	单位名称	--------------	法定代表人	----------
	住　　址	--------------	电　　话	----------
	个人姓名	李××	性　　别	男
	所在单位	无	电　　话	156××××××××
	身份证号码	14272319××××××3313	个人住址	山西省芮城县风陵渡镇××村后巷××号
拟抽样取证地点	灵宝市豫灵镇东街“××超市”		拟抽样取证日期	2017 年 1 月 1 日
案　由	涉嫌未在当地烟草专卖批发企业进货			
简要案情抽样取证的理由、法律依据和内容	2017 年 1 月 1 日 10 时 10 分，我局专卖执法人员樊××、宁××亮证后依法对灵宝市豫灵镇东街“××超市”进行检查时，发现李××销售的卷烟：84mm云烟（紫）壹拾肆条，共计壹个品种，壹拾肆条卷烟，条码与规定的条码不符，且当事人无法提供合法有效的供货票据，为涉嫌未在当地烟草专卖批发企业进货卷烟。现为进一步查清涉案卷烟真伪，依照《中华人民共和国行政处罚法》第三十七条第二款 “行政机关在收集证据时，可以采取抽样取证的方法；在证据可能灭失或者以后难以取得的情况下，经行政机关负责人批准，可以先行登记保存，并应当在七日内及时作出处理决定，在此期间，当事人或者有关人员不得销毁或者转移证据”之规定。 需要抽样进行鉴定。			
承办人意　见	建议对涉案卷烟抽样鉴定真伪 承办人：樊××　宁××　2017年1月1日			
承办机构审核意见	同意抽样鉴定，呈领导批准。 负责人：刘××　2017年1月1日			
行政机关负责人审批意见	同意抽样 负责人：郑××　2017年1月1日			

12

灵宝市烟草专卖局
抽样取证通知书

李××：

你因涉嫌未在当地烟草专卖批发企业进货的行为 行为，违反了《中华人民共和国烟草专卖法实施条例》第二十三条第二款的规定。依照《中华人民共和国行政处罚法》第三十七条第二款的规定，本机关决定对你的下列物品（见抽样取证物品清单）进行抽样取证。

附：抽样检测相关事项及抽样取证物品清单

当事人	李××		案件编号	灵烟〔2017〕第002号
抽样目的	检验真伪			
抽样时间	2017年1月1日			
抽样地点	灵宝市豫灵镇东街“××超市”			
拟送检的检测机构	河南省烟草质量监督检测站			
抽样取证物品				
品种规格	包装形式	样品基数（条）	抽样数量（条）	
84mm云烟（紫）	条包	14	1	
-----	---	-----	-------	
-----	---	-----	-------	

被抽样取证人：李×× 2017年1月1日

行政执法人员：樊×× 执法证号：豫MY－101×××

宁×× 执法证号：豫MY－102×××

灵宝市烟草专卖局

2017年1月1日

13

灵宝市烟草专卖局
证据复制（提取）单

<table>
<tr><td colspan="2">（证据粘贴处）

此处为违法现场照片，当事人签名、摁指印确认。</td></tr>
<tr><td colspan="2">说明事项：
涉案商店门头照片。</td></tr>
<tr><td>提取人（签名或盖章）</td><td>樊××　宁××</td></tr>
<tr><td>提取时间</td><td>2017年1月1日</td></tr>
</table>

14

灵宝市烟草专卖局
证据复制（提取）单

（证据粘贴处） 此处为违法卷烟照片，当事人签名、摁指印确认。	
说明事项： 涉案卷烟照片。	
提取人（签名或盖章）	樊×× 宁××
提取时间	2017年1月1日

15

灵宝市烟草专卖局
询问通知书

灵烟询〔2017〕第002号

被询问人：李××　性别：男　年龄：48岁

职业：----　身份证号码：14272319××××××3313

工作单位：------　住址：山西省芮城县风陵渡镇××村后巷××号

询问原因：为调查涉嫌未在当地烟草专卖批发企业进货一案，请你在通知的时间、地点接受询问。

到达时间：2017年1月2日16时前

询问地点：灵宝市第四市场监管稽查队办公室（豫灵镇振兴路西段）

办案人：樊××　宁××

电　话：×××××××××××

灵宝市烟草专卖局

2017年1月2日

被询问人签字：李××

17

经营“××超市”，我是商店负责人，我的电话号码：150×××××××××。

问：你知道为何叫你过来接受询问？

答：知道，2017年1月1日我店销售的卷烟被你们查获。

问：你是否持有烟草专卖零售许可证和工商营业执照？

答：有烟草专卖许可证，证号：41128210××××，工商营业执照是411282×××××××××。

问：我们查扣你的是啥烟？数量多少？

答：十四条紫云。

问：谈一下执法人员查扣的卷烟的情况。

答：2016年12月25日，我回山西芮城县风陵渡镇老家办事，中午的时候我媳妇给我打电话，说我商店有人要紫云，当时豫灵这边我店里没有云烟（紫），我的访销时间还不到，我就给我媳妇说等我回去带点紫云。下午回豫灵镇时我就从风陵渡镇老家的一个商店买了壹拾肆条云烟（紫）带回去，后来我自己从烟草公司订了紫云，这些烟最后还没卖出去。

问：谈谈你买云烟（紫）的那家商店的基本信息？

答：这个商店在山西省芮城县风陵渡镇摩托街南边，商店名字我也没有注意，我不知道商店老板叫什么。

问：那个购买你云烟（紫）的人你认识吗？

答：回来后我问我媳妇是谁要买紫云，我媳妇说她也不认识，像是矿山上采购的。

问：当时你以什么价钱购进这批卷烟？准备以什么价格售出？

以上笔录经被询问人核对无误。被询问人签名：李××

第 贰 页　共 肆 页

18

答：山西那边的紫云不好卖，我购买这些紫云是批发价，87.98元每条，要是卖的话也是按照90元每条的价格卖。

问：你知不知道要到指定的卷烟批发企业购进卷烟？

答：知道。

问：那你为什么还要从别的地方购进卷烟？

答：主要是我对烟草的法律法规理解的不够，认为不卖假烟就行了，你们平常对我讲法律方面的情况的我也没有好好听。

问：你知道你的行为可能会造成什么后果？

答：经过你们给我解释，我明白到别的地方购进卷烟首先质量不能保证，也扰乱烟草市场秩序。

问：你以前还有其他违法行为吗？

答：没有，我就从外面买过这一次烟。

问：你的行为涉嫌违反了《中华人民共和国烟草专卖法实施条例》第二十三条第二款："取得烟草专卖零售许可证的企业或者个人，应当在当地的烟草专卖批发企业进货，并接受烟草专卖许可证发证机关的监督管理"之规定。你是否认可？

答：我认可。

问：依据《中华人民共和国烟草专卖法实施条例》第五十六条"取得烟草专卖零售许可证的企业或者个人违反本条例第二十三条第二款的规定，未在当地烟草专卖批发企业进货的，由烟草专卖行政主管部门没收违法所得，可处以进货总额5%以上10%以下的罚款"之规定，如果以上违法行为成立，我们将对你进行处罚，你是否接受？

以上笔录经被询问人核对无误。被询问人签名：李××

第 叁 页 共 肆 页

19

答：我接受处罚。

问：你以上所说都是实话？

答：是，都是实话。

问：你是否还有需要补充的问题？

答：以后我一定不再违法，守法经营。

问：以上笔录请你看过，是否和你说的一样？

以上笔录看过，和我说的一样

李××，2017年1月2日

询问人：樊×× 执法证号：豫WY-101×××

记录人：宁×× 执法证号：豫WY-102×××

以上笔录经被询问人核对无误。被询问人签名：李×× 2017年1月2日

20

灵宝市烟草专卖局
证据复制（提取）单

（证据粘贴处） 此处为当事人身份证复印件，当事人签名、摁指印确认。	
说明事项： 当事人提供的身份证复印件，与原件核对无误，在有效期内。	
提取人（签名或盖章）	樊×× 宁××
提取时间	2017年1月2日

21

灵宝市烟草专卖局
证据复制（提取）单

<table>
<tr><td colspan="2">（证据粘贴处）

此处为当事人工商营业执照复印件，当事人签名、摁指印确认。</td></tr>
<tr><td colspan="2">说明事项：
当事人提供的工商营业执照副本复印件，与原件核对无误，在有效期内。</td></tr>
<tr><td>提取人（签名或盖章）</td><td>樊××　宁××</td></tr>
<tr><td>提取时间</td><td>2017年1月2日</td></tr>
</table>

22

灵宝市烟草专卖局
证据复制（提取）单

（证据粘贴处） 此处为当事人烟草专卖零售许可证复印件，当事人签名、摁指印确认。
说明事项： 当事人提供的烟草专卖零售许可证副本复印件，与原件核对无误，在有效期内。

提取人（签名或盖章）	樊××　宁××
提取时间	2017年1月2日

23

灵宝市烟草专卖局
证据复制（提取）单

<table>
<tr><td colspan="2">（证据粘贴处）

此处为行政人员执法证复印件，当事人签字、摁指印确认。</td></tr>
<tr><td colspan="2">说明事项：
行政执法人员执法证件复印件。</td></tr>
<tr><td>提取人（签名或盖章）</td><td>樊××　宁××</td></tr>
<tr><td>提取时间</td><td>2017年1月2日</td></tr>
</table>

24

灵宝市烟草专卖局
先行登记保存证据处理通知书

灵烟存处〔2017〕第 002 号

李××：

因你涉嫌未在当地烟草专卖批发企业进货，本局于 2017 年 1 月 1 日对你的涉嫌违法行为有关的证据进行了先行登记保存。现依据《烟草专卖行政处罚程序规定》第三十三条第（二）款对灵烟存通字〔2017〕第 002 号先行登记保存通知书中的证据做出如下处理：

送检测机构进行鉴别检验，鉴定时间 20 天。

当事人：李×× 2017 年 1 月 2 日

行政执法人员：

樊×× 执法证号：豫烟—101×××

何×× 执法证号：豫烟—102×××

灵宝市烟草专卖局（印章）

2017 年 1 月 2 日

25

河南省烟草质量监督检测站
卷烟产品鉴别检验委托协议

委托书编号：SMX-WJ2017010002　　　　共 1 页 第 1 页

委托单位	三门峡市灵宝市烟草专卖局	电　话	0398-[redacted]
委托方地址	灵宝市车站路中段	邮　编	472500
承检单位	河南省烟草质量监督检测站	承检单位电话	0371-6[redacted]、6[redacted]
承检方地址	河南省 郑州市 郑东新区 商务外环路[redacted]楼	邮　编	450046
当事人	李[redacted]	样品来源	零售户
当事人地址	山西省芮城县风陵渡镇[redacted]村后巷[redacted]号		
收缴地点	灵宝市豫灵镇东街[redacted]超市		
来样方式	送样	送样人	张科
抽样地点	/	抽样人	/
抽样单位	/	抽样时间	/
样品状态	卷烟样品外包装完好		

委托协议

根据工作需要，特委托河南省烟草质量监督检测站进行卷烟鉴别检验。

1. 鉴别检验依据：《烟草专卖品鉴别检验管理办法》国烟科[2014]285号、《卷烟产品鉴别检验规程》国烟科[2006]894号。
2. 鉴别检验报告于受理委托之日起七个工作日内出具，如有变动以书面或电话通知委托方。
3. 承检方保证鉴别检验的公正性、科学性和准确性。
4. 送样委托鉴别检验，承检单位只对来样负责。
5. 余样是否退还：不退样　退样日期：/
6. 本委托协议如与补充协议冲突，以补充协议为准。

样品编号	样品名称	标注生产单位	条码	包装形式	样品数量	样品基数
SMX-WJ2017010007	云烟(紫)	红云红河烟草（集团）有限责任公司	6901028046893	条盒硬盒	1.0条	14.0条
/	/	/	/	/	/	/
/	/	/	/	/	/	/
/	/	/	/	/	/	/
/	/	/	/	/	/	/
/	/	/	/	/	/	/
/	/	/	/	/	/	/
/	/	/	/	/	/	/
/	/	/	/	/	/	/
/	/	/	/	/	/	/
备注	/					

委托人（授权签字）：　　　　承检单位（签章）

26

河南省烟草质量监督检测站
卷烟产品鉴别检验报告

共 1 页,第 1 页

报告编号	R-SMX-WJ2017010002	检验类别	委托检验
委托单位	三门峡市灵宝市烟草专卖局	送样人	张科
接收日期	2017年01月06日	检验日期	2017年01月18日
当事人地址	山西省芮城县风陵渡镇[redacted]村后巷[redacted]号	当事人	李[redacted]
样品状态	卷烟样品外包装完好		
鉴别检验依据	《烟草专卖品鉴别检验管理办法》国烟科[2014]285号、《卷烟产品鉴别检验规程》国烟科[2006]894号		
鉴别检验方法	感观鉴别检验法		
鉴别检验项目	条装、盒装、烟支、烟丝		

样品编号	样品名称	标注生产单位	条码	包装形式	样品数量	样品基数	检验结论
SMX-WJ2017010007	云烟(紫)	红云红河烟草(集团)有限责任公司	6901028046893	条盒硬盒	1.0 条	14.0 条	真品卷烟
/	/	/	/	/	/	/	/
/	/	/	/	/	/	/	/
/	/	/	/	/	/	/	/
/	/	/	/	/	/	/	/
/	/	/	/	/	/	/	/
/	/	/	/	/	/	/	/
/	/	/	/	/	/	/	/

签发日期	2017年[illegible]月18日		
复 核	王小强	检验员	王小强，张沛宇
备 注	/		

河南省烟草质量监督检测站 检测报告专用章

批准：袁志永 审核： 编制：

注 意 事 项

1．报告无“检测报告专用章”无效。2．报告无审核、编制人签字无效。3．报告涂改无效。4．对检验报告若有异议，应于收到报告之日起十五日内向有关单位提出，逾期不予受理。5．一般情况，委托检验仅对来样检验结果负责。6．凡此检验报告涉及超出河南省烟草质量监督检测站委托权限的，该报告无效。7．此报告仅限于河南省烟草专卖行业内案件附卷使用。如涉及行业外或案件进入相关司法程序时，需使用河南省烟草质量监督检测站正式报告。8．河南省烟草质量监督检测站保留此报告使用范围的最终解释权。

27

检验单位资格证明

资质认定

授权证书

(2017)豫质监认字(008)号

名称：河南省烟草产品质量监督检验中心

地址：郑州市商务外环15号

经审查，你机构已具备国家有关法律、行政法规规定的基本条件和能力，现予批准，可以向社会出具具有证明作用的数据和结果，特发此证。

检测能力见证书附表。

（你机构对外出具检测报告的法律责任由 中国烟草总公司河南省公司 承担）

准许使用徽标

(2017)豫质监认字(008)号
有效期至：2020年8月14日

发证日期：2017年8月15日

有效期至：2020年8月14日

发证机关：河南省质量技术监督局

本证书由国家认证认可监督管理委员会制定，在中华人民共和国境内有效

28

检验人员资格证明

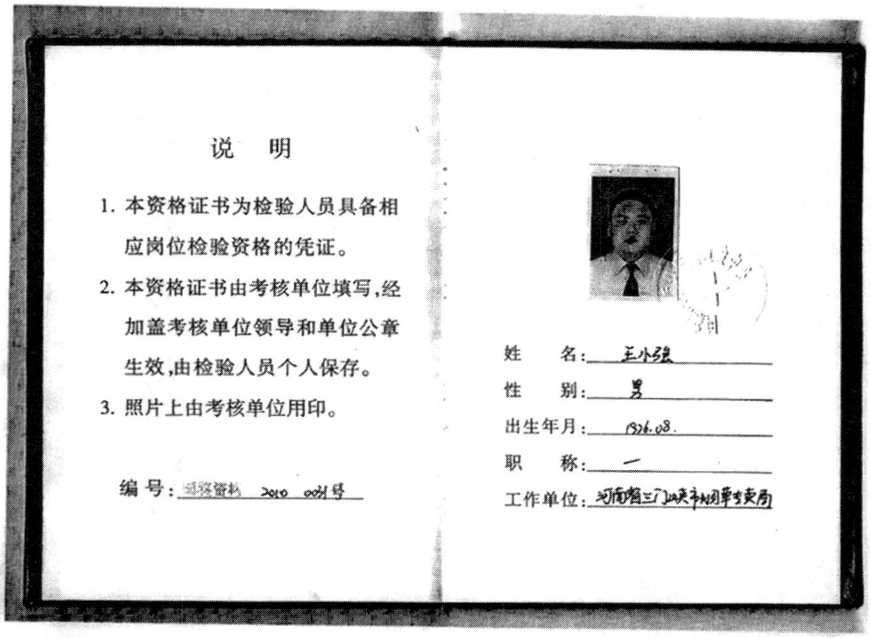

说 明

1. 本资格证书为检验人员具备相应岗位检验资格的凭证。
2. 本资格证书由考核单位填写,经加盖考核单位领导和单位公章生效,由检验人员个人保存。
3. 照片上由考核单位用印。

编 号:[illegible] 2010 0041号

姓 名:王小强

性 别:男

出生年月:1976.08.

职 称:一

工作单位:河南省三门峡市烟草专卖局

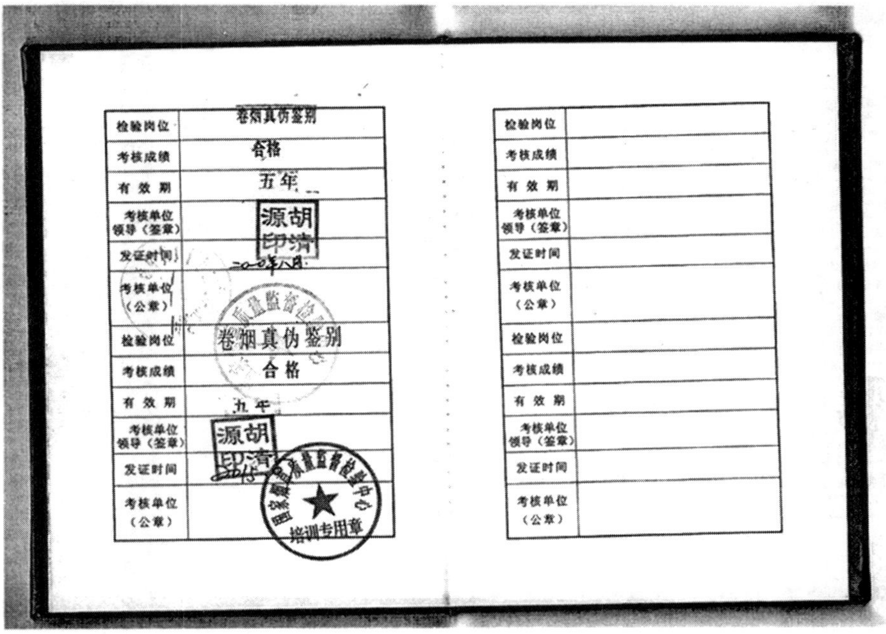

检验岗位	卷烟真伪鉴别
考核成绩	合格
有效期	五年
考核单位领导(签章)	胡清源印
发证时间	2010年八月
考核单位(公章)	
检验岗位	卷烟真伪鉴别
考核成绩	合格
有效期	五年
考核单位领导(签章)	胡清源印
发证时间	2015
考核单位(公章)	培训专用章

检验岗位	
考核成绩	
有效期	
考核单位领导(签章)	
发证时间	
考核单位(公章)	
检验岗位	
考核成绩	
有效期	
考核单位领导(签章)	
发证时间	
考核单位(公章)	

29

检验人员资格证明

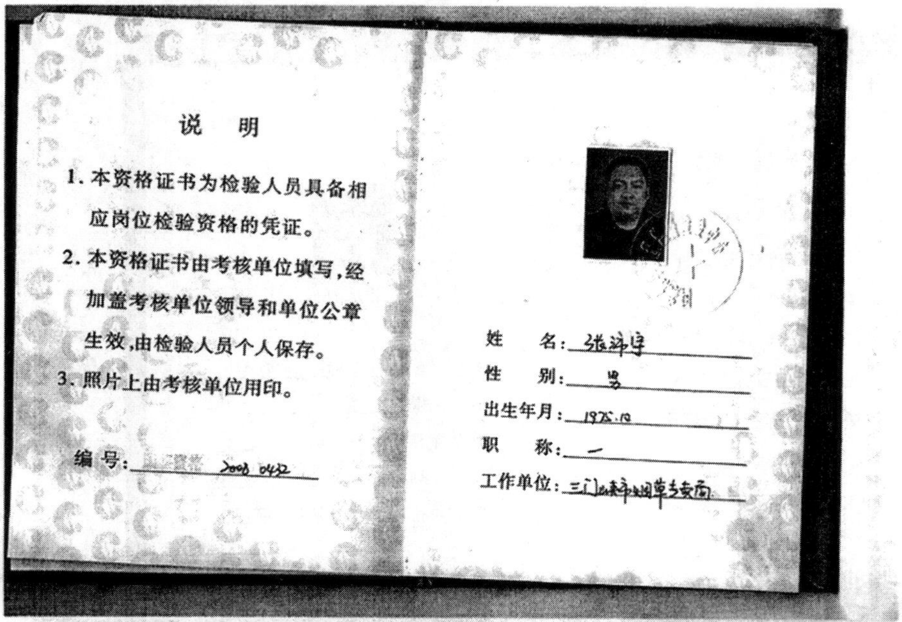

说　明

1. 本资格证书为检验人员具备相应岗位检验资格的凭证。
2. 本资格证书由考核单位填写，经加盖考核单位领导和单位公章生效，由检验人员个人保存。
3. 照片上由考核单位用印。

编　号：2008 0432

姓　名：张[illegible]

性　别：男

出生年月：1975.10

职　称：一

工作单位：三门峡市烟草专卖局

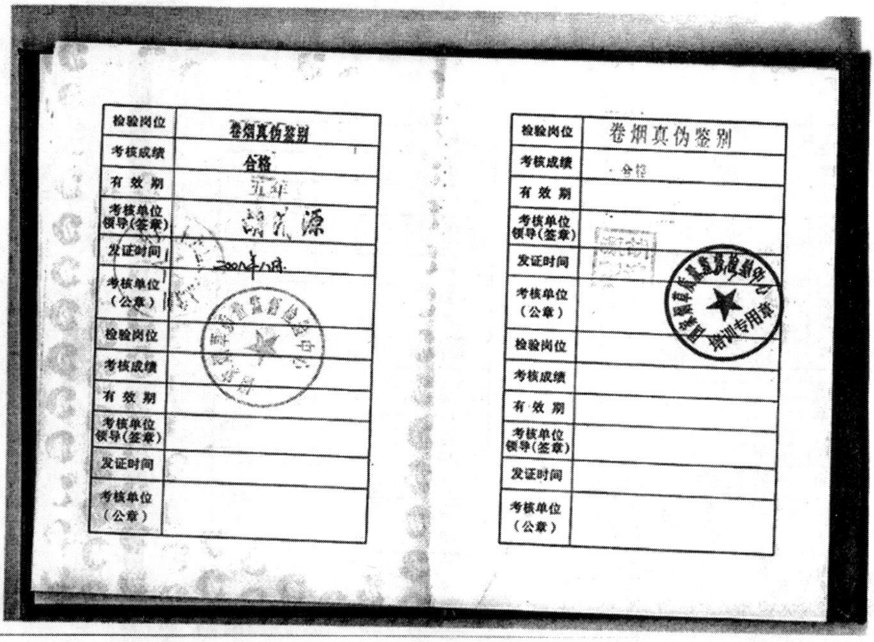

检验岗位	卷烟真伪鉴别
考核成绩	合格
有 效 期	五年
考核单位领导（签章）	胡元源
发证时间	2007年11月
考核单位（公章）	
检验岗位	
考核成绩	
有 效 期	
考核单位领导（签章）	
发证时间	
考核单位（公章）	

检验岗位	卷烟真伪鉴别
考核成绩	合格
有 效 期	
考核单位领导（签章）	
发证时间	
考核单位（公章）	培训专用章
检验岗位	
考核成绩	
有 效 期	
考核单位领导（签章）	
发证时间	
考核单位（公章）	

30

灵宝市烟草专卖局
告 知 书

灵烟告〔2017〕第002号

告知事项	卷烟产品鉴别检验结果	案件编号	2017年度 灵烟第002号
被告知人	李××		
告知日期	2017年1月19日		
告知内容	因你涉嫌未在当地烟草专卖批发企业进货，对你《证据先行登记保存通知书》上保存的卷烟84mm云烟（紫）经“抽样取证”送“河南省烟草质量监督检测站”鉴定，84mm云烟（紫）为真品卷烟，根据《河南省烟草质量监督检测站卷烟产品鉴别检验报告》相关规定的程序，你对检验报告若有异议，应于收到“告知书”之日起15日内向我局或者“河南省烟草质量监督检测站”提出，逾期不予受理。		
告知人	告知人员签名： 樊×× 执法证号：豫MY-101××× 宁×× 执法证号：豫MY-102×××		
告知地点	灵宝市烟草专卖局第四市场稽查队办公室		
被告知人	签名（盖章）：李×× 签收日期：2017年1月19日		
备注			

（印章）
2017年1月19日

注：本文书一式贰份一份送达，一份归档

31

灵宝市烟草专卖局
涉案烟草专卖品核价表

我局于 2017 年 1 月 1 日查获的李××涉嫌未在当地烟草专卖批发企业进货一案的涉案烟草专卖品价格如下：

序号	牌号规格	数量（条）	单价（元）	合计（元）	备注
1	84mm云烟（紫）	14	87.98	1231.72	
合计		14		1231.72	

核价依据：《河南省烟草公司办公室转发国家烟草专卖局关于调整国产卷烟和进口卷烟价格通知》（豫烟办〔2015〕83 号）。

经办人：樊×× 李××

灵宝市烟草专卖局

2017 年 1 月 19 日

32

灵宝市烟草专卖局
案件调查终结报告

案　由	未在当地烟草专卖批发企业进货				
立案时间	2017年1月1日	调查终结时间	2017年1月20日	调查人	樊×× 宁××
当事人	李××			证件类型及号码	身份证： 14272319××××××3313
社会危害程度、违法事实及情节、违法行为等级	2017年1月1日接群众举报后，我局专卖执法人员樊××、宁××亮证后依法对灵宝市豫灵镇东街“××超市”进行检查，发现李××销售的卷烟：84mm云烟（紫）壹拾肆条，条码与规定的条码不符，并且当事人无法提供合法有效的供货票据，为未在当地烟草专卖批发企业进货卷烟。2017年1月1日，经我局负责人批准同意，依法对此案进行立案调查，并对上述物品予以先行登记保存，提取了现场及违法卷烟照片、当事人身份证复印件、工商营业执照复印件、烟草专卖零售许可证复印件。2017月1月2日，我局执法人员依法对李××进行了询问调查，制作了询问笔录，李××对未在当地烟草专卖批发企业进货的违法事实供认不讳。2017年1月18日河南省烟草质量监督检测站作出的编号为R-SMX-WJ2017010002的鉴别检验报告进一步证实了李××未在当地烟草专卖批发企业进货的违法事实。经查，李××属于第一次违法，没有违法所得，能配合执法，及时纠正违法行为，违法进货金额1231.72元，社会危害程度一般。 李××的行为违反了《中华人民共和国烟草专卖法实施条例》第二十三条第二款“取得烟草专卖零售许可证的企业或者个人，应当在当地的烟草专卖批发企业进货，并接受烟草专卖许可证发证机关的监督管理”之规定，已构成未在当地烟草专卖批发企业进货的违法行为。根据李××违法行为的事实、性质、情节、社会危害程度等情形，参照《河南省烟草专卖行政处罚裁量标准》，李××的违法行为属于较重违法行为。				

33

案件性质	未在当地烟草专卖批发企业进货。
处罚依据	《中华人民共和国烟草专卖法实施条例》第五十六条“取得烟草专卖零售许可证的企业或者个人违反本条例第二十三条第二款的规定，未在当地烟草专卖批发企业进货的，由烟草专卖行政主管部门没收违法所得，可处以进货总额5%以上10%以下的罚款” 和《行政处罚法》第二十三条“行政机关实施行政处罚时，应当责令当事人改正或者限期改正违法行为”。
处理建议	处以李××进货总额壹仟贰佰叁拾壹元柒角贰分（1231.72元）7%的罚款，计人民币：捌拾陆元贰角贰分（86.22 元）的行政处罚。 责令李××停止并立即改正未在当地烟草专卖批发企业进货的违法行为。 返还证据先行登记保存的卷烟84mm云烟（紫）壹拾叁条、壹条云烟（紫）鉴别检验损耗费：捌拾柒元玖角捌分（87.98元）。 本案已经调查结束，建议进入案件处罚程序。 承办人：樊××　宁××　　2017年1月20日
备　注	

34

灵宝市烟草专卖局 No. 1282010

卷烟鉴别检验样品留样、损耗费用审批表

案由	未在当地烟草专卖批发企业进货	案发时间	2017年1月1日

案件当事人	李XX	案件编号	灵烟2017第002号	检验报告文号	R-SMX-WJ 2017010002

卷烟检验样品损耗明细	品种规格	查获数量(条)	留样、损耗		
			数量（条）	单价(元/条)	金额（元）
	84mm云烟(紫)	14	1	87.98	87.98
	合计	14	1		87.98
	合计金额	（大写）捌拾柒元玖角捌分 （¥ 87.98 元）			

承办人意见	建议支付留样损耗费 承办人：樊XX 宁XX 2017年1月21日
承办部门意见	同意支付，呈领导审批。 崔XX 2017年1月21日
财务部门审核意见	同意支付，呈领导批准。 刘XX 2017年1月21日
负责人审批	同意支付。 邢XX 2017年1月21日

第一联 入卷归档

第二联 入财务档案

灵宝市烟草专卖局
案件处理审批表

<table>
<tr><td>案　　由</td><td colspan="5">未在当地烟草专卖批发企业进货</td></tr>
<tr><td>案件编号</td><td colspan="2">灵烟〔2017〕002 号</td><td>立案时间</td><td colspan="2">2017 年 1 月 1 日</td></tr>
<tr><td>当 事 人</td><td>李××</td><td>性别</td><td>男</td><td>年龄</td><td>48 岁</td></tr>
<tr><td>证件号码</td><td colspan="2">14272319××××××3313</td><td>职业</td><td colspan="2">——————————</td></tr>
<tr><td>法定代表人</td><td colspan="2">——————————</td><td>职务</td><td colspan="2">——————————</td></tr>
<tr><td>地　　址</td><td colspan="5">山西省芮城县风陵渡镇××村后巷××号</td></tr>
<tr><td colspan="6">同 案 人：——————————</td></tr>
<tr><td colspan="6">违法事实：
2017年1月1日我局接群众举报后，专卖执法人员樊××、宁××亮证后依法对灵宝市豫灵镇东街“××超市”进行检查，发现李××销售的卷烟：84mm云烟（紫）壹拾肆条，共计壹个品种，壹拾肆条卷烟，条码与该店规定的条码不符，并且当事人无法提供合法有效的供货票据，为未在当地烟草专卖批发企业进货卷烟。2017年1月1日，经我局负责人批准同意，依法对此案进行立案调查，并对上述物品予以先行登记保存。2017月1月2日，我局执法人员依法对李××进行了询问调查，制作了询问笔录。李××对未在当地烟草专卖批发企业进货的违法事实供认不讳。2017年1月18日河南省烟草质量监督检测站作出的编号为R-SMX-WJ2017010002的鉴别检验报告进一步证实了李××未在当地烟草专卖批发企业进货的违法事实。
李××的行为违反了《中华人民共和国烟草专卖法实施条例》第二十三条第二款“取得烟草专卖零售许可证的企业或者个人，应当在当地的烟草专卖批发企业进货，并接受烟草专卖许可证发证机关的监督管理”之规定，已构成未在当地烟草专卖批发企业进货行为。根据李××违法行为的事实、性质、情节、社会危害程度等情形，参照《河南省烟草专卖行政处罚裁量标准》，李××的违法行为属于较重违法行为。</td></tr>
</table>

处罚依据： 《中华人民共和国烟草专卖法实施条例》第五十六条“取得烟草专卖零售许可证的企业或者个人违反本条例第二十三条第二款的规定，未在当地烟草专卖批发企业进货的，由烟草专卖行政主管部门没收违法所得，可处以进货总额5%以上10%以下的罚款”和《行政处罚法》第二十三条“行政机关实施行政处罚时，应当责令当事人改正或者限期改正违法行为”。
承办人意见： 处以李××进货总额壹仟贰佰叁拾壹元柒角贰分（1231.72元）7%的罚款，计人民币：捌拾陆元贰角贰分（86.22元）的行政处罚。 责令李××停止并立即改正未在当地烟草专卖批发企业进货的违法行为。 返还证据先行登记保存的卷烟84mm云烟（紫）壹拾叁条、壹条云烟（紫）鉴别检验损耗费：捌拾柒元玖角捌分（87.98元）。 承办人：樊×× 宁×× 2017年1月23日
承办部门意见： 同意承办人意见 负责人：刘×× 2017年1月23日
法治部门（或法治员）意见： 事实清楚、证据确凿、程序合法，适用法律正确。 法治员：王×× 2017年1月23日
负责人意见： 按照规定程序处理。 负责人：郭×× 2017年1月23日
备注：

37

灵宝市烟草专卖局
行政处罚事先告知书

灵烟处告〔2017〕第 002 号

李××：

本机关于 2017 年 1 月 1 日对你未在当地烟草专卖批发企业进货一案进行立案调查。经调查，你于 2017 年 1 月 1 日销售的卷烟：84mm云烟（紫）壹拾肆条，共计壹个品种，壹拾肆条卷烟，条码与该店规定的条码不符，并且当事人无法提供合法有效的供货票据，构成未在当地烟草专卖批发企业进货行为。上述行为违反了《中华人民共和国烟草专卖法实施条例》第二十三条第二款：“取得烟草专卖零售许可证的企业或者个人，应当在当地的烟草专卖批发企业进货，并接受烟草专卖许可证发证机关的监督管理”的规定，已构成违法。我局调查提取了以下证据：

1．李××的《工商营业执照》，证明李××具备承担行政法律责任能力；

2．李××的《烟草专卖零售许可证》，证明李××具备经营售卷烟的资格，应当接受××县烟草专卖局的监督管理；

3．李××的身份证复印件，证明李××的基本情况；

4．对李××的《检查（勘验）笔录》、《询问笔录》以及《卷烟产品鉴别检验报告》，证实了李××未在当地烟草专卖批发企业进货的事实；

5.《涉案烟草专卖品核价表》，证明了李××未在当地烟草专卖批发企业进货的违法进货总额。

根据你违法行为的事实、性质、情节、社会危害程度和相关证据，参照《河南省烟草专卖行政处罚裁量标准》，你的违法行为属于较重的违法行为。

根据《中华人民共和国烟草专卖法实施条例》第五十六条“取得烟

38

草专卖零售许可证的企业或者个人违反本条例第二十三条第二款的规定，未在当地烟草专卖批发企业进货的，由烟草专卖行政主管部门没收违法所得，可处以进货总额5%以上10%以下的罚款”和《行政处罚法》第二十三条“行政机关实施行政处罚时，应当责令当事人改正或者限期改正违法行为”的规定，本机关拟对你作出以下处罚决定：处以进货总额壹仟贰佰叁拾壹元柒角贰分（1231.72元）7%的罚款，计人民币：捌拾陆元贰角贰分（86.22元）的行政处罚。

责令停止并立即改正未在当地烟草专卖批发企业进货的违法行为。

返还证据先行登记保存的卷烟84mm云烟（紫）壹拾叁条、壹条云烟（紫）鉴别检验损耗费：捌拾柒元玖角捌分（87.98元）。

依据《中华人民共和国行政处罚法》第三十一条、第三十二条的规定，你可在收到本告知书之日起3日内到灵宝市烟草专卖局提出书面陈述、申辩意见。逾期不陈述、申辩的，视为你放弃陈述、申辩权利。

灵宝市烟草专卖局（印章）

2017年1月20日

行政机关地址：灵宝市车站路中段　邮政编码：472500

行政机关联系人：刘××　联系电话：×××××××××××

39

灵宝市烟草专卖局
送 达 回 证

灵烟送〔2017〕第 002-1 号

<table>
<tr><td>送达文书
名　　称</td><td>行政处罚事先告知书</td><td>送达文书
文　　号</td><td>灵　烟　处　告
〔2017〕第 002 号</td></tr>
<tr><td>受送达人</td><td colspan="3">李××</td></tr>
<tr><td>送达地点</td><td colspan="3">灵宝市豫灵镇东街“××超市”</td></tr>
<tr><td>送达方式</td><td colspan="3">直接送达</td></tr>
<tr><td>收件人签名或盖章</td><td colspan="3">李××</td></tr>
<tr><td>签收日期</td><td colspan="3">2017年1月23日</td></tr>
<tr><td>代收人注明
代 收 理 由</td><td colspan="3"></td></tr>
<tr><td>见证人签名或盖章</td><td colspan="3"></td></tr>
<tr><td>送达人签名</td><td colspan="3">樊××. 宁××　　2017年1月23日</td></tr>
<tr><td>拒收理由及日期</td><td colspan="3"></td></tr>
</table>

灵宝市烟草专卖局

2017 年 1 月 23 日

40

灵宝市烟草专卖局
涉案物品返还清单

品种	规格	数量（条）	备注
云烟（紫）	84mm	13	检验损耗1条，补偿损耗费用87.98元。
合计		13	87.98元

鉴别检验样品损耗费合计 87.98 元（大写捌拾柒元玖角捌分 ）。

以上物品及检验损耗费已收到。 接收单位（印章）： 接收人：李XX 2017年2月6日	返还单位（印章）：灵宝市烟草专卖局 4112820007416 返还人：樊XX 宁XX 2017年2月6日

41

缴款通知书

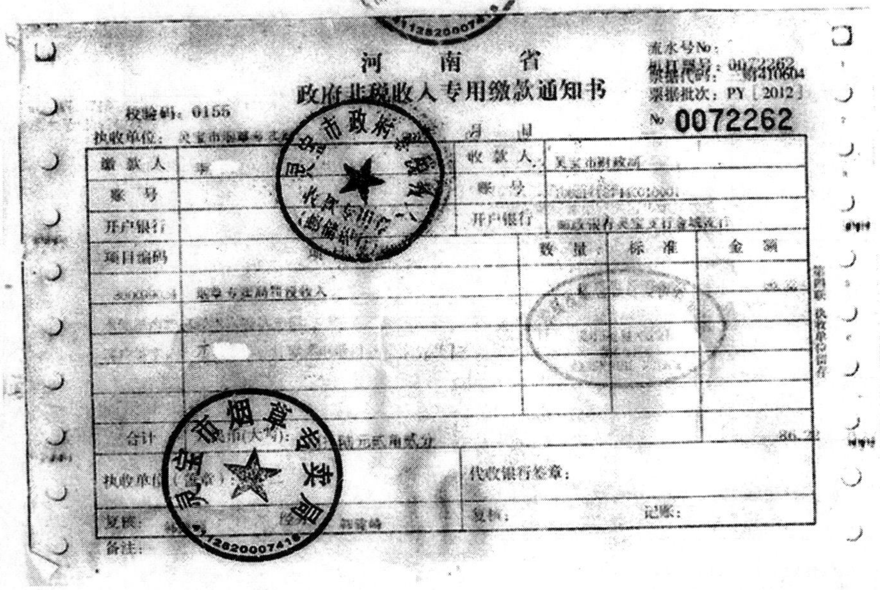

河 南 省

政府非税收入专用缴款通知书

流水号No：

票据代码：410604

票据批次：PY〔2012〕

№ 0072262

校验码：0155

执收单位：灵宝市烟草专卖局

缴款人			收款人	灵宝市财政局	
账号			账号	[illegible]	
开户银行			开户银行	邮政银行灵宝支行金城支行	
项目编码		数量	标准	金额	
[illegible]	烟草专卖罚没收入			[illegible]	
合计	人民币(大写)：[illegible]			86.72	
执收单位（盖章）：			代收银行签章：		
复核：	经办人：刘爱峰		复核：	记账：	

备注：

第四联 执收单位留存

42

政府非税收入票据

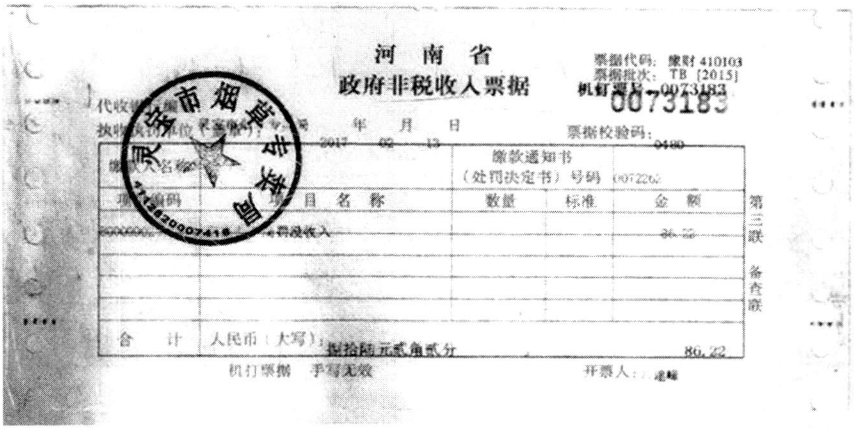

河 南 省
政府非税收入票据

票据代码：豫财 410103
票据批次：TB [2015]
机打票号：0073183
0073183

执收（执罚）单位　　年　月　日
2017　02　13
票据校验码：0480

缴款人名称		缴款通知书（处罚决定书）号码	0072262		
项目编码	项目名称	数量	标准	金额	
合计	人民币（大写）：捌拾陆元贰角贰分			86.22	

第三联 备查联

机打票据 手写无效　　开票人：

43

灵宝市烟草专卖局
责令改正复查记录

复查时间：2017 年 2 月 14 日 16 时 25 分

复查人员：樊××　执法证号：豫MY－101×××

宁××　执法证号：豫MY－101×××

被复查人：李××

复查情况：经复查，李××已经整改未在当地烟草专卖批发企业进货的违法行为，未发现新的违法行为，整改到位。

被复查人（意见及签名）：李××　2017年2月14日

灵宝市烟草专卖局
结 案 报 告 表

案　　由	未在当地烟草专卖批发企业进货		
立案时间	2017 年 1 月 1 日	调查人	樊×× 宁××
当 事 人	李××	地　址	山西省芮城县风陵渡镇××村后巷××号
案情摘要	2017 年 1 月 1 日我局接群众举报后，专卖执法人员樊××、宁××亮证后依法对灵宝市豫灵镇东街“××超市”进行检查，发现李××销售的卷烟：84mm云烟（紫）壹拾肆条，壹拾肆条，总计壹个品种，贰条卷烟，条码与规定的条码不符，并且当事人无法提供合法有效的供货票据，构成未在当地烟草专卖批发企业进货行为。2017 年 1 月 1 日，经我局负责人批准同意，依法对此案进行立案调查，并对上述物品予以先行登记保存。2017 月 1 月 2 日，我局执法人员依法对李××进行了询问调查。李×× 对未在当地烟草专卖批发企业进货的违法事实供认不讳。2017 年 1 月 18 日河南省烟草质量监督检测站作出的编号为 R-SMX-WJ2017010002 的鉴别检验报告进一步证实了李×× 未在当地烟草专卖批发企业进货的违法事实。 2017 年 1 月 23 日我局对李××下达了行政处罚事先告知书，李××在规定时间未提出陈述和申辩意见。2017 年 2 月 6 日我局对李××下达了行政处罚决定书，2017 年 2 月 13 日李××将罚款上缴指定银行账户，现呈请结案。		

处理决定	处以李×× 进货总额壹仟贰佰叁拾壹元柒角贰分（1231.72 元）7%的罚款，计人民币：捌拾陆元贰角贰分（86.22 元）的行政处罚。 责令李××停止并立即改正未在当地烟草专卖批发企业进货的违法行为。 返还证据先行登记保存的卷烟 84mm云烟（紫）壹拾叁条、壹条云烟（紫）鉴别检验损耗费：捌拾柒元玖角捌分（87.98 元）
执行情况	2017 年 2 月 6 日返还证据先行登记保存的卷烟 84mm云烟（紫）壹拾叁条、并返还壹条云烟（紫）鉴别检验损耗费：捌拾柒元玖角捌分（87.98 元）。罚款已上缴灵宝市财政局非税收入（罚没收入）专户，2017 年 2 月 14 日对李××“××超市”进行复查，当事人已纠正违法行为，执行完毕。
承办人结案理由	当事人李××未在当地烟草专卖批发企业进货的行为，事实清楚，证据确凿，本人供认不讳，案件已处理终结，建议结案。 承办人：樊×× 宁××　　2017 年 2 月 15 日
承办部门意见	同意结案、呈领导批准。 负责人：刘××　　2017 年 2 月 15 日
负责人意见	同意结案 负责人：郝××　　2017 年 2 月 15 日
备　　注	

灵宝市烟草专卖局
卷内备考表

本卷情况说明：

本卷材料齐全。

立卷人：樊××　宁××

检查人：刘××

立卷时间：2017 年 2 月 19 日

郑州市文物局
行政执法案卷

卷 宗

郑文物罚决字〔2017〕第1号

案由	河南省某研究院在全国重点文物保护单位郑州商代遗址建设控制地带内擅自进行建设工程案		
当事人	河南省某研究院		
承办人	杨某 韩某 刘某		
立案日期	2017.1.17	结（销）案日期	2017.5.15
处罚决定	罚款人民币十万元已按时缴纳		
归档日期	2017年5月		
自 2017 年 1 月至 2017 年 5 月		保管期限	永久
本卷共 1 件 40 页		归档号	054号

全宗号	目录号	案卷号

卷 宗 目 录

19		2017. 4. 6	郑州市文物局案件调查终结报告	24-25	
20	郑文物罚告审字〔2017〕第 1 号	2017. 4. 10	郑州市文物局行政处罚告知审批表	26	
21	郑文物罚先告字〔2017〕第 1 号	2017. 4. 10	郑州市文物局行政处罚事先告知书	27-28	
22		2017. 4. 10	郑州市文物局送达回证（一）	29	
23	郑文物罚听告字〔2017〕第 1 号	2017. 4. 10	郑州市文物局行政处罚听证告知书	30-31	
24		2017. 4. 10	郑州市文物局送达回证（二）	32	
25		2017. 4. 17	郑州市文物局重大行政处罚案件讨论记录	33-36	
26		2017. 4. 20	省政府非税收入缴款通知书和票据	37	
27		2017. 4. 27	建设工程的批复	38	
28		2017. 5. 15	郑州市文物局行政处罚结案审批表	39	
29			河南省行政执法证	40	

行政执法委托书（处罚）

(以下内容略)

2016 年 12 月 31 日

郑州市文物局
行政处罚决定书

郑文物罚决字〔2017〕第1号

被处罚单位名称：河南省某研究院

地址：郑州市金水区某路某号

法定代表人：韩某

组织机构代码：415×××××-×

本机关于2017年1月17日对你单位未办理文物手续在全国重点文物保护单位郑州商代遗址建设控制地带内擅自进行建设一案进行立案调查。经查实，你单位在未办理相关文物手续的情况下，于2016年12月15日拆掉原有的花房、传达室原址进行建设，建设地点位于金水区某路某号院，地处全国重点文物保护单位郑州商代遗址的建设控制地带内。该建设为钢结构建筑，平面不规则，南北约8.5米，东西约18.5米，单层面积160平方米，共3层，建筑面积共约500平方米，高10米。你单位的擅自建设行为造成了严重后果。

你单位上述行为违反了《中华人民共和国文物保护法》第十八条第二款“在文物保护单位的建设控制地带内进行建设工程，不得破坏文物保护单位的历史风貌；工程设计方案应当根据文物保护单位的级别，经相应的文物行政部门同意后，报城乡建设规划部门批准。”的规定，已构成违法。违法证据有：1. 询问笔录1份；2. 现场照片1份；3. 现场检查笔录1份；4. 你单位出具的《关于建设仓库的情况说明》。以上证据足以认定违法事实存在和社会危害程度。

从你单位违法行为的事实、性质、情节、社会危害程度和证据看，参照《河南省文物行政处罚裁量标准》第一条第二款第（二）项“较重违法行为：在文物保护单位的建设控制地带内进行建设工程，其工程设计方案未经文物行政部门同意、报城乡建设规划部门批准，建设工程与文物保护单位的历史风貌不相协调，对文物保护单位历史风貌破坏较重的。处罚标准：责令改正，给予10万元至30万元的罚款。”的规定，你单位违法行为属于较重违法行为的表现情形。

根据《中华人民共和国文物保护法》第六十六条第一款第（二）项：“有下列行为之一，尚不构成犯罪的，由县级以上人民政府文物主管部门责令改正，造成严重后果的，处五万元以上五十万元以下的罚款；情节严重的，由原发证机关吊销资质证书：（二）在文物保护单位的建设控制地带内进行建设工程，其工程设计方案未经文物行政部门同意、报城乡建设规划部门批准，对文物保护单位的历史风貌造成破坏的”的规定，本机关决定对你单位作出罚款人民币10万元的行政处罚。

请你单位自接到本决定书之日起15日内将罚款交到郑州银行任一网点（收款人：郑州市财政局收款专户、开户行：郑州银行营业部、账号：923052010903××××）。逾期不缴纳罚款的，每日按罚款数额的3%加处罚款。

如不服本决定，可以自收到本决定书之日起六十日内向郑州市人民政府或者河南省文物局申请行政复议，或者在六个月内直接向郑州市中原区人民法院起诉。逾期不申请行政复议、不向人民法院起诉又不履行本处罚决定的，本机关将申请人民法院强制执行。

2017 年 4 月 17 日

（本文书一式三份，一份送达，一份归档，一份承办机构留存）

郑州市文物局
送 达 回 证（三）

送达文书名称、文号	郑州市文物局行政处罚决定书 （郑文物罚决字〔2017〕第1号）
受送达人	河南省某研究院
送 达 地 点	郑州市金水区某路某号
受送达人（签字或盖章）	任某 2017.4.20
代收人（签字）	
代收人与受送达人关系	
送 达 日 期	2017年4月20日
送 达 方 式	直接送达
拒收原因	
见证人（签字）	年 月 日
送达人（签字）	袁某、刘某 2017年4月20日
备 注	

郑州市文物稽查大队案件信息登记表

记录时间	2017 年 1 月 17 日	案件来源	公民举报	记录人	刘某
举报人姓　名	张某	性别	男	电话	13837××××××
当事人名　称	河南省某研究院				
涉案地点	郑州市金水区某路某号				

案情简述：

2017 年 1 月 17 日我局接张某举报，称河南省某研究院在郑州市金水区某路某号内建设钢结构建筑，建筑位于全国重点文物保护单位郑州商代遗址附近，该单位可能没有相关部门的建设审批手续。

稽查大队领导签字：

请稽查科立即赴现场调查处理。

孙某

2017年1月17日

备注：

郑州市文物稽查大队

郑州市文物局
责令改正通知书

郑文物责改通字〔2017〕第1号

河南省某研究院：

经调查，你（单位）存在下列违法事实：在全国重点文物保护单位郑州商代遗址建设控制地带内未办理文物手续擅自建设施工行为违反了《中华人民共和国文物保护法》第十八条第二款的规定。根据《中华人民共和国文物保护法》第六十六条第一款第（二）项的规定，现责令你（单位）立即改正违法行为。改正内容和要求如下：改正违法施工行为、履行文物报批手续，并接受调查处理。

行政机关联系人：韩某 刘某

行政机关电　话：0371-67170×××

行政机关地　址：嵩山南路168号

郑州市文物局

2017年 1月17日

被责令改正人签名：任某

2017年1 月17日

（本文书一式两份，一份送达被责令改正人，一份承办机构存档）

郑州市文物局
询问通知书

郑文物询通字〔2017〕第 1 号

河南省某研究院：

经查，你（单位）在全国重点文物保护单位郑州商代遗址建设控制地带内未办理文物手续擅自建设施工 行为违反了《中华人民共和国文物保护法》第十八条第二款的规定，根据《中华人民共和国文物保护法》第六十六条第一款第（二）项 的规定，现请你（单位）于到 2017 年 1 月 18 日 9 时到郑州市文物稽查大队接受调查询问。

行政机关联系人：薛某 刘某

行政机关电　话：0371-67170×××

行政机关地　址：嵩山南路168号

郑州市文物局

2017年 1月17日

被责令改正人签名：任某

2017年1月17日

附：需要携带以下材料：（执法人员手书填写）

1. 组织机构代码证原件及加盖公章的复印件；
2. 营业执照原件及加盖公章的复印件；
3. 法人身份证原件及复印件；
4. 授权委托书；
5. 受委托人身份证原件及复印件。

（本文书一式两份，一份送达被责令改正人，一份承办机构存档）

郑州市文物局现场检查（勘验）笔录

检查（勘验）时间：2017年1月17日9时10分至17日9时30分

检查（勘验）地点：郑州市金水区某路某号

被检查（勘验）人单位名称：河南省某研究院

法定代表人（负责人）：韩某

被检查（勘验）人姓名：任某 性别：男

职业：总务科科长

身份证号码：410105×××××××××× 工作单位：河南省某研究院

电话：138038××××× 住址：金水区某路某号 邮编：45000×

检查（勘验）人姓名：杨某 执法证件号：豫A01-××

检查（勘验）人姓名：韩某 执法证件号：豫A01-××

记录人姓名：刘某 执法证件号：豫A01-××

见证人姓名：______ 身份证号码：______

检查（勘验）记录：2017年1月17日接举报，称河南省某研究院在位于金水区某路某号院内有施工行为，该建筑地处全国重点文物保护单位郑州商代遗址的建设控制地带内。我局执法人员杨某、韩某、刘某前往调查，执法人员在现场检查时均出示了执法证件。经查，举报属实，该建设为钢结构建筑，平面不规则，南北约8.5米，东西约18.5米，单层面积160平方米，共3层，建筑面积约500平方米。该建筑

被检查（勘验）人：任某 检查（勘验）人：杨某 韩某

第1页 共2页

位于全国重点文物保护单位郑州商代遗址的建设控制地带内，该单位不能提供与此建设项目有关的文物部门审批手续，涉嫌未办理文物审批手续擅自施工。我局执法人员对该单位下达了《责令改正通知书》和《询问通知书》，责令该单位立即改正违法施工行为，接受进一步调查处理，执法人员对现场进行了测量拍照取证。以上记录属实。

任某　2017.1.17

被检查（勘验）人：任某

检查（勘验）人：杨某　高某　2017.1.17

见证人：

记录人：刘某

郑州市文物局
立案审批表

郑文物立字（2017）第1号

<table>
<tr><td rowspan="4">当事人</td><td rowspan="2">单位</td><td>名称</td><td colspan="3">河南省某研究院</td><td>地址</td><td colspan="2">郑州市金水区某路某号</td></tr>
<tr><td colspan="2">法定代表人（负责人）</td><td colspan="3">韩某</td><td>电话</td><td>138038XXXXX</td></tr>
<tr><td rowspan="2">个人</td><td>姓名</td><td></td><td>性别</td><td></td><td>出生年月</td><td></td><td>职业</td><td></td></tr>
<tr><td>住址</td><td colspan="3"></td><td>身份证号码</td><td></td><td>电话</td><td></td></tr>
<tr><td colspan="3">案件来源</td><td colspan="2">公民举报</td><td>案发地点</td><td colspan="3">郑州市金水区某路某号</td></tr>
<tr><td colspan="2">立案理由及案情</td><td colspan="8">2017年1月17日我局执法人员接举报称，河南省某研究院在郑州市金水区某路某号院内建设钢结构建筑。经查，该建筑地处全国重点文物保护单位郑州商代遗址的建设控制地带内，涉嫌未办理文物审批手续。此行为涉嫌违反了《中华人民共和国文物保护法》第十八条第二款“在文物保护单位的建设控制地带内进行建设工程，不得破坏文物保护单位的历史风貌；工程设计方案应当根据文物保护单位的级别，经相应的文物行政部门同意后，报城乡建设规划部门批准。”的规定，其实施行政违法行为属于我局管辖。</td></tr>
<tr><td colspan="2">调查人意见</td><td colspan="8">根据《文物行政处罚程序暂行规定》第十二条关于“文物行政部门发现违法行为具有下列情形的，应当在5日内立案：（一）有明确的违法嫌疑人；（二）有客观的违法事实；（三）属于文物行政处罚的范围；（四）属于本部门管辖。决定立案的，应当填写立案审批表，报本部门主管负责人批准，并确定2名以上文物行政执法人员为案件承办人。”的规定，建议立案查处。

调查人：杨某 韩某 刘某　　2017年1月17日</td></tr>
<tr><td colspan="2">承办机构意见</td><td colspan="8">拟同意立案，建议由杨某主办此案，韩某、刘某两位协办此案。请杨某局长审定。

负责人：寇某　　2017年1月17日</td></tr>
<tr><td colspan="2">行政机关负责人审批意见</td><td colspan="8">同意立案。

负责人：杨某　　2017年1月17日</td></tr>
</table>

河南省某研究院

加盖公章的组织机构代码证复印件

经校对，此复印
件与原件一致。
2017.1.18

加盖公章的某机构执业许可证复印件

（以下内容略）

经核对，此复印
件与原件一致。
核对人： 日期：2017.1.18

此页为法人身份证复印件

（复印正反面）

（以下内容略）

经核对，此复印件与原件一致。

日期 2017.1.18

授权委托书

现委托任某同志，处理我单位涉嫌在全国重点文物保护单位郑州商代遗址的建设控制地带内未办理文物手续擅自施工一事，作为我方委托代理人，其代理权限包括：

1．接受调查；

2．行使陈述、申辩权；

3．申请、行使听证权；

4．签收法律文书；

附件：被授权人身份证复印件

2017 年 1 月 18 日

（加盖公章）

此页为受委托人身份证复印件

（复印正反面）

（略）

经校对，此复印
件与原件一致。
核对人： 日期：2017.1.18

郑州市文物局
行政执法询问笔录

询问时间：2017 年 1 月 18 日 10 时 40 分至 11 时 20 分

询问地点：郑州市文物稽查大队

询问人及证件号码：杨某（豫A01-××）韩某（豫A01-××）刘某（豫A01-××）

记录人：韩某

被询问人：任某 性别：男 出生年月：19××.× 民族：汉

身份证号码：41010519××××××××××

工作单位：河南省某研究院

职务：总务科科长 电话：138038×××××

问：我们是郑州市文物局的执法人员，我叫杨某，他俩叫韩某、刘某，这是我们的执法证件，请你过目。

答：看过了。

问：今天由我们负责调查，你认为有可能会影响案件公正处理的，根据《中华人民共和国行政处罚法》第三十七条规定，你可以申请回避，你是否申请？

答：不申请。

问：今天请你过来，主要是向你了解你单位在全国重点文物保护单位郑州商代遗址建设控制地带内进行建设的有关情况，请你如实回答，否则将承担法律责任，你明白吗？

答：明白。

被询问人签名：任某 询问人签名：杨某 韩某 刘某 2017.1.18

问：根据《中华人民共和国行政处罚法》第三十一条、第三十二条规定，你在整个案件的处理过程中都享有陈述权和申辩权。

答：我知道。

问：请介绍一下自己及你单位的基本情况。

答：我叫任某，为河南省某研究院总务科科长，我院地址为郑州市金水区某路某号，法定代表人为韩某。我受单位委托前来处理有关情况。

问：请介绍一下你单位在全国重点文物保护单位郑州商代遗址建设控制地带内进行建设的有关情况。

答：该建设为钢结构建筑，平面不规则，南北约 8.5 米，东西约 18.5 米，单层面积 160 平方米，共 3 层，建筑面积共约 500 平方米，高 9 米。我院于 2016 年 12 月 15 日拆掉原有的花房、传达室原址建设。该建设没有开挖地基，平地建起。

问：你单位为何进行该建设？

答：我院根据关于开展安全生产大检查要求及辖区办事处的意见，发现仓库老旧建筑顶层为彩钢板房，防火等级低，下层建筑建于上世纪八十年代，因年代久远，楼顶开裂，地基下沉，墙体出现倾斜、开裂、渗水，存在安全隐患。虽然我院进行过多次相应的加固处理，仍无法解决该问题。为此，我院研究决定将邻近传达室和花房拆掉重建，拟将仓库置换至该新建筑。

问：你院该建设位于全国重点文物保护单位郑州商代遗址建设控制地带内，建设前你单位是否办理了相应文物手续？

答：没有。

被询问人签名：任某　　询问人签名：杨某 韩某 刘某 2017.1.18

（第 2 页共 3 页）

问：你单位的行为已经违反了《中华人民共和国文物保护法》第十八条第二款规定。

答：我知道了。

问：今天的询问到此结束，请问还有何补充？

答：没有了。

问：请你核对以上记录无误后签字。以上记录属实。

任某 2017.1.18

被询问人签名：任某 询问人签名：杨某 韩某 刘某

2017.1.18

现场检查照片

一、从东向西拍摄（施工现场）

（贴照片处）

二、从东南向西北拍摄（施工现场）

（贴照片处）

三、从南向北拍摄（施工现场）

（贴照片处）

拍摄时间：2017 年 1 月 17 日上午 10 时

拍摄地点：全国重点文物保护单位郑州商代遗址建设控制地带内

拍摄内容：河南省某研究院在金水区某路某号院内建设的三层钢结构建筑

拍摄人及单位：韩某（郑州市文物稽查大队）

当事人：任某　　承办人：杨某 韩某 刘某

2017.1.18　　2017.1.18

违法现场平面图

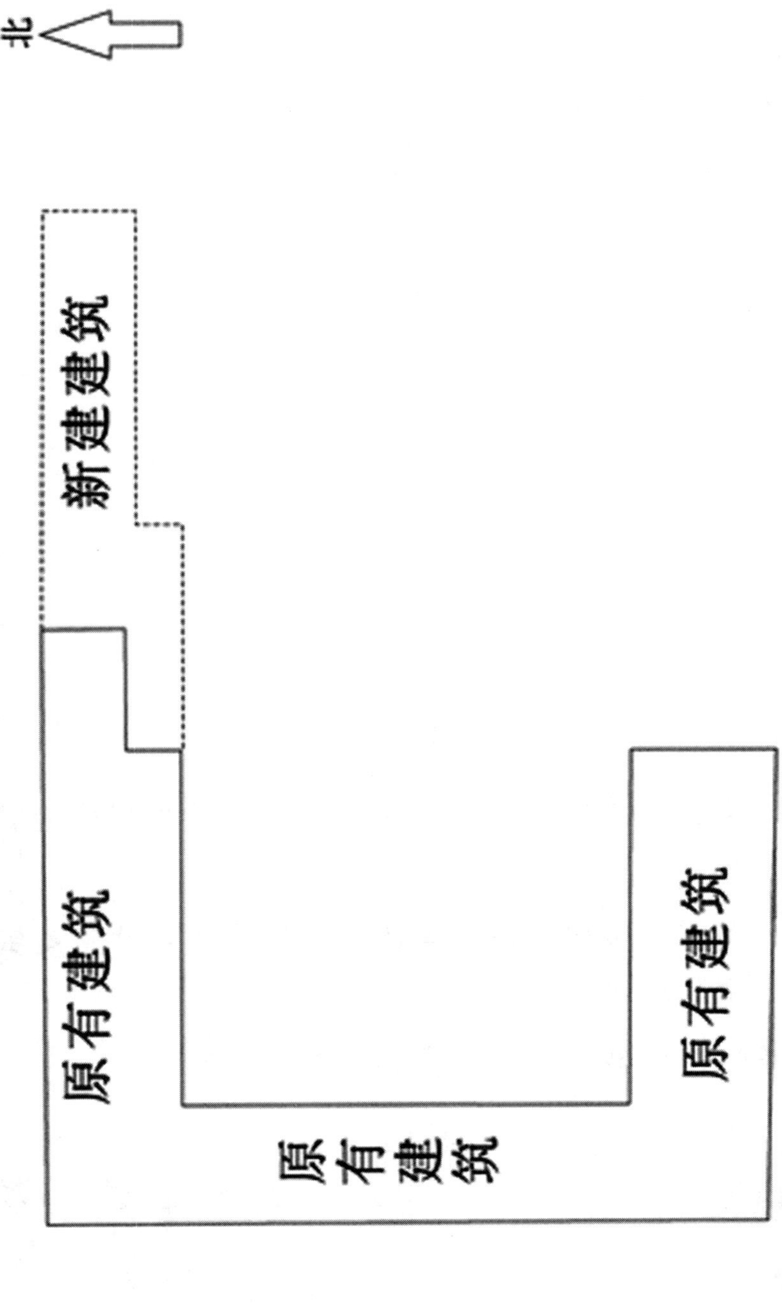

当事人	河南省某研究院
承办人	杨某、韩某、刘某
制图人	刘某
制图日期	2017年1月18日

违法现场航拍图

航拍图（施工现场）：全景图

（贴照片处）

拍摄时间：2017 年 1 月 17 日上午十时

拍摄地点：全国重点文物保护单位郑州商代遗址建设控制地带内

拍摄内容：河南省某研究院在某路某号院内建设的三层钢结构建筑

拍摄人及单位：韩某（郑州市文物稽查大队）

拍摄设备：大疆精灵—4 无人机

当事人：任某　　　　承办人：杨某 郭某 [illegible]

2017.1.18　　　　2017.1.18

关于建设××仓库的情况说明

（以下内容略）

河南省某研究院

2017年1月18日

（加盖公章）

郑州市文物局
案件调查终结报告

当事人	河南省某研究院
案　由	河南省某研究院在全国重点文物保护单位郑州商代遗址建设控制地带内擅自进行建设工程案
调查时间	2017年1月17日至2017年4月5日
承办人员	杨某　韩某　刘某
调查事实证据	2017年1月17日，我局接举报，称河南省某研究院在郑州市金水区某路某号院内建设钢结构建筑。经查，该建筑地处全国重点文物保护单位郑州商代遗址的建设控制地带内，确认河南省某研究院涉嫌违反《中华人民共和国文物保护法》第十八条第二款“在文物保护单位的建设控制地带内进行建设工程，不得破坏文物保护单位的历史风貌；工程设计方案应当根据文物保护单位的级别，经相应的文物行政部门同意后，报城乡建设规划部门批准。”的规定。2017年1月17日经郑州市文物局主管领导杨某批准立案，开始进一步调查。 当事人：河南省某研究院；机构类型：事业法人；法定代表人（负责人）：韩某；地址：河南省郑州市金水区某路某号；组织机构代码：415×××××-×。 经调查：河南省某研究院在郑州市金水区某路某号院内建设钢结构建筑，该建筑地处全国重点文物保护单位郑州商代遗址的建设控制地带内，该建设为钢结构建筑，平面不规则，南北约8.5米，东西约18.5米，单层面积160平方米，共3层，建筑面积共约500平方米，高10米。该院于2016年12月15日拆掉原有的花房、传达室原址建设。该建设没有开挖地基，平地建起。该院根据关于开展安全生产大检查要求及辖区办事处的意见，发现仓库老旧建筑顶层为彩钢板房，防火等级低，下层建筑建于上世纪八十年代，因年代久远，楼顶开裂，地基下沉，墙体出现倾斜、开裂、渗水，存在安全隐患。虽经进行过多次相应的加固处理，无法解决该问题。为此，该院研究决定将邻近传达室和花房拆掉重建，拟将仓库置换至该新建筑。以上有询问笔录、现场照片、《关于建设仓库的情况说明》等相关材料为证。

承办人员意见	河南省某研究院未办理相关文物手续擅自在全国重点文物保护单位郑州商代遗址的建设控制地带内进行建设工程的行为，违反了《中华人民共和国文物保护法》第十八条第二款规定，后果较为严重，根据《中华人民共和国文物保护法》第六十六条第一款第（二）项：“有下列行为之一，尚不构成犯罪的，由县级以上人民政府文物主管部门责令改正，造成严重后果的，处五万元以上五十万元以下的罚款；情节严重的，由原发证机关吊销资质证书：…（二）在文物保护单位的建设控制地带内进行建设工程，其工程设计方案未经文物行政部门同意、报城乡建设规划部门批准，对文物保护单位的历史风貌造成破坏的”的规定，同时参照《河南省文物行政处罚裁量标准》第一条第二款第（二）项“较重违法行为：在文物保护单位的建设控制地带内进行建设工程，其工程设计方案未经文物行政部门同意、报城乡建设规划部门批准，建设工程与文物保护单位的历史风貌不相协调，对文物保护单位历史风貌破坏较重的。处罚标准：责令改正，给予10万元至30万元的罚款。”的规定，建议对河南省某研究院作出罚款人民币10万元的行政处罚。 承办人：杨某 薛某 刘某 2017年4月6日
承办机构意见	拟同意，建议由局法制部门审核，杨局长审定。 负责人：寇某 2017年4月6日
法制部门审核意见	已审核，请杨局长审定。 负责人：杨某 2017年4月6日
行政机关负责人审批意见	同意。 负责人：杨某 2017年4月6日

郑州市文物局
行政处罚告知审批表

郑文物罚告审字〔2017〕第 1 号

<table>
<tr><td rowspan="4">当事人</td><td rowspan="2">单位</td><td>名称</td><td colspan="3">河南省某研究院</td><td>地址</td><td colspan="2">郑州市金水区某路某号</td></tr>
<tr><td colspan="3">法定代表人（负责人）</td><td colspan="2">韩某</td><td>电话</td><td>138038××××</td></tr>
<tr><td rowspan="2">公民</td><td>姓名</td><td></td><td>性别</td><td></td><td>出生年月</td><td></td><td>职业</td><td></td></tr>
<tr><td>住址</td><td colspan="2"></td><td colspan="2">身份证号码</td><td></td><td>身份</td><td></td></tr>
<tr><td colspan="3">案件来源</td><td colspan="2">公民举报</td><td>案发地点</td><td colspan="4">郑州市金水区某路某号院内</td></tr>
<tr><td colspan="3">立案文号</td><td colspan="2">郑文物立字〔2017〕第 1 号</td><td>名称</td><td colspan="4">河南省某研究院</td></tr>
<tr><td colspan="2">违法事实及拟处罚告知建议</td><td colspan="9">经查实：河南省某研究院在郑州市金水区某路某号院内建设钢结构建筑，该建筑地处全国重点文物保护单位郑州商代遗址的建设控制地带内，该建设行为违反了《中华人民共和国文物保护法》第十八条第二款“在文物保护单位的建设控制地带内进行建设工程，不得破坏文物保护单位的历史风貌；工程设计方案应当根据文物保护单位的级别，经相应的文物行政部门同意后，报城乡建设规划部门批准。”的规定，后果较为严重。根据《中华人民共和国文物保护法》第六十六条第一款第（二）项 “有下列行为之一，尚不构成犯罪的，由县级以上人民政府文物主管部门责令改正，造成严重后果的，处五万以上五十万以下的罚款；情节严重的，由原发证机关吊销资质证书：…（二）在文物保护单位的建设控制地带内建设工程，其工程设计方案未经文物行政部门同意、报城乡建设规划部门批准，对文物保护单位的历史风貌造成破坏的；”的规定，建议对当事人作出罚款人民币 10 万元的行政处罚。根据《中华人民共和国行政处罚法》第三十二条和第四十二条的规定，当事人有陈述、申辩和要求听证的权利，建议发《郑州市文物局行政处罚事先告知书》和《郑州市文物局行政处罚听证告知书》。
承办人：杨某　韩某　刘某　　2017 年 4 月 10 日</td></tr>
<tr><td colspan="2">承办机构负责人意见</td><td colspan="9">拟同意告知，请杨局长审定。
负责人：[illegible]某　　2017 年 4 月 10 日</td></tr>
<tr><td colspan="2">行政机关负责人意见</td><td colspan="9">同意告知。
负责人：杨某　　2017 年 4 月 10 日</td></tr>
</table>

郑州市文物局
行政处罚事先告知书

郑文物罚先告字〔2017〕第1号

河南省某研究院：

你单位于2016年12月15日拆掉原有的花房、传达室原址进行建设，建设地点位于金水区某路某号院，地处全国重点文物保护单位郑州商代遗址的建设控制地带内。该建设为钢结构建筑，平面不规则，南北约8.5米，东西约18.5米，单层面积160平方米，共3层，建筑面积共约500平方米，高10米。你单位未办理相关文物手续擅自在全国重点文物保护单位郑州商代遗址的建设控制地带内进行建设工程的行为，违反了《中华人民共和国文物保护法》第十八条第二款“在文物保护单位的建设控制地带内进行建设工程，不得破坏文物保护单位的历史风貌；工程设计方案应当根据文物保护单位的级别，经相应的文物行政部门同意后，报城乡建设规划部门批准。”的规定，后果较为严重，以上有询问笔录、现场照片、《关于建设仓库的情况说明》等相关材料为证。

从你单位违法行为的事实、性质、情节、社会危害程度和证据看，参照《河南省文物行政处罚裁量标准》第一条第二款第（二）项，你单位违法行为属于较重违法行为的表现情形。根据《中华人民共和国文物保护法》第六十六条第一款第（二）项：“有下列行为之一，尚不构成犯罪的，由县级以上人民政府文物主管部门责令改正，造成严重后果的，处五万元以上五十万元以下的罚款；情节严重的，由原发证机关吊销资质证书：…（二）在文物保护单位的建设控制地带内进行建设工程，其工程设计方案未经文物行政部门同意、报城乡建设规划部门批准，对文物保护单位的历史风貌造成破坏的；”的规定，本机关决定拟对你单位作出罚款人民币10万元的行政处罚。

根据《中华人民共和国行政处罚法》第三十二条的规定，你单位对上述处罚意见有陈述、申辩的权利，如需陈述、申辩，应当在收到本告知书之日起三日内向我局提出。逾期未提出的，视为放弃陈述、申辩权利。地址：郑州市陇海西路81号；联系人：杨某；联系电话:0371—67189×××。

郑州市文物局

2017年4月10日

（本文书一式三份，一份送达，一份归档，一份承办机构留存）

郑州市文物局
送 达 回 证（一）

送达文书名称、文号	郑州市文物局行政处罚事先告知书（郑文物罚先告字〔2017〕第1号）
受送达人	河南省某研究院
送 达 地 点	郑州市金水区某路某号
受送达人（签字或盖章）	任某 2017.4.10
代收人（签字）	
代收人与受送达人关系	
送 达 日 期	2017年4月10日
送 达 方 式	直接送达
拒收原因	
见证人（签字）	年 月 日
送达人（签字）	郭某 刘某 2017年4月10日
备 注	

郑州市文物局
行政处罚听证告知书

郑文物罚听告字〔2017〕第1号

河南省某研究院:

你单位于2016年12月15日拆掉原有的花房、传达室原址进行建设,建设地点位于金水区某路某号院,地处全国重点文物保护单位郑州商代遗址的建设控制地带内。该建设为钢结构建筑,平面不规则,南北约8.5米,东西约18.5米,单层面积160平方米,共3层,建筑面积共约500平方米,高10米。你单位未办理相关文物手续擅自在全国重点文物保护单位郑州商代遗址的建设控制地带内进行建设工程的行为,违反了《中华人民共和国文物保护法》第十八条第二款“在文物保护单位的建设控制地带内进行建设工程,不得破坏文物保护单位的历史风貌;工程设计方案应当根据文物保护单位的级别,经相应的文物行政部门同意后,报城乡建设规划部门批准。”的规定,后果较为严重,以上有询问笔录、现场照片、《关于建设仓库的情况说明》等相关材料为证。

从你单位违法行为的事实、性质、情节、社会危害程度和证据看,参照《河南省文物行政处罚裁量标准》第一条第二款第(二)项,你单位违法行为属于较重违法行为的表现情形。根据《中华人民共和国文物保护法》第六十六条第一款第(二)项:“有下列行为之一,尚不构成犯罪的,由县级以上人民政府文物主管部门责令改正,造成严重后果的,处五万元以上五十万元以下的罚款;情节严重的,由原发证机关吊销资质证书:…(二)在文物保护单位的建设控制地带内进行建设工程,其工程设计方案未经文物行政部门同意、报城乡建设规划部门批准,对文物保护单位的历史风貌造成破坏的;”的规定,本机关决定拟对你单位作出罚款人民币10万元的行政处罚。

根据《中华人民共和国行政处罚法》第四十二条的规定，你单位对上述处罚意见有要求听证的权利。如你单位要求听证，应当在收到本告知书之日起三日内向我局提出书面要求。逾期未提出的，视为放弃听证权利。地址：郑州市陇海西路81号；联系人：杨某；联系电话:0371—67189×××。

郑州市文物局

2017年4月10日

（本文书一式三份，一份送达，一份归档，一份承办机构留存）

郑州市文物局
送 达 回 证（二）

送达文书名称、文号	郑州市文物局行政处罚听证告知书 (郑文物罚听告字〔2017〕第1号)
受送达人	河南省某研究院
送 达 地 点	郑州市金水区某路某号
受送达人(签字或盖章)	任某 2017.4.10
代收人（签字）	
代收人与受送达人关系	
送 达 日 期	2017年4月10日
送 达 方 式	直接送达
拒收原因	
见证人(签字)	年 月 日
送达人（签字）	郭某 刘某 2017年4月10日
备 注	

郑州市文物局
重大行政处罚案件讨论记录

案由：河南省某研究院在全国重点文物保护单位郑州商代遗址建设控制地带内擅自进行建设工程案

时间：2017年4月17日16时30分至17时

讨论地点：郑州市文物局五楼会议室

主持人：任 某　　　**记录人：**杨 某

出席人员姓名及职务：任某（郑州市文物局党组书记、局长）、李某（郑州市文物局党组副书记）、王某（郑州市文物局副局长）、任某（郑州市文物局副局长）、闫某（郑州市文物局副局长）、杨某（郑州市文物局副调研员）、胡某（郑州市文物局纪委书记）

列席人员姓名及职务：寇某（郑州市文物稽查大队大队长）、杨某（郑州市文物局安全处处长）、杨某（郑州市文物稽查大队稽查科科长）

案件承办人员姓名及职务：杨某（郑州市文物稽查大队稽查科科长）、韩某（郑州市文物稽查大队稽查科科员）、刘某（郑州市文物稽查大队稽查科科员）

郑州市文物稽查大队介绍案情及提出案件初步处理意见：当事人为河南省某研究院；机构类型：事业法人；法定代表人：韩某；地址：河南省郑州市金水区某路某号；组织机构代码：415×××××-× 。2017年1月17日，郑州市文物局接举报，称河南省某研究院在金水区某路某号院内建设钢结构建筑。经查，该建筑地处全国重点文物保护单位郑州商代遗址建设控制地带内，确认河南省某研究院涉嫌违反《中华人民共和国文物保护法》第十八条第二款规定。2017年1月17日经郑州市文物局主管领导杨某批准立案，开始进一步调查。经调查，河南省某研究院在金水区某路某号院内建设钢结构建筑，该建筑地处全国重点文物保护单位郑州商代遗址的建设控制地带内，该建设为钢结构建筑，平面不规则，南北约8.5米，东西约18.5米，单层面积160平方米，共

3层，建筑面积共约500平方米，高10米。该院于2016年12月15日拆掉原有的花房、传达室原址建设。该建设没有开挖地基，平地建起。该院根据关于开展安全生产大检查要求及辖区办事处的意见，发现仓库老旧建筑顶层为彩钢板房，防火等级低，下层建筑建于上世纪八十年代，因年代久远，楼顶开裂，地基下沉，墙体出现倾斜、开裂、渗水，存在安全隐患。虽经进行过多次相应的加固处理，无法解决该问题。为此，该院研究决定将邻近传达室和花房拆掉重建，拟将仓库置换至该新建筑。以上有询问笔录、现场照片、《关于建设某仓库的情况说明》等相关材料为证。河南省某研究院未办理相关文物手续擅自在全国重点文物保护单位郑州商代遗址的建设控制地带内进行建设工程的行为，违反了《中华人民共和国文物保护法》第十八条第二款“在文物保护单位的建设控制地带内进行建设工程，不得破坏文物保护单位的历史风貌；工程设计方案应当根据文物保护单位的级别，经相应的文物行政部门同意后，报城乡建设规划部门批准。”的规定，后果较为严重，根据《中华人民共和国文物保护法》第六十六条第一款第（二）项：“有下列行为之一，尚不构成犯罪的，由县级以上人民政府文物主管部门责令改正，造成严重后果的，处五万元以上五十万元以下的罚款；情节严重的，由原发证机关吊销资质证书：…（二）在文物保护单位的建设控制地带内进行建设工程，其工程设计方案未经文物行政部门同意、报城乡建设规划部门批准，对文物保护单位的历史风貌造成破坏的”的规定，同时参照《河南省文物行政处罚裁量标准》第一条第二款第（二）项“较重违法行为：在文物保护单位的建设控制地带内进行建设工程，其工程设计方案未经文物行政部门同意、报城乡建设规划部门批准，建设工程与文物保护单位的历史风貌不相协调，对文物保护单位历史风貌破坏较重的。处罚标准：责令改正，给予10万元至30万元的罚款。”的规定，经郑州市文物稽查大队讨论研究，建议对河南省某研究院作出罚款人民币10万元的行政处罚。**郑州市文物局法制部门审核意见：**杨某：该案事实清楚、证据充分、适用法律

（第2页共4页）

适当，且程序合法，同意郑州市文物稽查大队提出的对河南省某研究院作出罚款人民币10万元行政处罚的建议。

讨论记录：任某：刚才杨某同志介绍了案情，寇某同志代表市文物稽查大队提出了处罚建议，杨某同志代表郑州市文物局法制部门提出了法制审核意见，按照行政处罚程序的有关规定，现请大家就该案的情况，发表一下个人意见。

杨某：该案事实清楚，证据确凿，根据《中华人民共和国文物保护法》第六十六条第一款第（二）项规定，同时参照《河南省文物行政处罚裁量标准》第一条第二款第（二）项规定，同意对河南省某研究院作出罚款人民币10万元的行政处罚。

李某：案件调查人员提出当事人的违法行为，事实清楚、证据确凿、适用法律准确、程序合法，同意对河南省某研究院作出罚款人民币10万元的行政处罚。

王某：当事人在无任何批准文件的情况下，擅自在全国重点文物保护单位某遗址的建设控制地带内进行建设工程，是一起典型的文物违法案件，已造成严重后果，同意对河南省某研究院作出罚款人民币10万元的行政处罚。

任某：同意对河南省某研究院作出罚款人民币10万元的行政处罚。罚款不是目的，要以案说法，加强文物保护相关法律的宣传，既对违法者予以警示，又让社会各方面受到教育，达到保护文物的目的。

闫某：根据《中华人民共和国文物保护法》第六十六条第一款第（二）项规定，案件承办人提出对当事人实施罚款人民币10万元的建议已考虑到当事人的违法情节、性质及造成的危害后果，是比较适当的，因此同意对河南省某研究院作出罚款人民币10万元的行政处罚。

胡某：通过承办人员的调查，该案的现有证据能够证明违法事实的发生，在法律的适用上准确，自由裁量恰当，同意对河南省某研究院作出罚款人民币10万元的行政处罚。

（第3页共4页）

任某：经全面审查，本案证据充分，能够证明违法事实的发生，法律适用准确，程序合法，鉴于当事人的违法情节和造成的危害后果，同意对河南省某研究院作出罚款人民币10万元的行政处罚。稽查大队要按照服务型行政执法的要求，主动与被处罚单位沟通，指导被处罚单位在有关文物的工程建设中，依照文物法办理审批手续，增强文物保护意识。

案件处理意见：根据《中华人民共和国文物保护法》第六十六条第一款第（二）项规定，同时参照《河南省文物行政处罚裁量标准》第一条第二款第（二）条规定，经集体讨论研究，同意市文物稽查大队的处罚建议，决定给予河南省某研究院作出罚款人民币10万元的行政处罚。

出席人员签名：

任某 李某 王某 任某 闫某 杨某 胡某

列席人员签名：

寇某 杨某 杨某

省政府非税收入缴款通知书和票据

郑州市文物局关于对河南省某研究院在全国重点文物保护单位郑州商代遗址建设控制地带建设工程的批复

（以下内容略）

郑州市文物局

2017 年 4 月 27 日

（加盖公章）

备注：

河南省某研究院按照郑州市文物局的整改要求，认真履行文物报批手续。目前，该建设工程的设计方案已获文物部门同意。

郑州市文物局
行政处罚结案审批表

案　由	河南省某研究院在全国重点文物保护单位郑州商代遗址建设控制地带内擅自进行建设工程案	立案日期	2017年1月17日
行政处罚决定书文号	郑文物罚决字〔2017〕第1号	处罚日期	2017年4月17日
案件简要情况	河南省某研究院未办理相关文物手续擅自在全国重点文物保护单位郑州商代遗址建设控制地带内进行建设工程。建设地点位于金水区某路某号院，地处全国重点文物保护单位郑州商代遗址的建设控制地带内。该建设为钢结构建筑，平面不规则，南北约8.5米，东西约18.5米，单层面积160平方米，共3层，建筑面积共约500平方米，高10米		
行政处罚内容	河南省某研究院未办理相关文物手续擅自在全国重点文物保护单位郑州商代遗址建设控制地带内进行建设工程的行为，违反了《中华人民共和国文物保护法》第十八条第二款规定，后果较为严重。经过重大案件讨论会研究，根据《中华人民共和国文物保护法》第六十六条第一款第（二）项规定，决定对当事人作出罚款人民币10万元的行政处罚		
行政处罚执行情况和行政复议、行政诉讼情况	2017年4月10日向当事人下发了《郑州市文物局行政处罚事先告知书》和《郑州市文物局行政处罚听证告知书》，当事人在接到告知书三日内未提出陈述、申辩和听证申请，2017年4月17日经过重大案件讨论会研究，本机关决定对当事人作出罚款人民币10万元的行政处罚，2017年4月20日缴纳了罚款。2017年4月27日当事人已得到文物局批复，违法行为得到纠正		
承办人意见	建议结案。 承办人：杨某 戴某 刘某　2017年5月15日		
承办机构审核意见	请杨局长审定。 负责人：寇某　2017年5月15日		
行政机关负责人审批意见	同意结案。 负责人：杨某　2017年5月15日		

郑州市文物局执法人员行政执法证复印件

卷 内 备 考 表

本卷情况说明

本案卷已编号的文件材料共40页，其中文字材料37页，照片2页，图纸1页。

卷内材料包括立案文书、调查取证文书、调查终结报告、处罚事先告知书、听证告知书、处罚决定书、结案审批表。

立卷人 韩某 刘某

检查人 杨某

立卷时间 2017.5

<table>
<tr><td colspan="4">河南省住房和城乡建设厅
行 政 案 件 卷 宗</td></tr>
<tr><td colspan="4">〔2017〕豫建执法案结字第008号</td></tr>
<tr><td>案　由</td><td colspan="3">河南 ×× 建筑工程有限公司触电亡人事故案</td></tr>
<tr><td>案件来源</td><td colspan="3">郑州市城乡建设委员会</td></tr>
<tr><td>当事人</td><td colspan="3">河南 ×× 建筑工程有限公司</td></tr>
<tr><td>办案机关</td><td colspan="3">河南省住房和城乡建设厅</td></tr>
<tr><td>办案人</td><td colspan="3">主办人 ：张 ××　　　　协办人：黄 ××</td></tr>
<tr><td>处理结果</td><td colspan="3">暂扣河南 ×× 建筑工程有限公司安全生产许可证50日，已于2017年4月14日执行，暂扣期至2017年6月3日</td></tr>
<tr><td>立案日期</td><td>2017年3月9日</td><td rowspan="2">归档日期</td><td rowspan="2">2017年6月12日</td></tr>
<tr><td>结案日期</td><td>2017年6月6日</td></tr>
<tr><td colspan="2">本卷共1件60页</td><td>保存期限</td><td>永久</td></tr>
</table>

卷 宗 目 录

序 号	材 料 名 称	页数	卷内页数
1	河南省住房和城乡建设厅行政处罚决定书	2	1-2
2	行政处罚文书送达回证	1	3
3	郑州市城乡建设委员会关于 ×× 事故处理的请示	3	4-6
4	郑州市人民政府关于 ×× 事故调查报告的批复	6	7-12
5	郑州市 ×× 事故调查报告	8	13-20
6	行政处罚案件立案审批表	1	21
7	询问笔录	2	22-23
8	授权委托书	3	24-26
9	劳务施工中标通知书	1	27
10	建设工程施工劳务分包合同	16	28-43
11	建筑业企业资质证书	2	44-45
12	营业执照	1	46
13	安全生产许可证	1	47
14	案件调查终结报告	2	48-49
15	行政处罚审批表	2	50-51
16	行政处罚事先告知书	2	52-53
17	行政处罚事先告知书送达回证	1	54
18	行政处罚决定审批表	2	55-56
19	暂扣安全生产许可证的证明	1	57
20	结案审批表	2	58-59
21	执法人员《河南省行政执法证》复印件	1	60

河南省住房和城乡建设厅
行政处罚决定书

豫建执法罚决字〔2017〕第 2-8 号

当事人：河南 ×× 建筑工程有限公司

法定代表人（负责人）：王 ×

住所（地址）：商丘市 ×× 路 ×× 号

本机关于 2017 年 3 月 9 日对你单位承建的郑州市 ×× 项目 ×× 事故立案调查。郑州市 ×× 事故调查组出具的《郑州市 ×× 事故调查报告》和《郑州市人民政府关于郑州市 ×× 事故调查报告的批复》（郑政函〔2016〕×× 号）认定，2016 年 ×× 月 ×× 日，河南 ×× 建筑工程有限公司在承建的 ×× 项目中，未按规范要求委派项目部管理人员，项目负责人 ×× 和安全员 ×× 无相关资格证书、无安全生产考核证，未按要求对所属项目例行安全巡查，未按要求落实安全教育和安全技术交底，未及时组织人员对电缆耐压试验区进行专项安全检查，对施工中高危作业事项的交叉管理不严格，施工人员违章操作触电致一人死亡。《批复》认定这是一起一般生产安全责任事故，责任单位河南 ×× 建筑工程有限公司对事故发生负有主要管理责任。证据有：1.《郑州市人民政府关于郑州市 ×× 事故调查报告的批复》；2. 郑州市 ×× 事故调查组出具的《郑州市 ×× 事故调查报告》；3.询问笔录；4.当事人营业执照、资质证书、安全生产许可证；5.劳务施工中标通知书；6.建设工程施工劳务分包合同。

根据《生产安全事故报告和调查处理条例》（国务院令第 493 号）第三十二条第二款："有关机关应当按照人民政府的批复，依照法律、行政法规规定的权限和程序，对事故发生单位和有关人员进行行政处罚，对负有事故责任的国家工作人员进行处分。”和第四十条第一款：“事故发生单位对事故发生负有责任的，由有关部门依法暂扣或者吊销其有关证照；对事故发生单位负有事故责任的有关人员，依法暂停或者撤销其与安全生产有关的执业资格、岗位证书；事故发生单位主要负责人受到刑事处罚或者撤职处分的，自刑罚执行完毕或者受处分之日起，5 年内不得担任任何生产经营单位的主要负责人。”的规定，参照《建筑施工企业安全生产许可证动态监管暂行办法》（建质〔2008〕121 号）第十四条第二款第一项：“暂扣安全生产许可证处罚视事故发生级别和安全生产条件降低情况，按下列标准执行：（一）发生一般事故的，暂扣安全生产许可证 30 至 60 日。”的规定。鉴于你单位对事故发生负有主要管理责任，本机关决定对你单位作出暂扣安全生产许可证 50 日的行政处罚。

你单位应当自收到本决定书之日起 15 日内，将《安全生产许可证》（一份正本、四份副本） 交至河南省住房和城乡建设厅建筑管理处。

你单位如不服本决定，可以自收到本决定书之日起六十日内向河南省人民政府或者住房和城乡建设部申请行政复议，也可以自收到本决定书之日起六个月内依法直接向人民法院提起行政诉讼。逾期不申请行政复议，也不提起行政诉讼，又不履行本处罚决定的，本机关将依法申请人民法院强制执行。

河南省住房和城乡建设厅（加盖公章）

2017 年 4 月 13 日

行政处罚文书送达回证

送达文书名称、文号	《河南省住房和城乡建设厅行政处罚决定书》（豫建执法罚决字〔2017〕第2-8号）壹份
受送达人	河南××建筑工程有限公司
送 达 地 点	河南省住房和城乡建设执法监察总队314室
受送达人（签字或盖章）	李XX
代收人（签字）	/
代收人与受送达人关系	/
送 达 日 期	2017 年 4 月 14 日
送 达 方 式	直接送达
拒收原因	/
见证人（签字）	/ 年 月 日
送达人（签字）	张XX 豫0-165438 黄XX 豫0-122592 2017年 4 月 14 日
备 注	/

郑州市城乡建设委员会
关于××事故处理的请示

郑州市××事故调查报告

郑州市人民政府
关于××事故调查报告的批复

行政处罚案件立案审批表

<table>
<tr><td rowspan="5">当事人</td><td>单位名称</td><td>河南××建筑工程有限公司</td><td>法定代表人</td><td>王×</td></tr>
<tr><td>住 址</td><td>商丘市××路××号</td><td>电 话</td><td>136××××××××</td></tr>
<tr><td>个人姓名</td><td>/</td><td>性 别</td><td>/</td></tr>
<tr><td>所在单位</td><td>/</td><td>电 话</td><td>/</td></tr>
<tr><td>身份证号码</td><td>/</td><td>个人住址</td><td>/</td></tr>
<tr><td>案 由</td><td colspan="2">河南××建筑工程有限公司
触电亡人事故案</td><td>案件来源</td><td>郑州市城乡建设委员会</td></tr>
<tr><td>案件简要情况</td><td colspan="4">2016 年××月××日，河南××建筑工程有限公司作为劳务施工单位承建的郑州市××项目中，施工人员违章操作触电致 1 人死亡。郑州市××事故调查组出具的《郑州市××事故调查报告》和《郑州市人民政府关于郑州市××事故调查报告的批复》（郑政函〔2016〕××号）认定，这是一起一般生产安全责任事故，河南××建筑工程有限公司对事故发生负有主要管理责任。根据《生产安全事故报告和调查处理条例》（国务院令第 493 号）第三十二条第二款：“有关机关应当按照人民政府的批复，依照法律、行政法规规定的权限和程序，对事故发生单位和有关人员进行行政处罚，对负有事故责任的国家工作人员进行处分。”的规定，对该公司进行立案调查。</td></tr>
<tr><td>承办人意见</td><td colspan="4">建议立案调查。
张×× 证0-165438
承办人签名：黄×× 证0-122592　　2017 年 3 月 7 日</td></tr>
<tr><td>承办机构审核意见</td><td colspan="4">经审核，建议立案。建议此案由张××主办、黄××协办，呈刘×副局长阅示。　武××　2017年3月7日
拟同意，呈林××局长审签
负责人签名：刘×　　2017 年 3 月 7 日</td></tr>
<tr><td>行政机关负责人审批意见</td><td colspan="4">同意。
负责人签名：林××　　2017 年 3 月 9 日</td></tr>
</table>

询 问 笔 录

询问时间：2017 年 3 月 20 日 15 时 30 分至 20 日 16 时 00 分

询问地点：河南省住房和城乡建设执法监察总队 309 室

询问人：张××、黄×× 执法证件号：豫 0-165438、豫 0-122592

记录人：张×× 执法证件号：豫 0-165438

被询问人：李×× 性别：男 年龄：44 民族：汉

身份证号码：410103××××××××

工作单位：河南××建筑工程有限公司

职务或职业：河南××建筑工程有限公司经营部经理

住址：商丘市××路××号 电话：136××××××××

邮编：45×××× 与本案关系：河南××建筑工程有限公司经营部经理

询问内容：

问：我们是河南省住房和城乡建设执法监察总队的执法人员张××（豫 0-165438）、黄××（豫 0-122592），这是我们的执法证件，请你确认。现依法向你询问，请如实回答所问问题，执法人员与你有直接利害关系的，你可以申请回避。

答：不申请回避。

问：郑州市××项目建设单位是谁？

答：郑州市××有限公司。

问：该项目监理单位是谁？

答：郑州××工程监理有限公司。

问：该项目总承包单位是谁？

答：××集团有限公司

问：说一下你公司承接该项目的情况？

答：我公司承接了郑州市××项目劳务施工。

第 1 页 共 2 页

李×× 2017年3月20日

问：合同造价是多少？

答：合同造价是 113 万元。

问：该项目你公司是什么时候开工的？

答：2016 年 3 月。

问：该项目的事故是什么时间发生的？

答：2016 年 ××月 ××日下午 18 时 30 分左右。

问：该事故发生的具体情况是什么？

答：该项目做耐压试验时，我公司丁 ××在修补破损电缆时发生触电。

问：该事故共造成多少伤亡？

答：一人死亡。

问：事故发生后你公司采取了哪些整改措施？

答：全部撤除现场，加强三级安全教育，所有项目管理人员集中培训，做好善后工作。

问：你还有其他需要说明的问题吗？

答：没有了。

上述笔录内容，记录属实。

被询问人：李xx 2017年3月20日

询 问 人：张xx 黄xx 2017年3月20日

记 录 人：张xx 2017年3月20日

河南××建筑工程有限公司授权委托书

河南 ×× 建筑工程有限公司法定代表人身份证复印件

（加盖公司公章，法定代表人签名，并注明“经核对与原件一致”和日期，两名执法人员核对原件后签名）

河南 ×× 建筑工程有限公司被委托人身份证复印件

（加盖公司公章，被委托人签名，并注明“经核对与原件一致”和日期，两名执法人员核对原件后签名）

劳务施工中标通知书复印件

（加盖公司公章，被委托人签名，并注明“经核对与原件一致”和日期，两名执法人员核对原件后签名）

建设工程施工劳务分包合同复印件

（加盖公司公章，被委托人签名，并注明“经核对与原件一致”和日期，两名执法人员核对原件后签名）

河南 ×× 建筑工程有限公司资质证书

复印件

（加盖公司公章，被委托人签名，并注明“经核对与原件一致”和日期，两名执法人员核对原件后签名）

河南 ×× 建筑工程有限公司营业执照复印件

（加盖公司公章，被委托人签名，并注明“经核对与原件一致”和日期，两名执法人员核对原件后签名）

河南 ×× 建筑工程有限公司
安全生产许可证复印件

（加盖公司公章，被委托人签名，并注明“经核对与原件一致”和日期，两名执法人员核对原件后签名）

案件调查终结报告

当事人： 河南 ×× 建筑工程有限公司

法定代表人： 王×× 性别： 男

住址： 商丘市 ×× 路 ×× 号 邮编： 45××××

电话： 136××××××××

调查时间： 2017 年 3 月 9 日至 3 月 20 日

2017 年 2 月 20 日，收到《郑州市城乡建设委员会关于 ×× 事故处理的请示》后，我们进行了调查核实。2017 年 3 月 9 日，经批准立案调查，现将调查情况报告如下：

一、当事人违法事实和证据

郑州市 ×× 项目，劳务分包单位河南 ×× 建筑工程有限公司，建筑工程施工总承包贰级，证书编号为 D ×××××××× ，安全生产许可证编号为（豫）JZ 安许证字〔2012〕×××××× ，有效期至 2018 年 4 月 10 日。

郑州市 ×× 项目中，劳务分包单位河南 ×× 建筑工程有限公司施工人员在疏散平台板安装过程中造成电缆局部破损，因怕受到处罚隐瞒不报，在明知事故当天下午将做耐压试验的情况下仍冒险擅自进入试验区对破损电缆进行修补处理，安全意识淡薄，违章操作触电致一人死亡。郑州市人民政府 ×× 事故调查组出具的《郑州市 ×× 事故调查报告》和《郑州市人民政府关于郑州市 ×× 事故调查报告的批复》（郑政函〔2016〕×× 号）认定这是一起一般生产安全事故，河南 ×× 建筑工程有限公司未按规范要求委派项目部管理人员，项目负责人 ×× 和安全员 ×× 无相关资格证书、无安全生产考核证，未按要求对所属项目例行安全巡查，未按要求落实安全教育和安全技术交底，未及时组织人员对电缆耐压试验区进行专项安全检查，对施工中高危作业事项的交叉管理不严格，对事故发生负有主要管理责任。

证明当事人违法行为的证据：1.《郑州市人民政府关于郑州市 ×× 事故调查报告的批复》；2.郑州市 ×× 事故调查组出具的《郑州市 ×× 事故调查报告》；3.询问笔录；4.当事人营业执照、资质证书、安全生产许可证；5.劳务施工中标通知书；6.建设工程施工劳务分包合同。

二、处罚的法律依据

根据《生产安全事故报告和调查处理条例》（中华人民共和国国务院令第 493 号）第三十二条第二款："有关机关应当按照人民政府的批复，依照法律、行政法规规定的权限和程序，对事故发生单位和有关人员进行行政处罚，对负有事故责任的国家工作人员进行处分。"和第四十条第一款："事故发生单位对事故发生负有责任的，由有关部门依法暂扣或者吊销其有关证照；对事故发生单位负有事故责任的有关人员，依法暂停或者撤销其与安全生产有关的执业资格、岗位证书；事故发生单位主要负责人受到刑事处罚或者撤职处分的，自刑罚执行完毕或者受处分之日起，5 年内不得担任任何生产经营单位的主要负责人。"的规定，参照《建筑施工企业安全生产许可证动态监管暂行办法》（建质〔2008〕121 号）第十四条第二款第一项："暂扣安全生产许可证处罚视事故发生级别和安全生产条件降低情况，按下列标准执行：（一）发生一般事故的，暂扣安全生产许可证 30 至 60 日。"之规定。

三、处罚建议

鉴于该事故为一般生产安全责任事故，河南 ×× 建筑工程有限公司对事故发生负有主要管理责任，我们建议对河南 ×× 建筑工程有限公司作出暂扣安全生产许可证 50 日的行政处罚。

案件主办人签名：张××　　　案件协办人签名：黄××

2017 年 3 月 21 日

行政处罚审批表

<table>
<tr><td rowspan="5">当事人
基本情况</td><td>单位名称</td><td>河南 ×× 建筑工程有限公司</td><td>法定代表人</td><td>王</td></tr>
<tr><td>住　址</td><td>商丘市 ×× 路 ×× 号</td><td>电　话</td><td>136××××××××</td></tr>
<tr><td>个人姓名</td><td>/</td><td>性　别</td><td>/</td></tr>
<tr><td>所在单位</td><td>/</td><td>电　话</td><td>/</td></tr>
<tr><td>身份证号码</td><td>/</td><td>个人住址</td><td>/</td></tr>
<tr><td>当事人
违法的
主要事实</td><td colspan="4">郑州市人民政府 ×× 事故调查组出具的《郑州市 ×× 事故调查报告》和《郑州市人民政府关于郑州市 ×× 事故调查报告的批复》（郑政函〔2016〕××号）认定，2016 年 ×× 月 ×× 日，河南 ×× 建筑工程有限公司在承建的郑州市 ×× 项目中，未按规范要求委派项目部管理人员，项目负责人 ×× 和安全员 ×× 无相关资格证书、无安全生产考核证，未按要求对所属项目例行安全巡查，未按要求落实安全教育和安全技术交底，未及时组织人员对电缆耐压试验区进行专项安全检查，对施工中高危作业事项的交叉管理不严格，施工人员违章操作触电致一人死亡。《批复》认定这是一起一般生产安全责任事故，责任单位河南 ×× 建筑工程有限公司对事故发生负有主要管理责任。</td></tr>
<tr><td>承办人员
处罚意见</td><td colspan="4">根据《生产安全事故报告和调查处理条例》（国务院令第 493 号）第三十二条第二款：“有关机关应当按照人民政府的批复，依照法律、行政法规规定的权限和程序，对事故发生单位和有关人员进行行政处罚，对负有事故责任的国家工作人员进行处分。”和第四十条第一款：“事故发生单位对事故发生负有责任的，由有关部门依法暂扣或者吊销其有关证照；对事故发生单位负有事故责任的有关人员，依法暂停或者撤销其与安全生产有关的执业资格、岗位证书；事故发生单位主要负责人受到刑事处罚或者撤职处分的，自刑罚执行完毕或者受处分之日起，5 年内不得担任任何生产经营单位的主要负责人。”的规定，参照《建筑施工企业安全生产许可证动态监管暂行办法》（建质〔2008〕121 号）第十四条第二款第一项：“暂扣安全生产许可证处罚视事故发生级别和安全生产条件降低情况，按下列标准执行：（一）发生一般事故的，暂扣安全生产许可证 30 至 60 日。”的规定，建议对河南 ×× 建筑工程有限公司作出暂扣安全生产许可证 50 日的行政处罚。

承办人签名：张××　黄××　　2017 年 3 月 22 日</td></tr>
</table>

承办机构审查意见	同意，呈刘X副总队长阅示。 武XX 2017年3月22日 同意呈法规处审签。 负责人签名：刘X 2017年3月22日
法制机构审核意见	同意，请厅领导审示。 负责人签名：郑XX 2017年3月24日
行政机关负责人审批意见	同意。 负责人签名：林XX 2017年3月28日

河南省住房和城乡建设厅
行政处罚事先告知书

豫建执法罚先告字〔2017〕第2-8号

河南××建筑工程有限公司：

本机关于2017年3月9日对你单位承建的郑州市××项目××事故立案调查。郑州市人民政府××事故调查组出具的《郑州市××事故调查报告》和《郑州市人民政府关于郑州市××事故调查报告的批复》（郑政函〔2016〕××号）认定，2016年××月××日，河南××建筑工程有限公司在承建的郑州市××项目中，未按规范要求委派项目部管理人员，项目负责人××和安全员××无相关资格证书、无安全生产考核证，未按要求对所属项目例行安全巡查，未按要求落实安全教育和安全技术交底，未及时组织人员对电缆耐压试验区进行专项安全检查，对施工中高危作业事项的交叉管理不严格，施工人员违章操作触电致一人死亡。《批复》认定这是一起一般生产安全责任事故，责任单位河南××建筑工程有限公司对事故发生负有主要管理责任。证据有：1.《郑州市人民政府关于郑州市××事故调查报告的批复》；2.郑州市人民政府××事故调查组出具的《郑州市××事故调查报告》；3.询问笔录；4.当事人营业执照、资质证书、安全生产许可证；5.劳务施工中标通知书；6.建设工程施工劳务分包合同。

根据《生产安全事故报告和调查处理条例》（国务院令第493号）第三十二条第二款："有关机关应当按照人民政府的批复，依照法律、行政法规规定的权限和程序，对事故发生单位和有关人员进行行政处罚，对负有事故责任的国家工作人员进行处分。"和第四十条第一款："事故发生单位对事故发生负有责任的，由有关部门依法暂扣或者吊销其有关证照；对事故发生单位负有事故责任的有关人员，依法暂停或者撤销其与安全生产有关的执业资格、岗位证书；事故发生单位主要负责人受到刑事处罚或者撤职处分的，自刑罚执行完毕或者受处分之日起，5 年内不得担任任何生产经营单位的主要负责人。"的规定，参照《建筑施工企业安全生产许可证动态监管暂行办法》（建质〔2008〕121 号）第十四条第二款第一项："暂扣安全生产许可证处罚视事故发生级别和安全生产条件降低情况，按下列标准执行：（一）发生一般事故的，暂扣安全生产许可证 30 至 60 日。"的规定。鉴于你单位对事故发生负有主要管理责任，本机关拟对你单位作出暂扣安全生产许可证 50 日的行政处罚。

依据《中华人民共和国行政处罚法》第三十一条、第三十二条的规定，你单位可在收到本告知书之日起 3 日内提出书面陈述、申辩意见，或到河南省住房和城乡建设厅进行陈述、申辩。逾期不陈述、申辩的，视为你单位放弃陈述、申辩权利。

河南省住房和城乡建设厅（加盖公章）

2017 年 3 月 28 日

行政机关地址：郑州市七里河南路 35 号 邮政编码：450016

行政机关联系人：张×× 黄×× 联系电话：0371-6808××××

行政处罚文书送达回证

送达文书名称、文号	《河南省住房和城乡建设厅行政处罚事先告知书》（豫建执法罚先告字〔2017〕第2-8号）壹份
受送达人	河南××建筑工程有限公司
送 达 地 点	河南省住房和城乡建设支付监察总队314室
受送达人（签字或盖章）	李××
代收人（签字）	/
代收人与受送达人关系	/
送 达 日 期	2017 年 4 月 3 日
送 达 方 式	直接送达
拒收原因	/
见证人（签字）	/ 年 月 日
送达人（签字）	张×× 豫0-165438 黄×× 豫0-122592 2017 年 4 月 3 日
备 注	/

行政处罚决定审批表

<table>
<tr><td rowspan="5">当事人
基本情况</td><td>单位名称</td><td>河南 ×× 建筑工程有限公司</td><td>法定代表人</td><td>王 ×</td></tr>
<tr><td>住　址</td><td>商丘市 ×× 路 ×× 号</td><td>电　话</td><td>136××××××××</td></tr>
<tr><td>个人姓名</td><td>/</td><td>性　别</td><td>/</td></tr>
<tr><td>所在单位</td><td>/</td><td>电　话</td><td>/</td></tr>
<tr><td>身份证号码</td><td>/</td><td>个人住址</td><td>/</td></tr>
<tr><td>当事人违法的主要事实和建议作出行政处罚决定的理由、依据及内容</td><td colspan="4">2017 年 2 月 20 日，收到《郑州市城乡建设委员会关于 ×× 事故处理的请示》后，我们进行了调查核实。《郑州市 ×× 事故调查报告》和《郑州市人民政府关于郑州市 ×× 事故调查报告的批复》（郑政函〔2016〕×× 号）认定，2016 年 ×× 月 ×× 日，河南 ×× 建筑工程有限公司在承建的郑州市 ×× 项目中，未按规范要求委派项目部管理人员，项目负责人 ×× 和安全员 ×× 无相关资格证书、无安全生产考核证，未按要求对所属项目例行安全巡查，未按要求落实安全教育和安全技术交底，未及时组织人员对电缆耐压试验区进行专项安全检查，对施工中高危作业事项的交叉管理不严格，施工人员违章操作触电致一人死亡。《批复》认定这是一起一般生产安全责任事故，责任单位河南 ×× 建筑工程有限公司对事故发生负有主要管理责任。
根据《生产安全事故报告和调查处理条例》（国务院令第 493 号）第三十二条第二款：“有关机关应当按照人民政府的批复，依照法律、行政法规规定的权限和程序，对事故发生单位和有关人员进行行政处罚，对负有事故责任的国家工作人员进行处分。”和第四十条第一款：“事故发生单位对事故发生负有责任的，由有关部门依法暂扣或者吊销其有关证照；对事故发生单位负有事故责任的有关人员，依法暂停或者撤销其与安全生产有关的执业资格、岗位证书；事故发生单位主要负责人受到刑事处罚或者撤职处分的，自刑罚执行完毕或者受处分之日起，5 年内不得担任任何生产经营单位的主要负责人。”的规定，参照《建筑施工企业安全生产许可证动态监管暂行办法》（建质〔2008〕121 号）第十四条第二款第一项：“暂扣安全生产许可证处罚视事故发生级别和安全生产条件降低情况，按下列标准执行：（一）发生一般事故的，暂扣安全生产许可证</td></tr>
</table>

	30至60日。”的规定，建议对河南××建筑工程有限公司作出暂扣安全生产许可证50日的行政处罚。
陈 述 申辩及 听证情况	未提出陈述申辩，不符合听证条件，不需要告知听证。
当事人陈述申辩或听证意见复核及采纳情况	未提出陈述申辩，建议对河南××建筑工程有限公司作出暂扣安全生产许可证50日的行政处罚。 承办人签名：张×× 黄×× 2017年4月10日
承办机构审查意见	同意，呈刘×副总队长阅示。 武×× 2017年4月10日 同意，呈法规处审签。 负责人签名：刘× 2017年4月10日
法制机构审核意见	同意。请厅领导审示。 负责人签名：郑×× 2017年4月12日
行政机关负责人审批意见	同意。 负责人签名：林×× 2017年4月13日

暂扣安全生产许可证的证明

结案审批表

案　　由	河南××建筑工程有限公司 触电亡人事故	立案日期	2017年3月9日
行政处罚 决定书文号	豫建执法罚决字〔2017〕第2-8号	处罚日期	2017年4月13日
案件简要情况	郑州市××事故调查组出具的《郑州市××事故调查报告》和《郑州市人民政府关于郑州市××事故调查报告的批复》（郑政函〔2016〕××号）认定，2016年××月××日，河南××建筑工程有限公司在承建的郑州市××项目中，未按规范要求委派项目部管理人员，项目负责人××和安全员××无相关资格证书、无安全生产考核证，未按要求对所属项目例行安全巡查，未按要求落实安全教育和安全技术交底，未及时组织人员对电缆耐压试验区进行专项安全检查，对施工中高危作业事项的交叉管理不严格，施工人员违章操作触电致一人死亡。《批复》认定这是一起一般生产安全责任事故，责任单位河南××建筑工程有限公司对事故发生负有主要管理责任。		
行政处罚内容	根据《生产安全事故报告和调查处理条例》（国务院令第493号）第三十二条第二款：“有关机关应当按照人民政府的批复，依照法律、行政法规规定的权限和程序，对事故发生单位和有关人员进行行政处罚，对负有事故责任的国家工作人员进行处分。”和第四十条第一款：“事故发生单位对事故发生负有责任的，由有关部门依法暂扣或者吊销其有关证照；对事故发生单位负有事故责任的有关人员，依法暂停或者撤销其与安全生产有关的执业资格、岗位证书；事故发生单位主要负责人受到刑事处罚或者撤职处分的，自刑罚执行完毕或者受处分之日起，5年内不得担任任何生产经营单位的主要负责人。”的规定，参照《建筑施工企业安全生产许可证动态监管暂行办法》（建质〔2008〕121号）第十四条第二款第一项：“暂扣安全生产许可证处罚视事故发生级别和安全生产条件降低情况，按下列标准执行：（一）发生一般事故的，暂扣安全生产许可证30至60日。”的规定，对河南××建筑工程有限公司作出暂扣安全生产许可证50日的行政处罚。		

行政处罚执行情况和行政复议、行政诉讼情况	厅建筑管理处已于2017年4月14日对河南××建筑工程有限公司安全生产许可证（一正四副）实施暂扣，暂扣时间从2017年4月14日至2017年6月3日止。截至目前，该公司未提出行政复议或行政诉讼。
承办人意见	建议结案。 承办人签名：张XX 黄XX 2017年6月6日
承办机构审核意见	同意结案，呈刘X副总队长阅示。 武XX 2017年6月6日 同意，呈林XX总队长审签。 负责人签名：刘X 2017年6月6日
行政机关负责人审批意见	同意。 负责人签名：林XX 2017年6月6日

执法人员《河南省行政执法证》复印件

卷内备考表　No ××

本案卷于 2017 年 6 月 12 日立卷　共计 1 本连面带底　共计 63 页 立卷人：张××
本案卷于 2017 年 6 月 16 日经检验合格 检验人：武××

河南省住房和城乡建设厅制

河南省水事违法案件卷宗

<table>
<tr><td colspan="4" align="right">豫水(安)立字〔2019〕103 号</td></tr>
<tr><td>案　由</td><td colspan="3">湖北××建设工程有限公司违规弃渣案</td></tr>
<tr><td rowspan="2">当事人</td><td>名称或姓名</td><td colspan="2">湖北××建设工程有限公司</td></tr>
<tr><td>地址或住址</td><td colspan="2">武汉市黄陂区江北第一府钢材市场新村八里 2 号</td></tr>
<tr><td>立案日期</td><td>2019 年 7 月 23 日</td><td>结案日期</td><td>2019 年 12 月 29 日</td></tr>
<tr><td>处罚(理)决定</td><td colspan="3">罚款人民币 159 102.96 元</td></tr>
<tr><td>复议决定</td><td colspan="3">无</td></tr>
<tr><td>法院判决（裁定）</td><td colspan="3">无</td></tr>
<tr><td>归档日期</td><td>2020 年 1 月 9 日</td><td>归档编号</td><td></td></tr>
<tr><td>保存年限</td><td>10 年</td><td>承办人</td><td>郝某某　张某</td></tr>
<tr><td colspan="2">本卷内的文书共计 218 张</td><td>立卷人</td><td>郝某某　张某</td></tr>
</table>

案卷目录

序号	文书	文书编号	页码
1	处罚决定书	安水罚决字〔2019〕103 号	1-2
2	送达回证		3
3	行政处罚委托书		4
4	案件移交表		5
5	立案审批表		6
6	授权委托书		7
7	身份证复印件		8
8	营业执照复印件		9
9	法定代表人身份证明		10
10	询问笔录		11-14
11	关于限期提供文件证照资料的通知		15
12	违规弃渣情况说明		16
13	收件证明		17
14	工程施工合同		18-20
15	关于限期提供文件证照资料的通知		21
16	情况说明		22
17	收件证明		23
18	授权委托书		24
19	身份证复印件		25
20	营业执照复印件		26
21	询问笔录		27-31
22	工程施工合同		32-72
23	身份证复印件		73
24	授权委托书		74
25	中广核临淇风电场工程检测情况		75-82
26	盛源公司监测服务合同及回复		83-90
27	收件证明		91
28	关于弃渣违规堆放情况的说明		92-116
29	案件集体讨论笔录		117-119

案卷目录

序号	文书	文书编号	页码
30	案件调查终结报告		120-121
31	责令限期改正水事违法行为通知书	安水罚责改〔2019〕103 号	122
32	送达回证		123
33	责令限期改正水事违法行为通知书	安水罚责改〔2019〕103-1 号	124
34	送达回证		125
35	行政处罚审批表		126
36	事先告知书	安水罚先告字〔2019〕103 号	127-128
37	送达回证		129
38	听证告知书	安水罚听告字〔2019〕103 号	130-131
39	送达回证		132
40	重大复杂案件集体讨论笔录		133-135
41	行政处罚决定审批表		136-137
42	非税收入票据		138
43	清理整治弃渣现场		139
44	重大行政处罚备案报告		140
45	备案审查表		141-142
46	其他		143-145
47	重点弃渣区域治理方案		146-215
48	案件整改落实监督移交表		216-217
49	结案审批表		218

安阳市水利局行政处罚决定书

安水罚决字〔2019〕103号

被处罚单位：湖北××建设工程有限公司

法定代表人：朱某某

地址：武汉市黄陂区江北第一府钢材市场新村八里2号

本机关于2019年7月23日对中××林州临淇风电项目水土保持案立案调查。经调查，你单位2018年在承建中××林州临淇风电项目的基础施工及进场道路、场内道路施工时未按照该项目水土保持方案违规倾倒渣土。上述行为违反了《中华人民共和国水土保持法》第二十八条“依法应当编制水土保持方案的生产建设项目，其生产建设活动中排弃的砂、石、土、矸石、尾矿、废渣等应当综合利用；不能综合利用，确需废弃的，应当堆放在水土保持方案确定的专门存放地，并采取措施保证不产生新的危害”的规定，已构成违法。证据有建设单位、施工单位、监测单位的调查询问笔录，施工合同以及书面证明、视听资料等。根据你单位违法行为的事实、性质、情节、社会危害程度和相关证据，参照《河南省水行政处罚裁量标准》：“在水土保持方案确定的专门存放地以外的区域倾倒砂、石、土、矸石、尾矿、废渣等的……3.严重违法行为情形和处罚标准：倾倒数量500立方米以上或者拒不停止违法行为，逾期不清理的，处每立方米十五元以上二十元以下的罚款”，该违法行为应定性为严重。

根据《中华人民共和国水土保持法》第五十五条：“违反本法规定，在水土保持方案确定的专门存放地以外的区域倾倒砂、石、土、矸石、尾矿、废渣等的，由县级以上地方人民政府水行政主管部门责令停止违法行为，限期清理，按照倾倒数量处每立方米十元以上二十元以下的罚款；逾期仍不清理的，县级以上地方人民政府水行政主管部门可以指定有清理能力的单位代为清理，所需费用由违法行为人承担”的规定，本机关决定对你单位作出：1.处159 102.96元罚款（即8 373.84立方米×19元/立方米=159 102.96元）；2.限2019年9月30日前清理违规弃渣的行政处罚。

你单位应当自收到本决定书之日起15日内将罚款缴至中国建设银行安阳市分行永明路支行（账号41001504210050207404）到期不缴纳罚款的，每日按罚款数额的3%加处罚款。你单位如不服本决定，可以自收到本决定书之日起六十日内向 安阳市人民政府 或者 河南省水利厅 申请行政复议，也可以自收到本决定书之日起六个月内依法直接向安阳县人民法院提起行政诉讼。逾期不申请行政复议，也不提起行政诉讼，又不履行本处罚决定的，本机关将依法申请人民法院强制执行。

安阳市水利局

2019年9月4日

行政处罚文书送达回证

送达文书名称、文号	安阳市水利局行政处罚决定书 安水罚决字〔2019〕103号
受送达人	湖北××建设工程有限公司
送达地点	水政监察支队行政指导室
受送达人(签字或盖章)	郭某某
代收人(签字)	
代收人与受送达人关系	
送达日期	2019年9月4日
送达方式	直接送达
拒收原因	
见证人(签字)	年 月 日
送达人(签字)	郝某某 张某 2019年9月4日
备 注	

行政处罚委托书

安水委字〔2019〕第 1 号

委托机关:安阳市水利局

法定代表人:郑某某　职务:局长　　单位地址:安阳市高新区武夷大街北段

受委托机关:安阳市水政监察支队

法定代表人:尹某某　职务:支队长　单位地址:安阳市高新区武夷大街北段

根据《中华人民共和国行政处罚法》第十八条、第十九条,《河南省行政机关执法条例》第十条,《水行政处罚实施办法》第十条、第十一条、第十二条的规定,经安阳市水利局与安阳市水政监察支队研究,现由安阳市水利局委托安阳市水政监察支队实施:行政处罚种类:1.(1)警告,(2)罚款,(3)吊销许可证,(4)没收非法所得,(5)法律法规规定的其他水行政处罚;2.其他相关权限、委托期限自 2019 年 1 月 1 日至 2019 年 12 月 31 日止。

委托期间,安阳市水政监察支队必须以安阳市水利局的名义,在委托范围内实施行政处罚,并接受安阳市水利局的监督;由此产生的法律后果,由安阳市水利局承担,安阳市水政监察支队不得将委托事项在委托。

法定代表人签字:郑某某　　　法定代表人签字:尹某某

委托机关(印章)　　　受委托单位(印章)

2018 年 12 月 31 日　　　2018 年 12 月 31 日

安阳市水利局水事违法案件移交审批表

<table>
<tr><td>单位</td><td>水土保持科</td><td>时间</td><td>2019 年 7 月 15 日</td></tr>
<tr><td>案发时间</td><td>2019 年 7 月 3 日</td><td>案发地点</td><td>林州市临淇镇</td></tr>
<tr><td>案件来源</td><td colspan="3">水土保持监督检查</td></tr>
<tr><td>简要案情</td><td colspan="3">水土保持科在监督检查中发现,林州临淇风电场项目在建设过程中违反《水土保持法》第二十八条,未将弃渣堆放在水土保持方案确定的专门存放地,且未采取防护措施,造成严重水土流失。</td></tr>
<tr><td>移交单位意见</td><td colspan="3">建议依法给予处罚。
2019 年 7 月 15 日</td></tr>
<tr><td>移交单位主要领导批示</td><td colspan="3">同意
赵某某
2019 年 7 月 15 日</td></tr>
<tr><td>接受单位主要领导批示</td><td colspan="3">请支队按程序办理
李某某
2019 年 7 月 15 日</td></tr>
</table>

行政处罚案件立案审批表

<table>
<tr><td rowspan="5">当事人</td><td>单位名称</td><td>湖北××建设工程有限公司</td><td>法定代表人</td><td>朱某某</td></tr>
<tr><td>住　　址</td><td>武汉市汉南区纱帽街薇湖路</td><td>电　　话</td><td></td></tr>
<tr><td>个人姓名</td><td></td><td>性　　别</td><td></td></tr>
<tr><td>所在单位</td><td></td><td>电　　话</td><td></td></tr>
<tr><td>身份证</td><td></td><td>个人住址</td><td></td></tr>
<tr><td>案由</td><td colspan="2">水土保持案</td><td>案件来源</td><td>移交</td></tr>
<tr><td>案件简要情况</td><td colspan="4">湖北××建设工程有限公司于2018年4月以来在林州市临淇镇境内参与中××林州临淇风电场项目基础施工及进场道路、场内道路建设施工过程中，存在违规弃渣问题，该行为涉嫌违反了《中华人民共和国水土保持法》第二十八条“依法应当编制水土保持方案的生产建设项目，其生产建设活动中排弃的砂、石、土、矸石、尾矿、废渣等应当综合利用；不能综合利用，确需废弃的，应当堆放在水土保持方案确定的专门存放地，并采取措施保证不产生新的危害”规定。</td></tr>
<tr><td>承办人意见</td><td colspan="4">建议立案查处

承办人签名　郝某某　张某　　　2019年　7月　23日</td></tr>
<tr><td>承办机构审核意见</td><td colspan="4">经审核，建议立案，建议该案件主办人是郝某某，协办人是张某。

负责人签名　尹某某　　　2019年　7月　23日</td></tr>
<tr><td>水行政主管部门负责人审批意见</td><td colspan="4">同意立案

负责人签名　李某某　　　2019年　7月　23日</td></tr>
</table>

授权委托书

兹授权我公司员工郭某某(身份证号:420582××××××××××××3)全权代表湖北××建设工程有限公司处理我司承接的中××林风力发电有限公司所属林州临淇风电场项目工程相关水土保持调查、问询、决策等工作。

湖北××建设工程有限公司

2019 年 8 月 1 日

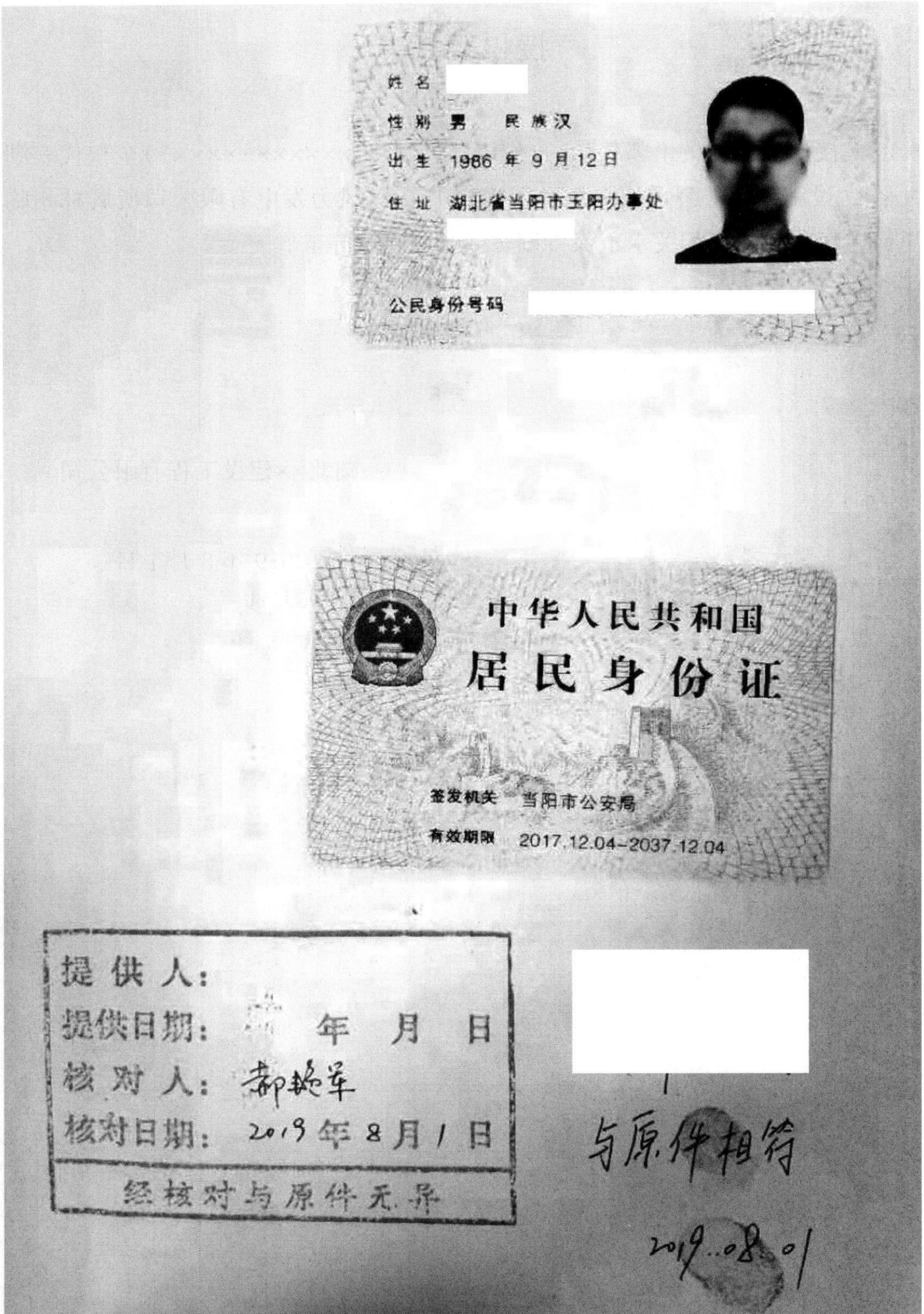

姓 名 [redacted]

性 别 男 民 族 汉

出 生 1986 年 9 月 12 日

住 址 湖北省当阳市玉阳办事处

[redacted]

公民身份号码 [redacted]

中华人民共和国

居民身份证

签发机关 当阳市公安局

有效期限 2017.12.04-2037.12.04

提 供 人：

提供日期： 年 月 日

核 对 人： 郝艳华

核对日期： 2019 年 8 月 1 日

经核对与原件无异

[redacted]

与原件相符

2019.08.01

000009

提供人：

提供日期： 年 月 日

核对人：

核对日期：2019年8月1日

经核对与原件无异

营业执照

（副 本）

(1—1)

统一社会信用代码

名 称	
类 型	有限责任公司（自然人投资或控股）
住 所	
法定代表人	
注册资本	壹仟万圆整
成立日期	2013年07月29日
营业期限	2013年07月29日至2033年07月28日
经营范围	市政工程、建筑工程、土石方工程、园林绿化工程、路灯工程、电力工程施工。（依法须经审批的项目，经相关部门审批后方可开展经营活动）

再次复印无效

与原件相符

登记机关

武汉市汉南区工商行政管理局

2016年09月 日

武汉市黄

432200

企业信用信息公示系统网址：

中华人民共和国国家工商行政管理总局监制

法定代表人身份证明

安阳市水利局：

身份证号：　　现在是湖北

工程有限公司法定代表人，特此证明！

湖北　　（盖章）

2019 年 8 月 1 日

江北第一府钢材市场

公司地址：湖

新

2019年8月9日上午9:36　通过微信传来

2019.8.9.

询问笔录

询问时间：2019 年 8 月 1 日 16 时 00 分至 17 时 00 分

询问地点：安阳市水政监察支队会议室

询问人：郝某某 执法证件号：豫 E01-842××1

询问人：张 某 执法证件号：豫 E01-435××4

记录人：吕某某 执法证件号：豫 E01-636××9

被询问人：郭某某 性别：男 年龄：33 民族：汉族

身份证号码：420582××××××××××3

工作单位：湖北××建设工程有限公司 职务或职业：施工员

住址：______ 电话：1398683××××

邮编：______ 与本案关系：施工方工作人员

询问内容：

我们是安阳市水利局的执法人员 郝某某、张某 ，这是我们的执法证件，请你确认。现依法向你询问，请如实回答所问问题，如果执法人员与你有直接利害关系的，你可以申请回避。

问：你对我们执法人员的身份是否有异议？是否申请回避？

答：没有异议，不申请回避。

问：请说一下你个人的基本情况？

答：我叫郭某某，今年 33 岁，1986 年 9 月 12 日出生，家是湖北省宜昌市当阳市，身份证号码是 420582××××××××××3。

问：你是哪个单位的？单位的基本情况？职务？你主要负责哪方面的工作？

答：我所在的单位是湖北××建设工程有限公司，公司地址在武汉市汉南区纱帽街薇湖路，我是单位的施工员，负责中××林州临淇风电场项目道路施工和基础施工工作。

问：中××林州临淇风电场项目的基本情况？建设单位是？

答：这个项目的建设单位是中××林州风力发电有限公司，这个项目需要建设24台2.0的风机，修建风电场道路24公里，其中场内道路14.5公里，进场道路9.5公里，项目位于临淇镇占元村。

问：你单位与中××林州临淇风电场项目的关系？合同是什么时候签订的？合同约定你单位的主要任务以及施工过程中产生的弃渣要求往哪里堆放？

答：我们是2018年3月与中××林州风力发电有限公司签订的合同，招标额2 500万，承建24台风机的基础施工及进场道路、场内道路建设。合同上约定弃渣要堆放到8个弃渣场。

问：你单位是何时入住中××林州临淇风电场项目的？何时正式施工？

答：我们单位是2018年3月底入住中××林州临淇风电场项目，2018年4月10日开始动工，10月份竣工。

问：在施工过程中产生的渣石你单位是如何处理的？

答：一般挖出来回填在路上了，多余的会堆放到弃渣场，但是如果山体太陡的话弃渣可能会滑落到山下。

问：按照该项目的《水土保持方案》要求，产生的弃渣必须存放于指定地点。2019年7月24日我局在对该项目现场检查时，发现弃渣场外还有多处弃渣现场，请问你们施工时为什么没有按照项目的《水土保持方案》要求四处弃渣呢？

答：开挖的时候不好控制，有的弃渣会滑到山下。

问：弃渣地点（含该项目水土保持方案审批的）都有哪些？

答：8个弃渣场，一般在转角比较大的地方，施工图纸上都有。

问：弃渣的数量是多少？

答：大概30 000立方米，不包含回收利用的部分。8个弃渣场大概堆放了23 000立方米。

问：你们未按要求堆放弃渣，建设单位是如何处理的？

答：按照方案8个弃渣场能全部容纳弃渣。一般石头都是挖出来放在路上，做挡墙用，用不完的堆放至弃渣场。弃渣一般都是堆放到弃渣场。未按要求堆放的弃渣多半是施工不当、管理不当造成的。

问：是建设单位要求、同意你们未按要求堆放弃渣？或者是你们自己施工时临时决定的？

答：建设单位2018年6月因为我们未按要求堆放弃渣这个事给我们开过罚款，开会也说过这个事，并要求我单位尽快砌筑挡土墙，避免雨水对路面冲刷，造成更大的破坏。没有临时约定别的弃渣堆放地点。

问：有关中××林州临淇风电场项目施工过程中产生的弃渣，未按照水土保持方案指定的地方存放问题，你还有什么需要补充吗？

答：没有了。

问：请看一下以上记录是否有误？

答：无误

笔录上述内容记录属实

被询问人阅核后签注"笔录上述内容，记录属实。"

被询问人：郭某某　2019.8.1

询问人：张某　郝某某　日期：2019.8.1

记录人：吕某某　日期：2019.8.1

安阳市水利局
关于限期提供有关文件、证照、资料的通知

湖北××建设工程有限公司：

你单位于2018年在河南省林州市临淇镇境内参与中××林州临淇风电场项目施工。

根据《中华人民共和国水土保持法》第四十四条："水政监督检查人员依法履行监督检查职责时，有权采取下列措施："（一）要求被检查单位或者个人提供有关文件、证照、资料；（二）要求被检查单位或者个人就预防和治理水土流失的有关情况作出说明；（三）进入现场进行调查、取证"；第四十五条："水政监督检查人员依法履行监督检查职责时，应当出示执法证件。被检查单位或者个人对水土保持监督检查工作应当给予配合，如实报告情况，提供有关文件、证照、资料；不得拒绝或者阻碍水政监督检查人员依法执行公务"。现责令你单位在收到此文书三日内向我局如实提供下列有关文件、证照、资料：1.你单位营业执照；2.就中××林州临淇风电场项目与建设单位的施工合同；3.在你单位施工过程中产生的石、土、废渣等堆放地点、数量；4.有关违规弃渣的情况说明。逾期不提供者，我局将依法进行处理。

2019.8.2 收到

郭云飞　　420582×××××××××××3

2019年8月2日

联系人：郝某某　张某

电话：5901××8　　　　地址：安阳市武夷大街路西

违规弃渣情况说明

湖北××建设工程有限公司承建的中××临淇风电场基础、道路及吊装平台工程，施工过程中由于施工操作不当，现场施工人员环水保意识不强，对建设单位要求落实不到位，导致出现违规弃渣情况，具体情况如下：

1.19#风机下方道路下方 1 500 m^3；

2.6#～7#风机中间道路两侧弃渣约 500 m^3；

3.升压站外西北角堆渣约 300 m^3；

4.阎王壁下弃渣约 3 480 m^3；

5.B4#风机吊装平台下弃渣约 300 m^3；

6.4#～5#风机中间道路两侧弃渣约 540 m^3；

7.2#弃渣场附近弃渣约 1 600 m^3；

总计违规弃渣约 8 220 m^3。

以上情况属实。

湖北××建设工程有限公司

2019 年 8 月 5 日

安阳市水利局
关于限期提供有关文件、证照、资料的通知

中×××风电有限公司河南分公司：

2019年7月24日我局在对你单位建设的中××林州临淇风电场项目现场检查时，发现存在多处违规弃渣。

根据《中华人民共和国水土保持法》第四十四条："水政监督检查人员依法履行监督检查职责时，有权采取下列措施："（一）要求被检查单位或者个人提供有关文件、证照、资料；（二）要求被检查单位或者个人就预防和治理水土流失的有关情况作出说明；（三）进入现场进行调查、取证"；第四十五条："水政监督检查人员依法履行监督检查职责时，应当出示执法证件。被检查单位或者个人对水土保持监督检查工作应当给予配合，如实报告情况，提供有关文件、证照、资料；不得拒绝或者阻碍水政监督检查人员依法执行公务"。现责令你单位在收到此文书三日内向我局如实提供下列有关文件、证照、资料：1.你单位营业执照；2.就中××林州临淇风电场项目与施工单位的施工合同；3.该项目施工过程中产生的石、土、废渣等堆放地点、数量；4.有关违规弃渣的情况说明。逾期不提供者，我局将依法进行处理。

2019年8月2日

联系人：郝某某　张某

电话：5901××8　　地址：安阳市武夷大街路西

情况说明

林州临淇风电场由中××林州风力发电有限公司投资建设，湖北××建设工程有限公司承接该项目基础、道路及吊装平台工程，施工过程中产生的渣土碎石等主要堆放在规划中的3个弃渣场，弃渣场情况如下：

①弃渣场位于场区西北部进场道路英雄路段，地理坐标为北纬35°43′23.70″、东经113°52′25.59″，占地面积0.73 hm^2，弃渣场容量2.01万 m^3；

②弃渣场位于场区中东部F15号风机附近，地理坐标为北纬35°42′34.20″、东经113°54′01.37″，占地面积1.86 hm^2，弃渣场容量7.02万 m^3；

③弃渣场：位于场区南部F5号风机附近，地理坐标为北纬35°41′29.44″、东经113°52′02.77″，占地面积1.62 hm^2，弃渣场容量5.83万 m^3。

施工过程中，由于施工单位管理人员管理不到位、施工操作不当、未服从业主方管理规定和管理指令，存在乱倒乱弃情况，主要乱倒乱弃情况如下：

1.19#风机下方道路下方1 500 m^3；

2.6#~7#风机中间道路两侧弃渣约500 m^3；

3.升压站外西北角堆渣约300 m^3；

4.阎王壁下弃渣约3 480 m^3；

5.B4#风机吊装平台下弃渣约300 m^3；

6.4#~5#风机中间道路两侧弃渣约540 m^3；

7.2#弃渣场附近弃渣约1 600 m^3。

总计违规弃渣约8 220 m^3。

项目建设期间，中××林州风力发电有限公司高度重视环水保管理工作，严格落实上级部门下发的管理制度要求，在承包商的施工合同中对环水保管控要求进行了明确，并配置了专职安质环工程师现场监管，同时要求监理单位配备了专职环水保监理工程师，以做好对施工单位的约束管控，进而保障现场环水保管理要求落实到位。

中××林州风力发电有限公司

2019年8月6日

授权委托书

兹授权我公司员工李某某(身份证号:130426××××××××××××7)全权代表中××林州风力发电有限公司所属林州临淇风电场项目相关水土保持调查、问询、决策等工作。

中××林州风力发电有限公司

2019年8月6日

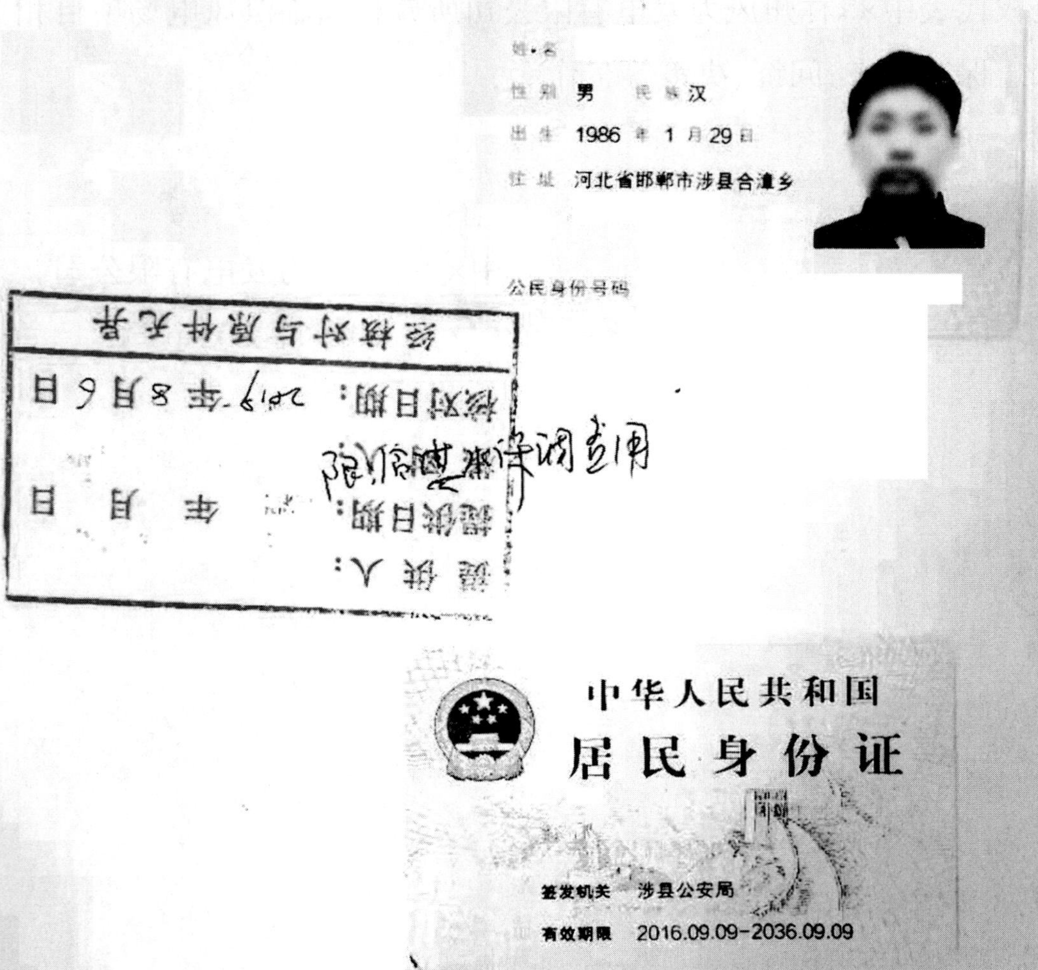
姓名
性别 男 民族 汉
出生 1986 年 1 月 29 日
住址 河北省邯郸市涉县合漳乡
公民身份号码
经核对与原件无异
核对日期：2019年8月6日
提供日期： 年 月 日
提供人：
中华人民共和国
居民身份证
签发机关 涉县公安局
有效期限 2016.09.09-2036.09.09

营 业 执 照

统一社会信用代码

名　　称	发电有限公司
类　　型	有限责任公司（非自然人投资或控股的法人独资）
住　　所	
法定代表人	
注册资本	伍拾万圆整
成立日期	2016年10月19日
营业期限	长期
经营范围	风力发电项目的开发、建设、维护、电力发电及电力销售；风力发电技术咨询和服务。（依法须经批准的项目，经相关部门批准后方可开展经营活动）

提 供 人：

提供日期：　　年　月　日

核 对 人：

核对日期：2019年 8月6 日

登 记 机 关

2016年 10月 19日

中华人民共和国国家工商行政管理总局监制

询问笔录

询问时间：2019 年 8 月 6 日 10 时 20 分至 11 时 10 分

询问地点：安阳市水政监察支队会议室

询问人：郝某某 执法证件号：豫 E01-842××1

询问人：张 某 执法证件号：豫 E01-585××9

记录人：郝某某 执法证件号：豫 E01-842××1

被询问人：李某某 性别：男 年龄：33 民族：汉

身份证号码：130426×××××××××××7

工作单位：________ 职务或职业：________

住址：邯郸市涉县合漳乡大港村 电话：1323000××××

邮编：________ 与本案关系：________

询问内容：

我们是安阳市水利局的执法人员 郝某某、张某 ，这是我们的执法证件，请你确认。现依法向你询问，请如实回答所问问题，如果执法人员与你有直接利害关系的，你可以申请回避。

问：你对我们执法人员的身份是否有异议？是否申请回避？

答：没有异议，不申请回避

问：请说一下你个人的基本情况？

答：我叫李某某，男，33 岁，河北邯郸涉县人，电话：1323000××××。

问:你是哪个单位的?单位的基本情况?你的职务?主要负责哪方面的工作?

答:我是中××林州风力发电有限公司林州临淇风电场场长,负责生产运行。

问:请介绍一下中××林州临淇风电场项目的基本情况以及你单位与该项目的关系?

答:该项目位于林州临淇镇占元村,该项目隶属于中××林州风力发电有限公司。

问:中××林州临淇风电场项目是何时开始施工的?施工单位是哪家公司?签订有施工合同吗?是什么时候签订的?施工单位的主要任务是什么?

答:该项目于2018年4月10开始施工,施工单位是湖北××建设工程有限公司,2017年9月签订的施工合同,湖北××建设工程有限公司主要负责场内道路修建和风机平台的施工。

问:施工单位的基本情况?施工单位是何时进驻中××林州临淇风电场项目的?施工单位是何时开始施工的?

答:施工单位是湖北××建设工程有限公司,公司法人朱某某,该公司经常承接中××项目,2018年4月进驻林州临淇风电场项目施工。

问:就中××林州临淇风电场项目你公司委托有承担水土保持监测及验收服务工作的单位吗?其情况如何?与该单位签有合同吗?

答:中××林州风力发电有限公司委托河南××水利技术咨询有限公司进行水土保持监测,服务工作正常,签有委托合同。

问:中××林州风力发电有限公司的基本情况?何时开始生产的?其主要任务是什么?

答:中××林州风力发电有限公司注册地为林州临淇镇,法人为计某某,负责林州境内风力发电开发。

问:你单位建设的中××林州临淇风电场项目施工前编制建设项目水土保持方案吗?审批情况如何?

答:项目施工前编制有水土保持方案,由于项目建设内容发生变化,进行过变更。

问:该项目水土保持方案指定的存放弃渣的弃渣场在哪儿?有几处?能存放多少弃渣?

答:变更后的水土保持方案指定有三处弃渣地点,第一处在进场道路处,第二处在阎王壁上方,第三处在通往13~17号风机道路处,不清楚具体弃渣量。

问:中××林州临淇风电场项目在施工过程中产生的渣石你单位是如何处理的?

答:该项目施工过程中产生的弃渣,我们按照方案要求施工方到指定地点堆放弃渣。

问:按照该项目的《水土保持方案》要求,产生的弃渣必须存放于指定地点。2019年7月24日我局在对该项目现场检查时,发现弃渣场外还有多处违规弃渣现场,请问这些违规弃渣是怎么回事？

答：该项目施工过程中由于施工难度大，施工方没有按照方案要求堆放弃渣，我们已多次约谈施工方，要求整改。

问：现在实际堆放弃渣地点（含该项目水土保持方案审批的）都有哪些？整个项目产生的弃渣大约有多少？

答：该项目具体产生弃渣量不清楚。

问：没有在《水土保持方案》指定地点堆放弃渣有几处？违规弃渣数量大约有多少？这些违规弃渣是都是由谁造成的？

答：没有在《水土保持方案》指定地点堆放弃渣有多处，按照监测数据有 7 000 多立方米没有存放到指定地点，这些违规弃渣都是由湖北勇兴建设工程有限公司造成的。

问：施工单位为什么要违规弃渣？违规弃渣是施工单位决定的？还是你们建设单位要求或者同意施工单位那样堆放的？

答：该项目工程难度大，湖北××建设工程有限公司未严格按照方案进行堆放弃渣。我们禁止施工方违规堆放弃渣。我公司在与湖北××建设工程有限公司签订的《中××临淇风电场基础、道路及吊装平台工程施工合同》中第 67 页有专项约束条款 9.4，明确严禁超挖或随意弃方。

问：对于施工单位没有在《水土保持方案》指定地点堆放弃渣，你单位是如何处理的？目前采取了哪些措施？

答：已经启动水保治理，原施工单位湖北××建设工程有限公司已经进驻施工现场开始清理违规弃渣。治理方案基本按照原有水保方案进行治理。

问：有关中××林州临淇风电场项目施工过程中产生的弃渣未按照水土保持方案指定的地方存放问题，你还有什么需要补充吗？

答：没有了。我们尽快进行水保治理施工。

问：请看一下以上记录是否有误？

答：无

笔录上的内容、记录属实

被询问人阅核后签注“笔录上述内容，记录属实。”

被询问人： 李某某 日期： 2019.8.6

（拒绝签字的，注明拒签事由）

询问人： 张某 郝某某 日期：2019年8月6日

记录人： 郝某某 日期：2019年8月6日

第5页 共5页

“关于限期提供有关文件、证照、资料的通知”的回复

安阳市水利局：

我单位在2018年承担中××林州临淇风电场项目建设过程中的水土保持监测工作。2019年7月24日贵局和我单位工作人员在对该项目现场检查时，发现存在多处违规弃渣。我单位在收到文书三日内向贵局如实报告以下情况：1.中××林州临淇风电场项目建设单位、施工单位的基本情况以及施工单位承担的具体施工任务；2.造成该项目违规弃渣的情况说明。

建设单位：中××林州风力发电有限公司

风机安装平台及道路施工单位：湖北××建设工程有限公司

升压站施工单位：河南省××电力工程有限公司

集电线路施工单位：郑州××电力股份有限公司

本项目中所产生：19#风机下方道路下方1 500 m^3、6#～7#风机中间道路两侧弃渣约500 m^3、升压站外西北角堆渣300 m^3 阎王壁下弃渣约3 480 m^3、B4#风机安装平台下弃渣约300 m^3、4#～5#风机中间道路两侧弃渣约540 m^3、2#弃渣场附近弃渣约1 600 m^3 等违规弃渣均由湖北××建设工程有限公司施工过程中不规范，未按照水土保持方案设计要求运至指定弃渣场内，导致出现弃渣不合规情况。

河南××水利技术咨询有限公司

2019年8月8日

案件集体讨论笔录

案件名称：湖北××建设工程有限公司水土保持案

时间：2019 年 8 月 27 日 16 时 10 分至 16 时 50 分

地点：一楼支队长办公室

集体讨论原因：对湖北××建设工程有限公司水土保持案的被处罚主体和裁量标准集体讨论

参加人：尹某某　关某某　张某某　张某　郝某某　于某某

案件承办人汇报案件情况：2019 年 7 月 23 日我局对中××林州临淇风电项目水土保持立案调查。现已查明，该项目的建设方为中××林州风力发电有限公司；项目基础施工及进场道路、场内道路施工单位是湖北××建设工程有限公司，2018 年 4 月进驻现场开始施工；水土保持监测单位是河南××水利技术咨询有限公司，2018 年 1 月开始承担该项目水土保持监测工作。根据建设单位、施工单位、监测单位的调查询问笔录，施工合同以及书面证明，可以证明项目产生的违规弃渣是由于湖北××建设工程有限公司在建设过程中违背建设方指令为施工便利而随意倾倒的。上述违规弃渣行为违反了《中华人民共和国水土保持法》第二十八条“依法应当编制水土保持方案的生产建设项目，其生产建设活动中排弃的砂、石、土、矸石、尾矿、废渣等应当综合利用；不能综合利用，确需废弃的，应当堆放在水土保持方案确定的专门存放地，并采取措施保证不产生新的危害”的规定，违规弃渣量由监测单位河南盛源水利技术咨询有限公司向我局提供，为证明该数据的可信度，2019 年 8 月 14 日，我局委托由河南省水土保持监测站 2 名专家、豫北水利设计院 1 名专家组成的专家组赴项目现场进行实地查勘，对监测公司的计算方法提出完善建议，最终确认违规弃渣量 8 373.84 立方米，该数据建设方、施工方也进行了认可。

处理依据及建议：根据《中华人民共和国水土保持法》第五十五条："违反本法规定，在水土保持方案确定的专门存放地以外的区域倾倒砂、石、土、矸石、尾矿、废渣等的，由县级以上地方人民政府水行政主管部门责令停止违法行为，限期清理，按照倾倒数量处每立方米十元以上二十元以下的罚款；逾期仍不清理的，县级以上地方人民政府水行政主管部门可以指定有清理能力的单位代为清理，所需费用由违法行为人承担。"的规定，参照处罚裁量标准第五十五条"违法行为情形和处罚标准：在水土保持方案确定的专门存放地以外的区域倾倒砂、石、土、矸石、尾矿、废渣等的……3.严重违法行为情形和处罚标准：倾倒数量 500 立方米以上或者拒不停止违法行为，逾期不清理的，处每立方米十五元以上二十元以下的罚款"，该违法行为应定性为严重违法行为。鉴于该项目位于太行山国家级水土保持重点治理区内，并且施工过程中在我局下达一次《限期完成水土保持整改工作的函》、两次《水土保持监督检查意见函》的情况下，仍然没有完成整改任务，同时考虑到一些散在、零星弃渣的存在没法计算在内，经过征求我局法律顾问、市政府法律顾问的意见后，案件承办人建议对湖北××建设工程有限公司：1.处每立方米

19 元的罚款,即 8 373.84 立方米×19 元/立方米 = 159 102.96 元;2. 限 2019 年 9 月底前清理违规弃渣;逾期仍不清理的,由我局指定有清理能力的单位代为清理,所需费用由违法行为人承担。

参加讨论人员意见和理由:

尹某某: 同意案件主办人意见

关某某: 同意案件主办人意见

张某某: 同意案件主办人意见

于某某: 同意案件主办人意见

结论性意见: 同意按照承办人的建议进行处罚

出席人员签名: 尹某某 关某某

于某某

郝某某 2019.8.27 张某 2019.8.27

张某某

案件调查终结报告

当事人：湖北××建设工程有限公司 法定代表人：朱某某

调查时间：2019 年 7 月 23 日至 8 月 27 日

案件承办人：郝某某、张某

内容：

一、2019 年 7 月 23 日我局对中××林州临淇风电项目水土保持立案调查。现已查明，该项目的建设方为中××林州风力发电有限公司；项目基础施工及进场道路、场内道路施工单位是湖北××建设工程有限公司，2018 年 4 月进驻现场开始施工；水土保持监测单位是河南××水利技术咨询有限公司，2018 年 1 月开始承担该项目水土保持监测工作。根据建设单位、施工单位、监测单位的调查询问笔录，施工合同以及书面证明，可以证明项目产生的违规弃渣是由于湖北××建设工程有限公司在建设过程中违背建设方指令为施工便利而随意倾倒的。上述违规弃渣行为违反了《中华人民共和国水土保持法》第二十八条“依法应当编制水土保持方案的生产建设项目，其生产建设活动中排弃的砂、石、土、矸石、尾矿、废渣等应当综合利用；不能综合利用，确需废弃的，应当堆放在水土保持方案确定的专门存放地，并采取措施保证不产生新的危害”规定，违规弃渣量由监测单位河南盛源水利技术咨询有限公司向我局提供，为证明该数据的可信度，2019 年 8 月 14 日，我局委托由河南省水土保持监测站 2 名专家、豫北水利设计院 1 名专家组成的专家组赴项目现场进行实地查勘，对监测公司的计算方法提出完善建议，最终确认违规弃渣量 8 373.84 立方米，该数据建设方、施工方也进行了认可。

二、参照处罚裁量标准第五十五条　违法行为情形和处罚标准:在水土保持方案确定的专门存放地以外的区域倾倒砂、石、土、矸石、尾矿、废渣等的……3.严重违法行为情形和处罚标准:倾倒数量500立方米以上或者拒不停止违法行为,逾期不清理的,处每立方米十五元以上二十元以下的罚款”,该违法行为应定性为严重违法行为。

三、鉴于该项目位于太行山国家级水土保持重点治理区内,并且施工过程中在我局下达一次《限期完成水土保持整改工作的函》、两次《水土保持监督检查意见函》的情况下,仍然没有完成整改任务,同时考虑到一些散在、零星弃渣的存在没法计算在内,根据《中华人民共和国水土保持法》第五十五条:“违反本法规定,在水土保持方案确定的专门存放地以外的区域倾倒砂、石、土、矸石、尾矿、废渣等的,由县级以上地方人民政府水行政主管部门责令停止违法行为,限期清理,按照倾倒数量处每立方米十元以上二十元以下的罚款;逾期仍不清理的,县级以上地方人民政府水行政主管部门可以指定有清理能力的单位代为清理,所需费用由违法行为人承担。”的规定,经过征求我局法律顾问、市政府法律顾问以及水利部政策法规司的意见后,案件承办人建议对湖北××建设工程有限公司:1.处每立方米19元的罚款,即8 373.84立方米×19元/立方米=159 102.96元;2.限2019年9月30日前清理违规弃渣;逾期仍不清理的,由我局指定有清理能力的单位代为清理,所需费用由违法行为人承担。

2019年8月27日

安阳市水利局
责令限期改正水事违法行为通知书

安水罚责改〔2019〕103号

湖北××建设工程有限公司：

经调查，你单位存在下列违法事实：2018年在河南省林州市临淇镇境内承建中××林州临淇风电场基础、道路及吊装平台项目施工过程中，未按照该项目水土保持方案确定的地点堆放弃渣。根据《中华人民共和国水土保持法》第五十五条："违反本法规定，在水土保持方案确定的专门存放地以外的区域倾倒砂、石、土、矸石、尾矿、废渣等的，由县级以上地方人民政府水行政主管部门责令停止违法行为，限期清理，按照倾倒数量处每立方米十元以上二十元以下的罚款；逾期仍不清理的，县级以上地方人民政府水行政主管部门可以指定有清理能力的单位代为清理，所需费用由违法行为人承担。"的规定，现责令你单位2019年9月30日前清理该项目的全部违规弃渣。

水行政主管部门　联系人：郝某某　张某

水行政主管部门　电　话：5901××8

水行政主管部门　地　址：安阳市高新区武夷大街中段

2019年8月28日

水行政处罚文书送达回证

送达文书名称、文号	安阳市水利局 责令期限改正水事违法行为通知书 安水罚责改〔2019〕第103号
受送达人	湖北××建设工程有限公司
送达地点	林州临淇中××风电场
受送达人(签字或盖章)	郭某某
代收人(签字)	
代收人与受送达人关系	
送达日期	2019年8月28日
送达方式	直接送达
拒收原因	
见证人(签字)	年 月 日
送达人(签字)	郝某某 张某 2019年8月2日
备 注	

安阳市水利局
责令限期改正水事违法行为通知书

安水罚责改〔2019〕103-1号

中××林州风力发电有限公司：

经调查，你单位存在下列违法事实：2018年在河南省林州市临淇镇境内建设的中××林州临淇风电场项目，未按照该项目水土保持方案确定的地点堆放弃渣。根据《中华人民共和国水土保持法》第五十五条："违反本法规定，在水土保持方案确定的专门存放地以外的区域倾倒砂、石、土、矸石、尾矿、废渣等的，由县级以上地方人民政府水行政主管部门责令停止违法行为，限期清理，按照倾倒数量处每立方米十元以上二十元以下的罚款；逾期仍不清理的，县级以上地方人民政府水行政主管部门可以指定有清理能力的单位代为清理，所需费用由违法行为人承担。"的规定，现责令你单位2019年9月30日前清理该项目的全部违规弃渣。

水行政主管部门　联系人：郝某某　张某

水行政主管部门　电　话：5901××8

水行政主管部门　地　址：安阳市高新区武夷大街中段

2019年8月28日

水行政处罚文书送达回证

送达文书名称、文号	安阳市水利局 责令期限改正水事违法行为通知书 安水罚责改〔2019〕第103-1号
受送达人	中××林州风力发电有限公司
送达地点	临淇镇中××林州风电场
受送达人(签字或盖章)	
代收人(签字)	
送达日期	2019年8月28日
送达方式	留置送达
拒收原因	8月28日下午将此文书送给风电场生产运行人员王××,王××看后报告李××,王说领导在郑州培训,让李××从郑州回来后到安阳水利局取文件。王××没有签字。最终将此文件留置到风电场交给王××。
见证人(签字)	年 月 日
送达人(签字)	郝某某 张某 2019年8月28日
备 注	

行政处罚审批表

<table>
<tr><td rowspan="2">当事人
基本情况</td><td>单位名称</td><td>湖北××建设工程有限公司</td><td>法定代表人</td><td>朱某某</td></tr>
<tr><td>住　　址</td><td>湖北省武汉市黄陂区江北第一府钢材市场新村八里×号</td><td>电　　话</td><td></td></tr>
<tr><td>当事人
违法的
主要事实</td><td colspan="4">湖北××建设工程有限公司2018年在承建中××林州临淇风电项目的基础施工及进场道路、场内道路施工时,违背建设方指令为施工便利不按照水保方案而随意倾倒渣土。证据有建设单位、施工单位、监测单位的调查询问笔录,施工合同以及书面证明、视听资料等。</td></tr>
<tr><td>承办人员
处罚意见</td><td colspan="4">建议对湖北××建设工程有限公司处每立方米19元的罚款,即8 373.84立方米×19元/立方米=159 102.96元;2.限2019年9月30日前清理违规弃渣;逾期仍不清理的,由我局指定有清理能力的单位代为清理,所需费用由违法行为人承担。

承办人签名　郝某某　　张某　　　　　　2019年8月29日</td></tr>
<tr><td>承办机构
审查意见</td><td colspan="4">同意

负责人签名　　尹某某　　　　　　2019年8月29日</td></tr>
<tr><td>法制机构
审核意见</td><td colspan="4">同意处罚

负责人签名　　寇某某　　　　　　2019年8月29日</td></tr>
<tr><td>水行政主
管部门负
责人审批
意见</td><td colspan="4">同意

负责人签名　　李某某　　　　　　2019年8月29日</td></tr>
</table>

安阳市水利局行政处罚事先告知书

安水罚先告字〔2019〕103号

湖北××建设工程有限公司：

本机关于 2019 年 7 月 23 日对 中××林州临淇风电项目水土保持案 立案调查。经调查，你单位2018年在承建中××林州临淇风电项目的基础施工及进场道路、场内道路施工时未按照该项目水土保持方案违规倾倒渣土。上述行为违反了《中华人民共和国水土保持法》第二十八条“依法应当编制水土保持方案的生产建设项目，其生产建设活动中排弃的砂、石、土、矸石、尾矿、废渣等应当综合利用；不能综合利用，确需废弃的，应当堆放在水土保持方案确定的专门存放地，并采取措施保证不产生新的危害”的规定，已构成违法。证据有建设单位、施工单位、监测单位的调查询问笔录，施工合同以及书面证明、视听资料等。根据你单位违法行为的事实、性质、情节、社会危害程度和相关证据，参照《河南省水行政处罚裁量标准》：“在水土保持方案确定的专门存放地以外的区域倾倒砂、石、土、矸石、尾矿、废渣等的……3.严重违法行为情形和处罚标准：倾倒数量500立方米以上或者拒不停止违法行为，逾期不清理的，处每立方米十五元以上二十元以下的罚款”，该违法行为应定性为严重。

根据《中华人民共和国水土保持法》第五十五条：“违反本法规定，在水土保持方案确定的专门存放地以外的区域倾倒砂、石、土、矸石、尾矿、废渣等的，由县级以上地方人民政府水行政主管部门责令停止违法行为，限期清理，按照倾倒数量处每立方米十元以上二十元以下的罚款;逾期仍不清理的,县级以上地方人民政府水行政主管部门可以指定有清理能力的单位代为清理,所需费用由违法行为人承担”的规定,本机关拟对你单位作出:1.处 159 102.96 元罚款(即 8 373.84 立方米×19 元/立方米=159 102.96 元);2.限 2019 年 9 月 30 日前清理违规弃渣的行政处罚。

依据《中华人民共和国行政处罚法》第三十一条、第三十二条的规定,你单位可在收到本告知书之日起 3 日内提出书面陈述、申辩意见,或到安阳市水利局进行陈述、申辩。逾期不陈述、申辩的,视为你单位放弃陈述、申辩权利。

水行政主管部门印章

2019 年 8 月 29 日

水行政主管部门地址: 安阳市高新区武夷大街北段路西

邮政编码: 455000

水行政主管部门联系人: 郝某某 张某 联系电话: 5901××8

水行政处罚文书送达回证

送达文书名称、文号	安阳市水利局 行政处罚事先告知书 安水罚先告字〔2019〕第 103 号
受送达人	湖北××建设工程有限公司
送达地点	水政监察支队行政指导室
受送达人(签字或盖章)	郭某某
代收人(签字)	
代收人与受送达人关系	
送达日期	2019 年 8 月 28 日
送达方式	直接送达
拒收原因	
见证人(签字)	年 月 日
送达人(签字)	郝某某 张某 2019 年 8 月 29 日
备 注	

安阳市水利局行政处罚听证告知书

安水罚听告字〔2019〕103 号

湖北××建设工程有限公司：

本机关于 2019 年 7 月 23 日对 中××林州临淇风电项目水土保持案 立案调查。经调查，你单位2018 年在承建中××林州临淇风电项目的基础施工及进场道路、场内道路施工时未按照该项目水土保持方案违规倾倒渣土。上述行为违反了《中华人民共和国水土保持法》第二十八条“依法应当编制水土保持方案的生产建设项目，其生产建设活动中排弃的砂、石、土、矸石、尾矿、废渣等应当综合利用；不能综合利用，确需废弃的，应当堆放在水土保持方案确定的专门存放地，并采取措施保证不产生新的危害”的规定，已构成违法。证据有建设单位、施工单位、监测单位的调查询问笔录，施工合同以及书面证明、视听资料等。根据你单位违法行为的事实、性质、情节、社会危害程度和相关证据，参照《河南省水行政处罚裁量标准》：“在水土保持方案确定的专门存放地以外的区域倾倒砂、石、土、矸石、尾矿、废渣等的……3.严重违法行为情形和处罚标准：倾倒数量 500 立方米以上或者拒不停止违法行为，逾期不清理的，处每立方米十五元以上二十元以下的罚款”，该违法行为应定性为严重。

根据《中华人民共和国水土保持法》第五十五条：“违反本法规定，在水土保持方案确定的专门存放地以外的区域倾倒砂、石、土、矸石、尾矿、废渣等的，由县级以上地方人民政府水行政主管部门责令停止违法行为，限期清理，按照倾倒数量处每立方米十元以上二十元以下的罚款；逾期仍不清理的，县级以上地方人民政府水行政主管部门可以指定有清理能力的单位代为清理，所需费用由违法行为人承担”的规定，本机关拟对你单位作出 1.处 159 102.96 元罚款（即 8 373.84 立方米×19 元/立方米＝159 102.96 元）；2.限 2019 年 9 月 30 日前清理违规弃渣的行政处罚。

依据《中华人民共和国行政处罚法》第四十二条第一款规定，你单位有权要求举行听证。如你单位要求听证，应当自收到本告知书之日起 3 日内向本机关提出申请。逾期不申请听证的，视为你单位放弃听证权利。

水行政主管部门印章

2019 年 8 月 29 日

水行政主管部门地址：安阳市高新区武夷大街北段路西

邮政编码：455000

水行政主管部门联系人：郝某某　张某　联系电话：5901××8

水行政处罚文书送达回证

送达文书名称、文号	安阳市水利局 行政处罚听证告知书 安水罚听告字〔2019〕第103号
受送达人	湖北××建设工程有限公司
送达地点	水政监察支队行政指导室
受送达人(签字或盖章)	郭某某
代收人(签字)	
代收人与受送达人关系	
送达日期	2019年8月28日
送达方式	直接送达
拒收原因	
见证人(签字)	年　　月　　日
送达人(签字)	郝某某　张某　　　2019年8月29日
备　　注	我公司放弃听证 郭某某 2019年8月29日

重大复杂案件集体讨论笔录

案件名称：湖北××建设工程有限公司水土保持案

时间：2019 年 9 月 2 日 17 时 00 分至 17 时 30 分

地点：水利局三楼会议室

集体讨论原因：对当事人处较大数额罚款的重大复杂案件

主持人：郑某某 职务：局长 记录人：袁某某 职务：局办公室主任

参加人及职务：冯某某（总工）、付某某（副局长）、赵某某（副局长）、李某某（副局长）

列席人及职务：尹某某（水政监察支队支队长）

案件承办人汇报案件情况：2019 年 7 月 23 日我局对中××林州临淇风电项目水土保持立案调查。现已查明，该项目的建设方为中××林州风力发电有限公司；项目基础施工及进场道路、场内道路施工单位是湖北××建设工程有限公司，2018 年 4 月进驻现场开始施工；水土保持监测单位是河南盛源水利技术咨询有限公司，2018 年 1 月开始承担该项目水土保持监测工作。根据建设单位、施工单位、监测单位的调查询问笔录，施工合同以及书面证明，可以证明项目产生的违规弃渣是由于湖北××建设工程有限公司在建设过程中违背建设方指令为施工便利而随意倾倒的。上述违规弃渣行为违反了《中华人民共和国水土保持法》第二十八条“依法应当编制水土保持方案的生产建设项目，其生产建设活动中排弃的砂、石、土、矸石、尾矿、废渣等应当综合利用；不能综合利用，确需废弃的，应当堆放在水土保持方案确定的专门存放地,并采取措施保证不产生新的危害”的规定,违规弃渣量由监测单位河南盛源水利技术咨询有限公司向我局提供,为证明该数据的可信度,2019 年 8 月 14 日,我局委托由河南省水土保持监测站 2 名专家、豫北水利设计院 1 名专家组成的专家组赴项目现场进行实地查勘,对监测公司的计算方法提出完善建议,最终确认违规弃渣量 8 373.84 立方米,该数据建设方、施工方也进行了认可。参照处罚裁量标准第五十五条　违法行为情形和处罚标准:在水土保持方案确定的专门存放地以外的区域倾倒砂、石、土、矸石、尾矿、废渣等的……3.严重违法行为情形和处罚标准:倾倒数量 500 立方米以上或者拒不停止违法行为,逾期不清理的,处每立方米十五元以上二十元以下的罚款”,该违法行为应定性为严重违法行为。2019 年 8 月 28 日向该单位送达《责令限期改正通知书》,8 月 29 日送达《行政处罚事先告知书》《行政处罚听证告知书》,当事人在规定期限内没有进行陈述和申辩,也不要求听证。鉴于该项目位于太行山国家级水土保持重点治理区内,并且施工过程中在我局下达一次《限期完成水土保持整改工作的函》、两次《水土保持监督检查意见函》的情况下,仍然没有完成整改任务,同时考虑到一些散在、零星弃渣的存在没法计算在内,根据《中华人民共和国水土保持法》第五十五条:“违反本法规定,在水土保持方案确定的专门存放地以外的区域倾倒砂、石、土、矸石、尾矿、废渣等的,由县级以上地方人民政府水行政主管部门责令停止违法行为,限期清理,按照倾倒数量处每立方米十元以上二十元以下的罚款;逾期仍不清理的,县级以上地方人民政府水行政主管部门可以指定有清理能力的单位代为清理,所需费用由违法行为人承担。”的规定,经过征求我局法律顾问、市政府法律顾问以及水利部政策法规司的意见后,案件承办人建议对湖北××建设工程有限公司 1.处 159 102.96 元罚款(即 8 373.84 立方米×19 元/立方米 = 159 102.96 元)2.限 2019 年 9 月 30 日前清理违规弃渣;逾期仍不清理的,由我局指定有清理能力的单位代为清理,所需费用由违行为人承担。

听证主持人汇报听证情况: 不要求听证

参加讨论人员意见和理由:

郑某某: 郑某某

冯某某: 同意办案人建议 冯某某

付某某: 同意办案人建议 付某某

赵某某: 同意 赵某某

李某某: 同意办案人建议 李某某

结论性意见:同意案件承办人建议对湖北××建设工程有限公司 1.处 159 102.96 元罚款 2.限 2019 年 9 月 30 日前清理违规弃渣。

出席人员签名:

2019 年 9 月 2 日 第 3 页 共 3 页

行政处罚决定审批表

<table>
<tr><td rowspan="2">当事人
基本情况</td><td>单位名称</td><td>湖北××建设工程有限公司</td><td>法定代表人</td><td>朱某某</td></tr>
<tr><td>住　　址</td><td>湖北省武汉市黄陂区江北第一府钢材市场新村八里2号</td><td>电　　话</td><td></td></tr>
<tr><td>当事人违法的主要事实和建议作出行政处罚决定的理由、依据及内容</td><td colspan="4">湖北××建设工程有限公司2018年在承建中××林州临淇风电项目的基础施工及进场道路、场内道路施工时,违背建设方指令为施工便利不按照水保方案而随意倾倒渣土。证据有建设单位、施工单位、监测单位的调查询问笔录,施工合同以及书面证明、视听资料等。根据《中华人民共和国水土保持法》第五十五条:“违反本法规定,在水土保持方案确定的专门存放地以外的区域倾倒砂、石、土、矸石、尾矿、废渣等的,由县级以上地方人民政府水行政主管部门责令停止违法行为,限期清理,按照倾倒数量处每立方米十元以上二十元以下的罚款;逾期仍不清理的,县级以上地方人民政府水行政主管部门可以指定有清理能力的单位代为清理,所需费用由违法行为人承担。”参照处罚裁量标准第五十五条　违法行为情形和处罚标准:在水土保持方案确定的专门存放地以外的区域倾倒砂、石、土、矸石、尾矿、废渣等的……3.严重违法行为情形和处罚标准:倾倒数量500立方米以上或者拒不停止违法行为,逾期不清理的,处每立方米十五元以上二十元以下的罚款”,该违法行为应定性为严重违法行为。建议对湖北勇兴建设工程有限公司1.处159 102.96元罚款(即8 373.84立方米×19元/立方米=159 102.96元);2.限2019年9月30日前清理违规弃渣。</td></tr>
<tr><td>陈述申辩及听证情况</td><td colspan="4">当事人未进行陈述申辩,放弃听证</td></tr>
<tr><td>当事人陈述申辩或听证意见复核及采纳情况</td><td colspan="4">无
承办人签名　郝某某　张某　　2019年9月3日</td></tr>
<tr><td>承办机构审查意见</td><td colspan="4">同意
负责人签名　尹某某　　2019年9月3日</td></tr>
<tr><td>法制机构审核意见</td><td colspan="4">事实清楚,证据确凿,法律适用正确,裁量适当,程序合法,同意处罚
负责人签名　寇某某　　2019年9月　3日</td></tr>
<tr><td>水行政主管部门负责人审批意见</td><td colspan="4">同意
负责人签名　李某某　　2019年9月3日</td></tr>
</table>

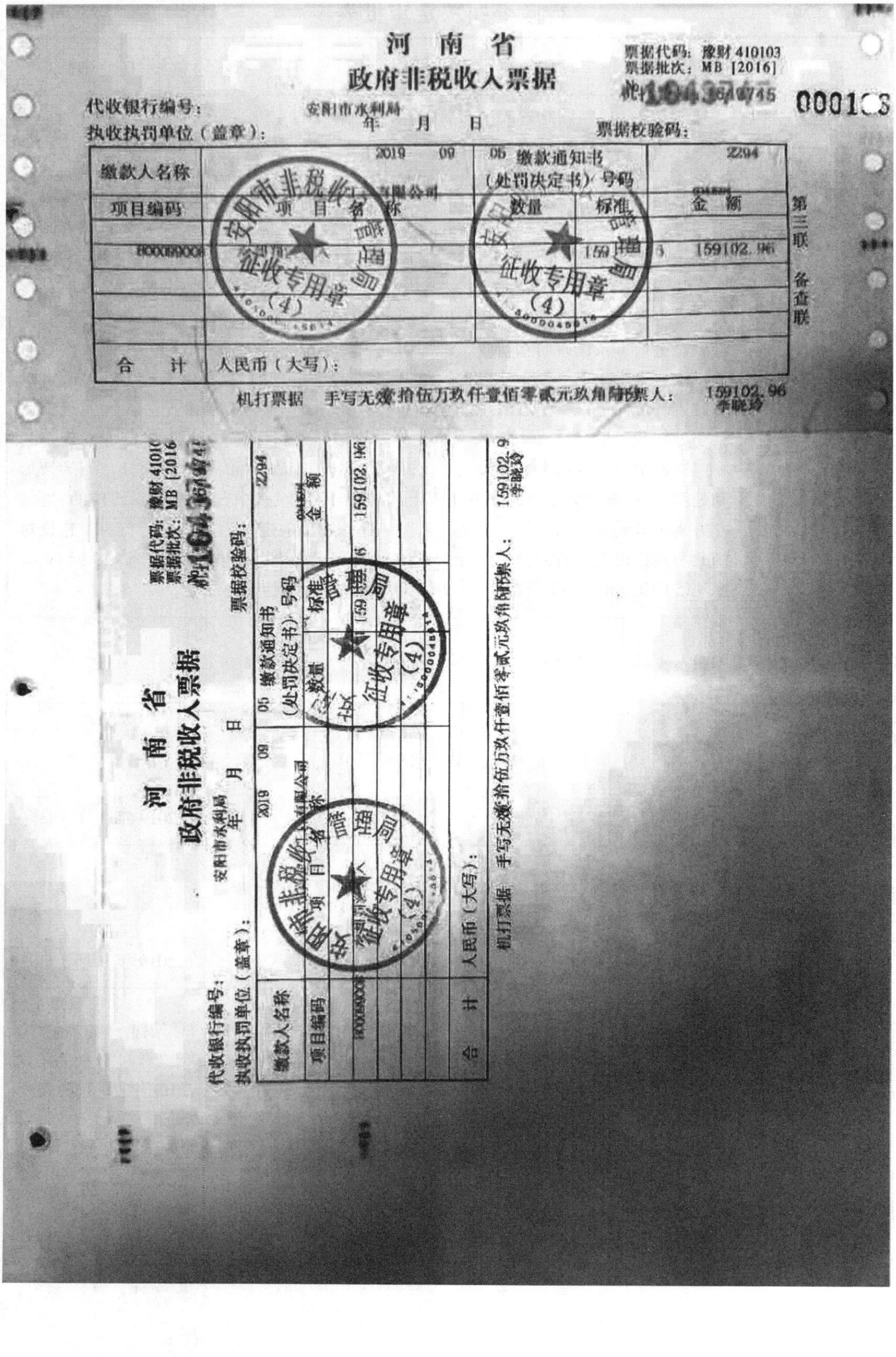

河 南 省

政府非税收入票据

票据代码：豫财410103
票据批次：MB［2016］

代收银行编号：

执收执罚单位（盖章）：安阳市水利局

年 月 日：2019 09 05

票据校验码：

缴款人名称	……有限公司	缴款通知书（处罚决定书）号码		2294
项目编码	项 目 名 称	数量	标准	金 额
800009003			159102.96	159102.96
合 计	人民币（大写）：拾伍万玖仟壹佰零贰元玖角陆分			159102.96

第三联 备查联

机打票据 手写无效 收款人：李晓玲

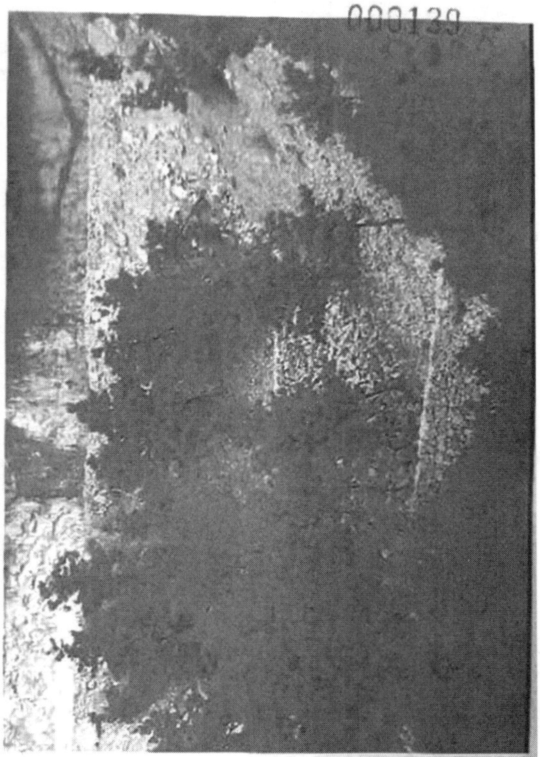

附件 1：

重大行政处罚备案报告

安阳市司法局：

根据《河南省重大行政处罚备案审查办法》，现将本机关 2019 年 9 月 4 日对湖北××建设工程有限公司作出的行政处罚（行政处罚决定书文号：安水罚决字〔2019〕103 号）报送备案，请审查。

附件：1.行政处罚决定书

2.安阳市重大行政处罚备案审查表

（行政处罚决定机关印章）

2019 年 9 月 15 日

（联系人：冯某某电话：5901××8）

附件 2：

安阳市重大行政处罚备案审查表

2019 年 9 月 15 日

<table>
<tr><td>备案单位</td><td colspan="3">安阳市水利局</td><td colspan="2">性 质</td><td colspan="2">☑行政机关
□授权组织</td></tr>
<tr><td>案 由</td><td colspan="3">未按照水土保持方案违规倾倒渣土</td><td colspan="2">行政处罚决定书文号</td><td colspan="2">安水罚决字〔2019〕103 号</td></tr>
<tr><td rowspan="20">立案调查</td><td>案件来源</td><td colspan="6">移交</td></tr>
<tr><td>立案时间</td><td colspan="2">2019 年 7 月 23 日</td><td colspan="2">审批人</td><td colspan="2"></td></tr>
<tr><td rowspan="2">承办人员</td><td colspan="2">主办人:</td><td colspan="2" rowspan="2">执法证号</td><td colspan="2">豫 E01-842561</td></tr>
<tr><td colspan="2">协办人:</td><td colspan="2">豫 E01-585959</td></tr>
<tr><td colspan="3">☑询问笔录 2 份</td><td colspan="4">☑现场检查（勘验）笔录 1 份</td></tr>
<tr><td rowspan="4">□抽样取证</td><td>审批人</td><td></td><td rowspan="4">□先行登记保存证据</td><td>审批人</td><td colspan="2"></td></tr>
<tr><td>实施日期</td><td></td><td>实施起止日期</td><td colspan="2">____年___月___日至
____年___月___日</td></tr>
<tr><td>检验检测结论</td><td>□合格
□不合格</td><td rowspan="2">先行登记保存证据物品处理</td><td colspan="2" rowspan="2">□解除登记保存
□没收
□销毁
□移交有关机关</td></tr>
<tr><td>抽样取证物品处理</td><td>□退还当事人
□销毁
□没收</td></tr>
<tr><td colspan="3">☑现场照片 4 张</td><td colspan="2">照相时间</td><td colspan="2">2019 年 7 月 24 日</td></tr>
<tr><td rowspan="5">□查封扣押</td><td rowspan="2">审批人</td><td rowspan="2"></td><td colspan="2" rowspan="2">实施人员执法证号</td><td colspan="2">豫</td></tr>
<tr><td colspan="2">豫</td></tr>
<tr><td>实施日期</td><td></td><td colspan="2">是否制作现场笔录</td><td colspan="2">□是 □否</td></tr>
<tr><td>是否送达查封扣押决定书</td><td>□是 □否</td><td colspan="2">是否向当事人出具清单</td><td colspan="2">□出具 □未出具</td></tr>
<tr><td>是否听取并审核当事人陈述和申辩</td><td>□是 □否</td><td colspan="2">查封扣押财物处理</td><td colspan="2">□退还当事人
□销毁
□没收
□移交有关机关</td></tr>
<tr><td colspan="7">☑其他证据 书证</td></tr>
</table>

<table>
<tr><td rowspan="2">处罚事先告知</td><td>行政处罚事先告知书文号</td><td>安水罚先告字〔2019〕103 号</td><td>送达日期</td><td>2019 年 8 月 29 日</td></tr>
<tr><td>当事人是否陈述申辩</td><td colspan="3">□是　☑否</td></tr>
<tr><td rowspan="2">听证</td><td>听证通知书文号</td><td>安水罚听告字〔 2019 〕103 号</td><td>送达日期</td><td>2019 年 8 月 29 日</td></tr>
<tr><td>当事人是否申请听证</td><td>□是　☑否</td><td>是否制作听证笔录</td><td>□是　□否</td></tr>
<tr><td colspan="3">作出重大行政处罚之前是否经法制审核</td><td colspan="2">☑是　□否</td></tr>
<tr><td colspan="3">作出重大行政处罚之前是否履行集体讨论程序</td><td colspan="2">☑是　□否</td></tr>
<tr><td rowspan="3">处罚决定</td><td>被处罚人</td><td colspan="3">湖北　建设工程有限公司</td></tr>
<tr><td>处罚种类
处罚数额</td><td colspan="3">☑1. 罚款 159102.96 元;
□2. 没收违法所得＿＿＿元、没收非法财物:＿＿＿;
□3. 责令停产停业＿＿天;
□4. □①吊销＿＿＿＿许可证;
□②吊销＿＿＿＿执照。</td></tr>
<tr><td>送达方式</td><td>直接送达</td><td>送达日期</td><td>2019 年 9 月 4 日</td></tr>
<tr><td rowspan="2">政府法制机构备案审查意见</td><td>审查内容</td><td colspan="3">□（1）行政处罚的主体是否合法;
□（2）适用法律、法规、规章等依据是否正确;
□（3）程序是否合法;
□（4）行使自由裁量权是否适当;
□（5）行政处罚决定书载明的内容是否符合法律规定;
□（6）报送备案的时间是否符合规定;
□（7）其他需要审查的内容。</td></tr>
<tr><td>审查意见</td><td colspan="3">□通过备案　□未通过备案

审查人:　　　　年　月　日</td></tr>
<tr><td>备注</td><td colspan="4"></td></tr>
</table>

2019 年 11 月 20 日下午水利局四楼会议室评审中　　林州风电场水保方案变更事项

安阳市水利局案件整改落实监督移交表

案情简介	2019 年 7 月 23 日，我局对中××林州临淇风电项目未按水土保持方案违规弃渣立案调查。2019 年 9 月 4 日对该项目施工单位湖北××建设工程有限公司作出了“1.处每立方米 19 元的罚款，即 8 373.84 立方米×19 元/立方米＝159 102.96 元；2.限 2019 年 9 月 30 日前清理违规弃渣；逾期仍不清理的，由我局指定有清理能力的单位代为清理，所需费用由违法行为人承担”的行政决定。决定书送达后，湖北××建设工程有限公司于 2019 年 9 月 5 日缴纳了 159 102.96 元的罚款，违规弃渣也陆续开始清理整治。
移交内容	中××林州风力发电有限公司于 2019 年 11 月 20 日组织水土保持专家，编审完成了《中××林州临淇风电场工程重点弃渣区域治理方案》，具体明确了清理整治内容。建议由我局水土保持科认定该方案编制的科学性以及对建设单位按照该方案实施的具体情况进行监督检查。待清理整治结束，将验收结果通知安阳市水政监察支队。
移交时间	2019 年 12 月 27 日
移交单位意见	同意 尹某某 2019 年 12 月 27 日
接收单位意见	同意 关某某 2019 年 12 月 29 日
单位领导意见	同意移交 李某某 2019 年 12 月 29 日

行政处罚案件结案审批表

案　　由	湖北××建设工程有限公司违规弃渣案	立案日期	2019年7月23日
行政处罚决定书文号	安水罚决字〔2019〕103号	处罚日期	2019年9月4日
案件简要情况	2019年7月23日,我局对中××林州临淇风电项目未按水土保持方案违规弃渣立案调查。根据建设单位、施工单位、监测单位的调查询问笔录,施工合同以及书面证明,可以证明项目产生的违规弃渣是由于湖北勇兴建设工程有限公司在建设过程中违背建设方指令为施工便利而随意倾倒的。		
行政处罚内容	1.处每立方米19元的罚款,即8 373.84立方米×19元/立方米=159 102.96元;2.限2019年9月30日前清理违规弃渣;逾期仍不清理的,由我局指定有清理能力的单位代为清理,所需费用由违法行为人承担。		
行政处罚执行情况和行政复议、行政诉讼情况	决定书送达后,湖北××建设工程有限公司于2019年9月5日缴纳了159 102.96元的罚款,违规弃渣也陆续开始清理整治。2019年11月20日中××林州风力发电有限公司组织水土保持专家,编审完成了《中××林州临淇风电场工程重点弃渣区域治理方案》,具体明确了清理整治内容。2019年12月29日经机关负责人批准,由我局水土保持科对该方案编制的科学性以及建设单位按照该方案实施的具体情况进行监督检查落实。没有行政复议和行政诉讼。		
承办人意见	建议行政处罚结案 承办人签名　郝某某　张某　　2019年12月29日		
承办机构审核意见	同意结案 负责人签名　尹某某　　2019年12月29日		
水行政主管部门负责人审批意见	同意结案 负责人签名　李某某　　2019年12月29日		

立卷、验卷情况记载

本案卷于 2020 年 1 月 9 日立卷，本册连面带底共 221 页，附证物袋 0 个，内装 0 件。

立卷人 郝某某

本案卷于 2020 年 1 月 9 日经验查合格。

检验人 吕某某

河南省卫生和计划生育委员会	
行政许可案卷	
河南 ×× 有限公司 消毒产品生产企业卫生许可	
自 2017 **年** 08 **月** 28 **日至** 2017 **年** 09 **月** 13 **日**	
立卷日期： 2017 **年** 09 **月** 15 **日**	**保管期限：** 30 **年**
立卷部门： 行政审批办公室	**档号：** 17090

卷内目录

档号:17090

卷内序号	责任者	题名	文件编号	文件日期(年-月-日)	页号	备注
1	河南省卫生和计划生育委员会	准予行政许可决定书	豫卫消许准字〔2017〕第085号	2017-09-13	1	
2	河南省卫生和计划生育委员会	消毒产品生产企业卫生许可证	豫卫消证字〔2017〕第0052号	2017-09-13	2	
3	河南省卫生和计划生育委员会	送达回证		2017-09-14	3	
4	河南××有限公司	消毒产品生产企业卫生许可证申请表	豫卫消申〔2017〕第090号	2017-08-29	4-5	
5	河南××有限公司	消毒产品生产企业卫生许可证申请资料		2017-08-29	6-60	
6	河南××有限公司	行政许可申请授权委托书		2017-08-28	61	
7	河南省卫生和计划生育委员会	行政许可受理审批表		2017-08-29	62	
8	河南省卫生和计划生育委员会	行政许可受理通知书		2017-08-29	63	
9	河南省卫生和计划生育委员会	行政许可转办通知单		2017-08-29	64	
10	河南省卫生厅卫生监督局	行政许可核查(勘验)笔录		2017-09-06	65	
11	河南省卫生厅卫生监督局	有净化要求的卫生用品生产企业现场监督审核表		2017-09-06	66-72	
12	河南××有限公司	整改报告		2017-09-10	73-75	
13	河南省卫生厅卫生监督局	消毒产品生产企业卫生许可现场审核呈批表		2017-09-12	76	
14	河南省卫生和计划生育委员会	消毒产品生产企业卫生许可审批处理签		2017-09-13	77	
15	河南省卫生厅卫生监督局	行政执法人员执法证复印件			78	

河南省卫生和计划生育委员会

准予行政许可决定书

豫卫消许准字〔2017〕第085号

河南××有限公司:

你单位于2017年8月29日提交的消毒产品生产企业卫生许可申请，本机关已于2017年8月29日受理。经审查，符合法定条件、标准。依据《中华人民共和国行政许可法》第三十八第一款和《消毒产品生产企业卫生许可规定》第十条的规定，本机关决定准予你单位消毒产品生产企业卫生许可，有效期自2017年9月13日至2021年9月12日。

请于决定之日起十日内到河南省卫生计生委行政审批受理大厅领取《消毒产品生产企业卫生许可证书》。

2017年9月13日

消毒产品生产企业卫生许可证

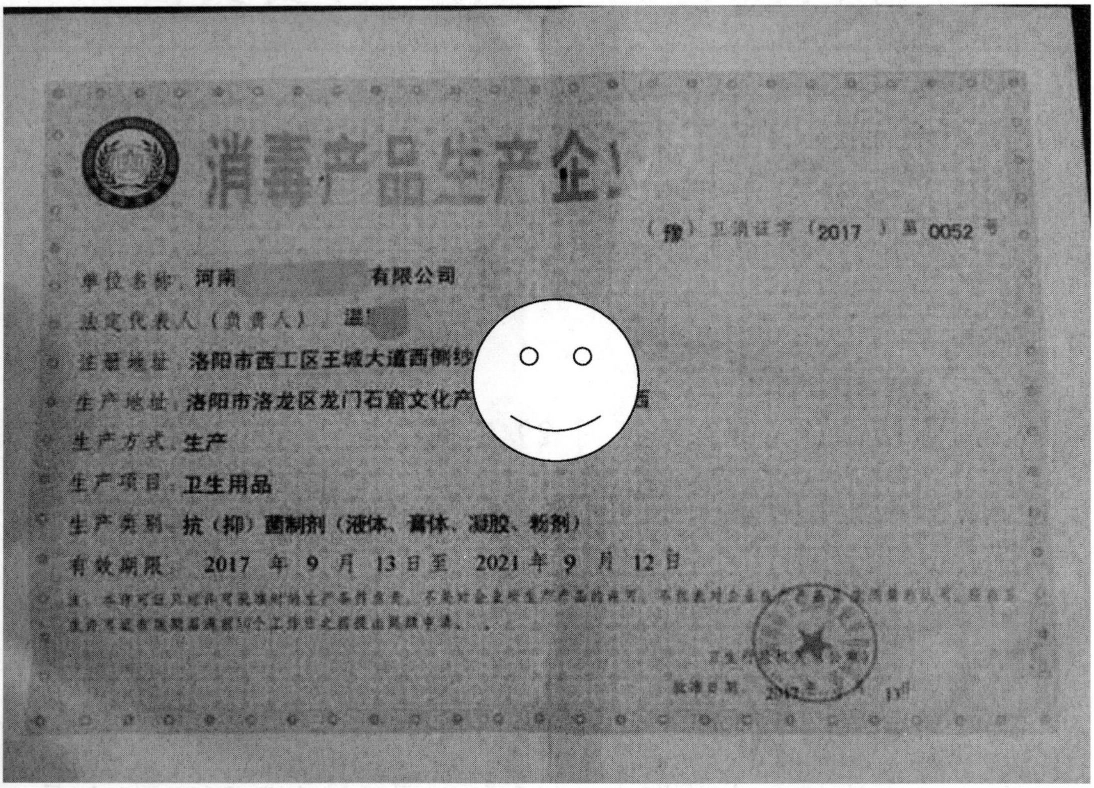

河南省卫生和计划生育委员会
行政许可送达（领取）回证

序号	送达（领取） 许可文书名及文号	申请人或委托代理人（他人代收）签名	送达（领取） 时间、地点	送达人 签 名
1	行政许可受理通知书 编号：豫卫消申（2017）第 xxx 号	蔡XX	时间：2017.8.29 地点：受理大厅	张X
2	准予行政许可决定书 文号：豫卫消许准字（2017）第 xxx 号	蔡XX	时间：2017.9.14 地点：受理大厅	张X
3	消毒产品生产企业卫生许可证 文号：豫卫消证字（2017 ）第 xxxx 号	蔡XX	时间：2017.9.14 地点：受理大厅	张X

受理编号：豫卫消申〔2017〕第090号

受理日期：2017年8月29日

消毒产品生产企业卫生许可证
申 请 表

申请单位 河南××有限公司 （公章）

申请日期 2017.8.29

河南省卫生和计划生育委员会制

<table>
<tr><td>单位名称</td><td>河南××有限公司</td><td>经济性质</td><td>有限责任</td></tr>
<tr><td>法定代表人</td><td>温××</td><td>负责人</td><td>蔡××</td></tr>
<tr><td>注册地址</td><td>洛阳市西工区王城大道</td><td>联系人</td><td>蔡××</td></tr>
<tr><td>生产地址</td><td>洛阳市洛龙区文化产业园</td><td>联系电话</td><td>1580379××××</td></tr>
<tr><td>生产项目</td><td>☑卫生用品　□消毒剂
□消毒器械</td><td>生产方式</td><td>☑生产
□分装</td></tr>
<tr><td>生产类别</td><td colspan="3">抗（抑）菌制剂（液体、膏体、凝胶、粉剂）</td></tr>
<tr><td colspan="4">申报资料（一式二份）：
（一）《消毒产品生产企业卫生许可证》申请表；
（二）营业执照复印件；
（三）生产场地使用证明（房屋产权证明或租赁协议）；
（四）生产场所厂区平面图、生产车间布局平面图；
（五）生产工艺流程图；
（六）生产和检验设备清单；
（七）质量保证体系文件；
（八）拟生产产品目录；
（九）生产环境和生产用水检测报告。</td></tr>
<tr><td>行政许可
申 请 人</td><td colspan="3">承诺：以上提交材料真实合法有效，并对申请材料实质内容的真实性负责。如有虚假，愿意承担相应的法律责任。

申请单位（公章）　　　　法定代表人（签字）：温××

2017 年 8 月 29 日</td></tr>
<tr><td>行政许可
受理机关</td><td colspan="3">承办人：张×
（受理专用章）
2017 年 8 月 29 日</td></tr>
</table>

申请资料

1. 营业执照复印件；（略）
2. 生产场地使用证明（房屋产权证明或租赁协议）；（略）
3. 生产场所厂区平面图、生产车间布局平面图；（略）
4. 生产工艺流程图；（略）
5. 生产和检验设备清单；（略）
6. 质量保证体系文件；（略）
7. 拟生产产品目录；（略）
8. 生产环境和生产用水检测报告。（略）

行政许可申请授权委托书

兹授权委托 蔡×× （身份证号：411202××××××5022）代理我公司消毒产品生产企业卫生许可申请及证件签收相关事宜。

本委托书有效期至该行政许可证件办结。

（代理人身份证复印件粘贴处）

委托单位（签章）：河南××有限公司

委托人（签名）：温××

代理人（签名）：蔡××

2017 年 8 月 28 日

河南省卫生和计划生育委员会 行政许可受理审批表

<table>
<tr><td rowspan="3">申请人</td><td>单位名称</td><td colspan="2">河南××有限公司</td><td>法定代表人</td><td>温××</td></tr>
<tr><td>地　　址</td><td colspan="2">洛阳市西工区王城大道</td><td>电　　话</td><td>1580379××××</td></tr>
<tr><td>联系人</td><td>蔡××</td><td>联系方式</td><td colspan="2">1580379××××</td></tr>
<tr><td>行政许可申请事项</td><td colspan="5">消毒产品生产企业卫生许可申请</td></tr>
<tr><td>行政许可事项审查情况</td><td colspan="5">经审查，该事项属于本机关职权范围，申请资料齐全，符合法定形式。</td></tr>
<tr><td>承办人意　见</td><td colspan="5">依据《中华人民共和国传染病防治法》第二十九条、《消毒产品生产企业卫生许可规定》第五条，经初审，同意受理。

承办人：张×　　2017年8月29日</td></tr>
<tr><td>负责人审核意见</td><td colspan="5">同意受理

负责人：郭××　　2017年8月29日</td></tr>
</table>

河南省卫生和计划生育委员会
行政许可受理通知书

河南××有限公司：

你单位于2017年8月29日提出的消毒产品生产企业卫生许可申请收悉。经审查，符合法定受理条件，本机关决定自2017年8月29日起受理，受理编号为豫卫消申〔2017〕第090号。

自受理之日起，（20）日内作出行政许可决定。该行政许可依法需要听证、检验、检测、鉴定和专家评审的，或者经批准延长办理期限的，将另行告知。

2017年8月29日

（受理专用章）

申请人（或委托代理人）：蔡××

2017年8月29日

注：本文书一式两份。一份送达申请人，一份行政机关存档。

河南省卫生和计划生育委员会
行政许可转办通知单

河南省卫生计生监督局：

河南 ×× 有限公司申请的消毒产品生产企业卫生许可项目，申请材料齐全，符合法定形式，已于 2017 年 8 月 29 日正式受理（受理编号为：豫卫消申〔2017〕第 090 号）。现将申请材料转交你局，请自签收之日起 15 个工作日内完成现场审核。现场审核时，请告知申请企业所在地卫生计生监督部门。

2017年8月29日

（行政审批办公室公章）

转交人：张× 签收人：韩×× 2017 年 8 月 29 日

转回人：吴× 签收人：张× 2017 年 9 月 13 日

行政许可核查（勘验）笔录

核查（勘验）时间：2017年9月6日10时20分至11时35分

核查（勘验）地点：洛阳市洛龙区文化产业园

申请单位名称：河南××有限公司 法定代表人姓名：温××

住址：洛阳市洛龙区×街×号院 电话：1580379××××

核查（勘验）人姓名：叶× 执法证号码：豫0-259×××

核查（勘验）人姓名：吴× 执法证号码：豫0-678×××

记录人姓名：吴× 执法证号码：豫0-678×××

现场勘查（勘验）情况：

1. 生产车间未设置有明显标志的废弃物和不合格品专用存放容器；

2. 更衣室内未设置手消毒设备，更衣设施不健全；

3. 容器清洗间内所设置的清洗水池不能满足正常生产的需要；

4. 用于出厂检验的微生物检测设备不健全。

“笔录上述内容，记录属实。”

申请人：温×× 2017年9月6日

核查（勘验）人：叶×、吴× 2017年9月6日

记录人：吴× 2017年9月6日

有净化要求的卫生用品生产企业现场监督审核表

生产企业名称河南××有限公司

生产企业地址洛阳市西工区王城大道

实际生产加工地址洛阳市洛龙区文化产业园

现场监督审核日期 2017年9月6日

整改报告

河南省卫生厅卫生监督局：

根据现场核查要求，我公司做出如下整改：

1．男、女一更增加更衣柜、二更增加手消毒设施（详见附件 1）；

2．更换了容器清洗间内的洗水池，以满足设计生产需要（详见附件 2）；

3．生产车间内设置了有明显标志的废弃物和不合格品专用存放容器（详见附件 3）；

4．增加微生物检验设备，产品做到批批检验，合格出厂（详见附件 4）。

河南××有限公司

2017年9月10日

消毒产品生产企业卫生许可现场审核呈批表

申请企业	河南××有限公司	产品类别	卫生用品：抗（抑）菌制剂（液体、膏体、凝胶、粉剂）
生产企业	河南××有限公司	法定代表人	温××
地　　址	注册地址：洛阳市西工区王城大道 生产地址：洛阳市洛龙区文化产业园		
电　　话	1580379××××	邮编	471000

现场审核情况：

按照《消毒产品生产企业卫生规范》的要求，对企业提供的技术资料和生产条件进行了现场审核，出具了书面审核意见。该企业经整改后各项审核项目均达到了及格分，拟同意通过现场审核。

经办人：叶×　　吴×　　2017年9月11日

科室负责人意见：

拟同意，请××审定。

韩××

2017年9月12日

局领导审批意见：

同意

刘××

2017年9月12日

消毒产品生产企业卫生许可审批处理签

受理初审意见	河南××有限公司消毒产品生产企业卫生许可申请，已于2017年8月29日受理，申请材料齐全，经河南省卫生计生监督局现场审核，符合相关规定，拟同意办理审批手续。 签字：张× 2017年9月13日
复核意见	拟同意，呈×主任审示。 签字：陈×× 2017年9月13日
领导审批意见	依据《中华人民共和国传染病防治法》第二十九条、《消毒产品生产企业卫生许可规定》第十条，经审查，同意 发放卫生许可证。 签字：郭×× 2017年9月13日
批准文号	豫卫消证字〔2017〕第0025号 有效期： 2017年9月13日 至 2021年9月12日

行政执法人员执法证复印件

（两名）

卷内备考表

本卷情况说明

无

立卷人 张×

检查人 陈××

检查时间 2017年9月15日

河南省水事违法案件卷宗

豫水(安)立字〔2016〕第 ZJ01 号

<table>
<tr><td>案由</td><td colspan="4">未按技术要求施工、设备未经检验进行施工</td></tr>
<tr><td rowspan="2">当事人</td><td>名称或姓名</td><td colspan="3">河南省河海水电工程有限公司</td></tr>
<tr><td>地址或住址</td><td colspan="3">濮阳市人民路 33 号</td></tr>
<tr><td>立案日期</td><td colspan="2">2016 年 5 月 4 日</td><td>结案日期</td><td>2016 年 6 月 1 日</td></tr>
<tr><td>处罚(理)决定</td><td colspan="4">罚款人民币 229 414.6 元</td></tr>
<tr><td>复议决定</td><td colspan="4"></td></tr>
<tr><td>法院判决(裁定)</td><td colspan="4"></td></tr>
<tr><td>归档日期</td><td colspan="2">2016 年 6 月 1 日</td><td>归档编号</td><td></td></tr>
<tr><td>保存年限</td><td colspan="2">10 年</td><td>承办人</td><td>张×× 安××</td></tr>
<tr><td colspan="3">本卷内的文书共计 43 张</td><td>立卷人</td><td>张××</td></tr>
</table>

卷宗目录

序号	材料名称	文号	页数
1	水事违法案件呈批表		
2	现场(检查)笔录		
3	询问笔录		
4	责令改正通知书	安水改字〔2016〕第 ZJ01 号	
5	送达回证		
6	水事违法案件讨论笔录		
7	案件调查终结报告		
8	行政处罚事先告知书	安水罚先告字〔2016〕第 ZJ01 号	
9	行政处罚事先告知书	安水罚先告字〔2016〕第 ZJ02 号	
10	行政处罚听证告知书	安水听告字〔2016〕第 ZJ01 号	
11	行政处罚听证告知书	安水听告字〔2016〕第 ZJ02 号	
12	送达回证		
13	当事人的陈述		
14	法律文书签发单		
15	水行政处罚决定书	安水罚决字〔2016〕第 ZJ01 号	
16	水行政处罚决定书	安水罚决字〔2016〕第 ZJ02 号	
17	送达回证		
18	银行代收罚款票据		
19	现场照片		
20	营业执照复印件		
21	工程协议书		
22	执法方案		
23	结案报告		
24	案件承办人行政执法证复印件		

行政处罚案件立案审批表

<table>
<tr><td rowspan="5">当事人</td><td>单位名称</td><td>河南省河海水电工程有限公司</td><td>法定代表人</td><td>张××</td></tr>
<tr><td>住址</td><td>河南省滑县高平镇</td><td>电话</td><td>××××××</td></tr>
<tr><td>个人姓名</td><td>穆××</td><td>性别</td><td>男</td></tr>
<tr><td>所在单位</td><td>河南省河海水电工程有限公司</td><td>电话</td><td>××××××</td></tr>
<tr><td>身份证号码</td><td>××××××</td><td>个人住址</td><td></td></tr>
<tr><td>案由</td><td colspan="2">未依技术要求施工、设备未经检验进行施工</td><td>案件来源</td><td>2016 年 5 月 4 日群众举报</td></tr>
<tr><td>案件简要情况</td><td colspan="4">经查,河南省河海水电工程有限公司在安阳市漳南灌区续建配套节水改造 2015 年度Ⅱ标段施工期间,混凝土配料机未经检验投入使用,并且在施工期间向模板上开孔,其行为违反了《建设工程质量管理条例》第二十八条、第二十九条规定。</td></tr>
<tr><td>承办人意见</td><td colspan="4">河南省河海水电工程有限公司涉嫌违反《建设工程质量管理条例》第二十八条、第二十九条规定,建议立案查处。

承办人签名:张×× 安×× 2016 年 5 月 4 日</td></tr>
<tr><td>承办机构审核意见</td><td colspan="4">经审核,建议立案。建议该案件主办人是张××,协办人是安××。

负责人签名:尹×× 2016 年 5 月 4 日</td></tr>
<tr><td>水行政主管部门负责人审批意见</td><td colspan="4">同意立案。

负责人签名:马×× 2016 年 5 月 4 日</td></tr>
</table>

现场(检查)笔录

第1页 共1页

被调(检)查人姓名：穆××　年龄：　职业：

住址：河南省滑县高平镇

被调(检)查单位名称：河南省河海水电工程有限公司

住址：濮阳市人民路33号

被询问人姓名：穆××　性别：男　年龄：　职务：

调(检)查时间：2016年5月4日16时15分至17时50分

调(检)查地点：安阳市漳南灌区续建配套节水改造2015年度Ⅱ标段工程工地

调(检)查人姓名：张××　证件名称：执法证　证件编号：G012-007

记录人员：安××　证件名称：执法证　证件编号：G012-009

调(检)查记录：2016年5月4日16时15分，我局执法人员张××、安××来到安阳市漳南灌区续建配套节水改造2015年度Ⅱ标段工程施工现场，向河南省河海水电工程有限公司职工穆××出示行政执法证表明身份后向其说明了来意，对现场施工情况进行了检查。

1.在安阳市漳南灌区续建节水配套节水改造2015年度Ⅱ标段工程董车村段(桩号:25+936.5)渠道边坡坡脚与底板接缝与该工程设计不符。

2.在该施工现场渠道边坡浇筑的混凝土模板上有开孔，在渠道边坡上未拆除的木板上也有开孔。

3.安阳市漳南灌区续建配套节水改造2015年度Ⅱ标段工程承包人是河南省河海水电工程有限公司，法定代表人是张××，在河南省濮阳市工商行政管理局注册登记。

被调(检)查人员签名或盖章：穆××(摁指印)

被调查人员拒签事由：

调(检)查人员签名或盖章：张××　安××

见证人签名或盖章并注明其身份：

现场示意图

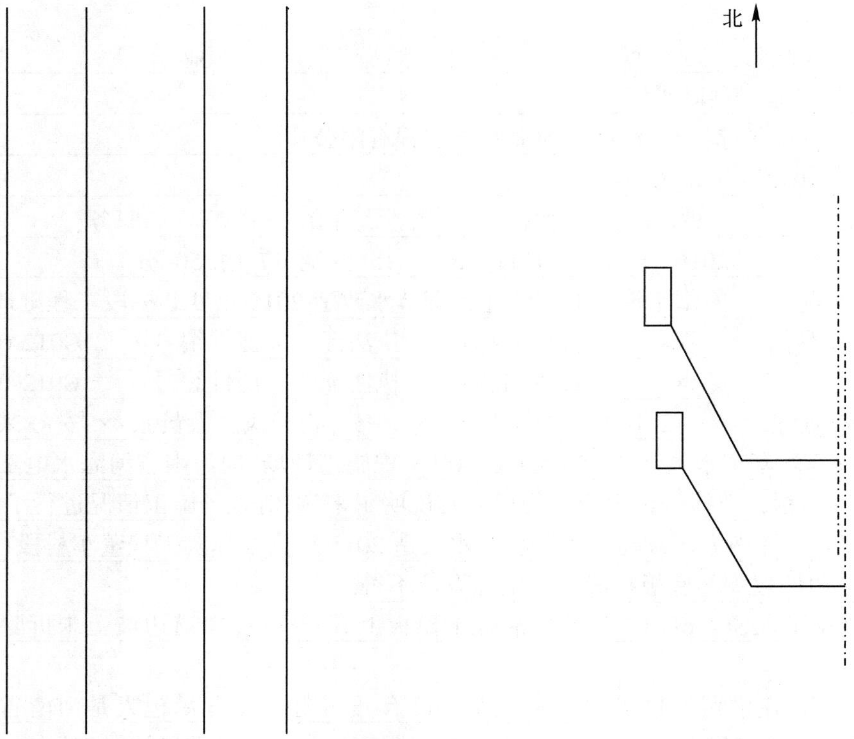

记录人：安××　　　　　　　　　　　　　　2016 年 5 月 4 日

当事人：穆××（摁指印）　　　　　　　　　2016 年 5 月 4 日

询问笔录

询问时间:2016 年 5 月 5 日 16 时 50 分至 18 时 15 分

询问地点:安阳市水政监察支队调查询问室

被询问单位名称:河南省河海水电工程有限公司

法定代表人(负责人):张××　电话:××××××

被询问人姓名:穆××　性别:男　电话:××××××

所在单位:　住址:河南省安阳市滑县高平镇

与本案关系:负责河南省安阳市漳南灌区续建配套节水改造 2010 年度Ⅱ标段工程的对外协调工作

询问人:张××　证件名称:执法证　证件编号:G012-007

记录人:安××　证件名称:执法证　证件编号:G012-009

询问内容:

我们是安阳市水利局水政执法人员(亮证),现对你单位在漳南灌区施工情况进行询问,请你如实回答。

问:请说一下你的基本情况。

答:我叫穆××,是河南省河海水电工程有限公司的职工,负责河南省安阳市漳南灌区续建配套节水改造 2015 年度Ⅱ标段工程的对外协调工作。

问:请说一下你单位的全称和法定代表人。

答:全称是河南省河海水电工程有限公司,法定代表人是张××。

问:是你单位在河南省安阳市漳南灌区续建配套节水改造 2015 年度Ⅱ标段工程施工的吗?

答:是我单位承包的河南省安阳市漳南灌区续建配套节水改造 2015 年度Ⅱ标段工程,该工程是从 2015 年 11 月开始施工的。

问:请说一下你单位承包的河南省安阳市漳南灌区续建配套节水改造 2015 年度Ⅱ标段工程的项目经理。

答:该工程的项目经理是沈××。

问:请说一下该工程的监理单位。

答:该工程的监理单位是润安监理公司。

问:请说一下你单位在河南省安阳市漳南灌区续建配套节水改造 2015 年度Ⅱ标段工程董车西村 25+936.5 段施工中在模板上为什么凿孔。

答:我们在模板上凿孔主要是排气泡和混凝土浇筑后水分过大,需要排水。

问:你单位在河南省安阳市漳南灌区续建配套节水改造 2015 年度Ⅱ标段工程的施工设备是否经过相关部门的检验?

答:位于安阳市西盖村北的四支渠工地的施工设备拌和配料机没有经过相关部门的检验。

问:请说一下你单位在安阳市殷都区郭家庄交通桥东侧渠道左岸的施工时间。

答:大约是从 2015 年 4 月 20 日开始施工的。

问:施工时是否有三检表?

答：开始施工时没有三检表，目前还没有三检表，因为不够一个单元，不能作三检表。

问：请说一下你单位在河南省安阳市漳南灌区续建配套节水改造2015年度Ⅱ标段工程安阳市殷都区董车村西的25+936.5段施工的渠道内坡混凝土浇筑后渠道边坡坡脚及底板接缝与设计图纸不符的情况。

答：由于原来的渠道高低不平给我们施工带来的不便，致使混凝土浇筑后的渠道边坡坡脚及底板接缝与设计图纸不相符，我们随后会用切割机将其切平。

问：请说一下你单位承包的河南省安阳市漳南灌区续建配套节水改造2015年度Ⅱ标段工程的中标价。

答：投资是647万元。

问：询问笔录上述内容请你看一看，记录是否属实？

询问笔录上述内容记录属实。穆××(摁指印)

被询问人阅核后签注"询问笔录上述内容，记录属实。"

被询问人签字：穆××(摁指印) 2016年5月5日

拒绝签字的理由：

询问人签字：张×× 2016年5月5日

记录人签字：安×× 2016年5月5日

责令改正通知书

安水改字〔2016〕第 ZJ01 号

河南省河海水电工程有限公司：

经查，你单位在安阳市漳南灌区续建配套与节水改造 2015 年度Ⅱ标段工程施工中有以下违法行为：①在董车西村的 25+936.5 段施工中将模板开孔排水；②渠道边坡坡脚与底板接缝和工程设计不符；③在西盖北四支渠工地现场施工用的混凝土配料机未经检验投入使用。上述行为违反了《建设工程质量管理条例》第二十八条“施工单位必须按照工程设计图纸和施工技术标准施工，不得擅自修改工程设计，不得偷工减料”和第二十九条“施工单位必须按照工程设计要求、施工技术标准和合同约定，对建筑材料、建筑构配件、设备和商品混凝土进行检验，检验应当有书面记录和专人签字；未经检验或者检验不合格的，不得使用”之规定。根据《建设工程质量管理条例》第六十四条“违反本条例规定，施工单位在施工中偷工减料的，使用不合格的建筑材料、建筑构配件和设备的，或者有不按照工程设计图纸或者施工技术标准施工的其他行为的，责令改正，处工程合同价款百分之二以上百分之四以下的罚款；造成建设工程质量不符合规定的质量标准的，负责返工、修理，并赔偿因此造成的损失；情节严重的，责令停业整顿，降低资质等级或者吊销资质证书”和第六十五条“违反本条例规定，施工单位未对建筑材料、建筑构配件、设备和商品混凝土进行检验，或者未对涉及结构安全的试块、试件以及有关材料取样检测的，责令改正，处 10 万元以上 20 万元以下的罚款；情节严重的，责令停业整顿，降低资质等级或者吊销资质证书；造成损失的，依法承担赔偿责任”之规定，现责令你单位于 2016 年 5 月 13 日前改正。

改正内容（措施）：1.对西盖村北四支渠工地现场施工用的混凝土配料机进行检验合格后再投入使用；2.根据施工技术标准对董车村西的 25+936.5 段存在问题采取补救。

2016 年 5 月 6 日

联系人：张××

联系电话：×××××××

联系地址：安钢大道东段路南

送达回证

案由			
受送达人	河南省河海水电工程有限公司		
送达地点	水政支队办公室		
送达文书	送达人	收到日期	受送达人签名或盖章
责令改正通知书 安水调字〔2016〕第ZJ01号	张×× 安××	2011年5月 6日15时	穆××
		年 月 日 时	
		年 月 日 时	
		年 月 日 时	
		年 月 日 时	
		年 月 日 时	
		年 月 日 时	
		年 月 日 时	
备注	穆××是河南省河海水电工程有限公司职工，负责河南省安阳市漳南灌区续建配套节水改造2015年度Ⅱ标段工程的对外协调工作。		

注：1.如受送达人不在，将文件交与他的成年家属、近邻、工作机关或受送达人居住地的乡（镇）政府、村民委员会或街道办事处代收。

2.如系代收，代收人应在受送达人栏内签名或盖章，并注明与受送达人的关系。

水事违法案件讨论笔录

案由:河南省河海水电工程有限公司

时间:2016年5月9日15时30分至16时55分

地点:水政监察支队会议室

案件调查人:张××、安××

记录人:安××

参加人员:侯××、尹××、刘××

讨论内容:关于河南省河海水电工程有限公司违法施工处罚一案进行了讨论。

一、案件承办人汇报案情及处理意见:

2016年5月3日有关部门反映河南省河海水电工程有限公司(以下简称河海公司)在漳南灌区技改工程中存在违法行为,我局于5月4日立案,当天对河海公司进行调查,案件基本情况如下:

河海公司于2015年9月29日和安阳市漳南灌区续建配套与节水改造工程建设局签订了2015年度Ⅱ标的施工协议书,工程总价6 470 730.48元,河海公司于2015年11月开始施工,项目经理为沈××,项目对外协调经理为穆××,监理单位为安阳市润安工程咨询监理公司。在对河海公司施工的Ⅱ标现场检查时发现河海公司存在以下违法行为:①在董车村西的25+936.5段施工中将模板开孔排水;②在董车村西的25+936.5段施工中渠道边坡坡脚与底板接缝和工程设计不符;③在西盖村北四支渠工地施工所用的混凝土配料机未经检验投入使用。上述行为违反了《建设工程质量管理条例》第二十八条"施工单位必须按照工程设计图纸和施工技术标准施工,不得擅自修改工程设计,不得偷工减料"和第二十九条"施工单位必须按照工程设计要求、施工技术标准和合同约定,对建筑材料、建筑构配件、设备和商品混凝土进行检验,检验应当有书面记录和专人签字;未经检验或者检验不合格的,不得使用"之规定。我局于2016年5月6日依法向河海公司下达了《责令改正通知书》(安水改字〔2011〕第ZJ01号)法律文书,要求河海公司于2016年5月13日前对西盖村北四支渠工地现场施工用的混凝土配料机进行检验合格后再投入使用,并且根据施工技术标准对董车村西的25+936.5段存在问题采取补救改正到位。由于河海公司在漳南灌区技改工程施工中存在3处违法行为,并且同时违反了《建设工程质量管理条例》第二十八条"施工单位必须按照工程设计图纸和施工技术标准施工,不得擅自修改工程设计,不得偷工减料"和第二十九条"施工单位必须按照工程设计要求、施工技术标准和合同约定,对建筑材料、建筑构配件、设备和商品混凝土进行检验,检验应当有书面记录和专人签字;未经检验或者检验不合格的,不得使用"之规定,并且中华人民共和国水利行业标准中对施工设备明确提出必须强制检定。《中华人民共和国工程建设标准强制性条文》水利工程部分也明确要求"严禁在模板上开孔赶水,带走灰浆"。上述违法行为事实清楚,证据确凿充分。根据《建设工程质量管理条例》第六十四条"违反本条例规定,施工单位在施工中偷工减料的,使用不合格的建筑材料、建筑构配件和设备的,或者有不按照工程设计图纸或者施工技术标准施工的其他行为的,责令改正,处工程合同价款百分之二以上百分之四以下的罚款;造成建设工程质量不符合规定的质量标准的，负责返工、修理，并赔偿因此造成的损失；情节严重的，责令停业整顿，降低资质等级或者吊销资质证书”和第六十五条“违反本条例规定，施工单位未对建筑材料、建筑构配件、设备和商品混凝土进行检验，或者未对涉及结构安全的试块、试件以及有关材料取样检测的，责令改正，处10万元以上20万元以下的罚款；情节严重的，责令停业整顿，降低资质等级或者吊销资质证书；造成损失的，依法承担赔偿责任”之规定，并参照河南省住房和城乡建设厅《建设工程质量管理条例》行政处罚裁量标准（水利厅未对建设工程处罚裁量细化），河海公司违法行为未造成危害后果，属于一般违法行为。

二、讨论结果：

河海公司同时违反了《建设工程质量管理条例》第二十八条和第二十九条。根据《建设工程质量管理条例》第六十四条对河海公司罚款人民币129 414.6元；根据第六十五条对河海公司罚款人民币10万元。以上两项违法行为对河海公司共计罚款人民币229 414.6元。

三、参加人员意见：

侯××：同意办案人员意见。

尹××：同意案件承办人意见。

刘××：同意案件承办人意见。

参加人员（签字）：侯××、尹××、刘××

案件调查终结报告

当事人的基本情况：河南省河海水电工程有限公司

法定代表人：张×× 地址：濮阳市人民路33号

调查时间：2016年5月4日至2016年5月8日

调查人（签字）：张×× 安××

当事人的违法证据：调查笔录、勘验笔录、照片、录像。

违法行为等次：根据你单位的违法事实、性质、情节、社会危害程度和相关证据，你单位的违法行为等次属于一般。

应受行政处罚的依据和种类：2016年5月3日有关部门反映河南省河海水电工程有限公司（以下简称河海公司）在漳南灌区技改工程中存在违法行为，我局于5月4日立案，当天对河海公司进行调查，案件基本情况如下：

河海公司于2015年9月29日和安阳市漳南灌区续建配套与节水改造工程建设局签订了2015年度Ⅱ标的施工协议书，工程总价6 470 730.48元，河海公司于2015年11月开始施工，项目经理为沈××，项目对外协调经理为穆××，监理单位为安阳市润安工程咨询监理公司。在对河海公司施工的Ⅱ标现场检查时发现河海公司存在以下违法行为：

①在董车村西的25+936.5段施工中将模板开孔排水；②在董车村西的25+936.5段施工中渠道边坡坡脚与底板接缝和工程设计不符；③在西盖村北四支渠工地施工所用的混凝土配料机未经检验投入使用。上述行为违反了《建设工程质量管理条例》第二十八条“施工单位必须按照工程设计图纸和施工技术标准施工，不得擅自修改工程设计，不得偷工减料”和第二十九条“施工单位必须按照工程设计要求、施工技术标准和合同约定，对建筑材料、建筑构配件、设备和商品混凝土进行检验，检验应当有书面记录和专人签字；未经检验或者检验不合格的，不得使用”之规定。我局于2016年5月6日依法向河海公司下达了《责令改正通知书》（安水改字〔2011〕第ZJ01号）法律文书，要求河海公司于2016年5月13日前对西盖村北四支渠工地现场施工用的混凝土配料机进行检验合格后再投入使用，并且根据施工技术标准对董车村西的25+936.5段存在问题采取补救改正到位。由于河海公司在漳南灌区技改工程施工中存在3处违法行为，并且同时违反了《建设工程质量管理条例》第二十八条“施工单位必须按照工程设计图纸和施工技术标准施工，不得擅自修改工程设计，不得偷工减料”和第二十九条“施工单位必须按照工程设计要求、施工技术标准和合同约定，对建筑材料、建筑构配件、设备和商品混凝土进行检验，检验应当有书面记录和专人签字；未经检验或者检验不合格的，不得使用”之规定，并且中华人民共和国水利行业标准中对施工设备明确提出必须强制检定。《中华人民共和国工程建设标准强制性条文》水利工程部分也明确要求“严禁在模板上开孔赶水，带走灰浆”。上述违法行为事实清楚，证据确凿充分。根据《建设工程质量管理条例》第六十四条“违反本条例规定，施工单位在施工中偷工减料的，使用不合格的建筑材料、建筑构配件和设备的，或者有不按照工程设计图纸或者施工技术标准施工的其他行为的，责令改正，处工程合同价款百分之二以上百分之四以下的罚款；造成建设工程质量不符合规定的质量标准的，负责返工、修理，并赔偿因此造成的损失；情节

严重的,责令停业整顿,降低资质等级或者吊销资质证书”和第六十五条“违反本条例规定,施工单位未对建筑材料、建筑构配件、设备和商品混凝土进行检验,或者未对涉及结构安全的试块、试件以及有关材料取样检测的,责令改正,处10万元以上20万元以下的罚款;情节严重的,责令停业整顿,降低资质等级或者吊销资质证书;造成损失的,依法承担赔偿责任”之规定,并参照河南省住房和城乡建设厅《建设工程质量管理条例》行政处罚裁量标准(水利厅未对建设工程处罚裁量细化),河海公司违法行为未造成危害后果,属于一般违法行为。

行政处罚建议:

由于河海公司同时违反了《建设工程质量管理条例》第二十八条和第二十九条,根据《建设工程质量管理条例》第六十四条对河海公司罚款人民币129 414.6元;根据第六十五条对河海公司罚款人民币10万元。以上两项违法行为对河海公司共计罚款人民币229 414.6元。

水政监察机构负责人意见:同意。

尹×× 2016年5月10日

机关法制机构负责人意见:同意。

侯×× 2016年5月10日

行政处罚事先告知书

安水罚先告字〔2016〕第ZJ01号

河南省河海水电工程有限公司：

经查，你单位在安阳市漳南灌区续建配套与节水改造2015年度Ⅱ标段工程施工中有以下违法行为：①在董车村西的25+936.5段施工中将模板开孔排水；②在董车村西的25+936.5段施工中渠道边坡坡脚与底板接缝和工程设计不符。上述行为违反了《建设工程质量管理条例》第二十八条“施工单位必须按照工程设计图纸和施工技术标准施工，不得擅自修改工程设计，不得偷工减料”之规定。

从你单位违法行为的事实、性质、情节、社会危害程度和证据看，你单位的违法行为等级属于一般。

根据《建设工程质量管理条例》第六十四条“违反本条例规定，施工单位在施工中偷工减料的，使用不合格的建筑材料、建筑构配件和设备的，或者有不按照工程设计图纸或者施工技术标准施工的其他行为的，责令改正，处工程合同价款百分之二以上百分之四以下的罚款；造成建设工程质量不符合规定的质量标准的，负责返工、修理，并赔偿因此造成的损失；情节严重的，责令停业整顿，降低资质等级或者吊销资质证书”之规定，本机关拟对你单位作出罚款人民币129 414.6元的处罚。

根据《中华人民共和国行政处罚法》第三十二条的规定，你单位可以自收到本告知书之日起三日内到安阳市水利局进行陈述、申辩，逾期不陈述、申辩的视为放弃陈述、申辩权利。

安阳市水利局

2016年5月12日

联系人：张××

电话：×××××××

行政处罚事先告知书

安水罚先告字〔2016〕第 ZJ02 号

河南省河海水电工程有限公司:

经查,你单位在安阳市漳南灌区续建配套与节水改造 2015 年度Ⅱ标段工程施工中在西盖村北四支渠工地现场施工用的混凝土配料机未经检验投入使用。上述行为违反了《建设工程质量管理条例》第二十九条“施工单位必须按照工程设计要求、施工技术标准和合同约定,对建筑材料、建筑构配件、设备和商品混凝土进行检验,检验应当有书面记录和专人签字;未经检验或者检验不合格的,不得使用”之规定。

从你单位违法行为的事实、性质、情节、社会危害程度和证据看,你单位的违法行为等级属于一般。

根据《建设工程质量管理条例》第六十五条“违反本条例规定,施工单位未对建筑材料、建筑构配件、设备和商品混凝土进行检验,或者未对涉及结构安全的试块、试件以及有关材料取样检测的,责令改正,处 10 万元以上 20 万元以下的罚款;情节严重的,责令停业整顿,降低资质等级或者吊销资质证书;造成损失的,依法承担赔偿责任”之规定,本机关拟对你单位作出罚款人民币 10 万元的处罚。

根据《中华人民共和国行政处罚法》第三十二条的规定,你单位可以自收到本告知书之日起三日内到安阳市水利局进行陈述、申辩,逾期不陈述、申辩的视为放弃陈述、申辩权利。

安阳市水利局

2016 年 5 月 12 日

联系人:张××

电话:×××××××

行政处罚听证告知书

安水听告字〔2016〕第 ZJ01 号

河南省河海水电工程有限公司：

经查，你单位在安阳市漳南灌区续建配套与节水改造2015年度Ⅱ标段工程施工中有以下违法行为：①在董车村西的25+936.5段施工中将模板开孔排水；②在董车村西的25+936.5段施工中渠道边坡坡脚与底板接缝和工程设计不符。上述行为违反了《建设工程质量管理条例》第二十八条“施工单位必须按照工程设计图纸和施工技术标准施工，不得擅自修改工程设计，不得偷工减料”之规定。

违法行为等次：根据你单位违法行为的事实、性质、情节、社会危害程度和相关证据，你单位的违法行为等次属一般违法行为。

拟给予处罚的依据和种类：本机关依照《建设工程质量管理条例》第六十四条“违反本条例规定，施工单位在施工中偷工减料的，使用不合格的建筑材料、建筑构配件和设备的，或者有不按照工程设计图纸或者施工技术标准施工的其他行为的，责令改正，处工程合同价款百分之二以上百分之四以下的罚款；造成建设工程质量不符合规定的质量标准的，负责返工、修理，并赔偿因此造成的损失；情节严重的，责令停业整顿，降低资质等级或者吊销资质证书”之规定，本机关拟对你单位作出下列行政处罚：

罚款人民币129 414.6元的处罚。

申请听证的期限：如你单位要求听证，应当自收到本告知书之日起三日内向我局提出申请。逾期视为放弃听证权利。

安阳市水利局

2016年5月12日

联系人：张××

联系电话：×××××××

联系地址：安钢大道东段路南（安阳市水政监察支队）

行政处罚听证告知书

安水听告字〔2016〕第 ZJ02 号

河南省河海水电工程有限公司：

经查，你单位在安阳市漳南灌区续建配套与节水改造 2015 年度Ⅱ标段工程施工中在西盖村北四支渠工地现场施工用的混凝土配料机未经检验投入使用。上述行为违反了《建设工程质量管理条例》第二十九条“施工单位必须按照工程设计要求、施工技术标准和合同约定，对建筑材料、建筑构配件、设备和商品混凝土进行检验，检验应当有书面记录和专人签字；未经检验或者检验不合格的，不得使用”之规定。

违法行为等次：根据你单位违法行为的事实、性质、情节、社会危害程度和相关证据，你单位的违法行为等次属一般违法行为。

拟给予处罚的依据和种类：本机关依照《建设工程质量管理条例》第六十五条“违反本条例规定，施工单位未对建筑材料、建筑构配件、设备和商品混凝土进行检验，或者未对涉及结构安全的试块、试件以及有关材料取样检测的，责令改正，处 10 万元以上 20 万元以下的罚款；情节严重的，责令停业整顿，降低资质等级或者吊销资质证书；造成损失的，依法承担赔偿责任”之规定，本机关拟对你单位作出下列行政处罚：

罚款人民币 10 万元的处罚。

申请听证的期限：如你单位要求听证，应当自收到本告知书之日起三日内向我局提出申请。逾期视为放弃听证权利。

安阳市水利局

2016 年 5 月 12 日

联系人：张××

联系电话：×××××××

联系地址：安钢大道东段路南（安阳市水政监察支队）

送达回证

案由			
受送达人	河南省河海水电工程有限公司		
送达地点	安阳市水政监察支队询问室		
送达文书	送达人	收到日期	受送达人签名或盖章
行政处罚事先告知书 安水罚先告字〔2016〕第 ZJ01 号	陈×× 安××	2016 年 5 月 12 日 16 时	沈××
行政处罚事先告知书 安水罚先告字〔2016〕第 ZJ01 号	陈×× 安××	2016 年 5 月 12 日 16 时	沈××
行政处罚听证告知书 安水听告字〔2016〕第 ZJ01 号	陈×× 安××	2016 年 5 月 12 日 16 时	沈××
行政处罚听证告知书 安水听告字〔2016〕第 ZJ01 号	陈×× 安××	2016 年 5 月 12 日 16 时	沈××
		年 月 日 时	
		年 月 日 时	
		年 月 日 时	
		年 月 日 时	
备注	沈××是河南省河海水电工程有限公司任命的安阳市漳南灌区续建配套节水改造 2015 年度工程Ⅱ标段项目经理。		

注:1.如受送达人不在,将文件交与他的成年家属、近邻、工作机关或受送达人居住地的乡(镇)政府、村民委员会或街道办事处代收。

2.如系代收,代收人应在受送达人栏内签名或盖章,并注明与受送达人的关系。

针对《行政处罚事先告知书》安水听告相关事项的情况汇报

尊敬的安阳市水利局领导：

我公司 2016 年 5 月 12 日收到贵单位下发的行政处罚事先告知书，安水听告字〔2011〕第 ZJ01、ZJ02 号。我公司组织项目部全体人员认真领会内容精神，现将具体情况汇报如下：

(1)2016 年 4 月 24 日，质监站来我工地石渠渡槽施工现场进行检查时，提出董车村西的 25+936.5 段施工中有模板开孔排水现象。这一问题在当时由于渠道边坡施工非常困难，混凝土振捣过程气泡根本排不出来，导致已浇筑面大面积出现了水、气泡，严重影响了工程的外观质量。为有效解决此问题，我项目部在施工现场个别部位做了试验，采取在保证混凝土强度等级等各项指标均合格的前提下，在模板个别部位开少量的 1 cm 圆形小孔助排积水，经试验效果还比较理想，为保证工程的外观质量，结果导致出现违规行为。

(2)在董车村西 25+936.5 施工中，关于渠道边坡坡脚与底板接缝和工程设计不符的问题，是由于原渠底基础高低不平，现状渠底高的地方就出现了上述问题。就此问题，我项目部马上向监理部汇报，并邀请建管局、设计院领导及相关专家到渡槽现场解决，制定出了解决办法，具体办法：考虑到边坡混凝土施工困难较大，先施工边坡混凝土衬砌，边坡施工完成后，在渠底混凝土衬砌时先将渠坡与渠底交会处多出坡面边界线的混凝土用切割机切掉，保证其顺直，达到设计要求。现边坡混凝土已施工完毕，正在按照预先制订的施工措施，对工程进行整修。

(3)在对万金四支渠上游延伸段拌和站所用混凝土配料机检查中，发现配料机未经检验部门检验就投入使用。当时我项目部投入的机械年初已进行了校验，由于当时工期紧、任务重，考虑到年初已校验，进入工地直接投入了使用，接到通知后，我单位立即停止使用，另采取其他机械投入施工。

(4)针对我项目部擅自开工的问题，在 4 月 24 日，接到质检站下达暂停施工通知后，我项目部马上进行了全面的整改，并及时将整改方案及措施上报了监管局。施工前期，当地村民就提出必须将工程转让给当地村民实施，否则谁也干不成。在前期，我单位曾三次组织施工人员机械进入现场，都被非法撵出。为保证工程能够实施，我单位在多次协调未果的前提下，不得不将工程的劳务分包给当地施工人员，由于施工人员是当地的施工队，停工后，他们就将我项目部的车辆和人员强行扣留，还说如果不让他们干谁也干不成，并在未得到同意的情况下，强行开工。其实我项目部并不是不听质监站的话，是真的没有办法，望领导理解。我项目部将针对私自开工的工程部位，委托质监站进行检验，如果不合格，将全部拆除。

出现上述问题我项目部有不可推卸的责任，望领导给我们一个改正的机会，圆满地将合格的工程交付使用。

河南省河海水电工程有限公司

2016 年 5 月 13 日

法律文书签发单

案由	河南省河海水电工程有限公司违法施工案
法律文书名称及文号	水行政处罚决定书 安水罚决字〔2016〕第 ZJ01 号 安水罚决字〔2016〕第 ZJ02 号
承办人	张×× 安××
支队负责人审查意见	同意。 负责人:尹×× 2016 年 5 月 18 日
机关法制机构审核意见	本案处罚主体合法、执法人员身份合法、事实清楚、证据确凿、定性准确、程序合法、适用法律正确、处理意见适当,同意承办人意见。 负责人:侯×× 2016 年 5 月 18 日
机关负责人意见	同意。 负责人:马×× 2016 年 5 月 18 日
备注	

水行政处罚决定书

安水罚决字〔2016〕第 ZJ01 号

被处罚人(单位)名称:河南省河海水电工程有限公司

地址:河南省濮阳市人民路 33 号

法定代表人或负责人:张××职务:总经理

本机关于 2016 年 5 月 4 日对你单位安阳市漳南灌区续建配套节水改造 2015 年度Ⅱ标段违法施工一案立案调查。经查,你单位在施工中有以下违法行为:①在董车村西的 25+936.5 段施工中将模板开孔排水;②在董车村西的 25+936.5 段施工中渠道边坡坡脚与底板接缝和工程设计不符。上述行为违反了《建设工程质量管理条例》第二十八条“施工单位必须按照工程设计图纸和施工技术标准施工,不得擅自修改工程设计,不得偷工减料”之规定。

违法的证据:①调查笔录;②现场勘验笔录;③照片;④视听资料。

违法行为等次:根据你单位的违法事实、性质、情节、社会危害程度和相关证据,你单位的违法行为等次属于一般。

应受行政处罚的依据和种类:上述违法行为事实清楚,证据确凿充分。根据《建设工程质量管理条例》第六十四条“违反本条例规定,施工单位在施工中偷工减料的,使用不合格的建筑材料、建筑构配件和设备的,或者有不按照工程设计图纸或者施工技术标准施工的其他行为的,责令改正,处工程合同价款百分之二以上百分之四以下的罚款;造成建设工程质量不符合规定的质量标准的,负责返工、修理,并赔偿因此造成的损失;情节严重的,责令停业整顿,降低资质等级或者吊销资质证书”之规定,决定对你单位作出:

罚款人民币 129 414.6 元的处罚。

行政处罚履行方式和期限:你单位应当自接到本决定书之日起 15 日内将罚款缴至中国工商银行安阳市分行任一储蓄网点(银行罚款代码:××××××××)。到期不缴纳的,每日按罚款数额的百分之三加处罚款。

不服行政处罚决定申请行政复议或提起行政诉讼的途径和期限:如不服本决定,可以自收到本决定书之日起六十日内向安阳市行政复议受理中心或河南省水利厅申请行政复议,或者在接到本决定书后六个月内直接向安阳市殷都区人民法院提起行政诉讼。逾期不申请行政复议、不向人民法院起诉又不履行本处罚决定的,我局将申请人民法院强制执行。

安阳市水利局

2016 年 5 月 20 日

水行政处罚决定书

安水罚决字〔2016〕第 ZJ02 号

被处罚人(单位)名称:河南省河海水电工程有限公司

地址:河南省濮阳市人民路 33 号

法定代表人或负责人: 张×× 职务:总经理

本机关于 2016 年 5 月 4 日对你单位安阳市漳南灌区续建配套节水改造 2015 年度Ⅱ标段违法施工一案立案调查。经查,你单位在施工中在西盖村北四支渠工地现场施工用的混凝土配料机未经检验投入使用。上述违法行为违反了《建设工程质量管理条例》第二十九条“施工单位必须按照工程设计要求、施工技术标准和合同约定,对建筑材料、建筑构配件、设备和商品混凝土进行检验,检验应当有书面记录和专人签字;未经检验或者检验不合格的,不得使用”之规定。

违法的证据:①调查笔录;②现场勘验笔录;③照片;④视听资料。

违法行为等次:根据你单位的违法事实、性质、情节、社会危害程度和相关证据,你单位的违法行为等次属于一般。

应受行政处罚的依据和种类:上述违法行为事实清楚,证据确凿充分。根据《建设工程质量管理条例》第六十五条“违反本条例规定,施工单位未对建筑材料、建筑构配件、设备和商品混凝土进行检验,或者未对涉及结构安全的试块、试件以及有关材料取样检测的,责令改正,处 10 万元以上 20 万元以下的罚款;情节严重的,责令停业整顿,降低资质等级或者吊销资质证书;造成损失的,依法承担赔偿责任”之规定,决定对你单位作出下列行政处罚:

罚款人民币 10 万元的处罚。

行政处罚履行方式和期限:你单位应当自接到本决定书之日起 15 日内将罚款缴至中国工商银行安阳市分行任一储蓄网点(银行罚款代码:×××××××××)。到期不缴纳的,每日按罚款数额的百分之三加处罚款。

不服行政处罚决定申请行政复议或提起行政诉讼的途径和期限:如不服本决定,可以自收到本决定书之日起六十日内向安阳市行政复议受理中心或河南省水利厅申请行政复议,或者在接到本决定书后六个月内直接向安阳市殷都区人民法院提起行政诉讼。逾期不申请行政复议、不向人民法院起诉又不履行本处罚决定的,我局将申请人民法院强制执行。

安阳市水利局

2016 年 5 月 20 日

送达回证

案由			
受送达人	河南省河海水电工程有限公司		
送达地点	安阳市水政监察支队询问室		
送达文书	送达人	收到日期	受送达人签名或盖章
水行政处罚决定书 安水罚决字〔2016〕第 ZJ01 号	张×× 安××	2016 年 5 月 20 日 17 时	沈××
水行政处罚决定书 安水罚决字〔2016〕第 ZJ02 号	张×× 安××	2016 年 5 月 20 日 17 时	沈××
		年　月 日　时	
		年　月 日　时	
		年　月 日　时	
		年　月 日　时	
		年　月 日　时	
		年　月 日　时	
备注	沈××是河南省河海水电工程有限公司任命的安阳市漳南灌区续建配套节水改造 2015 年度工程Ⅱ标段项目经理。		

注:1.如受送达人不在,将文件交与他的成年家属、近邻、工作机关或受送达人居住地的乡(镇)政府、村民委员会或街道办事处代收。

2.如系代收,代收人应在受送达人栏内签名或盖章,并注明与受送达人的关系。

附：银行代收罚款票据

现场照片

营业执照复印件

安阳市漳南灌区续建配套节水改造2015年度工程Ⅱ标段工程协议书

对漳南干渠××标段施工承包单位质量执法方案

2016 年 4 月 20 日，质监站与建管局 4 位人员在实际施工人员带领下，到现场检查。在上游施工点，渠道混凝土护坡已暂停施工，发现已浇筑部分质量较差，但现场已进入料斗的砂中有大量树根，两种砂（河砂和人工砂）均未经检验。在下游施工点，正在浇筑施工，开仓前未冲洗干净，工人向准备入仓的混凝土料上泼水，采用模板上凿孔排除仓内泌水，正在施工的仓位无"三检"资料和经监理批准的开仓证，已经浇筑完成的 150 余个单元中均未完成质量评定。监督人员要求中标单位承诺人员亲笔签到，发现项目经理、技术负责人和质检员均未到岗。这些行为严重违犯了国务院《建设工程质量管理条例》（简称《条例》）和水利部《水利工程质量管理规定》（7 号令）（简称《规定》）的规定，涉嫌转包工程、不按设计文件和施工技术标准施工、使用未经检验的建筑材料。鉴于上述情况无法保证工程质量，质监站按有关规定，在现场口头要求立即暂停施工，22 日又下达《质量监督检查结果通知书》。但是，27 日质监站再度检查时发现要求停工的部分在质监人员走后并未停止施工，又擅自完成约 450 米的护坡浇筑，态度恶劣。

一、违法行为

（一）中标人河南省河海水电工程有限公司将承包的工程转包给他人施工。

（二）施工单位不按照设计图纸和施工技术标准施工。

（1）渠道边坡坡脚与底板接缝与设计不符；

（2）开仓前未对仓内基础面冲洗干净；

（3）入仓前往混凝土料上加水；

（4）在模板上开孔排水；

（5）未按规定自检并记录，未经监理签署开仓许可即进行混凝土浇筑等。

（三）施工单位未对建筑材料检测即用于施工。

二、违反的法规

（一）《条例》第二十五条第三款：施工单位不得转包或者违法分包工程；《规定》第三十二条：施工单位不得将其承接的水利建设项目的主体工程进行转包。

（二）《条例》第二十八条第一款：施工单位必须按照工程设计图纸和施工技术标准施工，不得擅自修改工程设计，不得偷工减料。《规定》第三十一条：施工单位必须依据国家、水利行业有关工程建设法规、技术规程、技术标准的规定以及设计文件和施工合同的要求进行施工，并对其施工的工程质量负责。第三十三条：施工单位要推行全面质量管理，建立健全质量保证体系，制定和完善岗位质量规范、质量责任及考核办法，落实质量责任制。在施工过程中要加强质量检验工作，认真执行"三检制"，切实做好工程质量的全过程控制。

（三）《条例》第二十九条：施工单位必须按照工程设计要求、施工技术标准和合同约定，对建筑材料、建筑构配件、设备和商品混凝土进行检验，检验应当有书面记录和专人签字；未经检验或者检验不合格的，不得使用。《规定》第三十六条：建筑材料和工程设备的质量由采购单位承担相应责任。凡进入施工现场的建筑材料和工程设备均应按有关规定进行检验。经检验不合格的产品不得用于工程。(以上所提施工技术标准详见《水利水电工程施工质量检验与评定规程》(SL 176)、《强制性条文》及规范)

三、处罚依据

(一)《条例》第六十二条第一款:违反本条例规定,承包单位将承包的工程转包或者违法分包的,责令改正,没收违法所得,对勘察、设计单位处合同约定的勘察费、设计费25%以上50%以下的罚款;对施工单位处工程合同价款0.5%以上1%以下的罚款;可以责令停业整顿,降低资质等级;情节严重的,吊销资质证书。

(二)《条例》第六十四条:违反本条例规定,施工单位在施工中偷工减料的,使用不合格的建筑材料、建筑构配件和设备的,或者有不按照工程设计图纸或者施工技术标准施工的其他行为的,责令改正,处工程合同价款2%以上4%以下的罚款;造成建设工程质量不符合规定的质量标准的,负责返工、修理,并赔偿因此造成的损失;情节严重的,责令停业整顿,降低资质等级或者吊销资质证书。

(三)《条例》第六十五条:违反本条例规定,施工单位未对建筑材料、建筑构配件、设备和商品混凝土进行检验,或者未对涉及结构安全的试块、试件以及有关材料取样检测的,责令改正,处10万元以上20万元以下的罚款;情节严重的,责令停业整顿,降低资质等级或者吊销资质证书;造成损失的,依法承担赔偿责任。《规定》第四十四条第一款:勘测设计、施工、监理单位有下列行为之一的,根据情节轻重,予以通报批评、降低资质等级直至收缴资质证书,经济处理按合同规定办理,触犯法律的,按国家有关法律处理:

第七款:(六)使用未经检验或检验不合格的建筑材料和工程设备,或在工程施工中粗制滥造、偷工减料、伪造记录的。

四、调查取证

(一)工程转包

应证明中标单位没有履行在工程现场的管理义务:承诺的管理人员未到岗,实际管理人员非中标单位人员。

(1)检查合同承包主体是否变更,到建设单位查明合同原件。

(2)核查中标承诺人员是否到岗(过去已下发的有关通知);现场管理人员和技术人员的隶属关系:身份证、工作证、户口地址、职称证、注册单位、其他可证明身份的文件等。

(3)核查用于施工的搅拌机、挖掘机等主要设备所属单位。

(二)不按照设计图纸或者施工技术标准施工

(1)4月20日现场质监站、建管局、监理和施工人员车上开会记录。

(2)4月22日质监通知书。

(3)再次到现场做勘验笔录(相机)。

(4)查验4月22日材料取样检测结果及实际检验日期,调查相应工程实际施工日期。

(5)就质监通知内容,对有关人员做询问笔录。

(6)再次查验资料。

(7)再次查验是否已有经监理签发的施工方案。

(三)材料未经检验用于施工

物证:到3月浇筑施工的22+996附近拍照已施工部位和堆积砂的种类,并结合检查上下游砂石实物种类。

书证:查该段浇筑记录时间;查该段材料检验单时间及是否两种砂两个单子(结合检查下游检验单);质监通知。

询问:石渡槽首砂料种类有几种(实际两种)?何时送检、何人见证、何人取样?浇筑何时开工?

安阳市水政监察支队

2016年5月2日

水事违法案件结案报告

案由:河南省河海水电工程有限公司未按技术要求施工、设备未经检验进行施工

承办人:张×× 安××

立案时间:2016 年 5 月 6 日

结案时间:2016 年 6 月 10 日

简要案情及办案经过:河南省河海水电工程有限公司于 2015 年 9 月 29 日和安阳市漳南灌区续建配套与节水改造工程建设局签订了 2015 年度Ⅱ标的施工协议书,工程总价6 470 730.48元,河海公司于 2015 年 11 月开始施工,项目经理为沈××,项目对外协调经理为穆××,监理单位为安阳市润安工程咨询监理公司。在对河海公司施工的Ⅱ标现场检查时发现河海公司存在以下违法行为:①在董车村西的 25+936.5 段施工中将模板开孔排水;②在董车村西的 25+936.5 段施工中渠道边坡坡脚与底板接缝和工程设计不符;③在西盖村北四支渠工地施工所用的混凝土配料机未经检验投入使用。上述行为违反了《建设工程质量管理条例》第二十八条“施工单位必须按照工程设计图纸和施工技术标准施工,不得擅自修改工程设计,不得偷工减料”和第二十九条“施工单位必须按照工程设计要求、施工技术标准和合同约定,对建筑材料、建筑构配件、设备和商品混凝土进行检验,检验应当有书面记录和专人签字;未经检验或者检验不合格的,不得使用”之规定。我局于 2016 年 5 月 6 日依法向河海公司下达了《责令改正通知书》(安水改字〔2016〕第 ZJ01 号)法律文书,要求河海公司于 2016 年 5 月 13 日前对西盖村北四支渠工地现场施工用的混凝土配料机进行检验合格后再投入使用,并且根据施工技术标准对董车村西的 25+936.5 段存在问题采取补救改正到位。由于河海公司在漳南灌区技改工程施工中存在 3 处违法行为,并且同时违犯了《建设工程质量管理条例》第二十八条“施工单位必须按照工程设计图纸和施工技术标准施工,不得擅自修改工程设计,不得偷工减料”和第二十九条“施工单位必须按照工程设计要求、施工技术标准和合同约定,对建筑材料、建筑构配件、设备和商品混凝土进行检验,检验应当有书面记录和专人签字;未经检验或者检验不合格的,不得使用”之规定,并且中华人民共和国水利行业标准中对施工设备明确提出必须强制检定。中华人民共和国工程建设标准强制性条文水利工程部分也明确要求“严禁在模板上开孔赶水,带走灰浆”。上述违法行为事实清楚,证据确凿充分。根据《建设工程质量管理条例》第六十四条“违反本条例规定,施工单位在施工中偷工减料的,使用不合格的建筑材料、建筑构配件和设备的,或者有不按照工程设计图纸或者施工技术标准施工的其他行为的,责令改正,处工程合同价款百分之二以上百分之四以下的罚款;造成建设工程质量不符合规定的质量标准的,负责返工、修理,并赔偿由此造成的损失;情节严重的,责令停业整顿,降低资质等级或者吊销资质证书”和第六十五条“违反本条例规定,施工单位未对建筑材料、建筑构配件、设备和商品混凝土进行检验,或者未对涉及结构安全的试块、试件以及有关材料取样检测的,责令改正,处 10 万元以上 20 万元以下的罚款;情节严重的,责令停业整顿,降低资质等级或者吊销资质证书;造成损失的,依法承担赔偿责任”之规定,并参照河南省住房和城乡建设厅《建设工程质量管理条例》行政处罚裁量标准(水利厅未对建设工程处罚裁量细化),河海公司违法行为未造成危害后

果,属于一般违法行为。

处罚(理)情况:河南省河海水电工程有限公司同时违反了《建设工程质量管理条例》第二十八条和第二十九条。根据《建设工程质量管理条例》第六十四条对河南省河海水电工程有限公司罚款人民币 129 414.6 元;根据第六十五条对河海公司罚款人民币 10 万元。以上两项违法行为对河海公司共计罚款人民币 229 414.6 元。

执行情况:该单位于 2016 年 5 月 28 日缴纳了罚款 229 414.6 元。

结案建议:该单位已履行法定义务,建议结案。

办案人员:张×× 安××

支队负责人意见:同意。

尹××

法制机构负责人意见:同意。

侯××

机关负责人意见:同意结案。

马××

附:案件承办人员行政执法证复印件(略)

立卷、验卷情况记载

本案卷于 2016 年 6 月 1 日立卷，本册连面带底共计 47 页，内装______页，附证物袋______个。 立卷人：安××

本案卷于 2016 年 6 月 2 日，经验查合格。

检验人：刘××

作为水行政执法人员，很多人认为以上8个案卷从表面上看不出太多问题，甚至认为是我们学习的标准。但如果仔细研究、推敲，有些案卷是不合格的。每一个案卷都存在或多或少的问题，这需要引起每一名水行政执人员的反思借鉴。从以上8个案卷仔细分析，作为水行政执法人员在水行政执法程序上可以借鉴和注意以下问题：

(1)水行政处罚机关实施行政处罚，应当遵循公正、公开的原则，做到事实清楚，证据充分，程序合法，定性准确，适用法律正确，裁量合理，文书规范。水行政处罚机关实施行政处罚，应当坚持处罚与教育相结合，采取指导、建议等方式，引导和教育公民、法人或者其他组织自觉守法。

(2)具有下列情形之一的：①本案当事人或者当事人的近亲属；②本人或者其近亲属与本案有直接利害关系；③与本案当事人有其他利害关系，可能影响案件的公正处理。水行政执法人员应当主动申请回避，当事人也有权申请其回避：水行政处罚机关主要负责人的回避，由该机关负责人集体讨论决定；其他人员的回避，由该机关主要负责人决定。回避决定做出前，主动申请回避或者被申请回避的人员不停止对案件的调查处理。

(3)水行政执法人员调查处理水行政处罚案件时，应当向当事人或者有关人员出示行政执法证件，并按规定着装和佩戴执法标志。各级水行政处罚机关应当全面推行行政执法公示制度、执法全过程记录制度、重大执法决定法制审核制度，加强行政执法信息化建设，推进信息共享，提高行政处罚效率。县级以上人民政府水利主管部门依法设立的派出执法机构，应当在派出部门确定的权限范围内以派出部门的名义实施行政处罚。水行政处罚机关在工作中发现违纪、违法或者犯罪问题线索的，应当按照《执法机关和司法机关向纪检监察机关移送问题线索工作办法》的规定，及时移送纪检监察机关。

(4)水行政处罚由违法行为发生地的水行政处罚机关管辖。省、自治区、直辖市水行政处罚机关应当按照职权法定、属地管理、重心下移的原则，结合违法行为涉及区域、案情复杂程度、社会影响范围等因素，厘清本行政区域内不同层级水行政处罚机关行政执法权限，明确职责分工。对当事人的同一违法行为，两个以上水行政处罚机关都有管辖权的，应当由先立案的水行政处罚机关管辖。两个以上水行政处罚机关因管辖权发生争议的，应当自发生争议之日起七个工作日内协商解决；协商解决不了的，报请共同的上一级水行政处罚机关指定管辖。水行政处罚机关发现立案查处的案件不属于本部门管辖的，应当将案件移送有管辖权的水行政处罚机关。受移送的水行政处罚机关对管辖权有异议的，应当报请共同的上一级水行政处罚机关指定管辖，不得再自行移送。上级水行政处罚机关认为有必要时，可以直接管辖下级水行政处罚机关管辖的案件，也可以将本机关管辖的案件交由下级水行政处罚机关管辖；必要时可以将下级水行政处罚机关管辖的案件指定其他下级水行政处罚机关管辖。

下级水行政处罚机关认为依法应由其管辖的水行政处罚案件重大、复杂或者本地不适宜管辖的，可以报请上一级水行政处罚机关直接管辖或者指定管辖。上一级水行政处罚机关应当自收到报送材料之日起七个工作日内做出书面决定。水行政处罚机关在办理跨行政区域案件时，需要其他地区行政处罚机关协查的，可以发送协助调查函。收到协助调查函的水行政处罚水利机关应当予以协助并及时书面告知协查结果。

水行政处罚机关查处案件，对依法应当由原许可、批准的部门做出吊销许可证件等行政处罚决定的，应当将查处结果告知原许可、批准的部门，并提出处理建议。水行政处罚机关发现所查处的案件不属于水利主管部门管辖的，应当按照有关要求和时限移送有管辖权的部门处理。违法行为涉嫌犯罪的案件，水行政处罚机关应当依法移送司法机关，不得以行政处罚代替刑事处罚。水行政处罚机关应当将移送案件的相关材料妥善保管、存档备查。公民、法人或者其他组织违反水行政管理秩序的行为，依法应当给予行政处罚的，水行政处罚机关必须查明事实；违法事实不清的，不得给予行政处罚。水行政处罚机关做出水行政处罚决定前，应当告知当事人拟做出的决定内容、事实、理由及依据，并告知当事人依法享有的权利。采取一般程序查办的案件，水行政处罚机关应当制作行政处罚事先告知书送达当事人，并告知当事人可以在收到告知书之日起三日内进行陈述、申辩。符合听证条件的，应当告知当事人可以要求听证。当事人无正当理由逾期提出陈述、申辩或者要求听证的，视为放弃上述权利。水行政处罚机关应当及时对当事人的陈述、申辩或者听证情况进行复核。当事人提出的事实、理由成立的，应当予以采纳。水行政处罚机关不得因当事人申辩加重处罚。

(5)违法事实确凿并有法定依据，依照《中华人民共和国行政处罚法》的规定可以适用简易程序做出行政处罚的，水行政处罚机关依照本节有关规定，可以当场做出水行政处罚决定。当场做出行政处罚决定时，水行政执法人员应当遵守下列程序：①向当事人表明身份，出示行政执法证件；②当场查清当事人的违法事实，收集和保存相关证据；③在行政处罚决定做出前，应当告知当事人拟做出决定的内容、事实、理由和依据，并告知当事人有权进行陈述和申辩；④听取当事人陈述、申辩，并记入笔录；⑤填写预定格式、编有号码、盖有水行政处罚机关印章的当场处罚决定书，由执法人员签名或者盖章，当场交付当事人，并应当告知当事人如不服行政处罚决定可以依法申请行政复议或者提起行政诉讼。水行政执法人员应当在做出当场处罚决定之日起、在水上办理水事行政违法案件的水行政执法人员应当自抵岸之日起二日内，将案件的有关材料交至所属水行政处罚机关归档保存。

(6)实施水行政处罚，除适用简易程序的外，应当适用一般程序。水行政处罚机关对涉嫌违反水利法律、法规和规章的行为，应当自发现线索或者收到相关材料之日起十五个工作日内予以核查，由水行政处罚机关负责人决定是否立案；因特殊情况不能在规定期限内立案的，经水行政处罚机关负责人批准，可以延长十五个工作日。法律、法规、规章另有规定的除外。符合下列条件的，水行政处罚机关应当予以立案，并填写行政处罚立案审批表：①有涉嫌违反水利法律、法规和规章的行为；②依法应当或者可以给予行政处罚；③属于水利机关管辖；④违法行为发生之日起至被发现之日止未超过二年，或者违法行为有连续、继续状态，从违法行为终了之日起至被发现之日止未超过二年；法律、法规另有规定的除外。对已经立案的案件，根据新的情况发现不符合第三十条规定的立案条件的，水行政处罚机关应当撤销立案。水行政处罚机关对立案的水利违法行为，应当及时组织调查取证。必要时，按照法律、法规的规定，可以进行检查。水行政执法人员调查收集证据、进行检查时不得少于二人，并应当出示行政执法证件。

(7)水行政执法人员有权依法采取下列措施：①查阅、复制书证和其他有关材料；②询问当事人或者其他与案件有关的单位和个人；③要求当事人或者有关人员在一定的期限内提供有关材料；④采取现场检查、勘验、抽样、检验、检测、鉴定、评估、认定、录音、拍照、录像、调取现场及周边监控设备电子数据等方式进行调查取证；⑤对涉案的场所、设施或者财物依法实施查封、扣押等行政强制措施；⑥责令被检查单位或者个人停止违法行为，履行法定义务；⑦其他法律、法规、规章规定的措施。水行政处罚证据包括书证、物证、视听资料、电子数据、证人证言、当事人的陈述、鉴定意见、现场检查笔录和勘验笔录等。证据应当符合法律、法规、规章的规定,并经查证属实,才能作为水行政处罚机关认定事实的依据。收集、调取的书证、物证应当是原件、原物。收集、调取原件、原物确有困难的,可以提供与原件核对无误的复制件、影印件或者抄录件,也可以提供足以反映原物外形或者内容的照片、录像等其他证据。复制件、影印件、抄录件和照片由证据提供人或者执法人员核对无误后注明与原件、原物一致,并注明出证日期、证据出处,同时签名或者盖章。收集、调取的视听资料应当是有关资料的原始载体。调取原始载体确有困难的,可以提供复制件,并注明制作方法、制作时间、制作人和证明对象等。声音资料应当附有该声音内容的文字记录。收集、调取的电子数据应当是有关数据的原始载体。收集电子数据原始载体确有困难的,可以采用拷贝复制、委托分析、书式固定、拍照录像等方式取证,并注明制作方法、制作时间、制作人等。水行政处罚机关可以利用互联网信息系统或者设备收集、固定违法行为证据。用来收集、固定违法行为证据的互联网信息系统或者设备应当符合相关规定,保证所收集、固定电子数据的真实性、完整性。水行政处罚机关可以指派或者聘请具有专门知识的人员或者专业机构,辅助水行政执法人员对与案件有关的电子数据进行调查取证。

水行政执法人员询问证人或者当事人,应当个别进行,并制作询问笔录。询问笔录有差错、遗漏的,应当允许被询问人更正或者补充。更正或者补充的部分应当由被询问人签名、盖章或者摁指纹等方式确认。询问笔录经被询问人核对无误后,由被询问人在笔录上逐页签名、盖章或者摁指纹等方式确认。水行政执法人员应当在笔录上签名。被询问人拒绝签名、盖章或者摁指纹的,由水行政执法人员在笔录上分别注明情况。水行政执法人员对与案件有关的物品或者场所进行现场检查或者勘验,应当通知当事人到场,制作现场检查笔录或者勘验笔录,必要时可以采取拍照、录像或者其他方式记录现场情况。当事人拒不到场、无法找到当事人或者当事人拒绝签名或者盖章的,水行政执法人员应当在笔录中注明,并可以请在场的其他人员见证。水行政处罚机关在调查案件时,对需要检测、检验、鉴定、评估、认定的专门性问题,应当委托具有法定资质的机构进行;没有法定资质机构的,可以委托其他具备条件的机构进行。检验、检测、鉴定、评估、认定意见应当由检验、检测、鉴定人员签名或者盖章,并加盖所在机构公章。检验、检测、鉴定、评估、认定意见应当送达当事人。水行政处罚机关收集证据时,可以采取抽样取证的方法。执法人员应当制作抽样取证凭证,对样品加贴封条,并由办案人员和当事人在抽样取证凭证上签名或者盖章。当事人拒绝签名或者盖章的,应当采取拍照、录像或者其他方式记录抽样取证情况。水行政处罚机关抽样送检的,应当将抽样检测结果及时告知当事人,并告知当事人有依法申请复检的权利。证据可能灭失或者以后难以取得的情况下,经水行政处罚机关负责人批准,水行政执法人员可以对与涉嫌违法行为有关的证据采取先行登记保存措施。情况紧急的,水行政执法人员需要当场采取先行登记保存措施的,可以采用即时通信方式报请农业行政处罚机关负责人同意,并在二十四小时内补办批准手续。先行登记保存有关证据,应当当场清点,开具清单,填写先行登记保存执法文书,由当事人和农业行政执法人员签名、盖章或者摁指纹,并向当事人交付先行登记保存证据通知书和物品清单。先行登记保存物品时,就地由当事人保存的,当事人或者有关人员不得使用、销售、转移、损毁或者隐匿。就地保存可能妨害公共秩序、公共安全,或者存在其他不适宜就地保存情况的,可以异地保存。对异地保存的物品,水行政处罚机关应当妥善保管。水行政处罚机关对先行登记保存的证据,应当在七日内做出下列处理决定并送达当事人：①根据情况及时采取记录、复制、拍照、录像等证据保全措施；②需要进行技术检测、检验、鉴定、评估、认定的，送交有关部门检测、检验、鉴定、评估、认定；③对依法应予没收的物品，依照法定程序处理；④对依法应当由有关部门处理的，移交有关部门；⑤为防止损害公共利益，需要销毁或者无害化处理的，依法进行处理；⑥不需要继续登记保存的，解除先行登记保存。水行政处罚机关依法对涉案场所、设施或者财物采取查封、扣押等行政强制措施，应当在实施前向水行政处罚机关负责人报告并经批准，由具备资格的行政执法人员实施。情况紧急，需要当场采取行政强制措施的，水行政执法人员应当在二十四小时内向水行政处罚机关负责人报告，并补办批准手续。水行政处罚机关负责人认为不应当采取行政强制措施的，应当立即解除。水行政处罚机关实施查封、扣押等行政强制措施，应当履行《中华人民共和国行政强制法》规定的程序和要求，制作并当场交付查封、扣押决定书和清单。经查明与违法行为无关或者不再需要采取查封、扣押措施的，应当解除查封、扣押措施，将查封、扣押的财物如数返还当事人，并由执法人员和当事人在解除查封或者扣押决定书和清单上签名、盖章或者摁指纹。有下列情形之一的，经水行政处罚机关负责人批准，中止案件调查，并制作案件中止调查决定书：①行政处罚决定必须以相关案件的裁判结果或者其他行政决定为依据，而相关案件尚未审结或者其他行政决定尚未做出；②涉及法律适用等问题，需要送请有权机关做出解释或者确认；③因不可抗力致使案件暂时无法调查；④因当事人下落不明致使案件暂时无法调查；⑤其他应当中止调查的情形。中止调查的原因消除后，应当立即恢复案件调查。

(8)水行政执法人员在调查结束后，应当根据不同情形提出如下处理建议，并制作案件处理意见书，报请水行政处罚机关负责人审查：①违法事实成立，应给予行政处罚的，建议予以行政处罚；②违法事实不成立的，建议予以撤销案件；③违法行为轻微并及时纠正，没有造成危害后果的，建议不予行政处罚；④违法行为超过追诉时效的，建议不再给予行政处罚；⑤案件应当移交其他行政机关管辖或者因涉嫌犯罪应当移送司法机关的，建议移送相关机关；⑥依法做出处理的其他情形。水行政处罚机关负责人做出行政处罚决定前，应当依法严格进行法制审核。未经法制审核或者审核未通过的，水行政处罚机关不得做出行政处罚决定。水行政处罚法制审核工作由水行政处罚机关法制机构负责；未设置法制机构的，由水行政处罚机关确定的承担法制审核工作的其他机构或者专门人员负责。案件查办人员不得同时作为该案件的法制审核人员。水行政处罚机关中初次从事法制审核的人员，应当通过国家统一法律职业资格考试取得法律职业资格。水行政处罚决定法制审核的主要内容包括：①本机关是否具有管辖权；②程序是否合法；③案件事实是否清楚，证据是否确实、充分；④定性是否准确；⑤适用法律依据是否正确；⑥当事人基本情况是否清楚；⑦处理意见是否适当；⑧其他应当审核的内容。法制审核结束后，应当区别不同情况提出如下建议：①对事实清楚、证据充分、定性准确、适用依据正确、程序合法、处理适当的案件，拟同意做出行政处罚决定；②对定性不准、适用依据错误、程序不合法或者处理不当的案件，建议纠正；③对违法事实不清、证据不充分的案件，建议补充调查或者撤销案件；④违法行为轻微并及时纠正没有造成危害后果的，或者违法行为超过追诉时效的，建议不予行政处罚；⑤认为有必要提出的其他意见和建议。法制审核机构或者法制审核人员应当自接到审核材料之日起五个工作日内完成审核。特殊情况下，经水行政处罚机关负责人批准，可以延长十个工作日。法律、法规、规章另有规定的除外。

(9)水行政处罚机关负责人应当对调查结果、当事人陈述申辩或者听证情况、案件处理意见和法制审核意见等进行全面审查,并区别不同情况分别做出如下处理决定:①违法事实成立,依法应当给予行政处罚的,根据其情节轻重及具体情况,做出行政处罚决定;②违法行为轻微,依法可以不予行政处罚的,不予行政处罚;③违法事实不能成立的,不得给予行政处罚;④不属于农业行政处罚机关管辖的,移送其他行政机关处理;⑤违法行为涉嫌犯罪的,将案件移送司法机关。下列行政处罚案件,应当由水行政处罚机关负责人集体讨论决定:①符合水行政处罚机关依照《中华人民共和国行政处罚法》的规定,在做出责令停产停业、吊销许可证件、较大数额罚款、没收较大数额财物等重所规定的听证条件,且申请人申请听证的案件;②案情复杂或者有重大社会影响的案件;③有重大违法行为需要给予较重行政处罚的案件;④水行政处罚机关负责人认为应当提交集体讨论的其他案件。

(10)水行政处罚机关决定给予行政处罚的,应当制作行政处罚决定书。行政处罚决定书应当载明以下内容:①当事人的基本情况;②违反法律、法规或者规章的事实和证据;③行政处罚的种类、依据和理由;④行政处罚的履行方式和期限;⑤不服行政处罚决定,申请行政复议或者提起行政诉讼的途径和期限;⑥做出行政处罚决定的水行政处罚机关名称和做出决定的日期,并且加盖做出行政处罚决定水行政处罚机关的印章。在边远、水上和交通不便的地区按一般程序实施处罚时,水行政执法人员可以采用即时通信方式,报请行政处罚机关负责人批准立案和对调查结果及处理意见进行审查。报批记录必须存档备案。当事人可当场向水行政执法人员进行陈述和申辩。当事人当场书面放弃陈述和申辩的,视为放弃权利。行政处罚案件应当自立案之日起六个月内(要符合本省有关法规、规章的具体规定)做出处理决定;因案情复杂、调查取证困难等特殊情况六个月内不能做出处理决定的,报经上一级水行政处罚机关批准可以延长至一年(要符合本省有关法规、规章的具体规定)。案件办理过程中,中止、听证、公告、检验、检测、鉴定等时间不计入前款所指的案件办理期限。

(11)水行政处罚机关依照《中华人民共和国行政处罚法》的规定,在做出责令停产停业、吊销许可证件、较大数额罚款、没收较大数额财物等重大行政处罚决定前,应当告知当事人有要求举行听证的权利。当事人要求听证的,水行政处罚机关应当组织听证。所指的较大数额罚款,县级以上地方人民政府水利主管部门按所在省、自治区、直辖市人民代表大会及其常委会或者人民政府规定的标准执行;水利部对公民罚款超过五千元、对法人或者其他组织罚款超过五万元属较大数额罚款。听证由拟做出行政处罚的水行政处罚机关组织。具体实施工作由其法制机构或者相应机构负责。当事人要求听证的,应当在收到行政处罚事先告知书之日起三日内向听证机关提出。听证机关应当在举行听证会的七日前送达行政处罚听证会通知书,告知当事人举行听证的时间、地点、听证人员名单及可以申请回避和可以委托代理人等事项。当事人应当按期参加听证。当事人有正当理由要求延期的,经听证机关批准可以延期一次;当事人未按期参加听证并且未事先说明理由的,视为放弃听证权利。听证参加人由听证主持人、听证员、书记员、案件调查人员、当事人及其委托代理人等组成。听证主持人、听证员、书记员应当由听证机关负责人指定的法制工作机构工作人员或者其他相应工作人员等非本案调查人员担任。当事人委托代理人参加听证的,应当提交授权委托书。除涉及国家秘密、商业秘密或者个人隐私等情形外,听证应当公开举行。当事人在听证中的权利和义务:①有权对案件的事实认定、法律适用及有关情况进行陈述和申辩;②有权对案件调查人员提出的证据质证并提出新的证据;③如实回答主持人的提问;④遵守听证会场纪律,服从听证主持人指挥。听证按下列程序进行:①听证书记员宣布听证会场纪律、当事人的权利和义务。听证主持人宣布案由,核实听证参加人名单,宣布听证开始;②案件调查人员提出当事人的违法事实、出示证据,说明拟做出的农业行政处罚的内容及法律依据;③当事人或者其委托代理人对案件的事实、证据、适用的法律等进行陈述、申辩和质证,可以当场向听证会提交新的证据,也可以在听证会后三日内向听证机关补交证据;④听证主持人就案件的有关问题向当事人、案件调查人员、证人询问;⑤案件调查人员、当事人或者其委托代理人相互辩论;⑥当事人或者其委托代理人作最后陈述;⑦听证主持人宣布听证结束。听证笔录交当事人和案件调查人员审核无误后签字或者盖章。听证结束后,听证主持人应当依据听证情况,制作行政处罚听证会报告书,连同听证笔录,报水行政处罚机关负责人审查。水行政处罚机关应当按照本规定第五十四条的规定,做出决定。听证机关组织听证,不得向当事人收取费用。

(12)水行政处罚机关送达行政处罚决定书,应当在宣告后当场交付当事人;当事人不在场的,应当在七日内将行政处罚决定书送达当事人。水行政处罚机关送达行政执法文书,应当使用送达回证,由受送达人在送达回证上记明收到日期,签名或者盖章。受送达人是公民的,本人不在时交其同住成年家属签收;受送达人是法人或者其他组织的,应当由法人的法定代表人、其他组织的主要负责人或者该法人、其他组织负责收件的有关人员签收;受送达人有代理人的,可以送交其代理人签收;受送达人已向水行政处罚机关指定代收人的,送交代收人签收。受送达人、受送达人的同住成年家属、法人或者其他组织负责收件的有关人员、代理人、代收人在送达回证上签收的日期为送达日期。

受送达人或者他的同住成年家属拒绝接收行政执法文书的,送达人可以邀请有关基层组织或者其所在单位的代表到场,说明情况,在送达回证上记明拒收事由和日期,由送达人、见证人签名或者盖章,把行政执法文书留在受送达人的住所;也可以把行政执法文书留在受送达人的住所,并采用拍照、录像等方式记录送达过程,即视为送达。直接送达行政执法文书有困难的,水行政处罚机关可以邮寄送达或者委托其他水行政处罚机关代为送达。受送达人下落不明,或者采用直接送达、留置送达、委托送达等方式无法送达的,水行政处罚机关可以公告送达。委托送达的,受送达人的签收日期为送达日期;邮寄送达的,以回执上注明的收件日期为送达日期;公告送达的,自发出公告之日起经过六十日,即视为送达。当事人应当在行政处罚决定书确定的期限内,履行处罚决定。水行政处罚决定依法做出后,当事人对行政处罚决定不服申请行政复议或者提起行政诉讼的,除法律另有规定外,行政处罚决定不停止执行。行政处罚文书的送达期间不包括在路途上的时间,行政处罚文书在期满前交邮的,视为在有效期内。

有下列情形之一的,执法人员可以当场收缴罚款:①依法给予二十元以下罚款的;②不当场收缴事后难以执行的。在边远、水上、交通不便地区,当事人向指定的银行缴纳罚款确有困难,经当事人提出,水行政处罚机关及其执法人员可以当场收缴罚款。决定罚款的水行政处罚机关应当书面告知当事人向指定的银行缴纳罚款。水行政处罚机关及其执法人员当场收缴罚款的,应当向当事人出具省、自治区、直辖市财政部门统一制发的罚款收据,不出具财政部门统一制发的罚款收据的,当事人有权拒绝缴纳罚款。

水行政执法人员当场收缴的罚款,应当自返回水行政处罚机关所在地之日起二日内,交至水行政处罚机关;在水上当场收缴的罚款,应当自抵岸之日起二日内交至水行政处罚机关;水行政处罚机关应当在二日内将罚款交至指定的银行。对需要继续行驶的采砂机械、施工设备实施扣押的行政处罚,水行政处罚机关在实施行政处罚的同时,可以发给当事人相应的证明,责令采砂机械、施工设备驶往预定或者指定的地点。

(13)对生效的水行政处罚决定,当事人拒不履行的,做出水行政处罚决定的水行政处罚机关依法可以采取下列措施:①到期不缴纳罚款的,每日按罚款数额的百分之三加处罚款;②根据法律规定,将查封、扣押的财物拍卖抵缴罚款;③申请人民法院强制执行。当事人确有经济困难,需要延期或者分期缴纳罚款的,应当在行政处罚决定书确定的缴纳期限届满前,向做出行政处罚决定的水行政处罚机关提出延期或者分期缴纳罚款的书面申请。

水行政处罚机关负责人批准当事人延期或者分期缴纳罚款后,应当制作同意延期(分期)缴纳罚款通知书,并送达当事人和收缴罚款的机构。延期或者分期缴纳的最后一期缴纳时间不得晚于申请人民法院强制执行的最后期限。除依法应当予以销毁的物品外,依法没收的非法财物,应当按照国家有关规定处理。处理没收物品,应当制作罚没物品处理记录和清单。罚款、没收的违法所得或者拍卖非法财物的款项,应当全部上缴国库,任何单位或者个人不得以任何形式截留、私分或者变相私分。

(14)有下列情形之一的,水行政处罚机关可以结案:①行政处罚决定由当事人履行完毕的;②水行政处罚机关依法申请人民法院强制执行行政处罚决定,人民法院依法受理的;③不予行政处罚等无须执行的;④行政处罚决定被依法撤销的;⑤水行政处罚机关认为可以结案的其他情形。

水行政执法人员应当填写行政处罚结案报告,经水行政处罚机关负责人批准后结案。

水行政处罚机关应当按照下列要求及时将案件材料立卷归档:①一案一卷;②文书齐全,手续完备;③案卷应当按顺序装订。案件立卷归档后,任何单位和个人不得修改、增加或者抽取案卷材料,不得修改案卷内容。案卷保管及查阅,按档案管理有关规定执行。水行政处罚机关应当建立行政处罚案件统计制度,并于每年 1 月 31 日前向上级水行政处罚机关报送本行政区域上一年度水行政处罚情况。

从以上 12 起案卷我们水行政执法人员可以借鉴和批判性学习,水行政执法人员在制作水行政执法文书时一定要注意以下内容:

(1)水行政执法文书的内容应当符合有关法律、法规和规章的规定,做到格式统一、内容完整、表述清楚、逻辑严密、用语规范。水行政执法文书分为内部文书和外部文书。内部文书是指水行政执法机关内部使用,记录内部工作流程,规范执法工作运转程序的文书。外部文书是指水行政执法机关对外使用,对水行政执法机关和行政相对人均具有法律效力的文书。

(2)水行政执法文书应当按照规定的格式填写或者打印制作。填写制作文书应当使用蓝黑色、黑色签字笔或者钢笔,做到字迹清楚、文面整洁。适用一般程序做出的行政处罚决定书应当打印制作。文书设定的栏目,应当逐项填写,不得遗漏和随意修改;不需要填写的栏目或者空白处,应当用斜线划去;有选择项的应当将非选择项用斜线划去。文书中出现误写、误算或者其他笔误的,未送达的应当重新制作,已送达的应当及时书面补正。引用法律、法规、规章和规范性文件应当书写全称并加书名号。新法生效后,需要引用旧法的,应当注明。引用法律、法规、规章和规范性文件条文有序号的,书写序号应当与法律、法规、规章和规范性文件正式文本中的写法一致。引用法律、法规、规章以外的其他公文应当先用书名号引标题,后用圆括号引文号;引用外文应当注明中文译文。文书中结构层次序数按实际需要依次以“一、”“(一)”“1.”和“(1)”写明。“(一)”和“(1)”之后不加顿号,结构层次序数中的阿拉伯数字右下用圆点,不用逗号或顿号。文书中表述数字,根据国家相关规定和行政执法文书的特点,视不同情况可以分别使用阿拉伯数字或者汉字数字,但应当保持相对统一。行政处罚决定书主文需要列条的序号,应当使用汉字数字,如:“一”“二”。下列情况,应当使用阿拉伯数字:①公历世纪、年代、年、月、日及时、分、秒;②文书中的案号,如:“安水(水利)立〔2020〕1号”;③文书中物理量的量值,即表示长度、质量、电流、热力学温度、物质的量和发光强度量等的量值,如856.80千米、500克;④文书中非物理量(日常生活中使用的量)的数量,如48.60元、18岁、10个月;⑤文书中的证件号码、地址门牌号码;⑥用“多”“余”“左右”“上下”“约”等表示的约数,如60余次、约60次。其他数字的用法应当符合出版物上数字用法国家标准。文书标点符号的用法应当符合相关国家标准,避免产生歧义。文书中计量单位应当依照《中华人民共和国法定计量单位》的规定执行,符合以下要求:①长度单位使用“米”“海里”“千米(公里)”等,不得使用“公分”“尺”“寸”“分”“吋(英寸)”;②质量单位使用“克”“千克”“吨”等,不得使用“两”“斤”;③时间单位使用“秒”“分”“时”“日”“周”“月”“年”,不得使用“点”“刻”;④体(容)积单位使用“升”“立方米”,不得使用“公升”。当事人使用的计量单位不符合前款规定的,应当在文书中据实记录,并在其后注明转换的标准计量单位,用括号括起,如3斤(1.5千克)。

(3)文书中案件名称应当填写为:“当事人姓名(名称)+违法行为性质+案”,如:“某某无取水许可证擅自取水案”。立案和调查取证阶段的文书,案件名称应当填写为:“当事人姓名(名称)+涉嫌+违法行为性质+案”,如:“某某涉嫌无取水许可证擅自取水案”。水行政执法基本文书应当按照文书格式的要求编注案号。

案号是指用于区分办理案件的水行政执法机关类型和次序的简要标识,由中文汉字、阿拉伯数字及括号组成。案号的基本要素为行政区划简称、执法机关简称、执法类别简称、行为种类简称、收案年度和收案序号。案号各基本要素的编排规格为:“行政区划简称+执法机关简称+执法类别简称+行为种类简称(如立、告、罚等)+收案年度+收案序号”。如:安阳市北关区水利局制作的《行政处罚立案审批表》,案号是“北水(水利)立〔2020〕1号”。特殊情况下,“执法类别”可以省略。每个案件编定的案号应当具有唯一性。文书中当事人情况应当按以下要求填写:①根据案件情况确定“个人/个体工商户”或者“单位”,“个人/个体工商户”“单位”两栏不能同时填写。②当事人是自然人的,应当按照身份证或者其他有效证件记载事项填写其姓名、性别、出生年月日、民族、工作单位和职务、住所;当事人工作单位和职务不明确的,可以不填写;当事人住所以其户籍所在地为准;离开户籍所在地有经常居住地的,经常居住地为住所;现住址与住所不一致的,还应当记载其现住址;连续两个当事人的住所相同的,应当分别表述,不得使用“住所同上”的表述。③当事人是个体工商户的,按照本款第二项的要求写明经营者的基本信息;有字号的,以营业执照上登记的字号为当事人,并写明该字号经营者的基本信息;有统一社会信用代码或者注册码的,应当填写统一社会信用代码或者注册码。④当事人是起字号的个人合伙的,在其姓名后应当用括号注明“系……(写明字号)合伙人”。⑤当事人是法人的,写明名称、统一社会信用代码、住所以及法定代表人的姓名和职务。⑥当事人是其他组织的,写明名称、统一社会信用代码、住所以及负责人的姓名和职务。个体工商户、个人合伙、法人、其他组织的名称应当写全称,以其注册登记文件记载的内容为准。法人或者其他组织的住所是指法人或者其他组织的注册地或者登记地。

(4)《询问笔录》《现场检查(勘验)笔录》《查封(扣押)现场笔录》《听证笔录》等文书，应当当场交当事人阅读或者向当事人宣读，并由当事人逐页签字、盖章或者摁指纹等方式确认。无法通知当事人，当事人不到场或者拒绝接受调查，以及当事人拒绝签名、盖章或者以摁指纹等方式确认的，办案人员应当在笔录上注明情况，并采取录音、录像等方式记录，必要时可邀请基层组织或者所在单位的代表等有关人员作为见证人。邀请见证人到场的，应当填写见证人身份信息，并由见证人逐页签名。执法人员也应当在笔录上逐页签名。笔录最后一行文字后如有空白，应当在最后一行文字后加上"以下空白"字样。笔录需要更正的，涂改部分当事人应当以签名、盖章或者以摁指纹等方式确认。文书首页不够记录时，可以附纸记录，但应当注明页码，由执法人员和当事人逐页签名，并注明日期。文书中执法机构、法制机构、执法机关的审核或者审批意见应当表述明确，没有歧义。直接送达、留置送达、转交送达、委托送达当事人的外部文书应当使用《送达回证》。文书中注明加盖执法机关印章的地方应当有执法机关名称并加盖印章，加盖印章应当清晰、端正，并"骑年盖月"。印章，也包括执法机关依照有关规定制作的行政执法(或处罚)专用章。

(5)《指定管辖通知书》是上级水行政执法机关指定下级水行政执法机关对具体案件行使管辖权时使用的文书。《案件交办通知书》是上级水行政执法机关将本机关管辖的案件交由下级水行政执法机关管辖时使用的文书。《案件交办通知书》应当附有违法案件线索、证据等相关材料。所附材料、证据可以作为附件逐一列明，也可以另附清单。《协助调查函》是水行政执法机关办理跨行政区域案件时，需要其他地区水行政执法机关协助调查与案件有关的特定事项时使用的文书。协助调查函应当写明案件名称、需要协助调查的原因、请求协助调查的事项，并附有关材料。《协助调查结果告知函》是协助调查案件的水行政执法机关告知请求协助调查的水行政执法机关协助调查结果时使用的文书。《案件移送函》是水行政执法机关依法将案件或者违法线索移送有管辖权的行政机关处理时使用的文书。《案件移送函》应当写明移送的原因，包括法律、法规、规章等关于执法职责、地域管辖、级别管辖、特殊管辖等具体规定。《案件移送函》应当附上与案件相关的全部材料。所附材料可以作为附件逐一列明，也可以另附清单。

(6)《涉嫌犯罪案件移送书》是水行政执法机关在查处违法行为过程中发现违法行为涉嫌犯罪，依法将案件移送司法机关时使用的文书。《涉嫌犯罪案件移送书》应当附有涉嫌犯罪案件情况调查报告、涉案物品清单、有关检验报告或者鉴定意见及其他有关涉嫌犯罪的全部证据材料。水行政执法机关在向司法机关移送涉嫌犯罪证据材料时，应当复制并保存相关证据和案卷材料。《当场行政处罚决定书》是指水行政执法机关依法对违法行为人当场做出行政处罚决定时使用的文书。执法人员当场做出行政处罚决定的，应当向当事人出示执法证件，填写《当场行政处罚决定书》并当场交付当事人。"违法事实"栏应当写明违法行为的发生时间和地点、违法情节、违法行为的定性等情况。"处罚依据及内容"栏应当写明做出处罚所依据的法律、法规和规章的全称并具体到条、款、项、目以及处罚的具体内容。书写罚没款金额应当填写正确，不得涂改。罚款缴纳方式为交至代收机构的，应当写明代收机构名称、地址等。

(7)《行政处罚立案/不予立案审批表》是水行政执法机关依法对案件做出立案或者不

予立案决定,由执法机构提请水行政执法机关负责人审批时使用的文书。“简要案情及立案(不予立案)理由”栏应当写明当事人涉嫌违法的事实、证据等简要情况,涉嫌违反的相关法律规定以及立案或者不予立案的建议并说明理由。《撤销立案审批表》是水行政执法机关在立案调查后,根据新的情况发现相关案件不符合立案条件,依法撤销已经立案案件时使用的文书。“简要案情及撤销立案理由”栏应当写明水行政执法机关调查的基本情况,撤销立案的事实、证据等简要情况和撤销立案的建议并说明理由。《责令改正通知书》是水行政执法机关依据有关法律、法规、规章的规定,责令当事人改正违法行为时使用的文书。制作《责令改正通知书》应当写明所依据的法律、法规、规章的具体条款。

没有法律、法规、规章明确规定的责令改正规定,但水行政执法机关在实施行政处罚时,按照《中华人民共和国行政处罚法》有关规定,责令当事人改正或者限期改正违法行为的,可以在《行政处罚决定书》或者《不予行政处罚决定书》中一并表述,不必单独制作本文书。

(8)《询问笔录》是水行政执法机关为查明案件事实,收集证据,依法向当事人或者其他相关人员调查、询问并记录有关案件情况时使用的文书。询问时应当有两名以上执法人员在场,每份询问笔录对应一个被询问人。询问人提出的问题,如果被询问人不回答或者拒绝回答的,应当写明被询问人的态度,如“不回答”或者“沉默”等,并用括号标记。询问笔录经被询问人核对无误后,由被询问人在笔录上逐页签名、盖章或者摁指纹等方式确认,水行政执法人员应当在笔录上逐页签名。被询问人拒绝签名、盖章或者摁指纹的,由水行政执法人员在笔录上注明情况。

(9)《现场检查(勘验)笔录》是水行政执法机关依法对与涉嫌违法行为有关的物品、场所等进行检查或者勘验,制作现场检查笔录或者勘验笔录时使用的文书。现场检查(勘验)笔录应当对所检查的物品名称、数量、包装形式、规格或者所勘验的现场具体地点、范围、状况等做全面、客观、准确的记录。需要绘制勘验图的,可另附纸。现场绘制的勘验图、拍摄的照片和摄像、录音等资料,应当在笔录中注明。当事人到场的,现场检查(勘验)笔录应当经当事人核对无误后,在笔录上逐页签名、盖章或者摁指纹等方式确认,水行政执法人员应当在笔录上逐页签名。当事人拒不到场,无法找到当事人或者当事人拒绝签名、盖章或者摁指纹的,由水行政执法人员在笔录上注明情况,并可以请在场的见证人在笔录上逐页签名。

(10)《抽样取证凭证》是水行政执法机关在案件调查过程中,依法采取抽样取证措施收集证据时,对抽样取证过程、样品、封样等情况进行记录时使用的文书。抽样送检的样品应当在现场封样,样品封样情况写明被抽样品加封情况、备用样品封存地点。抽样取样凭证中各栏目信息,应当按照物品(产品)外包装、标签、说明书上记载的内容填写;没有或者无法确定其中某项内容的,应当注明。抽取样品数量包括检验样品数量及备用样品数量;抽样基数是被抽样同批次产品的总量。对抽样取证的方式、标准等有特别规定的,应当按照规定执行。执法人员应当制作抽样取证凭证,对样品加贴封条,并由执法人员和当事人在抽样取样凭证上签名或者盖章。当事人拒绝签名或者盖章的,应当采取拍照、录像或者其他方式记录抽样取证情况。《抽样检测结果告知书》是水行政执法机关依法将抽样检测结果告知当事人时使用的文书。依据相关法律、法规、规章的规定,当事人享有申请复检、复验权利的,农业行政执法机关应当依法告知当事人申请复检、复验的权利,并同时告知申请复检、复验的期限和受理单位。

(11)《证据先行登记保存通知书》是水行政执法机关在案件调查过程中,对与涉嫌违法行为有关、可能灭失或者以后难以取得的证据进行登记保存时使用的文书。水行政执法机关应当根据需要选择就地或者异地保存。被登记保存物品状况应当在通知书中逐项详细记录,登记保存地点要表述明确、清楚。当事人应当在通知书上逐页签名、盖章或者以其他方式确认。执法人员应当在清单上逐页签名。水行政执法机关可以在证据登记保存的相关物品和场所加贴封条。封条应当标明日期,并加盖执法机关印章。《先行登记保存物品处理通知书》是水行政执法机关在规定的期限内对被先行登记保存的物品做出处理决定并告知当事人时使用的文书。处理通知书应当写明当事人姓名(或名称)、登记保存做出的时间、登记保存的物品清单及具体处理决定。

(12)《查封(扣押)决定书》是水行政执法机关在案件调查过程中,依照有关法律法规对涉案场所、设施或者财物采取行政强制措施,实施查封(扣押)时使用的文书。实施查封(扣押)应当有法律、法规依据,填写前款规定的文书时应当写明所依据的具体条款。查封(扣押)期限应当明确具体,不得超过三十日;情况复杂的,经水行政执法机关负责人批准可以延长,但是延长期限不得超过三十日。法律、行政法规另有规定的除外。查封(扣押)时,应当在相关场所、设施或者财物加贴封条。封条应当标明日期,并加盖水行政执法机关印章。《查封(扣押)现场笔录》是水行政执法机关在案件调查过程中,依法对涉案场所、设施或者财物采取行政强制措施,对实施查封(扣押)以及其他现场情况进行记录时使用的文书。《查封(扣押)现场笔录》应当对实施查封(扣押)的物品名称、数量、包装形式、规格等做全面、客观、准确的记录,并记录查封(扣押)决定书及财物清单送达、当事人到场、实施查封(扣押)过程、当事人陈述申辩以及其他有关情况。《解除查封(扣押)决定书》是水行政执法机关经调查核实,依法对查封(扣押)场所、设施或者财物解除行政强制措施并告知当事人时使用的文书。查封(扣押)期限经延长的,应当载明延长行政强制措施决定的理由和相应内容。《查封(扣押)/解除查封(扣押)财物清单》是水行政执法机关依法对查封、扣押或者解除查封、扣押的涉案财物进行详细登记造册时使用的文书。当事人核对无误后,可由其在清单末尾写明"上述内容经核对无误"。清单应当由当事人逐页签名、盖章或者摁指纹确认。执法人员应当在清单上逐页签名。

(13)《案件中止调查决定书》是水行政执法机关依法决定中止调查案件时使用的文书。《恢复案件调查决定书》是水行政执法机关依法决定恢复调查案件时使用的文书。《案件处理意见书》是案件调查结束后,水行政执法人员就案件调查经过、证据材料、调查结论及处理意见报请水行政执法机关负责人审批时使用的文书。"案件名称"栏按照"当事人姓名(名称)+涉嫌+违法行为性质+案"的方式表述。"案件调查过程"栏,可以写明案件线索来源、核查及立案的时间以及采取的证据先行登记保存、行政强制措施、现场检查、抽样取证等案件调查情况。"涉嫌违法事实及证据材料"栏,填写调查认定的事实的证据,列举的证据应当符合证据的基本要素,根据证据规则应当能够认定案件事实。必要时可以将证据与所证明的事实对应列明。"调查结论及处理意见"栏,应当由执法人员根据案件调查情况和有关法律、法规和规章的规定提出处理意见,包括建议给予行政处罚、予以撤销案件、不予行政处罚、移送其他行政管理部门处理、移送司法机关等。据以立案的违法事实不存在的,应当写明建议终结调查并结案等内容。对依法应给予行政处罚的,应当写明给予行政处罚的种类、幅度及法律依据等。从重、从轻或者减轻处罚的,应当写明理由。"法制机构意见"栏由各省级水行政处罚机关决定是否选择适用。"执法机关负责人意见"栏由水行政执法机关负责人填写。

(14)《行政处罚事先告知书》(适用非听证案件)是水行政执法机关在适用非听证程序做出行政处罚决定前,依法告知当事人拟做出行政处罚决定的事实、理由、依据、处罚内容和当事人所享有的陈述权、申辩权时使用的文书。

《行政处罚事先告知书》(适用听证案件)是水行政执法机关在依法做出责令停产停业、吊销许可证照、较大数额罚款、没收较大数额财物等重大行政处罚决定之前,依法告知当事人拟做出行政处罚决定的事实、理由、依据及处罚内容和当事人所享有的陈述权、申辩权、听证权时使用的文书。行政处罚事先告知书应当针对当事人的违法行为写明拟处罚的事实理由、依据、处罚内容,引用法律依据时应当写明法律、法规、规章的具体条款。《不予行政处罚决定书》是水行政执法机关对符合法定不予处罚情形,依法做出不予行政处罚决定时使用的文书。《行政处罚决定审批表》是水行政执法机构在案件调查终结之后,将案件情况和处理意见提请法制审核、负责人审查时使用的文书。"案件名称"按照"当事人姓名(名称)+违法行为性质+案"的方式表述,由执法机构填写。"陈述、申辩或者听证情况"栏填写当事人陈述、申辩或者听证情况,由执法机构填写。"处理意见"栏由执法机构办案人员填写。"法制审核"栏由承担法制审核工作的机构或者人员按规定填写。集体讨论情况根据水行政执法机关负责人集体讨论情况填写集体讨论的结论或者决定,并将集体讨论记录附表后。"执法机关意见"栏,由水行政执法机关负责人填写。

(15)《行政处罚决定书》是水行政执法机关适用一般程序办理行政处罚案件,依法对当事人做出行政处罚决定时使用的文书。"案件来源"部分,可写明案件线索来源、核查及立案的时间。"调查经过"部分,可写明询问、抽样取证、现场检查或者勘验、检验检测、证据先行登记保存等调查过程。"采取查封(扣押)的情况"部分,可写明采取查封(扣押)行政强制措施情况。"违反法律、法规或者规章的事实"部分,应当写明从事违法行为的时间、地点、情节、危害结果等。"相关证据及证明事项"部分,应当将认定案件事实所依据的证据列举清楚,所列举证据应当符合证据的基本要素,根据证据规则能够认定案件事实。"当事人陈述、申辩情况,当事人陈述、申辩的采纳情况及理由;行政处罚告知、行政处罚听证告知情况,以及复核、听证过程及意见"部分,应当写明行政处罚告知或者行政处罚听证告知送达情况,以及对当事人陈述、申辩意见的复核程序和听证程序,说明水行政执法机关的复核意见以及采纳或者不予以采纳的理由。经过听证的案件,还应当写明听证意见。"案件性质、事实、自由裁量的依据和理由,以及行政处罚的内容和依据"部分,应当写明行政处罚的依据,包括违法行为直接违反的法律、法规、规章的具体条款和行政处罚决定依据的法律、法规、规章的具体条款;应当从违法案件的具体事实、性质、情节、社会危害程度、主观过错等方面,对行政处罚自由裁量的依据和理由加以表述,阐明对当事人从重、从轻、减轻处罚的情形;应当写明行政处罚的内容,包括对当事人给予处罚的种类和数额,有多项的应当分项写明。

(16)《行政处罚听证会通知书》是水行政执法机关听证组织机构依法通知当事人举行听证的时间、地点、相关人员姓名以及其他相关事项时使用的文书。《听证笔录》是水行政执法机关应当事人的申请,就行政处罚案件举行听证,由书记员对听证会全过程进行记录时使用的文书。"听证记录"应当写明案件调查人员提出的违法事实、证据和处罚意见,当事人陈述、申辩的事实理由以及是否提供新的证据,证人证言、质证过程等内容。案件调查人员、当事人或者其委托代理人应当在笔录上逐页签名、盖章或者摁指纹并在尾页注明日期；证人应当在记录其证言之页签名。《行政处罚听证会报告书》是水行政执法机关在行政处罚案件听证会结束后，听证主持人向水行政执法机关负责人报告听证会情况和处理意见建议时使用的文书。《行政处罚听证会报告书》包括以下内容：听证案由；听证人员、听证参加人；听证的时间、地点；听证的基本情况；处理意见和建议；需要报告的其他事项。听证主持人向执法机关负责人提交报告书时，应当附《听证笔录》。《送达回证》是水行政执法机关依法向当事人送达法律文书，记载相关文书送达情况时使用的文书。“送达时间”应当精确到日，也可根据实际情况精确到“××月××日××时××分”。“送达单位”指水行政执法机关。“送达人”指水行政执法机关的执法人员或者执法机关委托的有关人员。“受送达人”指案件当事人。收件人应当签名、盖章或者摁指纹，并填写收件时间；收件人不是当事人时，应当在备注栏中注明其身份和与当事人的关系。“送达地点”应当填写街道、楼栋、单元、门牌号等完整信息。

(17)《履行行政处罚决定催告书》是水行政执法机关因当事人未在规定期限内履行行政处罚决定，在申请人民法院强制执行前，依法催告当事人履行义务时使用的文书。《履行行政处罚决定催告书》应当载明水行政执法机关做出行政处罚决定的文书名称、文号，行政处罚决定书确定的义务，以及没有履行义务的情况。没有履行义务的情况，可以填写尚未缴纳罚款的数额以及加处罚款的数额，如：“一、罚款 3 000 元；二、因逾期未缴纳上述罚款，依法加处的罚款 3 000 元。”《强制执行申请书》是水行政执法机关向人民法院申请强制执行时使用的文书。强制执行申请书应当写明申请人及被申请人基本情况、做出行政处罚决定情况、申请执行内容、送达情况和催告等有关情况，由执法机关负责人签名并加盖执法机关印章。《延期(分期)缴纳罚款通知书》是当事人确有经济困难，需要延期或者分期缴纳罚款，向水行政执法机关提出书面申请后，水行政执法机关负责人依法批准同意后，告知当事人时使用的文书。延期缴纳的，应当明确延期期限；分期缴纳的，应当明确每期缴纳的金额和期限。《罚没物品处理记录》是水行政执法机关对罚没物品依法进行处理时使用的文书。处理记录应当载明对罚没物品处理的时间、地点、方式，参与处理的执法人员及执法机构负责人应当在记录上签字。《行政处罚结案报告》是指案件终结后，水行政执法人员报请执法机关负责人批准结案时使用的文书。案件名称按照“当事人姓名(名称)+违法行为性质+案”的方式表述。案件终止调查、违法事实不能成立、立案调查后移送其他行政管理部门和司法机关等处理决定，按照“当事人姓名(名称)+涉嫌+违法行为性质+案”的方式表述。结案报告应当对案件的办理情况进行总结，给予行政处罚的，写明处罚决定的内容及执行方式；不予行政处罚的应当写明理由；予以撤销案件的，写明撤销的理由。案件终止调查或者违法事实不能成立的，不需填写“处理决定文书”栏。罚没财物处置情况应当写明罚没物品的处置时间、方式及结果。

(18)水行政执法机关应当严格按照《中华人民共和国行政处罚法》《中华人民共和国档案法》《机关文件材料归档范围和文书档案保管期限规定》的要求，做好立卷归档工作。立卷归档，是指水行政执法机关对行政处罚等行政执法活动中形成的、能反映案件真实情况、有保存价值的各种文字、图标、声像、证物等，按照行政执法的客观进程形成文书时间的自然顺序进行收集、整理的过程。水行政执法机关各类文书，应当按照利于保密、方便利用的原则，分别立为正卷和副卷。一般程序案件应当按年度、一案一号的原则，单独立卷。简易程序案件可以多案合并组卷,每卷不超过50个案件。案卷归档一般包括材料整理,排序编号,填写卷宗封面、卷内目录、卷内备考表和装订入盒等步骤。行政处罚简易程序案件归档材料包括:①当场处罚决定书;②罚款收据;③其他文件材料。行政处罚一般程序案件归档材料包括:①立案材料,包括投诉信函、投诉受理记录、案件移送函、立案审批表等;②调查取证材料;③审查决定材料,包括案件调查终结审批表、行政处罚事先(听证)告知书、陈述申辩笔录、听证笔录、重大行政处罚决定集体讨论记录、行政处罚决定书等;④处罚执行材料,包括罚款收据、执行情况记录、行政决定履行催告书、强制执行决定书、结案审批表等。当事人提起行政复议或者行政诉讼形成的文件材料,可以合并入原案卷保管,或者另行立卷保管。案件结案后,立卷人应当及时将案件处理过程中形成的各种文书和材料进行收集整理。材料整理应当符合下列规定:①能够采用原件的材料应当采用原件,不得以复印件代替原件存档;②整理时应当拆除文件上的金属物,超大纸张应当折叠成A4纸大小,已破损的文件应当修整,字迹模糊或者易褪色的文件、热敏传真纸文件应当复制;③横印文件材料应当字头朝装订线摆放;④文件材料装订部分过窄或有字的,用纸加宽装订,纸张小于卷面的用A4纸进行托裱;⑤需要附卷保存的信封,应当打开展平后加贴衬纸或者复制留存,邮票不得撕揭;卷内文书材料应当齐全完整,无重份或者多余材料。案件材料整理后,按照下列规定进行排序编号:①简易程序案卷同一案件按当场处罚决定书、罚款收据(现场收缴的将收据号码登记在行政处罚决定书上)、其他文件材料的顺序排列,不同案件按结案时间先后顺序排列;②一般程序案卷按照执法办案流程的时间先后顺序排列(档案管理部门另有规定的从其规定);③卷内文件材料用号码机以阿拉伯数字依次编号。正面编号在文件的右上角,背面编号在文件的左上角,背面无信息内容的不编号。

水行政执法案卷由卷宗封面、卷内目录、卷内文件材料、卷内备考表、封底组成。卷宗封面包括立卷单位、案号、案件名称、年度、页数、保管期限。卷内目录包括序号、文号、文件材料名称、页号、备注。卷内备考表包括本卷情况说明、立卷人、检查人、立卷时间。案卷装订入盒时应当符合下列要求:①装订时左边和下边取齐,采用三孔一线的方法在左边装订,装订要牢固、整齐,不压字迹,便于翻阅;②案卷背面装订线处用封条封装,并加盖单位公章;③将案卷置于规格统一的卷盒中,并在卷盒盒脊填写所存案卷的年份、保管期限、起止卷号。对于难以入卷保存的物证、视听资料、电子数据等证据材料,可以拍摄、冲洗或者打印后入卷,相关证据材料装入证据袋另行保存,并在卷内备考表注明。简易程序案卷保管期限为10年。一般程序案卷保管期限为30年。案件涉及行政复议、行政诉讼的,保管期限为永久。保管期限从案卷装订成册次年1月1日起计算。水行政执法案卷应当于次年一季度前移交本单位档案管理机构集中统一管理。案卷归档,不得私自增加或者抽取案卷材料,不得修改案卷内容。以上内容是编者的一些粗浅的解读,不当之处还请各位读者批评指正。

河南省食品药品监督系统
行政处罚案卷

（一般程序）

开封市食品药品监督管理局

案　由：开封市××大药房从无《药品生产许可证》、《药品经营许可证》的企业购进药品案

处罚决定书号：（汴）食药监药罚〔2017〕YH-2 号

处罚执行情况：1．没收违法购进的药品 48 盒；2．没收违法所得 804.50 元；3．并处违法购进药品货值金额 2.5 倍罚款 7556.25 元。已完全履行，当事人违法行为已改正。

结案时间：2017 年 4 月 17 日

承 办 人：崔××　祁××

立 卷 人：祁××

自 2017 年 3 月至 2017 年 4 月	保管期限	永　久
本卷共 1 册 50 页	归档号	〔2017〕YH-2 号

全宗号	目录号	案卷号

卷 内 目 录

序 号	文件（材料）名称	页 码	备注
1	行政处罚决定书	1-3	
2	没收物品凭证	4	
3	没收物品清单	5	
4	送达回执	6	
5	现场检查笔录	7	
6	扣押审批表	8	
7	扣押决定书	9-10	
8	扣押物品清单	11	
9	送达回执	12	
10	案件来源登记表	13	
11	立案审批表	14	
12	相关证据、药店资质文件	15-20	
13	询问调查通知书	21	
14	询问调查笔录	22-26	

卷内目录

序　号	文件（材料）名称	页　号	备注
15	责令改正通知书	27	
16	整改情况现场检查笔录	28	
17	案件调查终结报告	29-31	
18	案件合议记录	32-36	
19	行政处罚事先告知审批表	37-38	
20	行政处罚事先告知书	39-41	
21	送达回执	42	
22	行政处罚决定审批表	43-44	
23	罚没票据	45	
24	行政处罚结案报告	46	
25	没收物品处理审批表	47	
26	没收物品处理清单	48	
27	执法证复印件	49-50	

开封市食品药品监督管理局
行政处罚决定书

（汴）食药监药罚〔2017〕YH-2号

当事人：开封市××大药房　　~~法定代表人~~（负责人）：牛××

地　址：开封市××街××小区4号营业房

我局于2017年4月4日对开封市××大药房从无《药品生产许可证》、《药品经营许可证》的企业购进药品案立案调查。经查，你大药房经营的标示为阿托伐他汀钙片、苯磺酸氨氯地平片、血塞通颗粒、硝苯地平控释片4种药品不能提供供货方资质证明文件及相关票据，无法证明药品的合法来源。其中标示辉瑞制药有限公司生产，规格:20毫克，批号：R22980的阿托伐他汀钙片，购进数量10盒，购进价格50元/盒，销售1盒，销售价格59.00元/盒；规格:20毫克，批号：R49769的阿托伐他汀钙片，购进数量10盒，购进价格50元/盒，销售4盒，销售价格59.00元/盒；规格:20毫克，批号：R57958的阿托伐他汀钙片，购进数量10盒，购进价格50元/盒，销售4盒，销售价格59.00元/盒。标示拜耳医药保健有限公司生产，规格：30毫克，批号：BJ32688的硝苯地平控释片，购进数量5盒，购进价格26.00元/盒，销售2盒，销售价格31.00元/盒；规格：30毫克，批号：BJ32689 的硝苯地平控释片，购进数量5盒，购进价格26元/盒，销售2盒，销售价格31.00元/盒。标示辉瑞制药有限公司生产，规格：5mg，批号：N67164的苯磺酸氨氯地平片，购进数量5盒，购进价格28.00元/盒，销售1盒，销售价格32.50元/盒。标示云南维和药业股份有限公司生产，规格：每袋装3g，生产批号：1607022的血塞通颗粒，购进数量20盒，购进价格20元/盒，销售3盒，销售价格39.00元/盒。上述4种药品共计货值金额3022.5元，获取违法所得804.5元。上述行为涉嫌违反了《中华人民共和国药品管理法》第三十四条“药品生产企业、药品经营企业、医疗机构必须从具有药品生产、经营资格的企业购进药品；但是，购进没有实施批准文号管理的中药材除外。”的规定。以上违法事实，有下列证据为证：1．《营业执照》、《药品经营许可证》等复印件。证明当事人从事药品经营取得的资质情况。2．开封市××大药房企业负责人牛××的身份证复印件。证明被调查人的身份。3．执法人员制作的《现场检查笔录》。证明执法人员对当事人依法定程序检查的现场情况。4．对被委托人的《询问调查笔录》。证明当事人认定违法事实存在。5．执法人员现场拍摄的照片及当事人提供的开封市××大药房药品销售记录复印件。证明当事人销售药品并获取违法所得的情况。

根据你大药房违法行为的事实、性质、情节和社会危害程度，参照《河南省食品药品监督管理行政处罚裁量标准》，确定你大药房的违法行为适用的行政处罚裁量等次为轻微。依据《中华人民共和国药品管理法》第七十九条“药品的生产企业、经营企业或者医疗机构违反本法第三十四条的规定，从无《药品生产许可证》、《药品经营许可证》的企业购进药品的，责令改正，没收违法购进的药品，并处违法购进药品货值金额二倍以上五倍以下的罚款;有违法所得的，没收违法所得;情节严重的，吊销《药品生产许可证、《药品经营许可证》或者医疗机构执业许可证书。”的规定，应当给予行政处罚。

我局于2017年4月11日依法向你大药房送达了《行政处罚事先告知书》（汴）食药监药罚告〔2017〕YH-2号，你大药房在法定期限内未提出陈述、申辩。

我局决定对你（单位）给予以下行政处罚：

1．没收违法购进的药品48盒；

2．没收违法所得804.50元（捌佰零肆元伍角）；

3．并处违法购进药品货值金额2.5倍罚款7556.25元（柒仟伍佰伍拾陆元贰角伍分）。

你（单位）应当自收到本决定书之日起15日内将罚款缴至开封市财政局非税收入财政专户、中原银行开封支行营业部（账号：5001880300010，地址：开封市大梁路西段246号）。到期不缴纳罚款的，根据《中华人民共和国行政处罚法》第五十一条第（一）项的规定，每日按罚款数额的3%加处罚款。

你（单位）如不服本决定，可以自收到本决定书之日起六十日内向开封市人民政府或者河南省食品药品监督管理局申请行政复议，也可以自收到本决定书之日起六个月内依法直接向开封市金明区人民法院提起行政诉讼。逾期不申请行政复议，也不提起行政诉讼，又不履行本处罚决定的，我局将依法申请人民法院强制执行。

开封市食品药品监督管理局（公章）

2017年4月17日

开封市食品药品监督管理局

没收物品凭证

（汴）食药监药物凭〔2017〕YH-2号

案　由：开封市××大药房从无《药品生产许可证》、《药品经营许可证》的企业购进药品案

当事人：开封市××大药房

地　址：开封市××街××小区4号营业房

执行机关：开封市食品药品监督管理局

根据（汴）食药监药罚〔2017〕YH-2号《行政处罚决定书》的决定，对你（单位）的涉案物品进行没收。

附件：（汴）食药监药物凭〔2017〕YH-2号《没收物品清单》

（印章：开封市食品药品监督管理局 章）

2017年4月17日

开封市食品药品监督管理局

（没收）物品清单

文书文号：（汴）食药监药物凭〔2017〕YH-2 号　　　　第 1 页，共 1 页

当事人：开封市××大药房　　　　地 址：开封市××街××小区 4 号营业房

品名	标示生产企业或经营单位	规格	生产批号或生产日期	数量	单价	包装	备注
阿托伐他汀钙片	辉瑞制药有限公司	20 毫克	R22980	9 盒	59 元/盒	7 片/盒	
阿托伐他汀钙片	辉瑞制药有限公司	20 毫克	R49769	6 盒	59 元/盒	7 片/盒	
阿托伐他汀钙片	辉瑞制药有限公司	20 毫克	R57958	6 盒	59 元/盒	7 片/盒	
硝苯地平控释片	拜耳医药保健有限公司	30 毫克	BJ32688	3 盒	31 元/盒	7 片/盒	
硝苯地平控释片	拜耳医药保健有限公司	30 毫克	BJ32689	3 盒	31 元/盒	7 片/盒	
苯磺酸氨氯地平片	辉瑞制药有限公司	5mg	N67164	4 盒	32.5 元/盒	7 片/盒	
血塞通颗粒	云南维和药业股份有限公司	每袋装 3g	1607022	17 盒	39 元/盒	20 袋/盒	
其他物品	/						

上述物品品种、数量经核对无误。

当事人签字：牛××(手写签名)　　　　执法人员签字：崔××、祁××(手写签名)

2017 年 4 月 17 日　　　　2017 年 4 月 17 日

开封市食品药品监督管理局

送达回执

受送达单位~~(人)~~：开封市××大药房

送达文书名称及文书编号：《行政处罚决定书》（汴）食药监药罚〔2017〕YH-2号

送达方式：直接送达　　　　送达地点：开封市食品药品监督管理局102室

送达人：　崔××　　祁××　（手写签名）　　　　送达日期：2017年 4 月17日 11 时 25 分

受送达~~单位~~（人）：牛××　（手写签名）　　　　送达日期：2017年 4 月17日 11 时 25 分

备注：向当事人宣读后送达。

现场检查笔录

第 1 页共 1 页

检查事由：日常监督检查

被检查单位~~（人）~~：开封市××大药房

检查地点：该大药房营业场所

~~法定代表人~~（负责人）：牛×× 联系方式：157××××××××

检查人：崔××、祁×× 记录人：祁×× 监督检查类别：药品经营的检查

检查时间：2017 年 3 月 30 日 10 时 30 分至 11 时 25 分

我们是开封市食品药品监督管理局的执法人员崔××、祁××，执法证件名称、编号是：《河南省行政执法证》编号：豫B01-××××××、豫B01-××××××，现依法向你出示，请你确认。

我们在你单位企业负责人（职务）牛××（姓名）陪同下进行现场检查。依照法律规定，对于检查人员，有下列情形之一的，应当自行回避，你也有权申请检查人员回避：（1）系当事人或当事人的近亲属；（2）与本案有直接利害关系；（3）与当事人有其他关系，可能影响案件公正处理的。

是否申请调查人员回避，是□，否☑；签字：牛××(手写签名)

现场检查记录：

1．该大药房地处开封市××街××小区4号营业房，取得有《营业执照》、《药品经营许可证》、《药品经营质量管理规范认证证书》，均在有效期内；

2．执法人员现场检查发现该大药房正在经营的阿托伐他汀钙片等4种药品现场未能提供供货商资质及相关票据：标示辉瑞制药有限公司生产的阿托伐他汀钙片，规格为20毫克，批号为R22980的数量9盒，批号为R49769的数量6盒，批号为R57958的数量6盒；标示拜耳医药保健有限公司生产的硝苯地平控释片，规格为30毫克，批号为BJ32688的数量3盒，批号为BJ32689的数量3盒；标示辉瑞制药有限公司生产的苯磺酸氨氯地平片，规格为5mg，批号为N67164的数量4盒；标示云南维和药业股份有限公司生产的血塞通颗粒，规格为每袋装3g，批号为1607022的数量17盒。执法人员经主管领导批准后，对上述批次药品依法予以扣押，并告知当事人有申请行政复议或者提起行政诉讼的权利，详见《扣押决定书》及其清单（汴）食药监药扣[2017]YH-17号；

3．执法人员现场调取上述药品销售记录复印件，对该大药房经营药品的情况依法予以拍照取证，现场拍照3张；

4．现场有该大药房法定代表人牛××陪同，并积极配合执法人员的检查。

以上笔录内容记录属实。（手写）

被检查人：牛××(手写签名) 日期：2017 年 3 月 30 日

检查人：崔××、祁××(手写签名) 日期：2017 年 3 月 30 日

见证人：________ 日期：____年__月__日

记录人：祁××(手写签名) 日期：2017 年 3 月 30 日

（ 扣押 ）审批表

案件名称：开封市××大药房涉嫌从无《药品生产许可证》、《药品经营许可证》的企业购进药品案

审批事项：扣押物品

报请审批的理由及依据：

开封市××大药房正在经营的阿托伐他汀钙片、苯磺酸氨氯地平片、血塞通颗粒、硝苯地平控释片4种药品现场不能提供供货商资质及相关票据，当事人的行为涉嫌违反了《中华人民共和国药品管理法》第三十四条“药品生产企业、药品经营企业、医疗机构必须从具有药品生产、经营资格的企业购进药品；但是，购进没有实施批准文号管理的中药材除外。”的规定。

依据《中华人民共和国药品管理法》第六十四条第二款“药品监督管理部门对有证据证明可能危害人体健康的药品及其有关材料可以采取查封、扣押的行政强制措施，并在七日内作出行政处理决定；药品需要检验的，必须自检验报告书发出之日起十五日内作出行政处理决定。”的规定，拟对上述品种药品采取扣押措施。

附件：现场检查笔录

案件承办人：崔××、祁××（手写签名）

2017年3月30日

承办部门意见：

同意。

部门负责人：孙××（手写签名）

2017年3月30日

审批意见：

同意。

分管负责人：黄××（手写签名）

2017年 3月30日

开封市食品药品监督管理局

查封（扣押）决定书

（汴）食药监药查扣〔2017〕YH-7号

当事人：开封市××大药房　法定代表人（负责人）：牛××

地　址：开封市××街××小区4号营业房联系方式：157××××××××

经查，你单位（人）存在涉嫌从无《药品生产许可证》、《药品经营许可证》的企业购进药品的违法行为，依据《中华人民共和国药品管理法》第六十四条第二款“药品监督管理部门对有证据证明可能危害人体健康的药品及其有关材料可以采取查封、扣押的行政强制措施，并在七日内作出行政处理决定；药品需要检验的，必须自检验报告书发出之日起十五日内作出行政处理决定。”的规定，我局决定对你单位（人）的有关物品/场所予以查封（扣押）（见《查封（扣押）物品清单》）。查封（扣押）期限为30日，自2017年3月30日起至2017年4月28日止。如因检验（检测、检疫、鉴定）需要顺延期限的，或因情况复杂依法需要延长期限的，我局将另行书面告知。在查封（扣押）期间，对查封扣押的场所、设施和财物，应当妥善保存，不得使用、销毁或者擅自转移。当事人不得擅自启封。

查封（扣押）物品保存地点/场所地点：开封市食品药品监督管理局药品仓库

查封（扣押）物品保存条件：正常温、湿度

你单位（人）可以对本决定进行陈述和申辩。如不服本决定，可以自收到本决定书之日起六十日内向开封市人民政府或者河南省食品药品监督管理局申请行政复议，也可以自收到本决定书之日起六个月内依法直接向金明区人民法院提起行政诉讼。

附件：（汴）食药监药扣〔2017〕YH-7 号《扣押物品清单》

2017 年 3 月 30 日

开封市食品药品监督管理局
（扣押）物品清单

文书文号：（汴）食药监药扣〔2017〕YH-7 号　　　　第 1 页，共 1 页

当事人：开封市××大药房　　　　地 址：开封市××街××小区 4 号营业房

品名	标示生产企业或经营单位	规格	生产批号或生产日期	数量	单价	包装	备注
阿托伐他汀钙片	辉瑞制药有限公司	20 毫克	R22980	9 盒	59 元/盒	7 片/盒	
阿托伐他汀钙片	辉瑞制药有限公司	20 毫克	R49769	6 盒	59 元/盒	7 片/盒	
阿托伐他汀钙片	辉瑞制药有限公司	20 毫克	R57958	6 盒	59 元/盒	7 片/盒	
硝苯地平控释片	拜耳医药保健有限公司	30 毫克	BJ32688	3 盒	31 元/盒	7 片/盒	
硝苯地平控释片	拜耳医药保健有限公司	30 毫克	BJ32689	3 盒	31 元/盒	7 片/盒	
苯磺酸氨氯地平片	辉瑞制药有限公司	5mg	N67164	4 盒	32.5 元/盒	7 片/盒	
血塞通颗粒	云南维和药业股份有限公司	每袋装 3g	1607022	17 盒	39 元/盒	20 袋/盒	
其他物品	/						

上述物品品种、数量经核对无误。

当事人签字：牛××(手写签名)　　　　执法人员签字：崔×× 、 祁××(手写签名)

2017 年 3 月 30 日　　　　2017 年 3 月 30 日

开封市食品药品监督管理局
送达回执

受送达单位~~（人）~~：开封市××大药房

送达文书名称及文书编号：《扣押决定书》（汴）食药监药扣〔2017〕YH-7号

送达方式：直接送达　　　　　　　　送达地点：该大药房内

送达人：　崔××　祁××(手写签名)　　　　　送达日期：2017年 3 月30日 11 时 20 分

受送达单位（人）：牛××（手写签名）　　　　送达日期：2017年 3 月30日 11 时 20 分

备注：向当事人宣读后送达。

案件来源登记表

（汴）食药监药案源〔2017〕YH-2 号

案件来源：☑监督检查 ☐投诉/举报 ☐上级交办 ☐下级报请

☐监督抽验 ☐移送 ☐其他

当事人：开封市××大药房

地址：开封市××街××小区 4 号营业房 邮编：475000

~~法定代表人~~（负责人）/~~自然人~~：牛×× 联系电话：157××××××××

~~法定代表人~~（负责人）/~~自然人~~身份证号码：410211××××××××××××

登记时间：2017 年 4 月 4 日 12 时 00 分

基本情况介绍：

2017 年 3 月 30 日我局执法人员对开封市××大药房进行监督检查，经现场检查发现，该大药房正在经营的阿托伐他汀钙片、苯磺酸氨氯地平片、血塞通颗粒、硝苯地平控释片 4 种药品现场不能提供供货商资质及相关票据，经主管领导批准后，执法人员对上述药品依法予以扣押。经初步调查，当事人涉嫌从无《药品生产许可证》、《药品经营许可证》的企业购进药品。

附件：1. 现场检查笔录

2.《扣押物品决定书》及其清单

记录人：祁××(手写签名)

2017 年 4 月 4 日

处理意见：

请将此件交药化稽查大队崔××组织核查处理。

承办部门负责人：孙××(手写签名)

2017 年 4 月 4 日

立案审批表

（汴）食药监药案立〔2017〕YH-2 号

案　由：开封市××大药房涉嫌从无《药品生产许可证》、《药品经营许可证》的企业购进药品案

当事人：开封市××大药房　　　　　　　　　　~~法定代表人~~（负责人）：牛××

地　址：开封市××街××小区 4 号营业房　联系方式：157××××××××　案件来源：监督检查

案件来源：日常监督检查

案情摘要：

2017 年 3 月 30 日我局执法人员对开封市××大药房进行监督检查，经现场检查发现，该大药房正在经营的阿托伐他汀钙片、苯磺酸氨氯地平片、血塞通颗粒、硝苯地平控释片 4 种药品现场不能提供供货商资质及相关票据，经主管领导批准后，执法人员对上述药品依法予以扣押。

经初步审查，当事人的行为涉嫌违反了《中华人民共和国药品管理法》第三十四条“药品生产企业、药品经营企业、医疗机构必须从具有药品生产、经营资格的企业购进药品；但是，购进没有实施批准文号管理的中药材除外。”的规定，申请予以立案。

经办人：崔××　　祁××(手写签名)

2017 年 4 月 4 日

经审核，建议立案。建议该案件主办人是崔××、协办人是祁××　　　。

承办部门负责人：孙××(手写签名)

2017 年 4 月 4 日

审批意见：

同意。

分管负责人：黄××(手写签名)

2017 年 4 月 4 日

现场照片

此照片于2017年3月30日11时10分在

开封市××大药房营业场所拍摄，拍摄内容为

开封市××大药房经营药品的情况。

当事人：牛×× 2017年3月30日（手写签字）

拍照人：崔××、祁×× 2017年3月30日（手写签字）

开封市××大药房
企业负责人牛××
身份证复印件

此复印件由牛××提供，经核对与原件相同。

提供人：牛×× 2017年3月30日（手写签字）

提取人：崔××、祁×× 2017年3月30日（手写签字）

开封市××大药房
《营业执照》复印件

此复印件由牛××提供，经核对与原件相同。

提供人：牛×× 2017年3月30日（手写签字）

提取人：崔××、祁×× 2017年3月30日（手写签字）

开封市××大药房
《药品经营许可证》
复印件

此复印件由牛××提供，经核对与原件相同。

提供人：牛××　　　　2017 年 3 月 30 日（手写签字）

提取人：崔××、祁×× 2017 年 3 月 30 日（手写签字）

开封市××大药房
《药品经营质量管理
规范认证证书》复印件

此复印件由牛××提供，经核对与原件相同。

提供人：牛×× 2017年3月30日（手写签字）

提取人：崔××、祁×× 2017年3月30日（手写签字）

开封市××大药房
销售记录复印件

此复印件由牛××提供，经核对与原件相同。

提供人：牛×× 2017年3月30日（手写签字）

提取人：崔××、祁×× 2017年3月30日（手写签字）

开封市食品药品监督管理局
询问调查通知书

（汴）食药监药询通〔2017〕YH-2 号

开封市××大药房:

根据《中华人民共和国行政处罚法》第三十七条的规定，你有如实回答询问、协助调查的义务。为调查了解你大药房涉嫌从无《药品生产许可证》、《药品经营许可证》的企业购进药品的行为的相关情况，请你于 2017 年 4 月 4 日 15 时到开封市食品药品监督管理局稽查支队问询室接受询问（调查），并携带以下资料:

1. 法定代表人本人身份证；若法定代表人委托他人，被委托人需带本人身份证及法人授权委托书；

2. 你大药房《营业执照》、《药品经营质量管理规范认证证书》和《药品经营许可证》等相关资质证明文件；

3. 相关药品的供货商资质证明文件及相关票据。

特此通知。

开封市食品药品监督管理局
（公 章）
2017 年 4 月 4 日

当事人：牛××(手写签名) （签字或盖章）2017 年 4 月 4 日

询问调查笔录

第 1 页，共 5 页

案由：开封市××大药房涉嫌从无《药品生产许可证》、《药品经营许可证》的企业购进药品案
调查时间：2017 年 4 月 4 日 14 时 40 分至 15 时 50 分
调查地点：开封市食品药品监督管理局稽查支队问询室
被调查人：牛×× 性别：男 民族：汉 职务或职业：企业负责人
公民身份号码：410211××××××××××××× 工作单位：开封市××大药房
联系方式：157×××××××× 住址：河南省开封市××区××乡××队 邮编：475000
调查人：崔××、祁×× 记录人：祁×× 监督检查类别 药品经营的检查

我们是开封市食品药品监督管理局的执法人员崔××、祁××，执法证件名称、编号是《河南省行政执法证》编号：豫B01-××××××、豫B01-××××××，现依法向你出示，请你确认。

问：你是否看清楚？

答：看清楚了。

我们依法就你大药房涉嫌从无《药品生产许可证》、《药品经营许可证》的企业购进药品有关问题进行调查，请予配合。依照法律规定，对于调查人员，有下列情形之一的，必须回避，你也有权申请调查人员回避：（1）系当事人或当事人的近亲属；（2）与本案有直接利害关系；（3）与当事人有其他关系，可能影响案件公正处理的。

问：你是否申请调查人员回避？

答：不申请调查人员回避。

问：你有如实接受调查的法律义务，如有意隐匿违法行为或故意作伪证将承担法律责任，你是否明白？

调查人：崔××祁××（手写签名） 被调查人： 牛××(手写签名)

（询问调查笔录）副页

答：明白。

调查记录：

问：请介绍一下你的具体情况（包括姓名、年龄、身份证号码、工作单位、职务及现在住址）？

答：我叫牛××，男，汉族，19××年××月××日，身份证号410211××××××××××××， 家住河南省开封市××区××乡××队，现任开封市××大药房企业负责人，负责该大药房的全面工作。

问：你是否熟悉药品的经营管理？

答：熟悉。

问：请介绍一下你大药房的基本情况？

答：我大药房位于开封市××街××小区 4 号营业房，取得有《药品经营许可证》，证号豫 DA××××；《药品经营质量管理规范认证证书》，证书编号 C-KF××-××；《营业执照》统一社会信用代码××××××××。现将复印件提供给你们局。

问：2017 年 3 月 30 日，我局执法人员依法按程序对你大药房进行检查，发现你大药房正在经营的标示辉瑞制药有限公司生产的药品阿托伐他汀钙片，规格:20 毫克、批号：R22980、数量：9 盒，规格:20 毫克、批号：R49769、数量：

调查人：崔××祁××（手写签名）被调查人： 牛××(手写签名)

（询问调查笔录）副页

6 盒，规格:20 毫克、批号：R57958、数量：6 盒；标示拜耳医药保健有限公司生产的硝苯地平控释片，规格：30 毫克、批号：BJ32688、数量：3 盒，规格：30 毫克、批号：BJ32689、数量：3 盒；标示辉瑞制药有限公司生产的苯磺酸氨氯地平片，规格：5mg、批号：N67164、数量：4 盒；标示云南维和药业股份有限公司生产的药品血塞通颗粒，规格：每袋装 3g、批号：1607022、数量：17 盒。上述 4 种药品现场均未能提供相关的票据，我局执法人员依法按程序对上述药品进行了扣押，你对检查情况有无异议？

答：我对检查情况无异议。

问：请你介绍一下你大药房购进、销售上述 4 个品种药品的详细情况？

答：标示辉瑞制药有限公司生产的阿托伐他汀钙片，规格均为 20 毫克，其中批号：R22980 的阿托伐他汀钙片，购进数量 10 盒，购进价格 50 元/盒，销售 1 盒，销售价格 59.00 元/盒；批号：R49769 的阿托伐他汀钙片，购进数量 10 盒，购进价格 50 元/盒，销售 4 盒，销售价格 59.00 元/盒；批号：R57958 的阿托伐他汀钙片，购进数量 10 盒，购进价格

调查人：崔××祁××（手写签名）被调查人： 牛××(手写签名)

（询问调查笔录）副页

50 元/盒，销售 4 盒，销售价格 59.00 元/盒；标示拜耳医药保健有限公司生产的硝苯地平控释片，规格均为 30 毫克，其中批号：BJ32688 的硝苯地平控释片，购进数量 5 盒，购进价格 26.00 元/盒，销售 2 盒，销售价格 31.00 元/盒；批号： BJ32689 的硝苯地平控释片，购进数量 5 盒，购进价格 26 元/盒，销售 2 盒，销售价格 31.00 元/盒；标示辉瑞制药有限公司生产，规格：5mg，批号：N67164 的苯磺酸氨氯地平片，购进数量 5 盒，购进价格 28.00 元/盒，销售 1 盒，销售价格 32.50 元/盒；标示云南维和药业股份有限公司生产，规格：每袋装 3g，批号：1607022 的血塞通颗粒，购进数量 20 盒，购进价格 20 元/盒，销售 3 盒，销售价格 39.00 元/盒。上述药品销售情况有销售记录为证，我已将销售记录复印件提供给你们。

问：你大药房是否能提供上述 4 种药品的合法购进票据及供货商资质证明文件，并说明其合法来源?

答：上述 4 种药品是我大药房从个人那里购进，当时该供货人自称是郑州××医药公司的业务员，约定药品相关票据及供货商资质证明文件回公司了寄送给我，后来该供货人我

调查人：崔××祁××（手写签名）被调查人： 牛××(手写签名)

（询问调查笔录）副页

联系不上了，所以不能提供供货方资质及相关票据。

问：你单位提供的证据是否真实？

答：真实。若不真实我单位承担法律责任。

问：是否还有其他需要说明的情况？

答：没有。

以上笔录我已看过，与我所说的一致。（手写）

被调查人：牛××(手写签名)（签字） 日期：2017 年 4 月 4 日

调查人：崔×× 祁××（手写签名）（签字） 日期：2017 年 4 月 4 日

记录人：祁××（手写签名）（签字） 日期：2017 年 4 月 4 日

开封市食品药品监督管理局
责令改正通知书

（汴）食药监药责改〔2017〕YH-8 号

开封市××大药房：

经查，你（单位）涉嫌从无《药品生产许可证》、《药品经营许可证》的企业购进药品的行为，违反了《中华人民共和国药品管理法》第三十四条的规定。

根据《中华人民共和国药品管理法》第七十九条“药品的生产企业、经营企业或者医疗机构违反本法第三十四条的规定，从无《药品生产许可证》、《药品经营许可证》的企业购进药品的，责令改正，没收违法购进的药品，并处违法购进药品货值金额二倍以上五倍以下的罚款；有违法所得的，没收违法所得；情节严重的，吊销《药品生产许可证》、《药品经营许可证》或者医疗机构执业许可证书。”的规定，现责令你（单位）~~于 年 月 日前~~/立即改正违法行为。改正内容和要求如下：

立即停止从无《药品生产许可证》、《药品经营许可证》的企业购进药品的行为。

（公 章）

开封市食品药品监督管理局

2017 年 4 月 4 日

当事人：牛××(手写签名) 2017 年 4 月 4 日

现场检查笔录

第 1 页共 1 页

检查事由：　整改情况检查

被检查单位~~（人）~~：开封市××大药房

检查地点：该大药房营业场所

~~法定代表人~~（负责人）：　牛××　联系方式：157××××××××

检查人：崔××、祁××　记录人：祁××　监督检查类别：药品经营的检查

检查时间：2017 年 4 月 7 日 9 时 10 分至 10 时 25 分

我们是　开封市食品药品监督管理局　的执法人员崔××、祁××，执法证件名称、编号是：《河南省行政执法证》编号：豫 B01-××××××、豫 B01-××××××，现依法向你出示，请你确认。

我们在你单位　企业负责人　（职务）　牛××　（姓名）陪同下进行现场检查。依照法律规定，对于检查人员，有下列情形之一的，应当自行回避，你也有权申请检查人员回避：（1）系当事人或当事人的近亲属；（2）与本案有直接利害关系；（3）与当事人有其他关系，可能影响案件公正处理的。

是否申请调查人员回避，是□，否☑；签字：牛××

现场检查记录：

1．该大药房地处开封市××街××小区 4 号营业房，取得有《营业执照》、《药品经营许可证》、《药品经营质量管理规范认证证书》，均在有效期内；

2．执法人员现场检查发现该药店正在经营的护肝胶囊等 6 种药品现场均能提供供货商资质及相关票据，未发现违法违规情况；

3．现场有该单位负责人牛××陪同，并积极配合执法人员的检查。

以上笔录内容记录属实。(手写)

被检查人：　牛××(手写签名)　日期：2017 年 4 月 7 日

检查人：　崔××、祁××(手写签名)　日期：2017 年 4 月 7 日

见证人：　日期：　年　月　日

记录人：　祁××(手写签名)　日期：2017 年 4 月 7 日

案件调查终结报告

案由：开封市××大药房涉嫌从无《药品生产许可证》、《药品经营许可证》的企业购进药品案

调查时间：2017年3月30日至2017年4月10日

一、当事人基本情况

开封市××大药房，地址：开封市××街××小区4号营业房，企业负责人：牛××。《营业执照》统一社会信用代码××××××××、《药品经营许可证》证号豫DA××××。

二、违法事实和证据

2017年3月30日我局执法人员对开封市××大药房进行监督检查，经现场检查发现，该大药房正在经营的标示为阿托伐他汀钙片、苯磺酸氨氯地平片、血塞通颗粒、硝苯地平控释片4种药品现场不能提供供货商资质及相关票据，经主管领导批准后，执法人员对上述药品予以扣押（详见《扣押决定书》）。经进一步查明，上述4种药品系开封市××大药房从一名自称郑州××医药公司的业务员处购进，不能提供供货方资质及相关票据，无法证明药品的合法来源。其中标示辉瑞制药有限公司生产，规格:20毫克，批号：R22980的阿托伐他汀钙片，购进数量10盒，购进价格50元/盒，销售1盒，销售价格59.00元/盒；规格:20毫克，批号：R49769的阿托伐他汀钙片，购进数量10盒，购进价格50元/盒，销售4盒，销售价格59.00元/盒；规格:20毫克，批号：R57958的阿托伐他汀钙片，购进数量10盒，购进价格50元/盒，销售4盒，销售价格59.00元/盒。标示拜耳医药保健有限公司生产，规格：30毫克，批号：BJ32688的硝苯地平控释片，购进数量5盒，购进价格26.00元/盒，

销售2盒，销售价格31.00元/盒；规格：30毫克，批号：BJ32689 的硝苯地平控释片，购进数量5盒，购进价格26元/盒，销售2盒，销售价格31.00元/盒。标示辉瑞制药有限公司生产，规格：5mg，批号：N67164的苯磺酸氨氯地平片，购进数量5盒，购进价格28.00元/盒，销售1盒，销售价格32.50元/盒。标示云南维和药业股份有限公司生产，规格：每袋装3g，生产批号：1607022的血塞通颗粒，购进数量20盒，购进价格20元/盒，销售3盒，销售价格39.00元/盒。上述4种药品共计货值金额3022.5元，获取违法所得804.5元。

当事人的行为涉嫌违反了《中华人民共和国药品管理法》第三十四条“药品生产企业、药品经营企业、医疗机构必须从具有药品生产、经营资格的企业购进药品；但是，购进没有实施批准文号管理的中药材除外。”的规定，执法人员于2017年4月4日申请予以立案。

以上违法事实，有下列证据为证：

1．《营业执照》、《药品经营许可证》等复印件。证明当事人从事药品经营取得的资质情况。

2．开封市××大药房企业负责人牛××的身份证复印件。证明被调查人的身份。

3．执法人员制作的《现场检查笔录》。证明执法人员对当事人依法定程序检查的现场情况。

4．对被委托人的《询问调查笔录》。证明当事人认定违法事实存在。

5．执法人员现场拍摄的照片及当事人提供的开封市××大药房药品销售记录复印件。证明当事人销售药品并获取违法所得的情况。

三、处罚裁量等次

根据本案违法事实、性质、情节和社会危害程度，参照《河南省食品药品监督管理行政处罚裁量标准》，确定当事人违法行为适用的行政处罚裁量等次为轻微。

四、处罚依据及建议

依据《中华人民共和国药品管理法》第七十九条“药品的生产企业、经营企业或者医疗机构违反本法第三十四条的规定，从无《药品生产许可证》、《药品经营许可证》的企业购进药品的，责令改正，没收违法购进的药品，并处违法购进药品货值金额二倍以上五倍以下的罚款;有违法所得的，没收违法所得;情节严重的，吊销《药品生产许可证、《药品经营许可证》或者医疗机构执业许可证书。”的规定，建议处罚如下：

1．没收违法购进的药品48盒；

2．没收违法所得804.50元（捌佰零肆元伍角）；

3．并处违法购进药品货值金额2.5倍罚款7556.25元（柒仟伍佰伍拾陆元贰角伍分）。

案件承办人：崔××、祁××(手写签名)

2017年4月10日

案件合议记录

案　　由：开封市××大药房涉嫌从无《药品生产许可证》、《药品经营许可证》的企业购进药品案

当 事 人：开封市××大药房

合议时间：2017年4月10日　　　　主持人：孙××

地点：开封市食品药品监督管理局稽查支队会议室

合议人员:孙××、崔××、祁××、张××、梁××　　记录人：祁××

案情介绍：

2017年3月30日我局执法人员对开封市××大药房进行监督检查，经现场检查发现，该大药房正在经营的标示为阿托伐他汀钙片、苯磺酸氨氯地平片、血塞通颗粒、硝苯地平控释片4种药品现场不能提供供货商资质及相关票据，经主管领导批准后，执法人员对上述药品予以扣押（详见《扣押决定书》）。经进一步查明，上述4种药品系开封市××大药房从一名自称郑州××医药公司的业务员处购进，不能提供供货方资质及相关票据，无法证明药品的合法来源。其中标示辉瑞制药有限公司生产，规格:20毫克，批号：R22980的阿托伐他汀钙片，购进数量10盒，购进价格50元/盒，销售1盒，销售价格59.00元/盒；规格:20毫克，批号：R49769的阿托伐他汀钙片，购进数量10盒，购进价格50元/盒，销售4盒，销售价格59.00元/盒；规格:20毫克，批号：R57958的阿托伐他汀钙片，购进数量10盒，购进价格50元/盒，销售4盒，销售价格59.00元/盒。标示拜耳医药保健有限公司生产，规格：30毫克，批号：BJ32688的硝苯地平控释片，

(案件合议记录)副页

购进数量5盒，购进价格26.00元/盒，销售2盒，销售价格31.00元/盒；规格：30毫克，批号：BJ32689 的硝苯地平控释片，购进数量5盒，购进价格26元/盒，销售2盒，销售价格31.00元/盒。标示辉瑞制药有限公司生产，规格：5mg，批号：N67164的苯磺酸氨氯地平片，购进数量5盒，购进价格28.00元/盒，销售1盒，销售价格32.50元/盒。标示云南维和药业股份有限公司生产，规格：每袋装3g，生产批号：1607022的血塞通颗粒，购进数量20盒，购进价格20元/盒，销售3盒，销售价格39.00元/盒。上述4种药品共计货值金额3022.5元，获取违法所得804.5元。当事人的行为涉嫌违反了《中华人民共和国药品管理法》第三十四条“药品生产企业、药品经营企业、医疗机构必须从具有药品生产、经营资格的企业购进药品；但是，购进没有实施批准文号管理的中药材除外。”的规定，执法人员于2017年4月4日申请予以立案。

以上事实有下列证据证明：

1.《营业执照》、《药品经营许可证》等复印件。证明当事人从事药品经营取得的资质情况。

2.开封市××大药房企业负责人牛××的身份证复印件。证明被调查人的身份。

3.执法人员制作的《现场检查笔录》。证明执法人员对当事人依法定程序检查的现场情况。

4.对被委托人的《询问调查笔录》。证明当事人认定违法事实存在。

（案件合议记录）副页

5．执法人员现场拍摄的照片及当事人提供的开封市××大药房药品销售记录复印件。证明当事人销售药品并获取违法所得的情况。

当事人的行为涉嫌违反了《中华人民共和国药品管理法》第三十四条“药品生产企业、药品经营企业、医疗机构必须从具有药品生产、经营资格的企业购进药品；但是，购进没有实施批准文号管理的中药材除外。”的规定。根据本案违法事实、性质、情节和社会危害程度，参照《河南省食品药品监督管理行政处罚裁量标准》，确定当事人违法行为适用的行政处罚裁量等次为轻微。依据《中华人民共和国药品管理法》第七十九条“药品的生产企业、经营企业或者医疗机构违反本法第三十四条的规定，从无《药品生产许可证》、《药品经营许可证》的企业购进药品的，责令改正，没收违法购进的药品，并处违法购进药品货值金额二倍以上五倍以下的罚款；有违法所得的，没收违法所得；情节严重的，吊销《药品生产许可证、《药品经营许可证》或者医疗机构执业许可证书。”的规定，建议处罚如下：

1．没收违法购进的药品；

2．没收违法所得804.50元（捌佰零肆元伍角）；

3．并处违法购进药品货值金额2.5倍罚款7556.25元（柒仟伍佰伍拾陆元贰角伍分）。

本案应当适用一般程序。

讨论记录：

（案件合议记录）副页

孙××：刚才案件主办人员崔××已经详细介绍了案情，请大家讨论并发表各自意见。

张××：我认为该案事实清楚，证据确凿，用法准确，处罚得当，同意办案人员意见。

梁××：我认为该案事实清楚，证据确凿，用法准确，处罚得当，同意办案人员意见。

祁××：我认为该案事实清楚，证据确凿，用法准确，处罚得当，同意办案人员意见。

崔××：我认为该案事实清楚，证据确凿，用法准确，处罚得当，同意办案人员意见。

孙××：我认为该案事实清楚，证据确凿，用法准确，处罚得当，同意办案人员意见。

合议意见：

开封市××大药房涉嫌从无《药品生产许可证》、《药品经营许可证》的企业购进药品案的事实清楚，证据确凿。当事人的行为违反了《中华人民共和国药品管理法》第三十四条“药品生产企业、药品经营企业、医疗机构必须从具有药品生产、经营资格的企业购进药品；但是，购进没有实施批准文号管理的中药材除外。”的规定。

根据本案违法事实、性质、情节和社会危害程度，参照《河南省食品药品监督管理行政处罚裁量标准》，确定当事人违法行为适用的行政处罚裁量等次为轻微。依据《中华人民共和国药品管理法》第七十九条“药品的生产企业、经营企业或者医疗

（案件合议记录）副页

机构违反本法第三十四条的规定，从无《药品生产许可证》、《药品经营许可证》的企业购进药品的，责令改正，没收违法购进的药品，并处违法购进药品货值金额二倍以上五倍以下的罚款；有违法所得的，没收违法所得；情节严重的，吊销《药品生产许可证、《药品经营许可证》或者医疗机构执业许可证书。”的规定，建议处罚如下：

1．没收违法购进的药品48盒；

2．没收违法所得804.50元（捌佰零肆元伍角）；

3．并处违法购进药品货值金额2.5倍罚款7556.25元（柒仟伍佰伍拾陆元贰角伍分）。

主持人：孙××（手写签名） 记录人：祁××(手写签名)

合议人员：孙××、崔××、祁××、张××、梁×× （手写签名）

行政处罚事先~~（听证）~~告知审批表

案　由：开封市××大药房涉嫌从无《药品生产许可证》、《药品经营许可证》的企业购进药品案

当事人：开封市××大药房

主要违法事实：

2017 年 3 月 30 日我局执法人员对开封市××大药房进行监督检查，经现场检查发现，该大药房正在经营的标示为阿托伐他汀钙片、苯磺酸氨氯地平片、血塞通颗粒、硝苯地平控释片 4 种药品现场不能提供供货商资质及相关票据，经主管领导批准后，执法人员对上述药品予以扣押（详见《扣押决定书》）。经进一步查明，上述 4 种药品系开封市××大药房从一名自称郑州××医药公司的业务员处购进，不能提供供货方资质及相关票据，无法证明药品的合法来源。其中标示辉瑞制药有限公司生产，规格:20 毫克，批号：R22980 的阿托伐他汀钙片，购进数量 10 盒，购进价格 50 元/盒，销售 1 盒，销售价格 59.00 元/盒；规格:20 毫克，批号：R49769 的阿托伐他汀钙片，购进数量 10 盒，购进价格 50 元/盒，销售 4 盒，销售价格 59.00 元/盒；规格:20 毫克，批号：R57958 的阿托伐他汀钙片，购进数量 10 盒，购进价格 50 元/盒，销售 4 盒，销售价格 59.00 元/盒。标示拜耳医药保健有限公司生产，规格：30 毫克，批号：BJ32688 的硝苯地平控释片，购进数量 5 盒，购进价格 26.00 元/盒，销售 2 盒，销售价格 31.00 元/盒；规格：30 毫克，批号：BJ32689 的硝苯地平控释片，购进数量 5 盒，购进价格 26 元/盒，销售 2 盒，销售价格 31.00 元/盒。标示辉瑞制药有限公司生产，规格：5mg，批号：N67164 的苯磺酸氨氯地平片，购进数量 5 盒，购进价格 28.00 元/盒，销售 1 盒，销售价格 32.50 元/盒。标示云南维和药业股份有限公司生产，规格：每袋装 3g，生产批号：1607022 的血塞通颗粒，购进数量 20 盒，购进价格 20 元/盒，销售 3 盒，销售价格 39.00 元/盒。上述 4 种药品共计货值金额 3022.5 元，获取违法所得 804.5 元。

当事人的行为涉嫌违反了《中华人民共和国药品管理法》第三十四条“药品生产企业、药品经营企业、医疗机构必须从具有药品生产、经营资格的企业购进药品；但是，购进没有实施批准文号管理的中药材除外。”的规定。执法人员于 2017 年 4 月 4 日申请予以立案。

根据本案违法事实、性质、情节和社会危害程度，参照《河南省食品药品监督管理行政处罚裁量标准》，确定当事人违法行为适用的行政处罚裁量等次为轻微。依据《中华人民共和国药品管理法》第七十九条“药品的生产企业、经营企业或者医疗机构违反本法第三十四条的规定，从无《药品生产许可证》、《药品经营许可证》的企业购进药品的，责令改正，没收违法购进的药品，并处违法购进药品货值金额二倍以上五倍以下的罚款;有违法所得的，没收违法所得;情节严重的，吊销《药品生产许可证、《药品经营许可证》或者医疗机构执业许可证书。”的规定。

建议处罚如下：

1．没收违法购进的药品48盒;

2．没收违法所得804.50元（捌佰零肆元伍角）;

3．并处违法购进药品货值金额2.5倍罚款7556.25元（柒仟伍佰伍拾陆元贰角伍分）。

承办人：崔××、祁××(手写签名)

2017年4月11日

承办部门审查意见：

同意办案人员意见。

承办部门负责人：孙××(手写签名)

2017年4月11日

法制机构审核意见：

同意承办部门意见。

负责人：邵××(手写签名)

2017年4月11日

审批意见：

同意。

负责人：黄××(手写签名)

2017年4月11日

开封市食品药品监督管理局
行政处罚事先告知书

（汴）食药监药罚告〔2017〕YH-2号

开封市××大药房：

我局于2017年4月4日对开封市××大药房涉嫌从无《药品生产许可证》、《药品经营许可证》的企业购进药品案立案调查。经查，你大药房经营的标示为阿托伐他汀钙片、苯磺酸氨氯地平片、血塞通颗粒、硝苯地平控释片4种药品不能提供供货方资质及相关票据，无法证明药品的合法来源。其中标示辉瑞制药有限公司生产，规格:20毫克，批号：R22980的阿托伐他汀钙片，购进数量10盒，购进价格50元/盒，销售1盒，销售价格59.00元/盒；规格:20毫克，批号：R49769的阿托伐他汀钙片，购进数量10盒，购进价格50元/盒，销售4盒，销售价格59.00元/盒；规格:20毫克，批号：R57958的阿托伐他汀钙片，购进数量10盒，购进价格50元/盒，销售4盒，销售价格59.00元/盒。标示拜耳医药保健有限公司生产，规格：30毫克，批号：BJ32688的硝苯地平控释片，购进数量5盒，购进价格26.00元/盒，销售2盒，销售价格31.00元/盒；规格：30毫克，批号：BJ32689 的硝苯地平控释片，购进数量5盒，购进价格26元/盒，销售2盒，销售价格31.00元/盒。标示辉瑞制药有限公司生产，规格：5mg，批号：N67164的苯磺酸氨氯地平片，购进数量5盒，购进价格28.00元/盒，销售1盒，销售价格32.50元/盒。标示云南维和药业股份有限公司生产，规格：每袋装3g，生产批号：1607022的血塞通颗粒，购进数量20盒，购进价格20元/盒，销售3盒，销售价格39.00元/盒。上述4种药品共计货值金额3022.5

元，获取违法所得804.5元。上述行为涉嫌违反了《中华人民共和国药品管理法》第三十四条“药品生产企业、药品经营企业、医疗机构必须从具有药品生产、经营资格的企业购进药品；但是，购进没有实施批准文号管理的中药材除外。”的规定。

以上违法事实，有下列证据为证：

1. 《营业执照》、《药品经营许可证》等复印件。证明当事人从事药品经营取得的资质情况。

2. 开封市××大药房企业负责人牛××的身份证复印件。证明被调查人的身份。

3. 执法人员制作的《现场检查笔录》。证明执法人员对当事人依法定程序检查的现场情况。

4. 对被委托人的《询问调查笔录》。证明当事人认定违法事实存在。

5. 执法人员现场拍摄的照片及当事人提供的开封市××大药房药品销售记录复印件。证明当事人销售药品并获取违法所得的情况。

根据你大药房违法行为的事实、性质、情节和社会危害程度，参照《河南省食品药品监督管理行政处罚裁量标准》，确定你大药房的违法行为适用的行政处罚裁量等次为轻微。依据《中华人民共和国药品管理法》第七十九条“药品的生产企业、经营企业或者医疗机构违反本法第三十四条的规定，从无《药品生产许可证》、《药品经营许可证》的企业购进药品的，责令改正，没收违法购进的药品，并处违法购进药品货值金额二倍以上五倍以下的罚款；有违法所得的，没收违法所得；情节严重的，吊销《药品生产许可证》、《药品经营许可证》或者医疗机构执业许可证书。”的规定。我局拟对你大药房作出：1. 没收违法购进的药品48盒；2. 没收违法所得804.50元（捌佰零肆元伍角）；3. 并处违法购进药品货值金额2.5倍罚款7556.25元（柒仟伍佰伍拾陆元贰角伍分）的行政处罚。

依据《中华人民共和国行政处罚法》第三十一条、第三十二条的规定，你（单位）可在收到本告知书之日起3日内提出书面陈述、申辩意见，或到开封市食品药品监督管理局进行陈述、申辩。逾期不陈述、申辩的，视为你（单位）放弃陈述、申辩权利。

（公 章）

2017年4月11日

行政机关地址：开封市金祥路西段　　邮政编码：475000

行政机关联系人：祁××　　联系电话：0371-22732217

开封市食品药品监督管理局
送达回执

受送达单位~~(人)~~：开封市××大药房

送达文书名称及文书编号：《行政处罚事先告知书》（汴）食药监药罚告[2017]YH-2号

送达方式：直接送达　　　　送达地点：开封市食品药品监督管理局102室

送达人：　崔××　　祁××(手写签名)　　　　送达日期：2017年 4 月11日 10 时 00 分

受送达单位（人）：牛××(手写签名)　　　　送达日期：2017年 4 月11日 10 时 00 分

备注：向当事人宣读后送达。

行政处罚决定审批表

案　由：开封市××大药房涉嫌从无《药品生产许可证》、《药品经营许可证》的企业购进药品案

当事人：开封市××大药房

当事人违法的主要事实和建议作出行政处罚决定的理由、依据及内容：

2017年3月30日我局执法人员对开封市××大药房进行监督检查，经现场检查发现，该大药房正在经营的标示为阿托伐他汀钙片、苯磺酸氨氯地平片、血塞通颗粒、硝苯地平控释片4种药品现场不能提供供货商资质及相关票据，经主管领导批准后，执法人员对上述药品予以扣押（详见《扣押决定书》）。经进一步查明，上述4种药品系开封市××大药房从一名自称郑州××医药公司的业务员处购进，不能提供供货方资质及相关票据，无法证明药品的合法来源。其中标示辉瑞制药有限公司生产，规格:20毫克，批号：R22980的阿托伐他汀钙片，购进数量10盒，购进价格50元/盒，销售1盒，销售价格59.00元/盒；规格:20毫克，批号：R49769的阿托伐他汀钙片，购进数量10盒，购进价格50元/盒，销售4盒，销售价格59.00元/盒；规格:20毫克，批号：R57958的阿托伐他汀钙片，购进数量10盒，购进价格50元/盒，销售4盒，销售价格59.00元/盒。标示拜耳医药保健有限公司生产，规格：30毫克，批号：BJ32688的硝苯地平控释片，购进数量5盒，购进价格26.00元/盒，销售2盒，销售价格31.00元/盒；规格：30毫克，批号：BJ32689 的硝苯地平控释片，购进数量5盒，购进价格26元/盒，销售2盒，销售价格31.00元/盒。标示辉瑞制药有限公司生产，规格：5mg，批号：N67164的苯磺酸氨氯地平片，购进数量5盒，购进价格28.00元/盒，销售1盒，销售价格32.50元/盒。标示云南维和药业股份有限公司生产，规格：每袋装3g，生产批号：1607022的血塞通颗粒，购进数量20盒，购进价格20元/盒，销售3盒，销售价格39.00元/盒。上述4种药品共计货值金额3022.5元，获取违法所得804.5元。

当事人的行为涉嫌违反了《中华人民共和国药品管理法》第三十四条“药品生产企业、药品经营企业、医疗机构必须从具有药品生产、经营资格的企业购进药品；但是，购进没有实施批准文号管理的中药材除外。”的规定，执法人员于2017年4月4日申请予以立案。

根据本案违法事实、性质、情节和社会危害程度，参照《河南省食品药品监督管理行政处罚裁量标准》，确定当事人违法行为适用的行政处罚裁量等次为轻微。依据《中华人民共和国药品管理法》第七十九条“药品的生产企业、经营企业或者医疗机构违反本法第三十四条的规定，从无《药

品生产许可证》、《药品经营许可证》的企业购进药品的，责令改正，没收违法购进的药品，并处违法购进药品货值金额二倍以上五倍以下的罚款;有违法所得的，没收违法所得;情节严重的，吊销《药品生产许可证》、《药品经营许可证》或者医疗机构执业许可证书。”的规定。建议处罚如下：1．没收违法购进的药品48盒；2．没收违法所得804.50元（捌佰零肆元伍角）；3．并处违法购进药品货值金额2.5倍罚款7556.25元（柒仟伍佰伍拾陆元贰角伍分）。

陈述申辩及听证情况：当事人放弃陈述申辩。

当事人陈述申辩或听证意见复核及采纳情况：无

承 办 人：崔×× 祁××(手写签名)

2017年4月17日

承办部门审查意见：

同意办案人员意见。

承办部门负责人：孙××（手写签名）

2017年4月17日

审核部门意见

同意承办部门意见。

负责人：邵××(手写签名)

2017年4月17日

审批意见：

同意。

负责人：黄××(手写签名)

2017年4月17日

1.河南省政府非税收入专用缴款通知书

2.河南省政府非税收入票据存根

行政处罚结案报告

案　由：开封市××大药房从无《药品生产许可证》、《药品经营许可证》的企业购进药品案

案件来源：日常监督检查

被处罚单位~~（人）~~：开封市××大药房　　~~法定代表人~~（负责人）：牛××

立案日期：2017 年 4 月 4 日　　处罚日期：2017 年 4 月 17 日

处罚文书号：(汴)食药监药罚〔2017〕YH-2号　　结案日期：2017年 4月 17 日

承办人：崔××、祁××　　填写人：祁××

处罚种类和幅度：

1．没收违法购进的药品48盒；

2．没收违法所得804.50元（捌佰零肆元伍角）；

3．并处违法购进药品货值金额2.5倍罚款7556.25元（柒仟伍佰伍拾陆元贰角伍分）。

执行结果：

完全履行，当事人违法行为已改正。

结案方式：1.自动履行 √　2.复议结案　3.诉讼结案　4.强制执行　5.其他

归档日期：2017年4月17日　　档案归类：行政档案　　保存期限：永久

审批意见：

同意结案。

分管负责人：黄××（手写签名）

2017年4月17日

（ 没收物品处理 ）审批表

案件名称：开封市××大药房从无《药品生产许可证》、《药品经营许可证》的企业购进药品案
审批事项：没收物品处理

报请审批的理由及依据：
理由：开封市××大药房经营的阿托伐他汀钙片、苯磺酸氨氯地平片、血塞通颗粒、硝苯地平控释片4种药品不能提供供货商资质及相关票据，无法说明合法来源，我局依法予以没收，现已超过诉讼期限,建议予以无害化处理。

依据：《河南省食品药品监督管理局河南省财政厅关于印发河南省食品药品行政执法罚没物品管理办法（试行）的通知》第十九条第（九）项

附件：没收物品处理清单（汴）食药监药物处〔2017〕YH-2号

案件承办人：崔×× 祁××（手写签名）

2017年10月20日

承办部门意见：

同意办案人员处理意见。

部门负责人：孙××（手写签名）

2017年 10 月 20 日

审批意见：

同意。

分管负责人：黄××（手写签名）

2017年 10 月 20 日

开封市食品药品监督管理局

没收物品处理清单

（汴）食药监药物处〔2017〕YH-2 号

根据（汴）食药监药罚〔2017〕YH-7 号《行政处罚决定书》

当事人：开封市××大药房　地　址：开封市××街××小区4号营业房　电话：157××××××××

执行处置单位：开封市食品药品监督管理局　地　址：开封市××街××号　电话：22732217

没收物品处理情况明细表

物品名称	规格	单位	数量	处理方式	地点	经办人	备注
阿托伐他汀钙片	20 毫克	盒	21	无害化处理	开封市垃圾处理厂	崔×× 祁××	拍照并摄像
硝苯地平控释片	30 毫克	盒	6	无害化处理	开封市垃圾处理厂	崔×× 祁××	拍照并摄像
苯磺酸氨氯地平片	5mg	盒	4	无害化处理	开封市垃圾处理厂	崔×× 祁××	拍照并摄像
血塞通颗粒	每袋装 3g	盒	17	无害化处理	开封市垃圾处理厂	崔×× 祁××	拍照并摄像
（以下空白）							

特邀参加人：王××(手写签名)　　承办人：崔××、祁××(手写签名)

2017年10月20日　　2017年10月20日

河南省行政执法证

执法人员崔××复印件

河南省行政执法证

执法人员祁××复印件

水行政综合执法理论与实务
（下册）

刘朝军　焦慧君　刘团结　张希上　主编

黄河水利出版社
·郑州·

目 录

提 高 篇

导 读

水行政执法是依法行政、建设法治政府的必然要求和主要内容。水行政执法主要是指各级水行政执法机关依照《中华人民共和国水法》《中华人民共和国水土保持法》《中华人民共和国防洪法》等有关水法律法规的规定,对公民、法人或者其他组织遵守、执行水法律法规的情况进行监督检查,对违反水法律法规的行为依法实施行政处罚、采取其他行政措施等行政执法活动。在实践中,水行政执法主要涉及水资源管理、水工程保护、河湖管理、河道采砂管理、水土保持监督、农村水电开发管理等方面的工作。

近年来,各级水行政主管部门认真贯彻落实党中央、国务院的决策部署,持续加强水利法治建设,深入推进水行政执法工作,不断提高水利依法行政水平,为水利改革发展提供了良好的法治环境和有力的法治保障。但随着经济社会的快速发展,特别是随着水资源日益短缺、用水需求日益增强、涉水利益格局深刻调整,水行政管理的难度不断加大,水行政执法面临诸多新情况、新问题。一方面,水利法治建设仍然存在薄弱环节,一些急需的水利领域还存在立法空白,部分已有的立法操作性不强、权威性不够;另一方面,由于水行政执法人员大多来自水利系统各职能部门,部分执法人员虽然水利业务知识较为丰富,但法律法规专业知识相对较弱,在水行政执法过程中,时常出现证据不够确凿、适用依据不够准确、执法程序不够严谨、法律文书不够规范等问题,甚至办一些错案。

履行法律法规赋予的职责使命,全面提高水利依法行政水平,需要从事水行政执法的人员切实把握好法定依据、执法程序、法律文书等关键环节。《中华人民共和国行政处罚法》第三条。第三十八条规定,行政处罚没有依据或者实施主体不具有行政主体资格的,行政处罚无效。违反法定程序构成重大明显违法的,行政处罚无效。程序是依法行政的生命,对行政执法机关而言尤为重要。在执法实践中,一些行政执法部门往往只强调实体的合法、合理,而对行政执法程序却重视不够,一定程度上影响了行政相对人的合法权益,同时也是造成一些被诉案件败诉的重要原因。然而"徒法不足以自行",只有将"纸面上的法律"转变为"现实中的法律"才能充分实现法律的价值。而要将"纸面上的法律"转变为"现实中的法律"需要以下前后相连的三个步骤:首先,需要"了解法"。即知道享有哪些法定权利,以及这些权利受哪些具体法律法规的保护。其次,需要"理解法"。我国对权利的保障,体现在抽象的法律条文之中。有时公民虽然对具体条文有所了解,但仍然无法正确理解和运用有关法律条文保护自身权利,这样的问题同样会出现在水行政管理及执法专业人士面前,这就是法律解释的问题。因此,掌握科学的法律解释方法是正确理解法律的关键。最后,需要"运用法"。法律是个实践性很强的领域,权利保障只有在实践中才能得以实现。总之"了解法""理解法""运用法"是法律赋予各项权利最终得以实现的必要路径,这不单是普通民众在利用法律维护自身权利时的需要,水行政执法专业人士在维护水法律法规的过程中同样需要。

本篇分为 10 部分,具体包括依法行政类,水利综合执法类,水资源类,水工程,河道类,水土保持类,法律文书、执法规范类,水利普法、队伍建设类,处罚、许可、征收、诉讼、复议、强制类,水利与公安联动执法类、疑难案例类。

本篇是依据作者的执法经验和实践,对水行政管理执法一线中存在的复杂、疑难的问题进行的法律思考,同时也借鉴了一些专家的观点,以便更好地解决实际问题。本篇也是水行政管理执法人员交流学习的平台。

水行政管理执法者首先要有法治思维

卢梭曾经说过,“法律既不是铭刻在大理石上,也不是铭刻在铜表上,而是铭刻在公民的内心里”。

以职权法定为原则,充分发挥法治正义的力量。法治思维的养成不仅有赖于有法可依,更多地取决于法治理念、法治精神和法治环境。法不授权,则政府无权,水行政机关作为法定的公权部门,必须清楚认识到执法权力必须来自法律具体而明确的授予,水行政执法活动必须在法治轨道上运行。

以尊重和保障人权为准则,彰显法治公平。科学发展观的核心是以人为本,以人为本的实质就是通过全面发展,全面保障人权、全面保护人民权利。

以依法行政为基点,努力促进法治思维与法律手段良性互动。法治思维支配法律手段。水行政执法者具有法治思维,必然会主动、自觉运用法律手段来执法。法治思维也需要通过法律手段来表现。法治思维虽然是一种思想认识活动和过程,但它必然要外化为法治行为,即通过法律手段来实现。一方面,公安机关要牢固树立社会主义法治理念,善于运用法治思维处理各种复杂问题,善于运用法治手段化解社会矛盾;另一方面,公安机关要树立依法行政理念,善于运用法律法规维护社会秩序,努力把各种社会矛盾和问题的解决纳入法治化轨道,为经济社会发展创造安全稳定的社会环境和公平公正的法治环境,促进法治思维与法律手段良性互动。

无疑,法治的任务不是消灭社会纷争,也无法消灭社会纷争,而是给社会纷争提供一个合理有效的解决机制,法治的根本目的就是要在均衡的基础上构建稳定的社会秩序。因此,水行政执法机关要转变过去那种工作思路,学会用动态的稳定观来解决水事矛盾。要通过法治思维、法治方式来化解水事纠纷。要将群众工作方法与法治理性有机结合,融法、理、情于一体,理顺水事矛盾、化解社会情绪。

安阳市水利综合执法工作的实践与思考

一、水利综合执法的概念以及开展水利综合执法的背景和必要性

(一)水利综合执法的概念

水利综合执法是水行政主管部门整合执法力量、集中执法职能、规范执法行为、提高执法效能、增强依法行政能力和水平的行政执法制度安排。它将水行政主管部门多种执法职能合并,由一支队伍集中行使执法权。其特点是改变过去多个机构、多头执法的混乱状况,整合了执法资源,降低了执法成本,提高了执法能力,树立了水行政执法的良好形象。

(二)开展水利综合执法改革的背景

党的十八届三中全会做出的《中共中央关于全面深化改革若干重大问题的决定》明确提出:要推进法治中国建设,深化行政执法体制改革,整合执法主体,相对集中执法权,着力解决权责交叉、执法偏弱问题,建立权责统一、权威高效的行政执法体制,推进综合执法,提高执法效能。水行政执法是行政执法的重要组成部分,是各级水行政主管部门贯彻实施水法律法规的主要方式,直接面向社会和公众,执法水平的高低事关水事秩序能否得到有效维护,人民群众合法权益能否得到切实保护,水利依法行政能否真正得到落实。水利部对深化水行政执法体制改革,推进水利综合执法进行了工作部署,提出了明确要求。2012 年 12 月 7 日,水利部印发了《关于全面推进水利综合执法的实施意见》(水政法〔2012〕514 号),明确了推进水利综合执法的重要性、必要性、总体要求、基本原则、工作任务和落实措施,要求各地结合实际,按照总体要求,全面推进水利综合执法,建立起一支职能明确、机制科学、保障有力的水政监察队伍,切实提高水行政执法效能。2013 年 5 月,水利部办公厅印发了《关于开展水利综合执法示范点工作的通知》(办政法〔2013〕117 号),在全国范围内确定了包括河南省安阳市在内的共 25 个单位作为推进水利综合执法的示范点,通过开展示范点探索,引导并推动水利综合执法工作向纵深开展。

(三)开展水利综合执法工作的必要性

水行政执法是水治理体系的组成部分,是水行政管理工作的重要内容,也是水利部门履行法定职责的主要方式,任务重、头绪多,与人民群众密切相关。开展水利综合执法工作符合三个“必然要求”:

(1)推进水利综合执法,是转变治水思路、推进水利依法行政进程的必然要求。习近平总书记在中央财经领导小组第五次会议上指出,水是公共产品,政府既不能缺位,更不能手软,该管的要管,要管严管好。长期以来,水利发展过程中的“重建轻管”问题并没有得到根本解决,“轻管”反映在水利的行政监管、社会管理分量轻、力量弱,尤其在水行政执法方面,多头执法、执法不严、执法不力等问题不同程度存在。国家先后出台了三个“最严格”的管理制度,但水利执法还存在着明显的差距。推进水利综合执法,已成为水利部门强化水治理、提高依法履职能力、建设法治政府部门的重要举措。2012 年,水利部召开全国水行政执法与水资源管理工作座谈会,参加会议的都是全国各流域机构代表和部分省水利厅代表,作者是与会人员中唯一一个来自基层的代表,会上,主持人问:“你认为制约水资源与水行政执法工作的最大因素是什么?”作者答:“不仅水利综合执法,而且推进大部委制的综合执法

也是中国法制进程中的大趋势,交通运输系统先行一步,下一步农业、植保、渔政、林业公安、农牧、动物检疫、水利也有执法合并的可能。”

(2)推进水利综合执法,是创新体制机制、提高执法效能的必然要求。党的十八届三中全会提出国家治理体系和治理能力现代化建设的新要求,着力解决权责交叉、执法偏弱问题,建立权责统一、权威高效的行政执法体制。从中央到地方,做出了一系列战略决策和部署,都明确要求行政执法必须适应形势需要,加快改革步伐,建立与执法客观实际相协调的综合执法模式,更好地为经济社会健康发展服务。加快水行政执法改革步伐,整合执法力量,创新执法体制机制是贯彻落实中央决策部署,提高执法效能的迫切要求。

(3)推进水利综合执法,是转变政府职能、提升水利部门形象的必然要求。当前,水利改革发展任务繁重,水利管理面临着更高的要求,只有不断提高行业管理水平和服务能力,才能赢得管理相对人和社会公众的理解和支持。随着政府职能的转变以及水事活动的日益复杂,水行政执法任务将越来越重,要求也越来越高,推进水利综合执法,是转变职能,提升水利社会形象的迫切需要和内在要求。

二、安阳市开展水利综合执法工作的主要做法

1998年,安阳市水政监察支队经市政府批准挂牌成立,由于种种原因,未能解决队伍编制问题。多年来,由于受执法工作开展时间短、执法编制得不到解决和水利执法体制等因素的制约,执法职责交叉、执法力量分散,形不成执法合力,严重影响着水行政执法的形象和效果。2005年,市编委正式批复成立安阳市水政监察支队,编制8人,但仍未从根本上解决原先存在的问题。随着水利事业的迅猛发展和水利法制建设的不断加强,水行政执法的任务越来越重,要求越来越高,特别是安阳市水利工作面临的水资源匮乏、地下水超采、水环境恶化、水利工程管理和保护范围内违章建筑多等现实问题和水事违法行为日益呈现多样化、复杂化的趋势(不少水事违法行为同时触犯几部水法律法规)。安阳市地处晋、冀、豫三省交会处,水事纠纷多,与山西长治、河北邯郸争水,林州与涉县因水事纠纷还引起过炮击事件,前几天,作者还与王继元副厅长及省厅水政水资源处领导一起在北京参加河北、河南两省分水协调会。单靠一个部门的力量很难实现对水资源、水域、水工程的有力保护。在这种形势下,迫切需要将水法律法规赋予水行政主管部门的执法职能集中起来,充实执法人员,整合执法力量,加大执法力度,为水利发展提供执法保障。

2006年,安阳市水利局新一届领导班子到位后,针对水利工作和执法中存在的诸多问题,研究确定了走“综合执法保障水利可持续发展”的道路,目标是理顺执法体制,明确执法责任,建立起办事高效、运转协调、行为规范的水利综合执法体系,造就一支廉洁公正、作风优良、业务精通、素质过硬的水利执法队伍,保障水法律法规的全面实施和水利可持续发展,促进人水和谐。按照水法律法规的要求,结合安阳市实际,在全省没有先例、全国综合执法模式不一的情况下,采取“边学习、边制订方案、边组建队伍、边申报试点、边开展工作”的“五边原则”,大力开展水利综合执法工作。2006年11月,安阳市被省水利厅确定为全省首家水利综合执法试点;经省厅推荐,2008年3月安阳市被水利部确定为全国水利综合执法联系点;2013年5月,水利部办公厅印发了《关于开展水利综合执法示范点工作的通知》,确定安阳市水利局等25个单位为全国水利综合执法示范点。

2013年5月,水利部确定安阳市水利局为全国水利综合执法示范点以来,我们高度重

视,成立组织,制订方案,明确责任,狠抓落实,以建立健全权责明确、行为规范、监督有效、保障有力的水行政执法体制为目标,以理顺执法体制、完善执法机制、强化专职水政监察队伍建设为重点,积极探索,努力实践,扎实有效地开展了水利综合执法示范点建设工作,并取得了阶段性成果。下面从队伍建设、执法体制建设、执法机制建设和执法装备建设等四个方面做一介绍。

(一)队伍建设方面

(1)加强组织领导,切实将水利综合执法示范点建设工作摆上重要议事日程。

水利综合执法工作是水利系统全面推进依法行政的重要抓手,是增强水利公务服务能力、提高水利社会管理水平的重要手段。为此,安阳市水利局高度重视,采取四项措施,切实加强对水利综合执法工作的组织领导。一是加强学习,提高认识。局党委会集体学习了水利部《关于加强水政监察工作的意见》和《关于全面推进水利综合执法的实施意见》,充分认识到了新形势下开展水利综合执法工作的重要性和紧迫性,做到了水利综合执法工作与水利发展与改革任务一起部署、一起落实、一起考核,一级抓一级,层层抓落实。二是成立组织,加强领导。成立了以市水利局局长为组长、副局长为副组长、市直水利系统相关单位负责人及局机关有关科(室、站)队负责同志为成员的示范点建设工作领导小组,负责领导和协调水利综合执法工作。领导小组下设办公室,负责日常工作。三是制订方案,整体推进。制订并印发了《关于深化全国水利综合执法示范点建设工作实施方案》,明确了指导思想、总体目标、建设任务、实施步骤和工作要求,对所属各县(市)区工作进行了部署,整体推进。四是开会动员,专题安排。召开水利综合执法工作领导小组和所属各县(市)区水务局领导参加的动员会,对水利综合执法工作进行了专题动员和部署,统一思想,整合力量,形成了主要领导亲自抓、分管领导直接抓、执法机构具体抓、相关单位配合抓,全力推进水利综合执法工作开展的新局面。

(2)强化队伍建设,提升人员素质,实现执法高效便民。

①建立健全专职水政监察队伍,为水利综合执法工作提供人才保障。目前,安阳市、县两级水政监察队伍健全,共有专职、兼职水政监察员322名,市水政监察支队参照《中华人民共和国公务员法》进行管理,各县(市)区大队为财政全供或自收自支事业单位。为切实做好水利综合执法工作,实行了“三步走”策略:一是在队伍组建初期,通过考试,在市直水利系统公开选拔优秀水政监察员充实到监察支队,打开了工作局面;二是积极向安阳市机构编制委员会请示增加人员编制,2013年11月市编委批复调增15人,调整后支队编制23人,设1正2副3个领导职数,初步满足了工作需要;三是局党委积极支持支队独立办公,发挥支队专职水政监察队伍的优势,维护良好的社会水事秩序。同时,根据执法方案,要求各县(市)区水行政主管部门根据执法任务需要,调整充实水政监察员,逐步转为行政编制,或参照《中华人民共和国公务员法》进行管理。

②加强学习培训,提高专职水政监察员素质。一是坚持政治理论和执法业务知识定期学习制度,每周二、五下午定为学习时间,把集中学习与执法人员自学相结合,作为提高水政监察员业务水平的主要方式。二是有计划地安排水政监察员参加各种层次的执法业务培训,每年至少组织两次集中式业务学习,实现了水政监察员每三年至少轮训一遍的目标。三是鼓励水政监察员参加各类法律和水利专业学历在职教育,通过高等院校的在职学习教育,有效地提高了人员素质,收到了事半功倍的效果。四是实行水政监察员资格管理制度,除把

好人员准入关外，还对拟上岗的水政监察员进行共用法律和专业法律知识培训考试。经考试合格后，核发行政执法证，上岗执法。五是在全体水政监察队伍中开展水利执法业务大比武，分法律理论知识和法律文书制作两部分，激发了队员的学习和工作热情，讲奉献、比学习、钻业务在水政监察队伍中已蔚然成风。

③开展政风行风建设，实现优质服务，塑造水利形象。根据上级要求，积极参加市纪委组织的民主评议政风行风活动，通过发放调查问卷、电话回访、召开座谈会、网上评议等多种形式，广泛征求群众意见和建议。对群众反映的问题，通过首问负责制、限时办结制、服务承诺制、执法预警等制度，提高执法效能，实现了优质服务。市水政监察支队先后被省水利厅和公安厅联合表彰为全省保护水资源专项整治工作先进集体、全省水利与公安联动执法先进集体，还被省厅命名为全省水利系统水政监察文明执法示范窗口。同时，支队还被共青团河南省委授予“青年文明号”，塑造了安阳水利新形象。

（二）执法体制建设方面

社会上对综合执法特别是城管执法争议较大，认为综合即全面集合，什么都管，是人治不是法治。所以，水利综合执法必须先明确综合哪些内容，目前全省各地情况不一样。

1.梳理水行政执法职权，相对集中行政执法职能

对现行水法律法规进行了全面梳理，将水利部门行政执法职权分为行政许可、行政征收、行政处罚、行政强制四类。明确市、县（市）区两级水政监察队伍是同级水行政主管部门的专职执法机构，受水行政主管部门委托承担各类水事违法案件的行政处罚职责，承办行政强制执行、行政强制措施的组织实施，负责对水行政许可项目的执法监督检查，对于水资源论证、河湖管理范围内建设项目审批、开发建设项目水土保持方案审批、涉水工程建设等许可项目，水政监察队伍根据工作需要，参与许可项目的现场勘查、论证分析等，相对集中行政执法职能，突出水利综合执法。

2.合理划分职责权限，明确执法责任

对梳理出来的行政许可和行政征收职能，按照工作性质和业务归属，科学地将正常的行政许可（水政水资源科）和行政征收（水资源管理办公室）职能分解到局属各业务管理部门来行使（安阳市水利局水政水资源管理工作分工较细，共有5个机构来管，局属二级单位有水库管理局、河道管理处、灌区管理处、泉域管理处等6个单位），明确受理条件、审批标准、办理时限、征收范围、征收标准、征收时间、违法责任追究等具体内容，落实执法责任。将水资源、水工程日常监督管理权限与行政执法权限分离，工作中各司其职，各负其责，既有分工，又有配合，实现了以执法促管理的良好局面，维护了水资源和水工程的安全。

3.延伸综合执法网络，构建综合执法体系

结合全市水利工程管理和水土保持水行政执法现状，市水政监察支队在按照行政分区设四个大队的基础上，指导各县（市）区在重点水利工程管理单位建立水政监察中队；结合基层水利服务体系建设，在乡（镇）水利工作机构建立水政监察站，设2名兼职水政监察员；在河道沿岸、水库周边等村庄设立执法联络员，形成市、县、乡完整的综合执法体系。

4.理顺执法体制，提高执法效能

按照许可、执行、监督相对分离和职权清晰、权责一致的原则，加强与各县（市）区以及局属二级单位等有关业务管理机构之间的联系，实行水行政执法信息通告制度，建立健全了执法检查与违法案件查处、行政征收与违法追缴、许可审批与监督检查、许可验收与监督检

查之间的工作衔接机制，制订了水行政处罚工作流程图，做到分工明确、相互制约、运转协调，提升了水行政执法和管理的整体效能，形成了“千斤重担大家挑，人人肩上有指标”的水利综合执法工作体制。

(三)执法机制建设方面

1.完善执法程序，保证具体行政行为合法有效

依法对水行政执法案件的受理、立案审批、调查取证、集体讨论、行政处罚听证和事先告知、行政处罚决定的做出、送达、催告执行、申请法院执行(强制执行)、结案等各个环节、步骤、权限、时限等进行了具体规范，做到了流程清楚、要求具体、期限明确，保证了具体行政行为合法适当。

2.规范行政处罚裁量权，维护法律公平正义

在执法实践中，严格执行省厅制定的行政处罚裁量标准和适用规则，坚持以事实为依据，以法律为准绳，实行一般案件支队集体讨论制度，重大、复杂案件机关负责人集体研究制度，自觉做到了同案同罚、异案异罚，保证准确适用法律，维护了水法律法规实施的公平正义。在2014年安阳市社情民意调查中心开展的“安阳市依法行政责任目标社会评议活动”中，市水利局在32个市直部门中名列前茅。

3.建立联合执法机制，形成执法合力

在水利系统内部，重点加强了重大水事违法案件挂牌督办工作，对各县(市)区上报的重大水事违法案件，采取指导县(市)区大队办案、支队直接查处等方式，以点带面，先后查处了石武高铁安阳段建设项目、中州国际林州公司、汤阴众品食业公司、河南优创集团滑县供电公司等单位拒不缴纳水资源费和擅自取水案件，收到了良好的效果，维护了当地水事秩序的稳定。在系统外部，与公安部门联合成立了水利警务室，与检察院联合成立了刑事司法与行政执法联系办公室，与法院成立了强制执行小组，实行联动执法，减少了行政干预，有力地打击了水事违法行为，形成了执法合力。

4.健全执法监督机制，广泛接受社会监督

一是切实搞好各项制度的落实，实现对水事违法行为事前、事中、事后的全方位监管，带动和促进水行政处罚、水行政征收、水行政许可、水行政强制等各项执法工作开展，全面提升执法效能。二是严格执行行政处罚案件司法专线备案制度，在行政处罚决定做出的当天就向市检察院备案，减少了行政干预，提高了案件执行率。三是自觉执行重大行政处罚案件法制办备案制度，做到了有案必备，备案率、按时率均达100%，接受政府法制机构的监督。四是主动开展系统内行政处罚、许可案卷评查工作，接受上级的执法监督检查，保证了办案质量，所有案件均达到了优良标准。五是畅通监督投诉渠道，设立水行政执法110电话，公开纪检监察机关派驻水利部门监督电话，广泛接受社会监督。近年来未出现一起行政复议被撤销、变更和行政诉讼败诉案件。

5.加强制度建设，提升执法效能

一是实行有奖举报制度，对当事人举报查证属实的案件，及时兑现奖励，目前水事违法行为70%是群众举报，形成了全社会监督水事活动的良好局面。二是建立巡查制度，实现水事违法行为早发现、早制止，把水事违法消灭在萌芽状态。水政监察机构主要负责制订年度巡查计划，组织和监督巡查工作开展，实施重点巡查和专项巡查；日常巡查主要由延伸水政监察机构负责。建立健全区域与区域之间，水利部门与公安、国土、环保、住建等部门之间

的联合巡查机制。全面开展执法巡查,实现巡查全覆盖、常态化、规范化,加大现场执法力度,对水事违法案件做到了早发现、早制止、早处理。三是建立了案件主办人制度,实行主办人对案件质量负责制,增强案件主办人责任意识。四是实行案件回访制度,对办理的行政处罚案件,在半年内由支队负责同志回访当事人,倾听当事人意见,发现问题,评价执法效果,更好地促进了执法工作的开展。一系列制度的实施,从机制和制度上解决了执法缺位、越位等问题,实现了有案必查,有查必果,有效地提高了水行政执法效能。五是整合全市水政监察执法力量,在各县(市)区统一挂牌,设立支队所属执法大队。建立全市水利综合执法工作应急处理机制,在市水政监察支队的指导下处理各县(市)区范围内重大水事案件,解决执法疑难问题。

(四)执法装备建设方面

1.强化执法保障,提升执法能力

一是市财政已将市水政监察支队工作经费纳入财政预算予以保障。为实现公务活动整齐划一,先后投资60万元用于改善办公环境,每人配备一台电脑,实行集中敞开式办公,统一购置了执法服装、头盔和公文包,挂牌上岗,购买了人身意外伤害保险,形成了有固定的办公场所、有必要的执法装备、有统一的执法识别服的"三有"标准。二是指导所属各县(市)区水政监察队伍规范化建设,实现"四个保障",即经费保障:财政每年将执法经费列入部门预算,保障执法工作开展;装备保障:通过省总队配发和自己购置了必要的执法车辆、调查取证和办公设备等;人身安全保障:为每位执法人员办理人身意外伤害保险;办公保障:固定办公场所,改善办公环境,人手一台电脑,实现无纸化办公和信息资源共享。

2.逐步提高水政监察综合执法的科技含量

开展水政监察综合执法工作,要立足执法工作实际,建立健全职责清晰、分工明确、高效协调的综合执法工作机制,同时要勇于开拓创新,不拘泥于传统执法模式,与时俱进,提高执法工作的科技含量,加强"数字水政"建设,即通过建立各级水政监察综合执法队伍网上交流平台,开发水政移动信息化平台、实现各级水政监察信息传输数字化,日常执法、案件办理、违章监督等监控网络化,常规咨询即时化,这样既节省了时间,减少了成本,又提高了工作效率,体现水政监察综合执法改革精简、统一、高效的原则。

为搞好全国示范点建设,保障水法律法规的贯彻实施,根据水利部《关于全面推进水利综合执法的实施意见》和河南省水利厅关于《水政监察队伍文明执法示范窗口单位》要求,水政监察与执法要实现队伍规范化、设施现代化、服务优质化、办公信息化。为此,安阳市建立了水政监察与执法管理平台,并与各部门现有的网络资源和信息资源加以整合,以期采用科学的管理方式提高水行政执法部门的管理水平,实现对水政监察与执法全方位的管理,提高管理效率。安阳市的水政监察与执法管理平台主要包括以下子系统:①基础数据库;②GIS综合应用;③现场巡查;④投诉举报;⑤移动执法;⑥水事纠纷;⑦排污口管理;⑧队伍管理;⑨统计分析等。

三、从三个典型案例看水利与公安联动执法的必要性

(一)案例一

某置业有限公司未经市水行政主管部门审批,擅自在邱家沟、婴儿沟和茶店坡沟交汇处违法施工,损毁堤防缩小河道行洪断面、擅自设置河道围堰阻碍行洪、违法跨河建桥,影响河

道防洪安全。

2019 年 7 月 13 日,经检查,市水利局水行政执法人员发现某置业有限公司在围堰上游 27 m 处擅自拆除河道堤防 22.3 m,将河道原梯形断面改建为矩形断面,缩小河道行洪断面,并在围堰处擅自违法跨河建桥,影响河道行洪。鉴于上述情况,水行政执法人员在出示执法证件,亮明身份后,立即立案查处。按照水行政处罚的一般程序,先后向该公司下达了《责令停止水事违法行为通知书》《水行政处罚听证告知书》《水行政处罚决定书》,要求施工单位停止施工,恢复河道原状,补办跨河建筑物行政许可手续,并处罚款 8 万元。对于水行政主管部门下达的《停止施工通知书》和《水行政处罚决定书》,某置业有限公司置若罔闻,既不申请行政复议也不提起行政诉讼,仍继续施工。从 2019 年 7 月 13 日到 10 月 20 日的 3 个多月时间里,水政监察员多次到施工现场,要求停止施工,但无任何效果。10 月 22 日 15:00,水行政执法人员对河道违章建筑实施强制拆除。在强制拆除过程中,某置业有限公司指使其施工人员对赤手空拳和没有统一着装的水行政执法人员进行围攻,抢夺摄像器材,手持木棍和铁锤追打执法人员,造成两名执法人员受伤(现两人经住院治疗后已出院)。最后在辖区派出所民警的制止下,执法人员才摆脱围攻,撤离现场。

暴力抗法事件发生后,市水利局党委高度重视,连夜召开党委扩大会议,向市委市政府报送了《要情快报》,并计划第二天组织 200 余名水政监察员强制拆除该置业有限公司违法跨河建桥构筑物。同时组织部分市人大代表、政协委员和电视台、电台、日报社等媒体现场曝光。迫于压力,该置业有限公司负责人第二天一上班就在公安民警的陪同下,主动到市水利局赔礼道歉,并到医院看望了受伤的执法队员,承担了全部医疗费用和经济损失;采取了补救措施,接受了行政处罚,并在规定的期限内办理了审批手续。案件虽然结束了,但作为参与此次联合执法全过程的作者,有些感言想说出来与大家共同探讨。

(1)要加大对暴力抗法行为的打击力度。行政管理相对人暴力抗法很容易滑入违法犯罪的泥坑,受到法律严惩。水利部门对于行政管理相对人暴力抗法行为构成犯罪的,可以移交司法部门依法追究刑事责任。我国相关法律规定,以暴力、威胁方法阻碍国家机关工作人员依法执行职务的,构成妨害公务罪,可以处三年以下有期徒刑、拘役或者罚金。如果致执行职务人员重伤或者死亡的,以故意伤害罪或者故意杀人罪处罚;致人轻伤的,以妨害公务罪从重处罚。由于司法部门对暴力抗法行为的严厉惩处,以及新闻媒体对此的宣传报道,因此如今行政管理相对人越来越多地采取非暴力抗法的形式,寄希望于通过不当方式向执法者施加压力,既不造成严重后果,同时又能够给执法者增加负担,以达到自己的目的。无论采取何种方式抗法,包括非暴力行为,其性质均为阻碍正常的执法行为,非暴力行为本身也是阻碍执法的行为,不能减轻处罚。相反,根据《中华人民共和国治安管理处罚法》的规定,抗法者这样的非暴力行为除应当接受水行政主管部门处罚外,还有可能因为自身的抗法行为被处以治安处罚。

(2)要采用与执法如公安等部门联合执法的模式。当前,水行政执法机构和队伍建设还存在一些问题,特别是由于编制、经费、着装、人员素质等方面的制约,水行政执法与形势需要还有很大差距,而且在短期内难有根本改善。在这种情况下,采用与公安部门联合执法的形式是非常有效的。既可以增加执法的力度,使违法案件的查处顺利进行,也可以减少暴力抗法现象的发生,保护水行政执法人员的人身安全。有的地方采用建立"水利警务区""水利治安办公室"等行之有效的方式来改善水行政执法不力的现状。有条件的地方还成立了隶属于当地公安机关的“水利派出所”。这些形式都是符合公安体制改革精神和社会治安综合治理有关政策的，各地可以因地制宜地借鉴和采纳。

(3)要制定水行政执法应急预案，强化水行政执法人员应对能力。在进行重大水事执法活动之前，要召开专题会议进行研究部署，将执法行动中可能出现的问题一一梳理，对每一项任务要明确分工，合理安排，认真搞好预案，加强水行政执法人员对突发事件的应对能力。同时，建议水利部门和公安机关建立110联动机制，一旦发生暴力抗法事件，110指挥中心立即出警支援。只有这样，在发生突发性暴力抗法事件时，执法队员才能做到沉着应战，避免产生急躁、慌乱等不良情绪，影响执法工作的顺利进行。

(4)要改进执法装备，讲究执法技巧和策略。配备必要的摄像、录像(音)设备，可以有效减少抗法事件的产生，也是有力打击抗法行为人的有力保证。对整个水行政执法过程进行全程摄录，一方面，可以规范执法人员的行为；另一方面，也可约束行政相对人的行为，消除那些在抗法边缘犹豫不决的对象抗法。另外，就是发生抗法事件，也能为公安部门做出治安处罚或追究抗法者的刑事责任提供充分的证据，而不至于因没有证据，把抗法事件淡化为一般的民事纠纷。执法办案过程中，坚持多方协调，搞好和相邻行政机关的关系。对于政策性强、影响面广的水事案件要及时与当地党委、政府、人民法院联系，力求取得他们的支持和帮助，避免行政干预局面的形成。加强对群众的宣传、解释、沟通、协调工作，做到以理服人、以法服人、以情动人，争取理解、支持与配合，减少执法矛盾和冲突。遇到暴力抗法等突发事件，要保持慎重、冷静、克制的态度，本着文明、依法、灵活、实事求是，讲究艺术和技巧的原则妥善处置，不要有过激的语言和行为，防止事态的进一步扩大和升级。执法过程中要虚心听取群众的意见，及时解答群众的疑问和解决群众反映的实际问题；充分发挥村委会、社区的作用，通过他们宣传水法律法规和政策，提高全社会水法律法规意识。

(二)案例二

关于对一起河道采砂执法案件的思考。

安阳市殷都区西郊乡东梁村318号村民宋某，在洹河河道管理范围内东梁村段南岸采砂，现场查明该采砂地点东西长60 m，南北长50 m，面积约3 000 m^2，影响河势稳定，妨碍河道行洪。上述行为违反了《中华人民共和国河道管理条例》第二十五条第一款第(一)项“在河道管理范围内进行下列活动，必须报经河道主管机关批准；涉及其他部门的，由河道主管机关会同有关部门批准：(一)采砂、取土、淘金、弃置砂石或者淤泥……”的规定。根据《中华人民共和国河道管理条例》第四十四条“违反本条例规定，有下列行为之一的，县级以上地方人民政府河道主管机关除责令其纠正违法行为、采取补救措施外，可以并处警告、罚款、没收非法所得；对有关责任人员，由其所在单位或者上级主管机关给予行政处分；构成犯罪的，依法追究刑事责任：……(四)未经批准或者不按照河道主管机关的规定在河道管理范围内采砂、取土、淘金、弃置砂石或者淤泥、爆破、钻探、挖筑鱼塘的……”和《河南省水行政处罚裁量标准》的规定，建议对宋某做出以下处罚：①责令停止违法行为；②限期排除妨碍或采取补救措施并消除负面影响；③逾期未排除妨碍或采取补救措施、消除负面影响的，依法予以强制拆除，并处罚款。

洹河是安阳市的主要河流，自西向东穿越安阳市区，承担者市区防洪排涝的重要任务，其中殷都区段非法采砂屡禁不止，河道内挖砂坑、建砂场、建鱼塘，破坏堤防的现象时有发生，直接影响河道防洪安全和市重点工程——安姚公路二期工程建设。水行政执法人员虽然开展了大量的法制宣传工作和耐心的思想教育工作,要求采砂户限期清除阻水障碍,但当事人仍然我行我素,置之不理。鉴于当时安阳市严峻的防汛形势和安姚公路建设的迫切需要,根据《中华人民共和国防洪法》有关规定,市水利局依法报请市政府同意,启动了防汛指挥机构组织强行清除河道管理范围内阻碍行洪的障碍物程序。

2019 年 8 月 19 日 9 时,一支由市水利局行政执法人员、殷都区政府、殷都区公安分局、市公路局、中建七局及违法采砂户所属乡镇和村庄负责人等 170 余人组成的联合执法队伍,冒着大雨,对河道管理范围内的 9 个非法采砂户实施强行清除。在 10 余台挖掘机、推土机的轰鸣声中,违章建筑和采砂设备被拆除,影响行洪的围堰和树木被清除。此次清障行动历时 9 h,拆除 20 间违章房屋 400 余 m^2,拆除采砂机械 8 台、清除土石方 1 600 m^3,清除树木 50 余棵、电线杆 3 个、电线 50 m,达到了预期目的。

本次洹河清障行动是安阳市水行政执法联合辖区政府、公安及相关单位进行综合执法的一次有益尝试,具有以下明显特点:一是领导重视,准备充分。启动清障程序后,市水利局成立了以局长为指挥长,殷都区政府区长为副指挥长,市水利局、殷都区主管领导为成员的领导小组;制订了详细的实施方案,从人员组织、领导分工、机械进场、后勤保障等方面进行了周密安排和部署;多次召开协调会,详细分析了每个环节的衔接和突发事件的解决方法;利用汛期的有利时机,为清障工作奠定了坚实的基础。二是组织得力,配合密切。清障期间,施工现场下雨不断,指挥长坚持靠前指挥,与广大执法人员并肩作战,有力地鼓舞了士气;警戒组在交通要道、施工现场拉出了警戒线,杜绝闲杂人员进场,震慑了违法采砂户,保证了清除现场工作秩序;法制组面对采砂户进行了法制宣传,对清障现场进行全程摄像和公证,为依法清障提供了条件;现场清理组按照清设备(采砂设施)、清电力、清障碍(违章鱼池、砂堆、工棚)的要求,依法推进,确保了清障效果。三是连续作战,成效显著。本次清障行动点多线长,时间紧、任务重,广大执法人员发扬吃苦耐劳的精神,连续工作,中午在清除现场轮班就餐,实现清除障碍和就餐两不误,大大提高了工作效率,圆满地完成了清障任务。四是锻炼队伍,增强能力。通过清障执法行动,不仅严厉打击了河道管理范围内水事违法行为,遏制了私自采砂的势头,维护了水法律法规的威严,而且锻炼了队伍,积累了经验,为安阳市安全度汛和市重点工程建设提供了保障。

(三)案例三

幸福浴池取水行政处理案。

1.案件由来

自 2019 年 7 月 4 日至 8 月 18 日,市水利局 5 次接到举报人向有关部门反映幸福浴池违法取水事宜。针对举报事项,局领导高度重视,先后 11 次进行现场监督检查,郑国宏局长多次召开专题会议听取幸福浴池查处情况汇报,提出了“一要严格执法,与公安机关联系,取得支持,克服一切困难,坚决予以查处。二要对涉事执法人员从严从重处理,无论涉及谁,无论什么原因,决不姑息迁就”的要求。由于取用地下水具有隐蔽性的特点,加之当事人极不配合,我局每次查处都困难重重。期间,当事人将大门紧锁,不让执法人员进门;将钉有铁钉的木板散满院落,阻碍调查取证;对执法人员拉拽辱骂,不让靠近水池。在当事人与执法人员僵持不下的情况下,执法人员拨打 110 报警求助才得以脱身。当事人还扬言,让儿子准备两口棺材,办理后事。

为防止事态激化,市水利局和市公安局殷商分局采取迂回的方式,通过当事人亲属做工作和提高检测手段，才使查处工作取得了进展。期间，市水利局咨询北京、郑州、焦作等地后投资 3.5 万元购买了地下空洞探测仪；市水利局和公安局殷商分局政委、支队长、水政科长、监察室主任等多位领导 6 次当面约谈当事人女儿、女婿，电话联系 20 余次。8 月 18 日，当事人终于同意配合执法，打开水井，纳入规范管理。

2.规范幸福浴池取用水情况

幸福浴池位于殷都区铁三路清风街道办事处任家庄村梯子口一村民院内，建筑面积约 200 m^2，属家庭式浴池，主要消费对象为附近群众。水井井深 36 m，井径 0.25 m。按水法规规定，市水利局于 8 月 21 日给该水井安装了取水计量设施，办理了《取水许可证》，并按照取水量和水资源费标准征收水资源费，将该井纳入规范和正常管理。主要依据是：

《中华人民共和国水法》第四十八条第一款规定：直接从江河、湖泊或者地下取用水资源的单位和个人，应当按照国家取水许可制度和水资源有偿使用制度的规定，向水行政主管部门或者流域管理机构申请领取取水许可证，并缴纳水资源费，取得取水权。《河南省取水许可和水资源费征收管理办法》第十四条第二款规定：直接利用已有的取水工程或者设施取水的，经审批机关审查合格，发给取水许可证。依照上述规定，单位和个人向水行政主管部门申请办理取水许可证，安装计量设施，并按标准缴纳水资源费就属合法取水，不需向上级申请批准。幸福浴池水井属城中村村民家中原有水井，不是新打水井，符合直接利用已有取水工程或者设施取水、经市水利局审查合格发给取水许可证并依法取水的条件。

鉴于任家庄村梯子口属安阳市殷都区城中村，已列入城中村改造计划，且当事人（李某，男，现年 60 岁，汤阴县五陵镇人，于 2013 年 9 月开始租赁经营幸福浴池）年事已高，患有高血压、糖尿病等病症，脾气暴躁，行为极端，扬言谁要封井，就要与谁拼命。为防止不测事件发生，临时采取了装表计量收费措施，待梯子口村进行城中村改造时，再对水井做彻底处理。

3.市水利局涉事人员处理情况

经市纪委派驻市水利局监察室查实，幸福浴池涉嫌违法取用地下水被电视台报道前，浴池当事人为逃避责任追究，宴请市水利局某执法内勤人员委托说情。经局研究，给予这名队员行政记过处分并调离执法岗位。

结合该案例，作者谈谈如何抓好廉洁执法及规范执法工作。

（1）强化内部监督，规范执法行为。

①支队所有水行政执法活动，必须经过支队领导批准。要严格按照法定权限和职责从事执法活动，未经批准，不得私自查处水事违法案件。

②建立目标责任制，实行一岗双责。每年初，各大队负责人与支队签订目标责任书和党风廉政建设责任书，明确工作目标和党风廉政建设目标，年底进行考核，实现奖勤罚懒，奖优罚劣。

③利用现代科技手段，建立水政监察与执法管理平台，实现水行政执法的全方位监管，远程指导重大水事违法案件的查处，实现行政处罚网上审批，提高办事效率。

④建立案件回访制度，对被处罚单位和个人，半年内由非本案调查人员进行回访，了解办案人员的廉洁执法情况，保护当事人的正当权益。

⑤实行水行政执法人员轮岗制度，每两年水行政执法人员进行辖区轮换，避免执法人员长期在同一辖区进行执法，预防关系案和人情案的发生。

(2)认清形势,加强水行政执法队伍建设。

①水政监察队伍是水行政主管部门对外的窗口,要切实加强队伍的思想政治建设。目前水政监察支队采取多种形式,加强队伍思想政治建设和业务技能学习,实现素质明显提升,作风明显转变,锻造一支政治素质高、业务能力强、作风过硬、纪律严明、廉政勤政、高效便民、形象良好的水政监察专职执法队伍。

②把好水行政执法人员的"监督关"。对水行政执法人员严格教育、严格管理、严格监督,对存在有令不行、有禁不止、行政不作为或者乱作为等行为的执法人员,坚决调离行政执法岗位,严格责任追究。实行"和谐执法、阳光办案",促进依法行政、廉洁执法。牢固树立廉洁执法的意识,签署廉洁执法保证书,不触及法律红线。

③执法人员要学会保护自己。现在执法环境日趋复杂,在工作中,作者多次要求队员,首先做到的是要保护自己,身体不受伤害;不违法、不违纪,严格执行程序;考虑问题一定要周全,如大美城施工降水问题,群众通过市长热线举报达30余次,处罚和收费法律依据不充分,采取措施主要有:水利住建联合印发《安阳市建设项目施工降水管理暂行办法》;逾期不备案启动处罚程序;对施工降水再利用水量征收水资源费;督促建设单位组织有关部门召开协调会,减轻纪检、人大和舆论压力;联系园林绿化单位利用外排水。

四、个人从事水利综合执法工作的几点体会

(一)领导重视是前提

水利发展要靠法治。水利综合执法是水利改革的重点和难点,为彻底改变水利执法长期存在的分散执法、多头执法、交叉执法、执法效率低下等问题,单位一把手要切实加强领导,统一班子成员和广大干部职工的思想,理清思路,在人员编制、经费、办公设备、车辆和人员待遇上给予倾斜。如安阳市支队直属四个大队大队长全部享受副科级待遇,大大增强了执法人员的荣誉感和责任感,提高了队伍的战斗力和凝聚力,为水利综合执法奠定了坚实的基础。

(二)队伍建设是基础

打铁还需自身硬。各级水政监察队伍代表水利部门开展水利综合执法工作,需要掌握一大批水法律法规和行政处罚、行政许可、行政强制、行政复议、行政诉讼等公共实体法和程序法,必须加强学习,把学习作为工作的重要组成部分,对水法律法规规定了然于胸。同时,水政监察员在执法一线,与当事人面对面,需要有较强的语言表达能力和沟通能力,既要对当事人的水事违法行为进行批评教育,又要及时制止违法行为的继续发生,需要不断提升执法业务技能。因此,要始终把建设一支纪律严明、业务精湛、作风过硬的水政监察队伍当作水利综合执法的基础性工作来抓,常抓不懈,抓出成效。

(三)执法平台是手段(提高效率,规范行为)

一是投资800万元用于安阳市城市水资源适时监控项目工程;二是2014年安阳市财政投资50万元用于水政监察与执法平台建设;三是省总队给予市水利局大力支持,2014年又争取中央分成水资源费投资72.8万元用于执法平台建设。目前,项目招标投标已全部完成,正在进行软件完善和设备安装,5月中旬完成。平台建成后能够利用计算机网络技术、3G移动通信技术、定位功能工作,通过手持移动终端内建的定位、摄像和拍照功能,在地图平台上实时记录现场执法取证图片和文字信息,以及现场视频、音频信息,实现动态管理和

巡查监督、监控管理，并实现从立案受理、调查取证、案件审批后移送（交）、执法文书打印、处罚处理、强制执行、结案归档全过程的流程化办理，实现对各县局和直属大队日常执法活动、案件办理情况、违章情况进行可视化的全面监控和管理，大大提高水政监察与执法的信息化、科技化水平，有力地促进水利综合执法工作的开展。

（四）规范执法是关键

水行政执法要接受政府法制部门、上级主管机关、新闻媒体和社会公众的广泛监督，因此办理的每一个行政处罚、行政处理、行政许可、行政征收和行政强制案件都要追求主体合法、程序正当、适用法律准确、处罚适当，达到案结事了，定纷止争的执法效果。因此，要求每个水政监察员在办理案件时，从立案、调查取证、权利告知、处罚（处理）决定的做出、送达、催告、申请强制执行等各个环节，严格按照法律规定的权限、时限做出具体行政行为，并要抱有对案件质量终身负责的态度，把每起案件都办成铁案，接受历史的检验，维护水法律法规的权威，维护社会水事秩序的公平正义。

（五）联动执法是保障

安阳市水利与公安部门联合成立了水利警务室，与检察院联合成立了刑事司法与行政执法联系办公室，与法院成立了强制执行小组，实行联动执法，减少了行政干预，有力地打击了水事违法行为，形成了执法合力。我们目前正在探索与纪检监察部门的联动执法机制，借助纪检监察办案的优势，近期成功处理了一起快捷宾馆利用城中村外供水为主且自建有取水工程的案件，当事人自愿接受处罚，补缴了水资源费，封填了宾馆自备井，该案件圆满结案。

（六）自身努力是根本

根据省总队的工作部署，抢抓机遇，乘势而为，有为才有位。既要当好指挥员，又要当好战斗员，团结带领各地的水政监察队伍，结合当地的工作实际，扎扎实实做好水利综合执法工作，努力探索，积累经验，为河南省水利综合执法工作增光添彩，为水利改革发展保驾护航，实现全省水利新跨越。

关于深化全国水利综合执法示范点建设工作的思考

2013年5月,水利部办公厅印发了《关于开展水利综合执法示范点工作的通知》,确定安阳市水利局等25个单位为全国水利综合执法示范点。如果你作为安阳市水行政执法机构负责人的话,你会如何开展水利综合执法示范点工作哪?又从哪几个方面入手呢?下面是作者的思考,希望能引起同仁的共鸣和思考。

一、解决水利综合执法示范点工作的指导思想、总体目标的问题

通过开展水利综合执法示范点建设工作,进一步提高执法人员素质,规范执法行为,严格执法程序,完善执法制度,突出执法重点,加大执法力度,提高水行政执法效率和水平,为水利可持续发展提供支撑和保障为指导思想。

按照《水利部关于全面推进水利综合执法的实施意见》的要求,以建立健全权责明确、行为规范、监督有效、保障有力的水行政执法体制为目标,以延伸构建市县两级综合执法网络、强化专职水政监察队伍建设、相对集中行政执法职能、完善综合执法工作机制为重点,基本建立起办事高效、运转协调、行为规范的水利执法体系;造就一支作风优良、业务精通、素质过硬的水利执法队伍;全面推进水利综合执法高效、规范、有力开展,以保证水法律法规的全面贯彻实施为总体目标。

二、要解决水利综合执法示范点工作建设任务的问题

(一)延伸综合执法网络,构建市、县、乡完整的综合执法体系

延伸构建基层水政监察机构。结合全市水利工程管理和水土保持水行政执法现状,在市支队按照分区管辖范围分设四个大队的基础上,指导各县(市)在重点水利工程管理单位建立水政监察中队;结合基层水利服务体系建设,在乡(镇)水利工作机构建立水政监察站,设2名兼职水政监察人员;在河道沿岸、水库周边等村庄设立执法联络员。争取到2013年底全市60%以上的重点水利工程管理单位和乡(镇)水利工作机构建立起水政监察机构,形成市、县、乡完整的综合执法体系。

(二)加强队伍专职化建设

(1)根据中央关于机构改革和事业单位分类改革的意见,结合专职水政监察队伍承担的行政执法职能,适时调整充实水政监察人员,做到与水行政执法任务相适应。各县(市)区水行政部门要根据执法任务需要,调整充实适量水政监察人员,有条件的要逐步转为行政编制或参照公务员编制管理。

(2)提高专职水政监察人员素质。配备精干的水政监察人员,法律和水利专业的人员比例达到60%以上;新任水政监察人员要达到专科以上学历。严格执行岗前培训制度,把好水政监察人员入口关;继续加强在岗执法人员的专业素养和职业道德教育培训,不断提高水政监察人员素质。

(3)建立健全学习制度。一是坚持政治和执法业务定期学习制度,每周二、五下午定为学习时间,把集中学习与执法人员自学相结合,作为提高水利执法人员业务水平的主要方式。二是有计划地安排水政监察人员参加各种执法业务培训,每年至少组织二次集中的业

务学习。三是鼓励水政监察人员参加法律和水利专业学历在职教育。

(三)明确专职水政监察队伍综合执法职责

(1)水政监察队伍是水行政主管部门的专职执法机构,承担或者受水行政主管部门委托承担各类水事违法案件的水行政处罚等执法职责;承办行政强制执行、行政强制措施组织实施等执法工作。

(2)水政监察队伍应加强对水行政许可项目的执法监督检查,对于水资源论证、河湖管理范围内建设项目审批、开发建设项目水土保持方案审批、涉水工程建设等许可项目,水政监察队伍根据工作需要,参与许可项目的现场勘查、论证分析等。

(四)建立健全综合执法工作机制

(1)按照许可(审批)、执行、监督相对分离和职权清晰、权责一致的原则,加强与各县(市)区以及局属二级机构等有关业务管理机构之间的联系,建立健全执法信息通告制度。继续推进执法责任制建设,建立健全执法检查与违法案件查处、行政征收与违法追缴、许可审批与监督检查、许可验收与监督检查之间的工作衔接机制,制定水行政处罚工作流程图,并实现制度上墙,做到分工明确、相互制约、运转协调,提升水行政执法和行政管理整体效能。

(2)建立健全系统内外部联合执法机制。水利综合执法要主动接受审判机关的司法监督,要与公安、司法等有关部门建立密切的联系,特别要取得各级人民法院的大力支持。对行政相对人拒不履行发生法律效力的行政处罚决定的,依法申请人民法院予以强制执行。同时,在建立健全司法联动机制的基础上,加强系统内部上下级之间、县级之间的联合执法,建立信息通报、联合调查、上下联动、案件移送、重大水事案件督办等联合执法制度,加强沟通联系和协调配合,共同开展执法行动和查处违法案件。

(3)整合全市水政监察执法力量,在各县(市)区统一挂牌,设立支队所属执法大队。建立全市水利综合执法工作应急处理机制。在市水政监察支队的指导下处理各县(市)区区域内重大水事案件,解决执法疑难问题。

(五)规范执法行为,加大执法力度

(1)加强执法巡查。按照《河南省水政监察执法巡查制度》要求,制定和完善相关配套制度,建立执法巡查责任制。专职水政监察机构主要负责制订年度巡查计划,组织和监督巡查工作开展,实施重点巡查和专项巡查;日常巡查主要由延伸水政监察机构负责。建立健全区域与区域之间,水利部门与公安、国土、环保、城建等部门之间的联合巡查机制。全面开展执法巡查,实现巡查全覆盖、常态化、规范化,加大现场执法力度,对水事违法案件做到早发现、早制止、早处理。

(2)加强重大水事违法案件挂牌督办工作。对挂牌督办案件,要按照要求认真完成案件查处任务。市支队要采取有力措施加大督办力度,支持承办大队做好案件查处工作,确保案件得到有效查处。

(3)切实搞好各项制度的落实,实现对水事违法行为事前、事中、事后的全方位监管,带动和促进水行政处罚、水行政征收、水行政许可、水行政强制等各项执法工作,全面提升执法效能。一是完善落实各项制度,进一步规范水行政执法案件的执法办案程序及执法案卷管理工作,提高执法办案能力;二是进一步完善内部管理制度,提升管理水平;三是进一步完善对外服务制度,增强执法人员公仆意识和服务意识;四是建立严格执行法定的行政处罚程序的制度；五是建立考核、考评制度；六是建立监督检查制度、统计备案制度、投诉举报制度。建立奖罚分明、优胜劣汰、能进能出、能上能下的管理机制。用制度来规范行政执法人员的行为，做到文明执法，严格执法。水利综合执法要自觉接受省水利厅和市政府法制办的指导和监督，争取上级部门的支持，保证示范点工作健康发展。

(4)每年开展重点、特殊行业用水专项整治活动，规范用水行为；完善处罚和征收对象定期回访制度，力保全年水事违法案件结案率达到100%。

(5)搞好“世界水日”“中国水周”和全国法制日水法律法规宣传，增强全社会的水危机意识和节水观念，营造依法治水工作的良好社会氛围。

(6)创新执法，加强执法方式、方法和技巧研究，探索社会化巡查路子，畅通举报渠道，拓宽执法领域，研究新形势下新案例的执法突破，并指导各县(市)区水政监察机构开展好水利综合执法工作。

(六)加强执法装备建设，提升行政执法能力

(1)按照《河南省水政监察执法装备配置标准》和《河南省水政监察执法装备使用管理规定》的要求，逐步配齐或按规定更换水政监察队伍的执法船艇、执法车辆、执法取证器材、信息处理设备、办公设备等最基本的执法装备。同时，重视抓好水政监察信息化建设规划，对重点河段、重要部位要逐步实行远程监控、电子巡查取证，以提高水行政执法效率。

(2)指导各县(市)区执法场所规范化建设，实现“四个保障”。①经费保障：财政每年将执法经费列入部门预算，保障执法经费所需；②装备保障：必要的执法车辆、调查取证设备、办公设备等，由财政列专项经费购置；③人身安全保障：参照水利部《关于为水政监察人员购买人身意外伤害保险有关问题的通知》要求，为每位执法人员办理人身意外伤害保险；④办公保障：固定办公场所，改善办公环境，实行集中统一的敞开式办公，一人一台电脑，实现信息共享。

三、要解决水利综合执法示范点工作建设任务的实施问题

一是进一步理顺执法体制。做到职权分工更加清晰、权责更加统一，合理划分专职水政监察队伍和其他业务管理部门之间的权责权限，落实执法责任。二是进一步完善综合执法机制。做到程序更加明确、协调更加顺畅，执法监督制度更加健全。三是进一步强化专职执法队伍。做到素质明显提升，作风明显转变，执法高效便民，积极推动专职水政监察队伍，参照《中华人民共和国公务员法》管理。四是完善行政执法各项规章制度和操作规程，进一步规范执法行为、统一执法标识，深入开展水政监察政风行风建设。五是开展水政监察人员执法能力建设培训，提高执法人员业务素质和执法能力。六是组织开展水利执法大排查、大巡查行动，及时排查化解水事矛盾、查处各类水事违法案件、维护良好的水事秩序、树立水利综合执法队伍的良好社会形象。

总之，水利综合执法示范点工作，必须加强组织领导，全面扎实推进。要积极争取当地党委、政府领导的支持，加强与有关部门的沟通协调，尽力解决专职水政监察机构性质、编制、执法装备等问题，将执法经费全部纳入财政预算。要进一步理顺体制、完善机制、规范运作，切实提高执法效能。

安阳市水利综合执法工作规范化建设标准

为认真落实《水利部办公厅关于开展水利综合执法示范点工作的通知》(办政法〔2013〕117号)精神,根据《水利部关于全面推进水利综合执法的实施意见》和水利厅有关要求,结合安阳市实际,特制定水利综合执法工作规范化建设"七化"(执法队伍专职化、执法程序规范化、执法机制科学化、执法管理制度化、执法装备标准化、执法服务优质化、执法监督社会化)标准,具体如下。

一、执法队伍专职化

(1)根据《中华人民共和国水法》有关规定和《水利部关于全面推进水利综合执法的实施意见》《水利部办公厅关于开展水利综合执法示范点工作的通知》(办政法〔2013〕117号)的要求,逐步规范综合执法队伍建设,机构性质为参照《中华人民共和国公务员法》管理或财政全额拨款的事业单位,由适应执法工作需要的人员编制,将执法工作经费列入财政预算。

(2)理顺执法职责,即除法律法规明确授权外,其余的执法职能实行统一综合执法,由综合执法机构集中行使法律、法规赋予水行政主管部门的行政检查权和行政处罚权。

(3)建立执法人员录用、考核、辞退管理机制,严格录用标准和录用程序,坚持公开选拔、择优录用的进人原则,严把进人关。执法人员应具备大专以上学历。加强执法人员日常考核,既要看工作能力,又要严格政治素质。对不能胜任执法工作的、政治素质不符合要求的,要坚决予以辞退或换岗,逐步完善考核机制。

(4)执法人员必须取得水利部颁发的《水政监察证》和省政府统一颁发的《行政执法证》,做到持证上岗。

二、执法程序规范化

(一)规范办案程序

根据《中华人民共和国行政处罚法》《水行政处罚实施办法》《河南省水行政处罚裁量标准》以及法规、规章的有关规定,做到事实清楚,证据确凿,适用法律准确,处罚合法适当。

(1)在办案时,需由两名以上持证执法人员进入现场,出示证件,表明身份,说明来意。

(2)执法人员对案件情况进行全面、客观、公正的调查后,收集证据(书证、物证、视听资料、证人证言、当事人陈述、鉴定结论、勘验笔录和现场笔录)。

(3)适用简易程序处罚的案件,可现场填写《当场处罚决定书》,当场交付当事人认可并签字,告知当事人如不服行政处罚决定,可以依法申请行政复议或者提起行政诉讼的有关事项。

(4)适用一般程序处罚的案件,填写《行政处罚立案审批表》,报领导批准立案,严格按照一般程序案件的要求进行查处,自立案之日起,一个月内做出处理决定。

(5)在抽样取证、登记保存、查封(扣押)物品时,制作必要、规范的法律文书,在证据可能灭失或以后再难以取证的情况下,要经领导批准同意,先行登记保存,并在7日内做出没收、移交、销毁、解除登记等决定;采取查封扣押强制措施必须有法定依据。

(6)案件调查人员与本案有利害关系可能影响公正处理的,应主动申请回避。

(7)对公民罚款超过1 000元、法人或其他组织罚款超过3万元的(有违法所得),应告知当事人有要求举行听证的权利。

(8)对生效的水行政处罚决定,当事人拒不履行的,可采取每日按罚款数额的3%加处罚款,将查封、扣押的财物拍卖抵缴罚款或申请人民法院强制执行。

(9)对涉嫌犯罪的,应当依法移交司法部门追究其刑事责任。

(二)规范执法文书

(1)规范执法文书纸张使用,明确规范执法办公纸张统一采用A4纸,确保案卷整齐规范,案卷做到一案一卷。使用全省统一格式的行政执法文书,规范执法文书的制作和案卷归档,定期开展案卷评查,提高法律文书制作和管理水平。案卷评查合格率95%以上。

(2)规范执法文书制作和案卷归档。统一规范执法文书制作及立卷归档,确保行政处罚决定在行政复议、行政诉讼中维持,确保执法文书的基本要素齐备、填写规范,确保立卷归档符合档案管理的有关规定。

三、执法机制科学化

建立联合执法机制,保证案件顺利执行。

(1)案件备案制度。对重大案件处罚要按时报送上级主管部门、法制机构备案,并抄告有关部门。

(2)联合办案制度。建立外部与工商、公安、司法,内部与水政、防办、水保、节水、工程质检等部门协作联动机制。

(3)案件移送制度。对移送标准、对象、程序、方式、期限、责任追究等做出明确规定,确保移送案件"应送尽送",杜绝"以罚代刑"、越权办案。

(4)应急管理制度。对应急范围、组织设立、应急指挥、处置程序等做出规定,确保快速、高效、妥善处理重大突发(抗法)事件。

(5)人身保障制度。落实执法人员的人身伤害(意外)保险,给执法人员提供必要的人身安全保障。

四、执法管理制度化

(一)日常工作制度

(1)举报受理制度。做好统一举报电话的人员值守安排,明确举报受理工作的职责和程序,规范举报受理文明用语,规定举报案件的查处和回复时限。

(2)执法巡查制度。制订日常巡查计划,明确日常巡查的时间、人员、车辆、项目内容和需要采取的措施。

(3)轮流值班制度。结合举报受理、执法检查和网上巡查,组织执法人员轮流值班,对值班人员的工作职责、轮换周期、交接班等事项进行规定,确保电话接听、传真接收等日常接待、上传下达等工作落实到位。

(4)信息管理制度。确保执法信息动态的收集、编写、上报、发布等工作的程序规范,切实加强综合执法的新闻宣传和社会舆论工作。

（二）案件办理制度

（1）办案制度（包括案件受理、调查取证、听证、审查、执行、备案等制度）。案件办理中实行主办人制度，另配一名协办人，主办人具体负责案件办理的全过程。在办案人员的安排上要做到科学合理，确保每名执法人员都能参与案件办理，实现执法任务均衡。

（2）案件审查制度。对案件审查的流程做出规定，按照步骤做好每一个环节，并由专人负责监督，确保案件办理严密、严谨。

（3）案件回访制度。通过回访了解当事人对处理案件的看法，进一步拓宽沟通渠道，及时化解矛盾，提升水行政执法公信力及形象。

（4）行政处罚案件集体讨论制度。对参与行政处罚案件讨论的人员、内容以及工作程序等做出规定。

（5）案卷评审制度。案卷评查前，进行人员选拔，成立案卷评审委员会或案卷评审小组，制订案卷评审方案，对案卷评审的范围、标准、方式以及结果适用等做出规定。

（三）内部管理制度

（1）保密工作制度。安排专人、设立专柜，对涉密文件及举报人信息进行管理。

（2）公文管理制度。制定公文处理程序，对公文的起草、审核、签发进行规范。对公文的收发、呈送、传阅、借阅、清退、归档、销毁等做出规定，规范公文的使用。

（3）财务管理制度。制定物品申购、借款和财务报销的程序规范，对经费申请、支出、报销等事项做出规定，认真执行国家财务制度，管理、使用好各项资金。

（4）公章管理制度。安排专人保管公章，制定公章使用的程序规范，对公章的用途、使用范围、盖章条件、移交、印模借出等做出规定。

（5）资产管理制度。安排专人管理资产，制定资产使用程序规范，对资产的购置、使用、保管、借出、报废等事项做出规定。

（6）车辆管理制度。安排专人管理执法用车，制定执法车辆使用程序规范，明确出车时间、出车范围、使用人员等事项，对车辆的维修、保养、安全管理做出规定。

（7）罚缴分离、收支两条线规定。严格执行“收支两条线”，不下达罚款指标，不坐支、挪用罚没款项，使用票据规范、入账及时。

（四）人员管理制度

（1）业务学习制度。制订学习计划，安排好业务学习的时间和内容，对学习情况进行考核，检验学习成效。

（2）培训考核制度。坚持执法培训制度化和经常化，不断提高执法人员的政治素质和业务水平，执法人员每年参加业务培训不少于 1 次。

（3）岗位轮换制度。制定岗位轮换规定，对轮岗对象、轮岗条件、轮岗时间、岗位范围等做出具体规定，促进执法人员的综合能力水平的提高。

（4）廉政制度。对廉政要求、廉政教育、廉政公示、廉政考核和考核结果适用等做出规定，规范和约束执法人员行为，不断提高执法人员廉政意识和水平。

（五）激励约束制度

（1）错案责任追究制度。明确过错责任追究办法，对过错的范围、责任人的确定、过错责任追究形式、过错追究机构和程序做出规定，将过错责任追究与干部任免、年终考核结合起来，确保执法责任落到实处。

(2)评议考核制度。制定考核标准和评议方法,定期对下级执法机构或执法机构内部各部门的工作进行评议考核。

(3)表彰奖励制度。根据综合执法机构和执法人员落实执法责任制、执法成效、工作创新能力等,对表彰奖励目的、标准、评奖程序、奖励方式等做出规定。

(4)日常考勤制度。制定执法人员的出勤、请假、加班等事项的程序规范,组织开展好执法人员的考勤工作,对考勤结果运用做出规定。

(六)队伍管理制度

(1)支(大)队、中队名称规范,支(大)队长、中队长配备到位。

(2)办公区域挂综合执法机构名牌,办公场所一人一桌椅,整洁卫生,物品放置整齐有序,显要位置设置专栏,公示执法主体、职能职责、执法程序、内设机构分工、执法监督、执法动态等相关政务信息。

(3)执法过程中徒步外出,做好两人成行,三人成列。

(4)服从命令,听从指挥,反应迅速,积极完成上级交办的各项工作任务。

五、执法装备标准化

(1)办公场所。有固定的办公场所,设会议室(听证室)、值班室、询问调查室、档案室、罚没物品库房等专用执法房间。

(2)执法装备。配备执法专用车(车身喷涂"水行政执法、举报电话××××××××"标志)、执法记录仪、测距仪、摄像机、数码相机、彩色便携式打印机、移动执法手持式终端、录音笔、测量工具、破拆工具、手电筒,对讲机、便携执法包等设备。

(3)办公设备。执法队伍应配有电脑、电话、打印机、复印机、传真机、扫描仪、文件柜、移动无线上网卡、500 G 以上移动硬盘、档案柜等必备的办公设备,电脑实现人手一台,并实现联网无纸化办公。

(4)工作服装。配备统一制式的工作识别服,所有执法人员在上班及执法期间统一着工作识别服,统一佩戴载明执法人员姓名、职务的上岗证。

六、执法服务优质化

(1)办公场所公示水行政执法依据、条件、流程、时限、承诺等内容,并严格执行首问责任制。

(2)水行政执法人员应当做到举止端庄,语言文明,态度和蔼,礼貌待人。

(3)执法过程中应当做到行为规范,不得有饮酒、嬉闹、赌博、勾肩搭背等有损执法形象的行为。

(4)水行政执法人员在执法过程中应当用语文明,不得使用侮辱性、歧视性语言。

(5)执法人员在执法过程中严禁限制当事人的人身自由,严禁粗暴执法。

(6)行政处罚案件按期结案达95%以上,投诉举报案件处理及答复率达到100%,无行政复议、行政诉讼撤销案件。

七、执法监督社会化

(1)通过公开执法依据、程序、范围、过程等,自觉接受管理对象、新闻媒体和其他监督部门的监督。

(2)推行案件网上审批,办案过程格式化、程序化,避免人为因素干扰。

(3)接受人大代表、政协委员、群众、新闻媒体监督,主动接受法制机构、纪检监察部门监督。

(4)聘请行风监督员对执法人员行为进行监督。

(5)开展经常性政风行风教育,严格遵守勤政廉政各项规定,群众测评满意率达到 90% 以上。

水利综合执法示范点建设工作的思考

为全面推动水利事业又好又快发展,推进水利综合执法工作顺利开展,加快建立权责明确、行为规范、监督有效的水行政执法体制。近年来,安阳市水利局按照依法行政和依法治水的工作要求,坚持“稳中求进、晋位争先”的创建思路,积极开展水利综合执法工作,积累了丰富经验,取得了明显成效。2006 年安阳市水利局成为全省第一个水利综合执法试点,2008 年成为全国唯一地市级水利综合执法联系点,2013 年 5 月,市水利局被水利部确定为全国首批水利综合执法示范点,标志着安阳市迈出了水行政综合执法工作从全省试点到全国联系点,到今天全国示范点的“三个台阶”,推动了全市水利事业实现了新跨越。

一、加强组织领导,切实将水利综合执法示范点建设工作摆上重要议事日程

水利综合执法工作是水利系统全面推进依法行政的重要环节,是增强水利公务服务能力、提高水利社会管理水平的重要手段。市水利局高度重视,采取四项措施,切实加强对水利综合执法工作的组织领导。一是加强学习,提高认识。局党委会集体学习了水利部《关于加强水政监察工作的意见》和《关于全面推进水利综合执法的实施意见》,充分认识到了新形势下开展水利综合执法工作的重要性和紧迫性,做到了水利综合执法工作与水利发展与改革任务一起部署、一起落实、一起考核。二是成立组织,加强领导。成立了以市水利局主要领导为组长和副组长、市直水利系统相关单位及局机关有关科(室、站)队负责同志为成员的示范点建设工作领导小组,负责领导和协调水利综合执法工作。三是制订方案,整体推进。印发了《关于深化全国水利综合执法示范点建设工作实施方案》,明确了指导思想、总体目标、建设任务、实施步骤和工作要求,对各县(市)区工作进行了部署,整体推进。四是开会动员,专题安排。召开水利综合执法工作动员会,专题安排,统一思想,整合力量,形成了主要领导亲自抓、分管领导直接抓、执法机构具体抓、相关单位配合抓,全力推进水利综合执法工作开展的新局面。

二、理顺执法体制,明确执法责任,保障水法规全面贯彻实施

(1)全面梳理水行政执法职权,相对集中行政执法职能。对水法律法规进行了全面梳理,将水行政执法职权分为行政处罚、行政强制、行政许可、行政征收四类。明确市、县(市)区两级水政监察队伍是同级水行政主管部门的专职执法机构,受水行政主管部门委托承担水事违法案件的行政处罚职责,承办行政强制执行、行政强制措施的组织实施,负责对水行政许可项目的执法监督检查,对于水资源论证、河湖管理范围内建设项目审批、开发建设项目水土保持方案审批、涉水工程建设等许可项目,水政监察队伍根据工作需要,参与许可项目的现场勘查、论证分析等,相对集中行政执法职能,突出水利综合执法。

(2)合理划分职责权限,明确执法责任。对梳理出来的行政许可和行政征收职能,按照工作性质和业务归属,分解到局属各业务机构来行使,明确受理条件、审批标准、办理时限、征收范围、征收标准、征收时间、违法责任及追究等具体内容,落实执法责任。

(3)延伸综合执法网络,构建综合执法体系。结合全市水行政执法现状,监察支队在按照行政分区范围设四个大队的基础上,指导各县(市)区在重点水利工程管理单位建立水政

监察中队;结合基层水利服务体系建设,林州等县(市)区在乡(镇)水利工作机构建立了水政监察站,设2名兼职水政监察人员,形成了市、县、乡完整的综合执法体系。

(4)理顺执法体制,合理配置职能,提高执法效能。按照许可、执行、监督相对分离和职权明晰、权责一致的原则,加强了与各县(市)区及局属单位等有关业务管理机构之间的联系,实行水行政执法信息通告制度,建立了执法检查与违法案件查处、行政征收与违法追缴、许可审批与监督检查、许可验收与监督检查之间的工作衔接,制定了水行政处罚流程图,做到分工明确、相互制约、运转协调,提升了水行政执法和行政管理效能,形成了"千斤重担大家挑,人人肩上有指标"的水利综合执法工作体制。

三、完善执法机制,形成执法合力,维护良好水事秩序

(1)完善执法程序,保证具体行政行为合法有效。依法对水行政执法案件的受理、立案审批、调查取证、集体讨论、行政处罚事先告知、行政处罚决定的做出、送达、催告执行、申请法院执行(强制执行)、结案等各个环节、步骤、权限、时限等进行了具体规范,切实做到了流程清楚、要求具体、期限明确,保证了具体行政行为的合法适当。

(2)规范行政处罚裁量行为,维护法律公平正义。严格执行省厅制定的水行政处罚裁量标准和适用规则,坚持以事实为依据,以法律为准绳,实行一般案件支队集体讨论,重大、复杂案件行政机关负责人集体研究制度,做到了同案同罚、异案异罚,准确适用法律,维护水法规公平正义。

(3)建立联合执法机制,形成执法合力。重点加强了重大水事违法案件挂牌督办工作,对各县(市)区上报的重大水事违法案件,采取指导县(市)区大队办案、支队直接查处等方式,先后查处了石武高铁安阳段建设项目、中州国际林州公司、汤阴众品食业公司等单位水资源费案件及汤阴县五陵镇卫河沿岸村民在水文测验河段擅自栽树行政处理案件,收到了良好的执法效果。与公安部门联合成立了水利警务室,与检察院联合成立了刑事司法与行政执法联系办公室,与法院成立了强制执行小组,实行联动执法,形成执法合力,有力地打击了水事违法行为。

(4)健全执法监督机制,广泛接受社会监督。一是切实搞好各项制度的落实,实现对水事违法行为事前、事中、事后的全方位监管,促进了水行政执法工作的开展。二是严格执行行政处罚案件司法热线备案制度,在行政处罚决定做出的当天就向检察院备案,减少了行政干预。三是自觉执行重大行政处罚案件向法制办备案制度,做到了有案必备,备案率、按时率均达100%。四是主动开展系统内行政处罚、许可案卷评查工作,接受上级的执法监督检查,保证办案质量,案件优良率达90%以上。五是畅通监督投诉渠道,设立水行政执法110电话,公开纪检监察部门派驻水利部门监督电话,广泛接受社会监督。近年来未出现一起行政复议被撤销、变更和行政诉讼败诉案件。

(5)加强制度建设,提高执法效能。一是实行有奖举报制度,对当事人举报查证属实的案件,及时兑现奖励1 000元,目前水事违法行为70%是群众举报,形成了全社会监督水事活动的良好局面。二是建立巡查制度,将水事违法行为消灭在萌芽状态。水政监察机构主要负责实施重点巡查和专项巡查,日常巡查主要由延伸水政监察机构负责,实现了巡查的全覆盖、常态化。加大现场执法力度,对水事违法行为做到了早发现、早制止、早处理。三是建立了案件主办人制度,主办人对案件质量负责,增强案件主办人的责任意识。

水利综合执法工作的开展,解决了执法缺位问题,取得了三个成效:一是加大了执法力度。两年来共进行执法活动2 360车次,5 248人次,查处各类水事违法行为102起,立案57起,结案52起,收缴罚款50余万元,封填水井24眼,追缴水资源费102万元。二是促进了水资源费的征收。2013年市本级征收水资源费4 480万元,在全省名列前茅,实现了以执法促收费,以收费促管理的良性循环。三是保证了农田水利等重点民生工程建设,保护了水资源、水域和水工程安全。

四、强化队伍建设,提升人员素质,实现执法高效便民

(1)健全水政监察队伍,为水利综合执法工作提供人才保障。目前,安阳市、县两级水政监察队伍健全,共有专、兼职水政监察员322名,市水政监察支队参照《中华人民共和国公务员法》进行管理,各县(市)区大队为财政全供或自收自支事业单位。为切实做好全国水利综合执法示范点工作,积极向市机构编制委员会请示增加人员编制。2013年11月,市编委批复调增15人,调整后支队编制23人,基本满足了工作需要。同时,要求各县(市)区水行政主管部门根据执法任务,调整充实水政监察员,逐步满足执法工作需要。

(2)加强学习培训,提高水政监察员素质。一是坚持政治理论和执法业务知识定期学习制度,每周二、五下午为学习时间,把集中学习与执法人员自学相结合,作为提高水政监察员业务水平的主要方式。二是有计划地安排水政监察员参加各种执法业务培训,每年至少组织两次集中的业务学习,实现全市水政监察员每三年轮训一遍的目标。三是鼓励水政监察员参加各类法律和水利专业学历在职教育,通过高等院校的在职学习教育,提高人员素质,收到了事半功倍的效果。四是在水政监察队伍中开展执法业务大比武,激发了队员的学习和工作热情,讲奉献、比学习、钻业务在水政监察队伍中已蔚然成风。

(3)强化执法保障,提升执法能力。一是市财政已将监察支队工作经费纳入财政预算予以保障。市本级投资60余万元用于改善办公环境,每人配备一台电脑,实行集中敞开式办公,统一购置了执法服装和公文包,挂牌上岗,购买了人身意外伤害保险,形成了有固定的办公场所、有必要的执法装备、有统一的执法识别服的"三有"标准。二是指导所属各县(市)区水政监察队伍规范化建设,实现"四个保障",即经费保障、装备保障、人身安全保障、办公保障,增强了水政监察员的荣誉感和责任感。

(4)开展政风行风建设,实现优质服务,塑造水利形象。积极参加民主评议政风行风活动,通过发放调查问卷、电话回访、召开座谈会、网上评议等形式,广泛征求意见和建议。对群众反映的问题,实行首问负责制、限时办结制、服务承诺制,市水政监察支队不仅被省水利厅命名为全省水利系统水政监察文明执法示范窗口,而且还被共青团河南省委授予"青年文明号",塑造了水利新形象。

五、存在问题及下一步打算

2000年出台的《水政监察工作章程》是全面规范水政监察队伍工作职责、人员管理以及相关制度建设的唯一一部上位法,由于其出台较早,其中部门内容与现实管理情况不吻合,建议结合水利综合执法工作相关要求,对其进行修订。同时,在办理水政监察队伍纳入全额预算管理或参照公务员管理的相关工作中发现,按照事业单位分类改革的相关要求,编制部门的审查依据之一就是是否有法律法规授权,即该类型单位是否在法律、行政法规或者地方

性法规中有明确规定行使相关行政管理权,建议水利部在相关法律、行政法规的起草或修订中可以明确规定水政监察队伍的行政管理职责,便于基层单位开展相关工作。要从根本上实现水利执法体制改革,全面推进水利综合执法,一是应当把水利综合执法推行工作纳入整个水利改革发展的重要内容,制定严格的考核制度,促使各级水行政主管部门提高认识,统一思想,加强组织领导,制定目标任务,狠抓工作落实。二是从立法上解决水政监察队伍综合执法的法定职责和法律地位,使行政执法职能相对集中,贯穿于水行政执法的全过程,全面提高行政执法效能,切实保障水法规的全面贯彻实施,为水利改革发展提供重要支撑和保障。三是建立上下协调一致的水行政执法体系,按照水利部关于加强水政监察队伍建设的要求,结合本地实际,进一步加快专职水政监察机构建设,积极推动专职水政监察队伍参照公务员管理或转为行政序列。

安阳市开展的全国水利综合执法示范点建设工作,在上级部门的关心、支持和帮助下,虽然进行了一些有益的探索和实践,并取得了一些阶段性成果,但仍然存在所属各县(市)区发展不平衡、大队机构性质属自收自支事业单位、执法装备不足等问题。在上级的有力指导下,应继续开拓创新,扎实工作,以全国水利综合执法示范点建设工作为载体,以市水利综合执法工作为重点,推动各县(市)区水利综合执法工作深入开展,努力开创水利综合执法示范点工作新局面,促进水法律法规的全面贯彻落实,为水利改革发展保驾护航。

河南省深化水行政综合执法改革的思考

习近平总书记深刻洞察我国水情，明确提出了“节水优先、空间均衡、系统治理、两手发力”的十六字治水思路，如何落实习近平总书记指示、推进新时代水利改革发展？水利部原部长鄂竟平分析了当前我国治水的主要问题矛盾后，提出了“水利工程补短板、水利行业强监管”的水利改革发展的总基调。如何“强监管”？谁来“强监管”？拥有一支权责统一、权威高效的水行政综合执法队伍成为“强监管”的必然要求。工欲善其事必先利其器！落实“强监管”，打造“利器”的任务迫在眉睫。为深入贯彻落实党的十九大和十九届三中、四中、五中全会精神。积极践行“水利工程补短板、水利行业强监管”的水利改革发展总基调，进一步理顺行政执法体制机制，切实解决执法权责不清、执法力量不足等问题，坚决制止和严厉打击各类水事违法行为，大力提升水行政执法效率和监管水平，加快推进水利治理体系和治理能力现代化，保障全省水安全。

一、河南省水行政执法队伍现状

调研发现，随着机构改革任务落实和综合执法体制改革深化，河南省水行政主管部门“三定”方案规定的执法职责，除“入河排污口设置、重要水功能区监测及与之相对应的日常管理和执法职责”划转至生态环境主管部门外，水法律法规明确的行政职权没有改变，但与2018年底相比，全省专职水行政执法队伍、在编执法人员、专职执法人员都出现了减少现象。

目前，全省市场监管、生态环境保护、文化市场、交通运输、农业五大领域综合执法改革已印发了综合行政执法改革《实施意见》，均未涉及水行政执法队伍改革相关意见建议。鹤壁市、漯河市5个领域新组建的综合行政执法机构“三定”方案已经全部印发，水行政执法队伍被排除在外。

（一）省级水行政执法已由专职队伍负责变为水行政主管部门内设机构承担

2019年全省行政机构改革，按照属地管理、重心下移及省级原则上不设执法队伍的精神，河南省水政监察总队撤销，新设河南省河湖事务中心，具体承担跨市（县）、跨流域（区域）水利设施、河湖管理等方面的技术指导、水法律法规宣传、河湖管理中水事纠纷、事故调查处理等非水行政执法工作。原省水政监察总队的水行政执法职责由省水利厅政策法规处承担，省水厅“三定”方案中关于执法职责的表述与水利部基本一致，即政策法规处承担了组织查处（调查）全省范围内重大的、跨市域的水行政执法事项，监督下级水行政执法队伍重大涉水违法事件查处等执法工作。省级执法监督任务依然繁重。

（二）省辖市水行政执法队伍情况

目前，市县两级水行政执法改革处仍处于停滞状态，执法任务基本与改革前保持不变，各地市、县（市、区）的具体水行政执法任务仍由市县两级水行政专职执法队伍承担。其中，县级执法队伍具体承担辖区内各类水事违法行为的查处，设区的市本级水行政执法队伍除负责全市重大的、跨县（市、区）的涉水违法行为查处外，还承担对县级执法队伍的业务指导、组织协调和考核评价等职能。

截至2020年11月初，18个地市共有水行政执法队伍180支。其中，18个水政监察支队，162 支水政监察大队。在 180 支队伍中，公务员或参照公务员管理队伍 22 支，占队伍总数的 12.2%；全供事业单位 101 支，占队伍总数的 56.1%；差额拨款或自收自支事业单位 57 支，占队伍总数的 31.7%。省辖市两级执法队伍实有人员 3 134 人，持有执法证人员 2 690 人，占总人数的 85.8%；专职执法人员 2 194 人，占持证人员的 81.6%，占总人数的 68.6%。据统计，2018 年至今查处各类水事违法案件 2 245 件，其中，2018 年 717 件，2019 年 920 件，2020 年（截至 5 月初）608 件。3 年来，市县两级水行政查处媒体、群众举报立案查处水事违法案件 555 件，其中挂牌督办水事违法案件 196 件。

（三）省直管县和厅属单位水行政执法队伍情况

省直管县水政队伍相比 18 个地市下辖的县级执法队伍，在机构编制上，具有一定的优势。10 个省直管县的水政监察队伍，有 7 个是事业全供性质，滑县、兰考和汝州 3 个县市的水政队伍为自收自支性质。但需要特别说明的是，2019 年新蔡县委机构编制委员会印发了《〈新蔡县乡镇职能配置内设机构和人员编制规定〉的通知》（新编〔2019〕7 号文），将原属于新蔡县水利局的行政处罚权限下发到乡镇（街道办），致使执法队伍无法开展执法工作。在执法人员配置上，10 个队伍定编人员 219 人，实际在岗 175 人，持有执法证人员 164 人，全部专职在岗，持证人员和专职执法人员均在定编人员的 75%左右，与 18 个地市下辖的县级执法队伍基本持平。2018 年以来共查处各类水事违法案件 158 件，其中 2018 年 79 件，2019 年 66 件，2020 年（截至 5 月初）15 件。

省水利厅下属 12 个厅属单位，均设有水政监察执法队伍，队伍性质均是全供事业单位。2018 年 9 月以后，由于机构改革，省水利厅暂未委托 12 个厅属单位开展水行政执法工作。

二、河南省水行政执法面临的主要困难和挑战

多年来，全省先后开展了水利与公安联合打击河道非法采砂专项执法行动、打击河湖采砂专项整治行动、汛前河湖专项执法检查、黄河生态保护等整治活动及各方面督查、暗访等工作，严厉打击非法侵占河湖、非法采砂、非法取水、违法涉河建设、违法设障、人为造成水土流失、扰乱水利建设市场秩序、破坏水利工程和水文设施等重点水事违法行为。2018 年至今，全省水行政执法立案查处各类水事违法行为 2 406 件，为建设造福人民的幸福河、保障全省水安全等方面发挥了重要作用。但在“水利工程补短板，水利行业强监管”的大背景下，河南省水行政执法队伍无论是与习总书记新时期治水方针和现代化治理能力新目标相比，还是与兄弟省份山东相比，都有着一定的差距，突出表现在以下方面的问题。

（一）水行政执法队伍编制和人员配备参差不齐

全省水行政执法队伍不仅全部未纳入政府行政执法机构序列，而且编制和人员配备五花八门，严重制约基本水行政执法工作的开展。一是队伍编制性质不统一。在全省 202 支执法队伍中，仅有 11.4%是行政或参照公务员管理编制，58.4%是全供事业单位编制，仍有 30.2%为差额补贴或自收自支编制，与河南省交通、农业、自然资源、卫生等部门的执法机构基本都是参照公务员管理编制相比，差距很大。全省现有的 3 584 名执法人员，人数仅和郑州市的城管队伍人员总数相当。二是队伍编制人员不落实。河南省部分县水政监察大队有牌子无编制、无专职执法人员，比如，洛阳的宜阳县、伊川县、洛宁县，信阳的光山县等，均是有牌子，无人员编制，执法人员均是从当地水利局各科室（股室）抽调组建。光山县水政监察大队，县编办仅明确大队为自收自支事业单位，大队长 1 名，未明确大队具体编制人数，执

法人员在水利局内部调剂。三是水行政执法队伍在综合执法改革中被进一步弱化。随着机构改革的深入开展,部分水行政执法队伍编制不增反减,行政执法职能进一步弱化,对水行政执法队伍带来新挑战。如濮阳市水政监察支队目前属于无机构,无编制,执法人员都是临时抽调人员,共有7人,持有执法证的仅1人,执法工作根本不能开展;周口市委编办将周口市水政监察支队降为公益一类事业单位,名称由周口市水政监察支队改为周口市水政监察大队,并进一步缩减人员编制;新蔡县委编办将县水利局的行政处罚职能下发到乡镇(街道办),水行政执法队伍无法开展工作。

(二)水行政执法保障机制不健全

在执法经费保障方面,全省大多地市未将水行政执法经费列入同级财政预算,经费不稳定、缺口较大,严重影响执法人员工作积极性和执法活动正常开展。全省172个县级水政监察队伍中(含10个省直管县)中,有57支队伍性质是自筹自支,占比33.1%,在2017年12月1日实施《河南省水资源税改革试点实施办法》后,执法人员工资都无法按时保障。水利部统计河南省202支水行政执法队伍中,有65支的人员工资时常被拖欠,南阳市淅川县、洛阳市汝阳县、许昌市禹州和襄县等均发生过为解决因多次拖欠工资而引发执法人员上访的事件。在执法装备配备保障方面,由于部分地方市县两级执法车辆和所有水行政执法统一着装未保留,对日常执法巡查、强制执行等影响较大,以全省执法装备配备最为齐全的郑州市为例,除郑州市水政监察支队外,辖区内各县、市(区)大队和水政办公室执法车辆均不能满足执法需要,如巩义市水政监察大队,持有执法资格证执法人员45人,甚至没有配备1辆执法车。同时,受财政投入制约,水上设施、调查取证器材等执法装备配备不足与老化失修并存,难以适应全面落实河湖长制、建设幸福河湖以及全面推行行政执法"三项制度"等工作的需求。基层绝大多数水行政执法工作仍停留在"四个轮子、两条腿"的阶段,与推进"互联网+执法"差距大,难以适应全天候、全覆盖的执法需求。

(三)依法行政和行政执法的权责边界不清

从河南省水利部门来看,执法事权和权责不清主要表现为:一是水利部门存在多头执法。目前"一个部门一支队伍"对外的执法格局尚未完全形成,18个地市除政策法规机构和水行政执法队伍承担水事违法行为的查处外,水资源管理、河道管理、水土保持、水旱灾害防御、水工程建设管理等机构也都不同程度肩负着日常监管、违法行为的调查取证等任务,执法力量分散,日常监管中发现的违法违规行为与执法立案查处统筹衔接不够,部门内部缺乏执法合力,一方面是一些水事违法行为得不到及时有效查处,另一方面还存在多头执法和执法缺位的问题。二是执法队伍在编人员混岗混编严重。因水行政主管部门与水行政执法队伍关于行政职权和行政执法职权边界不明,导致大量执法队伍人员与水行政主管部门机关人员混岗混编工作,比如,济源市水政监察支队和鹤壁市水政监察支队是一个机构两个牌子,济源水政支队同时挂济源市水利工程质量监督站牌子,鹤壁水政支队与市节约用水服务中心是同一机构。又如三门峡市水政监察支队、许昌市水政监察支队和新乡市水政监察支队,三个支队与所在市水利局机关人员混岗,合署办公。水行政执法队伍缺乏必要的人员支撑,导致水事违法案件查处总量及结案率不高,产生不良社会影响。三是市、县(市、区)两级执法队伍权责不清。《中华人民共和国水法》第十二条明确规定:县级以上地方人民政府水行政主管部门按照规定的权限,负责本行政区域内水资源的统一管理和监督工作。实际工作中,18个地市的市辖区水行政执法工作,通常由市本级水政监察支队承担,郑州、开封、商丘、安阳等地表现尤为突出。例如,郑州10个行政区,8个行政区的水行政执法权限已经下放,另2个行政区(经济技术开发区和郑东新区)执法权限还由支队承担;又如开封市除祥符区(原开封县)有独立的水政监察队伍外,其他各行政区的水行政执法任务仍由市级水政监察队伍承担。

(四)执法队伍执法业务水平有待提高

河南省现有水行政执法人员3 584人,持有执法证人员3 127人,持证率不足89%,仍未达到全体执法人员持证上岗的基本要求;专职执法人员2 486人,仅占全部执法人员总数的69%,且现有专职在岗水行政执法人员超过一半为非法律专业和水利专业人员,对水行政执法工作需要具备的水利专业知识、法律法规知识也不熟悉,甚至连起码的执法办案程序、法律文书制作、调查取证等都不熟悉,既不适应严格规范公正文明执法和水利行业强监管的要求,也难以履行水行政执法队伍的职责。部分队伍缺少专职执法人员,有的甚至派不出持有执法证件的2名水行政执法人员。如濮阳市水政监察支队和光山县水政监察大队均是1人持有执法证,无法满足基本的执法需求。这些既不符合执法重心下移、执法力量下沉的行政综合执法体制改革目的,也无法满足水行政复议和水行政诉讼案件日益增多、公益诉讼从无到有的新时代法制工作要求。

(五)水行政执法环境有待进一步优化

水行政执法具有地域广、风险高、难度大等特点,特别是在非法采砂案件的查处过程中,水事违法行为往往带有团伙性质或涉黑性质,导致个别执法人员怕得罪人,怕受到打击报复,不敢动真碰硬,甚至有单位领导不愿意分管水行政执法工作的情况。在基层水利部门流传着两句顺口溜:“分管工程项目的领导,出了问题是小问题,不出问题就是政绩。分管水行政执法的领导,出了问题是大问题,不出问题也没成绩。”“公安部门查案能立功,水利部门查案要追责”。一些地方政府和部门在水资源管理、河湖管理、水土保持等行政处罚方面,仍不同程度地存在行政干预执法现象,致使水行政执法人员对违法者不能实施有效处罚。有的市、县政府以保护重点企业、招商引资、优化营商环境等种种理由减免或缓缴水利规费与罚款。

三、山东省水行政综合执法情况

作者通过对山东省、淄博市、济南市等水行政执法队伍的调研,发现山东省水行政执法情况突出表现有以下特点:

一是省级重点督导下级开展执法工作。2019年全国行政机构改革后,省级执法机构层面,山东省水利厅明确由政策法规处牵总负责执法职责,并加挂省水行政执法监察局牌子,政策法规处处长兼任局长。为理顺省、市、县三级执法机制,山东省水利厅先后印发了《山东省水利厅重大行政执法决定法制审核办法》《山东省水利厅实施行政执法责任制办法》,2020年7月联合省委编办、省司法厅印发了《关于进一步完善执法体制机制加强水行政执法工作的通知》,就明确水行政执法权责边界、建立沟通协调机制、完善案件移送制度、加强执法能力建设、强化执法作风建设、强化执法组织保障等6个方面提出了具体要求。10月又印发了《山东省水行政执法监督检查办法(试行)》,在省级执法层面,通过召开视频会议、实地督导、印发通报等形式,全面加强和规范全省水行政执法监督工作。据统计,山东省水利厅持有行政执法资格证件人员90人,全省水利系统持有执法证件共计3 414人,全员专职执法，有力保障了水行政执法体制机制落实到位。

二是市级负责重大水事违法行为的立案查处工作。山东省辖16个地级市均保留市级水政监察队伍，在同级水行政主管部门的委托下开展具体执法工作，负责辖区内重大的、跨县区的和市本级监管水利项目的行政执法事项。2019年全省实行综合行政执法改革后，市级水行政执法队伍在原有执法职责的基础上，不断加强对县级水行政主管部门的执法指导，监督县级水行政主管部门与同级综合执法机构关于执法工作的衔接情况。以本次调研的济南市和淄博市为例，两市的执法队伍均整合了原市水利局及其下属事业单位所承担的行政处罚、行政强制甚至行政征收等职责，对外统一行使水资源、河道、湖泊、防洪、抗旱、水土保持、水利移民等全部行政处罚、行政强制职能，两支水行政执法队伍均属于正县级公益一类事业单位，人员编制普遍在40人左右。

三是县级实行多部门综合行政执法。山东省县级执法队伍与河南省区别很大。山东省2015年启动综合行政执法体制改革工作以来，要求各县（市、区）政府组建综合行政执法机构，集中行使城市管理、水行政管理、国土资源管理、农业管理、林业管理等领域法律法规和规章规定的行政处罚权和相关行政强制权。县级水行政主管部门负责辖区内水事违法案件立案处罚前的调查取证、文书制作等工作；经查证属实，需依法处罚的案件，县级水行政主管部门填写违法案件移交通知单，移交县级综合执法机构或上级水行政主管部门处理。县级综合执法机构负责水事违法案件的处罚和强制执行等工作。截至2019年底，山东省136个县级行政区组建综合执法机构的共有129个，其中水行政处罚权从水利部门划入综合行政执法机构的有102个，占已完成机构改革县级行政区的79.1%；水行政强制权从水利部门划入到综合执法机构的74个，占已完成机构改革县级行政区的57.4%。

四、对河南省水行政综合执法改革的对策和建议

当前全省水行政执法面临的诸多困难和挑战，归根到底是水行政执法一直未纳入政府行政执法机构序列，缺乏必要的体制保障和政策支撑。鉴于加强水行政综合执法是深入贯彻落实习近平总书记关于治水工作重要论述精神和全面依法治国新理论新思想新战略、全面落实党的十九届四中、五中全会精神的内在要求，是加快破解我国新老水问题、推进水利治理体系和治理能力现代化的重要保证。同时，考虑水利的特殊性、专业性以及水利流域管理与区域管理结合的特点，加快建立健全与行政执法体制改革相适应的水行政执法体制机制，结合全省水利工作实际，提出如下对策和建议。

（一）加快推进水利综合行政执法改革

依据中央和省委综合行政执法改革相关精神，借鉴省五大综合执法改革成果，尤其农业行政综合执法改革成果，积极争取省委、省政府及有关部门的重视和支持，制定出台深化水行政综合执法改革的指导意见，将水行政综合执法纳入政府行政执法机构序列，将水行政执法队伍纳入公务员队伍或参照公务员管理。建立执法经费财政保障机制，将水利综合行政执法运行经费、执法装备建设经费、执法信息化建设经费纳入同级财政预算，确保满足执法工作需要。进一步明确执法队伍的职责、性质、编制和经费渠道等，从根本上扭转水行政执法队伍机构编制、单位性质、经费保障等与所承担的职责不适应的问题。

（二）着力构建全省水利综合行政执法体系

省级执法层面，建议借鉴山东省水利厅做法，在政策法规处加挂河南省水行政执法监察

局牌子，政策法规处长兼任局长，负责指导和监督全省水行政执法工作。市县两级水行政主管部门按照一个部门原则上设立一支执法队伍和一个窗口对外的要求，整合市本级直管水库、河道、水土保持、水资源、水利工程等行政执法职责，组建水行政综合执法队伍，设置为副县级单位，集中行使水行政处罚以及与行政处罚相关的行政检查、行政强制职能。加强县（市、区）级水利综合行政执法队伍，把人员编制向执法岗位倾斜，设置为副科级单位，实行"局队合一"体制，压实县级水行政主管部门对水利综合执法工作和队伍建设责任，完善内部执法流程，解决一线执法效率问题。建议执法队伍名称统一为×××市水利综合行政执法支队，×××县（市、区）水利综合行政执法大队。大型水库、灌区等水利工程管理单位成立专职水利综合行政执法队伍，按照隶属关系以其上级水行政主管部门名义开展所管理范围内的水利执法工作。

（三）加强水行政执法权责清单管理

全面梳理、规范和精简水行政执法事项，并加强对行政处罚、行政强制事项的源头治理，实行执法事项清单管理制度，并依法及时动态调整。取消无水法律法规依据的执法事项，清理本地区长期未发生且没有必要的执法事项，并及时向社会公开水行政综合执法队伍管理制度。进一步细化落实水行政执法责任制，各单位明确执法岗位、人员和责任，确保执法人员定岗定编，杜绝混岗混编，同时积极推行执法办案评议审核考核制度，建立健全奖惩分明的执法评价体系。严格执行行政执法程序，全面推行水行政执法公示制度、执法全过程记录制度、重大执法决定法制审核制度。坚决执行"谁执法谁普法"责任制，将普法融入办案全过程。加强与公安、生态环境等部门情况通报和案件查处会商及联合惩戒制度，发挥多部门综合执法作用。

（四）全面落实水行政执法能力建设

将水行政综合执法能力建设作为重要内容纳入法治政府建设与责任落实督察考核体系，全面履行执法职责，严格规范公正文明执法，推进水行政政风行风建设，强化服务理念，优化执法方式，提升执法水平。按照机构规范化、队伍专业化、管理制度化的要求，进一步推进水行政执法能力建设，严格执行执法人员持证上岗和资格管理制度，开展水行政执法人员常态化培训，切实提高执法队伍的整体素质和执法水平。加快水行政综合执法信息化建设工作，大力推行非现场执法和信息化移动执法，强化全省水行政执法信息共享平台建设，加大遥感、无人机、视频监控、移动终端等信息化监管手段在发现、制止、查处水事违法行为中的应用，提高执法效能。

（五）强化水行政社会管理职能

适应全面推行河湖长制、建设幸福河湖的要求，压实监督执法责任，严格按照水法、防洪法、水土保持法、行政许可法、行政强制法、行政处罚法等法律法规授予的河湖管理、水资源管理、河道采砂、水土保持、水利工程和水文设施保护、水利建设质量、水利安全生产等执法职权，对水事违法行为，做到该处罚的坚决处罚，绝不以整改代替处罚；做到该移交的坚决移交，绝不以行政处罚代替刑事处罚，确保水法规制度全面有效贯彻实施，彰显水法规制度的权威。完善跨区域跨部门联合执法机制，创新执法方式，形成执法合力。完善行政执法和刑事司法衔接机制，增强水行政执法威慑力。

（六）强化法治保障

运用法治思维和法治方式推进水行政执法改革，加快水法规制度体系建设及水行政执法方面的立法工作，完善配套法规和规章，坚持重大改革于法有据。全面清理现行法律法规中与推进水行政综合执法改革不相适应的内容，定期开展规章和规范性文件清理工作，并向社会公布清理结果，加强法律法规之间的衔接。加快制定、修订一批水行政综合执法方面的规范和标准，形成完备的规范、标准体系，以高质量法规制度建设保障和促进水行政综合执法统一、权威和高效。

（七）强化水利普法宣传

推进落实普法责任制，做到“谁执法谁普法、谁主管谁普法、谁服务谁普法”，提升水利普法成效。抓住“关键少数”，组织举办全省水利系统县处级领导干部法治专题培训班。精准确定主题，组织开展“国家宪法日”“宪法宣传周”“世界水日”“中国水周”纪念和水法规宣传活动。利用水利厅官网、水政在线网等新媒体，大力宣传报道水利普法与依法行政正面典型，以案释法，强化重大水事违法案件公开曝光。大力推进水法治文化建设和水利普法阵地建设，将普法融入百姓生活，推动水法治文化宣传设施与公共文化服务设施功能互补，不断提高全社会水法治观念和法治意识。

（八）加强水利综合执法党建工作

建立健全水利综合行政执法机构党组织，把党对一切工作的领导贯穿到水行政执法工作各方面和全过程。坚持党建与执法工作互融互促，做到“两手抓、两手硬”，充分发挥基层党组织战斗堡垒作用和党员先锋模范作用，将理想信念的坚定性体现到本职工作中，充分发挥党建铸魂补钙、强身健体重要作用，为执法工作提供政治思想和纪律作风保障。牢固树立执法为民理念，坚持正风肃纪，奋力担当作为，严抓政风行风建设，培养造就一支务实廉洁、高效为民的水行政执法队伍。

关于水利行业强监管顶层设计的思考

强化水利行业监管是当前解决“新老水问题”、防范和化解水利行业风险的迫切需要，是全面推进国家治理体系和治理能力现代化的重要组成部分。2018 年以来，水利部党组把“水利工程补短板、水利行业强监管”确定为当前水利改革发展的总基调，并明确“强监管”是主调，各级水利部门积极践行总基调，在强化水利行业监管方面取得了积极进展。面对新时代水利改革发展的新要求，如何顺利推进水利行业强监管，及时做好顶层设计意义重大，地方各级水利部门对此充满渴望和期待。本文坚持以习近平新时代中国特色社会主义思想为指导，深入贯彻落实习近平总书记关于治水工作的一系列重要论述精神，紧紧围绕当前治水主要矛盾变化和治水工作要求，运用“五个什么”工作法对强监管的顶层设计有关问题进行了初步思考。

一、搞清楚“是什么”

“强监管”这个概念是什么？即监管什么，谁来监管，要达到什么目的？这是我们首先需要搞清楚的问题。强监管的目的就是通过加强水利行业监督与管理，不断调整人的行为、纠正人的错误行为，促进人与自然和谐相处，最大限度地满足人民群众追求美好生活的需要。我们要始终坚定不移地坚持这一目的，引领强化各领域的监管。

“是什么”是纲，纲举目张。从一些省份调研中了解到，一些地方水利部门目前还只是把强监管停留在“暗访”检查上，把“强监管”三个字当作一项工作来做，认为组织“暗访”检查就是强监管了，在理解和认识上出现了偏差。例如，2019 年某市受到水利部和省水利厅对其开展小型水库运行“暗访”后，发现了一些问题，对该市水利部门进行了“约谈”。该市“举一反三”，在同年同步开展了市、县两级“暗访”工作，共“暗访”检查小型水库 50 多座；2020 年又制订了“暗访”工作方案和年度计划，由市、县两级分别组织暗访组，对全市辖区内共 500 多座小型水库开展“暗访”检查，并计划在 2020 年底前完成全覆盖。

但是对检查中发现的诸如小型水库无管理机构、无专职人员管护、缺乏管理制度、无运行管理台账、水库环境脏乱差、存在多种安全隐患等问题，有的得以解决，而很多问题却限于客观条件不是基层短期就能解决的，这还远未达到总基调中的“强监管”目的。

准确领会当前水利改革发展总基调的要求，我们认为“水利行业强监管”的概念要素主要包括：一是强监管的范围指向“水利行业”，是指行业管理；二是突出一个“强”字，就是要“加强”或“强化”；三是重心在“监管”上，监管的行为主体是各级水行政主管部门、流域管理机构以及其他被依法赋予行政职能的水利管理机构（以下统称“水行政机关”），不同层级的监管主体职责有所不同，监管的对象则是各种涉水事务或涉水行为；四是通过前面三个要素的有机结合和有效互动实现预期目标，即贯彻落实习近平生态文明思想，全面提升水利行业管理水平和效能，实现人水和谐，以更加有效的水资源保障和更加可靠的水生态安全服务支撑经济社会高质量发展。

二、搞清楚“差什么”

推进“强监管”改革实践，还必须搞清楚当前差在什么地方？目前，我国水旱灾害频发的问题依然存在，水资源短缺、水生态损害、水环境污染等新问题仍然突出，面对严重的“新老水问题”，一定程度上反映出水利行业监管还有很大的空间，与部党组的要求还有差距。

从监管效果上看，实行最严格水资源管理制度还不到位，取水、用水、节水管理均还存在薄弱环节，距“三条红线”约束目标还有差距等；河湖“四乱”问题依然存在，非法采砂屡禁不止，岸线管理、流域水生态空间管控水平有待提高等；水土流失尚未得到根本控制，人为破坏水土资源的现象时有发生等；对抵御超标准洪水或抗击极端干旱的过程监管还不够精细；水利工程建设“四制”管理还有不足，工程质量与安全生产监管仍然存在诸多风险和薄弱环节，水利资金与投资效益监管有待加强等；大中型水利工程运行管理与其后续项目及配套工程的协同管理现代化水平还不高，基层小型水利工程特别是农饮工程、灌溉工程、小型水库、水闸、堤防等监管还不够到位，一些基层单位监管制度不落实，管理人员和管护经费不足，存在诸多安全隐患、工程效益不稳定等。

从监管责任和保障措施上看，有些水行政机关监管意识还不够强，主体责任落实还不够到位；甚至存在监管主体缺位，小型水库安全度汛和安全管理“三个责任人”不落实；基层市（县）水行政机关人员编制普遍较少，大量小型水利工程没有专门的机构和人员管理；水行政综合执法改革不到位，人员编制偏少，装备不足，执法能力有限；水利行业监管的现代化水平不高，信息化和自动化程度尚不能满足水利行业监管需要；涉水法规制度保障不够，《中华人民共和国水法》等现行涉水法律法规均多年未修订，已不适应新时代治水管水需要，在河道采砂、节约用水、地下水管理等重点领域尚没有完整的法规制度出台等；监督投诉举报渠道还不够广泛通畅，群众参与度还不高，社会监督氛围不足等。

三、搞清楚“为什么”

以问题为导向，从主观认识、客观条件和体制机制等方面深刻分析产生问题的原因，才是解决问题的关键。

从主观认识上看，自古以来我国就非常重视兴修水利，兴建各类水利工程成为水利工作的主要任务，而对水利行业实施全方位监管近些年来才越来越被人们所重视。监管基础薄弱，监管难度大，很容易受到“重建轻管”思想和错误政绩观影响，导致行业监管意识不强，主动性不够，或者说内在动力不足，可谓之“不想监管”。

从客观条件来看，受多种因素影响，市、县级水行政机关人员编制普遍偏少，专业技术人才匮乏，管理经费严重不足，目前还存在人员老化甚至有减无增的现象，严重影响行业监管“最后一公里”。在基层调研中了解到，近些年有的县级水利部门虽有编制但因多种因素不让招新；有的虽获准招新，高学历毕业生不愿来，低学历又不能报；有的即便招到了少数水利专业毕业生，过一两年又调走了。同时，基层水管单位也在不断地老化、弱化，大量基层水管单位实行管养分离后被精简或转企；在乡镇“七站八所”改革中又有大部分乡镇水管站（所）被撤销或合并到农业综合服务中心，专业从事水利工作的人员进一步减少，水管队伍不断萎缩；更严重的是最近一轮机构改革中，全国有 140 多个县将单独设置的水利（水务）局与有关部门合并重组，相关职能并入农业农村等部门，水利行业监管队伍进一步减少，监管能力进一步弱化，可谓之“无人监管”。

与此同时，近年来各级水政监察队伍也在明显弱化。早在 1990 年 8 月以水利部令第 1 号发布的《水政监察组织暨工作章程（试行）》就明确规定了“县级以上人民政府水行政主管部门、水利部所属的流域管理机构或法律法规授权的其他组织应当组建水政监察队伍，配备水政监察人员，建立水政监察制度，依法实施水政监察”，2000 年 5 月又以水利部令第 13 号更新发布了《水政监察工作章程》。30 年来，依法组建的水政监察队伍在贯彻落实《中华人民共和国水法》等一系列涉水法律法规、促进水利事业健康发展方面发挥了巨大作用。2003 年，国家整顿统一着装时取消了水政监察队伍的执法制服，给水政监察工作带来了较大的影响；2018 年以来，随着水行政综合执法改革，按照省级原则上不设执法队伍的要求，只有 8 个省份还暂时保留省级水政监察总队，其他 23 个省份省级水行政执法权全部回收到机关履行，省级执法队伍萎缩，另外结合深化生态环境保护综合行政执法改革等有关精神和要求，不少市、县两级水行政执法队伍又被拆分或取消。据初步统计，与 2018 年前相比，专职水行政执法队伍由 3 500 多支减至 1 800 多支，专职执法人员由 48 000 多人减至 28 000 多人，水行政执法能力明显削弱，可谓之“执法力量不足”。

从技术装备来看，由于对水利管理的科技投入长期不足，除城镇自来水外，在水资源管理、河湖管理、水生态保护、灌溉排水等很多业务领域监测监控设施明显不足，水利行业管理信息化和自动化水平远远落后于其他很多行业（比如交通安全管理），以至监管信息采集或获取缓慢，监管处置响应滞后等，可谓之“科技支撑不够”。

从体制上来看，水利行业是条块分割、以块为主的管理体制，上下级水行政机关不是隶属关系，监管信息不对称，在机制上又缺乏监督考核和问责激励机制，水利行业监管情况没人监督检查，没人考核评价，更缺乏追责问责与奖励激励，可谓之“缺乏外部压力”。

四、搞清楚“抓什么”

抓什么，就是提出强监管的具体办法措施，这是顶层设计的最核心内容。加强水利行业监管应抓主要矛盾，从体制、机制和制度入手，对症下药，多措并举，立足当前，着眼长远，实事求是，开拓创新，坚持遵循以下原则：一是坚持依法行政。坚决贯彻全面依法治国战略布局的要求，按照上级批复的水行政机关“三定方案”和有关法律法规赋予的职责和权限，坚持权力法定，有权必有责，失职必问责，严格依法行政，从严监管。二是坚持分级负责。按照水利部和省、市（县）各级水行政机关条块结合、分级负责、层层有责、各负其责的原则，严格落实各级水行政机关的监管责任，加强监督考核。三是坚持循序渐进。当前要突出抓好水利行业风险易发多发或监管薄弱的相关重点领域监管，逐步加强覆盖水利各专业领域的监管，全面提升水利行业监管效能。四是坚持奖惩结合。严格依法依规对水事违法行为进行严肃惩处，同时要强化对各级水行政机关履行监管职责的监督检查和考核评价，并将考核结果作为有关部门年度考核的重要参考。

（一）积极建立和完善监督检查和考核评价机制

创新机制是解决复杂问题的最佳路径，也是做好顶层设计的关键。针对各级监管主体内在动力不足的问题，建立健全监督检查、考核评价与问责激励机制，就是推动“强监管”的一把金钥匙。水利部借助机构改革，组建监督部门和督查队伍，专门针对水利行业监管情况开展大规模的“明察暗访”监督检查，发现了大量的问题，随即对有关地方水行政机关进行了约谈或问责，有效地激发了全行业的监管意识，实践证明这一机制是有效的，路子是对的。

水利部原部长鄂竟平在听取有关业务领域督查情况汇报时曾明确指出，开展暗访督查，主要是要达到两个目的，一是传导压力，压实责任，倒逼主体责任落实，及时发现问题、整改问题;二是收集分析一定数量的样本,了解真实情况,从而可以对各级水行政机关履行行业监管职责的情况进行考核评价。显然,督查工作的意义不仅是一种行业监管,而更重要的意义在于发挥行政监督作用,通过暗访督查了解真实情况,达到对水利行业监管工作情况进行监督检查和考核评价的目的,这是强监管的一项重大机制创新。按照水利部原部长鄂竟平对督查工作的要求,要建立问题统计和通报制度,根据年度督查发现的问题等情况,对各领域、各省份进行排序,对问题数量和严重程度做出判断等。因此,要充分发挥好水利部督查办的作用,科学制订年度督查工作(含"回头看"或"后评估")计划,全面查找行业监管工作存在的问题,制订对各级责任主体进行量化考核的评价办法,积极运用督查结果以及水利稽察、审计、巡查等成果,综合分析和评价水利行业监管工作情况,分领域、分省份给出量化得分或排名,各领域的考核评价结果作为机关内设部门年度考核的重要参考,各省份的考核评价结果向地方政府通报以达到监督效果。

(二)抓住责任主体,切实发挥各级水行政机关的职能作用

外因是事物变化的条件,内因才是事物变化发展的根本。紧紧抓住各级水行政机关这个责任主体,尤其要发挥好部机关各职能部门的"龙头"作用和示范作用,这是做好强监管的重要保证。

目前,从水利部层面抓紧出台顶层设计至关重要,一方面可以统一全行业干部职工的思想认识,另一方面可明确工作思路朝着统一的目标前进,少走弯路。同时通过水利部各职能部门的积极作为,切实担负起行业监管责任,以上率下,带动地方加强水利行业监管;督促各部门深入开展调查研究和明察暗访,全面准确地掌握本业务领域内行业监管情况,及时发现存在的问题,认真分析原因,提出对策,全力推动问题解决;不断加强各领域行业监管的能力建设和信息化水平,及时推进相关专业领域的法律法规和政策制度修订和制订工作,解决法规制度缺失的问题,实现各专业领域的监管工作常态化、科学化,全面提升我国水利行业管理水平和水安全保障能力。按照条块结合、分级负责的原则,加强对下级水行政机关的督促和指导,对属于下级水行政机关监管不到位或有关法规制度执行不力的问题提出明确的整改意见和建议,并督促整改,对存在水事违法行为的公民、法人或其他组织严格实施行政处罚或其他行政措施。

(三)注重增强水行政执法能力,加快提升执法效能

把深入推进水行政综合执法改革作为顶层设计的一项重要内容。增强水行政执法能力是强监管的重要前提,应加强对全国水行政执法工作的指导和监督,不断提高水行政执法的能力和效果,努力打造强化水利行业监管的执法尖兵。

最近,水利部与司法部联合开展黄河流域水行政执法专项监督,这是对黄委会系统及沿黄9省水行政执法工作的一次很好的监督和促进。这次专项监督内容涵盖习近平总书记重要指示精神贯彻落实情况、全面推行行政执法"三项制度"情况、水事违法行为立案查处情况、执法队伍建设及执法保障情况(包括水利综合执法推进情况、与综合执法部门协作情况、水利行业监管职责履行情况)以及中央与水利部有关执法重点任务落实情况等五个方面,内容全面具体,将采取明察暗访等方式进行现场监督和案件复核,还要随机抽取20%的执法人员进行测试考核等,具有很强的权威性,这也充分显示了国家对水行政执法工作的高度重视和支持。应顺势而为继续将这种执法专项监督扩大到全国,给水行政执法工作注入动力。

积极推进水行政综合执法改革，充分发挥河湖长制这个平台作用，积极构建与生态环境保护综合执法、应急管理综合执法以及其他相关部门的行政执法协调配合机制，借助多方力量提升水行政执法效能，严厉打击各类水事违法行为，确保各项涉水法律法规得以实施和执行。当前，可结合综合行政执法改革进程，与生态环境保护综合行政执法、应急管理综合执法等一起申请国家批准统一着装，恢复水政监察工作制服，提升水行政执法威慑力。

(四)重视基层水利队伍建设，切实打通强监管"最后一公里"

解决行业监管"最后一公里"的诸多问题更需要通过顶层设计来突破。强监管大部分任务要落在基层，如果监管末端梗阻，水利行业强监管只能是一句空话，需要从顶层研究破解基层问题的政策或方案。例如调研了解到，某市有水管单位 70 多个，管理人员 2 000 多人，管理 100 多座大中型水利工程，但是其管理人员中初中以下文化占 70%，50 岁以上人员占 75%，几乎没有水利专业技术人员，行业监管力量十分薄弱。而全市还有小型水库 600 多座，小型水闸 800 多座，其他小型水利工程数百座，大多由乡(镇)、村委会或自然村负责管理，既无管理用房，又无交通、通信工具，既没有专业技术人员，也没有相关管理制度，存在诸多安全隐患。上级"暗访"督查发现了上述问题并要求整改，地方政府只能设法临时筹措资金以每月几百元不等的工资聘请当地农民兼职看管，有的看护人员连智能手机都不会用，整改流于形式且不可持续。终端缺人一切都会落空。近年来，水利部积极探索水利人才"订单式"培养，为破解基层水利人才"引不进、留不住"难题找到了很好出路。2019 年 7 月，首批在青海玉树试点"订单式"培养的水利专业 40 名毕业生回到了玉树，为有效缓解基层水利人才严重不足提供了"源头活水"，这种"定向招生、订单培养、定向就业"模式现已在青海、湖北、广西、湖南等地得到推广，应加快向全国铺开。

指导基层加强水利机构建设也势在必行，在这轮机构改革中全国新增了 3 个单独设置的市级水利局，新增了 90 个单独设置的县(区)水利局，这与一些地方市县撤销水利机构形成了鲜明对比。贵州省黔西县恢复构建基层水利服务体系也是一个成功典范，2019 年该县成立了 8 个片区水务站，作为县水务局的派出单位，编制 70 人，分片区负责水利监管工作，覆盖全县所有乡镇，极大地增强了基层水利行业监管能力，这种做法非常值得借鉴。另外，分片区负责管理多项工程，也给解决小型水利工程监管人员不足问题提供了有益启示，对于没有条件组建管理队伍的地方，可探索采取购买服务等方式对多项小型水利工程实行"打包"委托管理，这也需要从顶层进行指引和探索。

五、搞清楚"靠什么"

强化水利行业监管关键靠人，调动人的主观能动性最终靠的是体制、机制和制度保障。

一要加强组织领导。按照"政治机关"的要求，牢固树立"四个意识"，坚持党对一切工作的领导，充分发挥我国社会主义体制优势为水利行业监管提供坚强的政治保障。要靠主要领导重视，及时研究解决行业监管中遇到的困难和问题，督促指导各部门履职尽责，不断强化行业监管工作。积极指导和支持监督部门工作，加强督查队伍建设，做好对水利行业监管工作的监督检查、考核评价工作，倒逼主体责任落实。

二要加大问责和激励。动员千遍不如问责一次。严格落实问责机制和激励机制，充分运用监督考核评价结果，对监管工作不力或失职渎职的坚决问责，对履职中涉嫌违规违纪或失职渎职的有关人员要及时移交纪检监察机关处理，涉嫌违法犯罪的移交司法机关处理。

同时,对行业监管工作成效显著的单位和个人要给予奖励激励。

三要加强法规制度建设。建章立制是监管的基础。首先从水利部层面抓紧开展涉水管理的立法修法工作,为行业监管提供法律支撑;其次各专业职能部门根据行业监管需要,加快完善本业务领域的监管制度体系和标准规范体系,确保依法行政,保障行业监管工作科学化、常态化;最后是切实建立和完善对行业监管履职情况的监督检查和考核评价制度以及考核结果运用制度,确保问责机制和激励机制得以落实。

四要增强科技支撑。紧密结合"智慧水利"建设,建立健全适应水利行业监管需要的自动监测监控体系和管理信息化平台,借助现代网络技术和卫星、遥感、无人机等先进设备装备为强化水利行业监管提供科技支撑,努力实现水利部门上下级及跨部门之间的数据对接和信息互通,逐步提高水利行业监管现代化水平。

五要引入社会监督。加强水利行业监管是利国利民的公益事业,也是生态文明建设的重要组成部分,还需要我们加强舆论宣传,争取全社会的更多关注,引导社会力量积极参与水利监督,充分利用全国水利监督举报热线 12314 电话和水利部官方网站、官方微信等平台渠道接受社会公众举报涉水管理问题,营造全社会关注水利、关心水利、支持水利的良好氛围。

从一起水事案例中解读法律条款的适用

河南省安阳市某房地产开发有限公司(简称某房地产公司)为了施工建设用水,计划在房地产开发区内凿一口 210 m 的深井,2020 年 1 月 2 日由该市某区机械凿井工程处负责施工。后经群众举报,龙安区水利局随派执法人员到现场核实,发现情况属实。1 月 9 日,龙安区水利局决定立案查处。1 月 10 日,执法人员再次进行现场调查,发现井已凿至 140 m 深,井口直径 60 cm。执法人员于 1 月 11 日发出《责令停止水事违法行为通知书》,责令该房地产公司停止违法行为,听候处理。1 月 17 日调查终结。1 月 30 日,执法人员向该房地产公司发出了《水行政处罚事先告知书》,根据《取水许可和水资源费征收管理条例》第四十九条规定,拟对该公司做出如下处罚:①限该房地产公司在接到本处罚决定书之日起 20 日内自行封闭违法水源井;②罚款人民币 6 000 元。同时告知当事人有陈述申辩的权利。4 月 2 日,龙安区水利局正式对房地产公司做出责令该公司 20 日内封闭违法水源井和罚款 6 000 元的行政处罚决定。某房地产公司于 4 月 4 日自行封闭了该井,4 月 10 日缴纳了罚款。

《取水许可和水资源费征收管理条例》第四十九条:未取得取水申请批准文件擅自建设取水工程或者设施的,责令停止违法行为,限期补办有关手续;逾期不补办或者补办未被批准的,责令限期拆除或者封闭其取水工程或者设施的,由县级以上地方人民政府水行政主管部门或者流域管理机构组织拆除或者封闭,所需费用由违法行为人承担,可处5 万元以下罚款。

制定该条法律的目的首先是从工程和设施上防止违法取水行为的发生,将违法行为制止在开始阶段,确保取水许可制度和水资源有偿使用制度的落实;其次是明确了执法程序和执法手段,规范水行政执法工作。该条文是对“未取得取水申请批准文件擅自建设取水工程或者设施的”的一种处理决定,实质上暗含了水行政执法人员在针对这种违法行为时的一种法定的处理程序,而且这种程序是必须坚持的递进式程序,只有在前面一个程序完成的情况下,才能进行下一个处理决定。

使用本规定追究当事人法律责任时,应当注意以下几个问题:

(1)要注意适用该法律条件的先后顺序。该条文分三步,即水行政执法机关首先应当责令当事人停止违法行为,限期补办有关手续,并明确规定一个合理期限,要求违法行为人在该期限内按照法定程序提出许可申请。

(2)违法行为人在接到水行政执法机关的书面通知后,在规定的期限内仍不补办相关手续,或虽然提出了补办申请,但由于自身条件不符合该条例规定而未被批准的,水行政主管部门应当责令其在规定的期限内限期拆除取水工程或者设施,也就是说,如果当事人在执法部门规定的期限内提出了申请,就不能责令其拆除。如果进一步,行政相对人的申请符合法定条件,得到了批准,违法行为也就转化为合法行为;反之,如果行政相对人拒不执行行政通知,一意孤行,在规定的期限内仍不提出许可申请,或者其申请审批机关做出书面决定不予批准的,执法部门就应当责令其限期拆除或者封闭取水工程和设施。

(3)违法行为人在接到水行政执法机关要求限期拆除的通知后,如果在规定的期限内拒不拆除,应由水行政执法机关强制执行,违法行为人除承担拆除费用外,还可能要被处以5 万元以下的罚款。水行政主管部门或者流域管理机构组织拆除或封闭,所需费用由违法行为人承担，这种强制执行在学理上被称为代执行，属于间接强制执行的一种具体形式。至于5万元以下的罚款，由于已经有代执行的规定，是针对行政相对人的一种并行处罚措施，目的在于增加行政违法的成本和代价。

(4)行政违法人在被责令补办许可申请期间继续修建违法建筑物、构筑物，或者在提出补办许可申请后继续违法行为的，应当按照"合法行政"的原则，区别对待处理。如果被责令补办申请手续后，在提出申请前继续修建的，违反了"责令停止违法行为"的规定，行政机关可以采取应对措施，如缩短其提出许可申请的期限等。如果提出许可申请后继续修建的，应当将有关情况通知许可申请审批机关，待该条代执行与处罚的规定条件完成后，再适用其他有关规定。

(5)该条规定的强行拆除是由行政机关自行代执行还是申请人民法院强制执行？按照该条规定，水行政执法机构在这个问题上是有强制执行权的，可以自行强行拆除违法设施。如果由于执法力量等因素难以实施，也可按照《中华人民共和国行政处罚法》第五十一条的规定，申请人民法院强制执行，相关费用也计入强制执行费用，一并由行政违法行为人承担。

(6)未经批准擅自建设取水工程或取水设施并取水，这种情况实际上是与《取水许可和水资源费征收管理条例》第四十八条产生了竞合，第四十八条规定：未经批准擅自取水，或者未依批准的取水许可规定条件取水的，依照《中华人民共和国水法》第六十九条规定处罚；给他人造成妨碍或损失的，应当排除妨碍、赔偿损失。即同一个违法行为同时触犯了两个法律条款，由于兴建取水工程或设施是擅自取水的预备行为，取水是其目的，按照吸收的原则，择一从重条款处罚，因此最终按照未经批准擅自取水进行处罚。

实际上还有《中华人民共和国水法》第六十五条第一、二款等法律条文与本条文规定相似，水行政执法人员在执法过程中要注意把握，以免出现法律适用错误。

从以上分析可以看出，本案中，龙安区水利局在理解《取水许可和水资源费征收管理条例》第四十九条的法律规定上出现了错误。处理此类违法行为，需分三步进行：第一，未取得批准文件的，应责令停止违法行为，限期补办取水许可手续。该市市区属地下水限制开采区，不得新增深井数量，显然申请深凿井取水是不可能的。第二，逾期不补办或补办未批准，应责令限期封闭所凿深井。第三，只有在逾期不封闭所凿深井时，才能由区水利局组织封闭，所需费用由房地产公司承担，处5万元以下罚款。而区水利局将第二种情形与第三种情形中的罚款合并删除处罚，是违背该条例规定的。

《取水许可和水资源费征收管理条例》第四十九条对违法行为的处置方式用了一个"；"加以分隔，表示一句话中间并列分句的停顿，说明相互之间无关联性。类似这样的条款还有：《中华人民共和国水法》第六十五条，第六十四条、第六十五条第一款，第六十七条第一款；《中华人民共和国防洪法》第五十四条、第五十七条、第五十八条、第六十一条等。在处罚条款中，凡是所列的违法行为既要受到采取行政措施，又要被处以罚款的，它的立法形式是不一样的，如《中华人民共和国水法》第六十六条、第六十九条、第七十二条，《中华人民共和国防洪法》第五十六条等。

合法行政是行政法的首要原则。我国的合法行政原则在结构上包括对现行法律的遵守和依照法律授权活动两个方面。水行政执法工作属于行政执法工作的一部分，也应当严格遵循合法行政原则，在水利执法中，由有权机关按照法定程序依照法律规定去执法，实现行政管理的目的。

关于一起水资源行政复议案件简述

2018 年 4 月 1 日上午，安阳市水利局水行政执法人员在巡查中发现位于开发区海河大道武夷西路的安阳市可旺发展有限责任公司，该单位在公共供水覆盖范围内，未经水行政主管部门批准擅自在本单位院内取用地下水供生产生活使用，取水设施管径 1 in(1 in = 2.54 cm，后同)，没有安装计量设施，检查时取水实施正在取用地下水。经立案调查该单位厂房由可旺公司租赁高新区古新家具厂的厂房，其水井产权归古新家具厂所有，由可旺公司无偿使用和管理，有勘验笔录、录像为证。上述行为违反了《中华人民共和国水法》第四十八条第一款"直接从江河、湖泊或者地下取用水资源的单位和个人，应当按照国家取水许可制度和水资源有偿使用制度的规定，向水行政主管部门或者流域管理机构申请领取取水许可证，并缴纳水资源费，取得取水权。……"的规定。由于该单位在公共供水覆盖范围内并且目前仍未停止取用地下水，依据《中华人民共和国水法》第六十九条规定，安阳市水利局做出了以下处罚决定：①责令停止取用地下水，限 5 日内封填水井；②罚款人民币 5 万元。而该单位在法定的期限内向安阳市人民政府提出了要求撤消《水行政处罚决定书》(安水罚字〔2018〕第 1401 号)行政复议申请。该申请内容如下：5 月上旬安阳市水利局对我公司下达了《行政处罚听证权利告知书》(安水听告字〔2018〕第 1401 号)，限我公司 5 日内封井并处于 5 万元的罚款。我公司位于高新区武夷西路北段路东，厂区是租用古新家具厂的厂地，厂区内的基础及配套设施都是古新家具厂所有，其中包括一口地下井，地下井在我公司租赁时就已经存在，地下井的产权归古新家具厂。公司立即向安阳市水利局进行了情况说明，水井的所有权不归我公司所有，但水利局没有将调查的结果向我公司说明，于 5 月 27 日又对我公司下达了《水行政处罚决定书》(安水罚字〔2018〕第 1401 号)，仍然限我公司 5 日内封井并处于 5 万元罚款，限 2018 年 6 月 12 日将罚款缴至中国工商银行安阳市分行。地下井的产权归古新家具厂，市水利局对我公司下达的决定书在对应主体上是错误的，现我公司特提出申请，撤销《水行政处罚决定书》(安水罚字〔2018〕第 1401 号)。安阳市水利局在规定的期限内进行了答复，答复内容如下：我单位于 2018 年 6 月 26 日收到你机关发送的《行政复议答复通知书》及行政复议申请书副本，现对被答复人不服答复人 2018 年 5 月 27 日对其下达的《水行政处罚决定书》(安水罚字〔2018〕第 1401 号)提出的复议请求和理由，现答复如下：

(1)被答复人擅自取用地下水违法事实清楚，主体认定正确。

被答复人 2018 年 4 月以来未经水行政主管部门批准，擅自在本单位院内办公楼南侧取用地下水，该事实有现场勘验及调查笔录、录像等证据证实，被答复人对其擅自取水行为也予以认可，并提出补办取水申请。依据安阳高新区古新家具厂和被答复人签订的《房屋租赁合同》，水井产权虽归古新家具厂所有，但由被答复人无偿使用和管理，水电费也由被答复人自理。根据《中华人民共和国水法》第四十八条第一款"直接从江河、湖泊或者地下取用水资源的单位和个人，应当按照国家取水许可制度和水资源有偿使用制度的规定，向水行政主管部门或者流域管理机构申请领取取水许可证，并缴纳水资源费，取得取水权。……"，因此被答复人是法定的直接取水人，是违法行为的主体。

(2)答复人对被答复人做出的《水行政处罚决定书》(安水罚字〔2018〕第 1401 号)，程序合法、证据确凿、适用法律法规正确、处罚适当，依法应予维持。

2018 年 4 月 1 日上午,水行政执法人员在巡查中发现被答复人未经水行政主管部门批准,擅自在本单位院内取用地下水,经立案后调查发现该水井装有取水设施,管径 1 寸,没有安装计量设施,现场检查时正在取用地下水,有勘验笔录、录像为证。4 月 8 日对被答复人下达《调查询问通知书》和《关于限期提供取水许可证及缴费凭证的通知》后,4 月 14 日该单位工作人员杨海涛来到安阳市水利局说明情况,并做了调查询问笔录,根据笔录显示被答复人的厂房租用的是安阳高新区古新家具厂的厂房,在厂区内有一眼原有水井,被答复人使用的就是这眼水井取用地下水用于生产和生活。另外,根据该工作人员提供的《房屋租赁合同》也可证明这眼水井由被答复人无偿使用和管理,水电费自理。据此,4 月 23 日向被答复人下达《责令停止水事违法行为通知书》,要求停止违法行为,限 3 日内办理取水许可手续。4 月 28 日被答复人提出取水申请,由于材料不齐全,答复人 4 月 30 日要求被答复人 5 日内将申请材料补齐,逾期视为未申请。被答复人在规定期限内并未补齐申请材料。因被答复人在安阳市公共供水覆盖范围内取用地下水,依法也应不予批准,在接到责令停止水事违法行为通知书后,应该马上采取措施停止违法行为,但被答复人仍继续取用地下水,根据《中华人民共和国水法》第六十九条“有下列行为之一的,由县级以上人民政府水行政主管部门或者流域管理机构依据职权,责令停止违法行为,限期采取补救措施,处二万元以上十万元以下的罚款;情节严重的,吊销其取水许可证:(一)未经批准擅自取水的;……”和《取水许可和水资源费征收管理条例》第二十条“有下列情形之一的,审批机关不予批准,并在做出不批准的决定时,书面告知申请人不批准的理由和依据:……(五)城市公共供水管网能够满足用水需要时,建设项目自备取水设施取用地下水的;……”,答复人 5 月 15 日经过集体讨论后拟对其处“责令停止取用地下水,限 5 日内封填水井,罚款人民币 5 万元整”的处罚。5 月 16 日对被答复人下达《行政处罚听证权利告知书》(安水听告字 2018 第 1401 号),被答复人在规定期限内也未提出听证要求,5 月 27 日下达了《水行政处罚决定书》(安水罚字〔2018〕第 1401 号)。上述内容有调查询问笔录、勘验笔录、录像、送达回证、公证书等为证。

综上所述,答复人对被答复人所做出的《水行政处罚决定书》(安水罚字〔2018〕第 1401 号)事实清楚、程序合法、证据确凿、适用法律法规正确、处罚适当,请复议机关审理,并依法予以维持。

希望水行政执法人员从这起行政复议案件中学会如何在法定的时间内进行回复及如何抓住要点进行回复。

从一例水行政处罚案谈行政行为的显失公正

2019 年 4 月 1 日上午 10:00 群众举报后查实,安阳市保平发展有限责任公司(原告)未经水行政主管部门批准,擅自在位于安阳市开发区海河大道武夷西路的单位院内取用地下水,在该单位内办公楼南侧有一眼水井,装有取水设施,管径 1 in,没有计量设施,抽水管为铁管,现场检查时,正在取用地下水,取水用途为生产生活。有现场勘验笔录、调查笔录、视听资料为证。1 in 铁管每小时取水能力为 0.7 m^3,日最大取水能力为 $0.7×24=16.8(m^3)$。由于该单位在公共供水覆盖范围内并且目前仍未停止取用地下水,依据《中华人民共和国水法》第六十九条、《河南省水行政处罚自由裁量权适用规则》第八条、《河南省水行政处罚裁量标准》第六十九条规定,建议:①责令停止取用地下水;②补缴水资源费,水资源费补缴标准为每立方米 1.6 元;③罚款 2 万元。原告不服,诉至安阳市殷都区人民法院。法院经审理认为,被告做出该行政处罚决定程序违法,判决撤销了该行政行为。嗣后,被告又于 2012 年 8 月 30 日以同一事实对原告重新做出了行政处罚决定,决定对原告罚款 3 万元,原告仍不服,再次向法院起诉,要求撤销被告重新做出的处罚决定。

法院认为,(原告)未经水行政主管部门批准,擅自在位于安阳市开发区海河大道武夷西路的本单位院内取用地下水,有违《中华人民共和国水法》的规定。因此,被告于 2012 年 8 月 30 日对原告重新做出的处罚决定,有事实依据,适用法律法规正确,符合法定程序,但法院同时认为,在该违法行为的事实、性质、情节等情势未发生变化的情况下,被告重新做出的处罚相比最初的处罚大幅度提高了罚款数额,显然不恰当,属法律规定的显失公正情形,依法应予变更,依照《中华人民共和国行政诉讼法》第五十四条第(四)项的规定,判决变更被告做出的行政处罚决定的罚款 30 000 元为罚款 20 000 元。宣判后,原、被告均无异议。

本案的关键是对"显失公正"的理解与认定及正确区分显失公正与滥用职权的关系。

所谓显失公正,是指行政机关及其工作人员和法律法规授权的组织在法律法规规定的范围和幅度内,所做出的行政行为明显不适当。也就是说,该行政处罚决定虽然在形式上合法,但是存在明显的不合理性。法律法规规定给予违法行为人行政处罚,就行政处罚本身而言,并不是法律所追求的目的,法律规定行政处罚的最主要目的是预防新的违法行为的出现,保障社会秩序。要达到法律追求的最主要目的,必须做到对违法行为人的处罚公正、公平,明显的不合理、不恰当显然违背了法律法规设立行政处罚的最主要目的,从这个意义上来说,显失公正的行政处罚,实质上是不合法的行政处罚。其表现形式大概有如下几种:

(1)同责不同罚。法律面前人人平等是我国一项基本的法律原则,根据这一原则,对公民、法人或者其他组织违反法律法规的行为,性质、情节相同的,应当给予相同的行政处罚,如果对同样责任者给予不同轻重的行政处罚,就违反了法律面前人人平等的法律原则,而且也不利于违法人对自己行为的反省,甚至损害了有关机关的权威。

(2)同一案件中,重责轻罚或者轻责重罚。在同一案件中,行政主体做出的行政处罚从单方面看,似乎并没有明显的畸轻畸重,但是相比较之下,则有失公正,使得被处罚者难以心服口服,甚至产生对抗社会的心理,这样不能解决问题,反而激化矛盾,对社会稳定造成不利影响。

(3)未考虑应当考虑的因素。未考虑应当考虑的因素是指行政主体在做出具体行政行为时,没有考虑到基本的法定因素或者一般的常理因素,任意做出不合理、不恰当的具体行政行为。例如,违法情节、认错态度、是否过失以及都要考虑的社会常理或者生活惯例。

(4)违反均衡原则。均衡原则要求行政主体的自由裁量行为所要达到的行政目的与采用的行政手段之间应当均衡适当。具体来说有以下三个方面的要求:一是行政主体应当选择造成行政相对人最小的损害方法实现行政目的;二是在多种选择方法中,行政主体应当选择最适当方法;三是行政主体行使自由裁量权所实现的公共利益不能小于行政相对人损害的利益。

(5)反复无常。指行政主体及其工作人员,对同一或同种情况的案件在情势未发生变化的情况下,根据自己的情绪或好恶无标准地反复变化,无视法律、法规的严肃性,也使行政相对人无所适从。

《中华人民共和国行政诉讼法》第五十四条第(四)项规定:行政处罚显失公正的,可以判决变更。本案中,被告第一次做出的行政处罚决定因程序违法,适用法律错误被撤销后,重新做出的行政处罚决定在原告的违法事实、情节、性质等各项情势均未发生变化的情况下,大幅度提高对原告的处罚数额,显然是被告根据自己的情绪、好恶,无标准地行使自由裁量权,是被告反复无常的具体表现,这种行为对于具有一般认知水平的自然人均会得出重新做出的该行为不合理、不恰当,显失公正。所以,法院依法判决变更处理正确。

关于一起媒体报道建设单位施工降水案件引发的思考

2013 年十一长假期间，网友"承 ay"向记者反映，位于安阳市紫薇大道东段的大美城建设工地上，伸出围栏的 7 根水桶粗的管道日夜不停地向外大量排出清澈的地下水，并且直接排到了下水道中，实属浪费，让人心疼。

10 月 7 日下午，记者在紫薇大道大天城建设工地南侧看到，有 5 根直径三四十厘米的白色塑料管道从工地围栏伸出，直达路边的下水道口。而在工地的东侧和西侧，也各有一根管道通向下水道。从这些管道旁边经过时，能清晰听到哗哗作响的流水声。在大美城工地南侧一个管道口，如注的水流喷涌而出，一位中年妇女正蹲在旁边洗着几件衣服。她告诉记者："这水是工地上抽出的地下水，非常干净，工地上的人吃的也是这水。我就住在对面小区，我们小区的人都来这里接水洗衣服、洗车。"她还拿起身边的水桶放到管道口演示给记者看，眨眼间就注入了多半桶水，"你看，水很清澈。只是快三月了，一直这样把好端端的水抽到下水道里，太浪费了。"该妇女摇着头说。在大天城工地东侧的一个管道口，也有不少市民在洗衣服、洗车。

采访中，很多市民都对工地排出的地下水被白白浪费掉表示心疼。一位网友说，地下水资源如此稀缺，希望有关部门能够加强监管，把这些水合理利用起来，减少水资源的浪费。

以上是某报社的报道，如果你是水行政执法人员，你如何回复？如何处理？水行政主管部门如果进行水行政处罚有没有法律依据？征收水资源费有没有法律依据？建设单位施工降水需要不需要到水利部门备案呢？这些都是我们一线水行政执法人员要思考解决的问题。

下面是水行政执法人员回复：

《某日报》编辑部：

10 月 9 日，《某日报》以题为"地下水白流数月太可惜"报道了位于文峰区紫薇大道与朝霞路交叉口东北角的大美城 · 翠园项目建筑工地抽排地下水情况；10 月 16 日，《某日报》第 6 版民生网事栏目又以题为"某市水利局，你作为了吗？"为题直指水利部门在大美城 · 翠园项目建筑工地抽排地下水问题上不作为。上述事项见报后，某市水利局高度重视，积极回应，及时咨询上级部门和市政府法制办，现结合水法律法规规定及我市水资源管理和保护工作开展情况，反馈如下。

(1)安阳市水资源管理和保护工作。

安阳市属水资源短缺城市。市委、市人大、市政府历来高度重视水资源管理和保护工作。作为政府职能部门，市水利局积极履行水资源管理和保护职责，通过实施取水许可制度，严格取水许可管理；通过强化取用水计量设施安装，促进水资源费(基金)征收，市本级水资源费征收额连续多年在全省名列前茅；通过加强计划用水管理，促进节约用水；通过封闭自备水源井，减少地下水开采；通过加大境外引水工作力度，补充安阳市地下水源。通过上述一系列措施，有效地促进了地下水位回升，市区地下水位由 2004 年末的平均埋深 28.6 m上升到 2012 年末的 12.7 m，年均上升约 2 m。安阳市市区西高东低，铁西地下水位约 23 m，东区地下水位在 12 m 左右，大美城附近地下水位约 9 m。

(2)大美城 · 翠园项目建筑工地抽排地下水情况。

自 2013 年 6 月 17 日以来，安阳市水利局先后六次接到市长信箱转来事项交办单，反映大美城·翠园项目建筑工地无证抽排地下水。每次安阳市水利局都立即安排执法人员分别于6月17日、8月3日、8月26日、8月28日、9月6日、10月9日六次到现场调查和处理，并按期进行了反馈。查明该项目建筑面积16万m^2，地下两层，负二层为车库，负一层为商业，由安阳中广发汇城置业有限公司开发。由于安阳市东区地下水位埋深较浅，不排水降低水位就无法进行地基处理施工。

（3）水法律法规及政策依据。

由于大美城·翠园项目抽排地下水属于施工降水，并且所抽的水直接排入了市政管网，没有再利用，根据《取水许可和水资源费征收管理条例》（国务院令第460号）第四条规定："下列情形不需要申请领取取水许可证：……（三）为保障矿井等地下工程施工安全和生产安全必须进行临时应急取（排）水的……"和河南省水资源费（基金）征收政策规定疏干排水再利用的才缴纳水资源费（基金）。因此，按照目前水法规规定和河南省政策，暂无依据进行管理。同时，针对施工排水问题，专门向省水利厅和市政府法制办相关专家进行了咨询，专家答复为没有法律依据不能处罚。经网上查询，目前河南省甚至全国对建设单位施工降水问题也没有出台具体的规定。

（4）采取的措施如下：

①责令该工地负责人立即停止施工排水，拿出合理利用地下水资源的方案。

②联系市政园林绿化及消防部门，近期尽可能利用该处水源进行绿化灌溉和道路洒水降尘，合理利用水源，减少水源浪费。

③责成该工地加快基础处理，尽可能缩短工期，减少地下水排放，保证基础处理结束后立即回填，不再抽排地下水。

以上是水行政主管部门的正面答复及没有处罚和征收水资源费的法律依据。如果把施工降水的取水设施界定为水工程呢！水行政主管部门是否可以处罚呢？同时何谓临时取水呢？

《中华人民共和国水法》第七十九条规定：本法所称水工程，是指在江河、湖泊和地下水源上开发、利用、控制、调配和保护水资源的各类工程。

本条是对水工程定义的规定。

水工程有两层含义：①水工程是指在江河、湖泊和地下水源上兴建的工程，如在江河、湖泊上建设的水坝、堤防、护岸、闸坝等和为从地下水源上取水而打的井等。②水工程是以开发、利用、控制、调配和保护水资源为目的兴建的工程，如防洪、灌溉、排水、阻水、引水、蓄水等工程。

水工程种类较多，大到三峡大坝、水库，小到引水渠道、排灌站、机井站等。水工程的建设和保护关系我国水资源的合理分配、有效利用、水害防治及人民群众生命财产安全。因此，《中华人民共和国水法》规定，县级以上人民政府应当加强水利基础设施建设，并将其纳入本级国民经济和社会发展计划。同时，还对建设水工程的审批程序、水工程管理和保护范围划定、单位和个人保护水工程的义务及地方政府保护水工程特别是水坝、堤防安全的责任等做了规定。

如果施工降水取水设施界定为水工程的话，那么水行政主管部门是可以处罚的。《取水许可和水资源费征收管理条例》规定：只有家庭生活和零星散养、圈养畜禽和抗旱临时应急取水、消除公共安全的临时应急取水以及保障矿井等地下施工等的临时应急取水等5种情况才可以不需要申请领取取水许可证,此外,任何单位或个人要开采地下水,都必须向水行政主管部门申请领取取水许可证,并缴纳水资源费。

按照《取水许可和水资源费征收管理条例》的规定,未取得取水申请批准文件擅自建设取水工程或者设施的,责令停止违法行为,限期补办有关手续;逾期不补办或者补办未被批准的,责令限期拆除或者封闭其取水工程或者设施;逾期不拆除或者不封闭其取水工程或者设施的,由水行政主管部门或者流域管理机构组织拆除或者封闭,所需费用由违法行为人承担,可以处5万元以下罚款。

下文是对临时取水解释:

(1)临时:暂时的、非正式的、短时间的。

(2)临时取水:《取水许可和水资源费征收管理条例释义》解释,为保障矿井等地下工程施工安全和生产安全,必须进行临时应急取(排)水,如矿井透水为保障安全紧急排水,不需要申领取水许可证。另外,施工降水只是为了保障安全施工的临时取水,提出取水周期一般为半年,并且施工结束后水井封填。根据《取水许可和水资源费征收管理条例》第二十五条规定:取水许可证有效期限一般为5年,最长不超过10年。施工降水属于临时取水,不需要办理取水许可证,只需要到水行政主管部门进行备案。

以下重点介绍行政许可、行政审批、备案三者区别:

行政许可,即通常说的行政审批,是指行政机关根据公民、法人或者其他组织的申请,经依法审查,准予其从事特定活动的行为。有以下四个方面的特征:

(1)行政许可是依申请的行为。以申请为起始,无申请即无许可。

(2)行政许可是管理性行为。主要体现为行政机关做出行政许可的单方面性。不具有管理性特征的行为,即使冠以审批、登记的名称,也不属于行政许可。

(3)行政许可是管理经济和社会事务的外部行为。行政机关对其他行政机关或者对机关直接管理的事业单位的人事、财务、外事等事项的审批,则属于内部管理行为,不属于行政许可。

(4)行政许可是准予相对人从事特定活动的行为。实施行政许可的结果是,相对人获得了人事特定活动的权利或者资格。

行政审批:指政府机关或授权单位,根据法律、法规、行政规章及有关文件,对相对人从事某种行为、申请某种权利或资格等进行具有限制性管理的行为。审批有三个基本要素:一是指标额度限制;二是审批机关有选择决定权;三是一般都是终审。

行政审批最主要特点是审批机关有选择决定权,即使符合规定的条件,也可以不批准。核准是指政府机关或授权单位,根据法律、法规、行政规章及有关文件,对相对人从事某种行为,申请某种权利或资格等,依法进行确认的行为。因此,在批准相对人的申请时,只是按照有关条件进行确认。只要符合条件,一般都予以准许。核准的条件都比较明确具体,便于确认。

审核:指由本机关审查核实,报上级机关或其他机关审批的行为。

备案:指相对人按照法律、法规、行政规章及相关性文件等规定,向主管部门报告制定的或完成的事项的行为。备案不属于行政许可,它是事后监管的一种管理手段,属于行政许可法规定的行政机关通过核查被许可人报送有关材料履行监管职责的情况。行政许可是指在法律一般禁止的情况下,行政主体根据行政相对人的申请,通过颁发许可证或执照等形式,依法赋予特定的行政相对人从事某种活动或实施某种行为的权利或资格的行政行为。所以,一般属于事前监督!不属于行政许可!备案的不一定就属于行政许可。但是行政许可肯定是需要备案的。

上面是作者对备案的一些粗浅看法,希望能给水行政管理工作带来思考与启迪!以这起案件为契机,执法人员又创新工作方法,起草了《安阳市建设工程施工降水管理暂行办法》。这个过程虽然曲折,但在执法实践活动中推动政策性文件出台是功不可没的。

关于建筑工地施工降水问题的报告

一、建筑工地排放地下水情况

建筑工地施工降水是为保证高层建筑基础处理时施工安全和混凝土浇筑必须采取的工程措施,与保障开矿、采煤等地下作业安全而必须疏干排水性质一样。近年来,随着安阳市城市建设速度的加快,高层建筑开始出现,东区建筑施工降水现象也随之出现。市水利局先后多次接到市长便民电话交办关于安阳市东区部分建筑工地存在施工降水排放地下水情况。每次接交办单后,市水利局都及时安排执法人员进行现场调查处理,并按期进行了回复。

二、水法律法规及政策对施工降水的规范

(1)施工降水不需办理取水许可证,但需备案。《取水许可和水资源费征收管理条例》(国务院令第460号)第四条规定:"下列情形不需要申请领取取水许可证:……(三)为保障矿井等地下工程施工安全和生产安全必须进行临时应急取(排)水的……前款第(四)项规定的取水,应当及时报县级以上地方人民政府水行政主管部门或者流域管理机构备案。"施工降水属于为保障矿井等地下工程施工安全和生产安全必须进行临时应急取(排)水,因此不需要申请领取取水许可证,但需向水行政主管部门备案。

(2)施工降水再利用需要缴纳水资源费。《河南省发展和改革委员会　河南省财政厅关于调整全省水资源费征收标准的通知》(豫发改价管〔2005〕543号),河南省现行有效的水资源费征收标准规定,疏干排水再利用的水资源费征收标准为0.20元/m^3,未明确疏干排水未利用水资源费征收标准。施工降水排放地下水属疏干排水未利用,不在目前河南省水资源费征收范围内。

三、目前全省和全国施工降水管理现状

安阳市建筑工地施工降水排放地下水情况出现后,我们及时向河南省水利厅进行了咨询,省厅答复施工降水管理现属法律空白,河南省对建设单位施工降水问题也未出台具体规定,目前按照水法律法规和河南省政策,暂无依据进行管理。

经网上查询,2007年北京市建设委员会和北京市水务局联合印发了《北京市建设工程施工降水管理办法》,该文件对施工降水未规定收费标准,2013年10月18日电话咨询北京市水务部门时,接线人员回复目前未收费,建设工程施工降水优先用于混凝土养护、降尘、冲厕等,剩余部分施工单位应主动与园林、环卫和居民社区联系,用于周边绿化、景观及环境卫生用水。

2013年10月23日,水利部关于修订《取水许可和水资源费征收管理条例》南片调研组来河南省调研时,我们专门向调研组提出了建设项目基坑施工降水问题的立法和管理现状及存在问题。调研组组长、水利部水资源司水资源管理处处长王国新答复我们,目前建设项目基坑施工降水国家层面无立法,将在这次修订《取水许可和水资源费征收管理条例》时予以考虑,进行规范。目前,国务院未出台新的规定。

四、出现建设项目施工降水排放地下水的原因

(1)安阳市地下水资源管理保护工作的加强,地下水位逐年稳步上升。

近年来,市水利局严格实施最严格水资源管理制度,加强取水许可管理,普及计量设施安装,强化水资源费(南水北调工程基金)征收,协调法院加大欠费追缴工作力度,通过法律、经济、行政等手段,促进了全社会节约用水。市区地下水年开采量逐步下降,地下水水位逐年回升,市政府南市政广场观测井地下水位从2006年底的16.13 m上升到2013年底的11.82 m,年均上升0.62 m。

(2)经济社会发展和集约用地要求,高层建筑不断出现。随着城市建设加快和集约用地的要求,安阳市东区出现了不少高层建筑,由于高层建筑需深挖基坑进行基础处理,地下水埋深浅,基坑中会出现地下潜水,为稳定边坡和底板混凝土浇筑,应当进行地下水降水处理,即抽排地下水,将地下水位稳定在底板下一定高度,才能保证施工安全和生产安全。

(3)个别建筑工地受外部环境影响,出现停工现象,排放地下水时间延长。在调查过程中,大多施工方表示正常的基础处理是3~5个月就可结束,停止排放地下水。但由于个别工地受资金和外部环境影响,出现了半停工或停工状态,延长了施工期,导致排放地下水时间相应延长。

五、围绕减少施工降水所做工作

在处理施工降水问题中,市水利局领导高度重视,亲自带队到施工现场调查研究,并数十次安排执法人员到现场调查处理,要求施工单位采取切实有效措施,减少水资源浪费,实现水资源综合利用。一是出台规范性文件,加强施工降水管理。市水利局联合住建部门,出台了《建设项目施工降水管理办法》,2014年该文件正式实施,截至目前,该文件仍为全省唯一。市政府法制办对该文件进行备案审查后,认为目前国家和省均未出台法律和政策依据,要求我们慎重执行,以免因具体行政行为引发复议和诉讼。二是责令建设单位限期向水行政主管部门进行施工降水备案,并安装计量设施,对排水进行计量;对逾期不进行备案的个别单位,依法予以处罚和征收施工降水再利用水资源费。三是要求建设单位主动联系市政园林绿化部门,尽可能利用工地排放水源进行绿化灌溉和道路洒水降尘,合理利用水源。四是要求施工单位加快基础处理,缩短工期,减少施工降水,节约保护水资源。

六、意见和建议

项目建设与水资源合理利用的矛盾是水资源管理与执法实践中需研究和解决的问题。鉴于施工降水是在地下水埋深较浅的地方进行高层建筑不可避免的客观问题,且目前国家和省级层面未出台相关法律和政策规定,结合安阳市实际情况,提出以下建议:

(1)继续实施施工降水备案管理,最大程度利用排放的地下水。虽然施工降水管理法律依据不充分,但实行备案管理,水行政主管部门能及时指导建设单位科学设置排水井,加强计量管理,督促建筑工地利用施工降水用于工地洒水除尘、混凝土养护、工地冲厕和罐车清洗等,最大限度利用排放的地下水。同时,联系市园林局道路绿化管理站利用施工降水用于周边园林及道路绿化,提高水资源利用效率。

(2)督促建设单位缩短工期,减少地下水排放。与住建部门结合,督促建设单位科学合

理安排工期,确定排放地下水时间,缩短施工期限,减少排放地下水。同时,将加强监督检查,在建设单位逾期不履行承诺时,适时启动处罚程序,争取实现经济发展与水资源保护两不误,促进最严格水资源管理制度在我市的实施。

(3)积极向上级反映,争取开征施工降水水资源费。目前,省水利厅正在商省发改委、省财政厅研究提出建设项目施工降水水资源费征收标准,我们将积极向上级反映,将施工降水水资源费列入征收范围,通过经济杠杆促进水资源节约和保护。同时,我们还将积极向上级反映,在进行地下水管理和保护的政策研究和立法时,考虑地下水资源的稀缺性,通过行政、经济、法律等综合性措施,最大限度地保护地下水资源,实现水资源永续利用。

关于对《安阳市建设工程施工降水管理暂行办法》的法律审核意见

近年来，安阳市通过实施最严格的水资源管理制度，有效地促进了市区地下水的保护，区域地下水位稳步上升，尤其是安阳新区、高新区地下水位上升明显。随着城市框架拉大，房地产市场的发展，东区高层建筑大量出现，高层建筑地基的深开挖，排出了大量地下水，不仅造成了水资源的浪费，而且群众反映强烈。针对此类问题，国家层面既没有相关法律法规予以约束，河南省也未出台地方性政策进行规范。为此，市水利局借鉴北京市出台的相关规范性文件，结合安阳市实际，联合市住建局，在广泛征求水利、建设和法律专家意见和建议的基础上，印发了《安阳市建设工程施工降水管理暂行办法》（简称《办法》），现将该文件法律审核情况说明如下。

一、制定主体

《中华人民共和国水法》第十二条、《取水许可和水资源费征收管理条例》第四条、《建设工程安全生产管理条例》第二十六条、《河南省城市污水处理费征收使用管理办法》第四条规定了取（排）地下水应由水行政主管部门、建设行政主管部门负责监督管理。

二、制定依据和权限

依据《中华人民共和国水法》《建设工程安全生产管理条例》《取水许可和水资源费征收管理条例》《河南省城市污水处理费征收使用管理办法》制定了《办法》，且根据上位法规定，市、县（市、区）水行政主管部门、建设行政主管部门负责施工降水的监督管理。

三、制定程序

首次，《办法》制定程序按照调研论证、公开征求意见、法制机构法律审核、机关负责人集体讨论完成。《办法》在起草时，首先查询了河南省及其他省份关于施工降水的处理办法；其次，《办法》征求意见稿先后征求了市政府法制办、建设行政主管部门、部分施工单位代表的意见。大家一致认为：目前，我国施工降水管理属于空白，各地管理模式互不相同，安阳市结合实际出台该文件很有必要。《办法》经水利、建设行政主管部门法制机构审核后，报市水利和住建部门主要负责人签署同意意见后印发执行，符合安阳市有关规范性文件制定的程序规定。

四、文件内容

《办法》涉及权利义务的内容有：文件第七条有关取（排）水备案的规定是依据《取水许可和水资源费征收管理条例》第四条第二款；文件第十条有关收费的依据是《取水许可和水资源费征收管理条例》第二十八条第一款征收水资源费、《河南省城市污水处理费征收使用管理办法》第三条第一款。

综上所述，我们认为《办法》制定依据充分，程序正当，内容合法适当，体现了国家实施最严格水资源管理制度的要求，填补了安阳市建设工程施工降水监督管理的空白，有较强的针对性和实用性，建议出台该办法，以切实保护地下水资源，促进我市经济社会可持续发展。

安阳市建设工程施工降水管理暂行办法

第一章 总 则

第一条 为了保护地下水资源和环境安全,落实科学发展观,实现经济社会可持续发展,依据《中华人民共和国水法》《建设工程安全生产管理条例》及有关法律法规,并结合本市实际情况,制定本办法。

第二条 在本市行政区域内进行各类工程的施工降水活动及其监督管理,适用本办法。施工降水是指在建设工程施工过程中,采用管井、井点等方式取(排)地下水的施工措施。

第三条 施工降水应遵循保护优先、合理取(排)、取水有偿、综合利用的原则。

第四条 市、县(市、区)水行政主管部门及住房和城乡建设行政主管部门依据职责,负责对施工降水实施监督管理。

第二章 施工降水

第五条 建设单位或者施工单位应当优先采用连续墙、护坡桩+桩间旋喷桩、水泥土桩+型钢等帷幕隔水方法,隔断地下水进入施工区域。

第六条 因地下结构、地层及地下水、施工条件和技术等原因,使得采用帷幕隔水方法很难实施或者虽能实施,但增加的工程投资明显不合理的,施工降水方案经过专家评审并通过后,可以采用管井、井点等方法进行施工降水。

第七条 为保障建设工程地下施工安全,必须进行临时应急取(排)水的,建设单位或施工单位应当及时报县级以上地方人民政府水行政主管部门备案。

建设单位或施工单位备案时需提供施工降水方案,方案应当包含以下内容:

(一)工程所处场地地层分布、地下水分层情况及相互关系、周边环境条件;

(二)采用降水方法对施工安全和环境影响评估;

(三)不采用帷幕隔水方法的理由和依据;

(四)抽水量计算方法及预估总抽水量;

(五)抽水计量方法、仪器和措施;

(六)地下水综合利用措施;

(七)排水地点、周期;

(八)施工排水对周边影响及措施;

(九)降水结束后抽水井的封填措施。

第八条 施工降水方案由水行政主管部门在三个工作日内组织专家对施工现场进行指导。

第九条 施工降水方案指导内容:

(一)采用帷幕隔水方法不可行的依据和理由是否充分;

(二)施工降水对施工安全、环境影响评估是否合理;

(三)计算取(排)水量是否合理;

(四)降水综合利用措施是否合理。

第十条 采用管井、井点等进行施工降水的工程,施工单位应当安装取(排)水计量设施,并按有关规定缴纳水资源费。施工单位取水排入市政管网的,应当按照《河南省城市污水处理费征收使用管理办法》的规定,缴纳城市污水处理费。

计量设施宜选用明渠堰槽计量或电磁流量计。

第三章 监督管理

第十一条 采用管井、井点等进行施工降水的,取(排)水计量设施必须有效工作。施工降水应当按照施工降水方案采取有效措施充分利用,防止污染地下水和地表水,减少资源浪费。降水应优先用于工地钢筋混凝土的养护、降尘、冲厕、工地车辆的洗刷等方面;剩余部分施工单位应主动与园林、环卫部门和居民社区联系,将其用于周边指定绿地、景观及环境卫生。

第十二条 监理单位应当对施工降水进行全过程监理,检查和督促建设单位和施工单位严格执行本办法和相关技术标准。

施工单位未备案采用管井、井点等进行施工降水的或者施工单位违反第十一条规定的,监理单位应当及时予以制止;施工单位拒不改正的,应当及时向水行政主管部门报告。

第十三条 建设单位、施工单位在施工中需要封填降水井的,在封填前向水行政主管部门报告;施工降水结束后水井必须全部封填。

水井封填必须在水行政主管部门的监督下按照施工降水方案进行封填,防止地下水受到污染。

第四章 奖励与处罚

第十四条 鼓励采用各种帷幕隔水技术和综合利用工地取(排)出的地下水。对严格执行本办法、自觉保护和综合利用地下水资源成绩显著的单位,由政府相关部门给予表彰。

第十五条 建设单位、施工单位、监理单位存在下列行为的,水利和住建行政主管部门依据有关法律法规进行处理:

(一)未编制施工降水方案擅自凿井进行施工降水的;

(二)取(排)水计量设施不能有效工作的;

(三)降水综合利用措施执行不到位的;

(四)违反《河南省城市污水处理费征收使用管理办法》有关规定的。

(五)未依法进行施工降水备案的;

(六)监理单位未履行监督职责的。

第五章 附 则

第十六条 本办法由市水行政主管部门和建设行政主管部门负责解释。

第十七条 本办法自 2014 年 1 月 1 日起实施。

临时应急取（排）水备案表

<table>
<tr><td>建设单位
（盖章）</td><td colspan="3"></td><td>法人代表</td><td></td></tr>
<tr><td>单位地址</td><td colspan="3"></td><td>备案日期</td><td></td></tr>
<tr><td>联系人</td><td colspan="2"></td><td>联系
方式</td><td colspan="2">电话：　　　　传真：
手机：</td></tr>
<tr><td>取（排）水
项目名称</td><td colspan="5"></td></tr>
<tr><td>取（排）水
项目地址</td><td colspan="5"></td></tr>
<tr><td>施工单位</td><td colspan="3"></td><td>施工单位地址</td><td></td></tr>
<tr><td>建筑面积</td><td>m^2</td><td>日取水量</td><td>m^3</td><td>日排水量</td><td>m^3</td></tr>
<tr><td>排水去向路名</td><td></td><td>排水去向
管道名称</td><td>□雨水管
□污水管
□合流管</td><td>申请取（排）
水期限</td><td>自　年　月　日
至　年　月　日</td></tr>
<tr><td>临时取（排）
水处理措施</td><td colspan="5"></td></tr>
<tr><td colspan="6">施工临时取（排）水设施简图（可附页）：</td></tr>
<tr><td>备注</td><td colspan="5">《取水许可和水资源费征收管理条例》第四条规定：下列情形不需要申请领取取水许可证：……（三）为保障矿井等地下工程施工安全和生产安全必须进行临时应急取（排）水的；（四）为消除对公共安全或者公共利益的危害临时应急取水的；（五）为农业抗旱和维护生态与环境必须临时应急取水的……。第（三）项、第（四）项规定的取水，应当及时报县级以上地方人民政府水行政主管部门或者流域管理机构备案；第（五）项规定的取水，应当经县级以上人民政府水行政主管部门或者流域管理机构同意。</td></tr>
</table>

河南省发展和改革委员会
河　南　省　财　政　厅　文件
河　南　省　水　利　厅

豫发改价管〔2015〕1347 号

河南省发展和改革委员会　河南省财政厅
河南省水利厅关于调整我省水资源费征收标准的通知

各省辖市和直管县(市)发展改革委、物价局(办)、财政局、水利(务)局:

为利用价格政策促进水资源节约利用和水生态保护,根据国务院、省政府实行最严格水资源管理制度的要求和国家发展改革委、财政部、水利部《关于水资源费征收标准有关问题的通知》(发改价格〔2013〕29 号)等规定,经省政府同意,决定调整全省水资源费征收标准。现将有关事项通知如下:

一、水资源费征收范围

根据省政府第 126 号令《河南省取水许可和水资源费征收管理办法》规定,在本省行政区域内需要办理取水许可的用户,均应缴纳水资源费。

农业生产、农村居民生活(含农村集中式饮水工程供水)、再生水利用、抽水蓄能发电用水,免征水资源费。

二、水资源费征收标准

(一)城镇公共供水用户

全省城镇公共供水用户水资源费标准统一调整为:居民生活用水 0.5 元/立方米,非居民用水 0.4 元/立方米,特种行业用水 0.8 元/立方米。

(二)自备取用水户

划分为三个价区计征水资源费:一区为南阳、信阳、驻马店、平顶山、漯河、商丘、周口市和邓州、固始、新蔡、永城、汝州、鹿邑县(市)等;二区为开封、新乡、濮阳、安阳、焦作、鹤壁、济源市和兰考、长垣、滑县等;三区为郑州、洛阳、许昌、三门峡市和巩义、灵宝市等。

1.自备取用地表水

(1)一般工商业等,一区 0.4 元/立方米、二区 0.45 元/立方米,三区 0.50 元/立方米。特种行业(洗浴、水上乐园、滑雪、高尔夫球场、洗车等)在上述标准基础上增加一倍计征。

(2)水力发电用水继续按现行 0.005 元/千瓦时执行;火力发电贯流式冷却用水调整为 0.05 元/立方米。

2. 自备井取用地下水

开征建筑疏干排水水资源费,由建设单位缴纳。

自备井取用地下水具体分类、征收标准见附件。超采区在此基础上加收 30%。

(三)考虑到目前煤炭等采矿行业经营形势,暂缓开征采矿排水(疏干排水)水资源费

三、水资源费征收方式

城市公共供水用户,由城镇供水企业在售水环节采用价外附加的方式代为征收;自备取用水户,由当地水行政主管部门在取水环节征收。

水资源费征收手续费,仍按现行 1%执行。

四、加强征收管理工作

各级水行政主管部门要采取切实有效措施,进一步增强责任意识,严格依法规组织征收;完善取水计量设施的安装、使用、管理,做到按量足额征缴;建立健全年度目标考核和月报通报制度,逐级报送征收工作进展情况,认真开展年度目标考核。要采取切实可行的监管措施,特别要加强自备井取水管理,严防偷采、超采地下水。对拒不缴纳或不足额缴纳水资源费的,应责令限期缴纳,逾期不缴纳的,申请法院依法强制执行。定期、不定期开展水资源费征缴工作的督促检查,对检查中发现的问题,责令有关市、县和责任人限期整改,对未按时完成整改任务的,在全省予以通报。

五、严格水资源费规范管理使用

要认真落实财政部、国家发展和改革委、水利部《水资源费征收使用管理办法》规定。各级水行政部门征收和城镇供水企业代征的水资源费,必须及时足额上缴,全额纳入财政预算管理,水资源费应专项用于水资源的节约、保护、管理和合理开发,任何单位和个人不得平调、截留或挪作他用。

六、减轻城镇低保对象负担

因此次水资源费标准调整而造成城镇低保对象增加的生活用水支出,由低保对象所在地相关主管部门在调整城镇居民最低生活保障补助标准时统筹考虑。

七、加强宣传引导

各地、各部门要充分认识深化资源性价格改革对实现经济社会可持续发展的重要意义,高度重视、加强领导、制订方案,正面宣传引导,发挥好价格杠杆调节作用,增强全社会节约集约用水意识,切实推进节水型社会建设。

八、本通知自 2015 年 12 月 1 日起执行。

附件:自备井取用地下水具体分类与分区标准

河南省发展和改革委员会　　河南省财政厅　　河南省水利厅

2015 年 11 月 11 日

附件

自备井取用地下水具体分类与分区标准

单位:元/m^3

<table>
<tr><th colspan="2" rowspan="2">取水分类</th><th colspan="2">一区</th><th colspan="2">二区</th><th colspan="2">三区</th></tr>
<tr><th>省辖市</th><th>县(市)</th><th>省辖市</th><th>县(市)</th><th>省辖市</th><th>县(市)</th></tr>
<tr><td rowspan="2">居民生活类</td><td>城镇公共供水管网覆盖范围内</td><td>1.8</td><td>0.9</td><td>2.0</td><td>1.0</td><td>2.2</td><td>1.1</td></tr>
<tr><td>城镇公共供水管网覆盖范围外</td><td>1.5</td><td>0.8</td><td>1.7</td><td>0.9</td><td>2.0</td><td>1</td></tr>
<tr><td rowspan="2">工商业及其他类</td><td>城镇公共供水管网覆盖范围内</td><td>2.3</td><td>1.1</td><td>2.5</td><td>1.2</td><td>2.2</td><td>1.3</td></tr>
<tr><td>城镇公共供水管网覆盖范围外</td><td>1.8</td><td>0.9</td><td>2.0</td><td>1.0</td><td>2.2</td><td>1.1</td></tr>
<tr><td colspan="2">特殊行业(洗浴、洗车、水上乐园、高尔夫球场等)</td><td>6</td><td>4</td><td>8</td><td>5</td><td>10</td><td>6</td></tr>
<tr><td>特殊水质</td><td>矿泉水、地热水</td><td>8</td><td>5</td><td>10</td><td>6</td><td>12</td><td>7</td></tr>
<tr><td colspan="2">建筑疏干排水</td><td colspan="6">按照相应地区“工商业及其他类”减半征收</td></tr>
<tr><td colspan="2">地盘空调取水</td><td colspan="6">省辖市 0.15,县 0.10</td></tr>
</table>

注:超采区在上述标准基础上加收 30%。

关于水资源税改革对水资源管理影响的思考

目前,水资源税改革试点已扩大到10个省(自治区、直辖市),约占我国省级行政区的1/3。随着水资源税改革工作的推进,对试点区水资源管理工作的影响也逐步显现,一方面有力地促进了水资源管理工作,另一方面也暴露出水资源管理与水资源税改革要求存在的差距。开展水资源税改革对水资源管理影响有关问题的分析,旨在为进一步加强水资源管理,促进水资源节约与合理开发利用提供参考。

一、水资源税改革对水资源管理的有关要求

《水资源税改革试点暂行办法》和《扩大水资源税改革试点实施办法》(统一简称为《办法》)对水资源管理提出了多方面的要求。

(一)取水许可管理方面

《办法》规定除部分免税情景外,其他直接取用地表水、地下水的单位和个人,为水资源税纳税人,应当按照规定缴纳水资源税。相关纳税人应当按照《中华人民共和国水法》《取水许可和水资源费征收管理条例》等规定申领取水许可证。从要求上看,水资源税纳税人应当申请取水许可证,并按相应的税额标准缴税。取水许可证是依法征税的前提和依据,因此需要水利部门进一步核实取用水用途、取用水量等相关信息,强化取水许可管理。

(二)取用水量核定方面

《办法》规定水资源税实行从量计征,纳税人根据水行政主管部门核定的实际取用水量向税务机关申报纳税,税务机关应当按照核定的实际取用水量征收水资源税。从要求上看,水利部门要负责核定纳税人的实际取用水量,成为纳税人申报、税务机关征税的依据。水量核定准确性将直接影响水资源税款的应征尽征,因此要求水利部门从严核定取用水量。

(三)水资源基础信息共享方面

《办法》规定,水行政主管部门应当将取用水单位和个人的取水许可、实际取用水量、超计划(定额)取用水量、违法取水处罚等水资源管理相关信息,定期送交税务机关。税务机关定期将纳税人申报信息与水行政主管部门送交的信息进行分析比对。征管过程中发现问题的,由税务机关与水行政主管部门联合进行核查。从要求上看,水利部门需要做好水资源基础信息共享工作,与税务部门税收征管平台有效对接,为税务部门依法征税提供必要的基础信息。

(四)水资源管理人员、相关经费保障方面

《办法》规定开征水资源税后,水资源费征收标准将降为零。税改期间,水资源税收入全部归属试点省份。水行政主管部门相关经费支出由同级财政预算统筹安排和保障。对原有水资源费征管人员,由地方人民政府统筹做好安排。从要求上看,水资源税改革后,用于水资源节约、保护、管理的原有水资源费经费渠道被取消,试点地区也不再向中央缴纳分成水资源费,相关经费支出由同级财政保障,原有水资源费征管人员,需要地方统筹做好安排。

二、水资源税改革试点地区水资源管理面临的问题

按照上述要求,地方各级水行政主管部门认真履职尽责,积极做好水资源税改革工作。

试点地区水资源管理工做出现了一些新变化,如试点地区取水许可证覆盖范围进一步扩大,取用水计量设施逐步健全,用水结构有所优化,节水成效逐步显现。但也暴露出了一些不足,如水资源管理能力与水资源税改革任务要求有差距、部分政策未落实到位,给水资源管理工作带来一定影响。

(一)取水许可用途分类与税额标准分类不匹配

取水许可征登记表中的取用水用途分类不够细致,与部分地区水资源税额标准的分类无法对应,不利于水资源的精细化管理,也给水资源税征管带来一定难度。如北京市各自备井单位取水许可证标明了取用水的用途,但难以与水资源税实施办法中的居民、非居民、特种行业等分类相对应。四川省在税源核实过程中,发现纳税申报户与取水权人不一致情况,增加了采集税源信息的难度,易导致税源漏征漏管。

(二)基层水资源管理人员队伍与税改任务不匹配

现行水资源税税额标准较复杂,核定水量时需要对不同取用水户进行细致区分,水量核定任务重,与当前基层水资源管理人员队伍不匹配。如河北省现行税额标准区分用水类别、区分行业、区分超采区、区分管网内外、区分市县等共5级52个税额标准,税额标准级次多、设置复杂,水行政主管部门需要核定每个分类用途下的取用水量,工作量大。调研中,天津市相关部门反映在现行税额标准下,以当前的基层水资源管理人员力量,难以针对类型多样的取用水水量进行精细化核定,水量核定不准确导致纳税人漏缴,增加了水资源管理部门行政风险。

(三)水资源信息化管理水平有待提高

目前,水资源管理信息化水平不高,与税务部门征税系统信息共享要求还有一定差距,水资源管理信息化建设存在短板。一是在全国层面尚缺乏相关标准规范,未建成统一的水资源税征管信息平台,地方各自开发的水资源税征管系统规范性不足,不利于在全国推开。二是已有信息系统存在信息更新不及时、取用水信息不完善等问题,管理水平需要进一步提高。

(四)水资源费征管人员及相关经费保障落实不到位

水资源税改革后,水资源费标准为零,水资源税全额纳入地方财政,不再作为水资源专项工作经费,水资源管理经费受到一定影响。相关规定明确由同级财政预算统筹安排和保障水行政主管部门相关经费支出,但据了解,部分基层水利部门相关经费保障仍落实不到位,尤其是对承担了大量工作的基层水利自收自支人员。

三、对策建议

(一)进一步加强取水许可管理

按照水资源税标准分类缴纳的实际需求,对原有取水许可证表的城镇生活取水、工业取水、农业取水、发电取水、其他取水等用途进一步细化。进一步核查现有取水许可持证人与纳税人不匹配问题,在确定水资源税纳税人的基础上,逐一核发放取水许可证。对于一人多证或一证多人等情况要加强核实与检查,确保取水许可证与纳税人一致。

(二)切实加强基层水资源管理队伍建设

水资源税改革试点地区各级水行政主管部门,要考虑水资源管理人员力量、工作任务和地区经济水平等因素,利用国家机构改革契机,争取进一步加强基层水资源管理队伍。对纳入财政保障的水资源管理人员，做好财政保障；对编外自收自支人员要妥善安置，可借机构改革契机，推进自收自支单位“事转企”改革，通过政府购买服务等方式进行委托开展水资源管理工作。

（三）进一步提高水资源信息化管理水平

进一步完善国家层面的水资源信息管理平台，将各级水行政主管部门的取用水信息、水资源费、水资源税、水权交易等各类水资源有偿使用相关信息全部纳入水资源信息管理平台，统一监督、统一管理、统一调配，实现信息管理标准化、规范化。积极同税务部门沟通协调，实现管理平台内数据格式、信息分类与税务部门管理系统有效对接。

（四）厘清地方水行政主管部门职责

地方水行政主管部门要做好纳税人申报、税务部门征税等工作衔接。针对水量核定任务重、有风险等问题，要同税务部门积极协调，厘清各自责任边界，完善责任体系。进一步优化水量核定的方式方法，采取对纳税人月度或季度认可、年度核定或抽检等方式核定水量，调整核定频次，缓解人员与任务不匹配的矛盾。

（五）积极做好水资源管理基础工作

水资源税改革是中央一项重要决策部署，从目前的发展趋势来看，未来一段时期内将在全国推行。各级水行政主管部门，尤其在尚未实施水资源税改革省区的水行政主管部门，应提前谋划，全面摸清取用水户、取水许可、计量设施、农业生产用水、相关定额限额等基础信息，认真对待水资源税改革试点省份面临问题，积极研究制订相关措施，为进一步做好水资源管理工作奠定基础。

四、水资源费改税的意义何在

2016 年 7 月 1 日，地下水超采严重的河北省试点开征水资源税，一年多来效果明显，不仅促进水资源节约集约利用，抑制了地下水超采，倒逼高耗水企业节水，而且改革试点总体没有增加一般工商业企业和居民正常生产生活用水负担。在此基础之上，水资源税迎来首次扩围，根据财政部、税务总局、水利部发布的《扩大水资源税改革试点实施办法》，从本月开始，北京、天津、山西等 9 个省区市将纳入水资源税改革试点。

资源税，顾名思义就是以自然资源为征税对象的税种，其主要目的是调节资源级差收入，促进资源节约使用。

在众多自然资源中，水资源又是严重短缺的。据统计，我国多年平均水资源总量 2.8 万亿立方米，人均水资源量仅为世界平均水平的 28%，同时，浪费和污染问题也不可小觑。在过去，体现水资源稀缺性的主要经济杠杆之一就是水资源费，但在其征收中存在征收机制不完善、使用不规范的问题，特别是征收标准偏低，对工业用水和特种行业用水制约有限，产生一些高耗水、高污染大户。“费改税”则是将其纳入财税制度，利用好杠杆调节的作用。根据《办法》，地下水税额高于地表水，超采区高于非超采区，对特种行业从高征税，对农业生产取用水、农村生活集中式饮水工程取用水等从低征税，既体现了民生温度，又考虑到不同行业和地域的差别，有利于进一步遏制不合理的用水现象。

“加快资源税改革”是完善税收制度，建立现代财政制度的主要工作之一。相比起“税”，“费”的特点是政府非税收入，全额纳入地方财政预算，管理过程容易混乱。

此外，水资源费改税更大意义体现在我国推进生态环境保护方面的决心。国家税务总局财产和行为税司司长蔡自力说:“征收水资源税的主要目的不是为了组织多少财政收入,2015 年 9 个省水资源费收入 133 亿元,增加收入的意义并不大,但生态意义、绿色意义很大。”自然资源关乎国计民生、生态安全,只有实施最严格的资源管理制度,才能促进资源节约与合理开发。2010 年,我国率先在新疆开展原油、天然气资源税从价计征改革,启动了对资源税的全面改革。过去 6 年中,资源税的改革范围逐步扩大,改革品目不断增加,油气资源税扩至全国,煤炭资源税也全面实施。在全面对矿产资源等不可再生资源征税的基础上,又将改革目标投向水资源,而河北经验的成功,以及此次试点扩围,都是在为全面推开水资源税制度积累经验、创造条件,从根本上都是为了推进生态环境保护。

党的十九大报告指出:必须坚持节约优先、保护优先、自然恢复为主的方针,形成节约资源和保护环境的空间格局、产业结构、生产方式、生活方式。水资源费改税,不仅有利于理顺水资源税费关系,健全地方税收体系,而且能促进水资源高效利用,推动全社会形成节约保护水资源的氛围和环境。

关于做好水事纠纷调处工作的思考

随着经济社会的快速发展，城镇化进程的加快，农业种植结构的变化以及群众对供水量和水质要求的不断提高，水资源供需矛盾不断加剧，由此引发的水源争夺、河滩抢占、堤岸乱建、河道乱毁、沟渠乱挖等水事矛盾及水事纠纷越来越突出，成为影响社会稳定和经济发展的一个不安定的因素。因此，如何调处水事纠纷，是摆在水利工作者面前的重要课题。做好水事纠纷调处工作对推进水利改革、促进地方经济发展、维护社会稳定具有十分重要的意义。

一、水事纠纷与水事案件的区别

首先要弄清楚什么是水事纠纷和水事案件。水事纠纷是在分享水利、防治水害或其他水事活动中发生的权益争端，直接影响他人的利益而引起的一种纠纷。它是人类社会的一个基本矛盾。水事纠纷一般发生在水行政管理的薄弱环节，产生一定的负面社会影响，处理不好会带来严重的群体事件和社会问题，成为影响水利发展和社会稳定的重要因素。水事案件则是当事人未经批准擅自修建涉水建筑物或人为破坏各类水利工程，已经违反了《中华人民共和国水法》《中华人民共和国防洪法》等水法规的规定，应当承担一定的法律责任；而水事纠纷不一定会形成违法行为。在调处水事纠纷时，一定要慎重，不能擅自做出水事纠纷处理决定，因为这里面有涉及到主体处理的问题。《中华人民共和国水法》第五十七条明确规定：单位之间、个人之间、单位与个人之间发生的水事纠纷，应当协商解决；当事人不愿协商或者协商不成的，可以申请县级以上地方人民政府或者授权的部门调解。这说明就是政府授权水行政主管部门，而水行政主管部门只能是调解处理，无权做出水事纠纷的处理决定。

二、水事纠纷的类型

从引起水事纠纷的原因看，可以将水事纠纷分为因开发、利用水环境资源而发生的水事纠纷，因保护治理水环境而发生的水事纠纷，因管理水环境资源而发生的水事纠纷。因水量分配所引起的水量分配纠纷，因水资源引用所引起的引水事纠纷，因水污染所引起的水污染纠纷，因水土流失所引起的水土流失纠纷，因水工程所引起的水工程纠纷，因水环境资源保护工作所引起的水环境资源保护工作纠纷等类型。从引起水事纠纷当事人角度看，可以将水事纠纷分为个人与个人之间的水事纠纷，集体与集体之间的水事纠纷，个人与集体之间的纠纷等类型。从地域角度看，可以将水事纠纷分为国际水事纠纷和国内水事纠纷。在国际水事纠纷中，可以分为两国水事纠纷和多国水事纠纷；在国内水事纠纷中，可以分为一个行政区域内的水事纠纷和跨行政区区域的水事纠纷，一个流域内的水事纠纷和跨流域的水事纠纷等类型。

三、水事纠纷的成因与危害

引发水事纠纷的直接原因很多，有的是为了争夺水源，有的是为了抢占河滩岸地，有的是为了保护本方的土地、村落和其他财产而修建不利于对方的永久性工程，有的是为了保护本方土地、村落和其他财产而强行拆除对方的永久性工程，有的则是为了个人利益人为破坏泵站、涵闸等水利工程设施，造成水利工程的人为破坏，有的则是水污染和自然条件变化及农业种植结构调整而引起水冲突事件。水事纠纷作为一种消极的社会现象,对社会总体上是有害的。水事纠纷的危害,从小处说,可以引起人与人之间的感情伤害和隔阂;从大处说,可能引起激烈的群体冲突,甚至造成人身伤亡和财产损失,造成不良的社会影响。

四、做好水事纠纷调处工作的意义

(一)做好水事纠纷调处工作是促进人水和谐的必然要求

做好水事纠纷调处工作是检验地方政府和当地水行政主管部门化解社会矛盾能力的重要标志,是水利突发公共事件应急管理的重要内容,是促进人与人和谐、人与自然和谐和人与水和谐的必然要求。

(二)做好水事件纠纷调处工作是维护人民群众根本利益的必然要求

水事纠纷的实质是权益争端,涉及人民群众的切身利益。在水事纠纷中,受害最直接、最严重的是纠纷各方的人民群众。维护人民群众的根本利益是水事纠纷调处工作必须始终遵循的重要原则。在调处水事纠纷时,地方政府应把人民群众的根本利益放在首位,让利于人民群众,切实解决人民群众最关心、最直接、最现实的利益问题,从而从根本上预防和解决水事纠纷。

(三)做好水事纠纷调处工作,是保障水利事业又好又快发展的必然要求

一个地区、一个流域的水资源的治理开发是一个系统工程、上下游互为一体,左右岸唇齿相依,兴利除害相辅相成,只有全面规划、统筹兼顾、标本兼治、综合治理,加快水利发展,才能维护和谐的水事秩序。从近些年洪湖的治水实践来看,凡是水利规划比较符合乡镇、村场之间的实际,并按规划实施的水利工程项目,效益就比较好,纠纷也比较少。

(四)做好水事纠纷调解工作是依法行政、依法治水的必然要求

国务院颁发的《全面推进依法行政实施纲要》强调:要大力开展矛盾纠纷排查调处工作,建立健全相应的制度,要积极探索预防和解决社会矛盾的新路子,对矛盾纠纷依法妥善解决。调处水事纠纷和矛盾是党中央、国务院赋予地方政府和各级水行政主管部门的一项重要社会管理职能和工作职责。因此,必须正确把握程序的严格性与处理水事纠纷或群体性事件紧急性之间的关系,统筹兼顾各方面的诉求,依法妥善协调各方面的利益,不断推动依法行政和依法治水的进程。

五、调处水事纠纷的原则与对策

(一)坚持预防为主、预防调处相结合的原则

任何矛盾和纠纷都有起源、有苗头、有进程。水事纠纷要防患于未然,加大从源头上预防和化解水事纠纷。水事纠纷随着时间的推移,如不能及时调处,矛盾激化到一定程度容易发生群体械斗等恶性事件,严重影响社会稳定,造成不良的社会影响。一般事件起因,往往是因为在水资源的开发利用过程中有权益争端,由于双方各自为了地方或个人利益,一时得不到很好的解决和沟通,时间一长,他们就会通过非法途径和过激手段达到主张自己权利和保护自己利益的目的。作为地方政府和水行政主管部门对这种行为,一定要提前介入,及时处理,预防事态的扩大和事件的恶化,所以调处水事纠纷的最有效办法就是积极预防,及时处理、及时沟通,并通过行政措施、经济措施、法律措施以及工程措施等,多管齐下,使水事纠纷达到根本解决。

(二)建立健全两个机制

一是建立健全以地方为主、条块结合的水事纠纷调处机制。维护一方平安是地方党委、政府的重要责任。《中华人民共和国水法》规定,不同行政区域发生水事纠纷的,应当协商处理,协商不成的,由上一级人民政府裁决,有关各方必须遵照执行。多年实践证明,政府负责、部门配合,齐抓共管,形成合力,是做好水事纠纷调处工作行之有效的方法。二是建立健全水事纠纷调处问责制。地方政府的党政一把手是水事纠纷调处工作的第一责任人,分管水利工作的县市、乡镇负责人是水事纠纷调处工作的具体责任人,一旦发现水事纠纷事件,其责任人要在第一时间赶赴现场协调处理。凡是对水事纠纷调处不力,或者不作为,延误时机、组织不力导致矛盾激化升级,引发群体水事件,影响社会稳定的责任人要按党纪、政纪、法纪严肃追究责任人的责任,该免职的要免职,该调离岗位的要调离岗位,该刑拘的要刑拘,以确保水事纠纷调处问责制的严肃性、权威性。

(三)建立重大水事纠纷应急处置预案

为了妥善调处重大水事纠纷,维护社会稳定,保障经济社会顺利发展,根据《中华人民共和国水法》《中华人民共和国防洪法》等有关法律法规,各地应制定重大水事纠纷预案,组建工作机构、指挥机构,确定应急保障部门,按先期处置、预案启动、应急措施、纠纷处理等程序进行运作,确保一旦出现重大水事纠纷时,信息准确,快速反应,果断决策,迅速处置,防止事态扩大,最大限度地减少因水事纠纷冲突导致的危害性和影响性。

(四)实行奖惩制度

县市水行政主管部门应与乡镇、流域、村场签订水事纠纷调处工作责任书,明确调处职责、范围、内容,责任人,建立村场水政信息反馈制度,聘请水政信息员,实行县(市)、乡镇、村场三方联合监督打击水行政违法事件。对保护水资源、保护水工程、保护水环境抓得好的乡镇及村场要在中小型农田水利建设项目上优先考虑,优先安排;对那些热爱水利事业、熟悉水事纠纷调处工作,威信高、作风正、责任心强的水政信息员要在经济上给予奖励,或者为他们买医疗保险,买人身保险,使他们更加热衷于水利工作,积极当好农村水政信息员,当好水利部门的"耳目",为有效预防、调处水事纠纷工作服务。

(五)实行调处人员正确定位

调处水事纠纷要坚持原则,克服意气用事,做到客观公正,不枉不纵。一要遇事冷静分析,用自己的眼睛看问题,不偏听不偏信,在客观求实的基础上,得出符合实际的结论;二要把党性原则放在最高位置上,支持正确的,反对错误的,坚持按原则办事,不为小团体的意气所左右,不以个人好恶"断案";三要明辨是非,坚决处理违纪违法的人和事,特别是对那些借机发难,制造事端,触犯刑律的要坚决依法查处。对自己一方发生的违法行为更要"大义灭亲",敢于查处,不护短、不手软、不包庇、不纵容,通过正常手段,合理、合法程序解决矛盾调处纠纷。

(六)加强调处人员自身建设

水事纠纷的突发性、复杂性和调处工作中的政策性,要求调处水事纠纷的工作人员必须具有较高的素质。第一,要有高度的政治责任感、敏锐性,把调处水事纠纷当作政治任务来抓,把保稳定、保发展、保民生贯穿调处工作始终。第二,要懂政策、守纪律,坚决贯彻党和政府的意图,把上级组织的要求落实好。要依法办事,不要乱拍胸脯、乱许愿、乱表态,更不要无故挑起事端。第三,敢于负责、吃苦耐劳、勇于奉献。第四,要创造性地工作,抓住根本、化解争端、调解纠纷。

(七)进一步加强组织领导

县市级人民政府要明确水利局、乡镇水管站是水事纠纷调处工作的专门机构,县市水利局局长是调解水事纠纷的部门第一责任人。县市水利局要确定水行政执法大队是调处水事纠纷的工作专班,指定专门领导负责力抓水事纠纷调处工作,并将调处工作的任务和责任层层分解,形成一级抓一级,层层有人管的工作格局。

(八)切实加强水法规学习宣传

从发生水事纠纷的地方来看,群众对水法规的了解还不够,或者说是法盲,由此可以看出水法规的宣传还有死角。因此,水法规的学习宣传是一项长期而艰巨的任务。要从学习宣传水法规入手,引导群众正确处理个人利益与集体利益、局部利益与整体利益、当前利益和长远利益的关系,引导群众以合理、合法的方式表达利益诉求,解决利益矛盾,坚决纠正各种损害群众利益的行为,最大程度地维护好人民群众的合法权益。

安阳市水源井管理规定

为有效保护地下水资源,规范水源井取用水管理,防止水源井因管理不善对地下水造成污染,促进地下水资源的可持续利用,特对水源井管理规定如下。

一、管理范围

本规定包括公共供水管网覆盖范围内未封闭的水源井、管网外水源井和地温、地热井。

二、管理内容

取水许可、用水计划、计量设施、水资源费征收、水平衡测试和水质监测等内容。

三、管理要求

(1)有条件的水源井要有井房,没有条件的要有井台,无井房的要加井盖。井房结构及尺寸,应便于机泵安装、机井清淤维修和管理。井台应高出井口地面至少 20 cm,其具体高度应能防止雨水、污水流入井内;井口周围采用防污水渗透结构,并应保持卫生清洁,不得堆放杂物。井台周围 20~30 米(生活用水井 50 米)内无厕所、粪坑,垃圾堆、畜圈、渗水坑等。

(2)严禁将泵座直接坐落在井壁管上,水源井应安装计量设施,计量设施应安装规范并在距井口 2 米之内(地温空调井在抽水、回水井口分别安装)。井盖上要预留观测孔,方便测量地下水位。水源井应分层止水,井管及输水管道材质环保耐用。

四、地温、地热井管理要求

(一)日常管理

(1)结合地温空调的使用规律,地温空调分为冬夏两个使用周期。夏季周期为 5 月 15 日至 9 月 15 日,冬季周期为 11 月 15 日至次年 3 月 15 日。因天气、工作等原因需要提前或延时使用的用水单位,可向水行政机关提出书面申请,经水行政主管部门同意后使用。

(2)用水单位在每个使用周期前 7 个工作日向水行政主管部门提交书面启用申请,水行政主管部门自接到申请之日起 3 日内进行检查验收,验收合格后方可启封使用。

(3)每个周期结束后,取水单位应立即申请水行政主管部门封停,水行政主管部门应在接到申请后 3 个工作日内采取铅封等措施对其取水设施进行封停。严禁用水单位在封停取水设施期间启用地温空调或取用地下水转供他用。

(二)水质、水温监测

(1)新建地温空调单位应在成井后立即采集水样进行水质、水温的监测,监测结果应附于竣工报告中,报水行政主管部门存档备查。

(2)地温、地热井实行长期监测制度。地温空调用户应在运行期间每旬对水温、水位进行检测,每年在运行初期(运行开始 15 日内)和运行后期(运行结束前 15 日内)按相关的水质标准对抽、回灌水进行水质分析;地热井用户应在运行期间按相关的水质标准对抽、排水进行水质分析。水质分析应在水行政主管部门监督下由地温空调、地热井用户委托有地下水环境监测资质的单位进行,检验报告报水行政主管部门存档备查。

(3)水质监测结果应表明是否对该区域水质造成污染,监测结果不符合要求的水行政主管部门应立即责令用水单位停用。

(三)防污保护

(1)地温空调取、退水设施需设立明显的警示标志,派遣专职人员对取、退水设施进行管理和保护,防止出现破坏、污染地下水资源的行为。

(2)地温空调取、退水井口使用铁板盖压加锁封闭,井盖四周须使用橡胶圈进行密闭,严防污水回灌,并防止破坏取、退水设施,严防公共安全事故的发生。

(四)其他管理

其他管理参照《安阳市城市规划区地温空调、地热井取用水管理暂行办法》执行。

因保护措施不当造成地下水污染的,申请环境保护主管部门按照《中华人民共和国水污染防治法》的相关规定进行防治和处理。

安阳市边界水事纠纷预防调处工作的思考

安阳市地处河南省最北部的晋、冀、豫三省交界处，漳河流经三省边界，涉及林州和安阳两县(市)，水事纠纷问题突出。汤阴县南与鹤壁市相邻，引淇入琵水事纠纷不断。现将2005年以来安阳市省际、市际边界水事纠纷现状、预防调处工作开展情况和取得的成效、存在问题、经验做法和建议总结介绍如下。

一、安阳市省际、市际水事纠纷现状

目前，安阳市省际、市际水事纠纷工作已由过去单一化逐渐向多元化转变，形成了点多、面广、线长的特点，由原来的仅牵涉漳河左、右岸的河北、河南两省到现在的牵涉漳河上、中、下游和河南、河北、山西三省；由原来的单一漳河水事纠纷增加了现在的淇河水事纠纷；由原来仅牵涉的水量分配问题到现在的擅自修建水工程问题。在工作实践中，我们坚持日常排查和纠纷化解工作相结合，发现纠纷苗头，及时与地方党委政府及河道主管部门进行通报和协调，将水事纠纷化解在萌芽状态，化解在基层。对协商不成和解决不了的问题，立即向上级反映，通过上级的协商和沟通，维护了省际和市际水事秩序稳定，实现依法治水、团结治水。自2005年以来，漳河和淇河水事秩序基本稳定，但局部冲突时有发生。

二、预防调处水事纠纷所做的工作和取得的成效

(一)漳河水事纠纷

漳河属海河流域漳卫南运河水系的一级支流，分清漳河和浊漳河两条主要河流，两河在河北省涉县合漳乡汇合后始称漳河。漳河在山西、河南、河北三省桥以下河段为河北省与河南省的界河，漳河流经安阳与邯郸两市边界长71千米，涉及林州和安阳两县(市)3个镇16个行政村1.4万人1.25万亩耕地。其中，林州市境内30千米，涉及任村、东岗两镇9个行政村1万人9 000余亩耕地；安阳县境内41千米，涉及都里镇7个行政村4 000人3 500亩耕地。

历史上，漳河水事纠纷频发，上级领导倾注了大量心血和汗水。自2005年以来，在上级的关心、支持和帮助下，在市、县水利部门的共同努力下，在沿河乡镇、村庄干部群众的支持下，漳河上游水事秩序基本稳定，区域团结治水、共谋发展的局面初步形成。安阳市漳河上游地区没有发生一起到海委和水利部及省水利厅上访的漳河水事纠纷事(案)件，受到了海委及漳河上游管理局的肯定。但稳定的基础是脆弱的，该区域水资源紧缺的现状并未改变，其间出现的一些新问题如山西省在漳河上游违法修建水工程，涉及全流域水资源的调配等问题，对地处漳河下游的安阳市水资源配置影响重大，必须引起高度重视。

(1)积极参与，与河北省联合暂时制止了山西省在浊漳河上修建吴家庄水库。早在2003年，山西省就以国家能源基地急需水源为名，多次酝酿在长治市黎城县境内的浊漳河干流上游建设吴家庄水库。该水库控制流域面积9 410平方千米，总库容3.61亿立方米，兴利库容2.11亿立方米。水库一旦建成，势必造成漳河下游水资源更加紧缺，加剧漳河干涸、断流局面，使漳河十分脆弱的生态环境进一步恶化。同时，对下游四大灌区(红旗渠、跃进渠、大跃峰、小跃峰)以及岳城水库引蓄水造成严重影响。对此，河南、河北两省反映强烈，各级政府高度重视，河南省、市、县三级政府及水利部门，采取多种形式以文件、传真、亲赴上

级机关、海委、水利部汇报等向上反映情况，引起了各级领导的关注。2008 年全国“两会”上，来自河北的 31 名全国人大代表联合提交议案，强烈要求国家有关部门不予批准山西省吴家庄水库立项。同时，邯郸、安阳两市委托河北工程大学对山西修建吴家庄水库进行专题评估，利用科学依据，有理有据否定修建吴家庄水库。由于河南、河北两省的极力反对，目前该工程前期工作处于暂停状态。

(2)积极反映，制止山西省违法在浊漳河上游修建溯头水电站和辛安泉供水改扩建工程。2011 年，未经海河水利委员会批准，山西省违法擅自在平顺县辛安泉下游北耽车河段，规划建设溯头水电站，同时开工建设辛安泉供水改扩建工程。溯头水电站距下游红旗渠首 18 千米，总库容 425 万立方米，形成水面 0.571 平方千米，取水规模为 12 立方米/秒(大于浊漳河年平均流量)，水电站装机容量 1 200 千瓦(3×400 千瓦)，年利用小时 3 642 小时，按天计算超过 151 天；辛安泉供水改扩建工程位于溯头水电站拦河坝上游 300 余米处，距河床高差 30 余米。输水洞采用拱形设计，宽 2 米，高 3 米，输水洞总长 6 000 余米，设计取水流量为 5 立方米/秒，年提水 1.58 亿立方米，主要向长治、壶关等县区供水。该工程一旦建成，安阳市用十余年心血修建的红旗渠和跃进渠将无水可引，工农业生产和人畜用水将受到严重损失。对此，林州和安阳市委、市政府高度重视，积极向省水利厅、漳河上游管理局和海委以及水利部等上级部门进行及时汇报，海委两次下达停工通知，三次召开协调会进行论证，并形成了会议纪要。溯头水电站工程水资源论证初步通过，但辛安泉供水改扩建工程既未进行水资源论证，又未办理取水许可手续，却一直在违法施工，严重影响漳河上游地区水事秩序稳定。目前，安阳市、县两级正在密切关注事态发展，并积极向上级反映，强烈要求制止山西省违法在浊漳河上游河道建设违法水工程。20××年 12 月 23 日，组织安阳、邯郸两市部分全国人大代表对漳河上游水资源状况进行了调研，准备明年全国“两会”人大提出议案，争取制止提水工程建设。

(3)全力以赴，妥善处理了山西省长治市天脊煤化工集团公司苯胺泄漏事件造成漳河水污染对安阳市的不利影响。2012 年 12 月 31 日，山西省长治市天脊煤化工集团公司苯胺泄漏事故发生后，安阳市及时采取应急措施进行拦截过滤，污染事故发生后积极采取应对措施：一是启动应急预案，紧急通知市第五水厂停止引用岳城水库地表水饮用水源，启用市区地下水应急备用水源，保证了安阳市区饮水安全；林州市和安阳县沿河乡镇村庄召开了紧急会议，加强宣传，禁止群众捡拾河道内的死鱼，一定时间内集中向群众送水，停止将漳河水作为生活饮用水水源供应，保证了沿河群众饮水安全。二是积极向海河水利委员会、省水利厅、漳河上游管理局汇报，并按照市政府应急办和市环保局应急办要求，自 20××年 1 月 7 日至 2 月 28 日，每日上报安阳市水利工程引蓄水情况。三是购置活性炭在赵家河电站引水渠口上游一拱桥处筑活性炭坝一座；配合市环保局、安阳县善应镇镇政府在南海库区投放活性炭 300 吨(运至南海水库待投活性炭 400 吨)，以吸附库底水体苯胺污染。四是配合市环保局对监控断面提取水样 500 余点次。五是抽调水利专家和水文专家，在环保局现场办公，及时沟通协调水污染处理中遇到的水利方面问题，并组织召开专家会议，实地勘察，确定下一步拦截污染带筑坝位置。六是向漳河上游管理局上报了《安阳市水利局关于处置漳河上游突发性水污染事件跨区域调水的紧急请示》(安水〔2013〕9 号)，申请漳河上游管理局组织调水稀释污染团。在环保监测数据显示引水水质正常的情况下，1 月 17 日红旗渠开始引水。5 月中旬，经水质监测和专家鉴定后，报安阳市“12·31”事件应急处置工作领导小组批准,于5月18日上午8时恢复从岳城水库引用生活供水水源,开始向安阳市第五水厂生活供水,保证了市区饮水安全。

(4)全力争取,漳河上游管理局与邯郸、安阳三方签订了《浊漳河水量分配意见(试行)》,缓解了安阳市跃进渠引水困难。安阳县跃进渠地处漳河四大灌区下游,由于涉及跨省水事关系协调,长期引不到应分水量。市水利局高度重视跃进渠引水工作,以邯郸市建设黄龙口隧洞工程未征求安阳市意见为契机,抢抓机遇,乘势而上,历时11个月,经30余次艰苦协调和座谈,数十次修改分水意见,最终达成了《漳河水量分配意见(试行)》,并自2012年5月1日起正式实施。截至2013年11月底,跃进渠共引水8 000余万立方米,达到了近十年来的最大值,分水问题得到了较好的落实。2013年安阳市人大常委会将该建议列为年度重点建议要求办理好,在重点建议评议会上,代表满意率为97.4%,顺利办结此议案。

(5)积极协调漳河引水水费问题,解决了基层水利单位困难。2012年夏,在水利部矫勇副部长、省政府刘满仓副省长的重视下,安阳市政府大力协调林州市和安阳县政府,将漳河引水水费列入了县级财政预算支出,为安阳市漳河引水提供了资金保证,解决了红旗渠和跃进渠两个基层水利单位的困难,妥善处理了用水单位与漳河上游管理局的关系,实现了安阳市漳河正常引水,受到了水利部和海河水利委员会领导的高度评价。

(6)积极指导沿河5个水电站,办理了水利部海河水利委员会颁发的取水许可证,实现了依法取水。2007年4月,按照水法律法规规定,配合漳河上游管理局依法为任村镇卢家拐水电站、木家庄水电站、东岗镇南天门水电站、都里镇张各台水电站、东岭西水电站办理了取水许可证,实现了安阳市漳河水能资源的依法开发利用。

(7)及时反映,有效制止道路等工程建设对漳河上游水工程的危害及影响。2010年4月初,山西省壶关县私建水库对下游弓上水库蓄水构成影响,以及安阳至长治高速公路乱弃碴对下游马家岩水库构成淤积隐患等,我们及时以文件形式向上级反映,并多次配合省水利厅及上游局领导深入现场查看,引起各级重视,有效地制止了违章施工,并采取了补救措施。

(8)切实加大了投入,改善了沿河村庄的道路交通等基础设施,造福沿河群众。安阳县、乡政府通过努力,基本完成了沿漳河7村的水泥道路建设,方便了群众出行;安阳县政府通过新农村建设,对生存条件恶劣的都里镇盘金垴村实施了整体搬迁,切实改善了群众的生活和生产环境。

(9)先后指导和协调林州市水务局妥善处理与山西省平顺县、河北省涉县相邻村庄的道路建设、护地坝建设、抗旱引水、回水淹没等水事纠纷10余起,维护了边界地区水事秩序稳定。

(10)先后指导和协调安阳县水务局妥善处理与河北省磁县相邻村庄的水电站建设、道路建设、引水渠建设、护地坝建设、抗旱引水、回水淹没等水事纠纷12起,维护了边界地区水事秩序稳定。

(二)淇河水事纠纷

琵琶寺水库位于汤阴县境内,总库容2 100万立方米,设计灌溉面积5.3万亩,主要水源是淇河水和少量的当地雨水汇流。由于水库取水口位于鹤壁市境内,引水事纠纷由来已久。早在1991年,省政府办公厅就印发了《河南省人民政府办公厅转发省水利厅关于解决淇河水事纠纷的报告的通知》(豫政办文〔1991〕157号),明确了解决纠纷的原则、引水的具体时间和上游南山水电站发电时间、引水口管理和检查监督机构,纠纷得到了缓解。但由于协调难度大,文件至今未得到较好的贯彻落实。2006年,鹤壁市对引淇入琵进口段河槽进行了人为改造垫高,致使淇河正常水量无法进入引水口。2008 年,位于引淇入琵洞口上游的盘石头水库建成并落闸蓄水,平时泄水被南山水电站发电引走,致使琵琶寺水库长年无水可引,不但对汤阴县农业生产造成了严重影响,而且使水事矛盾进一步加剧。

2009 年 8 月和 2012 年 6 月,汤阴县水务局先后两次向市政府和市水利局反映引淇入琵受阻情况,根据市领导意见,市水利局及时明确专人,多次与鹤壁市水利局和盘石头水库建管局进行沟通协调,请求帮助解决抗旱水源问题。在协调未取得明显进展的情况下,市水利局先后两次向省水利厅报送了《安阳市水利局关于解决琵琶寺水库引水灌溉的请示》(安水〔2009〕139 号)和《安阳市水利局关于转呈汤阴县水务局关于引淇入琵受阻情况的请示》(安水〔2012〕65 号),并直接向省厅主管副厅长和水政水资源处负责人进行专题汇报,虽取得了阶段性成果,但效果不明显。同时,市委常委、市政府副市长葛爱美,市政府副秘书长任法香也数次与鹤壁市政府有关领导联系协商,2012 年引淇入琵工程从淇河引水 1 000 余万立方米,将水库蓄满,为琵琶寺灌区工农业提供了水源保障。2013 年 8 月,经安阳、鹤壁两市政府协调,琵琶寺水库先后两次从淇河引水,目前正在引水。

三、水事纠纷预防调处中存在的问题

(1)山西省在漳河上游违法修建水工程得不到制止。漳河流经晋冀豫三省,山西省在漳河上游,河南、河北两省在下游隔河相望。由于本地区水资源短缺的局面无法改变,要实现区域团结治水,就必须依法治水。水法规和政策规定,在河道上建设取水工程必须进行建设项目水资源论证,并办理取水许可申请,批准后才能施工。但山西省地处漳河上游,在本省区域河道上建设取水工程,不顾下游用水需求,即使在海委下达停工通知的情况下,仍然边报批边建设,或者直接未批先建,留下了巨大的社会稳定隐患。

(2)《浊漳河水量分配意见(试行)》有效期为 1 年(2012 年 5 月 1 日至 2013 年 4 月 30 日),目前未出台新的分水方案,影响跃进渠引水。2012 年 4 月 30 日,安阳市水利局、邯郸水利局在漳河上游管理局的协调下,达成浊漳河分水量分配意见,安阳县跃进渠与涉县白芟渠实行轮灌,当年跃进渠引水量得到较大改观。2013 年 5 月之后,涉县方面以分水方案到期为由,阻挠分水方案的实施,使得跃进渠引水工作再次困难重重。

(3)淇河分水会议纪要执行不力,汤阴县用水权益得不到保障。1991 年,省政府办公厅就印发了《河南省人民政府办公厅转发省水利厅关于解决淇河水事纠纷的报告的通知》(豫政办文〔1991〕157 号),明确了解决纠纷的原则、引水的具体时间和上游南山水电站发电时间、引水口管理和检查监督机构,纠纷得到了缓解。但由于协调难度大,文件至今未得到较好的贯彻落实。近年来的引水,主要靠领导之间的私人关系来协调,实行阶段性放水,未从机制上解决引水问题。

(4)省际、市际边界地区普遍经济落后,在资金和项目上需大力支持。省际、市际边界地区大多地处偏僻、基础设施差、经济落后,为改善群众的生产和生活条件,帮助群众脱贫致富,需上级在资金和项目方面持续给予支持帮助。

四、预防和调处水事纠纷的经验做法及建议

(一)解决水事纠纷的经验做法

(1)依法治水、团结治水是解决水事纠纷的正确指南。

在边界水事纠纷和冲突中,受损害最直接、最多的还是当地人民群众。作为代表着一方

人民群众根本利益的地方党委和政府,必须从人民群众的根本利益出发,坚持依法治水,从团结的愿望出发,着眼大局,着眼长远,积极主动,率先做出顾全大局、促进团结的行动,以真诚感化对方,取得理解和一致,最终化干戈为玉帛,使双方群众走上安居乐业、共同富裕之路。

(2)地方党委、政府和有关部门走访联谊、沟通交流,是营造良好氛围、解决边界水事问题的关键。

实践证明,边界地区的党委、政府平时多联系,遇事早沟通,将群众的意愿反映出来,尊重历史状况,考虑现实因素,遵守国家法律法规和政策,互谅互让,并各自做好群众的工作,就能够有效地化解矛盾。积极开展走访联谊活动,建立起融洽、和谐的氛围,不仅可以及时发现双方发生纠纷、冲突的苗头,以便迅速采取措施,将矛盾解决在萌芽状态。即使是历史遗留问题和当前存在的较大矛盾,也可以求同存异,搁置争议,使矛盾在共同利益和互相支持中逐步化解。

(3)加大投入力度,加快边界河流的治理步伐是改善当地群众生存环境、解决边界水事纠纷的核心。

漳河上游两岸经济落后,纠纷多。为从根本上解决纠纷,实现长治久安,各级政府和部门应加大投入,加快对漳河的治理。近年来,省、市政府高度重视,加大了资金投入,建起了较为完整的护村护地坝,赢得了群众的好评,为团结治水奠定了一定的基础。

(4)认真贯彻有关文件和协议规定,坚决服从河道主管部门的协调与领导是维护边界水事秩序、解决边界水事纠纷的基础。

对已经形成的国发〔1989〕42号文件、“1·13”协议、《漳河治理规划》、“7·9”协议等一系列文件和协议,应不折不扣地贯彻执行。凡已落实的应坚决维护,未落实的应限期落实。对流域主管部门和省、市政府及水利部门的意见和做出的决定,都必须执行。

(5)加强对干部群众的法制教育,严厉打击违法犯罪活动是维护边界地区安定、解决边界水事纠纷的重要措施。

长期的边界纠纷,使沿岸干部群众认识到,纠纷严重影响沿岸群众正常的生产生活秩序,给当地经济造成巨大损失,导致贫穷落后。应进一步加大法制宣传教育力度,教育广大干部群众增强法治观念,依靠法律、依靠政府、依靠组织解决问题,严禁各种过激行为。公安部门要严厉打击破坏水利工程等各种违法犯罪活动,切实维护边界安定。

(6)保持边界地区的持续稳定,是各级党委、政府做好边界水事工作、解决边界水事纠纷的长期任务。

只有各级领导给予足够重视,才能够有效解决漳河水事纠纷,保证漳河上游地区安定团结。过去的经验教训告诫我们,做好边界水事工作不能只满足于一时一地的成功实践,不能期望毕其功于一役。做好边界水事工作,既是一项系统工程,也是一项复杂的长期任务,应当未雨绸缪,防患于未然。边界地区多年来形成的感情隔阂和情绪对立决不是一次、几次工作就能消除的。对此必须有清醒的认识和足够的思想准备,及时发现引发纠纷的苗头,不断研究解决问题,通过加强思想政治工作,增强沟通和交流,按照规划加快建设有关水工程,才能常抓不懈、长治久安。

(二)意见和建议

(1)积极向水利部和海委反映,及时制止山西省新建辛安泉供水改扩建工程,防止发生新的水事纠纷。

(2)加快出台《漳河上游水资源规划》和《分水方案》,确定各省取水总量分配指标。上述工作完成前,严禁修建涉及漳河的蓄、引、提水工程,以维护漳河区域水事稳定,保障沿漳群众用水权益,促进漳河区域社会经济协调发展。

(3)向上延伸漳河上游管理局管理权限(目前管理权限仅为河北、河南漳河段),对三省境内漳河实行统一规划、统一治理、统一调度、统一管理,落实漳河水量分配方案,及时解决漳河突发水事纠纷,保持水事秩序稳定。

(4)建立引淇入琵长效机制,维护淇河水事秩序稳定。由省政府主持召开安阳和鹤壁两市政府及水利部门参加的协调会,结合新情况,修改完善豫政办文〔1991〕157 号文件,落实工程措施,做到有坝引水,落实盘石头水库每年向琵琶寺水库的分水量,并在引淇入琵洞口安装计量设施,实现计量引水。

(5)继续加大对省际、市际边界水事纠纷的资金投入,在漳河沿漳村选定水事矛盾纠纷信息和调解员,给予一定津贴,发挥其专职作用;建立奖励机制,对一定时期内做好化解矛盾和调解纠纷工作优秀的乡、村予以一定的奖励,以调动其工作积极性、主动性。

安阳市封闭市区自备水源井的主要措施及对策

一、市区封井基本情况

安阳市地处豫北，降水时空分布不均，水资源缺乏。全市多年平均水资源量为 16.40 亿立方米，人均水资源占有量 322 立方米，仅为全国平均水平的 14%。其中，地下水资源供水量占总量的 80%，为安阳市的主要供水水源。长期以来，为满足城市生活、生产和农业灌溉的用水需求，不少企事业单位及居民使用自备水源井，致使地下水长期处于超采状态，开采漏斗面积不断扩大，市区地下水埋深局部已超过 40 米，造成了较为严重的水位降落、漏斗区等环境问题。

2005 年 3 月，市十一届人大二次会议提出了“关于合理利用和保护我市水资源的议案”，安阳市做出了封闭城市规划区内自备水源井的决定。几年来，在市政府的高度重视下，安阳市水利部门按照先供水、后封井、一井一策稳定推进的原则，投入大量的人力、物力、财力，克服协调难度大、抵制情绪强等因素，共封闭市区自备水源井 280 眼，有效地遏制了市区水资源超采的势头，维护了良好的水势秩序，为安阳市经济社会可持续发展提供了有力的水资源保障。

二、采取的主要封井措施

(一) 加强对市区封井工作的组织领导

安阳市专门成立了由主管副市长任组长，相关局委一把手为主要成员的安阳市封闭自备水源井工作领导小组，领导小组下设办公室，地点设在市计划节约用水办公室，负责日常工作组织，并抽调精干力量充实到封井工作中，按照行政区域划分封井具体任务，实行目标到人，责任到人。

(二) 加强市区自备水源井封闭宣传力度

安阳市水利部门在详细普查市区水源井工作的基础上，在安阳日报上发布了《关于封闭市区地下水源井公告》，公示即将封闭的单、双水源井单位及井数；同时，向取用水单位及个人下达限期封填市区自备水井的通知，对其进行积极的宣传，争取理解和支持，为封井工作营造良好的社会环境。

(三) 严格水资源论证管理

根据市政府《关于加强公共供水管网覆盖范围内水源井封闭工作有关问题的会议纪要》的要求，在封井过程中，针对因生产工艺、流程对水质及水温的要求专业性强，工艺复杂，且涉及行业多，需要提出保留水井申请的制药、化工、铁路、园林、医院等行业单位，特请市科技局牵头专门组织专家对提出申请保留水井的单位是否保留进行集中论证，为安阳市管网内水源井的封闭工作提供了科学的技术依据。目前，经水资源论证和政府审定予以保留的自备井共计 13 眼，其余的均已分批分组逐一全部封闭。

(四) 细化取水审批管理程序

加强自备井管理，严格实施取水许可制度，控制水井审批。制定了《安阳市关于取水许可办理、自备井封闭程序》，通过细化水资源论证制度的工作程序，对自备井封井流程提出具体要求，建立规范、有序的取水秩序。目前，在取水许可审批上从未批准过公共供水管网内一眼新水井取水，在源头上有力地制止了地下水源井的开采。

(五)加强水行政执法工作力度

近年来,安阳市在全市相继开展了深化水资源专项整治工作,深化专项执法检查。市水利局与公安局专门成立了联动执法办公室,规范与检察院、法院、法制办等单位的行政处罚案件的备案制度。在日常执法中,坚决封闭无证擅自取水井和未经水行政审批擅自修建的水井,先后共封闭水井 50 余眼。

(六)增加境外地表水的利用量

2009 年 5 月,市水利局与海委岳城水库签订了年供水 1.6 亿立方米的协议,利用现有的漳南灌区、第五水厂、鑫源引供工程加大对岳城水库水源引用的力度,通过积极拓展对安钢及殷都工业园区的中联、新普钢铁公司地表水供水工程,增加工业供水量,引水管线覆盖范围内工商企业生产进行地下水的置换,新增工商企业生产用水必须使用地表水;加大对市区上游万金、幸福灌区农灌力度,走城内用水城外补的道路。

三、封井取得的成效

(一)促进了地下水减采、地下水位回升

通过坚持封闭水井,严格取水许可,加强取水计量、水资源费征收和计划节约用水等工作,使市区自备水源井取水量由 2004 年的 2 745 万立方米下降至 2012 年的 1 638 万立方米,有效地促进了地下水的减采。据监测,2006 年 12 月到 2012 年 12 月,市区地下水位共回升 4.43 m,基本实现了地下水量减采并逐年回升的目标。

(二)水务公司供水量明显增加

安阳市采取了一系列工程措施和非工程措施,市区地下水源井开展普查工作、封闭工作及城镇节水等工作,使水资源使用状况逐年好转。

(三)境外地表水利用量大幅增加

目前,安阳市对岳城水库水源的利用已达到近 6 万立方米/天,年利用量 2 000 万立方米,较 2008 年用水量增加了近 2.5 倍。

四、封井中存在的问题

(一)一些企业经营困难,无内部管网改造资金

根据市政府会议纪要要求,水务公司负责用水单位表前管网的建设和对接,用水单位负责内部管网的改造。但国资委所属列入的一些倒闭、半倒闭封井范围的困难企业,由于无力承担内部管网改造费用,连经营都举步维艰,更别说筹集资金进行内部管网改造,造成封井工作无法进行。

(二)供水管网建设滞后、分表到户和收费标准难以协调

近年来,安阳市区有些地方虽已开发且与主要街道相连接,但供水管道未能铺设到,供水发展较快、保障率不足;属于工业园区的取水单位,由于没有供水主管道,个别单位通水均为支状管网供水,供水管网供水能力远远不能满足工业园区用水需求,高峰时需水量已超负荷运行;有的因水务公司提供的接水位置不合适,分表时不能够到户,对收费标准产生较大分歧,难以协调,未能达成协议而拒绝封井。

(三)部分单位的特殊需求

部分单位因工艺、水质等因素提出保留水井申请,通过组织专家论证、市政府主要领导审定,认证保留或缓封的水井中包含特殊单位的需求,如铁路部门使用的自备水源井属省管单位资产，涉及列车加水，水井封闭需征得省局同意。

（四）存在主观情绪的抵抗行为

在市水行政执法人员按照法律法规正常行使封井工作的过程中，极少数单位存在推拉扯皮现象，组织职工抵制封井并上访，由于水利部门缺乏强制手段，致使封井工作受阻。

五、封闭自备水源井的对策和建议

（一）成立高规格的封井工作领导小组

建议由市长任封井工作领导小组组长，涉及部门的主要副市长任副组长，市纪检、水利、住建、法院、国资委、法制办、水务集团等单位一把手为成员，组成强有力的封井领导机构，严格地下水取水手续，对封井的法律依据进行审查梳理，做到依法行政，加强封井工作督导，坚持开展封闭公共供水管网内水井工作，促进地下水保护。

（二）严格取水许可审批制度

严格控制水井审批，建立封井长效机制，促进地下水减采。坚持按照市政府 104 和 123 次常务会议纪要要求，严格控制水井的审批。管网覆盖范围内原则上不再审批，确需审批的报市政府部门研究批准。加强水行政综合执法工作，建立规范、有序的取水秩序，制止无证取水、擅自修建水工程，逃避涉水规费等违法行为，严厉打击非法凿井，对不按照取水许可审批规定取水和退水、对超过取水总量控制指标的地区，暂停项目新增取水。严格执行《安阳市水利局自备井封井工作流程》，规范取水许可证的换发工作，进一步规范取水许可管理办法，细化法律责任，强化层级监督，使取水许可和水资源费征收制度更具操作性。

（三）筹措资金，推动困难企业封井工作

建议由政府或国资委协调落实困难企业，主动帮助企业筹集改建资金，通过减免税款、加大政策专项对口扶持力度、政府或国资委预付款等多种方式，顺利完成企业内部管网的节水改造，推动封井工作的完成。

（四）利用地下水调蓄库回灌水，加大地表水利用率

根据安阳市地质、地貌、构造以及水文地质的现有条件，安阳河冲洪积扇具有较大的含水空间，是较好的地下水调蓄库建设场所。目前，安阳市的回灌水源主要为地表水，现引用岳城水库水量仅为 0.36×10^8 立方米/年，还有 2.34×10^8 立方米/年的水量可以利用。因此，就现状来说，如扩大岳城水库的引水量，是完全能够满足回灌要求的。同时，虽然彰武水库主要供水给安钢和电厂，扩大其引水量受到了限制，但因汛期洪水具有历时短、来量大的特点，可利用水库的有效库容大量蓄水，也能够作为回灌的一种补充水源，加大地表水的供给率，以利地下水资源的涵养保护。

（五）水务公司加大管网铺设力度，促进地下水的限采

目前，安阳市管网发展存在的部分缺口，使供水能力和供水范围与城市建设远远不相适应。水务公司应集中财力、物力、人力快速发展基础设施，对因管道无法覆盖的地区，加快管网铺设力度、扩大供水范围，并通过改进部分水厂和城区污水管网项目工作，提高供水普及率，对水厂供水设施和低压区进行再改造，有效增强其供水能力，确保供水安全，改善安阳市节水改建工作现状，使封井限采工作与城市发展同步进行。另外，水务公司应加大组织人员对城区低压区和城区没用自来水的区域进行统计、造册的工作力度，为下步供水管网的逐步改造及向外围发展打下基础。

关于查处一起河道管理范围内违法建筑案的思考

《中华人民共和国水法》于1988年颁布实施，迄今已有30多年之久，有关水利方面的法律也已系统化、制度化，但在实际的水行政执法过程中仍然是阻力重重，困难重重。2014年汤阴县韩庄乡发生一起占用河道违法建筑的案件，水利主管单位在查处该案过程中，投入大量人力物力，费尽周折，最终该案上诉至法院。这一案件目前尚未得到法院的最终判决结果，但违法者的行为，终将受到法律的严惩。因为水利相关部门某些工作上的不足，留给了违法者可乘之机，导致案件处理的环节增多，成本大大提高。作者参与了该案的调查处理，感受颇深，以期通过对该案例的分析思考，总结经验教训。

一、案情回顾

（一）案情介绍

2014年3月初，汤阴县水利局接到举报，汤阴县韩庄乡韩村村民刘某未经水行政主管部门批准，擅自在汤河河道管理范围内兴建一座两层楼房。汤阴县水利局在核实情况后，依照法律程序，下达了《责令改正决定书》，做出了限期拆除违法建筑，并处罚款1万元的行政处罚。当事人对处罚决定不服，于10月12日向汤阴县人民法院提起诉讼，11月8日县法院开庭进行了审理，目前尚未做出判决。

该违法建筑于2010年3月初动工，位于韩庄铁路桥西汤河左岸河道管理范围内，建有10间两层楼房，占地522平方米，其中房屋占地278平方米，房屋共投资30多万元。当事人称，他建的房屋是在承包地内，原先与村委会签订有土地承包合同，但未经任何部门审批。2014年7月20日，当事人刘某接到汤阴县水利局对其下达的《责令改正决定书》，不仅逾期未拆除违法建筑，反而对房子进行了装修。

当事人不服处罚决定，向法院提起诉讼的理由：一是被行政处罚的主体责任人错误。因为与村委会签订承包合同的是当事人的父亲刘某，房子的主人自然是当事人父亲刘某，而不是当事人；二是土地的发包方是韩庄村村委会，如果所承包的土地处于河道管理范围内，受处罚的应该是韩庄村村委会，而不是承包人；三是《处罚决定书》所列举的主要证据不足。当事人根据《河南省〈河道管理条例〉实施办法》第二十条的规定"河道的管理范围须由水务部门按规定提出意见，并报经人民政府批准后对管理范围立标定界，实施管理"，认为汤阴县水利局未按法律规定的程序划定河道管理范围，也未立标定界，无理由认定房屋位于河道管理范围之内。另外，《处罚决定书》依据的《汤河干流治理工程可行性研究报告》属于"初步成果"，未经人民政府批准，以此认定所建房屋位于河道管理范围以内没有法律依据，故要求法院撤销汤阴县水利局做出的《行政处罚决定》。

（二）案情焦点探讨

这起案件虽然还没有做出判决，但经过前一阶段的调查处理和庭审辩论，从中得到一些启发，与大家共同探讨。

该案有四个争议的焦点：一是当事人认为被行政处罚的主体责任人错误，不应当是当事人。我们认为，调查笔录中对刘某的建房情况做了较详细的询问和笔录，当事人刘某均以房屋主人的身份接受询问、签收有关法律文书、递交申请，以证明自己建房的合法性，从未提及房屋主人是其父亲刘某。刘某本人及乡政府有关人员也表明,其建房没有任何手续,没有丝毫证据能证明房屋的主人就是其父亲刘某。故此,应当认定当事人刘某即为房屋主人,是被行政处罚的主体责任人。二是当事人认为应该处罚村委会,而不是承包人。我们认为,村委会无权发包河道管理范围以内的滩地,所签订的土地承包合同不具有法律效力,属无效合同。受处罚的应该是违法当事人,而不是村委会。三是《处罚决定书》依据的《汤河干流治理工程可行性研究报告》属于"初步成果",未经人民政府批准,以此认定所建房屋位于河道管理范围内没有依据。我们依据的《汤河干流治理工程可行性研究报告》编制单位为河南省豫北水利勘测设计院,属于国家甲级资质设计单位,其设计的成果即为设计认定,并不是说初步成果就是草稿,不能作为科学依据使用。四是当事人认为没有立标定界的河道,水利局就无权管理。汤阴县河道管理范围尚未立标定界有多种原因,没有立标定界并不等于说涉及河道管理范围内的水事违法案件就不能依法处理。只要违法事实清楚、证据确凿,一切水事违法行为都应受到法律的惩罚。

二、案例经验教训

违法者的行为是错误的,违法者的行为将受到应有的惩罚,但是水行政执法工作也存在很多不足之处,亟须提高。

(一)河道立标定界工作是一项基础工作,应该尽早落实

汤阴县韩庄乡韩庄村刘某,之所以不服汤阴县水利局的《行政处罚决定书》,其中一个重要原因就是因为汤河干河管理没有立标定界。河道管理不及时立标定界,会使得河流沿岸的群众误以为土地归属于当地行政村所有,所违法占据的土地只要经过所在村委会的同意即可使用。对这一点即便是所在村的村干部大多也这么认为,因为没有明确的标志和界限。

关于河道管理需要立标定界,也是有相关的规定的。河南省 1992 年 8 月 15 日发布的《河南省〈河道管理条例〉实施办法》中明确规定了,河道的管理范围须立标定界,实施管理。

河道管理立标定界,第一,可以起到警示作用,使得违法者清楚自己的行为与后果。第二,可以使得河道沿岸的相关政府和机构配合水利单位执法。第三,为处罚违法者提供更直接有力的依据。

(二)河道巡查制度不能一纸空文,应该常抓不懈坚持下去

河道巡查制度,是河道管理的一个重要管理方法,是一项基础管理工作。在地方,水利主管单位限于人力、物力等各方面原因,部分河段的巡查工作仅仅停留在制度层面上,而未能够完全落实到实处。

河道巡查可以使水利主管单位及时发现问题,及时处理问题,可以为违法者减少改正的损失,同时也可以使水行政执法减少执法的阻力。本案例的刘某在 2010 年即开始施工违法建筑,而汤阴县水利局直至 2014 年 3 月才因举报获知刘某的违法信息。在 4 年内,刘某因为从未有任何部门的警示和劝阻,自认为是合法的行为,故此加大对违法建筑的投入力度,最终违法建筑的投资超过了 30 万,如果拆除将给刘某造成巨大的经济损失。因此,刘某在拆除违法建筑上,抵触心理十分强烈,动用一切方法手段抗拒水行政执法。如果,4 年前汤阴县水利局通过巡查制度及时获悉了刘某的违法行为,可以在其施工初期发出《行政处罚决定书》,这样可以给当事人减少损失,同时也可以大大减少水行政执法的阻力。

通过汤阴县韩庄乡刘某的这一案例,使我们基层的水行政执法工作人员强烈意识到:河道巡查制度是一项河道管理的基础工作,应该常抓不懈落到实处,不能停留在一纸空文上。

(三)水行政执法的普法宣传工作,应该常抓不懈落实到实处

中国从1988年颁布实施《中华人民共和国水法》至今已经30多个年头了,有关于水的相关法律法规也已经制度化和系统化。然而,在群众中对于水的相关法律意识却是十分淡薄,甚至是无知的。对于水相关法律的不了解,不仅仅是生活在河道沿岸的农民,即便是大学毕业生也有相当多的人根本不了解水方面的法律法规。

本案例中当事人刘某及所在村的百姓大多都认为,在河道中盖房子不过就是危险了一些,只要把房子地基垫高一点就行了,具体官方来找麻烦只不过是罚点款的问题,没有多大的事,根本够不上违法。因为群众对于水相关法律知识的无知,导致水行政执法困难,同时大大提高了水行政执法的成本。如果广大人民群众有水利相关法律法规的意识,很多工作在沟通中既可以得到解决,无需上诉至法院,也无需强制执行,更不会导致与群众关系的对立。

本案例让笔者深刻感受到,普及宣传与水利相关的法律法规,至关重要。水利普法工作的落实,可以大大降低水行政执法的难度,也可以大大降低执法成本。水利普法宣传工作应该得到重视,应该成为水利管理的一项常规基础工作,常抓不懈落实到实处。

三、河道管理工作的建议

针对河道管理,作者认为应该尽早立标定界,定期检查标识,落实巡查报告制度,以及大力加强水利相关的法律法规宣传。具体建议如下。

(一)尽早立标定界

辖区内所有河道均应尽早设立标识,确定界桩。河道管理立标定界工作具体步骤:第一,勘察测定河道管理的具体范围;第二,绘制河道管理详细图;第三,向相关单位报请备案;第四,制作安装统一界桩、警示牌、警示碑;第五,向沿岸群众宣传河道管理范围。

立标定界应该注意的具体问题:①河道管理范围的确定,应该明确精确,不能含糊其辞,模棱两可。②警示牌、警示碑的内容应该精准易读。③立标定界以后的宣传工作往往会被忽略,实际上这一工作至关重要。如果宣传工作不到位,前边几个步骤的工作效果也将大打折扣。

(二)定期检查标识

河道管理立标定界,只是河道管理的最基础工作,对标识的定期检查维修也同样不可或缺,至关重要。标识一旦设立往往要使用上几十年,风吹日晒、人为损坏等各种原因,致使标识无法使用甚至消失。河道主管单位必须定期检查标识,并及时修补损坏的标识。如不及时修补损坏的标识,就会形成“破窗效应”,就会使河道沿岸群众在意识中认为:“标识已经过期失效了”。因此,检查和修补标识比设立标识更重要。应该将定期检查标识,形成一种管理制度和年度工作任务。

(三)落实河道巡查报告制度

在河道管理工作中,河道巡查报告制度早已有之,但是问题的关键是很多地方并未落实到实处,有的河道长时间未进行巡查。作者认为河道巡查应该落实到人,形成一种报告制度。具体的建议:①河道巡查月度报告(限于人力不足可以双月或三月一报告);②河道巡查报告个人负责制;③巡查结果十年期保留;④巡查责任倒追。例如,本案例中 2014 年 3 月得到刘某违法建筑的举报,而违法建筑施工起于 2010 年,2010~2014 年 3 月期间提交的河道巡查报告中,如未上报该违法事件,报告人均负有失察责任。

(四)加强水法宣传工作

实际上,水利相关的法律宣传工作从未间断过,从未被轻视过。但是,宣传的效果却是收效甚微。究其原因是眉毛胡子一把抓,没有针对性。水利相关法律的宣传应该在“宣传的对象上,宣传的内容上,宣传的方式上”,有的放矢的宣传。

通过有的放矢的宣传,以期达到发动群众,发动干部,使更多的群众积极主动参与到河道的保护工作中来。

关于一起侵占河道案件的思考

2020年5月7日,安阳市水利局水行政执法人员在大强开发公司所开发的桂花苑小区内发现该公司擅自在万金北干渠管理范围内修建围墙,经调查该围墙长度为110米,距万金北干渠为0.9米。该事实有现场(检查)笔录及询问笔录、视听资料等证据证实。2020年5月21日对该公司下达了《责令停止水事违法行为通知书》(安水停字〔2020〕第3012号),责令该公司立即停止违法行为,限期拆除所建围墙,恢复渠道管理范围原状,并多次到现场做该公司工作,但该公司未停止违法行为,并恢复渠道管理范围原状。根据《中华人民共和国防洪法》第六十一条"违反本法规定,破坏、侵占、毁损堤防、水闸、护岸、抽水站、排水渠系等防洪工程和水文、通信设施以及防汛备用的器材、物料的,责令停止违法行为,采取补救措施,可以处五万元以下的罚款……"和《河南省水行政处罚裁量标准》中拒不停止违法行为,或者违法行为对防洪工程或者设施造成损失,修复或者补救费用在3万元以上的,可以处3万元以上5万元以下的罚款的规定。安阳市水利局经水事违法案件集体讨论后拟对其做出:①拆除渠道管理范围内所建围墙,恢复渠道管理范围原状;②罚款人民币4万元的处罚。并于2020年7月13日向答复人送达了《行政处罚听证告知书》和《行政处罚事先告知书》,该公司在规定期限内未提出听证要求。2020年8月4日我局下达了安水罚字〔2020〕第3012号《行政处罚决定书》。而该单位在法定的期限内向安阳市人民政府提出了要求撤销《行政处罚决定书》(安水罚字〔2020〕第3012号)行政复议申请。该申请内容如下。

一、申请人不存在违法事实与违法行为

安阳市水利局调查认为我公司(大强开发公司,后同)于2020年4月1日至2010年5月24日,实施了擅自在所开发的桂花苑小区内万金渠北干渠北侧渠道管理范围内建设围墙侵占渠道管理范围的行为。我公司在此期间没有建设围墙的事实,不存在违法行为。

我公司于2019年6月10日竞拍购得原安阳豫北制药厂位于安彰大道与平原路交叉口西南角的土地使用权(编号为2008—20—29:DB4—3—5—1),该地块东临平原路,西临规划的向阳路,北临安漳大道。被申请人所调查万金渠北干渠北围墙属原安阳豫北制药厂原有建筑,该药厂建于20世纪80年代,所调查围墙与药厂同期修建。

2020年4月下旬安阳市创卫工作进入紧张阶段,安阳市建委、豆腐营办事处、万金渠管理处领导分别多次对我公司所开发的桂花苑小区建设进行视察指导。由于豫北制药厂是20世纪建厂,该围墙已年久失修、破烂不堪、千疮百孔,建委领导因此多次指示我公司对该围墙进行粉刷和修补。我公司按照上级部署,从创卫大局出发自筹资金将该围墙进行粉刷、修补,使小区工地环境得以美化,并且受到建委的表彰。而安阳市水利局调查认为我单位于2020年4月1日至2020年5月24日,在所开发桂花苑小区内万金渠北干渠北侧渠道管理范围内建设围墙侵占了渠道管理范围,这与事实不符合,该围墙系预备制药厂原有建筑,我单位没有建设围墙,不存在侵占渠道管理范围的行为。

安阳市水利局办案人员没有听取我公司的申辩,单方面做出安水罚〔2020〕第3012号行政处罚决定书是没有法律依据的!

二、安阳市水利局处罚决定的法律依据、处罚裁量标准不正确、不合法、不合理、不适当

安阳市水利局根据《中华人民共和国防洪法》第三十七条、第六十条和《河南省水利行政处罚裁量标准》,《河南省水行政处罚裁量标准使用规则》之规定做出罚款人民币四万元的处罚决定不正确、不合法、不合理、不适当。

《中华人民共和国防洪法》第六十条规定:违反本法规定,破坏、侵占、毁损堤防、水闸、护岸、抽水站、排水渠系等防洪工程和水文、通信设施以及防汛备用的器材、物料的,责令停止违法行为,采取补救措施,可以处五万元以下的罚款;造成损坏的,依法承担民事责任;应当给予治安管理处罚的,依照治安管理处罚条例的规定处罚;构成犯罪的,依法追究刑事责任。《河南省水行政处罚裁量标准》对该条存在的违法行为情形和处罚标准做了明确规定:破坏、侵占、毁损堤防、水闸、护岸、抽水站、排水渠系等防洪工程和水文、通信设施以及防汛备用的器材、物料的:

(1)违法行为未对防洪工程或者设施造成损坏,在规定期限内停止违法行为,采取补救措施的,可以处1万元以下的罚款;

(2)违法行为对防洪工程或者设施造成损失,修复或者补救费用在3万元以下,在规定期限内停止违法行为,采取补救措施的,可以处1万元以上3万元以下的罚款;

(3)拒不停止违法行为,或者违法行为对防洪工程或者设施造成损失,修复或者补救费用在3万元以上的,可以处3万元以上5万元以下的罚款。

依据第(3)项的规定才能做出3万元以上5万元以下罚款,自我公司拍卖取得该片土地使用权以来,安阳市水利局没有下发过任何文件表明该围墙侵占渠道管理范围,该围墙也没有对防洪工程、设施造成任何损失,对防洪工作与设施不需要做任何补救措施,即做出4万元的处罚决定,《河南省水行政处罚裁量标准》第三条第一款明确要求各级水行政主管部门要在法律、法规、规章规定的范围内适用行政处罚裁量标准,不得超越。安阳市水利局做出罚款4万元的处罚决定超越处罚裁量标准,其适用不正确、不合法。

《河南省水行政处罚裁量标准使用规则》第三条第二款要求各级水行政主管部门所采取的措施和手段应当必要、适当;可以采取两种以上方式实现行政管理目的的,应当避免采取损害当事人权益的方式。安阳市水利局做出罚款4万元的处罚决定根本没有必要,没有考虑做出罚款数额的适当性,没有采取合理有效的方式实现行政管理的目的,其做出的行政行为不合理、不适当,超出了必要的限度与范围。

三、安阳市水利局做出认为我公司违法行为等次为严重的认定不合理

我公司没有修建围墙,不存在违法事实,没有实施侵占渠道管理范围的违法行为,没有任何社会危害性,性质简单,安阳市水利局做出的处罚决定认为我公司的违法行为为严重不合理。《中华人民共和国防洪法》第三十七条、第六十条规定的违法行为明显是一些严重的危害行为,而该围墙的存在已近30年,水利局都没有要求原单位予以拆除,说明其性质、情节、社会危害性显然都不能列入严重等次。

四、程序严重违法

(1)安阳市水利局在做出处罚决定之时,并没有告知我公司违法依据的具体内容。

(2)其做出处罚决定的时间为2010年,2010年我公司还不是围墙所在土地的使用权人,十年之后送达给我公司行政处罚决定书,该行政程序严重违法。

综上,我公司2020年4月1日至2020年5月24日,没有在所开发桂花苑小区内万金渠北干渠北侧渠道管理范围内建设围墙,侵占渠道管理范围,没有违法事实存在,安阳市水利局做出的行政处罚决定事实认识错误、违法结论不对、适用法律不当、程序严重违法。申请安阳市人民政府依法撤销安阳市水利局做出的安水罚字〔2020〕第3012号《行政处罚决定书》。

安阳市水利局在规定的期限内进行了答复,答复内容如下:

(1)被答复人擅自侵占万金北干渠,违法事实及违法行为存在。

2020年5月7日,水行政执法人员在被答复人所开发桂花苑小区内发现被答复人擅自在万金北干渠管理范围内修建围墙,经调查该围墙长度为110米,距万金北干渠为0.9米。该事实有现场(检查)笔录及询问笔录、视听资料等证据证实。

(2)答复人对被答复人做出的《行政处罚决定书》(安水罚字〔2020〕第3012号),程序合法、证据确凿、适用法律法规正确、处罚适当,依法应予维持。

2020年5月7日,水行政执法人员在被答复人所开发桂花苑小区内发现被答复人在万金北干渠管理范围内修建围墙,经立案调查该围墙长110米,距万金北干渠为0.9米。根据《河南省水利工程管理条例》第二十五条第四款"渠道的管理范围:大型灌区的干渠,背水坡脚外各划3~5米"及安阳市人民政府(安政〔1996〕60号)《安阳市万金渠管理办法》第十九条:"灌区渠道和附属物要划定管理和保护范围,渠道两侧要划定护渠地。干渠堤脚外3~5米、支渠堤角外2~3米为护渠地"的规定。2020年5月21日对被答复人下达了《责令停止水事违法行为通知书》(安水停字〔2020〕第3012号),责令被答复人立即停止违法行为,限期拆除所建围墙,恢复渠道管理范围原状,并多次到现场做被答复人工作,但被答复人未停止违法行为,并恢复渠道管理范围原状。根据《中华人民共和国防洪法》第六十条"违反本法规定,破坏、侵占、毁损堤防、水闸、护岸、抽水站、排水渠系等防洪工程和水文、通信设施以及防汛备用的器材、物料的,责令停止违法行为,采取补救措施,可以处五万元以下的罚款……"和《河南省水行政处罚裁量标准》中拒不停止违法行为,或者违法行为对防洪工程或者设施造成损失,修复或者补救费用在3万元以上的,可以处3万元以上5万元以下的罚款的规定。答复人经水事违法案件集体讨论后拟对其做出:①拆除渠道管理范围内所建围墙,恢复渠道管理范围原状;②罚款人民币4万元的处罚。并于2020年7月13日向答复人送达了《行政处罚听证告知书》和《行政处罚事先告知书》,被答复人在规定期限内未提出听证要求。2020年8月4日下达了安水罚字〔2020〕第3012号《行政处罚决定书》。上述内容有询问笔录、现场(检查)笔录、送达回证等为证。

(3)答复人对被答复人处罚的行为等次合法、合理。

答复人2020年5月21日向被答复人送达了《责令停止水事违法行为通知书》,责令被答复人立即停止违法行为,限期拆除所建围墙,恢复渠道管理范围原状,但被答复人并未停止违法行为,恢复渠道管理范围原状。根据《河南省水行政处罚裁量标准》的规定拒不停止违法行为,或者违法行为对防洪工程或者设施造成损失,修复或者补救费用在3万元以上的,可以处3万元以上5万元以下的罚款。被答复人属于拒不停止违法行为。关于被答复人指出的其做出处罚决定的时间为2010年的问题,是书写过程中出现的笔误。

综上所述,答复人对被答复人所做出的《行政处罚决定书》(安水罚字〔2020〕第 3012 号)事实清楚、程序合法、证据确凿、适用法律法规正确、处罚适当,请复议机关审理,并依法予以维持。

由于安阳市水利局做出的《行政处罚决定书》(安水罚字〔2020〕第 3012 号)事实清楚、程序合法、证据确凿、适用法律法规正确、处罚适当,最终得到了维持。但我局执法人员在执法过程中存在的一些问题值得思考,特建议如下:

(1)要进一步落实《河南省水行政处罚案件主办人制度》、《河南省行政执法责任追究试行办法》,做到案件主办人对整个案件自始至终负责,同时对案件主办人在执法过程中出现错误的要追究相应责任;全体执法人员每年必须以主办人的身份至少办理一起水事违法案件,否则调离执法岗位。

(2)案件主办人和协办人在执法过程中的签字必须由本人签字,不得代签。

(3)执法人员在送达法律文书时,如果当事人在送达回证上拒绝签名或者盖章,必须要有第三方在场或公证处的证明。

(4)制作调查笔录时,在被调查人拒绝签名或者盖章时,应当有两名以上水政监察人员在笔录上注明情况并签名。

(5)要落实好周二、周五下午学习制度,人员考勤、请假、车辆管理等制度,违反者按制度处理;换领行政执法证综合法律考试不及格的调离执法岗位。

总之,随着经济社会的发展,构建社会主义和谐社会的理念极大地提升了城镇居民的水环境保护意识和人文素质。遵守法律,建设和谐的水事秩序,已成为当今城镇居民的一种风尚。多年来,各地政府对城镇水系流域治理的投入日益增加,使城镇的水行政管理工作井然有序,水域的规划、利用日臻完善,水事违法发案率呈下降趋势。然而,近年农村和市郊水事违法案件在一些地区却呈上升趋势。加大农村和市郊水行政执法力度,已成为今后较长一段时间水行政执法工作的一个重点。

关于一起填堵排水沟案件的思考

2014 年 6 月 15 日,水行政执法人员在检查中发现,豆公灌区北二支渠严重堵塞,水行政执法人员立即向领导汇报,当日水政监察大队队长了解情况后,亲自带队并马上组织水行政执法中队的 5 名执法人员,携带录像、测量等设备,深入现场,亮证执法,徒步勘验测量,同时对当事人、证人进行了调查取证,共取得填堵二支渠的录像带 1 盘、测量记录 1 份、调查笔录 1 份、证明材料 1 份、勘验笔录 1 份。

经查,豆公乡东豆公砖厂位于豆公灌区二支渠北侧,承包人是内黄县豆公乡东街村柴某。为了在汛期不使砖厂受淹,该砖厂于 2014 年 4 月在豆公灌区二支渠上游用砖渣填堵顺渠长 9 米、宽 5.3 米、深 1.3 米,造成上游水不能下排,严重影响了该渠行洪安全,给当地群众的生命财产安全带来很大危害。

该行为违反了《中华人民共和国水法》第三十七条的规定,根据《中华人民共和国行政处罚法》第二十三条和《中华人民共和国水法》第六十六条的规定,执法人员于 2014 年 6 月 21 日向当事人下达了《责令改正决定书》,责令其于 2014 年 6 月 24 日前清除填堵在豆公灌区北二支渠内的砖渣。同时,送达了听证告知书,拟给予 3 万元罚款的处罚决定,并对该厂负责人讲解水法规,指出其堵塞渠系给社会造成的危害。通过讲解,当事人认识到自己的错误,积极配合于次日用机械将渠道内砖渣全部清除。因进入主汛期,工作紧张,经局长批准同意延长办案期限一个月。安阳市水利局于 2014 年 8 月 16 日做出豫水安内罚字〔2014〕第 12 号水行政处罚决定书,罚款 3 万元。当事人在规定时间内既不申请复议又不起诉,拒不履行安阳市水利局做出的决定,安阳市水利局于 2015 年 2 月 28 日申请法院强制执行。经宣传教育后,当事人能够积极清除渠道内障碍物,并能认识到自己的错误,本着教育与处罚相结合的原则,经法院执行调解,该砖厂于 2015 年 4 月 5 日缴纳罚款 5 000 元结案。

本案中,有以下几个问题值得探讨:

(1)关于被处罚对象,有以下两种意见:

①应当处罚柴某。向渠道内弃砖渣的行为是柴某直接实施的,因此该行为的法律责任应由柴某承担。

②应当处罚豆公乡东街村委会。该砖厂是由豆公乡东街村委会投资建设的,东街村委会应对承包方的行为负责,所以应当处罚东街村。

作者同意第一种观点。柴某与东街村是承包关系,柴某与村委会签订的合同只在用土及厂地等方面有约定,以后柴某实施的行为应由柴某自己承担,因此在本案中柴某实施填堵渠道这一行为与东街村无关。

(2)关于适用法律问题。《中华人民共和国水法》《中华人民共和国防洪法》《河南省实施〈水法〉办法》《河南省河道管理条例》对向江河、湖泊内倾倒垃圾、弃土废渣的违法行为,都做出了处罚规定。在本案中,应当适用上述哪一部法律法规,有以下五种意见:

①应当适用《中华人民共和国水法》的规定。《中华人民共和国防洪法》是针对防洪工程制定的一部法律,《河南省实施〈水法〉办法》和《河南省河道管理条例》是地方性法规,法律效力低于《中华人民共和国水法》和《中华人民共和国防洪法》。

②应当适用《中华人民共和国防洪法》。《中华人民共和国水法》规定,《中华人民共和

国防洪法》未做规定的适用《中华人民共和国水法》，本案这一违法行为《中华人民共和国防洪法》中有明文规定，且《河南省实施〈水法〉办法》和《河南省河道管理条例》在效力上低于《中华人民共和国防洪法》。

③应当适用《河南省实施〈水法〉办法》。有人认为《中华人民共和国水法》和《中华人民共和国防洪法》适用于全国性的，在河南省应适用本省的法规，因为它是规范在河南省范围内从事水事活动的一般法律法规。

④应当适用《河南省河道管理条例》。它是专门规范河道管理范围内行为的专门法律规范，当几部法律法规对同一违法行为都有规定时，按照专门法律优于一般法律法规的原理，应当适用专门法律法规。

⑤在上述法律法规都有规定且不矛盾的情况下，水行政主管部门可以选择适用。在本案中，上述几部法律法规规定的内容并不矛盾，因此不管适用哪一部都是正确的。

作者认为，上述五种观点中第二种观点比较合适。对于同一违法行为，不同的法律法规对其处理的规定不同时，首先审查它们的合法性；法律法规合法性的重要一条就是低位法不得与高位法相抵触；如果是行政处罚的法律法规，还要看它是否具有行政处罚的设定权；如果两者都合法，一般情况下，应当适用高位法，且新法优于旧法。在本案中，适用《中华人民共和国水法》和其他低位法不合适，因为《中华人民共和国水法》明确规定《中华人民共和国防洪法》未做规定的适用《中华人民共和国水法》，《河南省实施〈水法〉办法》和《河南省河道管理条例》效力低于《中华人民共和国防洪法》，因此适用《中华人民共和国防洪法》比较合适。

关于查处渠道管理范围内取土案的一点体会

2017 年 3 月，在巡查五八渠时，发现一起在东彰武段渠道管理范围内违法取土案件。当时取土现场挖掘渠堤长 71 米、宽 4.5 米、深 1.3 米，性质较为严重。五八渠是位于安阳市西南部的一条重要灌溉和防洪渠道，五八渠一旦放水，该段渠道随时有决堤的可能，这将给建安林高速服务区和当地群众造成不可估量的损失。经初步调查，取土行为为安阳县曲沟镇东彰武村王某所为，其取土主要用于新建房屋垫地基。

一、查处经过

2017 年 3 月 12 日下午，安阳市水政监察支队执法人员巡渠至五八渠东彰武村时，发现有人在五八渠北岸渠道管理范围内违法取土，执法人员立即制止了该违法行为，并对现场进行了勘验、拍照，经现场勘验取土造成渠堤毁损长 71 米、宽 4.5 米、深 1.3 米。在对当事人王某制作询问笔录时，当事人态度比较强硬，拒绝配合工作，在对其做了详细的法律法规宣传后，当事人仍不配合，鉴于当时违法行为发生地在当事人村庄附近，登记保存有一定的困难，在向支队领导汇报后，支队领导随即派其他大队前来增援，增援人员 1 小时之内就赶到了现场，极大地震慑了当事人的嚣张气焰，鉴于当时执法的威力，执法人员在进行分工后，将其机动三轮车异地登记保存在彰武水库派出所院内。

对建房户王某调查时，执法人员先后多次到其家中，耐心进行宣传，使其认识到自己行为的违法性，并配合做了调查笔录。当事人供述在渠道管理范围内取土并非其一户，而是村内许多建房户所为，机动三轮车车主属于有组织的取土、卖土行为，在和部分建房户商量后，开始在渠道管理范围内取土卖给建房户。查看当事人建房现场，当事人取土量约 60 立方米，9 车土左右，与调查笔录基本吻合，经过对其耐心说服教育，当事人表示愿意接受处理。

对三轮车车主李某调查时，李某供认在渠道管理范围内取土行为属王某指使，和王某是雇用关系。车主李某不承认原来破堤取土行为是其车队组织行为，只承认此次的挖堤取土行为，执法人员对其耐心地做了法律法规解释后，他也认识到自己的错误，表示愿意接受处理。

处理结果：我们认为双方当事人的行为均违反了《中华人民共和国水法》第四十一条“单位和个人有保护水工程的义务，不得侵占、毁坏堤防、护岸、防汛、水文监测、水文地质监测等工程设施”和《河南省水利工程管理条例》第二十九条第三款“在水利工程及其管理范围内，禁止下列行为：(一)侵占、破坏水利工程及其附属设施……”的规定，按照《河南省水利工程管理条例》第四十六条“有本条例第二十九条第三款规定行为之一的……由县级以上水行政主管部门责令其停止违法行为；采取补救措施，并处以五百元以上二万元以下罚款”之规定，在收取双方恢复渠道原状的保证金 1 500 元后，将异地登记、保存的机动三轮车归还车主。

鉴于当事人王某没有施工工具，经过协商，恢复渠道以李某取土车队为主，4 月 20 日当事人将被毁渠道恢复原状，4 月 25 日我们对当事人王某给予罚款 800 元的行政处罚，当事人在规定时间内缴纳了罚款。

二、案评

安阳县东彰武村王某违法取土案件的处理，尽管处罚金额不是太高，但从查处上是一次高效的、成功的水行政执法活动。本案的当事人是村民，如果不是当场发现，并先行登记保存施工工具，本案的调查取证将有很大的难度。如果按照正常的工作程序，仅靠水工程大队几名执法人员对当事人进行调查取证，现场又受到村民的围攻起哄，当事人肯定逃之夭夭，使整个案件不了了之。

查处本案的几点体会：

(1)领导高度重视。在案件调查初期受到村民围攻后，执法人员及时向支队领导汇报，支队领导马上派出其他大队执法人员进行增援，在1个小时之内就赶到了违法现场，展现了水利执法队伍快速、高效的执法形象，对当时犯罪嫌疑人违法行为起到了极大的震慑作用。

(2)在当事人不予配合现场取证时，我们先行依法对其施工工具进行了登记保存，为处理整个案件赢得了主动，随后当事人主动找到水利局接受处理。

(3)执法人员不畏困难，迎难而上。在登记、保存当事人的施工工具时，遭到当事人围攻阻拦，队员们毫不退缩，与其针锋相对，分工协作，成功地进行了登记保存。展示了执法队伍信念坚定、不畏强势、迎难而上的良好形象。

查处本案的几点思考：

(1)该案的主要调查证据集中在建房人王某身上，但破堤用土户并非王某一户，因为执法人员现场抓获就其一户在取土，遂对其做出处理，当事人感到委屈。如果执法人员能够再深入调查，把其他取土户调查出来，来共同承担此次案件责任，能更显示出执法的公平性。

(2)该案的机动三轮车车主李文亮是取土车队成员之一，只承认和王树清是雇佣关系，取土刚刚开始，只取了八九车土，拒不承认其原来在渠道管理范围内的取土行为，由于没有抓住现行，取证又较困难，使主要证据集中在处理王某身上有些欠妥。

(3)由于案件发生地地处市郊，各种关系网错综复杂，对案件处理如果缺乏灵活性，容易造成执法被动的局面。

加强农村和市郊水工程管理的建议：

随着经济社会的发展，构建社会主义和谐社会的理念极大地提升了城镇居民的水环境保护意识和人文素质。遵守法律，建设和谐的水事秩序，已成为当今城镇居民的一种风尚。多年来，各地政府对城镇水系流域治理的投入日益增加，使城镇的水行政管理工作井然有序，水域的规划、利用日臻完善，水事违法发案率呈下降趋势。然而，近年农村和市郊水事违法案件在一些地区却呈上升趋势。加大农村和市郊水行政执法力度，已成为今后较长一段时间水行政执法工作的一个重点。

经过调查发现，农村和市郊水事发案率增高，可归结为以下几方面原因：

一是农村和市郊地域范围广，水域环境复杂，一些村庄地处偏远，村民的水事违法行为隐蔽性强，给水行政执法工作带来难度。

二是一些村民水法律法规意识淡薄，如遇水行政执法往往会倚仗人多势众，聚众起哄，抗拒执法，使水行政执法工作陷入无奈状况。

三是部分村民受自身经济利益驱使，认为占用水域从事水事违法活动有利可图，故铤而走险。

四是水行政管理队伍严重缺位,仅靠水行政执法人员维护农村和市郊水事秩序,犹如杯水车薪,鞭长莫及。况且执法人员的下乡突击巡查因受到各方面因素的制约,次数有限,收效不大,难于达到治本的目的。

五是部分城镇部门因本位主义思想作怪,认为占用水域从事经营活动是脱贫致富的好门路,故对一些违法行为视而不见,助长了水事违法行为的发生。

凡此种种,导致了乡村水事违法活动的不断升温。加大执法力度,觅求良方,对症下药,已成为农村和市郊水行政执法工作的当务之急。现拟具体措施如下,与大家共同探讨:

一是从正面入手,结合农田水利基本建设,全面开展社会主义新农村和市郊建设活动,规范源头,舆论引导,加强水法律法规的普及宣传,营造良好的水行政执法氛围,让构建和谐社会的理念在广大村民的心中扎根。

二是加大对农村和市郊水事违法的查处力度。落实农村和市郊水事巡查制度,重点地段重点抓,敏感问题及时抓,棘手问题严肃抓,抓住根本,抓出成效。

三是进一步完善水事举报奖励机制,建立健全农村和市郊水政监察信息员制度,明确其职责,并配套实行一定补贴,进一步提高村民水事监管的自觉性。

四是与乡镇、村委会等相关职能部门密切联系,齐抓共管。并以此为契机,建立水政信息反馈制,在乡镇、村委会的全力支持下建立起长期合作的长效机制,水行政执法部门应与乡镇政府、村委三方联合,实行奖惩制度。如对小型水利工程、水资源保护好的乡镇可以单独奖励,在农水资金项目安排上予以优先考虑;也可采取与乡镇、村委签订责任书的形式,保护水资源与农村和市郊水利工程。运用有效方式,在不违背水事监管原则的前提下,为村民谋福祉,将有力促进水行政执法工作的顺利开展。像市水利局万金渠管理处前些年建立的支渠主任和护渠员管理制度等,都曾有力地保护了水利工程的正常运行。

从一起水事违法案件浅析证据先行登记保存制度

2017 年 3 月 12 日下午，安阳市水政监察支队执法人员巡渠至五八渠东彰武村时，发现有人在五八渠北岸渠道管理范围内违法取土，执法人员立即制止了该违法行为，并对现场进行了勘验、拍照，经现场勘验取土造成渠堤毁损长 71 米、宽 4.5 米、深 1.3 米。在对当事人王某制作询问笔录时，当事人态度比较强硬，拒绝配合工作，在对其做了详细的法律法规宣传后，当事人仍不配合，鉴于当时违法行为发生地在当事人村庄附近，登记保存有一定的困难，在向局领导汇报后，局领导随即派其他执法人员前来增援，增援人员 1 小时之内就赶到了现场，极大地震慑了当事人的嚣张气焰，鉴于当时执法的威力，执法人员在进行分工后，将其机动三轮车异地登记、保存在彰武水库派出所院内。

对建房户王某调查时，执法人员先后多次到其家中，耐心进行宣传，使其认识到自己行为的违法性，并配合执法人员做了调查笔录。当事人供述在渠道管理范围内取土并非其一户，而是村内许多建房户所为，机动三轮车车主属于有组织的取土、卖土行为，在和部分建房户商量后，开始在渠道管理范围内取土卖给建房户。查看当事人建房现场，当事人取土量约 60 立方米，9 车土左右，与调查笔录基本吻合，经过对其耐心说服教育，当事人表示愿意接受处理。

对三轮车车主李某调查时，李某供认在渠道管理范围内取土行为属王某指使，和王某是雇用关系。车主李某不承认原来破堤取土行为是其车队组织行为，只承认此次的挖堤取土行为，执法人员对其耐心地做了法律法规解释后，他也认识到自己的错误，表示愿意接受处理。

证据先行登记保存，是指行政机关为防止证据隐匿、转移、销毁或者防止易于灭失的证据灭失，通过法定程序采取的收集证据的一种方式。

旧《中华人民共和国行政处罚法》第三十七条第二款规定："行政机关在收集证据时，可以采取抽样取证的方法；在证据可能灭失或者以后难以取得的情况下，经行政机关负责人批准，可以先行登记保存，并应当在七日内及时做出处理决定，在此期间，当事人或者有关人员不得销毁或者转移证据。证据先行登记保存涉及公民、法人和其他组织的财产权，采取这一方式，必须符合法定条件。根据《中华人民共和国行政处罚法》的规定，适用证据先行登记保存必须符合下列条件：

（1）法定期间，即证据先行登记保存是行政执法人员履行了内部立案程序、在收集证据这一法定期间内采取的。

（2）法定情形，即证据先行登记保存是行政执法人员收集证据时在证据可能灭失或者以后难以取得的法定情形下采取的。如果可采取调查笔录、视听资料和勘验笔录等其他形式去收集证明和认定行为人违法事实的证据，就不应采取证据先行登记保存这一方法。

（3）法定权限，即批准采取证据先行登记保存的法定权限属于行政机关负责人，行政执法人员在采取证据先行登记保存之前，必须经行政机关负责人批准。

（4）法定要求，即行政机关先行登记保存的物品必须是与违法行为有直接必然关联的物品，必然具有证据客观性、关联性和合法性三个基本特征。同时，在证据先行登记保存期间，必须对登记保存的物品进行妥善保管，以保证物品的完整，当事人或者有关人员不得销毁或转移证据。

为了维护行政相对人的合法权益，也为了早日稳定行政法律关系，《中华人民共和国行政处罚法》明确规定,行政机关实施证据先行登记保存的法定时限为7日。也就是说,行政机关必须在7日内通过对证据的审查和判断,进行分析研究,鉴别真伪,如果认为当事人存在违法行为,就应及时做出没收、解除登记保存等处理决定。如果认为当事人无违法行为,应当及时解除证据先行登记保存。超过规定期限未做处理,先登记保存应视为无效。尽管《中华人民共和国行政处罚法》规定了明确的证据保存期限,但在执法实践中,证据保存超过7日的现象时有发生,有些物品甚至车辆被连续"保存"一年以上,给行政相对人造成极大经济损失,也使行政机关与行政相对人之间的法律关系长期处于不确定的状态,影响了行政机关的正常管理。除行政机关作风拖沓没有及时处理外,违法当事人既不领取保存物品,又不接受处理也是一个主要原因。在这种情况下,行政机关应从第七日起书面通知当事人接受处理和领回被保存的物品。通知书送达后当事人如果在一定时间内既不领物品,又不接受处罚的,行政机关可按行政处罚程序操作,直接做出处罚决定。超过复议或起诉期限后,仍不履行的,行政机关可申请人民法院强制执行,进而终结悬而不决的法律关系。

旧《中华人民共和国行政处罚法》第三十七条第二款规定:"行政机关在收集证据时,可以采取抽样取证的办法;在证据可能灭失或者以后难以取得的情况下,经行政机关负责人批准,可以先登记保存,并应当在七日之内及时做出处理决定,在此期间,当事人或者有关人员不得销毁或者转移证据。"据此,执法人员有权对证据先行登记保存。先行登记保存实际上是一种证据保全的办法,在具有下列条件之一时,行政机关才可采取这种方法对证据先行登记保存:①证据可能灭失。如证据可能变质、腐烂、毁坏、消失,证人可能死亡,案件现场可能发生变化等。②证据以后难以取得。如证据可能被人带出国外、证据可能使用于某种工艺品中、证据可能为某新建筑物所覆盖、证据可能被人转移或者隐藏等。

我们应该注意的是,《中华人民共和国行政处罚法》规定,证据保全的程序是必须"经行政机关负责人批准",时间上的要求是"应当在七日内及时做出处理决定"。因此,证据先行登记保存的实施程序是:①执法人员向所在的行政机关提出申请;②行政机关负责人审查其必要性和紧迫性,并予以批准;③执法人员必须在7日内做出处理决定,即当事人在7日内失去对作为证据的财物使用权。同时,执法人员必须在7日以后解除对所保全的证据采取的措施。在证据先行登记保存的时间上,《中华人民共和国行政处罚法》明确规定为7日,并且没有授权法规另行规定其他时间。单行法律中另行规定的期限,依据特别法优于一般法的原理,在《中华人民共和国行政处罚法》有明确规定的情况下,仍然有效。如果法规中另行规定了期限,则该期限因与《中华人民共和国行政处罚法》的规定相抵触而无效。从行政执法实践来看,7日的期限,对于不需要进行技术性处理的行政机关而言,可能已经足够;而对于需要技术性处理的行政机关而言,可能显得短一些。例如,在卫生执法中,需要对某些物品进行技术检验、化验等,有的技术处理需要有一定时间定型或者只有在经过一定时间后才能得出准确的结论。在这些情况下,7日的期限对于行政机关的执法工作就提出了比较高的要求。这一问题实际上是一个两难选择:如果期限太长,则不利于保护当事人的合法权益;而期限太短,对行政机关进行调查取证则有所不利。

对一起水事违法案件查处过程的思考

国家大型工程在建设中如何自觉遵守《中华人民共和国防洪法》《中华人民共和国水法》等法律法规,是水行政执法部门一直关注的问题。在现实中,个别大型工程在涉河施工中往往以工期紧、任务重为由,置现行的水法律法规于不顾,不按法定程序办事,不经水行政主管部门审批就开工。这种行为对公共安全构成了极大威胁,必须严厉制止。

【案情】

2018 年 4 月 19 日,中国石油天然气管道第二工程公司西气东输某项目部向河南温县黄河河务局递交了《沁河穿越工程开工(紧急)告知函》:定于 4 月 20 日中午沁河定向钻施工正式开始,特此告知。

接到告知函,河道主管机关——温县黄河河务局依据《中华人民共和国防洪法》于次日上午立即做出答复:"建设穿河、穿堤的管道等工程设施,应当符合防洪标准,工程建设方案应当经有关水行政主管部门根据防洪要求审查同意。"对河务局的答复,项目部置之不理,强行违法开工。

工程违法开工后,温县黄河河务局水政监察人员不分昼夜地往返于项目部和施工现场,向施工单位宣传水法规,讲解违法穿沁的危害性。在宣传没有产生效果的情况下,5 月 8 日,河务局连续 7 次向项目部下达了停工通知,通知强调"待有关水行政主管部门对工程建设方案审查同意后,按审查意见执行;否则,由此所造成的任何后果均由你方负责"。

在对"穿沁工程"依法监管的同时,水政监察人员还密切注视着沁河堤防的安全。5 月 9 日,水政监察人员在进行河道巡查时,发现在管道穿越处临背河地面有大量泥浆冒出,立刻意识到沿管道穿越处的堤防临背河已形成过水通道,对沁河防洪会产生严重危害,随即向项目部下达了《紧急停工通知》,但项目部依然无视通知。

5 月 11 日,黄委专家组勘察分析认为:"该工程应立即停止违法施工,采取有效措施,提出解决方案,确保防洪安全。"次日,河南省防指与焦作市防指分别下达了《关于立即停止西气东输穿沁工程施工的紧急通知》(简称《通知》),要求温县、博爱两县防指"责令施工单位立即停止违法施工,若仍置之不理,可采取严厉措施;并通知施工单位,穿沁工程建设方案未经河道主管机关批准,不得施工"。5 月 13 日,温县防指向项目部下发了《紧急停工通知》,并将省、市防指《通知》作为附件一并告知,责令其"立即停止施工,严格按县防指指令执行,否则,造成一切后果均由你方承担。"

截至 5 月 14 日 21 时穿沁工程完工,温县黄河河务局共向管道二公司西气东输某项目部发了 11 次停工通知,并及时进行了现场勘测,专家指出:违法穿沁施工对沁河防洪安全造成严重威胁。

事件发生后,河道主管机关向河南省人民政府提交了专题报告,引起了省政府的高度重视。5 月 13 日,河南省省长李成玉做了重要批示;5 月 14 日,河南省、焦作市、温县河务局、博爱河务局、黄委设计院、中石油管道二公司、中原石油勘探局固体工程处在郑州召开"沁河穿越管线施工大堤防洪、防汛措施方案研讨会";5 月 20 日,黄委主任李国英来到施工现场,要求"站在对国家利益、对人民利益高度负责的基础上,考虑管道穿沁隐患永久处理方案"。

5 月 22 日,河南省防指提出了有关整改实施方案;23 日,黄河防总对方案进行了批复,同意河南省防指上报的处理方案,同时指出管道穿沁隐患属重大人为责任事故,要求河南省防指责成西气东输建设单位尽快做出设计方案,在 7 月 15 日前完成主体工程。

在有关部门的高度重视下,在法律的威慑下,西气东输豫皖管理处认识到自己的违法行为给国家防洪工程造成了严重危害,按照设计方案,投资 1 000 多万元进行整改。

按照《中华人民共和国防洪法》第五十八条规定,经水行政主管部门研究,认为西气东输建设单位已按河南省防指要求及时对穿沁工程造成的防洪隐患采取了补救措施,同意结案,2018 年 12 月 31 日,黄委对西气东输武德镇管道穿沁工程补发了审查同意书。

【案评】

观点一:未经水行政主管部门审批,穿河工程施工违法。

这是一个十分典型的河道管理范围内建设项目违法案件。在案件中,穿沁工程建设方的行为严重违反了《中华人民共和国防洪法》和水利部、原国家计委颁布的《河道管理范围内建设项目管理的有关规定》要求。项目部在项目可行性研究报告批准前,没有将工程建设方案报有关水行政主管部门或流域机构审查同意,同时在没有编制《河道管理范围内建设项目防洪影响评价报告》、进行防洪影响评价论证,没有经水行政主管部门或流域机构对该工程设施建设的位置和界限进行审查批准的情况下,便强行开工。自恃为国家重点建设项目而无视法律的存在。在流域机构和相关防汛指挥部门依法多次下达“责令停工通知”后仍置之不理,一味地强调工程进度要求,置防洪安全于不顾,最终导致对沁河防洪安全造成严重威胁。

观点二:涉河项目无论大小均需依法审批。

《中华人民共和国防洪法》第二十七条的规定是按照《中华人民共和国行政许可法》第十二条规定“直接涉及国家安全、公共安全、经济宏观调控、生态与环境保护以及直接关系人身健康、生命财产安全等特定活动,需要按照法定条件予以批准的事项”要求设立的一项行政审批,其目的是防止在河道管理范围内的建设活动破坏河势稳定、威胁堤防安全、影响沿岸工农业设施的正常运行和安全,维护人民的生命和财产安全,保障社会经济秩序的正常运转和可持续发展。“沁河穿越工程”因为建设单位没有按法定程序履行建设方案审批等有关手续,采用施工工艺不得当,最终造成防洪隐患。因问题明显、发现及时、处理得当,才没有酿成更大的灾害。

现实中,这样的案例并不罕见。1998 年大水九江城市防洪堤的溃决,其中一个重要原因,就是堤外侧迎水坡油码头建设,其建设方案未经有关流域机构审批,施工中破坏了堤防的保护层,使堤防基础中的粉细砂夹层暴露,形成薄弱环节,经长期高水位浸泡产生管涌,因发现不及时,致使堤防坍塌、决口,造成巨大损失。

因此,河道管理范围内无论什么建设项目,都必须按照法律法规规定的程序,依法进行审批。

观点三:涉河施工应高度重视公共安全。

中国石油天然气管道第二工程公司西气东输某项目部敢于无视国家法律,强行施工,原因有三:一是自恃是国家重点工程;二是法制观念淡薄;三是部门利益严重。

《国务院关于全面推进依法行政的决定》中指出:“要坚决消除执法中的腐败现象,坚持纠正不顾国家全局利益和人民根本利益的本位主义和地方保护主义。对违法者,不论涉及什么单位、什么人,都要依法严肃查处。”因此,不论什么项目,都应把国家利益和人民的生命财产安全放在首位;不论是什么单位、什么人,一切行为必须符合法律法规、规范,切实做到依法办事。同时,应加强对全社会依法办事的宣传教育。

观点四:水法规宣传应继续深入。

流域机构和水行政主管部门,在该事件中能够严格依法行政,并准确运用法律法规,充分体现出基层水行政执法人员较强的法制观念和执法能力。但同时我们也看到了水法规宣传还不够深入,外行业对水行政审批不够重视,现行法律赋予水行政执法的强制手段难以满足管理的实际需要,像本案这种重点工程还需要借助行政力量来解决依法行政的问题。

【法律链接】

《中华人民共和国防洪法》

第二十七条第一款 建设穿河、穿堤、管道、缆线等工程设施,应当符合防洪标准和其他技术要求,不得危害堤防安全,妨碍行洪畅通;其可行性研究报告按照国家规定的基本建设程序报请批准前,其中的工程建设方案应当经有关水行政主管部门根据前述防洪要求审查同意。

第二十八条第一款 对于河道、湖泊管理范围内依照本法规定建设的工程设施,水行政主管部门有权依法检查;水行政主管部门检查时,被检查者应当如实提供有关的情况和资料。

第五十七条 违反本法第二十七条规定,未经水行政主管部门对其工程建设方案审查同意或者未按照有关水行政主管部门审查批准的位置、界限,在河道管理范围内从事工程设施建设活动的,责令停止违法行为,补办审查同意或者审查批准手续;工程设施严重影响防洪的,责令限期拆除,逾期不拆除的,强行拆除,所需费用由建设单位承担;影响行洪但尚可采取补救措施的,责令限期采取补救措施,可以处一万元以上十万元以下的罚款。

一、流域水行政执法遭遇难题的反思

在未经河道主管机关审批的情况下,某镇政府委托施工单位擅自破堤修路,致使该段堤防严重丧失防洪能力。流域管理机构依法下达《行政处罚决定书》,相对人在法定期限内既未申请复议也未提起行政诉讼,又拒不履行该决定。流域管理机构依法申请法院强制执行,但当地法院碍于地方关系,建议行政协调,未予立案,致使案件历时数年未能执行结案,《行政处罚决定书》成为一纸空文。

这引发了作者对基层水行政执法难的共鸣与思考,现提出自己的观点,与从事水行政执法工作的同行共同探讨,以解难题。

二、行政主体可代替履行相对方义务

针对这个案例中的具体情况,作者认为,流域管理机构在法定情况下,可以采取代履行的间接强制措施。代履行,是指行政主体雇人代替不履行行政法义务的相对方履行义务,强制义务人缴付劳务费用的行政强制方式。

代履行的要件有三:其一,须有相对方应当承担的合法义务,并且相对方不愿履行;其二,代履行的义务一般都是作为义务,并且是可以请人代为履行的义务,不以义务人自为为必要;其三,代履行的义务可由行政主体代为履行,也可委托第三人代为履行,并向相对方征收履行费用。

从本案例看,虽然非法建设与破堤取土均属水事违法行为,但由于两者之间存在牵连关系,在处罚上,应考虑从重处理,即以法律规定处罚较重的违法行为论处。就该案例而言,可考虑以“非法建设案”处理。

针对案件违反《中华人民共和国防洪法》第二十七条的非法建设行为,该法第五十八条做出的相应处罚规定可以通过代履行的方式予以执行。从案例看,非法建设案中的破堤行为已经达到“严重影响防洪”的程度。在流域管理机构限定期限内相对人不拆除的,流域管理机构可以组织队伍代为履行,拆除道路,将堤防恢复至防洪高程,并要求相对人承担代履行费用。相对人不承担的,通过民事诉讼途径要求其承担。《处罚决定书》中并处罚款的,仍需申请人民法院强制执行。

三、申请法院强制执行阶段应注意的几个问题

申请法院强制执行的前提是,流域管理机构对水事违法案件进行了正确处理,并依据法律规定的条件,向有管辖权的人民法院提出了强制执行申请,可分为以下两个阶段:

阶段一:人民法院应当立案而不立案。实践中表现为两种情况:一是在规定期限内,人民法院既不受理又不做出不予受理的裁定;二是裁定不予受理。这两种情况下,流域管理机构均可以直接向该人民法院的上级人民法院上诉或申诉。上级人民法院认为符合受理条件的,应予受理,受理后可以移交或指定下级人民法院审理,也可以自行审理。

阶段二:人民法院立案后,裁定不予执行。对审查后做出的不予执行的裁定,是不可以上诉的。流域管理机构可以选择的法律途径有:申诉,向做出不予执行裁定的人民法院或者其上一级人民法院提出申诉材料,接受申诉的人民法院经过审查后可以启动审判监督程序,撤销不予执行的裁定;申请人民检察院抗诉,即由检察院利用其职权通过审判监督程序向人民法院提出抗诉。

四、行政协调存在可行性空间

在一起行政处罚案件中,如果相对人是行政组织,通过行政协调,使相对人自觉改正违法行为或者自觉履行行政处罚决定,从而达到恢复公共行政秩序的效果,也不失为一种可取的解决方法。

人民法院在非诉行政执行案件中,是否可以进行行政协调还是一个值得探讨的问题,但在审判实践中是存在的。从《最高人民法院关于执行〈中华人民共和国行政诉讼法〉若干问题的解释》第九十三条“对具体行政行为的合法性进行审查”的规定看,协调也存在可行性空间。

作者认为,首先,这种法院所为的协调不是行政学意义上的行政协调;其次,这种协调应当遵循三十日的法定时间要求,也就是说,人民法院的合议庭在进行具体行政行为合法性审查的过程中,如果审查认为该具体行政行为是合法的,合议庭可以在进行合法性审查的过程中对相对人进行说服教育,促使其自觉履行该具体行政行为对其做出的处理决定。而不应超期协调,更不能在未立案的情况下进行协调。

【法律链接】

《中华人民共和国防洪法》

第二十七条 “建设跨河、穿河、穿堤、临河的桥梁、码头、道路、渡口、管道、缆线、取水、排水等工程设施,应当符合防洪标准、岸线规划、航运要求和其他技术要求,不得危害堤防安

全,影响河势稳定、妨碍行洪畅通;其可行性研究报告按照国家规定的基本建设程序报请批准前,其中的工程建设方案应当经有关水行政主管部门根据前述防洪要求审查同意。

第五十七条　违反本法第二十七条规定,未经水行政主管部门对其工程建设方案审查同意或者未按照有关水行政主管部门审查批准的位置、界限,在河道、湖泊管理范围内从事工程设施建设活动的,责令停止违法行为,补办审查同意或者审查批准手续;工程设施建设严重影响防洪的,责令限期拆除,逾期不拆除的,强行拆除,所需费用由建设单位承担;影响行洪但尚可采取补救措施的,责令限期采取补救措施,可以处一万元以上十万元以下的罚款。

《最高人民法院关于执行〈中华人民共和国行政诉讼法〉若干问题的解释》

第九十三条　人民法院受理行政机关申请执行其具体行政行为的案件后,应当在30日内由行政审判庭组成合议庭对具体行政行为的合法性进行审查,并就是否准予强制执行做出裁定;需要采取强制执行措施的,由本院负责强制执行非诉行政行为的机构执行。

一起水事违法案件登记保存行为的合法性研究

【案情】

2014 年 5 月 12 日，山东省招远市水务局水行政执法人员在巡查中，发现本市某村村委雇用铲车驾驶员曲某，违法在界河河道保护区内取土、采砂，执法人员当场下达《责令停止水事违法行为通知书》并及时向领导汇报案情，水务局经研究决定立案查处。

5 月 13 日上午，执法人员再次来到事发现场，曲某驾驶铲车仍在违法作业，执法人员当场对其铲车实施登记保存，责令其将铲车开到招远市水务局，将《登记保存物品通知书》下达给采砂现场负责人孙某，其在副本上签字确认。同时，执法人员对现场进行了拍照、摄像、现场勘验，制作了勘验笔录。通过获取的证据，水务局经分析梳理后，认定村委为本案的行政相对人，是违法当事人，其违法采砂取土已达 2 万立方米。于是，水务局于 5 月 18 日，将《水行政处罚告知书》及《解除登记保存物品通知书》送达该村委，通知其提取铲车并告知立即停止违法行为恢复原状，拟给予罚款 4 万元的行政处罚。村委接通知后曲某始终未来提车，直到 2014 年 7 月 13 日，水务局再次将提车通知送达村委，曲某才将车提走。

曲某对水务局的登记保存想不通。他认为自己是受村委雇用，水务局行政处罚的对象是村委，要登记保存也该保存村委的物品，而不该是自己的铲车。于是，曲某一纸诉状将水务局告上法庭，以水务局登记保存违法为由，要求水务局赔偿铲车损失两万元。

招远市人民法院依法公开开庭审理了本案，该村委作为诉讼中的第三人参加了庭审。法院经审理后做出一审判决：被告水务局查出违法行为的行政相对人是诉讼中的第三人村委，铲车作为行政相对人实施违法行为的证据，被告对这一证据予以登记保存，防止违法行为继续，并无不当；被告送达《解除登记保存物品通知书》后，原告未能及时将铲车提走，责任不在被告。被告对登记保存的铲车依法做出处理决定后，原告的损失可根据与雇主诉讼中第三人村委之间的协议，依法主张民事权利，原告要求被告赔偿损失，没有事实根据和法律依据，不应支持。驳回原告要求被告赔偿其车辆被扣造成的损失的诉讼请求。曲某不服，上诉至烟台市中级人民法院，二审法院审理后驳回上诉，维持原判。

【案评】

本案争议的焦点是水务局实施的登记保存这个具体行政行为是否合法，以及水务局应否赔偿原告曲某的损失。

观点一：水务局实施登记保存的具体行政行为合法。

首先，实施登记保存的主体是合法的。根据《中华人民共和国水法》第五十九条《河道管理条例》第四条的规定，水务局具有行政主体资格，其对河道管理范围内的违法取土行为进行依法查处，是法律法规赋予的职责。其次，适用法律正确。《中华人民共和国行政处罚法》第三十七条第二款赋予行政机关查处违法行为行使登记保存的权力。本案中行政相对人村委在水务局下达《责令停止水事违法行为通知书》后仍违法作业，铲车作为其实施违法行为的证据，为防止违法行为继续或证据隐匿转移，水务局对铲车实施保存，符合法律规定，适用法律正确。最后，登记保存的期限符合法律规定。《中华人民共和国行政处罚法》赋予登记保存的期限为七天，水务局自 2014 年 5 月 13 日做出《登记保存物品通知书》至 5 月 18 日下达《解除登记保存物品通知书》，仅 5 天，符合法律规定。曲某未及时将铲车提走，责任与水务局无关，水务局已履行完应尽的告知义务。

本案中曲某向法院提交了铲车归其所有的证据，认为登记保存的物品应是行政相对人的物品，而不应该保存受雇者的物品。对此法律无明文规定，我们认为也无须规定，因为登记保存就是证据保全，是对违法现场证据的暂时查扣，只要是违法所用的证据，符合登记保存的条件，行政机关就有权保存，无论所有权归谁。登记保存期限物品的损失问题，我们认为只要行政机关登记保存行为合法，行政相对人的损失应自负。物品所有权是行政相对人以外的违法行为人的，其损失有民事协议的按协议主张权利，无协议的双方协商解决。

观点二：曲某追偿损失不能适用行政赔偿。

行政赔偿是指国家行政机关及其工作人员违法行使职权的具体行政行为，给公民、法人或其他组织造成损害的应当承担的赔偿责任。由以下四个要件构成：

其一，行政赔偿的侵权主体必须是行政机关及其工作人员和法律法规授予行使职权的组织及其工作人员以及受行政机关委托行使职权的组织及其工作人员。

其二，实施的行为必须是行使行政职权时违法的具体行政行为。

其三，必须是对公民、法人或其他组织的人身权、财产权造成侵害且损害事实已发生。

其四，违法行使职权行为与损害后果有因果关系。

以上四要件只有同时具备，行政赔偿责任才能成立。本案中曲某虽然有损失，但由于招远市水务局的登记保存这一具体行政行为是合法的，水务局查处的行政相对人是村委而非曲某，曲某的损失与水务局的登记保存无法律上的因果关系，因此曲某无权要求水务局赔偿。

观点三：水行政执法要重证据。

行政执法靠的就是证据，行政诉讼打的也是证据，证据合法是具体行政行为合法的坚实基础。因此，行政执法必须确保其实施的具体行政行为合法，做到事实清楚、证据确凿。就本案而言，从实体上说，本案自立案开始，执法人员就注意收集证据，为此做了大量艰苦细致的工作，构成了完整的证据链，印证了当事人的违法事实，做到了证据确凿、事实清楚。从程序上，招远市水务局自立案起，调查取证、告知、通知、行政处罚告知等手续完全严格依法进行，在法定期间，依照法定的程序，履行了法定的义务。

另外，从本案中还可以看到的是，群众依法维权的意识在增强。这从另一方面教育执法部门，行政执法必须忠实履行法律赋予的职责，做到不缺位、不越位、不错位。近些年随着依法治国进程的加快，各行各业有关法律法规的逐渐出台，尤其是《中华人民共和国行政许可法》的颁布实施，对进一步保护公民、法人和其他组织的合法权益，保障和监督行政机关有效实施内部监督制约，提高行政管理水平，从源头上预防和惩治腐败有重要意义。因此，行政机关一定要明确自己的职责，慎用手中人民赋予的权力，坚决杜绝没有利益不作为、给了好处乱作为现象，依法行政，按法办事，真正做到“权为民所用，情为民所系，利为民所谋”。

一起水行政复议案件的反思

行政行为的程序化是其合法性的基本要求,执法程序的随意必然导致具体行政行为的违法或不当。而各种法律文书的规范使用,正是行政行为程序化的具体反映。以下就是一个典型的由于执法程序不当而引发的行政复议案例。

【案情】

在2019年10月16日的公开拍卖会上,江西省铅山县铅山祥龙水电有限公司购买了江东源支流的开发权。而另一家公司的欣萍二级电站在开工前,虽经有关部门批复了可研报告,但没有在水行政主管部门办理取水许可前置性审批手续,也就是说,欣萍二级电站开工前,未进行水资源论证、水土保持方案编制,未办理取水许可申请手续。没有开发权的欣萍二级电站的开发建设与已取得开发权的祥龙水电有限公司的开发方案出现了重叠交叉。

2019年12月19日,铅山县水利局审查同意的欣萍水电站取水预申请书,取水地点为英将乡坪阳林场(一级)。

铅山欣萍水电站与铅山祥龙水电有限公司在开发权上发生了争议,铅山县水利局为此做出《关于要求"欣萍二级电站"立即停工的紧急通知》的具体行政行为。

水电站的申辩:

2019年7月14日,欣萍水电站对铅山县水利局做出的《关于要求"欣萍二级电站"立即停工的紧急通知》具体行政行为不服,向上饶市水利局提出了行政复议申请,要求依法撤销铅山县水利局对其做出的紧急通知,并赔偿因停工所造成的经济损失5万元。

铅山欣萍水电站认为:①其建设的欣萍二级电站合法、有效,理由是:他们分别与英将乡和武夷山林场签订了欣萍水电站一、二级开发协议;电站项目设计委托县水利局设计室设计,并组织了有关专家参加初审,同意报计委立项;计委召开了欣萍电站(一、二级电站)可行性研究报告评审会,并有文件批准了欣萍一、二级水电站的建设。②铅山县水利局的行政处罚没有事实依据,也没有法律依据,违反了《中华人民共和国行政处罚法》等法律法规的规定。③铅山县水利局的错误行政行为造成了欣萍二级电站停工、延误工期等经济损失5万元。

行政处罚的理由:

铅山县水利局认为:①欣萍二级电站无任何水行政主管部门的批准文书,属擅自动工的非法建设。②根据《取水许可申请审批程序规定》第十六条规定:取水许可预申请或者取水许可申请与第三者发生争议或者诉讼时,受理机关应书面通知申请人,待争议或者诉讼终止后重新提出取水许可预申请或者取水许可申请。该电站水资源开发与铅山县祥龙水电有限公司江东源支流开发权发生争议,"紧急通知"是依法书面告知当事人。③欣萍二级电站未履行水行政管理的有关程序而擅自动工。

行政复议的结果:

上饶市水利局认为:铅山县水利局对欣萍二级电站未依法办理审查、审批手续就擅自开工的违法行为进行监督管理是正确的。但在办理该案件时以"紧急通知"作为具体行政行为,违反了法定程序,而且"紧急通知"未援引法律依据。据此,2004年9月9日,上饶市水利局做出了行政复议:①撤销铅山县水利局做出的《关于要求"欣萍二级电站"立即停工的紧急通知》的决定。②铅山县水利局对欣萍二级电站的违法事实重新做出具体行政行为。③对申请人因欣萍二级电站误工等经济损失5万元的赔偿请求不予支持。

【案评】

自从国务院颁布《全面推进依法行政实施纲要》以来,我国依法行政、建设法治政府的工作取得了重要进展。原水利部部长汪恕诚提出要全面推进水利部门依法行政,逐步建立责权明确、行为规范、监督有效、保障有力的水行政执法体制。水利部要在全国水利系统开展相对集中处罚权和综合行政执法工作。但是在基层的水行政执法过程中还不同程度地存在着有法不依、执法不严、以权代法、滥用职权和执法行为不规范等问题,影响了行政执法的公正性和统一性。今天这个案件涉及的关于行政执法程序问题,就是一个关系到行政执法行为合法有效的关键问题。

观点一:行政执法程序是行政执法人员的行为规范。

行政执法程序就是行政执法机关在行政执法过程中采用的方式和步骤,是对行政机关的执法行为的约束。行政执法程序是法定的,不得任意变通和违反。行政执法程序合法是行政执法行为合法有效的构成要件之一。当然,并不意味着程序合法的行政执法行为必然合法,但是如果行政程序违法,则必然会导致行政执法行为的无效或者被撤销。这一点在《中华人民共和国行政处罚法》第三条规定中十分明确:"没有法定依据或者不遵守法定程序的,行政处罚无效。"因此,行政机关和行政执法人员在执法过程中,做出的每一个具体行政行为都必须符合程序的规定,否则就是违法的行政行为。

在水行政执法过程中,有的地方存在着重实体法轻程序法的倾向。他们认为,有确凿的证据证明管理相对人违法行为的存在是最重要的。对于立案、调查、出示证件、收集证据、询问笔录、处罚决定、交付送达和听证等程序没有严格遵守法律规定,任意简化或者忽略,在一定程度上也侵害了管理相对人的合法权益。我们应当认识到,法律必须通过程序才能实施,而程序绝不是执法者可以任意编制的。执法程序须以法律的性质加以确定才有约束力,实体法和程序法体现出同样的法律精神,两者缺一不可,任何重实体轻程序的倾向对于法律的公正实施都是极为有害的。

观点二:法定执法程序是公民合法权利的保障。

行政程序有保护公民权利的作用,行政执法中的行政处罚、行政审批、行政许可和行政强制等具体行政行为给管理相对人带来非常直接的影响。一方面,行政机关在实施中处于主导地位、强势地位,有的具体行政行为是以国家权力的强制力为后盾的。另一方面,行政管理相对人在行政机关面前显得非常弱小,根本无法抗衡。在这种情势下,就会产生行政机关对管理相对人合法权益侵害的可能性。一旦行政执法权被滥用,就会发生管理相对人的合法权利被侵害的事实。行政执法程序就是为了防止这种情况的发生,通过法定的执法程序,使行政执法的每一个步骤和环节都受到程序的约束,不允许偏离依法行政的轨道,减少不良执法产生的后果,以充分保障和维护管理相对人的合法权利。同时,也赋予管理相对人为自己合法权益进行陈述、辩解和救济的权利。

观点三:行政执法程序是对行政执法权的制约和监督。

在行政执法过程中,当执法人员素质不高时,仅靠执法人员的觉悟和对法律的理解,就容易发生执法行为的任意性,甚至滥用行政权力,给行政管理相对人的合法权利造成侵害,并导致具体行政行为无效。因此,依法行政,严格按照法定程序执法是保证行政行为合法的基本要求,也是对行政执法权的制约和监督。同时,也给了其他行政机关、公民对行政权的行使过程进行监督的机会和权利。

各级水行政主管部门法制机构的负责同志对行政程序要有一个正确的认识,要克服重实体、轻程序的思想。加强对行政执法人员的教育和培训,使他们充分重视法定程序,熟悉掌握并自觉运用程序来规范执法行为。各级水行政执法队伍要建立行政执法责任制和执法责任追究制,从根本上分清执法过程中的责任,使行政执法权在法定范围内运作,并对执法人员因违法行政而造成的赔偿行使追偿权。

本案的最终处理结果让我们认识到:要使行政行为产生预期的法律效果,必须具备下列要件:一是行政行为的主体必须合法,二是行政行为的内容必须合法,三是行政行为的程序必须合法,四是行政行为的形式必须合法。

关于一起水事暴力抗法事件的几点思考

某置业有限公司未经市水行政主管部门审批，擅自在邱家沟、婴儿沟和茶店坡沟交汇处（简称三沟汇流处）违法施工，损毁堤防，缩小河道行洪断面、擅自设置河道围堰阻碍行洪、违法跨河建桥，影响河道防洪安全。

2018年7月13日，经检查，市水利局水行政执法人员发现某置业有限公司在围堰上游27米处擅自拆除河道堤防22.3米，将河道原梯形断面改建为矩形断面，缩小河道行洪断面，并在围堰处擅自违法跨河建桥，影响河道行洪。鉴于上述情况，水行政执法人员在出示执法证件，亮明身份后，立即立案查处。按照水行政处罚的一般程序，先后向该公司下达了《责令停止水事违法行为通知书》《水行政处罚听证告知书》《水行政处罚决定书》，要求施工单位停止施工，恢复河道原状，补办施工许可证，并处罚款8万元。对于水行政主管部门下达的《停止施工通知书》和《水行政处罚决定书》，某置业有限公司置若罔闻，既不申请行政复议也不提起行政诉讼，仍继续施工。从2018年7月13日到10月20日的3个多月时间，水行政监察员多次到施工现场，要求停止施工，但无任何效果。10月22日，下午3时，水行政执法人员对河道违章建筑实施强制拆除。在强制拆除过程中，某置业有限公司指使其施工人员对赤手空拳和没有统一着装的水行政执法人员进行围攻，抢夺摄像器材，手持木棍和铁锤追打执法人员，造成两名执法人员受伤（现两人经住院治疗后已出院）。最后在某路派出所民警的制止下，执法人员才得以摆脱围攻，撤离现场。案件虽然结束了，但作为参与此次联合执法全过程的作者，有一些感言想说出来与读者共同探讨。

一、要加大对暴力抗法行为的打击力度

被执法者暴力抗法很容易滑入违法犯罪的泥坑，受到法律严惩。水利部门对于被执法者暴力抗法行为构成犯罪的，可以移交司法部门依法追究刑事责任。我国相关法律规定，以暴力、威胁方法阻碍国家机关工作人员依法执行职务的，构成妨害公务罪；可以处三年以下有期徒刑、拘役或者罚金。如果致执行职务人员重伤或者死亡的，以故意伤害罪或者故意杀人罪处罚；致人轻伤的，以妨害公务罪从重处罚。由于司法部门对暴力抗法行为的严厉惩处，以及新闻媒体对此的宣传报道，因此如今被执法者越来越多地采取非暴力抗法的形式，寄希望于通过该不当方式向执法者施加压力，既不造成严重后果，同时又能够给执法者增加负担，以达到自己的目的。无论采取何种方式抗法，包括非暴力行为，其性质均为阻碍正常的执法行为，非暴力行为本身也是阻碍执法的行为，其不能减轻处罚；相反，根据《治安管理处罚条例》的规定，抗法者的非暴力行为除应当接受水行政主管部门处罚外，还有可能因为自身的抗法行为被处治安处罚。

二、要人性化执法

人性化执法的核心在于以人为本。虽然被执法者自身存在诸多问题，但是，水利部门在处理时应当以说服教育为主，注重执法效果，切忌作风简单粗暴，冷酷无情。应当以沟通及教育的方法使当事人既看到法律的尊严，也能体会到政府的温情。同时必须进行综合治理，不能寄希望于处罚，尽量避免采取罚没、剥夺生产资料，不给被执法者生路，激化矛盾的简单

方法。实际上,“一罚了之”的做法后患无穷。人性化执法更大程度应当体现在水行政执法人员应首先约束和规范自身的言谈举止,避免给被执法者造成野蛮执法的影响;其次,执法之前应当做好说服教育,同时更多地补充说明如何守法,做到严格执法和说服教育相结合,以耐心解释化解法律程序的严格给被执法者造成的抵触情绪。

三、要统一着装

水行政执法的特点和环境决定了水政监察人员着装的必要性。水利部门作为多部法律法规的执法主体,执法任务相当繁重。水行政执法工作承担着防洪安全、调处水事纠纷、制止和查处违法行为、保护水资源、水土保持、水利工程设施等重要职责。从这起暴力抗法案件也可以看出,水政监察人员的执法环境相当恶劣,困难重重,为了维护水利工程安全和良好水事秩序,水政监察人员秉公执法,时常遭围攻、谩骂。由于没有统一着装,有时违法人员甚至以为执法人员是来“黑吃黑”的。

四、要采用与公安部门联合执法的模式

当前,水行政执法机构和队伍建设还存在一些问题,特别是由于编制、经费、着装、人员素质等方面的制约,水行政执法与形势需要还有很大差距,而且在短期内难有根本改善。在这种情况下,采用与公安部门联合执法的形式是非常有效的。既可以增加执法的力度,使违法案件的查处顺利进行,也可以减少暴力抗法现象的发生,保护水行政执法人员的人身安全。有的地方采用建立“水利警务区”“水利治安办公室”等行之有效的方式来改善水行政执法不力的现状。有条件的地方还成立了隶属于当地公安机关的“水利派出所”。这些形式都是符合公安体制改革精神和社会治安综合治理有关政策的,各地可以因地制宜地借鉴和采纳。

五、要建立水行政执法应急预案制度,加强水行政执法人员应对能力

在进行重大水事执法活动之前,要召开专题会议进行部署研究,将执法行动中可能出现的问题一一梳理,对每一项任务要明确分工,合理安排部署,认真搞好预案,加强水行政执法人员对突发事件的应对能力。同时,建议水利执法部门和公安机关建立110联动机制,一旦发生暴力抗法事件,110指挥中心立即出警力支援。只有这样,在发生突发性暴力抗法事件时,执法队员才能做到沉着应战,避免产生慌乱、急躁等不良情绪,影响执法工作的顺利进行。

六、要改进执法装备

配备必要的摄、录像(音)设备可以减少抗法事件的产生,也是有力打击抗法行为人的有力保证。将水行政执法人员的整个执法过程进行摄、录像(音),一方面可以规范执法人员的行为,另一方面也可以约束部分行政相对人的行为,消除那些在抗法边缘犹豫不决的对象抗法。另外,就是发生抗法事件,也能为公安部门做出处罚提供充分的证据,而不至于因没有证据,把抗法事件淡化为一般的民事纠纷。

七、要建立水行政执法人员职业安全保障制度,严惩暴力抗法不法行为

一是加强职业安全保障制度。水利执法人员在依法履行职务,加强自身安全防范措施的同时,应建立职业安全保障制度,拨出专项经费为水利执法人员购买人身意外伤害保险,以增

强水行政执法人员抗御职业风险的能力。二是进一步理顺水利执法体制。凡属法律法规赋予水行政主管部门的水行政执法职能,由综合执法机构统一承担,形成一个拳头对外的体制,提高综合执法的力量。国家对水行政执法队伍要进行统一管理,在人员性质上将基层执法人员尽快纳入公务员或依照公务员管理序列;在管理模式上要进行一定的垂直管理,相对提高其依法履行职务的独立性。这样,一旦发生突发性暴力事件能最大限度保护自身安全,解决执法人员的后顾之忧,以此大大提高执法的权威性,从而推进依法行政工作更加完善。

八、要讲究技巧和策略

水行政执法办案过程中,坚持纵、横向多方协调,搞好和相邻行政机关的关系。对于政策性强、影响面广的水事案件要及时与当地党委、政府、人民法院联系,力求取得他们的支持和帮助,避免行政干预局面的形成。加强对群众的宣传、解释、沟通、协调工作,做到以理服人、以法服人、以情动人,争取理解、支持与配合,减少执法矛盾和冲突。遇到暴力抗法等突发事件,要保持慎重、冷静、克制的态度,本着文明、依法、灵活、实事求是,讲究艺术和技巧的原则妥善处置,不要有过激的语言和行为,防止事态的进一步扩大和升级。执法过程中要虚心听取群众的意见,及时解答群众的疑问和解决群众反映的实际问题;充分发挥义务村委会、社区的作用,通过他们宣传水法律法规和政策,提高全社会水法律法规意识。

总之,在新时期新形势下,水行政执法工作必须树立正确的执法理念,把严格执法与以人为本有机统一起来,走人性化执法之路。新的形势下,水行政执法工作理应更加自觉地服务于构建社会主义和谐社会这一工作大局,努力实现通过执法一方面促进人水和谐,维护良好的水事秩序,保障水利工程的可持续利用,另一方面促进社会和谐,减少社会的不稳定因素,构建刚柔相济、注重社会效果、有助社会和谐的水行政执法机制。

关于行政责任主体的认定的思考

一、案情简介

葛某自2005年7月起，擅自在长江南京段栖霞区八卦洲街道大同村(现上坝村)河道管理范围内建房及猪圈，房屋居住面积为180 m^2，猪圈面积为518 m^2，房屋及猪圈均为砖瓦结构。2013年5月，南京市水政监察支队长江大队为配合八卦洲街道进行“动迁、拆违、治乱、整破”专项执法行动，于2013年5月13日对葛某的上述行为进行立案调查，执法人员对其做了调查(询问)笔录，经现场勘验后，依据《中华人民共和国水法》第三十七条第二款的规定，送达了《限期整改通知书》，但当事人拒绝在调查(询问)笔录和《限期整改通知书》上签字，执法人员依法邀请第三方采取留置送达方式送达(执法记录仪全程记录)，并现场制作勘验(检查)笔录。2013年5月23日对大同村村主任刘某做了补充调查，进一步证实了葛某的水事违法事实。2013年5月31日又对其送达了《履行义务催告书》，当事人未按要求整改，也未提起陈述申辩。2013年6月4日对其送达了《行政强制执行决定书》，并于次日在违建现场张贴了《行政强制拆除公告》，2013年6月13日栖霞区行政执法局、栖霞区八卦洲街道采取联合执法行动，对葛某的违法建设进行了强制拆除，强制拆除过程中，邀请栖霞区物价局、司法局公证处、当地街道、兽医站对葛某饲养的120头生猪按照当地平均价予以计算并出售；同时对现场物品进行登记和集中存放，同日省市有关电视媒体予以宣传报道。

葛某在接到《限期整改通知书》后，于2013年5月31日向江苏省水利厅提起行政复议，2013年7月12日，省厅复议维持市水利局做出的《限期整改通知书》。

葛某于2013年8月21日向南京市鼓楼区人民法院提起行政诉讼，请求法院判令：①确认被告市水利局做出行政决定书及限期整改通知书违法，栖霞区行政执法局、八卦洲办事处的行政强制行为违法；②判决三被告共同赔偿原告150万元。鼓楼法院受理并于2013年10月24日、12月24日开庭审理了此案。

2014年9月29日，南京市鼓楼区人民法院依法做出一审判决：①被告南京市栖霞区城市管理行政执法局、南京市栖霞区人民政府八卦洲办事处协助被告南京市水利局于2013年6月13日实施的对原告葛某位于长江南京段八卦洲上坝村大同北圩西南角处主江堤迎水面江滩地建住房180 m^2、猪舍518 m^2的行政强制执行行为违法；②被告南京市水利局于本判决发生法律效力之日起十日内赔偿原告葛某各项损失173 412元；③驳回原告葛某其他诉讼请求。

2014年10月9日，南京市水利局向南京市中级人民法院提起上诉。

二、法律问题

(1)法律责任主体如何认定？

(2)关于市水利局做出的《限期整改通知书》和《行政强制执行决定书》是否存在违法的问题？

(3)关于是否应当补偿损失及如何认定？

三、评析意见

关于栖霞区城管局和八卦洲办事处的强制拆除行为是否违法,其法律后果应由谁承担的问题,《中华人民共和国行政强制法》第四十四条规定:对违法的建筑物、构筑物、设施等需要强制拆除的,应当由行政机关予以公告,限期当事人自行拆除。当事人在法定期限内不申请行政复议或者提起行政诉讼,又不拆除的,行政机关可以依法强制拆除。市水利局于2013年6月4日做出《行政强制执行决定书》,并告知葛和平60日的复议期限和3个月的诉讼期限,但是栖霞城管局和八卦洲办事处却于2013年6月13日复议期限和诉讼期限届满前即实施了强制拆除,侵犯了葛和平申请行政复议或者提起行政诉讼的法定权利,并且在强制拆除前没有予以公告,上述行政强制执行的行为违法。

《中华人民共和国行政强制法》第十三条规定"行政强制执行由法律设定",依照《中华人民共和国水法》第六十五条的规定,市水利局对河道管理范围内擅自建设的临河建筑物、构筑物具有行政强制执行的职权。南京市人民政府协调规定相关区政府及部门的组织实施行为是对法定行政强制执行主体的协助行为,相应的法律后果应由法定的行政强制执行三体即市水利局承担。

关于市水利局做出的《限期整改通知书》和《行政强制执行决定书》是否违法的问题。《中华人民共和国河道管理条例》第二十条规定:有堤防的河道,其管理范围为两岸堤防之间的水域、沙洲、滩地(包括可耕地)、行洪区,两岸堤防及护堤地。葛某修建的房屋和猪舍位于长江水面与主江堤之间的江滩地,依河道管理范围《中华人民共和国水法》第六十五条规定:在河道管理范围内建设妨碍行洪的建筑物、构筑物,或者从事影响河势稳定、危害河岸堤防安全和其他妨碍河道行洪的活动的,由县级以上人民政府水行政主管部门或者流域管理机构依据职权,责令停止违法行为,限期拆除违法建筑物、构筑物,恢复原状;逾期不拆除、不恢复原状的,强行拆除,所需费用由违法单位或者个人负担,并处一万元以上十万元以下的罚款。《中华人民共和国防洪法》第二十二条规定:禁止在河道、湖泊管理范围内建设妨碍行洪的建筑物、构筑物,倾倒垃圾、渣土,从事影响河势稳定、危害河岸堤防安全和其他妨碍河道行洪的活动。葛某在长江河道管理范围内建设临河建筑物、构筑物,系法律所禁止的行为,建设的房屋和猪舍属于违法建筑。市水利局对此予以立案、调查,并做出限期整改通知系履行法定职责,符合法律规定。在葛某拒收该通知书的情况下,市水利局在现场进行张贴符合法律规定的送达方式。在葛某没有整改的情况下,2013年5月31日,市水利局又发出了履行义务催告书,督促其履行。当日,葛某对限期整改通知行为申请行政复议,但该行为并不能限制市水利局继续做出行政强制执行决定,故市水利局做出的行政强制执行决定并无不当。市水利局在葛某拒收的情况下采取留置送达的方式符合法律规定。综上,市水利局做出的限期整改通知书和行政强制执行决定书依据事实清楚,程序合法,适用法律正确,并无不当。

关于是否应当赔偿葛某的损失及损失如何认定的问题。《中华人民共和国行政强制法》第八条规定:公民、法人或者其他组织对行政机关实施行政强制,享有陈述权、申辩权;有权依法申请行政复议或者提起行政诉讼;因行政机关违法实施行政强制受到损害,有权依法要求赔偿。栖霞区城管局和八卦洲办事处在实施行政强制执行时没有对现场物品进行清点登记、妥善安置,仅将部分物品运至专门场所保管,并且将葛某及家人带离现场,造成现场物品损坏,葛某有权就上述损失要求赔偿;但是建设房屋和猪舍的成本以及对房屋的装修、道路修筑的投入,因房屋和猪舍属于违法建筑,依法不属于赔偿范围。

《中华人民共和国国家赔偿法》第十五条规定:人民法院审理行政赔偿案件,赔偿请求人和赔偿义务机关对自己提出的主张,应当提供证据。依据上述规定,葛某应当提供证据证明所造成的损失,但是鉴于葛某在行政程序中的地位及本案实际情况,其收集证据的能力有限,因此其只要提供初步证据证明损害事实即可。在确定具体赔偿数额时,根据葛某经济状况及其列举的损失清单、现场照片、法院现场勘查情况,综合判断其具体损失如下:①关于生猪、苗猪损失。八卦洲办事处委托栖霞区物价局价格认证中心对上述生猪进行了价格认证,为 113 412 元,并经栖霞区公证处、街道、兽医站确认,收购价格参照江宁、浦口、六合及江苏灌云等地平均价格,葛某虽然认为该价格过低,但未能提供证据证明,故法院对上述价格予以确认。②关于生产、生活物品损失。葛某为支持其主张,提供了其自行列举的所有损失物品明细及相应价格,共计 98 375 元。根据法院勘验笔录,妥善保存的物品有:木质沙发 2 座,冰箱 1 台,洗衣机 1 台,电视机 1 台,饮水机 1 台,空调 1 台,煤气灶 2 台,锅碗瓢盆餐具 1 套,床头柜 1 个,电视柜 1 个,音响 1 个,席梦思床垫 1 个,浏阳河酒 1 箱,上述物品应从葛某列举赔偿清单中扣除,物品由葛某自行取回;根据葛某提供的现场照片及法院现场勘查情况,现场存留的物品有:玉米、饲料、小麦若干袋,八仙桌 2 张,凳子 7 把,床 2 张,大衣柜 3 个,台桌 1 个,沙发 2 个及现场遗落的部分生活用品等,上述物品损毁与葛某怠于收拾保管有直接因果关系,应减轻或免除市水利局赔偿责任。此外,关于葛某的损失清单中的其他物品,虽然其未能提供购买发票,但经法院审查,所列物品价格与市场价格差别不大,法院予以确认,但应适当考虑折旧费用;市水利局、八卦洲办事处、栖霞城管局对葛某所列举清单物品没有提供相反的证据证明强制执行时不存在,故法院对清单物品予以确认,综上,法院认定葛某物品损失为 60 000 元。

《中华人民共和国水土保持法》第五十三条的正确适用探讨

《中华人民共和国水土保持法》已于2011年3月1日正式实施，第五十三条的法律目的首先是防止生产建设项目水土流失行为的发生，将违法行为制止在开始阶段，确保水土保持预防保护制度的落实，突出了水土流失预防保护；其次是明确执法程序和执法手段，规范水行政执法工作。

第十一届全国人民代表大会常务委员会第十八次会议25日表决通过修订后的《中华人民共和国水土保持法》。这是新时期加强水土流失预防和治理工作的重要举措，标志着我国依法防治水土流失有了更为锐利的法律武器，对新时期我国水土保持事业健康发展，促进我国经济社会可持续发展具有重要的现实意义和深远的历史影响。下面从一起水事违法案例中解读《水土保持法》第五十三条。

一、案情简介

2017年3月8日，河南省安阳市水政监察支队巡查发现，位于安阳市丘陵区占地30公顷的××机床有限公司，在建项目未编制水土保持方案，也未报经水行政主管部门审批。该行为违反了《中华人民共和国水土保持法》第二十五条、第五十三条，《中华人民共和国行政许可法》第八十一条等法律法规的规定。

根据初步调查结果，水政监察员及时下达了《责令停止水事违法行为通知书》，责令该公司停止违法行为，听候处理。并与公证人员一起实地丈量了该公司铸造基地的占地面积，对丈量表和地理位置示意图进行了公证。3月12日调查终结。3月18日，执法人员向××机床有限公司依法发出了《水行政处罚听证告知书》《水行政处罚事先告知书》，根据《中华人民共和国水土保持法》第五十三条第一款的规定，拟对该公司做出如下处罚：①限该机床有限公司在接到本处罚决定书之日起20内补办水土保持审批手续；②罚款人民币20万元。同时告知当事人有听证、陈述申辩的权利。4月2日，安阳市水利局正式做出责令该公司在接到本处罚决定书之日起20内补办水土保持审批手续和罚款人民币20万元的行政处罚决定。××机床有限公司于4月4日向安阳市水利局申请补办水土保持审批手续，4月10日缴纳了20万元罚款。本案是一起带有普遍意义的水行政处罚案件，这起案件的处理结果对其他单位涉及的此类问题具有借鉴意义。

本案涉及的关键问题是：该不该罚款人民币20万元成为本案的焦点？如何与公证人员结合，使调查取证工作取得事半功倍的效果。

二、案件评析

《中华人民共和国水土保持法》第五十三条规定：违反本法规定，有下列行为之一的，由县级以上人民政府水行政主管部门责令停止违法行为，限期补办手续；逾期不补办手续的，处五万元以上五十万元以下的罚款；对生产建设单位直接负责的主管人员和其他直接责任人员依法给予处分：（一）依法应当编制水土保持方案的生产建设项目，未编制水土保持方案或者编制的水土保持方案未经批准而开工建设的。

制定该条法律目的首先是防止生产建设项目水土流失行为的发生，将违法行为制止在开始阶段,确保水土保持预防保护制度的落实,突出了水土流失预防保护;其次是明确了执法程序和执法手段,规范水行政执法工作。该条文第一款是对“依法应当编制水土保持方案的生产建设项目,未编制水土保持方案或者编制的水土保持方案未经批准而开工建设的”的一种处理决定,实质上暗含了水行政执法人员在针对这种违法行为时的一种法定的处理程序,而且这种程序是必须坚持的递进式程序,只有在前面一个程序完成的情况下,才能进行下一个处理决定。《中华人民共和国水土保持法》第五十三条对违法行为的处置方式用了两个“;”加以分隔,表示一句话中间并列分句的停顿,说明相互之间无关联性。类似这样的条款还有:《中华人民共和国水法》第六十四条、第六十五条第一款、第六十七条第一款;《中华人民共和国防洪法》第五十四条、第五十七条、第五十八条、第六十一条等。在处罚条款中,凡是所列的违法行为既要受到采取行政措施,又要被处以罚款的,它的立法形式是不一样的,如《中华人民共和国水法》第六十六条、第六十九条、第七十二条,《中华人民共和国防洪法》第五十六条等。

使用本规定追究当事人法律责任时,应当注意以下几个问题:

(1)要注意适用该法律条件的先后顺序。即水行政执法机关首先应当责令当事人停止违法行为,限期补办有关手续,并明确规定一个合理期限,要求违法行为人在该期限内按照法定程序提出许可申请。

(2)违法行为人在接到水行政执法机关的书面通知后,在规定的期限内仍不补办相关手续,或虽然提出了补办申请,但由于自身条件不符合该法律法规规定而未被批准的,水行政主管部门应当责令其在规定的期限内停止违法行为,也就是说,如果当事人在执法部门规定的期限内提出了申请,就不能罚款。如果进一步,行政相对人的申请符合法定条件,得到了批准,违法行为也就转化为合法行为;反之,如果行政相对人拒不执行行政通知,一意孤行,在规定的期限内仍不提出许可申请,执法部门就应当责令其停止违法行为,并处罚款。

(3)违法行为人在接到水行政执法机关要求限期补办手续的通知后,如果在规定的期限内拒不补办,要被处五万元以上五十万元以下的罚款。

(4)行政违法人在被责令补办水土保持手续申请期间继续开工建设,或者在提出补办水土保持手续申请后继续违法行为的,应当按照“合法行政”的原则,区别对待处理。如果被责令补办申请手续后,在提出申请前继续建设的,违反了“责令停止违法行为”的规定,行政机关可以采取应对措施,如缩短其提出补办水土保持手续申请的期限等。如果提出补办水土保持手续申请后继续建设的,应当将有关情况通知补办水土保持手续申请的审批机关。

实际上还有《中华人民共和国水法》第六十五条第一、二款等法律条文与本条文规定相似,水行政执法人员在执法过程中要注意和把握,以免出现法律适用错误。

从以上分析可以看出,本案中,水行政执法人员在理解《中华人民共和国水土保持法》第五十三条的法律规定上出现了错误。处理此类违法行为,需分两步进行:第一,未取得批准文件的,应责令停止违法行为,限期补办水土保持审批手续。第二,逾期不补办水土保持手续或补办未批准,处五万元以上五十万元以下的罚款。

那么如何与公证人员结合,使调查取证工作取得事半功倍的效果?

在日常水行政执法中,经常遇到基层组织或单位人员因害怕打击报复而拒绝到执法现场当见证人的情形,本案在查处时也遇到了类似的困难。为有效解决这一问题,执法人员创新思路,主动邀请当地公证人员现场丈量该公司施工建设面积和界定其所处地理位置,制作公证书，取得了翔实的证据，也为下一步的水土保持征收工作打下基础。同时，执法人员对挂号邮寄送达法律文书后，被送达人原封未动再回寄水行政主管部门法律文书，以逃避法律制裁的行为，也及时采取邀请公证人员到场直接送达的方式，较好地解决了送达难的问题。通过邀请公证人员实施公证，有效地解决了个别案件中存在的调查取证难和送达难的问题。

总之，要想把水土保持监督工作搞好，第一，是立法上，加大执法力度，不能仅依靠领导重视来被动执法。第二，在机构上最好分开治理和监督，让监督一心一意搞执法，效果更好；“工欲善其事，必先利其器”。监督执法根本是靠规范化、制度化来管理运行，而不单纯依靠策略、经验等企业运作的方法来管理。第三，争取政府、人大以及综合部门支持的方法，解决部门之间执法问题，最好由政府人大出面协调解决。水土保持监督执法的对象是多行业、多部门，有煤炭、地矿、建设、铁道、冶金、交通、森林采伐、农业开发等，这些部门、行业有时只从自己行业利益出发去开发建设，忽视水土保持，认为他们是为国家经济建设进行开发建设的，造成一些水土流失也是不可避免的，不愿意承担防治水土流失的责任。因此，就会给水土保持执法造成阻力。现在有不少项目的单位，如建高速公路、修建铁路有些就是知法犯法，而主管部门还为其撑腰，他们主要是从部门利益出发，不顾大局和国家法律，找领导为其开脱。在这种情况下，水行政执法除向有关部门、行业、单位宣传外，还得就这些问题写出专题报告，陈述利害关系，提出依法解决的措施和办法，请示政府、人大批复，然后再依法律程序执行，也可以建议出面召开会议解决，建议人大进行执法检查等。总之，要利用政府、人大的权威解决，避免从部门利益出发而造成的违法问题。例如，在水土保持监督执法过程中专门成立由政府领导任组长，有关部门领导任成员的执法领导小组，及时研究解决执法工作中的问题，协调部门关系，就是很好的办法。

行政合法性是行政法的首要原则。所谓行政合法性，是指行政机关的活动必须遵守法律。法律规定了行政机关活动的权限、手段、方式，行政活动都必须以法律为依据，法无明文规定不得为之；严格遵守法律的有关规定，违法者必须承担相应的法律后果。该原则的内容要求行政活动只能在法定范围内，依照法律规定进行。表现为行政行为必须证据充分；不能超越法定权限；必须符合法定程序。水行政执法工作属于行政执法工作的一部分，也应当严格遵循行政合法性原则，在水利执法中，由有权机关按照法定程序依照法律规定去执法，实现行政管理之目的。

《中华人民共和国水土保持法》第四十四条的正确适用探讨

《中华人民共和国水土保持法》已于2011年3月1日正式实施,第四十四条赋予水政监督检查人员必要的监督检查手段、措施,主要有:要求被检查单位或个人提供有关文件、证照、资料;要求被检查单位或者个人就预防和治理水土流失的有关情况做出说明;进入现场进行调查、取证。被检查单位或者个人拒不停止违法行为,造成严重水土流失的,履行相应手续后可以查封、扣押实施违法行为的工具及施工机械、设备等。详细阐述了查封、扣押两者的区别、正确使用及在水土保持执法中适用的法律程序。

2017年3月19日,安阳市水利局水政监察执法人员在日常巡查中,发现安阳市城建建筑材料有限责任公司未编制水土保持方案,也未经水行政主管部门批准,擅自在龙安区龙泉镇王村(丘陵区)动工建设。该行为违反了《中华人民共和国水土保持法》第二十五条"在山区、丘陵区、风沙区以及水土保持规划确定的容易发生水土流失的其他区域开办可能造成水土流失的生产建设项目,生产建设单位应当编制水土保持方案……"的规定。安阳市水利局于2017年3月20日向该公司下达了《责令停止违法行为通知书》《调查(询问)通知书》,但该单位拒不配合且态度蛮横。根据现场勘验,该公司占地20公顷,十几台挖掘机正在大面积地破坏水土保持设施和林草。依据《中华人民共和国水土保持法》第四十四条"水政监督检查人员依法履行监督检查职责时,有权采取下列措施:(一)要求被检查单位或者个人提供有关文件、证照、资料……可以查封、扣押实施违法行为的工具及施工机械、设备等",安阳市水利局水政监察执法人员随后对该单位的施工机械进行了查封。

修订后的《中华人民共和国水土保持法》已于2017年3月1日正式实施,随着新法的深入贯彻落实及水土保持行政执法工作的深入开展,将来会大量使用到查封、扣押措施。作者结合工作实践,就新修订的《中华人民共和国水土保持法》第四十四条的正确适用谈一些粗浅看法。

一、第四十四条是《中华人民共和国水土保持法》赋予水政监督检查人员必要的监督检查手段

水政监督检查人员依法履行监督检查职责,纠正和查处违反水土保持法律法规的行为,会受到违法行为人的抵制。为了加大对违反水土保持法律法规行为的查处力度,提高查处工作效率,保证查处工作质量,有效地打击水土保持违法行为,需要赋予水政监督检查人员必要的监督检查手段。为此,本条规定,水政监督检查人员履行本法规定的监督检查职责时有权采取下列措施:

(1)要求被检查单位或个人提供有关文件、证照、资料。这是保证水政监督检查人员依法履行执法监督检查职责时,查清违法事实,获取证据的重要手段。被检查单位应当如实提供,不得转移、销毁有关文件和资料,更不得提供虚假的文件和资料,违者要视情节追究其法律责任。这里所称的有关文件、证照和资料,是指与被检查单位有关的文件、证照和资料,主要是指从事水土保持及相关业务的公民、法人以及其他组织拥有的与水土保持相关的文件、证照、资料,如生产建设项目水土保持方案批复文件、水土保持方案编制和监测资质、水土保持监理和监测资料等。监督检查人员履行执法监督检查职责时,不得随意扩大检查范围和随意要求出示与执法监督检查无关的文件和资料;在调取有关文件、证照和资料时,应当以

原始凭证为据,调取原始凭证有困难的,可以复制,但复制件应当注明"经确认与原件无误"的字样,并由该文件、资料的所属单位盖章。

(2)要求被检查单位或者个人就预防和治理水土流失的有关情况做出说明。主要是指被检查单位和个人对其活动造成水土流失的范围与程度、预防和治理措施体系布设、资金投入、监理监测、防治效果等做出解释。这是为保证水政监督检查人员依法履行执法监督检查时,查清违法事实,获取证人证言的重要手段。监督检查人员行使该项权利时,被检查单位必须如实说明预防和治理水土流失的情况,不得拒绝或作与事实不符的虚假陈述,违者要视情节追究其法律责任。这里所称的被检查单位或者个人是指与水政监督检查人员执法监督检查的事项有关的单位或者个人。如果有关水行政主管部门有违反本法规定的行为的,也应接受上级水行政主管部门的监督检查。水政监督检查人员履行执法监督检查职责需要被检查单位说明情况时,不得随意扩大被询问对象的范围,并应当依照法定程序进行;询问时,水政监督检查人员一般不得少于2人;询问证人应当个别进行,并告之作虚假陈述应承担的法律后果;询问应当制作笔录,并经被询问人核对无误;询问人与被询问人都应在询问笔录上签名或者盖章;被询问人拒绝签名、盖章的,应当在询问笔录上注明。

(3)进入现场进行调查、取证。这是为保证水政监督检查人员依法履行水土保持监督检查职责,直接获取被检查单位或者个人违反水土保持管理法律法规行为证据的重要手段。监督检查人员进入被检查单位或者个人的生产场所进行调查、取证时,被检查单位应当配合并提供便利条件,不得拒绝或者阻挠。水政监督检查人员进入被检查单位或者个人的生产场所进行调查、取证时,应当按照法定程序进行。

被检查单位或者个人拒不停止违法行为,造成严重水土流失的,报经水行政主管部门批准,可以查封、扣押实施违法行为的工具及施工机械、设备等。这是为保证水行政主管部门、流域管理机构及其水政监督检查人员有效实施监督检查权的重要手段,也是及时阻止违法行为、防止造成严重水土流失的有力措施。县级以上人民政府水行政主管部门、流域管理机构在做出责令停止违反本法行为的决定时,要确实掌握被责令单位违反本法的事实。

水政监督检查人员依法履行监督检查职责时,可以根据需要采取这些措施,但采用时必须符合法律规定,不得随意扩大适用,不得超越法律赋予的权限采取其他法律未允许采用的强制措施。

二、正确适用查封、扣押措施

(1)查封、扣押的区别。①《现代汉语词典》对"查封"一词解释为"检查以后,贴上封条,禁止动用"。"扣押"一词解释为"拘留、扣留"。可见查封或扣押为行政强制措施。查封是将物品封闭起来,执法中将涉案物品封存在原地,粘贴封条,保持物品原有的状态。扣押是将涉案物品转移至其他地方封存,并不一定带回执法部门,可以由执法部门选择合适的地方存放,但是执法部门对扣押的物品负责。查封是行政强制措施的一种,属于对财产的强制。具体来说,它是指对动产或不动产的就地封存,防止财产所有人对财产进行处分的行为。作为被查封的财产并不转移到行政机关,只是就地贴上封条即可。这是查封同扣押的区别。查封作为一种行政强制措施必须依法进行,否则就是违法。法律法规规定有查封期限的,当在封条上注明至某月某日;无须注明日期的,直至改正后启封。具体操作中应填写《查封决定书》,然后将查封的物品逐一登记,开具《(查封)物品清单》交付当事人。②二者使用的前提条件不同。查封一般使用在对违法事实认定不是很明确的情况下,待情况落实后进一步处理。扣押使用在对违法事实认定明确的情况下。③处理封存物品的方法不同。查封与扣押都是强制性措施,未经水土保持执法部门的同意当事人不得擅自销毁、转移、隐匿或销售。对于涉案物品,查封时水土保持执法部门和当事人都不得对物品的封存状态进行改变,扣押时水土保持执法部门可以对涉案物品进一步调查了解。④查封与扣押使用的一些特殊情况。对大型生产设备一般使用查封,一是设备不方便拆卸,二是为了保持生产的状态,有利于检查。对于有特殊存放要求的涉案物品,扣押到其他地方不利于物品存放时应使用查封。

(2)查封、扣押在水土保持执法中适用的法律程序。①在查封、扣押前,水土保持监督检查人员须填写《查封、扣押审批表》,报请水行政机关负责人批准;条件不许可的,应先电话征求水行政机关负责人的意见,然后再实施并补办审批手续,同时在补办的审批书中注明电话征求水行政机关负责人的意见。②实施查封、扣押时,应当有当事人在场,执法人员需亮证表明身份,并向当事人出具《查封、扣押通知书》。当事人拒绝到场的,执法人员可以邀请有关人员(如辖区派出所、居委会工作人员)参加。③对须查封、扣押物品,应当场登记造册,经当事人或有关人员核对后,对登记造册的物品加贴盖有水土保持执法部门公章的封条,并由当事人或有关人员在文书上签名;当事人拒绝签字盖章的,水土保持执法人员在文书上签名并注明情况。同时,制作好现场笔录,根据《最高人民法院关于行政诉讼的证据若干问题的规定》第十五条规定,当事人拒绝签名或者不能签名的,应当注明原因,也作为合法、有效的证据,以备行政复议或行政诉讼。④对查封、扣押的物品就地或异地保存。⑤水土保持执法部门对查封、扣押的物品在规定时间内做出处理决定。

总之,水土保持行政执法工作属于水行政综合执法工作的重要组成部分,也应当严格遵循行政合法性原则,由有权机关按照法定程序依照法律规定去执法,以便实现水土保持行政管理的目的。

查处大白公路水土流失案的做法及思考

大白(鹤壁大来店至安阳白莲坡)公路安阳段全长31.25千米,2002年5月开工以后,施工单位向沿线水库、沟道大量倾倒弃土弃渣,未采取任何防护措施。从2002年8月起,安阳县水务局多次要求业主安阳市公路局履行防治义务,但业主始终不予理睬并通过县政府干预水土保持监督执法工作,在此情况下,安阳县水务局于2003年8月将该案移交安阳市水利局。安阳市水利局经调查、取证后,重新给业主送达了编报水土保持方案通知书和征收“两费”决定书,但业主仍未编报水土保持方案,而且在法定期限内既未申请复议也未向法院起诉。安阳市水利局于2003年11月申请法院强制执行,2004年5月19日安阳市殷都区法院强行从业主账户划拨水保“两费”和滞纳金共236万元,使该案查处工作取得突破。回顾该案的查处过程,体会到讲究方法和策略对水土保持执法十分重要。

一、按行政应诉要求,扎扎实实调查取证

水土保持监督管理部门在对相对人做出行政处罚或其他具体行政行为之前,必须掌握其违法的事实和证据,决不能图省事或轻视对方而敷衍对待调查取证工作。

在大白公路建设人为水土流失案查处之初,安阳市水利局就把调查取证视为最基础、最重要的工作,进行了慎重、认真的安排。2003年9月20日至10月18日,组织市、县两级水保监督执法部门的18名执法人员,携带录像、测量等取证设备深入现场徒步勘验测量并到有关单位进行调查取证,共取得反映工程建设造成水土流失及损坏水保设施情况的录像带1盘、照片154张、测量记录30页、调查笔录21页、勘验笔录6页和施工承包合同复印件1份等证据,彻底弄清了几个重要问题:业主就是安阳市公路局,施工中向彰武水库和上游沟道倾倒弃渣9.7万m^3,已造成水库淤积、公路边坡滑坡塌方等严重水土流失危害,施工占地67.37公顷,其中损坏梯田等水保设施58.74公顷。按照河南省现在水保“两费”征收管理办法,共需征收水土流失防治费134.74万元、水保设施补偿费88.11万元,合计222.85万元。为提高证据质量,在取证时特意邀请了施工单位和当地群众参加测量工作。扎实有效的调查取证,为“两费”征收及可能的行政应诉打下了坚实基础。

二、运用告知策略,掌握执法主动权

做出具体行政行为时,告知相对人所依据的事实、法律及其依法享有的权利,是行政机关的义务。安阳市水利局在该案的查处实践中,不是把告知当作被动的义务,而是把充分告知作为执法策略运用,取得了较好的效果。

首先,在对业主送达的编报水土保持方案通知书中,告知其若逾期不编报水土保持方案,将被视为无力或不便自行防治,由市水利局代行治理,费用由业主负担。这样,如果业主未按期编报水土保持方案,就可以对其征收防治费。

其次,为调查施工占地和损坏水保设施面积,安阳市水利局通知业主提供有关材料,告知其若逾期不提供将被视为业主无此项材料。这样,如果业主此后再提供对其有利的证明材料,则水利局和法院都可以因其不履行先前告知中的义务而不予采纳。相反,如果事先没告知,则业主完全可在关键时刻提供对其有利的证据,否定执法人员经过艰苦努力取得的调

查成果及据此做出的具体行政行为。因此,本次告知相当于为调查取证工作上了一次保险。

再次,在勘测工作开始前,又向业主送达现场监督检查告知书,依法要求其配合并派人参加,若逾期未派人参加将被视为业主放弃参加。这样,即使业主未派人参加,也会因事先告知,使业主对勘测调查成果提出异议的权利受到限制。

最后,在勘测调查结束时,将勘测成果及据此核定的业主应缴纳的水保“两费”数额,以权利告知书的形式再一次通知业主,告知其如有异议可在限期内向安阳市水利局陈述、申辩和举证,若在限期内不申请陈述、申辩和举证,则被视为业主无异议,将正式送达水保“两费”征收决定书。

安阳市水利局在以上多次告知但业主逾期均未回应后,于2003年10月28日正式向业主送达了“两费”征收决定书,并仍然告知其有复议和诉讼权利及逾期不履行义务的后果。安阳市公路局在法定期限内,既未缴费也未申请复议和提起诉讼。之后,安阳市水利局向人民法院申请强制执行。法院审理案卷后认为:安阳市水利局做出的水保“两费”征收决定,事实证据充分,适用法律法规准确,并在整个执法过程中已将相对人依法享有的权利和义务提前告知行政相对人,但相对人多次不履行义务且多次放弃自己的权利。因此,法院决定支持安阳市水利局的强制执行申请,查封了安阳市公路局的账户,强行划拨了水保“两费”及滞纳金。

在做出各项具体行政行为之前,采用告知策略,可使相对人的陈述、申辩、举证等权利分散、前移至执法过程中的各个阶段,如果相对人提出异议则有利于我方及时纠正执法中的错误或瑕疵,如果相对人未提出异议则间接支持了我方的意见,实际上起到增强我方调查成果说服力、限制相对人随意行使权利的效果,有利于掌握执法工作的主动权。

三、充分考虑可能出现的困难,制订周密的监督执法方案

在对建设项目水保监督执法过程中,一般要做出多项具体行政行为,对每项具体行政行为,行政相对人可能会有哪些反应,执法人员都应充分考虑,并针对性地进行“文”“武”两手准备,两种手段协调配合,将有力地促进项目执法工作。这里“文”是指做好正面宣传,争取其自觉履行法定义务;“武”是指收集其违法事实和证据,运用法律手段迫使其履行法定义务。

按照这一思路,在查处大白公路建设人为水土流失案时,水保执法人员对查处过程中可能出现的各种情况都做了认真分析,拟定了相应对策,并编写了详细的实施方案,绘制了工作流程框图,对各阶段的查处工作内容、起止时间、文书名称、执法人员和设备等做了安排,从而使查处工作高效、有序进行。

如对业主送达申报水土保持方案通知书后,业主就可能有在限期内申报和不申报两种反应。从业主可能在限期内不申报考虑,水保执法人员在送达通知书后,没有等待,立即开展调查取证工作。果然,在限定期满后,业主仍未申报水土保持方案,但这时执法人员已经完成了调查取证,为下一步“两费”征收做好了准备。

四、上下级协调配合,集中力量攻坚

在水保监督执法中,经常会遇到行政干预问题,此时,如果采取适当的措施有可能达到减轻或避免干预的目的。本案原由安阳县水务局查处,但由于安阳市公路局掌握着对辖区

各县公路建设投资的大权，县里不敢得罪市公路局，故将此案移交安阳市水利局，从而规避了行政干预。

鉴于当前各级水保执法力量相对薄弱，在查处重大案件时上下级相互配合甚至联合办案，对提高办案效率和质量十分必要。安阳县水务局把本案移交安阳市水利局后，安阳市水利局成为执法主体，组织市县两级水保执法人员共同制订执法方案，集中双方的人员、车辆和设备，较快地完成了勘测调查和取证任务，但如果由任何一方单独进行，则工作效率和质量都难以保证。

在执法工作中，下级还可以充分利用上级的权威，如通过邀请上级检查，请上级就某一项目的执法工作下达指令或做出批示等，也有利于减少执法阻力。对上级主管的案件，下级应利用自己的便利条件，主动协助上级开展调查和收集证据。但无论如何，上下级之间一定要分清主次，明确职责，用一种声音对相对人讲话，决不能因利益之争各行其是，否则将给水保执法工作造成难以挽回的影响。为此，安阳市水利局专门制定了水保监督执法分级管理暂行规定，对有关事项予以规范。虽然该案件发生在新《中华人民共和国水土保持法》实施前，但对今天的执法仍然具有指导意义。

从一起水土保持案件看房地产项目监督执法

一、案情简介

某房地产开发有限公司安阳县“洹上名门”住宅小区项目为分期建设的在建项目，于2007年11月26日取得土地使用证。2011年3月14日，安阳县水务局对城区范围的房地产项目进行水保专项检查，当发现“洹上名门”住宅小区房地产项目未办理水保手续时，按照《中华人民共和国水土保持法》第二十五条、第二十六条和第五十三条第二款的规定，对其下达了《水土保持方案补报通知书》。某房地产开发有限公司在收到《水土保持方案补报通知书》后，拒不补办手续，并于2011年4月21日向安阳县人民政府提出行政复议。最终结果是某房地产开发有限公司主动撤诉，并依法补报了《洹上名门住宅小区项目水土保持方案报告书》，缴纳了水土保持设施补偿费。

争论焦点：某房地产开发有限公司拒不编报“洹上名门”住宅小区房地产项目水土保特方案的理由是：

(1)该项目地处安阳县县城，不属于也不适用新《中华人民共和国水土保持法》第二十五条规定应当编制水土保持方案的项目。

(2)该项目应适用修订前的《中华人民共和国水土保持法》第十九条“在山区、丘陵区、风沙区修建铁路、公路、水工程，开办矿山企业、电力企业和其他大中型工业企业，在建设项目环境影响报告书中，必须有水行政主管部门同意的水土保持方案”的规定，该法律条款对应编制水土保持方案的项目所在区域、项目类型及企业性质均做了明确规定，而“洹上名门”住宅小区房地产项目均不在此范围内。

(3)编制水土保持方案是生产建设项目立项、规划设计等行政许可的前置工作，编制的目的在于立项审批及用于规划设计，而某房地产开发有限公司“洹上名门”住宅小区房地产项目已在2009年11月26日就立项通过并取得土地使用证，2010年11月19日就取得了规划许可证和施工许可证，该项目为在建工程，有的已竣工封顶，补报方案毫无意义。

安阳县水务局要求某房地产开发有限公司编报“洹上名门”住宅小区房地产项目水土保持方案的理由是：

(1)“洹上名门”住宅小区房地产项目适用于新《中华人民共和国水土保持法》。该项目虽跨越了修订前和修订后的《中华人民共和国水土保持法》，但根据《中华人民共和国立法法》第八十三条“新的规定与旧的规定不一致的，适用新的规定”，也应适用新水土保持法来处理。

(2)“洹上名门”住宅小区房地产项目完全属于新《中华人民共和国水土保持法》规定的应当编制水土保持方案的项目。根据是新《中华人民共和国水土保持法》第二十五条：在山区、丘陵区、风沙区以及水土保持规划确定的容易发生水土流失的其他区域开办可能造成水土流失的生产建设项目、生产建设单位应当编制水土保持方案，报县级以上人民政府水行政主管部门审批。

①该项目属于应当编制水土保持方案的生产建设项目，根据《开发建设项目水土保持技术规范》(GB 50433—2008)的规定，建设或生产过程中可能引起水土流失的开发建设项目指工厂建设、城镇新区建设、建材、地质勘探、考古、滩涂开发、生态移民、荒地开发、林木采伐等项目。

②该项目属于水土保持规划确定的容易发生水土流失的其他区域。水利部2006年第

2 号《关于划分国家级水土流失重点防治区的公告》明确将该位置所在地划分为国家级水土流失重点治理区。

③即使按照修订前的《中华人民共和国水土保持法》及相关法规、规章的规定，“洹上名门”住宅小区房地产项目也完全属于应当编制水土保持方案的范围。一是修订前的《中华人民共和国水土保持法》第八条规定：从事可能引起水土流失的生产建设活动的单位和个人，必须采取措施保护水土资源，负责治理因生产建设活动造成的水土流失。要求该项目编制水土保持方案完全符合防治水土流失的目的。二是《中华人民共和国水土保持法实施条例》第三十四条规定：本条例由国务院水行政主管部门负责解释，而水利部《关于开展全国水土保持监督管理能力建设的通知》（水保〔2009〕294 号）文件规定：完善水土保持方案审批，进一步推进开发区建设、城镇建设、房地产开发等生产建设项目水土保持方案制度的落实。

（3）编制水土保持方案是法律的规定，水土保持实行预防为主的方针，编制水土保持方案的目的在于防治水土流失。新《中华人民共和国水土保持法》第二十六条强调，依法应当编报水土保持方案的生产建设项目，未编报水土保持方案的，不得开工建设，并未给出任何前置设定。该项目虽在 2007 年 11 月 26 日就立项通过并取得土地使用证，2009 年 11 月 19 日就取得了规划许可证和施工许可证，但只有 1#、2# 地块封顶，3# 地块刚开工，4# 地块在建，属于在建项目。只要生产建设项目存在占压、扰动、破坏地表植被或者进行土石方挖填活动，在水力、风力、重力等作用力的侵蚀下，就有可能引起水土流失。为此，该项目必须编报水土保持方案。

二、法院观点

安阳县人民法院认为：新《中华人民共和国水土保持法》规定，在山区、丘陵区、风沙区以及水土保持规划确定的容易发生水土流失的其他区域开办可能造成水土流失的生产建设项目，生产建设单位应当编制水土保持方案，报县级以上人民政府水行政主管部门审批。

“洹上名门”住宅小区房地产项目地处安阳县中西部，而安阳县地形多属于丘陵山地，又属于国家级水土流失重点治理区，“洹上名门”住宅小区项目理应依法编制水土保持方案。不编报水土保持方案，就是实施了违法行为，完全适用新《中华人民共和国水土保持法》第二十六条、第五十三条第二款的规定。

三、反思

（1）严格按照执法程序办案，是搞好水土保持监督执法工作的重要环节。水土保持监督执法工作面广类杂，稍有疏忽就会影响查处工作的顺利开展，在这个违法案件中，各个环节都坚持按法律程序进行，包括调查、取证、立案、处理决定等，时效文书齐全规范，为案件的查处打下了坚实的基础。

（2）以事实为依据，以法律为准绳，是搞好水土保持监督执法工作的根本。只有掌握了充分的违法事实，才能根据国家和地方有关法律法规进行处理。

（3）进行法制宣传，做好当事人的思想工作，是做好执法工作的最好保证。水土保持监督执法工作对很大一部分项目来说，是一项新的工作，在当事人的思想里总认为水利水保部门是投资单位，还收什么费，一时转不过弯来，这就需要执法人员边办案边向业主宣传有关法律法规，耐心细致地做好业主的思想工作，使业主们增强水土保持意识和法制观念，自觉积极地配合执法人员办案，做好水土保持的带头人。

关于一起水土保持违法案件的几点思考

2011 年 4 月 1 日，安阳市水政监察支队接到市水利局水保科移交案件，称在位于龙安区安化集团北侧，南林高速南侧，大白线西侧（河南省水土流失重点治理区）丘陵地带，安阳永天化工有限公司占地 23 公顷，年产 20 万吨乙二醇在建项目未编报水土保持方案，也未经水行政主管部门审批就擅自动工建设。经调查和现场勘验，该单位全称为安阳永天化工有限公司，位于龙安区彰武街原安化厂区内，法人代表高某，隶属于安阳化学工业集团有限责任公司。该单位未编制水土保持方案，也未经水行政主管部门审批，擅自动工建设，违反了《中华人民共和国水土保持法》第二十五条的规定。此案件从 2010 年 6 月到 2011 年 4 月，在市水利局水保科督促下，仍未编制水土保持方案。移交到水政监察支队立案后，安阳市水利局于 2011 年 4 月 2 日，向该单位分别下达了《调查（询问）通知书》和《责令停止违法行为通知书》，要求该单位立即停止违法行为并限 7 日内到安阳市水利局补办水土保持相关手续，到期该单位仍未履行义务，也未到安阳市水政监察支队说明情况。经多次催促，该单位技术部部长张某于 2011 年 4 月 12 日下午才到市水政监察支队，在询问室水行政执法人员崔某、张某详细询问了该单位在建项目基本情况后，要求其在询问笔录上签字，并说明了利害关系，张部长请示该单位主管副总后以害怕承担责任为由拒绝在询问笔录和现场（检查）笔录上签字，并说 2011 年 4 月 13 日主管副总过来签，可等到 2011 年 4 月 18 日，也未有该单位人来过。2011 年 4 月 18 日下午，在水政监察支队会议室，支队和水保科相关领导参加了此次会议，因为新《中华人民共和国水土保持法》是 2011 年 3 月 1 日开始实施的，《河南省水行政处罚裁量标准》对新的《中华人民共和国水土保持法》处罚标准未进行细化。根据讨论，达成了以下几点意见：①该厂位于丘陵区，同时也在省人民政府划分的河南省水土流失重点治理区。②该单位明知在该地区开工建设乙二醇建设项目需要编制水土保持方案，但在水保科督促近一年至今未履行编制水土保持方案的法定义务。③该单位技术部部长张某在案件调查中，拒不配合执法人员工作，并拒绝在询问笔录和现场（检查）笔录上签字，态度恶劣。上述违法行为有询问笔录、现场（检查）笔录、视听资料为证。根据《中华人民共和国水土保持法》第五十三条，违反本法规定有下列行为之一的，由县级以上人民政府水行政主管部门责令停止违法行为，限期补办手续；逾期不补办手续的，处五万元以上五十万元以下的罚款；对生产建设单位直接负责的主管人员和其他直接责任人员依法给予处分："（一）依法应当编制水土保持方案的生产建设项目，未编制水土保持方案或者编制的水土保持方案未经批准而开工建设的……。"建议对该单位处理如下：①责令立即停止违法建设行为；②限七日内到安阳市水利局补办水土保持相关手续；③罚款人民币叁拾万元整。该公司接到处罚决定书后，在法定期限内主动缴纳罚款，并编制报批了水土保持方案。但该公司对水行政主管部门下达的《征收水土保持补偿费和水土流失防治费决定书》所依据的《河南省水土保持补偿费、水土流失防治费征收管理办法》第二条、第三条和《中华人民共和国水土保持法实施条例》第二十一条中水土保持设施的概念有异议，并拒绝缴纳。

本案是一起带有普遍意义的水行政处罚和水行政征收案件，这起案件的处理结果对其他单位涉及的此类问题具有借鉴意义。

本案涉及的关键问题是：什么是水土保持设施？哪些行为属于破坏水土保持设施的行

为？收取水土保持补偿费的依据是什么？如何与公证人员结合，使调查取证工作取得事半功倍的效果。

一、什么是水土保持设施

关于水土保持设施，在现行的有关法律和行政法规中没有直接详细的规定，但《水土保持法》第二条指出：本法所称水土保持，是指对自然因素和人为活动造成水土流失所采取的预防和治理措施。这就说明一个问题，那就是所谓的水土保持它是一种人类的行为，是预防和治理措施。不含有自然因素在内。为搞好水土保持人类所建造的一切设施，都统称为水土保持设施。这起水行政违法案件的问题之一就出在对水土保持设施的理解上。水行政主管部门认为：水土保持设施是指具有防治水土流失功能的一切设施的总称，其中包含原地貌及其植被这些非人工建造的自然因素在内。这个意见来自于水利部1996年对辽宁省水利厅《关于水土保持设施解释问题的请示批复》，该批复基本上肯定了原地貌就是水土保持设施，损坏原地貌就是损坏了水土保持设施，就要征收水土保持补偿费的意见。按照这个意见，安阳永天化工有限公司在建设过程中，肯定破坏了原地貌及其植被，破坏地貌和植被就等于破坏了水保设施，因此就应缴纳水土保持补偿费。安阳永天化工有限公司认为这种解释与法律（法规）相抵触，人民法院审理行政案件依法不予参照。

理由一：水利部无权对行政法规做出立法性解释。1993年3月3日，国务院办公厅发出的《关于行政法规解释权限和程序问题的通知》中指出：凡属于行政法规条文本身需要进一步明确界限或者做补充规定的问题，由国务院做出解释，其他部门均无权对行政法规（包括法律的实施细则、实施条例）做出立法性解释。更不能以此作为执法依据。据此，水利部对辽宁省水利厅关于《中华人民共和国水土保持法实施条例》第二十一条的解释属于超越权限的扩充性解释，其不具备法律效力，不能作为审判参照规章。

理由二：这种解释本身就与相应的法律、法规规定的具体内容相抵触。我国《中华人民共和国水土保持法》针对水土保持问题仅原则性地指出：从事可能引起水土流失的生产建设活动的单位和个人，必须采取措施保持水土资源，并负责治理因生产建设活动造成的水土流失。《中华人民共和国水土保持法实施条例》第二十一条第二款指出：任何单位和个人不得破坏或者侵占水土保持设施。企业事业单位在建设和生产过程中损坏水土保持设施的，应当给予补偿。以上法律和行政法规均没有涉及原地貌的概念，仅提到了损坏水土保持设施。

理由三：我国立法技术要求，规范性文件的概念必须准确、定性、统一、不得引起歧义，以此来维护法律的统一和尊严。而原地貌这个概念十分令人费解。因为，人类的一切生产和建设活动都是在原地貌的基础上进行的。人们兴修水利、改造粮田是损坏着原地貌，人们植树造林、改造荒山也在损坏着原地貌，人们开挖修建水库、治理荒滩、治理水土流失同样是在损坏着原地貌。如果按照水利部批复的意见，这些也都属于损坏水土保持设施的行为，同样要收水土保持补偿费。如果按照这种逻辑，我国的广大沙漠、荒山、滩涂、水利工程都不要去治理或修建，否则就是违法行为。这显然是与我国的《中华人民共和国水土保持法》和《中华人民共和国水土保持法实施条例》的立法目的相抵触。

理由四：原地貌究竟是一种什么样的地貌，无法界定。因为原地貌是以千百年甚至上亿年地壳不断运动变化为前提的，譬如机床厂的原地貌是什么样的，水行政主管部门就说不清楚,那么机床厂什么时期的地貌才是原地貌呢？对此,应不应该有个明确的界定,如果不界定又该如何认定损坏原地貌这种行为。

综上所述,作者认为国务院发布的旧《中华人民共和国水土保持法实施条例》第二十一条的规定,水土保持设施是由人工建成的具有治理水土流失功能的成果,不包括自然形成的地貌、植被。水行政主管部门对机床厂开发建设过程中损坏原地貌、植被行为征收水土保持补偿费没有法律依据。

水行政主管部门收取水土保持补偿费应该说是一种具体行政行为。这种行为首先必须以法律法规为依据,其次才能参照规章。这起案件水行政主管部门收费依据是:旧《中华人民共和国水土保持法实施条例》第二十一条第二款,其具体内容是:任何单位和个人不得破坏或者侵占水土保持设施。企业事业单位在建设和生产过程中损坏水土保持设施的应当给予补偿。其所依据当时的地方政府规章是由省水利厅、财政厅和物价局三家联合下发的《水土保持补偿费、水土流失防治费征收管理办法》,该办法第二条规定了征收水土保持补偿费的范围,内容是:凡在本省山区、丘陵区、风沙区区域内,一切单位和个人在生产、建设过程中,损坏(包括占用,以下均同)水土保持设施和林草,造成或将要造成水土流失,都必须遵守本办法。第三条规定,是因从事生产建设等活动毁坏了地貌、植被及水土保持设施,造成水土流失的单位和个人都要交纳水土保持补偿费,并负责对造成新的水土流失进行治理。

与省的收费文件旧《中华人民共和国水土保持法实施条例》进行对比就不难看出,省的收费文件扩大了法律法规所规定的收取水保费的范围,将损坏地貌和植被也作为收取水保费的范围,这显然是与国家法律法规所规定的内容不相一致的。既然政府的规章扩大了行政法规定的收费范围,那么行政机关理应执行法律法规的规定。

二、如何与公证人员结合,使调查取证工作取得事半功倍的效果

在日常水行政执法中,经常遇到基层组织或单位人员因害怕打击报复而拒绝到执法现场当见证人的情形,本案在查处时也遇到了类似的困难。为有效解决这一问题,我们创新思路,主动邀请当地公证人员现场丈量该公司施工建设面积和界定其所处地理位置,制作公证书,取得了翔实的证据。同时,我们对挂号邮寄送达法律文书后,被送达人原封未动再回寄水行政主管部门法律文书,以逃避法律制裁的行为,也及时采取邀请公证人员到场直接送达的方式,较好地解决了送达难的问题。通过邀请公证人员实施公证,有效地解决了个别案件中存在的调查取证难和送达难的问题。

总之,要想把水土保持监督工作搞好,首先是立法上,加大执法力度,不能仅依靠领导重视来被动执法;其次在机构上最好分开治理和监督,让监督一心一意搞执法,效果更好;"工欲善其事,必先利其器"。监督执法根本是靠规范化、制度化来管理运行,而不单纯依靠策略,经验等企业运作的方法来管理;最后,争取政府、人大以及综合部门支持的方法,解决部门之间执法问题,最好由政府人大出面协调解决。水土保持监督执法的对象是多行业、多部门,有煤炭、地矿、建设、铁道、冶金、交通、森林采伐、农业开发等,这些部门,行业有时只从自己行业利益出发去开发建设,忽视水土保持,认为他们是为国家经济建设进行开发建设的,造成一些水土流失也是不可避免的,不愿意承担防治水土流失的责任。因此,就会给水土保持执法造成阻力。现在有不少项目的单位,如建高速公路、修建铁路有些就是知法犯法,而主管部门还为其撑腰,他们主要是从部门利益出发,不顾大局和国家法律,找领导为其开脱。

在这种情况下,水土保持监督机构除向有关部门、行业、单位宣传外,还得就这些问题写出专题报告,陈述利害关系,提出依法解决的措施和办法,请示政府,人大批复,然后再依法律程序执行,也可以建议召开会议解决,建议人大进行执法检查等。总之,要利用政府,人大的权威解决由于从部门利益出发而造成的违法问题。例如,在水土保持监督执法过程中专门成立由政府领导任组长,有关部门领导任成员的执法领导小组,及时研究解决执法工作中的问题,协调部门关系,就是很好的办法。

关于对水土保持行政监督检查内容的思考

一、监督检查的概念

监督检查即水土保持行政监督检查,是监督管理机构为了实现水土保持行政管理的职能,对管理相对人遵守法律、行政处理决定和处罚决定的情况进行的监督和检查。水土保持行政监督检查的对象是被管理人,其目的是直接实现水行政主管部门的职能。水土保持行政监督检查可以分为一般的监督检查与特定的监督检查,事前监督检查与事后监督检查,依职权的监督检查和依授权的监督检查等。水土保持行政监督检查的方式有:调阅审查、检查、登记、统计、送达违法行为通知书等。

水土保持行政监督检查是一种单方法律行为。水行政主管部门及其水土保持监督管理机构依照职权或法律进行监督检查时,相对人必须接受,否则水行政主管部门及其水土保持监督管理机构有权依法进行行政处罚及采取其他措施。

二、监督检查的内容

实行监督检查制度是贯彻实施水土保持法律、法规的重要手段,是执法的关键所在。其检查内容有以下几个方面:

第一,检查有关单位和个人在生产建设活动中是否造成或有可能造成水土流失。

第二,是否向水行政主管部门及其水土保持监督管理机构提交了“水土保持方案报告书”或“水土保持方案报告表”。

第三,检查是否有水行政主管部门及其水土保持监督管理机构审批的“水土保持方案报告书”“水土保持方案报告表”,即是否有水土保持方案合格证。

第四,对一些有水土流失防治任务的企事业单位,检查是否定期向县级以上人民政府水行政主管部门及其水土保持监督管理机构通报水土流失防治工作的情况。

第五,对“三同时”制度执行情况的监督检查,是监督检查的重要内容,除前面所述的水土保持方案设计、批准内容外,还应包括四个方面:一是检查防治经费的用途是否正确。二是检查措施落实情况,检查实施措施是否同方案中所要求的一致,有改变的,要检查水行政主管部门是否批准。三是检查各项措施质量是否符合标准,不符合标准的必须令其返工。四是检查工程竣工时间,检查方案报告中水土保持工程是否按规定的时间与主体工程同时竣工。

第六,对防治费的收缴和使用的监督检查。防治费的收费数量确定后,监督重点应放在交费的时间上,在规定的期限内必须缴纳防治费,对没有按期缴纳的要查清原因,根据实际情况做出相应的处理,并检查防治费的使用情况;一般由水土保持部门组织劳力治理水土流失,应根据有关规定自查经费的使用比例及范围,是否用于水土保持防治工作,同时还要检查各种措施竣工时间。

第七,对预防保护效益的检查。对预防保护效益的检查,主要通过监测手段来完成,其目的是检查预防监督工作的效果。监测检查的内容有四个方面:一是水土流失在面积上和总量上的减少程度。通过建立定点监测站所获得的资料与定期遥感普查的宏观资料结合分析的方法,获得定量的结果。二是监测通过预防保护减少的水土流失危害,及由此而减少的损失费用。一般通过分析历史资料和设立对比区的方式进行估算。三是监测治理通过管护而发挥的效益,一般只能定性分析,治理和管护的效益很难区分,管护是保证治理效益充分发挥的条件,没有管护就不能很好地发挥治理效益,甚至没有效益,或治理成果又遭到破坏,并造成新的水土流失。四是统计通过监督工作有关单位或个人对水土流失治理增加的投入。如各开发建设单位自己采取措施治理水土流失投入的经费,收缴的防治费用于水土流失治理的金额等,看预防监督工作效益如何,应当把开发建设单位及个人对水土保持的投入作为一项主要指标。

三、检查的方法

(一)实地检查

实地检查是指水土保持行政主体直接深入现场进行的监督检查。这是一般常用的检查方法,适用范围比较广泛,既可以全面检查,也可以抽样检查;既可以定期检查,也可以随机检查。实地检查突出的特点就是对实物、行为、现场的直接检查了解。实地检查的具体形式有巡查、查验、核查和调查四类。如水土保持行政主管部门对辖区内水土流失防治情况的检查就是巡查,对水土保持措施质量的检验就是查验,对企业是否按照水土保持方案规定范围开采的审核就是核查,对管理相对人或有关人员的询问就是调查。

(二)书面检查

书面检查是水土保持行政主管部门通过查阅书面材料,对管理相对人进行的检查。这也是一种常用的水土保持监督检查方法。书面检查的文件材料包括报告、报表、书面证明等。书面检查的形式可以分为以下四种:一是调阅审查。如水土保持行政机关可调阅审查管理相对人的经营、生产报表等。二是查阅检查,即对相对人有关证件、文件资料进行审查,如对管理相对人所持水土保持方案合格证的检查。三是统计,即通过数据了解管理相对人的情况,如统计管理相对人,破坏和占用原地貌植被面积、弃渣量、治理面积中的工程量、林草面积、总投资等,管理相对人必须如实填写。四是登记。管理相对人对其所从事的活动事项向水土保持行政机关登记备案,以接受检查等。

四、水土保持监督检查应注意的问题

(一)应注意要有合法的权力来源

水土保持监督检查是具有法律效果的行为,它会影响管理相对人的权利并可能会给管理相对人造成一定的影响,如管理相对人要接受检查、询问,要提供有关材料等,这就要占用管理相对人一定的时间,直接影响了管理相对人的工作权,增加了相对人一定的义务。所以监督检查人员在实施水土保持监督检查时,应当遵守法律、法规所规定的检查主体的权力,即检查主体要有合法的权力来源:一是法定职权;二是法规、规章授权;三是行政委托权。

(二)应注意符合法定的检查范围

水土保持监督检查必须在法定权限范围内实施检查,不得超越或违背;这包括以下四个方面内容:第一,不得对法定以外事项实施检查。第二,行政检查事项都是以一定区域为界限,水土保持监督检查主体也不得超越区域或范围实施检查。第三,水土保持法中规定了很多级别管辖,如水土保持方案的审批、案件的查处等,但是监督检查没有级别限制,所以各级水土保持行政主体应在自己的辖区内不管管理相对人的级别或工程项目的大小大胆地实施水土保持监督检查。第四,水土保持法律、法规没有赋予水土保持行政主体强制权,所以水土保持监督检查不得实施强制措施。

(三)应注意度的问题

水土保持监督检查是水土保持行政主体的法定职权,又是法定职责。如果水土保持监督检查主体不依法进行监管检查,则是不履行法定职责行为,构成行政失职,将被追究法律责任。然而水土保持监督检查主体在依法行使检查权时,应受法定职权范围、对象、方式、程序的约束,如果违背上述约束条件,则要承担相应的法律责任。因此,监督检查主体在实施检查行为时要掌握一个度的问题。

(四)实施监督检查时应注意的事项

(1)水土保持监督检查人员在实施检查行为时,应佩戴水土保持标志,出示水土保持监督检查证件。这是对水土保持监督检查人员公务身份的基本要求,因为行政检查过程有强制力,是影响管理相对人权益的法律行为,其监督检查人员的公务身份是特定的,对不具有相应公务身份要求的检查行为,管理相对人有权拒绝。

(2)实施水土保持监督检查时,应通知管理相对人到场,实施公开检查。实施公开检查是对检查权的监督,也是对管理相对人权益的保护。但是已经通知当事人到场,而当事人因故不能到场或拒不到场时,不影响监督检查行为的实施。

(3)实施监督检查应有检查记录或检查结论,检查记录或检查结论应向当事人公开。

(4)实施水土保持监督检查应当按照法定时间或正常时间进行。检查最好在正常的上班时间内进行,最好不要在法定的公休日、假日内进行。水土保持监督检查应在法定时间内进行,逾期的检查行为视为无效或构成侵权。

(5)水土保持监督检查部门和工作人员,负有为被检查人保密的义务。被检查人的材料和现场具有不公开性,一旦泄露,有可能给被检查人带来损失,所以行政机关在实施检查行为过程中或实施检查行为后,负有为被检查人保守秘密的义务。

从一起水土保持行政处罚案件谈听证程序

听证是现代行政程序的核心制度,对促进行政机关依法行政、保护相对人合法权益有重要作用。《中华人民共和国行政处罚法》首次以法律形式为我国确立了听证制度,《水行政处罚实施办法》在该法构建的总体框架内,从水行政工作实际出发,较详细地规定了水行政处罚听证程序。水行政处罚听证是指在水行政机关做出处罚决定之前,给利害关系人提供发表意见的机会,对特定事项进行质证、辩驳的程序。听证制度的内涵是“听取相对人的意见”,尤其是在做出不利于相对人的决定之前,应当听取相对人的意见,从而体现出行政的公正。在听证程序一般原理的基础上,结合水土保持行政处罚案例实践,对水土保持行政处罚听证程序的听证笔录、听证报告、听证程序等几个问题进行简要探讨。

2012 年 4 月 16 日,内黄县水务局水行政执法人员在日常巡查时发现,中国石化集团中原石油勘探局林海花园二期在建项目未编报水土保持方案,也未经县水行政主管部门审批,擅自在内黄县后河镇东固村东南开工建设,该行为违反了《中华人民共和国水土保持法》第二十五条第一款“在山区、丘陵区、风沙区以及水土保持规划确定的容易发生水土流失的其他区域开办可能造成水土流失的生产建设项目,生产建设单位应当编制水土保持方案,报县级以上人民政府水行政主管部门审批,并按照经批准的水土保持方案,采取水土流失防治和治理措施,没有能力编制水土保持方案的应当委托具备相应技术条件的机构编制……”的规定。内黄县水务局于 2012 年 4 月 17 日向该单位下达了《责令停止水事违法行为通知书》,当事人接到通知后一直没有停止建设,因为该项目建设涉及濮阳市和安阳市,内黄县水务局水行政执法人员就报安阳市水行政主管部门,安阳市水利局水行政执法人员到现场看过后又报省水土保持处。内黄县水行政执法人员就暂停了调查,后经省水土保持处协调未果,内黄县水务局水行政执法人员于 2013 年 6 月报市局水保科批准继续调查此案。现有现场调查记录、询问笔录、现场照片及内黄县土地部门地籍调查表为证。

根据《中华人民共和国水土保持法》第五十三条:“违反本法规定有下列行为之一的,由县级以上人民政府水行政主管部门责令停止违法行为、限期补办手续,逾期不补办手续的处五万元以上五十万元以下的罚款,对生产建设单位直接负责的主管人员和其他直接责任人员依法给予处分:(一)依法应当编制水土保持方案的生产建设项目,未编制水土保持方案或编制的水土保持方案未经批准而开工建设的……”的规定对你单位做出如下处理:①责令立即停止违法建设行为;②限 7 日内到内黄县水务局补办水土保持相关手续;③处罚款人民币四十万元整。那么作为水行政主管部门如何组织听证呢?作为水行政执法人员如何写听证笔录、听证报告呢?下面就以上述案例进行简单的阐述,希望能引起同行的反思与共鸣。

听证主持词

时　间:2013 年 7 月 5 日 9:40

地　点:内黄县水务局二楼听证室

主持人:刘某

记录人:魏某

程序部分

一、听证主持人宣布听证事由和听证纪律

（一）听证事由

2013年6月14日，中国石化集团中原石油勘探局对内黄水务局下达的《行政处罚听证告知书》豫水（安内）罚听告字〔2013〕第002号提出书面听证申请，现依法举行公开听证。

（二）听证纪律

（1）在听证主持人的主持下，其他听证参加人应有序发言；

（2）听证参加人员不得使用不当言行；

（3）当事人及其委托代理人在听证中无正当理由退场的，视为放弃听证权利；

（4）听证参加人员及旁听人员不得大声喧哗及来回走动。

二、听证主持人核实听证参加人的身份，询问听证参加人是否申请回避，告知听证参加人的权利和义务

（一）听证主持人核对案件调查人和当事人身份

请工作人员递交案件调查人行政执法证件。

请工作人员递交当事人及其委托代理人个人证明材料；如当事人委托代理人听证的，应向水行政处罚机关提交委托书。

（二）听证主持人宣布听证组成人员

根据市水利局指定，本次听证会由市水政监察支队副支队长刘某担任主持人，由内黄监察大队水政监察员魏某担任记录人。鉴于6月28日内黄水务局在送达当事人的《听证通知书》中明确告知当事人申请听证主持人和记录人回避的，应在接到《听证通知书》之日起3日内书面提出申请并说明理由，内黄县水务局至今未收到当事人的回避申请，视为同意《听证通知书》载明的人员担任听证主持人和记录人。

（三）告知案件当事人在听证中的权利和义务

根据水利部《水行政处罚实施办法》第四十条规定，案件当事人在听证中享有如下权利，承担如下义务：

（1）对案件涉及的事实、适用法律及有关情况进行陈述和申辩；

（2）对案件调查人员提出的证据进行质证和提出新的证据；

（3）如实陈述案件事实和回答听证主持人的提问；

（4）遵守听证会场纪律；

（5）对听证笔录进行核对，签字或者盖章。

三、听证主持人宣布听证开始

实体部分

一、案件调查人提出当事人的违法事实、证据、法律依据和水行政处罚建议

2012年4月16日，内黄县水务局行政执法人员常某、李某等人在日常巡查中发现中国石化集团中原石油勘探局林海花园二期在建项目未编报水土保持方案，也未经水行政主管部门审批，擅自在内黄县后河镇东固村东动工建设。

上述行为违反了《中华人民共和国水土保持法》第二十五条第一款“在山区、丘陵区、风沙区以及水土保持规划确定的容易发生水土流失的其他区域或开办可能造成水土流失的生产建设项目，生产建设单位应当编制水土保持方案，报县级以上人民政府水行政主管部门审批，并按照经批准的水土保持方案，采取水土流失预防和治理措施。没有能力编制水土保持方案的，应当委托具备相应技术条件的机构编制……”的规定。

当事人的违法证据有：擅自动工建设的现场笔录、调查笔录、照片、证明资料。

拟给予处罚的依据和种类：根据《中华人民共和国水土保持法》第五十三条“违反本法规定，有下列行为之一的，由县级以上人民政府水行政主管部门责令停止违法行为，限期补办手续；逾期不补办手续的，处五万元以上五十万元以下的罚款；对生产建设单位直接负责的主管人员和其他直接责任人员依法给予处分：(一)依法应当编制水土保持方案的生产建设项目，未编制水土保持方案或者编制的水土保持方案未经批准而开工建设的；(二)生产建设项目的地点、规模发生重大变化，未补充、修改水土保持方案或者补充、修改的水土保持方案未经原审批机关批准的；(三)水土保持方案实施过程中，未经原审批机关批准，对水土保持措施做出重大变更的。”的规定，本机关拟对你单位做出下列行政处罚：①责令立即停止违法行为；②限七日内到内黄县水务局补办水土保持相关手续；③罚款人民币四十万元整。

违法行为等次：根据你单位违法行为的事实、性质、情节、社会危害程度和相关证据，你单位的违法行为等次属于一般。

行政处罚建议：结合集体讨论结果，建议对该单位做出如下决定：①责令立即停止违法行为；②限 7 日内到内黄县水务局补办水土保持相关手续；③罚款人民币四十万元整。

二、当事人进行陈述、申辩和质证

三、听证主持人就案件事实、证据和法律依据进行争议焦点的询问

(1)当事人的建设行为是否应该归属内黄县管辖？

经过调查取证，该地域原为内黄县后河镇东固村的土地，现有证明材料(地籍调查表、村民代表证明、内黄县水务局对以前鱼塘、鸵鸟厂管理证明)。因此，当事人的建设行为应该归属内黄县管辖。

(2)中国石化集团中原石油勘探局提供的豫水行许字〔2013〕第 48 号行政许可是否有效？

没有。

当事人提供的豫水行许字〔2013〕第 48 号行政许可地点明白清楚，没有包含内黄地域。另外，根据《中华人民共和国水土保持法》规定建设项目审批核准许经当地水行政主管部门签字(盖章)，《中华人民共和国行政许可法》第三十一条、第六十九条明文规定“申请人申请行政许可，应当如实向行政机关提交有关材料和反应真实情况，并对其申请材料实质内容的真实性负责。被许可人以欺骗、贿赂等不正当手段取得行政许可的，应当予以撤销。”所以说这本行政许可不能作为证据使用。

内黄水务局提供材料证明中国石化集团中原石油勘探局未向内黄水行政主管部门申请办理过任何审批手续。

(3)对未经批准擅自动工建设的行为，依法应当给予五万元以上五十万元以下的罚款，请案件调查人提供建议给予人民币四十万元罚款的依据？

根据《中华人民共和国水土保持法》第五十三条：“违反本法规定，有下列行为之一的，由县级以上人民政府水行政主管部门责令停止违法行为,限期补办手续;逾期不补办手续的,处五万元以上五十万元以下的罚款;对生产建设单位直接负责的主管人员和其他直接责任人员依法给予处分:(一)依法应当编制水土保持方案的生产建设项目,未编制水土保持方案或者编制的水土保持方案未经批准而开工建设的;(二)生产建设项目的地点、规模发生重大变化,未补充、修改水土保持方案或者补充、修改的水土保持方案未经原审批机关批准的;(三)水土保持方案实施过程中,未经原审批机关批准,对水土保持措施做出重大变更的。"的规定,本机关拟对你单位做出下列行政处罚:①责令立即停止违法行为;②限7日内到内黄县水务局补办水土保持相关手续;③罚款人民币四十万元整。该单位拒不配合执法人员工作,不签收执法文书(通过邮寄方法送达)。

四、案件调查人、当事人作最后陈述

最后陈述:根据相关法律法规规定,认为对中国石化集团中原石油勘探局擅自动工建设违法行为事实清楚,证据确凿充分,适用法律正确,对其处罚内容适当,程序合法,请予以支持。并申请撤销豫水行许字〔2013〕第48号行政许可。

请案件当事人和调查人核对听证笔录,签字或者盖章。

五、听证会到此结束,请旁听人员退场

听证笔录

案由:中国石化集团中原石油勘探局在建项目未编报水土保持方案,也未经水行政主管部门审批

当事人单位名称:__中国石化集团中原石油勘探局__ 法定代表人:__孔某__

当事人个人姓名:________ 性别:________ 年龄:________ 职业:________

委托代理人:________ 性别:________ 职业:________

委托代理人:__华某__ 性别:__男__ 职业:__河南谋金律师事务所律师__

主持人:__刘某__ 记录人:__魏某__ 案件调查人:__常某 李某__

时间:__2013__年__7__月__8__日__16__时__00__分至__17__时__10__分

地点:__内黄县水务局二楼会议室__ 方式:__公开__

听证主持人:听证会现在开始。核对会议参加人员身份。请工作人员递交案件调查人行政执法证件。双方对对方身份是否有异议?

代理人:无异议。

调查人:无异议。

听证主持人:2013年6月14日,中国石化集团中原石油勘探局对我局下达的《行政处罚听证告知书》豫水(安内)罚听告字〔2013〕第002号提出书面听证申请,现我局依法举行公开听证。根据内黄县水务局指定,本次听证会由安阳市水政监察支队副支队长刘某担任主持人,由内黄县水政监察大队水政监察员魏某担任记录人。

鉴于6月28日内黄县水务局在送达当事人的《听证通知书》中明确告知当事人申请听证主持人和记录人回避的,应在接到《听证通知书》之日起3日内书面提出申请并说明理由,县水务局至今未收到当事人的回避申请,视为同意《听证通知书》载明的人员担任听证主持人和记录人。

下面首先宣读听证纪律：

(1)在听证主持人的主持下,其他听证参加人应有序发言；

(2)听证参加人员不得使用不当言行；

(3)当事人及其委托代理人在听证中无正当理由退场的,视为放弃听证权利；

(4)听证参加人员及旁听人员不得大声喧哗及来回走动。

根据水利部《水行政处罚实施办法》第四十条规定,案件当事人在听证中享有如下权利,承担如下义务：

(1)对案件涉及的事实、适用法律及有关情况进行陈述和申辩；

(2)对案件调查人员提出的证据进行质证和提出新的证据；

(3)如实陈述案件事实和回答听证主持人的提问；

(4)遵守听证会场纪律；

(5)对听证笔录进行核对,签字或者盖章。

听证主持人:下面由案件调查人提出当事人的违法事实、证据、法律依据和水行政处罚建议。

调查人员:2012 年 4 月 16 日,内黄县水务局水行政执法人员在日常巡查时发现,中国石化集团中原石油勘探局林海花园二期在建项目未编报水土保持方案,也未经县水行政主管部门审批,擅自在内黄县后河镇东固村东南开工建设,该行为违反了《中华人民共和国水土保持法》第二十五条第一款"在山区、丘陵区、风沙区以及水土保持规划确定的容易发生水土流失的其他区域开办可能造成水土流失的生产建设项目,生产建设单位应当编制水土保持方案,报县级以上人民政府水行政主管部门审批,并按照经批准的水土保持方案,采取水土流失防治和治理措施,没有能力编制水土保持方案的应当委托具备相应技术条件的机构编制……"的规定。我单位于 2012 年 4 月 17 日向该单位下达了《责令停止水事违法行为通知书》,当事人接到通知书后一直没有停止建设,因为该项目建设涉及濮阳市和安阳市,我们就报安阳市水行政主管部门,市水利局水行政执法人员到现场看过后又报省水土保持处。我们的水行政执法人员就暂停了调查,后经省水土保持协调未果,我们于 2013 年 6 月报市局水保科批准继续调查此案。现有现场调查记录,询问笔录、现场照片为证及内黄县土地部门地籍调查表为证。

根据《中华人民共和国水土保持法》第五十三条:"违反本法规定,有下列行为之一的,由县级以上人民政府水行政主管部门责令停止违法行为、限期补办手续,逾期不补办手续的处五万元以上五十万元以下的罚款,对生产建设单位直接负责的主管人员和其他直接责任人员依法给予处分:(一)依法应当编制水土保持方案的生产建设项目,未编制水土保持方案或编制的水土保持方案未经批准而开工建设",对你单位做出如下处理:①责令立即停止违法建设行为;②限 7 日内到内黄县水务局补办水土保持相关手续;③处罚款人民币四十万元整。

听证主持人:申请人员对调查人员的陈述有什么陈述、申辩和质证的吗?看一下调查人员提供的相关证据。

申请人:第一,我们对调查人员调查情况提出申辨,申请人认为中原石油勘探局林海花园二期在建项目,均在濮阳市境内,不是内黄县水务局管辖权的范围,内黄县水务局没有行政管辖权。

第二,内黄县水务局提供的证据,均不能证明中原石油勘探局林海花园二期在建项目是在内黄境内,具体表现是有关房产处调查人员的笔录中,也均对建设地界有异议。内黄县水务局调查人员也没有职权进行现场勘测及划分地界。

第三,内黄县对后河镇王志选的调查笔录我们觉得没有任何意义,他个人没有权力认定划分地界。对于调查人员的一些证据,我们认为取水登记表跟本案没有关联性。协调会纪要、地籍调查表、划界图、照片等这些证据均不能证明中原石油勘探局林海花园二期在建项目施工的具体位置是在内黄境内,最后我归纳一下所有证据都不能证明是在内黄境内。

其次申请人认为内黄县水务局行政处罚告知书中对申请人的拟处罚认定事实错误,适用法律错误,详见听证词。

听证主持人:申请人提供一下书证、物证,包括听证词中提到省厅做出豫水行许字(2013)48 号文让调查人员看一下。

申请人:我们还有一个批复,在批复中濮阳市对行政区域的界限划分非常清楚明确,林海花园二期工程处于濮阳市范围之内,这个书证证明了内黄县对中原石油勘探局林海花园二期在建工程没有管辖权。

听证主持人:调查人员看一下申请人提供的证据、事实,有什么异议?

调查人员:我问一下申请人林海二期在建的楼房是中原石油勘探局以前的鱼塘、鸵鸟园、污水处理厂吗?

申请人:不一定。

调查人员:我们认为省勘测和濮阳市的测绘报告中涉及皇甫这一块很少,说明不了皇甫在建楼这一块属于濮阳市,有争议的地方显示不清,划分不清,说明不了中原石油勘探局林海二期在建楼这一块完全属于濮阳市。

(1)我们经过调查取证中原石油勘探局林海花园二期在建楼地域原为内黄县后河镇东固村的土地,在建楼以前是鱼塘和鸵鸟园,现有证明材料(地籍调查表、村民代表证明、内黄水务局对以前鱼塘、鸵鸟厂管理证明)。以前的鱼塘、鸵鸟厂都向内黄县申请办理了土地证,地权永远属于内黄县后河镇东固村,现在只是被中原石油勘探局征用了。因此,当事人的建设行为应该归属内黄管辖。

(2)中国石化集团中原石油勘探局提供的豫水行许字〔2013〕第 48 号行政许可是否有效?我们认为没有。当事人提供的豫水行许字〔2013〕第 48 号行政许可地点明白清楚,没有包含内黄地域。

另外,根据《中华人民共和国水土保持法》规定,建设项目审批核准需经当地水行政主管部门签字(盖章),《中华人民共和国行政许可法》第三十一条、第六十九条明文规定“申请人申请行政许可,应当如实向行政机关提交有关材料和反映真实情况,并对其申请材料实质内容的真实性负责。被许可人以欺骗、贿赂等不正当手段取得行政许可的,应当予以撤销”。在地界不清的情况下,中原油田向省里许可,材料没有显示这一块地是属于濮阳市,向省里提供虚假材料取得的行政许可,我们不认可,我们可以向省厅申请撤销行政许可,所以说这个行政许可不能作为证据使用。另外让我们看一下省厅编报的水土保持方案。

听证主持人:调查人员对申请人提供省厅的许可和证据提出了质疑,省厅的批复文和省厅的报告书请申请人提供一下,因为报告书中写的位置、地貌、面积都很清楚,请问申请人带了没有?

申请人：今天没有带。

关于中原石油勘探局林海花园二期工程位置问题，内黄县水务局不承认测绘公司提供的测绘的证据，对于项目的具体位置我们认为无论是水务局还是中原石油勘探局都没有资格去测定，测绘公司提供的测绘报告最起码是有资质的单位提供的，而内黄县水务局没有提供有资质的单位对具体位置的认定。第二，内黄县水务局不承认河南省水利厅的许可决定，你们可以申请撤销省厅的许可，撤销后存在是否向内黄县审批的问题，但撤销之前是有效的。第三，报告可以向河南省水利厅进行查询。

听证主持人：调查人员有新的证据吗？

调查人员：我们有后河乡提供的当时土地申请表，如果石油勘探局不认可是内黄的土地，不可能提交申请表让内黄办理，这是 2005 年的申请表，在内黄办理了土地证，而且当时办理申请表的负责人后河镇刘某现在也在这。

听证主持人：对这个证据有什么异议？

申请人：有异议，仍然不能证明中原石油勘探局二期工程是在内黄区域。

听证主持人：关于中国石化集团中原石油勘探局林海花园二期在建项目管辖问题，具体位置归谁管辖，需要有关部门进一步认定。我问一下中国石化集团中原石油勘探局林海花园二期在建项目具体位于什么位置、何时开工、何时竣工？你单位出示相关证据。

代理人：我们查一下有关施工许可证、开工许可证，查一下相应的证件，目前工程没有峻工。

听证主持人：中国石化集团中原石油勘探局是否经内黄县水行政主管部门审批，是否向水行政主管部门缴纳水土保持补偿费。

申请人：没有向内黄县水务局审批，也没有缴纳水土保持补偿费。

主持人：申请人对调查人员执法程序是否有异议？

申请人：没有异议。

听证主持人：对于中国石化集团中原石油勘探局林海花园二期在建项目未经批准擅自开工建设的行为，依法应当给予五万元以上五十万元以下的罚款，请案件调查人提供建议给予人民币四十万元罚款的依据？

调查人员：依据《河南省水行政处罚裁量标准》《中华人民共和国水土保持法》第五十三条“违反本法规定，有下列行为之一的，由县级以上人民政府水行政主管部门责令停止违法行为、限期补办手续，逾期不补办手续的处五万元以上五十万元以下的罚款，对生产建设单位直接负责的主管人员和其他直接责任人员依法给予处分：(一)依法应当编制水土保持方案的生产建设项目，未编制水土保持方案或者编制的水土保持方案未经批准而开工建设的……”建议给予当事人：①限期补办有关水土保持手续；②责令停止违法行为；③罚款人民币四十万元整。

听证主持人：不考虑管辖问题，申请人对下达的所有法律文书及处罚依据有何异议？

申请人：有异议，我们编报了水土保持方案，在省厅报了，省厅也批了，在我们报批之后，再对我们处罚我们不认可。

调查人员：请问一下申请人省厅下达的行政许可和你们编报水土保持方案有没有包含内黄在内？

申请人：省厅编报的水土保持方案根据现场勘测以及情况调查，省厅认为合法做出了许可,认为不合法他不会做出许可,水土保持方案符合规定才做出了许可。

调查人员:省厅编报的水土保持方案如果包含内黄地界,有濮阳和内黄两个地界我们认可,不包含内黄,我们对油田的处罚是正确的,中原石油勘探局林海花园二期工程占我们内黄区域,应该报我们内黄县水行政主管部门审批。

听证主持人:报告不是省厅编制的,省厅根据有资质的单位编制水土保持方案,最后进行专家评审,最终审批,中原石油勘探局把报告书资料拿来,报告书中到底包含内黄没有,现在没有带来,这个问题不再讨论。批复的报告书内容很重要,石油勘探局听证会后可以把报告书资料带过来或邮寄过来。现在案件调查人员、申请人作最后陈述。

调查人员:根据相关法律法规规定,我们认为对中国石化集团中原石油勘探局擅自开工建设行为违法事实清楚,证据确凿充分,适用法律正确,处罚内容适当,程序合法,请主持人予以支持。如果省厅的许可和水保方案包含内黄和濮阳二个地界我们认可,不包含内黄,我们申请省厅严厉查处,是中原石油勘探局提供虚假材料取得了许可,我们要对中原石油勘探局进行处罚。

代理人:根据听证会的情况,内黄县水务局调查人员提供的资料对于申请人林海花园二期工程没有管辖权,申请人已经编报了水土保持方案,内黄县水务局使用法律错误,希望内黄县水务局查明事实,不再对申请人进行行政处罚。

听证主持人:还有什么补充问题?

代理人:没有。

调查人员:没有。

听证主持人:同意。此次听证会到此结束,请核对听证记录,并签字。以上笔录经核对无误。

听证主持人:刘某

记录人:魏某

案件调查人员签名:常某、李某

听证申请人员签名:中国石化集团中原石油勘探局

听证代理人签名:华某

听证报告

2013 年 7 月 5 日

案由: 中国石化集团中原石油勘探局在建项目未编报水土保持方案,也未经水行政主管部门审批

主持人: 刘某 记录人: 魏某

听证时间: 2013 年 7 月 5 日 9 时 40 分至____时____分

地点: 内黄县水务局二楼会议室

案件事实及证据: 2012 年 4 月 16 日,内黄县水务局水行政执法人员在日常巡查时发现,中原石油勘探局林海花园二期在建项目未编报水土保持方案,也未经县水行政主管部门审批,擅自在内黄县后河镇东固村东开工建设,该行为违反了《中华人民共和国水土保持法》第二十五条第一款“在山区、丘陵区、风沙区以及水土保持规划确定的容易发生水土流失的其他

区域开办可能造成水土流失的生产建设项目,生产建设单位应当编制水土保持方案,报县级以上人民政府水行政主管部门审批,并按照经批准的水土保持方案,采取水土流失防治和治理措施,没有能力编制水土保持方案的应当委托具备相应技术条件的机构编制……”的规定。上述违法行为证据有现场勘查笔录、调查笔录、照片、土地部门地籍调查表。

2013 年 6 月 14 日,我局向中国石化集团中原石油勘探局下达了《行政处罚听证告知书》豫水(安内)罚听告字〔2013〕第 002 号。2013 年 6 月 19 日,中国石化集团中原石油勘探局书面提出听证申请,2013 年 7 月 5 日我局依法举行了听证会。在听证主持人的主持下,案件调查人提出了当事人的违法事实、证据、法律依据和行政处罚建议,当事人对调查人提出的违法事实、证据进行了陈述、申辩和质证。主持人就案件事实、证据和法律依据进行了询问。

双方争论焦点:当事人认为其林海花园二期在建项目不属于内黄管辖范围,土地边界存在争议,对其做出行政处罚缺乏事实依据。

调查人员认为:①该单位林海花园二期在建项目是在内黄县后河镇东固村的土地上建设,有调查笔录、现场勘查照片及内黄县土地部门地籍调查表和东固村党支部书记等人为证。②既然该单位知道在建项目占地存在争议,为什么不能等到把土地争议弄清楚了再进行建设。③根据《河南省水行政处罚裁量标准》《中华人民共和国水土保持法》第五十三条:“违反本法规定,有下列行为之一的,由县级以上人民政府水行政主管部门责令停止违法行为、限期补办手续,逾期不补办手续的处五万元以上五十万元以下的罚款,对生产建设单位直接负责的主管人员和其他直接责任人员依法给予处分:(一)依法应当编制水土保持方案的生产建设项目,未编制水土保持方案或编制的水土保持方案未经批准而开工建设的……”适用法律正确,处罚内容适当。

处罚建议及依据:依据《河南省水行政处罚裁量标准》《中华人民共和国水土保持法》第五十三条:“违反本法规定,有下列行为之一的,由县级以上人民政府水行政主管部门责令停止违法行为、限期补办手续,逾期不补办手续的处五万元以上五十万元以下的罚款,对生产建设单位直接负责的主管人员和其他直接责任人员依法给予处分:(一)依法应当编制水土保持方案的生产建设项目,未编制水土保持方案或编制的水土保持方案未经批准而开工建设……”的规定建议给予当事人:①限期补办有关水土保持手续;责令停止违法行为;②罚款人民币四十万元整。

主持人签名:刘某

大队负责人意见:同意　王某

法制机构负责人意见:事实清楚、证据确实充分

局机关负责人意见:同意　李某　刘某

希望以上的举例能引起一线水行政执法人员的思考,并能从中体会和学习水土保持行政处罚听证程序的相关规定。

安阳市贯彻实施水土保持法律法规的思考

水土保持关系国家生态安全，是推进生态文明建设的基础性工作。安阳市人民政府高度重视，将贯彻落实《中华人民共和国水土保持法》《河南省实施〈中华人民共和国水土保持法〉办法》（简称水土保持“一法一办法”）作为践行习近平总书记“绿水青山就是金山银山”生态理念的重要举措，在省委省政府、市委的坚强领导和省、市人大的监督支持下，政府相关职能部门密切配合、精准施策、强力推进，水土保持生态环境建设取得了较好成效，在2019年河南省水土保持工作目标责任考核评估中，安阳市位列河南省第一方阵，获得通报表扬。

一、贯彻水土保持“一法一办法”的主要做法

（一）加强宣传，调动全社会积极参与水土保持事业

一是利用重要节日（纪念日）全面宣传。近年来，安阳市认真组织水土保持“一法一办法”宣传，利用每年3月1日水土保持法修订施行周年纪念日、3月12日“植树节”、3月22日“世界水日”“中国水周”、4月22日“世界地球日”、6月5日“世界环境日”等重要节日（纪念日）开展水土保持“一法一办法”相关宣传活动，在城乡各大广场设立咨询台、发放宣传资料、布设宣传展板、悬挂宣传条幅、出动流动宣传车等形式，面向人民群众进行广泛宣传，五年来宣传人数超过20万人次。

二是组织开展“五进”宣传。我们在全市开展了水土保持“一法一办法”“进党校、进学校、进机关、进社区、进企业”宣传教育活动，把水土保持“一法一办法”作为党校授课内容，列入教学计划，利用党校教育平台，对党员领导干部进行宣传；全市水土保持“一法一办法”相关职能部门，利用检查调研的机会，对机关、社区、学校、企业干部职工和学生进行宣传。

三是发挥主流媒体的宣传职能。安阳市注重发挥主流媒体的宣传职能，通过“学习强国”学习平台、《安阳日报》、安阳电视台、安阳新闻网、河南水利网等新闻媒体进行水土保持“一法一办法”宣传，五年来在主要媒体刊登文章、消息200多篇。通过各种形式的宣传，增强了全社会水土流失忧患意识，社会公众水土保持责任意识，让水土保持工作深入人心，让自觉遵守水土保持法成为全社会的共识。

（二）真抓实干，水土保持生态建设取得显著成效

一是坚持规划引领。安阳市位于华北平原与太行山脉的交会处，地势西高东低（西部多山丘沟壑，东部为黄河故道风沙区），而且降雨时空分布严重不均，是河南省水土流失较为严重的地市之一。我们认识到，要想有效治理，必须规划先行，按照水土保持“一法一办法”规定，2016年5月，市政府成立了《安阳市水土保持规划》编制工作领导小组，市水利、发改、财政、国土、环保、农业、林业等部门按照职责分工，合力推进规划编制工作。2017年12月，市政府正式批复《安阳市水土保持规划（2017—2030年）》（简称《规划》）。该《规划》坚持统筹协调的原则，充分考虑自然、经济和社会多方面影响因素，实行分区防治、分类管理、突出重点，具有科学性、针对性和可操作性，成为指导安阳市水土保持工作的纲领性文件。政府职能部门统筹协调，密切配合，《规划》得到全面有效实施。

二是坚持水土流失综合治理。2016年以来，安阳市抓住发展机遇，通过各相关部门积极争取上级资金、企业自筹和本级财政部门的支持，大力开展水土流失综合治理。水利部门

实施国家水土保持重点工程,省级水土保持补助费、补偿费项目,南太行水土保持山水林田湖草项目等,整修梯田和田间道路,大力营造水土保持林、经济林,合理布设小型蓄水保土等工程。林业部门实施太行山绿化工程,在太行山浅山丘陵区实施山区造林、山林绿化,提高山体涵养水源的能力,2017~2019 年太行山绿化工程共完成造林面积 9.03 万亩。自然资源和规划部门牵头实施南太行山水林田湖草生态保护修复项目,同时将水土保持工作纳入绿色矿山建设内容,积极开展绿色矿山建设,目前全市已建成 3 家绿色矿山。农业农村部门持续实施高标准农田建设项目,减少面源污染。实施化肥农药零增长行动,2019 年全市测土配方施肥 457.8 万亩,实现化肥零增长目标,2017~2019 年全市农药使用量年均下降 6.2%。生态环境部门推进碧水保卫战、净土保卫战和土壤污染防治攻坚。工信部门加快绿色工厂、绿色园区建设。经过多部门多项目的有效实施,全面推动了安阳市水土保持生态环境建设,完成水土流失综合防治面积 367 平方千米,取得显著成效,使安阳的山更青、水更绿、田更肥、厂更靓、景更美。

三是加快推进水土保持生态建设。安阳市把水土保持措施融入文明城市创建和美丽乡村建设,大力开展水土保持生态文明创建工作,全面提升城乡生态环境质量。在城市,安阳市以创建全国文明城市为契机,将水生态文明建设列为全市重大基础支撑工程来抓,通过工程措施和生物护坡、乔灌草结合等生物措施,打造生产生活生态一体、城市乡村一体的城市水系,住建部门牵头实施了 CBD 湖、迎宾湖、洪河滨河公园等一批海绵城市建设工程,建成建业城、元泰中华园等一批海绵示范小区。实施洪河、茶店坡沟等 7 个水体的生态水系提升工程,推进城区全域雨污分流和沟渠截污工程,全面完成黑臭水体整治目标。大力实施游园绿地建设,新增绿地面积约 100 万 m^2、透水道板砖 42 万 m^2,提高了积蓄雨水、分流下渗、防洪排涝、调节水资源和城市生态系统抗风险能力,有效改善了城市生态环境、提升了城市品位。在农村,借力实施乡村振兴战略和美丽乡村建设,坚持水土保持与精准扶贫、发展优势特色产业、新农村建设、改善生态环境相结合,建成多个集土地整理流转、农业观光、生态旅游为一体的现代化水土保持示范基地,在取得较好经济效益的同时,也获得了良好的生态效益和社会效益。

四是大力开展水土保持生态文明工程创建。为发挥先进典型示范带动作用,引导社会关注、参与水土保持生态文明建设,安阳市大力开展了水土保持生态文明工程创建工作。龙安区马家乡马鞍山小流域经过十几年如一日的治理,通过建设蓄水工程、立体开发山顶、山腰、山坡、山沟等措施,打造成为省级水土保持生态清洁小流域,昔日荒山秃岭早已披上绿装,荣获省级森林公园称号。林州市姚村镇水河村因地制宜实施水土保持山、水、林、田、路、村综合治理,修建旱井水窖 170 多座,成立专业合作社辐射和带动本村和周边农户培育经果林 1 600 余亩,发展生态农业和观光采摘园,成为水土保持生态文明型山区新村,荣获“河南省水土保持示范村”“全国生态文明村”等荣誉称号。近年来,安阳市成功创建了国家级水土保持科技示范园、汤阴汤河、林州淇淅河、殷都区漳河峡谷国家级湿地公园以及一批省级水土保持科技示范园、生态文明清洁小流域和水土保持示范村,取得了良好的示范效果。

(三)完善机制,水土保持监督管理能力不断提升

一是积极推进行政审批“放管服”改革。将“生产建设项目水土保持方案审批”“生产建设项目水土保持设施自主验收报备”事项积极入驻政务服务中心,水土保持方案审批时限由法定 20 个工作日压减至 10 个工作日,水土保持设施自主验收报备事项承诺在 5 个工作日内办结,实现申请"一网通办""最多跑一次",建设单位可通过河南政务服务网上服务平台,在线提交事项申请,可实时在线查询、获取办理结果,有效减轻了企业负担,提高了政务服务效率和透明度。

二是严格执法监管。持续做好全国综合执法示范点和省级服务型行政执法示范点建设,将执法巡查、水事违法案件查处、行政复议、行政诉讼等执法职能集中,水利部门与市公、检、法部门开展水行政执法联合联动,建立"权责明确、行为规范、监督有效、保障有力"的水行政执法体系,有力促进水土保持"三同时"制度落实。市发展改革委、自然资源和规划局、交通运输局等部门将水土保持"三同时"制度纳入本行业项目管理。2018 年以来,在水利部和省水利厅统一安排部署下,安阳市启用卫星影像和遥感监管软件等先进手段,梳理排查、现场核实扰动图斑近 4 000 个,执法处理、跟踪督办疑似违规图斑 364 个,连续两年实现全市生产建设项目水土保持监管全覆盖。2016 年以来全市共审批水土保持方案近 200 个,涉及公路、水利、矿山、房地产、城市基础设施建设等多种行业,征收水土保持补偿费 1 400 余万元;开展水土保持执法检查 500 余次,下发整改通知书 300 多份。严肃查处了一批"未批先建""未验先投""不依法履行水土流失防治义务"的水土保持违法行为,明显提升了生产建设单位水土保持工作的主动性、积极性,初步形成最严格的水土保持监管态势,切实维护了水土保持的法律权威。2019 年水利部水土流失动态监测成果显示,安阳市人为活动造成的水土流失已得到有效控制。

三是不断提升水土保持监测能力。水土保持监测是一项重要的基础性工作,是开展水土保持工作的重要手段。通过水土保持监测,可以掌握水土流失预防和治理情况,分析和评价水土保持效果,为水土流失防治规划布局、科学防治措施提供依据。按照省水利厅部署,自 2018 年开始,连续两年开展了水土流失动态监测工作,全市 8 个县(市)区全部开展了动态监测,其中国家级动态监测县(市)2 个(林州市、内黄县),初步掌握了各县(市、区)年度水土流失现状,为精准实施水土流失治理提供了基础支撑。2017 年安阳市建成的殷都区磊口乡塔山水土保持监测站点,是全省水土保持监测网络的重要组成部分,是海河流域在河南省唯一的监测站点。该监测站点建有气象站、小流域控制站、坡面径流观测场等设施和自动化监测设备、高清视频监控系统,由专人负责定期为省水利厅和水利部海河水利委员会整编上报监测数据,监测成果服务于政府、服务于社会、服务于公众。

二、贯彻落实水土保持"一法一办法"存在的主要问题

近年来安阳市认真贯彻落实水土保持"一法一办法",水土流失综合治理力度不断加大,管理服务水平进一步提高,水土保持效益进一步体现,生态环境明显改善,有力促进了安阳市经济社会可持续发展。但安阳市水土保持工作依然存在以下一些问题。

一是全社会水土保持基本国策意识有待进一步提高,水土保持工作考核机制有待进一步完善,水土保持科普宣传有待进一步加强。

二是综合治理投入不足,社会资本参与水土流失治理的机制还未形成常态长效,重点工程建设模式还有待创新。

三是生产建设项目水土保持监督管理难度不断增大,个别地方和部门在支持重点建设项目,推动经济发展的同时,相对忽视了水土保持"三同时"制度的落实。

四是水土保持信息化水平不高,部门之间协调配合机制有待完善。

三、下一步工作打算

下一步,安阳市将以习近平新时代中国特色社会主义思想为指导,积极践行绿色发展理念,认真贯彻落实水土保持"一法一办法",按照上级决策部署,扎实推进水土保持各项工作。

一是深化国策宣传教育。继续深化水土保持国策宣传教育,完善宣传工作机制、拓展宣传教育领域、创新宣传教育方法,进一步增强全民的水土保持意识。

二是扎实做好水土保持预防监督管理。按照"源头严防、过程严管、后果严惩"的思路,从严审批水土保持方案,充分利用"信用中国"网站、全国信用信息共享平台,对水土保持失信企业和个人实行限制性惩戒,推进水土流失防治由事后治理向事前预防的根本性转变。狠抓水土保持"三同时"制度的落实,进一步加大生产建设项目水土保持监督检查和对违法行为的处罚力度。

三是全力推进水土保持生态环境建设。落实习近平总书记在黄河流域生态保护和高质量发展座谈会上的讲话精神,统筹制定下一步治理规划,积极争取上级资金,加大市级财政资金投入力度,继续实施国家水土保持重点工程、山水林田湖草生态保护修复工程、太行山绿化等项目,大力引导和鼓励民间资本参与水土保持生态环境建设。

四是加强水土保持信息化建设。建立生产建设项目信息多部门共享机制,完善水土保持监测网络,及时掌握水土流失分布状况和变化趋势。

五是提升水土流失综合防治技术水平。探索与高校、科研单位密切协作工作机制,集中技术力量开展水土保持难点课题攻关,提高水土流失综合治理效率和生态文明建设的科技水平。

对一起水事违法案件的几点思考

【基本案情】

2007 年 5 月 23 日,河南省安阳市水利局接到举报:境内安阳河河道里有大量垃圾。水利局立即派水政监察人员赶往现场调查取证,经现场勘验,弃渣量为 660 立方米。安阳市水利局认为当事人的河道弃渣行为已经违反了《中华人民共和国防洪法》第二十二条第二款的规定。垃圾是谁倒在河里的呢?这要从 2006 年初说起。位于安阳市丘陵区,占地 67 公顷的某电厂为清理开发建设过程中产生的弃土、废渣料和生活垃圾,与某村委会协商签订了垃圾占地协议。协议约定由该村委会指定倒渣地点,安阳某电厂支付垃圾占地款 20 000 元,期限为一年。随后,该电厂与村民燕某签订了垃圾清运协议,要求其将弃土、废渣、生活垃圾运至规定地点,并每月支付清运费 3 300 元。从 2006 年 5 月起,燕某每天负责将该电厂的废渣、垃圾运出并倒在村委会指定的安阳河河西该村段。同时,针对违法事实,安阳市水利局根据《中华人民共和国防洪法》第五十六条第二项的规定,分别做出对该电厂处以 40 000元罚款,对燕某处以 8 000 元罚款,责令限期清除弃土、废渣料和生活垃圾的行政处罚决定。处罚决定做出后,燕某不服,随即向安阳市人民政府申请行政复议。理由是:该电厂雇他为其拉运废渣及垃圾,地点也是指定好的,并不是他私拉乱倒,所以不应该承担责任。

对此,安阳市水利局认为,燕某受雇于该电厂清运垃圾,将 660 立方米垃圾在汛期倾倒在河道中。虽弃渣地点为该电厂认定,但燕某是直接行为人,且与该电厂均为独立主体,根据《中华人民共和国防洪法》规定,对倾倒垃圾者进行处罚并无不当。依据《中华人民共和国防洪法》等法律法规的规定,复议机关维持了安阳市水利局做出的处罚决定。燕某在法定期限内没有提起行政诉讼,也不履行处罚决定,安阳市水利局申请法院强制执行。后燕某清除了倾倒于河道内的弃土、废渣、垃圾,并交纳罚款。同时某县水务局水行政执法人员向该电厂做出征收水土流失补偿费决定书,决定一次性征收该电厂水土保持补偿费 251 万元。该电厂以本企业属于跨市、县的生产建设单位,某县无权征收为理由于法定期限内向其上级主管部门安阳市水利局申请行政复议。复议期间,某县水务局将决定书撤销。2006 年 7 月,某县水务局向安阳市水利局请示由其征收电厂的水土保持补偿费和水土流失防治费。其理由是上述收费针对的是电厂征收,而电厂恰在某县境内。对此,安阳市水利局明确表示同意。之后,某县水务局数次致函电厂,要求约定时间协商具体缴费办法。最后,双方在安阳市政府有关部门协调下,于 2007 年 8 月达成协议,由该电厂一次性缴纳 20 万元,了结此事。某电厂也按协议于 2007 年 9 月将该款汇给了某县水利局。

但令人始料不及的却是,安阳市水利局又于 2007 年 11 月下达一份关于征收水土保持补偿费的决定书,要求某电厂再缴 47 万元。理由是:某电厂在某县境内李庄乡李家、龙家两村征地 1 888.33 亩,计 1 258 760.7 m^2,现实际使用 670 000 m^2 土地,该厂因从事开发建设等活动,破坏了地貌、植被及水土保持设施,造成了水土流失。根据《中华人民共和国水土保持法实施条例》第二十一条第二款以及河南省物价局、财政厅、水利厅联合下发的《河南省水土保持补偿费、水土流失防治费征收管理办法》第二条、第三条、第四条、第六条规定,每平方米一次性缴纳水土保持补偿费 1 元,计应缴纳水土保持补偿费 67 万元,从应缴费额 67 万元中扣除已缴某县 20 万元,应缴拖欠部分 47 万元。该电厂不服此决定遂向市人民政府申请进行行政复议，市政府竟然复议决定维持市水利局的收费决定书。电厂随即于 2007 年 3 月以市水利局和某县水务局为共同被告诉至市中级人民法院。请求人民法院依法撤销安阳市水利局的收费决定书后，此案结案。

【审理与判决】

该电厂请求人民法院撤销安阳市水利局征收收费决定的事实与理由是：电厂建设具有水土保持功能，电厂没有破坏水土保持设施，更没有造成水土流失，按照行政法律法规的规定，不应缴纳水土保持补偿费。一审法院在审理过程中，组织原被告到电厂进行了现场勘验后认定：电厂开发建设是经国务院批准的，被告安阳市水利局认定该厂在建设和生产过程中损坏水土保持设施的理由不足，因此判决：撤销安阳市水利局的收费决定书。

安阳市水利局和某县水务局都不服市中级法院的一审判决，均于法定上诉期内将此案上诉到省高级人民法院，省高级人民法院经审理后下达终审判决：驳回上诉，维持原判。

法条链接：《中华人民共和国水土保持法实施条例》第二十一条，其具体内容是：任何单位和个人不得破坏或者侵占水土保持设施。企业事业单位在建设和生产过程中损坏水土保持设施的应当给予补偿。其所依据的地方政府规章是由省水利厅、财政厅和物价局三家联合下发的《河南省水土保持补偿费、水土流失防治费征收管理办法》，该办法第二条规定了征收水土保持补偿费的范围，内容是：凡在本省山区、丘陵区、风沙区区域内，一切单位和个人在生产、建设过程中，损坏（包括占用，以下均同）水土保持设施和林草，造成或将要造成水土流失，都必须遵守本办法。第三条主要内容是因从事生产建设等活动毁坏了地貌、植被及水土保持设施，造成水土流失的单位和个人都要交纳水土保持补偿费，并负责对造成新的水土流失进行治理。

《中华人民共和国防洪法》第二十二条第二款：禁止在河道、湖泊管理范围内建设妨碍行洪的建筑物、构筑物，倾倒垃圾、渣土，从事影响河势稳定、危害河岸堤防安全和其他妨碍河道行洪的活动。

第五十五条　违反本法第二十二条第二款、第三款规定，有下列行为之一的，责令停止违法行为，排除阻碍或者采取其他补救措施，可以处五万元以下的罚款：（一）在河道、湖泊管理范围内建设妨碍行洪的建筑物、构筑物的；（二）在河道、湖泊管理范围内倾倒垃圾、渣土，从事影响河势稳定、危害河岸堤防安全和其他妨碍河道行洪的活动的；（三）在行洪河道内种植阻碍行洪的林木和高秆作物的。

【案件评析】

本案是一起带有普遍意义的行政处罚和行政征收案件，这起案件的处理结果对其他单位涉及的此类问题具有借鉴意义。

本案涉及的关键性问题是：什么是水土保持设施，哪些行为属于破坏水土保持设施的行为，以及收取水土保持补偿费的依据是什么；安阳市水利局对燕某做出的行政处罚决定是否合适及理由，在本案中，电厂有无责任及理由？

什么是水土保持设施？

关于水土保持设施，在现行的有关法律和行政法规中没有直接详细的规定，但《中华人民共和国水土保持法》第二条指出：本法所称水土保持，是指对自然因素和人为活动造成水土流失所采取的预防和治理措施。这就说明一个问题，那就是所谓的水土保持它是一种人类的行为，是预防和治理措施。不含有自然因素在内。为搞好水土保持人类所建造的一切设施,都统称为水土保持设施。这起行政违法案件的问题之一就出在对水土保持设施的理解上。水利部门认为:水土保持设施是指具有防治水土流失功能的一切设施的总称,其中包含原地貌及其植被这些非人工建造的自然因素在内。这个意见来自于水利部1996年对辽宁省水利厅《关于水土保持设施解释问题的请示批复》。该批复基本上肯定了原地貌就是水土保持设施,损坏原地貌就是损坏了水土保持设施,就要征收水土保持补偿费的意见。按照这个意见,电厂在建设过程中,肯定破坏了原地貌及其植被,破坏地貌和植被就等于破坏了水保设施,因此就应缴纳水土保持补偿费。原告认为这种解释与法律法规相抵触,人民法院审理行政案件依法不予参照。

理由一:水利部无权对行政法规做出立法性解释。1993年3月3日,国务院办公厅发出的《关于行政法规解释权限和程序问题的通知》中指出:凡属于行政法规条文本身需要进一步明确界限或者做补充规定的问题,由国务院做出解释。其他部门均无权对行政法规(包括法律的实施细则、实施条例)做出立法性解释,更不能以此作为执法依据。据此,水利部对辽宁省水利厅关于《水土保持法实施条例》第二十一条的解释属于超越权限的扩充性解释,其不具备法律效力,不能作为审判参照规章。

理由二:这种解释本身就与相应的法律法规规定的具体内容相抵触。我国《中华人民共和国水土保持法》针对水土保持问题仅原则性指出:从事可能引起水土流失的生产建设活动的单位和个人,必须采取措施保持水土资源,并负责治理因生产建设活动造成的水土流失。

《中华人民共和国水土保持法实施条例》第二十一条第二款指出:任何单位和个人不得破坏或者损坏水土保持设施,企业事业单位在建设和生产过程中损坏水土保持设施的,应当给予补偿。以上法律和行政法规均没有涉及原地貌的概念,仅提到了损坏水土保持设施。

理由三:我国立法技术要求,规范性文件的概念必须准确、定性、统一,不得引起歧义,以此来维护法律的统一和尊严。而原地貌这个概念十分令人费解。因为,我们人类的一切生产和建设活动都是在原地貌的基础上进行的。我们兴修水利、改造粮田是损坏原地貌,我们植树造林、改造荒山也在损坏原地貌,我们开挖修建水库、治理荒滩、治理水土流失同样是在损坏原地貌。如果按照水利部批复的意见,这些也都属于损坏水土保持设施的行为,同样要收水土保持补偿费。如果按照这种逻辑,我国的广大沙漠、荒山、滩涂、水利工程都不要去治理或修建,否则就是违法行为。这显然是与《中华人民共和国水土保持法》和《中华人民共和国水土保持法实施条例》的立法目的相抵触。

理由四:原地貌究竟是一种什么样的地貌,无法界定。因为原地貌是以千百年甚至上亿年地壳不断运动变化为前提的,譬如灰场的原地貌是什么样的,两被告就说不清楚,那么灰场什么时期的地貌才是原地貌呢?对此,应不应该有个明确的界定,如果不界定又该如何认定损坏原地貌这种行为。

两被告对原告陈述的以上理由提不出有力的反驳意见。河南省高级人民法院却基本上采纳了原告的意见,省高院在判决中认为:根据国务院发布的《中华人民共和国水土保持法实施条例》第二十一条的规定,水土保持设施是由人工建成的具有治理水土流失功能的成果,不包括自然形成的地貌、植被。某市水利局对电厂开发建设损坏地貌、植被、河道的行为征收水土保持补偿费没有法律依据。因而判决驳回上诉维持原判。

下面谈一下收费依据问题。

水利部门收取水土保持补偿费应该说是一种具体行政行为。这种行为首先必须以法律法规为依据,其次才能参照规章。这个案件市水利局收费依据是:《中华人民共和国水土保持法实施条例》第二十一条第二款,其具体内容是:任何单位和个人不得破坏或者侵占水土保持设施。企业事业单位在建设和生产过程中损坏水土保持设施的,应当给予补偿。其所依据当时的地方政府规章是由省水利厅、财政厅和物价局三家联合下发的《水土保持补偿费、水土流失防治费征收管理办法》,该办法第二条规定了征收水土保持补偿费的范围,内容是:凡在本省山区、丘陵区、风沙区区域内,一切单位和个人在生产、建设过程中,损坏(包括占用,以下均同)水土保持设施和林草,造成或将要造成水土流失,都必须遵守本办法。第三条规定,因从事生产建设等活动毁坏了地貌、植被及水土保持设施,造成水土流失的单位和个人都要交纳水土保持补偿费,并负责对造成新的水土流失进行治理。

把省的收费文件和《中华人民共和国水土保持法实施条例》进行对比就不难看出,省的收费文件扩大了法律法规所规定的收取水保费的范围,他们将损坏地貌和植被也作为收取水保费的范围,这显然是与国家法律法规所规定的内容不相一致的。既然政府的规章扩大了行政法规定的收费范围,那么行政机关理应执行法律法规的规定。但令人遗憾的是市水利局拿着水利部的解释做依据强行收费,最终迫使企业不得不诉诸公堂以求法律的公正裁决。

既然诉诸了法律,人民法院当然要严格按照法律程序办事。一二审法院均能够按照《中华人民共和国行政诉讼法》第五十二条第一款的规定,以法律和行政性法规作为依据,客观、公正地予以判决。而对缺乏法律法规依据的水利部的那个解释及扩大法律法规收费范围的地方政府规章均拒绝适用。正如终审判决所言:某市水利局对电厂储灰场损坏地貌、植被、水库的行为征收水土保持补偿费没有法律依据。按照使用面积为征费标准属适用法律、法规错误。因此判决:维持原判。

下面再谈一下安阳市水利局对燕某做出的行政处罚决定是否合适,以及在本案中,电厂有无责任及理由?

对燕某的处罚是正确的,因为燕某是违法行为的直接实施人。他的行为违反了《中华人民共和国防洪法》第二十二条第二款“禁止在河道、湖泊管理范围内建设妨碍行洪的建筑物、构筑物,倾倒垃圾、渣土,从事影响河势稳定、危害河岸堤防安全和其他妨碍河道行洪的活动”的规定,按照《中华人民共和国防洪法》第五十六条第二项的规定,应对其处以罚款。但对电厂所做出的处罚值得商榷。因为虽然渣土是电厂在开发建设过程中产生的,但是电厂与某村签订了垃圾占地协议书,并由该村指定了倒渣地点。该电厂为处理生产中产生的弃土、废渣,只是与村委会签订了弃土、废渣占地协议,并没有直接实施违法行为,且渣土倾倒地点是由村委会指定的,故因地点选取而造成的违法事实,不应当由该电厂承担相应责任。所以说,应对燕某进行处罚,不应对电厂进行处罚(不应对电厂处罚值得商榷)。

从此案中可以看出,加大水法律、法规的宣传力度是一项非常重要的工作,做好普法工作更是当务之急。要使人民群众更多地了解和掌握水法律法规,知道哪些行为是被禁止的,哪些行为属于违法行为,并树立起自觉守法的意识,此类案件才可能避免发生。

虽然这是一起 2007 年发生的案件,但是对于今天水行政执法人员仍有重大的借鉴意义。

行政处罚决定做出前应对相对人的陈述申辩意见进行复核

——安阳市城建建筑材料有限责任公司不服安阳市水利局行政处罚案

原告:安阳市城建建筑材料有限责任公司

被告:安阳市水利局

案由:水行政处罚

一、基本案情

2011年4月1日,水政监察支队执法人员在日常巡查中,发现安阳市城建建筑材料有限责任公司未经水行政主管部门批准,擅自在龙泉镇王村动工建设。经调查,该单位法人代表张某,从2011年3月开始动工建设。该单位位于龙安区龙泉镇王村,属于丘陵地带,在建项目东边界200米,南边界150米,西边界195米,北边界156米。该行为违反了《中华人民共和国水土保持法》第二十五条的规定。安阳市水利局于2011年4月2日向该单位下达《责令停止违法行为通知书》后,该单位依然我行我素,并没停止违法行为或者采取必要的防护措施。因为新《中华人民共和国水土保持法》是2011年3月1日开始实施的,《河南省行政处罚裁量标准》对新的《中华人民共和国水土保持法》处罚标准未进行细化。2011年4月14日,在水政监察支队会议室,相关人员经过仔细认真的讨论,达成了以下几点意见:①该厂位于丘陵区同时也在省人民政府划分的河南省水土流失重点治理区。②该单位明知在该地区开工建设需要编制水土保持方案,但在下达了相关文书后,该单位至今未履行编制水土保持方案的法定义务。上述违法行为有询问笔录、现场(检查)笔录、视听资料为证。根据《中华人民共和国水土保持法》第五十三条:"违反本法规定,有下列行为之一的,由县级以上人民政府水行政主管部门责令停止违法行为,限期补办手续;逾期不补办手续的,处五万元以上五十万元以下的罚款;对生产建设单位直接负责的主管人员和其他直接责任人员依法给予处分:(一)依法应当编制水土保持方案的生产建设项目,未编制水土保持方案或者编制的水土保持方案未经批准而开工建设的;……。"建议对该单位处理如下:①责令立即停止违法建设;②限七日内到安阳市水利局补办水土保持相关手续;③罚款人民币三十万元整。安阳市水利局依据法定程序拟对原告做出水行政处罚,在做出处罚前,被告告知原告享有陈述申辩的权利,原告向被告提交了书面陈述意见,但被告执法人员以该陈述与案件无关当场未接受。2011年5月3日,被告做出行政处罚决定,并向原告送达。原告不服,提起行政复议,复议机关维持了被告的行政处罚决定,原告仍不服,提起行政诉讼。

二、审理结果

法院认为,原告自2011年4月1日起,未经水行政主管部门批准,擅自在龙泉镇王村动工建设。该行为违反了《中华人民共和国水土保持法》第二十五条的规定,应当受到处罚。被告行政处罚决定认定事实清楚,证据确凿,适用法律正确。但是被告在执法中应该按照依法行政的要求严格遵守法定程序。根据《中华人民共和国行政处罚法》第三十二条、第四十一条的规定,行政机关做出行政处罚前必须充分听取当事人的意见,对当事人提出的事实、理由和证据,应当进行复核,若行政机关拒绝听取当事人的陈述、申辩,行政处罚决定不能成立。本案中,被告在庭审中承认原告在收到被告的行政处罚告知书后即向被告提交了书面陈述意见,被告承认当场以该陈述与本案无关为由未接收,在被告提供的档案材料中亦没有对原告书面陈述意见进行复核的证据,且在被告的行政处罚决定书中亦未表达对原意见采纳与否的意见,此行为即为拒绝接受原告陈述、申辩,属重大程序违法,故被告所作行政处罚决定依法不成立。依照《最高人民法院关于执行〈中华人民共和国行政诉讼法〉若干问题的解释》第五十七条第二款第(三)项的规定,判决确认被告所作行政处罚无效。双方当事人均未上诉。

三、评析

依法行政原则要求行政机关做出行政行为应遵循法定程序,违反法定程序将导致行政行为被撤销或确认为无效,行政执法程序越来越受到重视。《中华人民共和国行政处罚法》较早对包括调查、告知、处罚等行政处罚程序做出较为系统规定,可谓影响深远,体现为:一方面,要求行政机关从根本上转变"重实体,轻程序"的传统观念;另一方面,赋予处于被处罚地位的行政相对人参与行政处罚的机会,而非被动接受处罚。

程序正义原则要求做出对其不利的决定时应允许对方发表意见,并对其意见加以充分考虑。《中华人民共和国行政处罚法》以立法形式对该原则加以肯定,该法第三十一条规定:行政机关在做出行政处罚决定前,应告知当事人做出行政处罚决定的事实、理由及依据,并告知当事人依法享有的权利。该法第三十二条规定:当事人有权进行陈述和申辩。行政机关必须充分听取当事人的意见,对当事人提出的事实、理由和证据,应当进行复核;当事人提出的事实、理由或者证据成立的,行政机关应当采纳。据此行政机关在做出行政处罚前必须履行告知和复核程序,告知程序保证了被处罚人的知情权,复核程序则保证了被处罚人的参与权。

实践中,从行政机关提供的案卷材料看,行政机关基本上能够履行告知程序,在做出行政处罚决定前告知相对人行政处罚的事实、理由和依据,给相对人陈述申辩的机会,但听取相对人的意见常表现为若相对人有陈述、申辩的则记录在卷,或者从行政处罚的结果上减少一些拟做出行政处罚的幅度,鲜有反映行政机关对相对人陈述、申辩内容认真进行复核的材料,由此可以看出,复核程序往往被忽视。如本案中,原告公司在提出申辩意见后,被告工作人员未经复核即以其申辩与本案无关为由而拒绝接受。出现这一状况,可能有如下原因:一是多数被处罚人亦"重实体,轻程序",在通常情况下,更看重行政处罚决定认定的事实,对行政处罚程序比较忽视;二是被处罚人确有违法事实存在,多数案件中被处罚人不进行陈述、申辩或者只进行简单的恳请减轻处罚的陈述、申辩,不提供相应的证据,使行政机关无需复核成为一种常态;三是目前相关立法中没有关于如何履行复核程序的具体规定。告知程序和复核程序虽然同等重要,但从不同角度分析,对被处罚人和行政机关而言,复核程序较告知程序更有意义。若从实际影响行政处罚结果的角度讲,复核程序对被处罚人更有意义,告知程序只是被处罚人参与行政处罚程序的前提,而通过复核程序,行政机关对被处罚人陈述、申辩理由充分加以考虑,可能改变行政处罚的结果,从而有利于被处罚人;若从自我监督的角度看,复核程序对行政机关更有意义,通过复核程序,行政机关可以掌握调查过程中尚未掌握的事实、证据,有助于更全面地考虑案情,防止错误行政处罚的做出。

鉴于上述行政执法实践,行政机关偏重于告知程序的履行,而忽视对被处罚人陈述、申辩意见复核现象的存在,行政机关应该对履行复核程序引起足够的重视,应清楚地认识到复核程序与告知程序同是行政处罚中保障被处罚人权利的重要程序，充分听取被处罚人的陈述、申辩意见并非仅仅是“听取”，而是当被处罚人提出的陈述、申辩意见中存在需要复核的理由、事实或者证据时，行政机关应通过谈话，向有关机关调查等方式进行复核，且将复核结论告知被处罚人并说明理由，或者在行政处罚决定中载明复核的情况；否则，行政机关将构成程序违法，在行政诉讼中将面临败诉的法律后果。如本案中，被告案卷材料中没有对原告陈述意见提出的事实进行复核的材料，法院最终认定被告拒绝听取原告陈述、申辩，确认其行政处罚决定无效。

从一起水事违法案件谈受委托执法的事业单位独立实施集体讨论程序的问题

【案情简介】

2017 年 9 月 1 日,北京市怀柔区水务局执法人员对北京青石岭旅游开发有限公司(简称青石岭公司),位于北京市怀柔区白河琉璃庙镇青石岭村村委会东 500 米处河道管理范围内的旅游项目(漂流活动)进行现场检查。经检查,怀柔区水务局发现青石岭公司利用白河水域组织开展漂流活动,且无法提供水行政主管部门的审批手续。当日,怀柔区水务局予以立案调查。2017 年 9 月 4 日,怀柔区水务局对青石岭公司的委托代理人刘某进行了询问。刘某认可青石岭公司于 2012 年至今在上述水域内组织开展漂流活动,并于 2012 年办理了《通航水域划定备案登记表》,但未办理水务部门的审批手续。2017 年 9 月 8 日,怀柔区水务局向青石岭公司下达了《责令限期改正通知书》,要求青石岭公司立即停止违法行为,于 2017 年 9 月 13 日前补办行政审批手续并接受复查。2017 年 9 月 14 日,怀柔区水务局对青石岭公司进行了复查。经复查,青石岭公司未组织开展漂流活动。2017 年 9 月 15 日,怀柔区水务局向青石岭公司下达了《行政处罚事先告知书》和《听证告知书》。2017 年 10 月 10 日,怀柔区水务局对该案进行了听证。经怀柔区水务局水政监察大队(简称区水政监察大队)集体讨论,建议给予青石岭公司相应的行政处罚。2017 年 12 月 22 日,怀柔区水务局向青石岭公司做出怀水罚字〔2017〕第 27 号行政处罚决定书(简称行政处罚决定书),并于当日向青石岭公司进行了送达。青石岭公司于 2018 年 1 月 29 日向市水务局提起行政复议。市水务局于 2018 年 3 月 29 日做出京水务政复字〔2018〕1 号《行政复议决定书》(简称复议决定),维持了怀柔区水务局做出的行政处罚决定书。

从这起水行政处罚案件我们可以看出水政监察机构负责人是否可以视为行政机关负责人,行政处罚决定书已经水政监察机构负责人集体讨论,是否符合行政处罚程序。我们逐一进行分析:

第一种观点认为:水政监察机构负责人可以视为行政机关负责人,行政处罚书已经水政监察机构负责人集体讨论,故行政处罚程序合法。

第二种观点认为:水政监察机构负责人不可以视为行政机关负责人。行政处罚书已经水政监察机构负责人集体讨论,行政处罚程序不合法。原因如下:第一,从法律解释的角度来说,根据法律解释的基本原则,对法律条文的解释应当首先进行文义解释。文义解释是法律解释的起点和终点,其他解释都需以文义解释为基础。如果文义解释的结论是唯一且毫无疑义的,且不会造成体系冲突,则原则上应采纳文义解释的结论。《中华人民共和国行政处罚法》第三十八条第二款、《水行政处罚实施办法》(中华人民共和国水利部令第 8 号)第三十条第三、四款的文义可以明确得出较重的行政处罚应当经过行政机关的负责人即水行政处罚机关的负责人集体讨论,从文义解释角度不能得出系由水政监察机构负责人集体讨论。第二,从机构建制的角度来说,根据行政处罚法第十八条、第十九条,《水行政处罚实施办法》第十条第一款、第十一条的规定,县级以上人民政府水行政主管部门可以在其法定权限内委托符合条件的水政监察专职执法队伍实施水行政处罚,故怀柔区水务局与区水政监察大队在做出行政处罚的过程中是委托与被委托的关系,怀柔区水务局是水行政主管部门,区水政监察大队则是依法成立的管理水利事务的事业组织，即使是在此种委托与被委托的关系之下，行政机关所属事业单位的负责人也当然不能替代行政机关的负责人在行政处罚的过程中进行集体讨论。第三，从立法目的角度来看，行政处罚法及《水行政处罚实施办法》均规定了行政机关负责人集体讨论是给予较重行政处罚必须履行的法定程序，亦是与做出一般行政处罚相区隔的特殊程序，旨在更好地保障行政处罚相对人的合法权益，规范行政机关的执法行为。负责人集体讨论可能会对处罚结论造成直接的影响，不同的主体进行讨论，讨论出来的处罚结果可能不同，处罚结果的不同势必会对当事人权利义务产生影响，所以是否经过负责人集体讨论，以及集体讨论的主体是谁，是本案是否属于合法的关键。

区水政监察大队是管理水利事务的事业组织，水政监察大队的负责人显然不属于《中华人民共和国行政诉讼法》第三条第三项及《最高人民法院关于适用〈中华人民共和国行政诉讼法〉的解释》第一百二十八条第一款规定的行政机关负责人的范围。《北京市水行政处罚程序规定（试行）》第二十条第一款第二项是针对对公民处以超过三千元至一万元以下罚款，对法人或者其他组织处以超过三万元至十万元以下罚款的程序规定，规定拟做出上述处罚需经水政监察机构负责人集体讨论，经讨论达成共识后提出行政处罚建议，经水行政处罚机关法制机构复核后再报水行政处罚机关负责人审查同意后用印盖章。需要说明的是，上述规定第二十条第一款第三项是针对对公民处以超过一万元罚款，对法人或者其他组织处以超过十万元罚款、吊销许可证等水行政处罚的程序规定，该项规定在拟做出上述金额范围及种类处罚的情形下应提请水行政处罚机关负责人集体讨论。《水行政处罚实施办法》第三十条中规定较重的水行政处罚是指对公民处以超过三千元罚款，对法人或者其他组织处以超过三万元罚款、吊销许可证等。同为做出较重的行政处罚，《北京市水行政处罚程序规定（试行）》中规定的集体讨论的主体却不尽相同，《北京市水行政处罚程序规定（试行）》第二十条第一款第二项明显与《水行政处罚实施办法》第三十条第三款相抵触。因此，《北京市水行政处罚程序规定（试行）》第六条第二款、第二十条第一款第二项均与上位法规定相抵触，不应作为认定行政行为合法的依据。

根据《北京市河湖保护管理条例》第七条第四款规定：区、县水行政主管部门按照管辖权限，对本行政区域内河湖保护管理工作实施统一监督管理。该条例第四十四条第二款亦规定：违反本条例第三十三条第二款规定，未经批准擅自利用河湖开办旅游项目或者从事其他利用活动的，由水行政主管部门按照管辖权限责令停止违法行为，限期改正，处 2 万元以上 10 万元以下的罚款。怀柔区水务局作为水行政主管部门，对本辖区内违反《北京市河湖保护管理条例》的违法行为，具有依法查处并做出行政处罚决定的法定职责。

《北京市水行政处罚程序规定（试行）》第六条第一款规定：除依法可以当场决定水行政处罚的外，水政监察人员发现公民、法人或者其他组织有违法行为依法应当给予水行政处罚的，应当报水行政处罚机关负责人批准立案。第二款规定：水行政处罚机关负责人包括水行政处罚机关法定代表人或者主管负责人；市、区水行政主管部门委托的水政监察机构主要负责人或者主管负责人在委托权限内也可视为水行政处罚机关负责人。《中华人民共和国行政诉讼法》第三条第三款中规定了被诉行政机关负责人应当出庭应诉。《最高人民法院关于适用〈中华人民共和国行政诉讼法〉的解释》第一百二十八条第一款规定了行政机关负责人包括行政机关的正职、副职负责人以及其他参与分管的负责人。由于水行政监察机构隶属于水行政处罚机关的下级内设机构，因此水行政监察机构的负责人不属于《中华人民共和国行政诉讼法》第三条第三款规定的行政机关负责人。《北京市水行政处罚程序规定(试行)》第六条第二款将水政监察机构主要负责人或者主管负责人在委托权限内视为水行政处罚机关的负责人,违反了行政诉讼法第三条第三款的规定,因此该条款不作为认定行政行为合法的依据。

《最高人民法院关于适用〈中华人民共和国行政诉讼法〉的解释》第一百四十八条第二款第二项规定,与法律、法规、规章等上位法的规定相抵触的,属于行政诉讼法第六十四条规定的"规范性文件不合法"。本案中,怀柔区水务局在做出行政处罚决定前,依据《水行政处罚程序规定(试行)》第二十条第一款第二项的规定,由水政监察机构负责人进行了集体讨论。《北京市水行政处罚程序规定(试行)》第二十条第一款第二项规定:"拟对公民处以超过三千元至一万元以下罚款、对法人或者其他组织处以超过三万元至十万元以下罚款的,经水政监察机构内设法制工作机构法制审查后,由水政监察机构负责人进行集体讨论,参加人数不得少于负责人职数的四分之三。列席人员应为案件承办人、内设法制工作机构负责人和其他相关人员。水政监察机构负责人集体讨论达成共识后提出行政处罚建议,经水行政处罚机关法制机构进行法制复核,报水行政处罚机关负责人审查同意后用印盖章。"对于上述条款,法院经审查认为,《北京市水行政处罚程序规定(试行)》第二十条第一款第二项规定了"对法人或者其他组织处以超过三万元至十万元以下罚款的,经水政监察机构内设法制工作机构法制审查后,由水政监察机构负责人进行集体讨论……",而《水行政处罚实施办法》(中华人民共和国水利部令第8号)第三十条第三、四款规定:"对情节复杂或者重大违法行为给予较重的水行政处罚,水行政处罚机关负责人应当集体讨论决定。前款所称较重的水行政处罚是指对公民处以超过三千元罚款、对法人或者其他组织处以超过三万元罚款、吊销许可证等。"依据上述条款,"对法人或者其他组织处以超过三万元罚款"的行政处罚,应当由水行政机关负责人集体讨论决定。而水政监察机构的负责人并非水行政处罚机关的负责人;故水行政处罚程序规定(试行)第二十条第一款第二项明显与其上位法《水行政处罚实施办法》第三十条第三款相抵触,因此该条款亦不作为认定行政行为合法的依据。

行政机关做出行政行为时,应当遵照法定的程序进行,特别是对违法行为人处以较重的行政处罚时,应当采取审慎的态度,严格履行相关法定程序。旧《中华人民共和国行政处罚法》第三十八条第二款规定:对情节复杂或者重大违法行为给予较重的行政处罚,行政机关的负责人应当集体讨论决定。《水行政处罚实施办法》第三十条第三、四款亦规定:对情节复杂或者重大违法行为给予较重的水行政处罚,水行政处罚机关负责人应当集体讨论决定。前款所称较重的水行政处罚是指对公民处以超过三千元罚款、对法人或者其他组织处以超过三万元罚款、吊销许可证等。依据上述规定,对公民处以超过三千元罚款、对法人或者其他组织处以超过三万元罚款、吊销许可证等较重的行政处罚决定时,应当适用行政处罚法笃三十八条第二款的规定,即应当由水行政机关的负责人集体讨论决定。

《中华人民共和国行政处罚法》和《水行政处罚实施办法》均规定了由行政机关负责人集体讨论决定是给予较重行政处罚必须履行的法定程序。其目的是使行政处罚更加规范、合理,防止行政机关执法人员滥用行政权力,更好地保障行政相对人的合法权益。《水行政处罚实施办法》对何种情形属于较重的水行政处罚做出了更加具体、明确的规定。本案中,怀柔区水务局对青石岭公司处以五万元的罚款,符合《水行政处罚实施办法》第三十条第三、四款的规定,属于《中华人民共和国行政处罚法》第三十八条第二款规定的较重行政处罚,因此应当适用行政处罚法第三十八条第二款的规定,即应当由怀柔区水务局的负责人集体讨论决定。由于怀柔区水务局在做出被诉行政处罚决定书之前,未由水行政机关负责人集体讨论即做出了行政处罚决定,违反了《中华人民共和国行政处罚法》第三十八条第二款和《水行政处罚实施办法》第三十条第三款的规定。故,怀柔区水务局做出的行政处罚决定书未履行相应的法定程序,是不合法的。同时,所以市水务局做出的复议决定也是不合法的。

第一种观点认为:水政监察机构负责人可以视为行政机关负责人,行政处罚书已经水政监察机构负责人集体讨论,故行政处罚程序合法。

理由是:①水行政处罚程序规定(试行)第六条第二款不违反上位法,水政监察机构负责人可视为"行政机关负责人"。《中华人民共和国行政诉讼法》和《最高人民法院关于适用〈中华人民共和国行政诉讼法〉的解释》均属于行政诉讼程序法,不能以行政诉讼程序规定衡量行政处罚程序。针对行政处罚有行政处罚法等法律法规予以调整,行政处罚法没有对行政负责人的范围进行具体的规定。1997 年 4 月 7 日《北京市人民政府法制办公室关于印发"对本市行政执法部门实施〈行政处罚法〉若干问题的意见"的通知》第四条规定:关于受委托组织负责人决定行政处罚的权限。在法律、法规、规章和行政处罚委托书规定的权限范围内,受委托组织的负责人有权行使委托机关负责人的行政处罚决定权;处罚法规定应当集体讨论决定的行政处罚,由受委托组织的负责人集体讨论决定。2016 年 4 月 26 日《北京市人民政府法制办公室关于印发〈北京市行政处罚案卷标准和评查评分细则〉的通知》(京政法制发〔2016〕35 号)中《北京市行政处罚案卷标准(2016 版)》第 3.3 条对行政机关负责人进行了具体规定,根据该条款行政机关负责人包括:行政机关法定代表人或者主管负责人;相对集中处罚权的行政机关所属执法机构负责人和受委托执法组织的负责人也可视为"行政机关负责人"。根据市政府上述文件,市水务局制定了《北京市水行政处罚程序规定(试行)》,该规定第六条第二款的规定与市政府文件相一致,不存在违反上位法的问题。本案中,区水政监察大队是全额拨款事业单位,属于怀柔区水务局下属单位,具体实施水行政主管部门相应的行政执法职权。怀柔区水务局委托区水政监察大队行使处罚权,依法进行了备案,区水政监察大队负责人可以视为"行政机关负责人"。②《北京市水行政处罚程序规定(试行)》第二十条第一款第二项是对上位法的细化,同样不违反上位法。《中华人民共和国行政处罚法》第三十八条第二款对于较重行政处罚的标准没有具体规定,《水行政处罚实施办法》第三十条第四款对较重水行政处罚进行了相关规定,《北京市水行政处罚程序规定(试行)》第二十条第一款对水行政处罚的违法情节进行了进一步的细化,其中第二项规定:"拟对公民处以超过三千元至一万元以下罚款、对法人或者其他组织处以超过三万元至十万元以下罚款的,经水政监察机构内设法制工作机构法制审查后,由水政监察机构负责人进行集体讨论……",根据前述市政府文件规定,水政监察机构负责人可以视为行政机关负责人,据此《北京市水行政处罚程序规定(试行)》第二十条第一款第二、三项对《水行政处罚实施办法》第三十条第三款、第四款进行细化规定,不违反上位法的规定。③怀柔区水务局和区水政监察大队是委托和被委托的关系。根据北京市怀柔区机构编制委员会《关于调整区水务局所属事业单位机构编制的批复》(京怀编字〔2014〕29 号),区水政监察大队是区水务局所属全额拨款事业单位,依据《中华人民共和国水法》《中华人民共和国防洪法》《中华人民共和国水土保持法》及有关法律、法规、规章的规定,对区域内的水资源、水环境、水利工程及设施、水土保持工程及设施等方面进行保护，具体实施水行政主管部门相应的行政执法职权。怀柔区水务局委托区水政监察大队负责行政区域内由区水务局承担的行政执法职权和行政处罚工作。④首先，区水政监察大队不是区水行政主管部门的下级内设机构，其具有独立法人资格，属于独立的事业单位，区水行政主管部门与水政监察机构是委托与被委托的关系。其次，行政机关可以委托依法成立的管理公共事务的事业组织施行行政处罚，也可以委托水政监察机构主要负责人或者主管负责人在委托权限内行使相关职责。《北京市水行政处罚程序规定（试行）》第六条第二款规定的区水行政主管部门委托的水政监察机构主要负责人或者主管负责人在委托权限内也可视为水行政处罚机关负责人，并不违法。《中华人民共和国行政处罚法》第十八条规定，行政机关依照法律、法规或者规章的规定，可以在其法定权限内委托符合本法第十九条规定条件的组织实施行政处罚。行政机关不得委托其他组织或者个人实施行政处罚。委托行政机关对受委托的组织实施行政处罚的行为应当负责监督，并对该行为的后果承担法律责任。受委托组织在委托范围内，以委托行政机关名义实施行政处罚；不得再委托其他任何组织或者个人实施行政处罚。根据上述规定，行政机关可以委托符合旧《中华人民共和国行政处罚法》第十九条规定的组织做出行政处罚，对于委托的内容，只要属于委托机关权限范围，行政处罚法并无其他限制。水政监察机构主要负责人或者主管负责人在委托权限内也可视为水行政处罚机关负责人，在委托权限范围内以负责人身份处理相关行政管理事务，这属于委托行政机关对受托组织的委托，且由委托行政机关及负责人最终承担对外部行政行为的法律责任，这并不被行政处罚法等法律所禁止或限制。再次，不能以《中华人民共和国行政诉讼法》《最高人民法院关于适用〈中华人民共和国行政诉讼法〉的解释》关于行政负责人范围的限定，否定行政管理中行政委托的合法性，以及以此作为禁止行政机关委托水政监察机构主要负责人或者主管负责人在受委托权限内作为负责人的法律依据。最后，该条规定符合本市多年来的执法实践。《北京市水政处罚程序规定（试行）》第六条第二款规定，符合北京市人民政府法制办公室制定的《对本市行政执法部门实施〈行政处罚法〉中若干问题的意见》《北京市行政处罚案卷标准和评查评分细则》（2016 版）的规定。关于《北京市水行政处罚程序规定（试行）》第二十条第一款第二项，上述规定具有的合法性：水政监察机构及其负责人属于受委托组织及人员，对于行政机关内部集体讨论的程序、人员，并不属于禁止委托授权的范围。首先，根据《中华人民共和国行政处罚法》第十八条的规定，对于处罚的施行权可以委托给相关组织，并未禁止将行政机关内部的集体讨论程序委托给相关组织开展。委托行政机关对受委托组织负责监督，并对其行为的后果承担法律责任，委托行政机关对外承担受委托组织所作行政处罚行为是否合法的责任，而对于属于行政机关内部程序的集体讨论程序，行政处罚法并未禁止行政机关授权委托受委托组织开展进行，集体讨论程序亦属于施行行政处罚的一项内部程序，属于行政处罚施行的必要环节和组成部分，行政处罚法对此未禁止委托。其次，《中华人民共和国行政处罚法》规定的委托程序符合执法实践及行政效率的要求，在委托权限范围内，集体讨论程序可以交由水政监察机构及其负责人进行，此种做法可以提高行政效率，这也是行政委托制度的目的及价值所在。再者，委托行政机关对外部的执法行为及执法后果承担相应责任，集体讨论属于内部程序，由受委托组织开展，并不影响相对人的合法权益。该条规定符合本市多年来的执法实践。《北京市水行政处罚程序规定（试行）》第二十条第一款第二项规定，符合北京市人民政府法制办公室制定的《对本市行政执法部门实施〈行政处罚法〉中若干问题的意见》《北京市行政处罚案卷标准和评查评分细则》(2016版)的规定。

本案主要问题在于:怀柔区水务局做出的被诉行政处罚决定书是否违反法定程序,是否属于应当依法撤销的情形。

作者认为,《中华人民共和国行政处罚法》第三十八条第二款规定:对情节复杂或者重大违法行为给予较重的行政处罚,行政机关的负责人应当集体讨论决定。《水行政处罚实施办法》第三十条第三、四款亦规定:对情节复杂或者重大违法行为给予较重的水行政处罚,水行政处罚机关负责人应当集体讨论决定。前款所称较重的水行政处罚是指对公民处以超过三千元罚款、对法人或者其他组织处以超过三万元罚款、吊销许可证等。本案中怀柔区水务局系因青石岭公司未经水行政主管部门批准,擅自利用河湖开办旅游项目或者从事其他利用活动,依据《北京市河湖保护管理条例》第四十五条第二款的规定,对青石岭公司处以了人民币五万元的罚款。依据上述规定和查明的事实,对法人或者其他组织处以超过三万元罚款、吊销许可证等较重的行政处罚决定时,应当适用《中华人民共和国行政处罚法》第三十八条第二款的规定,故本案行政处罚应当由水行政机关的负责人集体讨论决定。

第一,从法律解释的角度来说,根据法律解释的基本原则,对法律条文的解释应当首先进行文义解释。文义解释是法律解释的起点和终点,其他解释都需以文义解释为基础。如果文义解释的结论是唯一且毫无疑义的,且不会造成体系冲突,则原则上应采纳文义解释的结论。根据《中华人民共和国行政处罚法》第三十八条第二款、《水行政处罚实施办法》第三十条第三、四款的文义可以明确得出较重的行政处罚应当经过行政机关的负责人即水行政处罚机关的负责人集体讨论,从文义解释角度不能得出的由水政监察机构负责人集体讨论。第二,从机构建制的角度来说,根据《中华人民共和国行政处罚法》第十八条、第十九条,《水行政处罚实施办法》第十条第一款、第十一条的规定,县级以上人民政府水行政主管部门可以在其法定权限内委托符合条件的水政监察专职执法队伍实施水行政处罚,故怀柔区水务局与区水政监察大队在做出行政处罚的过程中是委托与被委托的关系,怀柔区水务局是水行政主管部门,区水政监察大队则是依法成立的管理水利事务的事业组织,即使是在此种委托与被委托的关系之下,行政机关所属事业单位的负责人也当然不能替代行政机关的负责人在行政处罚的过程中进行集体讨论。第三,从立法目的角度来看,《中华人民共和国行政处罚法》及《水行政处罚实施办法》均规定了行政机关负责人集体讨论是给予较重行政处罚必须履行的法定程序,亦是与做出一般行政处罚相区隔的特殊程序,旨在更好地保障行政处罚相对人的合法权益,规范行政机关的执法行为。负责人集体讨论可能会对处罚结论造成直接的影响,不同的主体进行讨论,讨论出来的处罚结果可能不同,处罚结果的不同势必会对当事人权利义务产生影响,所以是否经过负责人集体讨论,以及集体讨论的主体是谁,应当属于法院对行政行为合法性的审查范围。

根据《中华人民共和国行政诉讼法》第五十三条规定:公民、法人或者其他组织认为行政行为所依据的国务院部门和地方人民政府及其部门制定的规范性文件不合法,在对行政行为提起诉讼时,可以一并请求对该规范性文件进行审查。前款规定的规范性文件不含规章。青石岭公司可以要求对《北京市水行政处罚程序规定(试行)》第六条第二款、第二十条第一款第二项一并进行审查。其中第六条第二款主要规定市、区水行政主管部门委托的水政监察机构主要负责人或者主管负责人在委托权限内可视为水行政处罚机关负责人。如前所述,区水政监察大队是管理水利事务的事业组织,水政监察大队的负责人显然不属于《中华人民共和国行政诉讼法》第三条第三项及《最高人民法院关于适用〈中华人民共和国行政诉讼法〉的解释》第一百二十八条第一款规定的行政机关负责人的范围。《北京市水行政处罚程序规定(试行)》第二十条第一款第二项是针对对公民处以超过三千元至一万元以下罚款,对法人或者其他组织处以超过三万元至十万元以下罚款的程序规定,规定拟做出上述处罚需经水政监察机构负责人集体讨论,经讨论达成共识后提出行政处罚建议,经水行政处罚机关法制机构复核后再报水行政处罚机关负责人审查同意后用印盖章。需要说明的是,上述规定第二十条第一款第三项是针对对公民处以超过一万元罚款,对法人或者其他组织处以超过十万元罚款、吊销许可证等水行政处罚的程序规定,该项规定在拟做出上述金额范围及种类处罚的情形下应提请水行政处罚机关负责人集体讨论。《水行政处罚实施办法》第三十条中规定较重的水行政处罚是指对公民处以超过三千元罚款,对法人或者其他组织处以超过三万元罚款、吊销许可证等。同为做出较重的行政处罚,《北京市水行政处罚程序规定(试行)》中规定的集体讨论的主体却不尽相同,《北京市水行政处罚程序规定(试行)》第二十条第一款第二项明显与《水行政处罚实施办法》第三十条第三款相抵触。因此,《北京市水行政处罚程序规定(试行)》第六条第二款、第二十条第一款第二项均与上位法规定相抵触,不应作为认定行政行为合法的依据。

以上的解析希望水行政执法人员认真学习、思考,以便更好地指导水行政执法实践。

水行政执法证据收集和执法卷宗规范化的思考

一、水行政执法证据种类和收集方式

《中华人民共和国行政诉讼法》第三十四条规定：被告对做出的具体行政行为负有举证责任，应当提供做出该具体行政行为的证据和所依据的规范性文件。《中华人民共和国行政处罚法》第三十八条第二款规定：违反法定程序构成重大且明显违法的，行政处罚无效。据此，水行政部门在行政执法过程中需遵循“先取证，后裁决”的原则，或者说在合法的动机下循着法定处罚要件去取证然后裁决的原则（行政处罚是行政管理的一种手段，法定目的很强）。从行政处罚和行政诉讼这两方面看证据都是核心，并且从行政诉讼的高度去要求行政处罚中的证据运用，才能确保行政执法的有效性和体现法律的公平性（行政案件中的证据在行政处罚中由行政机关采集审查，在行政诉讼中由人民法院审查确信，这种审查确信是终局的）。

（一）证据的概念

什么是证据？这是诉讼实践和诉讼理论中十分重要的问题。《中华人民共和国刑事诉讼法》第五十规定：可以用于证明案例事实的材料，都是证据。这是我国立法上对刑事诉讼中的证据所下的定义。它概括了诉讼证据的基本特征，反映了它的本质属性，是科学的。上述规定也符合民事诉讼和行政诉讼中的证据，因为它们都是在诉讼过程中可用以证明案件真实情况的，其本质是相同的。

作为证据，不论是行政证据、民事证据还是刑事证据，均具有三项基本属性，即合法性、关联性和客观性。

（二）证据的三性

1.证据形式法定

《中华人民共和国行政诉讼法》第五章第三十三条中明确规定了作为行政证据的七种证据：书证，物证，视听资料，证人证言，当事人陈述，鉴定结论，勘验笔录、现场检查笔录。故此，证据必须符合上述七种法定形式。

2.证据取得的方式合法

任何证明案件事实的证据的取得都必须符合法律规定，调查取证必须由两名执法人员参加。这就是对水行政执法证据取得的法定要求或证据来源的形式要求。证据取得形式、程序非法，直接导致证据丧失证明效力。

证据只能由执法人员依照法律的规定程序，进行收集、固定、保全和审查认定，即运用证据的主体要合法，每个证据的来源程序要合法，证据必须具备合法的形式，其是证据客观性和关联性的重要保证，也是证据具有法律效力的重要条件。证据合法性审查判断的作用在于确保执法的主体、程序、采取的行政强制措施、证据的形式等要合法，如执法人员没出示执法证件并记录，那么其在现场检查时所做的《现场检查笔录》就是无效的。《最高人民法院关于行政诉讼证据若干问题的规定》第五十七条规定的1、2、3、5、6、7、8项就是几种具体的审查判断方法。本着行政诉讼质证的要求，收集的每个证据都要留有执法合法的印记，如做调查笔录时要亮明身份，出示证件并记录在笔录中。

3.证据的客观真实性

证据的作用在于还原客观现实,它所反映或证实的内容必须是真实的。行政机关办理行政执法案件所要查明的事实,在其发生、发展过程中,作用于现场和周围环境,常常会留下痕迹、物品,引起场所的变化,为在场人耳闻目睹,有所感知。行政执法机关办理案件时,必须借助这些痕迹、物品和了解案件情况的人所作的陈述,来认识案件的事实真相,也就是要将它们用作证据来证明案件事实。这些因违反行政法律、法规的行为等所造成的证据,都是确实存在的事实,是不依执法人员的主观意志为转移的客观存在。所有的痕迹、物品、文件等实物证据,固然是客观存在的事实。案件事实为当事人亲自实施和经历,为在场人所了解,因而可以用言词陈述出来,也同样是确确实实的事实,是客观现实中已发生的。

证据事实是案件事实在不同层面、不同角度、不同阶段、不同形式上的反映,是不以人们的主观意志为转移而存在的事实。行政执法也是通过证据把客观真实表现为法律真实的过程。证据客观性审查判断的作用有:①执法人员不能把个人主观的判断,或人们的想象、假设、推理、臆断、虚构等作为定案的证据适用。②违法产品的货值金额、违法所得或非法收入的计算不能笼统地计算,不能仅听相对人陈述的价格和数量及交税情况,要有充分的证据并予以计算。③证据必须有正确的来源。

4.证据的关联性

证据的关联性是指作为证据的事实不仅是一种客观存在,而且它必须是与案件所要查明的事实存在逻辑上的联系,从而能够说明案件事实。正因为如此,它才能以其自身的存在单独或与其他事实一道证明保证案件真实的存在或不存在。如果作为证据的事实与要证明的事实没有联系,即使它是真实的,也不能作为证明争议事实的证据。关联性分为两层含义,第一层含义是证据证明的内容必须与需要查明的案件事实有直接关系;第二层含义是若干个证据之间相互关联,相互印证,对待查案件事实形成一个完整的证据链条,足以反映案件事实的原貌。

即使对正在发生的违法行为,对于求证来说,也是已经发生的案件事实,证据的关联性能明确调查和收集证据的方向和范围,保证及时收集各种证据,查明案件真相。所以,证据关联性审查判断的作用在于将看似散乱无章的证据材料统一在案件的事实上,然后才能判断是否违法,怎样去取证证明行政处罚的要件。

对于水行政机关而言,证据又有其部门特性。

(1)重复使用性。

行政处罚中的证据既是行政处罚的依据又是行政诉讼的基础,并且在处罚和诉讼中证据(在诉讼中证据的范畴要大,包括案件审理记录等)基本是一致的,因为证据对执法主体而言既是裁定处罚的依据又是证明其执法行为合法的依据,前者是依强大的行政力量主动地收集、审查、运用,执法主体与相对人地位是不平等的,而后者是行政诉讼法的证据分配原则被动地举证,执法主体与相对人地位是平等的,所以对执法主体而言,只有去从行政诉讼的高度去收集审查运用证据才能确保行政处罚的合法性和有效性,简言之,就是本着诉讼去处罚。这个特点就是以上御下、以平等之严密统筹取证之规范。

(2)证据程序性。

行政处罚中有程序性证据,水行政部门的行政处罚中的程序性证据则有更多的要求,尤其是证据程序性方面,或说取证的环节方面,在时间方法上有严格要求。比如检验是否为地下水报告这一证据的收集和运用,前有抽样原始记录、抽样单、委托检验书,后有检验结果告知书和复检权利通知书(实际运用中这两种合二为一),如果缺任一环节和程序证据,或者时间和程序发生错乱,那检验报告这个证据材料是不能作为证据使用的。

二、证据的种类和收集

(一)书证

书证是指以文字、符号、图画等所表达和记载的思想内容证明案件待证事实的书面文件或其他物品。具有稳定性强、易于保存、不受载体限制等特点。

按照是否属于国家职能部门在其职权范围制作的文书分类,书证又分为公文性书证与非公文性书证。例如,结婚证、房产证、营业执照为公文性书证;借据、担保书、买卖合同为非公文性书证。

还有就是与违法事实书证相对应的程序性文书。行政处罚中不仅要证明相对人违法,还要证明执法主体的合法,程序性文书就是这方面最重要的证据,例如,相对人的营业执照、生产许可证、认证证书、委托书等;相对人提供的检验报告、账册、合同、标签、生产规章制度、价格表等,照片、传真件等。

书证按来源不同分为原本、正本、副本、节录本、影印(复印)本、译本。书证来源分类的意义在于原始书证,即书证原件与书证复印件证明效力不同,例如未经查证核实的复印件不能作为案件证据使用。故此,原始书证可以作为直接证据使用,而书证的复印件则属于间接证据,不能单独作为证据使用。

除上述执法机关依职权调取的书证外,主要的书证收集方法为行政主体的制作。制作书证的内容和形式有:执法证件的亮明,执法人员的人数、来由、目的等的记载,通知书和告知书等的送达,调查笔录的制作等。其必须真实,涂改处有签章或押手印。送达文书如果拒签,则须有证人证明等方式证明送达。需要注意的是,内部的程序性要求,有些相对人虽然不清楚,也不影响案件的实体,但执法主体如果未按要求去做,则在诉讼中依然可能败诉,也可能在申请强制执行中被裁决掉。如听政权利的告知尤其是较大数额的告知,告知书到处罚决定书的期间,处罚决定书宣告后送达的期间,登记保存的期间,查封扣押期间与产品保质期间的冲突问题,复检期间与做出行政处罚决定的冲突问题,送被检样品的方式和途径问题,等等。这些问题如果没有认识到,或者没有做到,就会影响到书证的证明力问题,或者说程序违法问题。另外,执法中执法人员拍的照片,使用此证据材料时要附有文字说明材料。传真件可以直接作为书证使用;相对人提供的书证应由其注明提供时间并与原件核对无误。在实际执法过程中,有许多是相对人不愿意提供的就推说没有,甚至提供假材料的,常常增加执法的难度,对此《最高人民法院关于行政诉讼证据关于问题的规定》本着公平的原则有如下规定:被告在行政程序中依照法定程序要求原告提供证据,原告依法提供而拒不提供,在诉讼程序中提供的证据,人民法院一般不予采纳。那么行政主体则需要证明"依法定程序要求过",由此行政主体则需要在调查笔录或者通知书中有明确的告知行为,并体现在相关书证中;行政主体在现场检查时,法律赋予对有关书证复制的权利,甚至有的可以查封、扣押;对有关专业技术资料,科技文献可以查询取得。但对此应当在案卷中附有说明材料。

要求:书证须真实,制作须合法。包括:复制的和行政相对人提供的需与原件核对无误并签字予以确认,并注明时间和出处;行政主体制作的每一页书证应当有执法人员、相对人、制作者的签名或盖章,并且表明是不是真实意思的表示;涂改处押有手印。

水行政执法机构调取书证的注意事项如下:

(1)尽量提取书证的原件(原本、正本和副本均属于书证的原件),提取原件确有困难的,可以提取与原件核对无误的复印件、照片、节录本。

(2)提取由有关部门保管的书证原件的复制件、影印件或者抄录件的,应当注明出处,经该部门核对无异后加盖其印章。

(3)提取报表、图纸、会计账册、专业技术资料、科技文献等书证的,应当附有说明材料。

(二)物证

物证指以其存在形式、外部特征、内在属性证明案件待证事实的实体物和痕迹。例如,质量存在问题的食品、钢材等。物证具有客观性、不可替代性、关联性、间接性等特征。物证主要包括:违法行为使用的工具,比如造假用的印版模具,生产地条钢用的中频炉等;违法行为的结果,如成品、标签、破坏计量器具准确度的计量器具等。

物证的收集方法:①检查。《中华人民共和国水法》等法律法规都赋予了执法主体的现场检查权,检查相关场所是否存在违法行为,如果有则可以对有关物证实施行政强制措施,其主要形成于现场检查笔录和有关行政强制措施文书,在这种证据形式中要对物证进行详细的描写,以便与实物相互对应。物证的数量、型号、规格出处以及状态和特征等都要准确、详备如实地记录;封存、查封和扣押。这是法律赋予执法主体为了制止违法行为的继续发生和可能在证据灭失的情况下采取的行政强制措施。需要注意的是,这种获取物证的方式须有前置条件,因为行政强制措施本身就可以成为复议和诉讼的内容,法律在设置这种权利时都有一定的限制,即有一定的证据证明这种必要性,这个前提证据要求的比较宽松,达到采取措施比不采取措施的必要性大的证明标准就行,至于案件到底应如何处理,案件的事实真相如何,只有等到查清案件全部事实时才能最终认定。②登记保存。这是行政处罚法赋予执法主体在证据可能灭失情况下采取的一种措施;抽样取证。这是行政处罚法规定的一种取证方法。

要求:根据《最高人民法院关于行政诉讼证据若干问题的规定》第十一条规定,执法主体应保持物证的原物,原物保存确有困难的,可以制作原物的复制件(但需证明与原物无误)或者照片、录像等,是种类物时保存其中的一部分。同时为了质证需要,物证上能签名的则须相对人签名,不能签名的则须有其他佐证。这种措施是为了证明物证是真实的,获取是合法的,物证是在相对人的违法行为中产生的。通常单一物证不起证明案件事实的作用,必须与其他证据综合证明、互为依存条件、互为证明关系,才能体现物证的证明力。

水行政执法机关调取物证的注意事项:

(1)提取物证应注意保存物证的原始存在状态,物证性质不稳定的应及时采取保全措施,如易挥发、腐烂等鲜活物品。

(2)尽量提取原物,提供原物确有困难的,可以提供与原物核对无误的复制件或者证明该物证的照片、录像等其他证据。

(3)原物为数量较多的种类物的,提供其中的一部分。

(4)对于执法过程中封存的物证,应在执法卷宗中记载物证的处置,如返还物主、拍卖或销毁。

(三)视听资料

视听资料是指运用现代技术手段,以录音、录像所反映的声音、形象、电子计算机所储存的资料、其他科技设备所提供的资料来证明案件真实情况的证据。视听资料具有物质依赖性、综合性、形象性、直接性、便利高效性等特征。

视听资料按表现形式分为录音资料、录像资料、计算机数据资料、其他科技设备所提供的资料。主要包括:录音资料,录像资料,电子计算机储存资料,如电子邮件加油机电路板等。要求:保存有关资料的原始载体,注明制作方法、时间、制作人和证明对象等,声音资料应当附有该声音内容的文字记录。《最高人民法院关于行政诉讼证据若干问题的规定》第五十七条第二项规定:以偷拍、偷录、窃听等手段获取的侵害他人合法权益的证据材料不能作为定案依据。其有两层含义:一是以秘密手段获取的侵害他人合法权益的证据应排除掉;二是以秘密手段获取的不侵害他人合法权益的证据应作为定案依据。

执法机关制作和调取视听资料(含电子证据)的注意事项如下:

(1)在进行录音录像时,一般应当公开进行。若因查处违法行为,需要进行秘密录音录像的,应当不违反法律规定,且不得侵害当事人的合法权益。

(2)提取有关资料的原始载体。提取原始载体确有困难的,可以提取复制件。

(3)注明制作方法、制作时间、制作人和证明对象等。

(4)声音资料应当附有该声音内容的文字记录。

随着计算机的广泛应用,电子信息证据也越来越频繁地出现在执法过程中,这里着重指出电子信息证据的提取方式:

第一,观察主机和显示器的状态(开关待机)。记录所执行的操作,必要时要拍摄固定,还可录像记录。

第二,确定主机的外接数据通道,如网线、宽带接入电缆等,将软盘和光盘取出单独包装。正常关机可能导致磁盘上的交换文件被删除,甚至触发其他机关,建议直接切断电源。将所有原外接数据线断开,重新开机,对相关信息加以分析、提取。现场至少有两人,作为见证,最好一个人操作,一个人记录,敏感现场在调查过程中应该摄像。

第三,如果调查取证人员计算机操作能力有限,可以直接关机后将计算机主机装箱贴封条封存,由行政相对人签字后将计算机主机带走交专业计算机信息鉴定机构出具鉴定报告。

(四)证人证言

证人证言是指了解案件有关情况的人向行政执法机关所做的用来证明案件待证事实的陈述。这是行政执法经常使用的证据形式之一。

证人证言只能是自然人,因为单位是组织,它不能去感知任何事实。当然,证人证言受证人本人对客观事物认识能力有限制。证人必须是了解案件事实,能向执法机关如实陈述案件事实,且一般是与执法案件无利害关系的自然人。

当事人向行政机关提供证人证言的,行政机关应当要求其所提供的证人证言亲自书写,且内容符合下列要求:

(1)写明证人的姓名、年龄、性别、职业、住址、联系方式等基本情况。

(2)有证人的签名,不能签名的,应当以摁手印等方式证明。

(3)注明出具日期。

(4)附有居民身份证复印件等证明证人身份的文件。

(五)当事人陈述

当事人陈述是指当事人就有关案件的事实情况向行政机关所做出的陈述。它包括当事人自己说明的案件事实以及对案件事实的承认两个方面的内容。

当事人陈述的特征在于真实性较强,但往往其只做利己性陈述。

当事人自认是指在行政审查过程中,一方当事人就对方当事人所主张不利于自己的事实做出明确的承认,从而产生相应法律后果的行为。这一般仅存在于有举报人或违法行为利益受害人的情况下。自认的效力在于免除对方当事人举证的义务,且具有不可撤销性。但行政相对人的自认不能完全替代执法部门的调查取证活动,因为行政相对人往往自认较轻的违法行为,而回避对自己不利且行政机关尚未掌握的违法事实。

水行政执法机关收集当事人陈述的注意事项如下:

(1)当事人提供书面陈述的,行政机关应当收取原件,并要求当事人明确注明时间等内容。

(2)当事人口头向行政机关陈述的,行政执法人员应当如实记录,并交当事人核对签字。

(3)当事人为法人代表或负责人员的,执法机关应当要求该单位出具该当事人的身份证明文件。

(4)当涉及案件事实的书证、物证时,应及时提取,以便核实陈述的真伪。

如果水行政执法机关以执法人员谈话笔录形式收集当事人陈述应注意以下事项:水行政机关在制作询问、陈述、谈话类笔录时,应当告知当事人执法人员的身份并出示证件、核对当事人身份、告知当事人享有的权利及承担的义务、如实记录当事人反映的情况,应交当事人核对,并应由行政执法人员、被询问人、陈述人、谈话人签名或者盖章。对当事人拒绝签字的,应由执法人员注明情况,并由在场证人签字证明。

(六)鉴定结论

鉴定结论是指鉴定人接受委托或聘请,运用自己的专门知识或技能,对某些专门性问题进行分析、判断后所做出的结论意见。

鉴定结论具有以下作用:

(1)具有补充行政执法人员认识能力的作用。

(2)对认定案件事实具有重要的证明作用。

鉴定结论的特征如下:

(1)鉴定结论是鉴定人对鉴定资料分析研究所作的判断。

(2)鉴定结论解决的是事实问题,而非法律问题。

(3)鉴定结论裁定的事实是拟制事实。

(4)鉴定结论具有主客观双重性。

水行政机关在提取的鉴定结论或委托鉴定的结论应符合下列条件:

(1)应当载明委托人和委托鉴定的事项、向鉴定部门提交的相关材料、鉴定的依据和使用的科学技术手段、鉴定部门和鉴定人鉴定资格的说明,并应有鉴定人的签名和鉴定部门的盖章。

(2)通过分析获得的鉴定结论,应当说明分析过程。

(3)封样检测鉴定的,应要求当事人在封样上签名,对可以备份的鉴定材料,应当备份。

(4)鉴定结论下达后应依法向行政相对人送达,如果相对人对鉴定结论不服,有权提起再次鉴定。

(七)勘验笔录、现场笔录

现场笔录是行政执法人员在执行职务过程中当场进行调查、处理、处罚而制作的文字记载材料。勘验笔录与现场笔录近似,只是制作主体、时间略有区别,是行政主体的执法人员在执法过程中对与案件有关的场所、物品进行检查是所做的文字记载,并由检查人员和现场见证人员签名的一种证据形式。就此证据的实质而言,它是一种固定保全证据的方法和手段,其证据作用在于它固定和保全的内容同案件事实所产生的关联性。并且它最主要的作用还在于其记录的是正在发生的事情,因此对这种证据的基本要求,就是要客观、全面、准确地加以固定,不能有任何疏漏。

水行政执法机关制作勘验笔录、现场笔录的注意事项:

(1)笔录应当载明时间、地点和事件等内容,并由水行政执法人员和当事人签名。现场笔录应当现场制作,不得事后补作。

(2)当事人拒绝签名或者不能签名的,应当注明原因,并邀请见证人签名。

(3)建议现场笔录结合摄像资料一起作为证据组合使用,以驳斥有关人员对现场笔录真实性的质疑。

以上七种证据中,在水行政执法中基本上都会涉及,不过是使用的频率不同而已。在大多数执法案件中使用频率最高的一般来讲就是现场检查笔录,这一证据是由执法人员对现场检查情况的如实记录,在执法文书中也有专门的文书格式。其次使用较多的证据是调查笔录,这在七种证据中应归于证人证言和当事人的陈述这两种,如对涉嫌行政违法的当事人(公民、法人代表、其他经济组织负责人)进行调查归于当事人陈述。但对法人机构的非法定代表人和经济组织的非负责人进行的调查应归于证人证言还是当事人的陈述呢?作者认为应归于当事人的陈述,理由是这些人同法人代表、负责人是上下级关系,同涉嫌案件有利害关系,不具有证人资格,当然就不能成为证人证言了,应认定为当事人的陈述。再次使用较多的是检验报告,在这七种证据中应归于第六种鉴定结论。书证也是常用的证据,如在执法中提取、复制的账目、合同、发票等都是书证。但是当事人提供的自行委托检验的检验报告是属于鉴定结论还是书证,人们观点不同。作者认为是书证并非鉴定结论,理由是要审查其真实性,而非确定的结论性文件。由于多年的执法习惯不注意物证的收集和运用,因而反映了收集物证在执法工作中还不够完善,《中华人民共和国行政处罚法》第五十六条明确规定“行政机关在收集证据时,可以采取抽样取证的方法”。抽样取证并非抽样检验,因此在执法过程中,应注意收集已确定的实物证据,这是最有效和最有证明力的证据。

在执法手段不断完善的今天,对视听资料的应用逐渐增多,如执法中的照片、录音录像等,但电子扫描的材料既不是视听资料也不是书证,只有它同原件一起使用时才能是证据。而录音录像、照片在行政诉讼中是不能作为独立证据使用的,应与其他证据一起使用,并有一定的关联性才能作为完全的证据。因此,执法中制作这类证据材料一定要同时收集其他种类的证据,以相互应证,万不可只凭这种单一证据就给予定性与处罚。

三、水行政执法证据的审查判断

水行政违法行为侵犯的客体是水行政管理秩序,需要水行政执法主体运用行政手段去查清违法行为,然后用准确的法律依据进行处罚。违法行为在法律层面上讲是证据证明了的,没有证据证明的,即使事实上有,也不能惩处;证据证明的违法可能只是冰山一角,证明违法行为只能是等于或小于事实,而大于事实则是错误的。违法必受惩处。《中华人民共和国行政处罚法》第三十八条规定,没有法定依据的处罚无效。证据必须证明违法行为达到水行政处罚的要件。此可称为水行政执法的最终目标。

以上可以概括为:水行政执法或行政处罚就是水行政执法主体在合法动机下,去收集审查证据,判断相对人是否违法,违法行为是否达到处罚条件的案件。证据运用的核心就是:证明相对人是否违法,违法行为是否达到行政处罚证明要件,执法合法。

(一)证据收集的方式

从执法的实践看,水行政部门行政执法收集证据主要有以下几种方式:①进行现场检查,制作笔录。②进行调查,其中包括对当事人、证人的调查、登记保存、调取书证等。③听取陈述、申辩。④举行听证等。但是查封、扣押并非是调查取证的方式,只是保全措施,封存也并非全是调查取证的方式。因此,在未做出相应的处理结果之前,整个行政执法过程都属于调查取证阶段,包括陈述、申辩和举行听证也应归于证据收集的范围或过程,在此过程中均应注意收集充分的证据证明行政相对人的违法行为。

1.现场检查笔录证据

从现场检查笔录的证据来看,只要是在水行政部门职权范围内,不论是接到举报,还是主动监督检查或依据线索都可派两人以上执法人员去进行收集,也就是“只要是职权范围内的事就可管”。但是有一个困扰执法部门的问题,现场检查制作笔录后,当事人拒绝签字怎么办的问题?作者认为证据是否有效,最终是要在行政诉讼中得到法院认可,即现场检查笔录的有效性要依据《中华人民共和国行政诉讼法》的有关规定确认,但《中华人民共和国行政诉讼法》中又没有明确的规定,为此 2002 年最高人民法院出台了《关于行政诉讼证据若干问题的规定的司法解释》(简称《解释》),该《解释》第十五条规定“被告(指行政诉讼中的被告)向人民法院提供的现场笔录,应当载明时间、地点、事件等内容,并由执法人员和当事人签名。当事人拒绝签名或者不能签名的,应当注明原因。有其他人在现场的,可由其他人签名(这里的其他人,最好是非本单位人员,这样可以提高证据的证明力)。法律、法规和规章对现场笔录的制作形式另有规定的,从其规定。”依此规定看,当事人拒绝签名或不能签名时,应注明原因,常见的文书中只有执法人员签的“拒绝签字”是不规范的,必须注明拒绝签名的原因,如“不是法人不能签”等。有“其他人”在场的,“其他人”是指执法检查的执法人员以外的其他人员,包括被邀参加的人员。因此,这些其他人签名后,均是有法律效力的,但必须注明当事人拒签的原因。作者查阅了水行政执法所涉及的所有法律、法规和规章,对现场检查笔录制作仅有《行政处罚法》第三十七条第一款规定有“询问或者检查应当制作笔录”,除这一项规定,其他法律、法规、规章对水行政案件制作现场笔录尚未发现有其他规定。规定“行政相对人应当签署意见,签名或者押印。”但这也只是对相对人设定的义务,并非是笔录生效的要件,即并非规定“笔录应当有相对人的签署意见,签名或者押印”。所以,这就说明当事人拒绝签署意见,签名或押印完全可以依据解释的规定进行,但应注明原因或其他在现场的人的签名,这样的笔录是完全有法律效力的。

2.其他种类的证据

调查笔录也是执法中常用的文书。作为证据使用时,法律规定“调查笔录应当有行政执法人员、被询问人、陈述人、谈话人签名或者盖章”。这说明如果无签名或盖章是不能作为证据使用的。那么被调查人拒绝签名怎么办?作者认为只能收集其他证据,包括对其他相关人员的调查,这里一定要同现场检查笔录能作为证据的要求区分开来。有时可能涉及对证人的调查,要有证人的签名,不能签名的,应当盖章,应记明证人的姓名、年龄、性别、职业、住址等基本情况,同时应附有居民身份证复印件等。进行调查时一定要围绕案件进行,对重大复杂的案件,笔者认为调查前要归纳调查内容,做调查提纲,做到有目的、有重点地去调查。

对于物证的收集,一般应取原物,并妥善保管。物证的保存应同案卷保存时间相一致。对于会计账册的证据在案卷中应附有说明材料。对影像资料应保存原始载体,应说明制作方法、制作时间、制作人和证明对象等,声音资料应当附有声音内容的文字记录。

另外,收集证据应当注意以下几个问题,收集证据必须依法进行:首先,收集证据必须由水行政部门的办案人员依法进行。水行政部门为查办违法案件而收集证据是行政机关的具体行政行为。其次,收集证据必须依照规定程序进行。水行政部门执行的各项法律法规及水利部的相关规章,是办案人员收集证据的法定依据。最后,收集的证据应当由水行政部门合法使用。水行政部门在职权范围内,有权行使行政权力,调查取证并用于查处违法案件等职能工作范围。水行政部门作为行政执法工作的主体,必须把握好自身在调查取证工作中的行为规范,以保障取证工作及所取得的证据的合法性和有效性。

收集证据必须周密计划,事先安排。调查取证工作必须有计划、有目的地进行。尤其对于较大的案件,办案单位应当根据个案的具体情况仔细研究,针对需要证明的问题,确定调查取证的方法、步骤、力量安排和要达到的目的等,制订出切实可行的调查取证计划方案。实践证明,调查取证工作计划安排得当,不仅可以避免工作中的盲目性,同时还能收到事半功倍的效果。

收集证据必须积极主动,抓住战机。行政执法的主要优势在于快捷有效。水行政部门在查办案件中,往往将收集证据与制止违法融为一体。抓住战机,反应迅速是办案人员应当具备的基本素质之一。一个案件查处结果如何,往往与能否抓住战机十分有关。兵贵神速,对于已掌握的案件线索或已进入立案调查阶段的案件,水行政部门应当积极主动地抓住战机,运用法律赋予的手段和职权;否则,面对机会反应迟钝,行动缓慢,只会给办案工作造成更大的困难。

(二)证据的判断和识别

证据运用的核心就是证明相对人违法和执法的合法。结合水行政部门的执法实际,从以下几个方面去审查判断,看证据能否达到“事实清楚,证据确凿,程序合法”这样的证明标准:

(1)证据的客观性、合法性、关联性(“三性”)的审查判断。

合法证据所必须具备的“三性”上述已经讲过,在此不再赘述,但需要强调的是,对证据“三性”的审查、识别和运用贯穿于行政执法全过程,所以它不仅仅具有理论研究的意义。

(2)确定相对人身份的证据审查判断。

在行政执法中,确定违法行为人身份是至关重要的,也是首要的。相对人为躲避行政处罚,会报虚假名字或在现场检查笔录中以及其他证据中书写虚假名字,更有的会对以前书证中出现的人称没有此人或不是本单位人员,所以这方面的证据的审查判断是很重要的。

需有以下要件:公民需有其身份证;法人或其他组织,需有公章;受委托人需有委托书;

发票、合同、许可证等证明的相对人高于其他证据证明的相对人,当证据中的相对人确定有冲突时,需有其他证据排除冲突;各证据中的相对人能互相印证为同一主体。

(3)执法理由或现场检查笔录中及其他证据中发现的违法行为是否做到全面的证明并予以处理的证据的审查判断。

在水行政执法中可能发现相对人多个违法行为,那么这已证明的多个违法行为必须据其情节受到相应的惩处,不能只取一个违法行为予以制裁,其审查判断的主要作用是执法的合法性、全面性和证据的完备性。

(4)证据之间的逻辑关联性的审查判断。

对已发生的案情予以求证,证据之间的逻辑关联性即证据链一定要强要完备,对于证明对象而言,任何证明环节都不能缺少,一环扣一环,将法律事实,讲述得清楚而严谨,不容置疑。

证据链的审查判断更多内容是确定执法程序及取证程序的内容。此审查判断的作用是考查证据之间是否能互为因果,互相证明,排除合理的怀疑,证据之间证明内容的传递是否是必然的并且是唯一的。作用还在于能否清晰、准确、完备地告诉案件审委会和法官,证据证明的案情和适用的水行政处罚的情况。

(5)执法行为本身合法性证据的审查判断。

执法者,必先守法。执法合法性的内容主要有:第一,执法主体执法权利合法,执法主体在执法之前首先要审查自己有没有执法的权限,是否有超越执法权限、范围的可能;第二,执法程序合法,包括案件来源,立案审批,调查取证,执法人员执法资格,对被执法对象权利义务的告知,法定期限内送达法律文书结案等,水行政法律、法规要求的执法规范,这些内容都需有证据予以证明。

(6)一个违法行为违反多个法律的证据审查判断。

同一个违法行为同时违背了一个法律的多个条款。按照"一事不能两罚"的原则,可以择其重处罚,那么此审查判断就是看证据证明的哪一种违法行为为重,处罚重,并得到处罚的要件。

(7)证据是否能证明处罚要件的审查判断。

每个行政处罚的条款要件是不一样的,要按照某一条款予以行政处罚时,必须证明处罚要件。水行政部门办案中的调查取证,包括收集证据和审查判断证据两个方面。它是查明案件事实,完成证明任务的前提。办案人员在查处案件时,只有通过调查,收集证据,鉴别印证每个证据的真实性,并掌握了足够的证据量之后,才能对案件事实做出结论。水行政案件集中审理制度的确立,为执法证据的审查提供了最终的保障,通过集中审理,对执法人员审查的执法证据进行再审查,保证了执法办案证据的质量。

(三)证据的审查

1.证据审查的概念

所谓证据审查,是指办理案件的执法人员对依法收集到的现有证据进行分析、研究和判断,以鉴别其真伪,确定其与案件事实有无关联性,有无证明力及证明力大小的活动。

2.证据审查的内容

证据审查的内容是指办理案件的执法人员审查判断证据时必须注意的相关事项。办理案件的执法人员在办理过程中,必须对依法调查收集到的证据的内容进行审查,以决定证据与案件事实是否相关联,是否具有可采性。由于我国现行的三大诉讼法对审查判断证据的内容为何无明确一致的规定,因此必须借助于相关诉讼理论、证据理论、有关法律规定和案件的具体情况来确定其内容。

1)证据的来源

证据的来源是指证据的形成、发现和取得过程,包括提供证据者、调查收集证据者以及制作或者调查收集证据的时间、地点和方法等。具体说主要有以下几方面:

(1)提供证据者的个人情况。提供证据者的个人生理、心理、年龄、精神状态、知识水平、专业技能等方面的情况直接影响并决定着证据的真实性。生理上、精神上没有缺陷,达到一定年龄的人,具有正常的观察能力、记忆能力和表达能力,他们所作的供述或者提供的证言可能清楚、准确、容易理解。生理上、精神上有缺陷或者年幼,由于缺乏正常的观察能力、记忆能力和表达能力,不能辨别是非和正确表达的人所作的陈述和提供的证言,一般来说也不可以作为证据使用。由于提供证据者的个人情况不同,办理案件的执法人员在审查判断证据来源时,必须审查提供证据者的生理、心理、精神状况、年龄,以及提供证据者是否具有相关的知识、技能等。

(2)发现证据的客观环境。客观环境直接影响发现证据的效果。客观环境包括发现证据时的距离、光线、天气、地形、温度、湿度,等等。它们是形成证据的客观条件,也是影响证据发现的因素。例如,距离近、光线好,当事人或者证人对案件事实的感觉就会真实、准确和全面;距离远,光线暗,就会影响当事人或者证人对案件事实感知的准确性和全面性。因此,对上述发现证据的客观环境,必须进行审查。

2)证据自身的要素

证据自身的要素是指事物能成为证据必须满足的条件。在英美法系国家,只要事物具备相关性、可采性,即可成为证据,而不管这种证据是以何种形式表现出来的。同样,在大陆法系国家,只要证据具备证据能力和证明力,也可以作为证据使用。但在我国,人们判断事物是否成为证据,主要看该事物是否符合"三性",即客观性、关联性和合法性。从英美法系国家证据的相关性和可采性条件的角度讲,客观性和合法性应属于可采性的范畴。从大陆法系国家证据的证据能力和证明力的角度讲,客观性、关联性和合法性就属于证据能力的范畴,而不涉及证明力问题。因此,对证据自身要素的审查判断必须从证据能力、证明力等方面入手。

(1)证据能力。证据能力是指证明依法能够成为证据的资格,又称"证据力""证据的适格性"。证据能力是大陆法系国家的概念,在英美法系国家,与之对应的概念是证据的可采性。在我国的诉讼实践中,就某一具体的案件而言,某一证据材料反映的事实可能与案件的事实真相相符合,但该证据材料不具备法律规定的证据表现形式,没有合法性,不能采纳。有的证据材料虽然具备法律规定的证据形式,但其所反映的事实与案件本身无关,也不能作为证据使用。原因是这些证据材料没有证据能力,即证据资格。因此,办理案件的执法人员必须对调查收集到的证据材料进行审查判断,以查明其是否具备证据资格,具备证据资格的,准入法庭使用;不具备证据资格的,排除在法庭之外。

(2)证明力。证明力又称证据的证明能力,是指证据对案件事实是否具有证明作用和作用的程度。在诉讼实践中,有证据能力的证据未必就有证明作用;即使有证明作用,其作用的程度也不一样。在具有证据资格的证据中,有的是直接证据,本身能够证明主要的案件事实,证明作用较强;有的是间接证据,必须与其他证据结合起来才能证明主要案件事实,才具有证明作用。在证据中,原始证据和传来证据都可能有证据资格,但在证明作用和作用的程度上,原始证据大于传来证据。因此,办理案件的执法人员在审查判断证据时,应当在明确证据具有证据能力的前提下,进一步明确其是否有证明作用及证明作用的程度,从而正确地认识每一个证据在诉讼中的作用和地位。

3)证据与案件事实的关系

证据与案件事实的关系是指证据与案件事实之间的证明关系。证据是用来证明案件事实的,但每一证据与案件事实之间的证明关系常常不尽相同。这就要求办理案件的执法人员在认定证据与案件事实之间的关系时,应着重审查下述两个问题:

(1)明确本案已经和应当查明的案件事实。案件事实是指案件的证明对象。办理案件的执法人员在审查判断证据时,必须明确已初步查明了哪些案件事实,还有哪些案件事实需要查清,从而为审查判断证据指明目标和方向。

(2)分析证据与案件事实的关系。证据与案件事实之间的关系相当复杂,包括因果关系、时间顺序关系、空间关系、条件关系,等等。办理案件的执法人员在对证据审查判断时,必须分析并查明案件涉及对象的各种关系,必要时,可以借助科学技术手段。

审查证据的合法性,主要审查收集证据的主体、程序和手段是否符合法律规定,证据本身是否具备法定形式。具体来说,审查判断证据的合法性主要从以下三个方面入手:

(1)收集证据的主体、程序和方法是否合法。我国三大诉讼法对各种证据的收集主体、程序和方法都做了具体规定。证据的收集主体、程序和方法是否合法,直接影响着证据内容的真实性和证据的可采性,因而在审查证据的合法性时,应着重审查证据的收集主体、程序和方法是否合法。如果在证据的收集过程中,主体、程序和方法有一项不合法,即使该证据是真实的,也不具有可采性,不能被法院采信。

(2)证据是否具备法定的形式和完备的手续。我国民事诉讼法规定的证据有书证、物证、视听资料、证人证言、当事人陈述、鉴定结论、勘验笔录等七种;我国行政诉讼法规定的证据除与民事诉讼法规定的证据相同外,还有现场笔录。任何证据都必须具备上述形式之一,否则就不能作为诉讼证据。同时,各种形式的证据的取得还必须具备完备的手续,手续不完备的证据不具有合法性,不能作为定案证据使用。

总之,证据审查确定证据的合法性对于案件办理的成功和有效实施行政处罚起到至关重要的作用。另外,证据的审查还需要注意一定的方法和步骤,由于篇幅原因不再赘述。由于我国行政法学、行政诉讼法学的研究起步晚,目前行政法立法体系还不完善等原因,关于行政执法证据方面还有许多问题值得进一步商榷。

四、水行政执法卷宗的规范和完善

编者查阅了河南省及市、区县局已经结案的执法卷宗二十余本。在诸位执法人员看似完美的执法卷宗里,作者还是多多少少地发现了一些问题。诸位可以认为这是鸡蛋里挑骨头,因为在水行政执法法治进程中,就是永远不断的从鸡蛋里挑骨头的过程。水行政执法卷宗的完善与否,不仅仅是体现一种责任心,更是一种超越的进取精神。水行政执法卷宗涵盖了水行政执法案件的全部证据材料,卷宗材料的整理过程,事实上就是对水行政执法案件证据的审查,并按照法定的执法流程进行科学的编排。水行政执法卷宗的制作排序有其固有的规律,即按照水行政执法的流程进行有次序的排列。希望水行政执法人员制作的水行政执法卷宗，让人看来不仅仅是反映个案，而且一本说理性行政执法的教科书。为了加深印象，我不在一一指出问题所在，而是以下按照水行政执法流程分阶段为介绍执法卷宗的证据材料要求和编排顺序。

(一)第一阶段　立案阶段

1.案件来源

案件来源，分为五种情形。

1)检查工作中发现

属此来源的案件应做好现场笔录和有关人员(证人和当事人)的询问笔录，从而要对此案件来由情况有一个详细的交代。

2)根据举报

应做好举报人的笔录、填写举报记录表。

3)受害人申诉、投诉、控告

应做好有关人员的笔录并收好其所提交的有关材料。

4)上级机关交办和有关部门移送

应办理交接手续并收好转交的材料附卷。

5)违法行为人投案自述

在整理上述材料的同时或之前应当如实填写《案件来源登记表》，对于不愿意留下姓名或者要求保密的应当在《案件来源登记表》中注明，并由受理案件来源线索的单位负责人决定是否需要进一步核查。

2.《立案审批表》的规范填写

对于核查后应当进行行政处罚的，需要立即填写《立案审批表》。

(1)当事人姓名(或单位名称)应当与身份证、《营业执照》或者其他有效证件上的一致，其他情况尽量写清楚，特别是电话、邮政编码和住所一栏。

(2)案发地是指违法行为发生地(包括行为开始地、经过地、实施地和危害发生地)——《中华人民共和国行政处罚法》规定违法行为由违法行为发生地的行政机关管辖，所以此点应明确看出办案机构是否有管辖权。

(3)案件来源分五种情形。

(4)核查情况及立案的理由。简要写明对案件来源线索经过核查发现(掌握)的当事人有关行为以及涉嫌违反的相关法律、法规和规章(以看出其行为可能要给予行政处罚)——此段不要求详细，但基本要写清立案的侧重点。一般情况下可以表述为"×年×月×日，我单位(局、支队、大队)收到举报(或检查中发现)……(说明线索来源)。经核查，当事人存在的……行为，涉嫌违反了《中华人民共和国……法》第……条等相关规定，构成了……行为，应当进行行政处罚，为进一步查清事实，建议予以立案调查。"

(5)办案人员应填写两个以上，并将执法人员执法证复印件附卷备查。

(6)办案机构负责人意见由案件的承办机构的负责人签署。如"建议立案，并由×××、×××负责调查办理此案。请局领导批示！"的意见，并加盖办案机构的公章。

3.报请立案

办案人员填写好《立案审批表》并经办案机构负责人签字同意后，将《立案审批表》报分管局领导审批同意。此时应附案件来源的材料和有关的证据在后面。对特殊情况的案件在局长审批后还要报请上级水利部门审批同意。

4.立案阶段注意事项

1)时效性

发现线索需及时登记,并收集整理有关材料,核查后应在最短的时间内上报审批。因《中华人民共和国行政处罚法》规定了违法行为行政机关"谁先立案谁查处"的原则,加上有些违法行为存在时间很短等种种原因,如果不及时立案将不利于开展进一步的调查取证,甚至可能会造成最后劳而无功的结果。

2)管辖权

没有管辖权就不能立案这是基本原则。首先要分析案件线索(基本的违法事实)是不是属于水行政主管部门查处的职权范围;其次分析该违法行为发生地是不是在本单位管辖区域范围;接着要分析该行为发生大致时间或者该行为有无继续连续状态,是不是过了《中华人民共和国行政处罚法》规定的两年追责期限。另外,还要根据有关法律特别规定以及上下级水利部门就某些类型违法行为的职责分工,分析所在水利部门能否查处该类型案件;最后要分析该行为是不是情节显著轻微或者没有社会危害后果,不需要进行行政处罚采取其他方式也可达到纠正违法的目的,即分析有没有不需要立案调查的必要性。还有一点需要注意,对多个行政机关均有管辖权的同一案件,立案时遇到其他行政机关已经先进行立案查处,应当核查清楚具体情况再做处理,避免违反《中华人民共和国行政处罚法》规定的"一事不再罚"的原则。

3)立案事项不准确的处理

立案阶段因为对发现的违法线索并没有做进一步核实调查,也没有太多的证据证明,故一般情况下,当事人是谁及其基本情况不是十分准确、客观存在的违法事实及可能违反的法律规定都不一定完全。所以,如果在调查过程当中,发现违法主体(当事人)与立案时不一样,或者有所遗漏的需要重新立案或者补充立案。对于立案时初始认为其涉嫌违反的法律规定与最后处罚定性不一致的情况,即常说的"立案时的初始定性与结案后的最终定性不一致"情况,个人认为没有必要重新立案。因为在立案之初,没有太多的证据证明当事人的违法事实,我们无法预料或者推断当事人的一些具体情况,所以立案与结案时的定性不一致是很正常的现象。

4)突发群体性事件先行处置

执法人员在立案过程中,发现违法事项影响重大,应依法迅速向本机关、同级政府或上级机关汇报,并视情况先行要求行政相对人停止水事违法活动。

(二)第二阶段　调查取证阶段

在水行政处罚案件一般程序中,这是一个最主要的阶段也是一个很难以把握要点的阶段。这一阶段是基于对立案时的案件来源线索情况所做的进一步了解,在这一阶段,应充分收集证据材料以证明当事人有(或者无)违法行为。一般而言,应当查明的案件事实包括:①当事人的身份;②立案调查的违法事实是否存在;③立案调查的违法事实是否为当事人实施,是否还有其他当事人参与;④实施违法行为的手段、方式、社会危害后果以及其他情节;⑤当事人是否还有其他违法行为;⑥当事人的责任,比如当事人是否履行了相关义务、主观上有无违法故意或者属于疏忽大意等;⑦当事人有无法定应当从重、从轻、减轻或者免除处罚的情节;⑧与违法行为相关的其他事实。

简单总结可以用“五何”要素来概括要证明的违法事实，即何人、何时、何地、何事、何果——是谁在什么时间什么地点从事了什么行为，该行为是如何实施的，并造成了什么危害后果。当然有时还需要证明当事人的主观目的和动机。

调查取证活动必须是有针对性且及时有效的，否则由于现实中，违法行为千变万化，证据有时难以固定，当事人出于对自身非法利益的保护而串供、隐瞒、销毁、伪造证据或者指使他人作伪证的现象屡见不鲜，所以及时取证显得尤为重要，不能由于调查取证迟缓给违法嫌疑人逃避制裁的可乘之机；否则，执法人员或执法机关有涉嫌渎职之嫌。

1.全面取证的原则

全面取证包括两层意义：一是对当事人的违法事实相关的情况需要全面调查取证，包括能够证明当事人有无从重、减轻、从轻、免除处罚情节的证据，以及证明当事人没有违法行为的证据。这里需要特别提醒大家注意，在调查取证的过程中往往偏重调查相对人存在违法行为的证据，而忽略相对人没有违法证据或申辩，这是错误的。因为证据的收集必须是全面反映案件事实的活动，至于判定相对人有无违法行为则是在证据的审查阶段，而收集证据必须是全面的。二是对能够证明当事人有或者无违法行为的证据需要全面收集，而不能单凭口供结案。这也是目前作者所发现的执法卷宗调查取证的通病，关于相对人的违法事实的细节，完全凭当事人的陈述，而没有其他物证、书证相佐证。这明显存在“孤证定案”甚至是放纵违法行为之嫌。故此，无论是从惩治违法犯罪还是规避执法风险的角度考虑，都要尽量全面收集现场检查笔录、物证、书证、证人证言、鉴定结论等其他证据。

2.顺查和逆查相结合灵活运用的原则

调查取证的顺序没有一个固定的模式，往往需要因人因事而为。有时是查找证据证明已经发现的线索，有时则需要根据案件在调查过程中出现的新证据、新线索去证明新的违法行为，有时需要根据推断（违法当事人可能存在什么行为、可能会在哪些方面留下什么证据材料或者可能下步会采取什么举动）而有针对性、有重点地开展调查取证。作为一个经验成熟的办案人员，在认真分析已有线索和证据的情况下，应当对一个案件的违法行为可能存在的实施手段、表现形式具有很强的洞察力和预见性，更需要随时根据案件调查的开展情况适时调整调查取证的重点和顺序。经常听到有人抱怨“当事人不配合拒绝提供证据，案件无法调查下去”，其实很多情况下不一定当事人配合调查是执法人员能够顺利将案件调查终结的唯一方式。

3.合理运用举证责任倒置原则

行政诉讼实行“被告（行政机关）承担举证责任”的原则，但对于某些案件，水行政机关可以依法告知当事人有提交相关证据的义务，并要求其在一定期限内进行举证。当事人无正当理由拒绝提交的，将承担举证不能的不利后果。

《最高人民法院〈关于行政诉讼证据若干问题的规定〉》第五十九条规定被告在行政程序中依照法定程序要求原告提供证据，原告依法应当提供而拒不提供，在诉讼程序中提供的证据，人民法院一般不予采纳。

4.办案人员应该表明身份出示证件

这一点相当重要！应当在询问之前向被询问人表明身份出示有关证件，而且必须在笔录开头应当将此情况如实记载，并告知被询问人的权利和义务。

5.询问技巧

关于制作调查笔录的询问技巧是一个长期实践不断提高的过程,不是三两天就能够一蹴而就的事。这与律师调查取证颇为相似,因为在实践中调查取证的一方在询问问题的时候往往存在思维定势,都是朝着利于调查者一方的内容询问记录。但从法理上讲,无论是执法人员的调查取证,还是律师调查取证都应该是客观、真实、全面的。询问技巧需要执法人员在实践中摸索,本书有个简便易行的技巧给大家介绍一下。执法人员在做调查询问笔录之前,在向被询问人出示证件说明来意之后,不要马上拿出纸笔记录,一副公事公办的架势,而是先与之以唠家常的方式由浅入深地了解案情,等全面了解案情以后再行记录,在记录的过程中则省去了与本案无关的内容,记录完毕之后被询问人核实笔录之时保准是跟他说的一模一样,他也不会要求将他说的话全部写上。

在制作询问笔录的同时,对于被询问人的身份证明应当一并收集,比如身份证件、工作证等。对于当事人或者证人是单位的,除收集被询问人个人身份证明外,还应当收集单位的《营业执照》或者能够证明单位性质的其他有效证件(如《组织机构代码证》《事业单位证书》等)、对被询问人开具的《介绍信》《授权委托书》等。如果被询问人没有单位授权委托书,还应该在笔录上加盖单位公章和骑缝章。

6.鉴定结论

签定结论在水行政执法过程中不常用,总的要求就是要通过鉴定结论能够依法给当事人的违法行为准确定性。①抽样取证的真实合法。抽样的主体是否合法、抽样时是否当事人(或见证人)在场并签字盖章、抽样的方法是否科学准确、符合规定(比如样品的密封、当事人在封签上是否签字,抽取的样品是否有代表性,是否能够反映整体情况)。②鉴定单位是否为国家规定的权威机构,出具的鉴定结论是否真实可靠、能够依法作为证据使用。③样品应有三份,一份送检、一份办案单位留存备查、一份交被抽样人保管。

抽样取证后将样品委托有关机构检验鉴定时,一般应当完整填写《委托鉴定书》交有关机构,同时应当填写《送达回证》。在取回《鉴定结论》(《检验报告》)时,还应当向鉴定(检验)机构调取该单位《资质证书》等材料——以证明该机构出具的《鉴定结论》(《检验报告》)合法有效。

7.勘验笔录和现场笔录

本部分主要介绍怎样进行现场检查和如何制作现场笔录。现场检查也是水行政部门常见的一种执法活动,也是一种重要的调查取证方式,是执法人员依法对当事人涉嫌违法水事活动有关的财物及场所所进行的检查、清理活动。现场检查具有时间性强、客观性强、干预性强几个特点,应当做到及时快捷、全面客观、突出重点、有条不紊进行。也正因为客观性强的特点,《最高人民法院〈关于行政诉讼证据若干问题的规定〉》第六十三条关于“证据证明效力”规定“……现场笔录、勘验笔录、档案资料以及经过公证或者登记的书证优于其他书证、视听资料和证人证言……”,即说明,现场笔录作为证据,在行政处罚中属于证明效力(对案件违法事实的证明力)较高的证据。

(1)检查前先分析现场情况,进行人员分工。先要明确指挥员,让每一个参加检查的人员在出发前熟悉案件情况以及检查重点目标,明确每个人在现场检查中的位置和职责(谁负责检查水表、谁负责查看证照、谁负责制作现场检查笔录、谁负责法律文书、谁负责摄像和拍照、谁负责找被检查人谈话等)。

(2)检查中临场互相配合,找准检查重点。进入现场后,检查人员要做到既分工又协作,齐心协力在现场指挥员的组织下,在控制现场人、财、物不走失的情况下抓紧时间、分头定位检查。根据现场变化情况,所有人员要灵活机动、互相配合“速战速决”结束检查。因现场检查对被检查人经营活动存在一定的影响性和干预性,所以检查人员应当严格约束自身的言行,稍有不慎将给被检查人合法经营活动带来负面影响,甚至会对正在进行的现场检查和以后的调查取证造成困难和被动。值得注意的是,在一般情况下,对于现场检查中一并采取了查封扣押等行政强制措施的,检查结束后,检查人员和所扣留财物应当尽快撤离现场。

现场笔录就是客观进行的现场检查活动用文字所做的书面记录。总的原则是客观真实,应让每一个没有参与现场检查的人看过后有如临其境的感觉。既要全面描述现场情况,又要抓住检查重点,但不要明白地用肯定语气表述被检查人违反了什么规定。有以下几个方面要求:

(1)现场笔录应当有出示执法证件,说明检查来意的记录。有两个以上人员参加了检查的记录。有告知被检查人相关权利和义务的记录。这点和制作询问笔录的要求一样。

(2)现场笔录应有条理,先看到什么再是什么一一记录(可以用列1.2.3.的形式表述)。对于检查重点部位应当详细记录,被检查人和见证人有相关的意见也应当在笔录上予以记录。

(3)对于不好取得实物作为物证的可以拍摄照片和用其他方式固定。

(4)现场检查有时是配合录像、拍照、录音等方式一并进行的,这点在笔录上应有所体现。

(5)对于在实施现场检查时进行了抽样取证或者采取了行政强制措施的,在现场笔录上也要如实记录。

现场笔录上需要填写的“当事人”一般是指接受检查的个人和单位,即行政机关实施现场检查的相对方,而不一定就是立案查处的违法行为当事人!这一点在实际办案过程中许多人很容易混淆。

8.视听资料

视听资料是指以内载的图像、声音来证明案件情况的证据材料,比如摄影胶片、录音、录像、光盘、计算机数据等。行政执法人员调查收集计算机数据或者录音、录像等视听资料的,应当要求被调查人员提供有关资料的原始载体。提供原始载体确有困难的,可以提供复制件。提供复制件的,行政执法人员应当在调查笔录中说明来源和制作过程。声音文件应当附有该声音内容的文字记录。调查取证过程当中就视听资料产生的胶片、底片、光盘以及其他原始载体应当和案卷一并归档,并要注明制作方法、时间、制作人以及证明对象。

一般认为在调查中拍照、摄像应当尽量包含以下内容:①拍照摄像所在位置的门牌、店名、招牌、参照物等能证明违法地址的内容;②执法人员着制服实施检查、调查的镜头;③当事人以及在场人的镜头;④经营场所整体的镜头;⑤对于当事人的身份证件、有关合同协议、账单、凭据等重要资料而又不方便提取的证据,也可一并拍摄取证。

无论是照片、光盘还是声音文件的文字记录等都应当由提供人或者相关当事人签字确认。对于在互联网上下载打印的资料,作者认为需要找公证机关公证取证过程,才为妥当。

对于视听资料,需要特别强调的是,原始录音不得删减、剪辑,一旦原始录音、录像经鉴定被剪辑过,即丧失了证据的真实性。

9.听证程序

责令停产停业、吊销生产许可证,以及较大数额罚款处罚需要事先告知听证权利。申请听证是受处罚人的权利,而水行政执法部门则是保障该项权利的义务机关。所有拟高于听证数额的罚款处罚做出之前,都必须告知受处罚人申请听证的权利,受处罚人接到听证告知三日内不申请的,视为放弃听证权利。如果受处罚人申请听证的,执法人员如何去组织。实际上听证程序类似于准司法程序,一般组织听证的主持人由行政机关法制部门负责人担任,听证申请人、执法人员、听证主持人的座次基本与法庭座次相同,即主持人居中,听证申请人在主持人对面右侧,执法人员在左侧,听证过程与法庭庭审类似,即主持人开场白说明听证的案件内容,当事人及代理人身份情况,宣布听证纪律,然后是执法人员宣读违法事实,调查证据,以及拟做出的处罚和适用的法律法规。然后是听证申请人就是否存在违法事实、行政处罚做出的程序、适用的法律是否合法准确进行辩解。现行法律法规没有禁止听证申请人在听证过程中,进行举证和提交与处罚相关的证据材料。所以,在听证过程中,听证申请人的辩解意见应记录在案,提交的材料也应一并入听证卷宗。听证结束后,由听证主持人制作听证案件报告,其中包括听证过程,听证申请人申辩是否成立,以及对拟做出的行政处罚提出建议,供行政主管评议案件时予以参考。目前的听证程序不是独立的行政程序,组织听证的权利告知/通知,送达回执,听证记录一并入处罚卷宗即可。但同时建议行政机关法制部门留存听证卷中,以总结听证程序的经验。

10.案件定性论证及处罚决定结论

卷宗应附执法人员整理的案件违法事实认定情况、证据证明情况,根据法律拟做出的行政处罚或不予处罚结论,报请局长签字。

(三)第三阶段　结案阶段

1.法律文书的送达

符合法律规定的送达程序,是保证行政程序合法的程序性保障。行政机关的所有告知/通知义务的内容,需要以格式性法律文书来反映,而这些告知/通知义务的实际履行与否,都要靠合法的送达程序来保证。质量技术监督行政处罚送达方式如下:

(1)直接送达,即直接由受送达人签收法律文书,其中包括委托代理人,但委托代理人代收法律文书的,应持有委托人签发的授权委托书,且授权委托书明确授权签收法律文书。

(2)留置送达,是直接送达的辅助方式,如受送达人拒绝签收的,执法人员可由受送达所在的村委会、居委会或单位人员在场,说明情况后将受送达人拒绝签收的原因在送达回执上记录,并有在场人签字,并将法律文书送达到受送达人住所。

(3)委托送达,直接送达有困难的可以委托受送达人的所在单位等机关代为送达,实践中操作性不强,风险较高。

(4)邮寄送达,以挂号信或特快专递的形式向受送达人邮寄法律文书。事实上,邮寄送达往往是最常用的送达方式,方便快捷,且签收回执直接可以作为送达回执用。

(5)公告送达,公告送达的适用条件虽然是找不到受处罚人或受处罚人下落不明的情况下,但在实践中往往是直接送达拒绝签字,留置送达无人在场,邮寄送达又不明地址或拒绝签收的情况下就适用公告送达。

送达的注意事项如下:

(1)直接送达情况下,受送达人签字必须与身份证名称一致,送达回执应由执法人员签字、受送达人本人签字、送达的法律文书副本应留存，最后注明送达日期。

(2)留置送达应留存在场人的身份证复印件和联系方式，以备核实。

(3)邮寄送达应向邮局索取签收回执，并在邮寄材料名称一览注明邮寄法律文书的标题或内容。

(4)公告送达可在报纸上刊登公告送达通知，简短记载法律文书的内容，告知权利或处罚决定内容。公告送达的缴费凭证和刊登公告内容的报纸，可以作为公告送达的回执使用。自公告刊登六十日内，视为已经送达。

(5)公告送达应谨慎使用，一般情况下应首先采取邮寄送达，邮件被退回后，才启动公告送达程序。因为公告送达程序适用存在“受送达人下落不明或者用其他方式无法送达”的事实前提，所以执法人员在保存公告送达缴费凭证、公告报纸的基础上，应将邮寄回退的信件或回执，作为辅助证据，作为采取公告送达方式合法性证据使用。

2.行政处罚决定的执行

被处罚人不能自觉履行，应提请执法机关所在地的法院执行部门依法对被处罚人进行强制执行。

3.行政处罚后的跟踪检查

在以往的执法实践中，作者发现大部分执法案件都是罚款了事，水行政执法机关应该关注后续是否办理了取水许可证，安装了取水计量设施等，而不仅仅是罚款。

浅谈水行政处罚法律文书的送达

水行政处罚实施过程中的送达是指水行政机关依照法定方式将法律文书送交当事人的一种行政执法活动,是查处水行政处罚案件中的一个重要程序。法律文书一经送达即发生法律效力。

送达,不仅关系到水行政执法机关与行政相对人双方的程序权利和实体权利的实现,也直接制约和影响着水行政执法的质量和效率。水行政执法机关做出的行政处罚法律文书,只有依照法定程序和方式送达当事人,才能发生法律效力。但是在具体办案过程中,时常会遇到个别当事人拒绝签收法律文书的情形。为此,笔者就如何有效送达水行政处罚(理)法律文书谈几点个人看法。

一、送达实践中遇到的问题

《中华人民共和国行政处罚法》规定:行政处罚决定书应当在宣告后当场交付当事人;当事人不在场的,行政机关应当在七日内依照民事诉讼法的有关规定,将行政处罚决定书送达当事人。民事诉讼法规定的法律文书送达方式主要有直接送达、留置送达、委托送达、邮寄送达和公告送达五种。在行政处罚送达实践中,行政机关在直接送达或采用民事诉讼法规定的送达方式送达法律文书时,通常会遇到以下一些问题。

(一)直接送达存在的问题

在办理水行政处罚案件实践中,时常会发生送达法律文书时当事人拒绝接收,有的虽然勉强接收,但拒绝在送达回证上签字或盖章;交与其同住的成年家属代收,家属往往也拒绝签收,导致直接送达困难。造成此种状况的原因:一是当事人或与当事人同住的成年家属法律观念不强,他们普遍存有抵触心理,认为在送达回证上签字就意味着要负法律责任,而拒收则可能减轻或逃脱责任,只要不收就不会有事;二是以拒收来表示对案件的不满,力求避免自己及家属成员到时承担法律责任。

(二)留置送达存在的问题

在直接送达无法完成时,执法人员通常采取留置送达,留置送达需要邀请当事人邻居或者其单位有关人员到场,但一般情况下,其邻居、有关基层组织或单位代表往往不愿惹麻烦,或者害怕当事人无理责难,影响关系而拒绝见证,不愿意配合执法机关的送达工作,借故推辞;或者即使到场,也不愿意在送达回证上签字。往往遇见邻居或有关人员以“不愿得罪人”为由推辞见证,许多见证人都有多一事不如少一事的心理,不愿到场,或者即便到场也不愿签名,导致留置送达困难。

(三)委托送达存在的问题

委托送达一般是在当事人不住在承办案件的行政机关所在地,而且直接送达有困难的情况下所采用的送达方式。其程序是,委托送达的行政机关将委托函、送达的法律文书及送达回证,寄送受送达人所在地的行政机关,受委托的行政机关收到委托送达的法律文书,由专人及时送交受送达人,然后将送达回证及时退回委托送达的行政机关。受委托的行政机关无法送达时,应当将不能送达的原因及时告知委托的行政机关,并将诉讼文书及送达回证退回。由于委托送达时同样会遇到直接送达和留置送达相同的问题,实践中水行政机关很少采用。

(四)邮寄送达存在的问题

实践中行政机关常采用邮寄送达的方式,邮寄送达存在以下问题:一是法律没有明确邮件中所含法律文书的种类;二是挂号邮寄送达未注明挂号邮寄的内容,遇到故意耍赖的当事人会抵赖说收到的不是法律文书;三是作为已经送达重要依据的是邮局回执,根据邮政部门惯例,邮寄挂号信件并不需要在信件递交收件人后向寄件人出具回执,办案机关只能通过邮件收据向邮局查询。以至于办案机关习惯于将挂号邮件收据作为送达凭证附卷。而挂号邮件收据并不等同于邮件回执,显然不能作为送达法律文书的凭证。此外,有些当事人因知道邮件内容而拒绝签收。

(五)公告送达存在的问题

根据《中华人民共和国民事诉讼法》第九十二条规定:受送达人下落不明,或者用本节规定的其他方式无法送达的,公告送达。由于公告送达的公告期一般为六十日,时间太长,势必影响执法效能,破坏行政处罚案件的连贯性。此外,公告送达毕竟是一种推定送达,因此行政执法机关在行政处罚实践中很少采用。

二、对策和建议

现实执法过程中存在的"送达难"问题,直接影响了行政机关法律文书的生效和执行。对于上述水行政执法机关在法律文书送达中存在的问题,作者认为可以从以下几个方面予以完善。

(一)运用技巧达到直接送达的目的

直接送达时遇到当事人、其成年家属拒绝接收法律文书,或不愿意在送达回执上签名或者盖章,单凭送达人自己在送达回执上说明情况,显然不足以证明法律文书已经送达。遇到这种情况时,送达人可以对送达文书过程进行拍照、摄像、录音,将文书留置当事人住所,同时送达人在送达回执上注明送达情况并签名。这种以拍照、摄像、录音的方法将送达过程予以固定的送达方式便于操作,也可以有效防范恶意逃避法律责任,拒绝签收直接送达的法律文书。

当然在办案中最好是直接将法律文书送交当事人,这就要求办案人员有强烈的工作责任心和良好的业务素养,要善于做当事人的思想工作,讲究说话的艺术和方法,学会恰当地运用工作技巧,将法律文书送达给当事人。

(二)邮寄送达宜采用特快专递寄送

通常由于邮寄送达的邮件未注明邮寄的内容,在送达过程中会出现签收不规范现象,也会出现当事人接收了邮件却拒不承认签收的是何法律文书,从而造成行政法律文书无法生效。如果送达的是《水行政处罚听证告知书》,当事人就会以行政机关未告知其听证事项,剥夺了其应有的听证权利,违反了行政处罚程序规定而申请复议或提起行政诉讼。鉴于此,在邮寄送达时最好采用特快专递送达,在封面注明送达法律文书的内容,这方面可以参照人民法院快寄送达的邮寄范本。

(三)引入公证送达取得良好效果

所谓公证送达,是指在执法人员送达行政法律文书时邀请公证处的公证人员一同前往,一旦发生受送达人拒绝在送达回证上签收或有意回避签收的情况,由公证人员对受送达人拒签拒收的情况和送达事实做出公证书，以证明受送达人拒签拒收的行为，由公证人员现场在送达回证上签字作证，执法人员记明情况并将处罚决定留置在现场进而完成送达程序的方式。

公证送达的核心内容是由公证人员现场作证以证明送达程序完成的事实。公证送达具有快速有效且容易实施的特点，只要现场有两名以上公证人员签字作证，就可以完成送达程序而无需担心相对人拒收或有意回避，这样也就较好地解决了留置送达时因无人作证而使法律文书不能生效的难题。公证在我国诉讼中的效力问题，法律有明确规定，公证过的证据人民法院不需要审查，可以直接采用。

近年来，安阳市水利局在查处水事违法案件和行政规费征缴过程中，时常采用公证送达法律文书的送达方式。如 2009 年在查处某公司未批先建一案时，安阳市水利局在多次直接送达、邮寄送达法律文书当事人拒收、拒签的情况下，采用公证送达的方式先后向当事人送达《行政处罚事先告知书》和《行政处罚决定书》。公证送达时，由两名公证人员及两名办案人员一同到被处罚当事人单位，现场将法律文书交给该单位相关工作人员，相关工作人员接收了文书，但拒绝在送达回证上签字，公证人员对接收法律文书及拒签情况做出公证书，证明上述送达过程在公证员监督下进行，从而完成了送达程序。近年来，凡是遇到当事人拒收法律文书的情形，安阳市水利局多次采用公证送达的方式，收到良好的送达效果。有的当事人收到法律文书后自觉履行了义务；少数当事人拒不履行，处罚(理)决定生效后安阳市水利局申请人民法院强制执行时，公证送达程序均得到法院的认可。

浅谈水行政执法人员在水行政执法中应掌握的几个基本要素

加强水政水资源工作管理,不但要正确掌握执法程序,宣传学习基础法律,而且对新颁布的每一项水法规都要进行认真研究,全面掌握,只有这样才能达到敢于执法,善于执法,正确执法,以确保水法规的顺利实施,为水利事业改革与发展保驾护航。依法行政,依法治水,执法是关键,水政监察员的良好素质和较高的业务水平更是有效执法的有力保障。虽然水政监察员都经过了上岗培训,执法能力有了一定提高,但不可否认,在当前水行政执法的实际工作中,部分水政监察员的业务功底与时代的要求还有一定差距,执法能力仍不能适应水行政执法工作的需要。为进一步提高水行政执法水平,水政监察员在水行政执法中还应掌握以下几方面内容。

一、水行政执法要力求规范性

水政监察员必须注重自身形象,做到言行规范。首先水政监察员要做到用语规范,文明用语诸如"你好""请""谢谢"等的使用,既能让行政管理相对人和被调查人感受到人格的尊重,又能体现水政监察队伍的良好素质;同时水政监察员要做到行为规范,包括政治行为规范、廉政行为规范、职业道德规范、业务行为规范和行政行为规范。在执行公务和参加重大集会等有关活动时,应按规定着装并佩戴标志,调查案件时,要有两名以上人员参加,出示执法证件,表明身份,如果与违法当事人有直接利害关系的应自觉请求回避。水政监察员的一言一行,一举一动,代表着水行政机关的形象,如果水政监察员不以规范的言行约束自己,会既损害水政监察队伍自身的形象,又影响与群众的关系,水行政执法也难以取得最佳的社会法律效果。

二、水行政执法应确保公正性

所谓公正,就其词义是指公平正义,不偏不倚,它要求对同一类型、轻重的水事违法行为,不论行为人是谁,应做出同样的处理,不同情况不同处罚,不能畸轻畸重。水政监察员应将水事违法行为性质、影响、危害后果的考虑放在首位,把外部环境对执法的干扰降到最低程度,依法独立行使水行政执法权,秉公办事,公正裁决,既要维护正常的水事秩序,打击水事违法行为,又要切实维护公民、法人和其他组织的合法权益,赢得水行政执法相对人的信赖与支持,树立水政监察队伍的良好形象,充分体现我国社会主义民主法制的神圣与尊严。

打铁还需自身硬,要做到公正执法。首先,水政监察员要不徇私情,破除牟利思想,不为利所缚,不吃拿卡要,不接受违法当事人及其亲属的财物和馈赠,不接受案件相关人员的宴请,把好"人情关",杜绝"人情案"。同时,要克服执法心理障碍,正确对待行政复议、行政诉讼和行政赔偿等制度,不能因为怕自己的执法决定被复议,怕本机关当行政诉讼被告,怕自己的执法行为后果遭到行政赔偿而出现执法疲软现象,必须客观公正地适用法律法规,充分体现水行政处罚与水事违法行为"过罚相当"的处罚原则,避免滥用职权,摒弃执法畏难心理。

其次,水政监察员要坚决抵制权大于法的"人治"现象,树立法大于权的"法治"观念,不畏权势,对有关部门的行政干预和地方保护主义的干涉要迎难而上,敢于叫真碰硬,不怕打击报复,不为权所动,在法律所赋予的职权范围内充分履行职能,切实打击水事违法行为,有效维护正常的水事秩序。

三、水行政执法必须准确性

受理立案准是前提。受理案件时,水政监察员要通过初步调查对案件的性质予以认定,对非本职权管辖范围的案件应及时移交有管辖权部门调查处理,对触犯刑律的案件应及时移交公安、司法机关查处,对于有法定免责情节的不予追究法律责任。对于认为有违反水法律法规的事实,需要追究法律责任,符合法律追究时效,且在职权管辖权限内的水事违法案件要及时立案调查。

事实证据准是根本。违法事实必须具备六个要素,即何时、何地、何人、何因、何果、何种目的,各要素内容的调查要全面、真实、准确,对违法当事人要分清主次,划清责任,以便查明违法事实,查清违法当事人。违法事实要以相应的证据佐证,证据必须符合四个基本特征:即客观实在性、合法性、关联性和目的性,水政监察员要准确地收集、审查和有效地运用证据,收集证据时要符合法律法规的要求,取证必须履行必要的法律手续,收集的证据要形成证据链,环环相扣,为防止伪证假证的出现,应尽量取原证;审查证据时要进行分析判断,鉴别真伪,分析证据之间有无矛盾,不同人之间的证据是否一致;运用证据时要确认其与水事违法案件事实之间的关联,以确定其证明效力。

执法程序准是保证。《水行政处罚实施办法》对简易程序、一般程序和听证程序都做了明确规定,但因为水事违法案件存在着不确定性、复杂性,有时水政监察员会忽视案件程序,造成处理案件程序上的疏漏,使案件无法圆满解决,甚至引起水行政机关在行政诉讼中败诉的严重法律后果,因此水政监察员依法办案时,从受理立案到结案必须按照法定方式和步骤办事,所有必经的法定程序都不可忽视。

行政处罚准是关键。首先要对水事违法案件定性准,水政监察员要全面分析违法当事人的违法动机、违法手段和违法后果,正确确定案件性质,为实施水行政处罚创造条件;其次要做到适用法律准,适用的法律既包括违法当事人违反的法律规定,也应包括实施处罚的制裁条款,适用法律依据要正确标注条、款、项、目,防止适用已失效或未生效的法律法规,对规章的适用要特别慎重,要审查该规章本身是否和法律法规冲突,要注意水行政处罚必须与违法事实之间有必然性和关联性。

四、水行政执法应当合法性

合法与否是衡量水行政执法行为是否有效的主要标准,主要包括四个方面的基本内容:一是水行政执法机关及其水政监察员自身应当合法,即水行政执法机关应当是依法成立并享有法律法规赋予执法权的水行政机关,其对水事违法案件的受理应当有管辖权,水政监察员的执法权利不得超越法律的授权或在没有法律授权的情况下实施具体行政行为;二是程序应当合法,水政监察员要特别注意实体与程序的平衡问题,转化"重实体、轻程序"不按法定程序办事的观念,水行政执法过程中的各个环节,都应严格按照法律规定的程序和期限办理;三是法律依据应当合法,应以现行有效的法律法规为依据,凡是与上位法相抵触的下位法都不得作为行政处罚的依据;四是程序应当合法,防止因程序不合法导致水行政处罚失去法律效力。总之,合法性要求水政监察员必须认真履行好法律法规赋予的职责,按照法律规定,依照法定程序,在法定权限内对水事违法行为进行处理,真正做到有法必依、违法必究、执法必严。

规范、公正、准确、合法是水政监察员执法办案中不可或缺的四大基本要件,很好的把握这四个方面基本要求,对提高水政监察员执法水平和执法效果必将起到积极的促进作用。同时,法律文书的制作和运行也必须规范。从立案、调查、取证,到做出处罚决定,每一个环节都有相应的法律文书,都必须实施跟踪制作和运行。规范制作和运行法律文书,直接关系到水行政执法的准确性和严肃性,体现水政监察队伍的综合素质和执法水平,但在水行政执法实践中,部分水政监察员却往往在思想上不够重视,以致文书内容和文书格式各种各样,有的填写不规范,有的归档不统一,有的不按程序要求和有关规定送达文书,凡此种种都会最终影响水行政处罚决定的有效实施。水政监察是掌握和行使依法行政执法的权利,权利就是责任,管理就是服务。为人民服务,是监察队伍的第一职责,是水政人员精神的第一要义。要坚持以让人民满意为根本标准,树立与科学发展观相适应的正确政绩观,增强贯彻执行党的基本路线、方针、政策的自觉性和坚定性,为了推进依法行政,弘扬和具有时代特征的水政监察队伍,才能有效推动基层水行政执法工作,促进基层水行政管理工作健康有序发展。

水行政执法文书制作易出现的问题与文书规范

近两年，河南省水利厅每年组织几期水行政执法案卷评查，其中优秀案卷占案卷评查总数的 25%，合格案卷占案卷评查总数的 61%，不合格案卷占案卷评查总数的 14%。

一、主要存在着问题

(一)事实、证据方面

一是个别案卷认定主要事实无证据佐证或证据不充分。如对事实的认定仅有执法人员的主观评价，而没有现场勘验、检查笔录、现场照片或其他证据的佐证。二是证据种类相对单一。一些行政处罚案卷偏重采用调查(询问)笔录作为定案证据，对其他种类证据收集不够全面。三是证据收集有瑕疵。个别案卷照片复印件来源不清，即未注明出处、取证日期。

以下重点介绍证据无效或不当和证据相互矛盾的问题：

证据无效或不当：

(1)定性处罚依据是已废止的法规和规章。

(2)将县级政府的规范性文件作为定性处罚的依据。

(3)复制件上无提取人、提供人签名，或提取人只有一人签名。

(4)照片证据未注明拍摄时间、地点、拍摄人。

(5)同一书面证据上的证据提供人名称不一。如证件复制单说明栏内容为“该复制件由举报人王明提供”，但该复制件提供人签名却是“张三”。

(6)书证复印件未按要求，让提供人写“经核对，与原件无误”。

(7)传真复印件无来源和取证时间。如未保留传真件上的“From……”等字样及传真日期、时间等内容，很难看清传真件的来源和取证时间。

(8)身份证编号错误。如某当事人身份证编号为 34012278014743，可其出生日期是 1978 年 10 月 14 日。

(9)以与案件有利害关系的当事人作见证人。

(10)向接受调查的被委托人调查取证时，未提取其身份证复印件。

(11)《询问笔录》中涂改处未按规定让当事人摁上手印或盖章确认，而是由办案机构加盖校对章确认。根据《行政处罚文书使用手册》的规定：笔录中有漏记、错记，应允许被询问调查人员补充或更正，并应让其在补充或更改处盖章或摁上手印。而办案中，有的办案人员未执行该规范。

证据相互矛盾：

(1)作案时间矛盾。

(2)执法人员名称矛盾。如某案抽样记录称执法人员甲、乙和当事人一道随机抽样，而在该记录上签字的执法人员却是丙和丁。

(3)当事人住址矛盾。《处罚决定书》称当事人“现住河南省安阳县陆集镇”。可调查报告却称当事人现住安阳市北关区天阳供销社大院内。

(4)物主证据矛盾。如某《询问笔录》第 1 页当事人称自己收购了 3 辆报废汽车，其中有 1 辆是三轮车。而该询问笔录的第 2 页在询问结束后又另加了一段话说明：“三轮车为别人停放的,不是我收购的。”到底三轮车的物主是谁?未做进一步调查确认。

(5)企业名称矛盾。如某书面证据左边的中国代理为世纪国际皮具有限公司,右边为新世纪国际皮具有限公司,二者名称不一,究竟是何关系没有说明。又如《处罚决定书》上的当事人是“县天麒农业科技发展有限公司”,而检验报告、立案审批表、现场检查笔录、抽样取证记录和罚款收据上的当事人则是“县植物医院”。

(6)证据名称矛盾。证据说明栏称:提取的是营业执照,但实际复制的却是当事人的身份证。

(7)处罚项目矛盾。《行政处罚决定审批表》对当事人的处罚决定是责令立即停止取用地下水;罚款20 000元。而《处罚决定书》中的处罚决定却变成了仅罚款20 000元。

调查取证方面存在的主要问题:调查取证能力需进一步加强,个别案卷复印件来源不清,既未注明出处、取证日期,也未在复印件上面注明与原件核对无异;行政处罚所收集的证据材料基本是证明违法行为发生的证据,对反映当事人违法行为的具体情节、主客观原因、社会危害程度等证据材料收集较少。部分案卷的询问笔录中,执法人员的询问不够全面、具体,内容表述不够规范、准确,逻辑关系不强。

主要问题有:

(1)缺当事人基本情况的证据。

当事人基本情况的证据十分重要。如其组织形式,究竟是法人还是其他组织,是公司法人还是非公司法人,是合伙企业还是独资企业,关系到能否独立承担法律责任;又如当事人的住所和现居所,关系到如何送达法律文书方为有效;再如,自然人违法时的年龄和精神状况,关系到该行为人是否具备行政法律责任能力,是否应当处罚或从轻、减轻处罚。自然人是否文盲,关系到制作询问笔录或送达法律文书时是否应向其宣读并记录在案。

目前,这方面的调查取证问题不少。如当事人是自然人的,未查清其年龄、住所或现居所和文化程度,是否为个体工商户以及登记注册事项等基本情况;当事人是法人或其他组织的,未查清其注册时间、注册号、法定代表人或负责人、住所或经营场所、组织形式等注册事项。有的则未查清当事人是否具有经营主体资格。如某无照经营案件,只在《现场检查笔录》中记明“未发现营业执照”,案卷内询问笔录等证据材料均未调查当事人是否有营业执照。又如《处罚决定书》认定违法主体是由集体性质变为个人独资性质的企业,但卷内企业登记资料中无个人独资性质的成立时间记载,当事人询问笔录中也无这方面的记录。

(2)缺违法行为是当事人所为的证据。

如《处罚决定书》认定某建筑安装工程有限公司为违法主体,但《现场检查笔录》记载的当事人以及现场拍摄的户外广告照片显示的都是某房地产开发公司,被询问人也是受该公司全权委托处理此事的该公司项目经理,卷宗内没有任何证据证明违法行为由建筑安装工程有限公司所为的证据,也无该公司可以替代房地产开发公司承担行政违法责任的证据;又如《处罚决定书》认定的违法主体是某自然人,但案卷中收集的证据只能认定违法主体是某镇卫生院门诊部;再如余某以供销分社的营业执照从事违法行为,办案机构认定供销分社为违法主体,但办案人员未向余某提取承包经营协议书等相关手续。

(3)缺案件来源证据。

如《处罚决定书》称,根据群众举报查处该案,可案卷中无举报记录。

(4)缺作案时间、地点的证据。

发案时间、发案地点与违法行为的发生时间、发生地并不一定相同。根据《中华人民共和国行政处罚法》的规定,除法律另有规定外,行政处罚由违法行为发生地的县级以上行政机关管辖;自违法行为发生之日起两年内未被发现的,不再给予行政处罚。另外,法律法规和规章都有生效日期、修改日期和失效日期的问题,直接关系到个案的选择适用。因此,违法行为的发生时间和发生地是必须查清的案件事实。目前,这方面的问题在调查取证中没有引起足够的重视。如有的案卷中只有案发时间和案发地点,而无违法行为的发生时间和发生地。

(5)《处罚决定书》的定性依据和《行政处罚决定审批表》的不一致。

《处罚决定书》与《行政处罚决定审批表》上的定性依据,应按适用法律的一致性原则,无条件一致,可有的办案人员却擅自更改,如《处罚决定书》的定性依据是《中华人民共和国水法》,而《行政处罚决定审批表》上的定性依据则是《中华人民共和国防洪法》。

(6)缺罚款数字依据。

《处罚决定书》上罚款数额的依据应是案件审批表上的相关数字。案件互审中,却发现有的案件并非如此,如《处罚决定书》的罚款额是 25 000 元,而《行政处罚审批表》的罚款额则是 30 000 元。

(二)法律适用方面

一是案卷中没有注明法律法规规章依据。二是有些法律文书书写简单,适用法律条款不完整。

(1)适用法律不完整。如《立(销)案审批表》中的立案理由部分,只适用实体法,即某行为违反了哪项法律法规或规章的规定,未适用程序法,正确的适用规范应为既适用实体法,又适用程序法。

(2)定性依据和处罚依据不衔接。

(3)规避法律或法定依据。如定性依据是《中华人民共和国水法》,而处罚依据除《中华人民共和国水法》,还适用了《中华人民共和国防洪法》。

(4)适用法条不具体、不明确。如《处罚决定书》没有明确指明适用哪一款。

(5)擅自改变法条内容。

(6)擅自不执行并处条款。如《中华人民共和国产品质量法》第五十条规定:“没收违法生产、销售的产品,并处违法生产、销售产品货值金额百分之五十以上三倍以下的罚款;有违法所得的,并处没收违法所得。”可有的案件在适用该条款时却只“罚”不“没”。

(7)擅自添加法律内容。如告知当事人有权陈述、申辩、有权要求听证的是《中华人民共和国行政处罚法》第四十四条。而有的《行政处罚告知书》或《听证告知书》却将“有相关法律规定”等实体法作为告知的法定依据。

(8)依据无明确授权的法规采取强制措施。

(9)有的法条明确规定,“如果其他法律、法规有规定的,从其规定。”但具体适用中,却出现其他法律、法规有规定的,执法人员不适用。

(10)对违法竞合行为,转致处罚依据不规范。如某案将定性处罚条款表述为“构成了《消费者权益保护法》第五十条第二项行为,违反了《中华人民共和国产品质量法》第三十九条规定,属销售不合格商品违法行为,依据《中华人民共和国产品质量法》某条特作如下处罚:……”就不妥,不妥在引用了《产品质量法》第三十九条属于多余。本案属于违法行为竞合,正确的表述应为:“构成了《消费者权益保护法》第五十条第(二)项规定,属于……行为,依据《消费者权益保护法》第五十条规定，转致适用《中华人民共和国产品质量法》第五十条规定……”。另外，也可直接适用《中华人民共和国产品质量法》的相关条款定性处罚。

（三）程序方面

一是有些决定书的做出超出了法定期限。二是案件未依法履行告知义务，或者履行告知义务有瑕疵。三是案件没有当事人的申辩、陈述内容的完整记载，也没有放弃陈述、申辩的记载，不能反映当事人的陈述、申辩权是否得到保障。四是案卷中普遍没有注明执法人员的执法证件号码或是缺少证件复印件。五是处罚案卷的调查询问笔录中无向当事人出示执法证件的记载。

当前程序执法上主要有以下问题：

（1）未亮证执法。执法人员现场检查时没有出示证件，表明执法身份。

（2）乱填询问时间。如某擅自取水案由于主观随意乱填办案时间，致使同样办案人员在同一时间出现在两个询问现场。

（3）同时询问两个当事人。根据《工商行政管理机关行政处罚程序暂行规定》（简称《规定》）第十九条的规定，“询问应当个别进行”，而有的同一份《询问笔录》中有两个当事人签字。

（4）询问笔录未逐页让当事人签名。《询问笔录》“经核对无误后，由被询问人逐页在笔录上签名或者盖章”，而有的笔录未逐页让被询问人签名。

（5）就地封存的违法物品让当事人保管，未让其出据保证书。就地封存物品由当事人自己保管的，应当由当事人出具保证书，而有的执法人员未照此办理。

（6）未依法履行审批手续。

具体表现如下：

①已结案件的《立案审批表》中的“局领导意见栏”为空白，表明该案件未经局领导批准立案。

②采取登记保存等强制措施未按规定报局长、分管局长审批。

③《处罚决定书》决定罚没 3 700 元，而罚没收据只有 2 500 元，尚有 1 200 元没有执行，卷宗内无缓缴的相关手续。

④“解除行政强制措施，应当经局长批准”；在行政强制措施解除后，将由办案机关或第三人保管的物品交与当事人时，水行政机关应制作对依法查扣物品进行处理情况的书面记录。现实办案中，有的执法人员未依法履行上述手续，如打井设备返还未办理审批手续，未下达返还通知。

（7）文书应盖公章而未盖。如《立案审批表》中，承办机构意见栏没有加盖办案机构公章。

（8）程序倒置。其表现：

①根据相关规定，“行政处罚决定审批表是已经调查终结，由承办人员写出主要案情及处理意见并由核审机构进行核审……的内部性文书。”这表明行政处罚决定审批表的日期不能在调查终结报告的日期之前。然而，有的案件在这方面却反其道而行之。如某案的《调查终结报告》的落款日期是 7 月 6 日，而行政处罚核审日期却是 7 月 5 日。

②应先制作处罚决定书而后送达，而案件互审中发现有的案件并非如此。如《处罚决定书》制作时间是 9 月 23 日，而《送达回证》的送达时间和当事人签收时间是 9 月 22 日。

（9）剥夺当事人的陈述、申辩权。如某案 6 月 22 日送达行政处罚告知书，当事人未声明放弃陈述、申辩,且三日期限未满,就于6月24日下达处罚决定书,并于6月25日送达当事人。

(10)下达《行政处罚告知书》,未制作送达回证。

(11)《送达回证》未注明收件人和当事人的关系。《送达回证》的“受送达人”一栏,填写该文书所指的当事人的姓名或名称;“备注”一栏主要是记载送达过程中出现的情况,如文书是由当事人以外的其他人签收的,其中的缘由;当事人拒收的情况等内容。而有的执法人员对当事人以外的人签收送达回证,未注明收件人与当事人的关系。

(12)告知的罚款数额与案件处理审批表上罚款数额不一致。如告知罚款100元,而案件处理审批表中批准的罚款是1 000元。

(13)未交待申请复议权限。

(14)超前罚没。如《处罚决定书》的送达日期是2019年8月16日,而代收罚款收据的开票日期是2019年8月15日。

(15)同意当事人分期缴纳罚款时,没有使用《分(延)期缴纳罚(没)款通知书》。

(16)违章处理物品。其表现:

①根据《中华人民共和国行政处罚法》的规定,没收的物品应当依法拍卖或按有关规定处理,然而有的执法人员却自行处理。

②没收物品和处理物品无物品没收单和物品处理记录。

(四)文书制作方面

一是勘验、检查笔录制作不规范,没有客观、准确、完整地记录,而是加入了主观评价或是仅记录了存在的主要问题。二是案卷中缺少送达回证,或送达回证上无单位印章、无送达时间、执法人员备注不规范等。三是表述错误。

(1)符号或字体使用不当。如:处罚决定书年份括号应当使用六角号“〔〕”,而不少单位却使用方括号“[]”;《处罚决定书》的字体未按《国家行政机关公文格式》(GB/T 9704—1999)的规定使用3号仿宋字。

(2)名称前后不一。如《现场检查笔录》“检查人”栏注明的检查人员姓名和尾部检查人员签名的人不一致。

调查终结报告中,当事人名称前后不一致。按照证据统一性的原则,当事人的称谓必须前后一致,不得前面用企业字号名称,后面用企业负责人姓名。而有的文书前后矛盾,如首部当事人是某有限公司,尾部当事人又变为汤某。

(3)定性或告知违法事实的表述错误。

如《行政处罚告知书》告知当事人的均是已经确认的违法事实,可有的告知书却使用了“涉嫌”一词。

(4)证据形态表述错误。如某《处罚决定书》称:“有违法事实的物证在卷”,但翻遍案卷既无实物,又无照片,无物证可言。

(5)期限表述错误。如:误将复议期限60日写为15日。

《处罚决定书》中申请强制执行期限表述有误。《中华人民共和国行政诉讼法》第九十七条规定:公民、法人或者其他组织对行政行为在法定期限内不提起诉讼又不履行的,行政机关可以申请人民法院强制执行,或者依法强制执行。由此可见,申请人民法院强制执行,应在当事人接到处罚决定书之日起三个月后。然而,有的执法人员对此理解片面,在《处罚决定书》尾部交待诉权时称:“当事人应自收到本决定书之日起十五日内到……缴纳罚款。

逾期我局将依据……申请人民法院强制执行；”有的《处罚决定书》则称：“当事人应自收到本处罚决定书之日起，十五日内……缴纳罚款，逾期……加处罚款，同时申请人民法院强制执行。”这里的“逾期”和“同时”表述不妥，容易使人误认为是当事人自收到处罚决定书之日起第十六天就可以申请人民法院强制执行。实际上，如当事人既不申请复议、诉讼，又不履行处罚决定的，强制执行的时间应在当事人的三个月诉讼期届满后，方可申请人民法院强制执行。

（6）处罚告知的用语不当。如《行政处罚告知书》的告知内容是准备对当事人做何处罚的意见，可有的办案人员却将“拟”做出写成“决定”做出。

（五）归档装订方面

行政执法案卷制作、归档需进一步规范，个别案卷存在材料大小不一、新旧文书混用等问题。有的单位卷宗编号、卷皮制作、目录填写、文书排列、页码编序不规范，甚至有些卷宗无页码。

（六）结案标准方面

由于大多数案件水利部门都无强制执行权，所以对当事人不能按期履行处罚决定书内容的案件，在复议、诉讼和催告履行期届满后，均及时向有管辖权的法院申请强制执行，但由于法院担心案件执行率问题，常常不出具案件受理通知书，致使水行政处罚案卷中缺少法院受理的书面凭证，行政权向司法权移交的书证缺失。办案人员对结案标准的认识存在分歧，一种意见认为，只有法院将行政处罚（处理）决定书载明的内容全部执行完，该案件才能结案；另一种意见认为，只要行政机关按期向法院申请强制执行，法院受理，行政权向司法权移交就认为可以结案。

二、办案过程中的常见问题

（1）进行检查和调查不出示检查证件或者少于两人。

（2）如何按证据互相证明（证据链）的原则开展调查取证心中没有底、分不清调查取证的先后顺序。

（3）什么时期、什么案件、什么情况下对什么人员需要了解什么、可以且应当采取什么行政强制措施不清楚。

（4）不及时报请立案、采取行政强制措施事先不报请局长同意。

（5）制作笔录时，不如实记录被询问人的陈述。

（6）证据材料和文书签名盖章不齐全。

（7）不及时将有关法律文书送达，甚至不告知当事人依法享有的权利和义务（如不将行政处罚告知书和听证告知书送达当事人，从而剥夺当事人的陈述申辩权、听证权）。

（8）对告知文书送达后当事人没有在期限内提出陈述申辩和听证的不及时制作《行政处罚决定书》。

（9）对案卷材料特别是对证据不按先形式后内容进行全面的审查，在事实不清、证据不足、适用错误、程序违法、定性不准、存在逻辑错误的情况下仍然报送结案。

（10）做出处罚决定时，在自由裁量权内随意性较大，不能充分体现公平、公正的原则，处罚结果与违法情节脱节，有时在相同案件对比时明显显失公正。

（11）字迹潦草、卷面不整齐、不及时开具罚没收据、不及时掌握处罚决定的执行情况。

办案的根本就是办证据。在理论上,所有的案件都有可能受到司法审查,也就是行政诉讼。人们常常说要办铁案,经得起诉讼的才是铁案。而打官司就是打证据。根据法律规定,行政机关进入诉讼程序一般情况下是不能再去收集证据的,所以所有的证据都必须在办案过程中加以取得。当前行政机关在办案中收集证据主要在现场检查和制作询问笔录中完成。现在有一句话很流行,就是"细节决定成败",而在办案过程中执法人员应争取做到"四清""五会",即"依据清、程序清、事实清、思路清""会发现案源,会询问,会固定证据,会做思想工作,会协调内外关系"。

关于水行政执法规范与技巧的探讨

虽然水行政执法取得了显著成效,出现了良好的发展势头。但是,应当看到存在的问题和与依法行政要求相差的距离。一是执法人员的素质和能力问题。二是没有水利执法的实践和经验。有的长期从事水利管理业务,有水利管理经验而没有执法经验,能发现违法行为,但不知道如何去处理;还有既没有水利管理经验,又没有执法经验,既不能发现违法行为,也不知道怎样处理。三是审理程序、送达、调查取证不规范。法律法规和规章对案件的审理、送达和文书签发,从全国范围来看,无统一的规范,在形式、程序和内容方面存在混乱现象。四是在法律法规与规章的适用上,有适用不准确,甚至错误现象。五是调查取证工作有时找不到切入点,方法简单,缺乏驾驭局面的能力。六是水利执法用语不规范,有时态度粗暴蛮横,缺乏亲和力等。

为了解决水利执法工作中存在的问题,纠正执法不规范现象,笔者借鉴了其他先进地市水利执法的经验和教训,对照法律法规的规定和依法行政的有关规定,试图探讨解决立案与受理、法律文书签发与法律效率、法律文书送达和语言技巧、身份表明和执法文明用语、调查取证的切入点与艺术、法律的适用性和准确性、执法人员的素质和能力问题。

一、规范立案与受理程序问题

水事违法案件的处理程序,有简易程序和一般程序之分。一般程序要经过立案、审理、合议、决定、送达等环节。简易程序则为执法人员当场处罚的程序。然而,在水事案件发生时,对立案和审理的先后顺序,却有不同的做法。有的案件一发生,先行立案,再进行调查,即先立后审。有的案件一发生,先调查后立案,即先审后立。

在实际执法中,当接到举报案、移交或检查发现案件后,组织两名以上执法人员,赶赴现场,对违法案件危害程度、行为造成的影响进行现场认定。当违法行为的危害较轻,执法人员根据《中华人民共和国行政处罚法》的规定,按照简易程序,当场对当事人进行处罚。认定违法行为危害程度较重和影响较大时,并符合水事案件立案要件,则进入一般处罚程序。调查取证,填写“水事违法案件立案审批表”,执法机构负责人签署意见,报主管领导批准立案。即克服人为的盲目性,正确地认定违法行为准确性,坚持以事实为依据的客观性,减少案件诉讼败诉的可能性。如果说先立后审,则在对违法行为没有做正确的客观判定,或危害程度不能准确确定时进入处罚程序,缺乏客观性,存在随意性和主观性。因此,在实际执法中应当坚持先审后立。

二、签发资格和法律效力问题

《中华人民共和国行政处罚法》对行政执法的主体和程序有明确的规定。但对立案审批、处罚告知、听证告知、处罚告知和处罚决定的签发资格,没有明确的规定。

一是执法文书的签发资格。一般的执法文书是指立案审批、听证告知、处罚告知及有关送达等文书,由水行政机关的法定代表人,或依法委托的执法机构的负责人签发。二是文书签发的法律效力。只有行政机关的首长签发的法律文书才具有法律效力。水行政处罚决定书只有行政机关的法定代表人签发,才具有法律效力,其他人签发无效。三是对于具有重大影响,危害程度重大的违法案件,执法机构负责人审理,提出立案建议,局长(或局长委托的主管局长)签署意见。对于一般违法案件,由执法机构副职或办案人员,提出立案建议,执法机构负责人签署意见。

三、送达方式与技巧问题

水行政违法案件经过立案、调查,要做出处理之前,按照《中华人民共和国行政处罚法》的规定,应当告知当事人听证、处罚内容。送达程序是领导签字,送交当事人,填写送达回执。送达方式有直接送达、留置送达、邮寄送达、公告送达等。水行政执法中常常根据当事人的收受态度,决定送达方式:①态度较好的,当事人同意签字的,直接送达。②对于当事人态度蛮横,有暴力倾向的,采用留置方式送达避免意处事故发生。③邮寄送达。对于大型企业或门卫难以逾越的单位,最好采用邮寄方式。邮寄又有普通邮寄、挂号邮寄、特快专递。采用挂号或特快专递对执法送达比较有利。一是有时间保证;二是保证有签收。④公告送达。向法院发布公告一样,利用新闻媒介为载体,登载告知的内容和权利,限定时间,逾期视为放弃听证、申辩或复议、诉讼权利。

特别应当强调的是,在送达回执上要记录当事人所说的内容,执法人员现场签字。

四、执法语言规范问题

语言表达方式有肢体语言和口头语言之分,水利执法人员也不例外。

语言的规范和优美是影响水利执法过程和结果的重要因素。

一是要规范肢体语言。肢体语言也是传达信息的方式之一。一个动作、手势、表情都会帮你表达信息,帮执法人员沟通,甚至给人留下更好的印象,达到其他表达方式无法达到的效果。作为执法人员,当与当事人第一次接触时,你的仪容、仪表、表情、动作和庄重程度,能传达给当事人一种威严的信息,起到语言无法达到的效果。动作应落落大方,表情和善,目视当事人。让对方理解并调动合作和配合的积极性。避免目光游移,给当事人一种缺乏谈话兴趣的感觉,产生障碍。

二是要规范执法语言。向当事人表明身份时,应当说:“我们是××市(县)水利局的执法人员”,不要说是“××水政监察支(大)队或水土保持站、河道处等的执法人员”。如果是法律授权的执法单位,则直说其名。向当事人进行调查时应当说:“我们是××市(县)水利局的执法人员,受领导的指派(接到群众举报、××部门移送),对您(或单位)的××“事项”进行调查,请您给予支持和配合。”向当事人送达法律文书时,应当说:“我们是××市(县)水利局的执法人员,向您(或单位)送达听证(或处罚)告知书,请签收,并按照告知书的要求行使您的权利。”签收的应当说:“谢谢!”。拒签的,要做耐心的工作,做好宣传和解释,应当说:“请您理解我们的工作,向您送下达告知书,是对您负责,进一步核定事实,倾听您的意见,保护您的权利。”向当事人送达处罚决定书时,应当说:“我们是××市(县)水利局的执法人员,向您(单位)送达对××违法行为的行政处罚决定,请签收。请您(单位)认真阅读处罚决定书的内容,认真履行。”对于签收的,应当说:“谢谢!”。对于拒签的,应当作宣传工作或采取其他方式送达。

三是要规范标志。执法车辆、执法人员配戴标志、胸牌、臂章等。

四是要规范身份表明。首先由一名执法人员(与当事人熟悉者为好)向当事人介绍职务高的执法人员,再一一介绍其他执法人员。介绍的内容有单位、职务、姓名。由职位高的或其中一名执法人员,向当事人出示执法证件。出示的方法应当是用右手持证件,将张贴相片、注明职务的页面,递向当事人面前,请当事人认证。

五、调查取证的切入点与艺术

如何寻找和把握案件查处的切入点,是检查执法人员素质和办案水平的标尺,是一个案件能否顺利开展的关键。

一是把握案情,分析对象。接到案件,作为执法人员首先要了解案件基本情况。通过案件来源的途径,最大可能地了解违法行为的发生原因,对当事人和违法行为做有针对性的分析,准确把握案情,为查处案件打好基础。

二是研究对策,确定人选。水政机构应当认真研究案情,根据当事人的情况,选择案件调查的方式,确定采取的对策,打有把握之仗。指定有经验和能力的执法人员主持查处工作。做好法律、文书、政策、设施的准备,战之能胜。

三是宣传法律,晓之以情。刚一接触,执法人员和当事人之间有时尴尬。可利用时间,宣传水法,打破僵局,从当事人的具体情况,深入浅出,入情入理,拉开调查取证的序幕。还可以从当事人的困难和执法的困难,水利执法对当事人的保护方面等的交汇点,拉开话题,开始调查。

四是循序渐进,婉转入题。执法人员在向当事人调查、交谈和询问中,应当讲究一些方法,采用一定的交流艺术,安稳当事人情绪,使调查顺利展开。循序渐进,进入主题,可根据当事人的情绪和态度,采用以下形式:第一是情理式。围绕当事人的情况,结合法律规定开展剖析,以情理打动当事人。第二是问答式。可直截了当地以对话的方式与当事人进行交流。第三是间接式。可采用一名执法人员与当事人谈话,另一名执法人员记录的方式进行,最后请当事人核对、签字。

六、法律适用性和准确性问题

适用法律是水行政机关执法的关键环节,而在实战中往往出现法律适用不准确、不规范,甚至错误。一旦诉讼就会败诉,影响水利执法形象和水法权威,给水利执法带来无法弥补的损失。把握适用法律的准确性,就会使水利执法在诉讼中保持较高的胜率。在适用时,一是准确地分析案情。弄清案件的类别、性质、危害程度及造成的社会影响。换言之,正确判断违法行为的情节轻重。二是全面地了解、掌握水法和相关法律法规的义务性和禁止性条款及相应的法律责任。三是将案件与法律法规、法律责任相对应起来,也就是说,把违法行为和法律规定对号入座。

在实际适用法律法规过程中,往往凭经验和印象,轻率或不加思考地在法律、法规或规章中找一个就用,不考虑适用法律是否会出现错误,是否会公平,会败诉等。在实际执法时,应当注意以下几点,以达到正确适用法律的目的。一是在法律法规、规章,对同一违法行为有相同的规定,适用时应选择法律;二是专门法和普通法有相同规定时,选择专门法;三是注意适用的条、款、项、目,不要混淆,更不要错把 A 条当作 B 条;四是自由裁量的适用与违法行为相当。不能相同情况处罚数量不同,你 3 万他 5 万,出现适用法律不公正、不公平现象。

七、执法意识和责任意识问题

在十几年的水行政执法实践中，作者体会最深的就是，水利执法发展取决于执法人员的法律意识。一个单位的执法人员法律意识强，执法工作就会开展得有声有色，水利执法工作就会得到完善和提高。作为水利执法者应当树立以下执法意识。

第一是义务意识。既然选择了水利执法工作作为你的职业，就要承担起法律赋予的义务。就要时刻牢记自己的职责和义务，站在维护党和人民的利益的高度，维护水法的尊严和权威，并且这个意识要贯穿执法工作的始终。

第二是权利意识。既然是水利执法人员，依法维护和监督检查是法律赋予的神圣不可侵犯的权利。要权为民所系，权为民所用，勿用权于己、以权谋私。

第三是责任意识。责任是以义务为前提的。作为执法者，如果违反了法律义务，就要对违反义务的行为承担制裁和补偿的法律责任。作为水利执法者，切不可得到法律和人民赋予的一点权利就忘乎所以，为所欲为。要知道有权就有责任，用权受监督，专权必受罚。

第四是形象意识。既然是执法人员，在义务、权利、责任方面就区别于普通行政管理人员，你的言行不仅仅是自己的，而是关乎执法单位、执法群体的形象，代表的是法律的尊严，表现的不仅是个人的素质和修养，也是执法队伍的素质和修养。因此，作为执法者要时刻不忘自己与单位、执法群体、国家利益、法律尊严和公众形象的关系，遵纪守法，依法办事，为水利执法树立良好形象，决不能辜负党和人民的重托。

八、业务素质和综合能力问题

水利执法从字面上理解是很简单的。经常有人说，就是执法嘛，查查案子，罚罚人，谁都能干。但是，实际上水利执法却十分复杂。从工作的性质看，水行政执法具有水利和法律的双重性；从内容上看，水利执法涉及行政许可、行政审批、行政管理、监督检查、行政复议、案件查处和与行政执法相关的水利专业知识，还应有文字、语言表达、综合协调等，工作范畴几乎涵盖了行政执法和水利工作的全部。

水利执法工作的内容决定了执法人员应把握的知识：一是水利专业知识。应当掌握水利专业基础知识，做到了解水利、懂得水利、熟悉水利、把握水利，为水利执法服务。二是行政管理知识，即行政学、水利管理、水利专业技术规范等。三是水行政执法方面的知识，即行政法学、执法程序等。四是行政诉讼和行政复议有关知识。五是文字综合和语言表达能力。六是行政协调能力。

浅谈基层水行政执法工作

水行政执法是指各级水行政主管机关,按照有关水法律法规的规定,在水事管理领域里,依法对水行政管理相对人采取的直接影响其权利义务,或者对相对人的权利义务的行使和履行情况直接进行监督检查的具体行政行为,是国家赋予各级水行政主管机关的执法权利。其依据是我国现行有效的所有水法律法规及相关规章和规范性文件作补充的水法规体系。

基层水行政执法队伍是水利建设行业的生力军,是水利事业发展的护航者。他们在推进依法行政、依法治水、依法管水中发挥着重要作用,较好地维护了水法律法规的尊严和良好的水事秩序。在查处水事案件的过程中,基层水行政执法队员发扬不怕困难、敢于碰硬、乐于奉献的精神,在执法装备简单落后、执法环境恶劣的情况下,仍然忠实履行职责;面对少数群众对水行政执法人员的执法活动不理解、谩骂、围攻甚至威胁人身安全的情况,水政监察人员仍然无怨无悔,为水法规的贯彻实施做出了自己的积极贡献,树立和维护了水行政主管部门依法行政的威信和良好的形象。

近年来,各基层水行政执法队伍在上级部门的正确领导和大力支持下,从“立党为公,执法为民”的高度出发,按照“内强素质、外树形象、热情服务、争创一流”的目标,切实加强领导班子建设、队伍素质建设、业务能力建设和后勤装备建设,使基层水行政执法逐步向规范化建设迈进,有力地促进了各项工作的有序进行。随着水利事业的改革和发展,水行政规范化建设的日益完善,给水行政执法工作的开展带来了契机。同时,在基层水行政执法人员的日常工作中还存在着许多束缚水行政执法工作顺利开展的问题。现结合工作实践谈谈自己的一些看法。

一、存在的问题

(一)宣传不力,水法律意识淡薄

基层水行政执法的相对人大多是文化水平相对低的农民群众,传统的“水是天上下的,地下流的,吃用自由”的思想占主导地位,水法律意识淡薄,不能很好地配合水行政主管部门的执法。水法律法规知识的宣传不力,直接影响了公民对水资源可持续利用的认识问题,导致水行政执法困难。

(二)执法人员素质参差不齐,执法程序不规范,办理水事违法案件数量持续下降

基层水行政执法人员大部分都不是专业院校毕业,缺乏法律和水政水资源管理方面的人才。很多是转业军人或从其他部门调入水行政执法岗位的。其水法律法规知识相对欠缺,在工作中常出现执法态度不认真、执法程序不规范等问题。如执法时不按规定出示执法证件、法律文书填写不规范、无统一的格式和编号等;或出现运用法律条文不准确现象。如对水工程建成且已取水的,不知该用擅自修建水工程还是用擅自取水来定性,实施处罚时自由裁量权时重时轻,破坏了水行政执法的严肃性。办理水事违法案件数量持续下降的原因是:①职责权限不晰、执法主体不明确,部门之间、处(科)室之间推诿扯皮。②审批、监管、执法职责模糊,将执法等于监管,认为执法“包打天下”通过执法解决管理问题。③执法部门认为执法工作是最末端,前期的日常管理,调查取证等都在管理部门。④老百姓对水缺乏

正确的认识,从思想上放任违法行为的发生。⑤社会对水旱灾害的危害认识不足,导致水事违法行为多发频发。⑥水利部门长期重建轻管,导致水利执法刚性不足。⑦行政干预或政府不依法办事,严重影响水利执法工作开展。⑧涉水违法行为缺乏刑法制裁,对严重水事违法行为打击不够。⑨执法人员的业务能力弱,不想办案、不敢办案。

(三)水行政行为相对人的不稳定性

首先,基层水行政执法部门相对的执法主体多数为不成规模的小型厂矿企业,甚至是家庭式小作坊,暂且称为散户。就安阳县来说,西半部还有一些上规模的大型企业,东半部几乎全是一些农村工业,连乡镇企业都很少有,这些散户不像大企业那么正规,企业名称、法人代表、企业性质等都不太明确,有的连厂名都没有,有的是几个朋友共同开办的企业,没有共同合伙人的合作协议,也没有合伙人的委托申请书,很难确定谁是法定代表人,给法律文书的下达和执行带来了不便。

其次,这些散户因为规模小,其生产、停产随意性很大,按执法程序走下来,还没到执行时间,该厂因效益不好或者别的原因停产了,安阳县好多大型企业都先后关、停、限产,更何况这些散户,都是老板一个人说了算,效益不好就停产关门,感觉市场行情不错就开工生产一段时间,说干就干、说停就停。相对人的这些不稳定性给基层水行政执法带来了很大难度。

(四)领导干预执行难问题

水是生命之源,是人类和一切生物赖以生存的物资基础。用水涉及面广泛,涉及千家万户、各行各业。水行政执法的相对人也遍布各行业、各阶层,且管理相对人的人员结构、文化素质、历史背景也比较复杂。一些经济效益好的企业或某些行业的"龙头"企业,极易引起地方保护,加之极少数领导干部法律意识淡薄,受短期效益和本位主义的影响,不按法律规章办事,违反法律法规的权限和程序,擅自主张,进行行政干预,致使水行政执法人员在执行公务中事难做,案难办,大大增加了执法工作的难度。

(五)配套水法规衔接不严密

目前,安阳县水行政执法工作的主要依据有《中华人民共和国水法》《中华人民共和国防洪法》《取水许可和水资源费征收管理条例》《河南省节约用水管理条例》等。因这些法律会随经济和社会的发展做一些修改或调整。国家的法律法规修改实施后,配套的地方性法规实施得比较慢,中间有时间差,衔接不严密。有时会出现大的法律用的是修改后的新版本,而地方性法规用的还是跟原来未修改的法律相配套的法规,大大削弱了水行政执法的力度。

(六)规章制度不健全

水行政执法是一项严肃认真的工作,没有铁的纪律来保证、约束水行政执法人员的行为,将很难完成历史赋予执法人员的使命。但目前很多地方没有或者只是建立起部分监督机制及行政执法责任制等规章制度,影响了水事违法案件的查处质量。

二、对策和措施

(一)创新水法宣传形式,增强全民水法律意识

水法宣传是最有效的预防违法行为的方式,只有使水法律法规观念深入人心,才能有效地预防和减少水事违法行为的发生,才能增强群众同水事违法行为做斗争的勇气,才能更好地保障水利部门的合法权益不受侵犯。水法宣传的形式要按照“集中宣传与长期宣传相结合、多样化与精细化相结合”的原则，重点利用“世界水日”“中国水周”“法制宣传日”，采取散发宣传资料、制作宣传版面、出动宣传车等形式，大张旗鼓地对水法规进行宣传教育，让人民群众认识到水法律法规的重要性和严肃性，增强全民水法律意识和水法制观念，营造良好的依法治水和水行政执法环境。

(二)提高人员素质，规范执法程序

水行政执法人员要不断学习马列主义、毛泽东思想、邓小平理论、“三个代表”重要思想和科学发展观，掌握国家的方针政策和路线。上岗前要进行统一的培训和考试，坚持持证上岗，培训或考试不合格人员禁止上岗，并每年进行考核审定。在岗的水行政执法人员要定期举办学习班，对现行相关的水法律法规进行学习和培训。不定期进行考试，养成勤奋好学的风气，增加竞争上岗的危机感，促进其自身素质和业务水平的提高，努力造就一支政治过硬、思想进步、业务熟练、快捷高效的基层水行政执法队伍。

水行政执法队伍的整体素质提高了，每位执法人员都能注重自身形象、规范自己的言行，严格按照水法律法规赋予的权利行使，依据物价部门核定的标准收费，遵循“有法必依、执法必严、违法必究”的原则，保证执法主体合法、执法程序合法和引用法律条文适当，提高水行政执法的办案质量，真正做到依法执法。

(三)完善水行政执法制度

水行政执法要以推行行政执法责任制和评议考核制为重点，加强制度建设，规定水行政执法机构和执法人员相应的责、权、利，把法定的权利和义务进行分解、量化、细化，明确执法范围、权限、程序、标准和责任，制定配套考核标准和奖惩办法。要健全和落实错案责任追究和行政赔偿等制度，促进水政监察队伍和人员树立严格执法、文明执法的责任心。我们安阳县自水政监察大队成立以来，先后制定了各种规章制度来规范和约束水行政执法人员的执法行为。主要制度有《水政监察大队服务承诺标准》《水政监察人员工作守则》《水政监察人员考核和奖惩办法》《水政监察人员岗位责任制》《水行政执法统计工作制度》《水行政处罚听证程序》等，依靠制度来规范行政执法行为，实现秉公执法。

(四)建立健全监督机制，提高执法透明度

权利和义务相对应，权力和监督也是相互对应的，不受约束的权力必然导致专制和腐败。同样，水行政执法活动理应接受全社会方方面面的监督。加强水行政执法监督，建立有效的监督制约机制，做好对水行政执法队伍和人员的监督管理工作，才能保证水行政执法的公平、公正和公开，保障依法行政，防止以权谋私、徇私枉法、执法犯法等不良行为，也防止了某些领导的行政干预行为。水行政执法机关除接受同级政府和上级主管部门的监督外，还应主动接受司法机关监督、社会舆论监督和行政相对人监督，以不断提高执法水平、完善执法工作。安阳县很早就建有行业新风监督台，聘请部分大型用水户的主管人员做行业新风监督员，公开监督举报电话，自觉接受全社会各阶层的监督，增加依法行政透明度，树立良好的水行政执法形象。

(五)加强部门协作，加大执法力度

水行政执法工作不能仅仅依靠水政监察大队自身的力量来执法，还需要多方面的配合形成合力，来推动水利法制化进程。不仅水利部门要上下联动，而且要联合公安、环保、国土等有关部门，集中时间、集中力量，联合执法，形成合力。特别是要密切与法院的联系，使各种司法程序都能及时、顺利进行。安阳县法院大力支持水行政执法工作，专门派出两位同志常驻水务局协助水行政执法工作，确保了案件的及时受理和执行。

依法治国，依法行政，建立社会主义法治国家是社会发展的根本要求和必然趋势。加强水行政执法工作，实现依法治水，是水利工作的根本方向。新时期，水行政执法工作面临着许多问题与挑战，更面临着机遇与发展，水行政执法人员要充满信心，鼓足干劲，努力改变工作现状，使水行政执法工作充满生机与活力，为保障水利事业又好又快发展，建设节水防污型社会，促进水资源的可持续利用做出更大的贡献。

三、体会与启示

（一）提高依法行政的意识

依法行政是依法治国的关键和核心，要求既严格依照实体法要求办事，又严格依照程序法要求办事，两者缺一不可。只有实体和程序都符合法律的本质要求，才能从根本上达到依法行政的目的。

树立四种思维：①规则至上思维；②程序优先思维；③权利本位思维；④权力控制思维。牢固树立依法行政意识，提高自身法治思维、法治素养和依法行政能力。

（二）规范行政执法的程序

要充分认清程序违法可能承担的不利的法律后果。建立执法全过程记录和行政执法公示制度，实现执法过程、结果有据可查。细化执法流程，明确执法环节，完善行政执法调查取证、告知、听证、集体讨论决定等制度。

（三）加强对行政执法工作的监督

加强对办理、复核、审定等重要节点的执法监督。强化对执法案件的合法性、合理性审查。建立常态化的责任追究机制，强化执法过错责任追究，完善行政执法社会监督。各级政府、执法部门建立行政执法体制机制，配齐行政执法监督力量。建立“以政府层级监督为基础、网络实时监督为支撑、社会监督为补充”的监督体系。

（四）树立执法风险防范意识

行政执法风险的类型：党纪政纪责任风险、行政赔偿责任风险、刑事责任风险。监察委、公益诉讼、自然资源审计等对行使公权力的监督制约。要从思想上高度重视，加强廉政自律意识，充分认识到执法风险的客观存在性，时刻绷紧执法风险防范这根弦，树立执法风险防范意识，提高“自我保护意识”，避免执法行为中的“不作为”“乱作为”和“不当作为”等现象发生。

安阳市依法治水的经验及做法

近年来,安阳市水利局在市委市政府和省水利厅的正确领导下,坚持依法行政,坚持普法依法治水,严格落实法治政府建设第一责任人责任,积极践行"管理、执法、服务"三位一体水行政执法模式,完善执法程序,规范执法行为,严格执法责任,先后被授予全国文明单位、全国水利综合执法示范点、河南省服务型执法示范点、全省水利系统文明执法示范窗口、人民满意的公务员集体等荣誉称号,连续三年取得全市依法行政考核优秀等次。近日,安阳市水利局又被表彰为"第二批河南省依法行政示范单位",成为受省政府表彰的35个单位之一。

一、坚持依法行政,持续提升水治理能力现代化水平

(一)深入推进依法行政

以习近平总书记全面依法治国新理念新思想新战略为指导,不断把依法行政工作向纵深推进。一是落实责任。全面落实局党组主要负责人履行法治建设第一责任人责任,严格坚持和执行民主集中制原则,坚决落实"三重一大"议事原则,广泛调研和听取意见,经局党组集体讨论决定。严格坚持党务和政务公开制度。对水利项目招投标、水行政审批、水利综合执法等工作,按照要求公示,增加透明度,增强了群众的知情权、参与权和监督权。多次召开专题会议,学习传达依法行政工作和法治政府建设有关文件精神和要求,安排部署法治政府建设和依法治水工作。二是明确目标。印发了《安阳市水利局法治政府建设实施方案(2017—2020年)》,每年制定年度水利法制建设工作方案,明确了目标任务,细化了责任分工,建立了工作台账,具体到时间节点,做到了有部署、有检查、有考核。三是学法宣法。坚持领导干部学法,每年制定局领导学法计划,明确学法方式和主要内容,进一步提升法治思维和依法行政能力。以纪念"世界水日"和"中国水周"宣传活动和"12·4"法制宣传日集中宣传为契机,运用报、刊、台、网、端等各类传播平台,广泛宣传、凝聚共识,营造全社会关心、支持和参与依法治水建设的良好社会氛围。

(二)健全完善制度体系

坚持"执法队伍专职化、执法管理目标化、执法行为合法化、执法文书标准化、执法培训制度化、执法统计规范化、执法装备系列化、检查监督经常化"的建设目标,不断完善依法行政水法规体系,组织编纂了《法律法规汇编》《安阳市水利局执法操作实务》,先后制定出台了水行政执法巡查制度、立案审批制度、廉洁自律制度等43项规章制度。积极开展规范性文件审查清理,对2部政府规章和11个规范性文件进行了审查,清理规范性文件3个,维护宪法尊严和法制统一,推进规章、规范性文件更具操作性。

(三)坚持科学依法决策

一是通过民主生活会、组织专题学习《安阳市规范行政权力运行机制实施办法》等有关重大行政决策要求,在全体干部中进行广泛宣传,认真领会深入贯彻落实。二是将行政决策责任追究制度与班子建设、党风廉政建设和推进水利事业发展紧密结合起来,将行政决策责任追究制度列为班子建设和领导述职述廉的重要内容,对涉及水利事业发展中的重大事项以及关系机关单位职工切身利益的重要问题,坚持集体领导、集体决策,始终做到"四个坚

持”,即坚持民主集中制、坚持群众路线、坚持依法决策、坚持责任追究的办事原则。三是实行了“一案一检”“一月一评”,保证每一册案件卷宗在一个月内实现审核、记载、测评和整改。实行了水行政执法工作四级把关负责制度,层层把关签字,层层监督制约,逐级落实责任,形成完整的执法责任制。对所有的案件实行集体讨论、集体研究,杜绝执法随意性。

(四)严格规范执法行为

一是推行“三项制度”。结合该市水行政执法实际,制定了《安阳市水利局全面推行行政执法公示制度执法全过程记录制度重大执法决定法制审核制度实施方案》,加强了与水利、公安、检察院、法院四部门联动执法机制,专门设置了水利与公安联动执法办公室,公安民警常驻办公。二是注重文明执法。坚持“以人为本、宣传为先、注重引导、孤立打击极少数”的指导方针,对违法行为既坚持工作原则,又以理服人,对拒不听从规劝、约谈的,果断采取强制手段给予坚决打击。在全市违法建筑拆除行动中,累计拆除涉河(渠)违章建筑面积 3.3 万 m^2,在提升执法效果的同时,执法力度和亲和度也得到了较大提高。三是规范执法流程。明晰了行政调解流程,在官网公布了行政调解人员名单和行政调解流程图。编纂了《安阳市水利局行政指导操作实务》《安阳市水行政处罚操作实务》《水行政执法的思考与法律文书运用》,纳入到水行政执法全过程,通过辅导、建议、劝勉、提示、警示、纠错、回访等灵活多样的非强制措施,引导行政相对人主动配合、自觉遵法守法,实现了法律和社会效果相统一。积极探索“互联网+水行政执法”的模式,实现了行政执法资源互联互通、互认共享。

(五)依法开展行政审批

持续清理规范行政审批职权,明晰水行政审批职责,该取消的项目坚决取消、该下放的项目下放到位、该调整项目的及时调整。2019 年调整水行政审批事项共 17 项。涉水行政审批实行一次告知制和首问负责制,严格按照相关法律法规收费,所有涉水行政许可事项的办理不收取任何费用,切实保障涉水行政审批“便民、高效、公开、廉洁”运行。积极推进水利工程建设项目改革,由水利部门牵头其他单位配合组织实施,制定水利工程建设项目审批流程图,将水利工程建设项目审批流程划分为立项用地规划许可、工程建设许可、施工许可、竣工验收四个阶段,分阶段制作一份办事指南、一张申请表单,一套申报材料,实行并联并审,限时办理,并纳入安阳市工程建设项目审批管理平台,实现一窗受理、一张蓝图、一张表单、一套机制审批模式。落实“容缺办理”,确定了“取水许可审批”为水利投资项目“容缺办理”事项。并对“取水许可审批”材料进行了梳理完善,根据参考模板确定容缺办理申请书,着力减少审批环节。

(六)自觉接受各方监督

一是完善内外监督模式。从省、市人大代表、政协委员、企事业团体等社会各界中聘请社会监督员,不定期征求意见和建议。定期对执法单位和执法人员进行日常和年度执法评议考核,公布考核结果,建立激励约束的长效机制。积极参加市纪委组织的对执法人员服务态度、办事效率、廉洁行为等方面进行的民主评议,接受全社会的监督。二是持续推进政务公开。全年承办人大代表建议、政协委员提案 8 件,全部办理完成,并将答复全文在官网进行了公开公示。配合市财政部门,完成了年度水利部门预算网上公示。做好了重大建设项目批准和实施领域信息公开工作,对南水北调安阳市西部调水项目相关招投标信息进行了公开。在安阳防汛抗旱微信公众号、安阳广播电台及时公布雨量信息、防汛信息、水库水情等，保证了群众第一时间掌握雨情水情，被授予2018年度安阳市政务公开先进集体。三是及时回应群众关切。三年来全局无行政复议案件。局领导积极参加网上在线访谈，共收到网民提问56条，答复率达到100%。专门设立投诉举报电话和举报箱，对群众举报和市长便民中心交办的事项，做到了事事有办理，件件有回音，保持了全市政风行风评议中良好位次。

二、坚持普法依法治水，推动安阳法治水利健康发展

近年来，安阳市水利局普法依法治理工作坚持以建设法治水利为目标，不断强化普法宣传教育，认真开展水利法制工作，使依法治水和法治水利工作更加规范有序。

(一)加强领导，强化责任

局党组坚持法治思维，领导干部带头学法、带头懂法、带头用法、带头守法，增强依法行政工作的自觉性。坚持利用中心组学习和局长办公会上，安排部署安阳市水利局法治政府建设和依法治水工作。成立了普法领导小组，局长为组长，分管领导为副组长，机关各科室、局属各单位负责人为成员的普法领导小组，负责日常监督管理工作。形成分级管理、分级负责，上下协调、紧密配合的组织领导体系，切实加强水利普法工作。

(二)加强学习，提升素质

一是深入学习宣传习近平总书记依法治国重要论述。安阳市水利局把习近平总书记关于全面依法治国的重要论述列入党组中心组学习内容，深入学习宣传习近平新时代中国特色社会主义思想，深刻领会党的十九大和十九届二中、三中、四中全会精神实质，真正用习近平新时代中国特色社会主义思想武装头脑、指导实践、推动工作。二是突出学习宣传宪法。安阳市水利局把学习宣传宪法摆在首要位置，要求各单位采取集中学习、自学，全文学习、专题学习的方法，深入宣传依宪治国、依宪执政理念。特别是开展了以“尊崇宪法、学习宪法、遵守宪法、维护宪法”为主题的宣传教育活动，树立宪法权威，不断提高干部职工特别是领导干部的宪法意识。三是深入学习宣传党内法规。按照“七五”普法要求，安阳市水利局重点宣传学习《中国共产党廉洁自律准则》《中国共产党纪律处分条例》《中国共产党党内监督条例》《关于新形势下党内政治社会的若干准则》等各项党内法规，组织开展了撰写学习笔记，参加相关知识答题等活动。通过学习，党员干部树立“法定职责必须为、法无授权不可为”的意识，争做党章党规党纪和国家法律的自觉尊崇者、模范遵守者、坚定捍卫者。

(三)加大培训，提升能力

每年制定领导干部集中学法计划和制度，明确了时间安排、学习的内容和形式，对学法的实施起到了很好的指导作用。并把“领导干部学法纳入党组中心组年度学习检查考核之中，加强对领导班子及领导干部法律素质和依法行政能力的考核。今年召开了以案促改警示教育大会，做到警钟长鸣，严于律己、廉洁从政，进一步提升了全局领导干部的法律意识和素养。继续开展法制培训。组织安阳市水利局行政执法人员分批次参加了全市公共法律知识培训和考试；参加了全市首批行政执法人员网络考试，并全部一次通过；先后举办了全市依法行政与水资源管理培训班、全市水政监察队伍执法能力建设培训班、全市水政监察队伍案卷评查与疑难案件研讨交流暨两高关于非法采砂入刑相关法律解释培训；完善应急机动大队应急处置机制并组织军事化训练班；组织水利与公安联动执法工作经验交流暨业务培训班。近几年来，先后参加各类培训达1 500多人次。通过培训，提升了执法人员的素质和能力，加强了与公安等部门的沟通联系和协调配合，丰富了水利综合执法的内涵。

（四）坚持开展水利法制集中宣传活动

一是坚持利用以纪念“世界水日”“中国水周”宣传为载体，连续 8 年在“世界水日”当天的《安阳日报》发表市长署名文章，号召人民群众树立节水护水的水法规意识；在安阳电视台通过制作水法规专题片、阳光对话等栏目以及利用网络、手机微视频等方式向人民群众宣传水法规和水利知识；在市区中心广场通过悬挂宣传条幅、制作展板、张贴水利普法宣传画、发放水利风光扑克和节水宣传纸杯等形式进行水法规集中宣传；举行了水法规电视竞赛，水法规有奖征文活动以及组织中小学生参观水知识展示大厅、中小学科普教育基地，开展水法规宣传进学校、进企业、进社区等活动；针对水利工程点多面广的特点，采取出动宣传车、发放宣传单、树立法律责任警示牌等形式深入水利工程沿线村镇开展水法规集中宣传。通过坚持不断的水法规宣传，增强了人民群众的水法制意识和水资源危机意识，为水利执法营造了良好的环境。二是开展宪法学习宣传活动。以迎接中央依法治国委员会办公室宪法学习宣传实施专项督察工作为契机，按照通知精神和要求，成立了局宪法学习宣传实施工作领导小组，主要负责宪法学习宣传的组织、指导、协调和迎接检查等具体工作，确保宪法学习宣传活动顺利开展。同时，制定了宪法学习宣传专项活动方案；完成了局开展宪法学习宣传和“七五”普法依法治理宣传教育工作自查报告。安阳市水利局利用微信以“依法治水.天天学宪法”为题进行系列学习宣传，以局门户网、电子大屏等多种媒体为依托进行宪法微视频展播和图片宣传，以专题讲座和辅导等方式进行学习宣传，进一步提高干部职工的认知度，不断掀起弘扬宪法精神、增强宪法意识的热潮，让学习宣传活动覆盖到每层组织、每个单位、每位干部职工，深入推进宪法学习宣传的有效实施。三是开展学习民法典活动。安阳市水利局邀请了新大地律师事务所李艳军主任就学习民法典举办了水利专场宣讲。以民法典热点问题为主要内容，从民法典体系、原则、政策到法律的转换等方面进行了讲解，受到干部职工的一致好评和欢迎。

下一步，安阳市水利局将以十九大精神和新时代水利方针为引领，认真落实市委市政府全面依法治市和建设法治政府建设工作精神，坚持依法行政，依法治水，强化监管，为四水同治提供良好的法治环境。继续深化全国水利综合执法示范点建设，努力完善水行政审批机制和流程，提高审批效率，规范审批程序，用法律、法规、体制、制度保障和推进水利现代化，为全市经济社会高质量发展做出新的贡献。

关于加强水政监察队伍建设的意见和建议

水行政执法是水行政主管部门贯彻实施水法律法规的重要方式，是加强水利社会管理和保障水利可持续发展的重要手段。统筹规划、全面提升水政监察队伍执法能力建设是水行政执法工作有序开展的重要保障。《中共中央、国务院关于加快水利改革发展的决定》(中发〔2011〕1号)将依法治水作为加快水利发展的指导思想之一，对依法治水做出了全面部署，明确提出了要全面推进水利综合执法，加快建立健全权责明确、行为规范、监督有效、保障有力的水行政执法体系。

新形势、新任务对水行政执法提出了更高的要求，水政监察队伍面临的执法任务将更加繁重。但是，水政监察队伍的执法能力和水平不能适应新时期水行政执法工作的需要，存在基本执法装备不足、水上执法装备缺失、执法监管手段落后等诸多方面的问题，迫切需要立足大局，准确把握水政监察工作面临的新形势，全面规划，加强水政监察队伍整体执法能力建设，扭转与工作要求不相适应的局面。编者结合安阳市水政监察工作实际，对于进一步加强水政监察工作，有以下几点建议。

一、应进一步明确水政监察队伍综合执法的地位和职责

各级水政监察队伍所承担的执法职责各不相同，除水政监察队伍建设管理和受委托承担水行政处罚、水行政强制执行等执法工作外，水行政征收、水行政许可、水行政执法、监督等行政执法工作基本不涉及，而是由水行政主管部门各职能处(科)室及机构分别承担，目前的这种现状，无法从源头上解决多头执法、重复执法、执法缺位的问题，也无法发挥水政监察队伍综合执法的效能。要从根本上实现水利执法体制改革，全面推进水利综合执法：一是应当把水利综合执法推行工作纳入整个水利改革发展的重要内容，制定严格的考核制度，使各级水行政主管部门提高认识，统一思想，加强组织领导，制定目标任务，狠抓工作落实。二是从立法上解决水政监察队伍综合执法的法定职责和法律地位，使行政执法职能相对集中，贯穿于水行政执法的全过程，全面提高行政执法效能，切实保障水法规的全面贯彻实施，为水利改革发展提供重要支撑和保障。三是建立上下协调一致的水行政执法体系，按照水利部关于加强水政监察队伍建设的要求，结合本地实际，进一步加快专职水政监察机构建设，积极推动专职水政监察队伍参照公务员管理或转为行政序列。理顺工作职能，合理核定人员编制。进一步加强全省水行政执法规范化建设，强化责任意识，落实执法工作责任制，从而形成上下一致、运转协调、统一高效、执法有力的水行政执法体系，为水行政执法提供有力的机构保障。

二、带动执法方式和手段上的创新

目前，以建立行政处罚裁量基准、适用柔性执法方式以及说理式执法文书等为主要内容的新型执法方式和手段日渐成为行政法理论界和实务界关注的焦点，也成为进一步提高行政执法工作水平的新的增长点。从全国水利系统看，部分省市和地区的水行政主管部门也做了许多有益的尝试，建议省厅围绕改进执法方式、提升执法水平这一主题，通过召开现场会、座谈会以及案例评析会等形式，进一步加强各地水政监察工作的交流。同时，适时出台相关指导性文件，部署开展相关工作，丰富执法工作内涵，提升执法工作效能。

三、应逐步提高水政监察综合执法的科技含量

开展水政监察综合执法工作，一方面，要立足执法工作实际，建立健全职责清晰、分工明确、高效协调的综合执法工作机制；另一方面，要勇于开拓创新，不拘泥于传统执法模式，与时俱进，提高执法工作的科技含量，加强“数字水政”建设，即通过建立各级水政监察综合执法队伍网上交流平台，开发水政移动信息化平台、实现各级水政监察信息传输数字化，日常执法、案件办理、违章监督等监控网络化，常规咨询即时化，这样既节省了时间，减少了成本，又提高了工作效率，体现水政监察综合执法改革精简、统一、高效的原则。

四、水利部应加强对各地水政监察队伍建设的指导

目前，各级水行政执法网络基本建成，但水政监察队伍存在的突出问题是机构性质不明确、编制不明确、人员素质参差不齐。机构编制问题是水政监察队伍的主要问题，建议省厅积极沟通省编办等部门，争取以两家名义制定下发水政监察队伍建设的指导性意见。尤其是要明确机构性质、编制数量。同时，加强对各地水政监察队伍的指导，使各级水行政主管部门的主要负责同志高度重视水行政执法工作，将具有一定水利、法律专业知识人员充实到水政监察队伍中来，提高水政监察队伍的执法水平。

五、进一步加强基层水政监察队伍执法能力建设

目前，基层水政监察队伍有很大一部分是自收自支事业单位，人员、办案经费难以保障，执法装备与现行执法要求也难以匹配。建议省厅继续加大水政监察基础设施建设的投入，坚持中央资金引导、地方配套为主的执法装备机制，并从制度上保障要落到实处，支持和调动地方加强执法装备等能力建设。争取相关政策，明确一线执法人员应享有执法津贴，并加大督查督办力度。

六、继续加大基层水政监察人员的培训

一是建议加大以刑事司法手段打击水事违法行为的研究推进力度。争取最高法等出台相关法律解释或文件，对水事领域中侵占水域、破坏水资源、水工程、水土保持生态环境和非法采砂等违法行为适用刑罚处罚的条款规定做出解释，对水事违法行为加大刑事打击力度，为水利改革与发展提供坚强的法制保障。二是要有计划、有目的地加强岗位及相关法律知识的培训，提高水政监察人员执法办案能力和驾驭复杂局势的能力。建立健全对执法人员的激励、约束与考核机制，让水政监察人员有能力、有积极性，并在制度的约束下依法依规办事。

七、进一步加快对水法律法规的修改

现行的水法律法规中，《中华人民共和国水法》与《水政监察工作章程》对水政监察工作表述不一致，理解不一样，机构与职责比较混乱。另外，对违法行为的处罚偏低，对违法人员的处罚威慑力不够，特别是违反水法律法规的行为没有入刑法的罪名。建议加强这一方面的工作。

八、建议将水政监察人员明确为执法类公务员

目前，水政监察机构存在执法主体的编制不合理、执法人员地位不高的问题。水行政执

法机构多为事业编制,编制少,人员不足,在部门地位不高,执法职能没有完全理顺,难以形成执法合力。建议水利部能以文件的形式明确要求各级水政监察人员为执法类公务员,提升水政监察机构和水政监察人员的地位。

九、强制手段缺乏

《中华人民共和国行政强制法》正式实施后,虽然为行政机关实施行政强制提供了有力的法律依据,但同时也提出了十分严格明确的要求,由于最高院等权威法制部门对有关条款的适用及具体程序、操作等问题尚未出台解释,在执法实际中难以实施。

浅析水行政处罚中“加处罚款”的执行

“在当前法律法规没有赋予水行政主管部门强制执行权的情形下，相对人拒不履行生效的行政处罚决定，水行政主管部门申请人民法院强制执行是最重要的强制手段，保证了行政处罚决定的严肃性和权威性。”

“法律法规没有赋予行政机关强制执行权，行政机关申请人民法院强制执行的，人民法院应当依法受理。由此，申请人民法院强制执行其行政处罚决定是有明确的法律依据的。”从一起水事违法案件来谈加处罚款问题。

2010 年 11 月 25 日，河南省安阳市水政监察支队接到了一起举报案件。经现场勘查发现，被举报的大观电器有限公司院内北侧有一眼水井，装有取水设施，取水管径 50 毫米，未安装计量设施，现场检查时正在抽水。调查该单位工作人员得知抽取地下水主要用于宾馆餐饮。根据调查结果，认定该单位的行为属擅自取水，违反了《中华人民共和国水法》第四十八条第一款的规定，水行政执法人员按法定程序先后下达了《水行政处罚听证告知书》《水行政处罚事先告知书》，该单位没有要求听证，也没有对行政处罚提出陈述、申辩。随后，安阳市水利局发出了《水行政处罚决定书》，告知了违法事实、主要证据、处罚依据和处罚内容。其中还包括告知行政处罚的履行方式和期限：该电器有限公司应于某年某月某日前，携带本决定书，将罚款 8 万元交至具体代收机构（指定的某银行）；逾期未缴纳罚款的，依据《中华人民共和国行政处罚法》第五十一条第（一）项的规定，每日按罚款数额的 3%加处罚款。加处的罚款由代收机构直接收缴。逾期不履行行政处罚决定的，由做出处罚决定的机关申请人民法院强制执行或按有关规定执行。行政处罚决定书最后还告知相对人提起行政复议和诉讼的权利。

《水行政处罚决定书》送达后，该电器有限公司没有在法定期限内缴清罚款。安阳市水利局随之发出了《罚款催缴通知书》，要求该电器有限公司向指定银行代收机构缴纳罚款和依法加处的罚款。若逾期仍不能履行，水利局将申请人民法院强制执行。在《罚款催缴通知书》规定的时间内，该电器有限公司依然没有履行。水利局向人民法院提交了《强制执行申请书》，申请法院强制执行生效的行政处罚决定书的内容，包括罚款、加处罚款。法院审查后，在做出准予强制执行行政处罚罚款的同时，对加处罚款是否执行不置可否，实际执行中也不予执行加处罚款。《中华人民共和国行政处罚法》第五十一条规定：“当事人逾期不履行行政处罚决定的，作出行政处罚决定的行政机关可以采取下列措施：（一）到期不缴纳罚款的，每日按罚款数额的百分之三加处罚款。（二）根据法律规定将查封、扣押的财物拍卖或将冻结的存款划拨抵缴罚款。（三）申请人民法院执行。”行政机关因行政相对人的违法行为对其科处罚款，行政相对人在法定期限内未申请复议，又未提起诉讼，到期又未自觉履行，行政机关根据《中华人民共和国行政处罚法》第五十一条第一项的规定加处罚款。该加处罚款在非诉行政执行程序中争议颇多，如加处罚款应否与行政处罚罚款一并执行？加处罚款从何时开始计算？等各地法院做法各异，现行法律、司法解释也没有做出明确的规定。作者认为，结合《中华人民共和国行政处罚法》第五十一条的内容，从立法本意上看，加处罚款与申请法院执行这两种强制执行措施行政机关可以选择适用，这种选择是单一选择，还是可重复选择？法律、司法解释都没有规定，但从选择的本意上来说，选择了其中一项强制执行措施，就不应再选择另外一种。况且加处罚款并不是执行内容，而是一种强制执行措施。另外,从执行主体上看,加处罚款是《中华人民共和国行政处罚法》普遍授权行政机关的一种行政强制执行权,执行主体应当是行政机关,而非法院。法律法规并没有授权法院可以行使这一权利,因此人民法院无权行使。但由于我国行政机关强制执行措施的单一性,在行政相对人逾期不履行行政决定时,行政机关依法对相对人每日按罚款数额的百分之三加处罚款,在没有其他强制措施相辅助的情况下,仅凭此种加处罚款是无法迫使相对人履行义务的。目前不赋予行政机关的重复选择权则势必难以保障行政决定的最终实现,行政管理将难以为继。鉴于维护行政管理执法的需要,目前各地大多数法院对行政机关申请执行加处罚款一般都采取了一并执行的权宜做法,但这一做法实际上是一种"中国特色"的执行方式,综观世界两大法系相关行政执行法,并没有行政机关实施的执行罚是通过司法强制执行来保障实现的。许多学者对我国"以申请人民法院执行为原则,以行政机关自行强制执行为例外"的二元制行政执行权力分配模式都提出了批评,二元制行政强制执行模式凸显的弊端本文不再赘述。因此,作者认为应当制定统一的《行政强制执行法》,将行政强制执行权赋予行政机关统一行使,同时规范行政强制执行程序、措施,完善行政强制执行的法律责任和救济制度。《中华人民共和国行政诉讼法》第六十六条规定,公民、法人或者其他组织对具体行政行为在法定期间不提起诉讼又不履行的,行政机关可以申请人民法院强制执行,或者依法强制执行,这就是所谓"非诉行政案件的执行"。对此,《最高人民法院关于执行〈中华人民共和国行政诉讼法〉若干问题的解释》第八十七条规定,法律、法规没有赋予行政机关强制执行权,行政机关申请人民法院强制执行的,人民法院应当依法受理。由此,本案市水利局申请人民法院强制执行其行政处罚决定是有明确的法律依据的。

但是,对于《行政处罚决定书》中的"加处罚款"是否能够由法院强制执行,却产生了不同意见。这些不同的理解导致在实务中,各地法院在对执行"加处罚款"采取不同做法,有的地方法院在执行罚款的同时执行了"加处罚款",有的法院裁定准予执行行政处罚罚款,但对加处的罚款不予执行。

第一种意见认为,"加处罚款"是滞纳金性质,应由法院强制执行。加处罚款与滞纳金有许多相同之处,目的都是促使相对人履行行政处罚决定,而且同属行政强制执行措施中的间接强制措施,同属执行罚范畴。然而,二者的适用依据不同,加处罚款一般针对不履行缴纳罚款的行为,滞纳金则适用于不履行行政征收决定的行为;二者的比例不同,加处罚款按照《中华人民共和国行政处罚法》的规定为每日百分之三,滞纳金比例多为每日万分之五。因此,作者认为不应该将二者混为一谈。"加处罚款"不能比照"滞纳金"由法院强制执行。

第二种意见认为,"加处罚款"是新的附加的"行政处罚",法院应将其与原处罚一并执行。行政处罚中的罚款与加处罚款形式上都是要求被处罚人以金钱上的给付,都是对相对人的惩罚。罚款是行政相对人违法行为的直接后果,加处罚款是相对人不履行行政处罚决定的法律后果。但是,如果将"加处罚款"视为新的行政处罚,那么不应该只是在《行政处罚决定书》中直接告知相对人,而是应该按照法定的处罚程序进行立案、调查和案审等;否则,就是程序违法。因而,将"加处罚款"直接视为行政处罚是不妥的。

第三种意见认为,"加处罚款"是一种行政强制执行措施,属于执行罚,应由行政机关自己执行,依据《中华人民共和国行政处罚法》相关规定,法院并没有执行的法律依据。从《中华人民共和国行政处罚法》第五十一条的规定看,第(一)项"到期不缴纳罚款的,每日按罚款数额的百分之三加处罚款"与第(二)项"根据法律规定,将查封、扣押的财物拍卖或者将冻结的存款划拨抵缴罚款”、第（三）项“申请人民法院强制执行”是并列的几项执行措施，只能选择使用，不能重复使用。从法条本身的逻辑分析，作为第（三）项“申请人民法院强制执行”不能涵盖第（一）项的“加处罚款”。换句话说，“加处罚款”是行政机关自己采取的执行措施，法院执行没有依据。此时，为弥补逾期缴纳罚款没有惩罚的缺陷，个别观点认为，可以根据《最高人民法院关于贯彻执行〈中华人民共和国行政诉讼法〉若干问题（试行）》第一百一十四条的规定：人民法院审理行政案件，除依照行政诉讼法的规定外，对本规定没有规定的，可以参照民事诉讼的有关规定。故根据《中华人民共和国民事诉讼法》第二百二十九条的规定：被执行人未按判决、裁定和其他法律文书指定的期间履行给付金钱义务的，应当加倍支付迟延履行期间的债务利息”。即行政机关如申请人民法院执行罚款，则不应执行“加处罚款”，而应由被执行人加倍支付迟延履行期间的罚款利息。

作者认为，上述意见有其合理之处，然而却与目前实践并不一致。首先，“加处罚款”是符合法律规定的具体行政行为。《中华人民共和国行政处罚法》规定：当事人逾期不履行行政处罚决定的，做出行政处罚决定的行政机关可以采取下列措施：到期不缴纳罚款的，每日按罚款数额的百分之三加处罚款。为此，行政机关有权在行政处罚决定书中对相对人确定“加处罚款”的义务。显而易见，像水利局这样没有强制执行权的部门，在没有其他强制措施相辅助的情况下，仅凭在行政处罚决定书上说明加处罚款是无法迫使相对人履行义务的。考虑到我国“以申请人民法院执行为原则，以行政机关的行政执行为例外”的二元制行政执行权力分配模式，法院有义务对“加处罚款”这样的合法措施进行执行。从法律依据上讲，法院并非毫无执行的法律依据。《中华人民共和国行政诉讼法》第六十六条规定“非诉行政案件的执行”，其落脚点并非“行政处罚”，而是“具体行政行为”。也就是说，“加处罚款”作为一项合法生效的“具体行政行为”，是有可执行的内容的。本案中，安阳市水利局在行政处罚决定书中告知相对人“加处罚款”的事项，而且还进行了催缴，此后在申请执行书中除了申请执行行政处罚外还明确了申请执行加处罚款的内容，根据《中华人民共和国行政处罚法》的立法本意及立法宗旨，法院应该对“加处罚款”进行审核，对符合法律规定的，应予执行，以维护行政行为的权威性。

以下为作者认为可以执行和解的法律、法规及政策依据，仅供参考。

（1）法律或政策依据：应当允许执行和解。

理由：一是《中华人民共和国行政诉讼法》及其司法解释中没有对这个问题做出规定，因此在执行中只能适用《中华人民共和国民事诉讼法》的有关规定执行。二是最高人民法院关于印发《进一步贯彻“调解优先、调判结合工作”原则的若干意见》的通知（2010 年 6 月 7 日最高人民法院文件法发〔2010〕16 号公布，自公布之日起施行）要求：①着力做好行政案件协调工作。在依法维护和监督行政机关依法行使行政职权的同时，要针对不同案件特点，通过积极有效的协调、和解，妥善化解行政争议。在不违背法律规定的前提下，除对行政赔偿案件依法开展调解外，在受理行政机关对平等主体之间的民事争议所做的行政裁决、行政确权等行政案件，行政机关自由裁量权范围内的行政处罚、行政征收、行政补偿和行政合同等行政案件，以及具体行政行为违法或者合法但不具有合理性的行政案件时，应当重点做好案件协调工作。②努力做好执行案件和解工作。要进一步改进执行方式，充分运用调解手段和执行措施，积极促成执行和解，有效化解执行难题。对一些重大疑难、影响较大的案件，要积极争取党委、人大支持和上级行政机关配合，邀请有关部门共同参与协调。对具体行政行为违法或者合法但不具有合理性的行政案件,要通过协调尽可能促使行政机关在诉讼中自行撤销违法行为,或者自行确认具体行政行为无效,或者重新做出处理决定。

(2)实践中行政非诉执行案件适用执行和解的必要性和可行性。

一是行政机关申请人民法院执行具体行政行为的最终目的是实现行政管理的社会效果,至于如何实现其目的并不重要。人民法院每年都要面临着大量的行政非诉执行案件,这类案件的被执行人往往怀着严重的抵触情绪,甚至出现极端举动,容易引起社会大众的关注,如果单纯以“强制”作为唯一的执行方式,就难以取得好的社会效果。

二是人民法院执行非诉行政处罚案件的目的不在于对相对人的经济制裁,更主要的是体现对相对人的教育管理目的。既要维护行政机关的权威性,又要为经济发展、社会稳定发挥人民法院保驾护航的作用。

三是非诉行政执行和解是和谐社会对公正司法的必然要求。构建社会主义和谐社会是全党的任务、全国人民的任务。作为人民法院,必须充分发挥行政审判的职能作用,对于妥善处理人民内部矛盾,维护行政管理秩序和社会和谐稳定,都具有极其重要的意义。特别是在当前我国正在进行的结构调整、体制转型、社会转型、社会矛盾和利益冲突凸显的特定的历史时期,如果简单地将非诉行政执行一律强制化,往往还不能达到案结事了,还有可能使矛盾更加复杂化。因此,人民法院在对待非诉行政执行的案件上,既要坚持法律面前一律平等的原则,又要创建性地探索和实践妥善处理行政争议的新方法,以更好地促进行政相对人与行政机关之间的谅解与和谐。促成社会矛盾的合理消化,达到法律效果和社会效果的统一。

四是引入执行和解,在听取双方当事人的陈述和意见后,确定只要不违反法律法规的强制性规定,为平衡国家利益、社会利益、第三人利益与被执行人的合法利益,本着化解矛盾,促进和谐的原则,执行人员可对双方当事人作一些积极的工作,促使双方达成协议,迅速执结案件。退一步说,即使法律不规定执行和解,司法实务中,依然会有大量的非诉行政执行案件出现庭外和解的现象,甚至可能出现越演越烈之势。如果在法律的指引下,对此予以规范,取其利,避其害,相信执行和解这一制度的优越性在非诉行政执行工作中一定能得到充分的发挥。

五是法院自身的原因。由于行政机关申请法院执行的非诉执行案件每年的数量都在不断上升,而这些案件往往涉及被执行人的根本利益,当事人双方对抗性极强,自动履行的可能性较小,并且这些案件往往是行政机关自身多次执行无果的案件,执行难度极大。

六是被执行人的原因。某些案件在执行过程中由于被执行人的特殊情况或者在执行过程中被执行人发生了一些不可预知的变故,行政机关在自由裁量权的范围内做出一定的让步从而使双方达成执行和解。比如某些行政处罚相对人,其本身经济条件不好,并且有家人突然患重病等其他客观因素,主观上本人也认识到自己行为的错误,因此行政机关往往也愿意在执行过程中给予一定的宽大处理,故双方往往能根据被执行人的实际情况在行政机关的自由裁量权范围内达成执行和解。

七是社会原因。近年来,党和国家提倡建设和谐社会,而和谐社会的构建不仅是在公民、单位之间,行政机关(政府)与行政相对人之间的和谐也是重要的一方面。建设和谐社会的要求反映在非诉案件的执行上就是要法院尽量避免采取强制执行措施,在行政机关与行政相对人之间进行调解、沟通,尽量消除两者的对立情绪,避免矛盾的激化。比如某些城管行政处罚案件,被执行人往往是一些小商小贩,其违法行为比较轻而处罚相对较重。在执行过程中,如果被执行人不主动全部履行的,法院就强制执行,采取拘留、扣押、搜查等强制手段的话,往往容易造成被执行人与执行申请人之间的对立情绪,非但案件难以执行到位,而且导致官民之间的长期不和谐从而影响社会的和谐。因此,行政机关、法院从维护社会的和谐稳定大局出发都倾向于最大限度地减少强制执行而将案件执行和解。

(3)行政非诉执行案件和解的现实意义。

一是提高行政机关的结案率和法院的执行效率。在行政非诉执行案件中,如果排斥执行和解的适用,造成在行政非诉执行案件中,执行手段机械单一,不能灵活处置,影响法院的执行效率和结案率。如果对某些行政处罚相对人主观认识态度较好,又没有给社会造成不良后果,在考虑处罚相对人的经济条件情况下,给予一定的宽大处理,使案件可以完结,对三方都有利。如果明知当事人没有履行能力,坚持继续执行,而实际上又无法执行,导致该案最后可能不了了之,直接影响了行政机关的结案率,有损行政机关的威信,不利于今后工作的开展。

二是落实合理行政、便民高效的行政管理原则。行政机关的任何决定都应具有理性,属于实质行政法治的范畴。不管是对合法的管理对象,还是对违法的处罚相对人都应该公平、公正,考虑各种因素,最大限度保护好行政管理相对人(包括行政处罚相对人)的合法权益。

三是构建“和谐社会”贯彻以人为本法治理念的需要。

构建和谐社会,贯彻“以人为本”的法治理念是当前的发展趋势,在行政非诉执行案件中,不适用执行和解,法院只能采取强制执行措施,无需对行政管理相对人进行调解、沟通,容易造成对立情绪,导致矛盾的激化,从而影响社会的和谐,这与政府努力营造执政为民的理念思想是背道而驰的。通过执行和解这一平台,可以贯彻以人为本的人文主义价值观,从整体上,维护人的价值和尊严,关怀行政管理相对人的现实命运,理解行政管理相对人的现实感受,宽容善待行政管理相对人,引导广大人民群众共同参与对国家和社会的管理,努力打造法治政府、服务政府的良好形象,这是以德治国、以人为本之精髓。行政非诉案件的执行和解有利于推动和谐社会进程,树立“以人为本”的新法治理念,能起到非常积极的作用。

水行政机关申请法院强制执行水行政具体行政行为的几点新规定

法律、行政法规给水行政主管部门赋予了加处罚款的权力,但是在当事人经催告仍不缴纳等情况下,仍需申请法院强制执行。另外,在水行政征收等其他方面,也需要申请法院强制执行。因此,有必要了解相关规定。

一、有关法律规定

《中华人民共和国行政诉讼法》第九十七条:公民、法人或者其他组织对具体行政行为在法定期限内不提起诉讼又不履行的,行政机关可以申请人民法院强制执行,或者依法强制执行。

《中华人民共和国行政强制法》第四十六条规定:没有行政强制执行权的行政机关应当申请人民法院强制执行。第五十三条规定:“当事人在法定期限内不申请行政复议或者提起行政诉讼,又不履行行政决定的,没有行政强制执行权的行政机关可以自期限届满之日起三个月内,依照本章规定申请人民法院强制执行。据此,水行政机关申请人民法院强制执行,有两个基本的前提条件:一是当事人对水行政机关做出的行政决定,不申请行政复议或者提起行政诉讼,又不自觉履行。二是向人民法院提出强制执行申请的,必须是没有行政强制执行权的行政机关。

二、《中华人民共和国行政强制法》对有关规定的修改

(一)申请执行期限缩短,由180日改为3个月

原先,《最高人民法院关于执行〈中华人民共和国行政诉讼法〉若干问题的解释》第八十八条规定:行政机关申请人民法院强制执行其具体行政行为,应当自被执行人的法定起诉期限届满之日起180日内提出。逾期申请的,除有正当理由外,人民法院不予受理。而《中华人民共和国行政强制法》第五十三条规定:当事人在法定期限内不申请行政复议或者提起行政诉讼,又不履行行政决定的,没有行政强制执行权的行政机关可以自期限届满之日起三个月内,依照本章规定申请人民法院强制执行。可见,申请强制执行期限的起算点没有修改,但申请执行期限由180日改为3个月,缩短一半,这就要求水行政机关及时提出执行申请,提高行政强制执行效率。

(二)申请强制执行的条件中增加一项书面催告程序

根据《中华人民共和国行政强制法》第五十四条和第五十五条的规定,行政机关申请人民法院强制执行前,应当催告当事人履行义务,催告书送达十日后当事人仍未履行义务的,行政机关可以向所在地有管辖权的人民法院申请强制执行,应当提交的材料包括“当事人的意见和行政机关催告情况”无强制执行权的行政机关申请法院强制执行前和有强制执行权的行政机关自己依法强制执行前,都应当进行催告程序,这是一项新程序性要求,目的是再一次对当事人进行说服教育,让当事人知道强制执行的可能性,督促其自觉履行义务。这一新规定,既是贯彻《中华人民共和国行政强制法》规定的教育和强制相结合的原则,也是法院应当掌握的非诉行政执行案件的审查实质条件之一。

(三)法院对非诉行政执行案件改为以书面审查为主

《中华人民共和国行政强制法》第五十七条规定:人民法院对行政机关强制执行的申请

进行书面审查,对符合本法第五十五条规定,且行政决定具备法定执行效力的,除本法第五十八条规定的情形外,人民法院应当自受理之日起七日内做出执行裁定。第五十八条规定:人民法院发现有下列情形之一的,在做出裁定前可以听取被执行人和行政机关的意见:(一)明显缺乏事实根据的;(二)明显缺乏法律、法规依据的;(三)其他明显违法并损害被执行人合法权益的。也就是说,法院在这三种特殊情形下,应当进行实质审查。书面审查的方式有别于开庭审查或召开听证会的审查方式,《中华人民共和国行政强制法》规定书面审查为主实质审查为辅,目的是简化审查程序,提高行政强制执行效率。

(四)法院办理非诉执行案件审查期限缩短,由原来三十日变成一般情形下七日、特殊情形下三十日

《中华人民共和国行政强制法》第五十七条规定:人民法院对行政机关强制执行的申请进行书面审查,对符合本法第五十五条规定,且行政决定具备法定执行效力的,除本法第五十八条规定的情形外,人民法院应当自受理之日起七日内做出执行裁定。第五十八条第二款规定:人民法院应当自受理之日起三十日内做出是否执行的裁定。裁定不予执行的,应当说明理由,并在五日内将不予执行的裁定送达行政机关。

(五)《中华人民共和国行政强制法》对法院不予受理强制执行申请规定了救济程序

第五十六条第二款规定:行政机关对人民法院不予受理的裁定有异议的,可以在十五日内向上一级人民法院申请复议,上一级人民法院应当自收到复议申请之日起十五日内做出是否受理的裁定。第五十八条第二款规定:人民法院应当自受理之日起三十日内做出是否执行的裁定。裁定不予执行的,应当说明理由,并在五日内将不予执行的裁定送达行政机关。第三款规定:行政机关对人民法院不予执行的裁定有异议的,可以自收到裁定之日起十五日内向上一级人民法院申请复议,上一级人民法院应当自收到复议申请之日起三十日内做出是否执行的裁定。《中华人民共和国行政强制法》创设非诉行政执行案件复议程序,赋予行政机关对不予受理裁定和不予执行裁定的救济权,增加行政决定等具体行政行为获得司法认可支持的可能性,充分发挥行政强制执行的作用。

(六)依法、及时申请人民法院强制执行

(1)没有行政强制执行权的行政机关可以自期限届满之日起三个月内申请人民法院强制执行。

(2)申请人民法院强制执行前,应当催告当事人履行义务。催告书送达十日后当事人仍未履行义务的,行政机关可以向所在地有管辖权的人民法院申请强制执行;执行对象是不动产的,向不动产所在地有管辖权的人民法院申请强制执行。

(3)行政机关向人民法院申请强制执行,应当提供下列材料:①强制执行申请书;②行政决定书及做出决定的事实、理由和依据;③当事人的意见及行政机关催告情况;④申请强制执行标的情况;⑤法律、行政法规规定的其他材料。强制执行申请书应当由行政机关负责人签名,加盖行政机关的印章,并注明日期。

(4)紧急情况下申请强制执行。《中华人民共和国行政强制法》五十九条规定:因情况紧急,为保障公共安全(是指多数人的生命、健康和公私财产的安全,包括公共食品安全,公共卫生安全、公众出行规律安全、避难者行为安全、人员疏散场地安全、建筑安全、城市生命线安全等),行政机关可以申请人民法院立即执行。经人民法院院长批准,人民法院应当自做出执行裁定之日起五日内执行。

论水法规中加处罚款和滞纳金的程序

在水行政处罚决定书中，往往会告之当事人“到期不缴纳罚款的，每日按罚款数额的百分之三加处罚款。”如果当事人在接到处罚决定书之日起十五日内没有履行缴纳罚款义务的，水行政管理机关将会每日按罚款数额的百分之三加处罚款。对此，旧《中华人民共和国行政处罚法》第七十二条做了明确规定。但是，适用加处罚款在水行政执法中甚至在整个行政执法中引起的争议颇多，主要集中在加处罚款的程序等问题上，在现行法律还不明确的情况下，作者试就加处罚款和滞纳金的程序做一论述，以期对水行政执法工作有所帮助。

一、加处罚款和滞纳金的程序要求

（一）加处罚款、加处滞纳金的依据

1.加处罚款的依据

旧《中华人民共和国行政处罚法》第七十二条规定：当事人逾期不履行行政处罚决定的，作出行政处罚决定的行政机关可以采取下列措施：（一）到期不缴纳罚款的，每日按罚款数额的百分之三加处罚款；……。这一条，对行政机关做了普遍性授权，因此水行政机关在做出行政处罚决定时，可以直接适用。

2.加处滞纳金的依据

（1）实体法依据。《中华人民共和国水法》第七十条规定：“拒不缴纳、拖延缴纳或者拖欠水资源费的，由县级以上人民政府水行政主管部门或者流域管理机构依据职权，责令限期缴纳；逾期不缴纳的，从滞纳之日起按日加收滞纳部分千分之二的滞纳金，并处应缴或者补缴水资源费一倍以上五倍以下的罚款。《中华人民共和国水土保持法》第五十七条规定：违反本法规定，拒不缴纳水土保持补偿费的，由县级以上人民政府水行政主管部门责令限期缴纳；逾期不缴纳的，自滞纳之日起按日加收滞纳部分万分之五的滞纳金，可以处应缴水土保持补偿费三倍以下的罚款。

总的要求是，实体法律规定加处滞纳金的，可以加处；国务院法规规定的，也可以加处。规章、文件规定的不能执行。

（2）程序法依据。《中华人民共和国行政强制法》第四十五条第一款规定：行政机关依法做出金钱给付义务的行政决定，当事人逾期不履行的，行政机关可以依法加处罚款或者滞纳金。加处罚款或者滞纳金的标准应当告知当事人。

（二）加处罚款、加处滞纳金的前提条件

当事人在行政决定规定期限履行了，则不得加处罚款或者滞纳金。如果在规定的期限内不履行，经催告仍不履行的，就可以加处罚款或者加处滞纳金。

（三）加处罚款、加处滞纳金是否以单独的文书做出

国务院法制办袁曙宏、李岳德认为，不宜。理由：一是《罚款决定与罚款收缴分离实施办法》第九条规定：“当事人逾期缴纳罚款，行政处罚决定书明确需要加处罚款的，代收机构应当按照行政处罚决定书加收罚款。”“当事人对加收罚款有异议的，应当先缴纳罚款和加收的罚款，再依法向做出行政处罚决定的行政机关申请复议。”二是保证行政效率。

（四）加处罚款、加处滞纳金的上限及计算

《中华人民共和国行政处罚法》只讲每日加处百分之三，没有讲上限，故容易出现“天价罚款”。其他法律法规对加处滞纳金，也没有规定上限，故出现“天价滞纳金”。因此，计算上限很重要。

如何计算加处罚款或者滞纳金？

（1）起止日期。就是行政机关做出缴纳罚款、滞纳金之日的次日。例如，2012 年 10 月 8 日送达行政决定书，要求当事人自收到行政决定书之日起 15 日内到某市农业银行任一网点缴纳人民币 10 000 元罚款，到了 10 月 23 日不缴纳，那就从 10 月 24 日起，每日加处罚款百分之三（加处滞纳金的比例，每个法规规定不同）。

（2）这时如果当事人申请行政复议或者提起行政诉讼，则在行政复议、行政诉讼期间不能加处罚款或者滞纳金。最高人民法院在征求全国人大法工委和国法办的意见后，于 2007 年 4 月 27 日做出〔2005〕行他字第 29 号《关于行政处罚的加处罚款在诉讼期间应否计算的答复》指出：根据《中华人民共和国行政诉讼法》的有关规定，对于不履行行政处罚决定所加处的罚款属于执行罚，在诉讼期间不应计算。

《中华人民共和国行政强制法》第四十五条第二款规定：加处罚款或者滞纳金的数额不得超出金钱给付义务的数额。也就是说，决定罚款（或者征收滞纳金）10 000 元，加处罚款（或者滞纳金）最多就是 10 000 元，不能多一分钱。

（五）加处罚款和滞纳金的步骤

1.要告知

《中华人民共和国行政强制法》第四十五条第一款规定：行政机关依法做出金钱给付义务的行政决定，当事人逾期不履行的，行政机关可以依法加处罚款或者滞纳金。加处罚款或者滞纳金的标准应当告知当事人。告知的内容：一是要告知原因，包括何时发出行政处罚决定书并送达，要求自收到之日起 15 日缴纳罚款，现在已经超过 15 日，但当事人仍未缴纳。二是要告知加处罚款的标准。加处罚款的标准是每日加处百分之三，但总量不超过罚款的本数，如前例罚款 1 万元，加处罚款最多也是 1 万元，合计 20 000 元。三是以什么形式告知？就是在行政处罚决定书中告知。

在水行政处罚决定书中应告知加处罚款的原因、依据和标准。

参考件：

水行政处罚决定书

安水罚决字〔2013〕1 号

被处罚单位：安阳市某饮食文化有限责任公司

地址：安阳市龙安区文明大道东段

法定代表人或负责人：刘某

本机关于 2013 年 2 月 28 日对安阳市某饮食文化有限责任公司擅自取水一案立案调查。经查，你单位于 2012 年 3 月以来实施了未经水行政主管部门批准，擅自在安阳市龙安区文峰大道与商都路交叉口东北角的本单位院内取用地下水的违法行为。

违法的证据：①调查询问笔录一份；②勘验笔录一份；③视听资料一份。

违法行为等次：从你单位违法行为的事实、性质、情节、社会危害程度和证据看，你单位的行为属于轻微违法行为。

应受行政处罚的依据和种类：上述违法行为事实清楚，证据确凿充分。根据《中华人民共和国水法》第六十九条“有下列行为之一的，由县级以上人民政府水行政主管部门或者流域管理机构依据职权，责令停止违法行为，限期采取补救措施，处二万元以上十万元以下的罚款；情节严重的，吊销其取水许可证：(一)未经批准擅自取水的；(二)未依照批准的取水许可规定条件取水的”和《河南省水行政处罚裁量标准》“……(1)日最大取水能力为取地表水2千立方米以下或者地下水200立方米以下的，责令停止违法行为，限期采取补救措施，处2万元以上3万元以下罚款；……”的规定，决定对你单位做出如下行政处罚：

(1)责令停止取用地下水；

(2)罚款人民币二万元。

行政处罚履行方式和期限：根据《中华人民共和国行政处罚法》第五十一条的规定：当事人逾期不缴纳罚款的，本机关每日按罚款数额的百分之三加处罚款。按照《中华人民共和国行政强制法》第四十五条的规定，加处罚款的数额不超出罚款的数额。你单位应当自接到本决定书之日起15日内将罚款缴至中国工商银行安阳市分行任一储蓄网点(账号：43500021)。到期不缴纳的，每日按罚款数额的百分之三加处罚款。

不服行政处罚决定申请行政复议或者提起行政诉讼的途径和期限：如不服本决定，可以自收到本决定书之日起六十日内向安阳市人民政府或河南省水利厅申请行政复议，也可自收到本决定书之日起三个月内向安阳市殷都区人民法院提起行政诉讼。逾期不申请行政复议、不向人民法院起诉又不履行本处罚决定的，我局将申请人民法院强制执行。

2013年3月2日

2.要催告

参考件：

履行水行政处罚催告书

安水强催字〔2013〕第2号

被处罚单位：<u>安阳市某有限责任公司</u>

地址：<u>安阳市殷都区鞍钢大道东段</u>

法定代表人或负责人：<u>刘某</u>

本机关于2013年3月5日向你单位送达《水行政处罚决定书》(安水罚决字〔2013〕第2号)，你单位在法定规定期限内未申请行政复议或者提出行政诉讼，又不履行本机关做出的行政决定。根据《中华人民共和国行政强制法》第四十五条“行政机关依法做出金钱给付义务的行政决定，当事人逾期不履行的，行政机关可以依法加处罚款或者滞纳金。加处罚款或者滞纳金的标准应当告知当事人。加处罚款或者滞纳金的数额不得超出金钱给付义务的数额”和第五十四条“行政机关申请人民法院强制执行前，应当催告当事人履行义务。催告书送达十日后当事人仍未履行义务的，行政机关可以向所在地有管辖权的人民法院申请强制执行；执行对象不动产的，向不动产所在地有管辖权的人民法院申请强制执行”之规定，现

依法向你单位催告,请你单位自收到催告书之日起十日内履行下列义务:

(1)限五日内拆除决定书上载明的违章建筑并恢复渠道原状;

(2)缴纳罚款伍千元和加处的罚款伍千元(自2013年3月21日至2013年6月6日)。逾期仍未履行义务的,本机关将依法申请人民法院强制执行。

你单位在收到催告书后有权进行陈述和申辩。请你单位在收到本催告书之日起三日内提出陈述和申辩,逾期不陈述、申辩的将视为放弃陈述和申辩的权利。

联系人:刘某　张某　　　　　　联系电话:××××××

联系地址:安钢大道东段路南

2013年6月6日

3.有权机关强制执行,无权机关申请法院强制执行

(1)有权机关强制执行。《中华人民共和国行政强制法》第四十六条第一款规定:行政机关依照本法第四十五条规定实施加处罚款或者滞纳金超过三十日,经催告当事人仍不履行的,具有行政强制执行权的行政机关可以强制执行。有权机关在当事人逾期履行情况下,经告知、催告仍不履行的,再过三十日,可以依法采取拍卖物品抵缴罚款、划拨存款汇款等措施。

(2)没有强制执行权的行政机关应当申请法院强制执行。《中华人民共和国行政强制法》第四十六条第三款:没有行政强制执行权的行政机关应当申请人民法院强制执行。但是,当事人在法定期限内不申请行政复议或者提起行政诉讼,经催告仍不履行的,在实施行政管理过程中已经采取查封、扣押措施的行政机关,可以将查封、扣押的财物依法拍卖抵缴罚款。

二、加处罚款、滞纳金的相关问题

(一)中止执行

有下列情形之一的中止执行:①当事人履行行政决定确有困难或者暂无履行能力的;②执行可能造成难以弥补的损失,且中止执行不损害公共利益的。中止执行的情形消失后,行政机关应当恢复执行。对没有明显社会危害,当事人确无能力履行,中止执行满三年未恢复执行的,行政机关不再执行(《中华人民共和国行政强制法》第三十九条)。假设案例:张某2012年1月30日被罚款、加处罚款共计2万元,这笔钱他一直没缴纳。2012年10月20日起中止执行,但到2015年10月20日,中止执行满三年未恢复执行,行政机关不再执行。

(二)终结执行

有下列情形之一的终结执行:①公民死亡,无遗产可供执行,又无义务承受人的;②法人或者其他组织终止,无财产可供执行,又无义务承受人的;③据以执行的行政决定被撤销的。(《中华人民共和国行政强制法》第四十条)

(三)执行和解

实施行政强制执行(加处罚款或者滞纳金),行政机关可以在不损害公共利益和他人合法权益的情况下,与当事人达成执行协议。执行协议可以约定分阶段履行;当事人采取补救措施的,可以减免加处的罚款或者滞纳金。当事人不履行执行协议的,行政机关应当恢复强制执行(《中华人民共和国行政强制法》第四十二条)。对于计划生育来说,孩子已经生了,补救措施可能办不到。

注意:罚款、社会抚养费不能减免,但加处的罚款、加处的滞纳金可以依法减免。

(四)文明执行

行政机关不得对居民生活采取停止供水、供电、供热、供燃气等方式迫使当事人履行相关行政决定(《行政强制法》第四十三条)。

三、对违法建筑物、构筑物、设施的强制拆除

《中华人民共和国行政强制法》第四十四条规定:对违法的建筑物、构筑物、设施等需要强制拆除的,应当由行政机关予以公告,限期当事人自行拆除。当事人在法定期限内不申请行政复议或者提起行政诉讼,又不拆除的,行政机关可以依法强制拆除。

《中华人民共和国水法》第六十五条规定:在河道管理范围内建设妨碍行洪的建筑物、构筑物,或者从事影响河势稳定、危害河岸堤防安全和其他妨碍河道行洪的活动的,由县级以上人民政府水行政主管部门或者流域管理机构依据职权,责令停止违法行为,限期拆除违法建筑物、构筑物,恢复原状;逾期不拆除、不恢复原状的,强行拆除,所需费用由违法单位或者个人负担,并处一万元以上十万元以下的罚款。未经水行政主管部门或者流域管理机构同意,擅自修建水工程,或者建设桥梁、码头和其他拦河、跨河、临河建筑物、构筑物,铺设跨河管道、电缆,且防洪法未作规定的,由县级以上人民政府水行政主管部门或者流域管理机构依据职权,责令停止违法行为,限期补办有关手续;逾期不补办或者补办未被批准的,责令限期拆除违法建筑物、构筑物;逾期不拆除的,强行拆除,所需费用由违法单位或者个人负担,并处一万元以上十万元以下的罚款。《中华人民共和国水法》第六十七条规定:在饮用水水源保护区内设置排污口的,由县级以上地方人民政府责令限期拆除、恢复原状;逾期不拆除、不恢复原状的,强行拆除、恢复原状,并处五万元以上十万元以下的罚款。

分析:本条规定先责令限期拆除违法建筑物、构筑物,恢复原状,逾期不拆除的才能代履行、处罚。

实施程序:①责令限期拆除违法建筑物、构筑物,恢复原状→②逾期不拆除、不恢复原状的,准备代履行→③确定代履行费用(委托第三人履行的费用=合理成本+一定利润)→④拟委托第三人履行的要签订委托书(行政机关自身代履行的不签)→⑤代履行三日前催告→⑥听取意见→⑦制作和送达代履行决定书→⑧代为履行(强制拆除)→⑨委托第三人履行的要派员到场监督→⑩到场监督的工作人员、代履行人和当事人或者见证人在执行文书上签名→⑪违法单位交付费用→⑫进入罚款程序:

⑬立案→⑭调查取证→⑮告知陈述申辩或者听

↓

七种证据

证权利(并送达)→⑯听取陈述申辩或者举行听证会→⑰法律审核→⑱领导审批→⑲做出决定→⑳送达处罚决定书

↓

加处罚款:

告知→催告→无权的申请法院执行、有权的强制执行

行政许可中两个疑难问题的解析

行政许可,是指行政机关根据公民、法人或者其他组织的申请,经依法审查,准予其从事特定活动的行为。其中,区分行政许可和行政确认,行政许可和行政审批。那么下面我们重点探讨行政许可的一般程序和行政机关不依法履行监督职责的法律责任和行政相对人的责任。

行政许可的实施程序可以分为普通程序和特别程序两个部分。

一、普通程序

普通程序:申请→受理→审查、核查、听取陈述申辩、听证→决定→颁发和送达证件。

(一)申请阶段的要求

(1)申请书应当有申请内容,不得空白。

(2)接收申请材料应当制作书面收件清单,有收件日期、收件人、申请人或代理人签字确认。清单样式见表1。

表1　申报材料清单

序号	材料名称	份数	备注
1			
2			
3			
4			
5			
6			
7			
8			
9			
10			

申请人确认以上材料与提交的一致,并保证材料真实、合法。

申请人签字__________________

日期:______年______月______日

(3)收件为复印件的,应当由申请人签字说明出处并加盖"与原件核对无误"印章。特别是涉及国家安全、公共安全、人民生命财产安全的,更应如此。

(二)受理阶段的要求

受理、不受理都要出具凭证。受理或者不予受理申请,应当出具加盖本行政机关专用印章和注明日期的书面凭证或者通知书。

(三)审查阶段的要求

1.要履行审慎、勤勉义务

注意义务,也称勤勉义务或审慎义务。注意义务就是指义务主体谨慎、小心地行为而不使自己的行为给他人造成损害的义务。在罗马法中,就曾以"善良家父"行为来判定行为人有无过失的标准。

细节决定成败

某省质监局对某装饰材料厂的大批仿实木地板予以扣押，然后送木材监督检查站进行检测，结果为不合格。但检测报告将程达装饰材料厂打印成丽达装饰材料厂，厂家不认，导致先前的调查材料无效。好在某局成立了案件审理委员会，会上形成意见：如果这个案件构成违法，从数量上就涉嫌犯罪，应当移送司法机关。又请示国家有关部门，答复是这个企业没有违法生产。于是撤销案件。实际上，某局已经构成违法扣押，应当承担赔偿责任。有关领导、执法人员做了深刻检查。

2.形式审查

形式审查也称书面审查。主要审查其申请材料是否齐全，是否符合法定形式。如《中华人民共和国公司登记管理条例》第二十条规定：申请设立有限责任公司，应当向公司登记机关提交下列文件：

（一）公司法定代表人签署的设立登记申请书；

（二）全体股东指定代表或者共同委托代理人的证明；

（三）公司章程；

（四）股东的主体资格证明或者自然人身份证明；

（五）载明公司董事、监事、经理的姓名、住所的文件以及有关委派、选举或者聘用的证明；

（六）公司法定代表人任职文件和身份证明；

（七）企业名称预先核准通知书；

（八）公司住所证明；

（九）国家工商行政管理总局规定要求提交的其他文件。

法律、行政法规或者国务院决定规定设立有限责任公司必须报经批准的，还应当提交有关批准文件。

这里规定的 11 种文件，如果申请人只提交了部分文件，未提交全部 11 种文件，则属申请材料不齐全；如果申请人提交了全部 11 种文件，但是其提供的公司设立登记申请书没有公司董事长签名，则属申请材料不符合法定形式。

3.实质审查

（1）必要时对申请人进行询问，制作询问笔录。

（2）不能确定其真实性、全面性时，应当派两名以上正式执法人员进行实地核查。

进行实地核查，实际上是调查取证，因此核查（勘验、检查、检测等）应当制作核查笔录、询问笔录、视听资料等。制作核查（检查、勘验）笔录的要求：一是要有两名以上执法人员出示证件、表明身份的记录；二是要有被核查人的基本情况；三是要有现场核查的起止时间、场所记载；四是现场核查的内容要清楚；五是现场核查情况记录要准确、客观、全面；六是要有被核查人对笔录的意见及签名。

注意：核查完毕，由申请人、核查人员、记录人员在该笔录上签名（盖章）。核查的总体要求：做到事实清楚、证据确实充分。

4.下级初审

依法应当由下级机关初审的，下级机关应当在法定期限内（一般 20 日）提出初审意见。

应当有下级部门的审查报告。

5.许可告知

审查申请时,发现许可事项直接关系他人重大利益的,应当告知利害关系人。因此,对申请进行审查后,发现行政许可事项直接关系申请人以外的第三人重大利益以及重大公共利益的,必须告知:

(1)如有关规划许可、建筑许可、消防许可等,可能影响相邻权人采光权的;

(2)如有关排污许可可能直接影响排污地周围群众的环境权的;

(3)如申请娱乐场所可能影响周边居民休息权的;

(4)在有数量限制的行政许可中,多人同时提出行政许可申请的,行政机关拟对其中一部分申请人做出准予行政许可的决定前,应当告知其他申请人,并听取其意见。利害关系人可以提出反对准予行政许可的意见及理由,申请人也可以就利害人提出的意见加以反驳。行政机关应当兼听双方意见,确保申请人和利害关系人都有陈述、申辩的机会和权利,并对他们提出的理由和依据进行复核,在此基础上做出相应的行政许可决定。

6.许可听证

一是法定听证,法律、法规、规章规定应当听证的行政许可,应当向社会公告,并举行听证。目前,在我国的法律、法规、规章中作规定的还为数较少,只有个别的做了规定。如,《公共文化体育设施条例》规定:因城乡建设确需拆除公共文化体育设施或者改变其功能、用途的,有关地方人民政府在做出决定前,应当组织专家论证,并征得上一级人民政府文化行政主管部门、体育行政主管部门同意,报上一级人民政府批准。涉及大型公共文化体育设施的,上一级人民政府在批准前,应当举行听证会,听取公众意见。《外国投资者并购境内企业暂行规定》规定:"外国投资者并购境内企业涉及本规定第十九条所述情形之一,外经贸部和国家工商行政管理总局认为可能造成过度集中,妨害正当竞争、损害消费者利益的,应自收到规定报送的全部文件之日起 90 日内,共同或经协商单独召集有关部门、机构、企业以及其他利害关系方举行听证会。并依法决定批准或不批准。《利用外资改组国有企业暂行规定》规定:"利用外资改组国有企业,改组方应当向同级经济贸易主管部门提出改组申请。接受申请的经济贸易主管部门应当依照《指导外商投资方向规定》的权限和有关法律法规进行审核。中央企业及其全资或具有控制权的企业进行改组的、被改组企业直接或间接持有上市公司股权的、改组后的企业资产总额不低于 3 000 万美元的,由国务院经济贸易主管部门审核;对可能导致市场垄断、妨碍公平竞争的,在审核前组织听证。

二是主动听证,行政机关认为需要听证的涉及公共利益的重大行政许可,应当向社会公告,并举行听证。《环境保护行政许可听证暂行办法》第六条规定:除国家规定需要保密的建设项目外,建设本条所列项目的单位,在报批环境影响报告书前,未依法征求有关单位、专家和公众的意见,或者虽然依法征求了有关单位、专家和公众的意见,但存在重大意见分歧的,环境保护行政主管部门在审查或者重新审核建设项目环境影响评价文件之前,可以举行听证会,征求项目所在地有关单位和居民的意见:(一)对环境可能造成重大影响、应当编制环境影响报告书的建设项目;(二)可能产生油烟、恶臭、噪声或者其他污染,严重影响项目所在地居民生活环境质量的建设项目。水利部基于"涉及重大公共利益"不易掌握的情况,在《水行政许可听证规定》第四条中规定:法律、法规、规章规定实施水行政许可应当听证的事项,水行政许可实施机关在做出水行政许可决定前,应当举行听证。下列水行政许可事项,水行政许可实施机关在做出水行政许可决定前,认为涉及公共利益需要听证的,应当举行听证:(一)涉及江河、湖泊和地下水资源配置的重大水行政许可事项;(二)涉及水域水生态系统保护的重大水行政许可事项;(三)涉及水工程安全的重大水行政许可事项;(四)涉及防洪安全的重大水行政许可事项;(五)涉及水土流失防治的重大水行政许可事项;(六)涉及不同行政区域边界河段或者跨界河段的重大水行政许可事项;(七)需要听证的其他涉及公共利益的重大水行政许可事项。

三是依申请听证。直接涉及申请人与他人之间重大利益关系的,行政机关在做出决定前,应当告知申请人、利害关系人有要求听证的权利。要求听证的,应当在 20 日内组织听证。“他人”的范围,是指行政机关和申请人以外的同行政许可的实施有直接利益关系的个人或组织。

(四)决定阶段的要求

1.当场决定

申请人提交的申请材料齐全、符合法定形式,行政机关能够当场决定的,应当当场做出书面许可决定。(1)办理《客运出租汽车驾驶员服务资格证》有的地方规定:有市区常住户口,暂住证明,《就业登记证》,身份证明,年龄 18 周岁以上 60 周岁以下,身体健康,具有初中以上文化程度,机动车驾驶证,安全驾驶车辆 2 年以上,无固定职业证明,培训考试合格证书等。即为齐全、规范、有效。当场办理。(2)机动车维修企业停业、歇业手续办理:有的地方规定:一、二类维修企业申请停业的,提交停业申请,交回许可证正副本、车辆出厂合格证、送检证和企业代码章,经审核后,当场办理;三类专项维修业户申请停业的,应提交停业申请,交回许可证正、副本,经审核后,当场办理;一、二类维修企业申请歇业的,应提交歇业申请,提供工商注销证明,交回许可证正副本、车辆竣工出厂合格证、送检证和企业代码章,经审核后,当场办理;三类专项维修企业申请歇业的,应提交歇业申请,提供工商注销证明,交回许可证正、副本,经审核后,当场办理。

2.在法定期限内决定

《中华人民共和国行政许可法》规定,经行政机关审查、核查,对符合法定条件、标准的应当在法定期限内做出准予行政许可的书面决定。决定的期限:(1)申请符合法定条件、标准的,应当自受理申请之日起 20 日内做出决定;20 日内不能做出决定的,经本行政机关负责人批准,可以延长 10 日,并应当有延长期限的理由的书面告知书。(2)实行集中办理的,办理的时间不得超过 45 日;45 日内不能办结的,经本级人民政府负责人批准,可以延长 15 日,并有延长期限的理由书面告知书。

(五)颁证和送达阶段的要求

1.认真填写

例如宅基证填写不当导致纠纷。睢县农民闫玉民办理了集体土地建设用地使用证,即宅基证。邻居施德胜认为闫玉民的院墙和厨房占用了自己的土地,其家人将闫玉民的院墙和厨房扒掉。后虽经村委、乡政府等部门多方调解,但双方分歧较大,一直未得到解决,积怨越来越深。双方冲突不断,轻则吵架,重则掂着铁锹大打出手。2007 年闫玉民作为原告诉至法院,请求法院判令被告施德胜停止侵权,赔偿损失 3 000 元。一审法院判决施德胜停止侵权,案件受理费 50 元由施德胜负担。

施德胜不服一审判决,认为闫玉民的宅基证有问题,同时闫玉民的院墙和厨房是他自己的父母所扒，闫玉民告他属错列当事人，遂向商丘市中级人民法院提起上诉。后来闫玉民一家三口背乡离井前往浙江打工，已有 3 年没有回家。

据法庭依法调查的证据显示，闫玉民办理的集体土地建设用地使用证存根上图号一栏填有“16.67 乘 13.50”，也没有注明哪个是南北长度，哪个是东西宽度，并且在填发机关、领证人两栏均没有签字盖章。正是这张不规范的存根为两家争端埋下了隐患。施家认为，闫家的宅基地东西宽度是 13.50 米，闫家所建院墙和厨房占了自家的地；闫家认为 13.50 米是自家宅基地的南北长度，东西宽度是 16.67 米，施家扒了院墙和厨房就是侵犯了自己的合法权益。

省法院和商丘市的有关领导前来观摩旁听这次诉讼。法庭经过调解，宣布了双方自愿达成的协议：闫玉民的宅基地自西向东宽为 15 米，施德胜对此不再提出异议；闫玉民放弃索赔因院墙和厨房被扒掉造成的损失；案件受理费一审 50 元由闫玉民承担，二审 50 元由施德胜承担。此协议符合法律规定，法院予以确认。庭审结束后，双方代理人的手握在了一起，施德胜和闫玉福的手也握在了一起。

2.颁发证件期限

自做出许可决定之日起 10 日内向申请人颁发、送达行政许可证件（或者加贴标签、加盖检验、检测、检疫印章）。

3.证件送达

应当有送达回证或者领取登记表。表中记名证件名称、送达人姓名、领取人姓名及单位委托书、领取时间等。开封一个公司办理国有土地出让审批，派公司的一个人负责具体办理。国土资源厅已经办完，几个月过去了，公司很着急，于是向省政府申请复议。经查，原因是国土厅将决定书交行政审批窗口，但窗口的人员未及时送达。

行政许可实施的普通程序见表 2。

表 2　行政许可实施的一般程序

	申请与受理，审查与决定	变更与延续	听证
重要制度	①委托申请：可委托他人代为申请，但人身性许可除外 ②电子政务：行政机关有推行电子政务的义务，当事人可通过多种灵活方式（主要是电信电子方式）申请许可 ③正当程序：需核实申请材料实质内容，应有 2 人以上进行 ④跨级上报：须跨级上报的许可，下级机关应将有关材料直接上报，上级机关不得要求申请人重复提供材料 ⑤陈述申辩：许可事项直接关系他人重大利益的，申请人、利害关系人有权陈述申辩 ⑥政务公开：准予许可的决定应公开，公众有权查阅	当事人要求变更或延续的应当申请，符合法定条件的，行政机关应当依法准予变更或者延续	①启动方式：行政机关对法定事项或其认为涉及公共利益的事项可决定听证（依职权启动）；对直接涉及申请人与他人重大利益的事项应告知听证权（依申请启动） ②公务回避：申请人、利害关系人有权申请听证主持人回避（实体回避）；行政机关应指定审查工作人员以外的人员主持听证（程序回避） ③案卷排它：行政机关应当根据听证笔录做出决定

续表 2

	申请与受理,审查与决定	变更与延续	听证
重要期限	①补正告知期限:补正告知应在 5 日内 1 次做出,否则视为受理申请 ②决定期限:一机关决定(20 日内决定,经本机关负责人批准可延长 10 日);平级多机关决定(统一、联合、集中办理的 45 日内决定,经本级政府负责人批准可延长 15 日);跨级多机关决定(下级机关应在 20 日内审查完毕) ③颁证期限:准予许可的,应当自决定之日起 10 日内颁发送达许可证或加贴、加盖标志物 ④听证、招标、拍卖、检验、检测、检疫等时间另计	①需延续的应在许可有效期届满 30 日前申请 ②行政机关应在许可有效期届满前决定,逾期视为准予延续	①申请期限:权利人应在被告知听证权利之日起 5 日内申请听证 ②组织期限:行政机关应当在 20 日内组织听证 ③告知期限:行政机关应于举行听证 7 日前告知听证时间与地点,必要时予以公告

二、特别程序

(一)特别程序的主要内容

1.特许

特许主要适用于有限自然资源和公共资源的配置。资源包括:自然资源和公共资源。自然资源包括土地、矿产、地热和地下水、树木、水力、风力、鱼类、野生动物等。公共资源主要包括航空运输路线、汽车运输路线及执照、无线电频率的使用、出租车牌照等。对资源的配置,主要有两种方式,一是计划配置,二是市场配置(更加重要)。《中华人民共和国行政许可法》规定的许可配置,是否为法律配置与市场配置的结合?单靠市场,不但导致不公,还会引发市场失灵;都由政府配置,易导致腐败和政府失灵。《中华人民共和国行政许可法》引入竞争机制又坚持了政府调控。可见,对有限自然资源的开发利用、公共资源的配置、特定行业的市场准入等,应当通过招标、拍卖等公平竞争方式做出决定,具体程序执行有关法律、行政法规的规定(法律、法规另有规定的从其规定)。这类许可的文书比较复杂,例如国有土地的出让,就属于有限自然资源的开发利用,国务院和省人大制定了相关程序和文书。

2.认可

认可包括赋予公民特定资格和赋予组织特定资格资质的许可。根据《中华人民共和国行政许可法》第十五条规定,只能由法律和行政法规规定,地方性法规和规章不得做出规定。因此,资格、资质的行政许可,必须执行法律和行政法规规定的程序。

(1)赋予公民特定资格,考试依法由行政机关或者行业组织实施,公开举行。行政机关或者行业组织应当事先公布资格考试的报名条件、报考办法、考试科目以及考试大纲,不得组织强制性的考前培训,不得指定教材或者其他助考材料。如律师资格、会计师资格、执业医师资格、建筑师执业资格、监理工程师执业资格、造价工程师执业资格、城市规划师执业资格、护士执业资格、执业药师资格等。

(2)赋予企业组织特定资格资质。应当根据申请人的专业人员构成、技术条件、经营业绩和管理水平等的考核结果做出行政许可决定。有关的事项、依据和条件应当公开。例如房地产开发商资质,根据《城市房地产开发经营管理条例》和建设部《房地产开发企业资质管理规定》房地产开发企业按照企业条件分为一、二、三、四 4 个资质等级。其中,一级资质:①注册资本不低于 5 000 万元;②从事房地产开发经营 5 年以上;③近 3 年房屋建筑面积累计竣工 30 万 m^2 以上,或者累计完成与此相当的房地产开发投资额;④连续 5 年建筑工程质量合格率达 100%;⑤上一年房屋建筑施工面积 15 万 m^2 以上,或者完成与此相当的房地产开发投资额;⑥有职称的建筑、结构、财务、房地产及有关经济类的专业管理人员不少于 40 人,其中具有中级以上职称的管理人员不少于 20 人,持有资格证书的专职会计人员不少于 4 人;⑦工程技术、财务、统计等业务负责人具有相应专业中级以上职称;⑧具有完善的质量保证体系,商品住宅销售中实行了《住宅质量保证书》和《住宅使用说明书》制度;⑨未发生过重大工程质量事故。一级资质的房地产开发企业承担房地产项目的建设规模不受限制,可以在全国范围承揽房地产开发项目。

3.核准

直接关系公共安全、人身健康、生命财产安全的重要许可,必须根据技术标准、技术规范,依法进行检验、检测、检疫并根据检验、检测、检疫结果依法做出许可决定。案卷中应当体现:①时限。应当自受理之日起 5 日内指派两名以上持证执法人员,按照技术标准、技术规范进行检验、检测、检疫。②检验、检测、检疫应当有检验报告和相关证据。③当场决定。经检验、检测、检疫,对结果不需要做进一步技术分析就可以认定设备、设施、产品、物品是否合格的,应当有当场许可决定书。④根据检验、检测、检疫结果,做出不予许可决定的,应当书面说明依据的技术标准、技术规范。

4.登记

企业或者其他组织设立等,需要确定主体资格的事项,提交的申请材料齐全、符合法定形式的,行政机关应当当场予以登记。需要对申请材料的实质内容进行核实的,应当指派两名以上持证人员进行核查。

5.数量限制许可

有数量限制的许可事项,两个或者两个以上申请均符合法定条件、法定标准的,应当根据申请的先后顺序做出决定。

表 3　行政许可实施的特殊程序

特许事项的决定	应通过招标、拍卖等竞争性方式做出决定
资格资质的许可	对公民根据考试成绩等决定,对组织根据考核结果决定
有数量限制的许可	多人符合条件的,应当根据受理申请的顺序决定

《中华人民共和国行政许可法》第十条规定:县级以上人民政府应当建立健全对行政机关实施行政许可的监督制度,加强对行政机关实施行政许可的监督检查。第六十条规定:上级行政机关应当加强对下级行政机关实施行政许可的监督检查,及时纠正行政许可实施中的违法行为。

(一)政府对部门的监督检查

当前政府对部门的监督检查,主要有下列形式:

(1)规章、规范性文件备案审查。

(2)行政许可清理。经审查,有的予以取消,有的进行下放,有的变为备案。

(3)依法行政考核。包括行政许可案卷评查。

(4)受理举报投诉,查处违法事实行政许可的行为。

(二)许可机关对被许可人的监督检查

1.必要性

(1)对被许可人进行监督检查是《中华人民共和国行政许可法》的重要内容。《中华人民共和国行政许可法》第十条规定:行政机关应当对公民、法人或者其他组织从事行政许可事项的活动实施有效监督。以前的行政许可,重事前许可、轻事后监管,只许可、不监管,或者为了收费而许可。这使行政许可失去了应有意义,并且增加了市场的混乱和无序。《中华人民共和国行政许可法》把监督检查放在重要地位,其目的在于将事故、混乱消除在发生之前。

(2)取得行政许可不按照法定条件和标准生产经营的情况时有发生。有的被许可人取得许可后,降低了原有标准。比如,被许可人在取得餐饮服务许可证后,如果没有行政执法部门事后经常性的检查、监督和管理,被许可人就可能降低标准。根据《中华人民共和国食品安全法》第二十七条的规定,食品生产经营应当符合食品安全标准,并具有与生产经营的食品品种、数量相适应的生产经营设备或者设施,有相应的消毒、更衣、采光、照明、通风、防腐、防尘、防蝇、防鼠、防虫、洗涤以及处理废水、存放垃圾和废弃物的设备或者设施。如果没有监督检查,这样的要求就可能降低。有的企业经消防验收合格,但后来把消防通道堵塞等。所以,《国务院关于加强食品等产品安全监督管理的特别规定》第十三条规定:生产经营者有下列情形之一的,农业、卫生、质检、商务、工商、药品等监督管理部门应当依据各自职责采取措施,纠正违法行为,防止或者减少危害发生,并依照本规定予以处罚:(一)依法应当取得许可证照而未取得许可证照从事生产经营活动的;(二)取得许可证照或者经过认证后,不按照法定条件、要求从事生产经营活动或者生产、销售不符合法定要求产品的;(三)生产经营者不再符合法定条件、要求继续从事生产经营活动的;(四)生产者生产产品不按照法律、行政法规的规定和国家强制性标准使用原料、辅料、添加剂、农业投入品的;(五)销售者没有建立并执行进货检查验收制度,并建立产品进货台账的;(六)生产企业和销售者发现其生产、销售的产品存在安全隐患,可能对人体健康和生命安全造成损害,不履行本规定的义务的;(七)生产经营者违反法律、行政法规和本规定的其他有关规定的。

(3)有的被许可人在申请行政许可时,其设备、设施是借用他人的,一旦取得许可,便将设备、设施退还。在这种情况下,很有必要进行及时检查。

(4)有的行政相对人伪造、变造、出租、出借、转让许可证件。

(5)超越行政许可范围进行活动的情况也有存在。比如,林业行政主管部门依据《中华人民共和国森林法》的规定,所发放的采伐许可证对采伐的范围有明确的要求,但有关个人或者单位却超越森林采伐证许可的范围采伐林木。再比如,根据建筑法的规定,建筑施工企业、勘察单位、设计单位和工种监理单位,按照其拥有的注册资本、专业技术人员和建筑业绩等,划分为不同的资质等级,经行政机关审查合格后,发给不同的资质证书。不同资质等级的建筑企业只能在其资质等级许可的范围内从事建筑活动,如果没有检查,超过其资质许可范围从事建筑活动就会发生,就可能形成建筑工程质量安全隐患。

2.监督检查的内容和方式

(1)核查。《中华人民共和国行政许可法》第六十一条规定:"行政机关应当建立健全监督制度,通过核查反映被许可人从事行政许可事项活动情况的有关材料,履行监督责任。行政机关依法对被许可人从事行政许可事项的活动进行监督检查时,应当将监督检查的情况和处理结果予以记录,由监督检查人员签字后归档。公众有权查阅行政机关监督检查记录。行政机关应当创造条件,实现与被许可人、其他有关行政机关的计算机档案系统互联,核查被许可人从事行政许可事项活动情况。

核查原因:被许可人取得许可后,原先审查合格的条件、标准可能变化,也可能被擅自改变。

核查程序:两名以上执法人员进行;出示执法证件;进行核查;将监督检查的情况和处理结果予以记录,由监督检查人员签字后归档。通过部门网站公开监督检查记录,使公众能够查阅。

(2)抽样检查。《中华人民共和国行政许可法》第六十二条第一款规定:行政机关可以对被许可人生产经营的产品依法进行抽样检查、检验、检测,对其生产经营场所依法进行实地检查。检查时,行政机关可以依法查阅或者要求被许可人报送有关材料;被许可人应当如实提供有关情况和材料。

(3)实地检查。《中华人民共和国行政许可法》第六十二条规定:行政机关可以对被许可人生产经营的产品依法进行抽样检查、检验、检测,对其生产经营场所依法进行实地检查。检查时,行政机关可以依法查阅或者要求被许可人报送有关材料;被许可人应当如实提供有关情况和材料。《中华人民共和国水土保持法实施条例》第二十五条规定:县级以上地方人民政府水行政主管部门及其所属的水土保持监督管理机构,应当对《水土保持法》和本条例的执行情况实施监督检查。

(4)定期检查。《行政许可法》第六十二条第二款:行政机关根据法律、行政法规的规定,对直接关系公共安全、人身健康、生命财产安全的重要设备、设施进行定期检验。对检验合格的,行政机关应当发给相应的证明文件。

定期检查,主要指年检、年审等。以前行政机关一方面忽视日常执法监督管理;另一方面,年底大搞年检、年审等活动,有的还利用年检乱收费。有的部门和地方以年检为名,变相地搞每年一次甚至半年一次的重新审批,有的年检甚至比登记还难,把年检转为或者变相转为行政许可,即名为"年检"实为许可(比如规定,未申请年检或者未通过年检,当事人就不能从事相关活动),费用也高,因此不仅搞年检,还想搞月检。《中华人民共和国行政许可法》对此要做限制:一是,规定只有法律、行政法规中有规定的,才能进行年检。法律没有规定年检的,不能搞年检。二是,限制了定期检验的范围,即只能对直接关系公共安全、人身健康、生命财产安全的重要设备、设施进行定期检验。对机动车船、电梯、锅炉等,不能通过一次检验就万事大吉。三是,对于检验合格的,行政机关应当发给相应的证明文件,避免重复检验。

(5)异地检查。《中华人民茶国行政许可法》第六十四条规定:被许可人在作出行政许可决定的行政机关管辖区域外违法从事行政许可事项活动的,违法行为发生地的行政机关应当依法将被许可人的违法事实、处理结果抄告做出行政许可决定的行政机关。主要适用于律师、驾驶员等,流动性大,经常跨地区、跨省市开展业务,在从事被许可事项的活动时,做出行政许可的机关难以对其实施有效监督。

(6)投诉举报查处。《中华人民共和国行政许可法》第六十五条规定:个人和组织发现违法从事行政许可事项的活动,有权向行政机关举报,行政机关应当及时核实、处理。山西疫苗事件,是被陈涛安举报的。该事件使百名儿童受害。安徽毒奶粉事件,阜阳农村的一百多名儿童陆续患上了一种怪病。本来健康的孩子在喂养期间开始出现四肢短小,身体瘦弱,尤其是这些婴儿的脑部显得偏大,当地人称这些婴儿为“大头娃娃”。该事件是被举报发现的。因此,有必要充分发挥舆论监督的作用。《大河报》专门有一个有奖新闻,提供一个有价值的新闻奖励100元,实际上,郑州市周边的一些制假窝点,就是被举报的。各部门应当建立健全行政许可举报查处制度,可以设立奖金。行政机关不可能全省每个角落都能进行检查,因此举报制度很有意义。

(7)对利用有限自然资源的监督检查。《中华人民共和国行政许可法》第六十六条规定:被许可人未依法履行开发利用自然资源义务或者未依法履行利用公共资源义务的,行政机关应当责令限期改正;被许可人在规定期限内不改正的,行政机关应当依照有关法律、行政法规的规定予以处理。

对于有限自然资源的开发利用及公共资源的配置,都是有数量限制的,行政机关只能授予有限的申请人。比如,海域使用许可、无线电频率许可、排污许可等。对于这些事项的许可,其主要功能是分配稀缺资源,以提高资源利用的效益。被许可人取得行政许可往往负有依法开展有关活动,以充分利用自然资源或者公共资源的义务。获得了这类行政许可的被许可人如果不依法履行义务,其他希望利用这些资源的人却因没有取得行政许可无法介入,将造成社会资源的严重闲置与浪费,严重悖离设定这类行政许可的目的。为此,法律、法规往往规定了被许可人开发利用资源的义务。如《基本农田保护条例》规定,禁止任何单位和个人闲置荒芜基本农田,占用基本农田满1年不使用的,应当组织耕种;1年以上未动工建设的,应当按照规定缴纳土地闲置费;连续2年未使用的经国务院批准,无偿收回用地单位土地使用权。《矿产资源勘查区块登记管理办法》第十八条规定,探矿权人应当自领取勘查许可证之日起6个月内开始施工。

根据本条规定,行政机关应当加强监督检查,重点是监督被许可人履行开发利用资源的义务。被许可人未履行义务的,行政机关应当督促其在规定的期限内履行义务;如果被许可人在规定期限内不改正的,行政机关应当依照有关法律、行政法规的规定予以处理。根据法律、行政法规的规定,依法需要收回行政许可的需要收回行政许可;依法不能收回的,行政机关应当依法采取其他有效措施确保被许可人履行义务。

(8)对公用企业的监督检查。《中华人民共和国行政许可法》第六十七条:“取得直接关系公共利益的特定行业的市场准入行政许可的被许可人,应当按照国家规定的服务标准、资费标准和行政机关依法规定的条件,向用户提供安全、方便、稳定和价格合理的服务,并履行普遍服务的义务;未经做出行政许可决定的行政机关批准,不得擅自停业、歇业。被许可人不履行前款规定的义务的,行政机关应当责令限期改正,或者依法采取有效措施督促其履行义务。直接关系公共利益的特定行业,就是通常所称的自然垄断行业,如铁路交通、民航、电信、邮政、电力以及城市供水、供气、供暖等行业。这些行业都是关系国计民生的基础行业,直接影响到经济发展和生产、生活。授予被许可人行政许可权,就是因为根据其申请材料及实际条件,该申请人比其他申请人条件更优,能够提供更为便捷、安全、稳定的服务。但是,由于被许可人取得行政许可后，在该行业要么居于寡头垄断地位，要么居于多头寡头地位，如果不对其加强管理，被许可人可能会滥用其垄断地位，降低服务质量，损害消费者的利益和社会公共利益，如以不合理的高价格提供服务或者擅自停业、影响社会经济活动的正常进行，或者欺压百姓、不提供普遍服务等。因此，对于这类行业，国家一般都对其服务标准、价格、服务质量及普遍服务的义务等做出了相应的规定；这些行业的被许可人不得擅自停业、歇业，因特殊原因需要停业、歇业的，也必须报经原做出许可决定的行政机关批准，并有相应的替代其履行公共服务职能的方案。

多年来，老百姓对这些行业的反应很大、意见很多。主要问题是：有的偷工减料，私自降低服务质量；有的利用垄断地位，非法收取名目繁多的各种费用；有的擅自中断服务，对消费者实行区别对待，厚此薄彼，不依法履行普遍服务的义务。根据本条规定，行政机关应当加强对取得直接关系公共利益的市场准入行政许可的被许可人履行义务情况的监督检查。对于在监督检查中发现的被许可人不按要求履行义务的情形，应当及时做出处理，责令其履行义务或者采取必要的措施，迫使其履行义务。

为什么被许可人未依法履行义务，本条未规定可以收回行政许可？主要考虑是，这类行政许可中，被许可人多是垄断企业，一旦收回行政许可，至少在短期内将没有其他企业能够替代其履行公共服务义务，这样可能影响自然人、法人或者其他组织的生活。因此，不能简单地规定收回行政许可或者撤销行政许可。所以，对有违法行为的企业，行政机关应当采取积极措施确保被许可人履行义务，如采取接管措施等。同时，对于这些行业也要适度地引入竞争机制，促使其改善服务态度和质量。

（9）行政机关检查加相对人自检。《中华人民共和国行政许可法》第六十八条规定：对直接关系公共安全、人身健康、生命财产安全的重要设备、设施，行政机关应当督促设计、建造、安装和使用单位建立相应的自检制度。行政机关在监督检查时，发现直接关系公共安全、人身健康、生命财产安全的重要设备、设施存在安全隐患的，应当责令停止建造、安装和使用，并责令设计、建造、安装和使用单位立即改正。

本条涉及的设备、设施包括两类：直接关系公共安全、人身健康、生命财产安全的重要设备、设施，如锅炉、机动车船等，往往需要经常性地进行检查，才能保其正常安全运行；有些设备、设施如船舶、建筑物等，在其设计、建造阶段就需要实施监督检查，否则等建成后再去改正错误往往会造成难以恢复的财产损害，甚至会严重影响个人的生命与健康。然而，行政机关限于人力、物力和财力，不可能经常去亲自监督检查，也不可能对所有的这些设备都派专人监督其设计、建造、安装或者使用。对此，一方面，行政机关要加大监督检查力度和次数，另一方面，要督促设计、建造、安装和使用单位建立起自检制度，筑起第一道安全防线。

（10）《中华人民共和国行政许可法》第六十三条规定：行政机关实施监督检查，不得妨碍被许可人正常的生产经营活动，不得索取或者收受被许可人的财物，不得谋取其他利益。第五十八条规定：行政机关实施行政许可和对行政许可事项进行监督检查，不得收取任何费用。但是，法律、行政法规另有规定的，依照其规定。行政机关实施行政许可所需经费应当列入本行政机关的预算，由本级财政予以保障，按照批准的预算予以核拨”。

《中华人民共和国行政许可法》第六十九条规定：有下列情形之一的，做出行政许可决定的行政机关或者其上级行政机关，根据利害关系人的请求或者依据职权，可以撤销行政许可：（一）行政机关工作人员滥用职权、玩忽职守做出准予行政许可决定的；（二）超越法定职权做出准予行政许可决定的;(三)违反法定程序做出准予行政许可决定的;(四)对不具备申请资格或者不符合法定条件的申请人准予行政许可的;(五)依法可以撤销行政许可的其他情形。

被许可人以欺骗、贿赂等不正当手段取得行政许可的,应当予以撤销。

依照前两款的规定撤销行政许可,可能对公共利益造成重大损害的,不予撤销。

依照本条第一款的规定撤销行政许可,被许可人的合法权益受到损害的,行政机关应当依法给予赔偿。依照本条第二款的规定撤销行政许可的,被许可人基于行政许可取得的利益不受保护。

区分“可以撤销”和“应当撤销”:

是否撤销要考虑:①要考虑是否撤销行政许可决定对相关各方利益的影响。②要考虑引起行政许可决定违法的原因。③要考虑行政许可决定违法的性质及程度。

行使撤销权的赔偿责任规定主要是为了保护自然人、法人或者其他组织对行政行为合法性的信赖。

《中华人民共和国行政许可法》第七十条规定:有下列情形之一的,行政机关应当依法办理有关行政许可的注销手续:(一)行政许可有效期届满未延续的;(二)赋予公民特定资格的行政许可,该公民死亡或者丧失行为能力的;(三)法人或者其他组织依法终止的;(四)行政许可依法被撤销、撤回,或者行政许可证件依法被吊销的;(五)因不可抗力导致行政许可事项无法实施的;(六)法律、法规规定的应当注销行政许可的其他情形。

《中华人民共和国行政许可法》第七十六条规定:行政机关违法实施行政许可,给当事人的合法权益造成损害的,应当依照国家赔偿法的规定给予赔偿。行政机关违法实施行政许可,当事人的合法权益造成损失,例如,申请人不符合排污许可所应当具备的法定条件,行政机关却违法向其发放排污许可证,导致申请人周围的利害关系人受到严重污染损害。在这些情况下,行政机关都应当对其违法实施行政许可的行为承担赔偿责任。

下面重点谈一下行政机关不依法履行监督职责的法律责任和行政相对人的责任。

(一)行政机关不依法履行监督职责的法律责任

《中华人民共和国行政许可法》第七十七条规定:行政机关不依法履行监督职责或者监督不力,造成严重后果的,由其上级行政机关或者监察机关责令改正,对直接负责的主管人员和其他直接责任人员依法给予行政处分;构成犯罪的,依法追究刑事责任。当前,最突出的是不履行监督责任或者监督检查不力。这在许多部门都有表现。根据刑法的有关规定,行政机关的有关主管人员和其他直接责任人员不依法实施监督检查或者监督检查不力,构成犯罪的罪名主要包括滥用职权罪、玩忽职守罪、环境监管失职罪、放纵制售伪劣商品罪、商检徇私舞弊罪、商检失职罪等。比如,根据《中华人民共和国刑法》第四百零八条的规定:负有环境保护监督管理职责的国家机关工作人员严重不负责任,导致发生重大环境污染事故,致使公私财产遭受重大损失或者造成人身伤亡的严重后果的,处三年以下有期徒刑或者拘役。根据第四百一十四条的规定:对生产、销售伪劣商品犯罪行为负有追究责任的国家机关工作人员,徇私舞弊,不履行法律规定的追究职责,情节严重的,处五年以下有期徒刑或者拘役。

(二)行政相对人的法律责任

1.申请人隐瞒情况或者故意提供虚假材料的法律后果

《中华人民共和国行政许可法》第七十八条规定:行政许可申请人隐瞒有关情况或者提

供虚假材料申请行政许可的,行政机关不予受理或者不予行政许可,并给予警告;行政许可申请于直接关系公共安全、人身健康、生命财产安全事项的,申请人在一年内不得再次申请该行政许可。隐瞒,指掩盖真相不让人知道。故意提供虚假材料,是指本身不具备法定条件,却采取伪造、借用的材料骗取许可。《取水许可条例》第五十条规定:申请人隐瞒有关情况或者提供虚假材料骗取取水申请批准文件或者取水许可证的,取水申请批准文件或者取水许可证无效,对申请人给予警告,责令其限期补缴应当缴纳的水资源费,处2万元以上10万元以下罚款;构成犯罪的,依法追究刑事责任。

2.以欺骗、贿赂等手段取得许可的法律责任

《中华人民共和国行政许可法》第七十九条规定:被许可人以欺骗、贿赂等不正当手段取得行政许可的,行政机关应当依法给予行政处罚;取得的行政许可属于直接关系公共安全、人身健康、生命财产安全事项的,申请人在三年内不得再次申请该行政许可;构成犯罪的,依法追究刑事责任。

3.取得许可后从事违法活动的法律责任

《中华人民共和国行政许可法》第八十条规定:被许可人有下列行为之一的,行政机关应当依法给予行政处罚;构成犯罪的,依法追究刑事责任:(一)涂改、倒卖、出租、出借行政许可证件,或者以其他形式非法转让行政许可的;(二)超越行政许可范围进行活动的;(三)向负责监督检查的行政机关隐瞒有关情况、提供虚假材料或者拒绝提供反映其活动情况的真实材料的;(四)法律、法规、规章规定的其他违法行为。涂改是指故意涂去许可证原有的文字、图形或者其他标志,并加上新的标志。倒卖是指以营利为目的,将许可证卖给不具备条件或者资格或者虽然具备条件或者资格但没有向行政机关提出许可申请的个人或者组织。出租是指以非法手段以许可证的使用权来换取他人租金的行为。出借是指将行政许可证件借给他人使用的行为。向监督检查机关隐瞒有关情况、提供虚假材料或者拒绝提供反映其活动情况的真实材料的,是逃避监督检查的行为,在实践中经常发生。比如,根据《中华人民共和国药品管理法》的规定,药品监督管理机构有权要求药品生产单位提供相关的文件和资料,而药品生产单位却提供虚假材料或者拒绝提供反映其生产活动情况的真实材料。

4.擅自从事应当取得许可的活动的法律责任

《中华人民共和国行政许可法》第八十一条规定:公民、法人或者其他组织未经行政许可,擅自从事依法应当取得行政许可的活动的,行政机关应当依法采取措施予以制止,并依法给予行政处罚;构成犯罪的,依法追究刑事责任。

安阳市水利工程建设项目审批制度的思考

2020年以来,按照安阳市工改工作统一部署,认真落实《安阳市工程建设项目审批制度改革实施方案和安阳市全面推进建设工程领域联合审验实施方案的通知》(安政办〔2019〕27号)改革要求,重点从工程建设项目审批制度改革工作取得的成效、积极推进水利工程类项目审批时限压缩工作等方面具体阐述。

一、工程建设项目审批制度改革工作取得的成效

(一)积极推进水利工程建设项目改革

工程改革主要涉及七大类工程,其中涉及水利工程项目审批制度改革,由水利部门牵头其他单位配合组织实施,制定水利工程建设项目审批流程图,将水利工程建设项目审批流程划分为立项用地规划许可、工程建设许可、施工许可、竣工验收四个阶段,分阶段制作一份办事指南、一张申请表单,一套申报材料,实行并联并审,限时办理,并纳入安阳市工程建设项目审批管理平台。实现一窗受理、一张表单、一套机制审批模式。

(二)精简审批环节,落实"容缺办理"

根据《安阳市发展和改革委员会关于印发安阳市推广投资项目审批"容缺办理"模式实施方案的通知》的要求,组织相关单位认真研究,确定了"取水许可审批"为水利投资项目"容缺办理"事项,并对"取水许可"材料进行了梳理完善,根据参考模板确定容缺办理申请书,着力减少审批环节。

对安阳市本级财政投资的水利项目、水利防汛抗旱应急抢险、水利工程维修养护、河道清淤、农村安全饮水工程,具备工程量清单招标的,应以清单招标为主,但不及时施工将严重影响市容市貌及群众生活,需加快工程建设及使用的,建设单位提出申请经上级主管部门同意可采取费率招标。提议将节水设施验收纳入《安阳市工程建设项目竣工联合验收工作实施方案》。

(三)积极推行告知承诺制

根据要求,对通过事中事后监管能够纠正不符合审批条件的行为且不会产生严重后果的审批事项,实行告知承诺制,水土保持方案报告表审批工作实现承诺制。

(四)"一个窗口"提供综合服务

市政服务大厅工程建设项目审批工作集中全市工程建设领域的单位,设置办公专区,实施了综合服务"一窗受理"的工作规程,前台综合受理,后台分类审批,安阳市水利局安排专人进驻政务服务大厅,实现水利工作"一个窗口"办公。

(五)规范中介服务

清理规范水行政审批涉及的中介服务事项,实行服务承诺制,明确服务标准和办事流程。水利局行政审批涉及的中介服务事项包含迁移、损坏市管水利工程设施,占用、影响市管农业灌溉水源、灌排工程设施方案、规划建设项目水资源论证报告编制、生产建设项目水土保持方案编制、洪水影响评价报告编制、大中型水利水电工程建设移民安置规划报告编制、建设项目节水三同时节水评估报告编制。

（六）积极推进区域评估和多平评合一，实现“联合审验”

将各类技术性评估事项由串联分散办理调整为并联集中办理，向各县（市、区）转发河南省水利厅制定的《河南省水土保持区域评估指导意见》，明确各县（市、区）水保区域评估相关要求，并督导此项工作开展，目前部分县（市、区）正在编制水土保持区域评估报告。

二、积极推进水利工程类项目审批时限压缩工作

进一步推进工程建设项目审批工作，落实《安阳市工程建设项目审批制度改革实施方案和安阳市全面推进建设工程领域联合审验实施方案的通知》（安政办〔2019〕27 号）要求，结合《2020 全省年工程建设项目审批制度改革工作要点》精神，提高水利工程建设项目落地和建设进度，安阳市水利局将水利工程类项目审批全流程时间压缩到 50 个工作日，其中涉及工程建设项目的审批项目取水许可、洪水影响评价由法定时限 10 个工作日压缩到 8 个工作日，生产建设项目水土保持方案审批、政府投资项目初步设计审批和占用农业灌溉水源、灌排工程设施审批由法定时限 10 个工作日压缩到 7 个工作日，竣工验收由法定时限 50 个工作日压缩到 9 个工作日。

（一）优化审批流程

按照市工改办重点任务分解表（安工改办〔2020〕9 号）的要求，优化审批流程，制定了《安阳市水利工程项目并联审批工作联席会议制度》。进一步梳理审批事项，进入工改系统的审批事项共有 5 项，分别为：取水许可、洪水影响评价、生产建设项目水土保持方案审批、占用农业灌溉水源、灌排工程设施审批、河道管理范围内有关活动（不含河道采砂）审批；推进“不见面”审批，不见面审批事项数量共计 21 项，不见面审批占比 100%，全部已达到四星标准。

对工程建设项目审批系统提出技术建议，提高系统使用率，积极使用工改系统进行水利单事项录入，并督导各县（市、区）水利系统使用工改平台录入相关工程建设项目审批事项。

（二）存在问题

目前工程项目审批系统还不太完善，与发改委的投资项目在线审批监督平台还没实现互联互通，水利建设项目还不能实现全流程在线申请审批，数据共享系统数据不全面，数据共享系统数据的调用率较低。

（三）下一步工作打算

进一步推广工程建设项目网上申报系统办理水利审批事项，优化审批流程，做好取水许可证的电子证照推广和应用工作，进一步督导县、区水利系统广泛使用工改审批系统在线办理。

关于《中华人民共和国行政强制法》中几个疑难问题的解读

十一届全国人大常委会第二十一次会议于2011年6月30日通过了《中华人民共和国行政强制法》,并于2012年1月1日实施。该法与已经通过的《中华人民共和国行政许可法》《中华人民共和国行政处罚法》并称行政"法典三部曲"。行政强制法从开始酝酿制定到表决通过,前后历时12年,是一部规范行政强制的设定和实施,保护公民、法人和其他组织的合法权益,促进和监督行政机关依法履行职责的重要法律。目前中国行政强制制度存在两个方面的问题:一方面是"乱",包括"乱"设行政强制和"滥"用行政强制,侵害了公民、法人或者其他织的合法权益;另一方面是"软",就是行政机关的强制手段不足,执法不力,对有些违法行为不能有效制止,有些行政决定不能得到及时执行。因此,制定行政强制法,既要治"乱"、治"滥",也要治"软"。

《中华人民共和国行政处罚法》《中华人民共和国行政许可法》法律早已实施多年,学界已经进入修改的调研中,《中华人民共和国行政强制法》的颁布实施,标志着我国对行政权力的限制、公民权利的保障构成了更为完整的法律体系。

行政强制是一个较为常见的行政行为,在行政处罚法中略有涉及,法院的司法解释有涉及,但长期以来并没有形成一个法律。因为,行政强制种类多,不同种类间差别大,法律层面的共性比较少。下面就从十二个方面进行具体阐述。

一、《中华人民共和国行政强制法》的法律属性

(一)《中华人民共和国行政强制法》是一部行政性法律,非民商法、刑法

《中华人民共和国行政强制法》是我国继《中华人民共和国行政处罚法》《中华人民共和国行政许可法》《中华人民共和国行政复议法》《中华人民共和国行政诉讼法》和《中华人民共和国国家赔偿法》之后的又一部规范行政法关系的行政基本法。2011年,全国人大会上,中国特色社会主义法律体系已经形成是一个重要议题。行政法是中国特色社会主义法律体系的重要组成部分,又主要由行政基本法和部门行政法构成。《中华人民共和国行政强制法》的制定在前几部行政基本法的基础上,对行政强制(权)行为做了进一步规范,应当说,是在新的起点上,对中国特色社会主义法律体系的进一步完善,具有深远的历史意义。

在行政法体系中属于行政行为法,调整的是两种具体行政行为,一种为行政强制措施,往往是服务于行政处罚的前置阶段和程序;另一种为行政强制执行,往往是将行政处罚所确立的义务满足与实现的最后一道行政执法程序。当然,行政强制执行也常常将行政征收、行政裁决等行政法上确立实体义务的具体行政行为得以实现。

(二)《中华人民共和国行政强制法》是一部行政程序法

程序法是与实体法相对应而存在的一个概念。应当说,《中华人民共和国行政强制法》中既有实体规范,也有程序规范,其更主要的还是一部行政程序法。行政实体法是规范行政法当事人实体职权、权利、义务的法律规范的总和。而行政程序法则是规范行政主体行使职权的方式、步骤、顺序、时限的程序及行政相对人如何实现实体权利、义务的程序法律规范的总和。应当说,《中华人民共和国行政强制法》最主要的贡献是将行政主体实施行政强制措施、行政强制执行的程序法制化程度、系统化程度大大提高了一步,体现在第十八条集中规范实施行政强制措施的程序,第四章规范行政机关强制执行程序,尤其是代履行的程序,第

五章申请法院执行的程序,等等。

在行政法中,实体规范与程序规范常常交织在一起,同时存在于一个法律文件之中。目前,在主权国家范围内鲜有从实体上制定一部完整、统一、系统的成文实体法法典的成功先例,但在程序上规范行政行为、制定统一的行政程序法典的已有成功的立法先例,而且我国湖南省也已制定地方行政程序规定的规章。

(三)法律位阶上,《中华人民共和国行政强制法》为非基本法律,因为其制定主体是全国人大常委会

基本法律与非基本法律的效力在《中华人民共和国宪法》《中华人民共和国立法法》中虽然没有等级差别的明确规定,但是根据《中华人民共和国宪法》第六十二条第(十二)项的规定,全国人大有权改变或撤销全国人大常委会不适当的决定,因而可以认为基本法律高于非基本法律。在六大行政基本法中,《中华人民共和国行政处罚法》《中华人民共和国行政诉讼法》属于基本法律,《中华人民共和国行政许可法》《中华人民共和国行政强制法》《中华人民共和国行政复议法》和《中华人民共和国国家赔偿法》属于非基本法律的位阶。根据《中华人民共和国立法法》第八十八条规定:法律的效力高于行政法规、地方性法规、规章。

(四)《中华人民共和国行政强制法》是调整行政强制的基本法、一般法(龙头法)

基本法与特别法、单行法相对应。《中华人民共和国行政强制法》中涉及与已经立法的单行法律、行政法规、地方性法规、部门规章、地方规章关于行政强制规定的关系,在某些制度设计上是将其全部废止予以统一,还是部分废止而保留一部分继续生效,抑或是全部保留其效力呢?这需要做大量的立法基础性工作。如《中华人民共和国行政强制法》第二十五条第一款规定:查封、扣押的期限不得超过三十日;情况复杂的,经行政机关负责人批准,可以延长,但是延长期限不得超过三十日。法律、行政法规另有规定的除外。《中华人民共和国行政强制法》给单行法留有继续生效的空间只能是中央一级的两类法律规范:法律和行政法规,其他的规范性文件如果与《中华人民共和国行政强制法》的上述规定不一致将被废止。该款的规定与本法第九条、第十条的规定保持一致。

(五)在功能、性质上,《中华人民共和国行政强制法》更多地表现为权力制约法与权利保护法

《中华人民共和国行政强制法》既规范、约束作为公权力的行政强制权,又保护行政相对人的合法权益,兼顾了行政权力和公民权利,既有对行政强制权的规范、约束,又保护相对人的合法权益。

《中华人民共和国行政强制法》的一大立法特色即规范与监督行政机关已经享有的行政强制措施权和行政强制执行权,除强制程度较弱的代履行这种强制执行方式外,没有再普遍地赋予行政机关新的行政强制权,而主要通过一系列的程序规范约束行政强制权。如本法中设定的行政机关实施行政强制措施与行政强制执行作为义务的“应当”就有75处之多;设定行政机关禁止义务的“不得”有28处之多,使得行政机关的法定义务在《中华人民共和国行政强制法》共71个条文中就达103个之多。

现将《中华人民共和国行政强制法》中较为重要的“不得”的规定归纳如下:

(1)第十条第四款:法律、法规以外的其他规范性文件不得设定行政强制措施。

(2)第十七条:行政强制措施由法律、法规规定的行政机关在法定职权范围内实施。行政强制措施权不得委托。依据《中华人民共和国行政处罚法》的规定行使相对集中行政处罚权的行政机关,可以实施法律、法规规定的与行政处罚权有关的行政强制措施。行政强制措施应当由行政机关具备资格的行政执法人员实施,其他人员不得实施。

(3)第二十三条:查封、扣押限于涉案的场所、设施或者财物,不得查封、扣押与违法行为无关的场所、设施或者财物;不得查封、扣押公民个人及其所扶养家属的生活必需品。当事人的场所、设施或者财物已被其他国家机关依法查封的,不得重复查封。

(4)第二十九条:冻结存款、汇款应当由法律规定的行政机关实施,不得委托给其他行政机关或者组织;其他任何行政机关或者组织不得冻结存款、汇款。冻结存款、汇款的数额应当与违法行为涉及的金额相当;已被其他国家机关依法冻结的,不得重复冻结。

(5)第四十三条:行政机关不得在夜间或者法定节假日实施行政强制执行。但是,情况紧急的除外。行政机关不得对居民生活采取停止供水、供电、供热、供燃气等方式迫使当事人履行相关行政决定。

(6)第四十五条第二款:加处罚款或者滞纳金的数额不得超出金钱给付义务的数额。

(7)第四十九条:划拨的存款、汇款以及拍卖和依法处理所得的款项应当上缴国库或者划入财政专户。任何行政机关或者个人不得以任何形式截留、私分或者变相私分。

(8)第五十一条第三款:代履行不得采用暴力、胁迫以及其他非法方式。

同时,《中华人民共和国行政强制法》的另外一个立法价值取向即突出保护了行政强制措施和行政强制执行相对人的合法权益,体现了以人为本、执法为民的理念。如:①在总则部分既确立了行政强制的比例(适当)原则,又确立了行政强制中贯穿教育与强制相结合的原则。第十六条第二款还明确违法行为情节显著轻微或没有明显社会危害的可以不采取行政强制措施。规定强制执行前应当事先催告当事人自行履行义务,同时明确了执行和解制度。②全面确立的受行政强制权侵害的公民、法人或者其他组织享有救济的法定途径。公民、法人或者其他组织不仅享有陈述事实、申辩理由的权利,申请行政复议、提起诉讼、要求赔偿的权利,同时确立公民、法人或者其他组织因人民法院在强制执行中有违法行为或者扩大强制执行范围受到损害的,也有权依法要求赔偿。③上述"不得"中体现的以人为本、关注民生的人文精神和人文关怀,如不得查封、扣押与违法行为无关的场所、设施或者财物;不得查封、扣押公民个人及其所扶养家属的生活必需品。除情况紧急外,行政机关不得在夜间或者法定节假日实施行政强制执行。行政机关不得对居民生活采取停止供水、供电、供热、供燃气等方式迫使当事人履行相关行政决定。明确规定执行错误的应当恢复原状或返还财物,不能恢复原状或返还财物的,应当依法予以赔偿。

二、关于强拆问题

(一)对行政机关的行政强制执行有哪些禁止性规定?

(1)行政机关不得在夜间或者法定节假日实施行政强制执行。但是,情况紧急的除外。

(2)行政机关不得对居民生活采取停止供水、供电、供热、供燃气等方式迫使当事人履行相关行政决定。

(二)对违法的建筑物、构筑物、设施等应当如何处理?

对违法的建筑物、构筑物、设施等需要强制拆除的,应当由行政机关予以公告,限期当事人自行拆除。当事人在法定期限内不申请行政复议或者提起行政诉讼,又不拆除的,行政机关可以依法强制拆除。

解析及观点：根据《中华人民共和国噪污染防治法》的规定，“夜间”是指北京时间22：00至次日凌晨6：00之间的期间。根据《国务院关于修改〈全国年节及纪念日放假办法〉的决定(第二次修订)》“法定节假日”共三类，分别是全体公民放假、部分公民放假、少数民族习惯节日。过去，个别部门和单位为了迫使当事人履行相关行政决定对当事人采取停止供水、供电、供热、供燃气等粗暴方式，本法明令禁止。

这次《中华人民共和国行政强制法》的出台，跟房地产强拆出现的问题有重要关系。强拆出现了许多问题，但是自杀自焚者毕竟少数，而且并不当然有理，在征地拆迁中，业主阻挠拆迁贪得无厌才是常态。

《中华人民共和国行政强制法》第四十四条规定：对违法的建筑物、构筑物、设施等需要强制拆除的，应当由行政机关予以公告，限期当事人自行拆除。当事人在法定期限内不申请行政复议或者提起行政诉讼，又不拆除的，行政机关可以依法强制拆除。

但是《中华人民共和国行政强制法》第十一条规定：法律对行政强制措施的对象、条件、种类作了规定的，行政法规、地方性法规不得作出扩大规定。法律中未设定行政强制措施的，行政法规、地方性法规不得设定行政强制措施。

三、行政强制的体系

行政强制可分为行政强制措施和行政强制执行(见表1)。

行政强制措施是指行政机关在行政管理过程中，为制止违法行为、防止证据损毁、避免危害发生、控制危险扩大等情形，依法对公民的人身自由实施暂时性限制，或者对公民、法人或者其他组织的财产实施暂时性控制的行为。

行政强制执行是指行政机关或者行政机关申请人民法院，对不履行行政决定的公民、法人或者其他组织，依法强制履行义务的行为。行政强制执行的种类见表2。

表1 行政强制措施与行政强制执行

分类	适用目的	主要方式	基本特征	救济途径
强制措施	①为调查而强制 ②为预防而强制 ③为征用而强制	对人强制扣留、隔离、疏散；对物强制检验、查封、扣押、冻结；对场所强制隔离、查封	临时性；非惩罚性	对其不服可以起诉
强制执行	为实现另一行为确定的义务而强制	间接强制如代履行、执行罚；直接强制如划拨、收缴、拍卖	替代性；有时带惩罚性	执行行为有错的诉执行行为；执行内容有错诉执行内容

表2 行政强制执行的种类

种类	代履行	执行罚	直接强制
含义	他人代履行，义务人承担费用	收取强制金，促使义务人履行	间接强制难达目的时方可采用
注意	人身性义务不可适用代履行	主要适用于原义务不可替代或属于不作为义务的情况	涉及人身自由或使用武器的，应由执行警察职能的机关实施

目前我国行政强制制度主要存在两个方面问题:一方面是“乱”,包括“乱”设行政强制和“滥”用行政强制,侵害了公民、法人或者其他组织的合法权益;另一方面是“软”,就是行政机关的强制手段不足,对有些违法行为不能有效制止,有些行政决定不能得到及时执行。

行政强制措施与行政强制执行异同如下:

(1)《中华人民共和国行政强制法》将行政强制措施与行政强制执行作为调整对象,合并规范在一部法典之中,该法共七章,71条,2012年1月1日起施行。

(2)行政强制措施是指行政机关在行政活动中,为制止违法行为、防止证据损毁、避免危害发生、控制危险扩大等情形,依法对公民的人身自由或者对公民、法人或者其他组织的财产实施暂时性控制的具体行政行为。行政强制执行则指行政机关作为执行主体对相对人不履行行政法上的义务时,实施的强迫其履行该义务的活动,这是对行政强制执行的狭义理解,而广义上的理解在执行主体上还包括人民法院。《中华人民共和国行政强制法》所采用的是广义理解。在我国的国情下,以采用广义的理解更为适宜,因为我国的大部分行政机关没有强制执行权而需要通过申请人民法院予以执行。目前,单行法律中主要赋予了涉及外部紧急公共利益的少数行政机关享有执行权,如公安、工商、税务、审计、财政、外汇、海关等。行政强制执行是由有权机关将具体行政行为设定的义务运用国家强制力予以满足与实现的活动,主要有直接强制与采取加处罚款或滞纳金、代履行的间接强制两类,而具体的强制执行措施又包括强制拘留、提取、划存款、扣缴、抵缴、迁出与退出、拆除、收兑、变卖等,在对财产的执行措施时常常与查封、扣押、变卖一起表述,但这里只有变卖才是执行措施而查封、扣押是行政强制措施,极易混淆。在实现一定的义务状态这一点上,行政强制执行与行政强制措施相近,但是两者实现的由行政行为所确立的义务的性质不同,前者往往是一个经过争讼的、作为实体结论的义务,往往还主要是行政处罚确立的义务;而后者则是一个仅具有程序法意义上的义务。两者在主体的范围、采取的法定理由、实施的程序、方法及方式上均存在重大差异。晚近以来,行政法学界有将两者合称行政强制并一起研究的趋势,这也正是立法机关采取将两者一起规范而制定《中华人民共和国行政强制法》的主要理由。

具体来说,行政强制措施与行政强制执行的差异表现如下:

第一,实施的法定理由不同。行政强制措施实施的法定理由是为制止违法行为、防止证据损毁、避免危害发生、控制危险扩大等情形;而行政强制执行的实施是基于行政相对人拒绝履行行政决定设定的义务。

第二,在范围上,前者远比后者要宽得多。行政强制措施远比行政强制执行的范围要宽得多,凡有行政处罚权的行政机关均有事前采取行政强制措施的法定职权;而行政强制执行权则需要单行法律的明确授权。目前,行政机关享有自行强制执行权的仅限于履行紧急外部行政职能的十几个行政部门,如公安、工商、税务、海关、审计、财政、外汇、专利、质监及做出强制拆除决定的规划部门所属的县级人民政府等。其他行政机关则需向人民法院申请强制执行相对人不履行义务的行政决定。

第三,两者对公民权益影响程度不同,行政强制执行比行政强制措施重得多、危害大得多。行政强制执行的滥用将是一种行政暴力,会直接导致对公民权益的损害;而行政强制措施则相对较弱,往往只是对相对人权益的某种程度的限制,而不是剥夺。从学理上说,行政拘留这种行政处罚是对公民人身自由的一种实体上的剥夺,而之前的传唤、留置盘问则只是对该公民人身自由的一种限制。

第四,法定种类、方式上不同。行政强制措施主要有限制人身自由的行政强制措施和限制财产流通的行政强制措施两大类。限制人身自由的行政强制措施主要有盘问、留置盘查、传唤、扣留、管束或约束醉酒者的身体、强制收治、强制医学留观、强制隔离、强制戒毒、禁闭、"两指"以及没有上述法律依据的、事实上的强制措施,如"办学习班""隔离审查""谈话"等。限制财产流通的行政强制措施主要有查封场所、设施或者财物,扣押财物以及冻结存款或汇款等。行政强制执行的方式主要有强制划拨存款或汇款、强制拍卖或变卖财产、代履行、加处罚款或滞纳金等。如《中华人民共和国行政处罚法》第五十一条规定:当事人逾期不履行行政处罚决定的,做出行政处罚决定的行政机关可以采取下列措施:(二)根据法律规定,将查封、扣押的财物拍卖或者将冻结的存款划拨抵缴罚款。此项中的查封、扣押、冻结属于行政强制措施,拍卖和划拨才是行政强制执行(措施)。

第五,对证据掌握的程度不同。行政强制措施只要有初步证据就可以采取,只要主管行政机关发现行政相对人有违法的端倪、嫌疑就可以采取;但行政强制执行的实施则必须建立在充分、确凿的证据基础之上,如强制执行的行政决定合法有效、当事人拒不履行法定义务等。

第六,所处的行政阶段不同,尤其是与核心追究责任的具体行政行为——行政处罚的关联上。行政强制措施往往是行政处罚的前置阶段和前置程序;而行政强制执行则强调的是行政处罚或其他实体上的为行政相对人设定权利义务的决定做出后将其动态实现其义务的过程。行政强制措施具有中间性、程序性、临时性的特点,它往往处在行政程序的中间环节;行政强制执行则通常是行政程序的最后一个阶段,是其终点。如《质量技术监督行政处罚程序规定》(质检总局第137号令)第二十三条规定:质量技术监督部门在办理行政处罚案件中,可以依据法律、法规、规章的规定采取查封、扣押、封存等行政强制措施。经调查,不需要继续采取行政强制措施的,应当及时解除行政强制措施。采取或者解除行政强制措施,应当经质量技术监督部门负责人批准。

但行政强制执行却往往与之前的行政处罚相脱节,享有行政处罚权的行政机关不一定有强制执行权,原因是:一为作为行政相对人的被处罚人自觉、自愿地履行了行政决定确定的义务,无需强制执行;二是有行政机关申请人民法院强制执行的管道是畅通的,无需"事必躬亲"的自行执行。

将行政强制措施与行政强制执行两者合并规范在一部法律中,世界上尚无先例。日本和我国台湾地区都有独立的《行政(强制)执行法》,但也仅调整行政强制执行一种行政行为。我国将上述具有六点差异、独立的两种具体行政行为统一规定在一部法典中,大大增加了立法的难度。而作为立法的前提工作,首先是要科学概括两者的共性,这样才具有在一部法典中对两者进行统一规范的基础。同时,许多人对这两种具体行政行为持有模糊,甚至错误的观点。

行政强制的体系,与一直以来的理论一样,没有变化。分为强制措施和强制执行两类,共同规范之后对常见的几种具体行为进行规定。

但是,通过立法,许多行之多年的做法,总算有了法律依据。

四、事后补办领导审批

情况紧急需要当场实施行政强制措施的,行政执法人员应当怎么办?

情况紧急,需要当场实施行政强制措施的,行政执法人员应当在24小时内向行政机关负责人报告,并补办批准手续。行政机关负责人认为不应当采取行政强制措施的,应当立即解除。

违法行为涉嫌犯罪应当移送司法机关的，行政机关应当将查封、扣押、冻结的财物一并移送，并书面告知当事人。

原来各专门法律对行政强制措施都有规定必须先经领导审批，但是不现实，实际操作中都是事后补批的。现在该法将这个问题明确了。

第十九条情况紧急，需要当场实施行政强制措施的，行政执法人员应当在 24 小时内向行政机关负责人报告，并补办批准手续。

五、关于法律法规授权组织

《中华人民共和国行政强制法》第二十三条没有与第七十条结合起来看，就会误解现在大量的事业单位或法定的内设机构如交警大队、工商所之类没有查封扣押权。

第二十二条 查封、扣押应当由法律、法规规定的行政机关实施，其他任何行政机关或者组织不得实施。

第七十条 法律、行政法规授权的具有管理公共事务职能的组织在法定授权范围内，以自己的名义实施行政强制，适用本法有关行政机关的规定。

六、关于无主物品

《中华人民共和国行政强制法》第二十二条至第二十八条规定了查封扣押的程序，对当事人的保护相当全面细致。

无主物品，也就是物主逃避的，如何查封扣押，这是实践中一个常见的长期困扰的问题。另外，物主拒不签字，也是常见问题。

七、关于查封扣押期限与办案期限

第二十七条 行政机关采取查封、扣押措施后，应当及时查清事实，在第二十五条规定的期限内做出处理决定。对违法事实清楚，依法应当没收的非法财物予以没收；法律、行政法规规定应当销毁的，依法销毁；应当解除查封、扣押的，做出解除查封、扣押的决定。

第二十五条 查封、扣押的期限不得超过三十日；情况复杂的，经行政机关负责人批准，可以延长，但是延长期限不得超过三十日。法律、行政法规另有规定的除外。

延长查封、扣押的决定应当及时书面告知当事人，并说明理由。

对物品需要进行检测、检验、检疫或者技术鉴定的，查封、扣押的期间不包括检测、检验、检疫或者技术鉴定的期间。检测、检验、检疫或者技术鉴定的期间应当明确，并书面告知当事人。检测、检验、检疫或者技术鉴定的费用由行政机关承担。

《中华人民共和国行政强制法》第二十五条规定，期限不超过三十个工作日，延长期限不超过三十个工作日。也就是说，行政机关从采取查封、扣押措施到做出最后处理决定累计不得超过六十个工作日。

八、强制执行期限将是二年以上

没有行政强制执行权的行政机关在什么情况下可以申请人民法院强制执行？

当事人在法定期限内不申请行政复议或者提起行政诉讼，又不履行行政决定的，没有行政强制执行权的行政机关可以自期限届满之日起三个月内,依法向人民法院申请强制执行。

行政机关申请人民法院强制执行前,应当催告当事人履行义务。催告书送达十日后当事人仍未履行义务的,行政机关可以向所在地有管辖权的人民法院申请强制执行;执行对象是不动产的,向不动产所在地有管辖权的人民法院申请强制执行。

行政强制法把强制执行作为一个完整的行政程序来处理,而不是行政处罚或其他行政行为的一部分。它设计了事先催告—送达催告书(公告60天送达)—陈述申辩—复核—制作强制执行决定书—送达(公告60天送达)—达成执行协议—不履行—申请法院强制执行的无穷无尽的流程。当前,强制执行是另一个行政处罚之类行政行为的后续。如果算上行政处罚决定书送达生效,那么还有另外二年:

行政处罚事先告知—陈述申辩、听证—复核—做出决定—送达(公告60天送达)—行政复议—行政诉讼(一审、二审)。《中华人民共和国行政强制法》部分条文如下:

第三十五条　行政机关做出强制执行决定前,应当事先催告当事人履行义务。

第三十六条　当事人收到催告书后有权进行陈述和申辩。行政机关应当充分听取当事人的意见,对当事人提出的事实、理由和证据,应当进行记录、复核。当事人提出的事实、理由或者证据成立的,行政机关应当采纳。

第三十七条　经催告,当事人逾期仍不履行行政决定,且无正当理由的,行政机关可以做出强制执行决定。

第三十八条　催告书、行政强制执行决定书应当直接送达当事人。当事人拒绝接收或者无法直接送达当事人的,应当依照《中华人民共和国民事诉讼法》的有关规定送达。

第四十六条　行政机关依照本法第四十五条规定实施加处罚款或者滞纳金超过三十日,经催告当事人仍不履行的,具有行政强制执行权的行政机关可以强制执行。没有行政强制执行权的行政机关应当申请人民法院强制执行。

第五十四条　行政机关申请人民法院强制执行前,应当催告当事人履行义务。催告书送达十日后当事人仍未履行义务的,行政机关可以向所在地有管辖权的人民法院申请强制执行;执行对象是不动产的,向不动产所在地有管辖权的人民法院申请强制执行。

在现行有效的水法律法规中,授予水行政机关一般水行政强制执行权的法律法规有:①《中华人民共和国水法》第六十五条第一款(水行政机关强制拆除),《中华人民共和国水法》第六十五条第二款(水行政机关强制拆除);②《中华人民共和国防洪法》第五十七条;③《中华人民共和国河道管理条例》第三十六条(防汛指挥部、强制清障)、第四十四条(没收非法所得),《取水许可和水资源费征收管理条例》第四十九条(组织拆除或者封闭)。在这些规定中,分别授予了水行政机关强制拆除、强制清障、没收违法所得等行政强制执行权。下面作者就结合水法律法规梳理一下水行政强制措施和水行政强制执行。

(一)水行政强制措施

(1)查封、扣押被检查单位或者个人拒不停止违法行为,造成严重水土流失实施违法行为的工具及施工机械、设备等。

法律依据:

《中华人民共和国水土保持法》第四十四条第二款:被检查单位或者个人拒不停止违法行为,造成严重水土流失的,报经水行政主管部门批准,可以查封、扣押实施违法行为的工具及施工机械、设备等。

(2)其他行政强制措施责令停止生产或者使用法律依据：

《中华人民共和国水法》第七十一条：建设项目的节水设施没有建成或者没有达到国家规定的要求，擅自投入使用的，由县级以上人民政府有关部门或者流域管理机构依据职权，责令停止使用，限期改正，处五万元以上十万元以下的罚款。

《中华人民共和国防洪法》第五十八条第二款：违反本法第三十三条第二款规定，防洪工程设施未经验收，即将建设项目投入生产或者使用的，责令停止生产或者使用，限期验收防洪工程设施，可以处五万元以下的罚款。

《中华人民共和国水土保持法》第五十四条：违反本法规定，水土保持设施未经验收或者验收不合格将生产建设项目投产使用的，由县级以上人民政府水行政主管部门责令停止生产或者使用，直至验收合格，并处五万元以上五十万元以下的罚款。

(二)水行政强制执行

(1)加处罚款或者滞纳金。

法律依据：

《中华人民共和国行政处罚法》第五十二条："当事人逾期不履行行政处罚决定的，做出行政处罚决定的行政机关可以采取下列措施：(一)到期不缴纳罚款的，每日按罚款数额的百分之三加处罚款。"

《中华人民共和国水法》第七十条：拒不缴纳、拖延缴纳或者拖欠水资源费的，由县级以上人民政府水行政主管部门或者流域管理机构依据职权，责令限期缴纳；逾期不缴纳的，从滞纳之日起按日加收滞纳部分千分之二的滞纳金，并处应缴或者补缴水资源费一倍以上五倍以下的罚款。

《中华人民共和国水土保持法》第五十七条：违反本法规定，拒不缴纳水土保持补偿费的，由县级以上人民政府水行政主管部门责令限期缴纳；逾期不缴纳的，自滞纳之日起按日加收滞纳部分万分之五的滞纳金，可以处应缴水土保持补偿费三倍以下的罚款。

(2)限期恢复原状。

法律依据：

《中华人民共和国水法》第六十七条第二款：未经水行政主管部门或者流域管理机构审查同意，擅自在江河、湖泊新建、改建或者扩大排污口的，由县级以上人民政府水行政主管部门或者流域管理机构依据职权，责令停止违法行为，限期恢复原状，处五万元以上十万元以下的罚款。

(3)代履行。

①强行拆除阻碍行洪的障碍物。

法律依据：

《中华人民共和国水法》第六十五条第一款规定："在河道管理范围内建设妨碍行洪的建筑物、构筑物，或者从事影响河势稳定、危害河岸堤防安全和其他妨碍河道行洪的活动的，由县级以上人民政府水行政主管部门或者流域管理机构依据职权，责令停止违法行为，限期拆除违法建筑物、构筑物，恢复原状；逾期不拆除、不恢复原状的，强行拆除，所需费用由违法单位或者个人负担，并处一万元以上十万元以下的罚款。

②强行拆除违法建筑物、构筑物。

法律依据：

《中华人民共和国水法》第六十五条第二款规定："未经水行政主管部门或者流域管理

机构同意，擅自修建水工程，或者建设桥梁、码头和其他拦河、跨河、临河建筑物、构筑物，铺设跨河管道、电缆，且防洪法未作规定的，由县级以上人民政府水行政主管部门或者流域管理机构依据职权，责令停止违法行为，限期补办有关手续；逾期不补办或者补办未被批准的，责令限期拆除违法建筑物、构筑物；逾期不拆除的，强行拆除，所需费用由违法单位或者个人负担，并处一万元以上十万元以下的罚款。

③拆除或者封闭未取得取水申请批准文件而擅自建设的取水工程或者设施的。

法律依据：

《取水许可和水资源费征收管理条例》第四十九条规定：未取得取水申请批准文件擅自建设取水工程或者设施的，责令停止违法行为，限期补办有关手续；逾期不补办或者补办未被批准的，责令限期拆除或者封闭其取水工程或者设施；逾期不拆除或者不封闭其取水工程或者设施的，由县级以上地方人民政府水行政主管部门或者流域管理机构组织拆除或者封闭，所需费用由违法行为人承担，可以处五万元以下罚款。

④强行拆除未经批准擅自设立水文测站或者未经同意擅自在国家基本水文测站上下游建设影响水文监测的工程以及在水文测验河段保护范围内修建的构筑物、建筑物或者未经批准擅自修建的工程设施。

法律依据：

《中华人民共和国水文条例》第三十七条规定：未经批准擅自设立水文测站或者未经同意擅自在国家基本水文测站上下游建设影响水文监测的工程的，责令停止违法行为，限期采取补救措施，补办有关手续；无法采取补救措施、逾期不补办或者补办未被批准的，责令限期拆除违法建筑物；逾期不拆除的，强行拆除，所需费用由违法单位或者个人承担。

《河南省水文条例》第三十条规定：违反本条例规定，在水文测验河段保护范围内修建构筑物、建筑物或者未经批准擅自修建工程设施的，由县级以上人民政府水行政主管部门责令停止违法行为，限期拆除违法建筑物、构筑物、工程设施，逾期不拆除的，强行拆除，处一万元以上五万元以下罚款；确因国家或者地方重要工程建设需要而修建的工程设施，限期补办手续，逾期未补办手续的，处一万元以上五万元以下罚款。

⑤违法围海造地、围湖造地、围垦河道，既不恢复原状也不采取其他补救措施的，代为恢复原状或者采取其他补救措施，所需费用由违法者承担。

法律依据：

《中华人民共和国防洪法》第五十六条规定：违反本法第十五条第二款、第二十三条规定，围海造地、围湖造地、围垦河道的，责令停止违法行为，恢复原状或者采取其他补救措施，可以处五万元以下的罚款；既不恢复原状也不采取其他补救措施的，代为恢复原状或者采取其他补救措施，所需费用由违法者承担。

⑥违法在河道、湖泊管理范围内从事工程设施建设活动，严重影响防洪的，责令限期拆除，逾期不拆除的，强行拆除，所需费用由建设单位承担。

法律依据：

《中华人民共和国防洪法》第五十七条规定：违反本法第二十七条规定，未经水行政主管部门对其工程建设方案审查同意或者未按照有关水行政主管部门审查批准的位置、界限，在河道、湖泊管理范围内从事工程设施建设活动的，责令停止违法行为，补办审查同意或者审查批准手续；工程设施建设严重影响防洪的，责令限期拆除，逾期不拆除的，强行拆除，所需费用由建设单位承担;影响行洪但尚可采取补救措施的,责令限期采取补救措施,可以处一万元以上十万元以下的罚款。

⑦逾期不清理在水土保持方案确定的专门存放地以外的区域倾倒砂、石、土、矸石、尾矿、废渣等,代为治理,所需费用由违法行为人承担。

法律依据:

《中华人民共和国水土保持法》第五十五条规定:违反本法规定,在水土保持方案确定的专门存放地以外的区域倾倒砂、石、土、矸石、尾矿、废渣等的,由县级以上地方人民政府水行政主管部门责令停止违法行为,限期清理,按照倾倒数量处每立方米十元以上二十元以下的罚款;逾期仍不清理的,县级以上地方人民政府水行政主管部门可以指定有清理能力的单位代为清理,所需费用由违法行为人承担。

⑧逾期不治理开办生产建设项目或者从事其他生产建设活动造成水土流失的,代为治理,所需费用由违法行为人承担。

法律依据:

《中华人民共和国水土保持法》第五十六条规定:违反本法规定,开办生产建设项目或者从事其他生产建设活动造成水土流失,不进行治理的,由县级以上人民政府水行政主管部门责令限期治理;逾期仍不治理的,县级以上人民政府水行政主管部门可以指定有治理能力的单位代为治理,所需费用由违法行为人承担。

(三)其他强制执行方式

强制执行拒不服从统一调度和指挥的水库、水电站、拦河闸坝等工程的管理单位以及其他经营工程设施的经营者。

法律依据:

《中华人民共和国抗旱条例》第六十条规定:违反本条例规定,水库、水电站、拦河闸坝等工程的管理单位以及其他经营工程设施的经营者拒不服从统一调度和指挥的,由县级以上人民政府水行政主管部门或者流域管理机构责令改正,给予警告;拒不改正的,强制执行,处1万元以上5万元以下的罚款。

在这些规定中,分别授予了水行政机关强制拆除、强制清障、没收违法所得等行政强制执行权。

九、关于执行协议

在什么情况下行政机关可以与当事人达成执行协议?

实施行政强制执行,行政机关可以在不损害公共利益和他人合法权益的情况下,与当事人达成执行协议。执行协议可以约定分阶段履行;当事人采取补救措施的,可以减免加处的罚款或者滞纳金。

执行协议应当履行。当事人不履行执行协议的,行政机关应当恢复强制执行。学习汇报:在执行中行政机关与当事人达成协议,既保证了行政决定的执行,又减少了社会冲突,符合构建社会主义和谐社会的要求。当事人确有经济困难,需要延期或者分期缴纳罚款的,应当提出书面申请,并提交证明材料,填写《延(分)期缴纳罚没款审批表》《延(分)期缴纳罚没款保证书》。做出延分期缴纳罚没款决定,其期限应当明确,不能含糊不清,一般以不超过三个月为宜。

第四十二条 实施行政强制执行,行政机关可以在不损害公共利益和他人合法权益的情况下,与当事人达成执行协议。执行协议可以约定分阶段履行;当事人采取补救措施的,可以减免加处的罚款或者滞纳金。执行协议应当履行。当事人不履行执行协议的,行政机关应当恢复强制执行。

十、关于加处罚款或滞纳金

按行政处罚法,到期不履行加处罚款每日百分之三,一年是11倍,当然极为可怕。

《中华人民共和国行政强制法》第四十五条规定:行政机关依法做出金钱给付义务的行政决定,当事人逾期不履行的,行政机关可以依法加处罚款或者滞纳金。加处罚款或者滞纳金的标准应当告知当事人。加处罚款或者滞纳金的数额不得超出金钱给付义务的数额。

十一、怎么加处罚款

目前一般的做法是直接在行政处罚决定书中告知逾期不缴纳加处每日百分之三罚款。但是也有法院为了不执行加处罚款,理解为应当在逾期后再行做出一个加处罚款的决定。

而行政强制法显然没有解决这个问题。第四十五条把加处罚款变成一种行政机关的"可以"的裁量行为。而第四十六条则明显把加处罚款作为一个单独的强制执行行为了。

《中华人民共和国行政强制法》第四十五条规定,行政机关依法做出金钱给付义务的行政决定,当事人逾期不履行的,行政机关可以依法加处罚款或者滞纳金。加处罚款或者滞纳金的标准应当告知当事人。

第四十六条规定,行政机关依照本法第四十五条规定实施加处罚款或者滞纳金超过三十日,经催告当事人仍不履行的,具有行政强制执行权的行政机关可以强制执行。

第五十三条规定,当事人在法定期限内不申请行政复议或者提起行政诉讼,又不履行行政决定的,没有行政强制执行权的行政机关可以自期限届满之日起三个月内,依照本章规定申请人民法院强制执行。本条规定的申请执行期限,与《最高人民法院关于执行〈中华人民共和国行政诉讼法〉若干问题的解释》第八十八条规定"行政机关申请人民法院强制执行其具体行政行为,应当自被执行人的法定起诉期限届满之日起180日内提出"为短,《行政强制法》规定的申请执行期限仅为三个月。关于可申请执行的人民法院,行政强制法第五十四条规定,行政机关申请人民法院强制执行前,应当催告当事人履行义务。催告书送达十日后当事人仍未履行义务的,行政机关可以向所在地有管辖权的人民法院申请强制执行;执行对象是不动产的,向不动产所在地有管辖权的人民法院申请强制执行。",根据此规定,具体向什么人民法院申请强制执行,应看人民法院对申请执行的案件有无管辖权。比如专利行政处罚案件,一般就只能由省会城市的中级人民法院管辖,在特定情况下,才能由最高人民法院指定的其他人民法院管辖。

原来按法院司法解释是180天内,现在改为三个月内。逾期不履行的要行政机关先催告然后再申请法院。

第五十三条规定:当事人在法定期限内不申请行政复议或者提起行政诉讼,又不履行行政决定的,没有行政强制执行权的行政机关可以自期限届满之日起三个月内,依照本章规定申请人民法院强制执行。

第五十四条规定:行政机关申请人民法院强制执行前,应当催告当事人履行义务。催告书送达十日后当事人仍未履行义务的,行政机关可以向所在地有管辖权的人民法院申请强制执行;执行对象是不动产的,向不动产所在地有管辖权的人民法院申请强制执行。

十二、执行申请费

执行费和执行申请费,按规定都是被执行人承担的,但是法院为创收一直要求行政机关先预交:先免费使用一段时间,到时执行完毕的退还,执行不结的就一直占用,直到行政机关忘记。

《中华人民共和国行政强制法》第六十条规定:行政机关申请人民法院强制执行,不缴纳申请费。强制执行的费用由被执行人承担。

行政强制法必须精读,必须深刻理解,学以致用。

孟子说:“只有善德不足以处理国家的政务,只有法令不能够自己发生效力(徒善不足以为政,徒法不能以自行)。”有了一部良好的法律还需要有良好的实施和执行,才能产生理想的效果。因此,需要我们执法人员不断加强学习,提高执法水平,更好的依法履行职责。这就好比孙悟空本领高强,但却滥用本领偷仙桃、盗金丹、大闹天宫,所以观音菩萨要给他带上一个紧箍咒来加以约束。《中华人民共和国行政强制法》就是国家为防止行政强制权被滥用而给各级行政机关戴上的一道紧箍咒,从而达到既可以依法实施强制行为又可以避免滥用强制权侵犯公民合法权益的目的。

行政诉讼中被告举证六大注意事项

行政诉讼是“民告官”的制度，它解决的是行政机关在行政管理过程中侵犯公民合法权益的问题，是为公民合法权益提供司法救济的制度。随着公民法律意识、维权意识的不断增强，行政机关作为被告的行政诉讼案件将会越来越多。

打官司就是打证据，行政诉讼亦是如此。不同的是，在举证责任的分配上，民事诉讼和刑事诉讼主要是由原告（刑事诉讼中的公诉人身份类似于原告）承担举证责任，即“谁主张、谁举证”，而行政诉讼证据规则与这两类诉讼不同，为“原告主张、被告举证”，即原告提出诉讼请求，被告证明被诉行政行为合法，同时籍此证明原告的诉讼请求不成立。

作者根据司法实务经验和相关规定，总结出如下六大举证注意事项。

一、被告应在法定期限内积极举证

《中华人民共和国行政诉讼法》第三十四条规定：被告对作出的行政行为负有举证责任，应当提供作出该行政行为的证据和所依据的规范性文件。被告不提供或者无正当理由逾期提供证据，视为没有相应证据。但是，被诉行政行为涉及第三人合法权益，第三人提供证据的除外。《最高人民法院关于执行〈中华人民共和国行政诉讼法〉若干问题的解释》第二十六条规定：行政机关应当在收到起诉状副本之日起10日内提交答辩状，并提供作出具体行政行为时的证据、依据；如不提供或者无正当理由逾期提供的，应当认定该行政行为没有证据、依据。

二、被告应提供全部证据和规范性文件

被告应在法定期间内提供与被诉行政行为合法性相关的所有证据。一般而言，被告若要证明行政行为的合法性，应从以下五个方面来提供证据：

（1）有关主体的证据材料，原告对行政主体的职权存在争议的，应该提出有关其职权依据的证据。

（2）有关行政程序的证据材料。行政行为合法性的一个重要方面就是程序合法。同时，程序合法也是法庭审理的重要内容。行政程序应包括做出行政行为的方式、步骤、顺序和时限等，对此被告也要提供。

（3）有关被诉行政行为认定所认定事实的证据材料。主要提供书面决定中已经记载的事实或列入行政案件卷宗被行政主体采纳的事实。

（4）自由裁量合理性的证据材料。行政机关对案件的处理往往存在一定的自由裁量空间，没有事实根据的自由裁量往往存在滥用职权问题，因此被告应提供自由裁量合理性的证据材料。

（5）有关被诉行政行为所依据的规范性文件。被告向法庭提供规范性文件，除法律、法规外，还包括规章和规章以下的规范性文件。

三、如有特殊情形不能按期提供证据，应及时提出延期提交申请

《最高人民法院关于行政诉讼证据若干问题的规定》（法释〔2002〕21号）第一条第二款规定，被告因不可抗力或者客观上不能控制的其他正当事由，不能在前款规定的期限内提供

证据的,应当在收到起诉状副本之日起十日内向人民法院提出延期提供证据的书面申请。人民法院准许延期提供的,被告应当在正当事由消除后十日内提供证据。逾期提供的,视为被诉具体行政行为没有相应的证据。

四、在诉讼过程中,被告及其诉讼代理人不得自行向原告、第三人和证人收集证据

《中华人民共和国行政诉讼法》第三十五条规定:在诉讼过程中,被告及其诉讼代理人不得自行向原告、第三人和证人收集证据。理由是:行政机关应当依法行政,以证据证明其行政行为认定的事实,以法律为依据做出行政行为,是对行政机关的基本要求。因此,行政机关应当“先取证,后裁决”,行政决定一旦送达生效,行政机关则不应再自行收集证据。如果行政机关先做出行政行为,等行政行为被诉到法院后,再向原告、第三人和证人收集证据,就意味着行政机关可以“先裁决,后取证”,这就等于纵容行政机关在程序上违法,是与依法行政的原则相悖的。被告违反本条规定自行收集证据的,该证据不能作为认定被诉行政行为合法的根据。

在南京秋丰建材厂诉连云港市城乡建设局政府信息公开行政诉讼议案中,被告提供了证据 3 和证据 4,法院经审理后认为,被告所举证据 3、证据 4 系在诉讼中收集的证据,违反了《中华人民共和国行政诉讼法》第三十五条“在诉讼过程中,被告及其诉讼代理人不得自行向原告、第三人和证人收集证据”的规定,法院最终对这两个证据不予采纳。

当然并非在诉讼期间一定不能收集证据,被告只有在人民法院准许的特殊情况下,才可以收集证据。如原告或者第三人提出了其在行政处理程序中没有提出的理由或者证据的,经人民法院准许,被告可以补充证据。

五、行政不作为案件中,被告应如何举证?

在行政不作为案件中,除由原告提供其在行政程序中曾经提出申请的证据材料外,被告应当在收到起诉状副本之日起 10 日内,提供已履行法定职责、不符合履行法定职责的法定条件或者不能履行法定职责或不具有法定职责的证据和依据。

在行政不作为案件中,原告仅仅需要提供其在行政程序中曾经提出申请的证据材料,而材料是否齐全,是否符合法律规定的条件,并非原告应负的举证责任。被告则应根据案件不同情形向法院提供举证材料。

(1)对于原告认为被告履行职责或者义务不符合要求的案件,被告应提供其已经履行法定职责或义务的证明材料,同时被告也应原告的要求提供不属于其法定职责或义务的材料。

(2)因不属于被告管辖范围而未做出答复的案件,被告应提供有关职权方面的法律规范、原告请求事项不属于其管辖范围的证据材料,以及有关申请和答复程序的证据材料。

(3)被告因履行职责条件未成就而不做为的案件。因原告未按要求补正材料而未做出决定的案件,被告应当提供原告材料欠缺的证据材料、有关补正通知、送达回执等证据材料。

(4)因履行期限尚未届满而未做答复的案件,被告应当提供有关案件办理期限、受理时间、延期理由及核准程序等证据材料。

(5)被告拒绝履行法定职责或做出否定性答复的案件,被告应当根据拒绝或否定的理

由提供证据，如有关管辖、申请人资格、申请材料、法定许可条件等证据。

六、一定情况下，请求法院将某些案件事实的举证责任转移给原告

一般性的举证责任规则是必要的，但在复杂的司法实践面前，在形形色色的疑难复杂案件面前，一般性的举证责任规则会面临问题。此时，法官会基于一些因素对当事人举证能力进行考量，从而弥补举证分配的不足。因此，在出现证据由原告方掌握或控制，或原告举证更便捷、更便于诉讼效率，或原告举证更符合案件事实认定的情势需要、更公平合理时，被告可请求法院行使举证责任分配裁量权，将某些事实的举证责任转移给原告。

安阳市关于开展水利与公安联动执法工作的思考

安阳市积极探索水利与公安联动执法长效机制，于2012年10月15日正式挂牌成立了安阳市水利与公安联动执法办公室，截至目前，全市所辖各县(市)区全部成立了水利与公安联动执法办公室。近年来，随着水利与公安联动执法机制的不断建立与完善，不但改变了水行政执法难的被动局面，而且提高了水行政执法效率，收到了事半功倍的效果，有力地维护了良好的社会水事秩序。现将安阳市水利与公安联动执法情况进行总结以便引起同仁的思考。

一、安阳市积极探索水利与公安联动执法长效机制的主要做法

(一)组织健全，保障有力

为了做好水利与公安联动执法工作，市水利局、公安局领导多次召开会议、认真研究，成立了市水利局水政监察支队及市公安局治安管理支队主要负责人为成员的联动执法办公室。市治安支队明确2名干警常驻市水利局，市水利局专门抽调一名同志配合做好联动执法工作。建立了日常联勤检查、联席会议、联络员和执法信息交流制度，并做到了制度上墙。按照明确的职责任务，认真抓好全市联动执法的日常管理工作。市水利局还为联动执法办公室配备了专门办公室和专职执法车辆，办公自动化设备两套(电脑、打印机等)，同时也配备了警棍、袖标等警务用具。联动执法经费年初列入财政预算，有力地保障了水利与公安联动执法工作的开展。

(二)加强宣传，营造氛围

联动执法办公室成立后，我们充分利用电视、报纸、网络等媒体，积极宣传水利与公安部门建立联勤联动执法工作机制、联合打击水事违法行为工作情况，组织人员深入企业、社区大力宣传水法律法规。对于案情复杂、社会关注度高的案件，注重宣传引导，积极配合当地宣传部门做好信息发布，确保社会稳定。在今年开展的河湖坑塘专项整治及河道采砂专项行动中，我们在《安阳日报》等新闻媒体以市水利局、市公安局的名义联合发布通告，加大了宣传力度。同时，还编发了水利与公安联合执法专项行动工作简报，除向省厅报送外，还抄送市人大、市政府、检察院、公安局、法制办等单位，切实将水利与公安联动执法保护水资源、水域和水工程的目的、意义宣传到政府和人民群众中去，做到家喻户晓，人人皆知，赢得了领导、群众和社会对水行政执法工作的理解、信任和支持。

(三)发挥优势，形成合力

在未建立联动执法机制前，由于水行政主管部门缺少必要的强制手段，在执法过程中经常会遭遇企业或个人妨碍执行公务或暴力抗法等违法行为，造成“调查难、取证难、执法难”(“三难”)。水利与公安联动执法工作机制的建立，很大程度上解决了水行政执法领域的“三难”问题。如擅自取水案件，当事人为逃避处罚，经常在水政监察员进行现场监督检查时，以不开门、请示领导、拒绝进入现场检查、放狼狗护院等方式拖延时间，等执法人员进入现场，早已落闸停电，不再取水，证据固定难度极大。实行联合执法后，在公安干警采取控制当事人、控制电话，防止通风报信，防止烈犬袭人等措施的大力支持下，水行政执法人员能够第一时间到达现场进行勘验，固定违法擅自取水证据，为水行政处罚和追缴水资源费提供了

扎实的证据，收到了良好的执法效果。同时，与检察院联合成立了刑事司法与行政执法联系办公室，与法院成立了强制执行小组，实行联动执法，减少了行政干预，有力地打击了水事违法行为，形成了执法合力。

（四）公开拆违，提高效能

对在水工程管理保护范围内新建的违章建筑，在加强巡查的基础上，及时向当事人送达《责令停止违法行为通知书》，当事人拒不停止的，适时送达《责令改正决定书》，明确告知当事人限期恢复水工程原状。在当事人拒不恢复原状的情况下，市水利局与公安联动执法办公室及时召开会议在充分调查研究的基础上制定了强制拆除水工程管理和保护范围内违章建筑预案，并组织市公安局治安支队、水政监察支队和水利工程管理单位人员，明确警戒、拆除、后勤保障等小组的职责和人员，按照预定方案，先后成功拆除了万金灌区六六渠管理范围内未经批准擅自棚渠案、擅自侵占万金南干渠渠道管理范围案和擅自侵占水库库容案，有力地打击了明目张胆侵占水工程的水事违法行为，震慑了违法行为相对人，保证了渠道输水和泄洪安全，沿渠群众拍手称快。水利与公安联合开展公开拆除水工程管理范围内违章建筑在社会上引起了很大反响，使违法行为当事人认识到得不偿失，消除了建设违章建筑的苗头，保证了水域和水工程的安全。

（五）敢于碰硬，树立威信

水利与公安联动执法难就难在行政干预下案件的办理。安阳市某知名房地产开发商，未经许可擅自在城市排洪渠道上建桥，进行小区出入口改造。水行政执法人员现场制止时，开发商不仅不停止施工，而且还组织施工人员谩骂、围攻执法人员，进而发展到肢体冲突，两名执法队员受轻微伤。事件发生后，水利与公安紧急行动，公安连夜传唤违法当事人进行调查讯问，水利局连夜起草了向市四大班子领导报送的《要情快报》，决定在向政府主要领导汇报后，第二天组织市直水利系统150余名水政监察员强拆违章工程。迫于种种压力，第二天一上班，开发企业负责人在公安人员的带领下，主动到安阳市水利局找到局领导公开赔礼道歉，主动承认错误，到医院看望了受伤住院队员，自觉交纳了全部住院费用，并及时向安阳市水利局提出了办理水工程管理范围内建设项目申请。最后，该项目在安阳市水利局的监督下，按批准的方案进行了施工，既保证了城市防洪安全，又方便了小区居民出入。该案件的查处，影响和规范了城市建设中一大批涉河、涉渠建设项目的申请和许可，维护了水法律法规的权威，营造了良好的水事秩序。

二、取得的成效

水利与公安联动执法两年来，共联动执法676人次，查处水事违法案件18起，制止违法施工9起，强制拆除违章建筑4起，封填地下水源井5口，清理水库养鱼网箱1 200 m^2，整改采砂企业3家，查除河道非法采砂影响行洪安全隐患23起。建立水利与公安联动执法机制取得了三个成效：一是提高了执法效率。立案查处时，水行政执法人员人身威胁减小了，调查取证容易了，水事违法犯罪分子碍于公安机关强大的威慑力，都能主动履行处罚。二是规范了水行政执法行为。水行政执法工作由于受多方面因素的制约，办案时调查难，取证难，执行更难，而且基层单位执法中还存在调查方式、执法文书不规范，着装不统一等很多薄弱环节，但是通过与公安机关联动执法办案，在调查取证、法律文书送达、法律文书制作、具体案件查办技巧、违法现场、人员的控制上正逐步走向规范。与公安人员一起办案对提高水行政执法人员的办案水平，规范水政人员的执法行为，促进依法行政、文明执法，起到积极推动作用。三是树立了水行政执法的良好形象。水政监察队伍，是水利部门的窗口，它处在水行政执法的最前沿，与其他行业、部门接触较多。水行政执法人员的一言一行、业务素质的优劣、执法水平的高低等都会直接影响到水利行业的形象。开展与公安联动执法以来，各类水事违法案件得到了有效遏制，水行政执法队伍在群众心目中逐步由“雷声大，雨点小”的“软执法”转变为敢碰硬的“严执法”。严厉打击了各类水事违法分子的嚣张气焰，提升了水行政执法的良好形象。

三、存在问题

水利与公安联动执法平台的建立，较好地解决了水行政执法调查取证难、强制执行力少等执法难题，但就公安职责而言，在维护社会治安的前提下，侦查犯罪，打击违法犯罪行为也是其重要职责。目前，就水利行业而言，水资源案件、水工程案件、河道采砂案件大多未列入刑法规定的罪名，而在擅自取水行政处罚案件与盗窃水资源偷逃水资源费之间、擅自拆除水工程与防汛抗旱设施及破坏防汛抗旱设施之间、未经批准擅自采砂与矿产资源开采违法犯罪之间是否构成犯罪、如何界定都存在着盲区，亟待在水利与公安联动执法的平台上进行探索与实践。

从一起水事公益诉讼案件引发的思考

【案情介绍】

公益诉讼人泰兴市人民检察院(简称泰兴市检察院)在履行职责中发现被告泰兴市水务局未履行长江采砂监督管理法定职责,于2016年12月23日向泰兴市人民法院提起行政公益诉讼。本院于2016年12月23日立案后,于2016年12月27日向被告送达了起诉书副本及应诉通知书。法院依法组成合议庭,于2017年3月16日公开开庭审理了本案。公益诉讼人泰兴市检察院指派检察员蔡某、张某,被告泰兴市水务局的出庭负责人暨委托代理人李某、委托代理人宋某出庭参加诉讼。第三人李某经本院传票传唤未到庭参加诉讼。本案现已审理终结。

公益诉讼人泰兴市检察院起诉称:2015年3月11日,被告泰兴市水务局在现场检查时发现第三人李某在长江泰兴天星洲段水域非法采砂,遂做出扣押通知,扣押第三人的采砂船及设备。次日,被告决定对第三人的非法采砂案立案查处。同年3月31日,被告做出泰水罚字〔2015〕17号行政处罚决定,认定:2015年3月11日上午,第三人李某的采砂船在长江泰兴天星洲段水域采砂,未取得采砂许可证,属于非法采砂,决定对其做出没收当天的违法所得和非法采砂机具,并处10万元罚款的处罚。同年4月7日,第三人缴纳罚款10万元,被告做出解除扣押(暂扣)通知书,解除对第三人采砂船及设备的扣押,但未执行对其没收非法采砂机具的行政处罚。根据第三人陈述,其采砂船船号为苏淮吸09号,系为天星洲项目工程采砂。2016年9月30日,公益诉讼人向被告做出泰检民(行)行政违监〔2016〕32128300008号检察建议书,认为被告在对第三人非法采砂进行处罚过程中,存在未执行没收非法采砂机具等违法情形,建议被告继续执行。但被告未在规定的一个月内做出处理或回复,致使国家和社会公共利益仍处于受侵害状态。请求法院判决:确认被告泰兴市水务局未执行对第三人李某行政处罚决定中没收非法采砂机具的行为违法,并判令其依法履行职责。

公益诉讼人为支持其起诉,向本院提交以下证据:

(1)《泰兴市水务局"三定"方案》,证明被告负有对本案非法采砂行为进行立案查处的职责。

(2)泰兴市水政监察大队关于第三人李某非法采砂案的处罚案卷,内含:立案审批表、调查笔录、泰水扣〔2015〕17号扣押(暂扣)通知书及泰水扣物〔2015〕17号扣押(暂扣)物品清单、泰水罚字〔2015〕17号行政处罚决定、罚款缴款收据、解除扣押(暂扣)通知书、结案报告,证明被告泰兴市水务局对第三人李某非法采砂行为的处罚过程、结果及执行情况。

(3)公益诉讼人对被告工作人员徐某、曹某的调查笔录,证明被告未执行没收非法采砂机具与违法所得的原因。

(4)泰检民(行)行政违监〔2016〕32128300008号检察建议书及送达回证,证明公益诉讼人已经履行诉前程序。

(5)泰兴市水务局泰水函〔2017〕1号回复函,证明被告在收到公益诉讼人的检察建议后,未采取相应的整改措施。

(6)公益诉讼人对江苏神禹建设有限公司管理人员徐某的询问笔录。徐某陈述:其负责泰兴市天星洲项目工程的现场管理,该工程的采砂由中交二航公司总负责,有证采砂的船只共12条,无证采砂的船只有4条,均被泰兴市水务局处罚过,其中3条船号大致为3号、9

号、8866号。4条船只是2015年2月到现场,采砂时间不长,每条船只采砂量不等,多的在一万方(立方米,下同),少的在六七千方,约定报酬为每方1.5元或1.8元,工程结束后结算工程款。但公司曾向采砂船预付过部分工程款。

(7)公益诉讼人对河海大学港口海岸与近海工程学院教授童某的询问笔录。童某陈述:长江非法采砂有如下危害:一是影响长江岸堤安全;二是影响长江航运安全;三是影响生态;四是导致河床下切,加剧河口地区盐水入侵,影响上海水源地的供水安全。

(8)公益诉讼人对李某的询问笔录。李某陈述:其未取得采砂许可,为泰兴市天星洲项目工程采砂一周左右,按每方1.6元结算,共获得报酬约2万元。未取得采砂许可采砂的还有张某、王某。

(9)船籍档案,证明苏淮吸09号采砂船于2015~2017年进行了船舶检验,处于适航状态。该船原为货船,因围堤工程需在货舱安装吸沙泵、柴油机等装置,作吸泥船用。

被告泰兴市水务局辩称:

(1)被告收到检察建议书后,即开始落实整改措施。因十起案件所涉非法采砂船主较多,且有的采砂船主不在本地,有的不予配合,加之被告执法队伍缺乏相关专业技术人员,需外聘协作单位配合,造成问题整改时间跨度较长。因此,要求被告在收到检察建议书后两个月内将上述十起案件一并整改到位,存在客观困难。

(2)天星洲综合整治工程是泰兴市的重大项目,因批准的采砂船只仅有4艘,加之汛期禁止施工,一期410万方的采砂量不能按时完成,施工方在未经水行政主管部门批准的情况下,擅自增加采砂船只进行采砂吹填。被告在监管执法过程中,发现李某等无证采砂,于2015年3月对李某等非法采砂案做出没收违法所得和非法采砂机具,并处罚款10万元的行政处罚决定。处罚决定做出后,考虑到采砂船所采江砂未用于买卖获利,砂石资源费已按标准上缴,对李某等进行无证采砂吹填工程承包所得,能否确定为违法所得,尚缺乏法律依据。若允许这些采砂船补办采砂手续,可继续用于天星洲采砂,加速推进工程进度,故未对非法采砂机具执行没收。

(3)被告对李某等被处罚人于2015年3月31日做出的行政处罚决定,只能申请人民法院强制执行,而根据相关规定,行政机关申请人民法院强制执行其具体行政行为,应当自被执行人的法定起诉期限届满之日起180日内提出。逾期申请的,除有正当理由外,人民法院不予受理。被告行政处罚决定生效至今,已超过申请人民法院强制执行的最后期限,且不论上述非法采砂机具是否依然存在,单程序即导致该处罚内容不能执行。

(4)泰兴市检察院在另案中主张撤销涉案行政处罚决定,并责令被告重新做出处罚,亦使被告继续执行丧失执行依据。请求法院依法裁判。

被告泰兴市水务局未提交证据。

第三人李某未作陈述,亦未提交证据。

经庭审质证,被告对公益诉讼人举证均无异议。

法院认证意见:被告对公益诉讼人所举证据均无异议,法院审查认为上述证据客观真实,来源合法,与本案相关联,依法均予以确认。

经审理查明,2015年3月11日,被告泰兴市水务局接举报,发现第三人李某的采砂船(苏淮吸09号)未取得采砂许可,在长江泰兴天星洲段水域采砂。被告遂对第三人李某的违法行为予以调查处理。第三人李某在调查中陈述其未取得采砂许可,为泰兴市天星洲项目工程实施采砂数日，项目部按每方 1.5 元左右与其进行结算。

同日，被告泰兴市水务局对第三人李某出具扣押（暂扣）通知书、扣押清单，扣押采砂船及设备。2015 年 3 月 31 日，被告做出泰水罚字〔2015〕17 号行政处罚决定，认定：2015 年 3 月 11 日，被告在现场检查时发现第三人的采砂船正在进行非法采砂作业。第三人在长江泰兴天星洲段水域采砂未取得采砂许可，属非法采砂，严重影响长江河势稳定，违反了《长江河道采砂管理条例》第十条的规定。根据《长江河道采砂管理条例》第十八条第一款的规定，经局务会讨论决定，对第三人做出如下处罚：没收当天的违法所得和非法采砂机具，并处以罚款 10 万元。

2015 年 4 月 7 日，第三人李某缴纳罚款 10 万元。同日，被告做出解除扣押（暂扣）通知书，解除对第三人采砂船及设备的扣押。被告于 2015 年 4 月 10 日对该处罚案件做结案处理。结案报告反映的执行情况为：2015 年 4 月 7 日第三人李某已将罚款缴纳到财政专用账户，建议结案。被告内部结案报告审批意见：同意结案。

苏淮吸 09 号船于 2015 年、2016 年、2017 年均进行了船舶检验，并处于适航状态。

2016 年 9 月 30 日，公益诉讼人泰兴市检察院向被告泰兴市水务局做出泰检民（行）行政违监〔2016〕32128300008 号检察建议书，认为泰兴市水务局在对李某非法采砂进行行政处罚过程中，存在认定非法采砂基本事实不全面、扣押措施不规范、未执行没收违法所得和非法采砂机具的处罚决定等违法情形，建议被告查明第三人非法采砂量及违法所得，积极纠正确有错误的处罚决定，并在收到检察建议后两个月内依法办理并将办理结果书面回复。被告泰兴市水务局针对检察建议，于 2017 年 2 月 28 日做出回复函，明确的整改措施中未涉及对李某非法采砂行为的继续处理。

另查明，根据《泰兴市水务局“三定”方案》，被告泰兴市水务局负责实施《中华人民共和国水法》（简称《水法》）等水利法律、法规和方针政策，主管泰兴市江、河、滩地、水域及其岸线的综合治理、开发、利用和全市水土保持工作。

再查明，公益诉讼人向本院另案起诉的水利行政处罚案，本院已做出〔2017〕苏 1291 行初 23 号行政判决，撤销泰水罚字〔2015〕17 号行政处罚决定中“没收当天的违法所得”“罚款 10 万元”之处罚事项。

【审理结果】

为维护行政决定的既定力与执行力，恢复受侵害的国家和社会公益，从根本上消除第三人后续实施非法采砂行为的可能性，被告泰兴市水务局应当就对第三人李某所做行政处罚决定中“没收非法采砂机具”罚项的可执行性做进一步调查、考量，并及时做出处理。第三人李某未到庭参加诉讼，不影响案件的审理。据此，依照《中华人民共和国行政诉讼法》第七十二条的规定，判决如下：责令被告泰兴市水务局于本判决生效后两个月内就泰水罚字〔2015〕17 号处罚决定中“没收非法采砂机具”之处罚事项的执行事务做出处理。

【评析意见】

一、本案的争议焦点

本案的争议焦点为：①公益诉讼人所提本案公益诉讼，是否符合法定条件；②被告是否构成侵害国家和社会公益的行政不作为；③公益诉讼人关于被告继续执行“非法没收采砂机具”处罚事项的主张是否应予支持。

关于焦点1,本案公益诉讼是否符合立案条件的问题。

《最高人民法院、最高人民检察院关于检察公益诉讼案件适用法律若干问题的解释》第二十一条规定,人民检察院在履行职责中发现生态环境和资源保护、食品药品安全、国有财产保护、国有土地使用权出让等领域负有监督管理职责的行政机关违法行使职权或者不作为,致使国家利益或者社会公共利益受到侵害的,应当向行政机关提出检察建议,督促其依法履行职责。

行政机关应当在收到检察建议书之日起两个月内依法履行职责,并书面回复人民检察院。出现国家利益或者社会公共利益损害继续扩大等紧急情形的,行政机关应当在十五日内书面回复。

行政机关不依法履行职责的,人民检察院依法向人民法院提起诉讼。

第二十二条 人民检察院提起行政公益诉讼应当提交下列材料:

(一)行政公益诉讼起诉书,并按照被告人数提出副本;

(二)被告违法行使职权或者不作为,致使国家利益或者社会公共利益受到侵害的证明材料;

(三)检察机关已经履行诉前程序,行政机关仍不依法履行职责或者纠正违法行为的证明材料。

第二十三条 人民检察院依据行政诉讼法第二十五条第四款的规定提起行政公益诉讼,符合行政诉讼法第四十九条第二项、第三项、第四项及本解释规定的起诉条件的,人民法院应当登记立案。

第二十四条 在行政公益诉讼案件审理过程中,被告纠正违法行为或者依法履行职责而使人民检察院的诉讼请求全部实现,人民检察院撤回起诉的,人民法院应当裁定准许;人民检察院变更诉讼请求,请求确认原行政行为违法的,人民法院应当判决确认违法。

本案中,根据《长江河道采砂管理条例》第三条第三款规定,“沿江县级以上地方人民政府水行政主管部门依照本条例的规定,具体负责本行政区域内长江采砂的管理和监督检查工作”,被告泰兴市水务局作为长江泰兴市流段水行政主管部门,负有对管辖区域内非法采砂行为予以查处的职责。公益诉讼人在履职过程中发现第三人非法采砂行为未受到依法惩治,向被告发送了检察建议书,但被告未在规定的一个月内对公益诉讼人的建议事项做出处理。公益诉讼人在立案时已经提供了被告不作为可能造成国家和社会公共利益受到侵害的初步材料,以及其履行诉前程序的相关证据,故公益诉讼人的起诉符合上述所规定的受理条件。

被告虽然在审理中做出回复函,但回复时间已经超出规定的两个月时限,且仍未对检察建议所涉违法行政行为予以实质纠正。被告还主张其在两个月内客观上无法纠正违法行为。根据相关规定,该两个月仅是检察机关履行的公益诉讼诉前程序中,判断相关行政机关是否实质纠正违法行为、检察机关是否需要提起公益诉讼的容忍期间,公益诉讼审查的并非行政机关在该两个月内的纠正或履职行为,而是检察建议所指向的行政机关固有的违法行政行为。因此,被告上述意见不值得考虑。

关于焦点2,查封、扣押等行政强制措施属附属性、非终局性的行政行为,是保障行政决定的执行以及行政执法目的实现的手段。本案中,被告虽做出没收非法采砂机具之处罚决定,但其却解除对第三人的船只及所附非法采砂机具的扣押措施,且在第三人缴纳罚款后即将案件作结案处理，显属未完整、充分地执行处罚决定，显然不能有效遏制、惩治非法采砂行为，非法采砂机具的存续仍将导致第三人继续违法采砂的可能。由此，应确认被告未执行处罚决定中“没收非法采砂机具”的不作为违法。

关于焦点3，公益诉讼人要求被告依法履行法定职责的主张，应处理以下问题：

(1)关于执行依据。行政行为的执行应当具有生效的执行依据。本案中，公益诉讼人要求被告继续执行的依据系被告于2015年3月31日所做行政处罚决定。法院行政判决虽部分撤销处罚决定，然而并未涉及“没收非法采砂机具”之罚项，该处罚决定仍具有确定力、公定力与可执行力，可以作为执行的依据。

(2)关于申请执行期限。《中华人民共和国行政强制法》第四章“行政机关强制执行程序”第三十四条规定：行政机关依法作出行政决定后，当事人在行政机关决定的期限内不履行义务的，具有行政强制执行权的行政机关依照本章规定强制执行。该章节中未规定行政机关强制执行期限。第五章“申请人民法院强制执行”第五十三条规定：当事人在法定期限内不申请行政复议或者提起行政诉讼，又不履行行政决定的，没有行政强制执行权的行政机关可以自期限届满之日起三个月内，依照本章规定申请人民法院强制执行。由此，法律视行政机关对行政决定是否具有强制执行权、是否需要向人民法院申请强制执行适用不同的执行程序规定。其中，行政机关具有强制执行权的，法律并未规定强制执行的期限。因此，当前的焦点问题在于被告是否具有“没收非法采砂机具”的强制执行权。

根据《中华人民共和国行政处罚法》第七十四条规定，除依法应当予以销毁的物品外，依法没收的非法财物必须按照国家规定公开拍卖或者按照国家有关规定处理。没收非法财物，系行政机关将违法行为人非法占有的违禁品或其他财物予以无偿收缴归国家所有的处罚方式。涉案“没收非法采砂机具”的处罚应属“没收非法财物”范畴。没收非法财物处罚的最终处理结果，在本质上即体现为对非法财物所有权的处分。《中华人民共和国行政处罚法》第七十二条规定：当事人逾期不履行行政处罚决定的，做出行政处罚决定的行政机关可以采取下列措施：(一)到期不缴纳罚款的，每日按罚款数额的百分之三加处罚款，加处罚款的数额不得超出罚款的数额；(二)根据法律规定，将查封、扣押的财物拍卖、依法处理或者将冻结的存款、汇款划拨抵缴罚款；(三)根据法律规定，采取其他行政强制执行方式；(四)依照《中华人民共和国行政强制法》的规定申请人民法院强制执行。该条规定的措施属同位规范，从第(二)、(三)项的关系来看，行政机关自行拍卖或申请人民法院强制执行均可实现对罚款处罚的执行。本案虽不考虑罚款的执行问题，但从以上第(二)项分析，行政机关有权对已经通过查封、扣押措施取得管领的财物实施拍卖等处分行为，而无须申请人民法院强制执行。据此，被告泰兴市水务局完全可以根据具体情况判断对涉案采砂机具应采取销毁还是拍卖的处分行为，并径行做出处理。现被告泰兴市水务局未能提交该项处罚决定应由人民法院强制执行的依据，其应当具有对“没收非法采砂机具”处罚决定的强制执行权，故本案无须考虑被告所提向人民法院申请强制执行的期限问题。

至于被告辩称由于执法力量不足、采砂机具无法拆卸等理由，并非影响执行的考量要素，被告完全可以委托无利害关系的第三人代为处置的方式予以解决，相关费用应由违法行为人承担，故对被告该项辩称，法院不予采信。

(3)关于第三人非法采砂机具的现状是否影响执行的问题。《中华人民共和国行政强制法》第四十条规定：“有下列情形之一的，终结执行：……(三)执行标的灭失的……。”但本案中,违法行为人使用的采砂机具是否灭失、物理形态有无变化、占有是否发生变动,需待被告予以调查核实后方能确定。在未查明任何基础事实的情况下,被告以非法采砂机具不存在作为不履职的理由,欠缺事实根据,法院不予支持。

二、行政公益诉讼的概念及适用条件

行政公益诉讼是指检察院、公民及社会组织认为行政主体行使职权的行为违法,侵害了公共利益或有侵害之虞时,虽与自己无直接利害关系,但为维护公益,而向特定机关提出起诉请求,并由特定机关依法向人民法院提起的行政诉讼。

全国人民代表大会常务委员会关于修改《中华人民共和国民事诉讼法》和《中华人民共和国行政诉讼法》的决定由中华人民共和国第十二届全国人民代表大会常务委员会第二十八次会议于2017年6月27日通过,自2017年7月1日起施行。其中对《中华人民共和国民事诉讼法》做出修改,第五十五条增加一款,作为第二款:人民检察院在履行职责中发现破坏生态环境和资源保护、食品药品安全领域侵害众多消费者合法权益等损害社会公共利益的行为,在没有前款规定的机关和组织或者前款规定的机关和组织不提起诉讼的情况下,可以向人民法院提起诉讼。前款规定的机关或者组织提起诉讼的,人民检察院可以支持起诉。《中华人民共和国行政诉讼法》第二十五条增加一款,作为第四款:人民检察院在履行职责中发现生态环境和资源保护、食品药品安全、国有财产保护、国有土地使用权出让等领域负有监督管理职责的行政机关违法行使职权或者不作为,致使国家利益或者社会公共利益受到侵害的,应当向行政机关提出检察建议,督促其依法履行职责。行政机关不依法履行职责的,人民检察院依法向人民法院提起诉讼。该修改标志着行政公益诉讼制度在我国的初步建立。

三、河道采砂管理

结合本案,作为河道管理主管部门,在实践中如何加强河道采砂管理?无序采砂会引起哪些严重的危害?针对河道采砂存在的问题,加强河道采砂管理有哪些对策建议呢?

(一)河道采砂管理的概念

河道采砂管理是为防止在河道内滥采乱挖砂石导致的毁滩塌岸、河势恶化对河道防洪和航运安全造成影响,通过技术、经济、行政、法律等手段规范河道采砂行为的管理工作。河道采砂指在河道管理范围内采挖砂石、取土和淘金(包括淘取其他金属及非金属)等行为。

(二)河道采砂的影响

我国众多江河中都蕴藏着丰富的砂石,河流中的砂石是构成河床的基本物质,是保持河床相对稳定的基本要素。在一定的水流条件下,河道的水砂处于相对平衡的状态,如果河水中的来砂量大,河道将会发生淤积;如果河水中来砂量少,河道将会发生冲刷。因此,河道是水流和河床的矛盾统一体,两者按河流动力学的客观规律相互制约,从而使河道处于动态平衡。

河道采砂活动充分证明,河道砂石的移运或开挖将会影响水流的形态和河势的稳定。水砂运动存在客观的不以人们意志为转移的规律,河道采砂首先要尊重水砂运动的客观规律,如果把河道中的砂石视为单纯的矿产资源或建筑材料,实质上是割裂了水砂相互作用的客观规律。因此,对于河道砂石要有一个全面的认识,不能把砂石视为单纯的矿产资源或建筑材料。河道砂石首先是河床的重要组成部分,是河势演变的重要因子,其次才是建筑材料。

河道采砂是采集河床表面的床砂,床砂是河道挟带泥沙的水流与河床相互作用的产物。河床砂石是河道稳定、水砂平衡的物质基础。天然河流中都含有一定的泥沙。河流中的泥沙就其来源而言可分为两类:一类是从流域地表冲蚀而来的,另一类是从原河床冲起来的。大规模的基本建设项目需要大量的砂石材料,而河道中滥采乱挖河砂,对河岸稳定、防洪安全、生态环境等方面又带来很大的负面影响。因此,河道采砂的管理工作,已成为河道管理部门的难点和重点。

1.河道采砂直接影响河道演变

河道演变称为河床演变,是指河床受自然因素或人工建筑物的影响而发生的变化。河床演变是水流与河床相互作用的结果。水流作用于河床使河床发生变化,变化了的河床又反过来作用于水流,影响水流的结构,这种相互作用表现为泥沙的冲刷、搬移和堆积,从而导致河床形态的不断变化。

2.无序采砂会引起严重的危害

河道在长期演变过程中,通过水流与河床泥沙的相互作用,形成了河道中的动态平衡。当河段的来砂量与输砂量动态平衡时,就能保持河道的稳定;当河段来砂量与输砂量不平衡时,河床就会发生冲刷或淤积。因此,何时何地开采河道砂石,开采多少,如何开采,与两岸堤防的安全、河势的稳定及防洪安全密切相关。适量、适度的采砂活动,既能支持经济建设,又能疏浚河道,有利行洪。但如果盲目、超量、无序地采砂,会引发出一系列的问题。

1)影响防洪和涉河建筑物安全

河道中有序采砂后,可以增加河道的容积,扩大过水面积,有助于降低洪水位,但无序采砂会影响河道堤防工程防洪和涉河建筑物的安全。主要表现为:从砂源分布规律看,质量好的砂常分布于河道凹岸。临近岸堤开采砂石,必然使深泓贴岸,堤基透水层外露,有洪水时河堤容易出现翻砂鼓水险情;同时,堤身的相对高度加大,岸坡变得陡峭,易引起堤岸坍塌,危及堤防的安全。

在河道中盲目超量采砂,会使河床高程迅速下降,很容易使涉河建筑物的基础外露,影响桥梁、码头、涵洞、管线、缆线的安全运行。如果考虑河道采砂对涉河建筑物的影响,其基础处理费用必然大幅度增加,施工难度也会增加。

2)影响河势的稳定

河道在长期演变的过程中,通过水流与河床泥沙的相互作用,以及丁坝、顺坝、鱼嘴等整治建筑物稳定河势、约束水流,已形成了相对稳定的河床形态。但无序采砂或超量采砂,河床泥沙得不到补充,河床高程大幅度下降,从而导致河道深泓线发生摆动,严重破坏河床稳定的形态,改变局部河段泥沙输移的平衡,对河势稳定带来不利的影响。在我国,因无序采砂或超量采砂,对河势稳定造成严重影响的教训很多。

3)影响通航的安全

我国的主要河流自古都是通航的黄金水道,为便利交通、运送物资、交流文化、发展经济等做出很大贡献。无序采砂容易增加航道周边泥沙涌入强度,使航道水深减小,增加航道疏浚工程量。同时,无序采砂容易改变航道的边界条件,造成航道轴线扭曲、宽度缩窄,给航道水深维护带来不利影响。

无序采砂对航运的影响，一方面表现为众多采砂船拥塞挤占航道，遮挡航行标志，使船舶航行和停靠困难，船只搁浅和碰撞等海损事故频繁发生；另一方面，无序采砂容易引起河道变迁，使潜江港口、码头作业困难，严重的可能造成港口、码头淤废。

4）影响水生态环境

我国的主要河流水生物非常丰富，如长江中下游干流河道中就有鱼类200多种，其中有著名的中华鲟、扬子鳄等国家重点保护品种。但是，无序采砂容易破坏水生生物栖息地，从而影响水生生物的生存繁衍，也会影响珍稀水生生物的栖息场所和饵料资源。如果在鱼类繁殖期采砂，则会严重影响鱼类产卵，影响鱼类资源的补充。

5）影响水质和景观

由于大量采砂船云集江河中，生活废污水和船舶废油排入河道中，对附近水或水质造成严重污染。采砂过程中对弃渣任意堆置，大大小小的砂堆使河道成为“千岛河”，不仅严重影响河道水流正常方向，而且严重破坏了水景观。

6）引起国家资源流失

河道中的砂石是国家矿产资源，开采砂石必须按规定向国家缴纳资源费或管理费，若不经许可擅自采砂，则会导致国家资源的流失。

7）引发社会稳定问题

由于采砂的高额利益驱使，各类人员云集采砂场，不法分子对抗河道采砂执法活动，殴打围攻河道采砂执法人员，甚至有些采砂业主雇佣涉黑势力参与河道采砂经营等，导致局部地方的社会治安恶化，严重危及社会稳定。

（三）加强河道采砂管理的对策建议

针对河道采砂存在的问题，那么加强河道采砂管理有哪些对策建议呢？

1.加快立法步伐

河沙是河床的重要组成部分，其能够有效减少洪水等自然灾害的发生，所以当前相关管理部门应该认清安全与资源使用之间的轻重关系，更多地将安全放在第一位，并通过对当前河沙采集的现状以及问题分析，为国家提供参考资料，辅助国家进一步针对河沙采集管理立法。此外，各水行政部门应该充分认识到河沙采集管理工作的重要性，提高对河沙管理的自觉性，以更加合理、更加科学的方式去把握采砂管理与汛期安全之间的关系，并将河道采砂管理列入水利社会管理与防汛安全管理当中，进一步加强针对河道采砂的立法调研，加快其法制化进程。

2.理顺管理体制

以前，河道采砂由国土资源部门、水利部门共同管理，整个管理体制十分分散、复杂，对其中的采砂许可证颁发、采砂收费体系也没有明确规范。针对这些问题，在收费与采砂许可证方面，应该积极推行证、费匹配政策，以此来提高采砂的规范性。而在管理体制方面，最好以分级管理与统一管理为主体思路，首先对河道采砂实施分级管理，将河道所在地区的省、市、县采砂管理权限进行明确划分，并按照河道当前情况，对采砂总量进行控制，保证严格监管、有序开采。同时，要对河道所在地的人民政府明确责任制，要求政府加强自身行政范围内的河道采砂管理，起到应有的领导效果，明确责任制，对管理中存在的问题，实行谁的问题谁负责管理方式。而在出现重大问题时，需要政府领导出面组织各部门提出最合理的处理办法，避免问题进一步恶化，以此来优化河道砂石的管理体系。全面开展涉砂船舶和码头整治。水利、交通、航道、海事部门要加强对涉砂船舶的监管,在卡住源头的同时,对参与偷采的"三无"船舶,发现一艘就扣押一艘、捣毁一艘,坚决不能放任不管。对已登记在册的采砂船舶要设置专门停靠点,并有专门监管人员和监管制度。对非法涉砂码头,交通、海事、水利等部门要按照当地政府的统一部署,依法取缔和规范管理,斩断非法采砂售砂的经营渠道。

3.加大采砂执法投入、增强监管能力

有的县市水政监察队伍还是自收自支事业单位,生存都难以保证。要加大经费投入,将河道采砂管理人员及执法经费全额纳入地方财政预算,适当考虑解决执法人员夜间执法、节假日执法的补助,解决执法人员的后顾之忧。同时加大对执法装备的投入,健全河道采砂管理机构,配备必要的执法船舶和装备,全额保障河道采砂管理和执法经费。河道采砂管理机构加强人才队伍建设,提高执法装备水平,加大工作经费投入,并建立与采砂管理任务相适应的经费投入机制。建立和完善部门联动、上下沟通协调机制,强化管理制度建设和日常管理。关键是做好以下三点:

(1)强化执法监督。联合相关部门,强化河道采砂管理费征收举措,对不缴纳或未按规定如期缴纳的采砂场依法采取停电、销户申请执行、追收滞纳金等相关措施,规范管理,依法取缔非法采砂场,确保采砂工作合法、合规、有序开展。

(2)规范采砂秩序。严格采砂场采砂论证,严禁超深、超宽、超长采砂。依法处罚违规开采砂场,对造成环境破坏的,移交环保部门处理;同时,指导各采砂场协调处理好与当地乡镇村的相关采砂事宜,确保无纠纷。

(3)狠抓安全生产。重点清理整顿采砂安全生产隐患,采砂场全面设置警示标志和标牌,采砂区域内禁止遗留砂坑、水坑,有序堆放成品料堆,及时清理废弃砂石料,平整河床,确保行洪畅通。实行24小时安全巡护制,保证砂场司机、电工持证上岗。河道采砂要落实行政首长负责制,各地要在当地政府统一指挥下,各相关部门密切配合,各司其职,协同作战。采砂监管工作要坚持确保防洪安全、确保工程安全、确保生态安全、确保社会稳定的原则;严格按规划要求实施,重点加强采区现场监管,严格落实"五定";要强化日常巡查,必须严格落实采砂船集中停靠管理。同时,加强运砂船监管,坚决打击河砂非法运输行为,斩断非法采砂出路。

当前我国的河道砂石管理还存在诸多问题,而大部分都与管理体制不完善、法规不统一、相关管理部门过度忽视有关。所以,想要真正保证河道采砂管理措施的有效可行,还需要各相关管理部门加强对采砂管理方面的认识,始终将严格执法、违法必究作为管理宗旨,通过对管理问题的分析,为国家提供更多有参考价值的相关资料,为将来进一步明确河道采砂管理指明方向。

四、对《最高人民法院、最高人民检察院关于办理非法采矿、破坏性采矿刑事案件适用法律若干问题的解释》进一步的解读

《最高人民法院、最高人民检察院关于办理非法采矿、破坏性采矿刑事案件适用法律若干问题的解释》条文如下:

第一条 违反《中华人民共和国矿产资源法》《中华人民共和国水法》等法律、行政法规有关矿产资源开发、利用、保护和管理的规定的,应当认定为刑法第三百四十三条规定的"违反矿产资源法的规定"。

第二条 具有下列情形之一的,应当认定为刑法第三百四十三条第一款规定的“未取得采矿许可证”:

(一)无许可证的;

(二)许可证被注销、吊销、撤销的;

(三)超越许可证规定的矿区范围或者开采范围的;

(四)超出许可证规定的矿种的(共生、伴生矿种除外);

(五)其他未取得许可证的情形。

第三条 实施非法采矿行为,具有下列情形之一的,应当认定为刑法第三百四十三条第一款规定的“情节严重”:

(一)开采的矿产品价值或者造成矿产资源破坏的价值在十万元至三十万元以上的;

(二)在国家规划矿区、对国民经济具有重要价值的矿区采矿,开采国家规定实行保护性开采的特定矿种,或者在禁采区、禁采期内采矿,开采的矿产品价值或者造成矿产资源破坏的价值在五万元至十五万元以上的;

(三)二年内曾因非法采矿受过两次以上行政处罚,又实施非法采矿行为的;

(四)造成生态环境严重损害的;

(五)其他情节严重的情形。

实施非法采矿行为,具有下列情形之一的,应当认定为刑法第三百四十三条第一款规定的“情节特别严重”:

(一)数额达到前款第一项、第二项规定标准五倍以上的;

(二)造成生态环境特别严重损害的;

(三)其他情节特别严重的情形。

第四条 在河道管理范围内采砂,具有下列情形之一,符合刑法第三百四十三条第一款和本解释第二条、第三条规定的,以非法采矿罪定罪处罚:

(一)依据相关规定应当办理河道采砂许可证,未取得河道采砂许可证的;

(二)依据相关规定应当办理河道采砂许可证和采矿许可证,既未取得河道采砂许可证,又未取得采矿许可证的。

实施前款规定行为,虽不具有本解释第三条第一款规定的情形,但严重影响河势稳定,危害防洪安全的,应当认定为刑法第三百四十三条第一款规定的“情节严重”。

第十二条 对非法采矿、破坏性采矿犯罪的违法所得及其收益,应当依法追缴或者责令退赔。

对用于非法采矿、破坏性采矿犯罪的专门工具和供犯罪所用的本人财物,应当依法没收。

《最高人民法院、最高人民检察院关于办理非法采矿、破坏性采矿刑事案件适用法律若干问题的解释》的解读:

《最高人民法院、最高人民检察院关于办理非法采矿、破坏性采矿刑事案件适用法律若干问题的解释》(以下简称《解释》),自 2016 年 12 月 1 日起施行。这是 1997 年刑法施行以来最高司法机关就矿产资源犯罪再次发布专门司法解释,体现了对矿产资源司法保护的高度重视,对于依法惩治矿产资源犯罪,进一步加大对矿产资源的司法保护必将发挥重要作用。为便于司法实践中正确理解和适用,现就《解释》的制定背景、起草中的主要考虑和主要内容介绍如下。

（一）《解释》的制定背景与经过

1997 年《中华人民共和国刑法》规定了非法采矿罪和破坏性采矿罪，第三百四十三条规定：违反矿产资源法的规定，未取得采矿许可证擅自采矿的，擅自进入国家规划矿区、对国民经济具有重要价值的矿区和他人矿区范围采矿的，擅自开采国家规定实行保护性开采的特定矿种，经责令停止开采后拒不停止开采，造成矿产资源破坏的，处三年以下有期徒刑、拘役或者管制，并处或者单处罚金；造成矿产资源严重破坏的，处三年以上七年以下有期徒刑，并处罚金。违反矿产资源法的规定，采取破坏性的开采方法开采矿产资源，造成矿产资源严重破坏的，处五年以下有期徒刑或者拘役，并处罚金。2003 年 5 月 16 日，最高人民法院审判委员会第 1270 次会议审议通过《关于审理非法采矿、破坏性采矿刑事案件具体应用法律若干问题的解释》（法释〔2003〕9 号，简称《2003 年解释》），主要对非法采矿和破坏性采矿行为的认定、造成矿产资源破坏的认定和鉴定等问题做了明确规定，进一步加大了对矿产资源的刑事司法保护力度。

为了加大对非法采矿犯罪活动的惩治力度，《中华人民共和国刑法修正案（八）》进一步完善了非法采矿罪的规定，将“经责令停止开采后拒不停止开采，造成矿产资源破坏”的要件修改为“情节严重”，降低了入罪门槛；将升档处罚情节由“造成矿产资源严重破坏”修改为“情节特别严重”。据此，构成非法采矿罪不再要求“经责令停止开采后拒不停止开采”，而只要求实施非法采矿行为，达到情节严重的程度。《中华人民共和国刑法修正案（八）》施行后，司法实践对于“情节严重”“情节特别严重”的具体情形认识不一，影响了相关案件的办理。

根据国土资源部的建议，最高人民法院会同最高人民检察院，依据法律修改情况，以《2003 年解释》为基础，结合当前实践，启动了新的司法解释起草工作。起草过程中，水利部及有关部门也反映了非法采砂违法犯罪的有关问题，建议通过《解释》规定对非法采砂行为适用非法采矿罪，并明确定罪量刑标准和相关法律适用问题。在深入调研的基础上，经反复研究讨论形成了征求意见稿，分别征求了最高人民检察院、公安部、国土资源部、水利部、国家海洋局等中央有关单位的意见，并征求了最高人民法院有关审判庭和各高级人民法院的意见。2016 年 3 月，最高人民法院研究室会同有关部门召开专家论证会，分别邀请刑法专家和矿产资源、水利专家对解释稿进行论证研讨。此后，根据专家论证会做了修改完善，形成新的征求意见稿，征求了全国人大常委会法工委意见，并根据法工委意见进一步征求了国务院法制办的意见。2016 年 9 月 26 日最高人民法院审判委员会第 1694 次会议、2016 年 11 月 4 日最高人民检察院第十二届检察委员会第 57 次会议审议通过了《解释》。

（二）《解释》起草中的主要考虑

为确保《解释》的内容科学合理，能够适应形势发展、满足实践需要，在起草过程中，着重注意把握了以下几点：

一是从严惩治矿产资源犯罪。矿产资源属于不可再生资源，处于持续递减的消耗之中。非法采矿、破坏性采矿行为对矿产资源的破坏具有不可逆性，故而对矿产资源犯罪刑事政策的基本取向应当是从严惩治。基于此，《解释》未因经济社会发展水平提高而大幅提升矿产资源犯罪的定罪量刑标准，以确保刑事惩治力度不减。当然，这并非意味着对矿产资源犯罪一律从重，仍然应当区分情况，突出惩治重点，体现宽严相济，充分发挥刑法的威慑和教育功能，以更为有效地保护矿产资源和生态环境。

二是注重对生态环境的保护。中共中央、国务院《生态文明体制改革总体方案》提出："严格实行生态环境损害赔偿制度。强化生产者环境保护法律责任，大幅度提高违法成本。""对造成生态环境损害的，以损害程度等因素依法确定赔偿额度；对造成严重后果的，依法追究刑事责任。"根据这一要求，《解释》将生态环境损害因素纳入考量范围，针对非法采矿罪根据造成生态环境损害的程度设置了定罪量刑标准。

三是明确非法采砂犯罪的法律适用。实践中非法采砂对环境的危害日益严重，在刑法未针对非法采砂规定专门罪名的前提下，适用非法采矿罪对非法采砂行为进行规制，成为当下的选择。基于此，《解释》明确对非法采砂行为适用非法采矿罪，加大了对水资源的刑事司法保护力度。

（三）《解释》的主要内容

《解释》根据法律规定和立法精神，结合近年来办理矿产资源犯罪案件的实际问题，对矿产资源犯罪的定罪量刑标准及有关法律适用问题做了全面、系统的规定。《解释》共十六个条文，大致可以归纳为如下八个方面的问题。

1.违反矿产资源法的规定的含义

根据《中华人民共和国刑法》第三百四十三条的规定，非法采矿罪、破坏性采矿罪的前提是"违反矿产资源法的规定"。经研究认为，为避免法律适用漏洞，对于"违反矿产资源法的规定"，不宜限缩为违反矿产资源法的规定，而应当包括违反水法等其他法律、法规中关于矿产资源开发、利用、保护和管理的规定的情形。基于此，《解释》第一条明确规定："违反《中华人民共和国矿产资源法》《中华人民共和国水法》等法律、行政法规有关矿产资源开发、利用、保护和管理的规定的，应当认定为《中华人民共和国刑法》第三百四十三条规定的'违反矿产资源法的规定'。"

2.未取得采矿许可证的认定

对于《中华人民共和国刑法》第三百四十三条第一款关于非法采矿罪客观行为方式的表述，从语言逻辑角度加以细究，"未取得采矿许可证"之后跟着三个"擅自……"的表述。而无论是"擅自采矿"，还是"擅自进入国家规划矿区、对国民经济具有重要价值的矿区和他人矿区范围采矿"，抑或"擅自开采国家规定实行保护性开采的特定矿种"，均应以"未取得采矿许可证"为前提。基于此，《解释》第二条在《2003 年解释》第二条规定的基础上，对"未取得采矿许可证"的具体情形做了明确，即"具有下列情形之一的，应当认定为刑法第三百四十三条第一款规定的'未取得采矿许可证'：（一）无许可证的；（二）许可证被注销、吊销、撤销的；（三）超越许可证规定的矿区范围或者开采范围的；（四）超出许可证规定的矿种的（共生、伴生矿种除外）；（五）其他未取得许可证的情形。"其中，第二项"许可证被注销、吊销、撤销的"规定，是根据矿产资源法第四十七条"违法颁发的勘查许可证、采矿许可证、采矿许可证，上级人民政府地质矿产主管部门有权予以撤销"的规定，增加了"撤销"的情形。第三项"超越许可证规定的矿区范围或者开采范围开采矿产资源的"规定，是根据非法采砂犯罪的情形增加了"开采范围"的表述。

实践中，一些矿山企业在被责令停产停业期间仍然擅自采矿的情况较为普遍，且往往是引发矿难的重大隐患。最高人民法院、最高人民检察院《关于办理危害矿山生产安全刑事案件具体应用法律若干问题的解释》第八条规定：在采矿许可证被依法暂扣期间擅自开采的，视为《中华人民共和国刑法》第三百四十三条第一款规定的"未取得采矿许可证擅自采矿”。《解释》起草过程中，拟将上述规定吸收为认定“未取得采矿许可证”的情形，并考虑到可能因程序性瑕疵而被暂扣许可证，故限定为“因存在重大安全隐患而被暂扣许可证期间开采矿产资源的”情形。专家论证过程中，有意见提出，上述规定虽然具有实践合理性，但从法理层面而言不妥。主要表现为：①采矿许可证被暂扣的情形，不同于行为人自始未取得采矿许可证的情形，行为人实际上属于采矿权人，将此种情形下开采矿产资源的行为认定为“未取得采矿许可证”，恐有不妥。②从规范的保护目的而言，因存在重大安全隐患而暂扣许可证，所保护的是安全生产，而非法采矿罪保护的是矿产资源。因此，对于违反因存在重大安全隐患而被暂扣许可证期间不得开采矿产资源的规定，擅自开采矿产资源的，适用非法采矿罪的规定，不符合规范的保护目的。③因存在重大安全隐患而被暂扣采矿许可证期间开采矿产资源的，否定适用非法采矿罪，但构成其他犯罪的，可以按照其他犯罪处理，并不存在法律适用的漏洞。经研究认为，上述意见确有道理，予以采纳。

《解释》起草过程中，对于采矿许可证到期后继续开采矿产资源的情形，可否认定为“未取得采矿许可证”，存在不同认识。经研究认为，实践中采矿许可证到期后继续开采矿产资源的情形十分复杂，一律认定为“未取得采矿许可证”恐有不妥。而且，对于其中情节严重的，可以吊销许可证，对于此后采矿的可以认定为《解释》第二条第（二）项规定的情形。因此，未将此种情形明确列为“未取得采矿许可证”的情形。此外，对于非法转让采矿权的，可以根据矿产资源法的相关规定吊销采矿许可证，进而将此后采砂的行为认定为《解释》第二条第二项规定的情形。

3.非法采矿罪的定罪量刑标准

《中华人民共和国刑法修正案（八）》对非法采矿罪作了重大完善，将入罪门槛由“造成矿产资源破坏”修改为“情节严重”，从而将非法采矿罪由结果犯调整为情节犯。根据法律修改的精神，不宜再将“情节严重”限制在造成危害后果的情形。基于此，在《2003 年解释》规定的基础上，《解释》第三条明确了“情节严重”的具体情形。

（1）开采的矿产品价值或者造成矿产资源破坏的价值在十万元至三十万元以上的。

开采的矿产品价值是衡量非法采矿行为社会危害性的基础因素，也是认定非法采矿“情节严重”的基本标准。据统计，从 2003 年至 2015 年，我国煤、铁、金、银、铜、铅、锌、铝、锡等主要矿产品的市场价格平均上涨将近 1 倍。因此，经综合考虑矿产品价格上涨因素，将非法采矿罪的入罪标准设定为“开采的矿产品价值在十万元至三十万元以上”。

（2）在国家规划矿区、对国民经济具有很重要价值的矿区采矿，开采国家规定实行保护性开采的特定矿种，矿产品价值或者造成矿产资源破坏的价值在五万元至十五万元以上的。

该项标准体现了对“两矿区一矿种”的特殊保护。《中华人民共和国矿产资源法》第十七条规定：国家对国家规划矿区、对国民经济具有重要价值的矿区和国家规定实行保护性开采的特定矿种，实行有计划的开采；未经国务院有关主管部门批准，任何单位和个人不得开采。根据《中华人民共和国矿产资源法实施细则》第六条的规定，对“两矿区一矿种”的范围应做如下把握：①国家规划矿区，是指国家根据建设规划和矿产资源规划，为建设大、中型矿山划定的矿产资源分布区域。②对国民经济具有重要价值的矿区，是指国家根据国民经济发展需要划定的，尚未列入国家建设规划的，储量大、质量好、具有开发前景的矿产资源保护区域。③国家规定实行保护性开采的特定矿种，是指国务院根据国民经济建设和高科技发展的需要，以及资源稀缺、贵重程度确定的，由国务院有关主管部门按照国家计划批准开采的矿种。根据有关规定,具体包括黄金、钨、锡、锑、离子型稀土。

(3)二年内曾因非法采矿受过两次以上行政处罚,又实施非法采矿行为的。

一方面,实践中出现“蚂蚁搬家”式的非法采矿行为,在被查获后行为人往往否认在被抓前存在开采行为,而被查获的矿产品达不到入罪标准。而且,此种情形的矿产品交易往往采取现金交易的方式,收集交易单据等其他证据也十分困难。因此,对于此种行为,只能予以行政处罚,对屡罚屡犯者难以起到效果。另一方面,实践中一些犯罪分子是长期从事非法采矿的惯犯,特别是其中有一些在受过多次行政处罚甚至刑事处罚后还屡教不改,继续进行非法采矿,应加大对该类人员的打击力度,以起到震慑效果。因此,以因非法采矿受过的刑事处罚次数作为考量情节,将多次实施者认定为“情节严重”,纳入刑事处罚范围。

需要注意的是,借鉴最高人民法院、最高人民检察院《关于办理走私刑事案件适用法律若干问题的解释》第十七条“刑法第一百五十三条第一款规定的‘一年内曾因走私被给予二次行政处罚后又走私’中的‘一年内’,以因走私第一次受到行政处罚的生效之日与‘又走私’行为实施之日的时间间隔计算确定”的规定,“二年内”宜以第一次违法行为受到行政处罚的生效之日与又实施相应行为之日的时间间隔计算确定。此外,“两次以上行政处罚”,包括但不限于国土资源主管部门的行政处罚,只要是有关部门依法对非法采矿行为给予的行政处罚即可。

(4)造成生态环境严重损害的。

《解释》第三条将“环境价值”明确纳入判断“情节严重”的考量因素。实践中应当根据造成生态环境损害的程度判断是否达到“情节严重”的标准,对于达到严重损害程度的应当以非法采矿罪定罪处罚。

(5)其他情节严重的情形。

《解释》第三条第一款第(五)项为兜底项,需要由司法实践根据具体情况裁量适用。司法适用中,既要敢于根据具体案情适用兜底项,也要持慎重态度,考虑与前述具体情形之间的相当性。

此外,《解释》第三条第二款明确了“情节特别严重”的认定标准。通常情况下,“情节特别严重”和“情节严重”之间为五倍的倍数关系。造成生态环境特别严重损害的,也可以认定为“情节特别严重”。

4.破坏性采矿罪的定罪量刑

(1)“采取破坏性的开采方法开采矿产资源”的认定。

《2003年解释》第四条规定:刑法第三百四十三条第二款规定的破坏性采矿罪中“采取破坏性的开采方法开采矿产资源”,是指行为人违反地质矿产主管部门审查批准的矿产资源开发利用方案开采矿产资源,并造成矿产资源严重破坏的行为。《2003年解释》以违反矿产资源开发利用方案作为认定破坏性的开采方法的依据,有其合理性。但是,从司法适用的情况来看,也存在不足之处:其一,现行法律并未规定“矿产资源开发利用方案”,只有《矿产资源开采登记管理办法》第五条规定采矿权申请人申请办理采矿许可证中提及“矿产资源开发利用方案”。而《矿产资源开采登记管理办法》属于行政法规,效力位阶不如法律。其二,在开采过程中,受制于地质等因素影响,采矿权人可能违反矿产资源开发利用方案,但未必会造成矿产资源严重破坏,故以矿产资源开发利用方案作为认定破坏性的开采方法的依据,可能存在不妥。《解释》起草过程中,有意见提出,有关法律明确提及“矿山设计”,如《中华人民共和国矿产资源法》第十五条规定:设立矿山企业,必须符合国家规定的资质条件,并依照法律和国家有关规定,由审批机关对其矿区范围、矿山设计或者开采方案、生产技术条件、安全措施和环境保护措施等进行审查;审查合格的,方予批准。《中华人民共和国煤炭法》规定,开办煤矿企业,应当有符合煤矿安全生产和环境保护要求的矿山设计。因此,建议以违反矿山设计作为认定破坏性的开采方法的依据。但是,对此也存在不同认识。而且,从技术层面而言,对于破坏性的开采方法的认定,可能会随着技术的发展而不断完善。经慎重研究,《解释》暂不对"采取破坏性的开采方法开采矿产资源"的认定标准做出明确。但是,考虑到其认定的专业性较强,为确保相关案件依法得到稳妥、正确处理,《解释》第十四条仍对其认定程序做出明确,即对是否属于破坏性的开采方法难以确定的,依据省级以上人民政府国土资源主管部门出具的报告,结合其他证据做出认定。

(2)破坏性采矿罪的定罪量刑。

根据《中华人民共和国刑法》第三百四十三条的规定,非法采矿罪只设有一个法定刑档次,即造成矿产资源严重破坏的,处五年以下有期徒刑或者拘役,并处罚金。在适当考虑矿产品价格上涨因素的基础上,《解释》对入罪标准做了适当提升,同时突出了对"两矿区一矿种"的特殊保护,在第六条规定:造成矿产资源破坏的价值在五十万元至一百万元以上,或者造成国家规划矿区、对国民经济具有重要价值的矿区和国家规定实行保护性开采的特定矿种资源破坏的价值在二十五万元至五十万元以上的,应当认定为刑法第三百四十三条第二款规定的"造成矿产资源严重破坏"。

5.非法采砂犯罪的法律适用

对于非法采砂行为的定性,司法实践中存在较大的认识分歧。而且,地方法院曾就非法采砂行为的定性问题请示最高人民法院。为统一法律适用,有必要通过司法解释对河道非法采砂和非法采挖海砂的定性做出明确。经反复征求意见和慎重研究,《解释》明确对非法采砂行为适用非法采矿罪,并对定罪量刑标准及有关法律适用问题做了规定。

(1)非法采矿罪行为的定性。

《中华人民共和国矿产资源法实施细则》第二条规定:矿产资源是指由地质作用形成的,具有利用价值的,呈固态、液态、气态的自然资源。砂属于矿产资源,可以成为非法采矿罪的对象。例如,河(江)砂属河流相沉积天然石英砂,主要化学成分为二氧化硅,经长期地质作用形成。《矿产资源分类细目》将河(江)砂归属到非金属矿产天然石英砂中。可见,砂受矿产资源法的调整,可以成为非法采矿罪的对象。而且,《中华人民共和国水法》第三十九条规定:国家实行河道采砂许可制度。《中华人民共和国河道管理条例》第二十五条规定:在河道管理范围内进行采砂活动,必须报经河道主管机关批准,涉及其他部门的,由河道管理机关会同有关部门批准。因此,对于未取得许可证非法采砂的行为,实质上是"未取得采矿许可证擅自采矿",应当适用非法采矿罪。

(2)"未取得采矿许可证"的认定。

从实践来看,对非法采砂适用非法采矿罪,可能适用的客观行为方式主要为"未取得采矿许可证擅自采矿"。为避免法律适用的漏洞,《解释》第四条第一款、第五条第一款对《中华人民共和国刑法》第三百四十三条规定的"采矿许可证"做扩大解释,将开采河砂需要申请的采矿许可证、河道采砂许可证和开采海砂需要申请的采矿许可证、海砂开采海域使用权证均涵括在内。

《中华人民共和国水法》第三十九条规定：国家实行河道采砂许可制度。河道采砂许可制度实施办法，由国务院规定。目前，国务院尚未对河道采砂许可制度实施办法做出统一规定，仅通过《长江河道采砂管理条例》明确了长江宜宾以下干流河道内从事开采砂石的许可办法。

《长江河道采砂管理条例》第九条第一款、第二款规定：国家对长江采砂实行采砂许可制度。河道采砂许可证由沿江省、直辖市人民政府水行政主管部门审批发放；属于省际边界重点河段的，经有关省、直辖市人民政府水行政主管部门签署意见后，由长江水利委员会审批发放；涉及航道的，审批发放前应当征求长江航务管理局和长江海事机构的意见。省际边界重点河段的范围由国务院水行政主管部门划定。据此，长江干流河道采砂实行"一证"，即长江河道采砂许可证，由长江水利委员会和沿江省、直辖市人民政府水行政主管部门审批发放（省际边界重点河段由长江水利委员会发放）。

近年来，为扭转河道采砂秩序混乱、非法采砂活动猖獗的现象，在国务院对河道采砂许可制度实施办法做出具体规定前，各地理顺管理体制，加强河道采砂管理工作。经对地方省级地方性法规、政府规章及规范性文件的梳理，河道采砂许可情况如下：①由水行政主管部门发放采砂许可证。对此有的通过省级地方性法规做出规定，有的通过省级政府规章做出规定，还有的通过规范性文件做出规定。②发放采砂许可证和采矿许可证。

采砂海砂需要取得海砂开采海域使用权证（由海洋主管部门发放）和采矿许可证（由国土资源主管部门发放）。《中华人民共和国海域使用管理法》第三条规定：单位和个人使用海域，必须依法取得海域使用权。《矿产资源开采登记管理办法》第三条第一款明确规定，开采领海及中国管辖的其他海域的矿产资源，由国务院地质矿产主管部门审批登记，颁发采矿许可证。因此，开采海砂的，除申请海砂开采海域使用权证外，还应向国土资源部申请采矿许可证。

如前所述，《解释》将《中华人民共和国刑法》第三百四十三条规定的"采矿许可证"扩大解释为除采矿许可证外，还涵括采砂许可证、海砂开采海域使用权证等开采河砂、海砂所应取得的许可证。由之带来的问题是，如何准确认定"未取得采矿许可证擅自采矿"。对于实行"一证"管理的区域，这一问题并不存在。但是，对于实行"两证"管理的区域，由于"两证"之间没有先后之分，取得其中一个证并非申领另一个证的前置程序，且实践中经常会出现取得其中一个证但无法取得另一个证的情形。例如，行为人已经申领了海域开采使用权证，并缴纳了海域使用金；但是行为人继而向有关部门申领采矿许可证，未被批准。经研究认为，这一现象与现行的采砂管理体制不无关系，如果统一许可证发放或者明确两证之间的衔接关系，完全可以避免上述现象。此种情况下对行为人开采海砂的行为以非法采矿罪追究刑事责任，并不合适。总之，不应由行为人承担由于现行采砂管理体制带来的不利后果，上述情形不宜认定为《中华人民共和国刑法》第三百四十三条第一款规定的"未取得采矿许可证擅自采矿"，不应以非法采矿罪论处。

基于上述考虑，《解释》第四条第一款规定：在河道管理范围内采砂，具有下列情形之一，符合刑法第三百四十三条第一款和本解释第二条、第三条规定的，以非法采矿罪定罪处罚：（一）依据相关规定应当办理河道采砂许可证，未取得河道采砂许可证的；（二）依据相关规定应当办理河道采砂许可证和采矿许可证，既未取得河道采砂许可证，又未取得采矿许可证的。第五条第一款规定：未取得海砂开采海域使用权证，且未取得采矿许可证，采挖海砂，符合刑法第三百四十三条第一款和本解释第二条、第三条规定的,以非法采矿罪定罪处罚。总而言之,对于实行一证管理的区域,以是否取得该许可证为认定非法采矿的标准;对于实行两证管理的区域,只要取得一个许可证的,即不能认定为非法采矿,不宜以非法采矿罪论处。

需要注意的是,由于《解释》第二条对"未取得采矿许可证"做了明确,故第四条第一款、第五条第一款明确对于采砂领域"未取得采矿许可证擅自采矿"的认定要适用第二条的规定。对此司法实务要注意把握。例如,在实行"一证"管理的区域,虽然取得了河道采砂许可证,但是许可证被注销、吊销、撤销后继续采砂的,符合《解释》第二条第(二)项、第(三)项的规定,也应当认定为"未取得采矿许可证擅自采矿"。

(3)非法采砂犯罪的定罪量刑标准。

非法采砂是非法采矿的类型之一,自然应当适用非法采矿罪的定罪量刑标准。故而,《解释》第四条第一款、第五条第一款明确规定,对非法采砂的定罪量刑适用第三条关于非法采矿罪的定罪量刑标准。

此外,非法采砂行为具有特殊性。对在河道管理范围内非法采砂行为予以刑事规制,除其对砂资源的破坏外,更为重要的是非法采砂行为对河势稳定和防洪安全的危害。严格规范河砂开采的目的,不仅是维护其经济价值,更重要的是维护防洪安全和生态安全等公共利益。因此,不应单纯以矿产品价值作为非法采砂的入罪标准,还应当同时考虑非法采砂行为对防洪安全的危害。为了有效防范非法采砂对防洪安全的危害,应当实现刑法防线的适度前移,在非法采砂行为影响河势稳定,危害防洪安全,但尚未达到危害公共安全程度时加以规制。基于上述考虑,《解释》第四条第二款规定:实施前款规定行为,虽不具有本解释第三条第一款规定的情形,但严重影响河势稳定,危害防洪安全的,应当认定为刑法第三百四十三条第一款规定的"情节严重"。同理,非法采挖海砂不仅破坏矿产资源,还可能严重破坏海岸线。特别是在入海口、滨海湿地、海岛、红树林、珊瑚礁、濒危海洋栖息地等典型、敏感海域开采海砂,极易造成海岸线改变。基于对海岸线和海洋生态环境的特殊保护,《解释》第五条第二款规定:实施前款规定行为,虽不具有本解释第三条第一款规定的情形,但造成海岸线严重破坏的,应当认定为刑法第三百四十三条第一款规定的"情节严重"。

6.矿产资源犯罪所得之物与所用之物的处理

为了规范矿产资源犯罪所得之物、所用之物的处理,《解释》第十二条规定:对非法采矿、破坏性采矿犯罪的违法所得及其收益,应当依法追缴或者责令退赔。对用于非法采矿、破坏性采矿犯罪的专门工具和供犯罪所用的本人财物,应当依法没收。

7.矿产资源犯罪专门性问题的认定

办理非法采矿刑事案件,通常涉及非法开采的矿产品价值计算等专门性问题。《解释》第十三条、第十四条通过总结司法经验,对相关专门性问题认定规则做了明确。具体如下:

(1)非法开采的矿产品价值的认定规则。

根据《解释》第十三条的规定,非法开采的矿产品价值,根据销赃数额认定;无销赃数额,销赃数额难以查证,或者根据销赃数额认定明显不合理的,根据矿产品价格和数量认定。矿产品价值难以确定的,依据下列机构出具的报告,结合其他证据做出认定:①价格认证机构出具的报告;②省级以上人民政府国土资源、水行政、海洋等主管部门出具的报告;③国务院水行政主管部门在国家确定的重要江河、湖泊设立的流域管理机构出具的报告。

(2)其他专门性问题的认定规则。

根据《解释》第十四条的规定,对案件所涉及的有关专门性问题难以确定的,依据下列机构出具的鉴定意见或者报告,结合其他证据做出认定:①司法鉴定机构就生态环境损害出具的鉴定意见;②省级以上人民政府国土资源主管部门就造成矿产资源破坏的价值、是否属于破坏性开采方法出具的报告;③省级以上人民政府水行政主管部门或者国务院水行政主管部门在国家确定的重要江河、湖泊设立的流域管理机构就是否危害防洪安全出具的报告;④省级以上人民政府海洋主管部门就是否造成海岸线严重破坏出具的报告。

8.矿产资源犯罪其他问题

根据司法实践的情况,《解释》还对矿产资源犯罪的其他问题做了明确。

(1)掩饰、隐瞒犯罪所得的矿产品及其收益的处理。

从司法实践来看,矿产资源犯罪形成了利益链条,后续的窝藏、转移、收购、代为销售等环节成为此类犯罪蔓延的重要原因。为有效惩治此类犯罪,保护国家矿产资源,《解释》第七条规定:明知是犯罪所得的矿产品及其产生的收益,而予以窝藏、转移、收购、代为销售或者以其他方法掩饰、隐瞒的,依照刑法第三百一十二条的规定,以掩饰、隐瞒犯罪所得、犯罪所得收益罪定罪处罚。实施前款规定的犯罪行为,事前通谋的,以共同犯罪论处。

司法适用中需要注意的是,《解释》对掩饰、隐瞒犯罪所得的矿产品及其产生的收益行为未单独规定定罪量刑标准,故应当适用《最高人民法院关于审理掩饰、隐瞒犯罪所得、犯罪所得收益刑事案件适用法律若干问题的解释》(法释〔2015〕11 号,简称《掩饰、隐瞒犯罪所得、犯罪所得收益罪解释》)的规定。对此,有两个问题需要特别注意:①《掩饰、隐瞒犯罪所得、犯罪所得收益罪解释》第八条规定:认定掩饰、隐瞒犯罪所得、犯罪所得收益罪,以上游犯罪事实成立为前提。据此,对于掩饰、隐瞒犯罪所得的矿产品及其产生收益行为的入罪以非法采矿、破坏性采矿行为构成犯罪为前提。对于上游行为未达到入罪标准的,即使后续的掩饰、隐瞒行为达到入罪标准,也不能认定为犯罪。②对于掩饰、隐瞒犯罪所得的矿产品及其产生的收益行为的量刑,特别是升档量刑,应当注意与作为上游犯罪的非法采矿罪、破坏性采矿罪的量刑平衡。

(2)多次实施矿产资源违法犯罪的价值数额累计。

《解释》第八条对矿产资源犯罪的价值数额累计规则做了明确,规定:多次非法采矿、破坏性采矿构成犯罪,依法应当追诉的,或者二年内多次非法采矿、破坏性采矿未经处理的,价值数额累计计算。根据这一规定,对于矿产资源犯罪的价值数额累计应当区分情况处理:①二年内多次非法采矿或者破坏性采矿未经处理的,价值数额累计计算。对于实施非法采矿、破坏性采矿违法行为,每次均未达到定罪量刑标准,如果未经处理的,应当以两年为限进行累计计算,如果累计数额构成犯罪的,则应当依法定罪处罚。②多次非法采矿或者破坏性采矿构成犯罪,依法应当追诉的,价值数额累计计算。总而言之,此种情形的数额累计不受两年的限制,而应当适用犯罪追诉期限的规定。

(3)单位实施矿产资源犯罪的处理。

为了统一裁判尺度,《解释》第九条对单位矿产资源犯罪的定罪量刑标准做了明确。基于严厉矿产资源犯罪、切实保护矿产资源的考虑,《解释》规定对单位实施非法采矿罪、破坏性采矿罪,与自然人犯罪适用统一的定罪量刑标准。

(4)矿产资源犯罪惩治的宽严相济。

根据宽严相济刑事政策的要求,《解释》根据矿产资源犯罪的具体情况,实行区别对待,突出惩治重点。其中,第十条规定:实施非法采矿犯罪,不属于"情节特别严重",或者实施破坏性采矿犯罪,行为人系初犯,全部退赃退赔,积极修复环境,并确有悔改表现的,可以认定为犯罪情节轻微,不起诉或者免予刑事处罚。第十一条规定:对受雇佣为非法采矿、破坏性采矿犯罪提供劳务的人员,除参与利润分成或者领取高额固定工资的以外,一般不以犯罪论处,但曾因非法采矿、破坏性采矿受过处罚的除外。该两条规定可谓办理矿产资源犯罪案件贯彻宽严相济刑事政策的直接体现,司法适用中应当注意妥善把握。

五、河道非法采砂中的河道采砂管理现状、行政处罚与刑事处罚

通过认真研读海南省第一中级人民法院刑事判决书和认真学习《最高人民法院、最高人民检察院关于办理非法采矿、破坏性采矿刑事案件适用法律若干问题的解释》的解读后,下面重点分析河道非法采砂中的河道采砂管理现状、行政处罚与刑事处罚问题。

(一)目前河道采砂管理现状

河砂是河床的组成部分。1988 年,国务院颁布了《中华人民共和国河道管理条例》。《中华人民共和国河道管理条例》赋予水行政主管机关河道采砂管理职能。2002 年,我国新修订颁布的《中华人民共和国水法》规定"国家实行采砂许可制度",并授权国务院制定河道采砂许可制度实施办法。目前,国务院《河道采砂许可制度实施办法》尚未出台。河砂同时具有矿产资源属性。矿产资源是指由地质作用形成的,具有利用价值的,呈固态、液态、气态的自然资源。河砂是否属于矿产资源?根据《中华人民共和国矿产资源法实施细则》所附《矿产资源分类细目》的规定,河砂属于非金属矿产中的建筑用砂或者水泥配料用砂。河砂具有河床构成因素和国家矿产资源的双重属性,这决定了管理法规和管理体制的交叉、双重属性。多年来,河道采砂业主应分别办理《河道采砂许可证》和《采矿许可证》两证,并缴纳采砂管理费、矿产资源补偿费两种费用。根据财政部、税务总局《关于全面推进资源税改革的通知》(财税〔2016〕53 号)的相关规定,从 2016 年 7 月 1 日起,矿产资源补偿费的费率为 0,即不再征收补偿费,而是改收资源税。2017 年 4 月,国家财政部发布《关于清理规范一批行政事业性收费有关政策的通知》,要求全国水利部门自 2017 年 4 月 1 日起停止征收河道采砂管理费,含长江河道砂石资源费。可见,有关河道采砂的行政收费已经全面停止征收。

(二)对河道非法采砂的行政处罚的理解

根据《中华人民共和国矿产资源法》《中华人民共和国矿产资源法实施细则》等法律法规的规定,只有经地质矿产部门批准,依法取得采矿许可证后,才能开采矿产资源。对在河道内采砂构成违法的,依据《中华人民共和国矿产资源法》《中华人民共和国矿产资源法实施细则》的规定,可以给予责令停止开采、赔偿损失、没收采出的矿产品和违法所得、二十万元以下的罚款等 4 种行政处罚。

1988 年,国务院颁布了《中华人民共和国河道管理条例》,赋予水行政主管机关河道采砂管理职能。2002 年,《中华人民共和国水法》规定"国家实行采砂许可制度",并授权国务院制定《河道采砂许可制度实施办法》。目前,国务院《河道采砂许可制度实施办法》尚未出台。

无论依据矿产资源法规还是水行政法规,行政处罚都有局限性,打击力度明显不够;并且河道采砂属于刑事理论的"想象竞合犯",即一个行政违法行为触犯了矿产资源、水法规两种行政违法行为,按照《中华人民共和国行政处罚法》第二十四条"对当事人的同一个违

法行为,不得给予两次以上罚款的行政处罚”,即地质矿产部门和水行政执法机构不能给予河道非法采砂行为“两次以上罚款的行政处罚”。依据《长江河道采砂管理条例》进行处罚,可以给予“责令停止违法行为;没收违法所得和非法采砂机具;十万元以上三十万元以下的罚款;扣押或者没收非法采砂船舶,并对没收的非法采砂船舶予以拍卖,拍卖款项全部上缴财政;吊销河道采砂许可证”等行政处罚。目前,我国除长江采砂管理可依据《中华人民共和国长江河道采砂管理条例》外,对一般违反河道采砂管理法规的处罚只能根据《中华人民共和国河道管理条例》,给予“责令停止违法行为、采取补救措施、警告、罚款、没收非法所得”等行政处罚,明显缺乏打击力度。

尽管《中华人民共和国水法》《中华人民共和国河道管理条例》明确规定了河道采砂实行许可制度,但内容不够具体,缺乏可操作性;对发现河道内非法采砂行为的,河道主管机关和流域机构只能责令停止违法行为,一旦当事人拒不配合,不能采取扣押、拍卖、没收非法采砂机具等强制措施。而对河道内超深采砂由于无章可循而无法查处。由于河道主管机关和流域机构没有强制执行权,水行政处罚的执行需要申请地方法院强制执行,具有滞后性。同时需要公安机关维护治安秩序。一旦违法分子隐匿资产,往往导致行政处罚变成一纸空文。

(三)对河道非法采砂的刑事处罚的理解

为了加大河道非法采砂的打击力度,特别是针对涉嫌刑事犯罪的非法采砂,多年来水行政主管部门一直呼吁“借助”《中华人民共和国刑法》第三百四十三条规定“非法采矿罪”和《2003年解释》,对涉嫌构成犯罪的河道非法采砂行为,依据“非法采矿罪”依法追究河道非法采砂分子的刑事责任,维护河道防洪安全。但由于《中华人民共和国刑法》以及《2003年解释》仅仅是针对违反矿产资源法的规定,没有明确把违反《中华人民共和国水法》等水事法规的行为列入适用范围。各级法院、检察院一般按照罪刑法定的原则,对河道非法采砂涉嫌刑事犯罪的行为不予受理。所以,司法实践中,极少有因河道非法采砂而被追究刑事责任的案例。

2016年11月28日,最高人民法院、最高人民检察院发布了《解释》,并自2016年12月1日起开始实行。《解释》较之《2003年解释》有以下显著特点:

一是调整了非法采矿罪的犯罪构成。按照1979年刑法第三百四十三条和《2003年解释》的规定,非法采矿罪是结果犯,即只有在河道管理范围内从事一定的非法采砂行为,且经责令停止开采后拒不停止开采,造成矿产资源破坏的,才构成非法采矿罪。特别是“经责令停止开采后拒不停止开采”这一结果要件,现实中造成第一次发现非法采砂行为,无论非法采砂行为多么严重,都只能对其进行行政处罚,责令其停止违法且拒不停止开采的,才涉嫌构成非法采矿罪。2011年2月25日《中华人民共和国刑法修正案(八)》对第三百四十三条和《解释》删除了“经责令停止开采后拒不停止开采,造成矿产资源破坏”这一结果要件,降低了司法机关取证难度,提高了非法采矿罪的可操作性。《中华人民共和国刑法》第三百四十三条第一款规定的非法采矿罪是指违反矿产资源法的规定,未取得采矿许可证而擅自开采,擅自进入国家规划矿区、对国民经济具有重要价值的矿区和他人矿区范围采矿,或者擅自开采国家规定实行保护性开发的特定矿种,情节严重的行为。成立该罪的侵犯的客体为国家对矿产资源和矿业生产的管理制度以及国家对矿产资源的所有权,犯罪对象是矿产资源;客观方面表现为违反矿产资源法的规定,非法采矿,造成矿产资源破坏的行为,情节严重则是构成本罪的结果性要件;主观方面出于故意,其主观目的是获取矿产品以牟利。《解释》将刑法第三百四十三条规定的“违反矿产资源法”扩大解释为“违反矿产资源法和水法等法律、行政法规”；将“未取得采矿许可证”扩大解释为未取得“河道采砂许可证”“采矿许可证”“海砂开采海域使用权证”；并且针对河道非法采砂行为入罪条件规定了特殊标准，即严重影响河势稳定、危害防洪安全的，也应当认定为“情节严重”，予以定罪处罚。《中华人民共和国水法》第三十九条第一款规定：国家实行河道采砂许可制度。河道采砂许可制度实施办法，由国务院规定。但国务院尚未对河道采砂许可制度实施办法做出统一规定，只是以《长江河道采砂管理条例》明确了长江采砂的许可办法，我国其他河流采砂至今无明确规定。《解释》只规定了依据相关规定应当办理河道采砂许可证，未取得河道采砂许可证的犯罪构成要件，故而在我国其他江河采砂不会构成非法采矿罪，但从司法裁判网上可以搜到一些相同情况按非法采矿罪判决的，这是某些法院没有分清非法采矿行为和非法采矿罪。刑法规制的是“砂”而不是“沙”，在长江里有“砂”也有“沙”。在物理特征上砂与沙的区别是：砂是细碎的石粒，一般与工程、矿物、制造有关，是指沉积在河床上的细碎石粒；沙是非常细碎的石粒，一般与自然天气气象有关，如风沙、沙尘暴、沙漠、沙滩等，是指混杂在江水中的非常细碎的石粒。现有的法律法规规章约束的仅仅是砂，对于沙，并不规制。非法采矿罪侵犯的法益是国家对矿产资源的管理制度，具体到长江，采砂涉及非法采矿罪侵犯的法益不仅是国家对矿产资源的管理制度，而且还有航运及防洪安全。长江非法采砂案件要具体区分是在河床上采砂还是在江水中吸沙，如果仅仅在长江中吸水滤沙，就不构成犯罪。

有观点认为，根据《河道管理条例》第二十五条规定，在河道管理范围内进行下列活动，必须报经河道主管机关批准：(一)采砂、取土、淘金、弃置砂石或淤泥。第四十条：在河道范围内采砂、取土、淘金，必须按照经批准的范围和作业方式进行，并向河道主管机关缴纳管理费，在其他河流无证采砂也应构成非法采矿罪。作者认为《河道管理条例》只是规定了河道采砂批准制并非许可制，而《长江河道采砂管理条例》第九条规定，国家对长江采砂实行采砂许可制度。从行政法角度，批准制和许可制显然是两种不同的行政制度，两种制度的内涵和外延均有明显区别，法律责任迥异。从刑法角度来看，根据《中华人民共和国刑法》第三百四十三条规定，违反矿产资源法的规定，未取得采矿许可证擅自采矿的，这里刑法的犯罪构成只限定在未取得采矿证的情况下构成犯罪，对于未批准采矿并未做出刑法规制，也就是说，未经相关机关批准采砂并不构成犯罪。

二是扩大了适用范围，有些问题需要进一步释明。《解释》由原来仅仅适用违反《中华人民共和国矿产资源法》等法律、行政法规的行为扩展到适用《中华人民共和国水法》等水法规，明确将违反《中华人民共和国水法》等法律、行政法规有关矿产资源开发、利用、保护和管理的规定的违法行为，明确认定为《中华人民共和国刑法》第三百四十三规定的违反矿产资源法的规定，为水行政主管机关和流域管理机构依法追责非法采砂分子的刑事责任提供了法律依据，同时也将流域管理机构列入了执法主体，进一步扩大了执法主体的范围。《中华人民共和国矿产资源法》第三十五条规定，允许个人采挖零星分散资源和只能用作普通建筑材料的砂石、黏土以及生活自用采挖少量矿产。《解释》第四条又规定，依据相关规定应当办理河道采砂许可证，未取得河道采砂许可证的，按非法采矿罪认定；那么从长江采砂用作普通建筑材料是否犯罪呢？是依据《解释》第四条定罪还是依据《中华人民共和国矿产资源法》不定罪？作者认为在法律或司法解释做出进一步明确之前不应该按犯罪处理。更何况《解释》第一条，违反《中华人民共和国矿产资源法》《中华人民共和国水法》等法律、行政法规有关矿产资源开发利用保护管理的规定,应当认定为《中华人民共和国刑法》三百四十三条规定的违法矿产资源法的规定。而两法中均未规定无证在长江中开采仅用作普通建筑材料的砂石构成犯罪。《解释》将《中华人民共和国刑法》第三百四十三条规定的“采矿许可证”,扩大解释为除采矿许可证外,还涵括采砂许可证、海砂开采海域使用权证等开采河砂、海砂所应取得的许可证。由此带来的问题是,如何准确认定未取得采矿许可证擅自采矿。对于实行一证管理的区域,这一问题并不存在。但是,对于实行两证管理的区域,由于两证之间没有先后之分,取得其中一个证并非申领另一个证的前置程序,且实践中经常会出现取得其中一个证但无法取得另一个证的情形。

三是调整了构成非法采矿罪的情节标准。《2003 年解释》规定,非法采矿造成矿产资源破坏的价值,数额在 5 万元以上的,属于刑法第三百四十三条第一款规定的造成矿产资源破坏;数额在 30 万元以上的,属于刑法第三百四十三条第一款规定的造成矿产资源严重破坏,《解释》第三条将刑法第三百四十三条中的“情节严重”,解释为开采的矿产品价值或者造成矿产资源破坏的价值在十万元至三十万元以上的,也就是将涉嫌构成非法采矿罪的情节标准由五万元调整为十万元。

四是赋予了省级水行政主管部门、流域管理机构在河道砂石价值认定和河道非法采砂危害防洪安全鉴定的职责。开采的矿产品价值或者造成矿产资源破坏的价值多少,是认定犯罪嫌疑人是否涉嫌构成非法采矿罪中的“情节严重”“情节特别严重”的标准。同时《2003 年解释》也明确规定,虽然没有构成“情节严重”的法定情节,但“严重影响河势稳定,危及防洪安全的”,应当认定为刑法第三百四十三条第一款规定的“情节严重”。该情节无具体判断标准,具有兜底性质。司法实践中,有些案例直接认定,有些案例基于岸堤坍塌予以认定,但由于河流环境复杂,采砂与岸堤坍塌是否具有刑法上的因果关系往往难以确定。《2003 年解释》赋予了省级水行政主管部门、流域管理机构在河道砂石价值认定和河道非法采砂危害防洪安全鉴定的职责,为水行政主管部门和流域管理机构实行最严格的河道管理制度依法提供了法律武器。根据《解释》第十三条的规定,非法开采的矿产品价值,根据销赃数额认定;无销赃数额,销赃数额难以查证,或者根据销赃数额认定明显不合理的,根据矿产品价格和数量认定。矿产品价值难以确定的,依据下列机构出具的报告,结合其他证据做出认定:①价格认证机构出具的报告;②省级以上人民政府国土资源、水行政、海洋等主管部门出具的报告;③国务院水行政主管部门在国家确定的重要江河、湖泊设立的流域管理机构出具的报告。《解释》规定了确定价值的三个层级,顺序是:①先按销赃额确定价值;②按价格乘数量确定价值;③按评估确定价值。因为本罪名侵犯的法益是矿产资源,因而在认定案涉金额时,应当尽可能回归矿石本身价值,而不能为了方便定案而忽视立法初衷。《解释》第八条对矿产资源犯罪的价值数额累计规则做了明确规定:多次非法采矿、破坏性采矿构成犯罪,依法应当追诉的,或者二年内多次非法采矿、破坏性采矿未经处理的,价值数额累计计算。根据这一规定,对于矿产资源犯罪的价值数额累计应当区分情况处理:①两年内多次非法采矿或者破坏性采矿未经处理的,价值数额累计计算。对于实施非法采矿、破坏性采矿违法行为,每次均未达到定罪量刑标准,如果未经处理,应当以两年为限进行累计计算,如果累计数额构成犯罪,则应当依法定罪处罚。这里的“未经处理”应当包括行政处罚,如果行政处罚过,那么数额不能再累计进去。②多次非法采矿或者破坏性采矿构成犯罪,依法应当追诉的,价值数额累计计算。此种情形的数额累计不受两年的限制,而应当适用犯罪追诉期限的规定。

《中华人民共和国行政处罚法》第八条第二款规定:违法行为构成犯罪,应当依法追究刑事责任的,不得以行政处罚代替刑事处罚。水行政主管机关或地质矿产主管部门在行政管理的过程中,对涉嫌构成犯罪的河道非法采砂行为,应按照国务院《行政执法机关移送涉嫌犯罪案件的规定》(简称《规定》),及时移交司法机关处理,依法追究河道非法采砂分子的刑事责任,依法维护河道行洪安全。

根据"谁主管,谁负责,谁移送"的原则,地质矿产主管部门、河道主管部门以及流域管理机构应作为河道非法采砂涉嫌构成非法采矿罪的移送主体,按照国务院《规定》的规定,及时移送公安机关。

由于非法采矿罪属于刑法学上的结果犯,而非行为犯。只有达到一定程度才能构成犯罪。"情节严重的"才涉嫌构成非法采矿罪。水行政主管机关在河道采砂管理中,发现非法采砂分子无证在河道内非法采砂,性质恶劣,情节严重,有可能涉嫌构成刑事犯罪的,应及时与当地地质矿产主管部门沟通,将案件移交公安机关处理。

执法机关在查处河道管理范围内采砂违法行为过程中,必须注意执法程序,妥善保存与违法行为有关的证据,并附有下列材料:①涉嫌犯罪案件移送书;②涉嫌犯罪案件情况的调查报告;③涉案物品清单;④有关检验报告或者鉴定结论;⑤其他有关涉嫌犯罪的材料。

在行政执法与刑事司法衔接工作逐步深入开展的背景下,行政机关在查办破坏环境类犯罪案件中,往往以行为人已经受到刑事处罚为借口怠于对违法行为人追究行政责任,致使国家和公共利益受损害状态持续存在。正确理解和掌握刑事处罚与行政处罚竞合以及处罚适用原则,对于做好"两法衔接"工作具有重要意义。

行政处罚与刑事处罚竞合在司法实践中主要有两种情况:第一种是行政机关给予行为人行政处罚后移送司法机关追究其刑事责任,可称为"先罚后刑";第二种是行政机关在履职过程中认为违法行为已经构成犯罪而移送司法机关依法追究其刑事责任后,再依据相关行政法律法规追究违法行为人行政责任,可称为"先刑后罚"。

"先罚后刑"情况下的适用原则具体如下:

其一,同质罚相折抵。此种情形是当前行政处罚和刑事处罚竞合的主要情形,依据《中华人民共和国行政处罚法》第二十八条的规定,违法行为构成犯罪,法院判处拘役或者有期徒刑时,行政机关已经给予当事人行政拘留的,应当依法折抵相应刑期。违法行为构成犯罪,法院判处罚金时,行政机关已经给予当事人罚款的,应当折抵相应罚金。由此可以归纳出"先罚后刑"情况下"同质罚相折抵"原则,即行政拘留与剥夺人身自由类的刑罚,罚款与刑事罚金可以相互折抵。

其二,不同罚则各自适用。国务院《规定》第十一条规定:行政执法机关对应当向公安机关移送的涉嫌犯罪案件,不得以行政处罚代替移送。行政执法机关向公安机关移送涉嫌犯罪案件前已经做出的警告,责令停产停业,暂扣或者吊销许可证、暂扣或者吊销执照的行政处罚决定,不停止执行。《环境保护行政执法与刑事司法衔接工作办法》第十六条以及《食品药品行政执法与刑事司法衔接工作办法》(简称《办法》)第十二条也做出了相应规定。据此,可以推导出"先罚后刑"情况下"不同罚则各自适用"原则,应当分别做出,各自适用,并行不悖。

"先刑后罚"情况下的适用原则。对于行政机关移送司法机关追究刑事责任的案件,对行为人还应当追究行政责任的，行政机关也必须追究其行政责任。但因“先刑后罚”的竞合情境具有自身的特性，在适用双重处罚时应当灵活把握“刑事优先”原则。根据“刑事优先”原则、司法权与行政权的效力位阶以及现有法律法规，可以推导出以下适用原则：

(1)刑事判决优先。根据《办法》规定，对于法院已经做出的生效裁判的案件，依法还应当由食品药品监管部门做出吊销许可证等行政处罚的，食品药品监管部门可以依据法院生效裁判认定的事实和证据依法予以行政处罚。由此可见，在刑事判决之后需要继续追究行为人行政责任的，行政机关应当以刑事裁判所认定的事实和证据为依据做出行政处罚。

(2)同质罚不再罚。对于行政处罚和刑罚处罚所具有的性质相近的处罚种类，即罚金与罚款，限制人身自由的刑罚与行政拘留，司法机关已经给予行为人刑罚处罚，行政机关不能再给予其同质行政处罚。

(3)特有罚可再处罚。基于行政犯自身的特殊性和行政领域法律法规所规定的特殊处罚方式，刑事处罚并不能当然地吸收或替代行政处罚。在已经判处刑罚后，行政机关认为需要依法追究行为人特定行政责任的，可以再给予其相应的行政处罚。行政处罚与刑事处罚竞合时，不应当受“一事不再罚”原则的约束。但在处罚的执行上应当适用同种类处罚不叠加计算的原则。《中华人民共和国行政处罚法》第三十五条规定：违法行为构成犯罪，人民法院判处拘役或者有期徒刑时，行政机关已经给予当事人行政拘留的，应当依法折抵相应刑期。违法行为构成犯罪，人民法院判处罚金时，行政机关已经给予当事人罚款的，应当折抵相应罚金。在处理方法上，应当体现刑法处罚优先的原则，因为刑法处罚比行政处罚更严厉。具体到处理案件中，如果是在行政处罚做出决定前发现该行为涉嫌犯罪，应当停止行政处罚案件的处理，及时移送具有刑事案件管辖权的司法机关，等刑事案件处理终结后，再根据情况进行处理，处理时应当尊重刑事处罚的结果，即尊重司法的最终裁判结果，在行政处罚中只能适用对该行为刑事处罚种类之外行政处罚种类。如果是在行政处罚做出决定后，发现该行为涉嫌犯罪，应当将已处罚的结果和材料一起移送到有刑事案件管辖权的司法机关处理。因而，执法部门在打击非法采砂刑事犯罪的同时，更应当理清非法利益链条，明确可为与不可为清单。同时也要提高法律意识，增强法制观念，在注重行政执法的同时，充分利用《中华人民共和国刑法》有关规定，对涉嫌构成刑事犯罪的犯罪行为进行严厉打击，依法维护社会、经济秩序。

下面作者重点讲解一下水行政执法调查取证及涉嫌犯罪移交基本要求，以便更好地指导水行政执法实践。

一、水行政执法调查取证

(一)证据

1.证据的概念

什么是证据？我国当前尚没有独立的证据法，有关证据的法律规范主要规定在刑事诉讼法、民事诉讼法和行政诉讼法中。

《中华人民共和国刑事诉讼法》(2018 年 10 月 26 日修正)第五十条：可以用于证明案件事实的材料，都是证据。证据包括：(一)物证；(二)书证；(三)证人证言；(四)被害人陈述；(五)犯罪嫌疑人、被告人供述和辩解；(六)鉴定意见；(七)勘验、检查、辨认、侦查实验等笔录;(八)视听资料、电子数据。证据必须经过查证属实,才能作为定案的根据。

《中华人民共和国民事诉讼法》(2017 年 6 月 27 日修正)第六十三条:证据包括:(一)当事人的陈述;(二)书证;(三)物证;(四)视听资料;(五)电子数据;(六)证人证言;(七)鉴定意见;(八)勘验笔录。证据必须查证属实,才能作为认定事实的根据。

《中华人民共和国行政诉讼法》(2017 年 6 月 27 日修正)第三十三条:证据包括:(一)书证;(二)物证;(三)视听资料;(四)电子数据;(五)证人证言;(六)当事人的陈述;(七)鉴定意见;(八)勘验笔录、现场笔录。

以上证据经法庭审查属实,才能作为认定案件事实的根据。根据三部诉讼法有关证据的规定,证据是指可以用于证明案件事实的材料。证据必须经过查证属实,才能作为认定事实的根据。

2.证据的特征

(1)客观性:又称真实性,是指证据必须是客观存在的事实材料,而非猜测虚构之物。

(2)关联性:又称相关性,是指证据必须与证明对象有客观必然的联系。

(3)合法性:①当法律对证据的形式、证明方法有特别要求时,必须符合法律规定;②对证据的调查、收集、审查必须符合法定程序。

3.证据的种类

《中华人民共和国行政诉讼法》(2017 年 6 月 27 日修正)第三十三条:证据包括:(一)书证;(二)物证;(三)视听资料;(四)电子数据;(五)证人证言;(六)当事人的陈述;(七)鉴定意见;(八)勘验笔录、现场笔录。

书证:即以文字、符号、图案等所记载的内容来证明案件事实的书面材料。如行政机关的文件、文书、函件、处理决定,合同、信件、运输单据等。

书证的特点:①书证能够直接证明案件事实;②书证的内容容易被理解;③书证的客观性较强。

物证:即以物品、痕迹等客观物质实体的外形、性状、质地、规格等证明案件事实的证据。如现场留下的物品和痕迹、运输车辆、涉案物等。物证的特点是不具有主观性,只以其客观存在来证明案件的事实。对物证必须妥善保管,以保持物证的原有形态。如果不能保持原来形态或者物证有可能灭失的,行政机关必须采取措施予以保全。物证不能自己直接证明案件事实,只能间接地证明案件事实,需要与其他证据一起共同构成一个环环相扣的证据链,才能证明案件的主要事实。同时,物证具有依赖性。物证的证明价值往往要借助一定的科学技术手段才能实现。

视听资料:即以录音、录像、扫描等技术手段,将声音、图像及数据等转化为各种记录载体上的物理信号,证明案件事实的证据。包括录音和录像资料。

电子数据:基于计算机应用、通信和现代管理技术等电子化技术手段形成包括文字、图形符号、数字、字母等的客观资料。如电子聊天记录、手机短信等。

视听资料、电子数据的特点是:①直观、形象;②能够直接反映案件事实;③容易被篡改。

最高人民法院、最高人民检察院、公安部《关于办理刑事案件收集提取和审查判断电子数据若干问题的规定》(法发〔2016〕22 号):

第一条 电子数据是案件发生过程中形成的,以数字化形式存储、处理、传输的,能够证明案件事实的数据。

电子数据包括但不限于下列信息、电子文件：

(一)网页、博客、微博客、朋友圈、贴吧、网盘等网络平台发布的信息；

(二)手机短信、电子邮件、即时通信、通讯群组等网络应用服务的通信信息；

(三)用户注册信息、身份认证信息、电子交易记录、通信记录、登录日志等信息；

(四)文档、图片、音视频、数字证书、计算机程序等电子文件。

以数字化形式记载的证人证言、被害人陈述以及犯罪嫌疑人、被告人供述和辩解等证据,不属于电子数据。确有必要的,对相关证据的收集、提取、移送、审查,可以参照适用本规定。

证人证言:即知道案件真实情况的人向行政执法机关所作的用以证明案件事实的陈述。

证人证言具有两个基本法律属性:①所有知道案件真实情况的自然人都有作证的义务;②证人的陈述应限于其了解的案件情况,包括证人亲眼看到、亲耳听到的事情或者能够说明来源的听人转述的事情。与案件无关的事实、道听途说的情况,不能说明来源的听人转述的事情,个人的猜测、分析和判断,都不能作为证人证言。

当事人的陈述:即案件当事人就案件事实向行政执法机关所作的陈述和承认。

当事人陈述的特点:①当事人能够完整说明整个案件的发生和发展情况;②当事人的陈述具有较强的主观性。

鉴定意见:具有专业技术特长的鉴定人对案件中的专门性问题所出具的专门性意见。如司法鉴定机构就生态环境损害出具的鉴定意见。

鉴定意见的特点:①专业性强;②要式性强。

勘验笔录、现场笔录:勘验笔录是指行政机关工作人员对与行政案件有关的现场或者物品进行勘察、检验、测量、绘图、拍照等所做的记录。

现场笔录是指行政机关工作人员在行政管理过程中对与行政案件有关的现场情况及其处理所做的书面记录。行政诉讼法将其规定为一种独立的证据,以防止在诉讼中出现“事出有因,查无实据”的情况。

(二)调查取证

(1)基本原则。合法、全面、客观、公正、及时。《中华人民共和国行政处罚法》第三十六条:除本法第三十三条规定的可以当场做出的行政处罚外,行政机关发现公民、法人或者其他组织有依法应当给予行政处罚的行为的,必须全面、客观、公正地调查,收集有关证据;必要时,依照法律、法规的规定,可以进行检查。关于“合法”,《中华人民共和国行政处罚法》第三条第二款没有法定依据或者不遵守法定程序的,行政处罚无效。

(2)基本要求。①除简易处罚(违法事实确凿并有法定依据,对公民处以五十元以下、对法人或者其他组织处以一千元以下罚款或者警告的行政处罚的,可以当场做出行政处罚决定)外,行政机关在调查或者进行检查时,执法人员不得少于两人,并应当向当事人或者有关人员出示证件。②行政机关在做出行政处罚决定之前,应当告知当事人做出行政处罚决定的事实、理由及依据,并告知当事人依法享有的权利。③调查人员与本案有直接利害关系的,应当回避。

(3)调查程序。《水行政处罚实施办法》第二十七条:①向被调查人出示水政监察证件;②告知被调查人要调查的范围或者事项;③进行调查(包括询问当事人、证人、进行现场勘验、检查等);④制作调查笔录,笔录由被调查人核对后签名或者盖章。被调查人拒绝签名或者盖章的，应当有两名以上水政监察人员在笔录上注明情况并签名。

(4)调查取证的主要措施。①进入现场进行勘验、检查、摄像、照相等。②采取抽样和先行登记保存的方式收集证据；(《水行政处罚实施办法》第二十八条、第二十九条)水政监察人员收集证据时，可以采取抽样取证的方法。在证据可能灭失或者以后难以取得的情况下，经水行政处罚机关负责人批准，可以先行登记保存。

登记保存物品时，在原地保存可能妨害公共秩序、公共安全或者对证据保存不利的，可以异地保存。水政监察人员进行取证或者登记保存，应当有当事人在场。当事人不在场或者拒绝到场的，水政监察人员可以邀请有关人员参加。

对抽样取证或者登记保存的物品应当开列清单，一式两份，写明物品名称、数量、规格等事项，由水政监察人员、当事人签名或者盖章，一份清单交当事人。当事人不在场或者拒绝到场的，应有邀请的有关人员签名或者盖章；当事人拒绝签名、盖章或者接收的，应当有两名以上水政监察人员在清单上注明情况。

水行政处罚机关对先行登记保存的证据，应当在七日内做出下列处理决定：(一)需要进行技术检验或者鉴定的送交检验或者鉴定。(二)依法应当移送有关部门处理的，移送有关部门。(三)依法需退还当事人的，退还当事人。(四)法律、法规规定的其他处理方式：①走访、询问有关人员，听取有关情况的说明；②组织技术检验、鉴定；③查阅或者复制有关材料；④向有关单位了解核实情况；⑤法律、法规、规章规定的其他措施。

(三)水行政执法调查取证注意事项

《河南省水政监察规定》(1998 年 11 月 11 日豫政〔1998〕56 号发布，根据 2011 年 1 月 5 日省政府令第 136 号公布的《河南省人民政府关于废止和修订部分省政府规章的决定》修订)：

第九条 水政监察人员依法执行职务时，应当佩戴水政监察的统一标志，出示省政府统一制发的《行政执法证》。

第十三条 立案应当符合下列条件：

(一)有违反水管理法律、法规、规章的事实；

(二)依照水管理法律、法规、规章应当追究法律责任的；

(三)属于本部门管辖的。

符合前款条件的，应当受理，并填写《水事违法案件立案呈批表》，经本级水行政主管部门负责人批准立案。

第二十条 水行政主管部门办理水事违法案件，应当在批准立案之日起 30 日内做出处理决定。因特殊情况不能做出处理决定的，可以延长办案期限，但延长期限不得超过 30 日。

《行政执法机关移送涉嫌犯罪案件的规定》(国务院令第 310 号)：

第四条 行政执法机关在查处违法行为过程中，必须妥善保存所收集的与违法行为有关的证据。

行政执法机关对查获的涉案物品，应当如实填写涉案物品清单，并按照国家有关规定予以处理。对易腐烂、变质等不宜或者不易保管的涉案物品，应当采取必要措施，留取证据；对需要进行检验、鉴定的涉案物品，应当由法定检验、鉴定机构进行检验、鉴定，并出具检验报告或者鉴定结论。

二、行政执法机关涉嫌犯罪案件移送的基本要求

(一)一般规定

《行政执法机关移送涉嫌犯罪案件的规定》(国务院令第310号):

第三条 行政执法机关在依法查处违法行为过程中,发现违法事实涉及的金额、违法事实的情节、违法事实造成的后果等,根据刑法关于破坏社会主义市场经济秩序罪、妨害社会管理秩序罪等罪的规定和最高人民法院、最高人民检察院关于破坏社会主义市场经济秩序罪、妨害社会管理秩序罪等罪的司法解释以及最高人民检察院、公安部关于经济犯罪案件的追诉标准等规定,涉嫌构成犯罪,依法需要追究刑事责任的,必须依照本规定向公安机关移送。

第五条 行政执法机关对应当向公安机关移送的涉嫌犯罪案件,应当立即指定2名或者2名以上行政执法人员组成专案组专门负责,核实情况后提出移送涉嫌犯罪案件的书面报告,报经本机关正职负责人或者主持工作的负责人审批。

行政执法机关正职负责人或者主持工作的负责人应当自接到报告之日起3日内做出批准移送或者不批准移送的决定。决定批准的,应当在24小时内向同级公安机关移送;决定不批准的,应当将不予批准的理由记录在案。

第六条 行政执法机关向公安机关移送涉嫌犯罪案件,应当附有下列材料:(一)涉嫌犯罪案件移送书;(二)涉嫌犯罪案件情况的调查报告;(三)涉案物品清单;(四)有关检验报告或者鉴定结论;(五)其他有关涉嫌犯罪的材料。第十一条第一款行政执法机关对应当向公安机关移送的涉嫌犯罪案件,不得以行政处罚代替移送。

《公安机关受理行政执法机关移送涉嫌犯罪案件规定》(公通字〔2016〕16号):

第二条 对行政执法机关移送的涉嫌犯罪案件,公安机关应当接受,及时录入执法办案信息系统,并检查是否附有下列材料:

(一)案件移送书,载明移送机关名称、行政违法行为涉嫌犯罪罪名、案件主办人及联系电话等。案件移送书应当附移送材料清单,并加盖移送机关公章。

(二)案件调查报告,载明案件来源、查获情况、嫌疑人基本情况、涉嫌犯罪的事实、证据和法律依据、处理建议等。

(三)涉案物品清单,载明涉案物品的名称、数量、特征、存放地等事项,并附采取行政强制措施、现场笔录等表明涉案物品来源的相关材料。

(四)附有鉴定机构和鉴定人资质证明或者其他证明文件的检验报告或者鉴定意见。

(五)现场照片、询问笔录、电子数据、视听资料、认定意见、责令整改通知书等其他与案件有关的证据材料。

移送材料表明移送案件的行政执法机关已经或者曾经做出有关行政处罚决定的,应当检查是否附有有关行政处罚决定书。

对材料不全的,应当在接受案件的二十四小时内书面告知移送的行政执法机关在三日内补正。但不得以材料不全为由,不接受移送案件。

第五条 公安机关审查发现涉嫌犯罪案件移送材料不全、证据不充分的,可以就证明有犯罪事实的相关证据要求等提出补充调查意见,商请移送案件的行政执法机关补充调查。必要时,公安机关可以自行调查。

第十一条 公安机关可以根据法律法规,联合同级人民检察院、人民法院、行政执法机

关制定行政执法机关移送涉嫌犯罪案件类型、移送标准、证据要求、法律文书等文件。

(二)移送涉嫌犯罪案件的基本要求

(1)实施行政执法的主体与程序合法。

(2)有合法证据证明有涉嫌犯罪的事实发生。

(3)附有法律法规规定的材料。

(三)水行政执法中可能涉及到的涉嫌犯罪案件

现行水行政处罚涉及涉河建设、围垦河湖、阻水障碍、规划审批、水土保持、危害工程安全、非法侵占、河道采砂、损毁水利设施、虚假许可、侵占水文设施、破坏水源、侵占抗旱设施、非法传播水文情报预报等违法行为,按照水事违法的事实、情节、性质、危害后果,可能涉嫌犯罪的罪名有决水罪(含过失),投放危险物质罪(含过失),以危险方法危害公共安全罪(含过失),故意毁坏财物罪,非法采矿罪,破坏性采矿罪,妨害公务罪,非法经营罪,伪造、变造、买卖国家机关公文、证件、印章罪,编造、故意传播虚假恐怖信息罪,污染环境罪等。

(四)水行政执法中常见的涉嫌犯罪案件的追诉标准

(1)故意毁坏财物罪。

(2)非法采矿罪、破坏性采矿罪。

1.故意毁坏财物罪

《中华人民共和国刑法》:

第二百七十五条 故意毁坏公私财物,数额较大或者有其他严重情节的,处三年以下有期徒刑、拘役或者罚金;数额巨大或者有其他特别严重情节的,处三年以上七年以下有期徒刑。

故意毁坏财物罪立案追诉标准:《最高人民检察院、公安部关于公安机关管辖的刑事案件立案追诉标准的规定(一)》(公通字〔2008〕36号)第三十三条[故意毁坏财物案(刑法第二百七十五条)]故意毁坏公私财物,涉嫌下列情形之一的,应予立案追诉:

(一)造成公私财物损失五千元以上的;

(二)毁坏公私财物三次以上的;

(三)纠集三人以上公然毁坏公私财物的;

(四)其他情节严重的情形。

2.非法采矿罪、破坏性采矿罪

《中华人民共和国刑法》:

第三百四十三条 违反矿产资源法的规定,未取得采矿许可证擅自采矿,擅自进入国家规划矿区、对国民经济具有重要价值的矿区和他人矿区范围采矿,或者擅自开采国家规定实行保护性开采的特定矿种,情节严重的,处三年以下有期徒刑、拘役或者管制,并处或者单处罚金;情节特别严重的,处三年以上七年以下有期徒刑,并处罚金。(第一款非法采矿罪)

违反矿产资源法的规定,采取破坏性的开采方法开采矿产资源,造成矿产资源严重破坏的,处五年以下有期徒刑或者拘役,并处罚金。(第二款破坏性采矿罪)

《最高人民法院最高人民检察院关于办理非法采矿、破坏性采矿刑事案件适用法律若干问题的解释法释》(〔2016〕25号):

第一条 违反《中华人民共和国矿产资源法》《中华人民共和国水法》等法律、行政法规有关矿产资源开发、利用、保护和管理的规定的,应当认定为刑法第三百四十三条规定的“违反矿产资源法的规定”。

第二条 具有下列情形之一的,应当认定为刑法第三百四十三条第一款规定的“未取得采矿许可证”:

(一)无许可证的;

(二)许可证被注销、吊销、撤销的;

(三)超越许可证规定的矿区范围或者开采范围的;

(四)超出许可证规定的矿种的(共生、伴生矿种除外);

(五)其他未取得许可证的情形。

第三条 实施非法采矿行为,具有下列情形之一的,应当认定为刑法第三百四十三条第一款规定的“情节严重”:

(一)开采的矿产品价值或者造成矿产资源破坏的价值在十万元至三十万元以上的。

(二)在国家规划矿区、对国民经济具有重要价值的矿区采矿,开采国家规定实行保护性开采的特定矿种,或者在禁采区、禁采期内采矿,开采的矿产品价值或者造成矿产资源破坏的价值在五万元至十五万元以上的。

(三)二年内曾因非法采矿受过两次以上行政处罚,又实施非法采矿行为的。

(四)造成生态环境严重损害的。

(五)其他情节严重的情形。

实施非法采矿行为,具有下列情形之一的,应当认定为刑法第三百四十三条第一款规定的“情节特别严重”:

(一)数额达到前款第一项、第二项规定标准五倍以上的;

(二)造成生态环境特别严重损害的;

(三)其他情节特别严重的情形。

第四条 在河道管理范围内采砂,具有下列情形之一,符合刑法第三百四十三条第一款和本解释第二条、第三条规定的,以非法采矿罪定罪处罚:

(一)依据相关规定应当办理河道采砂许可证,未取得河道采砂许可证的;

(二)依据相关规定应当办理河道采砂许可证和采矿许可证,既未取得河道采砂许可证,又未取得采矿许可证的。

实施前款规定行为,虽不具有本解释第三条第一款规定的情形,但严重影响河势稳定,危害防洪安全的,应当认定为刑法第三百四十三条第一款规定的“情节严重”。

第六条 造成矿产资源破坏的价值在五十万元至一百万元以上,或者造成国家规划矿区、对国民经济具有重要价值的矿区和国家规定实行保护性开采的特定矿种资源破坏的价值在二十五万元至五十万元以上的,应当认定为刑法第三百四十三条第二款规定的“造成矿产资源严重破坏”。

第十三条 非法开采的矿产品价值,根据销赃数额认定;无销赃数额,销赃数额难以查证,或者根据销赃数额认定明显不合理的,根据矿产品价格和数量认定。

矿产品价值难以确定的,依据下列机构出具的报告,结合其他证据做出认定:

(一)价格认证机构出具的报告;

(二)省级以上人民政府国土资源、水行政、海洋等主管部门出具的报告;

(三)国务院水行政主管部门在国家确定的重要江河、湖泊设立的流域管理机构出具的报告。

（五）移送文书

水利（务）局
涉嫌犯罪案件移送书

水移字〔　　〕第　　号

公安局（分局）：

我局办理的＿＿＿＿＿＿＿＿一案，经初步调查，当事人的行为涉嫌触犯《中华人民共和国刑法》第＿＿＿＿＿条的规定，涉嫌构成＿＿＿＿＿罪。根据《中华人民共和国刑事诉讼法》、《行政执法机关移送涉嫌犯罪案件的规定》等，现将该案移送你局审查处理。

附：1.案件调查报告

2.涉案材料清单　　共＿＿＿份＿＿＿页

移送人：＿＿＿＿＿＿　　　电话：＿＿＿＿＿＿

＿＿＿＿年＿＿＿＿月＿＿＿＿日（移送单位公章）

（六）当前移送涉嫌犯罪案件存在的主要问题

移送手续不规范，不符合《规定》及规范化要求。证据材料不规范，不足以进入刑事立案和追诉程序。拆分案件，有案不移，以罚代刑，降格处理。

当前，水利部门、公安机关应当逐步健全行政执法与刑事司法长效衔接机制、案件双向咨询机制、联合调查机制、重大案件联合督办机制等协作机制，依法严厉打击涉水违法犯罪行为。

河南省水利厅、河南省公安厅联合起草并印发《关于加强全省水行政执法机关与公安机关执法衔接工作的指导意见》，该意见于 2018 年 8 月 24 日下发施行。

三、非法采砂案件中水利、公安取证及行刑衔接

《中华人民共和国水法》（2016 年 7 月 2 日第二次修改）：

第五十九条　县级以上人民政府水行政主管部门和流域管理机构应当对违反本法的行为加强监督检查并依法进行查处。水政监督检查人员应当忠于职守，秉公执法。

第六十五条　在河道管理范围内建设妨碍行洪的建筑物、构筑物，或者从事影响河势稳定、危害河岸堤防安全和其他妨碍河道行洪的活动的，由县级以上人民政府水行政主管部门或者流域管理机构依据职权，责令停止违法行为，限期拆除违法建筑物、构筑物，恢复原状；逾期不拆除、不恢复原状的，强行拆除，所需费用由违法单位或者个人负担，并处一万元以上十万元以下的罚款。

《中华人民共和国防洪法》（2016 年 7 月 2 日第三次修正）：

第五十五条　违反本法第二十二条第二款、第三款规定，有下列行为之一的，责令停止违法行为，排除阻碍或者采取其他补救措施，可以处五万元以下的罚款：

（一）在河道、湖泊管理范围内建设妨碍行洪的建筑物、构筑物的；

（二）在河道、湖泊管理范围内倾倒垃圾、渣土，从事影响河势稳定、危害河岸堤防安全和其他妨碍河道行洪的活动的；

（三）在行洪河道内种植阻碍行洪的林木和高秆作物的。

《河道管理条例》(2018 年 3 月 19 日第四次修正):

第四十四条(第四项) 违反本条例规定,县级以上地方人民政府河道主管机关除责令其纠正违法行为、采取补救措施外,可以并处警告、罚款、没收非法所得;对有关责任人员,由其所在单位或者上级主管机关给予行政处分;构成犯罪的,依法追究刑事责任:(四)未经批准或者不按照河道主管机关的规定在河道管理范围内采砂、取土、淘金、弃置砂石或者淤泥、爆破、钻探、挖筑鱼塘的。

未经批准或者不按照规定范围采砂的,水行政执法机关如何执法取证?①立案;②调查取证;③审查;④告知;⑤决定;⑥送达;⑦执行。

(1)通过举报、巡查(或者下级水利部门上报及其他机关移送的违法案件等),发现涉嫌未经许可或未按许可要求在河道非法采砂的违法行为,予以审查,决定是否立案。

《水行政处罚实施办法》:

第二十四条 除依法可以当场做出水行政处罚决定的以外,公民、法人或者其他组织有符合下列条件的违法行为的,水行政处罚机关应当立案查处:(一)具有违反水法规事实的;(二)依照法律、法规、规章的规定应当给予水行政处罚的;(三)属水行政处罚机关管辖的;(四)违法行为未超过追究时效的。

(2)水利部门对立案的案件,指定专人负责,及时组织调查取证,通过收集证据、现场了解核实情况等进行调查,并制作笔录。与当事人有直接利害关系的应当回避。执法人员不得少于两人,调查时应出示执法证件,允许当事人辩解陈述。认定并告知违法事实,说明处罚依据。执法人员应保守有关秘密。

《水行政处罚实施办法》:

第二十五条 对立案查处的案件,水行政处罚机关应当及时指派两名以上水政监察人员进行调查;必要时,依据法律、法规的规定,可以进行检查。

第二十六条 调查人员与本案有直接利害关系的,应当回避……

第二十七条 水政监察人员依法调查案件,应当遵守下列程序……

第二十八条 水政监察人员收集证据时,可以采取抽样取证的方法。在证据可能灭失或者以后难以取得的情况下,经水行政处罚机关负责人批准,可以先行登记保存……

第二十九条 水政监察人员进行取证或者登记保存,应当有当事人在场。当事人不在场或者拒绝到场的,水政监察人员可以邀请有关人员参加……

(3)制作案件调查报告,对案件违法事实、证据、调查取证程序、法律适用、处罚种类和幅度、当事人陈述和申辩理由等方面进行审查,提出处理意见(主要证据不足时,以适当的方式补充调查)。

《水行政处罚实施办法》:

第三十条 对违法行为调查终结,水政监察人员应当就案件的事实、证据、处罚依据和处罚意见等,向水行政处罚机关提出书面报告,水行政处罚机关应当对调查结果进行审查,并根据情况分别做出如下决定……(四)违法行为依法应当给予治安管理处罚的,移送公安机关;违法行为已构成犯罪的,移送司法机关。……

(4)做出行政处罚决定前,应制作《行政处罚告知书》送达当事人,告知违法事实及其享有的陈述、申辩等权利。符合听证规定的,制作并送达《行政处罚听证告知书》。

《水行政处罚实施办法》:

第三十一条　水行政处罚机关在做出水行政处罚决定之前，应当口头或者书面告知当事人给予水行政处罚的事实、理由、依据和拟做出的水行政处罚决定，并告知当事人依法享有的权利。

当事人有权进行陈述和申辩。水行政处罚机关应当充分听取当事人的意见，对当事人提出的事实、理由和证据进行复核。水行政处罚机关不得因当事人申辩而加重处罚。

(5)做出处罚决定，制作行政处罚决定书，载明行政处罚告知、当事人陈述申辩或者听证情况等内容。

《中华人民共和国行政处罚法》：

第三十九条　行政机关依照本法第三十八条的规定给予行政处罚，应当制作行政处罚决定书。行政处罚决定书应当载明下列事项……

《水行政处罚实施办法》：

第三十二条　水行政处罚机关做出水行政处罚决定，应当制作水行政处罚决定书。水行政处罚决定书须载明下列事项：

(一)当事人的姓名或者名称、地址；

(二)违法事实和认定违法事实的证据；

(三)水行政处罚的种类和依据；

(四)水行政处罚的履行方式和期限；

(五)不服水行政处罚决定，申请行政复议或者提起行政诉讼的途径和期限；

(六)做出水行政处罚决定的水行政处罚机关名称和日期。

水行政处罚决定书应盖有水行政处罚机关印章。

经有关部门批准的水行政处罚，应当在水行政处罚决定书中写明。

(6)行政处罚决定书应当在宣告后当场交付当事人；当事人不在场的，行政机关应当在七日内依照民事诉讼法的有关规定，将行政处罚决定书送达当事人。《中华人民共和国行政处罚法》第四十条行政处罚决定书应当在宣告后当场交付当事人；当事人不在场的，行政机关应当在七日内依照民事诉讼法的有关规定，将行政处罚决定书送达当事人。

《水行政处罚实施办法》：

第三十三条　水行政处罚决定应当向当事人宣告，并当场交付当事人；当事人不在场的，应当在七日内按照民事诉讼法的有关规定送达当事人。

(7)依照生效的行政处罚决定，自觉履行或强制执行。

《中华人民共和国行政处罚法》：

第六十六条　行政处罚决定依法做出后，当事人应当在行政处罚决定书载明的期限内，予以履行。

第七十二条　当事人逾期不履行行政处罚决定的，做出行政处罚决定的行政机关可以采取下列措施……

《水行政处罚实施办法》：

第四十六条　水行政处罚决定做出后，当事人应当履行。

第五十一条　当事人逾期不履行水行政处罚决定的，做出水行政处罚决定的水行政处罚机关可以申请人民法院强制执行。当事人到期不缴纳罚款的，做出水行政处罚决定的水行政处罚机关可以从到期之日起每日按罚款数额的百分之三加处罚款。

(一)涉嫌非法采砂犯罪的案件移送、行刑衔接

移送涉嫌犯罪案件,应附有下列材料:

(1)案件移送书,载明移送机关名称、行政违法行为涉嫌犯罪罪名及主要依据、案件主办人及联系电话等。案件移送书应当附移送材料清单,并加盖移送机关公章。

(2)案件调查报告,载明案件来源、查获情况、嫌疑人基本情况、涉嫌犯罪的事实、证据和法律依据、处理建议等。

(3)取证记录,含现场检查(勘察)笔录、调查询问笔录、现场勘验图、采样记录单等。

(4)涉案物品清单,载明涉案物品的名称、数量、特征、来源等事项,并附采取行政强制措施、现场笔录等表明涉案物品来源的相关材料。

(5)有关检验检测报告、鉴定或者认定意见。

(6)责令整改通知书、现场照片、询问笔录、视频资料、电子数据等其他与案件有关的材料和证据。

(7)对非法采砂违法行为已经做出行政处罚决定的,还应当附行政处罚决定书。

对案件所涉及的有关专门性问题难以确定的,水行政执法机关应该提供下列机构出具的鉴定意见或者报告:

(1)司法鉴定机构就生态环境损害出具的鉴定意见。

(2)省级以上人民政府国土资源主管部门就造成矿产资源破坏的价值出具的报告。

(3)省级以上人民政府水行政主管部门或者国务院水行政主管部门在国家确定的重要江河、湖泊设立的流域管理机构就是否危害防洪安全出具的报告。

(二)公安机关非法采砂犯罪取证

犯罪构成要件:客观(违法性)、主观(有责性)。

1.证明犯罪客观方面的证据

1)犯罪嫌疑人供述和辩解

(1)非法采砂具体位置,起止时间、采砂的数量及质量、用何方式、使用何种工具采矿。

(2)非法采砂的具体实施情况,组织结构,“采、运、储、销”各个环节的连接和实施方式,团伙型还是松散型。

(3)采砂的销售渠道、获利情况,结算方式,资金账目往来数量、方式,赃款的流向。

(4)有无注册法人,法人的登记情况。

(5)采砂的证照是否齐全,采砂证规定的开采时间期限、地点、数量。

(6)是否因非法采砂被行政处罚过,逃避打击的方式方法。

(7)非法采砂的日常事务如何管理,雇用了多少工人及工人的情况,管理的有无登记、账簿等。

(8)共同犯罪的起意、预谋、分工、实施、分赃等情况,查明每个犯罪嫌疑人在共同犯罪中的地位和作用。

(9)是否有其他共犯、证人和知情人。

(10)阻碍相关行政执法部门执行公务的情况。证明犯罪客观方面的证据。

2)证人证言

(1)知情人、见证人、关系人的证言,证实何时、何地、何人、如何实施非法采砂的“采、运、储、销”犯罪的详细经过。

(2)工人、管理人员、收购运输砂石者的证言,证实犯罪嫌疑人非法采砂的时间、地点、数量、次数、方式、经过等情况。

(3)水行政执法人员、海事工作人员、环境保护监管部门执法人员的证言,证实非法采砂的行为对防洪安全、供水安全、航运安全和水生态安全等造成的危害。

(4)水行政执法人员的证言,证实非法采砂犯罪嫌疑人逃避监管和被处罚的情况,以及在执法过程中阻碍执法的情况。证明犯罪客观方面的证据。

3)物证、书证

(1)涉案单位的工商登记证明、组织机构代码证、采砂许可证等资料,政府吹填工程的相关文件、协议,取得采砂(矿)许可证上规定的指定的区域、时间期限和采砂量,以及能认定单位犯罪的相关证明材料。

(2)在勘查、搜查中发现的开采砂石、来往账本等物证、书证,对用于非法采砂犯罪的专门工具和供犯罪所用的本人财物,应当依法扣押。

(3)在侦查过程时,根据犯罪侦查的需要,要立即查询、冻结犯罪嫌疑人涉案的存款、汇款,以防转移赃款;对犯罪嫌疑人非法采矿所得的赃款及其利息,应当依法追缴,依法扣押。

(4)"采、运、储、销"过程中往来的支票、汇票、发票、银行账、现金账等。

(5)犯罪嫌疑人以暴力抗拒阻碍执行公务过程中使用的工具。

(6)向水利部门调取相关文件资料,证实涉案人员均未办理采砂许可证,且部分涉案人员曾经因非法采砂受过行政处罚,以及认定禁采区、禁采期。

(7)在侦查过程中形成的搜查、扣押、封存等笔录。

(8)抓捕经过、破案经过。

(9)犯罪嫌疑人自然人身份情况、法人证明、前科劣迹等其他证据。证明犯罪客观方面的证据。

4)勘验、检查、辨认、侦查实验等笔录、检验报告、鉴定意见、视听资料、电子数据及其他证据

(1)应对采砂现场进行勘查,并对现场情况进行拍照,或现场录像,制作《现场勘查笔录》和现场图,提取现场涉案的砂石。

(2)非法采砂的价值,根据销赃数额认定;无销赃数额,销赃数额难以查证,或者根据销赃数额认定明显不合理的,根据砂价格和非法采砂数量认定。非法采砂价值难以确定的,依据价格认证机构出具的报告,或者省级以上人民政府水行政主管部门以及国务院水行政主管部门在国家确定的重要江河、湖泊设立的流域管理机构出具的报告,结合其他证据做出认定。

(3)司法鉴定机构就生态环境损害出具的鉴定意见;危害防洪安全的认定,依据省级以上人民政府水行政主管部门以及国务院水行政主管部门在国家确定的重要江河、湖泊设立的流域管理机构出具的报告,结合其他证据做出认定。

(4)对犯罪嫌疑人使用的手机、电脑等电子设备进行取证,获取证明犯罪事实的电子数据。

(5)对采砂现场进行辨认,制作辨认笔录,并同步录音录像。

(6)犯罪现场、周围及相关水域的视频监控资料,以及使用无人机侦查拍摄的视频资料。

(7)技术侦查措施获取的材料。

2.证明犯罪主观方面的证据

1)犯罪嫌疑人供述和辩解

(1)作案的动机、目的,共同犯罪嫌疑人间的共谋情况,各人的分工。

(2)"采、运、储、销"的各个环节犯罪嫌疑人是否存在事前预谋,在进行洽谈交易过程主观明知情况,实施犯罪行为的主观心态如何,对犯罪后果的认识程度、主动程度。

(3)犯罪嫌疑人是否有采砂从业经历,对办理采砂许可证等手续的知晓程度,犯罪嫌疑人作案的时间、地点的选择,规避公安机关或行政执法机关打击所采取的方式,是否有非法采砂被行政机关行政处罚的记录。

(4)水行政执法过程中为逃避打击,指使、胁迫、贿买等方法找人顶替代罚的情况,同时对顶替处罚的主观故意明知的证实。

2)能够证明犯罪嫌疑人主观故意的其他证据

(1)对相关涉案人员的手机及时进行勘验,获取能够佐证犯罪嫌疑人主观明知的相关证据。

(2)逃避水行政执法机关处罚的看守执法船艇的证据,以及和行政执法人员相互勾结、互通信息,相关行政执法人员涉嫌渎职犯罪的情况。

(3)非法采砂犯罪行为被发现后转移、毁灭物证或者教唆他人伪造证据等逃避打击的情况。

(4)是否因非法采砂被行政处罚、刑事处罚或者造成事故以后被相关部门调查处理后,又继续实施非法采砂行为的。

(5)事前纠集社会闲散人员阻碍行政执法,事后又阻挠行政执法部门在对非法采砂案件调查的,尚不构成妨害公务罪的情形。

总之,水是生命之源、生产之要、生态之基,而河道是水资源的载体,是防洪、排涝、引水、灌溉、航运、供水、水资源调度和水环境改善等涉及国计民生问题的重要基础。河道非法采砂对此危害极大。所以,必须加大对河道采砂的管理力度,并探索以强有力的刑事打击与行政处罚的有效衔接,实现对河道非法采砂行为的有效遏制。

对一起水行政强制案件的思考

【案情介绍】

上诉人(原审原告):裴某,男,汉族,1965年9月6日出生。

上诉人(原审被告):南京市水利局,住所地:南京市鼓楼区汉江路6号。

原审原告裴某诉原审被告南京市水利局(简称市水利局)行政强制一案,裴某及市水利局均不服南京市鼓楼区人民法院〔2013〕鼓行初字第69号行政判决,均向本院提起上诉。本院于2014年4月3日受理后,依法组成合议庭,于2014年4月22日公开开庭审理了本案。上诉人裴某及其委托代理人刘某、裴某,上诉人市水利局的委托代理人李某、仇某到庭参加诉讼。因当事人申请案外协调,本案扣除审限一个月。因案情较为复杂,经向江苏省高级人民法院报请,本案延长审限二个月。本案现已审理终结。

原审法院经审理查明,2011年9月,被告市水利局根据市民举报,对原告裴某位于本市江宁区东山外秦淮河口北岸河道管理范围内土地上的违建房、棚予以立案调查,在调查和现场勘验的基础上,于2011年9月29日向原告送达了《限期整改通知书》。要求原告:①拆除在河道管理范围内的违建(管理范围:迎水坡顶外延30米);②清走管理范围内的所有堆放物。2011年11月23日,被告向原告送达《限期补办水行政许可手续通知书》。要求原告在接到通知书次日起7日内至江苏省水利厅补办相关手续,逾期不补办或补办未获批准的,将责令限期拆除违法建筑物、构筑物,逾期不拆除的,强行拆除,所需费用由原告承担,并处一万元以上十万元以下的罚款。2013年2月25日,被告向原告送达《责令限期拆除通知书》,限原告于2013年2月28日前自行拆除违法建筑物及构筑物,恢复河道管理范围原状,逾期不拆除的,将依法组织强行拆除,所需费用由原告承担。2013年3月5日,被告向原告送达《履行义务催告书》,要求原告于2013年3月7日前履行《责令限期拆除通知书》中要求的“自行拆除秦淮河城北大桥上游左岸河道管理范围内的建房”义务。2013年4月17日,被告向原告送达《行政强制执行决定书》,《行政强制执行决定书》载明:被执行人裴某,经调查,你未经水行政主管部门批准,擅自在秦淮河左岸城北桥上游,明瑞建设开发有限公司平顶房北侧第一大门内河道管理范围内建房。房屋顺河长11米,宽6.6米,面积72.8平方米。你逾期未履行本机关《责令限期拆除通知书》(宁水限拆字〔2013〕第8号)要求的限期拆除秦淮河左岸城北桥上游河道管理范围内房屋的义务。经本机关《履行义务催告书》(宁水强催〔2013〕10号)催告后,你仍未履行。你在规定的时间内没有进行陈述、申辩,视为放弃陈述、申辩的权利。根据《中华人民共和国行政强制法》第三十七条、《中华人民共和国水法》第六十五条第二款之规定,本机关决定:强制拆除你擅自在秦淮河左岸城北桥上游明瑞建设开发有限公司平顶房北侧第一大门内河道管理范围内的房屋。强制执行时间自2013年4月22日起。2013年4月26日,南京市江宁区环境综合整治指挥部和被告下属的南京秦淮河河道管理处做出《关于对江宁区秦淮河河道管理范围内涉及东山街道违建进行拆除的方案》,决定于2013年5月8日由江宁区环境综合整治指挥部办公室组织实施,南京市秦淮河河道管理处全程参与,对包括原告位于秦淮河西岸城北桥上游的砖瓦结构违建67.5平方米予以拆除。2013年5月8日,原告的上述房屋被拆除。原告不服强制拆除其房屋的具体行政行为,以市水利局为被申请人,于2013年6月21日向南京市人民政府申请行政复议,南京市人民政府于2013年8月15日做出行政复议决定,维持了南京市水利局强制拆除裴某位于河道范围内的房屋的具体行政行为。原告不服复议决定,向本院提起行政诉讼。

2012年10月11日,南京市环境综合整治指挥部办公室下发《关于下发市管河道拆违任务的通知》(宁综指办〔2012〕87号)文件,规定:市管河道管理范围内的违章拆除工作,前期的调查取证和执法文书下达,由市水利局委托市长江河道管理处和市秦淮河河道堤防管理处负责,拆违工作由相关区政府和高新技术产业开发区管委会组织实施。

原告诉讼中陈述:原告2006年开始在诉讼所涉房屋中居住,并从事石英石加工,被告执法文书上所述的三间违建房屋主要由原告夫妻居住、办公,另有工人五名居住在钢结构工棚和另外砖结构的房屋中,72.8平方米的房屋及钢结构工棚前的石棉瓦工棚当时的购买价格为19万元。钢结构工棚系2007年夏天建造,当时花费约1.5万元。原告夫妻及工人居住的房屋装修于2009年夏天,房屋及钢结构工棚均没有相关建设等手续。原告经营年收入约150万元。诉讼中,原审法院要求原告为证明其损失可以清理现场,被告可以现场监督并对财产登记造册。2013年11月下旬,原告自行清理了拆除现场,并列出了部分财产清单,对部分财产进行了拍照。

原审法院认为,根据《中华人民共和国水法》第十二条第四款的规定,被告市水利局具有对南京市区域内水资源管理和监督的职责。根据《中华人民共和国水法》第三十八条第一款的规定,在河道管理范围内建设临河建筑物、构筑物等,应当符合国家规定的防洪标准和其他有关的技术要求,工程建设方案应当依照防洪法的有关规定报经有关水行政主管部门审查同意。根据《中华人民共和国水法》第六十五条第二款的规定,未经水行政主管部门或者流域管理机构同意,擅自修建临河建筑物、构筑物等,由县级以上人民政府水行政主管部门或者流域管理机构依据职权,责令停止违法行为,限期补办有关手续;逾期不补办或者补办未被批准的,责令限期拆除违法建筑物、构筑物;逾期不拆除的,强行拆除,所需费用由违法单位或者个人负担,并处一万元以上十万元以下的罚款。被告市水利局根据市民举报,对原告擅自在秦淮河左岸城北桥上游,明瑞建设开发有限公司平顶房北侧第一大门内河道管理范围内72.8平方米建房予以立案、调查、限期整改、责令限期补办有关手续、责令限期拆除、催告履行义务,做出《行政强制执行决定书》,符合法律规定,其做出的行政强制执行决定的具体行政行为合法。

本案争议的焦点为"被告是否对原告所建房屋实施了违法行政强制执行行为"。原告认为被告实施了违法的行政强制执行行为,被告认为实施行政强制执行行为的是江宁区政府,被告没有实施行政强制执行行为的职权。

《中华人民共和国行政强制法》第十三条规定:行政强制执行由法律设定,根据《中华人民共和国水法》第六十五条第二款的规定,被告市水利局对河道管理范围内擅自建设的临河建筑物、构筑物具有行政强制执行的职权。南京市人民政府协调相关区政府及部门的组织实施行为是对法定行政强制执行主体的协助行为,相应的法律后果应由法定的行政强制执行主体即本案被告市水利局承担。《中华人民共和国行政强制法》第四十四条规定对违法的建筑物、构筑物、设施等需要强制拆除的,应当由行政机关予以公告,限期当事人自行拆除。当事人在法定期限内不申请行政复议或者提起行政诉讼,又不拆除的,行政机关可以依法强制拆除。被告市水利局在行政强制执行决定行政复议或行政诉讼期限届满前实施行政强制执行行为,且没有予以公告,超出行政强制执行决定的范围,其实施行政强制执行的行为违法。

《中华人民共和国行政强制法》第八条规定，公民、法人或者其他组织因行政机关违法实施行政强制受到损害的，有权依法要求赔偿。《中华人民共和国国家赔偿法》（简称《国家赔偿法》）第四条、第七条规定，行政机关及其工作人员在行使行政职权时侵犯公民、法人和其他组织合法财产权益的，受害人有取得赔偿的权利，该行政机关为赔偿义务机关。第三十二条、第三十六条规定，国家赔偿以支付赔偿金为主要方式，能够返还财产或者恢复原状的，应当返还财产或者恢复原状，不能恢复原状的，按照损害程度给付相应的赔偿金。第十五条规定，赔偿请求权人和赔偿义务机关对自己提出的主张，应当提供证据。原告对其主张的损失负有举证责任，原告现提供的照片、陈述等证据虽不能证明原告的具体损失数额，但初步证明了被告实施行政强制执行造成的损失，又因被告违法实施行政强制执行的行为，且没有遵循正当程序，客观上造成了原告举证上的困难，被告应承担相应的责任。就原告目前所能提供的证据，结合原告居住经营的情况、本院勘验材料、生活经验及合法财产的当前市场行情，本院酌定原告的损失为 8 万元，该 8 万元的具体认定为：①原告夫妻居住、办公的 72.8 平方米房屋及厨房披棚内的财产，包括打印一体机、办公家具、监控设施、空调、热水器、生活家具、电视机、冰箱、洗衣机、衣物、可能存在的生产资料合计 4 万元；建筑物属违法建筑，本应由其自行拆除，且建筑物的建筑材料仍在现场，故建筑物本身不认定为损失；原告主张的价值 5 万元的鸡血石、名烟名酒、粮票邮票古董等收藏品、自行研发的生产设备等因无证据，且不合情理，不予认定；②工人居住的约 30 平方米房屋及内部财产，考虑到该房屋没有相关合法手续、尚有部分能使用、工人持有财产、房屋拆除顺序靠后等因素，酌定建筑材料的损失为 5 000 元、生活用品损失为 5 000 元；③约 110 平方米钢结构工棚及内部财产损失，考虑工棚建设价值、折旧、现场勘验情况，酌定该部分损失为 3 万元。综上，依照最高人民法院《关于执行〈中华人民共和国行政诉讼法〉若干问题的解释》第五十七条第二款第（二）项之规定，判决：

（1）被告南京市水利局 2013 年 5 月 8 日实施的对原告裴某位于秦淮河左岸城北桥上游，明瑞建设开发有限公司平顶房北侧第一大门内河道管理范围内建房和工棚的行政强制执行行为违法。

（2）被告南京市水利局于本判决发生法律效力之日起十日内赔偿原告裴某各项损失 8 万元。案件受理费 50 元，由被告南京市水利局负担。

上诉人裴某上诉称：①原审认定"上诉人对其主张的损失负有举证责任"系机械司法，适用法律错误。导致上诉人无法确切提供各项损失证据的根本原因是市水利局在实施强制执行行为时严重违反法定程序，未做现场笔录，未对财产进行清点、公证。因此，在上诉人已提供证据初步证明其有财产损失的情况下，理应依法发生举证责任的转移；本案是民告官的行政赔偿案件，原审法院无视案件的特殊性质及具体案情，将本案混同于一般普通民事侵权赔偿案件机械司法，要求上诉人承担不可能完成的举证责任，是对举证责任分配的错误理解与适用。②市水利局存在严重的举证妨碍行为，据此应依法直接推定上诉人赔偿主张成立。市水利局提供的《关于对江宁区秦淮河河道管理范围内涉及东山街道违建进行拆除的方案（送审稿）》足以证明，市水利局在实施行政强制执行时对执行全过程实施了证据保全工作，现市水利局在一审中始终拒绝提供此证据且无任何正当理由，应直接推定上诉人的赔偿主张成立。③原审没有对上诉人为证明损失所举证的财产损失清单、公证书、视频、照片等重要证据予以评判，认定损害事实明显依据不足。综上，请求撤销原审判决第二项，改判市水利局赔偿各项损失共计人民币 734 950 元。

上诉人市水利局上诉称：①原审法院认定上诉人行政强制执行行为违法无事实及法律依据。具体拆违是由江宁区政府实施的，与市水利局不是同一个具体行政行为，市水利局与江宁区政府之间没有隶属关系，也不存在委托关系。②原审法院要求市水利局赔偿损失80 000元，缺乏证据证明，市水利局针对的是裴某 72.8 平方米违建做出的具体行政行为，

该具体行政行为合法，原审法院已认定，对该部分违建不存在行政赔偿；错拆 140 平方米是由江宁区政府实施的，裴某如果有损失也应当向江宁区政府提起行政或民事赔偿，与市水利局无关。综上，请求撤销一审判决，发回重审或依法改判；全部诉讼费用由裴某承担。

原审原告裴某向原审法院提交的证据有：①行政复议决定书；②行政强制执行决定书；③被告答辩过程中提供的《关于对江宁区秦淮河河道管理范围内涉及东山街道违建进行拆除的方案（送审稿）》；④公证书、财产损失清单、照片。

原审被告市水利局向原审法院提交的证据有：①立案审批表；②调查笔录、《房屋出租（租用）合同》各 1 份；③勘验笔录、勘验图各 1 份，照片 2 张；④《限期整改通知书》、送达回证、照片；⑤《限期补办水行政许可手续通知书》、送达回证、照片；⑥《责令限期拆除通知书》、送达回证；⑦《履行义务催告书》、送达回证、照片；⑧《行政强制执行决定书》、送达回证；⑨南京市环境综合整治指挥部办公室宁综指办〔2012〕87 号文件、南京市人民政府〔2012〕221 号文件；⑩南京市江宁区人民政府法制办公室 2013 年 7 月 31 日给市政府法制办复议处的《关于裴某复议案件的情况说明》。

2013 年 11 月 6 日，原审法院组织双方当事人对诉讼所涉的拆除现场进行了现场勘验，制作了现场勘验笔录，并进行了拍照和摄像。

原审法院经庭审质证后认为，被告提供的证据⑩及南京市江宁区人民政府法制办公室给原审法院的回复所述内容不明确，且无证据证明，不作为认定事实的证据。此外的原、被告提供的证据、法院的勘验材料与本案具有关联性，可以作为本案认定事实的证据。

原审被告向原审法院提交的依据有：①《中华人民共和国水法》；②《中华人民共和国行政强制法》。

上述证据和依据均已随案移送本院。

本院经审查，原审法院从证据的关联性、合法性、真实性三个方面对双方当事人提交的证据进行了审查，原审认证正确，本院予以确认。

对于原审法院认定的案件事实，本院予以确认。

【审理结果】

法院认为，依据《中华人民共和国水法》第十二条第四款规定，“县级以上地方人民政府水行政主管部门按照规定的权限，负责本行政区域内水资源的统一管理和监督工作”，上诉人市水利局具有对南京市区内水资源管理和监督的法定职责。结合本案的争议焦点、双方上诉人的上诉理由，法院综合评判如下：

（1）关于本案中行政执法主体的认定问题。

《中华人民共和国水法》第六十五条第二款规定：未经水行政主管部门或者流域管理机构同意，擅自修建水工程，或者建设桥梁、码头和其他拦河、跨河、临河建筑物、构筑物，铺设跨河管道、电缆，且防洪法未做规定的，由县级以上人民政府水行政主管部门或者流域管理

机构依据职权，责令停止违法行为，限期补办有关手续；逾期不补办或者补办未被批准的，责令限期拆除违法建筑物、构筑物；逾期不拆除的，强行拆除，所需费用由违法单位或者个人负担，并处一万元以上十万元以下的罚款。《中华人民共和国行政强制法》第十条规定：行政强制措施由法律设定。根据上述法律规定，对上诉人裴某擅自修建且逾期未补办手续的临河建筑物的行政强制职权依法应由市水利局行使。

本案中，市水利局针对上诉人裴某的违建房之前已先后送达《限期整改通知书》《责令限期拆除通知书》《履行义务催告书》《行政强制执行决定书》，市水利局的上述行政行为是其依法对擅自修建的临河违章建筑履行管理、监督职责的体现，后南京市人民政府协调规定相关区政府及部门组织实施拆除行为，应认定是建立在市水利局前期执法监督行为基础上的行政强制措施，是对法定的行政强制主体即市水利局的协助行为，相应的法律后果应由市水利局承担。由于拆除行为的实施发生在行政强制执行决定行政复议或行政诉讼期限届满前，且没有予以公告、超出行政强制执行决定范围，因此一审认定上诉人市水利局是上述违法行政强制行为的主体并无不当。

(2)关于上诉人裴某和上诉人市水利局共同提出的行政赔偿问题。

《中华人民共和国行政强制法》第八条规定，公民、法人或者其他组织因行政机关违法实施行政强制受到损害的，有权依法要求赔偿。《中华人民共和国国家赔偿法》第四条、第七条规定，行政机关及其工作人员在行使行政职权时侵犯公民、法人和其他组织合法财产权益的，受害人有取得赔偿的权利，该行政机关为赔偿义务机关。根据上述法律规定，对本案中的违法行政行为，上诉人裴某有权向上诉人市水利局要求赔偿。

《中华人民共和国国家赔偿法》第三十二条、第三十六条规定，国家赔偿以支付赔偿金为主要方式，能够返还财产或者恢复原状的，应当返还财产或者恢复原状，不能恢复原状的，按照损害程度给付相应的赔偿金。第十五条规定，赔偿请求权人和赔偿义务机关对自己提出的主张，应当提供证据。根据上述法律规定，赔偿请求人应当对被诉行为造成的损害事实承担举证责任，由于赔偿请求人在行政程序中处于弱势一方，其收集证据的能力有限，因此有关“损害事实”的内容，赔偿请求人只要初步提供证据证明损害事实的存在即可。在确定具体赔偿数额时，法院应该根据赔偿请求人的经济状况等因素，综合判断其损失主张的合理性。本案中，上诉人裴某提供了证明其损失的公证书、财产损失清单、照片等证据材料，一审法院结合上诉人裴某居住经营的情况、法院勘验材料、生活经营及合法财产的当前市场行情，对裴某的损失予以酌情认定，符合行政赔偿诉讼中的优势证明标准及对赔偿数额认定的合理原则。

综上，原审判决事实清楚，适用法律正确，审判程序合法。双方上诉人的上诉请求，因缺乏事实和法律根据，本院均不予支持。据此，依照《中华人民共和国行政诉讼法》第六十一条第(一)项的规定，判决如下：驳回上诉，维持原判。

【评析意见】

一、违法建筑的认定

违法建筑是指违反城乡规划等相关法律、法规，非法占用土地、未取得建设工程规划许可证、临时建设工程规划许可证等法定建设许可，或者未按照建设工程规划许可证、临时建设工程规划许可证的规定，擅自建筑的建筑物、构筑物。根据对违法建筑的界定，认定违法建筑的根本标准是该建筑的违法性,即行政机关只有在法律、法规、规章有明文规定的情形下,才能认定涉案房屋为违法建筑,否则该房屋应当视为或者推定为合法财产。故查清涉案房屋的修建、改建、扩建时间是否符合同时期法律、法规、规章规定,是认定违法建筑的关键。

二、对《中华人民共和国水法》第三十八条和第六十五条的分析与解读

《中华人民共和国水法》第三十八条第一款规定:在河道管理范围内建设桥梁、码头和其他拦河、跨河、临河建筑物、构筑物,铺设跨河管道、电缆,应当符合国家规定的防洪标准和其他有关的技术要求,工程建设方案应当依照防洪法的有关规定报经有关水行政主管部门审查同意。同时在第六十五条第二款中对违反上述规定者设定了相应的法律责任。

从以上条文可知,只有在管理范围内擅自修建水工程等,才能适用此条文来处罚。但在水行政执法实践中,如我们所处的河南省城市河道,管理范围一般只有3~5米,在管理范围外围还有河道的保护范围,很多建筑物都同时处于管理范围和保护范围内。如作者所在的市新近发生的一起案件就是这种情况。当事人擅自建设围墙圈占草地,其中约三分之一的面积处于河道管理范围之内,三分之二在管理范围之外、保护范围之内。当事人拒不到市水行政主管部门补办有关手续,在水政监察执法人员下达《责令限期改正通知书》后,因当事人拒不拆除违法构筑物,市水行政主管部门想依据《中华人民共和国水法》第六十五条第二款来强行拆除,市水行政主管部门能否依据《中华人民共和国水法》全部拆除此围墙并进行处罚?

保护范围内出现违章建筑如何处罚的问题,首先需要分清楚什么是保护范围,什么是管理范围。

为加强对水利工程的管理,确保工程设施的安全完整和综合效益的充分发挥,各类水利工程均应根据管理和安全的需要,结合自然地理条件,划定工程管理范围和安全保护范围。管理范围是指水利工程设施本身占地、有关管理和观测设施占地、管理单位本身建设占地的总面积。安全保护范围是指为了确保水利工程正常运行,需要禁止其他单位和个人进行有碍工程设施安全的活动所必要的限制范围。

对于在安全保护范围内违法的法律责任,《中华人民共和国水法》第四十三条第四款明确规定:在水利工程保护范围内,禁止从事影响水工程运行和危害水工程安全的爆破、打井、采石、取土等活动。该款是采用列举立法方式规定的,也就是说,在保护范围从事上述活动或者类似上述活动,才能适用《中华人民共和国水法》第七十二条的法律责任。当然,对于在管理范围内,违反《中华人民共和国水法》第三十八条规定的行为,可以适用第六十五条的法律责任,即责令停止违法行为,限期拆除、恢复原状;逾期不拆除、不恢复原状的,按照法律程序强制拆除。

简言之,根据行政执法的权限法定原则和行政法律责任法定原则,处于保护范围的建筑物不适用《中华人民共和国水法》第三十八条的规定。此案也一定要分清楚管理和保护范围的界限,这是至关重要的。

《中华人民共和国水法》第六十五条规定,把在河道管理范围内违章建设工程的行为分为两个层次:一是妨碍行洪危害堤防安全的建筑,处理办法是限期拆除、恢复原状;逾期不拆除的,强行拆除并处罚款。二是未经主管部门批准同意擅自修建工程的,处理办法是限期补办有关手续,逾期不补办或者补办未经批准的,限期拆除;逾期不拆的,强行拆除,并处罚款。

两个层次的区别在于第一款规定违章工程必须拆除,不留余地;第二款规定的工程可拆可不拆,取决于补办有关手续能否获批准。其共同点是对于逾期不拆除的,授予水行政主管部门强制执行权进行强行拆除。

现在具体分析第二款的规定,水行政机关在执行这一条款时,要做出三种具体行政行为:

第一,行政处理,包括审批涉河工程的行政许可和责令停止违法行为,限期补办有关手续。行政处理的具体行政行为对违法行为人具有拘束和执行力,但是不具有惩罚性,责令停止违法行为是行政机关在实施行政处罚过程中对违法行为人发出的一种作为命令。

第二,行政强制执行,在这一款的规定中,法律给县以上人民政府水行政主管部门和流域管理机构授予了强制执行权。强制执行分两个阶段:一是通知告诫阶段。在强制执行前,要给违法行为人一次主动改正违法行为的机会,并告知限定的期限,对于逾期不补办或者补办未被批准的,责令限期拆除。这里的限期拆除,对于违法行为人纠正违法行为是一种补救而不是处罚。二是实施阶段。本款规定的行政强制措施是强行拆除,是一种代执行,又称为间接强制执行,其前提是违法行为人不履行其应该履行的法定义务,强制执行的执法主体是县以上人民政府水行政主管部门和流域管理机构。

第三,行政处罚,本款规定的是罚款,是对违法行为的制裁措施,其目的是通过惩戒促使违法行为人不再违反行政管理秩序。罚款的幅度是一万元以上十万元以下,这给予了行政机关较大的自由裁量权。执法者可以按照违法行为及其违法后果的轻微与严重,以及当地经济社会发展的具体情况来决定处罚的额度。

在执行过程中,行政机关首先要对违法行为进行立案调查,查清违法事实后发出《责令停止违法行为通知书》,说明违法者的何种行为违反了哪条法律、法规的规定,要求违法者停止违法行为,听候处理。在进一步核实违法事实的基础上,行政机关发出《责令改正违法行为通知书》,说明改正的内容和拟采取的处罚措施,并交代诉权。如果违法行为较为严重或者处罚额度较大,要向违法者发出《陈述申辩事先告知书》和《听证告知书》。最后发出《行政处罚决定书》。

需要说明的是,罚款是针对法律规定的违法行为而言的,并不因补办手续获批准和限期拆除及强行拆除而免除。

如果违法行为人在规定的时间内没有自行拆除违章建筑,行政机关应当组织水政监察队伍强行拆除。拆除前要发出公告,并做好说服教育工作,督促违法行为人依法自行拆除,只有在说服教育后,违法行为人仍不履行法定义务时才对其采取强制措施。在进行强制拆除之前,行政机关应当与当地的公安机关等有关部门联系,当出现妨碍执行公务和暴力抗法的现象时,由公安部门出面处理,以保证强制拆除的顺利进行。

三、水行政处罚中违章建筑查处难点问题探讨

下面要重点对水行政主管部门关于水行政处罚中违章建筑查处难点问题进行探讨。

(一)涉水违章建筑行政处罚相对人的认定

对水利部门来说,违章建筑是“违反了《中华人民共和国水法》《中华人民共和国防洪法》等相关法律、法规的规定而建设的临河建筑物和构筑物”(水利水电工程中江河、渠道上的所有建造物都可以称为建筑物,比如水工建筑物)。违章建筑一旦发现,行政机关应当及时进行处理。根据《中华人民共和国行政处罚法》第三十条规定,公民、法人或者其他组织

违反行政管理秩序的行为，依法应当给予行政处罚的，行政机关必须查明事实；违法事实不清的，不得给予行政处罚。具体到拆除违章建筑物行政处罚案件中，若要准确做出拆违行政处罚决定，首要的前提就是准确认定违章建筑行为人。若所涉违章建筑经过装修、改建或交易的，因涉及多个产权人或行为人，确定违章建筑违法行为人应当通过以下方法：对违章建筑物的实际情况进行勘验，对违章建筑的相邻人、实际使用人以及所有权人进行调查询问，而后分析违章建筑物的实际物理状况、建筑物演变情况并结合调查询问笔录，排除上述证据中的冲突之处，才可以准确确定违法搭建行为人。

（二）涉水违章建筑行政处罚相对人陈述申辩权的保障

《中华人民共和国行政处罚法》规定，行政机关在做出行政处罚决定之前，应当告知当事人做出行政处罚决定的事实、理由及依据，并告知当事人依法享有的权利。《中华人民共和国行政处罚法》规定，当事人有权进行陈述和申辩。行政机关必须充分听取当事人的意见，对当事人提出的事实、理由和证据，应当进行复核；当事人提出的事实、理由或者证据成立的，行政机关应当采纳。上述法律规定在具体执法过程中必须保障相对人陈述申辩的权利，否则将视为程序违法。有的地方发现涉水违章建筑后，当事人采取回避、躲闪的方式，这种情况下如何充分保障相对人陈述申辩的法定权利呢？根据《中华人民共和国行政强制法》第四十四条对行政机关强制拆除违法的建筑物、构筑物、设施等所做的规定，其中规定了一个专门程序行政机关公告程序，这里的公告是针对行政机关强制拆除违法的建筑物、构筑物、设施等而提出的特殊程序要求，就是由负有查处职责的行政主管部门，在违法建筑现场和公共媒体发布公告，要求当事人限期依法接受处理，公告时间不少于 10 日；公告期届满，还应当根据《中华人民共和国行政强制法》第三十五条的规定以书面形式予以催告，不能因为发布了公告就不再履行催告程序。对违法建筑实施强制拆除或者回填的同时，对违法建筑内的财物，乡镇人民政府、街道办事处应当登记造册、妥善保管，并公告行政相对人认领。自公告之日起 60 日内无人认领的，可以视为当事人自愿放弃有关财物。临时保管费用、强制拆除或者回填所需费用由违法建筑当事人自行承担。

在查处涉水违章建筑过程中，我们会经常碰到当事人的抵触或不予理睬，这种情况下，行政机关对法律文书送达一般会采取留置送达方式进行。在此对留置送达方式对行政处罚相对人陈述申辩权的保障存在不同理解加以说明。其一，行政机关的送达是否满足了留置送达的法定条件。《中华人民共和国民事诉讼法》第八十六条规定：受送达人或者他的同住成年家属拒绝接收诉讼文书的，送达人应当邀请有关基层组织或者所在单位的代表到场，说明情况，在送达回证上记明拒收事由和日期，由送达人、见证人签名或者盖章，把诉讼文书留在受送达人的住所，即视为送达。该条对留置送达方式进行了明确的规定，即留置送达必须同时满足“拒收”和“留置”两项条件并应有见证人见证。在行政执法中，行政机关也可以通过将行政执法文书张贴在当事人住所或者违法建筑现场，由有关基层组织或者当事人所在单位的代表到场见证，或采用拍照、录像等方式记录送达过程，解决留置送达问题。

（三）确定违章搭建行为人难题的思考

在对违章搭建行为进行处罚的水行政执法实践中，一个难以认定和操作的问题是难以确定违章搭建行为人。其一，违法行为往往发生在较为隐蔽的空间内，难以被注意和发现。其二，经过多次转手或转让的涉水违章建筑，行为人难以确定。其三，相对人有时对于行政机关的调查不予理睬或是避而不见，导致违章搭建行为人难以确定。鉴于上述难点，行政执法实践中倾向于认为,建筑物所有权人享有对该建筑物的占有、使用、处分、收益的各项权能,也享有对建筑物使用状况进行实际监管的权利。因此,建筑物所有权人可以作为建筑物管理的第一责任人,成为拆违行政处罚决定的行政相对人。实践中,除将建筑物所有权人作为拆违行政处罚的相对人外,还有以下确定违法行为人的方式:以建设人作为违法建设的行为主体;如果找不到建设人,将实际受益人作为违法建设的行为主体;在找不到建设人又无法辨认受益人的情况下,将违法建设的实际占有人作为违法建设的行为主体;如果通过上述三点仍无法确认主体,应该采用公告方式,向该建筑物的建设人、所有人或对建筑物主张权利的人发出公告,告知违法事实、理由、依据及其享有的权利、应履行的义务及需要承担的法律后果。但是上述做法仅是权宜之计,行政处罚认定违章搭建行为人必须准确,将并未违法者作为行政处罚相对人,在事实的精确性上有所欠缺。在违章搭建行为人难以确定的情况下,做出拆违行政处罚决定需要新的思路。比如也可通过对物(障碍物)做出行政行为的方式,直接做出行政强制措施,而不涉及确定具体相对人的难题。

(四)水行政机关对违法行为人的违法行为实施行政处罚时应当注意的几个有关法律适用问题

第一个问题:在《中华人民共和国水法》第六十五条第二款、第六十六条和第七十二条均做了且《中华人民共和国防洪法》未做规定的提示。这以上三个提示,有以下含义:①这些违法行为属于《中华人民共和国防洪法》调整范围,应归并到《中华人民共和国防洪法》,也就是说,在查处违法行为人实施行政处罚时,首先应在《中华人民共和国防洪法》中找依据;②凡是《中华人民共和国防洪法》已做出规定的,应从其规定办理;③因《中华人民共和国防洪法》未做规定的而由《中华人民共和国水法》做出补充规定。为此,凡对条款中所列的违法行为需依据上述三条款实施行政处罚时,只有《中华人民共和国防洪法》对此未做规定的方可适用,否则均为适用法律错误。

第二个问题:在查处违章建筑过程中,经常会遇到房地产公司或当地企业在河道管理范围内砌石驳岸占用河道的行为,执法人员经常会依据《中华人民共和国防洪法》第二十七条进行查处,事实与《中华人民共和国防洪法》第二十七条所讲的"建设跨河、穿河、穿堤、临河的桥梁、码头、道路、渡口、管道、缆线、取水、排水等工程设施"不是一码事。如果依据该法第五十八条对其实施行政处罚,将会造成法律适用错误,因为上述这种行为不属于该条所列的工程设施,无法补办审查同意或者审查批准手续;针对上述的违法情节,应认定其行为是一种侵占河道的违法行为,依据《中华人民共和国防洪法》第二十二条第二款关于禁止在河道、湖泊管理范围内建设妨碍行洪的建筑物、构筑物,从事影响河势稳定、危害河岸堤防安全和其他妨碍河道行洪的活动的行为进行查处。其中,"影响河势稳定、危害河岸堤防安全和其他妨碍河道行洪的活动"的内容相当丰富。它的内容已基本包括了《河道管理条例》第四十四条(一)至(五)项的违法行为。

第三个问题:在我国现有的水法律、法规中,经常会遇到采取补救措施、限期改正等行政处罚决定的内容。作为水行政执法人员就不能依葫芦画瓢,照抄照搬,死搬套用。这里就要发挥水行政执法人员的灵动性,加深对法律条文的理解。对上述的处罚内容要进一步详细说明,比如补办相关手续、改正其违法行为、拆除违章建筑物或者弥补因其违法行为所造成的损害,采取修补被破坏的河道或堤防等补救措施。限期改正也要进一步说明,如责令当事人在几日内改正其违法行为。

四、行政强制执行

以上是水法律、法规对违章建筑及疑难问题做的解析，下面从《中华人民共和国行政强制法》方面再做一下分析。

附：相关法律条文

《中华人民共和国行政强制法》

第三十五条 行政机关作出强制执行决定前，应当事先催告当事人履行义务。催告应当以书面形式作出，并载明下列事项：

（一）履行义务的期限；

（二）履行义务的方式；

（三）涉及金钱给付的，应当有明确的金额和给付方式；

（四）当事人依法享有的陈述权和申辩权。

第三十六条 当事人收到催告书后有权进行陈述和申辩。行政机关应当充分听取当事人的意见，对当事人提出的事实、理由和证据，应当进行记录、复核。当事人提出的事实、理由或者证据成立的，行政机关应当采纳。

第三十七条 经催告，当事人逾期仍不履行行政决定，且无正当理由的，行政机关可以作出强制执行决定。

强制执行决定应当以书面形式作出，并载明下列事项：

（一）当事人的姓名或者名称、地址；

（二）强制执行的理由和依据；

（三）强制执行的方式和时间；

（四）申请行政复议或者提起行政诉讼的途径和期限；

（五）行政机关的名称、印章和日期。

在催告期间，对有证据证明有转移或者隐匿财物迹象的，行政机关可以作出立即强制执行决定。

第三十八条 催告书、行政强制执行决定书应当直接送达当事人。当事人拒绝接收或者无法直接送达当事人的，应当依照《中华人民共和国民事诉讼法》的有关规定送达。

作为水行政执法人员，首先需要了解的是行政机关强制执行中的催告程序如何履行。

行政机关应当依照《中华人民共和国行政强制法》规定的程序进行行政强制执行，即须进行行政强制执行前的催告，在经催告后，当事人逾期仍不履行行政决定，且无正当理由的，行政机关再行制作行政强制执行决定书，依法予以强制执行。

行政机关进行强制执行时，如果未依法履行催告程序，也未依法作出强制执行决定，剥夺了行政相对人的陈述、申辩权，也没有明确告知行政相对人申请复议或者提起行政诉讼的途径和期限等，即自行组织有关机关进行强制执行的，该强制执行行为违反法定程序，依法应当被确认违法。下面具体分析。

（一）行政强制执行与催告程序

依法做出的行政决定，具有法律效力，当事人对行政决定确定的义务应当履行。当事人在行政机关决定的期限内不履行义务的，具有行政强制执行权的行政机关可以强制执行。强制执行应当依照规定的程序进行，首先，行政机关应当事先催告当事人履行义务,催告是强制执行程序中第一道程序。催告的目的是督促当事人自觉履行行政决定。行政强制执行一般来说是备用手段、威慑武器。有效实现行政管理目的的最佳途径,在于当事人能自愿遵守而非强迫服从。如果当事人不能自觉遵守,甚至抵触和反对,即使行政机关能够凭借国家强制力强迫当事人服从,也会增加许多成本,特别是会加大当事人与行政机关之间的纠纷。

行政强制执行虽然是行政管理的一种必要手段,但也应为当事人的积极合作留有必要的空间。行政决定做出后,应当给予当事人合理的自觉履行期限,在期限届满后,方可进入强制执行程序。督促当事人自觉履行行政义务,这体现了教育与强制相结合的原则,有利于行政机关把工作做细,把理说清,体现了对当事人的尊重,减轻了当事人的对抗情绪,有助于提高强制执行的可接受性。催告程序起到了强制执行的缓冲器作用。

(二)行政强制执行程序中催告程序的特征

(1)催告程序是行政强制执行程序中的非主要程序。行政强制执行程序由先行催告、做出行政强制执行决定、行政强制执行等若干具体环节组成。催告程序是行政强制执行程序中的一个必不可少的环节。但是,与做出行政强制执行决定、行政强制执行等环节相比,催告程序并未进入实质强制执行阶段,不是行政强制执行程序的主要程序,而是一个对行政强制执行程序起辅助作用的程序。

(2)催告程序是整个行政强制执行程序启动的前置程序。行政强制执行作为一个大的程序机制,是由若干个程序环节所构成的。根据程序原理,各个程序环节有先后顺序之分。顺序错误将导致整个行政强制执行程序违法。根据《中华人民共和国行政强制法》第四章规定,催告程序显然是行政强制执行程序的第一个程序,是启动整个行政强制执行程序的前置程序。当事人不履行行政决定确定的义务,行政机关欲强制执行,必须先进行催告当事人履行,经催告当事人仍不履行的,方可做出行政强制执行决定,进行行政强制执行。因此,催告程序是行政机关实施行政强制执行的前置程序。

(3)催告程序不是一个独立的具体行政行为。从行政强制执行程序的整体程序过程来看,催告程序只是行政强制执行中的一个环节,是行政强制执行的启动程序。尽管当事人催告程序可以对当事人的权利义务产生一定影响,比如,当事人在催告通知所规定的合理期限内自动履行行政决定的义务,行政机关就不再对其实施强制执行,但是,总体而言,催告程序仅仅是对当事人不履行行政决定义务的催告,通常情况下,对当事人的权利义务不产生实际影响。因此,一般而言,催告通知是一个不可诉的准行政行为。

(4)催告程序是引导当事人介入行政强制执行过程的程序。行政强制执行原本属于行政机关单方面意志决定,无须双方合意的行为,是否需要强制执行,不必征求当事人意见,完全可以由行政机关单方决定。但是,催告程序则改变了行政强制执行行为的单方面性的本质属性,它要求行政机关在实施行政强制执行之前,必须事先书面通知当事人,介入先行催告这一行政强制执行前置程序中,表达自己的意志。允许当事人在收到催告通知之后,自行决定是否自觉履行行政决定确定的义务,并可以向行政机关陈述、申辩,说明其不履行行政决定义务的理由。当事人通过上述方式先行介入行政强制执行程序,表达自己的意志,使当事人的权利能够得到更好的保护,并体现出行政强制执行程序的民主性。

(三)行政机关应正确对待催告程序中当事人的陈述权和申辩权

(1)听取当事人的陈述和申辩意见是行政机关的义务。陈述和申辩的时限是整个催告期间,在催告过程中,当事人都可以进行陈述和申辩。行政机关有义务听取当事人陈述和申辩意见,不得以任何借口拒绝或者阻碍当事人行使陈述和申辩权,否则属于违反法定程序的行为,除非当事人自愿、明确地表示放弃该项陈述或者申辩权利。行政机关不得因陈述和申辩加重不利处理。

(2)行政机关应客观和充分听取当事人意见。行政机关听取当事人意见不能有主观性,不能片面和有选择地听取意见,不能只听取对自己有利的意见,而忽视当事人维护自身合法权益的意见。

(3)行政机关应严格程序。对当事人提出的事实、理由和证据,行政机关应当进行记录、复核。记录的意义在于便于行政机关认真、全面地研究当事人的意见,防止行政机关敷衍了事。如果当事人以陈述和申辩程序违法为事由提起行政复议和行政诉讼,负有举证义务的行政机关可以提供书面记录作为证据。复核的意义在于使记录更加准确。

(4)行政机关应有错必纠,当事人提出的事实、理由或者证据成立的,行政机关应当采纳。行政机关采纳意见后,应根据情况,对行政决定做出调整。如果当事人提出的事实、理由或者证据不成立,经催告,当事人逾期仍不履行行政决定的,行政机关可以做出强制执行决定。

下面重点讲解一下关于非诉行政案件的执行问题,以便水行政执法人员认真学习理解,更好的指导执法实践。

一、申请执行主体

公民、法人或者其他组织对具体行政行为在法定起诉期限内不提起诉讼,又不履行,行政机关书面催告被申请人履行义务的期限届满的,做出具体限制行为的行政机关依据法律的规定向人民法院申请执行。

《中华人民共和国行政强制法》第五十四条规定:行政机关申请人民法院强制执行前,应当催告当事人履行义务。催告书送达十日后当事人仍未履行义务的,行政机关可以向所在地有管辖权的人民法院申请强制执行;执行对象是不动产的,向不动产所在地有管辖权的人民法院申请强制执行。

根据《中华人民共和国行政强制法》第三十五条规定:行政机关做出强制执行前,应当事先催告当事人履行义务,催告以书面形式做出,并载明下列事项:(一)履行义务的期限;(二)履行义务的方式;(三)涉及金钱给付的,应当有明确的金额和给付方式;(四)当事人依法享有的陈述权和申辩权。

二、申请时限

(1)行政机关申请人民法院其行政行为的,应当自被申请人起诉届满之日起3个月内提出逾期申请的,除有抢险、救灾等涉及国家、公共利益等不可抗力特殊情况,人民法院不予受理。

(2)行政行为必经复议才可以向人民法院起诉的,行政机关应当自复议期限届满起3个月内向人民法院申请执行。逾期的,除有抢险、救灾等涉及国家、公共利益等不可抗力特殊情况,人民法院不予受理。

上述申请期限是《中华人民共和国行政强制法》的新规定,原来是180日,现在为3个月即90日。

三、提请申请的条件

按照《中华人民共和国行政强制法》的规定,因情况紧急,为保证公共安全,行政机关可以申请人民法院立即执行。经人民法院院长批准,人民法院可以应当在做出执行裁定之日起5日内执行。

也就是说,起诉期限或者申请复议期限届满之前,行政机关或者具体行政行为确定的权利人申请人民法院执行的,人民法院不予受理,但下列情形除外:

(1)法律、法规另有规定的(如《禁止传销条例》第十四条:县级以上工商行政管理部门对涉嫌传销行为查处时,可以采取下列措施:第(八)项规定:对有证据证明转移或者隐匿违法资金的,可以申请司法机关予以冻结。济南两级法院就执行过类似案件,效果很好)。

(2)行政机关有证据证明不执行可能给国家利益、公共利益或者他人合法权益造成不可弥补的损失的。例如,北京在奥运会前需要建设体育场馆。由于工期很紧,政府做出的涉及奥运场馆建设的房屋拆迁决定若不及时执行,一是将会影响场馆按时竣工,影响奥运会的成功举办。在此种情况下,法院可以根据行政机关或权利人的申请先行执行。二是将会给公共利益造成不可弥补的损失的。例如,行政机关决定拆除在防洪堤坝上的建筑物,因汛期即将到来,不及时拆除将会影响堤坝的安全。此时,行政机关申请法院先行执行的,法院应当先行执行。三是将会给他人合法权益造成不可弥补的损失的。在审判实践中,这类案件主要涉及有关医药费、社会保障金的给付案件、因行政机关违法行为致使原告身体伤害、行政机关认定工伤用人单位提起诉讼等案件,若不及时给付医疗费用、社会保障金,将使被侵害人无法进行治疗或生活难以维持等情况。法院决定先行执行时,必须做好有关证据保全工作,必要时,可以让申请者提供担保,从而保障案件能够得到及时执行。

申请执行书内容如下:

(1)申请人和被申请人的基本情况。

(2)申请执行的标的、事项和理由(如执行标的物的名称、种类、型号、数量)。

(3)申请人是行政机关的,应当说明行政机关依法催告情况及被申请人的意见。

注意:没有送达的具体行政行为是不发生法律效力的,但是在实践中,被征收人躲藏或者拒不签收法律文件,让征收工作人员很无奈。公证(见证)留置送达能够很好地解决该问题。

根据《中华人民共和国行政强制法》第五十四条规定,政府申请法院强制执行前,应当催告被征收人搬迁。

关于催告程序如下:

(1)催告书是申请执行的必经程序,不经催告义务,行政机关不能申请执行,申请执行的人民法院不予受理。

(2)催告书应当在当事人起诉届满后做出,必须给当事人10天的陈述申辩时间,申请法院强制执行前,催告程序未满10天的,法院不予受理。

(3)催告书必须在当事人起诉届满之日起三个月内做出。

(4)当事人在催告书送达十日后仍不履行义务的,行政机关即可向有管辖权的人民法院申请强制执行。

催告书应当具备的要求:

(1)催告应以书面形式做出。

(2)催告书应当载明《中华人民共和国行政强制法》第三十五条所规定的内容,即当事人履行义务的期限、履行义务的方式,涉及金钱给付的,应当明确金额和给付方式,当事人依法享有的陈述权和申辩权,行政机关听取陈述、申辩的时间、方式、方法和地点。

(3)送达催告书的同时,可以告诉当事人法院可能采取的强制执行方式和不利后果。比如法院可能采取的强制执行方式和费用的承担。

(本部分内容主要要求行政机关应当提供当事人在行政决定有效送达后对该行政决定合法性、合理性等方面的书面或者口头意见,也可包括行政执法人员所了解的当事人的意见和想法;行政机关催告情况主要是指催告书的送达回证等送达情况、当事人对催告书送达后是否提出异议、主动履行情况和原因说明。

在催告程序中,当事人陈述申辩主要包括对催告通知确定的履行义务主体、履行内容履行期限、履行方式等提出来意见,对行政决定确定的义务未履行的原因提出意见,对是否存在不能履行的正当理由提出意见等。当事人的陈述和申辩可以以书面形式向行政机关提出,也可以以口头方式提出。由于陈述和申辩是当事人的一项权利,行政机关有义务为当事人提供陈述和申辩机会以及必要的场所。当事人选择口头陈述和申辩的,行政机关应当记录在案,对记录的准确与否,当事人有审核的权利,对于不正确的记录有权予以纠正,行政机关不准许纠正的,当事人有权拒绝在笔录上签字。)

申请人为行政机关或者其他组织的,由行政负责人签名并加盖行政机关或者其他组织的印章;注明日期;申请人为公民的,应当签名。

其他应当说明的问题(如当事人的履行能力,是否履行了部分义务等)。

附:强制执行申请书

安阳市水利局

强制执行申请书

安水决申字〔2019〕第×号

申请人:安阳市水利局。　　　　　　地址:××市××区××路×号。

法定代表人:××,局长。

委托代理人:××,单位工作人员。

被申请执行人:××有限公司。　　　　地址:安阳市××路××号。

法定代表人:王××,经理。

本机关2019年×月×日做出的安水罚决字〔2019〕第×号水事行政处罚决定书,要求被执行人在2019年×月×日前履行义务,并于2019年×月×日送达被申请人,现已发生法律效力。被申请人在法定的期限内既未复议,也未起诉,亦未在规定的期限内履行义务。2019年×月×日,本机关又对其进行了书面催告,要求其10日内履行义务,但至今仍未履行。

根据《中华人民共和国行政强制法》第五十八条之规定,特申请你院强制执行。

执行内容为:依法追缴罚款人民币30万元

致安阳市中级人民法院

本机关负责人:××(签名或盖章)

二〇一九年×月×日(局印)

需要注意:强制行申请书应当由申请机关负责人签名,加盖申请机关印章,并注明日期。“强制执行申请书应当由行政机关负责人签名”是新规定,在审查行政机关强制执行申清书时应注意把握这一点(行政机关负责人可以是该单位法定代表人,也可以是分管领导。签名是指负责人签名或者加盖签名章)。

四、管辖

一般原则:非诉行政执行案件由基层人民法院管辖。

省法院行政庭为了便于执行,对非诉行政案件的管辖做出明确规定。

下列案件由省法院管辖:

(1)在本辖区内有重大影响的案件;

(2)省级人民政府及其职能部门申请执行的案件。

下列案件由中级法院管辖:

(1)在本辖区内有重大影响的案件;

(2)市(地)级人民政府及其职能部门申请执行的案件。

五、受理的条件

行政机关申请法院执行其具体行政行为,应当具备以下条件:

(1)具体行政行为已经生效。

(2)公民、法人或者其他组织对行政行为在法定期限内不申请复议、不起诉,又不履行。

(3)具体行政行为确定的履行义务期限已届满,或者在此之后行政机关另行书面指定的履行义务期限已届满。

(4)申请人向人民法院提出书面申请。

(5)申请人在法定期限内提出书面申请。(法定期限有三种情况:一是交待复议期限60日,未交待诉讼期限的为:60日+90日=150日,即5个月;二是交待复议期限60日,交待诉讼期限三个月的为:90日+90日=180日,即6个月;三是未交待复议、诉讼期限的两年以后。因为按照有关规定,行政机关未告知诉讼期限的,当事人的起诉期限最长为两年)

行政机关申请人民法院强制执行其行政行为的,应当自被申请人起诉届满之日起三个月内提出,逾期申请的,除有抢险及救灾等涉及国家、公共利益等不可抗力特殊情况,人民法院不予受理。三个月的起算点如何计算?根据民法通则规定的期间计算方法,行政机关申请法院强制执行三个月的起算日,应当从当事人申请救济期间届满日的次日算起。比如某人在2011年4月30日收到行政处罚决定书,他向法院提起行政诉讼的期限应为从5月1日到7月31日。如果他在此期间即未复议,也未起诉,亦未履行,则行政机关申请法院强制执行的期限应从8月1日至10月31日。

(6)申请人依法可以申请人民法院强制执行。

(7)根据法律、法规的规定,可以由人民法院强制执行。

(8)具体行政行为确定的义务有可执行的内容(如罚款、查封、冻结、划拨、拆除等,再如警告、吊销执照、责令改正违法行为等抽象内容)。

(9)被申请人是具体行政行为所确定的义务人。

(10)申请人是做出该具体行政行为的行政机关或者法律、法规、规章授权的组织。

(11)受理申请的人民法院有管辖权。

六、申请人提交的材料

向人民法院申请执行具体行政行为,应当提交下列材料:

(1)强制执行申请书;

(2)行政决定书既做出决定的事实、理由和依据,及其送达文书。

(3)当事人的意见和行政机关催告情况。

(4)申请强制执行标的的情况。

(5)法律、法规规定的其他规定的材料。一是被申请人的地址,执行标的的名称、种类、数量、地点和证明财产状况的材料;二是被执行人财产状况或线索,以及可供执行的其他财产情况,有银行存款的,应提供被执行人的开户银行、银行账号等情况。

(6)人民法院认为应当提交的其他材料。包括行政主体和被执行人的法定代表人身份证明书、授权委托书、送达回证,所在地。

(7)外国人、无国籍人或者外国组织申请执行的,应当提交中文执行申请书。

委托代理人申请人或者被申请人委托代理人的,应当向人民法院提交授权委托书。委托书应当经委托人签字并盖章,写明委托事项和代理权限。

七、申请财产保全

行政机关或者行政行为确定的权利人在申请人民法院执行之前,有充分理由认为被申请人可能逃避执行的,可以在申请法院执行的同时申请财产保全措施。是否采取财产保全措施,由人民法院决定。

人民法院应当对申请采取保全措施的理由进行书面审查,并做出书面裁定。

八、适用听证程序的范围

人民法院对行政机关申请执行的下列非诉行政案件,在做出执行裁定书之前应当举行听证:

(1)拆除房屋或其他建筑物的。

(2)行政机关做出对公民罚款500元、对法人罚款2 000元以上行政处罚行为的。

(3)责令停产停业的。

(4)执行后果无法补救的。

(5)书面审查难以审查清楚事实的;被执行人人数众多,在本辖区内影响重大的。

(6)涉及国有资产、社会保障、“三农”问题的。

(7)涉及国家利益或者公共利益的。

(8)人民法院认为其他应当举行听证的案件。

九、听证中的程序

听证时,应按下列程序进行:

(1)书记员核对当事人身份。

(2)听证主持人询问当事人身份申请回避。当事人申请回避的暂停听证,听证主持人应当宣布暂停听证,按法定程序决定身份回避。

(3)申请人简要陈述其做出具体行政行为的内容,并出示相关证据和法律依据。

(4)被申请人或者其委托代理人可以对具体行政行为提出异议或者质证,并出示相关证据。

(5)申请人可以对被申请人的反证或异议提出辩驳意见。

(6)申请人陈述申请人民法院执行的标的。

(7)被申请人或其委托代理人陈述最后意见或者提出履行义务的方案。

十、听证中需审查的内容

听证中应当将下列情况调查清楚:

(1)申请人执法主体是否合格。

(2)申请人在做出行政处罚行为前是否向被申请人告知了陈述、申请听证的权利。

(3)申请人在做出具体行政行为后是否向被申请人交待了行政诉讼或行政复议的权利。

(4)申请人做出的法律文书是否送达。

(5)申请人是否有超越职权或者滥用职权的情形。

(6)申请人做出的具体行政行为程序是否合法。

(7)申请人认定的事实是否清楚。

(8)申请人所适用的法律是否准确。

(9)被申请人主体是否合格。

(10)被申请人是否在法定的期限内提起行政诉讼、行政复议或者已经履行了义务。

(11)人民法院认为需要调查的其他情形。

十一、予以执行的审查标准

经合议庭审查,认为被申请执行的行政行为符合执行条件的,人民法院应当在立案后30日内做出予以执行的裁定,并送达申请人和被执行人。

(1)执法主体合格。

(2)执法程序合法。

(3)认定事实准确。

(4)适用法律正确。

十二、不予执行的审查标准

经合议庭审查,认为被申请执行的行政行为不符合执行条件的,人民法院应当在立案后30日内做出不予执行的裁定,并送达申请人和被执行人。

根据最高人民法院《关于执行中华人民共和国行政诉讼法若干问题的解释》第九十五条的规定,以及《中华人民共和国行政强制法》的规定:把申请执行的具体行政行为是否存在重大明显违法概括为三点:①明显缺乏事实根据的;②明显缺乏法律依据的;③其他明显违法并损害被执行人合法权益的。

具体行政行为明显缺乏事实根据。所谓明显缺乏事实根据的具体行政行为,是指具体行政行为没有相应证据作为依据,行政机关对相应事实认定存在重大错误,事实认定不清,使行政机关得以做出具体行政行为的事实无法成立。具体内容包括:①行政机关在人民法院限定期限内不提供认定事实主要证据的;②行政机关提供的证据不能证明具体行政行为所认定的基本事实的;③重复处罚的;④其他明显缺乏事实根据的。

具体行政行为明显缺乏法律依据。适用法律有明显错误一般表现为,适用已经废止或失去效力的法律规范,所适用的法律依据明显不适用于具体行政行为所针对的行为或情形。具体内容包括:①具体行政行为没有适用任何法律规范的;②具体行政行为所依据的法律规范明显不适用于具体行政行为所针对的情形的;③具体行政行为适用法律规范违反法律适用规则的;④其他明显缺乏法律规范依据的。

其他明显违法并损害被执行人合法权益的条款属弹性条款,需要人民法院根据实际情况做出具体判断。具体内容包括是:①具体行政行为的程序违反法律禁止性规定的;②行政机关在行政程序中非法剥夺公民、法人或者其他组织依法享有的陈述、申辩、听证或者复议权利的;③行政机关以利诱、欺骗、胁迫、暴力等不正当手段做出的具体行政行为的;④复议机关在复议程序中收集和补充证据的;⑤行政机关提供的主要证据是具体行政行为做出后自行收集的;⑥行政机关未履行法定行政程序义务做出具体行政行为的,⑦其他严重违反法定行政程序的。

在对非诉执行行政案件进行合法性审查中,除对是否存在重大明显违法的具体行政行为进行审查外,还应当对无效的具体行政行为进行审查。所谓无效的具体行政行为,是指没有法定依据或者不遵守法定程序做出的具体行政行为,包括:①法律文书没有送达的;②行政机关无职权的;③行政合同严重违反法律规定的;④行政处罚不告知处罚事实和理由的;⑤法律、法规规定的其他无效情形。

十三、强制拆除决定的可诉性

违法建筑的查处与强制拆除成为推进城乡建设、改善城乡环境的一项重要的执法活动。下面以城管部门强制拆除违法建筑为例,来阐述强制拆除决定是否具有可诉性的问题。

(一)强制拆除违法建设决定的可诉性分析

(1)强制拆除违法建设决定未对相对人的权利义务产生实际影响。

违法建设查处、拆除过程中存在着多个行政行为,较为完整的一般包括三个环节:①城管部门做出限期拆除通知或限期拆除决定;②经区政府批准由城管部门做出强制拆除决定;③实施强制拆除行为。

对于城管部门做出限期拆除通知或限期拆除决定的可诉性问题:对于违法建设行为人来说,限期拆除通知或限期拆除决定直接决定违法建设的性质、处理,与相对人切实利益联系得最为密切,实际影响也最大、最直接,直接对相对人设定了不利的义务,相对人可以直接提起诉讼。

对于经区政府批准由城管部门做出强制拆除决定的可诉性问题:一方面,城管监察部门向政府申请实施强制拆除及政府批准强制拆除决定的过程,属于行政机关履行内部报批程序,直接指向的是城管监察部门,并不对相对人产生对外的实际权利义务影响。另一方面,即使在强制拆除决定中同样存在有关于违法建设的认定和处理意见,但只不过是对前置限期拆除行为的一种重复而已，并未给相对人设定新的权利义务。此外，对于强制拆除决定二次设定的拆除期限，实际上是一个告知和督促做法，主要目的在于督促相对人积极主动履行拆除违法建设的义务，并且对在规定期限内不予自行拆除的后果——实施行政强制拆除有所准备，同样未在实体上对相对人设定新的权利义务。因此，相对人对强制拆除决定提起诉讼，不属于行政诉讼范围。

对于按照强制拆除决定实施的事实性强制拆除行为的可诉性问题：这是行政事实行为，按照行政诉讼法和国家赔偿法的规定，如果相对人认为该行为违法，侵犯了其合法权益，完全可以直接起诉强制拆除行为，同样没有必要另行起诉行政强制拆除决定。

（2）相对人起诉强制拆除决定没有任何实际意义。

对相对人而言，在违法建设查处、拆除一系列行为环节中，违法建设的定性处理和事实性强制拆除对其切身利益影响最大。前者主要反映在限期拆除通知或限期拆除决定中，后者问题主要出现在强制拆除行为实施过程中。相对人如果认为这两者存在违法侵权行为，均可通过诉讼途径寻求实质上的救济，并不存在相对人权利保护的真空地带。

此外，对人民法院来说，允许对作为强制拆除过程中带有纯内部程序性质的强制拆除决定提起诉讼，还存在"可审查性"的问题，因为强制拆除决定的实质内容主要反映在对违法建设进行定性处理的限期拆除通知或决定中，其实施完全体现在同样可诉的事实性执行行为中，而区政府批准本身只具有程序意义，几乎没有可审查性，对相对人的权利救济没有任何实体意义。

综上，法院以被强制拆除决定不属于行政诉讼受案范围为由裁定驳回原告起诉的结论是正确的。

（二）责成强制拆除违法建筑的可诉性认定

针对责成强制拆除违行为的可诉性问题，实践中，不同省市法院对责成行为的性质在认识和把握上也不一致。有的法院认为，责成行为是进行强制拆违的行政命令，是拆违实施部门实施强拆行为的依据，因此是可诉的；有的法院认为，责成行为是区县人民政府对拆违实施部门所发布的内部命令，是内部行政行为，不属于行政诉讼的受案范围；还有的法院认为，责成行为是拆违决定的强制执行行为，未重新设定当事人的权利义务，故不属于法院的受案范围。作者同意最后一种观点，作者认为，无论是区县人民政府的责成强拆行为还是拆违实施部门实施拆违的行为，都是对拆违决定的执行行为，既不增加或减少相对人的权益，也不增加或减少相对人的义务，即不对相对人的权益产生损益后果，因此不具有可诉性。

附：相关法律依据

《中华人民共和国城乡规划法》

第六十六条 建设单位或者个人有下列行为之一的，由所在地城市、县人民政府城乡规划主管部门责令限期拆除，可以并处临时建设工程造价一倍以下的罚款：

（一）未经批准进行临时建设的；

（二）未按照批准内容进行临时建设的；

（三）临时建筑物、构筑物超过批准期限不拆除的。

第六十八条 城乡规划主管部门做出责令停止建设或者限期拆除的决定后，当事人不停止建设或者逾期不拆除的，建设工程所在地县级以上地方人民政府可以责成有关部门采取查封施工现场、强制拆除等措施。

《中华人民共和国行政强制法》

第四十四条 对违法的建筑物、构筑物、设施等需要强制拆除的，应当由行政机关予以公告，限期当事人自行拆除。当事人在法定期限内不申请行政复议或者提起行政诉讼，又不拆除的，行政机关可以依法强制拆除。

《中华人民共和国行政诉讼法》

第二条 公民、法人或者其他组织认为行政机关和行政机关工作人员的行政行为侵犯其合法权益，有权依照本法向人民法院提起诉讼。

前款所称行政行为，包括法律、法规、规章授权的组织做出的行政行为。

第十二条 人民法院受理公民、法人或者其他组织提起的下列诉讼：

（一）对行政拘留、暂扣或者吊销许可证和执照、责令停产停业、没收违法所得、没收非法财物、罚款、警告等行政处罚不服的；

（二）对限制人身自由或者对财产的查封、扣押、冻结等行政强制措施和行政强制执行不服的；

（三）申请行政许可，行政机关拒绝或者在法定期限内不予答复，或者对行政机关做出的有关行政许可的其他决定不服的；

（四）对行政机关作出的关于确认土地、矿藏、水流、森林、山岭、草原、荒地、滩涂、海域等自然资源的所有权或者使用权的决定不服的；

（五）对征收、征用决定及其补偿决定不服的；

（六）申请行政机关履行保护人身权、财产权等合法权益的法定职责，行政机关拒绝履行或者不予答复的；

（七）认为行政机关侵犯其经营自主权或者农村土地承包经营权、农村土地经营权的；

（八）认为行政机关滥用行政权力排除或者限制竞争的；

（九）认为行政机关违法集资、摊派费用或者违法要求履行其他义务的；

（十）认为行政机关没有依法支付抚恤金、最低生活保障待遇或者社会保险待遇的；

（十一）认为行政机关不依法履行、未按照约定履行或者违法变更、解除政府特许经营协议、土地房屋征收补偿协议等协议的；

（十二）认为行政机关侵犯其他人身权、财产权等合法权益的。

除前款规定外，人民法院受理法律、法规规定可以提起诉讼的其他行政案件。

《最高人民法院关于适用〈中华人民共和国行政诉讼法〉的解释》

（2017 年 11 月 13 日由最高人民法院审判委员会第 1726 次会议讨论通过）

第一条 公民、法人或者其他组织对行政机关及其工作人员的行政行为不服，依法提起诉讼的，属于人民法院行政诉讼的受案范围。

下列行为不属于人民法院行政诉讼的受案范围：

（一）公安、国家安全等机关依照刑事诉讼法的明确授权实施的行为；

（二）调解行为以及法律规定的仲裁行为；

（三）行政指导行为；

（四）驳回当事人对行政行为提起申诉的重复处理行为；

（五）行政机关作出的不产生外部法律效力的行为；

（六）行政机关为作出行政行为而实施的准备、论证、研究、层报、咨询等过程性行为；

（七）行政机关根据人民法院的生效裁判、协助执行通知书作出的执行行为，但行政机关扩大执行范围或者采取违法方式实施的除外；

（八）上级行政机关基于内部层级监督关系对下级行政机关作出的听取报告、执法检查、督促履责等行为；

（九）行政机关针对信访事项作出的登记、受理、交办、转送、复查、复核意见等行为；

（十）对公民、法人或者其他组织权利义务不产生实际影响的行为。

十四、实施水行政强制的程序及注意事项

《中华人民共和国行政强制法》在一定程度上约束了行政机关的行政行为，保护了行政相对人的合法权益。目前，我国水法规中也规定了几种行政强制措施和行政强制执行，作者结合《中华人民共和国行政强制法》，梳理了水法规中行政强制的有关规定，归纳总结了实施水行政强制的程序及实施所需注意的问题。

（一）水行政强制的实施程序

1.查封、扣押

《中华人民共和国水土保持法》第四十四条规定：被检查单位或者个人拒不停止违法行为，造成严重水土流失的，报经水行政主管部门批准，可以查封、扣押实施违法行为的工具及施工机械、设备等。查封、扣押属于同一类行政强制措施，查封一般指对财物就地封存，扣押则是将财物转移至异地封存。

查封、扣押措施应严格按照《中华人民共和国行政强制法》规定的程序实施。第一，在实施前应向行政机关负责人报告并经批准。第二，要制作查封、扣押决定书和清单，当场交由当事人，由当事人和行政机关分别保存。第三，通知当事人到场，将查封、扣押决定书当场送达当事人，并当场告知当事人采取行政强制措施的理由、依据，以及当事人依法享有的权利、救济途径。第四，听取当事人陈述和申辩，并制作现场笔录。第五，将查封、扣押场所、设施或者财物予以妥善保管，也可委托第三方负责保管。

2.排除妨碍、恢复原状

《中华人民共和国水法》第六十五条、第六十七条，《中华人民共和国防洪法》第四十二条、第五十八条分别就排除妨碍、恢复原状做出了具体的规定。这一行政强制执行方式在水利法律法规上，基本上表现为“强制拆除”。其程序如下：首先，水行政主管部门发现水事违法行为后，依据水法、防洪法的有关规定，责令当事人停止违法行为，排除妨碍、恢复原状。其次，水行政主管部门在做出行政强制执行的决定前，应当事先催告当事人履行义务，告知

当事人权利,并充分听取当事人的意见。最后,经催告,当事人仍逾期不履行行政决定,且无正当理由的,可以做出行政强制执行的决定。

需要注意的是,对违法建筑物、构筑物、设施进行拆除的,还应当在催告之前由水行政主管部门做出公告,限期当事人自行拆除,并给予充分的救济权利,才可依法强制拆除。

3.代履行

《中华人民共和国防洪法》第五十七条、《中华人民共和国水土保持法》第五十五条规定了代履行制度。代履行是指行政相对人逾期不履行行政决定所确定的义务,而该义务由他人代为履行也可达到相同目的的,水行政主管部门可以自己代为履行或者委托第三方代为履行,并由行政相对人承担履行义务所需费用的强制执行方式。

根据《中华人民共和国行政强制法》,代履行应当遵守4个程序和步骤:首先,做出并送达代履行决定书。其次,代履行3日前催告当事人履行。再次,实施代履行,并由做出决定的行政机关指派工作人员到场监督。最后,制作代履行执行文书。

同时,对于需要立即清除河道内的遗洒物、障碍物或污染物,行政相对人不具备履行能力或者由于不在场的情况而不能履行,为了立即应对出现的紧急情况或危险状态,水行政主管部门可以当即决定实施代履行。

4.加处罚款、滞纳金

《中华人民共和国水法》第七十条、《中华人民共和国水土保持法》第五十七条规定了加处罚款和滞纳金的制度。其程序是:首先,水行政主管部门做出缴纳水资源费或水土保持设施补偿费的行政决定。当事人逾期不履行的,可以收取滞纳金,并加处罚款。其次,水行政主管部门实施加处罚款、滞纳金超过30日,催告当事人履行法定义务。再次,催告后,当事人仍不履行的,水行政主管部门可以申请人民法院强制执行,包括应该缴纳的水资源费或水土保持补偿费、滞纳金以及加处的罚款。

(二)水行政强制应注意的问题

1.行政强制主体

《中华人民共和国行政强制法》第十七条规定:行政强制措施应当由行政机关具备资格的行政执法人员实施,其他人员不得实施。本条对行政强制措施的实施主体从两个方面进行了严格规范:一是行政机关是实施行政强制措施的唯一主体,不得委托给其他组织或个人。目前,各地水政监察大队多属事业单位性质,受水行政机关委托行使处罚权,但不能行使行政强制权力。二是代表行政机关实施行政强制措施的,必须是具备行政执法资格的行政执法人员,其他人员不得实施。因此,水行政强制措施应由取得执法资格的水政监察人员实施。

2.查封、扣押与先行登记保存的关系

《中华人民共和国行政处罚法》第五十六条对“先行登记保存”证据的规定,与《水土保持法》第四十四条有关查封、扣押的规定相似,容易被混为一谈。但其实二者有很大区别。

首先,两者性质不同。“先行登记保存”是一种证据保全措施,而“查封、扣押”则是一种行政强制措施。前者不但在水土保持行政执法中大量存在,还在河道、水利工程、水资源行政执法中大量存在,是水行政处罚中收集、固定证据的一种方式。后者是水行政主管部门为防治水土流失,依据水土保持法对行政相对人的财产采取的强制措施。

其次,两者目的不同。“先行登记保存”的目的是保全证据。“查封、扣押”的目的是制止可能存在的违法事实、行为和潜在危害的扩大,保证水行政执法的顺利实现。

最后,两者法律后果不同。“查封、扣押”是行政强制措施,是一个独立的具体行政行为,因可能产生严重的法律后果而属于可诉行为。“先行登记保存”只是具体行政行为的一个环节,当事人对“先行登记保存”有异议时,只能向执法机关提出申辩。

十五、水行政强制措施和水行政强制执行

在现行有效的水法律、法规中,授予水行政机关一般水行政强制执行权的法律法规有:①《中华人民共和国水法》第六十五条第一款(水行政机关强制拆除)、第二款(水行政机关强制拆除);②《中华人民共和国防洪法》第五十七条;③《河道管理条例》第三十六条(防汛指挥部、强制清障)、第四十四条(没收非法所得),《取水许可和水资源费征收管理条例》第四十九条(组织拆除或者封闭)。在这些规定中,分别授予了水行政机关强制拆除、强制清障、没收违法所得等行政强制执行权。下面结合水法律法规梳理一下水行政强制措施和水行政强制执行。

(一)水行政强制措施

(1)查封、扣押被检查单位或者个人拒不停止违法行为,造成严重水土流失实施违法行为的工具及施工机械、设备等。

法律依据:

《中华人民共和国水土保持法》第四十四条第二款:被检查单位或者个人拒不停止违法行为,造成严重水土流失的,报经水行政主管部门批准,可以查封、扣押实施违法行为的工具及施工机械、设备等。

(2)其他行政强制措施。

责令停止生产或者使用。

法律依据:

《中华人民共和国水法》第七十一条:建设项目的节水设施没有建成或者没有达到国家规定的要求,擅自投入使用的,由县级以上人民政府有关部门或者流域管理机构依据职权,责令停止使用,限期改正,处五万元以上十万元以下的罚款。

《中华人民共和国防洪法》第五十九条第二款:违反本法第三十三条第二款规定,防洪工程设施未经验收,即将建设项目投入生产或者使用的,责令停止生产或者使用,限期验收防洪工程设施,可以处五万元以下的罚款。

《中华人民共和国水土保持法》第五十四条:违反本法规定,水土保持设施未经验收或者验收不合格将生产建设项目投产使用的,由县级以上人民政府水行政主管部门责令停止生产或者使用,直至验收合格,并处五万元以上五十万元以下的罚款。

(二)水行政强制执行

1.加处罚款或者滞纳金法

法律依据:

《中华人民共和国行政处罚法》第五十二条:当事人逾期不履行行政处罚决定的,做出行政处罚决定的行政机关可以采取下列措施:(一)到期不缴纳罚款的,每日按罚款数额的百分之三加处罚款。

《中华人民共和国水法》第七十条:拒不缴纳、拖延缴纳或者拖欠水资源费的,由县级以上人民政府水行政主管部门或者流域管理机构依据职权,责令限期缴纳;逾期不缴纳的,从

滞纳之日起按日加收滞纳部分千分之二的滞纳金,并处应缴或者补缴水资源费一倍以上五倍以下的罚款。

《中华人民共和国水土保持法》第五十七条:违反本法规定,拒不缴纳水土保持补偿费的,由县级以上人民政府水行政主管部门责令限期缴纳;逾期不缴纳的,自滞纳之日起按日加收滞纳部分万分之五的滞纳金,可以处应缴水土保持补偿费三倍以下的罚款。

2.限期恢复原状

法律依据:

《中华人民共和国水法》第六十七条第二款:未经水行政主管部门或者流域管理机构审查同意,擅自在江河、湖泊新建、改建或者扩大排污口的,由县级以上人民政府水行政主管部门或者流域管理机构依据职权,责令停止违法行为,限期恢复原状,处五万元以上十万元以下的罚款。

(三)代履行

(1)强行拆除阻碍行洪的障碍物。

法律依据:

《中华人民共和国水法》第六十五条第一款:在河道管理范围内建设妨碍行洪的建筑物、构筑物,或者从事影响河势稳定、危害河岸堤防安全和其他妨碍河道行洪的活动的,由县级以上人民政府水行政主管部门或者流域管理机构依据职权,责令停止违法行为,限期拆除违法建筑物、构筑物,恢复原状;逾期不拆除、不恢复原状的,强行拆除,所需费用由违法单位或者个人负担,并处一万元以上十万元以下的罚款。

(2)强行拆除违法建筑物、构筑物。

法律依据:

《中华人民共和国水法》第六十五条第二款:未经水行政主管部门或者流域管理机构同意,擅自修建水工程,或者建设桥梁、码头和其他拦河、跨河、临河建筑物、构筑物,铺设跨河管道、电缆,且防洪法未作规定的,由县级以上人民政府水行政主管部门或者流域管理机构依据职权,责令停止违法行为,限期补办有关手续;逾期不补办或者补办未被批准的,责令限期拆除违法建筑物、构筑物;逾期不拆除的,强行拆除,所需费用由违法单位或者个人负担,并处一万元以上十万元以下的罚款。

(3)拆除或者封闭未取得取水申请批准文件而擅自建设的取水工程或者设施。

法律依据:

《取水许可和水资源费征收管理条例》第四十九条:未取得取水申请批准文件擅自建设取水工程或者设施的,责令停止违法行为,限期补办有关手续;逾期不补办或者补办未被批准的,责令限期拆除或者封闭其取水工程或者设施;逾期不拆除或者不封闭其取水工程或者设施的,由县级以上地方人民政府水行政主管部门或者流域管理机构组织拆除或者封闭,所需费用由违法行为人承担,可以处五万元以下罚款。

(4)强行拆除未经批准擅自设立水文测站或者未经同意擅自在国家基本水文测站上下游建设影响水文监测的工程以及在水文测验河段保护范围内修建的构筑物、建筑物或者未经批准擅自修建的工程设施。

法律依据:

《中华人民共和国水文条例》第三十七条:未经批准擅自设立水文测站或者未经同意擅

自在国家基本水文测站上下游建设影响水文监测的工程的，责令停止违法行为，限期采取补救措施，补办有关手续；无法采取补救措施、逾期不补办或者补办未被批准的，责令限期拆除违法建筑物；逾期不拆除的，强行拆除，所需费用由违法单位或者个人承担。

《河南省水文条例》第三十条：违反本条例规定，在水文测验河段保护范围内修建构筑物、建筑物或者未经批准擅自修建工程设施的，由县级以上人民政府水行政主管部门责令停止违法行为，限期拆除违法建筑物、构筑物、工程设施，逾期不拆除的，强行拆除，处一万元以上五万元以下罚款；确因国家或者地方重要工程建设需要而修建的工程设施，限期补办手续，逾期未补办手续的，处一万元以上五万元以下罚款。

(5)违法围海造地、围湖造地、围垦河道，既不恢复原状也不采取其他补救措施的，代为恢复原状或者采取其他补救措施，所需费用由违法者承担。

法律依据：

《中华人民共和国防洪法》第五十七条：违反本法第十五条第二款、第二十三条规定，围海造地、围湖造地、围垦河道的，责令停止违法行为，恢复原状或者采取其他补救措施，可以处五万元以下的罚款；既不恢复原状也不采取其他补救措施的，代为恢复原状或者采取其他补救措施，所需费用由违法者承担。

(6)违法在河道、湖泊管理范围内从事工程设施建设活动，严重影响防洪的，责令限期拆除，逾期不拆除的，强行拆除，所需费用由建设单位承担。

法律依据：

《中华人民共和国防洪法》第五十八条：违反本法第二十七条规定，未经水行政主管部门对其工程建设方案审查同意或者未按照有关水行政主管部门审查批准的位置、界限，在河道、湖泊管理范围内从事工程设施建设活动的，责令停止违法行为，补办审查同意或者审查批准手续；工程设施建设严重影响防洪的，责令限期拆除，逾期不拆除的，强行拆除，所需费用由建设单位承担；影响行洪但尚可采取补救措施的，责令限期采取补救措施，可以处一万元以上十万元以下的罚款。

(7)逾期不清理在水土保持方案确定的专门存放地以外的区域倾倒砂、石、土、矸石、尾矿、废渣等，代为治理，所需费用由违法行为人承担。

法律依据：

《中华人民共和国水土保持法》第五十五条：违反本法规定，在水土保持方案确定的专门存放地以外的区域倾倒砂、石、土、矸石、尾矿、废渣等的，由县级以上地方人民政府水行政主管部门责令停止违法行为，限期清理，按照倾倒数量处每立方米十元以上二十元以下的罚款；逾期仍不清理的，县级以上地方人民政府水行政主管部门可以指定有清理能力的单位代为清理，所需费用由违法行为人承担。

(8)逾期不治理开办生产建设项目或者从事其他生产建设活动造成水土流失的，代为治理，所需费用由违法行为人承担。

法律依据：

《中华人民共和国水土保持法》第五十六条：违反本法规定，开办生产建设项目或者从事其他生产建设活动造成水土流失，不进行治理的，由县级以上人民政府水行政主管部门责令限期治理；逾期仍不治理的，县级以上人民政府水行政主管部门可以指定有治理能力的单位代为治理，所需费用由违法行为人承担。

(四)其他强制执行方式

强制执行拒不服从统一调度和指挥的水库、水电站、拦河闸坝等工程的管理单位以及其他经营工程设施的经营者。

法律依据:

《中华人民共和国抗旱条例》第六十条:违反本条例规定,水库、水电站、拦河闸坝等工程的管理单位以及其他经营工程设施的经营者拒不服从统一调度和指挥的,由县级以上人民政府水行政主管部门或者流域管理机构责令改正,给予警告;拒不改正的,强制执行,处1万元以上5万元以下的罚款。

在这些规定中,分别授予了水行政机关强制拆除、强制清障、没收违法所得等行政强制执行权。

十六、河道违法建筑执法案例

下面就从水行政主管部门查处的一起河道管理范围内违法建筑案件的执法实践,来对水行政主管部门查处河道违法建筑案进行深入的思考,以便引起河道管理者及水行政执法人员的反思。

《中华人民共和国水法》于1988年颁布实施,迄今已30年之久,有关水利方面的法律也已系统化、制度化,但在实际的水利行政执法过程中仍然是阻力重重、困难重重。2014年汤阴县韩庄乡发生一起占用河道违法建筑的案件,水利主管单位在查处该案过程中,投入大量人力物力,费尽周折,最终该案上诉至法院。这一案件尚未得到法院的最终判决结果,但违法者的行为终将受到法律的严惩。因为水利相关部门某些工作上的不足,留给了违法者可乘之机,导致案件处理的环节增多、成本大大提高。作者参与了该案的调查处理,感受颇深,以期通过该案例的分析思考,总结经验教训。

(一)案情回顾

1.案情介绍

2014年3月初,汤阴县水利局接到举报,汤阴县韩庄乡韩村村民刘某未经水行政主管部门批准,擅自在汤河河道管理范围内兴建一座两层楼房。汤阴县水利局在核实情况后,依照法律程序,下达了《责令改正决定书》,做出了限期拆除违法建筑,并处罚款1万元的行政处罚。当事人对处罚决定不服,于10月12日向汤阴县人民法院提起诉讼,11月8日县法院开庭进行了审理,目前尚未做出判决。

该违法建筑于2010年3月初动工,位于韩庄铁路桥西汤河左岸河道管理范围内,建有10间两层楼房,占地522平方米,其中房屋占地278平方米,房屋共投资30多万元。据当事人称,他建的房屋是在承包地内,原先与村委会签订土地承包合同,但未经任何部门审批。2014年7月20日,当事人刘某接到汤阴县水利局对其下达的《责令改正决定书》,不仅逾期未拆除违法建筑,反而对房子进行了装修。

当事人不服处罚决定,向法院提起诉讼的理由:一是被行政处罚的主体责任人错误。因为与村委会签订承包合同的是当事人的父亲,房子的主人自然是当事人的父亲,而不是当事人刘某。二是土地的发包方是韩庄村村委会,如果所承包的土地处于河道管理范围内,受处罚的应该是韩庄村村委会,而不是承包人。三是《处罚决定书》所列举的主要证据不足。当事人根据《河南省〈河道管理条例〉实施办法》第二十条规定:河道的管理范围须由水务部门按规定提出意见,并报经人民政府批准后对管理范围立标定界,实施管理,认为汤阴县水利局未按法律规定的程序划定河道管理范围,也未立标定界,无理由认定房屋位于河道管理范围之内。另外,《处罚决定书》依据的《汤河干流治理工程可行性研究报告》属于“初步成果”,未经人民政府批准,以此认定所建房属于河道管理范围以内没有法律依据,故要求法院撤销汤阴县水利局做出的行政处罚决定。

2.案情焦点探讨

这起案件虽然还没有做出判决,但经过前一阶段的调查处理和庭审辩论,可从中得到一些启发,与大家共同探讨。

该案有四个争议的焦点:一是当事人认为被行政处罚的主体责任人错误,不应当是刘某。作者认为,调查笔录中对刘某的建房情况做了较详细的询问和笔录,当事人刘某均以房屋主人的身份接受询问、签收有关法律文书、递交申请,以证明自己建房的合法性,从未提及房屋主人是其父亲。刘某本人及乡政府有关人员也表明,其建房没有任何手续,没有丝毫证据能证明房屋的主人就是其父。故此,应当认定刘某即为房屋主人,是被行政处罚的主体责任人。二是当事人认为应该处罚村委会,而不是承包人。作者认为,村委会无权发包河道管理范围以内的滩地,所签订的土地承包合同不具有法律效力,属无效合同。受处罚的应该是违法当事人,而不是村委会。三是《行政处罚决定书》依据的《汤河干流治理工程可行性研究报告》属于“初步成果”,未经人民政府批准,以此认定所建房屋位于河道管理范围内没有依据。《汤河干流治理工程可行性研究报告》编制单位为河南省豫北水利勘测设计院,属于国家甲级资质设计单位,其设计的成果即为设计认定,并不是说初步成果就是草稿,不能作为科学依据使用。四是当事人认为没有立标定界的河道,水利局就无权管理。汤阴县河道管理范围尚未立标定界有多种原因,没有立标定界并不等于说涉及河道管理范围内的水事违法案件就不能依法处理。只要违法事实清楚、证据确凿,一切水事违法行为都应受到法律的惩罚。

(二)案例经验教训

违法者的行为是错误的,违法者的行为将受到应有的惩罚,但是水利行政执法工作也存在很多不足之处亟待提高。

1.河道立标定界工作是一项基础工作,应该尽早落实

汤阴县韩庄乡韩庄村刘某,之所以不服汤阴县水利局的《行政处罚决定书》,其中一个重要原因就是汤河干河管理没有立标定界。河道管理不及时立标定界,会使得河流沿岸的群众误以为土地归属于当地行政村所有,所违法占据的土地只要经过所在村委会的同意即可使用。对这一点即便是所在村的村干部大多也这么认为,因为没有明确的标志和界限。

关于河道管理需要立标定界,也是有相关的规定。河南省 1992 年 8 月 15 日发布的《河南省〈河道管理条例〉实施办法》中明确规定,河道的管理范围须立标定界,实施管理。

河道管理立标定界,第一,可以起到警示作用,使得违法者清楚自己的行为与后果;第二,可以使得河道沿岸的相关政府和机构配合水利单位执法;第三,为处罚违法者提供更直接有力的依据。

2.河道巡查制度不能一纸空文,应该常抓不懈坚持下去

河道巡查制度,是河道管理的一个重要管理方法,是一项基础管理工作。在地方,水利主管单位限于人力、物力等各方面原因,部分河段的巡查工作仅仅停留在制度层面上,而未能够完全落到实处。

河道巡查可以使水利主管单位及时发现问题,及时处理问题,可以为违法者减少改正的损失,同时也可以使水利行政执法减少执法的阻力。本案例的刘某在 2010 年即开始施工违法建筑,而汤阴县水利局直至 2014 年 3 月才因举报获知刘某的违法信息。在几年内,刘某因为从未有任何部门的警示和劝阻,自认为是合法的行为,故此加大对违法建筑的投入力度,最终违法建筑的投资超过了 30 万元,如果拆除将给刘某造成巨大的经济损失。因此,刘某在拆除违法建筑上,抵触心理十分强烈,动用一切手段抗拒水利行政执法。如果六年前汤阴水利局通过巡查制度及时获悉了刘某的违法行为,可以在其施工初期发出行政处罚决定书,这样可以给当事人减少损失,同时也可以大大减少水行政执法的阻力。

通过汤阴县韩庄乡刘某的这一案例,使基层的水行政执法工作人员强烈意识到:河道巡查制度是一项河道管理的基础工作,应该常抓不懈、落到实处,不能停留在一纸空文上。

3.水行政执法的普法宣传工作,应该常抓不懈,落到实处

中国从 1988 年颁布实施《中华人民共和国水法》,目前有关于水的相关法律法规也已经制度化和系统化。然而,在百姓群众中对于水的相关法律意识却是十分淡薄的,甚至是无知的。对于水相关法律的不了解,不仅仅是生活在河道沿岸的农民,即便是大学毕业生也有相当多的人根本不了解水方面的法律法规。

本案例中当事人刘某及所在村的百姓大多都认为,在河道中盖房子不过就是危险了一些,只要把房子地基垫高一点就行了,具体官方来找麻烦只不过是罚点儿款的问题,没有多大的事,根本够不上违法。因为群众对于相关水法律知识的无知,导致水利行政执法困难,同时大大提高了水利行政执法的成本。如果广大人民群众有水利相关法律法规的意识,很多问题在沟通中即可以得到解决,无须上诉至法院,也无须强制执行,更不会导致与群众关系的对立。

本案例让作者深刻感受到,普及宣传与水利相关的法律法规至关重要。水利普法工作的落实,可以大大降低水行政执法的难度,也可以大大降低执法成本。水利普法宣传工作应该得到重视,应该成为水利管理的一项常规基础工作,常抓不懈,落到实处。

(三)河道管理工作的建议

针对河道管理,作者认为应该尽早立标定界,定期检查标志,落实巡查报告制度,以及大力加强水利相关的法律法规宣传。具体建议如下。

1.尽早立标定界

辖区内所有河道均应尽早设立标志,确定界桩。河道管理立标定界工作具体步骤:第一,勘察测定河道管理的具体范围;第二,绘制河道管理详细图;第三,向相关单位报请备案;第四,制作安装统一界桩、警示牌、警示碑;第五,向沿岸群众宣传河道管理范围。

立标定界应该注意的具体问题:①河道管理范围的确定,应该明确精确,不能含糊其辞,模棱两可。②警示牌、警示碑的内容应该精准易读。③立标定界以后的宣传工作往往会被忽略,实际上这一工作至关重要。如果宣传工作不到位,前边几个步骤的工作效果也将大打折扣。

2.定期检查标志

河道管理立标定界,只是河道管理的最基础工作,对标志的定期检查维修也同样不可或缺,至关重要。标志一旦设立,往往要使用几十年,风吹日晒、人为损坏等各种原因,致使标志无法使用甚至消失。河道主管单位必须定期检查标志,并及时修补损坏的标志。如不及时修补损坏的标志,就会形成“破窗效应”,就会使河道沿岸群众在意识上认为“标志已经过

期失效了”。因此,检查和修补标志比设立标志更重要。应该将定期检查标志形成一种管理制度和年度工作任务。

3.落实河道巡查报告制度

在河道管理工作中,河道巡查制度早已有之,但是问题的关键是很多地方并未落到实处,有的河道长时间未进行巡查。作者认为,河道巡查应该落实到人,形成一种报告制度。具体的建议如下:①河道巡查月度报告(限于人力不足可以双月或三月一报告);②河道巡查报告个人负责制;③巡查结果十年期保留;④巡查责任倒追。例如,本案例中 2014 年 3 月得到刘某违法建筑的举报,而违法建筑施工起于 2010 年,2010 年至 2014 年 3 月提交的河道巡查报告中,如未上报该违法事件,报告人均负有失察责任。

4.加强水法宣传工作

实际上,水利相关的法律宣传工作从未间断过,从未被轻视过。但是,宣传的效果却是收效甚微。究其原因是眉毛胡子一把抓,没有针对性。水利相关法律的宣传应该在“宣传的对象上,宣传的内容上,宣传的方式上”,有的放矢地宣传。

通过有的放矢的宣传,以期达到发动群众、发动干部,使更多的群众检举揭发水事违法行为,积极主动参与到河道的保护工作中来。

十七、水文行政执法

结合本案下面延伸一下水文行政执法的有关问题。水文行政执法工作起步晚,基础薄弱,执法案例少,为进一步推进水文依法行政工作,切实提高水文系统干部职工运用法治思维和法治方式研究、解决问题的能力与水平,作者重点以水文执法实践中案例为指导,以便广大水文系统干部职工参考。《中华人民共和国水文条例》第四十三条规定:本条例规定的行政处罚,由县级以上人民政府水行政主管部门或者流域管理机构依据职权决定。第三十七条规定:未经批准擅自设立水文测站或者未经同意擅自在国家基本水文测站上下游建设影响水文监测的工程的,责令停止违法行为,限期采取补救措施,补办有关手续;无法采取补救措施、逾期不补办或者补办未被批准的,责令限期拆除违法建筑物;逾期不拆除的,强行拆除,所需费用由违法单位或者个人承担。第三十八条规定:不符合本条例第二十四条规定的条件从事水文活动的,责令停止违法行为,没收违法所得,并处 5 万元以上 10 万元以下罚款。第四十一条规定:违反本条例规定,侵占、毁坏水文监测设施或者未经批准擅自移动、擅自使用水文监测设施的,责令停止违法行为,限期恢复原状或者采取其他补救措施,可以处 5 万元以下罚款;构成违反治安管理行为的,依法给予治安管理处罚;构成犯罪的,依法追究刑事责任。第四十二条规定:违反本条例规定,从事本条例第三十二条所列活动的,责令停止违法行为,限期恢复原状或者采取其他补救措施,可以处 1 万元以下罚款;构成违反治安管理行为的,依法给予治安管理处罚;构成犯罪的,依法追究刑事责任。第四十三条规定:本条例规定的行政处罚,由县级以上人民政府水行政主管部门或者流域管理机构依据职权决定。

水文部门只有更新观念、加强联系、主动汇报,取得当地政府和相关部门领导的重视与支持,认真执法,严格执法,提高水文行政执法的能力和水平,行政执法效力才能得到有效发挥。必要时可以采取联合执法的形式,不仅水利部门上下联动,而且可以联合公安、环保等有关部门,真正形成合力,解决社会影响较大、严重的水文违法案件。只有水文行政执法工作做好了,才能以更加优质的防汛测报工作和水文水资源服务,支撑经济社会的可持续发展。

从一起刑事案件谈“最大取水量”的问题

【案情介绍】

锦州市古塔区人民检察院以锦古检公诉刑〔2014〕154号起诉书指控被告人王某、曹某、刘某犯滥用职权罪，于2014年10月23日向本院提起公诉。本院于2015年4月13日做出〔2014〕古刑初字第00175号刑事判决。该判决宣判后，锦州市古塔区人民检察院提出抗诉，被告人王某、曹某、刘某提出上诉。2015年10月27日，辽宁省锦州市中级人民法院做出〔2015〕锦刑二终字第00107号刑事裁定，撤销了本院做出的〔2014〕古刑初字第00175号刑事判决，将本案发回本院重新审判。本院依法另行组成合议庭，公开开庭进行了审理。锦州市古塔区人民检察院指派检察员温某、代理检察员阎某出庭支持公诉。被告人王某及其辩护人苏某，被告人曹某及其辩护人刘某，被告人刘某及其辩护人王某到庭参加了诉讼。本案经依法延长审理期限，现已审理终结。

锦州市古塔区人民检察院指控，被告人王某在担任锦州市某办公室主任期间，违反国家相关规定，对自备井用水户采取估量定额方式征收水资源费。自2008年1月至2012年12月底，对锦州市某洗浴等九家洗浴场所实施了少征水资源费的行为，给国家造成经济损失共计26 580 867元。

被告人曹某在担任锦州市某办公室一科科长期间，违反国家相关规定，对自备井用水户采取估量定额方式征收水资源费。自2008年1月至2012年12月底，对锦州市某三家洗浴场所实施了少征水资源费的行为，给国家造成经济损失共计21 203 368元。

被告人刘某在担任锦州市某办公室副主任、二科科长期间，违反国家相关规定，对自备井用水户采取估量定额方式征收水资源费。自2008年1月至2013年12月底，对锦州市某洗浴六家洗浴场所实施了少征水资源费的行为，给国家造成经济损失共计7 216 724元。

2014年5月21日，被告人曹某、刘某经检察机关传唤到案，同月23日，被告人王某经检察机关传唤到案。

公诉机关针对指控的犯罪事实提供了相应的证据。公诉机关认为，被告人王某、曹某、刘某身为国家机关工作人员，未严格依照相关规定履行职责，在征收水资源费过程中滥用职权，致使国家利益遭受重大损失，且情节特别严重，其行为触犯了《中华人民共和国刑法》第三百九十七条第一款，犯罪事实清楚，证据确实、充分，应当以滥用职权罪追究其刑事责任。现提请本院依法惩处。

被告人王某及其辩护人对公诉机关指控的罪名及犯罪事实均有异议。被告人王某辩解称，公诉机关的指控是无事实和法律依据的，被告有滥用职权的行为，但是不构成滥用职权罪。第一，公诉机关在事实的认定中混淆了对取水单位有“取水许可证”和“擅自取水”在收费方面文件条款的适用问题。第二，公诉机关按照洗浴企业所谓的实际营业时间及集中用水情况计算应征未征的水资源费，作为被告给国家造成财产损失数额是没有任何法律依据的。第三，对于擅自取水浴池收费是在挽回国家损失。第四，审计部门报告及公诉机关指控的损失数额是错误的。损失数额的计算应当按照实际用水量计算，而不是按照每月30天，每天24小时的取水设施最大用水量计算。

被告人王某的辩护人辩护称，第一，公诉机关认定被告人王某构成滥用职权罪适用法律错误。

（1）认定被告人王某应适用惩罚性条款收取水资源费错误。公诉机关指控认定被告人王某应当依据《辽宁省取水许可和水资源费征收管理实施办法》（辽宁省 234 号令）第二十条第二款的规定，按取水设施设计的日最大取水能力计算的取水量收取水资源费。辩护人在举证阶段向法庭提交了辽宁省水利厅关于《辽宁省取水许可和水资源费征收管理实施办法》（辽宁省 234 号令）第二十条适用问题意见的函，行政机关对该条款进一步明确阐述和解释，即该条款"是一个针对取水用户不依法取水的惩罚性条款，应与《取水许可和水资源费征收管理条例》第五十三条一并执行"，《取水许可和水资源费征收管理条例》（国务院令第 460 号）第五十三条规定在"法律责任章节"中的惩罚性条款，不是本案被告人应适用收费性条款。辩护人认为，公诉机关适用惩罚性条款按取水设施设计的日最大取水能力计算的取水量收取水资源费，指控认定被告人王某构成滥用职权罪适用法律错误。

（2）认定被告人王某适用惩罚性条款收取水资源费是其法定职权错误。通过庭审表明，被告人王某工作的锦州市水资源办公室的职责是依据《取水许可和水资源费征收管理条例》（国务院令第 460 号）第三十二条"水资源费缴纳数额根据取水口所在地水资源费征收标准和实际取水量确定"的规定，依法向用水单位收取水资源费，属于行政收费单位，而非行政执法单位，该单位及本案三个被告人均没有对水资源管理的行政执法权。全市水资源行政执法监察权利在锦州市水利局水政监察支队，也就是说，对无取水许可证擅自取水的以及有取水许可证但计量设施不合格或者运行不正常的用水户，责令其更换或者修复，以及逾期不更换或者不修复的按照日最大取水能力计算的取水量收取水资源费的权利主体并非是本案被告人，而是锦州市水利局水政监察支队，公诉机关认定各被告人具有法定"惩罚"职权适用法律错误。

（3）被告人采取估量收费是在积极履行法定收费职责。据庭审查明，本案所涉为九家洗浴场所，其中三家为凌河辖区某浴池，该三家洗浴场所成立时间比较早，未被水政监察处理过。其他六家均成立于 2010 年以后，且都经具有行政执法权的锦州市水利局水政监察支队进行过行政处罚后，移交至某办公室进行收费的用水户。作为行政收费单位，对行政执法部门处罚未按表的用水户采取估量收费，是在认真执行《取水许可和水资源费征收管理条例》（国务院令第 460 号）第三十二条"水资源费缴纳数额根据取水口所在地水资源费征收标准和实际取水量确定"的法律规定。公诉机关对此法律规定未给予认定是适用法律错误。

第二，公诉机关指控认定被告人王某滥用职权适用法律具有任意性。根据《最高人民法院、最高人民检察院〈关于办理渎职刑事案件适用法律若干问题〉的解释》第八条明确规定：本解释规定的经济损失是指渎职罪或者与渎职犯罪相关联的犯罪立案时已经实际造成的财产损失。因此，确定经济损失数额应当是实际损失。公诉机关在起诉书指控认定被告人王某造成损失的数额为 42 562 912 元，变更起诉指控损失数额为 26 580 867 元。公诉机关变更损失数额是根据九家经营者实际营业时间，按取水设施设计的最大出水量计算变更的。如果适用《辽宁省取水许可和水资源费征收管理实施办法》（辽宁省 234 号令）第二十条第二款的规定，只能按取水设施设计的日最大取水能力计算，那么为什么公诉机关进行选择性适用，既按设施设计的日最大取水能力，又按经营者实际的营业时间计算取水量呢？这种矛盾地、选择性地适用法律，足以说明公诉机关在适用法律时的任意性，同时也充分地表明了公诉机关对法律、对被告人极端的不负责任。

第三，公诉机关指控认定被告人王某滥用职权造成的损失是主观臆断。公诉机关在第二次开庭时,对损失数额进行了变更,辩护人认为,公诉机关这种变更已贴近了本案的客观事实,但公诉机关对以下影响损失数额因素仍然未给予考虑和认定。

(1)各被告人的所涉损失数额是会计师事务所做出的审计意见,作为会计师事务所有无职权、资质、能力对取水设施的出水量进行审计,该审计内容是否是其司法鉴定的内容之一,应当给予斟酌。

(2)公诉机关变更认定被告人王某造成损失的数额是其自行计算得出的,如果公诉机关对此能够自行计算,本案就不应当委托会计师事务所进行审计鉴定。公诉机关自行计算有无法律依据,其有无计算的资质、能力。辩护人认为如果进行变更,应当由做出鉴定的机构进行变更认定。

(3)公诉机关按经营者实际经营时间计算的损失依据是各经营者的证言材料,但是各经营者又同时证明了其经营期间全部购买热水勾兑经营,同样的证据证明两个不同的事实,如此重要的且对损失数额计算具有直接影响的事实,公诉机关为何不能给予客观全面的审查采信,而是进行选择性采信?

(4)众所周知,任何一个洗浴人员进入洗浴场所均不可能全时段用水洗浴,而且所有的浴池在全年,甚至在每一天都存在着淡旺季,对此公诉人为何不能实事求是进行考虑和认定?

(5)经各被告人积极的工作,在公诉机关认定案发时间段内,水资源收费数额逐年递增,并且受到了市、主管局授予多项先进单位、先进个人、窗口单位等荣誉。

第四,公诉机关认定被告人王某擅自做出估量收费是错误的。庭审质证时,当时某局主管局长孙某在侦查机关第一次询问时,非常明确地表示,采取估量其是明知并同意的,在侦查机关第二次询问时,其对此又进行了否认,即有人向其汇报,其没有表态。两次证言不一致时,又为何偏偏认为其第二次证言是正确的,第一次的证言是错误的呢?当时的主管局长李某、局长于某在其证言中均强调了某办公室是独立的法人单位,没有人向其汇报估量收费的事宜,在估量收费这么长的时间内其真的不知情吗?在中国公务员现实状态下,领导推卸责任的做法司空见惯。在辽宁各地市都普遍存在估量收费现实中,在水管理法规不断完善过程中,在行政收费与经营者利益冲突中,对本案各被告人追究刑事责任,有失法律的公信。

综上所述,公诉机关指控被告人王某构成滥用职权罪的事实不清,证据不足,适用法律错误。本着“嫌罪从无”的刑事诉讼的基本原则,请法庭依法做出被告人王某无罪的刑事判决。

被告人曹某及其辩护人对公诉机关指控的罪名及犯罪事实均有异议。被告人曹某辩解称,第一,公诉机关指控当事人滥用职权罪名不成立。当事人不是单位的领导,只是单位内部的收费员,在具体工作中都是在领导同意下进行正常工作。当事人从未擅自做主过任何事情,定额收费更不是当事人决定的。当事人从未自己单独收取过水资源费,收费时都是同单位另两位同事一起共同完成的。因而,当事人不构成滥用职权罪。第二,当事人没有违反国家的相关规定征收水资源费。当事人的工作都是有法可依的。收费的主要依据是《辽宁省取水许可和水资源费征收管理实施办法》(辽宁省人民政府 234 号令)和《取水许可和水资源费征收管理条例》(国务院令第 460 号)的规定去执行的。所以,当事人在平时的工作中,是严格按照国家相关规定收取水资源费的,不存在违反国家相关规定的行为。第三,当事人没有给国家造成经济损失。例如:某大众浴池的收费,在 2011 年以前一直按表收费。2011 年后,由于水表不能真实反映实际的用水量,经领导同意才依照有表计量时的缴费额度进行收费,按水表收费每月是 800~1 000 元,水表无法读数后,每月是按 1 000 元收费的。第四,取水用户不是单一的用地下水，而是用买来的热水进行勾兑。冷热水勾兑的比例在 1∶5左右。所以，公诉机关指控的数额没有事实和法律依据。

被告人曹某的辩护人辩护称，第一，指控被告人曹某滥用职权罪共犯不成立。滥用职权罪是指国家机关工作人员故意逾越职权，违反法律规定，处理其无权决定、处理的事项，或者违反规定处理公务，致使公共财产、国家和人民利益遭受重大损失的行为。曹某所在的单位是领导负责制，而不是集体负责制。曹某的档案中明确记载：其在城市水资源办公室工作期间的职务只是一名副主任科员，没有领导职权，更没有超越职权做估量收费的决定。同时，王某在公安机关的多次询问笔录和一审、二审庭审中，均承认估量水资源费，是他自己决定的。第二，给国家造成的损失数额没有证据证明。首先，公诉机关所提供审计报告不具有合法性，审计报告证据中并没有辽宁中衡会计师事务所锦州分所的司法会计审计资质证书和两名鉴定人员的司法会计鉴定执业证书，因此其出具的审计报告不具有合法性。其次，从审计报告所提供的统计表和相关的收费票据中可以看出，锦州市某办公室按定额收费的起始时间不是 2008 年 1 月，具体起始时间某大众浴池为 2011 年 1 月，某洗浴一部和二部均为 2009 年 6 月。对此辽宁中衡会计事务所锦州分所并未仔细核对，因此其出具的审计报告所计算出的损失数额不具有客观真实性。再次，审计报告计算损失数额所依据的法律错误。国务院令第 460 号第五十三条和辽宁省人民政府 234 号令第二十条是对取水用户违法取水的惩罚措施，不能用作实际损失的计算。对此，辽宁省水利厅的复函明确地做出了答复。庭审时，被告刘某提供书证，由锦州市行政权力运行制度系统建设领导小组办公室监制并由锦州市水利局行政权力运行制度系统建设领导小组办公室印发的锦州市水利局行政权力运行手册，也证明运用上述法律法规的主体不是被告。因此，从刑法角度来看，是主观先人，所得出的损失额不是客观实际损失，不具有刑法意义上的因果关系，更与《最高人民法院、最高人民检察院〈关于办理渎职刑事案件适用法律若干问题）的解释（一）》第八条相悖。那么，从 2009 年 6 月到 2012 年底，这三家取水用户究竟在这三年多的时间里用了多少地下水？水资源费到底损失多少？现在已经没有客观依据，无法计算。第三，被告人在工作中无主观过错。本案所涉取水用户分为两种：一种是有取水证的用户，另一种是无取水证的用户。对于无取水证用户（或者说擅自取水用户），依法（国务院令第 460 号第四十九条）本应当封井或拆除，但是，本案被告并无此权利。辽宁省水利厅 234 号令第二十条适用问题的复函中明确指出，该法条系惩罚性条款。被告人刘某提供的局里发的权利运行手册证据，证明具体运用此条法律规定的主体不是本案被告，从这一点看，至少证明，被告人的单位和被告人在具体工作中对此法条的理解和上级主管部门的理解是一致的。对此，不能强求被告人对此条的理解超过上级主管部门。如果说被告人有过错，也情有可原。因此，对无证的取水用户没有封井的前提下，依据辽宁省 234 号令第三十一条和辽宁省行业用水标准收费，没有违反本单位和上级主管部门的规定，从客观上来讲减少了国家损失。第四，本案存在两种可能不能排除。第一种可能是估量收费没有减少水资源费。采取估量的方式收取水资源费，是在取水用户计量设施不能正确反映实际用水量的情况下实施的，当时的目的是避免扩大损失。采取这种方式收费是最佳选择。这一点从检察机关所提供的审计报告证据中可以证明，从 2008 年 1 月至 2009 年 5 月的 17 个月当中，玉泉宫一部收费总额为 10 188 元，平均每月收取水资源费是 599 元，玉泉宫二部 17 个月收费总额为 4 590 元，平均每月收取水资源费是 270 元。正是在这种年收费畸低，又没有证据证明取水用户偷水的情况下，曹某才向王某汇报，领导王某才决定采取估量收费，以尽可能地减少损失。在当时的情况下，采取估量收费方式反而增加了收费额。第二种可能是假如估量收费造成了损失，也没达到《中华人民共和国刑法》第三百九十七条所规定的“致使公共财产、国家和人民利益遭受重大损失”的程度。根据《最高人民法院、最高人民检察院〈关于办理渎职刑事案件适用法律若干问题〉的解释(一)》第一条第二项规定，造成经济损失30万元以上的才属于“致使公共财产、国家和人民利益遭受重大损失”。首先，公诉机关所指控的损失起算时间点错误。从公诉机关提供的审计报告上看，估量收费的起始时间点应为2009年6月，而非2008年1月，前后相差17个月。其次，在庭审前，公诉机关将营业时间作为计算损失条件，这种计算方式，已经接近了客观真实，但是，营业时间仍然不能等同于提取地下水时间。那么，从公诉机关所提供的证据来看，外购热水和地下水勾兑的比例为5∶1，也是一个不争的事实。既然地下水用作勾兑热水，那么，地下水用量就会极少。此证据从有利于被告人的原则出发，应当得以采用。在此前提下，某洗浴一部、二部三年半少缴水资源费合计不超过50 000元。对于某大众浴池来讲，根据某大众浴池法人代表徐杨的证词：“有表时，每月收费也就在800～900元，估量收费时，每月则收取1 000元的水资源费”，说明对于某浴池，并没有少收水资源费。此外，在这三年半当中，还应当考虑淡旺季、重新装修等停业情况。因此，即使有损失，也没有造成重大经济损失。

综上，被告人曹某无职权，损失的数额又无法准确地计算出确切数字。同时，估量收费没有给国家造成重大损失的可能性无法排除，无法得出刑法意义上的唯一结论。因此，从有利于被告人的原则出发，应当适用疑罪从无，判决被告人无罪。

被告人刘某的辩护人辩护称，公诉机关指控被告人刘某犯滥用职权罪，事实不清、证据不足，理由如下：

第一，《审计报告》不能作为认定本案事实的依据。公诉机关用于指控刘某构成滥用职权罪的损失数额的重要依据是《审计报告》，该报告本身存在着计算依据和计算方法的错误，同时公诉机关在此基础上对《审计报告》的数额又进行了无权变更，使《审计报告》的结论更无依据可言。

(1)计算依据错误。该《审计报告》的计算依据是“辽宁省234号令第二十条第二款的规定，按取水工程设施设计的最大日取水量或设备铭牌额定的最大取水能力确定取水量，锦政办发〔2005〕167号文件、辽政发〔2010〕18号文件第二条的规定”计算得出的，辩护人认为该审计报告按锦政办发〔2005〕167号文件、辽政发〔2010〕18号文件第二条的规定确定水资源费的价格没有问题，但其依据“按取水工程设施设计的最大日取水量或设备铭牌额定的最大取水能力确定取水量”计算得出取水量是没有法律依据的，理由是：①辽宁省234号令第二十条第二款的内容与国务院令第460号“法律责任”章节中第五十三条第二款是完全一致的，首先从立法层面上看，国务院令第460号是行政法规，辽宁省234号令是地方性规章，国务院令第460号是234号令的上位法，国务院令第460号该条款在法律责任章节，依法应由具有行政处罚权的部门去执行规定，条款性质是行政处罚权；234号令却将该条款规定为行政征收权，下位法改变了上位法条款的属性，显而易见是违背上位法的立法本意，与上位法相背离，根据《中华人民共和国立法法》的规定，下位法与上位法相违背应当以上位法为准，即234号令第二十条第二款的性质是行政处罚条款。②第一被告人王某提交的《辽宁省水利厅关于〈辽宁省取水许可和水资源费征收管理实施办法〉第二十条适用问题意见的函》(该函是辽宁省水利厅对辽宁省政府法制办提出问题的答复）对于国务院令第 460 号第五十三条第二款和 234 号令第二十条第二款的冲突给出了明确的答复：234 号令第二十条第二款是对 460 号令第五十三条的细化；该条款的性质是惩罚性条款，应与国务院令第 460 号的第五十三条一并执行。这一权威部门的答复具有权威性和法律的效力，应作为 234 号令第二十条第二款性质的重要依据，即行政处罚性条款。

综上两点理由得出，《审计报告》中计算取水量的条款是行政处罚条款，刘某作为某办公室的工作人员，只有行政征收权，没有行政处罚权，因此没有权力依据该条款收取水资源费，《审计报告》将行政处罚条款作为征收水资源费的依据，属计算依据错误，得出的结论自然是错误的。

（2）计算方法错误。该《审计报告》的计算方法是根据六家浴池的营业执照的成立时间（某洗浴二部、某洗浴三部、某洗浴），甚至是在成立之前（某洗浴、某洗浴）作为《审计报告》的起始时间，从审计的起始时间上看，这份《审计报告》既有超前审计的行为，又与本案的实际情况根本不符，根本没有考虑到刘某所涉的这五家浴池（除某洗浴二部外）无证、无表，需经水政监察支队先行处理后再由水政部门将其移送到水资源管理办公室的客观情形，因此审计的起始时间与实际开始收取水资源费的时间存在巨大的时间间隔，该审计报告得出的少征收水资源费的数额当然也是错误的。

根据《最高人民法院关于适用〈中华人民共和国刑事诉讼法〉的解释》第八十五条第（六）项的规定（鉴定过程和方法不符合相关专业的规范要求的），《审计报告》不得作为定案的根据。

（3）公诉机关以本机关出具的《关于王某、曹某、刘某滥用职权一案情况说明》的方式对《审计报告》审计的内容进行了变更是依法无据。从变更主体上看，检察院作为国家公诉人，无审计资质，也没有一部法律或者是一个权力部门赋予其可以变更有资质的第三方做出的鉴定结论的权力，因此公诉机关单方变更的行为依法无据，其所变更的结论更不能作为认定刘某构成滥用职权罪的依据。

综上三点，辩护人认为公诉人用于指控刘某构成滥用职权罪的最为关键的《审计报告》，其计算依据和计算方法均存在错误，公诉机关又进行了无权变更，因此该证据不能作为定案依据，除这份《审计报告》外，公诉机关没有任何证据证明所谓的滥用职权的损失数额，属证据严重不足，依法不应认定刘某构成滥用职权罪。

第二，刘某所涉六家浴池的特殊性决定了其没有公诉机关指控的滥用职权的行为。某浴池二部、某洗浴宝地店（三部）、某洗浴、某洗浴、某洗浴、某洗浴这六家浴池在本案中具有一定的特殊性：根据经营者的证人证言、《审计报告》及审计单位做出的《更正说明》（刘某所涉及的六家浴池均无取水许可证）；2014 年 8 月 14 日锦州市某办公室《情况说明》（刘某所涉及的六家浴池均无计量设施）能够充分地证实刘某所涉及的六家浴池均为无取水许可证、无计量设施，那么这种情况应如何处理？根据国务院令第 460 号第四十八条的规定，未经批准擅自取水，或者未依照批准的取水许可规定条件取水的，依照《中华人民共和国水法》第六十九条规定处罚，同时辽宁省 234 号令第三十一条规定：对擅自取水的，应当按照其取水量收取水资源费。针对这种实际情况，锦州市水资源管理办公室经领导决定对除没有移送到水资源管理办公室的某浴池二部以外，五家分别按照估量定额的方式收费，这种估量定额收费的依据和数额都是有据可循的。

(1)估量定额收费的依据。根据辽宁省234号令第三十一条规定:对擅自取水的,应当按照其取水量收取水资源费。同时根据国务院令第460号第十六条的规定:按照行业用水定额核定的用水量是取水量审批的主要依据。省、自治区、直辖市人民政府水行政主管部门和质量监督检验管理部门对本行政区域行业用水定额的制定负责指导并组织实施。尚未制定本行政区域行业用水定额的,可以参照国务院有关行业主管部门制定的行业用水定额执行。王某的辩护人向法院提交了一份由辽宁省质量技术监督局做出的《行业用水标准》(DB/T 1237—2008),该标准对辽宁省各行业开展取水许可管理、建设项目水资源论证、下达取(用)水计划、用水及节水评估定额做出的行业标准,其中就包括了本案所涉及的洗浴服务,因此对于估量定额收费是有依据可循的。

(2)估量的标准。根据实地勘查经营状况、结合同规模有证用水户用水量的基础上做出的定额估量,是对国家水资源的保护,同时也使国家利益免受损失的行为。在这种情况下,根据锦州市水利局提交的证明,锦州市历年来城区自备井收费自2004年至今收费逐年上升,对于辽宁省水利厅、锦州财政局下达的指标超额完成,2013年锦州市水利局根据该种收费方式所收取的水资源费总额排在全省第二名,如果因刘某的征收行为给国家造成成百上千万元的损失的话,那么辽宁省的其他城市的水利部门岂不是问题更加严重?横向对比之后更明确了刘某根据单位决定估量征收水费的行为并未给公共利益、国家和人民的财产造成任何损害。

第三,公诉机关于用以指控刘某构成滥用职权罪有罪的证据中的书证(6家浴池的交款明细单)、言词类证据(被告人供述、证人证言)也不能证明刘某构成滥用职权罪。

(1)书证[某浴池二部、某洗浴宝地店(三部)、某洗浴、某洗浴、某洗浴、某洗浴的营业执照及收取水资源费的收款凭证]只能证明六家浴池曾经缴纳过水资源费及相应的数额,无法证实刘某在收取水资源费的过程中存在滥用职权的行为。

(2)言词类证据(被告人王某、曹某、刘某的供述与苗某、李某、秦某、孙某、于某证人证言)中对于水资源费的收取依据到底是依据国务院令第460号第三十一条还是辽宁省234号令第二十条第二款,是他们的个人理解,不具有法律的效力,应以法律法规规定的内容为准。六家浴池经营者的证人证言仅能证明其缴纳水费的数额和方式,也不能作为刘某滥用职权定案的依据。

综上所述,公诉机关指控刘某构成滥用职权罪证据不足,请法院综合全案证据对本案的事实进行认定,并根据《中华人民共和国刑事诉讼法》第一百九十五条第(三)项"证据不足,不能认定被告人有罪"的规定,做出证据不足、指控的犯罪不能成立的无罪判决。判令被告人刘某不构成犯罪。

经审理查明,被告人王某在担任锦州市某办公室主任一职时,在2008年1月至2012年12月期间,对某洗浴一部、某洗浴二部、某洗浴二部、某洗浴、某大众洗浴、某洗浴、某洗浴七家洗浴场所征收水资源费的过程中,未依法履行职责,没有按照国家规定以实际用水量征收上述洗浴场所水资源费,而是采用估量收费方式收取水资源费197 744元,少征收水资源费120余万元。

被告人曹某在担任锦州市某办公室一科科长一职时,在2008年1月至2012年12月期间,对某洗浴一部、某洗浴二部、某大众洗浴三家洗浴场所征收水资源费的过程中,未依法履行职责,没有按照国家规定以实际用水量征收上述洗浴场所水资源费,而是采用估量收费方式收取水资源费145 541元,少征收水资源费80余万元。

被告人刘某在担任锦州市某办公室副主任及锦州市水资源管理办公室二科科长一职时,在2008年1月至2013年12月期间,对某洗浴二部、某洗浴、某洗浴、某洗浴4家洗浴场所征收水资源费的过程中,未依法履行职责,没有按照国家规定以实际用水量征收上述洗浴场所水资源费,而是采用估量收费方式收取水资源费81 190元,少征收水资源费50余万元。

2014年5月21日,被告人曹某、刘某经锦州市古塔区人民检察院传唤到案。同月23日,被告人王某经锦州市古塔区人民检察院传唤到案。

2015年12月7日,锦州市古塔区人民检察院做出《关于王某、曹某、刘某滥用职权一案情况说明》,将被告人刘某与公诉机关锦古检公诉刑变诉〔2015〕2号变更起诉决定书指控的数额由7 216 724元再次变更为5 377 499元。

上述事实,有公诉机关当庭出示,经法庭质证、认证的下列证据予以证实。

(一)被告人王某、曹某、刘某供述证实

(1)被告人王某的供述和辩解,证实他担任某办公室主任期间征收水资源费的相关情况。他供述,某办公室的职权范围是对城区自备井的管理和水资源费的收取。某办公室的业务,由他负总责。下设四个科室,分别为两个外勤科室(管理一科及管理二科)、两个内勤科室(办公室及财务科)。由外勤科室核定水量确定水资源费,由财务科收取水资源费。两个外勤科室,一科科长是曹某,负责凌河区水资源费的收缴;二科科长是刘某,负责古塔区及部分太和区的水资源费的收缴。收取水资源费依据是《中华人民共和国水法》、国务院令第460号(《取水许可和水资源费征收管理条例》)、辽宁省政府234号令(《辽宁省取水许可和水资源费征收管理实施办法》)及市政府的有关规定及收费标准。收的水资源费直接上交财政。估水资源费,是他定的。估水资源费基本是特业这块,也就是浴池和洗车场,两个外勤科长针对大的用水户估费情况都向他汇报,他也都下去看了几家,都同意了他们的估水定额,用水户用水量少的,虽然没向他汇报,估的水资源费他也都默认了。法律规定没有针对具体用水户的减免情况。没有计量设施或计量设施不准的用户,应该按该用户24小时最大取水能力确定水量收取水资源费。他没有按照这个规定去做,他认为这样去收费肯定收不上来,他是按实际情况去估量的。

(2)被告人曹某的供述和辩解,证实1989年10月,他到锦州市某办公室工作,后任管理一科科长。当时是某办公室主任王某负责全面工作。针对他管片内的没有安装或拒绝安装水表的用户如何处理的问题,他向王某汇报过。王某决定根据实际情况估量收费。王某定下来估量定额收费大概是在2006年左右,在2008年以后所有浴池都是估量定额收取水资源费。

(3)被告人刘某的供述和辩解,证实他任某办公室管理二科科长及锦州市某办公室副主任期间收取水资源费的情况。他供述,他是在2002年前后任管理二科科长并负责全面工作的。管理二科主要业务负责检查自备井用户是否有计量设施。2013的11月他任市某办公室副主任,负责除自来水的地下水资源费征收外的全市地下水资源费征收。征收水资源费的依据是《中华人民共和国水法》《取水许可和水资源费征收管理条例》《辽宁省取水许可和水资源费征收管理实施办法》等。征收对象为有自备井的用户,并且有取水许可证的都应该缴纳水资源费,没有许可证的经水政监察支队处罚过并移交的也缴纳水资源费。1999

年他刚到某办公室时，全市的地下水资源都是估量收费，到了2004年锦州市搞了一次专项治理，要求全市地下水用户必须办理取水许可，必须安装计量设施。2004年全市的自备井用户都安装了水表，也都按照水表计量收费。计量收费持续了一两年后水表就陆续出现损坏现象，他们就督促更换，后来有的用户拒绝安装计量设施，有的用水户频繁更换，有逃避缴纳水资源费的现象，还有就是发现有的用水户计量设施运行不正常。综合以上现象他向王某做了汇报，问他水表的问题怎么处理以及水资源费如何征收。王某原话是怎么说的他记不清了，大概的意思就是实在不行就估量收费，不再要求用水户必须安装计量设施。对用水户进行估量收费，参照他们以前有表时候的水量，询问用水户的实际经营状况，观察用水户的实际用水情况，征求用水户的意见来确定水资源费的额度。估水收费主要是针对浴池，由他和同事去用水户处检查，拟定用水户的估费额度并向王某汇报。基本上王某都同意他拟定的估费额度，个别不同意的要求他们重新核定额度，基本上是一户一议。但是如果用水户更换业主，水资源费的征收就不再重新估费定额。没有不经请示王某，他们自己定额水资源费的情况。针对估费定额的情况，王某是否召开过城市水资源办公室全员参加的会议他记不清了。估费定额的行为没有法律依据。对于地下水的用户取水，法律没有减免的规定。按照国务院令第460号《取水许可和水资源费征收管理条例》第五十三条规定及辽宁省政府234号令《辽宁省取水许可和水资源费征收管理实施办法》第二十条规定，对于没有安装计量设施或者是计量设施损坏不准的，督促用水户安装或者是更换计量设施。用水户拒绝安装或者更换计量设施的，他们按日最大取水能力确定水资源费，给用户下缴费催款单，一周后再次下催款单，如果还不缴纳，他们申请水政部门进行处罚，给水政部门填写个水事件申报单，由王某负责移交水政监察支队。在云飞桥那的水立方（三部）是他们的管户，没有取水许可证，是水政监察支队给他们移交过来的，王某让他们去这家勘察，后他将勘察情况向王某汇报了，最后由王某确定按每月500元收取。某地的某洗浴（二部）是他们发现的，进去后里面有井，但是干井，所以他们再也没去过，也没将其移交水政监察支队。某洗浴是他们的管户，也是王某让他去勘察的，勘察后将具体情况报到王某，最后王某确定每月按500元定额收费。某洗浴是他的管户，不知道有没有取水许可证，是怎么纳入到他们水资源管理的他记不清了，每月缴纳的水资源费大约是700元，以缴款收据为准。某洗浴是他们的管户，是水政监察支队移交过来的，他勘察了他们家，水量不充足，根据他们家的具体情况拟定了估费额度，每年是四五千元，以缴费收据为准。他上报给王某，王某同意了他们拟定的额度。某洗浴是他们的管户，是水政监察支队移交过来的，也是他先勘察再拟定估费额度，每年交多少水资源费记不清了，以缴费收据为准，他上报给王某，王某同意了。他认为估量定额和国家规定的计量收费标准没有可比性，按日最大取水量收费是一种处罚手段，应由水政部门处理。他没有什么职权，也没有权力改变收费方式，所有的事他都请示了，都是按领导指示办的。在他的管片内所有估量收费的用户中没有他们自行确定估量定额的情况。

（二）证人证言

（1）证人苗某（辽宁省某处处长）证言，证实国家和省政府对于水资源费征收的法律依据及未安装计量设施或计量设施不合格和水资源费收取的计算依据。

（2）证人李某（锦州市某局副局长）证言，证实王某没有向其汇报过关于水资源费采取估水收费的情况。

（3）证人秦某（锦州市某办公室主任）证言，证实征收水资源费的情况及水资源费征收过程中采取估量收费没有法律依据。他陈述,征收水资源费应该按水表计量收费,王某、曹某、刘某管理的玉泉宫等九家用水户,他们的计量设施不能正常使用,水资源费应根据《取水许可和水资源费征收管理条例》(国务院令第460号)和《辽宁省取水许可和水资源费征收管理实施办法》(辽宁省政府234号令)的相关规定征收水资源费。

(4)证人李某(锦州某洗浴经理)证言,证实某洗浴使用地下水及缴纳过水资源费的相关情况。他证实,某二部成立时间以营业执照为准,有一口地下水井,没有取水证。地下井在洗浴中心成立时就有,用途是洗浴用水。洗浴用热水每天20吨左右,从外面购买。冷水每天10吨左右。没缴过水资源费。水资源办公室没来检查处罚过。

(5)证人曹某(锦州某洗浴二部经理)证言,证实他在五年前到这里工作。某洗浴二部营业时间是24小时营业。客流量和用水量比较大的时间段是早9点到晚9点12个小时。

(6)证人徐某(锦州某洗浴三部经理)证言,证实他在2013年到锦州某三部工作。顾客集中、用水量比较大的时间段是早上9点到次日凌晨2点左右。

(7)证人高某(锦州某洗浴餐饮俱乐部法定代表人)证言,证实某餐饮俱乐部是在2006年成立的,之前在2000年在凌河区某里某号还成立一个某洗浴健足,现在叫某二部。洗浴用冷水是地下水,热水是从锦州二热电厂购买的。地下水每天每口井用水是三四十吨。一部和二部每月各缴纳水资源费2 000余元,具体数额记不清楚了,以收据为准。

(8)证人孙某(锦州市某一部洗浴经理)证言,证实某一部是在2005年开业的,他在2006年来到一部工作。某一部有一口地下水井,用于洗浴和生活用水。

(9)证人张某(锦州市某一部洗浴经理)证言,证实某一部营业时间的情况。他在2008年来到某一部。某一部24小时营业,但是顾客基本上在早晨8点左右才来洗浴,晚上12点以后基本就没人来洗浴了,所以顾客比较集中和耗水量大的时间段就是从早上8点到晚上12点。

(10)证人仇某(锦州市某二部洗浴经理)证言,证实某二部营业时间情况。他在2012年来到某二部,某二部24小时营业,但是顾客基本上是上午8点以后来洗浴,晚上12点左右基本没有人来洗浴了,所以顾客比较集中和耗水量大的时间段就是从早上8点到晚上12点。

(11)证人董某(某洗浴经理)证言,证实北都洗浴的营业及缴纳水资源费的相关情况。某洗浴于2010年6月营业,洗浴的冷水取自地下水井,没安装水表,水资源费收取为估水收费,每年5 000元。营业时间是早9点到晚12点,但实际上过了晚上10点就基本没有客人来洗浴了。实际用水时间集中在早9点到晚9点这12个小时。洗浴用的热水是在二热电厂购买的,冬天每天用4~5车水,夏天每天用2~3车水,每车10吨。冷水是他们家自己的地下水,是在2010年4~5月打的井。洗浴用冷水估计每天20吨。

(12)证人李某(某洗浴经理)证言,证实某洗浴缴纳水资源费的情况。洗浴用的冷水取自地下水井,没有水表,按半年4 000元缴纳水资源费。营业时间是早8点到晚11点,但是过了晚上10点就基本没有顾客来洗浴了,所以顾客比较集中和洗浴用水的主要时间段是早8点到晚9点13个小时。洗浴用热水是在南山购买的,每天3车水,每车10吨。洗浴用冷水是地下井的地下水,具体每天用多少冷水没有计算过。

(13)证人李某(某洗浴经营者)证言,证实某洗浴于2013年承兑,洗浴的冷水取自地下水井,每月缴纳720元水资源费。洗浴用热水从南山附近购买,一车10吨,周末用三四车水,平时用2车水。10吨热水大概能兑2吨地下水。洗浴用的冷水一直用的地下井水。

(14)证人朱某(某洗浴经营者)证言,证实该洗浴会所营业时间为24小时。洗浴客流和洗浴用水主要集中在上午11点到晚上11点这12个小时。

(15)证人魏某(某洗浴经理)证言,证实某洗浴营业时间以及用水情况。某会馆于2008年承建,大约9月开业。会馆洗浴用的热水是买的,一车10吨。大概每天三四车热水,冷水是用地下水。地下水井是建时打的,没有取水证,是潜水泵。2009年被市水利局水政处罚过,罚款5 000元。以后就正常收水资源费了。每月水资源费500元,是刘某根据客流量和用水量定的,客流量和用水量,是咨询的他。水资源办是估水收费,都是刘某或者其他人打电话通知缴纳水资源费。以前大约每天用地下水20多吨,现在每天用地下水10多吨。这口井一直在用,每月缴纳的水资源费是固定的数额。

(16)证人张某(某洗浴职员)证言,证实他在2009年12月到某洗浴工作。客人集中在中午12点之后到晚上12点之间,洗浴用水基本集中在这12个小时。

(17)证人徐某(某大众洗浴经理)证言,证实某大众洗浴2008年开业,洗浴用热水是锅炉烧地下水。每天用地下水20~30吨。有取水许可证,按表收费每月水资源费800~1 000元。后来估水收费每月1 000元,每天营业时间为早6时至晚10时。

(18)证人刘某(某大众洗浴职员)证言,证实他在某大众洗浴工作四年多了。某大众洗浴营业时间从早上8点到晚上9点,客人洗浴和洗浴用水均集中在这一时间段。有大概13个小时的用水时间。

(19)证人闫某、丁某(某办公室二科科员)证言,证实二人在与刘某共同工作过程中按照刘某要求估水收费的情况。

(20)证人郑某(某办公室原一科科员)证言,证实曹某在担任某办公室管理一科科长期间,在对锦州市某一部、某二部、某大众洗浴等三家洗浴场所征收水资源费时,按估量定额征收,少征水资源费的情况。

(21)证人陆某(某办公室一科科员)证言,证实水资源费收取情况。

(22)证人于某(锦州市某局原局长)证言,证实他在担任某局局长期间,王某没有向其汇报过估水收费的情况。

(23)证人孙某(锦州市某局原副局长)证言,证实他在担任某局副局长期间,王某向其汇报过估水收费的情况,他没有表态。

(三)书证材料

(1)《情况说明》,证实涉案洗浴中心的计量设备等相关情况。

(2)《单位证明》及《水资源收费许可证》,证实水资源办公室沿革及水资源办公室职权的相关情况。

(3)任职证明及三被告人的户籍证明,证实三名被告人的主体身份情况及任职情况。

(4)某一部、某二部、某大众洗浴、某洗浴、某洗浴、某洗浴二部、某三部、某洗浴、某洗浴营业执照副本、照片,某大众洗浴取水许可证,证实上述取水用户的营业状况、取水设施及取水许可证的相关情况。

(5)案件来源及抓捕经过,证明案件线索来源及三被告人的到案情况。

(6)《关于水资源管理办公室与水政监察支队工作关系说明》,证实城市水资源办公室与水政监察支队关系的相关情况。

(7)《说明》,证实涉案洗浴经营场所的名称情况。

(8)《缴费单据》,证实本案估量收取水资源费的缴费情况。

以上证据,均已经当庭质证,相互印证的部分具有合法性、客观性,且与本案事实具有关联性,本院予以确认。

(四)公诉机关指控三名被告人下列证据本院不予采纳

《审计报告》和《更正说明》及2015年12月7日锦州市古塔区人民检察院《关于王某、曹某、刘某滥用职权一案的情况说明》,证实经审计,涉案洗浴经营场所缴纳水资源费的相关情况及三名被告人给国家造成财产损失数额。

因上述证据对取水所用时间、冷热水勾兑用水量等缺乏科学性、客观性、实际性计算及《审计报告》中并没有辽宁中衡会计事务所锦州分所的司法会计审计资质证书和两名鉴定人员的司法会计鉴定执业证书,因此所做出的《审计报告》不具有合法性。公诉机关以"人性化执法角度"的观点,擅自随意改变所指控犯罪的数额,表明指控三名被告人犯滥用职权罪的事实不清,证据不足。因而本院对上述证据不予采纳。

(五)被告人王某、刘某的辩护人向本院提供的证明材料

(1)被告人王某的辩护人提供:辽宁省水利厅关于《辽宁省取水许可和水资源费征收管理实施办法》第二十条适用问题意见的函以及辽宁省行业用水定额标准,证实公诉机关按照取水设施即水泵最大取水量计征水资源费适用法律错误。

(2)被告人刘某的辩护人提供:辽宁省行业用水定额标准,证实洗浴行业用水量以及在行业内估量收取水资源费不违法。

因辽宁省水利厅关于《辽宁省取水许可和水资源费征收管理实施办法》第二十条适用问题意见的函,来源于辽宁省锦州市中级人民法院审判卷中,且是红头文件,本院予以确认。关于被告人王某、刘某的辩护人提供的辽宁省行业用水定额标准,因与本案事实没有关联性,本院不予采纳。

(六)被告人曹某的辩护人向本院提供的证明材料

被告人曹某的辩护人提供的《锦州市水利局行政权力运行手册》序号75、76、77、78、79、80号内容,证明国务院令第460号的第五十三条、辽宁省人民政府令第234号规定的内容是一致的,结合辽宁省水利厅关于《辽宁省取水许可和水资源费征收管理实施办法》第二十条适用问题意见的函,表明是行政处罚条款。因此,行政处罚属于锦州市水利局监察支队行使范畴。

对于被告人曹某的辩护人提供的《锦州市水利局行政权力运行手册》序号75、76、77、78、79、80号内容,与本案的事实没有关联性,本院不予采纳。

【审理结果】

本院认为,被告人王某、曹某、刘某身为国家机关工作人员,在执行职务过程中,未依法按照国家法律、法规规定征收水资源费,致使国家利益遭受重大损失,已构成滥用职权罪。公诉机关指控被告人王某、曹某、刘某犯滥用职权罪罪名成立。但公诉机关指控被告人王某给国家造成经济损失26 580 867元,指控被告人曹某给国家造成经济损失21 203 368元,指控被告人刘某给国家造成经济损失7 216 724元,后用《情况说明》的方式,指控被告人刘某给国家造成经济损失5 377 499元,应予以纠正。根据《最高人民法院、最高人民检察院〈关于办理渎职刑事案件适用法律若干问题〉的解释(一)》第八条的规定,本解释规定的"经济损失”,是指渎职犯罪或者与渎职犯罪相关联的犯罪立案时已经实际造成的财产损失,包括为挽回渎职犯罪所造成损失而支付的各种开支、费用等。立案后至提起公诉前持续发生的经济损失,应一并计入渎职犯罪造成的经济损失。本案中,三名被告人少征收水资源费给国家所造成的实际损失,应当结合其供述以及各个取水用户的证言,从有利于被告人的原则,予以综合认定。经本院按照上述情况计算,被告人王某少征收水资源费120余万元,被告人曹某少征收水资源费80余万元,被告人刘某少征收水资源费50余万元。对三名被告人及辩护人的相关辩护意见,本院予以采纳。关于“某三部”以及“某洗浴所用地下水取水量”的问题,现无法通过证据之间相互印证计算具体地下水用量,按照有利于被告人的原则,为此,对公诉机关指控“被告人王某、刘某少征收某三部及某洗浴水资源费”一节,本院不予确认。被告人王某、曹某、刘某是共同犯罪,因所起作用基本相当,不宜区分主、从犯,但量刑时应根据各被告人的具体犯罪情节予以综合考量。关于三名被告人及辩护人提出“三被告人不具有对未安装取水设施或者安装的计量设施不符合质量标准和不能正常运行的取水用户,按照取水工程、设施设计的最大日取水量或者设备铭牌额定的最大取水能力征收水资源费职权”一节,因征收水资源费是三名被告人职权范围,故对三名被告人及其辩护人相关辩解和辩护意见,本院不予支持。关于三名被告人及辩护人提出“估水收费已经向上级汇报,不应当承担责任”问题,因锦州市某办公室是独立法人,三名被告人应当在法律法规授权范围内独立行使征收水资源费的职权,是否向上级请示汇报并不是估水收费的法定理由,且现并无证据证实上级单位同意三名被告人不按照法律法规征收水资源费,故对三名被告人及其辩护人的上述辩解和辩护意见,本院不予采纳。综上,本案经本院审判委员会讨论决定,依照《中华人民共和国刑法》第三百九十七条第一款、《最高人民法院、最高人民检察院〈关于办理渎职刑事案件适用法律若干问题〉的解释(一)》第八条的规定,判决如下:

(1)被告人王某犯滥用职权罪,判处有期徒刑一年六个月。(刑期从判决执行之日起计算。判决执行以前先行羁押的,羁押一日折抵刑期一日,即自2014年5月24日起至2015年11月23日止)

(2)被告人曹某犯滥用职权罪,判处有期徒刑一年二个月。(刑期从判决执行之日起计算。判决执行以前先行羁押的,羁押一日折抵刑期一日,即自2014年5月21日起至2015年7月20日止)

(3)被告人刘某犯滥用职权罪,判处有期徒刑一年。(刑期从判决执行之日起计算。判决执行以前先行羁押的,羁押一日折抵刑期一日,即自2014年5月21日起至2015年5月20日止)

附:相关法律条文

《中华人民共和国刑法》

第三百九十七条(第一款) 国家机关工作人员滥用职权或者玩忽职守,致使公共财产、国家和人民利益遭受重大损失的,处三年以下有期徒刑或者拘役;情节特别严重的,处三年以上七年以下有期徒刑。本法另有规定的,依照规定。

《最高人民法院、最高人民检察院〈关于办理渎职刑事案件适用法律若干问题〉的解释(一)》

第八条 “经济损失”,是指渎职犯罪或者与渎职犯罪相关联的犯罪立案时已经实际造成的财产损失,包括为挽回渎职犯罪所造成损失而支付的各种开支、费用等。立案后至提起公诉前持续发生的经济损失,应一并计入渎职犯罪造成的经济损失。

债务人经法定程序被宣告破产,债务人潜逃、去向不明,或者因行为人的责任超过诉讼时效等,致使债权已经无法实现的,无法实现的债权部分应当认定为渎职犯罪的经济损失。

渎职犯罪或者与渎职犯罪相关联的犯罪立案后,犯罪分子及其亲友自行挽回的经济损失,司法机关或者犯罪分子所在单位及其上级主管部门挽回的经济损失,或者因客观原因减少的经济损失,不予扣减,但可以作为酌定从轻处罚的情节。

【评析意见】

一、本案争议焦点

本案争议焦点有三个:一是锦州市水资源管理办公室水是否具有征收水资源费和查处无证取水违法行为的职责;二是九家洗浴场所未按照规定安装计量设施,锦州市水资源管理办公室不征、少征这九家洗浴场所水资源费的数额如何认定;三是玩忽职守罪中"公共财产、国家和人民利益遭受重大损失"的情形如何认定。

锦州市水资源办公室是独立法人,办公室的职权范围是对城区自备井的管理和水资源费的收取。办公室的业务,由王某负总责。下设四个科室,分别为两个外勤科室(管理一科及管理二科)、两个内勤科室(办公室及财务科)。由外勤科室核定水量确定水资源费,由财务科收取水资源费。两个外勤科室,一科科长是曹某,负责凌河区水资源费的收缴;二科科长是刘某,负责古塔区及部分太和区的水资源费的收缴。从锦州市水资源办公室的职责来看,三名被告人应当在法律法规授权范围内独立行使征收水资源费的职权,是否向上级请示汇报并不是估水收费的法定理由,且并无证据证实上级单位同意三名被告人不按照法律法规征收水资源费,三名被告人是锦州市水资源办公室管理工作人员,是在国家机关委托职权的组织中从事公务的人员,明知国务院《取水许可和水资源费征收管理条例》第三十二条"水资源费缴纳数额根据取水口所在地水资源费征收标准和实际取水量确定"的规定,故意违反规定,在每年征收九家洗浴取水单位水资源费时,擅自采取协商的方式计征水资源费,其行为违反法律法规规定和委托机关授权范围。

关于按日最大取水量及按取水许可证规定的取水量计算的水资源费损失能否作为滥用职权造成经济损失的问题。根据国务院《取水许可和水资源费征收管理条例》第三十二条规定:水资源费缴纳数额根据取水口所在地水资源费征收标准和实际取水量确定。《最高人民法院、最高人民检察院〈关于办理渎职刑事案件适用法律若干问题〉的解释(一)》第八条规定:滥用职权造成的经济损失,是指渎职犯罪与渎职犯罪相关联的犯罪立案时已经实际造成的财产损失,包括为挽回渎职犯罪造成损失而支付的各种开支、费用等。具体就本案而言,三名被告人滥用职权,违反规定采取协商方式收取涉案企业的水资源费,给国家造成的经济损失应为根据《取水许可和水资源费征收管理条例》第三十二条"水资源费缴纳数额根据取水口所在地水资源费征收标准和实际取水量确定"的规定,计算出的水资源费与协商收费的差额。公诉机关认定按日最大取水量计算的水资源费数额,是根据该条例第五十三条"未安装计量设施的,责令限期安装,并按照日最大取水能力计算的取水量和水资源费征收标准计征水资源费,处5 000元以上2万元以下罚款;情节严重的吊销取水许可证。计量设施不合格或运行不正常的,责令限期更换或者修复;逾期不更换或者不修复的,按照日最大取水能力计算的取水量和水资源费征收标准计征水资源费,可以处1万元以下罚款;情节严重的吊销取水许可证”的规定,计算得出水资源费用,该费用是带有惩罚性规定的行政收费,该收费与实际损失数额属于不同性质的费用。故按日最大取水能力计算得出的水资源费,不能作为滥用职权造成经济损失的依据。

同时各被告人的所涉损失数额是会计师事务所做出的审计意见,作为会计师事务所有无职权、资质、能力对取水设施的出水量进行审计,该审计内容是否是其司法鉴定的内容之一,应当给予斟酌。会计师事务所鉴定出的经济损失,于法无据,法院应不予采纳。更不能作为滥用职权造成经济损失的数额的意见,法院应予以采纳。

关于三名被告人滥用职权行为是否致使公共财产、国家和人民利益遭受重大损失的问题。根据《最高人民法院、最高人民检察院〈关于办理渎职刑事案件适用法律若干问题〉的解释(一)》第一条的规定“国家机关工作人员滥用职权或者玩忽职守,具有下列情形之一的,应当认定为刑法第三百九十七条规定的”致使公共财产、国家和人民利益遭受重大损失,可对其以滥用职权罪定罪处罚。三名被告人对涉案企业采取协商收费的方式,征收水资源费,是滥用职权行为,前有所述,不再赘述。本案焦点在于,三名被告人滥用职权的行为,是否致使公共财产、国家和人民利益遭受重大损失,是否属于《最高人民法院、最高人民检察院〈关于办理渎职刑事案件适用法律若干问题〉的解释(一)》第一条规定的四种情形之一。经查,水资源对国家经济、社会发展极其重要。国家重视保护水资源,先后制定《中华人民共和国水法》《取水许可和水资源费征收管理条例》等法律法规保护水资源,水资源的有偿使用,征收水资源费,是保护水资源及上述法律法规得以落实的重要手段之一。三名被告人采取与取水单位协商的方式计征水资源费,导致《取水许可和水资源费征收管理条例》第三十二条规定不能依法执行;同时,对于涉案部分企业在未安装取水计量设施的情况下,本应根据该条例第五十三条规定征收水资源费而未征收。根据《取水许可和水资源费征收管理条例》第五十三条规定计算的损失虽不作为其滥用职权造成直接损失的依据,但该损失是国家可通过惩罚性的行政征收规定依法征收的水资源费。故三名被告人在其任锦州市水资源办公室管理人员期间,故意违反国家法律、行政法规定的权限和程序,在涉案5年期间,长期未依法正确履行职责,采取与取水单位协商的方式计征水资源费,损害了国家的利益,其行为属于《最高人民法院、最高人民检察院〈关于办理渎职刑事案件适用法律若干问题〉的解释(一)》第一条第(三)项规定的“造成恶劣社会影响的”的情形。

为合理开发、利用、节约和保护、管理水资源,防治水害,实现水资源的可持续利用,依照《中华人民共和国水法》,水资源属于国家所有,国家对水资源依法实行取水许可制度和有偿使用制度,水务部门负责该制度的组织实施。根据《取水许可和水资源费征收管理条例》的规定,未经批准擅自取水的,水务部门应当责令其停止违法行为,限期补办有关手续;逾期不补办或者补办未被批准的,责令限期拆除或者封闭其取水设施。取水人取得许可证后,应当安装取水计量设施,水资源费按照实际取水量计征;无计量设施的,水务行政部门应当责令取水人在规定期限内安装;逾期不安装的,按取水设施最大取水量每日运转24小时计算取水量。锦州市水资源办公室的职责是依据《取水许可和水资源费征收管理条例》(国务院令第460号)第三十二条“水资源费缴纳数额根据取水口所在地水资源费征收标准和实际取水量确定”的规定,依法向用水单位收取水资源费,属于行政收费单位,而非行政执法单位,锦州市水资源管理办公室的职责包括征收相关费用。《中华人民共和国水法》第六十四条规定:水行政主管部门或者其他有关部门以及水工程管理单位及其工作人员,利用职务上的便利收取他人财物、其他好处或者玩忽职守，对不符合法定条件的单位或者个人核发许可证、签署审查同意意见，不按照水量分配方案分配水量，不按照国家有关规定收取水资源费，不履行监督职责，或者发现违法行为不予查处，造成严重后果，构成犯罪的，对负有责任的主管人员和其他直接责任人员依照刑法的有关规定追究刑事责任；尚不够刑事处罚的，依法给予行政处分。

根据《中华人民共和国水法》第六十四条的规定，不履行对水资源开发利用的监督职责，不按照国家有关规定收取水资源费，发现违法行为不予查处，造成严重后果，承担刑事责任的主体包括负有责任的主管人员和其他直接责任人员。

根据《中华人民共和国刑法》第三百九十七条的规定，玩忽职守罪要求造成"公共财产、国家和人民利益遭受重大损失"，《最高人民法院、最高人民检察院〈关于办理渎职刑事案件适用法律若干问题〉的解释（一）》第一条规定，国家机关工作人员滥用职权或者玩忽职守，具有下列情形之一的，应当认定为刑法第三百九十七条规定的"致使公共财产、国家和人民利益遭受重大损失：……（二）造成经济损失三十万元以上的；（三）造成恶劣社会影响的；（四）其他致使公共财产、国家和人民利益遭受重大损失的"情形。

按照取水工程最大取水量每日运转 24 小时计算水费，是对违法取水单位惩罚性质的征收，而不是被告人玩忽职守行为造成的实际损失。即使被告人正确履行了征收职责，由于违法单位的经济、经营等原因，惩罚性质的水费也未必能足额征收到位。惩罚性质的水费如何收、如何评估需要相关部门释明。

二、行政征收和滥用职权及玩忽职守的定义与内容

结合本案，作者重点就行政征收和滥用职权及玩忽职守的定义与内容做简单分析，以便水行政执法人员了解。

行政征收是指行政机关或者法定授权的组织根据法律法规的规定，向公民、法人或者其他组织无偿收取一定财物的行政行为。而行政处罚是行政机关依据法律规定的程序、措施对行政管理相对人的违法行为采取相应处罚措施的具体行政行为。

行政征收须以公民、法人或者其他组织负有行政法上的缴纳义务为前提，其实质是国家以强制方式无偿取得管理相对人一定的财产所有权。《中华人民共和国宪法》第十三条第三款规定：国家为了公共利益的需要，可以依照法律规定对公民的私有财产实行征收或者征用并给予补偿。所以，行政征收是指当国家基于公益要求，以对公民财产加以特别限制为必要时，就需要对该公民个人的特别牺牲给予补偿的行为。传统征收的特点是：①征收对象主要是土地等不动产；②征收的形式是行政行为；③征收目的是公用事业，特别是公路、铁路等基础设施建设工程；④传统征收以完全补偿要件，而且大多是事先补偿。传统征收主要有以下几种：①税收征收。它是行政征收中最主要的方面。②资源费征收。在我国，城市土地、矿藏、水流、山岭、草地、荒地、滩涂等自然资源属于国家所有。单位和个人在开采、使用国有资源时必须依法向国家缴纳资源费。如水资源费的征收、矿产资源补偿费的征收等。③建设资金征收。这是为确保国家的重点建设，解决重点建设资金不足问题面向公民、法人或其他组织实施的征收。如公路养路费的征收、港口建设费的征收、国家能源交通重点建设基金的征收等。④排污费征收。⑤滞纳金征收。⑥其他法律法规规定的征收内容。

行政征收特征是具有强制性、无偿性和法定性。行政征收机关实施行政征收行为，实质

上是履行国家赋予的征收权,这种权利具有强制他人服从的效力,行政相对人必须服从行政征收命令;否则,应承担一定的法律后果。行政相对人的财产一经国家征收,其所有权就转移为国家所有,成为国家财产的一部分,由国家负责分配和使用,从而保证国家财产开支的需要。行政征收必然是无偿的,是财产的单向流转,无须向被征收主体偿付报酬。行政征收直接指向的是行政相对人的经济利益,由于其强制性和无偿性,决定了其对相对人的权益始终都具有侵害性。

根据有关法律规定,国有企业、集体所有制企业、中外合资企业、外资企业和外国企业、行政机关和事业单位、个体工商户、专业户和一般公民个人,在符合一定条件时均可能成为缴纳主体。行政征收主体与缴纳主体之间的关系是管理与被管理的关系。缴纳主体作为被管理者,并不意味着在行政征收过程中完全处于被动的地位,而是有权依法向征收主体主张自己的权利。

行政征收制度的建立和实施,也具有法律上的依据。《中华人民共和国宪法》第五十六条规定:中华人民共和国公民有依照法律纳税的义务,在宪法上规定了公民纳税的义务。为实施宪法,又制定了《中华人民共和国税收征收管理法》《中华人民共和国个人所得税法》《中华人民共和国消费税法》等法律,对宪法进行细化、具体化,规定了哪些人需要纳税,根据什么标准纳税等。行政收费存在的理由是国有资源有偿使用理论。为保护资源,对资源进行合理开发利用,减少破坏和浪费,对受益人进行收费也是合理的。

行政收费之所以存在,也有其理论上的依据。法治是行政征收的基础,公益是行政征收的目的,人权是行政征收行为的界限,程序是对行政征收的法律控制。

行政征收遵循公平公正、效率、费用抵偿、对等给付的原则。①行为主体本身要合法。就是说,行为主体是行政主体,是合法的行政机关,并且要有法定的职权。②行政机关要依法行政,不得法外行政。一是指税收征收过程本身的效率,二是税收作用于社会政治经济的效率。主要是确定收费总额的问题,目的是费用逾越禁止,即做出的开支应用行政收费来抵消,而不应该使其成为公众整体承担的开支。这一原则主要是在确定相对人具体交费额时应坚持的原则。一般情况下,对于因对公共设施、自然资源的使用权引起的收费,必须根据实际对等给付价值予以确定。

从水利费用征收主体、职责权限、义务范围、执法程序等方面全面分析,来确定行政机关行政行为是否具有合法性。

结合本案例,作者简单介绍一下滥用职权罪、玩忽职守罪的定义及区别,以便广大水行政管理和水行政执法人员认真学习。

滥用职权罪,是指国家机关工作人员超越职权,违法决定、处理其无权决定、处理的事项,或者违反法定程序处理公务,致使公共财产、国家和人民利益遭受重大损失的行为。玩忽职守罪,是指国家机关工作人员严重不负责任,不履行或者不正确履行职责,致使公共财产、国家和人民利益遭受重大损失的行为。根据此概念可以发现,玩忽职守罪需要行为主体的行为方式是严重不负责任,不履行或者不认真履行职责。行为方式导致的结果是使得公共财产、国家和人民利益遭受重大损失。

《中华人民共和国刑法》第三百九十七条规定:国家机关工作人员滥用职权或者玩忽职守,致使公共财产、国家和人民利益遭受重大损失的,处三年以下有期徒刑或者拘役;情节特别严重的,处三年以上七年以下有期徒刑。本法另有规定的,依照规定。国家机关工作人员徇私舞弊，犯前款罪的，处五年以下有期徒刑或者拘役；情节特别严重的，处五年以上十年以下有期徒刑。本法另有规定的，依照规定。

本条是关于国家机关工作人员滥用职权罪和玩忽职守罪的规定，以及因徇私舞弊，犯滥用职权罪或者玩忽职守罪如何处罚的规定。共分两款。

第一款是关于滥用职权罪和玩忽职守罪及其处罚的规定。

本款所称的“滥用职权罪”，是指国家机关工作人员违反法律规定的权限和程序，滥用职权或者超越职权，致使公共财产、国家和人民利益遭受重大损失的犯罪。“玩忽职守罪”是指国家机关工作人员不履行、不正确履行或者放弃履行其职责，致使公共财产、国家和人民利益遭受重大损失的犯罪。

滥用职权行为和玩忽职守行为是渎职犯罪中最典型的两种行为，两种行为的构成要件，除客观方面不一样外，其他均相同，在实践中正确认定和区分这两种犯罪具有重要意义。

滥用职权罪和玩忽职守罪具有以下共同特征：

(1)滥用职权罪和玩忽职守罪侵犯的客体均是国家机关的正常管理活动。虽然滥用职权和玩忽职守的行为往往还同时侵犯了公民的权利或者社会主义市场经济秩序，但两罪所侵犯的主要是国家机关的正常管理活动，因为滥用职权罪和玩忽职守罪从其引起的后果看可能侵犯了公民的人身权利，引起人身伤亡，或者使公共财产、国家和人民财产造成重大损失，但这些都属于这两种罪的社会危害性的客观表现，其本质仍然属于侵犯了国家机关的正常管理活动。

(2)两罪的犯罪主体均为国家机关工作人员。这里所称“国家机关工作人员”，是指在国家机关中从事公务的人员。“国家机关”是指国家权力机关、行政机关、司法机关、军事机关。2002 年 12 月 28 日第九届全国人民代表大会常务委员会第三十一次会议通过了关于《中华人民共和国刑法》第九章渎职罪主体适用问题的解释，根据解释的规定，下列人员在代表国家机关行使职权时，有渎职行为构成犯罪的，也依照刑法关于渎职罪的规定追究刑事责任：①在依照法律法规规定行使国家行政管理职权的组织中从事公务的人员；②在受国家机关委托代表国家行使职权的组织中从事公务的人员；③虽未列入国家机关人员编制但在国家机关中从事公务的人员。

(3)滥用职权和玩忽职守的行为只有“致使公共财产、国家和人民利益遭受重大损失”的，才能构成犯罪。是否造成“重大损失”是区分罪与非罪的重要标准，未造成重大损失的，属于一般工作过失的渎职行为，可以由有关部门给予批评教育或者行政处分。所谓“致使公共财产、国家和人民利益遭受重大损失”，主要是指造成重大经济损失，包括使公共财产遭受重大损失的，也包括使公民合法财产遭受重大损失。

两罪在客观方面有明显的不同：

滥用职权罪客观方面表现为违反或者超越法律规定的权限和程序而使用手中的职权，致使公共财产、国家和人民利益遭受重大损失的行为。滥用职权的行为，必须是行为人手中有“权”，并且滥用权力，与危害结果有直接的因果关系，如果行为人手中并无此权力，或者虽然有权但行使权力与危害结果没有直接的因果关系，则不能构成本罪，而应当按照其他规定处理。

玩忽职守罪客观方面表现为不履行、不正确履行或者放弃履行职责，致使公共财产、国家和人民利益遭受重大损失的行为。玩忽职守的行为，必须是违反国家的工作纪律和规章制度的行为,通常表现是工作马虎草率,极端不负责任;或是放弃职守,对自己应当负责的工作撒手不管等。

根据本款规定,国家机关工作人员犯滥用职权罪和玩忽职守罪的,处三年以下有期徒刑或者拘役;情节特别严重的,处三年以上七年以下有期徒刑。这里的“情节特别严重”,主要是指造成的经济损失数额特别巨大;造成公民死亡或者多人重伤的特别严重后果的;造成特别严重政治影响的,如严重损害国家信誉、形象、威望、地位等情形。

本款还规定,“本法另有规定的,依照规定”,这是指除本条的一般规定外,刑法规定的其他犯罪中也有滥用职权和玩忽职守的情况,对于本法另有特别规定的,一律适用特别规定,而不按本条定罪处罚。如本法第四百零三条关于国家有关主管部门的国家机关工作人员,对不符合法律规定条件的公司设立、登记申请或者股票、债券发行、上市申请,予以批准或者登记的滥用职权的规定;第四百条第二款关于司法工作人员由于玩忽职守的行为,致使在押的犯罪嫌疑人、被告人或者罪犯脱逃的规定等。

第二款是关于国家机关工作人员徇私舞弊,犯第一款罪如何处罚的规定。国家机关工作人员担负着管理国家事务的职责,必须秉公守法,任何徇私舞弊的行为都应当予以惩处。这里的“徇私舞弊”是指为徇个人私利或者亲友私情的行为。由于这种行为是从个人利益出发,置国家利益于不顾,所以主观恶性要比第一款的规定严重,本款规定了较重的处罚,即对行为人处五年以下有期徒刑或者拘役;情节特别严重的,处五年以上十年以下有期徒刑。另外,本款同时也规定了“本法另有规定的,依照规定”,对此理解也应与第一款的理解相同。

一事不再罚原则在水行政处罚实践中的应用

【案情介绍】

河南省某高速公路有限公司(以下称申请人)于2006年1月未经水行政主管部门批准,在某高速公路(是河南省政府批准建设的合法的省重点建设项目,也是河南省通往某省的重要快速通道)建设过程中,在引沁灌区引沁大沟河东支渠渠道中心建设桩基,侵占了水工程,严重地毁坏了水工程。大量证据证明申请人违反了《中华人民共和国水法》第四十一条"单位和个人有保护水工程义务,不得侵占毁坏堤防、护岸、防汛、水文监测、水文地质监测等工程设施"的规定、《河南省实施〈中华人民共和国水法〉办法》第二十四条"从事工程建设,占用农业灌溉水源、灌排工程设施,或者对原有灌溉用水,供水水源有不利影响的,建设单位应当事先报有管辖权的水行政主管部门批准,并采取相应的补救措施;造成损失的,依法给予补偿"的规定和《河南省水利工程管理条例》第二十一条"在水利工程管理范围内进行建设的,应当按照保护水利工程安全的要求提出设计,按水利工程管理权限报水行政主管部门审核同意。建设施工应当按照批准或水行政主管部门同意的范围、方式、设计方案进行"的规定。申请人擅自施工毁坏灌溉工程,给灌区人民的生产、生活造成了严重危害,同时也造成当地生态坏境的失衡。当地群众反映强烈,要求河南省水利厅(以下称被申请人)尽快立案查处。

下面作者结合水行政执法实践从这起案件谈起,让广大水行政执法者了解水事违法查处过程中一事不再罚原则在水事违法案件中的具体应用,以便更好地指导水行政执法实践。《中华人民共和国行政处罚法》第二十九条规定:对当事人同一个违法行为,不得给予两次以上罚款的行政处罚。虽然申请人的行为可能给水利工程造成多处影响,但应属一个行为,假如申请人违法,最多只能受到一次行政处罚。

事件发生后,作为被申请人的水行政执法人员经过调查取证后,进行了立案查处,针对申请人的14处违法行为下达了豫水罚字〔2007〕第1 ~14号共14份水行政处罚决定书。申请人认为被申请人下达的14份水行政处罚决定书错误,理由如下:

首先,申请人认为被申请人的行政处罚决定事实不清、证据不足。其一,申请人建设的工程是经省政府批准的合法工程;其二,申请人没有进行爆破施工,也未对水利工程造成不利影响;其三,申请人是按照引沁局许可施工方案施工的。

其次,假如申请人的行为给水利工程建设造成不利影响的话,那么被申请人的处罚程序也是违法的,即违反了《中华人民共和国行政处罚法》一事不再罚原则。根据《中华人民共和国行政处罚法》第二十四条"对当事人的同一个违法行为,不得给予两次以上罚款的行政处罚"的规定,申请人在施工过程中假如在不同地点损坏了水利工程设施,那也是基于同一个施工行为,被申请人认为在14个不同地点的"损坏设施"行为是多个违法行为,并且适用同一个法律依据同时进行14次处罚,显然违背了行政处罚的一事不再罚原则。

综上所述,被申请人对申请人做出的处罚决定事实不清,证据不足,程序违法。现依据《中华人民共和国行政复议法》的有关规定,请求河南省人民政府撤销被申请人做出的豫水罚字〔2007〕第1~14号共14份水行政处罚决定书。针对该公司提出的理由,作为水行政主管部门的执法人员做了如下答复:

(1)答复人做出的行政处罚决定,事实清楚,证据充分,适用法律正确。

申请人承建的工程项目是否合法,关键看其是不是按照有关法律规定经过行政许可审批的项目。申请人在水工程管理范围内进行建设施工,未经水行政主管部门许可,违反了《河南省实施〈中华人民共和国水法〉办法》第四十三条第三款、第五款的规定,对水利工程造成严重损害。

答复人经充分调查查明:申请人于2006年1月未经水行政主管部门批准,在某高速公路建设过程中,在引沁灌区引沁大沟河东支渠渠道中心建设桩基,侵占了水工程,严重地毁坏了水工程。大量证据证明申请人违反了《中华人民共和国水法》第四十一条"单位和个人有保护水工程义务,不得侵占毁坏堤防、护岸、防汛、水文监测、水文地质监测等工程设施"的规定、《河南省实施〈中华人民共和国水法〉办法》第二十四条"从事工程建设,占用农业灌溉水源、灌排工程设施,或者对原有灌溉用水,供水水源有不利影响的,建设单位应当事先报有管辖权的水行政主管部门批准,并采取相应的补救措施;造成损失的,依法给予补偿"的规定和《河南省水利工程管理条例》第二十一条"在水利工程管理范围内进行建设的,应当按照保护水利工程安全的要求提出设计,按水利工程管理权限报水行政主管部门审核同意。建设施工应当按照批准或水行政主管部门同意的范围、方式、设计方案进行"的规定。申请人擅自施工毁坏灌溉工程,给灌区人民的生产、生活造成了严重危害,同时也造成当地生态环境的失衡。当地群众反映强烈,要求尽快严肃处理。

(2)申请人所称的"其施工行为是按照引沁局许可的施工方案施工的"与事实不符,也不符合法律规定。

首先,申请人的违法行为在先。其违法施工行为发生在2006年2月前,其向引沁局发的函在2006年6月,此函并不是报批申请,而引沁局向申请人发的函是引沁局的意见,申请人也未按引沁局的要求向水行政主管部门提供有关报批材料。其次,引沁局是水利工程管理事业单位,不是水行政主管部门,不具有行政许可的审批权。此时,申请人所说的"其施工行为是按引沁局许可的施工方案施工"既不符合本案事实,也不符合《中华人民共和国水法》等有关规定。最后,申请人至今仍未按照水行政主管部门的要求,呈报有关占用农田灌溉水源,灌排工程设施许可审批及在水工程管理范围内有关建设项目设计、施工方案审批的材料,而继续非法占用、非法施工,申请人的行为已经严重地触犯了法律,应当依法给予追究。

(3)豫水罚字〔2007〕第1~14号水行政处罚决定书事实清楚、证据确凿、适用法律正确、程序合法,不属于一事多罚。

申请人在不同标段内的施工队伍,在不同时间、不同地段,对不同级别的水工程以不同行为方式实施了14个违反《中华人民共和国水法》《河南省实施〈中华人民共和国水法〉办法》《中华人民共和国防洪法》和《河南省实施〈中华人民共和国防洪法〉办法》的行为,造成了不同类型、不同程度、不同后果的损害,构成了侵占、毁坏、爆破、占压、弃渣、建桥、施工道路、影响等14个不同的违法构成要件。另外,在调查处理本案中,申请人阻碍执法人员执法、暴力抗法,性质严重,因此也只能依法做出14个不同程度的行政处罚。在做出行政处罚决定前,应依法调查、走访有关当事人、受害人及当地人民群众,对现场进行勘验并制作了笔录和影像资料。在做出处罚决定前,向申请人送达了权利告知书和听证告知书。在此期间,执法人员还多次与申请人进行协调并形成有关协调会议纪要等,但申请人均未履行。特别是省政府进行协调,也因申请人没有任何诚信,而使协调无法进行。因此,答复人依照《中华人民共和国水法》第七十二条“有下列行为之一……责令停止违法行为，采取补救措施，处一万元以上五万元以下的罚款：(一)侵占、毁坏水工程及堤防、护岸等有关措施，毁坏防汛、水文监测、水文地质监测设施的；(二)在水工程保护范围内，从事影响水工程运行和危害水工程安全的爆破、打井、采石、取土等活动的”的规定，向申请人送达了本处罚决定书。

综上所述，豫水罚字〔2007〕第114号水行政处罚决定书认定事实清楚、证据充分、适用法律正确、程序合法，应当依法驳回申请人的复议申请，维持原处罚决定。

以上是水利系统执法人员的思考和回复，如果是高素质的专业人士和执法人员经过更深入的思考提出复议申请和答复又会怎么样呢？

【专业人士意见】

一、申请书

高素质的专业人士写的申请书如下：

某律师事务所接受申请人的委托，指派张三担任其行政复议一案的代理人，代理人通过前期的调查取证、现场勘查以及和被申请人的多次沟通，才对本案有了较深的了解，现在本案事实认定和适用法律发表如下意见(供参考)：

申请人承建的某高速公路，是经河南省政府依法批准的重点建设项目，也是河南省通往山西的重要快速通道，所以，无论是河南省政府还是济源市政府都对该工程给予了极大的关注。在省政府的领导下，由济源市政府召集各相关部门包括水利部门等，联合成立了“某高速协调指挥部”。由于此工程任务重、工期紧，应协调指挥部的要求，在办完开工手续后便立即组织施工。然而当施工开始时，引沁局工作人员便来到工地以损害他们的水利工程为由向申请人发难，济源市政府早已承诺由政府解决，况且申请人根本不知道济源市辖区内的灌区水利工程归焦作市引沁灌区管理局管理，申请人虽然认为济邵高速公路的施工方案是由省政府召集各相关部门(包括水利部门)专家会审认可的，但是为了能够顺利施工，为了与引沁局和睦相处，申请人立即将有关施工方案以公司文件的形式郑重向引沁局请示，引沁局也多次对此问题专门给予了回复。通过申请人和引沁局之间的沟通、协调指挥部的调解，对水利工程恢复方案逐步达成共识。2006年12月5日，申请人与引沁局就有关灌区占有补偿问题也达成初步意见，双方同意工程恢复方案、占用补偿方案一揽子解决，占用补偿金额70万元。引沁局将此方案向被申请人汇报时，被申请人认为补偿费用太低，断然否定了方案，从而使双方的协调陷人僵局，所以被申请人便做出了决定书。

本案贵政府受理后，申请人主动与被申请人多次接触，通过接触，申请人发现被申请人的真正本意不在本案的处理决定和处罚决定上，而在于占用灌区的民事补偿问题，被申请人这种以行政处罚来解决民事补偿纠纷、实现民事补偿目的的做法不但妨碍了某高速这一省重点工程建设，还极大地损害了政府机关在人民群众中的良好形象，从这个层面上讲被申请人滥用职权毫不为过。申请人认为河南省水利厅(被申请人)豫水罚字〔2007〕第1~14号等14个《水行政处罚决定书》和豫水处字〔2007〕第1~8号、第10~14号等13个《水行政处理决定书》不但事实不清、证据不足，而且程序严重违法，理由如下。

(一)申请人的施工行为是合法行为

关于某高速的施工可能会对引沁灌区造成影响的问题，申请人曾向灌区管理单位引沁局以正式文件的形式提出了申请，引沁局也以正式文件的形式给申请人做出了回复，相关回复完全涵盖了本案所涉及的14处工程,申请人正是按回复方案施工,且大部分工程恢复完毕。在此期间,引沁局从没有向申请人表示他没有批准权,况且引沁局还对申请人的文件做了明确而具体的答复。然而被申请人在其答辩中称引沁局的回复不是批准文件,那么被申请人的批准文件是什么形式呢?被申请人就此从来没有告知过申请人。事实上,申请人早已提出申请,如果回复不算批准文件,那只能说被申请人不作为而已,责任完全在被申请人。所以,申请人有理由相信引沁局有批准权,至于引沁局与被申请人之间的关系,那么完全是他们内部的职责划分问题,不能以此对抗申请人,因此被申请人对正在按照引沁局批准方案施工的申请人实施行政处罚、做出行政处理实在情理难容。

(二)27份处理决定书、处罚决定书基本事实不清、主要证据不足

1.时间上与客观事实不符

从被申请人制作的27份决定书中可以看出,其认定申请人实施影响水利工程的时间为2005年11月至2006年2月,事实上济邵高速的施工时间是从2006年3月才开始的,部分工程到2006年6~10月才开始动工。那么,造成水利工程2月就出现的填土、碎石、塌陷等与申请人又有什么关系呢?

2.现场勘验(检查)笔录不能作为定案的证据采用

就本案来讲,现场勘验(检查)笔录是本案的主要证据,根据水利部《水行政处罚实施办法》第二十七条规定,水政监察人员依法调查案件,应当遵守下列程序:①向被调查人出示水政监察证件;②告知被调查人要调查的范围或者事项;③进行调查(包括询问当事人、证人、进行现场勘验、检查等);④制作调查笔录,笔录由被调查人核对后签名或者盖章。从被申请人制作现场勘验(检查)笔录来看,该笔录的制作时间是2006年5月4日和5月5日,而当事人的签字时间却是在2005年6月13日,这足以说明被申请人现场勘验(检查)笔录的制作存在五大问题:①调查时被调查人不在现场;②被调查人无法通过核对证件确定调查人员的身份;③调查人员没有履行告知被调查人调查范围和事项的义务;④剥夺了被调查人申请调查人回避的权利;⑤被调查人员的签字不真实。从以上五点可以看出,被申请人制作的现场勘验(检查)笔录是不能作为认定事实证据采用的。除此证据外,其他证据根本无法证明申请人对水利工程造成影响的具体情况,被申请人在事实不清、证据不足的前提下做出27份决定书显然是错误的。

3.调查(询问)笔录也不能作为认定事实的证据采用

(1)调查人员的身份不明确,调查人员是否有水行政执法的资格无法确定。

(2)张某、刘某、李某等人均是被申请人下属机构的内部工作人员,存在直接利害关系,其证言难以反映客观事实。

(3)李某的调查笔录中调查人一栏竟是空白,缺乏调查笔录基本的形式要件。此外,其他证据均无法反映水利工程被损毁的具体情况。因此,被申请人做出的27份行政决定书属典型的事实不清、证据不足。

(三)被申请人做出的13份《行政处理决定书》错误

1.缴纳工程恢复费用的处理决定没有法律依据

《中华人民共和国水法》及相关法律、法规赋予了被申请人采取补救措施的权力,但没有赋予被申请人工程恢复费的行政处理决定权。显然,采取补救措施中不应当包括工程恢复费用的缴纳,工程恢复费用的缴纳只能是在无法采取补救措施或者申请人不采取补救措施时一种方式，这种救济方式实质上是一种民事赔偿措施，既然属于民事赔偿范畴，被申请人就无权对其做出行政处理决定。就本案而言，申请人不仅有能力恢复被损工程，而且也正在按照引沁局批准的方案进行恢复，此时做出行政处理决定，既无法律依据，也无现实意义。严格来讲，被申请人的行为是典型的超越职权行为，同时也严重违反了公平、公正的行政执法原则。

2.《某高速公路对引沁灌区影响补偿方案》（简称《补偿方案》）不能作为行政处理决定的依据采用

水利部、财政部、国家计委联合发布的《占用农田灌溉水源、灌排工程设施补偿办法》第十一条规定：凡占用农田灌溉水源、灌排工程设施（包括占用期3年以上和3年以下），给工程管理单位造成的经济损失，经法定的评估机构评定后，报相应的水行政主管部门和同级物价、财政部门核准，由占用者给予赔偿。据此可以看出，补偿方案的制作者应是法定评估机构，所作方案也应报同级物价、财政及水行政主管部门核准后才能作为补偿依据。而“补偿方案”的制作者河南省某水利水土保持技术推广站根本不具有法定评估资格，所作“补偿方案”也未经物价、财政部门核准。被申请人以《河南省实施〈中华人民共和国水法〉办法》及豫政办〔2006〕106号文没有做此规定为由，认为不需要法定部门评估，不需要经物价、财政部门核准是完全错误的。首先，河南省地方法规没有规定否定三部委规章的效力，即当地方性法规没有规定时，不能成为不执行国家法律的理由。其次，《补偿方案》即使不经物价、财政部门的核准，那么最低限度也必须经法定评估机构的评估，才可作为被申请人做出行政处理的依据采用，否则工程恢复方案的确定及预算数额的确定将无法令人信服。最后，河南省江河会计师事务所所做的评估报告证明不了行政处理决定的合法性：①被申请人在做出《行政处理决定》时并没有依据该报告书，依据《中华人民共和国行政复议法》第二十三条规定，被申请人所提交的证据应是其做出具体行政行为时所依据的证据。由于该证据被申请人做出行政决定时没有采用，因此不能作为其行政行为合法性的证据采用。②该评估报告中的恢复方案及预算数额《补偿方案》相矛盾。③该评估报告不但没有经过物价、财政部门的核准，而且被申请人也没有文件批准允许使用该报告作为补偿依据。因此，被申请人做出的《处理决定书》不论是依据《补偿方案》还是依据“评估报告”都是错误的。

（四）被申请人做出的14份《行政处罚决定书》违法

1.被申请人对申请人做出的14份《行政处罚决定书》违反了《中华人民共和国行政处罚法》的一事不再罚原则

《中华人民共和国行政处罚法》第二十九条规定：对当事人同一个违法行为，不得给予两次以上罚款的行政处罚。虽然申请人的行为可能给水利工程造成多处影响，但应属一个行为，假如申请人违法的话，最多只能受到一次行政处罚。首先，本案中只可能存在一个违法主体，某高速公路有限公司是某高速的唯一建设单位，虽然有若干个施工队，但其行为后果只能由申请人来承担。其次，只可能存在一个主体错误，实施一个违法行为。申请人的施工从2006年3月开工至今，从未发生中止、中断现象，至今也只能做出过一个开工行为，下过一个开工命令，因此只可能存在一个主观过错，一个违法行为。再次，只可能损害一个客体，那就是影响了水利工程的运营安全。对于违法行为的个数，不能以时间、地点、手段、程度等来区分是一个违法行为还是多个违法行为，应当从违法行为的法律构成要件上加以区分。被申请人之所以对申请人的一个违法行为做出14个处罚，就在于他混淆了“一次违法行为”与“一个违法行为”的区别，混淆了具体施工人员的行为与施工主体行为的区别，混淆了“违法行为”与“违法手段”的区别，并且在答辩书中错误地理解了《中华人民共和国水法》第七十二条，将侵占、毁坏、爆破、占压、弃渣、建桥、施工道路等理解成不同的违法构成要件，这实属常识性的错误。退一步讲，假使14处损害就是14个独立违法行为，因为这14个违法行为是基于同一个违法故意，连续实施性质相同的数个行为，触犯的是同一个水利法律规范，应认定为连续违法，连续违法是一事不再罚原则法定一事的。所谓法定一事，是指本来符合数个违法构成要件多事，因某种特别原因法律却将其规定为一事的情形，此种情形就是只能给予一次处罚的情形，至于行为的个数，则只能作为违法情节加以考虑。因此，不论这14个行政处罚所涉及的是一个违法行为，还是多个违法行为，被申请人都只能给予申请人一次罚款的行政处罚。

2.被申请人做出的行政处罚决定违反了行政处罚程序中的集体讨论制度

水利部《水行政处罚实施办法》第三十条明确规定：对情节复杂或者重大违法行为给予较重的水行政处罚，水行政处罚机关负责人应当集体讨论决定。前款所称较重的水行政处罚是指对公民以超过三千元罚款、对法人或者其他组织处以超过三万元罚款。《中华人民共和国行政处罚法》第五十七条对此也做出了同样的规定，而本案所涉及的行政处罚应当属于情节复杂、处罚较重的范围，从被申请人提交的证据看，没有证据显示是由集体讨论决定的。

综上所述，被申请人做出的14份行政处罚决定书和13份行政处理决定书不但事实不清、证据不足，而且程序违法，严重地损害了申请人的合法权益，为此，申请人希望省政府能够依法公断，撤销被申请人做出的27份错误决定书。

二、答复书

业务素质高的水行政执法人员写的答复书如下：

河南省某高速公路有限公司（申请人）不服河南省水利厅（被申请人）豫水罚字〔2007〕第1~14号等14个《水行政处罚决定书》和豫水处字〔2007〕第1~8号、第10~14号等13个《水行政处理决定书》而提起的行政复议案正在复议之中。受被申请人委托，作为其行政复议阶段的代理人，发表代理意见如下：

（1）申请人及其代理人曲解了本案所涉及的许多事实，甚至歪曲、捏造了许多事实，对本案许多事实的描述大多基于其主观想象。

只要略加分析便不难发现，申请人代理人所作的代理词描述的许多事实不但不客观，缺乏事实依据，而且充满主观臆想，混淆视听。

其一，申请人代理人所作的代理词称，“由于此工程任务重、工期紧，应协调指挥部的要求，在办完开工手续后便立即组织施工”不知此处的所谓“办完开工手续”应如何理解，是仅仅举行一个开工仪式呢，还是履行完依法必须履行的全部手续？从法律意义上讲，当然指后者。可事实上，直到现在，申请人依法应当履行的包括占用农田灌溉工程、在水工程管理范围内建设项目工程设计、施工审批等水行政许可在内的开工手续均未办理，至今还没有呈报《可行性研究报告》、设计、施工等有关基本材料，甚至连申请都没提起。试问，未经水行政主管部门批准而擅自开工、毁坏水工程也是协调指挥部的要求吗？若是，则协调指挥部的哪一个文件做了如此要求呢？

其二，申请人代理人所作的代理词称，“当施工开始时，引沁局工作人员便来到工地，以损害他们的水利工程为由向申请人发难”。代理词将被申请人一方的工作人员依法履行职责的行为理解为“发难”。在此,且不谈这一过于情绪化的理解有何不妥,但必须提请申请人及其代理人注意的是,被申请人一方的工作人员为什么在申请人“施工开始时”就来“发难”呢?原因不外乎两个:一来,他们忠于职守,未怠职、不失职;二来,申请人开工手续不全,违法施工。

真实情况是,直到申请人违法开工长达数月之后的2006年7月18日,济源市服务高速公路建设领导小组办公室(以下简称“服办”)才与引沁局协商调解,这时候,引沁局才知道有个“服办”。2006年10月10日第三次协调会曾形成会议纪要,但申请人拒不执行,此后“服办”也不再协调了。需要特别说明的是,在三次协调会中,引沁局始终没有见到“服办”有省市水利行政主管部门参与。

其三,申请人代理人所作的代理词称,“申请人想有关于水利工程交叉的问题,济源市政府早已承诺由政府解决,况且申请人根本不知道济源市辖区内的灌区水利工程归焦作市引沁局灌区管理局管理”。首先,既然济源市政府早已承诺由政府来解决有关与水利工程交叉的问题,那么济源市政府的承诺函或承诺文件在哪里呢?其承诺的法律依据又何在呢?结论只有一个:所谓济源市政府的承诺,只是“申请人想”,而不是本案的客观事实。申请人开工前根本就没有履行水行政许可审批手续,没有与水行政主管部门联系才是本案的真实状况。其次,申请人不能以“根本不知道济源市辖区内的灌区水利工程归焦作市引沁灌区管理局管理”为理由来推卸违法施工的责任,更不能以此为理由来否定被申请人一方的法定职责。如果说在违法施工之初,申请人以此搪塞还情有可原,但在被申请人一方多次催告、要求、督促之后,申请人不但不积极配合水行政执法,履行法定义务,反而我行我素,拒不停止违法施工,甚至野蛮打伤执法人员,暴力抗法。当申请人实施这一系列违法行为的时候,难道真的不知道自己在干什么、不该干什么?在与水行政执法人员多次交锋、与水行政主管部门多次接触之后,难道还真的不知道到底该由谁来行使水利工程的管理职能吗?

其四,申请人代理人所作的代理词称,“济邵高速公路的施工方案是由省政府召集各相关部门(包括水利部门)专家会审认可的……对水利工程恢复方案逐步达成共识……就有关灌区占用补偿问题也达成初步意见”。

首先,必须申明,水行政主管部门从未接到过所谓某高速公路的施工方案。即使省政府的确召集过各相关部门的专家对施工方案做过所谓的会审,但这种会审充其量也只是技术性论证,根本不能取代行政性许可,申请人开工之前依法应当履行的报批手续一个也不能少。

其次,申请人自己也承认违法施工在先。违法施工的事实发生后,在申请人一方的多次强烈要求下,申请人迫于压力,不得不与被申请人一方就“水利工程恢复方案”及“灌区占用补偿问题”进行磋商。2006年12月5日,引沁局与申请人协商过程中,申请人提出一揽子解决,引沁局表示行政处理、处罚和等效补偿费引沁局说了不算,公司可以同水利厅说,工程恢复方案应当按照专家评审的方案办,灌溉水量减少的损失这一块好说,初步谈到70万元,但是双方都表示要进行研究后再定,又因申请人董事长更换,之后再未协商过此事,因此没有达成协议。

在2007年4月28日的省政府协调会上,某处长主持协调会议,当主持人问申请人“有无补救措施和方案”时,申请人一方的董事长讲“没有”,问“是否可以协调”时,某也公然表示“不协调”,致使协调会无果而终。试想,连省政府都未放在眼里的申请人,能和被申请人达成“共识”和“初步意见”吗?

总之,由于申请人缺乏诚意,拒不停止、纠正违法行为,也不配合行政执法、履行法定义务,致使被申请人一方的努力付诸东流,协商无果而终。被申请人正是在穷尽了所有柔性管理手段仍无法实现应有管理目的的前提下,忍无可忍,才不得已采取强制性的处罚与处理措施,根本不是代理词所称什么"对水利工程恢复方案逐步达成共识……就有关灌区占用补偿问题也达成初步意见"。事实是,申请人的违法行为一直没有停止,也从未得到纠正,被申请人做出处罚与处理决定的只是其中的一部分违法行为,还有部分违法行为等待处理,甚至新的违法行为仍在发生。在违法事实处于不确定的状态下,被申请人只能采取"发生一起,查处一起"的办事原则。在此情形下,"共识"何来?"初步意见"又何在?

其五,申请人代理人所作的代理词称,申请人发现被申请人的真正本意不在本案的处理决定和处罚决定上,而在于占用灌区的民事补偿问题,进而认为被申请人是"以行政处罚来解决民事补偿纠纷、实现民事补偿目的"。这更是申请人代理人的主管臆断,甚至是对客观事实的歪曲和捏造。不知申请人的代理人是基于何种理由,又是如何推断出这一不负责任的结论的!本案中,问题的实质不在于被申请人是不是"以行政处罚来解决民事补偿纠纷、实现民事补偿目的",而在于被申请人有没有权利实施行政处罚和行政处理,以纠正和制裁违法行为。何况,被申请人到底有没有"以行政处罚来解决民事补偿纠纷、实现民事补偿目的",也不能由申请人的代理人主观臆断,无中生有,而要凭事实说话,这是一个无须多加解释的法律常识。

进一步说,在法律意义上,赔偿与补偿大不一样,《补偿方案》的实施,旨在采取补救措施,使受损的水利工程恢复其原有功能。因此,《补偿方案》只解决"补救措施"的落实,尚不涉及申请人的赔偿责任。至于申请人应该给受害的集体及广大用水户以多少赔偿、如何赔偿,那是下一步的事情,被申请人做出的行政处罚和行政处理对此均未涉及。《中华人民共和国水法》第三十五条规定:从事工程建设,占用农业灌溉水源、灌溉工程设施,或者对原有灌溉用水、供水水源有不利影响的,建设单位应当采取相应的补救措施;造成损失的,依法给予补偿。本案中,申请人非法占用农田灌溉工程设施、灌溉面积,侵占水工程,使灌区工程遭受了巨大的损失,事实俱在,申请人必须予以补偿。这完全属于水行政管理范畴,是法律赋予水行政主管部门的职责。目前 14 个处罚及相应的 13 个处理决定还没有涉及补偿问题,只是对毁坏水工程的恢复。试问,申请人所谓"以行政处罚来解决民事补偿纠纷、实现民事补偿目的",从何说起啊!

其六,申请人代理人所作的代理词称,被申请人认定申请人"实施影响水利工程时间为 2005 年 11 月至 2006 年 2 月,事实上某高速的施工时间是从 2006 年 3 月才开始的……"。我想提请申请人及其代理人注意的是,申请人的违法施工行为并不是同时发生、一蹴而就的,而是先后发生在一个特定的时间段。申请人开工仪式举行后,就开始违法施工。在 2006 年 5 月 15 日申请人给焦作市水利局的《关于对(焦)水〔2006〕第 4~17 号〈听证告知书〉异议的函》中,申请人明确承认工程于"2005 年 11 月 16 日开工建设";在 2006 年 11 月 6 日申请人给被申请人的《关于某高速公路与引沁渠交叉有关情况的汇报》中,申请人同样承认于"2005 年 11 月 16 日举行了开工奠基仪式"。有关证据表明,经被申请人查处的申请人所实施的各自独立的 14 个违法行为,的确先后发生在 2005 年 11 月至 2006 年 3 月的这一时间段,而且,随后还发生了很多更为严重的违法行为,对这些新发生的违法行为,被申请人表示将依法做进一步处理,绝不姑息!

其七,申请人代理人所作的代理词称,“从被申请人制作的现场勘验(检查)笔录来看,该笔录的制作时间是2006年5月4日和5月5日,而当事人的签字时间却是在2005年6月13日”。根据这一时间出入,代理词列举了现场勘验(检查)笔录制作存在的五大问题,进而主张现场勘验(检查)笔录不能作为定案依据。

在此,首先要纠正申请人代理人对签字时间的一个错误认识。据查,所有现场勘验(检查)笔录中,申请人一方代表某亲笔签名及所署的时间均为2006年6月13日,根本不是什么2005年6月13日!

其次,怎么会出现被申请人一方现场勘验(检查)时间在前,申请人一方代表某签字时间在后的情况呢?事实是这样的:被申请人一方于2006年6月13日前,先后分别对本案涉及的每个现场逐一进行了现场勘验(检查),并形成了相应的现场勘验(检查)笔录,但申请人一方均借故没有进行确认。为使申请人心悦诚服,被申请人在一方于2006年6月13日再次组织申请人、焦作市水利局、引沁局参加,对本案涉及的每个现场再逐一勘验(检查),由申请人一方代表某现场签字确认。

被申请人现场勘验(检查)笔录的上述制作程序,符合《最高人民法院关于行政诉讼证据若干问题的规定》的有关要求,并无瑕疵。《最高人民法院关于行政诉讼证据若干问题的规定》第十五条规定:根据行政诉讼法第三十一条第一款第(七)项的规定,被告向人民法院提供的现场笔录,应当载明时间、地点和事件等内容,并由执法人员和当事人签名。当事人拒绝签名或者不能签名的,应当注明原因。有其他人在现场的,可由其他人签名。从上述规定的语义分析,只要申请人一方有代表签字,就意味着对现场勘验(检查)笔录的认可。该规定虽不是针对行政复议做出的,但对行政复议绝对有指导意义。

(2)被申请人做出的行政处罚决定,事实清楚,证据充分,适用法律正确。

①申请人未经被申请人批准,违法施工,对引沁灌区总干渠、分干渠及支渠造成多处侵占、毁坏,被申请人针对申请人不同的违法行为分别查处,于法有据。

我们不否认,某高速公路的确是河南省政府批准的重点建设项目,但同样不能否认也毋庸置疑的是,任何单位及个人,均不得以所谓省重点建设项目为借口而不履行该项目启动之前应该履行的法定许可手续!即便是国家重点建设项目,也得依法履行法定许可手续!

因此,本案首先必须查明的一个核心事实是:申请人到底有没有向被申请人提出过许可申请,被申请人一方的回复是不是行政许可决定。

申请人代理人所作的代理词称,申请人曾向灌区管理单位引沁局以正式文件的形式提出了申请,引沁局也以正式文件的形式给申请人做了答复。申请人的《复议申请书》也主张其建设工程是合法工程,其实施过程也是严格按照工程设计方案进行施工。

申请人及其代理人的上述主张与事实严重不符。经查明,从2005年11月23日发现申请人毁坏水工程到2006年3月底,引沁局主动找申请人20多次协调交涉,该公司不予理睬,之后又发生流血事件。为此,焦作市水利局于2006年4月28日、5月9日分别向申请人下达了《责令停止水事违法行为通知书》和《听证告知书》。

申请人为推卸违法责任,逃避法律制裁,在2006年5月2日、6月14日才给引沁局发了两个所谓的函,就此函的基本属性而言,它根本不是报批申请,而且函的内容很不全面,更不切合实际。引沁局接到申请人的函之后,考虑到自己是水利工程管理事业单位,不是水行政主管部门,不具有行政许可的审批权,因此给申请人发函做了回复。2006年11月6日,被申请人组织焦作市水利局、引沁局、申请人进行协调,形成协调会议纪要,重申由申请人向焦作市水利局提供有关报批材料等要求。遗憾的是,申请人一直置若罔闻,根本不予理睬。直到今天,申请人仍未按照被申请人的要求,呈报有关占用农田灌溉水源、灌排工程实施许可审批及在水工程管理范围内有关建设项目设计、施工方案审批的材料,而继续非法占用、非法施工,申请人的行为已经严重触犯了法律,应当依法予以追究!

正是基于以上事实,被申请人立案查处申请人的水事违法行为,理由充足,于法有据。经充分调查查明:申请人于 2005 年 11 月到 2006 年 3 月(有 6 个案件时间是 2006 年 3 月)时间段内,在水工程保护范围内,未经被申请人批准,在济邵高速公路与引沁灌区总干渠、分干渠及支渠交叉的不同地点,分别实施了 14 个侵占水工程,严重影响水工程安全运行的违法行为,之后又实施了更为严重的违法行为。申请人擅自施工,毁坏灌溉工程,给灌区人民的生产、生活造成了严重危害,同时也造成当地生态环境的失衡。当地群众反映强烈,要求被申请人尽快严肃处理。

《中华人民共和国水法》第四十一条规定:单位和个人有保护水工程义务,不得侵占、毁坏堤防、护岸、防汛、水文监测、水文地质监测等工程设施。

《河南省实施〈中华人民共和国水法〉办法》第二十四条规定:从事工程建设,占用农田灌溉水源、灌排工程设施,或者对原有灌溉用水、供水水源有不利影响的,建设单位应当事先报有管辖权的水行政主管部门批准,并采取相应的补救措施;造成损失的,依法给予补偿。

《河南省水利工程管理条例》第二十一条第一款规定:在水利工程管理范围内进行建设的,应当按照保护水利工程安全的要求提出设计,按水利工程管理权限报水行政主管部门审核同意。该条第二款进一步规定:建设施工应当按照批准或水行政主管部门同意的范围、方式、设计方案进行。

上述法律规范对所有施工单位及个人的法定义务均做了明确要求,对水行政主管部门的法定职责也做了明确规定。据此,被申请人作为具有法定职责的水行政主管部门,对申请人违法施工行为的查处,于法有据!

②被申请人对申请人所实施的 14 个不同的违法行为分别立案查处,并做出相应的 14 个水行政处罚决定,完全符合《中华人民共和国行政处罚法》第二十九条的规定,不违反“一事不再罚”的原则。

《中华人民共和国行政处罚法》第二十九条的确要求行政主体“对当事人的同一个违法行为,不得给予两次以上罚款的行政处罚”。但只要略加分析便不难认定:被申请人实施的 14 个行政处罚,是针对申请人的 14 个独立的违法行为所做出的,这 14 个独立的违法行为不是“同一个违法行为”,而是多个违法行为,是“多事”而非“一事”。

申请人在不同标段内的施工队伍,不同时间、不同地段,对不同级别的水工程以不同行为方式实施了 14 个违法行为,造成了不同类型、不同程度、不同后果的损害,这些违法行为,分别以侵占、毁坏、爆破、占压、弃渣等形式存在。而且,在 14 个各不相同的案件查处过程中,申请人阻碍执法、妨碍公务甚至暴力抗法的情节也各不相同。只要稍加比较 14 个处罚案件所涉及的违法行为,其行为主体、行为方式、危害后果及违法行为的实施地点和实施时间等均存在明显差异,被申请人对申请人的处罚力度也各不相同。申请人的代理人混淆概念,在代理词中主张“一次违法行为”不同于“一个违法行为”,“违法行为”不同于“违法手段”,这完全是文字游戏,毫无意义。不妨举个简单的例子,结论便不辩自明了:某人驾车上班途中,在不同的线路(或者在同一线路)上的不同交叉路口和路段发生多次闯红灯、超速等违法行为,难道交警部门只能给予一个处罚吗?假如申请人的代理人出门办事,违法驾驶,沿途闯了十个红灯,交警部门是给他开具一个罚单还是十个罚单呢?当然是分别十次处罚,开出十个罚单!

本案中,被申请人为保证行政处罚的公正公平,针对申请人的14个独立的违法行为,分别依法做出14个不同程度的行政处罚,原理与上述交通违法处罚完全相同,也完全符合《中华人民共和国行政处罚法》第二十九条的基本要求及立法本意。

③被申请人严格依照法定程序做出行政处罚,不但实体合法,程序也合法。

在案件调查过程中,水政监察人员依法进行了调查,在向具体管理人员调查了解的同时,调查了当地有关村干部和群众,制作了现场勘验笔录,绘制了现场示意图并照相、录像,而且被申请人组织了现场确认,由申请人的综合协调处处长在现场勘验笔录上签字确认,形成了有力的证据链。

以上证据充分证明申请人实施了具体的违法行为,并造成了严重后果,同时也说明申请人违背事实,不讲信用,不配合纠正其违法行为的真实情况。被申请人在做出处罚决定前,向申请人送达了权利告知书和听证告知书。在此期间,被申请人还多次与申请人进行协调并形成有关协调会议纪要等,但申请人均未履行。特别是省政府组织的协调,也因申请人没有任何诚信,无果而终。在忍无可忍的情况下,被申请人不得不依照《中华人民共和国水法》的有关规定对申请人做出行政处罚,以维护法制的尊严。

至于申请人的代理人代理词中主张"被申请人做出的行政处罚决定违反了行政处罚程序中的集体讨论制度",更是无稽之谈!不错,水利部《水行政处罚实施办法》第三十条的确要求在做出较重水行政处罚时,水行政处罚机关的负责人应当集体讨论决定。正是根据这一要求,被申请人对申请人的所有行政处罚决定,均经过了集体讨论,并形成了会议记录。此会议记录作为被申请人的内部工作程序资料,可以向复议机关出示,但基于保密要求,没有义务也没有必要向申请人出示。申请人提出这一质疑,纯属无理取闹。

《中华人民共和国水法》第七十二条明确规定:有下列行为之一……责令停止违法行为,采取补救措施,处一万元以上五万元以下的罚款……:(一)侵占、毁坏水工程及堤防、护岸等有关设施,毁坏防汛,水文监测、水文地质监测设施的;(二)在水工程保护范围内,从事影响水工程运行和危害水工程安全的爆破、打井、采石、取土等活动的。被申请人以此为依据,对申请人做出了14个行政处罚,并依法送达了处罚决定书,其行政行为既符合实体法,又符合程序法。

(3)被申请人所做的13个行政处理决定,同样事实清楚,证据充分,适用法律正确。

①申请人违法是不争的事实,被申请人因此实施行政处理以纠正违法行为,采取补救措施于法有据。

经查明,申请人未经被申请人批准,在某高速公路与引沁灌区总干渠、分干渠及支渠交叉的不同地点,分别实施了14个(事实上远不止这些)侵占、毁坏水工程,严重影响总干渠安全运行的违法行为。申请人擅自爆破、开挖、弃渣等侵占、毁坏水工程的违法行为,已严重影响了总干渠的安全运行,必须依法制止并补救。

申请人的违法行为,有报案材料、调查笔录、现场勘验笔录予以证明;申请人、被申请人及焦作市水利局和引沁局也共同对有关损坏和影响引沁灌区水利工程的施工现场进行了勘察,申请人的综合协调处处长张某在现场勘验笔录上已签字确认(卷宗材料予以证明);现场照片更清晰地显示了申请人的违法事实。若复议机关认为以上证据材料仍不足以证明申请人的违法事实,建议复议机关组织申请人和被申请人共同对违法现场再做实地考察,以明辨是非。因为直到现在,受申请人侵占、毁坏的水利工程仍未得到修复。

申请人未经许可擅自施工的行为违反了《中华人民共和国水法》第四十一条和第四十三条、《中华人民共和国防洪法》第三十七条和《河南省实施〈中华人民共和国水法〉办法》第二十六条第三款及第二十七条第三款的规定,构成违法。根据《中华人民共和国水法》第七十二条、《中华人民共和国防洪法》第六十一条和《河南省实施〈中华人民共和国水法〉办法》第四十三条的规定,被申请人做出水行政处理决定,要求申请人"完成加固修复处理"或者缴纳相应的"加固修复工程费用"的补救措施并无不当,完全合理合法。被申请人的13份《水行政处理决定书》写得清清楚楚,上述两项补救措施由申请人自由选择,申请人若认为缴纳相应的"加固修复工程费用"太吃亏,也可以选择按水行政主管部门的要求"完成加固修复处理",被申请人基于人性化的执法理念采取上述灵活措施,何错之有?

②申请人及其代理人认为"《某高速公路对引沁灌区影响补偿方案》(简称《补偿方案》)不能作为行政处理决定的依据"的观点毫无道理,极端错误。

首先,《补偿方案》是由具有某水利工程设计资质的权威部门河南省某水利水土保持技术推广站编制的,被申请人为慎重起见,又组织专家对《补偿方案》进行了评审,并经法定评估机构河南省某会计师事务所有限责任公司进行了评估认证。无论《补偿方案》的编制主体还是编制程序,均符合法律规定,由此形成的《补偿方案》当然具有法律效力。

其次,《河南省实施〈中华人民共和国水法〉办法》作为地方性法规,有优于作为部门规章的《占用农田灌溉水源、灌排工程设施补偿办法》的法律效力,本案中的《补偿方案》只要符合《河南省实施〈中华人民共和国水法〉办法》的要求,其法律效力就应得到肯定。根据《河南省实施〈中华人民共和国水法〉办法》第二十四条的规定,结合河南省人民代表大会法制委员会关于《河南省实施〈中华人民共和国水法〉办法(修订草案)》审议修改情况的报告第四部分的表述,《补偿方案》合乎《河南省实施〈中华人民共和国水法〉办法》的要求,其法律效力应予承认。

最后,根据豫政办〔2006〕106号有关"交叉工程的设计、监理、施工单位的资质和设计、施工的标准与方案必须符合对方所属行业的有关国家规定"和"改移(建)、重置(建)既有工程部分,原则上由既有工程业主单位或产权单位为建设主体组织承建"以及"其工程造价和赔付标准以国家或省最新指导价或标准计算"的精神,若按新的〔2006〕水利定额计算,补偿额会更高。但被申请人集体研究讨论决定《补偿方案》时,充分考虑了减轻申请人负担的因素。《补偿方案》仍按〔2002〕水利定额并以实事求是、兼顾双方利益和等效代替、等价补偿的原则计算补偿额。在《补偿方案》的编制过程中曾多次和申请人交换意见,而且被申请人在处理决定书下达前,不但依法给了申请人听证的机会,还人性化地赋予了申请人可以按《补偿方案》的设计选择自己组织施工的权利。被申请人在此问题的处理上,可谓仁至义尽!

综上所述,申请人在施工过程中,打着省政府重点项目工程及某市政府协调的旗号,胡作非为,肆意践踏法律,任意侵害既有工程利益和人民群众利益,给灌区和灌区人民造成了极大的伤害,引起了强烈反响,其违法行为必须依法予以追究。被申请人做出的14个行政处罚决定和 13 个水行政处理决定,事实清楚,证据充分,适用法律正确,程序合法。建议复议机关依法驳回申请人的复议申请,维持被申请人的所有行政处罚及行政处理决定,以保障行政机关依法行使职权。

【评析意见】

一、水行政处罚中"一事不再罚"原则在执法实践中的具体应用

结合本案例,重点分析水行政处罚中"一事不再罚"原则在执法实践中的具体应用。

水行政处罚中"一事不再罚"原则,根据《中华人民共和国行政处罚法》第二十九条规定:对当事人的同一个违法行为,不得给予两次以上罚款的行政处罚。这条规定只禁止对同一违法行为实施两次或两次以上的罚款,但对于同一违法行为处以两次或两次以上的警告、拘留、责令、停产、停业等并没有予以否定。由此可见,《中华人民共和国行政处罚法》规定"一事不再罚"的范围是有限的,只为水行政处罚提供了具体的操作规程,却未在法律上真正确立"一事不再罚"原则,或者说它只是在罚款的范围内体现了"一事不再罚"原则。在此"处罚"仅作"罚款"理解,该条款可以理解为"对同一水事违法行为,无论有多少法律规范对这一水事违法行为都规定予以处罚,但是罚款只能一次"。该条款是"一事不再罚"原则在立法中的体现,虽然它仅仅限定于"罚款"这唯一的行政处罚种类,但罚款处罚在行政处罚中是运用得最多的一种处罚方式。

这一原则可以从两方面理解:一方面,水行政处罚的必须是同一事实,即同一违法行为。也就是说,构成要件上只符合一个水事违法行为的特征。实践中,有的水事违法行为人连续实施数个性质相同的水事违法行为;有的水事违法行为人在实施水事违法行为的过程中,其行为的方法和结果又往往侵害了法律所保护的其他社会关系;有的水事违法行为中还包含了不作为违法行为。在这些情况下,如何对水事违法行为进行认定,是正确施行水行政处罚的关键。

那么如何理解同一个水事违法行为呢?一般来说,"同一个水事违法行为"是指当事人实施了一个违反水行政法规范的行为。在这里需要注意的是:第一,同一个水事违法行为是指一个独立的水事违法行为而不是一类水事违法行为。如公民王某凿井多眼,虽然是同一类违反水行政管理规范的行为,但多次违反,构成多个独立的水事违法行为。第二,同一个水事违法行为由同一个行为人实施。如果水事违法行为是由两个违法行为人实施,那么水行政机关有权对两人都进行水行政处罚。另外,还必须是同一证据,即同一个法律法规规定。根据处罚法定原则,对水事违法行为实施行政处罚必须有法律依据。但实践中,由于社会关系的错综复杂及技术方面的原因,常常会出现不同的法律规范对同一社会领域进行交叉调整的情况,这时就要具体分析。对于表面是多个法律规范,但实际上是调整同一种社会关系,对同一类行为进行处罚的要注意适用"一事不再罚"的原则,以免重复处罚。

只有同时满足上述两个条件,即对同一水事违法事实,依据同一水事法律规范时,才能适用"一事不再罚"的原则,即对同一水事违法行为可以依据不同法律规范进行处罚,依据同一法律规范也可对不同水事违法行为进行处罚。

"一事不再罚"原则不是在所有的情况下都适用,有些特别情况下是允许再罚的。实践中"一事不再罚"原则的例外情况主要有以下几种:

(1)水法律法规规定可以并处水行政处罚的情形。行为人的一个行为,违反了一个水

法律法规规定,该水法律法规规定对某种水事违法行为可以并处两种处罚,如水法律规定可以罚款并吊销取水许可证等,水行政机关对一个水事违法行为做出罚款,同时吊销取水许可证的处罚是合法的。

(2)水行政主体需要重新做出水行政处罚的情形。如水行政机关认为原水行政处罚不正确,撤销了原水行政处罚决定,行政主体重新做出了水行政处罚决定。

(3)执行罚与水行政处罚并处的情况。执行罚是对拒不履行法定义务的人,由水行政机关采取连续罚款的方式促使其履行义务的一种强制执行手段。这种情况下的罚款是一种强制执行的方式,可以连续多次适用,直到义务人履行义务。

综合上述分析,"一事不再罚"原则在水行政处罚中仅规定为罚款,在实践中被扩大理解为水行政机关对人的同一个违反行政规范的行为,不得给予两次以上的水行政处罚。即只要当事人客观上只有一个水事违法事实,只能给予一次水行政处罚,不能两次或多次,而且如果其中一个行政机关处罚了,一般情况下其他行政主体就不能再实施处罚,已实行行政处罚的主体也不能再处罚。一事不再罚并不排除一些特殊情况下的两次处罚,同时也不排除水行政处罚和刑罚等其他不同性质的法律责任的同时适用。

二、依法行政原则、程序正义原则在行政处罚中的适用

结合本案例就依法行政原则、程序正义原则在行政处罚中如何适用做以下阐述。

依法行政原则要求行政机关做出行政行为应遵循法定程序,违反法定程序将导致行政行为被撤销或确认为无效,行政执法程序越来越受到重视。《中华人民共和国行政处罚法》较早对包括调查、告知、处罚等行政处罚程序做出较为系统的规定,可谓影响深远,体现为:一方面,要求行政机关从根本上转变"重实体,轻程序"的传统观念;另一方面,赋予处于被处罚地位的行政相对人参与行政处罚的机会,而非被动接受处罚。

程序正义原则要求做出对其不利的决定时应允许对方发表意见,并对其意见加以充分考虑。《中华人民共和国行政处罚法》以立法形式对该原则加以肯定,该法第四十四条规定:行政机关在作出行政处罚决定前,应告知当事人拟作出行政处罚决定的事实、理由、依据,并告知当事人依法享有的陈述、申辩、要求听证等权利。该法第三十二条规定:当事人有权进行陈述和申辩。行政机关必须充分听取当事人的意见,对当事人提出的事实、理由和证据,应当进行复核;当事人提出的事实、理由或者证据成立的,行政机关应当采纳。据此,行政机关在做出行政处罚前必须履行告知和复核程序,告知程序保证了被处罚人的知情权,复核程序则保证了被处罚人的参与权。

实践中,从行政机关提供的案卷材料看,行政机关基本上能够履行告知程序,在做出行政处罚决定前告知相对人行政处罚的事实、理由和依据,给相对人陈述申辩的机会,但听取相对人的意见常表现为若相对人有陈述、申辩的则记录在卷,或者从行政处罚的结果上减小一些拟做出行政处罚的幅度,鲜有反映行政机关对相对人陈述、申辩内容认真进行复核的材料,由此可以看出,复核程序往往被忽视。如本案中,原告公司在提出申辩意见后,被告工作人员未经复核即以其申辩与本案无关为由而拒绝接受。出现这一状况,可能有如下原因:一是多数被处罚人亦"重实体,轻程序",在通常情况下,更看重行政处罚决定认定的事实,对行政处罚程序比较忽视;二是被处罚人确有违法事实存在,多数案件中被处罚人不进行陈述、申辩或者只进行简单的恳请减轻处罚的陈述、申辩,不提供相应的证据,使行政机关无须

复核成为一种常态;三是目前相关立法中没有关于如何履行复核程序的具体规定。告知程序和复核程序虽然同等重要,但从不同角度分析,对被处罚人和行政机关而言,复核程序较告知程序更有意义。若从实际影响行政处罚结果的角度讲,复核程序对被处罚人更有意义,告知程序只是被处罚人参与行政处罚程序的前提,而通过复核程序,行政机关对被处罚人陈述、申辩理由充分加以考虑,可能改变行政处罚的结果,从而有利于被处罚人;若从自我监督的角度看,复核程序对行政机关更有意义,通过复核程序,行政机关可以掌握调查过程中尚未掌握的事实、证据,有助于更全面考虑案情,防止做出错误的行政处罚。

鉴于上述行政执法实践中,行政机关偏重于告知程序的履行,而忽视对被处罚人陈述、申辩意见复核现象的存在,行政机关应该对履行复核程序引起足够的重视,应清楚地认识到,复核程序与告知程序同是行政处罚中保障被处罚人权利的重要程序,充分听取被处罚人的陈述、申辩意见并非仅仅是"听取",而是当被处罚人提出的陈述、申辩意见中存在需要复核的理由、事实或者证据时,行政机关应通过谈话、向有关机关调查等方式进行复核,且将复核结论告知被处罚人并说明理由,或者在行政处罚决定中载明复核的情况;否则,行政机关将构成程序违法,在行政诉讼中将面临败诉的法律后果。

三、结合本案例,水行政主管部门做出行政处罚的法律文书时所依据的法律法规条文如何具体操作

水行政机关做出水行政行为应当正确适用法律法规,当法律法规存在条、款、项、目时,应当在行政法律文书中援引到具体的条、款、项、目,漏引款、项、目属于适用法律错误的一种情形。

我国目前法律并没有明文规定引用法律条文时必须引用到具体的款、项、目,对法律条文没有引用到具体的款、项、目是否构成适用法律错误,要看对当事人权利义务是否产生重大实质影响以及是否影响到案件的公正审理,把握的关键在于是否影响案件的定性和处理。如果引用法律条文时没有引用到具体的款、项、目,影响到案件违法行为的定性和处理,可以认定为适用法律错误;如果法律条文中的条、款、项、目前后一致,没有互相抵触、互相冲突的内容,引用法律条文时没有引用到具体的款、项、目并未影响到案件违法行为的定性和处理,只能认定为引用法律条文有瑕疵,不能认定为适用法律错误。所以,水行政主管部门执法人员在下达水行政执法文书时要慎重把握。

从查出一起水行政许可案件引发的思考

【案情介绍】

原告北京某科技有限公司不服被告北京市顺义区水务局于2013年9月11日做出的顺水罚字〔2013〕第17号《行政处罚决定书》,向北京市顺义区人民法院提起行政诉讼。本院于2013年12月23日受理后,于次日向被告北京市顺义区水务局送达了起诉状副本及应诉通知书。本院依法组成合议庭,于2014年1月22日公开开庭审理了本案。原告北京某科技有限公司的委托代理人宋某、王某,被告北京市顺义区水务局的委托代理人王某、徐某到庭参加诉讼。本案现已审理终结。

2013年9月11日,被告对原告做出了顺水罚字〔2013〕第17号《行政处罚决定书》,主要内容是:经查实,2013年7月25日9时56分,原告在北京市顺义区高丽营镇南郎中村幸福大街114号院内利用自备井取水未办理取水许可证,其行为违反了《中华人民共和国水法》第四十八条第一款的规定,属于违法行为。依据《中华人民共和国水法》第六十九条第一项的规定,对原告做出处罚款人民币3万元整的行政处罚。自接到本处罚决定书之日起15日内持行政处罚缴款书以现金或转账方式将罚款缴至中国工商银行。逾期不缴纳的,每日按罚款的3%加处罚款。如不服本处罚决定,可在接到本处罚决定书之日起六十日内向北京市顺义区人民政府或北京市水务局申请复议,也可以在三个月内直接向北京市顺义区人民法院起诉。逾期不申请复议也不提起行政诉讼,又不履行本处罚决定的,本行政机关将依法申请法院强制执行。复议或诉讼期间,本处罚决定不停止执行。被告在举证期限内向本院提交了以下证据及法律依据,其中证据是:

(1)行政处罚决定书(顺水罚字〔2013〕第17号),证明被告做出处罚决定;

(2)送达回证,证明被告依法送达;

(3)水事违法案件立案呈批表,证明案发时间、案件简介、原告违法取水的事实以及被告按照程序组织立案;

(4)责令停止违法行为通知书,证明被告依法告知原告要求其停止违法行为;

(5)责令限期改正通知书,证明被告通知原告要求其限期改正违法取水行为;

(6)送达回证,证明被告向原告依法送达通知书;

(7)现场勘验笔录,证明原告违法取水的事实;

(8)证据材料登记表,证明目的同证据(7);

(9)询问笔录,证明目的同证据(7);

(10)法人授权委托书,证明原告的授权;

(11)听证告知书,证明被告依法告知原告享有听证权利;

(12)送达回证,证明被告将听证通知依法向原告送达;

(13)行政案件集体讨论笔录,证明被告对此案依法进行集体讨论;

(14)案件处理呈批表,证明被告对原告违法行为按照程序进行呈批;

(15)行政复议决定书,证明原告向北京市顺义区人民政府进行行政复议的情况。

法律依据是:《中华人民共和国水法》。

原告诉称:被告于2013年9月11日因原告在租赁地内未办理取水许可证的情况下,擅自使用院内原有自来水设施取水，违反了《中华人民共和国水法》第四十八条第一款的规定，做出对原告罚款人民币 3 万元的行政处罚决定。原告认为上述处罚决定失当，主要理由如下：①原告不是租赁地的业主，只是从承租人某公司手中二次转租了租赁地内的部分厂房。②租赁地内的取水设施不是由原告完成的，原告承租部分厂房前，租赁地内的取水工程已由投资人建设完成。③根据《中华人民共和国水法》第二十五条规定，本案租赁地的投资人若想取得租赁地的取水许可证，需向被告提出申请，审批取水工程，并安装水表、提供节水措施、申报用水计划、缴纳水资源费。上述程序完成后，还需要所在地行政村村委会和乡镇政府审批。对于这样的程序，原告作为租赁地的二次承租租户根本无法办理。从办理取水许可证的手续中可以看出，无论从《中华人民共和国水法》还是常规的逻辑推定角度看，取得水务部门颁发的取水许可证并合法用水的责任是绑定业主的，与租户没有直接关系。④原告不是租赁地的投资人，也不是租赁地取水工程的实施人，根本无权申请租赁地内的取水许可证，也不应承担租赁地内是否具有合法取水权的责任，该法律责任应该由业主方承担，原告只应承担按照有关规定按时缴纳自用水部分水费的责任。综上所述，原告认为被告做出的处罚决定失当，适用法律存在严重的错误或缺失，故起诉，请求法院撤销被告做出的顺水罚字〔2013〕第 17 号《行政处罚决定书》。原告在举证期限内向本院提交的证据是：

(1)行政处罚决定书(顺水罚字〔2013〕第 17 号)，证明被告对原告做出了行政处罚。

(2)行政复议决定书，证明原告对行政处罚不服，申请了行政复议。

(3)房屋转让合同。

(4)房屋租赁协议。

(5)租赁协议。

证据(3)~(5)证明原告是租赁地内的房屋承租方，不是房屋的产权单位。

(6)顺义区水务局取水许可证办理事项流程表，证明办理取水许可证需要提供的材料，原告作为二次租户无法提交，所以办理不了取水许可证。

(7)一般缴款书，证明涉案房屋出租人已经缴纳了取水许可证办理费用，取水许可证的手续已经办理完毕。

被告辩称：①被告做出的处罚决定事实清楚，证据确凿，法律适用准确。2013 年 7 月 25 日，被告在北京市顺义区高丽营镇南郎中村幸福大街 114 号院内现场检查发现，在该院内有自备井一眼，原告在未办理取水许可证的情况下，利用此井取用地下水资源，其行为违反了《中华人民共和国水法》第四十八条第一款的规定。被告依据该法第六十九条第一项和旧《中华人民共和国行政处罚法》第二十三条的规定，向原告下达了《责令停止违法行为通知书》和《责令限期改正通知书》，责令其立即停止违法行为，并于 2013 年 8 月 21 日前办理取水许可证并接受复查。2013 年 7 月 29 日，被告向原告发送《听证告知书》，告知其违法行为、违反的法律、拟做出罚款人民币陆万元整的行政处罚及当事人的相关权利。但原告未要求听证。2013 年 9 月 7 日，被告组织该案件的集体讨论，结合案情及当事人态度，决定对原告从轻处罚，遂做出处罚款人民币 3 万元整的行政处罚。2013 年 9 月 11 日，被告对原告下发被诉的《行政处罚决定书》，责令其缴纳行政处罚罚款 3 万元整。②原告所述事实及理由不合理。本案中，北京市顺义区高丽营镇南郎中村幸福大街 114 号院内机井是何人开凿与本案无关。根据《中华人民共和国水法》第四十八条规定，我国实施取水许可制度和水资源费征收管理制度。原告未经许可擅自取用水的行为确实存在，证据确凿，故被告按照《中华人民共和国水法》第六十九条依法对原告进行行政处罚,该行为并无不当或违法。综上所述,请求法院依法驳回原告的诉讼请求,维持被告做出的处罚决定。

原告对被告证据的质证意见是:对证据(2)、(4)、(5)、(6)、(7)、(8)、(10)、(15)没有异议。证据(1)、(12),对其真实性没有异议。证据(3)、(13)、(14)是被告的内部文件,原告不认可。证据(9),对笔录的真实性没有异议。从该证据可以看出,原告的员工已经阐明了房屋是原告承租的,房屋产权是房东的,原告承租房屋时取水井已经存在了,且现在房东已经申请办理取水许可证。证据(11),被告做出行政处罚没有履行听证告知义务,被告给原告的行政处罚决定书是处罚3万元,而听证告知书上写的是处罚6万元,听证告知的内容和处罚的内容不是一回事,所以实际上被告没有履行听证告知程序。

被告的辩驳意见是:证据(11),发听证告知书的目的主要是针对原告违法行为、被告执法的依据向原告进行释明,是针对原告的行为进行处罚给原告申辩的机会,而并非针对罚款6万元进行听证。

原告对被告的法定职权和执法程序没有意见。

原告对被告适用法律的意见是:《中华人民共和国水法》第四十八条规定的是"直接"取水,而取水井早就已经建设完成,原告是二次转租的租户,并不是原告进行取水的,而且原告承租房屋的时候也是因为出租方提供用水才租赁的,所以原告并不是"直接"取水。《取水许可管理办法》《取水许可和水资源费征收管理条例》《取水许可制度实施办法》和《取水许可申请审批程序规定》都规定了直接办理取水许可证程序,即兴建水利工程,要先向水务部门办理预申请,预申请批准以后才允许建工程,工程完工后,试运行30天后要验收,验收合格后才正式颁发取水许可证。上述法规规定的都是投资人、业主能够申请办理取水许可证,并没有规定租户也可以申请办理。而本案中的水井并非原告所打,原告只是租户,产权单位是某农村信用合作社,后该单位又将产权转让给某销售中心,原告是转租过来的,是第二承租人。在此之前,该水井已经使用多年,原告不清楚水井到底是什么时间打的以及水井是否有取水许可证。

被告的辩驳意见是:被告是针对原告违法取水的行为进行的处罚。打井也应当依法取得许可,如果房屋产权人打井没有手续,其本身也是违法行为,但是根据规定,违法行为超过2年的就不再处罚了。取水必须要有取水许可证,并不是井在就许可取水。原告称租赁合同中约定的可以用水问题,只是租赁双方的内部约定,并不能证明其可以未经许可取水。如果原告按照法律规定将办理取水许可证的材料提交齐全,是能够办理取水许可证的。

原告则认为:根据《取水许可和水资源管理条例》规定,如果被告处罚原告没有缴纳水费,原告认可。但是本案被告处罚的是原告没有办理取水许可证,原告不认可,因为办理取水许可证有严格的程序,原告根本不具有办理取水许可证的身份。

被告对原告证据的质证意见是:对证据(1)、(2)没有异议。证据(3)、(4)、(5)与本案无关,因为无论是房屋转让还是租赁,均不是原告违法取水的理由。证据(6),确实是办理取水许可证的申请表,但是如果原告不符合条件,就办理不了。证据(7),缴款时间是2013年9月17日,而被告是在2013年9月11日对原告进行的处罚,后期的缴款与前期的处罚没有关系。

原告的辩驳意见是:证据(7)与本案有关,否则所有租户都要办理取水许可证,被告也不会给某销售中心发取水许可证。事实上,真正的建设用井是产权单位,合同也规定出租方承担提供用水义务,原告是承租方,交了房租和水费,就可以用水。被告应该处罚打井人,而不是处罚用水人。

经庭审质证,本院对证据做如下确认:原告提交的证据(1)和被告提交的证据(1)是本案被诉具体行政行为,不是证据,本院在此不予评价;被告提交的其他证据和原告提交的证据(2)、(3)、(4)、(5)均客观真实,证据来源合法,且与本案被诉具体行政行为具有关联性,能够证明原告在涉诉地点取水的始末、被告对原告做出行政处罚履行的执法程序以及原告不服处罚进行行政复议的情况,可以作为认定本案事实的依据,本院予以采纳。原告提交的证据(6)不能证明其证明目的,本院不予采纳;证据(7)与本案被诉具体行政行为的合法性不具有直接的关联性,本院不予接纳。

经审理查明:

2011 年 10 月 29 日,某公司将其租赁的某销售中心所有的位于北京市顺义区高丽营镇南郎中村幸福大街 114 号院的部分厂房转租给原告,租赁期限为 2011 年 10 月 20 日至 2013 年 10 月 30 日。租赁期间,使用该厂房所发生的水、电等费用由原告承担。

2013 年 7 月 25 日,被告执法人员在现场检查时发现,原告使用的北京市顺义区高丽营镇南郎中村幸福大街 114 号院内有自备井一眼,原告未办理取水许可证,利用该井取用地下水资源。被告当即进行拍照取证、制作了现场勘验笔录,并对原告单位工作人员进行了询问,告知原告享有陈述和申辩的权利。同日,被告针对此事予以立案,并向原告下发了顺水停字〔2013〕第 41 号《责令停止违法行为通知书》和顺水改字〔2013〕第 64 号《责令限期改正通知书》,责令原告于 2013 年 8 月 21 日前办理取水许可证。2013 年 7 月 29 日,被告向原告下发了顺水听告字〔2013〕第 10 号《听证告知书》,告知原告拟做出行政处罚认定的事实、法律依据、拟给予处罚 6 万元以及原告享有听证的权利和期限。原告未提出听证请求,亦未在被告规定的期限前办理取水许可证。2013 年 9 月 7 日,被告对此案进行了集体讨论,并根据原告的态度,决定对原告予以从轻处罚。2013 年 9 月 11 日,经领导批准后,被告依据《中华人民共和国水法》第六十九条第(一)项的规定,做出顺水罚字〔2013〕第 17 号《行政处罚决定书》,对原告处罚款 3 万元整。被告于同日将该处罚决定送达给原告。原告不服,于 2013 年 9 月 24 日向北京市顺义区人民政府申请行政复议。2013 年 11 月 14 日,复议机关做出顺政复决字〔2013〕61 号《行政复议决定书》,维持了被告做出的处罚决定。2013 年 11 月 19 日,原告收到该复议决定。因不服复议决定,原告于 2013 年 12 月 2 日向本院提起行政诉讼。

【审理结果】

法院认为,根据《中华人民共和国水法》第六十九条第(一)项规定:有下列行为之一的,由县级以上人民政府水行政主管部门或者流域管理机构依据职权,责令停止违法行为,限期采取补救措施,处二万元以上十万元以下的罚款;情节严重的,吊销其取水许可证:(一)未经批准擅自取水的,被告作为顺义区水行政主管部门,具有对其辖区内违反上述规定的取水违法行为进行行政处罚的法定职权。

《中华人民共和国水法》第四十八条第一款规定:直接从江河、湖泊或者地下取用水资源的单位和个人,应当按照国家取水许可制度和水资源有偿使用制度的规定,向水行政主管部门或者流域管理机构申请领取取水许可证,并缴纳水资源费,取得取水权。但是,家庭生活和零星散养、圈养畜禽饮用等少量取水的除外。国务院颁布的《取水许可和水资源费征收管理条例》第二条规定:本条例所称取水,是指利用取水工程或者设施直接从江河、湖泊或者地下取用水资源。取用水资源的单位和个人,除本条例第四条规定的情形外,都应当申请领取取水许可证,并缴纳水资源费。第四条规定:下列情形不需要申请领取取水许可证:(一)农村集体经济组织及其成员使用本集体经济组织的水塘、水库中的水的;(二)家庭生活和零星散养、圈养畜禽饮用等少量取水的;(三)为保障矿井等地下工程施工安全和生产安全必须进行临时应急取(排)水的;(四)为消除对公共安全或者公共利益的危害临时应急取水的;(五)为农业抗旱和维护生态与环境必须临时应急取水的。前款第(二)项规定的少量取水的限额,由省、自治区、直辖市人民政府规定;第(三)项、第(四)项规定的取水,应当及时报县级以上地方人民政府水行政主管部门或者流域管理机构备案;第(五)项规定的取水,应当经县级以上人民政府水行政主管部门或者流域管理机构同意。第四十八条规定:未经批准擅自取水,或者未依照批准的取水许可规定条件取水的,依照《中华人民共和国水法》第六十九条规定处罚;给他人造成妨碍或者损失的,应当排除妨碍、赔偿损失。本案中,原告并非上述条例第四条规定的不需要申请领取取水许可证的范围,故其未取得相关主管部门核发的取水许可证,即在租赁的院落内直接取用地下水资源的行为,违反了上述法律规定。因此,被告对原告做出的处罚决定认定事实清楚,适用法律正确。

被告发现原告的违法行为之后,及时对此事予以立案,向原告下发了《责令停止违法行为通知书》和《责令限期改正通知书》,并进行了现场勘验和调查,告知了原告享有的陈述、申辩、听证的权利和拟进行行政处罚认定的事实、法律依据及处罚结果。在进行集体讨论和领导批准之后,被告依法对原告从轻处罚,做出处罚决定并送达给原告。故被告的执法程序合法,处罚幅度适当。

因庭审中原告所列举的《取水许可制度实施办法》和《取水许可申请审批程序规定》均已废止,而《取水许可管理办法》第二十二条和第二十三条均为兴建取水工程或设施而申请取水许可的规定,与本案原告直接从地下取用水资源的情形不相符,因此不适用于本案。从《中华人民共和国水法》第四十八条第一款规定的"直接从江河、湖泊或者地下取用水资源的单位和个人,应当依法申请领取取水许可证"可以看出,该条申请领取取水许可证的主体为取水人,并非房屋产权人、出租人或打井人,故原告关于其属于承租人、不是房屋产权人、不具有办理取水许可证的身份、申请领取取水许可证与租户没有直接关系、被告不应对其进行处罚的意见,缺少法律依据,本院不予支持;被告对原告处罚的法律依据是《中华人民共和国水法》第六十九条第(一)项"未经批准擅自取水的",即针对的是原告未经批准的"取水"行为,而并非针对"打井"行为,故原告关于取水井不是原告所打,且在原告租赁房屋之前就已经存在,被告不应处罚原告的意见,亦缺少法律依据,本院亦不予支持;关于原告所称被告没有履行听证告知程序的问题,根据被告提交的证据(11),完全能够证实被告在做出处罚决定前已经依法履行了听证告知程序,虽然听证告知书中所说的拟罚款数额与处罚决定书中的最终罚款数额不一致,但该情形并不违反法律规定,故原告的意见缺少事实依据,本院不予支持。

综上所述,被告对原告做出的顺水罚字〔2013〕第17号《行政处罚决定书》认定事实清楚,适用法律正确,执法程序合法,处罚幅度适当。依照《中华人民共和国行政诉讼法》第五十四条第(一)项的规定,判决如下:维持被告北京市顺义区水务局于2013年9月11日做出的顺水罚字〔2013〕第17号《行政处罚决定书》。案件受理费50元,由原告北京某科技有限公司负担(已缴纳)。

如不服本判决，可在判决书送达之日起十五日内，向本院递交上诉状，并按对方当事人的人数提交副本，上诉于北京市第三中级人民法院。

一审判决后，北京某科技有限公司（以下简称某公司）不服一审判决结果，向北京市第三中级人民法院提起了上诉。案情如下：

上诉人北京某科技有限公司因水务行政处罚一案，不服北京市顺义区人民法院〔2014〕顺行初字第3号行政判决，向北京市第三中级人民法院提起上诉。北京市第三中级人民法院受理后依法组成合议庭，于2014年5月14日公开开庭审理了本案，上诉人某公司委托代理人宋某、张某，被上诉人北京市顺义区水务局（以下简称顺义水务局）委托代理人王某、徐某到庭参加诉讼。本案现已审理终结。

2013年9月11日，顺义水务局对某公司做出了顺水罚字〔2013〕第17号《行政处罚决定书》（以下简称被诉行政处罚决定），主要内容是：经查实，2013年7月25日9时56分，某公司在北京市顺义区高丽营镇南郎中村幸福大街114号院内利用自备井取水未办理取水许可证，其行为违反了《中华人民共和国水法》第四十八条第一款的规定，属于违法行为。依据《中华人民共和国水法》第六十九条第一项的规定，对某公司做出处罚款人民币3万元整的行政处罚。自接到本处罚决定书之日起15日内持行政处罚缴款书以现金或转账方式将罚款缴至中国工商银行。逾期不缴纳的，每日按罚款的3%加处罚款。如不服本处罚决定，可在接到本处罚决定书之日起六十日内向北京市顺义区人民政府或北京市水务局申请复议，也可以在三个月内直接向北京市顺义区人民法院起诉。逾期不申请复议也不提起行政诉讼，又不履行本处罚决定的，本行政机关将依法申请法院强制执行。复议或诉讼期间，本处罚决定不停止执行。

某公司不服被诉行政处罚决定，向一审法院提起行政诉讼，请求判决撤销。

一审法院经审理认为，根据《中华人民共和国水法》第六十九条第（一）项规定，"有下列行为之一的，由县级以上人民政府水行政主管部门或者流域管理机构依据职权，责令停止违法行为，限期采取补救措施，处二万元以上十万元以下的罚款；情节严重的，吊销其取水许可证：（一）未经批准擅自取水的"，顺义水务局作为顺义区水行政主管部门，具有对其辖区内违反上述规定的取水违法行为进行行政处罚的法定职权。《中华人民共和国水法》第四十八条第一款规定：直接从江河、湖泊或者地下取用水资源的单位和个人，应当按照国家取水许可制度和水资源有偿使用制度的规定，向水行政主管部门或者流域管理机构申请领取取水许可证，并缴纳水资源费，取得取水权。但是，家庭生活和零星散养、圈养畜禽饮用等少量取水的除外。国务院颁布的《取水许可和水资源费征收管理条例》第二条规定：本条例所称取水，是指利用取水工程或者设施直接从江河、湖泊或者地下取用水资源。取用水资源的单位和个人，除本条例第四条规定的情形外，都应当申请领取取水许可证，并缴纳水资源费。第四条规定：下列情形不需要申请领取取水许可证：（一）农村集体经济组织及其成员使用本集体经济组织的水塘、水库中的水的；（二）家庭生活和零星散养、圈养畜禽饮用等少量取水的；（三）为保障矿井等地下工程施工安全和生产安全必须进行临时应急取（排）水的；（四）为消除对公共安全或者公共利益的危害临时应急取水的；（五）为农业抗旱和维护生态与环境必须临时应急取水的。前款第（二）项规定的少量取水的限额，由省、自治区、直辖市人民政府规定；第（三）项、第（四）项规定的取水，应当及时报县级以上地方人民政府水行政主管部门或者流域管理机构备案；第（五）项规定的取水，应当经县级以上人民政府水行政主管部门或者流域管理机构同意。第四十八条规定:未经批准擅自取水,或者未依照批准的取水许可规定条件取水的,依照《中华人民共和国水法》第六十九条规定处罚;给他人造成妨碍或者损失的,应当排除妨碍、赔偿损失。本案中,某公司并非上述条例第四条规定的不需要申请领取取水许可证的范围,故其未取得相关主管部门核发的取水许可证,即在租赁的院落内直接取用地下水资源的行为,违反了上述法律规定。因此,顺义水务局对某公司做出的被诉行政处罚决定认定事实清楚,适用法律正确。顺义水务局发现某公司的违法行为之后,及时对此事予以立案,向某公司下发了《责令停止违法行为通知书》和《责令限期改正通知书》,并进行了现场勘验和调查,告知了某公司享有的陈述、申辩、听证的权利和拟进行行政处罚认定的事实、法律依据及处罚结果。在进行集体讨论和领导批准之后,顺义水务局依法对某公司从轻处罚,做出被诉行政处罚决定并送达给某公司,故顺义水务局的执法程序合法,处罚幅度适当。因庭审中某公司所列举的《取水许可制度实施办法》和《取水许可申请审批程序规定》均已废止,而《取水许可管理办法》第二十二条和第二十三条均为兴建取水工程或设施而申请取水许可的规定,与本案某公司直接从地下取用水资源的情形不相符,因此不适用于本案。从《中华人民共和国水法》第四十八条第一款规定的"直接从江河、湖泊或者地下取用水资源的单位和个人,应当依法申请领取取水许可证"可以看出,该条申请领取取水许可证的主体为取水人,并非房屋产权人、出租人或打井人,故某公司关于其属于承租人、不是房屋产权人、不具有办理取水许可证的身份、申请领取取水许可证与租户没有直接关系、顺义水务局不应对其进行处罚的意见,缺少法律依据,不予支持;顺义水务局对某公司处罚的法律依据是《中华人民共和国水法》第六十九条第(一)项"未经批准擅自取水的",即针对的是某公司未经批准的"取水"行为,而并非针对"打井"行为,故某公司关于取水井不是某公司所打,且在某公司租赁房屋之前就已经存在,故顺义水务局不应处罚某公司的意见,亦缺少法律依据,亦不予支持;关于某公司所称顺义水务局没有履行听证告知程序的问题,根据顺义水务局提交的证据(11),完全能够证实顺义水务局在做出被诉行政处罚决定前已经依法履行了听证告知程序,虽然听证告知书中所说的拟罚款数额与处罚决定书中的最终罚款数额不一致,但该情形并不违反法律规定,故某公司的意见缺少事实依据,不予支持。综上所述,顺义水务局对某公司做出的被诉行政处罚决定认定事实清楚,适用法律正确,执法程序合法,处罚幅度适当。一审法院依照《中华人民共和国行政诉讼法》第五十四条第(一)项的规定,判决维持顺义水务局于2013年9月11日做出的被诉行政处罚决定。

某公司不服一审判决,向北京市第三中级人民法院提起上诉,上诉理由为:①除《中华人民共和国水法》外,本案应适用的法律和情形还包括《取水许可和水资源费征收管理条例》《取水许可管理办法》《北京市实施(水法)办法》及《北京市节约用水办法》;②顺义水务局引用《中华人民共和国水法》第四十八条第一款的解释不当,本案中业主凿井即为直接从江河、湖泊或者地下取用水资源的单位和个人,根据《取水许可和水资源费征收管理条例》及《取水许可管理办法》的相关规定,从开始办理到取得取水许可证绝非一个月时间能够完成的,某公司作为一个二次转租租户也不能够代表全院唯一的一口水井将取水期限、取水量及取水用途说清楚,本案业主已于2013年9月17日将水资源费缴纳,至今不向业主发放取水许可证是顺义水务局执法违法的证据,标的物内的水井及其他取水工程设施等不是某公司完成的,即使补办取水许可证也应由业主完成;③一审判决有多处不当内容;④2013年9月,业主已为标的物整体补办了取水许可证,如果二审败诉,顺义水务局能否给某公司补办取水许可证;⑤在标的物业可以办理多少取水许可证;⑥标的物业内的取水设施已由业主实施多年,按照顺义水务局的逻辑,租户办理取水许可证,业主凿井超过两年就不处罚了,也不用缴纳水资源费,应提供法律依据;⑦在顺义水务局规定的限期改正时间内获取取水许可证根本不可能完成;⑧顺义水务局知法犯法;⑨接待不周、引火烧身;⑩顺义水务局的证据形式合法,本质完全错误,应该由谁办理取水许可证才是本案的本质;⑪一审法院法律释义有误,某公司提供的证据(6)、(7)和本案有非常直接的关系,一审法院不予采纳无法理解;⑫有关部门滥用公权,政府公信力丧失,一审法院罔顾事实,亵渎法律尊严,丧失公平正义。综上,请求二审法院撤销一审判决;改判撤销被诉行政处罚决定;两审诉讼费用由顺义水务局承担。

顺义水务局同意一审判决,请求予以维持。

顺义水务局在法定期限内向一审法院提交了如下证据和依据:

(1)被诉行政处罚决定,证明顺义水务局做出处罚决定。

(2)送达回证,证明顺义水务局依法送达。

(3)水事违法案件立案呈批表,证明案发时间、案件简介、某公司违法取水的事实以及顺义水务局按照程序组织立案。

(4)责令停止违法行为通知书,证明顺义水务局依法告知某公司要求其停止违法行为。

(5)责令限期改正通知书,证明顺义水务局通知某公司要求其限期改正违法取水行为。

(6)送达回证,证明顺义水务局向某公司依法送达通知书。

(7)现场勘验笔录,证明某公司违法取水的事实。

(8)证据材料登记表,证明目的同证据(7)。

(9)询问笔录,证明目的同证据(7)。

(10)法人授权委托书,证明某公司的授权。

(11)听证告知书,证明顺义水务局依法告知某公司享有听证权利。

(12)送达回证,证明顺义水务局将听证告知依法向某公司送达。

(13)行政案件集体讨论笔录,证明顺义水务局对此案依法进行集体讨论。

(14)案件处理呈批表,证明顺义水务局对某公司违法行为按照程序进行呈批。

(15)行政复议决定书,证明某公司向北京市顺义区人民政府进行行政复议的情况。

(16)法律依据《中华人民共和国水法》。

某公司向一审法院提交了如下证据:

(1)被诉行政处罚决定,证明顺义水务局对某公司做出了行政处罚。

(2)行政复议决定书,证明某公司对行政处罚不服,申请了行政复议。

(3)房屋转让合同。

(4)房屋租赁协议。

(5)租赁协议。

证据(3)~(5)证明某公司是租赁地内的房屋承租方,不是房屋的产权单位。

(6)顺义区水务局取水许可证办理事项流程表,证明办理取水许可证需要提供的材料,某公司作为二次租户无法提交,所以办理不了取水许可证。

(7)一般缴款书,证明涉案房屋出租人已经缴纳了取水许可证办理费用,取水许可证的手续已经办理完毕。

经过一审开庭质证,一审法院对上述证据作如下确认:某公司提交的证据(1)和顺义水务局提交的证据(1)是本案被诉具体行政行为,不是证据,不予评价;顺义水务局提交的其他证据和某公司提交的证据(2)、(3)、(4)、(5)均客观真实,证据来源合法,且与本案被诉具体行政行为具有关联性,能够证明某公司在涉诉地点取水的始末、顺义水务局对某公司做出行政处罚履行的执法程序以及某公司不服处罚进行行政复议的情况,可以作为认定本案事实的依据,予以采纳;某公司提交的证据(6)不能证明其证明目的,不予采纳;证据(7)与本案被诉具体行政行为的合法性不具有直接关联性,不予接纳。

一审法院已将当事人提交的证据随案移送本院。经审查,本院认为一审法院的认证意见正确,予以确认。

本院根据合法有效的证据及当事人的有关陈述,认定一审法院查明的如下事实成立:

2011 年 10 月 29 日,某(北京)环境科技有限公司将其租赁的北京某食品销售中心所有的位于北京市顺义区高丽营镇南郎中村幸福大街 114 号院的部分厂房转租给某公司,租赁期限为 2011 年 10 月 30 日至 2013 年 10 月 30 日。租赁期间,使用该厂房所发生的水、电等费用由某公司承担。

2013 年 7 月 25 日,顺义水务局执法人员在现场检查时发现,某公司使用的北京市顺义区高丽营镇南郎中村幸福大街 114 号院内有自备井一眼,某公司未办理取水许可证,利用该井取用地下水资源。顺义水务局当即进行拍照取证、制作了现场勘验笔录,并对某公司单位工作人员进行了询问,告知某公司享有陈述和申辩的权利。同日,顺义水务局针对此事予以立案,并向某公司下发了顺水停字〔2013〕第 41 号《责令停止违法行为通知书》和顺水改字〔2013〕第 64 号《责令限期改正通知书》,责令某公司于 2013 年 8 月 21 日前办理取水许可证。2013 年 7 月 29 日,顺义水务局向某公司下发了顺水听告字〔2013〕第 10 号《听证告知书》,告知某公司拟做出行政处罚认定的事实、法律依据、拟给予处罚陆万元以及某公司享有听证的权利和期限。某公司未提出听证请求,亦未在顺义水务局规定的期限前办理取水许可证。2013 年 9 月 7 日,顺义水务局对此案进行了集体讨论,并根据某公司的态度,决定对某公司予以从轻处罚。2013 年 9 月 11 日,经领导批准后,顺义水务局依据《中华人民共和国水法》第六十九条第(一)项的规定,做出被诉行政处罚决定,对某公司处罚款 3 万元整。顺义水务局于同日将该处罚决定送达给某公司。某公司不服,于 2013 年 9 月 24 日向北京市顺义区人民政府申请行政复议。2013 年 11 月 14 日,复议机关做出顺政复决字〔2013〕第 61 号《行政复议决定书》,维持了顺义水务局做出的被诉行政处罚决定。

2013 年 11 月 19 日,某公司收到该复议决定。因不服复议决定,某公司于 2013 年 12 月 2 日向一审法院提起行政诉讼。

【审理结果】

法院认为,根据《中华人民共和国水法》第十二条第四款、第五十九条第一款的规定,顺义水务局作为顺义区的水行政主管部门,负有查处辖区内违反《中华人民共和国水法》行为的法定职责。

《中华人民共和国水法》第四十八条第一款规定,直接从江河、湖泊或者地下取用水资源的单位和个人,应当按照国家取水许可制度和水资源有偿使用制度的规定,向水行政主管部门或者流域管理机构申请领取取水许可证,并缴纳水资源费,取得取水权。但是,家庭生活和零星散养、圈养畜禽饮用等少量取水的除外。本案中,结合经签字确认的现场勘验笔录、证据材料登记表、询问笔录等顺义水务局在一审中提交的证据材料,可以认定某公司在北京市顺义区高丽营镇南郎中村幸福大街114号院内利用自备井取水未办理取水许可证的事实。顺义水务局根据所查明的事实,结合某公司违法行为的情节,在履行法定程序的基础上,依据《中华人民共和国水法》第四十八条第一款、第六十九条第(一)项的规定,对某公司做出处罚款人民币3万元整的被诉行政处罚决定,事实清楚,适用法律正确,处罚幅度及程序并无不当,一审法院判决维持顺义水务局于2013年9月11日做出的被诉行政处罚决定,本院应予支持。综上,某公司的上诉理由及上诉请求缺乏事实根据和法律依据,本院不予支持。依照《中华人民共和国行政诉讼法》第六十一条第(一)项的规定,判决如下:驳回上诉,维持一审判决。

【评析意见】

一、关于《中华人民共和国水法》第六十九条、《取水许可和水资源费征收管理条例》第四十九条的解读

《中华人民共和国水法》第六十九条规定:有下列行为之一的,由县级以上人民政府水行政主管部门或者流域管理机构依据职权,责令停止违法行为,限期采取补救措施,处2万元以上10万元以下的罚款;情节严重的,并可以吊销其取水许可证:(一)未经批准擅自取水的;(二)未依照批准的取水许可规定条件取水的。

本条是关于未经批准擅自取水以及未依照批准的取水许可规定条件取水所应承担的法律责任的规定。

《水法》第四十八条规定:直接从江河、湖泊或者地下取用水资源的单位和个人,应当按照国家取水许可制度和水资源有偿使用制度的规定,向水行政主管部门或者流域管理机构申请领取取水许可证,并缴纳水资源费,取得取水权。但是,家庭生活和零星散养、圈养畜禽饮用等少量取水的除外。

按照这一条的规定,除法律明确排除的情况外,任何单位和个人直接从江河、湖泊或者地下取用水资源的,应当按照国家取水许可制度向水行政主管部门或者流域管理机构申请领取取水许可证。取水许可制度是我国水资源管理的一项重要制度,原水法就已经确立这种制度,并且在我国水资源管理方面发挥了重要的作用。本次水法修改更加突出了取水许可制度的重要性,将取水许可制度作为我国水资源管理的一项基本制度加以规定。因此,单位和个人不能未取得取水许可证就擅自取用水资源,即未经批准擅自取水。

对于已经取得取水许可证的单位和个人,在从江河、湖泊或者地下直接取用水资源时,还应当严格依照批准的取水许可规定条件取水。

本条规定了两种违法行为,即未经批准擅自取水和未依照批准的取水许可规定条件取水。只要当事人违反了两种违法行为之一,就构成违法,应当承担本条规定的法律责任。依照本条规定,由县级以上人民政府水行政主管部门或者流域管理机构依据职权对违法行为人给予行政处罚,处罚的方式有以下几种:

(1)责令停止违法行为。即县级以上人民政府水行政主管部门或者流域管理机构在行政执法中,发现并确认违法行为人有未经批准擅自取水的或者未依照批准的取水许可规定条件取水的行为后,责令违法行为人停止正在进行的违法取水行为。

(2)限期采取补救措施。即由县级以上人民政府水行政主管部门或者流域管理机构责令违法行为人在一定的期限内采取补救措施,如补办取水许可证或者修改取水许可规定条件等。违法行为人在接到限期采取补救措施的行政处罚后,应当在规定的期限内采取补救措施。

(3)罚款。即由县级以上人民政府水行政主管部门或者流域管理机构强制未经批准擅自取水的或者未依照批准的取水许可规定条件取水的违法行为人缴纳一定数量货币的行政处罚。根据本条规定,可以对违法行为人单处罚款。本条规定的罚款幅度是2万元以上10万元以下,罚款的具体数额由县级以上人民政府水行政主管部门或者流域管理机构根据当事人违法行为的具体情况决定。

(4)吊销取水许可证。即县级以上人民政府水行政主管部门或者流域管理机构以行政处罚的方式,使违法行为人原先依法取得的取水许可证归于无效。按照本条的规定,只有违法情节严重时,有关行政主管部门才能够对违法行为人处以吊销取水许可证的行政处罚。何谓情节严重,本条并未明确规定,通常是指违法行为人多次未依照批准的取水许可规定条件取水,经有关行政主管部门多次处罚仍然不改,造成恶劣社会影响等情形。

《取水许可和水资源费征收管理条例》第四十九条规定:未取得取水申请批准文件擅自建设取水工程或者设施的,责令停止违法行为,限期补办有关手续;逾期不补办或者补办未被批准的,责令限期拆除或者封闭其取水工程或者设施;逾期不拆除或者不封闭其取水工程或者设施的,由县级以上地方人民政府水行政主管部门或者流域管理机构组织拆除或者封闭,所需费用由违法行为人承担,可处5万元以下罚款。

制定该条法律的目的首先是从工程和设施上防止违法取水行为的发生,将违法行为制止在开始阶段,确保取水许可制度和水资源有偿使用制度的落实;其次是明确执法程序和执法手段,规范水行政执法工作。该条文是对"未取得取水申请批准文件擅自建设取水工程或者设施的"的一种处理决定,实质上暗含了水行政执法人员在针对这种违法行为时的一种法定的处理程序,而且这种程序是必须坚持的递进式程序,只有在前面一个程序完成的情况下,才能进行下一个处理决定。

按照本规定追究当事人法律责任时,应当注意以下几个问题:

(1)要注意适用该法律条件的先后顺序。该条文分三步,即水行政执法机关首先应当责令当事人停止违法行为,限期补办有关手续,并明确规定一个合理期限,要求违法行为人在该期限内按照法定程序提出许可申请。

(2)违法行为人在接到水行政执法机关的书面通知后,在规定的期限内仍不补办相关手续,或虽然提出了补办申请,但由于自身条件不符合该条例规定而未被批准的,水行政主管部门应当责令其在规定的期限内限期拆除取水工程或者设施,也就是说,如果当事人在执法部门规定的期限内提出了申请,就不能责令其拆除。如果进一步,行政相对人的申请符合法定条件,得到了批准,违法行为也就转化为合法行为;反之,如果行政相对人拒不执行行政通知,一意孤行,在规定的期限内仍不提出许可申请,或者其申请审批机关做出书面决定不予批准的,执法部门就应当责令其限期拆除或者封闭取水工程和设施。

(3)违法行为人在接到水行政执法机关要求限期拆除的通知后,如果在规定的期限内拒不拆除,应由水行政执法机关强制执行,违法行为人除承担拆除费用外,还可能要被处以5万元以下的罚款。水行政主管部门或者流域管理机构组织拆除或封闭,所需费用由违法行为人承担,这种强制执行在学理上被称为代执行,属于间接强制执行的一种具体形式。至于5万元以下的罚款,由于已经有代执行的规定,是针对行政相对人的一种并行处罚措施,目的在于增加行政违法的成本和代价。

(4)行政违法人在被责令补办许可申请期间继续修建违法建筑物、构筑物,或者在提出补办许可申请后继续违法行为的,应当按照“合法行政”的原则,区别对待处理。如果被责令补办申请手续后,在提出申请前继续修建的,违反了“责令停止违法行为”的规定,行政机关可以采取应对措施,如缩短其提出许可申请的期限等。如果提出许可申请后继续修建的,应当将有关情况通知许可申请审批机关,待该条代执行与处罚的规定条件完成后,再适用其他有关规定。

(5)该条规定的强行拆除是由行政机关自行代执行还是申请人民法院强制执行?按照该条规定,水行政执法机构在这个问题上是有强制执行权的,可以自行强行拆除违法设施。如果由于执法力量等因素难以实施,也可按照《中华人民共和国行政处罚法》第五十一条的规定,申请人民法院强制执行,相关费用也计入强制执行费用,一并由行政违法行为人承担。

(6)未经批准擅自建设取水工程或取水设施并取水,这种情况实际上是与《取水许可和水资源费征收管理条例》(国务院令第 460 号)第四十八条产生了竞合,第四十八条规定“未经批准擅自取水,或者未依批准的取水许可规定条件取水的,依照《中华人民共和国水法》第六十九条规定处罚;给他人造成妨碍或损失的,应当排除妨碍、赔偿损失”,即同一个违法行为同时触犯了两个法律条款,由于兴建取水工程或设施是擅自取水的预备行为,取水是其目的,按照吸收的原则,择一从重条款处罚,因此最终按照未经批准擅自取水进行处罚。

实际上还有《中华人民共和国水法》第六十五条第一、二款等法律条文与本条文规定相似,水行政执法人员在执法过程中要注意把握,以免出现法律适用错误。

从以上分析可以看出,大部分水行政执法人员在理解《取水许可和水资源费征收管理条例》(国务院令第 460 号)第四十九条的法律规定上出现了错误。处理此类违法行为,需分三步进行:第一,未取得批准文件的,应责令停止违法行为,限期补办取水许可手续。第二,逾期不补办或补办未批准,应责令限期封闭取水工程或者设施。第三,只有在逾期不封闭取水工程或者设施时,才能由水行政主管部门组织封闭,所需费用由违法行为人承担,处 5 万元以下罚款。

《取水许可和水资源费征收管理条例》(国务院令第 460 号)第四十九条对违法行为的处置方式用了一个“;”加以分隔,表示一句话中间并列分句的停顿,说明相互之间无关联性。类似这样的条款还有:《中华人民共和国水法》第六十四条、第六十五条第一款、第六十七条第一款,《中华人民共和国防洪法》第五十四条、第五十七条、第五十八条、第六十一条等。在处罚条款中,凡是所列的违法行为,既要受到行政处分,又要被处以罚款的,它的立法形式是不一样的,如《中华人民共和国水法》第六十六条、第六十九条、第七十二条,《中华人民共和国防洪法》第五十六条等。

合法行政是行政法的首要原则。我国的合法行政原则在结构上包括对现行法律的遵守和依照法律授权活动两个方面。水行政执法工作属于行政执法工作的一部分,也应当严格遵循合法行政原则,在水利执法中,由有权机关按照法定程序依照法律规定去执法,实现行政管理的目的。

二、结合以下案例,就水行政执法实践中关于深层矿泉水水行政主管部门能否征收水资源费?有何法律依据?

案例:A 公司在 1998 年成井取水,并在所在的市水利局处取得了取水许可证,在所在的省国土资源厅取得了采矿许可证。后 A 公司一直取用地下水进行生产经营,2012 年 8 月 15 日,A 公司所在的市水利局核发给 A 公司取水许可证,载明取水权人为 A 公司,取水地点为华山中路 99 号厂区内,取水方式为凿井,取水量为 12 万立方米,取水用途为工业,水源类型为深层地下水,有效期限为自2012年8月15日至2017年8月14日等。问题是A公司需不需要向A公司所在地的水行政主管部门缴纳水资源费?

A公司认为其已经缴纳采矿权使用费和矿产资源补偿费,不再缴纳水资源费。A公司所在市水利局认为需要缴纳水资源费。根据《中华人民共和国水法》第十二条的规定,A公司所在市水利局作为县级以上地方人民政府水行政主管部门,有权按照规定的权限,负责本行政区域内水资源的统一管理和监督工作。根据《矿产资源法实施细则》第四十四条的规定,地下水资源具有水资源和矿产资源的双重属性;地下水资源的勘查,适用《中华人民共和国矿产资源法》和《中华人民共和国矿产资源法实施细则》;地下水资源的开发、利用、保护和管理,适用《中华人民共和国水法》及有关的行政法规。根据《中华人民共和国水法》第二条的规定,水资源包括地表水和地下水。本案中,A公司所取为深层地下水,属于地下水资源的范围,又按照A公司的营业执照载明的经营范围,属于对地下水资源的开发、利用、保护和管理,因此应适用《中华人民共和国水法》及有关的行政法规。又根据《取水许可和水资源费征收管理条例》(国务院令第460号)第二条的规定,A公司应当申请领取取水许可证,并缴纳水资源费。本案中,A公司为凿井取水,其应当申请领取取水许可证,并缴纳水资源费。根据《取水许可和水资源费征收管理条例》第三条规定,A公司所在市水利局作为市水行政主管部门,依法具有对A公司所在市行政区域内的取水行为征收水资源费的法定职权。本案的主要争议在于A公司所在市水利局收取水资源费的法律适用问题。根据《矿产资源法实施细则》第四十四条的规定,地下水资源具有水资源和矿产资源的双重属性,应当适用《中华人民共和国矿产资源法》和《中华人民共和国水法》及其相关的行政法规、规范性文件的规定。2006年4月15日施行的《取水许可和水资源费征收管理条例》(国务院令第460号)之前,我国未颁布和施行征收水资源费的行政法规,一度适用了《关于矿泉水地热水管理职责分工问题的通知》(中编办发〔1998〕14号)等规范性文件,即"企事业单位的采矿权使用费和矿产资源补偿费由地质矿产行政主管部门征收""企事业单位已经缴纳矿泉水地热水的采矿权使用费和矿产资源补偿费的,不再缴纳水资源费"的政策。根据《中华人民共和国立法法》的相关规定,《取水许可和水资源费征收管理条例》(国务院令第460号)是行政法规,该条例公布施行后,《关于矿泉水地热水管理职责分工问题的通知》(中编办发〔1998〕14号)这一规范性文件的政策规定与之相抵触的不再适用。

依照《取水许可和水资源费征收管理条例》(国务院令第460号)第三条第一款"县级以上人民政府水行政主管部门按照分级管理权限,负责取水许可制度的组织实施和监督管理"和第三款"县级以上人民政府水行政主管部门、财政部门和价格主管部门依照本条例规定和管理权限,负责水资源费的征收、管理和监督"的规定,A公司所在市水利局作为水行政主管部门,对A公司征收水资源费具有法定职责。根据《取水许可和水资源费征收管理条例》(国务院令第460号)第二十八条,"取水单位或者个人应当缴纳水资源费。取水单位或者个人应当按照经批准的年度取水计划取水。超计划或者超定额取水的,对超计划或者超定额部分累进收取水资源费。水资源费征收标准由省、自治区、直辖市人民政府价格主管部门会同同级财政部门、水行政主管部门制定,报本级人民政府批准,并报国务院价格主管部门、财政部门和水行政主管部门备案。其中,由流域管理机构审批取水的中央直属和跨省、自治区、直辖市水利工程的水资源费征收标准,由国务院价格主管部门会同国务院财政部门、水行政主管部门制定"。依据《取水许可和水资源费征收管理条例》(国务院令第460

号）第二十八条、第三十一条、第三十二条第一款，A公司所在市水行政主管部门收取A公司水资源费是正确的。

三、结合本案例延伸一下，假如A市某区的农民想在自家田地人工打井用作浇灌田地，水法律法规允许吗？需要什么条件？有什么相关政策？

按照2002年修订的《中华人民共和国水法》有关规定，水资源属于国家所有，由国务院代表国家行使所有权，凡是直接从江河、湖泊或者地下取水的单位和个人，都应该按照国务院规定，申请领取取水许可证，并向国家缴纳水资源费，才能取得取水权。颁发取水许可证和征收水资源费，是国家作为公共管理者和资源所有人，对有限自然资源开发利用进行调节的一种行政管理措施，任何单位和个人都必须自觉遵守和执行。

按照有关规定并结合咨询情况，《河南省取水许可和水资源费征收管理办法》第六条明确了不需要领取取水许可证和缴纳水资源的几种例外情况：（一）农村集体经济组织及其成员使用本集体经济组织的水塘、水库中的水的；（二）为家庭生活和零星散养、圈养畜禽饮月年取水1 000立方米以下的；（三）为保障矿井等地下工程施工安全和生产安全必须临时应急取（排）水的（矿井日常疏干排水除外）；（四）为消除对公共安全或者公共利益的危害临时应急取水的；（五）为农业抗旱和维护生态与环境必须临时应急取水的。前款第（三）项、第（四）项规定的取水，应当及时报县级以上水行政主管部门备案；第（五）项规定的取水，应当经县级以上水行政主管部门同意。此外，其他利用取水工程或者设施直接从江河、湖泊或者地下取用水资源的，都必须申请取水许可证，并依法缴纳水资源费。依照法规政策规定，允许农民在自家田地人工打井用作浇灌田地，但必须到县级以上水行政主管部门办理相关取水许可手续，办理取水许可证后方可打井取水灌溉。目前，河南省暂未出台相关农业取水缴纳水资源费的政策规定，可暂不缴纳水资源费。

依据相关法律法规规定，申办取水许可证需提交以下材料：

（1）申请书。

（2）属于备案项目的，提供有关备案材料。

（3）国务院水行政主管部门规定的其他材料[国务院水行政主管部门规定的其他材料包括：①取水单位或者个人的法定身份证明文件（营业执照复印件、法人代表身份证复印件各二份）；②有利害关系第三者的承诺书或者其他文件；③建设项目水资源论证报告书的审查意见；④不需要编制建设项目水资源论证报告书的，应当提交建设项目水资源论证表；⑤利用已批准的入河排污口退水的，应当出具具有管辖权的县级以上地方人民政府水行政主管部门或者流域管理机构的同意文件]。

（4）建设项目需要取水的，申请人还应当提交由具备建设项目水资源论证资质的单位编制的建设项目水资源论证报告书。论证报告书应当包括取水水源、用水合理性以及对生态与环境的影响等内容。

（5）由代理人来办理取水许可的，由本单位出具委托代理书，代理人身份证明文件（身份证复印件一份）。

（6）土地证明材料。

（7）材料真实性保证书。

（8）所有复印件必须盖单位公章。

四、结合本案例，就延期、分期缴纳罚款在水行政执法实践中如何具体操作做以下简单阐述

当事人确有经济困难，需要延期或者分期缴纳罚款的，应当提出书面申请。经水行政管理机关负责人批准后，由办案机构以办案机关的名义，书面告知当事人延期或者分期的期限。这是依据《中华人民共和国行政处罚法》做出的。《中华人民共和国行政处罚法》第六十六条第二款规定：当事人确有经济困难，需要延期或者分期缴纳罚款的，经当事人申请和行政机关批准，可以暂缓或者分期缴纳。

（一）规定延期、分期缴纳罚款的意义

在正常的罚款收缴程序之外，可能出现当事人因特定情形无法按时履行缴纳罚款义务的情况。例如，当事人遭受火灾、水灾等突发灾害，希望能够延期或者分期缴纳罚款。在这种情况下，当事人不是主观上拒绝接受处罚、不履行缴纳罚款义务，而是客观上存在实际困难，无法按时履行缴纳罚款的义务。

鉴于此，行政机关应当将这种情形与当事人故意拒绝或者拖延履行义务的行为加以区分，允许确有经济困难的当事人暂缓或者分期履行缴纳罚款义务。对于当事人有履行能力却不履行缴纳罚款义务的行为，行政机关应当依法采取强制执行措施，迫使当事人履行法定义务，以达到行政处罚的目的。

允许确有经济困难的当事人延期或者分期缴纳罚款，充分体现了《中华人民共和国行政处罚法》坚持处罚与教育相结合，教育公民、法人或者其他组织自觉守法的原则与精神，也彰显了坚持“实事求是，一切从实际出发”的原则和精神。对于确有经济困难的当事人，如果轻率采取强制执行措施，不仅没有可执行标的，执行措施无法落实，还很容易扩大应予执行的标的。这样的结果不仅损害行政处罚的权威性和有效性，也不利于和谐社会的建立和发展。

（二）延期、分期缴纳罚款的申请和批准

1.申请

当事人申请延期或者分期缴纳罚款，应向做出行政处罚决定的水行政管理机关提交书面申请，载明不能按时缴纳罚款的原因，附以必要的证明材料，同时提出具体的延期或者分期缴纳罚款要求。

2.审查、批准

水行政管理机关审查当事人的申请，除应对书面文字材料认真审查外，还必须合理判断当事人是否具有履行缴纳罚款义务的能力。必要时，水行政管理机关应进行实际调查，既要实施好《中华人民共和国行政处罚法》，又要防止当事人利用法律法规逃避及时履行缴纳罚款的义务。

水行政管理机关经过审查，如果认为当事人申请延期或者分期缴纳罚款的理由不成立，应予驳回；如果认为当事人的申请理由成立，应做出批准予以延期或者分期缴纳罚款的决定。批准决定应以决定书的形式，经水行政管理机关负责人批准后，由办案机构以办案机关的名义做出，送达当事人及收款银行。收款银行应依照行政机关做出的决定书收缴罚款。

需要强调的是，法律法规及规章所规定的暂缓履行或分期履行缴纳罚款义务是有条件的。所以，当事人一旦有了履行能力，就应当按照行政机关的决定缴纳罚款。行政机关发现当事人有履行能力却故意拖延履行，违反行政机关做出的延期或分期履行缴纳罚款决定的，可以依法采取强制执行措施。

五、结合本案例，就取水为什么要缴纳水资源费进行解释

《中华人民共和国宪法》第九条、《中华人民共和国水法》第三条都规定，水资源属于国家所有。既然属于国家所用，国家就必须运用行政手段对水资源进行调控和配置，保障有关社会主体使用和经营。而运用行政手段的一种方式就是建立水资源有偿使用制度，因为这样不仅可以体现水资源的国家所有权，而且可以促进合理高效地使用水资源，避免浪费。水资源有偿使用制度是《中华人民共和国水法》确立的一项基本管理制度。征收水资源费对国家而言，是对水资源配置进行行政干预，是用经济手段调节水资源分配和使用，是水资源所有权的价值体现，也是实现政府职能的一种手段。对取水户而言，向取水单位和个人收取水资源费，就要授予取水人特定的权力，并且这种权力要受到国家保障，同时还可以有效地促进水资源的节约和保护。

六、结合本案例，就水行政主管部门处罚无证取水是否应当追缴水资源费问题进行解释

在具体的执法实践中，无证取水是一种常见的水行政违法行为，这种违法行为常常伴随着违法行为人没有缴纳水资源费的情形。据了解，绝大多数水行政机关在查处此类行政案件时，仅仅对无证取水行为加以处罚，未追缴行为人的水资源费，并且在是否应当追缴水资源费问题上存在很大争议。

其中，关于不应当追缴水资源费的有三种不同的意见：一种为同一违法行为说；另一种为重违法行为吸收轻违法行为说；还有一种为水资源费纳费主体说。

持“同一违法行为说”的同志认为，无证取水行为人只实施了一个违法行为，即取水行为，无论有证无证，缴费未缴费，均因这一个违法行为而起。依据《中华人民共和国行政处罚法》第二十九条所确定的“一事不再罚”原则，水行政机关不应当再追缴水资源费。

持“重违法行为吸收轻违法行为说”的同志认为，在查处无证取水案件中，无证取水是一种重的违法行为，而未缴水资源费则是相对较轻的违法行为，故根据法律中的吸收原则，应当忽略轻违法行为，无须再追缴水资源费。

持“水资源费纳费主体说”的同志认为，水资源费的缴费主体只能是有取水许可证的取水户，水资源费的征收也只能针对持证主体进行。对无证取水用户征费，与《中华人民共和国水法》第四十八条明文规定的合法取水相悖，有收费即为许可的嫌疑，处罚其无证取水行为时，存在违反行政处罚合理性原则的障碍；对无证取水者追缴水资源费，岂不是追认其无证取水行为合法？故不应追缴水资源费。

作者认为，上述三种观点均有失偏颇，未能正确把握法律，处罚无证取水，应当依法追缴水资源费。

第一，追缴水资源费，不违反“一事不再罚”原则。追缴水资源费，是一种行政征收行为，是水行政机关依法无偿和强制地向公民、法人或其他组织征收钱物的具体行为，不是行政处罚，何来违反“一事不再罚”原则。

第二，追缴水资源费，不违反法律的吸收原则。法律的吸收原则，是指在某个违法事实中，存在两个以上违法行为，这两个以上违法行为之间有吸收关系，即前行为是后行为发展的所经阶段，后行为是前行为发展的当然结果。适用法律吸收原则的重要前提是违法事实构成中的两个以上违法行为，都是同一违法行为人，且行为都应受到法律制裁。在处罚无证

取水后，追缴水资源费，不违反吸收原则。因无证取水行为主体，在未接到水资源费缴纳通知单之前，未缴纳水资源费的行为不是违法行为。《取水许可和水资源费征收管理条例》（国务院令第460号）第三十三条明文规定：取水审批机关确定水资源费缴纳数额后，应当向取水单位或者个人送达水资源费缴纳通知单，取水单位或者个人应当自收到缴纳通知单之日起7日内办理缴纳手续。

第三，无证取水主体也是取水主体，依法应当缴纳水资源费。①在《中华人民共和国水法》第四十八条“直接从江河、湖泊或者地下取用水资源的单位和个人，应当按照国家取水许可制度和水资源有偿使用制度的规定，向水行政主管部门或者流域管理机构申请领取取水许可证，并缴纳水资源费，取得取水权。但是，家庭生活和零星散养、圈养畜禽饮用等少量取水的除外”叙述中，依据“水资源有偿使用制度”字面意思，应认为在实践中，不区分有证无证情形，只要使用水资源，就应有偿，就应缴费。②依据《取水许可和水资源费征收管理条例》（国务院第460号令）第二十八条第一款“取水单位或者个人应当缴纳水资源费”，无证取水主体也是取水主体，当然应当缴纳水资源费。

第四，对无证取水违法行为人实施行政处罚后，追缴水资源费不构成对无证取水这一违法行为的合法性追认。因处罚行为已经确认了无证取水的违法性，并且依法制裁了行为当事人。同时，编者赞同主体说的另一个观点，在未依法确认无证取水行为违法之前，收取水资源费，是一种错误的行为，有程序上的违法性，存在收费即为许可的嫌疑。

第五，不对无证取水主体追缴水资源费，只收持证取水主体水资源费，直接违反了《取水许可和水资源费征收管理条例》（国务院令第460号）第八条“取水许可和水资源费征收管理制度的实施应当遵循公开、公平、公正、高效和便民的原则”的规定，这对持证合法取水主体而言绝对是不公平的。

第六，不对无证取水主体追缴水资源费，可能会出现取水单位或个人恶意违法现象，对违法取水主体的行政处罚行为不能起到制裁作用。目前，对无证取水行为处罚的最高限额，依《中华人民共和国水法》规定为十万元。而现实中，年缴水资源费十万元以上的取水主体比比皆是，若不对无证取水主体追缴水资源费，可能出现有的取水主体以自愿承受十万元罚款为代价，换取免交十万元以上的水资源费的利益，那我们的管理体制岂不乱套？

综上，作者认为，水行政机关在处罚无证取水时，应当向违法行为人追缴水资源费。

七、结合本案例，就如何认定水事违法主体下面作一下解析

快速准确地认定水事违法主体，是水事违法案件调查取证的主线之一，也是行政处罚阶段及执行阶段的主要依据。对违法主体的认定，直接影响行政案件处理是否正确、合法，意义重大。

《水行政处罚实施办法》第二条规定，公民、法人或者其他组织违反水行政管理秩序的行为，依法应当给予水行政处罚。由此看出，水事违法行为的主体包括公民个人、法人及其他组织，在特殊情况下，还包含其他主体。作者结合工作实际，总结梳理出快速准确认定违法主体的经验。

（一）对公民、个体工商户和法人的认定

水利部门发现公民个人实施违反水事管理秩序行为后，需进行两个认定：一是姓名认定；二是责任能力认定，涉及公民年龄、精神状态两个方面。年龄上，根据《中华人民共和国

行政处罚法》第二十五条的规定，不满 14 周岁有违法行为的，不予行政处罚，责令监护人加以管教；已满 14 周岁不满 18 周岁有违法行为的，从轻或者减轻行政处罚。精神状态方面，根据《中华人民共和国行政处罚法》第二十六条规定，精神病人因不能辨认或不能控制自己行为的，违反水事管理秩序，可以不予处罚。行政相对人的精神状态可通过走访调查、专业机构鉴定等形式予以确定。

关于涉及水事违法行为的个体工商户，《最高人民法院关于适用〈中华人民共和国民事诉讼法〉若干问题的意见》第四十六条规定：在诉讼中，个体工商户以营业执照上登记的业主为当事人。有字号的，应在法律文书中注明登记的字号。营业执照上登记的业主与实际经营者不一致的，以业主和实际经营者为共同诉讼人。参照这一规定，例如王某经营一家煤研石销售站，未经批准擅自在洙赵新河管理范围内建设永久性建筑物，水行政监察人员下达执法文书时，应以王某为违法当事人，并注明某煤研石销售站的字号。若实际经营者不是王某，还应将其两人列为共同违法当事人。

在我国，法人主要有企业法人和非企业法人之分。企业法人作为违反水事管理秩序的主体，可通过查看工商行政管理部门颁发的企业营业执照，或到工商行政管理部门查询企业登记信息进行认定。非企业法人，分为机关事业单位法人和社会团体法人两类，前者认定可到机构编制部门查看机构登记名称、法定代表人等信息，后者可到民政部门社会组织登记处查看团体名称、法定代表人、批准成立文件等。

（二）对其他组织的认定

行政诉讼法中目前没有对"其他组织"做出规定，《最高人民法院关于贯彻执行〈中华人民共和国行政诉讼法〉若干问题的意见（试行）》第一百一十四条规定：人民法院审理行政案件，除依照行政诉讼法的规定外，对本规定没有规定的，可以参照民事诉讼的有关规定。

据此规定，其他组织是指合法成立，有一定的组织机构和财产，但又不具备法人资格的组织。

因此，在水事违法主体中，可能涉及其他组织的主要有：依法登记领取营业执照的私营独资企业、合伙组织；依法登记领取营业执照的合伙型联营企业；依法登记领取我国营业执照的中外合作经营企业、外资企业；经民政部门核准登记领取社会团体登记证的非法人社会团体；法人依法设立并领取营业执照的分支机构；中国人民银行、各专业银行设在各地的分支机构；中国人民保险公司设在各地的分支机构；经核准登记领取营业执照的乡镇、街道、村办企业等。其他组织相对于公民或者个人、法人等其他主体而言，比较复杂，应当要求被处罚主体提供营业执照、批准文件、登记证书等证明其主体地位的材料，认真审查，做出正确判断。

（三）对特殊主体的认定

水事违法案件中还存在一些特殊主体，如工程建设指挥部、筹备中的机构、企业挂靠承包、无照经营行政相对人等。近年，查处的水事违法案件中，这一类的水事违法主体出现的次数最多，相较公民、法人及其他组织认定也更复杂。

对特殊主体的认定，其一是工程建设指挥部。梳理近几年的水事违法案件发现，一些政府工程涉及违法水事管理秩序，成为查处的一大难题。一方面，水行政执法人员经常受到各种行政干预、请托说情困扰；另一方面，这类机构多是地方政府为加强项目建设管理，抽调相关部门工作人员组建的临时性机构，违法主体的认定存在较大困难。

并非所有的指挥部都适合作为水行政处罚的对象，处罚主体的选择主要取决于工程建设指挥部的法律地位。对于行政机关或项目法人依法设立,并登记注册领取营业执照的指挥部,有自己的名字,具有独立承担责任的主体资格和能力,可以直接对其进行处罚。但还有一些工程指挥部是由行政机关或项目法人非法设立,或虽依法设立,但未领取营业执照。这类情况下,应以设立该分支机构的法人为当事人,而工程建设指挥部由于不具有独立的主体地位,不能成为行政法律关系的主体,应以设立工程建设指挥部的项目法人或行政机关为处罚对象。

其二,对于筹备中的机构,未经成立就开始运行的,即使存在固定的场所,有具体的职能,但其权限职责仅限定在与筹备工作有关的范围,没有履行法定的设立程序,也就没有取得实施筹备工作以外事项的资格,不具有独立承担法律责任的能力,其实施的违法行为应由该筹备机构的上级部门承担法律责任。

其三,企业挂靠、承包的特殊主体,挂靠人和承包人如出现违反水行政管理秩序的行为,在进行行政处罚时,应当将被挂靠、承包企业作为处罚的对象。

其四,对无照经营者,水行政执法人员应以实际经营者作为处罚相对人,依照有关水法律法规予以处罚,同时还应就其无照经营行为移送工商行政管理部门查处。

水事违法行为主体的认定比较复杂,水行政执法人员应遵循法律规范有关主体的界定标准,将工作做细、做实,多调查、多询问,准确认定违法行为主体,做到依法行政。

八、结合本案例延伸下面几个疑难问题作者作一下解读

(一)关于地下水的范围

《取水许可和水资源费征收管理条例》(国务院令第460号)第二条中的“地下水”包括地热水和矿泉水。水资源包括地表水和地下水,均由水量、水质、水温和水能四个要素组成,具有多种用途和功能。矿泉水和地热水是地下水的组成部分,只是所含成分和温度不同而已,其开发利用主要遵循地下水的规律。

关于地热水和矿泉水的属性及法律适用问题,国务院法制局经国务院领导同意,曾以《关于矿泉水属性和适用法律问题的复函》(国法函〔1994〕67号)、《关于地下热水属性和适用法律问题的复函》(国法函〔1995〕60号)分别答复过福建省政府法制局和天津市政府法制办,明确地热水和矿泉水具有水资源和矿产资源的双重属性。《中华人民共和国矿产资源法实施细则》第四十四条规定:地下水资源具有水资源和矿产资源的双重属性。地下水资源的勘查,适用《矿产资源法》和本细则;地下水资源的开发、利用、保护和管理,适用《水法》和有关的行政法规。

《中华人民共和国水法》第二条规定:本法所称水资源,包括地表水和地下水。第四十八条规定:直接从江河、湖泊或者地下取用水资源的单位和个人,应当按照国家取水许可制度和水资源有偿使用制度的规定,向水行政主管部门或者流域管理机构申请领取取水许可证,并缴纳水资源费,取得取水权。而《取水许可和水资源费征收管理条例》(国务院令第460号)是规范和调整水资源开发、利用、保护和管理的与《中华人民共和国水法》配套实施的重要的行政法规。据此,地热水和矿泉水属于地下水,应当按照《中华人民共和国水法》和《取水许可和水资源费征收管理条例》(国务院令第460号)的规定,依法实施取水许可制度和水资源有偿使用制度。

(二)关于临时应急排水的界定

《取水许可和水资源费征收管理条例》(国务院令第460号)第四条第三项中的“临时应

急取（排）水”是相对于“长期正常取（排）水”而言的，例如当发生矿井透水事故等突发事件时，为保障安全而紧急加大排水量或改变排水方式的，即属于“临时应急取（排）水”，不需要申请领取取水许可证。按照矿井开采或地下工程施工设计，为降低水位，保障矿井等地下工程施工安全和生产安全而必须进行的疏干排水，属于正常排水，应当申请领取取水许可证。对于煤矿、建筑等生产企业发生的无法加以利用的疏干排水，应当从上述两个方面来判断其是否属于“临时应急排水”。

（三）关于取水事项变更手续的办理

《取水许可和水资源费征收管理条例》（国务院令第 460 号）第二十六条中的“取水许可证载明事项”，应当为《取水许可和水资源费征收管理条例》（国务院令第 460 号）第二十四条规定的内容，包括取水单位或者个人的名称（姓名），取水期限，取水量和取水用途，水源类型，取水、退水地点及退水方式、退水量。除取水单位或者个人的名称（姓名）的变更外，其他事项的变更实质上是取水条件、取水方式的变更，属于取水行为的“实质变更”。一般来讲，在取水有效期内，取水人名称或其法定代理人变动，其他事项无变动的，不需要重新申请取水，可以直接办理变更手续。而如果其他事项（包括变更水源类型、取退水地点及方式等）发生重大变化的，则需重新申请取水许可；对于建设项目中取水事项有较大变更的，还需按照《取水许可和水资源费征收管理条例》（国务院令第 460 号）第二十二条规定，重新进行水资源论证。

九、结合本案例，就水法律法规对相关概念界定不同情况下水行政处罚在具体水行政执法实践中如何适用的问题

水法律法规体系虽已基本形成，但仅经历 20 多年的发展过程，仍然是不成熟的专业法规体系；水事法律法规的不统一、不完善使行政处罚适用的规范性难以实现，同一种违法行为因法律法规对相关概念的定性不同，行政处罚因而存在差异。在此以擅自凿井违法行为为例进行分析。

擅自凿井是违反水资源统一管理行为的主要表现形式之一。擅自凿井违法行为可以定性为擅自修建水工程、擅自修建取水工程、擅自凿井，这 3 种性质的违法行为在《中华人民共和国水法》《取水许可和水资源费征收管理条例》（国务院令第 460 号）中有不同的处罚措施。定性不同，处罚依据不同，处罚幅度也不同。

（一）关于《中华人民共和国水法》

《中华人民共和国水法》第六十五条第二款规定了擅自修建水工程的处罚措施。《中华人民共和国水法》第七十九条规定：本法所称水工程，是指在江河、湖泊和地下水源上开发、利用、控制、调配和保护水资源的各类工程。单从本条看，凿井工程是水工程的一种。但是这一条文只是规定了本法中“水工程”的基本含义。除以上的条文外，《中华人民共和国水法》的许多条文中也多次提到了“水工程”一词，这些“水工程”的含义并不完全一致，有些水工程只是指地表水工程，有些则是指水坝和堤防。因此，适用《中华人民共和国水法》第六十五条时，应当根据这些条文在法律体系中的地位，按照不同的语境或上下文的法意，具体阐明法律条文规范的意旨，这在法理学中称为法律体系解释。根据这一法律解释方法，从《中华人民共和国水法》第六十五条第一款、第三款的内容可以看出，该条第二款所说的水工程主要是指对行洪产生影响的水工程。因此，采用《中华人民共和国水法》第六十五条作

为处罚擅自凿井行为的依据并不十分恰当。

(二)《取水许可和水资源费征收管理条例》(国务院令第460号)

《取水许可和水资源费征收管理条例》(国务院令第460号)第四十九条,对于未取得取水申请批准文件擅自建设取水工程或者设施的违法行为做出了明确的处罚规定:责令停止违法行为,限期补办有关手续;逾期不补办或者补办未被批准的,责令限期拆除或者封闭其取水工程或者设施;逾期不拆除或者不封闭其取水工程或者设施的,由县级以上地方人民政府水行政主管部门或者流域管理机构组织拆除或封闭,所需费用由违法单位或者个人负担,可以处以5万元以下罚款。擅自凿井是擅自建设取水工程的一种形式,用《取水许可和水资源费征收管理条例》(国务院令第460号)第四十九条处理是适合的。

(三)与地方性法规的结合适用

相对于《取水许可和水资源费征收管理条例》(国务院令第460号)而言,处罚额度不大,对于未经批准在建凿井工程,尚未取水、造成影响不大的违法凿井行为,建议依据地方性法规进行处罚。

作者结合本案例延伸的一些水行政执法实践中疑难复杂的相关问题,希望引起广大水行政管理和执法人员的学习与思考,以便更好地指导水行政执法实践。

从查出一起水土保持违法案件引发的思考

【案情介绍】

上诉人山东某植物油有限公司（简称某植物油公司）因水利行政征收一案，不服临沂市河东区人民法院河行初字〔2015〕第33号行政判决，向临沂市人民法院提起上诉。本院受理后依法组成合议庭审理了本案，现已审理终结。

原审法院经审理查明，2014年5月23日，被告向原告送达其做出的莒南水保报字〔2014〕28号限期编报水土保持方案通知书（该通知书要求原告于2014年6月8日前向被告补报其在开发区建设项目的水土保持方案）和（莒南）水保费征字〔2014〕第71号征收水土保持补偿费决定通知书（该通知书向原告告知“……经审查，你单位在开发区（化家白龙）建设项目，破坏了地形、地貌、植被，降低或丧失了原有水土保持功能。根据《中华人民共和国水土保持法》第三十二条、第五十七条，《山东省实施〈中华人民共和国水土保持法〉办法》第二十二条、第二十六条，《山东省水土保持设施补偿费水土流失防治费收取标准和使用管理暂行办法》（鲁价涉发〔1995〕112号）的规定，你单位应缴纳水土保持补偿费36 000元。请接此通知书后于2014年6月8日前到莒南县水利局水政监察大队办理缴款手续……”），同时告知逾期不交的后果及相关的权利义务等相关事宜，原告对此不服，于2014年7月22日向莒南县人民政府提起行政复议，2014年10月23日，莒南县人民政府以原告的申请不符合《中华人民共和国行政复议法》第九条的规定，做出“莒南政复不受字〔2014〕2号行政复议不予受理决定书”，决定对原告的复议不予受理。

原审法院认为，本案争议焦点即为被告的涉案行政行为是否合法。通过原告、被告所提供的证据及庭审查证的事实，本案中对原告所主张的被告应先要求原告编报水土保持方案而后征收的观点，因相关法律法规对此规定不明确，故对原告的这一主张，不予支持；对原告所主张的被告的征收数额偏高，因其未提供相应证据予以佐证，不予认定；对原告所主张的被告的涉案行政行为为选择性执法的主张，与本案不是同一法律关系，且不是法院管辖的范围，在本案中不予评判。据此，依照《中华人民共和国行政诉讼法》第六十九条之规定，判决驳回原告某植物油公司的诉讼请求。案件诉讼费50元，由原告负担。

某植物油公司不服原审判决，上诉称：被上诉人的行政征收决定严重违法。被上诉人于2014年5月23日向上诉人下达了《限期编报水土保持方案通知书》，该通知书要求上诉人编报水土保持方案报县水利局，并明确告知上诉人，如逾期不报将进行行政处罚，而被上诉人却在同一天向上诉人做出了征收决定。根据相关规定，建设单位编报方案后，水行政机关根据自然资源开发、生产建设占地面积和水土保持设施的损坏情况计收水土保持设施补偿费，被上诉人对以上情况未查明就径行做出征收决定，属于先行政后取证，程序严重违法。上诉人没有破坏水土保持设施，不符合缴纳水土保持设施补偿费的法定情形，被上诉人做出征收决定无事实和法律依据。退一步讲，即使上诉人破坏了水土保持设施，根据规定费用的计算应是建设占地面积，而30亩是厂区总面积，上诉人的场地多为空旷的平地和露天储藏，建设面积只有办公楼一处和生产资料的设备安装占地一处，建设面积不足厂区面积的1/10，按厂区面积30亩进行计算是错误的。根据法律法规的规定，涉及水土方面的行政收费只有水土保持设施补偿费和水土防治费两项，法律法规中没有被上诉人征收的水土保持补偿费项目,请求二审法院判决撤销被上诉人做出的征收决定或将案件发回重审。

被上诉人莒南县水利局答辩称:上诉人主张先编报水土保持方案后征收水土保持补偿费,相关法律法规对此没有明确规定。法律规定生产建设单位未编制水土保持方案的,生产项目不得开工建设,上诉人公司生产建设项目已建设完成并投入使用,属违规建设,答辩人要求上诉人补报水土保持方案、补缴水土保持补偿费,没有先后程序之分,程序合法。上诉人称不应缴纳水土保持补偿费无事实及法律依据。上诉人共征占用土地30亩,对此上诉人的工作人员签字予以确认。上诉人称建设面积只有1/10,应按建设面积缴纳水土保持补偿费,无事实和法律依据。根据相关规定,植被包括自然植被和人工植被,上诉人项目如征用耕地必然破坏人工植被,如征用空闲地必然破坏自然植被,并破坏地形、地貌等水土保持设施,上诉人应按征占用面积而不是建设面积缴纳补偿费。被上诉人征收水土保持补偿费是根据水土保持法的规定,上诉人称系巧立名目不能成立。请求维持原审判决。

各方当事人在一审中提供的证据已随卷移送本院,证据在一审庭审中已经质证。经审理,本院同意一审法院判决对证据的认证意见及据此确认的案件事实。

【审理结果】

法院认为,本案争议的焦点有三个:一是征收水土保持补偿费前是否需由上诉人先行编报水土保持方案;二是被上诉人征收水土保持补偿费是否符合法律规定;三是被上诉人征收的水土保持补偿费金额是否适当。对焦点一,本院认为,《中华人民共和国水土保持法》第二十五条规定,在山区、丘陵区、风沙区以及水土保持规划确定的容易发生水土流失的其他区域开办可能造成水土流失的生产建设项目,生产建设单位应当编制水土保持方案,报县级以上人民政府水行政主管部门审批,并按照经批准的水土保持方案,采取水土流失预防和治理措施。没有能力编制水土保持方案的,应当委托具备相应技术条件的机构编制。第三十二条规定,在山区、丘陵区、风沙区以及水土保持规划确定的容易发生水土流失的其他区域开办生产建设项目或者从事其他生产建设活动,损坏水土保持设施、地貌植被,不能恢复原有水土保持功能的,应当缴纳水土保持补偿费,专项用于水土流失预防和治理。法律法规没有规定水利部门在征收水土保持补偿费前应先行要求被征收单位编制水土保持方案,目前法律法规没有在限期编制水土保持方案前不得征收水土保持补偿费的相关程序性规定,故被上诉人莒南县水利局在通知上诉人某植物油公司编制水土保持方案的同时向上诉人征收水土保持补偿费程序合法,上诉人称被上诉人在限期上诉人编报水土保持方案的同时对上诉人征收水土保持补偿费程序违法的主张不能成立。对焦点二,上诉人认为在法律法规中没有水土保持补偿费这一收费项目,只有水土保持设施补偿费和水土流失防治费两项,对此,本院认为,《中华人民共和国水土保持法》第三十二条规定应当缴纳的是水土保持补偿费,被上诉人依此征收水土保持补偿费符合法律规定,上诉人称被上诉人征收项目不符合法律规定的主张不能成立。对焦点三,水土保持补偿费的计算问题,上诉人主张应按建设用地占地计算,不应以整个厂区占地面积计算,对此,自2014年5月1日起实施的《水土保持补偿费征收使用管理办法》第七条规定,开办一般性生产建设项目的,按照征占用土地面积计征。本案征收行为发生于2014年5月23日,按上述规定应按上诉人征占用土地面积征收水土保持补偿费,上诉人称应按建设用地面积计算没有依据,本院不予支持。综上,被上诉人向上诉人征收水土保持补偿费程序合法,征收金额并无不当,原审认定事实清楚,应予维持。依照《中华人民共和国行政诉讼法》第八十九条第一款第(一)项的规定,判决如下:驳回上诉,维持原判。

【评析意见】

一、结合本案例,就水行政执法人员在执法实践中常用的《中华人民共和国水土保持法》第四十四条、第五十三条进行解读

《中华人民共和国水土保持法》第五十三条规定:违反本法规定,有下列行为之一的,由县级以上人民政府水行政主管部门责令停止违法行为,限期补办手续;逾期不补办手续的,处五万元以上五十万元以下的罚款;对生产建设单位直接负责的主管人员和其他直接责任人员依法给予处分:(一)依法应当编制水土保持方案的生产建设项目,未编制水土保持方案或者编制的水土保持方案未经批准而开工建设的。

制定该条法律的目的首先是防止生产建设项目水土流失行为的发生,将违法行为制止在开始阶段,确保水土保持预防保护制度的落实,突出了水土流失预防保护;其次是明确了执法程序和执法手段,规范水行政执法工作。该条文第一款是对"依法应当编制水土保持方案的生产建设项目,未编制水土保持方案或者编制的水土保持方案未经批准而开工建设的"的一种处理决定,实质上暗含了水行政执法人员在针对这种违法行为时的一种法定的处理程序,而且这种程序是必须坚持的递进式程序,只有在前面一个程序完成的情况下,才能进行下一个处理决定。《中华人民共和国水土保持法》第五十三条对违法行为的处置方式用了两个";"加以分隔,表示一句话中间并列分句的停顿,说明相互之间无关联性。类似这样的条款还有《中华人民共和国水法》第六十四条、第六十五条第一款、第六十七条第一款,《中华人民共和国防洪法》第五十四条、第五十七条、第五十八条、第六十一条等。在处罚条款中,凡是所列的违法行为既要受到行政处分,又要被处以罚款的,它的立法形式是不一样的,如《中华人民共和国水法》第六十六条、第六十九条、第七十二条,《中华人民共和国防洪法》第五十六条等。

使用本规定追究当事人法律责任时,应当注意以下几个问题:

(1)要注意适用该法律条件的先后顺序。即水行政执法机关首先应当责令当事人停止违法行为,限期补办有关手续,并明确规定一个合理期限,要求违法行为人在该期限内按照法定程序提出许可申请。

(2)违法行为人在接到水行政执法机关的书面通知后,在规定的期限内仍不补办相关手续,或虽然提出了补办申请,但由于自身条件不符合该法律法规规定而未被批准的,水行政主管部门应当责令其在规定的期限内停止违法行为,也就是说,如果当事人在执法部门规定的期限内提出了申请,就不能罚款。如果进一步,行政相对人的申请符合法定条件,得到了批准,违法行为也就转化为合法行为;反之,如果行政相对人拒不执行行政通知,一意孤行,在规定的期限内仍不提出许可申请,执法部门就应当责令其停止违法行为,并处罚款。

(3)违法行为人在接到水行政执法机关要求限期补办手续的通知后,如果在规定的期限内拒不补办,要被处5万元以上50万元以下的罚款。

(4)行政违法人在被责令补办水土保持手续申请期间继续开工建设,或者在提出补办水土保持手续申请后继续违法行为的,应当按照"合法行政"的原则,区别对待处理。如果被责令补办申请手续后,在提出申请前继续建设的,违反了"责令停止违法行为"的规定,行政机关可以采取应对措施,如缩短其提出补办水土保持手续申请的期限等。如果提出补办

水土保持手续申请后继续建设的,应当将有关情况通知补办水土保持手续申请的审批机关。实际上还有《中华人民共和国水法》第六十五条第一、二款等法律条文与本条文规定相似,水行政执法人员在执法过程中要注意和把握,以免出现法律适用错误。

从以上分析可以看出,水行政执法人员在理解新《中华人民共和国水土保持法》第五十三条的法律规定上极易出现错误。处理此类违法行为,需分两步进行:第一,未取得批准文件的,应责令停止违法行为,限期补办水土保持审批手续。第二,逾期不补办水土保持手续或补办未批准,处5万元以上50万元以下的罚款。

《中华人民共和国水土保持法》第四十四条规定:水政监督检查人员依法履行监督检查职责时,有权采取下列措施:(一)要求被检查单位或者个人提供有关文件、证照、资料;(二)要求被检查单位或者个人就预防和治理水土流失的有关情况做出说明;(三)进入现场进行调查、取证。被检查单位或者个人拒不停止违法行为,造成严重水土流失的,报经水行政主管部门批准,可以查封、扣押实施违法行为的工具及施工机械、设备等。

《中华人民共和国水土保持法》第四十四条赋予水政监督检查人员必要的监督检查手段。水政监督检查人员依法履行监督检查职责,纠正和查处违反水土保持法律法规的行为,会受到违法行为人的抵制。为了加大对违反水土保持法律法规行为的查处力度,提高查处工作效率,保证查处工作质量,有效地打击水土保持违法行为,需要赋予水政监督检查人员必要的监督检查手段。为此,本条规定,水政监督检查人员履行本法规定的监督检查职责时有权采取下列措施:

(1)要求被检查单位或个人提供有关文件、证照、资料。这是保证水政监督检查人员依法履行执法监督检查职责时,查清违法事实,获取证据的重要手段。被检查单位应当如实提供,不得转移、销毁有关文件和资料,更不得提供虚假的文件和资料,违反者要视情节追究其法律责任。这里所称的有关文件、证照和资料,是指与被检查单位有关的文件、证照和资料,主要是指从事水土保持及相关业务的公民、法人以及其他组织拥有的与水土保持相关的文件、证照、资料,如生产建设项目水土保持方案批复文件、水土保持方案编制和监测资质、水土保持监理和监测资料等。监督检查人员履行执法监督检查职责时,不得随意扩大检查范围和随意要求出示与执法监督检查无关的文件和资料;在调取有关文件、证照和资料时,应当以原始凭证为据,调取原始凭证有困难的,可以复制,但复制件应当注明“经确认与原件无误”的字样,并由该文件、资料的所属单位盖章。

(2)要求被检查单位或者个人就预防和治理水土流失的有关情况做出说明。主要是指被检查单位和个人对其活动造成水土流失的范围与程度、预防和治理措施体系布设、资金投入、监理监测、防治效果等做出解释。这是为保证水政监督检查人员依法履行执法监督检查时,查清违法事实,获取证人证言的重要手段。监督检查人员行使该项权利时,被检查单位必须如实说明预防和治理水土流失的情况,不得拒绝或做与事实不符的虚假陈述,违反者要视情节追究其法律责任。这里所称的被检查单位或者个人,是指与水政监督检查人员执法监督检查的事项有关的单位或者个人。如果有关水行政主管部门有违反本法规定的行为的,也应接受上级水行政主管部门的监督检查。水政监督检查人员履行执法监督检查职责需要被检查单位说明情况时,不得随意扩大被询问对象的范围,并应当依照法定程序进行;询问时,水政监督检查人员一般不得少于2人;询问证人应当个别进行,并告之做虚假陈述应承担的法律后果;询问应当制作笔录,并经被询问人核对无误;询问人与被询问人都应在询问笔录上签名或者盖章;被询问人拒绝签名、盖章的,应当在询问笔录上注明。

(3)进入现场进行调查、取证。这是为保证水政监督检查人员依法履行水土保持监督检查职责,直接获取被检查单位或者个人违反水土保持管理法律法规行为证据的重要手段。监督检查人员进入被检查单位或者个人的生产场所进行调查、取证时,被检查单位应当配合并提供便利条件,不得拒绝或者阻挠。水政监督检查人员进入被检查单位或者个人的生产场所进行调查、取证时,应当按照法定程序进行。

被检查单位或者个人拒不停止违法行为,造成严重水土流失的,报经水行政主管部门批准,可以查封、扣押实施违法行为的工具及施工机械、设备等。这是为保证水行政主管部门、流域管理机构及其水政监督检查人员有效实施监督检查权的重要手段,也是及时阻止违法行为、防止造成严重水土流失的有力措施。县级以上人民政府水行政主管部门、流域管理机构在做出责令停止违反本法行为的决定时,要确实掌握被责令单位违反本法的事实。

水政监督检查人员依法履行监督检查职责时,可以根据需要采用这些措施,但采用时必须符合法律规定,不得随意扩大适用,不得超越法律赋予的权限采用其他法律未允许采用的强制措施。

二、结合本案例,水行政执法人员在水行政执法实践中如何与公证人员结合,使调查取证工作取得事半功倍的效果?水行政执法人员如何注意行政合法性?

在日常水行政执法中,经常遇到基层组织或单位人员因害怕打击报复而拒绝到执法现场当见证人的情形,本案在查处时也遇到了类似的困难。为有效解决这一问题,我们创新思路,主动邀请当地公证人员现场丈量该公司施工建设面积和界定其所处地理位置,制作公证书,取得了翔实的证据,也为下一步的水土保持征收工作打下基础。同时,对挂号邮寄送达法律文书后,被送达人原封未动再回寄水行政主管部门法律文书,以逃避法律制裁的行为,也及时采取邀请公证人员到场直接送达的方式,较好地解决了送达难的问题。通过邀请公证人员实施公证,有效地解决了个别案件中存在的调查取证难和送达难的问题。

总之,要想把水土保持监督工作搞好,第一,在立法上加大执法力度,不能仅依靠领导重视来被动执法。第二,在机构上最好分开治理和监督,让监督一心一意搞执法,效果更好。“工欲善其事,必先利其器”。监督执法根本是靠规范化、制度化来管理运行,而不单纯依靠策略、经验等企业运作的方法来管理。第三,争取政府、人大以及综合部门支持的方法,解决部门之间执法问题,最好由政府、人大出面协调解决。水土保持监督执法的对象是多行业、多部门,有煤炭、地矿、建设、铁道、冶金、交通、森林采伐、农业开发等,这些部门、行业有时只从自己行业利益出发去开发建设,忽视水土保持,认为他们是为国家经济建设进行开发建设的,造成一些水土流失也是不可避免的,不愿意承担防治水土流失的责任。因此,就会给水土保持执法造成阻力。现在有不少项目的单位,如建高速公路、修建铁路,有些就是知法犯法,而主管部门还为其撑腰,他们主要是从部门利益出发,不顾大局和国家法律,找领导为其开脱。在这种情况下,水行政执法除向有关部门、行业、单位宣传外,还应就这些问题写出专题报告,陈述利害关系,提出依法解决的措施和办法,请示政府、人大批复,然后依法律程序执行,也可以建议出面召开会议解决,建议人大进行执法检查等。总之,要利用政府、人大的权威解决由于从部门利益出发而造成的违法问题。例如,在水土保持监督执法过程中专门成立由政府领导任组长、有关部门领导任成员的执法领导小组,及时研究解决执法工作中的问题,协调部门关系,就是很好的办法。

行政合法性是行政法的首要原则。所谓行政合法性,是指行政机关的活动必须遵守法律。法律规定了行政机关活动的权限、手段、方式,行政活动都必须以法律为依据,法无明文规定不得为之;严格遵守法律的有关规定,违法者必须承担相应的法律后果。该原则的内容要求行政活动只能在法定范围内,依照法律规定进行。其表现为行政行为必须证据充分,不能超越法定权限,必须符合法定程序。水行政执法工作属于行政执法工作的一部分,也应当严格遵循行政合法性原则,在水利执法中,由有权机关按照法定程序依照法律规定去执法,实现行政管理的目的。

三、《中华人民共和国水土保持法》第四十四条中查封、扣押的正确适用

随着《中华人民共和国水土保持法》的深入贯彻落实及水土保持行政执法工作的深入开展,将来会大量使用到查封、扣押措施。作者结合工作实践,就《中华人民共和国水土保持法》第四十四条中的查封、扣押如何正确适用谈一些粗浅看法。

(一)查封、扣押的区别

(1)《现代汉语词典》对“查封”一词解释为“检查以后,贴上封条,禁止动用”,“扣押”一词解释为“拘留;扣留”。可见,查封或扣押为行政强制措施。查封是将物品封闭起来,执法中将涉案物品封存在原地,粘贴封条,保持物品原有的状态。扣押是将涉案物品转移至其他地方封存,并不一定带回执法部门,可以由执法部门选择合适的地方存放,但是执法部门对扣押的物品负责。查封是行政强制措施的一种,属于对财产的强制。具体来说,它是指对动产或不动产的就地封存,防止财产所有人对财产进行处分的行为。作为被查封的财产并不转移到行政机关,只是就地贴上封条即可。这是查封同扣押的区别。查封作为一种行政强制措施必须依法进行,否则就是违法。法律法规规定有查封期限的,当在封条上注明至某月某日;无须注明日期的,直至改正后启封。具体操作中应填写《查封决定书》,然后将查封的物品逐一登记,开具《(查封)物品清单》交付当事人。

(2)二者使用的前提条件不同。查封一般使用在对违法事实认定不是很明确的情况下,待情况落实后进一步处理。扣押使用在对违法事实认定明确的情况下。

(3)处理封存物品的方法不同。查封与扣押都是强制性措施,未经水土保持执法部门的同意,当事人不得擅自销毁、转移、隐匿或销售。对于涉案物品,查封时水土保持执法部门和当事人都不得对物品的封存状态进行改变,扣押时水土保持执法部门可以对涉案物品进一步调查了解。

(4)查封与扣押使用的一些特殊情况。对大型生产设备一般使用查封,一是设备不方便拆卸;二是为了保持生产的状态,有利于检查。对于有特殊存放要求的涉案物品,扣押到其他地方不利于物品存放时应使用查封。

(二)查封、扣押在水土保持执法中适用的法律程序

(1)在查封、扣押前,水土保持监督检查人员须填写《查封、扣押审批表》,报请水行政机关负责人批准;条件不许可的,应先电话征求水行政机关负责人的意见,然后实施并补办审批手续,同时在补办的审批书中注明电话征求水行政机关负责人的意见。

(2)实施查封、扣押时,应当有当事人在场,执法人员需亮证表明身份,并向当事人出具《查封、扣押通知书》。当事人拒绝到场的,执法人员可以邀请有关人员(如辖区派出所、居

委会工作人员)参加。

(3)对须查封、扣押物品,应当场登记造册,经当事人或有关人员核对后,对登记造册的物品加贴盖有水土保持执法部门公章的封条,并由当事人或有关人员在文书上签名;当事人拒绝签字盖章的,水土保持执法人员在文书上签名并注明情况。同时,制作好现场笔录,根据《最高人民法院关于行政诉讼的证据若干问题的规定》第十五条规定,当事人拒绝签名或者不能签名的,应当注明原因,也作为合法、有效的证据,以备行政复议或行政诉讼。

(4)对查封、扣押的物品就地或异地保存。

(5)水土保持执法部门对查封、扣押的物品在规定时间内做出处理决定。

总之,水土保持行政执法工作属于水行政综合执法工作的重要组成部分,也应当严格遵循行政合法性原则,由有权机关按照法定程序依照法律规定去执法,以便实现水土保持行政管理的目的。

四、结合本案例判决结果水行政执法人员需做好以下三点反思

(1)严格按照执法程序办案,是搞好水土保持监督执法工作的重要环节。水土保持监督执法工作面广类杂,稍有疏忽就会影响查处工作的顺利开展,在这个违法案件中,各个环节都坚持按法律程序进行,包括调查、取证、立案、处理决定等,时效文书齐全规范,为案件的查处打下了坚实的基础。

(2)以事实为依据,以法律为准绳,是搞好水土保持监督执法工作的根本。只有掌握了充分的违法事实,才能根据国家和地方有关法律法规进行处理。

(3)进行法制宣传,做好当事人的思想工作,是做好执法工作的最好保证。水土保持监督执法工作对很大一部分项目来说,是一项新的工作,在他们的思想里总认为水利水保部门是投资单位,还收什么费,一时转不过弯来,这就需要执法人员边办案边向业主宣传有关法律法规,耐心细致地做好业主的思想工作,使业主们增强水土保持意识和法制观念,自觉地积极配合执法人员办案,做好水土保持的带头人。

五、本案涉及的关键问题是:什么是水土保持设施?哪些行为属于破坏水土保持设施的行为?收取水土保持补偿费的依据是什么?

关于水土保持设施,在现行的有关法律和行政法规中没有直接详细的规定,但《中华人民共和国水土保持法》第二条指出:本法所称水土保持,是指对自然因素和人为活动造成水土流失所采取的预防和治理措施。这就说明一个问题,所谓的水土保持,是一种人类的行为,是预防和治理措施,不含有自然因素在内。为搞好水土保持人类所建造的一切设施,都统称为水土保持设施。这起水行政违法案件的问题之一就出在对水土保持设施的理解上。水行政主管部门认为:水土保持设施是指具有防治水土流失功能的一切设施的总称,其中包含原地貌及其植被这些非人工建造的自然因素在内。这个意见来自于水利部 1996 年对辽宁省水利厅《关于水土保持设施解释问题的请示批复》,该批复基本上肯定了原地貌就是水土保持设施,损坏原地貌就是损坏了水土保持设施,就要征收水土保持补偿费的意见。按照这个意见,某植物油公司在建设过程中,肯定破坏了原地貌及其植被,破坏地貌和植被就等于破坏了水保设施,因此就应缴纳水土保持补偿费。某植物油公司认为这种解释与法律、法规相抵触,人民法院审理行政案件应依法不予参照。

理由一:水利部无权对行政法规做出立法性解释。1993 年 3 月 3 日,国务院办公厅发出的《关于行政法规解释权限和程序问题的通知》中指出:凡属于行政法规条文本身需要进一步明确界限或者作补充规定的问题,由国务院做出解释,其他部门均无权对行政法规(包括法律的实施细则、实施条例)做出立法性解释,更不能以此作为执法依据。据此,水利部对辽宁省水利厅关于《中华人民共和国水土保持法实施条例》第二十一条的解释属于超越权限的扩充性解释,其不具备法律效力,不能作为审判参照规章。

理由二:这种解释本身就与相应的法律法规规定的具体内容相抵触。《中华人民共和国水土保持法》针对水土保持问题仅原则性地指出:从事可能引起水土流失的生产建设活动的单位和个人,必须采取措施保持水土资源,并负责治理因生产建设活动造成的水土流失。《中华人民共和国水土保持法实施条例》第二十一条第二款指出:任何单位和个人不得破坏或者损坏水土保持设施。企业事业单位在建设和生产过程中,损坏水土保持设施的,应当给予补偿。以上法律和行政法规均没有涉及原地貌的概念,仅提到了损坏水土保持设施。

理由三:我国立法技术要求,规范性文件的概念必须准确、定性、统一,不得引起歧义,以此来维护法律的统一和尊严。而原地貌这个概念十分令人费解。因为,人类的一切生产和建设活动都是在原地貌的基础上进行的。我们兴修水利、改造粮田在损坏着原地貌,我们植树造林、改造荒山也在损坏着原地貌,我们开挖修建水库、治理荒滩、治理水土流失同样在损坏着原地貌。如果按照水利部批复的意见,这些也都属于损坏水土保持设施的行为,同样要收水土保持补偿费。如果按照这种逻辑,我国的广大沙漠、荒山、滩涂、水利工程都不要去治理或修建,否则就是违法行为。这显然是与《中华人民共和国水土保持法》和《中华人民共和国水土保持法实施条例》的立法目的相抵触。

理由四:原地貌究竟是一种什么样的地貌,无法界定。因为原地貌是以千百年甚至上亿年地壳不断运动变化为前提的,原地貌是什么样的,估计水行政主管部门就说不清楚,那么建设项目什么时期的地貌才是原地貌呢?对此,应不应该有个明确的界定?如果不界定又该如何认定损坏原地貌这种行为?

综上所述,作者认为根据国务院发布的《中华人民共和国水土保持法实施条例》第二十一条的规定,水土保持设施是由人工建成的具有治理水土流失功能的成果,不包括自然形成的地貌、植被。水行政主管部门对行政相对人建设过程中损坏原地貌、植被行为征收水土保持补偿费没有法律依据。

水行政主管部门收取水土保持补偿费应该说是一种具体行政行为。这种行为首先必须以法律法规为依据,其次才能参照规章。这起案件水行政主管部门收费依据是《中华人民共和国水土保持法实施条例》第二十一条第二款,其具体内容是:任何单位和个人不得破坏或者侵占水土保持设施。企业事业单位在建设和生产过程中损坏水土保持设施的应当给予补偿。其所依据的自 2014 年 5 月 1 日起实施的《水土保持补偿费征收使用管理办法》第七条规定开办一般性生产建设项目的,按照征占用土地面积计征。

把《水土保持补偿费征收使用管理办法》和《中华人民共和国水土保持法实施条例》进行对比就不难看出,《水土保持补偿费征收使用管理办法》扩大了法律法规所规定的收取水保费的范围,将损坏地貌和植被也作为收取水保费的范围,这显然与国家法律法规所规定的内容不相一致。既然政府的规章扩大了行政法规定的收费范围,那么行政机关理应执行法律、法规的规定。

六、结合本案例对在建项目水土保持相关法律的适用问题进行分析

如果在建项目企业未编制和申报水土保持方案的违法行为处于持续状态，跨越了《中华人民共和国水土保持法》修订前后，在实践中水行政主管执法人员如何操作？

修订前的《中华人民共和国水土保持法》和《中华人民共和国水土保持法实施条例》对生产建设单位的生产建设项目，其水土保持方案未经审批的情况，未明确法律责任。2005年7月8日水利部修改的《开发建设项目水土保持方案编报审批管理规定》第十三条规定：水土保持方案未经审批擅自开工建设或者进行施工准备的，由县级以上人民政府水行政主管部门责令停止违法行为，采取补救措施。当事人从事非经营活动的，可以处一千元以下罚款；当事人从事经营活动，有违法所得的，可以处违法所得三倍以下罚款，但是最高不得超过三万元，没有违法所得的，可以处一万元以下罚款，法律、法规另有规定的除外。可见，该规定明确了未报批水土保持方案是一种违法行为，可处3万元以下罚款。2011年3月1日实施的修订后的《中华人民共和国水土保持法》第二十五条第一款“在山区、丘陵区、风沙区以及水土保持规划确定的容易发生水土流失的其他区域开办可能造成水土流失的生产建设项目，生产建设单位应当编制水土保持方案，报县级以上人民政府水行政主管部门审批，并按照经批准的水土保持方案，采取水土流失预防和治理措施。没有能力编制水土保持方案的，应当委托具备相应技术条件的机构编制”，第二十六条“依法应当编制水土保持方案的生产建设项目，生产建设单位未编制水土保持方案或者水土保持方案未经水行政主管部门批准的，生产建设项目不得开工建设”，第五十三条“违反本法规定，有下列行为之一的，由县级以上人民政府水行政主管部门责令停止违法行为，限期补办手续；逾期不补办手续的，处五万元以上五十万元以下的罚款；对生产建设单位直接负责的主管人员和其他直接责任人员依法给予处分：（一）依法应当编制水土保持方案的生产建设项目，未编制水土保持方案或者编制的水土保持方案未经批准而开工建设的”，这几条法律规定，明确了生产建设单位对其生产建设项目不仅应当编制水土保持方案，而且应当向水行政主管部门报批水土保持方案，还应当经水行政主管部门批准，才能开工建设。编制和申报水土保持方案是生产建设单位的法定义务，审批水土保持方案是水行政主管部门的一项行政许可权力。如果生产建设单位不履行该项法定义务，就是一种违法行为，无论生产建设单位是否已采取水土保持措施，均不影响这一违法行为的成立，更不能免除行政处罚。关于法律的适用问题，如果在建项目企业未编制和申报水土保持方案的违法行为处于持续状态，跨越了《中华人民共和国水土保持法》修订前后，水行政主管部门立案是在《中华人民共和国水土保持法》修订实施后，针对在建项目的违法行为，水利部《开发建设项目水土保持方案编报审批管理规定》有相关的处罚规定，但该规定是下位法，《中华人民共和国水土保持法》是上位法，按照上位法优于下位法的原则，适用《中华人民共和国水土保持法》是正确的。

关于取水许可行为合法性的思考

【案情介绍】

上诉人达拉特旗树林召镇靴铺窑子村大坝壕社(简称大坝壕社)因与上诉人达拉特旗水务局水务行政管理纠纷一案,不服达拉特旗人民法院于2016年5月26日做出的〔2016〕内0621行初字第5号行政判决,向本院提起上诉。本院于2016年9月7日公开开庭审理了本案,上诉人负责人王某及委托代理人苗某、戴某,被上诉人达拉特旗水务局行政机关负责人李某、委托代理人李某、王某均到庭参加诉讼。本案现已审理终结。

一审查明:2011年冬,本案第三人达拉特旗金河湾供水有限责任公司负责人问某为解决自家的吃水问题打深井一眼。由于水质好,越来越多的达拉特旗树林召镇靴铺窑子村村民及周边农牧民开始使用深井水作为饮用水。2014年4月开始,达拉特旗人民政府将第三人达拉特旗金河湾供水有限责任公司的供水作为解决农村人畜饮水工程的项目。随后第三人达拉特旗金河湾供水有限责任公司负责人问某向达拉特旗工商局提出企业名称预先登记的申请,达拉特旗工商局于2014年9月4日向其核发了(鄂达旗)内名预核〔2014〕第1401208321号《企业名称预先核准通知书》,2014年9月12日第三人达拉特旗金河湾供水有限责任公司取得营业执照。2014年9月4日,第三人达拉特旗金河湾供水有限责任公司向被告达拉特旗水务局申请颁发《取水许可证》,达拉特旗水务局于2014年9月11日颁发取水(达旗)字〔2014〕第017号《取水许可证》。第三人达拉特旗金河湾供水有限责任公司在取得《取水许可证》后,于2014年年底在达拉特旗树林召镇大坝壕社第三人法定代表人问某所承包的土地上打备用井时,原告达拉特旗树林召镇靴铺窑子村大坝壕社与第三人达拉特旗金河湾供水有限责任公司发生纠纷,原告认为被告打井的行为是由于被告达拉特旗水务局向第三人达拉特旗金河湾供水有限责任公司颁发《取水许可证》的行为所致,而被告达拉特旗水务局做出行政许可的行为违法,故向本院提起行政诉讼。

一审认为,根据《最高人民法院〈关于执行中华人民共和国行政诉讼法〉若干问题的解释》,行政机关做出具体行政行为时,未告知公民、法人或者其他组织诉权或者起诉期限的,起诉期限从公民、法人或者其他组织知道或者应当知道诉权或者起诉期限之日起计算;但从知道或者应当知道具体行政行为内容之日起最长不得超过两年。本案中,被告达拉特旗水务局并未告知原告达拉特旗树林召靴铺窑子村大坝壕社起诉期限,故起诉期限适用上诉条款的规定,第三人认为原告已经超过六个月起诉期限的理由不能成立,不予支持。

根据《取水许可和水资源费征收管理条例》第十条的规定,申请取水的单位或者个人(简称申请人)应当向具有审批权限的审批机关提出申请。第十三条规定,县级以上地方人民政府水行政主管部门应当自收到取水申请之日起5个工作日内对申请材料进行审查。第十九条规定,审批机关应当自受理取水申请之日起45个工作日内决定批准或者不批准,决定批准的,应当同时签发取水申请批准文件。第二十三条规定,取水工程或者设施竣工后,申请人应当按照国务院水行政主管部门的规定,向取水审批机关报送取水工程或者设施试运行情况等相关材料;经验收合格的,由审批机关核发取水许可证,直接利用已有的取水工程或者设施取水的,经审批机关审查合格,发给《取水许可证》。

《取水许可和水资源费征收管理条例》第十一条规定:申请取水应当提交下列材料:

(一)申请书;(二)与第三者利害关系的相关说明;(三)属于备案项目的,提供有关备案材料;(四)国务院水行政主管部门规定的其他材料;建设项目需要取水的,申请人还应当提交由具备建设项目水资源论证资质的单位编制的建设项目水资源论证报告书。根据《取水许可管理办法》第十条规定,《取水许可和水资源费征收管理条例》第十一条第一款第四项所称的国务院水行政主管部门规定的其他材料包括"(一)取水单位或者个人的法定身份证明文件;(二)有利害关系第三者的承诺书或者其他文件;(三)建设项目水资源论证报告书的审查意见;(四)不需要编制建设项目水资源论证报告书的,应当提交建设项目水资源论证表;(五)利用已批准的入河排污口退水的,应当出具具有管辖权的县级以上地方人民政府水行政主管部门或者流域管理机构的同意文件"。综上,申请人应当提交以下材料:申请书、有利害关系第三者的承诺书或其他文件、取水单位或者个人的法定身份证明文件、建设项目水资源论证报告书的审查意见、建设项目水资源论证表。本案中,被告达拉特旗水务局向本院提交了《取水许可申请书》、2014 年 9 月 5 日第三人《关于利害关系情况说明》、第三人向被告提供的法定身份证明材料、《建设项目水资源论证表》《达拉特旗水务局关于(达拉特旗金河湾供水有限责任公司供水项目水资源论证表)审查意见》(达水发〔2014〕91 号),因此第三人达拉特旗金河湾供水有限责任公司向被告达拉特旗水务局提交的申请材料种类齐全,但没有提供有利害关系的第三人的承诺书,属行政程序中对报送材料审查不严,出现明显纰漏。

根据《取水许可和水资源费征收管理条例》第十八条的规定,审批机关认为取水涉及社会公共利益需要听证的,应当向社会公告,并举行听证。取水涉及申请人与他人之间重大利害关系的,审批机关在做出是否批准取水申请的决定前,应当告知申请人、利害关系人;申请人、利害关系人要求听证的,审批机关应当组织听证。根据《水行政许可听证规定》第五条的规定,水行政许可事项直接涉及申请人与他人之间重大利益关系的,水行政许可实施机关在作出水行政许可决定前,应当制作听证告知书,告知申请人、利害关系人享有要求听证的权利。本案中,被告达拉特旗水务局并未向法庭提交证据证明曾向申请人、利害关系人告知有听证的权利,属行政程序违法。

根据《取水许可管理办法》第二十一条第一款的规定,取水审批机关决定批准取水申请的,应当签发取水申请批准文件。第二十三条规定,申请人应当向取水审批机关报送取水申请批准文件等材料,申请核发取水许可证。本案中,被告达拉特旗水务局将《取水许可申请书》审查批准意见作为取水申请批准文件,没有出具正规的申请批准文件,属行政程序违法。

根据《水行政许可实施办法》第三十二条的规定,水行政许可实施机关审查水行政许可申请后,水行政许可申请符合法律、法规、规章规定的条件、标准的,依法做出准予水行政许可的书面决定,制作《准予水行政许可决定书》,并应当在办公场所、指定报刊或者网站上公开,公众有权查阅。本案中,被告达拉特旗水务局于 2014 年 9 月 4 日在办公场所进行公示,但并未向法庭提供《准予水行政许可决定书》,公示的内容也并非《准予水行政许可决定书》,属行政程序违法。

根据《取水许可和水资源费征收管理条例》第二十三条的规定,取水工程或者设施竣工后,申请人应当向取水审批机关报送取水工程或者设施试运行情况等相关材料;经验收合格的,由审批机关核发取水许可证。直接利用已有的取水工程或者设施取水的,经审批机关审查合格,发给取水许可证。根据《取水许可管理办法》第二十三条的规定,"申请人应当向取水审批机关报送以下材料,申请核发取水许可证:(一)建设项目的批准或者核准文件;

（二）取水申请批准文件；（三）取水工程或者设施的建设和试运行情况；（四）取水计量设施的计量认证情况；（五）节水设施的建设和试运行情况；（六）污水处理措施落实情况；（七）试运行期间的取水、退水监测结果；地下水取水工程，还应当提交包括成井抽水试验综合成果图、水质分析报告等内容的施工报告”。根据《取水许可管理办法》第二十四条第一款的规定，取水审批机关应当自收到第二十三条规定的有关材料后20日内，对取水工程或者设施进行现场核验，出具验收意见；对验收合格的，应当核发取水许可证。即直接利用已有的取水工程或者设施取水的，申请人应当向取水审批机关报送前述七项材料，审批机关审批后，对取水工程或设施进行现场核验，出具验收意见；对验收合格的，应当核发取水许可证。本案中，第三人达拉特旗金河湾供水有限责任公司利用已经建成的取水工程或设施取水，被告达拉特旗水务局提交了2014年9月4日第三人向被告出具的《关于达旗金河湾供水公司取水工程建设和试运行情况说明的报告》，内蒙古第二水文地质工程地质勘查院实验室检测报告（编号为NEJ2012-013）、内蒙古城市供水水质监测网包头监测站检验报告（编号为BZCWJ2012-8-24-1）、鄂尔多斯市疾病预防控制中心检验报告（编号为ESDCD/ZF-52-0087-14），并未提交《取水许可管理办法》第二十三条规定的其他材料，存在瑕疵。

综上，被告为原告颁发的取水（达旗）字〔2014〕第017号《取水许可证》程序违法，依法应予撤销。但本案第三人达拉特旗金河湾供水有限责任公司为原告所在村及周边村民供水，接受供水的地区广大、人数众多，属于涉及社会公共利益的工程，可不予撤销，而确认颁证程序违法。依照《中华人民共和国行政诉讼法》第七十四条第一款第（一）项的规定，判决：被告达拉特旗水务局为第三人金河湾供水有限责任公司颁发的取水（达旗）字〔2014〕第017号《取水许可证》程序违法。案件受理费50元由被告负担。一审原告、被告均不服，向本院提起上诉。

上诉人大坝壕社上诉请求：撤销一审判决和被上诉人2014年9月11日颁发的取水（达旗）字〔2014〕第017号《取水许可证》。上诉理由：①被上诉人提交的申请书并没有申请人的印章及法定代表人的签字，第三人未提交书面申请。无申请就无审批。②第三人的营业执照于2014年9月12日颁发，应从2014年9月12日生效后才可以进行经营活动。在取水主体不存在的情况下，被上诉人于2014年9月11日为第三人颁发取水许可证程序违法。③被上诉人提交的证据《取水许可申请书》中，只有县级水行政主管部门初审意见，无市级水行政主管部门复审意见，不符合专家论证的《达拉特旗金河湾供水有限责任公司供水项目水资源论证报告表》审查意见第六条关于市、旗两级水行政主管部门验收的规定。另外，水政监察大队没有取水审批权，而水政监察大队却在审批意见处签署审批意见代替市级水政主管部门的审批意见。④被上诉人提交的证据《建设项目水资源论证表》无效，包头市水文勘测局的建设项目水资源论证资质证书有效期至2013年12月30日，超出有效期限使用无效，不能作为颁发取水许可证的证据和依据。⑤被上诉人就第三人从2011年至2014年9月11日颁发所谓的取水许可证前的违法取水行为未予以行政处罚的行为违法。⑥一审判决适用法律错误。一审判决应适用《中华人民共和国行政诉讼法》第七十条责令被上诉人要求第三人重新补办相关手续，使得行政许可合法化。请求二审法院依法改判。

上诉人达拉特旗水务局上诉请求：撤销一审判决，驳回原告的诉讼请求。上诉理由：一审判决认定事实错误。①不存在有利害关系的第三人。《取水许可和水资源费征收管理条例》第十一条第一款第四项所称的国务院水行政主管部门规定的其他材料包括有利害关系第三者的承诺书或者其他文件。颁证时经过上诉人水务局审查，没有权益受到侵害的直接当事人即不存在有利害关系的第三人。一审判决将供水的主要服务对象、主要受益者大坝壕社作为有利害关系的第三人进行认定是错误的。且第三人提供的《关于利害关系情况说明》及相关附件,可视为其他文件。②上诉人作为取水审批机关,认为第三人取水并不涉及社会公共利益,不属必须听证的范围。③《取水许可申请书》为水利部统一印制的规范性文书,该申请书经具有审批权限的水行政主管部门签署审批意见和盖章后,即是取水申请审批文件。④本案对已有取水工程许可颁证,无须公示。《水行政许可实施办法》第三十二条规定,水行政许可实施机关审查水行政许可申请后,除当场做出水行政许可决定的外,应当在法定期限内按照法律、法规、规章和本办法规定的程序做出水行政许可决定。上诉人为第三人做出水行政许可决定的行政行为属于当场做出决定,当场发放取水许可证的行为。⑤本案第三人的取水井为2011年自家所打的吃水井,根据《内蒙古自治区取水许可和水资源费征收管理实施办法》第六条的规定,当时第三人具备不需要申请领取取水许可证的情形。综上,请求支持上诉人的上诉主张。

上诉人大坝壕社答辩认为,达拉特旗水务局关于本案行政许可行为存在程序违法问题,一审判决已经确认5处,上诉中再次提出5处,程序违法严重,且没有事实依据和法律依据,应当撤销该行为。本案行政行为不属于公共利益,不符合公共利益的法定条件。原告主体资格问题各方均未提出,第三人也没有上诉,应视为认可原告的资格。

上诉人达拉特旗水务局答辩认为,申请书由负责人签署,未加盖公章不影响效力;本案水务局依法有权审批,无须上级部门审批;《取水许可证》属于前置审批程序,可以在营业执照颁发之前做出;水政监察单位的事业单位证书载明有审批权;水资源论证单位的资质延期已经公示并符合延期条件。

第三人参诉认为,同意达拉特旗水务局的上诉和答辩意见。原告大坝壕社的起诉已超法定期限,原告大坝壕社与本案没有利害关系,原告不能代表社集体多数人的意见,起诉也没有提供经社集体会议决定的书面文件,原告不具备主体资格。请求裁定驳回起诉。

【审理结果】

法院查明的事实与原审查明事实一致,法院依法予以确认。另查明,《取水申请表》中的封面及内页的取水申请人栏内均无负责人签字和单位公章;在审核审批部门栏内,2014年9月11日,上诉人达拉特旗水务局在取水所在地县级水行政主管部门初审意见栏内签注意见为同意并加盖公章,在审批意见栏内记载准予发证,同日由达拉特旗水政监察大队加盖公章。

2014年9月5日,达拉特旗金河湾供水有限责任公司向上诉人达拉特旗水务局出具《关于利害关系情况说明》,主要内容为从2011年至今为大坝壕等3个社95%以上户送水,未发生因供水侵害第三人利益的举报或投诉事件,不存在损害第三人利益或社会公众利益问题,说明未加盖单位公章。

2014年8月1日,包头市水文勘测局为编制达拉特旗金河湾供水有限公司供水项目《建设项目水资源论证表》,提供的建设项目水资源论证资质证书有效期至2013年12月30日。2014年9月11日,上诉人水务局向第三人发出《达拉特旗水务局关于(达拉特旗金河湾供水有限责任公司供水项目水资源论证报告表)审查意见》(达水发〔2014〕91号),评审意见主要内容为同意水资源论证报告表的相关分析,严格执行。

综上,根据《中华人民共和国行政诉讼法》第八十九条第一款第(一)项、第三款之规定,判决如上。驳回上诉,维持原判。

【评析意见】

一、本案的争议焦点

本案的争议焦点之一是达拉特旗水务局颁发的取水许可行为程序是否合法，主要依据是否合法有效。主要涉及以下问题：

(1)关于利害关系者认定问题。《取水许可和水资源费征收管理条例》第十一条第一款第四项所称的国务院水行政主管部门规定的其他材料包括有利害关系第三者的承诺书或者其他文件。该条所指利害关系的第三者既包括利害关系中的受害人，也包括受益人等其他关系人，上诉人达拉特旗水务局认为本案没有利益受害人，不存在利害关系人的理解有误。第三人提供的《关于利害关系情况说明》仅代表作为取水申请者的第三人意见，并不能取代法定的利害关系第三者的书面意见。

(2)关于听证问题。本案涉及的取水行为由为家庭生活和零星散养、圈养畜禽饮用取水演变为设立水务公司进行经营性取水，所取水源用于周边村民且人数众多，涉及投资及税费水费也较大，应当属于《水行政许可听证规定》第四条第(七)项规定的需要听证的其他涉及公共利益的重大水行政许可事项的范围。上诉人达拉特旗水务局认为无须听证依据不足。

(3)关于公示程序问题。本案上诉人达拉特旗水务局核准取水许可行为涉及材料较多、程序复杂、利益广泛，不符合当场做出取水决定的条件，所以对取水决定未予公示违反法定程序。上诉人达拉特旗水务局认为无须公示依据并不足，且与自身并不规范的公示行为相矛盾。

(4)关于验收材料意见问题。《取水许可管理办法》第二十三条规定：申请人应当向取水审批机关报送以下材料，申请核发取水许可证：(一)建设项目的批准或者核准文件；(二)取水申请批准文件；(三)取水工程或者设施的建设和试运行情况；(四)取水计量设施的计量认证情况；(五)节水设施的建设和试运行情况；(六)污水处理措施落实情况；(七)试运行期间的取水、退水监测结果；地下水取水工程，还应当提交包括成井抽水试验综合成果图、水质分析报告等内容的施工报告。一审认为第三人并未全面提交《取水许可管理办法》第二十三条规定的上述材料，存在瑕疵的意见并无不妥。

根据《取水许可管理办法》第二十四条第一款的规定，直接利用已有的取水工程或者设施取水的，申请人应当向取水审批机关报送前述七项材料后，审批机关审批后，对取水工程或设施进行现场核验，出具验收意见；对验收合格的，应当核发取水许可证。本条规定对取水工程或者设施取水进行验收合格是取水许可的前提条件，达拉特旗水务局缺乏明确的取水工程验收合格意见，属于程序违法。

(5)关于取水审批权限问题。《内蒙古自治区取水许可和水资源费征收管理实施办法》第十条规定，自治区取水许可实行分级审批，国家有规定的，从其规定。盟行政公署、市人民政府所在地的城市生活用水，由盟行政公署、市人民政府水行政主管部门审批；旗县级人民政府所在地或者实行集中统一供水乡镇的生活用水，由旗县级人民政府水行政主管部门审批。本案属于旗县级人民政府所在地或者实行集中统一供水乡镇的生活用水，由旗县级人民政府水行政主管部门审批的范围，上诉人达拉特旗水务局依法享有审批权，上诉人此项上诉意见予以采纳。

(6)关于上诉人大坝壕社提出的取水申请书不规范、未提出申请(无市级水务部门批准)、《取水许可证》时间在营业执照正式颁发之前；水政监察单位无审批权；水资源论证单位资质超期出具的《建设项目水资源论证表》无效等意见法院予以采纳，达拉特旗水务局的上述行为均存在违法情形。上诉人达拉特旗水务局关于水许可属于前置审批、监察单位有权审批、水资源论证单位资质已经延长等意见未提供明确的法律法规依据或未在法定举证期限内举证，法院不予采信。关于取水许可前的取水行为是否违法不属本案审理范围，本案不予审理。

本案的争议焦点之二是本案取水许可行为是否涉及公共利益。第三人依据现取水许可证向周边数千居民长期稳定提供饮用水，涉及人数众多且时间较长，如因取水许可行为停止供水，必然涉及社会公共利益的调整，上诉人大坝壕社认为不属公共利益没有事实依据，法院不予采纳。

二、达拉特旗树林召镇靴铺窑子村大坝壕社起诉期限问题

行政诉讼的起诉期限，就是原告提起行政诉讼所受到的时间限制，原告只有在该期限才能提起诉讼，方能被法院受理，否则法院应裁定不予受理，已经受理的也应裁定驳回起诉。行政诉讼的起诉期限与民生诉讼中的诉讼时效并不相同，只存在时限扣除问题，不存在民事诉讼中的时效的中断、中止与延长问题。

（一）起诉具体行政行为作为的案件

（1）当行政机关做出一个具体行政行为后，将该具体行政行为向当事人送达，并告知其起诉权利或起诉期限的，起诉期限从当事人知道具体行政行为之日起开始计算 6 个月。

（2）当行政机关做出一个具体行政行为后，将该行政行为向当事人送达，使其知道该具体行政行为的内容，但告知其起诉权利或起诉期限的，起诉期限从当事人知道诉讼权利或起诉期限之日起开始计算 6 个月，但从其知道或者应当知道行政行为内容之日起最长不得超过 2 年。

（3）当行政机关做出一个具体行政行为后，根本没有告知当事人具体行政行为的内容，当事人后来知道了行政行为的内容，起诉期限从当事人知道或者应当知道该行政行为内容之日起开始计算 6 个月。因不动产提起诉讼的案件自行政行为做出之日起超过 20 年，其他案件自行政行为做出之日起超过 5 年提起诉讼的，法院不予受理。

其中有一个最为复杂的情况，行政机关没有告知当事人具体行政行为的内容，当事人后来知道了行为内容，又过了一段时间，才知道诉讼权利的。这样 6 个月的起算点应当从知道诉讼权利起算，同时不能超过知道行为内容之日起 2 年，还不能超过具体行政行为做出之日起 5 年或 20 年。

（二）起诉具体行政行为不作为的案件

（1）如果相关法律法规规定了行政机关履行职责的期限，自期限届满之日起 6 个月内起诉。

（2）如果相关法律法规未规定行政机关履行职责的期限，行政机关自接到履行职责申请之日起 60 日内仍不履行职责的，在 2 个月期限届满之日起 6 个月内起诉。

（3）当事人在紧急情况下请求行政机关履行职责，行政机关不履行的，可以立即起诉。

（三）经过复议后再起诉的案件

当事人对于行政争议，经过行政复议后不服复议决定的，向法院提出起诉。

（1）复议机关做出复议决定的，当事人在收到复议决定书之日起 15 日内起诉。

（2）复议机关逾期不做出决定的，当事人可以在复议期满之日起 15 日内起诉。

对于以上两种情况，如果有其他法律对 15 日的起诉期限做出不同规定的，从其规定。

（四）起诉期限的扣除问题

（1）因不属于起诉人自身的原因而超过起诉期限的，被耽误的时间不计算在起诉期间之内。

（2）因起诉人人身自由受到限制而不能提起诉讼的，被限制人身自由的时间不计算在起诉期间之内。

综上，达拉特旗树林召镇靴铺窑子村大坝壕社起诉期限并不超期。

三、结合本案例，就行政许可法中两个疑难问题进行解析

行政许可，是指行政机关根据公民、法人或者其他组织的申请，经依法审查，准予其从事特定活动的行为。其中，需要区分行政许可和行政确认、行政许可和行政审批。那么下面重点探讨行政许可的一般程序和行政机关不依法履行监督职责的法律责任及行政相对人的责任。

（一）行政许可实施程序

行政许可的实施程序可以分为普通程序和特别程序两个部分。

1.普通程序

普通程序：申请→受理→审查、核查、听取陈述申辩、听证→决定→颁发和送达证件。

1）申请阶段的要求

（1）申请书应当有申请内容，不得空白。

（2）接收申请材料应当制作书面收件清单，由收件日期、收件人、申请人或代理人签字确认。清单样式见表1。

表1 申报材料清单

序号	材料名称	份数	备注
1			
2			
3			
4			
5			
6			
7			
8			
9			
10			

申请人确认以上材料与提交的一致，并保证材料真实、合法。

申请人签字：

日期： 年 月 日

（3）收件为复印件的，应当由申请人签字说明出处并加盖“与原件核对无误”印章。特别是涉及国家安全、公共安全、人民生命财产安全的，更应如此。

2）受理阶段的要求

受理、不予受理都要出具凭证。受理或者不予受理申请，应当出具加盖本行政机关专用

印章和注明日期的书面凭证或者通知书。

3)审查阶段的要求

(1)要履行审慎义务或勤勉义务。注意义务,也称勤勉义务或审慎义务。注意义务就是指义务主体谨慎、小心地行为而不使自己的行为给他人造成损害的义务。在罗马法中,就曾以“善良家父”行为来判定行为人有无过失的标准。

(2)形式审查。形式审查也称书面审查,主要审查其申请材料是否齐全,是否符合法定形式。如《中华人民共和国公司登记管理条例》第二十条规定:申请设立有限责任公司,应当向公司登记机关提交下列文件:(一)公司法定代表人签署的设立登记申请书;(二)全体股东指定代表或者共同委托代理人的证明;(三)公司章程;(四)依法设立的验资机构出具的验资证明,法律、行政法规另有规定的除外;(五)股东首次出资是非货币财产的,应当在公司设立登记时提交已办理其财产权转移手续的证明文件;(六)股东的主体资格证明或者自然人身份证明;(七)载明公司董事、监事、经理的姓名、住所的文件以及有关委派、选举或者聘用的证明;(八)公司法定代表人任职文件和身份证明;(九)企业名称预先核准通知书;(十)公司住所证明;(十一)国家工商行政管理总局规定要求提交的其他文件。这里规定的11种文件,如果申请人只提交了部分文件,未提交全部11种文件,则属申请材料不齐全;如果申请人提交了全部11种文件,但是其提供的公司设立登记申请书没有公司董事长签名,则属申请材料不符合法定形式。

(3)实质审查。①必要时对申请人进行询问,制作询问笔录。②不能确定其真实性、全面性时,应当派两名以上正式执法人员进行实地核查。

进行实地核查,实际上是调查取证,因此核查(勘验、检查、检测等)应当制作核查笔录、询问笔录、视听资料等。制作核查(检查、勘验)笔录的要求:一是要有两名以上执法人员出示证件、表明身份的记录;二是要有被核查人的基本情况;三是要有现场核查的起止时间、场所记载;四是现场核查的内容要清楚;五是现场核查情况记录要准确、客观、全面;六是要有被核查人对笔录的意见及签名。

注:核查完毕,由申请人、核查人员、记录人员在该笔录上签名(盖章)。

核查的总体要求:做到事实清楚、证据确实充分。

(4)下级初审。依法应当由下级机关初审的,下级机关应当在法定期限内(一般20日)提出初审意见。应当有下级部门的审查报告。

(5)许可告知。审查申请时,发现许可事项直接关系他人重大利益的,应当告知利害关系人。

因此,对申请进行审查后,发现行政许可事项直接关系申请人以外的第三人重大利益以及重大公共利益的,必须告知。①如有关规划许可、建筑许可、消防许可等,可能影响相邻权人采光权的;②如有关排污许可可能直接影响排污地周围群众的环境权的;③如申请娱乐场所可能影响周边居民休息权的;④在有数量限制的行政许可中,多人同时提出行政许可申请的,行政机关拟对其中一部分申请人做出准予行政许可的决定前,应当告知其他申请人,并听取其意见。利害关系人可以提出反对准予行政许可的意见及理由,申请人也可以就利害人提出的意见加以反驳。行政机关应当兼听双方意见,确保申请人和利害关系人都有陈述、申辩的机会和权利,并对他们提出的理由和依据进行复核,在此基础上做出相应的行政许可决定。

(6)许可听证。应当听证的事项如下:

一是法定听证。法律、法规、规章规定应当听证的行政许可,应当向社会公告,并举行听证。目前在我国的法律、法规、规章中做规定的还为数较少，只有个别的做了规定。如《公共文化体育设施条例》规定：因城乡建设确需拆除公共文化体育设施或者改变其功能、用途的，有关地方人民政府在做出决定前，应当组织专家论证，并征得上一级人民政府文化行政主管部门、体育行政主管部门同意，报上一级人民政府批准。涉及大型公共文化体育设施的，上一级人民政府在批准前，应当举行听证会，听取公众意见。《外国投资者并购境内企业暂行规定》规定：外国投资者并购境内企业涉及本规定第十九条所述情形之一，外经贸部和国家工商行政管理总局认为可能造成过度集中，妨害正当竞争、损害消费者利益的，应自收到规定报送的全部文件之日起90日内，共同或经协商单独召集有关部门、机构、企业以及其他利害关系方举行听证会。并依法决定批准或不批准。《利用外资改组国有企业暂行规定》规定：利用外资改组国有企业，改组方应当向同级经济贸易主管部门提出改组申请。接受申请的经济贸易主管部门应当依照《指导外商投资方向规定》的权限和有关法律法规进行审核。中央企业及其全资或具有控制权的企业进行改组的、被改组企业直接或间接持有上市公司股权的、改组后的企业资产总额不低于3 000万美元的，由国务院经济贸易主管部门审核；对可能导致市场垄断、妨碍公平竞争的，在审核前组织听证。

二是主动听证。行政机关认为需要听证的涉及公共利益的重大行政许可，应当向社会公告，并举行听证。《环境保护行政许可听证暂行办法》第六条规定：除国家规定需要保密的建设项目外，建设本条所列项目的单位，在报批环境影响报告书前，未依法征求有关单位、专家和公众的意见，或者虽然依法征求了有关单位、专家和公众的意见，但存在重大意见分歧的，环境保护行政主管部门在审查或者重新审核建设项目环境影响评价文件之前，可以举行听证会，征求项目所在地有关单位和居民的意见：(一)对环境可能造成重大影响、应当编制环境影响报告书的建设项目；(二)可能产生油烟、恶臭、噪声或者其他污染，严重影响项目所在地居民生活环境质量的建设项目。水利部基于“涉及重大公共利益”不易掌握的情况，在《水行政许可听证规定》第四条中规定：法律、法规、规章规定实施水行政许可应当听证的事项，水行政许可实施机关在做出水行政许可决定前，应当举行听证。下列水行政许可事项，水行政许可实施机关在做出水行政许可决定前，认为涉及公共利益需要听证的，应当举行听证：(一)涉及江河、湖泊和地下水资源配置的重大水行政许可事项；(二)涉及水域水生态系统保护的重大水行政许可事项；(三)涉及水工程安全的重大水行政许可事项；(四)涉及防洪安全的重大水行政许可事项；(五)涉及水土流失防治的重大水行政许可事项；(六)涉及不同行政区域边界河段或者跨界河段的重大水行政许可事项；(七)需要听证的其他涉及公共利益的重大水行政许可事项。

三是依申请听证。直接涉及申请人与他人之间重大利益关系的，行政机关在做出决定前，应当告知申请人、利害关系人有要求听证的权利。要求听证的，应当在20日内组织听证。“他人”的范围，是指行政机关和申请人以外的同行政许可的实施有直接利益关系的个人或组织。

4)决定阶段的要求

(1)当场决定。申请人提交的申请材料齐全、符合法定形式，行政机关能够当场决定的，应当当场做出书面许可决定。①办理《客运出租汽车驾驶员服务资格证》，有的地方规定：有市区常住户口或暂住证明，《就业登记证》，身份证明，年龄在18周岁以上60周岁以下，身体健康，具有初中以上文化程度，机动车驾驶证，安全驾驶车辆2年以上，无固定职业证明，培训考试合格证书等，即为齐全、规范、有效，应当场办理。②机动车维修企业停业、歇业手续办理。有的地方规定:一、二类维修企业申请停业的,提交停业申请,交回许可证正副本、车辆出厂合格证、送检证和企业代码章,经审核后,当场办理;三类专项维修业户申请停业的,应提交停业申请,交回许可证正副本,经审核后,当场办理;一、二类维修企业申请歇业的,应提交歇业申请,提供工商注销证明,交回许可证正副本、车辆竣工出厂合格证、送检证和企业代码章,经审核后,当场办理;三类专项维修企业申请歇业的,应提交歇业申请,提供工商注销证明,交回许可证正副本,经审核后,当场办理。

(2)在法定期限内决定。《中华人民共和国行政许可法》规定,经行政机关审查、核查,对符合法定条件、标准的,应当在法定期限内做出准予行政许可的书面决定。决定的期限:①申请符合法定条件、标准的,应当自受理申请之日起20日内做出决定;20日内不能做出决定的,经本行政机关负责人批准,可以延长10日,并应当有延长期限的理由的书面告知书。②实行集中办理的,办理的时间不得超过45日;45日内不能办结的,经本级人民政府负责人批准,可以延长15日,并有延长期限的理由书面告知书。

5)颁证和送达阶段的要求

(1)认真填写。例如宅基证填写不当导致纠纷。睢县农民闫某办理了集体土地建设用地使用证,即宅基证。邻居施某认为闫某的院墙和厨房占用了自己的土地,其家人将闫某的院墙和厨房扒掉。后虽经村委会、乡政府等部门多方调解,但双方分歧较大,一直未得到解决,积怨越来越深。双方冲突不断,轻则吵架,重则掂着铁锹大打出手。2015年闫某作为原告诉至法院,请求法院判令被告施某停止侵权,赔偿损失3 000元。一审法院判决施某停止侵权,案件受理费50元由施某负担。

施某不服一审判决,认为闫某的宅基证有问题,同时闫某的院墙和厨房是他自己的父母所扒,闫某告他属错列当事人,遂向商丘市中级人民法院提起上诉。后来闫某一家三口背井离乡前往浙江打工,已有3年没有回家。

法庭依法调查的证据显示,闫某办理的集体土地建设用地使用证存根上图号一栏填有"16.67乘13.50",也没有注明哪个是南北长度,哪个是东西宽度,并且在填发机关、领证人两栏均没有签字盖章。正是这张不规范的存根为两家争端埋下了隐患。施家认为,闫家的宅基地东西宽度是13.50米,闫家所建院墙和厨房占了自家的地;闫家认为13.50米是自家宅基地的南北长度,东西宽度是16.67米,施家扒了院墙和厨房就是侵犯了自己的合法权益。

河南省高级人民法院和商丘市的有关领导前来观摩旁听这次诉讼。法庭经过调解,宣布了双方自愿达成的协议:闫某的宅基地自西向东宽为15米,施某对此不再提出异议;闫某放弃索赔因院墙和厨房被扒掉造成的损失;案件受理费一审50元由闫某承担,二审50元由施某承担。此协议符合法律规定,法院予以确认。庭审结束后,双方代理人的手握在了一起,施某和闫某的手也握在了一起。

(2)颁发证件期限。自做出许可决定之日起10日内向申请人颁发、送达行政许可证件或者加贴标签,加盖检验、检测、检疫印章。

(3)证件送达。应当有送达回证或者领取登记表。表中记明证件名称、送达人姓名、领取人姓名及单位委托书、领取时间等。开封一公司办理国有土地出让审批,派公司的一个人负责具体办理。国土资源厅已经办完,几个月过去了,公司很着急,于是向省政府申请复议。经查,原因是国土厅将决定书交行政审批窗口,但窗口的工作人员未及时送达。

2.特别程序

特别程序的主要内容如下。

1)特许

特许主要适用于有限自然资源和公共资源的配置。资源包括自然资源和公共资源。自然资源包括土地、矿产、地热和地下水、树木、水力、风力、鱼类、野生动物等。公共资源主要包括航空运输路线、汽车运输路线及执照、无线电频率的使用、出租车牌照等。对资源的配置主要有两种方式,一是计划配置,二是市场配置(更加重要)。《中华人民共和国行政许可法》规定的许可配置,是否为法律配置与市场配置的结合?单靠市场,不但导致不公,还会引发市场失灵;都由政府配置,易导致腐败和政府失灵。《中华人民共和国行政许可法》引入竞争机制,又坚持了政府调控。可见,对有限自然资源的开发利用、公共资源的配置、特定行业的市场准入等,应当通过招标、拍卖等公平竞争方式做出决定,具体程序执行有关法律、行政法规的规定(法律、法规另有规定的,从其规定)。这类许可的文书比较复杂,例如国有土地的出让,就属于有限自然资源的开发利用,国务院和省人大制定了相关程序和文书。

2)认可

认可包括赋予公民特定资格和赋予组织特定资格资质的许可。根据《中华人民共和国行政许可法》第十五条规定,认可只能由法律和行政法规规定,地方性法规和规章不得做出规定。因此,资格、资质的行政许可,必须执行法律和行政法规规定的程序。

(1)赋予公民特定资格,考试依法由行政机关或者行业组织实施,公开举行。行政机关或者行业组织应当事先公布资格考试的报名条件、报考办法、考试科目以及考试大纲,不得组织强制性的考前培训,不得指定教材或者其他助考材料。如律师资格、会计师资格、执业医师资格、建筑师执业资格、监理工程师执业资格、造价工程师执业资格、城市规划师执业资格、护士执业资格、执业药师资格等。

(2)赋予企业组织特定资格资质。应当根据申请人的专业人员构成、技术条件、经营业绩和管理水平等的考核结果做出行政许可决定。有关的事项、依据和条件应当公开。例如房地产开发商资质,根据《城市房地产开发经营管理条例》和《房地产开发企业资质管理规定》,房地产开发企业按照企业条件分为一、二、三、四四个资质等级。其中,一级资质应具备以下条件:①注册资本不低于 5 000 万元;②从事房地产开发经营 5 年以上;③近 3 年房屋建筑面积累计竣工 30 万平方米以上,或者累计完成与此相当的房地产开发投资额;④连续 5 年建筑工程质量合格率达 100%;⑤上一年房屋建筑施工面积 15 万平方米以上,或者完成与此相当的房地产开发投资额;⑥有职称的建筑、结构、财务、房地产及有关经济类的专业管理人员不少于 40 人,其中具有中级以上职称的管理人员不少于 20 人,持有资格证书的专职会计人员不少于 4 人;⑦工程技术、财务、统计等业务负责人具有相应专业中级以上职称;⑧具有完善的质量保证体系,商品住宅销售中实行了《住宅质量保证书》和《住宅使用说明书》制度;⑨未发生过重大工程质量事故。具有一级资质的房地产开发企业承担房地产项目的建设规模不受限制,可以在全国范围承揽房地产开发项目。

3)核准

直接关系公共安全、人身健康、生命财产安全的重要许可,必须根据技术标准、技术规范,依法进行检验、检测、检疫,并根据检验、检测、检疫结果依法做出许可决定。案卷中应当体现:①时限。应当自受理之日起 5 日内指派两名以上持证执法人员,按照技术标准、技术规范进行检验、检测、检疫。②检验、检测、检疫应当有检验报告和相关证据。③当场决定。经检验、检测、检疫,对结果不需要做进一步技术分析就可以认定设备、设施、产品、物品是否合格的,应当有当场许可决定书。④根据检验、检测、检疫结果,做出不予许可决定的,应当书面说明依据的技术标准、技术规范。

4)登记

企业或者其他组织设立等,需要确定主体资格的事项,提交的申请材料齐全、符合法定形式的,行政机关应当当场予以登记。需要对申请材料的实质内容进行核实的,应当指派两名以上持证人员进行核查。

5)数量限制许可

有数量限制的许可事项,两个或者两个以上申请均符合法定条件、法定标准的,应当根据申请的先后顺序做出决定。

行政许可实施的一般程序见表2,特殊程序见表3。

表2 行政许可实施的一般程序

	申请与受理,审查与决定	变更与延续	听证
重要制度	①委托申请:可委托他人代为申请,但人身性许可除外。 ②电子政务:行政机关有推行电子政务的义务,当事人可通过多种灵活方式(主要是电信电子方式)申请许可。 ③正当程序:需核实申请材料实质内容,应有2人以上进行。 ④跨级上报:须跨级上报的许可,下级机关应将有关材料直接上报,上级机关不得要求申请人重复提供材料。 ⑤陈述申辩:许可事项直接关系他人重大利益的,申请人、利害关系人有权陈述申辩。 ⑥政务公开:准予许可的决定应公开,公众有权查阅	当事人要求变更或延续的应当申请,符合法定条件的,行政机关应当依法准予变更或者延续	①启动方式:行政机关对法定事项或其认为涉及公共利益的事项可决定听证(依职权启动);对直接涉及申请人与他人重大利益的事项应告知听证权(依申请启动)。 ②公务回避:申请人、利害关系人有权申请听证主持人回避(实体回避);行政机关应指定审查工作人员以外的人员主持听证(程序回避)。 ③案卷排他:行政机关应当根据听证笔录做出决定
重要期限	①补正告知期限:补正告知应在5日内一次做出,否则视为受理申请。 ②决定期限:一机关决定(20日内决定,经本机关负责人批准可延长10日);平级多机关决定(统一、联合、集中办理的45日内决定,经本级政府负责人批准可延长15日);跨级多机关决定(下级机关应在20日内审查完毕)。 ③颁证期限:准予许可的,应当自决定之日起10日内颁发送达许可证或加贴、加盖标志物。 ④听证、招标、拍卖、检验、检测、检疫等时间另计	①需延续的应在许可有效期届满30日前申请。 ②行政机关应在许可有效期届满前决定,逾期视为准予延续	①申请期限:权利人应在被告知听证权利之日起5日内申请听证。 ②组织期限:行政机关应当在20日内组织听证。 ③告知期限:行政机关应于举行听证7日前告知听证时间与地点,必要时予以公告

表3 行政许可实施的特殊程序

特许事项的决定	应通过招标、拍卖等竞争性方式做出决定
资格资质的许可	对公民根据考试成绩等决定,对组织根据考核结果决定
有数量限制的许可	多人符合条件的,应当根据受理申请的顺序决定

(二)对行政许可的监督检查

《中华人民共和国行政许可法》第十条规定:县级以上人民政府应当建立健全对行政机关实施行政许可的监督制度,加强对行政机关实施行政许可的监督检查。第六十条规定:上级行政机关应当加强对下级行政机关实施行政许可的监督检查,及时纠正行政许可实施中的违法行为。

1.政府对部门的监督检查

当前政府对部门的监督检查,主要有下列形式:

(1)规章、规范性文件备案审查。

(2)行政许可清理。经审查,有的予以取消,有的进行下放,有的变为备案。

(3)依法行政考核,包括行政许可案卷评查。

(4)受理举报投诉,查处违法事实行政许可的行为。

2.许可机关对被许可人的监督检查

1)必要性

(1)对被许可人进行监督检查是《中华人民共和国行政许可法》的重要内容。《中华人民共和国行政许可法》第十条规定:行政机关应当对公民、法人或者其他组织从事行政许可事项的活动实施有效监督。以前的行政许可,重事前许可、轻事后监管,只许可、不监管,或者为了收费而许可。这使行政许可失去了应有意义,并且增加了市场的混乱和无序。《行政许可法》把监督检查放在重要地位,其目的在于将事故、混乱消除在发生之前。

(2)取得行政许可不按照法定条件和标准生产经营的情况时有发生。有的被许可人取得许可后,降低了原有标准。比如,被许可人在取得《餐饮服务许可证》后,如果没有行政执法部门事后经常性的检查、监督和管理,被许可人就可能降低标准。根据《中华人民共和国食品安全法》第二十七条的规定,食品生产经营应当符合食品安全标准,并具有与生产经营的食品品种、数量相适应的生产经营设备或者设施,有相应的消毒、更衣、采光、照明、通风、防腐、防尘、防蝇、防鼠、防虫、洗涤以及处理废水、存放垃圾和废弃物的设备或者设施。如果没有监督检查,这样的要求就可能降低。有的企业经消防验收合格,但后来把消防通道堵塞等。所以,《国务院关于加强食品等产品安全监督管理的特别规定》第十三条规定:生产经营者有下列情形之一的,农业、卫生、质检、商务、工商、药品等监督管理部门应当依据各自职责采取措施,纠正违法行为,防止或者减少危害发生,并依照本规定予以处罚:(一)依法应当取得许可证照而未取得许可证照从事生产经营活动的;(二)取得许可证照或者经过认证后,不按照法定条件、要求从事生产经营活动或者生产、销售不符合法定要求产品的;(三)生产经营者不再符合法定条件、要求继续从事生产经营活动的;(四)生产者生产产品不按照法律、行政法规的规定和国家强制性标准使用原料、辅料、添加剂、农业投入品的;(五)销售者没有建立并执行进货检查验收制度,并建立产品进货台账的;(六)生产企业和销售者发现其生产、销售的产品存在安全隐患，可能对人体健康和生命安全造成损害，不履行本规定的义务的；(七)生产经营者违反法律、行政法规和本规定的其他有关规定的。

(3)有的被许可人在申请行政许可时，其设备、设施是借用他人的，一旦取得许可，便将设备、设施退还。在这种情况下，很有必要进行及时检查。

(4)有的行政相对人伪造、变造、出租、出借、转让许可证件。

(5)超越行政许可范围进行活动的情况也有存在。比如，林业行政主管部门依据《中华人民共和国森林法》的规定，所发放的采伐许可证对采伐的范围有明确的要求，但有关个人或者单位却超越森林采伐证许可的范围采伐林木。再比如，根据建筑法的规定，建筑施工企业、勘察单位、设计单位和工种监理单位，按照其拥有的注册资本、专业技术人员和建筑业绩等，划分为不同的资质等级，经行政机关审查合格后，发给不同的资质证书。不同资质等级的建筑企业只能在其资质等级许可的范围内从事建筑活动，如果没有检查，超过其资质许可范围从事建筑活动就会发生，就可能形成建筑工程质量安全隐患。

2)监督检查的内容和方式

(1)核查。《中华人民共和国行政许可法》第六十一条规定：行政机关应当建立健全监督制度，通过核查反映被许可人从事行政许可事项活动情况的有关材料，履行监督责任。行政机关依法对被许可人从事行政许可事项的活动进行监督检查时，应当将监督检查的情况和处理结果予以记录，由监督检查人员签字后归档。公众有权查阅行政机关监督检查记录。行政机关应当创造条件，实现与被许可人、其他有关行政机关的计算机档案系统互联，核查被许可人从事行政许可事项活动情况。核查原因：被许可人取得许可后，原先审查合格的条件、标准可能变化，也可能被擅自改变。核查程序：两名以上执法人员进行；出示执法证件，进行核查，将监督检查的情况和处理结果予以记录，由监督检查人员签字后归档。通过部门网站公开监督检查记录，使公众能够查阅。

(2)抽样检查。《中华人民共和国行政许可法》第六十二条第一款规定：行政机关可以对被许可人生产经营的产品依法进行抽样检查、检验、检测，对其生产经营场所依法进行实地检查。检查时，行政机关可以依法查阅或者要求被许可人报送有关材料；被许可人应当如实提供有关情况和材料。

(3)实地检查。《中华人民共和国行政许可法》第六十二条规定：行政机关可以对被许可人生产经营的产品依法进行抽样检查、检验、检测，对其生产经营场所依法进行实地检查。检查时，行政机关可以依法查阅或者要求被许可人报送有关材料；被许可人应当如实提供有关情况和材料。《中华人民共和国水土保持法实施条例》第二十五条规定：县级以上地方人民政府水行政主管部门及其所属的水土保持监督管理机构，应当对《水土保持法》和本条例的执行情况实施监督检查。

(4)定期检查。《中华人民共和国行政许可法》第六十二条第二款规定：行政机关根据法律、行政法规的规定，对直接关系公共安全、人身健康、生命财产安全的重要设备、设施进行定期检验。对检验合格的，行政机关应当发给相应的证明文件。

定期检查，主要指年检、年审等。以前行政机关一方面忽视日常执法监督管理；另一方面，年底大搞年检、年审等活动，有的还利用年检乱收费。有的部门和地方以年检为名，变相地搞每年一次甚至半年一次的重新审批，有的年检甚至比登记还难，把年检转为或者变相转为行政许可，即名为“年检”实为许可(比如规定，未申请年检或者未通过年检，当事人就不能从事相关活动)，费用也高，因此不仅搞年检，还想搞月检。《中华人民共和国行政许可法》对此做了限制：一是规定只有法律、行政法规中有规定的，才能进行年检。法律没有规定年检的，不能搞年检。二是限制了定期检验的范围，即只能对直接关系公共安全、人身健康、生命财产安全的重要设备、设施进行定期检验。对机动车船、电梯、锅炉等，不能通过一次检验就万事大吉。三是对于检验合格的，行政机关应当发给相应的证明文件，避免重复检验。

(5)异地检查。《中华人民共和国行政许可法》第六十四条规定：被许可人在作出行政许可决定的行政机关管辖区域外违法从事行政许可事项活动的，违法行为发生地的行政机关应当依法将被许可人的违法事实、处理结果抄告做出行政许可决定的行政机关。其主要适用于律师、驾驶员等，流动性大，经常跨地区、跨省市开展业务，在从事被许可事项的活动时，做出行政许可的机关难以对其实施有效监督。

(6)投诉举报查处。《中华人民共和国行政许可法》第六十五条规定：个人和组织发现违法从事行政许可事项的活动，有权向行政机关举报，行政机关应当及时核实、处理。山西疫苗事件，是被陈某举报的，该事件使百名儿童受害。安徽毒奶粉事件中，阜阳农村的一百多名儿童陆续患上了一种怪病。本来健康的孩子在喂养期间开始出现四肢短小、身体瘦弱，尤其是这些婴儿的脑部显得偏大，当地人称这些婴儿为“大头娃娃”。该事件是被举报发现的。因此，有必要充分发挥舆论监督的作用。《大河报》专门有一个有奖新闻，提供一个有价值的新闻奖励100元，实际上，郑州市周边的一些制假窝点，就是被举报的。各部门应当建立健全行政许可举报查处制度，可以设立奖金。行政机关不可能全省每个角落都能进行检查，因此举报制度很有意义。

(7)对利用有限自然资源的监督检查。《中华人民共和国行政许可法》第六十六条规定：被许可人未依法履行开发利用自然资源义务或者未依法履行利用公共资源义务的，行政机关应当责令限期改正；被许可人在规定期限内不改正的，行政机关应当依照有关法律、行政法规的规定予以处理。

对于有限自然资源的开发利用及公共资源的配置，都是有数量限制的，行政机关只能授予有限的申请人。比如，海域使用许可、无线电频率许可、排污许可等。对于这些事项的许可，其主要功能是分配稀缺资源，以提高资源利用的效益。被许可人取得行政许可往往负有依法开展有关活动，以充分利用自然资源或者公共资源的义务。获得了这类行政许可的被许可人如果不依法履行义务，其他希望利用这些资源的人却因没有取得行政许可无法介人，将造成社会资源的严重闲置与浪费，严重背离设定这类行政许可的目的。为此，法律、法规往往规定了被许可人开发利用资源的义务。如《基本农田保护条例》规定，禁止任何单位和个人闲置荒芜基本农田，占用基本农田满1年不使用的，应当组织耕种；1年以上未动工建设的，应当按照规定缴纳土地闲置费；连续2年未使用的，经国务院批准，无偿收回用地单位土地使用权。《矿产资源勘查区块登记管理办法》第十八条规定，探矿权人应当自领取勘查许可证之日起6个月内开始施工。根据本条规定，行政机关应当加强监督检查，重点是监督被许可人履行开发利用资源的义务。被许可人未履行义务的，行政机关应当督促其在规定的期限内履行义务；如果被许可人在规定期限内不改正的，行政机关应当依照有关法律、行政法规的规定予以处理。根据法律、行政法规的规定，依法需要收回行政许可的，需要收回行政许可；依法不能收回的，行政机关应当依法采取其他有效措施确保被许可人履行义务。

(8)对公用企业的监督检查。《中华人民共和国行政许可法》第六十七条规定:取得直接关系公共利益的特定行业的市场准入行政许可的被许可人,应当按照国家规定的服务标准、资费标准和行政机关依法规定的条件,向用户提供安全、方便、稳定和价格合理的服务,并履行普遍服务的义务;未经做出行政许可决定的行政机关批准,不得擅自停业、歇业。被许可人不履行前款规定的义务的,行政机关应当责令限期改正,或者依法采取有效措施督促其履行义务。直接关系公共利益的特定行业,就是通常所称的自然垄断行业,如铁路交通、民航、电信、邮政、电力以及城市供水、供气、供暖等行业。这些行业都是关系国计民生的基础行业,直接影响到社会经济发展和人民生产、生活。授予被许可人行政许可权,就是因为根据其申请材料及实际条件,该申请人比其他申请人条件更优,能够提供更为便捷、安全、稳定的服务。但是,由于被许可人取得行政许可后,在该行业要么居于寡头垄断地位,要么居于多头寡头地位,如果不对其加强管理,被许可人可能会滥用其垄断地位,降低服务质量,损害消费者的利益和社会公共利益,如以不合理的高价格提供服务或者擅自停业、影响社会经济活动的正常进行,或者欺压百姓、不提供普遍服务等。因此,对于这类行业,国家一般都对其服务标准、价格、服务质量及普遍服务的义务等做出了相应的规定;这些行业的被许可人不得擅自停业、歇业,因特殊原因需要停业、歇业的,也必须报经原做出许可决定的行政机关批准,并有相应的替代其履行公共服务职能的方案。

多年来,老百姓对这些行业的反应很大、意见很多。主要问题是:有的偷工减料,私自降低服务质量;有的利用垄断地位,非法收取名目繁多的各种费用;有的擅自中断服务,对消费者实行区别对待,厚此薄彼,不依法履行普遍服务的义务。根据本条规定,行政机关应当加强对取得直接关系公共利益的市场准入行政许可的被许可人履行义务情况的监督检查。对于在监督检查中发现的被许可人不按要求履行义务的情形,应当及时做出处理,责令其履行义务或者采取必要的措施,迫使其履行义务。

为什么被许可人未依法履行义务,本条未规定可以收回行政许可?主要原因是,这类行政许可中,被许可人多是垄断企业,一旦收回行政许可,至少在短期内将没有其他企业能够替代其履行公共服务义务,这样可能影响自然人、法人或者其他组织的生活。因此,不能简单地规定收回行政许可或者撤销行政许可。所以,对有违法行为的企业,行政机关应当采取积极措施确保被许可人履行义务,如采取接管措施等。同时,对于这些行业也要适度地引入竞争机制,促使其改善服务态度和质量。

(9)行政机关检查加相对人自检。《中华人民共和国行政许可法》第六十八条规定:对直接关系公共安全、人身健康、生命财产安全的重要设备、设施,行政机关应当督促设计、建造、安装和使用单位建立相应的自检制度。行政机关在监督检查时,发现直接关系公共安全、人身健康、生命财产安全的重要设备、设施存在安全隐患的,应当责令停止建造、安装和使用,并责令设计、建造、安装和使用单位立即改正。

本条涉及的设备、设施包括两类:直接关系公共安全、人身健康、生命财产安全的重要设备、设施,如锅炉、机动车船等,往往需要经常性地进行检查,才能保其正常安全运行;有些设备、设施如船舶、建筑物等,在其设计、建造阶段就需要实施监督检查,否则等待建成后再去改正错误往往会造成难以恢复的财产损害,甚至会严重影响个人的生命与健康。然而,行政机关限于人力、物力和财力,不可能经常去亲自监督检查,也不可能对所有的这些设备都派专人监督其设计、建造、安装或者使用。对此,一方面,行政机关要加大监督检查力度和次数;另一方面,要督促设计、建造、安装和使用单位建立起自检制度,筑起第一道安全防线。

(10)《中华人民共和国行政许可法》第六十三条规定:行政机关实施监督检查,不得妨碍被许可人正常的生产经营活动,不得索取或者收受被许可人的财物,不得谋取其他利益。第五十八条规定:行政机关实施行政许可和对行政许可事项进行监督检查,不得收取任何费用。但是,法律、行政法规另有规定的,依照其规定。行政机关实施行政许可所需经费应当列人本行政机关的预算,由本级财政予以保障,按照批准的预算予以核拨。

(三)行政许可的撤销

《中华人民共和国行政许可法》第六十九条规定:有下列情形之一的,做出行政许可决定的行政机关或者其上级行政机关,根据利害关系人的请求或者依据职权,可以撤销行政许可:(一)行政机关工作人员滥用职权、玩忽职守做出准予行政许可决定的;(二)超越法定职权做出准予行政许可决定的;(三)违反法定程序做出准予行政许可决定的;(四)对不具备申请资格或者不符合法定条件的申请人准予行政许可的;(五)依法可以撤销行政许可的其他情形。被许可人以欺骗、贿赂等不正当手段取得行政许可的,应当予以撤销。依照前两款的规定撤销行政许可,可能对公共利益造成重大损害的,不予撤销。依照本条第一款的规定撤销行政许可,被许可人的合法权益受到损害的,行政机关应当依法给予赔偿。依照本条第二款的规定撤销行政许可的,被许可人基于行政许可取得的利益不受保护。

区分“可以撤销”和“应当撤销”。是否撤销要考虑:①要考虑对相关各方利益的影响。②要考虑引起行政许可决定违法的原因。③要考虑行政许可决定违法的性质及程度。

行使撤销权的赔偿责任规定主要是为了保护自然人、法人或者其他组织对行政行为合法性的信赖。

《中华人民共和国行政许可法》第七十条规定:有下列情形之一的,行政机关应当依法办理有关行政许可的注销手续:(一)行政许可有效期届满未延续的;(二)赋予公民特定资格的行政许可,该公民死亡或者丧失行为能力的;(三)法人或者其他组织依法终止的;(四)行政许可依法被撤销、撤回,或者行政许可证件依法被吊销的;(五)因不可抗力导致行政许可事项无法实施的;(六)法律、法规规定的应当注销行政许可的其他情形。

《中华人民共和国行政许可法》第七十六条规定:行政机关违法实施行政许可,给当事人的合法权益造成损害的,应当依照国家赔偿法的规定给予赔偿。行政机关违法实施行政许可,当事人的合法权益造成损失,例如,申请人不符合排污许可所应当具备的法定条件,行政机关却违法向其发放排污许可证,导致申请人周围的利害关系人受到严重污染损害。在这些情况下,行政机关都应当对其违法实施行政许可的行为承担赔偿责任。

(四)行政机关不依法履行监督职责的法律责任和行政相对人的责任

1.行政机关不依法履行监督职责的法律责任

《中华人民共和国行政许可法》第七十七条规定:行政机关不依法履行监督职责或者监督不力,造成严重后果的,由其上级行政机关或者监察机关责令改正,对直接负责的主管人员和其他直接责任人员依法给予行政处分;构成犯罪的,依法追究刑事责任。当前,最突出的是不履行监督责任或者监督检查不力。这在许多部门都有表现。根据刑法的有关规定,行政机关的有关主管人员和其他直接责任人员不依法实施监督检查或者监督检查不力,构成犯罪的罪名主要包括滥用职权罪、玩忽职守罪、环境监管失职罪、放纵制售伪劣商品罪、商检徇私舞弊罪、商检失职罪等。比如,根据《中华人民共和国刑法》第四百零八条的规定,负有环境保护监督管理职责的国家机关工作人员严重不负责任，导致发生重大环境污染事故，致使公私财产遭受重大损失或者造成人身伤亡的严重后果的，处3年以下有期徒刑或者拘役。根据《中华人民共和国刑法》第四百一十四条的规定，对生产、销售伪劣商品犯罪行为负有追究责任的国家机关工作人员，徇私舞弊，不履行法律规定的追究职责，情节严重的，处5年以下有期徒刑或者拘役。

2.行政相对人的法律责任

(1)申请人隐瞒情况或者故意提供虚假材料的法律后果。《中华人民共和国行政许可法》第七十八条规定：行政许可申请人隐瞒有关情况或者提供虚假材料申请行政许可的，行政机关不予受理或者不予行政许可，并给予警告；行政许可申请于直接关系公共安全、人身健康、生命财产安全事项的，申请人在一年内不得再次申请该行政许可。隐瞒，指掩盖真相不让人知道；故意提供虚假材料，是指本身不具备法定条件，却采取伪造、借用的材料骗取许可。《取水许可和水资源费征收管理条例》第五十条规定：申请人隐瞒有关情况或者提供虚假材料骗取取水申请批准文件或者取水许可证的，取水申请批准文件或者取水许可证无效，对申请人给予警告，责令其限期补缴应当缴纳的水资源费，处2万元以上10万元以下罚款；构成犯罪的，依法追究刑事责任。

(2)以欺骗、贿赂等手段取得许可的法律责任。《中华人民共和国行政许可法》第七十九条规定：被许可人以欺骗、贿赂等不正当手段取得行政许可的，行政机关应当依法给予行政处罚；取得的行政许可属于直接关系公共安全、人身健康、生命财产安全事项的，申请人在三年内不得再次申请该行政许可；构成犯罪的，依法追究刑事责任。

(3)取得许可后从事违法活动的法律责任。《中华人民共和国行政许可法》第八十条规定：被许可人有下列行为之一的，行政机关应当依法给予行政处罚；构成犯罪的，依法追究刑事责任：(一)涂改、倒卖、出租、出借行政许可证件，或者以其他形式非法转让行政许可的；(二)超越行政许可范围进行活动的；(三)向负责监督检查的行政机关隐瞒有关情况、提供虚假材料或者拒绝提供反映其活动情况的真实材料的；(四)法律、法规、规章规定的其他违法行为。涂改是指故意涂去许可证原有的文字、图形或者其他标志，并加上新的标志；倒卖是指以营利为目的，将许可证卖给不具备条件或者资格或者虽然具备条件或者资格但没有向行政机关提出许可申请的个人或者组织；出租是指以非法手段以许可证的使用权来换取他人租金的行为；出借是指将行政许可证件借给他人使用的行为。向监督检查机关隐瞒有关情况、提供虚假材料或者拒绝提供反映其活动情况的真实材料的，是逃避监督检查的行为，在实践中经常发生。比如，根据《中华人民共和国药品管理法》的规定，药品监督管理机构有权要求药品生产单位提供相关的文件和资料，而药品生产单位却提供虚假材料或者拒绝提供反映其生产活动情况的真实材料。

(4)擅自从事应当取得许可的活动的法律责任。《中华人民共和国行政许可法》第八十一条规定：公民、法人或者其他组织未经行政许可，擅自从事依法应当取得行政许可的活动的，行政机关应当依法采取措施予以制止，并依法给予行政处罚；构成犯罪的，依法追究刑事责任。

四、结合本案例，下面简要分析一下行政诉讼中被告举证的注意事项

行政诉讼是“民告官”的制度，它解决的是行政机关在行政管理过程中侵犯公民合法权

益的问题,是为公民合法权益提供司法救济的制度。随着公民法律意识、维权意识的不断增强,行政机关作为被告的行政诉讼案件将会越来越多。

打官司就是打证据,行政诉讼亦是如此。不同的是,在举证责任的分配上,民事诉讼和刑事诉讼主要是由原告(刑事诉讼中的公诉人身份类似于原告)承担举证责任,即"谁主张、谁举证",而行政诉讼证据规则与这两类诉讼不同,为"原告主张,被告举证",即原告提出诉讼请求,被告证明被诉行政行为合法,同时籍此证明原告的诉讼请求不成立。

作者根据实务经验和相关规定,总结出如下举证注意事项。

(一)被告应在法定期限内积极举证

《中华人民共和国行政诉讼法》第三十四条规定,被告对做出的行政行为负有举证责任,应当提供做出该行政行为的证据和所依据的规范性文件。被告不提供或者无正当理由逾期提供证据,视为没有相应证据。但是,被诉行政行为涉及第三人合法权益,第三人提供证据的除外。《最高人民法院关于执行〈中华人民共和国行政诉讼法〉若干问题的解释》第二十六条规定,行政机关应当在收到起诉状副本之日起 10 日内提交答辩状,并提供做出具体行政行为时的证据、依据;如不提供或者无正当理由逾期提供的,应当认定该行政行为没有证据、依据。

(二)被告应提供全部证据和规范性文件

被告应在法定期间内提供与被诉行政行为合法性相关的所有证据。一般而言,被告若要证明行政行为的合法性,应从以下五个方面来提供证据:

(1)有关主体的证据材料,原告对行政主体的职权存在争议的,应该提出有关其职权依据的证据。

(2)有关行政程序的证据材料。行政行为合法性的一个重要方面就是程序合法。同时,程序合法也是法庭审理的重要内容。行政程序应包括做出行政行为的方式、步骤、顺序和时限等,对此被告也要提供。

(3)有关被诉行政行为认定所认定事实的证据材料。主要提供书面决定中已经记载的事实或列入行政案件卷宗被行政主体采纳的事实。

(4)自由裁量合理性的证据材料。行政机关对案件的处理往往存在一定的自由裁量空间,没有事实根据的自由裁量往往存在滥用职权问题,因此被告应提供自由裁量合理性的证据材料。

(5)有关被诉行政行为所依据的规范性文件。被告向法庭提供规范性文件,除法律、法规外,还包括规章和规章以下的规范性文件。

(三)如有特殊情形不能按期提供证据,应及时提出延期提交申请

《最高人民法院关于行政诉讼证据若干问题的规定》(法释〔2002〕21 号)第一条第二款规定,被告因不可抗力或者客观上不能控制的其他正当事由,不能在前款规定的期限内提供证据的,应当在收到起诉状副本之日起 10 日内向人民法院提出延期提供证据的书面申请。人民法院准许延期提供的,被告应当在正当事由消除后 10 日内提供证据。逾期提供的,视为被诉具体行政行为没有相应的证据。

(四)在诉讼过程中,被告及其诉讼代理人不得自行向原告、第三人和证人收集证据

《中华人民共和国行政诉讼法》第三十五条规定,在诉讼过程中,被告及其诉讼代理人不得自行向原告、第三人和证人收集证据。理由是:行政机关应当依法行政,以证据证明其行政行为认定的事实,以法律为依据做出行政行为,是对行政机关的基本要求。因此,行政机关应当“先取证,后裁决”,行政决定一旦送达生效,行政机关则不应再自行收集证据。如果行政机关先做出行政行为,等行政行为被诉到法院后,再向原告、第三人和证人收集证据,就意味着行政机关可以“先裁决,后取证”,这就等于纵容行政机关在程序上违法,是与依法行政的原则相悖的。被告违反本条规定自行收集证据的,该证据不能作为认定被诉行政行为合法的根据。

当然并非在诉讼期间一定不能收集证据,被告只有在人民法院准许的特殊情况下,才可以收集证据。如原告或者第三人提出了其在行政处理程序中没有提出的理由或者证据的,经人民法院准许,被告可以补充证据。

(五)行政不作为案件中,被告应如何举证

在行政不作为案件中,除由原告提供其在行政程序中曾经提出申请的证据材料外,被告应当在收到起诉状副本之日起 10 日内,提供已履行法定职责、不符合履行法定职责的法定条件或者不能履行法定职责或不具有法定职责的证据和依据。

在行政不作为案件中,原告仅仅需要提供其在行政程序中曾经提出申请的证据材料,而材料是否齐全,是否符合法律规定的条件,并非原告应负的举证责任。被告则应根据案件不同情形向法院提供举证材料。

(1)对于原告认为被告履行职责或者义务不符合要求的案件,被告应提供其已经履行法定职责或义务的证明材料,同时被告也应当提供原告的要求不属于其法定职责或义务的材料。

(2)因不属于被告管辖范围而未做出答复的案件,被告应提供有关职权方面的法律规范、原告请求事项不属于其管辖范围的证据材料,以及有关申请和答复程序的证据材料。

(3)被告因履行职责条件未成就而不作为的案件。因原告未按要求补正材料而未做出决定的案件,被告应当提供原告材料欠缺的证据材料、有关补正通知、送达回执等证据材料。

(4)因履行期限尚未届满而未做答复的案件,被告应当提供有关案件办理期限、受理时间、延期理由及核准程序等证据材料。

(5)被告拒绝履行法定职责或做出否定性答复的案件,被告应当根据拒绝或否定的理由提供证据,如有关管辖、申请人资格、申请材料、法定许可条件等证据。

(六)一定情况下,请求法院将某些案件事实的举证责任转移给原告

一般性的举证责任规则是必要的,但在复杂的司法实践面前,在形形色色的疑难复杂案件面前,一般性的举证责任规则会面临问题。此时,法官会基于一些因素对当事人举证能力进行考量,从而弥补举证分配的不足。因此,在出现证据由原告方掌握或控制,或原告举证更便捷、更便于提高诉讼效率,或原告举证更符合案件事实认定的情势需要、更公平合理时,被告可请求法院行使举证责任分配裁量权,将某些事实的举证责任转移给原告。

对查出一起跨区域的水事违法案件引发的思考

【案情介绍】

中铁三局承建的京广(石武)高铁客用专线在安阳市市区段主要跨越的河道有市区北自西向东穿城而过的安阳河和市区南自西向东穿城而过的洪水河。中铁三局对高铁建设需要跨越的主要河流、滞洪区比较重视,早在2016年6月,就委托河南省水利勘测设计研究有限公司(甲级资质)编制了《新建铁路石家庄至郑州客运专线安阳段特大桥防洪评价报告》,经专家论证评审通过后,于2016年7月16日向安阳市水利局提出了河道管理范围内建设项目申请。经河道专管机构和相关县级水务局初审,2016年8月7日安阳市水利局批复了该项目跨越安阳市主要河流(安阳河、洪河、羑河、汤河、淤泥河、永通河)及崔家桥滞洪区桥梁工程建设审查同意书。鉴于以往的经验教训,安阳市水利局要求当事人缴纳了8万元清障保证金后,领取了安阳河和洪河河道管理范围内建设项目施工许可证。目前工程仍在建,河道管理处工程技术人员不定期地对施工现场进行检查,监督施工方按批复的施工方案实施,等工程结束后,按照安阳市水利局批准的施工要求进行验收,在确认当事人完成清障任务后,将清障保证金退还当事人,保证跨河工程建设不影响河道防洪安全。

一、水工程案件

2017年8月中旬,接省总队关于上报安阳市涉及京广高铁和京珠高速公路施工跨越和占用河道、渠道的电话通知后,安阳市水利局根据京广高铁和京珠高速公路南北走向与安阳市东西走向的河道和水利工程交叉的实际,在跨河建设项目已审批的前提下,列出了六个可能发生的案件,并上报了省总队。按照京广高铁和京珠高速公路自北向南与水利工程交叉的顺序,现将有关情况简要介绍如下:

(1)河南京珠高速有限公司跨幸福渠建设高速服务区情况。安阳市水利局水管单位幸福渠管理处巡查发现京珠高速服务区跨越幸福渠后,及时与业主单位进行了协调,业主单位按照安阳市水利局提出的方案,调整了施工方案和预算,施工单位按照调整后的方案进行了施工,保证了渠道正常通水和高速服务区建设两不误。

(2)京广(石武)客专跨幸福渠建设桥梁情况。经过安阳市水利局工程管理科和幸福渠管理处现场勘查,认为跨越该渠段的两座桥墩区间跨度较大(长约32米,高铁桥梁下沿离渠上沿约8米高),对渠道安全和供水影响较小,未立案责令其补办相关手续。

(3)京广(石武)客专跨万金北干渠建设桥梁情况。经安阳市水利局工程管理科和万金渠管理处现场勘查,认为京广(石武)高铁跨万金北干渠工程跨度达64米,对渠道影响不大,且该段渠道在前几年安楚路扩宽期间已基本填平,不具备通水能力,未立案责令其补办相关手续。

(4)京珠高速公路扩建工程在茶店坡沟修建便桥情况。茶店坡沟是安阳市行政东区涝水排泄的主要通道。京珠高速扩建时为通行方便,承建该段工程的施工方中交第一公路工程局在茶店坡上修建了一座便桥,经过和施工单位多次交涉,目前该便桥已拆除,施工方清理了便桥现场,未留下防洪隐患,该案未正式立案查处。

(5)京广(石武)客专跨万金南干渠建设桥梁情况。万金南干渠为安阳市南部排洪和下游农灌的渠道,中铁三局负责跨万金南干渠段高速铁路的承建任务。安阳市水利局工程管理科和万金渠管理处现场勘查,认为跨越该渠段的两座桥墩区间跨度较大(长 32 米,高铁桥梁下沿离渠上沿约 8 米高),对渠道安全和供水影响较小,未立案责令其补办相关手续。

(6)京珠高速公路扩建工程中交三公司在万金南干渠修建便桥案件。该案件经安阳市水利局立案调查,查明当事人(中交三公司)未经水行政主管部门批准,擅自在渠道管理范围内建设便桥,影响渠道正常通水,决定给予当事人行政处罚决定。2016 年 11 月初发现当事人擅自在渠道管理范围内建设便桥后,立即下达了《责令停止水事违法行为通知书》,要求三日内拆除便桥,恢复渠道原状。随后按照行政处罚程序下发了所有法律文书。2016 年 12 月初,当事人在规定期限内主动缴纳了 3 000 元罚款,并恢复了渠道原状,虽然当事人未补办施工许可手续,鉴于其已履行了罚款决定,且恢复了渠道原状,该段工程施工已结束,建议此案按结案处理。但作者在下文中对该《责令停止水事违法行为通知书》的合法性进行专门阐述。

二、水资源案件

京广(石武)高速铁路河南安阳段共立案查处 6 起水资源违法案件,其中,市区 1 起未经批准擅自取水行政处罚案件,安阳县 3 起拒不缴纳、拖延缴纳或者拖欠水资源费行政处罚案件,汤阴县 2 起未经批准擅自取水行政处罚案件。6 起案件具体情况如下:

(1)安阳市水利局立案查处中铁三局石武客专河南段项目部二分部未经批准擅自取水行政处罚案件。

案情:2017 年 7 月 14 日,安阳市水政监察支队在日常巡查中,发现中铁三局石武客专河南段项目部二分部(简称当事人)在其位于安阳市文峰区高庄乡朱家营村的混凝土搅拌站中存在未经批准擅自取水行为。经立案调查,拟对当事人未经批准擅自取水行为做出罚款人民币 4 万元的行政处罚。当事人在收到《水行政处罚听证权利告知书》后,当场在送达回证上签署意见,提出听证申请。

2017 年 9 月 23 日,安阳市水利局依法举行了听证会。当事人在听证会上陈述的主要理由是:石武高铁属省重点项目,河南省发改委和监察厅联合印发了《关于实行省重点项目外部环境监督登记制度的通知》。该文件规定,凡对重点项目建设单位进行收费、罚款、摊派的,一律先按规定内容和要求填写“项目监督登记卡”,否则项目单位有权拒绝。同时,该文件还规定各省辖市政府重点项目办(大项目办)和优化经济发展环境办公室具体负责该制度的执行。主持人认为,当事人提出的“项目监督登记卡”,是为防止项目建设过程中乱检查、乱收费、乱摊派、乱罚款现象发生而制定的政策,水政监察员依法对当事人取水行为进行监督检查,是履行法律法规赋予水行政主管部门法定职责的具体行政行为,办理登记卡和进行执法监督检查两者并不矛盾,办理登记卡是为了更好地开展监督检查,但办理监督卡不是进行执法监督的法定程序。听证报告经局领导批准后,于 2017 年 11 月 2 日向当事人送达了《水行政处罚决定书》,决定给予当事人如下行政处罚:①责令停止取用地下水;②罚款 4 万元。现在该案仍在行政复议和诉讼期限内,截至目前收到了复议机关河南省水利厅做出的《不予受理复议申请决定》。下文中重点对《不予受理复议申请决定》中,中铁三局石武客专河南段项目部二分部对自己的权利如何救济再进行专门阐述。

(2)安阳县水务局查处中铁三局石武客专河南段安阳制梁厂拒不缴纳、拖延缴纳或者拖欠水资源费行政处罚案。

案情:中铁三局石武客专河南段安阳制梁厂自2017年3月10日起在安阳县白壁镇取水用于京广(石武)高速铁路桥梁生产,取用水源是厂内原有三眼机井抽取的地下水,未安装计量设施,未办理《取水许可证》。该局于2017年7月30日向当事人下达了《限期安装计量设施通知书》和《限期办理〈取水许可证〉通知书》,于2017年8月20日对其下达了《水资源费征收通知书》,于8月27日对其下达了《责令限期限缴纳水资源费决定书》,当事人逾期未缴纳水资源费。2017年9月1日,对其下达了《行政处罚听证告知书》。2017年9月10日,安阳县水务局依据《中华人民共和国水法》第七十条"拒不缴纳、拖延缴纳或者拖欠水资源费的,责令限期缴纳;逾期不缴纳的,从滞纳之日起按日加收滞纳部分2%的滞纳金,并处1倍以上5倍以下的罚款"对其下达了《行政处罚决定书》,因当事人拒不缴纳水资源费达10.8万元,罚款是拒不缴纳水资源费的2倍即21.6万元。

(3)安阳县水务局查处中铁三局石武客专河南段项目一分部搅拌站拒不缴纳、拖延缴纳或者拖欠水资源费行政处罚案。

中铁三局石武客专河南段项目部一分部搅拌站自2016年12月中旬开始,在安阳县崔家桥乡使用搅拌站内原有两眼机井抽取地下水生产京广高铁建设用混凝土,两眼水井未安装计量设施,未办理《取水许可证》。2017年7月27日,安阳县水务局向当事人下达了《限期安装计量设施通知书》和限期办理《取水许可证》通知书,于2017年8月13日对其下达了《水资源费征收通知书》,于9月4日对其下达了《责令限期缴纳水资源费通知书》,当事人逾期未缴纳水资源费。2017年9月14日,该局向当事人下达了《行政处罚听证告知书》,当事人未提出听证申请。2017年10月19日,该局下达了《行政处罚决定书》,因当事人拒不缴纳水资源费达17万元,罚款是拒不缴纳水资源费的2倍即34万元。

(4)安阳县水务局查处中铁三局石武客专河南段二分部拌和二站拒不缴纳、拖延缴纳或者拖欠水资源费行政处罚案。

中铁三局石武客专河南段二分部拌和二站位于安阳县白壁镇,自2017年2月新打一眼机井取水生产混凝土用于京广高速铁路建设,未安装计量设施,未办理《取水许可证》。

2017年8月19日,该局向当事人下达了《限期安装计量设施通知书》和《限期办理〈取水许可证〉通知书》。2017年9月1日向当事人下达了《水资源费征收通知书》,9月10日下达了《责令限期限缴纳水资源费决定书》,当事人逾期未缴纳水资源费。9月15日,该局向当事人下达了《行政处罚听证告知书》,当事人未提出听证申请。2017年10月10日,下达了《行政处罚决定书》,因当事人拒不缴纳水资源费达7.2万元,罚款是拒不缴纳水资源费的2倍即14.4万元。

(5)汤阴县水务局查处中铁三局石武客专河南段项目部三分部擅自取水行政处罚案。

该分部于2016年12月开工,承担汤阴县境内12千米长、381个桥墩的施工任务。自2017年8月11日起,该局着手调查京广高铁建设取水情况,先后对该项目部的经理梁某、副经理李某做了调查笔录,并进行了现场勘验,对自备井进行了拍照取证。8月27日对其下达了《责令停止水事违法行为通知书》,限3日内到县局办理有关取水手续。但该分部逾期未办理。此后,办案人员多次到分部驻地催促,仍拒绝办理。11月16日,下达了《行政处罚权利、听证告知书》。但该单位未在规定期限内进行陈述和申辩,并放弃了听证权利。根据《中华人民共和国水法》第六十九条和《河南省水行政处罚裁量标准》的规定,汤阴县水务局于2017年12月16日下达了《水行政处罚决定书》,决定对其做出如下行政处罚:①责令停止取用地下水;②罚款人民币3万元整。

(6)汤阴县水务局查处中铁三局石武客专河南段项目部四分部擅自取水行政处罚案。

2017年8月25日起,汤阴县水务局对该分部的搅拌站站长张某、分部下属的路桥公司刘某等做了调查笔录,进行了现场勘验,拍照取证(该分部于2016年11月开工,承担9千米、300余个桥墩的施工任务),并下达了《责令停止水事违法行为通知书》,限三日内到汤阴县水务局办理有关取水手续。逾期未办理,后搅拌站书记到汤阴县水务局咨询了有关情况,并拿了两份取水申请书,随后一直未露面。办案人员多次到其分部驻地催促仍拒绝办理。11月17日,下达了行政处罚权利、听证告知书。该单位未在规定期限内进行陈述和申辩,且放弃了听证权利。根据《中华人民共和国水法》第六十九条和《河南省水行政处罚裁量标准》的规定,汤阴县水务局于2017年12月16日下达了《水行政处罚决定书》,决定对其做出如下行政处罚:①责令停止取用地下水;②罚款人民币3万元整。

【案件解析】

京广(石武)高铁在安阳市自北向南途径安阳市安阳县、安阳市区和汤阴县3个行政区域。上述6个水资源案件分别由省辖市和县两级水行政主管部门立案查处,表明了市、县两级水利部门履行水资源管理和保护职责的信心和决心。

根据上述水资源案件查处情况来看,可能有以下疑问:为什么不责令石武高铁项目部办理《取水许可证》?为什么不追缴项目部取水的水资源费,而单单对其擅自取水行为进行处罚呢?借此机会,把办理此案中困扰水行政执法人员的几个问题提出来,供各位同行一起探讨。

一、本案存在的几个问题

(一)取水许可审批权由哪一级水行政主管部门行使

京广(石武)高速铁路客用专线项目属国务院投资主管部门批准或核准的大型建设项目,从北向南跨越河北、河南和湖北三省,按照《取水许可和水资源费征收管理条例》(国务院令第460号)第十四条规定,“取水许可实行分级审批。下列取水由流域管理机构审批:……(四)跨省、自治区、直辖市行政区域的取水;(五)由国务院或者国务院投资主管部门审批、核准的大型建设项目的取水”,石武高铁建设项目取水的审批机关可能是海委、黄委、淮委和长江委四个流域管理机构,省、省辖市及县(市)均无取水许可审批权,很难操作。

(二)水资源费的征收和追缴主体是谁

假如石武高铁建设项目取水许可审批权在各个流域管理机构的理由成立,那么根据《取水许可和水资源费征收管理条例》(国务院令第460号)第三十一条规定,“水资源费由取水审批机关负责征收;其中,流域管理机构审批的,水资源费由取水口所在地省、自治区、直辖市人民政府水行政主管部门代为征收”。京广(石武)高速铁路客用专线建设项目安阳段取水的水资源费征收及追缴权限应在省厅,该工程涉及安阳市的市区、安阳县和汤阴县三个行政区域内的水行政主管部门都无水资源费的征收权。

(三)石武高铁项目部擅自取水行政处罚权的管辖问题

根据水利部《水行政处罚实施办法》第十八条第一款“除法律、行政法规另有规定的外,水行政处罚由违法行为发生地的县级以上地方人民政府的水行政主管部门管辖”的规定,中铁三局石武客专河南段项目部各分部未经批准擅自在安阳市各辖区取用地下水，市、县两级三个水行政主管部门属当事人擅自取水违法行为发生地的县级以上水行政主管部门，具有水行政处罚的管辖权。

(四)当事人相互推诿、攀比现象普遍，影响执法工作

因该工程属于国家重点工程，河南省发改委和监察厅又专门发文对执法监督检查行为进行了规范，所以在查处过程中安阳市水利局非常慎重。其间多次向当事人宣传水法规，指出违法需承担的法律后果。但施工方以他们在其他地方施工没有办理过取水许可手续、没缴纳过水资源费为由，不是不接待，就是说没有接到上面的通知，一拖再拖，至今仍不接受取水许可监督管理。

请上级部门对上述水资源案件给予具体指导，明确该案件取水许可审批权和水资源费征收权的具体行政执法主体，以利于水法律法规的贯彻执行，保证基层水行政主管部门在水资源管理权限上不越位、不缺位、不失位，能够更好地履行职责，维护良好的水事秩序。

二、作为复议机关，河南省水利厅做出了《不予受理复议申请决定》，中铁三局京广(石武)高速铁路客专河南段项目部二分部如何维护自身的权利？听证是否是一切行政许可行政行为的前置程序？

在复议机关不予受理复议申请的情况下，当事人有两种法律救济手段可以选择：一种是直接起诉原行政行为。因为可能对当事人合法权益造成侵害的，实质上仍是原行政机关的行政行为或者不作为。复议机关尽管没有受理行政复议申请，但在法律没有规定行政复议必须是前置程序的情况下，并不影响当事人直接对原行政行为提起行政诉讼，并且直接起诉原行政行为还有利于从根本上解决行政争议。另一种是起诉复议机关不作为。如果当事人坚持认为复议机关应当受理其复议申请，也可以以复议机关不作为为由提起诉讼。虽然法律规定了上述两种救济手段，但不可以同时进行，而应当选择其一。这是因为，直接起诉原行政行为，目的是要求人民法院对原行政行为的合法性做出认定和处理；起诉复议机关不作为，直接的诉求虽然是要求人民法院撤销不予受理复议申请的决定，但撤销不予受理复议申请决定的效果，则必然导致复议机关同样要对原行政行为的合法性做出认定和处理。如果同时起诉原行政行为和复议机关不作为，就会违反“一事不再审”原则，造成人民法院和复议机关的重复劳动。更为重要的是，这样做还违反了司法最终原则。司法最终原则是指，行政复议活动虽然是行政争议的重要救济方式，但却不是最终裁决，除非法律另有规定，人民法院做出的终审判决才是最终决定。据此，《中华人民共和国行政复议法》第五条规定：公民、法人或者其他组织对行政复议决定不服的，可以依照行政诉讼法的规定向人民法院提起行政诉讼，但是法律规定行政复议决定为最终裁决的除外。司法最终原则也决定了行政复议和行政诉讼应当是一种先后关系，而不能针对同一个争议同时进行这两种法律程序。因此，《中华人民共和国行政复议法》第十六条第二款又规定：公民、法人或者其他组织向人民法院提起行政诉讼，人民法院已经依法受理的，不得申请行政复议。就本案而言，人民法院的正确处理方式应当是告知原告只能择一而诉，要么起诉原行政行为，要么起诉复议机关不作为。

根据《中华人民共和国行政许可法》第四十七条的规定，听证并非一切行政许可行为的前置程序,只有当行政许可行为直接涉及申请人与他人之间重大利益的,才需进行批前听证。而目前法律并未就何为重大利益做出统一的规定,行政单位有权基于职权,自由裁量并决定是否因涉及重大利益而赋予申请人、利害关系人享有要求听证的权利。

三、结合本案例,水工程案件中水行政执法人员要注意对《中华人民共和国水法》第六十五条第二款规定的理解和把握

安阳市水利局于2016年11月初发现当事人擅自在渠道管理范围内建设便桥,立即下达了《责令停止水事违法行为通知书》,要求三日内拆除便桥,恢复渠道原状。京珠高速扩建工程中交三公司的权利如何救济?《责令停止水事违法行为通知书》的行为是否属于行政诉讼的受案范围?这两个问题是本案中的焦点问题,值得深入探讨。

《中华人民共和国水法》第六十五条第二款规定:未经水行政主管部门或者流域管理机构同意,擅自修建水工程,或者建设桥梁、码头和其他拦河、跨河、临河建筑物、构筑物,铺设跨河管道、电缆,且防洪法未作规定的,由县级以上人民政府水行政主管部门或者流域管理机构依据职权,责令停止违法行为,限期补办有关手续;逾期不补办或者补办未被批准的,责令限期拆除违法建筑物、构筑物;逾期不拆除的,强行拆除,所需费用由违法单位或者个人负担,并处一万元以上十万元以下的罚款。按照上述规定,对于未经水行政主管部门同意,擅自修建的临河建筑物,县级以上人民政府水行政主管部门首先要责令停止违法行为;其次要限期补办有关手续,只有逾期不补办或者补办未被批准的,才责令限期拆除违法建筑物、构筑物。

京珠高速公路扩建工程中交三公司认为:从该份《责令停止水事违法行为通知书》的内容来看,安阳市水利局要求京珠高速扩建工程中交三公司停止违法行为,并责令京珠高速扩建工程中交三公司限期拆除违法建设的便桥。该份通知书系安阳市水利局对京珠高速扩建工程中交三公司行为合法性的判断,且对京珠高速扩建工程中交三公司提出具体行为要求,改变了京珠高速扩建工程中交三公司法律上的权利义务,必然对京珠高速扩建工程中交三公司的权利义务产生具体影响,符合行政行为的要件,具备可诉性。此外,安阳市水利局在该份通知书中适用《中华人民共和国行政处罚法》第二十三条对原告做出义务性要求,即行政机关实施行政处罚时,应当责令当事人改正或者限期改正违法行为。因此安阳市水利局以通知书的形式责令原告停止水事违法行为,实际上是对京珠高速扩建工程中交三公司的一种行政处罚,行政处罚当然属于行政诉讼法的受案范围。另外,行政机关做出行政行为,应做到事实认定清楚、证据确实充分、程序合法正当、适用法律正确。安阳市水利局作为行政机关,在向行政相对人发出通知书要求行政相对人改正违法行为时,应尽到明确告知违法行为的义务。在水工程案中,安阳市水利局发出的通知书未能阐明违法建设的建筑物、构筑物(便桥)及设施、设备的具体指向,进而要求京珠高速扩建工程中交三公司自行改正拆除不符合执法规范;此外,安阳市水利局无证据可证实其在做出《责令停止水事违法通知书》前履行了必要的调查程序且已听取了原告的陈述申辩,属程序违法。

安阳市水利局认为:①《责令停止水事违法行为通知书》不属于行政处罚,从形式上看这种行为系责令停止(限期改正)违法行为,与行政处罚是并列的两个概念,不能等同。从内容上看,责令停止(限期改正)违法行为本身不具备惩罚性,从适用模式上看,责令停止(限期改正)违法行为并不意味着必须行政处罚。从可诉性上来看,本案的责令停止(限期

改正)违法行为没有权利义务的产生、改变和消灭,因此安阳市水利局认为是不可诉的。②该通知书内容明确具体,安阳市水利局的执法过程事实清楚,证据确凿,指出了法律禁止区域内存在建筑物、构筑物及其他设施、设备等明确的违法事实,针对违法行为的查处响应及时,既对纠正行为进行了引导,也告知了行为的后果,属于一个合法适当的执法文件。③该通知书程序适当,责令停止(限期改正)违法行为在程序上与行政处罚不同,其程序相对简单,而且针对违法行为纠正的紧迫性,行政机关可根据实际情况依职权即时做出,甚至可以采取口头的方式做出。

结合上述两个焦点问题,编者认为:该《责令停止水事违法行为通知书》是行政机关依法定职权和程序对违反行政法规尚未构成犯罪的相对人给予行政制裁的具体行政行为。该份通知书中安阳市水利局要求京珠高速扩建工程中交三公司停止违法行为,责令其限期拆除违法建设的便桥,并指明逾期不清除将产生的法律后果,对京珠高速扩建工程中交三公司的权利义务产生影响,有警告含义,具有行政制裁性,系行政处罚的种类,安阳市水利局做出该份通知的依据是《中华人民共和国行政处罚法》,故该案属于《中华人民共和国行政诉讼法》的受案范围。但安阳市水利局并未在通知书中阐明京珠高速扩建工程中交三公司具体违法建设的建筑物、构筑物及设施、设备,不符合执法规范,且其在对京珠高速扩建工程中交三公司做出《责令停止水事违法行为通知书》前未履行必要的调查程序,未听取京珠高速扩建工程中交三公司的陈述申辩,程序存在违法。所以,作为水行政执法一线人员尤其要从本案中吸取经验和教训,一定要明确该通知书的具体内容和法律适用问题,以免引起不利的法律后果。

关于一起水利工程招投标诉讼案件的思考

【案情介绍】

上诉人福建省某建筑工程有限公司(简称某建筑公司)因诉屏南县水利局行政处理决定一案,不服蕉城区人民法院〔2014〕蕉行初字第41号行政判决,向本院提起上诉。本院受理后,依法组成合议庭,于2015年1月16日公开开庭审理了本案。上诉人的委托代理人陈某,被上诉人的委托代理人王某、林某到庭参加诉讼。本案现已审理终结。

原审查明,2014年3月25日,原告某建筑公司经评标委员会评审并经招标人确认为岭下段项目的第一中标候选人。2014年3月30日,被告屏南县水利局接到举报人举报称,原告某建筑公司的项目经理张某任项目经理的吴屯乡项目仍属在建工程,违反了相关法律规定及招标文件的规定,要求取消中标人资格。被告经审查立案后,对举报内容进行了调查取证。原告某建筑公司收到被告的被举报通知后,就举报事项向被告提交了验收单及完工证明,向屏南县纪委做出书面报告并提交了证据。武夷山市吴屯乡人民政府于2014年4月21日向被告出具《证明》,证明吴屯乡项目由原告中标,该工程已按规定时间完工,已经初验收,但上级有关部门尚未正式验收。武夷山市水利局于2014年4月22日出具《证明》,证明吴屯乡项目已按规定时间完工,目前进行验收准备工作,未通过全面总验收。2014年5月8日,被告做出《处理决定》,认定原告提供虚假的项目负责人或主要技术人员简历、劳动关系证明,属于"以其他方式弄虚作假的行为",取消了原告的岭下段项目中标人资格。2014年7月29日,宁德市水利局做出宁水行复〔2014〕第4号《行政复议决定书》,决定维持被告做出的《处理决定》。

原审认为,没有事实和法律根据的诉讼请求不予支持。被告作为屏南县水利行政主管部门,具有对辖区内水利工程项目招标投标活动进行监督执法的法定职权。被告做出《处理决定》,认定事实清楚,适用法律正确。原告主张被告认定事实不清,适用法律错误,没有事实及法律依据,本院不予支持。据此,依照《最高人民法院关于执行〈中华人民共和国行政诉讼法〉若干问题的解释》第五十六条第(四)项之规定,判决:驳回原告福建省某建筑工程有限公司的诉讼请求。案件受理费50元,由原告负担。

上诉人福建省某建筑工程有限公司不服,向本院提起上诉,请求撤销原审判决,撤销被上诉人做出的行政处理决定。主要理由:①被上诉人做出的处理决定认定事实不清。上诉人在参与"屏南县棠口溪防洪工程岭下段施工项目"投标时,项目经理张某已经没有在建项目。②被上诉人认为只要工程未经验收,哪怕工程已完工也属于"在建",法律理解错误。③原审法院适用《福建省农村饮水安全工程验收办法(试行)》《注册建造师执业管理办法(试行)》属适用法律错误。

被上诉人屏南县水利局答辩称,上诉人在棠口溪防洪工程岭下段项目投标活动中存在弄虚作假的行为。原审判决认定事实清楚,适用法律正确,请求驳回上诉,维持原判。

经审理查明,一审法院已将各方当事人提交的证据材料随案移送本院,本院对证据的认证意见及案件事实的认定,与一审法院相同。

另查明,上诉人对被上诉人做出处理决定的程序无异议,本院确认被上诉人做出处理决定程序合法。

上诉人在二审庭审中补充提交了2份证据:①《建设工程施工合同》,用以证明签订合同的主体是“武夷山市吴屯乡农村饮水安全工程建设项目部”;②2014年2月18日莆田市行政服务中心网站刊登的信息《莆田市木兰溪防洪工程华林段①标工程莆田合理低价法》一份,用以证明其他项目在投标文件中对于何谓“在建工程”做出了明确约定。

被上诉人认为,这两份证据均超过举证期限提交,不予质证。经审查,本院认为,上诉人新提供的这两份证据已超过《最高人民法院关于行政诉讼证据若干问题的规定》第七条所规定的举证期限,且无正当理由,本院不予接纳。

本院认为,本案的争议焦点是:被上诉人认定上诉人在投标活动中以其他方式弄虚作假,该认定事实是否清楚?适用法律是否正确?对此,本院予以分析认定如下:

被上诉人认为,上诉人在投标文件《拟派项目经理简历表》中隐瞒了项目经理张某为未验收项目“武夷山市吴屯乡农村饮水安全工程”项目经理的经历,在《项目经理无在建工程和现场管理人员到位承诺书》中隐瞒项目经理有在建工程的事实,做出虚假保证,违反了招标文件的规定,属于“以其他方式弄虚作假”的行为。

上诉人认为,“武夷山市吴屯乡农村饮水安全工程”项目已经竣工验收,项目业主已经同意项目经理张某离场,因此在参与本案涉讼的“屏南县棠口溪防洪工程岭下段施工项目”投标时,项目经理张某已经没有在建项目。被上诉人认定上诉人构成“以其他方式弄虚作假”,事实不清,适用法律错误。

法院认为,被上诉人认定上诉人的行为构成“以其他方式弄虚作假”,事实清楚,适用法律正确。理由:

(1)“武夷山市吴屯乡农村饮水安全工程”项目虽已完工,但未经竣工验收。被上诉人提供的项目业主武夷山市吴屯乡人民政府和项目主管部门武夷山市水利局出具的两份《证明》,均可以证明该工程已按规定时间完工,但尚未正式验收。上诉人提供的证据《武夷山市水利水电建筑工程竣工验收单》,没有验收结论;证据“武夷山市吴屯乡农村饮水安全工程建设项目部”出具的《完工证明》,只能证明2014年1月22日完成合同要求的施工任务,同意项目经理离场,但不能证明该项目已经过竣工验收。因此,上诉人主张该工程已经验收的观点,证据不足,不予支持。

(2)《注册建造师管理规定》第二十一条第二款规定:注册建造师不得同时在两个及两个以上的建设工程项目上担任施工单位项目负责人。《注册建造师执业管理办法(试行)》第九条规定:注册建造师不得同时担任两个及以上建设工程施工项目负责人。发生下列情形之一的除外:(一)同一工程相邻分段发包或分期施工的;(二)合同约定的工程验收合格的;(三)因非承包方原因致使工程项目停工超过120天(含),经建设单位同意的。本案中,张某担任“武夷山市吴屯乡农村饮水安全工程”的项目经理,于2013年9月27日开始工程施工,2014年1月22日完工离场,但该工程未经竣工验收。2014年3月24日张某又作为项目经理参与了本案涉讼的“屏南县棠口溪防洪工程岭下段施工项目”投标。因此,张某的情形不符合上述规定的除外情形。上诉人认为张某在参与涉讼工程投标时无其他在建工程的理由,缺乏依据,不予支持。

(3)《中华人民共和国招标投标法》第三十三条规定:投标人不得以低于成本的报价竞标,也不得以他人名义投标或者以其他方式弄虚作假,骗取中标。《中华人民共和国招标投标法实施条例》第四十二条第二款规定:投标人有下列情形之一的,属于招标投标法第三十三条规定的以其他方式弄虚作假的行为:(三)提供虚假的项目负责人或者主要技术人员简历、劳动关系证明。本案"屏南县棠口溪防洪工程岭下段施工项目"的招标文件明确规定:"投标人拟派驻本工程的项目经理应具备不低于二级水利水电工程专业注册建造师资质(含临时),且无在建项目。"上诉人在投标文件的附件4《拟派项目经理简历表》的"在建和已完工程项目情况"一栏仅填写了张某于2010年49月担任莆田市荔城区石盘水库除险加固工程项目经理的经历,隐瞒了张某担任武夷山市吴屯乡2013年农村饮水安全工程项目经理的经历。在投标文件的附件7《项目经理无在建工程和现场管理人员到位承诺书》中承诺"保证项目经理张某在岭下段项目递交投标文件时和施工期间无承担其他在建工程施工项目的项目经理",该承诺与事实不符。上诉人的行为构成了上述法律法规规定的"以其他方式弄虚作假的行为"。被上诉人依照《中华人民共和国招标投标法》第五十四条、《中华人民共和国招标投标法实施条例》第六十八条的规定,做出行政处理决定,适用法律并无不当。

【审理结果】

综上所述,法院认为,被上诉人屏南县水利局作为屏南县水利行政主管部门,有权对辖区内水利水电工程项目的招标投标活动进行监督。被上诉人在接到投诉后进行调查并做出《关于棠口溪防洪工程岭下段施工项目招标投标活动举报的处理决定》,该决定认定事实清楚,适用法律正确,程序合法。上诉人认为被上诉人认定事实不清、适用法律错误的上诉意见,缺乏事实和法律依据,本院不予支持。原审判决驳回上诉人的诉讼请求正确,本院予以维持。被上诉人的答辩意见有理,本院予以采纳。据此,依照《中华人民共和国行政诉讼法》第六十一条第(一)项之规定,判决如下:驳回上诉,维持原判。

附:相关法律条文

《中华人民共和国行政诉讼法》

第六十一条　人民法院审理上诉案件,按照下列情形,分别处理:

(一)原判决认定事实清楚,适用法律、法规正确的,判决驳回上诉,维持原判;

……

《中华人民共和国招标投标法》

第三十三条　投标人不得以低于成本的报价竞标,也不得以他人名义投标或者以其他方式弄虚作假,骗取中标。

第五十四条　投标人以他人名义投标或者以其他方式弄虚作假,骗取中标的,中标无效,给招标人造成损失的,依法承担赔偿责任;构成犯罪的,依法追究刑事责任。

……

《中华人民共和国招标投标法实施条例》

第四十二条　使用通过受让或者租借等方式获取的资格、资质证书投标的,属于招标投标法第三十三条规定的以他人名义投标。

投标人有下列情形之一的,属于招标投标法第三十三条规定的以其他方式弄虚作假的行为:

(一)使用伪造、变造的许可证件;

(二)提供虚假的财务状况或者业绩;

(三)提供虚假的项目负责人或者主要技术人员简历、劳动关系证明;

(四)提供虚假的信用状况;

(五)其他弄虚作假的行为。

第六十八条 投标人以他人名义投标或者以其他方式弄虚作假骗取中标的,中标无效;构成犯罪的,依法追究刑事责任;尚不构成犯罪的,依照招标投标法第五十四条的规定处罚。依法必须进行招标的项目的投标人未中标的,对单位的罚款金额按照招标项目合同金额依照招标投标法规定的比例计算。

【评析意见】

一、本案争议焦点

福建省某建筑工程有限公司在投标文件《拟派项目经理简历表》中隐瞒了项目经理张某为未验收项目“武夷山市吴屯乡农村饮水安全工程”项目经理的经历,在《项目经理无在建工程和现场管理人员到位承诺书》中隐瞒项目经理有在建工程的事实,做出虚假保证,是否违反了招标文件的规定,是否属于“以其他方式弄虚作假”的行为,是本案的关键焦点。

“武夷山市吴屯乡农村饮水安全工程”项目虽已完工,但未经竣工验收。被上诉人提供的项目业主武夷山市吴屯乡人民政府和项目主管部门武夷山市水利局出具的两份《证明》,均可以证明该工程已按规定时间完工,但尚未正式验收。

根据《中华人民共和国水法》第十二条第四款,《中华人民共和国防洪法》第八条第三款,《中华人民共和国招标投标法》第七条第二款、第三款,《关于国务院有关部门实施招标投标活动行政监督的职责分工的意见》(国办发〔2000〕34 号)第三条,《福建省招标投标条例》第五十五条第三款,《工程建设项目施工招标投标办法》(水利部等七部委第 30 号)第六条,《水利工程建设项目招标投标管理规定》第八条第(二)项及《投诉处理办法》第四条第一款的规定,屏南县水利局作为水行政管理监督部门,具有依法查处本辖区内水利工程招标投标活动中违法行为的法定职权。某建筑公司在参与屏南县棠口溪防洪工程岭下段施工项目的投标过程中,本应按照招标投标文件的要求,如实填写项目经理有无在建工程的信息,但其提交的《拟派项目经理简历表》中未填写其项目经理张某担任武夷山市吴屯乡 2013 年农村饮水安全工程的项目经理情况,在招标文件《项目经理无在建工程和现场管理人员到位承诺书》中又做出项目经理张某无在建工程的保证。某建筑公司填写的投标文件的内容以及承诺的事实,客观上与武夷山市吴屯乡 2013 年农村饮水安全工程未经验收仍系在建工程的事实不符。根据《中华人民共和国招标投标法》第六十五条、《中华人民共和国招标投标法实施条例》第六十条、《投诉处理办法》第九条、《福建省招标投标条例》第五十八条和第五十九条第一款的规定,被告屏南县水利局接到举报人举报称,原告某建筑公司的项目经理张某任项目经理的吴屯乡项目仍属在建工程,违反了相关法律规定及招标文件的规定,要求取消中标人资格。被上诉人屏南县水利局受理举报后,进行调查取证,做出了《投诉处理决定》,依法将有关法律文书送达当事人,符合《中华人民共和国招标投标法实施条例》第六十一条第二款、《投诉处理办法》第二十条第(二)项的规定。某建筑公司明知《招标文件》对“投标人拟派项目经理应没有在建工程”要求的约定,而故意隐瞒《关于项目经理变更的申请报告》中张某已有在建工程。其行为违反《注册建造师管理规定》第二十一条第二款及《招标文件》的规定,且属于《中华人民共和国招标投标法》第三十三条及《中华人民共和国招标投标法实施条例》第四十二条第二款第(五)项规定的以其他方式弄虚作假,骗取中标的违法行为。根据《中华人民共和国招标投标法》第五十四条第一款及《中华人民共和国招标投标法实施条例》第六十八条第一款的规定，投标人以其他方式弄虚作假，骗取中标的，中标无效。

根据《福建省农村饮水安全工程验收办法(试行)》的规定，建设单位应在工程竣工后三个月内向县(市、区)水利局申请组织竣工验收，验收合格后，办理固定资产移交手续，否则不能交付使用。因此，农村饮水安全工程未经验收合格的，依法不能交付使用的，应属于在建工程。本案中，某建筑公司承建的武夷山市吴屯乡农村饮水安全工程，未经有关部门组织验收，依法不能交付使用。屏南县水利局认定该建设项目为在建工程，于法有据。某建筑公司在参与屏南县棠口溪防洪工程岭下段施工项目的投标过程中，本应按照招投标文件的要求，如实填写项目经理有无在建工程的信息，但其提交的《拟派项目经理简历表》中未填写其项目经理张某担任武夷山市吴屯乡 2013 年农村饮水安全工程的项目经理情况，在招标文件《项目经理无在建工程和现场管理人员到位承诺书》中又做出项目经理张某无在建工程的保证。某建筑公司填写的投标文件的内容以及承诺的事实，客观上与武夷山市吴屯乡 2013 年农村饮水安全工程未经验收仍系在建工程的事实不符。屏南县水利局据此认定申请人以其他方式弄虚作假，并决定取消某建筑公司的中标人资格，并无不当。

二、结合本案例，水行政主管部门在新形势下如何做好水利工程招标投标监管工作？

首先，谈谈目前水利建设工程招标投标工作中存在的突出问题：

(1)法律意识淡薄，有法不依。《中华人民共和国招标投标法》颁布实施以来，全社会对招标投标工作的法律认识大有提高。但是，有些招标人和投标人为了达到围标与抢占利益的目的，不愿依法办事，有法不依，在执法过程中，当给当事人提出其违法时，他们竟大惑不解："违什么法了？"法律意识的淡薄，造成了种种招标投标活动中的怪现象。在各项审批未批准前，对拟建建设项目提前进行招标；有的招标人虚假招标先行内定"中标人"，再按照该"该投标人"的所具备的各项条件和特殊施工经验编制《投标资格预审文件》和《招标文件》进行招标工作；有的招标人带有倾向，在业主考察得分中重点体现，并引导专家评委重点考虑；有的招标人规避监督，不进场交易，造成既成事实；有的投标人之间相互串通，围标、串标，进行利益再分配，甚至项目的中标人、中标价由他们先行串通决定；有的招标投标代理机构与招标人或投标人串通，操作项目，从中牟利；有的评标专家私下与投标人接触，收受好处，影响评标公正等违法行为。

(2)招标投标工作透明度不够，引发较多投诉。根据《中华人民共和国招标投标法》的要求，招标人应当采取必要的措施，保证评标在严格保密的情况下进行。而现实情况是，评标活动一结束，当事人对评标过程中的情况从侧面探询了解。可以说评标活动的内容是公开的秘密。而当事人了解的内容中只摘取对自己有利的东西，使评标活动成了雾里看花，犹抱琵琶半遮面。而评标工作又是一个人为的评审过程，不同于电脑阅卷打分，因此投标人经常认为这个关键性的环节，最容易受到人为因素的影响，造成投标人对招标工作的不信任，从而引发一系列的投诉。

行政监督是市场经济条件下政府职能由对企业的直接干预转到宏观调控后的一种重要的形式。在招标投标领域，如何规范建设市场交易行为，维护招标投标双方合法权益，从源头上遏制工程项目交易中存在的腐败现象,保证工程质量,降低工程造价,缩短建设工期,促进建设行业技术水平的提高,无疑是行政监督的一项重要职责。那么如何有效地进行行政监督呢?

行政监督是一种带有强制性的行为,因此必须有严格的限制,这不仅是在内容上,也包括所采用的方式和具体的途径,从当前的实际出发:

(1)要处理好行政监督与项目法人的关系。现在,我国正在推行项目法人责任制,由项目法人对项目的筹划、筹资、建设实施、生产经营、债务偿还、保值增值实行全过程负责。招标是项目建设过程中的关键一环,是项目法人为了选择一家实力强、信誉好、报价低的单位来完成建设任务的方法,作为政府职能部门应监督的主要是公正性和公平性。《中华人民共和国招标投标法》第十二条规定:项目法人有权自行选择招标代理机构,委托其办理招标事宜,任何单位和个人不得以任何方式为招标人指定招标代理机构;有编制招标文件和组织评标能力的,可以自行办理招标事宜。这一条规定了项目法人在招标中的正当权利,一方面项目法人在法律、法规许可的范围内有权组织招标投标活动,政府职能部门应予支持;另一方面,当项目法人无能力自行招标时,可委托招标代理机构进行代理。在招标方式上,《中华人民共和国招标投标法》第十条规定:招标方式有公开招标和邀请招标两种,项目法人可根据工程的实际选择招标方式。但是,“建设部 89 号令”对公开招标的范围做了进一步明确:全部使用国有资金投资或国有资金投资占控股或主导地位的项目应实行公开招标。从招标投标的实践来看,公开招标也有利于扩大招标投标范围,增加招标投标的竞争性和透明度,防止串标等腐败现象的发生。而邀请招标虽然操作上比较简单,也比较省时、省力,但行政监督大为削弱,其中产生各种弊端甚至腐败现象的可能性也大为增加。因此,在招标投标活动中,尽管项目法人的正当权利应当得到尊重,但行政监督丝毫不能削弱,不仅对公开招标,而且对邀请招标,行政监督也要加强,包括对邀请招标理由的审查、对邀请的投标人资格的审查等,从某种意义上来说,对邀请招标的监督应当更为重视。只有真正处理好行政监督与项目法人权利的关系,招标投标活动才能更具活动力,有形建筑市场才能得到健康有序的发展。

(2)要处理好监督与服务的关系。行政监督是一种管理,它是服务于规范有形建设市场这一大目标的,管理也是服务,这是相对于总的目标而言的。而在具体的操作过程中,行政监督则首先必须从国家、集体和人民利益的角度出发来制定规范、把握程序,体现公平、公正的原则。而相对于行政监督而言,招标投标活动中的另一个相关方面——有形建设市场交易中心的职能则主要是提供服务,为具体的招标投标项目提供场地服务、信息服务和一条龙窗口服务。当前,建设工程交易正在打破“行业垄断、地方保护”的壁垒,全国统一开放的大市场也在逐步形成,由于我国地域广阔、行业分工等原因,招标人对投标人的情况很难了解清楚,尤其是我国加入世界贸易组织后,国外建筑企业也将参与竞标,这就给对投标人的资格审查工作带来了更大的困难。鉴于此,交易中心的信息服务职能应当有进一步的深化,就是要强调为行政监督服务,通过与全国有形建设工程交易市场信息联网,加强对每个投标人的跟踪了解(如项目经理的动向,投标人资质、资信的变更,履约信誉,奖惩情况等),并把信息及时提供给监督部门,以提高行政监督的效率。

(3)要解决统一执法问题。随着《中华人民共和国招标投标法》的贯彻深入和社会公众法制意识的提高,各行政职能部门加强了对招标投标活动的监督,但由于行政监督体制不顺、执法主体分散，政出多门、口径不一，在一定程度上助长了地方保护主义和行业保护主义，有的地方和行业客观强调地方和行业的特殊性，只允许本地方、本系统的企业参加投标，限制公平竞争，仍然是当前招标投标活动中存在的主要问题之一。要解决这一问题，主要是加强统一执法的力度，将分散的行政监督权归口到一个部门，由该部门统一建立一支“精干、高效”的监督招标投标活动的专业执法队伍，遵照“人本原理”的原则，可以将各行业主管部门的现行执法人员统一随职能调人，这样既可以避免政出多门、口径不一、行业垄断的现象，又有专业执法人员对专业工程的招标投标活动实施监督。

从查出一起水事违法案件谈程序合法性

【案情介绍】

原告张某、白某因要求确认被告龙山县水利局于2013年5月27日做出的湘龙水责停字〔2013〕第11号责令停止河道采砂行为通知书的行政行为违法，于2015年12月3日向龙山县人民法院提起行政诉讼。本院于2015年12月7日立案后，于2015年12月14日向被告送达了起诉状副本及应诉通知书。本院依法组成合议庭，于2016年4月15日、9月30日公开开庭审理了本案。原告张某委托代理人向某、原告白某及委托代理人张某，被告龙山县水利局委托代理人陈某、鞠某到庭参加诉讼。本案现已审理终结。

被告龙山县水利局于2013年5月27日做出湘龙水责停字〔2013〕第11号责令停止河道采砂行为通知书。该通知书内容为：原告方在湾塘乡河道管理段内采砂过程中与当地老百姓因河道采砂一事产生矛盾纠纷，现龙山县水利局已介入调查，在调查期间内责令你（单位）停止一切在河道内采砂的行为，听候调查处理结果。原告诉称，2012年5月3日，原告张某与龙山县水利局签订了《河道采砂开采权出让合同》，合同约定龙山县水利局通过拍卖的形式，将西水河湾塘乡湾塘村及切碧村采砂场采砂开采权出让给原告张某，采砂期限自批准开采之日起至2015年5月2日，砂场基本情况及要求以许可证请求为准。原告缴纳了5万元开采权出让款和1.2万元保证金等后，便筹集资金118万元用于购买采砂设备和基础设施建设。但原告仅采砂3个多月时间，被告不问青红皂白于2013年5月27日下达湘龙水责停字〔2013〕第11号责令停止河道采砂行为通知书，该行为严重违法。时间一去就是1年零2个月，此时，原告的机械设备已经腐蚀成废铁，无法生产使用。通过信访，被告才在2014年9月15日给原告出具了一份《书面处理意见》，明确告知我们，请求赔偿损失和可得利益应通过行政复议、诉讼等法律途径解决。2015年9月14日，龙山县信访问题复查复核委员会明确告知原告依诉讼程序解决。故现原告依法起诉：①请求人民法院确认被告湘龙水责停字〔2013〕第11号通知的行为是违法行为；②请求判令被告赔偿因违法行政和违反《河道采砂开采权出让合同》造成的经济损失124万元（包括5万元出让金和1.2万元保证金）以及营业损失240万元；③被告承担本案全部诉讼费用。原告向本院提供了以下证据：①湘龙水责停字〔2013〕第11号责令停止河道采砂行为通知书复印件一份；②湘龙水河字第〔2009〕03-1号湖南省河道管理范围生产作业许可证（副本）复印件一份、湘龙水采〔2012〕1号河道采砂开采权出让合同复印件一份；③2012年4月1日协议书一份，2012年4月2日申请报告一份；④信访事项复查申请登记表复印件一份，龙山县人民政府信访事项复查复核委员会办公室关于向某信访事项复查申请告知书龙政信复查告字〔2015〕11号复印件一份；⑤张某的损失票据一组（10页），白某的损失票据一组（11页）；⑥龙山德力水泥制品有限公司入库单2张；⑦湖南锦兴司法鉴定所湘锦兴〔2016〕司鉴字第006号司法鉴定意见书一份，资产评估费发票2张。

被告龙山县水利局辩称：①原告起诉已超过起诉期限，原告诉称答辩人于2013年5月27日对其下达湘龙水责停字〔2013〕第11号责令停止河道采砂行为书，按照《中华人民共和国行政诉讼法》第三十九条规定，原告应在行政行为做出后三个月内提起诉讼，但原告没有提起行政诉讼。如果按照《最高人民法院关于执行〈中华人民共和国行政诉讼法〉若干问题的解释》第四十一条的规定,行政机关做出具体行政行为时,未告知公民、法人或者其他组织诉权或者起诉期限的,起诉期限从公民、法人或者其他组织知道或者应当知道诉权或者起诉期限之日起计算,但从知道或者应当知道具体行政行为内容之日起最长不得超过2年。本案原告起诉也已远远超过这一期限,故请求依法驳回其诉求。②原告起诉请求答辩人赔偿无事实及法律依据,原告与答辩人签订的《河道采砂开采权出让合同》并不能代替《采砂许可证》,《河道采砂开采权出让合同》仅仅只是办理《采砂许可证》的前置条件,同时原告也没有把采砂船只到交通航运部门审核登记挂牌,其在河道采砂的行为本已违法。本案原告采砂本身就不合法,原告要求答辩人赔偿没有事实及法律依据。另外,原告与答辩人签订《河道采砂开采权出让合同》时是附有条件的,原告向答辩人做出了书面承诺,保证妥善处理与当地村民的关系,与当地村民产生的矛盾纠纷由原告自己全权负责处理,如因与村民发生矛盾纠纷,造成集体上访的,答辩人有权随时吊销原告的《采砂许可证》。③国家赔偿法确定的原则为赔偿直接损失,抛开答辩人是否应当赔偿不谈,现原告提出的诉求大部分是间接的或者是无证据证实的损失,按照法律规定被告对这部分损失也不应赔偿。

被告龙山县水利局向本院提交了以下证据、依据:①2012年5月3日河道采砂申请书一份,编号01号湖南省河道范围采砂等生产作业申请书一份,2012年5月4日承诺书一份,湘龙水采〔2012〕1号《河道采砂开采权出让合同》一份,上述证据拟证明签订合同的主体是张某,张某也已书面承诺会遵守合同相关规定,并按合同的内容进行违规处理;②湘龙水责停字〔2013〕第11号责令停止河道采砂行为通知书一份,龙山县湾塘乡人民政府情况说明一份,拟证明责令停止河道采砂行为,使原告方与当地百姓产生了矛盾纠纷;③照片6张,调查询问笔录3份,拟证明原告采砂场与当地群众因地质、房屋开裂等问题发生矛盾纠纷的情况;④送达回执一份,拟证明湘龙水责停字〔2013〕第11号责令停止河道采砂行为通知书已向原告方送达。

经庭审质证,原告方对被告方提供的证据发表以下质证意见:对证据①认为,真实性无异议,但与被告要证明的内容无关联性。对证据②认为,发生纠纷后,原告方多次找政府反映情况,政府只答复为了社会稳定,让采砂场停止采砂,原告方是按规定进行的采砂作业。采砂导致山体滑坡的事实是不存在的,山体滑坡成因是多方面因素,不能单纯说是采砂造成的,老百姓闹事不排除是为了利益,让我们停止采砂的处理有失公平;对证据③认为,这组证据不是做出具体行政行为的依据。对证据④无异议。

被告方对原告方提供的证据发表以下质证意见:对证据①认为,被告是按照合同规定做出的具体行政行为,程序和实体没有违反法律禁止性的规定。对证据②认为,其真实性无异议,但生产作业许可证上的生产作业单位是白某,与张某无关系,而且生产作业许可证上的作业范围与采砂场实际的作业范围不同,被告方是根据采砂场实际的作业行为而做出的行政行为。对证据③认为,协议书具体的内容被告方不清楚,申请书上是白某的名字,与张某无关系。对证据④认为,其真实性无异议,但是达不到原告证明目的,行政起诉期间不具有诉讼时效的特性,根据最新的行政诉讼法规定,原告起诉已超过诉讼期限;对证据⑤认为,张某的损失明细不具有证据的形式要件和法定要件,不具备证据的客观性,无法对这组证据真实性进行查证核实。白某的这组票据被告方不予质证,与本案无关联性,但这组票据中的1.2万元被告方无异议。对证据⑥认为,该入库单是2015年的,没有盖公章,真实性被告方不予认可。对证据⑦认为,鉴定报告被告方不予认可,首先是鉴定程序,原告提出鉴定的时间是在第一次开庭审理终结之后,法庭审理当时已经完成,其次是司法鉴定人员资质问题,司法鉴定应需二人同时具备造价工程师和资产评估师资质,该司法鉴定与本案无关,鉴定所涉及人是白某,与张某无关,张某应向法院提交证明自己损失的证据,鉴定费发票真实性无异议,但与本案无关。

法院对上述证据认证如下:被告提供的证据①、②、③、④符合证据合法性、真实性、关联性原则,为有效证据,本院予以采信。原告提供的证据①、②、③、④、⑦符合证据合法性、真实性、关联性原则,为有效证据,本院予以采信。证据⑤中有关原告方购买采砂设备、机械、工具等相关物品的销货清单、出库单、收款收据等相关证明,虽没有开具相应正式发票,但与基本事实相符,法院予以采信。证据⑥与本案缺乏关联性,无其他证据印证其真实性,法院不予采信。

经审理查明,原告张某于2012年5月3日与被告龙山县水利局在龙山县水利局水政大队办公室签订了湘龙水采〔2012〕1号河道采砂开采权出让合同。该合同第三条约定,龙山县水利局通过拍卖的形式,将酉水河湾塘乡湾塘村及切碧村采砂场采砂开采权出让给乙方,采砂期限自批准开采之日起至2015年5月2日。第五条约定,甲方出让给乙方的采砂开采权成交金额为5万元,同时缴纳河道采砂保证金1.2万元。第六条约定,此次采砂开采权出让价款及相关费(税)款等全部费用于2012年5月3日一次性全部付清。2012年5月7日,原告方向被告付清了5万元,2012年5月11日向被告支付了1.2万元保证金。2012年4月1日,张某与白某签订协议书,双方约定合伙开发龙山县酉水河湾塘乡湾塘村及切碧村采砂场,张某出资整个采砂场70%的资金,白某出资整个采砂场30%的资金,双方对采砂场的收益、风险按50%的比例平等承担。2012年5月4日,张某以湾塘采砂场为申请人向龙山县水利局申请河道范围采砂等生产作业,龙山县水利局在河道主管单位意见栏盖有印章。同日,张某向龙山县水利局签订承诺书,承诺如下:一是在采砂活动中负责保护许可河段河道岸坡稳定,凡造成河道岸坡垮塌及与村民买地、租地开采以及进入禁采区开采,水利局有权随时吊销采砂许可证,并主动接受处罚。二是坚决服从相关部门的监管,自觉主动接受辖区乡镇人民政府的安全、信访和维稳管理。妥善处理与当地村民的关系,与当地村民产生的矛盾纠纷由其全权负责处理。如因与村民发生矛盾纠纷,造成集体上访的,水利局有权随时吊销采砂许可证。2013年3~5月,因湾塘乡切碧村村民反映湾塘采砂场的采砂行为导致该村山体、房屋发生裂缝,湾塘乡人民政府多次组织湾塘采砂场与切碧村村民进行调解,但双方没有达成共识。2013年5月27日,龙山县水利局进行了实地调查走访,发现该村地段确实存在大范围地质滑坡隐患并且部分房屋已经出现裂缝,龙山县水利局随即于同日给湾塘采砂场下达了湘龙水责停字〔2013〕第11号责令停止河道采砂行为通知书,并于同日送达,责令湾塘采砂场在龙山县水利局调查期间停止一切在河道内采砂的行为,听候调查处理结果。龙山县水利局在做出该通知书时,未向当事人告知给予行政处罚的事实、理由及依据,并告知当事人依法享有的权利,未告知当事人在行政机关做出责令停产停业等行政处罚决定之前,当事人有要求举行听证的权利。该通知书也未载明行政相对人违反法律、法规或者规章的事实和证据,行政处罚的依据,不服行政处罚决定,申请行政复议或者提起行政诉讼的途径和期限等事项。该通知书送达后,原告方遂停产至今,龙山县水利局至今也未有调查处理结果。停产后,原告白某及其配偶向某一直通过信访、上访等途径反映其相关诉求。2015年9月14日,龙山县信访问题复查复核委员会做出龙政信复查告字〔2015〕11号告知书,决定对原告白某及配偶向某的信访事项不予受理,告知其依法通过诉讼等法定途径解决,原告方遂于2015年12月3日向本院提起行政诉讼。本案审理过程中,经原告方申请,本院委托湖南锦兴司法鉴定所对原告白某、张某的采砂场因责令停产而造成的资产损失进行评估鉴定,经评估鉴定,原告白某、张某所属龙山县干溪坝采砂场因责令停产而造成的资产损失为75.51万元。干溪坝是湾塘乡切碧村一小地名。

【审理结果】

法院认为,行政机关在做出行政处罚时,应严格依照《中华人民共和国行政处罚法》的相关规定履行行政职责。《中华人民共和国行政处罚法》第三条第二款规定,没有法定依据或者不遵守法定程序的,行政处罚无效。第四条第二款规定,实施行政处罚必须以事实为依据,与违法行为的事实、性质、情节以及社会危害程度相当。第八条第一款第(四)项规定,行政处罚的种类包括责令停产停业。第三十条规定,公民、法人或者其他组织违反行政管理秩序的行为,依法应当给予行政处罚的,行政机关必须查明事实;违法事实不清的,不得给予行政处罚。第三十一条规定,行政机关在做出行政处罚决定之前,应当告知当事人做出行政处罚决定的事实、理由及依据,并告知当事人依法享有的权利。第三十九条第一款第(二)、(三)、(五)项规定,行政处罚决定书应当载明下列事项:违反法律、法规或者规章的事实和证据;行政处罚的种类和依据;不服行政处罚决定,申请行政复议或者提起行政诉讼的途径和期限。第四十一条规定,行政机关及其执法人员在做出行政处罚决定之前,不依照本法第三十一条、第三十二条的规定向当事人告知给予行政处罚的事实、理由和依据,或者拒绝听取当事人的陈述、申辩,行政处罚决定不能成立。第四十二条规定,行政机关做出责令停产停业、吊销许可证或者执照、较大数额罚款等行政处罚决定之前,应当告知当事人有要求举行听证的权利;当事人要求听证的,行政机关应当组织听证。综上,被告龙山县水利局在对原告方做出责令停止河道采砂行为通知书时,未查明当事人的违法事实及是否具有违反行政管理秩序的行为,未告知当事人做出行政处罚决定的事实、理由及依据,并告知当事人依法享有的权利,未告知当事人有要求举行听证的权利,责令停止河道采砂行为通知书中也未载明违反法律、法规或者规章的事实和证据,行政处罚的种类和依据,以及不服行政处罚决定,申请行政复议或者提起行政诉讼的途径和期限,也未向本院提供证明该行政处罚行为合法性的证据、依据。因此,应认定被告龙山县水利局对原告方做出责令停止河道采砂行为通知书时,未遵守法定程序,违法事实认定不清及没有法定依据,该责令停止河道采砂行为通知书不具有合法性,依法应当确认被告龙山县水利局该行政处罚的行政行为违法。《中华人民共和国行政处罚法》第六条第二款规定,公民、法人或者其他组织因行政机关违法给予行政处罚受到损害的,有权依法提出赔偿要求。《中华人民共和国国家赔偿法》第四条第一款第(一)项规定,行政机关及其工作人员在行使行政职权时有下列侵犯财产权情形之一的,受害人有取得赔偿的权利:违法实施罚款、吊销许可证和执照、责令停产停业、没收财物等行政处罚的。第三十六条第一款第(六)、(八)项规定,侵犯公民、法人和其他组织的财产权造成损害的,按照下列规定处理:吊销许可证和执照、责令停产停业的,赔偿停产停业期间必要的经常性费用开支;对财产权造成其他损害的,按照直接损失给予赔偿。原告方对停产停业期间必要的经常性费用开支没有提供证据证明,本院不予支持。对财产权造成其他损害而产生的直接损失,经湖南锦兴司法鉴定所鉴定为资产损失75.51万元,本院予以支持。原告方要求赔偿营业损失240万元的诉讼请求,没有相应证据证实,且不符合《中华人民共和国国家赔偿法》第三十六条的规定，本院不予支持。

关于原告起诉是否已超过起诉期限的问题，法院认为，原告在收到被告龙山县水利局下达的责令停止河道采砂行为通知书后，一直通过向龙山县水利局、龙山县人民政府信访、上访的途径维护其权益，期望相关行政机关能合理解决其诉求，但一直未能得到协商解决。龙山县水利局做出责令停止河道采砂行为通知书时，同时要求其听候调查处理结果，但龙山县水利局至今也未做出调查处理结果，直至2015年9月14日，龙山县信访问题复查复核委员会做出龙政信复查告字〔2015〕11号告知书，决定对原告的信访事项不予受理，告知其应依法通过诉讼等法定途径解决后，原告方遂于2015年12月3日向本院提起行政诉讼。依据《中华人民共和国行政诉讼法》第四十八条第一款规定，公民、法人或者其他组织因不可抗力或者其他不属于自身的原因耽误起诉期限的，被耽误的时间不计算在起诉期限内。综上，原告对被耽误的时间并没有过错，可认定原告耽误起诉期限属其他不属于自身的原因耽误，被耽误的时间可不计算在起诉期限内，故被告关于原告起诉已超过起诉期限的答辩观点法院不予采纳。

关于采砂开采权出让金5万元及河道采砂保证金1.2万元的问题，法院认为，2012年5月3日双方签订的采砂开采权出让合同约定的采砂期限是自批准开采之日起至2015年5月2日，截至2013年5月27日被告方给原告下达责令停止河道采砂行为通知书后原告停产停业，原告已生产经营一年零二十四天，故采砂开采权出让金5万元（45.66元/天）应扣除原告已生产经营天数应缴纳的出让金后，其余出让金32 238.26元予以退还原告，河道采砂保证金1.2万元则应全额退还原告。

综上所述，被告龙山县水利局对原告方做出责令停止河道采砂行为通知书时，未遵守法定程序，违法事实认定不清及没有法定依据，依法应当确认被告龙山县水利局该行政处罚的行政行为违法，并应当对给原告造成的损失承担赔偿责任。据此，依据《中华人民共和国行政处罚法》第三条、第六条、第四十一条、第四十二条第一款，《中华人民共和国行政诉讼法》第七十四条第二款第（一）项、第七十六条，《中华人民共和国国家赔偿法》第四条第一款第（一）项、第七条第一款、第九条、第三十六条第一款第（八）项的规定，判决如下：

一、确认被告龙山县水利局做出的湘龙水责停字〔2013〕第11号责令停止河道采砂行为通知书的行政行为违法；

二、由被告龙山县水利局赔偿原告张某、白某损失75.51万元，限本判决生效之日起三十日内付清；

三、由被告龙山县水利局退还原告张某、白某采砂开采权出让金32 238.26元及河道采砂保证金1.2万元，限本判决生效之日起三十日内付清；

四、驳回原告张某、白某其他诉讼请求。

如果未按本判决指定的期间履行给付金钱义务，应当按照《中华人民共和国民事诉讼法》第二百五十三条的规定，加倍支付迟延履行期间的债务利息。

附：相关法律条文

《中华人民共和国行政处罚法》

第三条 公民、法人或者其他组织违反行政管理秩序的行为，应当给予行政处罚的，依照本法由法律、法规或者规章规定，并由行政机关依照本法规定的程序实施。

没有法定依据或者不遵守法定程序的,行政处罚无效。

第六条 公民、法人或者其他组织对行政机关所给予的行政处罚,享有陈述权、申辩权;对行政处罚不服的,有权依法申请行政复议或者提起行政诉讼。

公民、法人或者其他组织因行政机关违法给予行政处罚受到损害的,有权依法提出赔偿要求。

第四十一条 行政机关及其执法人员在做出行政处罚决定之前,不依照本法第三十一条、第三十二条的规定向当事人告知给予行政处罚的事实、理由和依据,或者拒绝听取当事人的陈述、申辩,行政处罚决定不能成立;当事人放弃陈述或者申辩权利的除外。

第四十二条 行政机关做出责令停产停业、吊销许可证或者执照、较大数额罚款等行政处罚决定之前,应当告知当事人有要求举行听证的权利;当事人要求听证的,行政机关应当组织听证。当事人不承担行政机关组织听证的费用。听证依照以下程序组织:

(一)当事人要求听证的,应当在行政机关告知后三日内提出;

(二)行政机关应当在听证的七日前,通知当事人举行听证的时间、地点;

(三)除涉及国家秘密、商业秘密或者个人隐私外,听证公开举行;

(四)听证由行政机关指定的非本案调查人员主持;当事人认为主持人与本案有直接利害关系的,有权申请回避;

(五)当事人可以亲自参加听证,也可以委托一至二人代理;

(六)举行听证时,调查人员提出当事人违法的事实、证据和行政处罚建议;当事人进行申辩和质证;

(七)听证应当制作笔录;笔录应当交当事人审核无误后签字或者盖章。

当事人对限制人身自由的行政处罚有异议的,依照治安管理处罚条例有关规定执行。

《中华人民共和国行政诉讼法》

第七十四条 行政行为有下列情形之一的,人民法院判决确认违法,但不撤销行政行为:

(一)行政行为依法应当撤销,但撤销会给国家利益、社会公共利益造成重大损害的;

(二)行政行为程序轻微违法,但对原告权利不产生实际影响的。

行政行为有下列情形之一,不需要撤销或者判决履行的,人民法院判决确认违法:

(一)行政行为违法,但不具有可撤销内容的;

(二)被告改变原违法行政行为,原告仍要求确认原行政行为违法的;

(三)被告不履行或者拖延履行法定职责,判决履行没有意义的。

第七十六条 人民法院判决确认违法或者无效的,可以同时判决责令被告采取补救措施;给原告造成损失的,依法判决被告承担赔偿责任。

《中华人民共和国国家赔偿法》

第四条 行政机关及其工作人员在行使行政职权时有下列侵犯财产权情形之一的,受害人有取得赔偿的权利:

(一)违法实施罚款、吊销许可证和执照、责令停产停业、没收财物等行政处罚的;

(二)违法对财产采取查封、扣押、冻结等行政强制措施的;

（三）违法征收、征用财产的；

（四）造成财产损害的其他违法行为。

第七条 行政机关及其工作人员行使行政职权侵犯公民、法人和其他组织的合法权益造成损害的，该行政机关为赔偿义务机关。

两个以上行政机关共同行使行政职权时侵犯公民、法人和其他组织的合法权益造成损害的，共同行使行政职权的行政机关为共同赔偿义务机关。

法律、法规授权的组织在行使授予的行政权力时侵犯公民、法人和其他组织的合法权益造成损害的，被授权的组织为赔偿义务机关。

受行政机关委托的组织或者个人在行使受委托的行政权力时侵犯公民、法人和其他组织的合法权益造成损害的，委托的行政机关为赔偿义务机关。

赔偿义务机关被撤销的，继续行使其职权的行政机关为赔偿义务机关；没有继续行使其职权的行政机关的，撤销该赔偿义务机关的行政机关为赔偿义务机关。

第九条 赔偿义务机关有本法第三条、第四条规定情形之一的，应当给予赔偿。

赔偿请求人要求赔偿，应当先向赔偿义务机关提出，也可以在申请行政复议或者提起行政诉讼时一并提出。

第三十六条 侵犯公民、法人和其他组织的财产权造成损害的，按照下列规定处理：

（一）处罚款、罚金、追缴、没收财产或者违法征收、征用财产的，返还财产；

（二）查封、扣押、冻结财产的，解除对财产的查封、扣押、冻结，造成财产损坏或者灭失的，依照本条第（三）项、第（四）项的规定赔偿；

（三）应当返还的财产损坏的，能够恢复原状的恢复原状，不能恢复原状的，按照损害程度给付相应的赔偿金；

（四）应当返还的财产灭失的，给付相应的赔偿金；

（五）财产已经拍卖或者变卖的，给付拍卖或者变卖所得的价款；变卖的价款明显低于财产价值的，应当支付相应的赔偿金；

（六）吊销许可证和执照、责令停产停业的，赔偿停产停业期间必要的经常性费用开支；

（七）返还执行的罚款或者罚金、追缴或者没收的金钱，解除冻结的存款或者汇款的，应当支付银行同期存款利息；

（八）对财产权造成其他损害的，按照直接损失给予赔偿。

【评析意见】

一、本案的争议焦点

本案的争议焦点有三个：①被告龙山县水利局做出的行政处罚行为是否合法；②赔偿数额认定是否正确；③原告起诉是否超过法定期限。

（一）关于行政处罚行为合法性

行政机关在做出行政处罚时，应严格依照《中华人民共和国行政处罚法》的相关规定履行行政职责。《中华人民共和国行政处罚法》第三条第二款规定，没有法定依据或者不遵守法定程序的，行政处罚无效。第四条第二款规定，实施行政处罚必须以事实为依据，与违法行为的事实、性质、情节以及社会危害程度相当。第八条第一款第（四）项规定，行政处罚的种类包括责令停产停业。第三十条规定，公民、法人或者其他组织违反行政管理秩序的行为,依法应当给予行政处罚的,行政机关必须查明事实;违法事实不清的,不得给予行政处罚。第三十一条规定,行政机关在做出行政处罚决定之前,应当告知当事人做出行政处罚决定的事实、理由及依据,并告知当事人依法享有的权利。第三十九条第一款第(二)、(三)、(五)项规定,行政处罚决定书应当载明下列事项:违反法律、法规或者规章的事实和证据;行政处罚的种类和依据;不服行政处罚决定,申请行政复议或者提起行政诉讼的途径和期限。第四十一条规定,行政机关及其执法人员在做出行政处罚决定之前,不依照本法第三十一条、第三十二条的规定向当事人告知给予行政处罚的事实、理由和依据,或者拒绝听取当事人的陈述、申辩,行政处罚决定不能成立。第四十二条规定,行政机关做出责令停产停业、吊销许可证或者执照、较大数额罚款等行政处罚决定之前,应当告知当事人有要求举行听证的权利;当事人要求听证的,行政机关应当组织听证。综上,被告龙山县水利局在对原告方做出责令停止河道采砂行为通知书时,未查明当事人的违法事实及是否具有违反行政管理秩序的行为,未告知当事人做出行政处罚决定的事实、理由及依据,并告知当事人依法享有的权利,未告知当事人有要求举行听证的权利,责令停止河道采砂行为通知书中也未载明违反法律、法规或者规章的事实和证据,行政处罚的种类和依据及不服行政处罚决定,申请行政复议或者提起行政诉讼的途径和期限,也未在行政诉讼中提供证明该行政处罚行为合法性的证据、依据。因此,应认定被告龙山县水利局对原告做出责令停止河道采砂行为通知书时,未遵守法定程序,违法事实认定不清及没有法定依据,该责令停止河道采砂行为通知书不具有合法性,依法应当确认被告龙山县水利局行政处罚行为违法。

(二)关于赔偿数额认定是否正确

《中华人民共和国国家赔偿法》第四条第一款第(一)项规定:行政机关及其工作人员在行使行政职权时有下列侵犯财产权情形之一的,受害人有取得赔偿的权利:违法实施罚款、吊销许可证和执照、责令停产停业、没收财物等行政处罚的。第三十六条第一款第(六)、(八)项规定,侵犯公民、法人和其他组织的财产权造成损害的,按照下列规定处理:吊销许可证和执照、责令停产停业的,赔偿停产停业期间必要的经常性费用开支;对财产权造成其他损害的,按照直接损失给予赔偿。对财产权造成其他损害而产生的直接损失,经湖南锦兴司法鉴定所鉴定为资产损失 75.51 万元,被告龙山县水利局赔偿原告张某、白某损失 75.51 万元,限判决生效之日起三十日内付清,该判决赔偿符合法律规定。对停产停业期间必要的经常性费用开支、营业损失,没有相应证据证实,判决不予赔偿适当。

(三)关于起诉期限

原告在收到被告龙山县水利局下达的责令停止河道采砂行为通知书后,一直通过向龙山县水利局、龙山县人民政府信访、上访的途径维护其权益,期望相关行政机关能合理解决其诉求,但均未能得到协商解决。龙山县水利局做出责令停止河道采砂行为通知书时,同时要求其听候调查处理结果,但至今未做出调查处理结果,直至 2015 年 9 月 14 日,龙山县信访问题复查复核委员会做出龙政信复查告字〔2015〕11 号告知书,决定对原告的信访事项不予受理,告知其应依法通过诉讼等法定途径解决后,原告遂于 2015 年 12 月 3 日向法院提起行政诉讼。依据《中华人民共和国行政诉讼法》第四十八条第一款规定,公民、法人或者其他组织因不可抗力或者其他不属于自身的原因耽误起诉期限的,被耽误的时间不计算在起诉期限内。所以,原告对被耽误的时间并没有过错,可认定原告耽误起诉期限属其他不属于自身的原因耽误,被耽误的时间可不计算在起诉期限内,故被告关于原告起诉已超过起诉期限的上诉理由不成立。

综上，被告龙山县水利局对原告做出责令停止河道采砂行为通知书时，未遵守法定程序，违法事实认定不清且无法定依据，依法应当确认被告龙山县水利局行政处罚行为违法，并应当对给原告造成的损失承担赔偿责任。

二、龙山县水利局于2013年5月27日做出的湘龙水责停字〔2013〕第11号责令停止河道采砂行为通知书的行政行为是否具有可诉性是本案的关键问题

一种观点认为不具有可诉性。理由如下：①行政处罚决定书和责令停止水事违法行为通知书均是国家水利部制作的统一格式范本文书，行政处罚决定书本身告知了复议和诉讼的权利，而责令停止水事违法行为通知书本身没有表明复议和诉讼的权利，二者的差异也可得出责令水事违法行为通知书不具有可诉性的事实。②责令停止水事违法行为通知书本身对原告不具有强制执行的效力，也没有实际的影响，依法不属于行政诉讼受案范围；做出责令停止河道采砂行为通知书是龙山县水利局实施行政处罚程序的一个中间环节，最后做出并送达行政处罚决定书后才是一个具体行政行为的完成，因此说责令停止水事违法行为通知书不是一个独立的行政行为，不具有行政可诉性。

另一种观点认为具有可诉性。理由如下：一个行政行为是否具有可诉性，要看该行政行为对行政相对人的权利是否产生了实际影响，是不是一个独立的行政行为。本案中，龙山县水利局于2013年5月27日做出的湘龙水责停字〔2013〕第11号责令停止河道采砂行为通知书，该通知书内容为：原告方在湾塘乡河道管理内采砂过程中与当地老百姓因河道采砂一事产生矛盾纠纷，现我局已介入调查，在调查期间内责令你（单位）停止一切在河道内采砂的行为，听候调查处理结果。责令相对人立即停止河道内采砂的行为。该通知明确要求相对人自行停止河道内采砂的行为，不是单纯地告知某个事项，而是设定了具体的义务及所要达到的法律后果，相对人如不履行该通知设定的义务，将会承担被处罚的后果。停止水事违法行为通知虽然是行政处罚前的一个必经程序，但并不是行政处罚过程中的一个程序，是一个独立于行政处罚程序之外的程序，是一个独立的行政行为，不需要依附于行政处罚而单独存在。所以，该通知具有可诉性。

作者倾向于第二种观点。

三、结合本案对与水事违法案件立案制度有关的两个问题进行解答

问题一：水行政处罚一般程序从立案开始，那么，调查取证工作是否只有在立案之后进行才合法，才符合法定程序？

答：在这里，要区分立案前后的执法活动和工作。在立案之前，水行政管理机关依法行使监督检查权，制止和纠正轻微的违法行为，发现涉嫌违法案件的线索并决定是否立案处理。这一过程，必然与调查取证相联系。不过，在这种场合不使用调查取证这一术语，习惯上只是将其与立案后的案件办理结合起来，而称为执法检查。在立案之后，需要继续进行的，按行政处罚的一般程序进行的执法检查，就是调查取证。因此，并非在立案之后水行政管理机关才能调查取证。在立案之前，水行政管理机关在市场监督检查中，同样可以依法行使调查取证权。

问题二：在立案之前所获的证据材料是否可以作为案件事实认定的依据？

答:这实际上是一个证据效力问题。在行政执法中,立案并不是调查程序的启动程序。在立案之前的调查可称为初步调查阶段,在立案之后的调查为正式调查阶段。初步调查阶段完成的任务是证明涉嫌违法行为可能存在,需要通过正式立案以便进一步调查核实;立案后的调查,则必须以充分证据证明违法事实是否存在、证明是否需要实施行政处罚。立案的作用主要体现在督促水行政管理机关及时开展调查,并将不具备立案条件的案件排除在一般程序之外。

所以,只要在立案之前取得的证据符合法律的要求,且能够对所调查的事实起到证明作用,就可以作为最终认定案件事实的依据。

四、结合本案例对实践中责令改正的法律属性进行简析

责令改正是指行政主体依法做出要求行政相对人停止和纠正违法行为的行政指导行为。它有多种表现形式,如责令停止使用、责令限期改正等。因在现行的质监涉及的法律、法规、规章中,责令改正大多出现在“法律责任”章节,所以很多执法人员误认为责令改正是一种行政处罚,将责令改正作为行政处罚种类予以运用。

责令改正的特征有:①做出责令改正的主体是行政机关或法律、法规授权的组织。②责令改正的对象是违法行为人,即违法的公民、法人或其他组织。③责令改正的做出以行政相对人违法为前提。④责令改正是行政主体依据法律、法规、规章或依职权做出。

做出责令改正的条件:①行为人的行为违反法律、法规、规章的规定;②法律、法规、规章有明确授权由行政机关对某一违法行为给予责令改正或法律、法规、规章虽未明确规定,但依法属于行政机关职权管辖的范围;③《中华人民共和国行政处罚法》第二十三条规定,行政机关实施行政处罚时,应当责令当事人改正或者限期改正违法行为。而在一些单行法律、法规的法律责任条款中,只规定有停止违法行为的内容,而无责令当事人改正或限期改正违法行为的内容。执法机关如果查处此类违法行为,是否应当责令违法当事人改正或限期改正违法行为?目前执法实践中有不同理解:一种观点认为,不论单行法律、法规中是否有责令改正违法行为的表述,执法机关在查处违法行为,对其实施行政处罚的同时,都应当责令当时改正或限期改正违法行为;另一种观点认为,行政处罚法上规定的责令违法当事人改正或限期改正违法行为的规定是一般规定,而单行法律、法规责任条款的规定是特殊规定,如果单行法律、法规中未规定责令当事人改正违法行为的,按照特殊优先的适用原则,只责令当事人停止违法行为即可,无须或者不宜责令当事人改正违法行为。

一般而言,单行法律、法规责任条款中对违法行为未规定责令改正,只规定责令停止的,多属于违法行为不宜或不能改正的情形,或者改正该行为会影响其他法律关系(如民事法律关系、房屋买卖关系)的情形。对于这样规定的,执法机关一般责令当事人停止违法行为即可,不宜责令当事人再改正违法行为。执法机关应对具体的案件做具体的分析,如果认为违法行为应当改正而且能够改正的,即便单行法律、法规未规定改正的,也宜责令当事人改正或限期改正违法行为。

《中华人民共和国行政处罚法》第八条规定:行政处罚的种类:(一)警告;(二)罚款;(三)没收违法所得、没收非法财物;(四)责令停产停业;(五)暂扣或者吊销许可证、暂扣或者吊销执照;(六)行政拘留;(七)法律、行政法规规定的其他行政处罚。注意:要归人“其他行政处罚”需要法律、行政法规明文做出规定,而目前我国尚无法律、行政法规规定责令改

正是处罚种类。

《中华人民共和国行政处罚法》第二十三条规定：行政机关实施行政处罚时，应当责令当事人改正或者限期改正违法行为。按照文义解释的方法，可以从此条推断出责令改正不是处罚行为。

五、结合具体实践，下面有两个实践性问题需要和广大水行政执法人员探讨

（一）实践中水行政机关负责人出庭应诉的问题

《中华人民共和国行政诉讼法》第三条第三款规定：被诉行政机关负责人应当出庭应诉。不能出庭的，应当委托行政机关相应的工作人员出庭。《最高人民法院关于适用〈中华人民共和国行政诉讼法〉若干问题的解释》第五条规定，行政诉讼法第三条第三款规定的“行政机关负责人”，包括行政机关的正职和副职负责人。据此，行政机关负责人出庭应诉是作为被告的行政机关应尽的法定义务，人民法院审理行政案件，行政机关的正职或者副职领导应当出庭。确实有正当理由不能出庭的，应当说明理由，并委托行政机关工作人员参加庭审活动，不得只委托律师参加庭审。据此，行政负责人参加庭审并非绝对。

（二）实践中人民法院审理行政案件，参照规章的法律问题

《中华人民共和国行政诉讼法》第六十三条第三款规定：人民法院审理行政案件，参照规章。《最高人民法院关于执行〈中华人民共和国行政诉讼法〉若干问题的解释》简称（若干问题的解释）第六十二条第二款规定，人民法院审理行政案件，可以在裁判文书中引用合法有效的规章。“参照规章”，是指人民法院在审理行政案件的过程中，对于行政机关据以做出被诉行政行为的规章具有选择适用权。经审查认为合法有效的规章，可以作为判断被诉行政行为合法与否的根据，并在裁判文书中予以引用；认为与上位法相抵触的规章，不能作为判断被诉行政行为合法与否的根据，人民法院应当根据上位法规定对被诉行政行为的合法性做出判断。但是，人民法院在行政诉讼中无权宣布规章无效。

六、结合实践对《关停取缔决定》的解析

结合本案例延伸一下，假如某石油化工有限公司，被新乡市人民政府做出“关于关停取缔某石油化工有限公司在人民胜利渠东五灌区内建设油库（油库占地面积220多亩）环境违法建设项目的决定”（简称《关停取缔决定》），认定某石油化工有限公司建设项目不符合国家产业政策，污染严重，未取得环保审批手续，属环境违法建设项目，决定关停并予以取缔。下面作者重点就在日常执法过程中常见的《关停取缔决定》进行解析。

一是新乡市人民政府做出的《关停取缔决定》是否属于行政诉讼受案范围；二是《关停取缔决定》行为的性质是行政命令还是行政处罚。

（1）关于新乡市人民政府做出的《关停取缔决定》是否属于行政诉讼受案范围的问题。

根据《中华人民共和国行政诉讼法》第四十九条第（四）项“提起诉讼应当符合下列条件：……（四）属于人民法院受案范围和受诉人民法院管辖”的规定，属于行政诉讼受案范围是法院受理并对案件进行实体审查的前提。根据《最高人民法院关于执行〈中华人民共和国行政诉讼法〉若干问题的解释》（简称《若干问题的解释》）第一条第一款“公民、法人或者其他组织对具有国家行政职权的机关和组织及其工作人员的行政行为不服，依法提起诉讼的，属于人民法院行政诉讼的受案范围”的规定，对其起诉依法应予受理。

(2)关于《关停取缔决定》的性质问题。

根据《中华人民共和国行政处罚法》第八条"行政处罚的种类:(一)警告;(二)罚款;(三)没收违法所得、没收非法财物;(四)责令停产停业;(五)暂扣或者吊销许可证、暂扣或者吊销执照;(六)行政拘留;(七)法律、行政法规规定的其他行政处罚"的规定,从关停取缔内容来看不属于该条第(一)项至第(六)项规定的六种行政处罚种类范畴;依据《国务院关于环境保护若干问题的决定》做出的《关停取缔决定》,应属行政命令,而非行政处罚。

行政处罚是行政机关或其他行政主体依法定职权和程序对违反行政法律规范的行政相对人给予行政制裁的具体行政行为,它是由特定的行政主体实施的、以直接限制剥夺行政相对人的人身权、财产权为内容的制裁措施,带有制裁性、惩戒性。因此,《关停取缔决定》不符合行政处罚的法律特征,不属于行政处罚。

七、下面重点对水资源税相关政策进行阐述

结合本案例作者就水资源税相关政策做以下介绍,以便广大水行政管理及执法人员在执法实践中学习参考。

财政部、税务总局、水利部 2017 年 11 月 28 日发布《扩大水资源税改革试点实施办法》(简称《实施办法》),自 2017 年 12 月 1 日起,北京、天津、山西、内蒙古、河南、山东、四川、陕西、宁夏 9 个省(区、市)将纳入水资源税改革试点,由征收水资源费改为征收水资源税。河南是 9 个试点省份之一。

(一)推进水资源税改革试点的重要意义

人多水少、水资源时空分布不均衡,是我国的基本国情、水情。我国多年平均水资源总量 2.8 万亿立方米,人均水资源量仅为世界平均水平的 28%。南方水资源相对丰沛,北方水资源紧缺,尤其华北地区供需矛盾较大,地下水超采总量及超采面积占全国 1/2。随着我国经济社会不断发展,水已经成为我国严重短缺的产品和制约环境质量的主要因素。

党的十九大对加快生态文明体制改革、推进绿色发展做出了战略部署,明确指出"必须坚持节约优先、保护优先、自然恢复为主的方针,形成节约资源和保护环境的空间格局、产业结构、生产方式、生活方式""推进资源全面节约和循环利用,实施国家节水行动"。推进水资源税改革试点,是全面贯彻落实党的十九大精神的重要举措,具有十分重要的意义。一是有利于发挥政府调控作用、运用税收杠杆调节用水需求,完善资源有偿使用制度和生态补偿机制,加快建立绿色生产和消费的政策导向。二是有利于增强企业等社会主体节水意识和动力,加快技术创新,提高用水效率、优化用水结构,减少不合理用水需求。三是有利于倡导简约适度、绿色低碳的生活方式,在全社会形成珍惜资源、节约资源的风尚,提高人民群众保护水资源的自觉性和责任感。四是有利于我国更好地承担国际责任和履行国际义务,与国际社会协同行动,共同保护好人类赖以生存的地球家园,为全球生态安全做出贡献。

(二)水资源税由谁缴纳?怎么发挥调节用水的作用?

根据此次发布的《实施办法》,除规定情形外,水资源税的纳税人为直接从江、河、湖泊(含水库)和地下取用水资源的单位与个人,对一般取用水按照实际取用水量征税。同时,为发挥水资源税调控作用,按不同取用水性质实行差别税额,地下水税额要高于地表水,超采区地下水税额要高于非超采区,严重超采地区的地下水税额要大幅高于非超采地区。对超计划或超定额用水加征 1~3 倍,对特种行业从高征税,对超过规定限额的农业生产取用

水、农村生活集中式饮水工程取用水从低征税。具体适用税额,授权省级人民政府统筹考虑本地区水资源状况、经济社会发展水平和水资源节约保护的要求确定。

(三)所有直接取水用水的行为是否都要缴纳水资源税

《实施办法》规定了六种情形,不缴纳水资源税:

(1)农村集体经济组织及其成员从本集体经济组织的水塘、水库中取用水的;

(2)家庭生活和零星散养、圈养畜禽饮用等少量取用水的;

(3)水利工程管理单位为配置或者调度水资源取水的;

(4)为保障矿井等地下工程施工安全和生产安全必须进行临时应急取用(排)水的;

(5)为消除对公共安全或者公共利益的危害临时应急取水的;

(6)为农业抗旱和维护生态与环境必须临时应急取水的。

(四)水资源税应纳税额如何计算

水资源税实行从量计征。与现行水资源费制度相衔接,对一般取用水按照实际取用水量征税,对采矿和工程建设疏干排水按照排水量征税;对水力发电和火力发电贯流式(不含循环式)冷却取用水按照实际发电量征税:

一般取用水应纳税额=实际取用水量×适用税额

水力发电和火力发电贯流式(不含循环式)冷却取用水:

应纳税额=实际发电量×适用税额

(五)贯流式、循环式火力发电冷却取用水的含义

贯流式火力发电冷却取用水,是指火力发电企业从江、河、湖泊(含水库)等水源取水,并对机组冷却后将水直接排入水源的取用水方式。循环式火力发电冷却取用水,是指火力发电企业从江河、湖泊(含水库)、地下等水源取水并引入自建冷却水塔,对机组冷却后返回冷却水塔循环利用的取用水方式。

(六)税额标准的确定

除中央直属和跨省(区、市)水力发电取用水外,由试点省份省级人民政府统筹考虑本地区水资源状况、经济社会发展水平和水资源节约保护要求,在本办法所附“试点省份水资源税最低平均税额表”规定的最低平均税额基础上,分类确定具体适用税额。

试点省份的中央直属和跨省(区、市)水力发电取用水税额为每千瓦时0.005元。跨省(区、市)界河水电站水力发电取用水水资源税税额,与涉及的非试点省份水资源费征收标准不一致的,按较高一方标准执行。

严格控制地下水过量开采。对取用地下水从高确定税额,同一类型取用水,地下水税额要高于地表水,水资源紧缺地区地下水税额要大幅高于地表水。

超采地区的地下水税额要高于非超采地区,严重超采地区的地下水税额要大幅高于非超采地区。在超采地区和严重超采地区取用地下水的具体适用税额,由试点省份省级人民政府按照非超采地区税额的2~5倍确定。

在城镇公共供水管网覆盖地区取用地下水的,其税额要高于城镇公共供水管网未覆盖地区,原则上要高于当地同类用途的城镇公共供水价格。

除特种行业和农业生产取用水外,对其他取用地下水的纳税人,原则上应当统一税额。试点省份可根据实际情况分步实施到位。对特种行业取用水,从高确定税额。

对超计划(定额)取用水,从高确定税额。纳税人超过水行政主管部门规定的计划(定额)取用水量,在原税额基础上加征1~3倍,具体办法由试点省份省级人民政府确定。

对超过规定限额的农业生产取用水,以及主要供农村人口生活用水的集中式饮水工程取用水,从低确定税额。农业生产取用水,是指种植业、畜牧业、水产养殖业、林业等取用水。供农村人口生活用水的集中式饮水工程,是指供水规模在1 000立方米/天或者供水对象1万人以上,并由企事业单位运营的农村人口生活用水供水工程。

对回收利用的疏干排水和地源热泵取用水,从低确定税额。

(七)特种行业

特种行业取用水,是指洗车、洗浴、高尔夫球场、滑雪场等取用水。

(八)农村生活集中式饮水工程

供农村人口生活用水的集中式饮水工程,是指供水规模在1 000立方米/天或者供水对象1万人以上,并由企事业单位运营的农村人口生活用水供水工程。

(九)水资源税的优惠政策

下列情形,予以免征或者减征水资源税:

(1)规定限额内的农业生产取用水,免征水资源税;

(2)取用污水处理再生水,免征水资源税;

(3)除接入城镇公共供水管网以外,军队、武警部队通过其他方式取用水的,免征水资源税;

(4)抽水蓄能发电取用水,免征水资源税;

(5)采油排水经分离净化后在封闭管道回注的,免征水资源税;

(6)财政部、税务总局规定的其他免征或者减征水资源税情形。

(十)水资源税的纳税地点的规定

水资源税由生产经营所在地的地税主管税务机关征收管理,跨省(区、市)调度的水资源,由调入区域所在地的税务机关征收水资源税。在试点省份内取用水,其纳税地点需要调整的,由省级财政、税务部门决定。

(十一)纳税人申报缴纳水资源税的方法

除农业生产取用水外,水资源税按季或者按月征收,由主管税务机关根据实际情况确定。对超过规定限额的农业生产取用水水资源税可按年征收。不能按固定期限计算纳税的,可以按次申报纳税。

纳税人应当安装取用水计量设施。纳税人未按规定安装取用水计量设施或者计量设施不能准确计量取用水量的,按照最大取水(排水)能力或者省级财政、税务、水行政主管部门确定的其他方法核定取用水量。

纳税人应当自纳税期满或者纳税义务发生之日起15日内,根据水行政主管部门核定的实际取用水量向税务机关申报纳税。

(十二)税务机关如何管理水资源税

税务机关与水行政主管部门建立协作征税机制。为加强税收征管、提高征管效率,《实施办法》确定了“税务征管、水利核量、自主申报、信息共享”的征管模式,即税务机关依法征收管理;水行政主管部门负责核定取用水量;纳税人依法办理纳税申报;税务机关与水行政主管部门建立涉税信息共享平台和工作配合机制,定期交换征税和取用水信息资料。

水行政主管部门应当将取用水单位和个人的取水许可、实际取用水量、超计划(定额)取用水量、违法取水处罚等水资源管理相关信息定期送交税务机关。

纳税人根据水行政主管部门核定的实际取用水量向税务机关申报纳税。税务机关应当按照核定的实际取用水量征收水资源税,并将纳税人的申报纳税等信息定期送交水行政主管部门。

税务机关定期将纳税人申报信息与水行政主管部门送交的信息进行分析比对。征管过程中发现问题的,由税务机关与水行政主管部门联合进行核查。

八、结合本案例,下面就行政处罚过程中需要注意的问题进行解析

《中华人民共和国行政处罚法》从法律层面上对行政处罚的设定和实施、行政执法的程序,都有了更加明确的规定。下面作者从行政处罚的概念和种类、基本原则、适用、程序等四个方面,介绍行政处罚工作中需要把握的要点,不当之处,请批评指正。

(一)行政处罚的概念和种类

1.概念

行政处罚是指行政机关依法对违反行政管理秩序的公民、法人或者其他组织,以减损权益或者增加义务的方式予以惩戒的行为。

理解这一概念要把握以下四点:

一是实施行政处罚的主体必须是特定的行政机关或法律、法规授权的组织。由于行政处罚是一种公权力,有权做出行政处罚的只能是法律、法规明文规定的拥有行政处罚权的国家行政机关或法律、法规授权的组织,其他任何主体均无权做出行政处罚(如水利系统中,水利局和水行政执法队伍的关系问题,执法主体是水利局,执法队伍自身不是执法主体)。

二是行政处罚的对象是违反行政管理秩序的行政管理相对人。所谓行政管理相对人,是指行政管理相对一方当事人,他们是行政权力作用的对象,包括各种社会组织和个人,一般称作公民、法人和其他组织。行政管理相对人与行政机关之间存在着管理和被管理的关系,有义务遵守国家法律、法规、规章,如果违反,有处罚权的机关就可以给予处罚,以示惩戒。违法主体的认定是实施行政处罚首先需要解决的问题,也是行政处罚合法有效的必备要件之一。如果不能查明和确定违法主体,违法行为就没有相应的行政法律责任承担者,行政处罚的准确性便无从谈起。

案例 1:某市卫生局在一次执法中,发现某鞋业公司设立的食堂,在未办理卫生许可证的情况下,擅自经营快餐 3 个月,违反了《中华人民共和国食品卫生法》的有关规定,遂对该公司食堂做出了“予以取缔,罚款 2 000 元”的处罚决定。事后,当事人以认定被处罚对象错误为由提出行政复议。调查证实,该食堂是公司为方便职工就餐而设立的后勤服务机构,没有进行工商登记。复议机关支持当事人的申请理由。

简析:《最高人民法院关于适用〈中华人民共和国民事诉讼法〉若干问题的意见》,法人非依法设立的分支机构,或者虽依法设立,但没有领取营业执照的分支机构,以设立该分支机构的法人为当事人。该食堂不具备主体条件,应由公司承担责任。把食堂作为被处罚人是错误的,鞋业公司才是真正的被处罚人。

案例 2:连锁店。根据《连锁店经营管理规范意见》,中国的连锁店包括三种方式:直营连锁,即连锁店的门店均由总部全资或控股开设,在总部的直接领导下统一经营;自愿连锁,即连锁店的门店均为独立法人,各自的资产所有权关系不变,在总部的指导下共同经营;特许连锁(或称加盟连锁),即连锁店的门店同总部签订合同,取得使用总部商标、商号、经营

技术及销售总部开发商品的特许权，经营权集中于总部。目前对于加盟连锁店和自愿连锁店来说，其作为独立主体，当然对自己的违法行为独立承担行政法律责任。而对于直营连锁，依据《最高人民法院关于适用〈中华人民共和国民事诉讼法〉若干问题的意见》第四十条规定，通常认为当其合法地取得相应的资质证件（如营业执照）时，并有一定的组织和资产，则可以认定其为行政违法主体。

此外，在商场租用柜台，如果有售假、商标侵权等情形，究竟应当以商场为违法主体，还是以租用柜台的厂商为违法主体，需要研究。

三是行政处罚的客体是违反行政管理法规的行为。行政管理相对人有违反行政管理法律、法规的行为存在是行政处罚的前提，只有违法行为存在，才能给予行政处罚。因此，只有法律、法规规定必须处罚的行为才可以处罚，法律、法规没有规定就不能处罚（法无禁止则可行）。

四是行政处罚是行政制裁，而不是刑事制裁或民事制裁，也就是说，行政处罚是指对违反法律、法规但尚未构成犯罪的行为的处罚。一旦违法行为超出行政制裁的范围，构成刑事犯罪，就要给予刑事制裁。在办理行政处罚案件时，发现当事人涉嫌刑事犯罪，是否马上中止案件，移交公安机关？《行政执法机关移送涉嫌犯罪案件的规定》第三条规定：行政执法机关在依法查处违法行为过程中，发现违法事实涉及的金额、违法事实的情节、违法事实造成的后果等，根据刑法关于破坏社会主义市场经济秩序罪、妨害社会管理秩序罪等罪的规定和最高人民法院、最高人民检察院关于破坏社会主义市场经济秩序罪、妨害社会管理秩序罪等罪的司法解释以及最高人民检察院、公安部关于经济犯罪案件的追诉标准等规定，涉嫌构成犯罪，依法需要追究刑事责任的，必须依照本规定向公安机关移送。（有部门问，移送公安机关后，还需要吊销当事人的相关证照，能否由原处罚机关继续做出相应处罚？作者认为，移送后行政案件进入刑事程序，不宜再继续处罚）

2.行政处罚的种类

弄清楚行政处罚的种类是非常有意义的，它不仅可以帮助人们更好地理解行政处罚，而且科学、合理地分类对规范立法和执法都能提供帮助。行政处罚法对处罚的种类做出了明确规定，各级立法机关在立法设定行政处罚时就应当按照法定的种类去设定；在执法中，行政机关就可以以法定行政处罚种类为基础，对常用处罚种类如何实施加强研究，达到进一步规范各种行政处罚的目的。

《中华人民共和国行政处罚法》颁布之前，我国法律、法规关于行政处罚的规定比较多，罚则名称百种有余。《中华人民共和国行政处罚法》按照罚则名称对行政处罚进行分类，简洁明了，运用方便，非常有特色。新《中华人民共和国行政处罚法》第九条：行政处罚的种类：（一）警告、通报批评；（二）罚款、没收违法所得、没收非法财物；（三）暂扣许可证件、降低资质等级、吊销许可证件；（四）限制开展生产经营活动、责令停产停业、责令关闭、限制从业；（五）行政拘留；（六）法律、行政法规规定的其他行政处罚。“法律、行政法规规定的其他行政处罚”，应用最多的就是责令改正了，很多执法人员在制作处罚告知书和决定书的时候，不管法律依据中有没有责令改正，都将责令改正作为处罚种类之一写上，这种做法很不妥当。如果所依据的法律、行政法规把责令改正作为处罚种类的一种，那么可以适用；如果没有规定，不得无法律、行政法规依据自行创设行政处罚种类。如：畜牧系统行政处罚时，有一个对非法经营假冒伪劣兽药的行政处罚种类出现了“召回产品”的处罚，这属于适用处罚种类错误。（如果法律、法规对已经销售出去的违法产品没有做出如何处理的规定，可以适用《中华人民共和国行政处罚法》第二十八条,即行政机关实施行政处罚时,应当责令当事人改正或者限期改正违法行为。以行政命令的方式,要求当事人改正违法行为)

(二)行政处罚的原则

行政处罚的原则是指实施行政处罚时所必须遵循的准则。明确行政处罚的原则对于指导和规范行政执法机关实施行政处罚具有很强的现实意义。

1.处罚法定原则

这一原则包含以下要求:

一是主体法定。行政处罚权是一种特定的行政权力,能够实施行政处罚的主体只能是法律、法规规定的拥有行政处罚权的行政机关和法定的组织。此外,根据法律、法规、规章的规定,行政机关可以委托有关事业组织实施处罚。任何行政处罚行为都是一定的行政处罚主体的行为,行为的合法与否首先表现在主体资格上。只有具备行政处罚主体资格的机关做出的行政处罚行为才是有效的,没有行政处罚主体资格的机关所做的行政处罚行为则是无效的。

例如:商丘市某县安监局查处网吧案。《大河报》2008 年 9 月 18 日刊登《安监局给网吧开罚单被诉"越权"》的文章,反映商丘市柘城县安监局对该县 45 家有证网吧进行拉网式排查后,针对有关"安全生产"和"消防隐患"等内容,对其中的 40 家网吧分别给予 1 万~3 万元行政处罚的问题。河南省法制办发现后,立即向商丘市政府发出了行政执法监督检查意见书,要求其予以立案调查。处理结果是:对该县安监局予以通报批评;暂扣县安监局副局长和县安监局执法队队长的行政执法证;免去安监局执法队队长张某职务。为进一步提高干部管理水平和执法人员整体素质,该县县委、县政府还决定,在全县范围内开展一次以"提升服务质量,维护某形象"为主题的解放思想大讨论活动。这是一起典型的无处罚主体资格擅自开展行政处罚活动的案件,充分说明,无主体资格就无处罚权力(处罚无效)。

未取得行政执法资格的人员执法,也是执法主体资格不合法的一种表现。比如媒体经常曝光一些"临时工"执法的事件,无一例外,其做出的行政处罚均被撤销,宣告无效。

二是依据法定。行政处罚涉及行政权的合法行使,关系到公民、法人和其他组织合法权益的保护,因此处罚的依据必须法定。根据《中华人民共和国行政处罚法》的规定,法律、法规、规章可以设定行政处罚,因而它们都是行政处罚的依据。需要指出的是,法规、规章在设定行政处罚时,必须按照《中华人民共和国行政处罚法》的规定依法设定,否则不能作为行政处罚的依据。比如,地方性法规设定了吊销企业营业执照,规章设定了高额罚款,这都是违法的,都不能作为处罚的依据。《国务院关于贯彻实施〈中华人民共和国行政处罚法〉的通知》规定:国务院各部门制定的规章对非经营活动中的违法行为设定罚款不得超过 1 000 元;对经营活动中的违法行为,有违法所得的,设定罚款不得超过违法所得的 3 倍,但是最高不得超过 30 000 元,没有违法所得的,设定罚款不得超过 10 000 元;超过上述限额的,应当报国务院批准。地方政府规章设定罚款的限额,由省、自治区、直辖市人大常委会规定,可以不受上述规定的限制。

又比如,某县刘家庄村村民李某,为建造房屋于 2013 年 11 月 20 日,未经水行政主管机关批准,在村旁河道内用拖拉机采砂石。11 月 29 日,某县水利局发现后,责令李某停止采砂,并处以罚款 800 元,同时没收采砂用的拖拉机。李某不服,于 12 月 2 日向市河道主管机关申请复议,复议机关做出了维持县水利局处罚决定的复议决定。李某仍不服,于 12 月 15 日向人民法院提起行政诉讼,县法院受理了此案。在审理过程中,被告县水利局辩称:对李某的处罚既有事实根据也有法律依据。同时申明：某省政府《关于河道管理的若干规定》第十一条规定：未经批准或不按照河道主管机关的规定在河道管理范围内采砂、取土、淘金、弃置砂石淤泥、爆破、钻探、挖筑鱼塘等，由河道主管机关除责令其纠正违法行为、采取补救措施外，可以并处警告、罚款、没收非法所得和用于违法行为的工具。根据此规定，给予李某罚款和没收其拖拉机的处罚是完全正确的。县法院经审理认为，省政府《关于河道管理的若干规定》所设定的行政处罚种类超出了国务院《河道管理条例》的规定，因此判决撤销“没收拖拉机”的处罚决定，维持“罚款”的处罚决定。

问题：

(1)省政府的行政处罚设定权是什么？

(2)该案中省政府《关于河道管理的若干规定》可否作为行政处罚的法律依据？

简析：

(1)根据《中华人民共和国行政处罚法》的规定，省政府的行政处罚设定权有两项：第一，细化权。根据《中华人民共和国行政处罚法》的规定，省级人民政府的规定“可以在法律、法规、规定的给予行政处罚的行为、种类和幅度的范围内做出具体规定”，以保证行政法律体系内部的和谐统一。第二，创设权。根据《中华人民共和国行政处罚法》第十三条第一款的规定，省级人民政府的规章在尚未制定法律、法规的情况下，对违反行政管理秩序的行为，可以设置警告或者一定数量罚款的行政处罚。罚款的限额由省、自治区、直辖市人民代表大会常务委员会决定。根据此款的规定，省级人民政府的规章在尚未制定法律、法规的情况下，只能设定两种处罚：警告和一定数量的罚款，且罚款数额由省级人大常委会规定。

(2)该案中省政府《关于河道管理的若干规定》不能作为对李某进行行政处罚的法律依据。因为该规定与国务院《中华人民共和国河道管理条例》相抵触。《中华人民共和国河道管理条例》第四十四条规定：未经批准或者不按照河道主管机关的规定在河道管理范围内采砂、取土、淘金、弃置砂石或者淤泥、爆破、钻探、挖筑鱼塘的，由河道主管机关除责令纠正违法行为、采取补救措施外，可以并处警告、罚款、没收非法所得。该条例并未规定“没收用于违法行为的工具”的处罚。可见某省政府《关于河道管理的若干规定》设定的处罚种类，超过了《中华人民共和国河道管理条例》规定的处罚种类。《河道管理条例》是国务院的行政法规，《关于河道管理的若干规定》是地方政府规章，行政规章必须与行政法规相一致，不能创制新的行政处罚种类。因此，本案中某省政府《关于河道管理的若干规定》不能作为行政处罚的法律依据，县人民法院判决撤销县水利局对李某的“没收拖拉机”的处罚决定是正确的。

规章的行政处罚设定权是有限的：法律、法规已有规定的，只能在法律、法规规定的范围内做出具体规定；法律、法规尚未规定的，只能设定警告或一定数量的罚款。

还有一种情形，就是行政处罚裁量标准的适用。近年来在行政执法检查中经常发现有执法人员制作行政处罚决定书时，将行政处罚裁量标准和有关法律、法规、规章并列作为依据的情形。需要注意的是，行政处罚裁量标准不能作为处罚依据。

大致格式：根据你(单位)的违法事实、性质、情节、社会危害程度和相关证据，你(单位)的违法行为为轻微(属于一般的认定为一般，属于严重的认定为严重，属于特别严重的认定为特别严重)。根据××法、××法规、××规章的第×条，决定对你(单位)做出如下行政处罚……

三是程序法定。在行政处罚过程中，不仅要求实体合法，而且要求程序合法。行政机关在实施行政处罚时，如果不严格履行法定程序，如立案、调查取证、告知受处罚人权利、送达处罚决定书等程序，就会损害受处罚人的合法权益，这样做出的行政处罚决定是无效的、违法的。程序违法的直接后果就是该行政处罚行为被认定无效。

行政处罚是一种公权力，其设定只能由国家有权机关根据行政处罚法的规定来设定，也只能由有处罚权的机关按照法定程序行使。

2.公正、公开原则

公正原则的要求：行政主体在做出行政处罚时，处罚结果要与违法的事实、性质、情节以及社会危害程度相适应，做到过罚相当。行政主体在行使自由裁量权时，不得偏私；对受处罚者要平等对待，一视同仁，不能厚此薄彼，更不能以情代法。

公开原则包含以下要求：一是作为处罚依据的法律、法规、规章要公开，未经公布的不得作为处罚的依据。二是处罚的程序要公开。除涉及国家秘密、商业秘密和个人隐私的案件外，其他案件的处罚程序一律公开。其基本要求是：行政机关如何进行调查、获取证据要公开；行政机关进行检查要公开；行政机关如何做出处罚决定要公开。三是处罚决定要公开。处罚决定做出后，要向社会公开，接受社会监督。

3.教育与处罚相结合的原则

教育与处罚相结合的原则要求行政主体及其执法人员在实施行政处罚时要加强对受罚人的法制教育，使其知道自己行为的社会危害性、违反了什么法、依法应受到什么样的处罚，促使当事人自己也警示其他人要自觉守法，这样才能达到处罚的真正目的。从理论上讲，法律是人民意志的体现，但作为普通的社会大众，许多人并不了解法律，因此行政主体及其执法人员应利用一切机会向群众宣传法律，把法律还给群众。只有人民群众掌握了法律并切实遵守，整个社会才能和谐安定，秩序井然。因此，切实贯彻教育与处罚相结合的原则，利用各种机会宣传法律，武装群众，意义重大。一定要明白，处罚的目的是震慑和遏制违法行为，而不是为了耍威风和敛财。

例如：《焦点访谈》报道南阳市新野县新甸铺工商所和汉城工商所乱处罚案。《焦点访谈》栏目报道：新野县老街和新甸铺镇的市场上，当地工商所的执法人员挨家挨户向商户们收罚款，工商人员罚款没有任何检查笔录，也没有处罚通知书，只是收钱。报道称，新野县新甸铺工商所和汉城工商所存在乱处罚、以罚代管、罚而不管的问题。省政府法制办对这个案件进行了督办。省工商局对相关单位和责任人员进行了责任追究：责令南阳市工商局写出深刻检讨，取消南阳市工商局年度评先资格。南阳市工商局给予新野县工商局党组书记、局长行政记过处分，免去党组书记、局长职务；给予新野县工商局党组成员、副局长兼纪检组长，党组成员、副主任科员行政记过处分；给予新甸铺工商所所长、汉城工商所所长行政记大过处分，免去所长职务；给予工商所相关责任人员黄某等五人行政记大过处分。以上追究决定在全省工商系统进行了通报。

4.保障当事人权利的原则

保障当事人的权利是现代行政法制所追求的原则，这一原则在《中华人民共和国行政处罚法》中体现得非常清楚。保障当事人权利具体体现在以下几个方面：一是保障当事人的知情权、陈述权和申辩权。知情权又称了解权，就是当事人有权了解行政处罚的事实、理由和依据。陈述权就是指被处罚人有权对自己的行为或有关情况加以说明的权利，包括实施特定行为的过程、原因、结果、条件以及相关情况等，均有权说明。行政机关应当允许陈述，不得阻拦。申辩权指被处罚人对行政机关或行政执法人员指控的违法事实、处罚的理由和证据等情况，有辩解、质证、要求对质等权利。二是保障当事人申请行政复议或提起行政诉讼的权利。行政处罚是行政机关在行政管理中经常使用的一种具体行政行为，应当受到广泛的监督。三是保障行政赔偿请求权。公民、法人或者其他组织因行政机关违法给予处罚受到损害的，有权依法提出赔偿要求。行政机关应当保障当事人的这种权利并使之能够实现。

工商、税务系统都出现过因未告知当事人听证权而导致行政处罚被法院撤销的案例。

5.监督制约原则

行政处罚是一种被广泛使用的权力，是行政机关常用的管理手段，为防止这种权力被滥用，必须加强对行政处罚行为的监督。为此，《中华人民共和国行政处罚法》设定了一套较为严格的对行政处罚的监督制约机制。

一是从源头上进行规范，即规定、规章以上的规范性文件才能依法设定行政处罚，其他任何形式的规范性文件不得设定行政处罚。

二是实行办案人员与处罚决定人员相分开的制度。除依法实施当场处罚外，执法人员对案件调查取证结束后，由行政机关内部的专门机构对调查结果进行审查，行政机关负责人根据不同情况分别做出决定。

三是实行罚款决定机关与罚款收缴机构相分离的制度，解决行政机关因利益驱动出现乱罚款和以罚代管的现象。

四是要求行政机关应当建立健全对行政处罚的监督制度，进行自我约束。同时要求县级以上人民政府加强对行政处罚的监督。各级行政执法机关开展的行政执法责任制工作，很重要的一项内容就是对违法的行政处罚进行监督和追责。

（三）行政处罚的适用

行政处罚的适用就是法定的行政机关或组织在依法认定行政管理相对人违法的基础上，决定对相对人是否给予行政处罚和如何给予行政处罚的活动。简单地说，行政处罚的适用就是行政主体如何依法具体实施行政处罚。因此，了解行政处罚的适用对做好行政处罚工作关系重大。

1.应受行政处罚的情形

应受行政处罚行为的构成要件：一是处罚对象有违反行政法规范、破坏行政管理秩序的行为；二是该行为应当受到行政处罚；三是被处罚对象达到法定年龄、具备责任能力。

2.不予处罚的情形

按照《中华人民共和国行政处罚法》的规定，对以下三种情形不予行政处罚：

第一，对无责任能力的人不予行政处罚，包括不满 14 周岁的未成年人和精神病人、智力残疾人在不能控制和辨认自己行为时的违法行为。

第二，违法行为轻微的不予行政处罚。违法行为轻微并能够及时纠正，没有造成危害后果的，不予处罚。

第三，违法行为已经超过追诉时效的，不予行政处罚。按照《中华人民共和国行政处罚法》的规定，违法行为在两年内未被发现的，不再给予行政处罚；涉及公民生命健康安全、金融安全且构成危害成果的，上述期限延长至五年。法律另有规定的除外。在实践中，这个期限的计算方法是从违法行为发生之日起计算的。如果违法行为有连续或者持续状态的，从行为终了之日起计算。

3.从轻或者减轻行政处罚的情形

从轻处罚是指在法定处罚的幅度内,对被处罚者适用相对较轻的处罚。减轻处罚是指可以在法定的处罚方式和处罚幅度的底线以下对违法行为人适用行政处罚。按照《中华人民共和国行政处罚法》规定,被处罚人符合下列条件的,应当从轻或者减轻处罚(只要符合法定条件,必须从轻或者减轻处罚)。

第一,已满14周岁不满18周岁的未成年人有违法行为的,应当从轻或者减轻处罚。

满14周岁不满18周岁的未成年人,对自己的行为有一定的控制能力,因此应对自己的违法行为承担法律责任。但他们毕竟是未成年人,思想认识尚未定型,控制能力不强,所以对他们的违法行为应从轻或者减轻处罚。

第二,主动消除或减轻违法行为危害后果的,应当从轻或者减轻处罚。

行政处罚的目的是教育行为人自觉守法,保证以后不再发生违法行为。行为人主动消除或减轻违法行为后果,说明其已意识到自己的错误并修正了自己的行为。对于这种主动改正错误的行为应当鼓励,所以应当从轻或者减轻处罚。

第三,受他人胁迫、诱骗、教唆实施违法行为的,应当从轻或者减轻处罚。

受他人胁迫、诱骗、教唆实施违法行为是指被处罚人的违法行为非本人意愿,而是受人强制施行,或对实际情况不了解,误受谣言蒙骗的情况下施行的。对于这类情况,经调查属实的,应当从轻或者减轻处罚。

第四,主动供述行政机关尚未掌握的违法行为的。配合行政机关查处违法行为有立功表现的,应依法从轻或者减轻处罚。

行为人实施违法行为被行政机关查处后,能主动承认错误,配合行政机关查清事实,主动接受处罚,这说明行为人已经认识到自己的错误,有悔过表现。有些行为人积极向行政机关提供线索,揭发检举其他违法行为人,这是校正错误的最好表现,应加以鼓励。对这些行为应当从轻或者减轻处罚。

第五,其他依法从轻或者减轻处罚的情形。

法律、法规规定有其他从轻或者减轻处罚情形的,从其规定。

4.在具体适用行政处罚时还应当注意的其他一些问题

(1)行政机关在实施行政处罚时,应当责令当事人改正或者限期改正违法行为。

《中华人民共和国行政处罚法》第二十八条规定:行政机关实施行政处罚时,应当责令当事人改正或者限期改正违法行为。这是对行政执法机关的一个普遍性要求,也就是说,行政执法机关对每一个行政违法行为,都要履行责令改正或限期改正违法行为的义务。行政机关一旦发现当事人的行为违反行政法律规范、破坏行政管理秩序时,首要的任务就是要求当事人纠正违法行为,恢复正常的行政管理秩序。在此基础上,再依法让违法行为人承担责任。这是从事行政处罚工作最基本的要求。但在执法实践中,有不少行政机关不从纠正违法行为、维护行政管理秩序出发,而是从本部门的利益出发,对行政违法行为往往是只罚不管、以罚代管,使一些违法活动得不到及时制止。比如,有些道路管理部门在公路上设卡,对那些超载运输车辆只罚款、不纠正,致使有些车辆一路超载,一路多次受到罚款,但超载违法行为一直没有得到纠正,危险隐患始终存在。这与国家建立行政处罚制度的初衷是格格不入的。当然,行政违法行为千差万别,有一部分违法行为立即纠正有困难,应当要求其限期纠正。如一些企业没有污水处理设备,违法排污,而建设污水处理设备需要一定的时间,有关行政机关可以给企业一定的时间,要求其限期治理。但无论是立即改正还是限期改正,对于违法行为都必须依法纠正。

(2)对当事人的同一个违法行为不得给予两次以上罚款的行政处罚,也就是通常所说的"一事不再罚"原则。

从实际情况来看,对当事人的同一个违法行为不得给予两次以上的处罚规则,主要适用以下情况:一是同一个违法行为违反了一个法律规范,由一个行政机关实施处罚的,行政机关不得以任何理由(如当事人态度不好等)给予违法当事人两次以上的处罚。二是同一个违法行为违反了一个法律规范,可由两个以上行政机关实施处罚的,应由一个部门处罚,另一个部门不得以同一事实和理由再次予以处罚。过去,由于对执法管辖划分不清,一个处罚规定由两个或两个以上部门共同实施的情况较多,随着政府机构改革深入和部门职能调整,国家对执法权的划分逐步科学化,管辖重叠的情况越来越少。三是一个违法行为违反了两个以上法律规范,依法分别由两个以上行政机关给予处罚的,为了保护当事人的利益,一个行政机关已经给予罚款处罚的,另一个行政机关就不得给予罚款的行政处罚。如制作淫秽书籍,既违反了《出版管理条例》,也违反了《中华人民共和国治安管理处罚法》的规定,新闻出版部门和公安机关都可以查处并处以罚款,如一个部门已经给予罚款,另一个部门就不再予以罚款。

(3)行政处罚和刑法合并适用问题。

合并适用是指违法当事人既受到行政处罚又受到刑法制裁时,对同类处罚事项可以合并适用。在考虑行政处罚与刑法合并适用问题时,既要维护社会的整体利益,又要维护个人的合法权益;既要注意二者在目的、种类和适用范围等方面的不同点,又不能忽视二者的共同点,有可以代替和自然吸收的一面。根据《中华人民共和国行政处罚法》的规定,行政处罚与刑法合并适用的主要内容:一是违法行为构成犯罪,人民法院判处拘役或有期徒刑时,行政机关已经给予当事人行政拘留的,应当依法折抵相应刑期;二是违法行为构成犯罪,人民法院判处罚金时,行政机关已经给予当事人罚款的,应当折抵罚金。

(四)行政处罚的程序

人类的一切社会活动,无不发生在特定的过程之中。如果将这个过程称为程序,那么一切活动都有程序。如同国家只对那些重要的社会关系和行为进行法律调整与规范一样,立法也只对那些重要的程序加以确定。行政处罚程序是指行政处罚所必须遵循或者履行的法定步骤和方式,是对行政主体实施行政处罚的规范,是实施行政处罚的合法操作规程。相对于行政主体享有的实体处罚权力而言,行政处罚程序是行政主体在实施处罚时必须履行的义务。

(1)行政处罚程序是一项重要的法律制度,属于行政程序法的范畴。法律制度因法律的规定而产生、确立,并因为它的科学设计而成为规范人们行为及有效影响社会环境的因素。我国统一的行政程序法已在讨论和研究中。

目前,与行政程序联系最为密切的两部法律《中华人民共和国行政处罚法》与《中华人民共和国行政许可法》均已施行。《中华人民共和国行政处罚法》所做的一系列规定,不仅成为我国行政处罚程序的制度基础,也为行政主体实施行政处罚提供了必要的操作规程。政府机关所实施的行政处罚必须遵守法律规定的程序,违背法律规定的程序的行政处罚行为是违法行为,行政处罚行为的效力因行政处罚行为不符合程序规定受到影响,甚至无效。

(2)行政处罚程序以规范行政主体行政处罚行为和保障公民、法人及其他组织的合法权益为目的。行政处罚的实施,既关系到社会、经济和生活秩序的维护,又必然会对行政相对人的人身、财产及其名誉造成一定的影响。客观、科学的行政处罚可以有效地惩戒违法行为、维护社会秩序,而有失公允的行政处罚不仅达不到这一目的,而且会损害公民、法人和其他组织的合法权益。

行政处罚程序正是通过对行政机关的行政处罚行为设置必要的时间、空间和步骤的限制,来实现行政处罚行为的程序化操作。同时,行政处罚程序还通过必要的程序安排吸收公民、法人和其他组织参与到行政执法的过程中,一方面,让他们监督行政机关依规程操作;另一方面,也便于他们及时合理地主张权利。最终,恰当的制度设计使得行政处罚程序既可以规范行政机关的行政权,保障公民、法人和其他组织的合法权益,又可以增强行政处罚行为的科学性,真正实现其目的。

(3)行政处罚程序作为行政程序的重要内容,彰显了法治的精神和要求。例如,没有法定依据或者不遵守法定程序实施行政处罚的,行政处罚无效。行政处罚遵循公正、公开的原则。公民、法人和其他组织对行政机关所给予的行政处罚,享有陈述、申辩的权利。公民、法人和其他组织对行政处罚不服的,有权依法申请复议、提起行政诉讼以寻求法律救济。公民、法人和其他组织认为办案人员与当事人有直接利害关系的,有权申请办案人员回避。

这些行政处罚程序制度中的原则和规定,也被概括为程序正义。依法行政必须强调程序正义,因为依法行政本质上是要规范行政行为并保障公民、法人和其他组织的合法权益。所以说,遵循行政处罚程序实施行政处罚,是法治理念和价值的体现,更是依法行政的具体行动。

按照《中华人民共和国行政处罚法》的规定,行政处罚的程序可分为简易程序和一般程序两种。

1.简易程序

简易程序是与普通程序相对而言的,它是指对违法事实确凿、情节简单的违法行为,由执法人员当场给予处罚的程序。简易程序也称当场处罚。设定当场处罚程序的法律意义在于,基于实现行政管理效率的要求,对一些不需要立案调查且影响不大,认定事实比较简单的违法行为直接给予处罚,既不会对受罚人的合法权益产生巨大影响,也有利于行政机关节约行政管理成本,保证行政机关集中精力查处大案、要案;对当事人来讲,既受到惩处,接受了教育,又不会陷于应付烦琐的行政程序的过程之中,也是一个较好的选择。

1)适用简易程序的条件

一是违法事实确凿。所谓违法事实确凿,是指案情简单,违法事实清楚,证据确凿,没有必要进一步调查取证的违法行为。

二是有法定依据。适用简易程序必须有法律、法规或者规章的明确规定。没有法定依据的案件即使很简单,也不得适用简易程序。

三是处罚比较轻。只有轻微处罚可以适用简易程序,处罚较重的只能适用一般程序。

2)简易程序的适用范围

一是对公民处200元以下的罚款。也许有人会问,简易程序的标准为什么是200元?可不可以抬高或降低标准?设置罚款标准主要根据社会经济发展水平来确定,既要考虑当事人的承受能力,又要对当事人有所触动。罚款标准过高,当事人无法承受,在执法中既会造成执行困难,又有可能引起当事人的对立情绪,达不到借助处罚来教育当事人、维护行政管理秩序的目的。罚款标准过低,对当事人没有触动,就会失去行政处罚的警示功能,也不会收到好的效果。总体来看,目前我国人均收入不算太高,公民个人承受能力有限,对公民处200元以下的罚款,公民个人还是能够承受的,同时在执法实践中这样的案件也比较多,适用简易程序有利于执法,对当事人权益的影响也不大。随着我国经济的逐步发展,老百姓收入的渐渐提高,适用简易程序进行处罚的标准也会提高。

二是对法人或者其他组织处以3 000元以下的罚款。对单位处以3 000元以下的罚款在财产罚中也是比较低的,可以适用简易程序。

此外,对公民、法人或其他组织处以警告的也可以适用简易程序。因为警告是行政处罚中性质最轻的一种,不必要走一般程序。

3)适用简易程序的步骤

第一,出示证件,表明身份。行政执法人员适用简易程序对公民、法人或者其他组织进行行政处罚时,应当向被处罚人出示由省政府统一制作的行政执法证或法律、法规规定的有效证件,表明身份;否则,被处罚人有权拒绝。

第二,查明违法事实,必要时进行现场调查取证。《中华人民共和国行政处罚法》第四十条规定:公民、法人或者其他组织违反行政管理秩序的行为,依法应当给予行政处罚的,行政机关必须查明事实;违法事实不清的,证据不足的不得给予行政处罚。这一规定既适用于普通程序,也适用于简易程序。调查违法事实主要包括时间、地点,违法行为人姓名、年龄、工作单位,实施违法行为的过程、造成的违法后果等。

第三,向被处罚人告知有关事由和权利。在当场处罚时,应告知当事人有关情况。告知的情况主要有:当事人实施了何种违法行为;给予处罚的理由;给予处罚的法律依据;当事人享有的权利,如陈述权和申辩权、申请行政复议和提起行政诉讼的权利等。

第四,听取当事人的意见。当场做出处罚决定时,行政执法人员应当听取当事人的意见。如果当事人提出的事实和执法人员了解的事实不同,执法人员应当场复核。当事人意见正确的,执法人员应当采纳。当事人提出的事实和申辩理由不能成立时,执法人员应进行说服教育,使其正确认识自己的违法行为。执法人员不得因当事人的申辩而加重处罚。

第五,决定并填写行政处罚决定书。执法人员在彻底查清违法事实后,可依法做出行政处罚决定,当场填写预定格式和编有号码的行政处罚决定书,最后由执法人员签名或者盖章,将处罚决定书当场交付当事人。

第六,执法人员当场做出行政处罚决定后,必须向所属行政机关备案,目的是加强对当场处罚的监督。

2.一般程序

一般程序是行政机关在实施行政处罚时应遵循的基本程序。一般程序是行政处罚程序的精髓。作为一个行政执法人员,对行政处罚的基本程序,应当熟练运用,正确把握。以下按照立案、调查取证、陈述申辩听证权利的告知、领导审批依法决定、履行、结案的办案时间顺序,结合行政处罚案卷评查、行政执法检查中发现的问题,重点介绍一般程序行政处罚中需要把握的要点。

1)第一阶段:立案

立案是行政机关发现行政管理相对人有违法行为或有违法嫌疑时,决定进行调查核实的程序。应当强调的是，行政处罚是国家行为，是法律赋予行政机关的职权，不是赋予行政执法人员的职权。如果不经过立案这一程序而由行政执法人员自行决定是否查处，就可能导致乱立案、乱处罚。

案例：某市交通局因程序违法败诉。2008年5月19日，颜某一行准备驾车到南阳。行至许昌市区延安路时，许昌市交通规费征稽处执法人员韩某、李某以颜某未按规定缴纳2008年1~5月的养路费为由，用规费征稽处名义将其轿车暂扣，并当场以许昌市交通局名义向颜某送达交通违法行为通知书。颜某拒绝签收该通知书后，执法人员又当场向颜某送达了交通行政罚款处罚决定书，以颜某未缴纳养路费为由给予其560元罚款，并告知颜某如不服处罚决定，可在收到处罚决定书之日起60日内向许昌市交通局申请复议或在3个月内直接向人民法院起诉。无奈之下，颜某于第二天缴纳养路费及滞纳金并向许昌市交通规费征稽处执法人员李某缴纳560元罚款后，对方才将所扣车辆退还。颜某将许昌市交通局起诉至许昌市魏都区人民法院。法院审理后认为，被告适用一般程序对原告进行行政处罚，但未提供其立案呈批表的立案材料，缺失立案审批环节；被告做出对原告的行政处罚，在履行告知救济途径方面，错误地告知了复议机关（根据法律规定，对被告做出的罚款决定有权进行复议的行政主体是许昌市人民政府或者河南省交通厅，而不是被告所告知的许昌市交通局）；被告是对原告进行行政处罚的决定机关，却在做出行政处罚决定后又自行收缴原告缴纳的罚款款项，违反了罚款决定机关与罚款款项收缴机关相分离的规定。因此，被告做出的被诉具体行政行为在程序方面严重违法，原告请求予以撤销，理由正当，应予支持。据此，法院判决撤销许昌市交通局做出的交通行政罚款处罚决定书，并返还原告罚款人民币560元，驳回原告其他诉讼请求。

那么紧急情况下，能否先取证后立案？作者认为可以，但事后应当及时补办立案手续，并记明原因。

关于立案的问题，作者从以下几个方面做简要介绍：

第一个方面：谁有权立案？如何界定委托执法？

立案权是行政机关的权力，绝非执法人员个人的权力。《中华人民共和国行政处罚法》第十五条规定：行政处罚由具有行政处罚权的行政机关在法定职权范围内实施。立案必须经过相应程序，由行政机关负责人批准。

那么，水利厅、国土厅、住建厅、畜牧局下设的执法总队应该以谁的名义执法（立案审批由谁进行）？答案显而易见。

《中华人民共和国行政处罚法》第二十条规定：行政机关依照法律、法规或者规章的规定，可以在其法定权限内委托符合本法第二十一条规定条件的组织实施行政处罚。行政机关不得委托其他组织或者个人实施行政处罚。

委托行政机关对受委托的组织实施行政处罚的行为应当负责监督，并对该行为的后果承担法律责任。

受委托组织在委托范围内，以委托行政机关名义实施行政处罚；不得再委托其他任何组织或者个人实施行政处罚。

例如，根据《社会保险费征缴暂行条例》的规定，对于社会保险费的征缴管理工作由国务院劳动保障行政部门及县级以上地方各级人民政府劳动保障行政部门负责，是社会保险费的征缴方面行政执法的主体。但是，为了便于管理，该条例第二十条又规定了委托执法的机构,即“社会保险经办机构受劳动保障行政部门的委托,可以进行与社会保险费征缴有关的检查、调查工作”。由此可以得出这样的结论,社会保险经办机构可以行使检查权、调查权,但向管理相对人出具的各种文书应当以劳动保障行政部门的名义做出。

第二个方面:行政处罚案的来源、确定相对人、履行审批程序。

案件的来源主要是举报、投诉、日常执法检查、上级批办等。如果是举报、投诉的案件,要填写举报(投诉)案件登记表,要对举报(投诉)人、举报的事件等情况有详细的记录。前面已经介绍过确定相对人的重要性,这里不再赘述。

对于涉嫌违法决定立案,要履行立案审批程序,要有《行政处罚案件立案审批表》。同时,在立案审批阶段要体现以下几方面内容:案件的简要情况、案件承办人的意见、案件主办人制度、行政机关领导审批意见。

案件主办人在办案中的职责是:

(1)担任案件调查组组长;

(2)组织拟订案件调查方案和方法;

(3)根据调查工作进展临时采取合法、有效的调查取证措施;

(4)依照本机关的法定权限并根据法定程序,带领协办人依法进行检查,收集相关证据;

(5)案件查证终结,负责组织撰写案件调查终结报告,提出具体处罚建议。

案件主办人在查处案件时应当履行的义务是:

(1)负责办理立案报批手续;

(2)负责办理依法采取强制措施、证据登记保存报批手续;

(3)草拟行政处罚决定书,连同案件材料按规定送核审机构核审;

(4)对本机关领导、核审机构提出的意见及时组织实施;

(5)负责依法向当事人办理告知事项;

(6)听取并如实记录当事人的陈述、申辩;

(7)符合听证条件的案件,负责依法向当事人送达听证告知书;

(8)当事人要求听证的,参加听证,经本机关或者听证主持人允许,向当事人提出违法的事实、证据、依据、情节以及社会危害程度,并进行质证、辩论;

(9)负责组织向当事人依法送达行政处罚决定书;

(10)督促、教育当事人履行行政处罚决定;

(11)对当事人拒不履行行政处罚决定的,负责在法定期限内办理申请人民法院强制执行事项;

(12)负责所办案件执法文书的立卷。

这一阶段容易出现的问题是:水行政执法机关没有执行案件主办人制度、没有履行水行政首长审批程序就自行立案(如水行政机关下设的无独立执法权的执法总队立案审批由总队长审批)、领导审批意见不明确等。

2)第二阶段:调查取证

调查取证是指行政机关对于立案处理的案件,为查明案情、收集证据而依法定程序进行的专门活动。调查取证是实施行政处罚的前提和步骤。通过调查取证工作,行政机关可以了解违法行为事实,掌握大量的证据,并在此基础上,对违法行为的性质进行确定,依据不同情况依法对当事人进行处理。调查取证工作的好坏、质量的高低,直接影响到行政机关办案的质量，关系到行政执法工作能否顺利进行，因此调查取证工作在行政处罚工作中占有十分重要的地位。

对立案的案件，执法部门必须全面、客观、公正地进行调查或者检查，收集有关证据。

调查取证阶段要求如下：

(1)要有能反映出行政执法人员向当事人亮证执法、表明身份的记录。体现方式：询问笔录有执法人员的姓名、执法证件号或者卷中有执法人员执法证的复印件。要有2名以上行政执法人员。

(2)进行执法检查时，要告知管理相对人进行执法检查的目的、内容、要求、方法；现场检查应当做记录，并由管理相对人阅核、签字；检查中需要对物品进行抽样检测、检验的，应登记、出具收据，确定留样期；留样期满应退还样品，并将抽样检测结果告知被检查者。

(3)现场检查和制作。现场检查笔录要有详细记录：

①对当事人的资格、身份(如是否有法定的许可证、营业执照)要进行记录。

②对正在现场进行作业的人数或者涉及的人员(如使用的未成年人)要进行清点，并询问、记录有关情况。

③对违法的规模(如制假的设备数量)进行记录并拍照。

④对违法涉及的证据(违法使用或者制作的假种子、光盘、书刊、信件、假烟、假酒等)，要清点数量，记明名称、规格、包装、标识、质量、数量、形状、颜色、质地等，并进行拍照。

⑤对执法人员制止后的情况(是否不听、是否仍在转移物品、是否对抗以及其他异常表现等)要加以记录。

⑥依法采取的查封、扣押情况，也要记录(按照《中华人民共和国行政强制法》的规定，查封、扣押要履行行政机关的审批程序)。

⑦涉嫌违法物品要询问来源并记录。

(4)调查取证时，证据要确凿。证据分类：书证，物证，视听资料、电子数据，证人证言，当事人的陈述，鉴定结论，勘验笔录、现场笔录。在取证时，要重视对能证明管理相对人违法事实方面物证的收集，需要采取现场技术勘验等手段进行取证的，一定要到现场收集证据，避免反映案件情况的关键证据没有收集，无关紧要的材料收集较多，使证据缺乏证明力。比如，有的行政处罚案卷中认定的管理相对人的违法事实是"该批农药属于擅自修改标签内容的农药产品"，但没有对该违法事实认定的检验报告或图片等能证明管理相对人擅自修改农药标签内容的相关证据。特别是对于有违法所得的，一定要收集相关证据，进行认定；否则，造成证据不足，对下一步的处罚产生不利影响。不少的法条中罚则部分的规定，对于有无违法所得，处罚的标准是不同的。同时，是否有违法所得，对于认定该案件是否属于较大数额罚款的案件，是否需要履行听证程序，是否需要集体讨论，都有关联关系。

(5)询问时，要查清违法主体是谁(自然人、法人或者组织)及其基本情况；要查明违法行为发生的时间、持续进行的时间以及查处的时间(2年时效问题)；查明违法行为发生的地点、位置；查明构成何种违法行为；查明违法行为涉及的物品、违法所得和销售情况；查明违法的原因、动机、目的、过程、手段，造成的危害后果等。为下阶段认定违反的相应法条及合理裁量提供依据。

调查取证环节容易出现的问题：证据不确凿、事实认定不清、违反法定程序取证(如没有履行审批程序就对涉嫌违法的物品进行查封扣押或者登记保存)。

3)第三阶段:采取行政措施、拟实施行政处罚、告知权利

经调查取证确认管理相对人有违法事实存在,依据相关法律、法规、规章的规定,有的需要下发《责令改正通知书》,先制止其违法行为。然后依据相关法律、法规、规章的规定,给予行政处罚。有的法律直接规定给予行政处罚。这一阶段需要注意以下几点:

(1)适用法律、法规和规章要正确。卷中对管理相对人违法事实的认定及给予的行政处罚必须紧扣法条,凡是法律、法规和规章没有明确规定的,不能作为处罚的依据,特别是规范性文件不能作为行政处罚的依据。

容易出现的问题:一是把规范性文件作为行政处罚的依据。二是适用法律错误。例如,某地农业局查到一个体工商户经营过期农药,该局依据《中华人民共和国农药管理条例》第四十条第二款规定实施处罚,即"有下列行为之一的……;尚不够刑事处罚的,由农业行政主管部门按照以下规定给予处罚:……(二)农药登记证或者农药临时登记证有效期限届满未办理续展登记,擅自继续生产该农药的,责令限期补办续展手续,没收违法所得,可以并处违法所得5倍以下的罚款;没有违法所得的,可以并处5万元以下的罚款;逾期不补办的,由原发证机关责令停止生产、经营,吊销农药登记证或者农药临时登记证;……"。该条罚则是针对农药登记证或者农药临时登记证有效期限届满未办理续展登记,擅自继续生产该农药的违法行为,本案中管理相对人是个体工商户,经营过期农药,而不是生产农药的企业,认定的违法行为与行政处罚适用的法规不一致。因此,该案为错案。三是实施的行政处罚没有依据法律规定。如农业方面的一个违法案件,卷中显示实施行政处罚的依据是《中华人民共和国种子法》第五十九条的规定,即"违反本法规定,生产、经营假、劣种子的,由县级以上人民政府农业、林业行政主管部门或者工商行政管理机关责令停止生产、经营,没收种子和违法所得,吊销种子生产许可证、种子经营许可证或者营业执照,并处以罚款;有违法所得的,处以违法所得五倍以上十倍以下罚款;没收违法所得的,处以二千元以上五万元以下罚款;构成犯罪的,依法追究刑事责任"。而本案行政处罚决定书显示给予的行政处罚是:责令停止经营,没收种子14 790斤;没收违法所得13 893元;对当事人处以1万元罚款。二者对比,明显是不一致的,比如许可证等没有吊销,有违法所得的要处以违法所得五倍以上十倍以下罚款,而不该是1万元。四是不依法告知当事人实施行政处罚所依据的法律、法规、规章的具体内容。对管理相对人违法行为违反的法律、法规、规章的具体条款及内容,以及法律、法规、规章(俗称法定依据)规定的进行行政处罚的相关法条和具体内容,都应该在调查终结报告、行政处罚事先告知书、行政处罚决定书等执法文书中体现出来。一方面,方便行政机关的法律审核、行政首长审批;另一方面,方便当事人了解情况,起到说理、教育的目的。五是不依照《中华人民共和国行政处罚法》第九条规定的行政处罚的种类实施处罚。如××行政处罚决定书显示给予的行政处罚是召回产品、罚款,但其处罚依据规定的处罚种类是警告和罚款,没有召回产品这一行政处罚(召回产品可以作为一种行政命令纳入责令改正违法行为的范畴)。

(2)行政处罚文书中要体现行政处罚裁量标准。执法人员在起草调查终结报告、行政处罚事先告知书、行政处罚决定书等执法文书时,都要体现行政处罚裁量标准的适用,避免处罚不适当,重过轻罚,轻过重罚,失去了公正、公平,出现权力滥用的问题。

容易出现的错误:一是行政处罚时,不体现裁量标准。二是错误地体现裁量标准。有的执法部门把省直部门制定的某法的行政处罚裁量标准作为行政处罚的依据进行引用。比

如,有的行政处罚决定书是这样写的:根据《动物防疫法》及《动物防疫法裁量标准》的规定,给予以下行政处罚:……

(3)要保护管理相对人的陈述申辩权、听证权。在做出行政处罚决定之前,应当告知当事人做出行政处罚决定的事实、理由及依据,要依法履行告知当事人陈述、申辩的权利。对于行政机关做出责令停产停业、吊销许可证或者执照、较大数额罚款等行政处罚决定之前,应当依据《中华人民共和国行政处罚法》第四十二条的规定,告知管理相对人有要求举行听证的权利。需要注意的是,要通过听证告知书来体现行政机关的听证告知程序,使管理相对人更加明确自己的权利,便于更好地保护其利益。但对于不符合听证规定的,不能滥用听证告知的权利。

在执法实践中,有的水行政机关对于非较大数额罚款的行政处罚,向管理相对人告知了听证权利,违反了《中华人民共和国行政处罚法》关于听证的相关规定。因为听证权的滥用只能给管理相对人及行政机关带来负担,不利于保护管理相对人的权益,并且增加行政机关的行政成本。

行政执法人员必须掌握以下规定:《河南省行政机关执法条例实施办法》第二十条:有下列情形之一的罚款为较大数额罚款:(一)对非经营活动中的违法行为实施罚款一次达到或者超过1 000元的;(二)对无违法所得的经营性违法行为实施罚款一次达到或者超过10 000元的;(三)对有违法所得的经营性违法行为实施罚款一次达到或者超过30 000元的。

对于需要听证的行政执法案件,都要按照《中华人民共和国行政处罚法》第四十二条规定的程序组织实施:(一)当事人要求听证的,应当在行政机关告知后三日内提出;(二)行政机关应当在听证的七日前,通知当事人举行听证的时间、地点(需要下达《行政处罚听证通知书》进行告知);(三)除涉及国家秘密、商业秘密或者个人隐私外,听证公开举行;(四)听证由行政机关制定的非本案调查人员主持;当事人认为主持人与本案有直接利害关系的,有权申请回避;(五)当事人可以亲自参加听证,也可以委托一至二人代理;(六)举行听证时,调查人员提出当事人违法的事实、证据和行政处罚建议;当事人进行申辩和质证;(七)听证应当制作笔录;笔录应当交当事人审核无误后签字或者盖章。当事人对限制人身自由的行政处罚有异议的,依照治安管理处罚条例有关规定执行。

(4)对于需要采取查封扣押等行政强制措施的,要依照《中华人民共和国行政强制法》的有关规定,履行相应程序后,方可实施。

(5)重大、复杂案件要通过案审会集体决定。

总之,这一阶段是行政执法中出现问题最多的阶段。最容易出现的问题是:适用法律错误(法条引用错误、法条规定给予五倍罚款而实际只给予不到一倍的罚款、错误增加处罚种类)、适用裁量标准不当、违反法定程序实施处罚、没有依法告知当事人陈述申辩权利、没有依法告知当事人听证权利、错误告知听证权利、采取行政强制措施不履行审批程序、没有履行重大行政处罚进行集体讨论程序。

4)第四阶段:法律审核,领导审批,依法下达行政处罚决定书

(1)法律审核。行政处罚案件预先法律审核制度要求行政机关按照一般程序实施的行政处罚案件,在做出决定之前,由该机关的法制机构(未设法制机构的为负责法制工作的机构)对其合法性、适当性进行审核,提出书面处理意见,未经法律审核或者审核未通过,不得做出行政处罚决定。这是行政机关内部的监督制约制度。一般是在下发行政处罚决定书之前进行法律审核。法律审核完,报行政机关首长审批。

行政机关按照一般程序办理的行政处罚案件,应当在调查终结之日,将案件材料和相关情况向本机关法制机构提交。

依照简易程序实施的行政处罚,可不经法律审核,而是由案件主办人负责审核,但在送达处罚决定书后,应抄送本机关法制机构备案或者向法制机构提交存根复印件。

行政机关法制机构在收到行政处罚案件和相关材料后,一般应当在 7 个工作日内审查完毕。因特殊情况需要延长期限的,应当经本机关分管领导批准后延长日期。法制机构对行政处罚案件进行审核的内容是:

①当事人的基本情况是否查清。

②违法行为是否超过追责时效。(《中华人民共和国行政处罚法》第三十六条规定:违法行为在二年内未被发现的,不再给予行政处罚。……法律另有规定的除外。期限是从违法行为发生之日起计算;违法行为有连续或者继续状态的,从行为终了之日起计算)

③本机关对该案是否具有管辖权。

④事实是否清楚,证据是否确凿、充分,材料是否齐全。

⑤定性是否准确,适用法律、法规、规章是否正确。

⑥行政处罚是否适当。

⑦程序是否合法。

法制机构对案件进行审核后,要提出书面意见或建议:

①对事实清楚、证据确凿充分、定性准确、处罚适当、程序合法的,提出同意的意见。

②对违法行为不能成立的,提出不予行政处罚的建议,或者建议办案机构撤销案件。

③对事实不清、证据不足的,建议补充调查,并将案卷材料退回。

④对定性不准、适用法律不当的,提出修正意见。

⑤对程序违法的,提出纠正意见。

⑥对超出本机关管辖范围的,提出移送意见。

⑦对违法行为轻微,依法可以不予行政处罚的,提出不予处罚意见。

⑧对重大、复杂案件,责令停产停业、吊销许可证或者执照的案件,较大数额罚款的案件,建议本机关负责人集体研究决定。

⑨对违法行为涉嫌犯罪的,提出移送司法机关的建议。

法制机构审核完毕,应当制作《行政处罚案件法律审核意见书》一式两份,一份留存归档,一份连同案卷材料退回办案机构。

(2)行政机关负责人批准,下发行政处罚决定书。行政机关负责人在批准前,应当对经过审核的有关材料进行审查:案件调查报告、当事人的陈述和申辩意见或者听证情况等,根据不同情况,分别做出以下处理决定:

①确有应受行政处罚的违法行为的,根据情节轻重及具体情况,做出行政处罚决定。

②违法行为依法不予行政处罚或者违法行为轻微,依法可以不予行政处罚的,不予行政处罚。

③违法事实不能成立的,不得给予行政处罚。

④违法行为在二年内未被发现的,不再给予行政处罚。

⑤不属于本部门管辖的,移送有权行政机关处理。

⑥违法行为已构成犯罪的,移送司法机关。

对于不构成行政处罚的,执法部门要及时销案。

行政处罚决定书应当载明的事项:当事人的姓名或者名称、地址;违反法律、法规或规章的事实和依据;行政处罚的种类和依据;行政处罚的履行方式和期限;不服行政处罚决定,申请行政复议或提起行政诉讼的途径和期限;做出行政处罚决定的行政机关名称和做出决定的日期。

(3)行政处罚决定书必须加盖行政机关的印章。这是《中华人民共和国行政处罚法》规定的,即行政处罚决定书必须盖有做出行政处罚决定的行政机关的印章。价格行政执法中存在只盖行政处罚专用章、不盖价格主管部门印章的问题。2014 年 3 月,国家发展和改革委员会下发了部门规章,对原先违反行政处罚法规定的做法进行了纠正,取消了可以在行政处罚决定书上加盖执法专用章的规定,要求:行政处罚事先告知书、行政处罚决定书、催告书等执法文书上,必须加盖价格主管部门的印章。

容易出现的问题:未经法律审核实施处罚、行政处罚事先告知书拟给予行政处罚的金额与行政处罚决定书给予行政处罚的金额不一致且卷中没有显示较少罚款金额的依据(容易被检察机关认定为渎职犯罪)、不告知当事人实施行政处罚依据法条的具体内容、行政处罚决定书不加盖行政机关的印章、不告知或错误告知当事人应享有的行政复议和提前行政诉讼的权利(价格部门有个别法规定了复议前置、环境保护方面规定的复议期与复议法规定的不一致,从环保单行法的规定)。

这里需要强调一下执法文书送达的问题。送达是行政处罚决定发生法律效力的前提条件,因此送达是行政处罚普通程序不可或缺的环节。行政处罚决定书送达的方式有直接送达、留置送达、委托送达、邮寄送达、转交送达、公告送达等。目前,在行政处罚送达环节存在不少问题,主要是存在送达难的情况。对此,各级行政机关要参照《最高人民法院关于适用〈中华人民共和国民事诉讼法〉若干问题的意见》中关于送达的规定,根据实际情况,按照文书送达的基本要求,选择可靠方式送达行政处罚决定书。

行政执法机关要依法送达行政处罚事先告知书、听证告知书、行政处罚决定书等行政执法文书,送达时要有相关的送达文书,要有当事人的签字。有的行政机关在执法文书送达中存在以下问题:送达记录不完整,送达人和收件人身份不明确,难以证明收件人身份的合法性。下面简单介绍一下行政诉讼法规定的送达方式。

①直接送达,也称交付送达,是指送达机关派专人将应送达的文书直接交付给受送达人。送达机关,在民事诉讼中是人民法院,而在行政处罚时是行政机关。送达机关直接送达时,如遇受送达人不在,可以交付给和他同住的成年家属签收。如果受送达人已向送达机关指定代收人的,交代收人签收,同样视为直接送达。

②留置送达,是指受送达人无正当理由而拒绝接受送达文书的,送达机关可以依照《中华人民共和国民事诉讼法》规定,邀请有关基层组织或者所在单位的代表到场,说明情况,在送达回证上记明拒收事由和日期,由送达人、见证人签名或者盖章,把送达文书留在受送达人的住所,即视为已经送达。

③委托送达,是指直接送达确有困难的,如受送达人不居住在送达机关的辖区内,送达机关可以委托受送达人居住地的机关代为送达。

④邮寄送达,即通过邮寄方式将送达文书送达受送达人的一种方式。依照《中华人民共和国民事诉讼法》的规定,直接送达确有困难的,可以邮寄送达。送达机关如通过邮寄送

达,应当将送达文书交邮局以挂号信寄出,挂号的回执为送达凭证,回执上收件人的签收日期即为送达日期。

⑤转交送达,是指如果受送达人是军人,可以通过其部队的政治机关转交;如果受送达人是被监禁的,可以通过其所在的监狱或者劳动教养单位转交。代为转交的机关、单位收到送达文书后,必须立即交受送达人签收,以在送达回证上的签收日期为送达日期。

⑥公告送达,是将送达文书公之于世的一种送达方式。此种送达方式适用于受送达人下落不明或者用其他方式无法送达的。其方法有张贴广告、登报、广播等。《中华人民共和国民事诉讼法》规定,自发出公告之日起,经过 60 日,即视为送达。公告送达,还应当在案卷中记明原因和经过。

5)第五阶段:履行

(1)行政执法机关要执行"罚缴分离"制度,不允许行政机关坐收坐支,罚款要全部上缴财政专户。按照《中华人民共和国行政处罚法》第四十六条规定"做出罚款决定的行政机关应当与收缴罚款的机关分离",因此案卷中要有当事人将罚款缴到财政专户的票据,除《中华人民共和国行政处罚法》规定的特殊情况外,不允许行政执法机关及其执法人员自行收缴罚款。

(2)行政处罚要依法实施,要执行到位,不能随意改变罚款数额。如有些案件,办案人员建议对违法行为人罚款 3 万元,到主管领导签字时变成 2 万元,下行政处罚决定书时又变成 1 万元,实际执行回来只有 5 000 元。

有的案卷只说明当事人生活困难,就减或免了罚款。

这样做违反《中华人民共和国行政处罚法》的规定"当事人确有经济困难,需要延期或者分期缴纳罚款的,经当事人申请和行政机关批准,可以暂缓或者分期缴纳"。

容易出现的问题是:执法机关自行收取罚款、坐收坐支,行政执法机关滥用减免罚款的权力。

6)第六阶段:结案

结案分两种情形:

(1)当事人自觉履行行政处罚决定。当事人依据行政处罚决定书的规定,自觉履行了义务。行政案件办结后,要由办案人员写出结案报告、制作结案审批表,报领导批准后结案。这里需要注意的是,对于需要进行整改的违法行为,不能以罚代管,不能只收到了罚款或没收了违法所得或非法财物就算办结,应该检查其违法行为的整改是否到位。

(2)当事人不履行行政处罚决定,需要强制执行的,对有强制执行权的行政机关,要依法履行催告程序,然后实施行政强制。对没有强制执行权的行政机关,在申请法院强制执行前,要依法履行催告程序,并申请法院强制执行。具体的做法是:

有行政强制执行权的行政机关,要依据《中华人民共和国行政强制法》第三十五条的规定,先履行催告程序,向当事人下发催告书,督促当事人自觉履行义务。催告期届满,再依照强制执行程序,进行强制执行。强制执行的相关执法文书(包括执行到位情况的有关票据)要入卷,并写出结案报告经审批程序,最后结案。对于没有行政强制执行权的行政机关,要依据《中华人民共和国行政强制法》第五十四条的规定,先催告当事人履行义务,再申请法院强制执行(可以自期限届满之日起三个月内提出申请)。行政机关向法院申请强制执行,应当提供的材料有:强制执行申请书,行政决定书(含行政处罚决定书等)及做出决定的事实、理由和依据,当事人的意见及行政机关催告情况,申请强制执行标的情况,法律、行政法规规定的其他材料。

该申请书必须由行政机关负责人签名,加盖行政机关印章,并注明日期。

除罚款的执行外,对其他行政处罚种类的执行,《中华人民共和国行政处罚法》没有做出太多的规定,因此对其他处罚种类如何执行的问题,也应当加强研究。

7)第七阶段:执行

行政机关申请人民法院强制执行,是行政强制执行制度的重要组成部分,随着法律、法规的日益完善,行政机关申请人民法院强制执行的案件呈不断上升趋势,随之也出现很多新情况、新问题,理清强制执行中的法律关系,正确运用申请强制执行手段,对保障行政处罚的顺利实施具有重要意义。根据现行有关法律、法规和司法解释,结合近几年的执法实践,行政执法机关在依法申请人民法院强制执行行政处罚时应当注意以下问题。

a.非复议或者诉讼程序下申请强制执行问题

根据《中华人民共和国行政处罚法》规定,当事人应当自收到行政处罚决定书之日起 15 日内到指定的银行缴纳罚款;当事人逾期不履行行政处罚决定的,做出行政处罚决定的行政机关可以申请人民法院强制执行。从上述规定可以看出,申请人民法院强制执行的前提条件很简单,即当事人逾期不履行行政处罚决定。

但是在涉及与司法工作机制相衔接时,《中华人民共和国行政处罚法》与《中华人民共和国行政诉讼法》之间出现了矛盾。新《中华人民共和国行政诉讼法》第九十九条规定:公民、法人或者其他组织对行政行为在法定期间不提起诉讼又不履行的,行政机关可以申请人民法院强制执行。(原《中华人民共和国行政诉讼法》与新法基本相同,没有“具体”两字)这里增加了一个前提条件,就是必须在法定期间内当事人不提起诉讼。法定起诉期间是当事人知道行政机关做出行政行为之日起 6 个月(见新《中华人民共和国行政诉讼法》第四十六条,原《中华人民共和国行政诉讼法》为 3 个月诉讼期),也就是说,在法院的工作制度中,并不承认行政机关在当事人逾期不履行处罚决定但又没有超过法定起诉期限时有权申请人民法院强制执行。在此制度下,人民法院即使不能直接否认行政机关依据《中华人民共和国行政处罚法》所享有的权力,对于是否受理行政机关申请,也会依据《中华人民共和国行政诉讼法》的有关规定处理,毕竟强制执行主要涉及司法工作程序,《中华人民共和国行政诉讼法》明显是司法程序的主要法律,《中华人民共和国行政处罚法》则主要是针对行政程序的法律。因此,在 2000 年施行的《最高人民法院关于执行〈中华人民共和国行政诉讼法〉若干问题的解释》(简称《解释》)中仍然体现上述要求,规定行政机关申请人民法院强制执行其具体行政行为,应当自被执行人的法定起诉期限届满之日起 180 日内提出;不在该法定期限内提出申请的,属于不符合条件的申请,应当裁定不予受理。

2012 年 1 月,《中华人民共和国行政强制法》实施,申请法院强制执行已经纳入该法调整范畴。该法第五十三规定:当事人在法定期限内不申请行政复议或者提起行政诉讼,又不履行行政决定的,没有行政强制执行权的行政机关可以自期限届满之日起三个月内,依照本章规定申请人民法院强制执行。此提法与《中华人民共和国行政诉讼法》一致,即“当事人在法定期限内不申请行政复议或者提起行政诉讼,又不履行行政决定的”。由于履行行政处罚决定的法定期限(收到处罚决定书之日起 15 日内)短于提起行政复议的法定期限(知道具体行政行为之日起 60 日内),而提起行政复议的法定期限又短于提起行政诉讼的法定期限,因此本着新法优于旧法、特别法优于普通法的原则,行政机关申请法院强制执行的条件、程序应当统一适用《中华人民共和国行政强制法》的规定。当事人在没有申请行政复议或者诉讼的情况下，行政机关欲申请人民法院强制执行，必须在法定起诉期限届满后方可提出。

b.复议或者诉讼期间行政行为是否停止执行问题

《中华人民共和国行政复议法》第二十一条规定“行政复议期间具体行政行为不停止执行”，新《中华人民共和国行政诉讼法》第五十八条规定“诉讼期间，不停止行政行为的执行”(原《中华人民共和国行政诉讼法》第四十四条为“诉讼期间，不停止具体行政行为的执行”)。《中华人民共和国行政处罚法》第四十五条也规定：当事人对行政处罚行为不服，申请复议或者提起诉讼的，行政处罚不停止执行。同时，《中华人民共和国行政复议法》第三十三条又规定：申请人逾期不起诉又不履行复议决定的，按照下列规定分别处理：(一)维持具体行政行为的行政复议决定，由作出具体行政行为的行政机关依法强制执行，或者申请人民法院强制执行；(二)变更具体行政行为的行政复议决定，由行政复议机关依法强制执行，或者申请人民法院强制执行。新《中华人民共和国行政诉讼法》第九十四条规定：公民、法人或者其他组织对行政行为在法定期限内不提出诉讼又不履行的，行政机关可以申请人民法院强制执行，或者依法强制执行(原《中华人民共和国行政诉讼法》第六十六条)。《中华人民共和国行政复议法》和《中华人民共和国行政诉讼法》都是先规定了复议、诉讼期间不停止行政行为的执行，后又规定了对行政行为在法定期限内不起诉又不履行的，才可以申请人民法院强制执行。对此，应当如何准确理解和把握呢？人民法院执行具体行政行为应当始于行政行为发生法律效力的时间，即只有当事人在法定期间内既不提起诉讼又不履行的，法院才可以强制执行。理由是：

(1)从行为性质上说，具体行政行为已经生效。主要有三方面含义：一是行政行为本身已经具备了发生法律效力的必要要件。二是具备对行政行为发生法律效力具有决定意义的要件。三是生效行政行为应当包括行政主体资格合法、依法已执行了行政程序，并已经依法送达当事人等。只有这些要件同时具备，方可以成为生效的具体行政行为。依法穷尽行政程序主要是指行政行为依法应当履行的审批程序已经履行完毕，当事人依法申请行政救济的程序业已完结等，并不是行政执法决定书送达时就已经生效。

(2)从法学理论上说，执行根据必须已经发生法律效力。执行必须具备以下条件：一是有执行根据，即据以执行的法律文书；二是执行根据已经发生法律效力；三是执行根据有能够执行的给付内容；四是执行根据依法应由人民法院执行，且接受申请的法院有管辖权；五是负有义务的当事人未履行执行根据所确定的义务；六是有权利人的申请或者法院内部移送。人民法院执行的依据包括自身所作的判决、裁定等在内的任何法律文书都应当具备这六个条件，具体行政行为也不能例外。

(3)从立法本意上说，人民法院只执行发生法律效力的行政行为才符合法律规定。《中华人民共和国行政处罚法》第四十五条、《中华人民共和国行政复议法》第二十一条、《中华人民共和国行政诉讼法》第五十八条规定的均是不停止执行，而并非不停止强制执行。因为具体行政行为做出后，只推定其合法有效，仅具有执行力，相对人可以自己履行，但不必然具有强制执行力。相对人不服而申请复议或起诉，本身就是对该行政行为效力的质疑。《中华人民共和国行政复议法》第三十三条、新《中华人民共和国行政诉讼法》第九十四条明确规定为强制执行，表明人民法院执行的必须是已经发生法律效力的行政行为，而不是在复议和诉讼过程中的行政行为,因为人民法院的审判活动只遵循自身的司法程序。

(4)从实际操作上说,发生法律效力的行政行为才能成为法院的执行根据。行政机关的行政行为做出以后,行政相对人可以依照复议和诉讼不停止执行的原则自动履行。但由于行政相对人可以申请复议或者提起诉讼,致使行政行为中的权利义务尚处于不确定状态。如果此时开始立案执行,法院便处于既受理行政机关的申请对具体行政行为的给付内容进行强制执行,又受理行政相对人的起诉对具体行政行为的合法性予以审查的境地。一旦行政行为被撤销或者变更,势必引起执行回转,至少会引起执行内容的变更,甚至可能会造成因已执行而将不合法的具体行政行为维持的劣果。这样,势必导致审判和执行资源的浪费,对行政机关和人民法院也有不良影响。所以,《解释》第八十六条和第九十四条规定:"行政机关根据行政诉讼法第六十六条的规定申请执行其具体行政行为,应当具备以下条件……具体行政行为已经生效……","在诉讼过程中,被告或者具体行政行为确定的权利人申请人民法院强制执行被诉具体行政行为,人民法院不予执行"。

在此需要强调的是,如果当事人在行政机关申请人民法院强制执行前,有逃避执行,例如隐藏、转移、买卖、毁损标的物、财产等行为,有可能导致今后行政处罚难以执行的情况,那么行政机关可以根据《解释》"行政机关或者具体行政行为确定的权利人申请人民法院强制执行前,有充分理由认为被执行人可能逃避执行的,可以申请人民法院采取财产保全措施。后者申请强制执行的,应当提供相应的财产担保","不及时执行可能对国家、公共利益或者他人合法利益造成不可弥补的损失的,人民法院可以先予执行"等规定向人民法院申请先予执行或者财产保全,从而切实保障行政行为的执行。

c.申请强制执行的期限问题

申请强制执行的期限,是行政机关有权请求人民法院依法审理其强制执行申请的时间阶段。根据《中华人民共和国行政诉讼法》《中华人民共和国行政复议法》《解释》及《中华人民共和国行政强制法》的相关规定,人民法院在审理行政非诉案件时,行政机关申请执行的期限区分以下几种情况:

(1)未申请复议或者诉讼情况。如果法律规定当事人可以选择申请行政复议或者提起行政诉讼,当事人获知行政决定后,在法律期限内没有申请行政复议或者提起行政诉讼,又不履行行政决定的,没有强制执行权的行政机关可以在法定期限届满后申请人民法院强制执行。这种情况下的时间计算方法是,以当事人知道做出行政行为之日起的6个月为期满之日(新《中华人民共和国行政诉讼法》第四十六条诉讼期为6个月,原《中华人民共和国行政诉讼法》为3个月),以期满之日的次日为起点开始的3个月内,没有行政强制执行权的行政机关可以申请人民法院强制执行。

(2)未告知诉权或者起诉期限情况。如果行政机关做出行政行为,未告知当事人诉权或者起诉期限的,应以当事人在知道或者应当知道诉权或者起诉期限之日起的6个月为期满之日,以期满之日的次日为起点开始的3个月内,没有行政强制执行权的行政机关可以申请人民法院强制执行。当然,当事人必须在从知道或者应当知道具体行政行为内容之日起的2年内行使诉权。

(3)当事人不知道行政行为内容情况。如果当事人不知道行政机关做出的具体行政行为内容的,应以当事人在知道或应当知道该行政行为内容之日起的6个月为期满之日,以期满之日的次日为起点开始的3个月内,没有行政强制执行权的行政机关可以申请人民法院强制执行。当事人行使诉权的时间限制是,对涉及不动产的具体行政行为从做出之日起不超过 20 年,其他具体行政行为从做出之日起不超过 5 年。

(4)不属于当事人自身的原因超期情况。如果由于不属于当事人自身的原因超过起诉期限的,被耽误的时间不计算在起诉期间内。因人身自由受到限制而不能提起诉讼的,被限制人身自由的时间不计算在起诉期间内,应以当事人不属于其自身原因消除或恢复人身自由之日起的 6 个月为期满之日,以期满之日的次日为起点开始的 3 个月内,没有行政强制执行权的行政机关可以申请人民法院强制执行。

(5)行政复议终结情况。如果法律规定行政复议是最终的救济程序,而当事人在法定的60 日期限内没有申请行政复议的,这种情况下的时间计算方法是,以当事人知道做出具体行政行为之日起的60 日为期满之日,以期满之日的次日为起点开始的 3 个月内,没有强制执行权的行政机关可以申请人民法院强制执行,超过 3 个月的,人民法院应当依法不予受理。

有人认为,根据《中华人民共和国行政强制法》申请法院强制执行的期限不能超过 3 个月,超过法定起诉期,法院就不受理了。这种认识是片面和错误的。当事人确有经济困难申请延期分期缴纳、行政复议或者诉讼中被依法决定停止执行、当事人承诺履行行政行为所确定的义务等,行政强制执行时效应该参照适用诉讼时效中止、中断的规定。新修订的《中华人民共和国民事诉讼法》改变了以往对强制执行时效的不明规定,做出了“申请强制执行时效的中止、中断,适用法律有关诉讼时效中止、中断的规定”。《中华人民共和国行政诉讼法》第九十八条中也规定人民法院审理行政诉讼案件,除依照《中华人民共和国行政诉讼法》及《解释》外,可以参照民事诉讼的有关规定。《解释》第八十六条也规定,行政机关申请人民法院强制执行的条件之一:被申请人在具体行政行为确定的期限内或者行政机关另行指定的期限内未履行义务。因此,行政强制执行时效属于消灭时效,其应当参照法律有关诉讼时效中止、中断的规定。起诉、请求、当事人承诺履行等都是该时效中断的理由。

d.对加处罚款能否予以申请执行问题

《中华人民共和国行政处罚法》第七十二条规定:当事人逾期不履行行政处罚决定的,做出行政处罚决定的行政机关可以采取下列措施:(一)到期不缴纳罚款的,每日按罚款数额的百分之三加处罚款;(二)根据法律规定,将查封、扣押的财物拍卖依法处理或者将冻结的存款划拨抵缴罚款;(三)根据法律规定,采取其他行政强制执行方式;(四)依据《中华人民共和国行政强制法》的规定申请人民法院强制执行。从字面含义解释来看,“加处罚款”是指当事人逾期不缴纳罚款的,在其原罚款金额的基础上每日增加百分之三的罚款,并且可以重复计算至当事人缴纳罚款时止(《中华人民共和国行政强制法》第四十五条规定:加处罚款或者滞纳金的数额不得超出金钱给付义务的数额)。很显然,加处罚款的目的是督促当事人自觉履行缴纳罚款的义务,但问题是当事人一直不缴纳罚款,没有强制执行权的行政机关移送法院时,法院能否一并执行。各地法院做法各异,现行法律、司法解释也没有做出明确的规定。对加处罚款的执行申请,人民法院应当支持。

(1)加处罚款符合行政立法目的。维护、保障和监督行政机关依法行使行政职权是《中华人民共和国行政处罚法》和《中华人民共和国行政诉讼法》的立法目的之一。加处罚款虽然是法律赋予行政机关进行行政管理的一个重要手段,但目前,如果没有其他措施进行保障,这项权力势必成为“摆设”;如果不赋予行政机关的重复选择权,则势必难以保障行政决定的最终实现,行政管理将难以为继。只有人民法院执行加处罚款才能保障和维护行政机关依法行政。

(2)加处罚款是维护行政管理秩序和提高行政效率的重要保障。行政处罚决定一经做出,就具有法律效力,当事人对依法做出的行政处罚决定负有自觉履行和按期履行的义务,当事人逾期不缴纳罚款,正是对国家公信力、拘束力、执行力的抗拒和挑战。行政机关对其实施加处罚款,既是维护行政管理秩序的需要,也是提高行政效率的手段。倘若人民法院不执行加处罚款,那就意味着行政机关眼睁睁地看着当事人违法,也无可奈何。

(3)加处罚款作为执行手段是以罚款形式来督促当事人自觉履行原处罚决定。因为从《中华人民共和国行政处罚法》第七十二条"当事人逾期不履行行政处罚决定的,做出行政处罚决定的行政机关可以采取下列措施"的字面理解,作者认为加处罚款是一种执行罚:加处罚款是行政机关在行政强制执行阶段采取的一种强制执行措施,即在行政机关做出责令行政相对人给付一定金钱义务的处罚后,行政相对人在指定的期限内没有自动履行时,以增加行政相对人罚款数额的方式来督促相对人自动履行的执行手段。

(4)加处罚款具备具体行政行为的法律性质。首先,加处罚款是法律授权行为,行政机关根据这一授权对逾期履行者做出的这种加处罚款执行罚行为也应当属于行政行为。其次,这一行为具备具体行政行为应具备的四要素:一是法律行为要素,即具体行政行为是行政机关对公民、法人或者其他组织做出的行政意思表示;二是特定对象要素,即具体行政行为是对特定的人或事的一次性处理,这表明处理的个别性是具体行政行为的重要特征;三是单方职权性要素,即具体行政行为是行政机关依据国家行政法律以命令形式单方面设定的,不需公民、法人或其他组织同意,具有命令性和服从性;四是外部可诉性要素,即具体行政行为是行政机关实现行政职能的外部行为措施,相对人不服的可以申请复议或提起诉讼。对照加处罚款这一行政行为可以看出,该行为是根据法律授权针对特定的怠于履行法定义务者给予惩罚的单方外部职权行为,也具有可诉性,完全符合具体行政行为的法律特征。因此,加处罚款具有具体行政行为的法律性质,加处罚款其实也是行政机关根据法律授权针对特定的当事人做出的行政处罚决定。

综上,加处罚款作为在原行政处罚基础上产生的,针对行政相对人新的违法行为(逾期履行法定义务)以执行罚的形式做出的新的处罚决定,在行政机关申请法院执行加处罚款时,只要法院审查认为原处罚行为是合法的,则应当一并裁定并予以执行。

九、水行政处罚中对"显失公正"的理解与认定

所谓显失公正,是指行政机关及其工作人员和法律、法规授权的组织在法律、法规规定的范围和幅度内,所做出的行政行为明显不适当。也就是说,该行政处罚决定虽然在形式上合法,但是存在明显的不合理性。法律、法规规定给予违法行为人行政处罚,就行政处罚本身而言,并不是法律所追求的目的,法律规定行政处罚的最主要目的是预防新的违法行为的出现,保障社会秩序。要达到法律追求的最主要目的,必须做到对违法行为人的处罚公正、公平,明显的不合理、不恰当显然违背了法律、法规设立行政处罚的最主要目的,从这个意义上来说,显失公正的行政处罚,实质上是不合法的行政处罚。其表现形式大概有如下几种:

(1)同责不同罚。法律面前人人平等是我国法律的一项基本的法律原则,根据这一原

则,对公民、法人或者其他组织违反法律、法规的行为,性质、情节相同的,应当给予相同的行政处罚,如果对同样责任者给予不同轻重的行政处罚,就违反了法律面前人人平等的法律原则,而且也不利于违法人对自己行为的反省,甚至损害了有关机关的权威。

(2)同一案件中,重责轻罚或者轻责重罚。在同一案件中,行政主体做出的行政处罚从单方面看,似乎并没有明显的畸轻畸重,但是相比较之下,则有失公正,使得被处罚者难以心服口服,甚至产生对抗社会的心理,这样不能解决问题,反而激化矛盾,对社会稳定造成不利影响。

(3)未考虑应当考虑的因素。未考虑应当考虑的因素是指行政主体在做出具体行政行为时,没有考虑到基本的法定因素或者一般的常理因素,任意做出不合理、不恰当的具体行政行为。例如违法情节、认错态度、是否过失都要考虑的社会常理或者生活惯例。

(4)违反均衡原则。均衡原则要求行政主体的自由裁量行为所要达到的行政目的与采用的行政手段之间应当均衡适当。具体来说有以下三个方面的要求:一是行政主体应当选择造成行政相对人最小损害的方法实现行政目的;二是在多种选择方法中,行政主体应当选择最适当的方法;三是行政主体行使自由裁量权所实现的公共利益不能小于行政相对人损害的利益。

(5)反复无常。反复无常指行政主体及其工作人员,对同一或同种情况的案件在情势未发生变化的情况下,根据自己的情绪或好恶无标准地反复变化,无视法律、法规的严肃性,也使行政相对人无所适从。

《中华人民共和国行政诉讼法》第五十四条第(四)项规定:行政处罚显失公正的,可以判决变更。行政机关第一次做出的行政处罚决定因程序违法、适用法律错误被撤销后,重新做出的行政处罚决定在行政相对人的违法事实、情节、性质等各项情势均未发生变化的情况下,大幅度提高对行政相对人的处罚数额,显然是行政机关根据自己的情绪、好恶,无标准地行使自由裁量权,是被告反复无常的具体表现,这种行为对于具有一般认知水平的自然人均会得出重新做出的该行为不合理、不恰当,显失公正。所以,水行政处罚实践中一定要注意把握和领会法律精神。

十、结合具体实践谈一下水行政处罚决定的撤销问题,以便引起水行政执法人员的反思

那么在水行政执法具体实践中,水行政执法人员如何撤销水行政处罚等决定?下面就以一起具体案例来探讨。

案情介绍:2017 年 3 月 29 日对某实业有限责任公司某分公司擅自取用地下水一案立案调查。经查,该单位从 2016 年 10 月以来未经水行政主管部门批准,擅自在安阳市某区工业园本公司院内取用地下水用于公司的建设。该行为违反了《中华人民共和国水法》第四十八条第一款“直接从江河、湖泊或者地下取用水资源的单位和个人,应当按照国家取水许可制度和水资源有偿使用制度的规定,向水行政主管部门或者流域管理机构申请领取取水许可证,并缴纳水资源费,取得取水权”的规定。根据《中华人民共和国水法》第六十九条“有下列行为之一的,由县级以上人民政府水行政主管部门或者流域管理机构依据职权,责令停止违法行为,限期采取补救措施,处二万元以上十万元以下的罚款情节严重的,吊销其取水许可证:(一)未经批准擅自取水的;(二)未依照批准的取水许可规定条件取水的”之规

定，决定对该单位做出：①停止取用地下水；②罚款人民币七万元的行政处罚。安阳市水利局依法定程序下达了《水行政处罚决定书》后，该企业提供了已办理的某区水务局颁发的取水（某）字〔2016〕第2号取水许可证。那么作为水行政执法人员该如何处理该案？

附：水行政处罚决定书

水行政处罚决定书

安水罚决字〔2017〕第7号

被处罚人（单位）名称：××实业有限责任公司××分公司

地址：安阳市××区工业园天意大道9号

法定代表人或负责人：刘××　　　　职务：董事长

本机关于2017年3月29日对你单位擅自取用地下水一案立案调查。经查，你单位从2016年10月以来未经水行政主管部门批准，擅自在安阳市××区工业园天意大道本公司院内取用地下水用于公司的建设。该行为违反了《中华人民共和国水法》第四十八条第一款"直接从江河、湖泊或者地下取用水资源的单位和个人，应当按照国家取水许可制度和水资源有偿使用制度的规定，向水行政主管部门或者流域管理机构申请领取取水许可证，并缴纳水资源费，取得取水权。"的规定。

违法的证据：①调查笔录；②现场勘验笔录；③视听资料。

违法行为等次：根据你单位的违法事实、性质、情节、社会危害程度和相关证据，你单位的违法行为等次属于特别严重。

应受行政处罚的依据和种类：上述违法行为事实清楚，证据确凿充分。根据《中华人民共和国水法》第六十九条"有下列行为之一的，由县级以上人民政府水行政主管部门或者流域管理机构依据职权，责令停止违法行为，限期采取补救措施，处二万元以上十万元以下的罚款；情节严重的，吊销其取水许可证：（一）未经批准擅自取水的；（二）未依照批准的取水许可规定条件取水的"规定，决定对你单位做出下列行政处罚：

（1）立即停止取用地下水。

（2）罚款人民币七万元。

行政处罚履行方式和期限：你单位应当自接到本决定书之日起15日内将罚款缴至中国工商银行安阳市分行任一储蓄网点（银行罚款代码：××××××××）。到期不缴纳的，每日按罚款数额的百分之三加处罚款。

不服行政处罚决定申请行政复议或提起行政诉讼的途径和期限：如不服本决定，可以自收到本决定书之日起六十日内向安阳市人民政府或河南省水利厅申请行政复议，或者在接到本决定书后六个月内直接向安阳市殷都区人民法院提起行政诉讼。逾期不申请行政复议、不向人民法院起诉又不履行本处罚决定的，我局将申请人民法院强制执行。

安阳市水利局

2017年6月3日

本案涉及安阳市××区水务局颁发的取水(某)字〔2016〕第2号取水许可证和《水行政处罚决定书》安水罚决字〔2017〕第7号如何处理的问题。那么就安阳市××区水务局颁发的取水(某)字〔2016〕第2号取水许可证、《水行政处罚决定书》安水罚决字〔2017〕第7号具体行政行为是否有效力问题,下面从具体行政行为的概念和特征、具体行政行为的成立和生效、具体行政行为的无效、撤销与废止方面进行浅析,以便水行政执法人员有一个初步的认识。

(一)具体行政行为的概念和特征

把握具体行政行为的关键在于理解并掌握它的主要特征。这些特征将具体行政行为区别于非行政行为(法律行为)、抽象行政行为、内部行政行为等,从而揭示并划定具体行政行为的边界,把握这些特征对于后面了解行政诉讼和行政复议的受案范围,具有决定性的意义。

1.处分性

所谓处分性,即产生处分效力的意思,即一个行为只有在做出之后,能够根据行政主体的意思表示引起行政法律关系的变动(具体表现为建立、变更或者消灭了某种行政法上的权利义务关系),它才可能属于具体行政行为。这一特征包含两个方面的含义:一方面,具体行政行为做出之后必将引起行政法律关系的变动;另一方面,这种法律关系的变动必须出于行政主体的意思表示。这两个方面缺一不可,一个行为如果缺少了其中的任何一方面,都不能被称为具体行政行为。因此,处分性是具体行政行为的首要特征,这一特征将具体行政行为区别于行政事实行为,以及行政主体实施的其他行为。

2.特定性

所谓特定性,指的是具体行政行为必须是针对特定对象做出的行为。特定性这一特征主要将具体行政行为区别于抽象行政行为与其他属于立法范畴的行为,如制定法律、制定地方性法规等,后者均是针对不特定对象做出的。

3.单方性

所谓单方性,指的是具体行政行为是由行政主体的单方意志所决定的行为。也就是说,单凭行政主体一方的意思表示,就足以使这个行为产生效力,而不需要行政相对人的合意。对于具体行政行为单方性的理解,必须注意以下两个方面的问题:

第一个方面,注意对行政合同行为的理解。行政合同是行政主体为实现一定的行政管理目标,在意思表示一致的前提下,与公民、法人或其他组织通过合同方式,使双方在行政法上的权利义务关系产生、变更或者消灭的行为。

第二个方面,注意对行政行为中公众意见的理解。公众参与是行政法上程序正当原则的要求之一,指的是行政主体必须在实施行政活动的过程中,听取有关公民、法人或其他组织的申辩和陈述,适当吸收公众意见。

4.外部性

所谓外部性,即具体行政行为是行政主体针对外部对象、外部事务而做出的行为。外部性的特征是具体行政行为区别于内部行政行为。所谓内部行政行为,指的是行政主体对其内部组织或个人实施的行为,说到底,就是行政主体对其内部事务的管理。按照实施对象的不同,内部行政行为可以区分为针对内部组织的行为和针对内部个人的行为。针对内部组织的行为,如决定行政主体自身下属机构的设立、增加、减少、合并,或者如对行政组织系统内部权力进行的划定、调整等。例如,某市政府决定将城建局的某项收费权划归城管局的行为,就属于内部行政行为。而针对内部个人的行为,主要表现为对人事关系的处理,如对国家公务员的奖惩、任免、培训,等等。

(二)具体行政行为的成立和生效

具体行政行为的成立和生效,解决的是不同层面的问题。所谓成立,实际上指的是一个具体行政行为的基本构成要件,即只有具备了那些条件,才可以说一个具体行政行为产生了,或者存在了的问题。而效力指的是一个具体行政行为产生之后,它将在法律上产生何种效果,对权利义务关系产生哪些影响的问题。

1.具体行政行为的成立

一个具体行政行为之所以能够产生、存在,至少应当具备这样几个方面的必要条件。

1)主体要件

在主体上,具体行政行为必须是行政主体做出的行为。也就是说,做出这个行为的主体应当是具备行政职权的,如果是不具备行政职权的主体实施的行为,就不能被称为具体行政行为,也不可能通过行政法上的救济方式来追究有关的法律责任。

2)意思要件

意思要件,指的是行政主体必须向相对人做出有效的意思表示,一个具体行政行为才能成立。因为行政主体做出具体行政行为的目的,必然在于建立、变更或者消灭某种行政法上的权利义务关系,即引起行政法律关系的变动。

3)送达要件

送达要件,指的是行政主体必须将具体行政行为的内容送达相对人以使其知晓。如果一个行为做出之后,并未向当事人告知,则该行为也不能成立。

2.具体行政行为的生效和失效

1)具体行政行为的生效

一般来说,具体行政行为成立之后,如果同时具备以下两个条件,该行为便应生效:①该行为不存在明显重大的违法情节,即不属于自始无效的行为;②该行为没有附款(附条件或附期限),或者附款的条件成就(或时间届至)。

行政行为生效的起始时间决定着行政行为何时开始产生法律效力并发生法律后果。因此,研究并明确行政行为生效的起始时间具有重要的法律意义。

(1)行政行为生效起始时间的确定,原则上应当以当事人知晓或理应知晓该行政行为为前提,因为不能要求当事人去服从和遵守一个他不知道的行政行为。

(2)行政行为的生效起始时间可以分为即时生效和延时生效两种。即时生效,即行政行为在相对人受领该行政行为之时生效。受领有本人直接受领、他人代为受领以及推定受领等多种方式。

(3)推定受领只能用于两种情况:第一,行政行为所针对的特定的相对人下落不明或无法与其联系,行政行为采用了公告送达的方式;第二,行政行为的对象为不特定多数人,只能采用发布的形式广为告知。

(4)有的行政行为规定了生效日期或生效的特定条件。该行政行为虽然也须相对人受领,但生效起始时间从行政行为的生效日期到来之时或特定条件成就之时起算。

(5)还有一些学者提出,行政行为效力的开始,需对相对方和行政机关加以区别。因为行政行为并非只对行政相对一方具有拘束力,对行政机关也同样具有拘束力。

2)具体行政行为的失效

行政行为效力的丧失有四种原因:①行政行为违法;②行政行为不合理,有失公正;③行政行为不再适应变化了的情势;④附条件的行政行为条件消失或附期限的行政行为期限届满。

除自动失效的情形外,行政行为效力的丧失须以有权机关做出明确的处置为前提。有权机关使行政行为丧失效力的方式一般有三种:一是确认无效;二是决定撤销;三是决定废止。

3.具体行政行为的效力内容

具体行政行为的效力内容,就是具体行政行为生效之后,在法律上所能够产生的影响或者效果。具体行政行为的效力,主要被分解为确定力、拘束力与执行力三个方面。

第一,具体行政行为的确定力,又称公定力,也有人称之为不可变更力。行政行为确定力的作用在于保证行政行为的严肃性和稳定性。对于行政行为确定力的内容,一般认为是指行政行为一经做出,不论(不知)是否合法,便推定为合法有效,任何组织和个人都应服从;而且一经生效,非依法定原因和非经法律程序不得随意更改和撤销。

第二,具体行政行为的拘束力,是指行政行为一经做出,其内容对相关人员或组织产生法律上的约束效力,有关组织或人员必须遵守和服从。行政行为的拘束力既针对行政主体,又针对相对方。

第三,具体行政行为的执行力,是指行政行为的强制执行力。当行政相对人不自觉履行行政行为所确定的义务时,行政主体可自行采取或请求人民法院采取强制措施,使义务得到履行。

具体行政行为效力的内容见表1。

表1 具体行政行为效力的内容

效力	含义	后果
确定力	不可变更的效力	行为一经做出,应当推定有效,不得随意更改
拘束力	必须服从的效力	当事人应遵守,做出者应履行,不得做出矛盾行为
执行力	必须实现的效力	使用国家强制力实现具体行政行为确定的权利义务安排

(三)具体行政行为的无效、撤销与废止

1.具体行政行为的无效

明显重大违法,或者说存在严重合法性缺陷的具体行政行为,构成无效。所谓明显重大违法,指的是该行为的违法性,严重到了一个理智正常的普通人都足以识别、断定的程度。

具体而言,常见的无效行政行为主要包括以下几种情况:

(1)要求当事人从事犯罪的行政行为,即行政行为的内容表现为要求当事人从事某种已经构成犯罪的违法活动。注意这里要求当事人从事的行为必须是足以构成犯罪的,如果它要求当事人从事的行为虽然违法,但尚未达到足以构成犯罪的严重程度,则一般认为,这只是一种可撤销的行政行为。

(2)该具体行政行为没有任何事实根据,即该行为的做出没有任何事实基础,或者根本不以任何事实作为其根据,或者是其作为根据的事实纯粹出于主观臆想,则该行为也构成无效。如果该行为的做出是有事实根据的,只不过事实根据存在错误而已,则仍不构成无效,也只是一种可撤销的行政行为。

(3)该具体行政行为没有任何法律依据,即该行为的做出在法律上找不到任何有效依据,则该行为也构成无效。

具体行政行为无效的后果,是使得该行为自始至终不存在任何法律效力,其效力的丧失并不是从有权机关宣布其无效时开始,而是自其做出之日起就从来没有产生过任何效力。

2.具体行政行为的撤销

构成一般违法,或者明显不当的行政行为,是可撤销的行政行为。所谓一般违法,指的就是除足以构成无效的明显重大违法外的其他违法情形;而所谓明显不当,则指的是行政行为虽然合法,但存在明显的不合理因素。这两种情况下的具体行政行为,都是可以被撤销的。

具体行政行为被撤销的后果,是使得该行为溯及地从其做出之日起丧失效力。尽管行为的撤销与行为的无效一样,最终都使得它完全丧失效力,但必须注意的是,两者在行为效力丧失的时间上是不同的。无效的行政行为自其做出之日起便完全无效;而可撤销的行为必须等到它被明确撤销之日起才完全丧失效力,而在这一时间之前,其效力仍然存在。

3.具体行政行为的废止

某些合法且适当的具体行政行为,由于特定的原因,必须被废止。构成具体行政行为废止的原因主要包括以下几种情况:

(1)法律变更,即行为在做出时所依据的法律规范后来被修改、废止或者撤销了,则该行为也就失去了其继续合法存在的基础,因此必须被废止。

(2)情事变更,即具体行政行为做出时所依据的客观事实已经不复存在,或者虽然存在但已经发生了重大变化,则该行为也就丧失了其继续存在下去的事实根据,因此也必须被废止。

(3)目的实现,即该具体行政行为所期望的目的已经达到了,因此没有必要继续存在下去。

(4)公共利益,有的具体行政行为在做出之后,如果得以落实的话反而会损害公共利益,则有权机关也可以将其废止,这在行政许可中较为常见。

具体行政行为被废止的效果,是使得该行为自废止之日起丧失效力,但其在废止之日前的效力仍然存在,它在废止之前所产生的法律关系或者法律利益,仍然得到承认。如果公民、法人或其他组织的合法权益,因为具体行政行为的废止而蒙受了损失,则受损人可以要求的是行政补偿,而非行政赔偿。

行政赔偿———行政机关及其公务员违法行使职权侵犯公民、法人和其他组织的合法权益造成损害的,由国家给予受害人的赔偿。

行政补偿———在行政主体及其工作人员合法行使职权侵犯公民、法人和其他组织的合法权益并造成损失的情况下,由国家承担损失补救责任的制度。

具体行政行为的无效、撤销和废止见表2。

表 2　具体行政行为的无效、撤销和废止

具体行政行为	条件	效力	后果
无效	行为明显重大违法；如要求相对人去犯罪、行为毫无法律依据、毫无事实根据	自始不发生任何效力	可随时主张无效；随时宣告无效；可获行政赔偿
撤销	行为一般违法或明显不当	被撤销前推定为有效，撤销后溯及为自始无效	需依法定程序撤销；撤销后可获行政赔偿
废止	原有法律依据已改变；客观情况发生重大变化；行为目的已实现，无须继续存在	废止前有效；废止后无效	因信赖保护可获行政补偿

以下介绍实践中如何撤销安阳市某区水务局颁发的取水(×)字〔2016〕第 2 号取水许可证、安水罚决字〔2017〕第 7 号的《水行政处罚决定书》问题，希望水行政执法人员能举一反三。

水行政许可撤销审批表

拟撤销行政许可项目	××实业有限责任公司××分公司		行政许可编号	取水(×)字〔2016〕第 2 号
行政许可类别	取水许可证		有效期限	3 年
被撤销人	名称	××实业有限责任公司××分公司	法定代表人	刘××
	住址	安阳市××区工业园天意大道 9 号	电话	×××××××
	姓名		身份证号码	
	所在单位		电话	
审查情况	撤销理由经调查核实：2017 年 3 月 29 日我局对该单位擅自取水进行立案调查，该取水许可证的颁发违反了《河南省水利厅关于换发新版取水许可证有关工作的通知》、2003 年安阳市人民政府常务会议纪要(第 123 次)“关于由市水行政主管部门统一负责市辖四个城区的取水许可审批、水资源费征收、节约用水等水资源工作”的规定。根据《中华人民共和国行政许可法》第六十九条第一款第(二)项“超越法定职权做出行政许可决定”的规定，决定撤销由安阳市××区水务局颁发的取水(×)字〔2016〕第 2 号取水许可证			
承办人意见	承办人签名：张××(主办人)　李××(协办人) 2017 年 7 月 8 日			
承办机构审核意见	负责人签字：刘×× 2017 年 7 月 8 日			
领导审批意见	领导签字：张×× 2017 年 7 月 8 日			

行政许可撤销决定书

安水许撤销字〔2017〕第01号

安阳市××区水务局：

你单位于2016年5月8日颁发的取水(×)字〔2016〕第2号取水许可证，经调查核实，该《取水许可证》的颁发违反了《河南省水利厅关于换发新版取水许可证有关工作的通知》、2003年安阳市人民政府常务会议纪要(第123次)“关于由市水行政主管部门统一负责市辖四个城区的取水许可审批、水资源费征收、节约用水等水资源工作”的规定。

根据《中华人民共和国行政许可法》第六十九条第一款第(二)项“超越法定职权做出行政许可决定的”规定，决定撤销向你单位颁发的取水(×)字〔2016〕第2号取水许可证。

如你单位不服本决定的，可于收到本决定书之日起六十日内向安阳市人民政府行政复议受理中心或河南省水利厅申请行政复议，或者六个月内向安阳市中级人民法院提起诉讼。

安阳市水利局(盖章)

2017年7月1日

撤销水行政处罚决定书

安水撤罚字〔2017〕第02号

当事人：××实业有限责任公司北关××分公司

地址：安阳市××区工业园天意大道9号

本机关于2017年6月3日依法向你单位送达了安水罚决字〔2017〕第7号《水行政处罚决定书》，对你单位做出了：①停止取用地下水；②罚款人民币七万元的行政处罚。

2017年6月10日你单位认为该处罚决定有误，向本机关提出申诉，经本机关对上述行政处罚决定进行审查，认为我局依法定程序下达了《水行政处罚决定书》后，该企业提供了已办理的安阳市××区水务局颁发的取水(×)字〔2016〕第2号取水许可证。根据具体行政行为信赖保护原则和《中华人民共和国行政处罚法》第五十四条第二款的规定，做出如下决定：

撤销2017年6月3日本机关做出的安水罚决字〔2017〕第7号《水行政处罚决定书》。

安阳市水利局(盖章)

2017年6月22日

本文书一式两份：一份由安阳市水利局备案，一份交当事人。

十一、结合本案例讲解水行政执法人员在水行政执法中应掌握的基本要素

加强水政水资源工作管理，不但要正确掌握执法程序，宣传学习基础法律，而且对新颁布的每一项水法规都要进行认真研究，全面掌握，只有这样才能达到敢于执法、善于执法、正确执法，

以确保水法规的顺利实施,为水利事业改革与发展保驾护航。依法行政、依法治水,执法是关键,水政监察员的良好素质和较高的业务水平更是有效执法的有力保障。虽然水政监察员都经过了上岗培训,执法能力有了一定提高,但不可否认,在当前水行政执法的实际工作中,部分水政监察员的业务功底与时代的要求还有一定差距,执法能力仍不能适应水行政执法工作的需要。为进一步提高水行政执法水平,水政监察员在水行政执法中还应掌握以下几方面内容。

(一)水行政执法要力求规范性

水政监察员必须注重自身形象,做到言行规范。首先,水政监察员要做到用语规范,文明用语诸如"你好""请""谢谢"等的使用,既能让行政管理相对人和被调查人感受到人格的尊重,又能体现水政监察队伍的良好素质;同时水政监察员要做到行为规范,包括政治行为规范、廉政行为规范、职业道德规范、业务行为规范和行政行为规范。在执行公务和参加重大集会等有关活动时,应按规定着装并佩戴标志,调查案件时,要有两名以上人员参加,出示执法证件,表明身份,如果与违法当事人有直接利害关系的,应自觉请求回避。水政监察员的一言一行、一举一动,代表着水行政机关的形象,如果水政监察员不以规范的言行约束自己,既会损害水政监察队伍自身的形象,又影响与群众的关系,水行政执法也难以取得最佳的社会法律效果。

(二)水行政执法应确保公正性

所谓公正,就其词义是指公平正义、不偏不倚,它要求对同一类型、轻重的水事违法行为,不论行为人是谁,应做出同样的处理,不同情况不同处罚,不能畸轻畸重。水政监察员应将水事违法行为性质、影响、危害后果的考虑放在首位,把外部环境对执法的干扰降到最低程度,依法独立行使水行政执法权,秉公办事,公正裁决,既要维护正常的水事秩序,打击水事违法行为,又要切实维护公民、法人和其他组织的合法权益,赢得水行政执法相对人的信赖与支持,树立水政监察队伍的良好形象,充分体现我国社会主义民主法制的神圣与尊严。

打铁还需自身硬,要做到公正执法,水政监察员首先要不徇私情,破除牟利思想,不为利所缚,不吃拿卡要,不接受违法当事人及其亲属的财物和馈赠,不接受案件相关人员的宴请,把好"人情关",杜绝"人情案"。同时,要克服执法心理障碍,正确对待行政复议、行政诉讼和行政赔偿等制度,不能因为怕自己的执法决定被复议,怕本机关当行政诉讼被告,怕自己的执法行为后果遭到行政赔偿而出现执法疲软现象,必须客观、公正地适用法律、法规,充分体现水行政处罚与水事违法行为"过罚相当"的处罚原则,避免滥用职权,摒弃执法畏难心理。

其次,水政监察员要坚决抵制权大于法的"人治"现象,树立法大于权的"法治"观念,不畏权势,对有关部门的行政干预和地方保护主义的干涉要迎难而上,敢于较真碰硬,不怕打击报复,不为权所动,在法律所赋予的职权范围内充分履行职能,切实打击水事违法行为,有效维护正常的水事秩序。

(三)水行政执法必须准确性

(1)受理立案准是前提。受理案件时,水政监察员要通过初步调查对案件的性质予以认定,对非本职权管辖范围的案件应及时移交有管辖权部门调查处理,对触犯刑律的案件应及时移交公安、司法机关查处,对有法定免责情节的不予追究法律责任。对认为有违反水法律法规的事实,需要追究法律责任,符合法律追究时效,且在职权管辖权限内的水事违法案件要及时立案调查。

(2)事实证据准是根本。违法事实必须具备七个要素,即何时、何地、何人、何事、何因、何果、何种目的,各要素内容的调查要全面、真实、准确,对违法当事人要分清主次,划清责任,以便查明违法事实,查清违法当事人。违法事实要以相应的证据佐证,证据必须符合四个基本特征,即客观实在性、合法性、关联性和目的性,水政监察员要准确地收集、审查和有效地运用证据,收集证据时要符合法律、法规的要求,取证必须履行必要的法律手续,收集的证据要形成证据链,环环相扣,为防止伪证、假证的出现,应尽量取原证;审查证据时要进行分析判断,鉴别真伪,分析证据之间有无矛盾,不同人之间的证据是否一致;运用证据时要确认其与水事违法案件事实之间的关联,以确定其证明效力。

(3)执法程序准是保证。《水行政处罚实施办法》对简易程序、一般程序和听证程序都做了明确规定,但因为水事违法案件存在着不确定性、复杂性,有时水政监察员会忽视案件程序,造成处理案件程序上的疏漏,使案件无法圆满解决,甚至引起水行政机关在行政诉讼中败诉的严重法律后果。因此,水政监察员依法办案时,从受理立案到结案必须按照法定方式和步骤办事,所有必经的法定程序都不可忽视。

(4)行政处罚准是关键。首先要对水事违法案件定性准,水政监察员要全面分析违法当事人的违法动机、违法手段和违法后果,正确确定案件性质,为实施水行政处罚创造条件;其次要做到适用法律准确,适用的法律既包括违法当事人违反的法律规定,也应包括实施处罚的制裁条款,适用法律依据要正确标注条、款、项、目,防止适用已失效或未生效的法律、法规,对规章的适用要特别慎重,要审查该规章本身是否和法律、法规冲突,要注意水行政处罚必须与违法事实之间有必然性和关联性。

(四)水行政执法应当合法性

合法与否是衡量水行政执法行为是否有效的主要标准,主要包括四个方面的基本内容:一是水行政执法机关及其水政监察员自身应当合法,即水行政执法机关应当是依法成立并享有法律法规赋予执法权的水行政机关,其对水事违法案件的受理应当有管辖权,水政监察员的执法权利不得超越法律的授权或在没有法律授权的情况下实施具体行政行为;二是程序应当合法,水政监察员要特别注意实体与程序的平衡问题,转化“重实体、轻程序”,不按法定程序办事的观念,水行政执法过程中的各个环节,都应严格按照法律规定的程序和期限办理;三是法律依据应当合法,应以现行有效的法律法规为依据,凡是与上位法相抵触的下位法都不得作为行政处罚的依据;四是程序应当合法,防止因程序不合法导致水行政处罚失去法律效力。总之,合法性要求水政监察员必须认真履行好法律法规赋予的职责,按照法律规定,依照法定程序,在法定权限内对水事违法行为进行处理,真正做到有法必依、违法必究、执法必严。

准确、合法、公正、规范是水政监察员执法办案中不可或缺的四大基本要件,很好地把握这四个方面的基本要求,对提高水政监察员执法水平和执法效果必将起到积极的促进作用。同时,法律文书的制作和运行也必须规范。从立案、调查、取证到做出处罚决定,每一个环节都有相应的法律文书,都必须实施跟踪制作和运行。规范制作和运行法律文书,直接关系到水行政执法的准确性和严肃性,体现水政监察队伍的综合素质和执法水平,但在水行政执法实践中,部分水政监察员却往往在思想上不够重视,以致文书内容和文书格式各种各样,有的填写不规范,有的归档不统一,有的不按程序要求和有关规定送达文书,凡此种种都会最终影响水行政处罚决定的有效实施。水政监察是掌握和行使依法行政执法的权力,权力就是责任,管理就是服务。为人民服务,是监察队伍的第一职责,是水政人员精神的第一要义。要坚持以让人民满意为根本标准,树立与科学发展观相适应的正确政绩观,增强贯彻执行党的基本路线、方针、政策的自觉性和坚定性,为了推进依法行政,打造一支具有时代特征的水政监察队伍,才能有效推动基层水行政执法工作,促进基层水行政管理工作健康有序发展。

关于对开采矿泉水、地热水的法律定性思考

【案情介绍】

原告德州某房产经营有限公司不服被告德州市德城区水务局德城水资费征字〔2013〕第07号征收水资源费决定，向德州市德城区人民法院提起行政诉讼，本院受理后，依法向被告送达了起诉状副本及应诉通知书，并依法组成合议庭，于2014年1月9日、2015年7月22日公开开庭审理了本案。原告委托代理人周某，被告委托代理人安某、王某到庭参加诉讼。本案现已审理终结。

原告诉称，原告开采地热水业已经过山东省国土资源厅许可，并按规定向德州市人民政府缴纳了相关费用，被告再向原告征收水资源费于法无据。另被告没有履行先行告知义务，程序违法。请求依法撤销被告做出的德城水资费征字〔2013〕第07号征收水资源费决定。原告提交中编办发〔1998〕14号文、采矿许可证、矿产资源补偿费单据、采矿权使用费单据、企业名称变更情况。

被告辩称：①被告在德城区范围内有水行政执法主体资格，有权向原告征收水资源费。原告在没有办理取水许可证的前提下，擅自抽取地下热水行为违法。②被告向原告征收水资源费事实清楚、证据确凿、法律依据充分。原告自2013年1月15日至2013年3月17日共抽取地热水142 790立方米，由双方工作人员共同签名的自备水源取水抄表记录为证，且原告无异议，鲁价费发〔2012〕152号文规定了十七市水资源费征收标准，无证的按照3倍征收。《中华人民共和国矿产资源法实施细则》第四十四条规定，地下水资源的勘察适用矿产资源法，地下水资源的开发、利用和保护，适用《中华人民共和国水法》和有关行政法规，2006年4月《取水许可和水资源费征收管理条例》（国务院令第460号）施行后，应根据该条例有关规定征收水资源费。被告提交证据：取水抄表记录，征收水资源费通知及送达回证，国办发〔1998〕47号文、87号文，《中华人民共和国水法》，《取水许可和水资源费征收管理条例》（国务院令第460号），《山东省水资源费征收与管理条例》，鲁价费发〔2002〕152号文，《中华人民共和国矿产资源法实施细则》，最高人民法院〔2007〕行他字17号，德城区实施《山东省水资源费征收使用管理办法》细则。

经庭审质证，原告对被告抄表记录有异议，认为该记录记载的取水单位和原告单位不符，签名的取水单位人员不是原告单位人员，欠费情况统计表是被告单方签字。原告已经按照法律规定缴纳了采矿仅使用费和矿产资源补偿费，不应再缴纳水资源费。被告对原告提交的采矿许可证和法律文件真实性没有异议，对采矿权使用费和矿产资源补偿费收款收据的真实性没有异议，但认为德州市土地收购储备交易中心不是行政执法主体，是自收自支的事业单位，其开具的矿产资源补偿费票据无效，征收数额没有法律依据，不能证明原告可以免交水资源费，没有取水许可证取水应受到行政处罚。合议庭评议认为，原告提交的证据能够证明其办理了采矿许可证，缴纳了采矿权使用费和矿产资源补偿费，认定原告提交证据的证明效力。被告提交的证据、依据虽然能够证明被告具有水资源行政管理职能，原告取用地下热水而没有缴纳水资源费，但是原告已经缴纳了采矿权使用费和矿产资源补偿费，被告再向原告征收水资源费不符合中编办发〔1998〕14号文的相关规定，被告不能以此作为向原告征收水资源费的证据、依据。

经审理查明，德州某房地产开发有限公司于2004年11月3日在山东省国土资源厅办

理了证号为370000410406的采矿许可证，缴纳采矿权使用费2 500元。2007年12月24日德州某房地产开发有限公司变更为德州某房产经营有限公司，2011年1月21日德州某房产经营有限公司在山东省国土资源厅办理了证号为C3700002011011120105062的采矿许可证，采矿许可证载明，开采矿种为地热，开采方式为地下开采，生产规模为26.28万立方米/年。2011~2013年原告逐年向德州市土地收购储备交易中心缴纳矿产资源补偿费18 000元。2013年10月9日被告对原告做出德城水资费征字〔2013〕第07号《征收水资源费决定通知书》，该通知书内容为，依据《中华人民共和国水法》第四十八条、《山东省水资源费征收使用管理办法》（省政府135号令）和鲁价费发〔2002〕152号文件，原告应缴水资源费257 022元（按照应缴纳水资源费的3倍计算），通知原告限期缴纳及逾期不缴纳的法律后果，告知了原告复议和诉讼的权利。原告不服提起本案之诉。2014年4月1日原告法定代表人由荆某变更为张某。

【审理结果】

法院认为，《中华人民共和国水法》和《取水许可和水资源费征收管理条例》均规定了取用水资源的单位和个人申请领取取水许可证，缴纳水资源费。《中华人民共和国矿产资源法实施细则》第四十四条规定了地下水资源具有水资源和矿产资源的双重属性。由于有关部门和地方对矿泉水、地热水的管理职责分工问题存在不同认识，为解决这一问题，经中央机构编制委员会办公室、国务院法制办公室和国土资源部、水利部，并经国务院领导同意，就矿泉水、地热水的管理职责分工问题做了规定（中编办发〔1998〕14号文），其中规定开采矿泉水、地热水用于商业经营的企事业单位，凭取水许可证到地质矿产行政主管部门登记，办理相应的采矿许可证。企事业单位已经缴纳矿泉水、地热水的采矿权使用费和矿产资源补偿费的，不再缴纳水资源费。本案被告作为水行政主管部门，虽然具有水资源行政管理职能，但是原告已经在山东省国土资源厅办理了采矿许可证，并缴纳了采矿权使用费和矿产资源管理费，被告再征收水资源费不符合上述文件的相关规定。依照《中华人民共和国行政诉讼法》第五十四条第（二）项第1目（修订前）的规定，判决如下：撤销被告德州市德城区水务局2013年10月9日做出的德城水资费征字〔2013〕第07号征收水资源费决定。

【评析意见】

一、本案的主要争议

本案的主要争议在于德州市德城区水务局收取水资源费的法律适用问题，即企事业单位已经缴纳矿泉水、地热水的采矿权使用费和矿产资源补偿费的，不再缴纳水资源费是否合法的问题。关于是否应当缴纳水资源费下面有两种截然相反的观点，广大水行政执法人员应认真思考以便解决实际问题。

观点一，《中华人民共和国水法》和《取水许可和水资源费征收管理条例》均规定了取用水资源的单位和个人申请领取取水许可证，缴纳水资源费。《中华人民共和国矿产资源法实施细则》第四十四条规定了地下水资源具有水资源和矿产资源的双重属性。由于有关部门和地方对矿泉水、地热水的管理职责分工问题存在不同认识，为解决这一问题，经中央机构编制委员会办公室、国务院法制办公室和国土资源部、水利部，并经国务院领导同意，就矿泉水、地热水的管理职责分工问题做了规定（中编办发〔1998〕14号文），其中规定开采矿泉水、地热水用于商业经营的企事业单位，凭取水许可证到地质矿产行政主管部门登记，办理相应的采矿许可证。企事业单位已经缴纳矿泉水、地热水的采矿权使用费和矿产资源补偿费的，不再缴纳水资源费。本案被告作为水行政主管部门，虽然具有水资源行政管理职能，但是原告已经在山东省国土资源厅办理了采矿许可证，并缴纳了采矿权使用费和矿产资源管理费，被告再征收水资源费不符合上述文件的相关规定。依照《中华人民共和国行政诉讼法》第五十四条第（二）项第 1 目（修订前）的规定，撤销被告德州市德城区水务局 2013 年 10 月 9 日做出的德城水资费征字〔2013〕第 07 号征收水资源费决定，即不再缴纳水资源费。

观点二，根据《中华人民共和国矿产资源法实施细则》第四十四条的规定，地下水资源具有水资源和矿产资源的双重属性，应当适用《中华人民共和国矿产资源法》和《中华人民共和国水法》及其相关的行政法规、规范性文件的规定。2006 年 4 月 15 日施行的《取水许可和水资源费征收管理条例》之前，我国未颁布和施行征收水资源费的行政法规，一度适用了中编办发〔1998〕14 号《关于矿泉水、地热水管理职责分工问题的通知》等规范性文件，即"企事业单位的采矿权使用费和矿产资源补偿费由地质矿产行政主管部门征收""企事业单位已经缴纳矿泉水地热水的采矿权使用费和矿产资源补偿费的，不再缴纳水资源费"的政策。根据《中华人民共和国立法法》的相关规定，《取水许可和水资源费征收管理条例》是行政法规，该条例公布施行后，中编办发〔1998〕14 号《关于矿泉水地热水管理职责分工问题的通知》这一规范性文件的政策规定与之相抵触的不再适用。

依照《取水许可和水资源费征收管理条例》第三条第一款"县级以上人民政府水行政主管部门按照分级管理权限，负责取水许可制度的组织实施和监督管理"，第三款"县级以上人民政府水行政主管部门、财政部门和价格主管部门依照本条例规定和管理权限，负责水资源费的征收、管理和监督"的规定，德州市德城区水务局作为水行政主管部门，对原告征收水资源费具有法定职责。根据《取水许可和水资源费征收管理条例》第二十八条"取水单位或者个人应当缴纳水资源费。取水单位或者个人应当按照经批准的年度取水计划取水。超计划或者超定额取水的，对超计划或者超定额部分累进收取水资源费。水资源费征收标准由省、自治区、直辖市人民政府价格主管部门会同同级财政部门、水行政主管部门制定，报本级人民政府批准，并报国务院价格主管部门、财政部门和水行政主管部门备案。其中，由流域管理机构审批取水的中央直属和跨省、自治区、直辖市水利工程的水资源费征收标准，由国务院价格主管部门会同国务院财政部门、水行政主管部门制定"和《中华人民共和国立法法》的规定，德州市德城区水务局依据《取水许可和水资源费征收管理条例》第二十八条、第三十一条、第三十二条第一款的规定做出的德城水资费征字〔2013〕第 07 号征收水资源费决定程序合法，事实清楚，适用法律、法规正确，法院应予支持，即缴纳水资源费。

二、结合本案例了解法律中的吸收原则

被告德州市德城区水务局在原告德州某房产经营有限公司在没有办理取水许可证的前提下，擅自抽取地下热水行为也需要水行政主管部门依照职权依法处理。水行政主管部门在处罚之前要先了解法律中的吸收原则。

法律中的吸收原则，指的是在某个违法事实中，有多个行为，前行为是后行为的所经阶段，后行为是前行为的发展趋势和必然结局，后行为吸收了前行为，前行为被后行为所吸收，前行为失去了独立存在的价值和意义。

对取用水资源的行为，一般应当包括两个阶段：一是修建取水工程（铺设取水管）阶段，

二是取水阶段。第一个阶段是取水的准备和前期工作,第二个阶段才是当事人的目的所在。在案件查处实践中,是区别对待的:如果是在第一个阶段案发,认定为违法修建水工程案件,按照未经批准、擅自修建取水工程的有关规定处罚,而不能按照违法取水追究责任,因为当事人还没有开始取水,没有实质性的取水行为;如果是在第二个阶段案发,认定为违法取水案件,按照未经批准、擅自取水的有关规定处罚,因为此时水工程已经修建完毕,开始有实质性的取水行为,取水行为已经吸收了修建水工程的行为。

本案中,因为德州某房产经营有限公司的违法行为案发于取水阶段,此时其水工程已经修建完毕,所以只需要追究违法取水行为的法律责任,依据《中华人民共和国水法》第六十九条第一项的规定,责令当事人"停止违法行为;罚款××元"即可,而不需要再依据《中华人民共和国水法》第六十五条第二款的规定追究擅自修建水工程的法律责任,也符合一案不两罚的原则。关于德州某房产经营有限公司如何办理取水许可手续,参照《中华人民共和国水法》第六十九条规定的解释,即由县级以上人民政府水行政主管部门或者流域管理机构责令违法行为人在一定的期限内采取补救措施,如补办取水许可证或者修改取水许可规定条件等。违法行为人在接到限期采取补救措施的行政处罚后,应当在规定的期限内采取补救措施。

三、结合本案例延伸一下,假如原告德州某房产经营有限公司未经水行政主管部门批准,擅自改变取水用途的行为,作为水行政主管部门德州市德城区水务局如何查处?

依据《中华人民共和国水法》第十二条第四款、第五十九条、第六十九条的规定,被告具有负责本行政区域内水资源管理和监督工作行政职责。假如原告存在转供水及擅自改变取水用途的行为,被告可以依据《中华人民共和国水法》第六十九条规定进行处罚。

《中华人民共和国水法》第六十九条规定:有下列行为之一的,由县级以上人民政府水行政主管部门或者流域管理机构依据职权,责令停止违法行为,限期采取补救措施,处2万元以上10万元以下的罚款;情节严重的,并可以吊销其取水许可证:(一)未经批准擅自取水的;(二)未依照批准的取水许可规定条件取水的。本条是关于未经批准擅自取水以及未依照批准的取水许可规定条件取水所应承担的法律责任的规定。

《中华人民共和国水法》第四十八条规定:直接从江河、湖泊或者地下取用水资源的单位和个人,应当按照国家取水许可制度和水资源有偿使用制度的规定,向水行政主管部门或者流域管理机构申请领取取水许可证,并缴纳水资源费,取得取水权。但是,家庭生活和零星散养、圈养畜禽饮用等少量取水的除外。按照这一条的规定,除法律明确排除的情况以外,任何单位和个人直接从江河、湖泊或者地下取用水资源的,应当按照国家取水许可制度向水行政主管部门或者流域管理机构申请领取取水许可证。取水许可制度是我国水资源管理的一项重要制度,原《中华人民共和国水法》就已经确立这种制度,并且在我国水资源管理方面发挥了重要的作用。现行《中华人民共和国水法》更加突出了取水许可制度的重要性,将取水许可制度作为我国水资源管理的一项基本制度加以规定。因此,单位和个人不能未取得取水许可证就擅自取用水资源,即未经批准擅自取水。

对于已经取得取水许可证的单位和个人,在从江河、湖泊或者地下直接取用水资源时,还应当严格依照批准的取水许可规定条件取水。

《中华人民共和国水法》第六十九条规定了两种违法行为，即未经批准擅自取水和未依照批准的取水许可规定条件取水。只要当事人违反了两种违法行为之一，就构成违法，应当承担本条规定的法律责任。依照本条规定，由县级以上人民政府水行政主管部门或者流域管理机构依据职权对违法行为人给予行政处罚，处罚的方式有以下几种：

(1)责令停止违法行为。即县级以上人民政府水行政主管部门或者流域管理机构在行政执法中，发现并确认违法行为人有未经批准擅自取水的或者未依照批准的取水许可规定条件取水的行为后，责令违法行为人停止正在进行的违法取水行为。

(2)限期采取补救措施。即由县级以上人民政府水行政主管部门或者流域管理机构责令违法行为人在一定的期限内采取补救措施，如补办取水许可证或者修改取水许可规定条件等。违法行为人在接到限期采取补救措施的行政处罚后，应当在规定的期限内采取补救措施。

(3)罚款。即由县级以上人民政府水行政主管部门或者流域管理机构强制未经批准擅自取水的或者未依照批准的取水许可规定条件取水的违法行为人缴纳一定数量货币的行政处罚。根据本条规定，可以对违法行为人单处罚款。本条规定的罚款幅度是 2 万元以上 10 万元以下，罚款的具体数额由县级以上人民政府水行政主管部门或者流域管理机构根据当事人违法行为的具体情况决定。

(4)吊销取水许可证。即县级以上人民政府水行政主管部门或者流域管理机构以行政处罚的方式，使违法行为人原先依法取得取水许可证归于无效。按照本条的规定，只有违法情节严重时，有关行政主管部门才能够对违法行为人处以吊销取水许可证的行政处罚。何为情节严重，本条并未明确规定，通常是指违法行为人多次未依照批准的取水许可规定条件取水，经有关行政主管部门多次处罚仍然不改，造成社会影响恶劣等情形。

从一起水资源费案件引发的思考

【案情介绍】

阳西县水务局于2015年11月15日向某供水公司做出《关于缴交水资源费的通知》,通知内容为:"根据《中华人民共和国水法》第四十八条和《广东省水资源管理条例》第二十五条的规定,取用水资源的单位和个人应当按照国家取水许可制度和水资源有偿使用制度的规定,向水行政主管部门缴纳水资源费。根据你公司提供的数据,你公司在2015年1月至9月取水量为8 304 200立方米,缴费标准每立方米0.12元,需缴纳水资源费996 504元。请自收到通知书之日起,10天内到阳西县水务局计财股办理缴费手续,到指定的银行缴费,逾期不缴纳水资源费的,将按《中华人民共和国水法》第七十条和《广东省水资源管理条例》第四十六条的规定,从滞纳之日起按日加收滞纳部分千分之二的滞纳金,并处应缴纳或者补缴水资源费一倍以上五倍以下的罚款。"2016年5月23日,阳西县水务局以某供水公司尚欠2015年1月至9月的水资源费为由做出《责令限期缴纳水资源费的通知书》[(西)水责缴字〔2016〕001号],通知内容如下:"你公司从2015年1月至9月的取水量为8 304 200立方米,根据粤价〔2009〕62号文的规定,水资源费按每立方米0.12元的标准收取,你公司在上述时间段需缴纳的水资源费共996 504元。我局在2015年11月25日已向你公司发出《关于缴纳水资源费的通知》,至今你公司还未按期缴纳。根据《中华人民共和国水法》第十七条规定,现责令你公司在收到本通知书之日起10天内到阳西县水务局办理缴交手续,逾期不缴纳,则从滞纳之日起至缴纳水资源费之前一日止,按日加收滞纳部分水资源费千分之二的滞纳金,并处应缴或者补缴水资源费一倍以上五倍以下的罚款。你公司依法享有陈述、申辩的权利。如不服本通知书,可以在接到本通知书之日起60日内向阳西县人民政府或阳江市水务局申请复议,也可以在接到本通知书之日起6个月内直接向人民法院起诉。"该《责令限期缴纳水资源费的通知书》于5月26日送达某供水公司。阳西县水务局提交的证据《2015年自来水销售情况表》证明,某供水公司2015年1月至9月的销售水量为8 304 200立方米,而不是取水量。由于某供水公司未按《责令限期缴纳水资源费的通知书》[(西)水责缴字〔2016〕001号]中规定的期限缴纳水资源费,阳西县水务局于2016年6月29日做出《阳西县水务局行政强制执行催告书》(西水强催告字〔2016〕第001号),催告内容为:"你公司逾期未履行我局于2016年5月23日做出的《责令限期缴纳水资源费的通知书》[(西)水责缴字〔2016〕001号],2016年5月26日你公司已收到该通知书,根据《中华人民共和国行政强制法》第三十五条之规定,现就有关事项催告如下:一、你公司应于2016年6月5日前依照上述通知书缴纳水资源费;二、履行义务的方式:规定时限缴费。你公司对本催告书有异议的,有权进行陈述和申辩,你公司逾期上述通知书履行缴纳水资源费,且无正当理由的,我局将依法强制执行(代履行)或申请人民法院强制执行。"该《阳西县水务局行政强制执行催告书》当日送达某供水公司。某供水公司认为其向供水工程单位陂底水库管理处缴纳2015年1月至12月的水费已包括了水资源费,阳西县水务局要求其再缴纳2015年1月至9月的水资源费属于重复收费,以阳西县水务局做出的《责令限期缴纳水资源费的通知书》[(西)水责缴字〔2016〕001号]、《阳西县水务局行政强制执行催告书》(西水强催告字〔2016〕第001号)违法为由,向法院提起行政诉讼。

【审理结果】

法院认为：本案的争议焦点，一是阳西县水务局做出的《责令限期缴纳水资源费的通知书》[（西）水责缴字〔2016〕001 号]是否合法、是否符合法律规定；二是阳西县水务局做出的《阳西县水务局行政强制执行催告书》（西水强催告字〔2016〕第 001 号）是否合法、是否符合法律规定。

关于第一个焦点问题，根据《中华人民共和国水法》的有关规定，国家对水资源依法实行取水许可制度和有偿使用制度。某供水公司是阳西县行政区域范围内的取水单位，经阳西县水务局许可领取了《取水许可证》，根据《取水许可和水资源费征收管理条例》第二十八条第一款"取水单位或者个人应当缴纳水资源费"、第三十一条"水资源费由取水审批机关负责征收"的规定，阳西县水务局具有向其征收水资源费的职权依据。根据《取水许可和水资源费征收管理条例》第三十二条"水资源费缴纳数额根据取水口所在地水资源费征收标准和实际取水量确定"、第五十三条"未安装计量设施的，责令限期安装，并按照日最大取水能力计算的取水量和水资源费征收标准计征水资源费"的规定，阳西县水务局确定向某供水公司征收水资源费，应当依照上述规定进行征收。阳西县水务局于 2016 年 5 月 23 日做出的《责令限期缴纳水资源费的通知书》[（西）水责缴字〔2016〕001 号]，确定某供水公司 2015 年 1 月至 9 月的取水量 8 304 200 立方米实为某供水公司 2015 年 1 月至 9 月的销售水量，阳西县水务局以销售水量确定征收水资源费数额没有法律依据。因此，该征收水资源费的行政行为主要证据不足，且适用法律不当，应予撤销。阳西县水务局应当依据《中华人民共和国水法》《取水许可和水资源费征收管理条例》等法律、法规的相关规定，重新对某供水公司做出征收水资源费的行政行为。

关于第二个焦点问题，因《责令限期缴纳水资源费的通知书》[（西）水责缴字〔2016〕001 号]已被撤销，阳西县水务局基于《责令限期缴纳水资源费的通知书》[（西）水责缴字〔2016〕001 号]做出的《阳西县水务局行政强制执行催告书》（西水强催告字〔2016〕第 001 号）不具有合法性，亦应予撤销。而且，《中华人民共和国行政强制法》第三十五条规定"行政机关做出强制执行决定前，应当事先催告当事人履行义务。催告应当以书面形式做出，并载明下列事项：（一）履行义务的期限；（二）履行义务的方式；（三）涉及金钱给付的，应当有明确的金额和给付方式；（四）当事人依法享有的陈述权和申辩权"是基于行政机关对其做出的行政决定具有强制执行权为前提的，阳西县水务局对其做出的征收水资源费的行政行为不具有行政强制执行权，应根据《中华人民共和国行政强制法》第五十三条"当事人在法定期限内不申请行政复议或者提起行政诉讼，又不履行行政决定的，没有行政强制执行权的行政机关可以自期限届满之日起三个月内，依照本章规定申请人民法院强制执行"，第五十四条"行政机关申请人民法院强制执行前，应当催告当事人履行义务。催告书送达十日后当事人仍未履行义务的，行政机关可以向所在地有管辖权的人民法院申请强制执行"的规定申请人民法院执行，故阳西县水务局适用《中华人民共和国行政强制法》第三十五条的规定做出《阳西县水务局行政强制执行催告书》（西水强催告字〔2016〕第 001 号），属于适用法律错误，亦应予撤销。依照《中华人民共和国行政诉讼法》第二条、第六条、第七十条，《中华人民共和国行政强制法》第三十五条、第五十三条、第五十四条规定，判决如下：

一、撤销阳西县水务局做出的《责令限期缴纳水资源费的通知书》[（西）水责缴字〔2016〕001 号]；

二、撤销阳西县水务局做出的《阳西县水务局行政强制执行催告书》(西水强催告字〔2016〕第001号);

三、由阳西县水务局重新对某供水公司做出征收水资源费的行政行为。

【评析意见】

一、水费和水资源费的联系与区别

水费和水资源费是两个不同的概念。水费是供水单位的生产经营性收入,也是用水户有偿用水应支付的费用。用水户与供水单位(买方与卖方)为民事法律关系。双方依法享有平等的民事权利和义务。拒不缴纳水费的行为就是不承担义务的民事违法行为,属民法调整,供水单位可向法院提起民事诉讼,由法院调解或判决。水资源属国家所有。水资源费是行政性收费。征收水资源费是水行政主管部门代表国家对水资源进行权属管理的体现。水行政主管部门与取水户(指从地下取水或从江河、湖泊直接取水的取水户)的关系是行政管理人与被管理人的关系。拒不缴纳、拖延、欠缴水资源费是行政违法行为,属《中华人民共和国水法》及其配套法规、规章的调整范围,水行政主管部门应当依法处罚。因征收水资源费引起的诉讼属行政诉讼。

水资源费是水行政主管部门或者流域管理机构代表水资源的所有权人——国家,向直接从江河、湖泊或者地下取用水资源的单位和个人(或称持证人、取水权人)征收的资源地租。水费是指由使用供水单位供应的水的用水单位和个人,按照有权机关核定或供用水双方协商议定的供水价格和用水量,向供水单位所缴纳的用水费用。水资源费与水费既有联系,又有区别。

联系体现在:水费中包含水资源费。区别主要体现在五个方面:一是性质不同。水费所体现的是商品属性;水资源费具有行政强制性。二是征收主体不同。水费由供水单位计收;水资源费由水行政主管部门或者流域管理机构征收。三是直接义务主体不同。水费由使用供水单位供应的水的用水单位和个人缴纳;水资源费由经许可的直接从江河、湖泊或者地下取用水资源的单位和个人缴纳。四是客体不同。水费对应经过加工处理后的水,即商品水;水资源费对应江河、湖泊或者地下的水资源,即原水。五是使用管理不同。水费由供水单位按有关财务制度用于供水工程生产运行、维护等开支;水资源费纳入财政预算管理,主要用于水资源的调查评价、规划、保护、管理等开支。

二、某供水公司取水量计算

阳西县水务局是阳西县人民政府水行政主管部门,是取水审批机关,其在辖区内行使征收水资源费的职权有法律依据。某供水公司2015年1月至9月缴费的取水量8 304 200立方米是如何计算的?计算依据是什么?这些对本案至关重要。

《取水许可和水资源费征收管理条例》(简称《取水条例》)第三条第三款规定:县级以上人民政府水行政主管部门、财政部门和价格主管部门依照本条例规定和管理权限,负责水资源费的征收、管理和监督。第三十一条规定:水资源费由取水审批机关负责征收。”阳西县水务局是阳西县人民政府水行政主管部门,是取水审批机关,其在辖区内行使征收水资源费的职权有法律依据。

《取水条例》第三十二条规定:水资源费缴纳数额根据取水口所在地水资源费征收标准

和实际取水量确定。第五十三条规定:未安装计量设施的,责令限期安装,并按照日最大取水能力计算的取水量和水资源费征收标准计征水资源费。阳西县水务局未提供证据证明某供水公司取水计量设施的记录数据或者按照某供水公司日最大取水能力计算的取水量,通知某供水公司2015年1月至9月缴费的取水量为8 304 200立方米的主要证据不足。《中华人民共和国行政诉讼法》第七十条第(一)项规定,行政行为主要证据不足的,人民法院判决撤销或者部分撤销,并可以判决被告重新做出行政行为。

三、某供水公司缴纳水资源费的法律依据

《责令限期缴纳水资源费的通知书》[(西)水责缴字〔2016〕001号]的主要证据不足,原审法院判决撤销阳西县水务局《责令限期缴纳水资源费的通知书》[(西)水责缴字〔2016〕001号],并判决阳西县水务局重新做出行政行为,符合法律规定。

阳西县水务局《阳西县水务局行政强制执行催告书》(西水强催告字〔2016〕第001号)依据《责令限期缴纳水资源费的通知书》[(西)水责缴字〔2016〕001号]做出,在《责令限期缴纳水资源费的通知书》[(西)水责缴字〔2016〕001号]被撤销后,《阳西县水务局行政强制执行催告书》(西水强催告字〔2016〕第001号)没有合法的缴费通知作为依据。此外,阳西县水务局并无行政强制执行权,根据《中华人民共和国行政强制法》第三十四条"行政机关依法做出行政决定后,当事人在行政机关决定的期限内不履行义务的,具有行政强制执行权的行政机关依照本章规定强制执行"的规定,《中华人民共和国行政强制法》第三十五条是具有行政强制执行权的行政机关催告行政相对人履行义务的法律根据,阳西县水务局适用《中华人民共和国行政强制法》第三十五条做出《阳西县水务局行政强制执行催告书》(西水强催告字〔2016〕第001号),适用法律错误。

根据《取水条例》第二十八条第一、二款"取水单位或者个人应当缴纳水资源费。取水单位或者个人应当按照经批准的年度取水计划取水。超计划或者超定额取水的,对超计划或者超定额部分累进收取水资源费"的规定,取水单位或者个人都应当缴纳水资源费,取水是否经过批准并不是缴纳水资源费的前提条件,某供水公司以其没有《取水许可证》为由主张不需缴纳水资源费的理由不成立。《取水条例》第三十三条第一、二款规定:取水审批机关确定水资源费缴纳数额后,应当向取水单位或者个人送达水资源费缴纳通知单,取水单位或者个人应当自收到缴纳通知单之日起7日内办理缴纳手续。取用供水工程的水从事农业生产的,由用水单位或者个人按照实际用水量向供水工程单位缴纳水费,由供水工程单位统一缴纳水资源费;水资源费计入供水成本。某供水公司虽是取用供水工程的水从事生产,但其所从事的不是农业生产,阳西县水务局直接向取水单位某供水公司通知缴纳水资源费符合法律规定。

四、疑难问题解析

结合本案例,下面重点对水资源费征收主体、征收范围、免征对象、征收程序、征收中疑难问题进行解析。

(一)征收主体

水资源费征收主体从开始的分部门负责,逐步由水行政主管部门统一征收,历经了两个阶段。第一阶段(1988~2006年),水资源费征收实行的是分部门管理,对水利、城建等部门划分不同的征收范围,实行分别征收。第二阶段(2006年以来),2006年国务院《取水条例》

颁布,首次明确了水行政主管部门统一征收水资源费的主体地位。《取水条例》规定:水资源费由取水审批机关负责征收;其中,流域管理机构审批的,水资源费由取水口所在地省、自治区、直辖市人民政府水行政主管部门代为征收。其他任何部门都不能征收水资源费。

(二)征收范围

(1)实施取水许可制度的对象即是征收水资源费的范围。《中华人民共和国水法》第四十八条规定:直接从江河、湖泊或者地下取用水资源的单位和个人,应当按照国家取水许可制度和水资源有偿使用制度的规定,向水行政主管部门或者流域管理机构申请领取取水许可证,并缴纳水资源费,取得取水权。但是,家庭生活和零星散养圈养畜禽饮用等少量取水的除外。实施取水许可制度和征收管理水资源费的具体办法,由国务院规定。《取水条例》第二条规定:本条例所称取水,是指利用取水工程或者设施直接从江河湖泊或者地下取用水资源。取用水资源的单位和个人,除本条例第四条规定的情形外,都应当申请领取取水许可证,并缴纳水资源费。本条例所称取水工程或者设施,是指闸、坝、渠道、人工河道、虹吸管、水泵、水井以及水电站。可以看出《取水条例》对水资源费征收范围的规定采用了排除法,即除《取水条例》第四条规定的情形外,都应当依法缴纳水资源费。

(2)准确把握应申领取水许可证的对象,是依法实施取水许可和确定水资源费征收对象的前提和关键。

要把握一个重大突破。取水许可的适用范围就是利用取水工程或者设施取用地表水和地下水的行为,但法律、法规规定可以免除的情形除外。在取水范围界定方面,一个重大的突破是,《取水条例》根据《中华人民共和国水法》的规定及授权,将“取水”定义为“取用水资源”,使“取水”适用范围发生了很大的变化。取水许可制度作为水资源权属管理和对水资源开发利用行为进行规范和调整的一项基本制度,如果仅将取水许可制度适用范围限定在“取水”范畴,具有很大的局限性,已不能满足当前对水资源管理的要求。

要把握取用水的准确含义。《取水条例》将“取水”界定为“取用水”后,扩展了取水许可调整范围。如,它可包括取水自用的用水户,也可包括取水为他人供水的取水户。对开发利用地表水而言,既可以是在河道外取用水,也可以是在河道内取用水。尽管河道内用水一般不消耗水量,但往往改变河川径流的时程分配,或消耗水能,或改变水温等,影响其他用水户对水资源的利用或改变水资源的自然属性。因此,从水资源管理角度,必须纳入取水许可管理范畴。尽管有些河道内取用水目前实施取水许可较为困难,如水上旅游、水产养殖、航运等不消耗水量的用水,但将取水许可适用范围界定为“取用水”,为今后取水许可管理的扩展留下了法律空间和依据。水电站是一种典型的河道内取用水,虽然不属于河外用水,不消耗水量,但是它对河流水量的分配和水资源的配置影响很大,也应当纳入取水许可和征收水资源费的范围。贯流式火电厂发电冷却用水自身消耗水量虽然不大,但由于贯流式火力发电取水量较大,国务院460号令规定可以按其发电量征收,体现了优惠改策。另外,对地热水、矿泉水、矿井排水、地温空调等取用地下水的行为,应经取水许可并缴纳水资源费。

(三)免征对象

《取水条例》第四条规定了不需要申领取水许可证,并免征水资源费的5种情形,分别说明如下:

(1)农村集体经济组织及其成员使用本集体经济组织的水塘、水库中的水。但其他企事业单位或个人以及其他集体经济组织,从农民集体经济组织修建管理的水库取水,应当征收水资源费。

(2)家庭生活和零星散养、圈养畜禽饮用等少量取水。这里的少量取水包含打井取用地下水,但不包括供应生活用水的自来水厂的水或家庭办起的经营性的畜禽养殖厂取水。

(3)为保障矿井等地下工程施工安全和生产安全必须进行临时应急取(排)水。为保障矿井等地下工程施工安全和生产安全必须进行的长期正常的取(排)水要经取水许可,并依法缴纳水资源费,这有利于对水资源的保护。

(4)为消除对公共安全或者公共利益的危害临时应急取水。但是,对于为消除对公共安全或者利益的危害必须长期正常取水的,仍然需要缴纳水资源费。

(5)为农业抗旱和维护生态与环境必须临时应急取水。因生态环境需要经常性临时取水,应当制订用水使用计划,纳入正常性的水资源管理范围,实施取水许可管理和缴纳水资源费。

需要注意的是,根据《取水条例》第三十四条的规定,取水单位或者个人因特殊困难可缓缴 90 天。但取水单位或者个人不能因特殊困难而免征水资源费。

(四)征收标准

《水资源费征收使用管理办法》第八条规定:水资源费征收标准,由各省、自治区、直辖市价格主管部门会同同级财政部门、水行政主管部门制定,报本级人民政府批准,并报国家发展和改革委员会、财政部和水利部备案。其中,由流域管理机构审批取水的中央直属和跨省、自治区、直辖市水利工程的水资源费征收标准,由国家发展和改革委员会同财政部、水利部制定。据此,应按各省规定的标准征收。

(五)征收权限

根据《取水条例》第三十一条规定,水资源费由取水审批机关负责征收。其中,流域管理机构审批的,水资源费由取水口所在地省、自治区、直辖市人民政府水行政主管部门代为征收。第十四条规定:取水许可实行分级审批。下列取水由流域管理机构审批,其他取水由县级以上地方政府水行政主管部门按照省、自治区、直辖市人民政府规定的审批权限审批。因此,水资源费分级征收权限是由取水许可分级审批权限决定的。

(六)管理使用

《水资源费征收使用管理办法》第二十条规定,水资源费全额纳入财政预算管理,由财政部门按照批准的部门预算统筹安排。其中,中央分成的水资源费纳入中央财政预算管理,省、自治区、直辖市以下各级分成的水资源费纳入地方同级财政预算管理。

水资源费专项用于水资源的节约、保护和管理,也可以用于水资源的合理开发。任何单位和个人不得平调、截留或挪作他用。使用范围包括:①水资源调查评价、规划、分配及相关标准制定;②取水许可的监督实施和水资源调度;③江河湖库及水源地保护和管理;④水资源管理信息系统建设和水资源信息采集与发布;⑤节约用水的政策法规、标准体系建设以及科研、新技术和产品开发推广;⑥节水示范项目和推广应用试点工程的拨款补助与贷款贴息;⑦水资源应急事件处置工作补助;⑧节约、保护水资源的宣传和奖励;⑨水资源的合理开发,县级以上水行政主管部门会同有关部门按规定编制水资源费收支预算,并纳入部门预算,报同级财政部门审核。财政部门按照县级以上水行政主管部门会同有关部门履行水资源节约、保护、管理职能以及水资源合理开发等需要,核定预算支出。其中,用于水资源开发涉及固定资产投资的,要纳入固定资产投资计划统筹安排使用。资金支付按照财政国库管理制度有关规定执行。

(七)征收程序

《取水条例》第三十三条规定,取水审批机关确定水资源费缴纳数额后,应当向取水单位或者个人送达水资源费缴纳通知单,取水单位或者个人应当自收到缴纳通知单之日起7日内办理缴纳手续。《取水条例》第三十四条规定,取水单位或者个人因特殊困难不能按期缴纳水资源费的,可以自收到水资源费缴纳通知单之日起7日内向发出缴纳通知单的水行政主管部门申请缓缴;发出缴纳通知单的水行政主管部门应当自收到缓缴申请之日起5个工作日内做出书面决定并通知申请人;期满未做决定的,视为同意。水资源费的缓缴期限最长不得超过90日。

上述条款对水资源费缴纳及缓缴程序做了比较明确的规定,必须按规定依法征收水资源费。在具体实施过程中,视不同情况,可以分征收水资源费催缴水资源费和处罚三个不同阶段与步骤。

1.下达缴费通知单,收取水资源费

水资源费征收部门在向取水户下发缴费通知单之前,需要先确定缴费数额。《取水条例》第三十二条规定:水资源费缴纳数额根据取水口所在地水资源费征收标准和实际取水量确定。水力发电用水和火力发电贯流式冷却用水可以根据取水口所在地水资源费征收标准和实际发电量确定缴纳数额。该条款规定水资源费计量方法有两种,一是按实际取水量计费;二是按实际发电量计费。对取水单位未安装计量设施、计量设施不合格或者运行不正常的,根据《中华人民共和国水法》和《取水条例》的规定,按照日最大取水能力计算的取水量和水资源费征收标准计征水资源费。

下达缴费通知单可以采取两种处理方法:一是水资源费征收单位根据计量水量和收费标准向取水单位或者个人送达水资源费缴纳通知单,取水单位或者个人根据通知单确定的缴费数额向指定银行缴费,水行政主管部门定期到银行核对各缴费单位或者个人水资源费缴纳情况后,分别向缴费单位或者个人开据水资源费收费发票;二是水资源费征收单位根据计量水量和收费标准先向取水单位或者个人送达水资源费收费发票,定期到银行核对各缴费单位或者个人水资源费缴纳情况。以送达开据的水资源费收费发票,代替水资源费缴纳通知单。

取水单位或者个人因特殊困难不能按期缴纳水资源费的,取用水户可以申请缓缴水资源费。水资源费征收单位收到取用水户缓缴水资源费的申请后,除了应当在规定时间内做出书面决定,并通知申请人,在做出决定之前,应当对取用水单位或者个人申请缓缴水资源费理由进行核实,查明情况,必要时深入有关单位进行调查。情况属实,并符合缓缴水资源费条件的,才能批准申请人缓缴水资源费。《取水条例》规定缓缴水资源费的期限不得超过90天,具体缓缴期限应考虑取用水户资金周转等情况决定。

水资源费征收部门不同意缓缴水资源费的,取用水户应当在接到水资源费征收单位不同意缓缴水资源费书面决定之日起7日内缴纳水资源费;水资源费征收部门同意缓缴水资源费的,取用水户应当在缓缴期限内缴纳水资源费。

水资源费缴纳数额确定后,收费单位应当将缴费通知单,或开据的水资源费收费票据送达到取水单位或者个人,体现了建设服务型政府的宗旨。缴费通知单或开据的水资源费收费发票应注明缴费义务人实际取水量或者实际发电量、具体的征收标准、缴费金额、缴费地点(银行)、缴费时间等。缴费义务人根据缴费通知单的要求,履行缴费义务。

2.下发限期缴费通知书,催缴水资源费

如果取水户不能在上述规定时间内缴费,根据《中华人民共和国水法》第七十条的规定,限期缴纳水资源费和缴费义务人缴纳水资源费不同,缴费人依法缴费是履行义务,水资源费征收单位对缴费义务下达限期缴费通知书,是一种行政处罚。有关水资源费缓缴限期,《中华人民共和国水法》及其取水条例都没有做出具体的规定,应属于收费机关的自由裁量权,但是规定的限期要注意合理,一般以不超过10天为宜。限期缴费通知,由水资源费征收单位直接送达缴费单位,一式两份,并由缴费单位或者个人签字认定,为以后可能发生的处罚提供依据。

3.处罚

收费单位下达限期缴费通知后,取水单位或者个人仍不履行缴费义务,根据《中华人民共和国水法》第七十条的规定,水资源费征收单位应当依法进行处罚,并分步实施。

1)下达处罚告知书

《中华人民共和国行政处罚法》第三十一条规定:行政机关在做出行政处罚决之前,应当告知当事人做出行政处罚决定的事实、理由及依据,并告知当事人依法享有的权利。《中华人民共和国行政处罚法》第四十二条规定:行政机关做出责令停产停业、吊销许可证或者执照、较大数额罚款等行政处罚决定之前,应当告知当事人有要求举行听证的权利;当事人要求听证的,行政机关应当组织听证。当事人不承担行政机关组织听证的费用。

因此,在做出行政处罚之前,收费机关应当告知当事人做出行政处罚决定的事实、理由及依据,并告知当事人依法享有的权利。在告知当事人依法享有的权利中,既包括陈述、申辩的权利,需要听证的,也应当一并告知要求听证的权利。

水资源费征收单位下达行政处罚告知书后,取用水户能及时缴费的,水资源费征收单位只能收取应缴纳的水资源费和滞纳金,但不能罚款。

2)下达行政处罚决定

行政处罚告知书送达后,听取当事人陈述、申辩或者听证后,调查终结,水资源费征收机关应及时做出行政处罚决定书,并及时送达当事人。处罚决定书的主要内容包括:①当事人的姓名或者名称、地址;②违反水法规的事实和证据;③行政处罚的依据和种类;④行政处罚的履行方式和期限;⑤不服行政处罚决定申请行政复议或者提起行政诉讼的途径和期限;⑥做出行政处罚决定的行政机关的名称和做出决定的日期。

3)执行

水行政主管部门执行处罚时,滞纳金可以和应缴纳的水资源费一并开水资源费专用发票,罚款需要开财政罚款专用票据。

如果取用水单位或者个人对水行政主管部门依法做出的处罚拒绝履行,水行政主管部门可以依法强制执行或申请人民法院强制执行,迫使其履行义务。

申请人民法院强制执行的,由申请人所在地的基层人民法院受理;执行对象为不动产的,由不动产所在地的基层人民法院受理。基层人民法院认为执行确有困难的,可以报请上级人民法院执行;上级人民法院可以决定由其执行,也可以决定由下级人民法院执行。申请法院强制执行时,应注意行政机关申请人民法院强制执行期限。根据行政诉讼法的规定,人民法院的行政强制执行包括两种:一是对人民法院行政判决、裁定的强制执行;二是非诉行政执行。因此,行政机关申请人民法院强制执行也包括两种:一是公民、法人或者其他组织拒绝履行人民法院生效的行政判决、裁定的，行政机关可以向第一审人民法院申请强制执行；二是具体行政行为的相对人对具体行政行为在法定期限内没有提起行政复议或者行政诉讼，行政机关可以申请人民法院强制执行，即非诉行政执行。

(1)非诉行政执行。

《中华人民共和国行政强制法》第五十三条规定：当事人在法定期限内不申请行政复议或者提起行政诉讼，又不履行行政决定的，没有行政强制执行权的行政机关可以自期限届满之日起三个月内，依照本章规定申请人民法院强制执行。本条文对非诉行政执行申请人民法院强制执行的期限作了三个月的规定。

同时，我国《中华人民共和国行政复议法》和《中华人民共和国行政诉讼法》关于行政救济的法定期限分别是：公民、法人或者其他组织申请行政复议的法定期限是60日，自知道该具体行政行为之日起60日内提出；公民、法人或者其他组织直接向人民法院提起诉讼的，应当在知道做出具体行政行为之日起六个月内提出(当事人救济途径)。

根据以上规定，会有以下三种结果：一是如果法律规定行政复议是行政救济的最终程序，即当事人在行政复议后不能向法院起诉的，当事人在60日内没有申请行政复议又不履行行政决定的，行政机关可以在当事人收到行政决定之日起60日后的次日起三个月内申请法院强制执行。二是法律规定实行复议前置制度，具体行政行为相对人不经复议不得向法院起诉。如果具体行政行为相对人在收到行政决定后，在法定期限内既不申请复议又不履行行政决定的，则行政机关可以向法院申请强制执行。三是如果法律规定当事人可以直接向法院起诉，当事人在六个月内没有提起行政诉讼又不履行行政决定，行政机关可以申请法院强制执行。

因此，申请法院执行，需要行政决定有最终的确定力和执行力。所谓“确定力和执行力”，是指当事人没有在法律规定提起行政救济的期限内提起行政救济，则自此期限届满之日起，或者当事人经复议、诉讼之后救济权利穷尽的，则自穷尽救济权利之日起，行政决定就具有了最终的确定力和执行力，行政机关就可以申请法院强制执行。也就是说，从当事人行使行政救济的法定期限届满之日起三个月内，可以申请人民法院强制执行，这样规定是为了促使行政机关及时提出执行申请，提高行政效率。超过此期限的，人民法院不予执行。

另外，还需要以下三个问题：

①申请执行期限的起算点问题。本条规定，没有强制执行权的行政机关可以自期限届满之日起三个月内，申请人民法院强制执行。这三个月的期限应以哪一天为起算点？我国民法通则规定的期间计算方法是以历法为计算方法的，即以日、月、年计算期间的，开始的当天不计入，从下一天开始计算。按此规定，行政机关申请人民法院强制执行的三个月的起算日应从当事人申请行政救济的期间届满之日的次日起算。例如，某人于2016年1月31日收到行政处罚决定书，他向法院提起行政诉讼的六个月的期限应从2月1日至7月31日。如果他在该期间内没有提起行政诉讼，则行政机关申请人民法院强制执行的期间应从8月1日至10月31日。

②三个月的期间为除斥期间还是诉讼时效的性质？《中华人民共和国民事诉讼法》第二百一十五条第一款规定：申请执行的期间为二年。申请执行时效的中止、中断，适用法律有关诉讼时效中止、中断的规定。从以上规定可以看出，民事案件的当事人向法院申请的期间为诉讼时效的性质。《最高人民法院关于执行〈中华人民共和国行政诉讼法〉若干问题的

解释》第八十八条规定：行政机关申请人民法院强制执行其具体行政行为，应当自被执行人的法定起诉期限届满之日起 180 日内提出。逾期申请的，除有正当理由外，人民法院不予受理。以上规定很不明确，似乎为诉讼时效的性质，因为有正当理由的，可以延长申请的期间。经过研究认为，本条规定的三个月期间为除斥期间。理由是行政机关申请人民法院执行其行政决定，是出于公共利益，与民事案件当事人申请法院执行是处分自己的私权利不同。为了提高行政效率，维护公共利益，行政机关应在一个不变的期间内向法院申请强制执行，因此本条规定的三个月即为除斥期间，没有中止、中断之说。

③申请执行期限定为多长时间为适宜。最高人民法院《关于执行〈中华人民共和国行政诉讼法〉若干问题的解释》第八十八条规定：行政机关申请人民法院强制执行其具体行政行为，应当自被执行人的法定起诉期限届满之日起 180 日内提出。逾期申请的，除有正当理由外，人民法院不予受理。这一期限比本条规定的期限超出一倍。在立法过程中，考虑到为了提高行政效率，将行政机关申请法院强制执行的期限规定为三个月，司法解释的这一规定将不再适用。

(2)对人民法院行政判决、裁定的强制执行。

《最高人民法院关于执行〈中华人民共和国行政诉讼法〉若干问题的解释》第八十四条规定：申请人是公民的，申请执行生效的行政判决书、行政裁定书、行政赔偿判决书和行政赔偿调解书的期限为 1 年，申请人是行政机关、法人或者其他组织的为 180 日。即自人民法院行政判决、裁定生效之日起 180 日内行政机关可以向人民法院申请强制执行，逾期申请的，除非有正当理由，法院不再予以受理。

综上，行政机关申请人民法院强制执行的期限：

①行政处罚决定书送达后当事人未申请行政复议且未提起行政诉讼的，在处罚决定书送达之日起 6 个月后起算的 3 个月内；

②复议决定书送达后当事人未提起行政诉讼的，在复议决定书送达之日起 15 日后起算的 3 个月内；

③第一审行政判决后当事人未提出上诉的，在判决书送达之日起 15 日后起算的 180 日内；

④第一审行政裁定后当事人未提出上诉的，在裁定书送达之日起 10 日后起算的 180 日内；

⑤第二审行政判决书送达之日起 180 日内。

(八)结合本案例就征收中的常见问题进行分析

1.取水单位不接受监督检查，或者不在监督检查勘验笔录上签字的处理

如果取水单位不接受监督检查，必须取得拒不接受监督检查的证据，包括人证、书证、物证、视听资料等，然后，根据《取水条例》第五十二条的规定：责令停止违法行为，限期改正，处 5 000 元以上 2 万元以下罚款；情节严重的，吊销取水许可证。注意，这种罚款是在征收水资源费之前的处罚，不要和《中华人民共和国水法》第七十条关于拒不缴纳、拖延缴纳或者拖欠水资源费的“并处应缴或者补缴水资源费一倍以上五倍以下的罚款”相混淆。

如果取用水单位拒不在检查笔录上签字，也要取得相应证据。有合格计量设施的，应当通过拍照、摄像取得其仪表显示数据，可请有关人员作为证人，并据实核定。没有计量设施的，可按《取水条例》第五十三条的规定，按照日最大取水能力计算的取水量和征收标准计征水资源费，还可并处 5 000 元以上 2 万元以下的罚款。发电单位拒不签字也不如实提供发电量的，按照有关规定，按设计发电量计征水资源费。

2.关于从水库取水的水资源费征收问题

关于水库等水资源调蓄工程的取水许可证和征收水资源费问题,各地的理解不一致,实践中做法不一。事实上对每个在水库取水的用水单位实施取水许可,直接向取水单位发证,便于水资源费的征收管理,也可以有效防止水管单位对取水权的“垄断”,有利于对取水单位实施节水管理。

3.关于地热水、矿泉水缴纳水资源费问题

《取水条例》对水资源费征收范围采用了排除法,即除《取水条例》第四条的情形外,都应依法缴纳水资源费。取用地热水、矿泉水,应当依法申领取水许可证,并缴纳水资源费,取得取水权。对矿泉水、地热水征收水资源费的法律障碍已经消除。《取水条例》颁布实施后,2003 年国务院法制办公室《对国土资源部〈关于进一步明确矿泉水、地热水管理职责分工问题的函〉的复函》(国法函〔2003〕197 号)、《关于矿泉水地热水管理职责分工问题的通知》(中编办〔1998〕14 号)等关于矿泉水地热水管理的规定应当自行废止。

(九)征收工作中常见的违法形式及其法律责任

(1)对隐瞒有关情况或者提供虚假材料骗取取水申请批准文件或者取水许可证的,取水申请批准文件或者取水许可证无效,对申请人给予警告,责令其限期补缴应当缴纳的水资源费,处 2 万元以上 10 万元以下罚款。

(2)对未安装计量设施的,责令限期安装,并按照日最大取水能力计算的取水量和水资源费征收标准计征水资源费,处 5 000 元以上 2 万元以下罚款;情节严重的,吊销取水许可证。

(3)对计量设施不合格或者运行不正常的,责令限期更换或者修复;逾期不更换或者不修复的,按照最大取水能力计算的取水量和水资源费征收标准计征水资源费,可以处 1 万元以下罚款;情节严重的,吊销取水许可证。

(4)未经批准擅自取水,或者未依照批准的取水许可规定条件取水的,依照《中华人民共和国水法》第六十九条规定处罚。擅自取水分两种情况:一是未经取水许可审批,擅自取水;二是取水许可证有效期届满,未按规定延续的。对未经取水许可审批,擅自取水,既要按《中华人民共和国水法》第六十九条的规定,责令停止违法行为,限期采取补救措施,处 2 万以上 10 万元以下的罚款,情节严重的,吊销其取水许可证,也要按《中华人民共和国水法》第四十八条的规定征收水资源费。

(5)拒不缴纳、拖延缴纳或者拖欠水资源的,依照《中华人民共和国水法》第七十条的规定处罚。

(6)对不按照规定征收水资源费,或者不符合缓缴条件而批准缓缴水资源费的,侵占、截留、挪用水资源费的,由其上级行政机关或者监察机关责令改正;情节严重的,对直接负责的主管人员和其他直接责任人员依法给予行政处分;构成犯罪的,依法追究刑事责任。

五、水事纠纷调处

结合水行政执法实践,下面重点谈一下水事纠纷调处的相关工作,以便更好地指导水事纠纷调处实践。

(一)水事纠纷概述

1.水事纠纷的概念

水事纠纷常常影响到百姓的生产生活和地区稳定,处理水事纠纷是一项原则性很强的水事管理活动，是政府部门的重要工作内容之一。《中华人民共和国水法》规定，水事纠纷的处理是各级政府的一项职责。水事纠纷分个人纠纷、单位纠纷和地区之间的纠纷。水事纠纷是指不同地区之间、单位之间、个人之间以及单位与个人之间在开发、利用、管理、保护水资源，防治水害，分享水利或进行其他水事活动等方面引发的矛盾。主要发生在河道的上下游、左右岸之间。我国历史上水事纠纷层出不穷、连绵不断，解决水事纠纷的协议，可以追溯到春秋战国时期，公元651年中原各诸侯签订的盟约中，就含有处理边界纠纷的条文。在西汉的灌溉法令中，就规定将水源分配协议刻成石碑，以供各方共同恪守，以防止争水纠纷。总之，水事纠纷是指在防治水害和开发水利的过程中，地区之间、单位之间，上下游、左右岸之间所发生的纠纷，以及在处理这些纠纷时所产生的争执。

2.水事纠纷的分类

根据我国现行法律规定和水事纠纷的特点及性质，可将水事纠纷分为水行政争议、水事侵权纠纷和双重水事纠纷。

1)水行政争议

水行政争议，是指水行政主体之间，或水行政主体与管理相对人之间，在国家水行政管理活动中发生的有关权利义务的矛盾和争执。

水行政争议的产生有以下原因：①水行政机关的行为违法或不当，侵害了管理相对人的合法权益，又不主动承担补偿责任。如无正当理由撤销取水许可证等。②水行政机关人员的管理行为不当。如在执法时未出示水行政执法证件等。③管理相对人违法，并不服水行政处罚而产生的争议。

2)水事侵权纠纷

水事侵权纠纷，是指平等主体之间的一方因为参加水事活动，而侵犯另一方的合法权益所产生的争议，其实质是民事纠纷。

水事侵权纠纷产生的原因有以下三种：①因取水、蓄水、排水、兴建水工程和改变水的现状等引起的争议。②取用水权和水益分配引起的争议。③水污染引起的争议。

3)双重水事纠纷

双重水事纠纷缘起水行政机关的双重地位。一方面，它是机关法人，可以作为民事主体参与民事法律活动；另一方面，它又是管理水事活动的行政机关。当水行政机关为履行水行政管理义务而签订协议和合同时，是以双重身份出现的，由此引起的纠纷即是双重纠纷。双重纠纷的解决途径既要适应于水行政法律的规定，又要符合民事契约原则，兼顾国家与相对人双方的利益。

4)水行政争议与其他两类水事纠纷的区别

水行政争议与其他两类水事纠纷的区别主要有以下三个方面：①主体不同。水事纠纷发生在地区之间、单位之间，上下游、左右岸之间；而水行政争议发生在具有隶属关系的上下级之间、管理者与管理相对人之间。②当事人的法律地位不同。水事纠纷的双方当事人在法律上是平等主体，并且是直接承担水事后果的法人和公民；而水行政争议的双方当事人是工作人员和管理相对人，是两个不平等的法律主体。③解决的途径不同。水事纠纷按其发生的范围不同，可采用行政处理程序或采用行政处理与民事诉讼双轨程序；而水行政争议只能按行政组织原则和程序处理。

水事纠纷按照纠纷主体的不同分为两种：

一种是地区之间的水事纠纷。《中华人民共和国水法》第五十六条规定：不同行政区域之间发生水事纠纷的应当协商处理；协商不成的，由上一级人民政府裁决，有关各方必须遵照执行。在水事纠纷解决前，未经各方达成协议或者上一级人民政府批准，在行政区域交界线两侧一定范围内，任何一方不得修建排水、阻水、取水和蓄（滞）水工程，不得单方面改变水的现状。

这种水事纠纷，主体是地区人民政府，如省（市、区）级、地（市）级、县级和乡镇级人民政府地区之间的水事纠纷，不是民事纠纷，而是行政争端，属于行政法律关系。

另一种是单位之间、个人之间、单位与个人之间发生的水事纠纷，是民事纠纷，属于民事法律关系。《中华人民共和国水法》第五十七条规定：单位之间、个人之间、单位与个人之间发生的水事纠纷，应当协商解决；当事人不愿协商或者协商不成的，可以申请县级以上地方人民政府或者其授权的部门调解，可以直接向人民法院提起民事诉讼。县级以上地方人民政府或者其授权的部门调解不成的，当事人可以向人民法院提起民事诉讼。在水事纠纷解决前，当事人不得单方面改变现状。

（二）预防和调处水事纠纷

《中华人民共和国水法》总结了我国在协调水事关系、处理水事纠纷正反两个方面的丰富经验，把行之有效的办法和政策用法律的形式固定下来，形成调处水事纠纷的基本法律规范。协调水事关系与调处水事纠纷的法律规范，分为实体性规范与程序性规范。实体性规范分散在水法各章的许多条文之中；程序性规范则集中表述于《中华人民共和国水法》第五十六条、第五十七条和第五十八条。水事纠纷涉及的范围宽、人员多，在处理水事纠纷时，当事人往往继续实施自己的行为。这些行为的实施，有的明显属于不当行为，有的则有可能进一步激化矛盾，危及国家财产和人民的生命安全。有的单位和个人从自身的利益出发，不顾全大局，随意改变水的现状，并屡禁不止，造成严重危害。为了防止事态扩大和出现紧急的危险与损害，在必要时由县级以上人民政府或者其授权的部门及时采取紧急处置措施，例如，安排适当警力维持秩序，封存有关施工器械等，及时制止上述行为的实施，责令停止发生纠纷的水事活动，避免纠纷的进一步发展，是十分必要的。《中华人民共和国水法》第五十八条规定：县级以上人民政府或者其授权的部门在处理水事纠纷时，有权采取临时处置措施，有关各方或者当事人必须服从。在处理水事纠纷时，对当事人的一些行为，采取临时强制措施加以限制，是县级以上人民政府或者其授权的部门的权力。这里所说的授权的部门，既包括水行政主管部门，也包括其他有关部门，如公安部门。各部门应积极配合，制止纠纷的扩大，使矛盾得到顺利解决。临时处置措施的使用范围，是处理水事纠纷中那些必须予以制止或加以限制的行为，有关部门不得随意扩大适用范围。临时处置措施的采取具有法律效力，当事人必须执行，不得违背。有关水事纠纷解决后，也要及时地将临时处置措施解除。

（三）调处水事纠纷的原则

团结治水、科学治水、依法治水，是调处水事纠纷的总原则。在遵循总原则的前提下，还应贯彻下列重要原则：

（1）遵循小局服从大局、小利服从大利的原则。在不损害大局和大利的前提下，保护地区、单位和个人的合法权益。对于为顾全大局而做出让利或者牺牲的一方，国家或受利一方，应当给予适当补偿。

（2）遵循统筹兼顾、协调发展的原则。处理上下游、左右岸与防洪、治涝、灌溉、排水、供水、水运、水电、水产、环境保护等各项事业之间的水事关系。

(3)遵循从实际出发、适当照顾历史的原则。

(4)遵循有利生产、方便生活、互谅互让、增进睦邻、公平合理、利害共处的原则。

(5)处理地区之间的水事纠纷,应当遵循下级服从上级的组织原则,当事双方应当发扬团结治水的精神,力争协商一致,在协商不成时,依法提请上级主管机关处理,一经裁决,双方必须服从,不能久拖不决。

(四)调处水事纠纷的程序

根据《中华人民共和国水法》规定,调处水事纠纷有三种程序:

一是水事纠纷的当事人,既含行政区域之间的水事纠纷(行政纠纷),也含单位之间、个人之间、单位与个人之间发生的水事纠纷,都应当本着互谅互让、团结协作的精神协商处理解决,这是纠纷各方当事人在法治的基础上,在尊重历史和现状的基础上,本着互谅互让、团结治水的精神自我化解矛盾,解决水事纠纷的一种程序。《中华人民共和国水法》第五十六条和第五十七条都有明确规定。

二是县级以上人民政府或者其授权的部门调解、裁决行政区域之间、单位之间、个人之间、单位和个人之间的水事纠纷这种行政程序的相同点是人民政府或者其授权的部门作为调解人,居中依法调解,不同点是:对行政区域之间的水事纠纷的调处是不同行政区域共同的上一级人民政府的主动行为,也是法定职责;对单位之间、个人之间、单位和个人之间的纠纷调处,是根据当事人的申请而进行的被动行为,但也是法定职责。对行政区域的纠纷,政府的裁决是终局的决定,不能向法院提起诉讼;对单位之间、个人之间、单位和个人之间的纠纷的决定,不是终局的决定,可以向人民法院提起诉讼。

三是对单位之间、个人之间、单位与个人之间发生的水事纠纷,当事人不愿协商或者协商不成时,可以申请人民政府或者其授权部门调解。当事人不愿协商或者协商、调解不成时,也可以直接向人民法院提起民事诉讼。诉讼是当事人保护自身权益的最终手段和方式。由人民法院做出最终的裁决。需要说明的是,关于这类水事纠纷由当事人双方协商解决和由人民政府或者其授权的部门调解解决,都不是法定的必经程序,也就是说,发生这类水事纠纷后,当事人可以申请县级以上地方人民政府或者其授权的部门调解,也可以直接向人民法院提起民事诉讼,不必经过协商和调解程序。由于因调解不成而提起的是民事诉讼,不是行政诉讼,被告应是当事的一方,而不是调处水事纠纷的人民政府或者其授权的部门。

(五)水事纠纷处理的法律责任

《中华人民共和国水法》第七十四条、第七十五条和第七十六条规定了水事纠纷处理的法律责任。

1.法律责任

《中华人民共和国水法》第七十四条规定:在水事纠纷发生及其处理过程中煽动闹事、结伙斗殴、抢夺或者损坏公私财物、非法限制他人人身自由,构成犯罪的,依照刑法的有关规定追究刑事责任;尚不够刑事处罚的,由公安机关依法给予治安管理处罚。凡因水事纠纷造成或者可能出现聚众闹事、械斗伤人和以暴力相威胁、抢夺和破坏公私财物、危害公共安全、扰乱正常的生产秩序和社会秩序时,当地人民政府和公安、水利等部门负责人应当立即赶赴现场,控制现场,制止过激行动和违法行为,并查明事实,严肃处理肇事人员。触犯刑法的,依照关于妨害公务罪、煽动暴力抗拒法律实施罪、聚众扰乱社会秩序罪、聚众斗殴罪、故意毁坏财物罪或者非法拘禁罪的规定,依法追究刑事责任;尚不够刑事处罚的,依法给予治安管理处罚。

《中华人民共和国水法》第七十五条规定:不同行政区域之间发生水事纠纷,有下列行为之一的,对负有责任的主管人员和其他直接责任人员依法给予行政处分:(一)拒不执行水量分配方案和水量调度预案的;(二)拒不服从水量统一调度的;(三)拒不执行上一级人民政府的裁决的;(四)在水事纠纷解决前,未经各方达成协议或者上一级人民政府批准,单方面违反本法规定改变水的现状的。

本条是关于有关部门主管人员和其他人员在发生水事纠纷时不依法办事应当承担本条规定的法律责任的规定。对水事纠纷及时进行合理处理,可以合理使用和配置水资源,有利于避免激化矛盾,维护社会稳定,促进社会主义现代化建设事业的顺利进行。因此,各级水行政主管部门要把调处水事纠纷作为一件大事,摆在重要议事日程,力求使绝大多数的水事纠纷得到正确的调解。《中华人民共和国水法》对地区间的水事纠纷没有规定可以向人民法院起诉,这就明确了不同行政区域之间发生水事纠纷,在无法协商处理的情况下,上一级人民政府的裁决具有绝对的效力,纠纷双方均应服从。同时,《中华人民共和国水法》对水量分配和水量调度进行了明确的规定,本条进一步肯定了不同行政区域之间发生水事纠纷时,严格执行水量分配方案和水量调度预案;严格服从水量统一调度;依法执行上一级人民政府的裁决的重要性,也明确了不执行上述规定所应当承担的法律责任。本条规定的违法行为有以下四项:一是拒不执行水量分配方案和水量调度预案;二是拒不服从水量统一调度;三是拒不执行上一级人民政府的裁决;四是在水事纠纷解决前,未经各方达成协议或者上一级人民政府批准,单方面违反本法规定改变水的现状。只要实施了这四种行为之一的,负有责任的主管人员和其他直接责任人员就要承担本条规定的法律责任。本条规定的法律责任为行政处分。具体给予违法行为人何种处分,由其任免单位、监察机关根据不同情况依法做出。

2.对违法的水行政机关及其工作人员的处理

《中华人民共和国水法》第六十四条规定:负责处理水事纠纷的国家机关工作人员,玩忽职守,使水事纠纷矛盾激化,给国家和人民利益造成损失情节严重的、构成犯罪的,应当依法追究刑事责任;情节尚属轻微,不够追究刑事责任的,由纪检监察机关和有管辖权的主管机关给予行政处分。

服务型执法理念在水行政执法过程中的运用和实践

随着依法行政理念的逐渐深入,积极探索柔性监管方式,促进法治政府和和谐社会的构建,成为各级行政机关不懈努力的方向和目标,而服务型执法作为行政机关实现柔性监管的重要方式,它摒弃了单纯依赖行政处罚、行政强制等传统行政模式,而是注重行政管理相对人的协力,因此起到了促进行政民主,降低管理成本的效果。对于政府执法机关而言,如何为人民群众提供优质、高效的服务,进而实现执法与服务的和谐,是摆在各级执法机关面前的重要课题。作者组织人员对水行政指导工作进行了大量的探索和实践,按照《河南省行政指导工作规范》和《河南省行政指导文书示范文本》要求,参照《河南省行政执法文书示范文本》,结合水行政指导工作实际,整理出一些常用的水行政指导案例,旨在统一行政指导工作规范,介绍行政指导工作流程,提高行政指导的水平和能力。

本案例主要分为四部分,第一部分着重介绍了服务型执法建设的背景及内涵要求,服务型执法理念在水行政执法过程中的运用。第二部分行政指导的概念、作用、适用领域和行政指导原则,从理论上阐述了水行政指导工作的相关知识;第三部分通过两种不同类型水行政指导案例的办理程序和水行政指导卷宗制作规范,帮助水利系统执法人员灵活运用各类行政指导方式,推广和优化行政指导工作规范,实现依法治水的管理目标;第四部分探讨行政指导行为是否具有可诉性。

一、服务型执法建设的背景及内涵要求

2010年10月,国务院召开了全国依法行政工作会议,国务院领导同志指出:对违法行为,凡通过教育能够达到执法目的的,要慎用或不用强制和处罚手段。要推行行政指导等服务型执法方式,坚持管理与服务并重、处罚与疏导结合。2012年1月1日实施的《中华人民共和国行政强制法》也规定:行政强制的设定和实施,应当适当。采用非强制手段可以达到行政管理目的的,不得设定和实施行政强制。上位法的相关规定和国务院领导同志的指示,都对河南省开展"服务型执法"提供了支持,这也符合社会管理创新的要求和服务型政府的建设目的。行政执法的最终目标在于维护秩序安定,而决不是为惩治而执法,行政执法行为的最优效果,应当是社会公众广泛认同并自觉接受,而服务型执法,则是达到这一效果的好手段。2016年6月1日,新修订的《河南省行政执法条例》将实施,"服务型行政执法"首次被写入地方性法规。啥是服务型行政执法?早在2012年,河南省就在全国率先做出了推进服务型行政执法建设的战略部署,并将此作为推进依法行政的重要抓手。服务型行政执法强调法治政府和服务型政府的有机结合,管理、执法和服务有机结合,严格规范公正文明执法与为人民服务宗旨的有机结合,追求执法效果和社会效果的统一。实践证明,服务型行政执法能够提升行政执法和服务水平,营造和谐执法关系,推进依法行政与法治政府建设。

什么是服务型执法?服务型执法与传统的执法模式有什么区别?作者以为,我们所提出的"服务型执法"是要求对于"刚性化"的法律条文和"铁面化"的执法方式转变为相对温和的人性化的执法方式。行政执法不是以势压人,不是冷酷无情,不是单纯的处罚人。行政执法是为民服务,是人性化的特殊实践方式。推进服务型执法建设,不能简单停留在"微笑"二字,要把握好以下几个方面的内涵要求:

服务型执法就是要大力践行以人为本的执法理念。我们所提倡的“服务型执法”就是在国家提倡的“以人为本”的服务理念下的具体执法实践。2013年全国政法工作会议上指出“要善于运用法律手段调节经济社会关系、统筹协调各种利益冲突,最大限度地激发社会创造活力。善于运用法律手段化解社会矛盾、维护公平正义,最大限度地减少不和谐因素、促进社会和谐。”可见,现今的国家执法理念它强调的是尊重人、理解人、关心人、爱护人,追求的是执法环境、对象、体制、效果的和谐。理解了这一理念,我们就会把政府部门的每一项执法活动都看成是实践国家理念的具体实践,把人民群众当作执法人员的“服务对象”而不是“治理对象”。围绕这一理念,执法活动由“刚”变“柔”、由“管理”变“服务”,就不是要不要的问题,而是必须要的问题。

服务型执法就是要积极转变简单强硬的执法方式。执法方式是衡量一个国家政治文明的重要标尺,是考察一个国家公职人员整体素质的首要依据,转变传统的执法方式,化“随意”为“规范”,化“管理”为“服务”,是执法机关的法定职责,亦是构建以人为本的服务型政府的根本要求。由于受传统观念中“官本位”思想的影响,过去执法行为始终被定义为管理,在长期的执法实践中,执法部门也往往追求的是一种“铁面无私”的形象,但这种“铁面”形象是给群众留下了,可并没有把“无私”的形象真正树立起来。一则有些行政执法部门和执法人员为民服务意识淡薄,执法目的不端正,执人情法,执利益法;二则有些执法部门和执法人员执法行为不规范,随意处罚、滥用权力;三则有些行政执法人员执法方式简单强硬,社会效果不佳,往往引发一定程度的暴力抗法,令我们大跌执法尊严。这些执法问题一再提醒我们,不转变执法方式,执法活动将处处碰壁。只有树立起执法既是管理也是服务的理念,让每一个执法者意识到要俯下身去倾听民声,要低下头去审视民情,才能摆脱传统的刚性执法惯性;只有将执法相对人看作是一个有情有义的人,只有认识到了执法者与被管理者具有平等的法律地位,才会将“服务”自觉地融入到执法活动中去,才能达到和谐执法的目标。

服务型执法就是要善于追求刚柔相济的执法艺术。法律的力量,与其说依存于执法者的严厉,不如说依存于它本身的智慧和刚柔相济的执法艺术。在日常执法活动中,法律的“刚性”决定了它有“无情”的一面,执法者需要按照法律的“刚性”要求,面对各种违法犯罪活动,执法如山、执法必严,才能有效地遏制犯罪活动,进而彰显法律的尊严;但是,法律也有它“有情”的一面,作为执法者,也要维系人们正常的健康情感,其特点应是“看似无情却有情”。推行“服务型执法”不是迁就不管,该查的不查,该罚的不罚,任由违法行为存在和泛滥,而是在执法过程中增加点人情味,提倡刚柔相济,以非对抗的方式去执行,用和风细雨般的温情去处理严肃的违法现象,既要维护法律的崇高权威,又要维护违法者的人格尊严。在执法中,如果善于“软”“硬”兼施,刚柔相济,就会更有利于化解各种矛盾,更有利于取得好的效果。

服务型执法就是要始终坚持执法为民的根本目标。我们的执法目的是什么?应该是通过我们的执法活动,维护法律的权威,保障老百姓的合法权益,维护社会的公平正义,创造和谐的社会环境,实现经济社会的又好又快发展。也就是说,我们的执法活动要始终坚持“执法为民”这一根本目标,通过执法纠正和惩诫个体的违法或不当的行为,来教育广大群众,达到惩诫一点影响一片的社会效果。既然违法者是少数,并且违法的原因也是由多种因素造成的,那么,执法人员的执法重点就应该放在对大多数群众的教育、减少违法行为发生上。

而要达到对群众入脑入心的教育效果,就必须做到执法与服务结合,惩罚与教育互济,打击与保护并重,结果与手段相当。要防止过度依赖强制手段和硬权力执法,多运用说服教育、调解疏导等非强制手段和软权力执法,寓执法于服务之中,融处罚于教育之中,努力提高执法水平,消解执法冲突,化解社会矛盾,减少社会纠纷,克服执法的简单化、粗糙化、暴力化倾向,真正把执法建立在“一切为了人民”“一切依靠人民”的坚实基础之上。

服务型执法如果作为一个工作理念、工作方式和工作艺术,它应该涵盖所有的水行政执法活动,不仅要在水行政处罚案件的监督检查、调查取证、案件核审、处罚告知、处罚听证、处罚决定、处罚执行的执法办案的过程中体现“温情”“尊重”,更要在水行政征收、水行政强制、水行政许可、行政审批的过程中体现“高效”“便民”。正如河南省在《推进服务型行政执法建设的意见》中提出的,要通过提示、解释、告诫等多种形式,采取电话、短信、文件等多种方法,督促执法对象履行法定义务,减少违法行为的发生。要明确行政执法的目的不仅是维护秩序,更是服务于经济市场的有效运转,服务于公民个人、组织的自由、福祉。因此,每一个行政执法机关必须打破旧体制下行政“管理论”,用“服务”代替“命令”,每一个行政执法人员必须树立服务意识、创新执法方式,将推进服务型执法建设的理念贯穿于行政执法的方方面面,积极为行政相对人提供各种公共服务。

以河南省水利系统为例:近几年大部分地市水利系统的水行政执法机构先后都成立了以政策法规科室牵头协调,由各职能科室业务骨干组成专家团队,建立专门的行政指导(调解)工作室。以行政指导(调解)工作室为平台,实现服务零距离。基本上实现了,实行违法行为发生前,事前指导;违法行为进行时,即时指导;违法行为发生后,纠错与回访的工作机制。坚持将行政指导工作与日常工作有机结合,使之成为一项常规工作。

一是以防范与引导为重点,水事活动风险管理前置。对行政相对人尚未履行或即将到达履行期限的事项,水行政执法人员会积极安排专家团队成员进行预先告知、提醒、辅导和建议。对于行政相对人可能发生违法行为、违法行为可能升级、违法行为可能造成危害后果时及时进行预警、警示、劝告,通过用灵活多样的非强制措施引导行政相对人主动配合,实现法律效果和社会效果相统一。

二是及时对高发时间和地段的违法行为进行建议、指导。每年的春季,部分群众为了生活方便或其他原因,在水利工程管理范围内私搭乱建,影响行洪安全等问题比较突出,行政指导工作室本着重心下移、力量前移的原则,坚持把最大限度减少群众损失作为拆违控建宗旨,提出加大巡查管控力度,实行网格化管理。尤其对城乡结合部、城中村、老旧城区等重点区域进行重点监控,打消个别市民违建的想法,实现了违法建设早发现、早制止、早处理,减少了群众的损失。实践证明运用此方法不仅取得了较好执法效果,同时也避免了执法冲突,规避了执法风险,实现了执法关系和谐。

三是以教育与规范为保证,水行政处罚刚柔并济。案件承办人在对违法当事人进行处罚时,注重以教育为主,主动向当事人讲法律、讲政策、讲依据、讲道理。案件处罚后,由行政指导室派出专家人员回访当事人,向其说清法理、说通事理、说明情理、说透伦理,减少当事人的对抗情绪,增强当事人的可接受性。

四是建立行政相对人维权受理制度和举报响应机制。对行政相对人提出的问题、意见、建议,行政指导室都会及时受理,按时回复解决,维护行政相对人的监督举报权,广泛接受社会监督。

五是编写指导规程,规范执法程序。按照现行水法律法规,结合省服务型行政执法工作的要求,为使各地市水利系统更好地开展服务型行政执法工作,省水利厅领导安排作者编纂了《行政指导操作实务》,为各地市水利系统更好的开展服务型行政执法工作提供了范本。同时作者自己又结合自己多年的执法实践先后编写并出版《水利行政执法的思考与法律文书的运用》《水利行政执法案例指导及疑难问题解析》《全国水事疑难案例选编》等近四百万字的水行政执法著作三部。

总之,搞好服务型行政执法重要的是执法理念的转变、执法方式的改进、执法效果的提升,没有也不可能有固定的模式。近几年,在省水利厅政策法规处的领导和指导下,河南省水利系统在推行服务型行政执法方面取得了良好效果。

二、行政指导工作相关知识

(一)行政指导的含义

行政指导具有非强制性、高效性、灵活性、民主性等特点。行政指导是随着社会的迅猛发展而产生的,行政管理机关作为国家实施监管和行政执法的职能部门,在监管与执法领域引进行政指导制度具有重大的现实意义。本书所称行政指导,是指水行政主管部门在其法定职权范围内,通过提示、示范、辅导、引导、规劝、约谈、建议、回访等非强制性方式,指导行政相对人自愿做出或不做出某种行为,以有效实现行政管理目标的行政行为。

(二)行政指导的作用

(1)有利于拓宽监管领域,弥补现行法律手段的不足。

现代社会的发展一日千里,新的行政管理领域不断涌现。水事法律法规受立法成本、法所调整的社会关系发展现状、立法者的认识水平等限制,具有明显的滞后性,不可能及时对所有新出现的情形做出明确的规定。依照法无明文规定不得行为的行政法原理,水行政机关对这些新兴的领域就无能为力了。行政指导因其简便性、灵活性的特点最适合用来对这些新兴行业进行干预,引导其健康发展,从而弥补了法律手段的不足,拓宽了监管领域,并可为以后的立法与监管创立良好的基础。

(2)有利于完善职能,改善形象。

随着政府职能的转变,行政管理机关也应与时俱进,一方面要加强管理,另一方面要为社会提供优质、高效、便捷的服务。而行政指导正迎合了这种需要,补充完善了管理职能。另外,行政指导是一种柔性行政行为,与传统强制性行政方式相比具有明显的亲和力,其将管理者与被管理者置于一个相对平等的地位,更多地体现了民主色彩,因此有利于改善和塑造形象。

(3)有利于提高监管效能,降低行政成本。

行政强制并不是万能的,常常会因为相对人有形或无形的抵制而大大降低功效。凸显柔性的行政指导会促使相对人主动参与实现行政目的或自觉服从于行政机关意志,有利于将行政目的内化为被管理者的自主意识,从而提高监管效能。另外,行政指导中的警示制度通过对处于违法萌芽状态或轻微违法尚未对他人或社会公益造成危害的行为的及时警示,督促相对人及时改正错误,避免进入立案调查等行政处罚程序,从而降低了行政成本。

（三）行政指导的适用领域

行政指导的适用领域是指行政主管部门依照法律、法规赋予的权限或自身职能，实施行政指导的范畴和界限。根据已有的行政指导实践，至少在以下领域可广泛适用行政指导方式：

（1）新兴的行政管理领域。

（2）没有罚则规定的违法违章行为。如前所述，法律由于受立法者的认识水平、法所调整的社会关系的发展程度等因素的制约，难免会出现“法律漏洞”。

（3）市场主体需要机关提供的某些信息或服务。行政管理相对人因某些客观原因，无法获得及时、准确的行业管理信息，对相关规定缺乏正确的认识，此时水行政主管部门可依据其职能为社会提供相关信息或为其提供指导或帮助。

（4）轻微违法违章行为的事前禁止和事后补救。相对人由于对法律法规不甚了解或并非故意，偶有轻微违章行为，或有违法违章倾向，便可采用警示的方式，对其进行事先告诫、教育，促使当事人主动改正错误，从而达到从根本上减少违章行为的目的。

（5）依据职能可以实施行政指导促进行政管理目标实现的其他领域。行政管理范围极其广泛，因此行政指导也具有广泛的适用领域。只要不违背法律原则，在行政管理职能或监管的事务范围内或行政执法过程中均可实施行政指导。

（四）行政指导的基本原则

（1）合法原则。实施行政指导必须在行政机关法定职权范围内进行，不得违反法律法规、规章的规定，不得与国家政策相抵触，不得侵害行政相对人的合法权益。

（2）合理原则。行政机关实施行政管理应当优先采用行政指导等非强制方式，实施行政指导应当根据行政管理目的和行政相对人的具体情况，选择合理适当的行政指导方式、方法。

（3）自愿原则。实施行政指导应当以行政相对人自愿为前提，充分尊重其自主选择权。不得采取或者变相采取强制性手段以及其他不利于行政相对人的行政手段强迫其接受行政指导，不得因行政相对人拒绝接受行政指导而对其采取额外限制或加重行政处罚等措施。

（4）公平原则。实施行政指导应当公平地对待行政相对人，在相关条件基本相同的情况下，应当实施相同或者类似的行政指导，不得为了个别行政相对人受益，而损害公共利益或其他行政相对人的合法权益。

（5）公开原则。实施行政指导应当坚持公开原则，除涉及国家秘密、商业秘密、个人隐私外都应当公开，依法保障行政相对人的知情权、参与权和救济权。

（6）效率原则。行政机关应当依法积极主动履行职责，简化实施程序，降低行政成本，为行政相对人提供方便、快捷的指导服务。

三、下面通过两起模拟的行政指导案例来指导水行政指导执法实践

（一）行政提示概念及适用情形

行政提示：对于法律法规规定行政相对人应当履行相关义务，行政相对人尚未履行或即将到达履行期限的事项，进行预先告知、提醒，或者提醒行政相对人节约能源资源、安全生产、平安生活等事项。

附:行政提示模拟卷宗

河南省水行政指导案件卷宗(模拟)

豫水(安)指立字〔2016〕××号

指导方式	提示当事人办理延续取水许可手续		
当事人	名称或姓名	安阳××股份有限公司	
	地址或住址	安阳市殷都区××街道×号	
指导时间	2016 年 3 月 21 日		
指导结果	对当事人做出行政指导,提示其按照取水许可要求,办理了延续取水许可手续。		
归档日期	2016 年 3 月 28 日	归档编号	
保存年限	10 年	指导人	李×× 施××
本卷内的文书共计 12 张		立卷人	李×× 施××

卷宗目录

序号	文书名称	文号	页号
1	行政处罚委托书		
2	水行政指导案件立案呈批表		
3	执法人员执法证复印件		
4	安阳市水利局行政指导意见书	安水指意字〔2016〕××号	
5	安阳市水利局行政提示书	安水指提字〔2016〕××号	
6	行政指导文书送达回证		
7	安阳市水利局证据复制(提取)单		
8	行政指导案件结案审批表		
9	行政指导案件结案报告		

行政处罚委托书

根据《中华人民共和国行政处罚法》第十八条、第十九条,《河南省行政执法条例》第十条,《水行政处罚实施办法》第十条、第十一条、第十二条的规定,经安阳市水利局与安阳市水政监察支队研究,现由安阳市水利局委托安阳市水政监察支队实施:行政处罚种类:1.(1)警告,(2)罚款,(3)吊销许可证,(4)没收非法所得,(5)法律法规规定的其他水行政处罚;2.其他相关权限。委托期限自2016年1月1日至2016年12月31日止。

委托期间,安阳市水政监察支队必须以安阳市水利局的名义,在委托权限范围内实施行政处罚,并接受安阳市水利局的监督;由此产生的法律后果,由安阳市水利局承担。安阳市水政监察支队不得将委托事项再委托。

委托机关(印章)　　　　受委托单位(印章)

2016年1月1日　　　　2016年1月1日

水行政指导案件立案呈批表

安水指立字〔2016〕××号

<table>
<tr><td>案由</td><td colspan="6">提示当事人办理延续取水许可手续</td></tr>
<tr><td>案发地点</td><td colspan="4">安阳市殷都区××街道××号</td><td>发案时间</td><td>2016-03-17</td></tr>
<tr><td rowspan="3">当事人</td><td>单位名称</td><td colspan="3">安阳××股份有限公司</td><td>法定代表人</td><td>歙××</td></tr>
<tr><td>个人姓名</td><td></td><td>性别</td><td></td><td>职业</td><td></td></tr>
<tr><td>联系地址</td><td colspan="3">殷都区××街道××号</td><td>电话</td><td>×××××××</td></tr>
<tr><td>案件来源</td><td colspan="6">巡查</td></tr>
<tr><td>案情简介及立案理由</td><td colspan="6">2016 年 3 月 17 日，我局执法人员在日常巡查中发现安阳××股份有限公司取水许可证将于 2016 年 5 月 11 日到期，提示该单位办理延续许可手续。</td></tr>
<tr><td>行政指导人意见</td><td colspan="6">建议对当事人行政指导。
行政指导人：李××　施××
2016 年 3 月 17 日</td></tr>
<tr><td>支队负责人审查意见</td><td colspan="6">同意对当事人行政指导。
负责人：尹××
2016 年 3 月 17 日</td></tr>
<tr><td>机关法制机构审核意见</td><td colspan="6">同意对当事人行政指导。
负责人：侯××
2016 年 3 月 17 日</td></tr>
<tr><td>机关负责人意见</td><td colspan="6">同意对当事人行政指导。
负责人：赵××
2016 年 3 月 17 日</td></tr>
</table>

执法人员执法证复印件

附:李××、施××执法人员执法证复印件(略)

安阳市水利局行政指导意见书

安水指意字〔2016〕××号

<table>
<tr><td rowspan="3">指导对象</td><td>单位名称</td><td>安阳××股份有限公司</td><td>法定代表人或负责人</td><td>歃××</td></tr>
<tr><td>地址</td><td colspan="3">安阳市殷都区××街道××号</td></tr>
<tr><td>联系人</td><td>都××</td><td>联系电话</td><td>×××××××</td></tr>
<tr><td colspan="5">行政指导的目的：提示该单位取水许可有效期届满时间为2016年5月11日，在取水许可证届满到期前45天前到市水利局办理延续许可或注销手续。
我局（单位）依托行政管理职能，拟采取下列方式实施行政指导：
提示■　规劝□　辅导□　引导□
建议□　其他方式（　）□
行政指导是一种不具有强制性、无法律拘束力的行政行为，你单位可以根据自己的意愿选择是否接受，如果你单位同意，请与我局协力合作，以便行政指导工作顺利开展。
指导对象意见：同意行政指导。

签名（盖章）：郝××
2016年3月18日

本局（单位）联系人：李××　联系电话：×××××××
2016年3月18日</td></tr>
<tr><td>行政指导依据及内容</td><td colspan="4">依据：《取水许可证和水资源费征收管理条例》第二十五条：取水许可证有效期限一般为5年，最长不超过10年，有效期届满，需要延续的，取水单位或者个人应当在有效期届满45日前向原审批机关单位提出申请，原审批机关应当在有效期届满前，做出是否延续的决定。
内容：根据上述规定，提示当事人在取水许可证有效期届满前45日到市水利局办理延续许可手续。</td></tr>
<tr><td colspan="5">行政指导人（签名）：李××　施××
2016年3月18日</td></tr>
</table>

注：本文书一式两份，一份送达，一份归档。

安阳市水利局行政提示书

安水指提字〔2016〕××号

安阳××股份有限公司：

经现场调查，你单位使用自备井取用地下水用于生产、生活，办理的《取水许可证》取水许可有效期届满时间是2016年5月11日。为防止你单位取水许可有效期逾期，现就有关法律规定及注意事项提示如下：

根据《取水许可和水资源费征收管理条例》第二十五条，取水许可证有效期限一般为5年，最长不超过10年。有效期届满，需要延续的，取水单位或者个人应当在有效期届满45日前向原审批机关提出申请，原审批机关应当在有效期届满前，做出是否延续的决定之规定，现提示你单位按要求在取水许可证有效期届满45日前到安阳市水利局办理延续许可手续。

办理取水许可需提交的材料：

1.取水许可申请表；

2.原取水许可证正、副本；

3.工商登记证副本及复印件；

4.法定代表人身份证明原件及复印件；

5.授权委托书。

办理地址：安阳市水利局

联系人：李× × 电话：× × × × × × ×

安阳市水利局

2016年3月21日

行政指导文书送达回证

送达文书名称及文号	安阳市水利局行政提示书(安水指提字〔2016〕× ×号)
案由	提示当事人办理延续取水许可手续
受送达人名称或姓名	安阳××股份有限公司
送达日期	2016 年 3 月 21 日 9 时 15 分
送达地点	× ×股份有限公司办公室
送达方式	直接送达
收件人	欹××是该公司负责人。 欹× × 2016 年 3 月 21 日
送达人	李× ×　施× × 2016 年 3 月 21 日
备注	

<table>
<tr><td colspan="2">
</td></tr>
<tr><td colspan="2">说明事项:此营业执照复印件由行政指导对象提供。</td></tr>
<tr><td>提取人
(签名或盖章)</td><td>李× × 执法证号:豫 E01-749100
施× × 执法证号:豫 E01-332023</td></tr>
<tr><td>提取时间</td><td>2016 年 3 月 17 日</td></tr>
</table>

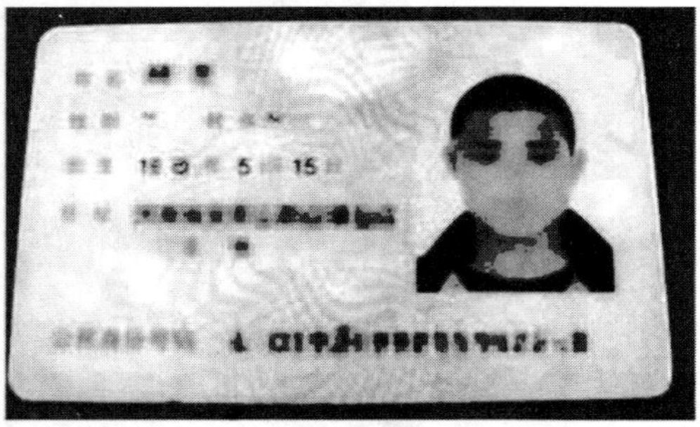

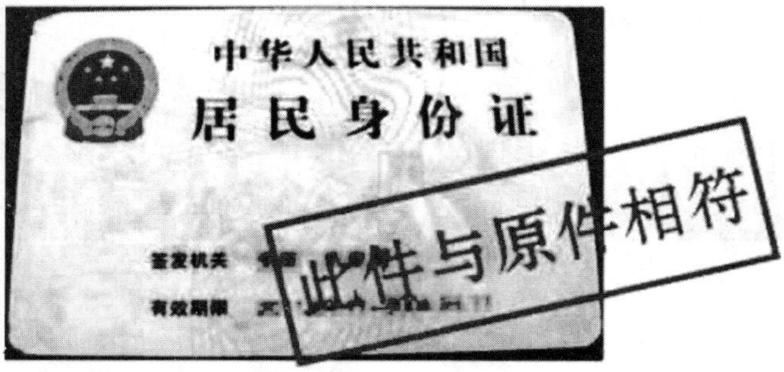

说明事项：此身份证复印件由行政指导对象提供。

提取人 （签名或盖章）	李× ×　　执法证号：豫 E01-749100 施× ×　　执法证号：豫 E01-332023
提取时间	2016 年 3 月 17 日

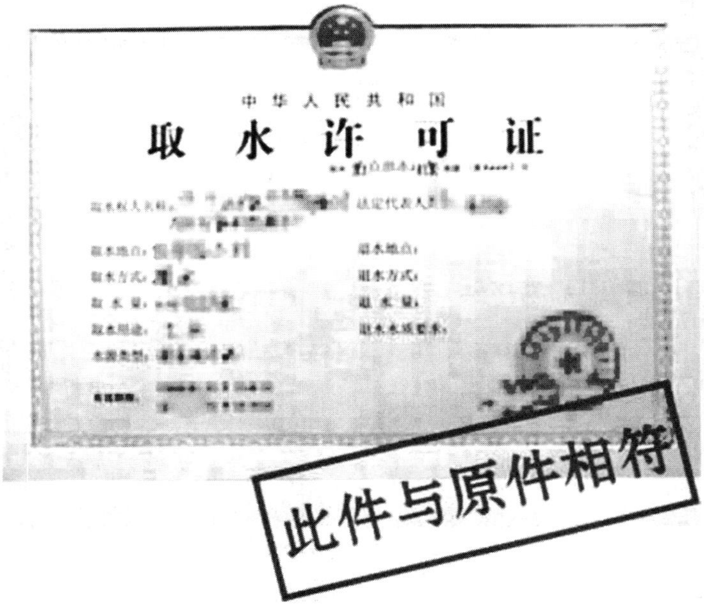

说明事项：当事人原有《取水许可证》。

拍摄人	李× × 执法证号：豫 E01-749100 施× × 执法证号：豫 E01-332023
拍摄时间	2016 年 3 月 17 日
拍摄地点	安阳××股份有限公司办公现场

说明事项：当事人办理的《取水许可证》。

拍摄人	李× ×　执法证号：豫 E01-749100 施× ×　执法证号：豫 E01-332023
拍摄时间	2016 年 3 月 25 日
拍摄地点	审批科

行政指导案件结案审批表

行政指导文书文号	安水指提字〔2016〕×号	发文日期	2016-03-21
案由	提示当事人办理延续取水许可手续	案件来源	巡查
立案时间	2016 年 3 月 17 日		
案件简要情况	2016 年 3 月 17 日,我局执法人员在日常巡查中发现安阳××股份有限公司取水许可证将于 2016 年 5 月 11 日到期,提示该单位办理延续许可手续		
行政指导内容	提示行政当事人办理延续取水许可手续		
行政指导执行情况	按照取水许可要求,已办理延续取水许可		
行政指导人意见	建议结案。 指导人签名:李×× 施×× 2016 年 3 月 25 日		
支队负责人意见	同意结案。 负责人签名:尹×× 2016 年 3 月 15 日		
法制机构意见	同意结案。 负责人签名:侯×× 2016 年 3 月 25 日		
机关负责人意见	同意结案。 负责人签名:赵×× 2016 年 3 月 25 日		

行政指导案件结案报告

当事人	单位名称	安阳××股份有限公司	法定代表人	欹× ×
	地址	安阳殷都区××街道×号	电话	× × × × × × ×
案由	提示当事人办理延续取水许可手续		案件来源	巡查
办案时间	2016 年 3 月 17 日至 2016 年 3 月 25 日			
行政指导文书文号	安水指提字〔2016〕× ×号		结案日期	2016 年 3 月 25 日
案件简要情况	2016 年 3 月 17 日,我局执法人员在日常巡查中发现安阳××股份有限公司取水许可证将于 2016 年 5 月 11 日到期,提示该单位办理延续许可手续。			
行政指导内容	提示行政当事人到市水利局办理延续取水许可手续。			
行政指导结果	对当事人做出行政指导,提示其按照取水许可要求,办理了延续取水许可。			

填表人:李× ×

2016 年 3 月 25 日

立卷、验卷情况记载

本案卷于 2016 年 3 月 28 日。立卷本册连面带底共计 17 页,附证物袋 0 个,内装 0 件。

立卷人: 李× ×

本案卷于 2016 年 3 月 28 日经验查合格。

检验人: 刘× ×

(二)水行政处罚案例

下面介绍一起水行政处罚案件,在水行政处罚过程中贯穿着行政指导相关文书,以便水行政执法人员在执法实践中借鉴。

案情介绍:2016 年 9 月以来,安阳××置业有限公司未经水行政主管部门批准,擅自在位于安阳市文峰区安棉路西段路北的××商住小区建筑工地内取用地下水,上述行为违反了《中华人民共和国水法》第四十八条"直接从江河、湖泊或者地下取用水资源的单位和个人,应当按照国家取水许可制度和水资源有偿使用制度的规定,向水行政主管部门或者流域管理机构申请领取取水许可证,并缴纳水资源费,取得取水权"的规定。

附:模拟水行政执法指导案例卷宗

河南省水事违法案件卷宗

卷宗目录

序号	文书名称	文号	页号
1	行政处罚决定书	安水罚决字〔2017〕第 4 号	
2	送达回证		
3	行政处罚委托书	安水委字〔2017〕第 001 号	
4	行政处罚案件立案审批表		
5	调查(询问)通知书	安水调字〔2017〕第 4 号	
6	送达回证		
7	安阳市水利局行政指导意见书	安水指意字〔2017〕4 号	
8	安阳市水利局行政规劝书	安水指规字〔2017〕4 号	
9	送达回证		
10	现场(检查)笔录		
11	现场勘测图		
12	询问笔录		
13	责令停止水事违法行为通知书	安水罚责停〔2017〕第 4 号	
14	送达回证		
15	案件调查终结报告		
16	重大复杂案件集体讨论笔录		
17	行政处罚审批表		
18	行政处罚事先告知书	安水罚先告字〔2017〕第 4 号	
19	送达回证		
20	行政处罚听证告知书	安水罚听告字〔2017〕第 4 号	
21	送达回证		
22	证据复制单(缴纳罚款票据)		
23	结案审批表		
24	行政执法证复印件		
25	证据复制(提取)单		
26	证据复制(提取)单		
27	证据粘贴单		
28	证据复制(提取)单		

行政处罚决定书

安水罚决字〔2017〕第 4 号

当事人：安阳× ×置业有限公司

地址：安阳市文峰区中华路办事处三楼

法定代表人：王× ×　　职务：经理

本机关于 2017 年 3 月 23 日对你单位擅自取水一案立案调查。经查，你单位自 2016 年 9 月以来，未经水行政主管部门批准，擅自在位于安阳市文峰区安棉路西段路北的××商住小区建筑工地内取用地下水。上述行为违反了《中华人民共和国水法》第四十八条第一款"直接从江河、湖泊或者地下取用水资源的单位和个人，应当按照国家取水许可制度和水资源有偿使用制度的规定，向水行政主管部门或者流域管理机构申请领取取水许可证，并缴纳水资源费，取得取水权"的规定。

违法的证据：①现场（检查）笔录；②询问笔录；③违法现场视听资料。

违法行为等次：根据你单位的违法事实、性质、情节、社会危害程度和相关证据，参照《河南省水行政处罚裁量标准》，你单位的违法行为属于一般违法行为。

应受行政处罚的依据和种类：上述违法行为事实清楚，证据确凿充分。根据《中华人民共和国水法》第六十九条"有下列行为之一的，由县级以上人民政府水行政主管部门或者流域管理机构依据职权，责令停止违法行为，限期采取补救措施，处二万元以上十万元以下的罚款；情节严重的，吊销其取水许可证：（一）未经批准擅自取水的；（二）未依照批准的取水许可规定条件取水的"的规定，参照《河南省水行政处罚裁量标准》中《中华人民共和国水法》第六十九条"违法行为情形和处罚标准：（2）日最大取水能力为取地下水 200 至 500 立方米的，责令停止违法行为，限期采取补救措施，处 3 万元以上 5 万元以下罚款"，决定对你单位做出如下行政处罚：罚款人民币三万元整。

行政处罚履行方式和期限：你单位应当自接到本决定书之日起 15 日内将罚款缴至中国建设银行永明路支行（银行账号：× × × × × × × ×）。到期不缴纳的，每日按罚款数额的百分之三加处罚款。

不服行政处罚决定申请行政复议或提起行政诉讼的途径和期限：如不服本决定，可以自收到本决定书之日起六十日内向安阳市人民政府或河南省水利厅申请行政复议，或者在接到本决定书后六个月内直接向安阳市殷都区人民法院提起行政诉讼。逾期不申请行政复议、不向人民法院起诉又不履行本处罚决定的，我局将依法申请人民法院强制执行。

（行政主管部门公章）

2017 年 4 月 21 日

送达回证

送达文书名称、文号	行政处罚决定书(安水罚决字〔2017〕第4号)
受送达人	安阳× ×置业有限公司
送达地点	安棉路西段× ×商住小区建筑工地
受送达人(签字或盖章)	魏× × 2017年4月21日
代收人(签字)	
代收人与受送达人关系	
送达日期	2017年4月21日
送达方式	直接送达
拒收原因	
见证人(签字)	年 月 日
送达人(签字)	晁× × 安× × 2017年4月21日
备注	魏××系安阳××置业有限公司建筑工地项目负责人

行政处罚委托书

安水委字〔2017〕第 001 号

委托机关：安阳市水利局

法定代表人：郑× ×　　职务：局长

单位地址：安阳市高新区武夷大街北段受委托机关：安阳市水政监察支队

法定代表人：尹× ×　　职务：支队长

单位地址：安阳市高新区武夷大街北段

根据《中华人民共和国行政处罚法》第十八条、第十九条，《河南省行政机关执法条例》第十条，《水行政处罚实施办法》第十条、第十一条、第十二条的规定，经局党委研究，现委托安阳市水政监察支队实施：行政处罚种类：1.①警告；②罚款；③吊销许可证；④没收非法所得；⑤法律法规规定的其他水行政处罚；2.其他相关权限。委托期限自 2017 年 1 月 1 日至 2017 年 12 月 31 日止。

委托期间，安阳市水政监察支队必须以安阳市水利局的名义，在委托范围内实施行政处罚，并接受安阳市水利局的监督；由此产生的法律后果，由安阳市水利局承担。安阳市水政监察支队不得将委托事项再委托。

法定代表人签字：郑× ×
委托机关（印章）
2016 年 12 月 31 日

法定代表人签字：尹× ×
受委托单位（印章）
2016 年 12 月 31 日

行政处罚案件立案审批表

当事人	单位名称	安阳××置业有限公司	法定代表人	王× ×
	住址	安阳市文峰区中华路办事处三楼	电话	×××××××
	个人姓名		性别	
	所在单位		电话	
	身份证号码		个人住址	
案由	安阳× ×置业有限公司擅自取水		案件来源	巡查
案件简要情况	2017 年 3 月 23 日我队巡查发现,安阳××置业有限公司自 2016 年 9 月以来未经水行政主管部门批准,擅自在位于安阳市文峰区安棉路西段路北的××商住小区建筑工地内取用地下水,上述行为违反了《中华人民共和国水法》第四十八条“直接从江河、湖泊或者地下取用水资源的单位和个人,应当按照国家取水许可制度和水资源有偿使用制度的规定,向水行政主管部门或者流域管理机构申请领取取水许可证,并缴纳水资源费,取得取水权”的规定			
承办人意见	建议立案查处。 承办人签名:晁××　安××　　2017 年 3 月 23 日			
承办机构审核意见	经审核,建议立案。建议该案件主办人是晁× ×,协办人是安× ×。 负责人签名:尹× ×　　2017 年 3 月 23 日			
水行政主管部门负责人审批意见	同意立案,依法查处。 负责人签名:赵× ×　　2017 年 3 月 23 日			

调查(询问)通知书

安水调字〔2017〕第4号

安阳××置业有限公司：

你单位应于2017年3月25日15时到安阳市水利局水政监察支队就你单位承建的××商住小区取用地下水一事接受调查(询问),逾期不到的,水行政主管部门将依法进行处理。

携带材料：

1.单位营业执照复印件；

2.法人代表身份证复印件；

3.取水许可手续。

联系人:晁××

联系电话:×××××××

执法监督电话:×××××××

联系地址:安阳市安钢大道369号

(行政主管部门公章)

2017年3月23日

送达回证

送达文书名称、文号	调查(询问)通知书(安水调字〔2017〕第4号)
受送达人	安阳× ×置业有限公司
送达地点	安棉路西段× ×商住小区建筑工地
受送达人(签字或盖章)	魏×× 2017年3月23日
代收人(签字)	
代收人与受送达人关系	
送达日期	2017年3月23日
送达方式	直接送达
拒收原因	
见证人(签字)	年 月 日
送达人(签字)	晁×× 安×× 2017年3月23日
备注	魏××系安阳××置业有限公司建筑工地项目负责人。

安阳市水利局行政指导意见书

安水指意字〔2017〕4 号

<table>
<tr><td rowspan="3">指导对象</td><td>单位名称</td><td>安阳× ×置业有限公司</td><td>法定代表人或负责人</td><td>王× ×</td></tr>
<tr><td>地址</td><td colspan="3">安阳市文峰区中华路办事处三楼</td></tr>
<tr><td>联系人</td><td>魏× ×</td><td>联系电话</td><td>× × × × × × ×</td></tr>
<tr><td colspan="5">行政指导的目的:规劝当事人配合执法人员监督检查。
我局(单位)依托行政管理职能,拟采取下列方式实施行政指导:
提示□　规劝■　辅导□　引导□
建议□　其他方式(　　)□
行政指导是一种不具有强制性、无法律拘束力的行政行为,你(单位)可以根据自己的意愿选择是否接受,如果你(单位)同意,请与我局(单位)协力合作,以便行政指导工作顺利开展。

指导对象意见:　签名(盖章):魏× ×
(当事人公章)　2017 年 3 月 23 日

本局(单位)联系人:晁× ×　联系电话:× × × × × × ×
(行政机关公章):
2017 年 3 月 23 日</td></tr>
<tr><td>行政指导内容</td><td colspan="4">第四十五条:县级以上人民政府水行政主管部门或者流域管理机构在进行监督检查时,有权采取下列措施:
(一)要求被检查单位或者个人提供有关文件、证照、资料;
(二)要求被检查单位或者个人就执行本条例的有关问题做出说明;
(三)进入被检查单位或者个人的生产场所进行调查;
(四)责令被检查单位或者个人停止违反本条例的行为,履行法定义务。
监督检查人员在进行监督检查时,应当出示合法有效的行政执法证件。有关单位和个人对监督检查工作应当给予配合,不得拒绝或者阻碍监督检查人员依法执行公务。
第五十二条:有下列行为之一的,责令停止违法行为,限期改正,处 5 000 元以上 2 万元以下罚款;情节严重的,吊销取水许可证:
(一)不按照规定报送年度取水情况的;
(二)拒绝接受监督检查或者弄虚作假的;
(三)退水水质达不到规定要求的。
依据《取水许可和水资源费征收管理条例》上述条款规定,规劝当事人配合执法人员监督检查,提供相关资料。</td></tr>
<tr><td colspan="5">行政指导人员(签名):晁× ×　安× ×　　2017 年 3 月 23 日</td></tr>
</table>

注:本文书一式两份,一份送达,一份归档。

安阳市水利局行政规劝书

安水指规字〔2017〕4 号

单位名称：安阳× ×置业有限公司

法定代表人：王× ×　　　　联系电话：× × × × × × ×

地址：安阳市文峰区中华路办事处三楼

我局在 2017 年 3 月 22 日执法巡查中依照法定程序对你单位承建的安阳市安棉路西段× ×商住小区建筑工地进行执法监督检查并要求提供相关缴费票据及取水手续，你单位工作人员拒绝执法人员进入检查。为了防止你单位违法行为升级，现规劝你单位主动联系我局执法人员，配合我局的监督检查工作并在限期内提供相关票据和资料：

1.《取水许可和水资源费征收管理条例》第四十五条：县级以上人民政府水行政主管部门或者流域管理机构在进行监督检查时，有权采取下列措施：(一)要求被检查单位或者个人提供有关文件、证照、资料；(二)要求被检查单位或者个人就执行本条例的有关问题做出说明；(三)进入被检查单位或者个人的生产场所进行调查；(四)责令被检查单位或者个人停止违反本条例的行为，履行法定义务。监督检查人员在进行监督检查时，应当出示合法有效的行政执法证件。有关单位和个人对监督检查工作应当给予配合，不得拒绝或者阻碍监督检查人员依法执行公务。

2.《取水许可和水资源费征收管理条例》第五十二条：有下列行为之一的，责令停止违法行为，限期改正，处 5 000 元以上 2 万元以下罚款；情节严重的，吊销取水许可证：(一)不按照规定报送年度取水情况的；(二)拒绝接受监督检查或者弄虚作假的；(三)退水水质达不到规定要求的。

(此页无正文)

联系人：晁× ×

电话：× × × × × × ×

(行政主管部门公章)

2017 年 3 月 24 日

送达回证

送达文书名称及文号	安阳市水利局行政规劝书(安水指规字〔2017〕4 号)
案由	安阳××置业有限公司擅自取水
受送达人名称或姓名	安阳× ×置业有限公司
送达日期	2017 年 3 月 24 日 10 时
送达地点	水政监察支队行政指导室
送达方式	直接送达
拒收原因	
收件人	收件人签字:魏× × 2017 年 3 月 24 日
送达人	送达人:晁× × 安× × 2017 年 3 月 24 日
备注	魏× ×系安阳× ×置业有限公司建筑工地项目负责人。

现场(检查)笔录

调(检)查时间：2017 年 3 月 27 日 15 时 30 分至 15 时 55 分

调(检)查地点：安棉路西段路北× ×商住小区建筑工地

被调(检)查人姓名：______ 年龄：______ 职业：______

住址：______

被调(检)查单位名称：安阳× ×置业有限公司

住址：安阳市文峰区中华路办事处三楼

被询问人姓名：魏× × 性别：男 年龄：______ 职务：______

调(检)查人姓名：晁× × 执法证编号：豫 E01-812652

调(检)查人姓名：安× × 执法证编号：豫 E01-563539

记录人员：安× × 执法证编号：豫 E01-563539

见证人姓名：______ 身份证号码：______

调(检)查记录：2017 年 3 月 27 日 15 时 30 分,我局水行政执法人员晁× ×、安× ×来到位于安阳市安棉路西段路北的× ×住宅小区建筑工地,向安阳××置业有限公司职工魏× ×出示行政执法证表明身份并对其说明来意后,对××住宅小区建筑工地取用地下水情况进行了检查：

1.× ×住宅小区是由安阳× ×置业有限公司开发建设,该单位地址是安阳市文峰区中华路办事处三楼,法定代表人是王× ×。

2.在× ×住宅小区 2 号楼北侧有 1 眼水井,安装有取水设施,取水设施管径为 50 毫米,在水井北侧建有无塔供水设施(压力罐),水井取水管与无塔供水设施相连通。

晁× × 安× × 魏× ×

（此页无正文）

笔录上述内容，记录属实。魏××

（附图附后）

被检查（勘验）人阅核后签注“笔录上述内容，记录属实。”

被检查（勘验）人：魏××　2017年3月27日

检查（勘验）人：晁××　安××　2017年3月27日

见证人：　　　　　　　　记录人：安××　2017年3月27日

现场勘验图

名称:安阳××置业有限公司

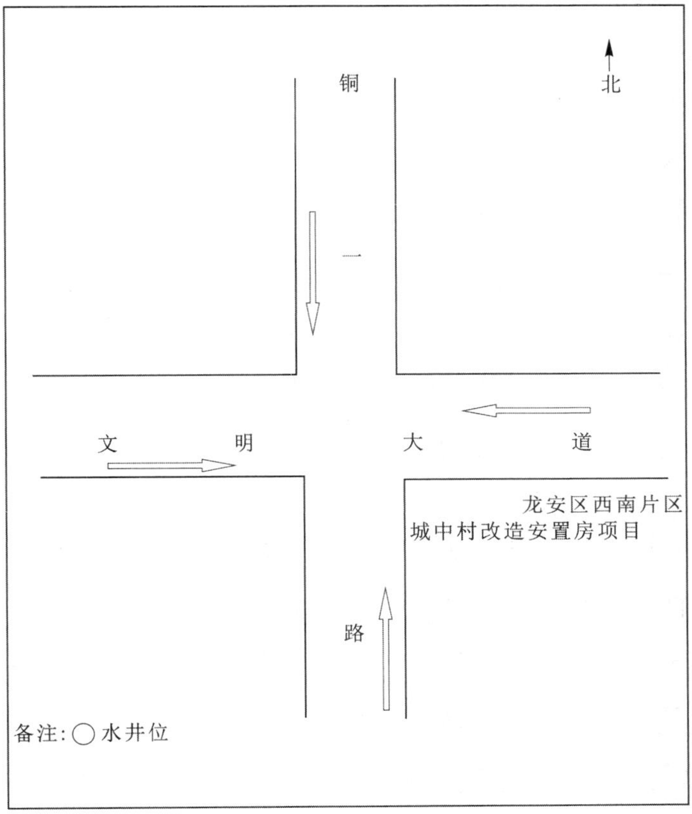

记录人:安× × 2017 年 3 月 27 日

当事人:魏× × 2017 年 3 月 27 日

询问笔录

询问时间：2017 年 3 月 27 日 8 时 30 分至 9 时 10 分

询问地点：水政监察支队询问室

询问人：晁× ×　　证件名称：执法证　　证件编号：豫 E01-812652

询问人：安× ×　　证件名称：执法证　　证件编号：豫 E01-563539

记录人：安× ×　　证件名称：执法证　　证件编号：豫 E01-563539

被询问单位名称：安阳× ×置业有限公司

法定代表人(负责人)：王× ×　　电话：× × × × × × × ×

被询问人姓名：魏× ×　　性别：男　　电话：× × × × × × × ×

所在单位：安阳× ×置业有限公司　　住址：

与本案关系：该单位建筑工地负责人

询问内容：

我们是安阳市水利局水行政执法人员(亮证)，现对你单位取用地下水情况进行询问。请问你是否对我们的执法身份有异议？是否申请回避？

答：好，我知道了，没有异议，也不申请回避。

问：请你说一下你单位及个人的基本情况。

答：我们单位全称是安阳× ×置业有限公司，法定代表人是王× ×，我们单位是× ×建筑工地的开发商。我叫魏× ×，是安阳× ×置业有限公司职工，主要负责协调水电事物，电话是× × × × × × ×。

问：请你说一下× ×住宅小区的具体位置。

答：在安棉路西段路北原县机井队院内。

问：请你说一下× ×住宅小区建筑用水及其他用水的具体情况。

答：我们建筑工地使用外购商品混凝土，不使用水，只有楼层混凝土保养和工人生活少量用水是使用院内自备井取用的地下水。

问：请你说一下××住宅小区建筑面积及施工情况。

答：我单位从 2016 年 9 月进场开工，截至目前 1 号楼已主体完工，正在外粉，2 号楼刚开挖地基，尚未用水。已完工的 1 号楼建筑面积有 12 000 平方米左右。

问:请你说一下施工人员生活取水量。

答:分阶段平均每天加上管理人员也就十来个人生活用水。

问:请你说一下自备井及取水设施情况。

答:这眼水井是原县机井队的水井,井径 0.3 米,取水设施管径 50 毫米。

问:请问你单位取用地下水是否经水行政主管部门批准并办理相关取水手续?

答:没有办理。

问:你单位未经水行政主管部门批准,擅自取用地下水的行为已经违反了《中华人民共和国水法》第四十八条第一款之规定,扰乱了正常的水事管理秩序,现责令你单位停止违法行为,配合我们依法进行处理?

答:好的,我知道了,我们一定配合你们的工作。

问:你还有什么要补充说明的吗?

答:没有需要补充说明的。

问:询问笔录上述内容请你看一看,记录是否属实?

答:属实。

笔录上述内容,记录属实。

被询问人阅核后签注“笔录上述内容,记录属实。”

被询问人签字:魏× ×　　2017 年 3 月 27 日

询问人签字:晁× ×　安××　　2017 年 3 月 27 日

记录人签字:安× ×　　2017 年 3 月 27 日

责令停止水事违法行为通知书

安水罚责停〔2017〕第 4 号

安阳××置业有限公司：

经调查，你单位未经水行政主管部门批准，擅自在位于安阳市文峰区安棉路西段路北的××商住小区建筑工地内取用地下水，上述行为违反了《中华人民共和国水法》第四十八条“直接从江河、湖泊或者地下取用水资源的单位和个人，应当按照国家取水许可制度和水资源有偿使用制度的规定，向水行政主管部门或者流域管理机构申请领取取水许可证，并缴纳水资源费，取得取水权”之规定。根据《中华人民共和国水法》第六十条第四项、《河南省水政监察规定》第十五条第二款之规定，现责令立即停止违法行为，听候处理。否则，依法追究法律责任。

水行政主管部门联系人：晁××

水行政主管部门电话：×××××××

水行政主管部门地址：安阳市高新区武夷大街北段

（行政主管部门公章）

2017 年 3 月 28 日

送达回证

（行政主管部门公章）

送达文书名称、文号	责令停止水事违法行为通知书（安水罚责停〔2017〕第4号）
受送达人	安阳××置业有限公司
送达地点	安棉路西段××商住小区建筑工地
受送达人（签字或盖章）	魏××　　　2017年3月28日
代收人（签字）	
代收人与受送达人关系	
送达日期	2017年3月28日
送达方式	直接送达
拒收原因	
见证人（签字）	年　月　日
送达人（签字）	晁××　安××　　2017年3月28日
备注	魏××系安阳××置业有限公司建筑工地项目负责人。

重大复杂案件集体讨论笔录

案件名称：安阳× ×置业有限公司擅自取水

时间：2017 年 4 月 20 日 8 时 35 分至 9 时 25 分

地点：安阳市水利局二楼会议室

集体讨论原因：安阳× ×置业有限公司擅自取水案件处罚意见

主持人：侯× × 职务：科长 记录人：尹× × 职务：支队长

参加人：郑× ×、马× ×、侯× ×、刘× ×、郝× ×

案件承办人汇报案件情况：2017 年 3 月 23 日我局水行政执法人员对安阳× ×置业有限公司取用地下水情况进行了检查。经查，安阳× ×置业有限公司未经水行政主管部门批准，擅自在位于安阳市安棉路西段路北的× ×商住小区建筑工地内取用地下水用于施工和生活。在该建筑工地院内东北侧有 1 眼水井，安装有取水设施，取水设施管径为 50 毫米，水井出水管通向水井北侧的无塔供水设施(压力罐)内，现场检查时水井正在使用。该建筑工地在城市公共供水管网覆盖范围以内，有现场勘验笔录、询问笔录、行政指导相关文书、视听资料为证。根据现场勘验结果，该单位水井取水设施管径为 50 毫米，依据压力管流量估算法，合计每小时取水量为 18.6 立方米，日最大取水能力为 446.4 立方米。根据《中华人民共和国水法》第六十九条“有下列行为之一的，由县级以上人民政府水行政主管部门或者流域管理机构依据职权，责令停止违法行为，限期采取补救措施，处二万元以上十万元以下的罚款；情节严重的，吊销其取水许可证：(一)未经批准擅自取水的；(二)未依照批准的取水许可规定条件取水的”规定，参照《河南省水行政处罚裁量标准》中《中华人民共和国水法》第六十九条”违法行为情形和处罚标准：(2)日最大取水能力为取地表水 2 千至 5 千立方米或者地下水 200 至 500 立方米的，责令停止违法行为，限期采取补救措施，处 3 万元以上 5 万元以下罚款”之规定，该单位违法行为属于一般违法行为，建议对该单位做出如下处理：1.给予罚款人民币 3 万元的行政处罚；2.征收部门征收其补缴的水资源费。

听证主持人汇报听证情况：当事人放弃听证权利

参加讨论人员意见及理由：（由参加人员逐一手写具体意见和理由）

结论性意见：由于安阳× ×置业有限公司擅自取水，经集讨论体研究，一致同意对该单位做出：1.罚款人民币；3 万元的行政处罚；2.征收其应补缴的水资源费。

出席人员签名：郑× ×、马× ×、侯× ×、刘× ×、郝× ×

2017 年 4 月 20 日

案件调查终结报告

当事人的基本情况：安阳× ×置业有限公司　　法定代表人：王× ×

地址：安阳市文峰区中华路办事处三楼

调查时间：2017 年 3 月 23 日至 2017 年 4 月 10 日

调查人(签字)：晁× ×　安× ×

案件调查情况：2017 年 3 月 23 日，我局水行政执法人员对安阳××置业有限公司取用地下水情况进行了检查。经查，安阳××置业有限公司未经水行政主管部门批准，擅自在位于安阳市安棉路西段路北的××商住小区建筑工地内取用地下水用于施工和生活。在该建筑工地院内东北侧有 1 眼水井，安装有取水设施，取水设施管径为 50 毫米，水井出水管通向水井北侧的无塔供水设施(压力罐)内，现场检查时水井正在使用。该单位在城市公共供水管网覆盖范围以内，有现场勘验笔录、询问笔录、视听资料为证。根据现场勘验结果，该单位水井取水设施管径为 50 毫米，依据压力管流量估算法，合计每小时取水量为 18.6 立方米，日最大取水能力为 446.4 立方米。

当事人的违法证据：1.现场(检查)笔录；2.询问笔录；3.视听资料。

违法行为等次：根据该单位的违法事实、性质、情节、社会危害程度和相关证据，参照《河南省水行政处罚裁量标准》，该单位的违法行为属于一般违法行为。

应受行政处罚的依据和种类：上述违法行为事实清楚，证据确凿充分。根据《中华人民共和国水法》第六十九条"有下列行为之一的，由县级以上人民政府水行政主管部门或者流域管理机构依据职权，责令停止违法行为，限期采取补救措施，处二万元以上十万元以下的罚款；情节严重的，吊销其取水许可证：(一)未经批准擅自取水的；(二)未依照批准的取水许可规定条件取水的"规定，参照《河南省水行政处罚裁量标准》中《中华人民共和国水法》第六十九条"违法行为情形和处罚标准：(2)日最大取水能力为取地表水 2 千至 5 千立方米或者地下水 200 至 500 立方米的，责令停止违法行为，限期采取补救措施，处 3 万元以上 5 万元以下罚款"之规定。

行政处罚建议：该单位使用 1 眼水井取用地下水用于施工和生活，水井取水设施管径均为 50 毫米，合计每小时取水量为 18.6 立方米，日最大取水能力为 446.4 立方米。参照《河南省水行政处罚裁量标准》的有关规定，结合集体讨论结果，建议对该单位进行如下处理：1.给予罚款人民币三万元的行政处罚；2.由征收部门征收应补缴的水资源费。

水政监察机构负责人意见：同意办案人员意见

尹× ×　　　　2017 年 4 月 10 日

行政处罚审批表

<table>
<tr><td rowspan="5">当事人
基本情况</td><td>单位名称</td><td>安阳× ×置业有限公司</td><td>法定代表人</td><td>王× ×</td></tr>
<tr><td>住址</td><td>安阳市文峰区中华路办事处三楼</td><td>电话</td><td>× × × × × × ×</td></tr>
<tr><td>个人姓名</td><td></td><td>性别</td><td></td></tr>
<tr><td>所在单位</td><td></td><td>电话</td><td></td></tr>
<tr><td>身份证号码</td><td></td><td>个人住址</td><td></td></tr>
<tr><td>当事人违法
的主要事实</td><td colspan="4">2016 年 9 月以来，安阳××置业有限公司未经水行政主管部门批准，擅自在位于安阳市文峰区安棉路西段路北的××商住小区建筑工地内取用地下水，上述行为违反了《中华人民共和国水法》第四十八条“直接从江河、湖泊或者地下取用水资源的单位和个人，应当按照国家取水许可制度和水资源有偿使用制度的规定，向水行政主管部门或者流域管理机构申请领取取水许可证，并缴纳水资源费，取得取水权”的规定。</td></tr>
<tr><td>承办人员
处罚意见</td><td colspan="4">建议处罚。
承办人签名：晁××　安××　　2017 年 4 月 10 日</td></tr>
<tr><td>承办机构
审查意见</td><td colspan="4">同意处罚，交法制机构审核。
负责人签名：尹× ×　　2017 年 4 月 10 日</td></tr>
<tr><td>法制机构
审核意见</td><td colspan="4">案件调查事实清楚、证据确凿，程序合法，同意处罚。
负责人签名：侯× ×　　2017 年 4 月 10 日</td></tr>
<tr><td>水行政主管
部门负责人
审批意见</td><td colspan="4">同意处罚。
负责人签名：赵× ×　　2017 年 4 月 10 日</td></tr>
</table>

行政处罚事先告知书

安水罚先告字〔2017〕第4号

安阳××置业有限公司：

本机关于2017年3月23日对安阳××置业有限公司未经批准擅自取水一案立案调查。经查，你单位自2016年9月以来，未经水行政主管部门批准，擅自在安棉路西段路北的××商住小区建筑工地内取用地下水，上述行为违反了《中华人民共和国水法》第四十八条“直接从江河、湖泊或者地下取用水资源的单位和个人，应当按照国家取水许可制度和水资源有偿使用制度的规定，向水行政主管部门或者流域管理机构申请领取取水许可证，并缴纳水资源费，取得取水权”之规定，已构成违法。根据你单位违法行为的事实、性质、情节、社会危害程度和相关证据，参照《河南省水行政处罚裁量标准》，你单位的违法行为等次属于一般违法行为。

本机关根据《中华人民共和国水法》第六十九条“有下列行为之一的，由县级以上人民政府水行政主管部门或者流域管理机构依据职权，责令停止违法行为，限期采取补救措施，处二万元以上十万元以下的罚款；情节严重的，吊销其取水许可证：（一）未经批准擅自取水的”之规定，参照《河南省水行政处罚裁量标准》中《中华人民共和国水法》第六十九条“违法行为情形和处罚标准：（2）日最大取水能力为取地表水2千至5千立方米或者地下水200至500立方米的，责令停止违法行为，限期采取补救措施，处3万元以上5万元以下罚款”之规定，本机关拟对你单位做出罚款人民币三万元的处罚。

根据《中华人民共和国行政处罚法》第三十一条、第三十二条的规定，你单位可以自收到本告知书之日起三日内到安阳市水利局进行陈述、申辩，逾期不陈述、申辩的视为放弃陈述、申辩权利。

联系人：晁×× 安××
联系电话：×××××××
联系地址：安阳市高新区武夷大街北段

（行政主管部门公章）
2017年4月10日

行政处罚文书送达回证

（行政主管部门公章）

送达文书名称、文号	行政处罚事先告知书（安水罚先告字〔2017〕第4号）
受送达人	安阳× ×置业有限公司
送达地点	安棉路西段× ×商住小区建筑工地
受送达人（签字或盖章）	魏× × 2017年4月10日
代收人（签字）	
代收人与受送达人关系	
送达日期	2017年4月10日
送达方式	直接送达
拒收原因	
见证人（签字）	年 月 日
送达人（签字）	晁× × 安× × 2017年4月10日
备注	魏× ×系安阳× ×置业有限公司建筑工地项目负责人。

行政处罚听证告知书

安水罚听告字〔2017〕第 4 号

安阳× ×置业有限公司：

本机关于 2017 年 3 月 23 日对安阳× ×置业有限公司未经批准擅自取水一案立案调查。经查，你单位自 2016 年 9 月以来，未经水行政主管部门批准，擅自在安棉路西段路北的× ×商住小区建筑工地内取用地下水，上述行为违反了《中华人民共和国水法》第四十八条“直接从江河、湖泊或者地下取用水资源的单位和个人，应当按照国家取水许可制度和水资源有偿使用制度的规定，向水行政主管部门或者流域管理机构申请领取取水许可证，并缴纳水资源费，取得取水权”之规定，已构成违法。根据你单位违法行为的事实、性质、情节、社会危害程度和相关证据，参照《河南省水行政处罚裁量标准》，你单位的违法行为等次属于一般违法行为。

本机关根据《中华人民共和国水法》第六十九条“有下列行为之一的，由县级以上人民政府水行政主管部门或者流域管理机构依据职权，责令停止违法行为，限期采取补救措施，处二万元以上十万元以下的罚款；情节严重的，吊销其取水许可证：（一）未经批准擅自取水的”之规定，参照《河南省水行政处罚裁量标准》中《中华人民共和国水法》第六十九条“违法行为情形和处罚标准：（2）日最大取水能力为取地表水 2 千至 5 千立方米或者地下水 200 至 500 立方米的，责令停止违法行为，限期采取补救措施，处 3 万元以上 5 万元以下罚款”之规定，本机关拟对你单位做出罚款人民币三万元的处罚。

依据《中华人民共和国行政处罚法》第四十二条第一款规定，你（单位）有权要求举行听证。如你（单位）要求听证，应当自收到本告知书之日起 3 日内向本机关提出申请。逾期不申请听证的，视为你（单位）放弃听证权利。

联系人：晁× ×　安× ×

联系电话：× × × × × × ×

联系地址：安阳市高新区武夷大街北段

（行政主管部门公章）

2017 年 4 月 14 日

送达回证

（行政主管部门公章）

送达文书名称、文号	行政处罚听证告知书（安水罚听告字〔2017〕第4号）
受送达人	安阳××置业有限公司
送达地点	安棉路西段××商住小区建筑工地
受送达人（签字或盖章）	魏×× 2017年4月14日
代收人（签字）	
代收人与受送达人关系	
送达日期	2017年4月14日
送达方式	直接送达
拒收原因	
见证人（签字）	年 月 日
送达人（签字）	晁×× 安×× 2017年4月14日
备注	放弃听证权利。魏×× 魏××系该工地项目负责人。

行政处罚审批表

<table>
<tr><td rowspan="5">当事人
基本情况</td><td>单位名称</td><td>××××置业有限公司</td><td>法定代表人</td><td>张××</td></tr>
<tr><td>住址</td><td>××市××区××路四季
馨园××号楼×门××号</td><td>电话</td><td>××××××××</td></tr>
<tr><td>个人姓名</td><td></td><td>性别</td><td></td></tr>
<tr><td>所在单位</td><td></td><td>电话</td><td></td></tr>
<tr><td>身份证号码</td><td></td><td>个人住址</td><td></td></tr>
<tr><td>当事人违法
的主要事实</td><td colspan="4">××××年××月××日，我局执法人员现场发现××置业有限公司未经水行政主管部门同意擅自在××大道西段路北××小区内擅自取用地下水用于地温空调。其行为已违反了《中华人民共和国水法》第四十八条“直接从江河、湖泊或者地下取用水资源的单位和个人，应当按照国家取水许可制度和水资源有偿使用制度的规定，向水行政主管部门或者流域管理机构申请领取取水许可证，并缴纳水资源费，取得取水权。但是，家庭生活和零星散养、圈养畜禽饮用等少量取水的除外。实施取水许可制度和征收管理水资源费的具体办法，由国务院规定”之规定。</td></tr>
<tr><td>承办人员
处罚意见</td><td colspan="4">建议罚款人民币3万元的行政处罚。

承办人签名：张×× 于×× 年 月 日</td></tr>
<tr><td>承办机构
审查意见</td><td colspan="4">同意处罚。

负责人签名：尹×× 年 月 日</td></tr>
<tr><td>法制机构
审核意见</td><td colspan="4">同意处罚。

负责人签名：侯×× 年 月 日</td></tr>
<tr><td>水行政主管
部门负责人
审批意见</td><td colspan="4">同意处罚。

负责人签名：赵×× 年 月 日</td></tr>
</table>

安阳市水利局证据复制(提取)单

当事人提供的罚款缴费票据(简略)	
说明事项： 此复印件为安阳××置业有限公司提供。	
提取人	晁××　执法证号:豫 E01-812652 安××　执法证号:豫 E01-563539
提取时间	2017 年 4 月 25 日

行政处罚案件结案审批表

案由	安阳× ×置业有限公司擅自取水	立案日期	2017 年 3 月 23 日
行政处罚决定书文号	安水罚听告字〔2017〕第 4 号	处罚日期	2017 年 4 月 21 日
案件简要情况	2016 年 9 月以来，安阳× ×置业有限公司未经水行政主管部门批准，擅自在位于安阳市文峰区安棉路西段路北的× ×商住小区建筑工地内取用地下水，上述行为违反了《中华人民共和国水法》第四十八条：“直接从江河、湖泊或者地下取用水资源的单位和个人，应当按照国家取水许可制度和水资源有偿使用制度的规定，向水行政主管部门或者流域管理机构申请领取取水许可证，并缴纳水资源费，取得取水权”的规定。		
行政处罚内容	罚款人民币三万元整。		
行政处罚执行情况和行政复议、行政诉讼情况	未提出复议、听证申请，在限期内已足额缴纳罚款和应补缴的水资源费并自行封填自备井。		
承办人意见	建议结案。 承办人签名：晁× × 安× × 2017 年 4 月 26 日		
承办机构审核意见	同意，交局长审批。 负责人签名：尹× × 2017 年 4 月 26 日		
水行政主管部门负责人审批意见	同意结案。 负责人签名：赵× × 2017 年 4 月 26 日		

行政执法证件复印件

(执法证件复印件粘贴处)

附:晁××、安××的行政执法证复印件

安阳市水利局证据复制(提取)单

附:企业法人营业执照复印件 企业法人代表身份证复印件	
说明事项: 此复印件为安阳× ×置业有限公司提供。	
提取人	晁× × 执法证号:豫 E01-812652 安× × 执法证号:豫 E01-563639
提取时间	2017 年 3 月 27 日

安阳市水利局证据粘贴单

<table>
<tr><td colspan="2">违法现场照片（时间、地点、相对参照物、定位仪定位情况、拍摄人等）</td></tr>
<tr><td colspan="2">说明事项：
此照片系××商住小区建筑工地现场拍摄。</td></tr>
<tr><td>提取人</td><td>晁××　执法证号：豫 E01-812652
安××　执法证号：豫 E01-563639</td></tr>
<tr><td>提取时间</td><td>2017 年 3 月 27 日</td></tr>
</table>

安阳市水利局证据复制(提取)单

封井现场照片(时间、地点、相对参照物、定位仪定位情况、拍摄人、封井人、封井方式、材料等)	
说明事项: 此复印件是行政指导对象提供。	
提取人	晁× × 执法证号:豫 E01-812652 安× × 执法证号:豫 E01-563639
提取时间	2017 年 4 月 25 日

立卷、验卷情况记载

本案卷于 2017 年 4 月 28 日立卷
本册连面带底共计 42 页,附证物袋____个
内装____件

立卷人: 晁××

本案卷于 2017 年 5 月 9 日
验查合格

检验人: 郝××

三、结合上述案例就行政指导行为是否具有可诉性的问题进行分析

行政指导行为是指导行政主体在进行行政管理活动中，基于国家的法律、政策的规定而做出的具有示范、倡导、咨询、建议、训导等性质的旨在引导行政相对人自愿采取一定的行为或者不作为，以实现行政管理目的的一种非强制力的行为。近日，河南省濮阳市台前县文明办印发的《台前县农村红白事标准参照指导意见》规定，彩礼总数控制在 6 万元以内，不执行要被惩戒。此举立刻引发人们的热议，相关部门指出这只是指导性的文件，并没有强制性。公民对行政指导行为不服的，可否提起诉讼，相关司法解释已做出明确规定。

（一）行政指导行为的概念和特征

行政指导行为，是具有行政职能的机关或者组织在行政管理活动中，对公民、法人或者其他组织实施的带有咨询、提示、建议或倡导性质的行为。行政指导行为具有以下主要特征：①行政指导应当是一种良性的咨询、提示、建议或倡导。所谓良性，即这种咨询、提示、建议或倡导应当是在合法的前提下，出于维护国家利益、公共利益和公民合法权益的目的，对于国家、公众、公民具有积极意义；否则，就是一种恶意的误导。②行政指导是不具有强制性和执行力的行为。不具有当事人必须履行的法律效果。如果名义上是一种行政指导行为，实际上具有强制力或者要求当事人必须为一定行为或不为一定行为，或者如果不按此办理就可以强制执行，则不属于行政指导行为，而是一种可诉的行政强制措施。③行政指导是不直接产生法律后果的行为。行政指导行为对于被指导者没有直接的法律效力，实施行政指导行为的机关或者组织与被指导者之间不形成具有权利义务内容的法律关系。④行政指导行为作用的发挥或目的的实现，取决于被指导者的自愿接受和实行。正是由于行政指导行为的这些特征，当事人对行政指导行为不服，没有必要通过行政诉讼的途径来解决。

（二）行政指导行为不属于人民法院受案范围

行政指导在社会生活中广泛存在，其显著特征是非强制性，公民、法人和其他组织没有服从的义务，行政主体与相对人之间不产生法定的权利义务关系。由于其实施通过说明、教育、劝告、建议、协商、政策指导、提供经费帮助、提供知识和技术帮助等非强制性手段推行，不同于行政机关的一般行为方式，相对人可自愿表示接受或拒绝，因而这类行为从行政诉讼受案范围内予以排除。《最高人民法院关于执行〈中华人民共和国行政诉讼法〉若干问题的解释》规定，“不具有强制力的行政指导行为”不属于人民法院受案范围。“不具有强制力的行政指导行为”并不意味着还有一类具有强制力的行政指导，这是考虑到司法实践中有些法官对行政指导的特点还不是很清楚，“不具有强制力”是修饰语，并非限定语。如果某一行为具有强制力或者某一种行为要求当事人必须为一定行为或不为一定行为，行政管理相对人不履行或不执行就要承担不利法律后果，那么这种行为就不再是行政指导行为，当事人对这种行为不服，仍然可以向人民法院提起行政诉讼。

（三）行政指导的五种可诉类型

《最高人民法院关于执行〈中华人民共和国行政诉讼法〉若干问题的解释》将“不具有强制力的行政指导行为”排除出行政诉讼受案范围，这实际上是将我国实践中的行政指导划分为两类：一是纯粹理论上所认同的行政指导；二是以行政指导面目出现，实质上已变为以强制力推行的行政命令。但上述解释限定的范围过窄，不利于监督和规范行政指导，不能全方位地保护相对人的合法权益，也不利于行政诉讼制度的完善。因此，应对行政指导进行类型化处理，适

当扩大行政指导的受案范围。作者认为,目前,能进入司法领域的行政指导有以下五类:

(1)被异化的行政指导。这类所谓的“指导”其实是行政主体以行政指导为名,行其他行政行为之实,如对不接受指导者给予不利处分、施加压力,从而使相对人产生心理压力被迫接受。再如公布已为行政指导或不服从行政指导的事实,前者意在寻求舆论的关心和支持,以求顺利实现行政目的,后者目的在于唤起舆论对不服从行政指导的相对方的责难,进而发展成所谓的“人民审判”。在这种情况下,行政指导具有了不该有的强制力,其实际上已经成为行政主体为推卸责任、逃避诉讼而实施的其他行政行为,相对人的合法权益一旦受到损害,完全可以按照行政诉讼法的规定提起行政诉讼。

(2)不诚信的行政指导。行政主体在实施行政指导行为时往往会给相对人做出利益上的承诺,让相对人产生一定的信任,但当相对人接受行政指导后,行政主体却改变了行政指导内容或拒绝兑现相关承诺,导致相对人的信赖利益或预期利益受损。行政指导是政府实施的行为,是非常严肃的事,应当受到“合法预期”和“禁止反言”的约束。而不诚信的行政指导直接导致了行政公信力的下降,也不利于民众积极配合相关公共政策的推行,对此,相对人可以行政主体不履行法定职责为由提起诉讼。

(3)错误的行政指导。这是指行政主体在实施行政指导中,因提供的相关信息错误或决策失误而误导了被指导者,导致其合法权益受损。如当地政府通过行政指导鼓励广大农民大面积种植西瓜,由于未经充分的调查和论证导致指导错误,而农民在接受指导后发现西瓜大面积死亡或严重减产,后经咨询专家得知当地的气候、土壤等自然条件根本不适合种植西瓜。虽然行政主体并不存在违法的情形,但与相对人相比,其在收集、占有和处理信息方面占有优势,且实施行政指导是其应当履行的职责,错误的行政指导应视为履职不当,对接受指导者遭受的损失应当给予一定的补偿。这样才能促使行政主体在以后的行政指导中能更加审慎,通过行政过程公开及公众参与机制,不断增强指导决策的科学性及可行性,避免行政指导的盲目性和随意性。

(4)违法的行政指导。依法行政是法治政府所必须遵循的一个基本准则。行政指导作为行政主体实施行政管理的方式之一,其也应在法律、法规的规定或国家政策范围内行使,不允许其享有法外特权而不受羁束。但在现实的行政指导实践中,一方面,由于我国有关行政指导的程序性、实体性法律规范比较匮乏,且零散、不统一,行政主体往往借助于相关政策而规避法律;另一方面,基于行政相对人对是否接受行政指导享有选择权,行政主体往往随意而行,并不寻求其行为行使的法律依据。违法行政指导的情形主要包括指导的内容违反了法律原则与政策、超越职权指导以及行政指导中权力滥用等。对此,指导接受者可以提起行政诉讼,但如果其明知行政指导本身违法,为了自身利益仍然去实施相关行为造成自身权益损害的,应减轻行政机关的责任。

(5)行政指导不作为。在行政管理主体多元化、行政管理方式多样化的今天,行政指导并非行政机关的一时兴起的制度创新,推行行政指导具有广泛的法律依据。法律、法规、规章等各层次、各领域的法律文件都规定了行政指导的职能、职责或工作要求、工作任务,规定较多,也很分散。需要说明的是,在各层次、各领域的法律文件中,一般不直接表述为“行政指导”,而是表述为行政指导的具体操作方式。如《中华人民共和国就业促进法》第二十四条规定:地方各级人民政府和有关部门应当加强对失业人员从事个体经营的指导,提供政策咨询、就业培训和开业指导等服务。该规定对相关政府机构而言是其应尽的职责,对相对人而言是其应当享有的权利，若行政主体不履行指导职责，同样会影响相对人的权益，相对人可提起行政指导不作为之诉。

《中华人民共和国行政诉讼法》

第二条 公民、法人或者其他组织认为行政机关和行政机关工作人员的行政行为侵犯其合法权益，有权依照本法向人民法院提起诉讼。

前款所称行政行为，包括法律、法规、规章授权的组织做出的行政行为。

《最高人民法院关于执行〈中华人民共和国行政诉讼法〉若干问题的解释》（法释〔2000〕8号）

第一条 公民、法人或者其他组织对具有国家行政职权的机关和组织及其工作人员的行政行为不服，依法提起诉讼的，属于人民法院行政诉讼的受案范围。

公民、法人或者其他组织对下列行为不服提起诉讼的，不属于人民法院行政诉讼的受案范围：

（一）行政诉讼法第十二条规定的行为；

（二）公安、国家安全等机关依照刑事诉讼法的明确授权实施的行为；

（三）调解行为以及法律规定的仲裁行为；

（四）不具有强制力的行政指导行为；

（五）驳回当事人对行政行为提起申诉的重复处理行为；

（六）对公民、法人或者其他组织权利义务不产生实际影响的行为。

四、结论

结合实践具体结论：安阳市构建服务型水行政执法过程中（行政指导）的实践、做法及反思。

安阳，简称殷、邺，有3 300多年的建城史、500年的建都史，是早期华夏文明的中心之一、中国八大古都之一、中国历史文化名城、中国优秀旅游城市、国家级园林城市、中国航空运动之都，是甲骨文的故乡，《周易》的发源地，中国文字博物馆、红旗渠、曹操高陵所在地。有“洹水帝都”“殷商故都”“文字之都”之美誉。全市总面积5 599平方千米，总人口443万人。全市流域面积在1 000平方千米及以上的河流有8条；共有大型水库1座，中型水库8座，总库容4.09亿立方米；已建规模以上水电站19座；多年平均水资源总量13.68亿立方米，人均水资源占有量为349立方米，不足全国平均水平的1/6。

近年来，安阳市水利局在市委、市政府的正确领导和省水利厅的精心指导下，按照服务型执法建设的总体要求，紧紧围绕水利中心工作，坚持服务引领、以人为本、执法为民的思想，积极践行“管理、执法、服务”三位一体水行政执法模式，取得了显著成效。先后被授予全国水利文明单位、全国水资源管理先进集体、全国水利综合执法示范点、全国水利先进集体、省级文明单位、省级服务型执法示范点、全省水利系统文明执法示范窗口、安阳市依法行政示范单位、人民满意的公务员集体等荣誉称号。以下是近几年服务型执法的做法及实践。

（一）加强组织领导，科学统筹服务型行政执法建设

为全面贯彻落实省政府关于推进服务型行政执法建设的要求，安阳市水利局党委高度重视，成立了由局长任组长、各班子成员任副组长、有关科室负责人为成员的推进服务型行

政执法建设工作领导小组,负责安排部署全局服务型行政执法工作。领导小组坚持定期召开工作例会,研究推进服务型行政执法工作落实措施,解决服务型行政执法工作中存在的问题和困难,决定依法行政工作中的重大事项等。制定印发了《安阳市水利局推进服务型行政执法建设工作方案》,对服务型执法的指导思想、目标、内容、方法和步骤做了整体部署。在年度水利工作中,局党委坚持把服务型执法建设工作列入重要内容,做到有部署、有检查、有考核,有力地促进了服务型行政执法工作建设。

(二)狠抓学习培训,为服务型行政执法夯实基础

学习培训是提高执法队伍素质的重要举措,是服务型执法建设的重要环节。许多执法人员曾经认为,严格执法和热情服务是一对矛盾,对服务型执法的概念认识得不到位,理解得不透彻。为了统一思想,提高认识,安阳市水利局主要做了以下几个方面的工作:一是把服务型执法有关规定、要求作为水行政执法人员每月学习的主要内容,坚持每周进行一次业务学习,使大家加深对服务型执法工作的理解和认识。二是组织业务骨干积极参加水利部、省水利厅和市政府法制办举办的各类培训班,增强全市水行政执法人员的执法素质,提升执法的能力和水平。三是每年组织服务型执法能力建设培训班,全市水行政执法人员脱产学习,邀请有关专家进行集中授课,面对面讲解,现场解答问题,有针对性地进行辅导。通过自我学习、相互交流,执法人员深深认识到,推进服务型行政执法建设,是在坚持严格执法的同时,增强教育、指导和服务意识,最终达到行政目的。使大家认识到了服务型执法是促进执法关系和谐、建设法治政府的重要途径,是规范执法行为、提升执法水平的重要手段,是塑造廉洁高效执法队伍的重要保障。执法人员服务意识的提升,为开展服务型执法建设奠定了坚实的思想基础。

(三)注重社会宣传,为服务型行政执法营造良好氛围

安阳市以纪念“世界水日”“中国水周”宣传为载体,连续六年“世界水日”当天,在《安阳日报》发表市长署名文章,号召人民群众树立节水护水的水法规意识;通过安阳电视台制作水法规专题片、阳光对话等栏目以及利用网络、手机微视频等方式向人民群众宣传水法规和水利知识;在市区中心广场通过悬挂宣传条幅、制作展板、张贴水利普法宣传画、发放水利风光扑克和节水宣传纸杯等形式进行水法规集中宣传;举行了水法规电视竞赛、水法规有奖征文活动,以及组织中小学生参观水知识展示大厅、中小学科普教育基地,开展水法规宣传进学校、进医院、进社区等活动;针对水利工程点多面广的特点,采取出动宣传车、发放宣传单、树立法律责任警示牌等形式深入水利工程沿线村镇开展水法规集中宣传。近几年,通过坚持不断的水法规宣传,增强了人民群众的水法制意识和水资源危机意识,为水利执法营造了良好的环境,水事违法案件数量明显下降。

(四)强化执法监督,建设高效率的服务型执法队伍

一是从驻本市的省、市人大代表、政协委员、企事业团体等社会各界中聘请社会监督员,坚持不定期征求意见和建议,查找本单位和执法人员在规范服务型行政执法建设中存在的问题。积极采纳好的建议,进一步完善服务行政型执法建设工作方案。对监督员指出的问题做到落实到科室和个人,制订整改措施,明确整改完成时限,杜绝再次发生。二是定期对执法单位和执法人员进行日常和年度执法评议考核,公布考核结果,建立激励约束的长效机制。三是积极参加市纪委组织的对执法人员的服务态度、办事效率、廉洁行为等方面进行的民主评议,接受全社会的监督。四是每年组织对执法人员进行专题廉政教育,由局纪检书记和有关专家授课,与执法人员签订了《遵规守纪承诺书》和《廉洁自律保证书》,做到了警钟长鸣。五是落实执法责任追究制度,对水行政执法人员知法违法或者不当行政执法的行为,局党委决不姑息迁就,发现一起查处一起,处理一起,并调离执法队伍。通过内外监督,培养了全体水行政执法人员牢记水政监察誓词、切实履职尽责的意识,为服务型执法建设提供了巨大动力。

(五)把握“规范+创新”原则“构建服务型行政执法新模式

为贯彻落实中央和省委、省政府提出的一系列简政放权、转变职能、优化服务等方针政策,安阳市水利局创新服务方式,提高服务质量,探索出了用“规范+创新”原则,构建了“服务零距离,执法无障碍”的服务型行政执法模式。

1.围绕服务职能,规范行政机制

在行政许可方面,通过在政务公开栏、新闻媒体、网站、办公场所等公布行政许可事项、依据、条件、程序、期限以及需要提供的材料目录和申请书示范文本。本着为民、务实、高效、廉洁的总要求,建立了一个领导分管、一个科室承办、一个窗口对外、一枚印章签批、一站式办结的“五个一”行政审批服务机制,在“市民之家”设置窗口 2 个,由局办公室(审批科)牵头组织、协调行政审批服务工作及跨科室、跨部门的业务汇总、催查催办工作。按照零距离指导、零时间办理、零人情办案、零利益服务的一条龙式服务标准,确保按时办结各类许可事项。在行政征收方面,建立健全行政征收三个原则(收费公开原则、相对人参与原则和效率原则)和四种制度(数据确认制度、相对人异议制度、责任追究制度和时效制度),确保行政征收合法、廉洁、高效、便民。在行政处罚方面,进一步完善、延伸服务型执法网络建设,在原有执法一队、执法二队、法制督查科的基础上,先后成立水利工程质检大队、南水北调水政监察大队和应急机动大队,调解、指导、处置社会各方面的水事活动。通过规范执法语言、执法行为、执法程序、执法保障、行政复议程序、突发性事件处置办法等,坚持以制度约束权力,以标准规范行为,以细节保证质量,以规范的过程控制来保证取得良好的执法效果。

2.围绕举措创新,突出柔情服务

1)以行政指导(调解)工作室为平台,实现服务零距离

安阳市水利局以水政机构牵头协调,由各职能科室业务骨干组成专家团队,建立专门的行政指导(调解)工作室。实行违法行为发生前,事前指导;违法行为进行时,即时指导;违法行为发生后,纠错与回访的工作机制。坚持将行政指导工作与日常工作有机结合,使之成为一项常规工作。

一是以防范与引导为重点,水事活动风险管理前置。对行政相对人尚未履行或即将到达履行期限的事项,积极安排专家团队成员进行预先告知、提醒、辅导和建议。对于行政相对人可能发生违法行为、违法行为可能升级、违法行为可能造成危害后果时及时进行预警、警示、劝告,通过用灵活多样的非强制措施引导行政相对人主动配合,实现法律效果和社会效果相统一。

二是及时对高发时间和地段的违法行为进行建议、指导。每年的春季,部分群众为了生活方便或其他原因,在水利工程管理范围内私搭乱建,影响行洪安全等问题比较突出,行政指导工作室本着重心下移、力量前移的原则,坚持把最大限度减少群众损失作为拆违控建宗旨,提出加大巡查管控力度,实行网格化管理。尤其对城乡结合部、城中村、老旧城区等重点区域进行重点监控,打消个别市民违建的想法,实现了违法建设早发现、早制止、早处理,减

少了群众的损失。实践证明，运用此方法不仅取得了较好的执法效果，同时也避免了执法冲突，规避了执法风险，实现了执法关系和谐。

三是以教育与规范为保证，水行政处罚刚柔并济。案件承办人在对违法当事人进行处罚时，注重以教育为主，主动向当事人讲法律、讲政策、讲依据，讲道理。案件处罚后，由行政指导室派出专家人员回访当事人，向其说清法理、说通事理、说明情理、说透伦理，减少当事人的对抗情绪，增强当事人的可接受性。

四是建立行政相对人维权受理制度和举报响应机制。对行政相对人提出的问题、意见、建议，行政指导室都会及时受理，按时回复解决，维护行政相对人的监督举报权，广泛接受社会监督。

五是编写指导规程，规范执法程序。按照现行水法律法规，结合省服务型行政执法工作的要求，为使安阳市水利系统更好地开展服务型行政执法工作，行政指导室编纂了《安阳市水利局行政指导操作实务》《安阳市水行政处罚操作实务》和《水利行政执法的思考与法律文书运用》等，进一步规范了安阳市的水行政执法工作。

2016 年以来，安阳市水利局对多个单位进行了行政指导。在接到对××物流公司、××物流园、××省公司等单位的举报案件中，安阳市水利局及时启动了行政指导，执法人员多次到服务单位对当事人进行了说服教育和规劝，促使其认识到违法行为的危害后果，并积极采取补救措施，纠正了违法行为。其间，河南××物流发展有限公司专程到安阳市水利局赠送了“服务企业、执法为民”锦旗，对市水利局水行政执法人员热情周到、便民高效的服务表示感谢。

2）以水政监察与执法管理平台为核心，打造执法无障碍

近年来，在加强水利行风政风建设、转变工作作风、强化服务过程中，安阳市水利局积极探索了“互联网+执法”的执法模式，开发了安阳市水政监察与执法管理平台，该平台能够随时查询水法律法规、取水许可情况和入河排污口设置情况，实现执法查询无障碍；能够随时定位执法人员巡查位置和轨迹，实现执法巡查无障碍；能够随时使用单兵视频或车载视频实时传输违法证据，实现执法取证无障碍；能够随时使用文书模板格式套打、网上审批功能，实现制作执法文书无障碍；能够严格按照设定程序进行执法，实现规范执法程序无障碍。平台的使用，使水行政执法工作由过去的事前发现不了问题，发现问题后行动迟缓、效率低下，变为随时随地都可以对执法现场进行即时监控、预先知情、提前介入、规范执法、全程无干扰，从而真正做到尽职尽责而不滥用职权、有所作为而不制造障碍。

3）落实水行政执法全记录制度）保障当事人权益

为维护当事人和行政执法人员合法权益，根据《河南省行政执法条例》，安阳市水利局在全省水利系统率先实行水行政执法全记录制度，实现行政执法全程留痕。通过全过程记录，约束行政执法人员的行为，防止不当言论、吃拿卡要、乱执法、人情执法等现象发生。警示威慑了违法行为人，避免了暴力抗法事件或群体性事件出现。通过及时采集、固定相关证据，查清事实，为公平公正解决行政争议提供了重要依据，保障行政管理相对人和行政执法人员的合法权益。《水行政执法全记录制度》的制定实施，适应了依法行政的基本要求，加强了对水行政执法行为的制约和监督，有效促进了水行政执法工作的公开化、透明化和规范化。

3.发挥联动机制,注重执法效果

在倾力打造"文明执法、服务型执法"的过程中,始终坚持"以人为本、宣传为先、注重引导、孤立打击极少数"的指导方针,对违法行为既要坚持工作原则,又要以理服人。对积极配合工作的当事人,实事求是做出处理,充分考虑他们的困难,尽可能地给予帮助,积极协调当地政府解决他们的实际问题。但是,对于一些拒不听从规劝、约谈,多次违法,屡教不改的顽固当事人,也毫不手软,充分发挥水利、公安、检察院、法院四部门联动执法机制,采取强制手段给予坚决打击。通过这样的有力措施,打击了部分当事人的嚣张气焰,起到了强有力的震慑作用,也让积极配合执法工作的当事人感到了信服。比如,在拆除安阳河河道内采沙厂点以及拆除河道内违章建筑时,首先是通过做思想工作来说服当事人,力求让他们主动配合,但效果并不明显。后来启动了水利、公安、检察院、法院四部门联动执法机制,现场依法说理,态度坚决,让当事人感到没有回旋的余地,放弃幻想,最后顺利完成执法。通过多部门执法联动,在提升执法效果的同时,执法力度和亲和度也得到了较大的提高。

搞好服务型行政执法重要的是执法理念的转变、执法方式的改进、执法效果的提升,没有也不可能有固定的模式,安阳市水利局在省水利厅和市政府法制办的关心、支持和帮助下,虽然进行了一些有益的探索和实践,但与上级的要求和先进地市相比,还有一定差距。下一步,安阳市水利局将在省厅的指导下,认真学习借鉴全省各地好的做法和经验,创新服务型执法机制,规范服务型执法行为,提升服务型执法水平,坚持做到水行政执法工作不缺位、不越位、不失位,切实履行岗位职责,秉公办案、文明执法,热情服务,为安阳市全面建成小康社会,打造区域性中心强市提供水利支撑。

五、水事纠纷调处

结合水行政执法实践,下面重点谈一下水事纠纷调处的相关工作,以便更好地指导水事纠纷调处实践。

(一)水事纠纷概述

1.水事纠纷的概念

水事纠纷常常影响到百姓的生产生活和地区稳定,处理水事纠纷是一项原则性很强的水事管理活动,是政府部门的重要工作内容之一。《中华人民共和国水法》规定,水事纠纷的处理是各级政府的一项职责。水事纠纷分个人纠纷、单位纠纷和地区之间的纠纷。水事纠纷是指不同地区之间、单位之间、个人之间以及单位与个人之间在开发、利用、管理、保护水资源,防治水害,分享水利或进行其他水事活动等方面引发的矛盾。主要发生在河道的上下游、左右岸之间。我国历史上水事纠纷层出不穷、连绵不断,解决水事纠纷的协议,可以追溯到春秋战国时期,公元651年中原各诸侯签订的盟约中,就含有处理边界纠纷的条文。在西汉的灌溉法令中,就规定将水源分配协议刻成石碑,以供各方共同恪守,以防止争水纠纷。总之,水事纠纷是指在防治水害和开发水利的过程中,地区之间、单位之间,上下游、左右岸之间所发生的纠纷,以及在处理这些纠纷时所产生的争执。

2.水事纠纷的分类

根据我国现行法律规定和水事纠纷的特点和性质,可将水事纠纷分为水行政争议、水事侵权纠纷和双重纠纷。

1）水行政争议

水行政争议，是指水行政主体之间，或水行政主体与管理相对人之间，在国家水行政管理活动中发生的有关权利义务的矛盾和争执。

水行政争议的产生有以下原因：①水行政机关的行为违法或不当，侵害了管理相对人的合法权益，又不主动承担补偿责任。如无正当理由撤销取水许可证等。②水行政机关人员的管理行为不当。如在执法时未出示水行政执法证件等。③管理相对人违法，并不服水行政处罚而产生的争议。

2）水事侵权纠纷

水事侵权纠纷，是指平等主体之间的一方因为参加水事活动，而侵犯另一方的合法权益所产生的争议，其实质是民事纠纷。

水事侵权纠纷产生的原因有以下三种：①因取水、蓄水、排水、兴建水工程和改变水的现状等引起的争议。②取用水权和水益分配引起的争议。③水污染引起的争议。

3）双重水事纠纷

双重水事纠纷缘起水行政机关的双重地位。一方面，它是机关法人，可以作为民事主体参与民事法律活动；另一方面，它又是管理水事活动的行政机关。当水行政机关为履行水行政管理义务而签订协议和合同时，是以双重身份出现的，由此引起的纠纷即是双重纠纷。双重纠纷的解决途径既要适应于水行政法律的规定，又要符合民事契约原则，兼顾国家与相对人双方的利益。

4）水行政争议与其他两类水事纠纷的区别

水行政争议与其他两类水事纠纷的区别主要有以下三个方面：①主体不同。水事纠纷发生在地区之间、单位之间，上下游、左右岸之间；而水行政争议发生在具有隶属关系的上下级之间、管理者与管理相对人之间。②当事人的法律地位不同。水事纠纷的双方当事人在法律上是平等主体，并且是直接承担水事后果的法人和公民；而水行政争议的双方当事人是工作人员和管理相对人，是两个不平等的法律主体。③解决的途径不同。水事纠纷按其发生的范围不同，可采用行政处理程序或采用行政处理与民事诉讼双轨程序；而水行政争议只能按行政组织原则和程序处理。

水事纠纷按照纠纷主体的不同分为两种：

一种是地区之间的水事纠纷。《中华人民共和国水法》第五十六条规定：不同行政区域之间发生水事纠纷的应当协商处理；协商不成的，由上一级人民政府裁决，有关各方必须遵照执行。在水事纠纷解决前，未经各方达成协议或者上一级人民政府批准，在行政区域交界线两侧一定范围内，任何一方不得修建排水、阻水、取水和蓄（滞）水工程，不得单方面改变水的现状。

这种水事纠纷，主体是地区人民政府，如省（市、区）级、地（市）级、县级和乡镇级人民政府地区之间的水事纠纷，不是民事纠纷，而是行政争端，属于行政法律关系。

另一种是单位之间、个人之间、单位与个人之间发生的水事纠纷，是民事纠纷，属于民事法律关系。《中华人民共和国水法》第五十七条规定：单位之间、个人之间、单位与个人之间发生的水事纠纷，应当协商解决；当事人不愿协商或者协商不成的，可以申请县级以上地方人民政府或者其授权的部门调解，可以直接向人民法院提起民事诉讼。县级以上地方人民政府或者其授权的部门调解不成的，当事人可以向人民法院提起民事诉讼。在水事纠纷解决前,当事人不得单方面改变现状。

(二)预防和调处水事纠纷

《中华人民共和国水法》总结了我国在协调水事关系、处理水事纠纷正反两个方面的丰富经验,把行之有效的办法和政策用法律的形式固定下来,形成调处水事纠纷的基本法律规范。协调水事关系与调处水事纠纷的法律规范,分为实体性规范与程序性规范。实体性规范分散在水法各章的许多条文之中;程序性规范则集中表述于《中华人民共和国水法》第五十六条、第五十七条和第五十八条。水事纠纷涉及的范围宽、人员多,在处理水事纠纷时,当事人往往继续实施自己的行为。这些行为的实施,有的明显属于不当行为,有的则有可能进一步激化矛盾,危及国家财产和人民的生命安全。有的单位和个人从自身的利益出发,不顾全大局,随意改变水的现状,并屡禁不止,造成严重危害。为了防止事态扩大和出现紧急的危险与损害,在必要时由县级以上人民政府或者其授权的部门及时采取紧急处置措施,例如,安排适当警力维持秩序,封存有关施工器械等,及时制止上述行为的实施,责令停止发生纠纷的水事活动,避免纠纷的进一步发展,是十分必要的。《中华人民共和国水法》第五十八条规定:县级以上人民政府或者其授权的部门在处理水事纠纷时,有权采取临时处置措施,有关各方或者当事人必须服从。在处理水事纠纷时,对当事人的一些行为,采取临时强制措施加以限制,是县级以上人民政府或者其授权的部门的权力。这里所说的授权的部门,既包括水行政主管部门,也包括其他有关部门,如公安部门。各部门应积极配合,制止纠纷的扩大,使矛盾得到顺利解决。临时处置措施的使用范围,是处理水事纠纷中那些必须予以制止或加以限制的行为,有关部门不得随意扩大适用。临时处置措施的采取具有法律效力,当事人必须执行,不得违背。有关水事纠纷解决后,也要及时地将临时处置措施解除。

(三)调处水事纠纷的原则

团结治水、科学治水、依法治水,是调处水事纠纷的总原则。在遵循总原则的前提下,还应贯彻下列重要原则:

(1)遵循小局服从大局、小利服从大利的原则。在不损害大局和大利的前提下,保护地区、单位和个人的合法权益。对于为顾全大局而做出让利或者牺牲的一方,国家或受利一方,应当给予适当补偿。

(2)遵循统筹兼顾、协调发展的原则。处理上下游、左右岸与防洪、治涝、灌溉、排水、供水、水运、水电、水产、环境保护等各项事业之间的水事关系。

(3)遵循从实际出发、适当照顾历史的原则。

(4)遵循有利生产、方便生活、互谅互让、增进睦邻、公平合理、利害共处的原则。

(5)处理地区之间的水事纠纷,应当遵循下级服从上级的组织原则,当事双方应当发扬团结治水的精神,力争协商一致,在协商不成时,依法提请上级主管机关处理,一经裁决,双方必须服从,不能久拖不决。

(四)调处水事纠纷的程序

根据《中华人民共和国水法》规定,调处水事纠纷有三种程序:

一是水事纠纷的当事人,既含行政区域之间的水事纠纷(行政纠纷),也含单位之间、个人之间、单位与个人之间发生的水事纠纷,都应当本着互谅互让、团结协作的精神协商处理解决,这是纠纷各方当事人在法治的基础上,在尊重历史和现状的基础上,本着互谅互让、团结治水的精神自我化解矛盾,解决水事纠纷的一种程序。《中华人民共和国水法》第五十六条和第五十七条都有明确规定。

二是县级以上人民政府或者其授权的部门调解、裁决行政区域之间、单位之间、个人之间、单位和个人之间的水事纠纷这种行政程序的相同点是人民政府或者其授权的部门作为调解人，居中依法调解，不同点是：对行政区城之间的水事纠纷的调处是不同行政区域共同的上一级人民政府的主动行为，也是法定职责；对单位之间、个人之间、单位和个人之间的纠纷调处，是根据当事人的申请而进行的被动行为，但也是法定职责。对行政区域的纠纷，政府的裁决是终局的决定，不能向法院提起诉讼；对单位之间、个人之间、单位和个人之间的纠纷的决定，不是终局的决定，可以向人民法院提起诉讼。

三是对单位之间、个人之间、单位与个人之间发生的水事纠纷，当事人不愿协商或者协商不成时，可以申请人民政府或者其授权部门调解。当事人不愿协商或者协商、调解不成时，也可以直接向人民法院提起民事诉讼。诉讼是当事人保护自身权益的最终手段和方式。由人民法院做出最终的裁决。需要说明的是，关于这类水事纠纷由当事人双方协商解决和由人民政府或者其授权的部门调解解决，都不是法定的必经程序，也就是说，发生这类水事纠纷后，当事人可以申请县级以上地方人民政府或者其授权的部门调解，也可以直接向人民法院提起民事诉讼，不必经过协商和调解程序。由于因调解不成而提起的是民事诉讼，不是行政诉讼，被告应是当事的一方，而不是调处水事纠纷的人民政府或者其授权的部门。

（五）水事纠纷处理的法律责任

《中华人民共和国水法》第七十四条、第七十五条和第七十六条规定了水事纠纷处理的法律责任。

1.法律责任

《中华人民共和国水法》第七十四条规定：在水事纠纷发生及其处理过程中煽动闹事、结伙斗殴、抢夺或者损坏公私财物、非法限制他人人身自由，构成犯罪的，依照刑法的有关规定追究刑事责任；尚不够刑事处罚的，由公安机关依法给予治安管理处罚。凡因水事纠纷造成或者可能出现聚众闹事、械斗伤人和以暴力相威胁、抢夺和破坏公私财物、危害公共安全、扰乱正常的生产秩序和社会秩序时，当地人民政府和公安、水利等部门负责人应当立即赶赴现场，控制现场，制止过激行动和违法行为，并查明事实，严肃处理肇事人员。触犯刑法的，依照关于妨害公务罪、煽动暴力抗拒法律实施罪、聚众扰乱社会秩序罪、聚众斗殴罪、故意毁坏财物罪或者非法拘禁罪的规定，依法追究型事责任；尚不够刑事处罚的，依法给予治安管理处罚。

《中华人民共和国水法》第七十五条规定：不同行政区域之间发生水事纠纷，有下列行为之一的，对负有责任的主管人员和其他直接责任人员依法给予行政处分：（一）拒不执行水量分配方案和水量调度预案的；（二）拒不服从水量统一调度的；（三）拒不执行上一级人民政府的裁决的；（四）在水事纠纷解决前，未经各方达成协议或者上一级人民政府批准，单方面违反本法规定改变水的现状的。

本条是关于有关部门主管人员和其他人员在发生水事纠纷时不依法办事应当承担本条规定的法律责任的规定。对水事纠纷及时进行合理处理，可以合理使用和配置水资源，有利于避免激化矛盾，维护社会稳定，促进社会主义现代化建设事业的顺利进行。因此，各级水行政主管部门要把调处水事纠纷作为一件大事，摆在重要议事日程，力求使绝大多数的水事纠纷得到正确的调解。《中华人民共和国水法》对地区间的水事纠纷没有规定可以向人民法院起诉,这就明确了不同行政区域之间发生水事纠纷,在无法协商处理的情况下,上一级人民政府的裁决具有绝对的效力,纠纷双方均应服从。同时,《中华人民共和国水法》对水量分配和水量调度进行了明确的规定,本条进一步肯定了不同行政区域之间发生水事纠纷时,严格执行水量分配方案和水量调度预案;严格服从水量统一调度;依法执行上一级人民政府的裁决的重要性,也明确了不执行上述规定所应当承担的法律责任。本条规定的违法行为有以下四项:一是拒不执行水量分配方案和水量调度预案;二是拒不服从水量统一调度;三是拒不执行上一级人民政府的裁决;四是在水事纠纷解决前,未经各方达成协议或者上一级人民政府批准,单方面违反本法规定改变水的现状。只要实施了这四种行为之一的,负有责任的主管人员和其他直接责任人员就要承担本条规定的法律责任。本条规定的法律责任为行政处分。具体给予违法行为人何种处分,由其任免单位、监察机关根据不同情况依法做出。

2.对违法的水行政机关及其工作人员的处理

《中华人民共和国水法》第六十四条规定:负责处理水事纠纷的国家机关工作人员,玩忽职守,使水事纠纷矛盾激化,给国家和人民利益造成损失情节严重的,构成犯罪的,应当依法追究刑事责任;情节尚属轻微,不够追究刑事责任的,由纪检监察机关和有管辖权的主管机关给予行政处分。

后 记

《水行政综合执法理论与实务》正式与读者见面了。本书涉及水行政许可、水行政诉讼、水行政处罚、水行政强制、水行政征收等方面，比较全面地覆盖了当前多发及疑难、复杂的问题，具有较强的实践性、理论性、可读性。

《水行政综合执法理论与实务》的出版，得到了水利部政策法规司、河南省水利厅政策法规处、河湖事务中心、安阳市水利局的大力支持，在此一并表示感谢！

在水行政综合执法方面作一点文章，是我潜伏已久的心愿。2000 年一个偶然的机会，我接触并系统学习了法律知识，从此就和行政执法、行政法学结下了不解之缘。当然，理论和执法实践并不是一码事，我参加工作后，才逼迫着自己对相关问题去进行深入的思考和条分缕析的论证，并对以往在这方面的一些零碎认识加以系统化。

本书是作者在执法实践和以前出版的书籍、发表的论文的基础上通过长时间地写作而成的。值此书稿即将付梓之际，首先我要衷心感谢我的各位领导，正是他们的谆谆教导和及时点拨才使我不断超越自己、超越过去。这套书从题目的选定、提纲的构思、观点的提炼与论证，到整个写作过程，自始至终都得到了河南省水利厅、安阳市水利局领导的指导和支持，在此表示感谢！

黄河水利出版社的编辑为本书的出版付出了大量的心血，在此谨向他们表示诚挚的感谢！

杜工部诗云："吟安一个字，捻断数茎须"。通过本书的写作，作者才真正体验到了为文之甘苦，才发现自己文笔的生疏、知识的浅薄、视野的狭窄。这也决定了本书肯定还有许多缺憾。因此，对作者而言，本书的完成，既是对过去的总结，又是新的学习的开端。

刘朝军谨识

2021 年 10 月 16 日